近世中西史日對照表

鄭鶴聲◎編輯

臺灣商務印書館 發行

自序

我國史籍，多以甲子紀日，時序檢核，頗費精力。且曆數屢變，推算尤感困難。自晉杜預作春秋長曆，史日考訂，粗有端倪。至宋劉義叟長曆亦名劉氏輯術出，漸趨精密。惟晉宋以來從事於茲者，殊不多覯，下至清代，述作乃盛。其有專考訂一篇者：例如李銳召誥日名考一卷，王元啓史記律曆天官書正譌三卷；有專考訂一書者：例如陳厚耀春秋長曆十卷，姚文田春秋經傳朔閏表二卷；有考訂數書者：例如錢大昕宋遼金元四史朔閏表二卷，汪曰楨二十四史月日考五十三卷序目自史記至金史二百三十六卷元史明史未詳之類是也。至若姚文田之漢初年月日表一卷，張其翻之兩漢朔閏表二卷，則以一代爲限者也。汪曰楨之歷代長術輯要十卷，黃汝成之古今朔實考校補一卷，則兼包歷代者也。以上諸書，對於史日之考證，雖各有其特殊之價値，而最有系統且最便應用者，莫劉氏之長曆與汪氏之二十四史月日考若。劉書自漢初迄五季千餘年，朔閏燦然，足資考索，惜經久佚，僅存於通鑑目錄。汪書上起共和，下迄清初，各就當時所用之術，依法推算，每年詳列朔閏，月建大小，並二十四節氣，略如萬年書之式是書經始於道光十六年至同治十二年告成凡五十卷附古今推步諸術考二卷甲子紀元表一卷都五十三卷。既而病其繁也，又删繁就簡，仿通鑑目錄之例，專載朔閏其後朔與前朔天干相同者則亦不記改日乃記之，並取羣書所見朔閏不合者，綴於每年之末，編爲歷代長術輯要。自輯要行而月日考遂廢，三十年心血，付諸東流，殊堪惋惜。

劉汪諸書對於史日之考證，固有助於國史之校訂，至於取材外史，則於外曆之參證，尤爲重要。外曆應用，可以西曆爲代表。西曆在耶蘇紀元以前，雖極紊亂，自儒略凱撒改定羅馬曆法以後，頗爲整齊。中西日曆對照表之創作，就所知者，日本內務省地理局於一八八〇年清德宗光緒六年編三正綜覽，備載中西回曆。我國瓊海關監督葛麟瑞於一九〇五年光緒三十一年輯中西年曆合考自一七五一年清高宗乾隆十五年至二〇〇〇年。每年以中西月日用阿拉伯數字直行對照，並列星期。至一九二〇年民國九年南京黃伯祿教士著中西朔日對照表陳垣書作中西年月通考自共和紀元前八四一年至西曆二〇二〇年，先以西曆日期配以干支，然後以中曆朔日之干支對照之。其中曆朔閏，全據汪氏輯要，惟另依萬年書續成清以後年月日耳。至一九二五年民國十四年陳垣更據是書暨三正綜覽，參互考訂，另成中西回史日曆國立北京大學研究所出版，以西曆爲衡，中曆回曆爲權，每頁分上下兩層，上層爲西曆紀年甲子紀年，並中國歷代紀元；下層爲中西回三曆月日序數。後附日曜、甲子、年號、日本年號四表。因周曆推算與春秋不合，故斷自漢平帝元始元年，至民國二十九年。是正謬誤，且較詳備。一九三二年民國二十一年高平子編史日長編國立中央研究院天文研究所出版，分正表、別表、附表數種，正表上起漢初，下迄民國，其中曆之年號、年數、月建大小、朔日干支、閏月所在等，大體依據陳垣二十史朔閏表，但將干支譯爲儒略周日，間有參訂處，附於每頁之下。其間有數朝並立者，則取史家通例，任擇一朝爲主，亦多仍陳氏之舊。其同時並立而所用曆法又殊異較多者，則另爲別表，見於正表之後。正表別表，每頁分上下兩段，每段占十年。附表有南北史日校異、年號索引等。

國內外人士對於中西史日之編訂，已略如前述，然對於太平天國之日曆，則尙付闕如。太平天國自辛開元年改元建國，至甲子四年滅亡，其間發令紀事，俱以太平新曆爲準則。當太平天國最初改曆時，本擬逕採陽曆，嗣因人民仇視其教，恐遭阻礙，乃就陰陽曆損益雜糅，另定新曆，實則仍陰陽曆之變相也。陰曆以太陰之周期爲一月，每三十日或二十九日，十二月爲一年，三年一閏，五年再閏，十九年七閏，平時三百五十四日，閏年三百八十四日，相差三十日，頗感不便。陽曆平年三百六十五日，閏年三百六十六日，每年相差一日，雖較整齊，但每月有二十八日，二十九日，三十日，三十一日四種，亦有不便。太平新曆以三百六十六日爲一年，單月三十一日，雙月三十日，定立春、清明、芒種、立秋、寒露、大雪六節爲十六日，餘俱十五日，蓋欲分二次閏餘之六十日，自散於五年之內也。初定四十年爲一加，加之年每月三十三日，後又改爲四十年一斡旋，斡之年，每月爲二十八日，此則爲陰陽曆所絕無，惟未達到加斡之年。無實行機會。其他干支改丑爲好，改卯爲榮，改亥爲開，改鬼宿爲魁宿，竄易甚多，蓋以丑醜同音，亥爲支末，又以鬼爲妖魔，故皆代以他字。其吉凶字樣，亦皆删去，以爲「年月時日，皆是天父排定，年年是吉是良，月月是吉是良，日日時時，亦總是吉是良，無有好歹」也（東王等奏上太平新曆語）。太平所頒新曆，事後爲清廷所燬焚，鮮有存者，玆根據謝興堯太平新曆與陰曆陽曆對照表（燕京大學出版史學年報第二卷第一期刊）另編太平新曆與陰陽曆史日對照表，附於編後，以備讀太平史者之參考。

史日之應用，以近代爲宏，中外各國，莫不皆然。我國自明季以還，海航大通，歐美文明，驟然東來，國際問題，因之叢生，所有活動，幾無不與世界各國發生關繫者。中西史日之對照，較之上古中古，其用更繁。此本書之所以以近世爲限斷者一也。其次，時代愈近，見聞愈多，紀事愈詳，對於月日之應用亦益宏，理所必然。我國史書之詳備者，莫如實錄，實錄之完存者，僅明清兩代耳（清代實錄未印出前以東華錄最爲詳備）。其書按日排比，更需史日之對照。徒以甲子紀日，讀者非加推尋，不能驟悉。至節氣推求，亦頗有助於史實之考證，而各種對照表，俱未列入。此本書之所以以干節相對照者二也。以此爲準，庶幾一目瞭然。至於歷代史日之排比對照，則尚未暇顧及云。

中華民國二十三年二月七日鄭鶴聲識於南京國立編譯館

例　言

一、　自明孝宗弘治十一年（西元一四九八）葡人華士噶德噶馬 Vascoda Gama 東航至印度，開闢歐亞交通，至武宗正德十一年（西元一五一六）葡人刺匪爾別斯特羅 Rafael Perestrello 附帆來華，是爲歐洲船舶入中國之始，亦卽近世史之肇端。本書卽以是年爲始，下迄民國三十年，凡四百二十六年。每年二頁，每頁六格，每格分「陽曆」「陰曆」「星期」「干支」四項，而附節氣於干支項內。前列中外年號紀元對照表，後附太平新曆與陰陽曆史日對照表，以資參考。

一、　明之大統術，本於元之授時，成化以後，交食往往不驗。萬曆末，徐光啓李之藻等譯述西籍，推交食淩犯皆密合，然未及施用。清世祖定鼎後，始紲明之舊曆，依新法推算，卽承用二百六十餘年之時憲術也。清代欽天監頒行萬年書，斷自清太祖天命九年（明熹宗天啓四年），從此年至清世祖順治元年，東華錄紀載，皆以明曆大統術爲標準，與陳氏中西回史日曆相同，與萬年書依據清曆推算者頗有歧異，例如清太祖天命十一年（明天啓六年）明曆六月小閏六月大，萬年書作閏五月小六月大；清太宗天聰四年（明思宗崇禎五年）明曆閏十一月小十二月大，明年正月大二月小，萬年書作十二月小，明年正月大二月大閏二月小等，皆從明曆不從萬年書，因萬年書在此數年，於時憲術旣行之後，以新法追算，非其時已行新法也。其與萬年書不合之處，隨頁附注。至順治二年以後，實行新法，萬年書卽照此編定。東華錄紀載，皆以萬年書時憲術爲標準。與陳氏中西回史日曆依據明曆爲標準者，間有不同，例如淸世祖順治五年萬年書四月小閏四月大，史日曆作閏三月小四月大；順治九年萬年書十二月小正月大，史日曆作十二月大正月小是也。本書爲讀實錄及東華錄時參考之用，皆從萬年書，不從史日曆。其與史日曆不合之處，亦隨頁附注。

一、 西曆計算，較爲整齊，故各書對照，俱以西曆爲主體，而附以中曆，本書亦不能外此例。陳氏仿日本三正綜覽例，於中西曆外，另加回曆。序稱：「日本民族，固無回族也，然四十五年前，日人已注意及此。吾國號稱有回教徒若干萬，有明一代，參用回回曆法者又二百六十餘年。而中回曆比照年表，從未之見。年表且無，何有日表。故至今言回教者，猶時循明史以來之誤，謂回曆始於隋開皇已來。古今史實之謬，罕有如是之甚者也。」因此之故，毅然加入，殊爲特色。本書以普通史籍，罕有以回曆紀載者，其用處不宏，故刪去之。

一、 葛書於每年中西曆逐日對照，並附星期，只爲海關應用便利計，於考史仍有不足。陳書以西曆月日爲衡，中回日數，皆需推檢。甲子、日曜，雖有附表，核對頗費日力，且易致誤謬。本書有鑒於此，將中西月日、干支、星期等項，逐一排列，雖似笨重，實省檢閱之繁。

一、 陰曆平年十二月，三百五十四日，閏年三百八十四日，相差至一月之久。氣候與日期，不能一致，治農者感其不便，於是於月日之外，更設二十四節氣，以爲救濟之用。陳氏謂：「節氣本諸日纏，其在陽曆日期有定，此編既以西曆爲衡，故無再記節氣之必要。」然儒略曆約百餘年多閏一日，至一千五百年已多閏十日，故一五八二年有銷去十日之事。陳書雖不著二十四節氣，仍注冬至以知儒略曆每年後天之日數。以冬至旣定，全年節氣，卽可遞推，或前或後，所差不出一日。汪氏輯要，亦僅塡逢閏節氣，其餘概行省略。其實節氣功用，不但對於農事爲然。我國學者，往往好以節氣表示其著述時間，或云其前其後若干日，不明節氣，不能推得眞確月日，此亦考史之一助也。故本書於節氣一項，特爲列入。節氣紀載，自清世祖順治二年起，全以萬年書爲依據；以前則依據陽曆推算。

一、　太平新曆排列之法，甚爲簡單，其干支與禮拜（與陰陽曆全同）旋轉不已，干支之下，系以星名，亦隨之周轉，似取之月令。每年曆書之前葉詔旨中定正月十三日爲天兄昇天節，二月初二日爲報爺節，二月二十一日爲天王登極節，三月初三日爲爺降節，七月二十七日爲東王昇天節，九月初九日爲哥降節等，本書於干支外，其禮拜星名，俱皆省略。

一、　本書參考諸籍，始得編成，對於創作諸公，實所感謝。關於塡表校對諸工作，皆出於助理鄭康甯君之手，並附帶聲明。

編者又識

近世中西史日對照表

中國年號	日本年號	朝鮮年號	甲子	西曆紀元	距民國前
明武宗正德一一年	後柏原永正一三年	中宗一一年	丙子	1516	396
一二年	一四年	一二年	丁丑	1517	395
一三年	一五年	一三年	戊寅	1518	394
一四年	一六年	一四年	己卯	1519	393
一五年	一七年	一五年	庚辰	1520	392
一六年	大永 元年	一六年	辛巳	1521	391
明世宗嘉靖 元年	二年	一七年	壬午	1522	390
二年	三年	一八年	癸未	1523	389
三年	四年	一九年	甲申	1524	388
四年	五年	二〇年	乙酉	1525	387
五年	六年	二一年	丙戌	1526	386
六年	七年	二二年	丁亥	1527	385
七年	後奈良享祿 元年	二三年	戊子	1528	384
八年	二年	二四年	己丑	1529	383
九年	三年	二五年	庚寅	1530	382
一〇年	四年	二六年	辛卯	1531	381
一一年	天文 元年	二七年	壬辰	1532	380
一二年	二年	二八年	癸巳	1533	379
一三年	三年	二九年	甲午	1534	378
一四年	四年	三〇年	乙未	1535	377
一五年	五年	三一年	丙申	1536	376
一六年	六年	三二年	丁酉	1537	375
一七年	七年	三三年	戊戌	1538	374
一八年	八年	三四年	己亥	1539	373
一九年	九年	三五年	庚子	1540	372
二〇年	一〇年	三六年	辛丑	1541	371
二一年	一一年	三七年	壬寅	1542	370
二二年	一二年	三八年	癸卯	1543	369
二三年	一三年	三九年	甲辰	1544	368
二四年	一四年	仁宗 元年	乙巳	1545	367
二五年	一五年	明宗 元年	丙午	1546	366
二六年	一六年	二年	丁未	1547	365
二七年	一七年	三年	戊申	1548	364
二八年	一八年	四年	己酉	1549	363
二九年	一九年	五年	庚戌	1550	362
三〇年	二〇年	六年	辛亥	1551	361
三一年	二一年	七年	壬子	1552	360
三二年	二二年	八年	癸丑	1553	359
三三年	二三年	九年	甲寅	1554	358
三四年	弘治 元年	一〇年	乙卯	1555	357
三五年	二年	一一年	丙辰	1556	356
三六年	三年	一二年	丁巳	1557	355
三七年	正親町永祿 元年	一三年	戊午	1558	354
三八年	二年	一四年	己未	1559	353
三九年	三年	一五年	庚申	1560	352
四〇年	四年	一六年	辛酉	1561	351
四一年	五年	一七年	壬戌	1562	350
四二年	六年	一八年	癸亥	1563	349
四三年	七年	一九年	甲子	1564	348

近世中西史日對照表

中國年號	日本年號	朝鮮年號	甲子	西曆紀元	距民國前
四四年	八年	二〇年	乙丑	1565	347
四五年	九年	二一年	丙寅	1566	346
明穆宗隆慶 元年	一〇年	二二年	丁卯	1567	345
二年	一一年	宣祖 元年	戊辰	1568	344
三年	一二年	二年	己巳	1569	343
四年	元龜 元年	三年	庚午	1570	342
五年	二年	四年	辛未	1571	341
六年	三年	五年	壬申	1572	340
明神宗萬曆 元年	天正 元年	六年	癸酉	1573	339
二年	二年	七年	甲戌	1574	338
三年	三年	八年	乙亥	1575	337
四年	四年	九年	丙子	1576	336
五年	五年	一〇年	丁丑	1577	335
六年	六年	一一年	戊寅	1578	334
七年	七年	一二年	己卯	1579	333
八年	八年	一三年	庚辰	1580	332
九年	九年	一四年	辛巳	1581	331
一〇年	一〇年	一五年	壬午	1582	330
一一年	一一年	一六年	癸未	1583	329
一二年	一二年	一七年	甲申	1584	328
一三年	一三年	一八年	乙酉	1585	327
一四年	一四年	一九年	丙戌	1586	326
一五年	一五年	二〇年	丁亥	1587	325
一六年	一六年	二一年	戊子	1588	324
一七年	一七年	二二年	己丑	1589	323
一八年	一八年	二三年	庚寅	1590	322
一九年	一九年	二四年	辛卯	1591	321
二〇年	後陽成文祿 元年	二五年	壬辰	1592	320
二一年	二年	二六年	癸巳	1593	319
二二年	三年	二七年	甲午	1594	318
二三年	四年	二八年	乙未	1595	317
二四年	慶長 元年	二九年	丙申	1596	316
二五年	二年	三〇年	丁酉	1597	315
二六年	三年	三一年	戊戌	1598	314
二七年	四年	三二年	己亥	1599	313
二八年	五年	三三年	庚子	1600	312
二九年	六年	三四年	辛丑	1601	311
三〇年	七年	三五年	壬寅	1602	310
三一年	八年	三六年	癸卯	1603	309
三二年	九年	三七年	甲辰	1604	308
三三年	一〇年	三八年	乙巳	1605	307
三四年	一一年	三九年	丙午	1606	306
三五年	一二年	四〇年	丁未	1607	305
三六年	一三年	四一年	戊申	1608	304
三七年	一四年	光海君 元年	己酉	1609	303
三八年	一五年	二年	庚戌	1610	302
三九年	一六年	三年	辛亥	1611	301
四〇年	一七年	四年	壬子	1612	300
四一年	一八年	五年	癸丑	1613	299

近世中西史日對照表

中國年號	日本年號	朝鮮年號	甲子	西曆紀元	距民國前
四二年	九年	六年	甲寅	1614	298
四三年	後水尾元和 元年	七年	乙卯	1615	297
清太祖天命 四四/元年	二年	八年	丙辰	1616	296
四五/二年	三年	九年	丁巳	1617	265
四六/三年	四年	一〇年	戊午	1618	294
四七/四年	五年	一一年	己未	1619	293
明光宗泰昌 四八/五/元年	六年	一二年	庚申	1620	292
明熹宗天啟 元/六年	七年	一三年	辛酉	1621	291
二/七年	八年	一四年	壬戌	1622	290
三/八年	九年	仁祖 元年	癸亥	1623	289
四/九年	寬永 元年	二年	甲子	1624	288
五/一〇年	二年	三年	乙丑	1625	287
六/一一年	三年	四年	丙寅	1626	286
清太宗天聰 七/元年	四年	五年	丁卯	1627	285
明思宗崇禎 元/二年	五年	六年	戊辰	1628	284
二/三年	六年	七年	己巳	1629	283
三/四年	七年	八年	庚午	1630	282
四/五年	八年	九年	辛未	1631	281
五/六年	九年	一〇年	壬申	1632	280
六/七年	一〇年	一一年	癸酉	1633	279
七/八年	一一年	一二年	甲戌	1634	278
八/九年	一二年	一三年	乙亥	1635	277
崇德 九/元年	一三年	一四年	丙子	1636	276
一〇/二年	一四年	一五年	丁丑	1637	275
一一/三年	一五年	一六年	戊寅	1638	274
一二/四年	一六年	一七年	己卯	1639	273
一三/五年	一七年	一八年	庚辰	1640	272
一四/六年	一八年	一九年	辛巳	1641	271
一五/七年	一九年	二〇年	壬午	1642	270
一六/八年	二〇年	二一年	癸未	1643	269
清世祖順治 一七/元年	後光明正保 元年	二二年	甲申	1644	268
明福王弘光 元/二年	二年	二三年	乙酉	1645	267
二/三年	三年	二四年	丙戌	1646	266
明永明王永曆 元/四年	四年	二五年	丁亥	1647	265
二/五年	慶安 元年	二六年	戊子	1648	264
三/六年	二年	二七年	己丑	1649	263
四/七年	三年	孝宗 元年	庚寅	1650	232
五/八年	四年	二年	辛卯	1651	261
六/九年	承應 元年	三年	壬辰	1652	260
七/一〇年	二年	四年	癸巳	1653	259
八/一一年	三年	五年	甲午	1654	258
九/一二年	後西明曆 元年	六年	乙未	1655	257
一〇/一三年	二年	七年	丙申	1656	256
一一/一四年	三年	八年	丁酉	1657	255
一二/一五年	萬治 元年	九年	戊戌	1658	254
一三/一六年	二年	一〇年	己亥	1659	253
一四/一七年	三年	顯宗 元年	庚子	1660	252
一五/一八年	寬文 元年	二年	辛丑	1661	251
清聖祖康熙 元年	二年	三年	壬寅	1662	250

近世中西史日對照表

中國年號	日本年號	朝鮮年號	甲子	西曆紀元	距民國前
二年	三年	四年	癸卯	1663	249
三年	四年	五年	甲辰	1664	248
四年	五年	六年	乙巳	1665	247
五年	六年	七年	丙午	1666	246
六年	七年	八年	丁未	1667	245
七年	八年	九年	戊申	1668	244
八年	九年	一〇年	己酉	1669	243
九年	一〇年	一一年	庚戌	1670	242
一〇年	一一年	一二年	辛亥	1671	241
一一年	一二年	一三年	壬子	1672	240
一二年	靈元延寶　元年	一四年	癸丑	1673	239
一三年	二年	一五年	甲寅	1674	238
一四年	三年	肅宗　元年	乙卯	1675	237
一五年	四年	二年	丙辰	1676	236
一六年	五年	三年	丁巳	1677	235
一七年	六年	四年	戊午	1678	234
一八年	七年	五年	己未	1679	233
一九年	八年	六年	庚申	1680	232
二〇年	天和　元年	七年	辛酉	1681	231
二一年	二年	八年	壬戌	1682	230
二二年	三年	九年	癸亥	1683	229
二三年	貞享　元年	一〇年	甲子	1684	228
二四年	二年	一一年	乙丑	1685	227
二五年	三年	一二年	丙寅	1686	226
二六年	四年	一三年	丁卯	1687	225
二七年	東山元祿　元年	一四年	戊辰	1688	224
二八年	二年	一五年	己巳	1689	223
二九年	三年	一六年	庚午	1690	222
三〇年	四年	一七年	辛未	1691	221
三一年	五年	一八年	壬申	1692	220
三二年	六年	一九年	癸酉	1693	219
三三年	七年	二〇年	甲戌	1694	218
三四年	八年	二一年	乙亥	1695	217
三五年	九年	二二年	丙子	1696	216
三六年	一〇年	二三年	丁丑	1697	215
三七年	一一年	二四年	戊寅	1698	214
三八年	一二年	二五年	己卯	1699	213
三九年	一三年	二六年	庚辰	1700	212
四〇年	一四年	二七年	辛巳	1701	211
四一年	一五年	二八年	壬午	1702	210
四二年	一六年	二九年	癸未	1703	209
四三年	寶永　元年	三〇年	甲申	1704	208
四四年	二年	三一年	乙酉	1705	207
四五年	三年	三二年	丙戌	1706	206
四六年	四年	三三年	丁亥	1707	205
四七年	五年	三四年	戊子	1708	204
四八年	六年	三五年	己丑	1709	203
四九年	七年	三六年	庚寅	1710	202
五〇年	中御門正德　元年	三七年	辛卯	1711	201

近世中西史日對照表

中國年號	日本年號	朝鮮年號	甲子	西曆紀元	距民國前
五一年	二年	三八年	壬辰	1712	200
五二年	三年	三九年	癸巳	1713	199
五三年	四年	四〇年	甲午	1114	198
五四年	五年	四一年	乙未	1715	197
五五年	享保 元年	四二年	丙申	1716	196
五六年	二年	四三年	丁酉	1717	195
五七年	三年	四四年	戊戌	1718	194
五八年	四年	四五年	己亥	1719	193
五九年	五年	四六年	庚子	1720	192
六〇年	六年	景宗 元年	辛丑	1721	191
六一年	七年	二年	壬寅	1722	190
清世宗雍正 元年	八年	三年	癸卯	1723	189
二年	九年	四年	甲辰	1724	188
三年	一〇年	英祖 元年	乙巳	1725	187
四年	一一年	二年	丙午	1726	186
五年	一二年	三年	丁未	1727	185
六年	一三年	四年	戊申	1728	184
七年	一四年	五年	己酉	1729	183
八年	一五年	六年	庚戌	1730	182
九年	一六年	七年	辛亥	1731	181
一〇年	一七年	八年	壬子	1732	180
一一年	一八年	九年	癸丑	1733	179
一二年	一九年	一〇年	甲寅	1734	178
一三年	二〇年	一一年	乙卯	1735	177
清高宗乾隆 元年	櫻町元文 元年	一二年	丙辰	1736	176
二年	二年	一三年	丁巳	1737	175
三年	三年	一四年	戊午	1738	174
四年	四年	一五年	己未	1739	173
五年	五年	一六年	庚申	1740	172
六年	寬保 元年	一七年	辛酉	1741	171
七年	二年	一八年	壬戌	1742	170
八年	三年	一九年	癸亥	1743	169
九年	延享 元年	二〇年	甲子	1744	168
一〇年	二年	二一年	乙丑	1745	167
一一年	三年	二二年	丙寅	1746	166
一二年	四年	二三年	丁卯	1747	165
一三年	桃園寬延 元年	二四年	戊辰	1748	164
一四年	二年	二五年	己巳	1749	163
一五年	三年	二六年	庚午	1750	162
一六年	寶曆 元年	二七年	辛未	1751	161
一七年	二年	二八年	壬申	1752	160
一八年	三年	二九年	癸酉	1753	159
一九年	四年	三〇年	甲戌	1754	158
二〇年	五年	三一年	乙亥	1755	157
二一年	六年	三二年	丙子	1756	156
二二年	七年	三三年	丁丑	1757	155
二三年	八年	三四年	戊寅	1758	154
二四年	九年	三五年	己卯	1759	153
二五年	一〇年	三六年	庚辰	1760	152

近世中西史日對照表

中國年號	日本年號	朝鮮年號	甲子	西曆紀元	距民國前
二六年	一一年	三七年	辛巳	1761	151
二七年	一二年	三八年	壬午	1762	150
二八年	一三年	三九年	癸未	1763	149
二九年	後櫻町明和 元年	四〇年	甲申	1764	148
三〇年	二年	四一年	乙酉	1765	147
三一年	三年	四二年	丙戌	1766	146
三二年	四年	四三年	丁亥	1767	145
三三年	五年	四四年	戊子	1768	144
三四年	六年	四五年	己丑	1769	143
三五年	七年	四六年	庚寅	1770	142
三六年	八年	四七年	辛卯	1771	141
三七年	後桃園安永 元年	四八年	壬辰	1772	140
三八年	二年	四九年	癸巳	1773	139
三九年	三年	五〇年	甲午	1774	138
四〇年	四年	五一年	乙未	1775	137
四一年	五年	五二年	丙申	1776	136
四二年	六年	正宗 元年	丁酉	1777	135
四三年	七年	二年	戊戌	1778	134
四四年	八年	二年	己亥	1779	133
四五年	九年	四年	庚子	1780	132
四六年	光格天明 元年	五年	辛丑	1781	131
四七年	二年	六年	壬寅	1782	130
四八年	三年	七年	癸卯	1783	129
四九年	四年	八年	甲辰	1784	128
五〇年	五年	九年	乙巳	1785	127
五一年	六年	一〇年	丙午	1786	126
五二年	七年	一一年	丁未	1787	125
五三年	八年	一二年	戊申	1788	124
五四年	寬政 元年	一三年	己酉	1789	123
五五年	二年	一四年	庚戌	1790	122
五六年	三年	一五年	辛亥	1791	121
五七年	四年	一六年	壬子	1792	120
五八年	五年	一七年	癸丑	1793	119
五九年	六年	一八年	甲寅	1794	118
六〇年	七年	一九年	乙卯	1795	117
清仁宗嘉慶 元年	八年	二〇年	丙辰	1796	116
二年	九年	二一年	丁巳	1797	115
三年	一〇年	二二年	戊午	1798	114
四年	一一年	二三年	己未	1799	113
五年	一二年	二四年	庚申	1800	112
六年	享和 元年	純祖 元年	辛酉	1801	111
七年	二年	二年	壬戌	1802	110
八年	三年	三年	癸亥	1803	109
九年	文化 元年	四年	甲子	1804	108
一〇年	二年	五年	乙丑	1805	107
一一年	三年	六年	丙寅	1806	106
一二年	四年	七年	丁卯	1807	105
一三年	五年	八年	戊辰	1808	104
一四年	六年	九年	己巳	1909	103

近世中西史日對照表

中國年號	日本年號	朝鮮年號	甲子	西曆紀元	距民國前
一五年	七年	一〇年	庚午	1810	102
一六年	八年	一一年	辛未	1811	101
一七年	九年	一二年	壬申	1812	100
一八年	一〇年	一三年	癸酉	1813	99
一九年	一一年	一四年	甲戌	1814	98
二〇年	一二年	一五年	乙亥	1815	97
二一年	一三年	一六年	丙子	1816	96
二二年	一四年	一七年	丁丑	1817	95
二三年	仁孝文政 元年	一八年	戊寅	1818	94
二四年	二年	一九年	己卯	1819	93
二五年	三年	二〇年	庚辰	1820	92
清宣宗道光 元年	四年	二一年	辛巳	1821	91
二年	五年	二二年	壬午	1822	90
三年	六年	二三年	癸未	1823	89
四年	七年	二四年	甲申	1824	88
五年	八年	二五年	乙酉	1825	87
六年	九年	二六年	丙戌	1826	86
七年	一〇年	二七年	丁亥	1827	85
八年	一一年	二八年	戊子	1828	84
九年	一二年	二九年	己丑	1829	83
一〇年	天保 元年	三〇年	庚寅	1830	82
一一年	二年	三一年	辛卯	1831	81
一二年	三年	三二年	壬辰	1832	80
一三年	四年	三三年	癸巳	1833	79
一四年	五年	三四年	甲午	1834	78
一五年	六年	憲宗 元年	乙未	1835	77
一六年	七年	二年	丙申	1836	76
一七年	八年	三年	丁酉	1837	75
一八年	九年	四年	戊戌	1838	74
一九年	一〇年	五年	己亥	1839	73
二〇年	一一年	六年	庚子	1840	72
二一年	一二年	七年	辛丑	1841	71
二二年	一三年	八年	壬寅	1842	70
二三年	一四年	九年	癸卯	1843	69
二四年	弘化 元年	一〇年	甲辰	1844	68
二五年	二年	一一年	乙巳	1845	67
二六年	三年	一二年	丙午	1846	66
二七年	四年	一三年	丁未	1847	65
二八年	孝明嘉永 元年	一四年	戊申	1848	64
二九年	二年	一五年	己酉	1849	63
三〇年	三年	哲宗 元年	庚戌	1850	62
清文宗咸豐 元年	四年	二年	辛亥	1851	61
二年	五年	三年	壬子	1852	60
三年	六年	四年	癸丑	1853	59
四年	安政 元年	五年	甲寅	1854	58
五年	二年	六年	乙卯	1855	57
六年	三年	七年	丙辰	1856	56
七年	四年	八年	丁巳	1857	55
八年	五年	九年	戊午	1858	54

近世中西史日對照表

中國年號	日本年號	朝鮮年號	甲子	西曆紀元	距民國前
九年	六年	一〇年	己未	1859	53
二〇年	萬延　元年	一一年	庚申	1860	52
二二年	文久　元年	一二年	辛酉	1861	51
清穆宗同治 一元年	二年	一三年	壬戌	1862	50
一二年	三年	一四年	癸亥	1863	49
一三年	元治　元年	李太王(熙)元年	甲子	1864	48
四年	慶應　元年	二年	乙丑	1865	47
五年	二年	三年	丙寅	1866	46
六年	三年	四年	丁卯	1867	45
七年	明治明治　元年	五年	戊辰	1868	44
八年	二年	六年	己巳	1869	43
九年	三年	七年	庚午	1870	42
一〇年	四年	八年	辛未	1871	41
一一年	五年	九年	壬申	1872	40
一二年	六年	一〇年	癸酉	1873	39
一三年	七年	一一年	甲戌	1874	38
清德宗光緒　元年	八年	一二年	乙亥	1875	37
二年	九年	一三年	丙子	1876	36
三年	一〇年	一四年	丁丑	1877	35
四年	一一年	一五年	戊寅	1878	34
五年	一二年	一六年	己卯	1879	33
六年	一三年	一七年	庚辰	1880	32
七年	一四年	一八年	辛巳	1881	31
八年	一五年	一九年	壬午	1882	30
九年	一六年	二〇年	癸未	1883	29
一〇年	一七年	二一年	甲申	1884	28
一一年	一八年	二二年	乙酉	1885	27
一二年	一九年	二三年	丙戌	1886	26
一三年	二〇年	二四年	丁亥	1887	25
一四年	二一年	二五年	戊子	1888	24
一五年	二二年	二六年	己丑	1889	23
一六年	二三年	二七年	庚寅	1890	22
一七年	二四年	二八年	辛卯	1891	21
一八年	二五年	二九年	壬辰	1892	20
一九年	二六年	三〇年	癸巳	1893	19
二〇年	二七年	三一年	甲午	1894	18
二一年	二八年	三二年	乙未	1895	17
二二年	二九年	建陽　元年	丙申	1896	16
二三年	三〇年	光武　元年	丁酉	1897	15
二四年	三一年	二年	戊戌	1898	14
二五年	三二年	三年	己亥	1899	13
二六年	三三年	四年	庚子	1900	12
二七年	三四年	五年	辛丑	1901	11
二八年	三五年	六年	壬寅	1902	10
二九年	三六年	七年	癸卯	1903	9
三〇年	三七年	八年	甲辰	1904	8
三一年	三八年	九年	乙巳	1905	7
三二年	三九年	一〇年	丙午	1906	6
三三年	四〇年	李王隆熙元年	丁未	1907	5

近世中西史日對照表

中國年號	日本年號	朝鮮年號	甲子	西曆紀元	距民國前
三四年	四一年	二年	戊申	1908	4
清廢帝宣統 元年	四二年	三年	己酉	1909	3
二年	四三年	四年	庚戌	1910	2
三年	四四年		辛亥	1911	1
中華民國紀元 元年	四五年 大正元年		壬子	1912	
二年	二年		癸丑	1913	
三年	三年		甲寅	1914	
四年	四年		乙卯	1915	
五年	五年		丙辰	1916	
六年	六年		丁巳	1917	
七年	七年		戊午	1918	
八年	八年		己未	1919	
九年	九年		庚申	1920	
一〇年	一〇年		辛酉	1921	
一一年	一一年		壬戌	1922	
一二年	一二年		癸亥	1923	
一三年	一三年		甲子	1924	
一四年	一四年		乙丑	1925	
一五年	一五年 昭和元年		丙寅	1926	
一六年	二年		丁卯	1927	
一七年	三年		戊辰	1928	
一八年	四年		己巳	1929	
一九年	五年		庚午	1930	
二〇年	六年		辛未	1931	
二一年	七年		壬申	1932	
二二年	八年		癸酉	1933	
二三年	九年		甲戌	1934	
二四年	一〇年		乙亥	1935	
二五年	一一年		丙子	1936	
二六年	一二年		丁丑	1937	
二七年	一三年		戊寅	1938	
二八年	一四年		己卯	1939	
二九年	一五年		庚辰	1940	
三〇年	一六年		辛巳	1941	

近世中西史日對照表

丙子　一五一六年　（明武宗正德一一年）

陽歷一月份　（陰歷十一、十二月份）

陽	1	2	3	4	5	6	7	8	9	10	11	12	13	14	15	16	17	18	19	20	21	22	23	24	25	26	27	28	29	30	31
陰	廿八	廿九	卅	十二	二	三	四	五	六	七	八	九	十	十一	十二	十三	十四	十五	十六	十七	十八	十九	廿	廿一	廿二	廿三	廿四	廿五	廿六	廿七	廿八
星	2	3	4	5	6	日	1	2	3	4	5	6	日	1	2	3	4	5	6	日	1	2	3	4	5	6	日	1	2	3	4
干節	庚戌	辛亥	壬子	癸丑	甲寅	乙卯	丙辰	丁巳	戊午	大寒	庚申	辛酉	壬戌	癸亥	甲子	乙丑	丙寅	丁卯	戊辰	己巳	庚午	辛未	壬申	癸酉	立春	乙亥	丙子	丁丑	戊寅	己卯	庚辰

陽歷二月份　（陰歷十二、正月份）

陽	1	2	3	4	5	6	7	8	9	10	11	12	13	14	15	16	17	18	19	20	21	22	23	24	25	26	27	28	29		
陰	廿九	卅	正	二	三	四	五	六	七	八	九	十	十一	十二	十三	十四	十五	十六	十七	十八	十九	廿	廿一	廿二	廿三	廿四	廿五	廿六	廿七		
星	5	6	日	1	2	3	4	5	6	日	1	2	3	4	5	6	日	1	2	3	4	5	6	日	1	2	3	4	5		
干節	辛巳	壬午	癸未	甲申	乙酉	丙戌	丁亥	戊子	雨水	庚寅	辛卯	壬辰	癸巳	甲午	乙未	丙申	丁酉	戊戌	己亥	庚子	辛丑	壬寅	癸卯	驚蟄	乙巳	丙午	丁未	戊申	己酉		

陽歷三月份　（陰歷正、二月份）

陽	1	2	3	4	5	6	7	8	9	10	11	12	13	14	15	16	17	18	19	20	21	22	23	24	25	26	27	28	29	30	31
陰	廿八	廿九	二	二	三	四	五	六	七	八	九	十	十一	十二	十三	十四	十五	十六	十七	十八	十九	廿	廿一	廿二	廿三	廿四	廿五	廿六	廿七	廿八	廿九
星	6	日	1	2	3	4	5	6	日	1	2	3	4	5	6	日	1	2	3	4	5	6	日	1	2	3	4	5	6	日	1
干節	庚戌	辛亥	壬子	癸丑	甲寅	乙卯	丙辰	丁巳	戊午	春分	庚申	辛酉	壬戌	癸亥	甲子	乙丑	丙寅	丁卯	戊辰	己巳	庚午	辛未	壬申	癸酉	清明	乙亥	丙子	丁丑	戊寅	己卯	庚辰

陽歷四月份　（陰歷二、三月份）

陽	1	2	3	4	5	6	7	8	9	10	11	12	13	14	15	16	17	18	19	20	21	22	23	24	25	26	27	28	29	30	
陰	卅	三	二	三	四	五	六	七	八	九	十	十一	十二	十三	十四	十五	十六	十七	十八	十九	廿	廿一	廿二	廿三	廿四	廿五	廿六	廿七	廿八	廿九	
星	2	3	4	5	6	日	1	2	3	4	5	6	日	1	2	3	4	5	6	日	1	2	3	4	5	6	日	1	2	3	
干節	辛巳	壬午	癸未	甲申	乙酉	丙戌	丁亥	戊子	穀雨	庚寅	辛卯	壬辰	癸巳	甲午	乙未	丙申	丁酉	戊戌	己亥	庚子	辛丑	壬寅	癸卯	甲辰	立夏	丙午	丁未	戊申	己酉	庚戌	

陽歷五月份　（陰歷三、四、五月份）

陽	1	2	3	4	5	6	7	8	9	10	11	12	13	14	15	16	17	18	19	20	21	22	23	24	25	26	27	28	29	30	31
陰	卅	四	二	三	四	五	六	七	八	九	十	十一	十二	十三	十四	十五	十六	十七	十八	十九	廿	廿一	廿二	廿三	廿四	廿五	廿六	廿七	廿八	廿九	五
星	4	5	6	日	1	2	3	4	5	6	日	1	2	3	4	5	6	日	1	2	3	4	5	6	日	1	2	3	4	5	6
干節	辛亥	壬子	癸丑	甲寅	乙卯	丙辰	丁巳	戊午	己未	小滿	辛酉	壬戌	癸亥	甲子	乙丑	丙寅	丁卯	戊辰	己巳	庚午	辛未	壬申	癸酉	甲戌	乙亥	芒種	丁丑	戊寅	己卯	庚辰	辛巳

陽歷六月份　（陰歷五、六月份）

陽	1	2	3	4	5	6	7	8	9	10	11	12	13	14	15	16	17	18	19	20	21	22	23	24	25	26	27	28	29	30	
陰	二	三	四	五	六	七	八	九	十	十一	十二	十三	十四	十五	十六	十七	十八	十九	廿	廿一	廿二	廿三	廿四	廿五	廿六	廿七	廿八	廿九	卅	六	
星	日	1	2	3	4	5	6	日	1	2	3	4	5	6	日	1	2	3	4	5	6	日	1	2	3	4	5	6	日	1	
干節	壬午	癸未	甲申	乙酉	丙戌	丁亥	戊子	己丑	庚寅	辛卯	夏至	癸巳	甲午	乙未	丙申	丁酉	戊戌	己亥	庚子	辛丑	壬寅	癸卯	甲辰	乙巳	丙午	丁未	小暑	己酉	庚戌	辛亥	

丙子　一五一六年　（明武宗正德一一年）

陽歷七月份　　（陰歷六、七月份）

陽	7	2	3	4	5	6	7	8	9	10	11	12	13	14	15	16	17	18	19	20	21	22	23	24	25	26	27	28	29	30	31
陰	二	三	四	五	六	七	八	九	十	十一	十二	十三	十四	十五	十六	十七	十八	十九	廿	廿一	廿二	廿三	廿四	廿五	廿六	廿七	廿八	廿九	七	二	三
星	2	3	4	5	6	日	1	2	3	4	5	6	日	1	2	3	4	5	6	日	1	2	3	4	5	6	日	1	2	3	4
干節	壬子	癸丑	甲寅	乙卯	丙辰	丁巳	戊午	己未	庚申	辛酉	壬戌	大暑	甲子	乙丑	丙寅	丁卯	戊辰	己巳	庚午	辛未	壬申	癸酉	甲戌	乙亥	丙子	丁丑	戊寅	立秋	庚辰	辛巳	壬午

陽歷八月份　　（陰歷七、八月份）

陽	8	2	3	4	5	6	7	8	9	10	11	12	13	14	15	16	17	18	19	20	21	22	23	24	25	26	27	28	29	30	31
陰	四	五	六	七	八	九	十	十一	十二	十三	十四	十五	十六	十七	十八	十九	廿	廿一	廿二	廿三	廿四	廿五	廿六	廿七	廿八	廿九	卅	八	二	三	四
星	5	6	日	1	2	3	4	5	6	日	1	2	3	4	5	6	日	1	2	3	4	5	6	日	1	2	3	4	5	6	日
干節	癸未	甲申	乙酉	丙戌	丁亥	戊子	己丑	庚寅	辛卯	壬辰	癸巳	甲午	處暑	丙申	丁酉	戊戌	己亥	庚子	辛丑	壬寅	癸卯	甲辰	乙巳	丙午	丁未	戊申	己酉	白露	辛亥	壬子	癸丑

陽歷九月份　　（陰歷八、九月份）

陽	9	2	3	4	5	6	7	8	9	10	11	12	13	14	15	16	17	18	19	20	21	22	23	24	25	26	27	28	29	30	
陰	五	六	七	八	九	十	十一	十二	十三	十四	十五	十六	十七	十八	十九	廿	廿一	廿二	廿三	廿四	廿五	廿六	廿七	廿八	廿九	九	二	三	四	五	
星	1	2	3	4	5	6	日	1	2	3	4	5	6	日	1	2	3	4	5	6	日	1	2	3	4	5	6	日	1	2	
干節	甲寅	乙卯	丙辰	丁巳	戊午	己未	庚申	辛酉	壬戌	癸亥	甲子	秋分	丙寅	丁卯	戊辰	己巳	庚午	辛未	壬申	癸酉	甲戌	乙亥	丙子	丁丑	戊寅	己卯	庚辰	寒露	壬午	癸未	

陽歷十月份　　（陰歷九、十月份）

陰	10	2	3	4	5	6	7	8	9	10	11	12	13	14	15	16	17	18	19	20	21	22	23	24	25	26	27	28	29	30	31
陽	六	七	八	九	十	十一	十二	十三	十四	十五	十六	十七	十八	十九	廿	廿一	廿二	廿三	廿四	廿五	廿六	廿七	廿八	廿九	卅	十	二	三	四	五	六
星	3	4	5	6	日	1	2	3	4	5	6	日	1	2	3	4	5	6	日	1	2	3	4	5	6	日	1	2	3	4	5
干節	甲申	乙酉	丙戌	丁亥	戊子	己丑	庚寅	辛卯	壬辰	癸巳	甲午	乙未	霜降	丁酉	戊戌	己亥	庚子	辛丑	壬寅	癸卯	甲辰	乙巳	丙午	丁未	戊申	己酉	庚戌	立冬	壬子	癸丑	甲寅

陽歷十一月份　　（陰歷十、十一月份）

陽	11	2	3	4	5	6	7	8	9	10	11	12	13	14	15	16	17	18	19	20	21	22	23	24	25	26	27	28	29	30	
陰	七	八	九	十	十一	十二	十三	十四	十五	十六	十七	十八	十九	廿	廿一	廿二	廿三	廿四	廿五	廿六	廿七	廿八	廿九	十一	二	三	四	五	六	七	
星	6	日	1	2	3	4	5	6	日	1	2	3	4	5	6	日	1	2	3	4	5	6	日	1	2	3	4	5	6	日	
干節	乙卯	丙辰	丁巳	戊午	己未	庚申	辛酉	壬戌	癸亥	甲子	乙丑	小雪	丁卯	戊辰	己巳	庚午	辛未	壬申	癸酉	甲戌	乙亥	丙子	丁丑	戊寅	己卯	大雪	辛巳	壬午	癸未	甲申	

陽歷十二月份　　（陰歷十一、十二月份）

陽	12	2	3	4	5	6	7	8	9	10	11	12	13	14	15	16	17	18	19	20	21	22	23	24	25	26	27	28	29	30	31
陰	八	九	十	十一	十二	十三	十四	十五	十六	十七	十八	十九	廿	廿一	廿二	廿三	廿四	廿五	廿六	廿七	廿八	廿九	十二	二	三	四	五	六	七	八	九
星	1	2	3	4	5	6	日	1	2	3	4	5	6	日	1	2	3	4	5	6	日	1	2	3	4	5	6	日	1	2	3
干節	乙酉	丙戌	丁亥	戊子	己丑	庚寅	辛卯	壬辰	癸巳	甲午	冬至	丙申	丁酉	戊戌	己亥	庚子	辛丑	壬寅	癸卯	甲辰	乙巳	丙午	丁未	戊申	己酉	小寒	辛亥	壬子	癸丑	甲寅	乙卯

近世中西史日對照表

陽歷一月份　　(陰歷十二、正月份)

陽	1	2	3	4	5	6	7	8	9	10	11	12	13	14	15	16	17	18	19	20	21	22	23	24	25	26	27	28	29	30	31
陰	十	十一	十二	十三	十四	十五	十六	十七	十八	十九	廿	廿一	廿二	廿三	廿四	廿五	廿六	廿七	廿八	廿九	卅	正	二	三	四	五	六	七	八	九	十
星	4	5	6	日	1	2	3	4	5	6	日	1	2	3	4	5	6	日	1	2	3	4	5	6	日	1	2	3	4	5	6
干節	丙辰	丁巳	戊午	己未	庚申	辛酉	壬戌	癸亥	大寒	乙丑	丙寅	丁卯	戊辰	己巳	庚午	辛未	壬申	癸酉	甲戌	乙亥	丙子	丁丑	戊寅	立春	庚辰	辛巳	壬干	癸未	甲申	乙酉	丙戌

陽歷二月份　　(陰歷正、二月份)

陽	2	2	3	4	5	6	7	8	9	10	11	12	13	14	15	16	17	18	19	20	21	22	23	24	25	26	27	28	—	—	—
陰	十一	十二	十三	十四	十五	十六	十七	十八	十九	廿	廿一	廿二	廿三	廿四	廿五	廿六	廿七	廿八	廿九	卅	二	二	三	四	五	六	七	八	—	—	—
星	日	1	2	3	4	5	6	日	1	2	3	4	5	6	日	1	2	3	4	5	6	日	1	2	3	4	5	6	—	—	—
干節	丁亥	戊子	己丑	庚寅	辛卯	壬辰	癸巳	雨水	乙未	丙申	丁酉	戊戌	己亥	庚子	辛丑	壬寅	癸卯	甲辰	乙巳	丙午	丁未	戊申	驚蟄	庚戌	辛亥	壬子	癸丑	甲寅			

陽歷三月份　　(陰歷二、三月份)

陽	3	2	3	4	5	6	7	8	9	10	11	12	13	14	15	16	17	18	19	20	21	22	23	24	25	26	27	28	29	30	31
陰	九	十	十一	十二	十三	十四	十五	十六	十七	十八	十九	廿	廿一	廿二	廿三	廿四	廿五	廿六	廿七	廿八	廿九	三	二	三	四	五	六	七	八	九	十
星	日	1	2	3	4	5	6	日	1	2	3	4	5	6	日	1	2	3	4	5	6	日	1	2	3	4	5	6	日	1	2
干節	乙卯	丙辰	丁巳	戊午	己未	庚申	辛酉	壬戌	癸亥	春分	乙丑	丙寅	丁卯	戊辰	己巳	庚午	辛未	壬申	癸酉	甲戌	乙亥	丙子	丁丑	戊寅	清明	庚辰	辛巳	壬午	癸未	甲申	乙酉

陽歷四月份　　(陰歷三、四月份)

陽	4	2	3	4	5	6	7	8	9	10	11	12	13	14	15	16	17	18	19	20	21	22	23	24	25	26	27	28	29	30	—
陰	十一	十二	十三	十四	十五	十六	十七	十八	十九	廿	廿一	廿二	廿三	廿四	廿五	廿六	廿七	廿八	廿九	卅	四	二	三	四	五	六	七	八	九	十	—
星	3	4	5	6	日	1	2	3	4	5	6	日	1	2	3	4	5	6	日	1	2	3	4	5	6	日	1	2	3	4	—
干節	丙戌	丁亥	戊子	己丑	庚寅	辛卯	壬辰	癸巳	甲午	穀雨	丙申	丁酉	戊戌	己亥	庚子	辛丑	壬寅	癸卯	甲辰	乙巳	丙午	丁未	戊申	己酉	立夏	辛亥	壬子	癸丑	甲寅	乙卯	

陽歷五月份　　(陰歷四、五月份)

陽	5	2	3	4	5	6	7	8	9	10	11	12	13	14	15	16	17	18	19	20	21	22	23	24	25	26	26	28	29	30	31
陰	十一	十二	十三	十四	十五	十六	十七	十八	十九	廿	廿一	廿二	廿三	廿四	廿五	廿六	廿七	廿八	廿九	五	二	三	四	五	六	七	八	九	十	十一	十二
星	5	6	日	1	2	3	4	5	6	日	1	2	3	4	5	6	日	1	2	3	4	5	6	日	1	2	3	4	5	6	日
干節	丙辰	丁巳	戊午	己未	庚申	辛酉	壬戌	癸亥	甲子	乙丑	小滿	丁卯	戊辰	己巳	庚午	辛未	壬申	癸酉	甲戌	乙亥	丙子	丁丑	戊寅	己卯	庚辰	芒種	壬午	癸未	甲申	乙酉	丙戌

陽歷六月份　　(陰歷五、六月份)

陽	6	2	3	4	5	6	7	8	9	10	11	12	13	14	15	16	17	18	19	20	21	22	23	24	25	26	27	28	29	30	—
陰	十三	十四	十五	十六	十七	十八	十九	廿	廿一	廿二	廿三	廿四	廿五	廿六	廿七	廿八	廿九	卅	六	二	三	四	五	六	七	八	九	十	十一	十二	—
星	1	2	3	4	5	6	日	1	2	3	4	5	6	日	1	2	3	4	5	6	日	1	2	3	4	5	6	日	1	2	—
干節	丁亥	戊子	己丑	庚寅	辛卯	壬辰	癸巳	甲午	乙未	丙申	夏至	戊戌	己亥	庚子	辛丑	壬寅	癸卯	甲辰	乙巳	丙午	丁未	戊申	己酉	庚戌	辛亥	壬子	小暑	甲寅	乙卯	丙辰	

丁丑

一五一七年

(明武宗正德一二年)

近世中西史日對照表

陽歷七月份　(陰歷六、七月份)

陽	**7**	2	3	4	5	6	7	8	9	10	11	12	13	14	15	16	17	18	19	20	21	22	23	24	25	26	27	28	29	30	31
陰	十三	十四	十五	十六	十七	十八	十九	廿	廿一	廿二	廿三	廿四	廿五	廿六	廿七	廿八	廿九	卅	**七**	二	三	四	五	六	七	八	九	十	十一	十二	十三
星	3	4	5	6	**日**	1	2	3	4	5	6	**日**	1	2	3	4	5	6	**日**	1	2	3	4	5	6	**日**	1	2	3	4	5
干節	丁巳	戊午	己未	庚申	辛酉	壬戌	癸亥	甲子	乙丑	丙寅	丁卯	戊辰	**大暑**	庚午	辛未	壬申	癸酉	甲戌	乙亥	丙子	丁丑	戊寅	己卯	庚辰	辛巳	壬午	癸未	**立秋**	乙酉	丙戌	丁亥

陽歷八月份　(陰歷七、八月份)

陽	**8**	2	3	4	5	6	7	8	9	10	11	12	13	14	15	16	17	18	19	20	21	22	23	24	25	26	27	28	29	30	31
陰	十四	十五	十六	十七	十八	十九	廿	廿一	廿二	廿三	廿四	廿五	廿六	廿七	廿八	廿九	**八**	二	三	四	五	六	七	八	九	十	十一	十二	十三	十四	十五
星	6	**日**	1	2	3	4	5	6	**日**	1	2	3	4	5	6	**日**	1	2	3	4	5	6	**日**	1	2	3	4	5	6	**日**	1
干節	戊子	己丑	庚寅	辛卯	壬辰	癸巳	甲午	乙未	丙申	丁酉	戊戌	己亥	**處暑**	辛丑	壬寅	癸卯	甲辰	乙巳	丙午	丁未	戊申	己酉	庚戌	辛亥	壬子	癸丑	甲寅	**白露**	丙辰	丁巳	戊午

陽歷九月份　(陰歷八、九月份)

陽	**9**	2	3	4	5	6	7	8	9	10	11	12	13	14	15	16	17	18	19	20	21	22	23	24	25	26	27	28	29	30
陰	十六	十七	十八	十九	廿	廿一	廿二	廿三	廿四	廿五	廿六	廿七	廿八	廿九	卅	**九**	二	三	四	五	六	七	八	九	十	十一	十二	十三	十四	十五
星	2	3	4	5	6	**日**	1	2	3	4	5	6	**日**	1	2	3	4	5	6	**日**	1	2	3	4	5	6	**日**	1	2	3
干節	己未	庚申	辛酉	壬戌	癸亥	甲子	乙丑	丙寅	丁卯	戊辰	己巳	庚午	**秋分**	壬申	癸酉	甲戌	乙亥	丙子	丁丑	戊寅	己卯	庚辰	辛巳	壬午	癸未	甲申	乙酉	**寒露**	丁亥	戊子

陽歷十月份　(陰歷九、十月份)

陽	**10**	2	3	4	5	6	7	8	9	10	11	12	13	14	15	16	17	18	19	20	21	22	23	24	25	26	27	28	29	30	31
陰	十六	十七	十八	十九	廿	廿一	廿二	廿三	廿四	廿五	廿六	廿七	廿八	廿九	**十**	二	三	四	五	六	七	八	九	十	十一	十二	十三	十四	十五	十六	十七
星	4	5	6	**日**	1	2	3	4	5	6	**日**	1	2	3	4	5	6	**日**	1	2	3	4	5	6	**日**	1	2	3	4	5	6
干節	己丑	庚寅	辛卯	壬辰	癸巳	甲午	乙未	丙申	丁酉	戊戌	己亥	庚子	**霜降**	壬寅	癸卯	甲辰	乙巳	丙午	丁未	戊申	己酉	庚戌	辛亥	壬子	癸丑	甲寅	乙卯	**立冬**	丁巳	戊午	己未

陽歷十一月份　(陰歷十、十一月份)

陽	**11**	2	3	4	5	6	7	8	9	10	11	12	13	14	15	16	17	18	19	20	21	22	23	24	25	26	27	28	29	30
陰	十八	十九	廿	廿一	廿二	廿三	廿四	廿五	廿六	廿七	廿八	廿九	卅	**十一**	二	三	四	五	六	七	八	九	十	十一	十二	十三	十四	十五	十六	十七
星	**日**	1	2	3	4	5	6	**日**	1	2	3	4	5	6	**日**	1	2	3	4	5	6	**日**	1	2	3	4	5	6	**日**	1
干節	庚申	辛酉	壬戌	癸亥	甲子	乙丑	丙寅	丁卯	戊辰	己巳	庚午	**小雪**	壬申	癸酉	甲戌	乙亥	丙子	丁丑	戊寅	己卯	庚辰	辛巳	壬午	癸未	甲申	乙酉	**大雪**	丁亥	戊子	己丑

陽歷十二月份　(陰歷十一、十二月份)

陽	**12**	2	3	4	5	6	7	8	9	10	11	12	13	14	15	16	17	18	19	20	21	22	23	24	25	26	27	28	29	30	31
陰	十八	十九	廿	廿一	廿二	廿三	廿四	廿五	廿六	廿七	廿八	廿九	**十二**	二	三	四	五	六	七	八	九	十	十一	十二	十三	十四	十五	十六	十七	十八	十九
星	2	3	4	5	6	**日**	1	2	3	4	5	6	**日**	1	2	3	4	5	6	**日**	1	2	3	4	5	6	**日**	1	2	3	4
干節	庚寅	辛卯	壬辰	癸巳	甲午	乙未	丙申	丁酉	戊戌	己亥	**冬至**	辛丑	壬寅	癸卯	甲辰	乙巳	丙午	丁未	戊申	己酉	庚戌	辛亥	壬子	癸丑	甲寅	**小寒**	丙辰	丁巳	戊午	己未	庚申

近世中西史日對照表

戊寅　一五一八年　（明武宗正德一三年）

陽歷一月份　（陰歷十二、閏十二月份）

陽	1	2	3	4	5	6	7	8	9	10	11	12	13	14	15	16	17	18	19	20	21	22	23	24	25	26	27	28	29	30	31
陰	廿	廿一	廿二	廿三	廿四	廿五	廿六	廿七	廿八	廿九	卅	閏	二	三	四	五	六	七	八	九	十	十一	十二	十三	十四	十五	十六	十七	十八	十九	廿
星	5	6	日	1	2	3	4	5	6	日	1	2	3	4	5	6	日	1	2	3	4	5	6	日	1	2	3	4	5	6	日
干節	辛酉	壬戌	癸亥	甲子	乙丑	丙寅	丁卯	戊辰	己巳	大寒	辛未	壬申	癸酉	甲戌	乙亥	丙子	丁丑	戊寅	己卯	庚辰	辛巳	壬午	癸未	立春	乙酉	丙戌	丁亥	戊子	己丑	庚寅	辛卯

陽歷二月份　（陰歷閏十二、正月份）

陽	1	2	3	4	5	6	7	8	9	10	11	12	13	14	15	16	17	18	19	20	21	22	23	24	25	26	27	28			
陰	廿一	廿二	廿三	廿四	廿五	廿六	廿七	廿八	廿九	正	二	三	四	五	六	七	八	九	十	十一	十二	十三	十四	十五	十六	十七	十八	十九			
星	1	2	3	4	5	6	日	1	2	3	4	5	6	日	1	2	3	4	5	6	日	1	2	3	4	5	6	日			
干節	壬辰	癸巳	甲午	乙未	丙申	丁酉	戊戌	雨水	庚子	辛丑	壬寅	癸卯	甲辰	乙巳	丙午	丁未	戊申	己酉	庚戌	辛亥	壬子	癸丑	驚蟄	乙卯	丙辰	丁巳	戊午	己未			

陽歷三月份　（陰歷正、二月份）

陽	1	2	3	4	5	6	7	8	9	10	11	12	13	14	15	16	17	18	19	20	21	22	23	24	25	26	27	28	29	30	31
陰	廿	廿一	廿二	廿三	廿四	廿五	廿六	廿七	廿八	廿九	二	二	三	四	五	六	七	八	九	十	十一	十二	十三	十四	十五	十六	十七	十八	十九	廿	廿一
星	1	2	3	4	5	6	日	1	2	3	4	5	6	日	1	2	3	4	5	6	日	1	2	3	4	5	6	日	1	2	3
干節	庚申	辛酉	壬戌	癸亥	甲子	乙丑	丙寅	丁卯	戊辰	春分	庚午	辛未	壬申	癸酉	甲戌	乙亥	丙子	丁丑	戊寅	己卯	庚辰	辛巳	壬午	癸未	甲申	清明	丙戌	丁亥	戊子	己丑	庚寅

陽歷四月份　（陰歷二、三月份）

陽	1	2	3	4	5	6	7	8	9	10	11	12	13	14	15	16	17	18	19	20	21	22	23	24	25	26	27	28	29	30	
陰	廿二	廿三	廿四	廿五	廿六	廿七	廿八	廿九	卅	三	二	三	四	五	六	七	八	九	十	十一	十二	十三	十四	十五	十六	十七	十八	十九	廿	廿一	
星	4	5	6	日	1	2	3	4	5	6	日	1	2	3	4	5	6	日	1	2	3	4	5	6	日	1	2	3	4	5	
干節	辛卯	壬辰	癸巳	甲午	乙未	丙申	丁酉	戊戌	己亥	穀雨	辛丑	壬寅	癸卯	甲辰	乙巳	丙午	丁未	戊申	己酉	庚戌	辛亥	壬子	癸丑	甲寅	立夏	丙辰	丁巳	戊午	己未	庚申	

陽歷五月份　（陰歷三、四月份）

陽	1	2	3	4	5	6	7	8	9	10	11	12	13	14	15	16	17	18	19	20	21	22	23	24	25	26	27	28	29	30	31
陰	廿二	廿三	廿四	廿五	廿六	廿七	廿八	廿九	四	二	三	四	五	六	七	八	九	十	十一	十二	十三	十四	十五	十六	十七	十八	十九	廿	廿一	廿二	廿三
星	6	日	1	2	3	4	5	6	日	1	2	3	4	5	6	日	1	2	3	4	5	6	日	1	2	3	4	5	6	日	1
干節	辛酉	壬戌	癸亥	甲子	乙丑	丙寅	丁卯	戊辰	己巳	庚午	小滿	壬申	癸酉	甲戌	乙亥	丙子	丁丑	戊寅	己卯	庚辰	辛巳	壬午	癸未	甲申	乙酉	丙戌	芒種	戊子	己丑	庚寅	辛卯

陽歷六月份　（陰歷四、五月份）

陽	1	2	3	4	5	6	7	8	9	10	11	12	13	14	15	16	17	18	19	20	21	22	23	24	25	26	27	28	29	30	
陰	廿四	廿五	廿六	廿七	廿八	廿九	卅	五	二	三	四	五	六	七	八	九	十	十一	十二	十三	十四	十五	十六	十七	十八	十九	廿	廿一	廿二	廿三	
星	2	3	4	5	6	日	1	2	3	4	5	6	日	1	2	3	4	5	6	日	1	2	3	4	5	6	日	1	2	3	
干節	壬辰	癸巳	甲午	乙未	丙申	丁酉	戊戌	己亥	庚子	辛丑	壬寅	夏至	甲辰	乙巳	丙午	丁未	戊申	己酉	庚戌	辛亥	壬子	癸丑	甲寅	乙卯	丙辰	丁巳	小暑	己未	庚申	辛酉	

近世中西史日對照表

陽歷七月份　（陰歷五、六月份）

陽	7	2	3	4	5	6	7	8	9	10	11	12	13	14	15	16	17	18	19	20	21	22	23	24	25	26	27	28	29	30	31
陰	廿四	廿五	廿六	廿七	廿八	廿九	卅	六月	二	三	四	五	六	七	八	九	十	十一	十二	十三	十四	十五	十六	十七	十八	十九	廿	廿一	廿二	廿三	廿四
星	4	5	6	日	1	2	3	4	5	6	日	1	2	3	4	5	6	日	1	2	3	4	5	6	日	1	2	3	4	5	6
干節	壬戌	癸亥	甲子	乙丑	丙寅	丁卯	戊辰	己巳	庚午	辛未	壬申	癸酉	大暑	乙亥	丙子	丁丑	戊寅	己卯	庚辰	辛巳	壬午	癸未	甲申	乙酉	丙戌	丁亥	戊子	己丑	立秋	辛卯	壬辰

陽歷八月份　（陰歷六、七月份）

陽	8	2	3	4	5	6	7	8	9	10	11	12	13	14	15	16	17	18	19	20	21	22	23	24	25	26	27	28	29	30	31
陰	廿五	廿六	廿七	廿八	廿九	七月	二	三	四	五	六	七	八	九	十	十一	十二	十三	十四	十五	十六	十七	十八	十九	廿	廿一	廿二	廿三	廿四	廿五	廿六
星	日	1	2	3	4	5	6	日	1	2	3	4	5	6	日	1	2	3	4	5	6	日	1	2	3	4	5	6	日	1	2
干節	癸巳	甲午	乙未	丙申	丁酉	戊戌	己亥	庚子	辛丑	壬寅	癸卯	甲辰	處暑	丙午	丁未	戊申	己酉	庚戌	辛亥	壬子	癸丑	甲寅	乙卯	丙辰	丁巳	戊午	己未	庚申	白露	壬戌	癸亥

陽歷九月份　（陰歷七、八月份）

陽	9	2	3	4	5	6	7	8	9	10	11	12	13	14	15	16	17	18	19	20	21	22	23	24	25	26	27	28	29	30
陰	廿七	廿八	廿九	卅	八月	二	三	四	五	六	七	八	九	十	十一	十二	十三	十四	十五	十六	十七	十八	十九	廿	廿一	廿二	廿三	廿四	廿五	廿六
星	3	4	5	6	日	1	2	3	4	5	6	日	1	2	3	4	5	6	日	1	2	3	4	5	6	日	1	2	3	4
干節	甲子	乙丑	丙寅	丁卯	戊辰	己巳	庚午	辛未	壬申	癸酉	甲戌	乙亥	秋分	丁丑	戊寅	己卯	庚辰	辛巳	壬午	癸未	甲申	乙酉	丙戌	丁亥	戊子	己丑	庚寅	寒露	壬辰	癸巳

陽歷十月份　（陰歷八、九月份）

陽	10	2	3	4	5	6	7	8	9	10	11	12	13	14	15	16	17	18	19	20	21	22	23	24	25	26	27	28	29	30	31
陰	廿七	廿八	廿九	卅	九月	二	三	四	五	六	七	八	九	十	十一	十二	十三	十四	十五	十六	十七	十八	十九	廿	廿一	廿二	廿三	廿四	廿五	廿六	廿七
星	5	6	日	1	2	3	4	5	6	日	1	2	3	4	5	6	日	1	2	3	4	5	6	日	1	2	3	4	5	6	日
干節	甲午	乙未	丙申	丁酉	戊戌	己亥	庚子	辛丑	壬寅	癸卯	甲辰	乙巳	霜降	丁未	戊申	己酉	庚戌	辛亥	壬子	癸丑	甲寅	乙卯	丙辰	丁巳	戊午	己未	庚申	立冬	壬戌	癸亥	甲子

陽歷十一月份　（陰歷九、十月份）

陽	11	2	3	4	5	6	7	8	9	10	11	12	13	14	15	16	17	18	19	20	21	22	23	24	25	26	27	28	29	30
陰	廿八	廿九	十月	二	三	四	五	六	七	八	九	十	十一	十二	十三	十四	十五	十六	十七	十八	十九	廿	廿一	廿二	廿三	廿四	廿五	廿六	廿七	廿八
星	1	2	3	4	5	6	日	1	2	3	4	5	6	日	1	2	3	4	5	6	日	1	2	3	4	5	6	日	1	2
干節	乙丑	丙寅	丁卯	戊辰	己巳	庚午	辛未	壬申	癸酉	甲戌	乙亥	小雪	丁丑	戊寅	己卯	庚辰	辛巳	壬午	癸未	甲申	乙酉	丙戌	丁亥	戊子	己丑	庚寅	大雪	壬辰	癸巳	甲午

陽歷十二月份　（陰歷十、十一月份）

陽	12	2	3	4	5	6	7	8	9	10	11	12	13	14	15	16	17	18	19	20	21	22	23	24	25	26	27	28	29	30	31
陰	廿九	卅	十一月	二	三	四	五	六	七	八	九	十	十一	十二	十三	十四	十五	十六	十七	十八	十九	廿	廿一	廿二	廿三	廿四	廿五	廿六	廿七	廿八	廿九
星	3	4	5	6	日	1	2	3	4	5	6	日	1	2	3	4	5	6	日	1	2	3	4	5	6	日	1	2	3	4	5
干節	乙未	丙申	丁酉	戊戌	己亥	庚子	辛丑	壬寅	癸卯	甲辰	乙巳	冬至	丁未	戊申	己酉	庚戌	辛亥	壬子	癸丑	甲寅	乙卯	丙辰	丁巳	戊午	己未	小寒	辛酉	壬戌	癸亥	甲子	乙丑

陽歷一月份　(陰歷十二、正月份)

陽	1	2	3	4	5	6	7	8	9	10	11	12	13	14	15	16	17	18	19	20	21	22	23	24	25	26	27	28	29	30	31
陰	十二	二	三	四	五	六	七	八	九	十	十一	十二	十三	十四	十五	十六	十七	十八	十九	廿	廿一	廿二	廿三	廿四	廿五	廿六	廿七	廿八	廿九	卅	正
星	6	日	1	2	3	4	5	6	日	1	2	3	4	5	6	日	1	2	3	4	5	6	日	1	2	3	4	5	6	日	1
干節	丙寅	丁卯	戊辰	己巳	庚午	辛未	壬申	癸酉	甲戌	大寒	丙子	丁丑	戊寅	己卯	庚辰	辛巳	壬午	癸未	甲申	乙酉	丙戌	丁亥	戊子	己丑	立春	辛卯	壬辰	癸巳	甲午	乙未	丙申

陽歷二月份　(陰歷正月份)

陽	2	2	3	4	5	6	7	8	9	10	11	12	13	14	15	16	17	18	19	20	21	22	23	24	25	26	27	28			
陰	二	三	四	五	六	七	八	九	十	十一	十二	十三	十四	十五	十六	十七	十八	十九	廿	廿一	廿二	廿三	廿四	廿五	廿六	廿七	廿八	廿九			
星	2	3	4	5	6	日	1	2	3	4	5	6	日	1	2	3	4	5	6	日	1	2	3	4	5	6	日	1			
干節	丁酉	戊戌	己亥	庚子	辛丑	壬寅	癸卯	甲辰	雨水	丙午	丁未	戊申	己酉	庚戌	辛亥	壬子	癸丑	甲寅	乙卯	丙辰	丁巳	戊午	驚蟄	庚申	辛酉	壬戌	癸亥	甲子			

陽歷三月份　(陰歷二、三月份)

陽	3	2	3	4	5	6	7	8	9	10	11	12	13	14	15	16	17	18	19	20	21	22	23	24	25	26	27	28	29	30	31
陰	二	二	三	四	五	六	七	八	九	十	十一	十二	十三	十四	十五	十六	十七	十八	十九	廿	廿一	廿二	廿三	廿四	廿五	廿六	廿七	廿八	廿九	三	二
星	2	3	4	5	6	日	1	2	3	4	5	6	日	1	2	3	4	5	6	日	1	2	3	4	5	6	日	1	2	3	4
干節	乙丑	丙寅	丁卯	戊辰	己巳	庚午	辛未	壬申	癸酉	甲戌	春分	丙子	丁丑	戊寅	己卯	庚辰	辛巳	壬午	癸未	甲申	乙酉	丙戌	丁亥	戊子	己丑	清明	辛卯	壬辰	癸巳	甲午	乙未

陽歷四月份　(陰歷三、四月份)

陽	4	2	3	4	5	6	7	8	9	10	11	12	13	14	15	16	17	18	19	20	21	22	23	24	25	26	27	28	29	30	
陰	三	四	五	六	七	八	九	十	十一	十二	十三	十四	十五	十六	十七	十八	十九	廿	廿一	廿二	廿三	廿四	廿五	廿六	廿七	廿八	廿九	卅	四	二	
星	5	6	日	1	2	3	4	5	6	日	1	2	3	4	5	6	日	1	2	3	4	5	6	日	1	2	3	4	5	6	
干節	丙申	丁酉	戊戌	己亥	庚子	辛丑	壬寅	癸卯	甲辰	穀雨	丙午	丁未	戊申	己酉	庚戌	辛亥	壬子	癸丑	甲寅	乙卯	丙辰	丁巳	戊午	己未	庚申	立夏	壬戌	癸亥	甲子	乙丑	

陽歷五月份　(陰歷四、五月份)

陽	5	2	3	4	5	6	7	8	9	10	11	12	13	14	15	16	17	18	19	20	21	22	23	24	25	26	27	28	29	30	31
陰	三	四	五	六	七	八	九	十	十一	十二	十三	十四	十五	十六	十七	十八	十九	廿	廿一	廿二	廿三	廿四	廿五	廿六	廿七	廿八	廿九	五	二	三	四
星	日	1	2	3	4	5	6	日	1	2	3	4	5	6	日	1	2	3	4	5	6	日	1	2	3	4	5	6	日	1	2
干節	丙寅	丁卯	戊辰	己巳	庚午	辛未	壬申	癸酉	甲戌	乙亥	小滿	丁丑	戊寅	己卯	庚辰	辛巳	壬午	癸未	甲申	乙酉	丙戌	丁亥	戊子	己丑	庚寅	辛卯	芒種	癸巳	甲午	乙未	丙申

陽歷六月份　(陰歷五、六月份)

陽	6	2	3	4	5	6	7	8	9	10	11	12	13	14	15	16	17	18	19	20	21	22	23	24	25	26	27	28	29	30	
陰	五	六	七	八	九	十	十一	十二	十三	十四	十五	十六	十七	十八	十九	廿	廿一	廿二	廿三	廿四	廿五	廿六	廿七	廿八	廿九	卅	六	二	三	四	
星	3	4	5	6	日	1	2	3	4	5	6	日	1	2	3	4	5	6	日	1	2	3	4	5	6	日	1	2	3	4	
干節	丁酉	戊戌	己亥	庚子	辛丑	壬寅	癸卯	甲辰	乙巳	丙午	丁未	夏至	己酉	庚戌	辛亥	壬子	癸丑	甲寅	乙卯	丙辰	丁巳	戊午	己未	庚申	辛酉	壬戌	小暑	甲子	乙丑	丙寅	

己卯 一五一九年 (明武宗正德一四年)

陽歷七月份 (陰歷六、七月份)

陽	7	2	3	4	5	6	7	8	9	10	11	12	13	14	15	16	17	18	19	20	21	22	23	24	25	26	27	28	29	30	31
陰	五	六	七	八	九	十	十一	十二	十三	十四	十五	十六	十七	十八	十九	廿	廿一	廿二	廿三	廿四	廿五	廿六	廿七	廿八	廿九	七	二	三	四	五	六
星	5	6	日	1	2	3	4	5	6	日	1	2	3	4	5	6	日	1	2	3	4	5	6	日	1	2	3	4	5	6	日
干節	丁卯	戊辰	己巳	庚午	辛未	壬申	癸酉	甲戌	乙亥	丙子	丁丑	戊寅	大暑	庚辰	辛巳	壬午	癸未	甲申	乙酉	丙戌	丁亥	戊子	己丑	庚寅	辛卯	壬辰	癸巳	甲午	立秋	丙申	丁酉

陽歷八月份 (陰歷七、八月份)

陽	8	2	3	4	5	6	7	8	9	10	11	12	13	14	15	16	17	18	19	20	21	22	23	24	25	26	27	28	29	30	31
陰	七	八	九	十	十一	十二	十三	十四	十五	十六	十七	十八	十九	廿	廿一	廿二	廿三	廿四	廿五	廿六	廿七	廿八	廿九	卅	八	二	三	四	五	六	七
星	1	2	3	4	5	6	日	1	2	3	4	5	6	日	1	2	3	4	5	6	日	1	2	3	4	5	6	日	1	2	3
干節	戊戌	己亥	庚子	辛丑	壬寅	癸卯	甲辰	乙巳	丙午	丁未	戊申	己酉	庚戌	處暑	壬子	癸丑	甲寅	乙卯	丙辰	丁巳	戊午	己未	庚申	辛酉	壬戌	癸亥	甲子	乙丑	白露	丁卯	戊辰

陽歷九月份 (陰歷八、九月份)

陽	9	2	3	4	5	6	7	8	9	10	11	12	13	14	15	16	17	18	19	20	21	22	23	24	25	26	27	28	29	30
陰	八	九	十	十一	十二	十三	十四	十五	十六	十七	十八	十九	廿	廿一	廿二	廿三	廿四	廿五	廿六	廿七	廿八	廿九	卅	九	二	三	四	五	六	七
星	4	5	6	日	1	2	3	4	5	6	日	1	2	3	4	5	6	日	1	2	3	4	5	6	日	1	2	3	4	5
干節	己巳	庚午	辛未	壬申	癸酉	甲戌	乙亥	丙子	丁丑	戊寅	己卯	庚辰	秋分	壬午	癸未	甲申	乙酉	丙戌	丁亥	戊子	己丑	庚寅	辛卯	壬辰	癸巳	甲午	乙未	丙申	寒露	戊戌

陽歷十月份 (陰歷九、十月份)

陽	10	2	3	4	5	6	7	8	9	10	11	12	13	14	15	16	17	18	19	20	21	22	23	24	25	26	27	28	29	30	31
陰	八	九	十	十一	十二	十三	十四	十五	十六	十七	十八	十九	廿	廿一	廿二	廿三	廿四	廿五	廿六	廿七	廿八	廿九	十	二	三	四	五	六	七	八	九
星	6	日	1	2	3	4	5	6	日	1	2	3	4	5	6	日	1	2	3	4	5	6	日	1	2	3	4	5	6	日	1
干節	己亥	庚子	辛丑	壬寅	癸卯	甲辰	乙巳	丙午	丁未	戊申	己酉	庚戌	辛亥	霜降	癸丑	甲寅	乙卯	丙辰	丁巳	戊午	己未	庚申	辛酉	壬戌	癸亥	甲子	乙丑	丙寅	立冬	戊辰	己巳

陽歷十一月份 (陰歷十、十一月份)

陽	11	2	3	4	5	6	7	8	9	10	11	12	13	14	15	16	17	18	19	20	21	22	23	24	25	26	27	28	29	30
陰	十	十一	十二	十三	十四	十五	十六	十七	十八	十九	廿	廿一	廿二	廿三	廿四	廿五	廿六	廿七	廿八	廿九	卅	十一	二	三	四	五	六	七	八	九
星	2	3	4	5	6	日	1	2	3	4	5	6	日	1	2	3	4	5	6	日	1	2	3	4	5	6	日	1	2	3
干節	庚午	辛未	壬申	癸酉	甲戌	乙亥	丙子	丁丑	戊寅	己卯	庚辰	小雪	壬午	癸未	甲申	乙酉	丙戌	丁亥	戊子	己丑	庚寅	辛卯	壬辰	癸巳	甲午	乙未	大雪	丁酉	戊戌	己亥

陽歷十二月份 (陰歷十一、十二月份)

陽	12	2	3	4	5	6	7	8	9	10	11	12	13	14	15	16	17	18	19	20	21	22	23	24	25	26	27	28	29	30	31
陰	十	十一	十二	十三	十四	十五	十六	十七	十八	十九	廿	廿一	廿二	廿三	廿四	廿五	廿六	廿七	廿八	廿九	卅	十二	二	三	四	五	六	七	八	九	十
星	4	5	6	日	1	2	3	4	5	6	日	1	2	3	4	5	6	日	1	2	3	4	5	6	日	1	2	3	4	5	6
干節	庚子	辛丑	壬寅	癸卯	甲辰	乙巳	丙午	丁未	戊申	己酉	庚戌	冬至	壬子	癸丑	甲寅	乙卯	丙辰	丁巳	戊午	己未	庚申	辛酉	壬戌	癸亥	甲子	小寒	丙寅	丁卯	戊辰	己巳	庚午

近世中西史日對照表

陽歷一月份　（陰歷十二、正月份）

陽	1	2	3	4	5	6	7	8	9	10	11	12	13	14	15	16	17	18	19	20	21	22	23	24	25	26	27	28	29	30	31
陰	十一	十二	十三	十四	十五	十六	十七	十八	十九	廿	廿一	廿二	廿三	廿四	廿五	廿六	廿七	廿八	廿九	正	二	三	四	五	六	七	八	九	十	十一	十二
星	日	1	2	3	4	5	6	日	1	2	3	4	5	6	日	1	2	3	4	5	6	日	1	2	3	4	5	6	日	1	2
干節	辛未	壬申	癸酉	甲戌	乙亥	丙子	丁丑	戊寅	己卯	大寒	辛巳	壬午	癸未	甲申	乙酉	丙戌	丁亥	戊子	己丑	庚寅	辛卯	壬辰	癸巳	甲午	立春	丙申	丁酉	戊戌	己亥	庚子	辛丑

陽歷二月份　（陰歷正、二月份）

陽	1	2	3	4	5	6	7	8	9	10	11	12	13	14	15	16	17	18	19	20	21	22	23	24	25	26	27	28	29
陰	十三	十四	十五	十六	十七	十八	十九	廿	廿一	廿二	廿三	廿四	廿五	廿六	廿七	廿八	廿九	卅	二	二	三	四	五	六	七	八	九	十	十一
星	3	4	5	6	日	1	2	3	4	5	6	日	1	2	3	4	5	6	日	1	2	3	4	5	6	日	1	2	3
干節	壬寅	癸卯	甲辰	乙巳	丙午	丁未	戊申	己酉	雨水	辛亥	壬子	癸丑	甲寅	乙卯	丙辰	丁巳	戊午	己未	庚申	辛酉	壬戌	癸亥	甲子	驚蟄	丙寅	丁卯	戊辰	己巳	庚午

陽歷三月份　（陰歷二、三月份）

陽	1	2	3	4	5	6	7	8	9	10	11	12	13	14	15	16	17	18	19	20	21	22	23	24	25	26	27	28	29	30	31
陰	十二	十三	十四	十五	十六	十七	十八	十九	廿	廿一	廿二	廿三	廿四	廿五	廿六	廿七	廿八	廿九	三	二	三	四	五	六	七	八	九	十	十一	十二	十三
星	4	5	6	日	1	2	3	4	5	6	日	1	2	3	4	5	6	日	1	2	3	4	5	6	日	1	2	3	4	5	6
干節	辛未	壬申	癸酉	甲戌	乙亥	丙子	丁丑	戊寅	己卯	春分	辛巳	壬午	癸未	甲申	乙酉	丙戌	丁亥	戊子	己丑	庚寅	辛卯	壬辰	癸巳	甲午	清明	丙申	丁酉	戊戌	己亥	庚子	辛丑

陽歷四月份　（陰歷三、四月份）

陽	1	2	3	4	5	6	7	8	9	10	11	12	13	14	15	16	17	18	19	20	21	22	23	24	25	26	27	28	29	30
陰	十四	十五	十六	十七	十八	十九	廿	廿一	廿二	廿三	廿四	廿五	廿六	廿七	廿八	廿九	四	二	三	四	五	六	七	八	九	十	十一	十二	十三	十四
星	日	1	2	3	4	5	6	日	1	2	3	4	5	6	日	1	2	3	4	5	6	日	1	2	3	4	5	6	日	1
干節	壬寅	癸卯	甲辰	乙巳	丙午	丁未	戊申	己酉	穀雨	辛亥	壬子	癸丑	甲寅	乙卯	丙辰	丁巳	戊午	己未	庚申	辛酉	壬戌	癸亥	甲子	乙丑	立夏	丁卯	戊辰	己巳	庚午	辛未

陽歷五月份　（陰歷四、五月份）

陽	1	2	3	4	5	6	7	8	9	10	11	12	13	14	15	16	17	18	19	20	21	22	23	24	25	26	27	28	29	30	31
陰	十五	十六	十七	十八	十九	廿	廿一	廿二	廿三	廿四	廿五	廿六	廿七	廿八	廿九	卅	五	二	三	四	五	六	七	八	九	十	十一	十二	十三	十四	十五
星	2	3	4	5	6	日	1	2	3	4	5	6	日	1	2	3	4	5	6	日	1	2	3	4	5	6	日	1	2	3	4
干節	壬申	癸酉	甲戌	乙亥	丙子	丁丑	戊寅	己卯	庚辰	小滿	壬午	癸未	甲申	乙酉	丙戌	丁亥	戊子	己丑	庚寅	辛卯	壬辰	癸巳	甲午	乙未	丙申	芒種	戊戌	己亥	庚子	辛丑	壬寅

陽歷六月份　（陰歷五、六月份）

陽	1	2	3	4	5	6	7	8	9	10	11	12	13	14	15	16	17	18	19	20	21	22	23	24	25	26	27	28	29	30
陰	十六	十七	十八	十九	廿	廿一	廿二	廿三	廿四	廿五	廿六	廿七	廿八	廿九	六	二	三	四	五	六	七	八	九	十	十一	十二	十三	十四	十五	十六
星	5	6	日	1	2	3	4	5	6	日	1	2	3	4	5	6	日	1	2	3	4	5	6	日	1	2	3	4	5	6
干節	癸卯	甲辰	乙巳	丙午	丁未	戊申	己酉	庚戌	辛亥	壬子	夏至	甲寅	乙卯	丙辰	丁巳	戊午	己未	庚申	辛酉	壬戌	癸亥	甲子	乙丑	丙寅	丁卯	戊辰	小暑	庚午	辛未	壬申

庚辰

一五二〇年

（明武宗正德一五年）

陽歷七月份　（陰歷六、七月份）

陽	7	2	3	4	5	6	7	8	9	10	11	12	13	14	15	16	17	18	19	20	21	22	23	24	25	26	27	28	29	30	31
陰	十七	十八	十九	廿	廿一	廿二	廿三	廿四	廿五	廿六	廿七	廿八	廿九	卅	七月	二	三	四	五	六	七	八	九	十	十一	十二	十三	十四	十五	十六	十七
星	日	1	2	3	4	5	6	日	1	2	3	4	5	6	日	1	2	3	4	5	6	日	1	2	3	4	5	6	日	1	2
干節	癸酉	甲戌	乙亥	丙子	丁丑	戊寅	己卯	庚辰	辛巳	壬午	癸未	大暑	乙酉	丙戌	丁亥	戊子	己丑	庚寅	辛卯	壬辰	癸巳	甲午	乙未	丙申	丁酉	戊戌	己亥	立秋	辛丑	壬寅	癸卯

陽歷八月份　（陰歷七、八月份）

陽	8	2	3	4	5	6	7	8	9	10	11	12	13	14	15	16	17	18	19	20	21	22	23	24	25	26	27	28	29	30	31
陰	十八	十九	廿	廿一	廿二	廿三	廿四	廿五	廿六	廿七	廿八	廿九	八月	二	三	四	五	六	七	八	九	十	十一	十二	十三	十四	十五	十六	十七	十八	十九
星	3	4	5	6	日	1	2	3	4	5	6	日	1	2	3	4	5	6	日	1	2	3	4	5	6	日	1	2	3	4	5
干節	甲辰	乙巳	丙午	丁未	戊申	己酉	庚戌	辛亥	壬子	癸丑	甲寅	乙卯	處暑	丁巳	戊午	己未	庚申	辛酉	壬戌	癸亥	甲子	乙丑	丙寅	丁卯	戊辰	己巳	庚午	白露	壬申	癸酉	甲戌

陽歷九月份　（陰歷八、閏八月份）

陽	9	2	3	4	5	6	7	8	9	10	11	12	13	14	15	16	17	18	19	20	21	22	23	24	25	26	27	28	29	30
陰	廿	廿一	廿二	廿三	廿四	廿五	廿六	廿七	廿八	廿九	卅	閏	二	三	四	五	六	七	八	九	十	十一	十二	十三	十四	十五	十六	十七	十八	十九
星	6	日	1	2	6	4	5	6	日	1	2	3	4	5	6	日	1	2	3	4	5	6	日	1	2	3	4	5	6	日
干節	乙亥	丙子	丁丑	戊寅	己卯	庚辰	辛巳	壬午	癸未	甲申	乙酉	秋分	丁亥	戊子	己丑	庚寅	辛卯	壬辰	癸巳	甲午	乙未	丙申	丁酉	戊戌	己亥	庚子	辛丑	寒露	癸卯	甲辰

陽歷十月份　（陰歷閏八、九月份）

陽	10	2	3	4	5	6	7	8	9	10	11	12	13	14	15	16	17	18	19	20	21	22	23	24	25	26	27	28	29	30	31
陰	廿	廿一	廿二	廿三	廿四	廿五	廿六	廿七	廿八	廿九	九月	二	三	四	五	六	七	八	九	十	十一	十二	十三	十四	十五	十六	十七	十八	十九	廿	廿一
星	1	2	3	4	5	6	日	1	2	3	4	5	6	日	1	2	3	4	5	6	日	1	2	3	4	5	6	日	1	2	3
干節	乙巳	丙午	丁未	戊申	己酉	庚戌	辛亥	壬子	癸丑	甲寅	乙卯	丙辰	霜降	戊午	己未	庚申	辛酉	壬戌	癸亥	甲子	乙丑	丙寅	丁卯	戊辰	己巳	庚午	辛未	立冬	癸酉	甲戌	乙亥

陽歷十一月份　（陰歷九、十月份）

陽	11	2	3	4	5	6	7	8	9	10	11	12	13	14	15	16	17	18	19	20	21	22	23	24	25	26	27	28	29	30
陰	廿二	廿三	廿四	廿五	廿六	廿七	廿八	廿九	卅	十月	二	三	四	五	六	七	八	九	十	十一	十二	十三	十四	十五	十六	十七	十八	十九	廿	廿一
星	4	5	6	日	1	2	6	4	5	6	日	1	2	3	4	5	6	日	1	2	3	4	5	6	日	1	2	3	4	5
干節	丙子	丁丑	戊寅	己卯	庚辰	辛巳	壬午	癸未	甲申	乙酉	丙戌	小雪	戊子	己丑	庚寅	辛卯	壬辰	癸巳	甲午	乙未	丙申	丁酉	戊戌	己亥	庚子	大雪	壬寅	癸卯	甲辰	乙巳

陽歷十二月份　（陰歷十、十一月份）

陽	12	2	3	4	5	6	7	8	9	10	11	12	13	14	15	16	17	18	19	20	21	22	23	24	25	26	27	28	29	30	31
陰	廿二	廿三	廿四	廿五	廿六	廿七	廿八	廿九	卅	十一月	二	三	四	五	六	七	八	九	十	十一	十二	十三	十四	十五	十六	十七	十八	十九	廿	廿一	廿二
星	6	日	1	2	3	4	5	6	日	1	2	3	4	5	6	日	1	2	3	4	5	6	日	1	2	3	4	5	6	日	1
干節	丙午	丁未	戊申	己酉	庚戌	辛亥	壬子	癸丑	甲寅	乙卯	冬至	丁巳	戊午	己未	庚申	辛酉	壬戌	癸亥	甲子	乙丑	丙寅	丁卯	戊辰	己巳	庚午	小寒	壬申	癸酉	甲戌	乙亥	丙子

近世中西史日對照表

辛巳 一五二一年 (明武宗正德一六年)

陽歷一月份 (陰歷十一、十二月份)

陽	1	2	3	4	5	6	7	8	9	10	11	12	13	14	15	16	17	18	19	20	21	22	23	24	25	26	27	28	29	30	31
陰	廿三	廿四	廿五	廿六	廿七	廿八	廿九	卅	十二	二	三	四	五	六	七	八	九	十	十一	十二	十三	十四	十五	十六	十七	十八	十九	廿	廿一	廿二	廿三
星	2	3	4	5	6	日	1	2	3	4	5	6	日	1	2	3	4	5	6	日	1	2	3	4	5	6	日	1	2	3	4
干節	丁丑	戊寅	己卯	庚辰	辛巳	壬午	癸未	甲申	大寒	丙戌	丁亥	戊子	己丑	庚寅	辛卯	壬辰	癸巳	甲午	乙未	丙申	丁酉	戊戌	己亥	立春	辛丑	壬寅	癸卯	甲辰	乙巳	丙午	丁未

陽歷二月份 (陰歷十二、正月份)

陽	2	2	3	4	5	6	7	8	9	10	11	12	13	14	15	16	17	18	19	20	21	22	23	24	25	26	27	28			
陰	廿四	廿五	廿六	廿七	廿八	廿九	正	二	三	四	五	六	七	八	九	十	十一	十二	十三	十四	十五	十六	十七	十八	十九	廿	廿一	廿二			
星	5	6	日	1	2	3	4	5	6	日	1	2	3	4	5	6	日	1	2	3	4	5	6	日	1	2	3	4			
干節	戊申	己酉	庚戌	辛亥	壬子	癸丑	甲寅	雨水	丙辰	丁巳	戊午	己未	庚申	辛酉	壬戌	癸亥	甲子	乙丑	丙寅	丁卯	戊辰	己巳	驚蟄	辛未	壬申	癸酉	甲戌	乙亥			

陽歷三月份 (陰歷正、二月份)

陽	3	2	3	4	5	6	7	8	9	10	11	12	13	14	15	16	17	18	19	20	21	22	23	24	25	26	27	28	29	30	31
陰	廿三	廿四	廿五	廿六	廿七	廿八	廿九	卅	二	二	三	四	五	六	七	八	九	十	十一	十二	十三	十四	十五	十六	十七	十八	十九	廿	廿一	廿二	廿三
星	5	6	日	1	2	3	4	5	6	日	1	2	3	4	5	6	日	1	2	3	4	5	6	日	1	2	3	4	5	6	日
干節	丙子	丁丑	戊寅	己卯	庚辰	辛巳	壬午	春分	甲申	乙酉	丙戌	丁亥	戊子	己丑	庚寅	辛卯	壬辰	癸巳	甲午	乙未	丙申	丁酉	戊戌	己亥	清明	辛丑	壬寅	癸卯	甲辰	乙巳	丙午

陽歷四月份 (陰歷二、三月份)

陽	4	2	3	4	5	6	7	8	9	10	11	12	13	14	15	16	17	18	19	20	21	22	23	24	25	26	27	28	29	30	
陰	廿四	廿五	廿六	廿七	廿八	廿九	三	二	三	四	五	六	七	八	九	十	十一	十二	十三	十四	十五	十六	十七	十八	十九	廿	廿一	廿二	廿三	廿四	
星	1	2	3	4	5	6	日	1	2	3	4	5	6	日	1	2	3	4	5	6	日	1	2	3	4	5	6	日	1	2	
干節	丁未	戊申	己酉	庚戌	辛亥	壬子	癸丑	甲寅	乙卯	穀雨	丁巳	戊午	己未	庚申	辛酉	壬戌	癸亥	甲子	乙丑	丙寅	丁卯	戊辰	己巳	庚午	立夏	壬申	癸酉	甲戌	乙亥	丙子	

陽歷五月份 (陰歷三、四月份)

陽	5	2	3	4	5	6	7	8	9	10	11	12	13	14	15	16	17	18	19	20	21	22	23	24	25	26	27	28	29	30	31
陰	廿五	廿六	廿七	廿八	廿九	四	二	三	四	五	六	七	八	九	十	十一	十二	十三	十四	十五	十六	十七	十八	十九	廿	廿一	廿二	廿三	廿四	廿五	廿六
星	3	4	5	6	日	1	2	3	4	5	6	日	1	2	3	4	5	6	日	1	2	3	4	5	6	日	1	2	3	4	5
干節	丁丑	戊寅	己卯	庚辰	辛巳	壬午	癸未	甲申	乙酉	丙戌	小滿	戊子	己丑	庚寅	辛卯	壬辰	癸巳	甲午	乙未	丙申	丁酉	戊戌	己亥	庚子	辛丑	芒種	癸卯	甲辰	乙巳	丙午	丁未

陽歷六月份 (陰歷四、五月份)

陽	6	2	3	4	5	6	7	8	9	10	11	12	13	14	15	16	17	18	19	20	21	22	23	24	25	26	27	28	29	30	
陰	廿七	廿八	廿九	卅	五	二	三	四	五	六	七	八	九	十	十一	十二	十三	十四	十五	十六	十七	十八	十九	廿	廿一	廿二	廿三	廿四	廿五	廿六	
星	6	日	1	2	3	4	5	6	日	1	2	3	4	5	6	日	1	2	3	4	5	6	日	1	2	3	4	5	6	日	
干節	戊申	己酉	庚戌	辛亥	壬子	癸丑	甲寅	乙卯	丙辰	丁巳	夏至	己未	庚申	辛酉	壬戌	癸亥	甲子	乙丑	丙寅	丁卯	戊辰	己巳	庚午	辛未	壬申	癸酉	小暑	乙亥	丙子	丁丑	

辛巳

一五二一年

（明武宗正德一六年）

陽歷七月份　（陰歷五、六月份）

陽	**7**	2	3	4	5	6	7	8	9	10	11	12	13	14	15	16	17	18	19	20	21	22	23	24	25	26	27	28	29	30	31
陰	廿七	廿八	廿九	**六**	二	三	四	五	六	七	八	九	十	十一	十二	十三	十四	十五	十六	十七	十八	十九	廿	廿一	廿二	廿三	廿四	廿五	廿六	廿七	廿八
星	1	2	3	4	5	6	日	1	2	3	4	5	6	日	1	2	3	4	5	6	日	1	2	3	4	5	6	日	1	2	3
干節	戊寅	己卯	庚辰	辛巳	壬午	癸未	甲申	乙酉	丙戌	丁亥	戊子	己丑	大暑	辛卯	壬辰	癸巳	甲午	乙未	丙申	丁酉	戊戌	己亥	庚子	辛丑	壬寅	癸卯	甲辰	立秋	丙午	丁未	戊申

陽歷八月份　（陰歷六、七月份）

陽	**8**	2	3	4	5	6	7	8	9	10	11	12	13	14	15	16	17	18	19	20	21	22	23	24	25	26	27	28	29	30	31
陰	廿九	**七**	二	三	四	五	六	七	八	九	十	十一	十二	十三	十四	十五	十六	十七	十八	十九	廿	廿一	廿二	廿三	廿四	廿五	廿六	廿七	廿八	廿九	卅
星	4	5	6	日	1	2	3	4	5	6	日	1	2	3	4	5	6	日	1	2	3	4	5	6	日	1	2	3	4	5	6
干節	己酉	庚戌	辛亥	壬子	癸丑	甲寅	乙卯	丙辰	丁巳	戊午	己未	庚申	處暑	壬戌	癸亥	甲子	乙丑	丙寅	丁卯	戊辰	己巳	庚午	辛未	壬申	癸酉	甲戌	乙亥	白露	丁丑	戊寅	己卯

陽歷九月份　（陰歷八、九月份）

陽	**9**	2	3	4	5	6	7	8	9	10	11	12	13	14	15	16	17	18	19	20	21	22	23	24	25	26	27	28	29	30
陰	**八**	二	三	四	五	六	七	八	九	十	十一	十二	十三	十四	十五	十六	十七	十八	十九	廿	廿一	廿二	廿三	廿四	廿五	廿六	廿七	廿八	廿九	**九**
星	日	1	2	3	4	5	6	日	1	2	3	4	5	6	日	1	2	3	4	5	6	日	1	2	3	4	5	6	日	1
干節	庚辰	辛巳	壬午	癸未	甲申	乙酉	丙戌	丁亥	戊子	己丑	庚寅	辛卯	秋分	癸巳	甲午	乙未	丙申	丁酉	戊戌	己亥	庚子	辛丑	壬寅	癸卯	甲辰	乙巳	丙午	寒露	戊申	己酉

陽歷十月份　（陰歷九、十月份）

陽	**10**	2	3	4	5	6	7	8	9	10	11	12	13	14	15	16	17	18	19	20	21	22	23	24	25	26	27	28	29	30	31
陰	二	三	四	五	六	七	八	九	十	十一	十二	十三	十四	十五	十六	十七	十八	十九	廿	廿一	廿二	廿三	廿四	廿五	廿六	廿七	廿八	廿九	卅	**十**	二
星	2	3	4	5	6	日	1	2	3	4	5	6	日	1	2	3	4	5	6	日	1	2	3	4	5	6	日	1	2	3	4
干節	庚戌	辛亥	壬子	癸丑	甲寅	乙卯	丙辰	丁巳	戊午	己未	庚申	辛酉	霜降	癸亥	甲子	乙丑	丙寅	丁卯	戊辰	己巳	庚午	辛未	壬申	癸酉	甲戌	乙亥	丙子	立冬	戊寅	己卯	庚辰

陽歷十一月份　（陰歷十、十一月份）

陽	**11**	2	3	4	5	6	7	8	9	10	11	12	13	14	15	16	17	18	19	20	21	22	23	24	25	26	27	28	29	30
陰	三	四	五	六	七	八	九	十	十一	十二	十三	十四	十五	十六	十七	十八	十九	廿	廿一	廿二	廿三	廿四	廿五	廿六	廿七	廿八	廿九	卅	**十一**	二
星	5	6	日	1	2	3	4	5	6	日	1	2	3	4	5	6	日	1	2	3	4	5	6	日	1	2	3	4	5	6
干節	辛巳	壬午	癸未	甲申	乙酉	丙戌	丁亥	戊子	己丑	庚寅	辛卯	小雪	癸巳	甲午	乙未	丙申	丁酉	戊戌	己亥	庚子	辛丑	壬寅	癸卯	甲辰	乙巳	丙午	大雪	戊申	己酉	庚戌

陽歷十二月份　（陰歷十一、十二月份）

陽	**12**	2	3	4	5	6	7	8	9	10	11	12	13	14	15	16	17	18	19	20	21	22	23	24	25	26	27	28	29	30	31
陰	三	四	五	六	七	八	九	十	十一	十二	十三	十四	十五	十六	十七	十八	十九	廿	廿一	廿二	廿三	廿四	廿五	廿六	廿七	廿八	廿九	卅	**十二**	二	三
星	日	1	2	3	4	5	6	日	1	2	3	4	5	6	日	1	2	3	4	5	6	日	1	2	3	4	5	6	日	1	2
干節	辛亥	壬子	癸丑	甲寅	乙卯	丙辰	丁巳	戊午	己未	庚申	冬至	壬戌	癸亥	甲子	乙丑	丙寅	丁卯	戊辰	己巳	庚午	辛未	壬申	癸酉	甲戌	乙亥	小寒	丁丑	戊寅	己卯	庚辰	辛巳

近世中西史日對照表

壬午　一五二二年（明世宗嘉靖元年）

陽歷一月份　（陰歷十二、正月份）

陽	1	2	3	4	5	6	7	8	9	10	11	12	13	14	15	16	17	18	19	20	21	22	23	24	25	26	27	28	29	30	31
陰	四	五	六	七	八	九	十	十一	十二	十三	十四	十五	十六	十七	十八	十九	廿	廿一	廿二	廿三	廿四	廿五	廿六	廿七	廿八	廿九	卅	正	二	三	四
星	3	4	5	6	日	1	2	3	4	5	6	日	1	2	3	4	5	6	日	1	2	3	4	5	5	日	1	2	3	4	5
干節	壬午	癸未	甲申	乙酉	丙戌	丁亥	戊子	己丑	庚寅	大寒	壬辰	癸巳	甲午	乙未	丙申	丁酉	戊戌	己亥	庚子	辛丑	壬寅	癸卯	甲辰	立春	丙午	丁未	戊申	己酉	庚戌	辛亥	壬子

陽歷二月份　（陰歷正、二月份）

陽	2	2	3	4	5	6	7	8	9	10	11	12	13	14	15	16	17	18	19	20	21	22	23	24	25	26	27	28
陰	五	六	七	八	九	十	十一	十二	十三	十四	十五	十六	十七	十八	十九	廿	廿一	廿二	廿三	廿四	廿五	廿六	廿七	廿八	廿九	二	二	三
星	6	日	1	2	3	4	5	6	日	1	2	3	4	5	6	日	1	2	3	4	5	6	日	1	2	3	4	5
干節	癸丑	甲寅	乙卯	丙辰	丁巳	戊午	己未	雨水	辛酉	壬戌	癸亥	甲子	乙丑	丙寅	丁卯	戊辰	己巳	庚午	辛未	壬申	癸酉	甲戌	驚蟄	丙子	丁丑	戊寅	己卯	庚辰

陽歷三月份　（陰歷二、三月份）

陽	3	2	3	4	5	6	7	8	9	10	11	12	13	14	15	16	17	18	19	20	21	22	23	24	25	26	27	28	29	30	31
陰	四	五	六	七	八	九	十	十一	十二	十三	十四	十五	十六	十七	十八	十九	廿	廿一	廿二	廿三	廿四	廿五	廿六	廿七	廿八	廿九	卅	三	二	三	四
星	6	日	1	2	3	4	5	6	日	1	2	3	4	5	6	日	1	2	3	4	5	5	日	1	2	3	4	5	6	日	1
干節	辛巳	壬午	癸未	甲申	乙酉	丙戌	丁亥	戊子	己丑	春分	辛卯	壬辰	癸巳	甲午	乙未	丙申	丁酉	戊戌	己亥	庚子	辛丑	壬寅	癸卯	甲辰	乙巳	清明	丁未	戊申	己酉	庚戌	辛亥

陽歷四月份　（陰歷三、四月份）

陽	4	2	3	4	5	6	7	8	9	10	11	12	13	14	15	16	17	18	19	20	21	22	23	24	25	26	27	28	29	30
陰	五	六	七	八	九	十	十一	十二	十三	十四	十五	十六	十七	十八	十九	廿	廿一	廿二	廿三	廿四	廿五	廿六	廿七	廿八	廿九	四	二	三	四	五
星	2	3	4	5	6	日	1	2	3	4	5	6	日	1	2	3	4	5	6	日	1	2	3	4	5	6	日	1	2	3
干節	壬子	癸丑	甲寅	乙卯	丙辰	丁巳	戊午	己未	庚申	穀雨	壬戌	癸亥	甲子	乙丑	丙寅	丁卯	戊辰	己巳	庚午	辛未	壬申	癸酉	甲戌	乙亥	立夏	丁丑	戊寅	己卯	庚辰	辛巳

陽歷五月份　（陰歷四、五月份）

陽	5	2	3	4	5	6	7	8	9	10	11	12	13	14	15	16	17	18	19	20	21	22	23	24	25	26	27	28	29	30	31
陰	六	七	八	九	十	十一	十二	十三	十四	十五	十六	十七	十八	十九	廿	廿一	廿二	廿三	廿四	廿五	廿六	廿七	廿八	廿九	五	二	三	四	五	六	七
星	4	5	6	日	1	2	3	4	5	6	日	1	2	3	4	5	5	日	1	2	3	4	5	6	日	1	2	3	4	5	6
干節	壬午	癸未	甲申	乙酉	丙戌	丁亥	戊子	己丑	庚寅	辛卯	小滿	癸巳	甲午	乙未	丙申	丁酉	戊戌	己亥	庚子	辛丑	壬寅	癸卯	甲辰	乙巳	丙午	丁未	芒種	己酉	庚戌	辛亥	壬子

陽歷六月份　（陰歷五、六月份）

陽	6	2	3	4	5	6	7	8	9	10	11	12	13	14	15	16	17	18	19	20	21	22	23	24	25	26	27	28	29	30
陰	八	九	十	十一	十二	十三	十四	十五	十六	十七	十八	十九	廿	廿一	廿二	廿三	廿四	廿五	廿六	廿七	廿八	廿九	卅	六	二	三	四	五	六	七
星	日	1	2	3	4	5	6	日	1	2	3	4	5	6	日	1	2	3	4	5	6	日	1	2	3	4	5	6	日	1
干節	癸丑	甲寅	乙卯	丙辰	丁巳	戊午	己未	庚申	辛酉	壬戌	夏至	甲子	乙丑	丙寅	丁卯	戊辰	己巳	庚午	辛未	壬申	癸酉	甲戌	乙亥	丙子	丁丑	戊寅	小暑	庚辰	辛巳	壬午

壬午

一五二二年

（明世宗嘉靖元年）

陽歷七月份　（陰歷六、七月份）

陽	7	2	3	4	5	6	7	8	9	10	11	12	13	14	15	16	17	18	19	20	21	22	23	24	25	26	27	28	29	30	31
陰	八	九	十	十一	十二	十三	十四	十五	十六	十七	十八	十九	廿	廿一	廿二	廿三	廿四	廿五	廿六	廿七	廿八	廿九	七	二	三	四	五	六	七	八	九
星	2	3	4	5	6	日	1	2	3	4	5	6	日	1	2	3	4	5	6	日	1	2	3	4	5	6	日	1	2	3	4
干節	癸未	甲申	乙酉	丙戌	丁亥	戊子	己丑	庚寅	辛卯	壬辰	癸巳	甲午	大暑	丙申	丁酉	戊戌	己亥	庚子	辛丑	壬寅	癸卯	甲辰	乙巳	丙午	丁未	戊申	己酉	辛戌	立秋	壬子	癸丑

陽歷八月份　（陰歷七、八月份）

陽	8	2	3	4	5	6	7	8	9	10	11	12	13	14	15	16	17	18	19	20	21	22	23	24	25	26	27	28	29	30	31
陰	十	十一	十二	十三	十四	十五	十六	十七	十八	十九	廿	廿一	廿二	廿三	廿四	廿五	廿六	廿七	廿八	廿九	八	二	三	四	五	六	七	八	九	十	十一
星	5	6	日	1	2	3	4	5	6	日	1	2	3	4	5	6	日	1	2	3	4	5	6	日	1	2	3	4	5	6	日
干節	甲寅	乙卯	丙辰	丁巳	戊午	己未	庚申	辛酉	壬戌	癸亥	甲子	乙丑	處暑	丁卯	戊辰	己巳	庚午	辛未	壬申	癸酉	甲戌	乙亥	丙子	丁丑	戊寅	己卯	庚辰	辛巳	白露	癸未	甲申

陽歷九月份　（陰歷八、九月份）

陽	9	2	3	4	5	6	7	8	9	10	11	12	13	14	15	16	17	18	19	20	21	22	23	24	25	26	27	28	29	30	
陰	十二	十三	十四	十五	十六	十七	十八	十九	廿	廿一	廿二	廿三	廿四	廿五	廿六	廿七	廿八	廿九	卅	九	二	三	四	五	六	七	八	九	十	十一	
星	1	2	3	4	5	6	日	1	2	3	4	5	6	日	1	2	3	4	5	6	日	1	2	3	4	5	6	日	1	2	
干節	乙酉	丙戌	丁亥	戊子	己丑	庚寅	辛卯	壬辰	癸巳	甲午	乙未	丙申	秋分	戊戌	己亥	庚子	辛丑	壬寅	癸卯	甲辰	乙巳	丙午	丁未	戊申	己酉	庚戌	辛亥	寒露	癸丑	甲寅	

陽歷十月份　（陰歷九、十月份）

陽	10	2	3	4	5	6	7	8	9	10	11	12	13	14	15	16	17	18	19	20	21	22	23	24	25	26	27	28	29	30	31
陰	十二	十三	十四	十五	十六	十七	十八	十九	廿	廿一	廿二	廿三	廿四	廿五	廿六	廿七	廿八	廿九	十	二	三	四	五	六	七	八	九	十	十一	十二	十三
星	3	4	5	6	日	1	2	3	4	5	6	日	1	2	3	4	5	6	日	1	2	3	4	5	6	日	1	2	3	4	5
干節	乙卯	丙辰	丁巳	戊午	己未	庚申	辛酉	壬戌	癸亥	甲子	乙丑	丙寅	霜降	戊辰	己巳	庚午	辛未	壬申	癸酉	甲戌	乙亥	丙子	丁丑	戊寅	己卯	庚辰	辛巳	立冬	癸未	甲申	乙酉

陽歷十一月份　（陰歷十、十一月份）

陽	11	2	3	4	5	6	7	8	9	10	11	12	13	14	15	16	17	18	19	20	21	22	23	24	25	26	27	28	29	30	
陰	十四	十五	十六	十七	十八	十九	廿	廿一	廿二	廿三	廿四	廿五	廿六	廿七	廿八	廿九	卅	十一	二	三	四	五	六	七	八	九	十	十一	十二	十三	
星	6	日	1	2	3	4	5	6	日	1	2	3	4	5	6	日	1	2	3	4	5	6	日	1	2	3	4	5	6	日	
干節	丙戌	丁亥	戊子	己丑	庚寅	辛卯	壬辰	癸巳	甲午	乙未	丙申	小雪	戊戌	己亥	庚子	辛丑	壬寅	癸卯	甲辰	乙巳	丙午	丁未	戊申	己酉	庚戌	辛亥	大雪	癸丑	甲寅	乙卯	

陽歷十二月份　（陰歷十一、十二月份）

陽	12	2	3	4	5	6	7	8	9	10	11	12	13	14	15	16	17	18	19	20	21	22	23	24	25	26	27	28	29	30	31
陰	十四	十五	十六	十七	十八	十九	廿	廿一	廿二	廿三	廿四	廿五	廿六	廿七	廿八	廿九	卅	十二	二	三	四	五	六	七	八	九	十	十一	十二	十三	十四
星	1	2	3	4	5	6	日	1	2	3	4	5	6	日	1	2	3	4	5	6	日	1	2	3	4	5	6	日	1	2	3
干節	丙辰	丁巳	戊午	己未	庚申	辛酉	壬戌	癸亥	甲子	乙丑	丙寅	冬至	戊辰	己巳	庚午	辛未	壬申	癸酉	甲戌	乙亥	丙子	丁丑	戊寅	己卯	庚辰	小寒	壬午	癸未	甲申	乙酉	丙戌

癸未　一五二三年　（明世宗嘉靖二年）

陽歷 一月份　（陰歷十二、正月份）

陽	1	2	3	4	5	6	7	8	9	10	11	12	13	14	15	16	17	18	19	20	21	22	23	24	25	26	27	28	29	30	31
陰	十五	十六	十七	十八	十九	廿	廿一	廿二	廿三	廿四	廿五	廿六	廿七	廿八	廿九	卅	正	二	三	四	五	六	七	八	九	十	十一	十二	十三	十四	十五
星	4	5	6	日	1	2	3	4	5	6	日	1	2	3	4	5	6	日	1	2	3	4	5	6	日	1	2	3	4	5	6
干節	丁亥	戊子	己丑	庚寅	辛卯	壬辰	癸巳	甲午	乙未	大寒	丁酉	戊戌	己亥	庚子	辛丑	壬寅	癸卯	甲辰	乙巳	丙午	丁未	戊申	己酉	庚戌	立春	壬子	癸丑	甲寅	乙卯	丙辰	丁巳

陽歷 二月份　（陰歷正、二月份）

陽	2	2	3	4	5	6	7	8	9	10	11	12	13	14	15	16	17	18	19	20	21	22	23	24	25	26	27	28
陰	十六	十七	十八	十九	廿	廿一	廿二	廿三	廿四	廿五	廿六	廿七	廿八	廿九	二	二	三	四	五	六	七	八	九	十	十一	十二	十三	十四
星	日	1	2	3	4	5	6	日	1	2	3	4	5	6	日	1	2	3	4	5	6	日	1	2	3	4	5	6
干節	戊午	己未	庚申	辛酉	壬戌	癸亥	甲子	乙丑	雨水	丁卯	戊辰	己巳	庚午	辛未	壬申	癸酉	甲戌	乙亥	丙子	丁丑	戊寅	己卯	驚蟄	辛巳	壬午	癸未	甲申	乙酉

陽歷 三月份　（陰歷二、三月份）

陽	3	2	3	4	5	6	7	8	9	10	11	12	13	14	15	16	17	18	19	20	21	22	23	24	25	26	27	28	29	30	31
陰	十五	十六	十七	十八	十九	廿	廿一	廿二	廿三	廿四	廿五	廿六	廿七	廿八	廿九	卅	三	二	三	四	五	六	七	八	九	十	十一	十二	十三	十四	十五
星	日	1	2	3	4	5	6	日	1	2	3	4	5	6	日	1	2	3	4	5	6	日	1	2	3	4	5	6	日	1	2
干節	丙戌	丁亥	戊子	己丑	庚寅	辛卯	壬辰	癸巳	甲午	乙未	春分	丁酉	戊戌	己亥	庚子	辛丑	壬寅	癸卯	甲辰	乙巳	丙午	丁未	戊申	己酉	庚戌	清明	壬子	癸丑	甲寅	乙卯	丙辰

陽歷 四月份　（陰歷三、四月份）

陽	4	2	3	4	5	6	7	8	9	10	11	12	13	14	15	16	17	18	19	20	21	22	23	24	25	26	27	28	29	30
陰	十六	十七	十八	十九	廿	廿一	廿二	廿三	廿四	廿五	廿六	廿七	廿八	廿九	卅	四	二	三	四	五	六	七	八	九	十	十一	十二	十三	十四	十五
星	3	4	5	6	日	1	2	3	4	5	6	日	1	2	3	4	5	6	日	1	2	3	4	5	6	日	1	2	3	4
干節	丁巳	戊午	己未	庚申	辛酉	壬戌	癸亥	甲子	乙丑	穀雨	丁卯	戊辰	己巳	庚午	辛未	壬申	癸酉	甲戌	乙亥	丙子	丁丑	戊寅	己卯	庚辰	辛巳	立夏	癸未	甲申	乙酉	丙戌

陽歷 五月份　（陰歷四、閏四月份）

陽	5	2	3	4	5	6	7	8	9	10	11	12	13	14	15	16	17	18	19	20	21	22	23	24	25	26	27	28	29	30	31
陰	十六	十七	十八	十九	廿	廿一	廿二	廿三	廿四	廿五	廿六	廿七	廿八	廿九	閏	二	三	四	五	六	七	八	九	十	十一	十二	十三	十四	十五	十六	十七
星	5	6	日	1	2	3	4	5	6	日	1	2	3	4	5	6	日	1	2	3	4	5	6	日	1	2	3	4	5	6	日
干節	丁亥	戊子	己丑	庚寅	辛卯	壬辰	癸巳	甲午	乙未	丙申	小滿	戊戌	己亥	庚子	辛丑	壬寅	癸卯	甲辰	乙巳	丙午	丁未	戊申	己酉	庚戌	辛亥	壬子	芒種	甲寅	乙卯	丙辰	丁巳

陽歷 六月份　（陰歷閏四、五月份）

陽	6	2	3	4	5	6	7	8	9	10	11	12	13	14	15	16	17	18	19	20	21	22	23	24	25	26	27	28	29	30
陰	十八	十九	廿	廿一	廿二	廿三	廿四	廿五	廿六	廿七	廿八	廿九	五	二	三	四	五	六	七	八	九	十	十一	十二	十三	十四	十五	十六	十七	十八
星	1	2	3	4	5	6	日	1	2	3	4	5	6	日	1	2	3	4	5	6	日	1	2	3	4	5	6	日	1	2
干節	戊午	己未	庚申	辛酉	壬戌	癸亥	甲子	乙丑	丙寅	丁卯	戊辰	夏至	庚午	辛未	壬申	癸酉	甲戌	乙亥	丙子	丁丑	戊寅	己卯	庚辰	辛巳	壬午	癸未	小暑	乙酉	丙戌	丁亥

癸未 一五二三年 （明世宗嘉靖二年）

陽歷七月份 （陰歷五、六月份）

陽	7	2	3	4	5	6	7	8	9	10	11	12	13	14	15	16	17	18	19	20	21	22	23	24	25	26	27	28	29	30	31
陰	十九	廿	廿一	廿二	廿三	廿四	廿五	廿六	廿七	廿八	廿九	卅	六	二	三	四	五	六	七	八	九	十	十一	十二	十三	十四	十五	十六	十七	十八	十九
星	3	4	5	6	日	1	2	3	4	5	6	日	1	2	3	4	5	6	日	1	2	3	4	5	6	日	1	2	3	4	5
干節	戊子	己丑	庚寅	辛卯	壬辰	癸巳	甲午	乙未	丙申	丁酉	戊戌	己亥	大暑	辛丑	壬寅	癸卯	甲辰	乙巳	丙午	丁未	戊申	己酉	庚戌	辛亥	壬子	癸丑	甲寅	乙卯	立秋	丁巳	戊午

陽歷八月份 （陰歷六、七月份）

陽	8	2	3	4	5	6	7	8	9	10	11	12	13	14	15	16	17	18	19	20	21	22	23	24	25	26	27	28	29	30	31
陰	廿	廿一	廿二	廿三	廿四	廿五	廿六	廿七	廿八	廿九	七	二	三	四	五	六	七	八	九	十	十一	十二	十三	十四	十五	十六	十七	十八	十九	廿	廿一
星	6	日	1	2	3	4	5	6	日	1	2	3	4	5	6	日	1	2	3	4	5	6	日	1	2	3	4	5	6	日	1
干節	己未	庚申	辛酉	壬戌	癸亥	甲子	乙丑	丙寅	丁卯	戊辰	己巳	庚午	辛未	處暑	癸酉	甲戌	乙亥	丙子	丁丑	戊寅	己卯	庚辰	辛巳	壬午	癸未	甲申	乙酉	丙戌	白露	戊子	己丑

陽歷九月份 （陰歷七、八月份）

陽	9	2	3	4	5	6	7	8	9	10	11	12	13	14	15	16	17	18	19	20	21	22	23	24	25	26	27	28	29	30	
陰	廿二	廿三	廿四	廿五	廿六	廿七	廿八	廿九	八	二	三	四	五	六	七	八	九	十	十一	十二	十三	十四	十五	十六	十七	十八	十九	廿	廿一	廿二	
星	2	3	4	5	6	日	1	2	3	4	5	6	日	1	2	3	4	5	6	日	1	2	3	4	5	6	日	1	2	3	
干節	庚寅	辛卯	壬辰	癸巳	甲午	乙未	丙申	丁酉	戊戌	己亥	庚子	辛丑	秋分	癸卯	甲辰	乙巳	丙午	丁未	戊申	己酉	庚戌	辛亥	壬子	癸丑	甲寅	乙卯	丙辰	丁巳	寒露	己未	

陽歷十月份 （陰歷八、九月份）

陽	10	2	3	4	5	6	7	8	9	10	11	12	13	14	15	16	17	18	19	20	21	22	23	24	25	26	27	28	29	30	31
陰	廿三	廿四	廿五	廿六	廿七	廿八	廿九	卅	九	二	三	四	五	六	七	八	九	十	十一	十二	十三	十四	十五	十六	十七	十八	十九	廿	廿一	廿二	廿三
星	4	5	6	日	1	2	3	4	5	6	日	1	2	3	4	5	6	日	1	2	3	4	5	6	日	1	2	3	4	5	6
干節	庚申	辛酉	壬戌	癸亥	甲子	乙丑	丙寅	丁卯	戊辰	己巳	庚午	辛未	壬申	霜降	甲戌	乙亥	丙子	丁丑	戊寅	己卯	庚辰	辛巳	壬午	癸未	甲申	乙酉	丙戌	丁亥	立冬	己丑	庚寅

陽歷十一月份 （陰歷九、十月份）

陽	11	2	3	4	5	6	7	8	9	10	11	12	13	14	15	16	17	18	19	20	21	22	23	24	25	26	27	28	29	30	
陰	廿四	廿五	廿六	廿七	廿八	廿九	十	二	三	四	五	六	七	八	九	十	十一	十二	十三	十四	十五	十六	十七	十八	十九	廿	廿一	廿二	廿三	廿四	
星	日	1	2	3	4	5	6	日	1	2	3	4	5	6	日	1	2	3	4	5	6	日	1	2	3	4	5	6	日	1	
干節	辛卯	壬辰	癸巳	甲午	乙未	丙申	丁酉	戊戌	己亥	庚子	辛丑	小雪	癸卯	甲辰	乙巳	丙午	丁未	戊申	己酉	庚戌	辛亥	壬子	癸丑	甲寅	乙卯	丙辰	大雪	戊午	己未	庚申	

陽歷十二月份 （陰歷十、十一月份）

陽	12	2	3	4	5	6	7	8	9	10	11	12	13	14	15	16	17	18	19	20	21	22	23	24	25	26	27	28	29	30	31
陰	廿五	廿六	廿七	廿八	廿九	卅	十一	二	三	四	五	六	七	八	九	十	十一	十二	十三	十四	十五	十六	十七	十八	十九	廿	廿一	廿二	廿三	廿四	廿五
星	2	3	4	5	6	日	1	2	3	4	5	6	日	1	2	3	4	5	6	日	1	2	3	4	5	6	日	1	2	3	4
干節	辛酉	壬戌	癸亥	甲子	乙丑	丙寅	丁卯	戊辰	己巳	庚午	辛未	冬至	癸酉	甲戌	乙亥	丙子	丁丑	戊寅	己卯	庚辰	辛巳	壬午	癸未	甲申	乙酉	小寒	丁亥	戊子	己丑	庚寅	辛卯

近世中西史日對照表

甲申

一五二四年

（明世宗嘉靖三年）

陽歷一月份　（陰歷十一、十二月份）

陽	1	2	3	4	5	6	7	8	9	10	11	12	13	14	15	16	17	18	19	20	21	22	23	24	25	26	27	28	29	30	31
陰	廿六	廿七	廿八	廿九	卅	十二	二	三	四	五	六	七	八	九	十	十一	十二	十三	十四	十五	十六	十七	十八	十九	廿	廿一	廿二	廿三	廿四	廿五	廿六
星	5	6	日	1	2	3	4	5	6	日	1	2	3	4	5	6	日	1	2	3	4	5	6	日	1	2	3	4	5	6	日
干節	壬辰	癸巳	甲午	乙未	丙申	丁酉	戊戌	己亥	庚子	大寒	壬寅	癸卯	甲辰	乙巳	丙午	丁未	戊申	己酉	庚戌	辛亥	壬子	癸丑	甲寅	乙卯	立春	丁巳	戊午	己未	庚申	辛酉	壬戌

陽歷二月份　（陰歷十二、正月份）

陽	1	2	3	4	5	6	7	8	9	10	11	12	13	14	15	16	17	18	19	20	21	22	23	24	25	26	27	28	29
陰	廿七	廿八	廿九	正	二	三	四	五	六	七	八	九	十	十一	十二	十三	十四	十五	十六	十七	十八	十九	廿	廿一	廿二	廿三	廿四	廿五	廿六
星	1	2	3	4	5	6	日	1	2	3	4	5	6	日	1	2	3	4	5	6	日	1	2	3	4	5	6	日	1
干節	癸亥	甲子	乙丑	丙寅	丁卯	戊辰	己巳	庚午	雨水	壬申	癸酉	甲戌	乙亥	丙子	丁丑	戊寅	己卯	庚辰	辛巳	壬午	癸未	甲申	乙酉	驚蟄	丁亥	戊子	己丑	庚寅	辛卯

陽歷三月份　（陰歷正、二月份）

陽	1	2	3	4	5	6	7	8	9	10	11	12	13	14	15	16	17	18	19	20	21	22	23	24	25	26	27	28	29	30	31
陰	廿七	廿八	廿九	卅	一	二	三	四	五	六	七	八	九	十	十一	十二	十三	十四	十五	十六	十七	十八	十九	廿	廿一	廿二	廿三	廿四	廿五	廿六	廿七
星	2	3	4	5	6	日	1	2	3	4	5	6	日	1	2	3	4	5	6	日	1	2	3	4	5	6	日	1	2	3	4
干節	壬辰	癸巳	甲午	乙未	丙申	丁酉	戊戌	己亥	庚子	春分	壬寅	癸卯	甲辰	乙巳	丙午	丁未	戊申	己酉	庚戌	辛亥	壬子	癸丑	甲寅	乙卯	清明	丁巳	戊午	己未	庚申	辛酉	壬戌

陽歷四月份　（陰歷二、三月份）

陽	1	2	3	4	5	6	7	8	9	10	11	12	13	14	15	16	17	18	19	20	21	22	23	24	25	26	27	28	29	30
陰	廿八	廿九	卅	三	二	三	四	五	六	七	八	九	十	十一	十二	十三	十四	十五	十六	十七	十八	十九	廿	廿一	廿二	廿三	廿四	廿五	廿六	廿七
星	5	6	日	1	2	3	4	5	6	日	1	2	3	4	5	6	日	1	2	3	4	5	6	日	1	2	3	4	5	6
干節	癸亥	甲子	乙丑	丙寅	丁卯	戊辰	己巳	庚午	穀雨	壬申	癸酉	甲戌	乙亥	丙子	丁丑	戊寅	己卯	庚辰	辛巳	壬午	癸未	甲申	乙酉	丙戌	立夏	戊子	己丑	庚寅	辛卯	壬辰

陽歷五月份　（陰歷三、四月份）

陽	1	2	3	4	5	6	7	8	9	10	11	12	13	14	15	16	17	18	19	20	21	22	23	24	25	26	27	28	29	30	31
陰	廿八	廿九	四	二	三	四	五	六	七	八	九	十	十一	十二	十三	十四	十五	十六	十七	十八	十九	廿	廿一	廿二	廿三	廿四	廿五	廿六	廿七	廿八	廿九
星	日	1	2	3	4	5	6	日	1	2	3	4	5	6	日	1	2	3	4	5	6	日	1	2	3	4	5	6	日	1	2
干節	癸巳	甲午	乙未	丙申	丁酉	戊戌	己亥	庚子	辛丑	小滿	癸卯	甲辰	乙巳	丙午	丁未	戊申	己酉	庚戌	辛亥	壬子	癸丑	甲寅	乙卯	丙辰	丁巳	芒種	己未	庚申	辛酉	壬戌	癸亥

陽歷六月份　（陰歷四、五月份）

陽	1	2	3	4	5	6	7	8	9	10	11	12	13	14	15	16	17	18	19	20	21	22	23	24	25	26	27	28	29	30
陰	卅	五	二	三	四	五	六	七	八	九	十	十一	十二	十三	十四	十五	十六	十七	十八	十九	廿	廿一	廿二	廿三	廿四	廿五	廿六	廿七	廿八	廿九
星	3	4	5	6	日	1	2	3	4	5	6	日	1	2	3	4	5	6	日	1	2	3	4	5	6	日	1	2	3	4
干節	甲子	乙丑	丙寅	丁卯	戊辰	己巳	庚午	辛未	壬申	癸酉	夏至	乙亥	丙子	丁丑	戊寅	己卯	庚辰	辛巳	壬午	癸未	甲申	乙酉	丙戌	丁亥	戊子	己丑	小暑	辛卯	壬辰	癸巳

甲申 一五二四年（明世宗嘉靖三年）

陽歷七月份　（陰歷六、七月份）

陽	**7**	2	3	4	5	6	7	8	9	10	11	12	13	14	15	16	17	18	19	20	21	22	23	24	25	26	27	28	29	30	31
陰	**六**	二	三	四	五	六	七	八	九	十	十一	十二	十三	十四	十五	十六	十七	十八	十九	廿	廿一	廿二	廿三	廿四	廿五	廿六	廿七	廿八	廿九	卅	**七**
星	5	6	**日**	1	2	3	4	5	6	**日**	1	2	3	4	5	6	**日**	1	2	3	4	5	6	**日**	1	2	3	4	5	6	**日**
干節	甲午	乙未	丙申	丁酉	戊戌	己亥	庚子	辛丑	壬寅	癸卯	甲辰	**大暑**	丙午	丁未	戊申	己酉	庚戌	辛亥	壬子	癸丑	甲寅	乙卯	丙辰	丁巳	戊午	己未	庚申	**立秋**	壬戌	癸亥	甲子

陽歷八月份　（陰歷七、八月份）

陽	**8**	2	3	4	5	6	7	8	9	10	11	12	13	14	15	16	17	18	19	20	21	22	23	24	25	26	27	28	29	30	31
陰	二	三	四	五	六	七	八	九	十	十一	十二	十三	十四	十五	十六	十七	十八	十九	廿	廿一	廿二	廿三	廿四	廿五	廿六	廿七	廿八	廿九	**八**	二	三
星	1	2	3	4	5	6	**日**	1	2	3	4	5	6	**日**	1	2	3	4	5	6	**日**	1	2	3	4	5	6	**日**	1	2	3
干節	乙丑	丙寅	丁卯	戊辰	己巳	庚午	辛未	壬申	癸酉	甲戌	乙亥	丙子	**處暑**	戊寅	己卯	庚辰	辛巳	壬午	癸未	甲申	乙酉	丙戌	丁亥	戊子	己丑	庚寅	辛卯	**白露**	癸巳	甲午	乙未

陽歷九月份　（陰歷八、九月份）

陽	**9**	2	3	4	5	6	7	8	9	10	11	12	13	14	15	16	17	18	19	20	21	22	23	24	25	26	27	28	29	30
陰	四	五	六	七	八	九	十	十一	十二	十三	十四	十五	十六	十七	十八	十九	廿	廿一	廿二	廿三	廿四	廿五	廿六	廿七	廿八	廿九	**九**	二	三	四
星	4	5	6	**日**	1	2	3	4	5	6	**日**	1	2	3	4	5	6	**日**	1	2	3	4	5	6	**日**	1	2	3	4	5
干節	丙申	丁酉	戊戌	己亥	庚子	辛丑	壬寅	癸卯	甲辰	乙巳	丙午	**秋分**	戊申	己酉	庚戌	辛亥	壬子	癸丑	甲寅	乙卯	丙辰	丁巳	戊午	己未	庚申	辛酉	壬戌	**寒露**	甲子	乙丑

陽歷十月份　（陰歷九、十月份）

陽	**10**	2	3	4	5	6	7	8	9	10	11	12	13	14	15	16	17	18	19	20	21	22	23	24	25	26	27	28	29	30	31
陰	五	六	七	八	九	十	十一	十二	十三	十四	十五	十六	十七	十八	十九	廿	廿一	廿二	廿三	廿四	廿五	廿六	廿七	廿八	廿九	卅	**十**	二	三	四	五
星	6	**日**	1	2	3	4	5	6	**日**	1	2	3	4	5	6	**日**	1	2	3	4	5	6	**日**	1	2	3	4	5	6	**日**	1
干節	丙寅	丁卯	戊辰	己巳	庚午	辛未	壬申	癸酉	甲戌	乙亥	丙子	丁丑	**霜降**	己卯	庚辰	辛巳	壬午	癸未	甲申	乙酉	丙戌	丁亥	戊子	己丑	庚寅	辛卯	壬辰	**立冬**	甲午	乙未	丙申

陽歷十一月份　（陰歷十、十一月份）

陽	**11**	2	3	4	5	6	7	8	9	10	11	12	13	14	15	16	17	18	19	20	21	22	23	24	25	26	27	28	29	30
陰	六	七	八	九	十	十一	十二	十三	十四	十五	十六	十七	十八	十九	廿	廿一	廿二	廿三	廿四	廿五	廿六	廿七	廿八	廿九	**十一**	二	三	四	五	六
星	2	3	4	5	6	**日**	1	2	3	4	5	6	**日**	1	2	3	4	5	6	**日**	1	2	3	4	5	6	**日**	1	2	3
干節	丁酉	戊戌	己亥	庚子	辛丑	壬寅	癸卯	甲辰	乙巳	丙午	丁未	**小雪**	己酉	庚戌	辛亥	壬子	癸丑	甲寅	乙卯	丙辰	丁巳	戊午	己未	庚申	辛酉	**大雪**	癸亥	甲子	乙丑	丙寅

陽歷十二月份　（陰歷十一、十二月份）

陽	**12**	2	3	4	5	6	7	8	9	10	11	12	13	14	15	16	17	18	19	20	21	22	23	24	25	26	27	28	29	30	31
陰	七	八	九	十	十一	十二	十三	十四	十五	十六	十七	十八	十九	廿	廿一	廿二	廿三	廿四	廿五	廿六	廿七	廿八	廿九	卅	**十二**	二	三	四	五	六	七
星	4	5	6	**日**	1	2	3	4	5	6	**日**	1	2	3	4	5	6	**日**	1	2	3	4	5	6	**日**	1	2	3	4	5	6
干節	丁卯	戊辰	己巳	庚午	辛未	壬申	癸酉	甲戌	乙亥	丙子	**冬至**	戊寅	己卯	庚辰	辛巳	壬午	癸未	甲申	乙酉	丙戌	丁亥	戊子	己丑	庚寅	辛卯	**小寒**	癸巳	甲午	乙未	丙申	丁酉

近世中西史日對照表

陽歷一月份　　（陰歷十二、正月份）

陽	1	2	3	4	5	6	7	8	9	10	11	12	13	14	15	16	17	18	19	20	21	22	23	24	25	26	27	28	29	30	31
陰	八	九	十	十一	十二	十三	十四	十五	十六	十七	十八	十九	廿	廿一	廿二	廿三	廿四	廿五	廿六	廿七	廿八	廿九	正	二	三	四	五	六	七	八	九
星	日	1	2	3	4	5	6	日	1	2	3	4	5	6	日	1	2	3	4	5	6	日	1	2	3	4	5	6	日	1	2
干節	戊戌	己亥	庚子	辛丑	壬寅	癸卯	甲辰	乙巳	大寒	丁未	戊申	己酉	庚戌	辛亥	壬子	癸丑	甲寅	乙卯	丙辰	丁巳	戊午	己未	庚申	立春	壬戌	癸亥	甲子	乙丑	丙寅	丁卯	戊辰

陽歷二月份　　（陰歷正、二月份）

陽	2	2	3	4	5	6	7	8	9	10	11	12	13	14	15	16	17	18	19	20	21	22	23	24	25	26	27	28
陰	十	十一	十二	十三	十四	十五	十六	十七	十八	十九	廿	廿一	廿二	廿三	廿四	廿五	廿六	廿七	廿八	廿九	卅	二	二	三	四	五	六	七
星	3	4	5	6	日	1	2	3	4	5	6	日	1	2	3	4	5	6	日	1	2	3	4	5	6	日	1	2
干節	己巳	庚午	辛未	壬申	癸酉	甲戌	乙亥	雨水	丁丑	戊寅	己卯	庚辰	辛巳	壬午	癸未	甲申	乙酉	丙戌	丁亥	戊子	己丑	庚寅	驚蟄	壬辰	癸巳	甲午	乙未	丙申

陽歷三月份　　（陰歷二、三月份）

陽	3	2	3	4	5	6	7	8	9	10	11	12	13	14	15	16	17	18	19	20	21	22	23	24	25	26	27	28	29	30	31
陰	八	九	十	十一	十二	十三	十四	十五	十六	十七	十八	十九	廿	廿一	廿二	廿三	廿四	廿五	廿六	廿七	廿八	廿九	卅	三	二	三	四	五	六	七	八
星	3	4	5	6	日	1	2	3	4	5	6	日	1	2	3	4	5	6	日	1	2	3	4	5	6	日	1	2	3	4	5
干節	丁酉	戊戌	己亥	庚子	辛丑	壬寅	癸卯	甲辰	乙巳	春分	丁未	戊申	己酉	庚戌	辛亥	壬子	癸丑	甲寅	乙卯	丙辰	丁巳	戊午	己未	庚申	清明	壬戌	癸亥	甲子	乙丑	丙寅	丁卯

陽歷四月份　　（陰歷三、四月份）

陽	4	2	3	4	5	6	7	8	9	10	11	12	13	14	15	16	17	18	19	20	21	22	23	24	25	26	27	28	29	30
陰	九	十	十一	十二	十三	十四	十五	十六	十七	十八	十九	廿	廿一	廿二	廿三	廿四	廿五	廿六	廿七	廿八	廿九	卅	四	二	三	四	五	六	七	八
星	6	日	1	2	3	4	5	6	日	1	2	3	4	5	6	日	1	2	3	4	5	6	日	1	2	3	4	5	6	日
干節	戊辰	己巳	庚午	辛未	壬申	癸酉	甲戌	乙亥	丙子	穀雨	戊寅	己卯	庚辰	辛巳	壬午	癸未	甲申	乙酉	丙戌	丁亥	戊子	己丑	庚寅	辛卯	立夏	癸巳	甲午	乙未	丙申	丁酉

陽歷五月份　　（陰歷四、五月份）

陽	5	2	3	4	5	6	7	8	9	10	11	12	13	14	15	16	17	18	19	20	21	22	23	24	25	26	27	28	29	30	31
陰	九	十	十一	十二	十三	十四	十五	十六	十七	十八	十九	廿	廿一	廿二	廿三	廿四	廿五	廿六	廿七	廿八	廿九	五	二	三	四	五	六	七	八	九	十
星	1	2	3	4	5	6	日	1	2	3	4	5	6	日	1	2	3	4	5	6	日	1	2	3	4	5	6	日	1	2	3
干節	戊戌	己亥	庚子	辛丑	壬寅	癸卯	甲辰	乙巳	丙午	丁未	小滿	己酉	庚戌	辛亥	壬子	癸丑	甲寅	乙卯	丙辰	丁巳	戊午	己未	庚申	辛酉	壬戌	芒種	甲子	乙丑	丙寅	丁卯	戊辰

陽歷六月份　　（陰歷五、六月份）

陽	6	2	3	4	5	6	7	8	9	10	11	12	13	14	15	16	17	18	19	20	21	22	23	24	25	26	27	28	29	30
陰	十一	十二	十三	十四	十五	十六	十七	十八	十九	廿	廿一	廿二	廿三	廿四	廿五	廿六	廿七	廿八	廿九	卅	六	二	三	四	五	六	七	八	九	十
星	4	5	6	日	1	2	3	4	5	6	日	1	2	3	4	5	6	日	1	2	3	4	5	6	日	1	2	3	4	5
干節	己巳	庚午	辛未	壬申	癸酉	甲戌	乙亥	丙子	丁丑	戊寅	夏至	庚辰	辛巳	壬午	癸未	甲申	乙酉	丙戌	丁亥	戊子	己丑	庚寅	辛卯	壬辰	癸巳	甲午	小暑	丙申	丁酉	戊戌

乙酉

一五二五年

（明世宗嘉靖四年）

乙酉　一五二五年　（明世宗嘉靖四年）

陽歷七月份　（陰歷六、七月份）

陽	7	2	3	4	5	6	7	8	9	10	11	12	13	14	15	16	17	18	19	20	21	22	23	24	25	26	27	28	29	30	31
陰	十一	十二	十三	十四	十五	十六	十七	十八	十九	廿	廿一	廿二	廿三	廿四	廿五	廿六	廿七	廿八	廿九	七	二	三	四	五	六	七	八	九	十	十一	十二
星	6	日	1	2	3	4	5	6	日	1	2	3	4	5	6	日	1	2	3	4	5	6	日	1	2	3	4	5	6	日	1
干節	己亥	庚子	辛丑	壬寅	癸卯	甲辰	乙巳	丙午	丁未	戊申	己酉	庚戌	大暑	壬子	癸丑	甲寅	乙卯	丙辰	丁巳	戊午	己未	庚申	辛酉	壬戌	癸亥	甲子	乙丑	立秋	丁卯	戊辰	己巳

陽歷八月份　（陰歷七、八月份）

陽	8	2	3	4	5	6	7	8	9	10	11	12	13	14	15	16	17	18	19	20	21	22	23	24	25	26	27	28	29	30	31
陰	十三	十四	十五	十六	十七	十八	十九	廿	廿一	廿二	廿三	廿四	廿五	廿六	廿七	廿八	廿九	卅	八	二	三	四	五	六	七	八	九	十	十一	十二	十三
星	2	3	4	5	6	日	1	2	3	4	5	6	日	1	2	3	4	5	6	日	1	2	3	4	5	6	日	1	2	3	4
干節	庚午	辛未	壬申	癸酉	甲戌	乙亥	丙子	丁丑	戊寅	己卯	庚辰	辛巳	處暑	癸未	甲申	乙酉	丙戌	丁亥	戊子	己丑	庚寅	辛卯	壬辰	癸巳	甲午	乙未	丙申	白露	戊戌	己亥	庚子

陽歷九月份　（陰歷八、九月份）

陽	9	2	3	4	5	6	7	8	9	10	11	12	13	14	15	16	17	18	19	20	21	22	23	24	25	26	27	28	29	30
陰	十四	十五	十六	十七	十八	十九	廿	廿一	廿二	廿三	廿四	廿五	廿六	廿七	廿八	廿九	九	二	三	四	五	六	七	八	九	十	十一	十二	十三	十四
星	5	6	日	1	2	3	4	5	6	日	1	2	3	4	5	6	日	1	2	3	4	5	6	日	1	2	3	4	5	6
干節	辛丑	壬寅	癸卯	甲辰	乙巳	丙午	丁未	戊申	己酉	庚戌	辛亥	壬子	秋分	甲寅	乙卯	丙辰	丁巳	戊午	己未	庚申	辛酉	壬戌	癸亥	甲子	乙丑	丙寅	丁卯	寒露	己巳	庚午

陽歷十月份　（陰歷九、十月份）

陽	10	2	3	4	5	6	7	8	9	10	11	12	13	14	15	16	17	18	19	20	21	22	23	24	25		27	28	29	30	31
陰	十五	十六	十七	十八	十九	廿	廿一	廿二	廿三	廿四	廿五	廿六	廿七	廿八	廿九	十	二	三	四	五	六	七	八	九	十	十一	十二	十三	十四	十五	十六
星	日	1	2	3	4	5	6	日	1	2	3	4	5	6	日	1	2	3	4	5	6	日	1	2	3	4	5	6	日	1	2
干節	辛未	壬申	癸酉	甲戌	乙亥	丙子	丁丑	戊寅	己卯	庚辰	辛巳	壬午	霜降	甲申	乙酉	丙戌	丁亥	戊子	己丑	庚寅	辛卯	壬辰	癸巳	甲午	乙未	丙申	丁酉	立冬	己亥	庚子	辛丑

陽歷十一月份　（陰歷十、十一月份）

陽	11	2	3	4	5	6	7	8	9	10	11	12	13	14	15	16	17	18	19	20	21	22	23	24	25	26	27	28	29	30
陰	十七	十八	十九	廿	廿一	廿二	廿三	廿四	廿五	廿六	廿七	廿八	廿九	卅	十一	二	三	四	五	六	七	八	九	十	十一	十二	十三	十四	十五	十六
星	3	4	5	6	日	1	2	3	4	5	6	日	1	2	3	4	5	6	日	1	2	3	4	5	6	日	1	2	3	4
干節	壬寅	癸卯	甲辰	乙巳	丙午	丁未	戊申	己酉	庚戌	辛亥	壬子	小雪	甲寅	乙卯	丙辰	丁巳	戊午	己未	庚申	辛酉	壬戌	癸亥	甲子	乙丑	丙寅	丁卯	大雪	己巳	庚午	辛未

陽歷十二月份　（陰歷十一、十二月份）

陽	12	2	3	4	5	6	7	8	9	10	11	12	13	14	15	16	17	18	19	20	21	22	23	24	25	26	27	28	29	30	31
陰	十七	十八	十九	廿	廿一	廿二	廿三	廿四	廿五	廿六	廿七	廿八	廿九	十二	二	三	四	五	六	七	八	九	十	十一	十二	十三	十四	十五	十六	十七	十八
星	5	6	日	1	2	3	4	5	6	日	1	2	3	4	5	6	日	1	2	3	4	5	6	日	1	2	3	4	5	6	日
干節	壬申	癸酉	甲戌	乙亥	丙子	丁丑	戊寅	己卯	庚辰	辛巳	冬至	癸未	甲申	乙酉	丙戌	丁亥	戊子	己丑	庚寅	辛卯	壬辰	癸巳	甲午	乙未	丙申	小寒	戊戌	己亥	庚子	辛丑	壬寅

近世中西史日對照表

丙戌

一五二六年

（明世宗嘉靖五年）

陽歷 一 月份　（陰歷十二、閏十二月份）

陽	1	2	3	4	5	6	7	8	9	10	11	12	13	14	15	16	17	18	19	20	21	22	23	24	25	26	27	28	29	30	31
陰	十九	廿	廿一	廿二	廿三	廿四	廿五	廿六	廿七	廿八	廿九	卅	閏	二	三	四	五	六	七	八	九	十	十一	十二	十三	十四	十五	十六	十七	十八	十九
星	1	2	3	4	5	6	日	1	2	3	4	5	6	日	1	2	3	4	5	6	日	1	2	3	4	5	6	日	1	2	3
干節	癸卯	甲辰	乙巳	丙午	丁未	戊申	己酉	庚戌	辛亥	大寒	癸丑	甲寅	乙卯	丙辰	丁巳	戊午	己未	庚申	辛酉	壬戌	癸亥	甲子	乙丑	立春	丁卯	戊辰	己巳	庚午	辛未	壬申	癸酉

陽歷 二 月份　（陰歷閏十二、正月份）

陽	2	2	3	4	5	6	7	8	9	10	11	12	13	14	15	16	17	18	19	20	21	22	23	24	25	26	27	28			
陰	廿	廿一	廿二	廿三	廿四	廿五	廿六	廿七	廿八	廿九	正	二	三	四	五	六	七	八	九	十	十一	十二	十三	十四	十五	十六	十七	十八			
星	4	5	6	日	1	2	3	4	5	6	日	1	2	3	4	5	6	日	1	2	3	4	5	6	日	1	2	3			
干節	甲戌	乙亥	丙子	丁丑	戊寅	己卯	庚辰	雨水	壬午	癸未	甲申	乙酉	丙戌	丁亥	戊子	己丑	庚寅	辛卯	壬辰	癸巳	甲午	乙未	驚蟄	丁酉	戊戌	己亥	庚子	辛丑			

陽歷 三 月份　（陰歷正、二月份）

陽	3	2	3	4	5	6	7	8	9	10	11	12	13	14	15	16	17	18	19	20	21	22	23	24	25	26	27	28	29	30	31
陰	十九	廿	廿一	廿二	廿三	廿四	廿五	廿六	廿七	廿八	廿九	卅	二	二	三	四	五	六	七	八	九	十	十一	十二	十三	十四	十五	十六	十七	十八	十九
星	4	5	6	日	1	2	3	4	5	6	日	1	2	3	4	5	6	日	1	2	3	4	5	6	日	1	2	3	4	5	6
干節	壬寅	癸卯	甲辰	乙巳	丙午	丁未	戊申	己酉	庚戌	春分	壬子	癸丑	甲寅	乙卯	丙辰	丁巳	戊午	己未	庚申	辛酉	壬戌	癸亥	甲子	乙丑	丙寅	清明	戊辰	己巳	庚午	辛未	壬申

陽歷 四 月份　（陰歷二、三月份）

陽	4	2	3	4	5	6	7	8	9	10	11	12	13	14	15	16	17	18	19	20	21	22	23	24	25	26	27	28	29	30	
陰	廿	廿一	廿二	廿三	廿四	廿五	廿六	廿七	廿八	廿九	卅	三	二	三	四	五	六	七	八	九	十	十一	十二	十三	十四	十五	十六	十七	十八	十九	
星	日	1	2	3	4	5	6	日	1	2	3	4	5	6	日	1	2	3	4	5	6	日	1	2	3	4	5	6	日	1	
干節	癸酉	甲戌	乙亥	丙子	丁丑	戊寅	己卯	庚辰	辛巳	穀雨	癸未	甲申	乙酉	丙戌	丁亥	戊子	己丑	庚寅	辛卯	壬辰	癸巳	甲午	乙未	丙申	立夏	戊戌	己亥	庚子	辛丑	壬寅	

陽歷 五 月份　（陰歷三、四月份）

陽	5	2	3	4	5	6	7	8	9	10	11	12	13	14	15	16	17	18	19	20	21	22	23	24	25	16	27	28	29	30	31
陰	廿	廿一	廿二	廿三	廿四	廿五	廿六	廿七	廿八	廿九	四	二	三	四	五	六	七	八	九	十	十一	十二	十三	十四	十五	十六	十七	十八	十九	廿	廿一
星	2	3	4	5	6	日	1	2	3	4	5	6	日	1	2	3	4	5	6	日	1	2	3	4	5	6	日	1	2	3	4
干節	癸卯	甲辰	乙巳	丙午	丁未	戊申	己酉	庚戌	辛亥	壬子	小滿	甲寅	乙卯	丙辰	丁巳	戊午	己未	庚申	辛酉	壬戌	癸亥	甲子	乙丑	丙寅	丁卯	戊辰	芒種	庚午	辛未	壬申	癸酉

陽歷 六 月份　（陰歷四、五月份）

陽	6	2	3	4	5	6	7	8	9	10	11	12	13	14	15	16	17	18	19	20	21	22	23	24	25	26	27	28	29	30	
陰	廿二	廿三	廿四	廿五	廿六	廿七	廿八	廿九	卅	五	二	三	四	五	六	七	八	九	十	十一	十二	十三	十四	十五	十六	十七	十八	十九	廿	廿一	
星	5	6	日	1	2	3	4	5	6	日	1	2	3	4	5	6	日	1	2	3	4	5	6	日	1	2	3	4	5	6	
干節	甲戌	乙亥	丙子	丁丑	戊寅	己卯	庚辰	辛巳	壬午	癸未	夏至	乙酉	丙戌	丁亥	戊子	己丑	庚寅	辛卯	壬辰	癸巳	甲午	乙未	丙申	丁酉	戊戌	己亥	小暑	辛丑	壬寅	癸卯	

丙戌

一五二六年

（明世宗嘉靖五年）

陽歷七月份　（陰歷五、六月份）

陽	7	2	3	4	5	6	7	8	9	10	11	12	13	14	15	16	17	18	19	20	21	22	23	24	25	26	27	28	29	30	31
陰	廿二	廿三	廿四	廿五	廿六	廿七	廿八	廿九	六	二	三	四	五	六	七	八	九	十	十一	十二	十三	十四	十五	十六	十七	十八	十九	廿	廿一	廿二	廿三
星	日	1	2	3	4	5	6	日	1	2	3	4	5	6	日	1	2	3	4	5	6	日	1	2	3	4	5	6	日	1	2
干節	甲辰	乙巳	丙午	丁未	戊申	己酉	庚戌	辛亥	壬子	癸丑	甲寅	乙卯	大暑	丁巳	戊午	己未	庚申	辛酉	壬戌	癸亥	甲子	乙丑	丙寅	丁卯	戊辰	己巳	庚午	辛未	立秋	癸酉	甲戌

陽歷八月份　（陰歷六、七月份）

陽	8	2	3	4	5	6	7	8	9	10	11	12	13	14	15	16	17	18	19	20	21	22	23	24	25	26	27	28	29	30	31
陰	廿四	廿五	廿六	廿七	廿八	廿九	卅	七	二	三	四	五	六	七	八	九	十	十一	十二	十三	十四	十五	十六	十七	十八	十九	廿	廿一	廿二	廿三	廿四
星	3	4	5	6	日	1	2	3	4	5	6	日	1	2	3	4	5	6	日	1	2	3	4	5	6	日	1	2	3	4	5
干節	乙亥	丙子	丁丑	戊寅	己卯	庚辰	辛巳	壬午	癸未	甲申	乙酉	丙戌	處暑	戊子	己丑	庚寅	辛卯	壬辰	癸巳	甲午	乙未	丙申	丁酉	戊戌	己亥	庚子	辛丑	壬寅	白露	甲辰	乙巳

陽歷九月份　（陰歷七、八月份）

陽	9	2	3	4	5	6	7	8	9	10	11	12	13	14	15	16	17	18	19	20	21	22	23	24	25	26	27	28	29	30
陰	廿五	廿六	廿七	廿八	廿九	卅	八	二	三	四	五	六	七	八	九	十	十一	十二	十三	十四	十五	十六	十七	十八	十九	廿	廿一	廿二	廿三	廿四
星	6	日	1	2	3	4	5	6	日	1	2	3	4	5	6	日	1	2	3	4	5	6	日	1	2	3	4	5	6	日
干節	丙午	丁未	戊申	己酉	庚戌	辛亥	壬子	癸丑	甲寅	乙卯	丙辰	丁巳	秋分	己未	庚申	辛酉	壬戌	癸亥	甲子	乙丑	丙寅	丁卯	戊辰	己巳	庚午	辛未	壬申	寒露	甲戌	乙亥

陽歷十月份　（陰歷八、九月份）

陽	10	2	3	4	5	6	7	8	9	10	11	12	13	14	15	16	17	18	19	20	21	22	23	24	25	26	27	28	29	30	31
陰	廿五	廿六	廿七	廿八	廿九	九	二	三	四	五	六	七	八	九	十	十一	十二	十三	十四	十五	十六	十七	十八	十九	廿	廿一	廿二	廿三	廿四	廿五	廿六
星	1	2	3	4	5	6	日	1	2	3	4	5	6	日	1	2	3	4	5	6	日	1	2	3	4	5	6	日	1	2	3
干節	丙子	丁丑	戊寅	己卯	庚辰	辛巳	壬午	癸未	甲申	乙酉	丙戌	丁亥	霜降	己丑	庚寅	辛卯	壬辰	癸巳	甲午	乙未	丙申	丁酉	戊戌	己亥	庚子	辛丑	壬寅	立冬	甲辰	乙巳	丙午

陽歷十一月份　（陰歷九、十月份）

陽	11	2	3	4	5	6	7	8	9	10	11	12	13	14	15	16	17	18	19	20	21	22	23	24	25	26	27	28	29	30
陰	廿七	廿八	廿九	卅	十	二	三	四	五	六	七	八	九	十	十一	十二	十三	十四	十五	十六	十七	十八	十九	廿	廿一	廿二	廿三	廿四	廿五	廿六
星	4	5	6	日	1	2	3	4	5	6	日	1	2	3	4	5	6	日	1	2	3	4	5	6	日	1	2	3	4	5
干節	丁未	戊申	己酉	庚戌	辛亥	壬子	癸丑	甲寅	乙卯	丙辰	丁巳	小雪	己未	庚申	辛酉	壬戌	癸亥	甲子	乙丑	丙寅	丁卯	戊辰	己巳	庚午	辛未	壬申	大雪	甲戌	乙亥	丙子

陽歷十二月份　（陰歷十、十一月份）

陽	12	2	3	4	5	6	7	8	9	10	11	12	13	14	15	16	17	18	19	20	21	22	23	24	25	26	27	28	29	30	31
陰	廿七	廿八	廿九	十一	二	三	四	五	六	七	八	九	十	十一	十二	十三	十四	十五	十六	十七	十八	十九	廿	廿一	廿二	廿三	廿四	廿五	廿六	廿七	廿八
星	6	日	1	2	3	4	5	6	日	1	2	3	4	5	6	日	1	2	3	4	5	6	日	1	2	3	4	5	6	日	1
干節	丁丑	戊寅	己卯	庚辰	辛巳	壬午	癸未	甲申	乙酉	丙戌	丁亥	冬至	己丑	庚寅	辛卯	壬辰	癸巳	甲午	乙未	丙申	丁酉	戊戌	己亥	庚子	辛丑	小寒	癸卯	甲辰	乙巳	丙午	丁未

近世中西史日對照表

丁亥

一五二七年

（明世宗嘉靖六年）

陽歷 一 月份 （陰歷十一、十二月份）

陽	1	2	3	4	5	6	7	8	9	10	11	12	13	14	15	16	17	18	19	20	21	22	23	24	25	26	27	28	29	30	31
陰	廿九	十二月	二	三	四	五	六	七	八	九	十	十一	十二	十三	十四	十五	十六	十七	十八	十九	廿	廿一	廿二	廿三	廿四	廿五	廿六	廿七	廿八	廿九	卅
星	2	3	4	5	6	日	1	2	3	4	5	6	日	1	2	3	4	5	6	日	1	2	3	4	5	6	日	1	2	3	4
干節	戊申	己酉	庚戌	辛亥	壬子	癸丑	甲寅	乙卯	丙辰	大寒	戊午	己未	庚申	辛酉	壬戌	癸亥	甲子	乙丑	丙寅	丁卯	戊辰	己巳	庚午	辛未	立春	癸酉	甲戌	乙亥	丙子	丁丑	戊寅

陽歷 二 月份 （陰歷 正 月份）

陽	1	2	3	4	5	6	7	8	9	10	11	12	13	14	15	16	17	18	19	20	21	22	23	24	25	26	27	28			
陰	正月	二	三	四	五	六	七	八	九	十	十一	十二	十三	十四	十五	十六	十七	十八	十九	廿	廿一	廿二	廿三	廿四	廿五	廿六	廿七	廿八			
星	5	6	日	1	2	3	4	5	6	日	1	2	3	4	5	6	日	1	2	3	4	5	6	日	1	2	3	4			
干節	己卯	庚辰	辛巳	壬午	癸未	甲申	乙酉	丙戌	雨水	戊子	己丑	庚寅	辛卯	壬辰	癸巳	甲午	乙未	丙申	丁酉	戊戌	己亥	庚子	驚蟄	壬寅	癸卯	甲辰	乙巳	丙午			

陽歷 三 月份 （陰歷正、二月份）

陽	1	2	3	4	5	6	7	8	9	10	11	12	13	14	15	16	17	18	19	20	21	22	23	24	25	26	27	28	29	30	31
陰	廿九	二月	二	三	四	五	六	七	八	九	十	十一	十二	十三	十四	十五	十六	十七	十八	十九	廿	廿一	廿二	廿三	廿四	廿五	廿六	廿七	廿八	廿九	卅
星	5	6	日	1	2	3	4	5	6	日	1	2	3	4	5	6	日	1	2	3	4	5	6	日	1	2	3	4	5	6	日
干節	丁未	戊申	己酉	庚戌	辛亥	壬子	癸丑	甲寅	乙卯	丙辰	春分	戊午	己未	庚申	辛酉	壬戌	癸亥	甲子	乙丑	丙寅	丁卯	戊辰	己巳	庚午	辛未	清明	癸酉	甲戌	乙亥	丙子	丁丑

陽歷 四 月份 （陰歷三、四月份）

陽	1	2	3	4	5	6	7	8	9	10	11	12	13	14	15	16	17	18	19	20	21	22	23	24	25	26	27	28	29	30	
陰	三月	二	三	四	五	六	七	八	九	十	十一	十二	十三	十四	十五	十六	十七	十八	十九	廿	廿一	廿二	廿三	廿四	廿五	廿六	廿七	廿八	廿九	四月	
星	1	2	3	4	5	6	日	1	2	3	4	5	6	日	1	2	3	4	5	6	日	1	2	3	4	5	6	日	1	2	
干節	戊寅	己卯	庚辰	辛巳	壬午	癸未	甲申	乙酉	丙戌	穀雨	戊子	己丑	庚寅	辛卯	壬辰	癸巳	甲午	乙未	丙申	丁酉	戊戌	己亥	庚子	辛丑	壬寅	立夏	甲辰	乙巳	丙午	丁未	

陽歷 五 月份 （陰歷四、五月份）

陽	1	2	3	4	5	6	7	8	9	10	11	12	13	14	15	16	17	18	19	20	21	22	23	24	25	26	27	28	29	30	31
陰	二	三	四	五	六	七	八	九	十	十一	十二	十三	十四	十五	十六	十七	十八	十九	廿	廿一	廿二	廿三	廿四	廿五	廿六	廿七	廿八	廿九	卅	五月	二
星	3	4	5	6	日	1	2	3	4	5	6	日	1	2	3	4	5	6	日	1	2	3	4	5	6	日	1	2	3	4	5
干節	戊申	己酉	庚戌	辛亥	壬子	癸丑	甲寅	乙卯	丙辰	丁巳	小滿	己未	庚申	辛酉	壬戌	癸亥	甲子	乙丑	丙寅	丁卯	戊辰	己巳	庚午	辛未	壬申	癸酉	芒種	乙亥	丙子	丁丑	戊寅

陽歷 六 月份 （陰歷五、六月份）

陽	1	2	3	4	5	6	7	8	9	10	11	12	13	14	15	16	17	18	19	20	21	22	23	24	25	26	27	28	29	30	
陰	三	四	五	六	七	八	九	十	十一	十二	十三	十四	十五	十六	十七	十八	十九	廿	廿一	廿二	廿三	廿四	廿五	廿六	廿七	廿八	廿九	六月	二	三	
星	6	日	1	2	3	4	5	6	日	1	2	3	4	5	6	日	1	2	3	4	5	6	日	1	2	3	4	5	6	日	
干節	己卯	庚辰	辛巳	壬午	癸未	甲申	乙酉	丙戌	丁亥	戊子	己丑	夏至	辛卯	壬辰	癸巳	甲午	乙未	丙申	丁酉	戊戌	己亥	庚子	辛丑	壬寅	癸卯	甲辰	小暑	丙午	丁未	戊申	

丁亥

一五二七年

（明世宗嘉靖六年）

陽歷七月份　（陰歷六、七月份）

陽	**7**	2	3	4	5	6	7	8	9	10	11	12	13	14	15	16	17	18	19	20	21	22	23	24	25	26	27	28	29	30	31
陰	四	五	六	七	八	九	十	十一	十二	十三	十四	十五	十六	十七	十八	十九	廿	廿一	廿二	廿三	廿四	廿五	廿六	廿七	廿八	廿九	卅	**七**	二	三	四
星	1	2	3	4	5	6	**日**	1	2	3	4	5	6	**日**	1	2	3	4	5	6	**日**	1	2	3	4	5	6	**日**	1	2	3
干節	己酉	庚戌	辛亥	壬子	癸丑	甲寅	乙卯	丙辰	丁巳	戊午	己未	庚申	**大暑**	壬戌	癸亥	甲子	乙丑	丙寅	丁卯	戊辰	己巳	庚午	辛未	壬申	癸酉	甲戌	乙亥	丙子	**立秋**	戊寅	己卯

陽歷八月份　（陰歷七、八月份）

陽	**8**	2	3	4	5	6	7	8	9	10	11	12	13	14	15	16	17	18	19	20	21	22	23	24	25	26	27	28	29	30	31
陰	五	六	七	八	九	十	十一	十二	十三	十四	十五	十六	十七	十八	十九	廿	廿一	廿二	廿三	廿四	廿五	廿六	廿七	廿八	廿九	卅	**八**	二	三	四	五
星	4	5	6	**日**	1	2	3	4	5	6	**日**	1	2	3	4	5	6	**日**	1	2	3	4	5	6	**日**	1	2	3	4	5	6
干節	庚辰	辛巳	壬午	癸未	甲申	乙酉	丙戌	丁亥	戊子	己丑	庚寅	辛卯	壬辰	**處暑**	甲午	乙未	丙申	丁酉	戊戌	己亥	庚子	辛丑	壬寅	癸卯	甲辰	乙巳	丙午	丁未	**白露**	己酉	庚戌

陽歷九月份　（陰歷八、九月份）

陽	**9**	2	3	4	5	6	7	8	9	10	11	12	13	14	15	16	17	18	19	20	21	22	23	24	25	26	27	28	29	30	
陰	六	七	八	九	十	十一	十二	十三	十四	十五	十六	十七	十八	十九	廿	廿一	廿二	廿三	廿四	廿五	廿六	廿七	廿八	廿九	**九**	二	三	四	五	六	
星	**日**	1	2	3	4	5	6	**日**	1	2	3	4	5	6	**日**	1	2	3	4	5	6	**日**	1	2	3	4	5	6	**日**	1	
干節	辛亥	壬子	癸丑	甲寅	乙卯	丙辰	丁巳	戊午	己未	庚申	辛酉	壬戌	**秋分**	甲子	乙丑	丙寅	丁卯	戊辰	己巳	庚午	辛未	壬申	癸酉	甲戌	乙亥	丙子	丁丑	戊寅	**寒露**	庚辰	

陽歷十月份　（陰歷九、十月份）

陽	**10**	2	3	4	5	6	7	8	9	10	11	12	13	14	15	16	17	18	19	20	21	22	23	24	25	26	27	28	29	30	31
陰	七	八	九	十	十一	十二	十三	十四	十五	十六	十七	十八	十九	廿	廿一	廿二	廿三	廿四	廿五	廿六	廿七	廿八	廿九	卅	**十**	二	三	四	五	六	七
星	2	3	4	5	6	**日**	1	2	3	4	5	6	**日**	1	2	3	4	5	6	**日**	1	2	3	4	5	6	**日**	1	2	3	4
干節	辛巳	壬午	癸未	甲申	乙酉	丙戌	丁亥	戊子	己丑	庚寅	辛卯	壬辰	癸巳	**霜降**	乙未	丙申	丁酉	戊戌	己亥	庚子	辛丑	壬寅	癸卯	甲辰	乙巳	丙午	丁未	戊申	**立冬**	庚戌	辛亥

陽歷十一月份　（陰歷十、十一月份）

陽	**11**	2	3	4	5	6	7	8	9	10	11	12	13	14	15	16	17	18	19	20	21	22	23	24	25	26	27	28	29	30	
陰	八	九	十	十一	十二	十三	十四	十五	十六	十七	十八	十九	廿	廿一	廿二	廿三	廿四	廿五	廿六	廿七	廿八	廿九	卅	**十一**	二	三	四	五	六	七	
星	5	6	**日**	1	2	3	4	5	6	**日**	1	2	3	4	5	6	**日**	1	2	3	4	5	6	**日**	1	2	3	4	5	6	
干節	壬子	癸丑	甲寅	乙卯	丙辰	丁巳	戊午	己未	庚申	辛酉	壬戌	**小雪**	甲子	乙丑	丙寅	丁卯	戊辰	己巳	庚午	辛未	壬申	癸酉	甲戌	乙亥	丙子	丁丑	**大雪**	己卯	庚辰	辛巳	

陽歷十二月份　（陰歷十一、十二月份）

陽	**12**	2	3	4	5	6	7	8	9	10	11	12	13	14	15	16	17	18	19	20	21	22	23	24	25	26	27	28	29	30	31
陰	八	九	十	十一	十二	十三	十四	十五	十六	十七	十八	十九	廿	廿一	廿二	廿三	廿四	廿五	廿六	廿七	廿八	廿九	**十二**	二	三	四	五	六	七	八	九
星	**日**	1	2	3	4	5	6	**日**	1	2	3	4	5	6	**日**	1	2	3	4	5	6	**日**	1	2	3	4	5	6	**日**	1	2
干節	壬午	癸未	甲申	乙酉	丙戌	丁亥	戊子	己丑	庚寅	辛卯	壬辰	**冬至**	甲午	乙未	丙申	丁酉	戊戌	己亥	庚子	辛丑	壬寅	癸卯	甲辰	乙巳	丙午	**小寒**	戊申	己酉	庚戌	辛亥	壬子

戊子　一五二八年（明世宗嘉靖七年）

陽歷 一月份　（陰歷十二、正月份）

陽	**1**	2	3	4	5	6	7	8	9	10	11	12	13	14	15	16	17	18	19	20	21	22	23	24	25	26	27	28	29	30	31
陰	十	十一	十二	十三	十四	十五	十六	十七	十八	十九	廿	廿一	廿二	廿三	廿四	廿五	廿六	廿七	廿八	廿九	卅	**正**	二	三	四	五	六	七	八	九	十
星	3	4	5	6	**日**	1	2	3	4	5	6	**日**	1	2	3	4	5	6	**日**	1	2	3	4	5	6	**日**	1	2	3	4	5
干節	癸丑	甲寅	乙卯	丙辰	丁巳	戊午	己未	庚申	辛酉	**大寒**	癸亥	甲子	乙丑	丙寅	丁卯	戊辰	己巳	庚午	辛未	壬申	癸酉	甲戌	乙亥	丙子	**立春**	戊寅	己卯	庚辰	辛巳	壬午	癸未

陽歷 二月份　（陰歷正、二月份）

陽	**2**	2	3	4	5	6	7	8	9	10	11	12	13	14	15	16	17	18	19	20	21	22	23	24	25	26	27	28	29		
陰	十一	十二	十三	十四	十五	十六	十七	十八	十九	廿	廿一	廿二	廿三	廿四	廿五	廿六	廿七	廿八	廿九	**二**	二	三	四	五	六	七	八	九	十		
星	6	**日**	1	2	3	4	5	6	**日**	1	2	3	4	5	6	**日**	1	2	3	4	5	6	**日**	1	2	3	4	5	6		
干節	甲申	乙酉	丙戌	丁亥	戊子	己丑	庚寅	辛卯	**雨水**	癸巳	甲午	乙未	丙申	丁酉	戊戌	己亥	庚子	辛丑	壬寅	癸卯	甲辰	乙巳	丙午	**驚蟄**	戊申	己酉	庚戌	辛亥	壬子		

陽歷 三月份　（陰歷二、三月份）

陽	**3**	2	3	4	5	6	7	8	9	10	11	12	13	14	15	16	17	18	19	20	21	22	23	24	25	26	27	28	29	30	31
陰	十一	十二	十三	十四	十五	十六	十七	十八	十九	廿	廿一	廿二	廿三	廿四	廿五	廿六	廿七	廿八	廿九	**三**	二	三	四	五	六	七	八	九	十	十一	十二
星	**日**	1	2	3	4	5	6	**日**	1	2	3	4	5	6	**日**	1	2	3	4	5	6	**日**	1	2	3	4	5	6	**日**	1	2
干節	癸丑	甲寅	乙卯	丙辰	丁巳	戊午	己未	庚申	辛酉	**春分**	癸亥	甲子	乙丑	丙寅	丁卯	戊辰	己巳	庚午	辛未	壬申	癸酉	甲戌	乙亥	丙子	**清明**	戊寅	己卯	庚辰	辛巳	壬午	癸未

陽歷 四月份　（陰歷三、四月份）

陽	**4**	2	3	4	5	6	7	8	9	10	11	12	13	14	15	16	17	18	19	20	21	22	23	24	25	26	27	28	29	30	
陰	十三	十四	十五	十六	十七	十八	十九	廿	廿一	廿二	廿三	廿四	廿五	廿六	廿七	廿八	廿九	卅	**四**	二	三	四	五	六	七	八	九	十	十一	十二	
星	3	4	5	6	**日**	1	2	3	4	5	6	**日**	1	2	3	4	5	6	**日**	1	2	3	4	5	6	**日**	1	2	3	4	
干節	甲申	乙酉	丙戌	丁亥	戊子	己丑	庚寅	辛卯	**穀雨**	癸巳	甲午	乙未	丙申	丁酉	戊戌	己亥	庚子	辛丑	壬寅	癸卯	甲辰	乙巳	丙午	丁未	**立夏**	己酉	庚戌	辛亥	壬子	癸丑	

陽歷 五月份　（陰歷四、五月份）

陽	**5**	2	3	4	5	6	7	8	9	10	11	12	13	14	15	16	17	18	19	20	21	22	23	24	25	26	27	28	29	30	31
陰	十三	十四	十五	十六	十七	十八	十九	廿	廿一	廿二	廿三	廿四	廿五	廿六	廿七	廿八	廿九	**五**	二	三	四	五	六	七	八	九	十	十一	十二	十三	十四
星	5	6	**日**	1	2	3	4	5	6	**日**	1	2	3	4	5	6	**日**	1	2	3	4	5	6	**日**	1	2	3	4	5	6	**日**
干節	甲寅	乙卯	丙辰	丁巳	戊午	己未	庚申	辛酉	壬戌	**小滿**	甲子	乙丑	丙寅	丁卯	戊辰	己巳	庚午	辛未	壬申	癸酉	甲戌	乙亥	丙子	丁丑	戊寅	**芒種**	庚辰	辛巳	壬午	癸未	甲申

陽歷 六月份　（陰歷五、六月份）

陽	**6**	2	3	4	5	6	7	8	9	10	11	12	13	14	15	16	17	18	19	20	21	22	23	24	25	26	27	28	29	30	
陰	十五	十六	十七	十八	十九	廿	廿一	廿二	廿三	廿四	廿五	廿六	廿七	廿八	廿九	卅	**六**	二	三	四	五	六	七	八	九	十	十一	十二	十三	十四	
星	1	2	3	4	5	6	**日**	1	2	3	4	5	6	**日**	1	2	3	4	5	6	**日**	1	2	3	4	5	6	**日**	1	2	
干節	乙酉	丙戌	丁亥	戊子	己丑	庚寅	辛卯	壬辰	癸巳	甲午	**夏至**	丙申	丁酉	戊戌	己亥	庚子	辛丑	壬寅	癸卯	甲辰	乙巳	丙午	丁未	戊申	己酉	庚戌	**小暑**	壬子	癸丑	甲寅	

近世中西史日對照表

戊子

一五二八年

（明世宗嘉靖七年）

陽曆七月份　（陰曆六、七月份）

陽	7	2	3	4	5	6	7	8	9	10	11	12	13	14	15	16	17	18	19	20	21	22	23	24	25	26	27	28	29	30	31
陰	十五	十六	十七	十八	十九	廿	廿一	廿二	廿三	廿四	廿五	廿六	廿七	廿八	廿九	七	二	三	四	五	六	七	八	九	十	十一	十二	十三	十四	十五	十六
星	3	4	5	6	日	1	2	3	4	5	6	日	1	2	3	4	5	6	日	1	2	3	4	5	6	日	1	2	3	4	5
干節	乙卯	丙辰	丁巳	戊午	己未	庚申	辛酉	壬戌	癸亥	甲子	乙丑	大暑	丁卯	戊辰	己巳	庚午	辛未	壬申	癸酉	甲戌	乙亥	丙子	丁丑	戊寅	己卯	庚辰	辛巳	立秋	癸未	甲申	乙酉

陽曆八月份　（陰曆七、八月份）

陽	8	2	3	4	5	6	7	8	9	10	11	12	13	14	15	16	17	18	19	20	21	22	23	24	25	26	27	28	29	30	31
陰	十七	十八	十九	廿	廿一	廿二	廿三	廿四	廿五	廿六	廿七	廿八	廿九	卅	八	二	三	四	五	六	七	八	九	十	十一	十二	十三	十四	十五	十六	十七
星	6	日	1	2	3	4	5	6	日	1	2	3	4	5	6	日	1	2	3	4	5	6	日	1	2	3	4	5	6	日	1
干節	丙戌	丁亥	戊子	己丑	庚寅	辛卯	壬辰	癸巳	甲午	乙未	丙申	丁酉	處暑	己亥	庚子	辛丑	壬寅	癸卯	甲辰	乙巳	丙午	丁未	戊申	己酉	庚戌	辛亥	壬子	白露	甲寅	乙卯	丙辰

陽曆九月份　（陰曆八、九月份）

陽	9	2	3	4	5	6	7	8	9	10	11	12	13	14	15	16	17	18	19	20	21	22	23	24	25	26	27	28	29	30	
陰	十八	十九	廿	廿一	廿二	廿三	廿四	廿五	廿六	廿七	廿八	廿九	卅	九	二	三	四	五	六	七	八	九	十	十一	十二	十三	十四	十五	十六	十七	
星	2	3	4	5	6	日	1	2	3	4	5	6	日	1	2	3	4	5	6	日	1	2	3	4	5	6	日	1	2	3	
干節	丁巳	戊午	己未	庚申	辛酉	壬戌	癸亥	甲子	乙丑	丙寅	丁卯	秋分	己巳	庚午	辛未	壬申	癸酉	甲戌	乙亥	丙子	丁丑	戊寅	己卯	庚辰	辛巳	壬午	癸未	寒露	乙酉	丙戌	

陽曆十月份　（陰曆九、十月份）

陽	10	2	3	4	5	6	7	8	9	10	11	12	13	14	15	16	17	18	19	20	21	22	23	24	25	26	27	28	29	30	31
陰	十八	十九	廿	廿一	廿二	廿三	廿四	廿五	廿六	廿七	廿八	廿九	十	二	三	四	五	六	七	八	九	十	十一	十二	十三	十四	十五	十六	十七	十八	十九
星	4	5	6	日	1	2	3	4	5	6	日	1	2	3	4	5	6	日	1	2	3	4	5	6	日	1	2	3	4	5	6
干節	丁亥	戊子	己丑	庚寅	辛卯	壬辰	癸巳	甲午	乙未	丙申	丁酉	戊戌	霜降	庚子	辛丑	壬寅	癸卯	甲辰	乙巳	丙午	丁未	戊申	己酉	庚戌	辛亥	壬子	癸丑	立冬	乙卯	丙辰	丁巳

陽曆十一月份　（陰曆十、閏十月份）

陽	11	2	3	4	5	6	7	8	9	10	11	12	13	14	15	16	17	18	19	20	21	22	23	24	25	26	27	28	29	30	
陰	廿	廿一	廿二	廿三	廿四	廿五	廿六	廿七	廿八	廿九	卅	閏	二	三	四	五	六	七	八	九	十	十一	十二	十三	十四	十五	十六	十七	十八	十九	
星	日	1	2	3	4	5	6	日	1	2	3	4	5	6	日	1	2	3	4	5	6	日	1	2	3	4	5	6	日	1	
干節	戊午	己未	庚申	辛酉	壬戌	癸亥	甲子	乙丑	丙寅	丁卯	戊辰	小雪	庚午	辛未	壬申	癸酉	甲戌	乙亥	丙子	丁丑	戊寅	己卯	庚辰	辛巳	壬午	大雪	甲申	乙酉	丙戌	丁亥	

陽曆十二月份　（陰曆閏十、十一月份）

陽	12	2	3	4	5	6	7	8	9	10	11	12	13	14	15	16	17	18	19	20	21	22	23	24	25	26	27	28	29	30	31
陰	廿	廿一	廿二	廿三	廿四	廿五	廿六	廿七	廿八	廿九	卅	十一	二	三	四	五	六	七	八	九	十	十一	十二	十三	十四	十五	十六	十七	十八	十九	廿
星	2	3	4	5	6	日	1	2	3	4	5	6	日	1	2	3	4	5	6	日	1	2	3	4	5	6	日	1	2	3	4
干節	戊子	己丑	庚寅	辛卯	壬辰	癸巳	甲午	乙未	丙申	丁酉	冬至	己亥	庚子	辛丑	壬寅	癸卯	甲辰	乙巳	丙午	丁未	戊申	己酉	庚戌	辛亥	壬子	小寒	甲寅	乙卯	丙辰	丁巳	戊午

近世中西史日對照表

陽歷一月份　（陰歷十一、十二月份）

陽	1	2	3	4	5	6	7	8	9	10	11	12	13	14	15	16	17	18	19	20	21	22	23	24	25	26	27	28	29	30	31
陰	廿一	廿二	廿三	廿四	廿五	廿六	廿七	廿八	廿九	十二	二	三	四	五	六	七	八	九	十	十一	十二	十三	十四	十五	十六	十七	十八	十九	廿	廿一	廿二
星	5	6	日	1	2	3	4	5	6	日	1	2	3	4	5	6	日	1	2	3	4	5	6	日	1	2	3	4	5	6	日
干節	己未	庚申	辛酉	壬戌	癸亥	甲子	乙丑	丙寅	大寒	戊辰	己巳	庚午	辛未	壬申	癸酉	甲戌	乙亥	丙子	丁丑	戊寅	己卯	庚辰	辛巳	立春	癸未	甲申	乙酉	丙戌	丁亥	戊子	己丑

陽歷二月份　（陰歷十二、正月份）

陽	1	2	3	4	5	6	7	8	9	10	11	12	13	14	15	16	17	18	19	20	21	22	23	24	25	26	27	28			
陰	廿三	廿四	廿五	廿六	廿七	廿八	廿九	卅	正	二	三	四	五	六	七	八	九	十	十一	十二	十三	十四	十五	十六	十七	十八	十九	廿	—	—	—
星	1	2	3	4	5	6	日	1	2	3	4	5	6	日	1	2	3	4	5	6	日	1	2	3	4	5	6	日	—	—	—
干節	庚寅	辛卯	壬辰	癸巳	甲午	乙未	丙申	雨水	戊戌	己亥	庚子	辛丑	壬寅	癸卯	甲辰	乙巳	丙午	丁未	戊申	己酉	庚戌	辛亥	驚蟄	癸丑	甲寅	乙卯	丙辰	丁巳			

陽歷三月份　（陰歷正、二月份）

陽	1	2	3	4	5	6	7	8	9	10	11	12	13	14	15	16	17	18	19	20	21	22	23	24	25	26	27	28	29	30	31
陰	廿一	廿二	廿三	廿四	廿五	廿六	廿七	廿八	廿九	二	二	三	四	五	六	七	八	九	十	十一	十二	十三	十四	十五	十六	十七	十八	十九	廿	廿一	廿二
星	1	2	3	4	5	6	日	1	2	3	4	5	6	日	1	2	3	4	5	6	日	1	2	3	4	5	6	日	1	2	3
干節	戊午	己未	庚申	辛酉	壬戌	癸亥	甲子	乙丑	丙寅	春分	戊辰	己巳	庚午	辛未	壬申	癸酉	甲戌	乙亥	丙子	丁丑	戊寅	己卯	庚辰	辛巳	清明	癸未	甲申	乙酉	丙戌	丁亥	戊子

陽歷四月份　（陰歷二、三月份）

陽	1	2	3	4	5	6	7	8	9	10	11	12	13	14	15	16	17	18	19	20	21	22	23	24	25	26	27	28	29	30	
陰	廿三	廿四	廿五	廿六	廿七	廿八	廿九	三	二	三	四	五	六	七	八	九	十	十一	十二	十三	十四	十五	十六	十七	十八	十九	廿	廿一	廿二	廿三	
星	4	5	6	日	1	2	3	4	5	6	日	1	2	3	4	5	6	日	1	2	3	4	5	6	日	1	2	3	4	5	—
干節	己丑	庚寅	辛卯	壬辰	癸巳	甲午	乙未	丙申	丁酉	穀雨	己亥	庚子	辛丑	壬寅	癸卯	甲辰	乙巳	丙午	丁未	戊申	己酉	庚戌	辛亥	壬子	立夏	甲寅	乙卯	丙辰	丁巳	戊午	

陽歷五月份　（陰歷三、四月份）

陽	1	2	3	4	5	6	7	8	9	10	11	12	13	14	15	16	17	18	19	20	21	22	23	24	25	26	27	28	29	30	31
陰	廿四	廿五	廿六	廿七	廿八	廿九	卅	四	二	三	四	五	六	七	八	九	十	十一	十二	十三	十四	十五	十六	十七	十八	十九	廿	廿一	廿二	廿三	廿四
星	6	日	1	2	3	4	5	6	日	1	2	3	4	5	6	日	1	2	3	4	5	6	日	1	2	3	4	5	6	日	1
干節	己未	庚申	辛酉	壬戌	癸亥	甲子	乙丑	丙寅	丁卯	戊辰	小滿	庚午	辛未	壬申	癸酉	甲戌	乙亥	丙子	丁丑	戊寅	己卯	庚辰	辛巳	壬午	癸未	芒種	乙酉	丙戌	丁亥	戊子	己丑

陽歷六月份　（陰歷四、五月份）

陽	1	2	3	4	5	6	7	8	9	10	11	12	13	14	15	16	17	18	19	20	21	22	23	24	25	26	27	28	29	30
陰	廿五	廿六	廿七	廿八	廿九	五	二	三	四	五	六	七	八	九	十	十一	十二	十三	十四	十五	十六	十七	十八	十九	廿	廿一	廿二	廿三	廿四	廿五
星	2	3	4	5	6	日	1	2	3	4	5	6	日	1	2	3	4	5	6	日	1	2	3	4	5	6	日	1	2	3
干節	庚寅	辛卯	壬辰	癸巳	甲午	乙未	丙申	丁酉	戊戌	己亥	夏至	辛丑	壬寅	癸卯	甲辰	乙巳	丙午	丁未	戊申	己酉	庚戌	辛亥	壬子	癸丑	甲寅	乙卯	小暑	丁巳	戊午	己未

己丑

一五二九年

（明世宗嘉靖八年）

陽歷七月份 (陰歷五、六月份)

陽	7	2	3	4	5	6	7	8	9	10	11	12	13	14	15	16	17	18	19	20	21	22	23	24	25	26	27	28	29	30	31
陰	廿六	廿七	廿八	廿九	六	二	三	四	五	六	七	八	九	十	十一	十二	十三	十四	十五	十六	十七	十八	十九	廿	廿一	廿二	廿三	廿四	廿五	廿六	廿七
星	4	5	6	日	1	2	3	4	5	6	日	1	2	3	4	5	6	日	1	2	3	4	5	6	日	1	2	3	4	5	6
干節	庚申	辛酉	壬戌	癸亥	甲子	乙丑	丙寅	丁卯	戊辰	己巳	庚午	辛未	大暑	癸酉	甲戌	乙亥	丙子	丁丑	戊寅	己卯	庚辰	辛巳	壬午	癸未	甲申	乙酉	丙戌	立秋	戊子	己丑	庚寅

陽歷八月份 (陰歷六、七月份)

陽	8	2	3	4	5	6	7	8	9	10	11	12	13	14	15	16	17	18	19	20	21	22	23	24	25	26	27	28	29	30	31
陰	廿八	廿九	卅	七	二	三	四	五	六	七	八	九	十	十一	十二	十三	十四	十五	十六	十七	十八	十九	廿	廿一	廿二	廿三	廿四	廿五	廿六	廿七	廿八
星	日	1	2	3	4	5	6	日	1	2	3	4	5	6	日	1	2	3	4	5	6	日	1	2	3	4	5	6	日	1	2
干節	辛卯	壬辰	癸巳	甲午	乙未	丙申	丁酉	戊戌	己亥	庚子	辛丑	壬寅	處暑	甲辰	乙巳	丙午	丁未	戊申	己酉	庚戌	辛亥	壬子	癸丑	甲寅	乙卯	丙辰	丁巳	白露	己未	庚申	辛酉

陽歷九月份 (陰歷七、八月份)

陽	9	2	3	4	5	6	7	8	9	10	11	12	13	14	15	16	17	18	19	20	21	22	23	24	25	26	27	28	29	30	
陰	廿九	卅	八	二	三	四	五	六	七	八	九	十	十一	十二	十三	十四	十五	十六	十七	十八	十九	廿	廿一	廿二	廿三	廿四	廿五	廿六	廿七	廿八	—
星	3	4	5	6	日	1	2	3	4	5	6	日	1	2	3	4	5	6	日	1	2	3	4	5	6	日	1	2	3	4	—
干節	壬戌	癸亥	甲子	乙丑	丙寅	丁卯	戊辰	己巳	庚午	辛未	壬申	癸酉	秋分	乙亥	丙子	丁丑	戊寅	己卯	庚辰	辛巳	壬午	癸未	甲申	乙酉	丙戌	丁亥	戊子	寒露	庚寅	辛卯	

陽歷十月份 (陰歷八、九月份)

陽	10	2	3	4	5	6	7	8	9	10	11	12	13	14	15	16	17	18	19	20	21	22	23	24	25	26	27	28	29	30	31
陰	廿九	九	二	三	四	五	六	七	八	九	十	十一	十二	十三	十四	十五	十六	十七	十八	十九	廿	廿一	廿二	廿三	廿四	廿五	廿六	廿七	廿八	廿九	卅
星	5	6	日	1	2	3	4	5	6	日	1	2	3	4	5	6	日	1	2	3	4	5	6	日	1	2	3	4	5	6	日
干節	壬辰	癸巳	甲午	乙未	丙申	丁酉	戊戌	己亥	庚子	辛丑	壬寅	癸卯	霜降	乙巳	丙午	丁未	戊申	己酉	庚戌	辛亥	壬子	癸丑	甲寅	乙卯	丙辰	丁巳	戊午	立冬	庚申	辛酉	壬戌

陽歷十一月份 (陰歷十月份)

陽	11	2	3	4	5	6	7	8	9	10	11	12	13	14	15	16	17	18	19	20	21	22	23	24	25	26	27	28	29	30	
陰	十	二	三	四	五	六	七	八	九	十	十一	十二	十三	十四	十五	十六	十七	十八	十九	廿	廿一	廿二	廿三	廿四	廿五	廿六	廿七	廿八	廿九	卅	—
星	1	2	3	4	5	6	日	1	2	3	4	5	6	日	1	2	3	4	5	6	日	1	2	3	4	5	6	日	1	2	—
干節	癸亥	甲子	乙丑	丙寅	丁卯	戊辰	己巳	庚午	辛未	壬申	癸酉	小雪	乙亥	丙子	丁丑	戊寅	己卯	庚辰	辛巳	壬午	癸未	甲申	乙酉	丙戌	丁亥	戊子	大雪	庚寅	辛卯	壬辰	

陽歷十二月份 (陰歷十一、十二月份)

陽	12	2	3	4	5	6	7	8	9	10	11	12	13	14	15	16	17	18	19	20	21	22	23	24	25	26	27	28	29	30	31
陰	十一	二	三	四	五	六	七	八	九	十	十一	十二	十三	十四	十五	十六	十七	十八	十九	廿	廿一	廿二	廿三	廿四	廿五	廿六	廿七	廿八	廿九	卅	十二
星	3	4	5	6	日	1	2	3	4	5	6	日	1	2	3	4	5	6	日	1	2	3	4	5	6	日	1	2	3	4	5
干節	癸巳	甲午	乙未	丙申	丁酉	戊戌	己亥	庚子	辛丑	壬寅	冬至	甲辰	乙巳	丙午	丁未	戊申	己酉	庚戌	辛亥	壬子	癸丑	甲寅	乙卯	丙辰	丁巳	小寒	己未	庚申	辛酉	壬戌	癸亥

近世中西史日對照表

庚寅　一五三〇年　（明世宗嘉靖九年）

陽歷 一月份　（陰歷十二、正月份）

陽	1	2	3	4	5	6	7	8	9	10	11	12	13	14	15	16	17	18	19	20	21	22	23	24	25	26	27	28	29	30	31
陰	二	三	四	五	六	七	八	九	十	十一	十二	十三	十四	十五	十六	十七	十八	十九	廿	廿一	廿二	廿三	廿四	廿五	廿六	廿七	廿八	廿九	正	二	三
星	6	日	1	2	3	4	5	6	日	1	2	3	4	5	6	日	1	2	3	4	5	6	日	1	2	3	4	5	6	日	1
干節	甲子	乙丑	丙寅	丁卯	戊辰	己巳	庚午	辛未	壬申	大寒	甲戌	乙亥	丙子	丁丑	戊寅	己卯	庚辰	辛巳	壬午	癸未	甲申	乙酉	丙戌	立春	戊子	己丑	庚寅	辛卯	壬辰	癸巳	甲午

陽歷 二月份　（陰歷正、二月份）

陽	2	2	3	4	5	6	7	8	9	10	11	12	13	14	15	16	17	18	19	20	21	22	23	24	25	26	27	28
陰	四	五	六	七	八	九	十	十一	十二	十三	十四	十五	十六	十七	十八	十九	廿	廿一	廿二	廿三	廿四	廿五	廿六	廿七	廿八	廿九	卅	二
星	2	3	4	5	6	日	1	2	3	4	5	6	日	1	2	3	4	5	6	日	1	2	3	4	5	6	日	1
干節	乙未	丙申	丁酉	戊戌	己亥	庚子	辛丑	雨水	癸卯	甲辰	乙巳	丙午	丁未	戊申	己酉	庚戌	辛亥	壬子	癸丑	甲寅	乙卯	丙辰	驚蟄	戊午	己未	庚申	辛酉	壬戌

陽歷 三月份　（陰歷二、三月份）

陽	3	2	3	4	5	6	7	8	9	10	11	12	13	14	15	16	17	18	19	20	21	22	23	24	25	26	27	28	29	30	31
陰	二	三	四	五	六	七	八	九	十	十一	十二	十三	十四	十五	十六	十七	十八	十九	廿	廿一	廿二	廿三	廿四	廿五	廿六	廿七	廿八	廿九	三	二	三
星	2	3	4	5	6	日	1	2	3	4	5	6	日	1	2	3	4	5	6	日	1	2	3	4	5	6	日	1	2	3	4
干節	癸亥	甲子	乙丑	丙寅	丁卯	戊辰	己巳	庚午	辛未	春分	癸酉	甲戌	乙亥	丙子	丁丑	戊寅	己卯	庚辰	辛巳	壬午	癸未	甲申	乙酉	丙戌	丁亥	清明	己丑	庚寅	辛卯	壬辰	癸巳

陽歷 四月份　（陰歷三、四月份）

陽	4	2	3	4	5	6	7	8	9	10	11	12	13	14	15	16	17	18	19	20	21	22	23	24	25	26	27	28	29	30
陰	四	五	六	七	八	九	十	十一	十二	十三	十四	十五	十六	十七	十八	十九	廿	廿一	廿二	廿三	廿四	廿五	廿六	廿七	廿八	廿九	四	二	三	四
星	5	6	日	1	2	3	4	5	6	日	1	2	3	4	5	6	日	1	2	3	4	5	6	日	1	2	3	4	5	6
干節	甲午	乙未	丙申	丁酉	戊戌	己亥	庚子	辛丑	壬寅	穀雨	甲辰	乙巳	丙午	丁未	戊申	己酉	庚戌	辛亥	壬子	癸丑	甲寅	乙卯	丙辰	丁巳	立夏	己未	庚申	辛酉	壬戌	癸亥

陽歷 五月份　（陰歷四、五月份）

陽	5	2	3	4	5	6	7	8	9	10	11	12	13	14	15	16	17	18	19	20	21	22	23	24	25	26	27	28	29	30	31
陰	五	六	七	八	九	十	十一	十二	十三	十四	十五	十六	十七	十八	十九	廿	廿一	廿二	廿三	廿四	廿五	廿六	廿七	廿八	廿九	卅	五	二	三	四	五
星	日	1	2	3	4	5	6	日	1	2	3	4	5	6	日	1	2	3	4	5	6	日	1	2	3	4	5	6	日	1	2
干節	甲子	乙丑	丙寅	丁卯	戊辰	己巳	庚午	辛未	壬申	癸酉	小滿	乙亥	丙子	丁丑	戊寅	己卯	庚辰	辛巳	壬午	癸未	甲申	乙酉	丙戌	丁亥	戊子	己丑	芒種	辛卯	壬辰	癸巳	甲午

陽歷 六月份　（陰歷五、六月份）

陽	6	2	3	4	5	6	7	8	9	10	11	12	13	14	15	16	17	18	19	20	21	22	23	24	25	26	27	28	29	30
陰	六	七	八	九	十	十一	十二	十三	十四	十五	十六	十七	十八	十九	廿	廿一	廿二	廿三	廿四	廿五	廿六	廿七	廿八	廿九	六	二	三	四	五	六
星	3	4	5	6	日	1	2	3	4	5	6	日	1	2	3	4	5	6	日	1	2	3	4	5	6	日	1	2	3	4
干節	乙未	丙申	丁酉	戊戌	己亥	庚子	辛丑	壬寅	癸卯	甲辰	夏至	丙午	丁未	戊申	己酉	庚戌	辛亥	壬子	癸丑	甲寅	乙卯	丙辰	丁巳	戊午	己未	庚申	小暑	壬戌	癸亥	甲子

庚寅

一五三〇年

（明世宗嘉靖九年）

陽歷七月份　（陰歷六、七月份）

陽	7	2	3	4	5	6	7	8	9	10	11	12	13	14	15	16	17	18	19	20	21	22	23	24	25	26	27	28	29	30	31
陰	七	八	九	十	十一	十二	十三	十四	十五	十六	十七	十八	十九	廿	廿一	廿二	廿三	廿四	廿五	廿六	廿七	廿八	廿九	七	二	三	四	五	六	七	八
星	5	6	日	1	2	3	4	5	6	日	1	2	3	4	5	6	日	1	2	3	4	5	6	日	1	2	3	4	5	6	日
干節	乙丑	丙寅	丁卯	戊辰	己巳	庚午	辛未	壬申	癸酉	甲戌	乙亥	丙子	大暑	戊寅	己卯	庚辰	辛巳	壬午	癸未	甲申	乙酉	丙戌	丁亥	戊子	己丑	庚寅	辛卯	壬辰	立秋	甲午	乙未

陽歷八月份　（陰歷七、八月份）

陽	8	2	3	4	5	6	7	8	9	10	11	12	13	14	15	16	17	18	19	20	21	22	23	24	25	26	27	28	29	30	31
陰	九	十	十一	十二	十三	十四	十五	十六	十七	十八	十九	廿	廿一	廿二	廿三	廿四	廿五	廿六	廿七	廿八	廿九	卅	八	二	三	四	五	六	七	八	九
星	1	2	3	4	5	6	日	1	2	3	4	5	6	日	1	2	3	4	5	6	日	1	2	3	4	5	6	日	1	2	3
干節	丙申	丁酉	戊戌	己亥	庚子	辛丑	壬寅	癸卯	甲辰	乙巳	丙午	丁未	處暑	己酉	庚戌	辛亥	壬子	癸丑	甲寅	乙卯	丙辰	丁巳	戊午	己未	庚申	辛酉	壬戌	癸亥	白露	乙丑	丙寅

陽歷九月份　（陰歷八、九月份）

陽	9	2	3	4	5	6	7	8	9	10	11	12	13	14	15	16	17	18	19	20	21	22	23	24	25	26	27	28	29	30	
陰	十	十一	十二	十三	十四	十五	十六	十七	十八	十九	廿	廿一	廿二	廿三	廿四	廿五	廿六	廿七	廿八	廿九	九	二	三	四	五	六	七	八	九	十	
星	4	5	6	日	1	2	3	4	5	6	日	1	2	3	4	5	6	日	1	2	3	4	5	6	日	1	2	3	4	5	
干節	丁卯	戊辰	己巳	庚午	辛未	壬申	癸酉	甲戌	乙亥	丙子	丁丑	戊寅	秋分	庚辰	辛巳	壬午	癸未	甲申	乙酉	丙戌	丁亥	戊子	己丑	庚寅	辛卯	壬辰	癸巳	寒露	乙未	丙申	

陽歷十月份　（陰歷九、十月份）

陽	10	2	3	4	5	6	7	8	9	10	11	12	13	14	15	16	17	18	19	20	21	22	23	24	25	26	27	28	29	30	31
陰	十一	十二	十三	十四	十五	十六	十七	十八	十九	廿	廿一	廿二	廿三	廿四	廿五	廿六	廿七	廿八	廿九	卅	十	二	三	四	五	六	七	八	九	十	十一
星	6	日	1	2	3	4	5	6	日	1	2	3	4	5	6	日	1	2	3	4	5	6	日	1	2	3	4	5	6	日	1
干節	丁酉	戊戌	己亥	庚子	辛丑	壬寅	癸卯	甲辰	乙巳	丙午	丁未	戊申	霜降	庚戌	辛亥	壬子	癸丑	甲寅	乙卯	丙辰	丁巳	戊午	己未	庚申	辛酉	壬戌	癸亥	立冬	乙丑	丙寅	丁卯

陽歷十一月份　（陰歷十、十一月份）

陽	11	2	3	4	5	6	7	8	9	10	11	12	13	14	15	16	17	18	19	20	21	22	23	24	25	26	27	28	29	30	
陰	十二	十三	十四	十五	十六	十七	十八	十九	廿	廿一	廿二	廿三	廿四	廿五	廿六	廿七	廿八	廿九	卅	十一	二	三	四	五	六	七	八	九	十	十一	
星	2	3	4	5	6	日	1	2	3	4	5	6	日	1	2	3	4	5	6	日	1	2	3	4	5	6	日	1	2	3	
干節	戊辰	己巳	庚午	辛未	壬申	癸酉	甲戌	乙亥	丙子	丁丑	戊寅	小雪	庚辰	辛巳	壬午	癸未	甲申	乙酉	丙戌	丁亥	戊子	己丑	庚寅	辛卯	壬辰	癸巳	大雪	乙未	丙申	丁酉	

陽歷十二月份　（陰歷十一、十二月份）

陽	12	2	3	4	5	6	7	8	9	10	11	12	13	14	15	16	17	18	19	20	21	22	23	24	25	26	27	28	29	30	31
陰	十二	十三	十四	十五	十六	十七	十八	十九	廿	廿一	廿二	廿三	廿四	廿五	廿六	廿七	廿八	廿九	卅	十二	二	三	四	五	六	七	八	九	十	十一	十二
星	4	5	6	日	1	2	3	4	5	6	日	1	2	3	4	5	6	日	1	2	3	4	5	6	日	1	2	3	4	5	6
干節	戊戌	己亥	庚子	辛丑	壬寅	癸卯	甲辰	乙巳	丙午	丁未	戊申	冬至	庚戌	辛亥	壬子	癸丑	甲寅	乙卯	丙辰	丁巳	戊午	己未	庚申	辛酉	壬戌	小寒	甲子	乙丑	丙寅	丁卯	戊辰

辛卯

一五三一年

(明世宗嘉靖一〇年)

陽歷一月份　(陰歷十二、正月份)

陽	**1**	2	3	4	5	6	7	8	9	10	11	12	13	14	15	16	17	18	19	20	21	22	23	24	25	26	27	28	29	30	31
陰	十三	十四	十五	十六	十七	十八	十九	廿	廿一	廿二	廿三	廿四	廿五	廿六	廿七	廿八	廿九	**正**	二	三	四	五	六	七	八	九	十	十一	十二	十三	十四
星	**日**	1	2	3	4	5	6	**日**	1	2	3	4	5	6	**日**	1	2	3	4	5	6	**日**	1	2	3	4	5	6	**日**	1	2
干節	己巳	庚午	辛未	壬申	癸酉	甲戌	乙亥	丙子	丁丑	**大寒**	己卯	庚辰	辛巳	壬午	癸未	甲申	乙酉	丙戌	丁亥	戊子	己丑	庚寅	辛卯	壬辰	**立春**	甲午	乙未	丙申	丁酉	戊戌	己亥

陽歷二月份　(陰歷正、二月份)

陽	**2**	2	3	4	5	6	7	8	9	10	11	12	13	14	15	16	17	18	19	20	21	22	23	24	25	26	27	28			
陰	十五	十六	十七	十八	十九	廿	廿一	廿二	廿三	廿四	廿五	廿六	廿七	廿八	廿九	卅	**二**	二	三	四	五	六	七	八	九	十	十一	十二			
星	3	4	5	6	**日**	1	2	3	4	5	6	**日**	1	2	3	4	5	6	**日**	1	2	3	4	5	6	**日**	1	2			
干節	庚子	辛丑	壬寅	癸卯	甲辰	乙巳	丙午	丁未	**雨水**	己酉	庚戌	辛亥	壬子	癸丑	甲寅	乙卯	丙辰	丁巳	戊午	己未	庚申	辛酉	**驚蟄**	癸亥	甲子	乙丑	丙寅	丁卯			

陽歷三月份　(陰歷二、三月份)

陽	**3**	2	3	4	5	6	7	8	9	10	11	12	13	14	15	16	17	18	19	20	21	22	23	24	25	26	27	28	29	30	31
陰	十三	十四	十五	十六	十七	十八	十九	廿	廿一	廿二	廿三	廿四	廿五	廿六	廿七	廿八	廿九	卅	**三**	二	三	四	五	六	七	八	九	十	十一	十二	十三
星	3	4	5	6	**日**	1	2	3	4	5	6	**日**	1	2	3	4	5	6	**日**	1	2	3	4	5	6	**日**	1	2	3	4	5
干節	戊辰	己巳	庚午	辛未	壬申	癸酉	甲戌	乙亥	丙子	丁丑	**春分**	己卯	庚辰	辛巳	壬午	癸未	甲申	乙酉	丙戌	丁亥	戊子	己丑	庚寅	辛卯	壬辰	**清明**	甲午	乙未	丙申	丁酉	戊戌

陽歷四月份　(陰歷三、四月份)

陽	**4**	2	3	4	5	6	7	8	9	10	11	12	13	14	15	16	17	18	19	20	21	22	23	24	25	26	27	28	29	30	
陰	十四	十五	十六	十七	十八	十九	廿	廿一	廿二	廿三	廿四	廿五	廿六	廿七	廿八	廿九	**四**	二	三	四	五	六	七	八	九	十	十一	十二	十三	十四	
星	6	**日**	1	2	3	4	5	6	**日**	1	2	3	4	5	6	**日**	1	2	3	4	5	6	**日**	1	2	3	4	5	6	**日**	
干節	己亥	庚子	辛丑	壬寅	癸卯	甲辰	乙巳	丙午	丁未	**穀雨**	己酉	庚戌	辛亥	壬子	癸丑	甲寅	乙卯	丙辰	丁巳	戊午	己未	庚申	辛酉	壬戌	癸亥	**立夏**	乙丑	丙寅	丁卯	戊辰	

陽歷五月份　(陰歷四、五月份)

陽	**5**	2	3	4	5	6	7	8	9	10	11	12	13	14	15	16	17	18	19	20	21	22	23	24	25	26	27	28	29	30	31
陰	十五	十六	十七	十八	十九	廿	廿一	廿二	廿三	廿四	廿五	廿六	廿七	廿八	廿九	**五**	二	三	四	五	六	七	八	九	十	十一	十二	十三	十四	十五	十六
星	1	2	3	4	5	6	**日**	1	2	3	4	5	6	**日**	1	2	3	4	5	6	**日**	1	2	3	4	5	6	**日**	1	2	3
干節	己巳	庚午	辛未	壬申	癸酉	甲戌	乙亥	丙子	丁丑	戊寅	**小滿**	庚辰	辛巳	壬午	癸未	甲申	乙酉	丙戌	丁亥	戊子	己丑	庚寅	辛卯	壬辰	癸巳	甲午	**芒種**	丙申	丁酉	戊戌	己亥

陽歷六月份　(陰歷五、六月份)

陽	**6**	2	3	4	5	6	7	8	9	10	11	12	13	14	15	16	17	18	19	20	21	22	23	24	25	26	27	28	29	30	
陰	十七	十八	十九	廿	廿一	廿二	廿三	廿四	廿五	廿六	廿七	廿八	廿九	卅	**六**	二	三	四	五	六	七	八	九	十	十一	十二	十三	十四	十五	十六	
星	4	5	6	**日**	1	2	3	4	5	6	**日**	1	2	3	4	5	6	**日**	1	2	3	4	5	6	**日**	1	2	3	4	5	
干節	庚子	辛丑	壬寅	癸卯	甲辰	乙巳	丙午	丁未	戊申	己酉	庚戌	**夏至**	壬子	癸丑	甲寅	乙卯	丙辰	丁巳	戊午	己未	庚申	辛酉	壬戌	癸亥	甲子	乙丑	**小暑**	丁卯	戊辰	己巳	

辛卯

一五三一年

（明世宗嘉靖一〇年）

陽歷七月份　（陰歷六、閏六月份）

陽	7	2	3	4	5	6	7	8	9	10	11	12	13	14	15	16	17	18	19	20	21	22	23	24	25	26	27	28	29	30	31
陰	十七	十八	十九	廿	廿一	廿二	廿三	廿四	廿五	廿六	廿七	廿八	廿九	閏	二	三	四	五	六	七	八	九	十	十一	十二	十三	十四	十五	十六	十七	十八
星	6	日	1	2	3	4	5	6	日	1	2	3	4	5	6	日	1	2	3	4	5	6	日	1	2	3	4	5	6	日	1
干節	庚午	辛未	壬申	癸酉	甲戌	乙亥	丙子	丁丑	戊寅	己卯	庚辰	辛巳	大暑	癸未	甲申	乙酉	丙戌	丁亥	戊子	己丑	庚寅	辛卯	壬辰	癸巳	甲午	乙未	丙申	丁酉	立秋	己亥	庚子

陽歷八月份　（陰歷閏六、七月份）

陽	8	2	3	4	5	6	7	8	9	10	11	12	13	14	15	16	17	18	19	20	21	22	23	24	25	26	27	28	29	30	31
陰	十九	廿	廿一	廿二	廿三	廿四	廿五	廿六	廿七	廿八	廿九	七	二	三	四	五	六	七	八	九	十	十一	十二	十三	十四	十五	十六	十七	十八	十九	廿
星	2	3	4	5	6	日	1	2	3	4	5	6	日	1	2	3	4	5	6	日	1	2	3	4	5	6	日	1	2	3	4
干節	辛丑	壬寅	癸卯	甲辰	乙巳	丙午	丁未	戊申	己酉	庚戌	辛亥	壬子	癸丑	處暑	乙卯	丙辰	丁巳	戊午	己未	庚申	辛酉	壬戌	癸亥	甲子	乙丑	丙寅	丁卯	戊辰	白露	庚午	辛未

陽歷九月份　（陰歷七、八月份）

陽	9	2	3	4	5	6	7	8	9	10	11	12	13	14	15	16	17	18	19	20	21	22	23	24	25	26	27	28	29	30	
陰	廿一	廿二	廿三	廿四	廿五	廿六	廿七	廿八	廿九	卅	八	二	三	四	五	六	七	八	九	十	十一	十二	十三	十四	十五	十六	十七	十八	十九	廿	
星	5	6	日	1	2	3	4	5	6	日	1	2	3	4	5	6	日	1	2	3	4	5	6	日	1	2	3	4	5	6	
干節	壬申	癸酉	甲戌	乙亥	丙子	丁丑	戊寅	己卯	庚辰	辛巳	壬午	癸未	秋分	乙酉	丙戌	丁亥	戊子	己丑	庚寅	辛卯	壬辰	癸巳	甲午	乙未	丙申	丁酉	戊戌	己亥	寒露	辛丑	

陽歷十月份　（陰歷八、九月份）

陽	10	2	3	4	5	6	7	8	9	10	11	12	13	14	15	16	17	18	19	20	21	22	23	24	25	26	27	28	29	30	31
陰	廿一	廿二	廿三	廿四	廿五	廿六	廿七	廿八	廿九	九	二	三	四	五	六	七	八	九	十	十一	十二	十三	十四	十五	十六	十七	十八	十九	廿	廿一	廿二
星	日	1	2	3	4	5	6	日	1	2	3	4	5	6	日	1	2	3	4	5	6	日	1	2	3	4	5	6	日	1	2
干節	壬寅	癸卯	甲辰	乙巳	丙午	丁未	戊申	己酉	庚戌	辛亥	壬子	癸丑	甲寅	霜降	丙辰	丁巳	戊午	己未	庚申	辛酉	壬戌	癸亥	甲子	乙丑	丙寅	丁卯	戊辰	己巳	立冬	辛未	壬申

陽歷十一月份　（陰歷九、十月份）

陽	11	2	3	4	5	6	7	8	9	10	11	12	13	14	15	16	17	18	19	20	21	22	23	24	25	26	27	28	29	30	
陰	廿三	廿四	廿五	廿六	廿七	廿八	廿九	卅	十	二	三	四	五	六	七	八	九	十	十一	十二	十三	十四	十五	十六	十七	十八	十九	廿	廿一	廿二	
星	3	4	5	6	日	1	2	3	4	5	6	日	1	2	3	4	5	6	日	1	2	3	4	5	6	日	1	2	3	4	
干節	癸酉	甲戌	乙亥	丙子	丁丑	戊寅	己卯	庚辰	辛巳	壬午	癸未	小雪	乙酉	丙戌	丁亥	戊子	己丑	庚寅	辛卯	壬辰	癸巳	甲午	乙未	丙申	丁酉	戊戌	大雪	庚子	辛丑	壬寅	

陽歷十二月份　（陰歷十、十一月份）

陽	12	2	3	4	5	6	7	8	9	10	11	12	13	14	15	16	17	18	19	20	21	22	23	24	25	26	27	28	29	30	31
陰	廿三	廿四	廿五	廿六	廿七	廿八	廿九	卅	十一	二	三	四	五	六	七	八	九	十	十一	十二	十三	十四	十五	十六	十七	十八	十九	廿	廿一	廿二	廿三
星	5	6	日	1	2	3	4	5	6	日	1	2	3	4	5	6	日	1	2	3	4	5	6	日	1	2	3	4	5	6	日
干節	癸卯	甲辰	乙巳	丙午	丁未	戊申	己酉	庚戌	辛亥	壬子	癸丑	冬至	乙卯	丙辰	丁巳	戊午	己未	庚申	辛酉	壬戌	癸亥	甲子	乙丑	丙寅	丁卯	小寒	己巳	庚午	辛未	壬申	癸酉

陽歷一月份	(陰歷十一、十二月份)																														
陽	1	2	3	4	5	6	7	8	9	10	11	12	13	14	15	16	17	18	19	20	21	22	23	24	25	26	27	28	29	30	31
陰	廿四	廿五	廿六	廿七	廿八	廿九	臘	二	三	四	五	六	七	八	九	十	十一	十二	十三	十四	十五	十六	十七	十八	十九	廿	廿一	廿二	廿三	廿四	廿五
星	1	2	3	4	5	6	日	1	2	3	4	5	6	日	1	2	3	4	5	6	日	1	2	3	4	5	6	日	1	2	3
干節	甲戌	乙亥	丙子	丁丑	戊寅	己卯	庚辰	辛巳	壬午	大寒	甲申	乙酉	丙戌	丁亥	戊子	己丑	庚寅	辛卯	壬辰	癸巳	甲午	乙未	丙申	丁酉	立春	己亥	庚子	辛丑	壬寅	癸卯	甲辰

陽歷二月份	(陰歷十二、正月份)																														
陽	2	2	3	4	5	6	7	8	9	10	11	12	13	14	15	16	17	18	19	20	21	22	23	24	25	26	27	28	29		
陰	廿六	廿七	廿八	廿九	卅	正	二	三	四	五	六	七	八	九	十	十一	十二	十三	十四	十五	十六	十七	十八	十九	廿	廿一	廿二	廿三	廿四		
星	4	5	6	日	1	2	3	4	5	6	日	1	2	3	4	5	6	日	1	2	3	4	5	6	日	1	2	3	4		
干節	乙巳	丙午	丁未	戊申	己酉	庚戌	辛亥	壬子	雨水	甲寅	乙卯	丙辰	丁巳	戊午	己未	庚申	辛酉	壬戌	癸亥	甲子	乙丑	丙寅	丁卯	驚蟄	己巳	庚午	辛未	壬申	癸酉		

陽歷三月份	(陰歷正、二月份)																														
陽	3	2	3	4	5	6	7	8	9	10	11	12	13	14	15	16	17	18	19	20	21	22	23	24	25	26	27	28	29	30	31
陰	廿五	廿六	廿七	廿八	廿九	卅	二	二	三	四	五	六	七	八	九	十	十一	十二	十三	十四	十五	十六	十七	十八	十九	廿	廿一	廿二	廿三	廿四	廿五
星	5	6	日	1	2	3	4	5	6	日	1	2	3	4	5	6	日	1	2	3	4	5	6	日	1	2	3	4	5	6	日
干節	甲戌	乙亥	丙子	丁丑	戊寅	己卯	庚辰	辛巳	壬午	春分	甲申	乙酉	丙戌	丁亥	戊子	己丑	庚寅	辛卯	壬辰	癸巳	甲午	乙未	丙申	丁酉	清明	己亥	庚子	辛丑	壬寅	癸卯	甲辰

陽歷四月份	(陰歷二、三月份)																														
陽	4	2	3	4	5	6	7	8	9	10	11	12	13	14	15	16	17	18	19	20	21	22	23	24	25	26	27	28	29	30	
陰	廿六	廿七	廿八	廿九	卅	三	二	三	四	五	六	七	八	九	十	十一	十二	十三	十四	十五	十六	十七	十八	十九	廿	廿一	廿二	廿三	廿四	廿五	
星	1	2	3	4	5	6	日	1	2	3	4	5	6	日	1	2	3	4	5	6	日	1	2	3	4	5	6	日	1	2	
干節	乙巳	丙午	丁未	戊申	己酉	庚戌	辛亥	壬子	穀雨	甲寅	乙卯	丙辰	丁巳	戊午	己未	庚申	辛酉	壬戌	癸亥	甲子	乙丑	丙寅	丁卯	戊辰	立夏	庚午	辛未	壬申	癸酉	甲戌	

陽歷五月份	(陰歷三、四月份)																														
陽	5	2	3	4	5	6	7	8	9	10	11	12	13	14	15	16	17	18	19	20	21	22	23	24	25	26	27	28	29	30	31
陰	廿六	廿七	廿八	廿九	四	二	三	四	五	六	七	八	九	十	十一	十二	十三	十四	十五	十六	十七	十八	十九	廿	廿一	廿二	廿三	廿四	廿五	廿六	廿七
星	3	4	5	6	日	1	2	3	4	5	6	日	1	2	3	4	5	6	日	1	2	3	4	5	6	日	1	2	3	4	5
干節	乙亥	丙子	丁丑	戊寅	己卯	庚辰	辛巳	壬午	癸未	小滿	乙酉	丙戌	丁亥	戊子	己丑	庚寅	辛卯	壬辰	癸巳	甲午	乙未	丙申	丁酉	戊戌	己亥	芒種	辛丑	壬寅	癸卯	甲辰	乙巳

陽歷六月份	(陰歷四、五月份)																														
陽	6	2	3	4	5	6	7	8	9	10	11	12	13	14	15	16	17	18	19	20	21	22	23	24	25	26	27	28	29	30	
陰	廿八	廿九	五	二	三	四	五	六	七	八	九	十	十一	十二	十三	十四	十五	十六	十七	十八	十九	廿	廿一	廿二	廿三	廿四	廿五	廿六	廿七	廿八	
星	6	日	1	2	3	4	5	6	日	1	2	3	4	5	6	日	1	2	3	4	5	6	日	1	2	3	4	5	6	日	
干節	丙午	丁未	戊申	己酉	庚戌	辛亥	壬子	癸丑	甲寅	乙卯	夏至	丁巳	戊午	己未	庚申	辛酉	壬戌	癸亥	甲子	乙丑	丙寅	丁卯	戊辰	己巳	庚午	辛未	小暑	癸酉	甲戌	乙亥	

壬辰

一五三二年

(明世宗嘉靖一一年)

近世中西史日對照表

壬辰

一五三二年

（明世宗嘉靖一一年）

陽歷七月份　（陰歷五、六月份）

陽	**7**	2	3	4	5	6	7	8	9	10	11	12	13	14	15	16	17	18	19	20	21	22	23	24	25	26	27	28	29	30	31
陰	廿九	卅	**六**	二	三	四	五	六	七	八	九	十	十一	十二	十三	十四	十五	十六	十七	十八	十九	廿	廿一	廿二	廿三	廿四	廿五	廿六	廿七	廿八	廿九
星	1	2	3	4	5	6	**日**	1	2	3	4	5	6	**日**	1	2	3	4	5	6	**日**	1	2	3	4	5	6	**日**	1	2	3
干節	丙子	丁丑	戊寅	己卯	庚辰	辛巳	壬午	癸未	甲申	乙酉	丙戌	**大暑**	戊子	己丑	庚寅	辛卯	壬辰	癸巳	甲午	乙未	丙申	丁酉	戊戌	己亥	庚子	辛丑	壬寅	**立秋**	甲辰	乙巳	丙午

陽歷八月份　（陰歷七、八月份）

陽	**8**	2	3	4	5	6	7	8	9	10	11	12	13	14	15	16	17	18	19	20	21	22	23	24	25	26	27	28	29	30	31
陰	**七**	二	三	四	五	六	七	八	九	十	十一	十二	十三	十四	十五	十六	十七	十八	十九	廿	廿一	廿二	廿三	廿四	廿五	廿六	廿七	廿八	廿九	**八**	二
星	4	5	6	**日**	1	2	3	4	5	6	**日**	1	2	3	4	5	6	**日**	1	2	3	4	5	6	**日**	1	2	3	4	5	6
干節	丁未	戊申	己酉	庚戌	辛亥	壬子	癸丑	甲寅	乙卯	丙辰	丁巳	戊午	**處暑**	庚申	辛酉	壬戌	癸亥	甲子	乙丑	丙寅	丁卯	戊辰	己巳	庚午	辛未	壬申	癸酉	**白露**	乙亥	丙子	丁丑

陽歷九月份　（陰歷八、九月份）

陽	**9**	2	3	4	5	6	7	8	9	10	11	12	13	14	15	16	17	18	19	20	21	22	23	24	25	26	27	28	29	30	—
陰	三	四	五	六	七	八	九	十	十一	十二	十三	十四	十五	十六	十七	十八	十九	廿	廿一	廿二	廿三	廿四	廿五	廿六	廿七	廿八	廿九	卅	**九**	二	—
星	**日**	1	2	3	4	5	6	**日**	1	2	3	4	5	6	**日**	1	2	3	4	5	6	**日**	1	2	3	4	5	6	**日**	1	—
干節	戊寅	己卯	庚辰	辛巳	壬午	癸未	甲申	乙酉	丙戌	丁亥	戊子	**秋分**	庚寅	辛卯	壬辰	癸巳	甲午	乙未	丙申	丁酉	戊戌	己亥	庚子	辛丑	壬寅	癸卯	甲辰	**寒露**	丙午	丁未	—

陽歷十月份　（陰歷九、十月份）

陽	**10**	2	3	4	5	6	7	8	9	10	11	12	13	14	15	16	17	18	19	20	21	22	23	24	25	26	27	28	29	30	31
陰	三	四	五	六	七	八	九	十	十一	十二	十三	十四	十五	十六	十七	十八	十九	廿	廿一	廿二	廿三	廿四	廿五	廿六	廿七	廿八	廿九	**十**	二	三	四
星	2	3	4	5	6	**日**	1	2	3	4	5	6	**日**	1	2	3	4	5	6	**日**	1	2	3	4	5	6	**日**	1	2	3	4
干節	戊申	己酉	庚戌	辛亥	壬子	癸丑	甲寅	乙卯	丙辰	丁巳	戊午	己未	**霜降**	辛酉	壬戌	癸亥	甲子	乙丑	丙寅	丁卯	戊辰	己巳	庚午	辛未	壬申	癸酉	甲戌	**立冬**	丙子	丁丑	戊寅

陽歷十一月份　（陰歷十、十一月份）

陽	**11**	2	3	4	5	6	7	8	9	10	11	12	13	14	15	16	17	18	19	20	21	22	23	24	25	26	27	28	29	30	—
陰	五	六	七	八	九	十	十一	十二	十三	十四	十五	十六	十七	十八	十九	廿	廿一	廿二	廿三	廿四	廿五	廿六	廿七	廿八	廿九	卅	**十一**	二	三	四	—
星	5	6	**日**	1	2	3	4	5	6	**日**	1	2	3	4	5	6	**日**	1	2	3	4	5	6	**日**	1	2	3	4	5	6	—
干節	己卯	庚辰	辛巳	壬午	癸未	甲申	乙酉	丙戌	丁亥	戊子	己丑	**小雪**	辛卯	壬辰	癸巳	甲午	乙未	丙申	丁酉	戊戌	己亥	庚子	辛丑	壬寅	癸卯	**大雪**	乙巳	丙午	丁未	戊申	—

陽歷十二月份　（陰歷十一、十二月份）

陽	**12**	2	3	4	5	6	7	8	9	10	11	12	13	14	15	16	17	18	19	20	21	22	23	24	25	26	27	28	29	30	31
陰	五	六	七	八	九	十	十一	十二	十三	十四	十五	十六	十七	十八	十九	廿	廿一	廿二	廿三	廿四	廿五	廿六	廿七	廿八	廿九	**十二**	二	三	四	五	六
星	**日**	1	2	3	4	5	6	**日**	1	2	3	4	5	6	**日**	1	2	3	4	5	6	**日**	1	2	3	4	5	6	**日**	1	2
干節	己酉	庚戌	辛亥	壬子	癸丑	甲寅	乙卯	丙辰	丁巳	戊午	**冬至**	庚申	辛酉	壬戌	癸亥	甲子	乙丑	丙寅	丁卯	戊辰	己巳	庚午	辛未	壬申	癸酉	**小寒**	乙亥	丙子	丁丑	戊寅	己卯

近世中西史日對照表

癸巳　一五三三年　（明世宗嘉靖一二年）

陽歷一月份　（陰歷十二、正月份）

陽	1	2	3	4	5	6	7	8	9	10	11	12	13	14	15	16	17	18	19	20	21	22	23	24	25	26	27	28	29	30	31
陰	七	八	九	十	十一	十二	十三	十四	十五	十六	十七	十八	十九	廿	廿一	廿二	廿三	廿四	廿五	廿六	廿七	廿八	廿九	卅	正	二	三	四	五	六	七
星	3	4	5	6	日	1	2	3	4	5	6	日	1	2	3	4	5	6	日	1	2	3	4	5	6	日	1	2	3	4	5
干節	庚辰	辛巳	壬午	癸未	甲申	乙酉	丙戌	丁亥	大寒	己丑	庚寅	辛卯	壬辰	癸巳	甲午	乙未	丙申	丁酉	戊戌	己亥	庚子	辛丑	壬寅	立春	甲辰	乙巳	丙午	丁未	戊申	己酉	庚戌

陽歷二月份　（陰歷正、二月份）

陽	2	2	3	4	5	6	7	8	9	10	11	12	13	14	15	16	17	18	19	20	21	22	23	24	25	26	27	28
陰	八	九	十	十一	十二	十三	十四	十五	十六	十七	十八	十九	廿	廿一	廿二	廿三	廿四	廿五	廿六	廿七	廿八	廿九	卅	二	二	三	四	五
星	6	日	1	2	3	4	5	6	日	1	2	3	4	5	6	日	1	2	3	4	5	6	日	1	2	3	4	5
干節	辛亥	壬子	癸丑	甲寅	乙卯	丙辰	丁巳	雨水	己未	庚申	辛酉	壬戌	癸亥	甲子	乙丑	丙寅	丁卯	戊辰	己巳	庚午	辛未	壬申	驚蟄	甲戌	乙亥	丙子	丁丑	戊寅

陽歷三月份　（陰歷二、三月份）

陽	3	2	3	4	5	6	7	8	9	10	11	12	13	14	15	16	17	18	19	20	21	22	23	24	25	26	27	28	29	30	31
陰	六	七	八	九	十	十一	十二	十三	十四	十五	十六	十七	十八	十九	廿	廿一	廿二	廿三	廿四	廿五	廿六	廿七	廿八	廿九	卅	三	二	三	四	五	六
星	6	日	1	2	3	4	5	6	日	1	2	3	4	5	6	日	1	2	3	4	5	6	日	1	2	3	4	5	6	日	1
干節	己卯	庚辰	辛巳	壬午	癸未	甲申	乙酉	丙戌	丁亥	春分	己丑	庚寅	辛卯	壬辰	癸巳	甲午	乙未	丙申	丁酉	戊戌	己亥	庚子	辛丑	壬寅	清明	甲辰	乙巳	丙午	丁未	戊申	己酉

陽歷四月份　（陰歷三、四月份）

陽	4	2	3	4	5	6	7	8	9	10	11	12	13	14	15	16	17	18	19	20	21	22	23	24	25	26	27	28	29	30
陰	七	八	九	十	十一	十二	十三	十四	十五	十六	十七	十八	十九	廿	廿一	廿二	廿三	廿四	廿五	廿六	廿七	廿八	廿九	四	二	三	四	五	六	七
星	2	3	4	5	6	日	1	2	3	4	5	6	日	1	2	3	4	5	6	日	1	2	3	4	5	6	日	1	2	3
干節	庚戌	辛亥	壬子	癸丑	甲寅	乙卯	丙辰	丁巳	戊午	穀雨	庚申	辛酉	壬戌	癸亥	甲子	乙丑	丙寅	丁卯	戊辰	己巳	庚午	辛未	壬申	癸酉	立夏	乙亥	丙子	丁丑	戊寅	己卯

陽歷五月份　（陰歷四、五月份）

陽	5	2	3	4	5	6	7	8	9	10	11	12	13	14	15	16	17	18	19	20	21	22	23	24	25	26	27	28	29	30	31
陰	八	九	十	十一	十二	十三	十四	十五	十六	十七	十八	十九	廿	廿一	廿二	廿三	廿四	廿五	廿六	廿七	廿八	廿九	卅	五	二	三	四	五	六	七	八
星	4	5	6	日	1	2	3	4	5	6	日	1	2	3	4	5	6	日	1	2	3	4	5	6	日	1	2	3	4	5	6
干節	庚辰	辛巳	壬午	癸未	甲申	乙酉	丙戌	丁亥	戊子	己丑	小滿	辛卯	壬辰	癸巳	甲午	乙未	丙申	丁酉	戊戌	己亥	庚子	辛丑	壬寅	癸卯	甲辰	芒種	丙午	丁未	戊申	己酉	庚戌

陽歷六月份　（陰歷五、六月份）

陽	6	2	3	4	5	6	7	8	9	10	11	12	13	14	15	16	17	18	19	20	21	22	23	24	25	26	27	28	29	30
陰	九	十	十一	十二	十三	十四	十五	十六	十七	十八	十九	廿	廿一	廿二	廿三	廿四	廿五	廿六	廿七	廿八	廿九	六	二	三	四	五	六	七	八	九
星	日	1	2	3	4	5	6	日	1	2	3	4	5	6	日	1	2	3	4	5	6	日	1	2	3	4	5	6	日	1
干節	辛亥	壬子	癸丑	甲寅	乙卯	丙辰	丁巳	戊午	己未	庚申	夏至	壬戌	癸亥	甲子	乙丑	丙寅	丁卯	戊辰	己巳	庚午	辛未	壬申	癸酉	甲戌	乙亥	丙子	小暑	戊寅	己卯	庚辰

癸巳

一五三三年

（明世宗嘉靖一二年）

陽歷七月份　（陰歷六、七月份）

陽	**7**	2	3	4	5	6	7	8	9	10	11	12	13	14	15	16	17	18	19	20	21	22	23	24	25	26	27	28	29	30	31
陰	十	十一	十二	十三	十四	十五	十六	十七	十八	十九	廿	廿一	廿二	廿三	廿四	廿五	廿六	廿七	廿八	廿九	卅	**七**	二	三	四	五	六	七	八	九	十
星	2	3	4	5	6	**日**	1	2	3	4	5	6	**日**	1	2	3	4	5	6	**日**	1	2	3	4	5	6	**日**	1	2	3	4
干節	辛巳	壬午	癸未	甲申	乙酉	丙戌	丁亥	戊子	己丑	庚寅	辛卯	壬辰	**大暑**	甲午	乙未	丙申	丁酉	戊戌	己亥	庚子	辛丑	壬寅	癸卯	甲辰	乙巳	丙午	丁未	**立秋**	己酉	庚戌	辛亥

陽歷八月份　（陰歷七、八月份）

陽	**8**	2	3	4	5	6	7	8	9	10	11	12	13	14	15	16	17	18	19	20	21	22	23	24	25	26	27	28	29	30	31
陰	十一	十二	十三	十四	十五	十六	十七	十八	十九	廿	廿一	廿二	廿三	廿四	廿五	廿六	廿七	廿八	廿九	**八**	二	三	四	五	六	七	八	九	十	十一	十二
星	5	6	**日**	1	2	3	4	5	6	**日**	1	2	3	4	5	6	**日**	1	2	3	4	5	6	**日**	1	2	3	4	5	6	**日**
干節	壬子	癸丑	甲寅	乙卯	丙辰	丁巳	戊午	己未	庚申	辛酉	壬戌	癸亥	**處暑**	乙丑	丙寅	丁卯	戊辰	己巳	庚午	辛未	壬申	癸酉	甲戌	乙亥	丙子	丁丑	戊寅	**白露**	庚辰	辛巳	壬午

陽歷九月份　（陰歷八、九月份）

陽	**9**	2	3	4	5	6	7	8	9	10	11	12	13	14	15	16	17	18	19	20	21	22	23	24	25	26	27	28	29	30
陰	十三	十四	十五	十六	十七	十八	十九	廿	廿一	廿二	廿三	廿四	廿五	廿六	廿七	廿八	廿九	**九**	二	三	四	五	六	七	八	九	十	十一	十二	十三
星	1	2	3	4	5	6	**日**	1	2	3	4	5	6	**日**	1	2	3	4	5	6	**日**	1	2	3	4	5	6	**日**	1	2
干節	癸未	甲申	乙酉	丙戌	丁亥	戊子	己丑	庚寅	辛卯	壬辰	癸巳	甲午	**秋分**	丙申	丁酉	戊戌	己亥	庚子	辛丑	壬寅	癸卯	甲辰	乙巳	丙午	丁未	戊申	己酉	**寒露**	辛亥	壬子

陽歷十月份　（陰歷九、十月份）

陽	**10**	2	3	4	5	6	7	8	9	10	11	12	13	14	15	16	17	18	19	20	21	22	23	24	25	26	27	28	29	30	31
陰	十四	十五	十六	十七	十八	十九	廿	廿一	廿二	廿三	廿四	廿五	廿六	廿七	廿八	廿九	卅	**十**	二	三	四	五	六	七	八	九	十	十一	十二	十三	十四
星	3	4	5	6	**日**	1	2	3	4	5	6	**日**	1	2	3	4	5	6	**日**	1	2	3	4	5	6	**日**	1	2	3	4	5
干節	癸丑	甲寅	乙卯	丙辰	丁巳	戊午	己未	庚申	辛酉	壬戌	癸亥	甲子	**霜降**	丙寅	丁卯	戊辰	己巳	庚午	辛未	壬申	癸酉	甲戌	乙亥	丙子	丁丑	戊寅	己卯	**立冬**	辛巳	壬午	癸未

陽歷十一月份　（陰歷十、十一月份）

陽	**11**	2	3	4	5	6	7	8	9	10	11	12	13	14	15	16	17	18	19	20	21	22	23	24	25	26	27	28	29	30
陰	十五	十六	十七	十八	十九	廿	廿一	廿二	廿三	廿四	廿五	廿六	廿七	廿八	廿九	**十一**	二	三	四	五	六	七	八	九	十	十一	十二	十三	十四	十五
星	6	**日**	1	2	3	4	5	6	**日**	1	2	3	4	5	6	**日**	1	2	3	4	5	6	**日**	1	2	3	4	5	6	**日**
干節	甲申	乙酉	丙戌	丁亥	戊子	己丑	庚寅	辛卯	壬辰	癸巳	甲午	**小雪**	丙申	丁酉	戊戌	己亥	庚子	辛丑	壬寅	癸卯	甲辰	乙巳	丙午	丁未	戊申	己酉	**大雪**	辛亥	壬子	癸丑

陽歷十二月份　（陰歷十一、十二月份）

陽	**12**	2	3	4	5	6	7	8	9	10	11	12	13	14	15	16	17	18	19	20	21	22	23	24	25	26	27	28	29	30	31
陰	十六	十七	十八	十九	廿	廿一	廿二	廿三	廿四	廿五	廿六	廿七	廿八	廿九	卅	**十二**	二	三	四	五	六	七	八	九	十	十一	十二	十三	十四	十五	十六
星	1	2	3	4	5	6	**日**	1	2	3	4	5	6	**日**	1	2	3	4	5	6	**日**	1	2	3	4	5	6	**日**	1	2	3
干節	甲寅	乙卯	丙辰	丁巳	戊午	己未	庚申	辛酉	壬戌	癸亥	**冬至**	乙丑	丙寅	丁卯	戊辰	己巳	庚午	辛未	壬申	癸酉	甲戌	乙亥	丙子	丁丑	戊寅	**小寒**	庚辰	辛巳	壬午	癸未	甲申

甲午　一五三四年　（明世宗嘉靖一三年）

陽歷 一月份 （陰歷十二、正月份）

陽	**1**	2	3	4	5	6	7	8	9	10	11	12	13	14	15	16	17	18	19	20	21	22	23	24	25	26	27	28	29	30	31
陰	十七	十八	十九	廿	廿一	廿二	廿三	廿四	廿五	廿六	廿七	廿八	廿九	**正**	二	三	四	五	六	七	八	九	十	十一	十二	十三	十四	十五	十六	十七	十八
星	4	5	6	**日**	1	2	3	4	5	6	**日**	1	2	3	4	5	6	**日**	1	2	3	4	5	6	**日**	1	2	3	4	5	6
干節	乙酉	丙戌	丁亥	戊子	己丑	庚寅	辛卯	壬辰	癸巳	**大寒**	乙未	丙申	丁酉	戊戌	己亥	庚子	辛丑	壬寅	癸卯	甲辰	乙巳	丙午	丁未	**立春**	己酉	庚戌	辛亥	壬子	癸丑	甲寅	乙卯

陽歷 二月份 （陰歷正、二月份）

陽	**2**	2	3	4	5	6	7	8	9	10	11	12	13	14	15	16	17	18	19	20	21	22	23	24	25	26	27	28			
陰	十九	廿	廿一	廿二	廿三	廿四	廿五	廿六	廿七	廿八	廿九	卅	**二**	二	三	四	五	六	七	八	九	十	十一	十二	十三	十四	十五	十六			
星	**日**	1	2	3	4	5	6	**日**	1	2	3	4	5	6	**日**	1	2	3	4	5	6	**日**	1	2	3	4	5	6			
干節	丙辰	丁巳	戊午	己未	庚申	辛酉	壬戌	**雨水**	甲子	乙丑	丙寅	丁卯	戊辰	己巳	庚午	辛未	壬申	癸酉	甲戌	乙亥	丙子	丁丑	**驚蟄**	己卯	庚辰	辛巳	壬午	癸未			

陽歷 三月份 （陰歷二、閏二月份）

陽	**3**	2	3	4	5	6	7	8	9	10	11	12	13	14	15	16	17	18	19	20	21	22	23	24	25	26	27	28	29	30	31
陰	十七	十八	十九	廿	廿一	廿二	廿三	廿四	廿五	廿六	廿七	廿八	廿九	卅	**閏**	二	三	四	五	六	七	八	九	十	十一	十二	十三	十四	十五	十六	十七
星	**日**	1	2	3	4	5	6	**日**	1	2	3	4	5	6	**日**	1	2	3	4	5	6	**日**	1	2	3	4	5	6	**日**	1	2
干節	甲申	乙酉	丙戌	丁亥	戊子	己丑	庚寅	辛卯	壬辰	**春分**	甲午	乙未	丙申	丁酉	戊戌	己亥	庚子	辛丑	壬寅	癸卯	甲辰	乙巳	丙午	丁未	戊申	**清明**	庚戌	辛亥	壬子	癸丑	甲寅

陽歷 四月份 （陰歷閏二、三月份）

陽	**4**	2	3	4	5	6	7	8	9	10	11	12	13	14	15	16	17	18	19	20	21	22	23	24	25	26	27	28	29	30	
陰	十八	十九	廿	廿一	廿二	廿三	廿四	廿五	廿六	廿七	廿八	廿九	**三**	二	三	四	五	六	七	八	九	十	十一	十二	十三	十四	十五	十六	十七	十八	
星	3	4	5	6	**日**	1	2	3	4	5	6	**日**	1	2	3	4	5	6	**日**	1	2	3	4	5	6	**日**	1	2	3	4	
干節	乙卯	丙辰	丁巳	戊午	己未	庚申	辛酉	壬戌	癸亥	**穀雨**	乙丑	丙寅	丁卯	戊辰	己巳	庚午	辛未	壬申	癸酉	甲戌	乙亥	丙子	丁丑	戊寅	**立夏**	庚辰	辛巳	壬午	癸未	甲申	

陽歷 五月份 （陰歷三、四月份）

陽	**5**	2	3	4	5	6	7	8	9	10	11	12	13	14	15	16	17	18	19	20	21	22	23	24	25	26	27	28	29	30	31
陰	十九	廿	廿一	廿二	廿三	廿四	廿五	廿六	廿七	廿八	廿九	卅	**四**	二	三	四	五	六	七	八	九	十	十一	十二	十三	十四	十五	十六	十七	十八	十九
星	5	6	**日**	1	2	3	4	5	6	**日**	1	2	3	4	5	6	**日**	1	2	3	4	5	6	**日**	1	2	3	4	5	6	**日**
干節	乙酉	丙戌	丁亥	戊子	己丑	庚寅	辛卯	壬辰	癸巳	甲午	**小滿**	丙申	丁酉	戊戌	己亥	庚子	辛丑	壬寅	癸卯	甲辰	乙巳	丙午	丁未	戊申	己酉	庚戌	**芒種**	壬子	癸丑	甲寅	乙卯

陽歷 六月份 （陰歷四、五月份）

陽	**6**	2	3	4	5	6	7	8	9	10	11	12	13	14	15	16	17	18	19	20	21	22	23	24	25	26	27	28	29	30	
陰	廿	廿一	廿二	廿三	廿四	廿五	廿六	廿七	廿八	廿九	**五**	二	三	四	五	六	七	八	九	十	十一	十二	十三	十四	十五	十六	十七	十八	十九	廿	
星	1	2	3	4	5	6	**日**	1	2	3	4	5	6	**日**	1	2	3	4	5	6	**日**	1	2	3	4	5	6	**日**	1	2	
干節	丙辰	丁巳	戊午	己未	庚申	辛酉	壬戌	癸亥	甲子	乙丑	**夏至**	丁卯	戊辰	己巳	庚午	辛未	壬申	癸酉	甲戌	乙亥	丙子	丁丑	戊寅	己卯	庚辰	辛巳	**小暑**	癸未	甲申	乙酉	

甲午

一五三四年

（明世宗嘉靖一三年）

陽歷七月份　　（陰歷五、六月份）

陽	7	2	3	4	5	6	7	8	9	10	11	12	13	14	15	16	17	18	19	20	21	22	23	24	25	26	27	28	29	30	31
陰	廿一	廿二	廿三	廿四	廿五	廿六	廿七	廿八	廿九	卅	六	二	三	四	五	六	七	八	九	十	十一	十二	十三	十四	十五	十六	十七	十八	十九	廿	廿一
星	3	4	5	6	日	1	2	3	4	5	6	日	1	2	3	4	5	6	日	1	2	3	4	5	6	日	1	2	3	4	5
干節	丙戌	丁亥	戊子	己丑	庚寅	辛卯	壬辰	癸巳	甲午	乙未	丙申	丁酉	大暑	己亥	庚子	辛丑	壬寅	癸卯	甲辰	乙巳	丙午	丁未	戊申	己酉	庚戌	辛亥	壬子	癸丑	立秋	乙卯	丙辰

陽歷八月份　　（陰歷六、七月份）

陽	8	2	3	4	5	6	7	8	9	10	11	12	13	14	15	16	17	18	19	20	21	22	23	24	25	26	27	28	29	30	31
陰	廿二	廿三	廿四	廿五	廿六	廿七	廿八	廿九	卅	七	二	三	四	五	六	七	八	九	十	十一	十二	十三	十四	十五	十六	十七	十八	十九	廿	廿一	廿二
星	6	日	1	2	3	4	5	6	日	1	2	3	4	5	6	日	1	2	3	4	5	6	日	1	2	3	4	5	6	日	1
干節	丁巳	戊午	己未	庚申	辛酉	壬戌	癸亥	甲子	乙丑	丙寅	丁卯	戊辰	處暑	庚午	辛未	壬申	癸酉	甲戌	乙亥	丙子	丁丑	戊寅	己卯	庚辰	辛巳	壬午	癸未	甲申	白露	丙戌	丁亥

陽歷九月份　　（陰歷七、八月份）

陽	9	2	3	4	5	6	7	8	9	10	11	12	13	14	15	16	17	18	19	20	21	22	23	24	25	26	27	28	29	30
陰	廿三	廿四	廿五	廿六	廿七	廿八	廿九	八	二	三	四	五	六	七	八	九	十	十一	十二	十三	十四	十五	十六	十七	十八	十九	廿	廿一	廿二	廿三
星	2	3	4	5	6	日	1	2	3	4	5	6	日	1	2	3	4	5	6	日	1	2	3	4	5	6	日	1	2	3
干節	戊子	己丑	庚寅	辛卯	壬辰	癸巳	甲午	乙未	丙申	丁酉	戊戌	己亥	秋分	辛丑	壬寅	癸卯	甲辰	乙巳	丙午	丁未	戊申	己酉	庚戌	辛亥	壬子	癸丑	甲寅	寒露	丙辰	丁巳

陽歷十月份　　（陰歷八、九月份）

陽	10	2	3	4	5	6	7	8	9	10	11	12	13	14	15	16	17	18	19	20	21	22	23	24	25	26	27	28	29	30	31
陰	廿四	廿五	廿六	廿七	廿八	廿九	九	二	三	四	五	六	七	八	九	十	十一	十二	十三	十四	十五	十六	十七	十八	十九	廿	廿一	廿二	廿三	廿四	廿五
星	4	5	6	日	1	2	3	4	5	6	日	1	2	3	4	5	6	日	1	2	3	4	5	6	日	1	2	3	4	5	6
干節	戊午	己未	庚申	辛酉	壬戌	癸亥	甲子	乙丑	丙寅	丁卯	戊辰	己巳	霜降	辛未	壬申	癸酉	甲戌	乙亥	丙子	丁丑	戊寅	己卯	庚辰	辛巳	壬午	癸未	甲申	立冬	丙戌	丁亥	戊子

陽歷十一月份　　（陰歷九、十月份）

陽	11	2	3	4	5	6	7	8	9	10	11	12	13	14	15	16	17	18	19	20	21	22	23	24	25	26	27	28	29	30
陰	廿六	廿七	廿八	廿九	卅	十	二	三	四	五	六	七	八	九	十	十一	十二	十三	十四	十五	十六	十七	十八	十九	廿	廿一	廿二	廿三	廿四	廿五
星	日	1	2	3	4	5	6	日	1	2	3	4	5	6	日	1	2	3	4	5	6	日	1	2	3	4	5	6	日	1
干節	己丑	庚寅	辛卯	壬辰	癸巳	甲午	乙未	丙申	丁酉	戊戌	己亥	小雪	辛丑	壬寅	癸卯	甲辰	乙巳	丙午	丁未	戊申	己酉	庚戌	辛亥	壬子	癸丑	甲寅	大雪	丙辰	丁巳	戊午

陽歷十二月份　　（陰歷十、十一月份）

陽	12	2	3	4	5	6	7	8	9	10	11	12	13	14	15	16	17	18	19	20	21	22	23	24	25	26	27	28	29	30	31
陰	廿六	廿七	廿八	廿九	十一	二	三	四	五	六	七	八	九	十	十一	十二	十三	十四	十五	十六	十七	十八	十九	廿	廿一	廿二	廿三	廿四	廿五	廿六	廿七
星	2	3	4	5	6	日	1	2	3	4	5	6	日	1	2	3	4	5	6	日	1	2	3	4	5	6	日	1	2	3	4
干節	己未	庚申	辛酉	壬戌	癸亥	甲子	乙丑	丙寅	丁卯	戊辰	己巳	冬至	辛未	壬申	癸酉	甲戌	乙亥	丙子	丁丑	戊寅	己卯	庚辰	辛巳	壬午	癸未	小寒	乙酉	丙戌	丁亥	戊子	己丑

近世中西史日對照表

乙未

一五三五年

（明世宗嘉靖一四年）

陽歷　一月份　（陰歷十一、十二月份）

陽	1	2	3	4	5	6	7	8	9	10	11	12	13	14	15	16	17	18	19	20	21	22	23	24	25	26	27	28	29	30	31
陰	廿八	廿九	卅	十二	二	三	四	五	六	七	八	九	十	十一	十二	十三	十四	十五	十六	十七	十八	十九	廿	廿一	廿二	廿三	廿四	廿五	廿六	廿七	廿八
星	5	6	日	1	2	3	4	5	6	日	1	2	3	4	5	6	日	1	2	3	4	5	6	日	1	2	3	4	5	6	日
干節	庚寅	辛卯	壬辰	癸巳	甲午	乙未	丙申	丁酉	戊戌	大寒	庚子	辛丑	壬寅	癸卯	甲辰	乙巳	丙午	丁未	戊申	己酉	庚戌	辛亥	壬子	癸丑	立春	乙卯	丙辰	丁巳	戊午	己未	庚申

陽歷　二月份　（陰歷十二、正月份）

陽	1	2	3	4	5	6	7	8	9	10	11	12	13	14	15	16	17	18	19	20	21	22	23	24	25	26	27	28			
陰	廿九	正	二	三	四	五	六	七	八	九	十	十一	十二	十三	十四	十五	十六	十七	十八	十九	廿	廿一	廿二	廿三	廿四	廿五	廿六	廿七			
星	1	2	3	4	5	6	日	1	2	3	4	5	6	日	1	2	3	4	5	6	日	1	2	3	4	5	6	日			
干節	辛酉	壬戌	癸亥	甲子	乙丑	丙寅	丁卯	戊辰	雨水	庚午	辛未	壬申	癸酉	甲戌	乙亥	丙子	丁丑	戊寅	己卯	庚辰	辛巳	壬午	驚蟄	甲申	乙酉	丙戌	丁亥	戊子			

陽歷　三月份　（陰歷正、二月份）

陽	1	2	3	4	5	6	7	8	9	10	11	12	13	14	15	16	17	18	19	20	21	22	23	24	25	26	27	28	29	30	31
陰	廿八	廿九	卅	二	二	三	四	五	六	七	八	九	十	十一	十二	十三	十四	十五	十六	十七	十八	十九	廿	廿一	廿二	廿三	廿四	廿五	廿六	廿七	廿八
星	1	2	3	4	5	6	日	1	2	3	4	5	6	日	1	2	3	4	5	6	日	1	2	3	4	5	6	日	1	2	3
干節	己丑	庚寅	辛卯	壬辰	癸巳	甲午	乙未	丙申	丁酉	戊戌	春分	庚子	辛丑	壬寅	癸卯	甲辰	乙巳	丙午	丁未	戊申	己酉	庚戌	辛亥	壬子	癸丑	清明	乙卯	丙辰	丁巳	戊午	己未

陽歷　四月份　（陰歷二、三月份）

陽	1	2	3	4	5	6	7	8	9	10	11	12	13	14	15	16	17	18	19	20	21	22	23	24	25	26	27	28	29	30	
陰	廿九	三	二	三	四	五	六	七	八	九	十	十一	十二	十三	十四	十五	十六	十七	十八	十九	廿	廿一	廿二	廿三	廿四	廿五	廿六	廿七	廿八	廿九	
星	4	5	6	日	1	2	3	4	5	6	日	1	2	3	4	5	6	日	1	2	3	4	5	6	日	1	2	3	4	5	
干節	庚申	辛酉	壬戌	癸亥	甲子	乙丑	丙寅	丁卯	戊辰	穀雨	庚午	辛未	壬申	癸酉	甲戌	乙亥	丙子	丁丑	戊寅	己卯	庚辰	辛巳	壬午	癸未	甲申	立夏	丙戌	丁亥	戊子	己丑	

陽歷　五月份　（陰歷三、四月份）

陽	1	2	3	4	5	6	7	8	9	10	11	12	13	14	15	16	17	18	19	20	21	22	23	24	25	26	27	28	29	30	31
陰	卅	四	二	三	四	五	六	七	八	九	十	十一	十二	十三	十四	十五	十六	十七	十八	十九	廿	廿一	廿二	廿三	廿四	廿五	廿六	廿七	廿八	廿九	卅
星	6	日	1	2	3	4	5	6	日	1	2	3	4	5	6	日	1	2	3	4	5	6	日	1	2	3	4	5	6	日	1
干節	庚寅	辛卯	壬辰	癸巳	甲午	乙未	丙申	丁酉	戊戌	己亥	小滿	辛丑	壬寅	癸卯	甲辰	乙巳	丙午	丁未	戊申	己酉	庚戌	辛亥	壬子	癸丑	甲寅	乙卯	芒種	丁巳	戊午	己未	庚申

陽歷　六月份　（陰歷五、六月份）

陽	1	2	3	4	5	6	7	8	9	10	11	12	13	14	15	16	17	18	19	20	21	22	23	24	25	26	27	28	29	30	
陰	五	二	三	四	五	六	七	八	九	十	十一	十二	十三	十四	十五	十六	十七	十八	十九	廿	廿一	廿二	廿三	廿四	廿五	廿六	廿七	廿八	廿九	六	
星	2	3	4	5	6	日	1	2	3	4	5	6	日	1	2	3	4	5	6	日	1	2	3	4	5	6	日	1	2	3	
干節	辛酉	壬戌	癸亥	甲子	乙丑	丙寅	丁卯	戊辰	己巳	庚午	辛未	夏至	癸酉	甲戌	乙亥	丙子	丁丑	戊寅	己卯	庚辰	辛巳	壬午	癸未	甲申	乙酉	丙戌	小暑	戊子	己丑	庚寅	

乙未

一五三五年

（明世宗嘉靖一四年）

陽歷七月份　（陰歷六、七月份）

陽	7	2	3	4	5	6	7	8	9	10	11	12	13	14	15	16	17	18	19	20	21	22	23	24	25	26	27	28	29	30	31
陰	二	三	四	五	六	七	八	九	十	十一	十二	十三	十四	十五	十六	十七	十八	十九	廿	廿一	廿二	廿三	廿四	廿五	廿六	廿七	廿八	廿九	卅	七	二
星	4	5	6	日	1	2	3	4	5	6	日	1	2	3	4	5	6	日	1	2	3	4	5	6	日	1	2	3	4	5	6
干節	辛卯	壬辰	癸巳	甲午	乙未	丙申	丁酉	戊戌	己亥	庚子	辛丑	壬寅	大暑	甲辰	乙巳	丙午	丁未	戊申	己酉	庚戌	辛亥	壬子	癸丑	甲寅	乙卯	丙辰	丁巳	戊午	立秋	庚申	辛酉

陽歷八月份　（陰歷七、八月份）

陽	8	2	3	4	5	6	7	8	9	10	11	12	13	14	15	16	17	18	19	20	21	22	23	24	25	26	27	28	29	30	31
陰	三	四	五	六	七	八	九	十	十一	十二	十三	十四	十五	十六	十七	十八	十九	廿	廿一	廿二	廿三	廿四	廿五	廿六	廿七	廿八	廿九	八	二	三	四
星	日	1	2	3	4	5	6	日	1	2	3	4	5	6	日	1	2	3	4	5	6	日	1	2	3	4	5	6	日	1	2
干節	壬戌	癸亥	甲子	乙丑	丙寅	丁卯	戊辰	己巳	庚午	辛未	壬申	癸酉	甲戌	處暑	丙子	丁丑	戊寅	己卯	庚辰	辛巳	壬午	癸未	甲申	乙酉	丙戌	丁亥	戊子	己丑	白露	辛卯	壬辰

陽歷九月份　（陰歷八、九月份）

陽	9	2	3	4	5	6	7	8	9	10	11	12	13	14	15	16	17	18	19	20	21	22	23	24	25	26	27	28	29	30	
陰	五	六	七	八	九	十	十一	十二	十三	十四	十五	十六	十七	十八	十九	廿	廿一	廿二	廿三	廿四	廿五	廿六	廿七	廿八	廿九	卅	九	二	三	四	
星	3	4	5	6	日	1	2	3	4	5	6	日	1	2	3	4	5	6	日	1	2	3	4	5	6	日	1	2	3	4	
干節	癸巳	甲午	乙未	丙申	丁酉	戊戌	己亥	庚子	辛丑	壬寅	癸卯	甲辰	秋分	丙午	丁未	戊申	己酉	庚戌	辛亥	壬子	癸丑	甲寅	乙卯	丙辰	丁巳	戊午	己未	庚申	寒露	壬戌	

陽歷十月份　（陰歷九、十月份）

陽	10	2	3	4	5	6	7	8	9	10	11	12	13	14	15	16	17	18	19	20	21	22	23	24	25	26	27	28	29	30	31
陰	五	六	七	八	九	十	十一	十二	十三	十四	十五	十六	十七	十八	十九	廿	廿一	廿二	廿三	廿四	廿五	廿六	廿七	廿八	廿九	卅	十	二	三	四	五
星	5	6	日	1	2	3	4	5	6	日	1	2	3	4	5	6	日	1	2	3	4	5	6	日	1	2	3	4	5	6	日
干節	癸亥	甲子	乙丑	丙寅	丁卯	戊辰	己巳	庚午	辛未	壬申	癸酉	甲戌	乙亥	霜降	丁丑	戊寅	己卯	庚辰	辛巳	壬午	癸未	甲申	乙酉	丙戌	丁亥	戊子	己丑	庚寅	立冬	壬辰	癸巳

陽歷十一月份　（陰歷十、十一月份）

陽	11	2	3	4	5	6	7	8	9	10	11	12	13	14	15	16	17	18	19	20	21	22	23	24	25	26	27	28	29	30	
陰	六	七	八	九	十	十一	十二	十三	十四	十五	十六	十七	十八	十九	廿	廿一	廿二	廿三	廿四	廿五	廿六	廿七	廿八	廿九	十一	二	三	四	五	六	
星	1	2	3	4	5	6	日	1	2	3	4	5	6	日	1	2	3	4	5	6	日	1	2	3	4	5	6	日	1	2	
干節	甲午	乙未	丙申	丁酉	戊戌	己亥	庚子	辛丑	壬寅	癸卯	甲辰	小雪	丙午	丁未	戊申	己酉	庚戌	辛亥	壬子	癸丑	甲寅	乙卯	丙辰	丁巳	戊午	己未	大雪	辛酉	壬戌	癸亥	

陽歷十二月份　（陰歷十一、十二月份）

陽	12	2	3	4	5	6	7	8	9	10	11	12	13	14	15	16	17	18	19	20	21	22	23	24	25	26	27	28	29	30	31
陰	七	八	九	十	十一	十二	十三	十四	十五	十六	十七	十八	十九	廿	廿一	廿二	廿三	廿四	廿五	廿六	廿七	廿八	廿九	十二	二	三	四	五	六	七	八
星	3	4	5	6	日	1	2	3	4	5	6	日	1	2	3	4	5	6	日	1	2	3	4	5	6	日	1	2	3	4	5
干節	甲子	乙丑	丙寅	丁卯	戊辰	己巳	庚午	辛未	壬申	癸酉	甲戌	冬至	丙子	丁丑	戊寅	己卯	庚辰	辛巳	壬午	癸未	甲申	乙酉	丙戌	丁亥	戊子	小寒	庚寅	辛卯	壬辰	癸巳	甲午

丙申 一五三六年 (明世宗嘉靖一五年)

陽歷一月份 (陰歷十二、正月份)

陽	1	2	3	4	5	6	7	8	9	10	11	12	13	14	15	16	17	18	19	20	21	22	23	24	25	26	27	28	29	30	31
陰	九	十	十一	十二	十三	十四	十五	十六	十七	十八	十九	廿	廿一	廿二	廿三	廿四	廿五	廿六	廿七	廿八	廿九	卅	正	二	三	四	五	六	七	八	九
星	6	日	1	2	3	4	5	6	日	1	2	3	4	5	6	日	1	2	3	4	5	6	日	1	2	3	4	5	6	日	1
干節	乙未	丙申	丁酉	戊戌	己亥	庚子	辛丑	壬寅	癸卯	大寒	乙巳	丙午	丁未	戊申	己酉	庚戌	辛亥	壬子	癸丑	甲寅	乙卯	丙辰	丁巳	戊午	立春	庚申	辛酉	壬戌	癸亥	甲子	乙丑

陽歷二月份 (陰歷正、二月份)

陽	2	2	3	4	5	6	7	8	9	10	11	12	13	14	15	16	17	18	19	20	21	22	23	24	25	26	27	28	29		
陰	十	十一	十二	十三	十四	十五	十六	十七	十八	十九	廿	廿一	廿二	廿三	廿四	廿五	廿六	廿七	廿八	廿九	二	二	三	四	五	六	七	八	九		
星	2	3	4	5	6	日	1	2	3	4	5	6	日	1	2	3	4	5	6	日	1	2	3	4	5	6	日	1	2		
干節	丙寅	丁卯	戊辰	己巳	庚午	辛未	壬申	癸酉	雨水	乙亥	丙子	丁丑	戊寅	己卯	庚辰	辛巳	壬午	癸未	甲申	乙酉	丙戌	丁亥	戊子	驚蟄	庚寅	辛卯	壬辰	癸巳	甲午		

陽歷三月份 (陰歷二、三月份)

陽	3	2	3	4	5	6	7	8	9	10	11	12	13	14	15	16	17	18	19	20	21	22	23	24	25	26	27	28	29	30	31
陰	十	十一	十二	十三	十四	十五	十六	十七	十八	十九	廿	廿一	廿二	廿三	廿四	廿五	廿六	廿七	廿八	廿九	卅	三	二	三	四	五	六	七	八	九	十
星	3	4	5	6	日	1	2	3	4	5	6	日	1	2	3	4	5	6	日	1	2	3	4	5	6	日	1	2	3	4	5
干節	乙未	丙申	丁酉	戊戌	己亥	庚子	辛丑	壬寅	癸卯	春分	乙巳	丙午	丁未	戊申	己酉	庚戌	辛亥	壬子	癸丑	甲寅	乙卯	丙辰	丁巳	戊午	清明	庚申	辛酉	壬戌	癸亥	甲子	乙丑

陽歷四月份 (陰歷三、四月份)

陽	4	2	3	4	5	6	7	8	9	10	11	12	13	14	15	16	17	18	19	20	21	22	23	24	25	26	27	28	29	30	
陰	十一	十二	十三	十四	十五	十六	十七	十八	十九	廿	廿一	廿二	廿三	廿四	廿五	廿六	廿七	廿八	廿九	四	二	三	四	五	六	七	八	九	十	十一	
星	6	日	1	2	3	4	5	6	日	1	2	3	4	5	6	日	1	2	3	4	5	6	日	1	2	3	4	5	6	日	
干節	丙寅	丁卯	戊辰	己巳	庚午	辛未	壬申	癸酉	穀雨	乙亥	丙子	丁丑	戊寅	己卯	庚辰	辛巳	壬午	癸未	甲申	乙酉	丙戌	丁亥	戊子	己丑	立夏	辛卯	壬辰	癸巳	甲午	乙未	

陽歷五月份 (陰歷四、五月份)

陽	5	2	3	4	5	6	7	8	9	10	11	12	13	14	15	16	17	18	19	20	21	22	23	24	25	26	27	28	29	30	31
陰	十二	十三	十四	十五	十六	十七	十八	十九	廿	廿一	廿二	廿三	廿四	廿五	廿六	廿七	廿八	廿九	卅	五	二	三	四	五	六	七	八	九	十	十一	十二
星	1	2	3	4	5	6	日	1	2	3	4	5	6	日	1	2	3	4	5	6	日	1	2	3	4	5	6	日	1	2	3
干節	丙申	丁酉	戊戌	己亥	庚子	辛丑	壬寅	癸卯	甲辰	小滿	丙午	丁未	戊申	己酉	庚戌	辛亥	壬子	癸丑	甲寅	乙卯	丙辰	丁巳	戊午	己未	庚申	芒種	壬戌	癸亥	甲子	乙丑	丙寅

陽歷六月份 (陰歷五、六月份)

陽	6	2	3	4	5	6	7	8	9	10	11	12	13	14	15	16	17	18	19	20	21	22	23	24	25	26	27	28	29	30	
陰	十三	十四	十五	十六	十七	十八	十九	廿	廿一	廿二	廿三	廿四	廿五	廿六	廿七	廿八	廿九	六	二	三	四	五	六	七	八	九	十	十一	十二	十三	
星	4	5	6	日	1	2	3	4	5	6	日	1	2	3	4	5	6	日	1	2	3	4	5	6	日	1	2	3	4	5	
干節	丁卯	戊辰	己巳	庚午	辛未	壬申	癸酉	甲戌	乙亥	丙子	夏至	戊寅	己卯	庚辰	辛巳	壬午	癸未	甲申	乙酉	丙戌	丁亥	戊子	己丑	庚寅	辛卯	壬辰	小暑	甲午	乙未	丙申	

丙申

一五三六年

（明世宗嘉靖一五年）

陽歷七月份　（陰歷六、七月份）

陽	7	2	3	4	5	6	7	8	9	10	11	12	13	14	15	16	17	18	19	20	21	22	23	24	25	26	27	28	29	30	31
陰	十四	十五	十六	十七	十八	十九	廿	廿一	廿二	廿三	廿四	廿五	廿六	廿七	廿八	廿九	卅	七	二	三	四	五	六	七	八	九	十	十一	十二	十三	十四
星	6	日	1	2	3	4	5	6	日	1	2	3	4	5	6	日	1	2	3	4	5	6	日	1	2	3	4	5	6	日	1
干節	丁酉	戊戌	己亥	庚子	辛丑	壬寅	癸卯	甲辰	乙巳	丙午	丁未	大暑	己酉	庚戌	辛亥	壬子	癸丑	甲寅	乙卯	丙辰	丁巳	戊午	己未	庚申	辛酉	壬戌	癸亥	立秋	乙丑	丙寅	丁卯

陽歷八月份　（陰歷七、八月份）

陽	8	2	3	4	5	6	7	8	9	10	11	12	13	14	15	16	17	18	19	20	21	22	23	24	25	26	27	28	29	30	31
陰	十五	十六	十七	十八	十九	廿	廿一	廿二	廿三	廿四	廿五	廿六	廿七	廿八	廿九	卅	八	二	三	四	五	六	七	八	九	十	十一	十二	十三	十四	十五
星	2	3	4	5	6	日	1	2	3	4	5	6	日	1	2	3	4	5	6	日	1	2	3	4	5	6	日	1	2	3	4
干節	戊辰	己巳	庚午	辛未	壬申	癸酉	甲戌	乙亥	丙子	丁丑	戊寅	己卯	處暑	辛巳	壬午	癸未	甲申	乙酉	丙戌	丁亥	戊子	己丑	庚寅	辛卯	壬辰	癸巳	甲午	白露	丙申	丁酉	戊戌

陽歷九月份　（陰歷八、九月份）

陽	9	2	3	4	5	6	7	8	9	10	11	12	13	14	15	16	17	18	19	20	21	22	23	24	25	26	27	28	29	30
陰	十六	十七	十八	十九	廿	廿一	廿二	廿三	廿四	廿五	廿六	廿七	廿八	廿九	九	二	三	四	五	六	七	八	九	十	十一	十二	十三	十四	十五	十六
星	5	6	日	1	2	3	4	5	6	日	1	2	3	4	5	6	日	1	2	3	4	5	6	日	1	2	3	4	5	6
干節	己亥	庚子	辛丑	壬寅	癸卯	甲辰	乙巳	丙午	丁未	戊申	己酉	秋分	辛亥	壬子	癸丑	甲寅	乙卯	丙辰	丁巳	戊午	己未	庚申	辛酉	壬戌	癸亥	甲子	乙丑	寒露	丁卯	戊辰

陽歷十月份　（陰歷九、十月份）

陽	10	2	3	4	5	6	7	8	9	10	11	12	13	14	15	16	17	18	19	20	21	22	23	24	25	26	27	28	29	30	31
陰	十七	十八	十九	廿	廿一	廿二	廿三	廿四	廿五	廿六	廿七	廿八	廿九	卅	十	二	三	四	五	六	七	八	九	十	十一	十二	十三	十四	十五	十六	十七
星	日	1	2	3	4	5	6	日	1	2	3	4	5	6	日	1	2	3	4	5	6	日	1	2	3	4	5	6	日	1	2
干節	己巳	庚午	辛未	壬申	癸酉	甲戌	乙亥	丙子	丁丑	戊寅	己卯	庚辰	霜降	壬午	癸未	甲申	乙酉	丙戌	丁亥	戊子	己丑	庚寅	辛卯	壬辰	癸巳	甲午	乙未	立冬	丁酉	戊戌	己亥

陽歷十一月份　（陰歷十、十一月份）

陽	11	2	3	4	5	6	7	8	9	10	11	12	13	14	15	16	17	18	19	20	21	22	23	24	25	26	27	28	29	30
陰	十八	十九	廿	廿一	廿二	廿三	廿四	廿五	廿六	廿七	廿八	廿九	卅	十一	二	三	四	五	六	七	八	九	十	十一	十二	十三	十四	十五	十六	十七
星	3	4	5	6	日	1	2	3	4	5	6	日	1	2	3	4	5	6	日	1	2	3	4	5	6	日	1	2	3	4
干節	庚子	辛丑	壬寅	癸卯	甲辰	乙巳	丙午	丁未	戊申	己酉	庚戌	小雪	壬子	癸丑	甲寅	乙卯	丙辰	丁巳	戊午	己未	庚申	辛酉	壬戌	癸亥	甲子	大雪	丙寅	丁卯	戊辰	己巳

陽歷十二月份　（陰歷十一、十二月份）

陽	12	2	3	4	5	6	7	8	9	10	11	12	13	14	15	16	17	18	19	20	21	22	23	24	25	26	27	28	29	30	31
陰	十八	十九	廿	廿一	廿二	廿三	廿四	廿五	廿六	廿七	廿八	廿九	十二	二	三	四	五	六	七	八	九	十	十一	十二	十三	十四	十五	十六	十七	十八	十九
星	5	6	日	1	2	3	4	5	6	日	1	2	3	4	5	6	日	1	2	3	4	5	6	日	1	2	3	4	5	6	日
干節	庚午	辛未	壬申	癸酉	甲戌	乙亥	丙子	丁丑	戊寅	己卯	冬至	辛巳	壬午	癸未	甲申	乙酉	丙戌	丁亥	戊子	己丑	庚寅	辛卯	壬辰	癸巳	甲午	小寒	丙申	丁酉	戊戌	己亥	庚子

近世中西史日對照表

丁酉　一五三七年　（明世宗嘉靖一六年）

陽歷一月份　（陰歷十二、閏十二月份）

陽	1	2	3	4	5	6	7	8	9	10	11	12	13	14	15	16	17	18	19	20	21	22	23	24	25	26	27	28	29	30	31
陰	廿	廿一	廿二	廿三	廿四	廿五	廿六	廿七	廿八	廿九	卅	閏	二	三	四	五	六	七	八	九	十	十一	十二	十三	十四	十五	十六	十七	十八	十九	廿
星	1	2	3	4	5	6	日	1	2	3	4	5	6	日	1	2	3	4	5	6	日	1	2	3	4	5	6	日	1	2	3
干節	辛丑	壬寅	癸卯	甲辰	乙巳	丙午	丁未	戊申	大寒	庚戌	辛亥	壬子	癸丑	甲寅	乙卯	丙辰	丁巳	戊午	己未	庚申	辛酉	壬戌	癸亥	立春	乙丑	丙寅	丁卯	戊辰	己巳	庚午	辛未

陽歷二月份　（陰歷閏十二、正月份）

陽	2	2	3	4	5	6	7	8	9	10	11	12	13	14	15	16	17	18	19	20	21	22	23	24	25	26	27	28
陰	廿一	廿二	廿三	廿四	廿五	廿六	廿七	廿八	廿九	正	二	三	四	五	六	七	八	九	十	十一	十二	十三	十四	十五	十六	十七	十八	十九
星	4	5	6	日	1	2	3	4	5	6	日	1	2	3	4	5	6	日	1	2	3	4	5	6	日	1	2	3
干節	壬申	癸酉	甲戌	乙亥	丙子	丁丑	戊寅	雨水	庚辰	辛巳	壬午	癸未	甲申	乙酉	丙戌	丁亥	戊子	己丑	庚寅	辛卯	壬辰	癸巳	驚蟄	乙未	丙申	丁酉	戊戌	己亥

陽歷三月份　（陰歷正、二月份）

陽	3	2	3	4	5	6	7	8	9	10	11	12	13	14	15	16	17	18	19	20	21	22	23	24	25	26	27	28	29	30	31
陰	廿	廿一	廿二	廿三	廿四	廿五	廿六	廿七	廿八	廿九	二	二	三	四	五	六	七	八	九	十	十一	十二	十三	十四	十五	十六	十七	十八	十九	廿	廿一
星	4	5	6	日	1	2	3	4	5	6	日	1	2	3	4	5	6	日	1	2	3	4	5	6	日	1	2	3	4	5	6
干節	庚子	辛丑	壬寅	癸卯	甲辰	乙巳	丙午	丁未	戊申	春分	庚戌	辛亥	壬子	癸丑	甲寅	乙卯	丙辰	丁巳	戊午	己未	庚申	辛酉	壬戌	癸亥	清明	乙丑	丙寅	丁卯	戊辰	己巳	庚午

陽歷四月份　（陰歷二、三月份）

陽	4	2	3	4	5	6	7	8	9	10	11	12	13	14	15	16	17	18	19	20	21	22	23	24	25	26	27	28	29	30
陰	廿二	廿三	廿四	廿五	廿六	廿七	廿八	廿九	卅	三	二	三	四	五	六	七	八	九	十	十一	十二	十三	十四	十五	十六	十七	十八	十九	廿	廿一
星	日	1	2	3	4	5	6	日	1	2	3	4	5	6	日	1	2	3	4	5	6	日	1	2	3	4	5	6	日	1
干節	辛未	壬申	癸酉	甲戌	乙亥	丙子	丁丑	戊寅	己卯	穀雨	辛巳	壬午	癸未	甲申	乙酉	丙戌	丁亥	戊子	己丑	庚寅	辛卯	壬辰	癸巳	甲午	立夏	丙申	丁酉	戊戌	己亥	庚子

陽歷五月　（陰歷三、四月份）

陽	5	2	3	4	5	6	7	8	9	10	11	12	13	14	15	16	17	18	19	20	21	22	23	24	25	26	27	28	29	30	31
陰	廿二	廿三	廿四	廿五	廿六	廿七	廿八	廿九	四	二	三	四	五	六	七	八	九	十	十一	十二	十三	十四	十五	十六	十七	十八	十九	廿	廿一	廿二	廿三
星	2	3	4	5	6	日	1	2	3	4	5	6	日	1	2	3	4	5	6	日	1	2	3	4	5	6	日	1	2	3	4
干節	辛丑	壬寅	癸卯	甲辰	乙巳	丙午	丁未	戊申	己酉	庚戌	小滿	壬子	癸丑	甲寅	乙卯	丙辰	丁巳	戊午	己未	庚申	辛酉	壬戌	癸亥	甲子	乙丑	芒種	丁卯	戊辰	己巳	庚午	辛未

陽歷六月份　（陰歷四、五月份）

陽	6	2	3	4	5	6	7	8	9	10	11	12	13	14	15	16	17	18	19	20	21	22	23	24	25	26	27	28	29	30
陰	廿四	廿五	廿六	廿七	廿八	廿九	卅	五	二	三	四	五	六	七	八	九	十	十一	十二	十三	十四	十五	十六	十七	十八	十九	廿	廿一	廿二	廿三
星	5	6	日	1	2	3	4	5	6	日	1	2	3	4	5	6	日	1	2	3	4	5	6	日	1	2	3	4	5	6
干節	壬申	癸酉	甲戌	乙亥	丙子	丁丑	戊寅	己卯	庚辰	辛巳	夏至	癸未	甲申	乙酉	丙戌	丁亥	戊子	己丑	庚寅	辛卯	壬辰	癸巳	甲午	乙未	丙申	丁酉	小暑	己亥	庚子	辛丑

丁酉

一五三七年

（明世宗嘉靖一六年）

陽歷七月份　（陰歷五、六月份）

陽	7	2	3	4	5	6	7	8	9	10	11	12	13	14	15	16	17	18	19	20	21	22	23	24	25	26	27	28	29	30	31
陰	廿四	廿五	廿六	廿七	廿八	廿九	六	二	三	四	五	六	七	八	九	十	十一	十二	十三	十四	十五	十六	十七	十八	十九	廿	廿一	廿二	廿三	廿四	廿五
星	日	1	2	3	4	5	6	日	1	2	3	4	5	6	日	1	2	3	4	5	6	日	1	2	3	4	5	6	日	1	2
干節	壬寅	癸卯	甲辰	乙巳	丙午	丁未	戊申	己酉	庚戌	辛亥	壬子	癸丑	大暑	乙卯	丙辰	丁巳	戊午	己未	庚申	辛酉	壬戌	癸亥	甲子	乙丑	丙寅	丁卯	戊辰	立秋	庚午	辛未	壬申

陽歷八月份　（陰歷六、七月份）

陽	8	2	3	4	5	6	7	8	9	10	11	12	13	14	15	16	17	18	19	20	21	22	23	24	25	26	27	28	29	30	31
陰	廿六	廿七	廿八	廿九	卅	七	二	三	四	五	六	七	八	九	十	十一	十二	十三	十四	十五	十六	十七	十八	十九	廿	廿一	廿二	廿三	廿四	廿五	廿六
星	3	4	5	6	日	1	2	3	4	5	6	日	1	2	3	4	5	6	日	1	2	3	4	5	6	日	1	2	3	4	5
干節	癸酉	甲戌	乙亥	丙子	丁丑	戊寅	己卯	庚辰	辛巳	壬午	癸未	甲申	處暑	丙戌	丁亥	戊子	己丑	庚寅	辛卯	壬辰	癸巳	甲午	乙未	丙申	丁酉	戊戌	己亥	白露	辛丑	壬寅	癸卯

陽歷九月份　（陰歷七、八月份）

陽	9	2	3	4	5	6	7	8	9	10	11	12	13	14	15	16	17	18	19	20	21	22	23	24	25	26	27	28	29	30	
陰	廿七	廿八	廿九	八	二	三	四	五	六	七	八	九	十	十一	十二	十三	十四	十五	十六	十七	十八	十九	廿	廿一	廿二	廿三	廿四	廿五	廿六	廿七	
星	6	日	1	2	3	4	5	6	日	1	2	3	4	5	6	日	1	2	3	4	5	6	日	1	2	3	4	5	6	日	
干節	甲辰	乙巳	丙午	丁未	戊申	己酉	庚戌	辛亥	壬子	癸丑	甲寅	乙卯	秋分	丁巳	戊午	己未	庚申	辛酉	壬戌	癸亥	甲子	乙丑	丙寅	丁卯	戊辰	己巳	庚午	寒露	壬申	癸酉	

陽歷十月份　（陰歷八、九月份）

陽	10	2	3	4	5	6	7	8	9	10	11	12	13	14	15	16	17	18	19	20	21	22	23	24	25	26	27	28	29	30	31
陰	廿八	廿九	卅	九	二	三	四	五	六	七	八	九	十	十一	十二	十三	十四	十五	十六	十七	十八	十九	廿	廿一	廿二	廿三	廿四	廿五	廿六	廿七	廿八
星	1	2	3	4	5	6	日	1	2	3	4	5	6	日	1	2	3	4	5	6	日	1	2	3	4	5	6	日	1	2	3
干節	甲戌	乙亥	丙子	丁丑	戊寅	己卯	庚辰	辛巳	壬午	癸未	甲申	乙酉	霜降	丁亥	戊子	己丑	庚寅	辛卯	壬辰	癸巳	甲午	乙未	丙申	丁酉	戊戌	己亥	庚子	立冬	壬寅	癸卯	甲辰

陽歷十一月份　（陰歷九、十月份）

陽	11	2	3	4	5	6	7	8	9	10	11	12	13	14	15	16	17	18	19	20	21	22	23	24	25	26	27	28	29	30	
陰	廿九	卅	十	二	三	四	五	六	七	八	九	十	十一	十二	十三	十四	十五	十六	十七	十八	十九	廿	廿一	廿二	廿三	廿四	廿五	廿六	廿七	廿八	
星	4	5	6	日	1	2	3	4	5	6	日	1	2	3	4	5	6	日	1	2	3	4	5	6	日	1	2	3	4	5	
干節	乙巳	丙午	丁未	戊申	己酉	庚戌	辛亥	壬子	癸丑	甲寅	乙卯	小雪	丁巳	戊午	己未	庚申	辛酉	壬戌	癸亥	甲子	乙丑	丙寅	丁卯	戊辰	己巳	庚午	大雪	壬申	癸酉	甲戌	

陽歷十二月份　（陰歷十、十一月份）

陽	12	2	3	4	5	6	7	8	9	10	11	12	13	14	15	16	17	18	19	20	21	22	23	24	25	26	27	28	29	30	31
陰	廿九	十一	二	三	四	五	六	七	八	九	十	十一	十二	十三	十四	十五	十六	十七	十八	十九	廿	廿一	廿二	廿三	廿四	廿五	廿六	廿七	廿八	廿九	卅
星	6	日	1	2	3	4	5	6	日	1	2	3	4	5	6	日	1	2	3	4	5	6	日	1	2	3	4	5	6	日	1
干節	乙亥	丙子	丁丑	戊寅	己卯	庚辰	辛巳	壬午	癸未	甲申	冬至	丙戌	丁亥	戊子	己丑	庚寅	辛卯	壬辰	癸巳	甲午	乙未	丙申	丁酉	戊戌	己亥	小寒	辛丑	壬寅	癸卯	甲辰	乙巳

近世中西史日對照表

陽歷 一 月份　(陰歷十二、正月份)

陽	1	2	3	4	5	6	7	8	9	10	11	12	13	14	15	16	17	18	19	20	21	22	23	24	25	26	27	28	29	30	31
陰	臘	二	三	四	五	六	七	八	九	十	十一	十二	十三	十四	十五	十六	十七	十八	十九	廿	廿一	廿二	廿三	廿四	廿五	廿六	廿七	廿八	廿九	卅	正
星	2	3	4	5	6	日	1	2	3	4	5	6	日	1	2	3	4	5	6	日	1	2	3	4	5	6	日	1	2	3	4
干節	丙午	丁未	戊申	己酉	庚戌	辛亥	壬子	癸丑	甲寅	大寒	丙辰	丁巳	戊午	己未	庚申	辛酉	壬戌	癸亥	甲子	乙丑	丙寅	丁卯	戊辰	立春	庚午	辛未	壬申	癸酉	甲戌	乙亥	丙子

陽歷 二 月份　(陰歷 正 月份)

陽	2	2	3	4	5	6	7	8	9	10	11	12	13	14	15	16	17	18	19	20	21	22	23	24	25	26	27	28			
陰	二	三	四	五	六	七	八	九	十	十一	十二	十三	十四	十五	十六	十七	十八	十九	廿	廿一	廿二	廿三	廿四	廿五	廿六	廿七	廿八	廿九			
星	5	6	日	1	2	3	4	5	6	日	1	2	3	4	5	6	日	1	2	3	4	5	6	日	1	2	3	4			
干節	丁丑	戊寅	己卯	庚辰	辛巳	壬午	癸未	雨水	乙酉	丙戌	丁亥	戊子	己丑	庚寅	辛卯	壬辰	癸巳	甲午	乙未	丙申	丁酉	戊戌	驚蟄	庚子	辛丑	壬寅	癸卯	甲辰			

陽歷 三 月份　(陰歷二、三月份)

陽	3	2	3	4	5	6	7	8	9	10	11	12	13	14	15	16	17	18	19	20	21	22	23	24	25	26	27	28	29	30	31
陰	二	二	三	四	五	六	七	八	九	十	十一	十二	十三	十四	十五	十六	十七	十八	十九	廿	廿一	廿二	廿三	廿四	廿五	廿六	廿七	廿八	廿九	三	二
星	5	6	日	1	2	3	4	5	6	日	1	2	3	4	5	6	日	1	2	3	4	5	6	日	1	2	3	4	5	6	日
干節	乙巳	丙午	丁未	戊申	己酉	庚戌	辛亥	壬子	癸丑	春分	乙卯	丙辰	丁巳	戊午	己未	庚申	辛酉	壬戌	癸亥	甲子	乙丑	丙寅	丁卯	戊辰	己巳	清明	辛未	壬申	癸酉	甲戌	乙亥

陽歷 四 月份　(陰歷三、四月份)

陽	4	2	3	4	5	6	7	8	9	10	11	12	13	14	15	16	17	18	19	20	21	22	23	24	25	26	27	28	29	30	
陰	三	四	五	六	七	八	九	十	十一	十二	十三	十四	十五	十六	十七	十八	十九	廿	廿一	廿二	廿三	廿四	廿五	廿六	廿七	廿八	廿九	卅	四	二	
星	1	2	3	4	5	6	日	1	2	3	4	5	6	日	1	2	3	4	5	6	日	1	2	3	4	5	6	日	1	2	
干節	丙子	丁丑	戊寅	己卯	庚辰	辛巳	壬午	癸未	甲申	穀雨	丙戌	丁亥	戊子	己丑	庚寅	辛卯	壬辰	癸巳	甲午	乙未	丙申	丁酉	戊戌	己亥	立夏	辛丑	壬寅	癸卯	甲辰	乙巳	

陽歷 五 月份　(陰歷四、五月份)

陽	5	2	3	4	5	6	7	8	9	10	11	12	13	14	15	16	17	18	19	20	21	22	23	24	25	26	27	28	29	30	31
陰	三	四	五	六	七	八	九	十	十一	十二	十三	十四	十五	十六	十七	十八	十九	廿	廿一	廿二	廿三	廿四	廿五	廿六	廿七	廿八	廿九	五	二	三	四
星	3	4	5	6	日	1	2	3	4	5	6	日	1	2	3	4	5	6	日	1	2	3	4	5	6	日	1	2	3	4	5
干節	丙午	丁未	戊申	己酉	庚戌	辛亥	壬子	癸丑	甲寅	乙卯	小滿	丁巳	戊午	己未	庚申	辛酉	壬戌	癸亥	甲子	乙丑	丙寅	丁卯	戊辰	己巳	庚午	辛未	芒種	癸酉	甲戌	乙亥	丙子

陽歷 六 月份　(陰歷五、六月份)

陽	6	2	3	4	5	6	7	8	9	10	11	12	13	14	15	16	17	18	19	20	21	22	23	24	25	26	27	28	29	30	
陰	五	六	七	八	九	十	十一	十二	十三	十四	十五	十六	十七	十八	十九	廿	廿一	廿二	廿三	廿四	廿五	廿六	廿七	廿八	廿九	六	二	三	四	五	
星	6	日	1	2	3	4	5	6	日	1	2	3	4	5	6	日	1	2	3	4	5	6	日	1	2	3	4	5	6	日	
干節	丁丑	戊寅	己卯	庚辰	辛巳	壬午	癸未	甲申	乙酉	丙戌	夏至	戊子	己丑	庚寅	辛卯	壬辰	癸巳	甲午	乙未	丙申	丁酉	戊戌	己亥	庚子	辛丑	壬寅	小暑	甲辰	乙巳	丙午	

戊戌　一五三八年　(明世宗嘉靖一七年)

戊戌

一五三八年

（明世宗嘉靖一七年）

陽歷七月份　（陰歷六、七月份）

陽	**7**	2	3	4	5	6	7	8	9	10	11	12	13	14	15	16	17	18	19	20	21	22	23	24	25	26	27	28	29	30	31
陰	六	七	八	九	十	十一	十二	十三	十四	十五	十六	十七	十八	十九	廿	廿一	廿二	廿三	廿四	廿五	廿六	廿七	廿八	廿九	卅	**七**	二	三	四	五	六
星	1	2	3	4	5	6	日	1	2	3	4	5	6	日	1	2	3	4	5	6	日	1	2	3	4	5	6	日	1	2	3
干節	丁未	戊申	己酉	庚戌	辛亥	壬子	癸丑	甲寅	乙卯	丙辰	丁巳	戊午	**大暑**	庚申	辛酉	壬戌	癸亥	甲子	乙丑	丙寅	丁卯	戊辰	己巳	庚午	辛未	壬申	癸酉	甲戌	**立秋**	丙子	丁丑

陽歷八月份　（陰歷七、八月份）

陽	**8**	2	3	4	5	6	7	8	9	10	11	12	13	14	15	16	17	18	19	20	21	22	23	24	25	26	27	28	29	30	31
陰	七	八	九	十	十一	十二	十三	十四	十五	十六	十七	十八	十九	廿	廿一	廿二	廿三	廿四	廿五	廿六	廿七	廿八	廿九	**八**	二	三	四	五	六	七	八
星	4	5	6	日	1	2	3	4	5	6	日	1	2	3	4	5	6	日	1	2	3	4	5	6	日	1	2	3	4	5	6
干節	戊寅	己卯	庚辰	辛巳	壬午	癸未	甲申	乙酉	丙戌	丁亥	戊子	己丑	**處暑**	辛卯	壬辰	癸巳	甲午	乙未	丙申	丁酉	戊戌	己亥	庚子	辛丑	壬寅	癸卯	甲辰	乙巳	**白露**	丁未	戊申

陽歷九月份　（陰歷八、九月份）

陽	**9**	2	3	4	5	6	7	8	9	10	11	12	13	14	15	16	17	18	19	20	21	22	23	24	25	26	27	28	29	30
陰	九	十	十一	十二	十三	十四	十五	十六	十七	十八	十九	廿	廿一	廿二	廿三	廿四	廿五	廿六	廿七	廿八	廿九	卅	**九**	二	三	四	五	六	七	八
星	日	1	2	3	4	5	6	日	1	2	3	4	5	6	日	1	2	3	4	5	6	日	1	2	3	4	5	6	日	1
干節	己酉	庚戌	辛亥	壬子	癸丑	甲寅	乙卯	丙辰	丁巳	戊午	己未	庚申	**秋分**	壬戌	癸亥	甲子	乙丑	丙寅	丁卯	戊辰	己巳	庚午	辛未	壬申	癸酉	甲戌	乙亥	**寒露**	丁丑	戊寅

陽歷十月份　（陰歷九、十月份）

陽	**10**	2	3	4	5	6	7	8	9	10	11	12	13	14	15	16	17	18	19	20	21	22	23	24	25	26	27	28	29	30	31
陰	九	十	十一	十二	十三	十四	十五	十六	十七	十八	十九	廿	廿一	廿二	廿三	廿四	廿五	廿六	廿七	廿八	廿九	卅	**十**	二	三	四	五	六	七	八	九
星	2	3	4	5	6	日	1	2	3	4	5	6	日	1	2	3	4	5	6	日	1	2	3	4	5	6	日	1	2	3	4
干節	己卯	庚辰	辛巳	壬午	癸未	甲申	乙酉	丙戌	丁亥	戊子	己丑	庚寅	**霜降**	壬辰	癸巳	甲午	乙未	丙申	丁酉	戊戌	己亥	庚子	辛丑	壬寅	癸卯	甲辰	乙巳	**立冬**	丁未	戊申	己酉

陽歷十一月份　（陰歷十、十一月份）

陽	**11**	2	3	4	5	6	7	8	9	10	11	12	13	14	15	16	17	18	19	20	21	22	23	24	25	26	27	28	29	30
陰	十	十一	十二	十三	十四	十五	十六	十七	十八	十九	廿	廿一	廿二	廿三	廿四	廿五	廿六	廿七	廿八	廿九	卅	**十一**	二	三	四	五	六	七	八	九
星	5	6	日	1	2	3	4	5	6	日	1	2	3	4	5	6	日	1	2	3	4	5	6	日	1	2	3	4	5	6
干節	庚戌	辛亥	壬子	癸丑	甲寅	乙卯	丙辰	丁巳	戊午	己未	庚申	**小雪**	壬戌	癸亥	甲子	乙丑	丙寅	丁卯	戊辰	己巳	庚午	辛未	壬申	癸酉	甲戌	乙亥	**大雪**	丁丑	戊寅	己卯

陽歷十二月份　（陰歷十一、十二月份）

陽	**12**	2	3	4	5	6	7	8	9	10	11	12	13	14	15	16	17	18	19	20	21	22	23	24	25	26	27	28	29	30	31
陰	十	十一	十二	十三	十四	十五	十六	十七	十八	十九	廿	廿一	廿二	廿三	廿四	廿五	廿六	廿七	廿八	廿九	**十二**	二	三	四	五	六	七	八	九	十	十一
星	日	1	2	3	4	5	6	日	1	2	3	4	5	6	日	1	2	3	4	5	6	日	1	2	3	4	5	6	日	1	2
干節	庚辰	辛巳	壬午	癸未	甲申	乙酉	丙戌	丁亥	戊子	己丑	庚寅	**冬至**	壬辰	癸巳	甲午	乙未	丙申	丁酉	戊戌	己亥	庚子	辛丑	壬寅	癸卯	甲辰	**小寒**	丙午	丁未	戊申	己酉	庚戌

近世中西史日對照表

陽歷一月份　(陰歷十二、正月份)

陽	1	2	3	4	5	6	7	8	9	10	11	12	13	14	15	16	17	18	19	20	21	22	23	24	25	26	27	28	29	30	31
陰	十二	十三	十四	十五	十六	十七	十八	十九	廿	廿一	廿二	廿三	廿四	廿五	廿六	廿七	廿八	廿九	卅	正	二	三	四	五	六	七	八	九	十	十一	十二
星	3	4	5	6	日	1	2	3	4	5	6	日	1	2	3	4	5	6	日	1	2	3	4	5	6	日	1	2	3	4	5
干節	辛亥	壬子	癸丑	甲寅	乙卯	丙辰	丁巳	戊午	己未	大寒	辛酉	壬戌	癸亥	甲子	乙丑	丙寅	丁卯	戊辰	己巳	庚午	辛未	壬申	癸酉	甲戌	立春	丙子	丁丑	戊寅	己卯	庚辰	辛巳

陽歷二月份　(陰歷正、二月份)

陽	2	2	3	4	5	6	7	8	9	10	11	12	13	14	15	16	17	18	19	20	21	22	23	24	25	26	27	28
陰	十三	十四	十五	十六	十七	十八	十九	廿	廿一	廿二	廿三	廿四	廿五	廿六	廿七	廿八	廿九	卅	二	二	三	四	五	六	七	八	九	十
星	6	日	1	2	3	4	5	6	日	1	2	3	4	5	6	日	1	2	3	4	5	6	日	1	2	3	4	5
干節	壬午	癸未	甲申	乙酉	丙戌	丁亥	戊子	己丑	雨水	辛卯	壬辰	癸巳	甲午	乙未	丙申	丁酉	戊戌	己亥	庚子	辛丑	壬寅	癸卯	驚蟄	乙巳	丙午	丁未	戊申	己酉

陽歷三月份　(陰歷二、三月份)

陽	3	2	3	4	5	6	7	8	9	10	11	12	13	14	15	16	17	18	19	20	21	22	23	24	25	26	27	28	29	30	31
陰	十一	十二	十三	十四	十五	十六	十七	十八	十九	廿	廿一	廿二	廿三	廿四	廿五	廿六	廿七	廿八	廿九	三	二	三	四	五	六	七	八	九	十	十一	十二
星	6	日	1	2	3	4	5	6	日	1	2	3	4	5	6	日	1	2	3	4	5	6	日	1	2	3	4	5	6	日	1
干節	庚戌	辛亥	壬子	癸丑	甲寅	乙卯	丙辰	丁巳	戊午	己未	春分	辛酉	壬戌	癸亥	甲子	乙丑	丙寅	丁卯	戊辰	己巳	庚午	辛未	壬申	癸酉	甲戌	清明	丙子	丁丑	戊寅	己卯	庚辰

陽歷四月份　(陰歷三、四月份)

陽	4	2	3	4	5	6	7	8	9	10	11	12	13	14	15	16	17	18	19	20	21	22	23	24	25	26	27	28	29	30
陰	十三	十四	十五	十六	十七	十八	十九	廿	廿一	廿二	廿三	廿四	廿五	廿六	廿七	廿八	廿九	四	二	三	四	五	六	七	八	九	十	十一	十二	十三
星	2	3	4	5	6	日	1	2	3	4	5	6	日	1	2	3	4	5	6	日	1	2	3	4	5	6	日	1	2	3
干節	辛巳	壬午	癸未	甲申	乙酉	丙戌	丁亥	戊子	己丑	穀雨	辛卯	壬辰	癸巳	甲午	乙未	丙申	丁酉	戊戌	己亥	庚子	辛丑	壬寅	癸卯	甲辰	乙巳	立夏	丁未	戊申	己酉	庚戌

陽歷五月份　(陰歷四、五月份)

陽	5	2	3	4	5	6	7	8	9	10	11	12	13	14	15	16	17	18	19	20	21	22	23	24	25	26	27	28	29	30	31
陰	十四	十五	十六	十七	十八	十九	廿	廿一	廿二	廿三	廿四	廿五	廿六	廿七	廿八	廿九	卅	五	二	三	四	五	六	七	八	九	十	十一	十二	十三	十四
星	4	5	6	日	1	2	3	4	5	6	日	1	2	3	4	5	6	日	1	2	3	4	5	6	日	1	2	3	4	5	6
干節	辛亥	壬子	癸丑	甲寅	乙卯	丙辰	丁巳	戊午	己未	庚申	小滿	壬戌	癸亥	甲子	乙丑	丙寅	丁卯	戊辰	己巳	庚午	辛未	壬申	癸酉	甲戌	乙亥	丙子	芒種	戊寅	己卯	庚辰	辛巳

陽歷六月份　(陰歷五、六月份)

陽	6	2	3	4	5	6	7	8	9	10	11	12	13	14	15	16	17	18	19	20	21	22	23	24	25	26	27	28	29	30
陰	十五	十六	十七	十八	十九	廿	廿一	廿二	廿三	廿四	廿五	廿六	廿七	廿八	廿九	六	二	三	四	五	六	七	八	九	十	十一	十二	十三	十四	十五
星	日	1	2	3	4	5	6	日	1	2	3	4	5	6	日	1	2	3	4	5	6	日	1	2	3	4	5	6	日	1
干節	壬午	癸未	甲申	乙酉	丙戌	丁亥	戊子	己丑	庚寅	辛卯	壬辰	夏至	甲午	乙未	丙申	丁酉	戊戌	己亥	庚子	辛丑	壬寅	癸卯	甲辰	乙巳	丙午	丁未	小暑	己酉	庚戌	辛亥

己亥

一五三九年

（明世宗嘉靖一八年）

陽曆七月份　（陰曆六、七月份）

陽	7	2	3	4	5	6	7	8	9	10	11	12	13	14	15	16	17	18	19	20	21	22	23	24	25	26	27	28	29	30	31
陰	十六	十七	十八	十九	廿	廿一	廿二	廿三	廿四	廿五	廿六	廿七	廿八	廿九	**七**	二	三	四	五	六	七	八	九	十	十一	十二	十三	十四	十五	十六	十七
星	2	3	4	5	6	日	1	2	3	4	5	6	日	1	2	3	4	5	6	日	1	2	3	4	5	6	日	1	2	3	4
干節	壬子	癸丑	甲寅	乙卯	丙辰	丁巳	戊午	己未	庚申	辛酉	壬戌	癸亥	大暑	乙丑	丙寅	丁卯	戊辰	己巳	庚午	辛未	壬申	癸酉	甲戌	乙亥	丙子	丁丑	戊寅	己卯	立秋	辛巳	壬午

陽曆八月份　（陰曆七、閏七月份）

陽	8	2	3	4	5	6	7	8	9	10	11	12	13	14	15	16	17	18	19	20	21	22	23	24	25	26	27	28	29	30	31
陰	十八	十九	廿	廿一	廿二	廿三	廿四	廿五	廿六	廿七	廿八	廿九	卅	**閏**	二	三	四	五	六	七	八	九	十	十一	十二	十三	十四	十五	十六	十七	十八
星	5	6	日	1	2	3	4	5	6	日	1	2	3	4	5	6	日	1	2	3	4	5	6	日	1	2	3	4	5	6	日
干節	癸未	甲申	乙酉	丙戌	丁亥	戊子	己丑	庚寅	辛卯	壬辰	癸巳	甲午	乙未	處暑	丁酉	戊戌	己亥	庚子	辛丑	壬寅	癸卯	甲辰	乙巳	丙午	丁未	戊申	己酉	庚戌	白露	壬子	癸丑

陽曆九月份　（陰曆閏七、八月份）

陽	9	2	3	4	5	6	7	8	9	10	11	12	13	14	15	16	17	18	19	20	21	22	23	24	25	26	27	28	29	30	
陰	十九	廿	廿一	廿二	廿三	廿四	廿五	廿六	廿七	廿八	廿九	**八**	二	三	四	五	六	七	八	九	十	十一	十二	十三	十四	十五	十六	十七	十八	十九	
星	1	2	3	4	5	6	日	1	2	3	4	5	6	日	1	2	3	4	5	6	日	1	2	3	4	5	6	日	1	2	
干節	甲寅	乙卯	丙辰	丁巳	戊午	己未	庚申	辛酉	壬戌	癸亥	甲子	乙丑	秋分	丁卯	戊辰	己巳	庚午	辛未	壬申	癸酉	甲戌	乙亥	丙子	丁丑	戊寅	己卯	庚辰	辛巳	寒露	癸未	

陽曆十月份　（陰曆八、九月份）

陽	10	2	3	4	5	6	7	8	9	10	11	12	13	14	15	16	17	18	19	20	21	22	23	24	25	26	27	28	29	30	31
陰	廿	廿一	廿二	廿三	廿四	廿五	廿六	廿七	廿八	廿九	卅	**九**	二	三	四	五	六	七	八	九	十	十一	十二	十三	十四	十五	十六	十七	十八	十九	廿
星	3	4	5	6	日	1	2	3	4	5	6	日	1	2	3	4	5	6	日	1	2	3	4	5	6	日	1	2	3	4	5
干節	甲申	乙酉	丙戌	丁亥	戊子	己丑	庚寅	辛卯	壬辰	癸巳	甲午	乙未	丙申	霜降	戊戌	己亥	庚子	辛丑	壬寅	癸卯	甲辰	乙巳	丙午	丁未	戊申	己酉	庚戌	辛亥	立冬	癸丑	甲寅

陽曆十一月份　（陰曆九、十月份）

陽	11	2	3	4	5	6	7	8	9	10	11	12	13	14	15	16	17	18	19	20	21	22	23	24	25	26	27	28	29	30	
陰	廿一	廿二	廿三	廿四	廿五	廿六	廿七	廿八	廿九	卅	**十**	二	三	四	五	六	七	八	九	十	十一	十二	十三	十四	十五	十六	十七	十八	十九	廿	
星	6	日	1	2	3	4	5	6	日	1	2	3	4	5	6	日	1	2	3	4	5	6	日	1	2	3	4	5	6	日	
干節	乙卯	丙辰	丁巳	戊午	己未	庚申	辛酉	壬戌	癸亥	甲子	乙丑	小雪	丁卯	戊辰	己巳	庚午	辛未	壬申	癸酉	甲戌	乙亥	丙子	丁丑	戊寅	己卯	庚辰	大雪	壬午	癸未	甲申	

陽曆十二月份　（陰曆十、十一月份）

陽	12	2	3	4	5	6	7	8	9	10	11	12	13	14	15	16	17	18	19	20	21	22	23	24	25	26	27	28	29	30	31
陰	廿一	廿二	廿三	廿四	廿五	廿六	廿七	廿八	廿九	**十一**	二	三	四	五	六	七	八	九	十	十一	十二	十三	十四	十五	十六	十七	十八	十九	廿	廿一	廿二
星	1	2	3	4	5	6	日	1	2	3	4	5	6	日	1	2	3	4	5	6	日	1	2	3	4	5	6	日	1	2	3
干節	乙酉	丙戌	丁亥	戊子	己丑	庚寅	辛卯	壬辰	癸巳	甲午	乙未	冬至	丁酉	戊戌	己亥	庚子	辛丑	壬寅	癸卯	甲辰	乙巳	丙午	丁未	戊申	己酉	小寒	辛亥	壬子	癸丑	甲寅	乙卯

庚子

一五四〇年

（明世宗嘉靖一九年）

陽歷一月份　（陰歷十一、十二月份）

陽	1	2	3	4	5	6	7	8	9	10	11	12	13	14	15	16	17	18	19	20	21	22	23	24	25	26	27	28	29	30	31
陰	廿三	廿四	廿五	廿六	廿七	廿八	廿九	卅	十二	二	三	四	五	六	七	八	九	十	十一	十二	十三	十四	十五	十六	十七	十八	十九	廿	廿一	廿二	廿三
星	4	5	6	日	1	2	3	4	5	6	日	1	2	3	4	5	6	日	1	2	3	4	5	6	日	1	2	3	4	5	6
干節	丙辰	丁巳	戊午	己未	庚申	辛酉	壬戌	癸亥	甲子	大寒	丙寅	丁卯	戊辰	己巳	庚午	辛未	壬申	癸酉	甲戌	乙亥	丙子	丁丑	戊寅	己卯	立春	辛巳	壬午	癸未	甲申	乙酉	丙戌

陽歷二月份　（陰歷十二、正月份）

陽	2	2	3	4	5	6	7	8	9	10	11	12	13	14	15	16	17	18	19	20	21	22	23	24	25	26	27	28	29
陰	廿四	廿五	廿六	廿七	廿八	廿九	卅	正	二	三	四	五	六	七	八	九	十	十一	十二	十三	十四	十五	十六	十七	十八	十九	廿	廿一	廿二
星	日	1	2	3	4	5	6	日	1	2	3	4	5	6	日	1	2	3	4	5	6	日	1	2	3	4	5	6	日
干節	丁亥	戊子	己丑	庚寅	辛卯	壬辰	癸巳	甲午	雨水	丙申	丁酉	戊戌	己亥	庚子	辛丑	壬寅	癸卯	甲辰	乙巳	丙午	丁未	戊申	己酉	驚蟄	辛亥	壬子	癸丑	甲寅	乙卯

陽歷三月份　（陰歷正、二月份）

陽	3	2	3	4	5	6	7	8	9	10	11	12	13	14	15	16	17	18	19	20	21	22	23	24	25	26	27	28	29	30	31
陰	廿三	廿四	廿五	廿六	廿七	廿八	廿九	卅	二	二	三	四	五	六	七	八	九	十	十一	十二	十三	十四	十五	十六	十七	十八	十九	廿	廿一	廿二	廿三
星	1	2	3	4	5	6	日	1	2	3	4	5	6	日	1	2	3	4	5	6	日	1	2	3	4	5	6	日	1	2	3
干節	丙辰	丁巳	戊午	己未	庚申	辛酉	壬戌	癸亥	甲子	春分	丙寅	丁卯	戊辰	己巳	庚午	辛未	壬申	癸酉	甲戌	乙亥	丙子	丁丑	戊寅	己卯	清明	辛巳	壬午	癸未	甲申	乙酉	丙戌

陽歷四月份　（陰歷二、三月份）

陽	4	2	3	4	5	6	7	8	9	10	11	12	13	14	15	16	17	18	19	20	21	22	23	24	25	26	27	28	29	30
陰	廿四	廿五	廿六	廿七	廿八	廿九	三	二	三	四	五	六	七	八	九	十	十一	十二	十三	十四	十五	十六	十七	十八	十九	廿	廿一	廿二	廿三	廿四
星	4	5	6	日	1	2	3	4	5	6	日	1	2	3	4	5	6	日	1	2	3	4	5	6	日	1	2	3	4	5
干節	丁亥	戊子	己丑	庚寅	辛卯	壬辰	癸巳	甲午	穀雨	丙申	丁酉	戊戌	己亥	庚子	辛丑	壬寅	癸卯	甲辰	乙巳	丙午	丁未	戊申	己酉	庚戌	立夏	壬子	癸丑	甲寅	乙卯	丙辰

陽歷五月份　（陰歷三、四月份）

陽	5	2	3	4	5	6	7	8	9	10	11	12	13	14	15	16	17	18	19	20	21	22	23	24	25	26	27	28	29	30	31
陰	廿五	廿六	廿七	廿八	廿九	四	二	三	四	五	六	七	八	九	十	十一	十二	十三	十四	十五	十六	十七	十八	十九	廿	廿一	廿二	廿三	廿四	廿五	廿六
星	6	日	1	2	3	4	5	6	日	1	2	3	4	5	6	日	1	2	3	4	5	6	日	1	2	3	4	5	6	日	1
干節	丁巳	戊午	己未	庚申	辛酉	壬戌	癸亥	甲子	乙丑	小滿	丁卯	戊辰	己巳	庚午	辛未	壬申	癸酉	甲戌	乙亥	丙子	丁丑	戊寅	己卯	庚辰	辛巳	芒種	癸未	甲申	乙酉	丙戌	丁亥

陽歷六月份　（陰歷四、五月份）

陽	6	2	3	4	5	6	7	8	9	10	11	12	13	14	15	16	17	18	19	20	21	22	23	24	25	26	27	28	29	30
陰	廿七	廿八	廿九	卅	五	二	三	四	五	六	七	八	九	十	十一	十二	十三	十四	十五	十六	十七	十八	十九	廿	廿一	廿二	廿三	廿四	廿五	廿六
星	2	3	4	5	6	日	1	2	3	4	5	6	日	1	2	3	4	5	6	日	1	2	3	4	5	6	日	1	2	3
干節	戊子	己丑	庚寅	辛卯	壬辰	癸巳	甲午	乙未	丙申	丁酉	夏至	己亥	庚子	辛丑	壬寅	癸卯	甲辰	乙巳	丙午	丁未	戊申	己酉	庚戌	辛亥	壬子	癸丑	小暑	乙卯	丙辰	丁巳

庚子

一五四〇年（明世宗嘉靖一九年）

陽歷七月份　（陰歷五、六月份）

陽	7	2	3	4	5	6	7	8	9	10	11	12	13	14	15	16	17	18	19	20	21	22	23	24	25	26	27	28	29	30	31
陰	廿七	廿八	廿九	六	二	三	四	五	六	七	八	九	十	十一	十二	十三	十四	十五	十六	十七	十八	十九	廿	廿一	廿二	廿三	廿四	廿五	廿六	廿七	廿八
星	4	5	6	日	1	2	3	4	5	6	日	1	2	3	4	5	6	日	1	2	3	4	5	6	日	1	2	3	4	5	6
干節	戊午	己未	庚申	辛酉	壬戌	癸亥	甲子	乙丑	丙寅	丁卯	戊辰	大暑	庚午	辛未	壬申	癸酉	甲戌	乙亥	丙子	丁丑	戊寅	己卯	庚辰	辛巳	壬午	癸未	甲申	立秋	丙戌	丁亥	戊子

陽歷八月份　（陰歷六、七月份）

陽	8	2	3	4	5	6	7	8	9	10	11	12	13	14	15	16	17	18	19	20	21	22	23	24	25	26	27	28	29	30	31
陰	廿九	七	二	三	四	五	六	七	八	九	十	十一	十二	十三	十四	十五	十六	十七	十八	十九	廿	廿一	廿二	廿三	廿四	廿五	廿六	廿七	廿八	廿九	卅
星	日	1	2	3	4	5	6	日	1	2	3	4	5	6	日	1	2	3	4	5	6	日	1	2	3	4	5	6	日	1	2
干節	己丑	庚寅	辛卯	壬辰	癸巳	甲午	乙未	丙申	丁酉	戊戌	己亥	庚子	處暑	壬寅	癸卯	甲辰	乙巳	丙午	丁未	戊申	己酉	庚戌	辛亥	壬子	癸丑	甲寅	乙卯	白露	丁巳	戊午	己未

陽歷九月份　（陰歷八、九月份）

陽	9	2	3	4	5	6	7	8	9	10	11	12	13	14	15	16	17	18	19	20	21	22	23	24	25	26	27	28	29	30
陰	八	二	三	四	五	六	七	八	九	十	十一	十二	十三	十四	十五	十六	十七	十八	十九	廿	廿一	廿二	廿三	廿四	廿五	廿六	廿七	廿八	廿九	九
星	3	4	5	6	日	1	2	3	4	5	6	日	1	2	3	4	5	6	日	1	2	3	4	5	6	日	1	2	3	4
干節	庚申	辛酉	壬戌	癸亥	甲子	乙丑	丙寅	丁卯	戊辰	己巳	庚午	秋分	壬申	癸酉	甲戌	乙亥	丙子	丁丑	戊寅	己卯	庚辰	辛巳	壬午	癸未	甲申	乙酉	丙戌	寒露	戊子	己丑

陽歷十月份　（陰歷九、十月份）

陽	10	2	3	4	5	6	7	8	9	10	11	12	13	14	15	16	17	18	19	20	21	22	23	24	25	26	27	28	29	30	31
陰	二	三	四	五	六	七	八	九	十	十一	十二	十三	十四	十五	十六	十七	十八	十九	廿	廿一	廿二	廿三	廿四	廿五	廿六	廿七	廿八	廿九	卅	十	二
星	5	6	日	1	2	3	4	5	6	日	1	2	3	4	5	6	日	1	2	3	4	5	6	日	1	2	3	4	5	6	日
干節	庚寅	辛卯	壬辰	癸巳	甲午	乙未	丙申	丁酉	戊戌	己亥	庚子	辛丑	霜降	癸卯	甲辰	乙巳	丙午	丁未	戊申	己酉	庚戌	辛亥	壬子	癸丑	甲寅	乙卯	丙辰	立冬	戊午	己未	庚申

陽歷十一月份　（陰歷十、十一月份）

陽	11	2	3	4	5	6	7	8	9	10	11	12	13	14	15	16	17	18	19	20	21	22	23	24	25	26	27	28	29	30
陰	三	四	五	六	七	八	九	十	十一	十二	十三	十四	十五	十六	十七	十八	十九	廿	廿一	廿二	廿三	廿四	廿五	廿六	廿七	廿八	廿九	十一	二	三
星	1	2	3	4	5	6	日	1	2	3	4	5	6	日	1	2	3	4	5	6	日	1	2	3	4	5	6	日	1	2
干節	辛酉	壬戌	癸亥	甲子	乙丑	丙寅	丁卯	戊辰	己巳	庚午	辛未	小雪	癸酉	甲戌	乙亥	丙子	丁丑	戊寅	己卯	庚辰	辛巳	壬午	癸未	甲申	乙酉	大雪	丁亥	戊子	己丑	庚寅

陽歷十二月份　（陰歷十一、十二月份）

陽	12	2	3	4	5	6	7	8	9	10	11	12	13	14	15	16	17	18	19	20	21	22	23	24	25	26	27	28	29	30	31
陰	四	五	六	七	八	九	十	十一	十二	十三	十四	十五	十六	十七	十八	十九	廿	廿一	廿二	廿三	廿四	廿五	廿六	廿七	廿八	廿九	卅	十二	二	三	四
星	3	4	5	6	日	1	2	3	4	5	6	日	1	2	3	4	5	6	日	1	2	3	4	5	6	日	1	2	3	4	5
干節	辛卯	壬辰	癸巳	甲午	乙未	丙申	丁酉	戊戌	己亥	庚子	冬至	壬寅	癸卯	甲辰	乙巳	丙午	丁未	戊申	己酉	庚戌	辛亥	壬子	癸丑	甲寅	乙卯	小寒	丁巳	戊午	己未	庚申	辛酉

陽歷一月份　（陰歷十二、正月份）

陽	1	2	3	4	5	6	7	8	9	10	11	12	13	14	15	16	17	18	19	20	21	22	23	24	25	26	27	28	29	30	31
陰	五	六	七	八	九	十	十一	十二	十三	十四	十五	十六	十七	十八	十九	廿	廿一	廿二	廿三	廿四	廿五	廿六	廿七	廿八	廿九	卅	正	二	三	四	五
星	6	日	1	2	3	4	5	6	日	1	2	3	4	5	6	日	1	2	3	4	5	6	日	1	2	3	4	5	6	日	1
干節	壬戌	癸亥	甲子	乙丑	丙寅	丁卯	戊辰	己巳	大寒	辛未	壬申	癸酉	甲戌	乙亥	丙子	丁丑	戊寅	己卯	庚辰	辛巳	壬午	癸未	甲申	立春	丙戌	丁亥	戊子	己丑	庚寅	辛卯	壬辰

陽歷二月份　（陰歷正、二月份）

陽	2	2	3	4	5	6	7	8	9	10	11	12	13	14	15	16	17	18	19	20	21	22	23	24	25	26	27	28			
陰	六	七	八	九	十	十一	十二	十三	十四	十五	十六	十七	十八	十九	廿	廿一	廿二	廿三	廿四	廿五	廿六	廿七	廿八	廿九	卅	二	二	三			
星	2	3	4	5	6	日	1	2	3	4	5	6	日	1	2	3	4	5	6	日	1	2	3	4	5	6	日	1			
干節	癸巳	甲午	乙未	丙申	丁酉	戊戌	己亥	雨水	辛丑	壬寅	癸卯	甲辰	乙巳	丙午	丁未	戊申	己酉	庚戌	辛亥	壬子	癸丑	甲寅	驚蟄	丙辰	丁巳	戊午	己未	庚申			

陽歷三月份　（陰歷二、三月份）

陽	3	2	3	4	5	6	7	8	9	10	11	12	13	14	15	16	17	18	19	20	21	22	23	24	25	26	27	28	29	30	31
陰	四	五	六	七	八	九	十	十一	十二	十三	十四	十五	十六	十七	十八	十九	廿	廿一	廿二	廿三	廿四	廿五	廿六	廿七	廿八	廿九	三	二	三	四	五
星	2	3	4	5	6	日	1	2	3	4	5	6	日	1	2	3	4	5	6	日	1	2	3	4	5	6	日	1	2	3	4
干節	辛酉	壬戌	癸亥	甲子	乙丑	丙寅	丁卯	戊辰	己巳	春分	辛未	壬申	癸酉	甲戌	乙亥	丙子	丁丑	戊寅	己卯	庚辰	辛巳	壬午	癸未	甲申	清明	丙戌	丁亥	戊子	己丑	庚寅	辛卯

陽歷四月份　（陰歷三、四月份）

陽	4	2	3	4	5	6	7	8	9	10	11	12	13	14	15	16	17	18	19	20	21	22	23	24	25	26	27	28	29	30	
陰	六	七	八	九	十	十一	十二	十三	十四	十五	十六	十七	十八	十九	廿	廿一	廿二	廿三	廿四	廿五	廿六	廿七	廿八	廿九	卅	四	二	三	四	五	
星	5	6	日	1	2	3	4	5	6	日	1	2	3	4	5	6	日	1	2	3	4	5	6	日	1	2	3	4	5	6	
干節	壬辰	癸巳	甲午	乙未	丙申	丁酉	戊戌	己亥	庚子	穀雨	壬寅	癸卯	甲辰	乙巳	丙午	丁未	戊申	己酉	庚戌	辛亥	壬子	癸丑	甲寅	乙卯	立夏	丁巳	戊午	己未	庚申	辛酉	

陽歷五月份　（陰歷四、五月份）

陽	5	2	3	4	5	6	7	8	9	10	11	12	13	14	15	16	17	18	19	20	21	22	23	24	25	26	27	28	29	30	31
陰	六	七	八	九	十	十一	十二	十三	十四	十五	十六	十七	十八	十九	廿	廿一	廿二	廿三	廿四	廿五	廿六	廿七	廿八	廿九	五	二	三	四	五	六	七
星	日	1	2	3	4	5	6	日	1	2	3	4	5	6	日	1	2	3	4	5	6	日	1	2	3	4	5	6	日	1	2
干節	壬戌	癸亥	甲子	乙丑	丙寅	丁卯	戊辰	己巳	庚午	辛未	小滿	癸酉	甲戌	乙亥	丙子	丁丑	戊寅	己卯	庚辰	辛巳	壬午	癸未	甲申	乙酉	丙戌	芒種	戊子	己丑	庚寅	辛卯	壬辰

陽歷六月份　（陰歷五、六月份）

陽	6	2	3	4	5	6	7	8	9	10	11	12	13	14	15	16	17	18	19	20	21	22	23	24	25	26	27	28	29	30	
陰	八	九	十	十一	十二	十三	十四	十五	十六	十七	十八	十九	廿	廿一	廿二	廿三	廿四	廿五	廿六	廿七	廿八	廿九	卅	六	二	三	四	五	六	七	
星	3	4	5	6	日	1	2	3	4	5	6	日	1	2	3	4	5	6	日	1	2	3	4	5	6	日	1	2	3	4	
干節	癸巳	甲午	乙未	丙申	丁酉	戊戌	己亥	庚子	辛丑	壬寅	夏至	甲辰	乙巳	丙午	丁未	戊申	己酉	庚戌	辛亥	壬子	癸丑	甲寅	乙卯	丙辰	丁巳	戊午	小暑	庚申	辛酉	壬戌	

辛丑 一五四一年 （明世宗嘉靖二〇年）

陽曆七月份 （陰曆六、七月份）

陽	1	2	3	4	5	6	7	8	9	10	11	12	13	14	15	16	17	18	19	20	21	22	23	24	25	26	27	28	29	30	31
陰	八	九	十	十一	十二	十三	十四	十五	十六	十七	十八	十九	廿	廿一	廿二	廿三	廿四	廿五	廿六	廿七	廿八	廿九	七	二	三	四	五	六	七	八	九
星	5	6	日	1	2	3	4	5	6	日	1	2	3	4	5	6	日	1	2	3	4	5	6	日	1	2	3	4	5	6	日
干節	癸亥	甲子	乙丑	丙寅	丁卯	戊辰	己巳	庚午	辛未	壬申	癸酉	甲戌	大暑	丙子	丁丑	戊寅	己卯	庚辰	辛巳	壬午	癸未	甲申	乙酉	丙戌	丁亥	戊子	己丑	立秋	辛卯	壬辰	癸巳

陽曆八月份 （陰曆七、八月份）

陽	1	2	3	4	5	6	7	8	9	10	11	12	13	14	15	16	17	18	19	20	21	22	23	24	25	26	27	28	29	30	31
陰	十	十一	十二	十三	十四	十五	十六	十七	十八	十九	廿	廿一	廿二	廿三	廿四	廿五	廿六	廿七	廿八	廿九	八	二	三	四	五	六	七	八	九	十	十一
星	1	2	3	4	5	6	日	1	2	3	4	5	6	日	1	2	3	4	5	6	日	1	2	3	4	5	6	日	1	2	3
干節	甲午	乙未	丙申	丁酉	戊戌	己亥	庚子	辛丑	壬寅	癸卯	甲辰	乙巳	處暑	丁未	戊申	己酉	庚戌	辛亥	壬子	癸丑	甲寅	乙卯	丙辰	丁巳	戊午	己未	庚申	白露	壬戌	癸亥	甲子

陽曆九月份 （陰曆八、九月份）

陽	1	2	3	4	5	6	7	8	9	10	11	12	13	14	15	16	17	18	19	20	21	22	23	24	25	26	27	28	29	30	
陰	十二	十三	十四	十五	十六	十七	十八	十九	廿	廿一	廿二	廿三	廿四	廿五	廿六	廿七	廿八	廿九	卅	九	二	三	四	五	六	七	八	九	十	十一	
星	4	5	6	日	1	2	3	4	5	6	日	1	2	3	4	5	6	日	1	2	3	4	5	6	日	1	2	3	4	5	
干節	乙丑	丙寅	丁卯	戊辰	己巳	庚午	辛未	壬申	癸酉	甲戌	乙亥	丙子	秋分	戊寅	己卯	庚辰	辛巳	壬午	癸未	甲申	乙酉	丙戌	丁亥	戊子	己丑	庚寅	辛卯	寒露	癸巳	甲午	

陽曆十月份 （陰曆九、十月份）

陽	1	2	3	4	5	6	7	8	9	10	11	12	13	14	15	16	17	18	19	20	21	22	23	24	25	26	27	28	29	30	31
陰	十二	十三	十四	十五	十六	十七	十八	十九	廿	廿一	廿二	廿三	廿四	廿五	廿六	廿七	廿八	廿九	十	二	三	四	五	六	七	八	九	十	十一	十二	十三
星	6	日	1	2	3	4	5	6	日	1	2	3	4	5	6	日	1	2	3	4	5	6	日	1	2	3	4	5	6	日	1
干節	乙未	丙申	丁酉	戊戌	己亥	庚子	辛丑	壬寅	癸卯	甲辰	乙巳	丙午	霜降	戊申	己酉	庚戌	辛亥	壬子	癸丑	甲寅	乙卯	丙辰	丁巳	戊午	己未	庚申	辛酉	立冬	癸亥	甲子	乙丑

陽曆十一月份 （陰曆十、十一月份）

陽	1	2	3	4	5	6	7	8	9	10	11	12	13	14	15	16	17	18	19	20	21	22	23	24	25	26	27	28	29	30	
陰	十四	十五	十六	十七	十八	十九	廿	廿一	廿二	廿三	廿四	廿五	廿六	廿七	廿八	廿九	卅	十一	二	三	四	五	六	七	八	九	十	十一	十二	十三	
星	2	3	4	5	6	日	1	2	3	4	5	6	日	1	2	3	4	5	6	日	1	2	3	4	5	6	日	1	2	3	
干節	丙寅	丁卯	戊辰	己巳	庚午	辛未	壬申	癸酉	甲戌	乙亥	丙子	小雪	戊寅	己卯	庚辰	辛巳	壬午	癸未	甲申	乙酉	丙戌	丁亥	戊子	己丑	庚寅	辛卯	大雪	癸巳	甲午	乙未	

陽曆十二月份 （陰曆十一、十二月份）

陽	1	2	3	4	5	6	7	8	9	10	11	12	13	14	15	16	17	18	19	20	21	22	23	24	25	26	27	28	29	30	31
陰	十四	十五	十六	十七	十八	十九	廿	廿一	廿二	廿三	廿四	廿五	廿六	廿七	廿八	廿九	十二	二	三	四	五	六	七	八	九	十	十一	十二	十三	十四	十五
星	4	5	6	日	1	2	3	4	5	6	日	1	2	3	4	5	6	日	1	2	3	4	5	6	日	1	2	3	4	5	6
干節	丙申	丁酉	戊戌	己亥	庚子	辛丑	壬寅	癸卯	甲辰	乙巳	冬至	丁未	戊申	己酉	庚戌	辛亥	壬子	癸丑	甲寅	乙卯	丙辰	丁巳	戊午	己未	庚申	小寒	壬戌	癸亥	甲子	乙丑	丙寅

近世中西史日對照表

壬寅

一五四二年

（明世宗嘉靖二十一年）

陽曆一月份　（陰曆十二、正月份）

陽	1	2	3	4	5	6	7	8	9	10	11	12	13	14	15	16	17	18	19	20	21	22	23	24	25	26	27	28	29	30	31
陰	十六	十七	十八	十九	廿	廿一	廿二	廿三	廿四	廿五	廿六	廿七	廿八	廿九	卅	正	二	三	四	五	六	七	八	九	十	十一	十二	十三	十四	十五	十六
星	日	1	2	3	4	5	6	日	1	2	3	4	5	6	日	1	2	3	4	5	6	日	1	2	3	4	5	6	日	1	2
干節	丁卯	戊辰	己巳	庚午	辛未	壬申	癸酉	甲戌	乙亥	大寒	丁丑	戊寅	己卯	庚辰	辛巳	壬午	癸未	甲申	乙酉	丙戌	丁亥	戊子	己丑	立春	辛卯	壬辰	癸巳	甲午	乙未	丙申	丁酉

陽曆二月份　（陰曆正、二月份）

陽	1	2	3	4	5	6	7	8	9	10	11	12	13	14	15	16	17	18	19	20	21	22	23	24	25	26	27	28			
陰	十七	十八	十九	廿	廿一	廿二	廿三	廿四	廿五	廿六	廿七	廿八	廿九	卅	二	二	三	四	五	六	七	八	九	十	十一	十二	十三	十四			
星	3	4	5	6	日	1	2	3	4	5	6	日	1	2	3	4	5	6	日	1	2	3	4	5	6	日	1	2			
干節	戊戌	己亥	庚子	辛丑	壬寅	癸卯	甲辰	雨水	丙午	丁未	戊申	己酉	庚戌	辛亥	壬子	癸丑	甲寅	乙卯	丙辰	丁巳	戊午	己未	驚蟄	辛酉	壬戌	癸亥	甲子	乙丑			

陽曆三月份　（陰曆二、三月份）

陽	1	2	3	4	5	6	7	8	9	10	11	12	13	14	15	16	17	18	19	20	21	22	23	24	25	26	27	28	29	30	31
陰	十五	十六	十七	十八	十九	廿	廿一	廿二	廿三	廿四	廿五	廿六	廿七	廿八	廿九	三	二	三	四	五	六	七	八	九	十	十一	十二	十三	十四	十五	十六
星	3	4	5	6	日	1	2	3	4	5	6	日	1	2	3	4	5	6	日	1	2	3	4	5	6	日	1	2	3	4	5
干節	丙寅	丁卯	戊辰	己巳	庚午	辛未	壬申	癸酉	甲戌	春分	丙子	丁丑	戊寅	己卯	庚辰	辛巳	壬午	癸未	甲申	乙酉	丙戌	丁亥	戊子	己丑	庚寅	清明	壬辰	癸巳	甲午	乙未	丙申

陽曆四月份　（陰曆三、四月份）

陽	1	2	3	4	5	6	7	8	9	10	11	12	13	14	15	16	17	18	19	20	21	22	23	24	25	26	27	28	29	30
陰	十七	十八	十九	廿	廿一	廿二	廿三	廿四	廿五	廿六	廿七	廿八	廿九	卅	四	二	三	四	五	六	七	八	九	十	十一	十二	十三	十四	十五	十六
星	6	日	1	2	3	4	5	6	日	1	2	3	4	5	6	日	1	2	3	4	5	6	日	1	2	3	4	5	6	日
干節	丁酉	戊戌	己亥	庚子	辛丑	壬寅	癸卯	甲辰	乙巳	穀雨	丁未	戊申	己酉	庚戌	辛亥	壬子	癸丑	甲寅	乙卯	丙辰	丁巳	戊午	己未	庚申	立夏	壬戌	癸亥	甲子	乙丑	丙寅

陽曆五月份　（陰曆四、五月份）

陽	1	2	3	4	5	6	7	8	9	10	11	12	13	14	15	16	17	18	19	20	21	22	23	24	25	26	27	28	29	30	31
陰	十七	十八	十九	廿	廿一	廿二	廿三	廿四	廿五	廿六	廿七	廿八	廿九	卅	五	二	三	四	五	六	七	八	九	十	十一	十二	十三	十四	十五	十六	十七
星	1	2	3	4	5	6	日	1	2	3	4	5	6	日	1	2	3	4	5	6	日	1	2	3	4	5	6	日	1	2	3
干節	丁卯	戊辰	己巳	庚午	辛未	壬申	癸酉	甲戌	乙亥	丙子	小滿	戊寅	己卯	庚辰	辛巳	壬午	癸未	甲申	乙酉	丙戌	丁亥	戊子	己丑	庚寅	辛卯	壬辰	芒種	甲午	乙未	丙申	丁酉

陽曆六月份　（陰曆五、閏五月份）

陽	1	2	3	4	5	6	7	8	9	10	11	12	13	14	15	16	17	18	19	20	21	22	23	24	25	26	27	28	29	30
陰	十八	十九	廿	廿一	廿二	廿三	廿四	廿五	廿六	廿七	廿八	廿九	閏	二	三	四	五	六	七	八	九	十	十一	十二	十三	十四	十五	十六	十七	十八
星	4	5	6	日	1	2	3	4	5	6	日	1	2	3	4	5	6	日	1	2	3	4	5	6	日	1	2	3	4	5
干節	戊戌	己亥	庚子	辛丑	壬寅	癸卯	甲辰	乙巳	丙午	丁未	夏至	己酉	庚戌	辛亥	壬子	癸丑	甲寅	乙卯	丙辰	丁巳	戊午	己未	庚申	辛酉	壬戌	癸亥	小暑	乙丑	丙寅	丁卯

壬寅　一五四二年　（明世宗嘉靖二一年）

陽歷七月份　（陰歷閏五、六月份）

陽	7	2	3	4	5	6	7	8	9	10	11	12	13	14	15	16	17	18	19	20	21	22	23	24	25	26	27	28	29	30	31
陰	十九	廿	廿一	廿二	廿三	廿四	廿五	廿六	廿七	廿八	廿九	卅	六	二	三	四	五	六	七	八	九	十	十一	十二	十三	十四	十五	十六	十七	十八	十九
星	6	日	1	2	3	4	5	6	日	1	2	3	4	5	6	日	1	2	3	4	5	6	日	1	2	3	4	5	6	日	1
干節	戊辰	己巳	庚午	辛未	壬申	癸酉	甲戌	乙亥	丙子	丁丑	戊寅	己卯	大暑	辛巳	壬午	癸未	甲申	乙酉	丙戌	丁亥	戊子	己丑	庚寅	辛卯	壬辰	癸巳	甲午	乙未	立秋	丁酉	戊戌

陽歷八月份　（陰歷六、七月份）

陽	8	2	3	4	5	6	7	8	9	10	11	12	13	14	15	16	17	18	19	20	21	22	23	24	25	26	27	28	29	30	31
陰	廿	廿一	廿二	廿三	廿四	廿五	廿六	廿七	廿八	廿九	七	二	三	四	五	六	七	八	九	十	十一	十二	十三	十四	十五	十六	十七	十八	十九	廿	廿一
星	2	3	4	5	6	日	1	2	3	4	5	6	日	1	2	3	4	5	6	日	1	2	3	4	5	6	日	1	2	3	4
干節	己亥	庚子	辛丑	壬寅	癸卯	甲辰	乙巳	丙午	丁未	戊申	己酉	庚戌	處暑	壬子	癸丑	甲寅	乙卯	丙辰	丁巳	戊午	己未	庚申	辛酉	壬戌	癸亥	甲子	乙丑	丙寅	白露	戊辰	己巳

陽歷九月份　（陰歷七、八月份）

陽	9	2	3	4	5	6	7	8	9	10	11	12	13	14	15	16	17	18	19	20	21	22	23	24	25	26	27	28	29	30
陰	廿二	廿三	廿四	廿五	廿六	廿七	廿八	廿九	八	二	三	四	五	六	七	八	九	十	十一	十二	十三	十四	十五	十六	十七	十八	十九	廿	廿一	廿二
星	5	6	日	1	2	3	4	5	6	日	1	2	3	4	5	6	日	1	2	3	4	5	6	日	1	2	3	4	5	6
干節	庚午	辛未	壬申	癸酉	甲戌	乙亥	丙子	丁丑	戊寅	己卯	庚辰	辛巳	秋分	癸未	甲申	乙酉	丙戌	丁亥	戊子	己丑	庚寅	辛卯	壬辰	癸巳	甲午	乙未	丙申	寒露	戊戌	己亥

陽歷十月份　（陰歷八、九月份）

陽	10	2	3	4	5	6	7	8	9	10	11	12	13	14	15	16	17	18	19	20	21	22	23	24	25	26	27	28	29	30	31
陰	廿三	廿四	廿五	廿六	廿七	廿八	廿九	卅	九	二	三	四	五	六	七	八	九	十	十一	十二	十三	十四	十五	十六	十七	十八	十九	廿	廿一	廿二	廿三
星	日	1	2	3	4	5	6	日	1	2	3	4	5	6	日	1	2	3	4	5	6	日	1	2	3	4	5	6	日	1	2
干節	庚子	辛丑	壬寅	癸卯	甲辰	乙巳	丙午	丁未	戊申	己酉	庚戌	辛亥	霜降	癸丑	甲寅	乙卯	丙辰	丁巳	戊午	己未	庚申	辛酉	壬戌	癸亥	甲子	乙丑	丙寅	立冬	戊辰	己巳	庚午

陽歷十一月份　（陰歷九、十月份）

陽	11	2	3	4	5	6	7	8	9	10	11	12	13	14	15	16	17	18	19	20	21	22	23	24	25	26	27	28	29	30
陰	廿四	廿五	廿六	廿七	廿八	廿九	十	二	三	四	五	六	七	八	九	十	十一	十二	十三	十四	十五	十六	十七	十八	十九	廿	廿一	廿二	廿三	廿四
星	3	4	5	6	日	1	2	3	4	5	6	日	1	2	3	4	5	6	日	1	2	3	4	5	6	日	1	2	3	4
干節	辛未	壬申	癸酉	甲戌	乙亥	丙子	丁丑	戊寅	己卯	庚辰	辛巳	小雪	癸未	甲申	乙酉	丙戌	丁亥	戊子	己丑	庚寅	辛卯	壬辰	癸巳	甲午	乙未	丙申	大雪	戊戌	己亥	庚子

陽歷十二月份　（陰歷十、十一月份）

陽	12	2	3	4	5	6	7	8	9	10	11	12	13	14	15	16	17	18	19	20	21	22	23	24	25	26	27	28	29	30	31
陰	廿五	廿六	廿七	廿八	廿九	卅	十一	二	三	四	五	六	七	八	九	十	十一	十二	十三	十四	十五	十六	十七	十八	十九	廿	廿一	廿二	廿三	廿四	廿五
星	5	6	日	1	2	3	4	5	6	日	1	2	3	4	5	6	日	1	2	3	4	5	6	日	1	2	3	4	5	6	日
干節	辛丑	壬寅	癸卯	甲辰	乙巳	丙午	丁未	戊申	己酉	庚戌	辛亥	冬至	癸丑	甲寅	乙卯	丙辰	丁巳	戊午	己未	庚申	辛酉	壬戌	癸亥	甲子	乙丑	小寒	丁卯	戊辰	己巳	庚午	辛未

近世中西史日對照表

癸卯

一五四三年

（明世宗嘉靖二二年）

陽歷 一月份 （陰歷十一、十二月份）

陽	1	2	3	4	5	6	7	8	9	10	11	12	13	14	15	16	17	18	19	20	21	22	23	24	25	26	27	28	29	30	31
陰	廿六	廿七	廿八	廿九	十二	二	三	四	五	六	七	八	九	十	十一	十二	十三	十四	十五	十六	十七	十八	十九	廿	廿一	廿二	廿三	廿四	廿五	廿六	廿七
星	1	2	3	4	5	6	日	1	2	3	4	5	6	日	1	2	3	4	5	6	日	1	2	3	4	5	6	日	1	2	3
干節	壬申	癸酉	甲戌	乙亥	丙子	丁丑	戊寅	己卯	庚辰	大寒	壬午	癸未	甲申	乙酉	丙戌	丁亥	戊子	己丑	庚寅	辛卯	壬辰	癸巳	甲午	乙未	立春	丁酉	戊戌	己亥	庚子	辛丑	壬寅

陽歷 二月份 （陰歷十二、正月份）

陽	1	2	3	4	5	6	7	8	9	10	11	12	13	14	15	16	17	18	19	20	21	22	23	24	25	26	27	28			
陰	廿八	廿九	卅	正	二	三	四	五	六	七	八	九	十	十一	十二	十三	十四	十五	十六	十七	十八	十九	廿	廿一	廿二	廿三	廿四	廿五			
星	4	5	6	日	1	2	3	4	5	6	日	1	2	3	4	5	6	日	1	2	3	4	5	6	日	1	2	3			
干節	癸卯	甲辰	乙巳	丙午	丁未	戊申	己酉	庚戌	雨水	壬子	癸丑	甲寅	乙卯	丙辰	丁巳	戊午	己未	庚申	辛酉	壬戌	癸亥	甲子	驚蟄	丙寅	丁卯	戊辰	己巳	庚午			

陽歷 三月份 （陰歷正、二月份）

陽	1	2	3	4	5	6	7	8	9	10	11	12	13	14	15	16	17	18	19	20	21	22	23	24	25	26	27	28	29	30	31
陰	廿六	廿七	廿八	廿九	二	二	三	四	五	六	七	八	九	十	十一	十二	十三	十四	十五	十六	十七	十八	十九	廿	廿一	廿二	廿三	廿四	廿五	廿六	廿七
星	4	5	6	日	1	2	3	4	5	6	日	1	2	3	4	5	6	日	1	2	3	4	5	6	日	1	2	3	4	5	6
干節	辛未	壬申	癸酉	甲戌	乙亥	丙子	丁丑	戊寅	己卯	庚辰	春分	壬午	癸未	甲申	乙酉	丙戌	丁亥	戊子	己丑	庚寅	辛卯	壬辰	癸巳	甲午	乙未	清明	丁酉	戊戌	己亥	庚子	辛丑

陽歷 四月份 （陰歷二、三月份）

陽	1	2	3	4	5	6	7	8	9	10	11	12	13	14	15	16	17	18	19	20	21	22	23	24	25	26	27	28	29	30	
陰	廿八	廿九	卅	三	二	三	四	五	六	七	八	九	十	十一	十二	十三	十四	十五	十六	十七	十八	十九	廿	廿一	廿二	廿三	廿四	廿五	廿六	廿七	
星	日	1	2	3	4	5	6	日	1	2	3	4	5	6	日	1	2	3	4	5	6	日	1	2	3	4	5	6	日	1	
干節	壬寅	癸卯	甲辰	乙巳	丙午	丁未	戊申	己酉	庚戌	穀雨	壬子	癸丑	甲寅	乙卯	丙辰	丁巳	戊午	己未	庚申	辛酉	壬戌	癸亥	甲子	乙丑	丙寅	立夏	戊辰	己巳	庚午	辛未	

陽歷 五月份 （陰歷三、四月份）

陽	1	2	3	4	5	6	7	8	9	10	11	12	13	14	15	16	17	18	19	20	21	22	23	24	25	26	27	28	29	30	31
陰	廿八	廿九	卅	四	二	三	四	五	六	七	八	九	十	十一	十二	十三	十四	十五	十六	十七	十八	十九	廿	廿一	廿二	廿三	廿四	廿五	廿六	廿七	廿八
星	2	3	4	5	6	日	1	2	3	4	5	6	日	1	2	3	4	5	6	日	1	2	3	4	5	6	日	1	2	3	4
干節	壬申	癸酉	甲戌	乙亥	丙子	丁丑	戊寅	己卯	庚辰	辛巳	小滿	癸未	甲申	乙酉	丙戌	丁亥	戊子	己丑	庚寅	辛卯	壬辰	癸巳	甲午	乙未	丙申	丁酉	芒種	己亥	庚子	辛丑	壬寅

陽歷 六月份 （陰歷四、五月份）

陽	1	2	3	4	5	6	7	8	9	10	11	12	13	14	15	16	17	18	19	20	21	22	23	24	25	26	27	28	29	30
陰	廿九	五	二	三	四	五	六	七	八	九	十	十一	十二	十三	十四	十五	十六	十七	十八	十九	廿	廿一	廿二	廿三	廿四	廿五	廿六	廿七	廿八	廿九
星	5	6	日	1	2	3	4	5	6	日	1	2	3	4	5	6	日	1	2	3	4	5	6	日	1	2	3	4	5	6
干節	癸卯	甲辰	乙巳	丙午	丁未	戊申	己酉	庚戌	辛亥	壬子	癸丑	夏至	乙卯	丙辰	丁巳	戊午	己未	庚申	辛酉	壬戌	癸亥	甲子	乙丑	丙寅	丁卯	戊辰	小暑	庚午	辛未	壬申

癸卯

一五四三年

（明世宗嘉靖二二年）

陽歷七月份　（陰歷五、六月份）

陽	7	2	3	4	5	6	7	8	9	10	11	12	13	14	15	16	17	18	19	20	21	22	23	24	25	26	27	28	29	30	31
陰	卅	六	二	三	四	五	六	七	八	九	十	十一	十二	十三	十四	十五	十六	十七	十八	十九	廿	廿一	廿二	廿三	廿四	廿五	廿六	廿七	廿八	廿九	卅
星	日	1	2	3	4	5	6	日	1	2	3	4	5	6	日	1	2	3	4	5	6	日	1	2	3	4	5	6	日	1	2
干節	癸酉	甲戌	乙亥	丙子	丁丑	戊寅	己卯	庚辰	辛巳	壬午	癸未	甲申	大暑	丙戌	丁亥	戊子	己丑	庚寅	辛卯	壬辰	癸巳	甲午	乙未	丙申	丁酉	戊戌	己亥	庚子	立秋	壬寅	癸卯

陽歷八月份　（陰歷七、八月份）

陽	8	2	3	4	5	6	7	8	9	10	11	12	13	14	15	16	17	18	19	20	21	22	23	24	25	26	27	28	29	30	31
陰	七	二	三	四	五	六	七	八	九	十	十一	十二	十三	十四	十五	十六	十七	十八	十九	廿	廿一	廿二	廿三	廿四	廿五	廿六	廿七	廿八	廿九	八	二
星	3	4	5	6	日	1	2	3	4	5	6	日	1	2	3	4	5	6	日	1	2	3	4	5	6	日	1	2	3	4	5
干節	甲辰	乙巳	丙午	丁未	戊申	己酉	庚戌	辛亥	壬子	癸丑	甲寅	乙卯	丙辰	處暑	戊午	己未	庚申	辛酉	壬戌	癸亥	甲子	乙丑	丙寅	丁卯	戊辰	己巳	庚午	辛未	白露	癸酉	甲戌

陽歷九月份　（陰歷八、九月份）

陽	9	2	3	4	5	6	7	8	9	10	11	12	13	14	15	16	17	18	19	20	21	22	23	24	25	26	27	28	29	30	—
陰	三	四	五	六	七	八	九	十	十一	十二	十三	十四	十五	十六	十七	十八	十九	廿	廿一	廿二	廿三	廿四	廿五	廿六	廿七	廿八	廿九	九	二	三	—
星	6	日	1	2	3	4	5	6	日	1	2	3	4	5	6	日	1	2	3	4	5	6	日	1	2	3	4	5	6	日	—
干節	乙亥	丙子	丁丑	戊寅	己卯	庚辰	辛巳	壬午	癸未	甲申	乙酉	丙戌	秋分	戊子	己丑	庚寅	辛卯	壬辰	癸巳	甲午	乙未	丙申	丁酉	戊戌	己亥	庚子	辛丑	壬寅	寒露	甲辰	—

陽歷十月份　（陰歷九、十月份）

陽	10	2	3	4	5	6	7	8	9	10	11	12	13	14	15	16	17	18	19	20	21	22	23	24	25	26	27	28	29	30	31
陰	四	五	六	七	八	九	十	十一	十二	十三	十四	十五	十六	十七	十八	十九	廿	廿一	廿二	廿三	廿四	廿五	廿六	廿七	廿八	廿九	卅	十	二	三	四
星	1	2	3	4	5	6	日	1	2	3	4	5	6	日	1	2	3	4	5	6	日	1	2	3	4	5	6	日	1	2	3
干節	乙巳	丙午	丁未	戊申	己酉	庚戌	辛亥	壬子	癸丑	甲寅	乙卯	丙辰	丁巳	霜降	己未	庚申	辛酉	壬戌	癸亥	甲子	乙丑	丙寅	丁卯	戊辰	己巳	庚午	辛未	壬申	立冬	甲戌	乙亥

陽歷十一月份　（陰歷十、十一月份）

陽	11	2	3	4	5	6	7	8	9	10	11	12	13	14	15	16	17	18	19	20	21	22	23	24	25	26	27	28	29	30	—
陰	五	六	七	八	九	十	十一	十二	十三	十四	十五	十六	十七	十八	十九	廿	廿一	廿二	廿三	廿四	廿五	廿六	廿七	廿八	廿九	十一	二	三	四	五	—
星	4	5	6	日	1	2	3	4	5	6	日	1	2	3	4	5	6	日	1	2	3	4	5	6	日	1	2	3	4	5	—
干節	丙子	丁丑	戊寅	己卯	庚辰	辛巳	壬午	癸未	甲申	乙酉	丙戌	小雪	戊子	己丑	庚寅	辛卯	壬辰	癸巳	甲午	乙未	丙申	丁酉	戊戌	己亥	庚子	辛丑	大雪	癸卯	甲辰	乙巳	—

陽歷十二月份　（陰歷十一、十二月份）

陽	12	2	3	4	5	6	7	8	9	10	11	12	13	14	15	16	17	18	19	20	21	22	23	24	25	26	27	28	29	30	31
陰	六	七	八	九	十	十一	十二	十三	十四	十五	十六	十七	十八	十九	廿	廿一	廿二	廿三	廿四	廿五	廿六	廿七	廿八	廿九	卅	十二	二	三	四	五	六
星	6	日	1	2	3	4	5	6	日	1	2	3	4	5	6	日	1	2	3	4	5	6	日	1	2	3	4	5	6	日	1
干節	丙午	丁未	戊申	己酉	庚戌	辛亥	壬子	癸丑	甲寅	乙卯	丙辰	冬至	戊午	己未	庚申	辛酉	壬戌	癸亥	甲子	乙丑	丙寅	丁卯	戊辰	己巳	庚午	小寒	壬申	癸酉	甲戌	乙亥	丙子

近世中西史日對照表

甲辰　一五四四年　（明世宗嘉靖二三年）

陽歷一月份　（陰歷十二、正月份）

陽	1	2	3	4	5	6	7	8	9	10	11	12	13	14	15	16	17	18	19	20	21	22	23	24	25	26	27	28	29	30	31
陰	七	八	九	十	十一	十二	十三	十四	十五	十六	十七	十八	十九	廿	廿一	廿二	廿三	廿四	廿五	廿六	廿七	廿八	廿九	正	二	三	四	五	六	七	八
星	2	3	4	5	6	日	1	2	3	4	5	6	日	1	2	3	4	5	6	日	1	2	3	4	5	6	日	1	2	3	4
干節	丁丑	戊寅	己卯	庚辰	辛巳	壬午	癸未	甲申	乙酉	大寒	丁亥	戊子	己丑	庚寅	辛卯	壬辰	癸巳	甲午	乙未	丙申	丁酉	戊戌	己亥	庚子	立春	壬寅	癸卯	甲辰	乙巳	丙午	丁未

陽歷二月份　（陰歷正、二月份）

陽	2	2	3	4	5	6	7	8	9	10	11	12	13	14	15	16	17	18	19	20	21	22	23	24	25	26	27	28	29
陰	九	十	十一	十二	十三	十四	十五	十六	十七	十八	十九	廿	廿一	廿二	廿三	廿四	廿五	廿六	廿七	廿八	廿九	卅	二	二	三	四	五	六	七
星	5	6	日	1	2	3	4	5	6	日	1	2	3	4	5	6	日	1	2	3	4	5	6	日	1	2	3	4	5
干節	戊申	己酉	庚戌	辛亥	壬子	癸丑	甲寅	乙卯	雨水	丁巳	戊午	己未	庚申	辛酉	壬戌	癸亥	甲子	乙丑	丙寅	丁卯	戊辰	己巳	庚午	驚蟄	壬申	癸酉	甲戌	乙亥	丙子

陽歷三月份　（陰歷二、三月份）

陽	3	2	3	4	5	6	7	8	9	10	11	12	13	14	15	16	17	18	19	20	21	22	23	24	25	26	27	28	29	30	31
陰	八	九	十	十一	十二	十三	十四	十五	十六	十七	十八	十九	廿	廿一	廿二	廿三	廿四	廿五	廿六	廿七	廿八	廿九	三	二	三	四	五	六	七	八	九
星	6	日	1	2	3	4	5	6	日	1	2	3	4	5	6	日	1	2	3	4	5	6	日	1	2	3	4	5	6	日	1
干節	丁丑	戊寅	己卯	庚辰	辛巳	壬午	癸未	甲申	乙酉	春分	丁亥	戊子	己丑	庚寅	辛卯	壬辰	癸巳	甲午	乙未	丙申	丁酉	戊戌	己亥	庚子	清明	壬寅	癸卯	甲辰	乙巳	丙午	丁未

陽歷四月份　（陰歷三、四月份）

陽	4	2	3	4	5	6	7	8	9	10	11	12	13	14	15	16	17	18	19	20	21	22	23	24	25	26	27	28	29	30
陰	十	十一	十二	十三	十四	十五	十六	十七	十八	十九	廿	廿一	廿二	廿三	廿四	廿五	廿六	廿七	廿八	廿九	卅	四	二	三	四	五	六	七	八	九
星	2	3	4	5	6	日	1	2	3	4	5	6	日	1	2	3	4	5	6	日	1	2	3	4	5	6	日	1	2	3
節干	戊申	己酉	庚戌	辛亥	壬子	癸丑	甲寅	乙卯	穀雨	丁巳	戊午	己未	庚申	辛酉	壬戌	癸亥	甲子	乙丑	丙寅	丁卯	戊辰	己巳	庚午	辛未	立夏	癸酉	甲戌	乙亥	丙子	丁丑

陽歷五月份　（陰歷四、五月份）

陽	5	2	3	4	5	6	7	8	9	10	11	12	13	14	15	16	17	18	19	20	21	22	23	24	25	26	27	28	29	30	31
陰	十	十一	十二	十三	十四	十五	十六	十七	十八	十九	廿	廿一	廿二	廿三	廿四	廿五	廿六	廿七	廿八	廿九	五	二	三	四	五	六	七	八	九	十	十一
星	4	5	6	日	1	2	3	4	5	6	日	1	2	3	4	5	6	日	1	2	3	4	5	6	日	1	2	3	4	5	6
干節	戊寅	己卯	庚辰	辛巳	壬午	癸未	甲申	乙酉	丙戌	小滿	戊子	己丑	庚寅	辛卯	壬辰	癸巳	甲午	乙未	丙申	丁酉	戊戌	己亥	庚子	辛丑	壬寅	芒種	甲辰	乙巳	丙午	丁未	戊申

陽歷六月份　（陰歷五、六月份）

陽	6	2	3	4	5	6	7	8	9	10	11	12	13	14	15	16	17	18	19	20	21	22	23	24	25	26	27	28	29	30
陰	十二	十三	十四	十五	十六	十七	十八	十九	廿	廿一	廿二	廿三	廿四	廿五	廿六	廿七	廿八	廿九	卅	六	二	三	四	五	六	七	八	九	十	十一
星	日	1	2	3	4	5	6	日	1	2	3	4	5	6	日	1	2	3	4	5	6	日	1	2	3	4	5	6	日	1
干節	己酉	庚戌	辛亥	壬子	癸丑	甲寅	乙卯	丙辰	丁巳	戊午	夏至	庚申	辛酉	壬戌	癸亥	甲子	乙丑	丙寅	丁卯	戊辰	己巳	庚午	辛未	壬申	癸酉	甲戌	小暑	丙子	丁丑	戊寅

甲辰

一五四四年

（明世宗嘉靖二三年）

陽歷七月份　（陰歷六、七月份）

陽	7	2	3	4	5	6	7	8	9	10	11	12	13	14	15	16	17	18	19	20	21	22	23	24	25	26	27	28	29	30	31
陰	十二	十三	十四	十五	十六	十七	十八	十九	廿	廿一	廿二	廿三	廿四	廿五	廿六	廿七	廿八	廿九	卅	七	二	三	四	五	六	七	八	九	十	十一	十二
星	2	3	4	5	6	日	1	2	3	4	5	6	日	1	2	3	4	5	6	日	1	2	3	4	5	6	日	1	2	3	4
干節	己卯	庚辰	辛巳	壬午	癸未	甲申	乙酉	丙戌	丁亥	戊子	己丑	大暑	辛卯	壬辰	癸巳	甲午	乙未	丙申	丁酉	戊戌	己亥	庚子	辛丑	壬寅	癸卯	甲辰	乙巳	立秋	丁未	戊申	己酉

陽歷八月份　（陰歷七、八月份）

陽	8	2	3	4	5	6	7	8	9	10	11	12	13	14	15	16	17	18	19	20	21	22	23	24	25	26	27	28	29	30	31
陰	十三	十四	十五	十六	十七	十八	十九	廿	廿一	廿二	廿三	廿四	廿五	廿六	廿七	廿八	廿九	八	二	三	四	五	六	七	八	九	十	十一	十二	十三	十四
星	5	6	日	1	2	3	4	5	6	日	1	2	3	4	5	6	日	1	2	3	4	5	6	日	1	2	3	4	5	6	日
干節	庚戌	辛亥	壬子	癸丑	甲寅	乙卯	丙辰	丁巳	戊午	己未	庚申	辛酉	處暑	癸亥	甲子	乙丑	丙寅	丁卯	戊辰	己巳	庚午	辛未	壬申	癸酉	甲戌	乙亥	丙子	白露	戊寅	己卯	庚辰

陽歷九月份　（陰歷八、九月份）

陽	9	2	3	4	5	6	7	8	9	10	11	12	13	14	15	16	17	18	19	20	21	22	23	24	25	26	27	28	29	30	—
陰	十五	十六	十七	十八	十九	廿	廿一	廿二	廿三	廿四	廿五	廿六	廿七	廿八	廿九	卅	九	二	三	四	五	六	七	八	九	十	十一	十二	十三	十四	—
星	1	2	3	4	5	6	日	1	2	3	4	5	6	日	1	2	3	4	5	6	日	1	2	3	4	5	6	日	1	2	—
干節	辛巳	壬午	癸未	甲申	乙酉	丙戌	丁亥	戊子	己丑	庚寅	辛卯	秋分	癸巳	甲午	乙未	丙申	丁酉	戊戌	己亥	庚子	辛丑	壬寅	癸卯	甲辰	乙巳	丙午	丁未	寒露	己酉	庚戌	—

陽歷十月份　（陰歷九、十月份）

陽	10	2	3	4	5	6	7	8	9	10	11	12	13	14	15	16	17	18	19	20	21	22	23	24	25	26	27	28	29	30	31
陰	十五	十六	十七	十八	十九	廿	廿一	廿二	廿三	廿四	廿五	廿六	廿七	廿八	廿九	十	二	三	四	五	六	七	八	九	十	十一	十二	十三	十四	十五	十六
星	3	4	5	6	日	1	2	3	4	5	6	日	1	2	3	4	5	6	日	1	2	3	4	5	6	日	1	2	3	4	5
干節	辛亥	壬子	癸丑	甲寅	乙卯	丙辰	丁巳	戊午	己未	庚申	辛酉	壬戌	霜降	甲子	乙丑	丙寅	丁卯	戊辰	己巳	庚午	辛未	壬申	癸酉	甲戌	乙亥	丙子	丁丑	立冬	己卯	庚辰	辛巳

陽歷十一月份　（陰歷十、十一月份）

陽	11	2	3	4	5	6	7	8	9	10	11	12	13	14	15	16	17	18	19	20	21	22	23	24	25	26	27	28	29	30	—
陰	十七	十八	十九	廿	廿一	廿二	廿三	廿四	廿五	廿六	廿七	廿八	廿九	卅	十一	二	三	四	五	六	七	八	九	十	十一	十二	十三	十四	十五	十六	—
星	6	日	1	2	3	4	5	6	日	1	2	3	4	5	6	日	1	2	3	4	5	6	日	1	2	3	4	5	6	日	—
干節	壬午	癸未	甲申	乙酉	丙戌	丁亥	戊子	己丑	庚寅	辛卯	壬辰	小雪	甲午	乙未	丙申	丁酉	戊戌	己亥	庚子	辛丑	壬寅	癸卯	甲辰	乙巳	丙午	大雪	戊申	己酉	庚戌	辛亥	—

陽歷十二月份　（陰歷十一、十二月份）

陽	12	2	3	4	5	6	7	8	9	10	11	12	13	14	15	16	17	18	19	20	21	22	23	24	25	26	27	28	29	30	31
陰	十七	十八	十九	廿	廿一	廿二	廿三	廿四	廿五	廿六	廿七	廿八	廿九	十二	二	三	四	五	六	七	八	九	十	十一	十二	十三	十四	十五	十六	十七	十八
星	1	2	3	4	5	6	日	1	2	3	4	5	6	日	1	2	3	4	5	6	日	1	2	3	4	5	6	日	1	2	3
干節	壬子	癸丑	甲寅	乙卯	丙辰	丁巳	戊午	己未	庚申	辛酉	冬至	癸亥	甲子	乙丑	丙寅	丁卯	戊辰	己巳	庚午	辛未	壬申	癸酉	甲戌	乙亥	丙子	小寒	戊寅	己卯	庚辰	辛巳	壬午

近世中西史日對照表

陽歷一月份　(陰歷十二、正月份)

陽	1	2	3	4	5	6	7	8	9	10	11	12	13	14	15	16	17	18	19	20	21	22	23	24	25	26	27	28	29	30	31
陰	十九	廿	廿一	廿二	廿三	廿四	廿五	廿六	廿七	廿八	廿九	卅	正	二	三	四	五	六	七	八	九	十	十一	十二	十三	十四	十五	十六	十七	十八	十九
星	4	5	6	日	1	2	3	4	5	6	日	1	2	3	4	5	6	日	1	2	3	4	5	6	日	1	2	3	4	5	6
干節	癸未	甲申	乙酉	丙戌	丁亥	戊子	己丑	庚寅	大寒	壬辰	癸巳	甲午	乙未	丙申	丁酉	戊戌	己亥	庚子	辛丑	壬寅	癸卯	甲辰	乙巳	立春	丁未	戊申	己酉	庚戌	辛亥	壬子	癸丑

陽歷二月份　(陰歷正、閏正月份)

陽	2	2	3	4	5	6	7	8	9	10	11	12	13	14	15	16	17	18	19	20	21	22	23	24	25	26	27	28	—	—	—
陰	廿	廿一	廿二	廿三	廿四	廿五	廿六	廿七	廿八	廿九	閏	二	三	四	五	六	七	八	九	十	十一	十二	十三	十四	十五	十六	十七	十八	—	—	—
星	日	1	2	3	4	5	6	日	1	2	3	4	5	6	日	1	2	3	4	5	6	日	1	2	3	4	5	6	—	—	—
干節	甲寅	乙卯	丙辰	丁巳	戊午	己未	庚申	雨水	壬戌	癸亥	甲子	乙丑	丙寅	丁卯	戊辰	己巳	庚午	辛未	壬申	癸酉	甲戌	乙亥	驚蟄	丁丑	戊寅	己卯	庚辰	辛巳	—	—	—

陽歷三月份　(陰歷閏正、二月份)

陽	3	2	3	4	5	6	7	8	9	10	11	12	13	14	15	16	17	18	19	20	21	22	23	24	25	26	27	28	29	30	31
陰	十九	廿	廿一	廿二	廿三	廿四	廿五	廿六	廿七	廿八	廿九	卅	二	二	三	四	五	六	七	八	九	十	十一	十二	十三	十四	十五	十六	十七	十八	十九
星	日	1	2	3	4	5	6	日	1	2	3	4	5	6	日	1	2	3	4	5	6	日	1	2	3	4	5	6	日	1	2
干節	壬午	癸未	甲申	乙酉	丙戌	丁亥	戊子	己丑	庚寅	春分	壬辰	癸巳	甲午	乙未	丙申	丁酉	戊戌	己亥	庚子	辛丑	壬寅	癸卯	甲辰	乙巳	清明	丁未	戊申	己酉	庚戌	辛亥	壬子

陽歷四月份　(陰歷二、三月份)

陽	4	2	3	4	5	6	7	8	9	10	11	12	13	14	15	16	17	18	19	20	21	22	23	24	25	26	27	28	29	30	—
陰	廿	廿一	廿二	廿三	廿四	廿五	廿六	廿七	廿八	廿九	三	二	三	四	五	六	七	八	九	十	十一	十二	十三	十四	十五	十六	十七	十八	十九	廿	—
星	3	4	5	6	日	1	2	3	4	5	6	日	1	2	3	4	5	6	日	1	2	3	4	5	6	日	1	2	3	4	—
干節	癸丑	甲寅	乙卯	丙辰	丁巳	戊午	己未	庚申	辛酉	穀雨	癸亥	甲子	乙丑	丙寅	丁卯	戊辰	己巳	庚午	辛未	壬申	癸酉	甲戌	乙亥	丙子	立夏	戊寅	己卯	庚辰	辛巳	壬午	—

陽歷五月份　(陰歷三、四月份)

陽	5	2	3	4	5	6	7	8	9	10	11	12	13	14	15	16	17	18	19	20	21	22	23	24	25	26	27	28	29	30	31
陰	廿一	廿二	廿三	廿四	廿五	廿六	廿七	廿八	廿九	卅	四	二	三	四	五	六	七	八	九	十	十一	十二	十三	十四	十五	十六	十七	十八	十九	廿	廿一
星	5	6	日	1	2	3	4	5	6	日	1	2	3	4	5	6	日	1	2	3	4	5	6	日	1	2	3	4	5	6	日
干節	癸未	甲申	乙酉	丙戌	丁亥	戊子	己丑	庚寅	辛卯	壬辰	小滿	甲午	乙未	丙申	丁酉	戊戌	己亥	庚子	辛丑	壬寅	癸卯	甲辰	乙巳	丙午	丁未	芒種	己酉	庚戌	辛亥	壬子	癸丑

陽歷六月份　(陰歷四、五月份)

陽	6	2	3	4	5	6	7	8	9	10	11	12	13	14	15	16	17	18	19	20	21	22	23	24	25	26	27	28	29	30	—
陰	廿二	廿三	廿四	廿五	廿六	廿七	廿八	廿九	五	二	三	四	五	六	七	八	九	十	十一	十二	十三	十四	十五	十六	十七	十八	十九	廿	廿一	廿二	—
星	1	2	3	4	5	6	日	1	2	3	4	5	6	日	1	2	3	4	5	6	日	1	2	3	4	5	6	日	1	2	—
干節	甲寅	乙卯	丙辰	丁巳	戊午	己未	庚申	辛酉	壬戌	癸亥	夏至	乙丑	丙寅	丁卯	戊辰	己巳	庚午	辛未	壬申	癸酉	甲戌	乙亥	丙子	丁丑	戊寅	己卯	小暑	辛巳	壬午	癸未	—

乙巳

一五四五年

(明世宗嘉靖二四年)

乙巳

一五四五年

（明世宗嘉靖二四年）

陽歷七月份　（陰歷五、六月份）

陽	**7**	2	3	4	5	6	7	8	9	10	11	12	13	14	15	16	17	18	19	20	21	22	23	24	25	26	27	28	29	30	31
陰	廿三	廿四	廿五	廿六	廿七	廿八	廿九	卅	**六**	二	三	四	五	六	七	八	九	十	十一	十二	十三	十四	十五	十六	十七	十八	十九	廿	廿一	廿二	廿三
星	3	4	5	6	**日**	1	2	3	4	5	6	**日**	1	2	3	4	5	6	**日**	1	2	3	4	5	6	**日**	1	2	3	4	5
干節	甲申	乙酉	丙戌	丁亥	戊子	己丑	庚寅	辛卯	壬辰	癸巳	甲午	乙未	**大暑**	丁酉	戊戌	己亥	庚子	辛丑	壬寅	癸卯	甲辰	乙巳	丙午	丁未	戊申	己酉	庚戌	**立秋**	壬子	癸丑	甲寅

陽歷八月份　（陰歷六、七月份）

陽	**8**	2	3	4	5	6	7	8	9	10	11	12	13	14	15	16	17	18	19	20	21	22	23	24	25	26	27	28	29	30	31
陰	廿四	廿五	廿六	廿七	廿八	廿九	**七**	二	三	四	五	六	七	八	九	十	十一	十二	十三	十四	十五	十六	十七	十八	十九	廿	廿一	廿二	廿三	廿四	廿五
星	6	**日**	1	2	3	4	5	6	**日**	1	2	3	4	5	6	**日**	1	2	3	4	5	6	**日**	1	2	3	4	5	6	**日**	1
干節	乙卯	丙辰	丁巳	戊午	己未	庚申	辛酉	壬戌	癸亥	甲子	乙丑	丙寅	**處暑**	戊辰	己巳	庚午	辛未	壬申	癸酉	甲戌	乙亥	丙子	丁丑	戊寅	己卯	庚辰	辛巳	**白露**	癸未	甲申	乙酉

陽歷九月份　（陰歷七、八月份）

陽	**9**	2	3	4	5	6	7	8	9	10	11	12	13	14	15	16	17	18	19	20	21	22	23	24	25	26	27	28	29	30	
陰	廿六	廿七	廿八	廿九	卅	**八**	二	三	四	五	六	七	八	九	十	十一	十二	十三	十四	十五	十六	十七	十八	十九	廿	廿一	廿二	廿三	廿四	廿五	
星	2	3	4	5	6	**日**	1	2	3	4	5	6	**日**	1	2	3	4	5	6	**日**	1	2	3	4	5	6	**日**	1	2	3	
干節	丙戌	丁亥	戊子	己丑	庚寅	辛卯	壬辰	癸巳	甲午	乙未	丙申	丁酉	**秋分**	己亥	庚子	辛丑	壬寅	癸卯	甲辰	乙巳	丙午	丁未	戊申	己酉	庚戌	辛亥	壬子	**寒露**	甲寅	乙卯	

陽歷十月份　（陰歷八、九月份）

陽	**10**	2	3	4	5	6	7	8	9	10	11	12	13	14	15	16	17	18	19	20	21	22	23	24	25	26	27	28	29	30	31
陰	廿六	廿七	廿八	廿九	卅	**九**	二	三	四	五	六	七	八	九	十	十一	十二	十三	十四	十五	十六	十七	十八	十九	廿	廿一	廿二	廿三	廿四	廿五	廿六
星	4	5	6	**日**	1	2	3	4	5	6	**日**	1	2	3	4	5	6	**日**	1	2	3	4	5	6	**日**	1	2	3	4	5	6
干節	丙辰	丁巳	戊午	己未	庚申	辛酉	壬戌	癸亥	甲子	乙丑	丙寅	丁卯	**霜降**	己巳	庚午	辛未	壬申	癸酉	甲戌	乙亥	丙子	丁丑	戊寅	己卯	庚辰	辛巳	壬午	**立冬**	甲申	乙酉	丙戌

陽歷十一月份　（陰歷九、十月份）

陽	**11**	2	3	4	5	6	7	8	9	10	11	12	13	14	15	16	17	18	19	20	21	22	23	24	25	26	27	28	29	30	
陰	廿七	廿八	廿九	**十**	二	三	四	五	六	七	八	九	十	十一	十二	十三	十四	十五	十六	十七	十八	十九	廿	廿一	廿二	廿三	廿四	廿五	廿六	廿七	
星	**日**	1	2	3	4	5	6	**日**	1	2	3	4	5	6	**日**	1	2	3	4	5	6	**日**	1	2	3	4	5	6	**日**	1	
干節	丁亥	戊子	己丑	庚寅	辛卯	壬辰	癸巳	甲午	乙未	丙申	丁酉	**小雪**	己亥	庚子	辛丑	壬寅	癸卯	甲辰	乙巳	丙午	丁未	戊申	己酉	庚戌	辛亥	壬子	**大雪**	甲寅	乙卯	丙辰	

陽歷十二月份　（陰歷十、十一月份）

陽	**12**	2	3	4	5	6	7	8	9	10	11	12	13	14	15	16	17	18	19	20	21	22	23	24	25	26	27	28	29	30	31
陰	廿八	廿九	卅	**十一**	二	三	四	五	六	七	八	九	十	十一	十二	十三	十四	十五	十六	十七	十八	十九	廿	廿一	廿二	廿三	廿四	廿五	廿六	廿七	廿八
星	2	3	4	5	6	**日**	1	2	3	4	5	6	**日**	1	2	3	4	5	6	**日**	1	2	3	4	5	6	**日**	1	2	3	4
干節	丁巳	戊午	己未	庚申	辛酉	壬戌	癸亥	甲子	乙丑	丙寅	**冬至**	戊辰	己巳	庚午	辛未	壬申	癸酉	甲戌	乙亥	丙子	丁丑	戊寅	己卯	庚辰	辛巳	**小寒**	癸未	甲申	乙酉	丙戌	丁亥

丙午 一五四六年 (明世宗嘉靖二五年)

陽歷一月份 (陰歷十一、十二月份)

陽	**1**	2	3	4	5	6	7	8	9	10	11	12	13	14	15	16	17	18	19	20	21	22	23	24	25	26	27	28	29	30	31
陰	廿九	卅	**十二**	二	三	四	五	六	七	八	九	十	十一	十二	十三	十四	十五	十六	十七	十八	十九	廿	廿一	廿二	廿三	廿四	廿五	廿六	廿七	廿八	廿九
星	5	6	**日**	1	2	3	4	5	6	**日**	1	2	3	4	5	6	**日**	1	2	3	4	5	6	**日**	1	2	3	4	5	6	**日**
干節	戊子	己丑	庚寅	辛卯	壬辰	癸巳	甲午	乙未	丙申	**大寒**	戊戌	己亥	庚子	辛丑	壬寅	癸卯	甲辰	乙巳	丙午	丁未	戊申	己酉	庚戌	**立春**	壬子	癸丑	甲寅	乙卯	丙辰	丁巳	戊午

陽歷二月份 (陰歷正月份)

陽	**2**	2	3	4	5	6	7	8	9	10	11	12	13	14	15	16	17	18	19	20	21	22	23	24	25	26	27	28
陰	**正**	二	三	四	五	六	七	八	九	十	十一	十二	十三	十四	十五	十六	十七	十八	十九	廿	廿一	廿二	廿三	廿四	廿五	廿六	廿七	廿八
星	1	2	3	4	5	6	**日**	1	2	3	4	5	6	**日**	1	2	3	4	5	6	**日**	1	2	3	4	5	6	**日**
干節	己未	庚申	辛酉	壬戌	癸亥	甲子	乙丑	**雨水**	丁卯	戊辰	己巳	庚午	辛未	壬申	癸酉	甲戌	乙亥	丙子	丁丑	戊寅	己卯	庚辰	**驚蟄**	壬午	癸未	甲申	乙酉	丙戌

陽歷三月份 (陰歷正、二月份)

陽	**3**	2	3	4	5	6	7	8	9	10	11	12	13	14	15	16	17	18	19	20	21	22	23	24	25	26	27	28	29	30	31
陰	廿九	**二**	二	三	四	五	六	七	八	九	十	十一	十二	十三	十四	十五	十六	十七	十八	十九	廿	廿一	廿二	廿三	廿四	廿五	廿六	廿七	廿八	廿九	卅
星	1	2	3	4	5	6	**日**	1	2	3	4	5	6	**日**	1	2	3	4	5	6	**日**	1	2	3	4	5	6	**日**	1	2	3
干節	丁亥	戊子	己丑	庚寅	辛卯	壬辰	癸巳	甲午	乙未	**春分**	丁酉	戊戌	己亥	庚子	辛丑	壬寅	癸卯	甲辰	乙巳	丙午	丁未	戊申	己酉	庚戌	辛亥	**清明**	癸丑	甲寅	乙卯	丙辰	丁巳

陽歷四月份 (陰歷三、四月份)

陽	**4**	2	3	4	5	6	7	8	9	10	11	12	13	14	15	16	17	18	19	20	21	22	23	24	25	26	27	28	29	30
陰	**三**	二	三	四	五	六	七	八	九	十	十一	十二	十三	十四	十五	十六	十七	十八	十九	廿	廿一	廿二	廿三	廿四	廿五	廿六	廿七	廿八	廿九	**四**
星	4	5	6	**日**	1	2	3	4	5	6	**日**	1	2	3	4	5	6	**日**	1	2	3	4	5	6	**日**	1	2	3	4	5
干節	戊午	己未	庚申	辛酉	壬戌	癸亥	甲子	乙丑	丙寅	**穀雨**	戊辰	己巳	庚午	辛未	壬申	癸酉	甲戌	乙亥	丙子	丁丑	戊寅	己卯	庚辰	辛巳	**立夏**	癸未	甲申	乙酉	丙戌	丁亥

陽歷五月份 (陰歷四、五月份)

陽	**5**	2	3	4	5	6	7	8	9	10	11	12	13	14	15	16	17	18	19	20	21	22	23	24	25	26	27	28	29	30	31
陰	二	三	四	五	六	七	八	九	十	十一	十二	十三	十四	十五	十六	十七	十八	十九	廿	廿一	廿二	廿三	廿四	廿五	廿六	廿七	廿八	廿九	**五**	二	三
星	6	**日**	1	2	3	4	5	6	**日**	1	2	3	4	5	6	**日**	1	2	3	4	5	6	**日**	1	2	3	4	5	6	**日**	1
干節	戊子	己丑	庚寅	辛卯	壬辰	癸巳	甲午	乙未	丙申	丁酉	**小滿**	己亥	庚子	辛丑	壬寅	癸卯	甲辰	乙巳	丙午	丁未	戊申	己酉	庚戌	辛亥	壬子	癸丑	**芒種**	乙卯	丙辰	丁巳	戊午

陽歷六月份 (陰歷五、六月份)

陽	**6**	2	3	4	5	6	7	8	9	10	11	12	13	14	15	16	17	18	19	20	21	22	23	24	25	26	27	28	29	30
陰	四	五	六	七	八	九	十	十一	十二	十三	十四	十五	十六	十七	十八	十九	廿	廿一	廿二	廿三	廿四	廿五	廿六	廿七	廿八	廿九	卅	**六**	二	三
星	2	3	4	5	6	**日**	1	2	3	4	5	6	**日**	1	2	3	4	5	6	**日**	1	2	3	4	5	6	**日**	1	2	3
干節	己未	庚申	辛酉	壬戌	癸亥	甲子	乙丑	丙寅	丁卯	戊辰	**夏至**	庚午	辛未	壬申	癸酉	甲戌	乙亥	丙子	丁丑	戊寅	己卯	庚辰	辛巳	壬午	癸未	甲申	**小暑**	丙戌	丁亥	戊子

近世中西史日對照表

丙午

一五四六年

（明世宗嘉靖二五年）

陽歷七月份　（陰歷六、七月份）

陽	7	2	3	4	5	6	7	8	9	10	11	12	13	14	15	16	17	18	19	20	21	22	23	24	25	26	27	28	29	30	31
陰	四	五	六	七	八	九	十	十一	十二	十三	十四	十五	十六	十七	十八	十九	廿	廿一	廿二	廿三	廿四	廿五	廿六	廿七	廿八	廿九	七	二	三	四	五
星	4	5	6	日	1	2	3	4	5	6	日	1	2	3	4	5	6	日	1	2	3	4	5	6	日	1	2	3	4	5	6
干節	己丑	庚寅	辛卯	壬辰	癸巳	甲午	乙未	丙申	丁酉	戊戌	己亥	庚子	大暑	壬寅	癸卯	甲辰	乙巳	丙午	丁未	戊申	己酉	庚戌	辛亥	壬子	癸丑	甲寅	乙卯	丙辰	立秋	戊午	己未

陽歷八月份　（陰歷七、八月份）

陽	8	2	3	4	5	6	7	8	9	10	11	12	13	14	15	16	17	18	19	20	21	22	23	24	25	26	27	28	29	30	31
陰	六	七	八	九	十	十一	十二	十三	十四	十五	十六	十七	十八	十九	廿	廿一	廿二	廿三	廿四	廿五	廿六	廿七	廿八	廿九	卅	八	二	三	四	五	六
星	日	1	2	3	4	5	6	日	1	2	3	4	5	6	日	1	2	3	4	5	6	日	1	2	3	4	5	6	日	1	2
干節	庚申	辛酉	壬戌	癸亥	甲子	乙丑	丙寅	丁卯	戊辰	己巳	庚午	辛未	處暑	癸酉	甲戌	乙亥	丙子	丁丑	戊寅	己卯	庚辰	辛巳	壬午	癸未	甲申	乙酉	丙戌	丁亥	白露	己丑	庚寅

陽歷九月份　（陰歷八、九月份）

陽	9	2	3	4	5	6	7	8	9	10	11	12	13	14	15	16	17	18	19	20	21	22	23	24	25	26	27	28	29	30	
陰	七	八	九	十	十一	十二	十三	十四	十五	十六	十七	十八	十九	廿	廿一	廿二	廿三	廿四	廿五	廿六	廿七	廿八	廿九	卅	九	二	三	四	五	六	
星	3	4	5	6	日	1	2	3	4	5	6	日	1	2	3	4	5	6	日	1	2	3	4	5	6	日	1	2	3	4	
干節	辛卯	壬辰	癸巳	甲午	乙未	丙申	丁酉	戊戌	己亥	庚子	辛丑	壬寅	秋分	甲辰	乙巳	丙午	丁未	戊申	己酉	庚戌	辛亥	壬子	癸丑	甲寅	乙卯	丙辰	丁巳	寒露	己未	庚申	

陽歷十月份　（陰歷九、十月份）

陽	10	2	3	4	5	6	7	8	9	10	11	12	13	14	15	16	17	18	19	20	21	22	23	24	25	26	27	28	29	30	31
陰	七	八	九	十	十一	十二	十三	十四	十五	十六	十七	十八	十九	廿	廿一	廿二	廿三	廿四	廿五	廿六	廿七	廿八	廿九	卅	十	二	三	四	五	六	七
星	5	6	日	1	2	3	4	5	6	日	1	2	3	4	5	6	日	1	2	3	4	5	6	日	1	2	3	4	5	6	日
干節	辛酉	壬戌	癸亥	甲子	乙丑	丙寅	丁卯	戊辰	己巳	庚午	辛未	壬申	霜降	甲戌	乙亥	丙子	丁丑	戊寅	己卯	庚辰	辛巳	壬午	癸未	甲申	乙酉	丙戌	丁亥	立冬	己丑	庚寅	辛卯

陽歷十一月份　（陰歷十、十一月份）

陽	11	2	3	4	5	6	7	8	9	10	11	12	13	14	15	16	17	18	19	20	21	22	23	24	25	26	27	28	29	30	
陰	八	九	十	十一	十二	十三	十四	十五	十六	十七	十八	十九	廿	廿一	廿二	廿三	廿四	廿五	廿六	廿七	廿八	廿九	十一	二	三	四	五	六	七	八	
星	1	2	3	4	5	6	日	1	2	3	4	5	6	日	1	2	3	4	5	6	日	1	2	3	4	5	6	日	1	2	
干節	壬辰	癸巳	甲午	乙未	丙申	丁酉	戊戌	己亥	庚子	辛丑	壬寅	小雪	甲辰	乙巳	丙午	丁未	戊申	己酉	庚戌	辛亥	壬子	癸丑	甲寅	乙卯	丙辰	丁巳	大雪	己未	庚申	辛酉	

陽歷十二月份　（陰歷十一、十二月份）

陽	12	2	3	4	5	6	7	8	9	10	11	12	13	14	15	16	17	18	19	20	21	22	23	24	25	26	27	28	29	30	31
陰	九	十	十一	十二	十三	十四	十五	十六	十七	十八	十九	廿	廿一	廿二	廿三	廿四	廿五	廿六	廿七	廿八	廿九	卅	十二	二	三	四	五	六	七	八	九
星	3	4	5	6	日	1	2	3	4	5	6	日	1	2	3	4	5	6	日	1	2	3	4	5	6	日	1	2	3	4	5
干節	壬戌	癸亥	甲子	乙丑	丙寅	丁卯	戊辰	己巳	庚午	辛未	壬申	冬至	甲戌	乙亥	丙子	丁丑	戊寅	己卯	庚辰	辛巳	壬午	癸未	甲申	乙酉	丙戌	小寒	戊子	己丑	庚寅	辛卯	壬辰

近世中西史日對照表

陽歷一月份　（陰歷十二、正月份）

陽	1	2	3	4	5	6	7	8	9	10	11	12	13	14	15	16	17	18	19	20	21	22	23	24	25	26	27	28	29	30	31
陰	十	十一	十二	十三	十四	十五	十六	十七	十八	十九	廿	廿一	廿二	廿三	廿四	廿五	廿六	廿七	廿八	廿九	卅	正	二	三	四	五	六	七	八	九	十
星	6	日	1	2	3	4	5	6	日	1	2	3	4	5	6	日	1	2	3	4	5	6	日	1	2	3	4	5	6	日	1
干節	癸巳	甲午	乙未	丙申	丁酉	戊戌	己亥	庚子	辛丑	大寒	癸卯	甲辰	乙巳	丙午	丁未	戊申	己酉	庚戌	辛亥	壬子	癸丑	甲寅	乙卯	丙辰	立春	戊午	己未	庚申	辛酉	壬戌	癸亥

陽歷二月份　（陰歷正、二月份）

陽	2	2	3	4	5	6	7	8	9	10	11	12	13	14	15	16	17	18	19	20	21	22	23	24	25	26	27	28
陰	十一	十二	十三	十四	十五	十六	十七	十八	十九	廿	廿一	廿二	廿三	廿四	廿五	廿六	廿七	廿八	廿九	二	二	三	四	五	六	七	八	九
星	2	3	4	5	6	日	1	2	3	4	5	6	日	1	2	3	4	5	6	日	1	2	3	4	5	6	日	1
干節	甲子	乙丑	丙寅	丁卯	戊辰	己巳	庚午	辛未	雨水	癸酉	甲戌	乙亥	丙子	丁丑	戊寅	己卯	庚辰	辛巳	壬午	癸未	甲申	乙酉	驚蟄	丁亥	戊子	己丑	庚寅	辛卯

陽歷三月份　（陰歷二、三月份）

陽	3	2	3	4	5	6	7	8	9	10	11	12	13	14	15	16	17	18	19	20	21	22	23	24	25	26	27	28	29	30	31
陰	十	十一	十二	十三	十四	十五	十六	十七	十八	十九	廿	廿一	廿二	廿三	廿四	廿五	廿六	廿七	廿八	廿九	三	二	三	四	五	六	七	八	九	十	十一
星	2	3	4	5	6	日	1	2	3	4	5	6	日	1	2	3	4	5	6	日	1	2	3	4	5	6	日	1	2	3	4
干節	壬辰	癸巳	甲午	乙未	丙申	丁酉	戊戌	己亥	庚子	辛丑	春分	癸卯	甲辰	乙巳	丙午	丁未	戊申	己酉	庚戌	辛亥	壬子	癸丑	甲寅	乙卯	丙辰	清明	戊午	己未	庚申	辛酉	壬戌

陽歷四月份　（陰歷三、四月份）

陽	4	2	3	4	5	6	7	8	9	10	11	12	13	14	15	16	17	18	19	20	21	22	23	24	25	26	27	28	29	30
陰	十二	十三	十四	十五	十六	十七	十八	十九	廿	廿一	廿二	廿三	廿四	廿五	廿六	廿七	廿八	廿九	卅	四	二	三	四	五	六	七	八	九	十	十一
星	5	6	日	1	2	3	4	5	6	日	1	2	3	4	5	6	日	1	2	3	4	5	6	日	1	2	3	4	5	6
干節	癸亥	甲子	乙丑	丙寅	丁卯	戊辰	己巳	庚午	辛未	穀雨	癸酉	甲戌	乙亥	丙子	丁丑	戊寅	己卯	庚辰	辛巳	壬午	癸未	甲申	乙酉	丙戌	丁亥	立夏	己丑	庚寅	辛卯	壬辰

陽歷五月份　（陰歷四、五月份）

陽	5	2	3	4	5	6	7	8	9	10	11	12	13	14	15	16	17	18	19	20	21	22	23	24	25	26	27	28	29	30	31
陰	十二	十三	十四	十五	十六	十七	十八	十九	廿	廿一	廿二	廿三	廿四	廿五	廿六	廿七	廿八	廿九	五	二	三	四	五	六	七	八	九	十	十一	十二	十三
星	日	1	2	3	4	5	6	日	1	2	3	4	5	6	日	1	2	3	4	5	6	日	1	2	3	4	5	6	日	1	2
干節	癸巳	甲午	乙未	丙申	丁酉	戊戌	己亥	庚子	辛丑	壬寅	小滿	甲辰	乙巳	丙午	丁未	戊申	己酉	庚戌	辛亥	壬子	癸丑	甲寅	乙卯	丙辰	丁巳	戊午	芒種	庚申	辛酉	壬戌	癸亥

陽歷六月份　（陰歷五、六月份）

陽	6	2	3	4	5	6	7	8	9	10	11	12	13	14	15	16	17	18	19	20	21	22	23	24	25	26	27	28	29	30
陰	十四	十五	十六	十七	十八	十九	廿	廿一	廿二	廿三	廿四	廿五	廿六	廿七	廿八	廿九	六	二	三	四	五	六	七	八	九	十	十一	十二	十三	十四
星	3	4	5	6	日	1	2	3	4	5	6	日	1	2	3	4	5	6	日	1	2	3	4	5	6	日	1	2	3	4
干節	甲子	乙丑	丙寅	丁卯	戊辰	己巳	庚午	辛未	壬申	癸酉	甲戌	夏至	丙子	丁丑	戊寅	己卯	庚辰	辛巳	壬午	癸未	甲申	乙酉	丙戌	丁亥	戊子	己丑	小暑	辛卯	壬辰	癸巳

丁未

一五四七年

（明世宗嘉靖二六年）

陽歷七月份　（陰歷六、七月份）

陽	7	2	3	4	5	6	7	8	9	10	11	12	13	14	15	16	17	18	19	20	21	22	23	24	25	26	27	28	29	30	31
陰	十五	十六	十七	十八	十九	廿	廿一	廿二	廿三	廿四	廿五	廿六	廿七	廿八	廿九	卅	七	二	三	四	五	六	七	八	九	十	十一	十二	十三	十四	十五
星	5	6	日	1	2	3	4	5	6	日	1	2	3	4	5	6	日	1	2	3	4	5	6	日	1	2	3	4	5	6	日
干節	甲午	乙未	丙申	丁酉	戊戌	己亥	庚子	辛丑	壬寅	癸卯	甲辰	乙巳	大暑	丁未	戊申	己酉	庚戌	辛亥	壬子	癸丑	甲寅	乙卯	丙辰	丁巳	戊午	己未	庚申	辛酉	立秋	癸亥	甲子

陽歷八月份　（陰歷七、八月份）

陽	8	2	3	4	5	6	7	8	9	10	11	12	13	14	15	16	17	18	19	20	21	22	23	24	25	26	27	28	29	30	31
陰	十六	十七	十八	十九	廿	廿一	廿二	廿三	廿四	廿五	廿六	廿七	廿八	廿九	八	二	三	四	五	六	七	八	九	十	十一	十二	十三	十四	十五	十六	十七
星	1	2	3	4	5	6	日	1	2	3	4	5	6	日	1	2	3	4	5	6	日	1	2	3	4	5	6	日	1	2	3
干節	乙丑	丙寅	丁卯	戊辰	己巳	庚午	辛未	壬申	癸酉	甲戌	乙亥	丙子	丁丑	處暑	己卯	庚辰	辛巳	壬午	癸未	甲申	乙酉	丙戌	丁亥	戊子	己丑	庚寅	辛卯	壬辰	白露	甲午	乙未

陽歷九月份　（陰歷八、九月份）

陽	9	2	3	4	5	6	7	8	9	10	11	12	13	14	15	16	17	18	19	20	21	22	23	24	25	26	27	28	29	30	
陰	十八	十九	廿	廿一	廿二	廿三	廿四	廿五	廿六	廿七	廿八	廿九	卅	九	二	三	四	五	六	七	八	九	十	十一	十二	十三	十四	十五	十六	十七	
星	4	5	6	日	1	2	3	4	5	6	日	1	2	3	4	5	6	日	1	2	3	4	5	6	日	1	2	3	4	5	
干節	丙申	丁酉	戊戌	己亥	庚子	辛丑	壬寅	癸卯	甲辰	乙巳	丙午	丁未	秋分	己酉	庚戌	辛亥	壬子	癸丑	甲寅	乙卯	丙辰	丁巳	戊午	己未	庚申	辛酉	壬戌	癸亥	寒露	乙丑	

陽歷十月份　（陰歷九、閏九月份）

陽	10	2	3	4	5	6	7	8	9	10	11	12	13	14	15	16	17	18	19	20	21	22	23	24	25	26	27	28	29	30	31
陰	十八	十九	廿	廿一	廿二	廿三	廿四	廿五	廿六	廿七	廿八	廿九	卅	閏	二	三	四	五	六	七	八	九	十	十一	十二	十三	十四	十五	十六	十七	十八
星	6	日	1	2	3	4	5	6	日	1	2	3	4	5	6	日	1	2	3	4	5	6	日	1	2	3	4	5	6	日	1
干節	丙寅	丁卯	戊辰	己巳	庚午	辛未	壬申	癸酉	甲戌	乙亥	丙子	丁丑	戊寅	霜降	庚辰	辛巳	壬午	癸未	甲申	乙酉	丙戌	丁亥	戊子	己丑	庚寅	辛卯	壬辰	癸巳	立冬	乙未	丙申

陽歷十一月份　（陰歷閏九、十月份）

陽	11	2	3	4	5	6	7	8	9	10	11	12	13	14	15	16	17	18	19	20	21	22	23	24	25	26	27	28	29	30	
陰	十九	廿	廿一	廿二	廿三	廿四	廿五	廿六	廿七	廿八	廿九	十	二	三	四	五	六	七	八	九	十	十一	十二	十三	十四	十五	十六	十七	十八	十九	
星	2	3	4	5	6	日	1	2	3	4	5	6	日	1	2	3	4	5	6	日	1	2	3	4	5	6	日	1	2	3	
干節	丁酉	戊戌	己亥	庚子	辛丑	壬寅	癸卯	甲辰	乙巳	丙午	丁未	小雪	己酉	庚戌	辛亥	壬子	癸丑	甲寅	乙卯	丙辰	丁巳	戊午	己未	庚申	辛酉	壬戌	大雪	甲子	乙丑	丙寅	

陽歷十二月份　（陰歷十、十一月份）

陽	12	2	3	4	5	6	7	8	9	10	11	12	13	14	15	16	17	18	19	20	21	22	23	24	25	26	27	28	29	30	31
陰	廿	廿一	廿二	廿三	廿四	廿五	廿六	廿七	廿八	廿九	卅	十一	二	三	四	五	六	七	八	九	十	十一	十二	十三	十四	十五	十六	十七	十八	十九	廿
星	4	5	6	日	1	2	3	4	5	6	日	1	2	3	4	5	6	日	1	2	3	4	5	6	日	1	2	3	4	5	6
干節	丁卯	戊辰	己巳	庚午	辛未	壬申	癸酉	甲戌	乙亥	丙子	丁丑	冬至	己卯	庚辰	辛巳	壬午	癸未	甲申	乙酉	丙戌	丁亥	戊子	己丑	庚寅	辛卯	小寒	癸巳	甲午	乙未	丙申	丁酉

近世中西史日對照表

陽歷一月份　（陰歷十一、十二月份）

陽	1	2	3	4	5	6	7	8	9	10	11	12	13	14	15	16	17	18	19	20	21	22	23	24	25	26	27	28	29	30	31
陰	廿一	廿二	廿三	廿四	廿五	廿六	廿七	廿八	廿九	卅	十二	二	三	四	五	六	七	八	九	十	十一	十二	十三	十四	十五	十六	十七	十八	十九	廿	廿一
星	日	1	2	3	4	5	6	日	1	2	3	4	5	6	日	1	2	3	4	5	6	日	1	2	3	4	5	6	日	1	2
干節	戊戌	己亥	庚子	辛丑	壬寅	癸卯	甲辰	乙巳	丙午	大寒	戊申	己酉	庚戌	辛亥	壬子	癸丑	甲寅	乙卯	丙辰	丁巳	戊午	己未	庚申	辛酉	立春	癸亥	甲子	乙丑	丙寅	丁卯	戊辰

陽歷二月份　（陰歷十二、正月份）

陽	1	2	3	4	5	6	7	8	9	10	11	12	13	14	15	16	17	18	19	20	21	22	23	24	25	26	27	28	29		
陰	廿二	廿三	廿四	廿五	廿六	廿七	廿八	廿九	卅	正	二	三	四	五	六	七	八	九	十	十一	十二	十三	十四	十五	十六	十七	十八	十九	廿		
星	3	4	5	6	日	1	2	3	4	5	6	日	1	2	3	4	5	6	日	1	2	3	4	5	6	日	1	2	3		
干節	己巳	庚午	辛未	壬申	癸酉	甲戌	乙亥	丙子	雨水	戊寅	己卯	庚辰	辛巳	壬午	癸未	甲申	乙酉	丙戌	丁亥	戊子	巳丑	庚寅	辛卯	驚蟄	癸巳	甲午	乙未	丙申	丁酉		

陽歷三月份　（陰曆正、二月份）

陽	1	2	3	4	5	6	7	8	9	10	11	12	11	14	15	16	17	18	19	20	21	22	23	24	25	26	27	28	29	30	31
陰	廿一	廿二	廿三	廿四	廿五	廿六	廿七	廿八	廿九	二	二	三	四	五	六	七	八	九	十	十一	十二	十三	十四	十五	十六	十七	十八	十九	廿	廿一	廿二
星	4	5	6	日	1	2	3	4	5	6	日	1	2	3	4	5	6	日	1	2	3	4	5	6	日	1	2	3	4	5	6
干節	戊戌	己亥	庚子	辛丑	壬寅	癸卯	甲辰	乙巳	丙午	春分	戊申	己酉	庚戌	辛亥	壬子	癸丑	甲寅	乙卯	丙辰	丁巳	戊午	己未	庚申	辛酉	淸明	癸亥	甲子	乙丑	丙寅	丁卯	戊辰

陽歷四月份　（陰歷二、三月份）

陽	1	2	3	4	5	6	7	8	9	10	11	12	13	14	15	16	17	18	19	20	21	22	23	24	25	26	27	28	29	30	
陰	廿三	廿四	廿五	廿六	廿七	廿八	廿九	三	二	三	四	五	六	七	八	九	十	十一	十二	十三	十四	十五	十六	十七	十八	十九	廿	廿一	廿二	廿三	
星	日	1	2	3	4	5	6	日	1	2	3	4	5	6	日	1	2	3	4	5	6	日	1	2	3	4	5	6	日	1	
干節	己巳	庚午	辛未	壬申	癸酉	甲戌	乙亥	丙子	穀雨	戊寅	己卯	庚辰	辛巳	壬午	癸未	甲申	乙酉	丙戌	丁亥	戊子	己丑	庚寅	辛卯	壬辰	立夏	甲午	乙未	丙申	丁酉	戊戌	

陽歷五月份　（陰歷三、四月份）

陽	1	2	3	4	5	6	7	8	9	10	11	12	13	14	15	16	17	18	19	20	21	22	23	24	25	26	27	28	29	30	31
陰	廿四	廿五	廿六	廿七	廿八	廿九	卅	四	二	三	四	五	六	七	八	九	十	十一	十二	十三	十四	十五	十六	十七	十八	十九	廿	廿一	廿二	廿三	廿四
星	2	3	4	5	6	日	1	2	3	4	5	6	日	1	2	3	4	5	6	日	1	2	3	4	5	6	日	1	2	3	4
干節	己亥	庚子	辛丑	壬寅	癸卯	甲辰	乙巳	丙午	丁未	小滿	己酉	庚戌	亥辛	壬子	癸丑	甲寅	乙卯	丙辰	丁巳	戊午	己未	庚申	辛酉	壬戌	癸亥	芒種	乙丑	丙寅	丁卯	戊辰	己巳

陽歷六月份　（陰歷四、五月份）

陽	1	2	3	4	5	6	7	8	9	10	11	12	13	14	15	16	17	18	19	20	21	22	23	24	25	26	27	28	29	30	
陰	廿五	廿六	廿七	廿八	廿九	五	二	三	四	五	六	七	八	九	十	十一	十二	十三	十四	十五	十六	十七	十八	十九	廿	廿一	廿二	廿三	廿四	廿五	
星	5	6	日	1	2	3	4	5	6	日	1	2	3	4	5	6	日	1	2	3	4	5	6	日	1	2	3	4	5	6	
干節	庚午	辛未	壬申	癸酉	甲戌	乙亥	丙子	丁丑	戊寅	己卯	夏至	辛巳	壬午	癸未	甲申	乙酉	丙戌	丁亥	戊子	己丑	庚寅	辛卯	壬辰	癸巳	甲午	乙未	小暑	丁酉	戊戌	己亥	

戊申

一五四八年

(明世宗嘉靖二十七年)

陽歷七月份 (陰歷五、六月份)

陽	7	2	3	4	5	6	7	8	9	10	11	12	13	14	15	16	17	18	19	20	21	22	23	24	25	26	27	28	29	30	31
陰	廿六	廿七	廿八	廿九	六	二	三	四	五	六	七	八	九	十	十一	十二	十三	十四	十五	十六	十七	十八	十九	廿	廿一	廿二	廿三	廿四	廿五	廿六	廿七
星	日	1	2	3	4	5	6	日	1	2	3	4	5	6	日	1	2	3	4	5	6	日	1	2	3	4	5	6	日	1	2
干節	庚子	辛丑	壬寅	癸卯	甲辰	乙巳	丙午	丁未	戊申	己酉	庚戌	大暑	壬子	癸丑	甲寅	乙卯	丙辰	丁巳	戊午	己未	庚申	辛酉	壬戌	癸亥	甲子	乙丑	丙寅	立秋	戊辰	己巳	庚午

陽歷八月份 (陰歷六、七月份)

陽	8	2	3	4	5	6	7	8	9	10	11	12	13	14	15	16	17	18	19	20	21	22	23	24	25	26	27	28	29	30	31
陰	廿八	廿九	卅	七	二	三	四	五	六	七	八	九	十	十一	十二	十三	十四	十五	十六	十七	十八	十九	廿	廿一	廿二	廿三	廿四	廿五	廿六	廿七	廿八
星	3	4	5	6	日	1	2	3	4	5	6	日	1	2	3	4	5	6	日	1	2	3	4	5	6	日	1	2	3	4	5
干節	辛未	壬申	癸酉	甲戌	乙亥	丙子	丁丑	戊寅	己卯	庚辰	辛巳	壬午	處暑	甲申	乙酉	丙戌	丁亥	戊子	己丑	庚寅	辛卯	壬辰	癸巳	甲午	乙未	丙申	丁酉	白露	己亥	庚子	辛丑

陽歷九月份 (陰歷七、八月份)

陽	9	2	3	4	5	6	7	8	9	10	11	12	13	14	15	16	17	18	19	20	21	22	23	24	25	26	27	28	29	30	
陰	廿九	八	二	三	四	五	六	七	八	九	十	十一	十二	十三	十四	十五	十六	十七	十八	十九	廿	廿一	廿二	廿三	廿四	廿五	廿六	廿七	廿八	廿九	
星	6	日	1	2	3	4	5	6	日	1	2	3	4	5	6	日	1	2	3	4	5	6	日	1	2	3	4	5	6	日	
干節	壬寅	癸卯	甲辰	乙巳	丙午	丁未	戊申	己酉	庚戌	辛亥	壬子	秋分	甲寅	乙卯	丙辰	丁巳	戊午	己未	庚申	辛酉	壬戌	癸亥	甲子	乙丑	丙寅	丁卯	戊辰	寒露	庚午	辛未	

陽歷十月份 (陰歷八、九、十月份)

陽	10	2	3	4	5	6	7	8	9	10	11	12	13	14	15	16	17	18	19	20	21	22	23	24	25	26	27	28	29	30	31
陰	卅	九	二	三	四	五	六	七	八	九	十	十一	十二	十三	十四	十五	十六	十七	十八	十九	廿	廿一	廿二	廿三	廿四	廿五	廿六	廿七	廿八	廿九	十
星	1	2	3	4	5	6	日	1	2	3	4	5	6	日	1	2	3	4	5	6	日	1	2	3	4	5	6	日	1	2	3
干節	壬申	癸酉	甲戌	乙亥	丙子	丁丑	戊寅	己卯	庚辰	辛巳	壬午	癸未	霜降	乙酉	丙戌	丁亥	戊子	己丑	庚寅	辛卯	壬辰	癸巳	甲午	乙未	丙申	丁酉	戊戌	立冬	庚子	辛丑	壬寅

陽歷十一月份 (陰歷十、十一月份)

陽	11	2	3	4	5	6	7	8	9	10	11	12	13	14	15	16	17	18	19	20	21	22	23	24	25	26	27	28	29	30	
陰	二	三	四	五	六	七	八	九	十	十一	十二	十三	十四	十五	十六	十七	十八	十九	廿	廿一	廿二	廿三	廿四	廿五	廿六	廿七	廿八	廿九	卅	十一	
星	4	5	6	日	1	2	3	4	5	6	日	1	2	3	4	5	6	日	1	2	3	4	5	6	日	1	2	3	4	5	
干節	癸卯	甲辰	乙巳	丙午	丁未	戊申	己酉	庚戌	辛亥	壬子	癸丑	小雪	乙卯	丙辰	丁巳	戊午	己未	庚申	辛酉	壬戌	癸亥	甲子	乙丑	丙寅	丁卯	大雪	己巳	庚午	辛未	壬申	

陽歷十二月份 (陰歷十一、十二月份)

陽	12	2	3	4	5	6	7	8	9	10	11	12	13	14	15	16	17	18	19	20	21	22	23	24	25	26	27	28	29	30	31
陰	二	三	四	五	六	七	八	九	十	十一	十二	十三	十四	十五	十六	十七	十八	十九	廿	廿一	廿二	廿三	廿四	廿五	廿六	廿七	廿八	廿九	卅	十二	二
星	6	日	1	2	3	4	5	6	日	1	2	3	4	5	6	日	1	2	3	4	5	6	日	1	2	3	4	5	6	日	1
干節	癸酉	甲戌	乙亥	丙子	丁丑	戊寅	己卯	庚辰	辛巳	壬午	冬至	甲申	乙酉	丙戌	丁亥	戊子	己丑	庚寅	辛卯	壬辰	癸巳	甲午	乙未	丙申	丁酉	小寒	己亥	庚子	辛丑	壬寅	癸卯

近世中西史日對照表

陽歷 一 月份 (陰歷十二、正月份)

陽	**1**	2	3	4	5	6	7	8	9	10	11	12	13	14	15	16	17	18	19	20	21	22	23	24	25	26	27	28	29	30	31
陰	三	四	五	六	七	八	九	十	十一	十二	十三	十四	十五	十六	十七	十八	十九	廿	廿一	廿二	廿三	廿四	廿五	廿六	廿七	廿八	廿九	卅	**正**	二	三
星	2	3	4	5	6	**日**	1	2	3	4	5	6	**日**	1	2	3	4	5	6	**日**	1	2	3	4	5	6	**日**	1	2	3	4
干節	甲辰	乙巳	丙午	丁未	戊申	己酉	庚戌	辛亥	**大寒**	癸丑	甲寅	乙卯	丙辰	丁巳	戊午	己未	庚申	辛酉	壬戌	癸亥	甲子	乙丑	丙寅	**立春**	戊辰	己巳	庚午	辛未	壬申	癸酉	甲戌

陽歷 二 月份 (陰歷正、二月份)

陽	**2**	2	3	4	5	6	7	8	9	10	11	12	13	14	15	16	17	18	19	20	21	22	23	24	25	26	27	28
陰	四	五	六	七	八	九	十	十一	十二	十三	十四	十五	十六	十七	十八	十九	廿	廿一	廿二	廿三	廿四	廿五	廿六	廿七	廿八	廿九	**二**	二
星	5	6	**日**	1	2	3	4	5	6	**日**	1	2	3	4	5	6	**日**	1	2	3	4	5	6	**日**	1	2	3	4
干節	乙亥	丙子	丁丑	戊寅	己卯	庚辰	辛巳	**雨水**	癸未	甲申	乙酉	丙戌	丁亥	戊子	己丑	庚寅	辛卯	壬辰	癸巳	甲午	乙未	丙申	**驚蟄**	戊戌	己亥	庚子	辛丑	壬寅

陽歷 三 月份 (陰歷二、三月份)

陽	**3**	2	3	4	5	6	7	8	9	10	11	12	13	14	15	16	17	18	19	20	21	22	23	24	25	26	27	28	29	30	31
陰	三	四	五	六	七	八	九	十	十一	十二	十三	十四	十五	十六	十七	十八	十九	廿	廿一	廿二	廿三	廿四	廿五	廿六	廿七	廿八	廿九	卅	**三**	二	三
星	5	6	**日**	1	2	3	4	5	6	**日**	1	2	3	4	5	6	**日**	1	2	3	4	5	6	**日**	1	2	3	4	5	6	**日**
干節	癸卯	甲辰	乙巳	丙午	丁未	戊申	己酉	庚戌	辛亥	**春分**	癸丑	甲寅	乙卯	丙辰	丁巳	戊午	己未	庚申	辛酉	壬戌	癸亥	甲子	乙丑	丙寅	**清明**	戊辰	己巳	庚午	辛未	壬申	癸酉

陽歷 四 月份 (陰歷三、四月份)

陽	**4**	2	3	4	5	6	7	8	9	10	11	12	13	14	15	16	17	18	19	20	21	22	23	24	25	26	27	28	29	30
陰	四	五	六	七	八	九	十	十一	十二	十三	十四	十五	十六	十七	十八	十九	廿	廿一	廿二	廿三	廿四	廿五	廿六	廿七	廿八	廿九	**四**	二	三	四
星	1	2	3	4	5	6	**日**	1	2	3	4	5	6	**日**	1	2	3	4	5	6	**日**	1	2	3	4	5	6	**日**	1	2
干節	甲戌	乙亥	丙子	丁丑	戊寅	己卯	庚辰	辛巳	壬午	**穀雨**	甲申	乙酉	丙戌	丁亥	戊子	己丑	庚寅	辛卯	壬辰	癸巳	甲午	乙未	丙申	丁酉	**立夏**	己亥	庚子	辛丑	壬寅	癸卯

陽歷 五 月份 (陰歷四、五月份)

陽	**5**	2	3	4	5	6	7	8	9	10	11	12	13	14	15	16	17	18	19	20	21	22	23	24	25	26	27	28	29	30	31
陰	五	六	七	八	九	十	十一	十二	十三	十四	十五	十六	十七	十八	十九	廿	廿一	廿二	廿三	廿四	廿五	廿六	廿七	廿八	廿九	卅	**五**	二	三	四	五
星	3	4	5	6	**日**	1	2	3	4	5	6	**日**	1	2	3	4	5	6	**日**	1	2	3	4	5	6	**日**	1	2	3	4	5
干節	甲辰	乙巳	丙午	丁未	戊申	己酉	庚戌	辛亥	壬子	癸丑	**小滿**	乙卯	丙辰	丁巳	戊午	己未	庚申	辛酉	壬戌	癸亥	甲子	乙丑	丙寅	丁卯	戊辰	**芒種**	庚午	辛未	壬申	癸酉	甲戌

陽歷 六 月份 (陰歷五、六月份)

陽	**6**	2	3	4	5	6	7	8	9	10	11	12	13	14	15	16	17	18	19	20	21	22	23	24	25	26	27	28	29	30
陰	六	七	八	九	十	十一	十二	十三	十四	十五	十六	十七	十八	十九	廿	廿一	廿二	廿三	廿四	廿五	廿六	廿七	廿八	廿九	**六**	二	三	四	五	六
星	6	**日**	1	2	3	4	5	6	**日**	1	2	3	4	5	6	**日**	1	2	3	4	5	6	**日**	1	2	3	4	5	6	**日**
干節	乙亥	丙子	丁丑	戊寅	己卯	庚辰	辛巳	壬午	癸未	甲申	**夏至**	丙戌	丁亥	戊子	己丑	庚寅	辛卯	壬辰	癸巳	甲午	乙未	丙申	丁酉	戊戌	己亥	庚子	**小暑**	壬寅	癸卯	甲辰

己酉

一五四九年

(明世宗嘉靖二八年)

己酉

一五四九年

（明世宗嘉靖二八年）

陽歷七月份　（陰歷六、七月份）

陽	7	2	3	4	5	6	7	8	9	10	11	12	13	14	15	16	17	18	19	20	21	22	23	24	25	26	27	28	29	30	31
陰	七	八	九	十	十一	十二	十三	十四	十五	十六	十七	十八	十九	廿	廿一	廿二	廿三	廿四	廿五	廿六	廿七	廿八	廿九	七	二	三	四	五	六	七	八
星	1	2	3	4	5	6	日	1	2	3	4	5	6	日	1	2	3	4	5	6	日	1	2	3	4	5	6	日	1	2	3
干節	乙巳	丙午	丁未	戊申	己酉	庚戌	辛亥	壬子	癸丑	甲寅	乙卯	丙辰	大暑	戊午	己未	庚申	辛酉	壬戌	癸亥	甲子	乙丑	丙寅	丁卯	戊辰	己巳	庚午	辛未	立秋	癸酉	甲戌	乙亥

陽歷八月份　（陰歷七、八月份）

陽	8	2	3	4	5	6	7	8	9	10	11	12	13	14	15	16	17	18	19	20	21	22	23	24	25	26	27	28	29	30	31
陰	九	十	十一	十二	十三	十四	十五	十六	十七	十八	十九	廿	廿一	廿二	廿三	廿四	廿五	廿六	廿七	廿八	廿九	卅	八	二	三	四	五	六	七	八	九
星	4	5	6	日	1	2	3	4	5	6	日	1	2	3	4	5	6	日	1	2	3	4	5	6	日	1	2	3	4	5	6
干節	丙子	丁丑	戊寅	己卯	庚辰	辛巳	壬午	癸未	甲申	乙酉	丙戌	丁亥	處暑	己丑	庚寅	辛卯	壬辰	癸巳	甲午	乙未	丙申	丁酉	戊戌	己亥	庚子	辛丑	壬寅	白露	甲辰	乙巳	丙午

陽歷九月份　（陰歷八、九月份）

陽	9	2	3	4	5	6	7	8	9	10	11	12	13	14	15	16	17	18	19	20	21	22	23	24	25	26	27	28	29	30	—
陰	十	十一	十二	十三	十四	十五	十六	十七	十八	十九	廿	廿一	廿二	廿三	廿四	廿五	廿六	廿七	廿八	廿九	九	二	三	四	五	六	七	八	九	十	—
星	日	1	2	3	4	5	6	日	1	2	3	4	5	6	日	1	2	3	4	5	6	日	1	2	3	4	5	6	日	1	—
干節	丁未	戊申	己酉	庚戌	辛亥	壬子	癸丑	甲寅	乙卯	丙辰	丁巳	戊午	秋分	庚申	辛酉	壬戌	癸亥	甲子	乙丑	丙寅	丁卯	戊辰	己巳	庚午	辛未	壬申	癸酉	寒露	乙亥	丙子	

陽歷十月份　（陰歷九、十月份）

陽	10	2	3	4	5	6	7	8	9	10	11	12	13	14	15	16	17	18	19	20	21	22	23	24	25	26	27	28	29	30	31
陰	十一	十二	十三	十四	十五	十六	十七	十八	十九	廿	廿一	廿二	廿三	廿四	廿五	廿六	廿七	廿八	廿九	卅	十	二	三	四	五	六	七	八	九	十	十一
星	2	3	4	5	6	日	1	2	3	4	5	6	日	1	2	3	4	5	6	日	1	2	3	4	5	6	日	1	3	2	4
干節	丁丑	戊寅	己卯	庚辰	辛巳	壬午	癸未	甲申	乙酉	丙戌	丁亥	戊子	霜降	庚寅	辛卯	壬辰	癸巳	甲午	乙未	丙申	丁酉	戊戌	己亥	庚子	辛丑	壬寅	癸卯	立冬	乙巳	丙午	丁未

陽歷十一月份　（陰歷十、十一月份）

陽	11	2	3	4	5	6	7	8	9	10	11	12	13	14	15	16	17	18	19	20	21	22	23	24	25	26	27	28	29	30	—
陰	十二	十三	十四	十五	十六	十七	十八	十九	廿	廿一	廿二	廿三	廿四	廿五	廿六	廿七	廿八	廿九	十一	二	三	四	五	六	七	八	九	十	十一	十二	—
星	5	6	日	1	2	3	4	5	6	日	1	2	3	4	5	6	日	1	2	3	4	5	6	日	1	2	3	4	5	6	—
干節	戊申	己酉	庚戌	辛亥	壬子	癸丑	甲寅	乙卯	丙辰	丁巳	戊午	小雪	庚申	辛酉	壬戌	癸亥	甲子	乙丑	丙寅	丁卯	戊辰	己巳	庚午	辛未	壬申	癸酉	大雪	乙亥	丙子	丁丑	

陽歷十二月份　（陰歷十一、十二月份）

陽	12	2	3	4	5	6	7	8	9	10	11	12	13	14	15	16	17	18	19	20	21	22	23	24	25	26	27	28	29	30	31
陰	十三	十四	十五	十六	十七	十八	十九	廿	廿一	廿二	廿三	廿四	廿五	廿六	廿七	廿八	廿九	卅	十二	二	三	四	五	六	七	八	九	十	十一	十二	十三
星	日	1	2	3	4	5	6	日	1	2	3	4	5	6	日	1	2	3	4	5	6	日	1	2	3	4	5	6	日	1	2
干節	戊寅	己卯	庚辰	辛巳	壬午	癸未	甲申	乙酉	丙戌	丁亥	冬至	己丑	庚寅	辛卯	壬辰	癸巳	甲午	乙未	丙申	丁酉	戊戌	己亥	庚子	辛丑	壬寅	小寒	甲辰	乙巳	丙午	丁未	戊申

近世中西史日對照表

陽歷一月份　（陰歷十二、正月份）

陽	1	2	3	4	5	6	7	8	9	10	11	12	13	14	15	16	17	18	19	20	21	22	23	24	25	26	27	28	29	30	31
陰	十四	十五	十六	十七	十八	十九	廿	廿一	廿二	廿三	廿四	廿五	廿六	廿七	廿八	廿九	卅	正	二	三	四	五	六	七	八	九	十	十一	十二	十三	十四
星	3	4	5	6	日	1	2	3	4	5	6	日	1	2	3	4	5	6	日	1	2	3	4	5	6	日	1	2	3	4	5
干節	己酉	庚戌	辛亥	壬子	癸丑	甲寅	乙卯	丙辰	丁巳	大寒	己未	庚申	辛酉	壬戌	癸亥	甲子	乙丑	丙寅	丁卯	戊辰	己巳	庚午	辛未	立春	癸酉	甲戌	乙亥	丙子	丁丑	戊寅	己卯

陽歷二月份　（陰歷正、二月份）

陽	1	2	3	4	5	6	7	8	9	10	11	12	13	14	15	16	17	18	19	20	21	22	23	24	25	26	27	28
陰	十五	十六	十七	十八	十九	廿	廿一	廿二	廿三	廿四	廿五	廿六	廿七	廿八	廿九	卅	二	二	三	四	五	六	七	八	九	十	十一	十二
星	6	日	1	2	3	4	5	6	日	1	2	3	4	5	6	日	1	2	3	4	5	6	日	1	2	3	4	5
干節	庚辰	辛巳	壬午	癸未	甲申	乙酉	丙戌	雨水	戊子	己丑	庚寅	辛卯	壬辰	癸巳	甲午	乙未	丙申	丁酉	戊戌	己亥	庚子	辛丑	驚蟄	癸卯	甲辰	乙巳	丙午	丁未

陽歷三月份　（陰歷二、三月份）

陽	1	2	3	4	5	6	7	8	9	10	11	12	13	14	15	16	17	18	19	20	21	22	23	24	25	26	27	28	29	30	31
陰	十三	十四	十五	十六	十七	十八	十九	廿	廿一	廿二	廿三	廿四	廿五	廿六	廿七	廿八	廿九	三	二	三	四	五	六	七	八	九	十	十一	十二	十三	十四
星	6	日	1	2	3	4	5	6	日	1	2	3	4	5	6	日	1	2	3	4	5	6	日	1	2	3	4	5	6	日	1
干節	戊申	己酉	庚戌	辛亥	壬子	癸丑	甲寅	乙卯	丙辰	春分	戊午	己未	庚申	辛酉	壬戌	癸亥	甲子	乙丑	丙寅	丁卯	戊辰	己巳	庚午	辛未	壬申	清明	甲戌	乙亥	丙子	丁丑	戊寅

陽歷四月份　（陰歷三、四月份）

陽	1	2	3	4	5	6	7	8	9	10	11	12	13	14	15	16	17	18	19	20	21	22	23	24	25	26	27	28	29	30
陰	十五	十六	十七	十八	十九	廿	廿一	廿二	廿三	廿四	廿五	廿六	廿七	廿八	廿九	卅	四	二	三	四	五	六	七	八	九	十	十一	十二	十三	十四
星	2	3	4	5	6	日	1	2	3	4	5	6	日	1	2	3	4	5	6	日	1	2	3	4	5	6	日	1	2	3
干節	己卯	庚辰	辛巳	壬午	癸未	甲申	乙酉	丙戌	丁亥	穀雨	己丑	庚寅	辛卯	壬辰	癸巳	甲午	乙未	丙申	丁酉	戊戌	己亥	庚子	辛丑	壬寅	立夏	甲辰	乙巳	丙午	丁未	戊申

陽歷五月份　（陰歷四、五月份）

陽	1	2	3	4	5	6	7	8	9	10	11	12	13	14	15	16	17	18	19	20	21	22	23	24	25	26	27	28	29	30	31
陰	十五	十六	十七	十八	十九	廿	廿一	廿二	廿三	廿四	廿五	廿六	廿七	廿八	廿九	五	二	三	四	五	六	七	八	九	十	十一	十二	十三	十四	十五	十六
星	4	5	6	日	1	2	3	4	5	6	日	1	2	3	4	5	6	日	1	2	3	4	5	6	日	1	2	3	4	5	6
干節	己酉	庚戌	辛亥	壬子	癸丑	甲寅	乙卯	丙辰	丁巳	戊午	小滿	庚申	辛酉	壬戌	癸亥	甲子	乙丑	丙寅	丁卯	戊辰	己巳	庚午	辛未	壬申	癸酉	甲戌	芒種	丙子	丁丑	戊寅	己卯

陽歷六月份　（陰歷五、六月份）

陽	1	2	3	4	5	6	7	8	9	10	11	12	13	14	15	16	17	18	19	20	21	22	23	24	25	26	27	28	29	30
陰	十七	十八	十九	廿	廿一	廿二	廿三	廿四	廿五	廿六	廿七	廿八	廿九	卅	六	二	三	四	五	六	七	八	九	十	十一	十二	十三	十四	十五	十六
星	日	1	2	3	4	5	6	日	1	2	3	4	5	6	日	1	2	3	4	5	6	日	1	2	3	4	5	6	日	1
干節	庚辰	辛巳	壬午	癸未	甲申	乙酉	丙戌	丁亥	戊子	己丑	夏至	辛卯	壬辰	癸巳	甲午	乙未	丙申	丁酉	戊戌	己亥	庚子	辛丑	壬寅	癸卯	甲辰	乙巳	小暑	丁未	戊申	己酉

庚戌

一五五〇年

（明世宗嘉靖二九年）

陽歷七月份　（陰歷六、閏六月份）

陽	7	2	3	4	5	6	7	8	9	10	11	12	13	14	15	16	17	18	19	20	21	22	23	24	25	26	27	28	29	30	31
陰	十七	十八	十九	廿	廿一	廿二	廿三	廿四	廿五	廿六	廿七	廿八	廿九	閏	二	三	四	五	六	七	八	九	十	十一	十二	十三	十四	十五	十六	十七	十八
星	2	3	4	5	6	日	1	2	3	4	5	6	日	1	2	3	4	5	6	日	1	2	3	4	5	6	日	1	2	3	4
干節	庚戌	辛亥	壬子	癸丑	甲寅	乙卯	丙辰	丁巳	戊午	己未	庚申	辛酉	大暑	癸亥	甲子	乙丑	丙寅	丁卯	戊辰	己巳	庚午	辛未	壬申	癸酉	甲戌	乙亥	丙子	丁丑	立秋	己卯	庚辰

陽歷八月份　（陰歷閏六、七月份）

陽	8	2	3	4	5	6	7	8	9	10	11	12	13	14	15	16	17	18	19	20	21	22	23	24	25	26	27	28	29	30	31
陰	十九	廿	廿一	廿二	廿三	廿四	廿五	廿六	廿七	廿八	廿九	七	二	三	四	五	六	七	八	九	十	十一	十二	十三	十四	十五	十六	十七	十八	十九	廿
星	5	6	日	1	2	3	4	5	6	日	1	2	3	4	5	6	日	1	2	3	4	5	6	日	1	2	3	4	5	6	日
干節	辛巳	壬午	癸未	甲申	乙酉	丙戌	丁亥	戊子	己丑	庚寅	辛卯	壬辰	處暑	甲午	乙未	丙申	丁酉	戊戌	己亥	庚子	辛丑	壬寅	癸卯	甲辰	乙巳	丙午	丁未	戊申	白露	庚戌	辛亥

陽歷九月份　（陰歷七、八月份）

陽	9	2	3	4	5	6	7	8	9	10	11	12	13	14	15	16	17	18	19	20	21	22	23	24	25	26	27	28	29	30
陰	廿一	廿二	廿三	廿四	廿五	廿六	廿七	廿八	廿九	卅	八	二	三	四	五	六	七	八	九	十	十一	十二	十三	十四	十五	十六	十七	十八	十九	廿
星	1	2	3	4	5	6	日	1	2	3	4	5	6	日	1	2	3	4	5	6	日	1	2	3	4	5	6	日	1	2
干節	壬子	癸丑	甲寅	乙卯	丙辰	丁巳	戊午	己未	庚申	辛酉	壬戌	癸亥	秋分	乙丑	丙寅	丁卯	戊辰	己巳	庚午	辛未	壬申	癸酉	甲戌	乙亥	丙子	丁丑	戊寅	寒露	庚辰	辛巳

陽歷十月份　（陰歷八、九月份）

陽	10	2	3	4	5	6	7	8	9	10	11	12	13	14	15	16	17	18	19	20	21	22	23	24	25	26	27	28	29	30	31
陰	廿一	廿二	廿三	廿四	廿五	廿六	廿七	廿八	廿九	九	二	三	四	五	六	七	八	九	十	十一	十二	十三	十四	十五	十六	十七	十八	十九	廿	廿一	廿二
星	3	4	5	6	日	1	2	3	4	5	6	日	1	2	3	4	5	6	日	1	2	3	4	5	6	日	1	2	3	4	5
干節	壬午	癸未	甲申	乙酉	丙戌	丁亥	戊子	己丑	庚寅	辛卯	壬辰	癸巳	霜降	乙未	丙申	丁酉	戊戌	己亥	庚子	辛丑	壬寅	癸卯	甲辰	乙巳	丙午	丁未	戊申	立冬	庚戌	辛亥	壬子

陽歷十一月份　（陰歷九、十月份）

陽	11	2	3	4	5	6	7	8	9	10	11	12	13	14	15	16	17	18	19	20	21	22	23	24	25	26	27	28	29	30
陰	廿三	廿四	廿五	廿六	廿七	廿八	廿九	卅	十	二	三	四	五	六	七	八	九	十	十一	十二	十三	十四	十五	十六	十七	十八	十九	廿	廿一	廿二
星	6	日	1	2	3	4	5	6	日	1	2	3	4	5	6	日	1	2	3	4	5	6	日	1	2	3	4	5	6	日
干節	癸丑	甲寅	乙卯	丙辰	丁巳	戊午	己未	庚申	辛酉	壬戌	癸亥	小雪	乙丑	丙寅	丁卯	戊辰	己巳	庚午	辛未	壬申	癸酉	甲戌	乙亥	丙子	丁丑	戊寅	大雪	庚辰	辛巳	壬午

陽歷十二月份　（陰歷十、十一月份）

陽	12	2	3	4	5	6	7	8	9	10	11	12	13	14	15	16	17	18	19	20	21	22	23	24	25	26	27	28	29	30	31
陰	廿三	廿四	廿五	廿六	廿七	廿八	廿九	十一	二	三	四	五	六	七	八	九	十	十一	十二	十三	十四	十五	十六	十七	十八	十九	廿	廿一	廿二	廿三	廿四
星	1	2	3	4	5	6	日	1	2	3	4	5	6	日	1	2	3	4	5	6	日	1	2	3	4	5	6	日	1	2	3
干節	癸未	甲申	乙酉	丙戌	丁亥	戊子	己丑	庚寅	辛卯	壬辰	癸巳	冬至	乙未	丙申	丁酉	戊戌	己亥	庚子	辛丑	壬寅	癸卯	甲辰	乙巳	丙午	丁未	小寒	己酉	庚戌	辛亥	壬子	癸丑

近世中西史日對照表

陽歷一月份　（陰歷十一、十二月份）

陽	1	2	3	4	5	6	7	8	9	10	11	12	13	14	15	16	17	18	19	20	21	22	23	24	25	26	27	28	29	30	31
陰	廿五	廿六	廿七	廿八	廿九	卅	十二	二	三	四	五	六	七	八	九	十	十一	十二	十三	十四	十五	十六	十七	十八	十九	廿	廿一	廿二	廿三	廿四	廿五
星	4	5	6	日	1	2	3	4	5	6	日	1	2	3	4	5	6	日	1	2	3	4	5	6	日	1	2	3	4	5	6
干節	甲寅	乙卯	丙辰	丁巳	戊午	己未	庚申	辛酉	壬戌	大寒	甲子	乙丑	丙寅	丁卯	戊辰	己巳	庚午	辛未	壬申	癸酉	甲戌	乙亥	丙子	丁丑	立春	己卯	庚辰	辛巳	壬午	癸未	甲申

陽歷二月份　（陰歷十二、正月份）

陽	1	2	3	4	5	6	7	8	9	10	11	12	13	14	15	16	17	18	19	20	21	22	23	24	25	26	27	28			
陰	廿六	廿七	廿八	廿九	正	二	三	四	五	六	七	八	九	十	十一	十二	十三	十四	十五	十六	十七	十八	十九	廿	廿一	廿二	廿三	廿四			
星	日	1	2	3	4	5	6	日	1	2	3	4	5	6	日	1	2	3	4	5	6	日	1	2	3	4	5	6			
干節	乙酉	丙戌	丁亥	戊子	己丑	庚寅	辛卯	壬辰	雨水	甲午	乙未	丙申	丁酉	戊戌	己亥	庚子	辛丑	壬寅	癸卯	甲辰	乙巳	丙午	驚蟄	戊申	己酉	庚戌	辛亥	壬子			

陽歷三月份　（陰歷正、二月份）

陽	1	2	3	4	5	6	7	8	9	10	11	12	13	14	15	16	17	18	19	20	21	22	23	24	25	26	27	28	29	30	31
陰	廿五	廿六	廿七	廿八	廿九	卅	二	二	三	四	五	六	七	八	九	十	十一	十二	十三	十四	十五	十六	十七	十八	十九	廿	廿一	廿二	廿三	廿四	廿五
星	日	1	2	3	4	5	6	日	1	2	3	4	5	6	日	1	2	3	4	5	6	日	1	2	3	4	5	6	日	1	2
干節	癸丑	甲寅	乙卯	丙辰	丁巳	戊午	己未	庚申	辛酉	壬戌	春分	甲子	乙丑	丙寅	丁卯	戊辰	己巳	庚午	辛未	壬申	癸酉	甲戌	乙亥	丙子	丁丑	清明	己卯	庚辰	辛巳	壬午	癸未

陽歷四月份　（陰歷二、三月份）

陽	1	2	3	4	5	6	7	8	9	10	11	12	13	14	15	16	17	18	19	20	21	22	23	24	25	26	27	28	29	30	
陰	廿六	廿七	廿八	廿九	卅	三	二	三	四	五	六	七	八	九	十	十一	十二	十三	十四	十五	十六	十七	十八	十九	廿	廿一	廿二	廿三	廿四	廿五	
星	3	4	5	6	日	1	2	3	4	5	6	日	1	2	3	4	5	6	日	1	2	3	4	5	6	日	1	2	3	4	
干節	甲申	乙酉	丙戌	丁亥	戊子	己丑	庚寅	辛卯	壬辰	穀雨	甲午	乙未	丙申	丁酉	戊戌	己亥	庚子	辛丑	壬寅	癸卯	甲辰	乙巳	丙午	丁未	戊申	立夏	庚戌	辛亥	壬子	癸丑	

陽歷五月份　（陰歷三、四月份）

陽	1	2	3	4	5	6	7	8	9	10	11	12	13	14	15	16	17	18	19	20	21	22	23	24	25	26	27	28	29	30	31
陰	廿六	廿七	廿八	廿九	卅	四	二	三	四	五	六	七	八	九	十	十一	十二	十三	十四	十五	十六	十七	十八	十九	廿	廿一	廿二	廿三	廿四	廿五	廿六
星	5	6	日	1	2	3	4	5	6	日	1	2	3	4	5	6	日	1	2	3	4	5	6	日	1	2	3	4	5	6	日
干節	甲寅	乙卯	丙辰	丁巳	戊午	己未	庚申	辛酉	壬戌	癸亥	小滿	乙丑	丙寅	丁卯	戊辰	己巳	庚午	辛未	壬申	癸酉	甲戌	乙亥	丙子	丁丑	戊寅	己卯	芒種	辛巳	壬午	癸未	甲申

陽歷六月份　（陰歷四、五月份）

陽	1	2	3	4	5	6	7	8	9	10	11	12	13	14	15	16	17	18	19	20	21	22	23	24	25	26	27	28	29	30	
陰	廿七	廿八	廿九	五	二	三	四	五	六	七	八	九	十	十一	十二	十三	十四	十五	十六	十七	十八	十九	廿	廿一	廿二	廿三	廿四	廿五	廿六	廿七	
星	1	2	3	4	5	6	日	1	2	3	4	5	6	日	1	2	3	4	5	6	日	1	2	3	4	5	6	日	1	2	
干節	乙酉	丙戌	丁亥	戊子	己丑	庚寅	辛卯	壬辰	癸巳	甲午	乙未	夏至	丁酉	戊戌	己亥	庚子	辛丑	壬寅	癸卯	甲辰	乙巳	丙午	丁未	戊申	己酉	庚戌	小暑	壬子	癸丑	甲寅	

辛亥

一五五一年

（明世宗嘉靖三〇年）

陽歷七月份　（陰歷五、六月份）

陽	**7**	2	3	4	5	6	7	8	9	10	11	12	13	14	15	16	17	18	19	20	21	22	23	24	25	26	27	28	29	30	31
陰	廿八	廿九	卅	**六**	二	三	四	五	六	七	八	九	十	十一	十二	十三	十四	十五	十六	十七	十八	十九	廿	廿一	廿二	廿三	廿四	廿五	廿六	廿七	廿八
星	3	4	5	6	**日**	1	2	3	4	5	6	**日**	1	2	3	4	5	6	**日**	1	2	3	4	5	6	**日**	1	2	3	4	5
干節	乙卯	丙辰	丁巳	戊午	己未	庚申	辛酉	壬戌	癸亥	甲子	乙丑	丙寅	**大暑**	戊辰	己巳	庚午	辛未	壬申	癸酉	甲戌	乙亥	丙子	丁丑	戊寅	己卯	庚辰	辛巳	壬午	**立秋**	甲申	乙酉

陽歷八月份　（陰歷六、七、八月份）

陽	**8**	2	3	4	5	6	7	8	9	10	11	12	13	14	15	16	17	18	19	20	21	22	23	24	25	26	27	28	29	30	31
陰	廿九	**七**	二	三	四	五	六	七	八	九	十	十一	十二	十三	十四	十五	十六	十七	十八	十九	廿	廿一	廿二	廿三	廿四	廿五	廿六	廿七	廿八	廿九	**八**
星	6	**日**	1	2	3	4	5	6	**日**	1	2	3	4	5	6	**日**	1	2	3	4	5	6	**日**	1	2	3	4	5	6	**日**	1
干節	丙戌	丁亥	戊子	己丑	庚寅	辛卯	壬辰	癸巳	甲午	乙未	丙申	丁酉	戊戌	**處暑**	庚子	辛丑	壬寅	癸卯	甲辰	乙巳	丙午	丁未	戊申	己酉	庚戌	辛亥	壬子	癸丑	**白露**	乙卯	丙辰

陽歷九月份　（陰歷八、九月份）

陽	**9**	2	3	4	5	6	7	8	9	10	11	12	13	14	15	16	17	18	19	20	21	22	23	24	25	26	27	28	29	30
陰	二	三	四	五	六	七	八	九	十	十一	十二	十三	十四	十五	十六	十七	十八	十九	廿	廿一	廿二	廿三	廿四	廿五	廿六	廿七	廿八	廿九	卅	**九**
星	2	3	4	5	6	**日**	1	2	3	4	5	6	**日**	1	2	3	4	5	6	**日**	1	2	3	4	5	6	**日**	1	2	3
干節	丁巳	戊午	己未	庚申	辛酉	壬戌	癸亥	甲子	乙丑	丙寅	丁卯	戊辰	**秋分**	庚午	辛未	壬申	癸酉	甲戌	乙亥	丙子	丁丑	戊寅	己卯	庚辰	辛巳	壬午	癸未	甲申	**寒露**	丙戌

陽歷十月份　（陰歷九、十月份）

陽	**10**	2	3	4	5	6	7	8	9	10	11	12	13	14	15	16	17	18	19	20	21	22	23	24	25	26	27	28	29	30	31
陰	二	三	四	五	六	七	八	九	十	十一	十二	十三	十四	十五	十六	十七	十八	十九	廿	廿一	廿二	廿三	廿四	廿五	廿六	廿七	廿八	廿九	**十**	二	三
星	4	5	6	**日**	1	2	3	4	5	6	**日**	1	2	3	4	5	6	**日**	1	2	3	4	5	6	**日**	1	2	3	4	5	6
干節	丁亥	戊子	己丑	庚寅	辛卯	壬辰	癸巳	甲午	乙未	丙申	丁酉	戊戌	己亥	**霜降**	辛丑	壬寅	癸卯	甲辰	乙巳	丙午	丁未	戊申	己酉	庚戌	辛亥	壬子	癸丑	甲寅	**立冬**	丙辰	丁巳

陽歷十一月份　（陰歷十、十一月份）

陽	**11**	2	3	4	5	6	7	8	9	10	11	12	13	14	15	16	17	18	19	20	21	22	23	24	25	26	27	28	29	30
陰	四	五	六	七	八	九	十	十一	十二	十三	十四	十五	十六	十七	十八	十九	廿	廿一	廿二	廿三	廿四	廿五	廿六	廿七	廿八	廿九	卅	**十一**	二	三
星	**日**	1	2	3	4	5	6	**日**	1	2	3	4	5	6	**日**	1	2	3	4	5	6	**日**	1	2	3	4	5	6	**日**	1
干節	戊午	己未	庚申	辛酉	壬戌	癸亥	甲子	乙丑	丙寅	丁卯	戊辰	**小雪**	庚午	辛未	壬申	癸酉	甲戌	乙亥	丙子	丁丑	戊寅	己卯	庚辰	辛巳	壬午	癸未	**大雪**	乙酉	丙戌	丁亥

陽歷十二月份　（陰歷十一、十二月份）

陽	**12**	2	3	4	5	6	7	8	9	10	11	12	13	14	15	16	17	18	19	20	21	22	23	24	25	26	27	28	29	30	31
陰	四	五	六	七	八	九	十	十一	十二	十三	十四	十五	十六	十七	十八	十九	廿	廿一	廿二	廿三	廿四	廿五	廿六	廿七	廿八	廿九	**十二**	二	三	四	五
星	2	3	4	5	6	**日**	1	2	3	4	5	6	**日**	1	2	3	4	5	6	**日**	1	2	3	4	5	6	**日**	1	2	3	4
干節	戊子	己丑	庚寅	辛卯	壬辰	癸巳	甲午	乙未	丙申	丁酉	戊戌	**冬至**	庚子	辛丑	壬寅	癸卯	甲辰	乙巳	丙午	丁未	戊申	己酉	庚戌	辛亥	壬子	**小寒**	甲寅	乙卯	丙辰	丁巳	戊午

近世中西史日對照表

陽曆一月份　（陰曆十二、正月份）

陽	**1**	2	3	4	5	6	7	8	9	10	11	12	13	14	15	16	17	18	19	20	21	22	23	24	25	26	27	28	29	30	31
陰	六	七	八	九	十	十一	十二	十三	十四	十五	十六	十七	十八	十九	廿	廿一	廿二	廿三	廿四	廿五	廿六	廿七	廿八	廿九	卅	**正**	二	三	四	五	六
星	5	6	**日**	1	2	3	4	5	6	**日**	1	2	3	4	5	6	**日**	1	2	3	4	5	6	**日**	1	2	3	4	5	6	**日**
干節	己未	庚申	辛酉	壬戌	癸亥	甲子	乙丑	丙寅	丁卯	**大寒**	己巳	庚午	辛未	壬申	癸酉	甲戌	乙亥	丙子	丁丑	戊寅	己卯	庚辰	辛巳	壬午	**立春**	甲申	乙酉	丙戌	丁亥	戊子	己丑

陽曆二月份　（陰曆正、二月份）

陽	**2**	2	3	4	5	6	7	8	9	10	11	12	13	14	15	16	17	18	19	20	21	22	23	24	25	26	27	28	29		
陰	七	八	九	十	十一	十二	十三	十四	十五	十六	十七	十八	十九	廿	廿一	廿二	廿三	廿四	廿五	廿六	廿七	廿八	廿九	**二**	二	三	四	五	六		
星	1	2	3	4	5	6	**日**	1	2	3	4	5	6	**日**	1	2	3	4	5	6	**日**	1	2	3	4	5	6	**日**	1		
干節	庚寅	辛卯	壬辰	癸巳	甲午	乙未	丙申	丁酉	**雨水**	己亥	庚子	辛丑	壬寅	癸卯	甲辰	乙巳	丙午	丁未	戊申	己酉	庚戌	辛亥	壬子	**驚蟄**	甲寅	乙卯	丙辰	丁巳	戊午		

陽曆三月份　（陰曆二、三月份）

陽	**3**	2	3	4	5	6	7	8	9	10	11	12	13	14	15	16	17	18	19	20	21	22	23	24	25	26	27	28	29	30	31
陰	七	八	九	十	十一	十二	十三	十四	十五	十六	十七	十八	十九	廿	廿一	廿二	廿三	廿四	廿五	廿六	廿七	廿八	廿九	卅	**三**	二	三	四	五	六	七
星	2	3	4	5	6	**日**	1	2	3	4	5	6	**日**	1	2	3	4	5	6	**日**	1	2	3	4	5	6	**日**	1	2	3	4
干節	己未	庚申	辛酉	壬戌	癸亥	甲子	乙丑	丙寅	丁卯	**春分**	己巳	庚午	辛未	壬申	癸酉	甲戌	乙亥	丙子	丁丑	戊寅	己卯	庚辰	辛巳	壬午	**清明**	甲申	乙酉	丙戌	丁亥	戊子	己丑

陽曆四月份　（陰曆三、四月份）

陽	**4**	2	3	4	5	6	7	8	9	10	11	12	13	14	15	16	17	18	19	20	21	22	23	24	25	26	27	28	29	30	
陰	八	九	十	十一	十二	十三	十四	十五	十六	十七	十八	十九	廿	廿一	廿二	廿三	廿四	廿五	廿六	廿七	廿八	廿九	卅	**四**	二	三	四	五	六	七	
星	5	6	**日**	1	2	3	4	5	6	**日**	1	2	3	4	5	6	**日**	1	2	3	4	5	6	**日**	1	2	3	4	5	6	
干節	庚寅	辛卯	壬辰	癸巳	甲午	乙未	丙申	丁酉	**穀雨**	己亥	庚子	辛丑	壬寅	癸卯	甲辰	乙巳	丙午	丁未	戊申	己酉	庚戌	辛亥	壬子	癸丑	**立夏**	乙卯	丙辰	丁巳	戊午	己未	

陽曆五月份　（陰曆四、五月份）

陽	**5**	2	3	4	5	6	7	8	9	10	11	12	13	14	15	16	17	18	19	20	21	22	23	24	25	26	27	28	29	30	31
陰	八	九	十	十一	十二	十三	十四	十五	十六	十七	十八	十九	廿	廿一	廿二	廿三	廿四	廿五	廿六	廿七	廿八	廿九	**五**	二	三	四	五	六	七	八	九
星	**日**	1	2	3	4	5	6	**日**	1	2	3	4	5	6	**日**	1	2	3	4	5	6	**日**	1	2	3	4	5	6	**日**	1	2
干節	庚申	辛酉	壬戌	癸亥	甲子	乙丑	丙寅	丁卯	戊辰	**小滿**	庚午	辛未	壬申	癸酉	甲戌	乙亥	丙子	丁丑	戊寅	己卯	庚辰	辛巳	壬午	癸未	甲申	**芒種**	丙戌	丁亥	戊子	己丑	庚寅

陽曆六月份　（陰曆五、六月份）

陽	**6**	2	3	4	5	6	7	8	9	10	11	12	13	14	15	16	17	18	19	20	21	22	23	24	25	26	27	28	29	30	
陰	十	十一	十二	十三	十四	十五	十六	十七	十八	十九	廿	廿一	廿二	廿三	廿四	廿五	廿六	廿七	廿八	廿九	卅	**六**	二	三	四	五	六	七	八	九	
星	3	4	5	6	**日**	1	2	3	4	5	6	**日**	1	2	3	4	5	6	**日**	1	2	3	4	5	6	**日**	1	2	3	4	
干節	辛卯	壬辰	癸巳	甲午	乙未	丙申	丁酉	戊戌	己亥	庚子	**夏至**	壬寅	癸卯	甲辰	乙巳	丙午	丁未	戊申	己酉	庚戌	辛亥	壬子	癸丑	甲寅	乙卯	丙辰	**小暑**	戊午	己未	庚申	

壬子

一五五二年

（明世宗嘉靖三一年）

近世中西史日對照表

壬子　一五五二年　（明世宗嘉靖三一年）

陽歷七月份　（陰歷六、七月份）

陽	7	2	3	4	5	6	7	8	9	10	11	12	13	14	15	16	17	18	19	20	21	22	23	24	25	26	27	28	29	30	31
陰	十	十一	十二	十三	十四	十五	十六	十七	十八	十九	廿	廿一	廿二	廿三	廿四	廿五	廿六	廿七	廿八	廿九	七月	二	三	四	五	六	七	八	九	十	十一
星	5	6	日	1	2	3	4	5	6	日	1	2	3	4	5	6	日	1	2	3	4	5	6	日	1	2	3	4	5	6	日
干節	辛酉	壬戌	癸亥	甲子	乙丑	丙寅	丁卯	戊辰	己巳	庚午	辛未	大暑	癸酉	甲戌	乙亥	丙子	丁丑	戊寅	己卯	庚辰	辛巳	壬午	癸未	甲申	乙酉	丙戌	丁亥	立秋	己丑	庚寅	辛卯

陽歷八月份　（陰歷七、八月份）

陽	8	2	3	4	5	6	7	8	9	10	11	12	13	14	15	16	17	18	19	20	21	22	23	24	25	26	27	28	29	30	31
陰	十二	十三	十四	十五	十六	十七	十八	十九	廿	廿一	廿二	廿三	廿四	廿五	廿六	廿七	廿八	廿九	卅	八月	二	三	四	五	六	七	八	九	十	十一	十二
星	1	2	3	4	5	6	日	1	2	3	4	5	6	日	1	2	3	4	5	6	日	1	2	3	4	5	6	日	1	2	3
干節	壬辰	癸巳	甲午	乙未	丙申	丁酉	戊戌	己亥	庚子	辛丑	壬寅	癸卯	處暑	乙巳	丙午	丁未	戊申	己酉	庚戌	辛亥	壬子	癸丑	甲寅	乙卯	丙辰	丁巳	戊午	白露	庚申	辛酉	壬戌

陽歷九月份　（陰歷八、九月份）

陽	9	2	3	4	5	6	7	8	9	10	11	12	13	14	15	16	17	18	19	20	21	22	23	24	25	26	27	28	29	30
陰	十三	十四	十五	十六	十七	十八	十九	廿	廿一	廿二	廿三	廿四	廿五	廿六	廿七	廿八	廿九	九月	二	三	四	五	六	七	八	九	十	十一	十二	十三
星	4	5	6	日	1	2	3	4	5	6	日	1	2	3	4	5	6	日	1	2	3	4	5	6	日	1	2	3	4	5
干節	癸亥	甲子	乙丑	丙寅	丁卯	戊辰	己巳	庚午	辛未	壬申	癸酉	秋分	乙亥	丙子	丁丑	戊寅	己卯	庚辰	辛巳	壬午	癸未	甲申	乙酉	丙戌	丁亥	戊子	己丑	寒露	辛卯	壬辰

陽歷十月份　（陰歷九、十月份）

陽	10	2	3	4	5	6	7	8	9	10	11	12	13	14	15	16	17	18	19	20	21	22	23	24	25	26	27	28	29	30	31
陰	十四	十五	十六	十七	十八	十九	廿	廿一	廿二	廿三	廿四	廿五	廿六	廿七	廿八	廿九	卅	十月	二	三	四	五	六	七	八	九	十	十一	十二	十三	十四
星	6	日	1	2	3	4	5	6	日	1	2	3	4	5	6	日	1	2	3	4	5	6	日	1	2	3	4	5	6	日	1
干節	癸巳	甲午	乙未	丙申	丁酉	戊戌	己亥	庚子	辛丑	壬寅	癸卯	甲辰	霜降	丙午	丁未	戊申	己酉	庚戌	辛亥	壬子	癸丑	甲寅	乙卯	丙辰	丁巳	戊午	己未	立冬	辛酉	壬戌	癸亥

陽歷十一月份　（陰歷十、十一月份）

陽	11	2	3	4	5	6	7	8	9	10	11	12	13	14	15	16	17	18	19	20	21	22	23	24	25	26	27	28	29	30
陰	十五	十六	十七	十八	十九	廿	廿一	廿二	廿三	廿四	廿五	廿六	廿七	廿八	廿九	十一月	二	三	四	五	六	七	八	九	十	十一	十二	十三	十四	十五
星	2	3	4	5	6	日	1	2	3	4	5	6	日	1	2	3	4	5	6	日	1	2	3	4	5	6	日	1	2	3
干節	甲子	乙丑	丙寅	丁卯	戊辰	己巳	庚午	辛未	壬申	癸酉	甲戌	小雪	丙子	丁丑	戊寅	己卯	庚辰	辛巳	壬午	癸未	甲申	乙酉	丙戌	丁亥	戊子	大雪	庚寅	辛卯	壬辰	癸巳

陽歷十二月份　（陰歷十一、十二月份）

陽	12	2	3	4	5	6	7	8	9	10	11	12	13	14	15	16	17	18	19	20	21	22	23	24	25	26	27	28	29	30	31
陰	十六	十七	十八	十九	廿	廿一	廿二	廿三	廿四	廿五	廿六	廿七	廿八	廿九	卅	十二月	二	三	四	五	六	七	八	九	十	十一	十二	十三	十四	十五	十六
星	4	5	6	日	1	2	3	4	5	6	日	1	2	3	4	5	6	日	1	2	3	4	5	6	日	1	2	3	4	5	6
干節	甲午	乙未	丙申	丁酉	戊戌	己亥	庚子	辛丑	壬寅	癸卯	冬至	乙巳	丙午	丁未	戊申	己酉	庚戌	辛亥	壬子	癸丑	甲寅	乙卯	丙辰	丁巳	戊午	小寒	庚申	辛酉	壬戌	癸亥	甲子

近世中西史日對照表

癸丑　一五五三年　（明世宗嘉靖三二年）

陽歷一月份　（陰歷十二、正月份）

陽	1	2	3	4	5	6	7	8	9	10	11	12	13	14	15	16	17	18	19	20	21	22	23	24	25	26	27	28	29	30	31
陰	十七	十八	十九	廿	廿一	廿二	廿三	廿四	廿五	廿六	廿七	廿八	廿九	正	二	三	四	五	六	七	八	九	十	十一	十二	十三	十四	十五	十六	十七	十八
星	日	1	2	3	4	5	6	日	1	2	3	4	5	6	日	1	2	3	4	5	6	日	1	2	3	4	5	6	日	1	2
干節	乙丑	丙寅	丁卯	戊辰	己巳	庚午	辛未	壬申	大寒	甲戌	乙亥	丙子	丁丑	戊寅	己卯	庚辰	辛巳	壬午	癸未	甲申	乙酉	丙戌	丁亥	立春	己丑	庚寅	辛卯	壬辰	癸巳	甲午	乙未

陽歷二月份　（陰歷正、二月份）

陽	1	2	3	4	5	6	7	8	9	10	11	12	13	14	15	16	17	18	19	20	21	22	23	24	25	26	27	28
陰	十九	廿	廿一	廿二	廿三	廿四	廿五	廿六	廿七	廿八	廿九	卅	二	二	三	四	五	六	七	八	九	十	十一	十二	十三	十四	十五	十六
星	3	4	5	6	日	1	2	3	4	5	6	日	1	2	3	4	5	6	日	1	2	3	4	5	6	日	1	2
干節	丙申	丁酉	戊戌	己亥	庚子	辛丑	壬寅	雨水	甲辰	乙巳	丙午	丁未	戊申	己酉	庚戌	辛亥	壬子	癸丑	甲寅	乙卯	丙辰	丁巳	驚蟄	己未	庚申	辛酉	壬戌	癸亥

陽歷三月份　（陰歷二、三月份）

陽	1	2	3	4	5	6	7	8	9	10	11	12	13	14	15	16	17	18	19	20	21	22	23	24	25	26	27	28	29	30	31
陰	十七	十八	十九	廿	廿一	廿二	廿三	廿四	廿五	廿六	廿七	廿八	廿九	三	二	三	四	五	六	七	八	九	十	十一	十二	十三	十四	十五	十六	十七	十八
星	3	4	5	6	日	1	2	3	4	5	6	日	1	2	3	4	5	6	日	1	2	3	4	5	6	日	1	2	3	4	5
干節	甲子	乙丑	丙寅	丁卯	戊辰	己巳	庚午	辛未	壬申	春分	甲戌	乙亥	丙子	丁丑	戊寅	己卯	庚辰	辛巳	壬午	癸未	甲申	乙酉	丙戌	丁亥	清明	己丑	庚寅	辛卯	壬辰	癸巳	甲午

陽歷四月份　（陰歷三、閏三月份）

陽	1	2	3	4	5	6	7	8	9	10	11	12	13	14	15	16	17	18	19	20	21	22	23	24	25	26	27	28	29	30
陰	十九	廿	廿一	廿二	廿三	廿四	廿五	廿六	廿七	廿八	廿九	卅	閏	二	三	四	五	六	七	八	九	十	十一	十二	十三	十四	十五	十六	十七	十八
星	6	日	1	2	3	4	5	6	日	1	2	3	4	5	6	日	1	2	3	4	5	6	日	1	2	3	4	5	6	日
干節	乙未	丙申	丁酉	戊戌	己亥	庚子	辛丑	壬寅	癸卯	穀雨	乙巳	丙午	丁未	戊申	己酉	庚戌	辛亥	壬子	癸丑	甲寅	乙卯	丙辰	丁巳	戊午	立夏	庚申	辛酉	壬戌	癸亥	甲子

陽歷五月份　（陰歷閏三、四月份）

陽	1	2	3	4	5	6	7	8	9	10	11	12	13	14	15	16	17	18	19	20	21	22	23	24	25	26	27	28	29	30	31
陰	十九	廿	廿一	廿二	廿三	廿四	廿五	廿六	廿七	廿八	廿九	四	二	三	四	五	六	七	八	九	十	十一	十二	十三	十四	十五	十六	十七	十八	十九	廿
星	1	2	3	4	5	6	日	1	2	3	4	5	6	日	1	2	3	4	5	6	日	1	2	3	4	5	6	日	1	2	3
干節	乙丑	丙寅	丁卯	戊辰	己巳	庚午	辛未	壬申	癸酉	甲戌	小滿	丙子	丁丑	戊寅	己卯	庚辰	辛巳	壬午	癸未	甲申	乙酉	丙戌	丁亥	戊子	己丑	芒種	辛卯	壬辰	癸巳	甲午	乙未

陽歷六月份　（陰歷四、五月份）

陽	1	2	3	4	5	6	7	8	9	10	11	12	13	14	15	16	17	18	19	20	21	22	23	24	25	26	27	28	29	30
陰	廿一	廿二	廿三	廿四	廿五	廿六	廿七	廿八	廿九	卅	五	二	三	四	五	六	七	八	九	十	十一	十二	十三	十四	十五	十六	十七	十八	十九	廿
星	4	5	6	日	1	2	3	4	5	6	日	1	2	3	4	5	6	日	1	2	3	4	5	6	日	1	2	3	4	5
干節	丙申	丁酉	戊戌	己亥	庚子	辛丑	壬寅	癸卯	甲辰	乙巳	夏至	丁未	戊申	己酉	庚戌	辛亥	壬子	癸丑	甲寅	乙卯	丙辰	丁巳	戊午	己未	庚申	辛酉	小暑	癸亥	甲子	乙丑

癸丑　一五五三年（明世宗嘉靖三二年）

陽歷七月份　（陰歷五、六月份）

陽	7	2	3	4	5	6	7	8	9	10	11	12	13	14	15	16	17	18	19	20	21	22	23	24	25	26	27	28	29	30	31
陰	廿一	廿二	廿三	廿四	廿五	廿六	廿七	廿八	廿九	卅	六	二	三	四	五	六	七	八	九	十	十一	十二	十三	十四	十五	十六	十七	十八	十九	廿	廿一
星	6	日	1	2	3	4	5	6	日	1	2	3	4	5	6	日	1	2	3	4	5	6	日	1	2	3	4	5	6	日	1
干節	丙寅	丁卯	戊辰	己巳	庚午	辛未	壬申	癸酉	甲戌	乙亥	丙子	丁丑	大暑	己卯	庚辰	辛巳	壬午	癸未	甲申	乙酉	丙戌	丁亥	戊子	己丑	庚寅	辛卯	壬辰	立秋	甲午	乙未	丙申

陽歷八月份　（陰歷六、七月份）

陽	8	2	3	4	5	6	7	8	9	10	11	12	13	14	15	16	17	18	19	20	21	22	23	24	25	26	27	28	29	30	31
陰	廿二	廿三	廿四	廿五	廿六	廿七	廿八	廿九	七	二	三	四	五	六	七	八	九	十	十一	十二	十三	十四	十五	十六	十七	十八	十九	廿	廿一	廿二	廿三
星	2	3	4	5	6	日	1	2	3	4	5	6	日	1	2	3	4	5	6	日	1	2	3	4	5	6	日	1	2	3	4
干節	丁酉	戊戌	己亥	庚子	辛丑	壬寅	癸卯	甲辰	乙巳	丙午	丁未	戊申	處暑	庚戌	辛亥	壬子	癸丑	甲寅	乙卯	丙辰	丁巳	戊午	己未	庚申	辛酉	壬戌	癸亥	白露	乙丑	丙寅	丁卯

陽歷九月份　（陰歷七、八月份）

陽	9	2	3	4	5	6	7	8	9	10	11	12	13	14	15	16	17	18	19	20	21	22	23	24	25	26	27	28	29	30
陰	廿四	廿五	廿六	廿七	廿八	廿九	卅	八	二	三	四	五	六	七	八	九	十	十一	十二	十三	十四	十五	十六	十七	十八	十九	廿	廿一	廿二	廿三
星	5	6	日	1	2	3	4	5	6	日	1	2	3	4	5	6	日	1	2	3	4	5	6	日	1	2	3	4	5	6
干節	戊辰	己巳	庚午	辛未	壬申	癸酉	甲戌	乙亥	丙子	丁丑	戊寅	己卯	秋分	辛巳	壬午	癸未	甲申	乙酉	丙戌	丁亥	戊子	己丑	庚寅	辛卯	壬辰	癸巳	甲午	寒露	丙申	丁酉

陽歷十月份　（陰歷八、九月份）

陽	10	2	3	4	5	6	7	8	9	10	11	12	13	14	15	16	17	18	19	20	21	22	23	24	25	26	27	28	29	30	31
陰	廿四	廿五	廿六	廿七	廿八	廿九	九	二	三	四	五	六	七	八	九	十	十一	十二	十三	十四	十五	十六	十七	十八	十九	廿	廿一	廿二	廿三	廿四	廿五
星	日	1	2	3	4	5	6	日	1	2	3	4	5	6	日	1	2	3	4	5	6	日	1	2	3	4	5	6	日	1	2
干節	戊戌	己亥	庚子	辛丑	壬寅	癸卯	甲辰	乙巳	丙午	丁未	戊申	己酉	霜降	辛亥	壬子	癸丑	甲寅	乙卯	丙辰	丁巳	戊午	己未	庚申	辛酉	壬戌	癸亥	甲子	立冬	丙寅	丁卯	戊辰

陽歷十一月份　（陰歷九、十月份）

陽	11	2	3	4	5	6	7	8	9	10	11	12	13	14	15	16	17	18	19	20	21	22	23	24	25	26	27	28	29	30
陰	廿六	廿七	廿八	廿九	卅	十	二	三	四	五	六	七	八	九	十	十一	十二	十三	十四	十五	十六	十七	十八	十九	廿	廿一	廿二	廿三	廿四	廿五
星	3	4	5	6	日	1	2	3	4	5	6	日	1	2	3	4	5	6	日	1	2	3	4	5	6	日	1	2	3	4
干節	己巳	庚午	辛未	壬申	癸酉	甲戌	乙亥	丙子	丁丑	戊寅	己卯	小雪	辛巳	壬午	癸未	甲申	乙酉	丙戌	丁亥	戊子	己丑	庚寅	辛卯	壬辰	癸巳	甲午	大雪	丙申	丁酉	戊戌

陽歷十二月份　（陰歷十、十一月份）

陽	12	2	3	4	5	6	7	8	9	10	11	12	13	14	15	16	17	18	19	20	21	22	23	24	25	26	27	28	29	30	31
陰	廿六	廿七	廿八	廿九	十一	二	三	四	五	六	七	八	九	十	十一	十二	十三	十四	十五	十六	十七	十八	十九	廿	廿一	廿二	廿三	廿四	廿五	廿六	廿七
星	5	6	日	1	2	3	4	5	6	日	1	2	3	4	5	6	日	1	2	3	4	5	6	日	1	2	3	4	5	6	日
干節	己亥	庚子	辛丑	壬寅	癸卯	甲辰	乙巳	丙午	丁未	戊申	冬至	庚戌	辛亥	壬子	癸丑	甲寅	乙卯	丙辰	丁巳	戊午	己未	庚申	辛酉	壬戌	癸亥	小寒	乙丑	丙寅	丁卯	戊辰	己巳

甲寅　一五五四年（明世宗嘉靖三十三年）

陽曆一月份　（陰曆十一、十二月份）

陽	1	2	3	4	5	6	7	8	9	10	11	12	13	14	15	16	17	18	19	20	21	22	23	24	25	26	27	28	29	30	31
陰	廿八	廿九	卅	十二	二	三	四	五	六	七	八	九	十	十一	十二	十三	十四	十五	十六	十七	十八	十九	廿	廿一	廿二	廿三	廿四	廿五	廿六	廿七	廿八
星	1	2	3	4	5	6	日	1	2	3	4	5	6	日	1	2	3	4	5	6	日	1	2	3	4	5	6	日	1	2	3
干節	庚午	辛未	壬申	癸酉	甲戌	乙亥	丙子	丁丑	戊寅	大寒	庚辰	辛巳	壬午	癸未	甲申	乙酉	丙戌	丁亥	戊子	己丑	庚寅	辛卯	壬辰	立春	甲午	乙未	丙申	丁酉	戊戌	己亥	庚子

陽曆二月份　（陰曆十二、正月份）

陽	1	2	3	4	5	6	7	8	9	10	11	12	13	14	15	16	17	18	19	20	21	22	23	24	25	26	27	28
陰	廿九	正	二	三	四	五	六	七	八	九	十	十一	十二	十三	十四	十五	十六	十七	十八	十九	廿	廿一	廿二	廿三	廿四	廿五	廿六	廿七
星	4	5	6	日	1	2	3	4	5	6	日	1	2	3	4	5	6	日	1	2	3	4	5	6	日	1	2	3
干節	辛丑	壬寅	癸卯	甲辰	乙巳	丙午	丁未	雨水	己酉	庚戌	辛亥	壬子	癸丑	甲寅	乙卯	丙辰	丁巳	戊午	己未	庚申	辛酉	壬戌	驚蟄	甲子	乙丑	丙寅	丁卯	戊辰

陽曆三月份　（陰曆正、二月份）

陽	1	2	3	4	5	6	7	8	9	10	11	12	13	14	15	16	17	18	19	20	21	22	23	24	25	26	27	28	29	30	31
陰	廿八	廿九	卅	二	二	三	四	五	六	七	八	九	十	十一	十二	十三	十四	十五	十六	十七	十八	十九	廿	廿一	廿二	廿三	廿四	廿五	廿六	廿七	廿八
星	4	5	6	日	1	2	3	4	5	6	日	1	2	3	4	5	6	日	1	2	3	4	5	6	日	1	2	3	4	5	6
干節	己巳	庚午	辛未	壬申	癸酉	甲戌	乙亥	丙子	丁丑	春分	己卯	庚辰	辛巳	壬午	癸未	甲申	乙酉	丙戌	丁亥	戊子	己丑	庚寅	辛卯	壬辰	癸巳	清明	乙未	丙申	丁酉	戊戌	己亥

陽曆四月份　（陰曆二、三月份）

陽	1	2	3	4	5	6	7	8	9	10	11	12	13	14	15	16	17	18	19	20	21	22	23	24	25	26	27	28	29	30
陰	廿九	三	二	三	四	五	六	七	八	九	十	十一	十二	十三	十四	十五	十六	十七	十八	十九	廿	廿一	廿二	廿三	廿四	廿五	廿六	廿七	廿八	廿九
星	日	1	2	3	4	5	6	日	1	2	3	4	5	6	日	1	2	3	4	5	6	日	1	2	3	4	5	6	日	1
干節	庚子	辛丑	壬寅	癸卯	甲辰	乙巳	丙午	丁未	戊申	穀雨	庚戌	辛亥	壬子	癸丑	甲寅	乙卯	丙辰	丁巳	戊午	己未	庚申	辛酉	壬戌	癸亥	立夏	乙丑	丙寅	丁卯	戊辰	己巳

陽曆五月份　（陰曆三、四、五月份）

陽	1	2	3	4	5	6	7	8	9	10	11	12	13	14	15	16	17	18	19	20	21	22	23	24	25	26	27	28	29	30	31
陰	卅	四	二	三	四	五	六	七	八	九	十	十一	十二	十三	十四	十五	十六	十七	十八	十九	廿	廿一	廿二	廿三	廿四	廿五	廿六	廿七	廿八	廿九	五
星	2	3	4	5	6	日	1	2	3	4	5	6	日	1	2	3	4	5	6	日	1	2	3	4	5	6	日	1	2	3	4
干節	庚午	辛未	壬申	癸酉	甲戌	乙亥	丙子	丁丑	戊寅	己卯	小滿	辛巳	壬午	癸未	甲申	乙酉	丙戌	丁亥	戊子	己丑	庚寅	辛卯	壬辰	癸巳	甲午	乙未	芒種	丁酉	戊戌	己亥	庚子

陽曆六月份　（陰曆五、六月份）

陽	1	2	3	4	5	6	7	8	9	10	11	12	13	14	15	16	17	18	19	20	21	22	23	24	25	26	27	28	29	30
陰	二	三	四	五	六	七	八	九	十	十一	十二	十三	十四	十五	十六	十七	十八	十九	廿	廿一	廿二	廿三	廿四	廿五	廿六	廿七	廿八	廿九	卅	六
星	5	6	日	1	2	3	4	5	6	日	1	2	3	4	5	6	日	1	2	3	4	5	6	日	1	2	3	4	5	6
干節	辛丑	壬寅	癸卯	甲辰	乙巳	丙午	丁未	戊申	己酉	庚戌	夏至	壬子	癸丑	甲寅	乙卯	丙辰	丁巳	戊午	己未	庚申	辛酉	壬戌	癸亥	甲子	乙丑	丙寅	小暑	戊辰	己巳	庚午

甲寅

一五五四年

（明世宗嘉靖三三年）

陽曆七月份　（陰曆六、七月份）

陽	7	2	3	4	5	6	7	8	9	10	11	12	13	14	15	16	17	18	19	20	21	22	23	24	25	26	27	28	29	30	31
陰	二	三	四	五	六	七	八	九	十	十一	十二	十三	十四	十五	十六	十七	十八	十九	廿	廿一	廿二	廿三	廿四	廿五	廿六	廿七	廿八	廿九	七	二	三
星	日	1	2	3	4	5	6	日	1	2	3	4	5	6	日	1	2	3	4	5	6	日	1	2	3	4	5	6	日	1	2
干節	辛未	壬申	癸酉	甲戌	乙亥	丙子	丁丑	戊寅	己卯	庚辰	辛巳	壬午	大暑	甲申	乙酉	丙戌	丁亥	戊子	己丑	庚寅	辛卯	壬辰	癸巳	甲午	乙未	丙申	丁酉	戊戌	立秋	庚子	辛丑

陽曆八月份　（陰曆七、八月份）

陽	8	2	3	4	5	6	7	8	9	10	11	12	13	14	15	16	17	18	19	20	21	22	23	24	25	26	27	28	29	30	31
陰	四	五	六	七	八	九	十	十一	十二	十三	十四	十五	十六	十七	十八	十九	廿	廿一	廿二	廿三	廿四	廿五	廿六	廿七	廿八	廿九	卅	八	二	三	四
星	3	4	5	6	日	1	2	3	4	5	6	日	1	2	3	4	5	6	日	1	2	3	4	5	6	日	1	2	3	4	5
干節	壬寅	癸卯	甲辰	乙巳	丙午	丁未	戊申	己酉	庚戌	辛亥	壬子	癸丑	處暑	乙卯	丙辰	丁巳	戊午	己未	庚申	辛酉	壬戌	癸亥	甲子	乙丑	丙寅	丁卯	戊辰	己巳	白露	辛未	壬申

陽曆九月份　（陰曆八、九月份）

陽	9	2	3	4	5	6	7	8	9	10	11	12	13	14	15	16	17	18	19	20	21	22	23	24	25	26	27	28	29	30	—
陰	五	六	七	八	九	十	十一	十二	十三	十四	十五	十六	十七	十八	十九	廿	廿一	廿二	廿三	廿四	廿五	廿六	廿七	廿八	廿九	卅	九	二	三	四	—
星	6	日	1	2	3	4	5	6	日	1	2	3	4	5	6	日	1	2	3	4	5	6	日	1	2	3	4	5	6	日	—
干節	癸酉	甲戌	乙亥	丙子	丁丑	戊寅	己卯	庚辰	辛巳	壬午	癸未	甲申	秋分	丙戌	丁亥	戊子	己丑	庚寅	辛卯	壬辰	癸巳	甲午	乙未	丙申	丁酉	戊戌	己亥	寒露	辛丑	壬寅	—

陽曆十月份　（陰曆九、十月份）

陽	10	2	3	4	5	6	7	8	9	10	11	12	13	14	15	16	17	18	19	20	21	22	23	24	25	26	27	28	29	30	31
陰	五	六	七	八	九	十	十一	十二	十三	十四	十五	十六	十七	十八	十九	廿	廿一	廿二	廿三	廿四	廿五	廿六	廿七	廿八	廿九	十	二	三	四	五	六
星	1	2	3	4	5	6	日	1	2	3	4	5	6	日	1	2	3	4	5	6	日	1	2	3	4	5	6	日	1	2	3
干節	癸卯	甲辰	乙巳	丙午	丁未	戊申	己酉	庚戌	辛亥	壬子	癸丑	甲寅	霜降	丙辰	丁巳	戊午	己未	庚申	辛酉	壬戌	癸亥	甲子	乙丑	丙寅	丁卯	戊辰	己巳	立冬	辛未	壬申	癸酉

陽曆十一月份　（陰曆十、十一月份）

陽	11	2	3	4	5	6	7	8	9	10	11	12	13	14	15	16	17	18	19	20	21	22	23	24	25	26	27	28	29	30
陰	七	八	九	十	十一	十二	十三	十四	十五	十六	十七	十八	十九	廿	廿一	廿二	廿三	廿四	廿五	廿六	廿七	廿八	廿九	卅	十一	二	三	四	五	六
星	4	5	6	日	1	2	3	4	5	6	日	1	2	3	4	5	6	日	1	2	3	4	5	6	日	1	2	3	4	5
干節	甲戌	乙亥	丙子	丁丑	戊寅	己卯	庚辰	辛巳	壬午	癸未	甲申	小雪	丙戌	丁亥	戊子	己丑	庚寅	辛卯	壬辰	癸巳	甲午	乙未	丙申	丁酉	戊戌	己亥	大雪	辛丑	壬寅	癸卯

陽曆十二月份　（陰曆十一、十二月份）

陽	12	2	3	4	5	6	7	8	9	10	11	12	13	14	15	16	17	18	19	20	21	22	23	24	25	26	27	28	29	30	31
陰	七	八	九	十	十一	十二	十三	十四	十五	十六	十七	十八	十九	廿	廿一	廿二	廿三	廿四	廿五	廿六	廿七	廿八	廿九	十二	二	三	四	五	六	七	八
星	6	日	1	2	3	4	5	6	日	1	2	3	4	5	6	日	1	2	3	4	5	6	日	1	2	3	4	5	6	日	1
干節	甲辰	乙巳	丙午	丁未	戊申	己酉	庚戌	辛亥	壬子	癸丑	甲寅	冬至	丙辰	丁巳	戊午	己未	庚申	辛酉	壬戌	癸亥	甲子	乙丑	丙寅	丁卯	戊辰	小寒	庚午	辛未	壬申	癸酉	甲戌

乙卯 一五五五年 （明世宗嘉靖三四年）

陽歷一月份　（陰歷十二、正月份）

陽	1	2	3	4	5	6	7	8	9	10	11	12	13	14	15	16	17	18	19	20	21	22	23	24	25	26	27	28	29	30	31
陰	九	十	十一	十二	十三	十四	十五	十六	十七	十八	十九	廿	廿一	廿二	廿三	廿四	廿五	廿六	廿七	廿八	廿九	卅	正	二	三	四	五	六	七	八	九
星	2	3	4	5	6	日	1	2	3	4	5	6	日	1	2	3	4	5	6	日	1	2	3	4	5	6	日	1	2	3	4
干節	乙亥	丙子	丁丑	戊寅	己卯	庚辰	辛巳	壬午	癸未	大寒	乙酉	丙戌	丁亥	戊子	己丑	庚寅	辛卯	壬辰	癸巳	甲午	乙未	丙申	丁酉	戊戌	立春	庚子	辛丑	壬寅	癸卯	甲辰	乙巳

陽歷二月份　（陰歷正、二月份）

陽	1	2	3	4	5	6	7	8	9	10	11	12	13	14	15	16	17	18	19	20	21	22	23	24	25	26	27	28
陰	十	十一	十二	十三	十四	十五	十六	十七	十八	十九	廿	廿一	廿二	廿三	廿四	廿五	廿六	廿七	廿八	廿九	二	二	三	四	五	六	七	八
星	5	6	日	1	2	3	4	5	6	日	1	2	3	4	5	6	日	1	2	3	4	5	6	日	1	2	3	4
干節	丙午	丁未	戊申	己酉	庚戌	辛亥	壬子	癸丑	雨水	乙卯	丙辰	丁巳	戊午	己未	庚申	辛酉	壬戌	癸亥	甲子	乙丑	丙寅	丁卯	驚蟄	己巳	庚午	辛未	壬申	癸酉

陽歷三月份　（陰歷二、三月份）

陽	1	2	3	4	5	6	7	8	9	10	11	12	13	14	15	16	17	18	19	20	21	22	23	24	25	26	27	28	29	30	31
陰	九	十	十一	十二	十三	十四	十五	十六	十七	十八	十九	廿	廿一	廿二	廿三	廿四	廿五	廿六	廿七	廿八	廿九	卅	三	二	三	四	五	六	七	八	九
星	5	6	日	1	2	3	4	5	6	日	1	2	3	4	5	6	日	1	2	3	4	5	6	日	1	2	3	4	5	6	日
干節	甲戌	乙亥	丙子	丁丑	戊寅	己卯	庚辰	辛巳	壬午	癸未	春分	乙酉	丙戌	丁亥	戊子	己丑	庚寅	辛卯	壬辰	癸巳	甲午	乙未	丙申	丁酉	戊戌	清明	庚子	辛丑	壬寅	癸卯	甲辰

陽歷四月份　（陰歷三、四月份）

陽	1	2	3	4	5	6	7	8	9	10	11	12	13	14	15	16	17	18	19	20	21	22	23	24	25	26	27	28	29	30
陰	十	十一	十二	十三	十四	十五	十六	十七	十八	十九	廿	廿一	廿二	廿三	廿四	廿五	廿六	廿七	廿八	廿九	四	二	三	四	五	六	七	八	九	十
星	1	2	3	4	5	6	日	1	2	3	4	5	6	日	1	2	3	4	5	6	日	1	2	3	4	5	6	日	1	2
干節	乙巳	丙午	丁未	戊申	己酉	庚戌	辛亥	壬子	癸丑	穀雨	乙卯	丙辰	丁巳	戊午	己未	庚申	辛酉	壬戌	癸亥	甲子	乙丑	丙寅	丁卯	戊辰	己巳	立夏	辛未	壬申	癸酉	甲戌

陽歷五月份　（陰歷四、五月份）

陽	1	2	3	4	5	6	7	8	9	10	11	12	13	14	15	16	17	18	19	20	21	22	23	24	25	26	27	28	29	30	31
陰	十一	十二	十三	十四	十五	十六	十七	十八	十九	廿	廿一	廿二	廿三	廿四	廿五	廿六	廿七	廿八	廿九	五	二	三	四	五	六	七	八	九	十	十一	十二
星	3	4	5	6	日	1	2	3	4	5	6	日	1	2	3	4	5	6	日	1	2	3	4	5	6	日	1	2	3	4	5
干節	乙亥	丙子	丁丑	戊寅	己卯	庚辰	辛巳	壬午	癸未	甲申	小滿	丙戌	丁亥	戊子	己丑	庚寅	辛卯	壬辰	癸巳	甲午	乙未	丙申	丁酉	戊戌	己亥	庚子	芒種	壬寅	癸卯	甲辰	乙巳

陽歷六月份　（陰歷五、六月份）

陽	1	2	3	4	5	6	7	8	9	10	11	12	13	14	15	16	17	18	19	20	21	22	23	24	25	26	27	28	29	30
陰	十三	十四	十五	十六	十七	十八	十九	廿	廿一	廿二	廿三	廿四	廿五	廿六	廿七	廿八	廿九	卅	六	二	三	四	五	六	七	八	九	十	十一	十二
星	6	日	1	2	3	4	5	6	日	1	2	3	4	5	6	日	1	2	3	4	5	6	日	1	2	3	4	5	6	日
干節	丙午	丁未	戊申	己酉	庚戌	辛亥	壬子	癸丑	甲寅	乙卯	丙辰	夏至	戊午	己未	庚申	辛酉	壬戌	癸亥	甲子	乙丑	丙寅	丁卯	戊辰	己巳	庚午	辛未	小暑	癸酉	甲戌	乙亥

乙卯

一五五五年

（明世宗嘉靖三四年）

陽曆七月份　（陰曆六、七月份）

陽	7	2	3	4	5	6	7	8	9	10	11	12	13	14	15	16	17	18	19	20	21	22	23	24	25	26	27	28	29	30	31
陰	十三	十四	十五	十六	十七	十八	十九	廿	廿一	廿二	廿三	廿四	廿五	廿六	廿七	廿八	廿九	七	二	三	四	五	六	七	八	九	十	十一	十二	十三	十四
星	1	2	3	4	5	6	日	1	2	3	4	5	6	日	1	2	3	4	5	6	日	1	2	3	4	5	6	日	1	2	3
干節	丙子	丁丑	戊寅	己卯	庚辰	辛巳	壬午	癸未	甲申	乙酉	丙戌	丁亥	大暑	己丑	庚寅	辛卯	壬辰	癸巳	甲午	乙未	丙申	丁酉	戊戌	己亥	庚子	辛丑	壬寅	癸卯	立秋	乙巳	丙午

陽曆八月份　（陰曆七、八月份）

陽	8	2	3	4	5	6	7	8	9	10	11	12	13	14	15	16	17	18	19	20	21	22	23	24	25	26	27	28	29	30	31
陰	十五	十六	十七	十八	十九	廿	廿一	廿二	廿三	廿四	廿五	廿六	廿七	廿八	廿九	卅	八	二	三	四	五	六	七	八	九	十	十一	十二	十三	十四	十五
星	4	5	6	日	1	2	3	4	5	6	日	1	2	3	4	5	6	日	1	2	3	4	5	6	日	1	2	3	4	5	6
干節	丁未	戊申	己酉	庚戌	辛亥	壬子	癸丑	甲寅	乙卯	丙辰	丁巳	戊午	己未	處暑	辛酉	壬戌	癸亥	甲子	乙丑	丙寅	丁卯	戊辰	己巳	庚午	辛未	壬申	癸酉	甲戌	白露	丙子	丁丑

陽曆九月份　（陰曆八、九月份）

陽	9	2	3	4	5	6	7	8	9	10	11	12	13	14	15	16	17	18	19	20	21	22	23	24	25	26	27	28	29	30
陰	十六	十七	十八	十九	廿	廿一	廿二	廿三	廿四	廿五	廿六	廿七	廿八	廿九	卅	九	二	三	四	五	六	七	八	九	十	十一	十二	十三	十四	十五
星	日	1	2	3	4	5	6	日	1	2	3	4	5	6	日	1	2	3	4	5	6	日	1	2	3	4	5	6	日	1
干節	戊寅	己卯	庚辰	辛巳	壬午	癸未	甲申	乙酉	丙戌	丁亥	戊子	己丑	秋分	辛卯	壬辰	癸巳	甲午	乙未	丙申	丁酉	戊戌	己亥	庚子	辛丑	壬寅	癸卯	甲辰	乙巳	寒露	丁未

陽曆十月份　（陰曆九、十月份）

陽	10	2	3	4	5	6	7	8	9	10	11	12	13	14	15	16	17	18	19	20	21	22	23	24	25	26	27	28	29	30	31
陰	十六	十七	十八	十九	廿	廿一	廿二	廿三	廿四	廿五	廿六	廿七	廿八	廿九	十	二	三	四	五	六	七	八	九	十	十一	十二	十三	十四	十五	十六	十七
星	2	3	4	5	6	日	1	2	3	4	5	6	日	1	2	3	4	5	6	日	1	2	3	4	5	6	日	1	2	3	4
干節	戊申	己酉	庚戌	辛亥	壬子	癸丑	甲寅	乙卯	丙辰	丁巳	戊午	己未	庚申	霜降	壬戌	癸亥	甲子	乙丑	丙寅	丁卯	戊辰	己巳	庚午	辛未	壬申	癸酉	甲戌	乙亥	立冬	丁丑	戊寅

陽曆十一月份　（陰曆十、十一月份）

陽	11	2	3	4	5	6	7	8	9	10	11	12	13	14	15	16	17	18	19	20	21	22	23	24	25	26	27	28	29	30
陰	十八	十九	廿	廿一	廿二	廿三	廿四	廿五	廿六	廿七	廿八	廿九	卅	十一	二	三	四	五	六	七	八	九	十	十一	十二	十三	十四	十五	十六	十七
星	5	6	日	1	2	3	4	5	6	日	1	2	3	4	5	6	日	1	2	3	4	5	6	日	1	2	3	4	5	6
干節	己卯	庚辰	辛巳	壬午	癸未	甲申	乙酉	丙戌	丁亥	戊子	己丑	小雪	辛卯	壬辰	癸巳	甲午	乙未	丙申	丁酉	戊戌	己亥	庚子	辛丑	壬寅	癸卯	甲辰	大雪	丙午	丁未	戊申

陽曆十二月份　（陰曆十一、閏十一月份）

陽	12	2	3	4	5	6	7	8	9	10	11	12	13	14	15	16	17	18	19	20	21	22	23	24	25	26	27	28	29	30	31
陰	十八	十九	廿	廿一	廿二	廿三	廿四	廿五	廿六	廿七	廿八	廿九	卅	閏	二	三	四	五	六	七	八	九	十	十一	十二	十三	十四	十五	十六	十七	十八
星	日	1	2	3	4	5	6	日	1	2	3	4	5	6	日	1	2	3	4	5	6	日	1	2	3	4	5	6	日	1	2
干節	己酉	庚戌	辛亥	壬子	癸丑	甲寅	乙卯	丙辰	丁巳	戊午	己未	冬至	辛酉	壬戌	癸亥	甲子	乙丑	丙寅	丁卯	戊辰	己巳	庚午	辛未	壬申	癸酉	小寒	乙亥	丙子	丁丑	戊寅	己卯

近世中西史日對照表

陽歷一月份　（陰歷閏十一、十二月份）

陽	1	2	3	4	5	6	7	8	9	10	11	12	13	14	15	16	17	18	19	20	21	22	23	24	25	26	27	28	29	30	31
陰	十九	廿	廿一	廿二	廿三	廿四	廿五	廿六	廿七	廿八	廿九	十二	二	三	四	五	六	七	八	九	十	十一	十二	十三	十四	十五	十六	十七	十八	十九	廿
星	3	4	5	6	日	1	2	3	4	5	6	日	1	2	3	4	5	6	日	1	2	3	4	5	6	日	1	2	3	4	5
干節	庚辰	辛巳	壬午	癸未	甲申	乙酉	丙戌	丁亥	戊子	大寒	庚寅	辛卯	壬辰	癸巳	甲午	乙未	丙申	丁酉	戊戌	己亥	庚子	辛丑	壬寅	癸卯	立春	乙巳	丙午	丁未	戊申	己酉	庚戌

陽歷二月份　（陰歷十二、正月份）

陽	2	2	3	4	5	6	7	8	9	10	11	12	13	14	15	16	17	18	19	20	21	22	23	24	25	26	27	28	29		
陰	廿一	廿二	廿三	廿四	廿五	廿六	廿七	廿八	廿九	卅	正	二	三	四	五	六	七	八	九	十	十一	十二	十三	十四	十五	十六	十七	十八	十九		
星	6	日	1	2	3	4	5	6	日	1	2	3	4	5	6	日	1	2	3	4	5	6	日	1	2	3	4	5	6		
干節	辛亥	壬子	癸丑	甲寅	乙卯	丙辰	丁巳	戊午	雨水	庚申	辛酉	壬戌	癸亥	甲子	乙丑	丙寅	丁卯	戊辰	己巳	庚午	辛未	壬申	癸酉	驚蟄	乙亥	丙子	丁丑	戊寅	己卯		

陽歷三月份　（陰歷正、二月份）

陽	3	2	3	4	5	6	7	8	9	10	11	12	13	14	15	16	17	18	19	20	21	22	23	24	25	26	27	28	29	30	31
陰	廿	廿一	廿二	廿三	廿四	廿五	廿六	廿七	廿八	廿九	二	二	三	四	五	六	七	八	九	十	十一	十二	十三	十四	十五	十六	十七	十八	十九	廿	廿一
星	日	1	2	3	4	5	6	日	1	2	3	4	5	6	日	1	2	3	4	5	6	日	1	2	3	4	5	6	日	1	2
干節	庚辰	辛巳	壬午	癸未	甲申	乙酉	丙戌	丁亥	戊子	春分	庚寅	辛卯	壬辰	癸巳	甲午	乙未	丙申	丁酉	戊戌	己亥	庚子	辛丑	壬寅	癸卯	清明	乙巳	丙午	丁未	戊申	己酉	庚戌

陽歷四月份　（陰歷二、三月份）

陽	4	2	3	4	5	6	7	8	9	10	11	12	13	14	15	16	17	18	19	20	21	22	23	24	25	26	27	28	29	30	
陰	廿二	廿三	廿四	廿五	廿六	廿七	廿八	廿九	卅	三	二	三	四	五	六	七	八	九	十	十一	十二	十三	十四	十五	十六	十七	十八	十九	廿	廿一	
星	3	4	5	6	日	1	2	3	4	5	6	日	1	2	3	4	5	6	日	1	2	3	4	5	6	日	1	2	3	4	
干節	辛亥	壬子	癸丑	甲寅	乙卯	丙辰	丁巳	戊午	穀雨	庚申	辛酉	壬戌	癸亥	甲子	乙丑	丙寅	丁卯	戊辰	己巳	庚午	辛未	壬申	癸酉	甲戌	立夏	丙子	丁丑	戊寅	己卯	庚辰	

陽歷五月份　（陰歷三、四月份）

陽	5	2	3	4	5	6	7	8	9	10	11	12	13	14	15	16	17	18	19	20	21	22	23	24	25	26	27	28	29	30	31
陰	廿二	廿三	廿四	廿五	廿六	廿七	廿八	廿九	四	二	三	四	五	六	七	八	九	十	十一	十二	十三	十四	十五	十六	十七	十八	十九	廿	廿一	廿二	廿三
星	5	6	日	1	2	3	4	5	6	日	1	2	3	4	5	6	日	1	2	3	4	5	6	日	1	2	3	4	5	6	日
干節	辛巳	壬午	癸未	甲申	乙酉	丙戌	丁亥	戊子	己丑	小滿	辛卯	壬辰	癸巳	甲午	乙未	丙申	丁酉	戊戌	己亥	庚子	辛丑	壬寅	癸卯	甲辰	乙巳	芒種	丁未	戊申	己酉	庚戌	辛亥

陽歷六月份　（陰歷四、五月份）

陽	6	2	3	4	5	6	7	8	9	10	11	12	13	14	15	16	17	18	19	20	21	22	23	24	25	26	27	28	29	30	
陰	廿四	廿五	廿六	廿七	廿八	廿九	五	二	三	四	五	六	七	八	九	十	十一	十二	十三	十四	十五	十六	十七	十八	十九	廿	廿一	廿二	廿三	廿四	
星	1	2	3	4	5	6	日	1	2	3	4	5	6	日	1	2	3	4	5	6	日	1	2	3	4	5	6	日	1	2	
干節	壬子	癸丑	甲寅	乙卯	丙辰	丁巳	戊午	己未	庚申	辛酉	夏至	癸亥	甲子	乙丑	丙寅	丁卯	戊辰	己巳	庚午	辛未	壬申	癸酉	甲戌	乙亥	丙子	丁丑	小暑	己卯	庚辰	辛巳	

丙辰

一五五六年

（明世宗嘉靖三五年）

陽歷七月份　（陰歷五、六月份）

陽	7	2	3	4	5	6	7	8	9	10	11	12	13	14	15	16	17	18	19	20	21	22	23	24	25	26	27	28	29	30	31
陰	廿五	廿六	廿七	廿八	廿九	卅	六	二	三	四	五	六	七	八	九	十	十一	十二	十三	十四	十五	十六	十七	十八	十九	廿	廿一	廿二	廿三	廿四	廿五
星	3	4	5	6	日	1	2	3	4	5	6	日	1	2	3	4	5	6	日	1	2	3	4	5	6	日	1	2	3	4	5
干節	壬午	癸未	甲申	乙酉	丙戌	丁亥	戊子	己丑	庚寅	辛卯	壬辰	大暑	甲午	乙未	丙申	丁酉	戊戌	己亥	庚子	辛丑	壬寅	癸卯	甲辰	乙巳	丙午	丁未	戊申	立秋	庚戌	辛亥	壬子

陽歷八月份　（陰歷六、七月份）

陽	8	2	3	4	5	6	7	8	9	10	11	12	13	14	15	16	17	18	19	20	21	22	23	24	25	26	27	28	29	30	31
陰	廿六	廿七	廿八	廿九	七	二	三	四	五	六	七	八	九	十	十一	十二	十三	十四	十五	十六	十七	十八	十九	廿	廿一	廿二	廿三	廿四	廿五	廿六	廿七
星	6	日	1	2	3	4	5	6	日	1	2	3	4	5	6	日	1	2	3	4	5	6	日	1	2	3	4	5	6	日	1
干節	癸丑	甲寅	乙卯	丙辰	丁巳	戊午	己未	庚申	辛酉	壬戌	癸亥	甲子	處暑	丙寅	丁卯	戊辰	己巳	庚午	辛未	壬申	癸酉	甲戌	乙亥	丙子	丁丑	戊寅	己卯	白露	辛巳	壬午	癸未

陽歷九月份　（陰歷七、八月份）

陽	9	2	3	4	5	6	7	8	9	10	11	12	13	14	15	16	17	18	19	20	21	22	23	24	25	26	27	28	29	30
陰	廿八	廿九	卅	八	二	三	四	五	六	七	八	九	十	十一	十二	十三	十四	十五	十六	十七	十八	十九	廿	廿一	廿二	廿三	廿四	廿五	廿六	廿七
星	2	3	4	5	6	日	1	2	3	4	5	6	日	1	2	3	4	5	6	日	1	2	3	4	5	6	日	1	2	3
干節	甲申	乙酉	丙戌	丁亥	戊子	己丑	庚寅	辛卯	壬辰	癸巳	甲午	秋分	丙申	丁酉	戊戌	己亥	庚子	辛丑	壬寅	癸卯	甲辰	乙巳	丙午	丁未	戊申	己酉	庚戌	寒露	壬子	癸丑

陽歷十月份　（陰歷八、九月份）

陽	10	2	3	4	5	6	7	8	9	10	11	12	13	14	15	16	17	18	19	20	21	22	23	24	25	26	27	28	29	30	31
陰	廿八	廿九	九	二	三	四	五	六	七	八	九	十	十一	十二	十三	十四	十五	十六	十七	十八	十九	廿	廿一	廿二	廿三	廿四	廿五	廿六	廿七	廿八	廿九
星	4	5	6	日	1	2	3	4	5	6	日	1	2	3	4	5	6	日	1	2	3	4	5	6	日	1	2	3	4	5	6
干節	甲寅	乙卯	丙辰	丁巳	戊午	己未	庚申	辛酉	壬戌	癸亥	甲子	乙丑	霜降	丁卯	戊辰	己巳	庚午	辛未	壬申	癸酉	甲戌	乙亥	丙子	丁丑	戊寅	己卯	庚辰	立冬	壬午	癸未	甲申

陽歷十一月份　（陰歷九、十月份）

陽	11	2	3	4	5	6	7	8	9	10	11	12	13	14	15	16	17	18	19	20	21	22	23	24	25	26	27	28	29	30
陰	卅	十	二	三	四	五	六	七	八	九	十	十一	十二	十三	十四	十五	十六	十七	十八	十九	廿	廿一	廿二	廿三	廿四	廿五	廿六	廿七	廿八	廿九
星	日	1	2	3	4	5	6	日	1	2	3	4	5	6	日	1	2	3	4	5	6	日	1	2	3	4	5	6	日	1
干節	乙酉	丙戌	丁亥	戊子	己丑	庚寅	辛卯	壬辰	癸巳	甲午	乙未	小雪	丁酉	戊戌	己亥	庚子	辛丑	壬寅	癸卯	甲辰	乙巳	丙午	丁未	戊申	己酉	大雪	辛亥	壬子	癸丑	甲寅

陽歷十二月份　（陰歷十、十一月份）

陽	12	2	3	4	5	6	7	8	9	10	11	12	13	14	15	16	17	18	19	20	21	22	23	24	25	26	27	28	29	30	31
陰	卅	十一	二	三	四	五	六	七	八	九	十	十一	十二	十三	十四	十五	十六	十七	十八	十九	廿	廿一	廿二	廿三	廿四	廿五	廿六	廿七	廿八	廿九	卅
星	2	3	4	5	6	日	1	2	3	4	5	6	日	1	2	3	4	5	6	日	1	2	3	4	5	6	日	1	2	3	4
干節	乙卯	丙辰	丁巳	戊午	己未	庚申	辛酉	壬戌	癸亥	甲子	冬至	丙寅	丁卯	戊辰	己巳	庚午	辛未	壬申	癸酉	甲戌	乙亥	丙子	丁丑	戊寅	己卯	小寒	辛巳	壬午	癸未	甲申	乙酉

近世中西史日對照表

丁巳

一五五七年

（明世宗嘉靖三六年）

陽歷 一月份　（陰歷十二、正月份）

陽	1	2	3	4	5	6	7	8	9	10	11	12	13	14	15	16	17	18	19	20	21	22	23	24	25	26	27	28	29	30	31
陰	十二	二	三	四	五	六	七	八	九	十	十一	十二	十三	十四	十五	十六	十七	十八	十九	廿	廿一	廿二	廿三	廿四	廿五	廿六	廿七	廿八	廿九	正	二
星	5	6	日	1	2	3	4	5	6	日	1	2	3	4	5	6	日	1	2	3	4	5	6	日	1	2	3	4	5	6	日
干節	丙戌	丁亥	戊子	己丑	庚寅	辛卯	壬辰	癸巳	大寒	乙未	丙申	丁酉	戊戌	己亥	庚子	辛丑	壬寅	癸卯	甲辰	乙巳	丙午	丁未	戊申	立春	庚戌	辛亥	壬子	癸丑	甲寅	乙卯	丙辰

陽歷 二月份　（陰歷 正月份）

陽	2	2	3	4	5	6	7	8	9	10	11	12	13	14	15	16	17	18	19	20	21	22	23	24	25	26	27	28			
陰	三	四	五	六	七	八	九	十	十一	十二	十三	十四	十五	十六	十七	十八	十九	廿	廿一	廿二	廿三	廿四	廿五	廿六	廿七	廿八	廿九	卅			
星	1	2	3	4	5	6	日	1	2	3	4	5	6	日	1	2	3	4	5	6	日	1	2	3	4	5	6	日			
干節	丁巳	戊午	己未	庚申	辛酉	壬戌	癸亥	雨水	乙丑	丙寅	丁卯	戊辰	己巳	庚午	辛未	壬申	癸酉	甲戌	乙亥	丙子	丁丑	戊寅	驚蟄	庚辰	辛巳	壬午	癸未	甲申			

陽歷 三月份　（陰歷二、三月份）

陽	3	2	3	4	5	6	7	8	9	10	11	12	13	14	15	16	17	18	19	20	21	22	23	24	25	26	27	28	29	30	31
陰	二	二	三	四	五	六	七	八	九	十	十一	十二	十三	十四	十五	十六	十七	十八	十九	廿	廿一	廿二	廿三	廿四	廿五	廿六	廿七	廿八	廿九	三	二
星	1	2	3	4	5	6	日	1	2	3	4	5	6	日	1	2	3	4	5	6	日	1	2	3	4	5	6	日	1	2	3
干節	乙酉	丙戌	丁亥	戊子	己丑	庚寅	辛卯	壬辰	癸巳	春分	乙未	丙申	丁酉	戊戌	己亥	庚子	辛丑	壬寅	癸卯	甲辰	乙巳	丙午	丁未	戊申	清明	庚戌	辛亥	壬子	癸丑	甲寅	乙卯

陽歷 四月份　（陰歷三、四月份）

陽	4	2	3	4	5	6	7	8	9	10	11	12	13	14	15	16	17	18	19	20	21	22	23	24	25	26	27	28	29	30	
陰	三	四	五	六	七	八	九	十	十一	十二	十三	十四	十五	十六	十七	十八	十九	廿	廿一	廿二	廿三	廿四	廿五	廿六	廿七	廿八	廿九	卅	四	二	
星	4	5	6	日	1	2	3	4	5	6	日	1	2	3	4	5	6	日	1	2	3	4	5	6	日	1	2	3	4	5	
干節	丙辰	丁巳	戊午	己未	庚申	辛酉	壬戌	癸亥	甲子	穀雨	丙寅	丁卯	戊辰	己巳	庚午	辛未	壬申	癸酉	甲戌	乙亥	丙子	丁丑	戊寅	己卯	立夏	辛巳	壬午	癸未	甲申	乙酉	

陽歷 五月份　（陰歷四、五月份）

陽	5	2	3	4	5	6	7	8	9	10	11	12	13	14	15	16	17	18	19	20	21	22	23	24	25	26	27	28	29	30	31
陰	三	四	五	六	七	八	九	十	十一	十二	十三	十四	十五	十六	十七	十八	十九	廿	廿一	廿二	廿三	廿四	廿五	廿六	廿七	廿八	廿九	五	二	三	四
星	6	日	1	2	3	4	5	6	日	1	2	3	4	5	6	日	1	2	3	4	5	6	日	1	2	3	4	5	6	日	1
干節	丙戌	丁亥	戊子	己丑	庚寅	辛卯	壬辰	癸巳	甲午	乙未	小滿	丁酉	戊戌	己亥	庚子	辛丑	壬寅	癸卯	甲辰	乙巳	丙午	丁未	戊申	己酉	庚戌	芒種	壬子	癸丑	甲寅	乙卯	丙辰

陽歷 六月份　（陰歷五、六月份）

陽	6	2	3	4	5	6	7	8	9	10	11	12	13	14	15	16	17	18	19	20	21	22	23	24	25	26	27	28	29	30	
陰	五	六	七	八	九	十	十一	十二	十三	十四	十五	十六	十七	十八	十九	廿	廿一	廿二	廿三	廿四	廿五	廿六	廿七	廿八	廿九	六	二	三	四	五	
星	2	3	4	5	6	日	1	2	3	4	5	6	日	1	2	3	4	5	6	日	1	2	3	4	5	6	日	1	2	3	
干節	丁巳	戊午	己未	庚申	辛酉	壬戌	癸亥	甲子	乙丑	丙寅	夏至	戊辰	己巳	庚午	辛未	壬申	癸酉	甲戌	乙亥	丙子	丁丑	戊寅	己卯	庚辰	辛巳	壬午	小暑	甲申	乙酉	丙戌	

丁巳

一五五七年

(明世宗嘉靖三六年)

陽歷七月份　(陰歷六、七月份)

陽	7	2	3	4	5	6	7	8	9	10	11	12	13	14	15	16	17	18	19	20	21	22	23	24	25	26	27	28	29	30	31
陰	六	七	八	九	十	十一	十二	十三	十四	十五	十六	十七	十八	十九	廿	廿一	廿二	廿三	廿四	廿五	廿六	廿七	廿八	廿九	卅	七	二	三	四	五	六
星	4	5	6	日	1	2	3	4	5	6	日	1	2	3	4	5	6	日	1	2	3	4	5	6	日	1	2	3	4	5	6
干節	丁亥	戊子	己丑	庚寅	辛卯	壬辰	癸巳	甲午	乙未	丙申	丁酉	戊戌	大暑	庚子	辛丑	壬寅	癸卯	甲辰	乙巳	丙午	丁未	戊申	己酉	庚戌	辛亥	壬子	癸丑	立秋	乙卯	丙辰	丁巳

陽歷八月份　(陰歷七、八月份)

陽	8	2	3	4	5	6	7	8	9	10	11	12	13	14	15	16	17	18	19	20	21	22	23	24	25	26	27	28	29	30	31
陰	七	八	九	十	十一	十二	十三	十四	十五	十六	十七	十八	十九	廿	廿一	廿二	廿三	廿四	廿五	廿六	廿七	廿八	廿九	八	二	三	四	五	六	七	八
星	日	1	2	3	4	5	6	日	1	2	3	4	5	6	日	1	2	3	4	5	6	日	1	2	3	4	5	6	日	1	2
干節	戊午	己未	庚申	辛酉	壬戌	癸亥	甲子	乙丑	丙寅	丁卯	戊辰	己巳	處暑	辛未	壬申	癸酉	甲戌	乙亥	丙子	丁丑	戊寅	己卯	庚辰	辛巳	壬午	癸未	甲申	白露	丙戌	丁亥	戊子

陽歷九月份　(陰歷八、九月份)

陽	9	2	3	4	5	6	7	8	9	10	11	12	13	14	15	16	17	18	19	20	21	22	23	24	25	26	27	28	29	30	
陰	九	十	十一	十二	十三	十四	十五	十六	十七	十八	十九	廿	廿一	廿二	廿三	廿四	廿五	廿六	廿七	廿八	廿九	卅	九	二	三	四	五	六	七	八	
星	3	4	5	6	日	1	2	3	4	5	6	日	1	2	3	4	5	6	日	1	2	3	4	5	6	日	1	2	3	4	
干節	己丑	庚寅	辛卯	壬辰	癸巳	甲午	乙未	丙申	丁酉	戊戌	己亥	庚子	秋分	壬寅	癸卯	甲辰	乙巳	丙午	丁未	戊申	己酉	庚戌	辛亥	壬子	癸丑	甲寅	乙卯	寒露	丁巳	戊午	

陽歷十月份　(陰歷九、十月份)

陽	10	2	3	4	5	6	7	8	9	10	11	12	13	14	15	16	17	18	19	20	21	22	23	24	25	26	27	28	29	30	31
陰	九	十	十一	十二	十三	十四	十五	十六	十七	十八	十九	廿	廿一	廿二	廿三	廿四	廿五	廿六	廿七	廿八		十	二	三	四	五	六	七	八	九	十
星	5	6	日	1	2	3	4	5	6	日	1	2	3	4	5	6	日	1	2	3	4	5	6	日	1	2	3	4	5	6	日
干節	己未	庚申	辛酉	壬戌	癸亥	甲子	乙丑	丙寅	丁卯	戊辰	己巳	庚午	霜降	壬申	癸酉	甲戌	乙亥	丙子	丁丑	戊寅	己卯	庚辰	辛巳	壬午	癸未	甲申	乙酉	立冬	丁亥	戊子	己丑

陽歷十一月份　(陰歷十、十一月份)

陽	11	2	3	4	5	6	7	8	9	10	11	12	13	14	15	16	17	18	19	20	21	22	23	24	25	26	27	28	29	30	
陰	十一	十二	十三	十四	十五	十六	十七	十八	十九	廿	廿一	廿二	廿三	廿四	廿五	廿六	廿七	廿八	廿九	卅	十一	二	三	四	五	六	七	八	九	十	
星	1	2	3	4	5	6	日	1	2	3	4	5	6	日	1	2	3	4	5	6	日	1	2	3	4	5	6	日	1	2	
干節	庚寅	辛卯	壬辰	癸巳	甲午	乙未	丙申	丁酉	戊戌	己亥	庚子	小雪	壬寅	癸卯	甲辰	乙巳	丙午	丁未	戊申	己酉	庚戌	辛亥	壬子	癸丑	甲寅	乙卯	大雪	丁巳	戊午	己未	

陽歷十二月份　(陰歷十一、十二月份)

陽	12	2	3	4	5	6	7	8	9	10	11	12	13	14	15	16	17	18	19	20	21	22	23	24	25	26	27	28	29	30	31
陰	十一	十二	十三	十四	十五	十六	十七	十八	十九	廿	廿一	廿二	廿三	廿四	廿五	廿六	廿七	廿八	廿九	卅	十二	二	三	四	五	六	七	八	九	十	十一
星	3	4	5	6	日	1	2	3	4	5	6	日	1	2	3	4	5	6	日	1	2	3	4	5	6	日	1	2	3	4	5
干節	庚申	辛酉	壬戌	癸亥	甲子	乙丑	丙寅	丁卯	戊辰	己巳	冬至	辛未	壬申	癸酉	甲戌	乙亥	丙子	丁丑	戊寅	己卯	庚辰	辛巳	壬午	癸未	甲申	小寒	丙戌	丁亥	戊子	己丑	庚寅

近世中西史日對照表

陽歷 一月份 （陰歷十二、正月份）

陽	1	2	3	4	5	6	7	8	9	10	11	12	13	14	15	16	17	18	19	20	21	22	23	24	25	26	27	28	29	30	31
陰	十二	十三	十四	十五	十六	十七	十八	十九	廿	廿一	廿二	廿三	廿四	廿五	廿六	廿七	廿八	廿九	卅	正	二	三	四	五	六	七	八	九	十	十一	十二
星	6	日	1	2	3	4	5	6	日	1	2	3	4	5	6	日	1	2	3	4	5	6	日	1	2	3	4	5	6	日	1
干節	辛卯	壬辰	癸巳	甲午	乙未	丙申	丁酉	戊戌	己亥	大寒	辛丑	壬寅	癸卯	甲辰	乙巳	丙午	丁未	戊申	己酉	庚戌	辛亥	壬子	癸丑	立春	乙卯	丙辰	丁巳	戊午	己未	庚申	辛酉

陽歷 二月份 （陰歷正、二月份）

陽	2	2	3	4	5	6	7	8	9	10	11	12	13	14	15	16	17	18	19	20	21	22	23	24	25	26	27	28			
陰	十三	十四	十五	十六	十七	十八	十九	廿	廿一	廿二	廿三	廿四	廿五	廿六	廿七	廿八	廿九	二	二	三	四	五	六	七	八	九	十	十一			
星	2	3	4	5	6	日	1	2	3	4	5	6	日	1	2	3	4	5	6	日	1	2	3	4	5	6	日	1			
干節	壬戌	癸亥	甲子	乙丑	丙寅	丁卯	戊辰	雨水	庚午	辛未	壬申	癸酉	甲戌	乙亥	丙子	丁丑	戊寅	己卯	庚辰	辛巳	壬午	癸未	驚蟄	乙酉	丙戌	丁亥	戊子	己丑			

陽歷 三月份 （陰歷二、三月份）

陽	3	2	3	4	5	6	7	8	9	10	11	12	13	14	15	16	17	18	19	20	21	22	23	24	25	26	27	28	29	30	31
陰	十二	十三	十四	十五	十六	十七	十八	十九	廿	廿一	廿二	廿三	廿四	廿五	廿六	廿七	廿八	廿九	卅	三	二	三	四	五	六	七	八	九	十	十一	十二
星	2	3	4	5	6	日	1	2	3	4	5	6	日	1	2	3	4	5	6	日	1	2	3	4	5	6	日	1	2	3	4
干節	庚寅	辛卯	壬辰	癸巳	甲午	乙未	丙申	丁酉	戊戌	春分	庚子	辛丑	壬寅	癸卯	甲辰	乙巳	丙午	丁未	戊申	己酉	庚戌	辛亥	壬子	癸丑	甲寅	清明	丙辰	丁巳	戊午	己未	庚申

陽歷 四月份 （陰歷三、四月份）

陽	4	2	3	4	5	6	7	8	9	10	11	12	13	14	15	16	17	18	19	20	21	22	23	24	25	26	27	28	29	30	
陰	十三	十四	十五	十六	十七	十八	十九	廿	廿一	廿二	廿三	廿四	廿五	廿六	廿七	廿八	廿九	四	二	三	四	五	六	七	八	九	十	十一	十二	十三	
星	5	6	日	1	2	3	4	5	6	日	1	2	3	4	5	6	日	1	2	3	4	5	6	日	1	2	3	4	5	6	
干節	辛酉	壬戌	癸亥	甲子	乙丑	丙寅	丁卯	戊辰	己巳	穀雨	辛未	壬申	癸酉	甲戌	乙亥	丙子	丁丑	戊寅	己卯	庚辰	辛巳	壬午	癸未	甲申	立夏	丙戌	丁亥	戊子	己丑	庚寅	

陽歷 五月份 （陰歷四、五月份）

陽	5	2	3	4	5	6	7	8	9	10	11	12	13	14	15	16	17	18	19	20	21	22	23	24	25	26	27	28	29	30	31
陰	十四	十五	十六	十七	十八	十九	廿	廿一	廿二	廿三	廿四	廿五	廿六	廿七	廿八	廿九	卅	五	二	三	四	五	六	七	八	九	十	十一	十二	十三	十四
星	日	1	2	3	4	5	6	日	1	2	3	4	5	6	日	1	2	3	4	5	6	日	1	2	3	4	5	6	日	1	2
干節	辛卯	壬辰	癸巳	甲午	乙未	丙申	丁酉	戊戌	己亥	庚子	小滿	壬寅	癸卯	甲辰	乙巳	丙午	丁未	戊申	己酉	庚戌	辛亥	壬子	癸丑	甲寅	乙卯	丙辰	芒種	戊午	己未	庚申	辛酉

陽歷 六月份 （陰歷五、六月份）

陽	6	2	3	4	5	6	7	8	9	10	11	12	13	14	15	16	17	18	19	20	21	22	23	24	25	26	27	28	29	30	
陰	十五	十六	十七	十八	十九	廿	廿一	廿二	廿三	廿四	廿五	廿六	廿七	廿八	廿九	六	二	三	四	五	六	七	八	九	十	十一	十二	十三	十四	十五	
星	3	4	5	6	日	1	2	3	4	5	6	日	1	2	3	4	5	6	日	1	2	3	4	5	6	日	1	2	3	4	
干節	壬戌	癸亥	甲子	乙丑	丙寅	丁卯	戊辰	己巳	庚午	辛未	夏至	癸酉	甲戌	乙亥	丙子	丁丑	戊寅	己卯	庚辰	辛巳	壬午	癸未	甲申	乙酉	丙戌	丁亥	小暑	己丑	庚寅	辛卯	

近世中西史日對照表

戊午

一五五八年

（明世宗嘉靖三七年）

陽曆七月份　（陰曆六、七月份）

陽	7	2	3	4	5	6	7	8	9	10	11	12	13	14	15	16	17	18	19	20	21	22	23	24	25	26	27	28	29	30	31
陰	十六	十七	十八	十九	廿	廿一	廿二	廿三	廿四	廿五	廿六	廿七	廿八	廿九	七	二	三	四	五	六	七	八	九	十	十一	十二	十三	十四	十五	十六	十七
星	5	6	日	1	2	3	4	5	6	日	1	2	3	4	5	6	日	1	2	3	4	5	6	日	1	2	3	4	5	6	日
干節	壬辰	癸巳	甲午	乙未	丙申	丁酉	戊戌	己亥	庚子	辛丑	壬寅	癸卯	大暑	乙巳	丙午	丁未	戊申	己酉	庚戌	辛亥	壬子	癸丑	甲寅	乙卯	丙辰	丁巳	戊午	己未	立秋	辛酉	壬戌

陽曆八月份　（陰曆七、閏七月份）

陽	8	2	3	4	5	6	7	8	9	10	11	12	13	14	15	16	17	18	19	20	21	22	23	24	25	26	27	28	29	30	31
陰	十八	十九	廿	廿一	廿二	廿三	廿四	廿五	廿六	廿七	廿八	廿九	卅	閏	二	三	四	五	六	七	八	九	十	十一	十二	十三	十四	十五	十六	十七	十八
星	1	2	3	4	5	6	日	1	2	3	4	5	6	日	1	2	3	4	5	6	日	1	2	3	4	5	6	日	1	2	3
干節	癸亥	甲子	乙丑	丙寅	丁卯	戊辰	己巳	庚午	辛未	壬申	癸酉	甲戌	處暑	丙子	丁丑	戊寅	己卯	庚辰	辛巳	壬午	癸未	甲申	乙酉	丙戌	丁亥	戊子	己丑	庚寅	白露	壬辰	癸巳

陽曆九月份　（陰曆閏七、八月份）

陽	9	2	3	4	5	6	7	8	9	10	11	12	13	14	15	16	17	18	19	20	21	22	23	24	25	26	27	28	29	30	—
陰	十九	廿	廿一	廿二	廿三	廿四	廿五	廿六	廿七	廿八	廿九	八	二	三	四	五	六	七	八	九	十	十一	十二	十三	十四	十五	十六	十七	十八	十九	—
星	4	5	6	日	1	2	3	4	5	6	日	1	2	3	4	5	6	日	1	2	3	4	5	6	日	1	2	3	4	5	—
干節	甲午	乙未	丙申	丁酉	戊戌	己亥	庚子	辛丑	壬寅	癸卯	甲辰	乙巳	秋分	丁未	戊申	己酉	庚戌	辛亥	壬子	癸丑	甲寅	乙卯	丙辰	丁巳	戊午	己未	庚申	寒露	壬戌	癸亥	

陽曆十月份　（陰曆八、九月份）

陽	10	2	3	4	5	6	7	8	9	10	11	12	13	14	15	16	17	18	19	20	21	22	23	24	25	26	27	28	29	30	31
陰	廿	廿一	廿二	廿三	廿四	廿五	廿六	廿七	廿八	廿九	九	二	三	四	五	六	七	八	九	十	十一	十二	十三	十四	十五	十六	十七	十八	十九	廿	廿一
星	6	日	1	2	3	4	5	6	日	1	2	3	4	5	6	日	1	2	3	4	5	6	日	1	2	3	4	5	6	日	1
干節	甲子	乙丑	丙寅	丁卯	戊辰	己巳	庚午	辛未	壬申	癸酉	甲戌	乙亥	霜降	丁丑	戊寅	己卯	庚辰	辛巳	壬午	癸未	甲申	乙酉	丙戌	丁亥	戊子	己丑	庚寅	立冬	壬辰	癸巳	甲午

陽曆十一月份　（陰曆九、十月份）

陽	11	2	3	4	5	6	7	8	9	10	11	12	13	14	15	16	17	18	19	20	21	22	23	24	25	26	27	28	29	30	—
陰	廿二	廿三	廿四	廿五	廿六	廿七	廿八	廿九	卅	十	二	三	四	五	六	七	八	九	十	十一	十二	十三	十四	十五	十六	十七	十八	十九	廿	廿一	—
星	2	3	4	5	6	日	1	2	3	4	5	6	日	1	2	3	4	5	6	日	1	2	3	4	5	6	日	1	2	3	—
干節	乙未	丙申	丁酉	戊戌	己亥	庚子	辛丑	壬寅	癸卯	甲辰	乙巳	小雪	丁未	戊申	己酉	庚戌	辛亥	壬子	癸丑	甲寅	乙卯	丙辰	丁巳	戊午	己未	庚申	大雪	壬戌	癸亥	甲子	

陽曆十二月份　（陰曆十、十一月份）

陽	12	2	3	4	5	6	7	8	9	10	11	12	13	14	15	16	17	18	19	20	21	22	23	24	25	26	27	28	29	30	31
陰	廿二	廿三	廿四	廿五	廿六	廿七	廿八	廿九	卅	十一	二	三	四	五	六	七	八	九	十	十一	十二	十三	十四	十五	十六	十七	十八	十九	廿	廿一	廿二
星	4	5	6	日	1	2	3	4	5	6	日	1	2	3	4	5	6	日	1	2	3	4	5	6	日	1	2	3	4	5	6
干節	乙丑	丙寅	丁卯	戊辰	己巳	庚午	辛未	壬申	癸酉	甲戌	乙亥	冬至	丁丑	戊寅	己卯	庚辰	辛巳	壬午	癸未	甲申	乙酉	丙戌	丁亥	戊子	己丑	小寒	辛卯	壬辰	癸巳	甲午	乙未

己未

一五五九年

（明世宗嘉靖三八年）

陽歷 一 月份 （陰歷十一、十二月份）

陽	**1**	2	3	4	5	6	7	8	9	10	11	12	13	14	15	16	17	18	19	20	21	22	23	24	25	26	27	28	29	30	31
陰	廿三	廿四	廿五	廿六	廿七	廿八	廿九	**十二**	二	三	四	五	六	七	八	九	十	十一	十二	十三	十四	十五	十六	十七	十八	十九	廿	廿一	廿二	廿三	廿四
星	**日**	1	2	3	4	5	6	**日**	1	2	3	4	5	6	**日**	1	2	3	4	5	6	**日**	1	2	3	4	5	6	**日**	1	2
干節	丙申	丁酉	戊戌	己亥	庚子	辛丑	壬寅	癸卯	甲辰	**大寒**	丙午	丁未	戊申	己酉	庚戌	辛亥	壬子	癸丑	甲寅	乙卯	丙辰	丁巳	戊午	己未	**立春**	辛酉	壬戌	癸亥	甲子	乙丑	丙寅

陽歷 二 月份 （陰歷十二、正月份）

陽	**2**	2	3	4	5	6	7	8	9	10	11	12	13	14	15	16	17	18	19	20	21	22	23	24	25	26	27	28			
陰	廿五	廿六	廿七	廿八	廿九	卅	**正**	二	三	四	五	六	七	八	九	十	十一	十二	十三	十四	十五	十六	十七	十八	十九	廿	廿一	廿二	—	—	—
星	3	4	5	6	**日**	1	2	3	4	5	6	**日**	1	2	3	4	5	6	**日**	1	2	3	4	5	6	**日**	1	2	—	—	—
干節	丁卯	戊辰	己巳	庚午	辛未	壬申	癸酉	甲戌	**雨水**	丙子	丁丑	戊寅	己卯	庚辰	辛巳	壬午	癸未	甲申	乙酉	丙戌	丁亥	戊子	**驚蟄**	庚寅	辛卯	壬辰	癸巳	甲午			

陽歷 三 月份 （陰歷正、二月份）

陽	**3**	2	3	4	5	6	7	8	9	10	11	12	13	14	15	16	17	18	19	20	21	22	23	24	25	26	27	28	29	30	31
陰	廿三	廿四	廿五	廿六	廿七	廿八	廿九	卅	**二**	二	三	四	五	六	七	八	九	十	十一	十二	十三	十四	十五	十六	十七	十八	十九	廿	廿一	廿二	廿三
星	3	4	5	6	**日**	1	2	3	4	5	6	**日**	1	2	3	4	5	6	**日**	1	2	3	4	5	6	**日**	1	2	3	4	5
干節	乙未	丙申	丁酉	戊戌	己亥	庚子	辛丑	壬寅	癸卯	甲辰	**春分**	丙午	丁未	戊申	己酉	庚戌	辛亥	壬子	癸丑	甲寅	乙卯	丙辰	丁巳	戊午	己未	**清明**	辛酉	壬戌	癸亥	甲子	乙丑

陽歷 四 月份 （陰歷二、三月份）

陽	**4**	2	3	4	5	6	7	8	9	10	11	12	13	14	15	16	17	18	19	20	21	22	23	24	25	26	27	28	29	30	
陰	廿四	廿五	廿六	廿七	廿八	廿九	卅	**三**	二	三	四	五	六	七	八	九	十	十一	十二	十三	十四	十五	十六	十七	十八	十九	廿	廿一	廿二	廿三	—
星	6	**日**	1	2	3	4	5	6	**日**	1	2	3	4	5	6	**日**	1	2	3	4	5	6	**日**	1	2	3	4	5	6	**日**	—
干節	丙寅	丁卯	戊辰	己巳	庚午	辛未	壬申	癸酉	甲戌	**穀雨**	丙子	丁丑	戊寅	己卯	庚辰	辛巳	壬午	癸未	甲申	乙酉	丙戌	丁亥	戊子	己丑	庚寅	**立夏**	壬辰	癸巳	甲午	乙未	

陽歷 五 月份 （陰歷三、四月份）

陽	**5**	2	3	4	5	6	7	8	9	10	11	12	13	14	15	16	17	18	19	20	21	22	23	24	25	26	27	28	29	30	31
陰	廿四	廿五	廿六	廿七	廿八	廿九	**四**	二	三	四	五	六	七	八	九	十	十一	十二	十三	十四	十五	十六	十七	十八	十九	廿	廿一	廿二	廿三	廿四	廿五
星	1	2	3	4	5	6	**日**	1	2	3	4	5	6	**日**	1	2	3	4	5	6	**日**	1	2	3	4	5	6	**日**	1	2	3
干節	丙申	丁酉	戊戌	己亥	庚子	辛丑	壬寅	癸卯	甲辰	乙巳	**小滿**	丁未	戊申	己酉	庚戌	辛亥	壬子	癸丑	甲寅	乙卯	丙辰	丁巳	戊午	己未	庚申	辛酉	**芒種**	癸亥	甲子	乙丑	丙寅

陽歷 六 月份 （陰歷四、五月份）

陽	**6**	2	3	4	5	6	7	8	9	10	11	12	13	14	15	16	17	18	19	20	21	22	23	24	25	26	27	28	29	30	
陰	廿六	廿七	廿八	廿九	卅	**五**	二	三	四	五	六	七	八	九	十	十一	十二	十三	十四	十五	十六	十七	十八	十九	廿	廿一	廿二	廿三	廿四	廿五	—
星	4	5	6	**日**	1	2	3	4	5	6	**日**	1	2	3	4	5	6	**日**	1	2	3	4	5	6	**日**	1	2	3	4	5	—
干節	丁卯	戊辰	己巳	庚午	辛未	壬申	癸酉	甲戌	乙亥	丙子	丁丑	**夏至**	己卯	庚辰	辛巳	壬午	癸未	甲申	乙酉	丙戌	丁亥	戊子	己丑	庚寅	辛卯	壬辰	**小暑**	甲午	乙未	丙申	

己未

一五五九年

（明世宗嘉靖三八年）

陽歷七月份　（陰歷五、六月份）

陽	7	2	3	4	5	6	7	8	9	10	11	12	13	14	15	16	17	18	19	20	21	22	23	24	25	26	27	28	29	30	31
陰	廿六	廿七	廿八	廿九	六	二	三	四	五	六	七	八	九	十	十一	十二	十三	十四	十五	十六	十七	十八	十九	廿	廿一	廿二	廿三	廿四	廿五	廿六	廿七
星	6	日	1	2	3	4	5	6	日	1	2	3	4	5	6	日	1	2	3	4	5	6	日	1	2	3	4	5	6	日	1
干節	丁酉	戊戌	己亥	庚子	辛丑	壬寅	癸卯	甲辰	乙巳	丙午	丁未	戊申	大暑	庚戌	辛亥	壬子	癸丑	甲寅	乙卯	丙辰	丁巳	戊午	己未	庚申	辛酉	壬戌	癸亥	甲子	立秋	丙寅	丁卯

陽歷八月份　（陰歷六、七月份）

陽	8	2	3	4	5	6	7	8	9	10	11	12	13	14	15	16	17	18	19	20	21	22	23	24	25	26	27	28	29	30	31
陰	廿八	廿九	七	二	三	四	五	六	七	八	九	十	十一	十二	十三	十四	十五	十六	十七	十八	十九	廿	廿一	廿二	廿三	廿四	廿五	廿六	廿七	廿八	廿九
星	2	3	4	5	6	日	1	2	3	4	5	6	日	1	2	3	4	5	6	日	1	2	3	4	5	6	日	1	2	3	4
干節	戊辰	己巳	庚午	辛未	壬申	癸酉	甲戌	乙亥	丙子	丁丑	戊寅	己卯	庚辰	處暑	壬午	癸未	甲申	乙酉	丙戌	丁亥	戊子	己丑	庚寅	辛卯	壬辰	癸巳	甲午	乙未	白露	丁酉	戊戌

陽歷九月份　（陰歷七、八月份）

陽	9	2	3	4	5	6	7	8	9	10	11	12	13	14	15	16	17	18	19	20	21	22	23	24	25	26	27	28	29	30	
陰	卅	八	二	三	四	五	六	七	八	九	十	十一	十二	十三	十四	十五	十六	十七	十八	十九	廿	廿一	廿二	廿三	廿四	廿五	廿六	廿七	廿八	廿九	
星	5	6	日	1	2	3	4	5	6	日	1	2	3	4	5	6	日	1	2	3	4	5	6	日	1	2	3	4	5	6	
干節	己亥	庚子	辛丑	壬寅	癸卯	甲辰	乙巳	丙午	丁未	戊申	己酉	庚戌	秋分	壬子	癸丑	甲寅	乙卯	丙辰	丁巳	戊午	己未	庚申	辛酉	壬戌	癸亥	甲子	乙丑	丙寅	寒露	戊辰	

陽歷十月份　（陰歷九、十月份）

陽	10	2	3	4	5	6	7	8	9	10	11	12	13	14	15	16	17	18	19	20	21	22	23	24	25	26	27	28	29	30	31
陰	九	二	三	四	五	六	七	八	九	十	十一	十二	十三	十四	十五	十六	十七	十八	十九	廿	廿一	廿二	廿三	廿四	廿五	廿六	廿七	廿八	廿九	十	二
星	日	1	2	3	4	5	6	日	1	2	3	4	5	6	日	1	2	3	4	5	6	日	1	2	3	4	5	6	日	1	2
干節	己巳	庚午	辛未	壬申	癸酉	甲戌	乙亥	丙子	丁丑	戊寅	己卯	庚辰	辛巳	霜降	癸未	甲申	乙酉	丙戌	丁亥	戊子	己丑	庚寅	辛卯	壬辰	癸巳	甲午	乙未	丙申	立冬	戊戌	己亥

陽歷十一月份　（陰歷十、十一月份）

陽	11	2	3	4	5	6	7	8	9	10	11	12	13	14	15	16	17	18	19	20	21	22	23	24	25	26	27	28	29	30	
陰	三	四	五	六	七	八	九	十	十一	十二	十三	十四	十五	十六	十七	十八	十九	廿	廿一	廿二	廿三	廿四	廿五	廿六	廿七	廿八	廿九	卅	十一	二	
星	3	4	5	6	日	1	2	3	4	5	6	日	1	2	3	4	5	6	日	1	2	3	4	5	6	日	1	2	3	4	
干節	庚子	辛丑	壬寅	癸卯	甲辰	乙巳	丙午	丁未	戊申	己酉	庚戌	小雪	壬子	癸丑	甲寅	乙卯	丙辰	丁巳	戊午	己未	庚申	辛酉	壬戌	癸亥	甲子	乙丑	大雪	丁卯	戊辰	己巳	

陽歷十二月份　（陰歷十一、十二月份）

陽	12	2	3	4	5	6	7	8	9	10	11	12	13	14	15	16	17	18	19	20	21	22	23	24	25	26	27	28	29	30	31
陰	三	四	五	六	七	八	九	十	十一	十二	十三	十四	十五	十六	十七	十八	十九	廿	廿一	廿二	廿三	廿四	廿五	廿六	廿七	廿八	廿九	卅	十二	二	三
星	5	6	日	1	2	3	4	5	6	日	1	2	3	4	5	6	日	1	2	3	4	5	6	日	1	2	3	4	5	6	日
干節	庚午	辛未	壬申	癸酉	甲戌	乙亥	丙子	丁丑	戊寅	己卯	庚辰	冬至	壬午	癸未	甲申	乙酉	丙戌	丁亥	戊子	己丑	庚寅	辛卯	壬辰	癸巳	甲午	小寒	丙申	丁酉	戊戌	己亥	庚子

近世中西史日對照表

庚申 一五六〇年 （明世宗嘉靖三九年）

陽歷一月份 （陰歷十二、正月份）

陽	1	2	3	4	5	6	7	8	9	10	11	12	13	14	15	16	17	18	19	20	21	22	23	24	25	26	27	28	29	30	31
陰	四	五	六	七	八	九	十	十一	十二	十三	十四	十五	十六	十七	十八	十九	廿	廿一	廿二	廿三	廿四	廿五	廿六	廿七	廿八	廿九	正	二	三	四	五
星	1	2	3	4	5	6	日	1	2	3	4	5	6	日	1	2	3	4	5	6	日	1	2	3	4	5	6	日	1	2	3
干節	辛丑	壬寅	癸卯	甲辰	乙巳	丙午	丁未	戊申	己酉	大寒	辛亥	壬子	癸丑	甲寅	乙卯	丙辰	丁巳	戊午	己未	庚申	辛酉	壬戌	癸亥	甲子	立春	丙寅	丁卯	戊辰	己巳	庚午	辛未

陽歷二月份 （陰歷正、二月份）

陽	1	2	3	4	5	6	7	8	9	10	11	12	13	14	15	16	17	18	19	20	21	22	23	24	25	26	27	28	29		
陰	六	七	八	九	十	十一	十二	十三	十四	十五	十六	十七	十八	十九	廿	廿一	廿二	廿三	廿四	廿五	廿六	廿七	廿八	廿九	卅	二	二	三	四		
星	4	5	6	日	1	2	3	4	5	6	日	1	2	3	4	5	6	日	1	2	3	4	5	6	日	1	2	3	4		
干節	壬申	癸酉	甲戌	乙亥	丙子	丁丑	戊寅	己卯	雨水	辛巳	壬午	癸未	甲申	乙酉	丙戌	丁亥	戊子	己丑	庚寅	辛卯	壬辰	癸巳	甲午	驚蟄	丙申	丁酉	戊戌	己亥	庚子		

陽歷三月份 （陰歷二、三月份）

陽	1	2	3	4	5	6	7	8	9	10	11	12	13	14	15	16	17	18	19	20	21	22	23	24	25	26	27	28	29	30	31
陰	五	六	七	八	九	十	十一	十二	十三	十四	十五	十六	十七	十八	十九	廿	廿一	廿二	廿三	廿四	廿五	廿六	廿七	廿八	廿九	卅	三	二	三	四	五
星	5	6	日	1	2	3	4	5	6	日	1	2	3	4	5	6	日	1	2	3	4	5	6	日	1	2	3	4	5	6	日
干節	辛丑	壬寅	癸卯	甲辰	乙巳	丙午	丁未	戊申	己酉	春分	辛亥	壬子	癸丑	甲寅	乙卯	丙辰	丁巳	戊午	己未	庚申	辛酉	壬戌	癸亥	甲子	清明	丙寅	丁卯	戊辰	己巳	庚午	辛未

陽歷四月份 （陰歷三、四月份）

陽	1	2	3	4	5	6	7	8	9	10	11	12	13	14	15	16	17	18	19	20	21	22	23	24	25	26	27	28	29	30	
陰	六	七	八	九	十	十一	十二	十三	十四	十五	十六	十七	十八	十九	廿	廿一	廿二	廿三	廿四	廿五	廿六	廿七	廿八	廿九	四	二	三	四	五	六	
星	1	2	3	4	5	6	日	1	2	3	4	5	6	日	1	2	3	4	5	6	日	1	2	3	4	5	6	日	1	2	
干節	壬申	癸酉	甲戌	乙亥	丙子	丁丑	戊寅	己卯	穀雨	辛巳	壬午	癸未	甲申	乙酉	丙戌	丁亥	戊子	己丑	庚寅	辛卯	壬辰	癸巳	甲午	乙未	立夏	丁酉	戊戌	己亥	庚子	辛丑	

陽歷五月份 （陰歷四、五月份）

陽	1	2	3	4	5	6	7	8	9	10	11	12	13	14	15	16	17	18	19	20	21	22	23	24	25	26	27	28	29	30	31
陰	七	八	九	十	十一	十二	十三	十四	十五	十六	十七	十八	十九	廿	廿一	廿二	廿三	廿四	廿五	廿六	廿七	廿八	廿九	卅	五	二	三	四	五	六	七
星	3	4	5	6	日	1	2	3	4	5	6	日	1	2	3	4	5	6	日	1	2	3	4	5	6	日	1	2	3	4	5
干節	壬寅	癸卯	甲辰	乙巳	丙午	丁未	戊申	己酉	庚戌	小滿	壬子	癸丑	甲寅	乙卯	丙辰	丁巳	戊午	己未	庚申	辛酉	壬戌	癸亥	甲子	乙丑	丙寅	芒種	戊辰	己巳	庚午	辛未	壬申

陽歷六月份 （陰歷五、六月份）

陽	1	2	3	4	5	6	7	8	9	10	11	12	13	14	15	16	17	18	19	20	21	22	23	24	25	26	27	28	29	30	
陰	八	九	十	十一	十二	十三	十四	十五	十六	十七	十八	十九	廿	廿一	廿二	廿三	廿四	廿五	廿六	廿七	廿八	廿九	卅	六	二	三	四	五	六	七	
星	6	日	1	2	3	4	5	6	日	1	2	3	4	5	6	日	1	2	3	4	5	6	日	1	2	3	4	5	6	日	
干節	癸酉	甲戌	乙亥	丙子	丁丑	戊寅	己卯	庚辰	辛巳	壬午	夏至	甲申	乙酉	丙戌	丁亥	戊子	己丑	庚寅	辛卯	壬辰	癸巳	甲午	乙未	丙申	丁酉	戊戌	小暑	庚子	辛丑	壬寅	

庚申

一五六〇年

（明世宗嘉靖三九年）

陽歷七月份　（陰歷六、七月份）

陽	7	2	3	4	5	6	7	8	9	10	11	12	13	14	15	16	17	18	19	20	21	22	23	24	25	26	27	28	29	30	31
陰	八	九	十	十一	十二	十三	十四	十五	十六	十七	十八	十九	廿	廿一	廿二	廿三	廿四	廿五	廿六	廿七	廿八	廿九	七	二	三	四	五	六	七	八	九
星	1	2	3	4	5	6	日	1	2	3	4	5	6	日	1	2	3	4	5	6	日	1	2	3	4	5	6	日	1	2	3
干節	癸卯	甲辰	乙巳	丙午	丁未	戊申	己酉	庚戌	辛亥	壬子	癸丑	大暑	乙卯	丙辰	丁巳	戊午	己未	庚申	辛酉	壬戌	癸亥	甲子	乙丑	丙寅	丁卯	戊辰	己巳	立秋	辛未	壬申	癸酉

陽歷八月份　（陰歷七、八月份）

陽	8	2	3	4	5	6	7	8	9	10	11	12	13	14	15	16	17	18	19	20	21	22	23	24	25	26	27	28	29	30	31
陰	十	十一	十二	十三	十四	十五	十六	十七	十八	十九	廿	廿一	廿二	廿三	廿四	廿五	廿六	廿七	廿八	廿九	八	二	三	四	五	六	七	八	九	十	十一
星	4	5	6	日	1	2	3	4	5	6	日	1	2	3	4	5	6	日	1	2	3	4	5	6	日	1	2	3	4	5	6
干節	甲戌	乙亥	丙子	丁丑	戊寅	己卯	庚辰	辛巳	壬午	癸未	甲申	乙酉	處暑	丁亥	戊子	己丑	庚寅	辛卯	壬辰	癸巳	甲午	乙未	丙申	丁酉	戊戌	己亥	庚子	白露	壬寅	癸卯	甲辰

陽歷九月份　（陰歷八、九月份）

陽	9	2	3	4	5	6	7	8	9	10	11	12	13	14	15	16	17	18	19	20	21	22	23	24	25	26	27	28	29	30	
陰	十二	十三	十四	十五	十六	十七	十八	十九	廿	廿一	廿二	廿三	廿四	廿五	廿六	廿七	廿八	廿九	卅	九	二	三	四	五	六	七	八	九	十	十一	
星	日	1	2	3	4	5	6	日	1	2	3	4	5	6	日	1	2	3	4	5	6	日	1	2	3	4	5	6	日	1	
干節	乙巳	丙午	丁未	戊申	己酉	庚戌	辛亥	壬子	癸丑	甲寅	乙卯	秋分	丁巳	戊午	己未	庚申	辛酉	壬戌	癸亥	甲子	乙丑	丙寅	丁卯	戊辰	己巳	庚午	辛未	寒露	癸酉	甲戌	

陽歷十月份　（陰歷九、十月份）

陽	10	2	3	4	5	6	7	8	9	10	11	12	13	14	15	16	17	18	19	20	21	22	23	24	25	26	27	28	29	30	31
陰	十二	十三	十四	十五	十六	十七	十八	十九	廿	廿一	廿二	廿三	廿四	廿五	廿六	廿七	廿八	廿九	十	二	三	四	五	六	七	八	九	十	十一	十二	十三
星	2	3	4	5	6	日	1	2	3	4	5	6	日	1	2	3	4	5	6	日	1	2	3	4	5	6	日	1	2	3	4
干節	乙亥	丙子	丁丑	戊寅	己卯	庚辰	辛巳	壬午	癸未	甲申	乙酉	丙戌	霜降	戊子	己丑	庚寅	辛卯	壬辰	癸巳	甲午	乙未	丙申	丁酉	戊戌	己亥	庚子	辛丑	立冬	癸卯	甲辰	乙巳

陽歷十一月份　（陰歷十、十一月份）

陽	11	2	3	4	5	6	7	8	9	10	11	12	13	14	15	16	17	18	19	20	21	22	23	24	25	26	27	28	29	30	
陰	十四	十五	十六	十七	十八	十九	廿	廿一	廿二	廿三	廿四	廿五	廿六	廿七	廿八	廿九	卅	十一	二	三	四	五	六	七	八	九	十	十一	十二	十三	
星	5	6	日	1	2	3	4	5	6	日	1	2	3	4	5	6	日	1	2	3	4	5	6	日	1	2	3	4	5	6	
干節	丙午	丁未	戊申	己酉	庚戌	辛亥	壬子	癸丑	甲寅	乙卯	丙辰	小雪	戊午	己未	庚申	辛酉	壬戌	癸亥	甲子	乙丑	丙寅	丁卯	戊辰	己巳	庚午	大雪	壬申	癸酉	甲戌	乙亥	

陽歷十二月份　（陰歷十一、十二月份）

陽	12	2	3	4	5	6	7	8	9	10	11	12	13	14	15	16	17	18	19	20	21	22	23	24	25	26	27	28	29	30	31
陰	十四	十五	十六	十七	十八	十九	廿	廿一	廿二	廿三	廿四	廿五	廿六	廿七	廿八	廿九	十二	二	三	四	五	六	七	八	九	十	十一	十二	十三	十四	十五
星	日	1	2	3	4	5	6	日	1	2	3	4	5	6	日	1	2	3	4	5	6	日	1	2	3	4	5	6	日	1	2
干節	丙子	丁丑	戊寅	己卯	庚辰	辛巳	壬午	癸未	甲申	乙酉	冬至	丁亥	戊子	己丑	庚寅	辛卯	壬辰	癸巳	甲午	乙未	丙申	丁酉	戊戌	己亥	庚子	小寒	壬寅	癸卯	甲辰	乙巳	丙午

近世中西史日對照表

辛酉　一五六一年　(明世宗嘉靖四〇年)

陽歷一月份　(陰歷十二、正月份)

陽	1	2	3	4	5	6	7	8	9	10	11	12	13	14	15	16	17	18	19	20	21	22	23	24	25	26	27	28	29	30	31
陰	十六	十七	十八	十九	廿	廿一	廿二	廿三	廿四	廿五	廿六	廿七	廿八	廿九	卅	正	二	三	四	五	六	七	八	九	十	十一	十二	十三	十四	十五	十六
星	3	4	5	6	日	1	2	3	4	5	6	日	1	2	3	4	5	6	日	1	2	3	4	5	6	日	1	2	3	4	5
干節	丁未	戊申	己酉	庚戌	辛亥	壬子	癸丑	甲寅	大寒	丙辰	丁巳	戊午	己未	庚申	辛酉	壬戌	癸亥	甲子	乙丑	丙寅	丁卯	戊辰	己巳	立春	辛未	壬申	癸酉	甲戌	乙亥	丙子	丁丑

陽歷二月份　(陰歷正、二月份)

陽	1	2	3	4	5	6	7	8	9	10	11	12	13	14	15	16	17	18	19	20	21	22	23	24	25	26	27	28			
陰	十七	十八	十九	廿	廿一	廿二	廿三	廿四	廿五	廿六	廿七	廿八	廿九	二	二	三	四	五	六	七	八	九	十	十一	十二	十三	十四	十五			
星	6	日	1	2	3	4	5	6	日	1	2	3	4	5	6	日	1	2	3	4	5	6	日	1	2	3	4	5			
干節	戊寅	己卯	庚辰	辛巳	壬午	癸未	甲申	雨水	丙戌	丁亥	戊子	己丑	庚寅	辛卯	壬辰	癸巳	甲午	乙未	丙申	丁酉	戊戌	己亥	驚蟄	辛丑	壬寅	癸卯	甲辰	乙巳			

陽歷三月份　(陰歷二、三月份)

陽	1	2	3	4	5	6	7	8	9	10	11	12	13	14	15	16	17	18	19	20	21	22	23	24	25	26	27	28	29	30	31
陰	十六	十七	十八	十九	廿	廿一	廿二	廿三	廿四	廿五	廿六	廿七	廿八	廿九	卅	三	二	三	四	五	六	七	八	九	十	十一	十二	十三	十四	十五	十六
星	6	日	1	2	3	4	5	6	日	1	2	3	4	5	6	日	1	2	3	4	5	6	日	1	2	3	4	5	6	日	1
干節	丙午	丁未	戊申	己酉	庚戌	辛亥	壬子	癸丑	甲寅	春分	丙辰	丁巳	戊午	己未	庚申	辛酉	壬戌	癸亥	甲子	乙丑	丙寅	丁卯	戊辰	己巳	清明	辛未	壬申	癸酉	甲戌	乙亥	丙子

陽歷四月份　(陰歷三、四月份)

陽	1	2	3	4	5	6	7	8	9	10	11	12	13	14	15	16	17	18	19	20	21	22	23	24	25	26	27	28	29	30	
陰	十七	十八	十九	廿	廿一	廿二	廿三	廿四	廿五	廿六	廿七	廿八	廿九	四	二	三	四	五	六	七	八	九	十	十一	十二	十三	十四	十五	十六	十七	
星	2	3	4	5	6	日	1	2	3	4	5	6	日	1	2	3	4	5	6	日	1	2	3	4	5	6	日	1	2	3	
干節	丁丑	戊寅	己卯	庚辰	辛巳	壬午	癸未	甲申	乙酉	穀雨	丁亥	戊子	己丑	庚寅	辛卯	壬辰	癸巳	甲午	乙未	丙申	丁酉	戊戌	己亥	庚子	立夏	壬寅	癸卯	甲辰	乙巳	丙午	

陽歷五月份　(陰歷四、五月份)

陽	1	2	3	4	5	6	7	8	9	10	11	12	13	14	15	16	17	18	19	20	21	22	23	24	25	26	27	28	29	30	31
陰	十八	十九	廿	廿一	廿二	廿三	廿四	廿五	廿六	廿七	廿八	廿九	卅	五	二	三	四	五	六	七	八	九	十	十一	十二	十三	十四	十五	十六	十七	十八
星	4	5	6	日	1	2	3	4	5	6	日	1	2	3	4	5	6	日	1	2	3	4	5	6	日	1	2	3	4	5	6
干節	丁未	戊申	己酉	庚戌	辛亥	壬子	癸丑	甲寅	乙卯	丙辰	小滿	戊午	己未	庚申	辛酉	壬戌	癸亥	甲子	乙丑	丙寅	丁卯	戊辰	己巳	庚午	辛未	芒種	癸酉	甲戌	乙亥	丙子	丁丑

陽歷六月份　(陰歷五、閏五月份)

陽	1	2	3	4	5	6	7	8	9	10	11	12	13	14	15	16	17	18	19	20	21	22	23	24	25	26	27	28	29	30	
陰	十九	廿	廿一	廿二	廿三	廿四	廿五	廿六	廿七	廿八	廿九	卅	閏	二	三	四	五	六	七	八	九	十	十一	十二	十三	十四	十五	十六	十七	十八	
星	日	1	2	3	4	5	6	日	1	2	3	4	5	6	日	1	2	3	4	5	6	日	1	2	3	4	5	6	日	1	
干節	戊寅	己卯	庚辰	辛巳	壬午	癸未	甲申	乙酉	丙戌	丁亥	夏至	己丑	庚寅	辛卯	壬辰	癸巳	甲午	乙未	丙申	丁酉	戊戌	己亥	庚子	辛丑	壬寅	癸卯	小暑	乙巳	丙午	丁未	

辛酉　一五六一年（明世宗嘉靖四〇年）

陽歷七月份　（陰歷閏五、六月份）

陽	**7**	2	3	4	5	6	7	8	9	10	11	12	13	14	15	16	17	18	19	20	21	22	23	24	25	26	27	28	29	30	31
陰	十九	廿	廿一	廿二	廿三	廿四	廿五	廿六	廿七	廿八	廿九	**六**	二	三	四	五	六	七	八	九	十	十一	十二	十三	十四	十五	十六	十七	十八	十九	廿
星	2	3	4	5	6	**日**	1	2	3	4	5	6	**日**	1	2	3	4	5	6	**日**	1	2	3	4	5	6	**日**	1	2	3	4
干節	戊申	己酉	庚戌	辛亥	壬子	癸丑	甲寅	乙卯	丙辰	丁巳	戊午	己未	**大暑**	辛酉	壬戌	癸亥	甲子	乙丑	丙寅	丁卯	戊辰	己巳	庚午	辛未	壬申	癸酉	甲戌	**立秋**	丙子	丁丑	戊寅

陽歷八月份　（陰歷六、七月份）

陽	**8**	2	3	4	5	6	7	8	9	10	11	12	13	14	15	16	17	18	19	20	21	22	23	24	25	26	27	28	29	30	31
陰	廿一	廿二	廿三	廿四	廿五	廿六	廿七	廿八	廿九	卅	**七**	二	三	四	五	六	七	八	九	十	十一	十二	十三	十四	十五	十六	十七	十八	十九	廿	廿一
星	5	6	**日**	1	2	3	4	5	6	**日**	1	2	3	4	5	6	**日**	1	2	3	4	5	6	**日**	1	2	3	4	5	6	**日**
干節	己卯	庚辰	辛巳	壬午	癸未	甲申	乙酉	丙戌	丁亥	戊子	己丑	庚寅	**處暑**	壬辰	癸巳	甲午	乙未	丙申	丁酉	戊戌	己亥	庚子	辛丑	壬寅	癸卯	甲辰	乙巳	**白露**	丁未	戊申	己酉

陽歷九月份　（陰歷七、八月份）

陽	**9**	2	3	4	5	6	7	8	9	10	11	12	13	14	15	16	17	18	19	20	21	22	23	24	25	26	27	28	29	30	—
陰	廿二	廿三	廿四	廿五	廿六	廿七	廿八	廿九	**八**	二	三	四	五	六	七	八	九	十	十一	十二	十三	十四	十五	十六	十七	十八	十九	廿	廿一	廿二	—
星	1	2	3	4	5	6	**日**	1	2	3	4	5	6	**日**	1	2	3	4	5	6	**日**	1	2	3	4	5	6	**日**	1	2	—
干節	庚戌	辛亥	壬子	癸丑	甲寅	乙卯	丙辰	丁巳	戊午	己未	庚申	辛酉	**秋分**	癸亥	甲子	乙丑	丙寅	丁卯	戊辰	己巳	庚午	辛未	壬申	癸酉	甲戌	乙亥	丙子	**寒露**	戊寅	己卯	

陽歷十月份　（陰歷八、九月份）

陽	**10**	2	3	4	5	6	7	8	9	10	11	12	13	14	15	16	17	18	19	20	21	22	23	24	25	26	27	28	29	30	31
陰	廿三	廿四	廿五	廿六	廿七	廿八	廿九	卅	**九**	二	三	四	五	六	七	八	九	十	十一	十二	十三	十四	十五	十六	十七	十八	十九	廿	廿一	廿二	廿三
星	3	4	5	6	**日**	1	2	3	4	5	6	**日**	1	2	3	4	5	6	**日**	1	2	3	4	5	6	**日**	1	2	3	4	5
干節	庚辰	辛巳	壬午	癸未	甲申	乙酉	丙戌	丁亥	戊子	己丑	庚寅	辛卯	**霜降**	癸巳	甲午	乙未	丙申	丁酉	戊戌	己亥	庚子	辛丑	壬寅	癸卯	甲辰	乙巳	丙午	**立冬**	戊申	己酉	庚戌

陽歷十一月份　（陰歷九、十月份）

陽	**11**	2	3	4	5	6	7	8	9	10	11	12	13	14	15	16	17	18	19	20	21	22	23	24	25	26	27	28	29	30	—
陰	廿四	廿五	廿六	廿七	廿八	廿九	**十**	二	三	四	五	六	七	八	九	十	十一	十二	十三	十四	十五	十六	十七	十八	十九	廿	廿一	廿二	廿三	廿四	—
星	6	**日**	1	2	3	4	5	6	**日**	1	2	3	4	5	6	**日**	1	2	3	4	5	6	**日**	1	2	3	4	5	6	**日**	—
干節	辛亥	壬子	癸丑	甲寅	乙卯	丙辰	丁巳	戊午	己未	庚申	辛酉	**小雪**	癸亥	甲子	乙丑	丙寅	丁卯	戊辰	己巳	庚午	辛未	壬申	癸酉	甲戌	乙亥	丙子	**大雪**	戊寅	己卯	庚辰	

陽歷十二月份　（陰歷十、十一月份）

陽	**12**	2	3	4	5	6	7	8	9	10	11	12	13	14	15	16	17	18	19	20	21	22	23	24	25	26	27	28	29	30	31
陰	廿五	廿六	廿七	廿八	廿九	卅	**十一**	二	三	四	五	六	七	八	九	十	十一	十二	十三	十四	十五	十六	十七	十八	十九	廿	廿一	廿二	廿三	廿四	廿五
星	1	2	3	4	5	6	**日**	1	2	3	4	5	6	**日**	1	2	3	4	5	6	**日**	1	2	3	4	5	6	**日**	1	2	3
干節	辛巳	壬午	癸未	甲申	乙酉	丙戌	丁亥	戊子	己丑	庚寅	**冬至**	壬辰	癸巳	甲午	乙未	丙申	丁酉	戊戌	己亥	庚子	辛丑	壬寅	癸卯	甲辰	乙巳	**小寒**	丁未	戊申	己酉	庚戌	辛亥

壬戌

一五六二年

（明世宗嘉靖四一年）

陽曆一月份（陰曆十一、十二月份）

陽	1	2	3	4	5	6	7	8	9	10	11	12	13	14	15	16	17	18	19	20	21	22	23	24	25	26	27	28	29	30	31
陰	廿六	廿七	廿八	廿九	十二	二	三	四	五	六	七	八	九	十	十一	十二	十三	十四	十五	十六	十七	十八	十九	廿	廿一	廿二	廿三	廿四	廿五	廿六	廿七
星	4	5	6	日	1	2	3	4	5	6	日	1	2	3	4	5	6	日	1	2	3	4	5	6	日	1	2	3	4	5	6
干節	壬子	癸丑	甲寅	乙卯	丙辰	丁巳	戊午	己未	庚申	大寒	壬戌	癸亥	甲子	乙丑	丙寅	丁卯	戊辰	己巳	庚午	辛未	壬申	癸酉	甲戌	立春	丙子	丁丑	戊寅	己卯	庚辰	辛巳	壬午

陽曆二月份（陰曆十二、正月份）

陽	1	2	3	4	5	6	7	8	9	10	11	12	13	14	15	16	17	18	19	20	21	22	23	24	25	26	27	28
陰	廿八	廿九	卅	正	二	三	四	五	六	七	八	九	十	十一	十二	十三	十四	十五	十六	十七	十八	十九	廿	廿一	廿二	廿三	廿四	廿五
星	日	1	2	3	4	5	6	日	1	2	3	4	5	6	日	1	2	3	4	5	6	日	1	2	3	4	5	6
干節	癸未	甲申	乙酉	丙戌	丁亥	戊子	己丑	雨水	辛卯	壬辰	癸巳	甲午	乙未	丙申	丁酉	戊戌	己亥	庚子	辛丑	壬寅	癸卯	甲辰	驚蟄	丙午	丁未	戊申	己酉	庚戌

陽曆三月份（陰曆正、二月份）

陽	1	2	3	4	5	6	7	8	9	10	11	12	13	14	15	16	17	18	19	20	21	22	23	24	25	26	27	28	29	30	31
陰	廿六	廿七	廿八	廿九	二	二	三	四	五	六	七	八	九	十	十一	十二	十三	十四	十五	十六	十七	十八	十九	廿	廿一	廿二	廿三	廿四	廿五	廿六	廿七
星	日	1	2	3	4	5	6	日	1	2	3	4	5	6	日	1	2	3	4	5	6	日	1	2	3	4	5	6	日	1	2
干節	辛亥	壬子	癸丑	甲寅	乙卯	丙辰	丁巳	戊午	己未	春分	辛酉	壬戌	癸亥	甲子	乙丑	丙寅	丁卯	戊辰	己巳	庚午	辛未	壬申	癸酉	甲戌	乙亥	清明	丁丑	戊寅	己卯	庚辰	辛巳

陽曆四月份（陰曆二、三月份）

陽	1	2	3	4	5	6	7	8	9	10	11	12	13	14	15	16	17	18	19	20	21	22	23	24	25	26	27	28	29	30
陰	廿八	廿九	卅	三	二	三	四	五	六	七	八	九	十	十一	十二	十三	十四	十五	十六	十七	十八	十九	廿	廿一	廿二	廿三	廿四	廿五	廿六	廿七
星	3	4	5	6	日	1	2	3	4	5	6	日	1	2	3	4	5	6	日	1	2	3	4	5	6	日	1	2	3	4
干節	壬午	癸未	甲申	乙酉	丙戌	丁亥	戊子	己丑	庚寅	穀雨	壬辰	癸巳	甲午	乙未	丙申	丁酉	戊戌	己亥	庚子	辛丑	壬寅	癸卯	甲辰	乙巳	立夏	丁未	戊申	己酉	庚戌	辛亥

陽曆五月份（陰曆三、四月份）

陽	1	2	3	4	5	6	7	8	9	10	11	12	13	14	15	16	17	18	19	20	21	22	23	24	25	26	27	28	29	30	31
陰	廿八	廿九	四	二	三	四	五	六	七	八	九	十	十一	十二	十三	十四	十五	十六	十七	十八	十九	廿	廿一	廿二	廿三	廿四	廿五	廿六	廿七	廿八	廿九
星	5	6	日	1	2	3	4	5	6	日	1	2	3	4	5	6	日	1	2	3	4	5	6	日	1	2	3	4	5	6	日
干節	壬子	癸丑	甲寅	乙卯	丙辰	丁巳	戊午	己未	庚申	辛酉	小滿	癸亥	甲子	乙丑	丙寅	丁卯	戊辰	己巳	庚午	辛未	壬申	癸酉	甲戌	乙亥	丙子	丁丑	芒種	己卯	庚辰	辛巳	壬午

陽曆六月份（陰曆四、五月份）

陽	1	2	3	4	5	6	7	8	9	10	11	12	13	14	15	16	17	18	19	20	21	22	23	24	25	26	27	28	29	30
陰	卅	五	二	三	四	五	六	七	八	九	十	十一	十二	十三	十四	十五	十六	十七	十八	十九	廿	廿一	廿二	廿三	廿四	廿五	廿六	廿七	廿八	廿九
星	1	2	3	4	5	6	日	1	2	3	4	5	6	日	1	2	3	4	5	6	日	1	2	3	4	5	6	日	1	2
干節	癸未	甲申	乙酉	丙戌	丁亥	戊子	己丑	庚寅	辛卯	壬辰	夏至	甲午	乙未	丙申	丁酉	戊戌	己亥	庚子	辛丑	壬寅	癸卯	甲辰	乙巳	丙午	丁未	戊申	小暑	庚戌	辛亥	壬子

壬戌

一五六二年

（明世宗嘉靖四一年）

陽歷七月份　（陰歷六、七月份）

陽	7	2	3	4	5	6	7	8	9	10	11	12	13	14	15	16	17	18	19	20	21	22	23	24	25	26	27	28	29	30	31
陰	六	二	三	四	五	六	七	八	九	十	十一	十二	十三	十四	十五	十六	十七	十八	十九	廿	廿一	廿二	廿三	廿四	廿五	廿六	廿七	廿八	廿九	卅	七
星	3	4	5	6	日	1	2	3	4	5	6	日	1	2	3	4	5	6	日	1	2	3	4	5	6	日	1	2	3	4	5
干節	癸丑	甲寅	乙卯	丙辰	丁巳	戊午	己未	庚申	辛酉	壬戌	癸亥	甲子	大暑	丙寅	丁卯	戊辰	己巳	庚午	辛未	壬申	癸酉	甲戌	乙亥	丙子	丁丑	戊寅	己卯	庚辰	立秋	壬午	癸未

陽歷八月份　（陰歷七、八月份）

陽	8	2	3	4	5	6	7	8	9	10	11	12	13	14	15	16	17	18	19	20	21	22	23	24	25	26	27	28	29	30	31
陰	二	三	四	五	六	七	八	九	十	十一	十二	十三	十四	十五	十六	十七	十八	十九	廿	廿一	廿二	廿三	廿四	廿五	廿六	廿七	廿八	廿九	卅	八	二
星	6	日	1	2	3	4	5	6	日	1	2	3	4	5	6	日	1	2	3	4	5	6	日	1	2	3	4	5	6	日	1
干節	甲申	乙酉	丙戌	丁亥	戊子	己丑	庚寅	辛卯	壬辰	癸巳	甲午	乙未	處暑	丁酉	戊戌	己亥	庚子	辛丑	壬寅	癸卯	甲辰	乙巳	丙午	丁未	戊申	己酉	庚戌	辛亥	白露	癸丑	甲寅

陽歷九月份　（陰歷八、九月份）

陽	9	2	3	4	5	6	7	8	9	10	11	12	13	14	15	16	17	18	19	20	21	22	23	24	25	26	27	28	29	30
陰	三	四	五	六	七	八	九	十	十一	十二	十三	十四	十五	十六	十七	十八	十九	廿	廿一	廿二	廿三	廿四	廿五	廿六	廿七	廿八	廿九	九	二	三
星	2	3	4	5	6	日	1	2	3	4	5	6	日	1	2	3	4	5	6	日	1	2	3	4	5	6	日	1	2	3
干節	乙卯	丙辰	丁巳	戊午	己未	庚申	辛酉	壬戌	癸亥	甲子	乙丑	丙寅	秋分	戊辰	己巳	庚午	辛未	壬申	癸酉	甲戌	乙亥	丙子	丁丑	戊寅	己卯	庚辰	辛巳	寒露	癸未	甲申

陽歷十月份　（陰歷九、十月份）

陽	10	2	3	4	5	6	7	8	9	10	11	12	13	14	15	16	17	18	19	20	21	22	23	24	25	26	27	28	29	30	31
陰	四	五	六	七	八	九	十	十一	十二	十三	十四	十五	十六	十七	十八	十九	廿	廿一	廿二	廿三	廿四	廿五	廿六	廿七	廿八	廿九	卅	十	二	三	四
星	4	5	6	日	1	2	3	4	5	6	日	1	2	3	4	5	6	日	1	2	3	4	5	6	日	1	2	3	4	5	6
干節	乙酉	丙戌	丁亥	戊子	己丑	庚寅	辛卯	壬辰	癸巳	甲午	乙未	丙申	霜降	戊戌	己亥	庚子	辛丑	壬寅	癸卯	甲辰	乙巳	丙午	丁未	戊申	己酉	庚戌	辛亥	立冬	癸丑	甲寅	乙卯

陽歷十一月份　（陰歷十、十一月份）

陽	11	2	3	4	5	6	7	8	9	10	11	12	13	14	15	16	17	18	19	20	21	22	23	24	25	26	27	28	29	30
陰	五	六	七	八	九	十	十一	十二	十三	十四	十五	十六	十七	十八	十九	廿	廿一	廿二	廿三	廿四	廿五	廿六	廿七	廿八	廿九	十一	二	三	四	五
星	日	1	2	3	4	5	6	日	1	2	3	4	5	6	日	1	2	3	4	5	6	日	1	2	3	4	5	6	日	1
干節	丙辰	丁巳	戊午	己未	庚申	辛酉	壬戌	癸亥	甲子	乙丑	丙寅	小雪	戊辰	己巳	庚午	辛未	壬申	癸酉	甲戌	乙亥	丙子	丁丑	戊寅	己卯	庚辰	辛巳	大雪	癸未	甲申	乙酉

陽歷十二月份　（陰歷十一、十二月份）

陽	12	2	3	4	5	6	7	8	9	10	11	12	13	14	15	16	17	18	19	20	21	22	23	24	25	26	27	28	29	30	31
陰	六	七	八	九	十	十一	十二	十三	十四	十五	十六	十七	十八	十九	廿	廿一	廿二	廿三	廿四	廿五	廿六	廿七	廿八	廿九	卅	十二	二	三	四	五	六
星	2	3	4	5	6	日	1	2	3	4	5	6	日	1	2	3	4	5	6	日	1	2	3	4	5	6	日	1	2	3	4
干節	丙戌	丁亥	戊子	己丑	庚寅	辛卯	壬辰	癸巳	甲午	乙未	丙申	冬至	戊戌	己亥	庚子	辛丑	壬寅	癸卯	甲辰	乙巳	丙午	丁未	戊申	己酉	庚戌	小寒	壬子	癸丑	甲寅	乙卯	丙辰

近世中西史日對照表

癸亥

一五六三年

（明世宗嘉靖四二年）

陽歷 一 月份　　（陰歷十二、正月份）

陽	**1**	2	3	4	5	6	7	8	9	10	11	12	13	14	15	16	17	18	19	20	21	22	23	24	25	26	27	28	29	30	31
陰	七	八	九	十	十一	十二	十三	十四	十五	十六	十七	十八	十九	廿	廿一	廿二	廿三	廿四	廿五	廿六	廿七	廿八	廿九	**正**	二	三	四	五	六	七	八
星	5	6	**日**	1	2	3	4	5	6	**日**	1	2	3	4	5	6	**日**	1	2	3	4	5	6	**日**	1	2	3	4	5	6	**日**
干節	丁巳	戊午	己未	庚申	辛酉	壬戌	癸亥	甲子	乙丑	**大寒**	丁卯	戊辰	己巳	庚午	辛未	壬申	癸酉	甲戌	乙亥	丙子	丁丑	戊寅	己卯	庚辰	**立春**	壬午	癸未	甲申	乙酉	丙戌	丁亥

陽歷 二 月份　　（陰歷正、二月份）

陽	**2**	2	3	4	5	6	7	8	9	10	11	12	13	14	15	16	17	18	19	20	21	22	23	24	25	26	27	28			
陰	九	十	十一	十二	十三	十四	十五	十六	十七	十八	十九	廿	廿一	廿二	廿三	廿四	廿五	廿六	廿七	廿八	廿九	卅	**二**	二	三	四	五	六			
星	1	2	3	4	5	6	**日**	1	2	3	4	5	6	**日**	1	2	3	4	5	6	**日**	1	2	3	4	5	6	**日**			
干節	戊子	己丑	庚寅	辛卯	壬辰	癸巳	甲午	乙未	**雨水**	丁酉	戊戌	己亥	庚子	辛丑	壬寅	癸卯	甲辰	乙巳	丙午	丁未	戊申	己酉	**驚蟄**	辛亥	壬子	癸丑	甲寅	乙卯			

陽歷 三 月份　　（陰歷二、三月份）

陽	**3**	2	3	4	5	6	7	8	9	10	11	12	13	14	15	16	17	18	19	20	21	22	23	24	25	26	27	28	29	30	31
陰	七	八	九	十	十一	十二	十三	十四	十五	十六	十七	十八	十九	廿	廿一	廿二	廿三	廿四	廿五	廿六	廿七	廿八	廿九	**三**	二	三	四	五	六	七	八
星	1	2	3	4	5	6	**日**	1	2	3	4	5	6	**日**	1	2	3	4	5	6	**日**	1	2	3	4	5	6	**日**	1	2	3
干節	丙辰	丁巳	戊午	己未	庚申	辛酉	壬戌	癸亥	甲子	乙丑	**春分**	丁卯	戊辰	己巳	庚午	辛未	壬申	癸酉	甲戌	乙亥	丙子	丁丑	戊寅	己卯	庚辰	**清明**	壬午	癸未	甲申	乙酉	丙戌

陽歷 四 月份　　（陰歷三、四月份）

陽	**4**	2	3	4	5	6	7	8	9	10	11	12	13	14	15	16	17	18	19	20	21	22	23	24	25	26	27	28	29	30	
陰	九	十	十一	十二	十三	十四	十五	十六	十七	十八	十九	廿	廿一	廿二	廿三	廿四	廿五	廿六	廿七	廿八	廿九	**四**	二	三	四	五	六	七	八	九	
星	4	5	6	**日**	1	2	3	4	5	6	**日**	1	2	3	4	5	6	**日**	1	2	3	4	5	6	**日**	1	2	3	4	5	
干節	丁亥	戊子	己丑	庚寅	辛卯	壬辰	癸巳	甲午	乙未	**穀雨**	丁酉	戊戌	己亥	庚子	辛丑	壬寅	癸卯	甲辰	乙巳	丙午	丁未	戊申	己酉	庚戌	辛亥	**立夏**	癸丑	甲寅	乙卯	丙辰	

陽歷 五 月份　　（陰歷四、五月份）

陽	**5**	2	3	4	5	6	7	8	9	10	11	12	13	14	15	16	17	18	19	20	21	22	23	24	25	26	27	28	29	30	31
陰	十	十一	十二	十三	十四	十五	十六	十七	十八	十九	廿	廿一	廿二	廿三	廿四	廿五	廿六	廿七	廿八	廿九	卅	**五**	二	三	四	五	六	七	八	九	十
星	6	**日**	1	2	3	4	5	6	**日**	1	2	3	4	5	6	**日**	1	2	3	4	5	6	**日**	1	2	3	4	5	6	**日**	1
干節	丁巳	戊午	己未	庚申	辛酉	壬戌	癸亥	甲子	乙丑	丙寅	**小滿**	戊辰	己巳	庚午	辛未	壬申	癸酉	甲戌	乙亥	丙子	丁丑	戊寅	己卯	庚辰	辛巳	壬午	**芒種**	甲申	乙酉	丙戌	丁亥

陽歷 六 月份　　（陰歷五、六月份）

陽	**6**	2	3	4	5	6	7	8	9	10	11	12	13	14	15	16	17	18	19	20	21	22	23	24	25	26	27	28	29	30	
陰	十一	十二	十三	十四	十五	十六	十七	十八	十九	廿	廿一	廿二	廿三	廿四	廿五	廿六	廿七	廿八	廿九	**六**	二	三	四	五	六	七	八	九	十	十一	
星	2	3	4	5	6	**日**	1	2	3	4	5	6	**日**	1	2	3	4	5	6	**日**	1	2	3	4	5	6	**日**	1	2	3	
干節	戊子	己丑	庚寅	辛卯	壬辰	癸巳	甲午	乙未	丙申	丁酉	戊戌	**夏至**	庚子	辛丑	壬寅	癸卯	甲辰	乙巳	丙午	丁未	戊申	己酉	庚戌	辛亥	壬子	癸丑	**小暑**	乙卯	丙辰	丁巳	

癸亥

一五六三年

（明世宗嘉靖四二年）

陽曆七月份　（陰曆六、七月份）

陽	**7**	2	3	4	5	6	7	8	9	10	11	12	13	14	15	16	17	18	19	20	21	22	23	24	25	26	27	28	29	30	31
陰	十二	十三	十四	十五	十六	十七	十八	十九	廿	廿一	廿二	廿三	廿四	廿五	廿六	廿七	廿八	廿九	卅	**七**	二	三	四	五	六	七	八	九	十	十一	十二
星	4	5	6	**日**	1	2	3	4	5	6	**日**	1	2	3	4	5	6	**日**	1	2	3	4	5	6	**日**	1	2	3	4	5	6
干節	戊午	己未	庚申	辛酉	壬戌	癸亥	甲子	乙丑	丙寅	丁卯	戊辰	己巳	**大暑**	辛未	壬申	癸酉	甲戌	乙亥	丙子	丁丑	戊寅	己卯	庚辰	辛巳	壬午	癸未	甲申	乙酉	**立秋**	丁亥	戊子

陽曆八月份　（陰曆七、八月份）

陽	**8**	2	3	4	5	6	7	8	9	10	11	12	13	14	15	16	17	18	19	20	21	22	23	24	25	26	27	28	29	30	31
陰	十三	十四	十五	十六	十七	十八	十九	廿	廿一	廿二	廿三	廿四	廿五	廿六	廿七	廿八	廿九	卅	**八**	二	三	四	五	六	七	八	九	十	十一	十二	十三
星	**日**	1	2	3	4	5	6	**日**	1	2	3	4	5	6	**日**	1	2	3	4	5	6	**日**	1	2	3	4	5	6	**日**	1	2
干節	己丑	庚寅	辛卯	壬辰	癸巳	甲午	乙未	丙申	丁酉	戊戌	己亥	庚子	辛丑	**處暑**	癸卯	甲辰	乙巳	丙午	丁未	戊申	己酉	庚戌	辛亥	壬子	癸丑	甲寅	乙卯	丙辰	**白露**	戊午	己未

陽曆九月份　（陰曆八、九月份）

陽	**9**	2	3	4	5	6	7	8	9	10	11	12	13	14	15	16	17	18	19	20	21	22	23	24	25	26	27	28	29	30	
陰	十四	十五	十六	十七	十八	十九	廿	廿一	廿二	廿三	廿四	廿五	廿六	廿七	廿八	廿九	**九**	二	三	四	五	六	七	八	九	十	十一	十二	十三	十四	
星	3	4	5	6	**日**	1	2	3	4	5	6	**日**	1	2	3	4	5	6	**日**	1	2	3	4	5	6	**日**	1	2	3	4	
干節	庚申	辛酉	壬戌	癸亥	甲子	乙丑	丙寅	丁卯	戊辰	己巳	庚午	辛未	**秋分**	癸酉	甲戌	乙亥	丙子	丁丑	戊寅	己卯	庚辰	辛巳	壬午	癸未	甲申	乙酉	丙戌	丁亥	**寒露**	己丑	

陽曆十月份　（陰曆九、十月份）

陽	**10**	2	3	4	5	6	7	8	9	10	11	12	13	14	15	16	17	28	19	20	21	22	23	24	25	26	27	28	29	30	31
陰	十五	十六	十七	十八	十九	廿	廿一	廿二	廿三	廿四	廿五	廿六	廿七	廿八	廿九	卅	**十**	二	三	四	五	六	七	八	九	十	十一	十二	十三	十四	十五
星	5	6	**日**	1	2	3	4	5	6	**日**	1	2	3	4	5	6	**日**	1	2	3	4	5	6	**日**	1	2	3	4	5	6	**日**
干節	庚寅	辛卯	壬辰	癸巳	甲午	乙未	丙申	丁酉	戊戌	己亥	庚子	辛丑	壬寅	**霜降**	甲辰	乙巳	丙午	丁未	戊申	己酉	庚戌	辛亥	壬子	癸丑	甲寅	乙卯	丙辰	丁巳	**立冬**	己未	庚申

陽曆十一月份　（陰曆十、十一月份）

陽	**11**	2	3	4	5	6	7	8	9	10	11	12	13	14	15	16	17	18	19	20	21	22	23	24	25	26	27	28	29	30	
陰	十六	十七	十八	十九	廿	廿一	廿二	廿三	廿四	廿五	廿六	廿七	廿八	廿九	卅	**十一**	二	三	四	五	六	七	八	九	十	十一	十二	十三	十四	十五	
星	1	2	3	4	5	6	**日**	1	2	3	4	5	6	**日**	1	2	3	4	5	6	**日**	1	2	3	4	5	6	**日**	1	2	
干節	辛酉	壬戌	癸亥	甲子	乙丑	丙寅	丁卯	戊辰	己巳	庚午	辛未	**小雪**	癸酉	甲戌	乙亥	丙子	丁丑	戊寅	己卯	庚辰	辛巳	壬午	癸未	甲申	乙酉	丙戌	**大雪**	戊子	己丑	庚寅	

陽曆十二月份　（陰曆十一、十二月份）

陽	**12**	2	3	4	5	6	7	8	9	10	11	12	13	14	15	16	17	18	19	20	21	22	23	24	25	26	27	28	29	30	31
陰	十六	十七	十八	十九	廿	廿一	廿二	廿三	廿四	廿五	廿六	廿七	廿八	廿九	**十二**	二	三	四	五	六	七	八	九	十	十一	十二	十三	十四	十五	十六	十七
星	3	4	5	6	**日**	1	2	3	4	5	6	**日**	1	2	3	4	5	6	**日**	1	2	3	4	5	6	**日**	1	2	3	4	5
干節	辛卯	壬辰	癸巳	甲午	乙未	丙申	丁酉	戊戌	己亥	庚子	辛丑	**冬至**	癸卯	甲辰	乙巳	丙午	丁未	戊申	己酉	庚戌	辛亥	壬子	癸丑	甲寅	乙卯	**小寒**	丁巳	戊午	己未	庚申	辛酉

近世中西史日對照表

陽歷一月份 (陰歷十二、正月份)

陽	1	2	3	4	5	6	7	8	9	10	11	12	13	14	15	16	17	18	19	20	21	22	23	24	25	26	27	28	29	30	31
陰	十八	十九	廿	廿一	廿二	廿三	廿四	廿五	廿六	廿七	廿八	廿九	卅	正	二	三	四	五	六	七	八	九	十	十一	十二	十三	十四	十五	十六	十七	十八
星	6	日	1	2	3	4	5	6	日	1	2	3	4	5	6	日	1	2	3	4	5	6	日	1	2	3	4	5	6	日	1
干節	壬戌	癸亥	甲子	乙丑	丙寅	丁卯	戊辰	己巳	庚午	大寒	壬申	癸酉	甲戌	乙亥	丙子	丁丑	戊寅	己卯	庚辰	辛巳	壬午	癸未	甲申	乙酉	立春	丁亥	戊子	己丑	庚寅	辛卯	壬辰

陽歷二月份 (陰歷正、二月份)

陽	2	2	3	4	5	6	7	8	9	10	11	12	13	14	15	16	17	18	19	20	21	22	23	24	25	26	27	28	29		
陰	十九	廿	廿一	廿二	廿三	廿四	廿五	廿六	廿七	廿八	廿九	二	二	三	四	五	六	七	八	九	十	十一	十二	十三	十四	十五	十六	十七	十八		
星	2	3	4	5	6	日	1	2	3	4	5	6	日	1	2	3	4	5	6	日	1	2	3	4	5	6	日	1	2		
干節	癸巳	甲午	乙未	丙申	丁酉	戊戌	己亥	庚子	雨水	壬寅	癸卯	甲辰	乙巳	丙午	丁未	戊申	己酉	庚戌	辛亥	壬子	癸丑	甲寅	乙卯	驚蟄	丁巳	戊午	己未	庚申	辛酉		

陽歷三月份 (陰歷二、閏二月份)

陽	3	2	3	4	5	6	7	8	9	10	11	12	13	14	15	16	17	18	19	20	21	22	23	24	25	26	27	28	29	30	31
陰	十九	廿	廿一	廿二	廿三	廿四	廿五	廿六	廿七	廿八	廿九	卅	閏	二	三	四	五	六	七	八	九	十	十一	十二	十三	十四	十五	十六	十七	十八	十九
星	3	4	5	6	日	1	2	3	4	5	6	日	1	2	3	4	5	6	日	1	2	3	4	5	6	日	1	2	3	4	5
干節	壬戌	癸亥	甲子	乙丑	丙寅	丁卯	戊辰	己巳	庚午	春分	壬申	癸酉	甲戌	乙亥	丙子	丁丑	戊寅	己卯	庚辰	辛巳	壬午	癸未	甲申	乙酉	清明	丁亥	戊子	己丑	庚寅	辛卯	壬辰

陽歷四月份 (陰歷閏二、三月份)

陽	4	2	3	4	5	6	7	8	9	10	11	12	13	14	15	16	17	18	19	20	21	22	23	24	25	26	27	28	29	30	
陰	廿	廿一	廿二	廿三	廿四	廿五	廿六	廿七	廿八	廿九	三	二	三	四	五	六	七	八	九	十	十一	十二	十三	十四	十五	十六	十七	十八	十九	廿	
星	6	日	1	2	3	4	5	6	日	1	2	3	4	5	6	日	1	2	3	4	5	6	日	1	2	3	4	5	6	日	
干節	癸巳	甲午	乙未	丙申	丁酉	戊戌	己亥	庚子	穀雨	壬寅	癸卯	甲辰	乙巳	丙午	丁未	戊申	己酉	庚戌	辛亥	壬子	癸丑	甲寅	乙卯	丙辰	立夏	戊午	己未	庚申	辛酉	壬戌	

陽歷五月份 (陰歷三、四月份)

陽	5	2	3	4	5	6	7	8	9	10	11	12	13	14	15	16	17	18	19	20	21	22	23	24	25	26	27	28	29	30	31
陰	廿一	廿二	廿三	廿四	廿五	廿六	廿七	廿八	廿九	四	二	三	四	五	六	七	八	九	十	十一	十二	十三	十四	十五	十六	十七	十八	十九	廿	廿一	廿二
星	1	2	3	4	5	6	日	1	2	3	4	5	6	日	1	2	3	4	5	6	日	1	2	3	4	5	6	日	1	2	3
干節	癸亥	甲子	乙丑	丙寅	丁卯	戊辰	己巳	庚午	辛未	小滿	癸酉	甲戌	乙亥	丙子	丁丑	戊寅	己卯	庚辰	辛巳	壬午	癸未	甲申	乙酉	丙戌	丁亥	芒種	己丑	庚寅	辛卯	壬辰	癸巳

陽歷六月份 (陰歷四、五月份)

陽	6	2	3	4	5	6	7	8	9	10	11	12	13	14	15	16	17	18	19	20	21	22	23	24	25	26	27	28	29	30	
陰	廿三	廿四	廿五	廿六	廿七	廿八	廿九	卅	五	二	三	四	五	六	七	八	九	十	十一	十二	十三	十四	十五	十六	十七	十八	十九	廿	廿一	廿二	
星	4	5	6	日	1	2	3	4	5	6	日	1	2	3	4	5	6	日	1	2	3	4	5	6	日	1	2	3	4	5	
干節	甲午	乙未	丙申	丁酉	戊戌	己亥	庚子	辛丑	壬寅	癸卯	夏至	乙巳	丙午	丁未	戊申	己酉	庚戌	辛亥	壬子	癸丑	甲寅	乙卯	丙辰	丁巳	戊午	己未	小暑	辛酉	壬戌	癸亥	

甲子

一五六四年

(明世宗嘉靖四三年)

甲子

一五六四年

（明世宗嘉靖四三年）

陽歷七月份 （陰歷五、六月份）

陽	7	2	3	4	5	6	7	8	9	10	11	12	13	14	15	16	17	18	19	20	21	22	23	24	25	26	27	28	29	30	31
陰	廿三	廿四	廿五	廿六	廿七	廿八	廿九	六	二	三	四	五	六	七	八	九	十	十一	十二	十三	十四	十五	十六	十七	十八	十九	廿	廿一	廿二	廿三	廿四
星	6	日	1	2	3	4	5	6	日	1	2	3	4	5	6	日	1	2	3	4	5	6	日	1	2	3	4	5	6	日	1
干節	甲子	乙丑	丙寅	丁卯	戊辰	己巳	庚午	辛未	壬申	癸酉	甲戌	大暑	丙子	丁丑	戊寅	己卯	庚辰	辛巳	壬午	癸未	甲申	乙酉	丙戌	丁亥	戊子	己丑	庚寅	立秋	壬辰	癸巳	甲午

陽歷八月份 （陰歷六、七月份）

陽	8	2	3	4	5	6	7	8	9	10	11	12	13	14	15	16	17	18	19	20	21	22	23	24	25	26	27	28	29	30	31
陰	廿五	廿六	廿七	廿八	廿九	卅	七	二	三	四	五	六	七	八	九	十	十一	十二	十三	十四	十五	十六	十七	十八	十九	廿	廿一	廿二	廿三	廿四	廿五
星	2	3	4	5	6	日	1	2	3	4	5	6	日	1	2	3	4	5	6	日	1	2	3	4	5	6	日	1	2	3	4
干節	乙未	丙申	丁酉	戊戌	己亥	庚子	辛丑	壬寅	癸卯	甲辰	乙巳	丙午	處暑	戊申	己酉	庚戌	辛亥	壬子	癸丑	甲寅	乙卯	丙辰	丁巳	戊午	己未	庚申	辛酉	白露	癸亥	甲子	乙丑

陽歷九月份 （陰歷七、八月份）

陽	9	2	3	4	5	6	7	8	9	10	11	12	13	14	15	16	17	18	19	20	21	22	23	24	25	26	27	28	29	30
陰	廿六	廿七	廿八	廿九	八	二	三	四	五	六	七	八	九	十	十一	十二	十三	十四	十五	十六	十七	十八	十九	廿	廿一	廿二	廿三	廿四	廿五	廿六
星	5	6	日	1	2	3	4	5	6	日	1	2	3	4	5	6	日	1	2	3	4	5	6	日	1	2	3	4	5	6
干節	丙寅	丁卯	戊辰	己巳	庚午	辛未	壬申	癸酉	甲戌	乙亥	丙子	秋分	戊寅	己卯	庚辰	辛巳	壬午	癸未	甲申	乙酉	丙戌	丁亥	戊子	己丑	庚寅	辛卯	壬辰	寒露	甲午	乙未

陽歷十月份 （陰歷八、九月份）

陽	10	2	3	4	5	6	7	8	9	10	11	12	13	14	15	16	17	18	19	20	21	22	23	24	25	26	27	28	29	30	31
陰	廿七	廿八	廿九	卅	九	二	三	四	五	六	七	八	九	十	十一	十二	十三	十四	十五	十六	十七	十八	十九	廿	廿一	廿二	廿三	廿四	廿五	廿六	廿七
星	日	1	2	3	4	5	6	日	1	2	3	4	5	6	日	1	2	3	4	5	6	日	1	2	3	4	5	6	日	1	2
干節	丙申	丁酉	戊戌	己亥	庚子	辛丑	壬寅	癸卯	甲辰	乙巳	丙午	丁未	霜降	己酉	庚戌	辛亥	壬子	癸丑	甲寅	乙卯	丙辰	丁巳	戊午	己未	庚申	辛酉	壬戌	立冬	甲子	乙丑	丙寅

陽歷十一月份 （陰歷九、十月份）

陽	11	2	3	4	5	6	7	8	9	10	11	12	13	14	15	16	17	18	19	20	21	22	23	24	25	26	27	28	29	30
陰	廿八	廿九	卅	十	二	三	四	五	六	七	八	九	十	十一	十二	十三	十四	十五	十六	十七	十八	十九	廿	廿一	廿二	廿三	廿四	廿五	廿六	廿七
星	3	4	5	6	日	1	2	3	4	5	6	日	1	2	3	4	5	6	日	1	2	3	4	5	6	日	1	2	3	4
干節	丁卯	戊辰	己巳	庚午	辛未	壬申	癸酉	甲戌	乙亥	丙子	丁丑	小雪	己卯	庚辰	辛巳	壬午	癸未	甲申	乙酉	丙戌	丁亥	戊子	己丑	庚寅	辛卯	大雪	癸巳	甲午	乙未	丙申

陽歷十二月份 （陰歷十、十一月份）

陽	12	2	3	4	5	6	7	8	9	10	11	12	13	14	15	16	17	18	19	20	21	22	23	24	25	26	27	28	29	30	31
陰	廿八	廿九	卅	十一	二	三	四	五	六	七	八	九	十	十一	十二	十三	十四	十五	十六	十七	十八	十九	廿	廿一	廿二	廿三	廿四	廿五	廿六	廿七	廿八
星	5	6	日	1	2	3	4	5	6	日	1	2	3	4	5	6	日	1	2	3	4	5	6	日	1	2	3	4	5	6	日
干節	丁酉	戊戌	己亥	庚子	辛丑	壬寅	癸卯	甲辰	乙巳	丙午	冬至	戊申	己酉	庚戌	辛亥	壬子	癸丑	甲寅	乙卯	丙辰	丁巳	戊午	己未	庚申	辛酉	小寒	癸亥	甲子	乙丑	丙寅	丁卯

近世中西史日對照表

乙丑 一五五六年 （明世宗嘉靖四四年）

陽歷一月份　（陰歷十一、十二月份）

陽	1	2	3	4	5	6	7	8	9	10	11	12	13	14	15	16	17	18	19	20	21	22	23	24	25	26	27	28	29	30	31
陰	廿九	十二	二	三	四	五	六	七	八	九	十	十一	十二	十三	十四	十五	十六	十七	十八	十九	廿	廿一	廿二	廿三	廿四	廿五	廿六	廿七	廿八	廿九	卅
星	1	2	3	4	5	6	日	1	2	3	4	5	6	日	1	2	3	4	5	6	日	1	2	3	4	5	6	日	1	2	3
干節	戊辰	己巳	庚午	辛未	壬申	癸酉	甲戌	乙亥	大寒	丁丑	戊寅	己卯	庚辰	辛巳	壬午	癸未	甲申	乙酉	丙戌	丁亥	戊子	己丑	庚寅	立春	壬辰	癸巳	甲午	乙未	丙申	丁酉	戊戌

陽歷二月份　（陰歷正月份）

陽	1	2	3	4	5	6	7	8	9	10	11	12	13	14	15	16	17	18	19	20	21	22	23	24	25	26	27	28
陰	正	二	三	四	五	六	七	八	九	十	十一	十二	十三	十四	十五	十六	十七	十八	十九	廿	廿一	廿二	廿三	廿四	廿五	廿六	廿七	廿八
星	4	5	6	日	1	2	3	4	5	6	日	1	2	3	4	5	6	日	1	2	3	4	5	6	日	1	2	3
干節	己亥	庚子	辛丑	壬寅	癸卯	甲辰	乙巳	雨水	丁未	戊申	己酉	庚戌	辛亥	壬子	癸丑	甲寅	乙卯	丙辰	丁巳	戊午	己未	庚申	驚蟄	壬戌	癸亥	甲子	乙丑	丙寅

陽歷三月份　（陰歷正、二月份）

陽	1	2	3	4	5	6	7	8	9	10	11	12	13	14	15	16	17	18	19	20	21	22	23	24	25	26	27	28	29	30	31
陰	廿九	二	二	三	四	五	六	七	八	九	十	十一	十二	十三	十四	十五	十六	十七	十八	十九	廿	廿一	廿二	廿三	廿四	廿五	廿六	廿七	廿八	廿九	卅
星	4	5	6	日	1	2	3	4	5	6	日	1	2	3	4	5	6	日	1	2	3	4	5	6	日	1	2	3	4	5	6
干節	丁卯	戊辰	己巳	庚午	辛未	壬申	癸酉	甲戌	乙亥	春分	丁丑	戊寅	己卯	庚辰	辛巳	壬午	癸未	甲申	乙酉	丙戌	丁亥	戊子	己丑	庚寅	清明	壬辰	癸巳	甲午	乙未	丙申	丁酉

陽歷四月份　（陰歷三、四月份）

陽	1	2	3	4	5	6	7	8	9	10	11	12	13	14	15	16	17	18	19	20	21	22	23	24	25	26	27	28	29	30
陰	三	二	三	四	五	六	七	八	九	十	十一	十二	十三	十四	十五	十六	十七	十八	十九	廿	廿一	廿二	廿三	廿四	廿五	廿六	廿七	廿八	廿九	四
星	日	1	2	3	4	5	6	日	1	2	3	4	5	6	日	1	2	3	4	5	6	日	1	2	3	4	5	6	日	1
干節	戊戌	己亥	庚子	辛丑	壬寅	癸卯	甲辰	乙巳	丙午	穀雨	戊申	己酉	庚戌	辛亥	壬子	癸丑	甲寅	乙卯	丙辰	丁巳	戊午	己未	庚申	辛酉	立夏	癸亥	甲子	乙丑	丙寅	丁卯

陽歷五月份　（陰歷四、五月份）

陽	1	2	3	4	5	6	7	8	9	10	11	12	13	14	15	16	17	18	19	20	21	22	23	24	25	26	27	28	29	30	31
陰	二	三	四	五	六	七	八	九	十	十一	十二	十三	十四	十五	十六	十七	十八	十九	廿	廿一	廿二	廿三	廿四	廿五	廿六	廿七	廿八	廿九	五	二	三
星	2	3	4	5	6	日	1	2	3	4	5	6	日	1	2	3	4	5	6	日	1	2	3	4	5	6	日	1	2	3	4
干節	戊辰	己巳	庚午	辛未	壬申	癸酉	甲戌	乙亥	丙子	丁丑	小滿	己卯	庚辰	辛巳	壬午	癸未	甲申	乙酉	丙戌	丁亥	戊子	己丑	庚寅	辛卯	壬辰	芒種	甲午	乙未	丙申	丁酉	戊戌

陽歷六月份　（陰歷五、六月份）

陽	1	2	3	4	5	6	7	8	9	10	11	12	13	14	15	16	17	18	19	20	21	22	23	24	25	26	27	28	29	30
陰	四	五	六	七	八	九	十	十一	十二	十三	十四	十五	十六	十七	十八	十九	廿	廿一	廿二	廿三	廿四	廿五	廿六	廿七	廿八	廿九	卅	六	二	三
星	5	6	日	1	2	3	4	5	6	日	1	2	3	4	5	6	日	1	2	3	4	5	6	日	1	2	3	4	5	6
干節	己亥	庚子	辛丑	壬寅	癸卯	甲辰	乙巳	丙午	丁未	戊申	夏至	庚戌	辛亥	壬子	癸丑	甲寅	乙卯	丙辰	丁巳	戊午	己未	庚申	辛酉	壬戌	癸亥	甲子	小暑	丙寅	丁卯	戊辰

乙丑

一五五六年

（明世宗嘉靖四四年）

陽歷七月份　（陰歷六、七月份）

陽	7	2	3	4	5	6	7	8	9	10	11	12	13	14	15	16	17	18	19	20	21	22	23	24	25	26	27	28	29	30	31
陰	四	五	六	七	八	九	十	十一	十二	十三	十四	十五	十六	十七	十八	十九	二十	廿一	廿二	廿三	廿四	廿五	廿六	廿七	廿八	廿九	七	二	三	四	五
星	日	1	2	3	4	5	6	日	1	2	3	4	5	6	日	1	2	3	4	5	6	日	1	2	3	4	5	6	日	1	2
干節	己巳	庚午	辛未	壬申	癸酉	甲戌	乙亥	丙子	丁丑	戊寅	己卯	庚辰	大暑	壬午	癸未	甲申	乙酉	丙戌	丁亥	戊子	己丑	庚寅	辛卯	壬辰	癸巳	甲午	乙未	立秋	丁酉	戊戌	己亥

陽歷八月份　（陰歷七、八月份）

陽	8	2	3	4	5	6	7	8	9	10	11	12	13	14	15	16	17	18	19	20	21	22	23	24	25	26	27	28	29	30	31
陰	六	七	八	九	十	十一	十二	十三	十四	十五	十六	十七	十八	十九	二十	廿一	廿二	廿三	廿四	廿五	廿六	廿七	廿八	廿九	卅	八	二	三	四	五	六
星	3	4	5	6	日	1	2	3	4	5	6	日	1	2	3	4	5	6	日	1	2	3	4	5	6	日	1	2	3	4	5
干節	庚子	辛丑	壬寅	癸卯	甲辰	乙巳	丙午	丁未	戊申	己酉	庚戌	辛亥	處暑	癸丑	甲寅	乙卯	丙辰	丁巳	戊午	己未	庚申	辛酉	壬戌	癸亥	甲子	乙丑	丙寅	白露	戊辰	己巳	庚午

陽歷九月份　（陰歷八、九月份）

陽	9	2	3	4	5	6	7	8	9	10	11	12	13	14	15	16	17	18	19	20	21	22	23	24	25	26	27	28	29	30	—
陰	七	八	九	十	十一	十二	十三	十四	十五	十六	十七	十八	十九	二十	廿一	廿二	廿三	廿四	廿五	廿六	廿七	廿八	廿九	九	二	三	四	五	六	七	—
星	6	日	1	2	3	4	5	6	日	1	2	3	4	5	6	日	1	2	3	4	5	6	日	1	2	3	4	5	6	日	—
干節	辛未	壬申	癸酉	甲戌	乙亥	丙子	丁丑	戊寅	己卯	庚辰	辛巳	壬午	秋分	甲申	乙酉	丙戌	丁亥	戊子	己丑	庚寅	辛卯	壬辰	癸巳	甲午	乙未	丙申	丁酉	寒露	己亥	庚子	

陽歷十月份　（陰歷九、十月份）

陽	10	2	3	4	5	6	7	8	9	10	11	12	13	14	15	16	17	18	19	20	21	22	23	24	25	26	27	28	29	30	31
陰	八	九	十	十一	十二	十三	十四	十五	十六	十七	十八	十九	二十	廿一	廿二	廿三	廿四	廿五	廿六	廿七	廿八	廿九	卅	十	二	三	四	五	六	七	八
星	1	2	3	4	5	6	日	1	2	3	4	5	6	日	1	2	3	4	5	6	日	1	2	3	4	5	6	日	1	2	3
干節	辛丑	壬寅	癸卯	甲辰	乙巳	丙午	丁未	戊申	己酉	庚戌	辛亥	壬子	霜降	甲寅	乙卯	丙辰	丁巳	戊午	己未	庚申	辛酉	壬戌	癸亥	甲子	乙丑	丙寅	丁卯	立冬	己巳	庚午	辛未

陽歷十一月份　（陰歷十、十一月份）

陽	11	2	3	4	5	6	7	8	9	10	11	12	13	14	15	16	17	18	19	20	21	22	23	24	25	26	27	28	29	30	—
陰	九	十	十一	十二	十三	十四	十五	十六	十七	十八	十九	二十	廿一	廿二	廿三	廿四	廿五	廿六	廿七	廿八	廿九	卅	十一	二	三	四	五	六	七	八	—
星	4	5	6	日	1	2	3	4	5	6	日	1	2	3	4	5	6	日	1	2	3	4	5	6	日	1	2	3	4	5	—
干節	壬申	癸酉	甲戌	乙亥	丙子	丁丑	戊寅	己卯	庚辰	辛巳	壬午	小雪	甲申	乙酉	丙戌	丁亥	戊子	己丑	庚寅	辛卯	壬辰	癸巳	甲午	乙未	丙申	丁酉	大雪	己亥	庚子	辛丑	

陽歷十二月份　（陰歷十一、十二月份）

陽	12	2	3	4	5	6	7	8	9	10	11	12	13	14	15	16	17	18	19	20	21	22	23	24	25	26	27	28	29	30	31
陰	九	十	十一	十二	十三	十四	十五	十六	十七	十八	十九	二十	廿一	廿二	廿三	廿四	廿五	廿六	廿七	廿八	廿九	卅	十二	二	三	四	五	六	七	八	九
星	6	日	1	2	3	4	5	6	日	1	2	3	4	5	6	日	1	2	3	4	5	6	日	1	2	3	4	5	6	日	1
干節	壬寅	癸卯	甲辰	乙巳	丙午	丁未	戊申	己酉	庚戌	辛亥	冬至	癸丑	甲寅	乙卯	丙辰	丁巳	戊午	己未	庚申	辛酉	壬戌	癸亥	甲子	乙丑	丙寅	小寒	戊辰	己巳	庚午	辛未	壬申

陽歷 一 月份 (陰歷十二、正月份)

陽	1	2	3	4	5	6	7	8	9	10	11	12	13	14	15	16	17	18	19	20	21	22	23	24	25	26	27	28	29	30	31
陰	十	十一	十二	十三	十四	十五	十六	十七	十八	十九	廿	廿一	廿二	廿三	廿四	廿五	廿六	廿七	廿八	廿九	正	二	三	四	五	六	七	八	九	十	十一
星	2	3	4	5	6	日	1	2	3	4	5	6	日	1	2	3	4	5	6	日	1	2	3	4	5	6	日	1	2	3	4
干節	癸酉	甲戌	乙亥	丙子	丁丑	戊寅	己卯	庚辰	辛巳	大寒	癸未	甲申	乙酉	丙戌	丁亥	戊子	己丑	庚寅	辛卯	壬辰	癸巳	甲午	乙未	立春	丁酉	戊戌	己亥	庚子	辛丑	壬寅	癸卯

陽歷 二 月份 (陰歷正、二月份)

陽	2	2	3	4	5	6	7	8	9	10	11	12	13	14	15	16	17	18	19	20	21	22	23	24	25	26	27	28			
陰	十二	十三	十四	十五	十六	十七	十八	十九	廿	廿一	廿二	廿三	廿四	廿五	廿六	廿七	廿八	廿九	卅	二	二	三	四	五	六	七	八	九			
星	5	6	日	1	2	3	4	5	6	日	1	2	3	4	5	6	日	1	2	3	4	5	6	日	1	2	3	4			
干節	甲辰	乙巳	丙午	丁未	戊申	己酉	庚戌	雨水	壬子	癸丑	甲寅	乙卯	丙辰	丁巳	戊午	己未	庚申	辛酉	壬戌	癸亥	甲子	乙丑	驚蟄	丁卯	戊辰	己巳	庚午	辛未			

陽歷 三 月份 (陰歷二、三月份)

陽	3	2	3	4	5	6	7	8	9	10	11	12	13	14	15	16	17	18	19	20	21	22	23	24	25	26	27	28	29	30	31
陰	十	十一	十二	十三	十四	十五	十六	十七	十八	十九	廿	廿一	廿二	廿三	廿四	廿五	廿六	廿七	廿八	廿九	三	二	三	四	五	六	七	八	九	十	十一
星	5	6	日	1	2	3	4	5	6	日	1	2	3	4	5	6	日	1	2	3	4	5	6	日	1	2	3	4	5	6	日
干節	壬申	癸酉	甲戌	乙亥	丙子	丁丑	戊寅	己卯	庚辰	春分	壬午	癸未	甲申	乙酉	丙戌	丁亥	戊子	己丑	庚寅	辛卯	壬辰	癸巳	甲午	乙未	丙申	清明	戊戌	己亥	庚子	辛丑	壬寅

陽歷 四 月份 (陰歷三、四月份)

陽	4	2	3	4	5	6	7	8	9	10	11	12	13	14	15	16	17	18	19	20	21	22	23	24	25	26	27	28	29	30	
陰	十二	十三	十四	十五	十六	十七	十八	十九	廿	廿一	廿二	廿三	廿四	廿五	廿六	廿七	廿八	廿九	卅	四	二	三	四	五	六	七	八	九	十	十一	
星	1	2	3	4	5	6	日	1	2	3	4	5	6	日	1	2	3	4	5	6	日	1	2	3	4	5	6	日	1	2	
干節	癸卯	甲辰	乙巳	丙午	丁未	戊申	己酉	庚戌	辛亥	穀雨	癸丑	甲寅	乙卯	丙辰	丁巳	戊午	己未	庚申	辛酉	壬戌	癸亥	甲子	乙丑	丙寅	立夏	戊辰	己巳	庚午	辛未	壬申	

陽歷 五 月份 (陰歷四、五月份)

陽	5	2	3	4	5	6	7	8	9	10	11	12	13	14	15	16	17	18	19	20	21	22	23	24	25	26	27	28	29	30	31
陰	十二	十三	十四	十五	十六	十七	十八	十九	廿	廿一	廿二	廿三	廿四	廿五	廿六	廿七	廿八	廿九	五	二	三	四	五	六	七	八	九	十	十一	十二	十三
星	3	4	5	6	日	1	2	3	4	5	6	日	1	2	3	4	5	6	日	1	2	3	4	5	6	日	1	2	3	4	5
干節	癸酉	甲戌	乙亥	丙子	丁丑	戊寅	己卯	庚辰	辛巳	壬午	小滿	甲申	乙酉	丙戌	丁亥	戊子	己丑	庚寅	辛卯	壬辰	癸巳	甲午	乙未	丙申	丁酉	戊戌	芒種	庚子	辛丑	壬寅	癸卯

陽歷 六 月份 (陰歷五、六月份)

陽	6	2	3	4	5	6	7	8	9	10	11	12	13	14	15	16	17	18	19	20	21	22	23	24	25	26	27	28	29	30	
陰	十四	十五	十六	十七	十八	十九	廿	廿一	廿二	廿三	廿四	廿五	廿六	廿七	廿八	廿九	六	二	三	四	五	六	七	八	九	十	十一	十二	十三	十四	
星	6	日	1	2	3	4	5	6	日	1	2	3	4	5	6	日	1	2	3	4	5	6	日	1	2	3	4	5	6	日	
干節	甲辰	乙巳	丙午	丁未	戊申	己酉	庚戌	辛亥	壬子	癸丑	夏至	乙卯	丙辰	丁巳	戊午	己未	庚申	辛酉	壬戌	癸亥	甲子	乙丑	丙寅	丁卯	戊辰	己巳	小暑	辛未	壬申	癸酉	

丙寅　一五六六年　（明世宗嘉靖四五年）

陽歷七月份　（陰歷六、七月份）

陽	**7**	2	3	4	5	6	7	8	9	10	11	12	13	14	15	16	17	18	19	20	21	22	23	24	25	26	27	28	29	30	31
陰	十五	十六	十七	十八	十九	廿	廿一	廿二	廿三	廿四	廿五	廿六	廿七	廿八	廿九	卅	**七**	二	三	四	五	六	七	八	九	十	十一	十二	十三	十四	十五
星	1	2	3	4	5	6	**日**	1	2	3	4	5	6	**日**	1	2	3	4	5	6	**日**	1	2	3	4	5	6	**日**	1	2	3
干節	甲戌	乙亥	丙子	丁丑	戊寅	己卯	庚辰	辛巳	壬午	癸未	甲申	乙酉	**大暑**	丁亥	戊子	己丑	庚寅	辛卯	壬辰	癸巳	甲午	乙未	丙申	丁酉	戊戌	己亥	庚子	辛丑	**立秋**	癸卯	甲辰

陽歷八月份　（陰歷七、八月份）

陽	**8**	2	3	4	5	6	7	8	9	10	11	12	13	14	15	16	17	18	19	20	21	22	23	24	25	26	27	28	29	30	31
陰	十六	十七	十八	十九	廿	廿一	廿二	廿三	廿四	廿五	廿六	廿七	廿八	廿九	**八**	二	三	四	五	六	七	八	九	十	十一	十二	十三	十四	十五	十六	十七
星	4	5	6	**日**	1	2	3	4	5	6	**日**	1	2	3	4	5	6	**日**	1	2	3	4	5	6	**日**	1	2	3	4	5	6
干節	乙巳	丙午	丁未	戊申	己酉	庚戌	辛亥	壬子	癸丑	甲寅	乙卯	丙辰	**處暑**	戊午	己未	庚申	辛酉	壬戌	癸亥	甲子	乙丑	丙寅	丁卯	戊辰	己巳	庚午	辛未	壬申	**白露**	甲戌	乙亥

陽歷九月份　（陰歷八、九月份）

陽	**9**	2	3	4	5	6	7	8	9	10	11	12	13	14	15	16	17	18	19	20	21	22	23	24	25	26	27	28	29	30
陰	十八	十九	廿	廿一	廿二	廿三	廿四	廿五	廿六	廿七	廿八	廿九	**九**	二	三	四	五	六	七	八	九	十	十一	十二	十三	十四	十五	十六	十七	十八
星	**日**	1	2	3	4	5	6	**日**	1	2	3	4	5	6	**日**	1	2	3	4	5	6	**日**	1	2	3	4	5	6	**日**	1
干節	丙子	丁丑	戊寅	己卯	庚辰	辛巳	壬午	癸未	甲申	乙酉	丙戌	丁亥	**秋分**	己丑	庚寅	辛卯	壬辰	癸巳	甲午	乙未	丙申	丁酉	戊戌	己亥	庚子	辛丑	壬寅	**寒露**	甲辰	乙巳

陽歷十月份　（陰歷九、十月份）

陽	**10**	2	3	4	5	6	7	8	9	10	11	12	13	14	15	16	17	18	19	20	21	22	23	24	25	26	27	28	29	30	31
陰	十九	廿	廿一	廿二	廿三	廿四	廿五	廿六	廿七	廿八	廿九	卅	**十**	二	三	四	五	六	七	八	九	十	十一	十二	十三	十四	十五	十六	十七	十八	十九
星	2	3	4	5	6	**日**	1	2	3	4	5	6	**日**	1	2	3	4	5	6	**日**	1	2	3	4	5	6	**日**	1	2	3	4
干節	丙午	丁未	戊申	己酉	庚戌	辛亥	壬子	癸丑	甲寅	乙卯	丙辰	丁巳	**霜降**	己未	庚申	辛酉	壬戌	癸亥	甲子	乙丑	丙寅	丁卯	戊辰	己巳	庚午	辛未	壬申	**立冬**	甲戌	乙亥	丙子

陽歷十一月份　（陰歷十、閏十月份）

陽	**11**	2	3	4	5	6	7	8	9	10	11	12	13	14	15	16	17	18	19	20	21	22	23	24	25	26	27	28	29	30
陰	廿	廿一	廿二	廿三	廿四	廿五	廿六	廿七	廿八	廿九	卅	**閏**	二	三	四	五	六	七	八	九	十	十一	十二	十三	十四	十五	十六	十七	十八	十九
星	5	6	**日**	1	2	3	4	5	6	**日**	1	2	3	4	5	6	**日**	1	2	3	4	5	6	**日**	1	2	3	4	5	6
干節	丁丑	戊寅	己卯	庚辰	辛巳	壬午	癸未	甲申	乙酉	丙戌	丁亥	**小雪**	己丑	庚寅	辛卯	壬辰	癸巳	甲午	乙未	丙申	丁酉	戊戌	己亥	庚子	辛丑	壬寅	**大雪**	甲辰	乙巳	丙午

陽歷十二月份　（陰歷閏十、十一月份）

陽	**12**	2	3	4	5	6	7	8	9	10	11	12	13	14	15	16	17	18	19	20	21	22	23	24	25	26	27	28	29	30	31
陰	廿	廿一	廿二	廿三	廿四	廿五	廿六	廿七	廿八	廿九	**十一**	二	三	四	五	六	七	八	九	十	十一	十二	十三	十四	十五	十六	十七	十八	十九	廿	廿一
星	**日**	1	2	3	4	5	6	**日**	1	2	3	4	5	6	**日**	1	2	3	4	5	6	**日**	1	2	3	4	5	6	**日**	1	2
干節	丁未	戊申	己酉	庚戌	辛亥	壬子	癸丑	甲寅	乙卯	丙辰	丁巳	**冬至**	己未	庚申	辛酉	壬戌	癸亥	甲子	乙丑	丙寅	丁卯	戊辰	己巳	庚午	辛未	**小寒**	癸酉	甲戌	乙亥	丙子	丁丑

陽歷 一月份 （陰歷十一、十二月份）

陽	**1**	2	3	4	5	6	7	8	9	10	11	12	13	14	15	16	17	18	19	20	21	22	23	24	25	26	27	28	29	30	31
陰	廿二	廿三	廿四	廿五	廿六	廿七	廿八	廿九	卅	**十二**	二	三	四	五	六	七	八	九	十	十一	十二	十三	十四	十五	十六	十七	十八	十九	廿	廿一	廿二
星	3	4	5	6	**日**	1	2	3	4	5	6	**日**	1	2	3	4	5	6	**日**	1	2	3	4	5	6	**日**	1	2	3	4	5
干節	戊寅	己卯	庚辰	辛巳	壬午	癸未	甲申	乙酉	丙戌	**大寒**	戊子	己丑	庚寅	辛卯	壬辰	癸巳	甲午	乙未	丙申	丁酉	戊戌	己亥	庚子	辛丑	**立春**	癸卯	甲辰	乙巳	丙午	丁未	戊申

陽歷 二月份 （陰歷十二、正月份）

陽	**2**	2	3	4	5	6	7	8	9	10	11	12	13	14	15	16	17	18	19	20	21	22	23	24	25	26	27	28			
陰	廿三	廿四	廿五	廿六	廿七	廿八	廿九	卅	**正**	二	三	四	五	六	七	八	九	十	十一	十二	十三	十四	十五	十六	十七	十八	十九	廿			
星	6	**日**	1	2	3	4	5	6	**日**	1	2	3	4	5	6	**日**	1	2	3	4	5	6	**日**	1	2	3	4	5			
干節	己酉	庚戌	辛亥	壬子	癸丑	甲寅	乙卯	丙辰	**雨水**	戊午	己未	庚申	辛酉	壬戌	癸亥	甲子	乙丑	丙寅	丁卯	戊辰	己巳	庚午	**驚蟄**	壬申	癸酉	甲戌	乙亥	丙子			

陽歷 三月份 （陰歷正、二月份）

陽	**3**	2	3	4	5	6	7	8	9	10	11	12	13	14	15	16	17	18	19	20	21	22	23	24	25	26	27	28	29	30	31
陰	廿一	廿二	廿三	廿四	廿五	廿六	廿七	廿八	廿九	卅	**二**	二	三	四	五	六	七	八	九	十	十一	十二	十三	十四	十五	十六	十七	十八	十九	廿	廿一
星	6	**日**	1	2	3	4	5	6	**日**	1	2	3	4	5	6	**日**	1	2	3	4	5	6	**日**	1	2	3	4	5	6	**日**	1
干節	丁丑	戊寅	己卯	庚辰	辛巳	壬午	癸未	甲申	乙酉	丙戌	**春分**	戊子	己丑	庚寅	辛卯	壬辰	癸巳	甲午	乙未	丙申	丁酉	戊戌	己亥	庚子	辛丑	**清明**	癸卯	甲辰	乙巳	丙午	丁未

陽歷 四月份 （陰歷二、三月份）

陽	**4**	2	3	4	5	6	7	8	9	10	11	12	13	14	15	16	17	18	19	20	21	22	23	24	25	26	27	28	29	30	
陰	廿二	廿三	廿四	廿五	廿六	廿七	廿八	廿九	**三**	二	三	四	五	六	七	八	九	十	十一	十二	十三	十四	十五	十六	十七	十八	十九	廿	廿一	廿二	
星	2	3	4	5	6	**日**	1	2	3	4	5	6	**日**	1	2	3	4	5	6	**日**	1	2	3	4	5	6	**日**	1	2	3	
干節	戊申	己酉	庚戌	辛亥	壬子	癸丑	甲寅	乙卯	丙辰	**穀雨**	戊午	己未	庚申	辛酉	壬戌	癸亥	甲子	乙丑	丙寅	丁卯	戊辰	己巳	庚午	辛未	壬申	**立夏**	甲戌	乙亥	丙子	丁丑	

陽歷 五月份 （陰歷三、四月份）

陽	**5**	2	3	4	5	6	7	8	9	10	11	12	13	14	15	16	17	18	19	20	21	22	23	24	25	26	27	28	29	30	31
陰	廿三	廿四	廿五	廿六	廿七	廿八	廿九	卅	**四**	二	三	四	五	六	七	八	九	十	十一	十二	十三	十四	十五	十六	十七	十八	十九	廿	廿一	廿二	廿三
星	4	5	6	**日**	1	2	3	4	5	6	**日**	1	2	3	4	5	6	**日**	1	2	3	4	5	6	**日**	1	2	3	4	5	6
干節	戊寅	己卯	庚辰	辛巳	壬午	癸未	甲申	乙酉	丙戌	丁亥	**小滿**	己丑	庚寅	辛卯	壬辰	癸巳	甲午	乙未	丙申	丁酉	戊戌	己亥	庚子	辛丑	壬寅	癸卯	**芒種**	乙巳	丙午	丁未	戊申

陽歷 六月份 （陰歷四、五月份）

陽	**6**	2	3	4	5	6	7	8	9	10	11	12	13	14	15	16	17	18	19	20	21	22	23	24	25	26	27	28	29	30	
陰	廿四	廿五	廿六	廿七	廿八	廿九	**五**	二	三	四	五	六	七	八	九	十	十一	十二	十三	十四	十五	十六	十七	十八	十九	廿	廿一	廿二	廿三	廿四	
星	**日**	1	2	3	4	5	6	**日**	1	2	3	4	5	6	**日**	1	2	3	4	5	6	**日**	1	2	3	4	5	6	**日**	1	
干節	己酉	庚戌	辛戌	壬子	癸丑	甲寅	乙卯	丙辰	丁巳	戊午	己未	**夏至**	辛酉	壬戌	癸亥	甲子	乙丑	丙寅	丁卯	戊辰	己巳	庚午	辛未	壬申	癸酉	甲戌	**小暑**	丙子	丁丑	戊寅	

丁卯

一五六七年

（明穆宗隆慶元年）

陽曆七月份　　（陰曆五、六月份）

陽	**7**	2	3	4	5	6	7	8	9	10	11	12	13	14	15	16	17	18	19	20	21	22	23	24	25	26	27	28	29	30	31
陰	廿五	廿六	廿七	廿八	廿九	**六**	二	三	四	五	六	七	八	九	十	十一	十二	十三	十四	十五	十六	十七	十八	十九	廿	廿一	廿二	廿三	廿四	廿五	廿六
星	2	3	4	5	6	**日**	1	2	3	4	5	6	**日**	1	2	3	4	5	6	**日**	1	2	3	4	5	6	**日**	1	2	3	4
干節	己卯	庚辰	辛巳	壬午	癸未	甲申	乙酉	丙戌	丁亥	戊子	己丑	庚寅	**大暑**	壬辰	癸巳	甲午	乙未	丙申	丁酉	戊戌	己亥	庚子	辛丑	壬寅	癸卯	甲辰	乙巳	丙午	**立秋**	戊申	己酉

陽曆八月份　　（陰曆六、七月份）

陽	**8**	2	3	4	5	6	7	8	9	10	11	12	13	14	15	16	17	18	19	20	21	22	23	24	25	26	27	28	29	30	31
陰	廿七	廿八	廿九	卅	**七**	二	三	四	五	六	七	八	九	十	十一	十二	十三	十四	十五	十六	十七	十八	十九	廿	廿一	廿二	廿三	廿四	廿五	廿六	廿七
星	5	6	**日**	1	2	3	4	5	6	**日**	1	2	3	4	5	6	**日**	1	2	3	4	5	6	**日**	1	2	3	4	5	6	**日**
干節	庚戌	辛亥	壬子	癸丑	甲寅	乙卯	丙辰	丁巳	戊午	己未	庚申	辛酉	壬戌	**處暑**	甲子	乙丑	丙寅	丁卯	戊辰	己巳	庚午	辛未	壬申	癸酉	甲戌	乙亥	丙子	丁丑	**白露**	己卯	庚辰

陽曆九月份　　（陰曆七、八月份）

陽	**9**	2	3	4	5	6	7	8	9	10	11	12	13	14	15	16	17	18	19	20	21	22	23	24	25	26	27	28	29	30
陰	廿八	廿九	**八**	二	三	四	五	六	七	八	九	十	十一	十二	十三	十四	十五	十六	十七	十八	十九	廿	廿一	廿二	廿三	廿四	廿五	廿六	廿七	廿八
星	1	2	3	4	5	6	**日**	1	2	3	4	5	6	**日**	1	2	3	4	5	6	**日**	1	2	3	4	5	6	**日**	1	2
干節	辛巳	壬午	癸未	甲申	乙酉	丙戌	丁亥	戊子	己丑	庚寅	辛卯	壬辰	**秋分**	甲午	乙未	丙申	丁酉	戊戌	己亥	庚子	辛丑	壬寅	癸卯	甲辰	乙巳	丙午	丁未	戊申	**寒露**	庚戌

陽曆十月份　　（陰曆八、九月份）

陽	**10**	2	3	4	5	6	7	8	9	10	11	12	13	14	15	16	17	18	19	20	21	22	23	24	25	26	27	28	29	30	31
陰	廿九	**九**	二	三	四	五	六	七	八	九	十	十一	十二	十三	十四	十五	十六	十七	十八	十九	廿	廿一	廿二	廿三	廿四	廿五	廿六	廿七	廿八	廿九	卅
星	3	4	5	6	**日**	1	2	3	4	5	6	**日**	1	2	3	4	5	6	**日**	1	2	3	4	5	6	**日**	1	2	3	4	5
干節	辛亥	壬子	癸丑	甲寅	乙卯	丙辰	丁巳	戊午	己未	庚申	辛酉	壬戌	癸亥	**霜降**	乙丑	丙寅	丁卯	戊辰	己巳	庚午	辛未	壬申	癸酉	甲戌	乙亥	丙子	丁丑	戊寅	**立冬**	庚辰	辛巳

陽曆十一月份　　（陰曆十月份）

陽	**11**	2	3	4	5	6	7	8	9	10	11	12	13	14	15	16	17	18	19	20	21	22	23	24	25	26	27	28	29	30
陰	**十**	二	三	四	五	六	七	八	九	十	十一	十二	十三	十四	十五	十六	十七	十八	十九	廿	廿一	廿二	廿三	廿四	廿五	廿六	廿七	廿八	廿九	卅
星	6	**日**	1	2	3	4	5	6	**日**	1	2	3	4	5	6	**日**	1	2	3	4	5	6	**日**	1	2	3	4	5	6	**日**
干節	壬午	癸未	甲申	乙酉	丙戌	丁亥	戊子	己丑	庚寅	辛卯	壬辰	**小雪**	甲午	乙未	丙申	丁酉	戊戌	己亥	庚子	辛丑	壬寅	癸卯	甲辰	乙巳	丙午	丁未	**大雪**	己酉	庚戌	辛亥

陽曆十二月份　　（陰曆十一、十二月份）

陽	**12**	2	3	4	5	6	7	8	9	10	11	12	13	14	15	16	17	18	19	20	21	22	23	24	25	26	27	28	29	30	31
陰	**十一**	二	三	四	五	六	七	八	九	十	十一	十二	十三	十四	十五	十六	十七	十八	十九	廿	廿一	廿二	廿三	廿四	廿五	廿六	廿七	廿八	廿九	**十二**	二
星	1	2	3	4	5	6	**日**	1	2	3	4	5	6	**日**	1	2	3	4	5	6	**日**	1	2	3	4	5	6	**日**	1	2	3
干節	壬子	癸丑	甲寅	乙卯	丙辰	丁巳	戊午	己未	庚申	辛酉	壬戌	**冬至**	甲子	乙丑	丙寅	丁卯	戊辰	己巳	庚午	辛未	壬申	癸酉	甲戌	乙亥	丙子	**小寒**	戊寅	己卯	庚辰	辛巳	壬午

近世中西史日對照表

戊辰

一五六八年

（明穆宗隆慶二年）

陽歷 一月份　（陰歷十二、正月份）

陽	1	2	3	4	5	6	7	8	9	10	11	12	13	14	15	16	17	18	19	20	21	22	23	24	25	26	27	28	29	30	31
陰	三	四	五	六	七	八	九	十	十一	十二	十三	十四	十五	十六	十七	十八	十九	廿	廿一	廿二	廿三	廿四	廿五	廿六	廿七	廿八	廿九	卅	正	二	三
星	4	5	6	日	1	2	3	4	5	6	日	1	2	3	4	5	6	日	1	2	3	4	5	6	日	1	2	3	4	5	6
干節	癸未	甲申	乙酉	丙戌	丁亥	戊子	己丑	庚寅	辛卯	大寒	癸巳	甲午	乙未	丙申	丁酉	戊戌	己亥	庚子	辛丑	壬寅	癸卯	甲辰	乙巳	丙午	立春	戊申	己酉	庚戌	辛亥	壬子	癸丑

陽歷 二月份　（陰歷正、二月份）

陽	2	2	3	4	5	6	7	8	9	10	11	12	13	14	15	16	17	18	19	20	21	22	23	24	25	26	27	28	29		
陰	四	五	六	七	八	九	十	十一	十二	十三	十四	十五	十六	十七	十八	十九	廿	廿一	廿二	廿三	廿四	廿五	廿六	廿七	廿八	廿九	卅	二	二		
星	日	1	2	3	4	5	6	日	1	2	3	4	5	6	日	1	2	3	4	5	6	日	1	2	3	4	5	6	日		
干節	甲寅	乙卯	丙辰	丁巳	戊午	己未	庚申	辛酉	雨水	癸亥	甲子	乙丑	丙寅	丁卯	戊辰	己巳	庚午	辛未	壬申	癸酉	甲戌	乙亥	丙子	驚蟄	戊寅	己卯	庚辰	辛巳	壬午		

陽歷 三月份　（陰歷二、三月份）

陽	3	2	3	4	5	6	7	8	9	10	11	12	13	14	15	16	17	18	19	20	21	22	23	24	25	26	27	28	29	30	31
陰	三	四	五	六	七	八	九	十	十一	十二	十三	十四	十五	十六	十七	十八	十九	廿	廿一	廿二	廿三	廿四	廿五	廿六	廿七	廿八	廿九	卅	三	二	三
星	1	2	3	4	5	6	日	1	2	3	4	5	6	日	1	2	3	4	5	6	日	1	2	3	4	5	6	日	1	2	3
干節	癸未	甲申	乙酉	丙戌	丁亥	戊子	己丑	庚寅	辛卯	春分	癸巳	甲午	乙未	丙申	丁酉	戊戌	己亥	庚子	辛丑	壬寅	癸卯	甲辰	乙巳	丙午	清明	戊申	己酉	庚戌	辛亥	壬子	癸丑

陽歷 四月份　（陰歷三、四月份）

陽	4	2	3	4	5	6	7	8	9	10	11	12	13	14	15	16	17	18	19	20	21	22	23	24	25	26	27	28	29	30	
陰	四	五	六	七	八	九	十	十一	十二	十三	十四	十五	十六	十七	十八	十九	廿	廿一	廿二	廿三	廿四	廿五	廿六	廿七	廿八	廿九	四	二	三	四	
星	4	5	6	日	1	2	3	4	5	6	日	1	2	3	4	5	6	日	1	2	3	4	5	6	日	1	2	3	4	5	
干節	甲寅	乙卯	丙辰	丁巳	戊午	己未	庚申	辛酉	穀雨	癸亥	甲子	乙丑	丙寅	丁卯	戊辰	己巳	庚午	辛未	壬申	癸酉	甲戌	乙亥	丙子	丁丑	立夏	己卯	庚辰	辛巳	壬午	癸未	

陽歷 五月份　（陰歷四、五月份）

陽	5	2	3	4	5	6	7	8	9	10	11	12	13	14	15	16	17	18	19	20	21	22	23	24	25	26	27	28	29	30	31
陰	五	六	七	八	九	十	十一	十二	十三	十四	十五	十六	十七	十八	十九	廿	廿一	廿二	廿三	廿四	廿五	廿六	廿七	廿八	廿九	卅	五	二	三	四	五
星	6	日	1	2	3	4	5	6	日	1	2	3	4	5	6	日	1	2	3	4	5	6	日	1	2	3	4	5	6	日	1
干節	甲申	乙酉	丙戌	丁亥	戊子	己丑	庚寅	辛卯	壬辰	小滿	甲午	乙未	丙申	丁酉	戊戌	己亥	庚子	辛丑	壬寅	癸卯	甲辰	乙巳	丙午	丁未	戊申	芒種	庚戌	辛亥	壬子	癸丑	甲寅

陽歷 六月份　（陰歷五、六月份）

陽	6	2	3	4	5	6	7	8	9	10	11	12	13	14	15	16	17	18	19	20	21	22	23	24	25	26	27	28	29	30	
陰	六	七	八	九	十	十一	十二	十三	十四	十五	十六	十七	十八	十九	廿	廿一	廿二	廿三	廿四	廿五	廿六	廿七	廿八	廿九	六	二	三	四	五	六	
星	2	3	4	5	6	日	1	2	3	4	5	6	日	1	2	3	4	5	6	日	1	2	3	4	5	6	日	1	2	3	
干節	乙卯	丙辰	丁巳	戊午	己未	庚申	辛酉	壬戌	癸亥	甲子	夏至	丙寅	丁卯	戊辰	己巳	庚午	辛未	壬申	癸酉	甲戌	乙亥	丙子	丁丑	戊寅	己卯	庚辰	小暑	壬午	癸未	甲申	

戊辰 一五六八年 （明穆宗隆慶二年）

陽歷七月份 （陰歷六、七月份）

陽	**7**	2	3	4	5	6	7	8	9	10	11	12	13	14	15	16	17	18	19	20	21	22	23	24	25	26	27	28	29	30	31
陰	七	八	九	十	十一	十二	十三	十四	十五	十六	十七	十八	十九	廿	廿一	廿二	廿三	廿四	廿五	廿六	廿七	廿八	廿九	**七**	二	三	四	五	六	七	八
星	4	5	6	**日**	1	2	3	4	5	6	**日**	1	2	3	4	5	6	**日**	1	2	3	4	5	6	**日**	1	2	3	4	5	6
干節	乙酉	丙戌	丁亥	戊子	己丑	庚寅	辛卯	壬辰	癸巳	甲午	乙未	**大暑**	丁酉	戊戌	己亥	庚子	辛丑	壬寅	癸卯	甲辰	乙巳	丙午	丁未	戊申	己酉	庚戌	辛亥	**立秋**	癸丑	甲寅	乙卯

陽歷八月份 （陰歷七、八月份）

陽	**8**	2	3	4	5	6	7	8	9	10	11	12	13	14	15	16	17	18	19	20	21	22	23	24	25	26	27	28	29	30	31
陰	九	十	十一	十二	十三	十四	十五	十六	十七	十八	十九	廿	廿一	廿二	廿三	廿四	廿五	廿六	廿七	廿八	廿九	卅	**八**	二	三	四	五	六	七	八	九
星	**日**	1	2	3	4	5	6	**日**	1	2	3	4	5	6	**日**	1	2	3	4	5	6	**日**	1	2	3	4	5	6	**日**	1	2
干節	丙辰	丁巳	戊午	己未	庚申	辛酉	壬戌	癸亥	甲子	乙丑	丙寅	丁卯	**處暑**	己巳	庚午	辛未	壬申	癸酉	甲戌	乙亥	丙子	丁丑	戊寅	己卯	庚辰	辛巳	壬午	**白露**	甲申	乙酉	丙戌

陽歷九月份 （陰歷八、九月份）

陽	**9**	2	3	4	5	6	7	8	9	10	11	12	13	14	15	16	17	18	19	20	21	22	23	24	25	26	27	28	29	30	—
陰	十	十一	十二	十三	十四	十五	十六	十七	十八	十九	廿	廿一	廿二	廿三	廿四	廿五	廿六	廿七	廿八	廿九	**九**	二	三	四	五	六	七	八	九	十	—
星	3	4	5	6	**日**	1	2	3	4	5	6	**日**	1	2	3	4	5	6	**日**	1	2	3	4	5	6	**日**	1	2	3	4	—
干節	丁亥	戊子	己丑	庚寅	辛卯	壬辰	癸巳	甲午	乙未	丙申	丁酉	**秋分**	己亥	庚子	辛丑	壬寅	癸卯	甲辰	乙巳	丙午	丁未	戊申	己酉	庚戌	辛亥	壬子	癸丑	**寒露**	乙卯	丙辰	

陽歷十月份 （陰歷九、十月份）

陽	**10**	2	3	4	5	6	7	8	9	10	11	12	13	14	15	16	17	18	19	20	21	22	23	24	25	26	27	28	29	30	31
陰	十一	十二	十三	十四	十五	十六	十七	十八	十九	廿	廿一	廿二	廿三	廿四	廿五	廿六	廿七	廿八	廿九	**十**	二	三	四	五	六	七	八	九	十	十一	十二
星	5	6	**日**	1	2	3	4	5	6	**日**	1	2	3	4	5	6	**日**	1	2	3	4	5	6	**日**	1	2	3	4	5	6	**日**
干節	丁巳	戊午	己未	庚申	辛酉	壬戌	癸亥	甲子	乙丑	丙寅	丁卯	戊辰	**霜降**	庚午	辛未	壬申	癸酉	甲戌	乙亥	丙子	丁丑	戊寅	己卯	庚辰	辛巳	壬午	癸未	**立冬**	乙酉	丙戌	丁亥

陽歷十一月份 （陰歷十、十一月份）

陽	**11**	2	3	4	5	6	7	8	9	10	11	12	13	14	15	16	17	18	19	20	21	22	23	24	25	26	27	28	29	30	—
陰	十三	十四	十五	十六	十七	十八	十九	廿	廿一	廿二	廿三	廿四	廿五	廿六	廿七	廿八	廿九	卅	**十一**	二	三	四	五	六	七	八	九	十	十一	十二	—
星	1	2	3	4	5	6	**日**	1	2	3	4	5	6	**日**	1	2	3	4	5	6	**日**	1	2	3	4	5	6	**日**	1	2	—
干節	戊子	己丑	庚寅	辛卯	壬辰	癸巳	甲午	乙未	丙申	丁酉	戊戌	**小雪**	庚子	辛丑	壬寅	癸卯	甲辰	乙巳	丙午	丁未	戊申	己酉	庚戌	辛亥	壬子	**大雪**	甲寅	乙卯	丙辰	丁巳	

陽歷十二月份 （陰歷十一、十二月份）

陽	**12**	2	3	4	5	6	7	8	9	10	11	12	13	14	15	16	17	18	19	20	21	22	23	24	25	26	27	28	29	30	31
陰	十三	十四	十五	十六	十七	十八	十九	廿	廿一	廿二	廿三	廿四	廿五	廿六	廿七	廿八	廿九	**十二**	二	三	四	五	六	七	八	九	十	十一	十二	十三	十四
星	3	4	5	6	**日**	1	2	3	4	5	6	**日**	1	2	3	4	5	6	**日**	1	2	3	4	5	6	**日**	1	2	3	4	5
干節	戊午	己未	庚申	辛酉	壬戌	癸亥	甲子	乙丑	丙寅	丁卯	**冬至**	己巳	庚午	辛未	壬申	癸酉	甲戌	乙亥	丙子	丁丑	戊寅	己卯	庚辰	辛巳	壬午	**小寒**	甲申	乙酉	丙戌	丁亥	戊子

己巳 一五六九年 (明穆宗隆慶三年)

陽歷 一 月 份 (陰歷十二、正月份)

陽	1	2	3	4	5	6	7	8	9	10	11	12	13	14	15	16	17	18	19	20	21	22	23	24	25	26	27	28	29	30	31
陰	十五	十六	十七	十八	十九	廿	廿一	廿二	廿三	廿四	廿五	廿六	廿七	廿八	廿九	卅	正	二	三	四	五	六	七	八	九	十	十一	十二	十三	十四	十五
星	6	日	1	2	3	4	5	6	日	1	2	3	4	5	6	日	1	2	3	4	5	6	日	1	2	3	4	5	6	日	1
干節	己丑	庚寅	辛卯	壬辰	癸巳	甲午	乙未	丙申	大寒	戊戌	己亥	庚子	辛丑	壬寅	癸卯	甲辰	乙巳	丙午	丁未	戊申	己酉	庚戌	辛亥	立春	癸丑	甲寅	乙卯	丙辰	丁巳	戊午	己未

陽歷 二 月 份 (陰歷正、二月份)

陽	2	2	3	4	5	6	7	8	9	10	11	12	13	14	15	16	17	18	19	20	21	22	23	24	25	26	27	28			
陰	十六	十七	十八	十九	廿	廿一	廿二	廿三	廿四	廿五	廿六	廿七	廿八	廿九	卅	二	二	三	四	五	六	七	八	九	十	十一	十二	十三			
星	2	3	4	5	6	日	1	2	3	4	5	6	日	1	2	3	4	5	6	日	1	2	3	4	5	6	日	1			
干節	庚申	辛酉	壬戌	癸亥	甲子	乙丑	丙寅	雨水	戊辰	己巳	庚午	辛未	壬申	癸酉	甲戌	乙亥	丙子	丁丑	戊寅	己卯	庚辰	辛巳	驚蟄	癸未	甲申	乙酉	丙戌	丁亥			

陽歷 三 月 份 (陰歷二、三月份)

陽	3	2	3	4	5	6	7	8	9	10	11	12	13	14	15	16	17	18	19	20	21	22	23	24	25	26	27	28	29	30	31
陰	十四	十五	十六	十七	十八	十九	廿	廿一	廿二	廿三	廿四	廿五	廿六	廿七	廿八	廿九	卅	三	二	三	四	五	六	七	八	九	十	十一	十二	十三	十四
星	2	3	4	5	6	日	1	2	3	4	5	6	日	1	2	3	4	5	6	日	1	2	3	4	5	6	日	1	2	3	4
干節	戊子	己丑	庚寅	辛卯	壬辰	癸巳	甲午	乙未	丙申	春分	戊戌	己亥	庚子	辛丑	壬寅	癸卯	甲辰	乙巳	丙午	丁未	戊申	己酉	庚戌	辛亥	清明	癸丑	甲寅	乙卯	丙辰	丁巳	戊午

陽歷 四 月 份 (陰歷三、四月份)

陽	4	2	3	4	5	6	7	8	9	10	11	12	13	14	15	16	17	18	19	20	21	22	23	24	25	26	27	28	29	30	
陰	十五	十六	十七	十八	十九	廿	廿一	廿二	廿三	廿四	廿五	廿六	廿七	廿八	廿九	四	二	三	四	五	六	七	八	九	十	十一	十二	十三	十四	十五	
星	5	6	日	1	2	3	4	5	6	日	1	2	3	4	5	6	日	1	2	3	4	5	6	日	1	2	3	4	5	6	
干節	己未	庚申	辛酉	壬戌	癸亥	甲子	乙丑	丙寅	丁卯	穀雨	己巳	庚午	辛未	壬申	癸酉	甲戌	乙亥	丙子	丁丑	戊寅	己卯	庚辰	辛巳	壬午	立夏	甲申	乙酉	丙戌	丁亥	戊子	

陽歷 五 月 份 (陰歷四、五月份)

陽	5	2	3	4	5	6	7	8	9	10	11	12	13	14	15	16	17	18	19	20	21	22	23	24	25	26	27	28	29	30	31
陰	十六	十七	十八	十九	廿	廿一	廿二	廿三	廿四	廿五	廿六	廿七	廿八	廿九	卅	五	二	三	四	五	六	七	八	九	十	十一	十二	十三	十四	十五	十六
星	日	1	2	3	4	5	6	日	1	2	3	4	5	6	日	1	2	3	4	5	6	日	1	2	3	4	5	6	日	1	2
干節	己丑	庚寅	辛卯	壬辰	癸巳	甲午	乙未	丙申	丁酉	戊戌	小滿	庚子	辛丑	壬寅	癸卯	甲辰	乙巳	丙午	丁未	戊申	己酉	庚戌	辛亥	壬子	癸丑	芒種	乙卯	丙辰	丁巳	戊午	己未

陽歷 六 月 份 (陰歷五、六月份)

陽	6	2	3	4	5	6	7	8	9	10	11	12	13	14	15	16	17	18	19	20	21	22	23	24	25	26	27	28	29	30	
陰	十七	十八	十九	廿	廿一	廿二	廿三	廿四	廿五	廿六	廿七	廿八	廿九	六	二	三	四	五	六	七	八	九	十	十一	十二	十三	十四	十五	十六	十七	
星	3	4	5	6	日	1	2	3	4	5	6	日	1	2	3	4	5	6	日	1	2	3	4	5	6	日	1	2	3	4	
干節	庚申	辛酉	壬戌	癸亥	甲子	乙丑	丙寅	丁卯	戊辰	己巳	夏至	辛未	壬申	癸酉	甲戌	乙亥	丙子	丁丑	戊寅	己卯	庚辰	辛巳	壬午	癸未	甲申	乙酉	小暑	丁亥	戊子	己丑	

己巳　一五六九年　（明穆宗隆慶三年）

陽歷七月份　（陰歷六、閏六月份）

陽	7	2	3	4	5	6	7	8	9	10	11	12	13	14	15	16	17	18	19	20	21	22	23	24	25	26	27	28	29	30	31
陰	十八	十九	廿	廿一	廿二	廿三	廿四	廿五	廿六	廿七	廿八	廿九	卅	閏	二	三	四	五	六	七	八	九	十	十一	十二	十三	十四	十五	十六	十七	十八
星	5	6	日	1	2	3	4	5	6	日	1	2	3	4	5	6	日	1	2	3	4	5	6	日	1	2	3	4	5	6	日
干節	庚寅	辛卯	壬辰	癸巳	甲午	乙未	丙申	丁酉	戊戌	己亥	庚子	辛丑	大暑	癸卯	甲辰	乙巳	丙午	丁未	戊申	己酉	庚戌	辛亥	壬子	癸丑	甲寅	乙卯	丙辰	立秋	戊午	己未	庚申

陽歷八月份　（陰歷閏六、七月份）

陽	8	2	3	4	5	6	7	8	9	10	11	12	13	14	15	16	17	18	19	20	21	22	23	24	25	26	27	28	29	30	31
陰	十九	廿	廿一	廿二	廿三	廿四	廿五	廿六	廿七	廿八	廿九	七	二	三	四	五	六	七	八	九	十	十一	十二	十三	十四	十五	十六	十七	十八	十九	廿
星	1	2	3	4	5	6	日	1	2	3	4	5	6	日	1	2	3	4	5	6	日	1	2	3	4	5	6	日	1	2	3
干節	辛酉	壬戌	癸亥	甲子	乙丑	丙寅	丁卯	戊辰	己巳	庚午	辛未	壬申	處暑	甲戌	乙亥	丙子	丁丑	戊寅	己卯	庚辰	辛巳	壬午	癸未	甲申	乙酉	丙戌	丁亥	白露	己丑	庚寅	辛卯

陽歷九月份　（陰歷七、八月份）

陽	9	2	3	4	5	6	7	8	9	10	11	12	13	14	15	16	17	18	19	20	21	22	23	24	25	26	27	28	29	30
陰	廿一	廿二	廿三	廿四	廿五	廿六	廿七	廿八	廿九	卅	八	二	三	四	五	六	七	八	九	十	十一	十二	十三	十四	十五	十六	十七	十八	十九	廿
星	4	5	6	日	1	2	3	4	5	6	日	1	2	3	4	5	6	日	1	2	3	4	5	6	日	1	2	3	4	5
干節	壬辰	癸巳	甲午	乙未	丙申	丁酉	戊戌	己亥	庚子	辛丑	壬寅	癸卯	秋分	乙巳	丙午	丁未	戊申	己酉	庚戌	辛亥	壬子	癸丑	甲寅	乙卯	丙辰	丁巳	戊午	寒露	庚申	辛酉

陽歷十月份　（陰歷八、九月份）

陽	10	2	3	4	5	6	7	8	9	10	11	12	13	14	15	16	17	18	19	20	21	22	23	24	25	26	27	28	29	30	31
陰	廿一	廿二	廿三	廿四	廿五	廿六	廿七	廿八	廿九	九	二	三	四	五	六	七	八	九	十	十一	十二	十三	十四	十五	十六	十七	十八	十九	廿	廿一	廿二
星	6	日	1	2	3	4	5	6	日	1	2	3	4	5	6	日	1	2	3	4	5	6	日	1	2	3	4	5	6	日	1
干節	壬戌	癸亥	甲子	乙丑	丙寅	丁卯	戊辰	己巳	庚午	辛未	壬申	癸酉	霜降	乙亥	丙子	丁丑	戊寅	己卯	庚辰	辛巳	壬午	癸未	甲申	乙酉	丙戌	丁亥	戊子	立冬	庚寅	辛卯	壬辰

陽歷十一月份　（陰歷九、十月份）

陽	11	2	3	4	5	6	7	8	9	10	11	12	13	14	15	16	17	18	19	20	21	22	23	24	25	26	27	28	29	30
陰	廿三	廿四	廿五	廿六	廿七	廿八	廿九	卅	十	二	三	四	五	六	七	八	九	十	十一	十二	十三	十四	十五	十六	十七	十八	十九	廿	廿一	廿二
星	2	3	4	5	6	日	1	2	3	4	5	6	日	1	2	3	4	5	6	日	1	2	3	4	5	6	日	1	2	3
干節	癸巳	甲午	乙未	丙申	丁酉	戊戌	己亥	庚子	辛丑	壬寅	癸卯	小雪	乙巳	丙午	丁未	戊申	己酉	庚戌	辛亥	壬子	癸丑	甲寅	乙卯	丙辰	丁巳	戊午	大雪	庚申	辛酉	壬戌

陽歷十二月份　（陰歷十、十一月份）

陽	12	2	3	4	5	6	7	8	9	10	11	12	13	14	15	16	17	18	19	20	21	22	23	24	25	26	27	28	29	30	31
陰	廿三	廿四	廿五	廿六	廿七	廿八	廿九	十一	二	三	四	五	六	七	八	九	十	十一	十二	十三	十四	十五	十六	十七	十八	十九	廿	廿一	廿二	廿三	廿四
星	4	5	6	日	1	2	3	4	5	6	日	1	2	3	4	5	6	日	1	2	3	4	5	6	日	1	2	3	4	5	6
干節	癸亥	甲子	乙丑	丙寅	丁卯	戊辰	己巳	庚午	辛未	壬申	冬至	甲戌	乙亥	丙子	丁丑	戊寅	己卯	庚辰	辛巳	壬午	癸未	甲申	乙酉	丙戌	丁亥	小寒	己丑	庚寅	辛卯	壬辰	癸巳

近世中西史日對照表

陽歷一月份 (陰歷十一、十二月份)

陽	1	2	3	4	5	6	7	8	9	10	11	12	13	14	15	16	17	18	19	20	21	22	23	24	25	26	27	28	29	30	31
陰	廿五	廿六	廿七	廿八	廿九	十二	二	三	四	五	六	七	八	九	十	十一	十二	十三	十四	十五	十六	十七	十八	十九	廿	廿一	廿二	廿三	廿四	廿五	廿六
星	日	1	2	3	4	5	6	日	1	2	3	4	5	6	日	1	2	3	4	5	6	日	1	2	3	4	5	6	日	1	2
干節	甲午	乙未	丙申	丁酉	戊戌	己亥	庚子	辛丑	壬寅	大寒	甲辰	乙巳	丙午	丁未	戊申	己酉	庚戌	辛亥	壬子	癸丑	甲寅	乙卯	丙辰	立春	戊午	己未	庚申	辛酉	壬戌	癸亥	甲子

陽歷二月份 (陰歷十二、正月份)

陽	2	2	3	4	5	6	7	8	9	10	11	12	13	14	15	16	17	18	19	20	21	22	23	24	25	26	27	28
陰	廿七	廿八	廿九	卅	正	二	三	四	五	六	七	八	九	十	十一	十二	十三	十四	十五	十六	十七	十八	十九	廿	廿一	廿二	廿三	廿四
星	3	4	5	6	日	1	2	3	4	5	6	日	1	2	3	4	5	6	日	1	2	3	4	5	6	日	1	2
干節	乙丑	丙寅	丁卯	戊辰	己巳	庚午	辛未	雨水	癸酉	甲戌	乙亥	丙子	丁丑	戊寅	己卯	庚辰	辛巳	壬午	癸未	甲申	乙酉	丙戌	驚蟄	戊子	己丑	庚寅	辛卯	壬辰

陽歷三月份 (陰歷正、二月份)

陽	3	2	3	4	5	6	7	8	9	10	11	12	13	14	15	16	17	18	19	20	21	22	23	24	25	26	27	28	29	30	31
陰	廿五	廿六	廿七	廿八	廿九	卅	二	二	三	四	五	六	七	八	九	十	十一	十二	十三	十四	十五	十六	十七	十八	十九	廿	廿一	廿二	廿三	廿四	廿五
星	3	4	5	6	日	1	2	3	4	5	6	日	1	2	3	4	5	6	日	1	2	3	4	5	6	日	1	2	3	4	5
干節	癸巳	甲午	乙未	丙申	丁酉	戊戌	己亥	庚子	辛丑	春分	癸卯	甲辰	乙巳	丙午	丁未	戊申	己酉	庚戌	辛亥	壬子	癸丑	甲寅	乙卯	丙辰	丁巳	清明	己未	庚申	辛酉	壬戌	癸亥

陽歷四月份 (陰歷二、三月份)

陽	4	2	3	4	5	6	7	8	9	10	11	12	13	14	15	16	17	18	19	20	21	22	23	24	25	26	27	28	29	30
陰	廿六	廿七	廿八	廿九	三	二	三	四	五	六	七	八	九	十	十一	十二	十三	十四	十五	十六	十七	十八	十九	廿	廿一	廿二	廿三	廿四	廿五	廿六
星	6	日	1	2	3	4	5	6	日	1	2	3	4	5	6	日	1	2	3	4	5	6	日	1	2	3	4	5	6	日
干節	甲子	乙丑	丙寅	丁卯	戊辰	己巳	庚午	辛未	壬申	穀雨	甲戌	乙亥	丙子	丁丑	戊寅	己卯	庚辰	辛巳	壬午	癸未	甲申	乙酉	丙戌	丁亥	立夏	己丑	庚寅	辛卯	壬辰	癸巳

陽歷五月份 (陰歷三、四月份)

陽	5	2	3	4	5	6	7	8	9	10	11	12	13	14	15	16	17	18	19	20	21	22	23	24	25	26	27	28	29	30	31
陰	廿七	廿八	廿九	卅	四	二	三	四	五	六	七	八	九	十	十一	十二	十三	十四	十五	十六	十七	十八	十九	廿	廿一	廿二	廿三	廿四	廿五	廿六	廿七
星	1	2	3	4	5	6	日	1	2	3	4	5	6	日	1	2	3	4	5	6	日	1	2	3	4	5	6	日	1	2	3
干節	甲午	乙未	丙申	丁酉	戊戌	己亥	庚子	辛丑	壬寅	癸卯	小滿	乙巳	丙午	丁未	戊申	己酉	庚戌	辛亥	壬子	癸丑	甲寅	乙卯	丙辰	丁巳	戊午	己未	芒種	辛酉	壬戌	癸亥	甲子

陽歷六月份 (陰歷四、五月份)

陽	6	2	3	4	5	6	7	8	9	10	11	12	13	14	15	16	17	18	19	20	21	22	23	24	25	26	27	28	29	30
陰	廿八	廿九	卅	五	二	三	四	五	六	七	八	九	十	十一	十二	十三	十四	十五	十六	十七	十八	十九	廿	廿一	廿二	廿三	廿四	廿五	廿六	廿七
星	4	5	6	日	1	2	3	4	5	6	日	1	2	3	4	5	6	日	1	2	3	4	5	6	日	1	2	3	4	5
干節	乙丑	丙寅	丁卯	戊辰	己巳	庚午	辛未	壬申	癸酉	甲戌	夏至	丙子	丁丑	戊寅	己卯	庚辰	辛巳	壬午	癸未	甲申	乙酉	丙戌	丁亥	戊子	己丑	庚寅	小暑	壬辰	癸巳	甲午

庚午

一五七〇年

(明穆宗隆慶四年)

近世中西史日對照表

庚午

一五七〇年

（明穆宗隆慶四年）

陽曆七月份　（陰曆五、六月份）

陽	7	2	3	4	5	6	7	8	9	10	11	12	13	14	15	16	17	18	19	20	21	22	23	24	25	26	27	28	29	30	31
陰	廿八	廿九	六	二	三	四	五	六	七	八	九	十	十一	十二	十三	十四	十五	十六	十七	十八	十九	廿	廿一	廿二	廿三	廿四	廿五	廿六	廿七	廿八	廿九
星	6	日	1	2	3	4	5	6	日	1	2	3	4	5	6	日	1	2	3	4	5	6	日	1	2	3	4	5	6	日	1
干節	乙未	丙申	丁酉	戊戌	己亥	庚子	辛丑	壬寅	癸卯	甲辰	乙巳	丙午	大暑	戊申	己酉	庚戌	辛亥	壬子	癸丑	甲寅	乙卯	丙辰	丁巳	戊午	己未	庚申	辛酉	壬戌	立秋	甲子	乙丑

陽曆八月份　（陰曆六、七、八月份）

陽	8	2	3	4	5	6	7	8	9	10	11	12	13	14	15	16	17	18	19	20	21	22	23	24	25	26	27	28	29	30	31
陰	卅	七	二	三	四	五	六	七	八	九	十	十一	十二	十三	十四	十五	十六	十七	十八	十九	廿	廿一	廿二	廿三	廿四	廿五	廿六	廿七	廿八	廿九	八
星	2	3	4	5	6	日	1	2	3	4	5	6	日	1	2	3	4	5	6	日	1	2	3	4	5	6	日	1	2	3	4
干節	丙寅	丁卯	戊辰	己巳	庚午	辛未	壬申	癸酉	甲戌	乙亥	丙子	丁丑	處暑	己卯	庚辰	辛巳	壬午	癸未	甲申	乙酉	丙戌	丁亥	戊子	己丑	庚寅	辛卯	壬辰	癸巳	白露	乙未	丙申

陽曆九月份　（陰曆八、九月份）

陽	9	2	3	4	5	6	7	8	9	10	11	12	13	14	15	16	17	18	19	20	21	22	23	24	25	26	27	28	29	30	
陰	二	三	四	五	六	七	八	九	十	十一	十二	十三	十四	十五	十六	十七	十八	十九	廿	廿一	廿二	廿三	廿四	廿五	廿六	廿七	廿八	廿九	卅	九	—
星	5	6	日	1	2	3	4	5	6	日	1	2	3	4	5	6	日	1	2	3	4	5	6	日	1	2	3	4	5	6	—
干節	丁酉	戊戌	己亥	庚子	辛丑	壬寅	癸卯	甲辰	乙巳	丙午	丁未	戊申	秋分	庚戌	辛亥	壬子	癸丑	甲寅	乙卯	丙辰	丁巳	戊午	己未	庚申	辛酉	壬戌	癸亥	寒露	乙丑	丙寅	—

陽曆十月份　（陰曆九、十月份）

陽	10	2	3	4	5	6	7	8	9	10	11	12	13	14	15	16	17	18	19	20	21	22	23	24	25	26	27	28	29	30	31
陰	二	三	四	五	六	七	八	九	十	十一	十二	十三	十四	十五	十六	十七	十八	十九	廿	廿一	廿二	廿三	廿四	廿五	廿六	廿七	廿八	廿九	十	二	三
星	日	1	2	3	4	5	6	日	1	2	3	4	5	6	日	1	2	3	4	5	6	日	1	2	3	4	5	6	日	1	2
干節	丁卯	戊辰	己巳	庚午	辛未	壬申	癸酉	甲戌	乙亥	丙子	丁丑	戊寅	霜降	庚辰	辛巳	壬午	癸未	甲申	乙酉	丙戌	丁亥	戊子	己丑	庚寅	辛卯	壬辰	癸巳	立冬	乙未	丙申	丁酉

陽曆十一月份　（陰曆十、十一月份）

陽	11	2	3	4	5	6	7	8	9	10	11	12	13	14	15	16	17	18	19	20	21	22	23	24	25	26	27	28	29	30	
陰	四	五	六	七	八	九	十	十一	十二	十三	十四	十五	十六	十七	十八	十九	廿	廿一	廿二	廿三	廿四	廿五	廿六	廿七	廿八	廿九	卅	十一	二	三	—
星	3	4	5	6	日	1	2	3	4	5	6	日	1	2	3	4	5	6	日	1	2	3	4	5	6	日	1	2	3	4	—
干節	戊戌	己亥	庚子	辛丑	壬寅	癸卯	甲辰	乙巳	丙午	丁未	戊申	小雪	庚戌	辛亥	壬子	癸丑	甲寅	乙卯	丙辰	丁巳	戊午	己未	庚申	辛酉	壬戌	癸亥	大雪	乙丑	丙寅	丁卯	—

陽曆十二月份　（陰曆十一、十二月份）

陽	12	2	3	4	5	6	7	8	9	10	11	12	13	14	15	16	17	18	19	20	21	22	23	24	25	26	27	28	29	30	31
陰	四	五	六	七	八	九	十	十一	十二	十三	十四	十五	十六	十七	十八	十九	廿	廿一	廿二	廿三	廿四	廿五	廿六	廿七	廿八	廿九	十二	二	三	四	五
星	5	6	日	1	2	3	4	5	6	日	1	2	3	4	5	6	日	1	2	3	4	5	6	日	1	2	3	4	5	6	日
干節	戊辰	己巳	庚午	辛未	壬申	癸酉	甲戌	乙亥	丙子	丁丑	戊寅	冬至	庚辰	辛巳	壬午	癸未	甲申	乙酉	丙戌	丁亥	戊子	己丑	庚寅	辛卯	壬辰	小寒	甲午	乙未	丙申	丁酉	戊戌

近世中西史日對照表

辛未　一五七一年　（明穆宗隆慶五年）

陽歷一月份　（陰歷十二、正月份）

陽	1	2	3	4	5	6	7	8	9	10	11	12	13	14	15	16	17	18	19	20	21	22	23	24	25	26	27	28	29	30	31
陰	六	七	八	九	十	十一	十二	十三	十四	十五	十六	十七	十八	十九	廿	廿一	廿二	廿三	廿四	廿五	廿六	廿七	廿八	廿九	卅	正	二	三	四	五	六
星	1	2	3	4	5	6	日	1	2	3	4	5	6	日	1	2	3	4	5	6	日	1	2	3	4	5	6	日	1	2	3
干節	己亥	庚子	辛丑	壬寅	癸卯	甲辰	乙巳	丙午	丁未	大寒	己酉	庚戌	辛亥	壬子	癸丑	甲寅	乙卯	丙辰	丁巳	戊午	己未	庚申	辛酉	壬戌	立春	甲子	乙丑	丙寅	丁卯	戊辰	己巳

陽歷二月份　（陰歷正、二月份）

陽	2	2	3	4	5	6	7	8	9	10	11	12	13	14	15	16	17	18	19	20	21	22	23	24	25	26	27	28
陰	七	八	九	十	十一	十二	十三	十四	十五	十六	十七	十八	十九	廿	廿一	廿二	廿三	廿四	廿五	廿六	廿七	廿八	廿九	二	二	三	四	五
星	4	5	6	日	1	2	3	4	5	6	日	1	2	3	4	5	6	日	1	2	3	4	5	6	日	1	2	3
干節	庚午	辛未	壬申	癸酉	甲戌	乙亥	丙子	丁丑	雨水	己卯	庚辰	辛巳	壬午	癸未	甲申	乙酉	丙戌	丁亥	戊子	己丑	庚寅	辛卯	驚蟄	癸巳	甲午	乙未	丙申	丁酉

陽歷三月份　（陰歷二、三月份）

陽	3	2	3	4	5	6	7	8	9	10	11	12	13	14	15	16	17	18	19	20	21	22	23	24	25	26	27	28	29	30	31
陰	六	七	八	九	十	十一	十二	十三	十四	十五	十六	十七	十八	十九	廿	廿一	廿二	廿三	廿四	廿五	廿六	廿七	廿八	廿九	三	二	三	四	五	六	七
星	4	5	6	日	1	2	3	4	5	6	日	1	2	3	4	5	6	日	1	2	3	4	5	6	日	1	2	3	4	5	6
干節	戊戌	己亥	庚子	辛丑	壬寅	癸卯	甲辰	乙巳	丙午	丁未	春分	己酉	庚戌	辛亥	壬子	癸丑	甲寅	乙卯	丙辰	丁巳	戊午	己未	庚申	辛酉	壬戌	清明	甲子	乙丑	丙寅	丁卯	戊辰

陽歷四月份　（陰歷三、四月份）

陽	4	2	3	4	5	6	7	8	9	10	11	12	13	14	15	16	17	18	19	20	21	22	23	24	25	26	27	28	29	30
陰	八	九	十	十一	十二	十三	十四	十五	十六	十七	十八	十九	廿	廿一	廿二	廿三	廿四	廿五	廿六	廿七	廿八	廿九	卅	四	二	三	四	五	六	七
星	日	1	2	3	4	5	6	日	1	2	3	4	5	6	日	1	2	3	4	5	6	日	1	2	3	4	5	6	日	1
干節	己巳	庚午	辛未	壬申	癸酉	甲戌	乙亥	丙子	丁丑	穀雨	己卯	庚辰	辛巳	壬午	癸未	甲申	乙酉	丙戌	丁亥	戊子	己丑	庚寅	辛卯	壬辰	癸巳	立夏	乙未	丙申	丁酉	戊戌

陽歷五月份　（陰歷四、五月份）

陽	5	2	3	4	5	6	7	8	9	10	11	12	13	14	15	16	17	18	19	20	21	22	23	24	25	26	27	28	29	30	31
陰	八	九	十	十一	十二	十三	十四	十五	十六	十七	十八	十九	廿	廿一	廿二	廿三	廿四	廿五	廿六	廿七	廿八	廿九	卅	五	二	三	四	五	六	七	八
星	2	3	4	5	6	日	1	2	3	4	5	6	日	1	2	3	4	5	6	日	1	2	3	4	5	6	日	1	2	3	4
干節	己亥	庚子	辛丑	壬寅	癸卯	甲辰	乙巳	丙午	丁未	戊申	小滿	庚戌	辛亥	壬子	癸丑	甲寅	乙卯	丙辰	丁巳	戊午	己未	庚申	辛酉	壬戌	癸亥	甲子	芒種	丙寅	丁卯	戊辰	己巳

陽歷六月份　（陰歷五、六月份）

陽	6	2	3	4	5	6	7	8	9	10	11	12	13	14	15	16	17	18	19	20	21	22	23	24	25	26	27	28	29	30
陰	九	十	十一	十二	十三	十四	十五	十六	十七	十八	十九	廿	廿一	廿二	廿三	廿四	廿五	廿六	廿七	廿八	廿九	六	二	三	四	五	六	七	八	九
星	5	6	日	1	2	3	4	5	6	日	1	2	3	4	5	6	日	1	2	3	4	5	6	日	1	2	3	4	5	6
干節	庚午	辛未	壬申	癸酉	甲戌	乙亥	丙子	丁丑	戊寅	己卯	庚辰	夏至	壬午	癸未	甲申	乙酉	丙戌	丁亥	戊子	己丑	庚寅	辛卯	壬辰	癸巳	甲午	乙未	小暑	丁酉	戊戌	己亥

辛未

一五七一年

（明穆宗隆慶五年）

陽曆七月份　（陰曆六、七月份）

陽	7	2	3	4	5	6	7	8	9	10	11	12	13	14	15	16	17	18	19	20	21	22	23	24	25	26	27	28	29	30	31
陰	十	十一	十二	十三	十四	十五	十六	十七	十八	十九	廿	廿一	廿二	廿三	廿四	廿五	廿六	廿七	廿八	廿九	卅	七	二	三	四	五	六	七	八	九	十
星	日	1	2	3	4	5	6	日	1	2	3	4	5	6	日	1	2	3	4	5	6	日	1	2	3	4	5	6	日	1	2
干節	庚子	辛丑	壬寅	癸卯	甲辰	乙巳	丙午	丁未	戊申	己酉	庚戌	辛亥	大暑	癸丑	甲寅	乙卯	丙辰	丁巳	戊午	己未	庚申	辛酉	壬戌	癸亥	甲子	乙丑	丙寅	丁卯	立秋	己巳	庚午

陽曆八月份　（陰曆七、八月份）

陽	8	2	3	4	5	6	7	8	9	10	11	12	13	14	15	16	17	18	19	20	21	22	23	24	25	26	27	28	29	30	31
陰	十一	十二	十三	十四	十五	十六	十七	十八	十九	廿	廿一	廿二	廿三	廿四	廿五	廿六	廿七	廿八	廿九	八	二	三	四	五	六	七	八	九	十	十一	十二
星	3	4	5	6	日	1	2	3	4	5	6	日	1	2	3	4	5	6	日	1	2	3	4	5	6	日	1	2	3	4	5
干節	辛未	壬申	癸酉	甲戌	乙亥	丙子	丁丑	戊寅	己卯	庚辰	辛巳	壬午	癸未	處暑	乙酉	丙戌	丁亥	戊子	己丑	庚寅	辛卯	壬辰	癸巳	甲午	乙未	丙申	丁酉	戊戌	白露	庚子	辛丑

陽曆九月份　（陰曆八、九月份）

陽	9	2	3	4	5	6	7	8	9	10	11	12	13	14	15	16	17	18	19	20	21	22	23	24	25	26	27	28	29	30	
陰	十三	十四	十五	十六	十七	十八	十九	廿	廿一	廿二	廿三	廿四	廿五	廿六	廿七	廿八	廿九	卅	九	二	三	四	五	六	七	八	九	十	十一	十二	
星	6	日	1	2	3	4	5	6	日	1	2	3	4	5	6	日	1	2	3	4	5	6	日	1	2	3	4	5	6	日	
干節	壬寅	癸卯	甲辰	乙巳	丙午	丁未	戊申	己酉	庚戌	辛亥	壬子	癸丑	秋分	乙卯	丙辰	丁巳	戊午	己未	庚申	辛酉	壬戌	癸亥	甲子	乙丑	丙寅	丁卯	戊辰	己巳	寒露	辛未	

陽曆十月份　（陰曆九、十月份）

陽	10	2	3	4	5	6	7	8	9	10	11	12	13	14	15	16	17	18	19	20	21	22	23	24	25	26	27	28	29	30	31
陰	十三	十四	十五	十六	十七	十八	十九	廿	廿一	廿二	廿三	廿四	廿五	廿六	廿七	廿八	廿九	卅	十	二	三	四	五	六	七	八	九	十	十一	十二	十三
星	1	2	3	4	5	6	日	1	2	3	4	5	6	日	1	2	3	4	5	6	日	1	2	3	4	5	6	日	1	2	3
干節	壬申	癸酉	甲戌	乙亥	丙子	丁丑	戊寅	己卯	庚辰	辛巳	壬午	癸未	甲申	霜降	丙戌	丁亥	戊子	己丑	庚寅	辛卯	壬辰	癸巳	甲午	乙未	丙申	丁酉	戊戌	己亥	立冬	辛丑	壬寅

陽曆十一月份　（陰曆十、十一月份）

陽	11	2	3	4	5	6	7	8	9	10	11	12	13	14	15	16	17	18	19	20	21	22	23	24	25	26	27	28	29	30	
陰	十四	十五	十六	十七	十八	十九	廿	廿一	廿二	廿三	廿四	廿五	廿六	廿七	廿八	廿九	十一	二	三	四	五	六	七	八	九	十	十一	十二	十三	十四	
星	4	5	6	日	1	2	3	4	5	6	日	1	2	3	4	5	6	日	1	2	3	4	5	6	日	1	2	3	4	5	
干節	癸卯	甲辰	乙巳	丙午	丁未	戊申	己酉	庚戌	辛亥	壬子	癸丑	小雪	乙卯	丙辰	丁巳	戊午	己未	庚申	辛酉	壬戌	癸亥	甲子	乙丑	丙寅	丁卯	戊辰	大雪	庚午	辛未	壬申	

陽曆十二月份　（陰曆十一、十二月份）

陽	12	2	3	4	5	6	7	8	9	10	11	12	13	14	15	16	17	18	19	20	21	22	23	24	25	26	27	28	29	30	31
陰	十五	十六	十七	十八	十九	廿	廿一	廿二	廿三	廿四	廿五	廿六	廿七	廿八	廿九	卅	十二	二	三	四	五	六	七	八	九	十	十一	十二	十三	十四	十五
星	6	日	1	2	3	4	5	6	日	1	2	3	4	5	6	日	1	2	3	4	5	6	日	1	2	3	4	5	6	日	1
干節	癸酉	甲戌	乙亥	丙子	丁丑	戊寅	己卯	庚辰	辛巳	壬午	癸未	冬至	乙酉	丙戌	丁亥	戊子	己丑	庚寅	辛卯	壬辰	癸巳	甲午	乙未	丙申	丁酉	小寒	己亥	庚子	辛丑	壬寅	癸卯

近世中西史日對照表

陽歷一月份　　(陰歷十二、正月份)

陽	1	2	3	4	5	6	7	8	9	10	11	12	13	14	15	16	17	18	19	20	21	22	23	24	25	26	27	28	29	30	31
陰	十六	十七	十八	十九	廿	廿一	廿二	廿三	廿四	廿五	廿六	廿七	廿八	廿九	正	二	三	四	五	六	七	八	九	十	十一	十二	十三	十四	十五	十六	十七
星	2	3	4	5	6	日	1	2	3	4	5	6	日	1	2	3	4	5	6	日	1	2	3	4	5	6	日	1	2	3	4
干節	甲辰	乙巳	丙午	丁未	戊申	己酉	庚戌	辛亥	壬子	大寒	甲寅	乙卯	丙辰	丁巳	戊午	己未	庚申	辛酉	壬戌	癸亥	甲子	乙丑	丙寅	丁卯	立春	己巳	庚午	辛未	壬申	癸酉	甲戌

陽歷二月份　　(陰歷正、二月份)

陽	2	2	3	4	5	6	7	8	9	10	11	12	13	14	15	16	17	18	19	20	21	22	23	24	25	26	27	28	29		
陰	十八	十九	廿	廿一	廿二	廿三	廿四	廿五	廿六	廿七	廿八	廿九	卅	二	二	三	四	五	六	七	八	九	十	十一	十二	十三	十四	十五	十六		
星	5	6	日	1	2	3	4	5	6	日	1	2	3	4	5	6	日	1	2	3	4	5	6	日	1	2	3	4	5		
干節	乙亥	丙子	丁丑	戊寅	己卯	庚辰	辛巳	壬午	雨水	甲申	乙酉	丙戌	丁亥	戊子	己丑	庚寅	辛卯	壬辰	癸巳	甲午	乙未	丙申	丁酉	驚蟄	己亥	庚子	辛丑	壬寅	癸卯		

陽歷三月份　　(陰歷二、閏二月份)

陽	3	2	3	4	5	6	7	8	9	10	11	12	13	14	15	16	17	18	19	20	21	22	23	24	25	26	27	28	29	30	31
陰	十七	十八	十九	廿	廿一	廿二	廿三	廿四	廿五	廿六	廿七	廿八	廿九	閏	二	三	四	五	六	七	八	九	十	十一	十二	十三	十四	十五	十六	十七	十八
星	6	日	1	2	3	4	5	6	日	1	2	3	4	5	6	日	1	2	3	4	5	6	日	1	2	3	4	5	6	日	1
干節	甲辰	乙巳	丙午	丁未	戊申	己酉	庚戌	辛亥	壬子	春分	甲寅	乙卯	丙辰	丁巳	戊午	己未	庚申	辛酉	壬戌	癸亥	甲子	乙丑	丙寅	丁卯	清明	己巳	庚午	辛未	壬申	癸酉	甲戌

陽歷四月份　　(陰歷閏二、三月份)

陽	4	2	3	4	5	6	7	8	9	10	11	12	13	14	15	16	17	18	19	20	21	22	23	24	25	26	27	28	29	30	
陰	十九	廿	廿一	廿二	廿三	廿四	廿五	廿六	廿七	廿八	廿九	三	二	三	四	五	六	七	八	九	十	十一	十二	十三	十四	十五	十六	十七	十八	十九	
星	2	3	4	5	6	日	1	2	3	4	5	6	日	1	2	3	4	5	6	日	1	2	3	4	5	6	日	1	2	3	
干節	乙亥	丙子	丁丑	戊寅	己卯	庚辰	辛巳	壬午	穀雨	甲申	乙酉	丙戌	丁亥	戊子	己丑	庚寅	辛卯	壬辰	癸巳	甲午	乙未	丙申	丁酉	戊戌	立夏	庚子	辛丑	壬寅	癸卯	甲辰	

陽歷五月份　　(陰歷三、四月份)

陽	5	2	3	4	5	6	7	8	9	10	11	12	13	14	15	16	17	18	19	20	21	22	23	24	25	26	27	28	29	30	31
陰	廿	廿一	廿二	廿三	廿四	廿五	廿六	廿七	廿八	廿九	卅	四	二	三	四	五	六	七	八	九	十	十一	十二	十三	十四	十五	十六	十七	十八	十九	廿
星	4	5	6	日	1	2	3	4	5	6	日	1	2	3	4	5	6	日	1	2	3	4	5	6	日	1	2	3	4	5	6
干節	乙巳	丙午	丁未	戊申	己酉	庚戌	辛亥	壬子	癸丑	小滿	乙卯	丙辰	丁巳	戊午	己未	庚申	辛酉	壬戌	癸亥	甲子	乙丑	丙寅	丁卯	戊辰	己巳	芒種	辛未	壬申	癸酉	甲戌	乙亥

陽歷六月份　　(陰歷四、五月份)

陽	6	2	3	4	5	6	7	8	9	10	11	12	13	14	15	16	17	18	19	20	21	22	23	24	25	26	27	28	29	30	
陰	廿一	廿二	廿三	廿四	廿五	廿六	廿七	廿八	廿九	五	二	三	四	五	六	七	八	九	十	十一	十二	十三	十四	十五	十六	十七	十八	十九	廿	廿一	
星	日	1	2	3	4	5	6	日	1	2	3	4	5	6	日	1	2	3	4	5	6	日	1	2	3	4	5	6	日	1	
干節	丙子	丁丑	戊寅	己卯	庚辰	辛巳	壬午	癸未	甲申	乙酉	夏至	丁亥	戊子	己丑	庚寅	辛卯	壬辰	癸巳	甲午	乙未	丙申	丁酉	戊戌	己亥	庚子	辛丑	小暑	癸卯	甲辰	乙巳	

壬申

一五七二年

(明穆宗隆慶六年)

壬申　一五七二年　（明穆宗隆慶六年）

陽歷七月份　（陰歷五、六月份）

陽	7	2	3	4	5	6	7	8	9	10	11	12	13	14	15	16	17	18	19	20	21	22	23	24	25	26	27	28	29	30	31
陰	廿二	廿三	廿四	廿五	廿六	廿七	廿八	廿九	卅	六	二	三	四	五	六	七	八	九	十	十一	十二	十三	十四	十五	十六	十七	十八	十九	廿	廿一	廿二
星	2	3	4	5	6	日	1	2	3	4	5	6	日	1	2	3	4	5	6	日	1	2	3	4	5	6	日	1	2	3	4
干節	丙午	丁未	戊申	己酉	庚戌	辛亥	壬子	癸丑	甲寅	乙卯	丙辰	大暑	戊午	己未	庚申	辛酉	壬戌	癸亥	甲子	乙丑	丙寅	丁卯	戊辰	己巳	庚午	辛未	壬申	立秋	甲戌	乙亥	丙子

陽歷八月份　（陰歷六、七月份）

陽	8	2	3	4	5	6	7	8	9	10	11	12	13	14	15	16	17	18	19	20	21	22	23	24	25	26	27	28	29	30	31
陰	廿三	廿四	廿五	廿六	廿七	廿八	廿九	七	二	三	四	五	六	七	八	九	十	十一	十二	十三	十四	十五	十六	十七	十八	十九	廿	廿一	廿二	廿三	廿四
星	5	6	日	1	2	3	4	5	6	日	1	2	3	4	5	6	日	1	2	3	4	5	6	日	1	2	3	4	5	6	日
干節	丁丑	戊寅	己卯	庚辰	辛巳	壬午	癸未	甲申	乙酉	丙戌	丁亥	戊子	處暑	庚寅	辛卯	壬辰	癸巳	甲午	乙未	丙申	丁酉	戊戌	己亥	庚子	辛丑	壬寅	癸卯	白露	乙巳	丙午	丁未

陽歷九月份　（陰歷七、八月份）

陽	9	2	3	4	5	6	7	8	9	10	11	12	13	14	15	16	17	18	19	20	21	22	23	24	25	26	27	28	29	30
陰	廿五	廿六	廿七	廿八	廿九	卅	八	二	三	四	五	六	七	八	九	十	十一	十二	十三	十四	十五	十六	十七	十八	十九	廿	廿一	廿二	廿三	廿四
星	1	2	3	4	5	6	日	1	2	3	4	5	6	日	1	2	3	4	5	6	日	1	2	3	4	5	6	日	1	2
干節	戊申	己酉	庚戌	辛亥	壬子	癸丑	甲寅	乙卯	丙辰	丁巳	戊午	秋分	庚申	辛酉	壬戌	癸亥	甲子	乙丑	丙寅	丁卯	戊辰	己巳	庚午	辛未	壬申	癸酉	甲戌	寒露	丙子	丁丑

陽歷十月份　（陰歷八、九月份）

陽	10	2	3	4	5	6	7	8	9	10	11	12	13	14	15	16	17	18	19	20	21	22	23	24	25	26	27	28	29	30	31
陰	廿五	廿六	廿七	廿八	廿九	卅	九	二	三	四	五	六	七	八	九	十	十一	十二	十三	十四	十五	十六	十七	十八	十九	廿	廿一	廿二	廿三	廿四	廿五
星	3	4	5	6	日	1	2	3	4	5	6	日	1	2	3	4	5	6	日	1	2	3	4	5	6	日	1	2	3	4	5
干節	戊寅	己卯	庚辰	辛巳	壬午	癸未	甲申	乙酉	丙戌	丁亥	戊子	己丑	霜降	辛卯	壬辰	癸巳	甲午	乙未	丙申	丁酉	戊戌	己亥	庚子	辛丑	壬寅	癸卯	甲辰	立冬	丙午	丁未	戊申

陽歷十一月份　（陰歷九、十月份）

陽	11	2	3	4	5	6	7	8	9	10	11	12	13	14	15	16	17	18	19	20	21	22	23	24	25	26	27	28	29	30
陰	廿六	廿七	廿八	廿九	卅	十	二	三	四	五	六	七	八	九	十	十一	十二	十三	十四	十五	十六	十七	十八	十九	廿	廿一	廿二	廿三	廿四	廿五
星	6	日	1	2	3	4	5	6	日	1	2	3	4	5	6	日	1	2	3	4	5	6	日	1	2	3	4	5	6	日
干節	己酉	庚戌	辛亥	壬子	癸丑	甲寅	乙卯	丙辰	丁巳	戊午	己未	小雪	辛酉	壬戌	癸亥	甲子	乙丑	丙寅	丁卯	戊辰	己巳	庚午	辛未	壬申	癸酉	大雪	乙亥	丙子	丁丑	戊寅

陽歷十二月份　（陰歷十、十一月份）

陽	12	2	3	4	5	6	7	8	9	10	11	12	13	14	15	16	17	18	19	20	21	22	23	24	25	26	27	28	29	30	31
陰	廿六	廿七	廿八	廿九	十一	二	三	四	五	六	七	八	九	十	十一	十二	十三	十四	十五	十六	十七	十八	十九	廿	廿一	廿二	廿三	廿四	廿五	廿六	廿七
星	1	2	3	4	5	6	日	1	2	3	4	5	6	日	1	2	3	4	5	6	日	1	2	3	4	5	6	日	1	2	3
干節	己卯	庚辰	辛巳	壬午	癸未	甲申	乙酉	丙戌	丁亥	戊子	冬至	庚寅	辛卯	壬辰	癸巳	甲午	乙未	丙申	丁酉	戊戌	己亥	庚子	辛丑	壬寅	癸卯	小寒	乙巳	丙午	丁未	戊申	己酉

近世中西史日對照表

陽曆一月份　（陰曆十一、十二月份）

陽	1	2	3	4	5	6	7	8	9	10	11	12	13	14	15	16	17	18	19	20	21	22	23	24	25	26	27	28	29	30	31
陰	廿八	廿九	卅	十二	二	三	四	五	六	七	八	九	十	十一	十二	十三	十四	十五	十六	十七	十八	十九	廿	廿一	廿二	廿三	廿四	廿五	廿六	廿七	廿八
星	4	5	6	日	1	2	3	4	5	6	日	1	2	3	4	5	6	日	1	2	3	4	5	6	日	1	2	3	4	5	6
干節	庚戌	辛亥	壬子	癸丑	甲寅	乙卯	丙辰	丁巳	大寒	己未	庚申	辛酉	壬戌	癸亥	甲子	乙丑	丙寅	丁卯	戊辰	己巳	庚午	辛未	壬申	立春	甲戌	乙亥	丙子	丁丑	戊寅	己卯	庚辰

陽曆二月份　（陰曆十二、正月份）

陽	2	2	3	4	5	6	7	8	9	10	11	12	13	14	15	16	17	18	19	20	21	22	23	24	25	26	27	28
陰	廿九	正	二	三	四	五	六	七	八	九	十	十一	十二	十三	十四	十五	十六	十七	十八	十九	廿	廿一	廿二	廿三	廿四	廿五	廿六	廿七
星	日	1	2	3	4	5	6	日	1	2	3	4	5	6	日	1	2	3	4	5	6	日	1	2	3	4	5	6
干節	辛巳	壬午	癸未	甲申	乙酉	丙戌	丁亥	雨水	己丑	庚寅	辛卯	壬辰	癸巳	甲午	乙未	丙申	丁酉	戊戌	己亥	庚子	辛丑	壬寅	驚蟄	甲辰	乙巳	丙午	丁未	戊申

陽曆三月份　（陰曆正、二月份）

陽	3	2	3	4	5	6	7	8	9	10	11	12	13	14	15	16	17	18	19	20	21	22	23	24	25	26	27	28	29	30	31
陰	廿八	廿九	卅	二	二	三	四	五	六	七	八	九	十	十一	十二	十三	十四	十五	十六	十七	十八	十九	廿	廿一	廿二	廿三	廿四	廿五	廿六	廿七	廿八
星	日	1	2	3	4	5	6	日	1	2	3	4	5	6	日	1	2	3	4	5	6	日	1	2	3	4	5	6	日	1	2
干節	己酉	庚戌	辛亥	壬子	癸丑	甲寅	乙卯	丙辰	丁巳	春分	己未	庚申	辛酉	壬戌	癸亥	甲子	乙丑	丙寅	丁卯	戊辰	己巳	庚午	辛未	壬申	清明	甲戌	乙亥	丙子	丁丑	戊寅	己卯

陽曆四月份　（陰曆二、三月份）

陽	4	2	3	4	5	6	7	8	9	10	11	12	13	14	15	16	17	18	19	20	21	22	23	24	25	26	27	28	29	30
陰	廿九	三	二	三	四	五	六	七	八	九	十	十一	十二	十三	十四	十五	十六	十七	十八	十九	廿	廿一	廿二	廿三	廿四	廿五	廿六	廿七	廿八	廿九
星	3	4	5	6	日	1	2	3	4	5	6	日	1	2	3	4	5	6	日	1	2	3	4	5	6	日	1	2	3	4
干節	庚辰	辛巳	壬午	癸未	甲申	乙酉	丙戌	丁亥	戊子	穀雨	庚寅	辛卯	壬辰	癸巳	甲午	乙未	丙申	丁酉	戊戌	己亥	庚子	辛丑	壬寅	癸卯	立夏	乙巳	丙午	丁未	戊申	己酉

陽曆五月份　（陰曆四、五月份）

陽	5	2	3	4	5	6	7	8	9	10	11	12	13	14	15	16	17	18	19	20	21	22	23	24	25	26	27	28	29	30	31
陰	四	二	三	四	五	六	七	八	九	十	十一	十二	十三	十四	十五	十六	十七	十八	十九	廿	廿一	廿二	廿三	廿四	廿五	廿六	廿七	廿八	廿九	卅	五
星	5	6	日	1	2	3	4	5	6	日	1	2	3	4	5	6	日	1	2	3	4	5	6	日	1	2	3	4	5	6	日
干節	庚戌	辛亥	壬子	癸丑	甲寅	乙卯	丙辰	丁巳	戊午	己未	小滿	辛酉	壬戌	癸亥	甲子	乙丑	丙寅	丁卯	戊辰	己巳	庚午	辛未	壬申	癸酉	甲戌	芒種	丙子	丁丑	戊寅	己卯	庚辰

陽曆六月份　（陰曆五、六月份）

陽	6	2	3	4	5	6	7	8	9	10	11	12	13	14	15	16	17	18	19	20	21	22	23	24	25	26	27	28	29	30
陰	二	三	四	五	六	七	八	九	十	十一	十二	十三	十四	十五	十六	十七	十八	十九	廿	廿一	廿二	廿三	廿四	廿五	廿六	廿七	廿八	廿九	六	二
星	1	2	3	4	5	6	日	1	2	3	4	5	6	日	1	2	3	4	5	6	日	1	2	3	4	5	6	日	1	2
干節	辛巳	壬午	癸未	甲申	乙酉	丙戌	丁亥	戊子	己丑	庚寅	夏至	壬辰	癸巳	甲午	乙未	丙申	丁酉	戊戌	己亥	庚子	辛丑	壬寅	癸卯	甲辰	乙巳	丙午	小暑	戊申	己酉	庚戌

癸酉

一五七三年

（明神宗萬曆元年）

陽歷七月份　（陰歷六、七月份）

陽	7	2	3	4	5	6	7	8	9	10	11	12	13	14	15	16	17	18	19	20	21	22	23	24	25	26	27	28	29	30	31
陰	三	四	五	六	七	八	九	十	十一	十二	十三	十四	十五	十六	十七	十八	十九	廿	廿一	廿二	廿三	廿四	廿五	廿六	廿七	廿八	廿九	卅	七	二	三
星	3	4	5	6	日	1	2	3	4	5	6	日	1	2	3	4	5	6	日	1	2	3	4	5	6	日	1	2	3	4	5
干節	辛亥	壬子	癸丑	甲寅	乙卯	丙辰	丁巳	戊午	己未	庚申	辛酉	壬戌	大暑	甲子	乙丑	丙寅	丁卯	戊辰	己巳	庚午	辛未	壬申	癸酉	甲戌	乙亥	丙子	丁丑	立秋	己卯	庚辰	辛巳

陽歷八月份　（陰歷七、八月份）

陽	8	2	3	4	5	6	7	8	9	10	11	12	13	14	15	16	17	18	19	20	21	22	23	24	25	26	27	28	29	30	31
陰	四	五	六	七	八	九	十	十一	十二	十三	十四	十五	十六	十七	十八	十九	廿	廿一	廿二	廿三	廿四	廿五	廿六	廿七	廿八	廿九	八	二	三	四	五
星	6	日	1	2	3	4	5	6	日	1	2	3	4	5	6	日	1	2	3	4	5	6	日	1	2	3	4	5	6	日	1
干節	壬午	癸未	甲申	乙酉	丙戌	丁亥	戊子	己丑	庚寅	辛卯	壬辰	癸巳	處暑	乙未	丙申	丁酉	戊戌	己亥	庚子	辛丑	壬寅	癸卯	甲辰	乙巳	丙午	丁未	戊申	白露	庚戌	辛亥	壬子

陽歷九月份　（陰歷八、九月份）

陽	9	2	3	4	5	6	7	8	9	10	11	12	13	14	15	16	17	18	19	20	21	22	23	24	25	26	27	28	29	30	
陰	六	七	八	九	十	十一	十二	十三	十四	十五	十六	十七	十八	十九	廿	廿一	廿二	廿三	廿四	廿五	廿六	廿七	廿八	廿九	卅	九	二	三	四	五	
星	2	3	4	5	6	日	1	2	3	4	5	6	日	1	2	3	4	5	6	日	1	2	3	4	5	6	日	1	2	3	
干節	癸丑	甲寅	乙卯	丙辰	丁巳	戊午	己未	庚申	辛酉	壬戌	癸亥	甲子	秋分	丙寅	丁卯	戊辰	己巳	庚午	辛未	壬申	癸酉	甲戌	乙亥	丙子	丁丑	戊寅	己卯	寒露	辛巳	壬午	

陽歷十月份　（陰歷九、十月份）

陽	10	2	3	4	5	6	7	8	9	10	11	12	13	14	15	16	17	18	19	20	21	22	23	24	25	26	27	28	29	30	31
陰	六	七	八	九	十	十一	十二	十三	十四	十五	十六	十七	十八	十九	廿	廿一	廿二	廿三	廿四	廿五	廿六	廿七	廿八	廿九	卅	十	二	三	四	五	六
星	4	5	6	日	1	2	3	4	5	6	日	1	2	3	4	5	6	日	1	2	3	4	5	6	日	1	2	3	4	5	6
干節	癸未	甲申	乙酉	丙戌	丁亥	戊子	己丑	庚寅	辛卯	壬辰	癸巳	甲午	霜降	丙申	丁酉	戊戌	己亥	庚子	辛丑	壬寅	癸卯	甲辰	乙巳	丙午	丁未	戊申	己酉	立冬	辛亥	壬子	癸丑

陽歷十一月份　（陰歷十、十一月份）

陽	11	2	3	4	5	6	7	8	9	10	11	12	13	14	15	16	17	18	19	20	21	22	23	24	25	26	27	28	29	30	
陰	七	八	九	十	十一	十二	十三	十四	十五	十六	十七	十八	十九	廿	廿一	廿二	廿三	廿四	廿五	廿六	廿七	廿八	廿九	十一	二	三	四	五	六	七	
星	日	1	2	3	4	5	6	日	1	2	3	4	5	6	日	1	2	3	4	5	6	日	1	2	3	4	5	6	日	1	
干節	甲寅	乙卯	丙辰	丁巳	戊午	己未	庚申	辛酉	壬戌	癸亥	甲子	小雪	丙寅	丁卯	戊辰	己巳	庚午	辛未	壬申	癸酉	甲戌	乙亥	丙子	丁丑	戊寅	己卯	大雪	辛巳	壬午	癸未	

陽歷十二月份　（陰歷十一、十二月份）

陽	12	2	3	4	5	6	7	8	9	10	11	12	13	14	15	16	17	18	19	20	21	22	23	24	25	26	27	28	29	30	31
陰	八	九	十	十一	十二	十三	十四	十五	十六	十七	十八	十九	廿	廿一	廿二	廿三	廿四	廿五	廿六	廿七	廿八	廿九	卅	十二	二	三	四	五	六	七	八
星	2	3	4	5	6	日	1	2	3	4	5	6	日	1	2	3	4	5	6	日	1	2	3	4	5	6	日	1	2	3	4
干節	甲申	乙酉	丙戌	丁亥	戊子	己丑	庚寅	辛卯	壬辰	癸巳	冬至	乙未	丙申	丁酉	戊戌	己亥	庚子	辛丑	壬寅	癸卯	甲辰	乙巳	丙午	丁未	戊申	小寒	庚戌	辛亥	壬子	癸丑	甲寅

陽歷 一月份 （陰歷十二、正月份）

陽	1	2	3	4	5	6	7	8	9	10	11	12	13	14	15	16	17	18	19	20	21	22	23	24	25	26	27	28	29	30	31
陰	九	十	十一	十二	十三	十四	十五	十六	十七	十八	十九	廿	廿一	廿二	廿三	廿四	廿五	廿六	廿七	廿八	廿九	卅	正	二	三	四	五	六	七	八	九
星	5	6	日	1	2	3	4	5	6	日	1	2	3	4	5	6	日	1	2	3	4	5	6	日	1	2	3	4	5	6	日
干節	乙卯	丙辰	丁巳	戊午	己未	庚申	辛酉	壬戌	癸亥	大寒	乙丑	丙寅	丁卯	戊辰	己巳	庚午	辛未	壬申	癸酉	甲戌	乙亥	丙子	丁丑	立春	己卯	庚辰	辛巳	壬午	癸未	甲申	乙酉

陽歷 二月份 （陰歷正、二月份）

陽	2	2	3	4	5	6	7	8	9	10	11	12	13	14	15	16	17	18	19	20	21	22	23	24	25	26	27	28	—	—	—
陰	十	十一	十二	十三	十四	十五	十六	十七	十八	十九	廿	廿一	廿二	廿三	廿四	廿五	廿六	廿七	廿八	廿九	二	二	三	四	五	六	七	八	—	—	—
星	1	2	3	4	5	6	日	1	2	3	4	5	6	日	1	2	3	4	5	6	日	1	2	3	4	5	6	日	—	—	—
干節	丙戌	丁亥	戊子	己丑	庚寅	辛卯	壬辰	雨水	甲午	乙未	丙申	丁酉	戊戌	己亥	庚子	辛丑	壬寅	癸卯	甲辰	乙巳	丙午	丁未	驚蟄	己酉	庚戌	辛亥	壬子	癸丑	—	—	—

陽歷 三月份 （陰歷二、三月份）

陽	3	2	3	4	5	6	7	8	9	10	11	12	13	14	15	16	17	18	19	20	21	22	23	24	25	26	27	28	29	30	31
陰	九	十	十一	十二	十三	十四	十五	十六	十七	十八	十九	廿	廿一	廿二	廿三	廿四	廿五	廿六	廿七	廿八	廿九	卅	三	二	三	四	五	六	七	八	九
星	1	2	3	4	5	6	日	1	2	3	4	5	6	日	1	2	3	4	5	6	日	1	2	3	4	5	6	日	1	2	3
干節	甲寅	乙卯	丙辰	丁巳	戊午	己未	庚申	辛酉	壬戌	春分	甲子	乙丑	丙寅	丁卯	戊辰	己巳	庚午	辛未	壬申	癸酉	甲戌	乙亥	丙子	丁丑	戊寅	清明	庚辰	辛巳	壬午	癸未	甲申

陽歷 四月份 （陰歷三、四月份）

陽	4	2	3	4	5	6	7	8	9	10	11	12	13	14	15	16	17	18	19	20	21	22	23	24	25	26	27	28	29	30	—
陰	十	十一	十二	十三	十四	十五	十六	十七	十八	十九	廿	廿一	廿二	廿三	廿四	廿五	廿六	廿七	廿八	廿九	四	二	三	四	五	六	七	八	九	十	—
星	4	5	6	日	1	2	3	4	5	6	日	1	2	3	4	5	6	日	1	2	3	4	5	6	日	1	2	3	4	5	—
干節	乙酉	丙戌	丁亥	戊子	己丑	庚寅	辛卯	壬辰	癸巳	穀雨	乙未	丙申	丁酉	戊戌	己亥	庚子	辛丑	壬寅	癸卯	甲辰	乙巳	丙午	丁未	戊申	立夏	庚戌	辛亥	壬子	癸丑	甲寅	—

陽歷 五月份 （陰歷四、五月份）

陽	5	2	3	4	5	6	7	8	9	10	11	12	13	14	15	16	17	18	19	20	21	22	23	24	25	26	27	28	29	30	31
陰	十一	十二	十三	十四	十五	十六	十七	十八	十九	廿	廿一	廿二	廿三	廿四	廿五	廿六	廿七	廿八	廿九	五	二	三	四	五	六	七	八	九	十	十一	十二
星	6	日	1	2	3	4	5	6	日	1	2	3	4	5	6	日	1	2	3	4	5	6	日	1	2	3	4	5	6	日	1
干節	乙卯	丙辰	丁巳	戊午	己未	庚申	辛酉	壬戌	癸亥	甲子	小滿	丙寅	丁卯	戊辰	己巳	庚午	辛未	壬申	癸酉	甲戌	乙亥	丙子	丁丑	戊寅	己卯	庚辰	芒種	壬午	癸未	甲申	乙酉

陽歷 六月份 （陰歷五、六月份）

陽	6	2	3	4	5	6	7	8	9	10	11	12	13	14	15	16	17	18	19	20	21	22	23	24	25	26	27	28	29	30	—
陰	十三	十四	十五	十六	十七	十八	十九	廿	廿一	廿二	廿三	廿四	廿五	廿六	廿七	廿八	廿九	卅	六	二	三	四	五	六	七	八	九	十	十一	十二	—
星	2	3	4	5	6	日	1	2	3	4	5	6	日	1	2	3	4	5	6	日	1	2	3	4	5	6	日	1	2	3	—
干節	丙戌	丁亥	戊子	己丑	庚寅	辛卯	壬辰	癸巳	甲午	乙未	夏至	丁酉	戊戌	己亥	庚子	辛丑	壬寅	癸卯	甲辰	乙巳	丙午	丁未	戊申	己酉	庚戌	辛亥	小暑	癸丑	甲寅	乙卯	—

甲戌

一五七四年

（明神宗萬曆二年）

甲戌

一五七四年

（明神宗萬曆二年）

陽歷七月份　（陰歷六、七月份）

陽	7	2	3	4	5	6	7	8	9	10	11	12	13	14	15	16	17	18	19	20	21	22	23	24	25	26	27	28	29	30	31
陰	十三	十四	十五	十六	十七	十八	十九	廿	廿一	廿二	廿三	廿四	廿五	廿六	廿七	廿八	廿九	七	二	三	四	五	六	七	八	九	十	十一	十二	十三	十四
星	4	5	6	日	1	2	3	4	5	6	日	1	2	3	4	5	6	日	1	2	3	4	5	6	日	1	2	3	4	5	6
干節	丙辰	丁巳	戊午	己未	庚申	辛酉	壬戌	癸亥	甲子	乙丑	丙寅	丁卯	大暑	己巳	庚午	辛未	壬申	癸酉	甲戌	乙亥	丙子	丁丑	戊寅	己卯	庚辰	辛巳	壬午	癸未	立秋	乙酉	丙戌

陽歷八月份　（陰歷七、八月份）

陽	8	2	3	4	5	6	7	8	9	10	11	12	13	14	15	16	17	18	19	20	21	22	23	24	25	26	27	28	29	30	31
陰	十五	十六	十七	十八	十九	廿	廿一	廿二	廿三	廿四	廿五	廿六	廿七	廿八	廿九	八	二	三	四	五	六	七	八	九	十	十一	十二	十三	十四	十五	十六
星	日	1	2	3	4	5	6	日	1	2	3	4	5	6	日	1	2	3	4	5	6	日	1	2	3	4	5	6	日	1	2
干節	丁亥	戊子	己丑	庚寅	辛卯	壬辰	癸巳	甲午	乙未	丙申	丁酉	戊戌	處暑	庚子	辛丑	壬寅	癸卯	甲辰	乙巳	丙午	丁未	戊申	己酉	庚戌	辛亥	壬子	癸丑	甲寅	白露	丙辰	丁巳

陽歷九月份　（陰歷八、九月份）

陽	9	2	3	4	5	6	7	8	9	10	11	12	13	14	15	16	17	18	19	20	21	22	23	24	25	26	27	28	29	30	—
陰	十七	十八	十九	廿	廿一	廿二	廿三	廿四	廿五	廿六	廿七	廿八	廿九	卅	九	二	三	四	五	六	七	八	九	十	十一	十二	十三	十四	十五	十六	—
星	3	4	5	6	日	1	2	3	4	5	6	日	1	2	3	4	5	6	日	1	2	3	4	5	6	日	1	2	3	4	—
干節	戊午	己未	庚申	辛酉	壬戌	癸亥	甲子	乙丑	丙寅	丁卯	戊辰	己巳	秋分	辛未	壬申	癸酉	甲戌	乙亥	丙子	丁丑	戊寅	己卯	庚辰	辛巳	壬午	癸未	甲申	寒露	丙戌	丁亥	

陽歷十月份　（陰歷九、十月份）

陽	10	2	3	4	5	6	7	8	9	10	11	12	13	14	15	16	17	18	19	20	21	22	23	24	25	26	27	28	29	30	31
陰	十七	十八	十九	廿	廿一	廿二	廿三	廿四	廿五	廿六	廿七	廿八	廿九	卅	十	二	三	四	五	六	七	八	九	十	十一	十二	十三	十四	十五	十六	十七
星	5	6	日	1	2	3	4	5	6	日	1	2	3	4	5	6	日	1	2	3	4	5	6	日	1	2	3	4	5	6	日
干節	戊子	己丑	庚寅	辛卯	壬辰	癸巳	甲午	乙未	丙申	丁酉	戊戌	己亥	霜降	辛丑	壬寅	癸卯	甲辰	乙巳	丙午	丁未	戊申	己酉	庚戌	辛亥	壬子	癸丑	甲寅	立冬	丙辰	丁巳	戊午

陽歷十一月份　（陰歷十、十一月份）

陽	11	2	3	4	5	6	7	8	9	10	11	12	13	14	15	16	17	18	19	20	21	22	23	24	25	26	27	28	29	30	—
陰	十八	十九	廿	廿一	廿二	廿三	廿四	廿五	廿六	廿七	廿八	廿九	十一	二	三	四	五	六	七	八	九	十	十一	十二	十三	十四	十五	十六	十七	十八	—
星	1	2	3	4	5	6	日	1	2	3	4	5	6	日	1	2	3	4	5	6	日	1	2	3	4	5	6	日	1	2	—
干節	己未	庚申	辛酉	壬戌	癸亥	甲子	乙丑	丙寅	丁卯	戊辰	己巳	小雪	辛未	壬申	癸酉	甲戌	乙亥	丙子	丁丑	戊寅	己卯	庚辰	辛巳	壬午	癸未	甲申	大雪	丙戌	丁亥	戊子	

陽歷十二月份　（陰歷十一、十二月份）

陽	12	2	3	4	5	6	7	8	9	10	11	12	13	14	15	16	17	18	19	20	21	22	23	24	25	26	27	28	29	30	31
陰	十九	廿	廿一	廿二	廿三	廿四	廿五	廿六	廿七	廿八	廿九	卅	十二	二	三	四	五	六	七	八	九	十	十一	十二	十三	十四	十五	十六	十七	十八	十九
星	3	4	5	6	日	1	2	3	4	5	6	日	1	2	3	4	5	6	日	1	2	3	4	5	6	日	1	2	3	4	5
干節	己丑	庚寅	辛卯	壬辰	癸巳	甲午	乙未	丙申	丁酉	戊戌	己亥	冬至	辛丑	壬寅	癸卯	甲辰	乙巳	丙午	丁未	戊申	己酉	庚戌	辛亥	壬子	癸丑	小寒	乙卯	丙辰	丁巳	戊午	己未

乙亥　一五七五年　（明神宗萬曆三年）

陽歷　一　月份　（陰歷十二、閏十二月份）

陽	1	2	3	4	5	6	7	8	9	10	11	12	13	14	15	16	17	18	19	20	21	22	23	24	25	26	27	28	29	30	31
陰	廿	廿一	廿二	廿三	廿四	廿五	廿六	廿七	廿八	廿九	卅	閏	二	三	四	五	六	七	八	九	十	十一	十二	十三	十四	十五	十六	十七	十八	十九	廿
星	6	日	1	2	3	4	5	6	日	1	2	3	4	5	6	日	1	2	3	4	5	6	日	1	2	3	4	5	6	日	1
干節	庚申	辛酉	壬戌	癸亥	甲子	乙丑	丙寅	丁卯	戊辰	大寒	庚午	辛未	壬申	癸酉	甲戌	乙亥	丙子	丁丑	戊寅	己卯	庚辰	辛巳	壬午	癸未	立春	乙酉	丙戌	丁亥	戊子	己丑	庚寅

陽歷　二　月份　（陰歷閏十二、正月份）

陽	1	2	3	4	5	6	7	8	9	10	11	12	13	14	15	16	17	18	19	20	21	22	23	24	25	26	27	28	—	—	—
陰	廿一	廿二	廿三	廿四	廿五	廿六	廿七	廿八	廿九	卅	正	二	三	四	五	六	七	八	九	十	十一	十二	十三	十四	十五	十六	十七	十八	—	—	—
星	2	3	4	5	6	日	1	2	3	4	5	6	日	1	2	3	4	5	6	日	1	2	3	4	5	6	日	1	—	—	—
干節	辛卯	壬辰	癸巳	甲午	乙未	丙申	丁酉	戊戌	雨水	庚子	辛丑	壬寅	癸卯	甲辰	乙巳	丙午	丁未	戊申	己酉	庚戌	辛亥	壬子	驚蟄	甲寅	乙卯	丙辰	丁巳	戊午	—	—	—

陽歷　三　月份　（陰歷正、二月份）

陽	1	2	3	4	5	6	7	8	9	10	11	12	13	14	15	16	17	18	19	20	21	22	23	24	25	26	27	28	29	30	31
陰	十九	廿	廿一	廿二	廿三	廿四	廿五	廿六	廿七	廿八	廿九	二	二	三	四	五	六	七	八	九	十	十一	十二	十三	十四	十五	十六	十七	十八	十九	廿
星	2	3	4	5	6	日	1	2	3	4	5	6	日	1	2	3	4	5	6	日	1	2	3	4	5	6	日	1	2	3	4
干節	己未	庚申	辛酉	壬戌	癸亥	甲子	乙丑	丙寅	丁卯	戊辰	春分	庚午	辛未	壬申	癸酉	甲戌	乙亥	丙子	丁丑	戊寅	己卯	庚辰	辛巳	壬午	癸未	清明	乙酉	丙戌	丁亥	戊子	己丑

陽歷　四　月份　（陰歷二、三月份）

陽	1	2	3	4	5	6	7	8	9	10	11	12	13	14	15	16	17	18	19	20	21	22	23	24	25	26	27	28	29	30	—
陰	廿一	廿二	廿三	廿四	廿五	廿六	廿七	廿八	廿九	卅	三	二	三	四	五	六	七	八	九	十	十一	十二	十三	十四	十五	十六	十七	十八	十九	廿	—
星	5	6	日	1	2	3	4	5	6	日	1	2	3	4	5	6	日	1	2	3	4	5	6	日	1	2	3	4	5	6	—
干節	庚寅	辛卯	壬辰	癸巳	甲午	乙未	丙申	丁酉	戊戌	穀雨	庚子	辛丑	壬寅	癸卯	甲辰	乙巳	丙午	丁未	戊申	己酉	庚戌	辛亥	壬子	癸丑	甲寅	立夏	丙辰	丁巳	戊午	己未	—

陽歷　五　月份　（陰歷三、四月份）

陽	1	2	3	4	5	6	7	8	9	10	11	12	13	14	15	16	17	18	19	20	21	22	23	24	25	26	27	28	29	30	31
陰	廿一	廿二	廿三	廿四	廿五	廿六	廿七	廿八	廿九	四	二	三	四	五	六	七	八	九	十	十一	十二	十三	十四	十五	十六	十七	十八	十九	廿	廿一	廿二
星	日	1	2	3	4	5	6	日	1	2	3	4	5	6	日	1	2	3	4	5	6	日	1	2	3	4	5	6	日	1	2
干節	庚申	辛酉	壬戌	癸亥	甲子	乙丑	丙寅	丁卯	戊辰	己巳	小滿	辛未	壬申	癸酉	甲戌	乙亥	丙子	丁丑	戊寅	己卯	庚辰	辛巳	壬午	癸未	甲申	乙酉	芒種	丁亥	戊子	己丑	庚寅

陽歷　六　月份　（陰歷四、五月份）

陽	1	2	3	4	5	6	7	8	9	10	11	12	13	14	15	16	17	18	19	20	21	22	23	24	25	26	27	28	29	30	—
陰	廿三	廿四	廿五	廿六	廿七	廿八	廿九	五	二	三	四	五	六	七	八	九	十	十一	十二	十三	十四	十五	十六	十七	十八	十九	廿	廿一	廿二	廿三	—
星	3	4	5	6	日	1	2	3	4	5	6	日	1	2	3	4	5	6	日	1	2	3	4	5	6	日	1	2	3	4	—
干節	辛卯	壬辰	癸巳	甲午	乙未	丙申	丁酉	戊戌	己亥	庚子	辛丑	夏至	癸卯	甲辰	乙巳	丙午	丁未	戊申	己酉	庚戌	辛亥	壬子	癸丑	甲寅	乙卯	丙辰	小暑	戊午	己未	庚申	—

乙亥

一五七五年

（明神宗萬曆三年）

陽曆七月份　（陰曆五、六月份）

陽	7	2	3	4	5	6	7	8	9	10	11	12	13	14	15	16	17	18	19	20	21	22	23	24	25	26	27	28	29	30	31
陰	廿四	廿五	廿六	廿七	廿八	廿九	卅	六	二	三	四	五	六	七	八	九	十	十一	十二	十三	十四	十五	十六	十七	十八	十九	廿	廿一	廿二	廿三	廿四
星	5	6	日	1	2	3	4	5	6	日	1	2	3	4	5	6	日	1	2	3	4	5	6	日	1	2	3	4	5	6	日
干節	辛酉	壬戌	癸亥	甲子	乙丑	丙寅	丁卯	戊辰	己巳	庚午	辛未	壬申	大暑	甲戌	乙亥	丙子	丁丑	戊寅	己卯	庚辰	辛巳	壬午	癸未	甲申	乙酉	丙戌	丁亥	戊子	立秋	庚寅	辛卯

陽曆八月份　（陰曆六、七月份）

陽	8	2	3	4	5	6	7	8	9	10	11	12	13	14	15	16	17	18	19	20	21	22	23	24	25	26	27	28	29	30	31
陰	廿五	廿六	廿七	廿八	廿九	七	二	三	四	五	六	七	八	九	十	十一	十二	十三	十四	十五	十六	十七	十八	十九	廿	廿一	廿二	廿三	廿四	廿五	廿六
星	1	2	3	4	5	6	日	1	2	3	4	5	6	日	1	2	3	4	5	6	日	1	2	3	4	5	6	日	1	2	3
干節	壬辰	癸巳	甲午	乙未	丙申	丁酉	戊戌	己亥	庚子	辛丑	壬寅	癸卯	甲辰	處暑	丙午	丁未	戊申	己酉	庚戌	辛亥	壬子	癸丑	甲寅	乙卯	丙辰	丁巳	戊午	己未	白露	辛酉	壬戌

陽曆九月份　（陰曆七、八月份）

陽	9	2	3	4	5	6	7	8	9	10	11	12	13	14	15	16	17	18	19	20	21	22	23	24	25	26	27	28	29	30	—
陰	廿七	廿八	廿九	八	二	三	四	五	六	七	八	九	十	十一	十二	十三	十四	十五	十六	十七	十八	十九	廿	廿一	廿二	廿三	廿四	廿五	廿六	廿七	—
星	4	5	6	日	1	2	3	4	5	6	日	1	2	3	4	5	6	日	1	2	3	4	5	6	日	1	2	3	4	5	—
干節	癸亥	甲子	乙丑	丙寅	丁卯	戊辰	己巳	庚午	辛未	壬申	癸酉	甲戌	秋分	丙子	丁丑	戊寅	己卯	庚辰	辛巳	壬午	癸未	甲申	乙酉	丙戌	丁亥	戊子	己丑	庚寅	寒露	壬辰	

陽曆十月份　（陰曆八、九月份）

陽	10	2	3	4	5	6	7	8	9	10	11	12	13	14	15	16	17	18	19	20	21	22	23	24	25	26	27	28	29	30	31
陰	廿八	廿九	卅	九	二	三	四	五	六	七	八	九	十	十一	十二	十三	十四	十五	十六	十七	十八	十九	廿	廿一	廿二	廿三	廿四	廿五	廿六	廿七	廿八
星	6	日	1	2	3	4	5	6	日	1	2	3	4	5	6	日	1	2	3	4	5	6	日	1	2	3	4	5	6	日	1
干節	癸巳	甲午	乙未	丙申	丁酉	戊戌	己亥	庚子	辛丑	壬寅	癸卯	甲辰	乙巳	霜降	丁未	戊申	己酉	庚戌	辛亥	壬子	癸丑	甲寅	乙卯	丙辰	丁巳	戊午	己未	庚申	立冬	壬戌	癸亥

陽曆十一月份　（陰曆九、十月份）

陽	11	2	3	4	5	6	7	8	9	10	11	12	13	14	15	16	17	18	19	20	21	22	23	24	25	26	27	28	29	30	—
陰	廿九	十	二	三	四	五	六	七	八	九	十	十一	十二	十三	十四	十五	十六	十七	十八	十九	廿	廿一	廿二	廿三	廿四	廿五	廿六	廿七	廿八	廿九	—
星	2	3	4	5	6	日	1	2	3	4	5	6	日	1	2	3	4	5	6	日	1	2	3	4	5	6	日	1	2	3	—
干節	甲子	乙丑	丙寅	丁卯	戊辰	己巳	庚午	辛未	壬申	癸酉	甲戌	小雪	丙子	丁丑	戊寅	己卯	庚辰	辛巳	壬午	癸未	甲申	乙酉	丙戌	丁亥	戊子	己丑	大雪	辛卯	壬辰	癸巳	

陽曆十二月份　（陰曆十、十一月份）

陽	12	2	3	4	5	6	7	8	9	10	11	12	13	14	15	16	17	18	19	20	21	22	23	24	25	26	27	28	29	30	31
陰	卅	十一	二	三	四	五	六	七	八	九	十	十一	十二	十三	十四	十五	十六	十七	十八	十九	廿	廿一	廿二	廿三	廿四	廿五	廿六	廿七	廿八	廿九	卅
星	4	5	6	日	1	2	3	4	5	6	日	1	2	3	4	5	6	日	1	2	3	4	5	6	日	1	2	3	4	5	6
干節	甲午	乙未	丙申	丁酉	戊戌	己亥	庚子	辛丑	壬寅	癸卯	甲辰	冬至	丙午	丁未	戊申	己酉	庚戌	辛亥	壬子	癸丑	甲寅	乙卯	丙辰	丁巳	戊午	小寒	庚申	辛酉	壬戌	癸亥	甲子

丙子　一五七六年　（明神宗萬曆四年）

近世中西史日對照表

陽歷　一　月份　　（陰歷十二、正月份）

陽	**1**	2	3	4	5	6	7	8	9	10	11	12	13	14	15	16	17	18	19	20	21	22	23	24	25	26	27	28	29	30	31
陰	**十二**	二	三	四	五	六	七	八	九	十	十一	十二	十三	十四	十五	十六	十七	十八	十九	廿	廿一	廿二	廿三	廿四	廿五	廿六	廿七	廿八	廿九	卅	**正**
星	**日**	1	2	3	4	5	6	**日**	1	2	3	4	5	6	**日**	1	2	3	4	5	6	**日**	1	2	3	4	5	6	**日**	1	2
干節	乙丑	丙寅	丁卯	戊辰	己巳	庚午	辛未	壬申	癸酉	**大寒**	乙亥	丙子	丁丑	戊寅	己卯	庚辰	辛巳	壬午	癸未	甲申	乙酉	丙戌	丁亥	戊子	**立春**	庚寅	辛卯	壬辰	癸巳	甲午	乙未

陽歷　二　月份　　（陰歷　正　月　份）

陽	**2**	2	3	4	5	6	7	8	9	10	11	12	13	14	15	16	17	18	19	20	21	22	23	24	25	26	27	28	29		
陰	二	三	四	五	六	七	八	九	十	十一	十二	十三	十四	十五	十六	十七	十八	十九	廿	廿一	廿二	廿三	廿四	廿五	廿六	廿七	廿八	廿九	卅	—	—
星	3	4	5	6	**日**	1	2	3	4	5	6	**日**	1	2	3	4	5	6	**日**	1	2	3	4	5	6	**日**	1	2	3	—	—
干節	丙申	丁酉	戊戌	己亥	庚子	辛丑	壬寅	癸卯	**雨水**	乙巳	丙午	丁未	戊申	己酉	庚戌	辛亥	壬子	癸丑	甲寅	乙卯	丙辰	丁巳	戊午	**驚蟄**	庚申	辛酉	壬戌	癸亥	甲子	—	—

陽歷　三　月份　　（陰歷二、三月份）

陽	**3**	2	3	4	5	6	7	8	9	10	11	12	13	14	15	16	17	18	19	20	21	22	23	24	25	26	27	28	29	30	31
陰	**二**	二	三	四	五	六	七	八	九	十	十一	十二	十三	十四	十五	十六	十七	十八	十九	廿	廿一	廿二	廿三	廿四	廿五	廿六	廿七	廿八	廿九	**三**	二
星	4	5	6	**日**	1	2	3	4	5	6	**日**	1	2	3	4	5	6	**日**	1	2	3	4	5	6	**日**	1	2	3	4	5	6
干節	乙丑	丙寅	丁卯	戊辰	己巳	庚午	辛未	壬申	癸酉	**春分**	乙亥	丙子	丁丑	戊寅	己卯	庚辰	辛巳	壬午	癸未	甲申	乙酉	丙戌	丁亥	戊子	**清明**	庚寅	辛卯	壬辰	癸巳	甲午	乙未

陽歷　四　月份　　（陰歷三、四月份）

陽	**4**	2	3	4	5	6	7	8	9	10	11	12	13	14	15	16	17	18	19	20	21	22	23	24	25	26	27	28	29	30	
陰	三	四	五	六	七	八	九	十	十一	十二	十三	十四	十五	十六	十七	十八	十九	廿	廿一	廿二	廿三	廿四	廿五	廿六	廿七	廿八	廿九	卅	**四**	二	—
星	**日**	1	2	3	4	5	6	**日**	1	2	3	4	5	6	**日**	1	2	3	4	5	6	**日**	1	2	3	4	5	6	**日**	1	—
干節	丙申	丁酉	戊戌	己亥	庚子	辛丑	壬寅	癸卯	**穀雨**	乙巳	丙午	丁未	戊申	己酉	庚戌	辛亥	壬子	癸丑	甲寅	乙卯	丙辰	丁巳	戊午	己未	**立夏**	辛酉	壬戌	癸亥	甲子	乙丑	—

陽歷　五　月份　　（陰歷四、五月份）

陽	**5**	2	3	4	5	6	7	8	9	10	11	12	13	14	15	16	17	18	19	20	21	22	23	24	25	26	27	28	29	30	31
陰	三	四	五	六	七	八	九	十	十一	十二	十三	十四	十五	十六	十七	十八	十九	廿	廿一	廿二	廿三	廿四	廿五	廿六	廿七	廿八	廿九	**五**	二	三	四
星	2	3	4	5	6	**日**	1	2	3	4	5	6	**日**	1	2	3	4	5	6	**日**	1	2	3	4	5	6	**日**	1	2	3	4
干節	丙寅	丁卯	戊辰	己巳	庚午	辛未	壬申	癸酉	甲戌	**小滿**	丙子	丁丑	戊寅	己卯	庚辰	辛巳	壬午	癸未	甲申	乙酉	丙戌	丁亥	戊子	己丑	庚寅	**芒種**	壬辰	癸巳	甲午	乙未	丙申

陽歷　六　月份　　（陰歷五、六月份）

陽	**6**	2	3	4	5	6	7	8	9	10	11	12	13	14	15	16	17	18	19	20	21	22	23	24	25	26	27	28	29	30	
陰	五	六	七	八	九	十	十一	十二	十三	十四	十五	十六	十七	十八	十九	廿	廿一	廿二	廿三	廿四	廿五	廿六	廿七	廿八	廿九	**六**	二	三	四	五	—
星	5	6	**日**	1	2	3	4	5	6	**日**	1	2	3	4	5	6	**日**	1	2	3	4	5	6	**日**	1	2	3	4	5	6	—
干節	丁酉	戊戌	己亥	庚子	辛丑	壬寅	癸卯	甲辰	乙巳	丙午	**夏至**	戊申	己酉	庚戌	辛亥	壬子	癸丑	甲寅	乙卯	丙辰	丁巳	戊午	己未	庚申	辛酉	壬戌	**小暑**	甲子	乙丑	丙寅	—

丙子

一五七六年

（明神宗萬曆四年）

陽歷七月份　（陰歷六、七月份）

陽	7	2	3	4	5	6	7	8	9	10	11	12	13	14	15	16	17	18	19	20	21	22	23	24	25	26	27	28	29	30	31
陰	六	七	八	九	十	十一	十二	十三	十四	十五	十六	十七	十八	十九	廿	廿一	廿二	廿三	廿四	廿五	廿六	廿七	廿八	廿九	卅	七	二	三	四	五	六
星	日	1	2	3	4	5	6	日	1	2	3	4	5	6	日	1	2	3	4	5	6	日	1	2	3	4	5	6	日	1	2
干節	丁卯	戊辰	己巳	庚午	辛未	壬申	癸酉	甲戌	乙亥	丙子	丁丑	大暑	己卯	庚辰	辛巳	壬午	癸未	甲申	乙酉	丙戌	丁亥	戊子	己丑	庚寅	辛卯	壬辰	癸巳	立秋	乙未	丙申	丁酉

陽歷八月份　（陰歷七、八月份）

陽	8	2	3	4	5	6	7	8	9	10	11	12	13	14	15	16	17	18	19	20	21	22	23	24	25	26	27	28	29	30	31
陰	七	八	九	十	十一	十二	十三	十四	十五	十六	十七	十八	十九	廿	廿一	廿二	廿三	廿四	廿五	廿六	廿七	廿八	廿九	八	二	三	四	五	六	七	八
星	3	4	5	6	日	1	2	3	4	5	6	日	1	2	3	4	5	6	日	1	2	3	4	5	6	日	1	2	3	4	5
干節	戊戌	己亥	庚子	辛丑	壬寅	癸卯	甲辰	乙巳	丙午	丁未	戊申	己酉	處暑	辛亥	壬子	癸丑	甲寅	乙卯	丙辰	丁巳	戊午	己未	庚申	辛酉	壬戌	癸亥	甲子	白露	丙寅	丁卯	戊辰

陽歷九月份　（陰歷八、九月份）

陽	9	2	3	4	5	6	7	8	9	10	11	12	13	14	15	16	17	18	19	20	21	22	23	24	25	26	27	28	29	30	—
陰	九	十	十一	十二	十三	十四	十五	十六	十七	十八	十九	廿	廿一	廿二	廿三	廿四	廿五	廿六	廿七	廿八	廿九	九	二	三	四	五	六	七	八	九	—
星	6	日	1	2	3	4	5	6	日	1	2	3	4	5	6	日	1	2	3	4	5	6	日	1	2	3	4	5	6	日	—
干節	己巳	庚午	辛未	壬申	癸酉	甲戌	乙亥	丙子	丁丑	戊寅	己卯	秋分	辛巳	壬午	癸未	甲申	乙酉	丙戌	丁亥	戊子	己丑	庚寅	辛卯	壬辰	癸巳	甲午	乙未	寒露	丁酉	戊戌	—

陽歷十月份　（陰歷九、十月份）

陽	10	2	3	4	5	6	7	8	9	10	11	12	13	14	15	16	17	18	19	20	21	22	23	24	25	26	27	28	29	30	31
陰	十	十一	十二	十三	十四	十五	十六	十七	十八	十九	廿	廿一	廿二	廿三	廿四	廿五	廿六	廿七	廿八	廿九	卅	十	二	三	四	五	六	七	八	九	十
星	1	2	3	4	5	6	日	1	2	3	4	5	6	日	1	2	3	4	5	6	日	1	2	3	4	5	6	日	1	2	3
干節	己亥	庚子	辛丑	壬寅	癸卯	甲辰	乙巳	丙午	丁未	戊申	己酉	庚戌	霜降	壬子	癸丑	甲寅	乙卯	丙辰	丁巳	戊午	己未	庚申	辛酉	壬戌	癸亥	甲子	乙丑	立冬	丁卯	戊辰	己巳

陽歷十一月份　（陰歷十、十一月份）

陽	11	2	3	4	5	6	7	8	9	10	11	12	13	14	15	16	17	18	19	20	21	22	23	24	25	26	27	28	29	30	—
陰	十一	十二	十三	十四	十五	十六	十七	十八	十九	廿	廿一	廿二	廿三	廿四	廿五	廿六	廿七	廿八	廿九	十一	二	三	四	五	六	七	八	九	十	十一	—
星	4	5	6	日	1	2	3	4	5	6	日	1	2	3	4	5	6	日	1	2	3	4	5	6	日	1	2	3	4	5	—
干節	庚午	辛未	壬申	癸酉	甲戌	乙亥	丙子	丁丑	戊寅	己卯	庚辰	小雪	壬午	癸未	甲申	乙酉	丙戌	丁亥	戊子	己丑	庚寅	辛卯	壬辰	癸巳	甲午	大雪	丙申	丁酉	戊戌	己亥	—

陽歷十二月份　（陰歷十一、十二月份）

陽	12	2	3	4	5	6	7	8	9	10	11	12	13	14	15	16	17	18	19	20	21	22	23	24	25	26	27	28	29	30	31
陰	十二	十三	十四	十五	十六	十七	十八	十九	廿	廿一	廿二	廿三	廿四	廿五	廿六	廿七	廿八	廿九	卅	十二	二	三	四	五	六	七	八	九	十	十一	十二
星	6	日	1	2	3	4	5	6	日	1	2	3	4	5	6	日	1	2	3	4	5	6	日	1	2	3	4	5	6	日	1
干節	庚子	辛丑	壬寅	癸卯	甲辰	乙巳	丙午	丁未	戊申	己酉	冬至	辛亥	壬子	癸丑	甲寅	乙卯	丙辰	丁巳	戊午	己未	庚申	辛酉	壬戌	癸亥	甲子	小寒	丙寅	丁卯	戊辰	己巳	庚午

近世中西史日對照表

陽歷一月份　(陰歷十二、正月份)

陽	1	2	3	4	5	6	7	8	9	10	11	12	13	14	15	16	17	18	19	20	21	22	23	24	25	26	27	28	29	30	31
陰	十三	十四	十五	十六	十七	十八	十九	廿	廿一	廿二	廿三	廿四	廿五	廿六	廿七	廿八	廿九	卅	正	二	三	四	五	六	七	八	九	十	十一	十二	十三
星	2	3	4	5	6	日	1	2	3	4	5	6	日	1	2	3	4	5	6	日	1	2	3	4	5	6	日	1	2	3	4
干節	辛未	壬申	癸酉	甲戌	乙亥	丙子	丁丑	戊寅	大寒	庚辰	辛巳	壬午	癸未	甲申	乙酉	丙戌	丁亥	戊子	己丑	庚寅	辛卯	壬辰	癸巳	立春	乙未	丙申	丁酉	戊戌	己亥	庚子	辛丑

陽歷二月份　(陰歷正、二月份)

陽	1	2	3	4	5	6	7	8	9	10	11	12	13	14	15	16	17	18	19	20	21	22	23	24	25	26	27	28
陰	十四	十五	十六	十七	十八	十九	廿	廿一	廿二	廿三	廿四	廿五	廿六	廿七	廿八	廿九	卅	二	二	三	四	五	六	七	八	九	十	十一
星	5	6	日	1	2	3	4	5	6	日	1	2	3	4	5	6	日	1	2	3	4	5	6	日	1	2	3	4
干節	壬寅	癸卯	甲辰	乙巳	丙午	丁未	戊申	雨水	庚戌	辛亥	壬子	癸丑	甲寅	乙卯	丙辰	丁巳	戊午	己未	庚申	辛酉	壬戌	癸亥	驚蟄	乙丑	丙寅	丁卯	戊辰	己巳

陽歷三月份　(陰歷二、三月份)

陽	1	2	3	4	5	6	7	8	9	10	11	12	13	14	15	16	17	18	19	20	21	22	23	24	25	26	27	28	29	30	31
陰	十二	十三	十四	十五	十六	十七	十八	十九	廿	廿一	廿二	廿三	廿四	廿五	廿六	廿七	廿八	廿九	三	二	三	四	五	六	七	八	九	十	十一	十二	十三
星	5	6	日	1	2	3	4	5	6	日	1	2	3	4	5	6	日	1	2	3	4	5	6	日	1	2	3	4	5	6	日
干節	庚午	辛未	壬申	癸酉	甲戌	乙亥	丙子	丁丑	戊寅	春分	庚辰	辛巳	壬午	癸未	甲申	乙酉	丙戌	丁亥	戊子	己丑	庚寅	辛卯	壬辰	癸巳	清明	乙未	丙申	丁酉	戊戌	己亥	庚子

陽歷四月份　(陰歷三、四月份)

陽	4	2	3	4	5	6	7	8	9	10	11	12	13	14	15	16	17	18	19	20	21	22	23	24	25	26	27	28	29	30
陰	十四	十五	十六	十七	十八	十九	廿	廿一	廿二	廿三	廿四	廿五	廿六	廿七	廿八	廿九	卅	四	二	三	四	五	六	七	八	九	十	十一	十二	十三
星	1	2	3	4	5	6	日	1	2	3	4	5	6	日	1	2	3	4	5	6	日	1	2	3	4	5	6	日	1	2
干節	辛丑	壬寅	癸卯	甲辰	乙巳	丙午	丁未	戊申	己酉	穀雨	辛亥	壬子	癸丑	甲寅	乙卯	丙辰	丁巳	戊午	己未	庚申	辛酉	壬戌	癸亥	甲子	立夏	丙寅	丁卯	戊辰	己巳	庚午

陽歷五月份　(陰歷四、五月份)

陽	5	2	3	4	5	6	7	8	9	10	11	12	13	14	15	16	17	18	19	20	21	22	23	24	25	26	27	28	29	30	31
陰	十四	十五	十六	十七	十八	十九	廿	廿一	廿二	廿三	廿四	廿五	廿六	廿七	廿八	廿九	卅	五	二	三	四	五	六	七	八	九	十	十一	十二	十三	十四
星	3	4	5	6	日	1	2	3	4	5	6	日	1	2	3	4	5	6	日	1	2	3	4	5	6	日	1	2	3	4	5
干節	辛未	壬申	癸酉	甲戌	乙亥	丙子	丁丑	戊寅	己卯	庚辰	小滿	壬午	癸未	甲申	乙酉	丙戌	丁亥	戊子	己丑	庚寅	辛卯	壬辰	癸巳	甲午	乙未	芒種	丁酉	戊戌	己亥	庚子	辛丑

陽歷六月份　(陰歷五、六月份)

陽	6	2	3	4	5	6	7	8	9	10	11	12	13	14	15	16	17	18	19	20	21	22	23	24	25	26	27	28	29	30
陰	十五	十六	十七	十八	十九	廿	廿一	廿二	廿三	廿四	廿五	廿六	廿七	廿八	廿九	六	二	三	四	五	六	七	八	九	十	十一	十二	十三	十四	十五
星	6	日	1	2	3	4	5	6	日	1	2	3	4	5	6	日	1	2	3	4	5	6	日	1	2	3	4	5	6	日
干節	壬寅	癸卯	甲辰	乙巳	丙午	丁未	戊申	己酉	庚戌	辛亥	夏至	癸丑	甲寅	乙卯	丙辰	丁巳	戊午	己未	庚申	辛酉	壬戌	癸亥	甲子	乙丑	丙寅	丁卯	小暑	己巳	庚午	辛未

丁丑

一五七七年

（明神宗萬曆五年）

陽歷 七 月份 （陰歷 六、七月份）

陽	7	2	3	4	5	6	7	8	9	10	11	12	13	14	15	16	17	18	19	20	21	22	23	24	25	26	27	28	29	30	31
陰	十六	十七	十八	十九	廿	廿一	廿二	廿三	廿四	廿五	廿六	廿七	廿八	廿九	七	二	三	四	五	六	七	八	九	十	十一	十二	十三	十四	十五	十六	十七
星	1	2	3	4	5	6	日	1	2	3	4	5	6	日	1	2	3	4	5	6	日	1	2	3	4	5	6	日	1	2	3
干節	壬申	癸酉	甲戌	乙亥	丙子	丁丑	戊寅	己卯	庚辰	辛巳	壬午	癸未	大暑	乙酉	丙戌	丁亥	戊子	己丑	庚寅	辛卯	壬辰	癸巳	甲午	乙未	丙申	丁酉	戊戌	立秋	庚子	辛丑	壬寅

陽歷 八 月份 （陰歷 七、八月份）

陽	8	2	3	4	5	6	7	8	9	10	11	12	13	14	15	16	17	18	19	20	21	22	23	24	25	26	27	28	29	30	31
陰	十八	十九	廿	廿一	廿二	廿三	廿四	廿五	廿六	廿七	廿八	廿九	卅	八	二	三	四	五	六	七	八	九	十	十一	十二	十三	十四	十五	十六	十七	十八
星	4	5	6	日	1	2	3	4	5	6	日	1	2	3	4	5	6	日	1	2	3	4	5	6	日	1	2	3	4	5	6
干節	癸卯	甲辰	乙巳	丙午	丁未	戊申	己酉	庚戌	辛亥	壬子	癸丑	甲寅	處暑	丙辰	丁巳	戊午	己未	庚申	辛酉	壬戌	癸亥	甲子	乙丑	丙寅	丁卯	戊辰	己巳	白露	辛未	壬申	癸酉

陽歷 九 月份 （陰歷 八、閏八月份）

陽	9	2	3	4	5	6	7	8	9	10	11	12	13	14	15	16	17	18	19	20	21	22	23	24	25	26	27	28	29	30	
陰	十九	廿	廿一	廿二	廿三	廿四	廿五	廿六	廿七	廿八	廿九	閏	二	三	四	五	六	七	八	九	十	十一	十二	十三	十四	十五	十六	十七	十八	十九	
星	日	1	2	3	4	5	6	日	1	2	3	4	5	6	日	1	2	3	4	5	6	日	1	2	3	4	5	6	日	1	
干節	甲戌	乙亥	丙子	丁丑	戊寅	己卯	庚辰	辛巳	壬午	癸未	甲申	乙酉	秋分	丁亥	戊子	己丑	庚寅	辛卯	壬辰	癸巳	甲午	乙未	丙申	丁酉	戊戌	己亥	庚子	寒露	壬寅	癸卯	

陽歷 十 月份 （陰歷 閏八、九月份）

陽	10	2	3	4	5	6	7	8	9	10	11	12	13	14	15	16	17	18	19	20	21	22	23	24	25	26	27	28	29	30	31
陰	廿	廿一	廿二	廿三	廿四	廿五	廿六	廿七	廿八	廿九	九	二	三	四	五	六	七	八	九	十	十一	十二	十三	十四	十五	十六	十七	十八	十九	廿	廿一
星	2	3	4	5	6	日	1	2	3	4	5	6	日	1	2	3	4	5	6	日	1	2	3	4	5	6	日	1	2	3	4
干節	甲辰	乙巳	丙午	丁未	戊申	己酉	庚戌	辛亥	壬子	癸丑	甲寅	乙卯	霜降	丁巳	戊午	己未	庚申	辛酉	壬戌	癸亥	甲子	乙丑	丙寅	丁卯	戊辰	己巳	庚午	立冬	壬申	癸酉	甲戌

陽歷十一月份 （陰歷 九、十月份）

陽	11	2	3	4	5	6	7	8	9	10	11	12	13	14	15	16	17	18	19	20	21	22	23	24	25	26	27	28	29	30	
陰	廿二	廿三	廿四	廿五	廿六	廿七	廿八	廿九	卅	十	二	三	四	五	六	七	八	九	十	十一	十二	十三	十四	十五	十六	十七	十八	十九	廿	廿一	
星	5	6	日	1	2	3	4	5	6	日	1	2	3	4	5	6	日	1	2	3	4	5	6	日	1	2	3	4	5	6	
干節	乙亥	丙子	丁丑	戊寅	己卯	庚辰	辛巳	壬午	癸未	甲申	乙酉	小雪	丁亥	戊子	己丑	庚寅	辛卯	壬辰	癸巳	甲午	乙未	丙申	丁酉	戊戌	己亥	庚子	大雪	壬寅	癸卯	甲辰	

陽歷十二月份 （陰歷 十、十一月份）

陽	12	2	3	4	5	6	7	8	9	10	11	12	13	14	15	16	17	18	19	20	21	22	23	24	25	26	27	28	29	30	31
陰	廿二	廿三	廿四	廿五	廿六	廿七	廿八	廿九	十一	二	三	四	五	六	七	八	九	十	十一	十二	十三	十四	十五	十六	十七	十八	十九	廿	廿一	廿二	廿三
星	日	1	2	3	4	5	6	日	1	2	3	4	5	6	日	1	2	3	4	5	6	日	1	2	3	4	5	6	日	1	2
干節	乙巳	丙午	丁未	戊申	己酉	庚戌	辛亥	壬子	癸丑	甲寅	冬至	丙辰	丁巳	戊午	己未	庚申	辛酉	壬戌	癸亥	甲子	乙丑	丙寅	丁卯	戊辰	己巳	小寒	辛未	壬申	癸酉	甲戌	乙亥

近世中西史日對照表

戊寅

一五七八年

（明神宗萬曆六年）

陽歷一月份（陰歷十一、十二月份）

陽	1	2	3	4	5	6	7	8	9	10	11	12	13	14	15	16	17	18	19	20	21	22	23	24	25	26	27	28	29	30	31
陰	廿四	廿五	廿六	廿七	廿八	廿九	卅	十二	二	三	四	五	六	七	八	九	十	十一	十二	十三	十四	十五	十六	十七	十八	十九	廿	廿一	廿二	廿三	廿四
星	3	4	5	6	日	1	2	3	4	5	6	日	1	2	3	4	5	6	日	1	2	3	4	5	6	日	1	2	3	4	5
干節	丙子	丁丑	戊寅	己卯	庚辰	辛巳	壬午	癸未	甲申	大寒	丙戌	丁亥	戊子	己丑	庚寅	辛卯	壬辰	癸巳	甲午	乙未	丙申	丁酉	戊戌	立春	庚子	辛丑	壬寅	癸卯	甲辰	乙巳	丙午

陽歷二月份（陰歷十二、正月份）

陽	2	2	3	4	5	6	7	8	9	10	11	12	13	14	15	16	17	18	19	20	21	22	23	24	25	26	27	28
陰	廿五	廿六	廿七	廿八	廿九	卅	正	二	三	四	五	六	七	八	九	十	十一	十二	十三	十四	十五	十六	十七	十八	十九	廿	廿一	廿二
星	6	日	1	2	3	4	5	6	日	1	2	3	4	5	6	日	1	2	3	4	5	6	日	1	2	3	4	5
干節	丁未	戊申	己酉	庚戌	辛亥	壬子	癸丑	雨水	乙卯	丙辰	丁巳	戊午	己未	庚申	辛酉	壬戌	癸亥	甲子	乙丑	丙寅	丁卯	戊辰	驚蟄	庚午	辛未	壬申	癸酉	甲戌

陽歷三月份（陰歷正、二月份）

陽	3	2	3	4	5	6	7	8	9	10	11	12	13	14	15	16	17	18	19	20	21	22	23	24	25	26	27	28	29	30	31
陰	廿三	廿四	廿五	廿六	廿七	廿八	廿九	二	二	三	四	五	六	七	八	九	十	十一	十二	十三	十四	十五	十六	十七	十八	十九	廿	廿一	廿二	廿三	廿四
星	6	日	1	2	3	4	5	6	日	1	2	3	4	5	6	日	1	2	3	4	5	6	日	1	2	3	4	5	6	日	1
干節	乙亥	丙子	丁丑	戊寅	己卯	庚辰	辛巳	壬午	癸未	春分	乙酉	丙戌	丁亥	戊子	己丑	庚寅	辛卯	壬辰	癸巳	甲午	乙未	丙申	丁酉	戊戌	己亥	清明	辛丑	壬寅	癸卯	甲辰	乙巳

陽歷四月份（陰歷二、三月份）

陽	4	2	3	4	5	6	7	8	9	10	11	12	13	14	15	16	17	18	19	20	21	22	23	24	25	26	27	28	29	30
陰	廿五	廿六	廿七	廿八	廿九	卅	三	二	三	四	五	六	七	八	九	十	十一	十二	十三	十四	十五	十六	十七	十八	十九	廿	廿一	廿二	廿三	廿四
星	2	3	4	5	6	日	1	2	3	4	5	6	日	1	2	3	4	5	6	日	1	2	3	4	5	6	日	1	2	3
干節	丙午	丁未	戊申	己酉	庚戌	辛亥	壬子	癸丑	甲寅	穀雨	丙辰	丁巳	戊午	己未	庚申	辛酉	壬戌	癸亥	甲子	乙丑	丙寅	丁卯	戊辰	己巳	立夏	辛未	壬申	癸酉	甲戌	乙亥

陽歷五月份（陰歷三、四月份）

陽	5	2	3	4	5	6	7	8	9	10	11	12	13	14	15	16	17	18	19	20	21	22	23	24	25	26	27	28	29	30	31
陰	廿五	廿六	廿七	廿八	廿九	卅	四	二	三	四	五	六	七	八	九	十	十一	十二	十三	十四	十五	十六	十七	十八	十九	廿	廿一	廿二	廿三	廿四	廿五
星	4	5	6	日	1	2	3	4	5	6	日	1	2	3	4	5	6	日	1	2	3	4	5	6	日	1	2	3	4	5	6
干節	丙子	丁丑	戊寅	己卯	庚辰	辛巳	壬午	癸未	甲申	乙酉	小滿	丁亥	戊子	己丑	庚寅	辛卯	壬辰	癸巳	甲午	乙未	丙申	丁酉	戊戌	己亥	庚子	辛丑	芒種	癸卯	甲辰	乙巳	丙午

陽歷六月份（陰歷四、五月份）

陽	6	2	3	4	5	6	7	8	9	10	11	12	13	14	15	16	17	18	19	20	21	22	23	24	25	26	27	28	29	30
陰	廿六	廿七	廿八	廿九	五	二	三	四	五	六	七	八	九	十	十一	十二	十三	十四	十五	十六	十七	十八	十九	廿	廿一	廿二	廿三	廿四	廿五	廿六
星	日	1	2	3	4	5	6	日	1	2	3	4	5	6	日	1	2	3	4	5	6	日	1	2	3	4	5	6	日	1
干節	丁未	戊申	己酉	庚戌	辛亥	壬子	癸丑	甲寅	乙卯	丙辰	夏至	戊午	己未	庚申	辛酉	壬戌	癸亥	甲子	乙丑	丙寅	丁卯	戊辰	己巳	庚午	辛未	壬申	小暑	甲戌	乙亥	丙子

戊寅 一五七八年 (明神宗萬曆六年)

陽歷七月份 (陰歷五、六月份)

陽	7	2	3	4	5	6	7	8	9	10	11	12	13	14	15	16	17	18	19	20	21	22	23	24	25	26	27	28	29	30	31
陰	廿七	廿八	廿九	卅	六	二	三	四	五	六	七	八	九	十	十一	十二	十三	十四	十五	十六	十七	十八	十九	廿	廿一	廿二	廿三	廿四	廿五	廿六	廿七
星	2	3	4	5	6	日	1	2	3	4	5	6	日	1	2	3	4	5	6	日	1	2	3	4	5	6	日	1	2	3	4
干節	丁丑	戊寅	己卯	庚辰	辛巳	壬午	癸未	甲申	乙酉	丙戌	丁亥	戊子	大暑	庚寅	辛卯	壬辰	癸巳	甲午	乙未	丙申	丁酉	戊戌	己亥	庚子	辛丑	壬寅	癸卯	甲辰	立秋	丙午	丁未

陽歷八月份 (陰歷六、七月份)

陽	8	2	3	4	5	6	7	8	9	10	11	12	13	14	15	16	17	18	19	20	21	22	23	24	25	26	27	28	29	30	31
陰	廿八	廿九	七	二	三	四	五	六	七	八	九	十	十一	十二	十三	十四	十五	十六	十七	十八	十九	廿	廿一	廿二	廿三	廿四	廿五	廿六	廿七	廿八	廿九
星	5	6	日	1	2	3	4	5	6	日	1	2	3	4	5	6	日	1	2	3	4	5	6	日	1	2	3	4	5	6	日
干節	戊申	己酉	庚戌	辛亥	壬子	癸丑	甲寅	乙卯	丙辰	丁巳	戊午	己未	處暑	辛酉	壬戌	癸亥	甲子	乙丑	丙寅	丁卯	戊辰	己巳	庚午	辛未	壬申	癸酉	甲戌	乙亥	白露	丁丑	戊寅

陽歷九月份 (陰歷七、八月份)

陽	9	2	3	4	5	6	7	8	9	10	11	12	13	14	15	16	17	18	19	20	21	22	23	24	25	26	27	28	29	30	
陰	卅	八	二	三	四	五	六	七	八	九	十	十一	十二	十三	十四	十五	十六	十七	十八	十九	廿	廿一	廿二	廿三	廿四	廿五	廿六	廿七	廿八	廿九	
星	1	2	3	4	5	6	日	1	2	3	4	5	6	日	1	2	3	4	5	6	日	1	2	3	4	5	6	日	1	2	
干節	己卯	庚辰	辛巳	壬午	癸未	甲申	乙酉	丙戌	丁亥	戊子	己丑	庚寅	秋分	壬辰	癸巳	甲午	乙未	丙申	丁酉	戊戌	己亥	庚子	辛丑	壬寅	癸卯	甲辰	乙巳	寒露	丁未	戊申	

陽歷十月份 (陰歷九、十月份)

陽	10	2	3	4	5	6	7	8	9	10	11	12	13	14	15	16	17	18	19	20	21	22	23	24	25	26	27	28	29	30	31
陰	九	二	三	四	五	六	七	八	九	十	十一	十二	十三	十四	十五	十六	十七	十八	九	廿	廿一	廿二	廿三	廿四	廿五	廿六	廿七	廿八	廿九	十	二
星	3	4	5	6	日	1	2	3	4	5	6	日	1	2	3	4	5	6	日	1	2	3	4	5	6	日	1	2	3	4	5
干節	己酉	庚戌	辛亥	壬子	癸丑	甲寅	乙卯	丙辰	丁巳	戊午	己未	庚申	霜降	壬戌	癸亥	甲子	乙丑	丙寅	丁卯	戊辰	己巳	庚午	辛未	壬申	癸酉	甲戌	乙亥	立冬	丁丑	戊寅	己卯

陽歷十一月份 (陰歷十、十一月份)

陽	11	2	3	4	5	6	7	8	9	10	11	12	13	14	15	16	17	18	19	20	21	22	23	24	25	26	27	28	29	30	
陰	三	四	五	六	七	八	九	十	十一	十二	十三	十四	十五	十六	十七	十八	十九	廿	廿一	廿二	廿三	廿四	廿五	廿六	廿七	廿八	廿九	卅	十一	二	
星	6	日	1	2	3	4	5	6	日	1	2	3	4	5	6	日	1	2	3	4	5	6	日	1	2	3	4	5	6	日	
干節	庚辰	辛巳	壬午	癸未	甲申	乙酉	丙戌	丁亥	戊子	己丑	庚寅	小雪	壬辰	癸巳	甲午	乙未	丙申	丁酉	戊戌	己亥	庚子	辛丑	壬寅	癸卯	甲辰	乙巳	大雪	丁未	戊申	己酉	

陽歷十二月份 (陰歷十一、十二月份)

陽	12	2	3	4	5	6	7	8	9	10	11	12	13	14	15	16	17	18	19	20	21	22	23	24	25	26	27	28	29	30	31
陰	三	四	五	六	七	八	九	十	十一	十二	十三	十四	十五	十六	十七	十八	十九	廿	廿一	廿二	廿三	廿四	廿五	廿六	廿七	廿八	廿九	十二	二	三	四
星	1	2	3	4	5	6	日	1	2	3	4	5	6	日	1	2	3	4	5	6	日	1	2	3	4	5	6	日	1	2	3
干節	庚戌	辛亥	壬子	癸丑	甲寅	乙卯	丙辰	丁巳	戊午	己未	庚申	冬至	壬戌	癸亥	甲子	乙丑	丙寅	丁卯	戊辰	己巳	庚午	辛未	壬申	癸酉	甲戌	小寒	丙子	丁丑	戊寅	己卯	庚辰

陽歷一月份　（陰歷十二、正月份）

陽	1	2	3	4	5	6	7	8	9	10	11	12	13	14	15	16	17	18	19	20	21	22	23	24	25	26	27	28	29	30	31
陰	五	六	七	八	九	十	十一	十二	十三	十四	十五	十六	十七	十八	十九	廿	廿一	廿二	廿三	廿四	廿五	廿六	廿七	廿八	廿九	卅	正	二	三	四	五
星	4	5	6	日	1	2	3	4	5	6	日	1	2	3	4	5	6	日	1	2	3	4	5	6	日	1	2	3	4	5	6
干節	辛巳	壬午	癸未	甲申	乙酉	丙戌	丁亥	戊子	己丑	大寒	辛卯	壬辰	癸巳	甲午	乙未	丙申	丁酉	戊戌	己亥	庚子	辛丑	壬寅	癸卯	甲辰	立春	丙午	丁未	戊申	己酉	庚戌	辛亥

陽歷二月份　（陰歷正、二月份）

陽	1	2	3	4	5	6	7	8	9	10	11	12	13	14	15	16	17	18	19	20	21	22	23	24	25	26	27	28			
陰	六	七	八	九	十	十一	十二	十三	十四	十五	十六	十七	十八	十九	廿	廿一	廿二	廿三	廿四	廿五	廿六	廿七	廿八	廿九	二	二	三	四			
星	日	1	2	3	4	5	6	日	1	2	3	4	5	6	日	1	2	3	4	5	6	日	1	2	3	4	5	6			
干節	壬子	癸丑	甲寅	乙卯	丙辰	丁巳	戊午	己未	雨水	辛酉	壬戌	癸亥	甲子	乙丑	丙寅	丁卯	戊辰	己巳	庚午	辛未	壬申	癸酉	驚蟄	乙亥	丙子	丁丑	戊寅	己卯			

陽歷三月份　（陰歷二、三月份）

陽	1	2	3	4	5	6	7	8	9	10	11	12	13	14	15	16	17	18	19	20	21	22	23	24	25	26	27	28	29	30	31
陰	五	六	七	八	九	十	十一	十二	十三	十四	十五	十六	十七	十八	十九	廿	廿一	廿二	廿三	廿四	廿五	廿六	廿七	廿八	廿九	卅	三	二	三	四	五
星	日	1	2	3	4	5	6	日	1	2	3	4	5	6	日	1	2	3	4	5	6	日	1	2	3	4	5	6	日	1	2
干節	庚辰	辛巳	壬午	癸未	甲申	乙酉	丙戌	丁亥	戊子	己丑	春分	辛卯	壬辰	癸巳	甲午	乙未	丙申	丁酉	戊戌	己亥	庚子	辛丑	壬寅	癸卯	甲辰	清明	丙午	丁未	戊申	己酉	庚戌

陽歷四月份　（陰歷三、四月份）

陽	1	2	3	4	5	6	7	8	9	10	11	12	13	14	15	16	17	18	19	20	21	22	23	24	25	26	27	28	29	30	
陰	六	七	八	九	十	十一	十二	十三	十四	十五	十六	十七	十八	十九	廿	廿一	廿二	廿三	廿四	廿五	廿六	廿七	廿八	廿九	卅	四	二	三	四	五	
星	3	4	5	6	日	1	2	3	4	5	6	日	1	2	3	4	5	6	日	1	2	3	4	5	6	日	1	2	3	4	
干節	辛亥	壬子	癸丑	甲寅	乙卯	丙辰	丁巳	戊午	己未	穀雨	辛酉	壬戌	癸亥	甲子	乙丑	丙寅	丁卯	戊辰	己巳	庚午	辛未	壬申	癸酉	甲戌	乙亥	立夏	丁丑	戊寅	己卯	庚辰	

陽歷五月份　（陰歷四、五月份）

陽	1	2	3	4	5	6	7	8	9	10	11	12	13	14	15	16	17	18	19	20	21	22	23	24	25	26	27	28	29	30	31
陰	六	七	八	九	十	十一	十二	十三	十四	十五	十六	十七	十八	十九	廿	廿一	廿二	廿三	廿四	廿五	廿六	廿七	廿八	廿九	五	二	三	四	五	六	七
星	5	6	日	1	2	3	4	5	6	日	1	2	3	4	5	6	日	1	2	3	4	5	6	日	1	2	3	4	5	6	日
干節	辛巳	壬午	癸未	甲申	乙酉	丙戌	丁亥	戊子	己丑	庚寅	小滿	壬辰	癸巳	甲午	乙未	丙申	丁酉	戊戌	己亥	庚子	辛丑	壬寅	癸卯	甲辰	乙巳	丙午	芒種	戊申	己酉	庚戌	辛亥

陽歷六月份　（陰歷五、六月份）

陽	1	2	3	4	5	6	7	8	9	10	11	12	13	14	15	16	17	18	19	20	21	22	23	24	25	26	27	28	29	30	
陰	八	九	十	十一	十二	十三	十四	十五	十六	十七	十八	十九	廿	廿一	廿二	廿三	廿四	廿五	廿六	廿七	廿八	廿九	卅	六	二	三	四	五	六	七	
星	1	2	3	4	5	6	日	1	2	3	4	5	6	日	1	2	3	4	5	6	日	1	2	3	4	5	6	日	1	2	
干節	壬子	癸丑	甲寅	乙卯	丙辰	丁巳	戊午	己未	庚申	辛酉	壬戌	夏至	甲子	乙丑	丙寅	丁卯	戊辰	己巳	庚午	辛未	壬申	癸酉	甲戌	乙亥	丙子	丁丑	小暑	己卯	庚辰	辛巳	

己卯　一五七九年　（明神宗萬曆七年）

己卯 一五七九年（明神宗萬曆七年）

陽曆七月份　（陰曆六、七月份）

陽	7	2	3	4	5	6	7	8	9	10	11	12	13	14	15	16	17	18	19	20	21	22	23	24	25	26	27	28	29	30	31
陰	八	九	十	十一	十二	十三	十四	十五	十六	十七	十八	十九	廿	廿一	廿二	廿三	廿四	廿五	廿六	廿七	廿八	廿九	卅	七	二	三	四	五	六	七	八
星	3	4	5	6	日	1	2	3	4	5	6	日	1	2	3	4	5	6	日	1	2	3	4	5	6	日	1	2	3	4	5
干節	壬午	癸未	甲申	乙酉	丙戌	丁亥	戊子	己丑	庚寅	辛卯	壬辰	癸巳	大暑	乙未	丙申	丁酉	戊戌	己亥	庚子	辛丑	壬寅	癸卯	甲辰	乙巳	丙午	丁未	戊申	己酉	立秋	辛亥	壬子

陽曆八月份　（陰曆七、八月份）

陽	8	2	3	4	5	6	7	8	9	10	11	12	13	14	15	16	17	18	19	20	21	22	23	24	25	26	27	28	29	30	31
陰	九	十	十一	十二	十三	十四	十五	十六	十七	十八	十九	廿	廿一	廿二	廿三	廿四	廿五	廿六	廿七	廿八	廿九	八	二	三	四	五	六	七	八	九	十
星	6	日	1	2	3	4	5	6	日	1	2	3	4	5	6	日	1	2	3	4	5	6	日	1	2	3	4	5	6	日	1
干節	癸丑	甲寅	乙卯	丙辰	丁巳	戊午	己未	庚申	辛酉	壬戌	癸亥	甲子	乙丑	處暑	丁卯	戊辰	己巳	庚午	辛未	壬申	癸酉	甲戌	乙亥	丙子	丁丑	戊寅	己卯	庚辰	白露	壬午	癸未

陽曆九月份　（陰曆八、九月份）

陽	9	2	3	4	5	6	7	8	9	10	11	12	13	14	15	16	17	18	19	20	21	22	23	24	25	26	27	28	29	30	
陰	十一	十二	十三	十四	十五	十六	十七	十八	十九	廿	廿一	廿二	廿三	廿四	廿五	廿六	廿七	廿八	廿九	卅	九	二	三	四	五	六	七	八	九	十	
星	2	3	4	5	6	日	1	2	3	4	5	6	日	1	2	3	4	5	6	日	1	2	3	4	5	6	日	1	2	3	
干節	甲申	乙酉	丙戌	丁亥	戊子	己丑	庚寅	辛卯	壬辰	癸巳	甲午	乙未	秋分	丁酉	戊戌	己亥	庚子	辛丑	壬寅	癸卯	甲辰	乙巳	丙午	丁未	戊申	己酉	庚戌	辛亥	寒露	癸丑	

陽曆十月份　（陰曆九、十月份）

陽	10	2	3	4	5	6	7	8	9	10	11	12	13	14	15	16	17	28	19	20	21	22	23	24	25	26	27	28	29	30	31
陰	十一	十二	十三	十四	十五	十六	十七	十八	十九	廿	廿一	廿二	廿三	廿四	廿五	廿六	廿七	廿八	廿九	十	二	三	四	五	六	七	八	九	十	十一	十二
星	4	5	6	日	1	2	3	4	5	6	日	1	2	3	4	5	6	日	1	2	3	4	5	6	日	1	2	3	4	5	6
干節	甲寅	乙卯	丙辰	丁巳	戊午	己未	庚申	辛酉	壬戌	癸亥	甲子	乙丑	丙寅	霜降	戊辰	己巳	庚午	辛未	壬申	癸酉	甲戌	乙亥	丙子	丁丑	戊寅	己卯	庚辰	辛巳	立冬	癸未	甲申

陽曆十一月份　（陰曆十、十一月份）

陽	11	2	3	4	5	6	7	8	9	10	11	12	13	14	15	16	17	18	19	20	21	22	23	24	25	26	27	28	29	30	
陰	十三	十四	十五	十六	十七	十八	十九	廿	廿一	廿二	廿三	廿四	廿五	廿六	廿七	廿八	廿九	卅	十一	二	三	四	五	六	七	八	九	十	十一	十二	
星	日	1	2	3	4	5	6	日	1	2	3	4	5	6	日	1	2	3	4	5	6	日	1	2	3	4	5	6	日	1	
干節	乙酉	丙戌	丁亥	戊子	己丑	庚寅	辛卯	壬辰	癸巳	甲午	乙未	小雪	丁酉	戊戌	己亥	庚子	辛丑	壬寅	癸卯	甲辰	乙巳	丙午	丁未	戊申	己酉	庚戌	大雪	壬子	癸丑	甲寅	

陽曆十二月份　（陰曆十一、十二月份）

陽	12	2	3	4	5	6	7	8	9	10	11	12	13	14	15	16	17	18	19	20	21	22	23	24	25	26	27	28	29	30	31
陰	十三	十四	十五	十六	十七	十八	十九	廿	廿一	廿二	廿三	廿四	廿五	廿六	廿七	廿八	廿九	十二	二	三	四	五	六	七	八	九	十	十一	十二	十三	十四
星	2	3	4	5	6	日	1	2	3	4	5	6	日	1	2	3	4	5	6	日	1	2	3	4	5	6	日	1	2	3	4
干節	乙卯	丙辰	丁巳	戊午	己未	庚申	辛酉	壬戌	癸亥	甲子	乙丑	冬至	丁卯	戊辰	己巳	庚午	辛未	壬申	癸酉	甲戌	乙亥	丙子	丁丑	戊寅	己卯	小寒	辛巳	壬午	癸未	甲申	乙酉

陽歷一月份　(陰歷十二、正月份)

陽	1	2	3	4	5	6	7	8	9	10	11	12	13	14	15	16	17	18	19	20	21	22	23	24	25	26	27	28	29	30	31
陰	十五	十六	十七	十八	十九	廿	廿一	廿二	廿三	廿四	廿五	廿六	廿七	廿八	廿九	正	二	三	四	五	六	七	八	九	十	十一	十二	十三	十四	十五	十六
星	5	6	日	1	2	3	4	5	6	日	1	2	3	4	5	6	日	1	2	3	4	5	6	日	1	2	3	4	5	6	日
干節	丙戌	丁亥	戊子	己丑	庚寅	辛卯	壬辰	癸巳	甲午	大寒	丙申	丁酉	戊戌	己亥	庚子	辛丑	壬寅	癸卯	甲辰	乙巳	丙午	丁未	戊申	己酉	立春	辛亥	壬子	癸丑	甲寅	乙卯	丙辰

陽歷二月份　(陰歷正、二月份)

陽	1	2	3	4	5	6	7	8	9	10	11	12	13	14	15	16	17	18	19	20	21	22	23	24	25	26	27	28	29
陰	十七	十八	十九	廿	廿一	廿二	廿三	廿四	廿五	廿六	廿七	廿八	廿九	卅	二	二	三	四	五	六	七	八	九	十	十一	十二	十三	十四	十五
星	1	2	3	4	5	6	日	1	2	3	4	5	6	日	1	2	3	4	5	6	日	1	2	3	4	5	6	日	1
干節	丁巳	戊午	己未	庚申	辛酉	壬戌	癸亥	甲子	雨水	丙寅	丁卯	戊辰	己巳	庚午	辛未	壬申	癸酉	甲戌	乙亥	丙子	丁丑	戊寅	己卯	驚蟄	辛巳	壬午	癸未	甲申	乙酉

陽歷三月份　(陰歷二、三月份)

陽	1	2	3	4	5	6	7	8	9	10	11	12	13	14	15	16	17	18	19	20	21	22	23	24	25	26	27	28	29	30	31
陰	十六	十七	十八	十九	廿	廿一	廿二	廿三	廿四	廿五	廿六	廿七	廿八	廿九	三	二	三	四	五	六	七	八	九	十	十一	十二	十三	十四	十五	十六	十七
星	2	3	4	5	6	日	1	2	3	4	5	6	日	1	2	3	4	5	6	日	1	2	3	4	5	6	日	1	2	3	4
干節	丙戌	丁亥	戊子	己丑	庚寅	辛卯	壬辰	癸巳	甲午	春分	丙申	丁酉	戊戌	己亥	庚子	辛丑	壬寅	癸卯	甲辰	乙巳	丙午	丁未	戊申	己酉	清明	辛亥	壬子	癸丑	甲寅	乙卯	丙辰

陽歷四月份　(陰歷三、四月份)

陽	1	2	3	4	5	6	7	8	9	10	11	12	13	14	15	16	17	18	19	20	21	22	23	24	25	26	27	28	29	30
陰	十八	十九	廿	廿一	廿二	廿三	廿四	廿五	廿六	廿七	廿八	廿九	卅	四	二	三	四	五	六	七	八	九	十	十一	十二	十三	十四	十五	十六	十七
星	5	6	日	1	2	3	4	5	6	日	1	2	3	4	5	6	日	1	2	3	4	5	6	日	1	2	3	4	5	6
干節	丁巳	戊午	己未	庚申	辛酉	壬戌	癸亥	甲子	穀雨	丙寅	丁卯	戊辰	己巳	庚午	辛未	壬申	癸酉	甲戌	乙亥	丙子	丁丑	戊寅	己卯	庚辰	立夏	壬午	癸未	甲申	乙酉	丙戌

陽歷五月份　(陰歷四、閏四月份)

陽	1	2	3	4	5	6	7	8	9	10	11	12	13	14	15	16	17	18	19	20	21	22	23	24	25	26	27	28	29	30	31
陰	十八	十九	廿	廿一	廿二	廿三	廿四	廿五	廿六	廿七	廿八	廿九	閏	二	三	四	五	六	七	八	九	十	十一	十二	十三	十四	十五	十六	十七	十八	十九
星	日	1	2	3	4	5	6	日	1	2	3	4	5	6	日	1	2	3	4	5	6	日	1	2	3	4	5	6	日	1	2
干節	丁亥	戊子	己丑	庚寅	辛卯	壬辰	癸巳	甲午	乙未	小滿	丁酉	戊戌	己亥	庚子	辛丑	壬寅	癸卯	甲辰	乙巳	丙午	丁未	戊申	己酉	庚戌	辛亥	芒種	癸丑	甲寅	乙卯	丙辰	丁巳

陽歷六月份　(陰歷閏四　五月份)

陽	1	2	3	4	5	6	7	8	9	10	11	12	13	14	15	16	17	18	19	20	21	22	23	24	25	26	27	28	29	30
陰	廿	廿一	廿二	廿三	廿四	廿五	廿六	廿七	廿八	廿九	卅	五	二	三	四	五	六	七	八	九	十	十一	十二	十三	十四	十五	十六	十七	十八	十九
星	3	4	5	6	日	1	2	3	4	5	6	日	1	2	3	4	5	6	日	1	2	3	4	5	6	日	1	2	3	4
干節	戊午	己未	庚申	辛酉	壬戌	癸亥	甲子	乙丑	丙寅	丁卯	夏至	己巳	庚午	辛未	壬申	癸酉	甲戌	乙亥	丙子	丁丑	戊寅	己卯	庚辰	辛巳	壬午	癸未	小暑	乙酉	丙戌	丁亥

庚辰

一五八〇年

（明神宗萬曆八年）

陽曆七月份　（陰曆五、六月份）

陽	7	2	3	4	5	6	7	8	9	10	11	12	13	14	15	16	17	18	19	20	21	22	23	24	25	26	27	28	29	30	31
陰	廿	廿一	廿二	廿三	廿四	廿五	廿六	廿七	廿八	廿九	卅	六	二	三	四	五	六	七	八	九	十	十一	十二	十三	十四	十五	十六	十七	十八	十九	廿
星	5	6	日	1	2	3	4	5	6	日	1	2	3	4	5	6	日	1	2	3	4	5	6	日	1	2	3	4	5	6	日
干節	戊子	己丑	庚寅	辛卯	壬辰	癸巳	甲午	乙未	丙申	丁酉	戊戌	大暑	庚子	辛丑	壬寅	癸卯	甲辰	乙巳	丙午	丁未	戊申	己酉	庚戌	辛亥	壬子	癸丑	甲寅	立秋	丙辰	丁巳	戊午

陽曆八月份　（陰曆六、七月份）

陽	8	2	3	4	5	6	7	8	9	10	11	12	13	14	15	16	17	18	19	20	21	22	23	24	25	26	27	28	29	30	31
陰	廿一	廿二	廿三	廿四	廿五	廿六	廿七	廿八	廿九	七	二	三	四	五	六	七	八	九	十	十一	十二	十三	十四	十五	十六	十七	十八	十九	廿	廿一	廿二
星	1	2	3	4	5	6	日	1	2	3	4	5	6	日	1	2	3	4	5	6	日	1	2	3	4	5	6	日	1	2	3
干節	己未	庚申	辛酉	壬戌	癸亥	甲子	乙丑	丙寅	丁卯	戊辰	己巳	庚午	處暑	壬申	癸酉	甲戌	乙亥	丙子	丁丑	戊寅	己卯	庚辰	辛巳	壬午	癸未	甲申	乙酉	白露	丁亥	戊子	己丑

陽曆九月份　（陰曆七、八月份）

陽	9	2	3	4	5	6	7	8	9	10	11	12	13	14	15	16	17	18	19	20	21	22	23	24	25	26	27	28	29	30
陰	廿三	廿四	廿五	廿六	廿七	廿八	廿九	卅	八	二	三	四	五	六	七	八	九	十	十一	十二	十三	十四	十五	十六	十七	十八	十九	廿	廿一	廿二
星	4	5	6	日	1	2	3	4	5	6	日	1	2	3	4	5	6	日	1	2	3	4	5	6	日	1	2	3	4	5
干節	庚寅	辛卯	壬辰	癸巳	甲午	乙未	丙申	丁酉	戊戌	己亥	庚子	秋分	壬寅	癸卯	甲辰	乙巳	丙午	丁未	戊申	己酉	庚戌	辛亥	壬子	癸丑	甲寅	乙卯	丙辰	寒露	戊午	己未

陽曆十月份　（陰曆八、九月份）

陽	10	2	3	4	5	6	7	8	9	10	11	12	13	14	15	16	17	18	19	20	21	22	23	24	25	26	27	28	29	30	31
陰	廿三	廿四	廿五	廿六	廿七	廿八	廿九	卅	九	二	三	四	五	六	七	八	九	十	十一	十二	十三	十四	十五	十六	十七	十八	十九	廿	廿一	廿二	廿三
星	6	日	1	2	3	4	5	6	日	1	2	3	4	5	6	日	1	2	3	4	5	6	日	1	2	3	4	5	6	日	1
干節	庚申	辛酉	壬戌	癸亥	甲子	乙丑	丙寅	丁卯	戊辰	己巳	庚午	辛未	霜降	癸酉	甲戌	乙亥	丙子	丁丑	戊寅	己卯	庚辰	辛巳	壬午	癸未	甲申	乙酉	丙戌	立冬	戊子	己丑	庚寅

陽曆十一月份　（陰曆九、十月份）

陽	11	2	3	4	5	6	7	8	9	10	11	12	13	14	15	16	17	18	19	20	21	22	23	24	25	26	27	28	29	30
陰	廿四	廿五	廿六	廿七	廿八	廿九	十	二	三	四	五	六	七	八	九	十	十一	十二	十三	十四	十五	十六	十七	十八	十九	廿	廿一	廿二	廿三	廿四
星	2	3	4	5	6	日	1	2	3	4	5	6	日	1	2	3	4	5	6	日	1	2	3	4	5	6	日	1	2	3
干節	辛卯	壬辰	癸巳	甲午	乙未	丙申	丁酉	戊戌	己亥	庚子	辛丑	小雪	癸卯	甲辰	乙巳	丙午	丁未	戊申	己酉	庚戌	辛亥	壬子	癸丑	甲寅	乙卯	大雪	丁巳	戊午	己未	庚申

陽曆十二月份　（陰曆十、十一月份）

陽	12	2	3	4	5	6	7	8	9	10	11	12	13	14	15	16	17	18	19	20	21	22	23	24	25	26	27	28	29	30	31
陰	廿五	廿六	廿七	廿八	廿九	卅	十一	二	三	四	五	六	七	八	九	十	十一	十二	十三	十四	十五	十六	十七	十八	十九	廿	廿一	廿二	廿三	廿四	廿五
星	4	5	6	日	1	2	3	4	5	6	日	1	2	3	4	5	6	日	1	2	3	4	5	6	日	1	2	3	4	5	6
干節	辛酉	壬戌	癸亥	甲子	乙丑	丙寅	丁卯	戊辰	己巳	庚午	冬至	壬申	癸酉	甲戌	乙亥	丙子	丁丑	戊寅	己卯	庚辰	辛巳	壬午	癸未	甲申	乙酉	小寒	丁亥	戊子	己丑	庚寅	辛卯

近世中西史日對照表

辛巳

一五八一年

（明神宗萬曆九年）

陽歷一月份　（陰歷十一、十二月份）

陽	1	2	3	4	5	6	7	8	9	10	11	12	13	14	15	16	17	18	19	20	21	22	23	24	25	26	27	28	29	30	31
陰	廿六	廿七	廿八	廿九	十二	二	三	四	五	六	七	八	九	十	十一	十二	十三	十四	十五	十六	十七	十八	十九	廿	廿一	廿二	廿三	廿四	廿五	廿六	廿七
星	日	1	2	3	4	5	6	日	1	2	3	4	5	6	日	1	2	3	4	5	6	日	1	2	3	4	5	6	日	1	2
干節	壬辰	癸巳	甲午	乙未	丙申	丁酉	戊戌	己亥	大寒	辛丑	壬寅	癸卯	甲辰	乙巳	丙午	丁未	戊申	己酉	庚戌	辛亥	壬子	癸丑	甲寅	立春	丙辰	丁巳	戊午	己未	庚申	辛酉	壬戌

陽歷二月份　（陰歷十二、正月份）

陽	1	2	3	4	5	6	7	8	9	10	11	12	13	14	15	16	17	18	19	20	21	22	23	24	25	26	27	28
陰	廿八	廿九	卅	正	二	三	四	五	六	七	八	九	十	十一	十二	十三	十四	十五	十六	十七	十八	十九	廿	廿一	廿二	廿三	廿四	廿五
星	3	4	5	6	日	1	2	3	4	5	6	日	1	2	3	4	5	6	日	1	2	3	4	5	6	日	1	2
干節	癸亥	甲子	乙丑	丙寅	丁卯	戊辰	己巳	雨水	辛未	壬申	癸酉	甲戌	乙亥	丙子	丁丑	戊寅	己卯	庚辰	辛巳	壬午	癸未	甲申	驚蟄	丙戌	丁亥	戊子	己丑	庚寅

陽歷三月份　（陰歷正、二月份）

陽	1	2	3	4	5	6	7	8	9	10	11	12	13	14	15	16	17	18	19	20	21	22	23	24	25	26	27	28	29	30	31
陰	廿六	廿七	廿八	廿九	二	二	三	四	五	六	七	八	九	十	十一	十二	十三	十四	十五	十六	十七	十八	十九	廿	廿一	廿二	廿三	廿四	廿五	廿六	廿七
星	3	4	5	6	日	1	2	3	4	5	6	日	1	2	3	4	5	6	日	1	2	3	4	5	6	日	1	2	3	4	5
干節	辛卯	壬辰	癸巳	甲午	乙未	丙申	丁酉	戊戌	己亥	春分	辛丑	壬寅	癸卯	甲辰	乙巳	丙午	丁未	戊申	己酉	庚戌	辛亥	壬子	癸丑	甲寅	清明	丙辰	丁巳	戊午	己未	庚申	辛酉

陽歷四月份　（陰歷二、三月份）

陽	1	2	3	4	5	6	7	8	9	10	11	12	13	14	15	16	17	18	19	20	21	22	23	24	25	26	27	28	29	30
陰	廿八	廿九	三	二	三	四	五	六	七	八	九	十	十一	十二	十三	十四	十五	十六	十七	十八	十九	廿	廿一	廿二	廿三	廿四	廿五	廿六	廿七	廿八
星	6	日	1	2	3	4	5	6	日	1	2	3	4	5	6	日	1	2	3	4	5	6	日	1	2	3	4	5	6	日
干節	壬戌	癸亥	甲子	乙丑	丙寅	丁卯	戊辰	己巳	庚午	穀雨	壬申	癸酉	甲戌	乙亥	丙子	丁丑	戊寅	己卯	庚辰	辛巳	壬午	癸未	甲申	乙酉	立夏	丁亥	戊子	己丑	庚寅	辛卯

陽歷五月份　（陰歷三、四月份）

陽	1	2	3	4	5	6	7	8	9	10	11	12	13	14	15	16	17	18	19	20	21	22	23	24	25	26	27	28	29	30	31
陰	廿九	卅	四	二	三	四	五	六	七	八	九	十	十一	十二	十三	十四	十五	十六	十七	十八	十九	廿	廿一	廿二	廿三	廿四	廿五	廿六	廿七	廿八	廿九
星	1	2	3	4	5	6	日	1	2	3	4	5	6	日	1	2	3	4	5	6	日	1	2	3	4	5	6	日	1	2	3
干節	壬辰	癸巳	甲午	乙未	丙申	丁酉	戊戌	己亥	庚子	辛丑	小滿	癸卯	甲辰	乙巳	丙午	丁未	戊申	己酉	庚戌	辛亥	壬子	癸丑	甲寅	乙卯	丙辰	芒種	戊午	己未	庚申	辛酉	壬戌

陽歷六月份　（陰歷五月份）

陽	1	2	3	4	5	6	7	8	9	10	11	12	13	14	15	16	17	18	19	20	21	22	23	24	25	26	27	28	29	30
陰	五	二	三	四	五	六	七	八	九	十	十一	十二	十三	十四	十五	十六	十七	十八	十九	廿	廿一	廿二	廿三	廿四	廿五	廿六	廿七	廿八	廿九	卅
星	4	5	6	日	1	2	3	4	5	6	日	1	2	3	4	5	6	日	1	2	3	4	5	6	日	1	2	3	4	5
干節	癸亥	甲子	乙丑	丙寅	丁卯	戊辰	己巳	庚午	辛未	壬申	夏至	甲戌	乙亥	丙子	丁丑	戊寅	己卯	庚辰	辛巳	壬午	癸未	甲申	乙酉	丙戌	丁亥	戊子	小暑	庚寅	辛卯	壬辰

辛巳　一五八一年　（明神宗萬曆九年）

陽歷七月份　　（陰歷六、七月份）

陽	7	2	3	4	5	6	7	8	9	10	11	12	13	14	15	16	17	18	19	20	21	22	23	24	25	26	27	28	29	30	31
陰	六	二	三	四	五	六	七	八	九	十	十一	十二	十三	十四	十五	十六	十七	十八	十九	廿	廿一	廿二	廿三	廿四	廿五	廿六	廿七	廿八	廿九	七	二
星	6	日	1	2	3	4	5	6	日	1	2	3	4	5	6	日	1	2	3	4	5	6	日	1	2	3	4	5	6	日	1
干節	癸巳	甲午	乙未	丙申	丁酉	戊戌	己亥	庚子	辛丑	壬寅	癸卯	甲辰	大暑	丙午	丁未	戊申	己酉	庚戌	辛亥	壬子	癸丑	甲寅	乙卯	丙辰	丁巳	戊午	己未	立秋	辛酉	壬戌	癸亥

陽歷八月份　　（陰歷七、八月份）

陽	8	2	3	4	5	6	7	8	9	10	11	12	13	14	15	16	17	18	19	20	21	22	23	24	25	26	27	28	29	30	31
陰	三	四	五	六	七	八	九	十	十一	十二	十三	十四	十五	十六	十七	十八	十九	廿	廿一	廿二	廿三	廿四	廿五	廿六	廿七	廿八	廿九	卅	八	二	三
星	2	3	4	5	6	日	1	2	3	4	5	6	日	1	2	3	4	5	6	日	1	2	3	4	5	6	日	1	2	3	4
干節	甲子	乙丑	丙寅	丁卯	戊辰	己巳	庚午	辛未	壬申	癸酉	甲戌	乙亥	處暑	丁丑	戊寅	己卯	庚辰	辛巳	壬午	癸未	甲申	乙酉	丙戌	丁亥	戊子	己丑	庚寅	白露	壬辰	癸巳	甲午

陽歷九月份　　（陰歷八、九月份）

陽	9	2	3	4	5	6	7	8	9	10	11	12	13	14	15	16	17	18	19	20	21	22	23	24	25	26	27	28	29	30	
陰	四	五	六	七	八	九	十	十一	十二	十三	十四	十五	十六	十七	十八	十九	廿	廿一	廿二	廿三	廿四	廿五	廿六	廿七	廿八	廿九	卅	九	二	三	
星	5	6	日	1	2	3	4	5	6	日	1	2	3	4	5	6	日	1	2	3	4	5	6	日	1	2	3	4	5	6	
干節	乙未	丙申	丁酉	戊戌	己亥	庚子	辛丑	壬寅	癸卯	甲辰	乙巳	丙午	秋分	戊申	己酉	庚戌	辛亥	壬子	癸丑	甲寅	乙卯	丙辰	丁巳	戊午	己未	庚申	辛酉	寒露	癸亥	甲子	

陽歷十月份　　（陰歷九、十月份）

陽	10	2	3	4	5	6	7	8	9	10	11	12	13	14	15	16	17	18	19	20	21	22	23	24	25	26	27	28	29	30	31
陰	四	五	六	七	八	九	十	十一	十二	十三	十四	十五	十六	十七	十八	十九	廿	廿一	廿二	廿三	廿四	廿五	廿六	廿七	廿八	廿九	卅	十	二	三	四
星	日	1	2	3	4	5	6	日	1	2	3	4	5	6	日	1	2	3	4	5	6	日	1	2	3	4	5	6	日	1	2
干節	乙丑	丙寅	丁卯	戊辰	己巳	庚午	辛未	壬申	癸酉	甲戌	乙亥	丙子	霜降	戊寅	己卯	庚辰	辛巳	壬午	癸未	甲申	乙酉	丙戌	丁亥	戊子	己丑	庚寅	辛卯	立冬	癸巳	甲午	乙未

陽歷十一月份　　（陰歷十、十一月份）

陽	11	2	3	4	5	6	7	8	9	10	11	12	13	14	15	16	17	18	19	20	21	22	23	24	25	26	27	28	29	30	
陰	五	六	七	八	九	十	十一	十二	十三	十四	十五	十六	十七	十八	十九	廿	廿一	廿二	廿三	廿四	廿五	廿六	廿七	廿八	廿九	十一	二	三	四	五	
星	3	4	5	6	日	1	2	3	4	5	6	日	1	2	3	4	5	6	日	1	2	3	4	5	6	日	1	2	3	4	
干節	丙申	丁酉	戊戌	己亥	庚子	辛丑	壬寅	癸卯	甲辰	乙巳	丙午	小雪	戊申	己酉	庚戌	辛亥	壬子	癸丑	甲寅	乙卯	丙辰	丁巳	戊午	己未	庚申	辛酉	大雪	癸亥	甲子	乙丑	

陽歷十二月份　　（陰歷十一、十二月份）

陽	12	2	3	4	5	6	7	8	9	10	11	12	13	14	15	16	17	18	19	20	21	22	23	24	25	26	27	28	29	30	31
陰	六	七	八	九	十	十一	十二	十三	十四	十五	十六	十七	十八	十九	廿	廿一	廿二	廿三	廿四	廿五	廿六	廿七	廿八	廿九	卅	十二	二	三	四	五	六
星	5	6	日	1	2	3	4	5	6	日	1	2	3	4	5	6	日	1	2	3	4	5	6	日	1	2	3	4	5	6	日
干節	丙寅	丁卯	戊辰	己巳	庚午	辛未	壬申	癸酉	甲戌	乙亥	冬至	丁丑	戊寅	己卯	庚辰	辛巳	壬午	癸未	甲申	乙酉	丙戌	丁亥	戊子	己丑	庚寅	小寒	壬辰	癸巳	甲午	乙未	丙申

近世中西史日對照表

陽歷一月份　(陰歷十二、正月份)

陽	1	2	3	4	5	6	7	8	9	10	11	12	13	14	15	16	17	18	19	20	21	22	23	24	25	26	27	28	29	30	31
陰	七	八	九	十	十一	十二	十三	十四	十五	十六	十七	十八	十九	廿	廿一	廿二	廿三	廿四	廿五	廿六	廿七	廿八	廿九	正	二	三	四	五	六	七	八
星	1	2	3	4	5	6	日	1	2	3	4	5	6	日	1	2	3	4	5	6	日	1	2	3	4	5	6	日	1	2	3
干節	丁酉	戊戌	己亥	庚子	辛丑	壬寅	癸卯	甲辰	乙巳	大寒	丁未	戊申	己酉	庚戌	辛亥	壬子	癸丑	甲寅	乙卯	丙辰	丁巳	戊午	己未	立春	辛酉	壬戌	癸亥	甲子	乙丑	丙寅	丁卯

陽歷二月份　(陰歷正、二月份)

陽	1	2	3	4	5	6	7	8	9	10	11	12	13	14	15	16	17	18	19	20	21	22	23	24	25	26	27	28
陰	九	十	十一	十二	十三	十四	十五	十六	十七	十八	十九	廿	廿一	廿二	廿三	廿四	廿五	廿六	廿七	廿八	廿九	卅	二	二	三	四	五	六
星	4	5	6	日	1	2	3	4	5	6	日	1	2	3	4	5	6	日	1	2	3	4	5	6	日	1	2	3
干節	戊辰	己巳	庚午	辛未	壬申	癸酉	甲戌	雨水	丙子	丁丑	戊寅	己卯	庚辰	辛巳	壬午	癸未	甲申	乙酉	丙戌	丁亥	戊子	己丑	驚蟄	辛卯	壬辰	癸巳	甲午	乙未

陽歷三月份　(陰歷二、三月份)

陽	1	2	3	4	5	6	7	8	9	10	11	12	13	14	15	16	17	18	19	20	21	22	23	24	25	26	27	28	29	30	31
陰	七	八	九	十	十一	十二	十三	十四	十五	十六	十七	十八	十九	廿	廿一	廿二	廿三	廿四	廿五	廿六	廿七	廿八	廿九	三	二	三	四	五	六	七	八
星	4	5	6	日	1	2	3	4	5	6	日	1	2	3	4	5	6	日	1	2	3	4	5	6	日	1	2	3	4	5	6
干節	丙申	丁酉	戊戌	己亥	庚子	辛丑	壬寅	癸卯	甲辰	春分	丙午	丁未	戊申	己酉	庚戌	辛亥	壬子	癸丑	甲寅	乙卯	丙辰	丁巳	戊午	己未	庚申	清明	壬戌	癸亥	甲子	乙丑	丙寅

陽歷四月份　(陰歷三、四月份)

陽	1	2	3	4	5	6	7	8	9	10	11	12	13	14	15	16	17	18	19	20	21	22	23	24	25	26	27	28	29	30
陰	九	十	十一	十二	十三	十四	十五	十六	十七	十八	十九	廿	廿一	廿二	廿三	廿四	廿五	廿六	廿七	廿八	廿九	四	二	三	四	五	六	七	八	九
星	日	1	2	3	4	5	6	日	1	2	3	4	5	6	日	1	2	3	4	5	6	日	1	2	3	4	5	6	日	1
干節	丁卯	戊辰	己巳	庚午	辛未	壬申	癸酉	甲戌	乙亥	穀雨	丁丑	戊寅	己卯	庚辰	辛巳	壬午	癸未	甲申	乙酉	丙戌	丁亥	戊子	己丑	庚寅	立夏	壬辰	癸巳	甲午	乙未	丙申

陽歷五月份　(陰歷四、五月份)

陽	1	2	3	4	5	6	7	8	9	10	11	12	13	14	15	16	17	18	19	20	21	22	23	24	25	26	27	28	29	30	31
陰	十	十一	十二	十三	十四	十五	十六	十七	十八	十九	廿	廿一	廿二	廿三	廿四	廿五	廿六	廿七	廿八	廿九	卅	五	二	三	四	五	六	七	八	九	十
星	2	3	4	5	6	日	1	2	3	4	5	6	日	1	2	3	4	5	6	日	1	2	3	4	5	6	日	1	2	3	4
干節	丁酉	戊戌	己亥	庚子	辛丑	壬寅	癸卯	甲辰	乙巳	丙午	小滿	戊申	己酉	庚戌	辛亥	壬子	癸丑	甲寅	乙卯	丙辰	丁巳	戊午	己未	庚申	辛酉	壬戌	芒種	甲子	乙丑	丙寅	丁卯

陽歷六月份　(陰歷五、六月份)

陽	1	2	3	4	5	6	7	8	9	10	11	12	13	14	15	16	17	18	19	20	21	22	23	24	25	26	27	28	29	30
陰	十一	十二	十三	十四	十五	十六	十七	十八	十九	廿	廿一	廿二	廿三	廿四	廿五	廿六	廿七	廿八	廿九	六	二	三	四	五	六	七	八	九	十	十一
星	5	6	日	1	2	3	4	5	6	日	1	2	3	4	5	6	日	1	2	3	4	5	6	日	1	2	3	4	5	6
干節	戊辰	己巳	庚午	辛未	壬申	癸酉	甲戌	乙亥	丙子	丁丑	夏至	己卯	庚辰	辛巳	壬午	癸未	甲申	乙酉	丙戌	丁亥	戊子	己丑	庚寅	辛卯	壬辰	癸巳	小暑	乙未	丙申	丁酉

壬午　一五八二年　(明神宗萬曆一〇年)

壬午

一五八二年

（明神宗萬曆一〇年）

陽歷七月份　（陰歷六、七月份）

陽	**7**	2	3	4	5	6	7	8	9	10	11	12	13	14	15	16	17	18	19	20	21	22	23	24	25	26	27	28	29	30	31
陰	十二	十三	十四	十五	十六	十七	十八	十九	廿	廿一	廿二	廿三	廿四	廿五	廿六	廿七	廿八	廿九	**七**	二	三	四	五	六	七	八	九	十	十一	十二	十三
星	**日**	1	2	3	4	5	6	**日**	1	2	3	4	5	6	**日**	1	2	3	4	5	6	**日**	1	2	3	4	5	6	**日**	1	2
干節	戊戌	己亥	庚子	辛丑	壬寅	癸卯	甲辰	乙巳	丙午	丁未	戊申	己酉	**大暑**	辛亥	壬子	癸丑	甲寅	乙卯	丙辰	丁巳	戊午	己未	庚申	辛酉	壬戌	癸亥	甲子	乙丑	**立秋**	丁卯	戊辰

陽歷八月份　（陰歷七、八月份）

陽	**8**	2	3	4	5	6	7	8	9	10	11	12	13	14	15	16	17	18	19	20	21	22	23	24	25	26	27	28	29	30	31
陰	十四	十五	十六	十七	十八	十九	廿	廿一	廿二	廿三	廿四	廿五	廿六	廿七	廿八	廿九	卅	**八**	二	三	四	五	六	七	八	九	十	十一	十二	十三	十四
星	3	4	5	6	**日**	1	2	3	4	5	6	**日**	1	2	3	4	5	6	**日**	1	2	3	4	5	6	**日**	1	2	3	4	5
干節	己巳	庚午	辛未	壬申	癸酉	甲戌	乙亥	丙子	丁丑	戊寅	己卯	庚辰	**處暑**	壬午	癸未	甲申	乙酉	丙戌	丁亥	戊子	己丑	庚寅	辛卯	壬辰	癸巳	甲午	乙未	丙申	**白露**	戊戌	己亥

陽歷九月份　（陰歷八、九月份）

陽	**9**	2	3	4	5	6	7	8	9	10	11	12	13	14	15	16	17	18	19	20	21	22	23	24	25	26	27	28	29	30
陰	十五	十六	十七	十八	十九	廿	廿一	廿二	廿三	廿四	廿五	廿六	廿七	廿八	廿九	卅	**九**	二	三	四	五	六	七	八	九	十	十一	十二	十三	十四
星	6	**日**	1	2	3	4	5	6	**日**	1	2	3	4	5	6	**日**	1	2	3	4	5	6	**日**	1	2	3	4	5	6	**日**
干節	庚子	辛丑	壬寅	癸卯	甲辰	乙巳	丙午	丁未	戊申	己酉	庚戌	辛亥	**秋分**	癸丑	甲寅	乙卯	丙辰	丁巳	戊午	己未	庚申	辛酉	壬戌	癸亥	甲子	乙丑	丙寅	**寒露**	戊辰	己巳

陽歷十月份　（陰歷九、十月份）

陽	**10**	2	3	4											15	16	17	18	19	20	21	22	23	24	25	26	27	28	29	30	31
陰	十五	十六	十七	十八											十九	廿	廿一	廿二	廿三	廿四	廿五	廿六	廿七	廿八	廿九	**十**	二	三	四	五	六
星	1	2	3	4											5	6	**日**	1	2	3	4	5	6	**日**	1	2	3	4	5	6	**日**
干節	庚午	辛未	壬申	癸酉											甲戌	乙亥	丙子	丁丑	戊寅	己卯	庚辰	辛巳	**霜降**	癸未	甲申	乙酉	丙戌	丁亥	戊子	己丑	庚寅

陽歷十一月份　（陰歷十、十一月份）

陽	**11**	2	3	4	5	6	7	8	9	10	11	12	13	14	15	16	17	18	19	20	21	22	23	24	25	26	27	28	29	30
陰	七	八	九	十	十一	十二	十三	十四	十五	十六	十七	十八	十九	廿	廿一	廿二	廿三	廿四	廿五	廿六	廿七	廿八	廿九	卅	**十一**	二	三	四	五	六
星	1	2	3	4	5	6	**日**	1	2	3	4	5	6	**日**	1	2	3	4	5	6	**日**	1	2	3	4	5	6	**日**	1	2
干節	辛卯	壬辰	癸巳	甲午	乙未	丙申	**立冬**	戊戌	己亥	庚子	辛丑	壬寅	癸卯	甲辰	乙巳	丙午	丁未	戊申	己酉	庚戌	辛亥	**小雪**	癸丑	甲寅	乙卯	丙辰	丁巳	戊午	己未	庚申

陽歷十二月份　（陰歷十一、十二月份）

陽	**12**	2	3	4	5	6	7	8	9	10	11	12	13	14	15	16	17	18	19	20	21	22	23	24	25	26	27	28	29	30	31
陰	七	八	九	十	十一	十二	十三	十四	十五	十六	十七	十八	十九	廿	廿一	廿二	廿三	廿四	廿五	廿六	廿七	廿八	廿九	卅	**十二**	二	三	四	五	六	七
星	3	4	5	6	**日**	1	2	3	4	5	6	**日**	1	2	3	4	5	6	**日**	1	2	3	4	5	6	**日**	1	2	3	4	5
干節	辛酉	壬戌	癸亥	甲子	乙丑	丙寅	**大雪**	庚辰	己巳	庚午	辛未	壬申	癸酉	甲戌	乙亥	丙子	丁丑	戊寅	己卯	庚辰	辛巳	**冬至**	癸未	甲申	乙酉	丙戌	丁亥	戊子	己丑	庚寅	辛卯

（註一）教皇格勒哥里第十三始改曆，以十月五日爲十五日，中間消去十日。

癸未　一五八三年　（明神宗萬曆一一年）

陽歷一月份　（陰歷十二、正月份）

陽	1	2	3	4	5	6	7	8	9	10	11	12	13	14	15	16	17	18	19	20	21	22	23	24	25	26	27	28	29	30	31
陰	八	九	十	十一	十二	十三	十四	十五	十六	十七	十八	十九	廿	廿一	廿二	廿三	廿四	廿五	廿六	廿七	廿八	廿九	卅	正	二	三	四	五	六	七	八
星	6	日	1	2	3	4	5	6	日	1	2	3	4	5	6	日	1	2	3	4	5	6	日	1	2	3	4	5	6	日	1
干節	壬辰	癸巳	甲午	乙未	小寒	丁酉	戊戌	己亥	庚子	辛丑	壬寅	癸卯	甲辰	乙巳	丙午	丁未	戊申	己酉	庚戌	大寒	壬子	癸丑	甲寅	乙卯	丙辰	丁巳	戊午	己未	庚申	辛酉	壬戌

陽歷二月份　（陰歷正、二月份）

陽	2	2	3	4	5	6	7	8	9	10	11	12	13	14	15	16	17	18	19	20	21	22	23	24	25	26	27	28
陰	九	十	十一	十二	十三	十四	十五	十六	十七	十八	十九	廿	廿一	廿二	廿三	廿四	廿五	廿六	廿七	廿八	廿九	二	二	三	四	五	六	七
星	2	3	4	5	6	日	1	2	3	4	5	6	日	1	2	3	4	5	6	日	1	2	3	4	5	6	日	1
干節	癸亥	甲子	乙丑	立春	丁卯	戊辰	己巳	庚午	辛未	壬申	癸酉	甲戌	乙亥	丙子	丁丑	戊寅	己卯	庚辰	雨水	壬午	癸未	甲申	乙酉	丙戌	丁亥	戊子	己丑	庚寅

陽歷三月份　（陰歷二、閏二月份）

陽	3	2	3	4	5	6	7	8	9	10	11	12	13	14	15	16	17	18	19	20	21	22	23	24	25	26	27	28	29	30	31
陰	八	九	十	十一	十二	十三	十四	十五	十六	十七	十八	十九	廿	廿一	廿二	廿三	廿四	廿五	廿六	廿七	廿八	廿九	卅	閏	二	三	四	五	六	七	八
星	2	3	4	5	6	日	1	2	3	4	5	6	日	1	2	3	4	5	6	日	1	2	3	4	5	6	日	1	2	3	4
干節	辛卯	壬辰	癸巳	甲午	驚蟄	丙申	丁酉	戊戌	己亥	庚子	辛丑	壬寅	癸卯	甲辰	乙巳	丙午	丁未	戊申	己酉	庚戌	春分	壬子	癸丑	甲寅	乙卯	丙辰	丁巳	戊午	己未	庚申	辛酉

陽歷四月份　（陰歷閏二、三月份）

陽	4	2	3	4	5	6	7	8	9	10	11	12	13	14	15	16	17	18	19	20	21	22	23	24	25	26	27	28	29	30
陰	九	十	十一	十二	十三	十四	十五	十六	十七	十八	十九	廿	廿一	廿二	廿三	廿四	廿五	廿六	廿七	廿八	廿九	三	二	三	四	五	六	七	八	九
星	5	6	日	1	2	3	4	5	6	日	1	2	3	4	5	6	日	1	2	3	4	5	6	日	1	2	3	4	5	6
干節	壬戌	癸亥	甲子	乙丑	清明	丁卯	戊辰	己巳	庚午	辛未	壬申	癸酉	甲戌	乙亥	丙子	丁丑	戊寅	己卯	庚辰	穀雨	壬午	癸未	甲申	乙酉	丙戌	丁亥	戊子	己丑	庚寅	辛卯

陽歷五月份　（陰歷三、四月份）

陽	5	2	3	4	5	6	7	8	9	10	11	12	13	14	15	16	17	18	19	20	21	22	23	24	25	26	27	28	29	30	31
陰	十	十一	十二	十三	十四	十五	十六	十七	十八	十九	廿	廿一	廿二	廿三	廿四	廿五	廿六	廿七	廿八	廿九	四	二	三	四	五	六	七	八	九	十	十一
星	日	1	2	3	4	5	6	日	1	2	3	4	5	6	日	1	2	3	4	5	6	日	1	2	3	4	5	6	日	1	2
干節	壬辰	癸巳	甲午	乙未	丙申	立夏	戊戌	己亥	庚子	辛丑	壬寅	癸卯	甲辰	乙巳	丙午	丁未	戊申	己酉	庚戌	辛亥	小滿	癸丑	甲寅	乙卯	丙辰	丁巳	戊午	己未	庚申	辛酉	壬戌

陽歷六月份　（陰歷四、五月份）

陽	6	2	3	4	5	6	7	8	9	10	11	12	13	14	15	16	17	18	19	20	21	22	23	24	25	26	27	28	29	30
陰	十二	十三	十四	十五	十六	十七	十八	十九	廿	廿一	廿二	廿三	廿四	廿五	廿六	廿七	廿八	廿九	卅	五	二	三	四	五	六	七	八	九	十	十一
星	3	4	5	6	日	1	2	3	4	5	6	日	1	2	3	4	5	6	日	1	2	3	4	5	6	日	1	2	3	4
干節	癸亥	甲子	乙丑	丙寅	丁卯	芒種	己巳	庚午	辛未	壬申	癸酉	甲戌	乙亥	丙子	丁丑	戊寅	己卯	庚辰	辛巳	壬午	癸未	夏至	乙酉	丙戌	丁亥	戊子	己丑	庚寅	辛卯	壬辰

癸未

一五八三年

（明神宗萬曆一一年）

陽曆七月份　（陰曆五、六月份）

陽	7	2	3	4	5	6	7	8	9	10	11	12	13	14	15	16	17	18	19	20	21	22	23	24	25	26	27	28	29	30	31
陰	十二	十三	十四	十五	十六	十七	十八	十九	廿	廿一	廿二	廿三	廿四	廿五	廿六	廿七	廿八	廿九	六	二	三	四	五	六	七	八	九	十	十一	十二	十三
星	5	6	日	1	2	3	4	5	6	日	1	2	3	4	5	6	日	1	2	3	4	5	6	日	1	2	3	4	5	6	日
干節	癸巳	甲午	乙未	丙申	丁酉	戊戌	小暑	庚子	辛丑	壬寅	癸卯	甲辰	乙巳	丙午	丁未	戊申	己酉	庚戌	辛亥	壬子	癸丑	甲寅	大暑	丙辰	丁巳	戊午	己未	庚申	辛酉	壬戌	癸亥

陽曆八月份　（陰曆六、七月份）

陽	8	2	3	4	5	6	7	8	9	10	11	12	13	14	15	16	17	18	19	20	21	22	23	24	25	26	27	28	29	30	31
陰	十四	十五	十六	十七	十八	十九	廿	廿一	廿二	廿三	廿四	廿五	廿六	廿七	廿八	廿九	七	二	三	四	五	六	七	八	九	十	十一	十二	十三	十四	十五
星	1	2	3	4	5	6	日	1	2	3	4	5	6	日	1	2	3	4	5	6	日	1	2	3	4	5	6	日	1	2	3
干節	甲子	乙丑	丙寅	丁卯	戊辰	己巳	庚午	立秋	壬申	癸酉	甲戌	乙亥	丙子	丁丑	戊寅	己卯	庚辰	辛巳	壬午	癸未	甲申	乙酉	丙戌	處暑	戊子	己丑	庚寅	辛卯	壬辰	癸巳	甲午

陽曆九月份　（陰曆七、八月份）

陽	9	2	3	4	5	6	7	8	9	10	11	12	13	14	15	16	17	18	19	20	21	22	23	24	25	26	27	28	29	30
陰	十六	十七	十八	十九	廿	廿一	廿二	廿三	廿四	廿五	廿六	廿七	廿八	廿九	卅	八	二	三	四	五	六	七	八	九	十	十一	十二	十三	十四	十五
星	4	5	6	日	1	2	3	4	5	6	日	1	2	3	4	5	6	日	1	2	3	4	5	6	日	1	2	3	4	5
干節	乙未	丙申	丁酉	戊戌	己亥	庚子	辛丑	白露	癸卯	甲辰	乙巳	丙午	丁未	戊申	己酉	庚戌	辛亥	壬子	癸丑	甲寅	乙卯	丙辰	秋分	戊午	己未	庚申	辛酉	壬戌	癸亥	甲子

陽曆十月份　（陰曆八、九月份）

陽	10	2	3	4	5	6	7	8	9	10	11	12	13	14	15	16	17	18	19	20	21	22	23	24	25	26	27	28	29	30	31
陰	十六	十七	十八	十九	廿	廿一	廿二	廿三	廿四	廿五	廿六	廿七	廿八	廿九	九	二	三	四	五	六	七	八	九	十	十一	十二	十三	十四	十五	十六	十七
星	6	日	1	2	3	4	5	6	日	1	2	3	4	5	6	日	1	2	3	4	5	6	日	1	2	3	4	5	6	日	1
干節	乙丑	丙寅	丁卯	戊辰	己巳	庚午	辛未	壬申	寒露	甲戌	乙亥	丙子	丁丑	戊寅	己卯	庚辰	辛巳	壬午	癸未	甲申	乙酉	丙戌	丁亥	霜降	己丑	庚寅	辛卯	壬辰	癸巳	甲午	乙未

陽曆十一月份　（陰曆九、十月份）

陽	11	2	3	4	5	6	7	8	9	10	11	12	13	14	15	16	17	18	19	20	21	22	23	24	25	26	27	28	29	30
陰	十八	十九	廿	廿一	廿二	廿三	廿四	廿五	廿六	廿七	廿八	廿九	卅	十	二	三	四	五	六	七	八	九	十	十一	十二	十三	十四	十五	十六	十七
星	2	3	4	5	6	日	1	2	3	4	5	6	日	1	2	3	4	5	6	日	1	2	3	4	5	6	日	1	2	3
干節	丙申	丁酉	戊戌	己亥	庚子	辛丑	壬寅	立冬	甲辰	乙巳	丙午	丁未	戊申	己酉	庚戌	辛亥	壬子	癸丑	甲寅	乙卯	丙辰	小雪	戊午	己未	庚申	辛酉	壬戌	癸亥	甲子	乙丑

陽曆十二月份　（陰曆十、十一月份）

陽	12	2	3	4	5	6	7	8	9	10	11	12	13	14	15	16	17	18	19	20	21	22	23	24	25	26	27	28	29	30	31
陰	十八	十九	廿	廿一	廿二	廿三	廿四	廿五	廿六	廿七	廿八	廿九	卅	十一	二	三	四	五	六	七	八	九	十	十一	十二	十三	十四	十五	十六	十七	十八
星	4	5	6	日	1	2	3	4	5	6	日	1	2	3	4	5	6	日	1	2	3	4	5	6	日	1	2	3	4	5	6
干節	丙寅	丁卯	戊辰	己巳	庚午	辛未	大雪	癸酉	甲戌	乙亥	丙子	丁丑	戊寅	己卯	庚辰	辛巳	壬午	癸未	甲申	乙酉	丙戌	冬至	戊子	己丑	庚寅	辛卯	壬辰	癸巳	甲午	乙未	丙申

近世中西史日對照表

甲申　一五八四年（明神宗萬曆一二年）

陽曆一月份　（陰曆十一、十二月份）

陽	1	2	3	4	5	6	7	8	9	10	11	12	13	14	15	16	17	18	19	20	21	22	23	24	25	26	27	28	29	30	31
陰	十九	廿	廿一	廿二	廿三	廿四	廿五	廿六	廿七	廿八	廿九	卅	十二	二	三	四	五	六	七	八	九	十	十一	十二	十三	十四	十五	十六	十七	十八	十九
星	日	1	2	3	4	5	6	日	1	2	3	4	5	6	日	1	2	3	4	5	6	日	1	2	3	4	5	6	日	1	2
干節	丁酉	戊戌	己亥	庚子	小寒	壬寅	癸卯	甲辰	乙巳	丙午	丁未	戊申	己酉	庚戌	辛亥	壬子	癸丑	甲寅	乙卯	大寒	丁巳	戊午	己未	庚申	辛酉	壬戌	癸亥	甲子	乙丑	丙寅	丁卯

陽曆二月份　（陰曆十二、正月份）

陽	1	2	3	4	5	6	7	8	9	10	11	12	13	14	15	16	17	18	19	20	21	22	23	24	25	26	27	28	29
陰	廿	廿一	廿二	廿三	廿四	廿五	廿六	廿七	廿八	廿九	卅	正	二	三	四	五	六	七	八	九	十	十一	十二	十三	十四	十五	十六	十七	十八
星	3	4	5	6	日	1	2	3	4	5	6	日	1	2	3	4	5	6	日	1	2	3	4	5	6	日	1	2	3
干節	戊辰	己巳	庚午	立春	壬申	癸酉	甲戌	乙亥	丙子	丁丑	戊寅	己卯	庚辰	辛巳	壬午	癸未	甲申	乙酉	雨水	丁亥	戊子	己丑	庚寅	辛卯	壬辰	癸巳	甲午	乙未	丙申

陽曆三月份　（陰曆正、二月份）

陽	1	2	3	4	5	6	7	8	9	10	11	12	13	14	15	16	17	18	19	20	21	22	23	24	25	26	27	28	29	30	31
陰	十九	廿	廿一	廿二	廿三	廿四	廿五	廿六	廿七	廿八	廿九	二	二	三	四	五	六	七	八	九	十	十一	十二	十三	十四	十五	十六	十七	十八	十九	廿
星	4	5	6	日	1	2	3	4	5	6	日	1	2	3	4	5	6	日	1	2	3	4	5	6	日	1	2	3	4	5	6
干節	丁酉	戊戌	己亥	庚子	驚蟄	壬寅	癸卯	甲辰	乙巳	丙午	丁未	戊申	己酉	庚戌	辛亥	壬子	癸丑	甲寅	乙卯	春分	丁巳	戊午	己未	庚申	辛酉	壬戌	癸亥	甲子	乙丑	丙寅	丁卯

陽曆四月份　（陰曆二、三月份）

陽	1	2	3	4	5	6	7	8	9	10	11	12	13	14	15	16	17	18	19	20	21	22	23	24	25	26	27	28	29	30
陰	廿一	廿二	廿三	廿四	廿五	廿六	廿七	廿八	廿九	卅	三	二	三	四	五	六	七	八	九	十	十一	十二	十三	十四	十五	十六	十七	十八	十九	廿
星	日	1	2	3	4	5	6	日	1	2	3	4	5	6	日	1	2	3	4	5	6	日	1	2	3	4	5	6	日	1
干節	戊辰	己巳	庚午	清明	壬申	癸酉	甲戌	乙亥	丙子	丁丑	戊寅	己卯	庚辰	辛巳	壬午	癸未	甲申	乙酉	穀雨	丁亥	戊子	己丑	庚寅	辛卯	壬辰	癸巳	甲午	乙未	丙申	丁酉

陽曆五月份　（陰曆三、四月份）

陽	1	2	3	4	5	6	7	8	9	10	11	12	13	14	15	16	17	18	19	20	21	22	23	24	25	26	27	28	29	30	31
陰	廿一	廿二	廿三	廿四	廿五	廿六	廿七	廿八	廿九	四	二	三	四	五	六	七	八	九	十	十一	十二	十三	十四	十五	十六	十七	十八	十九	廿	廿一	廿二
星	2	3	4	5	6	日	1	2	3	4	5	6	日	1	2	3	4	5	6	日	1	2	3	4	5	6	日	1	2	3	4
干節	戊戌	己亥	庚子	辛丑	立夏	癸卯	甲辰	乙巳	丙午	丁未	戊申	己酉	庚戌	辛亥	壬子	癸丑	甲寅	乙卯	丙辰	小滿	戊午	己未	庚申	辛酉	壬戌	癸亥	甲子	乙丑	丙寅	丁卯	戊辰

陽曆六月份　（陰曆四、五月份）

陽	1	2	3	4	5	6	7	8	9	10	11	12	13	14	15	16	17	18	19	20	21	22	23	24	25	26	27	28	29	30
陰	廿三	廿四	廿五	廿六	廿七	廿八	廿九	五	二	三	四	五	六	七	八	九	十	十一	十二	十三	十四	十五	十六	十七	十八	十九	廿	廿一	廿二	廿三
星	5	6	日	1	2	3	4	5	6	日	1	2	3	4	5	6	日	1	2	3	4	5	6	日	1	2	3	4	5	6
干節	己巳	庚午	辛未	壬申	芒種	甲戌	乙亥	丙子	丁丑	戊寅	己卯	庚辰	小暑	壬午	癸未	甲申	乙酉	丙戌	丁亥	戊子	夏至	庚寅	辛卯	壬辰	癸巳	甲午	乙未	丙申	丁酉	戊戌

甲申 一五八四年 (明神宗萬曆一二年)

陽歷七月份 (陰歷五、六月份)

陽	7	2	3	4	5	6	7	8	9	10	11	12	13	14	15	16	17	18	19	20	21	22	23	24	25	26	27	28	29	30	31
陰	廿四	廿五	廿六	廿七	廿八	廿九	卅	六	二	三	四	五	六	七	八	九	十	十一	十二	十三	十四	十五	十六	十七	十八	十九	廿	廿一	廿二	廿三	廿四
星	日	1	2	3	4	5	6	日	1	2	3	4	5	6	日	1	2	3	4	5	6	日	1	2	3	4	5	6	日	1	2
干節	己亥	庚子	辛丑	壬寅	癸卯	甲辰	小暑	丙午	丁未	戊申	己酉	庚戌	辛亥	壬子	癸丑	甲寅	乙卯	丙辰	丁巳	戊午	己未	大暑	辛酉	壬戌	癸亥	甲子	乙丑	丙寅	丁卯	戊辰	己巳

陽歷八月份 (陰歷六、七月份)

陽	8	2	3	4	5	6	7	8	9	10	11	12	13	14	15	16	17	18	19	20	21	22	23	24	25	26	27	28	29	30	31
陰	廿五	廿六	廿七	廿八	廿九	七	二	三	四	五	六	七	八	九	十	十一	十二	十三	十四	十五	十六	十七	十八	十九	廿	廿一	廿二	廿三	廿四	廿五	廿六
星	3	4	5	6	日	1	2	3	4	5	6	日	1	2	3	4	5	6	日	1	2	3	4	5	6	日	1	2	3	4	5
干節	庚午	辛未	壬申	癸酉	甲戌	乙亥	立秋	丁丑	戊寅	己卯	庚辰	辛巳	壬午	癸未	甲申	乙酉	丙戌	丁亥	戊子	己丑	庚寅	辛卯	處暑	癸巳	甲午	乙未	丙申	丁酉	戊戌	己亥	庚子

陽歷九月份 (陰歷七、月八份)

陽	9	2	3	4	5	6	7	8	9	10	11	12	13	14	15	16	17	18	19	20	21	22	23	24	25	26	27	28	29	30
陰	廿七	廿八	廿九	八	二	三	四	五	六	七	八	九	十	十一	十二	十三	十四	十五	十六	十七	十八	十九	廿	廿一	廿二	廿三	廿四	廿五	廿六	廿七
星	6	日	1	2	3	4	5	6	日	1	2	3	4	5	6	日	1	2	3	4	5	6	日	1	2	3	4	5	6	日
干節	辛丑	壬寅	癸卯	甲辰	乙巳	丙午	白露	戊申	己酉	庚戌	辛亥	壬子	癸丑	甲寅	乙卯	丙辰	丁巳	戊午	己未	庚申	辛酉	秋分	癸亥	甲子	乙丑	丙寅	丁卯	戊辰	己巳	庚午

陽歷十月份 (陰歷八、九月份)

陽	10	2	3	4	5	6	7	8	9	10	11	12	13	14	15	16	17	18	19	20	21	22	23	24	25	26	27	28	29	30	31
陰	廿八	廿九	卅	九	二	三	四	五	六	七	八	九	十	十一	十二	十三	十四	十五	十六	十七	十八	十九	廿	廿一	廿二	廿三	廿四	廿五	廿六	廿七	廿八
星	1	2	3	4	5	6	日	1	2	3	4	5	6	日	1	2	3	4	5	6	日	1	2	3	4	5	6	日	1	2	3
干節	辛未	壬申	癸酉	甲戌	乙亥	丙子	丁丑	寒露	己卯	庚辰	辛巳	壬午	癸未	甲申	乙酉	丙戌	丁亥	戊子	己丑	庚寅	辛卯	壬辰	霜降	甲午	乙未	丙申	丁酉	戊戌	己亥	庚子	辛丑

陽歷十一月份 (陰歷九、十月份)

陽	11	2	3	4	5	6	7	8	9	10	11	12	13	14	15	16	17	18	19	20	21	22	23	24	25	26	27	28	29	30
陰	廿九	十	二	三	四	五	六	七	八	九	十	十一	十二	十三	十四	十五	十六	十七	十八	十九	廿	廿一	廿二	廿三	廿四	廿五	廿六	廿七	廿八	廿九
星	4	5	6	日	1	2	3	4	5	6	日	1	2	3	4	5	6	日	1	2	3	4	5	6	日	1	2	3	4	5
干節	壬寅	癸卯	甲辰	乙巳	丙午	丁未	立冬	己酉	庚戌	辛亥	壬子	癸丑	甲寅	乙卯	丙辰	丁巳	戊午	己未	庚申	辛酉	壬戌	小雪	甲子	乙丑	丙寅	丁卯	戊辰	己巳	庚午	辛未

陽歷十二月份 (陰歷十、十一月份)

陽	12	2	3	4	5	6	7	8	9	10	11	12	13	14	15	16	17	18	19	20	21	22	23	24	25	26	27	28	29	30	31
陰	卅	十一	二	三	四	五	六	七	八	九	十	十一	十二	十三	十四	十五	十六	十七	十八	十九	廿	廿一	廿二	廿三	廿四	廿五	廿六	廿七	廿八	廿九	卅
星	6	日	1	2	3	4	5	6	日	1	2	3	4	5	6	日	1	2	3	4	5	6	日	1	2	3	4	5	6	日	1
干節	壬申	癸酉	甲戌	乙亥	丙子	大雪	戊寅	己卯	庚辰	辛巳	壬午	癸未	甲申	乙酉	丙戌	丁亥	戊子	己丑	庚寅	辛卯	冬至	癸巳	甲午	乙未	丙申	丁酉	戊戌	己亥	庚子	辛丑	壬寅

乙酉 一五八五年 (明神宗萬曆一三年)

陽歷一月份 (陰歷十二、正月份)

陽	1	2	3	4	5	6	7	8	9	10	11	12	13	14	15	16	17	18	19	20	21	22	23	24	25	26	27	28	29	30	31
陰	十二	二	三	四	五	六	七	八	九	十	十一	十二	十三	十四	十五	十六	十七	十八	十九	廿	廿一	廿二	廿三	廿四	廿五	廿六	廿七	廿八	廿九	卅	正
星	2	3	4	5	6	日	1	2	3	4	5	6	日	1	2	3	4	5	6	日	1	2	3	4	5	6	日	1	2	3	4
干節	癸卯	甲辰	乙巳	丙午	小寒	戊申	己酉	庚戌	辛亥	壬子	癸丑	甲寅	乙卯	丙辰	丁巳	戊午	己未	庚申	大寒	壬戌	癸亥	甲子	乙丑	丙寅	丁卯	戊辰	己巳	庚午	辛未	壬申	癸酉

陽歷二月份 (陰歷正月份)

陽	2	2	3	4	5	6	7	8	9	10	11	12	13	14	15	16	17	18	19	20	21	22	23	24	25	26	27	28
陰	二	三	四	五	六	七	八	九	十	十一	十二	十三	十四	十五	十六	十七	十八	十九	廿	廿一	廿二	廿三	廿四	廿五	廿六	廿七	廿八	廿九
星	5	6	日	1	2	3	4	5	6	日	1	2	3	4	5	6	日	1	2	3	4	5	6	日	1	2	3	4
干節	甲戌	乙亥	立春	丁丑	戊寅	己卯	庚辰	辛巳	壬午	癸未	甲申	乙酉	丙戌	丁亥	戊子	己丑	庚寅	雨水	壬辰	癸巳	甲午	乙未	丙申	丁酉	戊戌	己亥	庚子	辛丑

陽歷三月份 (陰歷二、三月份)

陽	3	2	3	4	5	6	7	8	9	10	11	12	13	14	15	16	17	18	19	20	21	22	23	24	25	26	27	28	29	30	31
陰	二	二	三	四	五	六	七	八	九	十	十一	十二	十三	十四	十五	十六	十七	十八	十九	廿	廿一	廿二	廿三	廿四	廿五	廿六	廿七	廿八	廿九	卅	三
星	5	6	日	1	2	3	4	5	6	日	1	2	3	4	5	6	日	1	2	3	4	5	6	日	1	2	3	4	5	6	日
干節	壬寅	癸卯	甲辰	乙巳	驚蟄	丁未	戊申	己酉	庚戌	辛亥	壬子	癸丑	甲寅	乙卯	丙辰	丁巳	戊午	己未	庚申	春分	壬戌	癸亥	甲子	乙丑	丙寅	丁卯	戊辰	己巳	庚午	辛未	壬申

陽歷四月份 (陰歷三、四月份)

陽	4	2	3	4	5	6	7	8	9	10	11	12	13	14	15	16	17	18	19	20	21	22	23	24	25	26	27	28	29	30
陰	二	三	四	五	六	七	八	九	十	十一	十二	十三	十四	十五	十六	十七	十八	十九	廿	廿一	廿二	廿三	廿四	廿五	廿六	廿七	廿八	廿九	卅	四
星	1	2	3	4	5	6	日	1	2	3	4	5	6	日	1	2	3	4	5	6	日	1	2	3	4	5	6	日	1	2
干節	癸酉	甲戌	乙亥	清明	丁丑	戊寅	己卯	庚辰	辛巳	壬午	癸未	甲申	乙酉	丙戌	丁亥	戊子	己丑	庚寅	辛卯	穀雨	癸巳	甲午	乙未	丙申	丁酉	戊戌	己亥	庚子	辛丑	壬寅

陽歷五月份 (陰歷四、五月份)

陽	5	2	3	4	5	6	7	8	9	10	11	12	13	14	15	16	17	18	19	20	21	22	23	24	25	26	27	28	29	30	31
陰	二	三	四	五	六	七	八	九	十	十一	十二	十三	十四	十五	十六	十七	十八	十九	廿	廿一	廿二	廿三	廿四	廿五	廿六	廿七	廿八	廿九	五	二	三
星	3	4	5	6	日	1	2	3	4	5	6	日	1	2	3	4	5	6	日	1	2	3	4	5	6	日	1	2	3	4	5
干節	癸卯	甲辰	乙巳	丙午	立夏	戊申	己酉	庚戌	辛亥	壬子	癸丑	甲寅	乙卯	丙辰	丁巳	戊午	己未	庚申	辛酉	壬戌	小滿	甲子	乙丑	丙寅	丁卯	戊辰	己巳	庚午	辛未	壬申	癸酉

陽歷六月份 (陰歷五、六月份)

陽	6	2	3	4	5	6	7	8	9	10	11	12	13	14	15	16	17	18	19	20	21	22	23	24	25	26	27	28	29	30
陰	四	五	六	七	八	九	十	十一	十二	十三	十四	十五	十六	十七	十八	十九	廿	廿一	廿二	廿三	廿四	廿五	廿六	廿七	廿八	廿九	六	二	三	四
星	6	日	1	2	3	4	5	6	日	1	2	3	4	5	6	日	1	2	3	4	5	6	日	1	2	3	4	5	6	日
干節	甲戌	乙亥	丙子	丁丑	芒種	己卯	庚辰	辛巳	壬午	癸未	甲申	乙酉	丙戌	丁亥	戊子	己丑	庚寅	辛卯	壬辰	癸巳	夏至	乙未	丙申	丁酉	戊戌	己亥	庚子	辛丑	壬寅	癸卯

乙酉

一五八五年

（明神宗萬曆一三年）

陽歷七月份　（陰歷六、七月份）

陽	**7**	2	3	4	5	6	7	8	9	10	11	12	13	14	15	16	17	18	19	20	21	22	23	24	25	26	27	28	29	30	31
陰	五	六	七	八	九	十	十一	十二	十三	十四	十五	十六	十七	十八	十九	廿	廿一	廿二	廿三	廿四	廿五	廿六	廿七	廿八	廿九	卅	**七**	二	三	四	五
星	1	2	3	4	5	6	**日**	1	2	3	4	5	6	**日**	1	2	3	4	5	6	**日**	1	2	3	4	5	6	**日**	1	2	3
干節	甲辰	乙巳	丙午	丁未	戊申	己酉	**小暑**	辛亥	壬子	癸丑	甲寅	乙卯	丙辰	丁巳	戊午	己未	庚申	辛酉	壬戌	癸亥	甲子	乙丑	**大暑**	丁卯	戊辰	己巳	庚午	辛未	壬申	癸酉	甲戌

陽歷八月份　（陰歷七、八月份）

陽	**8**	2	3	4	5	6	7	8	9	10	11	12	13	14	15	16	17	18	19	20	21	22	23	24	25	26	27	28	29	30	31
陰	六	七	八	九	十	十一	十二	十三	十四	十五	十六	十七	十八	十九	廿	廿一	廿二	廿三	廿四	廿五	廿六	廿七	廿八	廿九	**八**	二	三	四	五	六	七
星	4	5	6	**日**	1	2	3	4	5	6	**日**	1	2	3	4	5	6	**日**	1	2	3	4	5	6	**日**	1	2	3	4	5	6
干節	乙亥	丙子	丁丑	戊寅	己卯	庚辰	**立秋**	壬午	癸未	甲申	乙酉	丙戌	丁亥	戊子	己丑	庚寅	辛卯	壬辰	癸巳	甲午	乙未	丙申	**處暑**	戊戌	己亥	庚子	辛丑	壬寅	癸卯	甲辰	乙巳

陽歷九月份　（陰歷八、九月份）

陽	**9**	2	3	4	5	6	7	8	9	10	11	12	13	14	15	16	17	18	19	20	21	22	23	24	25	26	27	28	29	30
陰	八	九	十	十一	十二	十三	十四	十五	十六	十七	十八	十九	廿	廿一	廿二	廿三	廿四	廿五	廿六	廿七	廿八	廿九	**九**	二	三	四	五	六	七	八
星	**日**	1	2	3	4	5	6	**日**	1	2	3	4	5	6	**日**	1	2	3	4	5	6	**日**	1	2	3	4	5	6	**日**	1
干節	丙午	丁未	戊申	己酉	庚戌	辛亥	**白露**	癸丑	甲寅	乙卯	丙辰	丁巳	戊午	己未	庚申	辛酉	壬戌	癸亥	甲子	乙丑	丙寅	丁卯	**秋分**	己巳	庚午	辛未	壬申	癸酉	甲戌	乙亥

陽歷十月份　（陰歷九、閏九月份）

陽	**10**	2	3	4	5	6	7	8	9	10	11	12	13	14	15	16	17	18	19	20	21	22	23	24	25	26	27	28	29	30	31
陰	九	十	十一	十二	十三	十四	十五	十六	十七	十八	十九	廿	廿一	廿二	廿三	廿四	廿五	廿六	廿七	廿八	廿九	卅	**閏**	二	三	四	五	六	七	八	九
星	2	3	4	5	6	**日**	1	2	3	4	5	6	**日**	1	2	3	4	5	6	**日**	1	2	3	4	5	6	**日**	1	2	3	4
干節	丙子	丁丑	戊寅	己卯	庚辰	辛巳	壬午	**寒露**	甲申	乙酉	丙戌	丁亥	戊子	己丑	庚寅	辛卯	壬辰	癸巳	甲午	乙未	丙申	丁酉	**霜降**	己亥	庚子	辛丑	壬寅	癸卯	甲辰	乙巳	丙午

陽歷十一月份　（陰歷閏九、十月份）

陽	**11**	2	3	4	5	6	7	8	9	10	11	12	13	14	15	16	17	18	19	20	21	22	23	24	25	26	27	28	29	30
陰	十	十一	十二	十三	十四	十五	十六	十七	十八	十九	廿	廿一	廿二	廿三	廿四	廿五	廿六	廿七	廿八	廿九	**十**	二	三	四	五	六	七	八	九	十
星	5	6	**日**	1	2	3	4	5	6	**日**	1	2	3	4	5	6	**日**	1	2	3	4	5	6	**日**	1	2	3	4	5	6
干節	丁未	戊申	己酉	庚戌	辛亥	壬子	**立冬**	甲寅	乙卯	丙辰	丁巳	戊午	己未	庚申	辛酉	壬戌	癸亥	甲子	乙丑	丙寅	丁卯	**小雪**	己巳	庚午	辛未	壬申	癸酉	甲戌	乙亥	丙子

陽歷十二月份　（陰歷十、十一月份）

陽	**12**	2	3	4	5	6	7	8	9	10	11	12	13	14	15	16	17	18	19	20	21	22	23	24	25	26	27	28	29	30	31
陰	十一	十二	十三	十四	十五	十六	十七	十八	十九	廿	廿一	廿二	廿三	廿四	廿五	廿六	廿七	廿八	廿九	卅	**十一**	二	三	四	五	六	七	八	九	十	十一
星	**日**	1	2	3	4	5	6	**日**	1	2	3	4	5	6	**日**	1	2	3	4	5	6	**日**	1	2	3	4	5	6	**日**	1	2
干節	丁丑	戊寅	己卯	庚辰	辛巳	壬午	**大雪**	甲申	乙酉	丙戌	丁亥	戊子	己丑	庚寅	辛卯	壬辰	癸巳	甲午	乙未	丙申	丁酉	**冬至**	己亥	庚子	辛丑	壬寅	癸卯	甲辰	乙巳	丙午	丁未

近世中西史日對照表

丙戌 一五八六年（明神宗萬曆一四年）

陽歷一月份　（陰歷十一、十二月份）

陽	**1**	2	3	4	5	6	7	8	9	10	11	12	13	14	15	16	17	18	19	20	21	22	23	24	25	26	27	28	29	30	31
陰	十二	十三	十四	十五	十六	十七	十八	十九	廿	廿一	廿二	廿三	廿四	廿五	廿六	廿七	廿八	廿九	卅	**十二**	二	三	四	五	六	七	八	九	十	十一	十二
星	3	4	5	6	**日**	1	2	3	4	5	6	**日**	1	2	3	4	5	6	**日**	1	2	3	4	5	6	**日**	1	2	3	4	5
干節	戊申	己酉	庚戌	辛亥	**小寒**	癸丑	甲寅	乙卯	丙辰	丁巳	戊午	己未	庚申	辛酉	壬戌	癸亥	甲子	乙丑	丙寅	**大寒**	戊辰	己巳	庚午	辛未	壬申	癸酉	甲戌	乙亥	丙子	丁丑	戊寅

陽歷二月份　（陰歷十二、正月份）

陽	**2**	2	3	4	5	6	7	8	9	10	11	12	13	14	15	16	17	18	19	20	21	22	23	24	25	26	27	28			
陰	十三	十四	十五	十六	十七	十八	十九	廿	廿一	廿二	廿三	廿四	廿五	廿六	廿七	廿八	廿九	**正**	二	三	四	五	六	七	八	九	十	十一			
星	6	**日**	1	2	3	4	5	6	**日**	1	2	3	4	5	6	**日**	1	2	3	4	5	6	**日**	1	2	3	4	5			
干節	己卯	庚辰	**立春**	壬午	癸未	甲申	乙酉	丙戌	丁亥	戊子	己丑	庚寅	辛卯	壬辰	癸巳	甲午	乙未	**雨水**	丁酉	戊戌	己亥	庚子	辛丑	壬寅	癸卯	甲辰	乙巳	丙午			

陽歷三月份　（陰歷正、二月份）

陽	**3**	2	3	4	5	6	7	8	9	10	11	12	13	14	15	16	17	18	19	20	21	22	23	24	25	26	27	28	29	30	31
陰	十二	十三	十四	十五	十六	十七	十八	十九	廿	廿一	廿二	廿三	廿四	廿五	廿六	廿七	廿八	廿九	卅	**二**	二	三	四	五	六	七	八	九	十	十一	十二
星	6	**日**	1	2	3	4	5	6	**日**	1	2	3	4	5	6	**日**	1	2	3	4	5	6	**日**	1	2	3	4	5	6	**日**	1
干節	丁未	戊申	己酉	庚戌	**驚蟄**	壬子	癸丑	甲寅	乙卯	丙辰	丁巳	戊午	己未	庚申	辛酉	壬戌	癸亥	甲子	乙丑	**春分**	丁卯	戊辰	己巳	庚午	辛未	壬申	癸酉	甲戌	乙亥	丙子	丁丑

陽歷四月份　（陰歷二、三月份）

陽	**4**	2	3	4	5	6	7	8	9	10	11	12	13	14	15	16	17	18	19	20	21	22	23	24	25	26	27	28	29	30	
陰	十三	十四	十五	十六	十七	十八	十九	廿	廿一	廿二	廿三	廿四	廿五	廿六	廿七	廿八	廿九	卅	**三**	二	三	四	五	六	七	八	九	十	十一	十二	
星	2	3	4	5	6	**日**	1	2	3	4	5	6	**日**	1	2	3	4	5	6	**日**	1	2	3	4	5	6	**日**	1	2	3	
干節	戊寅	己卯	庚辰	辛巳	**清明**	癸未	甲申	乙酉	丙戌	丁亥	戊子	己丑	庚寅	辛卯	壬辰	癸巳	甲午	乙未	丙申	**穀雨**	戊戌	己亥	庚子	辛丑	壬寅	癸卯	甲辰	乙巳	丙午	丁未	

陽歷五月份　（陰歷三、四月份）

陽	**5**	2	3	4	5	6	7	8	9	10	11	12	13	14	15	16	17	18	19	20	21	22	23	24	25	26	27	28	29	30	31
陰	十三	十四	十五	十六	十七	十八	十九	廿	廿一	廿二	廿三	廿四	廿五	廿六	廿七	廿八	廿九	**四**	二	三	四	五	六	七	八	九	十	十一	十二	十三	十四
星	4	5	6	**日**	1	2	3	4	5	6	**日**	1	2	3	4	5	6	**日**	1	2	3	4	5	6	**日**	1	2	3	4	5	6
干節	戊申	己酉	庚戌	辛亥	**立夏**	癸丑	甲寅	乙卯	丙辰	丁巳	戊午	己未	庚申	辛酉	壬戌	癸亥	甲子	乙丑	丙寅	丁卯	**小滿**	己巳	庚午	辛未	壬酉	癸申	甲戌	乙亥	丙子	丁丑	戊寅

陽歷六月份　（陰歷四、五月份）

陽	**6**	2	3	4	5	6	7	8	9	10	11	12	13	14	15	16	17	18	19	20	21	22	23	24	25	26	27	28	29	30	
陰	十五	十六	十七	十八	十九	廿	廿一	廿二	廿三	廿四	廿五	廿六	廿七	廿八	廿九	卅	**五**	二	三	四	五	六	七	八	九	十	十一	十二	十三	十四	
星	**日**	1	2	3	4	5	6	**日**	1	2	3	4	5	6	**日**	1	2	3	4	5	6	**日**	1	2	3	4	5	6	**日**	1	
干節	己卯	庚辰	辛巳	壬午	癸未	**芒種**	乙酉	丙戌	丁亥	戊子	己丑	庚寅	辛卯	壬辰	癸巳	甲午	乙未	丙申	丁酉	戊戌	**夏至**	庚子	辛丑	壬寅	癸卯	甲辰	乙巳	丙午	丁未	戊申	

丙戌

一五八六年

(明神宗萬曆一四年)

陽曆七月份 (陰曆五、六月份)

陽	7	2	3	4	5	6	7	8	9	10	11	12	13	14	15	16	17	18	19	20	21	22	23	24	25	26	27	28	29	30	31
陰	十五	十六	十七	十八	十九	廿	廿一	廿二	廿三	廿四	廿五	廿六	廿七	廿八	廿九	六	二	三	四	五	六	七	八	九	十	十一	十二	十三	十四	十五	十六
星	2	3	4	5	6	日	1	2	3	4	5	6	日	1	2	3	4	5	6	日	1	2	3	4	5	6	日	1	2	3	4
干節	己酉	庚戌	辛亥	壬子	癸丑	甲寅	小暑	丙辰	丁巳	戊午	己未	庚申	辛酉	壬戌	癸亥	甲子	乙丑	丙寅	丁卯	戊辰	己巳	庚午	大暑	壬申	癸酉	甲戌	乙亥	丙子	丁丑	戊寅	己卯

陽曆八月份 (陰曆六、七月份)

陽	8	2	3	4	5	6	7	8	9	10	11	12	13	14	15	16	17	18	19	20	21	22	23	24	25	26	27	28	29	30	31
陰	十七	十八	十九	廿	廿一	廿二	廿三	廿四	廿五	廿六	廿七	廿八	廿九	卅	七	二	三	四	五	六	七	八	九	十	十一	十二	十三	十四	十五	十六	十七
星	5	6	日	1	2	3	4	5	6	日	1	2	3	4	5	6	日	1	2	3	4	5	6	日	1	2	3	4	5	6	日
干節	庚辰	辛巳	壬午	癸未	甲申	乙酉	丙戌	立秋	戊子	己丑	庚寅	辛卯	壬辰	癸巳	甲午	乙未	丙申	丁酉	戊戌	己亥	庚子	辛丑	處暑	癸卯	甲辰	乙巳	丙午	丁未	戊申	己酉	庚戌

陽曆九月份 (陰曆七、八月份)

陽	9	2	3	4	5	6	7	8	9	10	11	12	13	14	15	16	17	18	19	20	21	22	23	24	25	26	27	28	29	30	
陰	十八	十九	廿	廿一	廿二	廿三	廿四	廿五	廿六	廿七	廿八	廿九	八	二	三	四	五	六	七	八	九	十	十一	十二	十三	十四	十五	十六	十七	十八	
星	1	2	3	4	5	6	日	1	2	3	4	5	6	日	1	2	3	4	5	6	日	1	2	3	4	5	6	日	1	2	
干節	辛亥	壬子	癸丑	甲寅	乙卯	丙辰	丁巳	白露	己未	庚申	辛酉	壬戌	癸亥	甲子	乙丑	丙寅	丁卯	戊辰	己巳	庚午	辛未	壬申	秋分	甲戌	乙亥	丙子	丁丑	戊寅	己卯	庚辰	

陽曆十月份 (陰曆八、九月份)

陽	10	2	3	4	5	6	7	8	9	10	11	12	13	14	15	16	17	18	19	20	21	22	23	24	25	26	27	28	29	30	31
陰	十九	廿	廿一	廿二	廿三	廿四	廿五	廿六	廿七	廿八	廿九	九	二	三	四	五	六	七	八	九	十	十一	十二	十三	十四	十五	十六	十七	十八	十九	廿
星	3	4	5	6	日	1	2	3	4	5	6	日	1	2	3	4	5	6	日	1	2	3	4	5	6	日	1	2	3	4	5
干節	辛巳	壬午	癸未	甲申	乙酉	丙戌	丁亥	寒露	己丑	庚寅	辛卯	壬辰	癸巳	甲午	乙未	丙申	丁酉	戊戌	己亥	庚子	辛丑	壬寅	霜降	甲辰	乙巳	丙午	丁未	戊申	己酉	庚戌	辛亥

陽曆十一月份 (陰曆九、十月份)

陽	11	2	3	4	5	6	7	8	9	10	11	12	13	14	15	16	17	18	19	20	21	22	23	24	25	26	27	28	29	30	
陰	廿一	廿二	廿三	廿四	廿五	廿六	廿七	廿八	廿九	卅	十	二	三	四	五	六	七	八	九	十	十一	十二	十三	十四	十五	十六	十七	十八	十九	廿	
星	6	日	1	2	3	4	5	6	日	1	2	3	4	5	6	日	1	2	3	4	5	6	日	1	2	3	4	5	6	日	
干節	壬子	癸丑	甲寅	乙卯	丙辰	丁巳	立冬	己未	庚申	辛酉	壬戌	癸亥	甲子	乙丑	丙寅	丁卯	戊辰	己巳	庚午	辛未	壬申	小雪	甲戌	乙亥	丙子	丁丑	戊寅	己卯	庚辰	辛巳	

陽曆十二月份 (陰曆十、十一月份)

陽	12	2	3	4	5	6	7	8	9	10	11	12	13	14	15	16	17	18	19	20	21	22	23	24	25	26	27	28	29	30	31
陰	廿一	廿二	廿三	廿四	廿五	廿六	廿七	廿八	廿九	十一	二	三	四	五	六	七	八	九	十	十一	十二	十三	十四	十五	十六	十七	十八	十九	廿	廿一	廿二
星	1	2	3	4	5	6	日	1	2	3	4	5	6	日	1	2	3	4	5	6	日	1	2	3	4	5	6	日	1	2	3
干節	壬午	癸未	甲申	乙酉	丙戌	丁亥	大雪	己丑	庚寅	辛卯	壬辰	癸巳	甲午	乙未	丙申	丁酉	戊戌	己亥	庚子	辛丑	壬寅	冬至	甲辰	乙巳	丙午	丁未	戊申	己酉	庚戌	辛亥	壬子

近世中西史日對照表

丁亥　一五八七年　（明神宗萬曆一五年）

陽歷一月份　（陰歷十一、十二月份）

陽	**1**	2	3	4	5	6	7	8	9	10	11	12	13	14	15	16	17	18	19	20	21	22	23	24	25	26	27	28	29	30	31
陰	廿三	廿四	廿五	廿六	廿七	廿八	廿九	卅	**十二**	二	三	四	五	六	七	八	九	十	十一	十二	十三	十四	十五	十六	十七	十八	十九	廿	廿一	廿二	廿三
星	4	5	6	**日**	1	2	3	4	5	6	**日**	1	2	3	4	5	6	**日**	1	2	3	4	5	6	**日**	1	2	3	4	5	6
干節	癸丑	甲寅	乙卯	丙辰	**小寒**	戊午	己未	庚申	辛酉	壬戌	癸亥	甲子	乙丑	丙寅	丁卯	戊辰	己巳	庚午	辛未	**大寒**	癸酉	甲戌	乙亥	丙子	丁丑	戊寅	己卯	庚辰	辛巳	壬午	癸未

陽歷二月份　（陰歷十二、正月份）

陽	**2**	2	3	4	5	6	7	8	9	10	11	12	13	14	15	16	17	18	19	20	21	22	23	24	25	26	27	28
陰	廿四	廿五	廿六	廿七	廿八	廿九	**正**	二	三	四	五	六	七	八	九	十	十一	十二	十三	十四	十五	十六	十七	十八	十九	廿	廿一	廿二
星	**日**	1	2	3	4	5	6	**日**	1	2	3	4	5	6	**日**	1	2	3	4	5	6	**日**	1	2	3	4	5	6
干節	甲申	乙酉	丙戌	**立春**	戊子	己丑	庚寅	辛卯	壬辰	癸巳	甲午	乙未	丙申	丁酉	戊戌	己亥	庚子	辛丑	**雨水**	癸卯	甲辰	乙巳	丙午	丁未	戊申	己酉	庚戌	辛亥

陽歷三月份　（陰歷正、二月份）

陽	**3**	2	3	4	5	6	7	8	9	10	11	12	13	14	15	16	17	18	19	20	21	22	23	24	25	26	27	28	29	30	31
陰	廿三	廿四	廿五	廿六	廿七	廿八	廿九	卅	**二**	二	三	四	五	六	七	八	九	十	十一	十二	十三	十四	十五	十六	十七	十八	十九	廿	廿一	廿二	廿三
星	**日**	1	2	3	4	5	6	**日**	1	2	3	4	5	6	**日**	1	2	3	4	5	6	**日**	1	2	3	4	5	6	**日**	1	2
干節	壬子	癸丑	甲寅	乙卯	**驚蟄**	丁巳	戊午	己未	庚申	辛酉	壬戌	癸亥	甲子	乙丑	丙寅	丁卯	戊辰	己巳	庚午	辛未	**春分**	癸酉	甲戌	乙亥	丙子	丁丑	戊寅	己卯	庚辰	辛巳	壬午

陽歷四月份　（陰歷二、三月份）

陽	**4**	2	3	4	5	6	7	8	9	10	11	12	13	14	15	16	17	18	19	20	21	22	23	24	25	26	27	28	29	30
陰	廿四	廿五	廿六	廿七	廿八	廿九	卅	**三**	二	三	四	五	六	七	八	九	十	十一	十二	十三	十四	十五	十六	十七	十八	十九	廿	廿一	廿二	廿三
星	3	4	5	6	**日**	1	2	3	4	5	6	**日**	1	2	3	4	5	6	**日**	1	2	3	4	5	6	**日**	1	2	3	4
干節	癸未	甲申	乙酉	丙戌	**清明**	戊子	己丑	庚寅	辛卯	壬辰	癸巳	甲午	乙未	丙申	丁酉	戊戌	己亥	庚子	辛丑	**穀雨**	癸卯	甲辰	乙巳	丙午	丁未	戊申	己酉	庚戌	辛亥	壬子

陽歷五月份　（陰歷三、四月份）

陽	**5**	2	3	4	5	6	7	8	9	10	11	12	13	14	15	16	17	18	19	20	21	22	23	24	25	26	27	28	29	30	31
陰	廿四	廿五	廿六	廿七	廿八	廿九	卅	**四**	二	三	四	五	六	七	八	九	十	十一	十二	十三	十四	十五	十六	十七	十八	十九	廿	廿一	廿二	廿三	廿四
星	5	6	**日**	1	2	3	4	5	6	**日**	1	2	3	4	5	6	**日**	1	2	3	4	5	6	**日**	1	2	3	4	5	6	**日**
干節	癸丑	甲寅	乙卯	丙辰	丁巳	**立夏**	己未	庚申	辛酉	壬戌	癸亥	甲子	乙丑	丙寅	丁卯	戊辰	己巳	庚午	辛未	壬申	**小滿**	甲戌	乙亥	丙子	丁丑	戊寅	己卯	庚辰	辛巳	壬午	癸未

陽歷六月份　（陰歷四、五月份）

陽	**6**	2	3	4	5	6	7	8	9	10	11	12	13	14	15	16	17	18	19	20	21	22	23	24	25	26	27	28	29	30
陰	廿五	廿六	廿七	廿八	廿九	**五**	二	三	四	五	六	七	八	九	十	十一	十二	十三	十四	十五	十六	十七	十八	十九	廿	廿一	廿二	廿三	廿四	廿五
星	1	2	3	4	5	6	**日**	1	2	3	4	5	6	**日**	1	2	3	4	5	6	**日**	1	2	3	4	5	6	**日**	1	2
干節	甲申	乙酉	丙戌	丁亥	戊子	**芒種**	庚寅	辛卯	壬辰	癸巳	甲午	乙未	丙申	丁酉	戊戌	己亥	庚子	辛丑	壬寅	癸卯	甲辰	**夏至**	丙午	丁未	戊申	己酉	庚戌	辛亥	壬子	癸丑

丁亥

一五八七年

（明神宗萬曆一五年）

陽歷七月份　　（陰歷五、六月份）

陽	7	2	3	4	5	6	7	8	9	10	11	12	13	14	15	16	17	18	19	20	21	22	23	24	25	26	27	28	29	30	31
陰	廿六	廿七	廿八	廿九	卅	六	二	三	四	五	六	七	八	九	十	十一	十二	十三	十四	十五	十六	十七	十八	十九	廿	廿一	廿二	廿三	廿四	廿五	廿六
星	3	4	5	6	日	1	2	3	4	5	6	日	1	2	3	4	5	6	日	1	2	3	4	5	6	日	1	2	3	4	5
干節	甲寅	乙卯	丙辰	丁巳	戊午	己未	小暑	辛酉	壬戌	癸亥	甲子	乙丑	丙寅	丁卯	戊辰	己巳	庚午	辛未	壬申	癸酉	甲戌	乙亥	大暑	丁丑	戊寅	己卯	庚辰	辛巳	壬午	癸未	甲申

陽歷八月份　　（陰歷六、七月份）

陽	8	2	3	4	5	6	7	8	9	10	11	12	13	14	15	16	17	18	19	20	21	22	23	24	25	26	27	28	29	30	31
陰	廿七	廿八	廿九	七	二	三	四	五	六	七	八	九	十	十一	十二	十三	十四	十五	十六	十七	十八	十九	廿	廿一	廿二	廿三	廿四	廿五	廿六	廿七	廿八
星	6	日	1	2	3	4	5	6	日	1	2	3	4	5	6	日	1	2	3	4	5	6	日	1	2	3	4	5	6	日	1
干節	乙酉	丙戌	丁亥	戊子	己丑	庚寅	辛卯	立秋	癸巳	甲午	乙未	丙申	丁酉	戊戌	己亥	庚子	辛丑	壬寅	癸卯	甲辰	乙巳	丙午	丁未	處暑	己酉	庚戌	辛亥	壬子	癸丑	甲寅	乙卯

陽歷九月份　　（陰歷七、八月份）

陽	9	2	3	4	5	6	7	8	9	10	11	12	13	14	15	16	17	18	19	20	21	22	23	24	25	26	27	28	29	30	
陰	廿九	卅	八	二	三	四	五	六	七	八	九	十	十一	十二	十三	十四	十五	十六	十七	十八	十九	廿	廿一	廿二	廿三	廿四	廿五	廿六	廿七	廿八	
星	2	3	4	5	6	日	1	2	3	4	5	6	日	1	2	3	4	5	6	日	1	2	3	4	5	6	日	1	2	3	
干節	丙辰	丁巳	戊午	己未	庚申	辛酉	壬戌	白露	甲子	乙丑	丙寅	丁卯	戊辰	己巳	庚午	辛未	壬申	癸酉	甲戌	乙亥	丙子	丁丑	秋分	己卯	庚辰	辛巳	壬午	癸未	甲申	乙酉	

陽歷十月份　　（陰歷八、九、十月份）

陽	10	2	3	4	5	6	7	8	9	10	11	12	13	14	15	16	17	18	19	20	21	22	23	24	25	26	27	28	29	30	31
陰	廿九	九	二	三	四	五	六	七	八	九	十	十一	十二	十三	十四	十五	十六	十七	十八	十九	廿	廿一	廿二	廿三	廿四	廿五	廿六	廿七	廿八	廿九	十
星	4	5	6	日	1	2	3	4	5	6	日	1	2	3	4	5	6	日	1	2	3	4	5	6	日	1	2	3	4	5	6
干節	丙戌	丁亥	戊子	己丑	庚寅	辛卯	壬辰	癸巳	寒露	乙未	丙申	丁酉	戊戌	己亥	庚子	辛丑	壬寅	癸卯	甲辰	乙巳	丙午	丁未	戊申	霜降	庚戌	辛亥	壬子	癸丑	甲寅	乙卯	丙辰

陽歷十一月份　　（陰歷十、十一月份）

陽	11	2	3	4	5	6	7	8	9	10	11	12	13	14	15	16	17	18	19	20	21	22	23	24	25	26	27	28	29	30	
陰	二	三	四	五	六	七	八	九	十	十一	十二	十三	十四	十五	十六	十七	十八	十九	廿	廿一	廿二	廿三	廿四	廿五	廿六	廿七	廿八	廿九	卅	十一	
星	日	1	2	3	4	5	6	日	1	2	3	4	5	6	日	1	2	3	4	5	6	日	1	2	3	4	5	6	日	1	
干節	丁巳	戊午	己未	庚申	辛酉	壬戌	癸亥	立冬	乙丑	丙寅	丁卯	戊辰	己巳	庚午	辛未	壬申	癸酉	甲戌	乙亥	丙子	丁丑	小雪	己卯	庚辰	辛巳	壬午	癸未	甲申	乙酉	丙戌	

陽歷十二月份　　（陰歷十一、十二月份）

陽	12	2	3	4	5	6	7	8	9	10	11	12	13	14	15	16	17	18	19	20	21	22	23	24	25	26	27	28	29	30	31
陰	二	三	四	五	六	七	八	九	十	十一	十二	十三	十四	十五	十六	十七	十八	十九	廿	廿一	廿二	廿三	廿四	廿五	廿六	廿七	廿八	廿九	十二	二	三
星	2	3	4	5	6	日	1	2	3	4	5	6	日	1	2	3	4	5	6	日	1	2	3	4	5	6	日	1	2	3	4
干節	丁亥	戊子	己丑	庚寅	辛卯	壬辰	大雪	甲午	乙未	丙申	丁酉	戊戌	己亥	庚子	辛丑	壬寅	癸卯	甲辰	乙巳	丙午	丁未	冬至	己酉	庚戌	辛亥	壬子	癸丑	甲寅	乙卯	丙辰	丁巳

近世中西史日對照表

戊子　一五八八年　（明神宗萬曆一六年）

陽歷一月份　（陰歷十二、正月份）

陽	**1**	2	3	4	5	6	7	8	9	10	11	12	13	14	15	16	17	18	19	20	21	22	23	24	25	26	27	28	29	30	31
陰	四	五	六	七	八	九	十	十一	十二	十三	十四	十五	十六	十七	十八	十九	廿	廿一	廿二	廿三	廿四	廿五	廿六	廿七	廿八	廿九	卅	**正**	二	三	四
星	5	6	**日**	1	2	3	4	5	6	**日**	1	2	3	4	5	6	**日**	1	2	3	4	5	6	**日**	1	2	3	4	5	6	**日**
干節	戊午	己未	庚申	辛酉	**小寒**	癸亥	甲子	乙丑	丙寅	丁卯	戊辰	己巳	庚午	辛未	壬申	癸酉	甲戌	乙亥	丙子	**大寒**	戊寅	己卯	庚辰	辛巳	壬午	癸未	甲申	乙酉	丙戌	丁亥	戊子

陽歷二月份　（陰歷正、二月份）

陽	**2**	2	3	4	5	6	7	8	9	10	11	12	13	14	15	16	17	18	19	20	21	22	23	24	25	26	27	28	29		
陰	五	六	七	八	九	十	十一	十二	十三	十四	十五	十六	十七	十八	十九	廿	廿一	廿二	廿三	廿四	廿五	廿六	廿七	廿八	廿九	**二**	二	三	四		
星	1	2	3	4	5	6	**日**	1	2	3	4	5	6	**日**	1	2	3	4	5	6	**日**	1	2	3	4	5	6	**日**	1		
干節	己丑	庚寅	辛卯	**立春**	癸巳	甲午	乙未	丙申	丁酉	戊戌	己亥	庚子	辛丑	壬寅	癸卯	甲辰	乙巳	丙午	**雨水**	戊申	己酉	庚戌	辛亥	壬子	癸丑	甲寅	乙卯	丙辰	丁巳		

陽歷三月份　（陰歷二、三月份）

陽	**3**	2	3	4	5	6	7	8	9	10	11	12	13	14	15	16	17	18	19	20	21	22	23	24	25	26	27	28	29	30	31
陰	五	六	七	八	九	十	十一	十二	十三	十四	十五	十六	十七	十八	十九	廿	廿一	廿二	廿三	廿四	廿五	廿六	廿七	廿八	廿九	**三**	二	三	四	五	六
星	2	3	4	5	6	**日**	1	2	3	4	5	6	**日**	1	2	3	4	5	6	**日**	1	2	3	4	5	6	**日**	1	2	3	4
干節	戊午	己未	庚申	辛酉	**驚蟄**	癸亥	甲子	乙丑	丙寅	丁卯	戊辰	己巳	庚午	辛未	壬申	癸酉	甲戌	乙亥	丙子	**春分**	戊寅	己卯	庚辰	辛巳	壬午	癸未	甲申	乙酉	丙戌	丁亥	戊子

陽歷四月份　（陰歷三、四月份）

陽	**4**	2	3	4	5	6	7	8	9	10	11	12	13	14	15	16	17	18	19	20	21	22	23	24	25	26	27	28	29	30	
陰	七	八	九	十	十一	十二	十三	十四	十五	十六	十七	十八	十九	廿	廿一	廿二	廿三	廿四	廿五	廿六	廿七	廿八	廿九	卅	**四**	二	三	四	五	六	
星	5	6	**日**	1	2	3	4	5	6	**日**	1	2	3	4	5	6	**日**	1	2	3	4	5	6	**日**	1	2	3	4	5	6	
干節	己丑	庚寅	辛卯	**清明**	癸巳	甲午	乙未	丙申	丁酉	戊戌	己亥	庚子	辛丑	壬寅	癸卯	甲辰	乙巳	丙午	**穀雨**	戊申	己酉	庚戌	辛亥	壬子	癸丑	甲寅	乙卯	丙辰	丁巳	戊午	

陽歷五月份　（陰歷四、五月份）

陽	**5**	2	3	4	5	6	7	8	9	10	11	12	13	14	15	16	17	18	19	20	21	22	23	24	25	26	27	28	29	30	31
陰	七	八	九	十	十一	十二	十三	十四	十五	十六	十七	十八	十九	廿	廿一	廿二	廿三	廿四	廿五	廿六	廿七	廿八	廿九	卅	**五**	二	三	四	五	六	七
星	**日**	1	2	3	4	5	6	**日**	1	2	3	4	5	6	**日**	1	2	3	4	5	6	**日**	1	2	3	4	5	6	**日**	1	2
干節	己未	庚申	辛酉	壬戌	**立夏**	甲子	乙丑	丙寅	丁卯	戊辰	己巳	庚午	辛未	壬申	癸酉	甲戌	乙亥	丙子	丁丑	**小滿**	己卯	庚辰	辛巳	壬午	癸未	甲申	乙酉	丙戌	丁亥	戊子	己丑

陽歷六月份　（陰歷五、六月份）

陽	**6**	2	3	4	5	6	7	8	9	10	11	12	13	14	15	16	17	18	19	20	21	22	23	24	25	26	27	28	29	30	
陰	八	九	十	十一	十二	十三	十四	十五	十六	十七	十八	十九	廿	廿一	廿二	廿三	廿四	廿五	廿六	廿七	廿八	廿九	卅	**六**	二	三	四	五	六	七	
星	3	4	5	6	**日**	1	2	3	4	5	6	**日**	1	2	3	4	5	6	**日**	1	2	3	4	5	6	**日**	1	2	3	4	
干節	庚寅	辛卯	壬辰	癸巳	**芒種**	乙未	丙申	丁酉	戊戌	己亥	庚子	辛丑	壬寅	癸卯	甲辰	乙巳	丙午	丁未	戊申	己酉	**夏至**	辛亥	壬子	癸丑	甲寅	乙卯	丙辰	丁巳	戊午	己未	

戊子

一五八八年

（明神宗萬曆一六年）

陽曆七月份　（陰曆六、閏六月份）

陽	7	2	3	4	5	6	7	8	9	10	11	12	13	14	15	16	17	18	19	20	21	22	23	24	25	26	27	28	29	30	31
陰	八	九	十	十一	十二	十三	十四	十五	十六	十七	十八	十九	廿	廿一	廿二	廿三	廿四	廿五	廿六	廿七	廿八	廿九	閏	二	三	四	五	六	七	八	九
星	5	6	日	1	2	3	4	5	6	日	1	2	3	4	5	6	日	1	2	3	4	5	6	日	1	2	3	4	5	6	日
干節	庚申	辛酉	壬戌	癸亥	甲子	乙丑	小暑	丁卯	戊辰	己巳	庚午	辛未	壬申	癸酉	甲戌	乙亥	丙子	丁丑	戊寅	己卯	庚辰	大暑	壬午	癸未	甲申	乙酉	丙戌	丁亥	戊子	己丑	庚寅

陽曆八月份　（陰曆閏六、七月份）

陽	8	2	3	4	5	6	7	8	9	10	11	12	13	14	15	16	17	18	19	20	21	22	23	24	25	26	27	28	29	30	31
陰	十	十一	十二	十三	十四	十五	十六	十七	十八	十九	廿	廿一	廿二	廿三	廿四	廿五	廿六	廿七	廿八	廿九	卅	七	二	三	四	五	六	七	八	九	十
星	1	2	3	4	5	6	日	1	2	3	4	5	6	日	1	2	3	4	5	6	日	1	2	3	4	5	6	日	1	2	3
干節	辛卯	壬辰	癸巳	甲午	乙未	丙申	立秋	戊戌	己亥	庚子	辛丑	壬寅	癸卯	甲辰	乙巳	丙午	丁未	戊申	己酉	庚戌	辛亥	壬子	處暑	甲寅	乙卯	丙辰	丁巳	戊午	己未	庚申	辛酉

陽曆九月份　（陰曆七、八月份）

陽	9	2	3	4	5	6	7	8	9	10	11	12	13	14	15	16	17	18	19	20	21	22	23	24	25	26	27	28	29	30
陰	十一	十二	十三	十四	十五	十六	十七	十八	十九	廿	廿一	廿二	廿三	廿四	廿五	廿六	廿七	廿八	廿九	卅	八	二	三	四	五	六	七	八	九	十
星	4	5	6	日	1	2	3	4	5	6	日	1	2	3	4	5	6	日	1	2	3	4	5	6	日	1	2	3	4	5
干節	壬戌	癸亥	甲子	乙丑	丙寅	丁卯	白露	己巳	庚午	辛未	壬申	癸酉	甲戌	乙亥	丙子	丁丑	戊寅	己卯	庚辰	辛巳	壬午	秋分	甲申	乙酉	丙戌	丁亥	戊子	己丑	庚寅	辛卯

陽曆十月份　（陰曆八、九月份）

陽	10	2	3	4	5	6	7	8	9	10	11	12	13	14	15	16	17	18	19	20	21	22	23	24	25	26	27	28	29	30	31
陰	十一	十二	十三	十四	十五	十六	十七	十八	十九	廿	廿一	廿二	廿三	廿四	廿五	廿六	廿七	廿八	廿九	九	二	三	四	五	六	七	八	九	十	十一	十二
星	6	日	1	2	3	4	5	6	日	1	2	3	4	5	6	日	1	2	3	4	5	6	日	1	2	3	4	5	6	日	1
干節	壬辰	癸巳	甲午	乙未	丙申	丁酉	戊戌	寒露	庚子	辛丑	壬寅	癸卯	甲辰	乙巳	丙午	丁未	戊申	己酉	庚戌	辛亥	壬子	癸丑	霜降	乙卯	丙辰	丁巳	戊午	己未	庚申	辛酉	壬戌

陽曆十一月份　（陰曆九、十月份）

陽	11	2	3	4	5	6	7	8	9	10	11	12	13	14	15	16	17	18	19	20	21	22	23	24	25	26	27	28	29	30
陰	十三	十四	十五	十六	十七	十八	十九	廿	廿一	廿二	廿三	廿四	廿五	廿六	廿七	廿八	廿九	卅	十	二	三	四	五	六	七	八	九	十	十一	十二
星	2	3	4	5	6	日	1	2	3	4	5	6	日	1	2	3	4	5	6	日	1	2	3	4	5	6	日	1	2	3
干節	癸亥	甲子	乙丑	丙寅	丁卯	戊辰	立冬	庚午	辛未	壬申	癸酉	甲戌	乙亥	丙子	丁丑	戊寅	己卯	庚辰	辛巳	壬午	癸未	小雪	乙酉	丙戌	丁亥	戊子	己丑	庚寅	辛卯	壬辰

陽曆十二月份　（陰曆十、十一月份）

陽	12	2	3	4	5	6	7	8	9	10	11	12	13	14	15	16	17	18	19	20	21	22	23	24	25	26	27	28	29	30	31
陰	十三	十四	十五	十六	十七	十八	十九	廿	廿一	廿二	廿三	廿四	廿五	廿六	廿七	廿八	廿九	十一	二	三	四	五	六	七	八	九	十	十一	十二	十三	十四
星	4	5	6	日	1	2	3	4	5	6	日	1	2	3	4	5	6	日	1	2	3	4	5	6	日	1	2	3	4	5	6
干節	癸巳	甲午	乙未	丙申	丁酉	大雪	己亥	庚子	辛丑	壬寅	癸卯	甲辰	乙巳	丙午	丁未	戊申	己酉	庚戌	辛亥	壬子	冬至	甲寅	乙卯	丙辰	丁巳	戊午	己未	庚申	辛酉	壬戌	癸亥

陽歷一月份 (陰歷十一、十二月份)

陽	1	2	3	4	5	6	7	8	9	10	11	12	13	14	15	16	17	18	19	20	21	22	23	24	25	26	27	28	29	30	31
陰	十五	十六	十七	十八	十九	廿	廿一	廿二	廿三	廿四	廿五	廿六	廿七	廿八	廿九	卅	十二	二	三	四	五	六	七	八	九	十	十一	十二	十三	十四	十五
星	日	1	2	3	4	5	6	日	1	2	3	4	5	6	日	1	2	3	4	5	6	日	1	2	3	4	5	6	日	1	2
干節	甲子	乙丑	丙寅	丁卯	小寒	己巳	庚午	辛未	壬申	癸酉	甲戌	乙亥	丙子	丁丑	戊寅	己卯	庚辰	辛巳	大寒	癸未	甲申	乙酉	丙戌	丁亥	戊子	己丑	庚寅	辛卯	壬辰	癸巳	甲午

陽歷二月份 (陰歷十二、正月份)

陽	1	2	3	4	5	6	7	8	9	10	11	12	13	14	15	16	17	18	19	20	21	22	23	24	25	26	27	28	—	—	—
陰	十六	十七	十八	十九	廿	廿一	廿二	廿三	廿四	廿五	廿六	廿七	廿八	廿九	正	二	三	四	五	六	七	八	九	十	十一	十二	十三	十四	—	—	—
星	3	4	5	6	日	1	2	3	4	5	6	日	1	2	3	4	5	6	日	1	2	3	4	5	6	日	1	2	—	—	—
干節	乙未	丙申	立春	戊戌	己亥	庚子	辛丑	壬寅	癸卯	甲辰	乙巳	丙午	丁未	戊申	己酉	庚戌	辛亥	雨水	癸丑	甲寅	乙卯	丙辰	丁巳	戊午	己未	庚申	辛酉	壬戌	—	—	—

陽歷三月份 (陰歷正、二月份)

陽	1	2	3	4	5	6	7	8	9	10	11	12	13	14	15	16	17	18	19	20	21	22	23	24	25	26	27	28	29	30	31
陰	十五	十六	十七	十八	十九	廿	廿一	廿二	廿三	廿四	廿五	廿六	廿七	廿八	廿九	二	二	三	四	五	六	七	八	九	十	十一	十二	十三	十四	十五	十六
星	3	4	5	6	日	1	2	3	4	5	6	日	1	2	3	4	5	6	日	1	2	3	4	5	6	日	1	2	3	4	5
干節	癸亥	甲子	乙丑	丙寅	驚蟄	戊辰	己巳	庚午	辛未	壬申	癸酉	甲戌	乙亥	丙子	丁丑	戊寅	己卯	庚辰	辛巳	春分	癸未	甲申	乙酉	丙戌	丁亥	戊子	己丑	庚寅	辛卯	壬辰	癸巳

陽歷四月份 (陰歷二、三月份)

陽	1	2	3	4	5	6	7	8	9	10	11	12	13	14	15	16	17	18	19	20	21	22	23	24	25	26	27	28	29	30	
陰	十七	十八	十九	廿	廿一	廿二	廿三	廿四	廿五	廿六	廿七	廿八	廿九	卅	三	二	三	四	五	六	七	八	九	十	十一	十二	十三	十四	十五	十六	
星	6	日	1	2	3	4	5	6	日	1	2	3	4	5	6	日	1	2	3	4	5	6	日	1	2	3	4	5	6	日	
干節	甲午	乙未	丙申	清明	戊戌	己亥	庚子	辛丑	壬寅	癸卯	甲辰	乙巳	丙午	丁未	戊申	己酉	庚戌	辛亥	壬子	穀雨	甲寅	乙卯	丙辰	丁巳	戊午	己未	庚申	辛酉	壬戌	癸亥	

陽歷五月份 (陰歷三、四月份)

陽	1	2	3	4	5	6	7	8	9	10	11	12	13	14	15	16	17	18	19	20	21	22	23	24	25	26	27	28	29	30	31
陰	十七	十八	十九	廿	廿一	廿二	廿三	廿四	廿五	廿六	廿七	廿八	廿九	四	二	三	四	五	六	七	八	九	十	十一	十二	十三	十四	十五	十六	十七	十八
星	1	2	3	4	5	6	日	1	2	3	4	5	6	日	1	2	3	4	5	6	日	1	2	3	4	5	6	日	1	2	3
干節	甲子	乙丑	丙寅	丁卯	立夏	己巳	庚午	辛未	壬申	癸酉	甲戌	乙亥	丙子	丁丑	戊寅	己卯	庚辰	辛巳	壬午	癸未	小滿	乙酉	丙戌	丁亥	戊子	己丑	庚寅	辛卯	壬辰	癸巳	甲午

陽歷六月份 (陰歷四、五月份)

陽	1	2	3	4	5	6	7	8	9	10	11	12	13	14	15	16	17	18	19	20	21	22	23	24	25	26	27	28	29	30	
陰	十九	廿	廿一	廿二	廿三	廿四	廿五	廿六	廿七	廿八	廿九	卅	五	二	三	四	五	六	七	八	九	十	十一	十二	十三	十四	十五	十六	十七	十八	
星	4	5	6	日	1	2	3	4	5	6	日	1	2	3	4	5	6	日	1	2	3	4	5	6	日	1	2	3	4	5	
干節	乙未	丙申	丁酉	戊戌	芒種	庚子	辛丑	壬寅	癸卯	甲辰	乙巳	丙午	丁未	戊申	己酉	庚戌	辛亥	壬子	癸丑	甲寅	夏至	丙辰	丁巳	戊午	己未	庚申	辛酉	壬戌	癸亥	甲子	

己丑　一五八九年　（明神宗萬曆一七年）

陽曆七月份　（陰曆五、六月份）

陽	7	2	3	4	5	6	7	8	9	10	11	12	13	14	15	16	17	18	19	20	21	22	23	24	25	26	27	28	29	30	31
陰	十九	廿	廿一	廿二	廿三	廿四	廿五	廿六	廿七	廿八	廿九	六	二	三	四	五	六	七	八	九	十	十一	十二	十三	十四	十五	十六	十七	十八	十九	廿
星	6	日	1	2	3	4	5	6	日	1	2	3	4	5	6	日	1	2	3	4	5	6	日	1	2	3	4	5	6	日	1
干節	乙丑	丙寅	丁卯	戊辰	己巳	庚午	小暑	壬申	癸酉	甲戌	乙亥	丙子	丁丑	戊寅	己卯	庚辰	辛巳	壬午	癸未	甲申	乙酉	丙戌	大暑	戊子	己丑	庚寅	辛卯	壬辰	癸巳	甲午	乙未

陽曆八月份　（陰曆六、七月份）

陽	8	2	3	4	5	6	7	8	9	10	11	12	13	14	15	16	17	18	19	20	21	22	23	24	25	26	27	28	29	30	31
陰	廿一	廿二	廿三	廿四	廿五	廿六	廿七	廿八	廿九	卅	七	二	三	四	五	六	七	八	九	十	十一	十二	十三	十四	十五	十六	十七	十八	十九	廿	廿一
星	2	3	4	5	6	日	1	2	3	4	5	6	日	1	2	3	4	5	6	日	1	2	3	4	5	6	日	1	2	3	4
干節	丙申	丁酉	戊戌	己亥	庚子	辛丑	立秋	癸卯	甲辰	乙巳	丙午	丁未	戊申	己酉	庚戌	辛亥	壬子	癸丑	甲寅	乙卯	丙辰	丁巳	處暑	己未	庚申	辛酉	壬戌	癸亥	甲子	乙丑	丙寅

陽曆九月份　（陰曆七、八月份）

陽	9	2	3	4	5	6	7	8	9	10	11	12	13	14	15	16	17	18	19	20	21	22	23	24	25	26	27	28	29	30	
陰	廿二	廿三	廿四	廿五	廿六	廿七	廿八	廿九	卅	八	二	三	四	五	六	七	八	九	十	十一	十二	十三	十四	十五	十六	十七	十八	十九	廿	廿一	—
星	5	6	日	1	2	3	4	5	6	日	1	2	3	4	5	6	日	1	2	3	4	5	6	日	1	2	3	4	5	6	—
干節	丁卯	戊辰	己巳	庚午	辛未	壬申	白露	甲戌	乙亥	丙子	丁丑	戊寅	己卯	庚辰	辛巳	壬午	癸未	甲申	乙酉	丙戌	丁亥	戊子	秋分	庚寅	辛卯	壬辰	癸巳	甲午	乙未	丙申	—

陽曆十月份　（陰曆八、九月份）

陽	10	2	3	4	5	6	7	8	9	10	11	12	13	14	15	16	17	18	19	20	21	22	23	24	25	26	27	28	29	30	31
陰	廿二	廿三	廿四	廿五	廿六	廿七	廿八	廿九	九	二	三	四	五	六	七	八	九	十	十一	十二	十三	十四	十五	十六	十七	十八	十九	廿	廿一	廿二	廿三
星	日	1	2	3	4	5	6	日	1	2	3	4	5	6	日	1	2	3	4	5	6	日	1	2	3	4	5	6	日	1	2
干節	丁酉	戊戌	己亥	庚子	辛丑	壬寅	癸卯	寒露	乙巳	丙午	丁未	戊申	己酉	庚戌	辛亥	壬子	癸丑	甲寅	乙卯	丙辰	丁巳	戊午	霜降	庚申	辛酉	壬戌	癸亥	甲子	乙丑	丙寅	丁卯

陽曆十一月份　（陰曆九、十月份）

陽	11	2	3	4	5	6	7	8	9	10	11	12	13	14	15	16	17	18	19	20	21	22	23	24	25	26	27	28	29	30	
陰	廿四	廿五	廿六	廿七	廿八	廿九	卅	十	二	三	四	五	六	七	八	九	十	十一	十二	十三	十四	十五	十六	十七	十八	十九	廿	廿一	廿二	廿三	—
星	3	4	5	6	日	1	2	3	4	5	6	日	1	2	3	4	5	6	日	1	2	3	4	5	6	日	1	2	3	4	—
干節	戊辰	己巳	庚午	辛未	壬申	癸酉	立冬	乙亥	丙子	丁丑	戊寅	己卯	庚辰	辛巳	壬午	癸未	甲申	乙酉	丙戌	丁亥	戊子	小雪	庚寅	辛卯	壬辰	癸巳	甲午	乙未	丙申	丁酉	—

陽曆十二月份　（陰曆十、十一月份）

陽	12	2	3	4	5	6	7	8	9	10	11	12	13	14	15	16	17	18	19	20	21	22	23	24	25	26	27	28	29	30	31
陰	廿四	廿五	廿六	廿七	廿八	廿九	卅	十一	二	三	四	五	六	七	八	九	十	十一	十二	十三	十四	十五	十六	十七	十八	十九	廿	廿一	廿二	廿三	廿四
星	5	6	日	1	2	3	4	5	6	日	1	2	3	4	5	6	日	1	2	3	4	5	6	日	1	2	3	4	5	6	日
干節	戊戌	己亥	庚子	辛丑	壬寅	癸卯	大雪	乙巳	丙午	丁未	戊申	己酉	庚戌	辛亥	壬子	癸丑	甲寅	乙卯	丙辰	丁巳	戊午	冬至	庚申	辛酉	壬戌	癸亥	甲子	乙丑	丙寅	丁卯	戊辰

近世中西史日對照表

庚寅　一五九〇年　（明神宗萬曆一八年）

陽歷一月份　（陰歷十一、十二月份）

陽	1	2	3	4	5	6	7	8	9	10	11	12	13	14	15	16	17	18	19	20	21	22	23	24	25	26	27	28	29	30	31
陰	廿五	廿六	廿七	廿八	廿九	十二	二	三	四	五	六	七	八	九	十	十一	十二	十三	十四	十五	十六	十七	十八	十九	廿	廿一	廿二	廿三	廿四	廿五	廿六
星	1	2	3	4	5	6	日	1	2	3	4	5	6	日	1	2	3	4	5	6	日	1	2	3	4	5	6	日	1	2	3
干節	己巳	庚午	辛未	壬申	小寒	甲戌	乙亥	丙子	丁丑	戊寅	己卯	庚辰	辛巳	壬午	癸未	甲申	乙酉	丙戌	丁亥	大寒	己丑	庚寅	辛卯	壬辰	癸巳	甲午	乙未	丙申	丁酉	戊戌	己亥

陽歷二月份　（陰歷十二、正月份）

陽	1	2	3	4	5	6	7	8	9	10	11	12	13	14	15	16	17	18	19	20	21	22	23	24	25	26	27	28			
陰	廿七	廿八	廿九	卅	正	二	三	四	五	六	七	八	九	十	十一	十二	十三	十四	十五	十六	十七	十八	十九	廿	廿一	廿二	廿三	廿四			
星	4	5	6	日	1	2	3	4	5	6	日	1	2	3	4	5	6	日	1	2	3	4	5	6	日	1	2	3			
干節	庚子	辛丑	立春	癸卯	甲辰	乙巳	丙午	丁未	戊申	己酉	庚戌	辛亥	壬子	癸丑	甲寅	乙卯	丙辰	雨水	戊午	己未	庚申	辛酉	壬戌	癸亥	甲子	乙丑	丙寅	丁卯			

陽歷三月份　（陰歷正、二月份）

陽	1	2	3	4	5	6	7	8	9	10	11	12	13	14	15	16	17	18	19	20	21	22	23	24	25	26	27	28	29	30	31
陰	廿五	廿六	廿七	廿八	廿九	二	二	三	四	五	六	七	八	九	十	十一	十二	十三	十四	十五	十六	十七	十八	十九	廿	廿一	廿二	廿三	廿四	廿五	廿六
星	4	5	6	日	1	2	3	4	5	6	日	1	2	3	4	5	6	日	1	2	3	4	5	6	日	1	2	3	4	5	6
干節	戊辰	己巳	庚午	辛未	驚蟄	癸酉	甲戌	乙亥	丙子	丁丑	戊寅	己卯	庚辰	辛巳	壬午	癸未	甲申	乙酉	丙戌	春分	戊子	己丑	庚寅	辛卯	壬辰	癸巳	甲午	乙未	丙申	丁酉	戊戌

陽歷四月份　（陰歷二、三月份）

陽	1	2	3	4	5	6	7	8	9	10	11	12	13	14	15	16	17	18	19	20	21	22	23	24	25	26	27	28	29	30	
陰	廿七	廿八	廿九	三	二	三	四	五	六	七	八	九	十	十一	十二	十三	十四	十五	十六	十七	十八	十九	廿	廿一	廿二	廿三	廿四	廿五	廿六	廿七	
星	日	1	2	3	4	5	6	日	1	2	3	4	5	6	日	1	2	3	4	5	6	日	1	2	3	4	5	6	日	1	
干節	己亥	庚子	辛丑	壬寅	清明	甲辰	乙巳	丙午	丁未	戊申	己酉	庚戌	辛亥	壬子	癸丑	甲寅	乙卯	丙辰	丁巳	穀雨	己未	庚申	辛酉	壬戌	癸亥	甲子	乙丑	丙寅	丁卯	戊辰	

陽歷五月份　（陰歷三、四月份）

陽	1	2	3	4	5	6	7	8	9	10	11	12	13	14	15	16	17	18	19	20	21	22	23	24	25	26	27	28	29	30	31
陰	廿八	廿九	卅	四	二	三	四	五	六	七	八	九	十	十一	十二	十三	十四	十五	十六	十七	十八	十九	廿	廿一	廿二	廿三	廿四	廿五	廿六	廿七	廿八
星	2	3	4	5	6	日	1	2	3	4	5	6	日	1	2	3	4	5	6	日	1	2	3	4	5	6	日	1	2	3	4
干節	己巳	庚午	辛未	壬申	立夏	甲戌	乙亥	丙子	丁丑	戊寅	己卯	庚辰	辛巳	壬午	癸未	甲申	乙酉	丙戌	丁亥	戊子	小滿	庚寅	辛卯	壬辰	癸巳	甲午	乙未	丙申	丁酉	戊戌	己亥

陽歷六月份　（陰歷四、五月份）

陽	1	2	3	4	5	6	7	8	9	10	11	12	13	14	15	16	17	18	19	20	21	22	23	24	25	26	27	28	29	30	
陰	廿九	五	二	三	四	五	六	七	八	九	十	十一	十二	十三	十四	十五	十六	十七	十八	十九	廿	廿一	廿二	廿三	廿四	廿五	廿六	廿七	廿八	廿九	
星	5	6	日	1	2	3	4	5	6	日	1	2	3	4	5	6	日	1	2	3	4	5	6	日	1	2	3	4	5	6	
干節	庚子	辛丑	壬寅	癸卯	甲辰	芒種	丙午	丁未	戊申	己酉	庚戌	辛亥	壬子	癸丑	甲寅	乙卯	丙辰	丁巳	戊午	己未	夏至	辛酉	壬戌	癸亥	甲子	乙丑	丙寅	丁卯	戊辰	己巳	

庚寅

一五九〇年

(明神宗萬曆一八年)

陽歷七月份 (陰歷五、六、七月份)

陽	7	2	3	4	5	6	7	8	9	10	11	12	13	14	15	16	17	18	19	20	21	22	23	24	25	26	27	28	29	30	31
陰	卅	六	二	三	四	五	六	七	八	九	十	十一	十二	十三	十四	十五	十六	十七	十八	十九	廿	廿一	廿二	廿三	廿四	廿五	廿六	廿七	廿八	廿九	七
星	日	1	2	3	4	5	6	日	1	2	3	4	5	6	日	1	2	3	4	5	6	日	1	2	3	4	5	6	日	1	2
干節	庚午	辛未	壬申	癸酉	甲戌	乙亥	小暑	丁丑	戊寅	己卯	庚辰	辛巳	壬午	癸未	甲申	乙酉	丙戌	丁亥	戊子	己丑	庚寅	辛卯	大暑	癸巳	甲午	乙未	丙申	丁酉	戊戌	己亥	庚子

陽歷八月份 (陰歷七、八月份)

陽	8	2	3	4	5	6	7	8	9	10	11	12	13	14	15	16	17	18	19	20	21	22	23	24	25	26	27	28	29	30	31
陰	二	三	四	五	六	七	八	九	十	十一	十二	十三	十四	十五	十六	十七	十八	十九	廿	廿一	廿二	廿三	廿四	廿五	廿六	廿七	廿八	廿九	卅	八	二
星	3	4	5	6	日	1	2	3	4	5	6	日	1	2	3	4	5	6	日	1	2	3	4	5	6	日	1	2	3	4	5
干節	辛丑	壬寅	癸卯	甲辰	乙巳	丙午	丁未	立秋	己酉	庚戌	辛亥	壬子	癸丑	甲寅	乙卯	丙辰	丁巳	戊午	己未	庚申	辛酉	壬戌	處暑	甲子	乙丑	丙寅	丁卯	戊辰	己巳	庚午	辛未

陽歷九月份 (陰歷八、九月份)

陽	9	2	3	4	5	6	7	8	9	10	11	12	13	14	15	16	17	18	19	20	21	22	23	24	25	26	27	28	29	30	
陰	三	四	五	六	七	八	九	十	十一	十二	十三	十四	十五	十六	十七	十八	十九	廿	廿一	廿二	廿三	廿四	廿五	廿六	廿七	廿八	廿九	卅	九	二	
星	6	日	1	2	3	4	5	6	日	1	2	3	4	5	6	日	1	2	3	4	5	6	日	1	2	3	4	5	6	日	
干節	壬申	癸酉	甲戌	乙亥	丙子	丁丑	戊寅	白露	庚辰	辛巳	壬午	癸未	甲申	乙酉	丙戌	丁亥	戊子	己丑	庚寅	辛卯	壬辰	癸巳	秋分	乙未	丙申	丁酉	戊戌	己亥	庚子	辛丑	

陽歷十月份 (陰歷九、十月份)

陽	10	2	3	4	5	6	7	8	9	10	11	12	13	14	15	16	17	18	19	20	21	22	23	24	25	26	27	28	29	30	31
陰	三	四	五	六	七	八	九	十	十一	十二	十三	十四	十五	十六	十七	十八	十九	廿	廿一	廿二	廿三	廿四	廿五	廿六	廿七	廿八	廿九	十	二	三	四
星	1	2	3	4	5	6	日	1	2	3	4	5	6	日	1	2	3	4	5	6	日	1	2	3	4	5	6	日	1	2	3
干節	壬寅	癸卯	甲辰	乙巳	丙午	丁未	戊申	寒露	庚戌	辛亥	壬子	癸丑	甲寅	乙卯	丙辰	丁巳	戊午	己未	庚申	辛酉	壬戌	癸亥	霜降	乙丑	丙寅	丁卯	戊辰	己巳	庚午	辛未	壬申

陽歷十一月份 (陰歷十、十一月份)

陽	11	2	3	4	5	6	7	8	9	10	11	12	13	14	15	16	17	18	19	20	21	22	23	24	25	26	27	28	29	30	
陰	五	六	七	八	九	十	十一	十二	十三	十四	十五	十六	十七	十八	十九	廿	廿一	廿二	廿三	廿四	廿五	廿六	廿七	廿八	廿九	卅	十一	二	三	四	
星	4	5	6	日	1	2	3	4	5	6	日	1	2	3	4	5	6	日	1	2	3	4	5	6	日	1	2	3	4	5	
干節	癸酉	甲戌	乙亥	丙子	丁丑	戊寅	立冬	庚辰	辛巳	壬午	癸未	甲申	乙酉	丙戌	丁亥	戊子	己丑	庚寅	辛卯	壬辰	癸巳	小雪	乙未	丙申	丁酉	戊戌	己亥	庚子	辛丑	壬寅	

陽歷十二月份 (陰歷十一、十二月份)

陽	12	2	3	4	5	6	7	8	9	10	11	12	13	14	15	16	17	18	19	20	21	22	23	24	25	26	27	28	29	30	31
陰	五	六	七	八	九	十	十一	十二	十三	十四	十五	十六	十七	十八	十九	廿	廿一	廿二	廿三	廿四	廿五	廿六	廿七	廿八	廿九	卅	十二	二	三	四	五
星	6	日	1	2	3	4	5	6	日	1	2	3	4	5	6	日	1	2	3	4	5	6	日	1	2	3	4	5	6	日	1
干節	癸卯	甲辰	乙巳	丙午	丁未	戊申	大雪	庚戌	辛亥	壬子	癸丑	甲寅	乙卯	丙辰	丁巳	戊午	己未	庚申	辛酉	壬戌	癸亥	冬至	乙丑	丙寅	丁卯	戊辰	己巳	庚午	辛未	壬申	癸酉

近世中西史日對照表

陽歷一月份　（陰歷十二、正月份）

陽	1	2	3	4	5	6	7	8	9	10	11	12	13	14	15	16	17	18	19	20	21	22	23	24	25	26	27	28	29	30	31
陰	六	七	八	九	十	十一	十二	十三	十四	十五	十六	十七	十八	十九	廿	廿一	廿二	廿三	廿四	廿五	廿六	廿七	廿八	廿九	正	二	三	四	五	六	七
星	2	3	4	5	6	日	1	2	3	4	5	6	日	1	2	3	4	5	6	日	1	2	3	4	5	6	日	1	2	3	4
干節	甲戌	乙亥	丙子	丁丑	小寒	己卯	庚辰	辛巳	壬午	癸未	甲申	乙酉	丙戌	丁亥	戊子	己丑	庚寅	辛卯	壬辰	大寒	甲午	乙未	丙申	丁酉	戊戌	己亥	庚子	辛丑	壬寅	癸卯	甲辰

陽歷二月份　（陰歷正、二月份）

陽	2	2	3	4	5	6	7	8	9	10	11	12	13	14	15	16	17	18	19	20	21	22	23	24	25	26	27	28
陰	八	九	十	十一	十二	十三	十四	十五	十六	十七	十八	十九	廿	廿一	廿二	廿三	廿四	廿五	廿六	廿七	廿八	廿九	卅	二	二	三	四	五
星	5	6	日	1	2	3	4	5	6	日	1	2	3	4	5	6	日	1	2	3	4	5	6	日	1	2	3	4
干節	乙巳	丙午	丁未	立春	己酉	庚戌	辛亥	壬子	癸丑	甲寅	乙卯	丙辰	丁巳	戊午	己未	庚申	辛酉	壬戌	雨水	甲子	乙丑	丙寅	丁卯	戊辰	己巳	庚午	辛未	壬申

陽歷三月份　（陰歷二、三月份）

陽	3	2	3	4	5	6	7	8	9	10	11	12	13	14	15	16	17	18	19	20	21	22	23	24	25	26	27	28	29	30	31
陰	六	七	八	九	十	十一	十二	十三	十四	十五	十六	十七	十八	十九	廿	廿一	廿二	廿三	廿四	廿五	廿六	廿七	廿八	廿九	三	二	三	四	五	六	七
星	5	6	日	1	2	3	4	5	6	日	1	2	3	4	5	6	日	1	2	3	4	5	6	日	1	2	3	4	5	6	日
干節	癸酉	甲戌	乙亥	丙子	驚蟄	戊寅	己卯	庚辰	辛巳	壬午	癸未	甲申	乙酉	丙戌	丁亥	戊子	己丑	庚寅	辛卯	壬辰	春分	甲午	乙未	丙申	丁酉	戊戌	己亥	庚子	辛丑	壬寅	癸卯

陽歷四月份　（陰歷三、閏三月份）

陽	4	2	3	4	5	6	7	8	9	10	11	12	13	14	15	16	17	18	19	20	21	22	23	24	25	26	27	28	29	30
陰	八	九	十	十一	十二	十三	十四	十五	十六	十七	十八	十九	廿	廿一	廿二	廿三	廿四	廿五	廿六	廿七	廿八	廿九	閏	二	三	四	五	六	七	八
星	1	2	3	4	5	6	日	1	2	3	4	5	6	日	1	2	3	4	5	6	日	1	2	3	4	5	6	日	1	2
干節	甲辰	乙巳	丙午	丁未	清明	己酉	庚戌	辛亥	壬子	癸丑	甲寅	乙卯	丙辰	丁巳	戊午	己未	庚申	辛酉	壬戌	穀雨	甲子	乙丑	丙寅	丁卯	戊辰	己巳	庚午	辛未	壬申	癸酉

陽歷五月份　（陰歷閏三、四月份）

陽	5	2	3	4	5	6	7	8	9	10	11	12	13	14	15	16	17	18	19	20	21	22	23	24	25	26	27	28	29	30	31
陰	九	十	十一	十二	十三	十四	十五	十六	十七	十八	十九	廿	廿一	廿二	廿三	廿四	廿五	廿六	廿七	廿八	廿九	卅	四	二	三	四	五	六	七	八	九
星	3	4	5	6	日	1	2	3	4	5	6	日	1	2	3	4	5	6	日	1	2	3	4	5	6	日	1	2	3	4	5
干節	甲戌	乙亥	丙子	丁丑	戊寅	立夏	庚辰	辛巳	壬午	癸未	甲申	乙酉	丙戌	丁亥	戊子	己丑	庚寅	辛卯	壬辰	癸巳	小滿	乙未	丙申	丁酉	戊戌	己亥	庚子	辛丑	壬寅	癸卯	甲辰

陽歷六月份　（陰歷四、五月份）

陽	6	2	3	4	5	6	7	8	9	10	11	12	13	14	15	16	17	18	19	20	21	22	23	24	25	26	27	28	29	30
陰	十	十一	十二	十三	十四	十五	十六	十七	十八	十九	廿	廿一	廿二	廿三	廿四	廿五	廿六	廿七	廿八	廿九	五	二	三	四	五	六	七	八	九	十
星	6	日	1	2	3	4	5	6	日	1	2	3	4	5	6	日	1	2	3	4	5	6	日	1	2	3	4	5	6	日
干節	乙巳	丙午	丁未	戊申	己酉	芒種	辛亥	壬子	癸丑	甲寅	乙卯	丙辰	丁巳	戊午	己未	庚申	辛酉	壬戌	癸亥	甲子	乙丑	夏至	丁卯	戊辰	己巳	庚午	辛未	壬申	癸酉	甲戌

辛卯

一五九一年

（明神宗萬曆一九年）

陽歷七月份　（陰歷五、六月份）

陽	7	2	3	4	5	6	7	8	9	10	11	12	13	14	15	16	17	18	19	20	21	22	23	24	25	26	27	28	29	30	31
陰	十一	十二	十三	十四	十五	十六	十七	十八	十九	廿	廿一	廿二	廿三	廿四	廿五	廿六	廿七	廿八	廿九	六	二	三	四	五	六	七	八	九	十	十一	十二
星	1	2	3	4	5	6	日	1	2	3	4	5	6	日	1	2	3	4	5	6	日	1	2	3	4	5	6	日	1	2	3
干節	乙亥	丙子	丁丑	戊寅	己卯	庚辰	小暑	壬午	癸未	甲申	乙酉	丙戌	丁亥	戊子	己丑	庚寅	辛卯	壬辰	癸巳	甲午	乙未	丙申	大暑	戊戌	己亥	庚子	辛丑	壬寅	癸卯	甲辰	乙巳

陽歷八月份　（陰歷六、七月份）

陽	8	2	3	4	5	6	7	8	9	10	11	12	13	14	15	16	17	18	19	20	21	22	23	24	25	26	27	28	29	30	31
陰	十三	十四	十五	十六	十七	十八	十九	廿	廿一	廿二	廿三	廿四	廿五	廿六	廿七	廿八	廿九	卅	七	二	三	四	五	六	七	八	九	十	十一	十二	十三
星	4	5	6	日	1	2	3	4	5	6	日	1	2	3	4	5	6	日	1	2	3	4	5	6	日	1	2	3	4	5	6
干節	丙午	丁未	戊申	己酉	庚戌	辛亥	壬子	立秋	甲寅	乙卯	丙辰	丁巳	戊午	己未	庚申	辛酉	壬戌	癸亥	甲子	乙丑	丙寅	丁卯	戊辰	處暑	庚午	辛未	壬申	癸酉	甲戌	乙亥	丙子

陽歷九月份　（陰歷七、八月份）

陽	9	2	3	4	5	6	7	8	9	10	11	12	13	14	15	16	17	18	19	20	21	22	23	24	25	26	27	28	29	30
陰	十四	十五	十六	十七	十八	十九	廿	廿一	廿二	廿三	廿四	廿五	廿六	廿七	廿八	廿九	八	二	三	四	五	六	七	八	九	十	十一	十二	十三	十四
星	日	1	2	3	4	5	6	日	1	2	3	4	5	6	日	1	2	3	4	5	6	日	1	2	3	4	5	6	日	1
干節	丁丑	戊寅	己卯	庚辰	辛巳	壬午	癸未	白露	乙酉	丙戌	丁亥	戊子	己丑	庚寅	辛卯	壬辰	癸巳	甲午	乙未	丙申	丁酉	戊戌	秋分	庚子	辛丑	壬寅	癸卯	甲辰	乙巳	丙午

陽歷十月份　（陰歷八、九月份）

陽	10	2	3	4	5	6	7	8	9	10	11	12	13	14	15	16	17	18	19	20	21	22	23	24	25	26	27	28	29	30	31
陰	十五	十六	十七	十八	十九	廿	廿一	廿二	廿三	廿四	廿五	廿六	廿七	廿八	廿九	卅	九	二	三	四	五	六	七	八	九	十	十一	十二	十三	十四	十五
星	2	3	4	5	6	日	1	2	3	4	5	6	日	1	2	3	4	5	6	日	1	2	3	4	5	6	日	1	2	3	4
干節	丁未	戊申	己酉	庚戌	辛亥	壬子	癸丑	甲寅	寒露	丙辰	丁巳	戊午	己未	庚申	辛酉	壬戌	癸亥	甲子	乙丑	丙寅	丁卯	戊辰	己巳	霜降	辛未	壬申	癸酉	甲戌	乙亥	丙子	丁丑

陽歷十一月份　（陰歷九、十月份）

陽	11	2	3	4	5	6	7	8	9	10	11	12	13	14	15	16	17	18	19	20	21	22	23	24	25	26	27	28	29	30
陰	十六	十七	十八	十九	廿	廿一	廿二	廿三	廿四	廿五	廿六	廿七	廿八	廿九	卅	十	二	三	四	五	六	七	八	九	十	十一	十二	十三	十四	十五
星	5	6	日	1	2	3	4	5	6	日	1	2	3	4	5	6	日	1	2	3	4	5	6	日	1	2	3	4	5	6
干節	戊寅	己卯	庚辰	辛巳	壬午	癸未	甲申	立冬	丙戌	丁亥	戊子	己丑	庚寅	辛卯	壬辰	癸巳	甲午	乙未	丙申	丁酉	戊戌	小雪	庚子	辛丑	壬寅	癸卯	甲辰	乙巳	丙午	丁未

陽歷十二月份　（陰歷十、十一月份）

陽	12	2	3	4	5	6	7	8	9	10	11	12	13	14	15	16	17	18	19	20	21	22	23	24	25	26	27	28	29	30	31
陰	十六	十七	十八	十九	廿	廿一	廿二	廿三	廿四	廿五	廿六	廿七	廿八	廿九	卅	十一	二	三	四	五	六	七	八	九	十	十一	十二	十三	十四	十五	十六
星	日	1	2	3	4	5	6	日	1	2	3	4	5	6	日	1	2	3	4	5	6	日	1	2	3	4	5	6	日	1	2
干節	戊申	己酉	庚戌	辛亥	壬子	癸丑	大雪	乙卯	丙辰	丁巳	戊午	己未	庚申	辛酉	壬戌	癸亥	甲子	乙丑	丙寅	丁卯	戊辰	冬至	庚午	辛未	壬申	癸酉	甲戌	乙亥	丙子	丁丑	戊寅

壬辰　一五九二年　（明神宗萬曆二〇年）

陽歷 一 月份　（陰歷十一、十二月份）

陽	1	2	3	4	5	6	7	8	9	10	11	12	13	14	15	16	17	18	19	20	21	22	23	24	25	26	27	28	29	30	31
陰	十七	十八	十九	廿	廿一	廿二	廿三	廿四	廿五	廿六	廿七	廿八	廿九	卅	十二	二	三	四	五	六	七	八	九	十	十一	十二	十三	十四	十五	十六	十七
星	3	4	5	6	日	1	2	3	4	5	6	日	1	2	3	4	5	6	日	1	2	3	4	5	6	日	1	2	3	4	5
干節	己卯	庚辰	辛巳	壬午	小寒	甲申	乙酉	丙戌	丁亥	戊子	己丑	庚寅	辛卯	壬辰	癸巳	甲午	乙未	丙申	丁酉	大寒	己亥	庚子	辛丑	壬寅	癸卯	甲辰	乙巳	丙午	丁未	戊申	己酉

陽歷 二 月份　（陰歷十二、正月份）

陽	2	2	3	4	5	6	7	8	9	10	11	12	13	14	15	16	17	18	19	20	21	22	23	24	25	26	27	28	29		
陰	十八	十九	廿	廿一	廿二	廿三	廿四	廿五	廿六	廿七	廿八	廿九	正	二	三	四	五	六	七	八	九	十	十一	十二	十三	十四	十五	十六	十七		
星	6	日	1	2	3	4	5	6	日	1	2	3	4	5	6	日	1	2	3	4	5	6	日	1	2	3	4	5	6		
干節	庚戌	辛亥	壬子	立春	甲寅	乙卯	丙辰	丁巳	戊午	己未	庚申	辛酉	壬戌	癸亥	甲子	乙丑	丙寅	丁卯	雨水	己巳	庚午	辛未	壬申	癸酉	甲戌	乙亥	丙子	丁丑	戊寅		

陽歷 三 月份　（陰歷正、二月份）

陽	3	2	3	4	5	6	7	8	9	10	11	12	13	14	15	16	17	18	19	20	21	22	23	24	25	26	27	28	29	30	31
陰	十八	十九	廿	廿一	廿二	廿三	廿四	廿五	廿六	廿七	廿八	廿九	卅	二	二	三	四	五	六	七	八	九	十	十一	十二	十三	十四	十五	十六	十七	十八
星	日	1	2	3	4	5	6	日	1	2	3	4	5	6	日	1	2	3	4	5	6	日	1	2	3	4	5	6	日	1	2
干節	己卯	庚辰	辛巳	壬午	驚蟄	甲申	乙酉	丙戌	丁亥	戊子	己丑	庚寅	辛卯	壬辰	癸巳	甲午	乙未	丙申	丁酉	春分	己亥	庚子	辛丑	壬寅	癸卯	甲辰	乙巳	丙午	丁未	戊申	己酉

陽歷 四 月份　（陰歷二、三月份）

陽	4	2	3	4	5	6	7	8	9	10	11	12	13	14	15	16	17	18	19	20	21	22	23	24	25	26	27	28	29	30	
陰	十九	廿	廿一	廿二	廿三	廿四	廿五	廿六	廿七	廿八	廿九	三	二	三	四	五	六	七	八	九	十	十一	十二	十三	十四	十五	十六	十七	十八	十九	
星	3	4	5	6	日	1	2	3	4	5	6	日	1	2	3	4	5	6	日	1	2	3	4	5	6	日	1	2	3	4	
干節	庚戌	辛亥	壬子	清明	甲寅	乙卯	丙辰	丁巳	戊午	己未	庚申	辛酉	壬戌	癸亥	甲子	乙丑	丙寅	丁卯	穀雨	己巳	庚午	辛未	壬申	癸酉	甲戌	乙亥	丙子	丁丑	戊寅	己卯	

陽歷 五 月份　（陰歷三、四月份）

陽	5	2	3	4	5	6	7	8	9	10	11	12	13	14	15	16	17	18	19	20	21	22	23	24	25	26	27	28	29	30	31
陰	廿	廿一	廿二	廿三	廿四	廿五	廿六	廿七	廿八	廿九	四	二	三	四	五	六	七	八	九	十	十一	十二	十三	十四	十五	十六	十七	十八	十九	廿	廿一
星	5	6	日	1	2	3	4	5	6	日	1	2	3	4	5	6	日	1	2	3	4	5	6	日	1	2	3	4	5	6	日
干節	庚辰	辛巳	壬午	癸未	立夏	乙酉	丙戌	丁亥	戊子	己丑	庚寅	辛卯	壬辰	癸巳	甲午	乙未	丙申	丁酉	戊戌	小滿	庚子	辛丑	壬寅	癸卯	甲辰	乙巳	丙午	丁未	戊申	己酉	庚戌

陽歷 六 月份　（陰歷四、五月份）

陽	6	2	3	4	5	6	7	8	9	10	11	12	13	14	15	16	17	18	19	20	21	22	23	24	25	26	27	28	29	30	
陰	廿二	廿三	廿四	廿五	廿六	廿七	廿八	廿九	卅	五	二	三	四	五	六	七	八	九	十	十一	十二	十三	十四	十五	十六	十七	十八	十九	廿	廿一	
星	1	2	3	4	5	6	日	1	2	3	4	5	6	日	1	2	3	4	5	6	日	1	2	3	4	5	6	日	1	2	
干節	辛亥	壬子	癸丑	甲寅	芒種	丙辰	丁巳	戊午	己未	庚申	辛酉	壬戌	癸亥	甲子	乙丑	丙寅	丁卯	戊辰	己巳	庚午	夏至	壬申	癸酉	甲戌	乙亥	丙子	丁丑	戊寅	己卯	庚辰	

壬辰

一五九二年

（明神宗萬曆二〇年）

陽歷七月份　（陰歷五、六月份）

陽	7	2	3	4	5	6	7	8	9	10	11	12	13	14	15	16	17	18	19	20	21	22	23	24	25	26	27	28	29	30	31
陰	廿二	廿三	廿四	廿五	廿六	廿七	廿八	廿九	六	二	三	四	五	六	七	八	九	十	十一	十二	十三	十四	十五	十六	十七	十八	十九	廿	廿一	廿二	廿三
星	3	4	5	6	日	1	2	3	4	5	6	日	1	2	3	4	5	6	日	1	2	3	4	5	6	日	1	2	3	4	5
干節	辛巳	壬午	癸未	甲申	乙酉	丙戌	小暑	戊子	己丑	庚寅	辛卯	壬辰	癸巳	甲午	乙未	丙申	丁酉	戊戌	己亥	庚子	辛丑	大暑	癸卯	甲辰	乙巳	丙午	丁未	戊申	己酉	庚戌	辛亥

陽歷八月份　（陰歷六、七月份）

陽	8	2	3	4	5	6	7	8	9	10	11	12	13	14	15	16	17	18	19	20	21	22	23	24	25	26	27	28	29	30	31
陰	廿四	廿五	廿六	廿七	廿八	廿九	七	二	三	四	五	六	七	八	九	十	十一	十二	十三	十四	十五	十六	十七	十八	十九	廿	廿一	廿二	廿三	廿四	廿五
星	6	日	1	2	3	4	5	6	日	1	2	3	4	5	6	日	1	2	3	4	5	6	日	1	2	3	4	5	6	日	1
干節	壬子	癸丑	甲寅	乙卯	丙辰	丁巳	立秋	己未	庚申	辛酉	壬戌	癸亥	甲子	乙丑	丙寅	丁卯	戊辰	己巳	庚午	辛未	壬申	癸酉	處暑	乙亥	丙子	丁丑	戊寅	己卯	庚辰	辛巳	壬午

陽歷九月份　（陰歷七、八月份）

陽	9	2	3	4	5	6	7	8	9	10	11	12	13	14	15	16	17	18	19	20	21	22	23	24	25	26	27	28	29	30	
陰	廿六	廿七	廿八	廿九	卅	八	二	三	四	五	六	七	八	九	十	十一	十二	十三	十四	十五	十六	十七	十八	十九	廿	廿一	廿二	廿三	廿四	廿五	
星	2	3	4	5	6	日	1	2	3	4	5	6	日	1	2	3	4	5	6	日	1	2	3	4	5	6	日	1	2	3	
干節	癸未	甲申	乙酉	丙戌	丁亥	戊子	白露	庚寅	辛卯	壬辰	癸巳	甲午	乙未	丙申	丁酉	戊戌	己亥	庚子	辛丑	壬寅	癸卯	秋分	乙巳	丙午	丁未	戊申	己酉	庚戌	辛亥	壬子	

陽歷十月份　（陰歷八、九月份）

陽	10	2	3	4	5	6	7	8	9	10	11	12	13	14	15	16	17	18	19	20	21	22	23	24	25	26	27	28	29	30	31
陰	廿六	廿七	廿八	廿九	九	二	三	四	五	六	七	八	九	十	十一	十二	十三	十四	十五	十六	十七	十八	十九	廿	廿一	廿二	廿三	廿四	廿五	廿六	廿七
星	4	5	6	日	1	2	3	4	5	6	日	1	2	3	4	5	6	日	1	2	3	4	5	6	日	1	2	3	4	5	6
干節	癸丑	甲寅	乙卯	丙辰	丁巳	戊午	己未	寒露	辛酉	壬戌	癸亥	甲子	乙丑	丙寅	丁卯	戊辰	己巳	庚午	辛未	壬申	癸酉	甲戌	霜降	丙子	丁丑	戊寅	己卯	庚辰	辛巳	壬午	癸未

陽歷十一月份　（陰歷九、十月份）

陽	11	2	3	4	5	6	7	8	9	10	11	12	13	14	15	16	17	18	19	20	21	22	23	24	25	26	27	28	29	30	
陰	廿八	廿九	卅	十	二	三	四	五	六	七	八	九	十	十一	十二	十三	十四	十五	十六	十七	十八	十九	廿	廿一	廿二	廿三	廿四	廿五	廿六	廿七	
星	日	1	2	3	4	5	6	日	1	2	3	4	5	6	日	1	2	3	4	5	6	日	1	2	3	4	5	6	日	1	
干節	甲申	乙酉	丙戌	丁亥	戊子	己丑	立冬	辛卯	壬辰	癸巳	甲午	乙未	丙申	丁酉	戊戌	己亥	庚子	辛丑	壬寅	癸卯	甲辰	小雪	丙午	丁未	戊申	己酉	庚戌	辛亥	壬子	癸丑	

陽歷十二月份　（陰歷十、十一月份）

陽	12	2	3	4	5	6	7	8	9	10	11	12	13	14	15	16	17	18	19	20	21	22	23	24	25	26	27	28	29	30	31
陰	廿八	廿九	卅	十一	二	三	四	五	六	七	八	九	十	十一	十二	十三	十四	十五	十六	十七	十八	十九	廿	廿一	廿二	廿三	廿四	廿五	廿六	廿七	廿八
星	2	3	4	5	6	日	1	2	3	4	5	6	日	1	2	3	4	5	6	日	1	2	3	4	5	6	日	1	2	3	4
干節	甲寅	乙卯	丙辰	丁巳	戊午	大雪	庚申	辛酉	壬戌	癸亥	甲子	乙丑	丙寅	丁卯	戊辰	己巳	庚午	辛未	壬申	癸酉	冬至	乙亥	丙子	丁丑	戊寅	己卯	庚辰	辛巳	壬午	癸未	甲申

近世中西史日對照表

癸巳　一五九三年　（明神宗萬曆二一年）

陽歷一月份　（陰歷十一、十二月份）

陽	1	2	3	4	5	6	7	8	9	10	11	12	13	14	15	16	17	18	19	20	21	22	23	24	25	26	27	28	29	30	31
陰	廿九	卅	十二	二	三	四	五	六	七	八	九	十	十一	十二	十三	十四	十五	十六	十七	十八	十九	廿	廿一	廿二	廿三	廿四	廿五	廿六	廿七	廿八	廿九
星	5	6	日	1	2	3	4	5	6	日	1	2	3	4	5	6	日	1	2	3	4	5	6	日	1	2	3	4	5	6	日
干節	乙酉	丙戌	丁亥	戊子	小寒	庚寅	辛卯	壬辰	癸巳	甲午	乙未	丙申	丁酉	戊戌	己亥	庚子	辛丑	壬寅	大寒	甲辰	乙巳	丙午	丁未	戊申	己酉	庚戌	辛亥	壬子	癸丑	甲寅	乙卯

陽歷二月份　（陰歷正月份）

陽	2	2	3	4	5	6	7	8	9	10	11	12	13	14	15	16	17	18	19	20	21	22	23	24	25	26	27	28			
陰	正	二	三	四	五	六	七	八	九	十	十一	十二	十三	十四	十五	十六	十七	十八	十九	廿	廿一	廿二	廿三	廿四	廿五	廿六	廿七	廿八			
星	1	2	3	4	5	6	日	1	2	3	4	5	6	日	1	2	3	4	5	6	日	1	2	3	4	5	6	日			
干節	丙辰	丁巳	立春	己未	庚申	辛酉	壬戌	癸亥	甲子	乙丑	丙寅	丁卯	戊辰	己巳	庚午	辛未	壬申	雨水	甲戌	乙亥	丙子	丁丑	戊寅	己卯	庚辰	辛巳	壬午	癸未			

陽歷三月份　（陰歷正、二月份）

陽	3	2	3	4	5	6	7	8	9	10	11	12	13	14	15	16	17	18	19	20	21	22	23	24	25	26	27	28	29	30	31
陰	廿九	卅	二	二	三	四	五	六	七	八	九	十	十一	十二	十三	十四	十五	十六	十七	十八	十九	廿	廿一	廿二	廿三	廿四	廿五	廿六	廿七	廿八	廿九
星	1	2	3	4	5	6	日	1	2	3	4	5	6	日	1	2	3	4	5	6	日	1	2	3	4	5	6	日	1	2	3
干節	甲申	乙酉	丙戌	丁亥	驚蟄	己丑	庚寅	辛卯	壬辰	癸巳	甲午	乙未	丙申	丁酉	戊戌	己亥	庚子	辛丑	壬寅	春分	甲辰	乙巳	丙午	丁未	戊申	己酉	庚戌	辛亥	壬子	癸丑	甲寅

陽歷四月份　（陰歷二、三月份）

陽	4	2	3	4	5	6	7	8	9	10	11	12	13	14	15	16	17	18	19	20	21	22	23	24	25	26	27	28	29	30	
陰	卅	三	二	三	四	五	六	七	八	九	十	十一	十二	十三	十四	十五	十六	十七	十八	十九	廿	廿一	廿二	廿三	廿四	廿五	廿六	廿七	廿八	廿九	
星	4	5	6	日	1	2	3	4	5	6	日	1	2	3	4	5	6	日	1	2	3	4	5	6	日	1	2	3	4	5	
干節	乙卯	丙辰	丁巳	清明	己未	庚申	辛酉	壬戌	癸亥	甲子	乙丑	丙寅	丁卯	戊辰	己巳	庚午	辛未	壬申	癸酉	穀雨	乙亥	丙子	丁丑	戊寅	己卯	庚辰	辛巳	壬午	癸未	甲申	

陽歷五月份　（陰歷四、五月份）

陽	5	2	3	4	5	6	7	8	9	10	11	12	13	14	15	16	17	18	19	20	21	22	23	24	25	26	27	28	29	30	31
陰	四	二	三	四	五	六	七	八	九	十	十一	十二	十三	十四	十五	十六	十七	十八	十九	廿	廿一	廿二	廿三	廿四	廿五	廿六	廿七	廿八	廿九	五	二
星	6	日	1	2	3	4	5	6	日	1	2	3	4	5	6	日	1	2	3	4	5	6	日	1	2	3	4	5	6	日	1
干節	乙酉	丙戌	丁亥	戊子	立夏	庚寅	辛卯	壬辰	癸巳	甲午	乙未	丙申	丁酉	戊戌	己亥	庚子	辛丑	壬寅	癸卯	甲辰	小滿	丙午	丁未	戊申	己酉	庚戌	辛亥	壬子	癸丑	甲寅	乙卯

陽歷六月份　（陰歷五、六月份）

陽	6	2	3	4	5	6	7	8	9	10	11	12	13	14	15	16	17	18	19	20	21	22	23	24	25	26	27	28	29	30	
陰	三	四	五	六	七	八	九	十	十一	十二	十三	十四	十五	十六	十七	十八	十九	廿	廿一	廿二	廿三	廿四	廿五	廿六	廿七	廿八	廿九	卅	六	二	
星	2	3	4	5	6	日	1	2	3	4	5	6	日	1	2	3	4	5	6	日	1	2	3	4	5	6	日	1	2	3	
干節	丙辰	丁巳	戊午	己未	芒種	辛酉	壬戌	癸亥	甲子	乙丑	丙寅	丁卯	戊辰	己巳	庚午	辛未	壬申	癸酉	甲戌	乙亥	夏至	丁丑	戊寅	己卯	庚辰	辛巳	壬午	癸未	甲申	乙酉	

近世中西史日對照表

癸巳

一五九三年

（明神宗萬曆二一年）

陽曆七月份　（陰曆六、七月份）

陽	7	2	3	4	5	6	7	8	9	10	11	12	13	14	15	16	17	18	19	20	21	22	23	24	25	26	27	28	29	30	31
陰	三	四	五	六	七	八	九	十	十一	十二	十三	十四	十五	十六	十七	十八	十九	廿	廿一	廿二	廿三	廿四	廿五	廿六	廿七	廿八	廿九	七月	二	三	四
星	4	5	6	日	1	2	3	4	5	6	日	1	2	3	4	5	6	日	1	2	3	4	5	6	日	1	2	3	4	5	6
干節	丙戌	丁亥	戊子	己丑	庚寅	辛卯	小暑	癸巳	甲午	乙未	丙申	丁酉	戊戌	己亥	庚子	辛丑	壬寅	癸卯	甲辰	乙巳	丙午	丁未	大暑	己酉	庚戌	辛亥	壬子	癸丑	甲寅	乙卯	丙辰

陽曆八月份　（陰曆七、八月份）

陽	8	2	3	4	5	6	7	8	9	10	11	12	13	14	15	16	17	18	19	20	21	22	23	24	25	26	27	28	29	30	31
陰	五	六	七	八	九	十	十一	十二	十三	十四	十五	十六	十七	十八	十九	廿	廿一	廿二	廿三	廿四	廿五	廿六	廿七	廿八	廿九	八月	二	三	四	五	六
星	日	1	2	3	4	5	6	日	1	2	3	4	5	6	日	1	2	3	4	5	6	日	1	2	3	4	5	6	日	1	2
干節	丁巳	戊午	己未	庚申	辛酉	壬戌	立秋	甲子	乙丑	丙寅	丁卯	戊辰	己巳	庚午	辛未	壬申	癸酉	甲戌	乙亥	丙子	丁丑	戊寅	處暑	庚辰	辛巳	壬午	癸未	甲申	乙酉	丙戌	丁亥

陽曆九月份　（陰曆八、九月份）

陽	9	2	3	4	5	6	7	8	9	10	11	12	13	14	15	16	17	18	19	20	21	22	23	24	25	26	27	28	29	30	—
陰	七	八	九	十	十一	十二	十三	十四	十五	十六	十七	十八	十九	廿	廿一	廿二	廿三	廿四	廿五	廿六	廿七	廿八	廿九	卅	九月	二	三	四	五	六	—
星	3	4	5	6	日	1	2	3	4	5	6	日	1	2	3	4	5	6	日	1	2	3	4	5	6	日	1	2	3	4	—
干節	戊子	己丑	庚寅	辛卯	壬辰	癸巳	白露	乙未	丙申	丁酉	戊戌	己亥	庚子	辛丑	壬寅	癸卯	甲辰	乙巳	丙午	丁未	戊申	己酉	秋分	辛亥	壬子	癸丑	甲寅	乙卯	丙辰	丁巳	

陽曆十月份　（陰曆九、十月份）

陽	10	2	3	4	5	6	7	8	9	10	11	12	13	14	15	16	17	18	19	20	21	22	23	24	25	26	27	28	29	30	31
陰	七	八	九	十	十一	十二	十三	十四	十五	十六	十七	十八	十九	廿	廿一	廿二	廿三	廿四	廿五	廿六	廿七	廿八	廿九	十月	二	三	四	五	六	七	八
星	5	6	日	1	2	3	4	5	6	日	1	2	3	4	5	6	日	1	2	3	4	5	6	日	1	2	3	4	5	6	日
干節	戊午	己未	庚申	辛酉	壬戌	癸亥	甲子	寒露	丙寅	丁卯	戊辰	己巳	庚午	辛未	壬申	癸酉	甲戌	乙亥	丙子	丁丑	戊寅	己卯	霜降	辛巳	壬午	癸未	甲申	乙酉	丙戌	丁亥	戊子

陽曆十一月份　（陰曆十、十一月份）

陽	11	2	3	4	5	6	7	8	9	10	11	12	13	14	15	16	17	18	19	20	21	22	23	24	25	26	27	28	29	30	—
陰	九	十	十一	十二	十三	十四	十五	十六	十七	十八	十九	廿	廿一	廿二	廿三	廿四	廿五	廿六	廿七	廿八	廿九	卅	十一月	二	三	四	五	六	七	八	—
星	1	2	3	4	5	6	日	1	2	3	4	5	6	日	1	2	3	4	5	6	日	1	2	3	4	5	6	日	1	2	—
干節	己丑	庚寅	辛卯	壬辰	癸巳	甲午	立冬	丙申	丁酉	戊戌	己亥	庚子	辛丑	壬寅	癸卯	甲辰	乙巳	丙午	丁未	戊申	己酉	小雪	辛亥	壬子	癸丑	甲寅	乙卯	丙辰	丁巳	戊午	

陽曆十二月份　（陰曆十一、閏十一月份）

陽	12	2	3	4	5	6	7	8	9	10	11	12	13	14	15	16	17	18	19	20	21	22	23	24	25	26	27	28	29	30	31
陰	九	十	十一	十二	十三	十四	十五	十六	十七	十八	十九	廿	廿一	廿二	廿三	廿四	廿五	廿六	廿七	廿八	廿九	卅	閏月	二	三	四	五	六	七	八	九
星	3	4	5	6	日	1	2	3	4	5	6	日	1	2	3	4	5	6	日	1	2	3	4	5	6	日	1	2	3	4	5
干節	己未	庚申	辛酉	壬戌	癸亥	甲子	大雪	丙寅	丁卯	戊辰	己巳	庚午	辛未	壬申	癸酉	甲戌	乙亥	丙子	丁丑	戊寅	己卯	冬至	辛巳	壬午	癸未	甲申	乙酉	丙戌	丁亥	戊子	己丑

近世中西史日對照表

陽歷 一 月份　（陰歷閏十一、十二月份）

陽	1	2	3	4	5	6	7	8	9	10	11	12	13	14	15	16	17	18	19	20	21	22	23	24	25	26	27	28	29	30	31
陰	十	十一	十二	十三	十四	十五	十六	十七	十八	十九	廿	廿一	廿二	廿三	廿四	廿五	廿六	廿七	廿八	廿九	十二	二	三	四	五	六	七	八	九	十	十一
星	6	日	1	2	3	4	5	6	日	1	2	3	4	5	6	日	1	2	3	4	5	6	日	1	2	3	4	5	6	日	1
干節	庚寅	辛卯	壬辰	癸巳	小寒	乙未	丙申	丁酉	戊戌	己亥	庚子	辛丑	壬寅	癸卯	甲辰	乙巳	丙午	丁未	戊申	大寒	庚戌	辛亥	壬子	癸丑	甲寅	乙卯	丙辰	丁巳	戊午	己未	庚申

陽歷 二 月份　（陰歷十二、正月份）

陽	2	2	3	4	5	6	7	8	9	10	11	12	13	14	15	16	17	18	19	20	21	22	23	24	25	26	27	28			
陰	十二	十三	十四	十五	十六	十七	十八	十九	廿	廿一	廿二	廿三	廿四	廿五	廿六	廿七	廿八	廿九	卅	正	二	三	四	五	六	七	八	九			
星	2	3	4	5	6	日	1	2	3	4	5	6	日	1	2	3	4	5	6	日	1	2	3	4	5	6	日	1			
干節	辛酉	壬戌	立春	甲子	乙丑	丙寅	丁卯	戊辰	己巳	庚午	辛未	壬申	癸酉	甲戌	乙亥	丙子	丁丑	雨水	己卯	庚辰	辛巳	壬午	癸未	甲申	乙酉	丙戌	丁亥	戊子			

陽歷 三 月份　（陰歷正、二月份）

陽	3	2	3	4	5	6	7	8	9	10	11	12	13	14	15	16	17	18	19	20	21	22	23	24	25	26	27	28	29	30	31
陰	十	十一	十二	十三	十四	十五	十六	十七	十八	十九	廿	廿一	廿二	廿三	廿四	廿五	廿六	廿七	廿八	廿九	卅	二	二	三	四	五	六	七	八	九	十
星	2	3	4	5	6	日	1	2	3	4	5	6	日	1	2	3	4	5	6	日	1	2	3	4	5	6	日	1	2	3	4
干節	己丑	庚寅	辛卯	壬辰	驚蟄	甲午	乙未	丙申	丁酉	戊戌	己亥	庚子	辛丑	壬寅	癸卯	甲辰	乙巳	丙午	丁未	春分	己酉	庚戌	辛亥	壬子	癸丑	甲寅	乙卯	丙辰	丁巳	戊午	己未

陽歷 四 月份　（陰歷二、三月份）

陽	4	2	3	4	5	6	7	8	9	10	11	12	13	14	15	16	17	18	19	20	21	22	23	24	25	26	27	28	29	30	
陰	十一	十二	十三	十四	十五	十六	十七	十八	十九	廿	廿一	廿二	廿三	廿四	廿五	廿六	廿七	廿八	廿九	三	二	三	四	五	六	七	八	九	十	十一	
星	5	6	日	1	2	3	4	5	6	日	1	2	3	4	5	6	日	1	2	3	4	5	6	日	1	2	3	4	5	6	
干節	庚申	辛酉	壬戌	癸亥	清明	乙丑	丙寅	丁卯	戊辰	己巳	庚午	辛未	壬申	癸酉	甲戌	乙亥	丙子	丁丑	戊寅	穀雨	庚辰	辛巳	壬午	癸未	甲申	乙酉	丙戌	丁亥	戊子	己丑	

陽歷 五 月份　（陰歷三、四月份）

陽	5	2	3	4	5	6	7	8	9	10	11	12	13	14	15	16	17	18	19	20	21	22	23	24	25	26	27	28	29	30	31
陰	十二	十三	十四	十五	十六	十七	十八	十九	廿	廿一	廿二	廿三	廿四	廿五	廿六	廿七	廿八	廿九	卅	四	二	三	四	五	六	七	八	九	十	十一	十二
星	日	1	2	3	4	5	6	日	1	2	3	4	5	6	日	1	2	3	4	5	6	日	1	2	3	4	5	6	日	1	2
干節	庚寅	辛卯	壬辰	癸巳	立夏	乙未	丙申	丁酉	戊戌	己亥	庚子	辛丑	壬寅	癸卯	甲辰	乙巳	丙午	丁未	戊申	己酉	小滿	辛亥	壬子	癸丑	甲寅	乙卯	丙辰	丁巳	戊午	己未	庚申

陽歷 六 月份　（陰歷四、五月份）

陽	6	2	3	4	5	6	7	8	9	10	11	12	13	14	15	16	17	18	19	20	21	22	23	24	25	26	27	28	29	30	
陰	十三	十四	十五	十六	十七	十八	十九	廿	廿一	廿二	廿三	廿四	廿五	廿六	廿七	廿八	廿九	五	二	三	四	五	六	七	八	九	十	十一	十二	十三	
星	3	4	5	6	日	1	2	3	4	5	6	日	1	2	3	4	5	6	日	1	2	3	4	5	6	日	1	2	3	4	
干節	辛酉	壬戌	癸亥	甲子	乙丑	芒種	丁卯	戊辰	己巳	庚午	辛未	壬申	癸酉	甲戌	乙亥	丙子	丁丑	戊寅	己卯	庚辰	夏至	壬午	癸未	甲申	乙酉	丙戌	丁亥	戊子	己丑	庚寅	

近世中西史日對照表

甲午

一五九四年

（明神宗萬曆二二年）

陽歷七月份　（陰歷五、六月份）

陽	**7**	2	3	4	5	6	7	8	9	10	11	12	13	14	15	16	17	18	19	20	21	22	23	24	25	26	27	28	29	30	31
陰	十四	十五	十六	十七	十八	十九	廿	廿一	廿二	廿三	廿四	廿五	廿六	廿七	廿八	廿九	卅	**六**	二	三	四	五	六	七	八	九	十	十一	十二	十三	十四
星	5	6	**日**	1	2	3	4	5	6	**日**	1	2	3	4	5	6	**日**	1	2	3	4	5	6	**日**	1	2	3	4	5	6	**日**
干節	辛卯	壬辰	癸巳	甲午	乙未	丙申	**小暑**	戊戌	己亥	庚子	辛丑	壬寅	癸卯	甲辰	乙巳	丙午	丁未	戊申	己酉	庚戌	辛亥	壬子	**大暑**	甲寅	乙卯	丙辰	丁巳	戊午	己未	庚申	辛酉

陽歷八月份　（陰歷六、七月份）

陽	**8**	2	3	4	5	6	7	8	9	10	11	12	13	14	15	16	17	18	19	20	21	22	23	24	25	26	27	28	29	30	31
陰	十五	十六	十七	十八	十九	廿	廿一	廿二	廿三	廿四	廿五	廿六	廿七	廿八	廿九	**七**	二	三	四	五	六	七	八	九	十	十一	十二	十三	十四	十五	十六
星	1	2	3	4	5	6	**日**	1	2	3	4	5	6	**日**	1	2	3	4	5	6	**日**	1	2	3	4	5	6	**日**	1	2	3
干節	壬戌	癸亥	甲子	乙丑	丙寅	丁卯	戊辰	**立秋**	庚午	辛未	壬申	癸酉	甲戌	乙亥	丙子	丁丑	戊寅	己卯	庚辰	辛巳	壬午	癸未	**處暑**	乙酉	丙戌	丁亥	戊子	己丑	庚寅	辛卯	壬辰

陽歷九月份　（陰歷七、八月份）

陽	**9**	2	3	4	5	6	7	8	9	10	11	12	13	14	15	16	17	18	19	20	21	22	23	24	25	26	27	28	29	30
陰	十七	十八	十九	廿	廿一	廿二	廿三	廿四	廿五	廿六	廿七	廿八	廿九	**八**	二	三	四	五	六	七	八	九	十	十一	十二	十三	十四	十五	十六	十七
星	4	5	6	**日**	1	2	3	4	5	6	**日**	1	2	3	4	5	6	**日**	1	2	3	4	5	6	**日**	1	2	3	4	5
干節	癸巳	甲午	乙未	丙申	丁酉	戊戌	己亥	**白露**	辛丑	壬寅	癸卯	甲辰	乙巳	丙午	丁未	戊申	己酉	庚戌	辛亥	壬子	癸丑	甲寅	**秋分**	丙辰	丁巳	戊午	己未	庚申	辛酉	壬戌

陽歷十月份　（陰歷八、九月份）

陽	**10**	2	3	4	5	6	7	8	9	10	11	12	13	14	15	16	17	18	19	20	21	22	23	24	25	26	27	28	29	30	31
陰	十八	十九	廿	廿一	廿二	廿三	廿四	廿五	廿六	廿七	廿八	廿九	卅	**九**	二	三	四	五	六	七	八	九	十	十一	十二	十三	十四	十五	十六	十七	十八
星	6	**日**	1	2	3	4	5	6	**日**	1	2	3	4	5	6	**日**	1	2	3	4	5	6	**日**	1	2	3	4	5	6	**日**	1
干節	癸亥	甲子	乙丑	丙寅	丁卯	戊辰	己巳	**寒露**	辛未	壬申	癸酉	甲戌	乙亥	丙子	丁丑	戊寅	己卯	庚辰	辛巳	壬午	癸未	甲申	**霜降**	丙戌	丁亥	戊子	己丑	庚寅	辛卯	壬辰	癸巳

陽歷十一月份　（陰歷九、十月份）

陽	**11**	2	3	4	5	6	7	8	9	10	11	12	13	14	15	16	17	18	19	20	21	22	23	24	25	26	27	28	29	30
陰	十九	廿	廿一	廿二	廿三	廿四	廿五	廿六	廿七	廿八	廿九	**十**	二	三	四	五	六	七	八	九	十	十一	十二	十三	十四	十五	十六	十七	十八	十九
星	2	3	4	5	6	**日**	1	2	3	4	5	6	**日**	1	2	3	4	5	6	**日**	1	2	3	4	5	6	**日**	1	2	3
干節	甲午	乙未	丙申	丁酉	戊戌	己亥	**立冬**	辛丑	壬寅	癸卯	甲辰	乙巳	丙午	丁未	戊申	己酉	庚戌	辛亥	壬子	癸丑	甲寅	**小雪**	丙辰	丁巳	戊午	己未	庚申	辛酉	壬戌	癸亥

陽歷十二月份　（陰歷十、十一月份）

陽	**12**	2	3	4	5	6	7	8	9	10	11	12	13	14	15	16	17	18	19	20	21	22	23	24	25	26	27	28	29	30	31
陰	廿	廿一	廿二	廿三	廿四	廿五	廿六	廿七	廿八	廿九	卅	**十一**	二	三	四	五	六	七	八	九	十	十一	十二	十三	十四	十五	十六	十七	十八	十九	廿
星	4	5	6	**日**	1	2	3	4	5	6	**日**	1	2	3	4	5	6	**日**	1	2	3	4	5	6	**日**	1	2	3	4	5	6
干節	甲子	乙丑	丙寅	丁卯	戊辰	己巳	**大雪**	辛未	壬申	癸酉	甲戌	乙亥	丙子	丁丑	戊寅	己卯	庚辰	辛巳	壬午	癸未	甲申	**冬至**	丙戌	丁亥	戊子	己丑	庚寅	辛卯	壬辰	癸巳	甲午

近世中西史日對照表

乙未　一五九五年　（明神宗萬曆二三年）

陽歷一月份　（陰歷十一、十二月份）

陽	1	2	3	4	5	6	7	8	9	10	11	12	13	14	15	16	17	18	19	20	21	22	23	24	25	26	27	28	29	30	31
陰	廿一	廿二	廿三	廿四	廿五	廿六	廿七	廿八	廿九	十二	二	三	四	五	六	七	八	九	十	十一	十二	十三	十四	十五	十六	十七	十八	十九	廿	廿一	廿二
星	日	1	2	3	4	5	6	日	1	2	3	4	5	6	日	1	2	3	4	5	6	日	1	2	3	4	5	6	日	1	2
干節	乙未	丙申	丁酉	戊戌	小寒	庚子	辛丑	壬寅	癸卯	甲辰	乙巳	丙午	丁未	戊申	己酉	庚戌	辛亥	壬子	癸丑	大寒	乙卯	丙辰	丁巳	戊午	己未	庚申	辛酉	壬戌	癸亥	甲子	乙丑

陽歷二月份　（陰歷十二、正月份）

陽	2	2	3	4	5	6	7	8	9	10	11	12	13	14	15	16	17	18	19	20	21	22	23	24	25	26	27	28
陰	廿三	廿四	廿五	廿六	廿七	廿八	廿九	卅	正	二	三	四	五	六	七	八	九	十	十一	十二	十三	十四	十五	十六	十七	十八	十九	廿
星	3	4	5	6	日	1	2	3	4	5	6	日	1	2	3	4	5	6	日	1	2	3	4	5	6	日	1	2
干節	丙寅	丁卯	戊辰	立春	庚午	辛未	壬申	癸酉	甲戌	乙亥	丙子	丁丑	戊寅	己卯	庚辰	辛巳	壬午	癸未	雨水	乙酉	丙戌	丁亥	戊子	己丑	庚寅	辛卯	壬辰	癸巳

陽歷三月份　（陰歷正、二月份）

陽	3	2	3	4	5	6	7	8	9	10	11	12	13	14	15	16	17	18	19	20	21	22	23	24	25	26	27	28	29	30	31
陰	廿一	廿二	廿三	廿四	廿五	廿六	廿七	廿八	廿九	卅	二	二	三	四	五	六	七	八	九	十	十一	十二	十三	十四	十五	十六	十七	十八	十九	廿	廿一
星	3	4	5	6	日	1	2	3	4	5	6	日	1	2	3	4	5	6	日	1	2	3	4	5	6	日	1	2	3	4	5
干節	甲午	乙未	丙申	丁酉	驚蟄	己亥	庚子	辛丑	壬寅	癸卯	甲辰	乙巳	丙午	丁未	戊申	己酉	庚戌	辛亥	壬子	癸丑	春分	乙卯	丙辰	丁巳	戊午	己未	庚申	辛酉	壬戌	癸亥	甲子

陽歷四月份　（陰歷二、三月份）

陽	4	2	3	4	5	6	7	8	9	10	11	12	13	14	15	16	17	18	19	20	21	22	23	24	25	26	27	28	29	30
陰	廿二	廿三	廿四	廿五	廿六	廿七	廿八	廿九	卅	三	二	三	四	五	六	七	八	九	十	十一	十二	十三	十四	十五	十六	十七	十八	十九	廿	廿一
星	1	日	1	2	3	4	5	6	日	1	2	3	4	5	6	日	1	2	3	4	5	6	日	1	2	3	4	5	6	日
干節	乙丑	丙寅	丁卯	戊辰	清明	庚午	辛未	壬申	癸酉	甲戌	乙亥	丙子	丁丑	戊寅	己卯	庚辰	辛巳	壬午	癸未	穀雨	乙酉	丙戌	丁亥	戊子	己丑	庚寅	辛卯	壬辰	癸巳	甲午

陽歷五月份　（陰歷三、四月份）

陽	5	2	3	4	5	6	7	8	9	10	11	12	13	14	15	16	17	18	19	20	21	22	23	24	25	26	27	28	29	30	31
陰	廿二	廿三	廿四	廿五	廿六	廿七	廿八	廿九	四	二	三	四	五	六	七	八	九	十	十一	十二	十三	十四	十五	十六	十七	十八	十九	廿	廿一	廿二	廿三
星	1	2	3	4	5	6	日	1	2	3	4	5	6	日	1	2	3	4	5	6	日	1	2	3	4	5	6	日	1	2	3
干節	乙未	丙申	丁酉	戊戌	己亥	立夏	辛丑	壬寅	癸卯	甲辰	乙巳	丙午	丁未	戊申	己酉	庚戌	辛亥	壬子	癸丑	甲寅	小滿	丙辰	丁巳	戊午	己未	庚申	辛酉	壬戌	癸亥	甲子	乙丑

陽歷六月份　（陰歷四、五月份）

陽	6	2	3	4	5	6	7	8	9	10	11	12	13	14	15	16	17	18	19	20	21	22	23	24	25	26	27	28	29	30
陰	廿四	廿五	廿六	廿七	廿八	廿九	卅	五	二	三	四	五	六	七	八	九	十	十一	十二	十三	十四	十五	十六	十七	十八	十九	廿	廿一	廿二	廿三
星	4	5	6	日	1	2	3	4	5	6	日	1	2	3	4	5	6	日	1	2	3	4	5	6	日	1	2	3	4	5
干節	丙寅	丁卯	戊辰	己巳	庚午	芒種	壬申	癸酉	甲戌	乙亥	丙子	丁丑	戊寅	己卯	庚辰	辛巳	壬午	癸未	甲申	乙酉	丙戌	夏至	戊子	己丑	庚寅	辛卯	壬辰	癸巳	甲午	乙未

乙未

一五九五年

（明神宗萬曆二三年）

陽歷七月份　（陰歷五、六月份）

陽	7	2	3	4	5	6	7	8	9	10	11	12	13	14	15	16	17	18	19	20	21	22	23	24	25	26	27	28	29	30	31
陰	廿四	廿五	廿六	廿七	廿八	廿九	六	二	三	四	五	六	七	八	九	十	十一	十二	十三	十四	十五	十六	十七	十八	十九	廿	廿一	廿二	廿三	廿四	廿五
星	6	日	1	2	3	4	5	6	日	1	2	3	4	5	6	日	1	2	3	4	5	6	日	1	2	3	4	5	6	日	1
干節	丙申	丁酉	戊戌	己亥	庚子	辛丑	小暑	癸卯	甲辰	乙巳	丙午	丁未	戊申	己酉	庚戌	辛亥	壬子	癸丑	甲寅	乙卯	丙辰	丁巳	大暑	己未	庚申	辛酉	壬戌	癸亥	甲子	乙丑	丙寅

陽歷八月份　（陰歷六、七月份）

陽	8	2	3	4	5	6	7	8	9	10	11	12	13	14	15	16	17	18	19	20	21	22	23	24	25	26	27	28	29	30	31
陰	廿六	廿七	廿八	廿九	卅	七	二	三	四	五	六	七	八	九	十	十一	十二	十三	十四	十五	十六	十七	十八	十九	廿	廿一	廿二	廿三	廿四	廿五	廿六
星	2	3	4	5	6	日	1	2	3	4	5	6	日	1	2	3	4	5	6	日	1	2	3	4	5	6	日	1	2	3	4
干節	丁卯	戊辰	己巳	庚午	辛未	壬申	癸酉	立秋	乙亥	丙子	丁丑	戊寅	己卯	庚辰	辛巳	壬午	癸未	甲申	乙酉	丙戌	丁亥	戊子	己丑	處暑	辛卯	壬辰	癸巳	甲午	乙未	丙申	丁酉

陽歷九月份　（陰歷七、八月份）

陽	9	2	3	4	5	6	7	8	9	10	11	12	13	14	15	16	17	18	19	20	21	22	23	24	25	26	27	28	29	30
陰	廿七	廿八	廿九	八	二	三	四	五	六	七	八	九	十	十一	十二	十三	十四	十五	十六	十七	十八	十九	廿	廿一	廿二	廿三	廿四	廿五	廿六	廿七
星	5	6	日	1	2	3	4	5	6	日	1	2	3	4	5	6	日	1	2	3	4	5	6	日	1	2	3	4	5	6
干節	戊戌	己亥	庚子	辛丑	壬寅	癸卯	甲辰	白露	丙午	丁未	戊申	己酉	庚戌	辛亥	壬子	癸丑	甲寅	乙卯	丙辰	丁巳	戊午	己未	秋分	辛酉	壬戌	癸亥	甲子	乙丑	丙寅	丁卯

陽歷十月份　（陰歷八、九月份）

陽	10	2	3	4	5	6	7	8	9	10	11	12	13	14	15	16	17	18	19	20	21	22	23	24	25	26	27	28	29	30	31
陰	廿八	廿九	九	二	三	四	五	六	七	八	九	十	十一	十二	十三	十四	十五	十六	十七	十八	十九	廿	廿一	廿二	廿三	廿四	廿五	廿六	廿七	廿八	廿九
星	日	1	2	3	4	5	6	日	1	2	3	4	5	6	日	1	2	3	4	5	6	日	1	2	3	4	5	6	日	1	2
干節	戊辰	己巳	庚午	辛未	壬申	癸酉	甲戌	乙亥	寒露	丁丑	戊寅	己卯	庚辰	辛巳	壬午	癸未	甲申	乙酉	丙戌	丁亥	戊子	己丑	庚寅	霜降	壬辰	癸巳	甲午	乙未	丙申	丁酉	戊戌

陽歷十一月份　（陰歷九、十月份）

陽	11	2	3	4	5	6	7	8	9	10	11	12	13	14	15	16	17	18	19	20	21	22	23	24	25	26	27	28	29	30
陰	卅	十	二	三	四	五	六	七	八	九	十	十一	十二	十三	十四	十五	十六	十七	十八	十九	廿	廿一	廿二	廿三	廿四	廿五	廿六	廿七	廿八	廿九
星	3	4	5	6	日	1	2	3	4	5	6	日	1	2	3	4	5	6	日	1	2	3	4	5	6	日	1	2	3	4
干節	己亥	庚子	辛丑	壬寅	癸卯	甲辰	乙巳	立冬	丁未	戊申	己酉	庚戌	辛亥	壬子	癸丑	甲寅	乙卯	丙辰	丁巳	戊午	己未	小雪	辛酉	壬戌	癸亥	甲子	乙丑	丙寅	丁卯	戊辰

陽歷十二月份　（陰歷十一、十二月份）

陽	12	2	3	4	5	6	7	8	9	10	11	12	13	14	15	16	17	18	19	20	21	22	23	24	25	26	27	28	29	30	31
陰	十一	二	三	四	五	六	七	八	九	十	十一	十二	十三	十四	十五	十六	十七	十八	十九	廿	廿一	廿二	廿三	廿四	廿五	廿六	廿七	廿八	廿九	卅	十二
星	5	6	日	1	2	3	4	5	6	日	1	2	3	4	5	6	日	1	2	3	4	5	6	日	1	2	3	4	5	6	日
干節	己巳	庚午	辛未	壬申	癸酉	甲戌	大雪	丙子	丁丑	戊寅	己卯	庚辰	辛巳	壬午	癸未	甲申	乙酉	丙戌	丁亥	戊子	己丑	冬至	辛卯	壬辰	癸巳	甲午	乙未	丙申	丁酉	戊戌	己亥

近世中西史日對照表

陽歷 一 月份　　(陰歷十二、正月份)

陽	1	2	3	4	5	6	7	8	9	10	11	12	13	14	15	16	17	18	19	20	21	22	23	24	25	26	27	28	29	30	31
陰	二	三	四	五	六	七	八	九	十	十一	十二	十三	十四	十五	十六	十七	十八	十九	廿	廿一	廿二	廿三	廿四	廿五	廿六	廿七	廿八	廿九	正	二	三
星	1	2	3	4	5	6	日	1	2	3	4	5	6	日	1	2	3	4	5	6	日	1	2	3	4	5	6	日	1	2	
干節	庚子	辛丑	壬寅	癸卯	小寒	乙巳	丙午	丁未	戊申	己酉	庚戌	辛亥	壬子	癸丑	甲寅	乙卯	丙辰	丁巳	戊午	大寒	庚申	辛酉	壬戌	癸亥	甲子	乙丑	丙寅	丁卯	戊辰	己巳	庚午

陽歷 二 月份　　(陰歷正、二月份)

陽	2	2	3	4	5	6	7	8	9	10	11	12	13	14	15	16	17	18	19	20	21	22	23	24	25	26	27	28	29		
陰	四	五	六	七	八	九	十	十一	十二	十三	十四	十五	十六	十七	十八	十九	廿	廿一	廿二	廿三	廿四	廿五	廿六	廿七	廿八	廿九	卅	二	二		
星	4	5	6	日	1	2	3	4	5	6	日	1	2	3	4	5	6	日	1	2	3	4	5	6	日	1	2	3	4		
干節	辛未	壬申	癸酉	立春	乙亥	丙子	丁丑	戊寅	己卯	庚辰	辛巳	壬午	癸未	甲申	乙酉	丙戌	丁亥	戊子	雨水	庚寅	辛卯	壬辰	癸巳	甲午	乙未	丙申	丁酉	戊戌	己亥		

陽歷 三 月份　　(陰歷二、三月份)

陽	3	2	3	4	5	6	7	8	9	10	11	12	13	14	15	16	17	18	19	20	21	22	23	24	25	26	27	28	29	30	31
陰	三	四	五	六	七	八	九	十	十一	十二	十三	十四	十五	十六	十七	十八	十九	廿	廿一	廿二	廿三	廿四	廿五	廿六	廿七	廿八	廿九	卅	三	二	三
星	5	6	日	1	2	3	4	5	6	日	1	2	3	4	5	6	日	1	2	3	4	5	6	日	1	2	3	4	5	6	日
干節	庚子	辛丑	壬寅	癸卯	驚蟄	乙巳	丙午	丁未	戊申	己酉	庚戌	辛亥	壬子	癸丑	甲寅	乙卯	丙辰	丁巳	戊午	春分	庚申	辛酉	壬戌	癸亥	甲子	乙丑	丙寅	丁卯	戊辰	己巳	庚午

陽歷 四 月份　　(陰歷三、四月份)

陽	4	2	3	4	5	6	7	8	9	10	11	12	13	14	15	16	17	18	19	20	21	22	23	24	25	26	27	28	29	30	
陰	四	五	六	七	八	九	十	十一	十二	十三	十四	十五	十六	十七	十八	十九	廿	廿一	廿二	廿三	廿四	廿五	廿六	廿七	廿八	廿九	四	二	三	四	
星	1	2	3	4	5	6	日	1	2	3	4	5	6	日	1	2	3	4	5	6	日	1	2	3	4	5	6	日	1	2	
干節	辛未	壬申	癸酉	清明	乙亥	丙子	丁丑	戊寅	己卯	庚辰	辛巳	壬午	癸未	甲申	乙酉	丙戌	丁亥	戊子	穀雨	庚寅	辛卯	壬辰	癸巳	甲午	乙未	丙申	丁酉	戊戌	己亥	庚子	

陽歷 五 月份　　(陰歷四、五月份)

陽	5	2	3	4	5	6	7	8	9	10	11	12	13	14	15	16	17	18	19	20	21	22	23	24	25	26	27	28	29	30	31
陰	五	六	七	八	九	十	十一	十二	十三	十四	十五	十六	十七	十八	十九	廿	廿一	廿二	廿三	廿四	廿五	廿六	廿七	廿八	廿九	卅	五	二	三	四	五
星	3	4	5	6	日	1	2	3	4	5	6	日	1	2	3	4	5	6	日	1	2	3	4	5	6	日	1	2	3	4	5
干節	辛丑	壬寅	癸卯	甲辰	立夏	丙午	丁未	戊申	己酉	庚戌	辛亥	壬子	癸丑	甲寅	乙卯	丙辰	丁巳	戊午	己未	小滿	辛酉	壬戌	癸亥	甲子	乙丑	丙寅	丁卯	戊辰	己巳	庚午	辛未

陽歷 六 月份　　(陰歷五、六月份)

陽	6	2	3	4	5	6	7	8	9	10	11	12	13	14	15	16	17	18	19	20	21	22	23	24	25	26	27	28	29	30	
陰	六	七	八	九	十	十一	十二	十三	十四	十五	十六	十七	十八	十九	廿	廿一	廿二	廿三	廿四	廿五	廿六	廿七	廿八	廿九	卅	六	二	三	四	五	
星	6	日	1	2	3	4	5	6	日	1	2	3	4	5	6	日	1	2	3	4	5	6	日	1	2	3	4	5	6	日	
干節	壬申	癸酉	甲戌	乙亥	芒種	丁丑	戊寅	己卯	庚辰	辛巳	壬午	癸未	甲申	乙酉	丙戌	丁亥	戊子	己丑	庚寅	辛卯	夏至	癸巳	甲午	乙未	丙申	丁酉	戊戌	己亥	庚子	辛丑	

丙申　一五九六年　(明神宗萬曆二四年)

丙申

一五九六年

(明神宗萬曆二四年)

陽歷七月份　(陰歷六、七月份)

陽	7	2	3	4	5	6	7	8	9	10	11	12	13	14	15	16	17	18	19	20	21	22	23	24	25	26	27	28	29	30	31
陰	六	七	八	九	十	十一	十二	十三	十四	十五	十六	十七	十八	十九	廿	廿一	廿二	廿三	廿四	廿五	廿六	廿七	廿八	廿九	七	二	三	四	五	六	七
星	1	2	3	4	5	6	日	1	2	3	4	5	6	日	1	2	3	4	5	6	日	1	2	3	4	5	6	日	1	2	3
干節	壬寅	癸卯	甲辰	乙巳	丙午	丁未	小暑	己酉	庚戌	辛亥	壬子	癸丑	甲寅	乙卯	丙辰	丁巳	戊午	己未	庚申	辛酉	壬戌	大暑	甲子	乙丑	丙寅	丁卯	戊辰	己巳	庚午	辛未	壬申

陽歷八月份　(陰歷七、八月份)

陽	8	2	3	4	5	6	7	8	9	10	11	12	13	14	15	16	17	18	19	20	21	22	23	24	25	26	27	28	29	30	31
陰	八	九	十	十一	十二	十三	十四	十五	十六	十七	十八	十九	廿	廿一	廿二	廿三	廿四	廿五	廿六	廿七	廿八	廿九	卅	八	二	三	四	五	六	七	八
星	4	5	6	日	1	2	3	4	5	6	日	1	2	3	4	5	6	日	1	2	3	4	5	6	日	1	2	3	4	5	6
干節	癸酉	甲戌	乙亥	丙子	丁丑	戊寅	立秋	庚辰	辛巳	壬午	癸未	甲申	乙酉	丙戌	丁亥	戊子	己丑	庚寅	辛卯	壬辰	癸巳	甲午	處暑	丙申	丁酉	戊戌	己亥	庚子	辛丑	壬寅	癸卯

陽歷九月份　(陰歷八、閏八月份)

陽	9	2	3	4	5	6	7	8	9	10	11	12	13	14	15	16	17	18	19	20	21	22	23	24	25	26	27	28	29	30	
陰	九	十	十一	十二	十三	十四	十五	十六	十七	十八	十九	廿	廿一	廿二	廿三	廿四	廿五	廿六	廿七	廿八	廿九	閏	二	三	四	五	六	七	八	九	
星	日	1	2	3	4	5	6	日	1	2	3	4	5	6	日	1	2	3	4	5	6	日	1	2	3	4	5	6	日	1	
干節	甲辰	乙巳	丙午	丁未	戊申	己酉	白露	辛亥	壬子	癸丑	甲寅	乙卯	丙辰	丁巳	戊午	己未	庚申	辛酉	壬戌	癸亥	甲子	秋分	丙寅	丁卯	戊辰	己巳	庚午	辛未	壬申	癸酉	

陽歷十月份　(陰歷閏八、九月份)

陽	10	2	3	4	5	6	7	8	9	10	11	12	13	14	15	16	17	18	19	20	21	22	23	24	25	26	27	28	29	30	31
陰	十	十一	十二	十三	十四	十五	十六	十七	十八	十九	廿	廿一	廿二	廿三	廿四	廿五	廿六	廿七	廿八	廿九	九	二	三	四	五	六	七	八	九	十	十一
星	2	3	4	5	6	日	1	2	3	4	5	6	日	1	2	3	4	5	6	日	1	2	3	4	5	6	日	1	2	3	4
干節	甲戌	乙亥	丙子	丁丑	戊寅	己卯	庚辰	寒露	壬午	癸未	甲申	乙酉	丙戌	丁亥	戊子	己丑	庚寅	辛卯	壬辰	癸巳	甲午	乙未	霜降	丁酉	戊戌	己亥	庚子	辛丑	壬寅	癸卯	甲辰

陽歷十一月份　(陰歷九、十月份)

陽	11	2	3	4	5	6	7	8	9	10	11	12	13	14	15	16	17	18	19	20	21	22	23	24	25	26	27	28	29	30	
陰	十二	十三	十四	十五	十六	十七	十八	十九	廿	廿一	廿二	廿三	廿四	廿五	廿六	廿七	廿八	廿九	卅	十	二	三	四	五	六	七	八	九	十	十一	
星	5	6	日	1	2	3	4	5	6	日	1	2	3	4	5	6	日	1	2	3	4	5	6	日	1	2	3	4	5	6	
干節	乙巳	丙午	丁未	戊申	己酉	庚戌	立冬	壬子	癸丑	甲寅	乙卯	丙辰	丁巳	戊午	己未	庚申	辛酉	壬戌	癸亥	甲子	乙丑	小雪	丁卯	戊辰	己巳	庚午	辛未	壬申	癸酉	甲戌	

陽歷十二月份　(陰歷十、十一月份)

陽	12	2	3	4	5	6	7	8	9	10	11	12	13	14	15	16	17	18	19	20	21	22	23	24	25	26	27	28	29	30	31
陰	十二	十三	十四	十五	十六	十七	十八	十九	廿	廿一	廿二	廿三	廿四	廿五	廿六	廿七	廿八	廿九	十一	二	三	四	五	六	七	八	九	十	十一	十二	十三
星	日	1	2	3	4	5	6	日	1	2	3	4	5	6	日	1	2	3	4	5	6	日	1	2	3	4	5	6	日	1	2
干節	乙亥	丙子	丁丑	戊寅	己卯	大雪	辛巳	壬午	癸未	甲申	乙酉	丙戌	丁亥	戊子	己丑	庚寅	辛卯	壬辰	癸巳	甲午	冬至	丙申	丁酉	戊戌	己亥	庚子	辛丑	壬寅	癸卯	甲辰	乙巳

近世中西史日對照表

丁酉 一五九七年 (明神宗萬曆二五年)

陽歷 一 月份 (陰歷十一、十二月份)

陽	1	2	3	4	5	6	7	8	9	10	11	12	13	14	15	16	17	18	19	20	21	22	23	24	25	26	27	28	29	30	31
陰	十四	十五	十六	十七	十八	十九	廿	廿一	廿二	廿三	廿四	廿五	廿六	廿七	廿八	廿九	卅	十二	二	三	四	五	六	七	八	九	十	十一	十二	十三	十四
星	3	4	5	6	日	1	2	3	4	5	6	日	1	2	3	4	5	6	日	1	2	3	4	5	6	日	1	2	3	4	5
干節	丙午	丁未	戊申	己酉	小寒	辛亥	壬子	癸丑	甲寅	乙卯	丙辰	丁巳	戊午	己未	庚申	辛酉	壬戌	癸亥	大寒	乙丑	丙寅	丁卯	戊辰	己巳	庚午	辛未	壬申	癸酉	甲戌	乙亥	丙子

陽歷 二 月份 (陰歷十二、正月份)

陽	1	2	3	4	5	6	7	8	9	10	11	12	13	14	15	16	17	18	19	20	21	22	23	24	25	26	27	28
陰	十五	十六	十七	十八	十九	廿	廿一	廿二	廿三	廿四	廿五	廿六	廿七	廿八	廿九	正	二	三	四	五	六	七	八	九	十	十一	十二	十三
星	6	日	1	2	3	4	5	6	日	1	2	3	4	5	6	日	1	2	3	4	5	6	日	1	2	3	4	5
干節	丁丑	戊寅	立春	庚辰	辛巳	壬午	癸未	甲申	乙酉	丙戌	丁亥	戊子	己丑	庚寅	辛卯	壬辰	癸巳	雨水	乙未	丙申	丁酉	戊戌	己亥	庚子	辛丑	壬寅	癸卯	甲辰

陽歷 三 月份 (陰歷正、二月份)

陽	1	2	3	4	5	6	7	8	9	10	11	12	13	14	15	16	17	18	19	20	21	22	23	24	25	26	27	28	29	30	31
陰	十四	十五	十六	十七	十八	十九	廿	廿一	廿二	廿三	廿四	廿五	廿六	廿七	廿八	廿九	卅	二	二	三	四	五	六	七	八	九	十	十一	十二	十三	十四
星	6	日	1	2	3	4	5	6	日	1	2	3	4	5	6	日	1	2	3	4	5	6	日	1	2	3	4	5	6	日	1
干節	乙巳	丙午	丁未	戊申	驚蟄	庚戌	辛亥	壬子	癸丑	甲寅	乙卯	丙辰	丁巳	戊午	己未	庚申	辛酉	壬戌	癸亥	春分	乙丑	丙寅	丁卯	戊辰	己巳	庚午	辛未	壬申	癸酉	甲戌	乙亥

陽歷 四 月份 (陰歷二、三月份)

陽	1	2	3	4	5	6	7	8	9	10	11	12	13	14	15	16	17	18	19	20	21	22	23	24	25	26	27	28	29	30
陰	十五	十六	十七	十八	十九	廿	廿一	廿二	廿三	廿四	廿五	廿六	廿七	廿八	廿九	三	二	三	四	五	六	七	八	九	十	十一	十二	十三	十四	十五
星	2	3	4	5	6	日	1	2	3	4	5	6	日	1	2	3	4	5	6	日	1	2	3	4	5	6	日	1	2	3
干節	丙子	丁丑	戊寅	清明	庚辰	辛巳	壬午	癸未	甲申	乙酉	丙戌	丁亥	戊子	己丑	庚寅	辛卯	壬辰	癸巳	甲午	穀雨	丙申	丁酉	戊戌	己亥	庚子	辛丑	壬寅	癸卯	甲辰	乙巳

陽歷 五 月份 (陰歷三、四月份)

陽	1	2	3	4	5	6	7	8	9	10	11	12	13	14	15	16	17	18	19	20	21	22	23	24	25	26	27	28	29	30	31
陰	十六	十七	十八	十九	廿	廿一	廿二	廿三	廿四	廿五	廿六	廿七	廿八	廿九	卅	四	二	三	四	五	六	七	八	九	十	十一	十二	十三	十四	十五	十六
星	4	5	6	日	1	2	3	4	5	6	日	1	2	3	4	5	6	日	1	2	3	4	5	6	日	1	2	3	4	5	6
干節	丙午	丁未	戊申	己酉	立夏	辛亥	壬子	癸丑	甲寅	乙卯	丙辰	丁巳	戊午	己未	庚申	辛酉	壬戌	癸亥	甲子	乙丑	小滿	丁卯	戊辰	己巳	庚午	辛未	壬申	癸酉	甲戌	乙亥	丙子

陽歷 六 月份 (陰歷四、五月份)

陽	1	2	3	4	5	6	7	8	9	10	11	12	13	14	15	16	17	18	19	20	21	22	23	24	25	26	27	28	29	30
陰	十七	十八	十九	廿	廿一	廿二	廿三	廿四	廿五	廿六	廿七	廿八	廿九	卅	五	二	三	四	五	六	七	八	九	十	十一	十二	十三	十四	十五	十六
星	日	1	2	3	4	5	6	日	1	2	3	4	5	6	日	1	2	3	4	5	6	日	1	2	3	4	5	6	日	1
干節	丁丑	戊寅	己卯	庚辰	芒種	壬午	癸未	甲申	乙酉	丙戌	丁亥	戊子	己丑	庚寅	辛卯	壬辰	癸巳	甲午	乙未	丙申	夏至	戊戌	己亥	庚子	辛丑	壬寅	癸卯	甲辰	乙巳	丙午

丁酉

一五九七年

（明神宗萬曆二五年）

陽歷七月份　（陰歷五、六月份）

陽	7	2	3	4	5	6	7	8	9	10	11	12	13	14	15	16	17	18	19	20	21	22	23	24	25	26	27	28	29	30	31
陰	十七	十八	十九	廿	廿一	廿二	廿三	廿四	廿五	廿六	廿七	廿八	廿九	六	二	三	四	五	六	七	八	九	十	十一	十二	十三	十四	十五	十六	十七	十八
星	2	3	4	5	6	日	1	2	3	4	5	6	日	1	2	3	4	5	6	日	1	2	3	4	5	6	日	1	2	3	4
干節	丁未	戊申	己酉	庚戌	辛亥	壬子	小暑	甲寅	乙卯	丙辰	丁巳	戊午	己未	庚申	辛酉	壬戌	癸亥	甲子	乙丑	丙寅	丁卯	戊辰	大暑	庚午	辛未	壬申	癸酉	甲戌	乙亥	丙子	丁丑

陽歷八月份　（陰歷六、七月份）

陽	8	2	3	4	5	6	7	8	9	10	11	12	13	14	15	16	17	18	19	20	21	22	23	24	25	26	27	28	29	30	31
陰	十九	廿	廿一	廿二	廿三	廿四	廿五	廿六	廿七	廿八	廿九	卅	七	二	三	四	五	六	七	八	九	十	十一	十二	十三	十四	十五	十六	十七	十八	十九
星	5	6	日	1	2	3	4	5	6	日	1	2	3	4	5	6	日	1	2	3	4	5	6	日	1	2	3	4	5	6	日
干節	戊寅	己卯	庚辰	辛巳	壬午	癸未	立秋	乙酉	丙戌	丁亥	戊子	己丑	庚寅	辛卯	壬辰	癸巳	甲午	乙未	丙申	丁酉	戊戌	己亥	處暑	辛丑	壬寅	癸卯	甲辰	乙巳	丙午	丁未	戊申

陽歷九月份　（陰歷七、八月份）

陽	9	2	3	4	5	6	7	8	9	10	11	12	13	14	15	16	17	18	19	20	21	22	23	24	25	26	27	28	29	30
陰	廿	廿一	廿二	廿三	廿四	廿五	廿六	廿七	廿八	廿九	八	二	三	四	五	六	七	八	九	十	十一	十二	十三	十四	十五	十六	十七	十八	十九	廿
星	1	2	3	4	5	6	日	1	2	3	4	5	6	日	1	2	3	4	5	6	日	1	2	3	4	5	6	日	1	2
干節	己酉	庚戌	辛亥	壬子	癸丑	甲寅	白露	丙辰	丁巳	戊午	己未	庚申	辛酉	壬戌	癸亥	甲子	乙丑	丙寅	丁卯	戊辰	己巳	庚午	秋分	壬申	癸酉	甲戌	乙亥	丙子	丁丑	戊寅

陽歷十月份　（陰歷八、九月份）

陽	10	2	3	4	5	6	7	8	9	10	11	12	13	14	15	16	17	18	19	20	21	22	23	24	25	26	27	28	29	30	31
陰	廿一	廿二	廿三	廿四	廿五	廿六	廿七	廿八	廿九	卅	九	二	三	四	五	六	七	八	九	十	十一	十二	十三	十四	十五	十六	十七	十八	十九	廿	廿一
星	3	4	5	6	日	1	2	3	4	5	6	日	1	2	3	4	5	6	日	1	2	3	4	5	6	日	1	2	3	4	5
干節	己卯	庚辰	辛巳	壬午	癸未	甲申	乙酉	寒露	丁亥	戊子	己丑	庚寅	辛卯	壬辰	癸巳	甲午	乙未	丙申	丁酉	戊戌	己亥	庚子	霜降	壬寅	癸卯	甲辰	乙巳	丙午	丁未	戊申	己酉

陽歷十一月份　（陰歷九、十月份）

陽	11	2	3	4	5	6	7	8	9	10	11	12	13	14	15	16	17	18	19	20	21	22	23	24	25	26	27	28	29	30
陰	廿二	廿三	廿四	廿五	廿六	廿七	廿八	廿九	十	二	三	四	五	六	七	八	九	十	十一	十二	十三	十四	十五	十六	十七	十八	十九	廿	廿一	廿二
星	6	日	1	2	3	4	5	6	日	1	2	3	4	5	6	日	1	2	3	4	5	6	日	1	2	3	4	5	6	日
干節	庚戌	辛亥	壬子	癸丑	甲寅	乙卯	立冬	丁巳	戊午	己未	庚申	辛酉	壬戌	癸亥	甲子	乙丑	丙寅	丁卯	戊辰	己巳	庚午	小雪	壬申	癸酉	甲戌	乙亥	丙子	丁丑	戊寅	己卯

陽歷十二月份　（陰歷十、十一月份）

陽	12	2	3	4	5	6	7	8	9	10	11	12	13	14	15	16	17	18	19	20	21	22	23	24	25	26	27	28	29	30	31
陰	廿三	廿四	廿五	廿六	廿七	廿八	廿九	卅	十一	二	三	四	五	六	七	八	九	十	十一	十二	十三	十四	十五	十六	十七	十八	十九	廿	廿一	廿二	廿三
星	1	2	3	4	5	6	日	1	2	3	4	5	6	日	1	2	3	4	5	6	日	1	2	3	4	5	6	日	1	2	3
干節	庚辰	辛巳	壬午	癸未	甲申	乙酉	大雪	丁亥	戊子	己丑	庚寅	辛卯	壬辰	癸巳	甲午	乙未	丙申	丁酉	戊戌	己亥	庚子	冬至	壬寅	癸卯	甲辰	乙巳	丙午	丁未	戊申	己酉	庚戌

近世中西史日對照表

戊戌

一五九八年

（明神宗萬曆二六年）

陽歷一月份　（陰歷十一、十二月份）

陽	**1**	2	3	4	5	6	7	8	9	10	11	12	13	14	15	16	17	18	19	20	21	22	23	24	25	26	27	28	29	30	31
陰	廿四	廿五	廿六	廿七	廿八	廿九	**十二**	二	三	四	五	六	七	八	九	十	十一	十二	十三	十四	十五	十六	十七	十八	十九	廿	廿一	廿二	廿三	廿四	廿五
星	4	5	6	**日**	1	2	3	4	5	6	**日**	1	2	3	4	5	6	**日**	1	2	3	4	5	6	**日**	1	2	3	4	5	6
干節	辛亥	壬子	癸丑	甲寅	**小寒**	丙辰	丁巳	戊午	己未	庚申	辛酉	壬戌	癸亥	甲子	乙丑	丙寅	丁卯	戊辰	己巳	**大寒**	辛未	壬申	癸酉	甲戌	乙亥	丙子	丁丑	戊寅	己卯	庚辰	辛巳

陽歷二月份　（陰歷十二、正月份）

陽	**2**	2	3	4	5	6	7	8	9	10	11	12	13	14	15	16	17	18	19	20	21	22	23	24	25	26	27	28			
陰	廿六	廿七	廿八	廿九	卅	**正**	二	三	四	五	六	七	八	九	十	十一	十二	十三	十四	十五	十六	十七	十八	十九	廿	廿一	廿二	廿三			
星	**日**	1	2	3	4	5	6	**日**	1	2	3	4	5	6	**日**	1	2	3	4	5	6	**日**	1	2	3	4	5	6			
干節	壬午	癸未	**立春**	乙酉	丙戌	丁亥	戊子	己丑	庚寅	辛卯	壬辰	癸巳	甲午	乙未	丙申	丁酉	戊戌	**雨水**	庚子	辛丑	壬寅	癸卯	甲辰	乙巳	丙午	丁未	戊申	己酉			

陽歷三月份　（陰歷正、二月份）

陽	**3**	2	3	4	5	6	7	8	9	10	11	12	13	14	15	16	17	18	19	20	21	22	23	24	25	26	27	28	29	30	31
陰	廿四	廿五	廿六	廿七	廿八	廿九	**二**	二	三	四	五	六	七	八	九	十	十一	十二	十三	十四	十五	十六	十七	十八	十九	廿	廿一	廿二	廿三	廿四	廿五
星	**日**	1	2	3	4	5	6	**日**	1	2	3	4	5	6	**日**	1	2	3	4	5	6	**日**	1	2	3	4	5	6	**日**	1	2
干節	庚戌	辛亥	壬子	癸丑	**驚蟄**	乙卯	丙辰	丁巳	戊午	己未	庚申	辛酉	壬戌	癸亥	甲子	乙丑	丙寅	丁卯	戊辰	**春分**	庚午	辛未	壬申	癸酉	甲戌	乙亥	丙子	丁丑	戊寅	己卯	庚辰

陽歷四月份　（陰歷二、三月份）

陽	**4**	2	3	4	5	6	7	8	9	10	11	12	13	14	15	16	17	18	19	20	21	22	23	24	25	26	27	28	29	30
陰	廿六	廿七	廿八	廿九	卅	**三**	二	三	四	五	六	七	八	九	十	十一	十二	十三	十四	十五	十六	十七	十八	十九	廿	廿一	廿二	廿三	廿四	廿五
星	3	4	5	6	**日**	1	2	3	4	5	6	**日**	1	2	3	4	5	6	**日**	1	2	3	4	5	6	**日**	1	2	3	4
干節	辛巳	壬午	癸未	甲申	**清明**	丙戌	丁亥	戊子	己丑	庚寅	辛卯	壬辰	癸巳	甲午	乙未	丙申	丁酉	戊戌	己亥	**穀雨**	辛丑	壬寅	癸卯	甲辰	乙巳	丙午	丁未	戊申	己酉	庚戌

陽歷五月份　（陰歷三、四月份）

陽	**5**	2	3	4	5	6	7	8	9	10	11	12	13	14	15	16	17	18	19	20	21	22	23	24	25	26	27	28	29	30	31
陰	廿六	廿七	廿八	廿九	**四**	二	三	四	五	六	七	八	九	十	十一	十二	十三	十四	十五	十六	十七	十八	十九	廿	廿一	廿二	廿三	廿四	廿五	廿六	廿七
星	5	6	**日**	1	2	3	4	5	6	**日**	1	2	3	4	5	6	**日**	1	2	3	4	5	6	**日**	1	2	3	4	5	6	**日**
干節	辛亥	壬子	癸丑	甲寅	**立夏**	丙辰	丁巳	戊午	己未	庚申	辛酉	壬戌	癸亥	甲子	乙丑	丙寅	丁卯	戊辰	己巳	庚午	**小滿**	壬申	癸酉	甲戌	乙亥	丙子	丁丑	戊寅	己卯	庚辰	辛巳

陽歷六月份　（陰歷四、五月份）

陽	**6**	2	3	4	5	6	7	8	9	10	11	12	13	14	15	16	17	18	19	20	21	22	23	24	25	26	27	28	29	30
陰	廿八	廿九	卅	**五**	二	三	四	五	六	七	八	九	十	十一	十二	十三	十四	十五	十六	十七	十八	十九	廿	廿一	廿二	廿三	廿四	廿五	廿六	廿七
星	1	2	3	4	5	6	**日**	1	2	3	4	5	6	**日**	1	2	3	4	5	6	**日**	1	2	3	4	5	6	**日**	1	2
干節	壬午	癸未	甲申	乙酉	丙戌	**芒種**	戊子	己丑	庚寅	辛卯	壬辰	癸巳	甲午	乙未	丙申	丁酉	戊戌	己亥	庚子	辛丑	**夏至**	癸卯	甲辰	乙巳	丙午	丁未	戊申	己酉	庚戌	辛亥

戊戌

一五九八年

（明神宗萬曆二十六年）

陽歷七月份　（陰歷五、六月份）

陽	7	2	3	4	5	6	7	8	9	10	11	12	13	14	15	16	17	18	19	20	21	22	23	24	25	26	27	28	29	30	31
陰	廿八	廿九	六	二	三	四	五	六	七	八	九	十	十一	十二	十三	十四	十五	十六	十七	十八	十九	廿	廿一	廿二	廿三	廿四	廿五	廿六	廿七	廿八	廿九
星	3	4	5	6	日	1	2	3	4	5	6	日	1	2	3	4	5	6	日	1	2	3	4	5	6	日	1	2	3	4	5
干節	壬子	癸丑	甲寅	乙卯	丙辰	丁巳	小暑	己未	庚申	辛酉	壬戌	癸亥	甲子	乙丑	丙寅	丁卯	戊辰	己巳	庚午	辛未	壬申	癸酉	大暑	乙亥	丙子	丁丑	戊寅	己卯	庚辰	辛巳	壬午

陽歷八月份　（陰歷六、七月份）

陽	8	2	3	4	5	6	7	8	9	10	11	12	13	14	15	16	17	18	19	20	21	22	23	24	25	26	27	28	29	30	31
陰	卅	七	二	三	四	五	六	七	八	九	十	十一	十二	十三	十四	十五	十六	十七	十八	十九	廿	廿一	廿二	廿三	廿四	廿五	廿六	廿七	廿八	廿九	卅
星	6	日	1	2	3	4	5	6	日	1	2	3	4	5	6	日	1	2	3	4	5	6	日	1	2	3	4	5	6	日	1
干節	癸未	甲申	乙酉	丙戌	丁亥	戊子	己丑	立秋	辛卯	壬辰	癸巳	甲午	乙未	丙申	丁酉	戊戌	己亥	庚子	辛丑	壬寅	癸卯	甲辰	處暑	丙午	丁未	戊申	己酉	庚戌	辛亥	壬子	癸丑

陽歷九月份　（陰歷八、九月份）

陽	9	2	3	4	5	6	7	8	9	10	11	12	13	14	15	16	17	18	19	20	21	22	23	24	25	26	27	28	29	30
陰	八	二	三	四	五	六	七	八	九	十	十一	十二	十三	十四	十五	十六	十七	十八	十九	廿	廿一	廿二	廿三	廿四	廿五	廿六	廿七	廿八	廿九	九
星	2	3	4	5	6	日	1	2	3	4	5	6	日	1	2	3	4	5	6	日	1	2	3	4	5	6	日	1	2	3
干節	甲寅	乙卯	丙辰	丁巳	戊午	己未	庚申	白露	壬戌	癸亥	甲子	乙丑	丙寅	丁卯	戊辰	己巳	庚午	辛未	壬申	癸酉	甲戌	乙亥	秋分	丁丑	戊寅	己卯	庚辰	辛巳	壬午	癸未

陽歷十月份　（陰歷九、十月份）

陽	10	2	3	4	5	6	7	8	9	10	11	12	13	14	15	16	17	18	19	20	21	22	23	24	25	26	27	28	29	30	31
陰	二	三	四	五	六	七	八	九	十	十一	十二	十三	十四	十五	十六	十七	十八	十九	廿	廿一	廿二	廿三	廿四	廿五	廿六	廿七	廿八	廿九	卅	十	二
星	4	5	6	日	1	2	3	4	5	6	日	1	2	3	4	5	6	日	1	2	3	4	5	6	日	1	2	3	4	5	6
干節	甲申	乙酉	丙戌	丁亥	戊子	己丑	庚寅	寒露	壬辰	癸巳	甲午	乙未	丙申	丁酉	戊戌	己亥	庚子	辛丑	壬寅	癸卯	甲辰	乙巳	霜降	丁未	戊申	己酉	庚戌	辛亥	壬子	癸丑	甲寅

陽歷十一月份　（陰歷十、十一月份）

陽	11	2	3	4	5	6	7	8	9	10	11	12	13	14	15	16	17	18	19	20	21	22	23	24	25	26	27	28	29	30
陰	三	四	五	六	七	八	九	十	十一	十二	十三	十四	十五	十六	十七	十八	十九	廿	廿一	廿二	廿三	廿四	廿五	廿六	廿七	廿八	廿九	十一	二	三
星	日	1	2	3	4	5	6	日	1	2	3	4	5	6	日	1	2	3	4	5	6	日	1	2	3	4	5	6	日	1
干節	乙卯	丙辰	丁巳	戊午	己未	庚申	立冬	壬戌	癸亥	甲子	乙丑	丙寅	丁卯	庚辰	己巳	庚午	辛未	壬申	癸酉	甲戌	乙亥	小雪	丁丑	戊寅	己卯	庚辰	辛巳	壬午	癸未	甲申

陽歷十二月份　（陰歷十一、十二月份）

陽	12	2	3	4	5	6	7	8	9	10	11	12	13	14	15	16	17	18	19	20	21	22	23	24	25	26	27	28	29	30	31
陰	四	五	六	七	八	九	十	十一	十二	十三	十四	十五	十六	十七	十八	十九	廿	廿一	廿二	廿三	廿四	廿五	廿六	廿七	廿八	廿九	卅	十二	二	三	四
星	2	3	4	5	6	日	1	2	3	4	5	6	日	1	2	3	4	5	6	日	1	2	3	4	5	6	日	1	2	3	4
干節	乙酉	丙戌	丁亥	戊子	己丑	庚寅	大雪	壬辰	癸巳	甲午	乙未	丙申	丁酉	戊戌	己亥	庚子	辛丑	壬寅	癸卯	甲辰	乙巳	冬至	丁未	戊申	己酉	庚戌	辛亥	壬子	癸丑	甲寅	乙卯

近世中西史日對照表

己亥 一五九九年（明神宗萬曆二七年）

陽歷一月份　（陰歷十二、正月份）

陽	1	2	3	4	5	6	7	8	9	10	11	12	13	14	15	16	17	18	19	20	21	22	23	24	25	26	27	28	29	30	31
陰	五	六	七	八	九	十	十一	十二	十三	十四	十五	十六	十七	十八	十九	廿	廿一	廿二	廿三	廿四	廿五	廿六	廿七	廿八	廿九	卅	正	二	三	四	五
星	5	6	日	1	2	3	4	5	6	日	1	2	3	4	5	6	日	1	2	3	4	5	6	日	1	2	3	4	5	6	日
干節	丙辰	丁巳	戊午	己未	小寒	辛酉	壬戌	癸亥	甲子	乙丑	丙寅	丁卯	戊辰	己巳	庚午	辛未	壬申	癸酉	甲戌	大寒	丙子	丁丑	戊寅	己卯	庚辰	辛巳	壬午	癸未	甲申	乙酉	丙戌

陽歷二月份　（陰歷正、二月份）

陽	1	2	3	4	5	6	7	8	9	10	11	12	13	14	15	16	17	18	19	20	21	22	23	24	25	26	27	28			
陰	六	七	八	九	十	十一	十二	十三	十四	十五	十六	十七	十八	十九	廿	廿一	廿二	廿三	廿四	廿五	廿六	廿七	廿八	廿九	二	二	三	四			
星	1	2	3	4	5	6	日	1	2	3	4	5	6	日	1	2	3	4	5	6	日	1	2	3	4	5	6	日			
干節	丁亥	戊子	己丑	立春	辛卯	壬辰	癸巳	甲午	乙未	丙申	丁酉	戊戌	己亥	庚子	辛丑	壬寅	癸卯	甲辰	雨水	丙午	丁未	戊申	己酉	庚戌	辛亥	壬子	癸丑	甲寅			

陽歷三月份　（陰歷二、三月份）

陽	1	2	3	4	5	6	7	8	9	10	11	12	13	14	15	16	17	18	19	20	21	22	23	24	25	26	27	28	29	30	31
陰	五	六	七	八	九	十	十一	十二	十三	十四	十五	十六	十七	十八	十九	廿	廿一	廿二	廿三	廿四	廿五	廿六	廿七	廿八	廿九	三	二	三	四	五	六
星	1	2	3	4	5	6	日	1	2	3	4	5	6	日	1	2	3	4	5	6	日	1	2	3	4	5	6	日	1	2	3
干節	乙卯	丙辰	丁巳	戊午	驚蟄	庚申	辛酉	壬戌	亥癸	甲子	乙丑	丙寅	丁卯	戊辰	己巳	庚午	辛未	壬申	癸酉	甲戌	春分	丙子	丁丑	戊寅	己卯	庚辰	辛巳	壬午	癸未	甲申	乙酉

陽歷四月份　（陰歷三、四月份）

陽	1	2	3	4	5	6	7	8	9	10	11	12	13	14	15	16	17	18	19	20	21	22	23	24	25	26	27	28	29	30	
陰	七	八	九	十	十一	十二	十三	十四	十五	十六	十七	十八	十九	廿	廿一	廿二	廿三	廿四	廿五	廿六	廿七	廿八	廿九	卅	四	二	三	四	五	六	
星	4	5	6	日	1	2	3	4	5	6	日	1	2	3	4	5	6	日	1	2	3	4	5	6	日	1	2	3	4	5	
干節	丙戌	丁亥	戊子	己丑	清明	辛卯	壬辰	癸巳	甲午	乙未	丙申	丁酉	戊戌	己亥	庚子	辛丑	壬寅	癸卯	甲辰	穀雨	丙午	丁未	戊申	己酉	庚戌	辛亥	壬子	癸丑	甲寅	乙卯	

陽歷五月份　（陰歷四閏四月份）

陽	1	2	3	4	5	6	7	8	9	10	11	12	13	14	15	16	17	18	19	20	21	22	23	24	25	26	27	28	29	30	31
陰	七	八	九	十	十一	十二	十三	十四	十五	十六	十七	十八	十九	廿	廿一	廿二	廿三	廿四	廿五	廿六	廿七	廿八	廿九	閏	二	三	四	五	六	七	八
星	6	日	1	2	3	4	5	6	日	1	2	3	4	5	6	日	1	2	3	4	5	6	日	1	2	3	4	5	6	日	1
干節	丙辰	丁巳	戊午	己未	庚申	立夏	壬戌	癸亥	甲子	乙丑	丙寅	丁卯	戊辰	己巳	庚午	辛未	壬申	癸酉	甲戌	乙亥	小滿	丁丑	戊寅	己卯	庚辰	辛巳	壬午	癸未	甲申	乙酉	丙戌

陽歷六月份　（陰歷閏四、五月份）

陽	1	2	3	4	5	6	7	8	9	10	11	12	13	14	15	16	17	18	19	20	21	22	23	24	25	26	27	28	29	30	
陰	九	十	十一	十二	十三	十四	十五	十六	十七	十八	十九	廿	廿一	廿二	廿三	廿四	廿五	廿六	廿七	廿八	廿九	五	二	三	四	五	六	七	八	九	
星	2	3	4	5	6	日	1	2	3	4	5	6	日	1	2	3	4	5	6	日	1	2	3	4	5	6	日	1	2	3	
干節	丁亥	戊子	己丑	庚寅	辛卯	芒種	癸巳	甲午	乙未	丙申	丁酉	戊戌	己亥	庚子	辛丑	壬寅	癸卯	甲辰	乙巳	丙午	丁未	夏至	己酉	庚戌	辛亥	壬子	癸丑	甲寅	乙卯	丙辰	

近世中西史日對照表

己亥

一五九九年

（明神宗萬曆二七年）

陽歷七月份　（陰歷五、六月份）

陽	7	2	3	4	5	6	7	8	9	10	11	12	13	14	15	16	17	18	19	20	21	22	23	24	25	26	27	28	29	30	31
陰	十	十一	十二	十三	十四	十五	十六	十七	十八	十九	廿	廿一	廿二	廿三	廿四	廿五	廿六	廿七	廿八	廿九	卅	六	二	三	四	五	六	七	八	九	十
星	4	5	6	日	1	2	3	4	5	6	日	1	2	3	4	5	6	日	1	2	3	4	5	6	日	1	2	3	4	5	6
干節	丁巳	戊午	己未	庚申	辛酉	壬戌	小暑	甲子	乙丑	丙寅	丁卯	戊辰	己巳	庚午	辛未	壬申	癸酉	甲戌	乙亥	丙子	丁丑	戊寅	大暑	庚辰	辛巳	壬午	癸未	甲申	乙酉	丙戌	丁亥

陽歷八月份　（陰歷六、七月份）

陽	8	2	3	4	5	6	7	8	9	10	11	12	13	14	15	16	17	18	19	20	21	22	23	24	25	26	27	28	29	30	31
陰	十一	十二	十三	十四	十五	十六	十七	十八	十九	廿	廿一	廿二	廿三	廿四	廿五	廿六	廿七	廿八	廿九	卅	七	二	三	四	五	六	七	八	九	十	十一
星	日	1	2	3	4	5	6	日	1	2	3	4	5	6	日	1	2	3	4	5	6	日	1	2	3	4	5	6	日	1	2
干節	戊子	己丑	庚寅	辛卯	壬辰	癸巳	甲午	立秋	丙申	丁酉	戊戌	己亥	庚子	辛丑	壬寅	癸卯	甲辰	乙巳	丙午	丁未	戊申	己酉	庚戌	處暑	壬子	癸丑	甲寅	乙卯	丙辰	丁巳	戊午

陽歷九月份　（陰歷七、八月份）

陽	9	2	3	4	5	6	7	8	9	10	11	12	13	14	15	16	17	18	19	20	21	22	23	24	25	26	27	28	29	30
陰	十二	十三	十四	十五	十六	十七	十八	十九	廿	廿一	廿二	廿三	廿四	廿五	廿六	廿七	廿八	廿九	八	二	三	四	五	六	七	八	九	十	十一	十二
星	3	4	5	6	日	1	2	3	4	5	6	日	1	2	3	4	5	6	日	1	2	3	4	5	6	日	1	2	3	4
干節	己未	庚申	辛酉	壬戌	癸亥	甲子	乙丑	白露	丁卯	戊辰	己巳	庚午	辛未	壬申	癸酉	甲戌	乙亥	丙子	丁丑	戊寅	己卯	庚辰	秋分	壬午	癸未	甲申	乙酉	丙戌	丁亥	戊子

陽歷十月份　（陰歷八、九月份）

陽	10	2	3	4	5	6	7	8	9	10	11	12	13	14	15	16	17	18	19	20	21	22	23	24	25	26	27	28	29	30	31
陰	十三	十四	十五	十六	十七	十八	十九	廿	廿一	廿二	廿三	廿四	廿五	廿六	廿七	廿八	廿九	卅	九	二	三	四	五	六	七	八	九	十	十一	十二	十三
星	5	6	日	1	2	3	4	5	6	日	1	2	3	4	5	6	日	1	2	3	4	5	6	日	1	2	3	4	5	6	日
干節	己丑	庚寅	辛卯	壬辰	癸巳	甲午	乙未	丙申	寒露	戊戌	己亥	庚子	辛丑	壬寅	癸卯	甲辰	乙巳	丙午	丁未	戊申	己酉	庚戌	辛亥	霜降	癸丑	甲寅	乙卯	丙辰	丁巳	戊午	己未

陽歷十一月份　（陰歷九、十月份）

陽	11	2	3	4	5	6	7	8	9	10	11	12	13	14	15	16	17	18	19	20	21	22	23	24	25	26	27	28	29	30
陰	十四	十五	十六	十七	十八	十九	廿	廿一	廿二	廿三	廿四	廿五	廿六	廿七	廿八	廿九	卅	十	二	三	四	五	六	七	八	九	十	十一	十二	十三
星	1	2	3	4	5	6	日	1	2	3	4	5	6	日	1	2	3	4	5	6	日	1	2	3	4	5	6	日	1	2
干節	庚申	辛酉	壬戌	癸亥	甲子	乙丑	丙寅	立冬	戊辰	己巳	庚午	辛未	壬申	癸酉	甲戌	乙亥	丙子	丁丑	戊寅	己卯	庚辰	小雪	壬午	癸未	甲申	乙酉	丙戌	丁亥	戊子	己丑

陽歷十二月份　（陰歷十、十一月份）

陽	12	2	3	4	5	6	7	8	9	10	11	12	13	14	15	16	17	18	19	20	21	22	23	24	25	26	27	28	29	30	31
陰	十四	十五	十六	十七	十八	十九	廿	廿一	廿二	廿三	廿四	廿五	廿六	廿七	廿八	廿九	十一	二	三	四	五	六	七	八	九	十	十一	十二	十三	十四	十五
星	3	4	5	6	日	1	2	3	4	5	6	日	1	2	3	4	5	6	日	1	2	3	4	5	6	日	1	2	3	4	5
干節	庚寅	辛卯	壬辰	癸巳	甲午	乙未	大雪	丁酉	戊戌	己亥	庚子	辛丑	壬寅	癸卯	甲辰	乙巳	丙午	丁未	戊申	己酉	庚戌	冬至	壬子	癸丑	甲寅	乙卯	丙辰	丁巳	戊午	己未	庚申

庚子　一六〇〇年　（明神宗萬曆二八年）

陽歷 一 月份　（陰歷十一、十二月份）

陽	**1**	2	3	4	5	6	7	8	9	10	11	12	13	14	15	16	17	18	19	20	21	22	23	24	25	26	27	28	29	30	31
陰	十六	十七	十八	十九	廿	廿一	廿二	廿三	廿四	廿五	廿六	廿七	廿八	廿九	卅	**十二**	二	三	四	五	六	七	八	九	十	十一	十二	十三	十四	十五	十六
星	6	**日**	1	2	3	4	5	6	**日**	1	2	3	4	5	6	**日**	1	2	3	4	5	6	**日**	1	2	3	4	5	6	**日**	1
干節	辛酉	壬戌	癸亥	甲子	**小寒**	丙寅	丁卯	戊辰	己巳	庚午	辛未	壬申	癸酉	甲戌	乙亥	丙子	丁丑	戊寅	己卯	**大寒**	辛巳	壬午	癸未	甲申	乙酉	丙戌	丁亥	戊子	己丑	庚寅	辛卯

陽歷 二 月份　（陰歷十二、正月份）

陽	**2**	2	3	4	5	6	7	8	9	10	11	12	13	14	15	16	17	18	19	20	21	22	23	24	25	26	27	28	29
陰	十七	十八	十九	廿	廿一	廿二	廿三	廿四	廿五	廿六	廿七	廿八	廿九	**正**	二	三	四	五	六	七	八	九	十	十一	十二	十三	十四	十五	十六
星	2	3	4	5	6	**日**	1	2	3	4	5	6	**日**	1	2	3	4	5	6	**日**	1	2	3	4	5	6	**日**	1	2
干節	壬辰	癸巳	甲午	**立春**	丙申	丁酉	戊戌	己亥	庚子	辛丑	壬寅	癸卯	甲辰	乙巳	丙午	丁未	戊申	己酉	**雨水**	辛亥	壬子	癸丑	甲寅	乙卯	丙辰	丁巳	戊午	己未	庚申

陽歷 三 月份　（陰歷正、二月份）

陽	**3**	2	3	4	5	6	7	8	9	10	11	12	13	14	15	16	17	18	19	20	21	22	23	24	25	26	27	28	29	30	31
陰	十七	十八	十九	廿	廿一	廿二	廿三	廿四	廿五	廿六	廿七	廿八	廿九	卅	**二**	二	三	四	五	六	七	八	九	十	十一	十二	十三	十四	十五	十六	十七
星	3	4	5	6	**日**	1	2	3	4	5	6	**日**	1	2	3	4	5	6	**日**	1	2	3	4	5	6	**日**	1	2	3	4	5
干節	辛酉	壬戌	癸亥	甲子	**驚蟄**	丙寅	丁卯	戊辰	己巳	庚午	辛未	壬申	癸酉	甲戌	乙亥	丙子	丁丑	戊寅	己卯	**春分**	辛巳	壬午	癸未	甲申	乙酉	丙戌	丁亥	戊子	己丑	庚寅	辛卯

陽歷 四 月份　（陰歷二、三月份）

陽	**4**	2	3	4	5	6	7	8	9	10	11	12	13	14	15	16	17	18	19	20	21	22	23	24	25	26	27	28	29	30
陰	十八	十九	廿	廿一	廿二	廿三	廿四	廿五	廿六	廿七	廿八	廿九	**三**	二	三	四	五	六	七	八	九	十	十一	十二	十三	十四	十五	十六	十七	十八
星	6	**日**	1	2	3	4	5	6	**日**	1	2	3	4	5	6	**日**	1	2	3	4	5	6	**日**	1	2	3	4	5	6	**日**
干節	壬辰	癸巳	甲午	**清明**	丙申	丁酉	戊戌	己亥	庚子	辛丑	壬寅	癸卯	甲辰	乙巳	丙午	丁未	戊申	己酉	**穀雨**	辛亥	壬子	癸丑	甲寅	乙卯	丙辰	丁巳	戊午	己未	庚申	辛酉

陽歷 五 月份　（陰歷三、四月份）

陽	**5**	2	3	4	5	6	7	8	9	10	11	12	13	14	15	16	17	18	19	20	21	22	23	24	25	26	27	28	29	30	31
陰	十九	廿	廿一	廿二	廿三	廿四	廿五	廿六	廿七	廿八	廿九	卅	**四**	二	三	四	五	六	七	八	九	十	十一	十二	十三	十四	十五	十六	十七	十八	十九
星	1	2	3	4	5	6	**日**	1	2	3	4	5	6	**日**	1	2	3	4	5	6	**日**	1	2	3	4	5	6	**日**	1	2	3
干節	壬戌	癸亥	甲子	乙丑	**立夏**	丁卯	戊辰	己巳	庚午	辛未	壬申	癸酉	甲戌	乙亥	丙子	丁丑	戊寅	己卯	庚辰	**小滿**	壬午	癸未	甲申	乙酉	丙戌	丁亥	戊子	己丑	庚寅	辛卯	壬辰

陽歷 六 月份　（陰歷四、五月份）

陽	**6**	2	3	4	5	6	7	8	9	10	11	12	13	14	15	16	17	18	19	20	21	22	23	24	25	26	27	28	29	30
陰	廿	廿一	廿二	廿三	廿四	廿五	廿六	廿七	廿八	廿九	**五**	二	三	四	五	六	七	八	九	十	十一	十二	十三	十四	十五	十六	十七	十八	十九	廿
星	4	5	6	**日**	1	2	3	4	5	6	**日**	1	2	3	4	5	6	**日**	1	2	3	4	5	6	**日**	1	2	3	4	5
干節	癸巳	甲午	乙未	丙申	**芒種**	戊戌	己亥	庚子	辛丑	壬寅	癸卯	甲辰	乙巳	丙午	丁未	戊申	己酉	庚戌	辛亥	壬子	**夏至**	甲寅	乙卯	丙辰	丁巳	戊午	己未	庚申	辛酉	壬戌

庚子

一六〇〇年

（明神宗萬曆二八年）

陽歷七月份　　（陰歷五、六月份）

陽	7	2	3	4	5	6	7	8	9	10	11	12	13	14	15	16	17	18	19	20	21	22	23	24	25	26	27	28	29	30	31
陰	廿一	廿二	廿三	廿四	廿五	廿六	廿七	廿八	廿九	六	二	三	四	五	六	七	八	九	十	十一	十二	十三	十四	十五	十六	十七	十八	十九	廿	廿一	廿二
星	6	日	1	2	3	4	5	6	日	1	2	3	4	5	6	日	1	2	3	4	5	6	日	1	2	3	4	5	6	日	1
干節	癸亥	甲子	乙丑	丙寅	丁卯	戊辰	小暑	庚午	辛未	壬申	癸酉	甲戌	乙亥	丙子	丁丑	戊寅	己卯	庚辰	辛巳	壬午	癸未	大暑	乙酉	丙戌	丁亥	戊子	己丑	庚寅	辛卯	壬辰	癸巳

陽歷八月份　　（陰歷六、七月份）

陽	8	2	3	4	5	6	7	8	9	10	11	12	13	14	15	16	17	18	19	20	21	22	23	24	25	26	27	28	29	30	31
陰	廿三	廿四	廿五	廿六	廿七	廿八	廿九	卅	七	二	三	四	五	六	七	八	九	十	十一	十二	十三	十四	十五	十六	十七	十八	十九	廿	廿一	廿二	廿三
星	2	3	4	5	6	日	1	2	3	4	5	6	日	1	2	3	4	5	6	日	1	2	3	4	5	6	日	1	2	3	4
干節	甲午	乙未	丙申	丁酉	戊戌	己亥	立秋	辛丑	壬寅	癸卯	甲辰	乙巳	丙午	丁未	戊申	己酉	庚戌	辛亥	壬子	癸丑	甲寅	乙卯	處暑	丁巳	戊午	己未	庚申	辛酉	壬戌	癸亥	甲子

陽歷九月份　　（陰歷七、八月份）

陽	9	2	3	4	5	6	7	8	9	10	11	12	13	14	15	16	17	18	19	20	21	22	23	24	25	26	27	28	29	30	—
陰	廿四	廿五	廿六	廿七	廿八	廿九	八	二	三	四	五	六	七	八	九	十	十一	十二	十三	十四	十五	十六	十七	十八	十九	廿	廿一	廿二	廿三	廿四	—
星	5	6	日	1	2	3	4	5	6	日	1	2	3	4	5	6	日	1	2	3	4	5	6	日	1	2	3	4	5	6	—
干節	乙丑	丙寅	丁卯	戊辰	己巳	庚午	白露	壬申	癸酉	甲戌	乙亥	丙子	丁丑	戊寅	己卯	庚辰	辛巳	壬午	癸未	甲申	乙酉	秋分	丁亥	戊子	己丑	庚寅	辛卯	壬辰	癸巳	甲午	

陽歷十月份　　（陰歷八、九月份）

陽	10	2	3	4	5	6	7	8	9	10	11	12	13	14	15	16	17	18	19	20	21	22	23	24	25	26	27	28	29	30	31
陰	廿五	廿六	廿七	廿八	廿九	卅	九	二	三	四	五	六	七	八	九	十	十一	十二	十三	十四	十五	十六	十七	十八	十九	廿	廿一	廿二	廿三	廿四	廿五
星	日	1	2	3	4	5	6	日	1	2	3	4	5	6	日	1	2	3	4	5	6	日	1	2	3	4	5	6	日	1	2
干節	乙未	丙申	丁酉	戊戌	己亥	庚子	辛丑	寒露	癸卯	甲辰	乙巳	丙午	丁未	戊申	己酉	庚戌	辛亥	壬子	癸丑	甲寅	乙卯	丙辰	霜降	戊午	己未	庚申	辛酉	壬戌	癸亥	甲子	乙丑

陽歷十一月份　　（陰歷九、十月份）

陽	11	2	3	4	5	6	7	8	9	10	11	12	13	14	15	16	17	18	19	20	21	22	23	24	25	26	27	28	29	30	—
陰	廿六	廿七	廿八	廿九	卅	十	二	三	四	五	六	七	八	九	十	十一	十二	十三	十四	十五	十六	十七	十八	十九	廿	廿一	廿二	廿三	廿四	廿五	—
星	3	4	5	6	日	1	2	3	4	5	6	日	1	2	3	4	5	6	日	1	2	3	4	5	6	日	1	2	3	4	—
干節	丙寅	丁卯	戊辰	己巳	庚午	辛未	立冬	癸酉	甲戌	乙亥	丙子	丁丑	戊寅	己卯	庚辰	辛巳	壬午	癸未	甲申	乙酉	丙戌	小雪	戊子	己丑	庚寅	辛卯	壬辰	癸巳	甲午	乙未	

陽歷十二月份　　（陰歷十、十一月份）

陽	12	2	3	4	5	6	7	8	9	10	11	12	13	14	15	16	17	18	19	20	21	22	23	24	25	26	27	28	29	30	31
陰	廿六	廿七	廿八	廿九	卅	十一	二	三	四	五	六	七	八	九	十	十一	十二	十三	十四	十五	十六	十七	十八	十九	廿	廿一	廿二	廿三	廿四	廿五	廿六
星	5	6	日	1	2	3	4	5	6	日	1	2	3	4	5	6	日	1	2	3	4	5	6	日	1	2	3	4	5	6	日
干節	丙申	丁酉	戊戌	己亥	庚子	大雪	壬寅	癸卯	甲辰	乙巳	丙午	丁未	戊申	己酉	庚戌	辛亥	壬子	癸丑	甲寅	乙卯	冬至	丁巳	戊午	己未	庚申	辛酉	壬戌	癸亥	甲子	乙丑	丙寅

近世中西史日對照表

陽歷 一月份 (陰歷十一、十二月份)

陽	**1**	2	3	4	5	6	7	8	9	10	11	12	13	14	15	16	17	18	19	20	21	22	23	24	25	26	27	28	29	30	31
陰	廿七	廿八	廿九	**十二**	二	三	四	五	六	七	八	九	十	十一	十二	十三	十四	十五	十六	十七	十八	十九	廿	廿一	廿二	廿三	廿四	廿五	廿六	廿七	廿八
星	1	2	3	4	5	6	**日**	1	2	3	4	5	6	**日**	1	2	3	4	5	6	**日**	1	2	3	4	5	6	**日**	1	2	3
干節	丁卯	戊辰	己巳	庚午	**小寒**	壬申	癸酉	甲戌	乙亥	丙子	丁丑	戊寅	己卯	庚辰	辛巳	壬午	癸未	甲申	**大寒**	丙戌	丁亥	戊子	己丑	庚寅	辛卯	壬辰	癸巳	甲午	乙未	丙申	丁酉

陽歷 二月份 (陰歷十二、正 月份)

陽	**2**	2	3	4	5	6	7	8	9	10	11	12	13	14	15	16	17	18	19	20	21	22	23	24	25	26	27	28
陰	廿九	卅	**正**	二	三	四	五	六	七	八	九	十	十一	十二	十三	十四	十五	十六	十七	十八	十九	廿	廿一	廿二	廿三	廿四	廿五	廿六
星	4	5	6	**日**	1	2	3	4	5	6	**日**	1	2	3	4	5	6	**日**	1	2	3	4	5	6	**日**	1	2	3
干節	戊戌	己亥	**立春**	辛丑	壬寅	癸卯	甲辰	乙巳	丙午	丁未	戊申	己酉	庚戌	辛亥	壬子	癸丑	甲寅	**雨水**	丙辰	丁巳	戊午	己未	庚申	辛酉	壬戌	癸亥	甲子	乙丑

陽歷 三月份 (陰歷正、二月份)

陽	**3**	2	3	4	5	6	7	8	9	10	11	12	13	14	15	16	17	18	19	20	21	22	23	24	25	26	27	28	29	30	31
陰	廿七	廿八	廿九	卅	**二**	二	三	四	五	六	七	八	九	十	十一	十二	十三	十四	十五	十六	十七	十八	十九	廿	廿一	廿二	廿三	廿四	廿五	廿六	廿七
星	4	5	6	**日**	1	2	3	4	5	6	**日**	1	2	3	4	5	6	**日**	1	2	3	4	5	6	**日**	1	2	3	4	5	6
干節	丙寅	丁卯	戊辰	己巳	**驚蟄**	辛未	壬申	癸酉	甲戌	乙亥	丙子	丁丑	戊寅	己卯	庚辰	辛巳	壬午	癸未	甲申	**春分**	丙戌	丁亥	戊子	己丑	庚寅	辛卯	壬辰	癸巳	甲午	乙未	丙申

陽歷 四月份 (陰歷二、三月份)

陽	**4**	2	3	4	5	6	7	8	9	10	11	12	13	14	15	16	17	18	19	20	21	22	23	24	25	26	27	28	29	30
陰	廿八	廿九	**三**	二	三	四	五	六	七	八	九	十	十一	十二	十三	十四	十五	十六	十七	十八	十九	廿	廿一	廿二	廿三	廿四	廿五	廿六	廿七	廿八
星	**日**	1	2	3	4	5	6	**日**	1	2	3	4	5	6	**日**	1	2	3	4	5	6	**日**	1	2	3	4	5	6	**日**	1
干節	丁酉	戊戌	己亥	**清明**	辛丑	壬寅	癸卯	甲辰	乙巳	丙午	丁未	戊申	己酉	庚戌	辛亥	壬子	癸丑	甲寅	乙卯	**穀雨**	丁巳	戊午	己未	庚申	辛酉	壬戌	癸亥	甲子	乙丑	丙寅

陽歷 五月份 (陰歷三、四月份)

陽	**5**	2	3	4	5	6	7	8	9	10	11	12	13	14	15	16	17	18	19	20	21	22	23	24	25	26	27	28	29	30	31
陰	廿九	**四**	二	三	四	五	六	七	八	九	十	十一	十二	十三	十四	十五	十六	十七	十八	十九	廿	廿一	廿二	廿三	廿四	廿五	廿六	廿七	廿八	廿九	卅
星	2	3	4	5	6	**日**	1	2	3	4	5	6	**日**	1	2	3	4	5	6	**日**	1	2	3	4	5	6	**日**	1	2	3	4
干節	丁卯	戊辰	己巳	庚午	**立夏**	壬申	癸酉	甲戌	乙亥	丙子	丁丑	戊寅	己卯	庚辰	辛巳	壬午	癸未	甲申	乙酉	丙戌	**小滿**	戊子	己丑	庚寅	辛卯	壬辰	癸巳	甲午	乙未	丙申	丁酉

陽歷 六月份 (陰歷五、六月份)

陽	**6**	2	3	4	5	6	7	8	9	10	11	12	13	14	15	16	17	18	19	20	21	22	23	24	25	26	27	28	29	30
陰	**五**	二	三	四	五	六	七	八	九	十	十一	十二	十三	十四	十五	十六	十七	十八	十九	廿	廿一	廿二	廿三	廿四	廿五	廿六	廿七	廿八	廿九	**六**
星	5	6	**日**	1	2	3	4	5	6	**日**	1	2	3	4	5	6	**日**	1	2	3	4	5	6	**日**	1	2	3	4	5	6
干節	戊戌	己亥	庚子	辛丑	**芒種**	癸卯	甲辰	乙巳	丙午	丁未	戊申	己酉	庚戌	辛亥	壬子	癸丑	甲寅	乙卯	丙辰	丁巳	**夏至**	己未	庚申	辛酉	壬戌	癸亥	甲子	乙丑	丙寅	丁卯

辛丑

一六〇一年

（明神宗萬曆二九年）

辛丑

一六〇一年

（明神宗萬曆二九年）

陽歷七月份　（陰歷六、七月份）

陽	7	2	3	4	5	6	7	8	9	10	11	12	13	14	15	16	17	18	19	20	21	22	23	24	25	26	27	28	29	30	31
陰	二	三	四	五	六	七	八	九	十	十一	十二	十三	十四	十五	十六	十七	十八	十九	廿	廿一	廿二	廿三	廿四	廿五	廿六	廿七	廿八	廿九	七	二	三
星	日	1	2	3	4	5	6	日	1	2	3	4	5	6	日	1	2	3	4	5	6	日	1	2	3	4	5	6	日	1	2
干節	戊辰	己巳	庚午	辛未	壬申	癸酉	小暑	乙亥	丙子	丁丑	戊寅	己卯	庚辰	辛巳	壬午	癸未	甲申	乙酉	丙戌	丁亥	戊子	己丑	大暑	辛卯	壬辰	癸巳	甲午	乙未	丙申	丁酉	戊戌

陽歷八月份　（陰歷七、八月份）

陽	8	2	3	4	5	6	7	8	9	10	11	12	13	14	15	16	17	18	19	20	21	22	23	24	25	26	27	28	29	30	31
陰	四	五	六	七	八	九	十	十一	十二	十三	十四	十五	十六	十七	十八	十九	廿	廿一	廿二	廿三	廿四	廿五	廿六	廿七	廿八	廿九	卅	八	二	三	四
星	3	4	5	6	日	1	2	3	4	5	6	日	1	2	3	4	5	6	日	1	2	3	4	5	6	日	1	2	3	4	5
干節	己亥	庚子	辛丑	壬寅	癸卯	甲辰	立秋	丙午	丁未	戊申	己酉	庚戌	辛亥	壬子	癸丑	甲寅	乙卯	丙辰	丁巳	戊午	己未	庚申	處暑	壬戌	癸亥	甲子	乙丑	丙寅	丁卯	戊辰	己巳

陽歷九月份　（陰歷八、九月份）

陽	9	2	3	4	5	6	7	8	9	10	11	12	13	14	15	16	17	18	19	20	21	22	23	24	25	26	27	28	29	30
陰	五	六	七	八	九	十	十一	十二	十三	十四	十五	十六	十七	十八	十九	廿	廿一	廿二	廿三	廿四	廿五	廿六	廿七	廿八	廿九	九	二	三	四	五
星	6	日	1	2	3	4	5	6	日	1	2	3	4	5	6	日	1	2	3	4	5	6	日	1	2	3	4	5	6	日
干節	庚午	辛未	壬申	癸酉	甲戌	乙亥	白露	丁丑	戊寅	己卯	庚辰	辛巳	壬午	癸未	甲申	乙酉	丙戌	丁亥	戊子	己丑	庚寅	辛卯	秋分	癸巳	甲午	乙未	丙申	丁酉	戊戌	己亥

陽歷十月份　（陰歷九、十月份）

陽	10	2	3	4	5	6	7	8	9	10	11	12	13	14	15	16	17	18	19	20	21	22	23	24	25	26	27	28	29	30	31
陰	六	七	八	九	十	十一	十二	十三	十四	十五	十六	十七	十八	十九	廿	廿一	廿二	廿三	廿四	廿五	廿六	廿七	廿八	廿九	卅	十	二	三	四	五	六
星	1	2	3	4	5	6	日	1	2	3	4	5	6	日	1	2	3	4	5	6	日	1	2	3	4	5	6	日	1	2	3
干節	庚子	辛丑	壬寅	癸卯	甲辰	乙巳	丙午	寒露	戊申	己酉	庚戌	辛亥	壬子	癸丑	甲寅	乙卯	丙辰	丁巳	戊午	己未	庚申	辛酉	霜降	癸亥	甲子	乙丑	丙寅	丁卯	戊辰	己巳	庚午

陽歷十一月份　（陰歷十、十一月份）

陽	11	2	3	4	5	6	7	8	9	10	11	12	13	14	15	16	17	18	19	20	21	22	23	24	25	26	27	28	29	30
陰	七	八	九	十	十一	十二	十三	十四	十五	十六	十七	十八	十九	廿	廿一	廿二	廿三	廿四	廿五	廿六	廿七	廿八	廿九	卅	十一	二	三	四	五	六
星	4	5	6	日	1	2	3	4	5	6	日	1	2	3	4	5	6	日	1	2	3	4	5	6	日	1	2	3	4	5
干節	辛未	壬申	癸酉	甲戌	乙亥	丙子	立冬	戊寅	己卯	庚辰	辛巳	壬午	癸未	甲申	乙酉	丙戌	丁亥	戊子	己丑	庚寅	辛卯	小雪	癸巳	甲午	乙未	丙申	丁酉	戊戌	己亥	庚子

陽歷十二月份　（陰歷十一、十二月份）

陽	12	2	3	4	5	6	7	8	9	10	11	12	13	14	15	16	17	18	19	20	21	22	23	24	25	26	27	28	29	30	31
陰	七	八	九	十	十一	十二	十三	十四	十五	十六	十七	十八	十九	廿	廿一	廿二	廿三	廿四	廿五	廿六	廿七	廿八	廿九	十二	二	三	四	五	六	七	八
星	6	日	1	2	3	4	5	6	日	1	2	3	4	5	6	日	1	2	3	4	5	6	日	1	2	3	4	5	6	日	1
干節	辛丑	壬寅	癸卯	甲辰	乙巳	丙午	大雪	戊申	己酉	庚戌	辛亥	壬子	癸丑	甲寅	乙卯	丙辰	丁巳	戊午	己未	庚申	辛酉	冬至	癸亥	甲子	乙丑	丙寅	丁卯	戊辰	己巳	庚午	辛未

近世中西史日對照表

壬寅　一六〇二年（明神宗萬曆三〇年）

陽歷 一月份 (陰歷十二、正月份)

陽	1	2	3	4	5	6	7	8	9	10	11	12	13	14	15	16	17	18	19	20	21	22	23	24	25	26	27	28	29	30	31
陰	九	十	十一	十二	十三	十四	十五	十六	十七	十八	十九	廿	廿一	廿二	廿三	廿四	廿五	廿六	廿七	廿八	廿九	卅	正	二	三	四	五	六	七	八	九
星	2	3	4	5	6	日	1	2	3	4	5	6	日	1	2	3	4	5	6	日	1	2	3	4	5	6	日	1	2	3	4
干節	壬申	癸酉	甲戌	乙亥	小寒	丁丑	戊寅	己卯	庚辰	辛巳	壬午	癸未	甲申	乙酉	丙戌	丁亥	戊子	己丑	庚寅	大寒	壬辰	癸巳	甲午	乙未	丙申	丁酉	戊戌	己亥	庚子	辛丑	壬寅

陽歷 二月份 (陰歷正、二月份)

陽	2	2	3	4	5	6	7	8	9	10	11	12	13	14	15	16	17	18	19	20	21	22	23	24	25	26	27	28
陰	十	十一	十二	十三	十四	十五	十六	十七	十八	十九	廿	廿一	廿二	廿三	廿四	廿五	廿六	廿七	廿八	廿九	卅	二	二	三	四	五	六	七
星	5	6	日	1	2	3	4	5	6	日	1	2	3	4	5	6	日	1	2	3	4	5	6	日	1	2	3	4
干節	癸卯	甲辰	立春	丙午	丁未	戊申	己酉	庚戌	辛亥	壬子	癸丑	甲寅	乙卯	丙辰	丁巳	戊午	己未	雨水	辛酉	壬戌	癸亥	甲子	乙丑	丙寅	丁卯	戊辰	己巳	庚午

陽歷 三月份 (陰歷二、閏二月份)

陽	3	2	3	4	5	6	7	8	9	10	11	12	13	14	15	16	17	18	19	20	21	22	23	24	25	26	27	28	29	30	31
陰	八	九	十	十一	十二	十三	十四	十五	十六	十七	十八	十九	廿	廿一	廿二	廿三	廿四	廿五	廿六	廿七	廿八	廿九	卅	閏	二	三	四	五	六	七	八
星	5	6	日	1	2	3	4	5	6	日	1	2	3	4	5	6	日	1	2	3	4	5	6	日	1	2	3	4	5	6	日
干節	辛未	壬申	癸酉	甲戌	驚蟄	丙子	丁丑	戊寅	己卯	庚辰	辛巳	壬午	癸未	甲申	乙酉	丙戌	丁亥	戊子	己丑	春分	辛卯	壬辰	癸巳	甲午	乙未	丙申	丁酉	戊戌	己亥	庚子	辛丑

陽歷 四月份 (陰歷閏二、三月份)

陽	4	2	3	4	5	6	7	8	9	10	11	12	13	14	15	16	17	18	19	20	21	22	23	24	25	26	27	28	29	30
陰	九	十	十一	十二	十三	十四	十五	十六	十七	十八	十九	廿	廿一	廿二	廿三	廿四	廿五	廿六	廿七	廿八	廿九	三	二	三	四	五	六	七	八	九
星	1	2	3	4	5	6	日	1	2	3	4	5	6	日	1	2	3	4	5	6	日	1	2	3	4	5	6	日	1	2
干節	壬寅	癸卯	甲辰	乙巳	清明	丁未	戊申	己酉	庚戌	辛亥	壬子	癸丑	甲寅	乙卯	丙辰	丁巳	戊午	己未	庚申	穀雨	壬戌	癸亥	甲子	乙丑	丙寅	丁卯	戊辰	己巳	庚午	辛未

陽歷 五月份 (陰歷三、四月份)

陽	5	2	3	4	5	6	7	8	9	10	11	12	13	14	15	16	17	18	19	20	21	22	23	24	25	26	27	28	29	30	31
陰	十	十一	十二	十三	十四	十五	十六	十七	十八	十九	廿	廿一	廿二	廿三	廿四	廿五	廿六	廿七	廿八	廿九	四	二	三	四	五	六	七	八	九	十	十一
星	3	4	5	6	日	1	2	3	4	5	6	日	1	2	3	4	5	6	日	1	2	3	4	5	6	日	1	2	3	4	5
干節	壬申	癸酉	甲戌	乙亥	立夏	丁丑	戊寅	己卯	庚辰	辛巳	壬午	癸未	甲申	乙酉	丙戌	丁亥	戊子	己丑	庚寅	辛卯	小滿	癸巳	甲午	乙未	丙申	丁酉	戊戌	己亥	庚子	辛丑	壬寅

陽歷 六月份 (陰歷四、五月份)

陽	6	2	3	4	5	6	7	8	9	10	11	12	13	14	15	16	17	18	19	20	21	22	23	24	25	26	27	28	29	30
陰	十二	十三	十四	十五	十六	十七	十八	十九	廿	廿一	廿二	廿三	廿四	廿五	廿六	廿七	廿八	廿九	卅	五	二	三	四	五	六	七	八	九	十	十一
星	6	日	1	2	3	4	5	6	日	1	2	3	4	5	6	日	1	2	3	4	5	6	日	1	2	3	4	5	6	日
干節	癸卯	甲辰	乙巳	丙午	丁未	芒種	己酉	庚戌	辛亥	壬子	癸丑	甲寅	乙卯	丙辰	丁巳	戊午	己未	庚申	辛酉	壬戌	夏至	甲子	乙丑	丙寅	丁卯	戊辰	己巳	庚午	辛未	壬申

壬寅　一六〇二年　（明神宗萬曆三〇年）

陽歷七月份　（陰歷五、六月份）

陽	7	2	3	4	5	6	7	8	9	10	11	12	13	14	15	16	17	18	19	20	21	22	23	24	25	26	27	28	29	30	31
陰	十二	十三	十四	十五	十六	十七	十八	十九	廿	廿一	廿二	廿三	廿四	廿五	廿六	廿七	廿八	廿九	六	二	三	四	五	六	七	八	九	十	十一	十二	十三
星	1	2	3	4	5	6	日	1	2	3	4	5	6	日	1	2	3	4	5	6	日	1	2	3	4	5	6	日	1	2	3
干節	癸酉	甲戌	乙亥	丙子	丁丑	戊寅	小暑	庚辰	辛巳	壬午	癸未	甲申	乙酉	丙戌	丁亥	戊子	己丑	庚寅	辛卯	壬辰	癸巳	甲午	大暑	丙申	丁酉	戊戌	己亥	庚子	辛丑	壬寅	癸卯

陽歷八月份　（陰歷六、七月份）

陽	8	2	3	4	5	6	7	8	9	10	11	12	13	14	15	16	17	18	19	20	21	22	23	24	25	26	27	28	29	30	31
陰	十四	十五	十六	十七	十八	十九	廿	廿一	廿二	廿三	廿四	廿五	廿六	廿七	廿八	廿九	七	二	三	四	五	六	七	八	九	十	十一	十二	十三	十四	十五
星	4	5	6	日	1	2	3	4	5	6	日	1	2	3	4	5	6	日	1	2	3	4	5	6	日	1	2	3	4	5	6
干節	甲辰	乙巳	丙午	丁未	戊申	己酉	庚戌	立秋	壬子	癸丑	甲寅	乙卯	丙辰	丁巳	戊午	己未	庚申	辛酉	壬戌	癸亥	甲子	乙丑	處暑	丁卯	戊辰	己巳	庚午	辛未	壬申	癸酉	甲戌

陽歷九月份　（陰歷七、八月份）

陽	9	2	3	4	5	6	7	8	9	10	11	12	13	14	15	16	17	18	19	20	21	22	23	24	25	26	27	28	29	30
陰	十六	十七	十八	十九	廿	廿一	廿二	廿三	廿四	廿五	廿六	廿七	廿八	廿九	卅	八	二	三	四	五	六	七	八	九	十	十一	十二	十三	十四	十五
星	日	1	2	3	4	5	6	日	1	2	3	4	5	6	日	1	2	3	4	5	6	日	1	2	3	4	5	6	日	1
干節	乙亥	丙子	丁丑	戊寅	己卯	庚辰	辛巳	白露	癸未	甲申	乙酉	丙戌	丁亥	戊子	己丑	庚寅	辛卯	壬辰	癸巳	甲午	乙未	丙申	秋分	戊戌	己亥	庚子	辛丑	壬寅	癸卯	甲辰

陽歷十月份　（陰歷八、九月份）

陽	10	2	3	4	5	6	7	8	9	10	11	12	13	14	15	16	17	18	19	20	21	22	23	24	25	26	27	28	29	30	31
陰	十六	十七	十八	十九	廿	廿一	廿二	廿三	廿四	廿五	廿六	廿七	廿八	廿九	九	二	三	四	五	六	七	八	九	十	十一	十二	十三	十四	十五	十六	十七
星	2	3	4	5	6	日	1	2	3	4	5	6	日	1	2	3	4	5	6	日	1	2	3	4	5	6	日	1	2	3	4
干節	乙巳	丙午	丁未	戊申	己酉	庚戌	辛亥	寒露	癸丑	甲寅	乙卯	丙辰	丁巳	戊午	己未	庚申	辛酉	壬戌	癸亥	甲子	乙丑	丙寅	霜降	戊辰	己巳	庚午	辛未	壬申	癸酉	甲戌	乙亥

陽歷十一月份　（陰歷九、十月份）

陽	11	2	3	4	5	6	7	8	9	10	11	12	13	14	15	16	17	18	19	20	21	22	23	24	25	26	27	28	29	30
陰	十八	十九	廿	廿一	廿二	廿三	廿四	廿五	廿六	廿七	廿八	廿九	卅	十	二	三	四	五	六	七	八	九	十	十一	十二	十三	十四	十五	十六	十七
星	5	6	日	1	2	3	4	5	6	日	1	2	3	4	5	6	日	1	2	3	4	5	6	日	1	2	3	4	5	6
干節	丙子	丁丑	戊寅	己卯	庚辰	辛巳	立冬	癸未	甲申	乙酉	丙戌	丁亥	戊子	己丑	庚寅	辛卯	壬辰	癸巳	甲午	乙未	丙申	小雪	戊戌	己亥	庚子	辛丑	壬寅	癸卯	甲辰	乙巳

陽歷十二月份　（陰歷十、十一月份）

陽	12	2	3	4	5	6	7	8	9	10	11	12	13	14	15	16	17	18	19	20	21	22	23	24	25	26	27	28	29	30	31
陰	十八	十九	廿	廿一	廿二	廿三	廿四	廿五	廿六	廿七	廿八	廿九	十一	二	三	四	五	六	七	八	九	十	十一	十二	十三	十四	十五	十六	十七	十八	十九
星	日	1	2	3	4	5	6	日	1	2	3	4	5	6	日	1	2	3	4	5	6	日	1	2	3	4	5	6	日	1	2
干節	丙午	丁未	戊申	己酉	庚戌	辛亥	大雪	癸丑	甲寅	乙卯	丙辰	丁巳	戊午	己未	庚申	辛酉	壬戌	癸亥	甲子	乙丑	丙寅	冬至	戊辰	己巳	庚午	辛未	壬申	癸酉	甲戌	乙亥	丙子

近世中西史日對照表

陽歷 一 月份 （陰歷十一、十二月份）

陽	1	2	3	4	5	6	7	8	9	10	11	12	13	14	15	16	17	18	19	20	21	22	23	24	25	26	27	28	29	30	31
陰	廿	廿一	廿二	廿三	廿四	廿五	廿六	廿七	廿八	廿九	卅	十二	二	三	四	五	六	七	八	九	十	十一	十二	十三	十四	十五	十六	十七	十八	十九	廿
星	3	4	5	6	日	1	2	3	4	5	6	日	1	2	3	4	5	6	日	1	2	3	4	5	6	日	1	2	3	4	5
干節	丁丑	戊寅	己卯	庚辰	小寒	壬午	癸未	甲申	乙酉	丙戌	丁亥	戊子	己丑	庚寅	辛卯	壬辰	癸巳	甲午	乙未	大寒	丁酉	戊戌	己亥	庚子	辛丑	壬寅	癸卯	甲辰	乙巳	丙午	丁未

陽歷 二 月份 （陰歷十二、正月份）

陽	2	2	3	4	5	6	7	8	9	10	11	12	13	14	15	16	17	18	19	20	21	22	23	24	25	26	27	28			
陰	廿一	廿二	廿三	廿四	廿五	廿六	廿七	廿八	廿九	卅	正	二	三	四	五	六	七	八	九	十	十一	十二	十三	十四	十五	十六	十七	十八			
星	6	日	1	2	3	4	5	6	日	1	2	3	4	5	6	日	1	2	3	4	5	6	日	1	2	3	4	5			
干節	戊申	己酉	庚戌	立春	壬子	癸丑	甲寅	乙卯	丙辰	丁巳	戊午	己未	庚申	辛酉	壬戌	癸亥	甲子	乙丑	雨水	丁卯	戊辰	己巳	庚午	辛未	壬申	癸酉	甲戌	乙亥			

陽歷 三 月份 （陰歷正、二月份）

陽	3	2	3	4	5	6	7	8	9	10	11	12	13	14	15	16	17	18	19	20	21	22	23	24	25	26	27	28	29	30	31
陰	十九	廿	廿一	廿二	廿三	廿四	廿五	廿六	廿七	廿八	廿九	卅	二	二	三	四	五	六	七	八	九	十	十一	十二	十三	十四	十五	十六	十七	十八	十九
星	6	日	1	2	3	4	5	6	日	1	2	3	4	5	6	日	1	2	3	4	5	6	日	1	2	3	4	5	6	日	1
干節	丙子	丁丑	戊寅	己卯	驚蟄	辛巳	壬午	癸未	甲申	乙酉	丙戌	丁亥	戊子	己丑	庚寅	辛卯	壬辰	癸巳	甲午	乙未	春分	丁酉	戊戌	己亥	庚子	辛丑	壬寅	癸卯	甲辰	乙巳	丙午

陽歷 四 月份 （陰歷二、三月份）

陽	4	2	3	4	5	6	7	8	9	10	11	12	13	14	15	16	17	18	19	20	21	22	23	24	25	26	27	28	29	30	
陰	廿	廿一	廿二	廿三	廿四	廿五	廿六	廿七	廿八	廿九	三	二	三	四	五	六	七	八	九	十	十一	十二	十三	十四	十五	十六	十七	十八	十九	廿	
星	2	3	4	5	6	日	1	2	3	4	5	6	日	1	2	3	4	5	6	日	1	2	3	4	5	6	日	1	2	3	
干節	丁未	戊申	己酉	庚戌	清明	壬子	癸丑	甲寅	乙卯	丙辰	丁巳	戊午	己未	庚申	辛酉	壬戌	癸亥	甲子	乙丑	穀雨	丁卯	戊辰	己巳	庚午	辛未	壬申	癸酉	甲戌	乙亥	丙子	

陽歷 五 月份 （陰歷三、四月份）

陽	5	2	3	4	5	6	7	8	9	10	11	12	13	14	15	16	17	18	19	20	21	22	23	24	25	26	27	28	29	30	31
陰	廿一	廿二	廿三	廿四	廿五	廿六	廿七	廿八	廿九	卅	四	二	三	四	五	六	七	八	九	十	十一	十二	十三	十四	十五	十六	十七	十八	十九	廿	廿一
星	4	5	6	日	1	2	3	4	5	6	日	1	2	3	4	5	6	日	1	2	3	4	5	6	日	1	2	3	4	5	6
干節	丁丑	戊寅	己卯	庚辰	辛巳	立夏	癸未	甲申	乙酉	丙戌	丁亥	戊子	己丑	庚寅	辛卯	壬辰	癸巳	甲午	乙未	丙申	小滿	戊戌	己亥	庚子	辛丑	壬寅	癸卯	甲辰	乙巳	丙午	丁未

陽歷 六 月份 （陰歷四、五月份）

陽	6	2	3	4	5	6	7	8	9	10	11	12	13	14	15	16	17	18	19	20	21	22	23	24	25	26	27	28	29	30	
陰	廿二	廿三	廿四	廿五	廿六	廿七	廿八	廿九	五	二	三	四	五	六	七	八	九	十	十一	十二	十三	十四	十五	十六	十七	十八	十九	廿	廿一	廿二	
星	日	1	2	3	4	5	6	日	1	2	3	4	5	6	日	1	2	3	4	5	6	日	1	2	3	4	5	6	日	1	
干節	戊申	己酉	庚戌	辛亥	壬子	芒種	甲寅	乙卯	丙辰	丁巳	戊午	己未	庚申	辛酉	壬戌	癸亥	甲子	乙丑	丙寅	丁卯	戊辰	夏至	庚午	辛未	壬申	癸酉	甲戌	乙亥	丙子	丁丑	

近世中西史日對照表

陽曆七月份　（陰曆五、六月份）

陽	7	2	3	4	5	6	7	8	9	10	11	12	13	14	15	16	17	18	19	20	21	22	23	24	25	26	27	28	29	30	31
陰	廿三	廿四	廿五	廿六	廿七	廿八	廿九	卅	六	二	三	四	五	六	七	八	九	十	十一	十二	十三	十四	十五	十六	十七	十八	十九	廿	廿一	廿二	廿三
星	2	3	4	5	6	日	1	2	3	4	5	6	日	1	2	3	4	5	6	日	1	2	3	4	5	6	日	1	2	3	4
干節	戊寅	己卯	庚辰	辛巳	壬午	癸未	小暑	乙酉	丙戌	丁亥	戊子	己丑	庚寅	辛卯	壬辰	癸巳	甲午	乙未	丙申	丁酉	戊戌	己亥	大暑	辛丑	壬寅	癸卯	甲辰	乙巳	丙午	丁未	戊申

陽曆八月份　（陰曆六、七月份）

陽	8	2	3	4	5	6	7	8	9	10	11	12	13	14	15	16	17	18	19	20	21	22	23	24	25	26	27	28	29	30	31
陰	廿四	廿五	廿六	廿七	廿八	廿九	七	二	三	四	五	六	七	八	九	十	十一	十二	十三	十四	十五	十六	十七	十八	十九	廿	廿一	廿二	廿三	廿四	廿五
星	5	6	日	1	2	3	4	5	6	日	1	2	3	4	5	6	日	1	2	3	4	5	6	日	1	2	3	4	5	6	日
干節	己酉	庚戌	辛亥	壬子	癸丑	甲寅	乙卯	立秋	丁巳	戊午	己未	庚申	辛酉	壬戌	癸亥	甲子	乙丑	丙寅	丁卯	戊辰	己巳	庚午	辛未	處暑	癸酉	甲戌	乙亥	丙子	丁丑	戊寅	己卯

陽曆九月份　（陰曆七、八月份）

陽	9	2	3	4	5	6	7	8	9	10	11	12	13	14	15	16	17	18	19	20	21	22	23	24	25	26	27	28	29	30
陰	廿六	廿七	廿八	廿九	八	二	三	四	五	六	七	八	九	十	十一	十二	十三	十四	十五	十六	十七	十八	十九	廿	廿一	廿二	廿三	廿四	廿五	廿六
星	1	2	3	4	5	6	日	1	2	3	4	5	6	日	1	2	3	4	5	6	日	1	2	3	4	5	6	日	1	2
干節	庚辰	辛巳	壬午	癸未	甲申	乙酉	丙戌	白露	戊子	己丑	庚寅	辛卯	壬辰	癸巳	甲午	乙未	丙申	丁酉	戊戌	己亥	庚子	辛丑	秋分	癸卯	甲辰	乙巳	丙午	丁未	戊申	己酉

陽曆十月份　（陰曆八、九月份）

陽	10	2	3	4	5	6	7	8	9	10	11	12	13	14	15	16	17	18	19	20	21	22	23	24	25	26	27	28	29	30	31
陰	廿七	廿八	廿九	卅	九	二	三	四	五	六	七	八	九	十	十一	十二	十三	十四	十五	十六	十七	十八	十九	廿	廿一	廿二	廿三	廿四	廿五	廿六	廿七
星	3	4	5	6	日	1	2	3	4	5	6	日	1	2	3	4	5	6	日	1	2	3	4	5	6	日	1	2	3	4	5
干節	庚戌	辛亥	壬子	癸丑	甲寅	乙卯	丙辰	丁巳	寒露	己未	庚申	辛酉	壬戌	癸亥	甲子	乙丑	丙寅	丁卯	戊辰	己巳	庚午	辛未	壬申	霜降	甲戌	乙亥	丙子	丁丑	戊寅	己卯	庚辰

陽曆十一月份　（陰曆九、十月份）

陽	11	2	3	4	5	6	7	8	9	10	11	12	13	14	15	16	17	18	19	20	21	22	23	24	25	26	27	28	29	30
陰	廿八	廿九	十	二	三	四	五	六	七	八	九	十	十一	十二	十三	十四	十五	十六	十七	十八	十九	廿	廿一	廿二	廿三	廿四	廿五	廿六	廿七	廿八
星	6	日	1	2	3	4	5	6	日	1	2	3	4	5	6	日	1	2	3	4	5	6	日	1	2	3	4	5	6	日
干節	辛巳	壬午	癸未	甲申	乙酉	丙戌	丁亥	立冬	己丑	庚寅	辛卯	壬辰	癸巳	甲午	乙未	丙申	丁酉	戊戌	己亥	庚子	辛丑	小雪	癸卯	甲辰	乙巳	丙午	丁未	戊申	己酉	庚戌

陽曆十二月份　（陰曆十、十一月份）

陽	12	2	3	4	5	6	7	8	9	10	11	12	13	14	15	16	17	18	19	20	21	22	23	24	25	26	27	28	29	30	31
陰	廿九	卅	十一	二	三	四	五	六	七	八	九	十	十一	十二	十三	十四	十五	十六	十七	十八	十九	廿	廿一	廿二	廿三	廿四	廿五	廿六	廿七	廿八	廿九
星	1	2	3	4	5	6	日	1	2	3	4	5	6	日	1	2	3	4	5	6	日	1	2	3	4	5	6	日	1	2	3
干節	辛亥	壬子	癸丑	甲寅	乙卯	丙辰	大雪	戊午	己未	庚申	辛酉	壬戌	癸亥	甲子	乙丑	丙寅	丁卯	戊辰	己巳	庚午	辛未	冬至	癸酉	甲戌	乙亥	丙子	丁丑	戊寅	己卯	庚辰	辛巳

近世中西史日對照表

陽歷 一 月份 (陰歷十二、正月份)

陽	1	2	3	4	5	6	7	8	9	10	11	12	13	14	15	16	17	18	19	20	21	22	23	24	25	26	27	28	29	30	31
陰	十二	二	三	四	五	六	七	八	九	十	十一	十二	十三	十四	十五	十六	十七	十八	十九	廿	廿一	廿二	廿三	廿四	廿五	廿六	廿七	廿八	廿九	卅	正
星	4	5	6	日	1	2	3	4	5	6	日	1	2	3	4	5	6	日	1	2	3	4	5	6	日	1	2	3	4	5	6
干節	壬午	癸未	甲申	乙酉	小寒	丁亥	戊子	己丑	庚寅	辛卯	壬辰	癸巳	甲午	乙未	丙申	丁酉	戊戌	己亥	庚子	大寒	壬寅	癸卯	甲辰	乙巳	丙午	丁未	戊申	己酉	庚戌	辛亥	壬子

陽歷 二 月份 (陰歷 正 月份)

陽	2	2	3	4	5	6	7	8	9	10	11	12	13	14	15	16	17	18	19	20	21	22	23	24	25	26	27	28	29
陰	二	三	四	五	六	七	八	九	十	十一	十二	十三	十四	十五	十六	十七	十八	十九	廿	廿一	廿二	廿三	廿四	廿五	廿六	廿七	廿八	廿九	卅
星	日	1	2	3	4	5	6	日	1	2	3	4	5	6	日	1	2	3	4	5	6	日	1	2	3	4	5	6	日
干節	癸丑	甲寅	乙卯	立春	丁巳	戊午	己未	庚申	辛酉	壬戌	癸亥	甲子	乙丑	丙寅	丁卯	戊辰	己巳	庚午	雨水	壬申	癸酉	甲戌	乙亥	丙子	丁丑	戊寅	己卯	庚辰	辛巳

陽歷 三 月份 (陰歷 二、三 月份)

陽	3	2	3	4	5	6	7	8	9	10	11	12	13	14	15	16	17	18	19	20	21	22	23	24	25	26	27	28	29	30	31
陰	二	二	三	四	五	六	七	八	九	十	十一	十二	十三	十四	十五	十六	十七	十八	十九	廿	廿一	廿二	廿三	廿四	廿五	廿六	廿七	廿八	廿九	三	二
星	1	2	3	4	5	6	日	1	2	3	4	5	6	日	1	2	3	4	5	6	日	1	2	3	4	5	6	日	1	2	3
干節	壬午	癸未	甲申	乙酉	驚蟄	丁亥	戊子	己丑	庚寅	辛卯	壬辰	癸巳	甲午	乙未	丙申	丁酉	戊戌	己亥	庚子	春分	壬寅	癸卯	甲辰	乙巳	丙午	丁未	戊申	己酉	庚戌	辛亥	壬子

陽歷 四 月份 (陰歷 三、四 月份)

陽	4	2	3	4	5	6	7	8	9	10	11	12	13	14	15	16	17	18	19	20	21	22	23	24	25	26	27	28	29	30
陰	三	四	五	六	七	八	九	十	十一	十二	十三	十四	十五	十六	十七	十八	十九	廿	廿一	廿二	廿三	廿四	廿五	廿六	廿七	廿八	廿九	卅	四	二
星	4	5	6	日	1	2	3	4	5	6	日	1	2	3	4	5	6	日	1	2	3	4	5	6	日	1	2	3	4	5
干節	癸丑	甲寅	乙卯	清明	丁巳	戊午	己未	庚申	辛酉	壬戌	癸亥	甲子	乙丑	丙寅	丁卯	戊辰	己巳	庚午	穀雨	壬申	癸酉	甲戌	乙亥	丙子	丁丑	戊寅	己卯	庚辰	辛巳	壬午

陽歷 五 月份 (陰歷 四、五 月份)

陽	5	2	3	4	5	6	7	8	9	10	11	12	13	14	15	16	17	18	19	20	21	22	23	24	25	26	27	28	29	30	31
陰	三	四	五	六	七	八	九	十	十一	十二	十三	十四	十五	十六	十七	十八	十九	廿	廿一	廿二	廿三	廿四	廿五	廿六	廿七	廿八	廿九	卅	五	二	三
星	6	日	1	2	3	4	5	6	日	1	2	3	4	5	6	日	1	2	3	4	5	6	日	1	2	3	4	5	6	日	1
干節	癸未	甲申	乙酉	丙戌	立夏	戊子	己丑	庚寅	辛卯	壬辰	癸巳	甲午	乙未	丙申	丁酉	戊戌	己亥	庚子	辛丑	小滿	癸卯	甲辰	乙巳	丙午	丁未	戊申	己酉	庚戌	辛亥	壬子	癸丑

陽歷 六 月份 (陰歷 五、六 月份)

陽	6	2	3	4	5	6	7	8	9	10	11	12	13	14	15	16	17	18	19	20	21	22	23	24	25	26	27	28	29	30
陰	四	五	六	七	八	九	十	十一	十二	十三	十四	十五	十六	十七	十八	十九	廿	廿一	廿二	廿三	廿四	廿五	廿六	廿七	廿八	廿九	六	二	三	四
星	2	3	4	5	6	日	1	2	3	4	5	6	日	1	2	3	4	5	6	日	1	2	3	4	5	6	日	1	2	3
干節	甲寅	乙卯	丙辰	丁巳	芒種	己未	庚申	辛酉	壬戌	癸亥	甲子	乙丑	丙寅	丁卯	戊辰	己巳	庚午	辛未	壬申	癸酉	夏至	乙亥	丙子	丁丑	戊寅	己卯	庚辰	辛巳	壬午	癸未

甲辰

一六〇四年

（明神宗萬曆三二年）

近世中西史日對照表

甲辰

一六〇四年

（明神宗萬曆三二年）

陽歷七月份　（陰歷六、七月份）

陽	7	2	3	4	5	6	7	8	9	10	11	12	13	14	15	16	17	18	19	20	21	22	23	24	25	26	27	28	29	30	31
陰	五	六	七	八	九	十	十一	十二	十三	十四	十五	十六	十七	十八	十九	廿	廿一	廿二	廿三	廿四	廿五	廿六	廿七	廿八	廿九	卅	七	二	三	四	五
星	4	5	6	日	1	2	3	4	5	6	日	1	2	3	4	5	6	日	1	2	3	4	5	6	日	1	2	3	4	5	6
干節	甲申	乙酉	丙戌	丁亥	戊子	己丑	小暑	辛卯	壬辰	癸巳	甲午	乙未	丙申	丁酉	戊戌	己亥	庚子	辛丑	壬寅	癸卯	甲辰	大暑	丙午	丁未	戊申	己酉	庚戌	辛亥	壬子	癸丑	甲寅

陽歷八月份　（陰歷七、八月份）

陽	8	2	3	4	5	6	7	8	9	10	11	12	13	14	15	16	17	18	19	20	21	22	23	24	25	26	27	28	29	30	31
陰	六	七	八	九	十	十一	十二	十三	十四	十五	十六	十七	十八	十九	廿	廿一	廿二	廿三	廿四	廿五	廿六	廿七	廿八	廿九	八	二	三	四	五	六	七
星	日	1	2	3	4	5	6	日	1	2	3	4	5	6	日	1	2	3	4	5	6	日	1	2	3	4	5	6	日	1	2
干節	乙卯	丙辰	丁巳	戊午	己未	庚申	立秋	壬戌	癸亥	甲子	乙丑	丙寅	丁卯	戊辰	己巳	庚午	辛未	壬申	癸酉	甲戌	乙亥	丙子	處暑	戊寅	己卯	庚辰	辛巳	壬午	癸未	甲申	乙酉

陽歷九月份　（陰歷八、九月份）

陽	9	2	3	4	5	6	7	8	9	10	11	12	13	14	15	16	17	18	19	20	21	22	23	24	25	26	27	28	29	30	—
陰	八	九	十	十一	十二	十三	十四	十五	十六	十七	十八	十九	廿	廿一	廿二	廿三	廿四	廿五	廿六	廿七	廿八	廿九	九	二	三	四	五	六	七	八	—
星	3	4	5	6	日	1	2	3	4	5	6	日	1	2	3	4	5	6	日	1	2	3	4	5	6	日	1	2	3	4	—
干節	丙戌	丁亥	戊子	己丑	庚寅	辛卯	白露	癸巳	甲午	乙未	丙申	丁酉	戊戌	己亥	庚子	辛丑	壬寅	癸卯	甲辰	乙巳	丙午	秋分	戊申	己酉	庚戌	辛亥	壬子	癸丑	甲寅	乙卯	—

陽歷十月份　（陰歷九、閏九月份）

陽	10	2	3	4	5	6	7	8	9	10	11	12	13	14	15	16	17	18	19	20	21	22	23	24	25	26	27	28	29	30	31
陰	九	十	十一	十二	十三	十四	十五	十六	十七	十八	十九	廿	廿一	廿二	廿三	廿四	廿五	廿六	廿七	廿八	廿九	卅	閏	二	三	四	五	六	七	八	九
星	5	6	日	1	2	3	4	5	6	日	1	2	3	4	5	6	日	1	2	3	4	5	6	日	1	2	3	4	5	6	日
干節	丙辰	丁巳	戊午	己未	庚申	辛酉	壬戌	寒露	甲子	乙丑	丙寅	丁卯	戊辰	己巳	庚午	辛未	壬申	癸酉	甲戌	乙亥	丙子	丁丑	霜降	己卯	庚辰	辛巳	壬午	癸未	甲申	乙酉	丙戌

陽歷十一月份　（陰歷閏九、十月份）

陽	11	2	3	4	5	6	7	8	9	10	11	12	13	14	15	16	17	18	19	20	21	22	23	24	25	26	27	28	29	30	—
陰	十	十一	十二	十三	十四	十五	十六	十七	十八	十九	廿	廿一	廿二	廿三	廿四	廿五	廿六	廿七	廿八	廿九	十	二	三	四	五	六	七	八	九	十	—
星	1	2	3	4	5	6	日	1	2	3	4	5	6	日	1	2	3	4	5	6	日	1	2	3	4	5	6	日	1	2	—
干節	丁亥	戊子	己丑	庚寅	辛卯	壬辰	立冬	甲午	乙未	丙申	丁酉	戊戌	己亥	庚子	辛丑	壬寅	癸卯	甲辰	乙巳	丙午	丁未	小雪	己酉	庚戌	辛亥	壬子	癸丑	甲寅	乙卯	丙辰	—

陽歷十二月份　（陰歷十、十一月份）

陽	12	2	3	4	5	6	7	8	9	10	11	12	13	14	15	16	17	18	19	20	21	22	23	24	25	26	27	28	29	30	31
陰	十一	十二	十三	十四	十五	十六	十七	十八	十九	廿	廿一	廿二	廿三	廿四	廿五	廿六	廿七	廿八	廿九	卅	十一	二	三	四	五	六	七	八	九	十	十一
星	3	4	5	6	日	1	2	3	4	5	6	日	1	2	3	4	5	6	日	1	2	3	4	5	6	日	1	2	3	4	5
干節	丁巳	戊午	己未	庚申	辛酉	大雪	癸亥	甲子	乙丑	丙寅	丁卯	戊辰	己巳	庚午	辛未	壬申	癸酉	甲戌	乙亥	丙子	冬至	戊寅	己卯	庚辰	辛巳	壬午	癸未	甲申	乙酉	丙戌	丁亥

近世中西史日對照表

陽歷一月份　（陰歷十一、十二月份）

陽	1	2	3	4	5	6	7	8	9	10	11	12	13	14	15	16	17	18	19	20	21	22	23	24	25	26	27	28	29	30	31
陰	十二	十三	十四	十五	十六	十七	十八	十九	廿	廿一	廿二	廿三	廿四	廿五	廿六	廿七	廿八	廿九	十二	二	三	四	五	六	七	八	九	十	十一	十二	十三
星	6	日	1	2	3	4	5	6	日	1	2	3	4	5	6	日	1	2	3	4	5	6	日	1	2	3	4	5	6	日	1
干節	戊子	己丑	庚寅	辛卯	小寒	癸巳	甲午	乙未	丙申	丁酉	戊戌	己亥	庚子	辛丑	壬寅	癸卯	甲辰	乙巳	大寒	丁未	戊申	己酉	庚戌	辛亥	壬子	癸丑	甲寅	乙卯	丙辰	丁巳	戊午

陽歷二月份　（陰歷十二、正月份）

陽	1	2	3	4	5	6	7	8	9	10	11	12	13	14	15	16	17	18	19	20	21	22	23	24	25	26	27	28			
陰	十四	十五	十六	十七	十八	十九	廿	廿一	廿二	廿三	廿四	廿五	廿六	廿七	廿八	廿九	卅	正	二	三	四	五	六	七	八	九	十	十一			
星	2	3	4	5	6	日	1	2	3	4	5	6	日	1	2	3	4	5	6	日	1	2	3	4	5	6	日	1			
干節	己未	庚申	立春	壬戌	癸亥	甲子	乙丑	丙寅	丁卯	戊辰	己巳	庚午	辛未	壬申	癸酉	甲戌	乙亥	雨水	丁丑	戊寅	己卯	庚辰	辛巳	壬午	癸未	甲申	乙酉	丙戌			

陽歷三月份　（陰歷正、二月份）

陽	1	2	3	4	5	6	7	8	9	10	11	12	13	14	15	16	17	18	19	20	21	22	23	24	25	26	27	28	29	30	31
陰	十二	十三	十四	十五	十六	十七	十八	十九	廿	廿一	廿二	廿三	廿四	廿五	廿六	廿七	廿八	廿九	二	二	三	四	五	六	七	八	九	十	十一	十二	十三
星	2	3	4	5	6	日	1	2	3	4	5	6	日	1	2	3	4	5	6	日	1	2	3	4	5	6	日	1	2	3	4
干節	丁亥	戊子	己丑	庚寅	驚蟄	壬辰	癸巳	甲午	乙未	丙申	丁酉	戊戌	己亥	庚子	辛丑	壬寅	癸卯	甲辰	乙巳	春分	丁未	戊申	己酉	庚戌	辛亥	壬子	癸丑	甲寅	乙卯	丙辰	丁巳

陽歷四月份　（陰歷二、三月份）

陽	1	2	3	4	5	6	7	8	9	10	11	12	13	14	15	16	17	18	19	20	21	22	23	24	25	26	27	28	29	30	
陰	十四	十五	十六	十七	十八	十九	廿	廿一	廿二	廿三	廿四	廿五	廿六	廿七	廿八	廿九	卅	三	二	三	四	五	六	七	八	九	十	十一	十二	十三	
星	5	6	日	1	2	3	4	5	6	日	1	2	3	4	5	6	日	1	2	3	4	5	6	日	1	2	3	4	5	6	
干節	戊午	己未	庚申	清明	壬戌	癸亥	甲子	乙丑	丙寅	丁卯	戊辰	己巳	庚午	辛未	壬申	癸酉	甲戌	乙亥	丙子	穀雨	戊寅	己卯	庚辰	辛巳	壬午	癸未	甲申	乙酉	丙戌	丁亥	

陽歷五月份　（陰歷三、四月份）

陽	1	2	3	4	5	6	7	8	9	10	11	12	13	14	15	16	17	18	19	20	21	22	23	24	25	26	27	28	29	30	31
陰	十四	十五	十六	十七	十八	十九	廿	廿一	廿二	廿三	廿四	廿五	廿六	廿七	廿八	廿九	卅	四	二	三	四	五	六	七	八	九	十	十一	十二	十三	十四
星	日	1	2	3	4	5	6	日	1	2	3	4	5	6	日	1	2	3	4	5	6	日	1	2	3	4	5	6	日	1	2
干節	戊子	己丑	庚寅	辛卯	立夏	癸巳	甲午	乙未	丙申	丁酉	戊戌	己亥	庚子	辛丑	壬寅	癸卯	甲辰	乙巳	丙午	丁未	小滿	己酉	庚戌	辛亥	壬子	癸丑	甲寅	乙卯	丙辰	丁巳	戊午

陽歷六月份　（陰歷四、五月份）

陽	1	2	3	4	5	6	7	8	9	10	11	12	13	14	15	16	17	18	19	20	21	22	23	24	25	26	27	28	29	30	
陰	十五	十六	十七	十八	十九	廿	廿一	廿二	廿三	廿四	廿五	廿六	廿七	廿八	廿九	五	二	三	四	五	六	七	八	九	十	十一	十二	十三	十四	十五	
星	3	4	5	6	日	1	2	3	4	5	6	日	1	2	3	4	5	6	日	1	2	3	4	5	6	日	1	2	3	4	
干節	己未	庚申	辛酉	壬戌	芒種	甲子	乙丑	丙寅	丁卯	戊辰	己巳	庚午	辛未	壬申	癸酉	甲戌	乙亥	丙子	丁丑	戊寅	夏至	庚辰	辛巳	壬午	癸未	甲申	乙酉	丙戌	丁亥	戊子	

乙巳

一六〇五年

（明神宗萬曆三三年）

陽歷七月份　（陰歷五、六月份）

陽	7	2	3	4	5	6	7	8	9	10	11	12	13	14	15	16	17	18	19	20	21	22	23	24	25	26	27	28	29	30	31
陰	十六	十七	十八	十九	廿	廿一	廿二	廿三	廿四	廿五	廿六	廿七	廿八	廿九	卅	六	二	三	四	五	六	七	八	九	十	十一	十二	十三	十四	十五	十六
星	5	6	日	1	2	3	4	5	6	日	1	2	3	4	5	6	日	1	2	3	4	5	6	日	1	2	3	4	5	6	日
干節	己丑	庚寅	辛卯	壬辰	癸巳	甲午	小暑	丙申	丁酉	戊戌	己亥	庚子	辛丑	壬寅	癸卯	甲辰	乙巳	丙午	丁未	戊申	己酉	庚戌	大暑	壬子	癸丑	甲寅	乙卯	丙辰	丁巳	戊午	己未

陽歷八月份　（陰歷六、七月份）

陽	8	2	3	4	5	6	7	8	9	10	11	12	13	14	15	16	17	18	19	20	21	22	23	24	25	26	27	28	29	30	31
陰	十七	十八	十九	廿	廿一	廿二	廿三	廿四	廿五	廿六	廿七	廿八	廿九	七	二	三	四	五	六	七	八	九	十	十一	十二	十三	十四	十五	十六	十七	十八
星	1	2	3	4	5	6	日	1	2	3	4	5	6	日	1	2	3	4	5	6	日	1	2	3	4	5	6	日	1	2	3
干節	庚申	辛酉	壬戌	癸亥	甲子	乙丑	立秋	丁卯	戊辰	己巳	庚午	辛未	壬申	癸酉	甲戌	乙亥	丙子	丁丑	戊寅	己卯	庚辰	辛巳	處暑	癸未	甲申	乙酉	丙戌	丁亥	戊子	己丑	庚寅

陽歷九月份　（陰歷七、八月份）

陽	9	2	3	4	5	6	7	8	9	10	11	12	13	14	15	16	17	18	19	20	21	22	23	24	25	26	27	28	29	30	
陰	十九	廿	廿一	廿二	廿三	廿四	廿五	廿六	廿七	廿八	廿九	卅	八	二	三	四	五	六	七	八	九	十	十一	十二	十三	十四	十五	十六	十七	十八	
星	4	5	6	日	1	2	3	4	5	6	日	1	2	3	4	5	6	日	1	2	3	4	5	6	日	1	2	3	4	5	
干節	辛卯	壬辰	癸巳	甲午	乙未	丙申	白露	戊戌	己亥	庚子	辛丑	壬寅	癸卯	甲辰	乙巳	丙午	丁未	戊申	己酉	庚戌	辛亥	壬子	秋分	甲寅	乙卯	丙辰	丁巳	戊午	己未	庚申	

陽歷十月份　（陰歷八、九月份）

陽	10	2	3	4	5	6	7	8	9	10	11	12	13	14	15	16	17	18	19	20	21	22	23	24	25	26	27	28	29	30	31
陰	十九	廿	廿一	廿二	廿三	廿四	廿五	廿六	廿七	廿八	廿九	九	二	三	四	五	六	七	八	九	十	十一	十二	十三	十四	十五	十六	十七	十八	十九	廿
星	6	日	1	2	3	4	5	6	日	1	2	3	4	5	6	日	1	2	3	4	5	6	日	1	2	3	4	5	6	日	1
干節	辛酉	壬戌	癸亥	甲子	乙丑	丙寅	丁卯	寒露	己巳	庚午	辛未	壬申	癸酉	甲戌	乙亥	丙子	丁丑	戊寅	己卯	庚辰	辛巳	壬午	霜降	甲申	乙酉	丙戌	丁亥	戊子	己丑	庚寅	辛卯

陽歷十一月份　（陰歷九、十月份）

陽	11	2	3	4	5	6	7	8	9	10	11	12	13	14	15	16	17	18	19	20	21	22	23	24	25	26	27	28	29	30	
陰	廿一	廿二	廿三	廿四	廿五	廿六	廿七	廿八	廿九	卅	十	二	三	四	五	六	七	八	九	十	十一	十二	十三	十四	十五	十六	十七	十八	十九	廿	
星	2	3	4	5	6	日	1	2	3	4	5	6	日	1	2	3	4	5	6	日	1	2	3	4	5	6	日	1	2	3	
干節	壬辰	癸巳	甲午	乙未	丙申	丁酉	立冬	己亥	庚子	辛丑	壬寅	癸卯	甲辰	乙巳	丙午	丁未	戊申	己酉	庚戌	辛亥	壬子	小雪	甲寅	乙卯	丙辰	丁巳	戊午	己未	庚申	辛酉	

陽歷十二月份　（陰歷十、十一月份）

陽	12	2	3	4	5	6	7	8	9	10	11	12	13	14	15	16	17	18	19	20	21	22	23	24	25	26	27	28	29	30	31
陰	廿一	廿二	廿三	廿四	廿五	廿六	廿七	廿八	廿九	十一	二	三	四	五	六	七	八	九	十	十一	十二	十三	十四	十五	十六	十七	十八	十九	廿	廿一	廿二
星	4	5	6	日	1	2	3	4	5	6	日	1	2	3	4	5	6	日	1	2	3	4	5	6	日	1	2	3	4	5	6
干節	壬戌	癸亥	甲子	乙丑	丙寅	丁卯	大雪	己巳	庚午	辛未	壬申	癸酉	甲戌	乙亥	丙子	丁丑	戊寅	己卯	庚辰	辛巳	冬至	癸未	甲申	乙酉	丙戌	丁亥	戊子	己丑	庚寅	辛卯	壬辰

近世中西史日對照表

陽曆一月份　(陰曆十一、十二月份)

陽	1	2	3	4	5	6	7	8	9	10	11	12	13	14	15	16	17	18	19	20	21	22	23	24	25	26	27	28	29	30	31
陰	廿三	廿四	廿五	廿六	廿七	廿八	廿九	卅	十二	二	三	四	五	六	七	八	九	十	十一	十二	十三	十四	十五	十六	十七	十八	十九	廿	廿一	廿二	廿三
星	日	1	2	3	4	5	6	日	1	2	3	4	5	6	日	1	2	3	4	5	6	日	1	2	3	4	5	6	日	1	2
干節	癸巳	甲午	乙未	丙申	小寒	戊戌	己亥	庚子	辛丑	壬寅	癸卯	甲辰	乙巳	丙午	丁未	戊申	己酉	庚戌	辛亥	大寒	癸丑	甲寅	乙卯	丙辰	丁巳	戊午	己未	庚申	辛酉	壬戌	癸亥

陽曆二月份　(陰曆十二、正月份)

陽	1	2	3	4	5	6	7	8	9	10	11	12	13	14	15	16	17	18	19	20	21	22	23	24	25	26	27	28			
陰	廿四	廿五	廿六	廿七	廿八	廿九	正	二	三	四	五	六	七	八	九	十	十一	十二	十三	十四	十五	十六	十七	十八	十九	廿	廿一	廿二			
星	3	4	5	6	日	1	2	3	4	5	6	日	1	2	3	4	5	6	日	1	2	3	4	5	6	日	1	2			
干節	甲子	乙丑	立春	丁卯	戊辰	己巳	庚午	辛未	壬申	癸酉	甲戌	乙亥	丙子	丁丑	戊寅	己卯	庚辰	雨水	壬午	癸未	甲申	乙酉	丙戌	丁亥	戊子	己丑	庚寅	辛卯			

陽曆三月份　(陰曆正、二月份)

陽	1	2	3	4	5	6	7	8	9	10	11	12	13	14	15	16	17	18	19	20	21	22	23	24	25	26	27	28	29	30	31
陰	廿三	廿四	廿五	廿六	廿七	廿八	廿九	卅	二	二	三	四	五	六	七	八	九	十	十一	十二	十三	十四	十五	十六	十七	十八	十九	廿	廿一	廿二	廿三
星	3	4	5	6	日	1	2	3	4	5	6	日	1	2	3	4	5	6	日	1	2	3	4	5	6	日	1	2	3	4	5
干節	壬辰	癸巳	甲午	乙未	驚蟄	丁酉	戊戌	己亥	庚子	辛丑	壬寅	癸卯	甲辰	乙巳	丙午	丁未	戊申	己酉	庚戌	春分	壬子	癸丑	甲寅	乙卯	丙辰	丁巳	戊午	己未	庚申	辛酉	壬戌

陽曆四月份　(陰曆二、三月份)

陽	1	2	3	4	5	6	7	8	9	10	11	12	13	14	15	16	17	18	19	20	21	22	23	24	25	26	27	28	29	30	
陰	廿四	廿五	廿六	廿七	廿八	廿九	三	二	三	四	五	六	七	八	九	十	十一	十二	十三	十四	十五	十六	十七	十八	十九	廿	廿一	廿二	廿三	廿四	
星	6	日	1	2	3	4	5	6	日	1	2	3	4	5	6	日	1	2	3	4	5	6	日	1	2	3	4	5	6	日	
干節	癸亥	甲子	乙丑	丙寅	清明	戊辰	己巳	庚午	辛未	壬申	癸酉	甲戌	乙亥	丙子	丁丑	戊寅	己卯	庚辰	辛巳	穀雨	癸未	甲申	乙酉	丙戌	丁亥	戊子	己丑	庚寅	辛卯	壬辰	

陽曆五月份　(陰曆三、四月份)

陽	1	2	3	4	5	6	7	8	9	10	11	12	13	14	15	16	17	18	19	20	21	22	23	24	25	26	27	28	29	30	31
陰	廿五	廿六	廿七	廿八	廿九	卅	四	二	三	四	五	六	七	八	九	十	十一	十二	十三	十四	十五	十六	十七	十八	十九	廿	廿一	廿二	廿三	廿四	廿五
星	1	2	3	4	5	6	日	1	2	3	4	5	6	日	1	2	3	4	5	6	日	1	2	3	4	5	6	日	1	2	3
干節	癸巳	甲午	乙未	丙申	立夏	戊戌	己亥	庚子	辛丑	壬寅	癸卯	甲辰	乙巳	丙午	丁未	戊申	己酉	庚戌	辛亥	壬子	小滿	甲寅	乙卯	丙辰	丁巳	戊午	己未	庚申	辛酉	壬戌	癸亥

陽曆六月份　(陰曆四、五月份)

陽	1	2	3	4	5	6	7	8	9	10	11	12	13	14	15	16	17	18	19	20	21	22	23	24	25	26	27	28	29	30	
陰	廿六	廿七	廿八	廿九	五	二	三	四	五	六	七	八	九	十	十一	十二	十三	十四	十五	十六	十七	十八	十九	廿	廿一	廿二	廿三	廿四	廿五	廿六	
星	4	5	6	日	1	2	3	4	5	6	日	1	2	3	4	5	6	日	1	2	3	4	5	6	日	1	2	3	4	5	
干節	甲子	乙丑	丙寅	丁卯	戊辰	芒種	庚午	辛未	壬申	癸酉	甲戌	乙亥	丙子	丁丑	戊寅	己卯	庚辰	辛巳	壬午	癸未	夏至	乙酉	丙戌	丁亥	戊子	己丑	庚寅	辛卯	壬辰	癸巳	

丙午

一六〇六年

（明神宗萬曆三四年）

陽歷七月份　（陰歷五、六月份）

陽	7	2	3	4	5	6	7	8	9	10	11	12	13	14	15	16	17	18	19	20	21	22	23	24	25	26	27	28	29	30	31
陰	廿七	廿八	廿九	卅	六	二	三	四	五	六	七	八	九	十	十一	十二	十三	十四	十五	十六	十七	十八	十九	廿	廿一	廿二	廿三	廿四	廿五	廿六	廿七
星	6	日	1	2	3	4	5	6	日	1	2	3	4	5	6	日	1	2	3	4	5	6	日	1	2	3	4	5	6	日	1
干節	甲午	乙未	丙申	丁酉	戊戌	己亥	小暑	辛丑	壬寅	癸卯	甲辰	乙巳	丙午	丁未	戊申	己酉	庚戌	辛亥	壬子	癸丑	甲寅	乙卯	大暑	丁巳	戊午	己未	庚申	辛酉	壬戌	癸亥	甲子

陽歷八月份　（陰歷六、七月份）

陽	8	2	3	4	5	6	7	8	9	10	11	12	13	14	15	16	17	18	19	20	21	22	23	24	25	26	27	28	29	30	31
陰	廿八	廿九	卅	七	二	三	四	五	六	七	八	九	十	十一	十二	十三	十四	十五	十六	十七	十八	十九	廿	廿一	廿二	廿三	廿四	廿五	廿六	廿七	廿八
星	2	3	4	5	6	日	1	2	3	4	5	6	日	1	2	3	4	5	6	日	1	2	3	4	5	6	日	1	2	3	4
干節	乙丑	丙寅	丁卯	戊辰	己巳	庚午	辛未	立秋	癸酉	甲戌	乙亥	丙子	丁丑	戊寅	己卯	庚辰	辛巳	壬午	癸未	甲申	乙酉	丙戌	處暑	戊子	己丑	庚寅	辛卯	壬辰	癸巳	甲午	乙未

陽歷九月份　（陰歷七、八月份）

陽	9	2	3	4	5	6	7	8	9	10	11	12	13	14	15	16	17	18	19	20	21	22	23	24	25	26	27	28	29	30	—
陰	廿九	八	二	三	四	五	六	七	八	九	十	十一	十二	十三	十四	十五	十六	十七	十八	十九	廿	廿一	廿二	廿三	廿四	廿五	廿六	廿七	廿八	廿九	—
星	5	6	日	1	2	3	4	5	6	日	1	2	3	4	5	6	日	1	2	3	4	5	6	日	1	2	3	4	5	6	—
干節	丙申	丁酉	戊戌	己亥	庚子	辛丑	壬寅	白露	甲辰	乙巳	丙午	丁未	戊申	己酉	庚戌	辛亥	壬子	癸丑	甲寅	乙卯	丙辰	丁巳	秋分	己未	庚申	辛酉	壬戌	癸亥	甲子	乙丑	

陽歷十月份　（陰歷八、九、十月份）

陽	10	2	3	4	5	6	7	8	9	10	11	12	13	14	15	16	17	18	19	20	21	22	23	24	25	26	27	28	29	30	31
陰	卅	九	二	三	四	五	六	七	八	九	十	十一	十二	十三	十四	十五	十六	十七	十八	十九	廿	廿一	廿二	廿三	廿四	廿五	廿六	廿七	廿八	廿九	十
星	日	1	2	3	4	5	6	日	1	2	3	4	5	6	日	1	2	3	4	5	6	日	1	2	3	4	5	6	日	1	2
干節	丙寅	丁卯	戊辰	己巳	庚午	辛未	壬申	寒露	甲戌	乙亥	丙子	丁丑	戊寅	己卯	庚辰	辛巳	壬午	癸未	甲申	乙酉	丙戌	丁亥	霜降	己丑	庚寅	辛卯	壬辰	癸巳	甲午	乙未	丙申

陽歷十一月份　（陰歷十、十一月份）

陽	11	2	3	4	5	6	7	8	9	10	11	12	13	14	15	16	17	18	19	20	21	22	23	24	25	26	27	28	29	30	—
陰	二	三	四	五	六	七	八	九	十	十一	十二	十三	十四	十五	十六	十七	十八	十九	廿	廿一	廿二	廿三	廿四	廿五	廿六	廿七	廿八	廿九	卅	十一	—
星	3	4	5	6	日	1	2	3	4	5	6	日	1	2	3	4	5	6	日	1	2	3	4	5	6	日	1	2	3	4	—
干節	丁酉	戊戌	己亥	庚子	辛丑	壬寅	立冬	甲辰	乙巳	丙午	丁未	戊申	己酉	庚戌	辛亥	壬子	癸丑	甲寅	乙卯	丙辰	丁巳	小雪	己未	庚申	辛酉	壬戌	癸亥	甲子	乙丑	丙寅	

陽歷十二月份　（陰歷十一、十二月份）

陽	12	2	3	4	5	6	7	8	9	10	11	12	13	14	15	16	17	18	19	20	21	22	23	24	25	26	27	28	29	30	31
陰	二	三	四	五	六	七	八	九	十	十一	十二	十三	十四	十五	十六	十七	十八	十九	廿	廿一	廿二	廿三	廿四	廿五	廿六	廿七	廿八	廿九	十二	二	三
星	5	6	日	1	2	3	4	5	6	日	1	2	3	4	5	6	日	1	2	3	4	5	6	日	1	2	3	4	5	6	日
干節	丁卯	戊辰	己巳	庚午	辛未	壬申	大雪	甲戌	乙亥	丙子	丁丑	戊寅	己卯	庚辰	辛巳	壬午	癸未	甲申	乙酉	丙戌	丁亥	冬至	己丑	庚寅	辛卯	壬辰	癸巳	甲午	乙未	丙申	丁酉

陽歷一月份　(陰歷十二、正月份)

陽	1	2	3	4	5	6	7	8	9	10	11	12	13	14	15	16	17	18	19	20	21	22	23	24	25	26	27	28	29	30	31
陰	四	五	六	七	八	九	十	十一	十二	十三	十四	十五	十六	十七	十八	十九	廿	廿一	廿二	廿三	廿四	廿五	廿六	廿七	廿八	廿九	卅	正	二	三	四
星	1	2	3	4	5	6	日	1	2	3	4	5	6	日	1	2	3	4	5	6	日	1	2	3	4	5	6	日	1	2	3
干節	戊戌	己亥	庚子	辛丑	小寒	癸卯	甲辰	乙巳	丙午	丁未	戊申	己酉	庚戌	辛亥	壬子	癸丑	甲寅	乙卯	丙辰	大寒	戊午	己未	庚申	辛酉	壬戌	癸亥	甲子	乙丑	丙寅	丁卯	戊辰

陽歷二月份　(陰歷正、二月份)

陽	2	2	3	4	5	6	7	8	9	10	11	12	13	14	15	16	17	18	19	20	21	22	23	24	25	26	27	28			
陰	五	六	七	八	九	十	十一	十二	十三	十四	十五	十六	十七	十八	十九	廿	廿一	廿二	廿三	廿四	廿五	廿六	廿七	廿八	廿九	二	二	三			
星	4	5	6	日	1	2	3	4	5	6	日	1	2	3	4	5	6	日	1	2	3	4	5	6	日	1	2	3			
干節	己巳	庚午	辛未	立春	癸酉	甲戌	乙亥	丙子	丁丑	戊寅	己卯	庚辰	辛巳	壬午	癸未	甲申	乙酉	丙戌	雨水	戊子	己丑	庚寅	辛卯	壬辰	癸巳	甲午	乙未	丙申			

陽歷三月份　(陰歷二、三月份)

陽	3	2	3	4	5	6	7	8	9	10	11	12	13	14	15	16	17	18	19	20	21	22	23	24	25	26	27	28	29	30	31
陰	四	五	六	七	八	九	十	十一	十二	十三	十四	十五	十六	十七	十八	十九	廿	廿一	廿二	廿三	廿四	廿五	廿六	廿七	廿八	廿九	卅	三	二	三	四
星	4	5	6	日	1	2	3	4	5	6	日	1	2	3	4	5	6	日	1	2	3	4	5	6	日	1	2	3	4	5	6
干節	丁酉	戊戌	己亥	庚子	驚蟄	壬寅	癸卯	甲辰	乙巳	丙午	丁未	戊申	己酉	庚戌	辛亥	壬子	癸丑	甲寅	乙卯	丙辰	春分	戊午	己未	庚申	辛酉	壬戌	癸亥	甲子	乙丑	丙寅	丁卯

陽歷四月份　(陰歷三、四月份)

陽	4	2	3	4	5	6	7	8	9	10	11	12	13	14	15	16	17	18	19	20	21	22	23	24	25	26	27	28	29	30	
陰	五	六	七	八	九	十	十一	十二	十三	十四	十五	十六	十七	十八	十九	廿	廿一	廿二	廿三	廿四	廿五	廿六	廿七	廿八	廿九	四	二	三	四	五	
星	日	1	2	3	4	5	6	日	1	2	3	4	5	6	日	1	2	3	4	5	6	日	1	2	3	4	5	6	日	1	
干節	戊辰	己巳	庚午	辛未	清明	癸酉	甲戌	乙亥	丙子	丁丑	戊寅	己卯	庚辰	辛巳	壬午	癸未	甲申	乙酉	丙戌	穀雨	戊子	己丑	庚寅	辛卯	壬辰	癸巳	甲午	乙未	丙申	丁酉	

陽歷五月份　(陰歷四、五月份)

陽	5	2	3	4	5	6	7	8	9	10	11	12	13	14	15	16	17	18	19	20	21	22	23	24	25	26	27	28	29	30	31
陰	六	七	八	九	十	十一	十二	十三	十四	十五	十六	十七	十八	十九	廿	廿一	廿二	廿三	廿四	廿五	廿六	廿七	廿八	廿九	卅	五	二	三	四	五	六
星	2	3	4	5	6	日	1	2	3	4	5	6	日	1	2	3	4	5	6	日	1	2	3	4	5	6	日	1	2	3	4
干節	戊戌	己亥	庚子	辛丑	壬寅	立夏	甲辰	乙巳	丙午	丁未	戊申	己酉	庚戌	辛亥	壬子	癸丑	甲寅	乙卯	丙辰	丁巳	小滿	己未	庚申	辛酉	壬戌	癸亥	甲子	乙丑	丙寅	丁卯	戊辰

陽歷六月份　(陰歷五、六月份)

陽	6	2	3	4	5	6	7	8	9	10	11	12	13	14	15	16	17	18	19	20	21	22	23	24	25	26	27	28	29	30	
陰	七	八	九	十	十一	十二	十三	十四	十五	十六	十七	十八	十九	廿	廿一	廿二	廿三	廿四	廿五	廿六	廿七	廿八	廿九	六	二	三	四	五	六	七	
星	5	6	日	1	2	3	4	5	6	日	1	2	3	4	5	6	日	1	2	3	4	5	6	日	1	2	3	4	5	6	
干節	己巳	庚午	辛未	壬申	癸酉	芒種	乙亥	丙子	丁丑	戊寅	己卯	庚辰	辛巳	壬午	癸未	甲申	乙酉	丙戌	丁亥	戊子	己丑	夏至	辛卯	壬辰	癸巳	甲午	乙未	丙申	丁酉	戊戌	

丁未　一六〇七年　(明神宗萬曆三五年)

丁未

一六〇七年

（明神宗萬曆三五年）

陽曆七月份　（陰曆六、閏六月份）

陽	7	2	3	4	5	6	7	8	9	10	11	12	13	14	15	16	17	18	19	20	21	22	23	24	25	26	27	28	29	30	31
陰	八	九	十	十一	十二	十三	十四	十五	十六	十七	十八	十九	廿	廿一	廿二	廿三	廿四	廿五	廿六	廿七	廿八	廿九	卅	閏	二	三	四	五	六	七	八
星	日	1	2	3	4	5	6	日	1	2	3	4	5	6	日	1	2	3	4	5	6	日	1	2	3	4	5	6	日	1	2
干節	己亥	庚子	辛丑	壬寅	癸卯	甲辰	小暑	丙午	丁未	戊申	己酉	庚戌	辛亥	壬子	癸丑	甲寅	乙卯	丙辰	丁巳	戊午	己未	庚申	大暑	壬戌	癸亥	甲子	乙丑	丙寅	丁卯	戊辰	己巳

陽曆八月份　（陰曆閏六、七月份）

陽	8	2	3	4	5	6	7	8	9	10	11	12	13	14	15	16	17	18	19	20	21	22	23	24	25	26	27	28	29	30	31
陰	九	十	十一	十二	十三	十四	十五	十六	十七	十八	十九	廿	廿一	廿二	廿三	廿四	廿五	廿六	廿七	廿八	廿九	七	二	三	四	五	六	七	八	九	十
星	3	4	5	6	日	1	2	3	4	5	6	日	1	2	3	4	5	6	日	1	2	3	4	5	6	日	1	2	3	4	5
干節	庚午	辛未	壬申	癸酉	甲戌	乙亥	丙子	立秋	戊寅	己卯	庚辰	辛巳	壬午	癸未	甲申	乙酉	丙戌	丁亥	戊子	己丑	庚寅	辛卯	壬辰	處暑	甲午	乙未	丙申	丁酉	戊戌	己亥	庚子

陽曆九月份　（陰曆七、八月份）

陽	9	2	3	4	5	6	7	8	9	10	11	12	13	14	15	16	17	18	19	20	21	22	23	24	25	26	27	28	29	30	
陰	十一	十二	十三	十四	十五	十六	十七	十八	十九	廿	廿一	廿二	廿三	廿四	廿五	廿六	廿七	廿八	廿九	卅	八	二	三	四	五	六	七	八	九	十	
星	6	日	1	2	3	4	5	6	日	1	2	3	4	5	6	日	1	2	3	4	5	6	日	1	2	3	4	5	6	日	
干節	辛丑	壬寅	癸卯	甲辰	乙巳	丙午	丁未	白露	己酉	庚戌	辛亥	壬子	癸丑	甲寅	乙卯	丙辰	丁巳	戊午	己未	庚申	辛酉	壬戌	秋分	甲子	乙丑	丙寅	丁卯	戊辰	己巳	庚午	

陽曆十月份　（陰曆八、九月份）

陽	10	2	3	4	5	6	7	8	9	10	11	12	13	14	15	16	17	18	19	20	21	22	23	24	25	26	27	28	29	30	31
陰	十一	十二	十三	十四	十五	十六	十七	十八	十九	廿	廿一	廿二	廿三	廿四	廿五	廿六	廿七	廿八	廿九	卅	九	二	三	四	五	六	七	八	九	十	十一
星	1	2	3	4	5	6	日	1	2	3	4	5	6	日	1	2	3	4	5	6	日	1	2	3	4	5	6	日	1	2	3
干節	辛未	壬申	癸酉	甲戌	乙亥	丙子	丁丑	戊寅	寒露	庚辰	辛巳	壬午	癸未	甲申	乙酉	丙戌	丁亥	戊子	己丑	庚寅	辛卯	壬辰	癸巳	霜降	乙未	丙申	丁酉	戊戌	己亥	庚子	辛丑

陽曆十一月份　（陰曆九、十月份）

陽	11	2	3	4	5	6	7	8	9	10	11	12	13	14	15	16	17	18	19	20	21	22	23	24	25	26	27	28	29	30	
陰	十二	十三	十四	十五	十六	十七	十八	十九	廿	廿一	廿二	廿三	廿四	廿五	廿六	廿七	廿八	廿九	十	二	三	四	五	六	七	八	九	十	十一	十二	
星	4	5	6	日	1	2	3	4	5	6	日	1	2	3	4	5	6	日	1	2	3	4	5	6	日	1	2	3	4	5	
干節	壬寅	癸卯	甲辰	乙巳	丙午	丁未	戊申	立冬	庚戌	辛亥	壬子	癸丑	甲寅	乙卯	丙辰	丁巳	戊午	己未	庚申	辛酉	壬戌	小雪	甲子	乙丑	丙寅	丁卯	戊辰	己巳	庚午	辛未	

陽曆十二月份　（陰曆十、十一月份）

陽	12	2	3	4	5	6	7	8	9	10	11	12	13	14	15	16	17	18	19	20	21	22	23	24	25	26	27	28	29	30	31
陰	十三	十四	十五	十六	十七	十八	十九	廿	廿一	廿二	廿三	廿四	廿五	廿六	廿七	廿八	廿九	卅	十一	二	三	四	五	六	七	八	九	十	十一	十二	十三
星	6	日	1	2	3	4	5	6	日	1	2	3	4	5	6	日	1	2	3	4	5	6	日	1	2	3	4	5	6	日	1
干節	壬申	癸酉	甲戌	乙亥	丙子	丁丑	大雪	己卯	庚辰	辛巳	壬午	癸未	甲申	乙酉	丙戌	丁亥	戊子	己丑	庚寅	辛卯	壬辰	冬至	甲午	乙未	丙申	丁酉	戊戌	己亥	庚子	辛丑	壬寅

戊申 一六〇八年 (明神宗萬曆三十六年)

陽歷 一月份 (陰歷十一、十二月份)

陽	1	2	3	4	5	6	7	8	9	10	11	12	13	14	15	16	17	18	19	20	21	22	23	24	25	26	27	28	29	30	31
陰	十四	十五	十六	十七	十八	十九	廿	廿一	廿二	廿三	廿四	廿五	廿六	廿七	廿八	廿九	十二	二	三	四	五	六	七	八	九	十	十一	十二	十三	十四	十五
星	2	3	4	5	6	日	1	2	3	4	5	6	日	1	2	3	4	5	6	日	1	2	3	4	5	6	日	1	2	3	4
干節	癸卯	甲辰	乙巳	丙午	小寒	戊申	己酉	庚戌	辛亥	壬子	癸丑	甲寅	乙卯	丙辰	丁巳	戊午	己未	庚申	辛酉	大寒	癸亥	甲子	乙丑	丙寅	丁卯	戊辰	己巳	庚午	辛未	壬申	癸酉

陽歷 二月份 (陰歷十二、正月份)

陽	2	2	3	4	5	6	7	8	9	10	11	12	13	14	15	16	17	18	19	20	21	22	23	24	25	26	27	28	29		
陰	十六	十七	十八	十九	廿	廿一	廿二	廿三	廿四	廿五	廿六	廿七	廿八	廿九	卅	正	二	三	四	五	六	七	八	九	十	十一	十二	十三	十四		
星	5	6	日	1	2	3	4	5	6	日	1	2	3	4	5	6	日	1	2	3	4	5	6	日	1	2	3	4	5		
干節	甲戌	乙亥	丙子	立春	戊寅	己卯	庚辰	辛巳	壬午	癸未	甲申	乙酉	丙戌	丁亥	戊子	己丑	庚寅	辛卯	雨水	癸巳	甲午	乙未	丙申	丁酉	戊戌	己亥	庚子	辛丑	壬寅		

陽歷 三月份 (陰歷正、二月份)

陽	3	2	3	4	5	6	7	8	9	10	11	12	13	14	15	16	17	18	19	20	21	22	23	24	25	26	27	28	29	30	31
陰	十五	十六	十七	十八	十九	廿	廿一	廿二	廿三	廿四	廿五	廿六	廿七	廿八	廿九	二	二	三	四	五	六	七	八	九	十	十一	十二	十三	十四	十五	十六
星	6	日	1	2	3	4	5	6	日	1	2	3	4	5	6	日	1	2	3	4	5	6	日	1	2	3	4	5	6	日	1
干節	癸卯	甲辰	乙巳	丙午	驚蟄	戊申	己酉	庚戌	辛亥	壬子	癸丑	甲寅	乙卯	丙辰	丁巳	戊午	己未	庚申	辛酉	春分	癸亥	甲子	乙丑	丙寅	丁卯	戊辰	己巳	庚午	辛未	壬申	癸酉

陽歷 四月份 (陰歷二、三月份)

陽	4	2	3	4	5	6	7	8	9	10	11	12	13	14	15	16	17	18	19	20	21	22	23	24	25	26	27	28	29	30	
陰	十七	十八	十九	廿	廿一	廿二	廿三	廿四	廿五	廿六	廿七	廿八	廿九	卅	三	二	三	四	五	六	七	八	九	十	十一	十二	十三	十四	十五	十六	
星	2	3	4	5	6	日	1	2	3	4	5	6	日	1	2	3	4	5	6	日	1	2	3	4	5	6	日	1	2	3	
干節	甲戌	乙亥	丙子	清明	戊寅	己卯	庚辰	辛巳	壬午	癸未	甲申	乙酉	丙戌	丁亥	戊子	己丑	庚寅	辛卯	穀雨	癸巳	甲午	乙未	丙申	丁酉	戊戌	己亥	庚子	辛丑	壬寅	癸卯	

陽歷 五月份 (陰歷三、四月份)

陽	5	2	3	4	5	6	7	8	9	10	11	12	13	14	15	16	17	18	19	20	21	22	23	24	25	26	27	28	29	30	31
陰	十七	十八	十九	廿	廿一	廿二	廿三	廿四	廿五	廿六	廿七	廿八	廿九	四	二	三	四	五	六	七	八	九	十	十一	十二	十三	十四	十五	十六	十七	十八
星	4	5	6	日	1	2	3	4	5	6	日	1	2	3	4	5	6	日	1	2	3	4	5	6	日	1	2	3	4	5	6
干節	甲辰	乙巳	丙午	丁未	立夏	己酉	庚戌	辛亥	壬子	癸丑	甲寅	乙卯	丙辰	丁巳	戊午	己未	庚申	辛酉	壬戌	小滿	甲子	乙丑	丙寅	丁卯	戊辰	己巳	庚午	辛未	壬申	癸酉	甲戌

陽歷 六月份 (陰歷四、五月份)

陽	6	2	3	4	5	6	7	8	9	10	11	12	13	14	15	16	17	18	19	20	21	22	23	24	25	26	27	28	29	30	
陰	十九	廿	廿一	廿二	廿三	廿四	廿五	廿六	廿七	廿八	廿九	五	二	三	四	五	六	七	八	九	十	十一	十二	十三	十四	十五	十六	十七	十八	十九	
星	日	1	2	3	4	5	6	日	1	2	3	4	5	6	日	1	2	3	4	5	6	日	1	2	3	4	5	6	日	1	
干節	乙亥	丙子	丁丑	戊寅	芒種	庚辰	辛巳	壬午	癸未	甲申	乙酉	丙戌	丁亥	戊子	己丑	庚寅	辛卯	壬辰	癸巳	甲午	夏至	丙申	丁酉	戊戌	己亥	庚子	辛丑	壬寅	癸卯	甲辰	

戊申

一六〇八年

(明神宗萬曆三六年)

陽曆七月份　(陰曆五、六月份)

陽	7	2	3	4	5	6	7	8	9	10	11	12	13	14	15	16	17	18	19	20	21	22	23	24	25	26	27	28	29	30	31
陰	廿	廿一	廿二	廿三	廿四	廿五	廿六	廿七	廿八	廿九	卅	六	二	三	四	五	六	七	八	九	十	十一	十二	十三	十四	十五	十六	十七	十八	十九	廿
星	2	3	4	5	6	日	1	2	3	4	5	6	日	1	2	3	4	5	6	日	1	2	3	4	5	6	日	1	2	3	4
干節	乙巳	丙午	丁未	戊申	己酉	庚戌	小暑	壬子	癸丑	甲寅	乙卯	丙辰	丁巳	戊午	己未	庚申	辛酉	壬戌	癸亥	甲子	乙丑	大暑	丁卯	戊辰	己巳	庚午	辛未	壬申	癸酉	甲戌	乙亥

陽曆八月份　(陰曆六、七月份)

陽	8	2	3	4	5	6	7	8	9	10	11	12	13	14	15	16	17	18	19	20	21	22	23	24	25	26	27	28	29	30	31
陰	廿一	廿二	廿三	廿四	廿五	廿六	廿七	廿八	廿九	七	二	三	四	五	六	七	八	九	十	十一	十二	十三	十四	十五	十六	十七	十八	十九	廿	廿一	廿二
星	5	6	日	1	2	3	4	5	6	日	1	2	3	4	5	6	日	1	2	3	4	5	6	日	1	2	3	4	5	6	日
干節	丙子	丁丑	戊寅	己卯	庚辰	辛巳	立秋	癸未	甲申	乙酉	丙戌	丁亥	戊子	己丑	庚寅	辛卯	壬辰	癸巳	甲午	乙未	丙申	丁酉	處暑	己亥	庚子	辛丑	壬寅	癸卯	甲辰	乙巳	丙午

陽曆九月份　(陰曆七、八月份)

陽	9	2	3	4	5	6	7	8	9	10	11	12	13	14	15	16	17	18	19	20	21	22	23	24	25	26	27	28	29	30	—
陰	廿三	廿四	廿五	廿六	廿七	廿八	廿九	卅	八	二	三	四	五	六	七	八	九	十	十一	十二	十三	十四	十五	十六	十七	十八	十九	廿	廿一	廿二	—
星	1	2	3	4	5	6	日	1	2	3	4	5	6	日	1	2	3	4	5	6	日	1	2	3	4	5	6	日	1	2	—
干節	丁未	戊申	己酉	庚戌	辛亥	壬子	白露	甲寅	乙卯	丙辰	丁巳	戊午	己未	庚申	辛酉	壬戌	癸亥	甲子	乙丑	丙寅	丁卯	秋分	己巳	庚午	辛未	壬申	癸酉	甲戌	乙亥	丙子	—

陽曆十月份　(陰曆八、九月份)

陽	10	2	3	4	5	6	7	8	9	10	11	12	13	14	15	16	17	18	19	20	21	22	23	24	25	26	27	28	29	30	31
陰	廿三	廿四	廿五	廿六	廿七	廿八	廿九	卅	九	二	三	四	五	六	七	八	九	十	十一	十二	十三	十四	十五	十六	十七	十八	十九	廿	廿一	廿二	廿三
星	3	4	5	6	日	1	2	3	4	5	6	日	1	2	3	4	5	6	日	1	2	3	4	5	6	日	1	2	3	4	5
干節	丁丑	戊寅	己卯	庚辰	辛巳	壬午	癸未	寒露	乙酉	丙戌	丁亥	戊子	己丑	庚寅	辛卯	壬辰	癸巳	甲午	乙未	丙申	丁酉	戊戌	霜降	庚子	辛丑	壬寅	癸卯	甲辰	乙巳	丙午	丁未

陽曆十一月份　(陰曆九、十月份)

陽	11	2	3	4	5	6	7	8	9	10	11	12	13	14	15	16	17	18	19	20	21	22	23	24	25	26	27	28	29	30	—
陰	廿四	廿五	廿六	廿七	廿八	廿九	卅	十	二	三	四	五	六	七	八	九	十	十一	十二	十三	十四	十五	十六	十七	十八	十九	廿	廿一	廿二	廿三	—
星	6	日	1	2	3	4	5	6	日	1	2	3	4	5	6	日	1	2	3	4	5	6	日	1	2	3	4	5	6	日	—
干節	戊申	己酉	庚戌	辛亥	壬子	癸丑	立冬	乙卯	丙辰	丁巳	戊午	己未	庚申	辛酉	壬戌	癸亥	甲子	乙丑	丙寅	丁卯	戊辰	小雪	庚午	辛未	壬申	癸酉	甲戌	乙亥	丙子	丁丑	—

陽曆十二月份　(陰曆十、十一月份)

陽	12	2	3	4	5	6	7	8	9	10	11	12	13	14	15	16	17	18	19	20	21	22	23	24	25	26	27	28	29	30	31
陰	廿四	廿五	廿六	廿七	廿八	廿九	十一	二	三	四	五	六	七	八	九	十	十一	十二	十三	十四	十五	十六	十七	十八	十九	廿	廿一	廿二	廿三	廿四	廿五
星	1	2	3	4	5	6	日	1	2	3	4	5	6	日	1	2	3	4	5	6	日	1	2	3	4	5	6	日	1	2	3
干節	戊寅	己卯	庚辰	辛巳	壬午	大雪	甲申	乙酉	丙戌	丁亥	戊子	己丑	庚寅	辛卯	壬辰	癸巳	甲午	乙未	丙申	丁酉	冬至	己亥	庚子	辛丑	壬寅	癸卯	甲辰	乙巳	丙午	丁未	戊申

陽歷 一 月份　(陰歷十一、十二月份)

陽	1	2	3	4	5	6	7	8	9	10	11	12	13	14	15	16	17	18	19	20	21	22	23	24	25	26	27	28	29	30	31
陰	廿六	廿七	廿八	廿九	卅	十二	二	三	四	五	六	七	八	九	十	十一	十二	十三	十四	十五	十六	十七	十八	十九	廿	廿一	廿二	廿三	廿四	廿五	廿六
星	4	5	6	日	1	2	3	4	5	6	日	1	2	3	4	5	6	日	1	2	3	4	5	6	日	1	2	3	4	5	6
干節	己酉	庚戌	辛亥	壬子	小寒	甲寅	乙卯	丙辰	丁巳	戊午	己未	庚申	辛酉	壬戌	癸亥	甲子	乙丑	丙寅	大寒	戊辰	己巳	庚午	辛未	壬申	癸酉	甲戌	乙亥	丙子	丁丑	戊寅	己卯

陽歷 二 月份　(陰歷十二、正月份)

陽	2	2	3	4	5	6	7	8	9	10	11	12	13	14	15	16	17	18	19	20	21	22	23	24	25	26	27	28
陰	廿七	廿八	廿九	正	二	三	四	五	六	七	八	九	十	十一	十二	十三	十四	十五	十六	十七	十八	十九	廿	廿一	廿二	廿三	廿四	廿五
星	日	1	2	3	4	5	6	日	1	2	3	4	5	6	日	1	2	3	4	5	6	日	1	2	3	4	5	6
干節	庚辰	辛巳	立春	癸未	甲申	乙酉	丙戌	丁亥	戊子	己丑	庚寅	辛卯	壬辰	癸巳	甲午	乙未	丙申	雨水	戊戌	己亥	庚子	辛丑	壬寅	癸卯	甲辰	乙巳	丙午	丁未

陽歷 三 月份　(陰歷正、二月份)

陽	3	2	3	4	5	6	7	8	9	10	11	12	13	14	15	16	17	18	19	20	21	22	23	24	25	26	27	28	29	30	31
陰	廿六	廿七	廿八	廿九	卅	二	二	三	四	五	六	七	八	九	十	十一	十二	十三	十四	十五	十六	十七	十八	十九	廿	廿一	廿二	廿三	廿四	廿五	廿六
星	日	1	2	3	4	5	6	日	1	2	3	4	5	6	日	1	2	3	4	5	6	日	1	2	3	4	5	6	日	1	2
干節	戊申	己酉	庚戌	辛亥	驚蟄	癸丑	甲寅	乙卯	丙辰	丁巳	戊午	己未	庚申	辛酉	壬戌	癸亥	甲子	乙丑	丙寅	春分	戊辰	己巳	庚午	辛未	壬申	癸酉	甲戌	乙亥	丙子	丁丑	戊寅

陽歷 四 月份　(陰歷二、三月份)

陽	4	2	3	4	5	6	7	8	9	10	11	12	13	14	15	16	17	18	19	20	21	22	23	24	25	26	27	28	29	30
陰	廿七	廿八	廿九	三	二	三	四	五	六	七	八	九	十	十一	十二	十三	十四	十五	十六	十七	十八	十九	廿	廿一	廿二	廿三	廿四	廿五	廿六	廿七
星	3	4	5	6	日	1	2	3	4	5	6	日	1	2	3	4	5	6	日	1	2	3	4	5	6	日	1	2	3	4
干節	己卯	庚辰	辛巳	清明	癸未	甲申	乙酉	丙戌	丁亥	戊子	己丑	庚寅	辛卯	壬辰	癸巳	甲午	乙未	丙申	丁酉	穀雨	己亥	庚子	辛丑	壬寅	癸卯	甲辰	乙巳	丙午	丁未	戊申

陽歷 五 月份　(陰歷三、四月份)

陽	5	2	3	4	5	6	7	8	9	10	11	12	13	14	15	16	17	18	19	20	21	22	23	24	25	26	27	28	29	30	31
陰	廿八	廿九	卅	四	二	三	四	五	六	七	八	九	十	十一	十二	十三	十四	十五	十六	十七	十八	十九	廿	廿一	廿二	廿三	廿四	廿五	廿六	廿七	廿八
星	5	6	日	1	2	3	4	5	6	日	1	2	3	4	5	6	日	1	2	3	4	5	6	日	1	2	3	4	5	6	日
干節	己酉	庚戌	辛亥	壬子	立夏	甲寅	乙卯	丙辰	丁巳	戊午	己未	庚申	辛酉	壬戌	癸亥	甲子	乙丑	丙寅	丁卯	戊辰	小滿	庚午	辛未	壬申	癸酉	甲戌	乙亥	丙子	丁丑	戊寅	己卯

陽歷 六 月份　(陰歷四、五月份)

陽	6	2	3	4	5	6	7	8	9	10	11	12	13	14	15	16	17	18	19	20	21	22	23	24	25	26	27	28	29	30
陰	廿九	五	二	三	四	五	六	七	八	九	十	十一	十二	十三	十四	十五	十六	十七	十八	十九	廿	廿一	廿二	廿三	廿四	廿五	廿六	廿七	廿八	廿九
星	1	2	3	4	5	6	日	1	2	3	4	5	6	日	1	2	3	4	5	6	日	1	2	3	4	5	6	日	1	2
干節	庚辰	辛巳	壬午	癸未	芒種	乙酉	丙戌	丁亥	戊子	己丑	庚寅	辛卯	壬辰	癸巳	甲午	乙未	丙申	丁酉	戊戌	己亥	夏至	辛丑	壬寅	癸卯	甲辰	乙巳	丙午	丁未	戊申	己酉

己酉

一六〇九年

（明神宗萬曆三七年）

陽歷七月份　（陰歷六、七月份）

陽	7	2	3	4	5	6	7	8	9	10	11	12	13	14	15	16	17	18	19	20	21	22	23	24	25	26	27	28	29	30	31
陰	六	二	三	四	五	六	七	八	九	十	十一	十二	十三	十四	十五	十六	十七	十八	十九	廿	廿一	廿二	廿三	廿四	廿五	廿六	廿七	廿八	廿九	卅	七
星	3	4	5	6	日	1	2	3	4	5	6	日	1	2	3	4	5	6	日	1	2	3	4	5	6	日	1	2	3	4	5
干節	庚戌	辛亥	壬子	癸丑	甲寅	乙卯	小暑	丁巳	戊午	己未	庚申	辛酉	壬戌	癸亥	甲子	乙丑	丙寅	丁卯	戊辰	己巳	庚午	辛未	大暑	癸酉	甲戌	乙亥	丙子	丁丑	戊寅	己卯	庚辰

陽歷八月份　（陰歷七、八月份）

陽	8	2	3	4	5	6	7	8	9	10	11	12	13	14	15	16	17	18	19	20	21	22	23	24	25	26	27	28	29	30	31
陰	二	三	四	五	六	七	八	九	十	十一	十二	十三	十四	十五	十六	十七	十八	十九	廿	廿一	廿二	廿三	廿四	廿五	廿六	廿七	廿八	廿九	八	二	三
星	6	日	1	2	3	4	5	6	日	1	2	3	4	5	6	日	1	2	3	4	5	6	日	1	2	3	4	5	6	日	1
干節	辛巳	壬午	癸未	甲申	乙酉	丙戌	立秋	戊子	己丑	庚寅	辛卯	壬辰	癸巳	甲午	乙未	丙申	丁酉	戊戌	己亥	庚子	辛丑	壬寅	處暑	甲辰	乙巳	丙午	丁未	戊申	己酉	庚戌	辛亥

陽歷九月份　（陰歷八、九月份）

陽	9	2	3	4	5	6	7	8	9	10	11	12	13	14	15	16	17	18	19	20	21	22	23	24	25	26	27	28	29	30	—
陰	四	五	六	七	八	九	十	十一	十二	十三	十四	十五	十六	十七	十八	十九	廿	廿一	廿二	廿三	廿四	廿五	廿六	廿七	廿八	廿九	卅	九	二	三	—
星	2	3	4	5	6	日	1	2	3	4	5	6	日	1	2	3	4	5	6	日	1	2	3	4	5	6	日	1	2	3	—
干節	壬子	癸丑	甲寅	乙卯	丙辰	丁巳	白露	己未	庚申	辛酉	壬戌	癸亥	甲子	乙丑	丙寅	丁卯	戊辰	己巳	庚午	辛未	壬申	癸酉	秋分	乙亥	丙子	丁丑	戊寅	己卯	庚辰	辛巳	

陽歷十月份　（陰歷九、十月份）

陽	10	2	3	4	5	6	7	8	9	10	11	12	13	14	15	16	17	18	19	20	21	22	23	24	25	26	27	28	29	30	31
陰	四	五	六	七	八	九	十	十一	十二	十三	十四	十五	十六	十七	十八	十九	廿	廿一	廿二	廿三	廿四	廿五	廿六	廿七	廿八	廿九	卅	十	二	三	四
星	4	5	6	日	1	2	3	4	5	6	日	1	2	3	4	5	6	日	1	2	3	4	5	6	日	1	2	3	4	5	6
干節	壬午	癸未	甲申	乙酉	丙戌	丁亥	戊子	寒露	庚寅	辛卯	壬辰	癸巳	甲午	乙未	丙申	丁酉	戊戌	己亥	庚子	辛丑	壬寅	癸卯	霜降	乙巳	丙午	丁未	戊申	己酉	庚戌	辛亥	壬子

陽歷十一月份　（陰歷十、十一月份）

陽	11	2	3	4	5	6	7	8	9	10	11	12	13	14	15	16	17	18	19	20	21	22	23	24	25	26	27	28	29	30	—
陰	五	六	七	八	九	十	十一	十二	十三	十四	十五	十六	十七	十八	十九	廿	廿一	廿二	廿三	廿四	廿五	廿六	廿七	廿八	廿九	十一	二	三	四	五	—
星	日	1	2	3	4	5	6	日	1	2	3	4	5	6	日	1	2	3	4	5	6	日	1	2	3	4	5	6	日	1	—
干節	癸丑	甲寅	乙卯	丙辰	丁巳	戊午	立冬	庚申	辛酉	壬戌	癸亥	甲子	乙丑	丙寅	丁卯	戊辰	己巳	庚午	辛未	壬申	癸酉	小雪	乙亥	丙子	丁丑	戊寅	己卯	庚辰	辛巳	壬午	

陽歷十二月份　（陰歷十一、十二月份）

陽	12	2	3	4	5	6	7	8	9	10	11	12	13	14	15	16	17	18	19	20	21	22	23	24	25	26	27	28	29	30	31
陰	六	七	八	九	十	十一	十二	十三	十四	十五	十六	十七	十八	十九	廿	廿一	廿二	廿三	廿四	廿五	廿六	廿七	廿八	廿九	卅	十二	二	三	四	五	六
星	2	3	4	5	6	日	1	2	3	4	5	6	日	1	2	3	4	5	6	日	1	2	3	4	5	6	日	1	2	3	4
干節	癸未	甲申	乙酉	丙戌	丁亥	戊子	大雪	庚寅	辛卯	壬辰	癸巳	甲午	乙未	丙申	丁酉	戊戌	己亥	庚子	辛丑	壬寅	冬至	甲辰	乙巳	丙午	丁未	戊申	己酉	庚戌	辛亥	壬子	癸丑

近世中西史日對照表

庚戌 一六一〇年 （明神宗萬曆三八年）

陽歷 一月份 （陰歷十二、正月份）

陽	1	2	3	4	5	6	7	8	9	10	11	12	13	14	15	16	17	18	19	20	21	22	23	24	25	26	27	28	29	30	31
陰	七	八	九	十	十一	十二	十三	十四	十五	十六	十七	十八	十九	廿	廿一	廿二	廿三	廿四	廿五	廿六	廿七	廿八	廿九	卅	正	二	三	四	五	六	七
星	5	6	日	1	2	3	4	5	6	日	1	2	3	4	5	6	日	1	2	3	4	5	6	日	1	2	3	4	5	6	日
干節	甲寅	乙卯	丙辰	丁巳	小寒	己未	庚申	辛酉	壬戌	癸亥	甲子	乙丑	丙寅	丁卯	戊辰	己巳	庚午	辛未	壬申	大寒	甲戌	乙亥	丙子	丁丑	戊寅	己卯	庚辰	辛巳	壬午	癸未	甲申

陽歷 二月份 （陰歷正、二月份）

陽	2	2	3	4	5	6	7	8	9	10	11	12	13	14	15	16	17	18	19	20	21	22	23	24	25	26	27	28			
陰	八	九	十	十一	十二	十三	十四	十五	十六	十七	十八	十九	廿	廿一	廿二	廿三	廿四	廿五	廿六	廿七	廿八	廿九	二	二	三	四	五	六			
星	1	2	3	4	5	6	日	1	2	3	4	5	6	日	1	2	3	4	5	6	日	1	2	3	4	5	6	日			
干節	乙酉	丙戌	立春	戊子	己丑	庚寅	辛卯	壬辰	癸巳	甲午	乙未	丙申	丁酉	戊戌	己亥	庚子	辛丑	雨水	癸卯	甲辰	乙巳	丙午	丁未	戊申	己酉	庚戌	辛亥	壬子			

陽歷 三月份 （陰歷二、三月份）

陽	3	2	3	4	5	6	7	8	9	10	11	12	13	14	15	16	17	18	19	20	21	22	23	24	25	26	27	28	29	30	31
陰	七	八	九	十	十一	十二	十三	十四	十五	十六	十七	十八	十九	廿	廿一	廿二	廿三	廿四	廿五	廿六	廿七	廿八	廿九	卅	三	二	三	四	五	六	七
星	1	2	3	4	5	6	日	1	2	3	4	5	6	日	1	2	3	4	5	6	日	1	2	3	4	5	6	日	1	2	3
干節	癸丑	甲寅	乙卯	丙辰	驚蟄	戊午	己未	庚申	辛酉	壬戌	癸亥	甲子	乙丑	丙寅	丁卯	戊辰	己巳	庚午	辛未	春分	癸酉	甲戌	乙亥	丙子	丁丑	戊寅	己卯	庚辰	辛巳	壬午	癸未

陽歷 四月份 （陰歷三、閏三月份）

陽	4	2	3	4	5	6	7	8	9	10	11	12	13	14	15	16	17	18	19	20	21	22	23	24	25	26	27	28	29	30	
陰	八	九	十	十一	十二	十三	十四	十五	十六	十七	十八	十九	廿	廿一	廿二	廿三	廿四	廿五	廿六	廿七	廿八	廿九	閏	二	三	四	五	六	七	八	
星	4	5	6	日	1	2	3	4	5	6	日	1	2	3	4	5	6	日	1	2	3	4	5	6	日	1	2	3	4	5	
干節	甲申	乙酉	丙戌	丁亥	清明	己丑	庚寅	辛卯	壬辰	癸巳	甲午	乙未	丙申	丁酉	戊戌	己亥	庚子	辛丑	壬寅	穀雨	甲辰	乙巳	丙午	丁未	戊申	己酉	庚戌	辛亥	壬子	癸丑	

陽歷 五月份 （陰歷閏三、四月份）

陽	5	2	3	4	5	6	7	8	9	10	11	12	13	14	15	16	17	18	19	20	21	22	23	24	25	26	27	28	29	30	31
陰	九	十	十一	十二	十三	十四	十五	十六	十七	十八	十九	廿	廿一	廿二	廿三	廿四	廿五	廿六	廿七	廿八	廿九	卅	四	二	三	四	五	六	七	八	九
星	6	日	1	2	3	4	5	6	日	1	2	3	4	5	6	日	1	2	3	4	5	6	日	1	2	3	4	5	6	日	1
干節	甲寅	乙卯	丙辰	丁巳	立夏	己未	庚申	辛酉	壬戌	癸亥	甲子	乙丑	丙寅	丁卯	戊辰	己巳	庚午	辛未	壬申	癸酉	小滿	乙亥	丙子	丁丑	戊寅	己卯	庚辰	辛巳	壬午	癸未	甲申

陽歷 六月份 （陰歷四、五月份）

陽	6	2	3	4	5	6	7	8	9	10	11	12	13	14	15	16	17	18	19	20	21	22	23	24	25	26	27	28	29	30	
陰	十	十一	十二	十三	十四	十五	十六	十七	十八	十九	廿	廿一	廿二	廿三	廿四	廿五	廿六	廿七	廿八	廿九	五	二	三	四	五	六	七	八	九	十	
星	2	3	4	5	6	日	1	2	3	4	5	6	日	1	2	3	4	5	6	日	1	2	3	4	5	6	日	1	2	3	
干節	乙酉	丙戌	丁亥	戊子	己丑	芒種	辛卯	壬辰	癸巳	甲午	乙未	丙申	丁酉	戊戌	己亥	庚子	辛丑	壬寅	癸卯	甲辰	夏至	丙午	丁未	戊申	己酉	庚戌	辛亥	壬子	癸丑	甲寅	

庚戌

一六一〇年

（明神宗萬曆三八年）

陽歷七月份　（陰歷五、六月份）

陽	7	2	3	4	5	6	7	8	9	10	11	12	13	14	15	16	17	18	19	20	21	22	23	24	25	26	27	28	29	30	31
陰	十一	十二	十三	十四	十五	十六	十七	十八	十九	廿	廿一	廿二	廿三	廿四	廿五	廿六	廿七	廿八	廿九	六	二	三	四	五	六	七	八	九	十	十一	十二
星	4	5	6	日	1	2	3	4	5	6	日	1	2	3	4	5	6	日	1	2	3	4	5	6	日	1	2	3	4	5	6
干節	乙卯	丙辰	丁巳	戊午	己未	庚申	小暑	壬戌	癸亥	甲子	乙丑	丙寅	丁卯	戊辰	己巳	庚午	辛未	壬申	癸酉	甲戌	乙亥	丙子	大暑	戊寅	己卯	庚辰	辛巳	壬午	癸未	甲申	乙酉

陽歷八月份　（陰歷六、七月份）

陽	8	2	3	4	5	6	7	8	9	10	11	12	13	14	15	16	17	18	19	20	21	22	23	24	25	26	27	28	29	30	31
陰	十三	十四	十五	十六	十七	十八	十九	廿	廿一	廿二	廿三	廿四	廿五	廿六	廿七	廿八	廿九	卅	七	二	三	四	五	六	七	八	九	十	十一	十二	十三
星	日	1	2	3	4	5	6	日	1	2	3	4	5	6	日	1	2	3	4	5	6	日	1	2	3	4	5	6	日	1	2
干節	丙戌	丁亥	戊子	己丑	庚寅	辛卯	壬辰	立秋	甲午	乙未	丙申	丁酉	戊戌	己亥	庚子	辛丑	壬寅	癸卯	甲辰	乙巳	丙午	丁未	處暑	己酉	庚戌	辛亥	壬子	癸丑	甲寅	乙卯	丙辰

陽歷九月份　（陰歷七、八月份）

陽	9	2	3	4	5	6	7	8	9	10	11	12	13	14	15	16	17	18	19	20	21	22	23	24	25	26	27	28	29	30
陰	十四	十五	十六	十七	十八	十九	廿	廿一	廿二	廿三	廿四	廿五	廿六	廿七	廿八	廿九	八	二	三	四	五	六	七	八	九	十	十一	十二	十三	十四
星	3	4	5	6	日	1	2	3	4	5	6	日	1	2	3	4	5	6	日	1	2	3	4	5	6	日	1	2	3	4
干節	丁巳	戊午	己未	庚申	辛酉	壬戌	癸亥	白露	乙丑	丙寅	丁卯	戊辰	己巳	庚午	辛未	壬申	癸酉	甲戌	乙亥	丙子	丁丑	戊寅	秋分	庚辰	辛巳	壬午	癸未	甲申	乙酉	丙戌

陽歷十月份　（陰歷八、九月份）

陽	10	2	3	4	5	6	7	8	9	10	11	12	13	14	15	16	17	18	19	20	21	22	23	24	25	26	27	28	29	30	31
陰	十五	十六	十七	十八	十九	廿	廿一	廿二	廿三	廿四	廿五	廿六	廿七	廿八	廿九	卅	九	二	三	四	五	六	七	八	九	十	十一	十二	十三	十四	十五
星	5	6	日	1	2	3	4	5	6	日	1	2	3	4	5	6	日	1	2	3	4	5	6	日	1	2	3	4	5	6	日
干節	丁亥	戊子	己丑	庚寅	辛卯	壬辰	癸巳	寒露	乙未	丙申	丁酉	戊戌	己亥	庚子	辛丑	壬寅	癸卯	甲辰	乙巳	丙午	丁未	戊申	霜降	庚戌	辛亥	壬子	癸丑	甲寅	乙卯	丙辰	丁巳

陽歷十一月份　（陰歷九、十月份）

陽	11	2	3	4	5	6	7	8	9	10	11	12	13	14	15	16	17	18	19	20	21	22	23	24	25	26	27	28	29	30
陰	十六	十七	十八	十九	廿	廿一	廿二	廿三	廿四	廿五	廿六	廿七	廿八	廿九	十	二	三	四	五	六	七	八	九	十	十一	十二	十三	十四	十五	十六
星	1	2	3	4	5	6	日	1	2	3	4	5	6	日	1	2	3	4	5	6	日	1	2	3	4	5	6	日	1	2
干節	戊午	己未	庚申	辛酉	壬戌	癸亥	立冬	乙丑	丙寅	丁卯	戊辰	己巳	庚午	辛未	壬申	癸酉	甲戌	乙亥	丙子	丁丑	戊寅	小雪	庚辰	辛巳	壬午	癸未	甲申	乙酉	丙戌	丁亥

陽歷十二月份　（陰歷十、十一月份）

陽	12	2	3	4	5	6	7	8	9	10	11	12	13	14	15	16	17	18	19	20	21	22	23	24	25	26	27	28	29	30	31
陰	十七	十八	十九	廿	廿一	廿二	廿三	廿四	廿五	廿六	廿七	廿八	廿九	卅	十一	二	三	四	五	六	七	八	九	十	十一	十二	十三	十四	十五	十六	十七
星	3	4	5	6	日	1	2	3	4	5	6	日	1	2	3	4	5	6	日	1	2	3	4	5	6	日	1	2	3	4	5
干節	戊子	己丑	庚寅	辛卯	壬辰	癸巳	大雪	乙未	丙申	丁酉	戊戌	己亥	庚子	辛丑	壬寅	癸卯	甲辰	乙巳	丙午	丁未	戊申	冬至	庚戌	辛亥	壬子	癸丑	甲寅	乙卯	丙辰	丁巳	戊午

近世中西史日對照表

陽歷 一 月份　(陰歷十一、十二月份)

陽	1	2	3	4	5	6	7	8	9	10	11	12	13	14	15	16	17	18	19	20	21	22	23	24	25	26	27	28	29	30	31
陰	十八	十九	廿	廿一	廿二	廿三	廿四	廿五	廿六	廿七	廿八	廿九	卅	十二	二	三	四	五	六	七	八	九	十	十一	十二	十三	十四	十五	十六	十七	十八
星	6	日	1	2	3	4	5	6	日	1	2	3	4	5	6	日	1	2	3	4	5	6	日	1	2	3	4	5	6	日	1
干節	己未	庚申	辛酉	壬戌	小寒	甲子	乙丑	丙寅	丁卯	戊辰	己巳	庚午	辛未	壬申	癸酉	甲戌	乙亥	丙子	丁丑	大寒	己卯	庚辰	辛巳	壬午	癸未	甲申	乙酉	丙戌	丁亥	戊子	己丑

陽歷 二 月份　(陰歷十二、正月份)

陽	2	2	3	4	5	6	7	8	9	10	11	12	13	14	15	16	17	18	19	20	21	22	23	24	25	26	27	28			
陰	十九	廿	廿一	廿二	廿三	廿四	廿五	廿六	廿七	廿八	廿九	卅	正	二	三	四	五	六	七	八	九	十	十一	十二	十三	十四	十五	十六			
星	2	3	4	5	6	日	1	2	3	4	5	6	日	1	2	3	4	5	6	日	1	2	3	4	5	6	日	1			
干節	庚寅	辛卯	壬辰	立春	甲午	乙未	丙申	丁酉	戊戌	己亥	庚子	辛丑	壬寅	癸卯	甲辰	乙巳	丙午	丁未	雨水	己酉	庚戌	辛亥	壬子	癸丑	甲寅	乙卯	丙辰	丁巳			

陽歷 三 月份　(陰歷正、二月份)

陽	3	2	3	4	5	6	7	8	9	10	11	12	13	14	15	16	17	18	19	20	21	22	23	24	25	26	27	28	29	30	31
陰	十七	十八	十九	廿	廿一	廿二	廿三	廿四	廿五	廿六	廿七	廿八	廿九	二	二	三	四	五	六	七	八	九	十	十一	十二	十三	十四	十五	十六	十七	十八
星	2	3	4	5	6	日	1	2	3	4	5	6	日	1	2	3	4	5	6	日	1	2	3	4	5	6	日	1	2	3	4
干節	戊午	己未	庚申	辛酉	驚蟄	癸亥	甲子	乙丑	丙寅	丁卯	戊辰	己巳	庚午	辛未	壬申	癸酉	甲戌	乙亥	丙子	丁丑	春分	己卯	庚辰	辛巳	壬午	癸未	甲申	乙酉	丙戌	丁亥	戊子

陽歷 四 月份　(陰歷二、三月份)

陽	4	2	3	4	5	6	7	8	9	10	11	12	13	14	15	16	17	18	19	20	21	22	23	24	25	26	27	28	29	30	
陰	十九	廿	廿一	廿二	廿三	廿四	廿五	廿六	廿七	廿八	廿九	卅	三	二	三	四	五	六	七	八	九	十	十一	十二	十三	十四	十五	十六	十七	十八	
星	5	6	日	1	2	3	4	5	6	日	1	2	3	4	5	6	日	1	2	3	4	5	6	日	1	2	3	4	5	6	
干節	己丑	庚寅	辛卯	壬辰	清明	甲午	乙未	丙申	丁酉	戊戌	己亥	庚子	辛丑	壬寅	癸卯	甲辰	乙巳	丙午	丁未	穀雨	己酉	庚戌	辛亥	壬子	癸丑	甲寅	乙卯	丙辰	丁巳	戊午	

陽歷 五 月份　(陰歷三、四月份)

陽	5	2	3	4	5	6	7	8	9	10	11	12	13	14	15	16	17	18	19	20	21	22	23	24	25	26	27	28	29	30	31
陰	十九	廿	廿一	廿二	廿三	廿四	廿五	廿六	廿七	廿八	廿九	四	二	三	四	五	六	七	八	九	十	十一	十二	十三	十四	十五	十六	十七	十八	十九	廿
星	日	1	2	3	4	5	6	日	1	2	3	4	5	6	日	1	2	3	4	5	6	日	1	2	3	4	5	6	日	1	2
干節	己未	庚申	辛酉	壬戌	癸亥	立夏	乙丑	丙寅	丁卯	戊辰	己巳	庚午	辛未	壬申	癸酉	甲戌	乙亥	丙子	丁丑	戊寅	小滿	庚辰	辛巳	壬午	癸未	甲申	乙酉	丙戌	丁亥	戊子	己丑

陽歷 六 月份　(陰歷四、五月份)

陽	6	2	3	4	5	6	7	8	9	10	11	12	13	14	15	16	17	18	19	20	21	22	23	24	25	26	27	28	29	30	
陰	廿一	廿二	廿三	廿四	廿五	廿六	廿七	廿八	廿九	卅	五	二	三	四	五	六	七	八	九	十	十一	十二	十三	十四	十五	十六	十七	十八	十九	廿	
星	3	4	5	6	日	1	2	3	4	5	6	日	1	2	3	4	5	6	日	1	2	3	4	5	6	日	1	2	3	4	
干節	庚寅	辛卯	壬辰	癸巳	甲午	芒種	丙申	丁酉	戊戌	己亥	庚子	辛丑	壬寅	癸卯	甲辰	乙巳	丙午	丁未	戊申	己酉	庚戌	夏至	壬子	癸丑	甲寅	乙卯	丙辰	丁巳	戊午	己未	

辛亥

一六一一年

(明神宗萬曆三九年)

陽歷七月份　（陰歷五、六月份）

陽	7	2	3	4	5	6	7	8	9	10	11	12	13	14	15	16	17	18	19	20	21	22	23	24	25	26	27	28	29	30	31
陰	廿一	廿二	廿三	廿四	廿五	廿六	廿七	廿八	廿九	六	二	三	四	五	六	七	八	九	十	十一	十二	十三	十四	十五	十六	十七	十八	十九	廿	廿一	廿二
星	5	6	日	1	2	3	4	5	6	日	1	2	3	4	5	6	日	1	2	3	4	5	6	日	1	2	3	4	5	6	日
干節	庚申	辛酉	壬戌	癸亥	甲子	乙丑	小暑	丁卯	戊辰	己巳	庚午	辛未	壬申	癸酉	甲戌	乙亥	丙子	丁丑	戊寅	己卯	庚辰	辛巳	大暑	癸未	甲申	乙酉	丙戌	丁亥	戊子	己丑	庚寅

陽歷八月份　（陰歷六、七月份）

陽	8	2	3	4	5	6	7	8	9	10	11	12	13	14	15	16	17	18	19	20	21	22	23	24	25	26	27	28	29	30	31
陰	廿三	廿四	廿五	廿六	廿七	廿八	廿九	七	二	三	四	五	六	七	八	九	十	十一	十二	十三	十四	十五	十六	十七	十八	十九	廿	廿一	廿二	廿三	廿四
星	1	2	3	4	5	6	日	1	2	3	4	5	6	日	1	2	3	4	5	6	日	1	2	3	4	5	6	日	1	2	3
干節	辛卯	壬辰	癸巳	甲午	乙未	丙申	丁酉	立秋	己亥	庚子	辛丑	壬寅	癸卯	甲辰	乙巳	丙午	丁未	戊申	己酉	庚戌	辛亥	壬子	癸丑	處暑	乙卯	丙辰	丁巳	戊午	己未	庚申	辛酉

陽歷九月份　（陰歷七、八月份）

陽	9	2	3	4	5	6	7	8	9	10	11	12	13	14	15	16	17	18	19	20	21	22	23	24	25	26	27	28	29	30
陰	廿五	廿六	廿七	廿八	廿九	卅	八	二	三	四	五	六	七	八	九	十	十一	十二	十三	十四	十五	十六	十七	十八	十九	廿	廿一	廿二	廿三	廿四
星	4	5	6	日	1	2	3	4	5	6	日	1	2	3	4	5	6	日	1	2	3	4	5	6	日	1	2	3	4	5
干節	壬戌	癸亥	甲子	乙丑	丙寅	丁卯	戊辰	白露	庚午	辛未	壬申	癸酉	甲戌	乙亥	丙子	丁丑	戊寅	己卯	庚辰	辛巳	壬午	癸未	秋分	乙酉	丙戌	丁亥	戊子	己丑	庚寅	辛卯

陽歷十月份　（陰歷八、九月份）

陽	10	2	3	4	5	6	7	8	9	10	11	12	13	14	15	16	17	18	19	20	21	22	23	24	25	26	27	28	29	30	31
陰	廿五	廿六	廿七	廿八	廿九	九	二	三	四	五	六	七	八	九	十	十一	十二	十三	十四	十五	十六	十七	十八	十九	廿	廿一	廿二	廿三	廿四	廿五	廿六
星	6	日	1	2	3	4	5	6	日	1	2	3	4	5	6	日	1	2	3	4	5	6	日	1	2	3	4	5	6	日	1
干節	壬辰	癸巳	甲午	乙未	丙申	丁酉	戊戌	己亥	寒露	辛丑	壬寅	癸卯	甲辰	乙巳	丙午	丁未	戊申	己酉	庚戌	辛亥	壬子	癸丑	甲寅	霜降	丙辰	丁巳	戊午	己未	庚申	辛酉	壬戌

陽歷十一月份　（陰歷九、十月份）

陽	11	2	3	4	5	6	7	8	9	10	11	12	13	14	15	16	17	18	19	20	21	22	23	24	25	26	27	28	29	30
陰	廿七	廿八	廿九	卅	十	二	三	四	五	六	七	八	九	十	十一	十二	十三	十四	十五	十六	十七	十八	十九	廿	廿一	廿二	廿三	廿四	廿五	廿六
星	2	3	4	5	6	日	1	2	3	4	5	6	日	1	2	3	4	5	6	日	1	2	3	4	5	6	日	1	2	3
干節	癸亥	甲子	乙丑	丙寅	丁卯	戊辰	己巳	立冬	辛未	壬申	癸酉	甲戌	乙亥	丙子	丁丑	戊寅	己卯	庚辰	辛巳	壬午	癸未	小雪	乙酉	丙戌	丁亥	戊子	己丑	庚寅	辛卯	壬辰

陽歷十二月份　（陰歷十一、十二月份）

陽	12	2	3	4	5	6	7	8	9	10	11	12	13	14	15	16	17	18	19	20	21	22	23	24	25	26	27	28	29	30	31
陰	廿七	廿八	廿九	十一	二	三	四	五	六	七	八	九	十	十一	十二	十三	十四	十五	十六	十七	十八	十九	廿	廿一	廿二	廿三	廿四	廿五	廿六	廿七	廿八
星	4	5	6	日	1	2	3	4	5	6	日	1	2	3	4	5	6	日	1	2	3	4	5	6	日	1	2	3	4	5	6
干節	癸巳	甲午	乙未	丙申	丁酉	戊戌	大雪	庚子	辛丑	壬寅	癸卯	甲辰	乙巳	丙午	丁未	戊申	己酉	庚戌	辛亥	壬子	癸丑	冬至	乙卯	丙辰	丁巳	戊午	己未	庚申	辛酉	壬戌	癸亥

近世中西史日對照表

陽歷 一 月份　(陰歷十一、十二月份)

陽	**1**	2	3	4	5	6	7	8	9	10	11	12	13	14	15	16	17	18	19	20	21	22	23	24	25	26	27	28	29	30	31
陰	廿九	卅	**十二**	二	三	四	五	六	七	八	九	十	十一	十二	十三	十四	十五	十六	十七	十八	十九	廿	廿一	廿二	廿三	廿四	廿五	廿六	廿七	廿八	廿九
星	**日**	1	2	3	4	5	6	**日**	1	2	3	4	5	6	**日**	1	2	3	4	5	6	**日**	1	2	3	4	5	6	**日**	1	2
干節	甲子	乙丑	丙寅	丁卯	**小寒**	己巳	庚午	辛未	壬申	癸酉	甲戌	乙亥	丙子	丁丑	戊寅	己卯	庚辰	辛巳	壬午	**大寒**	甲申	乙酉	丙戌	丁亥	戊子	己丑	庚寅	辛卯	壬辰	癸巳	甲午

陽歷 二 月份　(陰歷十二、正月份)

陽	**2**	2	3	4	5	6	7	8	9	10	11	12	13	14	15	16	17	18	19	20	21	22	23	24	25	26	27	28	29		
陰	卅	**正**	二	三	四	五	六	七	八	九	十	十一	十二	十三	十四	十五	十六	十七	十八	十九	廿	廿一	廿二	廿三	廿四	廿五	廿六	廿七	廿八		
星	3	4	5	6	**日**	1	2	3	4	5	6	**日**	1	2	3	4	5	6	**日**	1	2	3	4	5	6	**日**	1	2	3		
干節	乙未	丙申	丁酉	**立春**	己亥	庚子	辛丑	壬寅	癸卯	甲辰	乙巳	丙午	丁未	戊申	己酉	庚戌	辛亥	壬子	**雨水**	甲寅	乙卯	丙辰	丁巳	戊午	己未	庚申	辛酉	壬戌	癸亥		

陽歷 三 月份　(陰歷正、二月份)

陽	**3**	2	3	4	5	6	7	8	9	10	11	12	13	14	15	16	17	18	19	20	21	22	23	24	25	26	27	28	29	30	31
陰	廿九	卅	**二**	二	三	四	五	六	七	八	九	十	十一	十二	十三	十四	十五	十六	十七	十八	十九	廿	廿一	廿二	廿三	廿四	廿五	廿六	廿七	廿八	廿九
星	4	5	6	**日**	1	2	3	4	5	6	**日**	1	2	3	4	5	6	**日**	1	2	3	4	5	6	**日**	1	2	3	4	5	6
干節	甲子	乙丑	丙寅	丁卯	**驚蟄**	己巳	庚午	辛未	壬申	癸酉	甲戌	乙亥	丙子	丁丑	戊寅	己卯	庚辰	辛巳	壬午	**春分**	甲申	乙酉	丙戌	丁亥	戊子	己丑	庚寅	辛卯	壬辰	癸巳	甲午

陽歷 四 月份　(陰歷 三 月份)

陽	**4**	2	3	4	5	6	7	8	9	10	11	12	13	14	15	16	17	18	19	20	21	22	23	24	25	26	27	28	29	30	
陰	**三**	二	三	四	五	六	七	八	九	十	十一	十二	十三	十四	十五	十六	十七	十八	十九	廿	廿一	廿二	廿三	廿四	廿五	廿六	廿七	廿八	廿九	卅	
星	**日**	1	2	3	4	5	6	**日**	1	2	3	4	5	6	**日**	1	2	3	4	5	6	**日**	1	2	3	4	5	6	**日**	1	
干節	乙未	丙申	丁酉	**清明**	己亥	庚子	辛丑	壬寅	癸卯	甲辰	乙巳	丙午	丁未	戊申	己酉	庚戌	辛亥	壬子	**穀雨**	甲寅	乙卯	丙辰	丁巳	戊午	己未	庚申	辛酉	壬戌	癸亥	甲子	

陽歷 五 月份　(陰歷四、五月份)

陽	**5**	2	3	4	5	6	7	8	9	10	11	12	13	14	15	16	17	18	19	20	21	22	23	24	25	26	27	28	29	30	31
陰	**四**	二	三	四	五	六	七	八	九	十	十一	十二	十三	十四	十五	十六	十七	十八	十九	廿	廿一	廿二	廿三	廿四	廿五	廿六	廿七	廿八	廿九	**五**	二
星	2	3	4	5	6	**日**	1	2	3	4	5	6	**日**	1	2	3	4	5	6	**日**	1	2	3	4	5	6	**日**	1	2	3	4
干節	乙丑	丙寅	丁卯	戊辰	**立夏**	庚午	辛未	壬申	癸酉	甲戌	乙亥	丙子	丁丑	戊寅	己卯	庚辰	辛巳	壬午	癸未	**小滿**	乙酉	丙戌	丁亥	戊子	己丑	庚寅	辛卯	壬辰	癸巳	甲午	乙未

陽歷 六 月份　(陰歷五、六月份)

陽	**6**	2	3	4	5	6	7	8	9	10	11	12	13	14	15	16	17	18	19	20	21	22	23	24	25	26	27	28	29	30	
陰	三	四	五	六	七	八	九	十	十一	十二	十三	十四	十五	十六	十七	十八	十九	廿	廿一	廿二	廿三	廿四	廿五	廿六	廿七	廿八	廿九	卅	**六**	二	
星	5	6	**日**	1	2	3	4	5	6	**日**	1	2	3	4	5	6	**日**	1	2	3	4	5	6	**日**	1	2	3	4	5	6	
干節	丙申	丁酉	戊戌	己亥	**芒種**	辛丑	壬寅	癸卯	甲辰	乙巳	丙午	丁未	戊申	己酉	庚戌	辛亥	壬子	癸丑	甲寅	乙卯	**夏至**	丁巳	戊午	己未	庚申	辛酉	壬戌	癸亥	甲子	乙丑	

壬子

一六一二年

(明神宗萬曆四〇年)

壬子

一六一二年

（明神宗萬曆四〇年）

陽歷七月份　（陰歷六、七月份）

陽	**7**	2	3	4	5	6	7	8	9	10	11	12	13	14	15	16	17	18	19	20	21	22	23	24	25	26	27	28	29	30	31
陰	三	四	五	六	七	八	九	十	十一	十二	十三	十四	十五	十六	十七	十八	十九	廿	廿一	廿二	廿三	廿四	廿五	廿六	廿七	廿八	廿九	**七**	二	三	四
星	日	1	2	3	4	5	6	日	1	2	3	4	5	6	日	1	2	3	4	5	6	日	1	2	3	4	5	6	日	1	2
干節	丙寅	丁卯	戊辰	己巳	庚午	辛未	**小暑**	癸酉	甲戌	乙亥	丙子	丁丑	戊寅	己卯	庚辰	辛巳	壬午	癸未	甲申	乙酉	丙戌	**大暑**	戊子	己丑	庚寅	辛卯	壬辰	癸巳	甲午	乙未	丙申

陽歷八月份　（陰歷七、八月份）

陽	**8**	2	3	4	5	6	7	8	9	10	11	12	13	14	15	16	17	18	19	20	21	22	23	24	25	26	27	28	29	30	31
陰	五	六	七	八	九	十	十一	十二	十三	十四	十五	十六	十七	十八	十九	廿	廿一	廿二	廿三	廿四	廿五	廿六	廿七	廿八	廿九	**八**	二	三	四	五	六
星	3	4	5	6	日	1	2	3	4	5	6	日	1	2	3	4	5	6	日	1	2	3	4	5	6	日	1	2	3	4	5
干節	丁酉	戊戌	己亥	庚子	辛丑	壬寅	**立秋**	甲辰	乙巳	丙午	丁未	戊申	己酉	庚戌	辛亥	壬子	癸丑	甲寅	乙卯	丙辰	丁巳	戊午	**處暑**	庚申	辛酉	壬戌	癸亥	甲子	乙丑	丙寅	丁卯

陽歷九月份　（陰歷八、九月份）

陽	**9**	2	3	4	5	6	7	8	9	10	11	12	13	14	15	16	17	18	19	20	21	22	23	24	25	26	27	28	29	30	
陰	七	八	九	十	十一	十二	十三	十四	十五	十六	十七	十八	十九	廿	廿一	廿二	廿三	廿四	廿五	廿六	廿七	廿八	廿九	卅	**九**	二	三	四	五	六	
星	6	日	1	2	3	4	5	6	日	1	2	3	4	5	6	日	1	2	3	4	5	6	日	1	2	3	4	5	6	日	
干節	戊辰	己巳	庚午	辛未	壬申	癸酉	**白露**	乙亥	丙子	丁丑	戊寅	己卯	庚辰	辛巳	壬午	癸未	甲申	乙酉	丙戌	丁亥	戊子	**秋分**	庚寅	辛卯	壬辰	癸巳	甲午	乙未	丙申	丁酉	

陽歷十月份　（陰歷九、十月份）

陽	**10**	2	3	4	5	6	7	8	9	10	11	12	13	14	15	16	17	18	19	20	21	22	23	24	25	26	27	28	29	30	31
陰	七	八	九	十	十一	十二	十三	十四	十五	十六	十七	十八	十九	廿	廿一	廿二	廿三	廿四	廿五	廿六	廿七	廿八	廿九	**十**	二	三	四	五	六	七	八
星	1	2	3	4	5	6	日	1	2	3	4	5	6	日	1	2	3	4	5	6	日	1	2	3	4	5	6	日	1	2	3
干節	戊戌	己亥	庚子	辛丑	壬寅	癸卯	甲辰	**寒露**	丙午	丁未	戊申	己酉	庚戌	辛亥	壬子	癸丑	甲寅	乙卯	丙辰	丁巳	戊午	己未	**霜降**	辛酉	壬戌	癸亥	甲子	乙丑	丙寅	丁卯	戊辰

陽歷十一月份　（陰歷十、十一月份）

陽	**11**	2	3	4	5	6	7	8	9	10	11	12	13	14	15	16	17	18	19	20	21	22	23	24	25	26	27	28	29	30	
陰	九	十	十一	十二	十三	十四	十五	十六	十七	十八	十九	廿	廿一	廿二	廿三	廿四	廿五	廿六	廿七	廿八	廿九	卅	**十一**	二	三	四	五	六	七	八	
星	4	5	6	日	1	2	3	4	5	6	日	1	2	3	4	5	6	日	1	2	3	4	5	6	日	1	2	3	4	5	
干節	己巳	庚午	辛未	壬申	癸酉	甲戌	**立冬**	丙子	丁丑	戊寅	己卯	庚辰	辛巳	壬午	癸未	甲申	乙酉	丙戌	丁亥	戊子	己丑	**小雪**	辛卯	壬辰	癸巳	甲午	乙未	丙申	丁酉	戊戌	

陽歷十二月份　（陰歷十一、閏十一月份）

陽	**12**	2	3	4	5	6	7	8	9	10	11	12	13	14	15	16	17	18	19	20	21	22	23	24	25	26	27	28	29	30	31
陰	九	十	十一	十二	十三	十四	十五	十六	十七	十八	十九	廿	廿一	廿二	廿三	廿四	廿五	廿六	廿七	廿八	廿九	**閏**	二	三	四	五	六	七	八	九	十
星	6	日	1	2	3	4	5	6	日	1	2	3	4	5	6	日	1	2	3	4	5	6	日	1	2	3	4	5	6	日	1
干節	己亥	庚子	辛丑	壬寅	癸卯	**大雪**	乙巳	丙午	丁未	戊申	己酉	庚戌	辛亥	壬子	癸丑	甲寅	乙卯	丙辰	丁巳	戊午	**冬至**	庚申	辛酉	壬戌	癸亥	甲子	乙丑	丙寅	丁卯	戊辰	己巳

近世中西史日對照表

癸丑　一六一三年　（明神宗萬曆四一年）

陽歷一月份（陰歷十一、十二月份）

陽	1	2	3	4	5	6	7	8	9	10	11	12	13	14	15	16	17	18	19	20	21	22	23	24	25	26	27	28	29	30	31
陰	十一	十二	十三	十四	十五	十六	十七	十八	十九	廿	廿一	廿二	廿三	廿四	廿五	廿六	廿七	廿八	廿九	卅	十二	二	三	四	五	六	七	八	九	十	十一
星	2	3	4	5	6	日	1	2	3	4	5	6	日	1	2	3	4	5	6	日	1	2	3	4	5	6	日	1	2	3	4
干節	庚午	辛未	壬申	癸酉	小寒	乙亥	丙子	丁丑	戊寅	己卯	庚辰	辛巳	壬午	癸未	甲申	乙酉	丙戌	丁亥	大寒	己丑	庚寅	辛卯	壬辰	癸巳	甲午	乙未	丙申	丁酉	戊戌	己亥	庚子

陽歷二月份（陰歷十二、正月份）

陽	2	2	3	4	5	6	7	8	9	10	11	12	13	14	15	16	17	18	19	20	21	22	23	24	25	26	27	28	—	—	—
陰	十二	十三	十四	十五	十六	十七	十八	十九	廿	廿一	廿二	廿三	廿四	廿五	廿六	廿七	廿八	廿九	正	二	三	四	五	六	七	八	九	十	—	—	—
星	5	6	日	1	2	3	4	5	6	日	1	2	3	4	5	6	日	1	2	3	4	5	6	日	1	2	3	4			
干節	辛丑	壬寅	立春	甲辰	乙巳	丙午	丁未	戊申	己酉	庚戌	辛亥	壬子	癸丑	甲寅	乙卯	丙辰	丁巳	雨水	己未	庚申	辛酉	壬戌	癸亥	甲子	乙丑	丙寅	丁卯	戊辰			

陽歷三月份（陰歷正、二月份）

陽	3	2	3	4	5	6	7	8	9	10	11	12	13	14	15	16	17	18	19	20	21	22	23	24	25	26	27	28	29	30	31
陰	十一	十二	十三	十四	十五	十六	十七	十八	十九	廿	廿一	廿二	廿三	廿四	廿五	廿六	廿七	廿八	廿九	卅	二	二	三	四	五	六	七	八	九	十	十一
星	5	6	日	1	2	3	4	5	6	日	1	2	3	4	5	6	日	1	2	3	4	5	6	日	1	2	3	4	5	6	日
干節	己巳	庚午	辛未	壬申	驚蟄	甲戌	乙亥	丙子	丁丑	戊寅	己卯	庚辰	辛巳	壬午	癸未	甲申	乙酉	丙戌	丁亥	春分	己丑	庚寅	辛卯	壬辰	癸巳	甲午	乙未	丙申	丁酉	戊戌	己亥

陽歷四月份（陰歷二、三月份）

陽	4	2	3	4	5	6	7	8	9	10	11	12	13	14	15	16	17	18	19	20	21	22	23	24	25	26	27	28	29	30	—
陰	十二	十三	十四	十五	十六	十七	十八	十九	廿	廿一	廿二	廿三	廿四	廿五	廿六	廿七	廿八	廿九	卅	三	二	三	四	五	六	七	八	九	十	十一	—
星	1	2	3	4	5	6	日	1	2	3	4	5	6	日	1	2	3	4	5	6	日	1	2	3	4	5	6	日	1	2	—
干節	庚子	辛丑	壬寅	清明	甲辰	乙巳	丙午	丁未	戊申	己酉	庚戌	辛亥	壬子	癸丑	甲寅	乙卯	丙辰	丁巳	戊午	穀雨	庚申	辛酉	壬戌	癸亥	甲子	乙丑	丙寅	丁卯	戊辰	己巳	

陽歷五月份（陰歷三、四月份）

陽	5	2	3	4	5	6	7	8	9	10	11	12	13	14	15	16	17	18	19	20	21	22	23	24	25	26	27	28	29	30	31
陰	十二	十三	十四	十五	十六	十七	十八	十九	廿	廿一	廿二	廿三	廿四	廿五	廿六	廿七	廿八	廿九	卅	四	二	三	四	五	六	七	八	九	十	十一	十二
星	3	4	5	6	日	1	2	3	4	5	6	日	1	2	3	4	5	6	日	1	2	3	4	5	6	日	1	2	3	4	5
干節	庚午	辛未	壬申	癸酉	立夏	乙亥	丙子	丁丑	戊寅	己卯	庚辰	辛巳	壬午	癸未	甲申	乙酉	丙戌	丁亥	戊子	己丑	小滿	辛卯	壬辰	癸巳	甲午	乙未	丙申	丁酉	戊戌	己亥	庚子

陽歷六月份（陰歷四、五月份）

陽	6	2	3	4	5	6	7	8	9	10	11	12	13	14	15	16	17	18	19	20	21	22	23	24	25	26	27	28	29	30	
陰	十三	十四	十五	十六	十七	十八	十九	廿	廿一	廿二	廿三	廿四	廿五	廿六	廿七	廿八	廿九	五	二	三	四	五	六	七	八	九	十	十一	十二	十三	
星	6	日	1	2	3	4	5	6	日	1	2	3	4	5	6	日	1	2	3	4	5	6	日	1	2	3	4	5	6	日	
干節	辛丑	壬寅	癸卯	甲辰	芒種	丙午	丁未	戊申	己酉	庚戌	辛亥	壬子	癸丑	甲寅	乙卯	丙辰	丁巳	戊午	己未	庚申	夏至	壬戌	癸亥	甲子	乙丑	丙寅	丁卯	戊辰	己巳	庚午	

癸丑

一六一三年

（明神宗萬曆四一年）

陽歷七月份　（陰歷五、六月份）

陽	7	2	3	4	5	6	7	8	9	10	11	12	13	14	15	16	17	18	19	20	21	22	23	24	25	26	27	28	29	30	31
陰	十四	十五	十六	十七	十八	十九	廿	廿一	廿二	廿三	廿四	廿五	廿六	廿七	廿八	廿九	卅	六	二	三	四	五	六	七	八	九	十	十一	十二	十三	十四
星	1	2	3	4	5	6	日	1	2	3	4	5	6	日	1	2	3	4	5	6	日	1	2	3	4	5	6	日	1	2	3
干節	辛未	壬申	癸酉	甲戌	乙亥	丙子	小暑	戊寅	己卯	庚辰	辛巳	壬午	癸未	甲申	乙酉	丙戌	丁亥	戊子	己丑	庚寅	辛卯	壬辰	大暑	甲午	乙未	丙申	丁酉	戊戌	己亥	庚子	辛丑

陽歷八月份　（陰歷六、七月份）

陽	8	2	3	4	5	6	7	8	9	10	11	12	13	14	15	16	17	18	19	20	21	22	23	24	25	26	27	28	29	30	31
陰	十五	十六	十七	十八	十九	廿	廿一	廿二	廿三	廿四	廿五	廿六	廿七	廿八	廿九	七	二	三	四	五	六	七	八	九	十	十一	十二	十三	十四	十五	十六
星	4	5	6	日	1	2	3	4	5	6	日	1	2	3	4	5	6	日	1	2	3	4	5	6	日	1	2	3	4	5	6
干節	壬寅	癸卯	甲辰	乙巳	丙午	丁未	立秋	己酉	庚戌	辛亥	壬子	癸丑	甲寅	乙卯	丙辰	丁巳	戊午	己未	庚申	辛酉	壬戌	癸亥	處暑	乙丑	丙寅	丁卯	戊辰	己巳	庚午	辛未	壬申

陽歷九月份　（陰歷七、八月份）

陽	9	2	3	4	5	6	7	8	9	10	11	12	13	14	15	16	17	18	19	20	21	22	23	24	25	26	27	28	29	30	
陰	十七	十八	十九	廿	廿一	廿二	廿三	廿四	廿五	廿六	廿七	廿八	廿九	八	二	三	四	五	六	七	八	九	十	十一	十二	十三	十四	十五	十六	十七	
星	日	1	2	3	4	5	6	日	1	2	3	4	5	6	日	1	2	3	4	5	6	日	1	2	3	4	5	6	日	1	
干節	癸酉	甲戌	乙亥	丙子	丁丑	戊寅	白露	庚辰	辛巳	壬午	癸未	甲申	乙酉	丙戌	丁亥	戊子	己丑	庚寅	辛卯	壬辰	癸巳	甲午	秋分	丙申	丁酉	戊戌	己亥	庚子	辛丑	壬寅	

陽歷十月份　（陰歷八、九月份）

陽	10	2	3	4	5	6	7	8	9	10	11	12	13	14	15	16	17	18	19	20	21	22	23	24	25	26	27	28	29	30	31
陰	十八	十九	廿	廿一	廿二	廿三	廿四	廿五	廿六	廿七	廿八	廿九	卅	九	二	三	四	五	六	七	八	九	十	十一	十二	十三	十四	十五	十六	十七	十八
星	2	3	4	5	6	日	1	2	3	4	5	6	日	1	2	3	4	5	6	日	1	2	3	4	5	6	日	1	2	3	4
干節	癸卯	甲辰	乙巳	丙午	丁未	戊申	己酉	寒露	辛亥	壬子	癸丑	甲寅	乙卯	丙辰	丁巳	戊午	己未	庚申	辛酉	壬戌	癸亥	甲子	霜降	丙寅	丁卯	戊辰	己巳	庚午	辛未	壬申	癸酉

陽歷十一月份　（陰歷九、十月份）

陽	11	2	3	4	5	6	7	8	9	10	11	12	13	14	15	16	17	18	19	20	21	22	23	24	25	26	27	28	29	30	
陰	十九	廿	廿一	廿二	廿三	廿四	廿五	廿六	廿七	廿八	廿九	十	二	三	四	五	六	七	八	九	十	十一	十二	十三	十四	十五	十六	十七	十八	十九	
星	5	6	日	1	2	3	4	5	6	日	1	2	3	4	5	6	日	1	2	3	4	5	6	日	1	2	3	4	5	6	
干節	甲戌	乙亥	丙子	丁丑	戊寅	己卯	立冬	辛巳	壬午	癸未	甲申	乙酉	丙戌	丁亥	戊子	己丑	庚寅	辛卯	壬辰	癸巳	甲午	小雪	丙申	丁酉	戊戌	己亥	庚子	辛丑	壬寅	癸卯	

陽歷十二月份　（陰歷十、十一月份）

陽	12	2	3	4	5	6	7	8	9	10	11	12	13	14	15	16	17	18	19	20	21	22	23	24	25	26	27	28	29	30	31
陰	廿	廿一	廿二	廿三	廿四	廿五	廿六	廿七	廿八	廿九	卅	十一	二	三	四	五	六	七	八	九	十	十一	十二	十三	十四	十五	十六	十七	十八	十九	廿
星	日	1	2	3	4	5	6	日	1	2	3	4	5	6	日	1	2	3	4	5	6	日	1	2	3	4	5	6	日	1	2
干節	甲辰	乙巳	丙午	丁未	戊申	己酉	大雪	辛亥	壬子	癸丑	甲寅	乙卯	丙辰	丁巳	戊午	己未	庚申	辛酉	壬戌	癸亥	冬至	乙丑	丙寅	丁卯	戊辰	己巳	庚午	辛未	壬申	癸酉	甲戌

近世中西史日對照表

陽歷 一 月份　(陰歷十一、十二月份)

陽	1	2	3	4	5	6	7	8	9	10	11	12	13	14	15	16	17	18	19	20	21	22	23	24	25	26	27	28	29	30	31
陰	廿一	廿二	廿三	廿四	廿五	廿六	廿七	廿八	廿九	十二	二	三	四	五	六	七	八	九	十	十一	十二	十三	十四	十五	十六	十七	十八	十九	廿	廿一	廿二
星	3	4	5	6	日	1	2	3	4	5	6	日	1	2	3	4	5	6	日	1	2	3	4	5	6	日	1	2	3	4	5
干節	乙亥	丙子	丁丑	戊寅	小寒	庚辰	辛巳	壬午	癸未	甲申	乙酉	丙戌	丁亥	戊子	己丑	庚寅	辛卯	壬辰	癸巳	大寒	乙未	丙申	丁酉	戊戌	己亥	庚子	辛丑	壬寅	癸卯	甲辰	乙巳

陽歷 二 月份　(陰歷十二、正月份)

陽	1	2	3	4	5	6	7	8	9	10	11	12	13	14	15	16	17	18	19	20	21	22	23	24	25	26	27	28
陰	廿三	廿四	廿五	廿六	廿七	廿八	廿九	卅	正	二	三	四	五	六	七	八	九	十	十一	十二	十三	十四	十五	十六	十七	十八	十九	廿
星	6	日	1	2	3	4	5	6	日	1	2	3	4	5	6	日	1	2	3	4	5	6	日	1	2	3	4	5
干節	丙午	丁未	立春	己酉	庚戌	辛亥	壬子	癸丑	甲寅	乙卯	丙辰	丁巳	戊午	己未	庚申	辛酉	壬戌	雨水	甲子	乙丑	丙寅	丁卯	戊辰	己巳	庚午	辛未	壬申	癸酉

陽歷 三 月份　(陰歷正、二月份)

陽	1	2	3	4	5	6	7	8	9	10	11	12	13	14	15	16	17	18	19	20	21	22	23	24	25	26	27	28	29	30	31
陰	廿一	廿二	廿三	廿四	廿五	廿六	廿七	廿八	廿九	二	二	三	四	五	六	七	八	九	十	十一	十二	十三	十四	十五	十六	十七	十八	十九	廿	廿一	廿二
星	6	日	1	2	3	4	5	6	日	1	2	3	4	5	6	日	1	2	3	4	5	6	日	1	2	3	4	5	6	日	1
干節	甲戌	乙亥	丙子	丁丑	驚蟄	己卯	庚辰	辛巳	壬午	癸未	甲申	乙酉	丙戌	丁亥	戊子	己丑	庚寅	辛卯	壬辰	春分	甲午	乙未	丙申	丁酉	戊戌	己亥	庚子	辛丑	壬寅	癸卯	甲辰

陽歷 四 月份　(陰歷二、三月份)

陽	1	2	3	4	5	6	7	8	9	10	11	12	13	14	15	16	17	18	19	20	21	22	23	24	25	26	27	28	29	30
陰	廿三	廿四	廿五	廿六	廿七	廿八	廿九	卅	三	二	三	四	五	六	七	八	九	十	十一	十二	十三	十四	十五	十六	十七	十八	十九	廿	廿一	廿二
星	2	3	4	5	6	日	1	2	3	4	5	6	日	1	2	3	4	5	6	日	1	2	3	4	5	6	日	1	2	3
干節	乙巳	丙午	丁未	戊申	清明	庚戌	辛亥	壬子	癸丑	甲寅	乙卯	丙辰	丁巳	戊午	己未	庚申	辛酉	壬戌	癸亥	穀雨	乙丑	丙寅	丁卯	戊辰	己巳	庚午	辛未	壬申	癸酉	甲戌

陽歷 五 月份　(陰歷三、四月份)

陽	1	2	3	4	5	6	7	8	9	10	11	12	13	14	15	16	17	18	19	20	21	22	23	24	25	26	27	28	29	30	31
陰	廿三	廿四	廿五	廿六	廿七	廿八	廿九	卅	四	二	三	四	五	六	七	八	九	十	十一	十二	十三	十四	十五	十六	十七	十八	十九	廿	廿一	廿二	廿三
星	4	5	6	日	1	2	3	4	5	6	日	1	2	3	4	5	6	日	1	2	3	4	5	6	日	1	2	3	4	5	6
干節	乙亥	丙子	丁丑	戊寅	立夏	庚辰	辛巳	壬午	癸未	甲申	乙酉	丙戌	丁亥	戊子	己丑	庚寅	辛卯	壬辰	癸巳	甲午	小滿	丙申	丁酉	戊戌	己亥	庚子	辛丑	壬寅	癸卯	甲辰	乙巳

陽歷 六 月份　(陰歷四、五月份)

陽	1	2	3	4	5	6	7	8	9	10	11	12	13	14	15	16	17	18	19	20	21	22	23	24	25	26	27	28	29	30
陰	廿四	廿五	廿六	廿七	廿八	廿九	五	二	三	四	五	六	七	八	九	十	十一	十二	十三	十四	十五	十六	十七	十八	十九	廿	廿一	廿二	廿三	廿四
星	日	1	2	3	4	5	6	日	1	2	3	4	5	6	日	1	2	3	4	5	6	日	1	2	3	4	5	6	日	1
干節	丙午	丁未	戊申	己酉	庚戌	芒種	壬子	癸丑	甲寅	乙卯	丙辰	丁巳	戊午	己未	庚申	辛酉	壬戌	癸亥	甲子	乙丑	夏至	丁卯	戊辰	己巳	庚午	辛未	壬申	癸酉	甲戌	乙亥

甲寅

一六一四年

（明神宗萬曆四二年）

陽歷七月份　（陰歷五、六月份）

陽	**7**	2	3	4	5	6	7	8	9	10	11	12	13	14	15	16	17	18	19	20	21	22	23	24	25	26	27	28	29	30	31
陰	廿五	廿六	廿七	廿八	廿九	卅	**六**	二	三	四	五	六	七	八	九	十	十一	十二	十三	十四	十五	十六	十七	十八	十九	廿	廿一	廿二	廿三	廿四	廿五
星	2	3	4	5	6	日	1	2	3	4	5	6	日	1	2	3	4	5	6	日	1	2	3	4	5	6	日	1	2	3	4
干節	丙子	丁丑	戊寅	己卯	庚辰	辛巳	**小暑**	癸未	甲申	乙酉	丙戌	丁亥	戊子	己丑	庚寅	辛卯	壬辰	癸巳	甲午	乙未	丙申	丁酉	**大暑**	己亥	庚子	辛丑	壬寅	癸卯	甲辰	乙巳	丙午

陽歷八月份　（陰歷六、七月份）

陽	**8**	2	3	4	5	6	7	8	9	10	11	12	13	14	15	16	17	18	19	20	21	22	23	24	25	26	27	28	29	30	31
陰	廿六	廿七	廿八	廿九	**七**	二	三	四	五	六	七	八	九	十	十一	十二	十三	十四	十五	十六	十七	十八	十九	廿	廿一	廿二	廿三	廿四	廿五	廿六	廿七
星	5	6	日	1	2	3	4	5	6	日	1	2	3	4	5	6	日	1	2	3	4	5	6	日	1	2	3	4	5	6	日
干節	丁未	戊申	己酉	庚戌	辛亥	壬子	癸丑	**立秋**	乙卯	丙辰	丁巳	戊午	己未	庚申	辛酉	壬戌	癸亥	甲子	乙丑	丙寅	丁卯	戊辰	**處暑**	庚午	辛未	壬申	癸酉	甲戌	乙亥	丙子	丁丑

陽歷九月份　（陰歷七、八月份）

陽	**9**	2	3	4	5	6	7	8	9	10	11	12	13	14	15	16	17	18	19	20	21	22	23	24	25	26	27	28	29	30
陰	廿八	廿九	卅	**八**	二	三	四	五	六	七	八	九	十	十一	十二	十三	十四	十五	十六	十七	十八	十九	廿	廿一	廿二	廿三	廿四	廿五	廿六	廿七
星	1	2	3	4	5	6	日	1	2	3	4	5	6	日	1	2	3	4	5	6	日	1	2	3	4	5	6	日	1	2
干節	戊寅	己卯	庚辰	辛巳	壬午	癸未	甲申	**白露**	丙戌	丁亥	戊子	己丑	庚寅	辛卯	壬辰	癸巳	甲午	乙未	丙申	丁酉	戊戌	己亥	**秋分**	辛丑	壬寅	癸卯	甲辰	乙巳	丙午	丁未

陽歷十月份　（陰歷八、九月份）

陽	**10**	2	3	4	5	6	7	8	9	10	11	12	13	14	15	16	17	18	19	20	21	22	23	24	25	26	27	28	29	30	31
陰	廿八	廿九	**九**	二	三	四	五	六	七	八	九	十	十一	十二	十三	十四	十五	十六	十七	十八	十九	廿	廿一	廿二	廿三	廿四	廿五	廿六	廿七	廿八	廿九
星	3	4	5	6	日	1	2	3	4	5	6	日	1	2	3	4	5	6	日	1	2	3	4	5	6	日	1	2	3	4	5
干節	戊申	己酉	庚戌	辛亥	壬子	癸丑	甲寅	**寒露**	丙辰	丁巳	戊午	己未	庚申	辛酉	壬戌	癸亥	甲子	乙丑	丙寅	丁卯	戊辰	己巳	**霜降**	辛未	壬申	癸酉	甲戌	乙亥	丙子	丁丑	戊寅

陽歷十一月份　（陰歷九、十月份）

陽	**11**	2	3	4	5	6	7	8	9	10	11	12	13	14	15	16	17	18	19	20	21	22	23	24	25	26	27	28	29	30
陰	卅	**十**	二	三	四	五	六	七	八	九	十	十一	十二	十三	十四	十五	十六	十七	十八	十九	廿	廿一	廿二	廿三	廿四	廿五	廿六	廿七	廿八	廿九
星	6	日	1	2	3	4	5	6	日	1	2	3	4	5	6	日	1	2	3	4	5	6	日	1	2	3	4	5	6	日
干節	己卯	庚辰	辛巳	壬午	癸未	甲申	**立冬**	丙戌	丁亥	戊子	己丑	庚寅	辛卯	壬辰	癸巳	甲午	乙未	丙申	丁酉	戊戌	己亥	**小雪**	辛丑	壬寅	癸卯	甲辰	乙巳	丙午	丁未	戊申

陽歷十二月份　（陰歷十一、十二月份）

陽	**12**	2	3	4	5	6	7	8	9	10	11	12	13	14	15	16	17	18	19	20	21	22	23	24	25	26	27	28	29	30	31
陰	**十一**	二	三	四	五	六	七	八	九	十	十一	十二	十三	十四	十五	十六	十七	十八	十九	廿	廿一	廿二	廿三	廿四	廿五	廿六	廿七	廿八	廿九	卅	**十二**
星	1	2	3	4	5	6	日	1	2	3	4	5	6	日	1	2	3	4	5	6	日	1	2	3	4	5	6	日	1	2	3
干節	己酉	庚戌	辛亥	壬子	癸丑	甲寅	**大雪**	丙辰	丁巳	戊午	己未	庚申	辛酉	壬戌	癸亥	甲子	乙丑	丙寅	丁卯	戊辰	己巳	**冬至**	辛未	壬申	癸酉	甲戌	乙亥	丙子	丁丑	戊寅	己卯

近世中西史日對照表

乙卯 一六一五年 （明神宗萬曆四三年）

陽歷 一月份 （陰歷十二、正月份）

陽	1	2	3	4	5	6	7	8	9	10	11	12	13	14	15	16	17	18	19	20	21	22	23	24	25	26	27	28	29	30	31
陰	二	三	四	五	六	七	八	九	十	十一	十二	十三	十四	十五	十六	十七	十八	十九	廿	廿一	廿二	廿三	廿四	廿五	廿六	廿七	廿八	廿九	正	二	三
星	4	5	6	日	1	2	3	4	5	6	日	1	2	3	4	5	6	日	1	2	3	4	5	6	日	1	2	3	4	5	6
干節	庚辰	辛巳	壬午	癸未	小寒	乙酉	丙戌	丁亥	戊子	己丑	庚寅	辛卯	壬辰	癸巳	甲午	乙未	丙申	丁酉	戊戌	大寒	庚子	辛丑	壬寅	癸卯	甲辰	乙巳	丙午	丁未	戊申	己酉	庚戌

陽歷 二月份 （陰歷正、二月份）

陽	1	2	3	4	5	6	7	8	9	10	11	12	13	14	15	16	17	18	19	20	21	22	23	24	25	26	27	28
陰	四	五	六	七	八	九	十	十一	十二	十三	十四	十五	十六	十七	十八	十九	廿	廿一	廿二	廿三	廿四	廿五	廿六	廿七	廿八	廿九	卅	二
星	日	1	2	3	4	5	6	日	1	2	3	4	5	6	日	1	2	3	4	5	6	日	1	2	3	4	5	6
干節	辛亥	壬子	癸丑	立春	乙卯	丙辰	丁巳	戊午	己未	庚申	辛酉	壬戌	癸亥	甲子	乙丑	丙寅	丁卯	戊辰	雨水	庚午	辛未	壬申	癸酉	甲戌	乙亥	丙子	丁丑	戊寅

陽歷 三月份 （陰歷二、三月份）

陽	1	2	3	4	5	6	7	8	9	10	11	12	13	14	15	16	17	18	19	20	21	22	23	24	25	26	27	28	29	30	31
陰	二	三	四	五	六	七	八	九	十	十一	十二	十三	十四	十五	十六	十七	十八	十九	廿	廿一	廿二	廿三	廿四	廿五	廿六	廿七	廿八	廿九	三	二	三
星	日	1	2	3	4	5	6	日	1	2	3	4	5	6	日	1	2	3	4	5	6	日	1	2	3	4	5	6	日	1	2
干節	己卯	庚辰	辛巳	壬午	驚蟄	甲申	乙酉	丙戌	丁癸	戊子	己丑	庚寅	辛卯	壬辰	癸巳	甲午	乙未	丙申	丁酉	戊戌	春分	庚子	辛丑	壬寅	癸卯	甲辰	乙巳	丙午	丁未	戊申	己酉

陽歷 四月份 （陰歷三、四月份）

陽	1	2	3	4	5	6	7	8	9	10	11	12	13	14	15	16	17	18	19	20	21	22	23	24	25	26	27	28	29	30
陰	四	五	六	七	八	九	十	十一	十二	十三	十四	十五	十六	十七	十八	十九	廿	廿一	廿二	廿三	廿四	廿五	廿六	廿七	廿八	廿九	卅	四	二	三
星	3	4	5	6	日	1	2	3	4	5	6	日	1	2	3	4	5	6	日	1	2	3	4	5	6	日	1	2	3	4
干節	庚戌	辛亥	壬子	癸丑	清明	乙卯	丙辰	丁巳	戊午	己未	庚申	辛酉	壬戌	癸亥	甲子	乙丑	丙寅	丁卯	戊辰	穀雨	庚午	辛未	壬申	癸酉	甲戌	乙亥	丙子	丁丑	戊寅	己卯

陽歷 五月份 （陰歷四、五月份）

陽	1	2	3	4	5	6	7	8	9	10	11	12	13	14	15	16	17	18	19	20	21	22	23	24	25	26	27	28	29	30	31
陰	四	五	六	七	八	九	十	十一	十二	十三	十四	十五	十六	十七	十八	十九	廿	廿一	廿二	廿三	廿四	廿五	廿六	廿七	廿八	廿九	五	二	三	四	五
星	5	6	日	1	2	3	4	5	6	日	1	2	3	4	5	6	日	1	2	3	4	5	6	日	1	2	3	4	5	6	日
干節	庚辰	辛巳	壬午	癸未	甲申	立夏	丙戌	丁亥	戊子	己丑	庚寅	辛卯	壬辰	癸巳	甲午	乙未	丙申	丁酉	戊戌	己亥	小滿	辛丑	壬寅	癸卯	甲辰	乙巳	丙午	丁未	戊申	己酉	庚戌

陽歷 六月份 （陰歷五、六月份）

陽	1	2	3	4	5	6	7	8	9	10	11	12	13	14	15	16	17	18	19	20	21	22	23	24	25	26	27	28	29	30
陰	六	七	八	九	十	十一	十二	十三	十四	十五	十六	十七	十八	十九	廿	廿一	廿二	廿三	廿四	廿五	廿六	廿七	廿八	廿九	卅	六	二	三	四	五
星	1	2	3	4	5	6	日	1	2	3	4	5	6	日	1	2	3	4	5	6	日	1	2	3	4	5	6	日	1	2
干節	辛亥	壬子	癸丑	甲寅	乙卯	芒種	丁巳	戊午	己未	庚申	辛酉	壬戌	癸亥	甲子	乙丑	丙寅	丁卯	戊辰	己巳	庚午	辛未	夏至	癸酉	甲戌	乙亥	丙子	丁丑	戊寅	己卯	庚辰

乙卯

一六一五年

（明神宗萬曆四三年）

陽曆七月份　（陰曆六、七月份）

陽	7	2	3	4	5	6	7	8	9	10	11	12	13	14	15	16	17	18	19	20	21	22	23	24	25	26	27	28	29	30	31
陰	六	七	八	九	十	十一	十二	十三	十四	十五	十六	十七	十八	十九	廿	廿一	廿二	廿三	廿四	廿五	廿六	廿七	廿八	廿九	卅	七	二	三	四	五	六
星	3	4	5	6	日	1	2	3	4	5	6	日	1	2	3	4	5	6	日	1	2	3	4	5	6	日	1	2	3	4	5
干節	辛巳	壬午	癸未	甲申	乙酉	丙戌	小暑	戊子	己丑	庚寅	辛卯	壬辰	癸巳	甲午	乙未	丙申	丁酉	戊戌	己亥	庚子	辛丑	壬寅	大暑	甲辰	乙巳	丙午	丁未	戊申	己酉	庚戌	辛亥

陽曆八月份　（陰曆七、八月份）

陽	8	2	3	4	5	6	7	8	9	10	11	12	13	14	15	16	17	18	19	20	21	22	23	24	25	26	27	28	29	30	31
陰	七	八	九	十	十一	十二	十三	十四	十五	十六	十七	十八	十九	廿	廿一	廿二	廿三	廿四	廿五	廿六	廿七	廿八	廿九	八	二	三	四	五	六	七	八
星	6	日	1	2	3	4	5	6	日	1	2	3	4	5	6	日	1	2	3	4	5	6	日	1	2	3	4	5	6	日	1
干節	壬子	癸丑	甲寅	乙卯	丙辰	丁巳	戊午	立秋	庚申	辛酉	壬戌	癸亥	甲子	乙丑	丙寅	丁卯	戊辰	己巳	庚午	辛未	壬申	癸酉	甲戌	處暑	丙子	丁丑	戊寅	己卯	庚辰	辛巳	壬午

陽曆九月份　（陰曆八、閏八月份）

陽	9	2	3	4	5	6	7	8	9	10	11	12	13	14	15	16	17	18	19	20	21	22	23	24	25	26	27	28	29	30
陰	九	十	十一	十二	十三	十四	十五	十六	十七	十八	十九	廿	廿一	廿二	廿三	廿四	廿五	廿六	廿七	廿八	廿九	卅	閏	二	三	四	五	六	七	八
星	2	3	4	5	6	日	1	2	3	4	5	6	日	1	2	3	4	5	6	日	1	2	3	4	5	6	日	1	2	3
干節	癸未	甲申	乙酉	丙戌	丁亥	戊子	己丑	白露	辛卯	壬辰	癸巳	甲午	乙未	丙申	丁酉	戊戌	己亥	庚子	辛丑	壬寅	癸卯	甲辰	秋分	丙午	丁未	戊申	己酉	庚戌	辛亥	壬子

陽曆十月份　（陰曆閏八、九月份）

陽	10	2	3	4	5	6	7	8	9	10	11	12	13	14	15	16	17	18	19	20	21	22	23	24	25	26	27	28	29	30	31
陰	九	十	十一	十二	十三	十四	十五	十六	十七	十八	十九	廿	廿一	廿二	廿三	廿四	廿五	廿六	廿七	廿八	廿九	九	二	三	四	五	六	七	八	九	十
星	4	5	6	日	1	2	3	4	5	6	日	1	2	3	4	5	6	日	1	2	3	4	5	6	日	1	2	3	4	5	6
干節	癸丑	甲寅	乙卯	丙辰	丁巳	戊午	己未	庚申	寒露	壬戌	癸亥	甲子	乙丑	丙寅	丁卯	戊辰	己巳	庚午	辛未	壬申	癸酉	甲戌	乙亥	霜降	丁丑	戊寅	己卯	庚辰	辛巳	壬午	癸未

陽曆十一月份　（陰曆九、十月份）

陽	11	2	3	4	5	6	7	8	9	10	11	12	13	14	15	16	17	18	19	20	21	22	23	24	25	26	27	28	29	30
陰	十一	十二	十三	十四	十五	十六	十七	十八	十九	廿	廿一	廿二	廿三	廿四	廿五	廿六	廿七	廿八	廿九	卅	十	二	三	四	五	六	七	八	九	十
星	日	1	2	3	4	5	6	日	1	2	3	4	5	6	日	1	2	3	4	5	6	日	1	2	3	4	5	6	日	1
干節	甲申	乙酉	丙戌	丁亥	戊子	己丑	庚寅	立冬	壬辰	癸巳	甲午	乙未	丙申	丁酉	戊戌	己亥	庚子	辛丑	壬寅	癸卯	甲辰	小雪	丙午	丁未	戊申	己酉	庚戌	辛亥	壬子	癸丑

陽曆十二月份　（陰曆十、十一月份）

陽	12	2	3	4	5	6	7	8	9	10	11	12	13	14	15	16	17	18	19	20	21	22	23	24	25	26	27	28	29	30	31
陰	十一	十二	十三	十四	十五	十六	十七	十八	十九	廿	廿一	廿二	廿三	廿四	廿五	廿六	廿七	廿八	廿九	十一	二	三	四	五	六	七	八	九	十	十一	十二
星	2	3	4	5	6	日	1	2	3	4	5	6	日	1	2	3	4	5	6	日	1	2	3	4	5	6	日	1	2	3	4
干節	甲寅	乙卯	丙辰	丁巳	戊午	己未	大雪	辛酉	壬戌	癸亥	甲子	乙丑	丙寅	丁卯	戊辰	己巳	庚午	辛未	壬申	癸酉	甲戌	冬至	丙子	丁丑	戊寅	己卯	庚辰	辛巳	壬午	癸未	甲申

丙辰　一六一六年　（明神宗萬曆四四年清太祖天命元年）

陽歷 一 月份　（陰歷十一、十二月份）

陽	1	2	3	4	5	6	7	8	9	10	11	12	13	14	15	16	17	18	19	20	21	22	23	24	25	26	27	28	29	30	31
陰	十三	十四	十五	十六	十七	十八	十九	廿	廿一	廿二	廿三	廿四	廿五	廿六	廿七	廿八	廿九	卅	十二	二	三	四	五	六	七	八	九	十	十一	十二	十三
星	5	6	日	1	2	3	4	5	6	日	1	2	3	4	5	6	日	1	2	3	4	5	6	日	1	2	3	4	5	6	日
干節	乙酉	丙戌	丁亥	戊子	小寒	庚寅	辛卯	壬辰	癸巳	甲午	乙未	丙申	丁酉	戊戌	己亥	庚子	辛丑	壬寅	癸卯	大寒	乙巳	丙午	丁未	戊申	己酉	庚戌	辛亥	壬子	癸丑	甲寅	乙卯

陽歷 二 月份　（陰歷十二、正月份）

陽	2	2	3	4	5	6	7	8	9	10	11	12	13	14	15	16	17	18	19	20	21	22	23	24	25	26	27	28	29		
陰	十四	十五	十六	十七	十八	十九	廿	廿一	廿二	廿三	廿四	廿五	廿六	廿七	廿八	廿九	正	二	三	四	五	六	七	八	九	十	十一	十二	十三		
星	1	2	3	4	5	6	日	1	2	3	4	5	6	日	1	2	3	4	5	6	日	1	2	3	4	5	6	日	1		
干節	丙辰	丁巳	戊午	立春	庚申	辛酉	壬戌	癸亥	甲子	乙丑	丙寅	丁卯	戊辰	己巳	庚午	辛未	壬申	癸酉	雨水	乙亥	丙子	丁丑	戊寅	己卯	庚辰	辛巳	壬午	癸未	甲申		

陽歷 三 月份　（陰歷正、二月份）

陽	3	2	3	4	5	6	7	8	9	10	11	12	13	14	15	16	17	18	19	20	21	22	23	24	25	26	27	28	29	30	31
陰	十四	十五	十六	十七	十八	十九	廿	廿一	廿二	廿三	廿四	廿五	廿六	廿七	廿八	廿九	卅	二	二	三	四	五	六	七	八	九	十	十一	十二	十三	十四
星	2	3	4	5	6	日	1	2	3	4	5	6	日	1	2	3	4	5	6	日	1	2	3	4	5	6	日	1	2	3	4
干節	乙酉	丙戌	丁亥	戊子	驚蟄	庚寅	辛卯	壬辰	癸巳	甲午	乙未	丙申	丁酉	戊戌	己亥	庚子	辛丑	壬寅	癸卯	春分	乙巳	丙午	丁未	戊申	己酉	庚戌	辛亥	壬子	癸丑	甲寅	乙卯

陽歷 四 月份　（陰歷二、三月份）

陽	4	2	3	4	5	6	7	8	9	10	11	12	13	14	15	16	17	18	19	20	21	22	23	24	25	26	27	28	29	30	
陰	十五	十六	十七	十八	十九	廿	廿一	廿二	廿三	廿四	廿五	廿六	廿七	廿八	廿九	三	二	三	四	五	六	七	八	九	十	十一	十二	十三	十四	十五	
星	5	6	日	1	2	3	4	5	6	日	1	2	3	4	5	6	日	1	2	3	4	5	6	日	1	2	3	4	5	6	
干節	丙辰	丁巳	戊午	清明	庚申	辛酉	壬戌	癸亥	甲子	乙丑	丙寅	丁卯	戊辰	己巳	庚午	辛未	壬申	癸酉	穀雨	乙亥	丙子	丁丑	戊寅	己卯	庚辰	辛巳	壬午	癸未	甲申	乙酉	

陽歷 五 月份　（陰歷三、四月份）

陽	5	2	3	4	5	6	7	8	9	10	11	12	13	14	15	16	17	18	19	20	21	22	23	24	25	26	27	28	29	30	31
陰	十六	十七	十八	十九	廿	廿一	廿二	廿三	廿四	廿五	廿六	廿七	廿八	廿九	四	二	三	四	五	六	七	八	九	十	十一	十二	十三	十四	十五	十六	十七
星	日	1	2	3	4	5	6	日	1	2	3	4	5	6	日	1	2	3	4	5	6	日	1	2	3	4	5	6	日	1	2
干節	丙戌	丁亥	戊子	己丑	立夏	辛卯	壬辰	癸巳	甲午	乙未	丙申	丁酉	戊戌	己亥	庚子	辛丑	壬寅	癸卯	甲辰	小滿	丙午	丁未	戊申	己酉	庚戌	辛亥	壬子	癸丑	甲寅	乙卯	丙辰

陽歷 六 月份　（陰歷四、五月份）

陽	6	2	3	4	5	6	7	8	9	10	11	12	13	14	15	16	17	18	19	20	21	22	23	24	25	26	27	28	29	30	
陰	十八	十九	廿	廿一	廿二	廿三	廿四	廿五	廿六	廿七	廿八	廿九	卅	五	二	三	四	五	六	七	八	九	十	十一	十二	十三	十四	十五	十六	十七	
星	3	4	5	6	日	1	2	3	4	5	6	日	1	2	3	4	5	6	日	1	2	3	4	5	6	日	1	2	3	4	
干節	丁巳	戊午	己未	庚申	芒種	壬戌	癸亥	甲子	乙丑	丙寅	丁卯	戊辰	己巳	庚午	辛未	壬申	癸酉	甲戌	乙亥	丙子	夏至	戊寅	己卯	庚辰	辛巳	壬午	癸未	甲申	乙酉	丙戌	

丙辰

一六一六年

（明神宗萬曆四四年清太祖天命元年）

陽曆　七　月份　　（陰曆五、六月份）

陽	7	2	3	4	5	6	7	8	9	10	11	12	13	14	15	16	17	18	19	20	21	22	23	24	25	26	27	28	29	30	31
陰	十八	十九	廿	廿一	廿二	廿三	廿四	廿五	廿六	廿七	廿八	廿九	卅	六	二	三	四	五	六	七	八	九	十	十一	十二	十三	十四	十五	十六	十七	十八
星	5	6	日	1	2	3	4	5	6	日	1	2	3	4	5	6	日	1	2	3	4	5	6	日	1	2	3	4	5	6	日
干節	丁亥	戊子	己丑	庚寅	辛卯	壬辰	小暑	甲午	乙未	丙申	丁酉	戊戌	己亥	庚子	辛丑	壬寅	癸卯	甲辰	乙巳	丙午	丁未	大暑	己酉	庚戌	辛亥	壬子	癸丑	甲寅	乙卯	丙辰	丁巳

陽曆　八　月份　　（陰曆六、七月份）

陽	8	2	3	4	5	6	7	8	9	10	11	12	13	14	15	16	17	18	19	20	21	22	23	24	25	26	27	28	29	30	31
陰	十九	廿	廿一	廿二	廿三	廿四	廿五	廿六	廿七	廿八	廿九	七	二	三	四	五	六	七	八	九	十	十一	十二	十三	十四	十五	十六	十七	十八	十九	廿
星	1	2	3	4	5	6	日	1	2	3	4	5	6	日	1	2	3	4	5	6	日	1	2	3	4	5	6	日	1	2	3
干節	戊午	己未	庚申	辛酉	壬戌	癸亥	立秋	乙丑	丙寅	丁卯	戊辰	己巳	庚午	辛未	壬申	癸酉	甲戌	乙亥	丙子	丁丑	戊寅	己卯	處暑	辛巳	壬午	癸未	甲申	乙酉	丙戌	丁亥	戊子

陽曆　九　月份　　（陰曆七、八月份）

陽	9	2	3	4	5	6	7	8	9	10	11	12	13	14	15	16	17	18	19	20	21	22	23	24	25	26	27	28	29	30	
陰	廿一	廿二	廿三	廿四	廿五	廿六	廿七	廿八	廿九	卅	八	二	三	四	五	六	七	八	九	十	十一	十二	十三	十四	十五	十六	十七	十八	十九	廿	
星	4	5	6	日	1	2	3	4	5	6	日	1	2	3	4	5	6	日	1	2	3	4	5	6	日	1	2	3	4	5	
干節	己丑	庚寅	辛卯	壬辰	癸巳	甲午	白露	丙申	丁酉	戊戌	己亥	庚子	辛丑	壬寅	癸卯	甲辰	乙巳	丙午	丁未	戊申	己酉	秋分	辛亥	壬子	癸丑	甲寅	乙卯	丙辰	丁巳	戊午	

陽曆　十　月份　　（陰曆八、九月份）

陽	10	2	3	4	5	6	7	8	9	10	11	12	13	14	15	16	17	18	19	20	21	22	23	24	25	26	27	28	29	30	31
陰	廿一	廿二	廿三	廿四	廿五	廿六	廿七	廿八	廿九	卅	九	二	三	四	五	六	七	八	九	十	十一	十二	十三	十四	十五	十六	十七	十八	十九	廿	廿一
星	6	日	1	2	3	4	5	6	日	1	2	3	4	5	6	日	1	2	3	4	5	6	日	1	2	3	4	5	6	日	1
干節	己未	庚申	辛酉	壬戌	癸亥	甲子	乙丑	寒露	丁卯	戊辰	己巳	庚午	辛未	壬申	癸酉	甲戌	乙亥	丙子	丁丑	戊寅	己卯	庚辰	霜降	壬午	癸未	甲申	乙酉	丙戌	丁亥	戊子	己丑

陽曆十一月份　　（陰曆九、十月份）

陽	11	2	3	4	5	6	7	8	9	10	11	12	13	14	15	16	17	18	19	20	21	22	23	24	25	26	27	28	29	30	
陰	廿二	廿三	廿四	廿五	廿六	廿七	廿八	廿九	十	二	三	四	五	六	七	八	九	十	十一	十二	十三	十四	十五	十六	十七	十八	十九	廿	廿一	廿二	
星	2	3	4	5	6	日	1	2	3	4	5	6	日	1	2	3	4	5	6	日	1	2	3	4	5	6	日	1	2	3	
干節	庚寅	辛卯	壬辰	癸巳	甲午	乙未	立冬	丁酉	戊戌	己亥	庚子	辛丑	壬寅	癸卯	甲辰	乙巳	丙午	丁未	戊申	己酉	庚戌	小雪	壬子	癸丑	甲寅	乙卯	丙辰	丁巳	戊午	己未	

陽曆十二月份　　（陰曆十、十一月份）

陽	12	2	3	4	5	6	7	8	9	10	11	12	13	14	15	16	17	18	19	20	21	22	23	24	25	26	27	28	29	30	31
陰	廿三	廿四	廿五	廿六	廿七	廿八	廿九	卅	十一	二	三	四	五	六	七	八	九	十	十一	十二	十三	十四	十五	十六	十七	十八	十九	廿	廿一	廿二	廿三
星	4	5	6	日	1	2	3	4	5	6	日	1	2	3	4	5	6	日	1	2	3	4	5	6	日	1	2	3	4	5	6
干節	庚申	辛酉	壬戌	癸亥	甲子	大雪	丙寅	丁卯	戊辰	己巳	庚午	辛未	壬申	癸酉	甲戌	乙亥	丙子	丁丑	戊寅	己卯	冬至	辛巳	壬午	癸未	甲申	乙酉	丙戌	丁亥	戊子	己丑	庚寅

近世中西史日對照表

丁巳 一六一七年 （明神宗萬曆四五年清太祖天命二年）

陽歷 一 月份 （陰歷十一、十二月份）

陽	1	2	3	4	5	6	7	8	9	10	11	12	13	14	15	16	17	18	19	20	21	22	23	24	25	26	27	28	29	30	31
陰	廿四	廿五	廿六	廿七	廿八	廿九	十二	二	三	四	五	六	七	八	九	十	十一	十二	十三	十四	十五	十六	十七	十八	十九	廿	廿一	廿二	廿三	廿四	廿五
星	日	1	2	3	4	5	6	日	1	2	3	4	5	6	日	1	2	3	4	5	6	日	1	2	3	4	5	6	日	1	2
干節	辛卯	壬辰	癸巳	甲午	小寒	丙申	丁酉	戊戌	己亥	庚子	辛丑	壬寅	癸卯	甲辰	乙巳	丙午	丁未	戊申	大寒	庚戌	辛亥	壬子	癸丑	甲寅	乙卯	丙辰	丁巳	戊午	己未	庚申	辛酉

陽歷 二 月份 （陰歷十二、正月份）

陽	1	2	3	4	5	6	7	8	9	10	11	12	13	14	15	16	17	18	19	20	21	22	23	24	25	26	27	28
陰	廿六	廿七	廿八	廿九	卅	正	二	三	四	五	六	七	八	九	十	十一	十二	十三	十四	十五	十六	十七	十八	十九	廿	廿一	廿二	廿三
星	3	4	5	6	日	1	2	3	4	5	6	日	1	2	3	4	5	6	日	1	2	3	4	5	6	日	1	2
干節	壬戌	癸亥	立春	乙丑	丙寅	丁卯	戊辰	己巳	庚午	辛未	壬申	癸酉	甲戌	乙亥	丙子	丁丑	戊寅	雨水	庚辰	辛巳	壬午	癸未	甲申	乙酉	丙戌	丁亥	戊子	己丑

陽歷 三 月份 （陰歷正、二月份）

陽	1	2	3	4	5	6	7	8	9	10	11	12	13	14	15	16	17	18	19	20	21	22	23	24	25	26	27	28	29	30	31
陰	廿四	廿五	廿六	廿七	廿八	廿九	二	二	三	四	五	六	七	八	九	十	十一	十二	十三	十四	十五	十六	十七	十八	十九	廿	廿一	廿二	廿三	廿四	廿五
星	3	4	5	6	日	1	2	3	4	5	6	日	1	2	3	4	5	6	日	1	2	3	4	5	6	日	1	2	3	4	5
干節	庚寅	辛卯	壬辰	癸巳	驚蟄	乙未	丙申	丁酉	戊戌	己亥	庚子	辛丑	壬寅	癸卯	甲辰	乙巳	丙午	丁未	戊申	春分	庚戌	辛亥	壬子	癸丑	甲寅	乙卯	丙辰	丁巳	戊午	己未	庚申

陽歷 四 月份 （陰歷二、三月份）

陽	1	2	3	4	5	6	7	8	9	10	11	12	13	14	15	16	17	18	19	20	21	22	23	24	25	26	27	28	29	30
陰	廿六	廿七	廿八	廿九	卅	三	二	三	四	五	六	七	八	九	十	十一	十二	十三	十四	十五	十六	十七	十八	十九	廿	廿一	廿二	廿三	廿四	廿五
星	6	日	1	2	3	4	5	6	日	1	2	3	4	5	6	日	1	2	3	4	5	6	日	1	2	3	4	5	6	日
干節	辛酉	壬戌	癸亥	清明	乙丑	丙寅	丁卯	戊辰	己巳	庚午	辛未	壬申	癸酉	甲戌	乙亥	丙子	丁丑	戊寅	己卯	穀雨	辛巳	壬午	癸未	甲申	乙酉	丙戌	丁亥	戊子	己丑	庚寅

陽歷 五 月份 （陰歷三、四月份）

陽	1	2	3	4	5	6	7	8	9	10	11	12	13	14	15	16	17	18	19	20	21	22	23	24	25	26	27	28	29	30	31
陰	廿六	廿七	廿八	廿九	四	二	三	四	五	六	七	八	九	十	十一	十二	十三	十四	十五	十六	十七	十八	十九	廿	廿一	廿二	廿三	廿四	廿五	廿六	廿七
星	1	2	3	4	5	6	日	1	2	3	4	5	6	日	1	2	3	4	5	6	日	1	2	3	4	5	6	日	1	2	3
干節	辛卯	壬辰	癸巳	甲午	立夏	丙申	丁酉	戊戌	己亥	庚子	辛丑	壬寅	癸卯	甲辰	乙巳	丙午	丁未	戊申	己酉	庚戌	小滿	壬子	癸丑	甲寅	乙卯	丙辰	丁巳	戊午	己未	庚申	辛酉

陽歷 六 月份 （陰歷四、五月份）

陽	1	2	3	4	5	6	7	8	9	10	11	12	13	14	15	16	17	18	19	20	21	22	23	24	25	26	27	28	29	30
陰	廿八	廿九	五	二	三	四	五	六	七	八	九	十	十一	十二	十三	十四	十五	十六	十七	十八	十九	廿	廿一	廿二	廿三	廿四	廿五	廿六	廿七	廿八
星	4	5	6	日	1	2	3	4	5	6	日	1	2	3	4	5	6	日	1	2	3	4	5	6	日	1	2	3	4	5
干節	壬戌	癸亥	甲子	乙丑	芒種	丁卯	戊辰	己巳	庚午	辛未	壬申	癸酉	甲戌	乙亥	丙子	丁丑	戊寅	己卯	庚辰	辛巳	夏至	癸未	甲申	乙酉	丙戌	丁亥	戊子	己丑	庚寅	辛卯

丁巳

一六一七年

（明神宗萬曆四五年清太祖天命二年）

陽歷七月份 （陰歷五、六月份）

陽	**7**	2	3	4	5	6	7	8	9	10	11	12	13	14	15	16	17	18	19	20	21	22	23	24	25	26	27	28	29	30	31
陰	廿九	卅	**六**	二	三	四	五	六	七	八	九	十	十一	十二	十三	十四	十五	十六	十七	十八	十九	廿	廿一	廿二	廿三	廿四	廿五	廿六	廿七	廿八	廿九
星	6	**日**	1	2	3	4	5	6	**日**	1	2	3	4	5	6	**日**	1	2	3	4	5	6	**日**	1	2	3	4	5	6	**日**	1
干節	壬辰	癸巳	甲午	乙未	丙申	丁酉	**小暑**	己亥	庚子	辛丑	壬寅	癸卯	甲辰	乙巳	丙午	丁未	戊申	己酉	庚戌	辛亥	壬子	癸丑	**大暑**	乙卯	丙辰	丁巳	戊午	己未	庚申	辛酉	壬戌

陽歷八月份 （陰歷七、八月份）

陽	**8**	2	3	4	5	6	7	8	9	10	11	12	13	14	15	16	17	18	19	20	21	22	23	24	25	26	27	28	29	30	31
陰	**七**	二	三	四	五	六	七	八	九	十	十一	十二	十三	十四	十五	十六	十七	十八	十九	廿	廿一	廿二	廿三	廿四	廿五	廿六	廿七	廿八	廿九	卅	**八**
星	2	3	4	5	6	**日**	1	2	3	4	5	6	**日**	1	2	3	4	5	6	**日**	1	2	3	4	5	6	**日**	1	2	3	4
干節	癸亥	甲子	乙丑	丙寅	丁卯	戊辰	**立秋**	庚午	辛未	壬申	癸酉	甲戌	乙亥	丙子	丁丑	戊寅	己卯	庚辰	辛巳	壬午	癸未	甲申	**處暑**	丙戌	丁亥	戊子	己丑	庚寅	辛卯	壬辰	癸巳

陽歷九月份 （陰歷八、九月份）

陽	**9**	2	3	4	5	6	7	8	9	10	11	12	13	14	15	16	17	18	19	20	21	22	23	24	25	26	27	28	29	30
陰	二	三	四	五	六	七	八	九	十	十一	十二	十三	十四	十五	十六	十七	十八	十九	廿	廿一	廿二	廿三	廿四	廿五	廿六	廿七	廿八	廿九	卅	**九**
星	5	6	**日**	1	2	3	4	5	6	**日**	1	2	3	4	5	6	**日**	1	2	3	4	5	6	**日**	1	2	3	4	5	6
干節	甲午	乙未	丙申	丁酉	戊戌	己亥	**白露**	辛丑	壬寅	癸卯	甲辰	乙巳	丙午	丁未	戊申	己酉	庚戌	辛亥	壬子	癸丑	甲寅	乙卯	**秋分**	丁巳	戊午	己未	庚申	辛酉	壬戌	癸亥

陽歷十月份 （陰歷九、十月份）

陽	**10**	2	3	4	5	6	7	8	9	10	11	12	13	14	15	16	17	18	19	20	21	22	23	24	25	26	27	28	29	30	31
陰	二	三	四	五	六	七	八	九	十	十一	十二	十三	十四	十五	十六	十七	十八	十九	廿	廿一	廿二	廿三	廿四	廿五	廿六	廿七	廿八	廿九	**十**	二	三
星	**日**	1	2	3	4	5	6	**日**	1	2	3	4	5	6	**日**	1	2	3	4	5	6	**日**	1	2	3	4	5	6	**日**	1	2
干節	甲子	乙丑	丙寅	丁卯	戊辰	己巳	庚午	**寒露**	壬申	癸酉	甲戌	乙亥	丙子	丁丑	戊寅	己卯	庚辰	辛巳	壬午	癸未	甲申	乙酉	**霜降**	丁亥	戊子	己丑	庚寅	辛卯	壬辰	癸巳	甲午

陽歷十一月份 （陰歷十、十一月份）

陽	**11**	2	3	4	5	6	7	8	9	10	11	12	13	14	15	16	17	18	19	20	21	22	23	24	25	26	27	28	29	30
陰	四	五	六	七	八	九	十	十一	十二	十三	十四	十五	十六	十七	十八	十九	廿	廿一	廿二	廿三	廿四	廿五	廿六	廿七	廿八	廿九	卅	**十一**	二	三
星	3	4	5	6	**日**	1	2	3	4	5	6	**日**	1	2	3	4	5	6	**日**	1	2	3	4	5	6	**日**	1	2	3	4
干節	乙未	丙申	丁酉	戊戌	己亥	庚子	**立冬**	壬寅	癸卯	甲辰	乙巳	丙午	丁未	戊申	己酉	庚戌	辛亥	壬子	癸丑	甲寅	乙卯	**小雪**	丁巳	戊午	己未	庚申	辛酉	壬戌	癸亥	甲子

陽歷十二月份 （陰歷十一、十二月份）

陽	**12**	2	3	4	5	6	7	8	9	10	11	12	13	14	15	16	17	18	19	20	21	22	23	24	25	26	27	28	29	30	31
陰	四	五	六	七	八	九	十	十一	十二	十三	十四	十五	十六	十七	十八	十九	廿	廿一	廿二	廿三	廿四	廿五	廿六	廿七	廿八	廿九	卅	**十二**	二	三	四
星	5	6	**日**	1	2	3	4	5	6	**日**	1	2	3	4	5	6	**日**	1	2	3	4	5	6	**日**	1	2	3	4	5	6	**日**
干節	乙丑	丙寅	丁卯	戊辰	己巳	庚午	**大雪**	壬申	癸酉	甲戌	乙亥	丙子	丁丑	戊寅	己卯	庚辰	辛巳	壬午	癸未	甲申	**冬至**	丙戌	丁亥	戊子	己丑	庚寅	辛卯	壬辰	癸巳	甲午	乙未

戊午　一六一八年　（明神宗萬曆四六年清太祖天命三年）

陽歷 一 月份　（陰歷十二、正月份）

陽	1	2	3	4	5	6	7	8	9	10	11	12	13	14	15	16	17	18	19	20	21	22	23	24	25	26	27	28	29	30	31
陰	五	六	七	八	九	十	十一	十二	十三	十四	十五	十六	十七	十八	十九	廿	廿一	廿二	廿三	廿四	廿五	廿六	廿七	廿八	廿九	正	二	三	四	五	六
星	1	2	3	4	5	6	日	1	2	3	4	5	6	日	1	2	3	4	5	6	日	1	2	3	4	5	6	日	1	2	3
干節	丙申	丁酉	戊戌	己亥	小寒	辛丑	壬寅	癸卯	甲辰	乙巳	丙午	丁未	戊申	己酉	庚戌	辛亥	壬子	癸丑	甲寅	大寒	丙辰	丁巳	戊午	己未	庚申	辛酉	壬戌	癸亥	甲子	乙丑	丙寅

陽歷 二 月份　（陰歷正、二月份）

陽	2	2	3	4	5	6	7	8	9	10	11	12	13	14	15	16	17	18	19	20	21	22	23	24	25	26	27	28
陰	七	八	九	十	十一	十二	十三	十四	十五	十六	十七	十八	十九	廿	廿一	廿二	廿三	廿四	廿五	廿六	廿七	廿八	廿九	卅	二	二	三	四
星	4	5	6	日	1	2	3	4	5	6	日	1	2	3	4	5	6	日	1	2	3	4	5	6	日	1	2	3
干節	丁卯	戊辰	立春	庚午	辛未	壬申	癸酉	甲戌	乙亥	丙子	丁丑	戊寅	己卯	庚辰	辛巳	壬午	癸未	雨水	乙酉	丙戌	丁亥	戊子	己丑	庚寅	辛卯	壬辰	癸巳	甲午

陽歷 三 月份　（陰歷二、三月份）

陽	3	2	3	4	5	6	7	8	9	10	11	12	13	14	15	16	17	18	19	20	21	22	23	24	25	26	27	28	29	30	31
陰	五	六	七	八	九	十	十一	十二	十三	十四	十五	十六	十七	十八	十九	廿	廿一	廿二	廿三	廿四	廿五	廿六	廿七	廿八	廿九	三	二	三	四	五	六
星	4	5	6	日	1	2	3	4	5	6	日	1	2	3	4	5	6	日	1	2	3	4	5	6	日	1	2	3	4	5	6
干節	乙未	丙申	丁酉	戊戌	驚蟄	庚子	辛丑	壬寅	癸卯	甲辰	乙巳	丙午	丁未	戊申	己酉	庚戌	辛亥	壬子	癸丑	春分	乙卯	丙辰	丁巳	戊午	己未	庚申	辛酉	壬戌	癸亥	甲子	乙丑

陽歷 四 月份　（陰歷三、四月份）

陽	4	2	3	4	5	6	7	8	9	10	11	12	13	14	15	16	17	18	19	20	21	22	23	24	25	26	27	28	29	30
陰	七	八	九	十	十一	十二	十三	十四	十五	十六	十七	十八	十九	廿	廿一	廿二	廿三	廿四	廿五	廿六	廿七	廿八	廿九	卅	四	二	三	四	五	六
星	日	1	2	3	4	5	6	日	1	2	3	4	5	6	日	1	2	3	4	5	6	日	1	2	3	4	5	6	日	1
干節	丙寅	丁卯	戊辰	己巳	清明	辛未	壬申	癸酉	甲戌	乙亥	丙子	丁丑	戊寅	己卯	庚辰	辛巳	壬午	癸未	甲申	穀雨	丙戌	丁亥	戊子	己丑	庚寅	辛卯	壬辰	癸巳	甲午	乙未

陽歷 五 月份　（陰歷四、閏四月份）

陽	5	2	3	4	5	6	7	8	9	10	11	12	13	14	15	16	17	18	19	20	21	22	23	24	25	26	27	28	29	30	31
陰	七	八	九	十	十一	十二	十三	十四	十五	十六	十七	十八	十九	廿	廿一	廿二	廿三	廿四	廿五	廿六	廿七	廿八	廿九	閏	二	三	四	五	六	七	八
星	2	3	4	5	6	日	1	2	3	4	5	6	日	1	2	3	4	5	6	日	1	2	3	4	5	6	日	1	2	3	4
干節	丙申	丁酉	戊戌	己亥	立夏	辛丑	壬寅	癸卯	甲辰	乙巳	丙午	丁未	戊申	己酉	庚戌	辛亥	壬子	癸丑	甲寅	乙卯	小滿	丁巳	戊午	己未	庚申	辛酉	壬戌	癸亥	甲子	乙丑	丙寅

陽歷 六 月份　（陰歷閏四、五月份）

陽	6	2	3	4	5	6	7	8	9	10	11	12	13	14	15	16	17	18	19	20	21	22	23	24	25	26	27	28	29	30
陰	九	十	十一	十二	十三	十四	十五	十六	十七	十八	十九	廿	廿一	廿二	廿三	廿四	廿五	廿六	廿七	廿八	廿九	五	二	三	四	五	六	七	八	九
星	5	6	日	1	2	3	4	5	6	日	1	2	3	4	5	6	日	1	2	3	4	5	6	日	1	2	3	4	5	6
干節	丁卯	戊辰	己巳	庚午	辛未	芒種	癸酉	甲戌	乙亥	丙子	丁丑	戊寅	己卯	庚辰	辛巳	壬午	癸未	甲申	乙酉	丙戌	夏至	戊子	己丑	庚寅	辛卯	壬辰	癸巳	甲午	乙未	丙申

戊午

一六一八年

（明神宗萬曆四六年清太祖天命三年）

陽歷 七 月份 （陰歷五、六月份）

陽	7	2	3	4	5	6	7	8	9	10	11	12	13	14	15	16	17	18	19	20	21	22	23	24	25	26	27	28	29	30	31
陰	十	十一	十二	十三	十四	十五	十六	十七	十八	十九	廿	廿一	廿二	廿三	廿四	廿五	廿六	廿七	廿八	廿九	卅	六	二	三	四	五	六	七	八	九	十
星	日	1	2	3	4	5	6	日	1	2	3	4	5	6	日	1	2	3	4	5	6	日	1	2	3	4	5	6	日	1	2
干節	丁酉	戊戌	己亥	庚子	辛丑	壬寅	小暑	甲辰	乙巳	丙午	丁未	戊申	己酉	庚戌	辛亥	壬子	癸丑	甲寅	乙卯	丙辰	丁巳	戊午	大暑	庚申	辛酉	壬戌	癸亥	甲子	乙丑	丙寅	丁卯

陽歷 八 月份 （陰歷六、七月份）

陽	8	2	3	4	5	6	7	8	9	10	11	12	13	14	15	16	17	18	19	20	21	22	23	24	25	26	27	28	29	30	31
陰	十一	十二	十三	十四	十五	十六	十七	十八	十九	廿	廿一	廿二	廿三	廿四	廿五	廿六	廿七	廿八	廿九	七	二	三	四	五	六	七	八	九	十	十一	十二
星	3	4	5	6	日	1	2	3	4	5	6	日	1	2	3	4	5	6	日	1	2	3	4	5	6	日	1	2	3	4	5
干節	戊辰	己巳	庚午	辛未	壬申	癸酉	甲戌	立秋	丙子	丁丑	戊寅	己卯	庚辰	辛巳	壬午	癸未	甲申	乙酉	丙戌	丁亥	戊子	己丑	處暑	辛卯	壬辰	癸巳	甲午	乙未	丙申	丁酉	戊戌

陽歷 九 月份 （陰歷七、八月份）

陽	9	2	3	4	5	6	7	8	9	10	11	12	13	14	15	16	17	18	19	20	21	22	23	24	25	26	27	28	29	30	
陰	十三	十四	十五	十六	十七	十八	十九	廿	廿一	廿二	廿三	廿四	廿五	廿六	廿七	廿八	廿九	卅	八	二	三	四	五	六	七	八	九	十	十一	十二	
星	6	日	1	2	3	4	5	6	日	1	2	3	4	5	6	日	1	2	3	4	5	6	日	1	2	3	4	5	6	日	
干節	己亥	庚子	辛丑	壬寅	癸卯	甲辰	乙巳	白露	丁未	戊申	己酉	庚戌	辛亥	壬子	癸丑	甲寅	乙卯	丙辰	丁巳	戊午	己未	庚申	秋分	壬戌	癸亥	甲子	乙丑	丙寅	丁卯	戊辰	

陽歷 十 月份 （陰歷八、九月份）

陽	10	2	3	4	5	6	7	8	9	10	11	12	13	14	15	16	17	18	19	20	21	22	23	24	25	26	27	28	29	30	31
陰	十三	十四	十五	十六	十七	十八	十九	廿	廿一	廿二	廿三	廿四	廿五	廿六	廿七	廿八	廿九	九	二	三	四	五	六	七	八	九	十	十一	十二	十三	十四
星	1	2	3	4	5	6	日	1	2	3	4	5	6	日	1	2	3	4	5	6	日	1	2	3	4	5	6	日	1	2	3
干節	己巳	庚午	辛未	壬申	癸酉	甲戌	乙亥	寒露	丁丑	戊寅	己卯	庚辰	辛巳	壬午	癸未	甲申	乙酉	丙戌	丁亥	戊子	己丑	庚寅	霜降	壬辰	癸巳	甲午	乙未	丙申	丁酉	戊戌	己亥

陽歷十一月份 （陰歷九、十月份）

陽	11	2	3	4	5	6	7	8	9	10	11	12	13	14	15	16	17	18	19	20	21	22	23	24	25	26	27	28	29	30	
陰	十五	十六	十七	十八	十九	廿	廿一	廿二	廿三	廿四	廿五	廿六	廿七	廿八	廿九	卅	十	二	三	四	五	六	七	八	九	十	十一	十二	十三	十四	
星	4	5	6	日	1	2	3	4	5	6	日	1	2	3	4	5	6	日	1	2	3	4	5	6	日	1	2	3	4	5	
干節	庚子	辛丑	壬寅	癸卯	甲辰	乙巳	立冬	丁未	戊申	己酉	庚戌	辛亥	壬子	癸丑	甲寅	乙卯	丙辰	丁巳	戊午	己未	庚申	小雪	壬戌	癸亥	甲子	乙丑	丙寅	丁卯	戊辰	己巳	

陽歷十二月份 （陰歷十、十一月份）

陽	12	2	3	4	5	6	7	8	9	10	11	12	13	14	15	16	17	18	19	20	21	22	23	24	25	26	27	28	29	30	31
陰	十五	十六	十七	十八	十九	廿	廿一	廿二	廿三	廿四	廿五	廿六	廿七	廿八	廿九	卅	十一	二	三	四	五	六	七	八	九	十	十一	十二	十三	十四	十五
星	6	日	1	2	3	4	5	6	日	1	2	3	4	5	6	日	1	2	3	4	5	6	日	1	2	3	4	5	6	日	1
干節	庚午	辛未	壬申	癸酉	甲戌	乙亥	大雪	丁丑	戊寅	己卯	庚辰	辛巳	壬午	癸未	甲申	乙酉	丙戌	丁亥	戊子	己丑	庚寅	冬至	壬辰	癸巳	甲午	乙未	丙申	丁酉	戊戌	己亥	庚子

近世中西史日對照表

陽歷 一 月份 (陰歷十一、十二月份)

陽	**1**	2	3	4	5	6	7	8	9	10	11	12	13	14	15	16	17	18	19	20	21	22	23	24	25	26	27	28	29	30	31
陰	十六	十七	十八	十九	廿	廿一	廿二	廿三	廿四	廿五	廿六	廿七	廿八	廿九	卅	**十二**	二	三	四	五	六	七	八	九	十	十一	十二	十三	十四	十五	十六
星	2	3	4	5	6	**日**	1	2	3	4	5	6	**日**	1	2	3	4	5	6	**日**	1	2	3	4	5	6	**日**	1	2	3	4
干節	辛丑	壬寅	癸卯	甲辰	**小寒**	丙午	丁未	戊申	己酉	庚戌	辛亥	壬子	癸丑	甲寅	乙卯	丙辰	丁巳	戊午	己未	**大寒**	辛酉	壬戌	癸亥	甲子	乙丑	丙寅	丁卯	戊辰	己巳	庚午	辛未

陽歷 二 月份 (陰歷十二、正月份)

陽	**2**	2	3	4	5	6	7	8	9	10	11	12	13	14	15	16	17	18	19	20	21	22	23	24	25	26	27	28			
陰	十七	十八	十九	廿	廿一	廿二	廿三	廿四	廿五	廿六	廿七	廿八	廿九	**正**	二	三	四	五	六	七	八	九	十	十一	十二	十三	十四	十五			
星	5	6	**日**	1	2	3	4	5	6	**日**	1	2	3	4	5	6	**日**	1	2	3	4	5	6	**日**	1	2	3	4			
干節	壬申	癸酉	甲戌	**立春**	丙子	丁丑	戊寅	己卯	庚辰	辛巳	壬午	癸未	甲申	乙酉	丙戌	丁亥	戊子	己丑	**雨水**	辛卯	壬辰	癸巳	甲午	乙未	丙申	丁酉	戊戌	己亥			

陽歷 三 月份 (陰歷正、二月份)

陽	**3**	2	3	4	5	6	7	8	9	10	11	12	13	14	15	16	17	18	19	20	21	22	23	24	25	26	27	28	29	30	31
陰	十六	十七	十八	十九	廿	廿一	廿二	廿三	廿四	廿五	廿六	廿七	廿八	廿九	卅	**二**	二	三	四	五	六	七	八	九	十	十一	十二	十三	十四	十五	十六
星	5	6	**日**	1	2	3	4	5	6	**日**	1	2	3	4	5	6	**日**	1	2	3	4	5	6	**日**	1	2	3	4	5	6	**日**
干節	庚子	辛丑	壬寅	癸卯	**驚蟄**	乙巳	丙午	丁未	戊申	己酉	庚戌	辛亥	壬子	癸丑	甲寅	乙卯	丙辰	丁巳	戊午	己未	**春分**	辛酉	壬戌	癸亥	甲子	乙丑	丙寅	丁卯	戊辰	己巳	庚午

陽歷 四 月份 (陰歷二、三月份)

陽	**4**	2	3	4	5	6	7	8	9	10	11	12	13	14	15	16	17	18	19	20	21	22	23	24	25	26	27	28	29	30
陰	十七	十八	十九	廿	廿一	廿二	廿三	廿四	廿五	廿六	廿七	廿八	廿九	**三**	二	三	四	五	六	七	八	九	十	十一	十二	十三	十四	十五	十六	十七
星	1	2	3	4	5	6	**日**	1	2	3	4	5	6	**日**	1	2	3	4	5	6	**日**	1	2	3	4	5	6	**日**	1	2
干節	辛未	壬申	癸酉	甲戌	**清明**	丙子	丁丑	戊寅	己卯	庚辰	辛巳	壬午	癸未	甲申	乙酉	丙戌	丁亥	戊子	己丑	**穀雨**	辛卯	壬辰	癸巳	甲午	乙未	丙申	丁酉	戊戌	己亥	庚子

陽歷 五 月份 (陰歷三、四月份)

陽	**5**	2	3	4	5	6	7	8	9	10	11	12	13	14	15	16	17	18	19	20	21	22	23	24	25	26	27	28	29	30	31
陰	十八	十九	廿	廿一	廿二	廿三	廿四	廿五	廿六	廿七	廿八	廿九	卅	**四**	二	三	四	五	六	七	八	九	十	十一	十二	十三	十四	十五	十六	十七	十八
星	3	4	5	6	**日**	1	2	3	4	5	6	**日**	1	2	3	4	5	6	**日**	1	2	3	4	5	6	**日**	1	2	3	4	5
干節	辛丑	壬寅	癸卯	甲辰	乙巳	**立夏**	丁未	戊申	己酉	庚戌	辛亥	壬子	癸丑	甲寅	乙卯	丙辰	丁巳	戊午	己未	庚申	**小滿**	壬戌	癸亥	甲子	乙丑	丙寅	丁卯	戊辰	己巳	庚午	辛未

陽歷 六 月份 (陰歷四、五月份)

陽	**6**	2	3	4	5	6	7	8	9	10	11	12	13	14	15	16	17	18	19	20	21	22	23	24	25	26	27	28	29	30
陰	十九	廿	廿一	廿二	廿三	廿四	廿五	廿六	廿七	廿八	廿九	**五**	二	三	四	五	六	七	八	九	十	十一	十二	十三	十四	十五	十六	十七	十八	十九
星	6	**日**	1	2	3	4	5	6	**日**	1	2	3	4	5	6	**日**	1	2	3	4	5	6	**日**	1	2	3	4	5	6	**日**
干節	壬申	癸酉	甲戌	乙亥	丙子	**芒種**	戊寅	己卯	庚辰	辛巳	壬午	癸未	甲申	乙酉	丙戌	丁亥	戊子	己丑	庚寅	辛卯	壬辰	**夏至**	甲午	乙未	丙申	丁酉	戊戌	己亥	庚子	辛丑

陽曆七月份　（陰曆五、六月份）

陽	**7**	2	3	4	5	6	7	8	9	10	11	12	13	14	15	16	17	18	19	20	21	22	23	24	25	26	27	28	29	30	31
陰	廿	廿一	廿二	廿三	廿四	廿五	廿六	廿七	廿八	廿九	**六**	二	三	四	五	六	七	八	九	十	十一	十二	十三	十四	十五	十六	十七	十八	十九	廿	廿一
星	1	2	3	4	5	6	**日**	1	2	3	4	5	6	**日**	1	2	3	4	5	6	**日**	1	2	3	4	5	6	**日**	1	2	3
干節	壬寅	癸卯	甲辰	乙巳	丙午	丁未	**小暑**	己酉	庚戌	辛亥	壬子	癸丑	甲寅	乙卯	丙辰	丁巳	戊午	己未	庚申	辛酉	壬戌	癸亥	**大暑**	乙丑	丙寅	丁卯	戊辰	己巳	庚午	辛未	壬申

陽曆八月份　（陰曆六、七月份）

陽	**8**	2	3	4	5	6	7	8	9	10	11	12	13	14	15	16	17	18	19	20	21	22	23	24	25	26	27	28	29	30	31
陰	廿二	廿三	廿四	廿五	廿六	廿七	廿八	廿九	卅	**七**	二	三	四	五	六	七	八	九	十	十一	十二	十三	十四	十五	十六	十七	十八	十九	廿	廿一	廿二
星	4	5	6	**日**	1	2	3	4	5	6	**日**	1	2	3	4	5	6	**日**	1	2	3	4	5	6	**日**	1	2	3	4	5	6
干節	癸酉	甲戌	乙亥	丙子	丁丑	戊寅	己卯	**立秋**	辛巳	壬午	癸未	甲申	乙酉	丙戌	丁亥	戊子	己丑	庚寅	辛卯	壬辰	癸巳	甲午	乙未	**處暑**	丁酉	戊戌	己亥	庚子	辛丑	壬寅	癸卯

陽曆九月份　（陰曆七、八月份）

陽	**9**	2	3	4	5	6	7	8	9	10	11	12	13	14	15	16	17	18	19	20	21	22	23	24	25	26	27	28	29	30
陰	廿三	廿四	廿五	廿六	廿七	廿八	廿九	**八**	二	三	四	五	六	七	八	九	十	十一	十二	十三	十四	十五	十六	十七	十八	十九	廿	廿一	廿二	廿三
星	**日**	1	2	3	4	5	6	**日**	1	2	3	4	5	6	**日**	1	2	3	4	5	6	**日**	1	2	3	4	5	6	**日**	1
干節	甲辰	乙巳	丙午	丁未	戊申	己酉	庚戌	**白露**	壬子	癸丑	甲寅	乙卯	丙辰	丁巳	戊午	己未	庚申	辛酉	壬戌	癸亥	甲子	乙丑	**秋分**	丁卯	戊辰	己巳	庚午	辛未	壬申	癸酉

陽曆十月份　（陰曆八、九月份）

陽	**10**	2	3	4	5	6	7	8	9	10	11	12	13	14	15	16	17	18	19	20	21	22	23	24	25	26	27	28	29	30	31
陰	廿四	廿五	廿六	廿七	廿八	廿九	**九**	二	三	四	五	六	七	八	九	十	十一	十二	十三	十四	十五	十六	十七	十八	十九	廿	廿一	廿二	廿三	廿四	廿五
星	2	3	4	5	6	**日**	1	2	3	4	5	6	**日**	1	2	3	4	5	6	**日**	1	2	3	4	5	6	**日**	1	2	3	4
干節	甲戌	乙亥	丙子	丁丑	戊寅	己卯	庚辰	辛巳	**寒露**	癸未	甲申	乙酉	丙戌	丁亥	戊子	己丑	庚寅	辛卯	壬辰	癸巳	甲午	乙未	丙申	**霜降**	戊戌	己亥	庚子	辛丑	壬寅	癸卯	甲辰

陽曆十一月份　（陰曆九、十月份）

陽	**11**	2	3	4	5	6	7	8	9	10	11	12	13	14	15	16	17	18	19	20	21	22	23	24	25	26	27	28	29	30
陰	廿六	廿七	廿八	廿九	卅	**十**	二	三	四	五	六	七	八	九	十	十一	十二	十三	十四	十五	十六	十七	十八	十九	廿	廿一	廿二	廿三	廿四	廿五
星	5	6	**日**	1	2	3	4	5	6	**日**	1	2	3	4	5	6	**日**	1	2	3	4	5	6	**日**	1	2	3	4	5	6
干節	乙巳	丙午	丁未	戊申	己酉	庚戌	辛亥	**立冬**	癸丑	甲寅	乙卯	丙辰	丁巳	戊午	己未	庚申	辛酉	壬戌	癸亥	甲子	乙丑	**小雪**	丁卯	戊辰	己巳	庚午	辛未	壬申	癸酉	甲戌

陽曆十二月份　（陰曆十、十一月份）

陽	**12**	2	3	4	5	6	7	8	9	10	11	12	13	14	15	16	17	18	19	20	21	22	23	24	25	26	27	28	29	30	31
陰	廿六	廿七	廿八	廿九	卅	**十一**	二	三	四	五	六	七	八	九	十	十一	十二	十三	十四	十五	十六	十七	十八	十九	廿	廿一	廿二	廿三	廿四	廿五	廿六
星	**日**	1	2	3	4	5	6	**日**	1	2	3	4	5	6	**日**	1	2	3	4	5	6	**日**	1	2	3	4	5	6	**日**	1	2
干節	乙亥	丙子	丁丑	戊寅	己卯	庚辰	**大雪**	壬午	癸未	甲申	乙酉	丙戌	丁亥	戊子	己丑	庚寅	辛卯	壬辰	癸巳	甲午	乙未	**冬至**	丁酉	戊戌	己亥	庚子	辛丑	壬寅	癸卯	甲辰	乙巳

庚申　一六二〇年　（明光宗泰昌元年清太祖天命五年）

（註二）明光宗八月改元。

陽歷 一月份　（陰歷十一、十二月份）

陽	**1**	2	3	4	5	6	7	8	9	10	11	12	13	14	15	16	17	18	19	20	21	22	23	24	25	26	27	28	29	30	31
陰	廿七	廿八	廿九	卅	**十二**	二	三	四	五	六	七	八	九	十	十一	十二	十三	十四	十五	十六	十七	十八	十九	廿	廿一	廿二	廿三	廿四	廿五	廿六	廿七
星	3	4	5	6	**日**	1	2	3	4	5	6	**日**	1	2	3	4	5	6	**日**	1	2	3	4	5	6	**日**	1	2	3	4	5
干節	丙午	丁未	戊申	己酉	**小寒**	辛亥	壬子	癸丑	甲寅	乙卯	丙辰	丁巳	戊午	己未	庚申	辛酉	壬戌	癸亥	甲子	**大寒**	丙寅	丁卯	戊辰	己巳	庚午	辛未	壬申	癸酉	甲戌	乙亥	丙子

陽歷 二月份　（陰歷十二、正月份）

陽	**2**	2	3	4	5	6	7	8	9	10	11	12	13	14	15	16	17	18	19	20	21	22	23	24	25	26	27	28	29
陰	廿八	廿九	卅	**正**	二	三	四	五	六	七	八	九	十	十一	十二	十三	十四	十五	十六	十七	十八	十九	廿	廿一	廿二	廿三	廿四	廿五	廿六
星	6	**日**	1	2	3	4	5	6	**日**	1	2	3	4	5	6	**日**	1	2	3	4	5	6	**日**	1	2	3	4	5	6
干節	丁丑	戊寅	己卯	**立春**	辛巳	壬午	癸未	甲申	乙酉	丙戌	丁亥	戊子	己丑	庚寅	辛卯	壬辰	癸巳	甲午	**雨水**	丙申	丁酉	戊戌	己亥	庚子	辛丑	壬寅	癸卯	甲辰	乙巳

陽歷 三月份　（陰歷正、二月份）

陽	**3**	2	3	4	5	6	7	8	9	10	11	12	13	14	15	16	17	18	19	20	21	22	23	24	25	26	27	28	29	30	31
陰	廿七	廿八	廿九	**二**	二	三	四	五	六	七	八	九	十	十一	十二	十三	十四	十五	十六	十七	十八	十九	廿	廿一	廿二	廿三	廿四	廿五	廿六	廿七	廿八
星	**日**	1	2	3	4	5	6	**日**	1	2	3	4	5	6	**日**	1	2	3	4	5	6	**日**	1	2	3	4	5	6	**日**	1	2
干節	丙午	丁未	戊申	己酉	**驚蟄**	辛亥	壬子	癸丑	甲寅	乙卯	丙辰	丁巳	戊午	己未	庚申	辛酉	壬戌	癸亥	甲子	**春分**	丙寅	丁卯	戊辰	己巳	庚午	辛未	壬申	癸酉	甲戌	乙亥	丙子

陽歷 四月份　（陰歷二、三月份）

陽	**4**	2	3	4	5	6	7	8	9	10	11	12	13	14	15	16	17	18	19	20	21	22	23	24	25	26	27	28	29	30
陰	廿九	卅	**三**	二	三	四	五	六	七	八	九	十	十一	十二	十三	十四	十五	十六	十七	十八	十九	廿	廿一	廿二	廿三	廿四	廿五	廿六	廿七	廿八
星	3	4	5	6	**日**	1	2	3	4	5	6	**日**	1	2	3	4	5	6	**日**	1	2	3	4	5	6	**日**	1	2	3	4
干節	丁丑	戊寅	己卯	**清明**	辛巳	壬午	癸未	甲申	乙酉	丙戌	丁亥	戊子	己丑	庚寅	辛卯	壬辰	癸巳	甲午	**穀雨**	丙申	丁酉	戊戌	己亥	庚子	辛丑	壬寅	癸卯	甲辰	乙巳	丙午

陽歷 五月份　（陰歷三、四月份）

陽	**5**	2	3	4	5	6	7	8	9	10	11	12	13	14	15	16	17	18	19	20	21	22	23	24	25	26	27	28	29	30	31
陰	廿九	**四**	二	三	四	五	六	七	八	九	十	十一	十二	十三	十四	十五	十六	十七	十八	十九	廿	廿一	廿二	廿三	廿四	廿五	廿六	廿七	廿八	廿九	卅
星	5	6	**日**	1	2	3	4	5	6	**日**	1	2	3	4	5	6	**日**	1	2	3	4	5	6	**日**	1	2	3	4	5	6	**日**
干節	丁未	戊申	己酉	庚戌	**立夏**	壬子	癸丑	甲寅	乙卯	丙辰	丁巳	戊午	己未	庚申	辛酉	壬戌	癸亥	甲子	乙丑	**小滿**	丁卯	戊辰	己巳	庚午	辛未	壬申	癸酉	甲戌	乙亥	丙子	丁丑

陽歷 六月份　（陰歷五、六月份）

陽	**6**	2	3	4	5	6	7	8	9	10	11	12	13	14	15	16	17	18	19	20	21	22	23	24	25	26	27	28	29	30
陰	**五**	二	三	四	五	六	七	八	九	十	十一	十二	十三	十四	十五	十六	十七	十八	十九	廿	廿一	廿二	廿三	廿四	廿五	廿六	廿七	廿八	廿九	**六**
星	1	2	3	4	5	6	**日**	1	2	3	4	5	6	**日**	1	2	3	4	5	6	**日**	1	2	3	4	5	6	**日**	1	2
干節	戊寅	己卯	庚辰	辛巳	**芒種**	癸未	甲申	乙酉	丙戌	丁亥	戊子	己丑	庚寅	辛卯	壬辰	癸巳	甲午	乙未	丙申	丁酉	**夏至**	己亥	庚子	辛丑	壬寅	癸卯	甲辰	乙巳	丙午	丁未

庚申

一六二〇年

（明光宗泰昌元年清太祖天命五年）

陽歷七月份　（陰歷六、七月份）

陽	7	2	3	4	5	6	7	8	9	10	11	12	13	14	15	16
陰	二	三	四	五	六	七	八	九	十	十一	十二	十三	十四	十五	十六	十七
星	3	4	5	6	日	1	2	3	4	5	6	日	1	2	3	4
干節	戊申	己酉	庚戌	辛亥	壬子	癸丑	小暑	乙卯	丙辰	丁巳	戊午	己未	庚申	辛酉	壬戌	癸亥

陽	17	18	19	20	21	22	23	24	25	26	27	28	29	30	31
陰	十八	十九	廿	廿一	廿二	廿三	廿四	廿五	廿六	廿七	廿八	廿九	七	二	三
星	5	6	日	1	2	3	4	5	6	日	1	2	3	4	5
干節	甲子	乙丑	丙寅	丁卯	戊辰	大暑	庚午	辛未	壬申	癸酉	甲戌	乙亥	丙子	丁丑	戊寅

陽歷八月份　（陰歷七、八月份）

陽	8	2	3	4	5	6	7	8	9	10	11	12	13	14	15	16
陰	四	五	六	七	八	九	十	十一	十二	十三	十四	十五	十六	十七	十八	十九
星	6	日	1	2	3	4	5	6	日	1	2	3	4	5	6	日
干節	己卯	庚辰	辛巳	壬午	癸未	甲申	立秋	丙戌	丁亥	戊子	己丑	庚寅	辛卯	壬辰	癸巳	甲午

陽	17	18	19	20	21	22	23	24	25	26	27	28	29	30	31
陰	廿	廿一	廿二	廿三	廿四	廿五	廿六	廿七	廿八	廿九	卅	八	二	三	四
星	1	2	3	4	5	6	日	1	2	3	4	5	6	日	1
干節	乙未	丙申	丁酉	戊戌	己亥	庚子	處暑	壬寅	癸卯	甲辰	乙巳	丙午	丁未	戊申	己酉

陽歷九月份　（陰歷八、九月份）

陽	9	2	3	4	5	6	7	8	9	10	11	12	13	14	15
陰	五	六	七	八	九	十	十一	十二	十三	十四	十五	十六	十七	十八	十九
星	2	3	4	5	6	日	1	2	3	4	5	6	日	1	2
干節	庚戌	辛亥	壬子	癸丑	甲寅	乙卯	白露	丁巳	戊午	己未	庚申	辛酉	壬戌	癸亥	甲子

陽	16	17	18	19	20	21	22	23	24	25	26	27	28	29	30
陰	廿	廿一	廿二	廿三	廿四	廿五	廿六	廿七	廿八	廿九	九	二	三	四	五
星	3	4	5	6	日	1	2	3	4	5	6	日	1	2	3
干節	乙丑	丙寅	丁卯	戊辰	己巳	庚午	秋分	壬申	癸酉	甲戌	乙亥	丙子	丁丑	戊寅	己卯

陽歷十月份　（陰歷九、十月份）

陽	10	2	3	4	5	6	7	8	9	10	11	12	13	14	15	16
陰	六	七	八	九	十	十一	十二	十三	十四	十五	十六	十七	十八	十九	廿	廿一
星	4	5	6	日	1	2	3	4	5	6	日	1	2	3	4	5
干節	庚辰	辛巳	壬午	癸未	甲申	乙酉	丙戌	寒露	戊子	己丑	庚寅	辛卯	壬辰	癸巳	甲午	乙未

陽	17	18	19	20	21	22	23	24	25	26	27	28	29	30	31
陰	廿二	廿三	廿四	廿五	廿六	廿七	廿八	廿九	十	二	三	四	五	六	七
星	6	日	1	2	3	4	5	6	日	1	2	3	4	5	6
干節	丙申	丁酉	戊戌	己亥	庚子	辛丑	霜降	癸卯	甲辰	乙巳	丙午	丁未	戊申	己酉	庚戌

陽歷十一月份　（陰歷十、十一月份）

陽	11	2	3	4	5	6	7	8	9	10	11	12	13	14	15
陰	八	九	十	十一	十二	十三	十四	十五	十六	十七	十八	十九	廿	廿一	廿二
星	日	1	2	3	4	5	6	日	1	2	3	4	5	6	日
干節	辛亥	壬子	癸丑	甲寅	乙卯	丙辰	立冬	戊午	己未	庚申	辛酉	壬戌	癸亥	甲子	乙丑

陽	16	17	18	19	20	21	22	23	24	25	26	27	28	29	30
陰	廿三	廿四	廿五	廿六	廿七	廿八	廿九	卅	十一	二	三	四	五	六	七
星	1	2	3	4	5	6	日	1	2	3	4	5	6	日	1
干節	丙寅	丁卯	戊辰	己巳	庚午	辛未	小雪	癸酉	甲戌	乙亥	丙子	丁丑	戊寅	己卯	庚辰

陽歷十二月份　（陰歷十一、十二月份）

陽	12	2	3	4	5	6	7	8	9	10	11	12	13	14	15	16
陰	八	九	十	十一	十二	十三	十四	十五	十六	十七	十八	十九	廿	廿一	廿二	廿三
星	2	3	4	5	6	日	1	2	3	4	5	6	日	1	2	3
干節	辛巳	壬午	癸未	甲申	乙酉	大雪	丁亥	戊子	己丑	庚寅	辛卯	壬辰	癸巳	甲午	乙未	丙申

陽	17	18	19	20	21	22	23	24	25	26	27	28	29	30	31
陰	廿四	廿五	廿六	廿七	廿八	廿九	卅	十二	二	三	四	五	六	七	八
星	4	5	6	日	1	2	3	4	5	6	日	1	2	3	4
干節	丁酉	戊戌	己亥	庚子	冬至	壬寅	癸卯	甲辰	乙巳	丙午	丁未	戊申	己酉	庚戌	辛亥

近世中西史日對照表

陽歷 一 月份 （陰歷十二、正月份）

陽	**1**	2	3	4	5	6	7	8	9	10	11	12	13	14	15	16	17	18	19	20	21	22	23	24	25	26	27	28	29	30	31
陰	九	十	十一	十二	十三	十四	十五	十六	十七	十八	十九	廿	廿一	廿二	廿三	廿四	廿五	廿六	廿七	廿八	廿九	**正**	二	三	四	五	六	七	八	九	十
星	5	6	日	1	2	3	4	5	6	日	1	2	3	4	5	6	日	1	2	3	4	5	6	日	1	2	3	4	5	6	日
干節	壬子	癸丑	甲寅	乙卯	**小寒**	丁巳	戊午	己未	庚申	辛酉	壬戌	癸亥	甲子	乙丑	丙寅	丁卯	戊辰	己巳	**大寒**	辛未	壬申	癸酉	甲戌	乙亥	丙子	丁丑	戊寅	己卯	庚辰	辛巳	壬午

陽歷 二 月份 （陰歷正、二月份）

陽	**2**	2	3	4	5	6	7	8	9	10	11	12	13	14	15	16	17	18	19	20	21	22	23	24	25	26	27	28			
陰	十一	十二	十三	十四	十五	十六	十七	十八	十九	廿	廿一	廿二	廿三	廿四	廿五	廿六	廿七	廿八	廿九	卅	**二**	二	三	四	五	六	七	八			
星	1	2	3	4	5	6	日	1	2	3	4	5	6	日	1	2	3	4	5	6	日	1	2	3	4	5	6	日			
干節	癸未	甲申	**立春**	丙戌	丁亥	戊子	己丑	庚寅	辛卯	壬辰	癸巳	甲午	乙未	丙申	丁酉	戊戌	己亥	**雨水**	辛丑	壬寅	癸卯	甲辰	乙巳	丙午	丁未	戊申	己酉	庚戌			

陽歷 三 月份 （陰歷二、閏二月份）

陽	**3**	2	3	4	5	6	7	8	9	10	11	12	13	14	15	16	17	18	19	20	21	22	23	24	25	26	27	28	29	30	31
陰	九	十	十一	十二	十三	十四	十五	十六	十七	十八	十九	廿	廿一	廿二	廿三	廿四	廿五	廿六	廿七	廿八	廿九	卅	**閏**	二	三	四	五	六	七	八	九
星	1	2	3	4	5	6	日	1	2	3	4	5	6	日	1	2	3	4	5	6	日	1	2	3	4	5	6	日	1	2	3
干節	辛亥	壬子	癸丑	甲寅	**驚蟄**	丙辰	丁巳	戊午	己未	庚申	辛酉	壬戌	癸亥	甲子	乙丑	丙寅	丁卯	戊辰	己巳	**春分**	辛未	壬申	癸酉	甲戌	乙亥	丙子	丁丑	戊寅	己卯	庚辰	辛巳

陽歷 四 月份 （陰歷閏二、三月份）

陽	**4**	2	3	4	5	6	7	8	9	10	11	12	13	14	15	16	17	18	19	20	21	22	23	24	25	26	27	28	29	30	
陰	十	十一	十二	十三	十四	十五	十六	十七	十八	十九	廿	廿一	廿二	廿三	廿四	廿五	廿六	廿七	廿八	廿九	卅	**三**	二	三	四	五	六	七	八	九	
星	4	5	6	日	1	2	3	4	5	6	日	1	2	3	4	5	6	日	1	2	3	4	5	6	日	1	2	3	4	5	
干節	壬午	癸未	甲申	**清明**	丙戌	丁亥	戊子	己丑	庚寅	辛卯	壬辰	癸巳	甲午	乙未	丙申	丁酉	戊戌	己亥	庚子	**穀雨**	壬寅	癸卯	甲辰	乙巳	丙午	丁未	戊申	己酉	庚戌	辛亥	

陽歷 五 月份 （陰歷三、四月份）

陽	**5**	2	3	4	5	6	7	8	9	10	11	12	13	14	15	16	17	18	19	20	21	22	23	24	25	26	27	28	29	30	31
陰	十	十一	十二	十三	十四	十五	十六	十七	十八	十九	廿	廿一	廿二	廿三	廿四	廿五	廿六	廿七	廿八	廿九	**四**	二	三	四	五	六	七	八	九	十	十一
星	6	日	1	2	3	4	5	6	日	1	2	3	4	5	6	日	1	2	3	4	5	6	日	1	2	3	4	5	6	日	1
干節	壬子	癸丑	甲寅	乙卯	**立夏**	丁巳	戊午	己未	庚申	辛酉	壬戌	癸亥	甲子	乙丑	丙寅	丁卯	戊辰	己巳	庚午	辛未	**小滿**	癸酉	甲戌	乙亥	丙子	丁丑	戊寅	己卯	庚辰	辛巳	壬午

陽歷 六 月份 （陰歷四、五月份）

陽	**6**	2	3	4	5	6	7	8	9	10	11	12	13	14	15	16	17	18	19	20	21	22	23	24	25	26	27	28	29	30	
陰	十二	十三	十四	十五	十六	十七	十八	十九	廿	廿一	廿二	廿三	廿四	廿五	廿六	廿七	廿八	廿九	卅	**五**	二	三	四	五	六	七	八	九	十	十一	
星	2	3	4	5	6	日	1	2	3	4	5	6	日	1	2	3	4	5	6	日	1	2	3	4	5	6	日	1	2	3	
干節	癸未	甲申	乙酉	丙戌	**芒種**	戊子	己丑	庚寅	辛卯	壬辰	癸巳	甲午	乙未	丙申	丁酉	戊戌	己亥	庚子	辛丑	壬寅	**夏至**	甲辰	乙巳	丙午	丁未	戊申	己酉	庚戌	辛亥	壬子	

辛酉

一六二一年

（明熹宗天啓元年清太祖天命六年）

近世中西史日對照表

辛酉

一六二一年

（明熹宗天啓元年清太祖天命六年）

陽歷七月份　（陰歷五、六月份）

陽	**7**	2	3	4	5	6	7	8	9	10	11	12	13	14	15	16	17	18	19	20	21	22	23	24	25	26	27	28	29	30	31
陰	十二	十三	十四	十五	十六	十七	十八	十九	廿	廿一	廿二	廿三	廿四	廿五	廿六	廿七	廿八	廿九	**六**	二	三	四	五	六	七	八	九	十	十一	十二	十三
星	4	5	6	**日**	1	2	3	4	5	6	**日**	1	2	3	4	5	6	**日**	1	2	3	4	5	6	**日**	1	2	3	4	5	6
干節	癸丑	甲寅	乙卯	丙辰	丁巳	戊午	**小暑**	庚申	辛酉	壬戌	癸亥	甲子	乙丑	丙寅	丁卯	戊辰	己巳	庚午	辛未	壬申	癸酉	甲戌	**大暑**	丙子	丁丑	戊寅	己卯	庚辰	辛巳	壬午	癸未

陽歷八月份　（陰歷六、七月份）

陽	**8**	2	3	4	5	6	7	8	9	10	11	12	13	14	15	16	17	18	19	20	21	22	23	24	25	26	27	28	29	30	31
陰	十四	十五	十六	十七	十八	十九	廿	廿一	廿二	廿三	廿四	廿五	廿六	廿七	廿八	廿九	**七**	二	三	四	五	六	七	八	九	十	十一	十二	十三	十四	十五
星	**日**	1	2	3	4	5	6	**日**	1	2	3	4	5	6	**日**	1	2	3	4	5	6	**日**	1	2	3	4	5	6	**日**	1	2
干節	甲申	乙酉	丙戌	丁亥	戊子	己丑	**立秋**	辛卯	壬辰	癸巳	甲午	乙未	丙申	丁酉	戊戌	己亥	庚子	辛丑	壬寅	癸卯	甲辰	乙巳	**處暑**	丁未	戊申	己酉	庚戌	辛亥	壬子	癸丑	甲寅

陽歷九月份　（陰歷七、八月份）

陽	**9**	2	3	4	5	6	7	8	9	10	11	12	13	14	15	16	17	18	19	20	21	22	23	24	25	26	27	28	29	30
陰	十六	十七	十八	十九	廿	廿一	廿二	廿三	廿四	廿五	廿六	廿七	廿八	廿九	卅	**八**	二	三	四	五	六	七	八	九	十	十一	十二	十三	十四	十五
星	3	4	5	6	**日**	1	2	3	4	5	6	**日**	1	2	3	4	5	6	**日**	1	2	3	4	5	6	**日**	1	2	3	4
干節	乙卯	丙辰	丁巳	戊午	己未	庚申	**白露**	壬戌	癸亥	甲子	乙丑	丙寅	丁卯	戊辰	己巳	庚午	辛未	壬申	癸酉	甲戌	乙亥	丙子	**秋分**	戊寅	己卯	庚辰	辛巳	壬午	癸未	甲申

陽歷十月份　（陰歷八、九月份）

陽	**10**	2	3	4	5	6	7	8	9	10	11	12	13	14	15	16	17	18	19	20	21	22	23	24	25	26	27	28	29	30	31
陰	十六	十七	十八	十九	廿	廿一	廿二	廿三	廿四	廿五	廿六	廿七	廿八	廿九	**九**	二	三	四	五	六	七	八	九	十	十一	十二	十三	十四	十五	十六	十七
星	5	6	**日**	1	2	3	4	5	6	**日**	1	2	3	4	5	6	**日**	1	2	3	4	5	6	**日**	1	2	3	4	5	6	**日**
干節	乙酉	丙戌	丁亥	戊子	己丑	庚寅	辛卯	**寒露**	癸巳	甲午	乙未	丙申	丁酉	戊戌	己亥	庚子	辛丑	壬寅	癸卯	甲辰	乙巳	丙午	**霜降**	戊申	己酉	庚戌	辛亥	壬子	癸丑	甲寅	乙卯

陽歷十一月份　（陰歷九、十月份）

陽	**11**	2	3	4	5	6	7	8	9	10	11	12	13	14	15	16	17	18	19	20	21	22	23	24	25	26	27	28	29	30
陰	十八	十九	廿	廿一	廿二	廿三	廿四	廿五	廿六	廿七	廿八	廿九	**十**	二	三	四	五	六	七	八	九	十	十一	十二	十三	十四	十五	十六	十七	十八
星	1	2	3	4	5	6	**日**	1	2	3	4	5	6	**日**	1	2	3	4	5	6	**日**	1	2	3	4	5	6	**日**	1	2
干節	丙辰	丁巳	戊午	己未	庚申	辛酉	**立冬**	癸亥	甲子	乙丑	丙寅	丁卯	戊辰	己巳	庚午	辛未	壬申	癸酉	甲戌	乙亥	丙子	**小雪**	戊寅	己卯	庚辰	辛巳	壬午	癸未	甲申	乙酉

陽歷十二月份　（陰歷十、十一月份）

陽	**12**	2	3	4	5	6	7	8	9	10	11	12	13	14	15	16	17	18	19	20	21	22	23	24	25	26	27	28	29	30	31
陰	十九	廿	廿一	廿二	廿三	廿四	廿五	廿六	廿七	廿八	廿九	卅	**十一**	二	三	四	五	六	七	八	九	十	十一	十二	十三	十四	十五	十六	十七	十八	十九
星	3	4	5	6	**日**	1	2	3	4	5	6	**日**	1	2	3	4	5	6	**日**	1	2	3	4	5	6	**日**	1	2	3	4	5
干節	丙戌	丁亥	戊子	己丑	庚寅	辛卯	**大雪**	癸巳	甲午	乙未	丙申	丁酉	戊戌	己亥	庚子	辛丑	壬寅	癸卯	甲辰	乙巳	**冬至**	丁未	戊申	己酉	庚戌	辛亥	壬子	癸丑	甲寅	乙卯	丙辰

近世中西史日對照表

陽歷一月份（陰歷十一、十二月份）

陽	**1**	2	3	4	5	6	7	8	9	10	11	12	13	14	15	16	17	18	19	20	21	22	23	24	25	26	27	28	29	30	31
陰	廿	廿一	廿二	廿三	廿四	廿五	廿六	廿七	廿八	廿九	卅	**十二**	二	三	四	五	六	七	八	九	十	十一	十二	十三	十四	十五	十六	十七	十八	十九	廿
星	6	**日**	1	2	3	4	5	6	**日**	1	2	3	4	5	6	**日**	1	2	3	4	5	6	**日**	1	2	3	4	5	6	**日**	1
干節	丁巳	戊午	己未	庚申	**小寒**	壬戌	癸亥	甲子	乙丑	丙寅	丁卯	戊辰	己巳	庚午	辛未	壬申	癸酉	甲戌	乙亥	**大寒**	丁丑	戊寅	己卯	庚辰	辛巳	壬午	癸未	甲申	乙酉	丙戌	丁亥

陽歷二月份（陰歷十二、正月份）

陽	**2**	2	3	4	5	6	7	8	9	10	11	12	13	14	15	16	17	18	19	20	21	22	23	24	25	26	27	28			
陰	廿一	廿二	廿三	廿四	廿五	廿六	廿七	廿八	廿九	**正**	二	三	四	五	六	七	八	九	十	十一	十二	十三	十四	十五	十六	十七	十八	十九			
星	2	3	4	5	6	**日**	1	2	3	4	5	6	**日**	1	2	3	4	5	6	**日**	1	2	3	4	5	6	**日**	1			
干節	戊子	己丑	**立春**	辛卯	壬辰	癸巳	甲午	乙未	丙申	丁酉	戊戌	己亥	庚子	辛丑	壬寅	癸卯	甲辰	**雨水**	丙午	丁未	戊申	己酉	庚戌	辛亥	壬子	癸丑	甲寅	乙卯			

陽歷三月份（陰歷正、二月份）

陽	**3**	2	3	4	5	6	7	8	9	10	11	12	13	14	15	16	17	18	19	20	21	22	23	24	25	26	27	28	29	30	31
陰	廿	廿一	廿二	廿三	廿四	廿五	廿六	廿七	廿八	廿九	卅	**二**	二	三	四	五	六	七	八	九	十	十一	十二	十三	十四	十五	十六	十七	十八	十九	廿
星	2	3	4	5	6	**日**	1	2	3	4	5	6	**日**	1	2	3	4	5	6	**日**	1	2	3	4	5	6	**日**	1	2	3	4
干節	丙辰	丁巳	戊午	己未	**驚蟄**	辛酉	壬戌	癸亥	甲子	乙丑	丙寅	丁卯	戊辰	己巳	庚午	辛未	壬申	癸酉	甲戌	**春分**	丙子	丁丑	戊寅	己卯	庚辰	辛巳	壬午	癸未	甲申	乙酉	丙戌

陽歷四月份（陰歷二、三月份）

陽	**4**	2	3	4	5	6	7	8	9	10	11	12	13	14	15	16	17	18	19	20	21	22	23	24	25	26	27	28	29	30	
陰	廿一	廿二	廿三	廿四	廿五	廿六	廿七	廿八	廿九	卅	**三**	二	三	四	五	六	七	八	九	十	十一	十二	十三	十四	十五	十六	十七	十八	十九	廿	
星	5	6	**日**	1	2	3	4	5	6	**日**	1	2	3	4	5	6	**日**	1	2	3	4	5	6	**日**	1	2	3	4	5	6	
干節	丁亥	戊子	己丑	庚寅	**清明**	壬辰	癸巳	甲午	乙未	丙申	丁酉	戊戌	己亥	庚子	辛丑	壬寅	癸卯	甲辰	乙巳	**穀雨**	丁未	戊申	己酉	庚戌	辛亥	壬子	癸丑	甲寅	乙卯	丙辰	

陽歷五月份（陰歷三、四月份）

陽	**5**	2	3	4	5	6	7	8	9	10	11	12	13	14	15	16	17	18	19	20	21	22	23	24	25	26	27	28	29	30	31
陰	廿一	廿二	廿三	廿四	廿五	廿六	廿七	廿八	廿九	**四**	二	三	四	五	六	七	八	九	十	十一	十二	十三	十四	十五	十六	十七	十八	十九	廿	廿一	廿二
星	**日**	1	2	3	4	5	6	**日**	1	2	3	4	5	6	**日**	1	2	3	4	5	6	**日**	1	2	3	4	5	6	**日**	1	2
干節	丁巳	戊午	己未	庚申	**立夏**	壬戌	癸亥	甲子	乙丑	丙寅	丁卯	戊辰	己巳	庚午	辛未	壬申	癸酉	甲戌	乙亥	丙子	**小滿**	戊寅	己卯	庚辰	辛巳	壬午	癸未	甲申	乙酉	丙戌	丁亥

陽歷六月份（陰歷四、五月份）

陽	**6**	2	3	4	5	6	7	8	9	10	11	12	13	14	15	16	17	18	19	20	21	22	23	24	25	26	27	28	29	30	
陰	廿三	廿四	廿五	廿六	廿七	廿八	廿九	卅	**五**	二	三	四	五	六	七	八	九	十	十一	十二	十三	十四	十五	十六	十七	十八	十九	廿	廿一	廿二	
星	3	4	5	6	**日**	1	2	3	4	5	6	**日**	1	2	3	4	5	6	**日**	1	2	3	4	5	6	**日**	1	2	3	4	
干節	戊子	己丑	庚寅	辛卯	壬辰	**芒種**	甲午	乙未	丙申	丁酉	戊戌	己亥	庚子	辛丑	壬寅	癸卯	甲辰	乙巳	丙午	丁未	**夏至**	己酉	庚戌	辛亥	壬子	癸丑	甲寅	乙卯	丙辰	丁巳	

壬戌

一六二二年

（明熹宗天啓二年清太祖天命七年）

陽歷七月份 (陰歷五、六月份)

陽	7	2	3	4	5	6	7	8	9	10	11	12	13	14	15	16	17	18	19	20	21	22	23	24	25	26	27	28	29	30	31
陰	廿三	廿四	廿五	廿六	廿七	廿八	廿九	六	二	三	四	五	六	七	八	九	十	十一	十二	十三	十四	十五	十六	十七	十八	十九	廿	廿一	廿二	廿三	廿四
星	5	6	日	1	2	3	4	5	6	日	1	2	3	4	5	6	日	1	2	3	4	5	6	日	1	2	3	4	5	6	日
干節	戊午	己未	庚申	辛酉	壬戌	癸亥	小暑	乙丑	丙寅	丁卯	戊辰	己巳	庚午	辛未	壬申	癸酉	甲戌	乙亥	丙子	丁丑	戊寅	己卯	大暑	辛巳	壬午	癸未	甲申	乙酉	丙戌	丁亥	戊子

陽歷八月份 (陰歷六、七月份)

陽	8	2	3	4	5	6	7	8	9	10	11	12	13	14	15	16	17	18	19	20	21	22	23	24	25	26	27	28	29	30	31
陰	廿五	廿六	廿七	廿八	廿九	卅	七	二	三	四	五	六	七	八	九	十	十一	十二	十三	十四	十五	十六	十七	十八	十九	廿	廿一	廿二	廿三	廿四	廿五
星	1	2	3	4	5	6	日	1	2	3	4	5	6	日	1	2	3	4	5	6	日	1	2	3	4	5	6	日	1	2	3
干節	己丑	庚寅	辛卯	壬辰	癸巳	甲午	乙未	立秋	丁酉	戊戌	己亥	庚子	辛丑	壬寅	癸卯	甲辰	乙巳	丙午	丁未	戊申	己酉	庚戌	處暑	壬子	癸丑	甲寅	乙卯	丙辰	丁巳	戊午	己未

陽歷九月份 (陰歷七、八月份)

陽	9	2	3	4	5	6	7	8	9	10	11	12	13	14	15	16	17	18	19	20	21	22	23	24	25	26	27	28	29	30	
陰	廿六	廿七	廿八	廿九	八	二	三	四	五	六	七	八	九	十	十一	十二	十三	十四	十五	十六	十七	十八	十九	廿	廿一	廿二	廿三	廿四	廿五	廿六	
星	4	5	6	日	1	2	3	4	5	6	日	1	2	3	4	5	6	日	1	2	3	4	5	6	日	1	2	3	4	5	
干節	庚申	辛酉	壬戌	癸亥	甲子	乙丑	丙寅	白露	戊辰	己巳	庚午	辛未	壬申	癸酉	甲戌	乙亥	丙子	丁丑	戊寅	己卯	庚辰	辛巳	秋分	癸未	甲申	乙酉	丙戌	丁亥	戊子	己丑	

陽歷十月份 (陰歷八、九月份)

陽	10	2	3	4	5	6	7	8	9	10	11	12	13	14	15	16	17	18	19	20	21	22	23	24	25	26	27	28	29	30	31
陰	廿七	廿八	廿九	卅	九	二	三	四	五	六	七	八	九	十	十一	十二	十三	十四	十五	十六	十七	十八	十九	廿	廿一	廿二	廿三	廿四	廿五	廿六	廿七
星	6	日	1	2	3	4	5	6	日	1	2	3	4	5	6	日	1	2	3	4	5	6	日	1	2	3	4	5	6	日	1
干節	庚寅	辛卯	壬辰	癸巳	甲午	乙未	丙申	寒露	戊戌	己亥	庚子	辛丑	壬寅	癸卯	甲辰	乙巳	丙午	丁未	戊申	己酉	庚戌	辛亥	霜降	癸丑	甲寅	乙卯	丙辰	丁巳	戊午	己未	庚申

陽歷十一月份 (陰歷九、十月份)

陽	11	2	3	4	5	6	7	8	9	10	11	12	13	14	15	16	17	18	19	20	21	22	23	24	25	26	27	28	29	30	
陰	廿八	廿九	十	二	三	四	五	六	七	八	九	十	十一	十二	十三	十四	十五	十六	十七	十八	十九	廿	廿一	廿二	廿三	廿四	廿五	廿六	廿七	廿八	
星	2	3	4	5	6	日	1	2	3	4	5	6	日	1	2	3	4	5	6	日	1	2	3	4	5	6	日	1	2	3	
干節	辛酉	壬戌	癸亥	甲子	乙丑	丙寅	立冬	戊辰	己巳	庚午	辛未	壬申	癸酉	甲戌	乙亥	丙子	丁丑	戊寅	己卯	庚辰	辛巳	小雪	癸未	甲申	乙酉	丙戌	丁亥	戊子	己丑	庚寅	

陽歷十二月份 (陰歷十、十一月份)

陽	12	2	3	4	5	6	7	8	9	10	11	12	13	14	15	16	17	18	19	20	21	22	23	24	25	26	27	28	29	30	31
陰	廿九	卅	十一	二	三	四	五	六	七	八	九	十	十一	十二	十三	十四	十五	十六	十七	十八	十九	廿	廿一	廿二	廿三	廿四	廿五	廿六	廿七	廿八	廿九
星	4	5	6	日	1	2	3	4	5	6	日	1	2	3	4	5	6	日	1	2	3	4	5	6	日	1	2	3	4	5	6
干節	辛卯	壬辰	癸巳	甲午	乙未	丙申	大雪	戊戌	己亥	庚子	辛丑	壬寅	癸卯	甲辰	乙巳	丙午	丁未	戊申	己酉	庚戌	辛亥	冬至	癸丑	甲寅	乙卯	丙辰	丁巳	戊午	己未	庚申	辛酉

近世中西史日對照表

癸亥 一六二三年 （明熹宗天啓三年清太祖天命八年）

陽歷 一 月份 （陰歷十二、正月份）

陽	1	2	3	4	5	6	7	8	9	10	11	12	13	14	15	16	17	18	19	20	21	22	23	24	25	26	27	28	29	30	31
陰	十二	二	三	四	五	六	七	八	九	十	十一	十二	十三	十四	十五	十六	十七	十八	十九	廿	廿一	廿二	廿三	廿四	廿五	廿六	廿七	廿八	廿九	卅	正
星	日	1	2	3	4	5	6	日	1	2	3	4	5	6	日	1	2	3	4	5	6	日	1	2	3	4	5	6	日	1	2
干節	壬戌	癸亥	甲子	乙丑	小寒	丁卯	戊辰	己巳	庚午	辛未	壬申	癸酉	甲戌	乙亥	丙子	丁丑	戊寅	己卯	庚辰	大寒	壬午	癸未	甲申	乙酉	丙戌	丁亥	戊子	己丑	庚寅	辛卯	壬辰

陽歷 二 月份 （陰歷正月份）

陽	2	2	3	4	5	6	7	8	9	10	11	12	13	14	15	16	17	18	19	20	21	22	23	24	25	26	27	28
陰	二	三	四	五	六	七	八	九	十	十一	十二	十三	十四	十五	十六	十七	十八	十九	廿	廿一	廿二	廿三	廿四	廿五	廿六	廿七	廿八	廿九
星	3	4	5	6	日	1	2	3	4	5	6	日	1	2	3	4	5	6	日	1	2	3	4	5	6	日	1	2
干節	癸巳	甲午	乙未	立春	丁酉	戊戌	己亥	庚子	辛丑	壬寅	癸卯	甲辰	乙巳	丙午	丁未	戊申	己酉	庚戌	雨水	壬子	癸丑	甲寅	乙卯	丙辰	丁巳	戊午	己未	庚申

陽歷 三 月份 （陰歷二、三月份）

陽	3	2	3	4	5	6	7	8	9	10	11	12	13	14	15	16	17	18	19	20	21	22	23	24	25	26	27	28	29	30	31
陰	二	二	三	四	五	六	七	八	九	十	十一	十二	十三	十四	十五	十六	十七	十八	十九	廿	廿一	廿二	廿三	廿四	廿五	廿六	廿七	廿八	廿九	卅	三
星	3	4	5	6	日	1	2	3	4	5	6	日	1	2	3	4	5	6	日	1	2	3	4	5	6	日	1	2	3	4	5
干節	辛酉	壬戌	癸亥	甲子	驚蟄	丙寅	丁卯	戊辰	己巳	庚午	辛未	壬申	癸酉	甲戌	乙亥	丙子	丁丑	戊寅	己卯	庚辰	春分	壬午	癸未	甲申	乙酉	丙戌	丁亥	戊子	己丑	庚寅	辛卯

陽歷 四 月份 （陰歷三、四月份）

陽	4	2	3	4	5	6	7	8	9	10	11	12	13	14	15	16	17	18	19	20	21	22	23	24	25	26	27	28	29	30
陰	二	三	四	五	六	七	八	九	十	十一	十二	十三	十四	十五	十六	十七	十八	十九	廿	廿一	廿二	廿三	廿四	廿五	廿六	廿七	廿八	廿九	四	二
星	6	日	1	2	3	4	5	6	日	1	2	3	4	5	6	日	1	2	3	4	5	6	日	1	2	3	4	5	6	日
干節	壬辰	癸巳	甲午	乙未	清明	丁酉	戊戌	己亥	庚子	辛丑	壬寅	癸卯	甲辰	乙巳	丙午	丁未	戊申	己酉	庚戌	穀雨	壬子	癸丑	甲寅	乙卯	丙辰	丁巳	戊午	己未	庚申	辛酉

陽歷 五 月份 （陰歷四、五月份）

陽	5	2	3	4	5	6	7	8	9	10	11	12	13	14	15	16	17	18	19	20	21	22	23	24	25	26	27	28	29	30	31
陰	三	四	五	六	七	八	九	十	十一	十二	十三	十四	十五	十六	十七	十八	十九	廿	廿一	廿二	廿三	廿四	廿五	廿六	廿七	廿八	廿九	卅	五	二	三
星	1	2	3	4	5	6	日	1	2	3	4	5	6	日	1	2	3	4	5	6	日	1	2	3	4	5	6	日	1	2	3
干節	壬戌	癸亥	甲子	乙丑	丙寅	立夏	戊辰	己巳	庚午	辛未	壬申	癸酉	甲戌	乙亥	丙子	丁丑	戊寅	己卯	庚辰	辛巳	小滿	癸未	甲申	乙酉	丙戌	丁亥	戊子	己丑	庚寅	辛卯	壬辰

陽歷 六 月份 （陰歷五、六月份）

陽	6	2	3	4	5	6	7	8	9	10	11	12	13	14	15	16	17	18	19	20	21	22	23	24	25	26	27	28	29	30
陰	四	五	六	七	八	九	十	十一	十二	十三	十四	十五	十六	十七	十八	十九	廿	廿一	廿二	廿三	廿四	廿五	廿六	廿七	廿八	廿九	卅	六	二	三
星	4	5	6	日	1	2	3	4	5	6	日	1	2	3	4	5	6	日	1	2	3	4	5	6	日	1	2	3	4	5
干節	癸巳	甲午	乙未	丙申	丁酉	芒種	己亥	庚子	辛丑	壬寅	癸卯	甲辰	乙巳	丙午	丁未	戊申	己酉	庚戌	辛亥	壬子	癸丑	夏至	乙卯	丙辰	丁巳	戊午	己未	庚申	辛酉	壬戌

癸亥

一六二三年

（明熹宗天啓三年清太祖天命八年）

陽曆 七 月份 （陰曆六、七月份）

陽	7	2	3	4	5	6	7	8	9	10	11	12	13	14	15	16	17	18	19	20	21	22	23	24	25	26	27	28	29	30	31
陰	四	五	六	七	八	九	十	十一	十二	十三	十四	十五	十六	十七	十八	十九	廿	廿一	廿二	廿三	廿四	廿五	廿六	廿七	廿八	廿九	七	二	三	四	五
星	6	日	1	2	3	4	5	6	日	1	2	3	4	5	6	日	1	2	3	4	5	6	日	1	2	3	4	5	6	日	1
干節	癸亥	甲子	乙丑	丙寅	丁卯	戊辰	小暑	庚午	辛未	壬申	癸酉	甲戌	乙亥	丙子	丁丑	戊寅	己卯	庚辰	辛巳	壬午	癸未	甲申	大暑	丙戌	丁亥	戊子	己丑	庚寅	辛卯	壬辰	癸巳

陽曆 八 月份 （陰曆七、八月份）

陽	8	2	3	4	5	6	7	8	9	10	11	12	13	14	15	16	17	18	19	20	21	22	23	24	25	26	27	28	29	30	31
陰	六	七	八	九	十	十一	十二	十三	十四	十五	十六	十七	十八	十九	廿	廿一	廿二	廿三	廿四	廿五	廿六	廿七	廿八	廿九	卅	八	二	三	四	五	六
星	2	3	4	5	6	日	1	2	3	4	5	6	日	1	2	3	4	5	6	日	1	2	3	4	5	6	日	1	2	3	4
干節	甲午	乙未	丙申	丁酉	戊戌	己亥	庚子	立秋	壬寅	癸卯	甲辰	乙巳	丙午	丁未	戊申	己酉	庚戌	辛亥	壬子	癸丑	甲寅	乙卯	丙辰	處暑	戊午	己未	庚申	辛酉	壬戌	癸亥	甲子

陽曆 九 月份 （陰曆八、九月份）

陽	9	2	3	4	5	6	7	8	9	10	11	12	13	14	15	16	17	18	19	20	21	22	23	24	25	26	27	28	29	30	
陰	七	八	九	十	十一	十二	十三	十四	十五	十六	十七	十八	十九	廿	廿一	廿二	廿三	廿四	廿五	廿六	廿七	廿八	廿九	九	二	三	四	五	六	七	
星	5	6	日	1	2	3	4	5	6	日	1	2	3	4	5	6	日	1	2	3	4	5	6	日	1	2	3	4	5	6	
干節	乙丑	丙寅	丁卯	戊辰	己巳	庚午	辛未	白露	癸酉	甲戌	乙亥	丙子	丁丑	戊寅	己卯	庚辰	辛巳	壬午	癸未	甲申	乙酉	丙戌	秋分	戊子	己丑	庚寅	辛卯	壬辰	癸巳	甲午	

陽曆 十 月份 （陰曆九、十月份）

陽	10	2	3	4	5	6	7	8	9	10	11	12	13	14	15	16	17	18	19	20	21	22	23	24	25	26	27	28	29	30	31
陰	八	九	十	十一	十二	十三	十四	十五	十六	十七	十八	十九	廿	廿一	廿二	廿三	廿四	廿五	廿六	廿七	廿八	廿九	卅	十	二	三	四	五	六	七	八
星	日	1	2	3	4	5	6	日	1	2	3	4	5	6	日	1	2	3	4	5	6	日	1	2	3	4	5	6	日	1	2
干節	乙未	丙申	丁酉	戊戌	己亥	庚子	辛丑	壬寅	寒露	甲辰	乙巳	丙午	丁未	戊申	己酉	庚戌	辛亥	壬子	癸丑	甲寅	乙卯	丙辰	丁巳	霜降	己未	庚申	辛酉	壬戌	癸亥	甲子	乙丑

陽曆十一月份 （陰曆十、閏十月份）

陽	11	2	3	4	5	6	7	8	9	10	11	12	13	14	15	16	17	18	19	20	21	22	23	24	25	26	27	28	29	30	
陰	九	十	十一	十二	十三	十四	十五	十六	十七	十八	十九	廿	廿一	廿二	廿三	廿四	廿五	廿六	廿七	廿八	廿九	閏	二	三	四	五	六	七	八	九	
星	3	4	5	6	日	1	2	3	4	5	6	日	1	2	3	4	5	6	日	1	2	3	4	5	6	日	1	2	3	4	
干節	丙寅	丁卯	戊辰	己巳	庚午	辛未	壬申	立冬	甲戌	乙亥	丙子	丁丑	戊寅	己卯	庚辰	辛巳	壬午	癸未	甲申	乙酉	丙戌	小雪	戊子	己丑	庚寅	辛卯	壬辰	癸巳	甲午	乙未	

陽曆十二月份 （陰曆閏十、十一月份）

陽	12	2	3	4	5	6	7	8	9	10	11	12	13	14	15	16	17	18	19	2	21	22	23	24	25	26	27	28	29	30	31
陰	十	十一	十二	十三	十四	十五	十六	十七	十八	十九	廿	廿一	廿二	廿三	廿四	廿五	廿六	廿七	廿八	廿九	卅	十一	二	三	四	五	六	七	八	九	十
星	5	6	日	1	2	3	4	5	6	日	1	2	3	4	5	6	日	1	2	3	4	5	6	日	1	2	3	4	5	6	日
干節	丙申	丁酉	戊戌	己亥	庚子	辛丑	大雪	癸卯	甲辰	乙巳	丙午	丁未	戊申	己酉	庚戌	辛亥	壬子	癸丑	甲寅	乙卯	丙辰	冬至	戊午	己未	庚申	辛酉	壬戌	癸亥	甲子	乙丑	丙寅

近世中西史日對照表

甲子　一六二四年　（明熹宗天啓四年清太祖天命九年）

陽歷　一　月份　　（陰歷十一、十二月份）

陽	**1**	2	3	4	5	6	7	8	9	10	11	12	13	14	15	16	17	18	19	20	21	22	23	24	25	26	27	28	29	30	31
陰	十一	十二	十三	十四	十五	十六	十七	十八	十九	廿	廿一	廿二	廿三	廿四	廿五	廿六	廿七	廿八	廿九	**十二**	二	三	四	五	六	七	八	九	十	十一	十二
星	1	2	3	4	5	6	**日**	1	2	3	4	5	6	**日**	1	2	3	4	5	6	**日**	1	2	3	4	5	6	**日**	1	2	3
干節	丁卯	戊辰	己巳	庚午	**小寒**	壬申	癸酉	甲戌	乙亥	丙子	丁丑	戊寅	己卯	庚辰	辛巳	壬午	癸未	甲申	乙酉	**大寒**	丁亥	戊子	己丑	庚寅	辛卯	壬辰	癸巳	甲午	乙未	丙申	丁酉

陽歷　二　月份　　（陰歷十二、正月份）

陽	**2**	2	3	4	5	6	7	8	9	10	11	12	13	14	15	16	17	18	19	20	21	22	23	24	25	26	27	28	29
陰	十三	十四	十五	十六	十七	十八	十九	廿	廿一	廿二	廿三	廿四	廿五	廿六	廿七	廿八	廿九	卅	**正**	二	三	四	五	六	七	八	九	十	十一
星	4	5	6	**日**	1	2	3	4	5	6	**日**	1	2	3	4	5	6	**日**	1	2	3	4	5	6	**日**	1	2	3	4
干節	戊戌	己亥	庚子	**立春**	壬寅	癸卯	甲辰	乙巳	丙午	丁未	戊申	己酉	庚戌	辛亥	壬子	癸丑	甲寅	乙卯	**雨水**	丁巳	戊午	己未	庚申	辛酉	壬戌	癸亥	甲子	乙丑	丙寅

陽歷　三　月份　　（陰歷正、二月份）

陽	**3**	2	3	4	5	6	7	8	9	10	11	12	13	14	15	16	17	18	19	20	21	22	23	24	25	26	27	28	29	30	31
陰	十二	十三	十四	十五	十六	十七	十八	十九	廿	廿一	廿二	廿三	廿四	廿五	廿六	廿七	廿八	廿九	**二**	二	三	四	五	六	七	八	九	十	十一	十二	十三
星	5	6	**日**	1	2	3	4	5	6	**日**	1	2	3	4	5	6	**日**	1	2	3	4	5	6	**日**	1	2	3	4	5	6	**日**
干節	丁卯	戊辰	己巳	庚午	**驚蟄**	壬申	癸酉	甲戌	乙亥	丙子	丁丑	戊寅	己卯	庚辰	辛巳	壬午	癸未	甲申	乙酉	**雨水**	丁亥	戊子	己丑	庚寅	辛卯	壬辰	癸巳	甲午	乙未	丙申	丁酉

陽歷　四　月份　　（陰歷二、三月份）

陽	**4**	2	3	4	5	6	7	8	9	10	11	12	13	14	15	16	17	18	19	20	21	22	23	24	25	26	27	28	29	30
陰	十四	十五	十六	十七	十八	十九	廿	廿一	廿二	廿三	廿四	廿五	廿六	廿七	廿八	廿九	卅	**三**	二	三	四	五	六	七	八	九	十	十一	十二	十三
星	1	2	3	4	5	6	**日**	1	2	3	4	5	6	**日**	1	2	3	4	5	6	**日**	1	2	3	4	5	6	**日**	1	2
干節	戊戌	己亥	庚子	**清明**	壬寅	癸卯	甲辰	乙巳	丙午	丁未	戊申	己酉	庚戌	辛亥	壬子	癸丑	甲寅	乙卯	**穀雨**	丁巳	戊午	己未	庚申	辛酉	壬戌	癸亥	甲子	乙丑	丙寅	丁卯

陽歷　五　月份　　（陰歷三、四月份）

陽	**5**	2	3	4	5	6	7	8	9	10	11	12	13	14	15	16	17	18	19	20	21	22	23	24	25	26	27	28	29	30	31
陰	十四	十五	十六	十七	十八	十九	廿	廿一	廿二	廿三	廿四	廿五	廿六	廿七	廿八	廿九	**四**	二	三	四	五	六	七	八	九	十	十一	十二	十三	十四	十五
星	3	4	5	6	**日**	1	2	3	4	5	6	**日**	1	2	3	4	5	6	**日**	1	2	3	4	5	6	**日**	1	2	3	4	5
干節	戊辰	己巳	庚午	辛未	**立夏**	癸酉	甲戌	乙亥	丙子	丁丑	戊寅	己卯	庚辰	辛巳	壬午	癸未	甲申	乙酉	丙戌	丁亥	**小滿**	己丑	庚寅	辛卯	壬辰	癸巳	甲午	乙未	丙申	丁酉	戊戌

陽歷　六　月份　　（陰歷四、五月份）

陽	**6**	2	3	4	5	6	7	8	9	10	11	12	13	14	15	16	17	18	19	20	21	22	23	24	25	26	27	28	29	30
陰	十六	十七	十八	十九	廿	廿一	廿二	廿三	廿四	廿五	廿六	廿七	廿八	廿九	卅	**五**	二	三	四	五	六	七	八	九	十	十一	十二	十三	十四	十五
星	6	**日**	1	2	3	4	5	6	**日**	1	2	3	4	5	6	**日**	1	2	3	4	5	6	**日**	1	2	3	4	5	6	**日**
干節	己亥	庚子	辛丑	壬寅	**芒種**	甲辰	乙巳	丙午	丁未	戊申	己酉	庚戌	辛亥	壬子	癸丑	甲寅	乙卯	丙辰	丁巳	戊午	**夏至**	庚申	辛酉	壬戌	癸亥	甲子	乙丑	丙寅	丁卯	戊辰

甲子

一六二四年

（明熹宗天啓四年清太祖天命九年）

陽歷七月份 （陰歷五、六月份）

陽	7	2	3	4	5	6	7	8	9	10	11	12	13	14	15	16	17	18	19	20	21	22	23	24	25	26	27	28	29	30	31
陰	十六	十七	十八	十九	廿	廿一	廿二	廿三	廿四	廿五	廿六	廿七	廿八	廿九	六	二	三	四	五	六	七	八	九	十	十一	十二	十三	十四	十五	十六	十七
星	1	2	3	4	5	6	日	1	2	3	4	5	6	日	1	2	3	4	5	6	日	1	2	3	4	5	6	日	1	2	3
干節	己巳	庚午	辛未	壬申	癸酉	甲戌	小暑	丙子	丁丑	戊寅	己卯	庚辰	辛巳	壬午	癸未	甲申	乙酉	丙戌	丁亥	戊子	己丑	庚寅	大暑	壬辰	癸巳	甲午	乙未	丙申	丁酉	戊戌	己亥

陽歷八月份 （陰歷六、七月份）

陽	8	2	3	4	5	6	7	8	9	10	11	12	13	14	15	16	17	18	19	20	21	22	23	24	25	26	27	28	29	30	31
陰	十八	十九	廿	廿一	廿二	廿三	廿四	廿五	廿六	廿七	廿八	廿九	卅	七	二	三	四	五	六	七	八	九	十	十一	十二	十三	十四	十五	十六	十七	十八
星	4	5	6	日	1	2	3	4	5	6	日	1	2	3	4	5	6	日	1	2	3	4	5	6	日	1	2	3	4	5	6
干節	庚子	辛丑	壬寅	癸卯	甲辰	乙巳	立秋	丁未	戊申	己酉	庚戌	辛亥	壬子	癸丑	甲寅	乙卯	丙辰	丁巳	戊午	己未	庚申	辛酉	處暑	癸亥	甲子	乙丑	丙寅	丁卯	戊辰	己巳	庚午

陽歷九月份 （陰歷七、八月份）

陽	9	2	3	4	5	6	7	8	9	10	11	12	13	14	15	16	17	18	19	20	21	22	23	24	25	26	27	28	29	30	
陰	十九	廿	廿一	廿二	廿三	廿四	廿五	廿六	廿七	廿八	廿九	卅	八	二	三	四	五	六	七	八	九	十	十一	十二	十三	十四	十五	十六	十七	十八	
星	日	1	2	3	4	5	6	日	1	2	3	4	5	6	日	1	2	3	4	5	6	日	1	2	3	4	5	6	日	1	
干節	辛未	壬申	癸酉	甲戌	乙亥	丙子	白露	戊寅	己卯	庚辰	辛巳	壬午	癸未	甲申	乙酉	丙戌	丁亥	戊子	己丑	庚寅	辛卯	壬辰	秋分	甲午	乙未	丙申	丁酉	戊戌	己亥	庚子	

陽歷十月份 （陰歷八、九月份）

陽	10	2	3	4	5	6	7	8	9	10	11	12	13	14	15	16	17	18	19	20	21	22	23	24	25	26	27	28	29	30	31
陰	十九	廿	廿一	廿二	廿三	廿四	廿五	廿六	廿七	廿八	廿九	九	二	三	四	五	六	七	八	九	十	十一	十二	十三	十四	十五	十六	十七	十八	十九	廿
星	2	3	4	5	6	日	1	2	3	4	5	6	日	1	2	3	4	5	6	日	1	2	3	4	5	6	日	1	2	3	4
干節	辛丑	壬寅	癸卯	甲辰	乙巳	丙午	丁未	寒露	己酉	庚戌	辛亥	壬子	癸丑	甲寅	乙卯	丙辰	丁巳	戊午	己未	庚申	辛酉	壬戌	霜降	甲子	乙丑	丙寅	丁卯	戊辰	己巳	庚午	辛未

陽歷十一月份 （陰歷九、十月份）

陽	11	2	3	4	5	6	7	8	9	10	11	12	13	14	15	16	17	18	19	20	21	22	23	24	25	26	27	28	29	30	
陰	廿一	廿二	廿三	廿四	廿五	廿六	廿七	廿八	廿九	卅	十	二	三	四	五	六	七	八	九	十	十一	十二	十三	十四	十五	十六	十七	十八	十九	廿	
星	5	6	日	1	2	3	4	5	6	日	1	2	3	4	5	6	日	1	2	3	4	5	6	日	1	2	3	4	5	6	
干節	壬申	癸酉	甲戌	乙亥	丙子	丁丑	立冬	己卯	庚辰	辛巳	壬午	癸未	甲申	乙酉	丙戌	丁亥	戊子	己丑	庚寅	辛卯	壬辰	小雪	甲午	乙未	丙申	丁酉	戊戌	己亥	庚子	辛丑	

陽歷十二月份 （陰歷十、十一月份）

陽	12	2	3	4	5	6	7	8	9	10	11	12	13	14	15	16	17	18	19	20	21	22	23	24	25	26	27	28	29	30	31
陰	廿一	廿二	廿三	廿四	廿五	廿六	廿七	廿八	廿九	十一	二	三	四	五	六	七	八	九	十	十一	十二	十三	十四	十五	十六	十七	十八	十九	廿	廿一	廿二
星	日	1	2	3	4	5	6	日	1	2	3	4	5	6	日	1	2	3	4	5	6	日	1	2	3	4	5	6	日	1	2
干節	壬寅	癸卯	甲辰	乙巳	丙午	大雪	戊申	己酉	庚戌	辛亥	壬子	癸丑	甲寅	乙卯	丙辰	丁巳	戊午	己未	庚申	辛酉	冬至	癸亥	甲子	乙丑	丙寅	丁卯	戊辰	己巳	庚午	辛未	壬申

（註三）案清欽天監頒行萬年書起此年，並用定氣，與大統恆氣不同。蓋時憲書既行之後，以新法氣朔追定之，非當時、已用新法也。

乙丑 一六二五年 （明熹宗天啓五年清太祖天命一〇年）

陽歷 一 月份 （陰歷十一、十二月份）

陽	1	2	3	4	5	6	7	8	9	10	11	12	13	14	15	16	17	18	19	20	21	22	23	24	25	26	27	28	29	30	31
陰	廿三	廿四	廿五	廿六	廿七	廿八	廿九	卅	十二	二	三	四	五	六	七	八	九	十	十一	十二	十三	十四	十五	十六	十七	十八	十九	廿	廿一	廿二	廿三
星	3	4	5	6	日	1	2	3	4	5	6	日	1	2	3	4	5	6	日	1	2	3	4	5	6	日	1	2	3	4	5
干節	癸酉	甲戌	乙亥	丙子	小寒	戊寅	己卯	庚辰	辛巳	壬午	癸未	甲申	乙酉	丙戌	丁亥	戊子	己丑	庚寅	大寒	壬辰	癸巳	甲午	乙未	丙申	丁酉	戊戌	己亥	庚子	辛丑	壬寅	癸卯

陽歷 二 月份 （陰歷十二、正月份）

陽	1	2	3	4	5	6	7	8	9	10	11	12	13	14	15	16	17	18	19	20	21	22	23	24	25	26	27	28			
陰	廿四	廿五	廿六	廿七	廿八	廿九	正	二	三	四	五	六	七	八	九	十	十一	十二	十三	十四	十五	十六	十七	十八	十九	廿	廿一	廿二			
星	6	日	1	2	3	4	5	6	日	1	2	3	4	5	6	日	1	2	3	4	5	6	日	1	2	3	4	5			
干節	甲辰	乙巳	立春	丁未	戊申	己酉	庚戌	辛亥	壬子	癸丑	甲寅	乙卯	丙辰	丁巳	戊午	己未	庚申	雨水	壬戌	癸亥	甲子	乙丑	丙寅	丁卯	戊辰	己巳	庚午	辛未			

陽歷 三 月份 （陰歷正、二月份）

陽	1	2	3	4	5	6	7	8	9	10	11	12	13	14	15	16	17	18	19	20	21	22	23	24	25	26	27	28	29	30	31
陰	廿三	廿四	廿五	廿六	廿七	廿八	廿九	卅	二	二	三	四	五	六	七	八	九	十	十一	十二	十三	十四	十五	十六	十七	十八	十九	廿	廿一	廿二	廿三
星	6	日	1	2	3	4	5	6	日	1	2	3	4	5	6	日	1	2	3	4	5	6	日	1	2	3	4	5	6	日	1
干節	壬申	癸酉	甲戌	乙亥	驚蟄	丁丑	戊寅	己卯	庚辰	辛巳	壬午	癸未	甲申	乙酉	丙戌	丁亥	戊子	己丑	庚寅	春分	壬辰	癸巳	甲午	乙未	丙申	丁酉	戊戌	己亥	庚子	辛丑	壬寅

陽歷 四 月份 （陰歷二、三月份）

陽	1	2	3	4	5	6	7	8	9	10	11	12	13	14	15	16	17	18	19	20	21	22	23	24	25	26	27	28	29	30	
陰	廿四	廿五	廿六	廿七	廿八	廿九	三	二	三	四	五	六	七	八	九	十	十一	十二	十三	十四	十五	十六	十七	十八	十九	廿	廿一	廿二	廿三	廿四	
星	2	3	4	5	6	日	1	2	3	4	5	6	日	1	2	3	4	5	6	日	1	2	3	4	5	6	日	1	2	3	
干節	癸卯	甲辰	乙巳	清明	丁未	戊申	己酉	庚戌	辛亥	壬子	癸丑	甲寅	乙卯	丙辰	丁巳	戊午	己未	庚申	辛酉	穀雨	癸亥	甲子	乙丑	丙寅	丁卯	戊辰	己巳	庚午	辛未	壬申	

陽歷 五 月份 （陰歷三、四月份）

陽	1	2	3	4	5	6	7	8	9	10	11	12	13	14	15	16	17	18	19	20	21	22	23	24	25	26	27	28	29	30	31
陰	廿五	廿六	廿七	廿八	廿九	四	二	三	四	五	六	七	八	九	十	十一	十二	十三	十四	十五	十六	十七	十八	十九	廿	廿一	廿二	廿三	廿四	廿五	廿六
星	4	5	6	日	1	2	3	4	5	6	日	1	2	3	4	5	6	日	1	2	3	4	5	6	日	1	2	3	4	5	6
干節	癸酉	甲戌	乙亥	丙子	立夏	戊寅	己卯	庚辰	辛巳	壬午	癸未	甲申	乙酉	丙戌	丁亥	戊子	己丑	庚寅	辛卯	壬辰	小滿	甲午	乙未	丙申	丁酉	戊戌	己亥	庚子	辛丑	壬寅	癸卯

陽歷 六 月份 （陰歷四、五月份）

陽	1	2	3	4	5	6	7	8	9	10	11	12	13	14	15	16	17	18	19	20	21	22	23	24	25	26	27	28	29	30	
陰	廿七	廿八	廿九	卅	五	二	三	四	五	六	七	八	九	十	十一	十二	十三	十四	十五	十六	十七	十八	十九	廿	廿一	廿二	廿三	廿四	廿五	廿六	
星	日	1	2	3	4	5	6	日	1	2	3	4	5	6	日	1	2	3	4	5	6	日	1	2	3	4	5	6	日	1	
干節	甲辰	乙巳	丙午	丁未	戊申	芒種	庚戌	辛亥	壬子	癸丑	甲寅	乙卯	丙辰	丁巳	戊午	己未	庚申	辛酉	壬戌	癸亥	夏至	乙丑	丙寅	丁卯	戊辰	己巳	庚午	辛未	壬申	癸酉	

乙丑

一六二五年

（明熹宗天啓五年清太祖天命一〇年）

陽歷 七 月份 （陰歷五、六月份）

陽	7	2	3	4	5	6	7	8	9	10	11	12	13	14	15	16	17	18	19	20	21	22	23	24	25	26	27	28	29	30	31
陰	廿七	廿八	廿九	六	二	三	四	五	六	七	八	九	十	十一	十二	十三	十四	十五	十六	十七	十八	十九	廿	廿一	廿二	廿三	廿四	廿五	廿六	廿七	廿八
星	2	3	4	5	6	日	1	2	3	4	5	6	日	1	2	3	4	5	6	日	1	2	3	4	5	6	日	1	2	3	4
干節	甲戌	乙亥	丙子	丁丑	戊寅	己卯	小暑	辛巳	壬午	癸未	甲申	乙酉	丙戌	丁亥	戊子	己丑	庚寅	辛卯	壬辰	癸巳	甲午	乙未	大暑	丁酉	戊戌	己亥	庚子	辛丑	壬寅	癸卯	甲辰

陽歷 八 月份 （陰歷六、七月份）

陽	8	2	3	4	5	6	7	8	9	10	11	12	13	14	15	16	17	18	19	20	21	22	23	24	25	26	27	28	29	30	31
陰	廿九	卅	七	二	三	四	五	六	七	八	九	十	十一	十二	十三	十四	十五	十六	十七	十八	十九	廿	廿一	廿二	廿三	廿四	廿五	廿六	廿七	廿八	廿九
星	5	6	日	1	2	3	4	5	6	日	1	2	3	4	5	6	日	1	2	3	4	5	6	日	1	2	3	4	5	6	日
干節	乙巳	丙午	丁未	戊申	己酉	庚戌	立秋	壬子	癸丑	甲寅	乙卯	丙辰	丁巳	戊午	己未	庚申	辛酉	壬戌	癸亥	甲子	乙丑	丙寅	處暑	戊辰	己巳	庚午	辛未	壬申	癸酉	甲戌	乙亥

陽歷 九 月份 （陰歷七、八月份）

陽	9	2	3	4	5	6	7	8	9	10	11	12	13	14	15	16	17	18	19	20	21	22	23	24	25	26	27	28	29	30
陰	卅	八	二	三	四	五	六	七	八	九	十	十一	十二	十三	十四	十五	十六	十七	十八	十九	廿	廿一	廿二	廿三	廿四	廿五	廿六	廿七	廿八	廿九
星	1	2	3	4	5	6	日	1	2	3	4	5	6	日	1	2	3	4	5	6	日	1	2	3	4	5	6	日	1	2
干節	丙子	丁丑	戊寅	己卯	庚辰	辛巳	壬午	白露	甲申	乙酉	丙戌	丁亥	戊子	己丑	庚寅	辛卯	壬辰	癸巳	甲午	乙未	丙申	丁酉	秋分	己亥	庚子	辛丑	壬寅	癸卯	甲辰	乙巳

陽歷 十 月份 （陰歷九、十月份）

陽	10	2	3	4	5	6	7	8	9	10	11	12	13	14	15	16	17	18	19	20	21	22	23	24	25	26	27	28	29	30	31
陰	九	二	三	四	五	六	七	八	九	十	十一	十二	十三	十四	十五	十六	十七	十八	十九	廿	廿一	廿二	廿三	廿四	廿五	廿六	廿七	廿八	廿九	卅	十
星	3	4	5	6	日	1	2	3	4	5	6	日	1	2	3	4	5	6	日	1	2	3	4	5	6	日	1	2	3	4	5
干節	丙午	丁未	戊申	己酉	庚戌	辛亥	壬子	寒露	甲寅	乙卯	丙辰	丁巳	戊午	己未	庚申	辛酉	壬戌	癸亥	甲子	乙丑	丙寅	丁卯	霜降	己巳	庚午	辛未	壬申	癸酉	甲戌	乙亥	丙子

陽歷十一月份 （陰歷十、十一月份）

陽	11	2	3	4	5	6	7	8	9	10	11	12	13	14	15	16	17	18	19	20	21	22	23	24	25	26	27	28	29	30
陰	二	三	四	五	六	七	八	九	十	十一	十二	十三	十四	十五	十六	十七	十八	十九	廿	廿一	廿二	廿三	廿四	廿五	廿六	廿七	廿八	廿九	卅	十一
星	6	日	1	2	3	4	5	6	日	1	2	3	4	5	6	日	1	2	3	4	5	6	日	1	2	3	4	5	6	日
干節	丁丑	戊寅	己卯	庚辰	辛巳	壬午	立冬	甲申	乙酉	丙戌	丁亥	戊子	己丑	庚寅	辛卯	壬辰	癸巳	甲午	乙未	丙申	丁酉	小雪	己亥	庚子	辛丑	壬寅	癸卯	甲辰	乙巳	丙午

陽歷十二月份 （陰歷十一、十二月份）

陽	12	2	3	4	5	6	7	8	9	10	11	12	13	14	15	16	17	18	19	20	21	22	23	24	25	26	27	28	29	30	31
陰	二	三	四	五	六	七	八	九	十	十一	十二	十三	十四	十五	十六	十七	十八	十九	廿	廿一	廿二	廿三	廿四	廿五	廿六	廿七	廿八	廿九	十二	二	三
星	1	2	3	4	5	6	日	1	2	3	4	5	6	日	1	2	3	4	5	6	日	1	2	3	4	5	6	日	1	2	3
干節	丁未	戊申	己酉	庚戌	辛亥	壬子	大雪	甲寅	乙卯	丙辰	丁巳	戊午	己未	庚申	辛酉	壬戌	癸亥	甲子	乙丑	丙寅	冬至	戊辰	己巳	庚午	辛未	壬申	癸酉	甲戌	乙亥	丙子	丁丑

近世中西史日對照表

丙寅

一六二六年

（明熹宗天啓六年清太祖天命一一年）

陽歷 一 月份 （陰歷十二、正月份）

陽	1	2	3	4	5	6	7	8	9	10	11	12	13	14	15	16	17	18	19	20	21	22	23	24	25	26	27	28	29	30	31
陰	四	五	六	七	八	九	十	十一	十二	十三	十四	十五	十六	十七	十八	十九	廿	廿一	廿二	廿三	廿四	廿五	廿六	廿七	廿八	廿九	卅	正	二	三	四
星	4	5	6	日	1	2	3	4	5	6	日	1	2	3	4	5	6	日	1	2	3	4	5	6	日	1	2	3	4	5	6
干節	戊寅	己卯	庚辰	辛巳	小寒	癸未	甲申	乙酉	丙戌	丁亥	戊子	己丑	庚寅	辛卯	壬辰	癸巳	甲午	乙未	丙申	大寒	戊戌	己亥	庚子	辛丑	壬寅	癸卯	甲辰	乙巳	丙午	丁未	戊申

陽歷 二 月份 （陰歷正、二月份）

陽	2	2	3	4	5	6	7	8	9	10	11	12	13	14	15	16	17	18	19	20	21	22	23	24	25	26	27	28			
陰	五	六	七	八	九	十	十一	十二	十三	十四	十五	十六	十七	十八	十九	廿	廿一	廿二	廿三	廿四	廿五	廿六	廿七	廿八	廿九	二	二	三			
星	日	1	2	3	4	5	6	日	1	2	3	4	5	6	日	1	2	3	4	5	6	日	1	2	3	4	5	6			
干節	己酉	庚戌	立春	壬子	癸丑	甲寅	乙卯	丙辰	丁巳	戊午	己未	庚申	辛酉	壬戌	癸亥	甲子	乙丑	雨水	丁卯	戊辰	己巳	庚午	辛未	壬申	癸酉	甲戌	乙亥	丙子			

陽歷 三 月份 （陰歷二、三月份）

陽	3	2	3	4	5	6	7	8	9	10	11	12	13	14	15	16	17	18	19	20	21	22	23	24	25	26	27	28	29	30	31
陰	四	五	六	七	八	九	十	十一	十二	十三	十四	十五	十六	十七	十八	十九	廿	廿一	廿二	廿三	廿四	廿五	廿六	廿七	廿八	廿九	卅	三	二	三	四
星	日	1	2	3	4	5	6	日	1	2	3	4	5	6	日	1	2	3	4	5	6	日	1	2	3	4	5	6	日	1	2
干節	丁丑	戊寅	己卯	庚辰	驚蟄	壬午	癸未	甲申	乙酉	丙戌	丁亥	戊子	己丑	庚寅	辛卯	壬辰	癸巳	甲午	乙未	春分	丁酉	戊戌	己亥	庚子	辛丑	壬寅	癸卯	甲辰	乙巳	丙午	丁未

陽歷 四 月份 （陰歷三、四月份）

陽	4	2	3	4	5	6	7	8	9	10	11	12	13	14	15	16	17	18	19	20	21	22	23	24	25	26	27	28	29	30	
陰	五	六	七	八	九	十	十一	十二	十三	十四	十五	十六	十七	十八	十九	廿	廿一	廿二	廿三	廿四	廿五	廿六	廿七	廿八	廿九	四	二	三	四	五	
星	3	4	5	6	日	1	2	3	4	5	6	日	1	2	3	4	5	6	日	1	2	3	4	5	6	日	1	2	3	4	
干節	戊申	己酉	庚戌	辛亥	清明	癸丑	甲寅	乙卯	丙辰	丁巳	戊午	己未	庚申	辛酉	壬戌	癸亥	甲子	乙丑	丙寅	穀雨	戊辰	己巳	庚午	辛未	壬申	癸酉	甲戌	乙亥	丙子	丁丑	

陽歷 五 月份 （陰歷四、五月份）

陽	5	2	3	4	5	6	7	8	9	10	11	12	13	14	15	16	17	18	19	20	21	22	23	24	25	26	27	28	29	30	31
陰	六	七	八	九	十	十一	十二	十三	十四	十五	十六	十七	十八	十九	廿	廿一	廿二	廿三	廿四	廿五	廿六	廿七	廿八	廿九	五	二	三	四	五	六	七
星	5	6	日	1	2	3	4	5	6	日	1	2	3	4	5	6	日	1	2	3	4	5	6	日	1	2	3	4	5	6	日
干節	戊寅	己卯	庚辰	辛巳	立夏	癸未	甲申	乙酉	丙戌	丁亥	戊子	己丑	庚寅	辛卯	壬辰	癸巳	甲午	乙未	丙申	丁酉	小滿	己亥	庚子	辛丑	壬寅	癸卯	甲辰	乙巳	丙午	丁未	戊申

陽歷 六 月份 （陰歷五、六月份）

陽	6	2	3	4	5	6	7	8	9	10	11	12	13	14	15	16	17	18	19	20	21	22	23	24	25	26	27	28	29	30	
陰	八	九	十	十一	十二	十三	十四	十五	十六	十七	十八	十九	廿	廿一	廿二	廿三	廿四	廿五	廿六	廿七	廿八	廿九	卅	六	二	三	四	五	六	七	
星	1	2	3	4	5	6	日	1	2	3	4	5	6	日	1	2	3	4	5	6	日	1	2	3	4	5	6	日	1	2	
干節	己酉	庚戌	辛亥	壬子	癸丑	芒種	乙卯	丙辰	丁巳	戊午	己未	庚申	辛酉	壬戌	癸亥	甲子	乙丑	丙寅	丁卯	戊辰	夏至	庚午	辛未	壬申	癸酉	甲戌	乙亥	丙子	丁丑	戊寅	

（註四）案萬年書閏五月小，六月大，本表依據明曆（與東華錄合）。

丙寅

一六二六年

（明熹宗天啓六年清太祖天命一一年）

陽歷 七 月份　（陰歷六、閏六月份）

陽	7	2	3	4	5	6	7	8	9	10	11	12	13	14	15	16	17	18	19	20	21	22	23	24	25	26	27	28	29	30	31
陰	八	九	十	十一	十二	十三	十四	十五	十六	十七	十八	十九	廿	廿一	廿二	廿三	廿四	廿五	廿六	廿七	廿八	廿九	閏	二	三	四	五	六	七	八	九
星	3	4	5	6	日	1	2	3	4	5	6	日	1	2	3	4	5	6	日	1	2	3	4	5	6	日	1	2	3	4	5
干節	己卯	庚辰	辛巳	壬午	癸未	甲申	小暑	丙戌	丁亥	戊子	己丑	庚寅	辛卯	壬辰	癸巳	甲午	乙未	丙申	丁酉	戊戌	己亥	庚子	大暑	壬寅	癸卯	甲辰	乙巳	丙午	丁未	戊申	己酉

陽歷 八 月份　（陰歷閏六、七月份）

陽	8	2	3	4	5	6	7	8	9	10	11	12	13	14	15	16	17	18	19	20	21	22	23	24	25	26	27	28	29	30	31
陰	十	十一	十二	十三	十四	十五	十六	十七	十八	十九	廿	廿一	廿二	廿三	廿四	廿五	廿六	廿七	廿八	廿九	卅	七	二	三	四	五	六	七	八	九	十
星	6	日	1	2	3	4	5	6	日	1	2	3	4	5	6	日	1	2	3	4	5	6	日	1	2	3	4	5	6	日	1
干節	庚戌	辛亥	壬子	癸丑	甲寅	乙卯	丙辰	立秋	戊午	己未	庚申	辛酉	壬戌	癸亥	甲子	乙丑	丙寅	丁卯	戊辰	己巳	庚午	辛未	處暑	癸酉	甲戌	乙亥	丙子	丁丑	戊寅	己卯	庚辰

陽歷 九 月份　（陰歷七、八月份）

陽	9	2	3	4	5	6	7	8	9	10	11	12	13	14	15	16	17	18	19	20	21	22	23	24	25	26	27	28	29	30	—
陰	十一	十二	十三	十四	十五	十六	十七	十八	十九	廿	廿一	廿二	廿三	廿四	廿五	廿六	廿七	廿八	廿九	八	二	三	四	五	六	七	八	九	十	十一	—
星	2	3	4	5	6	日	1	2	3	4	5	6	日	1	2	3	4	5	6	日	1	2	3	4	5	6	日	1	2	3	—
干節	辛巳	壬午	癸未	甲申	乙酉	丙戌	丁亥	白露	己丑	庚寅	辛卯	壬辰	癸巳	甲午	乙未	丙申	丁酉	戊戌	己亥	庚子	辛丑	壬寅	秋分	甲辰	乙巳	丙午	丁未	戊申	己酉	庚戌	—

陽歷 十 月份　（陰歷八、九月份）

陽	10	2	3	4	5	6	7	8	9	10	11	12	13	14	15	16	17	18	19	20	21	22	23	24	25	26	27	28	29	30	31
陰	十二	十三	十四	十五	十六	十七	十八	十九	廿	廿一	廿二	廿三	廿四	廿五	廿六	廿七	廿八	廿九	卅	九	二	三	四	五	六	七	八	九	十	十一	十二
星	4	5	6	日	1	2	3	4	5	6	日	1	2	3	4	5	6	日	1	2	3	4	5	6	日	1	2	3	4	5	6
干節	辛亥	壬子	癸丑	甲寅	乙卯	丙辰	丁巳	寒露	己未	庚申	辛酉	壬戌	癸亥	甲子	乙丑	丙寅	丁卯	戊辰	己巳	庚午	辛未	壬申	霜降	甲戌	乙亥	丙子	丁丑	戊寅	己卯	庚辰	辛巳

陽歷 十一 月份　（陰歷九、十月份）

陽	11	2	3	4	5	6	7	8	9	10	11	12	13	14	15	16	17	18	19	20	21	22	23	24	25	26	27	28	29	30	—
陰	十三	十四	十五	十六	十七	十八	十九	廿	廿一	廿二	廿三	廿四	廿五	廿六	廿七	廿八	廿九	卅	十	二	三	四	五	六	七	八	九	十	十一	十二	—
星	日	1	2	3	4	5	6	日	1	2	3	4	5	6	日	1	2	3	4	5	6	日	1	2	3	4	5	6	日	1	—
干節	壬午	癸未	甲申	乙酉	丙戌	丁亥	立冬	己丑	庚寅	辛卯	壬辰	癸巳	甲午	乙未	丙申	丁酉	戊戌	己亥	庚子	辛丑	壬寅	小雪	甲辰	乙巳	丙午	丁未	戊申	己酉	庚戌	辛亥	—

陽歷 十二 月份　（陰歷十、十一月份）

陽	12	2	3	4	5	6	7	8	9	10	11	12	13	14	15	16	17	18	19	20	21	22	23	24	25	26	27	28	29	30	31
陰	十三	十四	十五	十六	十七	十八	十九	廿	廿一	廿二	廿三	廿四	廿五	廿六	廿七	廿八	廿九	卅	十一	二	三	四	五	六	七	八	九	十	十一	十二	十三
星	2	3	4	5	6	日	1	2	3	4	5	6	日	1	2	3	4	5	6	日	1	2	3	4	5	6	日	1	2	3	4
干節	壬子	癸丑	甲寅	乙卯	丙辰	丁巳	大雪	己未	庚申	辛酉	壬戌	癸亥	甲子	乙丑	丙寅	丁卯	戊辰	己巳	庚午	辛未	壬申	冬至	甲戌	乙亥	丙子	丁丑	戊寅	己卯	庚辰	辛巳	壬午

陽歷 一 月份 （陰歷十一、十二月份）

陽	1	2	3	4	5	6	7	8	9	10	11	12	13	14	15	16	17	18	19	20	21	22	23	24	25	26	27	28	29	30	31
陰	十四	十五	十六	十七	十八	十九	廿	廿一	廿二	廿三	廿四	廿五	廿六	廿七	廿八	廿九	十二	二	三	四	五	六	七	八	九	十	十一	十二	十三	十四	十五
星	5	6	日	1	2	3	4	5	6	日	1	2	3	4	5	6	日	1	2	3	4	5	6	日	1	2	3	4	5	6	日
干節	癸未	甲申	乙酉	丙戌	小寒	戊子	己丑	庚寅	辛卯	壬辰	癸巳	甲午	乙未	丙申	丁酉	戊戌	己亥	庚子	辛丑	大寒	癸卯	甲辰	乙巳	丙午	丁未	戊申	己酉	庚戌	辛亥	壬子	癸丑

陽歷 二 月份 （陰歷十二、正月份）

陽	2	2	3	4	5	6	7	8	9	10	11	12	13	14	15	16	17	18	19	20	21	22	23	24	25	26	27	28			
陰	十六	十七	十八	十九	廿	廿一	廿二	廿三	廿四	廿五	廿六	廿七	廿八	廿九	卅	正	二	三	四	五	六	七	八	九	十	十一	十二	十三			
星	1	2	3	4	5	6	日	1	2	3	4	5	6	日	1	2	3	4	5	6	日	1	2	3	4	5	6	日			
干節	甲寅	乙卯	丙辰	立春	戊午	己未	庚申	辛酉	壬戌	癸亥	甲子	乙丑	丙寅	丁卯	戊辰	己巳	庚午	辛未	雨水	癸酉	甲戌	乙亥	丙子	丁丑	戊寅	己卯	庚辰	辛巳			

陽歷 三 月份 （陰歷正、二月份）

陽	3	2	3	4	5	6	7	8	9	10	11	12	13	14	15	16	17	18	19	20	21	22	23	24	25	26	27	28	29	30	31
陰	十四	十五	十六	十七	十八	十九	廿	廿一	廿二	廿三	廿四	廿五	廿六	廿七	廿八	廿九	二	二	三	四	五	六	七	八	九	十	十一	十二	十三	十四	十五
星	1	2	3	4	5	6	日	1	2	3	4	5	6	日	1	2	3	4	5	6	日	1	2	3	4	5	6	日	1	2	3
干節	壬午	癸未	甲申	乙酉	丙戌	驚蟄	戊子	己丑	庚寅	辛卯	壬辰	癸巳	甲午	乙未	丙申	丁酉	戊戌	己亥	庚子	辛丑	春分	癸卯	甲辰	乙巳	丙午	丁未	戊申	己酉	庚戌	辛亥	壬子

陽歷 四 月份 （陰歷二、三月份）

陽	4	2	3	4	5	6	7	8	9	10	11	12	13	14	15	16	17	18	19	20	21	22	23	24	25	26	27	28	29	30	
陰	十六	十七	十八	十九	廿	廿一	廿二	廿三	廿四	廿五	廿六	廿七	廿八	廿九	卅	三	二	三	四	五	六	七	八	九	十	十一	十二	十三	十四	十五	
星	4	5	6	日	1	2	3	4	5	6	日	1	2	3	4	5	6	日	1	2	3	4	5	6	日	1	2	3	4	5	
干節	癸丑	甲寅	乙卯	丙辰	清明	戊午	己未	庚申	辛酉	壬戌	癸亥	甲子	乙丑	丙寅	丁卯	戊辰	己巳	庚午	辛未	穀雨	癸酉	甲戌	乙亥	丙子	丁丑	戊寅	己卯	庚辰	辛巳	壬午	

陽歷 五 月份 （陰歷三、四月份）

陽	5	2	3	4	5	6	7	8	9	10	11	12	13	14	15	16	17	18	19	20	21	22	23	24	25	26	27	28	29	30	31
陰	十六	十七	十八	十九	廿	廿一	廿二	廿三	廿四	廿五	廿六	廿七	廿八	廿九	四	二	三	四	五	六	七	八	九	十	十一	十二	十三	十四	十五	十六	十七
星	6	日	1	2	3	4	5	6	日	1	2	3	4	5	6	日	1	2	3	4	5	6	日	1	2	3	4	5	6	日	1
干節	癸未	甲申	乙酉	丙戌	丁亥	立夏	己丑	庚寅	辛卯	壬辰	癸巳	甲午	乙未	丙申	丁酉	戊戌	己亥	庚子	辛丑	壬寅	小滿	甲辰	乙巳	丙午	丁未	戊申	己酉	庚戌	辛亥	壬子	癸丑

陽歷 六 月份 （陰歷四、五月份）

陽	6	2	3	4	5	6	7	8	9	10	11	12	13	14	15	16	17	18	19	20	21	22	23	24	25	26	27	28	29	30	
陰	十八	十九	廿	廿一	廿二	廿三	廿四	廿五	廿六	廿七	廿八	廿九	五	二	三	四	五	六	七	八	九	十	十一	十二	十三	十四	十五	十六	十七	十八	
星	2	3	4	5	6	日	1	2	3	4	5	6	日	1	2	3	4	5	6	日	1	2	3	4	5	6	日	1	2	3	
干節	甲寅	乙卯	丙辰	丁巳	戊午	芒種	庚申	辛酉	壬戌	癸亥	甲子	乙丑	丙寅	丁卯	戊辰	己巳	庚午	辛未	壬申	癸酉	甲戌	夏至	丙子	丁丑	戊寅	己卯	庚辰	辛巳	壬午	癸未	

丁卯

一六二七年

（明熹宗天啓七年清太宗天聰元年）

陽歷七月份　（陰歷五、六月份）

陽	**7**	2	3	4	5	6	7	8	9	10	11	12	13	14	15	16	17	18	19	20	21	22	23	24	25	26	27	28	29	30	31
陰	十九	廿	廿一	廿二	廿三	廿四	廿五	廿六	廿七	廿八	廿九	卅	**六**	二	三	四	五	六	七	八	九	十	十一	十二	十三	十四	十五	十六	十七	十八	十九
星	4	5	6	**日**	1	2	3	4	5	6	**日**	1	2	3	4	5	6	**日**	1	2	3	4	5	6	**日**	1	2	3	4	5	6
干節	甲申	乙酉	丙戌	丁亥	戊子	己丑	庚寅	**小暑**	壬辰	癸巳	甲午	乙未	丙申	丁酉	戊戌	己亥	庚子	辛丑	壬寅	癸卯	甲辰	乙巳	**大暑**	丁未	戊申	己酉	庚戌	辛亥	壬子	癸丑	甲寅

陽歷八月份　（陰歷六、七月份）

陽	**8**	2	3	4	5	6	7	8	9	10	11	12	13	14	15	16	17	18	19	20	21	22	23	24	25	26	27	28	29	30	31
陰	廿	廿一	廿二	廿三	廿四	廿五	廿六	廿七	廿八	廿九	**七**	二	三	四	五	六	七	八	九	十	十一	十二	十三	十四	十五	十六	十七	十八	十九	廿	廿一
星	**日**	1	2	3	4	5	6	**日**	1	2	3	4	5	6	**日**	1	2	3	4	5	6	**日**	1	2	3	4	5	6	**日**	1	2
干節	乙卯	丙辰	丁巳	戊午	己未	庚申	辛酉	**立秋**	癸亥	甲子	乙丑	丙寅	丁卯	戊辰	己巳	庚午	辛未	壬申	癸酉	甲戌	乙亥	丙子	丁丑	**處暑**	己卯	庚辰	辛巳	壬午	癸未	甲申	乙酉

陽歷九月份　（陰歷七、八月份）

陽	**9**	2	3	4	5	6	7	8	9	10	11	12	13	14	15	16	17	18	19	20	21	22	23	24	25	26	27	28	29	30
陰	廿二	廿三	廿四	廿五	廿六	廿七	廿八	廿九	**八**	二	三	四	五	六	七	八	九	十	十一	十二	十三	十四	十五	十六	十七	十八	十九	廿	廿一	廿二
星	3	4	5	6	**日**	1	2	3	4	5	6	**日**	1	2	3	4	5	6	**日**	1	2	3	4	5	6	**日**	1	2	3	4
干節	丙戌	丁亥	戊子	己丑	庚寅	辛卯	壬辰	**白露**	甲午	乙未	丙申	丁酉	戊戌	己亥	庚子	辛丑	壬寅	癸卯	甲辰	乙巳	丙午	丁未	**秋分**	己酉	庚戌	辛亥	壬子	癸丑	甲寅	乙卯

陽歷十月份　（陰歷八、九月份）

陽	**10**	2	3	4	5	6	7	8	9	10	11	12	13	14	15	16	17	18	19	20	21	22	23	24	25	26	27	28	29	30	31
陰	廿三	廿四	廿五	廿六	廿七	廿八	廿九	卅	**九**	二	三	四	五	六	七	八	九	十	十一	十二	十三	十四	十五	十六	十七	十八	十九	廿	廿一	廿二	廿三
星	5	6	**日**	1	2	3	4	5	6	**日**	1	2	3	4	5	6	**日**	1	2	3	4	5	6	**日**	1	2	3	4	5	6	**日**
干節	丙辰	丁巳	戊午	己未	庚申	辛酉	壬戌	癸亥	**寒露**	乙丑	丙寅	丁卯	戊辰	己巳	庚午	辛未	壬申	癸酉	甲戌	乙亥	丙子	丁丑	戊寅	**霜降**	庚辰	辛巳	壬午	癸未	甲申	乙酉	丙戌

陽歷十一月份　（陰歷九、十月份）

陽	**11**	2	3	4	5	6	7	8	9	10	11	12	13	14	15	16	17	18	19	20	21	22	23	24	25	26	27	28	29	30
陰	廿四	廿五	廿六	廿七	廿八	廿九	卅	**十**	二	三	四	五	六	七	八	九	十	十一	十二	十三	十四	十五	十六	十七	十八	十九	廿	廿一	廿二	廿三
星	1	2	3	4	5	6	**日**	1	2	3	4	5	6	**日**	1	2	3	4	5	6	**日**	1	2	3	4	5	6	**日**	1	2
干節	丁亥	戊子	己丑	庚寅	辛卯	壬辰	癸巳	**立冬**	乙未	丙申	丁酉	戊戌	己亥	庚子	辛丑	壬寅	癸卯	甲辰	乙巳	丙午	丁未	**小雪**	己酉	庚戌	辛亥	壬子	癸丑	甲寅	乙卯	丙辰

陽歷十二月份　（陰歷十、十一月份）

陽	**12**	2	3	4	5	6	7	8	9	10	11	12	13	14	15	16	17	18	19	20	21	22	23	24	25	26	27	28	29	30	31
陰	廿四	廿五	廿六	廿七	廿八	廿九	卅	**十一**	二	三	四	五	六	七	八	九	十	十一	十二	十三	十四	十五	十六	十七	十八	十九	廿	廿一	廿二	廿三	廿四
星	3	4	5	6	**日**	1	2	3	4	5	6	**日**	1	2	3	4	5	6	**日**	1	2	3	4	5	6	**日**	1	2	3	4	5
干節	丁巳	戊午	己未	庚申	辛酉	壬戌	**大雪**	甲子	乙丑	丙寅	丁卯	戊辰	己巳	庚午	辛未	壬申	癸酉	甲戌	乙亥	丙子	丁丑	**冬至**	己卯	庚辰	辛巳	壬午	癸未	甲申	乙酉	丙戌	丁亥

近世中西史日對照表

陽歷　一　月份　　（陰歷十一、十二月份）

陽	**1**	2	3	4	5	6	7	8	9	10	11	12	13	14	15	16	17	18	19	20	21	22	23	24	25	26	27	28	29	30	31
陰	廿五	廿六	廿七	廿八	廿九	卅	**十二**	二	三	四	五	六	七	八	九	十	十一	十二	十三	十四	十五	十六	十七	十八	十九	廿	廿一	廿二	廿三	廿四	廿五
星	6	**日**	1	2	3	4	5	6	**日**	1	2	3	4	5	6	**日**	1	2	3	4	5	6	**日**	1	2	3	4	5	6	**日**	1
干節	戊子	己丑	庚寅	辛卯	**小寒**	癸巳	甲午	乙未	丙申	丁酉	戊戌	己亥	庚子	辛丑	壬寅	癸卯	甲辰	乙巳	丙午	**大寒**	戊申	己酉	庚戌	辛亥	壬子	癸丑	甲寅	乙卯	丙辰	丁巳	戊午

陽歷　二　月份　　（陰歷十二、正月份）

陽	**2**	2	3	4	5	6	7	8	9	10	11	12	13	14	15	16	17	18	19	20	21	22	23	24	25	26	27	28	29		
陰	廿六	廿七	廿八	廿九	**正**	二	三	四	五	六	七	八	九	十	十一	十二	十三	十四	十五	十六	十七	十八	十九	廿	廿一	廿二	廿三	廿四	廿五		
星	2	3	4	5	6	**日**	1	2	3	4	5	6	**日**	1	2	3	4	5	6	**日**	1	2	3	4	5	6	**日**	1	2		
干節	己未	庚申	辛酉	**立春**	癸亥	甲子	乙丑	丙寅	丁卯	戊辰	己巳	庚午	辛未	壬申	癸酉	甲戌	乙亥	丙子	**雨水**	戊寅	己卯	庚辰	辛巳	壬午	癸未	甲申	乙酉	丙戌	丁亥		

陽歷　三　月份　　（陰歷正、二月份）

陽	**3**	2	3	4	5	6	7	8	9	10	11	12	13	14	15	16	17	18	19	20	21	22	23	24	25	26	27	28	29	30	31
陰	廿六	廿七	廿八	廿九	卅	**二**	二	三	四	五	六	七	八	九	十	十一	十二	十三	十四	十五	十六	十七	十八	十九	廿	廿一	廿二	廿三	廿四	廿五	廿六
星	3	4	5	6	**日**	1	2	3	4	5	6	**日**	1	2	3	4	5	6	**日**	1	2	3	4	5	6	**日**	1	2	3	4	5
干節	戊子	己丑	庚寅	辛卯	**驚蟄**	癸巳	甲午	乙未	丙申	丁酉	戊戌	己亥	庚子	辛丑	壬寅	癸卯	甲辰	乙巳	丙午	**春分**	戊申	己酉	庚戌	辛亥	壬子	癸丑	甲寅	乙卯	丙辰	丁巳	戊午

陽歷　四　月份　　（陰歷二、三月份）

陽	**4**	2	3	4	5	6	7	8	9	10	11	12	13	14	15	16	17	18	19	20	21	22	23	24	25	26	27	28	29	30	
陰	廿七	廿八	廿九	**三**	二	三	四	五	六	七	八	九	十	十一	十二	十三	十四	十五	十六	十七	十八	十九	廿	廿一	廿二	廿三	廿四	廿五	廿六	廿七	
星	6	**日**	1	2	3	4	5	6	**日**	1	2	3	4	5	6	**日**	1	2	3	4	5	6	**日**	1	2	3	4	5	6	**日**	
干節	己未	庚申	辛酉	**清明**	癸亥	甲子	乙丑	丙寅	丁卯	戊辰	己巳	庚午	辛未	壬申	癸酉	甲戌	乙亥	丙子	**穀雨**	戊寅	己卯	庚辰	辛巳	壬午	癸未	甲申	乙酉	丙戌	丁亥	戊子	

陽歷　五　月份　　（陰歷三、四月份）

陽	**5**	2	3	4	5	6	7	8	9	10	11	12	13	14	15	16	17	18	19	20	21	22	23	24	25	26	27	28	29	30	31
陰	廿八	廿九	卅	**四**	二	三	四	五	六	七	八	九	十	十一	十二	十三	十四	十五	十六	十七	十八	十九	廿	廿一	廿二	廿三	廿四	廿五	廿六	廿七	廿八
星	1	2	3	4	5	6	**日**	1	2	3	4	5	6	**日**	1	2	3	4	5	6	**日**	1	2	3	4	5	6	**日**	1	2	3
干節	己丑	庚寅	辛卯	壬辰	**立夏**	甲午	乙未	丙申	丁酉	戊戌	己亥	庚子	辛丑	壬寅	癸卯	甲辰	乙巳	丙午	丁未	戊申	**小滿**	庚戌	辛亥	壬子	癸丑	甲寅	乙卯	丙辰	丁巳	戊午	己未

陽歷　六　月份　　（陰歷四、五月份）

陽	**6**	2	3	4	5	6	7	8	9	10	11	12	13	14	15	16	17	18	19	20	21	22	23	24	25	26	27	28	29	30	
陰	廿九	**五**	二	三	四	五	六	七	八	九	十	十一	十二	十三	十四	十五	十六	十七	十八	十九	廿	廿一	廿二	廿三	廿四	廿五	廿六	廿七	廿八	廿九	
星	4	5	6	**日**	1	2	3	4	5	6	**日**	1	2	3	4	5	6	**日**	1	2	3	4	5	6	**日**	1	2	3	4	5	
干節	庚申	辛酉	壬戌	癸亥	**芒種**	乙丑	丙寅	丁卯	戊辰	己巳	庚午	辛未	壬申	癸酉	甲戌	乙亥	丙子	丁丑	戊寅	己卯	**夏至**	辛巳	壬午	癸未	甲申	乙酉	丙戌	丁亥	戊子	己丑	

戊辰

一六二八年

（明思宗崇禎元年清太宗天聰二年）

陽歷　七　月份　　（陰歷六、七月份）

陽	7	2	3	4	5	6	7	8	9	10	11	12	13	14	15	16	17	18	19	20	21	22	23	24	25	26	27	28	29	30	31
陰	六	二	三	四	五	六	七	八	九	十	十一	十二	十三	十四	十五	十六	十七	十八	十九	廿	廿一	廿二	廿三	廿四	廿五	廿六	廿七	廿八	廿九	卅	七
星	6	日	1	2	3	4	5	6	日	1	2	3	4	5	6	日	1	2	3	4	5	6	日	1	2	3	4	5	6	日	1
干節	庚寅	辛卯	壬辰	癸巳	甲午	乙未	小暑	丁酉	戊戌	己亥	庚子	辛丑	壬寅	癸卯	甲辰	乙巳	丙午	丁未	戊申	己酉	庚戌	辛亥	大暑	癸丑	甲寅	乙卯	丙辰	丁巳	戊午	己未	庚申

陽歷　八　月份　　（陰歷七、八月份）

陽	8	2	3	4	5	6	7	8	9	10	11	12	13	14	15	16	17	18	19	20	21	22	23	24	25	26	27	28	29	30	31
陰	二	三	四	五	六	七	八	九	十	十一	十二	十三	十四	十五	十六	十七	十八	十九	廿	廿一	廿二	廿三	廿四	廿五	廿六	廿七	廿八	廿九	八	二	三
星	2	3	4	5	6	日	1	2	3	4	5	6	日	1	2	3	4	5	6	日	1	2	3	4	5	6	日	1	2	3	4
干節	辛酉	壬戌	癸亥	甲子	乙丑	丙寅	立秋	戊辰	己巳	庚午	辛未	壬申	癸酉	甲戌	乙亥	丙子	丁丑	戊寅	己卯	庚辰	辛巳	壬午	處暑	甲申	乙酉	丙戌	丁亥	戊子	己丑	庚寅	辛卯

陽歷　九　月份　　（陰歷八、九月份）

陽	9	2	3	4	5	6	7	8	9	10	11	12	13	14	15	16	17	18	19	20	21	22	23	24	25	26	27	28	29	30	
陰	四	五	六	七	八	九	十	十一	十二	十三	十四	十五	十六	十七	十八	十九	廿	廿一	廿二	廿三	廿四	廿五	廿六	廿七	廿八	廿九	九	二	三	四	
星	5	6	日	1	2	3	4	5	6	日	1	2	3	4	5	6	日	1	2	3	4	5	6	日	1	2	3	4	5	6	
干節	壬辰	癸巳	甲午	乙未	丙申	丁酉	白露	己亥	庚子	辛丑	壬寅	癸卯	甲辰	乙巳	丙午	丁未	戊申	己酉	庚戌	辛亥	壬子	癸丑	秋分	乙卯	丙辰	丁巳	戊午	己未	庚申	辛酉	

陽歷　十　月份　　（陰歷九、十月份）

陽	10	2	3	4	5	6	7	8	9	10	11	12	13	14	15	16	17	18	19	20	21	22	23	24	25	26	27	28	29	30	31
陰	五	六	七	八	九	十	十一	十二	十三	十四	十五	十六	十七	十八	十九	廿	廿一	廿二	廿三	廿四	廿五	廿六	廿七	廿八	廿九	卅	十	二	三	四	五
星	日	1	2	3	4	5	6	日	1	2	3	4	5	6	日	1	2	3	4	5	6	日	1	2	3	4	5	6	日	1	2
干節	壬戌	癸亥	甲子	乙丑	丙寅	丁卯	戊辰	寒露	庚午	辛未	壬申	癸酉	甲戌	乙亥	丙子	丁丑	戊寅	己卯	庚辰	辛巳	壬午	癸未	霜降	乙酉	丙戌	丁亥	戊子	己丑	庚寅	辛卯	壬辰

陽歷十一月份　　（陰歷十、十一月份）

陽	11	2	3	4	5	6	7	8	9	10	11	12	13	14	15	16	17	18	19	20	21	22	23	24	25	26	27	28	29	30	
陰	六	七	八	九	十	十一	十二	十三	十四	十五	十六	十七	十八	十九	廿	廿一	廿二	廿三	廿四	廿五	廿六	廿七	廿八	廿九	卅	十一	二	三	四	五	
星	3	4	5	6	日	1	2	3	4	5	6	日	1	2	3	4	5	6	日	1	2	3	4	5	6	日	1	2	3	4	
干節	癸巳	甲午	乙未	丙申	丁酉	戊戌	立冬	庚子	辛丑	壬寅	癸卯	甲辰	乙巳	丙午	丁未	戊申	己酉	庚戌	辛亥	壬子	癸丑	小雪	乙卯	丙辰	丁巳	戊午	己未	庚申	辛酉	壬戌	

陽歷十二月份　　（陰歷十一、十二月份）

陽	12	2	3	4	5	6	7	8	9	10	11	12	13	14	15	16	17	18	19	20	21	22	23	24	25	26	27	28	29	30	31
陰	六	七	八	九	十	十一	十二	十三	十四	十五	十六	十七	十八	十九	廿	廿一	廿二	廿三	廿四	廿五	廿六	廿七	廿八	廿九	十二	二	三	四	五	六	七
星	5	6	日	1	2	3	4	5	6	日	1	2	3	4	5	6	日	1	2	3	4	5	6	日	1	2	3	4	5	6	日
干節	癸亥	甲子	乙丑	丙寅	丁卯	大雪	己巳	庚午	辛未	壬申	癸酉	甲戌	乙亥	丙子	丁丑	戊寅	己卯	庚辰	辛巳	壬午	冬至	甲申	乙酉	丙戌	丁亥	戊子	己丑	庚寅	辛卯	壬辰	癸巳

己巳　一六二九年（明思宗崇禎二年清太宗天聰三年）

陽歷　一　月份　（陰歷十二、正月份）

陽	1	2	3	4	5	6	7	8	9	10	11	12	13	14	15	16	17	18	19	20	21	22	23	24	25	26	27	28	29	30	31
陰	八	九	十	十一	十二	十三	十四	十五	十六	十七	十八	十九	廿	廿一	廿二	廿三	廿四	廿五	廿六	廿七	廿八	廿九	卅	正	二	三	四	五	六	七	八
星	1	2	3	4	5	6	日	1	2	3	4	5	6	日	1	2	3	4	5	6	日	1	2	3	4	5	6	日	1	2	3
干節	甲午	乙未	丙申	丁酉	小寒	己亥	庚子	辛丑	壬寅	癸卯	甲辰	乙巳	丙午	丁未	戊申	己酉	庚戌	辛亥	大寒	癸丑	甲寅	乙卯	丙辰	丁巳	戊午	己未	庚申	辛酉	壬戌	癸亥	甲子

陽歷　二　月份　（陰歷正、二月份）

陽	2	2	3	4	5	6	7	8	9	10	11	12	13	14	15	16	17	18	19	20	21	22	23	24	25	26	27	28			
陰	九	十	十一	十二	十三	十四	十五	十六	十七	十八	十九	廿	廿一	廿二	廿三	廿四	廿五	廿六	廿七	廿八	廿九	卅	二	二	三	四	五	六			
星	4	5	6	日	1	2	3	4	5	6	日	1	2	3	4	5	6	日	1	2	3	4	5	6	日	1	2	3			
干節	乙丑	丙寅	立春	戊辰	己巳	庚午	辛未	壬申	癸酉	甲戌	乙亥	丙子	丁丑	戊寅	己卯	庚辰	辛巳	雨水	癸未	甲申	乙酉	丙戌	丁亥	戊子	己丑	庚寅	辛卯	壬辰			

陽歷　三　月份　（陰歷二、三月份）

陽	3	2	3	4	5	6	7	8	9	10	11	12	13	14	15	16	17	18	19	20	21	22	23	24	25	26	27	28	29	30	31
陰	七	八	九	十	十一	十二	十三	十四	十五	十六	十七	十八	十九	廿	廿一	廿二	廿三	廿四	廿五	廿六	廿七	廿八	廿九	卅	三	二	三	四	五	六	七
星	4	5	6	日	1	2	3	4	5	6	日	1	2	3	4	5	6	日	1	2	3	4	5	6	日	1	2	3	4	5	6
干節	癸巳	甲午	乙未	丙申	驚蟄	戊戌	己亥	庚子	辛丑	壬寅	癸卯	甲辰	乙巳	丙午	丁未	戊申	己酉	庚戌	辛亥	春分	癸丑	甲寅	乙卯	丙辰	丁巳	戊午	己未	庚申	辛酉	壬戌	癸亥

陽歷　四　月份　（陰歷三、四月份）

陽	4	2	3	4	5	6	7	8	9	10	11	12	13	14	15	16	17	18	19	20	21	22	23	24	25	26	27	28	29	30	
陰	八	九	十	十一	十二	十三	十四	十五	十六	十七	十八	十九	廿	廿一	廿二	廿三	廿四	廿五	廿六	廿七	廿八	廿九	四	二	三	四	五	六	七	八	
星	日	1	2	3	4	5	6	日	1	2	3	4	5	6	日	1	2	3	4	5	6	日	1	2	3	4	5	6	日	1	
干節	甲子	乙丑	丙寅	清明	戊辰	己巳	庚午	辛未	壬申	癸酉	甲戌	乙亥	丙子	丁丑	戊寅	己卯	庚辰	辛巳	壬午	穀雨	甲申	乙酉	丙戌	丁亥	戊子	己丑	庚寅	辛卯	壬辰	癸巳	

陽歷　五　月份　（陰歷四、閏四月份）

陽	5	2	3	4	5	6	7	8	9	10	11	12	13	14	15	16	17	18	19	20	21	22	23	24	25	26	27	28	29	30	31
陰	九	十	十一	十二	十三	十四	十五	十六	十七	十八	十九	廿	廿一	廿二	廿三	廿四	廿五	廿六	廿七	廿八	廿九	卅	閏	二	三	四	五	六	七	八	九
星	2	3	4	5	6	日	1	2	3	4	5	6	日	1	2	3	4	5	6	日	1	2	3	4	5	6	日	1	2	3	4
干節	甲午	乙未	丙申	丁酉	立夏	己亥	庚子	辛丑	壬寅	癸卯	甲辰	乙巳	丙午	丁未	戊申	己酉	庚戌	辛亥	壬子	癸丑	小滿	乙卯	丙辰	丁巳	戊午	己未	庚申	辛酉	壬戌	癸亥	甲子

陽歷　六　月份　（陰歷閏四、五月份）

陽	6	2	3	4	5	6	7	8	9	10	11	12	13	14	15	16	17	18	19	20	21	22	23	24	25	26	27	28	29	30	
陰	十	十一	十二	十三	十四	十五	十六	十七	十八	十九	廿	廿一	廿二	廿三	廿四	廿五	廿六	廿七	廿八	廿九	五	二	三	四	五	六	七	八	九	十	
星	5	6	日	1	2	3	4	5	6	日	1	2	3	4	5	6	日	1	2	3	4	5	6	日	1	2	3	4	5	6	
干節	乙丑	丙寅	丁卯	戊辰	芒種	庚午	辛未	壬申	癸酉	甲戌	乙亥	丙子	丁丑	戊寅	己卯	庚辰	辛巳	壬午	癸未	甲申	夏至	丙戌	丁亥	戊子	己丑	庚寅	辛卯	壬辰	癸巳	甲午	

己巳

一六二九年

（明思宗崇禎二年清太宗天聰三年）

陽歷七月份（陰歷五、六月份）

陽	1	2	3	4	5	6	7	8	9	10	11	12	13	14	15	16	17	18	19	20	21	22	23	24	25	26	27	28	29	30	31
陰	十一	十二	十三	十四	十五	十六	十七	十八	十九	廿	廿一	廿二	廿三	廿四	廿五	廿六	廿七	廿八	廿九	六	二	三	四	五	六	七	八	九	十	十一	十二
星	日	1	2	3	4	5	6	日	1	2	3	4	5	6	日	1	2	3	4	5	6	日	1	2	3	4	5	6	日	1	2
干節	乙未	丙申	丁酉	戊戌	己亥	庚子	小暑	壬寅	癸卯	甲辰	乙巳	丙午	丁未	戊申	己酉	庚戌	辛亥	壬子	癸丑	甲寅	乙卯	丙辰	大暑	戊午	己未	庚申	辛酉	壬戌	癸亥	甲子	乙丑

陽歷八月份（陰歷六、七月份）

陽	1	2	3	4	5	6	7	8	9	10	11	12	13	14	15	16	17	18	19	20	21	22	23	24	25	26	27	28	29	30	31
陰	十三	十四	十五	十六	十七	十八	十九	廿	廿一	廿二	廿三	廿四	廿五	廿六	廿七	廿八	廿九	卅	七	二	三	四	五	六	七	八	九	十	十一	十二	十三
星	3	4	5	6	日	1	2	3	4	5	6	日	1	2	3	4	5	6	日	1	2	3	4	5	6	日	1	2	3	4	5
干節	丙寅	丁卯	戊辰	己巳	庚午	辛未	立秋	癸酉	甲戌	乙亥	丙子	丁丑	戊寅	己卯	庚辰	辛巳	壬午	癸未	甲申	乙酉	丙戌	丁亥	處暑	己丑	庚寅	辛卯	壬辰	癸巳	甲午	乙未	丙申

陽歷九月份（陰歷七、八月份）

陽	1	2	3	4	5	6	7	8	9	10	11	12	13	14	15	16	17	18	19	20	21	22	23	24	25	26	27	28	29	30
陰	十四	十五	十六	十七	十八	十九	廿	廿一	廿二	廿三	廿四	廿五	廿六	廿七	廿八	廿九	八	二	三	四	五	六	七	八	九	十	十一	十二	十三	十四
星	6	日	1	2	3	4	5	6	日	1	2	3	4	5	6	日	1	2	3	4	5	6	日	1	2	3	4	5	6	日
干節	丁酉	戊戌	己亥	庚子	辛丑	壬寅	白露	甲辰	乙巳	丙午	丁未	戊申	己酉	庚戌	辛亥	壬子	癸丑	甲寅	乙卯	丙辰	丁巳	戊午	秋分	庚申	辛酉	壬戌	癸亥	甲子	乙丑	丙寅

陽歷十月份（陰歷八、九月份）

陽	1	2	3	4	5	6	7	8	9	10	11	12	13	14	15	16	17	18	19	20	21	22	23	24	25	26	27	28	29	30	31
陰	十五	十六	十七	十八	十九	廿	廿一	廿二	廿三	廿四	廿五	廿六	廿七	廿八	廿九	九	二	三	四	五	六	七	八	九	十	十一	十二	十三	十四	十五	十六
星	1	2	3	4	5	6	日	1	2	3	4	5	6	日	1	2	3	4	5	6	日	1	2	3	4	5	6	日	1	2	3
干節	丁卯	戊辰	己巳	庚午	辛未	壬申	癸酉	寒露	乙亥	丙子	丁丑	戊寅	己卯	庚辰	辛巳	壬午	癸未	甲申	乙酉	丙戌	丁亥	戊子	霜降	庚寅	辛卯	壬辰	癸巳	甲午	乙未	丙申	丁酉

陽歷十一月份（陰歷九、十月份）

陽	1	2	3	4	5	6	7	8	9	10	11	12	13	14	15	16	17	18	19	20	21	22	23	24	25	26	27	28	29	30
陰	十七	十八	十九	廿	廿一	廿二	廿三	廿四	廿五	廿六	廿七	廿八	廿九	卅	十	二	三	四	五	六	七	八	九	十	十一	十二	十三	十四	十五	十六
星	4	5	6	日	1	2	3	4	5	6	日	1	2	3	4	5	6	日	1	2	3	4	5	6	日	1	2	3	4	5
干節	戊戌	己亥	庚子	辛丑	壬寅	癸卯	立冬	乙巳	丙午	丁未	戊申	己酉	庚戌	辛亥	壬子	癸丑	甲寅	乙卯	丙辰	丁巳	戊午	小雪	庚申	辛酉	壬戌	癸亥	甲子	乙丑	丙寅	丁卯

陽歷十二月份（陰歷十、十一月份）

陽	1	2	3	4	5	6	7	8	9	10	11	12	13	14	15	16	17	18	19	20	21	22	23	24	25	26	27	28	29	30	31
陰	十七	十八	十九	廿	廿一	廿二	廿三	廿四	廿五	廿六	廿七	廿八	廿九	卅	十一	二	三	四	五	六	七	八	九	十	十一	十二	十三	十四	十五	十六	十七
星	6	日	1	2	3	4	5	6	日	1	2	3	4	5	6	日	1	2	3	4	5	6	日	1	2	3	4	5	6	日	1
干節	戊辰	己巳	庚午	辛未	壬申	癸酉	大雪	乙亥	丙子	丁丑	戊寅	己卯	庚辰	辛巳	壬午	癸未	甲申	乙酉	丙戌	丁亥	冬至	己丑	庚寅	辛卯	壬辰	癸巳	甲午	乙未	丙申	丁酉	戊戌

近世中西史日對照表

陽歷 一 月份　（陰歷十一、十二月份）

陽	1	2	3	4	5	6	7	8	9	10	11	12	13	14	15	16	17	18	19	20	21	22	23	24	25	26	27	28	29	30	31
陰	十八	十九	廿	廿一	廿二	廿三	廿四	廿五	廿六	廿七	廿八	廿九	十二	二	三	四	五	六	七	八	九	十	十一	十二	十三	十四	十五	十六	十七	十八	十九
星	2	3	4	5	6	日	1	2	3	4	5	6	日	1	2	3	4	5	6	日	1	2	3	4	5	6	日	1	2	3	4
干節	己亥	庚子	辛丑	壬寅	小寒	甲辰	乙巳	丙午	丁未	戊申	己酉	庚戌	辛亥	壬子	癸丑	甲寅	乙卯	丙辰	丁巳	大寒	己未	庚申	辛酉	壬戌	癸亥	甲子	乙丑	丙寅	丁卯	戊辰	己巳

陽歷 二 月份　（陰歷十二、正月份）

陽	2	2	3	4	5	6	7	8	9	10	11	12	13	14	15	16	17	18	19	20	21	22	23	24	25	26	27	28
陰	廿	廿一	廿二	廿三	廿四	廿五	廿六	廿七	廿八	廿九	卅	正	二	三	四	五	六	七	八	九	十	十一	十二	十三	十四	十五	十六	十七
星	5	6	日	1	2	3	4	5	6	日	1	2	3	4	5	6	日	1	2	3	4	5	6	日	1	2	3	4
干節	庚午	辛未	立春	癸酉	甲戌	乙亥	丙子	丁丑	戊寅	己卯	庚辰	辛巳	壬午	癸未	甲申	乙酉	丙戌	雨水	戊子	己丑	庚寅	辛卯	壬辰	癸巳	甲午	乙未	丙申	丁酉

陽歷 三 月份　（陰歷正、二月份）

陽	3	2	3	4	5	6	7	8	9	10	11	12	13	14	15	16	17	18	19	20	21	22	23	24	25	26	27	28	29	30	31
陰	十八	十九	廿	廿一	廿二	廿三	廿四	廿五	廿六	廿七	廿八	廿九	卅	二	二	三	四	五	六	七	八	九	十	十一	十二	十三	十四	十五	十六	十七	十八
星	5	6	日	1	2	3	4	5	6	日	1	2	3	4	5	6	日	1	2	3	4	5	6	日	1	2	3	4	5	6	日
干節	戊戌	己亥	庚子	辛丑	驚蟄	癸卯	甲辰	乙巳	丙午	丁未	戊申	己酉	庚戌	辛亥	壬子	癸丑	甲寅	乙卯	丙辰	春分	戊午	己未	庚申	辛酉	壬戌	癸亥	甲子	乙丑	丙寅	丁卯	戊辰

陽歷 四 月份　（陰歷二、三月份）

陽	4	2	3	4	5	6	7	8	9	10	11	12	13	14	15	16	17	18	19	20	21	22	23	24	25	26	27	28	29	30
陰	十九	廿	廿一	廿二	廿三	廿四	廿五	廿六	廿七	廿八	廿九	卅	三	二	三	四	五	六	七	八	九	十	十一	十二	十三	十四	十五	十六	十七	十八
星	1	2	3	4	5	6	日	1	2	3	4	5	6	日	1	2	3	4	5	6	日	1	2	3	4	5	6	日	1	2
干節	己巳	庚午	辛未	壬申	清明	甲戌	乙亥	丙子	丁丑	戊寅	己卯	庚辰	辛巳	壬午	癸未	甲申	乙酉	丙戌	丁亥	穀雨	己丑	庚寅	辛卯	壬辰	癸巳	甲午	乙未	丙申	丁酉	戊戌

陽歷 五 月份　（陰歷三、四月份）

陽	5	2	3	4	5	6	7	8	9	10	11	12	13	14	15	16	17	18	19	20	21	22	23	24	25	26	27	28	29	30	31
陰	十九	廿	廿一	廿二	廿三	廿四	廿五	廿六	廿七	廿八	廿九	四	二	三	四	五	六	七	八	九	十	十一	十二	十三	十四	十五	十六	十七	十八	十九	廿
星	3	4	5	6	日	1	2	3	4	5	6	日	1	2	3	4	5	6	日	1	2	3	4	5	6	日	1	2	3	4	5
干節	己亥	庚子	辛丑	壬寅	立夏	甲辰	乙巳	丙午	丁未	戊申	己酉	庚戌	辛亥	壬子	癸丑	甲寅	乙卯	丙辰	丁巳	戊午	小滿	庚申	辛酉	壬戌	癸亥	甲子	乙丑	丙寅	丁卯	戊辰	己巳

陽歷 六 月份　（陰歷四、五月份）

陽	6	2	3	4	5	6	7	8	9	10	11	12	13	14	15	16	17	18	19	20	21	22	23	24	25	26	27	28	29	30
陰	廿一	廿二	廿三	廿四	廿五	廿六	廿七	廿八	廿九	卅	五	二	三	四	五	六	七	八	九	十	十一	十二	十三	十四	十五	十六	十七	十八	十九	廿
星	6	日	1	2	3	4	5	6	日	1	2	3	4	5	6	日	1	2	3	4	5	6	日	1	2	3	4	5	6	日
干節	庚午	辛未	壬申	癸酉	甲戌	芒種	丙子	丁丑	戊寅	己卯	庚辰	辛巳	壬午	癸未	甲申	乙酉	丙戌	丁亥	戊子	己丑	夏至	辛卯	壬辰	癸巳	甲午	乙未	丙申	丁酉	戊戌	己亥

庚午

一六三〇年

（明思宗崇禎三年清太宗天聰四年）

陽歷 七 月份 （陰歷五、六月份）

陽	7	2	3	4	5	6	7	8	9	10	11	12	13	14	15	16	17	18	19	20	21	22	23	24	25	26	27	28	29	30	31
陰	廿一	廿二	廿三	廿四	廿五	廿六	廿七	廿八	廿九	六	二	三	四	五	六	七	八	九	十	十一	十二	十三	十四	十五	十六	十七	十八	十九	廿	廿一	廿二
星	1	2	3	4	5	6	日	1	2	3	4	5	6	日	1	2	3	4	5	6	日	1	2	3	4	5	6	日	1	2	3
干節	庚子	辛丑	壬寅	癸卯	甲辰	乙巳	小暑	丁未	戊申	己酉	庚戌	辛亥	壬子	癸丑	甲寅	乙卯	丙辰	丁巳	戊午	己未	庚申	辛酉	大暑	癸亥	甲子	乙丑	丙寅	丁卯	戊辰	己巳	庚午

陽歷 八 月份 （陰歷六、七月份）

陽	8	2	3	4	5	6	7	8	9	10	11	12	13	14	15	16	17	18	19	20	21	22	23	24	25	26	27	28	29	30	31
陰	廿三	廿四	廿五	廿六	廿七	廿八	廿九	七	二	三	四	五	六	七	八	九	十	十一	十二	十三	十四	十五	十六	十七	十八	十九	廿	廿一	廿二	廿三	廿四
星	4	5	6	日	1	2	3	4	5	6	日	1	2	3	4	5	6	日	1	2	3	4	5	6	日	1	2	3	4	5	6
干節	辛未	壬申	癸酉	甲戌	乙亥	丙子	丁丑	立秋	己卯	庚辰	辛巳	壬午	癸未	甲申	乙酉	丙戌	丁亥	戊子	己丑	庚寅	辛卯	壬辰	處暑	甲午	乙未	丙申	丁酉	戊戌	己亥	庚子	辛丑

陽歷 九 月份 （陰歷七、八月份）

陽	9	2	3	4	5	6	7	8	9	10	11	12	13	14	15	16	17	18	19	20	21	22	23	24	25	26	27	28	29	30
陰	廿五	廿六	廿七	廿八	廿九	卅	八	二	三	四	五	六	七	八	九	十	十一	十二	十三	十四	十五	十六	十七	十八	十九	廿	廿一	廿二	廿三	廿四
星	日	1	2	3	4	5	6	日	1	2	3	4	5	6	日	1	2	3	4	5	6	日	1	2	3	4	5	6	日	1
干節	壬寅	癸卯	甲辰	乙巳	丙午	丁未	戊申	白露	庚戌	辛亥	壬子	癸丑	甲寅	乙卯	丙辰	丁巳	戊午	己未	庚申	辛酉	壬戌	癸亥	秋分	乙丑	丙寅	丁卯	戊辰	己巳	庚午	辛未

陽歷 十 月份 （陰歷八、九月份）

陽	10	2	3	4	5	6	7	8	9	10	11	12	13	14	15	16	17	18	19	20	21	22	23	24	25	26	27	28	29	30	31
陰	廿五	廿六	廿七	廿八	廿九	九	二	三	四	五	六	七	八	九	十	十一	十二	十三	十四	十五	十六	十七	十八	十九	廿	廿一	廿二	廿三	廿四	廿五	廿六
星	2	3	4	5	6	日	1	2	3	4	5	6	日	1	2	3	4	5	6	日	1	2	3	4	5	6	日	1	2	3	4
干節	壬申	癸酉	甲戌	乙亥	丙子	丁丑	戊寅	寒露	庚辰	辛巳	壬午	癸未	甲申	乙酉	丙戌	丁亥	戊子	己丑	庚寅	辛卯	壬辰	癸巳	霜降	乙未	丙申	丁酉	戊戌	己亥	庚子	辛丑	壬寅

陽歷十一月份 （陰歷九、十月份）

陽	11	2	3	4	5	6	7	8	9	10	11	12	13	14	15	16	17	18	19	20	21	22	23	24	25	26	27	28	29	30
陰	廿七	廿八	廿九	十	二	三	四	五	六	七	八	九	十	十一	十二	十三	十四	十五	十六	十七	十八	十九	廿	廿一	廿二	廿三	廿四	廿五	廿六	廿七
星	5	6	日	1	2	3	4	5	6	日	1	2	3	4	5	6	日	1	2	3	4	5	6	日	1	2	3	4	5	6
干節	癸卯	甲辰	乙巳	丙午	丁未	戊申	立冬	庚戌	辛亥	壬子	癸丑	甲寅	乙卯	丙辰	丁巳	戊午	己未	庚申	辛酉	壬戌	癸亥	小雪	乙丑	丙寅	丁卯	戊辰	己巳	庚午	辛未	壬申

陽歷十二月份 （陰歷十、十一月份）

陽	12	2	3	4	5	6	7	8	9	10	11	12	13	14	15	16	17	18	19	20	21	22	23	24	25	26	27	28	29	30	31
陰	廿八	廿九	卅	十一	二	三	四	五	六	七	八	九	十	十一	十二	十三	十四	十五	十六	十七	十八	十九	廿	廿一	廿二	廿三	廿四	廿五	廿六	廿七	廿八
星	日	1	2	3	4	5	6	日	1	2	3	4	5	6	日	1	2	3	4	5	6	日	1	2	3	4	5	6	日	1	2
干節	癸酉	甲戌	乙亥	丙子	丁丑	戊寅	大雪	庚辰	辛巳	壬午	癸未	甲申	乙酉	丙戌	丁亥	戊子	己丑	庚寅	辛卯	壬辰	癸巳	冬至	乙未	丙申	丁酉	戊戌	己亥	庚子	辛丑	壬寅	癸卯

近世中西史日對照表

陽歷 一 月份 (陰歷十一、十二月份)

陽	1	2	3	4	5	6	7	8	9	10	11	12	13	14	15	16	17	18	19	20	21	22	23	24	25	26	27	28	29	30	31
陰	廿九	十二	二	三	四	五	六	七	八	九	十	十一	十二	十三	十四	十五	十六	十七	十八	十九	廿	廿一	廿二	廿三	廿四	廿五	廿六	廿七	廿八	廿九	卅
星	3	4	5	6	日	1	2	3	4	5	6	日	1	2	3	4	5	6	日	1	2	3	4	5	6	日	1	2	3	4	5
干節	甲辰	乙巳	丙午	丁未	小寒	己酉	庚戌	辛亥	壬子	癸丑	甲寅	乙卯	丙辰	丁巳	戊午	己未	庚申	辛酉	壬戌	大寒	甲子	乙丑	丙寅	丁卯	戊辰	己巳	庚午	辛未	壬申	癸酉	甲戌

陽歷 二 月份 (陰歷正月份)

陽	2	2	3	4	5	6	7	8	9	10	11	12	13	14	15	16	17	18	19	20	21	22	23	24	25	26	27	28
陰	正	二	三	四	五	六	七	八	九	十	十一	十二	十三	十四	十五	十六	十七	十八	十九	廿	廿一	廿二	廿三	廿四	廿五	廿六	廿七	廿八
星	6	日	1	2	3	4	5	6	日	1	2	3	4	5	6	日	1	2	3	4	5	6	日	1	2	3	4	5
干節	乙亥	丙子	丁丑	立春	己卯	庚辰	辛巳	壬午	癸未	甲申	乙酉	丙戌	丁亥	戊子	己丑	庚寅	辛卯	壬辰	雨水	甲午	乙未	丙申	丁酉	戊戌	己亥	庚子	辛丑	壬寅

陽歷 三 月份 (陰歷正、二月份)

陽	3	2	3	4	5	6	7	8	9	10	11	12	13	14	15	16	17	18	19	20	21	22	23	24	25	26	27	28	29	30	31
陰	廿九	卅	二	二	三	四	五	六	七	八	九	十	十一	十二	十三	十四	十五	十六	十七	十八	十九	廿	廿一	廿二	廿三	廿四	廿五	廿六	廿七	廿八	廿九
星	6	日	1	2	3	4	5	6	日	1	2	3	4	5	6	日	1	2	3	4	5	6	日	1	2	3	4	5	6	日	1
干節	癸卯	甲辰	乙巳	丙午	驚蟄	戊申	己酉	庚戌	辛亥	壬子	癸丑	甲寅	乙卯	丙辰	丁巳	戊午	己未	庚申	辛酉	壬戌	春分	甲子	乙丑	丙寅	丁卯	戊辰	己巳	庚午	辛未	壬申	癸酉

陽歷 四 月份 (陰歷二、三月份)

陽	4	2	3	4	5	6	7	8	9	10	11	12	13	14	15	16	17	18	19	20	21	22	23	24	25	26	27	28	29	30
陰	卅	三	二	三	四	五	六	七	八	九	十	十一	十二	十三	十四	十五	十六	十七	十八	十九	廿	廿一	廿二	廿三	廿四	廿五	廿六	廿七	廿八	廿九
星	2	3	4	5	6	日	1	2	3	4	5	6	日	1	2	3	4	5	6	日	1	2	3	4	5	6	日	1	2	3
干節	甲戌	乙亥	丙子	丁丑	清明	己卯	庚辰	辛巳	壬午	癸未	甲申	乙酉	丙戌	丁亥	戊子	己丑	庚寅	辛卯	壬辰	穀雨	甲午	乙未	丙申	丁酉	戊戌	己亥	庚子	辛丑	壬寅	癸卯

陽歷 五 月份 (陰歷四、五月份)

陽	5	2	3	4	5	6	7	8	9	10	11	12	13	14	15	16	17	18	19	20	21	22	23	24	25	26	27	28	29	30	31
陰	四	二	三	四	五	六	七	八	九	十	十一	十二	十三	十四	十五	十六	十七	十八	十九	廿	廿一	廿二	廿三	廿四	廿五	廿六	廿七	廿八	廿九	卅	五
星	4	5	6	日	1	2	3	4	5	6	日	1	2	3	4	5	6	日	1	2	3	4	5	6	日	1	2	3	4	5	6
干節	甲辰	乙巳	丙午	丁未	戊申	立夏	庚戌	辛亥	壬子	癸丑	甲寅	乙卯	丙辰	丁巳	戊午	己未	庚申	辛酉	壬戌	癸亥	小滿	乙丑	丙寅	丁卯	戊辰	己巳	庚午	辛未	壬申	癸酉	甲戌

陽歷 六 月份 (陰歷五、六月份)

陽	6	2	3	4	5	6	7	8	9	10	11	12	13	14	15	16	17	18	19	20	21	22	23	24	25	26	27	28	29	30
陰	二	三	四	五	六	七	八	九	十	十一	十二	十三	十四	十五	十六	十七	十八	十九	廿	廿一	廿二	廿三	廿四	廿五	廿六	廿七	廿八	廿九	六	二
星	日	1	2	3	4	5	6	日	1	2	3	4	5	6	日	1	2	3	4	5	6	日	1	2	3	4	5	6	日	1
干節	乙亥	丙子	丁丑	戊寅	己卯	芒種	辛巳	壬午	癸未	甲申	乙酉	丙戌	丁亥	戊子	己丑	庚寅	辛卯	壬辰	癸巳	甲午	乙未	夏至	丁酉	戊戌	己亥	庚子	辛丑	壬寅	癸卯	甲辰

辛未

一六三一年

（明思宗崇禎四年清太宗天聰五年）

（註五）案萬年書十二月小，明年正月大，二月大，閏二月小。本表依據明曆（與東華錄合）。

陽曆 七 月份　　（陰曆六、七月份）

陽	7	2	3	4	5	6	7	8	9	10	11	12	13	14	15	16	17	18	19	20	21	22	23	24	25	26	27	28	29	30	31
陰	三	四	五	六	七	八	九	十	十一	十二	十三	十四	十五	十六	十七	十八	十九	廿	廿一	廿二	廿三	廿四	廿五	廿六	廿七	廿八	廿九	卅	七	二	三
星	2	3	4	5	6	日	1	2	3	4	5	6	日	1	2	3	4	5	6	日	1	2	3	4	5	6	日	1	2	3	4
干節	乙巳	丙午	丁未	戊申	己酉	庚戌	小暑	壬子	癸丑	甲寅	乙卯	丙辰	丁巳	戊午	己未	庚申	辛酉	壬戌	癸亥	甲子	乙丑	丙寅	大暑	戊辰	己巳	庚午	辛未	壬申	癸酉	甲戌	乙亥

陽曆 八 月份　　（陰曆七、八月份）

陽	8	2	3	4	5	6	7	8	9	10	11	12	13	14	15	16	17	18	19	20	21	22	23	24	25	26	27	28	29	30	31
陰	四	五	六	七	八	九	十	十一	十二	十三	十四	十五	十六	十七	十八	十九	廿	廿一	廿二	廿三	廿四	廿五	廿六	廿七	廿八	廿九	八	二	三	四	五
星	5	6	日	1	2	3	4	5	6	日	1	2	3	4	5	6	日	1	2	3	4	5	6	日	1	2	3	4	5	6	日
干節	丙子	丁丑	戊寅	己卯	庚辰	辛巳	壬午	立秋	甲申	乙酉	丙戌	丁亥	戊子	己丑	庚寅	辛卯	壬辰	癸巳	甲午	乙未	丙申	丁酉	戊戌	處暑	庚子	辛丑	壬寅	癸卯	甲辰	乙巳	丙午

陽曆 九 月份　　（陰曆八、九月份）

陽	9	2	3	4	5	6	7	8	9	10	11	12	13	14	15	16	17	18	19	20	21	22	23	24	25	26	27	28	29	30
陰	六	七	八	九	十	十一	十二	十三	十四	十五	十六	十七	十八	十九	廿	廿一	廿二	廿三	廿四	廿五	廿六	廿七	廿八	廿九	卅	九	二	三	四	五
星	1	2	3	4	5	6	日	1	2	3	4	5	6	日	1	2	3	4	5	6	日	1	2	3	4	5	6	日	1	2
干節	丁未	戊申	己酉	庚戌	辛亥	壬子	癸丑	白露	乙卯	丙辰	丁巳	戊午	己未	庚申	辛酉	壬戌	癸亥	甲子	乙丑	丙寅	丁卯	戊辰	秋分	庚午	辛未	壬申	癸酉	甲戌	乙亥	丙子

陽曆 十 月份　　（陰曆九、十月份）

陽	10	2	3	4	5	6	7	8	9	10	11	12	13	14	15	16	17	18	19	20	21	22	23	24	25	26	27	28	29	30	31
陰	六	七	八	九	十	十一	十二	十三	十四	十五	十六	十七	十八	十九	廿	廿一	廿二	廿三	廿四	廿五	廿六	廿七	廿八	廿九	十	二	三	四	五	六	七
星	3	4	5	6	日	1	2	3	4	5	6	日	1	2	3	4	5	6	日	1	2	3	4	5	6	日	1	2	3	4	5
干節	丁丑	戊寅	己卯	庚辰	辛巳	壬午	癸未	甲申	寒露	丙戌	丁亥	戊子	己丑	庚寅	辛卯	壬辰	癸巳	甲午	乙未	丙申	丁酉	戊戌	己亥	霜降	辛丑	壬寅	癸卯	甲辰	乙巳	丙午	丁未

陽曆 十一 月份　　（陰曆十、十一月份）

陽	11	2	3	4	5	6	7	8	9	10	11	12	13	14	15	16	17	18	19	20	21	22	23	24	25	26	27	28	29	30
陰	八	九	十	十一	十二	十三	十四	十五	十六	十七	十八	十九	廿	廿一	廿二	廿三	廿四	廿五	廿六	廿七	廿八	廿九	十一	二	三	四	五	六	七	八
星	6	日	1	2	3	4	5	6	日	1	2	3	4	5	6	日	1	2	3	4	5	6	日	1	2	3	4	5	6	日
干節	戊申	己酉	庚戌	辛亥	壬子	癸丑	甲寅	立冬	丙辰	丁巳	戊午	己未	庚申	辛酉	壬戌	癸亥	甲子	乙丑	丙寅	丁卯	戊辰	小雪	庚午	辛未	壬申	癸酉	甲戌	乙亥	丙子	丁丑

陽曆 十二 月份　　（陰曆十一、閏十一月份）

陽	12	2	3	4	5	6	7	8	9	10	11	12	13	14	15	16	17	18	19	20	21	22	23	24	25	26	27	28	29	30	31
陰	九	十	十一	十二	十三	十四	十五	十六	十七	十八	十九	廿	廿一	廿二	廿三	廿四	廿五	廿六	廿七	廿八	廿九	卅	閏	二	三	四	五	六	七	八	九
星	1	2	3	4	5	6	日	1	2	3	4	5	6	日	1	2	3	4	5	6	日	1	2	3	4	5	6	日	1	2	3
干節	戊寅	己卯	庚辰	辛巳	壬午	癸未	大雪	乙酉	丙戌	丁亥	戊子	己丑	庚寅	辛卯	壬辰	癸巳	甲午	乙未	丙申	丁酉	戊戌	冬至	庚子	辛丑	壬寅	癸卯	甲辰	乙巳	丙午	丁未	戊申

壬申 一六三二年 （明思宗崇禎五年清太宗天聰六年）

陽歷 一 月份 （陰歷閏十一、十二月份）

陽	**1**	2	3	4	5	6	7	8	9	10	11	12	13	14	15	16	17	18	19	20	21	22	23	24	25	26	27	28	29	30	31
陰	十	十一	十二	十三	十四	十五	十六	十七	十八	十九	廿	廿一	廿二	廿三	廿四	廿五	廿六	廿七	廿八	廿九	**十二**	二	三	四	五	六	七	八	九	十	十一
星	4	5	6	**日**	1	2	3	4	5	6	**日**	1	2	3	4	5	6	**日**	1	2	3	4	5	6	**日**	1	2	3	4	5	6
干節	己酉	庚戌	辛亥	壬子	**小寒**	甲寅	乙卯	丙辰	丁巳	戊午	己未	庚申	辛酉	壬戌	癸亥	甲子	乙丑	丙寅	丁卯	**大寒**	己巳	庚午	辛未	壬申	癸酉	甲戌	乙亥	丙子	丁丑	戊寅	己卯

陽歷 二 月份 （陰歷十二、正月份）

陽	**2**	2	3	4	5	6	7	8	9	10	11	12	13	14	15	16	17	18	19	20	21	22	23	24	25	26	27	28	29		
陰	十二	十三	十四	十五	十六	十七	十八	十九	廿	廿一	廿二	廿三	廿四	廿五	廿六	廿七	廿八	廿九	卅	**正**	二	三	四	五	六	七	八	九	十		
星	**日**	1	2	3	4	5	6	**日**	1	2	3	4	5	6	**日**	1	2	3	4	5	6	**日**	1	2	3	4	5	6	**日**		
干節	庚辰	辛巳	壬午	**立春**	甲申	乙酉	丙戌	丁亥	戊子	己丑	庚寅	辛卯	壬辰	癸巳	甲午	乙未	丙申	丁酉	**雨水**	己亥	庚子	辛丑	壬寅	癸卯	甲辰	乙巳	丙午	丁未	戊申		

陽歷 三 月份 （陰歷正、二月份）

陽	**3**	2	3	4	5	6	7	8	9	10	11	12	13	14	15	16	17	18	19	20	21	22	23	24	25	26	27	28	29	30	31
陰	十一	十二	十三	十四	十五	十六	十七	十八	十九	廿	廿一	廿二	廿三	廿四	廿五	廿六	廿七	廿八	廿九	卅	**二**	二	三	四	五	六	七	八	九	十	十一
星	1	2	3	4	5	6	**日**	1	2	3	4	5	6	**日**	1	2	3	4	5	6	**日**	1	2	3	4	5	6	**日**	1	2	3
干節	己酉	庚戌	辛亥	壬子	**驚蟄**	甲寅	乙卯	丙辰	丁巳	戊午	己未	庚申	辛酉	壬戌	癸亥	甲子	乙丑	丙寅	丁卯	**春分**	己巳	庚午	辛未	壬申	癸酉	甲戌	乙亥	丙子	丁丑	戊寅	己卯

陽歷 四 月份 （陰歷二、三月份）

陽	**4**	2	3	4	5	6	7	8	9	10	11	12	13	14	15	16	17	18	19	20	21	22	23	24	25	26	27	28	29	30	
陰	十二	十三	十四	十五	十六	十七	十八	十九	廿	廿一	廿二	廿三	廿四	廿五	廿六	廿七	廿八	廿九	**三**	二	三	四	五	六	七	八	九	十	十一	十二	
星	4	5	6	**日**	1	2	3	4	5	6	**日**	1	2	3	4	5	6	**日**	1	2	3	4	5	6	**日**	1	2	3	4	5	
干節	庚辰	辛巳	壬午	**清明**	甲申	乙酉	丙戌	丁亥	戊子	己丑	庚寅	辛卯	壬辰	癸巳	甲午	乙未	丙申	丁酉	**穀雨**	己亥	庚子	辛丑	壬寅	癸卯	甲辰	乙巳	丙午	丁未	戊申	己酉	

陽歷 五 月份 （陰歷三、四月份）

陽	**5**	2	3	4	5	6	7	8	9	10	11	12	13	14	15	16	17	18	19	20	21	22	23	24	25	26	27	28	29	30	31
陰	十三	十四	十五	十六	十七	十八	十九	廿	廿一	廿二	廿三	廿四	廿五	廿六	廿七	廿八	廿九	卅	**四**	二	三	四	五	六	七	八	九	十	十一	十二	十三
星	6	**日**	1	2	3	4	5	6	**日**	1	2	3	4	5	6	**日**	1	2	3	4	5	6	**日**	1	2	3	4	5	6	**日**	1
干節	庚戌	辛亥	壬子	癸丑	**立夏**	乙卯	丙辰	丁巳	戊午	己未	庚申	辛酉	壬戌	癸亥	甲子	乙丑	丙寅	丁卯	戊辰	**小滿**	庚午	辛未	壬申	癸酉	甲戌	乙亥	丙子	丁丑	戊寅	己卯	庚辰

陽歷 六 月份 （陰歷四、五月份）

陽	**6**	2	3	4	5	6	7	8	9	10	11	12	13	14	15	16	17	18	19	20	21	22	23	24	25	26	27	28	29	30	
陰	十四	十五	十六	十七	十八	十九	廿	廿一	廿二	廿三	廿四	廿五	廿六	廿七	廿八	廿九	卅	**五**	二	三	四	五	六	七	八	九	十	十一	十二	十三	
星	2	3	4	5	6	**日**	1	2	3	4	5	6	**日**	1	2	3	4	5	6	**日**	1	2	3	4	5	6	**日**	1	2	3	
干節	辛巳	壬午	癸未	甲申	**芒種**	丙戌	丁亥	戊子	己丑	庚寅	辛卯	壬辰	癸巳	甲午	乙未	丙申	丁酉	戊戌	己亥	庚子	**夏至**	壬寅	癸卯	甲辰	乙巳	丙午	丁未	戊申	己酉	庚戌	

壬申

一六三二年

（明思宗崇禎五年清太宗天聰六年）

陽歷七月份　（陰歷五、六月份）

陽	7	2	3	4	5	6	7	8	9	10	11	12	13	14	15	16	17	18	19	20	21	22	23	24	25	26	27	28	29	30	31
陰	十四	十五	十六	十七	十八	十九	廿	廿一	廿二	廿三	廿四	廿五	廿六	廿七	廿八	廿九	六	二	三	四	五	六	七	八	九	十	十一	十二	十三	十四	十五
星	4	5	6	日	1	2	3	4	5	6	日	1	2	3	4	5	6	日	1	2	3	4	5	6	日	1	2	3	4	5	6
干節	辛亥	壬子	癸丑	甲寅	乙卯	丙辰	小暑	戊午	己未	庚申	辛酉	壬戌	癸亥	甲子	乙丑	丙寅	丁卯	戊辰	己巳	庚午	辛未	大暑	癸酉	甲戌	乙亥	丙子	丁丑	戊寅	己卯	庚辰	辛巳

陽歷八月份　（陰歷六、七月份）

陽	8	2	3	4	5	6	7	8	9	10	11	12	13	14	15	16	17	18	19	20	21	22	23	24	25	26	27	28	29	30	31
陰	十六	十七	十八	十九	廿	廿一	廿二	廿三	廿四	廿五	廿六	廿七	廿八	廿九	卅	七	二	三	四	五	六	七	八	九	十	十一	十二	十三	十四	十五	十六
星	日	1	2	3	4	5	6	日	1	2	3	4	5	6	日	1	2	3	4	5	6	日	1	2	3	4	5	6	日	1	2
干節	壬午	癸未	甲申	乙酉	丙戌	丁亥	立秋	己丑	庚寅	辛卯	壬辰	癸巳	甲午	乙未	丙申	丁酉	戊戌	己亥	庚子	辛丑	壬寅	癸卯	處暑	乙巳	丙午	丁未	戊申	己酉	庚戌	辛亥	壬子

陽歷九月份　（陰歷七、八月份）

陽	9	2	3	4	5	6	7	8	9	10	11	12	13	14	15	16	17	18	19	20	21	22	23	24	25	26	27	28	29	30	
陰	十七	十八	十九	廿	廿一	廿二	廿三	廿四	廿五	廿六	廿七	廿八	廿九	八	二	三	四	五	六	七	八	九	十	十一	十二	十三	十四	十五	十六	十七	
星	3	4	5	6	日	1	2	3	4	5	6	日	1	2	3	4	5	6	日	1	2	3	4	5	6	日	1	2	3	4	
干節	癸丑	甲寅	乙卯	丙辰	丁巳	戊午	白露	庚申	辛酉	壬戌	癸亥	甲子	乙丑	丙寅	丁卯	戊辰	己巳	庚午	辛未	壬申	癸酉	甲戌	秋分	丙子	丁丑	戊寅	己卯	庚辰	辛巳	壬午	

陽歷十月份　（陰歷八、九月份）

陽	10	2	3	4	5	6	7	8	9	10	11	12	13	14	15	16	17	18	19	20	21	22	23	24	25	26	27	28	29	30	31
陰	十八	十九	廿	廿一	廿二	廿三	廿四	廿五	廿六	廿七	廿八	廿九	卅	九	二	三	四	五	六	七	八	九	十	十一	十二	十三	十四	十五	十六	十七	十八
星	5	6	日	1	2	3	4	5	6	日	1	2	3	4	5	6	日	1	2	3	4	5	6	日	1	2	3	4	5	6	日
干節	癸未	甲申	乙酉	丙戌	丁亥	戊子	己丑	寒露	辛卯	壬辰	癸巳	甲午	乙未	丙申	丁酉	戊戌	己亥	庚子	辛丑	壬寅	癸卯	甲辰	霜降	丙午	丁未	戊申	己酉	庚戌	辛亥	壬子	癸丑

陽歷十一月份　（陰歷九、十月份）

陽	11	2	3	4	5	6	7	8	9	10	11	12	13	14	15	16	17	18	19	20	21	22	23	24	25	26	27	28	29	30	
陰	十九	廿	廿一	廿二	廿三	廿四	廿五	廿六	廿七	廿八	廿九	十	二	三	四	五	六	七	八	九	十	十一	十二	十三	十四	十五	十六	十七	十八	十九	
星	1	2	3	4	5	6	日	1	2	3	4	5	6	日	1	2	3	4	5	6	日	1	2	3	4	5	6	日	1	2	
干節	甲寅	乙卯	丙辰	丁巳	戊午	己未	立冬	辛酉	壬戌	癸亥	甲子	乙丑	丙寅	丁卯	戊辰	己巳	庚午	辛未	壬申	癸酉	甲戌	小雪	丙子	丁丑	戊寅	己卯	庚辰	辛巳	壬午	癸未	

陽歷十二月份　（陰歷十、十一月份）

陽	12	2	3	4	5	6	7	8	9	10	11	12	13	14	15	16	17	18	19	20	21	22	23	24	25	26	27	28	29	30	31
陰	廿	廿一	廿二	廿三	廿四	廿五	廿六	廿七	廿八	廿九	卅	十一	二	三	四	五	六	七	八	九	十	十一	十二	十三	十四	十五	十六	十七	十八	十九	廿
星	3	4	5	6	日	1	2	3	4	5	6	日	1	2	3	4	5	6	日	1	2	3	4	5	6	日	1	2	3	4	5
干節	甲申	乙酉	丙戌	丁亥	戊子	大雪	庚寅	辛卯	壬辰	癸巳	甲午	乙未	丙申	丁酉	戊戌	己亥	庚子	辛丑	壬寅	癸卯	冬至	乙巳	丙午	丁未	戊申	己酉	庚戌	辛亥	壬子	癸丑	甲寅

陽歷 一月份 （陰歷十一、十二月份）

陽	1	2	3	4	5	6	7	8	9	10	11	12	13	14	15	16	17	18	19	20	21	22	23	24	25	26	27	28	29	30	31
陰	廿一	廿二	廿三	廿四	廿五	廿六	廿七	廿八	廿九	十二	二	三	四	五	六	七	八	九	十	十一	十二	十三	十四	十五	十六	十七	十八	十九	廿	廿一	廿二
星	6	日	1	2	3	4	5	6	日	1	2	3	4	5	6	日	1	2	3	4	5	6	日	1	2	3	4	5	6	日	1
干節	乙卯	丙辰	丁巳	戊午	小寒	庚申	辛酉	壬戌	癸亥	甲子	乙丑	丙寅	丁卯	戊辰	己巳	庚午	辛未	壬申	大寒	甲戌	乙亥	丙子	丁丑	戊寅	己卯	庚辰	辛巳	壬午	癸未	甲申	乙酉

陽歷 二月份 （陰歷十二、正月份）

陽	1	2	3	4	5	6	7	8	9	10	11	12	13	14	15	16	17	18	19	20	21	22	23	24	25	26	27	28
陰	廿三	廿四	廿五	廿六	廿七	廿八	廿九	正	二	三	四	五	六	七	八	九	十	十一	十二	十三	十四	十五	十六	十七	十八	十九	廿	廿一
星	2	3	4	5	6	日	1	2	3	4	5	6	日	1	2	3	4	5	6	日	1	2	3	4	5	6	日	1
干節	丙戌	丁亥	立春	己丑	庚寅	辛卯	壬辰	癸巳	甲午	乙未	丙申	丁酉	戊戌	己亥	庚子	辛丑	壬寅	雨水	甲辰	乙巳	丙午	丁未	戊申	己酉	庚戌	辛亥	壬子	癸丑

陽歷 三月份 （陰歷正、二月份）

陽	1	2	3	4	5	6	7	8	9	10	11	12	13	14	15	16	17	18	19	20	21	22	23	24	25	26	27	28	29	30	31
陰	廿二	廿三	廿四	廿五	廿六	廿七	廿八	廿九	卅	二	二	三	四	五	六	七	八	九	十	十一	十二	十三	十四	十五	十六	十七	十八	十九	廿	廿一	廿二
星	2	3	4	5	6	日	1	2	3	4	5	6	日	1	2	3	4	5	6	日	1	2	3	4	5	6	日	1	2	3	4
干節	甲寅	乙卯	丙辰	丁巳	驚蟄	己未	庚申	辛酉	壬戌	癸亥	甲子	乙丑	丙寅	丁卯	戊辰	己巳	庚午	辛未	壬申	春分	甲戌	乙亥	丙子	丁丑	戊寅	己卯	庚辰	辛巳	壬午	癸未	甲申

陽歷 四月份 （陰歷二、三月份）

陽	1	2	3	4	5	6	7	8	9	10	11	12	13	14	15	16	17	18	19	20	21	22	23	24	25	26	27	28	29	30
陰	廿三	廿四	廿五	廿六	廿七	廿八	廿九	三	二	三	四	五	六	七	八	九	十	十一	十二	十三	十四	十五	十六	十七	十八	十九	廿	廿一	廿二	廿三
星	5	6	日	1	2	3	4	5	6	日	1	2	3	4	5	6	日	1	2	3	4	5	6	日	1	2	3	4	5	6
干節	乙酉	丙戌	丁亥	清明	己丑	庚寅	辛卯	壬辰	癸巳	甲午	乙未	丙申	丁酉	戊戌	己亥	庚子	辛丑	壬寅	癸卯	穀雨	乙巳	丙午	丁未	戊申	己酉	庚戌	辛亥	壬子	癸丑	甲寅

陽歷 五月份 （陰歷三、四月份）

陽	1	2	3	4	5	6	7	8	9	10	11	12	13	14	15	16	17	18	19	20	21	22	23	24	25	26	27	28	29	30	31
陰	廿四	廿五	廿六	廿七	廿八	廿九	卅	四	二	三	四	五	六	七	八	九	十	十一	十二	十三	十四	十五	十六	十七	十八	十九	廿	廿一	廿二	廿三	廿四
星	日	1	2	3	4	5	6	日	1	2	3	4	5	6	日	1	2	3	4	5	6	日	1	2	3	4	5	6	日	1	2
干節	乙卯	丙辰	丁巳	戊午	立夏	庚申	辛酉	壬戌	癸亥	甲子	乙丑	丙寅	丁卯	戊辰	己巳	庚午	辛未	壬申	癸酉	甲戌	小滿	丙子	丁丑	戊寅	己卯	庚辰	辛巳	壬午	癸未	甲申	乙酉

陽歷 六月份 （陰歷四、五月份）

陽	1	2	3	4	5	6	7	8	9	10	11	12	13	14	15	16	17	18	19	20	21	22	23	24	25	26	27	28	29	30
陰	廿五	廿六	廿七	廿八	廿九	卅	五	二	三	四	五	六	七	八	九	十	十一	十二	十三	十四	十五	十六	十七	十八	十九	廿	廿一	廿二	廿三	廿四
星	3	4	5	6	日	1	2	3	4	5	6	日	1	2	3	4	5	6	日	1	2	3	4	5	6	日	1	2	3	4
干節	丙戌	丁亥	戊子	己丑	芒種	辛卯	壬辰	癸巳	甲午	乙未	丙申	丁酉	戊戌	己亥	庚子	辛丑	壬寅	癸卯	甲辰	乙巳	夏至	丁未	戊申	己酉	庚戌	辛亥	壬子	癸丑	甲寅	乙卯

近世中西史日對照表

癸酉　一六三三年　（明思宗崇禎六年清太宗天聰七年）

陽歷七月份　（陰歷五、六月份）

陽	**7**	2	3	4	5	6	7	8	9	10	11	12	13	14	15	16	17	18	19	20	21	22	23	24	25	26	27	28	29	30	31
陰	廿五	廿六	廿七	廿八	廿九	**六**	二	三	四	五	六	七	八	九	十	十一	十二	十三	十四	十五	十六	十七	十八	十九	廿	廿一	廿二	廿三	廿四	廿五	廿六
星	5	6	**日**	1	2	3	4	5	6	**日**	1	2	3	4	5	6	**日**	1	2	3	4	5	6	**日**	1	2	3	4	5	6	**日**
干節	丙辰	丁巳	戊午	己未	庚申	辛酉	**小暑**	癸亥	甲子	乙丑	丙寅	丁卯	戊辰	己巳	庚午	辛未	壬申	癸酉	甲戌	乙亥	丙子	丁丑	**大暑**	己卯	庚辰	辛巳	壬午	癸未	甲申	乙酉	丙戌

陽歷八月份　（陰歷六、七月份）

陽	**8**	2	3	4	5	6	7	8	9	10	11	12	13	14	15	16	17	18	19	20	21	22	23	24	25	26	27	28	29	30	31
陰	廿七	廿八	廿九	卅	**七**	二	三	四	五	六	七	八	九	十	十一	十二	十三	十四	十五	十六	十七	十八	十九	廿	廿一	廿二	廿三	廿四	廿五	廿六	廿七
星	1	2	3	4	5	6	**日**	1	2	3	4	5	6	**日**	1	2	3	4	5	6	**日**	1	2	3	4	5	6	**日**	1	2	3
干節	丁亥	戊子	己丑	庚寅	辛卯	壬辰	**立秋**	甲午	乙未	丙申	丁酉	戊戌	己亥	庚子	辛丑	壬寅	癸卯	甲辰	乙巳	丙午	丁未	戊申	**處暑**	庚戌	辛亥	壬子	癸丑	甲寅	乙卯	丙辰	丁巳

陽歷九月份　（陰歷七、八月份）

陽	**9**	2	3	4	5	6	7	8	9	10	11	12	13	14	15	16	17	18	19	20	21	22	23	24	25	26	27	28	29	30
陰	廿八	廿九	**八**	二	三	四	五	六	七	八	九	十	十一	十二	十三	十四	十五	十六	十七	十八	十九	廿	廿一	廿二	廿三	廿四	廿五	廿六	廿七	廿八
星	4	5	6	**日**	1	2	3	4	5	6	**日**	1	2	3	4	5	6	**日**	1	2	3	4	5	6	**日**	1	2	3	4	5
干節	戊午	己未	庚申	辛酉	壬戌	癸亥	**白露**	乙丑	丙寅	丁卯	戊辰	己巳	庚午	辛未	壬申	癸酉	甲戌	乙亥	丙子	丁丑	戊寅	己卯	**秋分**	辛巳	壬午	癸未	甲申	乙酉	丙戌	丁亥

陽歷十月份　（陰歷八、九月份）

陽	**10**	2	3	4	5	6	7	8	9	10	11	12	13	14	15	16	17	18	19	20	21	22	23	24	25	26	27	28	29	30	31
陰	廿九	卅	**九**	二	三	四	五	六	七	八	九	十	十一	十二	十三	十四	十五	十六	十七	十八	十九	廿	廿一	廿二	廿三	廿四	廿五	廿六	廿七	廿八	廿九
星	6	**日**	1	2	3	4	5	6	**日**	1	2	3	4	5	6	**日**	1	2	3	4	5	6	**日**	1	2	3	4	5	6	**日**	1
干節	戊子	己丑	庚寅	辛卯	壬辰	癸巳	甲午	**寒露**	丙申	丁酉	戊戌	己亥	庚子	辛丑	壬寅	癸卯	甲辰	乙巳	丙午	丁未	戊申	己酉	**霜降**	辛亥	壬子	癸丑	甲寅	乙卯	丙辰	丁巳	戊午

陽歷十一月份　（陰歷九、十月份）

陽	**11**	2	3	4	5	6	7	8	9	10	11	12	13	14	15	16	17	18	19	20	21	22	23	24	25	26	27	28	29	30
陰	卅	**十**	二	三	四	五	六	七	八	九	十	十一	十二	十三	十四	十五	十六	十七	十八	十九	廿	廿一	廿二	廿三	廿四	廿五	廿六	廿七	廿八	廿九
星	2	3	4	5	6	**日**	1	2	3	4	5	6	**日**	1	2	3	4	5	6	**日**	1	2	3	4	5	6	**日**	1	2	3
干節	己未	庚申	辛酉	壬戌	癸亥	甲子	**立冬**	丙寅	丁卯	戊辰	己巳	庚午	辛未	壬申	癸酉	甲戌	乙亥	丙子	丁丑	戊寅	己卯	**小雪**	辛巳	壬午	癸未	甲申	乙酉	丙戌	丁亥	戊子

陽歷十二月份　（陰歷十一、十二月份）

陽	**12**	2	3	4	5	6	7	8	9	10	11	12	13	14	15	16	17	18	19	20	21	22	23	24	25	26	27	28	29	30	31
陰	**十一**	二	三	四	五	六	七	八	九	十	十一	十二	十三	十四	十五	十六	十七	十八	十九	廿	廿一	廿二	廿三	廿四	廿五	廿六	廿七	廿八	廿九	卅	**十二**
星	4	5	6	**日**	1	2	3	4	5	6	**日**	1	2	3	4	5	6	**日**	1	2	3	4	5	6	**日**	1	2	3	4	5	6
干節	己丑	庚寅	辛卯	壬辰	癸巳	甲午	**大雪**	丙申	丁酉	戊戌	己亥	庚子	辛丑	壬寅	癸卯	甲辰	乙巳	丙午	丁未	戊申	**冬至**	庚戌	辛亥	壬子	癸丑	甲寅	乙卯	丙辰	丁巳	戊午	己未

近世中西史日對照表

陽歷 一月份 (陰歷十二、正月份)																															
陽	1	2	3	4	5	6	7	8	9	10	11	12	13	14	15	16	17	18	19	20	21	22	23	24	25	26	27	28	29	30	31
陰	二	三	四	五	六	七	八	九	十	十一	十二	十三	十四	十五	十六	十七	十八	十九	廿	廿一	廿二	廿三	廿四	廿五	廿六	廿七	廿八	廿九	正	二	三
星	日	1	2	3	4	5	6	日	1	2	3	4	5	6	日	1	2	3	4	5	6	日	1	2	3	4	5	6	日	1	2
干節	庚申	辛酉	壬戌	癸亥	小寒	乙丑	丙寅	丁卯	戊辰	己巳	庚午	辛未	壬申	癸酉	甲戌	乙亥	丙子	丁丑	戊寅	大寒	庚辰	辛巳	壬午	癸未	甲申	乙酉	丙戌	丁亥	戊子	己丑	庚寅

陽歷 二月份 (陰歷正、二月份)																															
陽	2	2	3	4	5	6	7	8	9	10	11	12	13	14	15	16	17	18	19	20	21	22	23	24	25	26	27	28			
陰	四	五	六	七	八	九	十	十一	十二	十三	十四	十五	十六	十七	十八	十九	廿	廿一	廿二	廿三	廿四	廿五	廿六	廿七	廿八	廿九	卅	二			
星	3	4	5	6	日	1	2	3	4	5	6	日	1	2	3	4	5	6	日	1	2	3	4	5	6	日	1	2			
干節	辛卯	壬辰	立春	甲午	乙未	丙申	丁酉	戊戌	己亥	庚子	辛丑	壬寅	癸卯	甲辰	乙巳	丙午	丁未	雨水	己酉	庚戌	辛亥	壬子	癸丑	甲寅	乙卯	丙辰	丁巳	戊午			

陽歷 三月份 (陰歷二、三月份)																															
陽	3	2	3	4	5	6	7	8	9	10	11	12	13	14	15	16	17	18	19	20	21	22	23	24	25	26	27	28	29	30	31
陰	二	三	四	五	六	七	八	九	十	十一	十二	十三	十四	十五	十六	十七	十八	十九	廿	廿一	廿二	廿三	廿四	廿五	廿六	廿七	廿八	廿九	三	二	三
星	3	4	5	6	日	1	2	3	4	5	6	日	1	2	3	4	5	6	日	1	2	3	4	5	6	日	1	2	3	4	5
干節	己未	庚申	辛酉	壬戌	驚蟄	甲子	乙丑	丙寅	丁卯	戊辰	己巳	庚午	辛未	壬申	癸酉	甲戌	乙亥	丙子	丁丑	春分	己卯	庚辰	辛巳	壬午	癸未	甲申	乙酉	丙戌	丁亥	戊子	己丑

陽歷 四月份 (陰歷三、四月份)																															
陽	4	2	3	4	5	6	7	8	9	10	11	12	13	14	15	16	17	18	19	20	21	22	23	24	25	26	27	28	29	30	
陰	四	五	六	七	八	九	十	十一	十二	十三	十四	十五	十六	十七	十八	十九	廿	廿一	廿二	廿三	廿四	廿五	廿六	廿七	廿八	廿九	四	二	三	四	
星	6	日	1	2	3	4	5	6	日	1	2	3	4	5	6	日	1	2	3	4	5	6	日	1	2	3	4	5	6	日	
干節	庚寅	辛卯	壬辰	癸巳	清明	乙未	丙申	丁酉	戊戌	己亥	庚子	辛丑	壬寅	癸卯	甲辰	乙巳	丙午	丁未	戊申	穀雨	庚戌	辛亥	壬子	癸丑	甲寅	乙卯	丙辰	丁巳	戊午	己未	

陽歷 五月份 (陰歷四、五月份)																															
陽	5	2	3	4	5	6	7	8	9	10	11	12	13	14	15	16	17	18	19	20	21	22	23	24	25	26	27	28	29	30	31
陰	五	六	七	八	九	十	十一	十二	十三	十四	十五	十六	十七	十八	十九	廿	廿一	廿二	廿三	廿四	廿五	廿六	廿七	廿八	廿九	卅	五	二	三	四	五
星	1	2	3	4	5	6	日	1	2	3	4	5	6	日	1	2	3	4	5	6	日	1	2	3	4	5	6	日	1	2	3
干節	庚申	辛酉	壬戌	癸亥	立夏	乙丑	丙寅	丁卯	戊辰	己巳	庚午	辛未	壬申	癸酉	甲戌	乙亥	丙子	丁丑	戊寅	己卯	小滿	辛巳	壬午	癸未	甲申	乙酉	丙戌	丁亥	戊子	己丑	庚寅

陽歷 六月份 (陰歷五、六月份)																															
陽	6	2	3	4	5	6	7	8	9	10	11	12	13	14	15	16	17	18	19	20	21	22	23	24	25	26	27	28	29	30	
陰	六	七	八	九	十	十一	十二	十三	十四	十五	十六	十七	十八	十九	廿	廿一	廿二	廿三	廿四	廿五	廿六	廿七	廿八	廿九	六	二	三	四	五	六	
星	4	5	6	日	1	2	3	4	5	6	日	1	2	3	4	5	6	日	1	2	3	4	5		日	1	2	3	4	5	
干節	辛卯	壬辰	癸巳	甲午	乙未	芒種	丁酉	戊戌	己亥	庚子	辛丑	壬寅	癸卯	甲辰	乙巳	丙午	丁未	戊申	己酉	庚戌	夏至	壬子	癸丑	甲寅	乙卯	丙辰	丁巳	戊午	己未	庚申	

甲戌

一六三四年

（明思宗崇禎七年清太宗天聰八年）

陽歷七月份　（陰歷六、七月份）

陽	7	2	3	4	5	6	7	8	9	10	11	12	13	14	15	16	17	18	19	20	21	22	23	24	25	26	27	28	29	30	31
陰	七	八	九	十	十一	十二	十三	十四	十五	十六	十七	十八	十九	廿	廿一	廿二	廿三	廿四	廿五	廿六	廿七	廿八	廿九	卅	七	二	三	四	五	六	七
星	6	日	1	2	3	4	5	6	日	1	2	3	4	5	6	日	1	2	3	4	5	6	日	1	2	3	4	5	6	日	1
干節	辛酉	壬戌	癸亥	甲子	乙丑	丙寅	小暑	戊辰	己巳	庚午	辛未	壬申	癸酉	甲戌	乙亥	丙子	丁丑	戊寅	己卯	庚辰	辛巳	壬午	大暑	甲申	乙酉	丙戌	丁亥	戊子	己丑	庚寅	辛卯

陽歷八月份　（陰歷七、八月份）

陽	8	2	3	4	5	6	7	8	9	10	11	12	13	14	15	16	17	18	19	20	21	22	23	24	25	26	27	28	29	30	31
陰	八	九	十	十一	十二	十三	十四	十五	十六	十七	十八	十九	廿	廿一	廿二	廿三	廿四	廿五	廿六	廿七	廿八	廿九	八	二	三	四	五	六	七	八	九
星	2	3	4	5	6	日	1	2	3	4	5	6	日	1	2	3	4	5	6	日	1	2	3	4	5	6	日	1	2	3	4
干節	壬辰	癸巳	甲午	乙未	丙申	丁酉	戊戌	立秋	庚子	辛丑	壬寅	癸卯	甲辰	乙巳	丙午	丁未	戊申	己酉	庚戌	辛亥	壬子	癸丑	處暑	乙卯	丙辰	丁巳	戊午	己未	庚申	辛酉	壬戌

陽歷九月份　（陰歷八、閏八月份）

陽	9	2	3	4	5	6	7	8	9	10	11	12	13	14	15	16	17	18	19	20	21	22	23	24	25	26	27	28	29	30
陰	十	十一	十二	十三	十四	十五	十六	十七	十八	十九	廿	廿一	廿二	廿三	廿四	廿五	廿六	廿七	廿八	廿九	卅	閏	二	三	四	五	六	七	八	九
星	5	6	日	1	2	3	4	5	6	日	1	2	3	4	5	6	日	1	2	3	4	5	6	日	1	2	3	4	5	6
干節	癸亥	甲子	乙丑	丙寅	丁卯	戊辰	己巳	白露	辛未	壬申	癸酉	甲戌	乙亥	丙子	丁丑	戊寅	己卯	庚辰	辛巳	壬午	癸未	甲申	秋分	丙戌	丁亥	戊子	己丑	庚寅	辛卯	壬辰

陽歷十月份　（陰歷閏八、九月份）

陽	10	2	3	4	5	6	7	8	9	10	11	12	13	14	15	16	17	18	19	20	21	22	23	24	25	26	27	28	29	30	31
陰	十	十一	十二	十三	十四	十五	十六	十七	十八	十九	廿	廿一	廿二	廿三	廿四	廿五	廿六	廿七	廿八	廿九	卅	九	二	三	四	五	六	七	八	九	十
星	日	1	2	3	4	5	6	日	1	2	3	4	5	6	日	1	2	3	4	5	6	日	1	2	3	4	5	6	日	1	2
干節	癸巳	甲午	乙未	丙申	丁酉	戊戌	己亥	寒露	辛丑	壬寅	癸卯	甲辰	乙巳	丙午	丁未	戊申	己酉	庚戌	辛亥	壬子	癸丑	甲寅	霜降	丙辰	丁巳	戊午	己未	庚申	辛酉	壬戌	癸亥

陽歷十一月份　（陰歷九、十月份）

陽	11	2	3	4	5	6	7	8	9	10	11	12	13	14	15	16	17	18	19	20	21	22	23	24	25	26	27	28	29	30
陰	十一	十二	十三	十四	十五	十六	十七	十八	十九	廿	廿一	廿二	廿三	廿四	廿五	廿六	廿七	廿八	廿九	卅	十	二	三	四	五	六	七	八	九	十
星	3	4	5	6	日	1	2	3	4	5	6	日	1	2	3	4	5	6	日	1	2	3	4	5	6	日	1	2	3	4
干節	甲子	乙丑	丙寅	丁卯	戊辰	己巳	立冬	辛未	壬申	癸酉	甲戌	乙亥	丙子	丁丑	戊寅	己卯	庚辰	辛巳	壬午	癸未	甲申	小雪	丙戌	丁亥	戊子	己丑	庚寅	辛卯	壬辰	癸巳

陽歷十二月份　（陰歷十、十一月份）

陽	12	2	3	4	5	6	7	8	9	10	11	12	13	14	15	16	17	18	19	20	21	22	23	24	25	26	27	28	29	30	31
陰	十一	十二	十三	十四	十五	十六	十七	十八	十九	廿	廿一	廿二	廿三	廿四	廿五	廿六	廿七	廿八	廿九	十一	二	三	四	五	六	七	八	九	十	十一	十二
星	5	6	日	1	2	3	4	5	6	日	1	2	3	4	5	6	日	1	2	3	4	5	6	日	1	2	3	4	5	6	日
干節	甲午	乙未	丙申	丁酉	戊戌	己亥	大雪	辛丑	壬寅	癸卯	甲辰	乙巳	丙午	丁未	戊申	己酉	庚戌	辛亥	壬子	癸丑	甲寅	冬至	丙辰	丁巳	戊午	己未	庚申	辛酉	壬戌	癸亥	甲子

（註六）案萬年書閏六月小，七月大，八月大。本表依據明曆（與東華錄合）。

乙亥　一六三五年　（明思宗崇禎八年清太宗天聰九年）

陽歷 一 月份 （陰歷十一、十二月份）

陽	**1**	2	3	4	5	6	7	8	9	10	11	12	13	14	15	16	17	18	19	20	21	22	23	24	25	26	27	28	29	30	31
陰	十三	十四	十五	十六	十七	十八	十九	廿	廿一	廿二	廿三	廿四	廿五	廿六	廿七	廿八	廿九	卅	**十二**	二	三	四	五	六	七	八	九	十	十一	十二	十三
星	1	2	3	4	5	6	**日**	1	2	3	4	5	6	**日**	1	2	3	4	5	6	**日**	1	2	3	4	5	6	**日**	1	2	3
干節	乙丑	丙寅	丁卯	戊辰	**小寒**	庚午	辛未	壬申	癸酉	甲戌	乙亥	丙子	丁丑	戊寅	己卯	庚辰	辛巳	壬午	癸未	**大寒**	乙酉	丙戌	丁亥	戊子	己丑	庚寅	辛卯	壬辰	癸巳	甲午	乙未

陽歷 二 月份 （陰歷十二、正月份）

陽	**2**	2	3	4	5	6	7	8	9	10	11	12	13	14	15	16	17	18	19	20	21	22	23	24	25	26	27	28
陰	十四	十五	十六	十七	十八	十九	廿	廿一	廿二	廿三	廿四	廿五	廿六	廿七	廿八	廿九	**正**	二	三	四	五	六	七	八	九	十	十一	十二
星	4	5	6	**日**	1	2	3	4	5	6	**日**	1	2	3	4	5	6	**日**	1	2	3	4	5	6	**日**	1	2	3
干節	丙申	丁酉	戊戌	**立春**	庚子	辛丑	壬寅	癸卯	甲辰	乙巳	丙午	丁未	戊申	己酉	庚戌	辛亥	壬子	**雨水**	甲寅	乙卯	丙辰	丁巳	戊午	己未	庚申	辛酉	壬戌	癸亥

陽歷 三 月份 （陰歷正、二月份）

陽	**3**	2	3	4	5	6	7	8	9	10	11	12	13	14	15	16	17	18	19	20	21	22	23	24	25	26	27	28	29	30	31
陰	十三	十四	十五	十六	十七	十八	十九	廿	廿一	廿二	廿三	廿四	廿五	廿六	廿七	廿八	廿九	卅	**二**	二	三	四	五	六	七	八	九	十	十一	十二	十三
星	4	5	6	**日**	1	2	3	4	5	6	**日**	1	2	3	4	5	6	**日**	1	2	3	4	5	6	**日**	1	2	3	4	5	6
干節	甲子	乙丑	丙寅	丁卯	**驚蟄**	己巳	庚午	辛未	壬申	癸酉	甲戌	乙亥	丙子	丁丑	戊寅	己卯	庚辰	辛巳	壬午	癸未	**春分**	乙酉	丙戌	丁亥	戊子	己丑	庚寅	辛卯	壬辰	癸巳	甲午

陽歷 四 月份 （陰歷二、三月份）

陽	**4**	2	3	4	5	6	7	8	9	10	11	12	13	14	15	16	17	18	19	20	21	22	23	24	25	26	27	28	29	30
陰	十四	十五	十六	十七	十八	十九	廿	廿一	廿二	廿三	廿四	廿五	廿六	廿七	廿八	廿九	**三**	二	三	四	五	六	七	八	九	十	十一	十二	十三	十四
星	**日**	1	2	3	4	5	6	**日**	1	2	3	4	5	6	**日**	1	2	3	4	5	6	**日**	1	2	3	4	5	6	**日**	1
干節	乙未	丙申	丁酉	戊戌	**清明**	庚子	辛丑	壬寅	癸卯	甲辰	乙巳	丙午	丁未	戊申	己酉	庚戌	辛亥	壬子	癸丑	**穀雨**	乙卯	丙辰	丁巳	戊午	己未	庚申	辛酉	壬戌	癸亥	甲子

陽歷 五 月份 （陰歷三、四月份）

陽	**5**	2	3	4	5	6	7	8	9	10	11	12	13	14	15	16	17	18	19	20	21	22	23	24	25	26	27	28	29	30	31
陰	十五	十六	十七	十八	十九	廿	廿一	廿二	廿三	廿四	廿五	廿六	廿七	廿八	廿九	**四**	二	三	四	五	六	七	八	九	十	十一	十二	十三	十四	十五	十六
星	2	3	4	5	6	**日**	1	2	3	4	5	6	**日**	1	2	3	4	5	6	**日**	1	2	3	4	5	6	**日**	1	2	3	4
干節	乙丑	丙寅	丁卯	戊辰	己巳	**立夏**	辛未	壬申	癸酉	甲戌	乙亥	丙子	丁丑	戊寅	己卯	庚辰	辛巳	壬午	癸未	甲申	**小滿**	丙戌	丁亥	戊子	己丑	庚寅	辛卯	壬辰	癸巳	甲午	乙未

陽歷 六 月份 （陰歷四、五月份）

陽	**6**	2	3	4	5	6	7	8	9	10	11	12	13	14	15	16	17	18	19	20	21	22	23	24	25	26	27	28	29	30
陰	十七	十八	十九	廿	廿一	廿二	廿三	廿四	廿五	廿六	廿七	廿八	廿九	卅	**五**	二	三	四	五	六	七	八	九	十	十一	十二	十三	十四	十五	十六
星	5	6	**日**	1	2	3	4	5	6	**日**	1	2	3	4	5	6	**日**	1	2	3	4	5	6	**日**	1	2	3	4	5	6
干節	丙申	丁酉	戊戌	己亥	庚子	**芒種**	壬寅	癸卯	甲辰	乙巳	丙午	丁未	戊申	己酉	庚戌	辛亥	壬子	癸丑	甲寅	乙卯	丙辰	**夏至**	戊午	己未	庚申	辛酉	壬戌	癸亥	甲子	乙丑

乙亥

一六三五年

（明思宗崇禎八年清太宗天聰九年）

陽歷七月份　（陰歷五、六月份）

陽	7	2	3	4	5	6	7	8	9	10	11	12	13	14	15	16	17	18	19	20	21	22	23	24	25	26	27	28	29	30	31
陰	十七	十八	十九	廿	廿一	廿二	廿三	廿四	廿五	廿六	廿七	廿八	廿九	六	二	三	四	五	六	七	八	九	十	十一	十二	十三	十四	十五	十六	十七	十八
星	日	1	2	3	4	5	6	日	1	2	3	4	5	6	日	1	2	3	4	5	6	日	1	2	3	4	5	6	日	1	2
干節	丙寅	丁卯	戊辰	己巳	庚午	辛未	小暑	癸酉	甲戌	乙亥	丙子	丁丑	戊寅	己卯	庚辰	辛巳	壬午	癸未	甲申	乙酉	丙戌	丁亥	大暑	己丑	庚寅	辛卯	壬辰	癸巳	甲午	乙未	丙申

陽歷八月份　（陰歷六、七月份）

陽	8	2	3	4	5	6	7	8	9	10	11	12	13	14	15	16	17	18	19	20	21	22	23	24	25	26	27	28	29	30	31
陰	十九	廿	廿一	廿二	廿三	廿四	廿五	廿六	廿七	廿八	廿九	卅	七	二	三	四	五	六	七	八	九	十	十一	十二	十三	十四	十五	十六	十七	十八	十九
星	3	4	5	6	日	1	2	3	4	5	6	日	1	2	3	4	5	6	日	1	2	3	4	5	6	日	1	2	3	4	5
干節	丁酉	戊戌	己亥	庚子	辛丑	壬寅	癸卯	立秋	乙巳	丙午	丁未	戊申	己酉	庚戌	辛亥	壬子	癸丑	甲寅	乙卯	丙辰	丁巳	戊午	處暑	庚申	辛酉	壬戌	癸亥	甲子	乙丑	丙寅	丁卯

陽歷九月份　（陰歷七、八月份）

陽	9	2	3	4	5	6	7	8	9	10	11	12	13	14	15	16	17	18	19	20	21	22	23	24	25	26	27	28	29	30
陰	廿	廿一	廿二	廿三	廿四	廿五	廿六	廿七	廿八	廿九	八	二	三	四	五	六	七	八	九	十	十一	十二	十三	十四	十五	十六	十七	十八	十九	廿
星	6	日	1	2	3	4	5	6	日	1	2	3	4	5	6	日	1	2	3	4	5	6	日	1	2	3	4	5	6	日
干節	戊辰	己巳	庚午	辛未	壬申	癸酉	甲戌	白露	丙子	丁丑	戊寅	己卯	庚辰	辛巳	壬午	癸未	甲申	乙酉	丙戌	丁亥	戊子	己丑	秋分	辛卯	壬辰	癸巳	甲午	乙未	丙申	丁酉

陽歷十月份　（陰歷八、九月份）

陽	10	2	3	4	5	6	7	8	9	10	11	12	13	14	15	16	17	18	19	20	21	22	23	24	25	26	27	28	29	30	31
陰	廿一	廿二	廿三	廿四	廿五	廿六	廿七	廿八	廿九	卅	九	二	三	四	五	六	七	八	九	十	十一	十二	十三	十四	十五	十六	十七	十八	十九	廿	廿一
星	1	2	3	4	5	6	日	1	2	3	4	5	6	日	1	2	3	4	5	6	日	1	2	3	4	5	6	日	1	2	3
干節	戊戌	己亥	庚子	辛丑	壬寅	癸卯	甲辰	乙巳	寒露	丁未	戊申	己酉	庚戌	辛亥	壬子	癸丑	甲寅	乙卯	丙辰	丁巳	戊午	己未	庚申	霜降	壬戌	癸亥	甲子	乙丑	丙寅	丁卯	戊辰

陽歷十一月份　（陰歷九、十月份）

陽	11	2	3	4	5	6	7	8	9	10	11	12	13	14	15	16	17	18	19	20	21	22	23	24	25	26	27	28	29	30
陰	廿二	廿三	廿四	廿五	廿六	廿七	廿八	廿九	卅	十	二	三	四	五	六	七	八	九	十	十一	十二	十三	十四	十五	十六	十七	十八	十九	廿	廿一
星	4	5	6	日	1	2	3	4	5	6	日	1	2	3	4	5	6	日	1	2	3	4	5	6	日	1	2	3	4	5
干節	己巳	庚午	辛未	壬申	癸酉	甲戌	立冬	丙子	丁丑	戊寅	己卯	庚辰	辛巳	壬午	癸未	甲申	乙酉	丙戌	丁亥	戊子	己丑	小雪	辛卯	壬辰	癸巳	甲午	乙未	丙申	丁酉	戊戌

陽歷十二月份　（陰歷十、十一月份）

陽	12	2	3	4	5	6	7	8	9	10	11	12	13	14	15	16	17	18	19	20	21	22	23	24	25	26	27	28	29	30	31
陰	廿二	廿三	廿四	廿五	廿六	廿七	廿八	廿九	十一	二	三	四	五	六	七	八	九	十	十一	十二	十三	十四	十五	十六	十七	十八	十九	廿	廿一	廿二	廿三
星	6	日	1	2	3	4	5	6	日	1	2	3	4	5	6	日	1	2	3	4	5	6	日	1	2	3	4	5	6	日	1
干節	己亥	庚子	辛丑	壬寅	癸卯	甲辰	大雪	丙午	丁未	戊申	己酉	庚戌	辛亥	壬子	癸丑	甲寅	乙卯	丙辰	丁巳	戊午	己未	冬至	辛酉	壬戌	癸亥	甲子	乙丑	丙寅	丁卯	戊辰	己巳

近世中西史日對照表

丙子　一六三六年　（明思宗崇禎九年清太宗崇德元年）

陽歷 一 月份　（陰歷十一、十二月份）

陽	1	2	3	4	5	6	7	8	9	10	11	12	13	14	15	16	17	18	19	20	21	22	23	24	25	26	27	28	29	30	31
陰	廿四	廿五	廿六	廿七	廿八	廿九	卅	十二	二	三	四	五	六	七	八	九	十	十一	十二	十三	十四	十五	十六	十七	十八	十九	廿	廿一	廿二	廿三	廿四
星	2	3	4	5	6	日	1	2	3	4	5	6	日	1	2	3	4	5	6	日	1	2	3	4	5	6	日	1	2	3	4
干節	庚午	辛未	壬申	癸酉	小寒	乙亥	丙子	丁丑	戊寅	己卯	庚辰	辛巳	壬午	癸未	甲申	乙酉	丙戌	丁亥	戊子	大寒	庚寅	辛卯	壬辰	癸巳	甲午	乙未	丙申	丁酉	戊戌	己亥	庚子

陽歷 二 月份　（陰歷十二、正月份）

陽	2	2	3	4	5	6	7	8	9	10	11	12	13	14	15	16	17	18	19	20	21	22	23	24	25	26	27	28	29
陰	廿五	廿六	廿七	廿八	廿九	卅	正	二	三	四	五	六	七	八	九	十	十一	十二	十三	十四	十五	十六	十七	十八	十九	廿	廿一	廿二	廿三
星	5	6	日	1	2	3	4	5	6	日	1	2	3	4	5	6	日	1	2	3	4	5	6	日	1	2	3	4	5
干節	辛丑	壬寅	癸卯	立春	乙巳	丙午	丁未	戊申	己酉	庚戌	辛亥	壬子	癸丑	甲寅	乙卯	丙辰	丁巳	戊午	雨水	庚申	辛酉	壬戌	癸亥	甲子	乙丑	丙寅	丁卯	戊辰	己巳

陽歷 三 月份　（陰歷正、二月份）

陽	3	2	3	4	5	6	7	8	9	10	11	12	13	14	15	16	17	18	19	20	21	22	23	24	25	26	27	28	29	30	31
陰	廿四	廿五	廿六	廿七	廿八	廿九	二	二	三	四	五	六	七	八	九	十	十一	十二	十三	十四	十五	十六	十七	十八	十九	廿	廿一	廿二	廿三	廿四	廿五
星	6	日	1	2	3	4	5	6	日	1	2	3	4	5	6	日	1	2	3	4	5	6	日	1	2	3	4	5	6	日	1
干節	庚午	辛未	壬申	癸酉	驚蟄	乙亥	丙子	丁丑	戊寅	己卯	庚辰	辛巳	壬午	癸未	甲申	乙酉	丙戌	丁亥	戊子	春分	庚寅	辛卯	壬辰	癸巳	甲午	乙未	丙申	丁酉	戊戌	己亥	庚子

陽歷 四 月份　（陰歷二、三月份）

陽	4	2	3	4	5	6	7	8	9	10	11	12	13	14	15	16	17	18	19	20	21	22	23	24	25	26	27	28	29	30
陰	廿六	廿七	廿八	廿九	卅	三	二	三	四	五	六	七	八	九	十	十一	十二	十三	十四	十五	十六	十七	十八	十九	廿	廿一	廿二	廿三	廿四	廿五
星	2	3	4	5	6	日	1	2	3	4	5	6	日	1	2	3	4	5	6	日	1	2	3	4	5	6	日	1	2	3
干節	辛丑	壬寅	癸卯	清明	乙巳	丙午	丁未	戊申	己酉	庚戌	辛亥	壬子	癸丑	甲寅	乙卯	丙辰	丁巳	戊午	穀雨	庚申	辛酉	壬戌	癸亥	甲子	乙丑	丙寅	丁卯	戊辰	己巳	庚午

陽歷 五 月份　（陰歷三、四月份）

陽	5	2	3	4	5	6	7	8	9	10	11	12	13	14	15	16	17	18	19	20	21	22	23	24	25	26	27	28	29	30	31
陰	廿六	廿七	廿八	廿九	四	二	三	四	五	六	七	八	九	十	十一	十二	十三	十四	十五	十六	十七	十八	十九	廿	廿一	廿二	廿三	廿四	廿五	廿六	廿七
星	4	5	6	日	1	2	3	4	5	6	日	1	2	3	4	5	6	日	1	2	3	4	5	6	日	1	2	3	4	5	6
干節	辛未	壬申	癸酉	甲戌	立夏	丙子	丁丑	戊寅	己卯	庚辰	辛巳	壬午	癸未	甲申	乙酉	丙戌	丁亥	戊子	己丑	小滿	辛卯	壬辰	癸巳	甲午	乙未	丙申	丁酉	戊戌	己亥	庚子	辛丑

陽歷 六 月份　（陰歷四、五月份）

陽	6	2	3	4	5	6	7	8	9	10	11	12	13	14	15	16	17	18	19	20	21	22	23	24	25	26	27	28	29	30
陰	廿八	廿九	五	二	三	四	五	六	七	八	九	十	十一	十二	十三	十四	十五	十六	十七	十八	十九	廿	廿一	廿二	廿三	廿四	廿五	廿六	廿七	廿八
星	日	1	2	3	4	5	6	日	1	2	3	4	5	6	日	1	2	3	4	5	6	日	1	2	3	4	5	6	日	1
干節	壬寅	癸卯	甲辰	乙巳	芒種	丁未	戊申	己酉	庚戌	辛亥	壬子	癸丑	甲寅	乙卯	丙辰	丁巳	戊午	己未	庚申	辛酉	夏至	癸亥	甲子	乙丑	丙寅	丁卯	戊辰	己巳	庚午	辛未

近世中西史日對照表

丙子

一六三六年

（明思宗崇禎九年清太宗崇德元年）

陽歷七月份　（陰歷五、六月份）

陽	7	2	3	4	5	6	7	8	9	10	11	12	13	14	15	16	17	18	19	20	21	22	23	24	25	26	27	28	29	30	31
陰	廿九	卅	六	二	三	四	五	六	七	八	九	十	十一	十二	十三	十四	十五	十六	十七	十八	十九	廿	廿一	廿二	廿三	廿四	廿五	廿六	廿七	廿八	廿九
星	2	3	4	5	6	日	1	2	3	4	5	6	日	1	2	3	4	5	6	日	1	2	3	4	5	6	日	1	2	3	4
干節	壬申	癸酉	甲戌	乙亥	丙子	丁丑	小暑	己卯	庚辰	辛巳	壬午	癸未	甲申	乙酉	丙戌	丁亥	戊子	己丑	庚寅	辛卯	壬辰	大暑	甲午	乙未	丙申	丁酉	戊戌	己亥	庚子	辛丑	壬寅

陽歷八月份　（陰歷七、八月份）

陽	8	2	3	4	5	6	7	8	9	10	11	12	13	14	15	16	17	18	19	20	21	22	23	24	25	26	27	28	29	30	31
陰	七	二	三	四	五	六	七	八	九	十	十一	十二	十三	十四	十五	十六	十七	十八	十九	廿	廿一	廿二	廿三	廿四	廿五	廿六	廿七	廿八	廿九	八	二
星	5	6	日	1	2	3	4	5	6	日	1	2	3	4	5	6	日	1	2	3	4	5	6	日	1	2	3	4	5	6	日
干節	癸卯	甲辰	乙巳	丙午	丁未	戊申	立秋	庚戌	辛亥	壬子	癸丑	甲寅	乙卯	丙辰	丁巳	戊午	己未	庚申	辛酉	壬戌	癸亥	甲子	處暑	丙寅	丁卯	戊辰	己巳	庚午	辛未	壬申	癸酉

陽歷九月份　（陰歷八、九月份）

陽	9	2	3	4	5	6	7	8	9	10	11	12	13	14	15	16	17	18	19	20	21	22	23	24	25	26	27	28	29	30
陰	三	四	五	六	七	八	九	十	十一	十二	十三	十四	十五	十六	十七	十八	十九	廿	廿一	廿二	廿三	廿四	廿五	廿六	廿七	廿八	廿九	卅	九	二
星	1	2	3	4	5	6	日	1	2	3	4	5	6	日	1	2	3	4	5	6	日	1	2	3	4	5	6	日	1	2
干節	甲戌	乙亥	丙子	丁丑	戊寅	己卯	白露	辛巳	壬午	癸未	甲申	乙酉	丙戌	丁亥	戊子	己丑	庚寅	辛卯	壬辰	癸巳	甲午	乙未	秋分	丁酉	戊戌	己亥	庚子	辛丑	壬寅	癸卯

陽歷十月份　（陰歷九、十月份）

陽	10	2	3	4	5	6	7	8	9	10	11	12	13	14	15	16	17	18	19	20	21	22	23	24	25	26	27	28	29	30	31
陰	三	四	五	六	七	八	九	十	十一	十二	十三	十四	十五	十六	十七	十八	十九	廿	廿一	廿二	廿三	廿四	廿五	廿六	廿七	廿八	廿九	卅	十	二	三
星	3	4	5	6	日	1	2	3	4	5	6	日	1	2	3	4	5	6	日	1	2	3	4	5	6	日	1	2	3	4	5
干節	甲辰	乙巳	丙午	丁未	戊申	己酉	庚戌	寒露	壬子	癸丑	甲寅	乙卯	丙辰	丁巳	戊午	己未	庚申	辛酉	壬戌	癸亥	甲子	乙丑	霜降	丁卯	戊辰	己巳	庚午	辛未	壬申	癸酉	甲戌

陽歷十一月份　（陰歷十、十一月份）

陽	11	2	3	4	5	6	7	8	9	10	11	12	13	14	15	16	17	18	19	20	21	22	23	24	25	26	27	28	29	30
陰	四	五	六	七	八	九	十	十一	十二	十三	十四	十五	十六	十七	十八	十九	廿	廿一	廿二	廿三	廿四	廿五	廿六	廿七	廿八	廿九	十一	二	三	四
星	6	日	1	2	3	4	5	6	日	1	2	3	4	5	6	日	1	2	3	4	5	6	日	1	2	3	4	5	6	日
干節	乙亥	丙子	丁丑	戊寅	己卯	庚辰	立冬	壬午	癸未	甲申	乙酉	丙戌	丁亥	戊子	己丑	庚寅	辛卯	壬辰	癸巳	甲午	乙未	小雪	丁酉	戊戌	己亥	庚子	辛丑	壬寅	癸卯	甲辰

陽歷十二月份　（陰歷十一、十二月份）

陽	12	2	3	4	5	6	7	8	9	10	11	12	13	14	15	16	17	18	19	20	21	22	23	24	25	26	27	28	29	30	31
陰	五	六	七	八	九	十	十一	十二	十三	十四	十五	十六	十七	十八	十九	廿	廿一	廿二	廿三	廿四	廿五	廿六	廿七	廿八	廿九	卅	十二	二	三	四	五
星	1	2	3	4	5	6	日	1	2	3	4	5	6	日	1	2	3	4	5	6	日	1	2	3	4	5	6	日	1	2	3
干節	乙巳	丙午	丁未	戊申	己酉	大雪	辛亥	壬子	癸丑	甲寅	乙卯	丙辰	丁巳	戊午	己未	庚申	辛酉	壬戌	癸亥	甲子	冬至	丙寅	丁卯	戊辰	己巳	庚午	辛未	壬申	癸酉	甲戌	乙亥

丁丑　一六三七年　（明思宗崇禎一〇年清太宗崇德二年）

陽歷　一月份　（陰歷十二、正月份）

陽	1	2	3	4	5	6	7	8	9	10	11	12	13	14	15	16	17	18	19	20	21	22	23	24	25	26	27	28	29	30	31
陰	六	七	八	九	十	十一	十二	十三	十四	十五	十六	十七	十八	十九	廿	廿一	廿二	廿三	廿四	廿五	廿六	廿七	廿八	廿九	卅	正	二	三	四	五	六
星	4	5	6	日	1	2	3	4	5	6	日	1	2	3	4	5	6	日	1	2	3	4	5	6	日	1	2	3	4	5	6
干節	丙子	丁丑	戊寅	己卯	小寒	辛巳	壬午	癸未	甲申	乙酉	丙戌	丁亥	戊子	己丑	庚寅	辛卯	壬辰	癸巳	大寒	乙未	丙申	丁酉	戊戌	己亥	庚子	辛丑	壬寅	癸卯	甲辰	乙巳	丙午

陽歷　二月份　（陰歷正、二月份）

陽	2	2	3	4	5	6	7	8	9	10	11	12	13	14	15	16	17	18	19	20	21	22	23	24	25	26	27	28
陰	七	八	九	十	十一	十二	十三	十四	十五	十六	十七	十八	十九	廿	廿一	廿二	廿三	廿四	廿五	廿六	廿七	廿八	廿九	卅	二	二	三	四
星	日	1	2	3	4	5	6	日	1	2	3	4	5	6	日	1	2	3	4	5	6	日	1	2	3	4	5	6
干節	丁未	戊申	立春	庚戌	辛亥	壬子	癸丑	甲寅	乙卯	丙辰	丁巳	戊午	己未	庚申	辛酉	壬戌	癸亥	雨水	乙丑	丙寅	丁卯	戊辰	己巳	庚午	辛未	壬申	癸酉	甲戌

陽歷　三月份　（陰歷二、三月份）

陽	3	2	3	4	5	6	7	8	9	10	11	12	13	14	15	16	17	18	19	20	21	22	23	24	25	26	27	28	29	30	31
陰	五	六	七	八	九	十	十一	十二	十三	十四	十五	十六	十七	十八	十九	廿	廿一	廿二	廿三	廿四	廿五	廿六	廿七	廿八	廿九	三	二	三	四	五	六
星	日	1	2	3	4	5	6	日	1	2	3	4	5	6	日	1	2	3	4	5	6	日	1	2	3	4	5	6	日	1	2
干節	乙亥	丙子	丁丑	戊寅	驚蟄	庚辰	辛巳	壬午	癸未	甲申	乙酉	丙戌	丁亥	戊子	己丑	庚寅	辛卯	壬辰	癸巳	春分	乙未	丙申	丁酉	戊戌	己亥	庚子	辛丑	壬寅	癸卯	甲辰	乙巳

陽歷　四月份　（陰歷三、四月份）

陽	4	2	3	4	5	6	7	8	9	10	11	12	13	14	15	16	17	18	19	20	21	22	23	24	25	26	27	28	29	30
陰	七	八	九	十	十一	十二	十三	十四	十五	十六	十七	十八	十九	廿	廿一	廿二	廿三	廿四	廿五	廿六	廿七	廿八	廿九	卅	四	二	三	四	五	六
星	3	4	5	6	日	1	2	3	4	5	6	日	1	2	3	4	5	6	日	1	2	3	4	5	6	日	1	2	3	4
干節	丙午	丁未	戊申	清明	庚戌	辛亥	壬子	癸丑	甲寅	乙卯	丙辰	丁巳	戊午	己未	庚申	辛酉	壬戌	癸亥	甲子	穀雨	丙寅	丁卯	戊辰	己巳	庚午	辛未	壬申	癸酉	甲戌	乙亥

陽歷　五月份　（陰歷四、閏四月份）

陽	5	2	3	4	5	6	7	8	9	10	11	12	13	14	15	16	17	18	19	20	21	22	23	24	25	26	27	28	29	30	31
陰	七	八	九	十	十一	十二	十三	十四	十五	十六	十七	十八	十九	廿	廿一	廿二	廿三	廿四	廿五	廿六	廿七	廿八	廿九	閏	二	三	四	五	六	七	八
星	5	6	日	1	2	3	4	5	6	日	1	2	3	4	5	6	日	1	2	3	4	5	6	日	1	2	3	4	5	6	日
干節	丙子	丁丑	戊寅	己卯	立夏	辛巳	壬午	癸未	甲申	乙酉	丙戌	丁亥	戊子	己丑	庚寅	辛卯	壬辰	癸巳	甲午	乙未	小滿	丁酉	戊戌	己亥	庚子	辛丑	壬寅	癸卯	甲辰	乙巳	丙午

陽歷　六月份　（陰歷閏四　五月份）

陽	6	2	3	4	5	6	7	8	9	10	11	12	13	14	15	16	17	18	19	20	21	22	23	24	25	26	27	28	29	30
陰	九	十	十一	十二	十三	十四	十五	十六	十七	十八	十九	廿	廿一	廿二	廿三	廿四	廿五	廿六	廿七	廿八	廿九	五	二	三	四	五	六	七	八	九
星	1	2	3	4	5	6	日	1	2	3	4	5	6	日	1	2	3	4	5	6	日	1	2	3	4	5	6	日	1	2
干節	丁未	戊申	己酉	庚戌	芒種	壬子	癸丑	甲寅	乙卯	丙辰	丁巳	戊午	己未	庚申	辛酉	壬戌	癸亥	甲子	乙丑	丙寅	夏至	戊辰	己巳	庚午	辛未	壬申	癸酉	甲戌	乙亥	丙子

（註七）案萬年書五月小，閏五月大。本表依據明曆（與東華錄合）。

近世中西史日對照表

丁丑

一六三七年

(明思宗崇禎一〇年清太宗崇德二年)

陽歷七月份　(陰歷五、六月份)

陽	7	2	3	4	5	6	7	8	9	10	11	12	13	14	15	16	17	18	19	20	21	22	23	24	25	26	27	28	29	30	31
陰	十	十一	十二	十三	十四	十五	十六	十七	十八	十九	廿	廿一	廿二	廿三	廿四	廿五	廿六	廿七	廿八	廿九	卅	六	二	三	四	五	六	七	八	九	十
星	3	4	5	6	日	1	2	3	4	5	6	日	1	2	3	4	5	6	日	1	2	3	4	5	6	日	1	2	3	4	5
干節	丁丑	戊寅	己卯	庚辰	辛巳	壬午	小暑	甲申	乙酉	丙戌	丁亥	戊子	己丑	庚寅	辛卯	壬辰	癸巳	甲午	乙未	丙申	丁酉	戊戌	大暑	庚子	辛丑	壬寅	癸卯	甲辰	乙巳	丙午	丁未

陽歷八月份　(陰歷六、七月份)

陽	8	2	3	4	5	6	7	8	9	10	11	12	13	14	15	16	17	18	19	20	21	22	23	24	25	26	27	28	29	30	31
陰	十一	十二	十三	十四	十五	十六	十七	十八	十九	廿	廿一	廿二	廿三	廿四	廿五	廿六	廿七	廿八	廿九	七	二	三	四	五	六	七	八	九	十	十一	十二
星	6	日	1	2	3	4	5	6	日	1	2	3	4	5	6	日	1	2	3	4	5	6	日	1	2	3	4	5	6	日	1
干節	戊申	己酉	庚戌	辛亥	壬子	癸丑	立秋	乙卯	丙辰	丁巳	戊午	己未	庚申	辛酉	壬戌	癸亥	甲子	乙丑	丙寅	丁卯	戊辰	己巳	處暑	辛未	壬申	癸酉	甲戌	乙亥	丙子	丁丑	戊寅

陽歷九月份　(陰歷七、八月份)

陽	9	2	3	4	5	6	7	8	9	10	11	12	13	14	15	16	17	18	19	20	21	22	23	24	25	26	27	28	29	30
陰	十三	十四	十五	十六	十七	十八	十九	廿	廿一	廿二	廿三	廿四	廿五	廿六	廿七	廿八	廿九	八	二	三	四	五	六	七	八	九	十	十一	十二	十三
星	2	3	4	5	6	日	1	2	3	4	5	6	日	1	2	3	4	5	6	日	1	2	3	4	5	6	日	1	2	3
干節	己卯	庚辰	辛巳	壬午	癸未	甲申	白露	丙戌	丁亥	戊子	己丑	庚寅	辛卯	壬辰	癸巳	甲午	乙未	丙申	丁酉	戊戌	己亥	庚子	秋分	壬寅	癸卯	甲辰	乙巳	丙午	丁未	戊申

陽歷十月份　(陰歷八、九月份)

陽	10	2	3	4	5	6	7	8	9	10	11	12	13	14	15	16	17	18	19	20	21	22	23	24	25	26	27	28	29	30	31
陰	十四	十五	十六	十七	十八	十九	廿	廿一	廿二	廿三	廿四	廿五	廿六	廿七	廿八	廿九	卅	九	二	三	四	五	六	七	八	九	十	十一	十二	十三	十四
星	4	5	6	日	1	2	3	4	5	6	日	1	2	3	4	5	6	日	1	2	3	4	5	6	日	1	2	3	4	5	6
干節	己酉	庚戌	辛亥	壬子	癸丑	甲寅	乙卯	寒露	丁巳	戊午	己未	庚申	辛酉	壬戌	癸亥	甲子	乙丑	丙寅	丁卯	戊辰	己巳	庚午	霜降	壬申	癸酉	甲戌	乙亥	丙子	丁丑	戊寅	己卯

陽歷十一月份　(陰歷九、十月份)

陽	11	2	3	4	5	6	7	8	9	10	11	12	13	14	15	16	17	18	19	20	21	22	23	24	25	26	27	28	29	30
陰	十五	十六	十七	十八	十九	廿	廿一	廿二	廿三	廿四	廿五	廿六	廿七	廿八	廿九	十	二	三	四	五	六	七	八	九	十	十一	十二	十三	十四	十五
星	日	1	2	3	4	5	6	日	1	2	3	4	5	6	日	1	2	3	4	5	6	日	1	2	3	4	5	6	日	1
干節	庚辰	辛巳	壬午	癸未	甲申	乙酉	立冬	丁亥	戊子	己丑	庚寅	辛卯	壬辰	癸巳	甲午	乙未	丙申	丁酉	戊戌	己亥	庚子	小雪	壬寅	癸卯	甲辰	乙巳	丙午	丁未	戊申	己酉

陽歷十二月份　(陰歷十、十一月份)

陽	12	2	3	4	5	6	7	8	9	10	11	12	13	14	15	16	17	18	19	20	21	22	23	24	25	26	27	28	29	30	31
陰	十六	十七	十八	十九	廿	廿一	廿二	廿三	廿四	廿五	廿六	廿七	廿八	廿九	卅	十一	二	三	四	五	六	七	八	九	十	十一	十二	十三	十四	十五	十六
星	2	3	4	5	6	日	1	2	3	4	5	6	日	1	2	3	4	5	6	日	1	2	3	4	5	6	日	1	2	3	4
干節	庚戌	辛亥	壬子	癸丑	甲寅	乙卯	大雪	丁巳	戊午	己未	庚申	辛酉	壬戌	癸亥	甲子	乙丑	丙寅	丁卯	戊辰	己巳	冬至	辛未	壬申	癸酉	甲戌	乙亥	丙子	丁丑	戊寅	己卯	庚辰

戊寅 一六三八年 （明思宗崇禎一一年清太宗崇德三年）

陽歷 一 月份 （陰歷十一、十二月份）

陽	**1**	2	3	4	5	6	7	8	9	10	11	12	13	14	15	16	17	18	19	20	21	22	23	24	25	26	27	28	29	30	31
陰	十七	十八	十九	廿	廿一	廿二	廿三	廿四	廿五	廿六	廿七	廿八	廿九	卅	**十二**	二	三	四	五	六	七	八	九	十	十一	十二	十三	十四	十五	十六	十七
星	5	6	**日**	1	2	3	4	5	6	**日**	1	2	3	4	5	6	**日**	1	2	3	4	5	6	**日**	1	2	3	4	5	6	**日**
干節	辛巳	壬午	癸未	甲申	**小寒**	丙戌	丁亥	戊子	己丑	庚寅	辛卯	壬辰	癸巳	甲午	乙未	丙申	丁酉	戊戌	己亥	**大寒**	辛丑	壬寅	癸卯	甲辰	乙巳	丙午	丁未	戊申	己酉	庚戌	辛亥

陽歷 二 月份 （陰歷十二、正月份）

陽	**2**	2	3	4	5	6	7	8	9	10	11	12	13	14	15	16	17	18	19	20	21	22	23	24	25	26	27	28			
陰	十八	十九	廿	廿一	廿二	廿三	廿四	廿五	廿六	廿七	廿八	廿九	卅	**正**	二	三	四	五	六	七	八	九	十	十一	十二	十三	十四	十五			
星	1	2	3	4	5	6	**日**	1	2	3	4	5	6	**日**	1	2	3	4	5	6	**日**	1	2	3	4	5	6	**日**			
干節	壬子	癸丑	**立春**	乙卯	丙辰	丁巳	戊午	己未	庚申	辛酉	壬戌	癸亥	甲子	乙丑	丙寅	丁卯	戊辰	**雨水**	庚午	辛未	壬申	癸酉	甲戌	乙亥	丙子	丁丑	戊寅	己卯			

陽歷 三 月份 （陰歷正、二月份）

陽	**3**	2	3	4	5	6	7	8	9	10	11	12	13	14	15	16	17	18	19	20	21	22	23	24	25	26	27	28	29	30	31
陰	十六	十七	十八	十九	廿	廿一	廿二	廿三	廿四	廿五	廿六	廿七	廿八	廿九	卅	**二**	二	三	四	五	六	七	八	九	十	十一	十二	十三	十四	十五	十六
星	1	2	3	4	5	6	**日**	1	2	3	4	5	6	**日**	1	2	3	4	5	6	**日**	1	2	3	4	5	6	**日**	1	2	3
干節	庚辰	辛巳	壬午	癸未	**驚蟄**	乙酉	丙戌	丁亥	戊子	己丑	庚寅	辛卯	壬辰	癸巳	甲午	乙未	丙申	丁酉	戊戌	**春分**	庚子	辛丑	壬寅	癸卯	甲辰	乙巳	丙午	丁未	戊申	己酉	庚戌

陽歷 四 月份 （陰歷二、三月份）

陽	**4**	2	3	4	5	6	7	8	9	10	11	12	13	14	15	16	17	18	19	20	21	22	23	24	25	26	27	28	29	30	
陰	十七	十八	十九	廿	廿一	廿二	廿三	廿四	廿五	廿六	廿七	廿八	廿九	**三**	二	三	四	五	六	七	八	九	十	十一	十二	十三	十四	十五	十六	十七	
星	4	5	6	**日**	1	2	3	4	5	6	**日**	1	2	3	4	5	6	**日**	1	2	3	4	5	6	**日**	1	2	3	4	5	
干節	辛亥	壬子	癸丑	**清明**	乙卯	丙辰	丁巳	戊午	己未	庚申	辛酉	壬戌	癸亥	甲子	乙丑	丙寅	丁卯	戊辰	己巳	**穀雨**	辛未	壬申	癸酉	甲戌	乙亥	丙子	丁丑	戊寅	己卯	庚辰	

陽歷 五 月份 （陰歷三、四月份）

陽	**5**	2	3	4	5	6	7	8	9	10	11	12	13	14	15	16	17	18	19	20	21	22	23	24	25	26	27	28	29	30	31
陰	十八	十九	廿	廿一	廿二	廿三	廿四	廿五	廿六	廿七	廿八	廿九	卅	**四**	二	三	四	五	六	七	八	九	十	十一	十二	十三	十四	十五	十六	十七	十八
星	6	**日**	1	2	3	4	5	6	**日**	1	2	3	4	5	6	**日**	1	2	3	4	5	6	**日**	1	2	3	4	5	6	**日**	1
干節	辛巳	壬午	癸未	甲申	**立夏**	丙戌	丁亥	戊子	己丑	庚寅	辛卯	壬辰	癸巳	甲午	乙未	丙申	丁酉	戊戌	己亥	庚子	**小滿**	壬寅	癸卯	甲辰	乙巳	丙午	丁未	戊申	己酉	庚戌	辛亥

陽歷 六 月份 （陰歷四、五月份）

陽	**6**	2	3	4	5	6	7	8	9	10	11	12	13	14	15	16	17	18	19	20	21	22	23	24	25	26	27	28	29	30	
陰	十九	廿	廿一	廿二	廿三	廿四	廿五	廿六	廿七	廿八	廿九	**五**	二	三	四	五	六	七	八	九	十	十一	十二	十三	十四	十五	十六	十七	十八	十九	
星	2	3	4	5	6	**日**	1	2	3	4	5	6	**日**	1	2	3	4	5	6	**日**	1	2	3	4	5	6	**日**	1	2	3	
干節	壬子	癸丑	甲寅	乙卯	丙辰	**芒種**	戊午	己未	庚申	辛酉	壬戌	癸亥	甲子	乙丑	丙寅	丁卯	戊辰	己巳	庚午	辛未	**夏至**	癸酉	甲戌	乙亥	丙子	丁丑	戊寅	己卯	庚辰	辛巳	

近世中西史日對照表

戊寅

一六三八年

（明思宗崇禎一一年清太宗崇德三年）

陽歷 七 月份 （陰歷五、六月份）

陽	7	2	3	4	5	6	7	8	9	10	11	12	13	14	15	16	17	18	19	20	21	22	23	24	25	26	27	28	29	30	31
陰	廿	廿一	廿二	廿三	廿四	廿五	廿六	廿七	廿八	廿九	六	二	三	四	五	六	七	八	九	十	十一	十二	十三	十四	十五	十六	十七	十八	十九	廿	廿一
星	4	5	6	日	1	2	3	4	5	6	日	1	2	3	4	5	6	日	1	2	3	4	5	6	日	1	2	3	4	5	6
干節	壬午	癸未	甲申	乙酉	丙戌	丁亥	小暑	己丑	庚寅	辛卯	壬辰	癸巳	甲午	乙未	丙申	丁酉	戊戌	己亥	庚子	辛丑	壬寅	癸卯	大暑	乙巳	丙午	丁未	戊申	己酉	庚戌	辛亥	壬子

陽歷 八 月份 （陰歷六、七月份）

陽	8	2	3	4	5	6	7	8	9	10	11	12	13	14	15	16	17	18	19	20	21	22	23	24	25	26	27	28	29	30	31
陰	廿二	廿三	廿四	廿五	廿六	廿七	廿八	廿九	卅	七	二	三	四	五	六	七	八	九	十	十一	十二	十三	十四	十五	十六	十七	十八	十九	廿	廿一	廿二
星	日	1	2	3	4	5	6	日	1	2	3	4	5	6	日	1	2	3	4	5	6	日	1	2	3	4	5	6	日	1	2
干節	癸丑	甲寅	乙卯	丙辰	丁巳	戊午	己未	立秋	辛酉	壬戌	癸亥	甲子	乙丑	丙寅	丁卯	戊辰	己巳	庚午	辛未	壬申	癸酉	甲戌	處暑	丙子	丁丑	戊寅	己卯	庚辰	辛巳	壬午	癸未

陽歷 九 月份 （陰歷七、八月份）

陽	9	2	3	4	5	6	7	8	9	10	11	12	13	14	15	16	17	18	19	20	21	22	23	24	25	26	27	28	29	30
陰	廿三	廿四	廿五	廿六	廿七	廿八	廿九	八	二	三	四	五	六	七	八	九	十	十一	十二	十三	十四	十五	十六	十七	十八	十九	廿	廿一	廿二	廿三
星	3	4	5	6	日	1	2	3	4	5	6	日	1	2	3	4	5	6	日	1	2	3	4	5	6	日	1	2	3	4
干節	甲申	乙酉	丙戌	丁亥	戊子	己丑	庚寅	白露	壬辰	癸巳	甲午	乙未	丙申	丁酉	戊戌	己亥	庚子	辛丑	壬寅	癸卯	秋分	乙巳	丙午	丁未	戊申	己酉	庚戌	辛亥	壬子	癸丑

陽歷 十 月份 （陰歷八、九月份）

陽	10	2	3	4	5	6	7	8	9	10	11	12	13	14	15	16	17	18	19	20	21	22	23	24	25	26	27	28	29	30	31
陰	廿四	廿五	廿六	廿七	廿八	廿九	九	二	三	四	五	六	七	八	九	十	十一	十二	十三	十四	十五	十六	十七	十八	十九	廿	廿一	廿二	廿三	廿四	廿五
星	5	6	日	1	2	3	4	5	6	日	1	2	3	4	5	6	日	1	2	3	4	5	6	日	1	2	3	4	5	6	日
干節	甲寅	乙卯	丙辰	丁巳	戊午	己未	庚申	寒露	壬戌	癸亥	甲子	乙丑	丙寅	丁卯	戊辰	己巳	庚午	辛未	壬申	癸酉	甲戌	乙亥	霜降	丁丑	戊寅	己卯	庚辰	辛巳	壬午	癸未	甲申

陽歷 十一 月份 （陰歷九、十月份）

陽	11	2	3	4	5	6	7	8	9	10	11	12	13	14	15	16	17	18	19	20	21	22	23	24	25	26	27	28	29	30
陰	廿六	廿七	廿八	廿九	卅	十	二	三	四	五	六	七	八	九	十	十一	十二	十三	十四	十五	十六	十七	十八	十九	廿	廿一	廿二	廿三	廿四	廿五
星	1	2	3	4	5	6	日	1	2	3	4	5	6	日	1	2	3	4	5	6	日	1	2	3	4	5	6	日	1	2
干節	乙酉	丙戌	丁亥	戊子	己丑	庚寅	立冬	壬辰	癸巳	甲午	乙未	丙申	丁酉	戊戌	己亥	庚子	辛丑	壬寅	癸卯	甲辰	乙巳	小雪	丁未	戊申	己酉	庚戌	辛亥	壬子	癸丑	甲寅

陽歷 十二 月份 （陰歷十、十一月份）

陽	12	2	3	4	5	6	7	8	9	10	11	12	13	14	15	16	17	18	19	20	21	22	23	24	25	26	27	28	29	30	31
陰	廿六	廿七	廿八	廿九	十一	二	三	四	五	六	七	八	九	十	十一	十二	十三	十四	十五	十六	十七	十八	十九	廿	廿一	廿二	廿三	廿四	廿五	廿六	廿七
星	3	4	5	6	日	1	2	3	4	5	6	日	1	2	3	4	5	6	日	1	2	3	4	5	6	日	1	2	3	4	5
干節	乙卯	丙辰	丁巳	戊午	己未	庚申	大雪	壬戌	癸亥	甲子	乙丑	丙寅	丁卯	戊辰	己巳	庚午	辛未	壬申	癸酉	甲戌	冬至	丙子	丁丑	戊寅	己卯	庚辰	辛巳	壬午	癸未	甲申	乙酉

近世中西史日對照表

己卯　一六三九年　（明思宗崇禎一二年清太宗崇德四年）

陽歷 一 月份　（陰歷十一、十二月份）

陽	**1**	2	3	4	5	6	7	8	9	10	11	12	13	14	15	16	17	18	19	20	21	22	23	24	25	26	27	28	29	30	31
陰	廿八	廿九	卅	**十二**	二	三	四	五	六	七	八	九	十	十一	十二	十三	十四	十五	十六	十七	十八	十九	廿	廿一	廿二	廿三	廿四	廿五	廿六	廿七	廿八
星	6	**日**	1	2	3	4	5	6	**日**	1	2	3	4	5	6	**日**	1	2	3	4	5	6	**日**	1	2	3	4	5	6	**日**	1
干節	丙戌	丁亥	戊子	己丑	**小寒**	辛卯	壬辰	癸巳	甲午	乙未	丙申	丁酉	戊戌	己亥	庚子	辛丑	壬寅	癸卯	甲辰	**大寒**	丙午	丁未	戊申	己酉	庚戌	辛亥	壬子	癸丑	甲寅	乙卯	丙辰

陽歷 二 月份　（陰歷十二、正月份）

陽	**2**	2	3	4	5	6	7	8	9	10	11	12	13	14	15	16	17	18	19	20	21	22	23	24	25	26	27	28			
陰	廿九	卅	**正**	二	三	四	五	六	七	八	九	十	十一	十二	十三	十四	十五	十六	十七	十八	十九	廿	廿一	廿二	廿三	廿四	廿五	廿六			
星	2	3	4	5	6	**日**	1	2	3	4	5	6	**日**	1	2	3	4	5	6	**日**	1	2	3	4	5	6	**日**	1			
干節	丁巳	戊午	己未	**立春**	辛酉	壬戌	癸亥	甲子	乙丑	丙寅	丁卯	戊辰	己巳	庚午	辛未	壬申	癸酉	**雨水**	乙亥	丙子	丁丑	戊寅	己卯	庚辰	辛巳	壬午	癸未	甲申			

陽歷 三 月份　（陰歷正、二月份）

陽	**3**	2	3	4	5	6	7	8	9	10	11	12	13	14	15	16	17	18	19	20	21	22	23	24	25	26	27	28	29	30	31
陰	廿七	廿八	廿九	卅	**二**	二	三	四	五	六	七	八	九	十	十一	十二	十三	十四	十五	十六	十七	十八	十九	廿	廿一	廿二	廿三	廿四	廿五	廿六	廿七
星	2	3	4	5	6	**日**	1	2	3	4	5	6	**日**	1	2	3	4	5	6	**日**	1	2	3	4	5	6	**日**	1	2	3	4
干節	乙酉	丙戌	丁亥	戊子	**驚蟄**	庚寅	辛卯	壬辰	癸巳	甲午	乙未	丙申	丁酉	戊戌	己亥	庚子	辛丑	壬寅	癸卯	甲辰	**春分**	丙午	丁未	戊申	己酉	庚戌	辛亥	壬子	癸丑	甲寅	乙卯

陽歷 四 月份　（陰歷二、三月份）

陽	**4**	2	3	4	5	6	7	8	9	10	11	12	13	14	15	16	17	18	19	20	21	22	23	24	25	26	27	28	29	30
陰	廿八	廿九	**三**	二	三	四	五	六	七	八	九	十	十一	十二	十三	十四	十五	十六	十七	十八	十九	廿	廿一	廿二	廿三	廿四	廿五	廿六	廿七	廿八
星	5	6	**日**	1	2	3	4	5	6	**日**	1	2	3	4	5	6	**日**	1	2	3	4	5	6	**日**	1	2	3	4	5	6
干節	丙辰	丁巳	戊午	己未	**清明**	辛酉	壬戌	癸亥	甲子	乙丑	丙寅	丁卯	戊辰	己巳	庚午	辛未	壬申	癸酉	甲戌	**穀雨**	丙子	丁丑	戊寅	己卯	庚辰	辛巳	壬午	癸未	甲申	乙酉

陽歷 五 月份　（陰歷三、四月份）

陽	**5**	2	3	4	5	6	7	8	9	10	11	12	13	14	15	16	17	18	19	20	21	22	23	24	25	26	27	28	29	30	31
陰	廿九	卅	**四**	二	三	四	五	六	七	八	九	十	十一	十二	十三	十四	十五	十六	十七	十八	十九	廿	廿一	廿二	廿三	廿四	廿五	廿六	廿七	廿八	廿九
星	**日**	1	2	3	4	5	6	**日**	1	2	3	4	5	6	**日**	1	2	3	4	5	6	**日**	1	2	3	4	5	6	**日**	1	2
干節	丙戌	丁亥	戊子	己丑	庚寅	**立夏**	壬辰	癸巳	甲午	乙未	丙申	丁酉	戊戌	己亥	庚子	辛丑	壬寅	癸卯	甲辰	乙巳	**小滿**	丁未	戊申	己酉	庚戌	辛亥	壬子	癸丑	甲寅	乙卯	丙辰

陽歷 六 月份　（陰歷五月份）

陽	**6**	2	3	4	5	6	7	8	9	10	11	12	13	14	15	16	17	18	19	20	21	22	23	24	25	26	27	28	29	30
陰	**五**	二	三	四	五	六	七	八	九	十	十一	十二	十三	十四	十五	十六	十七	十八	十九	廿	廿一	廿二	廿三	廿四	廿五	廿六	廿七	廿八	廿九	卅
星	3	4	5	6	**日**	1	2	3	4	5	6	**日**	1	2	3	4	5	6	**日**	1	2	3	4	5	6	**日**	1	2	3	4
干節	丁巳	戊午	己未	庚申	辛酉	**芒種**	癸亥	甲子	乙丑	丙寅	丁卯	戊辰	己巳	庚午	辛未	壬申	癸酉	甲戌	乙亥	丙子	丁丑	**夏至**	己卯	庚辰	辛巳	壬午	癸未	甲申	乙酉	丙戌

近世中西史日對照表

己卯

一六三九年

（明思宗崇禎一二年清太宗崇德四年）

陽歷七月份　（陰歷六、七月份）

陽	**7**	2	3	4	5	6	7	8	9	10	11	12	13	14	15	16	17	18	19	20	21	22	23	24	25	26	27	28	29	30	31
陰	**六**	二	三	四	五	六	七	八	九	十	十一	十二	十三	十四	十五	十六	十七	十八	十九	廿	廿一	廿二	廿三	廿四	廿五	廿六	廿七	廿八	廿九	**七**	二
星	5	6	**日**	1	2	3	4	5	6	**日**	1	2	3	4	5	6	**日**	1	2	3	4	5	6	**日**	1	2	3	4	5	6	**日**
干節	丁亥	戊子	己丑	庚寅	辛卯	壬辰	**小暑**	甲午	乙未	丙申	丁酉	戊戌	己亥	庚子	辛丑	壬寅	癸卯	甲辰	乙巳	丙午	丁未	戊申	**大暑**	庚戌	辛亥	壬子	癸丑	甲寅	乙卯	丙辰	丁巳

陽歷八月份　（陰歷七、八月份）

陽	**8**	2	3	4	5	6	7	8	9	10	11	12	13	14	15	16	17	18	19	20	21	22	23	24	25	26	27	28	29	30	31
陰	三	四	五	六	七	八	九	十	十一	十二	十三	十四	十五	十六	十七	十八	十九	廿	廿一	廿二	廿三	廿四	廿五	廿六	廿七	廿八	廿九	卅	**八**	二	三
星	1	2	3	4	5	6	**日**	1	2	3	4	[illegible]	6	**日**	1	2	3	4	5	6	**日**	1	2	3	4	5	6	**日**	1	2	3
干節	戊午	己未	庚申	辛酉	壬戌	癸亥	甲子	**立秋**	丙寅	丁卯	戊辰	己巳	庚午	辛未	壬申	癸酉	甲戌	乙亥	丙子	丁丑	戊寅	己卯	**處暑**	辛巳	壬午	癸未	甲申	乙酉	丙戌	丁亥	戊子

陽歷九月份　（陰歷八、九月份）

陽	**9**	2	3	4	5	6	7	8	9	10	11	12	13	14	15	16	17	18	19	20	21	22	23	24	25	26	27	28	29	30	
陰	四	五	六	七	八	九	十	十一	十二	十三	十四	十五	十六	十七	十八	十九	廿	廿一	廿二	廿三	廿四	廿五	廿六	廿七	廿八	廿九	**九**	二	三	四	
星	4	5	6	**日**	1	2	3	4	5	6	**日**	1	2	3	4	5	6	**日**	1	2	3	4	5	6	**日**	1	2	3	4	5	
干節	己丑	庚寅	辛卯	壬辰	癸巳	甲午	乙未	**白露**	丁酉	戊戌	己亥	庚子	辛丑	壬寅	癸卯	甲辰	乙巳	丙午	丁未	戊申	己酉	庚戌	**秋分**	壬子	癸丑	甲寅	乙卯	丙辰	丁巳	戊午	

陽歷十月份　（陰歷九、十月份）

陽	**10**	2	3	4	5	6	7	8	9	10	11	12	13	14	15	16	17	18	19	20	21	22	23	24	25	26	27	28	29	30	31
陰	五	六	七	八	九	十	十一	十二	十三	十四	十五	十六	十七	十八	十九	廿	廿一	廿二	廿三	廿四	廿五	廿六	廿七	廿八	廿九	**十**	二	三	四	五	六
星	6	**日**	1	2	3	4	5	6	**日**	1	2	3	4	5	6	**日**	1	2	3	4	5	6	**日**	1	2	3	4	5	6	**日**	1
干節	己未	庚申	辛酉	壬戌	癸亥	甲子	乙丑	**寒露**	丁卯	戊辰	己巳	庚午	辛未	壬申	癸酉	甲戌	乙亥	丙子	丁丑	戊寅	己卯	庚辰	辛巳	**霜降**	癸未	甲申	乙酉	丙戌	丁亥	戊子	己丑

陽歷十一月份　（陰歷十、十一月份）

陽	**11**	2	3	4	5	6	7	8	9	10	11	12	13	14	15	16	17	18	19	20	21	22	23	24	25	26	27	28	29	30	
陰	七	八	九	十	十一	十二	十三	十四	十五	十六	十七	十八	十九	廿	廿一	廿二	廿三	廿四	廿五	廿六	廿七	廿八	廿九	卅	**十一**	二	三	四	五	六	
星	2	3	4	5	6	**日**	1	2	3	4	5	6	**日**	1	2	3	4	5	6	**日**	1	2	3	4	5	6	**日**	1	2	3	
干節	庚寅	辛卯	壬辰	癸巳	甲午	乙未	**立冬**	丁酉	戊戌	己亥	庚子	辛丑	壬寅	癸卯	甲辰	乙巳	丙午	丁未	戊申	己酉	庚戌	**小雪**	壬子	癸丑	甲寅	乙卯	丙辰	丁巳	戊午	己未	

陽歷十二月份　（陰歷十一、十二月份）

陽	**12**	2	3	4	5	6	7	8	9	10	11	12	13	14	15	16	17	18	19	20	21	22	23	24	25	26	27	28	29	30	31
陰	七	八	九	十	十一	十二	十三	十四	十五	十六	十七	十八	十九	廿	廿一	廿二	廿三	廿四	廿五	廿六	廿七	廿八	廿九	**十二**	二	三	四	五	六	七	八
星	4	5	6	**日**	1	2	3	4	5	6	**日**	1	2	3	4	5	6	**日**	1	2	3	4	5	6	**日**	1	2	3	4	5	6
干節	庚申	辛酉	壬戌	癸亥	甲子	乙丑	**大雪**	丁卯	戊辰	己巳	庚午	辛未	壬申	癸酉	甲戌	乙亥	丙子	丁丑	戊寅	己卯	庚辰	**冬至**	壬午	癸未	甲申	乙酉	丙戌	丁亥	戊子	己丑	庚寅

近世中西史日對照表

庚辰　一六四〇年　（明思宗崇禎一三年清太宗崇德五年）

陽歷 一月份　（陰歷十二、正月份）

陽	**1**	2	3	4	5	6	7	8	9	10	11	12	13	14	15	16	17	18	19	20	21	22	23	24	25	26	27	28	29	30	31
陰	九	十	十一	十二	十三	十四	十五	十六	十七	十八	十九	廿	廿一	廿二	廿三	廿四	廿五	廿六	廿七	廿八	廿九	卅	**正**	二	三	四	五	六	七	八	九
星	**日**	1	2	3	4	5	6	**日**	1	2	3	4	5	6	**日**	1	2	3	4	5	6	**日**	1	2	3	4	5	6	**日**	1	2
干節	辛卯	壬辰	癸巳	甲午	**小寒**	丙申	丁酉	戊戌	己亥	庚子	辛丑	壬寅	癸卯	甲辰	乙巳	丙午	丁未	戊申	己酉	**大寒**	辛亥	壬子	癸丑	甲寅	乙卯	丙辰	丁巳	戊午	己未	庚申	辛酉

陽歷 二月份　（陰歷正、閏正月份）

陽	**2**	2	3	4	5	6	7	8	9	10	11	12	13	14	15	16	17	18	19	20	21	22	23	24	25	26	27	28	29		
陰	十	十一	十二	十三	十四	十五	十六	十七	十八	十九	廿	廿一	廿二	廿三	廿四	廿五	廿六	廿七	廿八	廿九	卅	**閏**	二	三	四	五	六	七	八		
星	3	4	5	6	**日**	1	2	3	4	5	6	**日**	1	2	3	4	5	6	**日**	1	2	3	4	5	6	**日**	1	2	3		
干節	壬戌	癸亥	甲子	**立春**	丙寅	丁卯	戊辰	己巳	庚午	辛未	壬申	癸酉	甲戌	乙亥	丙子	丁丑	戊寅	己卯	**雨水**	辛巳	壬午	癸未	甲申	乙酉	丙戌	丁亥	戊子	己丑	庚寅		

陽歷 三月份　（陰歷閏正、二月份）

陽	**3**	2	3	4	5	6	7	8	9	10	11	12	13	14	15	16	17	18	19	20	21	22	23	24	25	26	27	28	29	30	31
陰	九	十	十一	十二	十三	十四	十五	十六	十七	十八	十九	廿	廿一	廿二	廿三	廿四	廿五	廿六	廿七	廿八	廿九	**二**	二	三	四	五	六	七	八	九	十
星	4	5	6	**日**	1	2	3	4	5	6	**日**	1	2	3	4	5	6	**日**	1	2	3	4	5	6	**日**	1	2	3	4	5	6
干節	辛卯	壬辰	癸巳	甲午	**驚蟄**	丙申	丁酉	戊戌	己亥	庚子	辛丑	壬寅	癸卯	甲辰	乙巳	丙午	丁未	戊申	己酉	**春分**	辛亥	壬子	癸丑	甲寅	乙卯	丙辰	丁巳	戊午	己未	庚申	辛酉

陽歷 四月份　（陰歷二、三月份）

陽	**4**	2	3	4	5	6	7	8	9	10	11	12	13	14	15	16	17	18	19	20	21	22	23	24	25	26	27	28	29	30	
陰	十一	十二	十三	十四	十五	十六	十七	十八	十九	廿	廿一	廿二	廿三	廿四	廿五	廿六	廿七	廿八	廿九	卅	**三**	二	三	四	五	六	七	八	九	十	
星	**日**	1	2	3	4	5	6	**日**	1	2	3	4	5	6	**日**	1	2	3	4	5	6	**日**	1	2	3	4	5	6	**日**	1	
干節	壬戌	癸亥	甲子	**清明**	丙寅	丁卯	戊辰	己巳	庚午	辛未	壬申	癸酉	甲戌	乙亥	丙子	丁丑	戊寅	己卯	**穀雨**	辛巳	壬午	癸未	甲申	乙酉	丙戌	丁亥	戊子	己丑	庚寅	辛卯	

陽歷 五月份　（陰歷三、四月份）

陽	**5**	2	3	4	5	6	7	8	9	10	11	12	13	14	15	16	17	18	19	20	21	22	23	24	25	26	27	28	29	30	31
陰	十一	十二	十三	十四	十五	十六	十七	十八	十九	廿	廿一	廿二	廿三	廿四	廿五	廿六	廿七	廿八	廿九	卅	**四**	二	三	四	五	六	七	八	九	十	十一
星	2	3	4	5	6	**日**	1	2	3	4	5	6	**日**	1	2	3	4	5	6	**日**	1	2	3	4	5	6	**日**	1	2	3	4
干節	壬辰	癸巳	甲午	乙未	**立夏**	丁酉	戊戌	己亥	庚子	辛丑	壬寅	癸卯	甲辰	乙巳	丙午	丁未	戊申	己酉	庚戌	**小滿**	壬子	癸丑	甲寅	乙卯	丙辰	丁巳	戊午	己未	庚申	辛酉	壬戌

陽歷 六月份　（陰歷四、五月份）

陽	**6**	2	3	4	5	6	7	8	9	10	11	12	13	14	15	16	17	18	19	20	21	22	23	24	25	26	27	28	29	30	
陰	十二	十三	十四	十五	十六	十七	十八	十九	廿	廿一	廿二	廿三	廿四	廿五	廿六	廿七	廿八	廿九	**五**	二	三	四	五	六	七	八	九	十	十一	十二	
星	5	6	**日**	1	2	3	4	5	6	**日**	1	2	3	4	5	6	**日**	1	2	3	4	5	6	**日**	1	2	3	4	5	6	
干節	癸亥	甲子	乙丑	丙寅	**芒種**	戊辰	己巳	庚午	辛未	壬申	癸酉	甲戌	乙亥	丙子	丁丑	戊寅	己卯	庚辰	辛巳	壬午	**夏至**	甲申	乙酉	丙戌	丁亥	戊子	己丑	庚寅	辛卯	壬辰	

（註八）案萬年書二月小，三月大，四月大，閏四月大。本表依據明曆（與東華錄合）。

庚辰

一六四〇年

（明思宗崇禎一三年清太宗崇德五年）

陽歷 七 月份 （陰歷五、六月份）

陽	7	2	3	4	5	6	7	8	9	10	11	12	13	14	15	16	17	18	19	20	21	22	23	24	25	26	27	28	29	30	31
陰	十三	十四	十五	十六	十七	十八	十九	廿	廿一	廿二	廿三	廿四	廿五	廿六	廿七	廿八	廿九	卅	六	二	三	四	五	六	七	八	九	十	十一	十二	十三
星	日	1	2	3	4	5	6	日	1	2	3	4	5	6	日	1	2	3	4	5	6	日	1	2	3	4	5	6	日	1	2
干節	癸巳	甲午	乙未	丙申	丁酉	戊戌	小暑	庚子	辛丑	壬寅	癸卯	甲辰	乙巳	丙午	丁未	戊申	己酉	庚戌	辛亥	壬子	癸丑	大暑	乙卯	丙辰	丁巳	戊午	己未	庚申	辛酉	壬戌	癸亥

陽歷 八 月份 （陰歷六、七月份）

陽	8	2	3	4	5	6	7	8	9	10	11	12	13	14	15	16	17	18	19	20	21	22	23	24	25	26	27	28	29	30	31
陰	十四	十五	十六	十七	十八	十九	廿	廿一	廿二	廿三	廿四	廿五	廿六	廿七	廿八	廿九	七	二	三	四	五	六	七	八	九	十	十一	十二	十三	十四	十五
星	3	4	5	6	日	1	2	3	4	5	6	日	1	2	3	4	5	6	日	1	2	3	4	5	6	日	1	2	3	4	5
干節	甲子	乙丑	丙寅	丁卯	戊辰	己巳	立秋	辛未	壬申	癸酉	甲戌	乙亥	丙子	丁丑	戊寅	己卯	庚辰	辛巳	壬午	癸未	甲申	乙酉	處暑	丁亥	戊子	己丑	庚寅	辛卯	壬辰	癸巳	甲午

陽歷 九 月份 （陰歷七、八月份）

陽	9	2	3	4	5	6	7	8	9	10	11	12	13	14	15	16	17	18	19	20	21	22	23	24	25	26	27	28	29	30	
陰	十六	十七	十八	十九	廿	廿一	廿二	廿三	廿四	廿五	廿六	廿七	廿八	廿九	卅	八	二	三	四	五	六	七	八	九	十	十一	十二	十三	十四	十五	
星	6	日	1	2	3	4	5	6	日	1	2	3	4	5	6	日	1	2	3	4	5	6	日	1	2	3	4	5	6	日	
干節	乙未	丙申	丁酉	戊戌	己亥	庚子	白露	壬寅	癸卯	甲辰	乙巳	丙午	丁未	戊申	己酉	庚戌	辛亥	壬子	癸丑	甲寅	乙卯	丙辰	秋分	戊午	己未	庚申	辛酉	壬戌	癸亥	甲子	

陽歷 十 月份 （陰歷八、九月份）

陽	10	2	3	4	5	6	7	8	9	10	11	12	13	14	15	16	17	18	19	20	21	22	23	24	25	26	27	28	29	30	31
陰	十六	十七	十八	十九	廿	廿一	廿二	廿三	廿四	廿五	廿六	廿七	廿八	廿九	九	二	三	四	五	六	七	八	九	十	十一	十二	十三	十四	十五	十六	十七
星	1	2	3	4	5	6	日	1	2	3	4	5	6	日	1	2	3	4	5	6	日	1	2	3	4	5	6	日	1	2	3
干節	乙丑	丙寅	丁卯	戊辰	己巳	庚午	辛未	寒露	癸酉	甲戌	乙亥	丙子	丁丑	戊寅	己卯	庚辰	辛巳	壬午	癸未	甲申	乙酉	丙戌	霜降	戊子	己丑	庚寅	辛卯	壬辰	癸巳	甲午	乙未

陽歷十一月份 （陰歷九、十月份）

陽	11	2	3	4	5	6	7	8	9	10	11	12	13	14	15	16	17	18	19	20	21	22	23	24	25	26	27	28	29	30	
陰	十八	十九	廿	廿一	廿二	廿三	廿四	廿五	廿六	廿七	廿八	廿九	十	二	三	四	五	六	七	八	九	十	十一	十二	十三	十四	十五	十六	十七	十八	
星	4	5	6	日	1	2	3	4	5	6	日	1	2	3	4	5	6	日	1	2	3	4	5	6	日	1	2	3	4	5	
干節	丙申	丁酉	戊戌	己亥	庚子	辛丑	立冬	癸卯	甲辰	乙巳	丙午	丁未	戊申	己酉	庚戌	辛亥	壬子	癸丑	甲寅	乙卯	丙辰	小雪	戊午	己未	庚申	辛酉	壬戌	癸亥	甲子	乙丑	

陽歷十二月份 （陰歷十、十一月份）

陽	12	2	3	4	5	6	7	8	9	10	11	12	13	14	15	16	17	18	19	20	21	22	23	24	25	26	27	28	29	30	31
陰	十九	廿	廿一	廿二	廿三	廿四	廿五	廿六	廿七	廿八	廿九	卅	十一	二	三	四	五	六	七	八	九	十	十一	十二	十三	十四	十五	十六	十七	十八	十九
星	6	日	1	2	3	4	5	6	日	1	2	3	4	5	6	日	1	2	3	4	5	6	日	1	2	3	4	5	6	日	1
干節	丙寅	丁卯	戊辰	己巳	庚午	大雪	壬申	癸酉	甲戌	乙亥	丙子	丁丑	戊寅	己卯	庚辰	辛巳	壬午	癸未	甲申	乙酉	冬至	丁亥	戊子	己丑	庚寅	辛卯	壬辰	癸巳	甲午	乙未	丙申

陽歷 一 月份　　(陰歷十一、十二月份)

陽	1	2	3	4	5	6	7	8	9	10	11	12	13	14	15	16	17	18	19	20	21	22	23	24	25	26	27	28	29	30	31
陰	廿	廿一	廿二	廿三	廿四	廿五	廿六	廿七	廿八	廿九	十二	二	三	四	五	六	七	八	九	十	十一	十二	十三	十四	十五	十六	十七	十八	十九	廿	廿一
星	2	3	4	5	6	日	1	2	3	4	5	6	日	1	2	3	4	5	6	日	1	2	3	4	5	6	日	1	2	3	4
干節	丁酉	戊戌	己亥	庚子	小寒	壬寅	癸卯	甲辰	乙巳	丙午	丁未	戊申	己酉	庚戌	辛亥	壬子	癸丑	甲寅	大寒	丙辰	丁巳	戊午	己未	庚申	辛酉	壬戌	癸亥	甲子	乙丑	丙寅	丁卯

陽歷 二 月份　　(陰歷十二、正月份)

陽	2	2	3	4	5	6	7	8	9	10	11	12	13	14	15	16	17	18	19	20	21	22	23	24	25	26	27	28	—	—	—
陰	廿二	廿三	廿四	廿五	廿六	廿七	廿八	廿九	卅	正	二	三	四	五	六	七	八	九	十	十一	十二	十三	十四	十五	十六	十七	十八	十九	—	—	—
星	5	6	日	1	2	3	4	5	6	日	1	2	3	4	5	6	日	1	2	3	4	5	6	日	1	2	3	4	—	—	—
干節	戊辰	己巳	立春	辛未	壬申	癸酉	甲戌	乙亥	丙子	丁丑	戊寅	己卯	庚辰	辛巳	壬午	癸未	甲申	雨水	丙戌	丁亥	戊子	己丑	庚寅	辛卯	壬辰	癸巳	甲午	乙未			

陽歷 三 月份　　(陰歷正、二月份)

陽	3	2	3	4	5	6	7	8	9	10	11	12	13	14	15	16	17	18	19	20	21	22	23	24	25	26	27	28	29	30	31
陰	廿	廿一	廿二	廿三	廿四	廿五	廿六	廿七	廿八	廿九	二	二	三	四	五	六	七	八	九	十	十一	十二	十三	十四	十五	十六	十七	十八	十九	廿	廿一
星	5	6	日	1	2	3	4	5	6	日	1	2	3	4	5	6	日	1	2	3	4	5	6	日	1	2	3	4	5	6	日
干節	丙申	丁酉	戊戌	己亥	驚蟄	辛丑	壬寅	癸卯	甲辰	乙巳	丙午	丁未	戊申	己酉	庚戌	辛亥	壬子	癸丑	甲寅	春分	丙辰	丁巳	戊午	己未	庚申	辛酉	壬戌	癸亥	甲子	乙丑	丙寅

陽歷 四 月份　　(陰歷二、三月份)

陽	4	2	3	4	5	6	7	8	9	10	11	12	13	14	15	16	17	18	19	20	21	22	23	24	25	26	27	28	29	30	
陰	廿二	廿三	廿四	廿五	廿六	廿七	廿八	廿九	卅	三	二	三	四	五	六	七	八	九	十	十一	十二	十三	十四	十五	十六	十七	十八	十九	廿	廿一	
星	1	2	3	4	5	6	日	1	2	3	4	5	6	日	1	2	3	4	5	6	日	1	2	3	4	5	6	日	1	2	
干節	丁卯	戊辰	己巳	清明	辛未	壬申	癸酉	甲戌	乙亥	丙子	丁丑	戊寅	己卯	庚辰	辛巳	壬午	癸未	甲申	乙酉	穀雨	丁亥	戊子	己丑	庚寅	辛卯	壬辰	癸巳	甲午	乙未	丙申	

陽歷 五 月份　　(陰歷三、四月份)

陽	5	2	3	4	5	6	7	8	9	10	11	12	13	14	15	16	17	18	19	20	21	22	23	24	25	26	27	28	29	30	31
陰	廿二	廿三	廿四	廿五	廿六	廿七	廿八	廿九	卅	四	二	三	四	五	六	七	八	九	十	十一	十二	十三	十四	十五	十六	十七	十八	十九	廿	廿一	廿二
星	3	4	5	6	日	1	2	3	4	5	6	日	1	2	3	4	5	6	日	1	2	3	4	5	6	日	1	2	3	4	5
干節	丁酉	戊戌	己亥	庚子	立夏	壬寅	癸卯	甲辰	乙巳	丙午	丁未	戊申	己酉	庚戌	辛亥	壬子	癸丑	甲寅	乙卯	丙辰	小滿	戊午	己未	庚申	辛酉	壬戌	癸亥	甲子	乙丑	丙寅	丁卯

陽歷 六 月份　　(陰歷四、五月份)

陽	6	2	3	4	5	6	7	8	9	10	11	12	13	14	15	16	17	18	19	20	21	22	23	24	25	26	27	28	29	30	
陰	廿三	廿四	廿五	廿六	廿七	廿八	廿九	五	二	三	四	五	六	七	八	九	十	十一	十二	十三	十四	十五	十六	十七	十八	十九	廿	廿一	廿二	廿三	
星	6	日	1	2	3	4	5	6	日	1	2	3	4	5	6	日	1	2	3	4	5	6	日	1	2	3	4	5	6	日	
干節	戊辰	己巳	庚午	辛未	芒種	癸酉	甲戌	乙亥	丙子	丁丑	戊寅	己卯	庚辰	辛巳	壬午	癸未	甲申	乙酉	丙戌	丁亥	夏至	己丑	庚寅	辛卯	壬辰	癸巳	甲午	乙未	丙申	丁酉	

辛巳　一六四一年　(明思宗崇禎一四年清太宗崇德六年)

辛巳

一六四一年

（明思宗崇禎一四年清太宗崇德六年）

陽歷七月份　（陰歷五、六月份）

陽	7	2	3	4	5	6	7	8	9	10	11	12	13	14	15	16	17	18	19	20	21	22	23	24	25	26	27	28	29	30	31
陰	廿四	廿五	廿六	廿七	廿八	廿九	卅	六	二	三	四	五	六	七	八	九	十	十一	十二	十三	十四	十五	十六	十七	十八	十九	廿	廿一	廿二	廿三	廿四
星	1	2	3	4	5	6	日	1	2	3	4	5	6	日	1	2	3	4	5	6	日	1	2	3	4	5	6	日	1	2	3
干節	戊戌	己亥	庚子	辛丑	壬寅	癸卯	小暑	乙巳	丙午	丁未	戊申	己酉	庚戌	辛亥	壬子	癸丑	甲寅	乙卯	丙辰	丁巳	戊午	己未	大暑	辛酉	壬戌	癸亥	甲子	乙丑	丙寅	丁卯	戊辰

陽歷八月份　（陰歷六、七月份）

陽	8	2	3	4	5	6	7	8	9	10	11	12	13	14	15	16	17	18	19	20	21	22	23	24	25	26	27	28	29	30	31
陰	廿五	廿六	廿七	廿八	廿九	卅	七	二	三	四	五	六	七	八	九	十	十一	十二	十三	十四	十五	十六	十七	十八	十九	廿	廿一	廿二	廿三	廿四	廿五
星	4	5	6	日	1	2	3	4	5	6	日	1	2	3	4	5	6	日	1	2	3	4	5	6	日	1	2	3	4	5	6
干節	己巳	庚午	辛未	壬申	癸酉	甲戌	立秋	丙子	丁丑	戊寅	己卯	庚辰	辛巳	壬午	癸未	甲申	乙酉	丙戌	丁亥	戊子	己丑	庚寅	處暑	壬辰	癸巳	甲午	乙未	丙申	丁酉	戊戌	己亥

陽歷九月份　（陰歷七、八月份）

陽	9	2	3	4	5	6	7	8	9	10	11	12	13	14	15	16	17	18	19	20	21	22	23	24	25	26	27	28	29	30	
陰	廿六	廿七	廿八	廿九	八	二	三	四	五	六	七	八	九	十	十一	十二	十三	十四	十五	十六	十七	十八	十九	廿	廿一	廿二	廿三	廿四	廿五	廿六	
星	日	1	2	3	4	5	6	日	1	2	3	4	5	6	日	1	2	3	4	5	6	日	1	2	3	4	5	6	日	1	
干節	庚子	辛丑	壬寅	癸卯	甲辰	乙巳	白露	丁未	戊申	己酉	庚戌	辛亥	壬子	癸丑	甲寅	乙卯	丙辰	丁巳	戊午	己未	庚申	辛酉	秋分	癸亥	甲子	乙丑	丙寅	丁卯	戊辰	己巳	

陽歷十月份　（陰歷八、九月份）

陽	10	2	3	4	5	6	7	8	9	10	11	12	13	14	15	16	17	18	19	20	21	22	23	24	25	26	27	28	29	30	31
陰	廿七	廿九	廿八	卅	九	二	三	四	五	六	七	八	九	十	十一	十二	十三	十四	十五	十六	十七	十八	十九	廿	廿一	廿二	廿三	廿四	廿五	廿六	廿七
星	2	3	4	5	6	日	1	2	3	4	5	6	日	1	2	3	4	5	6	日	1	2	3	4	5	6	日	1	2	3	4
干節	庚午	辛未	壬申	癸酉	甲戌	乙亥	丙子	寒露	戊寅	己卯	庚辰	辛巳	壬午	癸未	甲申	乙酉	丙戌	丁亥	戊子	己丑	庚寅	辛卯	霜降	癸巳	甲午	乙未	丙申	丁酉	戊戌	己亥	庚子

陽歷十一月份　（陰歷九、十月份）

陽	11	2	3	4	5	6	7	8	9	10	11	12	13	14	15	16	17	18	19	20	21	22	23	24	25	26	27	28	29	30	
陰	廿八	廿九	十	二	三	四	五	六	七	八	九	十	十一	十二	十三	十四	十五	十六	十七	十八	十九	廿	廿一	廿二	廿三	廿四	廿五	廿六	廿七	廿八	
星	5	6	日	1	2	3	4	5	6	日	1	2	3	4	5	6	日	1	2	3	4	5	6	日	1	2	3	4	5	6	
干節	辛丑	壬寅	癸卯	甲辰	乙巳	丙午	立冬	戊申	己酉	庚戌	辛亥	壬子	癸丑	甲寅	乙卯	丙辰	丁巳	戊午	己未	庚申	辛酉	小雪	癸亥	甲子	乙丑	丙寅	丁卯	戊辰	己巳	庚午	

陽歷十二月份　（陰歷十、十一月份）

陽	12	2	3	4	5	6	7	8	9	10	11	12	13	14	15	16	17	18	19	20	21	22	23	24	25	26	27	28	29	30	31
陰	廿九	卅	十一	二	三	四	五	六	七	八	九	十	十一	十二	十三	十四	十五	十六	十七	十八	十九	廿	廿一	廿二	廿三	廿四	廿五	廿六	廿七	廿八	廿九
星	日	1	2	3	4	5	6	日	1	2	3	4	5	6	日	1	2	3	4	5	6	日	1	2	3	4	5	6	日	1	2
干節	辛未	壬申	癸酉	甲戌	乙亥	丙子	大雪	戊寅	己卯	庚辰	辛巳	壬午	癸未	甲申	乙酉	丙戌	丁亥	戊子	己丑	庚寅	冬至	壬辰	癸巳	甲午	乙未	丙申	丁酉	戊戌	己亥	庚子	辛丑

近世中西史日對照表

壬午　一六四二年（明思宗崇禎一五年清太宗崇德七年）

陽歷 一 月份　（陰歷十二、正月份）

陽	1	2	3	4	5	6	7	8	9	10	11	12	13	14	15	16	17	18	19	20	21	22	23	24	25	26	27	28	29	30	31
陰	十二	二	三	四	五	六	七	八	九	十	十一	十二	十三	十四	十五	十六	十七	十八	十九	廿	廿一	廿二	廿三	廿四	廿五	廿六	廿七	廿八	廿九	正	二
星	3	4	5	6	日	1	2	3	4	5	6	日	1	2	3	4	5	6	日	1	2	3	4	5	6	日	1	2	3	4	5
干節	壬寅	癸卯	甲辰	乙巳	小寒	丁未	戊申	己酉	庚戌	辛亥	壬子	癸丑	甲寅	乙卯	丙辰	丁巳	戊午	己未	庚申	大寒	壬戌	癸亥	甲子	乙丑	丙寅	丁卯	戊辰	己巳	庚午	辛未	壬申

陽歷 二 月份　（陰歷正月份）

陽	2	2	3	4	5	6	7	8	9	10	11	12	13	14	15	16	17	18	19	20	21	22	23	24	25	26	27	28
陰	三	四	五	六	七	八	九	十	十一	十二	十三	十四	十五	十六	十七	十八	十九	廿	廿一	廿二	廿三	廿四	廿五	廿六	廿七	廿八	廿九	卅
星	6	日	1	2	3	4	5	6	日	1	2	3	4	5	6	日	1	2	3	4	5	6	日	1	2	3	4	5
干節	癸酉	甲戌	立春	丙子	丁丑	戊寅	己卯	庚辰	辛巳	壬午	癸未	甲申	乙酉	丙戌	丁亥	戊子	己丑	雨水	辛卯	壬辰	癸巳	甲午	乙未	丙申	丁酉	戊戌	己亥	庚子

陽歷 三 月份　（陰歷二、三月份）

陽	3	2	3	4	5	6	7	8	9	10	11	12	13	14	15	16	17	18	19	20	21	22	23	24	25	26	27	28	29	30	31
陰	二	二	三	四	五	六	七	八	九	十	十一	十二	十三	十四	十五	十六	十七	十八	十九	廿	廿一	廿二	廿三	廿四	廿五	廿六	廿七	廿八	廿九	三	二
星	6	日	1	2	3	4	5	6	日	1	2	3	4	5	6	日	1	2	3	4	5	6	日	1	2	3	4	5	6	日	1
干節	辛丑	壬寅	癸卯	甲辰	驚蟄	丙午	丁未	戊申	己酉	庚戌	辛亥	壬子	癸丑	甲寅	乙卯	丙辰	丁巳	戊午	己未	春分	辛酉	壬戌	癸亥	甲子	乙丑	丙寅	丁卯	戊辰	己巳	庚午	辛未

陽歷 四 月份　（陰歷三、四月份）

陽	4	2	3	4	5	6	7	8	9	10	11	12	13	14	15	16	17	18	19	20	21	22	23	24	25	26	27	28	29	30
陰	三	四	五	六	七	八	九	十	十一	十二	十三	十四	十五	十六	十七	十八	十九	廿	廿一	廿二	廿三	廿四	廿五	廿六	廿七	廿八	廿九	卅	四	二
星	2	3	4	5	6	日	1	2	3	4	5	6	日	1	2	3	4	5	6	日	1	2	3	4	5	6	日	1	2	3
干節	壬申	癸酉	甲戌	清明	丙子	丁丑	戊寅	己卯	庚辰	辛巳	壬午	癸未	甲申	乙酉	丙戌	丁亥	戊子	己丑	庚寅	穀雨	壬辰	癸巳	甲午	乙未	丙申	丁酉	戊戌	己亥	庚子	辛丑

陽歷 五 月份　（陰歷四、五月份）

陽	5	2	3	4	5	6	7	8	9	10	11	12	13	14	15	16	17	18	19	20	21	22	23	24	25	26	27	28	29	30	31
陰	三	四	五	六	七	八	九	十	十一	十二	十三	十四	十五	十六	十七	十八	十九	廿	廿一	廿二	廿三	廿四	廿五	廿六	廿七	廿八	廿九	五	二	三	四
星	4	5	6	日	1	2	3	4	5	6	日	1	2	3	4	5	6	日	1	2	3	4	5	6	日	1	2	3	4	5	6
干節	壬寅	癸卯	甲辰	乙巳	立夏	丁未	戊申	己酉	庚戌	辛亥	壬子	癸丑	甲寅	乙卯	丙辰	丁巳	戊午	己未	庚申	辛酉	小滿	癸亥	甲子	乙丑	丙寅	丁卯	戊辰	己巳	庚午	辛未	壬申

陽歷 六 月份　（陰歷五、六月份）

陽	6	2	3	4	5	6	7	8	9	10	11	12	13	14	15	16	17	18	19	20	21	22	23	24	25	26	27	28	29	30
陰	五	六	七	八	九	十	十一	十二	十三	十四	十五	十六	十七	十八	十九	廿	廿一	廿二	廿三	廿四	廿五	廿六	廿七	廿八	廿九	卅	六	二	三	四
星	日	1	2	3	4	5	6	日	1	2	3	4	5	6	日	1	2	3	4	5	6	日	1	2	3	4	5	6	日	1
干節	癸酉	甲戌	乙亥	丙子	丁丑	芒種	己卯	庚辰	辛巳	壬午	癸未	甲申	乙酉	丙戌	丁亥	戊子	己丑	庚寅	辛卯	壬辰	夏至	甲午	乙未	丙申	丁酉	戊戌	己亥	庚子	辛丑	壬寅

壬午

一六四二年

（明思宗崇禎一五年清太宗崇德七年）

陽歷七月份　（陰歷六、七月份）

陽	7	2	3	4	5	6	7	8	9	10	11	12	13	14	15	16	17	18	19	20	21	22	23	24	25	26	27	28	29	30	31
陰	五	六	七	八	九	十	十一	十二	十三	十四	十五	十六	十七	十八	十九	廿	廿一	廿二	廿三	廿四	廿五	廿六	廿七	廿八	廿九	卅	七	二	三	四	五
星	2	3	4	5	6	日	1	2	3	4	5	6	日	1	2	3	4	5	6	日	1	2	3	4	5	6	日	1	2	3	4
干節	癸卯	甲辰	乙巳	丙午	丁未	戊申	小暑	庚戌	辛亥	壬子	癸丑	甲寅	乙卯	丙辰	丁巳	戊午	己未	庚申	辛酉	壬戌	癸亥	甲子	大暑	丙寅	丁卯	戊辰	己巳	庚午	辛未	壬申	癸酉

陽歷八月份　（陰歷七、八月份）

陽	8	2	3	4	5	6	7	8	9	10	11	12	13	14	15	16	17	18	19	20	21	22	23	24	25	26	27	28	29	30	31
陰	六	七	八	九	十	十一	十二	十三	十四	十五	十六	十七	十八	十九	廿	廿一	廿二	廿三	廿四	廿五	廿六	廿七	廿八	廿九	八	二	三	四	五	六	七
星	5	6	日	1	2	3	4	5	6	日	1	2	3	4	5	6	日	1	2	3	4	5	6	日	1	2	3	4	5	6	日
干節	甲戌	乙亥	丙子	丁丑	戊寅	己卯	庚辰	立秋	壬午	癸未	甲申	乙酉	丙戌	丁亥	戊子	己丑	庚寅	辛卯	壬辰	癸巳	甲午	乙未	處暑	丁酉	戊戌	己亥	庚子	辛丑	壬寅	癸卯	甲辰

陽歷九月份　（陰歷八、九月份）

陽	9	2	3	4	5	6	7	8	9	10	11	12	13	14	15	16	17	18	19	20	21	22	23	24	25	26	27	28	29	30
陰	八	九	十	十一	十二	十三	十四	十五	十六	十七	十八	十九	廿	廿一	廿二	廿三	廿四	廿五	廿六	廿七	廿八	廿九	卅	九	二	三	四	五	六	七
星	1	2	3	4	5	6	日	1	2	3	4	5	6	日	1	2	3	4	5	6	日	1	2	3	4	5	6	日	1	2
干節	乙巳	丙午	丁未	戊申	己酉	庚戌	辛亥	白露	癸丑	甲寅	乙卯	丙辰	丁巳	戊午	己未	庚申	辛酉	壬戌	癸亥	甲子	乙丑	丙寅	秋分	戊辰	己巳	庚午	辛未	壬申	癸酉	甲戌

陽歷十月份　（陰歷九、十月份）

陽	10	2	3	4	5	6	7	8	9	10	11	12	13	14	15	16	17	18	19	20	21	22	23	24	25	26	27	28	29	30	31
陰	八	九	十	十一	十二	十三	十四	十五	十六	十七	十八	十九	廿	廿一	廿二	廿三	廿四	廿五	廿六	廿七	廿八	廿九	卅	十	二	三	四	五	六	七	八
星	3	4	5	6	日	1	2	3	4	5	6	日	1	2	3	4	5	6	日	1	2	3	4	5	6	日	1	2	3	4	5
干節	乙亥	丙子	丁丑	戊寅	己卯	庚辰	辛巳	寒露	癸未	甲申	乙酉	丙戌	丁亥	戊子	己丑	庚寅	辛卯	壬辰	癸巳	甲午	乙未	丙申	霜降	戊戌	己亥	庚子	辛丑	壬寅	癸卯	甲辰	乙巳

陽歷十一月份　（陰歷十、十一月份）

陽	11	2	3	4	5	6	7	8	9	10	11	12	13	14	15	16	17	18	19	20	21	22	23	24	25	26	27	28	29	30
陰	九	十	十一	十二	十三	十四	十五	十六	十七	十八	十九	廿	廿一	廿二	廿三	廿四	廿五	廿六	廿七	廿八	廿九	十一	二	三	四	五	六	七	八	九
星	6	日	1	2	3	4	5	6	日	1	2	3	4	5	6	日	1	2	3	4	5	6	日	1	2	3	4	5	6	日
干節	丙午	丁未	戊申	己酉	庚戌	辛亥	立冬	癸丑	甲寅	乙卯	丙辰	丁巳	戊午	己未	庚申	辛酉	壬戌	癸亥	甲子	乙丑	丙寅	小雪	戊辰	己巳	庚午	辛未	壬申	癸酉	甲戌	乙亥

陽歷十二月份　（陰歷十一、閏十一月份）

陽	12	2	3	4	5	6	7	8	9	10	11	12	13	14	15	16	17	18	19	20	21	22	23	24	25	26	27	28	29	30	31
陰	十	十一	十二	十三	十四	十五	十六	十七	十八	十九	廿	廿一	廿二	廿三	廿四	廿五	廿六	廿七	廿八	廿九	卅	閏	二	三	四	五	六	七	八	九	十
星	1	2	3	4	5	6	日	1	2	3	4	5	6	日	1	2	3	4	5	6	日	1	2	3	4	5	6	日	1	2	3
干節	丙子	丁丑	戊寅	己卯	庚辰	辛巳	大雪	癸未	甲申	乙酉	丙戌	丁亥	戊子	己丑	庚寅	辛卯	壬辰	癸巳	甲午	乙未	冬至	丁酉	戊戌	己亥	庚子	辛丑	壬寅	癸卯	甲辰	乙巳	丙午

（註九）案萬年書閏九月小，十月大，十一月小。本表依據明曆（與東華錄合）。

陽歷 一 月份 (陰歷閏十一、十二月份)

陽	**1**	2	3	4	5	6	7	8	9	10	11	12	13	14	15	16	17	18	19	20	21	22	23	24	25	26	27	28	29	30	31
陰	十一	十二	十三	十四	十五	十六	十七	十八	十九	廿	廿一	廿二	廿三	廿四	廿五	廿六	廿七	廿八	廿九	**十二**	二	三	四	五	六	七	八	九	十	十一	十二
星	4	5	6	**日**	1	2	3	4	5	6	**日**	1	2	3	4	5	6	**日**	1	2	3	4	5	6	**日**	1	2	3	4	5	6
干節	丁未	戊申	己酉	庚戌	**小寒**	壬子	癸丑	甲寅	乙卯	丙辰	丁巳	戊午	己未	庚申	辛酉	壬戌	癸亥	甲子	乙丑	**大寒**	丁卯	戊辰	己巳	庚午	辛未	壬申	癸酉	甲戌	乙亥	丙子	丁丑

陽歷 二 月份 (陰歷十二、正月份)

陽	**2**	2	3	4	5	6	7	8	9	10	11	12	13	14	15	16	17	18	19	20	21	22	23	24	25	26	27	28			
陰	十三	十四	十五	十六	十七	十八	十九	廿	廿一	廿二	廿三	廿四	廿五	廿六	廿七	廿八	廿九	卅	**正**	二	三	四	五	六	七	八	九	十			
星	**日**	1	2	3	4	5	6	**日**	1	2	3	4	5	6	**日**	1	2	3	4	5	6	**日**	1	2	3	4	5	6			
干節	戊寅	己卯	庚辰	**立春**	壬午	癸未	甲申	乙酉	丙戌	丁亥	戊子	己丑	庚寅	辛卯	壬辰	癸巳	甲午	**雨水**	丙申	丁酉	戊戌	己亥	庚子	辛丑	壬寅	癸卯	甲辰	乙巳			

陽歷 三 月份 (陰歷正、二月份)

陽	**3**	2	3	4	5	6	7	8	9	10	11	12	13	14	15	16	17	18	19	20	21	22	23	24	25	26	27	28	29	30	31
陰	十一	十二	十三	十四	十五	十六	十七	十八	十九	廿	廿一	廿二	廿三	廿四	廿五	廿六	廿七	廿八	廿九	**二**	二	三	四	五	六	七	八	九	十	十一	十二
星	**日**	1	2	3	4	5	6	**日**	1	2	3	4	5	6	**日**	1	2	3	4	5	6	**日**	1	2	3	4	5	6	**日**	1	2
干節	丙午	丁未	戊申	己酉	**驚蟄**	辛亥	壬子	癸丑	甲寅	乙卯	丙辰	丁巳	戊午	己未	庚申	辛酉	壬戌	癸亥	甲子	**春分**	丙寅	丁卯	戊辰	己巳	庚午	辛未	壬申	癸酉	甲戌	乙亥	丙子

陽歷 四 月份 (陰歷二、三月份)

陽	**4**	2	3	4	5	6	7	8	9	10	11	12	13	14	15	16	17	18	19	20	21	22	23	24	25	26	27	28	29	30
陰	十三	十四	十五	十六	十七	十八	十九	廿	廿一	廿二	廿三	廿四	廿五	廿六	廿七	廿八	廿九	**三**	二	三	四	五	六	七	八	九	十	十一	十二	十三
星	3	4	5	6	**日**	1	2	3	4	5	6	**日**	1	2	3	4	5	6	**日**	1	2	3	4	5	6	**日**	1	2	3	4
干節	丁丑	戊寅	己卯	庚辰	**清明**	壬午	癸未	甲申	乙酉	丙戌	丁亥	戊子	己丑	庚寅	辛卯	壬辰	癸巳	甲午	乙未	**穀雨**	丁酉	戊戌	己亥	庚子	辛丑	壬寅	癸卯	甲辰	乙巳	丙午

陽歷 五 月份 (陰歷三、四月份)

陽	**5**	2	3	4	5	6	7	8	9	10	11	12	13	14	15	16	17	18	19	20	21	22	23	24	25	26	27	28	29	30	31
陰	十四	十五	十六	十七	十八	十九	廿	廿一	廿二	廿三	廿四	廿五	廿六	廿七	廿八	廿九	卅	**四**	二	三	四	五	六	七	八	九	十	十一	十二	十三	十四
星	5	6	**日**	1	2	3	4	5	6	**日**	1	2	3	4	5	6	**日**	1	2	3	4	5	6	**日**	1	2	3	4	5	6	**日**
干節	丁未	戊申	己酉	庚戌	辛亥	**立夏**	癸丑	甲寅	乙卯	丙辰	丁巳	戊午	己未	庚申	辛酉	壬戌	癸亥	甲子	乙丑	丙寅	**小滿**	戊辰	己巳	庚午	辛未	壬申	癸酉	甲戌	乙亥	丙子	丁丑

陽歷 六 月份 (陰歷四、五月份)

陽	**6**	2	3	4	5	6	7	8	9	10	11	12	13	14	15	16	17	18	19	20	21	22	23	24	25	26	27	28	29	30
陰	十五	十六	十七	十八	十九	廿	廿一	廿二	廿三	廿四	廿五	廿六	廿七	廿八	廿九	**五**	二	三	四	五	六	七	八	九	十	十一	十二	十三	十四	十五
星	1	2	3	4	5	6	**日**	1	2	3	4	5	6	**日**	1	2	3	4	5	6	**日**	1	2	3	4	5	6	**日**	1	2
干節	戊寅	己卯	庚辰	辛巳	壬午	**芒種**	甲申	乙酉	丙戌	丁亥	戊子	己丑	庚寅	辛卯	壬辰	癸巳	甲午	乙未	丙申	丁酉	戊戌	**夏至**	庚子	辛丑	壬寅	癸卯	甲辰	乙巳	丙午	丁未

癸未

一六四三年

(明思宗崇禎一六年清太宗崇德八年)

近世中西史日對照表

癸未

一六四三年

（明思宗崇禎一六年清太宗崇德八年）

陽歷七月份 （陰歷五、六月份）

陽	7	2	3	4	5	6	7	8	9	10	11	12	13	14	15	16	17	18	19	20	21	22	23	24	25	26	27	28	29	30	31
陰	十六	十七	十八	十九	廿	廿一	廿二	廿三	廿四	廿五	廿六	廿七	廿八	廿九	卅	六	二	三	四	五	六	七	八	九	十	十一	十二	十三	十四	十五	十六
星	3	4	5	6	日	1	2	3	4	5	6	日	1	2	3	4	5	6	日	1	2	3	4	5	6	日	1	2	3	4	5
干節	戊申	己酉	庚戌	辛亥	壬子	癸丑	小暑	乙卯	丙辰	丁巳	戊午	己未	庚申	辛酉	壬戌	癸亥	甲子	乙丑	丙寅	丁卯	戊辰	己巳	大暑	辛未	壬申	癸酉	甲戌	乙亥	丙子	丁丑	戊寅

陽歷八月份 （陰歷六、七月份）

陽	8	2	3	4	5	6	7	8	9	10	11	12	13	14	15	16	17	18	19	20	21	22	23	24	25	26	27	28	29	30	31
陰	十七	十八	十九	廿	廿一	廿二	廿三	廿四	廿五	廿六	廿七	廿八	廿九	七	二	三	四	五	六	七	八	九	十	十一	十二	十三	十四	十五	十六	十七	十八
星	6	日	1	2	3	4	5	6	日	1	2	3	4	5	6	日	1	2	3	4	5	6	日	1	2	3	4	5	6	日	1
干節	己卯	庚辰	辛巳	壬午	癸未	甲申	乙酉	立秋	丁亥	戊子	己丑	庚寅	辛卯	壬辰	癸巳	甲午	乙未	丙申	丁酉	戊戌	己亥	庚子	處暑	壬寅	癸卯	甲辰	乙巳	丙午	丁未	戊申	己酉

陽歷九月份 （陰歷七、八月份）

陽	9	2	3	4	5	6	7	8	9	10	11	12	13	14	15	16	17	18	19	20	21	22	23	24	25	26	27	28	29	30	
陰	十九	廿	廿一	廿二	廿三	廿四	廿五	廿六	廿七	廿八	廿九	卅	八	二	三	四	五	六	七	八	九	十	十一	十二	十三	十四	十五	十六	十七	十八	
星	2	3	4	5	6	日	1	2	3	4	5	6	日	1	2	3	4	5	6	日	1	2	3	4	5	6	日	1	2	3	
干節	庚戌	辛亥	壬子	癸丑	甲寅	乙卯	丙辰	白露	戊午	己未	庚申	辛酉	壬戌	癸亥	甲子	乙丑	丙寅	丁卯	戊辰	己巳	庚午	辛未	秋分	癸酉	甲戌	乙亥	丙子	丁丑	戊寅	己卯	

陽歷十月份 （陰歷八、九月份）

陽	10	2	3	4	5	6	7	8	9	10	11	12	13	14	15	16	17	18	19	20	21	22	23	24	25	26	27	28	29	30	31
陰	十九	廿	廿一	廿二	廿三	廿四	廿五	廿六	廿七	廿八	廿九	卅	九	二	三	四	五	六	七	八	九	十	十一	十二	十三	十四	十五	十六	十七	十八	十九
星	4	5	6	日	1	2	3	4	5	6	日	1	2	3	4	5	6	日	1	2	3	4	5	6	日	1	2	3	4	5	6
干節	庚辰	辛巳	壬午	癸未	甲申	乙酉	丙戌	寒露	戊子	己丑	庚寅	辛卯	壬辰	癸巳	甲午	乙未	丙申	丁酉	戊戌	己亥	庚子	辛丑	霜降	癸卯	甲辰	乙巳	丙午	丁未	戊申	己酉	庚戌

陽歷十一月份 （陰歷九、十月份）

陽	11	2	3	4	5	6	7	8	9	10	11	12	13	14	15	16	17	18	19	20	21	22	23	24	25	26	27	28	29	30	
陰	廿	廿一	廿二	廿三	廿四	廿五	廿六	廿七	廿八	廿九	十	二	三	四	五	六	七	八	九	十	十一	十二	十三	十四	十五	十六	十七	十八	十九	廿	
星	日	1	2	3	4	5	6	日	1	2	3	4	5	6	日	1	2	3	4	5	6	日	1	2	3	4	5	6	日	1	
干節	辛亥	壬子	癸丑	甲寅	乙卯	丙辰	立冬	戊午	己未	庚申	辛酉	壬戌	癸亥	甲子	乙丑	丙寅	丁卯	戊辰	己巳	庚午	辛未	小雪	癸酉	甲戌	乙亥	丙子	丁丑	戊寅	己卯	庚辰	

陽歷十二月份 （陰歷十、十一月份）

陽	12	2	3	4	5	6	7	8	9	10	11	12	13	14	15	16	17	18	19	20	21	22	23	24	25	26	27	28	29	30	31
陰	廿一	廿二	廿三	廿四	廿五	廿六	廿七	廿八	廿九	卅	十一	二	三	四	五	六	七	八	九	十	十一	十二	十三	十四	十五	十六	十七	十八	十九	廿	廿一
星	2	3	4	5	6	日	1	2	3	4	5	6	日	1	2	3	4	5	6	日	1	2	3	4	5	6	日	1	2	3	4
干節	辛巳	壬午	癸未	甲申	乙酉	丙戌	大雪	戊子	己丑	庚寅	辛卯	壬辰	癸巳	甲午	乙未	丙申	丁酉	戊戌	己亥	庚子	辛丑	冬至	癸卯	甲辰	乙巳	丙午	丁未	戊申	己酉	庚戌	辛亥

近世中西史日對照表

陽歷 一 月份　(陰歷十一、十二月份)

陽	**1**	2	3	4	5	6	7	8	9	10	11	12	13	14	15	16	17	18	19	20	21	22	23	24	25	26	27	28	29	30	31
陰	廿二	廿三	廿四	廿五	廿六	廿七	廿八	廿九	卅	**十二**	二	三	四	五	六	七	八	九	十	十一	十二	十三	十四	十五	十六	十七	十八	十九	廿	廿一	廿二
星	5	6	**日**	1	2	3	4	5	6	**日**	1	2	3	4	5	6	**日**	1	2	3	4	5	6	**日**	1	2	3	4	5	6	**日**
干節	壬子	癸丑	甲寅	乙卯	**小寒**	丁巳	戊午	己未	庚申	辛酉	壬戌	癸亥	甲子	乙丑	丙寅	丁卯	戊辰	己巳	庚午	**大寒**	壬申	癸酉	甲戌	乙亥	丙子	丁丑	戊寅	己卯	庚辰	辛巳	壬午

陽歷 二 月份　(陰歷十二、正月份)

陽	**2**	2	3	4	5	6	7	8	9	10	11	12	13	14	15	16	17	18	19	20	21	22	23	24	25	26	27	28	29
陰	廿三	廿四	廿五	廿六	廿七	廿八	廿九	**正**	二	三	四	五	六	七	八	九	十	十一	十二	十三	十四	十五	十六	十七	十八	十九	廿	廿一	廿二
星	1	2	3	4	5	6	**日**	1	2	3	4	5	6	**日**	1	2	3	4	5	6	**日**	1	2	3	4	5	6	**日**	1
干節	癸未	甲申	乙酉	**立春**	丁亥	戊子	己丑	庚寅	辛卯	壬辰	癸巳	甲午	乙未	丙申	丁酉	戊戌	己亥	庚子	**雨水**	壬寅	癸卯	甲辰	乙巳	丙午	丁未	戊申	己酉	庚戌	辛亥

陽歷 三 月份　(陰歷正、二月份)

陽	**3**	2	3	4	5	6	7	8	9	10	11	12	13	14	15	16	17	18	19	20	21	22	23	24	25	26	27	28	29	30	31
陰	廿三	廿四	廿五	廿六	廿七	廿八	廿九	卅	**二**	二	三	四	五	六	七	八	九	十	十一	十二	十三	十四	十五	十六	十七	十八	十九	廿	廿一	廿二	廿三
星	2	3	4	5	6	**日**	1	2	3	4	5	6	**日**	1	2	3	4	5	6	**日**	1	2	3	4	5	6	**日**	1	2	3	4
干節	壬子	癸丑	甲寅	乙卯	**驚蟄**	丁巳	戊午	己未	庚申	辛酉	壬戌	癸亥	甲子	乙丑	丙寅	丁卯	戊辰	己巳	庚午	**春分**	壬申	癸酉	甲戌	乙亥	丙子	丁丑	戊寅	己卯	庚辰	辛巳	壬午

陽歷 四 月份　(陰歷二、三月份)

陽	**4**	2	3	4	5	6	7	8	9	10	11	12	13	14	15	16	17	18	19	20	21	22	23	24	25	26	27	28	29	30
陰	廿四	廿五	廿六	廿七	廿八	廿九	**三**	二	三	四	五	六	七	八	九	十	十一	十二	十三	十四	十五	十六	十七	十八	十九	廿	廿一	廿二	廿三	廿四
星	5	6	**日**	1	2	3	4	5	6	**日**	1	2	3	4	5	6	**日**	1	2	3	4	5	6	**日**	1	2	3	4	5	6
干節	癸未	甲申	乙酉	**清明**	丁亥	戊子	己丑	庚寅	辛卯	壬辰	癸巳	甲午	乙未	丙申	丁酉	戊戌	己亥	庚子	**穀雨**	壬寅	癸卯	甲辰	乙巳	丙午	丁未	戊申	己酉	庚戌	辛亥	壬子

陽歷 五 月份　(陰歷三、四月份)

陽	**5**	2	3	4	5	6	7	8	9	10	11	12	13	14	15	16	17	18	19	20	21	22	23	24	25	26	27	28	29	30	31
陰	廿五	廿六	廿七	廿八	廿九	**四**	二	三	四	五	六	七	八	九	十	十一	十二	十三	十四	十五	十六	十七	十八	十九	廿	廿一	廿二	廿三	廿四	廿五	廿六
星	**日**	1	2	3	4	5	6	**日**	1	2	3	4	5	6	**日**	1	2	3	4	5	6	**日**	1	2	3	4	5	6	**日**	1	2
干節	癸丑	甲寅	乙卯	丙辰	**立夏**	戊午	己未	庚申	辛酉	壬戌	癸亥	甲子	乙丑	丙寅	丁卯	戊辰	己巳	庚午	辛未	**小滿**	癸酉	甲戌	乙亥	丙子	丁丑	戊寅	己卯	庚辰	辛巳	壬午	癸未

陽歷 六 月份　(陰歷四、五月份)

陽	**6**	2	3	4	5	6	7	8	9	10	11	12	13	14	15	16	17	18	19	20	21	22	23	24	25	26	27	28	29	30
陰	廿七	廿八	廿九	卅	**五**	二	三	四	五	六	七	八	九	十	十一	十二	十三	十四	十五	十六	十七	十八	十九	廿	廿一	廿二	廿三	廿四	廿五	廿六
星	3	4	5	6	**日**	1	2	3	4	5	6	**日**	1	2	3	4	5	6	**日**	1	2	3	4	5	6	**日**	1	2	3	4
干節	甲申	乙酉	丙戌	丁亥	**芒種**	己丑	庚寅	辛卯	壬辰	癸巳	甲午	乙未	丙申	丁酉	戊戌	己亥	庚子	辛丑	壬寅	癸卯	**夏至**	乙巳	丙午	丁未	戊申	己酉	庚戌	辛亥	壬子	癸丑

甲申　一六四四年　(明思宗崇禎一七年清世祖順治元年)

甲申

一六四四年

（明思宗崇禎一七年清世祖順治元年）

陽歷七月份　（陰歷五、六月份）

陽	7	2	3	4	5	6	7	8	9	10	11	12	13	14	15	16	17	18	19	20	21	22	23	24	25	26	27	28	29	30	31
陰	廿七	廿八	廿九	六	二	三	四	五	六	七	八	九	十	十一	十二	十三	十四	十五	十六	十七	十八	十九	廿	廿一	廿二	廿三	廿四	廿五	廿六	廿七	廿八
星	5	6	日	1	2	3	4	5	6	日	1	2	3	4	5	6	日	1	2	3	4	5	6	日	1	2	3	4	5	6	日
干節	甲寅	乙卯	丙辰	丁巳	戊午	己未	小暑	辛酉	壬戌	癸亥	甲子	乙丑	丙寅	丁卯	戊辰	己巳	庚午	辛未	壬申	癸酉	甲戌	大暑	丙子	丁丑	戊寅	己卯	庚辰	辛巳	壬午	癸未	甲申

陽歷八月份　（陰歷六、七月份）

陽	8	2	3	4	5	6	7	8	9	10	11	12	13	14	15	16	17	18	19	20	21	22	23	24	25	26	27	28	29	30	31
陰	廿九	七	二	三	四	五	六	七	八	九	十	十一	十二	十三	十四	十五	十六	十七	十八	十九	廿	廿一	廿二	廿三	廿四	廿五	廿六	廿七	廿八	廿九	卅
星	1	2	3	4	5	6	日	1	2	3	4	5	6	日	1	2	3	4	5	6	日	1	2	3	4	5	6	日	1	2	3
干節	乙酉	丙戌	丁亥	戊子	己丑	庚寅	立秋	壬辰	癸巳	甲午	乙未	丙申	丁酉	戊戌	己亥	庚子	辛丑	壬寅	癸卯	甲辰	乙巳	丙午	處暑	戊申	己酉	庚戌	辛亥	壬子	癸丑	甲寅	乙卯

陽歷九月份　（陰歷八月份）

陽	9	2	3	4	5	6	7	8	9	10	11	12	13	14	15	16	17	18	19	20	21	22	23	24	25	26	27	28	29	30	
陰	八	二	三	四	五	六	七	八	九	十	十一	十二	十三	十四	十五	十六	十七	十八	十九	廿	廿一	廿二	廿三	廿四	廿五	廿六	廿七	廿八	廿九	卅	
星	4	5	6	日	1	2	3	4	5	6	日	1	2	3	4	5	6	日	1	2	3	4	5	6	日	1	2	3	4	5	
干節	丙辰	丁巳	戊午	己未	庚申	辛酉	白露	癸亥	甲子	乙丑	丙寅	丁卯	戊辰	己巳	庚午	辛未	壬申	癸酉	甲戌	乙亥	丙子	秋分	戊寅	己卯	庚辰	辛巳	壬午	癸未	甲申	乙酉	

陽歷十月份　（陰歷九、十月份）

陽	10	2	3	4	5	6	7	8	9	10	11	12	13	14	15	16	17	18	19	20	21	22	23	24	25	26	27	28	29	30	31
陰	九	二	三	四	五	六	七	八	九	十	十一	十二	十三	十四	十五	十六	十七	十八	十九	廿	廿一	廿二	廿三	廿四	廿五	廿六	廿七	廿八	廿九	十	二
星	6	日	1	2	3	4	5	6	日	1	2	3	4	5	6	日	1	2	3	4	5	6	日	1	2	3	4	5	6	日	1
干節	丙戌	丁亥	戊子	己丑	庚寅	辛卯	壬辰	寒露	甲午	乙未	丙申	丁酉	戊戌	己亥	庚子	辛丑	壬寅	癸卯	甲辰	乙巳	丙午	丁未	霜降	己酉	庚戌	辛亥	壬子	癸丑	甲寅	乙卯	丙辰

陽歷十一月份　（陰歷十、十一月份）

陽	11	2	3	4	5	6	7	8	9	10	11	12	13	14	15	16	17	18	19	20	21	22	23	24	25	26	27	28	29	30	
陰	三	四	五	六	七	八	九	十	十一	十二	十三	十四	十五	十六	十七	十八	十九	廿	廿一	廿二	廿三	廿四	廿五	廿六	廿七	廿八	廿九	卅	十一	二	
星	2	3	4	5	6	日	1	2	3	4	5	6	日	1	2	3	4	5	6	日	1	2	3	4	5	6	日	1	2	3	
干節	丁巳	戊午	己未	庚申	辛酉	壬戌	立冬	甲子	乙丑	丙寅	丁卯	戊辰	己巳	庚午	辛未	壬申	癸酉	甲戌	乙亥	丙子	丁丑	小雪	己卯	庚辰	辛巳	壬午	癸未	甲申	乙酉	丙戌	

陽歷十二月份　（陰歷十一、十二月份）

陽	12	2	3	4	5	6	7	8	9	10	11	12	13	14	15	16	17	18	19	20	21	22	23	24	25	26	27	28	29	30	31
陰	三	四	五	六	七	八	九	十	十一	十二	十三	十四	十五	十六	十七	十八	十九	廿	廿一	廿二	廿三	廿四	廿五	廿六	廿七	廿八	廿九	卅	十二	二	三
星	4	5	6	日	1	2	3	4	5	6	日	1	2	3	4	5	6	日	1	2	3	4	5	6	日	1	2	3	4	5	6
干節	丁亥	戊子	己丑	庚寅	辛卯	大雪	癸巳	甲午	乙未	丙申	丁酉	戊戌	己亥	庚子	辛丑	壬寅	癸卯	甲辰	乙巳	丙午	冬至	戊申	己酉	庚戌	辛亥	壬子	癸丑	甲寅	乙卯	丙辰	丁巳

近世中西史日對照表

乙酉

一六四五年

（明福王弘光元年明唐王隆武元年清世祖順治二年）

陽歷一月份（陰歷十二、正月份）

陽	1	2	3	4	5	6	7	8	9	10	11	12	13	14	15	16	17	18	19	20	21	22	23	24	25	26	27	28	29	30	31
陰	四	五	六	七	八	九	十	十一	十二	十三	十四	十五	十六	十七	十八	十九	廿	廿一	廿二	廿三	廿四	廿五	廿六	廿七	廿八	廿九	卅	正	二	三	四
星	日	1	2	3	4	5	6	日	1	2	3	4	5	6	日	1	2	3	4	5	6	日	1	2	3	4	5	6	日	1	2
干節	戊午	己未	庚申	辛酉	小寒	癸亥	甲子	乙丑	丙寅	丁卯	戊辰	己巳	庚午	辛未	壬申	癸酉	甲戌	乙亥	大寒	丁丑	戊寅	己卯	庚辰	辛巳	壬午	癸未	甲申	乙酉	丙戌	丁亥	戊子

陽歷二月份（陰歷正、二月份）

陽	1	2	3	4	5	6	7	8	9	10	11	12	13	14	15	16	17	18	19	20	21	22	23	24	25	26	27	28
陰	五	六	七	八	九	十	十一	十二	十三	十四	十五	十六	十七	十八	十九	廿	廿一	廿二	廿三	廿四	廿五	廿六	廿七	廿八	廿九	二	二	三
星	3	4	5	6	日	1	2	3	4	5	6	日	1	2	3	4	5	6	日	1	2	3	4	5	6	日	1	2
干節	己丑	庚寅	立春	壬辰	癸巳	甲午	乙未	丙申	丁酉	戊戌	己亥	庚子	辛丑	壬寅	癸卯	甲辰	乙巳	雨水	丁未	戊申	己酉	庚戌	辛亥	壬子	癸丑	甲寅	乙卯	丙辰

陽歷三月份（陰歷二、三月份）

陽	1	2	3	4	5	6	7	8	9	10	11	12	13	14	15	16	17	18	19	20	21	22	23	24	25	26	27	28	29	30	31
陰	四	五	六	七	八	九	十	十一	十二	十三	十四	十五	十六	十七	十八	十九	廿	廿一	廿二	廿三	廿四	廿五	廿六	廿七	廿八	廿九	卅	三	二	三	四
星	3	4	5	6	日	1	2	3	4	5	6	日	1	2	3	4	5	6	日	1	2	3	4	5	6	日	1	2	3	4	5
干節	丁巳	戊午	己未	庚申	驚蟄	壬戌	癸亥	甲子	乙丑	丙寅	丁卯	戊辰	己巳	庚午	辛未	壬申	癸酉	甲戌	乙亥	春分	丁丑	戊寅	己卯	庚辰	辛巳	壬午	癸未	甲申	乙酉	丙戌	丁亥

陽歷四月份（陰歷三、四月份）

陽	1	2	3	4	5	6	7	8	9	10	11	12	13	14	15	16	17	18	19	20	21	22	23	24	25	26	27	28	29	30
陰	五	六	七	八	九	十	十一	十二	十三	十四	十五	十六	十七	十八	十九	廿	廿一	廿二	廿三	廿四	廿五	廿六	廿七	廿八	廿九	四	二	三	四	五
星	6	日	1	2	3	4	5	6	日	1	2	3	4	5	6	日	1	2	3	4	5	6	日	1	2	3	4	5	6	日
干節	戊子	己丑	庚寅	清明	壬辰	癸巳	甲午	乙未	丙申	丁酉	戊戌	己亥	庚子	辛丑	壬寅	癸卯	甲辰	乙巳	丙午	穀雨	戊申	己酉	庚戌	辛亥	壬子	癸丑	甲寅	乙卯	丙辰	丁巳

陽歷五月份（陰歷四、五月份）

陽	1	2	3	4	5	6	7	8	9	10	11	12	13	14	15	16	17	18	19	20	21	22	23	24	25	26	27	28	29	30	31
陰	六	七	八	九	十	十一	十二	十三	十四	十五	十六	十七	十八	十九	廿	廿一	廿二	廿三	廿四	廿五	廿六	廿七	廿八	廿九	五	二	三	四	五	六	七
星	1	2	3	4	5	6	日	1	2	3	4	5	6	日	1	2	3	4	5	6	日	1	2	3	4	5	6	日	1	2	3
干節	戊午	己未	庚申	辛酉	立夏	癸亥	甲子	乙丑	丙寅	丁卯	戊辰	己巳	庚午	辛未	壬申	癸酉	甲戌	乙亥	丙子	丁丑	小滿	己卯	庚辰	辛巳	壬午	癸未	甲申	乙酉	丙戌	丁亥	戊子

陽歷六月份（陰歷五、六月份）

陽	1	2	3	4	5	6	7	8	9	10	11	12	13	14	15	16	17	18	19	20	21	22	23	24	25	26	27	28	29	30
陰	八	九	十	十一	十二	十三	十四	十五	十六	十七	十八	十九	廿	廿一	廿二	廿三	廿四	廿五	廿六	廿七	廿八	廿九	卅	六	二	三	四	五	六	七
星	4	5	6	日	1	2	3	4	5	6	日	1	2	3	4	5	6	日	1	2	3	4	5	6	日	1	2	3	4	5
干節	己丑	庚寅	辛卯	壬辰	芒種	甲午	乙未	丙申	丁酉	戊戌	己亥	庚子	辛丑	壬寅	癸卯	甲辰	乙巳	丙午	丁未	戊申	夏至	庚戌	辛亥	壬子	癸丑	甲寅	乙卯	丙辰	丁巳	戊午

乙酉

一六四五年

（明福王弘光元年明唐王隆武元年清世祖順治二年）

陽歷七月份　（陰歷六、閏六月份）

陽	7	2	3	4	5	6	7	8	9	10	11	12	13	14	15	16	17	18	19	20	21	22	23	24	25	26	27	28	29	30	31
陰	八	九	十	十一	十二	十三	十四	十五	十六	十七	十八	十九	廿	廿一	廿二	廿三	廿四	廿五	廿六	廿七	廿八	廿九	閏	二	三	四	五	六	七	八	九
星	6	日	1	2	3	4	5	6	日	1	2	3	4	5	6	日	1	2	3	4	5	6	日	1	2	3	4	5	6	日	1
干節	己未	庚申	辛酉	壬戌	癸亥	甲子	小暑	丙寅	丁卯	戊辰	己巳	庚午	辛未	壬申	癸酉	甲戌	乙亥	丙子	丁丑	戊寅	己卯	庚辰	大暑	壬午	癸未	甲申	乙酉	丙戌	丁亥	戊子	己丑

陽歷八月份　（陰歷閏六、七月份）

陽	8	2	3	4	5	6	7	8	9	10	11	12	13	14	15	16	17	18	19	20	21	22	23	24	25	26	27	28	29	30	31
陰	十	十一	十二	十三	十四	十五	十六	十七	十八	十九	廿	廿一	廿二	廿三	廿四	廿五	廿六	廿七	廿八	廿九	七	二	三	四	五	六	七	八	九	十	十一
星	2	3	4	5	6	日	1	2	3	4	5	6	日	1	2	3	4	5	6	日	1	2	3	4	5	6	日	1	2	3	4
干節	庚寅	辛卯	壬辰	癸巳	甲午	乙未	立秋	丁酉	戊戌	己亥	庚子	辛丑	壬寅	癸卯	甲辰	乙巳	丙午	丁未	戊申	己酉	庚戌	辛亥	處暑	癸丑	甲寅	乙卯	丙辰	丁巳	戊午	己未	庚申

陽歷九月份　（陰歷七、八月份）

陽	9	2	3	4	5	6	7	8	9	10	11	12	13	14	15	16	17	18	19	20	21	22	23	24	25	26	27	28	29	30
陰	十二	十三	十四	十五	十六	十七	十八	十九	廿	廿一	廿二	廿三	廿四	廿五	廿六	廿七	廿八	廿九	卅	八	二	三	四	五	六	七	八	九	十	十一
星	5	6	日	1	2	3	4	5	6	日	1	2	3	4	5	6	日	1	2	3	4	5	6	日	1	2	3	4	5	6
干節	辛酉	壬戌	癸亥	甲子	乙丑	丙寅	白露	戊辰	己巳	庚午	辛未	壬申	癸酉	甲戌	乙亥	丙子	丁丑	戊寅	己卯	庚辰	辛巳	壬午	秋分	甲申	乙酉	丙戌	丁亥	戊子	己丑	庚寅

陽歷十月份　（陰歷八、九月份）

陽	10	2	3	4	5	6	7	8	9	10	11	12	13	14	15	16	17	18	19	20	21	22	23	24	25	26	27	28	29	30	31
陰	十二	十三	十四	十五	十六	十七	十八	十九	廿	廿一	廿二	廿三	廿四	廿五	廿六	廿七	廿八	廿九	九	二	三	四	五	六	七	八	九	十	十一	十二	十三
星	日	1	2	3	4	5	6	日	1	2	3	4	5	6	日	1	2	3	4	5	6	日	1	2	3	4	5	6	日	1	2
干節	辛卯	壬辰	癸巳	甲午	乙未	丙申	丁酉	寒露	己亥	庚子	辛丑	壬寅	癸卯	甲辰	乙巳	丙午	丁未	戊申	己酉	庚戌	辛亥	壬子	霜降	甲寅	乙卯	丙辰	丁巳	戊午	己未	庚申	辛酉

陽歷十一月份　（陰歷九、十月份）

陽	11	2	3	4	5	6	7	8	9	10	11	12	13	14	15	16	17	18	19	20	21	22	23	24	25	26	27	28	29	30
陰	十四	十五	十六	十七	十八	十九	廿	廿一	廿二	廿三	廿四	廿五	廿六	廿七	廿八	廿九	卅	十	二	三	四	五	六	七	八	九	十	十一	十二	十三
星	3	4	5	6	日	1	2	3	4	5	6	日	1	2	3	4	5	6	日	1	2	3	4	5	6	日	1	2	3	4
干節	壬戌	癸亥	甲子	乙丑	丙寅	丁卯	立冬	己巳	庚午	辛未	壬申	癸酉	甲戌	乙亥	丙子	丁丑	戊寅	己卯	庚辰	辛巳	壬午	小雪	甲申	乙酉	丙戌	丁亥	戊子	己丑	庚寅	辛卯

陽歷十二月份　（陰歷十、十一月份）

陽	12	2	3	4	5	6	7	8	9	10	11	12	13	14	15	16	17	18	19	20	21	22	23	24	25	26	27	28	29	30	31
陰	十四	十五	十六	十七	十八	十九	廿	廿一	廿二	廿三	廿四	廿五	廿六	廿七	廿八	廿九	卅	十一	二	三	四	五	六	七	八	九	十	十一	十二	十三	十四
星	5	6	日	1	2	3	4	5	6	日	1	2	3	4	5	6	日	1	2	3	4	5	6	日	1	2	3	4	5	6	日
干節	壬辰	癸巳	甲午	乙未	丙申	大雪	戊戌	己亥	庚子	辛丑	壬寅	癸卯	甲辰	乙巳	丙午	丁未	戊申	己酉	庚戌	辛亥	冬至	癸丑	甲寅	乙卯	丙辰	丁巳	戊午	己未	庚申	辛酉	壬戌

（註一〇）案是年清始用考成前編法定朔定氣，須行時憲書。

近世中西史日對照表

陽歷　一　月份　（陰歷十一、十二月份）

陽	1	2	3	4	5	6	7	8	9	10	11	12	13	14	15	16	17	18	19	20	21	22	23	24	25	26	27	28	29	30	31
陰	十五	十六	十七	十八	十九	廿	廿一	廿二	廿三	廿四	廿五	廿六	廿七	廿八	廿九	卅	十二	二	三	四	五	六	七	八	九	十	十一	十二	十三	十四	十五
星	1	2	3	4	5	6	日	1	2	3	4	5	6	日	1	2	3	4	5	6	日	1	2	3	4	5	6	日	1	2	3
干節	癸亥	甲子	乙丑	丙寅	小寒	戊辰	己巳	庚午	辛未	壬申	癸酉	甲戌	乙亥	丙子	丁丑	戊寅	己卯	庚辰	辛巳	大寒	癸未	甲申	乙酉	丙戌	丁亥	戊子	己丑	庚寅	辛卯	壬辰	癸巳

陽歷　二　月份　（陰歷十二、正月份）

陽	2	2	3	4	5	6	7	8	9	10	11	12	13	14	15	16	17	18	19	20	21	22	23	24	25	26	27	28
陰	十六	十七	十八	十九	廿	廿一	廿二	廿三	廿四	廿五	廿六	廿七	廿八	廿九	卅	正	二	三	四	五	六	七	八	九	十	十一	十二	十三
星	4	5	6	日	1	2	3	4	5	6	日	1	2	3	4	5	6	日	1	2	3	4	5	6	日	1	2	3
干節	甲午	乙未	立春	丁酉	戊戌	己亥	庚子	辛丑	壬寅	癸卯	甲辰	乙巳	丙午	丁未	戊申	己酉	庚戌	雨水	壬子	癸丑	甲寅	乙卯	丙辰	丁巳	戊午	己未	庚申	辛酉

陽歷　三　月份　（陰歷正、二月份）

陽	3	2	3	4	5	6	7	8	9	10	11	12	13	14	15	16	17	18	19	20	21	22	23	24	25	26	27	28	29	30	31
陰	十四	十五	十六	十七	十八	十九	廿	廿一	廿二	廿三	廿四	廿五	廿六	廿七	廿八	廿九	二	二	三	四	五	六	七	八	九	十	十一	十二	十三	十四	十五
星	4	5	6	日	1	2	3	4	5	6	日	1	2	3	4	5	6	日	1	2	3	4	5	6	日	1	2	3	4	5	6
干節	壬戌	癸亥	甲子	乙丑	驚蟄	丁卯	戊辰	己巳	庚午	辛未	壬申	癸酉	甲戌	乙亥	丙子	丁丑	戊寅	己卯	庚辰	春分	壬午	癸未	甲申	乙酉	丙戌	丁亥	戊子	己丑	庚寅	辛卯	壬辰

陽歷　四　月份　（陰歷二、三月份）

陽	4	2	3	4	5	6	7	8	9	10	11	12	13	14	15	16	17	18	19	20	21	22	23	24	25	26	27	28	29	30
陰	十六	十七	十八	十九	廿	廿一	廿二	廿三	廿四	廿五	廿六	廿七	廿八	廿九	卅	三	二	三	四	五	六	七	八	九	十	十一	十二	十三	十四	十五
星	日	1	2	3	4	5	6	日	1	2	3	4	5	6	日	1	2	3	4	5	6	日	1	2	3	4	5	6	日	1
干節	癸巳	甲午	乙未	清明	丁酉	戊戌	己亥	庚子	辛丑	壬寅	癸卯	甲辰	乙巳	丙午	丁未	戊申	己酉	庚戌	辛亥	穀雨	癸丑	甲寅	乙卯	丙辰	丁巳	戊午	己未	庚申	辛酉	壬戌

陽歷　五　月份　（陰歷三、四月份）

陽	5	2	3	4	5	6	7	8	9	10	11	12	13	14	15	16	17	18	19	20	21	22	23	24	25	26	27	28	29	30	31
陰	十六	十七	十八	十九	廿	廿一	廿二	廿三	廿四	廿五	廿六	廿七	廿八	廿九	四	二	三	四	五	六	七	八	九	十	十一	十二	十三	十四	十五	十六	十七
星	2	3	4	5	6	日	1	2	3	4	5	6	日	1	2	3	4	5	6	日	1	2	3	4	5	6	日	1	2	3	4
干節	癸亥	甲子	乙丑	丙寅	立夏	戊辰	己巳	庚午	辛未	壬申	癸酉	甲戌	乙亥	丙子	丁丑	戊寅	己卯	庚辰	辛巳	壬午	小滿	甲申	乙酉	丙戌	丁亥	戊子	己丑	庚寅	辛卯	壬辰	癸巳

陽歷　六　月份　（陰歷四、五月份）

陽	6	2	3	4	5	6	7	8	9	10	11	12	13	14	15	16	17	18	19	20	21	22	23	24	25	26	27	28	29	30
陰	十八	十九	廿	廿一	廿二	廿三	廿四	廿五	廿六	廿七	廿八	廿九	五	二	三	四	五	六	七	八	九	十	十一	十二	十三	十四	十五	十六	十七	十八
星	5	6	日	1	2	3	4	5	6	日	1	2	3	4	5	6	日	1	2	3	4	5	6	日	1	2	3	4	5	6
干節	甲午	乙未	丙申	丁酉	戊戌	芒種	庚子	辛丑	壬寅	癸卯	甲辰	乙巳	丙午	丁未	戊申	己酉	庚戌	辛亥	壬子	癸丑	夏至	乙卯	丙辰	丁巳	戊午	己未	庚申	辛酉	壬戌	癸亥

丙戌

一六四六年

（明唐王隆武二年清世祖順治三年）

陽曆七月份 （陰曆五、六月份）

陽	7	2	3	4	5	6	7	8	9	10	11	12	13	14	15	16	17	18	19	20	21	22	23	24	25	26	27	28	29	30	31
陰	十九	廿	廿一	廿二	廿三	廿四	廿五	廿六	廿七	廿八	廿九	卅	六	二	三	四	五	六	七	八	九	十	十一	十二	十三	十四	十五	十六	十七	十八	十九
星	日	1	2	3	4	5	6	日	1	2	3	4	5	6	日	1	2	3	4	5	6	日	1	2	3	4	5	6	日	1	2
干節	甲子	乙丑	丙寅	丁卯	戊辰	己巳	小暑	辛未	壬申	癸酉	甲戌	乙亥	丙子	丁丑	戊寅	己卯	庚辰	辛巳	壬午	癸未	甲申	乙酉	大暑	丁亥	戊子	己丑	庚寅	辛卯	壬辰	癸巳	甲午

陽曆八月份 （陰曆六、七月份）

陽	8	2	3	4	5	6	7	8	9	10	11	12	13	14	15	16	17	18	19	20	21	22	23	24	25	26	27	28	29	30	31
陰	廿	廿一	廿二	廿三	廿四	廿五	廿六	廿七	廿八	廿九	七	二	三	四	五	六	七	八	九	十	十一	十二	十三	十四	十五	十六	十七	十八	十九	廿	廿一
星	3	4	5	6	日	1	2	3	4	5	6	日	1	2	3	4	5	6	日	1	2	3	4	5	6	日	1	2	3	4	5
干節	乙未	丙申	丁酉	戊戌	己亥	庚子	辛丑	立秋	癸卯	甲辰	乙巳	丙午	丁未	戊申	己酉	庚戌	辛亥	壬子	癸丑	甲寅	乙卯	丙辰	處暑	戊午	己未	庚申	辛酉	壬戌	癸亥	甲子	乙丑

陽曆九月份 （陰曆七、八月份）

陽	9	2	3	4	5	6	7	8	9	10	11	12	13	14	15	16	17	18	19	20	21	22	23	24	25	26	27	28	29	30
陰	廿二	廿三	廿四	廿五	廿六	廿七	廿八	廿九	八	二	三	四	五	六	七	八	九	十	十一	十二	十三	十四	十五	十六	十七	十八	十九	廿	廿一	廿二
星	6	日	1	2	3	4	5	6	日	1	2	3	4	5	6	日	1	2	3	4	5	6	日	1	2	3	4	5	6	日
干節	丙寅	丁卯	戊辰	己巳	庚午	辛未	壬申	白露	甲戌	乙亥	丙子	丁丑	戊寅	己卯	庚辰	辛巳	壬午	癸未	甲申	乙酉	丙戌	丁亥	秋分	己丑	庚寅	辛卯	壬辰	癸巳	甲午	乙未

陽曆十月份 （陰曆八、九月份）

陽	10	2	3	4	5	6	7	8	9	10	11	12	13	14	15	16	17	18	19	20	21	22	23	24	25	26	27	28	29	30	31
陰	廿三	廿四	廿五	廿六	廿七	廿八	廿九	卅	九	二	三	四	五	六	七	八	九	十	十一	十二	十三	十四	十五	十六	十七	十八	十九	廿	廿一	廿二	廿三
星	1	2	3	4	5	6	日	1	2	3	4	5	6	日	1	2	3	4	5	6	日	1	2	3	4	5	6	日	1	2	3
干節	丙申	丁酉	戊戌	己亥	庚子	辛丑	壬寅	寒露	甲辰	乙巳	丙午	丁未	戊申	己酉	庚戌	辛亥	壬子	癸丑	甲寅	乙卯	丙辰	丁巳	霜降	己未	庚申	辛酉	壬戌	癸亥	甲子	乙丑	丙寅

陽曆十一月份 （陰曆九、十月份）

陽	11	2	3	4	5	6	7	8	9	10	11	12	13	14	15	16	17	18	19	20	21	22	23	24	25	26	27	28	29	30
陰	廿四	廿五	廿六	廿七	廿八	廿九	十	二	三	四	五	六	七	八	九	十	十一	十二	十三	十四	十五	十六	十七	十八	十九	廿	廿一	廿二	廿三	廿四
星	4	5	6	日	1	2	3	4	5	6	日	1	2	3	4	5	6	日	1	2	3	4	5	6	日	1	2	3	4	5
干節	丁卯	戊辰	己巳	庚午	辛未	壬申	立冬	甲戌	乙亥	丙子	丁丑	戊寅	己卯	庚辰	辛巳	壬午	癸未	甲申	乙酉	丙戌	丁亥	小雪	己丑	庚寅	辛卯	壬辰	癸巳	甲午	乙未	丙申

陽曆十二月份 （陰曆十、十一月份）

陽	12	2	3	4	5	6	7	8	9	10	11	12	13	14	15	16	17	18	19	20	21	22	23	24	25	26	27	28	29	30	31
陰	廿五	廿六	廿七	廿八	廿九	卅	十一	二	三	四	五	六	七	八	九	十	十一	十二	十三	十四	十五	十六	十七	十八	十九	廿	廿一	廿二	廿三	廿四	廿五
星	6	日	1	2	3	4	5	6	日	1	2	3	4	5	6	日	1	2	3	4	5	6	日	1	2	3	4	5	6	日	1
干節	丁酉	戊戌	己亥	庚子	辛丑	壬寅	大雪	甲辰	乙巳	丙午	丁未	戊申	己酉	庚戌	辛亥	壬子	癸丑	甲寅	乙卯	丙辰	冬至	戊午	己未	庚申	辛酉	壬戌	癸亥	甲子	乙丑	丙寅	丁卯

近世中西史日對照表

陽曆一月份（陰曆十一、十二月份）

陽	1	2	3	4	5	6	7	8	9	10	11	12	13	14	15	16	17	18	19	20	21	22	23	24	25	26	27	28	29	30	31
陰	廿六	廿七	廿八	廿九	卅	十二	二	三	四	五	六	七	八	九	十	十一	十二	十三	十四	十五	十六	十七	十八	十九	廿	廿一	廿二	廿三	廿四	廿五	廿六
星	2	3	4	5	6	日	1	2	3	4	5	6	日	1	2	3	4	5	6	日	1	2	3	4	5	6	日	1	2	3	4
干節	戊辰	己巳	庚午	辛未	小寒	癸酉	甲戌	乙亥	丙子	丁丑	戊寅	己卯	庚辰	辛巳	壬午	癸未	甲申	乙酉	丙戌	大寒	戊子	己丑	庚寅	辛卯	壬辰	癸巳	甲午	乙未	丙申	丁酉	戊戌

陽曆二月份（陰曆十二、正月份）

陽	1	2	3	4	5	6	7	8	9	10	11	12	13	14	15	16	17	18	19	20	21	22	23	24	25	26	27	28
陰	廿七	廿八	廿九	卅	正	二	三	四	五	六	七	八	九	十	十一	十二	十三	十四	十五	十六	十七	十八	十九	廿	廿一	廿二	廿三	廿四
星	5	6	日	1	2	3	4	5	6	日	1	2	3	4	5	6	日	1	2	3	4	5	6	日	1	2	3	4
干節	己亥	庚子	辛丑	立春	癸卯	甲辰	乙巳	丙午	丁未	戊申	己酉	庚戌	辛亥	壬子	癸丑	甲寅	乙卯	雨水	丁巳	戊午	己未	庚申	辛酉	壬戌	癸亥	甲子	乙丑	丙寅

陽曆三月份（陰曆正、二月份）

陽	1	2	3	4	5	6	7	8	9	10	11	12	13	14	15	16	17	18	19	20	21	22	23	24	25	26	27	28	29	30	31
陰	廿五	廿六	廿七	廿八	廿九	二	二	三	四	五	六	七	八	九	十	十一	十二	十三	十四	十五	十六	十七	十八	十九	廿	廿一	廿二	廿三	廿四	廿五	廿六
星	5	6	日	1	2	3	4	5	6	日	1	2	3	4	5	6	日	1	2	3	4	5	6	日	1	2	3	4	5	6	日
干節	丁卯	戊辰	己巳	庚午	驚蟄	壬申	癸酉	甲戌	乙亥	丙子	丁丑	戊寅	己卯	庚辰	辛巳	壬午	癸未	甲申	乙酉	春分	丁亥	戊子	己丑	庚寅	辛卯	壬辰	癸巳	甲午	乙未	丙申	丁酉

陽曆四月份（陰曆二、三月份）

陽	1	2	3	4	5	6	7	8	9	10	11	12	13	14	15	16	17	18	19	20	21	22	23	24	25	26	27	28	29	30
陰	廿七	廿八	廿九	卅	三	二	三	四	五	六	七	八	九	十	十一	十二	十三	十四	十五	十六	十七	十八	十九	廿	廿一	廿二	廿三	廿四	廿五	廿六
星	1	2	3	4	5	6	日	1	2	3	4	5	6	日	1	2	3	4	5	6	日	1	2	3	4	5	6	日	1	2
干節	戊戌	己亥	庚子	辛丑	清明	癸卯	甲辰	乙巳	丙午	丁未	戊申	己酉	庚戌	辛亥	壬子	癸丑	甲寅	乙卯	丙辰	穀雨	戊午	己未	庚申	辛酉	壬戌	癸亥	甲子	乙丑	丙寅	丁卯

陽曆五月份（陰曆三、四月份）

陽	1	2	3	4	5	6	7	8	9	10	11	12	13	14	15	16	17	18	19	20	21	22	23	24	25	26	27	28	29	30	31
陰	廿七	廿八	廿九	卅	四	二	三	四	五	六	七	八	九	十	十一	十二	十三	十四	十五	十六	十七	十八	十九	廿	廿一	廿二	廿三	廿四	廿五	廿六	廿七
星	3	4	5	6	日	1	2	3	4	5	6	日	1	2	3	4	5	6	日	1	2	3	4	5	6	日	1	2	3	4	5
干節	戊辰	己巳	庚午	辛未	壬申	立夏	甲戌	乙亥	丙子	丁丑	戊寅	己卯	庚辰	辛巳	壬午	癸未	甲申	乙酉	丙戌	丁亥	小滿	己丑	庚寅	辛卯	壬辰	癸巳	甲午	乙未	丙申	丁酉	戊戌

陽曆六月份（陰曆四、五月份）

陽	1	2	3	4	5	6	7	8	9	10	11	12	13	14	15	16	17	18	19	20	21	22	23	24	25	26	27	28	29	30
陰	廿八	廿九	五	二	三	四	五	六	七	八	九	十	十一	十二	十三	十四	十五	十六	十七	十八	十九	廿	廿一	廿二	廿三	廿四	廿五	廿六	廿七	廿八
星	6	日	1	2	3	4	5	6	日	1	2	3	4	5	6	日	1	2	3	4	5	6	日	1	2	3	4	5	6	日
干節	己亥	庚子	辛丑	壬寅	癸卯	芒種	乙巳	丙午	丁未	戊申	己酉	庚戌	辛亥	壬子	癸丑	甲寅	乙卯	丙辰	丁巳	戊午	己未	夏至	辛酉	壬戌	癸亥	甲子	乙丑	丙寅	丁卯	戊辰

丁亥

一六四七年

（明永明王永曆元年清世祖順治四年）

陽曆七月份　（陰曆五、六月份）

陽	7	2	3	4	5	6	7	8	9	10	11	12	13	14	15	16	17	18	19	20	21	22	23	24	35	26	27	28	29	30	31
陰	廿九	六	二	三	四	五	六	七	八	九	十	十一	十二	十三	十四	十五	十六	十七	十八	十九	廿	廿一	廿二	廿三	廿四	廿五	廿六	廿七	廿八	廿九	卅
星	1	2	3	4	5	6	日	1	2	3	4	5	6	日	1	2	3	4	5	6	日	1	2	3	4	5	6	日	1	2	3
干節	己巳	庚午	辛未	壬申	癸酉	甲戌	小暑	丙子	丁丑	戊寅	己卯	庚辰	辛巳	壬午	癸未	甲申	乙酉	丙戌	丁亥	戊子	己丑	庚寅	大暑	壬辰	癸巳	甲午	乙未	丙申	丁酉	戊戌	己亥

陽曆八月份　（陰曆七、八月份）

陽	8	2	3	4	5	6	7	8	9	10	11	12	13	14	15	16	17	18	19	20	21	22	23	24	25	26	27	28	29	30	31
陰	七	二	三	四	五	六	七	八	九	十	十一	十二	十三	十四	十五	十六	十七	十八	十九	廿	廿一	廿二	廿三	廿四	廿五	廿六	廿七	廿八	廿九	八	二
星	4	5	6	日	1	2	3	4	5	6	日	1	2	3	4	5	6	日	1	2	3	4	5	6	日	1	2	3	4	5	6
干節	庚子	辛丑	壬寅	癸卯	甲辰	乙巳	丙午	立秋	戊申	己酉	庚戌	辛亥	壬子	癸丑	甲寅	乙卯	丙辰	丁巳	戊午	己未	庚申	辛酉	處暑	癸亥	甲子	乙丑	丙寅	丁卯	戊辰	己巳	庚午

陽曆九月份　（陰曆八、九月份）

陽	9	2	3	4	5	6	7	8	9	10	11	12	13	14	15	16	17	18	19	20	21	22	23	24	25	26	27	28	29	30	
陰	三	四	五	六	七	八	九	十	十一	十二	十三	十四	十五	十六	十七	十八	十九	廿	廿一	廿二	廿三	廿四	廿五	廿六	廿七	廿八	廿九	九	二	三	
星	日	1	2	3	4	5	6	日	1	2	3	4	5	6	日	1	2	3	4	5	6	日	1	2	3	4	5	6	日	1	
干節	辛未	壬申	癸酉	甲戌	乙亥	丙子	丁丑	白露	己卯	庚辰	辛巳	壬午	癸未	甲申	乙酉	丙戌	丁亥	戊子	己丑	庚寅	辛卯	壬辰	秋分	甲午	乙未	丙申	丁酉	戊戌	己亥	庚子	

陽曆十月份　（陰曆九、十月份）

陽	10	2	3	4	5	6	7	8	9	10	11	12	13	14	15	16	17	18	19	20	21	22	23	24	25	26	27	28	29	30	31
陰	四	五	六	七	八	九	十	十一	十二	十三	十四	十五	十六	十七	十八	十九	廿	廿一	廿二	廿三	廿四	廿五	廿六	廿七	廿八	廿九	卅	十	二	三	四
星	2	3	4	5	6	日	1	2	3	4	5	6	日	1	2	3	4	5	6	日	1	2	3	4	5	6	日	1	2	3	4
干節	辛丑	壬寅	癸卯	甲辰	乙巳	丙午	丁未	寒露	己酉	庚戌	辛亥	壬子	癸丑	甲寅	乙卯	丙辰	丁巳	戊午	己未	庚申	辛酉	壬戌	霜降	甲子	乙丑	丙寅	丁卯	戊辰	己巳	庚午	辛未

陽曆十一月份　（陰曆十、十一月份）

陽	11	2	3	4	5	6	7	8	9	10	11	12	13	14	15	16	17	18	19	20	21	22	23	24	25	26	27	28	29	30	
陰	五	六	七	八	九	十	十一	十二	十三	十四	十五	十六	十七	十八	十九	廿	廿一	廿二	廿三	廿四	廿五	廿六	廿七	廿八	廿九	十一	二	三	四	五	
星	5	6	日	1	2	3	4	5	6	日	1	2	3	4	5	6	日	1	2	3	4	5	6	日	1	2	3	4	5	6	
干節	壬申	癸酉	甲戌	乙亥	丙子	丁丑	立冬	己卯	庚辰	辛巳	壬午	癸未	甲申	乙酉	丙戌	丁亥	戊子	己丑	庚寅	辛卯	壬辰	小雪	甲午	乙未	丙申	丁酉	戊戌	己亥	庚子	辛丑	

陽曆十二月份　（陰曆十一、十二月份）

陽	12	2	3	4	5	6	7	8	9	10	11	12	13	14	15	16	17	18	19	20	21	22	23	24	25	26	27	28	29	30	31
陰	六	七	八	九	十	十一	十二	十三	十四	十五	十六	十七	十八	十九	廿	廿一	廿二	廿三	廿四	廿五	廿六	廿七	廿八	廿九	卅	十二	二	三	四	五	六
星	日	1	2	3	4	5	6	日	1	2	3	4	5	6	日	1	2	3	4	5	6	日	1	2	3	4	5	6	日	1	2
干節	壬寅	癸卯	甲辰	乙巳	丙午	丁未	大雪	己酉	庚戌	辛亥	壬子	癸丑	甲寅	乙卯	丙辰	丁巳	戊午	己未	庚申	辛酉	壬戌	冬至	甲子	乙丑	丙寅	丁卯	戊辰	己巳	庚午	辛未	壬申

近世中西史日對照表

戊子　一六四八年　（明永明王永曆二年清世祖順治五年）

陽歷一月份　（陰歷十二、正月份）

陽	1	2	3	4	5	6	7	8	9	10	11	12	13	14	15	16	17	18	19	20	21	22	23	24	25	26	27	28	29	30	31
陰	七	八	九	十	十一	十二	十三	十四	十五	十六	十七	十八	十九	廿	廿一	廿二	廿三	廿四	廿五	廿六	廿七	廿八	廿九	卅	正	二	三	四	五	六	七
星	3	4	5	6	日	1	2	3	4	5	6	日	1	2	3	4	5	6	日	1	2	3	4	5	6	日	1	2	3	4	5
干節	癸酉	甲戌	乙亥	丙子	小寒	戊寅	己卯	庚辰	辛巳	壬午	癸未	甲申	乙酉	丙戌	丁亥	戊子	己丑	庚寅	辛卯	大寒	癸巳	甲午	乙未	丙申	丁酉	戊戌	己亥	庚子	辛丑	壬寅	癸卯

陽歷二月份　（陰歷正、二月份）

陽	2	2	3	4	5	6	7	8	9	10	11	12	13	14	15	16	17	18	19	20	21	22	23	24	25	26	27	28	29
陰	八	九	十	十一	十二	十三	十四	十五	十六	十七	十八	十九	廿	廿一	廿二	廿三	廿四	廿五	廿六	廿七	廿八	廿九	二	二	三	四	五	六	七
星	6	日	1	2	3	4	5	6	日	1	2	3	4	5	6	日	1	2	3	4	5	6	日	1	2	3	4	5	6
干節	甲辰	乙巳	丙午	立春	戊申	己酉	庚戌	辛亥	壬子	癸丑	甲寅	乙卯	丙辰	丁巳	戊午	己未	庚申	辛酉	雨水	癸亥	甲子	乙丑	丙寅	丁卯	戊辰	己巳	庚午	辛未	壬申

陽歷三月份　（陰歷二、三月份）

陽	3	2	3	4	5	6	7	8	9	10	11	12	13	14	15	16	17	18	19	20	21	22	23	24	25	26	27	28	29	30	31
陰	八	九	十	十一	十二	十三	十四	十五	十六	十七	十八	十九	廿	廿一	廿二	廿三	廿四	廿五	廿六	廿七	廿八	廿九	卅	三	二	三	四	五	六	七	八
星	日	1	2	3	4	5	6	日	1	2	3	4	5	6	日	1	2	3	4	5	6	日	1	2	3	4	5	6	日	1	2
干節	癸酉	甲戌	乙亥	丙子	驚蟄	戊寅	己卯	庚辰	辛巳	壬午	癸未	甲申	乙酉	丙戌	丁亥	戊子	己丑	庚寅	辛卯	春分	癸巳	甲午	乙未	丙申	丁酉	戊戌	己亥	庚子	辛丑	壬寅	癸卯

陽歷四月份　（陰歷三、四月份）

陽	4	2	3	4	5	6	7	8	9	10	11	12	13	14	15	16	17	18	19	20	21	22	23	24	25	26	27	28	29	30
陰	九	十	十一	十二	十三	十四	十五	十六	十七	十八	十九	廿	廿一	廿二	廿三	廿四	廿五	廿六	廿七	廿八	廿九	卅	四	二	三	四	五	六	七	八
星	3	4	5	6	日	1	2	3	4	5	6	日	1	2	3	4	5	6	日	1	2	3	4	5	6	日	1	2	3	4
干節	甲辰	乙巳	丙午	清明	戊申	己酉	庚戌	辛亥	壬子	癸丑	甲寅	乙卯	丙辰	丁巳	戊午	己未	庚申	辛酉	穀雨	癸亥	甲子	乙丑	丙寅	丁卯	戊辰	己巳	庚午	辛未	壬申	癸酉

陽歷五月份　（陰歷四、閏四月份）

陽	5	2	3	4	5	6	7	8	9	10	11	12	13	14	15	16	17	18	19	20	21	22	23	24	25	26	27	28	29	30	31
陰	九	十	十一	十二	十三	十四	十五	十六	十七	十八	十九	廿	廿一	廿二	廿三	廿四	廿五	廿六	廿七	廿八	廿九	閏	二	三	四	五	六	七	八	九	十
星	5	6	日	1	2	3	4	5	6	日	1	2	3	4	5	6	日	1	2	3	4	5	6	日	1	2	3	4	5	6	日
干節	甲戌	乙亥	丙子	丁丑	立夏	己卯	庚辰	辛巳	壬午	癸未	甲申	乙酉	丙戌	丁亥	戊子	己丑	庚寅	辛卯	壬辰	小滿	甲午	乙未	丙申	丁酉	戊戌	己亥	庚子	辛丑	壬寅	癸卯	甲辰

陽歷六月份　（陰歷閏四、五月份）

陽	6	2	3	4	5	6	7	8	9	10	11	12	13	14	15	16	17	18	19	20	21	22	23	24	25	26	27	28	29	30
陰	十一	十二	十三	十四	十五	十六	十七	十八	十九	廿	廿一	廿二	廿三	廿四	廿五	廿六	廿七	廿八	廿九	卅	五	二	三	四	五	六	七	八	九	十
星	1	2	3	4	5	6	日	1	2	3	4	5	6	日	1	2	3	4	5	6	日	1	2	3	4	5	6	日	1	2
干節	乙巳	丙午	丁未	戊申	芒種	庚戌	辛亥	壬子	癸丑	甲寅	乙卯	丙辰	丁巳	戊午	己未	庚申	辛酉	壬戌	癸亥	甲子	夏至	丙寅	丁卯	戊辰	己巳	庚午	辛未	壬申	癸酉	甲戌

（註一一）案明曆閏三月小，四月大（中西回日史曆从之）。本表依據萬年書（與東華錄合），以清曆爲主。

戊子

一六四八年

（明永明王永曆二年清世祖順治五年）

陽歷七月份　（陰歷五、六月份）

陽	7	2	3	4	5	6	7	8	9	10	11	12	13	14	15	16	17	18	19	20	21	22	23	24	25	26	27	28	29	30	31
陰	十一	十二	十三	十四	十五	十六	十七	十八	十九	廿	廿一	廿二	廿三	廿四	廿五	廿六	廿七	廿八	廿九	六	二	三	四	五	六	七	八	九	十	十一	十二
星	3	4	5	6	日	1	2	3	4	5	6	日	1	2	3	4	5	6	日	1	2	3	4	5	6	日	1	2	3	4	5
干節	乙亥	丙子	丁丑	戊寅	己卯	庚辰	小暑	壬午	癸未	甲申	乙酉	丙戌	丁亥	戊子	己丑	庚寅	辛卯	壬辰	癸巳	甲午	乙未	大暑	丁酉	戊戌	己亥	庚子	辛丑	壬寅	癸卯	甲辰	乙巳

陽歷八月份　（陰歷六、七月份）

陽	8	2	3	4	5	6	7	8	9	10	11	12	13	14	15	16	17	18	19	20	21	22	23	24	25	26	27	28	29	30	31
陰	十三	十四	十五	十六	十七	十八	十九	廿	廿一	廿二	廿三	廿四	廿五	廿六	廿七	廿八	廿九	卅	七	二	三	四	五	六	七	八	九	十	十一	十二	十三
星	6	日	1	2	3	4	5	6	日	1	2	3	4	5	6	日	1	2	3	4	5	6	日	1	2	3	4	5	6	日	1
干節	丙午	丁未	戊申	己酉	庚戌	辛亥	立秋	癸丑	甲寅	乙卯	丙辰	丁巳	戊午	己未	庚申	辛酉	壬戌	癸亥	甲子	乙丑	丙寅	丁卯	處暑	己巳	庚午	辛未	壬申	癸酉	甲戌	乙亥	丙子

陽歷九月份　（陰歷七、八月份）

陽	9	2	3	4	5	6	7	8	9	10	11	12	13	14	15	16	17	18	19	20	21	22	23	24	25	26	27	28	29	30
陰	十四	十五	十六	十七	十八	十九	廿	廿一	廿二	廿三	廿四	廿五	廿六	廿七	廿八	廿九	八	二	三	四	五	六	七	八	九	十	十一	十二	十三	十四
星	2	3	4	5	6	日	1	2	3	4	5	6	日	1	2	3	4	5	6	日	1	2	3	4	5	6	日	1	2	3
干節	丁丑	戊寅	己卯	庚辰	辛巳	壬午	白露	甲申	乙酉	丙戌	丁亥	戊子	己丑	庚寅	辛卯	壬辰	癸巳	甲午	乙未	丙申	丁酉	秋分	己亥	庚子	辛丑	壬寅	癸卯	甲辰	乙巳	丙午

陽歷十月份　（陰歷八、九月份）

陽	10	2	3	4	5	6	7	8	9	10	11	12	13	14	15	16	17	18	19	20	21	22	23	24	25	26	27	28	29	30	31
陰	十五	十六	十七	十八	十九	廿	廿一	廿二	廿三	廿四	廿五	廿六	廿七	廿八	廿九	九	二	三	四	五	六	七	八	九	十	十一	十二	十三	十四	十五	十六
星	4	5	6	日	1	2	3	4	5	6	日	1	2	3	4	5	6	日	1	2	3	4	5	6	日	1	2	3	4	5	6
干節	丁未	戊申	己酉	庚戌	辛亥	壬子	癸丑	寒露	乙卯	丙辰	丁巳	戊午	己未	庚申	辛酉	壬戌	癸亥	甲子	乙丑	丙寅	丁卯	戊辰	霜降	庚午	辛未	壬申	癸酉	甲戌	乙亥	丙子	丁丑

陽歷十一月份　（陰歷九、十月份）

陽	11	2	3	4	5	6	7	8	9	10	11	12	13	14	15	16	17	18	19	20	21	22	23	24	25	26	27	28	29	30
陰	十七	十八	十九	廿	廿一	廿二	廿三	廿四	廿五	廿六	廿七	廿八	廿九	卅	十	二	三	四	五	六	七	八	九	十	十一	十二	十三	十四	十五	十六
星	日	1	2	3	4	5	6	日	1	2	3	4	5	6	日	1	2	3	4	5	6	日	1	2	3	4	5	6	日	1
干節	戊寅	己卯	庚辰	辛巳	壬午	癸未	立冬	乙酉	丙戌	丁亥	戊子	己丑	庚寅	辛卯	壬辰	癸巳	甲午	乙未	丙申	丁酉	小雪	己亥	庚子	辛丑	壬寅	癸卯	甲辰	乙巳	丙午	丁未

陽歷十二月份　（陰歷十、十一月份）

陽	12	2	3	4	5	6	7	8	9	10	11	12	13	14	15	16	17	18	19	20	21	22	23	24	25	26	27	28	29	30	31
陰	十七	十八	十九	廿	廿一	廿二	廿三	廿四	廿五	廿六	廿七	廿八	廿九	十一	二	三	四	五	六	七	八	九	十	十一	十二	十三	十四	十五	十六	十七	十八
星	2	3	4	5	6	日	1	2	3	4	5	6	日	1	2	3	4	5	6	日	1	2	3	4	5	6	日	1	2	3	4
干節	戊申	己酉	庚戌	辛亥	壬子	大雪	甲寅	乙卯	丙辰	丁巳	戊午	己未	庚申	辛酉	壬戌	癸亥	甲子	乙丑	丙寅	丁卯	冬至	己巳	庚午	辛未	壬申	癸酉	甲戌	乙亥	丙子	丁丑	戊寅

近世中西史日對照表

己丑 一六四九年（明永明王永曆三年清世祖順治六年）

陽歷 一月份　（陰歷十一、十二月份）

陽	1	2	3	4	5	6	7	8	9	10	11	12	13	14	15	16	17	18	19	20	21	22	23	24	25	26	27	28	29	30	31
陰	十九	廿	廿一	廿二	廿三	廿四	廿五	廿六	廿七	廿八	廿九	卅	十二	二	三	四	五	六	七	八	九	十	十一	十二	十三	十四	十五	十六	十七	十八	十九
星	5	6	日	1	2	3	4	5	6	日	1	2	3	4	5	6	日	1	2	3	4	5	6	日	1	2	3	4	5	6	日
干節	己卯	庚辰	辛巳	壬午	小寒	甲申	乙酉	丙戌	丁亥	戊子	己丑	庚寅	辛卯	壬辰	癸巳	甲午	乙未	丙申	大寒	戊戌	己亥	庚子	辛丑	壬寅	癸卯	甲辰	乙巳	丙午	丁未	戊申	己酉

陽歷 二月份　（陰歷十二、正月份）

陽	2	2	3	4	5	6	7	8	9	10	11	12	13	14	15	16	17	18	19	20	21	22	23	24	25	26	27	28			
陰	廿	廿一	廿二	廿三	廿四	廿五	廿六	廿七	廿八	廿九	正	二	三	四	五	六	七	八	九	十	十一	十二	十三	十四	十五	十六	十七	十八			
星	1	2	3	4	5	6	日	1	2	3	4	5	6	日	1	2	3	4	5	6	日	1	2	3	4	5	6	日			
干節	庚戌	辛亥	立春	癸丑	甲寅	乙卯	丙辰	丁巳	戊午	己未	庚申	辛酉	壬戌	癸亥	甲子	乙丑	丙寅	雨水	戊辰	己巳	庚午	辛未	壬申	癸酉	甲戌	乙亥	丙子	丁丑			

陽歷 三月份　（陰歷正、二月份）

陽	3	2	3	4	5	6	7	8	9	10	11	12	13	14	15	16	17	18	19	20	21	22	23	24	25	26	27	28	29	30	31
陰	十九	廿	廿一	廿二	廿三	廿四	廿五	廿六	廿七	廿八	廿九	卅	二	二	三	四	五	六	七	八	九	十	十一	十二	十三	十四	十五	十六	十七	十八	十九
星	1	2	3	4	5	6	日	1	2	3	4	5	6	日	1	2	3	4	5	6	日	1	2	3	4	5	6	日	1	2	3
干節	戊寅	己卯	庚辰	辛巳	驚蟄	癸未	甲申	乙酉	丙戌	丁亥	戊子	己丑	庚寅	辛卯	壬辰	癸巳	甲午	乙未	丙申	春分	戊戌	己亥	庚子	辛丑	壬寅	癸卯	甲辰	乙巳	丙午	丁未	戊申

陽歷 四月份　（陰歷二、三月份）

陽	4	2	3	4	5	6	7	8	9	10	11	12	13	14	15	16	17	18	19	20	21	22	23	24	25	26	27	28	29	30
陰	廿	廿一	廿二	廿三	廿四	廿五	廿六	廿七	廿八	廿九	卅	三	二	三	四	五	六	七	八	九	十	十一	十二	十三	十四	十五	十六	十七	十八	十九
星	4	5	6	日	1	2	3	4	5	6	日	1	2	3	4	5	6	日	1	2	3	4	5	6	日	1	2	3	4	5
干節	己酉	庚戌	辛亥	清明	癸丑	甲寅	乙卯	丙辰	丁巳	戊午	己未	庚申	辛酉	壬戌	癸亥	甲子	乙丑	丙寅	丁卯	穀雨	己巳	庚午	辛未	壬申	癸酉	甲戌	乙亥	丙子	丁丑	戊寅

陽歷 五月份　（陰歷三、四月份）

陽	5	2	3	4	5	6	7	8	9	10	11	12	13	14	15	16	17	18	19	20	21	22	23	24	25	26	27	28	29	30	31
陰	廿	廿一	廿二	廿三	廿四	廿五	廿六	廿七	廿八	廿九	四	二	三	四	五	六	七	八	九	十	十一	十二	十三	十四	十五	十六	十七	十八	十九	廿	廿一
星	6	日	1	2	3	4	5	6	日	1	2	3	4	5	6	日	1	2	3	4	5	6	日	1	2	3	4	5	6	日	1
干節	己卯	庚辰	辛巳	壬午	立夏	甲申	乙酉	丙戌	丁亥	戊子	己丑	庚寅	辛卯	壬辰	癸巳	甲午	乙未	丙申	丁酉	戊戌	小滿	庚子	辛丑	壬寅	癸卯	甲辰	乙巳	丙午	丁未	戊申	己酉

陽歷 六月份　（陰歷四、五月份）

陽	6	2	3	4	5	6	7	8	9	10	11	12	13	14	15	16	17	18	19	20	21	22	23	24	25	26	27	28	29	30
陰	廿二	廿三	廿四	廿五	廿六	廿七	廿八	廿九	卅	五	二	三	四	五	六	七	八	九	十	十一	十二	十三	十四	十五	十六	十七	十八	十九	廿	廿一
星	2	3	4	5	6	日	1	2	3	4	5	6	日	1	2	3	4	5	6	日	1	2	3	4	5	6	日	1	2	3
干節	庚戌	辛亥	壬子	癸丑	芒種	乙卯	丙辰	丁巳	戊午	己未	庚申	辛酉	壬戌	癸亥	甲子	乙丑	丙寅	丁卯	戊辰	己巳	夏至	辛未	壬申	癸酉	甲戌	乙亥	丙子	丁丑	戊寅	己卯

己丑

一六四九年

（明永明王永曆三年清世祖順治六年）

陽曆七月份　（陰曆五、六月份）

陽	7	2	3	4	5	6	7	8	9	10	11	12	13	14	15	16	17	18	19	20	21	22	23	24	25	26	27	28	29	30	31
陰	廿二	廿三	廿四	廿五	廿六	廿七	廿八	廿九	卅	六	二	三	四	五	六	七	八	九	十	十一	十二	十三	十四	十五	十六	十七	十八	十九	廿	廿一	廿二
星	4	5	6	日	1	2	3	4	5	6	日	1	2	3	4	5	6	日	1	2	3	4	5	6	日	1	2	3	4	5	6
干節	庚辰	辛巳	壬午	癸未	甲申	乙酉	小暑	丁亥	戊子	己丑	庚寅	辛卯	壬辰	癸巳	甲午	乙未	丙申	丁酉	戊戌	己亥	庚子	辛丑	大暑	癸卯	甲辰	乙巳	丙午	丁未	戊申	己酉	庚戌

陽曆八月份　（陰曆六、七月份）

陽	8	2	3	4	5	6	7	8	9	10	11	12	13	14	15	16	17	18	19	20	21	22	23	24	25	26	27	28	29	30	31
陰	廿三	廿四	廿五	廿六	廿七	廿八	廿九	七	二	三	四	五	六	七	八	九	十	十一	十二	十三	十四	十五	十六	十七	十八	十九	廿	廿一	廿二	廿三	廿四
星	日	1	2	3	4	5	6	日	1	2	3	4	5	6	日	1	2	3	4	5	6	日	1	2	3	4	5	6	日	1	2
干節	辛亥	壬子	癸丑	甲寅	乙卯	丙辰	立秋	戊午	己未	庚申	辛酉	壬戌	癸亥	甲子	乙丑	丙寅	丁卯	戊辰	己巳	庚午	辛未	壬申	處暑	甲戌	乙亥	丙子	丁丑	戊寅	己卯	庚辰	辛巳

陽曆九月份　（陰曆七、八月份）

陽	9	2	3	4	5	6	7	8	9	10	11	12	13	14	15	16	17	18	19	20	21	22	23	24	25	26	27	28	29	30	
陰	廿五	廿六	廿七	廿八	廿九	卅	八	二	三	四	五	六	七	八	九	十	十一	十二	十三	十四	十五	十六	十七	十八	十九	廿	廿一	廿二	廿三	廿四	
星	3	4	5	6	日	1	2	3	4	5	6	日	1	2	3	4	5	6	日	1	2	3	4	5	6	日	1	2	3	4	
干節	壬午	癸未	甲申	乙酉	丙戌	丁亥	白露	己丑	庚寅	辛卯	壬辰	癸巳	甲午	乙未	丙申	丁酉	戊戌	己亥	庚子	辛丑	壬寅	癸卯	秋分	乙巳	丙午	丁未	戊申	己酉	庚戌	辛亥	

陽曆十月份　（陰曆八、九月份）

陽	10	2	3	4	5	6	7	8	9	10	11	12	13	14	15	16	17	18	19	20	21	22	23	24	25	26	27	28	29	30	31
陰	廿五	廿六	廿七	廿八	廿九	九	二	三	四	五	六	七	八	九	十	十一	十二	十三	十四	十五	十六	十七	十八	十九	廿	廿一	廿二	廿三	廿四	廿五	廿六
星	5	6	日	1	2	3	4	5	6	日	1	2	3	4	5	6	日	1	2	3	4	5	6	日	1	2	3	4	5	6	日
干節	壬子	癸丑	甲寅	乙卯	丙辰	丁巳	戊午	寒露	庚申	辛酉	壬戌	癸亥	甲子	乙丑	丙寅	丁卯	戊辰	己巳	庚午	辛未	壬申	癸酉	霜降	乙亥	丙子	丁丑	戊寅	己卯	庚辰	辛巳	壬午

陽曆十一月份　（陰曆九、十月份）

陽	11	2	3	4	5	6	7	8	9	10	11	12	13	14	15	16	17	18	19	20	21	22	23	24	25	26	27	28	29	30	
陰	廿七	廿八	廿九	十	二	三	四	五	六	七	八	九	十	十一	十二	十三	十四	十五	十六	十七	十八	十九	廿	廿一	廿二	廿三	廿四	廿五	廿六	廿七	
星	1	2	3	4	5	6	日	1	2	3	4	5	6	日	1	2	3	4	5	6	日	1	2	3	4	5	6	日	1	2	
干節	癸未	甲申	乙酉	丙戌	丁亥	戊子	立冬	庚寅	辛卯	壬辰	癸巳	甲午	乙未	丙申	丁酉	戊戌	己亥	庚子	辛丑	壬寅	癸卯	小雪	乙巳	丙午	丁未	戊申	己酉	庚戌	辛亥	壬子	

陽曆十二月份　（陰曆十、十一月份）

陽	12	2	3	4	5	6	7	8	9	10	11	12	13	14	15	16	17	18	19	20	21	22	23	24	25	26	27	28	29	30	31
陰	廿八	廿九	卅	十一	二	三	四	五	六	七	八	九	十	十一	十二	十三	十四	十五	十六	十七	十八	十九	廿	廿一	廿二	廿三	廿四	廿五	廿六	廿七	廿八
星	3	4	5	6	日	1	3	3	4	5	6	日	1	2	3	4	5	6	日	1	2	3	4	5	6	日	1	2	3	4	5
干節	癸丑	甲寅	乙卯	丙辰	丁巳	大雪	己未	庚申	辛酉	壬戌	癸亥	甲子	乙丑	丙寅	丁卯	戊辰	己巳	庚午	辛未	壬申	冬至	甲戌	乙亥	丙子	丁丑	戊寅	己卯	庚辰	辛巳	壬午	癸未

陽歷 一 月份 (陰歷十一、十二月份)

陽	**1**	2	3	4	5	6	7	8	9	10	11	12	13	14	15	16	17	18	19	20	21	22	23	24	25	26	27	28	29	30	31
陰	廿九	**十二**	二	三	四	五	六	七	八	九	十	十一	十二	十三	十四	十五	十六	十七	十八	十九	廿	廿一	廿二	廿三	廿四	廿五	廿六	廿七	廿八	廿九	卅
星	6	**日**	1	2	3	4	5	6	**日**	1	2	3	4	5	6	**日**	1	2	3	4	5	6	**日**	1	2	3	4	5	6	**日**	1
干節	甲申	乙酉	丙戌	丁亥	**小寒**	己丑	庚寅	辛卯	壬辰	癸巳	甲午	乙未	丙申	丁酉	戊戌	己亥	庚子	辛丑	壬寅	**大寒**	甲辰	乙巳	丙午	丁未	戊申	己酉	庚戌	辛亥	壬子	癸丑	甲寅

陽歷 二 月份 (陰歷正月份)

陽	**2**	2	3	4	5	6	7	8	9	10	11	12	13	14	15	16	17	18	19	20	21	22	23	24	25	26	27	28			
陰	**正**	二	三	四	五	六	七	八	九	十	十一	十二	十三	十四	十五	十六	十七	十八	十九	廿	廿一	廿二	廿三	廿四	廿五	廿六	廿七	廿八			
星	2	3	4	5	6	**日**	1	2	3	4	5	6	**日**	1	2	3	4	5	6	**日**	1	2	3	4	5	6	**日**	1			
干節	乙卯	丙辰	**立春**	戊午	己未	庚申	辛酉	壬戌	癸亥	甲子	乙丑	丙寅	丁卯	戊辰	己巳	庚午	辛未	**雨水**	癸酉	甲戌	乙亥	丙子	丁丑	戊寅	己卯	庚辰	辛巳	壬午			

陽歷 三 月份 (陰歷正、二月份)

陽	**3**	2	3	4	5	6	7	8	9	10	11	12	13	14	15	16	17	18	19	20	21	22	23	24	25	26	27	28	29	30	31
陰	廿九	**二**	二	三	四	五	六	七	八	九	十	十一	十二	十三	十四	十五	十六	十七	十八	十九	廿	廿一	廿二	廿三	廿四	廿五	廿六	廿七	廿八	廿九	卅
星	2	3	4	5	6	**日**	1	2	3	4	5	6	**日**	1	2	3	4	5	6	**日**	1	2	3	4	5	6	**日**	1	2	3	4
干節	癸未	甲申	乙酉	丙戌	**驚蟄**	戊子	己丑	庚寅	辛卯	壬辰	癸巳	甲午	乙未	丙申	丁酉	戊戌	己亥	庚子	辛丑	**春分**	癸卯	甲辰	乙巳	丙午	丁未	戊申	己酉	庚戌	辛亥	壬子	癸丑

陽歷 四 月份 (陰歷三月份)

陽	**4**	2	3	4	5	6	7	8	9	10	11	12	13	14	15	16	17	18	19	20	21	22	23	24	25	26	27	28	29	30	
陰	**三**	二	三	四	五	六	七	八	九	十	十一	十二	十三	十四	十五	十六	十七	十八	十九	廿	廿一	廿二	廿三	廿四	廿五	廿六	廿七	廿八	廿九	卅	
星	5	6	**日**	1	2	3	4	5	6	**日**	1	2	3	4	5	6	**日**	1	2	3	4	5	6	**日**	1	2	3	4	5	6	
干節	甲寅	乙卯	丙辰	**清明**	戊午	己未	庚申	辛酉	壬戌	癸亥	甲子	乙丑	丙寅	丁卯	戊辰	己巳	庚午	辛未	壬申	**穀雨**	甲戌	乙亥	丙子	丁丑	戊寅	己卯	庚辰	辛巳	壬午	癸未	

陽歷 五 月份 (陰歷四、五月份)

陽	**5**	2	3	4	5	6	7	8	9	10	11	12	13	14	15	16	17	18	19	20	21	22	23	24	25	26	27	28	29	30	31
陰	**四**	二	三	四	五	六	七	八	九	十	十一	十二	十三	十四	十五	十六	十七	十八	十九	廿	廿一	廿二	廿三	廿四	廿五	廿六	廿七	廿八	廿九	**五**	二
星	**日**	1	2	3	4	5	6	**日**	1	2	3	4	5	6	**日**	1	2	3	4	5	6	**日**	1	2	3	4	5	6	**日**	1	2
干節	甲申	乙酉	丙戌	丁亥	**立夏**	己丑	庚寅	辛卯	壬辰	癸巳	甲午	乙未	丙申	丁酉	戊戌	己亥	庚子	辛丑	壬寅	癸卯	**小滿**	乙巳	丙午	丁未	戊申	己酉	庚戌	辛亥	壬子	癸丑	甲寅

陽歷 六 月份 (陰歷五、六月份)

陽	**6**	2	3	4	5	6	7	8	9	10	11	12	13	14	15	16	17	18	19	20	21	22	23	24	25	26	27	28	29	30	
陰	三	四	五	六	七	八	九	十	十一	十二	十三	十四	十五	十六	十七	十八	十九	廿	廿一	廿二	廿三	廿四	廿五	廿六	廿七	廿八	廿九	卅	**六**	二	
星	3	4	5	6	**日**	1	2	3	4	5	6	**日**	1	2	3	4	5	6	**日**	1	2	3	4	5	6	**日**	1	2	3	4	
干節	乙卯	丙辰	丁巳	戊午	己未	**芒種**	辛酉	壬戌	癸亥	甲子	乙丑	丙寅	丁卯	戊辰	己巳	庚午	辛未	壬申	癸酉	甲戌	**夏至**	丙子	丁丑	戊寅	己卯	庚辰	辛巳	壬午	癸未	甲申	

庚寅 一六五〇年 (明永明王永曆四年清世祖順治七年)

庚寅

一六五〇年

（明永明王永曆四年清世祖順治七年）

陽曆七月份　（陰曆六、七月份）

陽	7	2	3	4	5	6	7	8	9	10	11	12	13	14	15	16	17	18	19	20	21	22	23	24	25	26	27	28	29	30	31
陰	三	四	五	六	七	八	九	十	十一	十二	十三	十四	十五	十六	十七	十八	十九	廿	廿一	廿二	廿三	廿四	廿五	廿六	廿七	廿八	廿九	七	二	三	四
星	5	6	日	1	2	3	4	5	6	日	1	2	3	4	5	6	日	1	2	3	4	5	6	日	1	2	3	4	5	6	日
干節	乙酉	丙戌	丁亥	戊子	己丑	庚寅	小暑	壬辰	癸巳	甲午	乙未	丙申	丁酉	戊戌	己亥	庚子	辛丑	壬寅	癸卯	甲辰	乙巳	丙午	大暑	戊申	己酉	庚戌	辛亥	壬子	癸丑	甲寅	乙卯

陽曆八月份　（陰曆七、八月份）

陽	8	2	3	4	5	6	7	8	9	10	11	12	13	14	15	16	17	18	19	20	21	22	23	24	25	26	27	28	29	30	31
陰	五	六	七	八	九	十	十一	十二	十三	十四	十五	十六	十七	十八	十九	廿	廿一	廿二	廿三	廿四	廿五	廿六	廿七	廿八	廿九	卅	八	二	三	四	五
星	1	2	3	4	5	6	日	1	2	3	4	5	6	日	1	2	3	4	5	6	日	1	2	3	4	5	6	日	1	2	3
干節	丙辰	丁巳	戊午	己未	庚申	辛酉	壬戌	立秋	甲子	乙丑	丙寅	丁卯	戊辰	己巳	庚午	辛未	壬申	癸酉	甲戌	乙亥	丙子	丁丑	處暑	己卯	庚辰	辛巳	壬午	癸未	甲申	乙酉	丙戌

陽曆九月份　（陰曆八、九月份）

陽	9	2	3	4	5	6	7	8	9	10	11	12	13	14	15	16	17	18	19	20	21	22	23	24	25	26	27	28	29	30
陰	六	七	八	九	十	十一	十二	十三	十四	十五	十六	十七	十八	十九	廿	廿一	廿二	廿三	廿四	廿五	廿六	廿七	廿八	廿九	卅	九	二	三	四	五
星	4	5	6	日	1	2	3	4	5	6	日	1	2	3	4	5	6	日	1	2	3	4	5	6	日	1	2	3	4	5
干節	丁亥	戊子	己丑	庚寅	辛卯	壬辰	癸巳	白露	乙未	丙申	丁酉	戊戌	己亥	庚子	辛丑	壬寅	癸卯	甲辰	乙巳	丙午	丁未	戊申	秋分	庚戌	辛亥	壬子	癸丑	甲寅	乙卯	丙辰

陽曆十月份　（陰曆九、十月份）

陽	10	2	3	4	5	6	7	8	9	10	11	12	13	14	15	16	17	18	19	20	21	22	23	24	25	26	27	28	29	30	31
陰	六	七	八	九	十	十一	十二	十三	十四	十五	十六	十七	十八	十九	廿	廿一	廿二	廿三	廿四	廿五	廿六	廿七	廿八	廿九	十	二	三	四	五	六	七
星	6	日	1	2	3	4	5	6	日	1	2	3	4	5	6	日	1	2	3	4	5	6	日	1	2	3	4	5	6	日	1
干節	丁巳	戊午	己未	庚申	辛酉	壬戌	癸亥	寒露	乙丑	丙寅	丁卯	戊辰	己巳	庚午	辛未	壬申	癸酉	甲戌	乙亥	丙子	丁丑	戊寅	霜降	庚辰	辛巳	壬午	癸未	甲申	乙酉	丙戌	丁亥

陽曆十一月份　（陰曆十、十一月份）

陽	11	2	3	4	5	6	7	8	9	10	11	12	13	14	15	16	17	18	19	20	21	22	23	24	25	26	27	28	29	30
陰	八	九	十	十一	十二	十三	十四	十五	十六	十七	十八	十九	廿	廿一	廿二	廿三	廿四	廿五	廿六	廿七	廿八	廿九	十一	二	三	四	五	六	七	八
星	2	3	4	5	6	日	1	2	3	4	5	6	日	1	2	3	4	5	6	日	1	2	3	4	5	6	日	1	2	3
干節	戊子	己丑	庚寅	辛卯	壬辰	癸巳	立冬	乙未	丙申	丁酉	戊戌	己亥	庚子	辛丑	壬寅	癸卯	甲辰	乙巳	丙午	丁未	戊申	小雪	庚戌	辛亥	壬子	癸丑	甲寅	乙卯	丙辰	丁巳

陽曆十二月份　（陰曆十一、十二月份）

陽	12	2	3	4	5	6	7	8	9	10	11	12	13	14	15	16	17	18	19	20	21	22	23	24	25	26	27	28	29	30	31
陰	九	十	十一	十二	十三	十四	十五	十六	十七	十八	十九	廿	廿一	廿二	廿三	廿四	廿五	廿六	廿七	廿八	廿九	卅	十二	二	三	四	五	六	七	八	九
星	4	5	6	日	1	2	3	4	5	6	日	1	2	3	4	5	6	日	1	2	3	4	5	6	日	1	2	3	4	5	6
干節	戊午	己未	庚申	辛酉	壬戌	癸亥	大雪	乙丑	丙寅	丁卯	戊辰	己巳	庚午	辛未	壬申	癸酉	甲戌	乙亥	丙子	丁丑	冬至	己卯	庚辰	辛巳	壬午	癸未	甲申	乙酉	丙戌	丁亥	戊子

（註一二）案明曆十月大，十一月小，閏十一月小（中西回日史曆从之）。本表依據曆年書（奧東華錦合），以清曆爲主。

近世中西史日對照表

辛卯　一六五一年　（明永明王永曆五年清世祖順治八年）

陽歷 一 月份　（陰歷十二、正月份）

陽	1	2	3	4	5	6	7	8	9	10	11	12	13	14	15	16	17	18	19	20	21	22	23	24	25	26	27	28	29	30	31
陰	十	十一	十二	十三	十四	十五	十六	十七	十八	十九	廿	廿一	廿二	廿三	廿四	廿五	廿六	廿七	廿八	廿九	正	二	三	四	五	六	七	八	九	十	十一
星	日	1	2	3	4	5	6	日	1	2	3	4	5	6	日	1	2	3	4	5	6	日	1	2	3	4	5	6	日	1	2
干節	己丑	庚寅	辛卯	壬辰	小寒	甲午	乙未	丙申	丁酉	戊戌	己亥	庚子	辛丑	壬寅	癸卯	甲辰	乙巳	丙午	丁未	大寒	己酉	庚戌	辛亥	壬子	癸丑	甲寅	乙卯	丙辰	丁巳	戊午	己未

陽歷 二 月份　（陰歷正、二月份）

陽	2	2	3	4	5	6	7	8	9	10	11	12	13	14	15	16	17	18	19	20	21	22	23	24	25	26	27	28			
陰	十二	十三	十四	十五	十六	十七	十八	十九	廿	廿一	廿二	廿三	廿四	廿五	廿六	廿七	廿八	廿九	卅	二	二	三	四	五	六	七	八	九			
星	3	4	5	6	日	1	2	3	4	5	6	日	1	2	3	4	5	6	日	1	2	3	4	5	6	日	1	2			
干節	庚申	辛酉	壬戌	立春	甲子	乙丑	丙寅	丁卯	戊辰	己巳	庚午	辛未	壬申	癸酉	甲戌	乙亥	丙子	雨水	戊寅	己卯	庚辰	辛巳	壬午	癸未	甲申	己酉	丙戌	丁亥			

陽歷 三 月份　（陰歷二、閏二月份）

陽	3	2	3	4	5	6	7	8	9	10	11	12	13	14	15	16	17	18	19	20	21	22	23	24	25	26	27	28	29	30	31
陰	十	十一	十二	十三	十四	十五	十六	十七	十八	十九	廿	廿一	廿二	廿三	廿四	廿五	廿六	廿七	廿八	廿九	閏	二	三	四	五	六	七	八	九	十	十一
星	3	4	5	6	日	1	2	3	4	5	6	日	1	2	3	4	5	6	日	1	2	3	4	5	6	日	1	2	3	4	5
干節	戊子	己丑	庚寅	辛卯	驚蟄	癸巳	甲午	乙未	丙申	丁酉	戊戌	己亥	庚子	辛丑	壬寅	癸卯	甲辰	乙巳	丙午	春分	戊申	己酉	庚戌	辛亥	壬子	癸丑	甲寅	乙卯	丙辰	丁巳	戊午

陽歷 四 月份　（陰歷閏二、三月份）

陽	4	2	3	4	5	6	7	8	9	10	11	12	13	14	15	16	17	18	19	20	21	22	23	24	25	26	27	28	29	30	
陰	十二	十三	十四	十五	十六	十七	十八	十九	廿	廿一	廿二	廿三	廿四	廿五	廿六	廿七	廿八	廿九	卅	三	二	三	四	五	六	七	八	九	十	十一	
星	6	日	1	2	3	4	5	6	日	1	2	3	4	5	6	日	1	2	3	4	5	6	日	1	2	3	4	5	6	日	
干節	己未	庚申	辛酉	壬戌	清明	甲子	乙丑	丙寅	丁卯	戊辰	己巳	庚午	辛未	壬申	癸酉	甲戌	乙亥	丙子	丁丑	穀雨	己卯	庚辰	辛巳	壬午	癸未	甲申	乙酉	丙戌	丁亥	戊子	

陽歷 五 月份　（陰歷三、四月份）

陽	5	2	3	4	5	6	7	8	9	10	11	12	13	14	15	16	17	18	19	20	21	22	23	24	25	26	27	28	29	30	31
陰	十二	十三	十四	十五	十六	十七	十八	十九	廿	廿一	廿二	廿三	廿四	廿五	廿六	廿七	廿八	廿九	四	二	三	四	五	六	七	八	九	十	十一	十二	十三
星	1	2	3	4	5	6	日	1	2	3	4	5	6	日	1	2	3	4	5	6	日	1	2	3	4	5	6	日	1	2	3
干節	己丑	庚寅	辛卯	壬辰	立夏	甲午	乙未	丙申	丁酉	戊戌	己亥	庚子	辛丑	壬寅	癸卯	甲辰	乙巳	丙午	丁未	戊申	小滿	庚戌	辛亥	壬子	癸丑	甲寅	乙卯	丙辰	丁巳	戊午	己未

陽歷 六 月份　（陰歷四、五月份）

陽	6	2	3	4	5	6	7	8	9	10	11	12	13	14	15	16	17	18	19	20	21	22	23	24	25	26	27	28	29	30	
陰	十四	十五	十六	十七	十八	十九	廿	廿一	廿二	廿三	廿四	廿五	廿六	廿七	廿八	廿九	卅	五	二	三	四	五	六	七	八	九	十	十一	十二	十三	
星	4	5	6	日	1	2	3	4	5	6	日	1	2	3	4	5	6	日	1	2	3	4	5	6	日	1	2	3	4	5	
干節	庚申	辛酉	壬戌	癸亥	甲子	芒種	丙寅	丁卯	戊辰	己巳	庚午	辛未	壬申	癸酉	甲戌	乙亥	丙子	丁丑	戊寅	己卯	庚辰	夏至	壬午	癸未	甲申	乙酉	丙戌	丁亥	戊子	己丑	

（註一三）案明曆十二月大，正月小，二月大（中西回日史曆从之）。本表依據萬年書（與東華錄合），以清曆爲主。

辛卯

一六五一年

（明永明王永曆五年清世祖順治八年）

陽歷七月份　（陰歷五、六月份）

陽	7	2	3	4	5	6	7	8	9	10	11	12	13	14	15	16	17	18	19	20	21	22	23	24	25	26	27	28	29	30	31
陰	十四	十五	十六	十七	十八	十九	廿	廿一	廿二	廿三	廿四	廿五	廿六	廿七	廿八	廿九	六	二	三	四	五	六	七	八	九	十	十一	十二	十三	十四	十五
星	6	日	1	2	3	4	5	6	日	1	2	3	4	5	6	日	1	2	3	4	5	6	日	1	2	3	4	5	6	日	1
干節	庚寅	辛卯	壬辰	癸巳	甲午	乙未	小暑	丁酉	戊戌	己亥	庚子	辛丑	壬寅	癸卯	甲辰	乙巳	丙午	丁未	戊申	己酉	庚戌	辛亥	大暑	癸丑	甲寅	乙卯	丙辰	丁巳	戊午	己未	庚申

陽歷八月份　（陰歷六、七月份）

陽	8	2	3	4	5	6	7	8	9	10	11	12	13	14	15	16	17	18	19	20	21	22	23	24	25	26	27	28	29	30	31
陰	十六	十七	十八	十九	廿	廿一	廿二	廿三	廿四	廿五	廿六	廿七	廿八	廿九	卅	七	二	三	四	五	六	七	八	九	十	十一	十二	十三	十四	十五	十六
星	2	3	4	5	6	日	1	2	3	4	5	6	日	1	2	3	4	5	6	日	1	2	3	4	5	6	日	1	2	3	4
干節	辛酉	壬戌	癸亥	甲子	乙丑	丙寅	丁卯	立秋	己巳	庚午	辛未	壬申	癸酉	甲戌	乙亥	丙子	丁丑	戊寅	己卯	庚辰	辛巳	壬午	處暑	甲申	乙酉	丙戌	丁亥	戊子	己丑	庚寅	辛卯

陽歷九月份　（陰歷七、八月份）

陽	9	2	3	4	5	6	7	8	9	10	11	12	13	14	15	16	17	18	19	20	21	22	23	24	25	26	27	28	29	30
陰	十七	十八	十九	廿	廿一	廿二	廿三	廿四	廿五	廿六	廿七	廿八	廿九	卅	八	二	三	四	五	六	七	八	九	十	十一	十二	十三	十四	十五	十六
星	5	6	日	1	2	3	4	5	6	日	1	2	3	4	5	6	日	1	2	3	4	5	6	日	1	2	3	4	5	6
干節	壬辰	癸巳	甲午	乙未	丙申	丁酉	戊戌	白露	庚子	辛丑	壬寅	癸卯	甲辰	乙巳	丙午	丁未	戊申	己酉	庚戌	辛亥	壬子	癸丑	秋分	乙卯	丙辰	丁巳	戊午	己未	庚申	辛酉

陽歷十月份　（陰歷八、九月份）

陽	10	2	3	4	5	6	7	8	9	10	11	12	13	14	15	16	17	18	19	20	21	22	23	24	25	26	27	28	29	30	31
陰	十七	十八	十九	廿	廿一	廿二	廿三	廿四	廿五	廿六	廿七	廿八	廿九	九	二	三	四	五	六	七	八	九	十	十一	十二	十三	十四	十五	十六	十七	十八
星	日	1	2	3	4	5	6	日	1	2	3	4	5	6	日	1	2	3	4	5	6	日	1	2	3	4	5	6	日	1	2
干節	壬戌	癸亥	甲子	乙丑	丙寅	丁卯	戊辰	寒露	庚午	辛未	壬申	癸酉	甲戌	乙亥	丙子	丁丑	戊寅	己卯	庚辰	辛巳	壬午	癸未	霜降	乙酉	丙戌	丁亥	戊子	己丑	庚寅	辛卯	壬辰

陽歷十一月份　（陰歷九、十月份）

陽	11	2	3	4	5	6	7	8	9	10	11	12	13	14	15	16	17	18	19	20	21	22	23	24	25	26	27	28	29	30
陰	十九	廿	廿一	廿二	廿三	廿四	廿五	廿六	廿七	廿八	廿九	卅	十	二	三	四	五	六	七	八	九	十	十一	十二	十三	十四	十五	十六	十七	十八
星	3	4	5	6	日	1	2	3	4	5	6	日	1	2	3	4	5	6	日	1	2	3	4	5	6	日	1	2	3	4
干節	癸巳	甲午	乙未	丙申	丁酉	戊戌	立冬	庚子	辛丑	壬寅	癸卯	甲辰	乙巳	丙午	丁未	戊申	己酉	庚戌	辛亥	壬子	癸丑	小雪	乙卯	丙辰	丁巳	戊午	己未	庚申	辛酉	壬戌

陽歷十二月份　（陰歷十、十一月份）

陽	12	2	3	4	5	6	7	8	9	10	11	12	13	14	15	16	17	18	19	20	21	22	23	24	25	26	27	28	29	30	31
陰	十九	廿	廿一	廿二	廿三	廿四	廿五	廿六	廿七	廿八	廿九	卅	十一	二	三	四	五	六	七	八	九	十	十一	十二	十三	十四	十五	十六	十七	十八	十九
星	5	6	日	1	2	3	4	5	6	日	1	2	3	4	5	6	日	1	2	3	4	5	6	日	1	2	3	4	5	6	日
干節	癸亥	甲子	乙丑	丙寅	丁卯	戊辰	大雪	庚午	辛未	壬申	癸酉	甲戌	乙亥	丙子	丁丑	戊寅	己卯	庚辰	辛巳	壬午	癸未	冬至	乙酉	丙戌	丁亥	戊子	己丑	庚寅	辛卯	壬辰	癸巳

壬辰

一六五二年

（明永明王永曆六年清世祖順治九年）

陽曆 一 月份　（陰曆十一、十二月份）

陽	1	2	3	4	5	6	7	8	9	10	11	12	13	14	15	16	17	18	19	20	21	22	23	24	25	26	27	28	29	30	31
陰	廿	廿一	廿二	廿三	廿四	廿五	廿六	廿七	廿八	廿九	**十二**	二	三	四	五	六	七	八	九	十	十一	十二	十三	十四	十五	十六	十七	十八	十九	廿	廿一
星	1	2	3	4	5	6	**日**	1	2	3	4	5	6	**日**	1	2	3	4	5	6	**日**	1	2	3	4	5	6	**日**	1	2	3
干節	甲午	乙未	丙申	丁酉	**小寒**	己亥	庚子	辛丑	壬寅	癸卯	甲辰	乙巳	丙午	丁未	戊申	己酉	庚戌	辛亥	壬子	**大寒**	甲寅	乙卯	丙辰	丁巳	戊午	己未	庚申	辛酉	壬戌	癸亥	甲子

陽曆 二 月份　（陰曆十二、正月份）

陽	2	2	3	4	5	6	7	8	9	10	11	12	13	14	15	16	17	18	19	20	21	22	23	24	25	26	27	28	29
陰	廿二	廿三	廿四	廿五	廿六	廿七	廿八	廿九	**正**	二	三	四	五	六	七	八	九	十	十一	十二	十三	十四	十五	十六	十七	十八	十九	廿	廿一
星	4	5	6	**日**	1	2	3	4	5	6	**日**	1	2	3	4	5	6	**日**	1	2	3	4	5	6	**日**	1	2	3	4
干節	乙丑	丙寅	丁卯	**立春**	己巳	庚午	辛未	壬申	癸酉	甲戌	乙亥	丙子	丁丑	戊寅	己卯	庚辰	辛巳	壬午	**雨水**	甲申	乙酉	丙戌	丁亥	戊子	己丑	庚寅	辛卯	壬辰	癸巳

陽曆 三 月份　（陰曆正、二月份）

陽	3	2	3	4	5	6	7	8	9	10	11	12	13	14	15	16	17	18	19	20	21	22	23	24	25	26	27	28	29	30	31
陰	廿二	廿三	廿四	廿五	廿六	廿七	廿八	廿九	卅	**二**	二	三	四	五	六	七	八	九	十	十一	十二	十三	十四	十五	十六	十七	十八	十九	廿	廿一	廿二
星	5	6	**日**	1	2	3	4	5	6	**日**	1	2	3	4	5	6	**日**	1	2	3	4	5	6	**日**	1	2	3	4	5	6	**日**
干節	甲午	乙未	丙申	丁酉	**驚蟄**	己亥	庚子	辛丑	壬寅	癸卯	甲辰	乙巳	丙午	丁未	戊申	己酉	庚戌	辛亥	壬子	**春分**	甲寅	乙卯	丙辰	丁巳	戊午	己未	庚申	辛酉	壬戌	癸亥	甲子

陽曆 四 月份　（陰曆二、三月份）

陽	4	2	3	4	5	6	7	8	9	10	11	12	13	14	15	16	17	18	19	20	21	22	23	24	25	26	27	28	29	30
陰	廿三	廿四	廿五	廿六	廿七	廿八	廿九	**三**	二	三	四	五	六	七	八	九	十	十一	十二	十三	十四	十五	十六	十七	十八	十九	廿	廿一	廿二	廿三
星	1	2	3	4	5	6	**日**	1	2	3	4	5	6	**日**	1	2	3	4	5	6	**日**	1	2	3	4	5	6	**日**	1	2
干節	乙丑	丙寅	丁卯	**清明**	己巳	庚午	辛未	壬申	癸酉	甲戌	乙亥	丙子	丁丑	戊寅	己卯	庚辰	辛巳	壬午	**穀雨**	甲申	乙酉	丙戌	丁亥	戊子	己丑	庚寅	辛卯	壬辰	癸巳	甲午

陽曆 五 月份　（陰曆三、四月份）

陽	5	2	3	4	5	6	7	8	9	10	11	12	13	14	15	16	17	18	19	20	21	22	23	24	25	26	27	28	29	30	31
陰	廿四	廿五	廿六	廿七	廿八	廿九	卅	**四**	二	三	四	五	六	七	八	九	十	十一	十二	十三	十四	十五	十六	十七	十八	十九	廿	廿一	廿二	廿三	廿四
星	3	4	5	6	**日**	1	2	3	4	5	6	**日**	1	2	3	4	5	6	**日**	1	2	3	4	5	6	**日**	1	2	3	4	5
干節	乙未	丙申	丁酉	戊戌	**立夏**	庚子	辛丑	壬寅	癸卯	甲辰	乙巳	丙午	丁未	戊申	己酉	庚戌	辛亥	壬子	癸丑	**小滿**	乙卯	丙辰	丁巳	戊午	己未	庚申	辛酉	壬戌	癸亥	甲子	乙丑

陽曆 六 月份　（陰曆四、五月份）

陽	6	2	3	4	5	6	7	8	9	10	11	12	13	14	15	16	17	18	19	20	21	22	23	24	25	26	27	28	29	30
陰	廿五	廿六	廿七	廿八	廿九	**五**	二	三	四	五	六	七	八	九	十	十一	十二	十三	十四	十五	十六	十七	十八	十九	廿	廿一	廿二	廿三	廿四	廿五
星	6	**日**	1	2	3	4	5	6	**日**	1	2	3	4	5	6	**日**	1	2	3	4	5	6	**日**	1	2	3	4	5	6	**日**
干節	丙寅	丁卯	戊辰	己巳	**芒種**	辛未	壬申	癸酉	甲戌	乙亥	丙子	丁丑	戊寅	己卯	庚辰	辛巳	壬午	癸未	甲申	乙酉	**夏至**	丁亥	戊子	己丑	庚寅	辛卯	壬辰	癸巳	甲午	乙未

（註一四）案明曆十二月大，正月小（中西回日史曆从之）。本表依據萬年書（與東華錄合），以清曆為主。

壬辰

一六五二年

（明永明王永曆六年清世祖順治九年）

陽歷七月份　（陰歷五、六月份）

陽	7	2	3	4	5	6	7	8	9	10	11	12	13	14	15	16	17	18	19	20	21	22	23	24	25	26	27	28	29	30	31
陰	廿六	廿七	廿八	廿九	卅	六	二	三	四	五	六	七	八	九	十	十一	十二	十三	十四	十五	十六	十七	十八	十九	廿	廿一	廿二	廿三	廿四	廿五	廿六
星	1	2	3	4	5	6	日	1	2	3	4	5	6	日	1	2	3	4	5	6	日	1	2	3	4	5	6	日	1	2	3
干節	丙申	丁酉	戊戌	己亥	庚子	辛丑	小暑	癸卯	甲辰	乙巳	丙午	丁未	戊申	己酉	庚戌	辛亥	壬子	癸丑	甲寅	乙卯	丙辰	大暑	戊午	己未	庚申	辛酉	壬戌	癸亥	甲子	乙丑	丙寅

陽歷八月份　（陰歷六、七月份）

陽	8	2	3	4	5	6	7	8	9	10	11	12	13	14	15	16	17	18	19	20	21	22	23	24	25	26	27	28	29	30	31
陰	廿七	廿八	廿九	七	二	三	四	五	六	七	八	九	十	十一	十二	十三	十四	十五	十六	十七	十八	十九	廿	廿一	廿二	廿三	廿四	廿五	廿六	廿七	廿八
星	4	5	6	日	1	2	3	4	5	6	日	1	2	3	4	5	6	日	1	2	3	4	5	6	日	1	2	3	4	5	6
干節	丁卯	戊辰	己巳	庚午	辛未	壬申	立秋	甲戌	乙亥	丙子	丁丑	戊寅	己卯	庚辰	辛巳	壬午	癸未	甲申	乙酉	丙戌	丁亥	戊子	處暑	庚寅	辛卯	壬辰	癸巳	甲午	乙未	丙申	丁酉

陽歷九月份　（陰歷七、八月份）

陽	9	2	3	4	5	6	7	8	9	10	11	12	13	14	15	16	17	18	19	20	21	22	23	24	25	26	27	28	29	30	
陰	廿九	卅	八	二	三	四	五	六	七	八	九	十	十一	十二	十三	十四	十五	十六	十七	十八	十九	廿	廿一	廿二	廿三	廿四	廿五	廿六	廿七	廿八	
星	日	1	2	3	4	5	6	日	1	2	3	4	5	6	日	1	2	3	4	5	6	日	1	2	3	4	5	6	日	1	
干節	戊戌	己亥	庚子	辛丑	壬寅	白露	甲辰	乙巳	丙午	丁未	戊申	己酉	庚戌	辛亥	壬子	癸丑	甲寅	乙卯	丙辰	丁巳	戊午	秋分	庚申	辛酉	壬戌	癸亥	甲子	乙丑	丙寅	丁卯	

陽歷十月份　（陰歷八、九月份）

陽	10	2	3	4	5	6	7	8	9	10	11	12	13	14	15	16	17	18	19	20	21	22	23	24	25	26	27	28	29	30	31
陰	廿九	卅	九	二	三	四	五	六	七	八	九	十	十一	十二	十三	十四	十五	十六	十七	十八	十九	廿	廿一	廿二	廿三	廿四	廿五	廿六	廿七	廿八	廿九
星	2	3	4	5	6	日	1	2	3	4	5	6	日	1	2	3	4	5	6	日	1	2	3	4	5	6	日	1	2	3	4
干節	戊辰	己巳	庚午	辛未	壬申	癸酉	甲戌	寒露	丙子	丁丑	戊寅	己卯	庚辰	辛巳	壬午	癸未	甲申	乙酉	丙戌	丁亥	戊子	己丑	霜降	辛卯	壬辰	癸巳	甲午	乙未	丙申	丁酉	戊戌

陽歷十一月份　（陰歷十月份）

陽	11	2	3	4	5	6	7	8	9	10	11	12	13	14	15	16	17	18	19	20	21	22	23	24	25	26	27	28	29	30	
陰	十	二	三	四	五	六	七	八	九	十	十一	十二	十三	十四	十五	十六	十七	十八	十九	廿	廿一	廿二	廿三	廿四	廿五	廿六	廿七	廿八	廿九	卅	
星	5	6	日	1	2	3	4	5	6	日	1	2	3	4	5	6	日	1	2	3	4	5	6	日	1	2	3	4	5	6	
干節	己亥	庚子	辛丑	壬寅	癸卯	甲辰	立冬	丙午	丁未	戊申	己酉	庚戌	辛亥	壬子	癸丑	甲寅	乙卯	丙辰	丁巳	戊午	小雪	庚申	辛酉	壬戌	癸亥	甲子	乙丑	丙寅	丁卯	戊辰	

陽歷十二月份　（陰歷十一、十二月份）

陽	12	2	3	4	5	6	7	8	9	10	11	12	13	14	15	16	17	18	19	20	21	22	23	24	25	26	27	28	29	30	31
陰	十一	二	三	四	五	六	七	八	九	十	十一	十二	十三	十四	十五	十六	十七	十八	十九	廿	廿一	廿二	廿三	廿四	廿五	廿六	廿七	廿八	廿九	卅	十二
星	日	1	2	3	4	5	6	日	1	2	3	4	5	6	日	1	2	3	4	5	6	日	1	2	3	4	5	6	日	1	2
干節	己巳	庚午	辛未	壬申	癸酉	大雪	乙亥	丙子	丁丑	戊寅	己卯	庚辰	辛巳	壬午	癸未	甲申	乙酉	丙戌	丁亥	戊子	冬至	庚寅	辛卯	壬辰	癸巳	甲午	乙未	丙申	丁酉	戊戌	己亥

近世中西史日對照表

陽歷 一 月份　（陰歷十二、正月份）

陽	**1**	2	3	4	5	6	7	8	9	10	11	12	13	14	15	16	17	18	19	20	21	22	23	24	25	26	27	28	29	30	31
陰	二	三	四	五	六	七	八	九	十	十一	十二	十三	十四	十五	十六	十七	十八	十九	廿	廿一	廿二	廿三	廿四	廿五	廿六	廿七	廿八	廿九	**正**	二	三
星	3	4	5	6	**日**	1	2	3	4	5	6	**日**	1	2	3	4	5	6	**日**	1	2	3	4	5	6	**日**	1	2	3	4	5
干節	庚子	辛丑	壬寅	癸卯	**小寒**	乙巳	丙午	丁未	戊申	己酉	庚戌	辛亥	壬子	癸丑	甲寅	乙卯	丙辰	丁巳	**大寒**	己未	庚申	辛酉	壬戌	癸亥	甲子	乙丑	丙寅	丁卯	戊辰	己巳	庚午

陽歷 二 月份　（陰歷正、二月份）

陽	**2**	2	3	4	5	6	7	8	9	10	11	12	13	14	15	16	17	18	19	20	21	22	23	24	25	26	27	28			
陰	四	五	六	七	八	九	十	十一	十二	十三	十四	十五	十六	十七	十八	十九	廿	廿一	廿二	廿三	廿四	廿五	廿六	廿七	廿八	廿九	卅	**二**			
星	6	**日**	1	2	3	4	5	6	**日**	1	2	3	4	5	6	**日**	1	2	3	4	5	6	**日**	1	2	3	4	5			
干節	辛未	壬申	**立春**	甲戌	乙亥	丙子	丁丑	戊寅	己卯	庚辰	辛巳	壬午	癸未	甲申	乙酉	丙戌	丁亥	**雨水**	己丑	庚寅	辛卯	壬辰	癸巳	甲午	乙未	丙申	丁酉	戊戌			

陽歷 三 月份　（陰歷二、三月份）

陽	**3**	2	3	4	5	6	7	8	9	10	11	12	13	14	15	16	17	18	19	20	21	22	23	24	25	26	27	28	29	30	31
陰	二	三	四	五	六	七	八	九	十	十一	十二	十三	十四	十五	十六	十七	十八	十九	廿	廿一	廿二	廿三	廿四	廿五	廿六	廿七	廿八	廿九	**三**	二	三
星	6	**日**	1	2	3	4	5	6	**日**	1	2	3	4	5	6	**日**	1	2	3	4	5	6	**日**	1	2	3	4	5	6	**日**	1
干節	己亥	庚子	辛丑	壬寅	**驚蟄**	甲辰	乙巳	丙午	丁未	戊申	己酉	庚戌	辛亥	壬子	癸丑	甲寅	乙卯	丙辰	丁巳	**春分**	己未	庚申	辛酉	壬戌	癸亥	甲子	乙丑	丙寅	丁卯	戊辰	己巳

陽歷 四 月份　（陰歷三、四月份）

陽	**4**	2	3	4	5	6	7	8	9	10	11	12	13	14	15	16	17	18	19	20	21	22	23	24	25	26	27	28	29	30	
陰	四	五	六	七	八	九	十	十一	十二	十三	十四	十五	十六	十七	十八	十九	廿	廿一	廿二	廿三	廿四	廿五	廿六	廿七	廿八	廿九	**四**	二	三	四	
星	2	3	4	5	6	**日**	1	2	3	4	5	6	**日**	1	2	3	4	5	6	**日**	1	2	3	4	5	6	**日**	1	2	3	
干節	庚午	辛未	壬申	**清明**	甲戌	乙亥	丙子	丁丑	戊寅	己卯	庚辰	辛巳	壬午	癸未	甲申	乙酉	丙戌	丁亥	**穀雨**	己丑	庚寅	辛卯	壬辰	癸巳	甲午	乙未	丙申	丁酉	戊戌	己亥	

陽歷 五 月份　（陰歷四、五月份）

陽	**5**	2	3	4	5	6	7	8	9	10	11	12	13	14	15	16	17	18	19	20	21	22	23	24	25	26	27	28	29	30	31
陰	五	六	七	八	九	十	十一	十二	十三	十四	十五	十六	十七	十八	十九	廿	廿一	廿二	廿三	廿四	廿五	廿六	廿七	廿八	廿九	卅	**五**	二	三	四	五
星	4	5	6	**日**	1	2	3	4	5	6	**日**	1	2	3	4	5	6	**日**	1	2	3	4	5	6	**日**	1	2	3	4	5	6
干節	庚子	辛丑	壬寅	癸卯	**立夏**	乙巳	丙午	丁未	戊申	己酉	庚戌	辛亥	壬子	癸丑	甲寅	乙卯	丙辰	丁巳	戊午	己未	**小滿**	辛酉	壬戌	癸亥	甲子	乙丑	丙寅	丁卯	戊辰	己巳	庚午

陽歷 六 月份　（陰歷五、六月份）

陽	**6**	2	3	4	5	6	7	8	9	10	11	12	13	14	15	16	17	18	19	20	21	22	23	24	25	26	27	28	29	30	
陰	六	七	八	九	十	十一	十二	十三	十四	十五	十六	十七	十八	十九	廿	廿一	廿二	廿三	廿四	廿五	廿六	廿七	廿八	廿九	**六**	二	三	四	五	六	
星	**日**	1	2	3	4	5	6	**日**	1	2	3	4	5	6	**日**	1	2	3	4	5	6	**日**	1	2	3	4	5	6	**日**	1	
干節	辛未	壬申	癸酉	甲戌	**芒種**	丙子	丁丑	戊寅	己卯	庚辰	辛巳	壬午	癸未	甲申	乙酉	丙戌	丁亥	戊子	己丑	庚寅	**夏至**	壬辰	癸巳	甲午	乙未	丙申	丁酉	戊戌	己亥	庚子	

癸巳

一六五三年

（明永明王永曆七年清世祖順治一〇年）

癸巳

一六五三年

（明永明王永曆七年清世祖順治一〇年）

陽歷七月份　（陰歷六、閏六月份）

陽	7	2	3	4	5	6	7	8	9	10	11	12	13	14	15	16	17	18	19	20	21	22	23	24	25	26	27	28	29	30	31
陰	七	八	九	十	十一	十二	十三	十四	十五	十六	十七	十八	十九	廿	廿一	廿二	廿三	廿四	廿五	廿六	廿七	廿八	廿九	閏	二	三	四	五	六	七	八
星	2	3	4	5	6	日	1	2	3	4	5	6	日	1	2	3	4	5	6	日	1	2	3	4	5	6	日	1	2	3	4
干節	辛丑	壬寅	癸卯	甲辰	乙巳	丙午	小暑	戊申	己酉	庚戌	辛亥	壬子	癸丑	甲寅	乙卯	丙辰	丁巳	戊午	己未	庚申	辛酉	壬戌	大暑	甲子	乙丑	丙寅	丁卯	戊辰	己巳	庚午	辛未

陽歷八月份　（陰歷閏六、七月份）

陽	8	2	3	4	5	6	7	8	9	10	11	12	13	14	15	16	17	18	19	20	21	22	23	24	25	26	27	28	29	30	31
陰	九	十	十一	十二	十三	十四	十五	十六	十七	十八	十九	廿	廿一	廿二	廿三	廿四	廿五	廿六	廿七	廿八	廿九	卅	七	二	三	四	五	六	七	八	九
星	5	6	日	1	2	3	4	5	6	日	1	2	3	4	5	6	日	1	2	3	4	5	6	日	1	2	3	4	5	6	日
干節	壬申	癸酉	甲戌	乙亥	丙子	丁丑	立秋	己卯	庚辰	辛巳	壬午	癸未	甲申	乙酉	丙戌	丁亥	戊子	己丑	庚寅	辛卯	壬辰	癸巳	處暑	乙未	丙申	丁酉	戊戌	己亥	庚子	辛丑	壬寅

陽歷九月份　（陰歷七、八月份）

陽	9	2	3	4	5	6	7	8	9	10	11	12	13	14	15	16	17	18	19	20	21	22	23	24	25	26	27	28	29	30	
陰	十	十一	十二	十三	十四	十五	十六	十七	十八	十九	廿	廿一	廿二	廿三	廿四	廿五	廿六	廿七	廿八	廿九	卅	八	二	三	四	五	六	七	八	九	
星	1	2	3	4	5	6	日	1	2	3	4	5	6	日	1	2	3	4	5	6	日	1	2	3	4	5	6	日	1	2	
干節	癸卯	甲辰	乙巳	丙午	丁未	戊申	白露	庚戌	辛亥	壬子	癸丑	甲寅	乙卯	丙辰	丁巳	戊午	己未	庚申	辛酉	壬戌	癸亥	甲子	秋分	丙寅	丁卯	戊辰	己巳	庚午	辛未	壬申	

陽歷十月份　（陰歷八、九月份）

陽	10	2	3	4	5	6	7	8	9	10	11	12	13	14	15	16	17	18	19	20	21	22	23	24	25	26	27	28	29	30	31
陰	十	十一	十二	十三	十四	十五	十六	十七	十八	十九	廿	廿一	廿二	廿三	廿四	廿五	廿六	廿七	廿八	廿九	九	二	三	四	五	六	七	八	九	十	十一
星	3	4	5	6	日	1	2	3	4	5	6	日	1	2	3	4	5	6	日	1	2	3	4	5	6	日	1	2	3	4	5
干節	癸酉	甲戌	乙亥	丙子	丁丑	戊寅	己卯	寒露	辛巳	壬午	癸未	甲申	乙酉	丙戌	丁亥	戊子	己丑	庚寅	辛卯	壬辰	癸巳	甲午	霜降	丙申	丁酉	戊戌	己亥	庚子	辛丑	壬寅	癸卯

陽歷十一月份　（陰歷九、十月份）

陽	11	2	3	4	5	6	7	8	9	10	11	12	13	14	15	16	17	18	19	20	21	22	23	24	25	26	27	28	29	30	
陰	十二	十三	十四	十五	十六	十七	十八	十九	廿	廿一	廿二	廿三	廿四	廿五	廿六	廿七	廿八	廿九	卅	十	二	三	四	五	六	七	八	九	十	十一	
星	6	日	1	2	3	4	5	6	日	1	2	3	4	5	6	日	1	2	3	4	5	6	日	1	2	3	4	5	6	日	
干節	甲辰	乙巳	丙午	丁未	戊申	己酉	立冬	辛亥	壬子	癸丑	甲寅	乙卯	丙辰	丁巳	戊午	己未	庚申	辛酉	壬戌	癸亥	甲子	小雪	丙寅	丁卯	戊辰	己巳	庚午	辛未	壬申	癸酉	

陽歷十二月份　（陰歷十、十一月份）

陽	12	2	3	4	5	6	7	8	9	10	11	12	13	14	15	16	17	18	19	20	21	22	23	24	25	26	27	28	29	30	31
陰	十二	十三	十四	十五	十六	十七	十八	十九	廿	廿一	廿二	廿三	廿四	廿五	廿六	廿七	廿八	廿九	卅	十一	二	三	四	五	六	七	八	九	十	十一	十二
星	1	2	3	4	5	6	日	1	2	3	4	5	6	日	1	2	3	4	5	6	日	1	2	3	4	5	6	日	1	2	3
干節	甲戌	乙亥	丙子	丁丑	戊寅	大雪	庚辰	辛巳	壬午	癸未	甲申	乙酉	丙戌	丁亥	戊子	己丑	庚寅	辛卯	壬辰	癸巳	冬至	乙未	丙申	丁酉	戊戌	己亥	庚子	辛丑	壬寅	癸卯	甲辰

近世中西史日對照表

陽歷 一 月份 (陰歷十一、十二月份)

陽	**1**	2	3	4	5	6	7	8	9	10	11	12	13	14	15	16	17	18	19	20	21	22	23	24	25	26	27	28	29	30	31
陰	十三	十四	十五	十六	十七	十八	十九	廿	廿一	廿二	廿三	廿四	廿五	廿六	廿七	廿八	廿九	卅	**十二**	二	三	四	五	六	七	八	九	十	十一	十二	十三
星	4	5	6	**日**	1	2	3	4	5	6	**日**	1	2	3	4	5	6	**日**	1	2	3	4	5	6	**日**	1	2	3	4	5	6
干節	乙巳	丙午	丁未	戊申	**小寒**	庚戌	辛亥	壬子	癸丑	甲寅	乙卯	丙辰	丁巳	戊午	己未	庚申	辛酉	壬戌	癸亥	甲子	**大寒**	丙寅	丁卯	戊辰	己巳	庚午	辛未	壬申	癸酉	甲戌	乙亥

陽歷 二 月份 (陰歷十二、正月份)

陽	**2**	2	3	4	5	6	7	8	9	10	11	12	13	14	15	16	17	18	19	20	21	22	23	24	25	26	27	28			
陰	十四	十五	十六	十七	十八	十九	廿	廿一	廿二	廿三	廿四	廿五	廿六	廿七	廿八	廿九	**正**	二	三	四	五	六	七	八	九	十	十一	十二			
星	**日**	1	2	3	4	5	6	**日**	1	2	3	4	5	6	**日**	1	2	3	4	5	6	**日**	1	2	3	4	5	6			
干節	丙子	丁丑	戊寅	**立春**	庚辰	辛巳	壬午	癸未	甲申	乙酉	丙戌	丁亥	戊子	己丑	庚寅	辛卯	壬辰	**雨水**	甲午	乙未	丙申	丁酉	戊戌	己亥	庚子	辛丑	壬寅	癸卯			

陽歷 三 月份 (陰歷正、二月份)

陽	**3**	2	3	4	5	6	7	8	9	10	11	12	13	14	15	16	17	18	19	20	21	22	23	24	25	26	27	28	29	30	31
陰	十三	十四	十五	十六	十七	十八	十九	廿	廿一	廿二	廿三	廿四	廿五	廿六	廿七	廿八	廿九	卅	**二**	二	三	四	五	六	七	八	九	十	十一	十二	十三
星	**日**	1	2	3	4	5	6	**日**	1	2	3	4	5	6	**日**	1	2	3	4	5	6	**日**	1	2	3	4	5	6	**日**	1	2
干節	甲辰	乙巳	丙午	丁未	**驚蟄**	己酉	庚戌	辛亥	壬子	癸丑	甲寅	乙卯	丙辰	丁巳	戊午	己未	庚申	辛酉	**春分**	癸亥	甲子	乙丑	丙寅	丁卯	戊辰	己巳	庚午	辛未	壬申	癸酉	甲戌

陽歷 四 月份 (陰歷二、三月份)

陽	**4**	2	3	4	5	6	7	8	9	10	11	12	13	14	15	16	17	18	19	20	21	22	23	24	25	26	27	28	29	30	
陰	十四	十五	十六	十七	十八	十九	廿	廿一	廿二	廿三	廿四	廿五	廿六	廿七	廿八	廿九	**三**	二	三	四	五	六	七	八	九	十	十一	十二	十三	十四	
星	3	4	5	6	**日**	1	2	3	4	5	6	**日**	1	2	3	4	5	6	**日**	1	2	3	4	5	6	**日**	1	2	3	4	
干節	乙亥	丙子	丁丑	**清明**	己卯	庚辰	辛巳	壬午	癸未	甲申	乙酉	丙戌	丁亥	戊子	己丑	庚寅	辛卯	壬辰	癸巳	**穀雨**	乙未	丙申	丁酉	戊戌	己亥	庚子	辛丑	壬寅	癸卯	甲辰	

陽歷 五 月份 (陰歷三、四月份)

陽	**5**	2	3	4	5	6	7	8	9	10	11	12	13	14	15	16	17	18	19	20	21	22	23	24	25	26	27	28	29	30	31
陰	十五	十六	十七	十八	十九	廿	廿一	廿二	廿三	廿四	廿五	廿六	廿七	廿八	廿九	**四**	二	三	四	五	六	七	八	九	十	十一	十二	十三	十四	十五	十六
星	5	6	**日**	1	2	3	4	5	6	**日**	1	2	3	4	5	6	**日**	1	2	3	4	5	6	**日**	1	2	3	4	5	6	**日**
干節	乙巳	丙午	丁未	戊申	**立夏**	庚戌	辛亥	壬子	癸丑	甲寅	乙卯	丙辰	丁巳	戊午	己未	庚申	辛酉	壬戌	癸亥	甲子	**小滿**	丙寅	丁卯	戊辰	己巳	庚午	辛未	壬申	癸酉	甲戌	乙亥

陽歷 六 月份 (陰歷四、五月份)

陽	**6**	2	3	4	5	6	7	8	9	10	11	12	13	14	15	16	17	18	19	20	21	22	23	24	25	26	27	28	29	30	
陰	十七	十八	十九	廿	廿一	廿二	廿三	廿四	廿五	廿六	廿七	廿八	廿九	卅	**五**	二	三	四	五	六	七	八	九	十	十一	十二	十三	十四	十五	十六	
星	1	2	3	4	5	6	**日**	1	2	3	4	5	6	**日**	1	2	3	4	5	6	**日**	1	2	3	4	5	6	**日**	1	2	
干節	丙子	丁丑	戊寅	己卯	庚辰	**芒種**	壬午	癸未	甲申	乙酉	丙戌	丁亥	戊子	己丑	庚寅	辛卯	壬辰	癸巳	甲午	乙未	**夏至**	丁酉	戊戌	己亥	庚子	辛丑	壬寅	癸卯	甲辰	乙巳	

甲午

一六五四年

(明永明王永曆八年清世祖順治十一年)

甲午

一六五四年

（明永明王永曆八年清世祖順治一一年）

陽歷七月份　（陰歷五、六月份）

陽	7	2	3	4	5	6	7	8	9	10	11	12	13	14	15	16	17	18	19	20	21	22	23	24	25	26	27	28	29	30	31
陰	十七	十八	十九	廿	廿一	廿二	廿三	廿四	廿五	廿六	廿七	廿八	廿九	六	二	三	四	五	六	七	八	九	十	十一	十二	十三	十四	十五	十六	十七	十八
星	3	4	5	6	日	1	2	3	4	5	6	日	1	2	3	4	5	6	日	1	2	3	4	5	6	日	1	2	3	4	5
干節	丙午	丁未	戊申	己酉	庚戌	辛亥	小暑	癸丑	甲寅	乙卯	丙辰	丁巳	戊午	己未	庚申	辛酉	壬戌	癸亥	甲子	乙丑	丙寅	丁卯	大暑	己巳	庚午	辛未	壬申	癸酉	甲戌	乙亥	丙子

陽歷八月份　（陰歷六、七月份）

陽	8	2	3	4	5	6	7	8	9	10	11	12	13	14	15	16	17	18	19	20	21	22	23	24	25	26	27	28	29	30	31
陰	十九	廿	廿一	廿二	廿三	廿四	廿五	廿六	廿七	廿八	廿九	七	二	三	四	五	六	七	八	九	十	十一	十二	十三	十四	十五	十六	十七	十八	十九	廿
星	6	日	1	2	3	4	5	6	日	1	2	3	4	5	6	日	1	2	3	4	5	6	日	1	2	3	4	5	6	日	1
干節	丁丑	戊寅	己卯	庚辰	辛巳	壬午	立秋	甲申	乙酉	丙戌	丁亥	戊子	己丑	庚寅	辛卯	壬辰	癸巳	甲午	乙未	丙申	丁酉	戊戌	處暑	庚子	辛丑	壬寅	癸卯	甲辰	乙巳	丙午	丁未

陽歷九月份　（陰歷七、八月份）

陽	9	2	3	4	5	6	7	8	9	10	11	12	13	14	15	16	17	18	19	20	21	22	23	24	25	26	27	28	29	30	
陰	廿一	廿二	廿三	廿四	廿五	廿六	廿七	廿八	廿九	卅	八	二	三	四	五	六	七	八	九	十	十一	十二	十三	十四	十五	十六	十七	十八	十九	廿	
星	2	3	4	5	6	日	1	2	3	4	5	6	日	1	2	3	4	5	6	日	1	2	3	4	5	6	日	1	2	3	
干節	戊申	己酉	庚戌	辛亥	壬子	癸丑	甲寅	白露	丙辰	丁巳	戊午	己未	庚申	辛酉	壬戌	癸亥	甲子	乙丑	丙寅	丁卯	戊辰	己巳	秋分	辛未	壬申	癸酉	甲戌	乙亥	丙子	丁丑	

陽歷十月份　（陰歷八、九月份）

陽	10	2	3	4	5	6	7	8	9	10	11	12	13	14	15	16	17	18	19	20	21	22	23	24	25	26	27	28	29	30	31
陰	廿一	廿二	廿三	廿四	廿五	廿六	廿七	廿八	廿九	九	二	三	四	五	六	七	八	九	十	十一	十二	十三	十四	十五	十六	十七	十八	十九	廿	廿一	廿二
星	4	5	6	日	1	2	3	4	5	6	日	1	2	3	4	5	6	日	1	2	3	4	5	6	日	1	2	3	4	5	6
干節	戊寅	己卯	庚辰	辛巳	壬午	癸未	甲申	寒露	丙戌	丁亥	戊子	己丑	庚寅	辛卯	壬辰	癸巳	甲午	乙未	丙申	丁酉	戊戌	己亥	霜降	辛丑	壬寅	癸卯	甲辰	乙巳	丙午	丁未	戊申

陽歷十一月份　（陰歷九、十月份）

陽	11	2	3	4	5	6	7	8	9	10	11	12	13	14	15	16	17	18	19	20	21	22	23	24	25	26	27	28	29	30	
陰	廿三	廿四	廿五	廿六	廿七	廿八	廿九	卅	十	二	三	四	五	六	七	八	九	十	十一	十二	十三	十四	十五	十六	十七	十八	十九	廿	廿一	廿二	
星	日	1	2	3	4	5	6	日	1	2	3	4	5	6	日	1	2	3	4	5	6	日	1	2	3	4	5	6	日	1	
干節	己酉	庚戌	辛亥	壬子	癸丑	甲寅	立冬	丙辰	丁巳	戊午	己未	庚申	辛酉	壬戌	癸亥	甲子	乙丑	丙寅	丁卯	戊辰	己巳	小雪	辛未	壬申	癸酉	甲戌	乙亥	丙子	丁丑	戊寅	

陽歷十二月份　（陰歷十、十一月份）

陽	12	2	3	4	5	6	7	8	9	10	11	12	13	14	15	16	17	18	19	20	21	22	23	24	25	26	27	28	29	30	31
陰	廿三	廿四	廿五	廿六	廿七	廿八	廿九	卅	十一	二	三	四	五	六	七	八	九	十	十一	十二	十三	十四	十五	十六	十七	十八	十九	廿	廿一	廿二	廿三
星	2	3	4	5	6	日	1	2	3	4	5	6	日	1	2	3	4	5	6	日	1	2	3	4	5	6	日	1	2	3	4
干節	己卯	庚辰	辛巳	壬午	癸未	大雪	乙酉	丙戌	丁亥	戊子	己丑	庚寅	辛卯	壬辰	癸巳	甲午	乙未	丙申	丁酉	戊戌	冬至	庚子	辛丑	壬寅	癸卯	甲辰	乙巳	丙午	丁未	戊申	己酉

近世中西史日對照表

乙未

一六五五年

（明永明王永曆九年清世祖順治一二年）

陽歷　一　月份　　（陰歷閏十一、十二月份）

陽	1	2	3	4	5	6	7	8	9	10	11	12	13	14	15	16	17	18	19	20	21	22	23	24	25	26	27	28	29	30	31
陰	廿四	廿五	廿六	廿七	廿八	廿九	卅	十二	二	三	四	五	六	七	八	九	十	十一	十二	十三	十四	十五	十六	十七	十八	十九	廿	廿一	廿二	廿三	廿四
星	5	6	日	1	2	3	4	5	6	日	1	2	3	4	5	6	日	1	2	3	4	5	6	日	1	2	3	4	5	6	日
干節	庚戌	辛亥	壬子	癸丑	小寒	乙卯	丙辰	丁巳	戊午	己未	庚申	辛酉	壬戌	癸亥	甲子	乙丑	丙寅	丁卯	戊辰	大寒	庚午	辛未	壬申	癸酉	甲戌	乙亥	丙子	丁丑	戊寅	己卯	庚辰

陽歷　二　月份　　（陰歷十二、正月份）

陽	1	2	3	4	5	6	7	8	9	10	11	12	13	14	15	16	17	18	19	20	21	22	23	24	25	26	27	28
陰	廿五	廿六	廿七	廿八	廿九	正	二	三	四	五	六	七	八	九	十	十一	十二	十三	十四	十五	十六	十七	十八	十九	廿	廿一	廿二	廿三
星	1	2	3	4	5	6	日	1	2	3	4	5	6	日	1	2	3	4	5	6	日	1	2	3	4	5	6	日
干節	辛巳	壬午	癸未	立春	乙酉	丙戌	丁亥	戊子	己丑	庚寅	辛卯	壬辰	癸巳	甲午	乙未	丙申	丁酉	雨水	己亥	庚子	辛丑	壬寅	癸卯	甲辰	乙巳	丙午	丁未	戊申

陽歷　三　月份　　（陰歷正、二月份）

陽	1	2	3	4	5	6	7	8	9	10	11	12	13	14	15	16	17	18	19	20	21	22	23	24	25	26	27	28	29	30	31
陰	廿四	廿五	廿六	廿七	廿八	廿九	卅	二	二	三	四	五	六	七	八	九	十	十一	十二	十三	十四	十五	十六	十七	十八	十九	廿	廿一	廿二	廿三	廿四
星	1	2	3	4	5	6	日	1	2	3	4	5	6	日	1	2	3	4	5	6	日	1	2	3	4	5	6	日	1	2	3
干節	己酉	庚戌	辛亥	壬子	驚蟄	甲寅	乙卯	丙辰	丁巳	戊午	己未	庚申	辛酉	壬戌	癸亥	甲子	乙丑	丙寅	丁卯	春分	己巳	庚午	辛未	壬申	癸酉	甲戌	乙亥	丙子	丁丑	戊寅	己卯

陽歷　四　月份　　（陰歷二、三月份）

陽	1	2	3	4	5	6	7	8	9	10	11	12	13	14	15	16	17	18	19	20	21	22	23	24	25	26	27	28	29	30
陰	廿五	廿六	廿七	廿八	廿九	卅	三	二	三	四	五	六	七	八	九	十	十一	十二	十三	十四	十五	十六	十七	十八	十九	廿	廿一	廿二	廿三	廿四
星	4	5	6	日	1	2	3	4	5	6	日	1	2	3	4	5	6	日	1	2	3	4	5	6	日	1	2	3	4	5
干節	庚辰	辛巳	壬午	癸未	清明	乙酉	丙戌	丁亥	戊子	己丑	庚寅	辛卯	壬辰	癸巳	甲午	乙未	丙申	丁酉	戊戌	穀雨	庚子	辛丑	壬寅	癸卯	甲辰	乙巳	丙午	丁未	戊申	己酉

陽歷　五　月份　　（陰歷三、四月份）

陽	1	2	3	4	5	6	7	8	9	10	11	12	13	14	15	16	17	18	19	20	21	22	23	24	25	26	27	28	29	30	31
陰	廿五	廿六	廿七	廿八	廿九	四	二	三	四	五	六	七	八	九	十	十一	十二	十三	十四	十五	十六	十七	十八	十九	廿	廿一	廿二	廿三	廿四	廿五	廿六
星	6	日	1	2	3	4	5	6	日	1	2	3	4	5	6	日	1	2	3	4	5	6	日	1	2	3	4	5	6	日	1
干節	庚戌	辛亥	壬子	癸丑	立夏	乙卯	丙辰	丁巳	戊午	己未	庚申	辛酉	壬戌	癸亥	甲子	乙丑	丙寅	丁卯	戊辰	己巳	小滿	辛未	壬申	癸酉	甲戌	乙亥	丙子	丁丑	戊寅	己卯	庚辰

陽歷　六　月份　　（陰歷四、五月份）

陽	1	2	3	4	5	6	7	8	9	10	11	12	13	14	15	16	17	18	19	20	21	22	23	24	25	26	27	28	29	30
陰	廿七	廿八	廿九	五	二	三	四	五	六	七	八	九	十	十一	十二	十三	十四	十五	十六	十七	十八	十九	廿	廿一	廿二	廿三	廿四	廿五	廿六	廿七
星	2	3	4	5	6	日	1	2	3	4	5	6	日	1	2	3	4	5	6	日	1	2	3	4	5	6	日	1	2	3
干節	辛巳	壬午	癸未	甲申	乙酉	芒種	丁亥	戊子	己丑	庚寅	辛卯	壬辰	癸巳	甲午	乙未	丙申	丁酉	戊戌	己亥	庚子	辛丑	夏至	癸卯	甲辰	乙巳	丙午	丁未	戊申	己酉	庚戌

近世中西史日對照表

乙未

一六五五年

（明永明王永曆九年清世祖順治一二年）

陽歷七月份　（陰歷五、六月份）

陽	7	2	3	4	5	6	7	8	9	10	11	12	13	14	15	16	17	18	19	20	21	22	23	24	25	26	27	28	29	30	31
陰	廿八	廿九	卅	六	二	三	四	五	六	七	八	九	十	十一	十二	十三	十四	十五	十六	十七	十八	十九	廿	廿一	廿二	廿三	廿四	廿五	廿六	廿七	廿八
星	4	5	6	日	1	2	3	4	5	6	日	1	2	3	4	5	6	日	1	2	3	4	5	6	日	1	2	3	4	5	6
干節	辛亥	壬子	癸丑	甲寅	乙卯	丙辰	小暑	戊午	己未	庚申	辛酉	壬戌	癸亥	甲子	乙丑	丙寅	丁卯	戊辰	己巳	庚午	辛未	壬申	大暑	甲戌	乙亥	丙子	丁丑	戊寅	己卯	庚辰	辛巳

陽歷八月份　（陰歷六、七、八月份）

陽	8	2	3	4	5	6	7	8	9	10	11	12	13	14	15	16	17	18	19	20	21	22	23	24	25	26	27	28	29	30	31
陰	廿九	七	二	三	四	五	六	七	八	九	十	十一	十二	十三	十四	十五	十六	十七	十八	十九	廿	廿一	廿二	廿三	廿四	廿五	廿六	廿七	廿八	廿九	八
星	日	1	2	3	4	5	6	日	1	2	3	4	5	6	日	1	2	3	4	5	6	日	1	2	3	4	5	6	日	1	2
干節	壬午	癸未	甲申	乙酉	丙戌	丁亥	戊子	立秋	庚寅	辛卯	壬辰	癸巳	甲午	乙未	丙申	丁酉	戊戌	己亥	庚子	辛丑	壬寅	癸卯	處暑	乙巳	丙午	丁未	戊申	己酉	庚戌	辛亥	壬子

陽歷九月份　（陰歷八、九月份）

陽	9	2	3	4	5	6	7	8	9	10	11	12	13	14	15	16	17	18	19	20	21	22	23	24	25	26	27	28	29	30	
陰	二	三	四	五	六	七	八	九	十	十一	十二	十三	十四	十五	十六	十七	十八	十九	廿	廿一	廿二	廿三	廿四	廿五	廿六	廿七	廿八	廿九	卅	九	
星	3	4	5	6	日	1	2	3	4	5	6	日	1	2	3	4	5	6	日	1	2	3	4	5	6	日	1	2	3	4	
干節	癸丑	甲寅	乙卯	丙辰	丁巳	戊午	己未	白露	辛酉	壬戌	癸亥	甲子	乙丑	丙寅	丁卯	戊辰	己巳	庚午	辛未	壬申	癸酉	甲戌	秋分	丙子	丁丑	戊寅	己卯	庚辰	辛巳	壬午	

陽歷十月份　（陰歷九、十月份）

陽	10	2	3	4	5	6	7	8	9	10	11	12	13	14	15	16	17	18	19	20	21	22	23	24	25	26	27	28	29	30	31
陰	二	三	四	五	六	七	八	九	十	十一	十二	十三	十四	十五	十六	十七	十八	十九	廿	廿一	廿二	廿三	廿四	廿五	廿六	廿七	廿八	廿九	十	二	三
星	5	6	日	1	2	3	4	5	6	日	1	2	3	4	5	6	日	1	2	3	4	5	6	日	1	2	3	4	5	6	日
干節	癸未	甲申	乙酉	丙戌	丁亥	戊子	己丑	寒露	辛卯	壬辰	癸巳	甲午	乙未	丙申	丁酉	戊戌	己亥	庚子	辛丑	壬寅	癸卯	甲辰	霜降	丙午	丁未	戊申	己酉	庚戌	辛亥	壬子	癸丑

陽歷十一月份　（陰歷十、十一月份）

陽	11	2	3	4	5	6	7	8	9	10	11	12	13	14	15	16	17	18	19	20	21	22	23	24	25	26	27	28	29	30	
陰	四	五	六	七	八	九	十	十一	十二	十三	十四	十五	十六	十七	十八	十九	廿	廿一	廿二	廿三	廿四	廿五	廿六	廿七	廿八	廿九	卅	十一	二	三	
星	1	2	3	4	5	6	日	1	2	3	4	5	6	日	1	2	3	4	5	6	日	1	2	3	4	5	6	日	1	2	
干節	甲寅	乙卯	丙辰	丁巳	戊午	己未	立冬	辛酉	壬戌	癸亥	甲子	乙丑	丙寅	丁卯	戊辰	己巳	庚午	辛未	壬申	癸酉	甲戌	小雪	丙子	丁丑	戊寅	己卯	庚辰	辛巳	壬午	癸未	

陽歷十二月份　（陰歷十一、十二月份）

陽	12	2	3	4	5	6	7	8	9	10	11	12	13	14	15	16	17	18	19	20	21	22	23	24	25	26	27	28	29	30	31
陰	四	五	六	七	八	九	十	十一	十二	十三	十四	十五	十六	十七	十八	十九	廿	廿一	廿二	廿三	廿四	廿五	廿六	廿七	廿八	廿九	卅	十二	二	三	四
星	3	4	5	6	日	1	2	3	4	5	6	日	1	2	3	4	5	6	日	1	2	3	4	5	6	日	1	2	3	4	5
干節	甲申	乙酉	丙戌	丁亥	戊子	己丑	大雪	辛卯	壬辰	癸巳	甲午	乙未	丙申	丁酉	戊戌	己亥	庚子	辛丑	壬寅	癸卯	甲辰	冬至	丙午	丁未	戊申	己酉	庚戌	辛亥	壬子	癸丑	甲寅

丙申 一六五六年 （明永明王永曆一〇年清世祖順治一三年）

陽歷一月份 （陰歷十二、正月份）

陽	1	2	3	4	5	6	7	8	9	10	11	12	13	14	15	16	17	18	19	20	21	22	23	24	25	26	27	28	29	30	31
陰	五	六	七	八	九	十	十一	十二	十三	十四	十五	十六	十七	十八	十九	廿	廿一	廿二	廿三	廿四	廿五	廿六	廿七	廿八	廿九	正	二	三	四	五	六
星	6	日	1	2	3	4	5	6	日	1	2	3	4	5	6	日	1	2	3	4	5	6	日	1	2	3	4	5	6	日	1
干節	乙卯	丙辰	丁巳	戊午	小寒	庚申	辛酉	壬戌	癸亥	甲子	乙丑	丙寅	丁卯	戊辰	己巳	庚午	辛未	壬申	癸酉	甲戌	大寒	丙子	丁丑	戊寅	己卯	庚辰	辛巳	壬午	癸未	甲申	乙酉

陽歷二月份 （陰歷正、二月份）

陽	1	2	3	4	5	6	7	8	9	10	11	12	13	14	15	16	17	18	19	20	21	22	23	24	25	26	27	28	29		
陰	七	八	九	十	十一	十二	十三	十四	十五	十六	十七	十八	十九	廿	廿一	廿二	廿三	廿四	廿五	廿六	廿七	廿八	廿九	卅	二	二	三	四	五		
星	2	3	4	5	6	日	1	2	3	4	5	6	日	1	2	3	4	5	6	日	1	2	3	4	5	6	日	1	2		
干節	丙戌	丁亥	戊子	立春	庚寅	辛卯	壬辰	癸巳	甲午	乙未	丙申	丁酉	戊戌	己亥	庚子	辛丑	壬寅	癸卯	雨水	乙巳	丙午	丁未	戊申	己酉	庚戌	辛亥	壬子	癸丑	甲寅		

陽歷三月份 （陰歷二、三月份）

陽	1	2	3	4	5	6	7	8	9	10	11	12	13	14	15	16	17	18	19	20	21	22	23	24	25	26	27	28	29	30	31
陰	六	七	八	九	十	十一	十二	十三	十四	十五	十六	十七	十八	十九	廿	廿一	廿二	廿三	廿四	廿五	廿六	廿七	廿八	廿九	卅	三	二	三	四	五	六
星	3	4	5	6	日	1	2	3	4	5	6	日	1	2	3	4	5	6	日	1	2	3	4	5	6	日	1	2	3	4	5
干節	乙卯	丙辰	丁巳	戊午	驚蟄	庚申	辛酉	壬戌	癸亥	甲子	乙丑	丙寅	丁卯	戊辰	己巳	庚午	辛未	壬申	癸酉	春分	乙亥	丙子	丁丑	戊寅	己卯	庚辰	辛巳	壬午	癸未	甲申	乙酉

陽歷四月份 （陰歷三、四月份）

陽	1	2	3	4	5	6	7	8	9	10	11	12	13	14	15	16	17	18	19	20	21	22	23	24	25	26	27	28	29	30	
陰	七	八	九	十	十一	十二	十三	十四	十五	十六	十七	十八	十九	廿	廿一	廿二	廿三	廿四	廿五	廿六	廿七	廿八	廿九	四	二	三	四	五	六	七	
星	6	日	1	2	3	4	5	6	日	1	2	3	4	5	6	日	1	2	3	4	5	6	日	1	2	3	4	5	6	日	
干節	丙戌	丁亥	戊子	清明	庚寅	辛卯	壬辰	癸巳	甲午	乙未	丙申	丁酉	戊戌	己亥	庚子	辛丑	壬寅	癸卯	穀雨	乙巳	丙午	丁未	戊申	己酉	庚戌	辛亥	壬子	癸丑	甲寅	乙卯	

陽歷五月份 （陰歷四、五月份）

陽	1	2	3	4	5	6	7	8	9	10	11	12	13	14	15	16	17	18	19	20	21	22	23	24	25	26	27	28	29	30	31
陰	八	九	十	十一	十二	十三	十四	十五	十六	十七	十八	十九	廿	廿一	廿二	廿三	廿四	廿五	廿六	廿七	廿八	廿九	卅	五	二	三	四	五	六	七	八
星	1	2	3	4	5	6	日	1	2	3	4	5	6	日	1	2	3	4	5	6	日	1	2	3	4	5	6	日	1	2	3
干節	丙辰	丁巳	戊午	己未	立夏	辛酉	壬戌	癸亥	甲子	乙丑	丙寅	丁卯	戊辰	己巳	庚午	辛未	壬申	癸酉	甲戌	小滿	丙子	丁丑	戊寅	己卯	庚辰	辛巳	壬午	癸未	甲申	乙酉	丙戌

陽歷六月份 （陰歷五、閏五月份）

陽	1	2	3	4	5	6	7	8	9	10	11	12	13	14	15	16	17	18	19	20	21	22	23	24	25	26	27	28	29	30	
陰	九	十	十一	十二	十三	十四	十五	十六	十七	十八	十九	廿	廿一	廿二	廿三	廿四	廿五	廿六	廿七	廿八	廿九	閏	二	三	四	五	六	七	八	九	
星	4	5	6	日	1	2	3	4	5	6	日	1	2	3	4	5	6	日	1	2	3	4	5	6	日	1	2	3	4	5	
干節	丁亥	戊子	己丑	庚寅	芒種	壬辰	癸巳	甲午	乙未	丙申	丁酉	戊戌	己亥	庚子	辛丑	壬寅	癸卯	甲辰	乙巳	丙午	夏至	戊申	己酉	庚戌	辛亥	壬子	癸丑	甲寅	乙卯	丙辰	

丙申

一六五六年

（明永明王永曆一〇年清世祖順治一三年）

陽歷七月份　（陰歷閏五、六月份）

陽	**7**	2	3	4	5	6	7	8	9	10	11	12	13	14	15	16	17	18	19	20	21	22	23	24	25	26	27	28	29	30	31
陰	十	十一	十二	十三	十四	十五	十六	十七	十八	十九	廿	廿一	廿二	廿三	廿四	廿五	廿六	廿七	廿八	廿九	卅	**六**	二	三	四	五	六	七	八	九	十
星	6	日	1	2	3	4	5	6	日	1	2	3	4	5	6	日	1	2	3	4	5	6	日	1	2	3	4	5	6	日	1
干節	丁巳	戊午	己未	庚申	辛酉	壬戌	**小暑**	甲子	乙丑	丙寅	丁卯	戊辰	己巳	庚午	辛未	壬申	癸酉	甲戌	乙亥	丙子	丁丑	**大暑**	己卯	庚辰	辛巳	壬午	癸未	甲申	乙酉	丙戌	丁亥

陽歷八月份　（陰歷六、七月份）

陽	**8**	2	3	4	5	6	7	8	9	10	11	12	13	14	15	16	17	18	19	20	21	22	23	24	25	26	27	28	29	30	31
陰	十一	十二	十三	十四	十五	十六	十七	十八	十九	廿	廿一	廿二	廿三	廿四	廿五	廿六	廿七	廿八	廿九	**七**	二	三	四	五	六	七	八	九	十	十一	十二
星	2	3	4	5	6	日	1	2	3	4	5	6	日	1	2	3	4	5	6	日	1	2	3	4	5	6	日	1	2	3	4
干節	戊子	己丑	庚寅	辛卯	壬辰	癸巳	**立秋**	乙未	丙申	丁酉	戊戌	己亥	庚子	辛丑	壬寅	癸卯	甲辰	乙巳	丙午	丁未	戊申	己酉	**處暑**	辛亥	壬子	癸丑	甲寅	乙卯	丙辰	丁巳	戊午

陽歷九月份　（陰歷七、八月份）

陽	**9**	2	3	4	5	6	7	8	9	10	11	12	13	14	15	16	17	18	19	20	21	22	23	24	25	26	27	28	29	30	
陰	十三	十四	十五	十六	十七	十八	十九	廿	廿一	廿二	廿三	廿四	廿五	廿六	廿七	廿八	廿九	**八**	二	三	四	五	六	七	八	九	十	十一	十二	十三	
星	5	6	日	1	2	3	4	5	6	日	1	2	3	4	5	6	日	1	2	3	4	5	6	日	1	2	3	4	5	6	
干節	己未	庚申	辛酉	壬戌	癸亥	甲子	**白露**	丙寅	丁卯	戊辰	己巳	庚午	辛未	壬申	癸酉	甲戌	乙亥	丙子	丁丑	戊寅	己卯	**秋分**	辛巳	壬午	癸未	甲申	乙酉	丙戌	丁亥	戊子	

陽歷十月份　（陰歷八、九月份）

陽	**10**	2	3	4	5	6	7	8	9	10	11	12	13	14	15	16	17	18	19	20	21	22	23	24	25	26	27	28	29	30	31
陰	十四	十五	十六	十七	十八	十九	廿	廿一	廿二	廿三	廿四	廿五	廿六	廿七	廿八	廿九	卅	**九**	二	三	四	五	六	七	八	九	十	十一	十二	十三	十四
星	日	1	2	3	4	5	6	日	1	2	3	4	5	6	日	1	2	3	4	5	6	日	1	2	3	4	5	6	日	1	2
干節	己丑	庚寅	辛卯	壬辰	癸巳	甲午	乙未	**寒露**	丁酉	戊戌	己亥	庚子	辛丑	壬寅	癸卯	甲辰	乙巳	丙午	丁未	戊申	己酉	庚戌	**霜降**	壬子	癸丑	甲寅	乙卯	丙辰	丁巳	戊午	己未

陽歷十一月份　（陰歷九、十月份）

陽	**11**	2	3	4	5	6	7	8	9	10	11	12	13	14	15	16	17	18	19	20	21	22	23	24	25	26	27	28	29	30	
陰	十五	十六	十七	十八	十九	廿	廿一	廿二	廿三	廿四	廿五	廿六	廿七	廿八	廿九	**十**	二	三	四	五	六	七	八	九	十	十一	十二	十三	十四	十五	
星	3	4	5	6	日	1	2	3	4	5	6	日	1	2	3	4	5	6	日	1	2	3	4	5	6	日	1	2	3	4	
干節	庚申	辛酉	壬戌	癸亥	甲子	乙丑	**立冬**	丁卯	戊辰	己巳	庚午	辛未	壬申	癸酉	甲戌	乙亥	丙子	丁丑	戊寅	己卯	**小雪**	辛巳	壬午	癸未	甲申	乙酉	丙戌	丁亥	戊子	己丑	

陽歷十二月份　（陰歷十、十一月份）

陽	**12**	2	3	4	5	6	7	8	9	10	11	12	13	14	15	16	17	18	19	20	21	22	23	24	25	26	27	28	29	30	31
陰	十六	十七	十八	十九	廿	廿一	廿二	廿三	廿四	廿五	廿六	廿七	廿八	廿九	卅	**十一**	二	三	四	五	六	七	八	九	十	十一	十二	十三	十四	十五	十六
星	5	6	日	1	2	3	4	5	6	日	1	2	3	4	5	6	日	1	2	3	4	5	6	日	1	2	3	4	5	6	日
干節	庚寅	辛卯	壬辰	癸巳	甲午	**大雪**	丙申	丁酉	戊戌	己亥	庚子	辛丑	壬寅	癸卯	甲辰	乙巳	丙午	丁未	戊申	己酉	**冬至**	辛亥	壬子	癸丑	甲寅	乙卯	丙辰	丁巳	戊午	己未	庚申

近世中西史日對照表

陽歷　一　月份　　（陰歷十一、十二月份）

陽	**1**	2	3	4	5	6	7	8	9	10	11	12	13	14	15	16	17	18	19	20	21	22	23	24	25	26	27	28	29	30	31
陰	十七	十八	十九	廿	廿一	廿二	廿三	廿四	廿五	廿六	廿七	廿八	廿九	**十二**	二	三	四	五	六	七	八	九	十	十一	十二	十三	十四	十五	十六	十七	十八
星	1	2	3	4	5	6	**日**	1	2	3	4	5	6	**日**	1	2	3	4	5	6	**日**	1	2	3	4	5	6	**日**	1	2	3
干節	辛酉	壬戌	癸亥	甲子	**小寒**	丙寅	丁卯	戊辰	己巳	庚午	辛未	壬申	癸酉	甲戌	乙亥	丙子	丁丑	戊寅	**大寒**	庚辰	辛巳	壬午	癸未	甲申	乙酉	丙戌	丁亥	戊子	己丑	庚寅	辛卯

陽歷　二　月份　　（陰歷十二、正月份）

陽	**2**	2	3	4	5	6	7	8	9	10	11	12	13	14	15	16	17	18	19	20	21	22	23	24	25	26	27	28			
陰	十九	廿	廿一	廿二	廿三	廿四	廿五	廿六	廿七	廿八	廿九	卅	**正**	二	三	四	五	六	七	八	九	十	十一	十二	十三	十四	十五	十六	—	—	—
星	4	5	6	**日**	1	2	3	4	5	6	**日**	1	2	3	4	5	6	**日**	1	2	3	4	5	6	**日**	1	2	3	—	—	—
干節	壬辰	癸巳	**立春**	乙未	丙申	丁酉	戊戌	己亥	庚子	辛丑	壬寅	癸卯	甲辰	乙巳	丙午	丁未	戊申	**雨水**	庚戌	辛亥	壬子	癸丑	甲寅	乙卯	丙辰	丁巳	戊午	己未			

陽歷　三　月份　　（陰歷正、二月份）

陽	**3**	2•	3	4	5	6	7	8	9	10	11	12	13	14	15	16	17	18	19	20	21	22	23	24	25	26	27	28	29	30	31
陰	十七	十八	十九	廿	廿一	廿二	廿三	廿四	廿五	廿六	廿七	廿八	廿九	卅	**二**	二	三	四	五	六	七	八	九	十	十一	十二	十三	十四	十五	十六	十七
星	4	5	6	**日**	1	2	3	4	5	6	**日**	1	2	3	4	5	6	**日**	1	2	3	4	5	6	**日**	1	2	3	4	5	6
干節	庚申	辛酉	壬戌	癸亥	**驚蟄**	乙丑	丙寅	丁卯	戊辰	己巳	庚午	辛未	壬申	癸酉	甲戌	乙亥	丙子	丁丑	戊寅	**春分**	庚辰	辛巳	壬午	癸未	甲申	乙酉	丙戌	丁亥	戊子	己丑	庚寅

陽歷　四　月份　　（陰歷二、三月份）

陽	**4**	2	3	4	5	6	7	8	9	10	11	12	13	14	15	16	17	18	19	20	21	22	23	24	25	26	27	28	29	30	
陰	十八	十九	廿	廿一	廿二	廿三	廿四	廿五	廿六	廿七	廿八	廿九	卅	**三**	二	三	四	五	六	七	八	九	十	十一	十二	十三	十四	十五	十六	十七	—
星	**日**	1	2	3	4	5	6	**日**	1	2	3	4	5	6	**日**	1	2	3	4	5	6	**日**	1	2	3	4	5	6	**日**	1	—
干節	辛卯	壬辰	癸巳	**清明**	乙未	丙申	丁酉	戊戌	己亥	庚子	辛丑	壬寅	癸卯	甲辰	乙巳	丙午	丁未	戊申	**穀雨**	庚戌	辛亥	壬子	癸丑	甲寅	乙卯	丙辰	丁巳	戊午	己未	庚申	

陽歷　五　月份　　（陰歷三、四月份）

陽	**5**	2	3	4	5	6	7	8	9	10	11	12	13	14	15	16	17	18	19	20	21	22	23	24	25	26	27	28	29	30	31
陰	十八	十九	廿	廿一	廿二	廿三	廿四	廿五	廿六	廿七	廿八	廿九	**四**	二	三	四	五	六	七	八	九	十	十一	十二	十三	十四	十五	十六	十七	十八	十九
星	2	3	4	5	6	**日**	1	2	3	4	5	6	**日**	1	2	3	4	5	6	**日**	1	2	3	4	5	6	**日**	1	2	3	4
干節	辛酉	壬戌	癸亥	甲子	**立夏**	丙寅	丁卯	戊辰	己巳	庚午	辛未	壬申	癸酉	甲戌	乙亥	丙子	丁丑	戊寅	己卯	庚辰	**小滿**	壬午	癸未	甲申	乙酉	丙戌	丁亥	戊子	己丑	庚寅	辛卯

陽歷　六　月份　　（陰歷四、五月份）

陽	**6**	2	3	4	5	6	7	8	9	10	11	12	13	14	15	16	17	18	19	20	21	22	23	24	25	26	27	28	29	30	
陰	廿	廿一	廿二	廿三	廿四	廿五	廿六	廿七	廿八	廿九	卅	**五**	二	三	四	五	六	七	八	九	十	十一	十二	十三	十四	十五	十六	十七	十八	十九	—
星	5	6	**日**	1	2	3	4	5	6	**日**	1	2	3	4	5	6	**日**	1	2	3	4	5	6	**日**	1	2	3	4	5	6	—
干節	壬辰	癸巳	甲午	乙未	**芒種**	丁酉	戊戌	己亥	庚子	辛丑	壬寅	癸卯	甲辰	乙巳	丙午	丁未	戊申	己酉	庚戌	辛亥	**夏至**	癸丑	甲寅	乙卯	丙辰	丁巳	戊午	己未	庚申	辛酉	—

丁酉

一六五七年

（明永明王永曆一一年清世祖順治一四年）

丁酉

一六五七年

（明永明王永曆一一年清世祖順治一四年）

陽歷七月份（陰歷五、六月份）

陽	7	2	3	4	5	6	7	8	9	10	11	12	13	14	15	16	17	18	19	20	21	22	23	24	25	26	27	28	29	30	31
陰	廿	廿一	廿二	廿三	廿四	廿五	廿六	廿七	廿八	廿九	六	二	三	四	五	六	七	八	九	十	十一	十二	十三	十四	十五	十六	十七	十八	十九	廿	廿一
星	日	1	2	3	4	5	6	日	1	2	3	4	5	6	日	1	2	3	4	5	6	日	1	2	3	4	5	6	日	1	2
干節	壬戌	癸亥	甲子	乙丑	丙寅	丁卯	小暑	己巳	庚午	辛未	壬申	癸酉	甲戌	乙亥	丙子	丁丑	戊寅	己卯	庚辰	辛巳	壬午	癸未	大暑	乙酉	丙戌	丁亥	戊子	己丑	庚寅	辛卯	壬辰

陽歷八月份（陰歷六、七月份）

陽	8	2	3	4	5	6	7	8	9	10	11	12	13	14	15	16	17	18	19	20	21	22	23	24	25	26	27	28	29	30	31
陰	廿二	廿三	廿四	廿五	廿六	廿七	廿八	廿九	卅	七	二	三	四	五	六	七	八	九	十	十一	十二	十三	十四	十五	十六	十七	十八	十九	廿	廿一	廿二
星	3	4	5	6	日	1	2	3	4	5	6	日	1	2	3	4	5	6	日	1	2	3	4	5	6	日	1	2	3	4	5
干節	癸巳	甲午	乙未	丙申	丁酉	戊戌	立秋	庚子	辛丑	壬寅	癸卯	甲辰	乙巳	丙午	丁未	戊申	己酉	庚戌	辛亥	壬子	癸丑	甲寅	處暑	丙辰	丁巳	戊午	己未	庚申	辛酉	壬戌	癸亥

陽歷九月份（陰歷七、八月份）

陽	9	2	3	4	5	6	7	8	9	10	11	12	13	14	15	16	17	18	19	20	21	22	23	24	25	26	27	28	29	30
陰	廿三	廿四	廿五	廿六	廿七	廿八	廿九	八	二	三	四	五	六	七	八	九	十	十一	十二	十三	十四	十五	十六	十七	十八	十九	廿	廿一	廿二	廿三
星	6	日	1	2	3	4	5	6	日	1	2	3	4	5	6	日	1	2	3	4	5	6	日	1	2	3	4	5	6	日
干節	甲子	乙丑	丙寅	丁卯	戊辰	己巳	白露	辛未	壬申	癸酉	甲戌	乙亥	丙子	丁丑	戊寅	己卯	庚辰	辛巳	壬午	癸未	甲申	乙酉	秋分	丁亥	戊子	己丑	庚寅	辛卯	壬辰	癸巳

陽歷十月份（陰歷八、九月份）

陽	10	2	3	4	5	6	7	8	9	10	11	12	13	14	15	16	17	18	19	20	21	22	23	24	25	26	27	28	29	30	31
陰	廿四	廿五	廿六	廿七	廿八	廿九	九	二	三	四	五	六	七	八	九	十	十一	十二	十三	十四	十五	十六	十七	十八	十九	廿	廿一	廿二	廿三	廿四	廿五
星	1	2	3	4	5	6	日	1	2	3	4	5	6	日	1	2	3	4	5	6	日	1	2	3	4	5	6	日	1	2	3
干節	甲午	乙未	丙申	丁酉	戊戌	己亥	庚子	寒露	壬寅	癸卯	甲辰	乙巳	丙午	丁未	戊申	己酉	庚戌	辛亥	壬子	癸丑	甲寅	乙卯	霜降	丁巳	戊午	己未	庚申	辛酉	壬戌	癸亥	甲子

陽歷十一月份（陰歷九、十月份）

陽	11	2	3	4	5	6	7	8	9	10	11	12	13	14	15	16	17	18	19	20	21	22	23	24	25	26	27	28	29	30
陰	廿六	廿七	廿八	廿九	卅	十	二	三	四	五	六	七	八	九	十	十一	十二	十三	十四	十五	十六	十七	十八	十九	廿	廿一	廿二	廿三	廿四	廿五
星	4	5	6	日	1	2	3	4	5	6	日	1	2	3	4	5	6	日	1	2	3	4	5	6	日	1	2	3	4	5
干節	乙丑	丙寅	丁卯	戊辰	己巳	庚午	立冬	壬申	癸酉	甲戌	乙亥	丙子	丁丑	戊寅	己卯	庚辰	辛巳	壬午	癸未	甲申	乙酉	小雪	丁亥	戊子	己丑	庚寅	辛卯	壬辰	癸巳	甲午

陽歷十二月份（陰歷十、十一月份）

陽	12	2	3	4	5	6	7	8	9	10	11	12	13	14	15	16	17	18	19	20	21	22	23	24	25	26	27	28	29	30	31
陰	廿六	廿七	廿八	廿九	十一	二	三	四	五	六	七	八	九	十	十一	十二	十三	十四	十五	十六	十七	十八	十九	廿	廿一	廿二	廿三	廿四	廿五	廿六	廿七
星	6	日	1	2	3	4	5	6	日	1	2	3	4	5	6	日	1	2	3	4	5	6	日	1	2	3	4	5	6	日	1
干節	乙未	丙申	丁酉	戊戌	己亥	大雪	辛丑	壬寅	癸卯	甲辰	乙巳	丙午	丁未	戊申	己酉	庚戌	辛亥	壬子	癸丑	甲寅	冬至	丙辰	丁巳	戊午	己未	庚申	辛酉	壬戌	癸亥	甲子	乙丑

近世中西史日對照表

陽歷 一 月份 （陰歷十一、十二月份）

陽	1	2	3	4	5	6	7	8	9	10	11	12	13	14	15	16	17	18	19	20	21	22	23	24	25	26	27	28	29	30	31
陰	廿八	廿九	卅	十二	二	三	四	五	六	七	八	九	十	十一	十二	十三	十四	十五	十六	十七	十八	十九	廿	廿一	廿二	廿三	廿四	廿五	廿六	廿七	廿八
星	2	3	4	5	6	日	1	2	3	4	5	6	日	1	2	3	4	5	6	日	1	2	3	4	5	6	日	1	2	3	4
干節	丙寅	丁卯	戊辰	己巳	小寒	辛未	壬申	癸酉	甲戌	乙亥	丙子	丁丑	戊寅	己卯	庚辰	辛巳	壬午	癸未	大寒	乙酉	丙戌	丁亥	戊子	己丑	庚寅	辛卯	壬辰	癸巳	甲午	乙未	丙申

陽歷 二 月份 （陰歷十二、正月份）

陽	1	2	3	4	5	6	7	8	9	10	11	12	13	14	15	16	17	18	19	20	21	22	23	24	25	26	27	28			
陰	廿九	正	二	三	四	五	六	七	八	九	十	十一	十二	十三	十四	十五	十六	十七	十八	十九	廿	廿一	廿二	廿三	廿四	廿五	廿六	廿七			
星	5	6	日	1	2	3	4	5	6	日	1	2	3	4	5	6	日	1	2	3	4	5	6	日	1	2	3	4			
干節	丁酉	戊戌	立春	庚子	辛丑	壬寅	癸卯	甲辰	乙巳	丙午	丁未	戊申	己酉	庚戌	辛亥	壬子	癸丑	雨水	乙卯	丙辰	丁巳	戊午	己未	庚申	辛酉	壬戌	癸亥	甲子			

陽歷 三 月份 （陰歷正、二月份）

陽	1	2	3	4	5	6	7	8	9	10	11	12	13	14	15	16	17	18	19	20	21	22	23	24	25	26	27	28	29	30	31
陰	廿八	廿九	卅	二	二	三	四	五	六	七	八	九	十	十一	十二	十三	十四	十五	十六	十七	十八	十九	廿	廿一	廿二	廿三	廿四	廿五	廿六	廿七	廿八
星	5	6	日	1	2	3	4	5	6	日	1	2	3	4	5	6	日	1	2	3	4	5	6	日	1	2	3	4	5	6	日
干節	乙丑	丙寅	丁卯	戊辰	驚蟄	庚午	辛未	壬申	癸酉	甲戌	乙亥	丙子	丁丑	戊寅	己卯	庚辰	辛巳	壬午	癸未	春分	乙酉	丙戌	丁亥	戊子	己丑	庚寅	辛卯	壬辰	癸巳	甲午	乙未

陽歷 四 月份 （陰歷二、三月份）

陽	1	2	3	4	5	6	7	8	9	10	11	12	13	14	15	16	17	18	19	20	21	22	23	24	25	26	27	28	29	30	
陰	廿九	卅	三	二	三	四	五	六	七	八	九	十	十一	十二	十三	十四	十五	十六	十七	十八	十九	廿	廿一	廿二	廿三	廿四	廿五	廿六	廿七	廿八	
星	1	2	3	4	5	6	日	1	2	3	4	5	6	日	1	2	3	4	5	6	日	1	2	3	4	5	6	日	1	2	
干節	丙申	丁酉	戊戌	清明	庚子	辛丑	壬寅	癸卯	甲辰	乙巳	丙午	丁未	戊申	己酉	庚戌	辛亥	壬子	癸丑	甲寅	穀雨	丙辰	丁巳	戊午	己未	庚申	辛酉	壬戌	癸亥	甲子	乙丑	

陽歷 五 月份 （陰歷三、四月份）

陽	1	2	3	4	5	6	7	8	9	10	11	12	13	14	15	16	17	18	19	20	21	22	23	24	25	26	27	28	29	30	31
陰	廿九	四	二	三	四	五	六	七	八	九	十	十一	十二	十三	十四	十五	十六	十七	十八	十九	廿	廿一	廿二	廿三	廿四	廿五	廿六	廿七	廿八	廿九	卅
星	3	4	5	6	日	1	2	3	4	5	6	日	1	2	3	4	5	6	日	1	2	3	4	5	6	日	1	2	3	4	5
干節	丙寅	丁卯	戊辰	己巳	立夏	辛未	壬申	癸酉	甲戌	乙亥	丙子	丁丑	戊寅	己卯	庚辰	辛巳	壬午	癸未	甲申	乙酉	小滿	丁亥	戊子	己丑	庚寅	辛卯	壬辰	癸巳	甲午	乙未	丙申

陽歷 六 月份 （陰歷五月份）

陽	1	2	3	4	5	6	7	8	9	10	11	12	13	14	15	16	17	18	19	20	21	22	23	24	25	26	27	28	29	30	
陰	五	二	三	四	五	六	七	八	九	十	十一	十二	十三	十四	十五	十六	十七	十八	十九	廿	廿一	廿二	廿三	廿四	廿五	廿六	廿七	廿八	廿九	卅	
星	6	日	1	2	3	4	5	6	日	1	2	3	4	5	6	日	1	2	3	4	5	6	日	1	2	3	4	5	6	日	
干節	丁酉	戊戌	己亥	庚子	芒種	壬寅	癸卯	甲辰	乙巳	丙午	丁未	戊申	己酉	庚戌	辛亥	壬子	癸丑	甲寅	乙卯	丙辰	夏至	戊午	己未	庚申	辛酉	壬戌	癸亥	甲子	乙丑	丙寅	

戊戌

一六五八年

（明永明王永曆一二年清世祖順治一五年）

陽歷七月份　（陰歷六、七月份）

陽	7	2	3	4	5	6	7	8	9	10	11	12	13	14	15	16	17	18	19	20	21	22	23	24	25	26	27	28	29	30	31
陰	六	二	三	四	五	六	七	八	九	十	十一	十二	十三	十四	十五	十六	十七	十八	十九	廿	廿一	廿二	廿三	廿四	廿五	廿六	廿七	廿八	廿九	七	二
星	1	2	3	4	5	6	日	1	2	3	4	5	6	日	1	2	3	4	5	6	日	1	2	3	4	5	6	日	1	2	3
干節	丁卯	戊辰	己巳	庚午	辛未	壬申	小暑	甲戌	乙亥	丙子	丁丑	戊寅	己卯	庚辰	辛巳	壬午	癸未	甲申	乙酉	丙戌	丁亥	戊子	大暑	庚寅	辛卯	壬辰	癸巳	甲午	乙未	丙申	丁酉

陽歷八月份　（陰歷七、八月份）

陽	8	2	3	4	5	6	7	8	9	10	11	12	13	14	15	16	17	18	19	20	21	22	23	24	25	26	27	28	29	30	31
陰	三	四	五	六	七	八	九	十	十一	十二	十三	十四	十五	十六	十七	十八	十九	廿	廿一	廿二	廿三	廿四	廿五	廿六	廿七	廿八	廿九	卅	八	二	三
星	4	5	6	日	1	2	3	4	5	6	日	1	2	3	4	5	6	日	1	2	3	4	5	6	日	1	2	3	4	5	6
干節	戊戌	己亥	庚子	辛丑	壬寅	癸卯	立秋	乙巳	丙午	丁未	戊申	己酉	庚戌	辛亥	壬子	癸丑	甲寅	乙卯	丙辰	丁巳	戊午	己未	處暑	辛酉	壬戌	癸亥	甲子	乙丑	丙寅	丁卯	戊辰

陽歷九月份　（陰歷八、九月份）

陽	9	2	3	4	5	6	7	8	9	10	11	12	13	14	15	16	17	18	19	20	21	22	23	24	25	26	27	28	29	30	
陰	四	五	六	七	八	九	十	十一	十二	十三	十四	十五	十六	十七	十八	十九	廿	廿一	廿二	廿三	廿四	廿五	廿六	廿七	廿八	廿九	九	二	三	四	
星	日	1	2	3	4	5	6	日	1	2	3	4	5	6	日	1	2	3	4	5	6	日	1	2	3	4	5	6	日	1	
干節	己巳	庚午	辛未	壬申	癸酉	甲戌	乙亥	白露	丁丑	戊寅	己卯	庚辰	辛巳	壬午	癸未	甲申	乙酉	丙戌	丁亥	戊子	己丑	庚寅	秋分	壬辰	癸巳	甲午	乙未	丙申	丁酉	戊戌	

陽歷十月份　（陰歷九、十月份）

陽	10	2	3	4	5	6	7	8	9	10	11	12	13	14	15	16	17	18	19	20	21	22	23	24	25	26	27	28	29	30	31
陰	五	六	七	八	九	十	十一	十二	十三	十四	十五	十六	十七	十八	十九	廿	廿一	廿二	廿三	廿四	廿五	廿六	廿七	廿八	廿九	十	二	三	四	五	六
星	2	3	4	5	6	日	1	2	3	4	5	6	日	1	2	3	4	5	6	日	1	2	3	4	5	6	日	1	2	3	4
干節	己亥	庚子	辛丑	壬寅	癸卯	甲辰	乙巳	寒露	丁未	戊申	己酉	庚戌	辛亥	壬子	癸丑	甲寅	乙卯	丙辰	丁巳	戊午	己未	庚申	霜降	壬戌	癸亥	甲子	乙丑	丙寅	丁卯	戊辰	己巳

陽歷十一月份　（陰歷十、十一月份）

陽	11	2	3	4	5	6	7	8	9	10	11	12	13	14	15	16	17	18	19	20	21	22	23	24	25	26	27	28	29	30	
陰	七	八	九	十	十一	十二	十三	十四	十五	十六	十七	十八	十九	廿	廿一	廿二	廿三	廿四	廿五	廿六	廿七	廿八	廿九	卅	十一	二	三	四	五	六	
星	5	6	日	1	2	3	4	5	6	日	1	2	3	4	5	6	日	1	2	3	4	5	6	日	1	2	3	4	5	6	
干節	庚午	辛未	壬申	癸酉	甲戌	乙亥	立冬	丁丑	戊寅	己卯	庚辰	辛巳	壬午	癸未	甲申	乙酉	丙戌	丁亥	戊子	己丑	庚寅	小雪	壬辰	癸巳	甲午	乙未	丙申	丁酉	戊戌	己亥	

陽歷十二月份　（陰歷十一、十二月份）

陽	12	2	3	4	5	6	7	8	9	10	11	12	13	14	15	16	17	18	19	20	21	22	23	24	25	26	27	28	29	30	31
陰	七	八	九	十	十一	十二	十三	十四	十五	十六	十七	十八	十九	廿	廿一	廿二	廿三	廿四	廿五	廿六	廿七	廿八	廿九	十二	二	三	四	五	六	七	八
星	日	1	2	3	4	5	6	日	1	2	3	4	5	6	日	1	2	3	4	5	6	日	1	2	3	4	5	6	日	1	2
干節	庚子	辛丑	壬寅	癸卯	甲辰	乙巳	大雪	丁未	戊申	己酉	庚戌	辛亥	壬子	癸丑	甲寅	乙卯	丙辰	丁巳	戊午	己未	冬至	辛酉	壬戌	癸亥	甲子	乙丑	丙寅	丁卯	戊辰	己巳	庚午

己亥 一六五九年（明永明王永曆一三年清世祖順治一六年）

陽歷 一 月份 （陰歷十二、正月份）

陽	1	2	3	4	5	6	7	8	9	10	11	12	13	14	15	16	17	18	19	20	21	22	23	24	25	26	27	28	29	30	31
陰	九	十	十一	十二	十三	十四	十五	十六	十七	十八	十九	廿	廿一	廿二	廿三	廿四	廿五	廿六	廿七	廿八	廿九	卅	正	二	三	四	五	六	七	八	九
星	3	4	5	6	日	1	2	3	4	5	6	日	1	2	3	4	5	6	日	1	2	3	4	5	6	日	1	2	3	4	5
干節	辛未	壬申	癸酉	甲戌	小寒	丙子	丁丑	戊寅	己卯	庚辰	辛巳	壬午	癸未	甲申	乙酉	丙戌	丁亥	戊子	己丑	大寒	辛卯	壬辰	癸巳	甲午	乙未	丙申	丁酉	戊戌	己亥	庚子	辛丑

陽歷 二 月份 （陰歷正、二月份）

陽	2	2	3	4	5	6	7	8	9	10	11	12	13	14	15	16	17	18	19	20	21	22	23	24	25	26	27	28			
陰	十	十一	十二	十三	十四	十五	十六	十七	十八	十九	廿	廿一	廿二	廿三	廿四	廿五	廿六	廿七	廿八	廿九	二	二	三	四	五	六	七	八			
星	6	日	1	2	3	4	5	6	日	1	2	3	4	5	6	日	1	2	3	4	5	6	日	1	2	3	4	5			
干節	壬寅	癸卯	立春	乙巳	丙午	丁未	戊申	己酉	庚戌	辛亥	壬子	癸丑	甲寅	乙卯	丙辰	丁巳	戊午	雨水	庚申	辛酉	壬戌	癸亥	甲子	乙丑	丙寅	丁卯	戊辰	己巳			

陽歷 三 月份 （陰歷二、三月份）

陽	3	2	3	4	5	6	7	8	9	10	11	12	13	14	15	16	17	18	19	20	21	22	23	24	25	26	27	28	29	30	31
陰	九	十	十一	十二	十三	十四	十五	十六	十七	十八	十九	廿	廿一	廿二	廿三	廿四	廿五	廿六	廿七	廿八	廿九	卅	三	二	三	四	五	六	七	八	九
星	6	日	1	2	3	4	5	6	日	1	2	3	4	5	6	日	1	2	3	4	5	6	日	1	2	3	4	5	6	日	1
干節	庚午	辛未	壬申	癸酉	驚蟄	乙亥	丙子	丁丑	戊寅	己卯	庚辰	辛巳	壬午	癸未	甲申	乙酉	丙戌	丁亥	戊子	春分	庚寅	辛卯	壬辰	癸巳	甲午	乙未	丙申	丁酉	戊戌	己亥	庚子

陽歷 四 月份 （陰歷三、閏三月份）

陽	4	2	3	4	5	6	7	8	9	10	11	12	13	14	15	16	17	18	19	20	21	22	23	24	25	26	27	28	29	30	
陰	十	十一	十二	十三	十四	十五	十六	十七	十八	十九	廿	廿一	廿二	廿三	廿四	廿五	廿六	廿七	廿八	廿九	閏	二	三	四	五	六	七	八	九	十	
星	2	3	4	5	6	日	1	2	3	4	5	6	日	1	2	3	4	5	6	日	1	2	3	4	5	6	日	1	2	3	
干節	辛丑	壬寅	癸卯	甲辰	清明	丙午	丁未	戊申	己酉	庚戌	辛亥	壬子	癸丑	甲寅	乙卯	丙辰	丁巳	戊午	己未	穀雨	辛酉	壬戌	癸亥	甲子	乙丑	丙寅	丁卯	戊辰	己巳	庚午	

陽歷 五 月份 （陰歷閏三、四月份）

陽	5	2	3	4	5	6	7	8	9	10	11	12	13	14	15	16	17	18	19	20	21	22	23	24	25	26	27	28	29	30	31
陰	十一	十二	十三	十四	十五	十六	十七	十八	十九	廿	廿一	廿二	廿三	廿四	廿五	廿六	廿七	廿八	廿九	卅	四	二	三	四	五	六	七	八	九	十	十一
星	4	5	6	日	1	2	3	4	5	6	日	1	2	3	4	5	6	日	1	2	3	4	5	6	日	1	2	3	4	5	6
干節	辛未	壬申	癸酉	甲戌	立夏	丙子	丁丑	戊寅	己卯	庚辰	辛巳	壬午	癸未	甲申	乙酉	丙戌	丁亥	戊子	己丑	庚寅	小滿	壬辰	癸巳	甲午	乙未	丙申	丁酉	戊戌	己亥	庚子	辛丑

陽歷 六 月份 （陰歷四、五月份）

陽	6	2	3	4	5	6	7	8	9	10	11	12	13	14	15	16	17	18	19	20	21	22	23	24	25	26	27	28	29	30	
陰	十二	十三	十四	十五	十六	十七	十八	十九	廿	廿一	廿二	廿三	廿四	廿五	廿六	廿七	廿八	廿九	卅	五	二	三	四	五	六	七	八	九	十	十一	
星	日	1	2	3	4	5	6	日	1	2	3	4	5	6	日	1	2	3	4	5	6	日	1	2	3	4	5	6	日	1	
干節	壬寅	癸卯	甲辰	乙巳	丙午	芒種	戊申	己酉	庚戌	辛亥	壬子	癸丑	甲寅	乙卯	丙辰	丁巳	戊午	己未	庚申	辛酉	夏至	癸亥	甲子	乙丑	丙寅	丁卯	戊辰	己巳	庚午	辛未	

（註一六）案明曆閏正月大，二月小，三月大（中西回日史曆从之）。本表依據萬年書（與東華錄合），以清曆爲主。

己亥　一六五九年　（明永明王永曆一三年清世祖順治一六年）

陽歷七月份　（陰歷五、六月份）

陽	7	2	3	4	5	6	7	8	9	10	11	12	13	14	15	16	17	18	19	20	21	22	23	24	25	26	27	28	29	30	31
陰	十二	十三	十四	十五	十六	十七	十八	十九	廿	廿一	廿二	廿三	廿四	廿五	廿六	廿七	廿八	廿九	六	二	三	四	五	六	七	八	九	十	十一	十二	十三
星	2	3	4	5	6	日	1	2	3	4	5	6	日	1	2	3	4	5	6	日	1	2	3	4	5	6	日	1	2	3	4
干節	壬申	癸酉	甲戌	乙亥	丙子	丁丑	小暑	己卯	庚辰	辛巳	壬午	癸未	甲申	乙酉	丙戌	丁亥	戊子	己丑	庚寅	辛卯	壬辰	癸巳	大暑	乙未	丙申	丁酉	戊戌	己亥	庚子	辛丑	壬寅

陽歷八月份　（陰歷六、七月份）

陽	8	2	3	4	5	6	7	8	9	10	11	12	13	14	15	16	17	18	19	20	21	22	23	24	25	26	27	28	29	30	31
陰	十四	十五	十六	十七	十八	十九	廿	廿一	廿二	廿三	廿四	廿五	廿六	廿七	廿八	廿九	卅	七	二	三	四	五	六	七	八	九	十	十一	十二	十三	十四
星	5	6	日	1	2	3	4	5	6	日	1	2	3	4	5	6	日	1	2	3	4	5	6	日	1	2	3	4	5	6	日
干節	癸卯	甲辰	乙巳	丙午	丁未	戊申	己酉	立秋	辛亥	壬子	癸丑	甲寅	乙卯	丙辰	丁巳	戊午	己未	庚申	辛酉	壬戌	癸亥	甲子	處暑	丙寅	丁卯	戊辰	己巳	庚午	辛未	壬申	癸酉

陽歷九月份　（陰歷七、八月份）

陽	9	2	3	4	5	6	7	8	9	10	11	12	13	14	15	16	17	18	19	20	21	22	23	24	25	26	27	28	29	30
陰	十五	十六	十七	十八	十九	廿	廿一	廿二	廿三	廿四	廿五	廿六	廿七	廿八	廿九	八	二	三	四	五	六	七	八	九	十	十一	十二	十三	十四	十五
星	1	2	3	4	5	6	日	1	2	3	4	5	6	日	1	2	3	4	5	6	日	1	2	3	4	5	6	日	1	2
干節	甲戌	乙亥	丙子	丁丑	戊寅	己卯	庚辰	白露	壬午	癸未	甲申	乙酉	丙戌	丁亥	戊子	己丑	庚寅	辛卯	壬辰	癸巳	甲午	乙未	秋分	丁酉	戊戌	己亥	庚子	辛丑	壬寅	癸卯

陽歷十月份　（陰歷八、九月份）

陽	10	2	3	4	5	6	7	8	9	10	11	12	13	14	15	16	17	18	19	20	21	22	23	24	25	26	27	28	29	30	31
陰	十六	十七	十八	十九	廿	廿一	廿二	廿三	廿四	廿五	廿六	廿七	廿八	廿九	卅	九	二	三	四	五	六	七	八	九	十	十一	十二	十三	十四	十五	十六
星	3	4	5	6	日	1	2	3	4	5	6	日	1	2	3	4	5	6	日	1	2	3	4	5	6	日	1	2	3	4	5
干節	甲辰	乙巳	丙午	丁未	戊申	己酉	庚戌	寒露	壬子	癸丑	甲寅	乙卯	丙辰	丁巳	戊午	己未	庚申	辛酉	壬戌	癸亥	甲子	乙丑	霜降	丁卯	戊辰	己巳	庚午	辛未	壬申	癸酉	甲戌

陽歷十一月份　（陰歷九、十月份）

陽	11	2	3	4	5	6	7	8	9	10	11	12	13	14	15	16	17	18	19	20	21	22	23	24	25	26	27	28	29	30
陰	十七	十八	十九	廿	廿一	廿二	廿三	廿四	廿五	廿六	廿七	廿八	廿九	十	二	三	四	五	六	七	八	九	十	十一	十二	十三	十四	十五	十六	十七
星	6	日	1	2	3	4	5	6	日	1	2	3	4	5	6	日	1	2	3	4	5	6	日	1	2	3	4	5	6	日
干節	乙亥	丙子	丁丑	戊寅	己卯	庚辰	立冬	壬午	癸未	甲申	乙酉	丙戌	丁亥	戊子	己丑	庚寅	辛卯	壬辰	癸巳	甲午	乙未	小雪	丁酉	戊戌	己亥	庚子	辛丑	壬寅	癸卯	甲辰

陽歷十二月份　（陰歷十、十一月份）

陽	12	2	3	4	5	6	7	8	9	10	11	12	13	14	15	16	17	18	19	20	21	22	23	24	25	26	27	28	29	30	31
陰	十八	十九	廿	廿一	廿二	廿三	廿四	廿五	廿六	廿七	廿八	廿九	卅	十一	二	三	四	五	六	七	八	九	十	十一	十二	十三	十四	十五	十六	十七	十八
星	1	2	3	4	5	6	日	1	2	3	4	5	6	日	1	2	3	4	5	6	日	1	2	3	4	5	6	日	1	2	3
干節	乙巳	丙午	丁未	戊申	己酉	庚戌	大雪	壬子	癸丑	甲寅	乙卯	丙辰	丁巳	戊午	己未	庚申	辛酉	壬戌	癸亥	甲子	乙丑	冬至	丁卯	戊辰	己巳	庚午	辛未	壬申	癸酉	甲戌	乙亥

近世中西史日對照表

陽歷 一 月份 (陰歷十一、十二月份)

陽	1	2	3	4	5	6	7	8	9	10	11	12	13	14	15	16	17	18	19	20	21	22	23	24	25	26	27	28	29	30	31
陰	十九	廿	廿一	廿二	廿三	廿四	廿五	廿六	廿七	廿八	廿九	十二	二	三	四	五	六	七	八	九	十	十一	十二	十三	十四	十五	十六	十七	十八	十九	廿
星	4	5	6	日	1	2	3	4	5	6	日	1	2	3	4	5	6	日	1	2	3	4	5	6	日	1	2	3	4	5	6
干節	丙子	丁丑	戊寅	己卯	小寒	辛巳	壬午	癸未	甲申	乙酉	丙戌	丁亥	戊子	己丑	庚寅	辛卯	壬辰	癸巳	甲午	大寒	丙申	丁酉	戊戌	己亥	庚子	辛丑	壬寅	癸卯	甲辰	乙巳	丙午

陽歷 二 月份 (陰歷十二、正月份)

陽	2	2	3	4	5	6	7	8	9	10	11	12	13	14	15	16	17	18	19	20	21	22	23	24	25	26	27	28	29	—	—
陰	廿一	廿二	廿三	廿四	廿五	廿六	廿七	廿八	廿九	卅	正	二	三	四	五	六	七	八	九	十	十一	十二	十三	十四	十五	十六	十七	十八	十九	—	—
星	日	1	2	3	4	5	6	日	1	2	3	4	5	6	日	1	2	3	4	5	6	日	1	2	3	4	5	6	日	—	—
干節	丁未	戊申	己酉	立春	辛亥	壬子	癸丑	甲寅	乙卯	丙辰	丁巳	戊午	己未	庚申	辛酉	壬戌	癸亥	甲子	雨水	丙寅	丁卯	戊辰	己巳	庚午	辛未	壬申	癸酉	甲戌	乙亥		

陽歷 三 月份 (陰歷正、二月份)

陽	3	2	3	4	5	6	7	8	9	10	11	12	13	14	15	16	17	18	19	20	21	22	23	24	25	26	27	28	29	30	31
陰	廿	廿一	廿二	廿三	廿四	廿五	廿六	廿七	廿八	廿九	二	二	三	四	五	六	七	八	九	十	十一	十二	十三	十四	十五	十六	十七	十八	十九	廿	廿一
星	1	2	3	4	5	6	日	1	2	3	4	5	6	日	1	2	3	4	5	6	日	1	2	3	4	5	6	日	1	2	3
干節	丙子	丁丑	戊寅	己卯	驚蟄	辛巳	壬午	癸未	甲申	乙酉	丙戌	丁亥	戊子	己丑	庚寅	辛卯	壬辰	癸巳	甲午	春分	丙申	丁酉	戊戌	己亥	庚子	辛丑	壬寅	癸卯	甲辰	乙巳	丙午

陽歷 四 月份 (陰歷二、三月份)

陽	4	2	3	4	5	6	7	8	9	10	11	12	13	14	15	16	17	18	19	20	21	22	23	24	25	26	27	28	29	30
陰	廿二	廿三	廿四	廿五	廿六	廿七	廿八	廿九	卅	三	二	三	四	五	六	七	八	九	十	十一	十二	十三	十四	十五	十六	十七	十八	十九	廿	廿一
星	4	5	6	日	1	2	3	4	5	6	日	1	2	3	4	5	6	日	1	2	3	4	5	6	日	1	2	3	4	5
干節	丁未	戊申	己酉	清明	辛亥	壬子	癸丑	甲寅	乙卯	丙辰	丁巳	戊午	己未	庚申	辛酉	壬戌	癸亥	甲子	穀雨	丙寅	丁卯	戊辰	己巳	庚午	辛未	壬申	癸酉	甲戌	乙亥	丙子

陽歷 五 月份 (陰歷三、四月份)

陽	5	2	3	4	5	6	7	8	9	10	11	12	13	14	15	16	17	18	19	20	21	22	23	24	25	26	27	28	29	30	31
陰	廿二	廿三	廿四	廿五	廿六	廿七	廿八	廿九	四	二	三	四	五	六	七	八	九	十	十一	十二	十三	十四	十五	十六	十七	十八	十九	廿	廿一	廿二	廿三
星	6	日	1	2	3	4	5	6	日	1	2	3	4	5	6	日	1	2	3	4	5	6	日	1	2	3	4	5	6	日	1
干節	丁丑	戊寅	己卯	庚辰	立夏	壬午	癸未	甲申	乙酉	丙戌	丁亥	戊子	己丑	庚寅	辛卯	壬辰	癸巳	甲午	乙未	小滿	丁酉	戊戌	己亥	庚子	辛丑	壬寅	癸卯	甲辰	乙巳	丙午	丁未

陽歷 六 月份 (陰歷四、五月份)

陽	6	2	3	4	5	6	7	8	9	10	11	12	13	14	15	16	17	18	19	20	21	22	23	24	25	26	27	28	29	30
陰	廿四	廿五	廿六	廿七	廿八	廿九	卅	五	二	三	四	五	六	七	八	九	十	十一	十二	十三	十四	十五	十六	十七	十八	十九	廿	廿一	廿二	廿三
星	2	3	4	5	6	日	1	2	3	4	5	6	日	1	2	3	4	5	6	日	1	2	3	4	5	6	日	1	2	3
干節	戊申	己酉	庚戌	辛亥	芒種	癸丑	甲寅	乙卯	丙辰	丁巳	戊午	己未	庚申	辛酉	壬戌	癸亥	甲子	乙丑	丙寅	丁卯	夏至	己巳	庚午	辛未	壬申	癸酉	甲戌	乙亥	丙子	丁丑

庚子

一六六〇年

(明永明王永曆一四年清世祖順治一七年)

庚子

一六六〇年

（明永明王永曆一四年清世祖順治一七年）

陽歷七月份　（陰歷五、六月份）

陽	7	2	3	4	5	6	7	8	9	10	11	12	13	14	15	16	17	18	19	20	21	22	23	24	25	26	27	28	29	30	31
陰	廿四	廿五	廿六	廿七	廿八	廿九	六	二	三	四	五	六	七	八	九	十	十一	十二	十三	十四	十五	十六	十七	十八	十九	廿	廿一	廿二	廿三	廿四	廿五
星	4	5	6	日	1	2	3	4	5	6	日	1	2	3	4	5	6	日	1	2	3	4	5	6	日	1	2	3	4	5	6
干節	戊寅	己卯	庚辰	辛巳	壬午	癸未	小暑	乙酉	丙戌	丁亥	戊子	己丑	庚寅	辛卯	壬辰	癸巳	甲午	乙未	丙申	丁酉	戊戌	大暑	庚子	辛丑	壬寅	癸卯	甲辰	乙巳	丙午	丁未	戊申

陽歷八月份　（陰歷六、七月份）

陽	8	2	3	4	5	6	7	8	9	10	11	12	13	14	15	16	17	18	19	20	21	22	23	24	25	26	27	28	29	30	31
陰	廿六	廿七	廿八	廿九	卅	七	二	三	四	五	六	七	八	九	十	十一	十二	十三	十四	十五	十六	十七	十八	十九	廿	廿一	廿二	廿三	廿四	廿五	廿六
星	日	1	2	3	4	5	6	日	1	2	3	4	5	6	日	1	2	3	4	5	6	日	1	2	3	4	5	6	日	1	2
干節	己酉	庚戌	辛亥	壬子	癸丑	甲寅	立秋	丙辰	丁巳	戊午	己未	庚申	辛酉	壬戌	癸亥	甲子	乙丑	丙寅	丁卯	戊辰	己巳	庚午	處暑	壬申	癸酉	甲戌	乙亥	丙子	丁丑	戊寅	己卯

陽歷九月份　（陰歷七、八月份）

陽	9	2	3	4	5	6	7	8	9	10	11	12	13	14	15	16	17	18	19	20	21	22	23	24	25	26	27	28	29	30	
陰	廿七	廿八	廿九	卅	八	二	三	四	五	六	七	八	九	十	十一	十二	十三	十四	十五	十六	十七	十八	十九	廿	廿一	廿二	廿三	廿四	廿五	廿六	
星	3	4	5	6	日	1	2	3	4	5	6	日	1	2	3	4	5	6	日	1	2	3	4	5	6	日	1	2	3	4	
干節	庚辰	辛巳	壬午	癸未	甲申	乙酉	白露	丁亥	戊子	己丑	庚寅	辛卯	壬辰	癸巳	甲午	乙未	丙申	丁酉	戊戌	己亥	庚子	秋分	壬寅	癸卯	甲辰	乙巳	丙午	丁未	戊申	己酉	

陽歷十月份　（陰歷八、九月份）

陽	10	2	3	4	5	6	7	8	9	10	11	12	13	14	15	16	17	18	19	20	21	22	23	24	25	26	27	28	29	30	31
陰	廿七	廿八	廿九	九	二	三	四	五	六	七	八	九	十	十一	十二	十三	十四	十五	十六	十七	十八	十九	廿	廿一	廿二	廿三	廿四	廿五	廿六	廿七	廿八
星	5	6	日	1	2	3	4	5	6	日	1	2	3	4	5	6	日	1	2	3	4	5	6	日	1	2	3	4	5	6	日
干節	庚戌	辛亥	壬子	癸丑	甲寅	乙卯	丙寅	寒露	戊午	己未	庚申	辛酉	壬戌	癸亥	甲子	乙丑	丙寅	丁卯	戊辰	己巳	庚午	辛未	霜降	癸酉	甲戌	乙亥	丙子	丁丑	戊寅	己卯	庚辰

陽歷十一月份　（陰歷九、十月份）

陽	11	2	3	4	5	6	7	8	9	10	11	12	13	14	15	16	17	18	19	20	21	22	23	24	25	26	27	28	29	30	
陰	廿九	卅	十	二	三	四	五	六	七	八	九	十	十一	十二	十三	十四	十五	十六	十七	十八	十九	廿	廿一	廿二	廿三	廿四	廿五	廿六	廿七	廿八	
星	1	2	3	4	5	6	日	1	2	3	4	5	6	日	1	2	3	4	5	6	日	1	2	3	4	5	6	日	1	2	
干節	辛巳	壬午	癸未	甲申	乙酉	丙戌	立冬	戊子	己丑	庚寅	辛卯	壬辰	癸巳	甲午	乙未	丙申	丁酉	戊戌	己亥	庚子	小雪	壬寅	癸卯	甲辰	乙巳	丙午	丁未	戊申	己酉	庚戌	

陽歷十二月份　（陰歷十、十一月份）

陽	12	2	3	4	5	6	7	8	9	10	11	12	13	14	15	16	17	18	19	20	21	22	23	24	25	26	27	28	29	30	31
陰	廿九	十一	二	三	四	五	六	七	八	九	十	十一	十二	十三	十四	十五	十六	十七	十八	十九	廿	廿一	廿二	廿三	廿四	廿五	廿六	廿七	廿八	廿九	卅
星	3	4	5	6	日	1	2	3	4	5	6	日	1	2	3	4	5	6	日	1	2	3	4	5	6	日	1	2	3	4	5
干節	辛亥	壬子	癸丑	甲寅	乙卯	大雪	丁巳	戊午	己未	庚申	辛酉	壬戌	癸亥	甲子	乙丑	丙寅	丁卯	戊辰	己巳	庚午	冬至	壬申	癸酉	甲戌	乙亥	丙子	丁丑	戊寅	己卯	庚辰	辛巳

近世中西史日對照表

辛丑

一六六一年

（明永明王永曆一五年清世祖順治一八年）

陽歷 一 月份 （陰歷十二 正月份）

陽	1	2	3	4	5	6	7	8	9	10	11	12	13	14	15	16	17	18	19	20	21	22	23	24	25	26	27	28	29	30	31
陰	十二	二	三	四	五	六	七	八	九	十	十一	十二	十三	十四	十五	十六	十七	十八	十九	廿	廿一	廿二	廿三	廿四	廿五	廿六	廿七	廿八	廿九	正	二
星	6	日	1	2	3	4	5	6	日	1	2	3	4	5	6	日	1	2	3	4	5	6	日	1	2	3	4	5	6	日	1
干節	壬午	癸未	甲申	乙酉	小寒	丁亥	戊子	己丑	庚寅	辛卯	壬辰	癸巳	甲午	乙未	丙申	丁酉	戊戌	己亥	大寒	辛丑	壬寅	癸卯	甲辰	乙巳	丙午	丁未	戊申	己酉	庚戌	辛亥	壬子

陽歷 二 月份 （陰歷正月份）

陽	2	2	3	4	5	6	7	8	9	10	11	12	13	14	15	16	17	18	19	20	21	22	23	24	25	26	27	28
陰	三	四	五	六	七	八	九	十	十一	十二	十三	十四	十五	十六	十七	十八	十九	廿	廿一	廿二	廿三	廿四	廿五	廿六	廿七	廿八	廿九	卅
星	2	3	4	5	6	日	1	2	3	4	5	6	日	1	2	3	4	5	6	日	1	2	3	4	5	6	日	1
干節	癸丑	甲寅	立春	丙辰	丁巳	戊午	己未	庚申	辛酉	壬戌	癸亥	甲子	乙丑	丙寅	丁卯	戊辰	己巳	雨水	辛未	壬申	癸酉	甲戌	乙亥	丙子	丁丑	戊寅	己卯	庚辰

陽歷 三 月份 （陰歷二、三月份）

陽	3	2	3	4	5	6	7	8	9	10	11	12	13	14	15	16	17	18	19	20	21	22	23	24	25	26	27	28	29	30	31
陰	二	二	三	四	五	六	七	八	九	十	十一	十二	十三	十四	十五	十六	十七	十八	十九	廿	廿一	廿二	廿三	廿四	廿五	廿六	廿七	廿八	廿九	三	二
星	2	3	4	5	6	日	1	2	3	4	5	6	日	1	2	3	4	5	6	日	1	2	3	4	5	6	日	1	2	3	4
干節	辛巳	壬午	癸未	甲申	驚蟄	丙戌	丁亥	戊子	己丑	庚寅	辛卯	壬辰	癸巳	甲午	乙未	丙申	丁酉	戊戌	己亥	春分	辛丑	壬寅	癸卯	甲辰	乙巳	丙午	丁未	戊申	己酉	庚戌	辛亥

陽歷 四 月份 （陰歷三、四月份）

陽	4	2	3	4	5	6	7	8	9	10	11	12	13	14	15	16	17	18	19	20	21	22	23	24	25	26	27	28	29	30
陰	三	四	五	六	七	八	九	十	十一	十二	十三	十四	十五	十六	十七	十八	十九	廿	廿一	廿二	廿三	廿四	廿五	廿六	廿七	廿八	廿九	卅	四	二
星	5	6	日	1	2	3	4	5	6	日	1	2	3	4	5	6	日	1	2	3	4	5	6	日	1	2	3	4	5	6
干節	壬子	癸丑	甲寅	清明	丙辰	丁巳	戊午	己未	庚申	辛酉	壬戌	癸亥	甲子	乙丑	丙寅	丁卯	戊辰	己巳	穀雨	辛未	壬申	癸酉	甲戌	乙亥	丙子	丁丑	戊寅	己卯	庚辰	辛巳

陽歷 五 月份 （陰歷四、五月份）

陽	5	2	3	4	5	6	7	8	9	10	11	12	13	14	15	16	17	18	19	20	21	22	23	24	25	26	27	28	29	30	31
陰	三	四	五	六	七	八	九	十	十一	十二	十三	十四	十五	十六	十七	十八	十九	廿	廿一	廿二	廿三	廿四	廿五	廿六	廿七	廿八	廿九	五	二	三	四
星	日	1	2	3	4	5	6	日	1	2	3	4	5	6	日	1	2	3	4	5	6	日	1	2	3	4	5	6	日	1	2
干節	壬午	癸未	甲申	乙酉	立夏	丁亥	戊子	己丑	庚寅	辛卯	壬辰	癸巳	甲午	乙未	丙申	丁酉	戊戌	己亥	庚子	辛丑	小滿	癸卯	甲辰	乙巳	丙午	丁未	戊申	己酉	庚戌	辛亥	壬子

陽歷 六 月份 （陰歷五、六月份）

陽	6	2	3	4	5	6	7	8	9	10	11	12	13	14	15	16	17	18	19	20	21	22	23	24	25	26	27	28	29	30
陰	五	六	七	八	九	十	十一	十二	十三	十四	十五	十六	十七	十八	十九	廿	廿一	廿二	廿三	廿四	廿五	廿六	廿七	廿八	廿九	六	二	三	四	五
星	3	4	5	6	日	1	2	3	4	5	6	日	1	2	3	4	5	6	日	1	2	3	4	5	6	日	1	2	3	4
干節	癸丑	甲寅	乙卯	丙辰	芒種	戊午	己未	庚申	辛酉	壬戌	癸亥	甲子	乙丑	丙寅	丁卯	戊辰	己巳	庚午	辛未	壬申	夏至	甲戌	乙亥	丙子	丁丑	戊寅	己卯	庚辰	辛巳	壬午

辛丑

一六六一年

（明永明王永曆一五年清世祖順治一八年）

陽歷七月份　（陰歷六、七月份）

陽	**7**	2	3	4	5	6	7	8	9	10	11	12	13	14	15	16	17	18	19	20	21	22	23	24	25	26	27	28	29	30	31
陰	六	七	八	九	十	十一	十二	十三	十四	十五	十六	十七	十八	十九	廿	廿一	廿二	廿三	廿四	廿五	廿六	廿七	廿八	廿九	卅	**七**	二	三	四	五	六
星	5	6	**日**	1	2	3	4	5	6	**日**	1	2	3	4	5	6	**日**	1	2	3	4	5	6	**日**	1	2	3	4	5	6	**日**
干節	癸未	甲申	乙酉	丙戌	丁亥	戊子	**小暑**	庚寅	辛卯	壬辰	癸巳	甲午	乙未	丙申	丁酉	戊戌	己亥	庚子	辛丑	壬寅	癸卯	**大暑**	乙巳	丙午	丁未	戊申	己酉	庚戌	辛亥	壬子	癸丑

陽歷八月份　（陰歷七、閏七月份）

陽	**8**	2	3	4	5	6	7	8	9	10	11	12	13	14	15	16	17	18	19	20	21	22	23	24	25	26	27	28	29	30	31
陰	七	八	九	十	十一	十二	十三	十四	十五	十六	十七	十八	十九	廿	廿一	廿二	廿三	廿四	廿五	廿六	廿七	廿八	廿九	卅	**閏**	二	三	四	五	六	七
星	1	2	3	4	5	6	**日**	1	2	3	4	5	6	**日**	1	2	3	4	5	6	**日**	1	2	3	4	5	6	**日**	1	2	3
干節	甲寅	乙卯	丙辰	丁巳	戊午	己未	**立秋**	辛酉	壬戌	癸亥	甲子	乙丑	丙寅	丁卯	戊辰	己巳	庚午	辛未	壬申	癸酉	甲戌	乙亥	**處暑**	丁丑	戊寅	己卯	庚辰	辛巳	壬午	癸未	甲申

陽歷九月份　（陰歷閏七、八月份）

陽	**9**	2	3	4	5	6	7	8	9	10	11	12	13	14	15	16	17	18	19	20	21	22	23	24	25	26	27	28	29	30
陰	八	九	十	十一	十二	十三	十四	十五	十六	十七	十八	十九	廿	廿一	廿二	廿三	廿四	廿五	廿六	廿七	廿八	廿九	**八**	二	三	四	五	六	七	八
星	4	5	6	**日**	1	2	3	4	5	6	**日**	1	2	3	4	5	6	**日**	1	2	3	4	5	6	**日**	1	2	3	4	5
干節	乙酉	丙戌	丁亥	戊子	己丑	庚寅	**白露**	壬辰	癸巳	甲午	乙未	丙申	丁酉	戊戌	己亥	庚子	辛丑	壬寅	癸卯	甲辰	乙巳	丙午	**秋分**	戊申	己酉	庚戌	辛亥	壬子	癸丑	甲寅

陽歷十月份　（陰歷八、九月份）

陽	**10**	2	3	4	5	6	7	8	9	10	11	12	13	14	15	16	17	18	19	20	21	22	23	24	25	26	27	28	29	30	31
陰	九	十	十一	十二	十三	十四	十五	十六	十七	十八	十九	廿	廿一	廿二	廿三	廿四	廿五	廿六	廿七	廿八	廿九	卅	**九**	二	三	四	五	六	七	八	九
星	6	**日**	1	2	3	4	5	6	**日**	1	2	3	4	5	6	**日**	1	2	3	4	5	6	**日**	1	2	3	4	5	6	**日**	1
干節	乙卯	丙辰	丁巳	戊午	己未	庚申	辛酉	**寒露**	癸亥	甲子	乙丑	丙寅	丁卯	戊辰	己巳	庚午	辛未	壬申	癸酉	甲戌	乙亥	丙子	**霜降**	戊寅	己卯	庚辰	辛巳	壬午	癸未	甲申	乙酉

陽歷十一月份　（陰歷九、十月份）

陽	**11**	2	3	4	5	6	7	8	9	10	11	12	13	14	15	16	17	18	19	20	21	22	23	24	25	26	27	28	29	30
陰	十	十一	十二	十三	十四	十五	十六	十七	十八	十九	廿	廿一	廿二	廿三	廿四	廿五	廿六	廿七	廿八	廿九	卅	**十**	二	三	四	五	六	七	八	九
星	2	3	4	5	6	**日**	1	2	3	4	5	6	**日**	1	2	3	4	5	6	**日**	1	2	3	4	5	6	**日**	1	2	3
干節	丙戌	丁亥	戊子	己丑	庚寅	辛卯	**立冬**	癸巳	甲午	乙未	丙申	丁酉	戊戌	己亥	庚子	辛丑	壬寅	癸卯	甲辰	乙巳	丙午	**小雪**	戊申	己酉	庚戌	辛亥	壬子	癸丑	甲寅	乙卯

陽歷十二月份　（陰歷十、十一月份）

陽	**12**	2	3	4	5	6	7	8	9	10	11	12	13	14	15	16	17	18	19	20	21	22	23	24	25	26	27	28	29	30	31
陰	十	十一	十二	十三	十四	十五	十六	十七	十八	十九	廿	廿一	廿二	廿三	廿四	廿五	廿六	廿七	廿八	廿九	**十一**	二	三	四	五	六	七	八	九	十	十一
星	4	5	6	**日**	1	2	3	4	5	6	**日**	1	2	3	4	5	6	**日**	1	2	3	4	5	6	**日**	1	2	3	4	5	6
干節	丙辰	丁巳	戊午	己未	庚申	**大雪**	壬戌	癸亥	甲子	乙丑	丙寅	丁卯	戊辰	己巳	庚午	辛未	壬申	癸酉	甲戌	乙亥	**冬至**	丁丑	戊寅	己卯	庚辰	辛巳	壬午	癸未	甲申	乙酉	丙戌

（註一七）案明曆八月小，九月大，十月大，閏十月小（中西回日史曆从之）。本表依據萬年書（與東華錄合），以清曆爲主。

近世中西史日對照表

陽歷 一 月份 (陰歷十一、十二月份)

陽	**1**	2	3	4	5	6	7	8	9	10	11	12	13	14	15	16	17	18	19	20	21	22	23	24	25	26	27	28	29	30	31
陰	十二	十三	十四	十五	十六	十七	十八	十九	廿	廿一	廿二	廿三	廿四	廿五	廿六	廿七	廿八	廿九	卅	**十二**	二	三	四	五	六	七	八	九	十	十一	十二
星	**日**	1	2	3	4	5	6	**日**	1	2	3	4	5	6	**日**	1	2	3	4	5	6	**日**	1	2	3	4	5	6	**日**	1	2
干節	丁亥	戊子	己丑	庚寅	**小寒**	壬辰	癸巳	甲午	乙未	丙申	丁酉	戊戌	己亥	庚子	辛丑	壬寅	癸卯	甲辰	**大寒**	丙午	丁未	戊申	己酉	庚戌	辛亥	壬子	癸丑	甲寅	乙卯	丙辰	丁巳

陽歷 二 月份 (陰歷十二、正月份)

陽	**2**	2	3	4	5	6	7	8	9	10	11	12	13	14	15	16	17	18	19	20	21	22	23	24	25	26	27	28			
陰	十三	十四	十五	十六	十七	十八	十九	廿	廿一	廿二	廿三	廿四	廿五	廿六	廿七	廿八	廿九	**正**	二	三	四	五	六	七	八	九	十	十一			
星	3	4	5	6	**日**	1	2	3	4	5	6	**日**	1	2	3	4	5	6	**日**	1	2	3	4	5	6	**日**	1	2			
干節	戊午	己未	**立春**	辛酉	壬戌	癸亥	甲子	乙丑	丙寅	丁卯	戊辰	己巳	庚午	辛未	壬申	癸酉	甲戌	**雨水**	丙子	丁丑	戊寅	己卯	庚辰	辛巳	壬午	癸未	甲申	乙酉			

陽歷 三 月份 (陰歷正、二月份)

陽	**3**	2	3	4	5	6	7	8	9	10	11	12	13	14	15	16	17	18	19	20	21	22	23	24	25	26	27	28	29	30	31
陰	十二	十三	十四	十五	十六	十七	十八	十九	廿	廿一	廿二	廿三	廿四	廿五	廿六	廿七	廿八	廿九	卅	**二**	二	三	四	五	六	七	八	九	十	十一	十二
星	3	4	5	6	**日**	1	2	3	4	5	6	**日**	1	2	3	4	5	6	**日**	1	2	3	4	5	6	**日**	1	2	3	4	5
干節	丙戌	丁亥	戊子	己丑	**驚蟄**	辛卯	壬辰	癸巳	甲午	乙未	丙申	丁酉	戊戌	己亥	庚子	辛丑	壬寅	癸卯	甲辰	**春分**	丙午	丁未	戊申	己酉	庚戌	辛亥	壬子	癸丑	甲寅	乙卯	丙辰

陽歷 四 月份 (陰歷二、三月份)

陽	**4**	2	3	4	5	6	7	8	9	10	11	12	13	14	15	16	17	18	19	20	21	22	23	24	25	26	27	28	29	30
陰	十三	十四	十五	十六	十七	十八	十九	廿	廿一	廿二	廿三	廿四	廿五	廿六	廿七	廿八	廿九	**三**	二	三	四	五	六	七	八	九	十	十一	十二	十三
星	6	**日**	1	2	3	4	5	6	**日**	1	2	3	4	5	6	**日**	1	2	3	4	5	6	**日**	1	2	3	4	5	6	**日**
干節	丁巳	戊午	己未	**清明**	辛酉	壬戌	癸亥	甲子	乙丑	丙寅	丁卯	戊辰	己巳	庚午	辛未	壬申	癸酉	甲戌	乙亥	**穀雨**	丁丑	戊寅	己卯	庚辰	辛巳	壬午	癸未	甲申	乙酉	丙戌

陽歷 五 月份 (陰歷三、四月份)

陽	**5**	2	3	4	5	6	7	8	9	10	11	12	13	14	15	16	17	18	19	20	21	22	23	24	25	26	27	28	29	30	31
陰	十四	十五	十六	十七	十八	十九	廿	廿一	廿二	廿三	廿四	廿五	廿六	廿七	廿八	廿九	卅	**四**	二	三	四	五	六	七	八	九	十	十一	十二	十三	十四
星	1	2	3	4	5	6	**日**	1	2	3	4	5	6	**日**	1	2	3	4	5	6	**日**	1	2	3	4	5	6	**日**	1	2	3
干節	丁亥	戊子	己丑	庚寅	**立夏**	壬辰	癸巳	甲午	乙未	丙申	丁酉	戊戌	己亥	庚子	辛丑	壬寅	癸卯	甲辰	乙巳	丙午	**小滿**	戊申	己酉	庚戌	辛亥	壬子	癸丑	甲寅	乙卯	丙辰	丁巳

陽歷 六 月份 (陰歷四、五月份)

陽	**6**	2	3	4	5	6	7	8	9	10	11	12	13	14	15	16	17	18	19	20	21	22	23	24	25	26	27	28	29	30
陰	十五	十六	十七	十八	十九	廿	廿一	廿二	廿三	廿四	廿五	廿六	廿七	廿八	廿九	**五**	二	三	四	五	六	七	八	九	十	十一	十二	十三	十四	十五
星	4	5	6	**日**	1	2	3	4	5	6	**日**	1	2	3	4	5	6	**日**	1	2	3	4	5	6	**日**	1	2	3	4	5
干節	戊午	己未	庚申	辛酉	**芒種**	癸亥	甲子	乙丑	丙寅	丁卯	戊辰	己巳	庚午	辛未	壬申	癸酉	甲戌	乙亥	丙子	丁丑	**夏至**	己卯	庚辰	辛巳	壬午	癸未	甲申	乙酉	丙戌	丁亥

壬寅

一六六二年

（清聖祖康熙元年）

陽歷七月份　（陰歷五、六月份）

陽	7	2	3	4	5	6	7	8	9	10	11	12	13	14	15	16	17	18	19	20	21	22	23	24	25	26	27	28	29	30	31
陰	十六	十七	十八	十九	廿	廿一	廿二	廿三	廿四	廿五	廿六	廿七	廿八	廿九	六	二	三	四	五	六	七	八	九	十	十一	十二	十三	十四	十五	十六	十七
星	6	日	1	2	3	4	5	6	日	1	2	3	4	5	6	日	1	2	3	4	5	6	日	1	2	3	4	5	6	日	1
干節	戊子	己丑	庚寅	辛卯	壬辰	癸巳	小暑	乙未	丙申	丁酉	戊戌	己亥	庚子	辛丑	壬寅	癸卯	甲辰	乙巳	丙午	丁未	戊申	己酉	大暑	辛亥	壬子	癸丑	甲寅	乙卯	丙辰	丁巳	戊午

陽歷八月份　（陰歷六、七月份）

陽	8	2	3	4	5	6	7	8	9	10	11	12	13	14	15	16	17	18	19	20	21	22	23	24	25	26	27	28	29	30	31
陰	十八	十九	廿	廿一	廿二	廿三	廿四	廿五	廿六	廿七	廿八	廿九	卅	七	二	三	四	五	六	七	八	九	十	十一	十二	十三	十四	十五	十六	十七	十八
星	2	3	4	5	6	日	1	2	3	4	5	6	日	1	2	3	4	5	6	日	1	2	3	4	5	6	日	1	2	3	4
干節	己未	庚申	辛酉	壬戌	癸亥	甲子	立秋	丙寅	丁卯	戊辰	己巳	庚午	辛未	壬申	癸酉	甲戌	乙亥	丙子	丁丑	戊寅	己卯	庚辰	處暑	壬午	癸未	甲申	乙酉	丙戌	丁亥	戊子	己丑

陽歷九月份　（陰歷七、八月份）

陽	9	2	3	4	5	6	7	8	9	10	11	12	13	14	15	16	17	18	19	20	21	22	23	24	25	26	27	28	29	30
陰	十九	廿	廿一	廿二	廿三	廿四	廿五	廿六	廿七	廿八	廿九	八	二	三	四	五	六	七	八	九	十	十一	十二	十三	十四	十五	十六	十七	十八	十九
星	5	6	日	1	2	3	4	5	6	日	1	2	3	4	5	6	日	1	2	3	4	5	6	日	1	2	3	4	5	6
干節	庚寅	辛卯	壬辰	癸巳	甲午	乙未	丙申	白露	戊戌	己亥	庚子	辛丑	壬寅	癸卯	甲辰	乙巳	丙午	丁未	戊申	己酉	庚戌	辛亥	秋分	癸丑	甲寅	乙卯	丙辰	丁巳	戊午	己未

陽歷十月份　（陰歷八、九月份）

陽	10	2	3	4	5	6	7	8	9	10	11	12	13	14	15	16	17	18	19	20	21	22	23	24	25	26	27	28	29	30	31
陰	廿	廿一	廿二	廿三	廿四	廿五	廿六	廿七	廿八	廿九	卅	九	二	三	四	五	六	七	八	九	十	十一	十二	十三	十四	十五	十六	十七	十八	十九	廿
星	日	1	2	3	4	5	6	日	1	2	3	4	5	6	日	1	2	3	4	5	6	日	1	2	3	4	5	6	日	1	2
干節	庚申	辛酉	壬戌	癸亥	甲子	乙丑	丙寅	寒露	戊辰	己巳	庚午	辛未	壬申	癸酉	甲戌	乙亥	丙子	丁丑	戊寅	己卯	庚辰	辛巳	霜降	癸未	甲申	乙酉	丙戌	丁亥	戊子	己丑	庚寅

陽歷十一月份　（陰歷九、十月份）

陽	11	2	3	4	5	6	7	8	9	10	11	12	13	14	15	16	17	18	19	20	21	22	23	24	25	26	27	28	29	30
陰	廿一	廿二	廿三	廿四	廿五	廿六	廿七	廿八	廿九	卅	十	二	三	四	五	六	七	八	九	十	十一	十二	十三	十四	十五	十六	十七	十八	十九	廿
星	3	4	5	6	日	1	2	3	4	5	6	日	1	2	3	4	5	6	日	1	2	3	4	5	6	日	1	2	3	4
干節	辛卯	壬辰	癸巳	甲午	乙未	丙申	立冬	戊戌	己亥	庚子	辛丑	壬寅	癸卯	甲辰	乙巳	丙午	丁未	戊申	己酉	庚戌	辛亥	小雪	癸丑	甲寅	乙卯	丙辰	丁巳	戊午	己未	庚申

陽歷十二月份　（陰歷十、十一月份）

陽	12	2	3	4	5	6	7	8	9	10	11	12	13	14	15	16	17	18	19	20	21	22	23	24	25	26	27	28	29	30	31
陰	廿一	廿二	廿三	廿四	廿五	廿六	廿七	廿八	廿九	卅	十一	二	三	四	五	六	七	八	九	十	十一	十二	十三	十四	十五	十六	十七	十八	十九	廿	廿一
星	5	6	日	1	2	3	4	5	6	日	1	2	3	4	5	6	日	1	2	3	4	5	6	日	1	2	3	4	5	6	日
干節	辛酉	壬戌	癸亥	甲子	乙丑	丙寅	大雪	戊辰	己巳	庚午	辛未	壬申	癸酉	甲戌	乙亥	丙子	丁丑	戊寅	己卯	庚辰	冬至	壬午	癸未	甲申	乙酉	丙戌	丁亥	戊子	己丑	庚寅	辛卯

陽歷 一 月份 （陰歷十一、十二月份）

陽	**1**	2	3	4	5	6	7	8	9	10	11	12	13	14	15	16	17	18	19	20	21	22	23	24	25	26	27	28	29	30	31
陰	廿二	廿三	廿四	廿五	廿六	廿七	廿八	廿九	**十二**	二	三	四	五	六	七	八	九	十	十一	十二	十三	十四	十五	十六	十七	十八	十九	廿	廿一	廿二	廿三
星	1	2	3	4	5	6	**日**	1	2	3	4	5	6	**日**	1	2	3	4	5	6	**日**	1	2	3	4	5	6	**日**	1	2	3
干節	壬辰	癸巳	甲午	乙未	**小寒**	丁酉	戊戌	己亥	庚子	辛丑	壬寅	癸卯	甲辰	乙巳	丙午	丁未	戊申	己酉	庚戌	**大寒**	壬子	癸丑	甲寅	乙卯	丙辰	丁巳	戊午	己未	庚申	辛酉	壬戌

陽歷 二 月份 （陰歷十二、正月份）

陽	**2**	2	3	4	5	6	7	8	9	10	11	12	13	14	15	16	17	18	19	20	21	22	23	24	25	26	27	28
陰	廿四	廿五	廿六	廿七	廿八	廿九	卅	**正**	二	三	四	五	六	七	八	九	十	十一	十二	十三	十四	十五	十六	十七	十八	十九	廿	廿一
星	4	5	6	**日**	1	2	3	4	5	6	**日**	1	2	3	4	5	6	**日**	1	2	3	4	5	6	**日**	1	2	3
干節	癸亥	甲子	**立春**	丙寅	丁卯	戊辰	己巳	庚午	辛未	壬申	癸酉	甲戌	乙亥	丙子	丁丑	戊寅	己卯	**雨水**	辛巳	壬午	癸未	甲申	乙酉	丙戌	丁亥	戊子	己丑	庚寅

陽歷 三 月份 （陰歷正、二月份）

陽	**3**	2	3	4	5	6	7	8	9	10	11	12	13	14	15	16	17	18	19	20	21	22	23	24	25	26	27	28	29	30	31
陰	廿二	廿三	廿四	廿五	廿六	廿七	廿八	廿九	卅	**二**	二	三	四	五	六	七	八	九	十	十一	十二	十三	十四	十五	十六	十七	十八	十九	廿	廿一	廿二
星	4	5	6	**日**	1	2	3	4	5	6	**日**	1	2	3	4	5	6	**日**	1	2	3	4	5	6	**日**	1	2	3	4	5	6
干節	辛卯	壬辰	癸巳	甲午	**驚蟄**	丙申	丁酉	戊戌	己亥	庚子	辛丑	壬寅	癸卯	甲辰	乙巳	丙午	丁未	戊申	己酉	**春分**	辛亥	壬子	癸丑	甲寅	乙卯	丙辰	丁巳	戊午	己未	庚申	辛酉

陽歷 四 月份 （陰歷二、三月份）

陽	**4**	2	3	4	5	6	7	8	9	10	11	12	13	14	15	16	17	18	19	20	21	22	23	24	25	26	27	28	29	30
陰	廿三	廿四	廿五	廿六	廿七	廿八	廿九	**三**	二	三	四	五	六	七	八	九	十	十一	十二	十三	十四	十五	十六	十七	十八	十九	廿	廿一	廿二	廿三
星	**日**	1	2	3	4	5	6	**日**	1	2	3	4	5	6	**日**	1	2	3	4	5	6	**日**	1	2	3	4	5	6	**日**	1
干節	壬戌	癸亥	甲子	乙丑	**清明**	丁卯	戊辰	己巳	庚午	辛未	壬申	癸酉	甲戌	乙亥	丙子	丁丑	戊寅	己卯	庚辰	**穀雨**	壬午	癸未	甲申	乙酉	丙戌	丁亥	戊子	己丑	庚寅	辛卯

陽歷 五 月份 （陰歷三、四月份）

陽	**5**	2	3	4	5	6	7	8	9	10	11	12	13	14	15	16	17	18	19	20	21	22	23	24	25	26	27	28	29	30	31
陰	廿四	廿五	廿六	廿七	廿八	廿九	**四**	二	三	四	五	六	七	八	九	十	十一	十二	十三	十四	十五	十六	十七	十八	十九	廿	廿一	廿二	廿三	廿四	廿五
星	2	3	4	5	6	**日**	1	2	3	4	5	6	**日**	1	2	3	4	5	6	**日**	1	2	3	4	5	6	**日**	1	2	3	4
干節	壬辰	癸巳	甲午	乙未	**立夏**	丁酉	戊戌	己亥	庚子	辛丑	壬寅	癸卯	甲辰	乙巳	丙午	丁未	戊申	己酉	庚戌	辛亥	**小滿**	癸丑	甲寅	乙卯	丙辰	丁巳	戊午	己未	庚申	辛酉	壬戌

陽歷 六 月份 （陰歷四、五月份）

陽	**6**	2	3	4	5	6	7	8	9	10	11	12	13	14	15	16	17	18	19	20	21	22	23	24	25	26	27	28	29	30
陰	廿六	廿七	廿八	廿九	卅	**五**	二	三	四	五	六	七	八	九	十	十一	十二	十三	十四	十五	十六	十七	十八	十九	廿	廿一	廿二	廿三	廿四	廿五
星	5	6	**日**	1	2	3	4	5	6	**日**	1	2	3	4	5	6	**日**	1	2	3	4	5	6	**日**	1	2	3	4	5	6
干節	癸亥	甲子	乙丑	丙寅	丁卯	**芒種**	己巳	庚午	辛未	壬申	癸酉	甲戌	乙亥	丙子	丁丑	戊寅	己卯	庚辰	辛巳	壬午	**夏至**	甲申	乙酉	丙戌	丁亥	戊子	己丑	庚寅	辛卯	壬辰

癸卯

一六六三年

（清聖祖康熙二年）

陽歷七月份　（陰歷五、六月份）

陽	7	2	3	4	5	6	7	8	9	10	11	12	13	14	15	16	17	18	19	20	21	22	23	24	25	26	27	28	29	30	31
陰	廿六	廿七	廿八	廿九	六	二	三	四	五	六	七	八	九	十	十一	十二	十三	十四	十五	十六	十七	十八	十九	廿	廿一	廿二	廿三	廿四	廿五	廿六	廿七
星	日	1	2	3	4	5	6	日	1	2	3	4	5	6	日	1	2	3	4	5	6	日	1	2	3	4	5	6	日	1	2
干節	癸巳	甲午	乙未	丙申	丁酉	戊戌	小暑	庚子	辛丑	壬寅	癸卯	甲辰	乙巳	丙午	丁未	戊申	己酉	庚戌	辛亥	壬子	癸丑	甲寅	大暑	丙辰	丁巳	戊午	己未	庚申	辛酉	壬戌	癸亥

陽歷八月份　（陰歷六、七月份）

陽	8	2	3	4	5	6	7	8	9	10	11	12	13	14	15	16	17	18	19	20	21	22	23	24	25	26	27	28	29	30	31
陰	廿八	廿九	七	二	三	四	五	六	七	八	九	十	十一	十二	十三	十四	十五	十六	十七	十八	十九	廿	廿一	廿二	廿三	廿四	廿五	廿六	廿七	廿八	廿九
星	3	4	5	6	日	1	2	3	4	5	6	日	1	2	3	4	5	6	日	1	2	3	4	5	6	日	1	2	3	4	5
干節	甲子	乙丑	丙寅	丁卯	戊辰	己巳	庚午	立秋	壬申	癸酉	甲戌	乙亥	丙子	丁丑	戊寅	己卯	庚辰	辛巳	壬午	癸未	甲申	乙酉	處暑	丁亥	戊子	己丑	庚寅	辛卯	壬辰	癸巳	甲午

陽歷九月份　（陰歷七、八月份）

陽	9	2	3	4	5	6	7	8	9	10	11	12	13	14	15	16	17	18	19	20	21	22	23	24	25	26	27	28	29	30	
陰	卅	八	二	三	四	五	六	七	八	九	十	十一	十二	十三	十四	十五	十六	十七	十八	十九	廿	廿一	廿二	廿三	廿四	廿五	廿六	廿七	廿八	廿九	
星	6	日	1	2	3	4	5	6	日	1	2	3	4	5	6	日	1	2	3	4	5	6	日	1	2	3	4	5	6	日	
干節	乙未	丙申	丁酉	戊戌	己亥	庚子	辛丑	白露	癸卯	甲辰	乙巳	丙午	丁未	戊申	己酉	庚戌	辛亥	壬子	癸丑	甲寅	乙卯	丙辰	秋分	戊午	己未	庚申	辛酉	壬戌	癸亥	甲子	

陽歷十月份　（陰歷九、十月份）

陽	10	2	3	4	5	6	7	8	9	10	11	12	13	14	15	16	17	18	19	20	21	22	23	24	25	26	27	28	29	30	31
陰	九	二	三	四	五	六	七	八	九	十	十一	十二	十三	十四	十五	十六	十七	十八	十九	廿	廿一	廿二	廿三	廿四	廿五	廿六	廿七	廿八	廿九	卅	十
星	1	2	3	4	5	6	日	1	2	3	4	5	6	日	1	2	3	4	5	6	日	1	2	3	4	5	6	日	1	2	3
干節	乙丑	丙寅	丁卯	戊辰	己巳	庚午	辛未	寒露	癸酉	甲戌	乙亥	丙子	丁丑	戊寅	己卯	庚辰	辛巳	壬午	癸未	甲申	乙酉	丙戌	霜降	戊子	己丑	庚寅	辛卯	壬辰	癸巳	甲午	乙未

陽歷十一月份　（陰歷十、十一月份）

陽	11	2	3	4	5	6	7	8	9	10	11	12	13	14	15	16	17	18	19	20	21	22	23	24	25	26	27	28	29	30	
陰	二	三	四	五	六	七	八	九	十	十一	十二	十三	十四	十五	十六	十七	十八	十九	廿	廿一	廿二	廿三	廿四	廿五	廿六	廿七	廿八	廿九	卅	十一	
星	4	5	6	日	1	2	3	4	5	6	日	1	2	3	4	5	6	日	1	2	3	4	5	6	日	1	2	3	4	5	
干節	丙申	丁酉	戊戌	己亥	庚子	辛丑	立冬	癸卯	甲辰	乙巳	丙午	丁未	戊申	己酉	庚戌	辛亥	壬子	癸丑	甲寅	乙卯	丙辰	小雪	戊午	己未	庚申	辛酉	壬戌	癸亥	甲子	乙丑	

陽歷十二月份　（陰歷十一、十二月份）

陽	12	2	3	4	5	6	7	8	9	10	11	12	13	14	15	16	17	18	19	20	21	22	23	24	25	26	27	28	29	30	31
陰	二	三	四	五	六	七	八	九	十	十一	十二	十三	十四	十五	十六	十七	十八	十九	廿	廿一	廿二	廿三	廿四	廿五	廿六	廿七	廿八	廿九	十二	二	三
星	6	日	1	2	3	4	5	6	日	1	2	3	4	5	6	日	1	2	3	4	5	6	日	1	2	3	4	5	6	日	1
干節	丙寅	丁卯	戊辰	己巳	庚午	辛未	大雪	癸酉	甲戌	乙亥	丙子	丁丑	戊寅	己卯	庚辰	辛巳	壬午	癸未	甲申	乙酉	丙戌	冬至	戊子	己丑	庚寅	辛卯	壬辰	癸巳	甲午	乙未	丙申

近世中西史日對照表

陽歷 一 月份 (陰歷十二、正月份)

陽	**1**	2	3	4	5	6	7	8	9	10	11	12	13	14	15	16	17	18	19	20	21	22	23	24	25	26	27	28	29	30	31
陰	四	五	六	七	八	九	十	十一	十二	十三	十四	十五	十六	十七	十八	十九	廿	廿一	廿二	廿三	廿四	廿五	廿六	廿七	廿八	廿九	卅	**正**	二	三	四
星	2	3	4	5	6	**日**	1	2	3	4	5	6	**日**	1	2	3	4	5	6	**日**	1	2	3	4	5	6	**日**	1	2	3	4
干節	丁酉	戊戌	己亥	庚子	**小寒**	壬寅	癸卯	甲辰	乙巳	丙午	丁未	戊申	己酉	庚戌	辛亥	壬子	癸丑	甲寅	乙卯	**大寒**	丁巳	戊午	己未	庚申	辛酉	壬戌	癸亥	甲子	乙丑	丙寅	丁卯

陽歷 二 月份 (陰歷正、二月份)

陽	**2**	2	3	4	5	6	7	8	9	10	11	12	13	14	15	16	17	18	19	20	21	22	23	24	25	26	27	28	29		
陰	五	六	七	八	九	十	十一	十二	十三	十四	十五	十六	十七	十八	十九	廿	廿一	廿二	廿三	廿四	廿五	廿六	廿七	廿八	廿九	卅	**二**	二	三		
星	5	6	**日**	1	2	3	4	5	6	**日**	1	2	3	4	5	6	**日**	1	2	3	4	5	6	**日**	1	2	3	4	5		
干節	戊辰	己巳	庚午	**立春**	壬申	癸酉	甲戌	乙亥	丙子	丁丑	戊寅	己卯	庚辰	辛巳	壬午	癸未	甲申	乙酉	**雨水**	丁亥	戊子	己丑	庚寅	辛卯	壬辰	癸巳	甲午	乙未	丙申		

陽歷 三 月份 (陰歷二、三月份)

陽	**3**	2	3	4	5	6	7	8	9	10	11	12	13	14	15	16	17	18	19	20	21	22	23	24	25	26	27	28	29	30	31
陰	四	五	六	七	八	九	十	十一	十二	十三	十四	十五	十六	十七	十八	十九	廿	廿一	廿二	廿三	廿四	廿五	廿六	廿七	廿八	廿九	**三**	二	三	四	五
星	6	**日**	1	2	3	4	5	6	**日**	1	2	3	4	5	6	**日**	1	2	3	4	5	6	**日**	1	2	3	4	5	6	**日**	1
干節	丁酉	戊戌	己亥	**驚蟄**	辛丑	壬寅	癸卯	甲辰	乙巳	丙午	丁未	戊申	己酉	庚戌	辛亥	壬子	癸丑	甲寅	乙卯	**春分**	丁巳	戊午	己未	庚申	辛酉	壬戌	癸亥	甲子	乙丑	丙寅	丁卯

陽歷 四 月份 (陰歷三、四月份)

陽	**4**	2	3	4	5	6	7	8	9	10	11	12	13	14	15	16	17	18	19	20	21	22	23	24	25	26	27	28	29	30	
陰	六	七	八	九	十	十一	十二	十三	十四	十五	十六	十七	十八	十九	廿	廿一	廿二	廿三	廿四	廿五	廿六	廿七	廿八	廿九	卅	**四**	二	三	四	五	
星	2	3	4	5	6	**日**	1	2	3	4	5	6	**日**	1	2	3	4	5	6	**日**	1	2	3	4	5	6	**日**	1	2	3	
干節	戊辰	己巳	庚午	**清明**	壬申	癸酉	甲戌	乙亥	丙子	丁丑	戊寅	己卯	庚辰	辛巳	壬午	癸未	甲申	乙酉	**穀雨**	丁亥	戊子	己丑	庚寅	辛卯	壬辰	癸巳	甲午	乙未	丙申	丁酉	

陽歷 五 月份 (陰歷四、五月份)

陽	**5**	2	3	4	5	6	7	8	9	10	11	12	13	14	15	16	17	18	19	20	21	22	23	24	25	26	27	28	29	30	31
陰	六	七	八	九	十	十一	十二	十三	十四	十五	十六	十七	十八	十九	廿	廿一	廿二	廿三	廿四	廿五	廿六	廿七	廿八	廿九	**五**	二	三	四	五	六	七
星	4	5	6	**日**	1	2	3	4	5	6	**日**	1	2	3	4	5	6	**日**	1	2	3	4	5	6	**日**	1	2	3	4	5	6
干節	戊戌	己亥	庚子	辛丑	**立夏**	癸卯	甲辰	乙巳	丙午	丁未	戊申	己酉	庚戌	辛亥	壬子	癸丑	甲寅	乙卯	丙辰	**小滿**	戊午	己未	庚申	辛酉	壬戌	癸亥	甲子	乙丑	丙寅	丁卯	戊辰

陽歷 六 月份 (陰歷五、六月份)

陽	**6**	2	3	4	5	6	7	8	9	10	11	12	13	14	15	16	17	18	19	20	21	22	23	24	25	26	27	28	29	30	
陰	八	九	十	十一	十二	十三	十四	十五	十六	十七	十八	十九	廿	廿一	廿二	廿三	廿四	廿五	廿六	廿七	廿八	廿九	卅	**六**	二	三	四	五	六	七	
星	**日**	1	2	3	4	5	6	**日**	1	2	3	4	5	6	**日**	1	2	3	4	5	6	**日**	1	2	3	4	5	6	**日**	1	
干節	己巳	庚午	辛未	壬申	**芒種**	甲戌	乙亥	丙子	丁丑	戊寅	己卯	庚辰	辛巳	壬午	癸未	甲申	乙酉	丙戌	丁亥	戊子	**夏至**	庚寅	辛卯	壬辰	癸巳	甲午	乙未	丙申	丁酉	戊戌	

甲辰

一六六四年

（清聖祖康熙三年）

陽歷七月份　（陰歷六、閏六月份）

陽	7	2	3	4	5	6	7	8	9	10	11	12	13	14	15	16	17	18	19	20	21	22	23	24	25	26	27	28	29	30	31
陰	八	九	十	十一	十二	十三	十四	十五	十六	十七	十八	十九	廿	廿一	廿二	廿三	廿四	廿五	廿六	廿七	廿八	廿九	閏	二	三	四	五	六	七	八	九
星	2	3	4	5	6	日	1	2	3	4	5	6	日	1	2	3	4	5	6	日	1	2	3	4	5	6	日	1	2	3	4
干節	己亥	庚子	辛丑	壬寅	癸卯	小暑	乙巳	丙午	丁未	戊申	己酉	庚戌	辛亥	壬子	癸丑	甲寅	乙卯	丙辰	丁巳	戊午	己未	大暑	辛酉	壬戌	癸亥	甲子	乙丑	丙寅	丁卯	戊辰	己巳

陽歷八月份　（陰歷閏六、七月份）

陽	8	2	3	4	5	6	7	8	9	10	11	12	13	14	15	16	17	18	19	20	21	22	23	24	25	26	27	28	29	30	31
陰	十	十一	十二	十三	十四	十五	十六	十七	十八	十九	廿	廿一	廿二	廿三	廿四	廿五	廿六	廿七	廿八	廿九	七	二	三	四	五	六	七	八	九	十	十一
星	5	6	日	1	2	3	4	5	6	日	1	2	3	4	5	6	日	1	2	3	4	5	6	日	1	2	3	4	5	6	日
干節	庚午	辛未	壬申	癸酉	甲戌	乙亥	立秋	丁丑	戊寅	己卯	庚辰	辛巳	壬午	癸未	甲申	乙酉	丙戌	丁亥	戊子	己丑	庚寅	辛卯	處暑	癸巳	甲午	乙未	丙申	丁酉	戊戌	己亥	庚子

陽歷九月份　（陰歷七、八月份）

陽	9	2	3	4	5	6	7	8	9	10	11	12	13	14	15	16	17	18	19	20	21	22	23	24	25	26	27	28	29	30
陰	十二	十三	十四	十五	十六	十七	十八	十九	廿	廿一	廿二	廿三	廿四	廿五	廿六	廿七	廿八	廿九	卅	八	二	三	四	五	六	七	八	九	十	十一
星	1	2	3	4	5	6	日	1	2	3	4	5	6	日	1	2	3	4	5	6	日	1	2	3	4	5	6	日	1	2
干節	辛丑	壬寅	癸卯	甲辰	乙巳	丙午	白露	戊申	己酉	庚戌	辛亥	壬子	癸丑	甲寅	乙卯	丙辰	丁巳	戊午	己未	庚申	辛酉	秋分	癸亥	甲子	乙丑	丙寅	丁卯	戊辰	己巳	庚午

陽歷十月份　（陰歷八、九月份）

陽	10	2	3	4	5	6	7	8	9	10	11	12	13	14	15	16	17	18	19	20	21	22	23	24	25	26	27	28	29	30	31
陰	十二	十三	十四	十五	十六	十七	十八	十九	廿	廿一	廿二	廿三	廿四	廿五	廿六	廿七	廿八	廿九	九	二	三	四	五	六	七	八	九	十	十一	十二	十三
星	3	4	5	6	日	1	2	3	4	5	6	日	1	2	3	4	5	6	日	1	2	3	4	5	6	日	1	2	3	4	5
干節	辛未	壬申	癸酉	甲戌	乙亥	丙子	丁丑	寒露	己卯	庚辰	辛巳	壬午	癸未	甲申	乙酉	丙戌	丁亥	戊子	己丑	庚寅	辛卯	壬辰	霜降	甲午	乙未	丙申	丁酉	戊戌	己亥	庚子	辛丑

陽歷十一月份　（陰歷九、十月份）

陽	11	2	3	4	5	6	7	8	9	10	11	12	13	14	15	16	17	18	19	20	21	22	23	24	25	26	27	28	29	30
陰	十四	十五	十六	十七	十八	十九	廿	廿一	廿二	廿三	廿四	廿五	廿六	廿七	廿八	廿九	卅	十	二	三	四	五	六	七	八	九	十	十一	十二	十三
星	6	日	1	2	3	4	5	6	日	1	2	3	4	5	6	日	1	2	3	4	5	6	日	1	2	3	4	5	6	日
干節	壬寅	癸卯	甲辰	乙巳	丙午	丁未	立冬	己酉	庚戌	辛亥	壬子	癸丑	甲寅	乙卯	丙辰	丁巳	戊午	己未	庚申	辛酉	小雪	癸亥	甲子	乙丑	丙寅	丁卯	戊辰	己巳	庚午	辛未

陽歷十二月份　（陰歷十、十一月份）

陽	12	2	3	4	5	6	7	8	9	10	11	12	13	14	15	16	17	18	19	20	21	22	23	24	25	26	27	28	29	30	31
陰	十四	十五	十六	十七	十八	十九	廿	廿一	廿二	廿三	廿四	廿五	廿六	廿七	廿八	廿九	十一	二	三	四	五	六	七	八	九	十	十一	十二	十三	十四	十五
星	1	2	3	4	5	6	日	1	2	3	4	5	6	日	1	2	3	4	5	6	日	1	2	3	4	5	6	日	1	2	3
干節	壬申	癸酉	甲戌	乙亥	丙子	大雪	戊寅	己卯	庚辰	辛巳	壬午	癸未	甲申	乙酉	丙戌	丁亥	戊子	己丑	庚寅	辛卯	冬至	癸巳	甲午	乙未	丙申	丁酉	戊戌	己亥	庚子	辛丑	壬寅

乙巳　一六六五年　（清聖祖康熙四年）

陽歷 一 月份　（陰歷十一、十二月份）

陽	1	2	3	4	5	6	7	8	9	10	11	12	13	14	15	16	17	18	19	20	21	22	23	24	25	26	27	28	29	30	31
陰	十六	十七	十八	十九	廿	廿一	廿二	廿三	廿四	廿五	廿六	廿七	廿八	廿九	卅	臘	二	三	四	五	六	七	八	九	十	十一	十二	十三	十四	十五	十六
星	4	5	6	日	1	2	3	4	5	6	日	1	2	3	4	5	6	日	1	2	3	4	5	6	日	1	2	3	4	5	6
干節	癸卯	甲辰	乙巳	小寒	丁未	戊申	己酉	庚戌	辛亥	壬子	癸丑	甲寅	乙卯	丙辰	丁巳	戊午	己未	庚申	大寒	壬戌	癸亥	甲子	乙丑	丙寅	丁卯	戊辰	己巳	庚午	辛未	壬申	癸酉

陽歷 二 月份　（陰歷十二、正月份）

陽	2	2	3	4	5	6	7	8	9	10	11	12	13	14	15	16	17	18	19	20	21	22	23	24	25	26	27	28			
陰	十七	十八	十九	廿	廿一	廿二	廿三	廿四	廿五	廿六	廿七	廿八	廿九	卅	正	二	三	四	五	六	七	八	九	十	十一	十二	十三	十四			
星	日	1	2	3	4	5	6	日	1	2	3	4	5	6	日	1	2	3	4	5	6	日	1	2	3	4	5	6			
干節	甲戌	乙亥	立春	丁丑	戊寅	己卯	庚辰	辛巳	壬午	癸未	甲申	乙酉	丙戌	丁亥	戊子	己丑	庚寅	雨水	壬辰	癸巳	甲午	乙未	丙申	丁酉	戊戌	己亥	庚子	辛丑			

陽歷 三 月份　（陰歷正、二月份）

陽	3	2	3	4	5	6	7	8	9	10	11	12	13	14	15	16	17	18	19	20	21	22	23	24	25	26	27	28	29	30	31
陰	十五	十六	十七	十八	十九	廿	廿一	廿二	廿三	廿四	廿五	廿六	廿七	廿八	廿九	卅	二	二	三	四	五	六	七	八	九	十	十一	十二	十三	十四	十五
星	日	1	2	3	4	5	6	日	1	2	3	4	5	6	日	1	2	3	4	5	6	日	1	2	3	4	5	6	日	1	2
干節	壬寅	癸卯	甲辰	乙巳	驚蟄	丁未	戊申	己酉	庚戌	辛亥	壬子	癸丑	甲寅	乙卯	丙辰	丁巳	戊午	己未	庚申	春分	壬戌	癸亥	甲子	乙丑	丙寅	丁卯	戊辰	己巳	庚午	辛未	壬申

陽歷 四 月份　（陰歷二、三月份）

陽	4	2	3	4	5	6	7	8	9	10	11	12	13	14	15	16	17	18	19	20	21	22	23	24	25	26	27	28	29	30	
陰	十六	十七	十八	十九	廿	廿一	廿二	廿三	廿四	廿五	廿六	廿七	廿八	廿九	三	二	三	四	五	六	七	八	九	十	十一	十二	十三	十四	十五	十六	
星	3	4	5	6	日	1	2	3	4	5	6	日	1	2	3	4	5	6	日	1	2	3	4	5	6	日	1	2	3	4	
干節	癸酉	甲戌	乙亥	淸明	丁丑	戊寅	己卯	庚辰	辛巳	壬午	癸未	甲申	乙酉	丙戌	丁亥	戊子	己丑	庚寅	穀雨	壬辰	癸巳	甲午	乙未	丙申	丁酉	戊戌	己亥	庚子	辛丑	壬寅	

陽歷 五 月份　（陰歷三、四月份）

陽	5	2	3	4	5	6	7	8	9	10	11	12	13	14	15	16	17	18	19	20	21	22	23	24	25	26	27	28	29	30	31
陰	十七	十八	十九	廿	廿一	廿二	廿三	廿四	廿五	廿六	廿七	廿八	廿九	卅	四	二	三	四	五	六	七	八	九	十	十一	十二	十三	十四	十五	十六	十七
星	5	6	日	1	2	3	4	5	6	日	1	2	3	4	5	6	日	1	2	3	4	5	6	日	1	2	3	4	5	6	日
干節	癸卯	甲辰	乙巳	丙午	立夏	戊申	己酉	庚戌	辛亥	壬子	癸丑	甲寅	乙卯	丙辰	丁巳	戊午	己未	庚申	辛酉	小滿	癸亥	甲子	乙丑	丙寅	丁卯	戊辰	己巳	庚午	辛未	壬申	癸酉

陽歷 六 月份　（陰歷四、五月份）

陽	6	2	3	4	5	6	7	8	9	10	11	12	13	14	15	16	17	18	19	20	21	22	23	24	25	26	27	28	29	30	
陰	十八	十九	廿	廿一	廿二	廿三	廿四	廿五	廿六	廿七	廿八	廿九	五	二	三	四	五	六	七	八	九	十	十一	十二	十三	十四	十五	十六	十七	十八	
星	1	2	3	4	5	6	日	1	2	3	4	5	6	日	1	2	3	4	5	6	日	1	2	3	4	5	6	日	1	2	
干節	甲戌	乙亥	丙子	丁丑	芒種	己卯	庚辰	辛巳	壬午	癸未	甲申	乙酉	丙戌	丁亥	戊子	己丑	庚寅	辛卯	壬辰	癸巳	夏至	乙未	丙申	丁酉	戊戌	己亥	庚子	辛丑	壬寅	癸卯	

乙巳

一六六五年

（清聖祖康熙四年）

陽曆七月份　（陰曆五、六月份）

陽	7	2	3	4	5	6	7	8	9	10	11	12	13	14	15	16	17	18	19	20	21	22	23	24	25	26	27	28	29	30	31
陰	十九	廿	廿一	廿二	廿三	廿四	廿五	廿六	廿七	廿八	廿九	卅	六	二	三	四	五	六	七	八	九	十	十一	十二	十三	十四	十五	十六	十七	十八	十九
星	3	4	5	6	日	1	2	3	4	5	6	日	1	2	3	4	5	6	日	1	2	3	4	5	6	日	1	2	3	4	5
干節	甲辰	乙巳	丙午	丁未	戊申	己酉	小暑	辛亥	壬子	癸丑	甲寅	乙卯	丙辰	丁巳	戊午	己未	庚申	辛酉	壬戌	癸亥	甲子	大暑	丙寅	丁卯	戊辰	己巳	庚午	辛未	壬申	癸酉	甲戌

陽曆八月份　（陰曆六、七月份）

陽	8	2	3	4	5	6	7	8	9	10	11	12	13	14	15	16	17	18	19	20	21	22	23	24	25	26	27	28	29	30	31
陰	廿	廿一	廿二	廿三	廿四	廿五	廿六	廿七	廿八	廿九	七	二	三	四	五	六	七	八	九	十	十一	十二	十三	十四	十五	十六	十七	十八	十九	廿	廿一
星	6	日	1	2	3	4	5	6	日	1	2	3	4	5	6	日	1	2	3	4	5	6	日	1	2	3	4	5	6	日	1
干節	乙亥	丙子	丁丑	戊寅	己卯	庚辰	立秋	壬午	癸未	甲申	乙酉	丙戌	丁亥	戊子	己丑	庚寅	辛卯	壬辰	癸巳	甲午	乙未	丙申	處暑	戊戌	己亥	庚子	辛丑	壬寅	癸卯	甲辰	乙巳

陽曆九月份　（陰曆七、八月份）

陽	9	2	3	4	5	6	7	8	9	10	11	12	13	14	15	16	17	18	19	20	21	22	23	24	25	26	27	28	29	30
陰	廿二	廿三	廿四	廿五	廿六	廿七	廿八	廿九	八	二	三	四	五	六	七	八	九	十	十一	十二	十三	十四	十五	十六	十七	十八	十九	廿	廿一	廿二
星	2	3	4	5	6	日	1	2	3	4	5	6	日	1	2	3	4	5	6	日	1	2	3	4	5	6	日	1	2	3
干節	丙午	丁未	戊申	己酉	庚戌	辛亥	白露	癸丑	甲寅	乙卯	丙辰	丁巳	戊午	己未	庚申	辛酉	壬戌	癸亥	甲子	乙丑	丙寅	丁卯	秋分	己巳	庚午	辛未	壬申	癸酉	甲戌	乙亥

陽曆十月份　（陰曆八、九月份）

陽	10	2	3	4	5	6	7	8	9	10	11	12	13	14	15	16	17	18	19	20	21	22	23	24	25	26	27	28	29	30	31
陰	廿三	廿四	廿五	廿六	廿七	廿八	廿九	卅	九	二	三	四	五	六	七	八	九	十	十一	十二	十三	十四	十五	十六	十七	十八	十九	廿	廿一	廿二	廿三
星	4	5	6	日	1	2	3	4	5	6	日	1	2	3	4	5	6	日	1	2	3	4	5	6	日	1	2	3	4	5	6
干節	丙子	丁丑	戊寅	己卯	庚辰	辛巳	壬午	寒露	甲申	乙酉	丙戌	丁亥	戊子	己丑	庚寅	辛卯	壬辰	癸巳	甲午	乙未	丙申	丁酉	霜降	己亥	庚子	辛丑	壬寅	癸卯	甲辰	乙巳	丙午

陽曆十一月份　（陰曆九、十月份）

陽	11	2	3	4	5	6	7	8	9	10	11	12	13	14	15	16	17	18	19	20	21	22	23	24	25	26	27	28	29	30
陰	廿四	廿五	廿六	廿七	廿八	廿九	十	二	三	四	五	六	七	八	九	十	十一	十二	十三	十四	十五	十六	十七	十八	十九	廿	廿一	廿二	廿三	廿四
星	日	1	2	3	4	5	6	日	1	2	3	4	5	6	日	1	2	3	4	5	6	日	1	2	3	4	5	6	日	1
干節	丁未	戊申	己酉	庚戌	辛亥	壬子	立冬	甲寅	乙卯	丙辰	丁巳	戊午	己未	庚申	辛酉	壬戌	癸亥	甲子	乙丑	丙寅	丁卯	小雪	己巳	庚午	辛未	壬申	癸酉	甲戌	乙亥	丙子

陽曆十二月份　（陰曆十、十一月份）

陽	12	2	3	4	5	6	7	8	9	10	11	12	13	14	15	16	17	18	19	20	21	22	23	24	25	26	27	28	29	30	31
陰	廿五	廿六	廿七	廿八	廿九	卅	十一	二	三	四	五	六	七	八	九	十	十一	十二	十三	十四	十五	十六	十七	十八	十九	廿	廿一	廿二	廿三	廿四	廿五
星	2	3	4	5	6	日	1	2	3	4	5	6	日	1	2	3	4	5	6	日	1	2	3	4	5	6	日	1	2	3	4
干節	丁丑	戊寅	己卯	庚辰	辛巳	大雪	癸未	甲申	乙酉	丙戌	丁亥	戊子	己丑	庚寅	辛卯	壬辰	癸巳	甲午	乙未	丙申	冬至	戊戌	己亥	庚子	辛丑	壬寅	癸卯	甲辰	乙巳	丙午	丁未

丙午 一六六六年 （清聖祖康熙五年）

陽歷 一 月份 （陰歷十一、十二月份）

陽	**1**	2	3	4	5	6	7	8	9	10	11	12	13	14	15	16	17	18	19	20	21	22	23	24	25	26	27	28	29	30	31
陰	廿六	廿七	廿八	廿九	**十二**	二	三	四	五	六	七	八	九	十	十一	十二	十三	十四	十五	十六	十七	十八	十九	廿	廿一	廿二	廿三	廿四	廿五	廿六	廿七
星	5	6	**日**	1	2	3	4	5	6	**日**	1	2	3	4	5	6	**日**	1	2	3	4	5	6	**日**	1	2	3	4	5	6	**日**
干節	戊申	己酉	庚戌	辛亥	**小寒**	癸丑	甲寅	乙卯	丙辰	丁巳	戊午	己未	庚申	辛酉	壬戌	癸亥	甲子	乙丑	**大寒**	丁卯	戊辰	己巳	庚午	辛未	壬申	癸酉	甲戌	乙亥	丙子	丁丑	戊寅

陽歷 二 月份 （陰歷十二、正月份）

陽	**2**	2	3	4	5	6	7	8	9	10	11	12	13	14	15	16	17	18	19	20	21	22	23	24	25	26	27	28			
陰	廿八	廿九	卅	**正**	二	三	四	五	六	七	八	九	十	十一	十二	十三	十四	十五	十六	十七	十八	十九	廿	廿一	廿二	廿三	廿四	廿五			
星	1	2	3	4	5	6	**日**	1	2	3	4	5	6	**日**	1	2	3	4	5	6	**日**	1	2	3	4	5	6	**日**			
干節	己卯	庚辰	**立春**	壬午	癸未	甲申	乙酉	丙戌	丁亥	戊子	己丑	庚寅	辛卯	壬辰	癸巳	甲午	乙未	**雨水**	丁酉	戊戌	己亥	庚子	辛丑	壬寅	癸卯	甲辰	乙巳	丙午			

陽歷 三 月份 （陰歷正、二月份）

陽	**3**	2	3	4	5	6	7	8	9	10	11	12	13	14	15	16	17	18	19	20	21	22	23	24	25	26	27	28	29	30	31
陰	廿六	廿七	廿八	廿九	卅	**二**	二	三	四	五	六	七	八	九	十	十一	十二	十三	十四	十五	十六	十七	十八	十九	廿	廿一	廿二	廿三	廿四	廿五	廿六
星	1	2	3	4	5	6	**日**	1	2	3	4	5	6	**日**	1	2	3	4	5	6	**日**	1	2	3	4	5	6	**日**	1	2	3
干節	丁未	戊申	己酉	庚戌	**驚蟄**	壬子	癸丑	甲寅	乙卯	丙辰	丁巳	戊午	己未	庚申	辛酉	壬戌	癸亥	甲子	乙丑	**春分**	丁卯	戊辰	己巳	庚午	辛未	壬申	癸酉	甲戌	乙亥	丙子	丁丑

陽歷 四 月份 （陰歷二、三月份）

陽	**4**	2	3	4	5	6	7	8	9	10	11	12	13	14	15	16	17	18	19	20	21	22	23	24	25	26	27	28	29	30	
陰	廿七	廿八	廿九	**三**	二	三	四	五	六	七	八	九	十	十一	十二	十三	十四	十五	十六	十七	十八	十九	廿	廿一	廿二	廿三	廿四	廿五	廿六	廿七	
星	4	5	6	**日**	1	2	3	4	5	6	**日**	1	2	3	4	5	6	**日**	1	2	3	4	5	6	**日**	1	2	3	4	5	
干節	戊寅	己卯	庚辰	**清明**	壬午	癸未	甲申	乙酉	丙戌	丁亥	戊子	己丑	庚寅	辛卯	壬辰	癸巳	甲午	乙未	丙申	**穀雨**	戊戌	己亥	庚子	辛丑	壬寅	癸卯	甲辰	乙巳	丙午	丁未	

陽歷 五 月份 （陰歷三、四月份）

陽	**5**	2	3	4	5	6	7	8	9	10	11	12	13	14	15	16	17	18	19	20	21	22	23	24	25	26	27	28	29	30	31
陰	廿八	廿九	卅	**四**	二	三	四	五	六	七	八	九	十	十一	十二	十三	十四	十五	十六	十七	十八	十九	廿	廿一	廿二	廿三	廿四	廿五	廿六	廿七	廿八
星	6	**日**	1	2	3	4	5	6	**日**	1	2	3	4	5	6	**日**	1	2	3	4	5	6	**日**	1	2	3	4	5	6	**日**	1
干節	戊申	己酉	庚戌	辛亥	**立夏**	癸丑	甲寅	乙卯	丙辰	丁巳	戊午	己未	庚申	辛酉	壬戌	癸亥	甲子	乙丑	丙寅	丁卯	**小滿**	己巳	庚午	辛未	壬申	癸酉	甲戌	乙亥	丙子	丁丑	戊寅

陽歷 六 月份 （陰歷四、五月份）

陽	**6**	2	3	4	5	6	7	8	9	10	11	12	13	14	15	16	17	18	19	20	21	22	23	24	25	26	27	28	29	30	
陰	廿九	卅	**五**	二	三	四	五	六	七	八	九	十	十一	十二	十三	十四	十五	十六	十七	十八	十九	廿	廿一	廿二	廿三	廿四	廿五	廿六	廿七	廿八	
星	2	3	4	5	6	**日**	1	2	3	4	5	6	**日**	1	2	3	4	5	6	**日**	1	2	3	4	5	6	**日**	1	2	3	
干節	己卯	庚辰	辛巳	壬午	**芒種**	甲申	乙酉	丙戌	丁亥	戊子	己丑	庚寅	辛卯	壬辰	癸巳	甲午	乙未	丙申	丁酉	戊戌	**夏至**	庚子	辛丑	壬寅	癸卯	甲辰	乙巳	丙午	丁未	戊申	

丙午

一六六六年

（清聖祖康熙五年）

陽歷 七 月份　　（陰歷五、六月份）

陽	**7**	2	3	4	5	6	7	8	9	10	11	12	13	14	15	16	17	18	19	20	21	22	23	24	25	26	27	28	29	30	31
陰	廿九	**六**	二	三	四	五	六	七	八	九	十	十一	十二	十三	十四	十五	十六	十七	十八	十九	廿	廿一	廿二	廿三	廿四	廿五	廿六	廿七	廿八	廿九	卅
星	4	5	6	**日**	1	2	3	4	5	6	**日**	1	2	3	4	5	6	**日**	1	2	3	4	5	6	**日**	1	2	3	4	5	6
干節	己酉	庚戌	辛亥	壬子	癸丑	甲寅	**小暑**	丙辰	丁巳	戊午	己未	庚申	辛酉	壬戌	癸亥	甲子	乙丑	丙寅	丁卯	戊辰	己巳	庚午	**大暑**	壬申	癸酉	甲戌	乙亥	丙子	丁丑	戊寅	己卯

陽歷 八 月份　　（陰歷七、八月份）

陽	**8**	2	3	4	5	6	7	8	9	10	11	12	13	14	15	16	17	18	19	20	21	22	23	24	25	26	27	28	29	30	31
陰	**七**	二	三	四	五	六	七	八	九	十	十一	十二	十三	十四	十五	十六	十七	十八	十九	廿	廿一	廿二	廿三	廿四	廿五	廿六	廿七	廿八	廿九	**八**	二
星	**日**	1	2	3	4	5	6	**日**	1	2	3	4	5	6	**日**	1	2	3	4	5	6	**日**	1	2	3	4	5	6	**日**	1	2
干節	庚辰	辛巳	壬午	癸未	甲申	乙酉	**立秋**	丁亥	戊子	己丑	庚寅	辛卯	壬辰	癸巳	甲午	乙未	丙申	丁酉	戊戌	己亥	庚子	辛丑	**處暑**	癸卯	甲辰	乙巳	丙午	丁未	戊申	己酉	庚戌

陽歷 九 月份　　（陰歷八、九月份）

陽	**9**	2	3	4	5	6	7	8	9	10	11	12	13	14	15	16	17	18	19	20	21	22	23	24	25	26	27	28	29	30	
陰	三	四	五	六	七	八	九	十	十一	十二	十三	十四	十五	十六	十七	十八	十九	廿	廿一	廿二	廿三	廿四	廿五	廿六	廿七	廿八	廿九	**九**	二	三	
星	3	4	5	6	**日**	1	2	3	4	5	6	**日**	1	2	3	4	5	6	**日**	1	2	3	4	5	6	**日**	1	2	3	4	
干節	辛亥	壬子	癸丑	甲寅	乙卯	丙辰	**白露**	戊午	己未	庚申	辛酉	壬戌	癸亥	甲子	乙丑	丙寅	丁卯	戊辰	己巳	庚午	辛未	壬申	**秋分**	甲戌	乙亥	丙子	丁丑	戊寅	己卯	庚辰	

陽歷 十 月份　　（陰歷九、十月份）

陽	**10**	2	3	4	5	6	7	8	9	10	11	12	13	14	15	16	17	18	19	20	21	22	23	24	25	26	27	28	29	30	31
陰	四	五	六	七	八	九	十	十一	十二	十三	十四	十五	十六	十七	十八	十九	廿	廿一	廿二	廿三	廿四	廿五	廿六	廿七	廿八	廿九	卅	**十**	二	三	四
星	5	6	**日**	1	2	3	4	5	6	**日**	1	2	3	4	5	6	**日**	1	2	3	4	5	6	**日**	1	2	3	4	5	6	**日**
干節	辛巳	壬午	癸未	甲申	乙酉	丙戌	丁亥	**寒露**	己丑	庚寅	辛卯	壬辰	癸巳	甲午	乙未	丙申	丁酉	戊戌	己亥	庚子	辛丑	壬寅	**霜降**	甲辰	乙巳	丙午	丁未	戊申	己酉	庚戌	辛亥

陽歷十一月份　　（陰歷十、十一月份）

陽	**11**	2	3	4	5	6	7	8	9	10	11	12	13	14	15	16	17	18	19	20	21	22	23	24	25	26	27	28	29	30	
陰	五	六	七	八	九	十	十一	十二	十三	十四	十五	十六	十七	十八	十九	廿	廿一	廿二	廿三	廿四	廿五	廿六	廿七	廿八	廿九	**十一**	二	三	四	五	
星	1	2	3	4	5	6	**日**	1	2	3	4	5	6	**日**	1	2	3	4	5	6	**日**	1	2	3	4	5	6	**日**	1	2	
干節	壬子	癸丑	甲寅	乙卯	丙辰	丁巳	**立冬**	己未	庚申	辛酉	壬戌	癸亥	甲子	乙丑	丙寅	丁卯	戊辰	己巳	庚午	辛未	壬申	**小雪**	甲戌	乙亥	丙子	丁丑	戊寅	己卯	庚辰	辛巳	

陽歷十二月份　　（陰歷十一、十二月份）

陽	**12**	2	3	4	5	6	7	8	9	10	11	12	13	14	15	16	17	18	19	20	21	22	23	24	25	26	27	28	29	30	31
陰	六	七	八	九	十	十一	十二	十三	十四	十五	十六	十七	十八	十九	廿	廿一	廿二	廿三	廿四	廿五	廿六	廿七	廿八	廿九	卅	**十二**	二	三	四	五	六
星	3	4	5	6	**日**	1	2	3	4	5	6	**日**	1	2	3	4	5	6	**日**	1	2	3	4	5	6	**日**	1	2	3	4	5
干節	壬午	癸未	甲申	乙酉	丙戌	丁亥	**大雪**	己丑	庚寅	辛卯	壬辰	癸巳	甲午	乙未	丙申	丁酉	戊戌	己亥	庚子	辛丑	**冬至**	癸卯	甲辰	乙巳	丙午	丁未	戊申	己酉	庚戌	辛亥	壬子

（註一八）案是年復用大統術定朔恆氣，推算時憲書頒行，今萬年書並用定氣，亦係後來以新法追改之，下丁未戊申己酉三年並仿此。

陽歷　一　月份　（陰歷十二、正月份）

陽	1	2	3	4	5	6	7	8	9	10	11	12	13	14	15	16	17	18	19	20	21	22	23	24	25	26	27	28	29	30	31
陰	七	八	九	十	十一	十二	十三	十四	十五	十六	十七	十八	十九	廿	廿一	廿二	廿三	廿四	廿五	廿六	廿七	廿八	廿九	正	二	三	四	五	六	七	八
星	6	日	1	2	3	4	5	6	日	1	2	3	4	5	6	日	1	2	3	4	5	6	日	1	2	3	4	5	6	日	1
干節	癸丑	甲寅	乙卯	丙辰	小寒	戊午	己未	庚申	辛酉	壬戌	癸亥	甲子	乙丑	丙寅	丁卯	戊辰	己巳	庚午	辛未	大寒	癸酉	甲戌	乙亥	丙子	丁丑	戊寅	己卯	庚辰	辛巳	壬午	癸未

陽歷　二　月份　（陰歷正、二月份）

陽	1	2	3	4	5	6	7	8	9	10	11	12	13	14	15	16	17	18	19	20	21	22	23	24	25	26	27	28			
陰	九	十	十一	十二	十三	十四	十五	十六	十七	十八	十九	廿	廿一	廿二	廿三	廿四	廿五	廿六	廿七	廿八	廿九	卅	二	二	三	四	五	六			
星	2	3	4	5	6	日	1	2	3	4	5	6	日	1	2	3	4	5	6	日	1	2	3	4	5	6	日	1			
干節	甲申	乙酉	立春	丁亥	戊子	己丑	庚寅	辛卯	壬辰	癸巳	甲午	乙未	丙申	丁酉	戊戌	己亥	庚子	雨水	壬寅	癸卯	甲辰	乙巳	丙午	丁未	戊申	己酉	庚戌	辛亥			

陽歷　三　月份　（陰歷二、三月份）

陽	1	2	3	4	5	6	7	8	9	10	11	12	13	14	15	16	17	18	19	20	21	22	23	24	25	26	27	28	29	30	31
陰	七	八	九	十	十一	十二	十三	十四	十五	十六	十七	十八	十九	廿	廿一	廿二	廿三	廿四	廿五	廿六	廿七	廿八	廿九	三	二	三	四	五	六	七	八
星	2	3	4	5	6	日	1	2	3	4	5	6	日	1	2	3	4	5	6	日	1	2	3	4	5	6	日	1	2	3	4
干節	壬子	癸丑	甲寅	乙卯	驚蟄	丁巳	戊午	己未	庚申	辛酉	壬戌	癸亥	甲子	乙丑	丙寅	丁卯	戊辰	己巳	庚午	春分	壬申	癸酉	甲戌	乙亥	丙子	丁丑	戊寅	己卯	庚辰	辛巳	壬午

陽歷　四　月份　（陰歷三、四月份）

陽	1	2	3	4	5	6	7	8	9	10	11	12	13	14	15	16	17	18	19	20	21	22	23	24	25	26	27	28	29	30	
陰	九	十	十一	十二	十三	十四	十五	十六	十七	十八	十九	廿	廿一	廿二	廿三	廿四	廿五	廿六	廿七	廿八	廿九	卅	四	二	三	四	五	六	七	八	
星	5	6	日	1	2	3	4	5	6	日	1	2	3	4	5	6	日	1	2	3	4	5	6	日	1	2	3	4	5	6	
干節	癸未	甲申	乙酉	丙戌	清明	戊子	己丑	庚寅	辛卯	壬辰	癸巳	甲午	乙未	丙申	丁酉	戊戌	己亥	庚子	辛丑	穀雨	癸卯	甲辰	乙巳	丙午	丁未	戊申	己酉	庚戌	辛亥	壬子	

陽歷　五　月份　（陰歷四、閏四月份）

陽	1	2	3	4	5	6	7	8	9	10	11	12	13	14	15	16	17	18	19	20	21	22	23	24	25	26	27	28	29	30	31
陰	九	十	十一	十二	十三	十四	十五	十六	十七	十八	十九	廿	廿一	廿二	廿三	廿四	廿五	廿六	廿七	廿八	廿九	卅	閏	二	三	四	五	六	七	八	九
星	日	1	2	3	4	5	6	日	1	2	3	4	5	6	日	1	2	3	4	5	6	日	1	2	3	4	5	6	日	1	2
干節	癸丑	甲寅	乙卯	丙辰	立夏	戊午	己未	庚申	辛酉	壬戌	癸亥	甲子	乙丑	丙寅	丁卯	戊辰	己巳	庚午	辛未	壬申	小滿	甲戌	乙亥	丙子	丁丑	戊寅	己卯	庚辰	辛巳	壬午	癸未

陽歷　六　月份　（陰歷閏四、五月份）

陽	1	2	3	4	5	6	7	8	9	10	11	12	13	14	15	16	17	18	19	20	21	22	23	24	25	26	27	28	29	30	
陰	十	十一	十二	十三	十四	十五	十六	十七	十八	十九	廿	廿一	廿二	廿三	廿四	廿五	廿六	廿七	廿八	廿九	五	二	三	四	五	六	七	八	九	十	
星	3	4	5	6	日	1	2	3	4	5	6	日	1	2	3	4	5	6	日	1	2	3	4	5	6	日	1	2	3	4	
干節	甲申	乙酉	丙戌	丁亥	戊子	芒種	庚寅	辛卯	壬辰	癸巳	甲午	乙未	丙申	丁酉	戊戌	己亥	庚子	辛丑	壬寅	癸卯	夏至	乙巳	丙午	丁未	戊申	己酉	庚戌	辛亥	壬子	癸丑	

丁未　一六六七年　（清聖祖康熙六年）

陽歷七月份　（陰歷五、六月份）

陽	7	2	3	4	5	6	7	8	9	10	11	12	13	14	15	16	17	18	19	20	21	22	23	24	25	26	27	28	29	30	31
陰	十一	十二	十三	十四	十五	十六	十七	十八	十九	廿	廿一	廿二	廿三	廿四	廿五	廿六	廿七	廿八	廿九	卅	六	二	三	四	五	六	七	八	九	十	十一
星	5	6	日	1	2	3	4	5	6	日	1	2	3	4	5	6	日	1	2	3	4	5	6	日	1	2	3	4	5	6	日
干節	甲寅	乙卯	丙辰	丁巳	戊午	己未	小暑	辛酉	壬戌	癸亥	甲子	乙丑	丙寅	丁卯	戊辰	己巳	庚午	辛未	壬申	癸酉	甲戌	乙亥	大暑	丁丑	戊寅	己卯	庚辰	辛巳	壬午	癸未	甲申

陽歷八月份　（陰歷六、七月份）

陽	8	2	3	4	5	6	7	8	9	10	11	12	13	14	15	16	17	18	19	20	21	22	23	24	25	26	27	28	29	30	31
陰	十二	十三	十四	十五	十六	十七	十八	十九	廿	廿一	廿二	廿三	廿四	廿五	廿六	廿七	廿八	廿九	七	二	三	四	五	六	七	八	九	十	十一	十二	十三
星	1	2	3	4	5	6	日	1	2	3	4	5	6	日	1	2	3	4	5	6	日	1	2	3	4	5	6	日	1	2	3
干節	乙酉	丙戌	丁亥	戊子	己丑	庚寅	辛卯	立秋	癸巳	甲午	乙未	丙申	丁酉	戊戌	己亥	庚子	辛丑	壬寅	癸卯	甲辰	乙巳	丙午	處暑	戊申	己酉	庚戌	辛亥	壬子	癸丑	甲寅	乙卯

陽歷九月份　（陰歷七、八月份）

陽	9	2	3	4	5	6	7	8	9	10	11	12	13	14	15	16	17	18	19	20	21	22	23	24	25	26	27	28	29	30
陰	十四	十五	十六	十七	十八	十九	廿	廿一	廿二	廿三	廿四	廿五	廿六	廿七	廿八	廿九	卅	八	二	三	四	五	六	七	八	九	十	十一	十二	十三
星	4	5	6	日	1	2	3	4	5	6	日	1	2	3	4	5	6	日	1	2	3	4	5	6	日	1	2	3	4	5
干節	丙辰	丁巳	戊午	己未	庚申	辛酉	壬戌	白露	甲子	乙丑	丙寅	丁卯	戊辰	己巳	庚午	辛未	壬申	癸酉	甲戌	乙亥	丙子	丁丑	秋分	己卯	庚辰	辛巳	壬午	癸未	甲申	乙酉

陽歷十月份　（陰歷八、九月份）

陽	10	2	3	4	5	6	7	8	9	10	11	12	13	14	15	16	17	18	19	20	21	22	23	24	25	26	27	28	29	30	31
陰	十四	十五	十六	十七	十八	十九	廿	廿一	廿二	廿三	廿四	廿五	廿六	廿七	廿八	廿九	九	二	三	四	五	六	七	八	九	十	十一	十二	十三	十四	十五
星	6	日	1	2	3	4	5	6	日	1	2	3	4	5	6	日	1	2	3	4	5	6	日	1	2	3	4	5	6	日	1
干節	丙戌	丁亥	戊子	己丑	庚寅	辛卯	壬辰	寒露	甲午	乙未	丙申	丁酉	戊戌	己亥	庚子	辛丑	壬寅	癸卯	甲辰	乙巳	丙午	丁未	霜降	己酉	庚戌	辛亥	壬子	癸丑	甲寅	乙卯	丙辰

陽歷十一月份　（陰歷九、十月份）

陽	11	2	3	4	5	6	7	8	9	10	11	12	13	14	15	16	17	18	19	20	21	22	23	24	25	26	27	28	29	30
陰	十六	十七	十八	十九	廿	廿一	廿二	廿三	廿四	廿五	廿六	廿七	廿八	廿九	卅	十	二	三	四	五	六	七	八	九	十	十一	十二	十三	十四	十五
星	2	3	4	5	6	日	1	2	3	4	5	6	日	1	2	3	4	5	6	日	1	2	3	4	5	6	日	1	2	3
干節	丁巳	戊午	己未	庚申	辛酉	壬戌	立冬	甲子	乙丑	丙寅	丁卯	戊辰	己巳	庚午	辛未	壬申	癸酉	甲戌	乙亥	丙子	丁丑	小雪	己卯	庚辰	辛巳	壬午	癸未	甲申	乙酉	丙戌

陽歷十二月份　（陰歷十、十一月份）

陽	12	2	3	4	5	6	7	8	9	10	11	12	13	14	15	16	17	18	19	20	21	22	23	24	25	26	27	28	29	30	31
陰	十六	十七	十八	十九	廿	廿一	廿二	廿三	廿四	廿五	廿六	廿七	廿八	廿九	十一	二	三	四	五	六	七	八	九	十	十一	十二	十三	十四	十五	十六	十七
星	4	5	6	日	1	2	3	4	5	6	日	1	2	3	4	5	6	日	1	2	3	4	5	6	日	1	2	3	4	5	6
干節	丁亥	戊子	己丑	庚寅	辛卯	壬辰	大雪	甲午	乙未	丙申	丁酉	戊戌	己亥	庚子	辛丑	壬寅	癸卯	甲辰	乙巳	丙午	丁未	冬至	己酉	庚戌	辛亥	壬子	癸丑	甲寅	乙卯	丙辰	丁巳

陽歷 一 月份 (陰歷十一、十二月份)

陽	1	2	3	4	5	6	7	8	9	10	11	12	13	14	15	16	17	18	19	20	21	22	23	24	25	26	27	28	29	30	31
陰	十八	十九	廿	廿一	廿二	廿三	廿四	廿五	廿六	廿七	廿八	廿九	卅	十二	二	三	四	五	六	七	八	九	十	十一	十二	十三	十四	十五	十六	十七	十八
星	日	1	2	3	4	5	6	日	1	2	3	4	5	6	日	1	2	3	4	5	6	日	1	2	3	4	5	6	日	1	2
干節	戊午	己未	庚申	辛酉	小寒	癸亥	甲子	乙丑	丙寅	丁卯	戊辰	己巳	庚午	辛未	壬申	癸酉	甲戌	乙亥	丙子	大寒	戊寅	己卯	庚辰	辛巳	壬午	癸未	甲申	乙酉	丙戌	丁亥	戊子

陽歷 二 月份 (陰歷十二、正月份)

陽	2	2	3	4	5	6	7	8	9	10	11	12	13	14	15	16	17	18	19	20	21	22	23	24	25	26	27	28	29		
陰	十九	廿	廿一	廿二	廿三	廿四	廿五	廿六	廿七	廿八	廿九	正	二	三	四	五	六	七	八	九	十	十一	十二	十三	十四	十五	十六	十七	十八		
星	3	4	5	6	日	1	2	3	4	5	6	日	1	2	3	4	5	6	日	1	2	3	4	5	6	日	1	2	3		
干節	己丑	庚寅	辛卯	立春	癸巳	甲午	乙未	丙申	丁酉	戊戌	己亥	庚子	辛丑	壬寅	癸卯	甲辰	乙巳	雨水	丁未	戊申	己酉	庚戌	辛亥	壬子	癸丑	甲寅	乙卯	丙辰	丁巳		

陽歷 三 月份 (陰歷正、二月份)

陽	3	2	3	4	5	6	7	8	9	10	11	12	13	14	15	16	17	18	19	20	21	22	23	24	25	26	27	28	29	30	31
陰	十九	廿	廿一	廿二	廿三	廿四	廿五	廿六	廿七	廿八	廿九	卅	二	二	三	四	五	六	七	八	九	十	十一	十二	十三	十四	十五	十六	十七	十八	十九
星	4	5	6	日	1	2	3	4	5	6	日	1	2	3	4	5	6	日	1	2	3	4	5	6	日	1	2	3	4	5	6
干節	戊午	己未	庚申	驚蟄	壬戌	癸亥	甲子	乙丑	丙寅	丁卯	戊辰	己巳	庚午	辛未	壬申	癸酉	甲戌	乙亥	丙子	春分	戊寅	己卯	庚辰	辛巳	壬午	癸未	甲申	乙酉	丙戌	丁亥	戊子

陽歷 四 月份 (陰歷二、三月份)

陽	4	2	3	4	5	6	7	8	9	10	11	12	13	14	15	16	17	18	19	20	21	22	23	24	25	26	27	28	29	30	
陰	廿	廿一	廿二	廿三	廿四	廿五	廿六	廿七	廿八	廿九	三	二	三	四	五	六	七	八	九	十	十一	十二	十三	十四	十五	十六	十七	十八	十九	廿	
星	日	1	2	3	4	5	6	日	1	2	3	4	5	6	日	1	2	3	4	5	6	日	1	2	3	4	5	6	日	1	
干節	己丑	庚寅	辛卯	清明	癸巳	甲午	乙未	丙申	丁酉	戊戌	己亥	庚子	辛丑	壬寅	癸卯	甲辰	乙巳	丙午	穀雨	戊申	己酉	庚戌	辛亥	壬子	癸丑	甲寅	乙卯	丙辰	丁巳	戊午	

陽歷 五 月份 (陰歷三、四月份)

陽	5	2	3	4	5	6	7	8	9	10	11	12	13	14	15	16	17	18	19	20	21	22	23	24	25	26	27	28	29	30	31
陰	廿一	廿二	廿三	廿四	廿五	廿六	廿七	廿八	廿九	卅	四	二	三	四	五	六	七	八	九	十	十一	十二	十三	十四	十五	十六	十七	十八	十九	廿	廿一
星	2	3	4	5	6	日	1	2	3	4	5	6	日	1	2	3	4	5	6	日	1	2	3	4	5	6	日	1	2	3	4
干節	己未	庚申	辛酉	壬戌	立夏	甲子	乙丑	丙寅	丁卯	戊辰	己巳	庚午	辛未	壬申	癸酉	甲戌	乙亥	丙子	丁丑	小滿	己卯	庚辰	辛巳	壬午	癸未	甲申	乙酉	丙戌	丁亥	戊子	己丑

陽歷 六 月份 (陰歷四、五月份)

陽	6	2	3	4	5	6	7	8	9	10	11	12	13	14	15	16	17	18	19	20	21	22	23	24	25	26	27	28	29	30	
陰	廿二	廿三	廿四	廿五	廿六	廿七	廿八	廿九	五	二	三	四	五	六	七	八	九	十	十一	十二	十三	十四	十五	十六	十七	十八	十九	廿	廿一	廿二	
星	5	6	日	1	2	3	4	5	6	日	1	2	3	4	5	6	日	1	2	3	4	5	6	日	1	2	3	4	5	6	
干節	庚寅	辛卯	壬辰	癸巳	芒種	乙未	丙申	丁酉	戊戌	己亥	庚子	辛丑	壬寅	癸卯	甲辰	乙巳	丙午	丁未	戊申	己酉	夏至	辛亥	壬子	癸丑	甲寅	乙卯	丙辰	丁巳	戊午	己未	

戊申　一六六八年　（清聖祖康熙七年）

陽歷七月份　（陰歷五、六月份）

陽	7	2	3	4	5	6	7	8	9	10	11	12	13	14	15	16	17	18	19	20	21	22	23	24	25	26	27	28	29	30	31
陰	廿三	廿四	廿五	廿六	廿七	廿八	廿九	卅	六	二	三	四	五	六	七	八	九	十	十一	十二	十三	十四	十五	十六	十七	十八	十九	廿	廿一	廿二	廿三
星	日	1	2	3	4	5	6	日	1	2	3	4	5	6	日	1	2	3	4	5	6	日	1	2	3	4	5	6	日	1	2
干節	庚申	辛酉	壬戌	癸亥	甲子	小暑	丙寅	丁卯	戊辰	己巳	庚午	辛未	壬申	癸酉	甲戌	乙亥	丙子	丁丑	戊寅	己卯	庚辰	大暑	壬午	癸未	甲申	乙酉	丙戌	丁亥	戊子	己丑	庚寅

陽歷八月份　（陰歷六、七月份）

陽	8	2	3	4	5	6	7	8	9	10	11	12	13	14	15	16	17	18	19	20	21	22	23	24	25	26	27	28	29	30	31
陰	廿四	廿五	廿六	廿七	廿八	廿九	卅	七	二	三	四	五	六	七	八	九	十	十一	十二	十三	十四	十五	十六	十七	十八	十九	廿	廿一	廿二	廿三	廿四
星	3	4	5	6	日	1	2	3	4	5	6	日	1	2	3	4	5	6	日	1	2	3	4	5	6	日	1	2	3	4	5
干節	辛卯	壬辰	癸巳	甲午	乙未	丙申	立秋	戊戌	己亥	庚子	辛丑	壬寅	癸卯	甲辰	乙巳	丙午	丁未	戊申	己酉	庚戌	辛亥	處暑	癸丑	甲寅	乙卯	丙辰	丁巳	戊午	己未	庚申	辛酉

陽歷九月份　（陰歷七、八月份）

陽	9	2	3	4	5	6	7	8	9	10	11	12	13	14	15	16	17	18	19	20	21	22	23	24	25	26	27	28	29	30
陰	廿五	廿六	廿七	廿八	廿九	八	二	三	四	五	六	七	八	九	十	十一	十二	十三	十四	十五	十六	十七	十八	十九	廿	廿一	廿二	廿三	廿四	廿五
星	6	日	1	2	3	4	5	6	日	1	2	3	4	5	6	日	1	2	3	4	5	6	日	1	2	3	4	5	6	日
干節	壬戌	癸亥	甲子	乙丑	丙寅	丁卯	白露	己巳	庚午	辛未	壬申	癸酉	甲戌	乙亥	丙子	丁丑	戊寅	己卯	庚辰	辛巳	壬午	秋分	甲申	乙酉	丙戌	丁亥	戊子	己丑	庚寅	辛卯

陽歷十月份　（陰歷八、九月份）

陽	10	2	3	4	5	6	7	8	9	10	11	12	13	14	15	16	17	18	19	20	21	22	23	24	25	26	27	28	29	30	31
陰	廿六	廿七	廿八	廿九	卅	九	二	三	四	五	六	七	八	九	十	十一	十二	十三	十四	十五	十六	十七	十八	十九	廿	廿一	廿二	廿三	廿四	廿五	廿六
星	1	2	3	4	5	6	日	1	2	3	4	5	6	日	1	2	3	4	5	6	日	1	2	3	4	5	6	日	1	2	3
干節	壬辰	癸巳	甲午	乙未	丙申	丁酉	寒露	己亥	庚子	辛丑	壬寅	癸卯	甲辰	乙巳	丙午	丁未	戊申	己酉	庚戌	辛亥	壬子	癸丑	霜降	乙卯	丙辰	丁巳	戊午	己未	庚申	辛酉	壬戌

陽歷十一月份　（陰歷九、十月份）

陽	11	2	3	4	5	6	7	8	9	10	11	12	13	14	15	16	17	18	19	20	21	22	23	24	25	26	27	28	29	30
陰	廿七	廿八	廿九	十	二	三	四	五	六	七	八	九	十	十一	十二	十三	十四	十五	十六	十七	十八	十九	廿	廿一	廿二	廿三	廿四	廿五	廿六	廿七
星	4	5	6	日	1	2	3	4	5	6	日	1	2	3	4	5	6	日	1	2	3	4	5	6	日	1	2	3	4	5
干節	癸亥	甲子	乙丑	丙寅	丁卯	立冬	己巳	庚午	辛未	壬申	癸酉	甲戌	乙亥	丙子	丁丑	戊寅	己卯	庚辰	辛巳	壬午	小雪	甲申	乙酉	丙戌	丁亥	戊子	己丑	庚寅	辛卯	壬辰

陽歷十二月份　（陰歷十、十一月份）

陽	12	2	3	4	5	6	7	8	9	10	11	12	13	14	15	16	17	18	19	20	21	22	23	24	25	26	27	28	29	30	31
陰	廿八	廿九	卅	十一	二	三	四	五	六	七	八	九	十	十一	十二	十三	十四	十五	十六	十七	十八	十九	廿	廿一	廿二	廿三	廿四	廿五	廿六	廿七	廿八
星	6	日	1	2	3	4	5	6	日	1	2	3	4	5	6	日	1	2	3	4	5	6	日	1	2	3	4	5	6	日	1
干節	癸巳	甲午	乙未	丙申	丁酉	大雪	己亥	庚子	辛丑	壬寅	癸卯	甲辰	乙巳	丙午	丁未	戊申	己酉	庚戌	辛亥	壬子	冬至	甲寅	乙卯	丙辰	丁巳	戊午	己未	庚申	辛酉	壬戌	癸亥

近世中西史日對照表

陽歷 一 月份　(陰歷十一、十二月份)

陽	1	2	3	4	5	6	7	8	9	10	11	12	13	14	15	16	17	18	19	20	21	22	23	24	25	26	27	28	29	30	31
陰	廿九	十二	二	三	四	五	六	七	八	九	十	十一	十二	十三	十四	十五	十六	十七	十八	十九	廿	廿一	廿二	廿三	廿四	廿五	廿六	廿七	廿八	廿九	卅
星	2	3	4	5	6	日	1	2	3	4	5	6	日	1	2	3	4	5	6	日	1	2	3	4	5	6	日	1	2	3	4
干節	甲子	乙丑	丙寅	小寒	戊辰	己巳	庚午	辛未	壬申	癸酉	甲戌	乙亥	丙子	丁丑	戊寅	己卯	庚辰	辛巳	大寒	癸未	甲申	乙酉	丙戌	丁亥	戊子	己丑	庚寅	辛卯	壬辰	癸巳	甲午

陽歷 二 月份　(陰歷正月份)

陽	1	2	3	4	5	6	7	8	9	10	11	12	13	14	15	16	17	18	19	20	21	22	23	24	25	26	27	28			
陰	正	二	三	四	五	六	七	八	九	十	十一	十二	十三	十四	十五	十六	十七	十八	十九	廿	廿一	廿二	廿三	廿四	廿五	廿六	廿七	廿八			
星	5	6	日	1	2	3	4	5	6	日	1	2	3	4	5	6	日	1	2	3	4	5	6	日	1	2	3	4			
干節	乙未	丙申	立春	戊戌	己亥	庚子	辛丑	壬寅	癸卯	甲辰	乙巳	丙午	丁未	戊申	己酉	庚戌	辛亥	雨水	癸丑	甲寅	乙卯	丙辰	丁巳	戊午	己未	庚申	辛酉	壬戌			

陽歷 三 月份　(陰歷正、二月份)

陽	1	2	3	4	5	6	7	8	9	10	11	12	13	14	15	16	17	18	19	20	21	22	23	24	25	26	27	28	29	30	31
陰	廿九	二	二	三	四	五	六	七	八	九	十	十一	十二	十三	十四	十五	十六	十七	十八	十九	廿	廿一	廿二	廿三	廿四	廿五	廿六	廿七	廿八	廿九	卅
星	5	6	日	1	2	3	4	5	6	日	1	2	3	4	5	6	日	1	2	3	4	5	6	日	1	2	3	4	5	6	日
干節	癸亥	甲子	乙丑	丙寅	驚蟄	戊辰	己巳	庚午	辛未	壬申	癸酉	甲戌	乙亥	丙子	丁丑	戊寅	己卯	庚辰	辛巳	春分	癸未	甲申	乙酉	丙戌	丁亥	戊子	己丑	庚寅	辛卯	壬辰	癸巳

陽歷 四 月份　(陰歷三、四月份)

陽	1	2	3	4	5	6	7	8	9	10	11	12	13	14	15	16	17	18	19	20	21	22	23	24	25	26	27	28	29	30
陰	三	二	三	四	五	六	七	八	九	十	十一	十二	十三	十四	十五	十六	十七	十八	十九	廿	廿一	廿二	廿三	廿四	廿五	廿六	廿七	廿八	廿九	四
星	1	2	3	4	5	6	日	1	2	3	4	5	6	日	1	2	3	4	5	6	日	1	2	3	4	5	6	日	1	2
干節	甲午	乙未	丙申	清明	戊戌	己亥	庚子	辛丑	壬寅	癸卯	甲辰	乙巳	丙午	丁未	戊申	己酉	庚戌	辛亥	穀雨	癸丑	甲寅	乙卯	丙辰	丁巳	戊午	己未	庚申	辛酉	壬戌	癸亥

陽歷 五 月份　(陰歷四、五月份)

陽	1	2	3	4	5	6	7	8	9	10	11	12	13	14	15	16	17	18	19	20	21	22	23	24	25	26	27	28	29	30	31
陰	二	三	四	五	六	七	八	九	十	十一	十二	十三	十四	十五	十六	十七	十八	十九	廿	廿一	廿二	廿三	廿四	廿五	廿六	廿七	廿八	廿九	卅	五	二
星	3	4	5	6	日	1	2	3	4	5	6	日	1	2	3	4	5	6	日	1	2	3	4	5	6	日	1	2	3	4	5
干節	甲子	乙丑	丙寅	丁卯	立夏	己巳	庚午	辛未	壬申	癸酉	甲戌	乙亥	丙子	丁丑	戊寅	己卯	庚辰	辛巳	壬午	小滿	甲申	乙酉	丙戌	丁亥	戊子	己丑	庚寅	辛卯	壬辰	癸巳	甲午

陽歷 六 月份　(陰歷五、六月份)

陽	1	2	3	4	5	6	7	8	9	10	11	12	13	14	15	16	17	18	19	20	21	22	23	24	25	26	27	28	29	30
陰	三	四	五	六	七	八	九	十	十一	十二	十三	十四	十五	十六	十七	十八	十九	廿	廿一	廿二	廿三	廿四	廿五	廿六	廿七	廿八	廿九	六	二	三
星	6	日	1	2	3	4	5	6	日	1	2	3	4	5	6	日	1	2	3	4	5	6	日	1	2	3	4	5	6	日
干節	乙未	丙申	丁酉	戊戌	芒種	庚子	辛丑	壬寅	癸卯	甲辰	乙巳	丙午	丁未	戊申	己酉	庚戌	辛亥	壬子	癸丑	甲寅	夏至	丙辰	丁巳	戊午	己未	庚申	辛酉	壬戌	癸亥	甲子

己酉

一六六九年

(清聖祖康熙八年)

己酉

一六六九年

（清聖祖康熙八年）

陽歷七月份　（陰歷六、七月份）

陽	7	2	3	4	5	6	7	8	9	10	11	12	13	14	15	16	17	18	19	20	21	22	23	24	25	26	27	28	29	30	31
陰	四	五	六	七	八	九	十	十一	十二	十三	十四	十五	十六	十七	十八	十九	廿	廿一	廿二	廿三	廿四	廿五	廿六	廿七	廿八	廿九	卅	七	二	三	四
星	1	2	3	4	5	6	日	1	2	3	4	5	6	日	1	2	3	4	5	6	日	1	2	3	4	5	6	日	1	2	3
干節	乙丑	丙寅	丁卯	戊辰	己巳	庚午	小暑	壬申	癸酉	甲戌	乙亥	丙子	丁丑	戊寅	己卯	庚辰	辛巳	壬午	癸未	甲申	乙酉	大暑	丁亥	戊子	己丑	庚寅	辛卯	壬辰	癸巳	甲午	乙未

陽歷八月份　（陰歷七、八月份）

陽	8	2	3	4	5	6	7	8	9	10	11	12	13	14	15	16	17	18	19	20	21	22	23	24	25	26	27	28	29	30	31
陰	五	六	七	八	九	十	十一	十二	十三	十四	十五	十六	十七	十八	十九	廿	廿一	廿二	廿三	廿四	廿五	廿六	廿七	廿八	廿九	八	二	三	四	五	六
星	4	5	6	日	1	2	3	4	5	6	日	1	2	3	4	5	6	日	1	2	3	4	5	6	日	1	2	3	4	5	6
干節	丙申	丁酉	戊戌	己亥	庚子	辛丑	立秋	癸卯	甲辰	乙巳	丙午	丁未	戊申	己酉	庚戌	辛亥	壬子	癸丑	甲寅	乙卯	丙辰	丁巳	處暑	己未	庚申	辛酉	壬戌	癸亥	甲子	乙丑	丙寅

陽歷九月份　（陰歷八、九月份）

陽	9	2	3	4	5	6	7	8	9	10	11	12	13	14	15	16	17	18	19	20	21	22	23	24	25	26	27	28	29	30	
陰	七	八	九	十	十一	十二	十三	十四	十五	十六	十七	十八	十九	廿	廿一	廿二	廿三	廿四	廿五	廿六	廿七	廿八	廿九	卅	九	二	三	四	五	六	
星	日	1	2	3	4	5	6	日	1	2	3	4	5	6	日	1	2	3	4	5	6	日	1	2	3	4	5	6	日	1	
干節	丁卯	戊辰	己巳	庚午	辛未	壬申	白露	甲戌	乙亥	丙子	丁丑	戊寅	己卯	庚辰	辛巳	壬午	癸未	甲申	乙酉	丙戌	丁亥	戊子	秋分	庚寅	辛卯	壬辰	癸巳	甲午	乙未	丙申	

陽歷十月份　（陰歷九、十月份）

陽	10	2	3	4	5	6	7	8	9	10	11	12	13	14	15	16	17	18	19	20	21	22	23	24	25	26	27	28	29	30	31
陰	七	八	九	十	十一	十二	十三	十四	十五	十六	十七	十八	十九	廿	廿一	廿二	廿三	廿四	廿五	廿六	廿七	廿八	廿九	卅	十	二	三	四	五	六	七
星	2	3	4	5	6	日	1	2	3	4	5	6	日	1	2	3	4	5	6	日	1	2	3	4	5	6	日	1	2	3	4
干節	丁酉	戊戌	己亥	庚子	辛丑	壬寅	癸卯	寒露	乙巳	丙午	丁未	戊申	己酉	庚戌	辛亥	壬子	癸丑	甲寅	乙卯	丙辰	丁巳	戊午	霜降	庚申	辛酉	壬戌	癸亥	甲子	乙丑	丙寅	丁卯

陽歷十一月份　（陰歷十、十一月份）

陽	11	2	3	4	5	6	7	8	9	10	11	12	13	14	15	16	17	18	19	20	21	22	23	24	25	26	27	28	29	30	
陰	八	九	十	十一	十二	十三	十四	十五	十六	十七	十八	十九	廿	廿一	廿二	廿三	廿四	廿五	廿六	廿七	廿八	廿九	十一	二	三	四	五	六	七	八	
星	5	6	日	1	2	3	4	5	6	日	1	2	3	4	5	6	日	1	2	3	4	5	6	日	1	2	3	4	5	6	
干節	戊辰	己巳	庚午	辛未	壬申	癸酉	立冬	乙亥	丙子	丁丑	戊寅	己卯	庚辰	辛巳	壬午	癸未	甲申	乙酉	丙戌	丁亥	戊子	小雪	庚寅	辛卯	壬辰	癸巳	甲午	乙未	丙申	丁酉	

陽歷十二月份　（陰歷十一、十二月份）

陽	12	2	3	4	5	6	7	8	9	10	11	12	13	14	15	16	17	18	19	20	21	22	23	24	25	26	27	28	29	30	31
陰	九	十	十一	十二	十三	十四	十五	十六	十七	十八	十九	廿	廿一	廿二	廿三	廿四	廿五	廿六	廿七	廿八	廿九	卅	十二	二	三	四	五	六	七	八	九
星	日	1	2	3	4	5	6	日	1	2	3	4	5	6	日	1	2	3	4	5	6	日	1	2	3	4	5	6	日	1	2
干節	戊戌	己亥	庚子	辛丑	壬寅	大雪	甲辰	乙巳	丙午	丁未	戊申	己酉	庚戌	辛亥	壬子	癸丑	甲寅	乙卯	丙辰	丁巳	冬至	己未	庚申	辛酉	壬戌	癸亥	甲子	乙丑	丙寅	丁卯	戊辰

憲書，飭而自行檢舉，停止閏月，依新法改閏明年二月。

近世中西史日對照表

陽歷 一 月份 （陰歷十二、正月份）

陽	1	2	3	4	5	6	7	8	9	10	11	12	13	14	15	16	17	18	19	20	21	22	23	24	25	26	27	28	29	30	31
陰	十	十一	十二	十三	十四	十五	十六	十七	十八	十九	廿	廿一	廿二	廿三	廿四	廿五	廿六	廿七	廿八	廿九	正	二	三	四	五	六	七	八	九	十	十一
星	3	4	5	6	日	1	2	3	4	5	6	日	1	2	3	4	5	6	日	1	2	3	4	5	6	日	1	2	3	4	5
干節	己巳	庚午	辛未	壬申	小寒	甲戌	乙亥	丙子	丁丑	戊寅	己卯	庚辰	辛巳	壬午	癸未	甲申	乙酉	丙戌	大寒	戊子	己丑	庚寅	辛卯	壬辰	癸巳	甲午	乙未	丙申	丁酉	戊戌	己亥

陽歷 二 月份 （陰歷正、二月份）

陽	1	2	3	4	5	6	7	8	9	10	11	12	13	14	15	16	17	18	19	20	21	22	23	24	25	26	27	28			
陰	十二	十三	十四	十五	十六	十七	十八	十九	廿	廿一	廿二	廿三	廿四	廿五	廿六	廿七	廿八	廿九	卅	二	二	三	四	五	六	七	八	九			
星	6	日	1	2	3	4	5	6	日	1	2	3	4	5	6	日	1	2	3	4	5	6	日	1	2	3	4	5			
干節	庚子	辛丑	立春	癸卯	甲辰	乙巳	丙午	丁未	戊申	己酉	庚戌	辛亥	壬子	癸丑	甲寅	乙卯	丙辰	雨水	戊午	己未	庚申	辛酉	壬戌	癸亥	甲子	乙丑	丙寅	丁卯			

陽歷 三 月份 （陰歷二、閏二月份）

陽	1	2	3	4	5	6	7	8	9	10	11	12	13	14	15	16	17	18	19	20	21	22	23	24	25	26	27	28	29	30	31
陰	十	十一	十二	十三	十四	十五	十六	十七	十八	十九	廿	廿一	廿二	廿三	廿四	廿五	廿六	廿七	廿八	廿九	閏	二	三	四	五	六	七	八	九	十	十一
星	6	日	1	2	3	4	5	6	日	1	2	3	4	5	6	日	1	2	3	4	5	6	日	1	2	3	4	5	6	日	1
干節	戊辰	己巳	庚午	辛未	驚蟄	癸酉	甲戌	乙亥	丙子	丁丑	戊寅	己卯	庚辰	辛巳	壬午	癸未	甲申	乙酉	丙戌	春分	戊子	己丑	庚寅	辛卯	壬辰	癸巳	甲午	乙未	丙申	丁酉	戊戌

陽歷 四 月份 （陰歷閏二、三月份）

陽	1	2	3	4	5	6	7	8	9	10	11	12	13	14	15	16	17	18	19	20	21	22	23	24	25	26	27	28	29	30	
陰	十二	十三	十四	十五	十六	十七	十八	十九	廿	廿一	廿二	廿三	廿四	廿五	廿六	廿七	廿八	廿九	卅	三	二	三	四	五	六	七	八	九	十	十一	
星	2	3	4	5	6	日	1	2	3	4	5	6	日	1	2	3	4	5	6	日	1	2	3	4	5	6	日	1	2	3	
干節	己亥	庚子	辛丑	清明	癸卯	甲辰	乙巳	丙午	丁未	戊申	己酉	庚戌	辛亥	壬子	癸丑	甲寅	乙卯	丙辰	丁巳	穀雨	己未	庚申	辛酉	壬戌	癸亥	甲子	乙丑	丙寅	丁卯	戊辰	

陽歷 五 月份 （陰歷三、四月份）

陽	1	2	3	4	5	6	7	8	9	10	11	12	13	14	15	16	17	18	19	20	21	22	23	24	25	26	27	28	29	30	31
陰	十二	十三	十四	十五	十六	十七	十八	十九	廿	廿一	廿二	廿三	廿四	廿五	廿六	廿七	廿八	廿九	四	二	三	四	五	六	七	八	九	十	十一	十二	十三
星	4	5	6	日	1	2	3	4	5	6	日	1	2	3	4	5	6	日	1	2	3	4	5	6	日	1	2	3	4	5	6
干節	己巳	庚午	辛未	壬申	立夏	甲戌	乙亥	丙子	丁丑	戊寅	己卯	庚辰	辛巳	壬午	癸未	甲申	乙酉	丙戌	丁亥	戊子	小滿	庚寅	辛卯	壬辰	癸巳	甲午	乙未	丙申	丁酉	戊戌	己亥

陽歷 六 月份 （陰歷四、五月份）

陽	1	2	3	4	5	6	7	8	9	10	11	12	13	14	15	16	17	18	19	20	21	22	23	24	25	26	27	28	29	30	
陰	十四	十五	十六	十七	十八	十九	廿	廿一	廿二	廿三	廿四	廿五	廿六	廿七	廿八	廿九	五	二	三	四	五	六	七	八	九	十	十一	十二	十三	十四	
星	日	1	2	3	4	5	6	日	1	2	3	4	5	6	日	1	2	3	4	5	6	日	1	2	3	4	5	6	日	1	
干節	庚子	辛丑	壬寅	癸卯	芒種	乙巳	丙午	丁未	戊申	己酉	庚戌	辛亥	壬子	癸丑	甲寅	乙卯	丙辰	丁巳	戊午	己未	夏至	辛酉	壬戌	癸亥	甲子	乙丑	丙寅	丁卯	戊辰	己巳	

庚戌

一六七〇年

（清聖祖康熙九年）

陽歷 七 月份 （陰歷五、六月份）

陽	7	2	3	4	5	6	7	8	9	10	11	12	13	14	15	16	17	18	19	20	21	22	23	24	35	26	27	28	29	30	31
陰	十五	十六	十七	十八	十九	廿	廿一	廿二	廿三	廿四	廿五	廿六	廿七	廿八	廿九	卅	六	二	三	四	五	六	七	八	九	十	十一	十二	十三	十四	十五
星	2	3	4	5	6	日	1	2	3	4	5	6	日	1	2	3	4	5	6	日	1	2	3	4	5	6	日	1	2	3	4
干節	庚午	辛未	壬申	癸酉	甲戌	乙亥	小暑	丁丑	戊寅	己卯	庚辰	辛巳	壬午	癸未	甲申	乙酉	丙戌	丁亥	戊子	己丑	庚寅	辛卯	大暑	癸巳	甲午	乙未	丙申	丁酉	戊戌	己亥	庚子

陽歷 八 月份 （陰歷六、七月份）

陽	8	2	3	4	5	6	7	8	9	10	11	12	13	14	15	16	17	18	19	20	21	22	23	24	25	26	27	28	29	30	31
陰	十六	十七	十八	十九	廿	廿一	廿二	廿三	廿四	廿五	廿六	廿七	廿八	廿九	七	二	三	四	五	六	七	八	九	十	十一	十二	十三	十四	十五	十六	十七
星	5	6	日	1	2	3	4	5	6	日	1	2	3	4	5	6	日	1	2	3	4	5	6	日	1	2	3	4	5	6	日
干節	辛丑	壬寅	癸卯	甲辰	乙巳	丙午	立秋	戊申	己酉	庚戌	辛亥	壬子	癸丑	甲寅	乙卯	丙辰	丁巳	戊午	己未	庚申	辛酉	壬戌	處暑	甲子	乙丑	丙寅	丁卯	戊辰	己巳	庚午	辛未

陽歷 九 月份 （陰歷七、八月份）

陽	9	2	3	4	5	6	7	8	9	10	11	12	13	14	15	16	17	18	19	20	21	22	23	24	25	26	27	28	29	30
陰	十八	十九	廿	廿一	廿二	廿三	廿四	廿五	廿六	廿七	廿八	廿九	卅	八	二	三	四	五	六	七	八	九	十	十一	十二	十三	十四	十五	十六	十七
星	1	2	3	4	5	6	日	1	2	3	4	5	6	日	1	2	3	4	5	6	日	1	2	3	4	5	6	日	1	2
干節	壬申	癸酉	甲戌	乙亥	丙子	丁丑	白露	己卯	庚辰	辛巳	壬午	癸未	甲申	乙酉	丙戌	丁亥	戊子	己丑	庚寅	辛卯	壬辰	癸巳	秋分	乙未	丙申	丁酉	戊戌	己亥	庚子	辛丑

陽歷 十 月份 （陰歷八、九月份）

陽	10	2	3	4	5	6	7	8	9	10	11	12	13	14	15	16	17	18	19	20	21	22	23	24	25	26	27	28	29	30	31
陰	十八	十九	廿	廿一	廿二	廿三	廿四	廿五	廿六	廿七	廿八	廿九	卅	九	二	三	四	五	六	七	八	九	十	十一	十二	十三	十四	十五	十六	十七	十八
星	3	4	5	6	日	1	2	3	4	5	6	日	1	2	3	4	5	6	日	1	2	3	4	5	6	日	1	2	3	4	5
干節	壬寅	癸卯	甲辰	乙巳	丙午	丁未	戊申	寒露	庚戌	辛亥	壬子	癸丑	甲寅	乙卯	丙辰	丁巳	戊午	己未	庚申	辛酉	壬戌	癸亥	霜降	乙丑	丙寅	丁卯	戊辰	己巳	庚午	辛未	壬申

陽歷十一月份 （陰歷九、十月份）

陽	11	2	3	4	5	6	7	8	9	10	11	12	13	14	15	16	17	18	19	20	21	22	23	24	25	26	27	28	29	30
陰	十九	廿	廿一	廿二	廿三	廿四	廿五	廿六	廿七	廿八	廿九	卅	十	二	三	四	五	六	七	八	九	十	十一	十二	十三	十四	十五	十六	十七	十八
星	6	日	1	2	3	4	5	6	日	1	2	3	4	5	6	日	1	2	3	4	5	6	日	1	2	3	4	5	6	日
干節	癸酉	甲戌	乙亥	丙子	丁丑	戊寅	立冬	庚辰	辛巳	壬午	癸未	甲申	乙酉	丙戌	丁亥	戊子	己丑	庚寅	辛卯	壬辰	癸巳	小雪	乙未	丙申	丁酉	戊戌	己亥	庚子	辛丑	壬寅

陽歷十二月份 （陰歷十、十一月份）

陽	12	2	3	4	5	6	7	8	9	10	11	12	13	14	15	16	17	18	19	20	21	22	23	24	25	26	27	28	29	30	31
陰	十九	廿	廿一	廿二	廿三	廿四	廿五	廿六	廿七	廿八	廿九	十一	二	三	四	五	六	七	八	九	十	十一	十二	十三	十四	十五	十六	十七	十八	十九	廿
星	1	2	3	4	5	6	日	1	2	3	4	5	6	日	1	2	3	4	5	6	日	1	2	3	4	5	6	日	1	2	3
干節	癸卯	甲辰	乙巳	丙午	丁未	戊申	大雪	庚戌	辛亥	壬子	癸丑	甲寅	乙卯	丙辰	丁巳	戊午	己未	庚申	辛酉	壬戌	冬至	甲子	乙丑	丙寅	丁卯	戊辰	己巳	庚午	辛未	壬申	癸酉

（註二〇）案是年復用考成前編法，定朔定氣，頒行曆書，[illegible]

近世中西史日對照表

陽歷 一 月份 （陰歷十一、十二月份）

陽	1	2	3	4	5	6	7	8	9	10	11	12	13	14	15	16	17	18	19	20	21	22	23	24	25	26	27	28	29	30	31
陰	廿一	廿二	廿三	廿四	廿五	廿六	廿七	廿八	廿九	卅	十二	二	三	四	五	六	七	八	九	十	十一	十二	十三	十四	十五	十六	十七	十八	十九	廿	廿一
星	4	5	6	日	1	2	3	4	5	6	日	1	2	3	4	5	6	日	1	2	3	4	5	6	日	1	2	3	4	5	6
干節	甲戌	乙亥	丙子	丁丑	小寒	己卯	庚辰	辛巳	壬午	癸未	甲申	乙酉	丙戌	丁亥	戊子	己丑	庚寅	辛卯	壬辰	大寒	甲午	乙未	丙申	丁酉	戊戌	己亥	庚子	辛丑	壬寅	癸卯	甲辰

陽歷 二 月份 （陰歷十二、正月份）

陽	2	2	3	4	5	6	7	8	9	10	11	12	13	14	15	16	17	18	19	20	21	22	23	24	25	26	27	28			
陰	廿二	廿三	廿四	廿五	廿六	廿七	廿八	廿九	正	二	三	四	五	六	七	八	九	十	十一	十二	十三	十四	十五	十六	十七	十八	十九	廿			
星	日	1	2	3	4	5	6	日	1	2	3	4	5	6	日	1	2	3	4	5	6	日	1	2	3	4	5	6			
干節	乙巳	丙午	立春	戊申	己酉	庚戌	辛亥	壬子	癸丑	甲寅	乙卯	丙辰	丁巳	戊午	己未	庚申	辛酉	雨水	癸亥	甲子	乙丑	丙寅	丁卯	戊辰	己巳	庚午	辛未	壬申			

陽歷 三 月份 （陰歷正、二月份）

陽	3	2	3	4	5	6	7	8	9	10	11	12	13	14	15	16	17	18	19	20	21	22	23	24	25	26	27	28	29	30	31
陰	廿一	廿二	廿三	廿四	廿五	廿六	廿七	廿八	廿九	卅	二	二	三	四	五	六	七	八	九	十	十一	十二	十三	十四	十五	十六	十七	十八	十九	廿	廿一
星	日	1	2	3	4	5	6	日	1	2	3	4	5	6	日	1	2	3	4	5	6	日	1	2	3	4	5	6	日	1	2
干節	癸酉	甲戌	乙亥	丙子	驚蟄	戊寅	己卯	庚辰	辛巳	壬午	癸未	甲申	乙酉	丙戌	丁亥	戊子	己丑	庚寅	辛卯	春分	癸巳	甲午	乙未	丙申	丁酉	戊戌	己亥	庚子	辛丑	壬寅	癸卯

陽歷 四 月份 （陰歷二、三月份）

陽	4	2	3	4	5	6	7	8	9	10	11	12	13	14	15	16	17	18	19	20	21	22	23	24	25	26	27	28	29	30	
陰	廿二	廿三	廿四	廿五	廿六	廿七	廿八	廿九	三	二	三	四	五	六	七	八	九	十	十一	十二	十三	十四	十五	十六	十七	十八	十九	廿	廿一	廿二	
星	3	4	5	6	日	1	2	3	4	5	6	日	1	2	3	4	5	6	日	1	2	3	4	5	6	日	1	2	3	4	
干節	甲辰	乙巳	丙午	清明	戊申	己酉	庚戌	辛亥	壬子	癸丑	甲寅	乙卯	丙辰	丁巳	戊午	己未	庚申	辛酉	壬戌	穀雨	甲子	乙丑	丙寅	丁卯	戊辰	己巳	庚午	辛未	壬申	癸酉	

陽歷 五 月份 （陰歷三、四月份）

陽	5	2	3	4	5	6	7	8	9	10	11	12	13	14	15	16	17	18	19	20	21	22	23	24	25	26	27	28	29	30	31
陰	廿三	廿四	廿五	廿六	廿七	廿八	廿九	卅	四	二	三	四	五	六	七	八	九	十	十一	十二	十三	十四	十五	十六	十七	十八	十九	廿	廿一	廿二	廿三
星	5	6	日	1	2	3	4	5	6	日	1	2	3	4	5	6	日	1	2	3	4	5	6	日	1	2	3	4	5	6	日
干節	甲戌	乙亥	丙子	丁丑	立夏	己卯	庚辰	辛巳	壬午	癸未	甲申	乙酉	丙戌	丁亥	戊子	己丑	庚寅	辛卯	壬辰	癸巳	小滿	乙未	丙申	丁酉	戊戌	己亥	庚子	辛丑	壬寅	癸卯	甲辰

陽歷 六 月份 （陰歷四、五月份）

陽	6	2	3	4	5	6	7	8	9	10	11	12	13	14	15	16	17	18	19	20	21	22	23	24	25	26	27	28	29	30	
陰	廿四	廿五	廿六	廿七	廿八	廿九	五	二	三	四	五	六	七	八	九	十	十一	十二	十三	十四	十五	十六	十七	十八	十九	廿	廿一	廿二	廿三	廿四	
星	1	2	3	4	5	6	日	1	2	3	4	5	6	日	1	2	3	4	5	6	日	1	2	3	4	5	6	日	1	2	
干節	乙巳	丙午	丁未	戊申	己酉	芒種	辛亥	壬子	癸丑	甲寅	乙卯	丙辰	丁巳	戊午	己未	庚申	辛酉	壬戌	癸亥	甲子	夏至	丙寅	丁卯	戊辰	己巳	庚午	辛未	壬申	癸酉	甲戌	

辛亥

一六七一年

（清聖祖康熙一〇年）

陽歷 七 月份 （陰歷五、六月份）

陽	7	2	3	4	5	6	7	8	9	10	11	12	13	14	15	16	17	18	19	20	21	22	23	24	25	26	27	28	29	30	31
陰	廿五	廿六	廿七	廿八	廿九	六	二	三	四	五	六	七	八	九	十	十一	十二	十三	十四	十五	十六	十七	十八	十九	廿	廿一	廿二	廿三	廿四	廿五	廿六
星	3	4	5	6	日	1	2	3	4	5	6	日	1	2	3	4	5	6	日	1	2	3	4	5	6	日	1	2	3	4	5
干節	乙亥	丙子	丁丑	戊寅	己卯	庚辰	小暑	壬午	癸未	甲申	乙酉	丙戌	丁亥	戊子	己丑	庚寅	辛卯	壬辰	癸巳	甲午	乙未	丙申	大暑	戊戌	己亥	庚子	辛丑	壬寅	癸卯	甲辰	乙巳

陽歷 八 月份 （陰歷六、七月份）

陽	8	2	3	4	5	6	7	8	9	10	11	12	13	14	15	16	17	18	19	20	21	22	23	24	25	26	27	28	29	30	31
陰	廿七	廿八	廿九	卅	七	二	三	四	五	六	七	八	九	十	十一	十二	十三	十四	十五	十六	十七	十八	十九	廿	廿一	廿二	廿三	廿四	廿五	廿六	廿七
星	6	日	1	2	3	4	5	6	日	1	2	3	4	5	6	日	1	2	3	4	5	6	日	1	2	3	4	5	6	日	1
干節	丙午	丁未	戊申	己酉	庚戌	辛亥	壬子	立秋	甲寅	乙卯	丙辰	丁巳	戊午	己未	庚申	辛酉	壬戌	癸亥	甲子	乙丑	丙寅	丁卯	處暑	己巳	庚午	辛未	壬申	癸酉	甲戌	乙亥	丙子

陽歷 九 月份 （陰歷七、八月份）

陽	9	2	3	4	5	6	7	8	9	10	11	12	13	14	15	16	17	18	19	20	21	22	23	24	25	26	27	28	29	30
陰	廿八	廿九	八	二	三	四	五	六	七	八	九	十	十一	十二	十三	十四	十五	十六	十七	十八	十九	廿	廿一	廿二	廿三	廿四	廿五	廿六	廿七	廿八
星	2	3	4	5	6	日	1	2	3	4	5	6	日	1	2	3	4	5	6	日	1	2	3	4	5	6	日	1	2	3
干節	丁丑	戊寅	己卯	庚辰	辛巳	壬午	癸未	白露	乙酉	丙戌	丁亥	戊子	己丑	庚寅	辛卯	壬辰	癸巳	甲午	乙未	丙申	丁酉	戊戌	秋分	庚子	辛丑	壬寅	癸卯	甲辰	乙巳	丙午

陽歷 十 月份 （陰歷八、九月份）

陽	10	2	3	4	5	6	7	8	9	10	11	12	13	14	15	16	17	18	19	20	21	22	23	24	25	26	27	28	29	30	31
陰	廿九	卅	九	二	三	四	五	六	七	八	九	十	十一	十二	十三	十四	十五	十六	十七	十八	十九	廿	廿一	廿二	廿三	廿四	廿五	廿六	廿七	廿八	廿九
星	4	5	6	日	1	2	3	4	5	6	日	1	2	3	4	5	6	日	1	2	3	4	5	6	日	1	2	3	4	5	6
干節	丁未	戊申	己酉	庚戌	辛亥	壬子	癸丑	寒露	乙卯	丙辰	丁巳	戊午	己未	庚申	辛酉	壬戌	癸亥	甲子	乙丑	丙寅	丁卯	戊辰	霜降	庚午	辛未	壬申	癸酉	甲戌	乙亥	丙子	丁丑

陽歷十一月份 （陰歷九、十月份）

陽	11	2	3	4	5	6	7	8	9	10	11	12	13	14	15	16	17	18	19	20	21	22	23	24	25	26	27	28	29	30
陰	卅	十	二	三	四	五	六	七	八	九	十	十一	十二	十三	十四	十五	十六	十七	十八	十九	廿	廿一	廿二	廿三	廿四	廿五	廿六	廿七	廿八	廿九
星	日	1	2	3	4	5	6	日	1	2	3	4	5	6	日	1	2	3	4	5	6	日	1	2	3	4	5	6	日	1
干節	戊寅	己卯	庚辰	辛巳	壬午	癸未	立冬	乙酉	丙戌	丁亥	戊子	己丑	庚寅	辛卯	壬辰	癸巳	甲午	乙未	丙申	丁酉	戊戌	小雪	庚子	辛丑	壬寅	癸卯	甲辰	乙巳	丙午	丁未

陽歷十二月份 （陰歷十一、十二月份）

陽	12	2	3	4	5	6	7	8	9	10	11	12	13	14	15	16	17	18	19	20	21	22	23	24	25	26	27	28	29	30	31
陰	十一	二	三	四	五	六	七	八	九	十	十一	十二	十三	十四	十五	十六	十七	十八	十九	廿	廿一	廿二	廿三	廿四	廿五	廿六	廿七	廿八	廿九	卅	十二
星	2	3	4	5	6	日	1	2	3	4	5	6	日	1	2	3	4	5	6	日	1	2	3	4	5	6	日	1	2	3	4
干節	戊申	己酉	庚戌	辛亥	壬子	癸丑	大雪	乙卯	丙辰	丁巳	戊午	己未	庚申	辛酉	壬戌	癸亥	甲子	乙丑	丙寅	丁卯	冬至	己巳	庚午	辛未	壬申	癸酉	甲戌	乙亥	丙子	丁丑	戊寅

近世中西史日對照表

壬子 一六七二年 (清聖祖康熙一一年)

陽歷 一 月份 (陰歷十二、正月份)

陽	1	2	3	4	5	6	7	8	9	10	11	12	13	14	15	16	17	18	19	20	21	22	23	24	25	26	27	28	29	30	31
陰	二	三	四	五	六	七	八	九	十	十一	十二	十三	十四	十五	十六	十七	十八	十九	廿	廿一	廿二	廿三	廿四	廿五	廿六	廿七	廿八	廿九	卅	正	二
星	5	6	日	1	2	3	4	5	6	日	1	2	3	4	5	6	日	1	2	3	4	5	6	日	1	2	3	4	5	6	日
干節	己卯	庚辰	辛巳	壬午	小寒	甲申	乙酉	丙戌	丁亥	戊子	己丑	庚寅	辛卯	壬辰	癸巳	甲午	乙未	丙申	丁酉	大寒	己亥	庚子	辛丑	壬寅	癸卯	甲辰	乙巳	丙午	丁未	戊申	己酉

陽歷 二 月份 (陰歷正、二月份)

陽	1	2	3	4	5	6	7	8	9	10	11	12	13	14	15	16	17	18	19	20	21	22	23	24	25	26	27	28	29		
陰	三	四	五	六	七	八	九	十	十一	十二	十三	十四	十五	十六	十七	十八	十九	廿	廿一	廿二	廿三	廿四	廿五	廿六	廿七	廿八	廿九	二	二		
星	1	2	3	4	5	6	日	1	2	3	4	5	6	日	1	2	3	4	5	6	日	1	2	3	4	5	6	日	1		
干節	庚戌	辛亥	壬子	立春	甲寅	乙卯	丙辰	丁巳	戊午	己未	庚申	辛酉	壬戌	癸亥	甲子	乙丑	丙寅	雨水	戊辰	己巳	庚午	辛未	壬申	癸酉	甲戌	乙亥	丙子	丁丑	戊寅		

陽歷 三 月份 (陰歷二、三月份)

陽	1	2	3	4	5	6	7	8	9	10	11	12	13	14	15	16	17	18	19	20	21	22	23	24	25	26	27	28	29	30	31
陰	三	四	五	六	七	八	九	十	十一	十二	十三	十四	十五	十六	十七	十八	十九	廿	廿一	廿二	廿三	廿四	廿五	廿六	廿七	廿八	廿九	卅	三	二	三
星	2	3	4	5	6	日	1	2	3	4	5	6	日	1	2	3	4	5	6	日	1	2	3	4	5	6	日	1	2	3	4
干節	己卯	庚辰	辛巳	驚蟄	癸未	甲申	乙酉	丙戌	丁亥	戊子	己丑	庚寅	辛卯	壬辰	癸巳	甲午	乙未	丙申	春分	戊戌	己亥	庚子	辛丑	壬寅	癸卯	甲辰	乙巳	丙午	丁未	戊申	己酉

陽歷 四 月份 (陰歷三、四月份)

陽	1	2	3	4	5	6	7	8	9	10	11	12	13	14	15	16	17	18	19	20	21	22	23	24	25	26	27	28	29	30
陰	四	五	六	七	八	九	十	十一	十二	十三	十四	十五	十六	十七	十八	十九	廿	廿一	廿二	廿三	廿四	廿五	廿六	廿七	廿八	廿九	四	二	三	四
星	5	6	日	1	2	3	4	5	6	日	1	2	3	4	5	6	日	1	2	3	4	5	6	日	1	2	3	4	5	6
干節	庚戌	辛亥	壬子	清明	甲寅	乙卯	丙辰	丁巳	戊午	己未	庚申	辛酉	壬戌	癸亥	甲子	乙丑	丙寅	丁卯	穀雨	己巳	庚午	辛未	壬申	癸酉	甲戌	乙亥	丙子	丁丑	戊寅	己卯

陽歷 五 月份 (陰歷四、五月份)

陽	1	2	3	4	5	6	7	8	9	10	11	12	13	14	15	16	17	18	19	20	21	22	23	24	25	26	27	28	29	30	31
陰	五	六	七	八	九	十	十一	十二	十三	十四	十五	十六	十七	十八	十九	廿	廿一	廿二	廿三	廿四	廿五	廿六	廿七	廿八	廿九	卅	五	二	三	四	五
星	日	1	2	3	4	5	6	日	1	2	3	4	5	6	日	1	2	3	4	5	6	日	1	2	3	4	5	6	日	1	2
干節	庚辰	辛巳	壬午	癸未	立夏	乙酉	丙戌	丁亥	戊子	己丑	庚寅	辛卯	壬辰	癸巳	甲午	乙未	丙申	丁酉	戊戌	小滿	庚子	辛丑	壬寅	癸卯	甲辰	乙巳	丙午	丁未	戊申	己酉	庚戌

陽歷 六 月份 (陰歷五、六月份)

陽	1	2	3	4	5	6	7	8	9	10	11	12	13	14	15	16	17	18	19	20	21	22	23	24	25	26	27	28	29	30
陰	六	七	八	九	十	十一	十二	十三	十四	十五	十六	十七	十八	十九	廿	廿一	廿二	廿三	廿四	廿五	廿六	廿七	廿八	廿九	六	二	三	四	五	六
星	3	4	5	6	日	1	2	3	4	5	6	日	1	2	3	4	5	6	日	1	2	3	4	5	6	日	1	2	3	4
干節	辛亥	壬子	癸丑	甲寅	芒種	丙辰	丁巳	戊午	己未	庚申	辛酉	壬戌	癸亥	甲子	乙丑	丙寅	丁卯	戊辰	己巳	庚午	夏至	壬申	癸酉	甲戌	乙亥	丙子	丁丑	戊寅	己卯	庚辰

壬子

一六七二年

（清聖祖康熙一一年）

陽歷 七 月份 （陰歷六、七月份）

陽	7	2	3	4	5	6	7	8	9	10	11	12	13	14	15	16	17	18	19	20	21	22	23	24	25	26	27	28	29	30	31
陰	七	八	九	十	十一	十二	十三	十四	十五	十六	十七	十八	十九	廿	廿一	廿二	廿三	廿四	廿五	廿六	廿七	廿八	廿九	七	二	三	四	五	六	七	八
星	5	6	日	1	2	3	4	5	6	日	1	2	3	4	5	6	日	1	2	3	4	5	6	日	1	2	3	4	5	6	日
干節	辛巳	壬午	癸未	甲申	乙酉	小暑	丁亥	戊子	己丑	庚寅	辛卯	壬辰	癸巳	甲午	乙未	丙申	丁酉	戊戌	己亥	庚子	辛丑	大暑	癸卯	甲辰	乙巳	丙午	丁未	戊申	己酉	庚戌	辛亥

陽歷 八 月份 （陰歷七、閏七月份）

陽	8	2	3	4	5	6	7	8	9	10	11	12	13	14	15	16	17	18	19	20	21	22	23	24	25	26	27	28	29	30	31
陰	九	十	十一	十二	十三	十四	十五	十六	十七	十八	十九	廿	廿一	廿二	廿三	廿四	廿五	廿六	廿七	廿八	廿九	卅	閏	二	三	四	五	六	七	八	九
星	1	2	3	4	5	6	日	1	2	3	4	5	6	日	1	2	3	4	5	6	日	1	2	3	4	5	6	日	1	2	3
干節	壬子	癸丑	甲寅	乙卯	丙辰	丁巳	立秋	己未	庚申	辛酉	壬戌	癸亥	甲子	乙丑	丙寅	丁卯	戊辰	己巳	庚午	辛未	壬申	處暑	甲戌	乙亥	丙子	丁丑	戊寅	己卯	庚辰	辛巳	壬午

陽歷 九 月份 （陰歷閏七、八月份）

陽	9	2	3	4	5	6	7	8	9	10	11	12	13	14	15	16	17	18	19	20	21	22	23	24	25	26	27	28	29	30
陰	十	十一	十二	十三	十四	十五	十六	十七	十八	十九	廿	廿一	廿二	廿三	廿四	廿五	廿六	廿七	廿八	廿九	八	二	三	四	五	六	七	八	九	十
星	4	5	6	日	1	2	3	4	5	6	日	1	2	3	4	5	6	日	1	2	3	4	5	6	日	1	2	3	4	5
干節	癸未	甲申	乙酉	丙戌	丁亥	戊子	白露	庚寅	辛卯	壬辰	癸巳	甲午	乙未	丙申	丁酉	戊戌	己亥	庚子	辛丑	壬寅	癸卯	秋分	乙巳	丙午	丁未	戊申	己酉	庚戌	辛亥	壬子

陽歷 十 月份 （陰歷八、九月份）

陽	10	2	3	4	5	6	7	8	9	10	11	12	13	14	15	16	17	18	19	20	21	22	23	24	25	26	27	28	29	30	31
陰	十一	十二	十三	十四	十五	十六	十七	十八	十九	廿	廿一	廿二	廿三	廿四	廿五	廿六	廿七	廿八	廿九	卅	九	二	三	四	五	六	七	八	九	十	十一
星	6	日	1	2	3	4	5	6	日	1	2	3	4	5	6	日	1	2	3	4	5	6	日	1	2	3	4	5	6	日	1
干節	癸丑	甲寅	乙卯	丙辰	丁巳	戊午	寒露	庚申	辛酉	壬戌	癸亥	甲子	乙丑	丙寅	丁卯	戊辰	己巳	庚午	辛未	壬申	癸酉	甲戌	霜降	丙子	丁丑	戊寅	己卯	庚辰	辛巳	壬午	癸未

陽歷 十一 月份 （陰歷九、十月份）

陽	11	2	3	4	5	6	7	8	9	10	11	12	13	14	15	16	17	18	19	20	21	22	23	24	25	26	27	28	29	30
陰	十二	十三	十四	十五	十六	十七	十八	十九	廿	廿一	廿二	廿三	廿四	廿五	廿六	廿七	廿八	廿九	十	二	三	四	五	六	七	八	九	十	十一	十二
星	2	3	4	5	6	日	1	2	3	4	5	6	日	1	2	3	4	5	6	日	1	2	3	4	5	6	日	1	2	3
干節	甲申	乙酉	丙戌	丁亥	戊子	立冬	庚寅	辛卯	壬辰	癸巳	甲午	乙未	丙申	丁酉	戊戌	己亥	庚子	辛丑	壬寅	癸卯	小雪	乙巳	丙午	丁未	戊申	己酉	庚戌	辛亥	壬子	癸丑

陽歷 十二 月份 （陰歷十、十一月份）

陽	12	2	3	4	5	6	7	8	9	10	11	12	13	14	15	16	17	18	19	20	21	22	23	24	25	26	27	28	29	30	31
陰	十三	十四	十五	十六	十七	十八	十九	廿	廿一	廿二	廿三	廿四	廿五	廿六	廿七	廿八	廿九	卅	十一	二	三	四	五	六	七	八	九	十	十一	十二	十三
星	4	5	6	日	1	2	3	4	5	6	日	1	2	3	4	5	6	日	1	2	3	4	5	6	日	1	2	3	4	5	6
干節	甲寅	乙卯	丙辰	丁巳	戊午	大雪	庚申	辛酉	壬戌	癸亥	甲子	乙丑	丙寅	丁卯	戊辰	己巳	庚午	辛未	壬申	癸酉	冬至	乙亥	丙子	丁丑	戊寅	己卯	庚辰	辛巳	壬午	癸未	甲申

癸丑　一六七三年　（清聖祖康熙一二年）

陽歷　一　月份　（陰歷十一、十二月份）

陽	1	2	3	4	5	6	7	8	9	10	11	12	13	14	15	16	17	18	19	20	21	22	23	24	25	26	27	28	29	30	31
陰	十四	十五	十六	十七	十八	十九	廿	廿一	廿二	廿三	廿四	廿五	廿六	廿七	廿八	廿九	卅	十二	二	三	四	五	六	七	八	九	十	十一	十二	十三	十四
星	日	1	2	3	4	5	6	日	1	2	3	4	5	6	日	1	2	3	4	5	6	日	1	2	3	4	5	6	日	1	2
干節	乙酉	丙戌	丁亥	小寒	己丑	庚寅	辛卯	壬辰	癸巳	甲午	乙未	丙申	丁酉	戊戌	己亥	庚子	辛丑	壬寅	大寒	甲辰	乙巳	丙午	丁未	戊申	己酉	庚戌	辛亥	壬子	癸丑	甲寅	乙卯

陽歷　二　月份　（陰歷十二、正月份）

陽	2	2	3	4	5	6	7	8	9	10	11	12	13	14	15	16	17	18	19	20	21	22	23	24	25	26	27	28
陰	十五	十六	十七	十八	十九	廿	廿一	廿二	廿三	廿四	廿五	廿六	廿七	廿八	廿九	卅	正	二	三	四	五	六	七	八	九	十	十一	十二
星	3	4	5	6	日	1	2	3	4	5	6	日	1	2	3	4	5	6	日	1	2	3	4	5	6	日	1	2
干節	丙辰	丁巳	立春	己未	庚申	辛酉	壬戌	癸亥	甲子	乙丑	丙寅	丁卯	戊辰	己巳	庚午	辛未	壬申	雨水	甲戌	乙亥	丙子	丁丑	戊寅	己卯	庚辰	辛巳	壬午	癸未

陽歷　三　月份　（陰歷正、二月份）

陽	3	2	3	4	5	6	7	8	9	10	11	12	13	14	15	16	17	18	19	20	21	22	23	24	25	26	27	28	29	30	31
陰	十三	十四	十五	十六	十七	十八	十九	廿	廿一	廿二	廿三	廿四	廿五	廿六	廿七	廿八	廿九	二	二	三	四	五	六	七	八	九	十	十一	十二	十三	十四
星	3	4	5	6	日	1	2	3	4	5	6	日	1	2	3	4	5	6	日	1	2	3	4	5	6	日	1	2	3	4	5
干節	甲申	乙酉	丙戌	丁亥	驚蟄	己丑	庚寅	辛卯	壬辰	癸巳	甲午	乙未	丙申	丁酉	戊戌	己亥	庚子	辛丑	壬寅	春分	甲辰	乙巳	丙午	丁未	戊申	己酉	庚戌	辛亥	壬子	癸丑	甲寅

陽歷　四　月份　（陰歷二、三月份）

陽	4	2	3	4	5	6	7	8	9	10	11	12	13	14	15	16	17	18	19	20	21	22	23	24	25	26	27	28	29	30
陰	十五	十六	十七	十八	十九	廿	廿一	廿二	廿三	廿四	廿五	廿六	廿七	廿八	廿九	卅	三	二	三	四	五	六	七	八	九	十	十一	十二	十三	十四
星	6	日	1	2	3	4	5	6	日	1	2	3	4	5	6	日	1	2	3	4	5	6	日	1	2	3	4	5	6	日
干節	乙卯	丙辰	丁巳	清明	己未	庚申	辛酉	壬戌	癸亥	甲子	乙丑	丙寅	丁卯	戊辰	己巳	庚午	辛未	壬申	穀雨	甲戌	乙亥	丙子	丁丑	戊寅	己卯	庚辰	辛巳	壬午	癸未	甲申

陽歷　五　月份　（陰歷三、四月份）

陽	5	2	3	4	5	6	7	8	9	10	11	12	13	14	15	16	17	18	19	20	21	22	23	24	25	26	27	28	29	30	31
陰	十五	十六	十七	十八	十九	廿	廿一	廿二	廿三	廿四	廿五	廿六	廿七	廿八	廿九	四	二	三	四	五	六	七	八	九	十	十一	十二	十三	十四	十五	十六
星	1	2	3	4	5	6	日	1	2	3	4	5	6	日	1	2	3	4	5	6	日	1	2	3	4	5	6	日	1	2	3
干節	乙酉	丙戌	丁亥	戊子	立夏	庚寅	辛卯	壬辰	癸巳	甲午	乙未	丙申	丁酉	戊戌	己亥	庚子	辛丑	壬寅	癸卯	小滿	乙巳	丙午	丁未	戊申	己酉	庚戌	辛亥	壬子	癸丑	甲寅	乙卯

陽歷　六　月份　（陰歷四、五月份）

陽	6	2	3	4	5	6	7	8	9	10	11	12	13	14	15	16	17	18	19	20	21	22	23	24	25	26	27	28	29	30
陰	十七	十八	十九	廿	廿一	廿二	廿三	廿四	廿五	廿六	廿七	廿八	廿九	卅	五	二	三	四	五	六	七	八	九	十	十一	十二	十三	十四	十五	十六
星	4	5	6	日	1	2	3	4	5	6	日	1	2	3	4	5	6	日	1	2	3	4	5	6	日	1	2	3	4	5
干節	丙辰	丁巳	戊午	己未	芒種	辛酉	壬戌	癸亥	甲子	乙丑	丙寅	丁卯	戊辰	己巳	庚午	辛未	壬申	癸酉	甲戌	乙亥	夏至	丁丑	戊寅	己卯	庚辰	辛巳	壬午	癸未	甲申	乙酉

癸丑

一六七三年

（清聖祖康熙一二年）

陽歷七月份　　（陰歷五、六月份）

陽	7	2	3	4	5	6	7	8	9	10	11	12	13	14	15	16	17	18	19	20	21	22	23	24	25	26	27	28	29	30	31
陰	十七	十八	十九	廿	廿一	廿二	廿三	廿四	廿五	廿六	廿七	廿八	廿九	六	二	三	四	五	六	七	八	九	十	十一	十二	十三	十四	十五	十六	十七	十八
星	6	日	1	2	3	4	5	6	日	1	2	3	4	5	6	日	1	2	3	4	5	6	日	1	2	3	4	5	6	日	1
干節	丙戌	丁亥	戊子	己丑	庚寅	辛卯	小暑	癸巳	甲午	乙未	丙申	丁酉	戊戌	己亥	庚子	辛丑	壬寅	癸卯	甲辰	乙巳	丙午	大暑	戊申	己酉	庚戌	辛亥	壬子	癸丑	甲寅	乙卯	丙辰

陽歷八月份　　（陰歷六、七月份）

陽	8	2	3	4	5	6	7	8	9	10	11	12	13	14	15	16	17	18	19	20	21	22	23	24	25	26	27	28	29	30	31
陰	十九	廿	廿一	廿二	廿三	廿四	廿五	廿六	廿七	廿八	廿九	七	二	三	四	五	六	七	八	九	十	十一	十二	十三	十四	十五	十六	十七	十八	十九	廿
星	2	3	4	5	6	日	1	2	3	4	5	6	日	1	2	3	4	5	6	日	1	2	3	4	5	6	日	1	2	3	4
干節	丁巳	戊午	己未	庚申	辛酉	壬戌	立秋	甲子	乙丑	丙寅	丁卯	戊辰	己巳	庚午	辛未	壬申	癸酉	甲戌	乙亥	丙子	丁丑	戊寅	處暑	庚辰	辛巳	壬午	癸未	甲申	乙酉	丙戌	丁亥

陽歷九月份　　（陰歷七、八月份）

陽	9	2	3	4	5	6	7	8	9	10	11	12	13	14	15	16	17	18	19	20	21	22	23	24	25	26	27	28	29	30	
陰	廿一	廿二	廿三	廿四	廿五	廿六	廿七	廿八	廿九	卅	八	二	三	四	五	六	七	八	九	十	十一	十二	十三	十四	十五	十六	十七	十八	十九	廿	
星	5	6	日	1	2	3	4	5	6	日	1	2	3	4	5	6	日	1	2	3	4	5	6	日	1	2	3	4	5	6	
干節	戊子	己丑	庚寅	辛卯	壬辰	癸巳	白露	乙未	丙申	丁酉	戊戌	己亥	庚子	辛丑	壬寅	癸卯	甲辰	乙巳	丙午	丁未	戊申	己酉	秋分	辛亥	壬子	癸丑	甲寅	乙卯	丙辰	丁巳	

陽歷十月份　　（陰歷八、九月份）

陽	10	2	3	4	5	6	7	8	9	10	11	12	13	14	15	16	17	18	19	20	21	22	23	24	25	26	27	28	29	30	31
陰	廿一	廿二	廿三	廿四	廿五	廿六	廿七	廿八	廿九	九	二	三	四	五	六	七	八	九	十	十一	十二	十三	十四	十五	十六	十七	十八	十九	廿	廿一	廿二
星	日	1	2	3	4	5	6	日	1	2	3	4	5	6	日	1	2	3	4	5	6	日	1	2	3	4	5	6	日	1	2
干節	戊午	己未	庚申	辛酉	壬戌	癸亥	甲子	寒露	丙寅	丁卯	戊辰	己巳	庚午	辛未	壬申	癸酉	甲戌	乙亥	丙子	丁丑	戊寅	己卯	霜降	辛巳	壬午	癸未	甲申	乙酉	丙戌	丁亥	戊子

陽歷十一月份　　（陰歷九、十月份）

陽	11	2	3	4	5	6	7	8	9	10	11	12	13	14	15	16	17	18	19	20	21	22	23	24	25	26	27	28	29	30	
陰	廿三	廿四	廿五	廿六	廿七	廿八	廿九	卅	十	二	三	四	五	六	七	八	九	十	十一	十二	十三	十四	十五	十六	十七	十八	十九	廿	廿一	廿二	
星	3	4	5	6	日	1	2	3	4	5	6	日	1	2	3	4	5	6	日	1	2	3	4	5	6	日	1	2	3	4	
干節	己丑	庚寅	辛卯	壬辰	癸巳	甲午	立冬	丙申	丁酉	戊戌	己亥	庚子	辛丑	壬寅	癸卯	甲辰	乙巳	丙午	丁未	戊申	己酉	小雪	辛亥	壬子	癸丑	甲寅	乙卯	丙辰	丁巳	戊午	

陽歷十二月份　　（陰歷十、十一月份）

陽	12	2	3	4	5	6	7	8	9	10	11	12	13	14	15	16	17	18	19	20	21	22	23	24	25	26	27	28	29	30	31
陰	廿三	廿四	廿五	廿六	廿七	廿八	廿九	十一	二	三	四	五	六	七	八	九	十	十一	十二	十三	十四	十五	十六	十七	十八	十九	廿	廿一	廿二	廿三	廿四
星	5	6	日	1	2	3	4	5	6	日	1	2	3	4	5	6	日	1	2	3	4	5	6	日	1	2	3	4	5	6	日
干節	己未	庚申	辛酉	壬戌	癸亥	大雪	乙丑	丙寅	丁卯	戊辰	己巳	庚午	辛未	壬申	癸酉	甲戌	乙亥	丙子	丁丑	戊寅	冬至	庚辰	辛巳	壬午	癸未	甲申	乙酉	丙戌	丁亥	戊子	己丑

近世中西史日對照表

甲寅

一六七四年

（清聖祖康熙一三年）

陽歷 一月份 （陰歷十一、十二月份）

陽	**1**	2	3	4	5	6	7	8	9	10	11	12	13	14	15	16	17	18	19	20	21	22	23	24	25	26	27	28	29	30	31
陰	廿五	廿六	廿七	廿八	廿九	卅	**十二**	二	三	四	五	六	七	八	九	十	十一	十二	十三	十四	十五	十六	十七	十八	十九	廿	廿一	廿二	廿三	廿四	廿五
星	1	2	3	4	5	6	**日**	1	2	3	4	5	6	**日**	1	2	3	4	5	6	**日**	1	2	3	4	5	6	**日**	1	2	3
干節	庚寅	辛卯	壬辰	癸巳	**小寒**	乙未	丙申	丁酉	戊戌	己亥	庚子	辛丑	壬寅	癸卯	甲辰	乙巳	丙午	丁未	**大寒**	己酉	庚戌	辛亥	壬子	癸丑	甲寅	乙卯	丙辰	丁巳	戊午	己未	庚申

陽歷 二月份 （陰歷十二、正月份）

陽	**2**	2	3	4	5	6	7	8	9	10	11	12	13	14	15	16	17	18	19	20	21	22	23	24	25	26	27	28			
陰	廿六	廿七	廿八	廿九	卅	**正**	二	三	四	五	六	七	八	九	十	十一	十二	十三	十四	十五	十六	十七	十八	十九	廿	廿一	廿二	廿三	—	—	—
星	4	5	6	**日**	1	2	3	4	5	6	**日**	1	2	3	4	5	6	**日**	1	2	3	4	5	6	**日**	1	2	3	—	—	—
干節	辛酉	壬戌	**立春**	甲子	乙丑	丙寅	丁卯	戊辰	己巳	庚午	辛未	壬申	癸酉	甲戌	乙亥	丙子	丁丑	**雨水**	己卯	庚辰	辛巳	壬午	癸未	甲申	乙酉	丙戌	丁亥	戊子			

陽歷 三月份 （陰歷正、二月份）

陽	**3**	2	3	4	5	6	7	8	9	10	11	12	13	14	15	16	17	18	19	20	21	22	23	24	25	26	27	28	29	30	31
陰	廿四	廿五	廿六	廿七	廿八	廿九	**二**	二	三	四	五	六	七	八	九	十	十一	十二	十三	十四	十五	十六	十七	十八	十九	廿	廿一	廿二	廿三	廿四	廿五
星	4	5	6	**日**	1	2	3	4	5	6	**日**	1	2	3	4	5	6	**日**	1	2	3	4	5	6	**日**	1	2	3	4	5	6
干節	己丑	庚寅	辛卯	壬辰	**驚蟄**	甲午	乙未	丙申	丁酉	戊戌	己亥	庚子	辛丑	壬寅	癸卯	甲辰	乙巳	丙午	丁未	**春分**	己酉	庚戌	辛亥	壬子	癸丑	甲寅	乙卯	丙辰	丁巳	戊午	己未

陽歷 四月份 （陰歷二、三月份）

陽	**4**	2	3	4	5	6	7	8	9	10	11	12	13	14	15	16	17	18	19	20	21	22	23	24	25	26	27	28	29	30	
陰	廿六	廿七	廿八	廿九	卅	**三**	二	三	四	五	六	七	八	九	十	十一	十二	十三	十四	十五	十六	十七	十八	十九	廿	廿一	廿二	廿三	廿四	廿五	
星	**日**	1	2	3	4	5	6	**日**	1	2	3	4	5	6	**日**	1	2	3	4	5	6	**日**	1	2	3	4	5	6	**日**	1	
干節	庚申	辛酉	壬戌	**清明**	甲子	乙丑	丙寅	丁卯	戊辰	己巳	庚午	辛未	壬申	癸酉	甲戌	乙亥	丙子	丁丑	戊寅	**穀雨**	庚辰	辛巳	壬午	癸未	甲申	乙酉	丙戌	丁亥	戊子	己丑	

陽歷 五月份 （陰歷三、四月份）

陽	**5**	2	3	4	5	6	7	8	9	10	11	12	13	14	15	16	17	18	19	20	21	22	23	24	25	26	27	28	29	30	31
陰	廿六	廿七	廿八	廿九	卅	**四**	二	三	四	五	六	七	八	九	十	十一	十二	十三	十四	十五	十六	十七	十八	十九	廿	廿一	廿二	廿三	廿四	廿五	廿六
星	2	3	4	5	6	**日**	1	2	3	4	5	6	**日**	1	2	3	4	5	6	**日**	1	2	3	4	5	6	**日**	1	2	3	4
干節	庚寅	辛卯	壬辰	癸巳	**立夏**	乙未	丙申	丁酉	戊戌	己亥	庚子	辛丑	壬寅	癸卯	甲辰	乙巳	丙午	丁未	戊申	己酉	**小滿**	辛亥	壬子	癸丑	甲寅	乙卯	丙辰	丁巳	戊午	己未	庚申

陽歷 六月份 （陰歷四、五月份）

陽	**6**	2	3	4	5	6	7	8	9	10	11	12	13	14	15	16	17	18	19	20	21	22	23	24	25	26	27	28	29	30	
陰	廿七	廿八	廿九	**五**	二	三	四	五	六	七	八	九	十	十一	十二	十三	十四	十五	十六	十七	十八	十九	廿	廿一	廿二	廿三	廿四	廿五	廿六	廿七	—
星	5	6	**日**	1	2	3	4	5	6	**日**	1	2	3	4	5	6	**日**	1	2	3	4	5	6	**日**	1	2	3	4	5	6	—
干節	辛酉	壬戌	癸亥	甲子	**芒種**	丙寅	丁卯	戊辰	己巳	庚午	辛未	壬申	癸酉	甲戌	乙亥	丙子	丁丑	戊寅	己卯	庚辰	**夏至**	壬午	癸未	甲申	乙酉	丙戌	丁亥	戊子	己丑	庚寅	

甲寅 一六七四年（清聖祖康熙一三年）

陽歷七月份（陰歷五、六月份）

陽	7	2	3	4	5	6	7	8	9	10	11	12	13	14	15	16	17	18	19	20	21	22	23	24	25	26	27	28	29	30	31
陰	廿八	廿九	卅	六	二	三	四	五	六	七	八	九	十	十一	十二	十三	十四	十五	十六	十七	十八	十九	廿	廿一	廿二	廿三	廿四	廿五	廿六	廿七	廿八
星	日	1	2	3	4	5	6	日	1	2	3	4	5	6	日	1	2	3	4	5	6	日	1	2	3	4	5	6	日	1	2
干節	辛卯	壬辰	癸巳	甲午	乙未	丙申	小暑	戊戌	己亥	庚子	辛丑	壬寅	癸卯	甲辰	乙巳	丙午	丁未	戊申	己酉	庚戌	辛亥	壬子	大暑	甲寅	乙卯	丙辰	丁巳	戊午	己未	庚申	辛酉

陽歷八月份（陰歷六、七、八月份）

陽	8	2	3	4	5	6	7	8	9	10	11	12	13	14	15	16	17	18	19	20	21	22	23	24	25	26	27	28	29	30	31
陰	廿九	七	二	三	四	五	六	七	八	九	十	十一	十二	十三	十四	十五	十六	十七	十八	十九	廿	廿一	廿二	廿三	廿四	廿五	廿六	廿七	廿八	廿九	八
星	3	4	5	6	日	1	2	3	4	5	6	日	1	2	3	4	5	6	日	1	2	3	4	5	6	日	1	2	3	4	5
干節	壬戌	癸亥	甲子	乙丑	丙寅	丁卯	立秋	己巳	庚午	辛未	壬申	癸酉	甲戌	乙亥	丙子	丁丑	戊寅	己卯	庚辰	辛巳	壬午	癸未	處暑	乙酉	丙戌	丁亥	戊子	己丑	庚寅	辛卯	壬辰

陽歷九月份（陰歷八、九月份）

陽	9	2	3	4	5	6	7	8	9	10	11	12	13	14	15	16	17	18	19	20	21	22	23	24	25	26	27	28	29	30	
陰	二	三	四	五	六	七	八	九	十	十一	十二	十三	十四	十五	十六	十七	十八	十九	廿	廿一	廿二	廿三	廿四	廿五	廿六	廿七	廿八	廿九	卅	九	
星	6	日	1	2	3	4	5	6	日	1	2	3	4	5	6	日	1	2	3	4	5	6	日	1	2	3	4	5	6	日	
干節	癸巳	甲午	乙未	丙申	丁酉	戊戌	白露	庚子	辛丑	壬寅	癸卯	甲辰	乙巳	丙午	丁未	戊申	己酉	庚戌	辛亥	壬子	癸丑	甲寅	秋分	丙辰	丁巳	戊午	己未	庚申	辛酉	壬戌	

陽歷十月份（陰歷九、十月份）

陽	10	2	3	4	5	6	7	8	9	10	11	12	13	14	15	16	17	18	19	20	21	22	23	24	25	26	27	28	29	30	31
陰	二	三	四	五	六	七	八	九	十	十一	十二	十三	十四	十五	十六	十七	十八	十九	廿	廿一	廿二	廿三	廿四	廿五	廿六	廿七	廿八	廿九	十	二	三
星	1	2	3	4	5	6	日	1	2	3	4	5	6	日	1	2	3	4	5	6	日	1	2	3	4	5	6	日	1	2	3
干節	癸亥	甲子	乙丑	丙寅	丁卯	戊辰	己巳	寒露	辛未	壬申	癸酉	甲戌	乙亥	丙子	丁丑	戊寅	己卯	庚辰	辛巳	壬午	癸未	甲申	霜降	丙戌	丁亥	戊子	己丑	庚寅	辛卯	壬辰	癸巳

陽歷十一月份（陰歷十、十一月份）

陽	11	2	3	4	5	6	7	8	9	10	11	12	13	14	15	16	17	18	19	20	21	22	23	24	25	26	27	28	29	30	
陰	四	五	六	七	八	九	十	十一	十二	十三	十四	十五	十六	十七	十八	十九	廿	廿一	廿二	廿三	廿四	廿五	廿六	廿七	廿八	廿九	十一	二	三	四	
星	4	5	6	日	1	2	3	4	5	6	日	1	2	3	4	5	6	日	1	2	3	4	5	6	日	1	2	3	4	5	
干節	甲午	乙未	丙申	丁酉	戊戌	己亥	立冬	辛丑	壬寅	癸卯	甲辰	乙巳	丙午	丁未	戊申	己酉	庚戌	辛亥	壬子	癸丑	甲寅	小雪	丙辰	丁巳	戊午	己未	庚申	辛酉	壬戌	癸亥	

陽歷十二月份（陰歷十一、十二月份）

陽	12	2	3	4	5	6	7	8	9	10	11	12	13	14	15	16	17	18	19	20	21	22	23	24	25	26	27	28	29	30	31
陰	五	六	七	八	九	十	十一	十二	十三	十四	十五	十六	十七	十八	十九	廿	廿一	廿二	廿三	廿四	廿五	廿六	廿七	廿八	廿九	卅	十二	二	三	四	五
星	6	日	1	2	3	4	5	6	日	1	2	3	4	5	6	日	1	2	3	4	5	6	日	1	2	3	4	5	6	日	1
干節	甲子	乙丑	丙寅	丁卯	戊辰	己巳	大雪	辛未	壬申	癸酉	甲戌	乙亥	丙子	丁丑	戊寅	己卯	庚辰	辛巳	壬午	癸未	冬至	乙酉	丙戌	丁亥	戊子	己丑	庚寅	辛卯	壬辰	癸巳	甲午

近世中西史日對照表

乙卯　一六七五年　（清聖祖康熙一四年）

陽歷一月份　（陰歷十二、正月份）

陽	1	2	3	4	5	6	7	8	9	10	11	12	13	14	15	16	17	18	19	20	21	22	23	24	25	26	27	28	29	30	31
陰	六	七	八	九	十	十一	十二	十三	十四	十五	十六	十七	十八	十九	廿	廿一	廿二	廿三	廿四	廿五	廿六	廿七	廿八	廿九	卅	正	二	三	四	五	六
星	2	3	4	5	6	日	1	2	3	4	5	6	日	1	2	3	4	5	6	日	1	2	3	4	5	6	日	1	2	3	4
干節	乙未	丙申	丁酉	戊戌	小寒	庚子	辛丑	壬寅	癸卯	甲辰	乙巳	丙午	丁未	戊申	己酉	庚戌	辛亥	壬子	癸丑	大寒	乙卯	丙辰	丁巳	戊午	己未	庚申	辛酉	壬戌	癸亥	甲子	乙丑

陽歷二月份　（陰歷正、二月份）

陽	2	2	3	4	5	6	7	8	9	10	11	12	13	14	15	16	17	18	19	20	21	22	23	24	25	26	27	28			
陰	七	八	九	十	十一	十二	十三	十四	十五	十六	十七	十八	十九	廿	廿一	廿二	廿三	廿四	廿五	廿六	廿七	廿八	廿九	二	二	三	四	五			
星	5	6	日	1	2	3	4	5	6	日	1	2	3	4	5	6	日	1	2	3	4	5	6	日	1	2	3	4			
干節	丙寅	丁卯	立春	己巳	庚午	辛未	壬申	癸酉	甲戌	乙亥	丙子	丁丑	戊寅	己卯	庚辰	辛巳	壬午	雨水	甲申	乙酉	丙戌	丁亥	戊子	己丑	庚寅	辛卯	壬辰	癸巳			

陽歷三月份　（陰歷二、三月份）

陽	3	2	3	4	5	6	7	8	9	10	11	12	13	14	15	16	17	18	19	20	21	22	23	24	25	26	27	28	29	30	31
陰	六	七	八	九	十	十一	十二	十三	十四	十五	十六	十七	十八	十九	廿	廿一	廿二	廿三	廿四	廿五	廿六	廿七	廿八	廿九	卅	三	二	三	四	五	六
星	5	6	日	1	2	3	4	5	6	日	1	2	3	4	5	6	日	1	2	3	4	5	6	日	1	2	3	4	5	6	日
干節	甲午	乙未	丙申	丁酉	驚蟄	己亥	庚子	辛丑	壬寅	癸卯	甲辰	乙巳	丙午	丁未	戊申	己酉	庚戌	辛亥	壬子	春分	甲寅	乙卯	丙辰	丁巳	戊午	己未	庚申	辛酉	壬戌	癸亥	甲子

陽歷四月份　（陰歷三　四月份）

陽	4	2	3	4	5	6	7	8	9	10	11	12	13	14	15	16	17	18	19	20	21	22	23	24	25	26	27	28	29	30	
陰	七	八	九	十	十一	十二	十三	十四	十五	十六	十七	十八	十九	廿	廿一	廿二	廿三	廿四	廿五	廿六	廿七	廿八	廿九	卅	四	二	三	四	五	六	
星	1	2	3	4	5	6	日	1	2	3	4	5	6	日	1	2	3	4	5	6	日	1	2	3	4	5	6	日	1	2	
干節	乙丑	丙寅	丁卯	清明	己巳	庚午	辛未	壬申	癸酉	甲戌	乙亥	丙子	丁丑	戊寅	己卯	庚辰	辛巳	壬午	癸未	穀雨	乙酉	丙戌	丁亥	戊子	己丑	庚寅	辛卯	壬辰	癸巳	甲午	

陽歷五月份　（陰歷四、五月份）

陽	5	2	3	4	5	6	7	8	9	10	11	12	13	14	15	16	17	18	19	20	21	22	23	24	25	26	27	28	29	30	31
陰	七	八	九	十	十一	十二	十三	十四	十五	十六	十七	十八	十九	廿	廿一	廿二	廿三	廿四	廿五	廿六	廿七	廿八	廿九	卅	五	二	三	四	五	六	七
星	3	4	5	6	日	1	2	3	4	5	6	日	1	2	3	4	5	6	日	1	2	3	4	5	6	日	1	2	3	4	5
干節	乙未	丙申	丁酉	戊戌	立夏	庚子	辛丑	壬寅	癸卯	甲辰	乙巳	丙午	丁未	戊申	己酉	庚戌	辛亥	壬子	癸丑	甲寅	小滿	丙辰	丁巳	戊午	己未	庚申	辛酉	壬戌	癸亥	甲子	乙丑

陽歷六月份　（陰歷五、閏五月份）

陽	6	2	3	4	5	6	7	8	9	10	11	12	13	14	15	16	17	18	19	20	21	22	23	24	25	26	27	28	29	30	
陰	八	九	十	十一	十二	十三	十四	十五	十六	十七	十八	十九	廿	廿一	廿二	廿三	廿四	廿五	廿六	廿七	廿八	廿九	閏	二	三	四	五	六	七	八	
星	6	日	1	2	3	4	5	6	日	1	2	3	4	5	6	日	1	2	3	4	5	6	日	1	2	3	4	5	6	日	
干節	丙寅	丁卯	戊辰	己巳	庚午	芒種	壬申	癸酉	甲戌	乙亥	丙子	丁丑	戊寅	己卯	庚辰	辛巳	壬午	癸未	甲申	乙酉	夏至	丁亥	戊子	己丑	庚寅	辛卯	壬辰	癸巳	甲午	乙未	

乙卯

一六七五年

（清聖祖康熙一四年）

陽歷七月份（陰歷閏五、六月份）

陽	**7**	2	3	4	5	6	7	8	9	10	11	12	13	14	15	16	17	18	19	20	21	22	23	24	25	26	27	28	29	30	31
陰	九	十	十一	十二	十三	十四	十五	十六	十七	十八	十九	廿	廿一	廿二	廿三	廿四	廿五	廿六	廿七	廿八	廿九	卅	**六**	二	三	四	五	六	七	八	九
星	1	2	3	4	5	6	**日**	1	2	3	4	5	6	**日**	1	2	3	4	5	6	**日**	1	2	3	4	5	6	**日**	1	2	3
干節	丙申	丁酉	戊戌	己亥	庚子	辛丑	**小暑**	癸卯	甲辰	乙巳	丙午	丁未	戊申	己酉	庚戌	辛亥	壬子	癸丑	甲寅	乙卯	丙辰	丁巳	**大暑**	己未	庚申	辛酉	壬戌	癸亥	甲子	乙丑	丙寅

陽歷八月份（陰歷六、七月份）

陽	**8**	2	3	4	5	6	7	8	9	10	11	12	13	14	15	16	17	18	19	20	21	22	23	24	25	26	27	28	29	30	31
陰	十	十一	十二	十三	十四	十五	十六	十七	十八	十九	廿	廿一	廿二	廿三	廿四	廿五	廿六	廿七	廿八	廿九	**七**	二	三	四	五	六	七	八	九	十	十一
星	4	5	6	**日**	1	2	3	4	5	6	**日**	1	2	3	4	5	6	**日**	1	2	3	4	5	6	**日**	1	2	3	4	5	6
干節	丁卯	戊辰	己巳	庚午	辛未	壬申	癸酉	**立秋**	乙亥	丙子	丁丑	戊寅	己卯	庚辰	辛巳	壬午	癸未	甲申	乙酉	丙戌	丁亥	戊子	**處暑**	庚寅	辛卯	壬辰	癸巳	甲午	乙未	丙申	丁酉

陽歷九月份（陰歷七、八月份）

陽	**9**	2	3	4	5	6	7	8	9	10	11	12	13	14	15	16	17	18	19	20	21	22	23	24	25	26	27	28	29	30	—
陰	十二	十三	十四	十五	十六	十七	十八	十九	廿	廿一	廿二	廿三	廿四	廿五	廿六	廿七	廿八	廿九	**八**	二	三	四	五	六	七	八	九	十	十一	十二	—
星	**日**	1	2	3	4	5	6	**日**	1	2	3	4	5	6	**日**	1	2	3	4	5	6	**日**	1	2	3	4	5	6	**日**	1	—
干節	戊戌	己亥	庚子	辛丑	壬寅	癸卯	甲辰	**白露**	丙午	丁未	戊申	己酉	庚戌	辛亥	壬子	癸丑	甲寅	乙卯	丙辰	丁巳	戊午	己未	**秋分**	辛酉	壬戌	癸亥	甲子	乙丑	丙寅	丁卯	

陽歷十月份（陰歷八、九月份）

陽	**10**	2	3	4	5	6	7	8	9	10	11	12	13	14	15	16	17	18	19	20	21	22	23	24	25	26	27	28	29	30	31
陰	十三	十四	十五	十六	十七	十八	十九	廿	廿一	廿二	廿三	廿四	廿五	廿六	廿七	廿八	廿九	卅	**九**	二	三	四	五	六	七	八	九	十	十一	十二	十三
星	2	3	4	5	6	**日**	1	2	3	4	5	6	**日**	1	2	3	4	5	6	**日**	1	2	3	4	5	6	**日**	1	2	3	4
干節	戊辰	己巳	庚午	辛未	壬申	癸酉	甲戌	**寒露**	丙子	丁丑	戊寅	己卯	庚辰	辛巳	壬午	癸未	甲申	乙酉	丙戌	丁亥	戊子	己丑	**霜降**	辛卯	壬辰	癸巳	甲午	乙未	丙申	丁酉	戊戌

陽歷十一月份（陰歷九、十月份）

陽	**11**	2	3	4	5	6	7	8	9	10	11	12	13	14	15	16	17	18	19	20	21	22	23	24	25	26	27	28	29	30	—
陰	十四	十五	十六	十七	十八	十九	廿	廿一	廿二	廿三	廿四	廿五	廿六	廿七	廿八	廿九	**十**	二	三	四	五	六	七	八	九	十	十一	十二	十三	十四	—
星	5	6	**日**	1	2	3	4	5	6	**日**	1	2	3	4	5	6	**日**	1	2	3	4	5	6	**日**	1	2	3	4	5	6	—
干節	己亥	庚子	辛丑	壬寅	癸卯	甲辰	**立冬**	丙午	丁未	戊申	己酉	庚戌	辛亥	壬子	癸丑	甲寅	乙卯	丙辰	丁巳	戊午	己未	**小雪**	辛酉	壬戌	癸亥	甲子	乙丑	丙寅	丁卯	戊辰	

陽歷十二月份（陰歷十、十一月份）

陽	**12**	2	3	4	5	6	7	8	9	10	11	12	13	14	15	16	17	18	19	20	21	22	23	24	25	26	27	28	29	30	31
陰	十五	十六	十七	十八	十九	廿	廿一	廿二	廿三	廿四	廿五	廿六	廿七	廿八	廿九	卅	**十一**	二	三	四	五	六	七	八	九	十	十一	十二	十三	十四	十五
星	**日**	1	2	3	4	5	6	**日**	1	2	3	4	5	6	**日**	1	2	3	4	5	6	**日**	1	2	3	4	5	6	**日**	1	2
干節	己巳	庚午	辛未	壬申	癸酉	甲戌	**大雪**	丙子	丁丑	戊寅	己卯	庚辰	辛巳	壬午	癸未	甲申	乙酉	丙戌	丁亥	戊子	**冬至**	庚寅	辛卯	壬辰	癸巳	甲午	乙未	丙申	丁酉	戊戌	己亥

丙辰　一六七六年　（清聖祖康熙一五年）

陽歷 一 月份　（陰歷十一、十二月份）

陽	1	2	3	4	5	6	7	8	9	10	11	12	13	14	15	16	17	18	19	20	21	22	23	24	25	26	27	28	29	30	31
陰	十六	十七	十八	十九	廿	廿一	廿二	廿三	廿四	廿五	廿六	廿七	廿八	廿九	十二	二	三	四	五	六	七	八	九	十	十一	十二	十三	十四	十五	十六	十七
星	3	4	5	6	日	1	2	3	4	5	6	日	1	2	3	4	5	6	日	1	2	3	4	5	6	日	1	2	3	4	5
干節	庚子	辛丑	壬寅	癸卯	小寒	乙巳	丙午	丁未	戊申	己酉	庚戌	辛亥	壬子	癸丑	甲寅	乙卯	丙辰	丁巳	戊午	大寒	庚申	辛酉	壬戌	癸亥	甲子	乙丑	丙寅	丁卯	戊辰	己巳	庚午

陽歷 二 月份　（陰歷十二、正月份）

陽	2	2	3	4	5	6	7	8	9	10	11	12	13	14	15	16	17	18	19	20	21	22	23	24	25	26	27	28	29		
陰	十八	十九	廿	廿一	廿二	廿三	廿四	廿五	廿六	廿七	廿八	廿九	卅	正	二	三	四	五	六	七	八	九	十	十一	十二	十三	十四	十五	十六		
星	6	日	1	2	3	4	5	6	日	1	2	3	4	5	6	日	1	2	3	4	5	6	日	1	2	3	4	5	6		
干節	辛未	壬申	癸酉	立春	乙亥	丙子	丁丑	戊寅	己卯	庚辰	辛巳	壬午	癸未	甲申	乙酉	丙戌	丁亥	雨水	己丑	庚寅	辛卯	壬辰	癸巳	甲午	乙未	丙申	丁酉	戊戌	己亥		

陽歷 三 月份　（陰歷正、二月份）

陽	3	2	3	4	5	6	7	8	9	10	11	12	13	14	15	16	17	18	19	20	21	22	23	24	25	26	27	28	29	30	31
陰	十七	十八	十九	廿	廿一	廿二	廿三	廿四	廿五	廿六	廿七	廿八	廿九	二	二	三	四	五	六	七	八	九	十	十一	十二	十三	十四	十五	十六	十七	十八
星	日	1	2	3	4	5	6	日	1	2	3	4	5	6	日	1	2	3	4	5	6	日	1	2	3	4	5	6	日	1	2
干節	庚子	辛丑	壬寅	驚蟄	甲辰	乙巳	丙午	丁未	戊申	己酉	庚戌	辛亥	壬子	癸丑	甲寅	乙卯	丙辰	丁巳	春分	己未	庚申	辛酉	壬戌	癸亥	甲子	乙丑	丙寅	丁卯	戊辰	己巳	庚午

陽歷 四 月份　（陰歷二、三月份）

陽	4	2	3	4	5	6	7	8	9	10	11	12	13	14	15	16	17	18	19	20	21	22	23	24	25	26	27	28	29	30	
陰	十九	廿	廿一	廿二	廿三	廿四	廿五	廿六	廿七	廿八	廿九	卅	三	二	三	四	五	六	七	八	九	十	十一	十二	十三	十四	十五	十六	十七	十八	
星	3	4	5	6	日	1	2	3	4	5	6	日	1	2	3	4	5	6	日	1	2	3	4	5	6	日	1	2	3	4	
干節	辛未	壬申	癸酉	清明	乙亥	丙子	丁丑	戊寅	己卯	庚辰	辛巳	壬午	癸未	甲申	乙酉	丙戌	丁亥	戊子	穀雨	庚寅	辛卯	壬辰	癸巳	甲午	乙未	丙申	丁酉	戊戌	己亥	庚子	

陽歷 五 月份　（陰歷三、四月份）

陽	5	2	3	4	5	6	7	8	9	10	11	12	13	14	15	16	17	18	19	20	21	22	23	24	25	26	27	28	29	30	31
陰	十九	廿	廿一	廿二	廿三	廿四	廿五	廿六	廿七	廿八	廿九	卅	四	二	三	四	五	六	七	八	九	十	十一	十二	十三	十四	十五	十六	十七	十八	十九
星	5	6	日	1	2	3	4	5	6	日	1	2	3	4	5	6	日	1	2	3	4	5	6	日	1	2	3	4	5	6	日
干節	辛丑	壬寅	癸卯	甲辰	立夏	丙午	丁未	戊申	己酉	庚戌	辛亥	壬子	癸丑	甲寅	乙卯	丙辰	丁巳	戊午	己未	小滿	辛酉	壬戌	癸亥	甲子	乙丑	丙寅	丁卯	戊辰	己巳	庚午	辛未

陽歷 六 月份　（陰歷四、五月份）

陽	6	2	3	4	5	6	7	8	9	10	11	12	13	14	15	16	17	18	19	20	21	22	23	24	25	26	27	28	29	30	
陰	廿	廿一	廿二	廿三	廿四	廿五	廿六	廿七	廿八	廿九	五	二	三	四	五	六	七	八	九	十	十一	十二	十三	十四	十五	十六	十七	十八	十九	廿	
星	1	2	3	4	5	6	日	1	2	3	4	5	6	日	1	2	3	4	5	6	日	1	2	3	4	5	6	日	1	2	
干節	壬申	癸酉	甲戌	乙亥	芒種	丁丑	戊寅	己卯	庚辰	辛巳	壬午	癸未	甲申	乙酉	丙戌	丁亥	戊子	己丑	庚寅	辛卯	夏至	癸巳	甲午	乙未	丙申	丁酉	戊戌	己亥	庚子	辛丑	

丙辰

一六七六年

（清聖祖康熙一五年）

陽歷七月份　（陰歷五、六月份）

陽	7	2	3	4	5	6	7	8	9	10	11	12	13	14	15	16	17	18	19	20	21	22	23	24	25	26	27	28	29	30	31
陰	廿一	廿二	廿三	廿四	廿五	廿六	廿七	廿八	廿九	卅	六	二	三	四	五	六	七	八	九	十	十一	十二	十三	十四	十五	十六	十七	十八	十九	廿	廿一
星	3	4	5	6	日	1	2	3	4	5	6	日	1	2	3	4	5	6	日	1	2	3	4	5	6	日	1	2	3	4	5
干節	壬寅	癸卯	甲辰	乙巳	丙午	小暑	戊申	己酉	庚戌	辛亥	壬子	癸丑	甲寅	乙卯	丙辰	丁巳	戊午	己未	庚申	辛酉	壬戌	大暑	甲子	乙丑	丙寅	丁卯	戊辰	己巳	庚午	辛未	壬申

陽歷八月份　（陰歷六、七月份）

陽	8	2	3	4	5	6	7	8	9	10	11	12	13	14	15	16	17	18	19	20	21	22	23	24	25	26	27	28	29	30	31
陰	廿二	廿三	廿四	廿五	廿六	廿七	廿八	廿九	七	二	三	四	五	六	七	八	九	十	十一	十二	十三	十四	十五	十六	十七	十八	十九	廿	廿一	廿二	廿三
星	6	日	1	2	3	4	5	6	日	1	2	3	4	5	6	日	1	2	3	4	5	6	日	1	2	3	4	5	6	日	1
干節	癸酉	甲戌	乙亥	丙子	丁丑	戊寅	立秋	庚辰	辛巳	壬午	癸未	甲申	乙酉	丙戌	丁亥	戊子	己丑	庚寅	辛卯	壬辰	癸巳	處暑	乙未	丙申	丁酉	戊戌	己亥	庚子	辛丑	壬寅	癸卯

陽歷九月份　（陰歷七、八月份）

陽	9	2	3	4	5	6	7	8	9	10	11	12	13	14	15	16	17	18	19	20	21	22	23	24	25	26	27	28	29	30	
陰	廿四	廿五	廿六	廿七	廿八	廿九	卅	八	二	三	四	五	六	七	八	九	十	十一	十二	十三	十四	十五	十六	十七	十八	十九	廿	廿一	廿二	廿三	
星	2	3	4	5	6	日	1	2	3	4	5	6	日	1	2	3	4	5	6	日	1	2	3	4	5	6	日	1	2	3	
干節	甲辰	乙巳	丙午	丁未	戊申	己酉	白露	辛亥	壬子	癸丑	甲寅	乙卯	丙辰	丁巳	戊午	己未	庚申	辛酉	壬戌	癸亥	甲子	秋分	丙寅	丁卯	戊辰	己巳	庚午	辛未	壬申	癸酉	

陽歷十月份　（陰歷八、九月份）

陽	10	2	3	4	5	6	7	8	9	10	11	12	13	14	15	16	17	18	19	20	21	22	23	24	25	26	27	28	29	30	31
陰	廿四	廿五	廿六	廿七	廿八	廿九	九	二	三	四	五	六	七	八	九	十	十一	十二	十三	十四	十五	十六	十七	十八	十九	廿	廿一	廿二	廿三	廿四	廿五
星	4	5	6	日	1	2	3	4	5	6	日	1	2	3	4	5	6	日	1	2	3	4	5	6	日	1	2	3	4	5	6
干節	甲戌	乙亥	丙子	丁丑	戊寅	己卯	寒露	辛巳	壬午	癸未	甲申	乙酉	丙戌	丁亥	戊子	己丑	庚寅	辛卯	壬辰	癸巳	甲午	乙未	霜降	丁酉	戊戌	己亥	庚子	辛丑	壬寅	癸卯	甲辰

陽歷十一月份　（陰歷九、十月份）

陽	11	2	3	4	5	6	7	8	9	10	11	12	13	14	15	16	17	18	19	20	21	22	23	24	25	26	27	28	29	30	
陰	廿六	廿七	廿八	廿九	卅	十	二	三	四	五	六	七	八	九	十	十一	十二	十三	十四	十五	十六	十七	十八	十九	廿	廿一	廿二	廿三	廿四	廿五	
星	日	1	2	3	4	5	6	日	1	2	3	4	5	6	日	1	2	3	4	5	6	日	1	2	3	4	5	6	日	1	
干節	乙巳	丙午	丁未	戊申	己酉	立冬	辛亥	壬子	癸丑	甲寅	乙卯	丙辰	丁巳	戊午	己未	庚申	辛酉	壬戌	癸亥	甲子	小雪	丙寅	丁卯	戊辰	己巳	庚午	辛未	壬申	癸酉	甲戌	

陽歷十二月份　（陰歷十、十一月份）

陽	12	2	3	4	5	6	7	8	9	10	11	12	13	14	15	16	17	18	19	20	21	22	23	24	25	26	27	28	29	30	31
陰	廿六	廿七	廿八	廿九	十一	二	三	四	五	六	七	八	九	十	十一	十二	十三	十四	十五	十六	十七	十八	十九	廿	廿一	廿二	廿三	廿四	廿五	廿六	廿七
星	2	3	4	5	6	日	1	2	3	4	5	6	日	1	2	3	4	5	6	日	1	2	3	4	5	6	日	1	2	3	4
干節	乙亥	丙子	丁丑	戊寅	己卯	大雪	辛巳	壬午	癸未	甲申	乙酉	丙戌	丁亥	戊子	己丑	庚寅	辛卯	壬辰	癸巳	甲午	冬至	丙申	丁酉	戊戌	己亥	庚子	辛丑	壬寅	辰卯	甲辰	乙巳

陽歷 一 月份 （陰歷十一、十二月份）

陽	**1**	2	3	4	5	6	7	8	9	10	11	12	13	14	15	16	17	18	19	20	21	22	23	24	25	26	27	28	29	30	31
陰	廿八	廿九	卅	**十二**	二	三	四	五	六	七	八	九	十	十一	十二	十三	十四	十五	十六	十七	十八	十九	廿	廿一	廿二	廿三	廿四	廿五	廿六	廿七	廿八
星	5	6	**日**	1	2	3	4	5	6	**日**	1	2	3	4	5	6	**日**	1	2	3	4	5	6	**日**	1	2	3	4	5	6	**日**
干節	丙午	丁未	戊申	**小寒**	庚戌	辛亥	壬子	癸丑	甲寅	乙卯	丙辰	丁巳	戊午	己未	庚申	辛酉	壬戌	癸亥	**大寒**	乙丑	丙寅	丁卯	戊辰	己巳	庚午	辛未	壬申	癸酉	甲戌	乙亥	丙子

陽歷 二 月份 （陰歷十二、正月份）

陽	**2**	2	3	4	5	6	7	8	9	10	11	12	13	14	15	16	17	18	19	20	21	22	23	24	25	26	27	28			
陰	廿九	**正**	二	三	四	五	六	七	八	九	十	十一	十二	十三	十四	十五	十六	十七	十八	十九	廿	廿一	廿二	廿三	廿四	廿五	廿六	廿七			
星	1	2	3	4	5	6	**日**	1	2	3	4	5	6	**日**	1	2	3	4	5	6	**日**	1	2	3	4	5	6	**日**			
干節	丁丑	戊寅	**立春**	庚辰	辛巳	壬午	癸未	甲申	乙酉	丙戌	丁亥	戊子	己丑	庚寅	辛卯	壬辰	癸巳	**雨水**	乙未	丙申	丁酉	戊戌	己亥	庚子	辛丑	壬寅	癸卯	甲辰			

陽歷 三 月份 （陰歷正、二月份）

陽	**3**	2	3	4	5	6	7	8	9	10	11	12	13	14	15	16	17	18	19	20	21	22	23	24	25	26	27	28	29	30	31
陰	廿八	廿九	卅	**二**	二	三	四	五	六	七	八	九	十	十一	十二	十三	十四	十五	十六	十七	十八	十九	廿	廿一	廿二	廿三	廿四	廿五	廿六	廿七	廿八
星	1	2	3	4	5	6	**日**	1	2	3	4	5	6	**日**	1	2	3	4	5	6	**日**	1	2	3	4	5	6	**日**	1	2	3
干節	乙巳	丙午	丁未	戊申	**驚蟄**	庚戌	辛亥	壬子	癸丑	甲寅	乙卯	丙辰	丁巳	戊午	己未	庚申	辛酉	壬戌	癸亥	**春分**	乙丑	丙寅	丁卯	戊辰	己巳	庚午	辛未	壬申	癸酉	甲戌	乙亥

陽歷 四 月份 （陰歷二、三月份）

陽	**4**	2	3	4	5	6	7	8	9	10	11	12	13	14	15	16	17	18	19	20	21	22	23	24	25	26	27	28	29	30	
陰	廿九	**三**	二	三	四	五	六	七	八	九	十	十一	十二	十三	十四	十五	十六	十七	十八	十九	廿	廿一	廿二	廿三	廿四	廿五	廿六	廿七	廿八	廿九	
星	4	5	6	**日**	1	2	3	4	5	6	**日**	1	2	3	4	5	6	**日**	1	2	3	4	5	6	**日**	1	2	3	4	5	
干節	丙子	丁丑	戊寅	**清明**	庚辰	辛巳	壬午	癸未	甲申	乙酉	丙戌	丁亥	戊子	己丑	庚寅	辛卯	壬辰	癸巳	**穀雨**	乙未	丙申	丁酉	戊戌	己亥	庚子	辛丑	壬寅	癸卯	甲辰	乙巳	

陽歷 五 月份 （陰歷三、四、五月份）

陽	**5**	2	3	4	5	6	7	8	9	10	11	12	13	14	15	16	17	18	19	20	21	22	23	24	25	26	27	28	29	30	31
陰	卅	**四**	二	三	四	五	六	七	八	九	十	十一	十二	十三	十四	十五	十六	十七	十八	十九	廿	廿一	廿二	廿三	廿四	廿五	廿六	廿七	廿八	廿九	**五**
星	6	**日**	1	2	3	4	5	6	**日**	1	2	3	4	5	6	**日**	1	2	3	4	5	6	**日**	1	2	3	4	5	6	**日**	1
干節	丙午	丁未	戊申	己酉	**立夏**	辛亥	壬子	癸丑	甲寅	乙卯	丙辰	丁巳	戊午	己未	庚申	辛酉	壬戌	癸亥	甲子	**小滿**	丙寅	丁卯	戊辰	己巳	庚午	辛未	壬申	癸酉	甲戌	乙亥	丙子

陽歷 六 月份 （陰歷五、六月份）

陽	**6**	2	3	4	5	6	7	8	9	10	11	12	13	14	15	16	17	18	19	20	21	22	23	24	25	26	27	28	29	30	
陰	二	三	四	五	六	七	八	九	十	十一	十二	十三	十四	十五	十六	十七	十八	十九	廿	廿一	廿二	廿三	廿四	廿五	廿六	廿七	廿八	廿九	卅	**六**	
星	2	3	4	5	6	**日**	1	2	3	4	5	6	**日**	1	2	3	4	5	6	**日**	1	2	3	4	5	6	**日**	1	2	3	
干節	丁丑	戊寅	己卯	庚辰	**芒種**	壬午	癸未	甲申	乙酉	丙戌	丁亥	戊子	己丑	庚寅	辛卯	壬辰	癸巳	甲午	乙未	丙申	**夏至**	戊戌	己亥	庚子	辛丑	壬寅	癸卯	甲辰	乙巳	丙午	

丁巳　一六七七年　（清聖祖康熙一六年）

陽歷　七　月份　（陰歷六、七月份）

陽	**7**	2	3	4	5	6	7	8	9	10	11	12	13	14	15	16	17	18	19	20	21	22	23	24	25	26	27	28	29	30	31
陰	二	三	四	五	六	七	八	九	十	十一	十二	十三	十四	十五	十六	十七	十八	十九	廿	廿一	廿二	廿三	廿四	廿五	廿六	廿七	廿八	廿九	卅	**七**	二
星	4	5	6	日	1	2	3	4	5	6	日	1	2	3	4	5	6	日	1	2	3	4	5	6	日	1	2	3	4	5	6
干節	丁未	戊申	己酉	庚戌	辛亥	壬子	**小暑**	甲寅	乙卯	丙辰	丁巳	戊午	己未	庚申	辛酉	壬戌	癸亥	甲子	乙丑	丙寅	丁卯	**大暑**	己巳	庚午	辛未	壬申	癸酉	甲戌	乙亥	丙子	丁丑

陽歷　八　月份　（陰歷七、八月份）

陽	**8**	2	3	4	5	6	7	8	9	10	11	12	13	14	15	16	17	18	19	20	21	22	23	24	25	26	27	28	29	30	31
陰	三	四	五	六	七	八	九	十	十一	十二	十三	十四	十五	十六	十七	十八	十九	廿	廿一	廿二	廿三	廿四	廿五	廿六	廿七	廿八	廿九	**八**	二	三	四
星	日	1	2	3	4	5	6	日	1	2	3	4	5	6	日	1	2	3	4	5	6	日	1	2	3	4	5	6	日	1	2
干節	戊寅	己卯	庚辰	辛巳	壬午	癸未	**立秋**	乙酉	丙戌	丁亥	戊子	己丑	庚寅	辛卯	壬辰	癸巳	甲午	乙未	丙申	丁酉	戊戌	己亥	**處暑**	辛丑	壬寅	癸卯	甲辰	乙巳	丙午	丁未	戊申

陽歷　九　月份　（陰歷八、九月份）

陽	**9**	2	3	4	5	6	7	8	9	10	11	12	13	14	15	16	17	18	19	20	21	22	23	24	25	26	27	28	29	30	
陰	五	六	七	八	九	十	十一	十二	十三	十四	十五	十六	十七	十八	十九	廿	廿一	廿二	廿三	廿四	廿五	廿六	廿七	廿八	廿九	卅	**九**	二	三	四	
星	3	4	5	6	日	1	2	3	4	5	6	日	1	2	3	4	5	6	日	1	2	3	4	5	6	日	1	2	3	4	
干節	己酉	庚戌	辛亥	壬子	癸丑	甲寅	**白露**	丙辰	丁巳	戊午	己未	庚申	辛酉	壬戌	癸亥	甲子	乙丑	丙寅	丁卯	戊辰	己巳	**秋分**	辛未	壬申	癸酉	甲戌	乙亥	丙子	丁丑	戊寅	

陽歷　十　月份　（陰歷九、十月份）

陽	**10**	2	3	4	5	6	7	8	9	10	11	12	13	14	15	16	17	18	19	20	21	22	23	24	25	26	27	28	29	30	31
陰	五	六	七	八	九	十	十一	十二	十三	十四	十五	十六	十七	十八	十九	廿	廿一	廿二	廿三	廿四	廿五	廿六	廿七	廿八	廿九	**十**	二	三	四	五	六
星	5	6	日	1	2	3	4	5	6	日	1	2	3	4	5	6	日	1	2	3	4	5	6	日	1	2	3	4	5	6	日
干節	己卯	庚辰	辛巳	壬午	癸未	甲申	乙酉	**寒露**	丁亥	戊子	己丑	庚寅	辛卯	壬辰	癸巳	甲午	乙未	丙申	丁酉	戊戌	己亥	庚子	**霜降**	壬寅	癸卯	甲辰	乙巳	丙午	丁未	戊申	己酉

陽歷十一月份　（陰歷十、十一月份）

陽	**11**	2	3	4	5	6	7	8	9	10	11	12	13	14	15	16	17	18	19	20	21	22	23	24	25	26	27	28	29	30	
陰	七	八	九	十	十一	十二	十三	十四	十五	十六	十七	十八	十九	廿	廿一	廿二	廿三	廿四	廿五	廿六	廿七	廿八	廿九	卅	**十一**	二	三	四	五	六	
星	1	2	3	4	5	6	日	1	2	3	4	5	6	日	1	2	3	4	5	6	日	1	2	3	4	5	6	日	1	2	
干節	庚戌	辛亥	壬子	癸丑	甲寅	乙卯	**立冬**	丁巳	戊午	己未	庚申	辛酉	壬戌	癸亥	甲子	乙丑	丙寅	丁卯	戊辰	己巳	庚午	**小雪**	壬申	癸酉	甲戌	乙亥	丙子	丁丑	戊寅	己卯	

陽歷十二月份　（陰歷十一、十二月份）

陽	**12**	2	3	4	5	6	7	8	9	10	11	12	13	14	15	16	17	18	19	20	21	22	23	24	25	26	27	28	29	30	31
陰	七	八	九	十	十一	十二	十三	十四	十五	十六	十七	十八	十九	廿	廿一	廿二	廿三	廿四	廿五	廿六	廿七	廿八	廿九	**十二**	二	三	四	五	六	七	八
星	3	4	5	6	日	1	2	3	4	5	6	日	1	2	3	4	5	6	日	1	2	3	4	5	6	日	1	2	3	4	5
干節	庚辰	辛巳	壬午	癸未	甲申	**大雪**	丙戌	丁亥	戊子	己丑	庚寅	辛卯	壬辰	癸巳	甲午	乙未	丙申	丁酉	戊戌	己亥	**冬至**	辛丑	壬寅	癸卯	甲辰	乙巳	丙午	丁未	戊申	己酉	庚戌

近世中西史日對照表

陽歷 一 月份 （陰歷十二、正月份）

陽	1	2	3	4	5	6	7	8	9	10	11	12	13	14	15	16	17	18	19	20	21	22	23	24	25	26	27	28	29	30	31
陰	九	十	十一	十二	十三	十四	十五	十六	十七	十八	十九	廿	廿一	廿二	廿三	廿四	廿五	廿六	廿七	廿八	廿九	卅	正	二	三	四	五	六	七	八	九
星	6	日	1	2	3	4	5	6	日	1	2	3	4	5	6	日	1	2	3	4	5	6	日	1	2	3	4	5	6	日	1
干節	辛亥	壬子	癸丑	甲寅	小寒	丙辰	丁巳	戊午	己未	庚申	辛酉	壬戌	癸亥	甲子	乙丑	丙寅	丁卯	戊辰	大寒	庚午	辛未	壬申	癸酉	甲戌	乙亥	丙子	丁丑	戊寅	己卯	庚辰	辛巳

陽歷 二 月份 （陰歷正、二月份）

陽	2	2	3	4	5	6	7	8	9	10	11	12	13	14	15	16	17	18	19	20	21	22	23	24	25	26	27	28			
陰	十	十一	十二	十三	十四	十五	十六	十七	十八	十九	廿	廿一	廿二	廿三	廿四	廿五	廿六	廿七	廿八	廿九	二	二	三	四	五	六	七	八	—	—	—
星	2	3	4	5	6	日	1	2	3	4	5	6	日	1	2	3	4	5	6	日	1	2	3	4	5	6	日	1	—	—	—
干節	壬午	癸未	立春	乙酉	丙戌	丁亥	戊子	己丑	庚寅	辛卯	壬辰	癸巳	甲午	乙未	丙申	丁酉	戊戌	雨水	庚子	辛丑	壬寅	癸卯	甲辰	乙巳	丙午	丁未	戊申	己酉			

陽歷 三 月份 （陰歷二、三月份）

陽	3	2	3	4	5	6	7	8	9	10	11	12	13	14	15	16	17	18	19	20	21	22	23	24	25	26	27	28	29	30	31
陰	九	十	十一	十二	十三	十四	十五	十六	十七	十八	十九	廿	廿一	廿二	廿三	廿四	廿五	廿六	廿七	廿八	廿九	卅	三	二	三	四	五	六	七	八	九
星	2	3	4	5	6	日	1	2	3	4	5	6	日	1	2	3	4	5	6	日	1	2	3	4	5	6	日	1	2	3	4
干節	庚戌	辛亥	壬子	癸丑	驚蟄	乙卯	丙辰	丁巳	戊午	己未	庚申	辛酉	壬戌	癸亥	甲子	乙丑	丙寅	丁卯	戊辰	春分	庚午	辛未	壬申	癸酉	甲戌	乙亥	丙子	丁丑	戊寅	己卯	庚辰

陽歷 四 月份 （陰歷三、閏三月份）

陽	4	2	3	4	5	6	7	8	9	10	11	12	13	14	15	16	17	18	19	20	21	22	23	24	25	26	27	28	29	30	
陰	十	十一	十二	十三	十四	十五	十六	十七	十八	十九	廿	廿一	廿二	廿三	廿四	廿五	廿六	廿七	廿八	廿九	閏	二	三	四	五	六	七	八	九	十	—
星	5	6	日	1	2	3	4	5	6	日	1	2	3	4	5	6	日	1	2	3	4	5	6	日	1	2	3	4	5	6	—
干節	辛巳	壬午	癸未	清明	乙酉	丙戌	丁亥	戊子	己丑	庚寅	辛卯	壬辰	癸巳	甲午	乙未	丙申	丁酉	戊戌	己亥	穀雨	辛丑	壬寅	癸卯	甲辰	乙巳	丙午	丁未	戊申	己酉	庚戌	

陽歷 五 月份 （陰歷閏三、四月份）

陽	5	2	3	4	5	6	7	8	9	10	11	12	13	14	15	16	17	18	19	20	21	22	23	24	25	26	27	28	29	30	31
陰	十一	十二	十三	十四	十五	十六	十七	十八	十九	廿	廿一	廿二	廿三	廿四	廿五	廿六	廿七	廿八	廿九	四	二	三	四	五	六	七	八	九	十	十一	十二
星	日	1	2	3	4	5	6	日	1	2	3	4	5	6	日	1	2	3	4	5	6	日	1	2	3	4	5	6	日	1	2
干節	辛亥	壬子	癸丑	甲寅	立夏	丙辰	丁巳	戊午	己未	庚申	辛酉	壬戌	癸亥	甲子	乙丑	丙寅	丁卯	戊辰	己巳	小滿	辛未	壬申	癸酉	甲戌	乙亥	丙子	丁丑	戊寅	己卯	庚辰	辛巳

陽歷 六 月份 （陰歷四、五月份）

陽	6	2	3	4	5	6	7	8	9	10	11	12	13	14	15	16	17	18	19	20	21	22	23	24	25	26	27	28	29	30	
陰	十三	十四	十五	十六	十七	十八	十九	廿	廿一	廿二	廿三	廿四	廿五	廿六	廿七	廿八	廿九	卅	五	二	三	四	五	六	七	八	九	十	十一	十二	—
星	3	4	5	6	日	1	2	3	4	5	6	日	1	2	3	4	5	6	日	1	2	3	4	5	6	日	1	2	3	4	—
干節	壬午	癸未	甲申	乙酉	芒種	丁亥	戊子	己丑	庚寅	辛卯	壬辰	癸巳	甲午	乙未	丙申	丁酉	戊戌	己亥	庚子	辛丑	夏至	癸卯	甲辰	乙巳	丙午	丁未	戊申	己酉	庚戌	辛亥	—

戊午

一六七八年

（清聖祖康熙一七年）

陽歷 七 月份　（陰歷五、六月份）

陽	1	2	3	4	5	6	7	8	9	10	11	12	13	14	15	16	17	18	19	20	21	22	23	24	25	26	27	28	29	30	31
陰	十三	十四	十五	十六	十七	十八	十九	廿	廿一	廿二	廿三	廿四	廿五	廿六	廿七	廿八	廿九	卅	六	二	三	四	五	六	七	八	九	十	十一	十二	十三
星	5	6	日	1	2	3	4	5	6	日	1	2	3	4	5	6	日	1	2	3	4	5	6	日	1	2	3	4	5	6	日
干節	壬子	癸丑	甲寅	乙卯	丙辰	丁巳	小暑	己未	庚申	辛酉	壬戌	癸亥	甲子	乙丑	丙寅	丁卯	戊辰	己巳	庚午	辛未	壬申	癸酉	大暑	乙亥	丙子	丁丑	戊寅	己卯	庚辰	辛巳	壬午

陽歷 八 月份　（陰歷六、七月份）

陽	8	2	3	4	5	6	7	8	9	10	11	12	13	14	15	16	17	18	19	20	21	22	23	24	25	26	27	28	29	30	31
陰	十四	十五	十六	十七	十八	十九	廿	廿一	廿二	廿三	廿四	廿五	廿六	廿七	廿八	廿九	七	二	三	四	五	六	七	八	九	十	十一	十二	十三	十四	十五
星	1	2	3	4	5	6	日	1	2	3	4	5	6	日	1	2	3	4	5	6	日	1	2	3	4	5	6	日	1	2	3
干節	癸未	甲申	乙酉	丙戌	丁亥	戊子	立秋	庚寅	辛卯	壬辰	癸巳	甲午	乙未	丙申	丁酉	戊戌	己亥	庚子	辛丑	壬寅	癸卯	甲辰	處暑	丙午	丁未	戊申	己酉	庚戌	辛亥	壬子	癸丑

陽歷 九 月份　（陰歷七、八月份）

陽	9	2	3	4	5	6	7	8	9	10	11	12	13	14	15	16	17	18	19	20	21	22	23	24	25	26	27	28	29	30	
陰	十六	十七	十八	十九	廿	廿一	廿二	廿三	廿四	廿五	廿六	廿七	廿八	廿九	卅	八	二	三	四	五	六	七	八	九	十	十一	十二	十三	十四	十五	
星	4	5	6	日	1	2	3	4	5	6	日	1	2	3	4	5	6	日	1	2	3	4	5	6	日	1	2	3	4	5	
干節	甲寅	乙卯	丙辰	丁巳	戊午	己未	白露	辛酉	壬戌	癸亥	甲子	乙丑	丙寅	丁卯	戊辰	己巳	庚午	辛未	壬申	癸酉	甲戌	乙亥	秋分	丁丑	戊寅	己卯	庚辰	辛巳	壬午	癸未	

陽歷 十 月份　（陰歷八、九月份）

陽	10	2	3	4	5	6	7	8	9	10	11	12	13	14	15	16	17	18	19	20	21	22	23	24	25	26	27	28	29	30	31
陰	十六	十七	十八	十九	廿	廿一	廿二	廿三	廿四	廿五	廿六	廿七	廿八	廿九	卅	九	二	三	四	五	六	七	八	九	十	十一	十二	十三	十四	十五	十六
星	6	日	1	2	3	4	5	6	日	1	2	3	4	5	6	日	1	2	3	4	5	6	日	1	2	3	4	5	6	日	1
干節	甲申	乙酉	丙戌	丁亥	戊子	己丑	庚寅	寒露	壬辰	癸巳	甲午	乙未	丙申	丁酉	戊戌	己亥	庚子	辛丑	壬寅	癸卯	甲辰	乙巳	霜降	丁未	戊申	己酉	庚戌	辛亥	壬子	癸丑	甲寅

陽歷十一月份　（陰歷九、十月份）

陽	11	2	3	4	5	6	7	8	9	10	11	12	13	14	15	16	17	18	19	20	21	22	23	24	25	26	27	28	29	30	
陰	十七	十八	十九	廿	廿一	廿二	廿三	廿四	廿五	廿六	廿七	廿八	廿九	十	二	三	四	五	六	七	八	九	十	十一	十二	十三	十四	十五	十六	十七	
星	2	3	4	5	6	日	1	2	3	4	5	6	日	1	2	3	4	5	6	日	1	2	3	4	5	6	日	1	2	3	
干節	乙卯	丙辰	丁巳	戊午	己未	庚申	立冬	壬戌	癸亥	甲子	乙丑	丙寅	丁卯	戊辰	己巳	庚午	辛未	壬申	癸酉	甲戌	乙亥	小雪	丁丑	戊寅	己卯	庚辰	辛巳	壬午	癸未	甲申	

陽歷十二月份　（陰歷十、十一月份）

陽	12	2	3	4	5	6	7	8	9	10	11	12	13	14	15	16	17	18	19	20	21	22	23	24	25	26	27	28	29	30	31
陰	十八	十九	廿	廿一	廿二	廿三	廿四	廿五	廿六	廿七	廿八	廿九	卅	十一	二	三	四	五	六	七	八	九	十	十一	十二	十三	十四	十五	十六	十七	十八
星	4	5	6	日	1	2	3	4	5	6	日	1	2	3	4	5	6	日	1	2	3	4	5	6	日	1	2	3	4	5	6
干節	乙酉	丙戌	丁亥	戊子	己丑	大雪	辛卯	壬辰	癸巳	甲午	乙未	丙申	丁酉	戊戌	己亥	庚子	辛丑	壬寅	癸卯	甲辰	冬至	丙午	丁未	戊申	己酉	庚戌	辛亥	壬子	癸丑	甲寅	乙卯

陽歷　一　月份　（陰歷十一、十二月份）

陽	**1**	2	3	4	5	6	7	8	9	10	11	12	13	14	15	16	17	18	19	20	21	22	23	24	25	26	27	28	29	30	31
陰	十九	廿	廿一	廿二	廿三	廿四	廿五	廿六	廿七	廿八	廿九	**十二**	二	三	四	五	六	七	八	九	十	十一	十二	十三	十四	十五	十六	十七	十八	十九	廿
星	**日**	1	2	3	4	5	6	**日**	1	2	3	4	5	6	**日**	1	2	3	4	5	6	**日**	1	2	3	4	5	6	**日**	1	2
干節	丙辰	丁巳	戊午	己未	**小寒**	辛酉	壬戌	癸亥	甲子	乙丑	丙寅	丁卯	戊辰	己巳	庚午	辛未	壬申	癸酉	甲戌	**大寒**	丙子	丁丑	戊寅	己卯	庚辰	辛巳	壬午	癸未	甲申	乙酉	丙戌

陽歷　二　月份　（陰歷十二、正月份）

陽	**2**	2	3	4	5	6	7	8	9	10	11	12	13	14	15	16	17	18	19	20	21	22	23	24	25	26	27	28
陰	廿一	廿二	廿三	廿四	廿五	廿六	廿七	廿八	廿九	卅	**正**	二	三	四	五	六	七	八	九	十	十一	十二	十三	十四	十五	十六	十七	十八
星	3	4	5	6	**日**	1	2	3	4	5	6	**日**	1	2	3	4	5	6	**日**	1	2	3	4	5	6	**日**	1	2
干節	丁亥	戊子	**立春**	庚寅	辛卯	壬辰	癸巳	甲午	乙未	丙申	丁酉	戊戌	己亥	庚子	辛丑	壬寅	癸卯	**雨水**	乙巳	丙午	丁未	戊申	己酉	庚戌	辛亥	壬子	癸丑	甲寅

陽歷　三　月份　（陰歷正、二月份）

陽	**3**	2	3	4	5	6	7	8	9	10	11	12	13	14	15	16	17	18	19	20	21	22	23	24	25	26	27	28	29	30	31
陰	十九	廿	廿一	廿二	廿三	廿四	廿五	廿六	廿七	廿八	廿九	**二**	二	三	四	五	六	七	八	九	十	十一	十二	十三	十四	十五	十六	十七	十八	十九	廿
星	3	4	5	6	**日**	1	2	3	4	5	6	**日**	1	2	3	4	5	6	**日**	1	2	3	4	5	6	**日**	1	2	3	4	5
干節	乙卯	丙辰	丁巳	戊午	**驚蟄**	庚申	辛酉	壬戌	癸亥	甲子	乙丑	丙寅	丁卯	戊辰	己巳	庚午	辛未	壬申	癸酉	**春分**	乙亥	丙子	丁丑	戊寅	己卯	庚辰	辛巳	壬午	癸未	甲申	乙酉

陽歷　四　月份　（陰歷二、三月份）

陽	**4**	2	3	4	5	6	7	8	9	10	11	12	13	14	15	16	17	18	19	20	21	22	23	24	25	26	27	28	29	30
陰	廿一	廿二	廿三	廿四	廿五	廿六	廿七	廿八	廿九	卅	**三**	二	三	四	五	六	七	八	九	十	十一	十二	十三	十四	十五	十六	十七	十八	十九	廿
星	6	**日**	1	2	3	4	5	6	**日**	1	2	3	4	5	6	**日**	1	2	3	4	5	6	**日**	1	2	3	4	5	6	**日**
干節	丙戌	丁亥	戊子	**清明**	庚寅	辛卯	壬辰	癸巳	甲午	乙未	丙申	丁酉	戊戌	己亥	庚子	辛丑	壬寅	癸卯	甲辰	**穀雨**	丙午	丁未	戊申	己酉	庚戌	辛亥	壬子	癸丑	甲寅	乙卯

陽歷　五　月份　（陰歷三、四月份）

陽	**5**	2	3	4	5	6	7	8	9	10	11	12	13	14	15	16	17	18	19	20	21	22	23	24	25	26	27	28	29	30	31
陰	廿一	廿二	廿三	廿四	廿五	廿六	廿七	廿八	廿九	**四**	二	三	四	五	六	七	八	九	十	十一	十二	十三	十四	十五	十六	十七	十八	十九	廿	廿一	廿二
星	1	2	3	4	5	6	**日**	1	2	3	4	5	6	**日**	1	2	3	4	5	6	**日**	1	2	3	4	5	6	**日**	1	2	3
干節	丙辰	丁巳	戊午	己未	**立夏**	辛酉	壬戌	癸亥	甲子	乙丑	丙寅	丁卯	戊辰	己巳	庚午	辛未	壬申	癸酉	甲戌	**小滿**	丙子	丁丑	戊寅	己卯	庚辰	辛巳	壬午	癸未	甲申	乙酉	丙戌

陽歷　六　月份　（陰歷四、五月份）

陽	**6**	2	3	4	5	6	7	8	9	10	11	12	13	14	15	16	17	18	19	20	21	22	23	24	25	26	27	28	29	30
陰	廿三	廿四	廿五	廿六	廿七	廿八	廿九	**五**	二	三	四	五	六	七	八	九	十	十一	十二	十三	十四	十五	十六	十七	十八	十九	廿	廿一	廿二	廿三
星	4	5	6	**日**	1	2	3	4	5	6	**日**	1	2	3	4	5	6	**日**	1	2	3	4	5	6	**日**	1	2	3	4	5
干節	丁亥	戊子	己丑	庚寅	辛卯	**芒種**	癸巳	甲午	乙未	丙申	丁酉	戊戌	己亥	庚子	辛丑	壬寅	癸卯	甲辰	乙巳	丙午	**夏至**	戊申	己酉	庚戌	辛亥	壬子	癸丑	甲寅	乙卯	丙辰

己未

一六七九年

（清聖祖康熙一八年）

陽曆 七 月份　（陰曆五、六月份）

陽	7	2	3	4	5	6	7	8	9	10	11	12	13	14	15	16	17	18	19	20	21	22	23	24	25	26	27	28	29	30	31
陰	廿四	廿五	廿六	廿七	廿八	廿九	卅	六	二	三	四	五	六	七	八	九	十	十一	十二	十三	十四	十五	十六	十七	十八	十九	廿	廿一	廿二	廿三	廿四
星	6	日	1	2	3	4	5	6	日	1	2	3	4	5	6	日	1	2	3	4	5	6	日	1	2	3	4	5	6	日	1
干節	丁巳	戊午	己未	庚申	辛酉	壬戌	小暑	甲子	乙丑	丙寅	丁卯	戊辰	己巳	庚午	辛未	壬申	癸酉	甲戌	乙亥	丙子	丁丑	戊寅	大暑	庚辰	辛巳	壬午	癸未	甲申	乙酉	丙戌	丁亥

陽曆 八 月份　（陰曆六、七月份）

陽	8	2	3	4	5	6	7	8	9	10	11	12	13	14	15	16	17	18	19	20	21	22	23	24	25	26	27	28	29	30	31
陰	廿五	廿六	廿七	廿八	廿九	七	二	三	四	五	六	七	八	九	十	十一	十二	十三	十四	十五	十六	十七	十八	十九	廿	廿一	廿二	廿三	廿四	廿五	廿六
星	2	3	4	5	6	日	1	2	3	4	5	6	日	1	2	3	4	5	6	日	1	2	3	4	5	6	日	1	2	3	4
干節	戊子	己丑	庚寅	辛卯	壬辰	癸巳	甲午	立秋	丙申	丁酉	戊戌	己亥	庚子	辛丑	壬寅	癸卯	甲辰	乙巳	丙午	丁未	戊申	己酉	處暑	辛亥	壬子	癸丑	甲寅	乙卯	丙辰	丁巳	戊午

陽曆 九 月份　（陰曆七、八月份）

陽	9	2	3	4	5	6	7	8	9	10	11	12	13	14	15	16	17	18	19	20	21	22	23	24	25	26	27	28	29	30	
陰	廿七	廿八	廿九	卅	八	二	三	四	五	六	七	八	九	十	十一	十二	十三	十四	十五	十六	十七	十八	十九	廿	廿一	廿二	廿三	廿四	廿五	廿六	
星	5	6	日	1	2	3	4	5	6	日	1	2	3	4	5	6	日	1	2	3	4	5	6	日	1	2	3	4	5	6	
干節	己未	庚申	辛酉	壬戌	癸亥	甲子	乙丑	白露	丁卯	戊辰	己巳	庚午	辛未	壬申	癸酉	甲戌	乙亥	丙子	丁丑	戊寅	己卯	庚辰	秋分	壬午	癸未	甲申	乙酉	丙戌	丁亥	戊子	

陽曆 十 月份　（陰曆八、九月份）

陽	10	2	3	4	5	6	7	8	9	10	11	12	13	14	15	16	17	18	19	20	21	22	23	24	25	26	27	28	29	30	31
陰	廿七	廿八	廿九	卅	九	二	三	四	五	六	七	八	九	十	十一	十二	十三	十四	十五	十六	十七	十八	十九	廿	廿一	廿二	廿三	廿四	廿五	廿六	廿七
星	日	1	2	3	4	5	6	日	1	2	3	4	5	6	日	1	2	3	4	5	6	日	1	2	3	4	5	6	日	1	2
干節	己丑	庚寅	辛卯	壬辰	癸巳	甲午	乙未	寒露	丁酉	戊戌	己亥	庚子	辛丑	壬寅	癸卯	甲辰	乙巳	丙午	丁未	戊申	己酉	庚戌	霜降	壬子	癸丑	甲寅	乙卯	丙辰	丁巳	戊午	己未

陽曆十一月份　（陰曆九、十月份）

陽	11	2	3	4	5	6	7	8	9	10	11	12	13	14	15	16	17	18	19	20	21	22	23	24	25	26	27	28	29	30	
陰	廿八	廿九	十	二	三	四	五	六	七	八	九	十	十一	十二	十三	十四	十五	十六	十七	十八	十九	廿	廿一	廿二	廿三	廿四	廿五	廿六	廿七	廿八	
星	3	4	5	6	日	1	2	3	4	5	6	日	1	2	3	4	5	6	日	1	2	3	4	5	6	日	1	2	3	4	
干節	庚申	辛酉	壬戌	癸亥	甲子	乙丑	立冬	丁卯	戊辰	己巳	庚午	辛未	壬申	癸酉	甲戌	乙亥	丙子	丁丑	戊寅	己卯	庚辰	小雪	壬午	癸未	甲申	乙酉	丙戌	丁亥	戊子	己丑	

陽曆十二月份　（陰曆十、十一月份）

陽	12	2	3	4	5	6	7	8	9	10	11	12	13	14	15	16	17	18	19	20	21	22	23	24	25	26	27	28	29	30	31
陰	廿九	卅	十一	二	三	四	五	六	七	八	九	十	十一	十二	十三	十四	十五	十六	十七	十八	十九	廿	廿一	廿二	廿三	廿四	廿五	廿六	廿七	廿八	廿九
星	5	6	日	1	2	3	4	5	6	日	1	2	3	4	5	6	日	1	2	3	4	5	6	日	1	2	3	4	5	6	日
干節	庚寅	辛卯	壬辰	癸巳	甲午	乙未	大雪	丁酉	戊戌	己亥	庚子	辛丑	壬寅	癸卯	甲辰	乙巳	丙午	丁未	戊申	己酉	冬至	辛亥	壬子	癸丑	甲寅	乙卯	丙辰	丁巳	戊午	己未	庚申

近世中西史日對照表

陽歷 一月份 (陰歷十一、十二、正月份)

陽	1	2	3	4	5	6	7	8	9	10	11	12	13	14	15	16	17	18	19	20	21	22	23	24	25	26	27	28	29	30	31
陰	卅	十二	二	三	四	五	六	七	八	九	十	十一	十二	十三	十四	十五	十六	十七	十八	十九	廿	廿一	廿二	廿三	廿四	廿五	廿六	廿七	廿八	廿九	正
星	1	2	3	4	5	6	日	1	2	3	4	5	6	日	1	2	3	4	5	6	日	1	2	3	4	5	6	日	1	2	3
干節	辛酉	壬戌	癸亥	甲子	小寒	丙寅	丁卯	戊辰	己巳	庚午	辛未	壬申	癸酉	甲戌	乙亥	丙子	丁丑	戊寅	己卯	大寒	辛巳	壬午	癸未	甲申	乙酉	丙戌	丁亥	戊子	己丑	庚寅	辛卯

陽歷 二月份 (陰歷正月份)

陽	2	2	3	4	5	6	7	8	9	10	11	12	13	14	15	16	17	18	19	20	21	22	23	24	25	26	27	28	29		
陰	二	三	四	五	六	七	八	九	十	十一	十二	十三	十四	十五	十六	十七	十八	十九	廿	廿一	廿二	廿三	廿四	廿五	廿六	廿七	廿八	廿九	卅		
星	4	5	6	日	1	2	3	4	5	6	日	1	2	3	4	5	6	日	1	2	3	4	5	6	日	1	2	3	4		
干節	壬辰	癸巳	甲午	立春	丙申	丁酉	戊戌	己亥	庚子	辛丑	壬寅	癸卯	甲辰	乙巳	丙午	丁未	戊申	雨水	庚戌	辛亥	壬子	癸丑	甲寅	乙卯	丙辰	丁巳	戊午	己未	庚申		

陽歷 三月份 (陰歷二、三月份)

陽	3	2	3	4	5	6	7	8	9	10	11	12	13	14	15	16	17	18	19	20	21	22	23	24	25	26	27	28	29	30	31
陰	二	二	三	四	五	六	七	八	九	十	十一	十二	十三	十四	十五	十六	十七	十八	十九	廿	廿一	廿二	廿三	廿四	廿五	廿六	廿七	廿八	廿九	三	二
星	5	6	日	1	2	3	4	5	6	日	1	2	3	4	5	6	日	1	2	3	4	5	6	日	1	2	3	4	5	6	日
干節	辛酉	壬戌	癸亥	驚蟄	乙丑	丙寅	丁卯	戊辰	己巳	庚午	辛未	壬申	癸酉	甲戌	乙亥	丙子	丁丑	戊寅	春分	庚辰	辛巳	壬午	癸未	甲申	乙酉	丙戌	丁亥	戊子	己丑	庚寅	辛卯

陽歷 四月份 (陰歷三、四月份)

陽	4	2	3	4	5	6	7	8	9	10	11	12	13	14	15	16	17	18	19	20	21	22	23	24	25	26	27	28	29	30
陰	三	四	五	六	七	八	九	十	十一	十二	十三	十四	十五	十六	十七	十八	十九	廿	廿一	廿二	廿三	廿四	廿五	廿六	廿七	廿八	廿九	卅	四	二
星	1	2	3	4	5	6	日	1	2	3	4	5	6	日	1	2	3	4	5	6	日	1	2	3	4	5	6	日	1	2
干節	壬辰	癸巳	甲午	清明	丙申	丁酉	戊戌	己亥	庚子	辛丑	壬寅	癸卯	甲辰	乙巳	丙午	丁未	戊申	己酉	穀雨	辛亥	壬子	癸丑	甲寅	乙卯	丙辰	丁巳	戊午	己未	庚申	辛酉

陽歷 五月份 (陰歷四、五月份)

陽	5	2	3	4	5	6	7	8	9	10	11	12	13	14	15	16	17	18	19	20	21	22	23	24	25	26	27	28	29	30	31
陰	三	四	五	六	七	八	九	十	十一	十二	十三	十四	十五	十六	十七	十八	十九	廿	廿一	廿二	廿三	廿四	廿五	廿六	廿七	廿八	廿九	五	二	三	四
星	3	4	5	6	日	1	2	3	4	5	6	日	1	2	3	4	5	6	日	1	2	3	4	5	6	日	1	2	3	4	5
干節	壬戌	癸亥	甲子	立夏	丙寅	丁卯	戊辰	己巳	庚午	辛未	壬申	癸酉	甲戌	乙亥	丙子	丁丑	戊寅	己卯	庚辰	小滿	壬午	癸未	甲申	乙酉	丙戌	丁亥	戊子	己丑	庚寅	辛卯	壬辰

陽歷 六月份 (陰歷五、六月份)

陽	6	2	3	4	5	6	7	8	9	10	11	12	13	14	15	16	17	18	19	20	21	22	23	24	25	26	27	28	29	30
陰	五	六	七	八	九	十	十一	十二	十三	十四	十五	十六	十七	十八	十九	廿	廿一	廿二	廿三	廿四	廿五	廿六	廿七	廿八	廿九	六	二	三	四	五
星	6	日	1	2	3	4	5	6	日	1	2	3	4	5	6	日	1	2	3	4	5	6	日	1	2	3	4	5	6	日
干節	癸巳	甲午	乙未	丙申	芒種	戊戌	己亥	庚子	辛丑	壬寅	癸卯	甲辰	乙巳	丙午	丁未	戊申	己酉	庚戌	辛亥	壬子	夏至	甲寅	乙卯	丙辰	丁巳	戊午	己未	庚申	辛酉	壬戌

庚申

一六八〇年

（清聖祖康熙一九年）

陽歷七月份　（陰歷六、七月份）

陽	7	2	3	4	5	6	7	8	9	10	11	12	13	14	15	16	17	18	19	20	21	22	23	24	25	26	27	28	29	30	31
陰	六	七	八	九	十	十一	十二	十三	十四	十五	十六	十七	十八	十九	廿	廿一	廿二	廿三	廿四	廿五	廿六	廿七	廿八	廿九	卅	七	二	三	四	五	六
星	1	2	3	4	5	6	日	1	2	3	4	5	6	日	1	2	3	4	5	6	日	1	2	3	4	5	6	日	1	2	3
干節	癸亥	甲子	乙丑	丙寅	丁卯	小暑	己巳	庚午	辛未	壬申	癸酉	甲戌	乙亥	丙子	丁丑	戊寅	己卯	庚辰	辛巳	壬午	癸未	大暑	乙酉	丙戌	丁亥	戊子	己丑	庚寅	辛卯	壬辰	癸巳

陽歷八月份　（陰歷七、八月份）

陽	8	2	3	4	5	6	7	8	9	10	11	12	13	14	15	16	17	18	19	20	21	22	23	24	25	26	27	28	29	30	31
陰	七	八	九	十	十一	十二	十三	十四	十五	十六	十七	十八	十九	廿	廿一	廿二	廿三	廿四	廿五	廿六	廿七	廿八	廿九	八	二	三	四	五	六	七	八
星	4	5	6	日	1	2	3	4	5	6	日	1	2	3	4	5	6	日	1	2	3	4	5	6	日	1	2	3	4	5	6
干節	甲午	乙未	丙申	丁酉	戊戌	己亥	立秋	辛丑	壬寅	癸卯	甲辰	乙巳	丙午	丁未	戊申	己酉	庚戌	辛亥	壬子	癸丑	甲寅	處暑	丙辰	丁巳	戊午	己未	庚申	辛酉	壬戌	癸亥	甲子

陽歷九月份　（陰歷八、閏八月份）

陽	9	2	3	4	5	6	7	8	9	10	11	12	13	14	15	16	17	18	19	20	21	22	23	24	25	26	27	28	29	30
陰	九	十	十一	十二	十三	十四	十五	十六	十七	十八	十九	廿	廿一	廿二	廿三	廿四	廿五	廿六	廿七	廿八	廿九	卅	閏	二	三	四	五	六	七	八
星	日	1	2	3	4	5	6	日	1	2	3	4	5	6	日	1	2	3	4	5	6	日	1	2	3	4	5	6	日	1
干節	乙丑	丙寅	丁卯	戊辰	己巳	庚午	白露	壬申	癸酉	甲戌	乙亥	丙子	丁丑	戊寅	己卯	庚辰	辛巳	壬午	癸未	甲申	乙酉	秋分	丁亥	戊子	己丑	庚寅	辛卯	壬辰	癸巳	甲午

陽歷十月份　（陰歷閏八、九月份）

陽	10	2	3	4	5	6	7	8	9	10	11	12	13	14	15	16	17	18	19	20	21	22	23	24	25	26	27	28	29	30	31
陰	九	十	十一	十二	十三	十四	十五	十六	十七	十八	十九	廿	廿一	廿二	廿三	廿四	廿五	廿六	廿七	廿八	廿九	九	二	三	四	五	六	七	八	九	十
星	2	3	4	5	6	日	1	2	3	4	5	6	日	1	2	3	4	5	6	日	1	2	3	4	5	6	日	1	2	3	4
干節	乙未	丙申	丁酉	戊戌	己亥	庚子	寒露	壬寅	癸卯	甲辰	乙巳	丙午	丁未	戊申	己酉	庚戌	辛亥	壬子	癸丑	甲寅	乙卯	霜降	丁巳	戊午	己未	庚申	辛酉	壬戌	癸亥	甲子	乙丑

陽歷十一月份　（陰歷九、十月份）

陽	11	2	3	4	5	6	7	8	9	10	11	12	13	14	15	16	17	18	19	20	21	22	23	24	25	26	27	28	29	30
陰	十一	十二	十三	十四	十五	十六	十七	十八	十九	廿	廿一	廿二	廿三	廿四	廿五	廿六	廿七	廿八	廿九	卅	十	二	三	四	五	六	七	八	九	十
星	5	6	日	1	2	3	4	5	6	日	1	2	3	4	5	6	日	1	2	3	4	5	6	日	1	2	3	4	5	6
干節	丙寅	丁卯	戊辰	己巳	庚午	立冬	壬申	癸酉	甲戌	乙亥	丙子	丁丑	戊寅	己卯	庚辰	辛巳	壬午	癸未	甲申	乙酉	小雪	丁亥	戊子	己丑	庚寅	辛卯	壬辰	癸巳	甲午	乙未

陽歷十二月份　（陰歷十、十一月份）

陽	12	2	3	4	5	6	7	8	9	10	11	12	13	14	15	16	17	18	19	20	21	22	23	24	25	26	27	28	29	30	31
陰	十一	十二	十三	十四	十五	十六	十七	十八	十九	廿	廿一	廿二	廿三	廿四	廿五	廿六	廿七	廿八	廿九	卅	十一	二	三	四	五	六	七	八	九	十	十一
星	日	1	2	3	4	5	6	日	1	2	3	4	5	6	日	1	2	3	4	5	6	日	1	2	3	4	5	6	日	1	2
干節	丙申	丁酉	戊戌	己亥	庚子	大雪	壬寅	癸卯	甲辰	乙巳	丙午	丁未	戊申	己酉	庚戌	辛亥	壬子	癸丑	甲寅	乙卯	冬至	丁巳	戊午	己未	庚申	辛酉	壬戌	癸亥	甲子	乙丑	丙寅

近世中西史日對照表

陽歷　一月份　（陰歷十一、十二月份）

陽	1	2	3	4	5	6	7	8	9	10	11	12	13	14	15	16	17	18	19	20	21	22	23	24	25	26	27	28	29	30	31
陰	十二	十三	十四	十五	十六	十七	十八	十九	廿	廿一	廿二	廿三	廿四	廿五	廿六	廿七	廿八	廿九	卅	十二	二	三	四	五	六	七	八	九	十	十一	十二
星	3	4	5	6	日	1	2	3	4	5	6	日	1	2	3	4	5	6	日	1	2	3	4	5	6	日	1	2	3	4	5
干節	丁卯	戊辰	己巳	小寒	辛未	壬申	癸酉	甲戌	乙亥	丙子	丁丑	戊寅	己卯	庚辰	辛巳	壬午	癸未	甲申	大寒	丙戌	丁亥	戊子	己丑	庚寅	辛卯	壬辰	癸巳	甲午	乙未	丙申	丁酉

陽歷　二月份　（陰歷十二、正月份）

陽	1	2	3	4	5	6	7	8	9	10	11	12	13	14	15	16	17	18	19	20	21	22	23	24	25	26	27	28			
陰	十三	十四	十五	十六	十七	十八	十九	廿	廿一	廿二	廿三	廿四	廿五	廿六	廿七	廿八	廿九	正	二	三	四	五	六	七	八	九	十	十一			
星	6	日	1	2	3	4	5	6	日	1	2	3	4	5	6	日	1	2	3	4	5	6	日	1	2	3	4	5			
干節	戊戌	己亥	立春	辛丑	壬寅	癸卯	甲辰	乙巳	丙午	丁未	戊申	己酉	庚戌	辛亥	壬子	癸丑	甲寅	雨水	丙辰	丁巳	戊午	己未	庚申	辛酉	壬戌	癸亥	甲子	乙丑			

陽歷　三月份　（陰歷正、二月份）

陽	1	2	3	4	5	6	7	8	9	10	11	12	13	14	15	16	17	18	19	20	21	22	23	24	25	26	27	28	29	30	31
陰	十二	十三	十四	十五	十六	十七	十八	十九	廿	廿一	廿二	廿三	廿四	廿五	廿六	廿七	廿八	廿九	卅	二	二	三	四	五	六	七	八	九	十	十一	十二
星	6	日	1	2	3	4	5	6	日	1	2	3	4	5	6	日	1	2	3	4	5	6	日	1	2	3	4	5	6	日	1
干節	丙寅	丁卯	戊辰	己巳	驚蟄	辛未	壬申	癸酉	甲戌	乙亥	丙子	丁丑	戊寅	己卯	庚辰	辛巳	壬午	癸未	甲申	春分	丙戌	丁亥	戊子	己丑	庚寅	辛卯	壬辰	癸巳	甲午	乙未	丙申

陽歷　四月份　（陰歷二、三月份）

陽	1	2	3	4	5	6	7	8	9	10	11	12	13	14	15	16	17	18	19	20	21	22	23	24	25	26	27	28	29	30	
陰	十三	十四	十五	十六	十七	十八	十九	廿	廿一	廿二	廿三	廿四	廿五	廿六	廿七	廿八	廿九	三	二	三	四	五	六	七	八	九	十	十一	十二	十三	
星	2	3	4	5	6	日	1	2	3	4	5	6	日	1	2	3	4	5	6	日	1	2	3	4	5	6	日	1	2	3	
干節	丁酉	戊戌	己亥	清明	辛丑	壬寅	癸卯	甲辰	乙巳	丙午	丁未	戊申	己酉	庚戌	辛亥	壬子	癸丑	甲寅	穀雨	丙辰	丁巳	戊午	己未	庚申	辛酉	壬戌	癸亥	甲子	乙丑	丙寅	

陽歷　五月份　（陰歷三、四月份）

陽	1	2	3	4	5	6	7	8	9	10	11	12	13	14	15	16	17	18	19	20	21	22	23	24	25	26	27	28	29	30	31
陰	十四	十五	十六	十七	十八	十九	廿	廿一	廿二	廿三	廿四	廿五	廿六	廿七	廿八	廿九	卅	四	二	三	四	五	六	七	八	九	十	十一	十二	十三	十四
星	4	5	6	日	1	2	3	4	5	6	日	1	2	3	4	5	6	日	1	2	3	4	5	6	日	1	2	3	4	5	6
干節	丁卯	戊辰	己巳	庚午	立夏	壬申	癸酉	甲戌	乙亥	丙子	丁丑	戊寅	己卯	庚辰	辛巳	壬午	癸未	甲申	乙酉	小滿	丁亥	戊子	己丑	庚寅	辛卯	壬辰	癸巳	甲午	乙未	丙申	丁酉

陽歷　六月份　（陰歷四、五月份）

陽	1	2	3	4	5	6	7	8	9	10	11	12	13	14	15	16	17	18	19	20	21	22	23	24	25	26	27	28	29	30	
陰	十五	十六	十七	十八	十九	廿	廿一	廿二	廿三	廿四	廿五	廿六	廿七	廿八	廿九	五	二	三	四	五	六	七	八	九	十	十一	十二	十三	十四	十五	
星	日	1	2	3	4	5	6	日	1	2	3	4	5	6	日	1	2	3	4	5	6	日	1	2	3	4	5	6	日	1	
干節	戊戌	己亥	庚子	辛丑	芒種	癸卯	甲辰	乙巳	丙午	丁未	戊申	己酉	庚戌	辛亥	壬子	癸丑	甲寅	乙卯	丙辰	丁巳	夏至	己未	庚申	辛酉	壬戌	癸亥	甲子	乙丑	丙寅	丁卯	

辛酉

一六八一年

（清聖祖康熙二〇年）

辛酉

一六八一年

（清聖祖康熙二〇年）

陽歷 七 月份 （陰歷五、六月份）

陽	**7**	2	3	4	5	6	7	8	9	10	11	12	13	14	15	16	17	18	19	20	21	22	23	24	25	26	27	28	29	30	31
陰	十六	十七	十八	十九	廿	廿一	廿二	廿三	廿四	廿五	廿六	廿七	廿八	廿九	**六**	二	三	四	五	六	七	八	九	十	十一	十二	十三	十四	十五	十六	十七
星	2	3	4	5	6	**日**	1	2	3	4	5	6	**日**	1	2	3	4	5	6	**日**	1	2	3	4	5	6	**日**	1	2	3	4
干節	戊辰	己巳	庚午	辛未	壬申	癸酉	**小暑**	乙亥	丙子	丁丑	戊寅	己卯	庚辰	辛巳	壬午	癸未	甲申	乙酉	丙戌	丁亥	戊子	**大暑**	庚寅	辛卯	壬辰	癸巳	甲午	乙未	丙申	丁酉	戊戌

陽歷 八 月份 （陰歷六、七月份）

陽	**8**	2	3	4	5	6	7	8	9	10	11	12	13	14	15	16	17	18	19	20	21	22	23	24	25	26	27	28	29	30	31
陰	十八	十九	廿	廿一	廿二	廿三	廿四	廿五	廿六	廿七	廿八	廿九	卅	**七**	二	三	四	五	六	七	八	九	十	十一	十二	十三	十四	十五	十六	十七	十八
星	5	6	**日**	1	2	3	4	5	6	**日**	1	2	3	4	5	6	**日**	1	2	3	4	5	6	**日**	1	2	3	4	5	6	**日**
干節	己亥	庚子	辛丑	壬寅	癸卯	甲辰	**立秋**	丙午	丁未	戊申	己酉	庚戌	辛亥	壬子	癸丑	甲寅	乙卯	丙辰	丁巳	戊午	己未	庚申	**處暑**	壬戌	癸亥	甲子	乙丑	丙寅	丁卯	戊辰	己巳

陽歷 九 月份 （陰歷七、八月份）

陽	**9**	2	3	4	5	6	7	8	9	10	11	12	13	14	15	16	17	18	19	20	21	22	23	24	25	26	27	28	29	30
陰	十九	廿	廿一	廿二	廿三	廿四	廿五	廿六	廿七	廿八	廿九	**八**	二	三	四	五	六	七	八	九	十	十一	十二	十三	十四	十五	十六	十七	十八	十九
星	1	2	3	4	5	6	**日**	1	2	3	4	5	6	**日**	1	2	3	4	5	6	**日**	1	2	3	4	5	6	**日**	1	2
干節	庚午	辛未	壬申	癸酉	甲戌	乙亥	**白露**	丁丑	戊寅	己卯	庚辰	辛巳	壬午	癸未	甲申	乙酉	丙戌	丁亥	戊子	己丑	庚寅	**秋分**	壬辰	癸巳	甲午	乙未	丙申	丁酉	戊戌	己亥

陽歷 十 月份 （陰歷八、九月份）

陽	**10**	2	3	4	5	6	7	8	9	10	11	12	13	14	15	16	17	18	19	20	21	22	23	24	25	26	27	28	29	30	31
陰	廿	廿一	廿二	廿三	廿四	廿五	廿六	廿七	廿八	廿九	**九**	二	三	四	五	六	七	八	九	十	十一	十二	十三	十四	十五	十六	十七	十八	十九	廿	廿一
星	3	4	5	6	**日**	1	2	3	4	5	6	**日**	1	2	3	4	5	6	**日**	1	2	3	4	5	6	**日**	1	2	3	4	5
干節	庚子	辛丑	壬寅	癸卯	甲辰	乙巳	丙午	**寒露**	戊申	己酉	庚戌	辛亥	壬子	癸丑	甲寅	乙卯	丙辰	丁巳	戊午	己未	庚申	辛酉	**霜降**	癸亥	甲子	乙丑	丙寅	丁卯	戊辰	己巳	庚午

陽歷十一月份 （陰歷九、十月份）

陽	**11**	2	3	4	5	6	7	8	9	10	11	12	13	14	15	16	17	18	19	20	21	22	23	24	25	26	27	28	29	30
陰	廿二	廿三	廿四	廿五	廿六	廿七	廿八	廿九	卅	**十**	二	三	四	五	六	七	八	九	十	十一	十二	十三	十四	十五	十六	十七	十八	十九	廿	廿一
星	6	**日**	1	2	3	4	5	6	**日**	1	2	3	4	5	6	**日**	1	2	3	4	5	6	**日**	1	2	3	4	5	6	**日**
干節	辛未	壬申	癸酉	甲戌	乙亥	丙子	**立冬**	戊寅	己卯	庚辰	辛巳	壬午	癸未	甲申	乙酉	丙戌	丁亥	戊子	己丑	庚寅	**小雪**	壬辰	癸巳	甲午	乙未	丙申	丁酉	戊戌	己亥	庚子

陽歷十二月份 （陰歷十、十一月份）

陽	**12**	2	3	4	5	6	7	8	9	10	11	12	13	14	15	16	17	18	19	20	21	22	23	24	25	26	27	28	29	30	31
陰	廿二	廿三	廿四	廿五	廿六	廿七	廿八	廿九	卅	**十一**	二	三	四	五	六	七	八	九	十	十一	十二	十三	十四	十五	十六	十七	十八	十九	廿	廿一	廿二
星	1	2	3	4	5	6	**日**	1	2	3	4	5	6	**日**	1	2	3	4	5	6	**日**	1	2	3	4	5	6	**日**	1	2	3
干節	辛丑	壬寅	癸卯	甲辰	乙巳	**大雪**	丁未	戊申	己酉	庚戌	辛亥	壬子	癸丑	甲寅	乙卯	丙辰	丁巳	戊午	己未	庚申	**冬至**	壬戌	癸亥	甲子	乙丑	丙寅	丁卯	戊辰	己巳	庚午	辛未

壬戌

一六八二年

（清聖祖康熙二一年）

陽歷 一 月份 （陰歷十一、十二月份）

陽	1	2	3	4	5	6	7	8	9	10	11	12	13	14	15	16	17	18	19	20	21	22	23	24	25	26	27	28	29	30	31
陰	廿三	廿四	廿五	廿六	廿七	廿八	廿九	卅	十二	二	三	四	五	六	七	八	九	十	十一	十二	十三	十四	十五	十六	十七	十八	十九	廿	廿一	廿二	廿三
星	4	5	6	日	1	2	3	4	5	6	日	1	2	3	4	5	6	日	1	2	3	4	5	6	日	1	2	3	4	5	6
干節	壬申	癸酉	甲戌	乙亥	小寒	丁丑	戊寅	己卯	庚辰	辛巳	壬午	癸未	甲申	乙酉	丙戌	丁亥	戊子	己丑	大寒	辛卯	壬辰	癸巳	甲午	乙未	丙申	丁酉	戊戌	己亥	庚子	辛丑	壬寅

陽歷 二 月份 （陰歷十二、正月份）

陽	2	2	3	4	5	6	7	8	9	10	11	12	13	14	15	16	17	18	19	20	21	22	23	24	25	26	27	28
陰	廿四	廿五	廿六	廿七	廿八	廿九	正	二	三	四	五	六	七	八	九	十	十一	十二	十三	十四	十五	十六	十七	十八	十九	廿	廿一	廿二
星	日	1	2	3	4	5	6	日	1	2	3	4	5	6	日	1	2	3	4	5	6	日	1	2	3	4	5	6
干節	癸卯	甲辰	立春	丙午	丁未	戊申	己酉	庚戌	辛亥	壬子	癸丑	甲寅	乙卯	丙辰	丁巳	戊午	己未	雨水	辛酉	壬戌	癸亥	甲子	乙丑	丙寅	丁卯	戊辰	己巳	庚午

陽歷 三 月份 （陰歷正、二月份）

陽	3	2	3	4	5	6	7	8	9	10	11	12	13	14	15	16	17	18	19	20	21	22	23	24	25	26	27	28	29	30	31
陰	廿三	廿四	廿五	廿六	廿七	廿八	廿九	卅	二	二	三	四	五	六	七	八	九	十	十一	十二	十三	十四	十五	十六	十七	十八	十九	廿	廿一	廿二	廿三
星	日	1	2	3	4	5	6	日	1	2	3	4	5	6	日	1	2	3	4	5	6	日	1	2	3	4	5	6	日	1	2
干節	辛未	壬申	癸酉	甲戌	驚蟄	丙子	丁丑	戊寅	己卯	庚辰	辛巳	壬午	癸未	甲申	乙酉	丙戌	丁亥	戊子	己丑	春分	辛卯	壬辰	癸巳	甲午	乙未	丙申	丁酉	戊戌	己亥	庚子	辛丑

陽歷 四 月份 （陰歷二、三月份）

陽	4	2	3	4	5	6	7	8	9	10	11	12	13	14	15	16	17	18	19	20	21	22	23	24	25	26	27	28	29	30
陰	廿四	廿五	廿六	廿七	廿八	廿九	卅	三	二	三	四	五	六	七	八	九	十	十一	十二	十三	十四	十五	十六	十七	十八	十九	廿	廿一	廿二	廿三
星	3	4	5	6	日	1	2	3	4	5	6	日	1	2	3	4	5	6	日	1	2	3	4	5	6	日	1	2	3	4
干節	壬寅	癸卯	甲辰	清明	丙午	丁未	戊申	己酉	庚戌	辛亥	壬子	癸丑	甲寅	乙卯	丙辰	丁巳	戊午	己未	穀雨	辛酉	壬戌	癸亥	甲子	乙丑	丙寅	丁卯	戊辰	己巳	庚午	辛未

陽歷 五 月份 （陰歷三、四月份）

陽	5	2	3	4	5	6	7	8	9	10	11	12	13	14	15	16	17	18	19	20	21	22	23	24	25	26	27	28	29	30	31
陰	廿四	廿五	廿六	廿七	廿八	廿九	四	二	三	四	五	六	七	八	九	十	十一	十二	十三	十四	十五	十六	十七	十八	十九	廿	廿一	廿二	廿三	廿四	廿五
星	5	6	日	1	2	3	4	5	6	日	1	2	3	4	5	6	日	1	2	3	4	5	6	日	1	2	3	4	5	6	日
干節	壬申	癸酉	甲戌	乙亥	立夏	丁丑	戊寅	己卯	庚辰	辛巳	壬午	癸未	甲申	乙酉	丙戌	丁亥	戊子	己丑	庚寅	辛卯	小滿	癸巳	甲午	乙未	丙申	丁酉	戊戌	己亥	庚子	辛丑	壬寅

陽歷 六 月份 （陰歷四、五月份）

陽	6	2	3	4	5	6	7	8	9	10	11	12	13	14	15	16	17	18	19	20	21	22	23	24	25	26	27	28	29	30
陰	廿六	廿七	廿八	廿九	卅	五	二	三	四	五	六	七	八	九	十	十一	十二	十三	十四	十五	十六	十七	十八	十九	廿	廿一	廿二	廿三	廿四	廿五
星	1	2	3	4	5	6	日	1	2	3	4	5	6	日	1	2	3	4	5	6	日	1	2	3	4	5	6	日	1	2
干節	癸卯	甲辰	乙巳	丙午	芒種	戊申	己酉	庚戌	辛亥	壬子	癸丑	甲寅	乙卯	丙辰	丁巳	戊午	己未	庚申	辛酉	壬戌	夏至	甲子	乙丑	丙寅	丁卯	戊辰	己巳	庚午	辛未	壬申

壬戌

一六八二年

（清聖祖康熙二十一年）

陽歷七月份　（陰歷五、六月份）

陽	**7**	2	3	4	5	6	7	8	9	10	11	12	13	14	15	16	17	18	19	20	21	22	23	24	25	26	27	28	29	30	31
陰	廿六	廿七	廿八	廿九	**六**	二	三	四	五	六	七	八	九	十	十一	十二	十三	十四	十五	十六	十七	十八	十九	廿	廿一	廿二	廿三	廿四	廿五	廿六	廿七
星	3	4	5	6	日	1	2	3	4	5	6	日	1	2	3	4	5	6	日	1	2	3	4	5	6	日	1	2	3	4	5
干節	癸酉	甲戌	乙亥	丙子	丁丑	戊寅	**小暑**	庚辰	辛巳	壬午	癸未	甲申	乙酉	丙戌	丁亥	戊子	己丑	庚寅	辛卯	壬辰	癸巳	甲午	**大暑**	丙申	丁酉	戊戌	己亥	庚子	辛丑	壬寅	癸卯

陽歷八月份　（陰歷六、七月份）

陽	**8**	2	3	4	5	6	7	8	9	10	11	12	13	14	15	16	17	18	19	20	21	22	23	24	25	26	27	28	29	30	31
陰	廿八	廿九	**七**	二	三	四	五	六	七	八	九	十	十一	十二	十三	十四	十五	十六	十七	十八	十九	廿	廿一	廿二	廿三	廿四	廿五	廿六	廿七	廿八	廿九
星	6	日	1	2	3	4	5	6	日	1	2	3	4	5	6	日	1	2	3	4	5	6	日	1	2	3	4	5	6	日	1
干節	甲辰	乙巳	丙午	丁未	戊申	己酉	**立秋**	辛亥	壬子	癸丑	甲寅	乙卯	丙辰	丁巳	戊午	己未	庚申	辛酉	壬戌	癸亥	甲子	乙丑	**處暑**	丁卯	戊辰	己巳	庚午	辛未	壬申	癸酉	甲戌

陽歷九月份　（陰歷七、八月份）

陽	**9**	2	3	4	5	6	7	8	9	10	11	12	13	14	15	16	17	18	19	20	21	22	23	24	25	26	27	28	29	30	
陰	卅	**八**	二	三	四	五	六	七	八	九	十	十一	十二	十三	十四	十五	十六	十七	十八	十九	廿	廿一	廿二	廿三	廿四	廿五	廿六	廿七	廿八	廿九	
星	2	3	4	5	6	日	1	2	3	4	5	6	日	1	2	3	4	5	6	日	1	2	3	4	5	6	日	1	2	3	
干節	乙亥	丙子	丁丑	戊寅	己卯	庚辰	**白露**	壬午	癸未	甲申	乙酉	丙戌	丁亥	戊子	己丑	庚寅	辛卯	壬辰	癸巳	甲午	乙未	丙申	**秋分**	戊戌	己亥	庚子	辛丑	壬寅	癸卯	甲辰	

陽歷十月份　（陰歷九、十月份）

陽	**10**	2	3	4	5	6	7	8	9	10	11	12	13	14	15	16	17	18	19	20	21	22	23	24	25	26	27	28	29	30	31
陰	**九**	二	三	四	五	六	七	八	九	十	十一	十二	十三	十四	十五	十六	十七	十八	十九	廿	廿一	廿二	廿三	廿四	廿五	廿六	廿七	廿八	廿九	**十**	二
星	4	5	6	日	1	2	3	4	5	6	日	1	2	3	4	5	6	日	1	2	3	4	5	6	日	1	2	3	4	5	6
干節	乙巳	丙午	丁未	戊申	己酉	庚戌	辛亥	**寒露**	癸丑	甲寅	乙卯	丙辰	丁巳	戊午	己未	庚申	辛酉	壬戌	癸亥	甲子	乙丑	丙寅	**霜降**	戊辰	己巳	庚午	辛未	壬申	癸酉	甲戌	乙亥

陽歷十一月份　（陰歷十、十一月份）

陽	**11**	2	3	4	5	6	7	8	9	10	11	12	13	14	15	16	17	18	19	20	21	22	23	24	25	26	27	28	29	30	
陰	三	四	五	六	七	八	九	十	十一	十二	十三	十四	十五	十六	十七	十八	十九	廿	廿一	廿二	廿三	廿四	廿五	廿六	廿七	廿八	廿九	卅	**十一**	二	
星	日	1	2	3	4	5	6	日	1	2	3	4	5	6	日	1	2	3	4	5	6	日	1	2	3	4	5	6	日	1	
干節	丙子	丁丑	戊寅	己卯	庚辰	辛巳	**立冬**	癸未	甲申	乙酉	丙戌	丁亥	戊子	己丑	庚寅	辛卯	壬辰	癸巳	甲午	乙未	丙申	**小雪**	戊戌	己亥	庚子	辛丑	壬寅	癸卯	甲辰	乙巳	

陽歷十二月份　（陰歷十一、十二月份）

陽	**12**	2	3	4	5	6	7	8	9	10	11	12	13	14	15	16	17	18	19	20	21	22	23	24	25	26	27	28	29	30	31
陰	三	四	五	六	七	八	九	十	十一	十二	十三	十四	十五	十六	十七	十八	十九	廿	廿一	廿二	廿三	廿四	廿五	廿六	廿七	廿八	廿九	卅	**十二**	二	三
星	2	3	4	5	6	日	1	2	3	4	5	6	日	1	2	3	4	5	6	日	1	2	3	4	5	6	日	1	2	3	4
干節	丙午	丁未	戊申	己酉	庚戌	**大雪**	壬子	癸丑	甲寅	乙卯	丙辰	丁巳	戊午	己未	庚申	辛酉	壬戌	癸亥	甲子	乙丑	**冬至**	丁卯	戊辰	己巳	庚午	辛未	壬申	癸酉	甲戌	乙亥	丙子

近世中西史日對照表

癸亥　一六八三年　（清聖祖康熙二二年）

陽歷　一　月份　（陰歷十二、正月份）

陽	1	2	3	4	5	6	7	8	9	10	11	12	13	14	15	16	17	18	19	20	21	22	23	24	25	26	27	28	29	30	31
陰	四	五	六	七	八	九	十	十一	十二	十三	十四	十五	十六	十七	十八	十九	廿	廿一	廿二	廿三	廿四	廿五	廿六	廿七	廿八	廿九	正	二	三	四	五
星	5	6	日	1	2	3	4	5	6	日	1	2	3	4	5	6	日	1	2	3	4	5	6	日	1	2	3	4	5	6	日
干節	丁丑	戊寅	己卯	庚辰	小寒	壬午	癸未	甲申	乙酉	丙戌	丁亥	戊子	己丑	庚寅	辛卯	壬辰	癸巳	甲午	乙未	大寒	丁酉	戊戌	己亥	庚子	辛丑	壬寅	癸卯	甲辰	乙巳	丙午	丁未

陽歷　二　月份　（陰歷正、二月份）

陽	1	2	3	4	5	6	7	8	9	10	11	12	13	14	15	16	17	18	19	20	21	22	23	24	25	26	27	28			
陰	六	七	八	九	十	十一	十二	十三	十四	十五	十六	十七	十八	十九	廿	廿一	廿二	廿三	廿四	廿五	廿六	廿七	廿八	廿九	卅	二	二	三			
星	1	2	3	4	5	6	日	1	2	3	4	5	6	日	1	2	3	4	5	6	日	1	2	3	4	5	6	日			
干節	戊申	己酉	立春	辛亥	壬子	癸丑	甲寅	乙卯	丙辰	丁巳	戊午	己未	庚申	辛酉	壬戌	癸亥	甲子	雨水	丙寅	丁卯	戊辰	己巳	庚午	辛未	壬申	癸酉	甲戌	乙亥			

陽歷　三　月份　（陰歷二、三月份）

陽	1	2	3	4	5	6	7	8	9	10	11	12	13	14	15	16	17	18	19	20	21	22	23	24	25	26	27	28	29	30	31
陰	四	五	六	七	八	九	十	十一	十二	十三	十四	十五	十六	十七	十八	十九	廿	廿一	廿二	廿三	廿四	廿五	廿六	廿七	廿八	廿九	卅	三	二	三	四
星	1	2	3	4	5	6	日	1	2	3	4	5	6	日	1	2	3	4	5	6	日	1	2	3	4	5	6	日	1	2	3
干節	丙子	丁丑	戊寅	己卯	驚蟄	辛巳	壬午	癸未	甲申	乙酉	丙戌	丁亥	戊子	己丑	庚寅	辛卯	壬辰	癸巳	甲午	春分	丙申	丁酉	戊戌	己亥	庚子	辛丑	壬寅	癸卯	甲辰	乙巳	丙午

陽歷　四　月份　（陰歷三、四月份）

陽	1	2	3	4	5	6	7	8	9	10	11	12	13	14	15	16	17	18	19	20	21	22	23	24	25	26	27	28	29	30	
陰	五	六	七	八	九	十	十一	十二	十三	十四	十五	十六	十七	十八	十九	廿	廿一	廿二	廿三	廿四	廿五	廿六	廿七	廿八	廿九	卅	四	二	三	四	
星	4	5	6	日	1	2	3	4	5	6	日	1	2	3	4	5	6	日	1	2	3	4	5	6	日	1	2	3	4	5	
干節	丁未	戊申	己酉	清明	辛亥	壬子	癸丑	甲寅	乙卯	丙辰	丁巳	戊午	己未	庚申	辛酉	壬戌	癸亥	甲子	乙丑	穀雨	丁卯	戊辰	己巳	庚午	辛未	壬申	癸酉	甲戌	乙亥	丙子	

陽歷　五　月份　（陰歷四、五月份）

陽	1	2	3	4	5	6	7	8	9	10	11	12	13	14	15	16	17	18	19	20	21	22	23	24	25	26	27	28	29	30	31
陰	五	六	七	八	九	十	十一	十二	十三	十四	十五	十六	十七	十八	十九	廿	廿一	廿二	廿三	廿四	廿五	廿六	廿七	廿八	廿九	五	二	三	四	五	六
星	6	日	1	2	3	4	5	6	日	1	2	3	4	5	6	日	1	2	3	4	5	6	日	1	2	3	4	5	6	日	1
干節	丁丑	戊寅	己卯	庚辰	立夏	壬午	癸未	甲申	乙酉	丙戌	丁亥	戊子	己丑	庚寅	辛卯	壬辰	癸巳	甲午	乙未	丙申	小滿	戊戌	己亥	庚子	辛丑	壬寅	癸卯	甲辰	乙巳	丙午	丁未

陽歷　六　月份　（陰歷五、六月份）

陽	1	2	3	4	5	6	7	8	9	10	11	12	13	14	15	16	17	18	19	20	21	22	23	24	25	26	27	28	29	30	
陰	七	八	九	十	十一	十二	十三	十四	十五	十六	十七	十八	十九	廿	廿一	廿二	廿三	廿四	廿五	廿六	廿七	廿八	廿九	卅	六	二	三	四	五	六	
星	2	3	4	5	6	日	1	2	3	4	5	6	日	1	2	3	4	5	6	日	1	2	3	4	5	6	日	1	2	3	
干節	戊申	己酉	庚戌	辛亥	壬子	芒種	甲寅	乙卯	丙辰	丁巳	戊午	己未	庚申	辛酉	壬戌	癸亥	甲子	乙丑	丙寅	丁卯	夏至	己巳	庚午	辛未	壬申	癸酉	甲戌	乙亥	丙子	丁丑	

癸亥　一六八三年　（清聖祖康熙二二年）

陽歷七月份　（陰歷六、閏六月份）

陽	7	2	3	4	5	6	7	8	9	10	11	12	13	14	15	16	17	18	19	20	21	22	23	24	25	26	27	28	29	30	31
陰	七	八	九	十	十一	十二	十三	十四	十五	十六	十七	十八	十九	廿	廿一	廿二	廿三	廿四	廿五	廿六	廿七	廿八	廿九	閏	二	三	四	五	六	七	八
星	4	5	6	日	1	2	3	4	5	6	日	1	2	3	4	5	6	日	1	2	3	4	5	6	日	1	2	3	4	5	6
干節	戊寅	己卯	庚辰	辛巳	壬午	癸未	小暑	乙酉	丙戌	丁亥	戊子	己丑	庚寅	辛卯	壬辰	癸巳	甲午	乙未	丙申	丁酉	戊戌	己亥	大暑	辛丑	壬寅	癸卯	甲辰	乙巳	丙午	丁未	戊申

陽歷八月份　（陰歷閏六、七月份）

陽	8	2	3	4	5	6	7	8	9	10	11	12	13	14	15	16	17	18	19	20	21	22	23	24	25	26	27	28	29	30	31
陰	九	十	十一	十二	十三	十四	十五	十六	十七	十八	十九	廿	廿一	廿二	廿三	廿四	廿五	廿六	廿七	廿八	廿九	七	二	三	四	五	六	七	八	九	十
星	日	1	2	3	4	5	6	日	1	2	3	4	5	6	日	1	2	3	4	5	6	日	1	2	3	4	5	6	日	1	2
干節	己酉	庚戌	辛亥	壬子	癸丑	甲寅	立秋	丙辰	丁巳	戊午	己未	庚申	辛酉	壬戌	癸亥	甲子	乙丑	丙寅	丁卯	戊辰	己巳	庚午	處暑	壬申	癸酉	甲戌	乙亥	丙子	丁丑	戊寅	己卯

陽歷九月份　（陰歷七、八月份）

陽	9	2	3	4	5	6	7	8	9	10	11	12	13	14	15	16	17	18	19	20	21	22	23	24	25	26	27	28	29	30	
陰	十一	十二	十三	十四	十五	十六	十七	十八	十九	廿	廿一	廿二	廿三	廿四	廿五	廿六	廿七	廿八	廿九	卅	八	二	三	四	五	六	七	八	九	十	
星	3	4	5	6	日	1	2	3	4	5	6	日	1	2	3	4	5	6	日	1	2	3	4	5	6	日	1	2	3	4	
干節	庚辰	辛巳	壬午	癸未	甲申	乙酉	丙戌	白露	戊子	己丑	庚寅	辛卯	壬辰	癸巳	甲午	乙未	丙申	丁酉	戊戌	己亥	庚子	辛丑	秋分	癸卯	甲辰	乙巳	丙午	丁未	戊申	己酉	

陽歷十月份　（陰歷八、九月份）

陽	10	2	3	4	5	6	7	8	9	10	11	12	13	14	15	16	17	18	19	20	21	22	23	24	25	26	27	28	29	30	31
陰	十一	十二	十三	十四	十五	十六	十七	十八	十九	廿	廿一	廿二	廿三	廿四	廿五	廿六	廿七	廿八	廿九	九	二	三	四	五	六	七	八	九	十	十一	十二
星	5	6	日	1	2	3	4	5	6	日	1	2	3	4	5	6	日	1	2	3	4	5	6	日	1	2	3	4	5	6	日
干節	庚戌	辛亥	壬子	癸丑	甲寅	乙卯	丙辰	寒露	戊午	己未	庚申	辛酉	壬戌	癸亥	甲子	乙丑	丙寅	丁卯	戊辰	己巳	庚午	辛未	霜降	癸酉	甲戌	乙亥	丙子	丁丑	戊寅	己卯	庚辰

陽歷十一月份　（陰歷九、十月份）

陽	11	2	3	4	5	6	7	8	9	10	11	12	13	14	15	16	17	18	19	20	21	22	23	24	25	26	27	28	29	30	
陰	十三	十四	十五	十六	十七	十八	十九	廿	廿一	廿二	廿三	廿四	廿五	廿六	廿七	廿八	廿九	十	二	三	四	五	六	七	八	九	十	十一	十二	十三	
星	1	2	3	4	5	6	日	1	2	3	4	5	6	日	1	2	3	4	5	6	日	1	2	3	4	5	6	日	1	2	
干節	辛巳	壬午	癸未	甲申	乙酉	丙戌	立冬	戊子	己丑	庚寅	辛卯	壬辰	癸巳	甲午	乙未	丙申	丁酉	戊戌	己亥	庚子	辛丑	小雪	癸卯	甲辰	乙巳	丙午	丁未	戊申	己酉	庚戌	

陽歷十二月份　（陰歷十、十一月份）

陽	12	2	3	4	5	6	7	8	9	10	11	12	13	14	15	16	17	18	19	20	21	22	23	24	25	26	27	28	29	30	31
陰	十四	十五	十六	十七	十八	十九	廿	廿一	廿二	廿三	廿四	廿五	廿六	廿七	廿八	廿九	卅	十一	二	三	四	五	六	七	八	九	十	十一	十二	十三	十四
星	3	4	5	6	日	1	2	3	4	5	6	日	1	2	3	4	5	6	日	1	2	3	4	5	6	日	1	2	3	4	5
干節	辛亥	壬子	癸丑	甲寅	乙卯	丙辰	大雪	戊午	己未	庚申	辛酉	壬戌	癸亥	甲子	乙丑	丙寅	丁卯	戊辰	己巳	庚午	冬至	壬申	癸酉	甲戌	乙亥	丙子	丁丑	戊寅	己卯	庚辰	辛巳

近世中西史日對照表

甲子 一六八四年（清聖祖康熙二三年）

陽歷 一 月份 （陰歷十一、十二月份）

陽	1	2	3	4	5	6	7	8	9	10	11	12	13	14	15	16	17	18	19	20	21	22	23	24	25	26	27	28	29	30	31
陰	十五	十六	十七	十八	十九	廿	廿一	廿二	廿三	廿四	廿五	廿六	廿七	廿八	廿九	卅	十二	二	三	四	五	六	七	八	九	十	十一	十二	十三	十四	十五
星	6	日	1	2	3	4	5	6	日	1	2	3	4	5	6	日	1	2	3	4	5	6	日	1	2	3	4	5	6	日	1
干節	壬午	癸未	甲申	乙酉	小寒	丁亥	戊子	己丑	庚寅	辛卯	壬辰	癸巳	甲午	乙未	丙申	丁酉	戊戌	己亥	庚子	大寒	壬寅	癸卯	甲辰	乙巳	丙午	丁未	戊申	己酉	庚戌	辛亥	壬子

陽歷 二 月份 （陰歷十二、正月份）

陽	2	2	3	4	5	6	7	8	9	10	11	12	13	14	15	16	17	18	19	20	21	22	23	24	25	26	27	28	29		
陰	十六	十七	十八	十九	廿	廿一	廿二	廿三	廿四	廿五	廿六	廿七	廿八	廿九	正	二	三	四	五	六	七	八	九	十	十一	十二	十三	十四	十五	—	—
星	2	3	4	5	6	日	1	2	3	4	5	6	日	1	2	3	4	5	6	日	1	2	3	4	5	6	日	1	2	—	—
干節	癸丑	甲寅	乙卯	立春	丁巳	戊午	己未	庚申	辛酉	壬戌	癸亥	甲子	乙丑	丙寅	丁卯	戊辰	己巳	雨水	辛未	壬申	癸酉	甲戌	乙亥	丙子	丁丑	戊寅	己卯	庚辰	辛巳		

陽歷 三 月份 （陰歷正、二月份）

陽	3	2	3	4	5	6	7	8	9	10	11	12	13	14	15	16	17	18	19	20	21	22	23	24	25	26	27	28	29	30	31
陰	十六	十七	十八	十九	廿	廿一	廿二	廿三	廿四	廿五	廿六	廿七	廿八	廿九	卅	二	二	三	四	五	六	七	八	九	十	十一	十二	十三	十四	十五	十六
星	3	4	5	6	日	1	2	3	4	5	6	日	1	2	3	4	5	6	日	1	2	3	4	5	6	日	1	2	3	4	5
干節	壬午	癸未	甲申	驚蟄	丙戌	丁亥	戊子	己丑	庚寅	辛卯	壬辰	癸巳	甲午	乙未	丙申	丁酉	戊戌	己亥	春分	辛丑	壬寅	癸卯	甲辰	乙巳	丙午	丁未	戊申	己酉	庚戌	辛亥	壬子

陽歷 四 月份 （陰歷二、三月份）

陽	4	2	3	4	5	6	7	8	9	10	11	12	13	14	15	16	17	18	19	20	21	22	23	24	25	26	27	28	29	30	
陰	十七	十八	十九	廿	廿一	廿二	廿三	廿四	廿五	廿六	廿七	廿八	廿九	卅	三	二	三	四	五	六	七	八	九	十	十一	十二	十三	十四	十五	十六	—
星	6	日	1	2	3	4	5	6	日	1	2	3	4	5	6	日	1	2	3	4	5	6	日	1	2	3	4	5	6	日	—
干節	癸丑	甲寅	乙卯	清明	丁巳	戊午	己未	庚申	辛酉	壬戌	癸亥	甲子	乙丑	丙寅	丁卯	戊辰	己巳	庚午	穀雨	壬申	癸酉	甲戌	乙亥	丙子	丁丑	戊寅	己卯	庚辰	辛巳	壬午	

陽歷 五 月份 （陰歷三、四月份）

陽	5	2	3	4	5	6	7	8	9	10	11	12	13	14	15	16	17	18	19	20	21	22	23	24	25	26	27	28	29	30	31
陰	十七	十八	十九	廿	廿一	廿二	廿三	廿四	廿五	廿六	廿七	廿八	廿九	四	二	三	四	五	六	七	八	九	十	十一	十二	十三	十四	十五	十六	十七	十八
星	1	2	3	4	5	6	日	1	2	3	4	5	6	日	1	2	3	4	5	6	日	1	2	3	4	5	6	日	1	2	3
干節	癸未	甲申	乙酉	立夏	丁亥	戊子	己丑	庚寅	辛卯	壬辰	癸巳	甲午	乙未	丙申	丁酉	戊戌	己亥	庚子	辛丑	小滿	癸卯	甲辰	乙巳	丙午	丁未	戊申	己酉	庚戌	辛亥	壬子	癸丑

陽歷 六 月份 （陰歷四、五月份）

陽	6	2	3	4	5	6	7	8	9	10	11	12	13	14	15	16	17	18	19	20	21	22	23	24	25	26	27	28	29	30	
陰	十九	廿	廿一	廿二	廿三	廿四	廿五	廿六	廿七	廿八	廿九	卅	五	二	三	四	五	六	七	八	九	十	十一	十二	十三	十四	十五	十六	十七	十八	—
星	4	5	6	日	1	2	3	4	5	6	日	1	2	3	4	5	6	日	1	2	3	4	5	6	日	1	2	3	4	5	—
干節	甲寅	乙卯	丙辰	丁巳	芒種	己未	庚申	辛酉	壬戌	癸亥	甲子	乙丑	丙寅	丁卯	戊辰	己巳	庚午	辛未	壬申	癸酉	夏至	乙亥	丙子	丁丑	戊寅	己卯	庚辰	辛巳	壬午	癸未	

甲子

一六八四年

（清聖祖康熙二十三年）

陽歷七月份　（陰歷五、六月份）

陽	**7**	2	3	4	5	6	7	8	9	10	11	12	13	14	15	16	17	18	19	20	21	22	23	24	25	26	27	28	29	30	31
陰	十九	廿	廿一	廿二	廿三	廿四	廿五	廿六	廿七	廿八	廿九	**六**	二	三	四	五	六	七	八	九	十	十一	十二	十三	十四	十五	十六	十七	十八	十九	廿
星	6	**日**	1	2	3	4	5	6	**日**	1	2	3	4	5	6	**日**	1	2	3	4	5	6	**日**	1	2	3	4	5	6	**日**	1
干節	甲申	乙酉	丙戌	丁亥	戊子	**小暑**	庚寅	辛卯	壬辰	癸巳	甲午	乙未	丙申	丁酉	戊戌	己亥	庚子	辛丑	壬寅	癸卯	甲辰	**大暑**	丙午	丁未	戊申	己酉	庚戌	辛亥	壬子	癸丑	甲寅

陽歷八月份　（陰歷六、七月份）

陽	**8**	2	3	4	5	6	7	8	9	10	11	12	13	14	15	16	17	18	19	20	21	22	23	24	25	26	27	28	29	30	31
陰	廿一	廿二	廿三	廿四	廿五	廿六	廿七	廿八	廿九	卅	**七**	二	三	四	五	六	七	八	九	十	十一	十二	十三	十四	十五	十六	十七	十八	十九	廿	廿一
星	2	3	4	5	6	**日**	1	2	3	4	5	6	**日**	1	2	3	4	5	6	**日**	1	2	3	4	5	6	**日**	1	2	3	4
干節	乙卯	丙辰	丁巳	戊午	己未	庚申	**立秋**	壬戌	癸亥	甲子	乙丑	丙寅	丁卯	戊辰	己巳	庚午	辛未	壬申	癸酉	甲戌	乙亥	**處暑**	丁丑	戊寅	己卯	庚辰	辛巳	壬午	癸未	甲申	乙酉

陽歷九月份　（陰歷七、八月份）

陽	**9**	2	3	4	5	6	7	8	9	10	11	12	13	14	15	16	17	18	19	20	21	22	23	24	25	26	27	28	29	30
陰	廿二	廿三	廿四	廿五	廿六	廿七	廿八	廿九	**八**	二	三	四	五	六	七	八	九	十	十一	十二	十三	十四	十五	十六	十七	十八	十九	廿	廿一	廿二
星	5	6	**日**	1	2	3	4	5	6	**日**	1	2	3	4	5	6	**日**	1	2	3	4	5	6	**日**	1	2	3	4	5	6
干節	丙戌	丁亥	戊子	己丑	庚寅	辛卯	**白露**	癸巳	甲午	乙未	丙申	丁酉	戊戌	己亥	庚子	辛丑	壬寅	癸卯	甲辰	乙巳	丙午	**秋分**	戊申	己酉	庚戌	辛亥	壬子	癸丑	甲寅	乙卯

陽歷十月份　（陰歷八、九月份）

陽	**10**	2	3	4	5	6	7	8	9	10	11	12	13	14	15	16	17	18	19	20	21	22	23	24	25	26	27	28	29	30	31
陰	廿三	廿四	廿五	廿六	廿七	廿八	廿九	卅	**九**	二	三	四	五	六	七	八	九	十	十一	十二	十三	十四	十五	十六	十七	十八	十九	廿	廿一	廿二	廿三
星	**日**	1	2	3	4	5	6	**日**	1	2	3	4	5	6	**日**	1	2	3	4	5	6	**日**	1	2	3	4	5	6	**日**	1	2
干節	丙辰	丁巳	戊午	己未	庚申	辛酉	**寒露**	癸亥	甲子	乙丑	丙寅	丁卯	戊辰	己巳	庚午	辛未	壬申	癸酉	甲戌	乙亥	丙子	**霜降**	戊寅	己卯	庚辰	辛巳	壬午	癸未	甲申	乙酉	丙戌

陽歷十一月份　（陰歷九、十月份）

陽	**11**	2	3	4	5	6	7	8	9	10	11	12	13	14	15	16	17	18	19	20	21	22	23	24	25	26	27	28	29	30
陰	廿四	廿五	廿六	廿七	廿八	廿九	**十**	二	三	四	五	六	七	八	九	十	十一	十二	十三	十四	十五	十六	十七	十八	十九	廿	廿一	廿二	廿三	廿四
星	3	4	5	6	**日**	1	2	3	4	5	6	**日**	1	2	3	4	5	6	**日**	1	2	3	4	5	6	**日**	1	2	3	4
干節	丁亥	戊子	己丑	庚寅	辛卯	**立冬**	癸巳	甲午	乙未	丙申	丁酉	戊戌	己亥	庚子	辛丑	壬寅	癸卯	甲辰	乙巳	丙午	**小雪**	戊申	己酉	庚戌	辛亥	壬子	癸丑	甲寅	乙卯	丙辰

陽歷十二月份　（陰歷十、十一月份）

陽	**12**	2	3	4	5	6	7	8	9	10	11	12	13	14	15	16	17	18	19	20	21	22	23	24	25	26	27	28	29	30	31
陰	廿五	廿六	廿七	廿八	廿九	**十一**	二	三	四	五	六	七	八	九	十	十一	十二	十三	十四	十五	十六	十七	十八	十九	廿	廿一	廿二	廿三	廿四	廿五	廿六
星	5	6	**日**	1	2	3	4	5	6	**日**	1	2	3	4	5	6	**日**	1	2	3	4	5	6	**日**	1	2	3	4	5	6	**日**
干節	丁巳	戊午	己未	庚申	辛酉	**大雪**	癸亥	甲子	乙丑	丙寅	丁卯	戊辰	己巳	庚午	辛未	壬申	癸酉	甲戌	乙亥	丙子	**冬至**	戊寅	己卯	庚辰	辛巳	壬午	癸未	甲申	乙酉	丙戌	丁亥

近世中西史日對照表

乙丑　一六八五年　（清聖祖康熙二四年）

陽歷 一 月份　（陰歷十一、十二月份）

陽	1	2	3	4	5	6	7	8	9	10	11	12	13	14	15	16	17	18	19	20	21	22	23	24	25	26	27	28	29	30	31
陰	廿七	廿八	廿九	卅	十二	二	三	四	五	六	七	八	九	十	十一	十二	十三	十四	十五	十六	十七	十八	十九	廿	廿一	廿二	廿三	廿四	廿五	廿六	廿七
星	1	2	3	4	5	6	日	1	2	3	4	5	6	日	1	2	3	4	5	6	日	1	2	3	4	5	6	日	1	2	3
干節	戊子	己丑	庚寅	小寒	壬辰	癸巳	甲午	乙未	丙申	丁酉	戊戌	己亥	庚子	辛丑	壬寅	癸卯	甲辰	乙巳	大寒	丁未	戊申	己酉	庚戌	辛亥	壬子	癸丑	甲寅	乙卯	丙辰	丁巳	戊午

陽歷 二 月份　（陰歷十二、正月份）

陽	2	2	3	4	5	6	7	8	9	10	11	12	13	14	15	16	17	18	19	20	21	22	23	24	25	26	27	28			
陰	廿八	廿九	正	二	三	四	五	六	七	八	九	十	十一	十二	十三	十四	十五	十六	十七	十八	十九	廿	廿一	廿二	廿三	廿四	廿五	廿六			
星	4	5	6	日	1	2	3	4	5	6	日	1	2	3	4	5	6	日	1	2	3	4	5	6	日	1	2	3			
干節	己未	庚申	立春	壬戌	癸亥	甲子	乙丑	丙寅	丁卯	戊辰	己巳	庚午	辛未	壬申	癸酉	甲戌	乙亥	雨水	丁丑	戊寅	己卯	庚辰	辛巳	壬午	癸未	甲申	乙酉	丙戌			

陽歷 三 月份　（陰歷正、二月份）

陽	3	2	3	4	5	6	7	8	9	10	11	12	13	14	15	16	17	18	19	20	21	22	23	24	25	26	27	28	29	30	31
陰	廿七	廿八	廿九	卅	二	二	三	四	五	六	七	八	九	十	十一	十二	十三	十四	十五	十六	十七	十八	十九	廿	廿一	廿二	廿三	廿四	廿五	廿六	廿七
星	4	5	6	日	1	2	3	4	5	6	日	1	2	3	4	5	6	日	1	2	3	4	5	6	日	1	2	3	4	5	6
干節	丁亥	戊子	己丑	庚寅	驚蟄	壬辰	癸巳	甲午	乙未	丙申	丁酉	戊戌	己亥	庚子	辛丑	壬寅	癸卯	甲辰	乙巳	春分	丁未	戊申	己酉	庚戌	辛亥	壬子	癸丑	甲寅	乙卯	丙辰	丁巳

陽歷 四 月份　（陰歷二、三月份）

陽	4	2	3	4	5	6	7	8	9	10	11	12	13	14	15	16	17	18	19	20	21	22	23	24	25	26	27	28	29	30	
陰	廿八	廿九	卅	三	二	三	四	五	六	七	八	九	十	十一	十二	十三	十四	十五	十六	十七	十八	十九	廿	廿一	廿二	廿三	廿四	廿五	廿六	廿七	
星	日	1	2	3	4	5	6	日	1	2	3	4	5	6	日	1	2	3	4	5	6	日	1	2	3	4	5	6	日	1	
干節	戊午	己未	庚申	清明	壬戌	癸亥	甲子	乙丑	丙寅	丁卯	戊辰	己巳	庚午	辛未	壬申	癸酉	甲戌	乙亥	穀雨	丁丑	戊寅	己卯	庚辰	辛巳	壬午	癸未	甲申	乙酉	丙戌	丁亥	

陽歷 五 月份　（陰歷三、四月份）

陽	5	2	3	4	5	6	7	8	9	10	11	12	13	14	15	16	17	18	19	20	21	22	23	24	25	26	27	28	29	30	31
陰	廿八	廿九	四	二	三	四	五	六	七	八	九	十	十一	十二	十三	十四	十五	十六	十七	十八	十九	廿	廿一	廿二	廿三	廿四	廿五	廿六	廿七	廿八	廿九
星	2	3	4	5	6	日	1	2	3	4	5	6	日	1	2	3	4	5	6	日	1	2	3	4	5	6	日	1	2	3	4
干節	戊子	己丑	庚寅	辛卯	立夏	癸巳	甲午	乙未	丙申	丁酉	戊戌	己亥	庚子	辛丑	壬寅	癸卯	甲辰	乙巳	丙午	小滿	戊申	己酉	庚戌	辛亥	壬子	癸丑	甲寅	乙卯	丙辰	丁巳	戊午

陽歷 六 月份　（陰歷四、五月份）

陽	6	2	3	4	5	6	7	8	9	10	11	12	13	14	15	16	17	18	19	20	21	22	23	24	25	26	27	28	29	30	
陰	卅	五	二	三	四	五	六	七	八	九	十	十一	十二	十三	十四	十五	十六	十七	十八	十九	廿	廿一	廿二	廿三	廿四	廿五	廿六	廿七	廿八	廿九	
星	5	6	日	1	2	3	4	5	6	日	1	2	3	4	5	6	日	1	2	3	4	5	6	日	1	2	3	4	5	6	
干節	己未	庚申	辛酉	壬戌	芒種	甲子	乙丑	丙寅	丁卯	戊辰	己巳	庚午	辛未	壬申	癸酉	甲戌	乙亥	丙子	丁丑	戊寅	夏至	庚辰	辛巳	壬午	癸未	甲申	乙酉	丙戌	丁亥	戊子	

乙丑　一六八五年　（清聖祖康熙二四年）

陽歷七月份　　（陰歷五、六、七月份）

陽	7	2	3	4	5	6	7	8	9	10	11	12	13	14	15	16	17	18	19	20	21	22	23	24	25	26	27	28	29	30	31
陰	卅	六	二	三	四	五	六	七	八	九	十	十一	十二	十三	十四	十五	十六	十七	十八	十九	廿	廿一	廿二	廿三	廿四	廿五	廿六	廿七	廿八	廿九	七
星	日	1	2	3	4	5	6	日	1	2	3	4	5	6	日	1	2	3	4	5	6	日	1	2	3	4	5	6	日	1	2
干節	己丑	庚寅	辛卯	壬辰	癸巳	甲午	小暑	丙申	丁酉	戊戌	己亥	庚子	辛丑	壬寅	癸卯	甲辰	乙巳	丙午	丁未	戊申	己酉	大暑	辛亥	壬子	癸丑	甲寅	乙卯	丙辰	丁巳	戊午	己未

陽歷八月份　　（陰歷七、八月份）

陽	8	2	3	4	5	6	7	8	9	10	11	12	13	14	15	16	17	18	19	20	21	22	23	24	25	26	27	28	29	30	31
陰	二	三	四	五	六	七	八	九	十	十一	十二	十三	十四	十五	十六	十七	十八	十九	廿	廿一	廿二	廿三	廿四	廿五	廿六	廿七	廿八	廿九	卅	八	二
星	3	4	5	6	日	1	2	3	4	5	6	日	1	2	3	4	5	6	日	1	2	3	4	5	6	日	1	2	3	4	5
干節	庚申	辛酉	壬戌	癸亥	甲子	乙丑	立秋	丁卯	戊辰	己巳	庚午	辛未	壬申	癸酉	甲戌	乙亥	丙子	丁丑	戊寅	己卯	庚辰	辛巳	處暑	癸未	甲申	乙酉	丙戌	丁亥	戊子	己丑	庚寅

陽歷九月份　　（陰歷八、九月份）

陽	9	2	3	4	5	6	7	8	9	10	11	12	13	14	15	16	17	18	19	20	21	22	23	24	25	26	27	28	29	30	
陰	三	四	五	六	七	八	九	十	十一	十二	十三	十四	十五	十六	十七	十八	十九	廿	廿一	廿二	廿三	廿四	廿五	廿六	廿七	廿八	廿九	九	二	三	
星	6	日	1	2	3	4	5	6	日	1	2	3	4	5	6	日	1	2	3	4	5	6	日	1	2	3	4	5	6	日	
干節	辛卯	壬辰	癸巳	甲午	乙未	丙申	白露	戊戌	己亥	庚子	辛丑	壬寅	癸卯	甲辰	乙巳	丙午	丁未	戊申	己酉	庚戌	辛亥	秋分	癸丑	甲寅	乙卯	丙辰	丁巳	戊午	己未	庚申	

陽歷十月份　　（陰歷九、十月份）

陽	10	2	3	4	5	6	7	8	9	10	11	12	13	14	15	16	17	18	19	20	21	22	23	24	25	26	27	28	29	30	31
陰	四	五	六	七	八	九	十	十一	十二	十三	十四	十五	十六	十七	十八	十九	廿	廿一	廿二	廿三	廿四	廿五	廿六	廿七	廿八	廿九	卅	十	二	三	四
星	1	2	3	4	5	6	日	1	2	3	4	5	6	日	1	2	3	4	5	6	日	1	2	3	4	5	6	日	1	2	3
干節	辛酉	壬戌	癸亥	甲子	乙丑	丙寅	丁卯	寒露	己巳	庚午	辛未	壬申	癸酉	甲戌	乙亥	丙子	丁丑	戊寅	己卯	庚辰	辛巳	壬午	霜降	甲申	乙酉	丙戌	丁亥	戊子	己丑	庚寅	辛卯

陽歷十一月份　　（陰歷十、十一月份）

陽	11	2	3	4	5	6	7	8	9	10	11	12	13	14	15	16	17	18	19	20	21	22	23	24	25	26	27	28	29	30	
陰	五	六	七	八	九	十	十一	十二	十三	十四	十五	十六	十七	十八	十九	廿	廿一	廿二	廿三	廿四	廿五	廿六	廿七	廿八	廿九	十一	二	三	四	五	
星	4	5	6	日	1	2	3	4	5	6	日	1	2	3	4	5	6	日	1	2	3	4	5	6	日	1	2	3	4	5	
干節	壬辰	癸巳	甲午	乙未	丙申	丁酉	立冬	己亥	庚子	辛丑	壬寅	癸卯	甲辰	乙巳	丙午	丁未	戊申	己酉	庚戌	辛亥	小雪	癸丑	甲寅	乙卯	丙辰	丁巳	戊午	己未	庚申	辛酉	

陽歷十二月份　　（陰歷十一、十二月份）

陽	12	2	3	4	5	6	7	8	9	10	11	12	13	14	15	16	17	18	19	20	21	22	23	24	25	26	27	28	29	30	31
陰	六	七	八	九	十	十一	十二	十三	十四	十五	十六	十七	十八	十九	廿	廿一	廿二	廿三	廿四	廿五	廿六	廿七	廿八	廿九	卅	十二	二	三	四	五	六
星	6	日	1	2	3	4	5	6	日	1	2	3	4	5	6	日	1	2	3	4	5	6	日	1	2	3	4	5	6	日	1
干節	壬戌	癸亥	甲子	乙丑	丙寅	大雪	戊辰	己巳	庚午	辛未	壬申	癸酉	甲戌	乙亥	丙子	丁丑	戊寅	己卯	庚辰	辛巳	冬至	癸未	甲申	乙酉	丙戌	丁亥	戊子	己丑	庚寅	辛卯	壬辰

近世中西史日對照表

丙寅

一六八六年

（清聖祖康熙二五年）

陽歷 一 月份 （陰歷十二、正月份）

陽	**1**	2	3	4	5	6	7	8	9	10	11	12	13	14	15	16	17	18	19	20	21	22	23	24	25	26	27	28	29	30	31
陰	七	八	九	十	十一	十二	十三	十四	十五	十六	十七	十八	十九	廿	廿一	廿二	廿三	廿四	廿五	廿六	廿七	廿八	廿九	**正**	二	三	四	五	六	七	八
星	2	3	4	5	6	**日**	1	2	3	4	5	6	**日**	1	2	3	4	5	6	**日**	1	2	3	4	5	6	**日**	1	2	3	4
干節	癸巳	甲午	乙未	丙申	**小寒**	戊戌	己亥	庚子	辛丑	壬寅	癸卯	甲辰	乙巳	丙午	丁未	戊申	己酉	庚戌	**大寒**	壬子	癸丑	甲寅	乙卯	丙辰	丁巳	戊午	己未	庚申	辛酉	壬戌	癸亥

陽歷 二 月份 （陰歷正、二月份）

陽	**2**	2	3	4	5	6	7	8	9	10	11	12	13	14	15	16	17	18	19	20	21	22	23	24	25	26	27	28
陰	九	十	十一	十二	十三	十四	十五	十六	十七	十八	十九	廿	廿一	廿二	廿三	廿四	廿五	廿六	廿七	廿八	廿九	**二**	二	三	四	五	六	七
星	5	6	**日**	1	2	3	4	5	6	**日**	1	2	3	4	5	6	**日**	1	2	3	4	5	6	**日**	1	2	3	4
干節	甲子	乙丑	**立春**	丁卯	戊辰	己巳	庚午	辛未	壬申	癸酉	甲戌	乙亥	丙子	丁丑	戊寅	己卯	庚辰	**雨水**	壬午	癸未	甲申	乙酉	丙戌	丁亥	戊子	己丑	庚寅	辛卯

陽歷 三 月份 （陰歷二、三月份）

陽	**3**	2	3	4	5	6	7	8	9	10	11	12	13	14	15	16	17	18	19	20	21	22	23	24	25	26	27	28	29	30	31
陰	八	九	十	十一	十二	十三	十四	十五	十六	十七	十八	十九	廿	廿一	廿二	廿三	廿四	廿五	廿六	廿七	廿八	廿九	卅	**三**	二	三	四	五	六	七	八
星	5	6	**日**	1	2	3	4	5	6	**日**	1	2	3	4	5	6	**日**	1	2	3	4	5	6	**日**	1	2	3	4	5	6	**日**
干節	壬辰	癸巳	甲午	乙未	**驚蟄**	丁酉	戊戌	己亥	庚子	辛丑	壬寅	癸卯	甲辰	乙巳	丙午	丁未	戊申	己酉	庚戌	**春分**	壬子	癸丑	甲寅	乙卯	丙辰	丁巳	戊午	己未	庚申	辛酉	壬戌

陽歷 四 月份 （陰歷三、四月份）

陽	**4**	2	3	4	5	6	7	8	9	10	11	12	13	14	15	16	17	18	19	20	21	22	23	24	25	26	27	28	29	30
陰	九	十	十一	十二	十三	十四	十五	十六	十七	十八	十九	廿	廿一	廿二	廿三	廿四	廿五	廿六	廿七	廿八	廿九	卅	**四**	二	三	四	五	六	七	八
星	1	2	3	4	5	6	**日**	1	2	3	4	5	6	**日**	1	2	3	4	5	6	**日**	1	2	3	4	5	6	**日**	1	2
干節	癸亥	甲子	乙丑	**清明**	丁卯	戊辰	己巳	庚午	辛未	壬申	癸酉	甲戌	乙亥	丙子	丁丑	戊寅	己卯	庚辰	**穀雨**	壬午	癸未	甲申	乙酉	丙戌	丁亥	戊子	己丑	庚寅	辛卯	壬辰

陽歷 五 月份 （陰歷四、閏四月份）

陽	**5**	2	3	4	5	6	7	8	9	10	11	12	13	14	15	16	17	18	19	20	21	22	23	24	25	26	27	28	29	30	31
陰	九	十	十一	十二	十三	十四	十五	十六	十七	十八	十九	廿	廿一	廿二	廿三	廿四	廿五	廿六	廿七	廿八	廿九	**閏**	二	三	四	五	六	七	八	九	十
星	3	4	5	6	**日**	1	2	3	4	5	6	**日**	1	2	3	4	5	6	**日**	1	2	3	4	5	6	**日**	1	2	3	4	5
干節	癸巳	甲午	乙未	丙申	**立夏**	戊戌	己亥	庚子	辛丑	壬寅	癸卯	甲辰	乙巳	丙午	丁未	戊申	己酉	庚戌	辛亥	壬子	**小滿**	甲寅	乙卯	丙辰	丁巳	戊午	己未	庚申	辛酉	壬戌	癸亥

陽歷 六 月份 （陰歷閏四、五月份）

陽	**6**	2	3	4	5	6	7	8	9	10	11	12	13	14	15	16	17	18	19	20	21	22	23	24	25	26	27	28	29	30
陰	十一	十二	十三	十四	十五	十六	十七	十八	十九	廿	廿一	廿二	廿三	廿四	廿五	廿六	廿七	廿八	廿九	卅	**五**	二	三	四	五	六	七	八	九	十
星	6	**日**	1	2	3	4	5	6	**日**	1	2	3	4	5	6	**日**	1	2	3	4	5	6	**日**	1	2	3	4	5	6	**日**
干節	甲子	乙丑	丙寅	丁卯	**芒種**	己巳	庚午	辛未	壬申	癸酉	甲戌	乙亥	丙子	丁丑	戊寅	己卯	庚辰	辛巳	壬午	癸未	**夏至**	乙酉	丙戌	丁亥	戊子	己丑	庚寅	辛卯	壬辰	癸巳

丙寅 一六八六年 (清聖祖康熙二五年)

陽歷七月份 (陰歷五、六月份)

陽	**7**	2	3	4	5	6	7	8	9	10	11	12	13	14	15	16	17	18	19	20	21	22	23	24	25	26	27	28	29	30	31
陰	十一	十二	十三	十四	十五	十六	十七	十八	十九	廿	廿一	廿二	廿三	廿四	廿五	廿六	廿七	廿八	廿九	**六**	二	三	四	五	六	七	八	九	十	十一	十二
星	1	2	3	4	5	6	**日**	1	2	3	4	5	6	**日**	1	2	3	4	5	6	**日**	1	2	3	4	5	6	**日**	1	2	3
干節	甲午	乙未	丙申	丁酉	戊戌	己亥	**小暑**	辛丑	壬寅	癸卯	甲辰	乙巳	丙午	丁未	戊申	己酉	庚戌	辛亥	壬子	癸丑	甲寅	乙卯	**大暑**	丁巳	戊午	己未	庚申	辛酉	壬戌	癸亥	甲子

陽歷八月份 (陰歷六、七月份)

陽	**8**	2	3	4	5	6	7	8	9	10	11	12	13	14	15	16	17	18	19	20	21	22	23	24	25	26	27	28	29	30	31
陰	十三	十四	十五	十六	十七	十八	十九	廿	廿一	廿二	廿三	廿四	廿五	廿六	廿七	廿八	廿九	卅	**七**	二	三	四	五	六	七	八	九	十	十一	十二	十三
星	4	5	6	**日**	1	2	3	4	5	6	**日**	1	2	3	4	5	6	**日**	1	2	3	4	5	6	**日**	1	2	3	4	5	6
干節	乙丑	丙寅	丁卯	戊辰	己巳	庚午	**立秋**	壬申	癸酉	甲戌	乙亥	丙子	丁丑	戊寅	己卯	庚辰	辛巳	壬午	癸未	甲申	乙酉	丙戌	**處暑**	戊子	己丑	庚寅	辛卯	壬辰	癸巳	甲午	乙未

陽歷九月份 (陰歷七、八月份)

陽	**9**	2	3	4	5	6	7	8	9	10	11	12	13	14	15	16	17	18	19	20	21	22	23	24	25	26	27	28	29	30
陰	十四	十五	十六	十七	十八	十九	廿	廿一	廿二	廿三	廿四	廿五	廿六	廿七	廿八	廿九	卅	**八**	二	三	四	五	六	七	八	九	十	十一	十二	十三
星	**日**	1	2	3	4	5	6	**日**	1	2	3	4	5	6	**日**	1	2	3	4	5	6	**日**	1	2	3	4	5	6	**日**	1
干節	丙申	丁酉	戊戌	己亥	庚子	辛丑	**白露**	癸卯	甲辰	乙巳	丙午	丁未	戊申	己酉	庚戌	辛亥	壬子	癸丑	甲寅	乙卯	丙辰	丁巳	**秋分**	己未	庚申	辛酉	壬戌	癸亥	甲子	乙丑

陽歷十月份 (陰歷八、九月份)

陽	**10**	2	3	4	5	6	7	8	9	10	11	12	13	14	15	16	17	18	19	20	21	22	23	24	25	26	27	28	29	30	31
陰	十四	十五	十六	十七	十八	十九	廿	廿一	廿二	廿三	廿四	廿五	廿六	廿七	廿八	廿九	**九**	二	三	四	五	六	七	八	九	十	十一	十二	十三	十四	十五
星	2	3	4	5	6	**日**	1	2	3	4	5	6	**日**	1	2	3	4	5	6	**日**	1	2	3	4	5	6	**日**	1	2	3	4
干節	丙寅	丁卯	戊辰	己巳	庚午	辛未	壬申	**寒露**	甲戌	乙亥	丙子	丁丑	戊寅	己卯	庚辰	辛巳	壬午	癸未	甲申	乙酉	丙戌	丁亥	**霜降**	己丑	庚寅	辛卯	壬辰	癸巳	甲午	乙未	丙申

陽歷十一月份 (陰歷九、十月份)

陽	**11**	2	3	4	5	6	7	8	9	10	11	12	13	14	15	16	17	18	19	20	21	22	23	24	25	26	27	28	29	30
陰	十六	十七	十八	十九	廿	廿一	廿二	廿三	廿四	廿五	廿六	廿七	廿八	廿九	卅	**十**	二	三	四	五	六	七	八	九	十	十一	十二	十三	十四	十五
星	5	6	**日**	1	2	3	4	5	6	**日**	1	2	3	4	5	6	**日**	1	2	3	4	5	6	**日**	1	2	3	4	5	6
干節	丁酉	戊戌	己亥	庚子	辛丑	壬寅	**立冬**	甲辰	乙巳	丙午	丁未	戊申	己酉	庚戌	辛亥	壬子	癸丑	甲寅	乙卯	丙辰	丁巳	**小雪**	己未	庚申	辛酉	壬戌	癸亥	甲子	乙丑	丙寅

陽歷十二月份 (陰歷十、十一月份)

陽	**12**	2	3	4	5	6	7	8	9	10	11	12	13	14	15	16	17	18	19	20	21	22	23	24	25	26	27	28	29	30	31
陰	十六	十七	十八	十九	廿	廿一	廿二	廿三	廿四	廿五	廿六	廿七	廿八	廿九	**十一**	二	三	四	五	六	七	八	九	十	十一	十二	十三	十四	十五	十六	十七
星	**日**	1	2	3	4	5	6	**日**	1	2	3	4	5	6	**日**	1	2	3	4	5	6	**日**	1	2	3	4	5	6	**日**	1	2
干節	丁卯	戊辰	己巳	庚午	辛未	**大雪**	癸酉	甲戌	乙亥	丙子	丁丑	戊寅	己卯	庚辰	辛巳	壬午	癸未	甲申	乙酉	丙戌	**冬至**	戊子	己丑	庚寅	辛卯	壬辰	癸巳	甲午	乙未	丙申	丁酉

近世中西史日對照表

丁卯　一六八七年　（清聖祖康熙二六年）

陽歷　一　月份　　（陰歷十一、十二月份）

陽	**1**	2	3	4	5	6	7	8	9	10	11	12	13	14	15	16	17	18	19	20	21	22	23	24	25	26	27	28	29	30	31
陰	十八	十九	廿	廿一	廿二	廿三	廿四	廿五	廿六	廿七	廿八	廿九	卅	**十二**	二	三	四	五	六	七	八	九	十	十一	十二	十三	十四	十五	十六	十七	十八
星	3	4	5	6	**日**	1	2	3	4	5	6	**日**	1	2	3	4	5	6	**日**	1	2	3	4	5	6	**日**	1	2	3	4	5
干節	戊戌	己亥	庚子	辛丑	**小寒**	癸卯	甲辰	乙巳	丙午	丁未	戊申	己酉	庚戌	辛亥	壬子	癸丑	甲寅	乙卯	丙辰	**大寒**	戊午	己未	庚申	辛酉	壬戌	癸亥	甲子	乙丑	丙寅	丁卯	戊辰

陽歷　二　月份　　（陰歷十二、正月份）

陽	**2**	2	3	4	5	6	7	8	9	10	11	12	13	14	15	16	17	18	19	20	21	22	23	24	25	26	27	28			
陰	十九	廿	廿一	廿二	廿三	廿四	廿五	廿六	廿七	廿八	廿九	**正**	二	三	四	五	六	七	八	九	十	十一	十二	十三	十四	十五	十六	十七			
星	6	**日**	1	2	3	4	5	6	**日**	1	2	3	4	5	6	**日**	1	2	3	4	5	6	**日**	1	2	3	4	5			
干節	己巳	庚午	**立春**	壬申	癸酉	甲戌	乙亥	丙子	丁丑	戊寅	己卯	庚辰	辛巳	壬午	癸未	甲申	乙酉	**雨水**	丁亥	戊子	己丑	庚寅	辛卯	壬辰	癸巳	甲午	乙未	丙申			

陽歷　三　月份　　（陰歷正、二月份）

陽	**3**	2	3	4	5	6	7	8	9	10	11	12	13	14	15	16	17	18	19	20	21	22	23	24	25	26	27	28	29	30	31
陰	十八	十九	廿	廿一	廿二	廿三	廿四	廿五	廿六	廿七	廿八	廿九	**二**	二	三	四	五	六	七	八	九	十	十一	十二	十三	十四	十五	十六	十七	十八	十九
星	6	**日**	1	2	3	4	5	6	**日**	1	2	3	4	5	6	**日**	1	2	3	4	5	6	**日**	1	2	3	4	5	6	**日**	1
干節	丁酉	戊戌	己亥	庚子	**驚蟄**	壬寅	癸卯	甲辰	乙巳	丙午	丁未	戊申	己酉	庚戌	辛亥	壬子	癸丑	甲寅	乙卯	**春分**	丁巳	戊午	己未	庚申	辛酉	壬戌	癸亥	甲子	乙丑	丙寅	丁卯

陽歷　四　月份　　（陰歷二、三月份）

陽	**4**	2	3	4	5	6	7	8	9	10	11	12	13	14	15	16	17	18	19	20	21	22	23	24	25	26	27	28	29	30	
陰	廿	廿一	廿二	廿三	廿四	廿五	廿六	廿七	廿八	廿九	卅	**三**	二	三	四	五	六	七	八	九	十	十一	十二	十三	十四	十五	十六	十七	十八	十九	
星	2	3	4	5	6	**日**	1	2	3	4	5	6	**日**	1	2	3	4	5	6	**日**	1	2	3	4	5	6	**日**	1	2	3	
干節	戊辰	己巳	庚午	**清明**	壬申	癸酉	甲戌	乙亥	丙子	丁丑	戊寅	己卯	庚辰	辛巳	壬午	癸未	甲申	乙酉	丙戌	**穀雨**	戊子	己丑	庚寅	辛卯	壬辰	癸巳	甲午	乙未	丙申	丁酉	

陽歷　五　月份　　（陰歷三、四月份）

陽	**5**	2	3	4	5	6	7	8	9	10	11	12	13	14	15	16	17	18	19	20	21	22	23	24	25	26	27	28	29	30	31
陰	廿	廿一	廿二	廿三	廿四	廿五	廿六	廿七	廿八	廿九	**四**	二	三	四	五	六	七	八	九	十	十一	十二	十三	十四	十五	十六	十七	十八	十九	廿	廿一
星	4	5	6	**日**	1	2	3	4	5	6	**日**	1	2	3	4	5	6	**日**	1	2	3	4	5	6	**日**	1	2	3	4	5	6
干節	戊戌	己亥	庚子	辛丑	**立夏**	癸卯	甲辰	乙巳	丙午	丁未	戊申	己酉	庚戌	辛亥	壬子	癸丑	甲寅	乙卯	丙辰	丁巳	**小滿**	己未	庚申	辛酉	壬戌	癸亥	甲子	乙丑	丙寅	丁卯	戊辰

陽歷　六　月份　　（陰歷四、五月份）

陽	**6**	2	3	4	5	6	7	8	9	10	11	12	13	14	15	16	17	18	19	20	21	22	23	24	25	26	27	28	29	30	
陰	廿二	廿三	廿四	廿五	廿六	廿七	廿八	廿九	卅	**五**	二	三	四	五	六	七	八	九	十	十一	十二	十三	十四	十五	十六	十七	十八	十九	廿	廿一	
星	**日**	1	2	3	4	5	6	**日**	1	2	3	4	5	6	**日**	1	2	3	4	5	6	**日**	1	2	3	4	5	6	**日**	1	
干節	己巳	庚午	辛未	壬申	**芒種**	甲戌	乙亥	丙子	丁丑	戊寅	己卯	庚辰	辛巳	壬午	癸未	甲申	乙酉	丙戌	丁亥	戊子	**夏至**	庚寅	辛卯	壬辰	癸巳	甲午	乙未	丙申	丁酉	戊戌	

丁卯

一六八七年

（清聖祖康熙二六年）

陽歷 七 月份 （陰歷五、六月份）

陽	7	2	3	4	5	6	7	8	9	10	11	12	13	14	15	16	17	18	19	20	21	22	23	24	25	26	27	28	29	30	31
陰	廿二	廿三	廿四	廿五	廿六	廿七	廿八	廿九	六	二	三	四	五	六	七	八	九	十	十一	十二	十三	十四	十五	十六	十七	十八	十九	廿	廿一	廿二	廿三
星	2	3	4	5	6	日	1	2	3	4	5	6	日	1	2	3	4	5	6	日	1	2	3	4	5	6	日	1	2	3	4
干節	己亥	庚子	辛丑	壬寅	癸卯	甲辰	小暑	丙午	丁未	戊申	己酉	庚戌	辛亥	壬子	癸丑	甲寅	乙卯	丙辰	丁巳	戊午	己未	庚申	大暑	壬戌	癸亥	甲子	乙丑	丙寅	丁卯	戊辰	己巳

陽歷 八 月份 （陰歷閏六、七月份）

陽	8	2	3	4	5	6	7	8	9	10	11	12	13	14	15	16	17	18	19	20	21	22	23	24	25	26	27	28	29	30	31
陰	廿四	廿五	廿六	廿七	廿八	廿九	卅	七	二	三	四	五	六	七	八	九	十	十一	十二	十三	十四	十五	十六	十七	十八	十九	廿	廿一	廿二	廿三	廿四
星	5	6	日	1	2	3	4	5	6	日	1	2	3	4	5	6	日	1	2	3	4	5	6	日	1	2	3	4	5	6	日
干節	庚午	辛未	壬申	癸酉	甲戌	乙亥	立秋	丁丑	戊寅	己卯	庚辰	辛巳	壬午	癸未	甲申	乙酉	丙戌	丁亥	戊子	己丑	庚寅	辛卯	處暑	癸巳	甲午	乙未	丙申	丁酉	戊戌	己亥	庚子

陽歷 九 月份 （陰歷七、八月份）

陽	9	2	3	4	5	6	7	8	9	10	11	12	13	14	15	16	17	18	19	20	21	22	23	24	25	26	27	28	29	30	
陰	廿五	廿六	廿七	廿八	廿九	卅	八	二	三	四	五	六	七	八	九	十	十一	十二	十三	十四	十五	十六	十七	十八	十九	廿	廿一	廿二	廿三	廿四	
星	1	2	3	4	5	6	日	1	2	3	4	5	6	日	1	2	3	4	5	6	日	1	2	3	4	5	6	日	1	2	
干節	辛丑	壬寅	癸卯	甲辰	乙巳	丙午	丁未	白露	己酉	庚戌	辛亥	壬子	癸丑	甲寅	乙卯	丙辰	丁巳	戊午	己未	庚申	辛酉	壬戌	秋分	甲子	乙丑	丙寅	丁卯	戊辰	己巳	庚午	

陽歷 十 月份 （陰歷八、九月份）

陽	10	2	3	4	5	6	7	8	9	10	11	12	13	14	15	16	17	18	19	20	21	22	23	24	25	26	27	28	29	30	31
陰	廿五	廿六	廿七	廿八	廿九	九	二	三	四	五	六	七	八	九	十	十一	十二	十三	十四	十五	十六	十七	十八	十九	廿	廿一	廿二	廿三	廿四	廿五	廿六
星	3	4	5	6	日	1	2	3	4	5	6	日	1	2	3	4	5	6	日	1	2	3	4	5	6	日	1	2	3	4	5
干節	辛未	壬申	癸酉	甲戌	乙亥	丙子	丁丑	寒露	己卯	庚辰	辛巳	壬午	癸未	甲申	乙酉	丙戌	丁亥	戊子	己丑	庚寅	辛卯	壬辰	霜降	甲午	乙未	丙申	丁酉	戊戌	己亥	庚子	辛丑

陽歷十一月份 （陰歷九、十月份）

陽	11	2	3	4	5	6	7	8	9	10	11	12	13	14	15	16	17	18	19	20	21	22	23	24	25	26	27	28	29	30	
陰	廿七	廿八	廿九	卅	十	二	三	四	五	六	七	八	九	十	十一	十二	十三	十四	十五	十六	十七	十八	十九	廿	廿一	廿二	廿三	廿四	廿五	廿六	
星	6	日	1	2	3	4	5	6	日	1	2	3	4	5	6	日	1	2	3	4	5	6	日	1	2	3	4	5	6	日	
干節	壬寅	癸卯	甲辰	乙巳	丙午	丁未	立冬	己酉	庚戌	辛亥	壬子	癸丑	甲寅	乙卯	丙辰	丁巳	戊午	己未	庚申	辛酉	壬戌	小雪	甲子	乙丑	丙寅	丁卯	戊辰	己巳	庚午	辛未	

陽歷十二月份 （陰歷十、十一月份）

陽	12	2	3	4	5	6	7	8	9	10	11	12	13	14	15	16	17	18	19	20	21	22	23	24	25	26	27	28	29	30	31
陰	廿七	廿八	廿九	卅	十一	二	三	四	五	六	七	八	九	十	十一	十二	十三	十四	十五	十六	十七	十八	十九	廿	廿一	廿二	廿三	廿四	廿五	廿六	廿七
星	1	2	3	4	5	6	日	1	2	3	4	5	6	日	1	2	3	4	5	6	日	1	2	3	4	5	6	日	1	2	3
干節	壬申	癸酉	甲戌	乙亥	丙子	丁丑	大雪	己卯	庚辰	辛巳	壬午	癸未	甲申	乙酉	丙戌	丁亥	戊子	己丑	庚寅	辛卯	冬至	癸巳	甲午	乙未	丙申	丁酉	戊戌	己亥	庚子	辛丑	壬寅

近世中西史日對照表

陽歷 一 月份　（陰歷十一、十二月份）

陽	**1**	2	3	4	5	6	7	8	9	10	11	12	13	14	15	16	17	18	19	20	21	22	23	24	25	26	27	28	29	30	31
陰	廿八	廿九	**十二**	二	三	四	五	六	七	八	九	十	十一	十二	十三	十四	十五	十六	十七	十八	十九	廿	廿一	廿二	廿三	廿四	廿五	廿六	廿七	廿八	廿九
星	4	5	6	**日**	1	2	3	4	5	6	**日**	1	2	3	4	5	6	**日**	1	2	3	4	5	6	**日**	1	2	3	4	5	6
干節	癸卯	甲辰	乙巳	丙午	**小寒**	戊申	己酉	庚戌	辛亥	壬子	癸丑	甲寅	乙卯	丙辰	丁巳	戊午	己未	庚申	辛酉	**大寒**	癸亥	甲子	乙丑	丙寅	丁卯	戊辰	己巳	庚午	辛未	壬申	癸酉

陽歷 二 月份　（陰歷十二、正月份）

陽	**2**	2	3	4	5	6	7	8	9	10	11	12	13	14	15	16	17	18	19	20	21	22	23	24	25	26	27	28	29		
陰	卅	**正**	二	三	四	五	六	七	八	九	十	十一	十二	十三	十四	十五	十六	十七	十八	十九	廿	廿一	廿二	廿三	廿四	廿五	廿六	廿七	廿八		
星	**日**	1	2	3	4	5	6	**日**	1	2	3	4	5	6	**日**	1	2	3	4	5	6	**日**	1	2	3	4	5	6	**日**		
干節	甲戌	乙亥	丙子	**立春**	戊寅	己卯	庚辰	辛巳	壬午	癸未	甲申	乙酉	丙戌	丁亥	戊子	己丑	庚寅	**雨水**	壬辰	癸巳	甲午	乙未	丙申	丁酉	戊戌	己亥	庚子	辛丑	壬寅		

陽歷 三 月份　（陰歷正、二月份）

陽	**3**	2	3	4	5	6	7	8	9	10	11	12	13	14	15	16	17	18	19	20	21	22	23	24	25	26	27	28	29	30	31
陰	廿九	**二**	二	三	四	五	六	七	八	九	十	十一	十二	十三	十四	十五	十六	十七	十八	十九	廿	廿一	廿二	廿三	廿四	廿五	廿六	廿七	廿八	廿九	卅
星	1	2	3	4	5	6	**日**	1	2	3	4	5	6	**日**	1	2	3	4	5	6	**日**	1	2	3	4	5	6	**日**	1	2	3
干節	癸卯	甲辰	乙巳	**驚蟄**	丁未	戊申	己酉	庚戌	辛亥	壬子	癸丑	甲寅	乙卯	丙辰	丁巳	戊午	己未	庚申	**春分**	壬戌	癸亥	甲子	乙丑	丙寅	丁卯	戊辰	己巳	庚午	辛未	壬申	癸酉

陽歷 四 月份　（陰歷三、四月份）

陽	**4**	2	3	4	5	6	7	8	9	10	11	12	13	14	15	16	17	18	19	20	21	22	23	24	25	26	27	28	29	30	
陰	**三**	二	三	四	五	六	七	八	九	十	十一	十二	十三	十四	十五	十六	十七	十八	十九	廿	廿一	廿二	廿三	廿四	廿五	廿六	廿七	廿八	廿九	**四**	
星	4	5	6	**日**	1	2	3	4	5	6	**日**	1	2	3	4	5	6	**日**	1	2	3	4	5	6	**日**	1	2	3	4	5	
干節	甲戌	乙亥	丙子	**清明**	戊寅	己卯	庚辰	辛巳	壬午	癸未	甲申	乙酉	丙戌	丁亥	戊子	己丑	庚寅	辛卯	**穀雨**	癸巳	甲午	乙未	丙申	丁酉	戊戌	己亥	庚子	辛丑	壬寅	癸卯	

陽歷 五 月份　（陰歷四、五月份）

陽	**5**	2	3	4	5	6	7	8	9	10	11	12	13	14	15	16	17	18	19	20	21	22	23	24	25	26	27	28	29	30	31
陰	二	三	四	五	六	七	八	九	十	十一	十二	十三	十四	十五	十六	十七	十八	十九	廿	廿一	廿二	廿三	廿四	廿五	廿六	廿七	廿八	廿九	**五**	二	三
星	6	**日**	1	2	3	4	5	6	**日**	1	2	3	4	5	6	**日**	1	2	3	4	5	6	**日**	1	2	3	4	5	6	**日**	1
干節	甲辰	乙巳	丙午	**立夏**	戊申	己酉	庚戌	辛亥	壬子	癸丑	甲寅	乙卯	丙辰	丁巳	戊午	己未	庚申	辛酉	壬戌	**小滿**	甲子	乙丑	丙寅	丁卯	戊辰	己巳	庚午	辛未	壬申	癸酉	甲戌

陽歷 六 月份　（陰歷五、六月份）

陽	**6**	2	3	4	5	6	7	8	9	10	11	12	13	14	15	16	17	18	19	20	21	22	23	24	25	26	27	28	29	30
陰	四	五	六	七	八	九	十	十一	十二	十三	十四	十五	十六	十七	十八	十九	廿	廿一	廿二	廿三	廿四	廿五	廿六	廿七	廿八	廿九	卅	**六**	二	三
星	2	3	4	5	6	**日**	1	2	3	4	5	6	**日**	1	2	3	4	5	6	**日**	1	2	3	4	5	6	**日**	1	2	3
干節	乙亥	丙子	丁丑	戊寅	**芒種**	庚辰	辛巳	壬午	癸未	甲申	乙酉	丙戌	丁亥	戊子	己丑	庚寅	辛卯	壬辰	癸巳	**夏至**	乙未	丙申	丁酉	戊戌	己亥	庚子	辛丑	壬寅	癸卯	甲辰

戊辰

一六八八年

（清聖祖康熙二十七年）

陽歷七月份　（陰歷六、七月份）

陽	7	2	3	4	5	6	7	8	9	10	11	12	13	14	15	16	17	18	19	20	21	22	23	24	25	26	27	28	29	30	31
陰	四	五	六	七	八	九	十	十一	十二	十三	十四	十五	十六	十七	十八	十九	廿	廿一	廿二	廿三	廿四	廿五	廿六	廿七	廿八	廿九	七	二	三	四	五
星	4	5	6	日	1	2	3	4	5	6	日	1	2	3	4	5	6	日	1	2	3	4	5	6	日	1	2	3	4	5	6
干節	乙巳	丙午	丁未	戊申	己酉	小暑	辛亥	壬子	癸丑	甲寅	乙卯	丙辰	丁巳	戊午	己未	庚申	辛酉	壬戌	癸亥	甲子	乙丑	大暑	丁卯	戊辰	己巳	庚午	辛未	壬申	癸酉	甲戌	乙亥

陽歷八月份　（陰歷七、八月份）

陽	8	2	3	4	5	6	7	8	9	10	11	12	13	14	15	16	17	18	19	20	21	22	23	24	25	26	27	28	29	30	31
陰	六	七	八	九	十	十一	十二	十三	十四	十五	十六	十七	十八	十九	廿	廿一	廿二	廿三	廿四	廿五	廿六	廿七	廿八	廿九	卅	八	二	三	四	五	六
星	日	1	2	3	4	5	6	日	1	2	3	4	5	6	日	1	2	3	4	5	6	日	1	2	3	4	5	6	日	1	2
干節	丙子	丁丑	戊寅	己卯	庚辰	辛巳	立秋	癸未	甲申	乙酉	丙戌	丁亥	戊子	己丑	庚寅	辛卯	壬辰	癸巳	甲午	乙未	丙申	處暑	戊戌	己亥	庚子	辛丑	壬寅	癸卯	甲辰	乙巳	丙午

陽歷九月份　（陰歷八、九月份）

陽	9	2	3	4	5	6	7	8	9	10	11	12	13	14	15	16	17	18	19	20	21	22	23	24	25	26	27	28	29	30
陰	七	八	九	十	十一	十二	十三	十四	十五	十六	十七	十八	十九	廿	廿一	廿二	廿三	廿四	廿五	廿六	廿七	廿八	廿九	九	二	三	四	五	六	七
星	3	4	5	6	日	1	2	3	4	5	6	日	1	2	3	4	5	6	日	1	2	3	4	5	6	日	1	2	3	4
干節	丁未	戊申	己酉	庚戌	辛亥	壬子	白露	甲寅	乙卯	丙辰	丁巳	戊午	己未	庚申	辛酉	壬戌	癸亥	甲子	乙丑	丙寅	丁卯	秋分	己巳	庚午	辛未	壬申	癸酉	甲戌	乙亥	丙子

陽歷十月份　（陰歷九、十月份）

陽	10	2	3	4	5	6	7	8	9	10	11	12	13	14	15	16	17	18	19	20	21	22	23	24	25	26	27	28	29	30	31
陰	八	九	十	十一	十二	十三	十四	十五	十六	十七	十八	十九	廿	廿一	廿二	廿三	廿四	廿五	廿六	廿七	廿八	廿九	卅	十	二	三	四	五	六	七	八
星	5	6	日	1	2	3	4	5	6	日	1	2	3	4	5	6	日	1	2	3	4	5	6	日	1	2	3	4	5	6	日
干節	丁丑	戊寅	己卯	庚辰	辛巳	壬午	寒露	甲申	乙酉	丙戌	丁亥	戊子	己丑	庚寅	辛卯	壬辰	癸巳	甲午	乙未	丙申	丁酉	霜降	己亥	庚子	辛丑	壬寅	癸卯	甲辰	乙巳	丙午	丁未

陽歷十一月份　（陰歷十、十一月份）

陽	11	2	3	4	5	6	7	8	9	10	11	12	13	14	15	16	17	18	19	20	21	22	23	24	25	26	27	28	29	30
陰	九	十	十一	十二	十三	十四	十五	十六	十七	十八	十九	廿	廿一	廿二	廿三	廿四	廿五	廿六	廿七	廿八	廿九	卅	十一	二	三	四	五	六	七	八
星	1	2	3	4	5	6	日	1	2	3	4	5	6	日	1	2	3	4	5	6	日	1	2	3	4	5	6	日	1	2
干節	戊申	己酉	庚戌	辛亥	壬子	立冬	甲寅	乙卯	丙辰	丁巳	戊午	己未	庚申	辛酉	壬戌	癸亥	甲子	乙丑	丙寅	丁卯	小雪	己巳	庚午	辛未	壬申	癸酉	甲戌	乙亥	丙子	丁丑

陽歷十二月份　（陰歷十一、十二月份）

陽	12	2	3	4	5	6	7	8	9	10	11	12	13	14	15	16	17	18	19	20	21	22	23	24	25	26	27	28	29	30	31
陰	九	十	十一	十二	十三	十四	十五	十六	十七	十八	十九	廿	廿一	廿二	廿三	廿四	廿五	廿六	廿七	廿八	廿九	卅	十二	二	三	四	五	六	七	八	九
星	3	4	5	6	日	1	2	3	4	5	6	日	1	2	3	4	5	6	日	1	2	3	4	5	6	日	1	2	3	4	5
干節	戊寅	己卯	庚辰	辛巳	壬午	大雪	甲申	乙酉	丙戌	丁亥	戊子	己丑	庚寅	辛卯	壬辰	癸巳	甲午	乙未	丙申	丁酉	冬至	己亥	庚子	辛丑	壬寅	癸卯	甲辰	乙巳	丙午	丁未	戊申

近世中西史日對照表

己巳 一六八九年（清聖祖康熙二八年）

陽歷 一 月份 （陰歷十二、正月份）

陽	1	2	3	4	5	6	7	8	9	10	11	12	13	14	15	16	17	18	19	20	21	22	23	24	25	26	27	28	29	30	31
陰	十	十一	十二	十三	十四	十五	十六	十七	十八	十九	廿	廿一	廿二	廿三	廿四	廿五	廿六	廿七	廿八	廿九	正	二	三	四	五	六	七	八	九	十	十一
星	6	日	1	2	3	4	5	6	日	1	2	3	4	5	6	日	1	2	3	4	5	6	日	1	2	3	4	5	6	日	1
干節	己酉	庚戌	辛亥	小寒	癸丑	甲寅	乙卯	丙辰	丁巳	戊午	己未	庚申	辛酉	壬戌	癸亥	甲子	乙丑	丙寅	大寒	戊辰	己巳	庚午	辛未	壬申	癸酉	甲戌	乙亥	丙子	丁丑	戊寅	己卯

陽歷 二 月份 （陰歷正、二月份）

陽	1	2	3	4	5	6	7	8	9	10	11	12	13	14	15	16	17	18	19	20	21	22	23	24	25	26	27	28
陰	十二	十三	十四	十五	十六	十七	十八	十九	廿	廿一	廿二	廿三	廿四	廿五	廿六	廿七	廿八	廿九	卅	二	二	三	四	五	六	七	八	九
星	2	3	4	5	6	日	1	2	3	4	5	6	日	1	2	3	4	5	6	日	1	2	3	4	5	6	日	1
干節	庚辰	辛巳	立春	癸未	甲申	乙酉	丙戌	丁亥	戊子	己丑	庚寅	辛卯	壬辰	癸巳	甲午	乙未	丙申	雨水	戊戌	己亥	庚子	辛丑	壬寅	癸卯	甲辰	乙巳	丙午	丁未

陽歷 三 月份 （陰歷二、三月份）

陽	1	2	3	4	5	6	7	8	9	10	11	12	13	14	15	16	17	18	19	20	21	22	23	24	25	26	27	28	29	30	31
陰	十	十一	十二	十三	十四	十五	十六	十七	十八	十九	廿	廿一	廿二	廿三	廿四	廿五	廿六	廿七	廿八	廿九	三	二	三	四	五	六	七	八	九	十	十一
星	2	3	4	5	6	日	1	2	3	4	5	6	日	1	2	3	4	5	6	日	1	2	3	4	5	6	日	1	2	3	4
干節	戊申	己酉	庚戌	辛亥	驚蟄	癸丑	甲寅	乙卯	丙辰	丁巳	戊午	己未	庚申	辛酉	壬戌	癸亥	甲子	乙丑	丙寅	春分	戊辰	己巳	庚午	辛未	壬申	癸酉	甲戌	乙亥	丙子	丁丑	戊寅

陽歷 四 月份 （陰歷三、閏三月份）

陽	1	2	3	4	5	6	7	8	9	10	11	12	13	14	15	16	17	18	19	20	21	22	23	24	25	26	27	28	29	30
陰	十二	十三	十四	十五	十六	十七	十八	十九	廿	廿一	廿二	廿三	廿四	廿五	廿六	廿七	廿八	廿九	卅	閏	二	三	四	五	六	七	八	九	十	十一
星	5	6	日	1	2	3	4	5	6	日	1	2	3	4	5	6	日	1	2	3	4	5	6	日	1	2	3	4	5	6
干節	己卯	庚辰	辛巳	清明	癸未	甲申	乙酉	丙戌	丁亥	戊子	己丑	庚寅	辛卯	壬辰	癸巳	甲午	乙未	丙申	穀雨	戊戌	己亥	庚子	辛丑	壬寅	癸卯	甲辰	乙巳	丙午	丁未	戊申

陽歷 五 月份 （陰歷閏三、四月份）

陽	1	2	3	4	5	6	7	8	9	10	11	12	13	14	15	16	17	18	19	20	21	22	23	24	25	26	27	28	29	30	31
陰	十二	十三	十四	十五	十六	十七	十八	十九	廿	廿一	廿二	廿三	廿四	廿五	廿六	廿七	廿八	廿九	四	二	三	四	五	六	七	八	九	十	十一	十二	十三
星	日	1	2	3	4	5	6	日	1	2	3	4	5	6	日	1	2	3	4	5	6	日	1	2	3	4	5	6	日	1	2
干節	己酉	庚戌	辛亥	壬子	立夏	甲寅	乙卯	丙辰	丁巳	戊午	己未	庚申	辛酉	壬戌	癸亥	甲子	乙丑	丙寅	丁卯	小滿	己巳	庚午	辛未	壬申	癸酉	甲戌	乙亥	丙子	丁丑	戊寅	己卯

陽歷 六 月份 （陰歷四、五月份）

陽	1	2	3	4	5	6	7	8	9	10	11	12	13	14	15	16	17	18	19	20	21	22	23	24	25	26	27	28	29	30
陰	十四	十五	十六	十七	十八	十九	廿	廿一	廿二	廿三	廿四	廿五	廿六	廿七	廿八	廿九	五	二	三	四	五	六	七	八	九	十	十一	十二	十三	十四
星	3	4	5	6	日	1	2	3	4	5	6	日	1	2	3	4	5	6	日	1	2	3	4	5	6	日	1	2	3	4
干節	庚辰	辛巳	壬午	癸未	芒種	乙酉	丙戌	丁亥	戊子	己丑	庚寅	辛卯	壬辰	癸巳	甲午	乙未	丙申	丁酉	戊戌	己亥	夏至	辛丑	壬寅	癸卯	甲辰	乙巳	丙午	丁未	戊申	己酉

己巳

一六八九年

（清聖祖康熙二八年）

陽歷七月份（陰歷五、六月份）

陽	**7**	2	3	4	5	6	7	8	9	10	11	12	13	14	15	16	17	18	19	20	21	22	23	24	25	26	27	28	29	30	31
陰	十五	十六	十七	十八	十九	廿	廿一	廿二	廿三	廿四	廿五	廿六	廿七	廿八	廿九	卅	**六**	二	三	四	五	六	七	八	九	十	十一	十二	十三	十四	十五
星	5	6	**日**	1	2	3	4	5	6	**日**	1	2	3	4	5	6	**日**	1	2	3	4	5	6	**日**	1	2	3	4	5	6	**日**
干節	庚戌	辛亥	壬子	癸丑	甲寅	**小暑**	丙辰	丁巳	戊午	己未	庚申	辛酉	壬戌	癸亥	甲子	乙丑	丙寅	丁卯	戊辰	己巳	庚午	**大暑**	壬申	癸酉	甲戌	乙亥	丙子	丁丑	戊寅	己卯	庚辰

陽歷八月份（陰歷六、七月份）

陽	**8**	2	3	4	5	6	7	8	9	10	11	12	13	14	15	16	17	18	19	20	21	22	23	24	25	26	27	28	29	30	31
陰	十六	十七	十八	十九	廿	廿一	廿二	廿三	廿四	廿五	廿六	廿七	廿八	廿九	**七**	二	三	四	五	六	七	八	九	十	十一	十二	十三	十四	十五	十六	十七
星	1	2	3	4	5	6	**日**	1	2	3	4	5	6	**日**	1	2	3	4	5	6	**日**	1	2	3	4	5	6	**日**	1	2	3
干節	辛巳	壬午	癸未	甲申	乙酉	丙戌	**立秋**	戊子	己丑	庚寅	辛卯	壬辰	癸巳	甲午	乙未	丙申	丁酉	戊戌	己亥	庚子	辛丑	壬寅	**處暑**	甲辰	乙巳	丙午	丁未	戊申	己酉	庚戌	辛亥

陽歷九月份（陰歷七、八月份）

陽	**9**	2	3	4	5	6	7	8	9	10	11	12	13	14	15	16	17	18	19	20	21	22	23	24	25	26	27	28	29	30
陰	十八	十九	廿	廿一	廿二	廿三	廿四	廿五	廿六	廿七	廿八	廿九	**八**	二	三	四	五	六	七	八	九	十	十一	十二	十三	十四	十五	十六	十七	十八
星	4	5	6	**日**	1	2	3	4	5	6	**日**	1	2	3	4	5	6	**日**	1	2	3	4	5	6	**日**	1	2	3	4	5
干節	壬子	癸丑	甲寅	乙卯	丙辰	丁巳	**白露**	己未	庚申	辛酉	壬戌	癸亥	甲子	乙丑	丙寅	丁卯	戊辰	己巳	庚午	辛未	壬申	**秋分**	甲戌	乙亥	丙子	丁丑	戊寅	己卯	庚辰	辛巳

陽歷十月份（陰歷八、九月份）

陽	**10**	2	3	4	5	6	7	8	9	10	11	12	13	14	15	16	17	18	19	20	21	22	23	24	25	26	27	28	29	30	31
陰	十九	廿	廿一	廿二	廿三	廿四	廿五	廿六	廿七	廿八	廿九	卅	**九**	二	三	四	五	六	七	八	九	十	十一	十二	十三	十四	十五	十六	十七	十八	十九
星	6	**日**	1	2	3	4	5	6	**日**	1	2	3	4	5	6	**日**	1	2	3	4	5	6	**日**	1	2	3	4	5	6	**日**	1
干節	壬午	癸未	甲申	乙酉	丙戌	丁亥	戊子	**寒露**	庚寅	辛卯	壬辰	癸巳	甲午	乙未	丙申	丁酉	戊戌	己亥	庚子	辛丑	壬寅	癸卯	**霜降**	乙巳	丙午	丁未	戊申	己酉	庚戌	辛亥	壬子

陽歷十一月份（陰歷九、十月份）

陽	**11**	2	3	4	5	6	7	8	9	10	11	12	13	14	15	16	17	18	19	20	21	22	23	24	25	26	27	28	29	30
陰	廿	廿一	廿二	廿三	廿四	廿五	廿六	廿七	廿八	廿九	卅	**十**	二	三	四	五	六	七	八	九	十	十一	十二	十三	十四	十五	十六	十七	十八	十九
星	2	3	4	5	6	**日**	1	2	3	4	5	6	**日**	1	2	3	4	5	6	**日**	1	2	3	4	5	6	**日**	1	2	3
干節	癸丑	甲寅	乙卯	丙辰	丁巳	戊午	**立冬**	庚申	辛酉	壬戌	癸亥	甲子	乙丑	丙寅	丁卯	戊辰	己巳	庚午	辛未	壬申	**小雪**	甲戌	乙亥	丙子	丁丑	戊寅	己卯	庚辰	辛巳	壬午

陽歷十二月份（陰歷十、十一月份）

陽	**12**	2	3	4	5	6	7	8	9	10	11	12	13	14	15	16	17	18	19	20	21	22	23	24	25	26	27	28	29	30	31
陰	廿	廿一	廿二	廿三	廿四	廿五	廿六	廿七	廿八	廿九	卅	**十一**	二	三	四	五	六	七	八	九	十	十一	十二	十三	十四	十五	十六	十七	十八	十九	廿
星	4	5	6	**日**	1	2	3	4	5	6	**日**	1	2	3	4	5	6	**日**	1	2	3	4	5	6	**日**	1	2	3	4	5	6
干節	癸未	甲申	乙酉	丙戌	丁亥	**大雪**	己丑	庚寅	辛卯	壬辰	癸巳	甲午	乙未	丙申	丁酉	戊戌	己亥	庚子	辛丑	壬寅	**冬至**	甲辰	乙巳	丙午	丁未	戊申	己酉	庚戌	辛亥	壬子	癸丑

近世中西史日對照表

陽歷 一 月份 (陰歷十一、十二月份)

陽	1	2	3	4	5	6	7	8	9	10	11	12	13	14	15	16	17	18	19	20	21	22	23	24	25	26	27	28	29	30	31
陰	廿一	廿二	廿三	廿四	廿五	廿六	廿七	廿八	廿九	十二	二	三	四	五	六	七	八	九	十	十一	十二	十三	十四	十五	十六	十七	十八	十九	廿	廿一	廿二
星	日	1	2	3	4	5	6	日	1	2	3	4	5	6	日	1	2	3	4	5	6	日	1	2	3	4	5	6	日	1	2
干節	甲寅	乙卯	丙辰	丁巳	小寒	己未	庚申	辛酉	壬戌	癸亥	甲子	乙丑	丙寅	丁卯	戊辰	己巳	庚午	辛未	大寒	癸酉	甲戌	乙亥	丙子	丁丑	戊寅	己卯	庚辰	辛巳	壬午	癸未	甲申

陽歷 二 月份 (陰歷十二、正月份)

陽	1	2	3	4	5	6	7	8	9	10	11	12	13	14	15	16	17	18	19	20	21	22	23	24	25	26	27	28			
陰	廿三	廿四	廿五	廿六	廿七	廿八	廿九	卅	正	二	三	四	五	六	七	八	九	十	十一	十二	十三	十四	十五	十六	十七	十八	十九	廿			
星	3	4	5	6	日	1	2	3	4	5	6	日	1	2	3	4	5	6	日	1	2	3	4	5	6	日	1	2			
干節	乙酉	丙戌	立春	戊子	己丑	庚寅	辛卯	壬辰	癸巳	甲午	乙未	丙申	丁酉	戊戌	己亥	庚子	辛丑	雨水	癸卯	甲辰	乙巳	丙午	丁未	戊申	己酉	庚戌	辛亥	壬子			

陽歷 三 月份 (陰歷正、二月份)

陽	1	2	3	4	5	6	7	8	9	10	11	12	13	14	15	16	17	18	19	20	21	22	23	24	25	26	27	28	29	30	31
陰	廿一	廿二	廿三	廿四	廿五	廿六	廿七	廿八	廿九	卅	二	二	三	四	五	六	七	八	九	十	十一	十二	十三	十四	十五	十六	十七	十八	十九	廿	廿一
星	3	4	5	6	日	1	2	3	4	5	6	日	1	2	3	4	5	6	日	1	2	3	4	5	6	日	1	2	3	4	5
干節	癸丑	甲寅	乙卯	丙辰	驚蟄	戊午	己未	庚申	辛酉	壬戌	癸亥	甲子	乙丑	丙寅	丁卯	戊辰	己巳	庚午	辛未	春分	癸酉	甲戌	乙亥	丙子	丁丑	戊寅	己卯	庚辰	辛巳	壬午	癸未

陽歷 四 月份 (陰歷二、三月份)

陽	1	2	3	4	5	6	7	8	9	10	11	12	13	14	15	16	17	18	19	20	21	22	23	24	25	26	27	28	29	30	
陰	廿二	廿三	廿四	廿五	廿六	廿七	廿八	廿九	三	二	三	四	五	六	七	八	九	十	十一	十二	十三	十四	十五	十六	十七	十八	十九	廿	廿一	廿二	
星	6	日	1	2	3	4	5	6	日	1	2	3	4	5	6	日	1	2	3	4	5	6	日	1	2	3	4	5	6	日	
干節	甲申	乙酉	丙戌	清明	戊子	己丑	庚寅	辛卯	壬辰	癸巳	甲午	乙未	丙申	丁酉	戊戌	己亥	庚子	辛丑	穀雨	癸卯	甲辰	乙巳	丙午	丁未	戊申	己酉	庚戌	辛亥	壬子	癸丑	

陽歷 五 月份 (陰歷三、四月份)

陽	1	2	3	4	5	6	7	8	9	10	11	12	13	14	15	16	17	18	19	20	21	22	23	24	25	26	27	28	29	30	31
陰	廿三	廿四	廿五	廿六	廿七	廿八	廿九	卅	四	二	三	四	五	六	七	八	九	十	十一	十二	十三	十四	十五	十六	十七	十八	十九	廿	廿一	廿二	廿三
星	1	2	3	4	5	6	日	1	2	3	4	5	6	日	1	2	3	4	5	6	日	1	2	3	4	5	6	日	1	2	3
干節	甲寅	乙卯	丙辰	丁巳	立夏	己未	庚申	辛酉	壬戌	癸亥	甲子	乙丑	丙寅	丁卯	戊辰	己巳	庚午	辛未	壬申	癸酉	小滿	乙亥	丙子	丁丑	戊寅	己卯	庚辰	辛巳	壬午	癸未	甲申

陽歷 六 月份 (陰歷四、五月份)

陽	1	2	3	4	5	6	7	8	9	10	11	12	13	14	15	16	17	18	19	20	21	22	23	24	25	26	27	28	29	30	
陰	廿四	廿五	廿六	廿七	廿八	廿九	五	二	三	四	五	六	七	八	九	十	十一	十二	十三	十四	十五	十六	十七	十八	十九	廿	廿一	廿二	廿三	廿四	
星	4	5	6	日	1	2	3	4	5	6	日	1	2	3	4	5	6	日	1	2	3	4	5	6	日	1	2	3	4	5	
干節	乙酉	丙戌	丁亥	戊子	芒種	庚寅	辛卯	壬辰	癸巳	甲午	乙未	丙申	丁酉	戊戌	己亥	庚子	辛丑	壬寅	癸卯	甲辰	夏至	丙午	丁未	戊申	己酉	庚戌	辛亥	壬子	癸丑	甲寅	

庚午

一六九〇年

（清聖祖康熙二九年）

庚午

一六九〇年

（清聖祖康熙二九年）

陽歷　七　月份　　（陰歷五、六月份）

陽	7	2	3	4	5	6	7	8	9	10	11	12	13	14	15	16	17	18	19	20	21	22	23	24	25	26	27	28	29	30	31
陰	廿五	廿六	廿七	廿八	廿九	六	二	三	四	五	六	七	八	九	十	十一	十二	十三	十四	十五	十六	十七	十八	十九	廿	廿一	廿二	廿三	廿四	廿五	廿六
星	6	日	1	2	3	4	5	6	日	1	2	3	4	5	6	日	1	2	3	4	5	6	日	1	2	3	4	5	6	日	1
干節	乙卯	丙辰	丁巳	戊午	己未	庚申	小暑	壬戌	癸亥	甲子	乙丑	丙寅	丁卯	戊辰	己巳	庚午	辛未	壬申	癸酉	甲戌	乙亥	大暑	丁丑	戊寅	己卯	庚辰	辛巳	壬午	癸未	甲申	乙酉

陽歷　八　月份　　（陰歷六、七月份）

陽	8	2	3	4	5	6	7	8	9	10	11	12	13	14	15	16	17	18	19	20	21	22	23	24	25	26	27	28	29	30	31
陰	廿七	廿八	廿九	卅	七	二	三	四	五	六	七	八	九	十	十一	十二	十三	十四	十五	十六	十七	十八	十九	廿	廿一	廿二	廿三	廿四	廿五	廿六	廿七
星	2	3	4	5	6	日	1	2	3	4	5	6	日	1	2	3	4	5	6	日	1	2	3	4	5	6	日	1	2	3	4
干節	丙戌	丁亥	戊子	己丑	庚寅	辛卯	立秋	癸巳	甲午	乙未	丙申	丁酉	戊戌	己亥	庚子	辛丑	壬寅	癸卯	甲辰	乙巳	丙午	丁未	處暑	己酉	庚戌	辛亥	壬子	癸丑	甲寅	乙卯	丙辰

陽歷　九　月份　　（陰歷七、八月份）

陽	9	2	3	4	5	6	7	8	9	10	11	12	13	14	15	16	17	18	19	20	21	22	23	24	25	26	27	28	29	30	
陰	廿八	廿九	八	二	三	四	五	六	七	八	九	十	十一	十二	十三	十四	十五	十六	十七	十八	十九	廿	廿一	廿二	廿三	廿四	廿五	廿六	廿七	廿八	
星	5	6	日	1	2	3	4	5	6	日	1	2	3	4	5	6	日	1	2	3	4	5	6	日	1	2	3	4	5	6	
干節	丁巳	戊午	己未	庚申	辛酉	壬戌	白露	甲子	乙丑	丙寅	丁卯	戊辰	己巳	庚午	辛未	壬申	癸酉	甲戌	乙亥	丙子	丁丑	戊寅	秋分	庚辰	辛巳	壬午	癸未	甲申	乙酉	丙戌	

陽歷　十　月份　　（陰歷八、九月份）

陽	10	2	3	4	5	6	7	8	9	10	11	12	13	14	15	16	17	18	19	20	21	22	23	24	25	26	27	28	29	30	31
陰	廿九	九	二	三	四	五	六	七	八	九	十	十一	十二	十三	十四	十五	十六	十七	十八	十九	廿	廿一	廿二	廿三	廿四	廿五	廿六	廿七	廿八	廿九	卅
星	日	1	2	3	4	5	6	日	1	2	3	4	5	6	日	1	2	3	4	5	6	日	1	2	3	4	5	6	日	1	2
干節	丁亥	戊子	己丑	庚寅	辛卯	壬辰	癸巳	寒露	乙未	丙申	丁酉	戊戌	己亥	庚子	辛丑	壬寅	癸卯	甲辰	乙巳	丙午	丁未	戊申	霜降	庚戌	辛亥	壬子	癸丑	甲寅	乙卯	丙辰	丁巳

陽歷十一月份　　（陰歷十月份）

陽	11	2	3	4	5	6	7	8	9	10	11	12	13	14	15	16	17	18	19	20	21	22	23	24	25	26	27	28	29	30	
陰	十	二	三	四	五	六	七	八	九	十	十一	十二	十三	十四	十五	十六	十七	十八	十九	廿	廿一	廿二	廿三	廿四	廿五	廿六	廿七	廿八	廿九	卅	
星	3	4	5	6	日	1	2	3	4	5	6	日	1	2	3	4	5	6	日	1	2	3	4	5	6	日	1	2	3	4	
干節	戊午	己未	庚申	辛酉	壬戌	癸亥	立冬	乙丑	丙寅	丁卯	戊辰	己巳	庚午	辛未	壬申	癸酉	甲戌	乙亥	丙子	丁丑	戊寅	小雪	庚辰	辛巳	壬午	癸未	甲申	乙酉	丙戌	丁亥	

陽歷十二月份　　（陰歷十一、十二月份）

陽	12	2	3	4	5	6	7	8	9	10	11	12	13	14	15	16	17	18	19	20	21	22	23	24	25	26	27	28	29	30	31
陰	十一	二	三	四	五	六	七	八	九	十	十一	十二	十三	十四	十五	十六	十七	十八	十九	廿	廿一	廿二	廿三	廿四	廿五	廿六	廿七	廿八	廿九	十二	二
星	5	6	日	1	2	3	4	5	6	日	1	2	3	4	5	6	日	1	2	3	4	5	6	日	1	2	3	4	5	6	日
干節	戊子	己丑	庚寅	辛卯	壬辰	大雪	甲午	乙未	丙申	丁酉	戊戌	己亥	庚子	辛丑	壬寅	癸卯	甲辰	乙巳	丙午	丁未	冬至	己酉	庚戌	辛亥	壬子	癸丑	甲寅	乙卯	丙辰	丁巳	戊午

近世中西史日對照表

陽歷 一 月份 (陰歷十二、正月份)

陽	1	2	3	4	5	6	7	8	9	10	11	12	13	14	15	16	17	18	19	20	21	22	23	24	25	26	27	28	29	30	31
陰	三	四	五	六	七	八	九	十	十一	十二	十三	十四	十五	十六	十七	十八	十九	廿	廿一	廿二	廿三	廿四	廿五	廿六	廿七	廿八	廿九	卅	正	二	三
星	1	2	3	4	5	6	日	1	2	3	4	5	6	日	1	2	3	4	5	6	日	1	2	3	4	5	6	日	1	2	3
干節	己未	庚申	辛酉	壬戌	小寒	甲子	乙丑	丙寅	丁卯	戊辰	己巳	庚午	辛未	壬申	癸酉	甲戌	乙亥	丙子	大寒	戊寅	己卯	庚辰	辛巳	壬午	癸未	甲申	乙酉	丙戌	丁亥	戊子	己丑

陽歷 二 月份 (陰歷正、二月份)

陽	1	2	3	4	5	6	7	8	9	10	11	12	13	14	15	16	17	18	19	20	21	22	23	24	25	26	27	28			
陰	四	五	六	七	八	九	十	十一	十二	十三	十四	十五	十六	十七	十八	十九	廿	廿一	廿二	廿三	廿四	廿五	廿六	廿七	廿八	廿九	卅	二			
星	4	5	6	日	1	2	3	4	5	6	日	1	2	3	4	5	6	日	1	2	3	4	5	6	日	1	2	3			
干節	庚寅	辛卯	立春	癸巳	甲午	乙未	丙申	丁酉	戊戌	己亥	庚子	辛丑	壬寅	癸卯	甲辰	乙巳	丙午	雨水	戊申	己酉	庚戌	辛亥	壬子	癸丑	甲寅	乙卯	丙辰	丁巳			

陽歷 三 月份 (陰歷二、三月份)

陽	1	2	3	4	5	6	7	8	9	10	11	12	13	14	15	16	17	18	19	20	21	22	23	24	25	26	27	28	29	30	31
陰	二	三	四	五	六	七	八	九	十	十一	十二	十三	十四	十五	十六	十七	十八	十九	廿	廿一	廿二	廿三	廿四	廿五	廿六	廿七	廿八	廿九	卅	三	二
星	4	5	6	日	1	2	3	4	5	6	日	1	2	3	4	5	6	日	1	2	3	4	5	6	日	1	2	3	4	5	6
干節	戊午	己未	庚申	辛酉	驚蟄	癸亥	甲子	乙丑	丙寅	丁卯	戊辰	己巳	庚午	辛未	壬申	癸酉	甲戌	乙亥	丙子	春分	戊寅	己卯	庚辰	辛巳	壬午	癸未	甲申	乙酉	丙戌	丁亥	戊子

陽歷 四 月份 (陰歷三、四月份)

陽	1	2	3	4	5	6	7	8	9	10	11	12	13	14	15	16	17	18	19	20	21	22	23	24	25	26	27	28	29	30	
陰	三	四	五	六	七	八	九	十	十一	十二	十三	十四	十五	十六	十七	十八	十九	廿	廿一	廿二	廿三	廿四	廿五	廿六	廿七	廿八	廿九	四	二	三	
星	日	1	2	3	4	5	6	日	1	2	3	4	5	6	日	1	2	3	4	5	6	日	1	2	3	4	5	6	日	1	
干節	己丑	庚寅	辛卯	清明	癸巳	甲午	乙未	丙申	丁酉	戊戌	己亥	庚子	辛丑	壬寅	癸卯	甲辰	乙巳	丙午	丁未	穀雨	己酉	庚戌	辛亥	壬子	癸丑	甲寅	乙卯	丙辰	丁巳	戊午	

陽歷 五 月份 (陰歷四、五月份)

陽	1	2	3	4	5	6	7	8	9	10	11	12	13	14	15	16	17	18	19	20	21	22	23	24	25	26	27	28	29	30	31
陰	四	五	六	七	八	九	十	十一	十二	十三	十四	十五	十六	十七	十八	十九	廿	廿一	廿二	廿三	廿四	廿五	廿六	廿七	廿八	廿九	卅	五	二	三	四
星	2	3	4	5	6	日	1	2	3	4	5	6	日	1	2	3	4	5	6	日	1	2	3	4	5	6	日	1	2	3	4
干節	己未	庚申	辛酉	壬戌	立夏	甲子	乙丑	丙寅	丁卯	戊辰	己巳	庚午	辛未	壬申	癸酉	甲戌	乙亥	丙子	丁丑	戊寅	小滿	庚辰	辛巳	壬午	癸未	甲申	乙酉	丙戌	丁亥	戊子	己丑

陽歷 六 月份 (陰歷五、六月份)

陽	1	2	3	4	5	6	7	8	9	10	11	12	13	14	15	16	17	18	19	20	21	22	23	24	25	26	27	28	29	30	
陰	五	六	七	八	九	十	十一	十二	十三	十四	十五	十六	十七	十八	十九	廿	廿一	廿二	廿三	廿四	廿五	廿六	廿七	廿八	廿九	六	二	三	四	五	
星	5	6	日	1	2	3	4	5	6	日	1	2	3	4	5	6	日	1	2	3	4	5	6	日	1	2	3	4	5	6	
干節	庚寅	辛卯	壬辰	癸巳	芒種	乙未	丙申	丁酉	戊戌	己亥	庚子	辛丑	壬寅	癸卯	甲辰	乙巳	丙午	丁未	戊申	己酉	夏至	辛亥	壬子	癸丑	甲寅	乙卯	丙辰	丁巳	戊午	己未	

辛未

一六九一年

(清聖祖康熙三〇年)

辛未　一六九一年　（清聖祖康熙三〇年）

陽歷七月份　（陰歷六、七月份）

陽	7	2	3	4	5	6	7	8	9	10	11	12	13	14	15	16	17	18	19	20	21	22	23	24	25	26	27	28	29	30	31
陰	六	七	八	九	十	十一	十二	十三	十四	十五	十六	十七	十八	十九	廿	廿一	廿二	廿三	廿四	廿五	廿六	廿七	廿八	廿九	七	二	三	四	五	六	七
星	日	1	2	3	4	5	6	日	1	2	3	4	5	6	日	1	2	3	4	5	6	日	1	2	3	4	5	6	日	1	2
干節	庚申	辛酉	壬戌	癸亥	甲子	乙丑	小暑	丁卯	戊辰	己巳	庚午	辛未	壬申	癸酉	甲戌	乙亥	丙子	丁丑	戊寅	己卯	庚辰	辛巳	大暑	癸未	甲申	乙酉	丙戌	丁亥	戊子	己丑	庚寅

陽歷八月份　（陰歷七、閏七月份）

陽	8	2	3	4	5	6	7	8	9	10	11	12	13	14	15	16	17	18	19	20	21	22	23	24	25	26	27	28	29	30	31
陰	八	九	十	十一	十二	十三	十四	十五	十六	十七	十八	十九	廿	廿一	廿二	廿三	廿四	廿五	廿六	廿七	廿八	廿九	卅	閏	二	三	四	五	六	七	八
星	3	4	5	6	日	1	2	3	4	5	6	日	1	2	3	4	5	6	日	1	2	3	4	5	6	日	1	2	3	4	5
干節	辛卯	壬辰	癸巳	甲午	乙未	丙申	立秋	戊戌	己亥	庚子	辛丑	壬寅	癸卯	甲辰	乙巳	丙午	丁未	戊申	己酉	庚戌	辛亥	壬子	處暑	甲寅	乙卯	丙辰	丁巳	戊午	己未	庚申	辛酉

陽歷九月份　（陰歷閏七、八月份）

陽	9	2	3	4	5	6	7	8	9	10	11	12	13	14	15	16	17	18	19	20	21	22	23	24	25	26	27	28	29	30
陰	九	十	十一	十二	十三	十四	十五	十六	十七	十八	十九	廿	廿一	廿二	廿三	廿四	廿五	廿六	廿七	廿八	廿九	八	二	三	四	五	六	七	八	九
星	6	日	1	2	3	4	5	6	日	1	2	3	4	5	6	日	1	2	3	4	5	6	日	1	2	3	4	5	6	日
干節	壬戌	癸亥	甲子	乙丑	丙寅	丁卯	戊辰	白露	庚午	辛未	壬申	癸酉	甲戌	乙亥	丙子	丁丑	戊寅	己卯	庚辰	辛巳	壬午	癸未	秋分	乙酉	丙戌	丁亥	戊子	己丑	庚寅	辛卯

陽歷十月份　（陰歷八、九月份）

陽	10	2	3	4	5	6	7	8	9	10	11	12	13	14	15	16	17	18	19	20	21	22	23	24	25	26	27	28	29	30	31
陰	十	十一	十二	十三	十四	十五	十六	十七	十八	十九	廿	廿一	廿二	廿三	廿四	廿五	廿六	廿七	廿八	廿九	九	二	三	四	五	六	七	八	九	十	十一
星	1	2	3	4	5	6	日	1	2	3	4	5	6	日	1	2	3	4	5	6	日	1	2	3	4	5	6	日	1	2	3
干節	壬辰	癸巳	甲午	乙未	丙申	丁酉	戊戌	寒露	庚子	辛丑	壬寅	癸卯	甲辰	乙巳	丙午	丁未	戊申	己酉	庚戌	辛亥	壬子	癸丑	霜降	乙卯	丙辰	丁巳	戊午	己未	庚申	辛酉	壬戌

陽歷十一月份　（陰歷九、十月份）

陽	11	2	3	4	5	6	7	8	9	10	11	12	13	14	15	16	17	18	19	20	21	22	23	24	25	26	27	28	29	30
陰	十二	十三	十四	十五	十六	十七	十八	十九	廿	廿一	廿二	廿三	廿四	廿五	廿六	廿七	廿八	廿九	卅	十	二	三	四	五	六	七	八	九	十	十一
星	4	5	6	日	1	2	3	4	5	6	日	1	2	3	4	5	6	日	1	2	3	4	5	6	日	1	2	3	4	5
干節	癸亥	甲子	乙丑	丙寅	丁卯	戊辰	立冬	庚午	辛未	壬申	癸酉	甲戌	乙亥	丙子	丁丑	戊寅	己卯	庚辰	辛巳	壬午	癸未	小雪	乙酉	丙戌	丁亥	戊子	己丑	庚寅	辛卯	壬辰

陽歷十二月份　（陰歷十、十一月份）

陽	12	2	3	4	5	6	7	8	9	10	11	12	13	14	15	16	17	18	19	20	21	22	23	24	25	26	27	28	29	30	31
陰	十二	十三	十四	十五	十六	十七	十八	十九	廿	廿一	廿二	廿三	廿四	廿五	廿六	廿七	廿八	廿九	十一	二	三	四	五	六	七	八	九	十	十一	十二	十三
星	6	日	1	2	3	4	5	6	日	1	2	3	4	5	6	日	1	2	3	4	5	6	日	1	2	3	4	5	6	日	1
干節	癸巳	甲午	乙未	丙申	丁酉	戊戌	大雪	庚子	辛丑	壬寅	癸卯	甲辰	乙巳	丙午	丁未	戊申	己酉	庚戌	辛亥	壬子	冬至	甲寅	乙卯	丙辰	丁巳	戊午	己未	庚申	辛酉	壬戌	癸亥

壬申　一六九二年　（清聖祖康熙三十一年）

陽歷一月份（陰歷十一、十二月份）

陽	**1**	2	3	4	5	6	7	8	9	10	11	12	13	14	15	16	17	18	19	20	21	22	23	24	25	26	27	28	29	30	31
陰	十四	十五	十六	十七	十八	十九	廿	廿一	廿二	廿三	廿四	廿五	廿六	廿七	廿八	廿九	卅	**十二**	二	三	四	五	六	七	八	九	十	十一	十二	十三	十四
星	2	3	4	5	6	**日**	1	2	3	4	5	6	**日**	1	2	3	4	5	6	**日**	1	2	3	4	5	6	**日**	1	2	3	4
干節	甲子	乙丑	丙寅	丁卯	**小寒**	己巳	庚午	辛未	壬申	癸酉	甲戌	乙亥	丙子	丁丑	戊寅	己卯	庚辰	辛巳	壬午	**大寒**	甲申	乙酉	丙戌	丁亥	戊子	己丑	庚寅	辛卯	壬辰	癸巳	甲午

陽歷二月份（陰歷十二、正月份）

陽	**2**	2	3	4	5	6	7	8	9	10	11	12	13	14	15	16	17	18	19	20	21	22	23	24	25	26	27	28	29
陰	十五	十六	十七	十八	十九	廿	廿一	廿二	廿三	廿四	廿五	廿六	廿七	廿八	廿九	卅	**正**	二	三	四	五	六	七	八	九	十	十一	十二	十三
星	5	6	**日**	1	2	3	4	5	6	**日**	1	2	3	4	5	6	**日**	1	2	3	4	5	6	**日**	1	2	3	4	5
干節	乙未	丙申	**立春**	戊戌	己亥	庚子	辛丑	壬寅	癸卯	甲辰	乙巳	丙午	丁未	戊申	己酉	庚戌	辛亥	**雨水**	癸丑	甲寅	乙卯	丙辰	丁巳	戊午	己未	庚申	辛酉	壬戌	癸亥

陽歷三月份（陰歷正、二月份）

陽	**3**	2	3	4	5	6	7	8	9	10	11	12	13	14	15	16	17	18	19	20	21	22	23	24	25	26	27	28	29	30	31
陰	十四	十五	十六	十七	十八	十九	廿	廿一	廿二	廿三	廿四	廿五	廿六	廿七	廿八	廿九	卅	**二**	二	三	四	五	六	七	八	九	十	十一	十二	十三	十四
星	6	**日**	1	2	3	4	5	6	**日**	1	2	3	4	5	6	**日**	1	2	3	4	5	6	**日**	1	2	3	4	5	6	**日**	1
干節	甲子	乙丑	丙寅	**驚蟄**	戊辰	己巳	庚午	辛未	壬申	癸酉	甲戌	乙亥	丙子	丁丑	戊寅	己卯	庚辰	辛巳	**春分**	癸未	甲申	乙酉	丙戌	丁亥	戊子	己丑	庚寅	辛卯	壬辰	癸巳	甲午

陽歷四月份（陰歷二、三月份）

陽	**4**	2	3	4	5	6	7	8	9	10	11	12	13	14	15	16	17	18	19	20	21	22	23	24	25	26	27	28	29	30
陰	十五	十六	十七	十八	十九	廿	廿一	廿二	廿三	廿四	廿五	廿六	廿七	廿八	廿九	**三**	二	三	四	五	六	七	八	九	十	十一	十二	十三	十四	十五
星	2	3	4	5	6	**日**	1	2	3	4	5	6	**日**	1	2	3	4	5	6	**日**	1	2	3	4	5	6	**日**	1	2	3
干節	乙未	丙申	丁酉	**清明**	己亥	庚子	辛丑	壬寅	癸卯	甲辰	乙巳	丙午	丁未	戊申	己酉	庚戌	辛亥	壬子	**穀雨**	甲寅	乙卯	丙辰	丁巳	戊午	己未	庚申	辛酉	壬戌	癸亥	甲子

陽歷五月份（陰歷三、四月份）

陽	**5**	2	3	4	5	6	7	8	9	10	11	12	13	14	15	16	17	18	19	20	21	22	23	24	25	26	27	28	29	30	31
陰	十六	十七	十八	十九	廿	廿一	廿二	廿三	廿四	廿五	廿六	廿七	廿八	廿九	卅	**四**	二	三	四	五	六	七	八	九	十	十一	十二	十三	十四	十五	十六
星	4	5	6	**日**	1	2	3	4	5	6	**日**	1	2	3	4	5	6	**日**	1	2	3	4	5	6	**日**	1	2	3	4	5	6
干節	乙丑	丙寅	丁卯	**立夏**	己巳	庚午	辛未	壬申	癸酉	甲戌	乙亥	丙子	丁丑	戊寅	己卯	庚辰	辛巳	壬午	癸未	**小滿**	乙酉	丙戌	丁亥	戊子	己丑	庚寅	辛卯	壬辰	癸巳	甲午	乙未

陽歷六月份（陰歷四、五月份）

陽	**6**	2	3	4	5	6	7	8	9	10	11	12	13	14	15	16	17	18	19	20	21	22	23	24	25	26	27	28	29	30
陰	十七	十八	十九	廿	廿一	廿二	廿三	廿四	廿五	廿六	廿七	廿八	廿九	卅	**五**	二	三	四	五	六	七	八	九	十	十一	十二	十三	十四	十五	十六
星	**日**	1	2	3	4	5	6	**日**	1	2	3	4	5	6	**日**	1	2	3	4	5	6	**日**	1	2	3	4	5	6	**日**	1
干節	丙申	丁酉	戊戌	己亥	**芒種**	辛丑	壬寅	癸卯	甲辰	乙巳	丙午	丁未	戊申	己酉	庚戌	辛亥	壬子	癸丑	甲寅	**夏至**	丙辰	丁巳	戊午	己未	庚申	辛酉	壬戌	癸亥	甲子	乙丑

壬申

一六九二年

（清聖祖康熙三一年）

陽歷七月份　（陰歷五、六月份）

陽	7	2	3	4	5	6	7	8	9	10	11	12	13	14	15	16	17	18	19	20	21	22	23	24	25	26	27	28	29	30	31
陰	十七	十八	十九	廿	廿一	廿二	廿三	廿四	廿五	廿六	廿七	廿八	廿九	六	二	三	四	五	六	七	八	九	十	十一	十二	十三	十四	十五	十六	十七	十八
星	2	3	4	5	6	日	1	2	3	4	5	6	日	1	2	3	4	5	6	日	1	2	3	4	5	6	日	1	2	3	4
干節	丙寅	丁卯	戊辰	己巳	庚午	小暑	壬申	癸酉	甲戌	乙亥	丙子	丁丑	戊寅	己卯	庚辰	辛巳	壬午	癸未	甲申	乙酉	丙戌	大暑	戊子	己丑	庚寅	辛卯	壬辰	癸巳	甲午	乙未	丙申

陽歷八月份　（陰歷六、七月份）

陽	8	2	3	4	5	6	7	8	9	10	11	12	13	14	15	16	17	18	19	20	21	22	23	24	25	26	27	28	29	30	31
陰	十九	廿	廿一	廿二	廿三	廿四	廿五	廿六	廿七	廿八	廿九	七	二	三	四	五	六	七	八	九	十	十一	十二	十三	十四	十五	十六	十七	十八	十九	廿
星	5	6	日	1	2	3	4	5	6	日	1	2	3	4	5	6	日	1	2	3	4	5	6	日	1	2	3	4	5	6	日
干節	丁酉	戊戌	己亥	庚子	辛丑	壬寅	立秋	甲辰	乙巳	丙午	丁未	戊申	己酉	庚戌	辛亥	壬子	癸丑	甲寅	乙卯	丙辰	丁巳	處暑	己未	庚申	辛酉	壬戌	癸亥	甲子	乙丑	丙寅	丁卯

陽歷九月份　（陰歷七、八月份）

陽	9	2	3	4	5	6	7	8	9	10	11	12	13	14	15	16	17	18	19	20	21	22	23	24	25	26	27	28	29	30	
陰	廿一	廿二	廿三	廿四	廿五	廿六	廿七	廿八	廿九	卅	八	二	三	四	五	六	七	八	九	十	十一	十二	十三	十四	十五	十六	十七	十八	十九	廿	
星	1	2	3	4	5	6	日	1	2	3	4	5	6	日	1	2	3	4	5	6	日	1	2	3	4	5	6	日	1	2	
干節	戊辰	己巳	庚午	辛未	壬申	癸酉	白露	乙亥	丙子	丁丑	戊寅	己卯	庚辰	辛巳	壬午	癸未	甲申	乙酉	丙戌	丁亥	戊子	秋分	庚寅	辛卯	壬辰	癸巳	甲午	乙未	丙申	丁酉	

陽歷十月份　（陰歷八、九月份）

陽	10	2	3	4	5	6	7	8	9	10	11	12	13	14	15	16	17	18	19	20	21	22	23	24	25	26	27	28	29	30	31
陰	廿一	廿二	廿三	廿四	廿五	廿六	廿七	廿八	廿九	九	二	三	四	五	六	七	八	九	十	十一	十二	十三	十四	十五	十六	十七	十八	十九	廿	廿一	廿二
星	3	4	5	6	日	1	2	3	4	5	6	日	1	2	3	4	5	6	日	1	2	3	4	5	6	日	1	2	3	4	5
干節	戊戌	己亥	庚子	辛丑	壬寅	癸卯	寒露	乙巳	丙午	丁未	戊申	己酉	庚戌	辛亥	壬子	癸丑	甲寅	乙卯	丙辰	丁巳	戊午	霜降	庚申	辛酉	壬戌	癸亥	甲子	乙丑	丙寅	丁卯	戊辰

陽歷十一月份　（陰歷九、十月份）

陽	11	2	3	4	5	6	7	8	9	10	11	12	13	14	15	16	17	18	19	20	21	22	23	24	25	26	27	28	29	30	
陰	廿三	廿四	廿五	廿六	廿七	廿八	廿九	十	二	三	四	五	六	七	八	九	十	十一	十二	十三	十四	十五	十六	十七	十八	十九	廿	廿一	廿二	廿三	
星	6	日	1	2	3	4	5	6	日	1	2	3	4	5	6	日	1	2	3	4	5	6	日	1	2	3	4	5	6	日	
干節	己巳	庚午	辛未	壬申	癸酉	立冬	乙亥	丙子	丁丑	戊寅	己卯	庚辰	辛巳	壬午	癸未	甲申	乙酉	丙戌	丁亥	戊子	小雪	庚寅	辛卯	壬辰	癸巳	甲午	乙未	丙申	丁酉	戊戌	

陽歷十二月份　（陰歷十、十一月份）

陽	12	2	3	4	5	6	7	8	9	10	11	12	13	14	15	16	17	18	19	20	21	22	23	24	25	26	27	28	29	30	31
陰	廿四	廿五	廿六	廿七	廿八	廿九	卅	十一	二	三	四	五	六	七	八	九	十	十一	十二	十三	十四	十五	十六	十七	十八	十九	廿	廿一	廿二	廿三	廿四
星	1	2	3	4	5	6	日	1	2	3	4	5	6	日	1	2	3	4	5	6	日	1	2	3	4	5	6	日	1	2	3
干節	己亥	庚子	辛丑	壬寅	癸卯	大雪	乙巳	丙午	丁未	戊申	己酉	庚戌	辛亥	壬子	癸丑	甲寅	乙卯	丙辰	丁巳	戊午	冬至	庚申	辛酉	壬戌	癸亥	甲子	乙丑	丙寅	丁卯	戊辰	己巳

近世中西史日對照表

陽歷 一 月份　　(陰歷十一、十二月份)

陽	**1**	2	3	4	5	6	7	8	9	10	11	12	13	14	15	16	17	18	19	20	21	22	23	24	25	26	27	28	29	30	31
陰	廿五	廿六	廿七	廿八	廿九	**十二**	二	三	四	五	六	七	八	九	十	十一	十二	十三	十四	十五	十六	十七	十八	十九	廿	廿一	廿二	廿三	廿四	廿五	廿六
星	4	5	6	**日**	1	2	3	4	5	6	**日**	1	2	3	4	5	6	**日**	1	2	3	4	5	6	**日**	1	2	3	4	5	6
干節	庚午	辛未	壬申	**小寒**	甲戌	乙亥	丙子	丁丑	戊寅	己卯	庚辰	辛巳	壬午	癸未	甲申	乙酉	丙戌	丁亥	**大寒**	己丑	庚寅	辛卯	壬辰	癸巳	甲午	乙未	丙申	丁酉	戊戌	己亥	庚子

陽歷 二 月份　　(陰歷二十、正月份)

陽	**2**	2	3	4	5	6	7	8	9	10	11	12	13	14	15	16	17	18	19	20	21	22	23	24	25	26	27	28			
陰	廿七	廿八	廿九	卅	**正**	二	三	四	五	六	七	八	九	十	十一	十二	十三	十四	十五	十六	十七	十八	十九	廿	廿一	廿二	廿三	廿四			
星	**日**	1	2	3	4	5	6	**日**	1	2	3	4	5	6	**日**	1	2	3	4	5	6	**日**	1	2	3	4	5	6			
干節	辛丑	壬寅	癸卯	**立春**	乙巳	丙午	丁未	戊申	己酉	庚戌	辛亥	壬子	癸丑	甲寅	乙卯	丙辰	丁巳	**雨水**	己未	庚申	辛酉	壬戌	癸亥	甲子	乙丑	丙寅	丁卯	戊辰			

陽歷 三 月份　　(陰歷正、二月份)

陽	**3**	2	3	4	5	6	7	8	9	10	11	12	13	14	15	16	17	18	19	20	21	22	23	24	25	26	27	28	29	30	31
陰	廿五	廿六	廿七	廿八	廿九	卅	**二**	二	三	四	五	六	七	八	九	十	十一	十二	十三	十四	十五	十六	十七	十八	十九	廿	廿一	廿二	廿三	廿四	廿五
星	**日**	1	2	3	4	5	6	**日**	1	2	3	4	5	6	**日**	1	2	3	4	5	6	**日**	1	2	3	4	5	6	**日**	1	2
干節	己巳	庚午	辛未	壬申	**驚蟄**	甲戌	乙亥	丙子	丁丑	戊寅	己卯	庚辰	辛巳	壬午	癸未	甲申	乙酉	丙戌	丁亥	**春分**	己丑	庚寅	辛卯	壬辰	癸巳	甲午	乙未	丙申	丁酉	戊戌	己亥

陽歷 四 月份　　(陰歷二、三月份)

陽	**4**	2	3	4	5	6	7	8	9	10	11	12	13	14	15	16	17	18	19	20	21	22	23	24	25	26	27	28	29	30	
陰	廿六	廿七	廿八	廿九	卅	**三**	二	三	四	五	六	七	八	九	十	十一	十二	十三	十四	十五	十六	十七	十八	十九	廿	廿一	廿二	廿三	廿四	廿五	
星	3	4	5	6	**日**	1	2	3	4	5	6	**日**	1	2	3	4	5	6	**日**	1	2	3	4	5	6	**日**	1	2	3	4	
干節	庚子	辛丑	壬寅	**淸明**	甲辰	乙巳	丙午	丁未	戊申	己酉	庚戌	辛亥	壬子	癸丑	甲寅	乙卯	丙辰	丁巳	**穀雨**	己未	庚申	辛酉	壬戌	癸亥	甲子	乙丑	丙寅	丁卯	戊辰	己巳	

陽歷 五 月份　　(陰歷三、四月份)

陽	**5**	2	3	4	5	6	7	8	9	10	11	12	13	14	15	16	17	18	19	20	21	22	23	24	25	26	27	28	29	30	31
陰	廿六	廿七	廿八	廿九	**四**	二	三	四	五	六	七	八	九	十	十一	十二	十三	十四	十五	十六	十七	十八	十九	廿	廿一	廿二	廿三	廿四	廿五	廿六	廿七
星	5	6	**日**	1	2	3	4	5	6	**日**	1	2	3	4	5	6	**日**	1	2	3	4	5	6	**日**	1	2	3	4	5	6	**日**
干節	庚午	辛未	壬申	癸酉	**立夏**	乙亥	丙子	丁丑	戊寅	己卯	庚辰	辛巳	壬午	癸未	甲申	乙酉	丙戌	丁亥	戊子	**小滿**	庚寅	辛卯	壬辰	癸巳	甲午	乙未	丙申	丁酉	戊戌	己亥	庚子

陽歷 六 月份　　(陰歷四、五月份)

陽	**6**	2	3	4	5	6	7	8	9	10	11	12	13	14	15	16	17	18	19	20	21	22	23	24	25	26	27	28	29	30	
陰	廿八	廿九	卅	**五**	二	三	四	五	六	七	八	九	十	十一	十二	十三	十四	十五	十六	十七	十八	十九	廿	廿一	廿二	廿三	廿四	廿五	廿六	廿七	
星	1	2	3	4	5	6	**日**	1	2	3	4	5	6	**日**	1	2	3	4	5	6	**日**	1	2	3	4	5	6	**日**	1	2	
干節	辛丑	壬寅	癸卯	甲辰	**芒種**	丙午	丁未	戊申	己酉	庚戌	辛亥	壬子	癸丑	甲寅	乙卯	丙辰	丁巳	戊午	己未	庚申	**夏至**	壬戌	癸亥	甲子	乙丑	丙寅	丁卯	戊辰	己巳	庚午	

癸酉

一六九三年

(清聖祖康熙三十二年)

陽歷 七 月份 (陰歷五、六月份)

陽	7	2	3	4	5	6	7	8	9	10	11	12	13	14	15	16	17	18	19	20	21	22	23	24	25	26	27	28	29	30	31
陰	廿八	廿九	六	二	三	四	五	六	七	八	九	十	十一	十二	十三	十四	十五	十六	十七	十八	十九	廿	廿一	廿二	廿三	廿四	廿五	廿六	廿七	廿八	廿九
星	3	4	5	6	日	1	2	3	4	5	6	日	1	2	3	4	5	6	日	1	2	3	4	5	6	日	1	2	3	4	5
干節	辛未	壬申	癸酉	甲戌	乙亥	小暑	丁丑	戊寅	己卯	庚辰	辛巳	壬午	癸未	甲申	乙酉	丙戌	丁亥	戊子	己丑	庚寅	辛卯	大暑	癸巳	甲午	乙未	丙申	丁酉	戊戌	己亥	庚子	辛丑

陽歷 八 月份 (陰歷六、七、八月份)

陽	8	2	3	4	5	6	7	8	9	10	11	12	13	14	15	16	17	18	19	20	21	22	23	24	25	26	27	28	29	30	31
陰	卅	七	二	三	四	五	六	七	八	九	十	十一	十二	十三	十四	十五	十六	十七	十八	十九	廿	廿一	廿二	廿三	廿四	廿五	廿六	廿七	廿八	廿九	八
星	6	日	1	2	3	4	5	6	日	1	2	3	4	5	6	日	1	2	3	4	5	6	日	1	2	3	4	5	6	日	1
干節	壬寅	癸卯	甲辰	乙巳	丙午	丁未	立秋	己酉	庚戌	辛亥	壬子	癸丑	甲寅	乙卯	丙辰	丁巳	戊午	己未	庚申	辛酉	壬戌	癸亥	處暑	乙丑	丙寅	丁卯	戊辰	己巳	庚午	辛未	壬申

陽歷 九 月份 (陰歷八、九月份)

陽	9	2	3	4	5	6	7	8	9	10	11	12	13	14	15	16	17	18	19	20	21	22	23	24	25	26	27	28	29	30	
陰	二	三	四	五	六	七	八	九	十	十一	十二	十三	十四	十五	十六	十七	十八	十九	廿	廿一	廿二	廿三	廿四	廿五	廿六	廿七	廿八	廿九	卅	九	
星	2	3	4	5	6	日	1	2	3	4	5	6	日	1	2	3	4	5	6	日	1	2	3	4	5	6	日	1	2	3	
干節	癸酉	甲戌	乙亥	丙子	丁丑	戊寅	白露	庚辰	辛巳	壬午	癸未	甲申	乙酉	丙戌	丁亥	戊子	己丑	庚寅	辛卯	壬辰	癸巳	秋分	乙未	丙申	丁酉	戊戌	己亥	庚子	辛丑	壬寅	

陽歷 十 月份 (陰歷九、十月份)

陽	10	2	3	4	5	6	7	8	9	10	11	12	13	14	15	16	17	18	19	20	21	22	23	24	25	26	27	28	29	30	31
陰	二	三	四	五	六	七	八	九	十	十一	十二	十三	十四	十五	十六	十七	十八	十九	廿	廿一	廿二	廿三	廿四	廿五	廿六	廿七	廿八	廿九	十	二	三
星	4	5	6	日	1	2	3	4	5	6	日	1	2	3	4	5	6	日	1	2	3	4	5	6	日	1	2	3	4	5	6
干節	癸卯	甲辰	乙巳	丙午	丁未	戊申	己酉	寒露	辛亥	壬子	癸丑	甲寅	乙卯	丙辰	丁巳	戊午	己未	庚申	辛酉	壬戌	癸亥	甲子	霜降	丙寅	丁卯	戊辰	己巳	庚午	辛未	壬申	癸酉

陽歷十一月份 (陰歷十、十一月份)

陽	11	2	3	4	5	6	7	8	9	10	11	12	13	14	15	16	17	18	19	20	21	22	23	24	25	26	27	28	29	30	
陰	四	五	六	七	八	九	十	十一	十二	十三	十四	十五	十六	十七	十八	十九	廿	廿一	廿二	廿三	廿四	廿五	廿六	廿七	廿八	廿九	十一	二	三	四	
星	日	1	2	3	4	5	6	日	1	2	3	4	5	6	日	1	2	3	4	5	6	日	1	2	3	4	5	6	日	1	
干節	甲戌	乙亥	丙子	丁丑	戊寅	己卯	立冬	辛巳	壬午	癸未	甲申	乙酉	丙戌	丁亥	戊子	己丑	庚寅	辛卯	壬辰	癸巳	小雪	乙未	丙申	丁酉	戊戌	己亥	庚子	辛丑	壬寅	癸卯	

陽歷十二月份 (陰歷十一、十二月份)

陽	12	2	3	4	5	6	7	8	9	10	11	12	13	14	15	16	17	18	19	20	21	22	23	24	25	26	27	28	29	30	31
陰	五	六	七	八	九	十	十一	十二	十三	十四	十五	十六	十七	十八	十九	廿	廿一	廿二	廿三	廿四	廿五	廿六	廿七	廿八	廿九	卅	十二	二	三	四	五
星	2	3	4	5	6	日	1	2	3	4	5	6	日	1	2	3	4	5	6	日	1	2	3	4	5	6	日	1	2	3	4
干節	甲辰	乙巳	丙午	丁未	戊申	大雪	庚戌	辛亥	壬子	癸丑	甲寅	乙卯	丙辰	丁巳	戊午	己未	庚申	辛酉	壬戌	癸亥	冬至	乙丑	丙寅	丁卯	戊辰	己巳	庚午	辛未	壬申	癸酉	甲戌

甲戌　一六九四年　（清聖祖康熙三十三年）

陽歷一月份（陰歷十二、正月份）

陽	1	2	3	4	5	6	7	8	9	10	11	12	13	14	15	16	17	18	19	20	21	22	23	24	25	26	27	28	29	30	31
陰	六	七	八	九	十	十一	十二	十三	十四	十五	十六	十七	十八	十九	廿	廿一	廿二	廿三	廿四	廿五	廿六	廿七	廿八	廿九	正	二	三	四	五	六	七
星	5	6	日	1	2	3	4	5	6	日	1	2	3	4	5	6	日	1	2	3	4	5	6	日	1	2	3	4	5	6	日
干節	乙亥	丙子	丁丑	戊寅	小寒	庚辰	辛巳	壬午	癸未	甲申	乙酉	丙戌	丁亥	戊子	己丑	庚寅	辛卯	壬辰	大寒	甲午	乙未	丙申	丁酉	戊戌	己亥	庚子	辛丑	壬寅	癸卯	甲辰	乙巳

陽歷二月份（陰歷正、二月份）

陽	1	2	3	4	5	6	7	8	9	10	11	12	13	14	15	16	17	18	19	20	21	22	23	24	25	26	27	28
陰	八	九	十	十一	十二	十三	十四	十五	十六	十七	十八	十九	廿	廿一	廿二	廿三	廿四	廿五	廿六	廿七	廿八	廿九	卅	二	二	三	四	五
星	1	2	3	4	5	6	日	1	2	3	4	5	6	日	1	2	3	4	5	6	日	1	2	3	4	5	6	日
干節	丙午	丁未	立春	己酉	庚戌	辛亥	壬子	癸丑	甲寅	乙卯	丙辰	丁巳	戊午	己未	庚申	辛酉	壬戌	雨水	甲子	乙丑	丙寅	丁卯	戊辰	己巳	庚午	辛未	壬申	癸酉

陽歷三月份（陰歷二、三月份）

陽	1	2	3	4	5	6	7	8	9	10	11	12	13	14	15	16	17	18	19	20	21	22	23	24	25	26	27	28	29	30	31
陰	六	七	八	九	十	十一	十二	十三	十四	十五	十六	十七	十八	十九	廿	廿一	廿二	廿三	廿四	廿五	廿六	廿七	廿八	廿九	卅	三	二	三	四	五	六
星	1	2	3	4	5	6	日	1	2	3	4	5	6	日	1	2	3	4	5	6	日	1	2	3	4	5	6	日	1	2	3
干節	甲戌	乙亥	丙子	丁丑	驚蟄	己卯	庚辰	辛巳	壬午	癸未	甲申	乙酉	丙戌	丁亥	戊子	己丑	庚寅	辛卯	壬辰	春分	甲午	乙未	丙申	丁酉	戊戌	己亥	庚子	辛丑	壬寅	癸卯	甲辰

陽歷四月份（陰歷三、四月份）

陽	1	2	3	4	5	6	7	8	9	10	11	12	13	14	15	16	17	18	19	20	21	22	23	24	25	26	27	28	29	30
陰	七	八	九	十	十一	十二	十三	十四	十五	十六	十七	十八	十九	廿	廿一	廿二	廿三	廿四	廿五	廿六	廿七	廿八	廿九	四	二	三	四	五	六	七
星	4	5	6	日	1	2	3	4	5	6	日	1	2	3	4	5	6	日	1	2	3	4	5	6	日	1	2	3	4	5
干節	乙巳	丙午	丁未	清明	己酉	庚戌	辛亥	壬子	癸丑	甲寅	乙卯	丙辰	丁巳	戊午	己未	庚申	辛酉	壬戌	穀雨	甲子	乙丑	丙寅	丁卯	戊辰	己巳	庚午	辛未	壬申	癸酉	甲戌

陽歷五月份（陰歷四、五月份）

陽	1	2	3	4	5	6	7	8	9	10	11	12	13	14	15	16	17	18	19	20	21	22	23	24	25	26	27	28	29	30	31
陰	八	九	十	十一	十二	十三	十四	十五	十六	十七	十八	十九	廿	廿一	廿二	廿三	廿四	廿五	廿六	廿七	廿八	廿九	卅	五	二	三	四	五	六	七	八
星	6	日	1	2	3	4	5	6	日	1	2	3	4	5	6	日	1	2	3	4	5	6	日	1	2	3	4	5	6	日	1
干節	乙亥	丙子	丁丑	戊寅	立夏	庚辰	辛巳	壬午	癸未	甲申	乙酉	丙戌	丁亥	戊子	己丑	庚寅	辛卯	壬辰	癸巳	小滿	乙未	丙申	丁酉	戊戌	己亥	庚子	辛丑	壬寅	癸卯	甲辰	乙巳

陽歷六月份（陰歷五、閏五月份）

陽	1	2	3	4	5	6	7	8	9	10	11	12	13	14	15	16	17	18	19	20	21	22	23	24	25	26	27	28	29	30
陰	九	十	十一	十二	十三	十四	十五	十六	十七	十八	十九	廿	廿一	廿二	廿三	廿四	廿五	廿六	廿七	廿八	廿九	閏	二	三	四	五	六	七	八	九
星	2	3	4	5	6	日	1	2	3	4	5	6	日	1	2	3	4	5	6	日	1	2	3	4	5	6	日	1	2	3
干節	丙午	丁未	戊申	己酉	芒種	辛亥	壬子	癸丑	甲寅	乙卯	丙辰	丁巳	戊午	己未	庚申	辛酉	壬戌	癸亥	甲子	乙丑	夏至	丁卯	戊辰	己巳	庚午	辛未	壬申	癸酉	甲戌	乙亥

甲戌

一六九四年

（清聖祖康熙三十三年）

陽歷七月份　（陰歷閏五、六月份）

陽	7	2	3	4	5	6	7	8	9	10	11	12	13	14	15	16	17	18	19	20	21	22	23	24	25	26	27	28	29	30	31
陰	十	十一	十二	十三	十四	十五	十六	十七	十八	十九	廿	廿一	廿二	廿三	廿四	廿五	廿六	廿七	廿八	廿九	卅	六	二	三	四	五	六	七	八	九	十
星	4	5	6	日	1	2	3	4	5	6	日	1	2	3	4	5	6	日	1	2	3	4	5	6	日	1	2	3	4	5	6
干節	丙子	丁丑	戊寅	己卯	庚辰	辛巳	小暑	癸未	甲申	乙酉	丙戌	丁亥	戊子	己丑	庚寅	辛卯	壬辰	癸巳	甲午	乙未	丙申	大暑	戊戌	己亥	庚子	辛丑	壬寅	癸卯	甲辰	乙巳	丙午

陽歷八月份　（陰歷六、七月份）

陽	8	2	3	4	5	6	7	8	9	10	11	12	13	14	15	16	17	18	19	20	21	22	23	24	25	26	27	28	29	30	31
陰	十一	十二	十三	十四	十五	十六	十七	十八	十九	廿	廿一	廿二	廿三	廿四	廿五	廿六	廿七	廿八	廿九	卅	七	二	三	四	五	六	七	八	九	十	十一
星	日	1	2	3	4	5	6	日	1	2	3	4	5	6	日	1	2	3	4	5	6	日	1	2	3	4	5	6	日	1	2
干節	丁未	戊申	己酉	庚戌	辛亥	壬子	立秋	甲寅	乙卯	丙辰	丁巳	戊午	己未	庚申	辛酉	壬戌	癸亥	甲子	乙丑	丙寅	丁卯	戊辰	處暑	庚午	辛未	壬申	癸酉	甲戌	乙亥	丙子	丁丑

陽歷九月份　（陰歷七、八月份）

陽	9	2	3	4	5	6	7	8	9	10	11	12	13	14	15	16	17	18	19	20	21	22	23	24	25	26	27	28	29	30
陰	十二	十三	十四	十五	十六	十七	十八	十九	廿	廿一	廿二	廿三	廿四	廿五	廿六	廿七	廿八	廿九	八	二	三	四	五	六	七	八	九	十	十一	十二
星	3	4	5	6	日	1	2	3	4	5	6	日	1	2	3	4	5	6	日	1	2	3	4	5	6	日	1	2	3	4
干節	戊寅	己卯	庚辰	辛巳	壬午	癸未	白露	乙酉	丙戌	丁亥	戊子	己丑	庚寅	辛卯	壬辰	癸巳	甲午	乙未	丙申	丁酉	戊戌	己亥	秋分	辛丑	壬寅	癸卯	甲辰	乙巳	丙午	丁未

陽歷十月份　（陰歷八、九月份）

陽	10	2	3	4	5	6	7	8	9	10	11	12	13	14	15	16	17	18	19	20	21	22	23	24	25	26	27	28	29	30	31
陰	十三	十四	十五	十六	十七	十八	十九	廿	廿一	廿二	廿三	廿四	廿五	廿六	廿七	廿八	廿九	卅	九	二	三	四	五	六	七	八	九	十	十一	十二	十三
星	5	6	日	1	2	3	4	5	6	日	1	2	3	4	5	6	日	1	2	3	4	5	6	日	1	2	3	4	5	6	日
干節	戊申	己酉	庚戌	辛亥	壬子	癸丑	甲寅	寒露	丙辰	丁巳	戊午	己未	庚申	辛酉	壬戌	癸亥	甲子	乙丑	丙寅	丁卯	戊辰	己巳	霜降	辛未	壬申	癸酉	甲戌	乙亥	丙子	丁丑	戊寅

陽歷十一月份　（陰歷九、十月份）

陽	11	2	3	4	5	6	7	8	9	10	11	12	13	14	15	16	17	18	19	20	21	22	23	24	25	26	27	28	29	30
陰	十四	十五	十六	十七	十八	十九	廿	廿一	廿二	廿三	廿四	廿五	廿六	廿七	廿八	廿九	十	二	三	四	五	六	七	八	九	十	十一	十二	十三	十四
星	1	2	3	4	5	6	日	1	2	3	4	5	6	日	1	2	3	4	5	6	日	1	2	3	4	5	6	日	1	2
干節	己卯	庚辰	辛巳	壬午	癸未	甲申	立冬	丙戌	丁亥	戊子	己丑	庚寅	辛卯	壬辰	癸巳	甲午	乙未	丙申	丁酉	戊戌	己亥	小雪	辛丑	壬寅	癸卯	甲辰	乙巳	丙午	丁未	戊申

陽歷十二月份　（陰歷十、十一月份）

陽	12	2	3	4	5	6	7	8	9	10	11	12	13	14	15	16	17	18	19	20	21	22	23	24	25	26	27	28	29	30	31
陰	十五	十六	十七	十八	十九	廿	廿一	廿二	廿三	廿四	廿五	廿六	廿七	廿八	廿九	卅	十一	二	三	四	五	六	七	八	九	十	十一	十二	十三	十四	十五
星	3	4	5	6	日	1	2	3	4	5	6	日	1	2	3	4	5	6	日	1	2	3	4	5	6	日	1	2	3	4	5
干節	己酉	庚戌	辛亥	壬子	癸丑	大雪	乙卯	丙辰	丁巳	戊午	己未	庚申	辛酉	壬戌	癸亥	甲子	乙丑	丙寅	丁卯	戊辰	冬至	庚午	辛未	壬申	癸酉	甲戌	乙亥	丙子	丁丑	戊寅	己卯

乙亥　一六九五年　（清聖祖康熙三四年）

陽歷　一　月份　（陰歷十一、十二月份）

陽	1	2	3	4	5	6	7	8	9	10	11	12	13	14	15	16	17	18	19	20	21	22	23	24	25	26	27	28	29	30	31
陰	十六	十七	十八	十九	廿	廿一	廿二	廿三	廿四	廿五	廿六	廿七	廿八	廿九	十二	二	三	四	五	六	七	八	九	十	十一	十二	十三	十四	十五	十六	十七
星	6	日	1	2	3	4	5	6	日	1	2	3	4	5	6	日	1	2	3	4	5	6	日	1	2	3	4	5	6	日	1
干節	庚辰	辛巳	壬午	癸未	小寒	乙酉	丙戌	丁亥	戊子	己丑	庚寅	辛卯	壬辰	癸巳	甲午	乙未	丙申	丁酉	大寒	己亥	庚子	辛丑	壬寅	癸卯	甲辰	乙巳	丙午	丁未	戊申	己酉	庚戌

陽歷　二　月份　（陰歷十二、正月份）

陽	2	2	3	4	5	6	7	8	9	10	11	12	13	14	15	16	17	18	19	20	21	22	23	24	25	26	27	28			
陰	十八	十九	廿	廿一	廿二	廿三	廿四	廿五	廿六	廿七	廿八	廿九	正	二	三	四	五	六	七	八	九	十	十一	十二	十三	十四	十五	十六			
星	2	3	4	5	6	日	1	2	3	4	5	6	日	1	2	3	4	5	6	日	1	2	3	4	5	6	日	1			
干節	辛亥	壬子	立春	甲寅	乙卯	丙辰	丁巳	戊午	己未	庚申	辛酉	壬戌	癸亥	甲子	乙丑	丙寅	丁卯	雨水	己巳	庚午	辛未	壬申	癸酉	甲戌	乙亥	丙子	丁丑	戊寅			

陽歷　三　月份　（陰歷正、二月份）

陽	3	2	3	4	5	6	7	8	9	10	11	12	13	14	15	16	17	18	19	20	21	22	23	24	25	26	27	28	29	30	31
陰	十七	十八	十九	廿	廿一	廿二	廿三	廿四	廿五	廿六	廿七	廿八	廿九	卅	二	二	三	四	五	六	七	八	九	十	十一	十二	十三	十四	十五	十六	十七
星	2	3	4	5	6	日	1	2	3	4	5	6	日	1	2	3	4	5	6	日	1	2	3	4	5	6	日	1	2	3	4
干節	己卯	庚辰	辛巳	壬午	驚蟄	甲申	乙酉	丙戌	丁亥	戊子	己丑	庚寅	辛卯	壬辰	癸巳	甲午	乙未	丙申	丁酉	春分	己亥	庚子	辛丑	壬寅	癸卯	甲辰	乙巳	丙午	丁未	戊申	己酉

陽歷　四　月份　（陰歷二、三月份）

陽	4	2	3	4	5	6	7	8	9	10	11	12	13	14	15	16	17	18	19	20	21	22	23	24	25	26	27	28	29	30	
陰	十八	十九	廿	廿一	廿二	廿三	廿四	廿五	廿六	廿七	廿八	廿九	三	二	三	四	五	六	七	八	九	十	十一	十二	十三	十四	十五	十六	十七	十八	
星	5	6	日	1	2	3	4	5	6	日	1	2	3	4	5	6	日	1	2	3	4	5	6	日	1	2	3	4	5	6	
干節	庚戌	辛亥	壬子	清明	甲寅	乙卯	丙辰	丁巳	戊午	己未	庚申	辛酉	壬戌	癸亥	甲子	乙丑	丙寅	丁卯	戊辰	穀雨	庚午	辛未	壬申	癸酉	甲戌	乙亥	丙子	丁丑	戊寅	己卯	

陽歷　五　月份　（陰歷三、四月份）

陽	5	2	3	4	5	6	7	8	9	10	11	12	13	14	15	16	17	18	19	20	21	22	23	24	25	26	27	28	29	30	31
陰	十九	廿	廿一	廿二	廿三	廿四	廿五	廿六	廿七	廿八	廿九	卅	四	二	三	四	五	六	七	八	九	十	十一	十二	十三	十四	十五	十六	十七	十八	十九
星	日	1	2	3	4	5	6	日	1	2	3	4	5	6	日	1	2	3	4	5	6	日	1	2	3	4	5	6	日	1	2
干節	庚辰	辛巳	壬午	癸未	立夏	乙酉	丙戌	丁亥	戊子	己丑	庚寅	辛卯	壬辰	癸巳	甲午	乙未	丙申	丁酉	戊戌	己亥	小滿	辛丑	壬寅	癸卯	甲辰	乙巳	丙午	丁未	戊申	己酉	庚戌

陽歷　六　月份　（陰歷四、五月份）

陽	6	2	3	4	5	6	7	8	9	10	11	12	13	14	15	16	17	18	19	20	21	22	23	24	25	26	27	28	29	30	
陰	廿	廿一	廿二	廿三	廿四	廿五	廿六	廿七	廿八	廿九	卅	五	二	三	四	五	六	七	八	九	十	十一	十二	十三	十四	十五	十六	十七	十八	十九	
星	3	4	5	6	日	1	2	3	4	5	6	日	1	2	3	4	5	6	日	1	2	3	4	5	6	日	1	2	3	4	
干節	辛亥	壬子	癸丑	甲寅	芒種	丙辰	丁巳	戊午	己未	庚申	辛酉	壬戌	癸亥	甲子	乙丑	丙寅	丁卯	戊辰	己巳	庚午	夏至	壬申	癸酉	甲戌	乙亥	丙子	丁丑	戊寅	己卯	庚辰	

乙亥　一六九五年　（清聖祖康熙三四年）

陽歷七月份　（陰歷五、六月份）

陽	7	2	3	4	5	6	7	8	9	10	11	12	13	14	15	16	17	18	19	20	21	22	23	24	25	26	27	28	29	30	31
陰	廿	廿一	廿二	廿三	廿四	廿五	廿六	廿七	廿八	廿九	六	二	三	四	五	六	七	八	九	十	十一	十二	十三	十四	十五	十六	十七	十八	十九	廿	廿一
星	5	6	日	1	2	3	4	5	6	日	1	2	3	4	5	6	日	1	2	3	4	5	6	日	1	2	3	4	5	6	日
干節	辛巳	壬午	癸未	甲申	乙酉	丙戌	小暑	戊子	己丑	庚寅	辛卯	壬辰	癸巳	甲午	乙未	丙申	丁酉	戊戌	己亥	庚子	辛丑	壬寅	大暑	甲辰	乙巳	丙午	丁未	戊申	己酉	庚戌	辛亥

陽歷八月份　（陰歷六、七月份）

陽	8	2	3	4	5	6	7	8	9	10	11	12	13	14	15	16	17	18	19	20	21	22	23	24	25	26	27	28	29	30	31
陰	廿二	廿三	廿四	廿五	廿六	廿七	廿八	廿九	卅	七	二	三	四	五	六	七	八	九	十	十一	十二	十三	十四	十五	十六	十七	十八	十九	廿	廿一	廿二
星	1	2	3	4	5	6	日	1	2	3	4	5	6	日	1	2	3	4	5	6	日	1	2	3	4	5	6	日	1	2	3
干節	壬子	癸丑	甲寅	乙卯	丙辰	丁巳	立秋	己未	庚申	辛酉	壬戌	癸亥	甲子	乙丑	丙寅	丁卯	戊辰	己巳	庚午	辛未	壬申	癸酉	處暑	乙亥	丙子	丁丑	戊寅	己卯	庚辰	辛巳	壬午

陽歷九月份　（陰歷七、八月份）

陽	9	2	3	4	5	6	7	8	9	10	11	12	13	14	15	16	17	18	19	20	21	22	23	24	25	26	27	28	29	30
陰	廿三	廿四	廿五	廿六	廿七	廿八	廿九	八	二	三	四	五	六	七	八	九	十	十一	十二	十三	十四	十五	十六	十七	十八	十九	廿	廿一	廿二	廿三
星	4	5	6	日	1	2	3	4	5	6	日	1	2	3	4	5	6	日	1	2	3	4	5	6	日	1	2	3	4	5
干節	癸未	甲申	乙酉	丙戌	丁亥	戊子	白露	庚寅	辛卯	壬辰	癸巳	甲午	乙未	丙申	丁酉	戊戌	己亥	庚子	辛丑	壬寅	癸卯	甲辰	秋分	丙午	丁未	戊申	己酉	庚戌	辛亥	壬子

陽歷十月份　（陰歷八、九月份）

陽	10	2	3	4	5	6	7	8	9	10	11	12	13	14	15	16	17	18	19	20	21	22	23	24	25	26	27	28	29	30	31
陰	廿四	廿五	廿六	廿七	廿八	廿九	卅	九	二	三	四	五	六	七	八	九	十	十一	十二	十三	十四	十五	十六	十七	十八	十九	廿	廿一	廿二	廿三	廿四
星	6	日	1	2	3	4	5	6	日	1	2	3	4	5	6	日	1	2	3	4	5	6	日	1	2	3	4	5	6	日	1
干節	癸丑	甲寅	乙卯	丙辰	丁巳	戊午	己未	寒露	辛酉	壬戌	癸亥	甲子	乙丑	丙寅	丁卯	戊辰	己巳	庚午	辛未	壬申	癸酉	甲戌	霜降	丙子	丁丑	戊寅	己卯	庚辰	辛巳	壬午	癸未

陽歷十一月份　（陰歷九、十月份）

陽	11	2	3	4	5	6	7	8	9	10	11	12	13	14	15	16	17	18	19	20	21	22	23	24	25	26	27	28	29	30
陰	廿五	廿六	廿七	廿八	廿九	卅	十	二	三	四	五	六	七	八	九	十	十一	十二	十三	十四	十五	十六	十七	十八	十九	廿	廿一	廿二	廿三	廿四
星	2	3	4	5	6	日	1	2	3	4	5	6	日	1	2	3	4	5	6	日	1	2	3	4	5	6	日	1	2	3
干節	甲申	乙酉	丙戌	丁亥	戊子	己丑	立冬	辛卯	壬辰	癸巳	甲午	乙未	丙申	丁酉	戊戌	己亥	庚子	辛丑	壬寅	癸卯	甲辰	小雪	丙午	丁未	戊申	己酉	庚戌	辛亥	壬子	癸丑

陽歷十二月份　（陰歷十、十一月份）

陽	12	2	3	4	5	6	7	8	9	10	11	12	13	14	15	16	17	18	19	20	21	22	23	24	25	26	27	28	29	30	31
陰	廿五	廿六	廿七	廿八	廿九	十一	二	三	四	五	六	七	八	九	十	十一	十二	十三	十四	十五	十六	十七	十八	十九	廿	廿一	廿二	廿三	廿四	廿五	廿六
星	4	5	6	日	1	2	3	4	5	6	日	1	2	3	4	5	6	日	1	2	3	4	5	6	日	1	2	3	4	5	6
干節	甲寅	乙卯	丙辰	丁巳	戊午	己未	大雪	辛酉	壬戌	癸亥	甲子	乙丑	丙寅	丁卯	戊辰	己巳	庚午	辛未	壬申	癸酉	冬至	乙亥	丙子	丁丑	戊寅	己卯	庚辰	辛巳	壬午	癸未	甲申

丙子 一六九六年 （清聖祖康熙三五年）

陽歷 一月份 （陰歷十一、十二月份）

陽	1	2	3	4	5	6	7	8	9	10	11	12	13	14	15	16	17	18	19	20	21	22	23	24	25	26	27	28	29	30	31
陰	廿七	廿八	廿九	卅	**十二**	二	三	四	五	六	七	八	九	十	十一	十二	十三	十四	十五	十六	十七	十八	十九	廿	廿一	廿二	廿三	廿四	廿五	廿六	廿七
星	日	1	2	3	4	5	6	日	1	2	3	4	5	6	日	1	2	3	4	5	6	日	1	2	3	4	5	6	日	1	2
干節	乙酉	丙戌	丁亥	戊子	**小寒**	庚寅	辛卯	壬辰	癸巳	甲午	乙未	丙申	丁酉	戊戌	己亥	庚子	辛丑	壬寅	癸卯	**大寒**	乙巳	丙午	丁未	戊申	己酉	庚戌	辛亥	壬子	癸丑	甲寅	乙卯

陽歷 二月份 （陰歷十二、正月份）

陽	2	2	3	4	5	6	7	8	9	10	11	12	13	14	15	16	17	18	19	20	21	22	23	24	25	26	27	28	29		
陰	廿八	廿九	**正**	二	三	四	五	六	七	八	九	十	十一	十二	十三	十四	十五	十六	十七	十八	十九	廿	廿一	廿二	廿三	廿四	廿五	廿六	廿七		
星	3	4	5	6	日	1	2	3	4	5	6	日	1	2	3	4	5	6	日	1	2	3	4	5	6	日	1	2	3		
干節	丙辰	丁巳	**立春**	己未	庚申	辛酉	壬戌	癸亥	甲子	乙丑	丙寅	丁卯	戊辰	己巳	庚午	辛未	壬申	**雨水**	甲戌	乙亥	丙子	丁丑	戊寅	己卯	庚辰	辛巳	壬午	癸未	甲申		

陽歷 三月份 （陰歷正、二月份）

陽	3	2	3	4	5	6	7	8	9	10	11	12	13	14	15	16	17	18	19	20	21	22	23	24	25	26	27	28	29	30	31
陰	廿八	廿九	**二**	二	三	四	五	六	七	八	九	十	十一	十二	十三	十四	十五	十六	十七	十八	十九	廿	廿一	廿二	廿三	廿四	廿五	廿六	廿七	廿八	廿九
星	4	5	6	日	1	2	3	4	5	6	日	1	2	3	4	5	6	日	1	2	3	4	5	6	日	1	2	3	4	5	6
干節	乙酉	丙戌	丁亥	**驚蟄**	己丑	庚寅	辛卯	壬辰	癸巳	甲午	乙未	丙申	丁酉	戊戌	己亥	庚子	辛丑	壬寅	**春分**	甲辰	乙巳	丙午	丁未	戊申	己酉	庚戌	辛亥	壬子	癸丑	甲寅	乙卯

陽歷 四月份 （陰歷二、三月份）

陽	4	2	3	4	5	6	7	8	9	10	11	12	13	14	15	16	17	18	19	20	21	22	23	24	25	26	27	28	29	30	
陰	卅	**三**	二	三	四	五	六	七	八	九	十	十一	十二	十三	十四	十五	十六	十七	十八	十九	廿	廿一	廿二	廿三	廿四	廿五	廿六	廿七	廿八	廿九	
星	日	1	2	3	4	5	6	日	1	2	3	4	5	6	日	1	2	3	4	5	6	日	1	2	3	4	5	6	日	1	
干節	丙辰	丁巳	戊午	**清明**	庚申	辛酉	壬戌	癸亥	甲子	乙丑	丙寅	丁卯	戊辰	己巳	庚午	辛未	壬申	癸酉	**穀雨**	乙亥	丙子	丁丑	戊寅	己卯	庚辰	辛巳	壬午	癸未	甲申	乙酉	

陽歷 五月份 （陰歷四、五月份）

陽	5	2	3	4	5	6	7	8	9	10	11	12	13	14	15	16	17	18	19	20	21	22	23	24	25	26	27	28	29	30	31
陰	**四**	二	三	四	五	六	七	八	九	十	十一	十二	十三	十四	十五	十六	十七	十八	十九	廿	廿一	廿二	廿三	廿四	廿五	廿六	廿七	廿八	廿九	卅	**五**
星	2	3	4	5	6	日	1	2	3	4	5	6	日	1	2	3	4	5	6	日	1	2	3	4	5	6	日	1	2	3	4
干節	丙戌	丁亥	戊子	**立夏**	庚寅	辛卯	壬辰	癸巳	甲午	乙未	丙申	丁酉	戊戌	己亥	庚子	辛丑	壬寅	癸卯	甲辰	**小滿**	丙午	丁未	戊申	己酉	庚戌	辛亥	壬子	癸丑	甲寅	乙卯	丙辰

陽歷 六月份 （陰歷五、六月份）

陽	6	2	3	4	5	6	7	8	9	10	11	12	13	14	15	16	17	18	19	20	21	22	23	24	25	26	27	28	29	30	
陰	二	三	四	五	六	七	八	九	十	十一	十二	十三	十四	十五	十六	十七	十八	十九	廿	廿一	廿二	廿三	廿四	廿五	廿六	廿七	廿八	廿九	**六**	二	
星	5	6	日	1	2	3	4	5	6	日	1	2	3	4	5	6	日	1	2	3	4	5	6	日	1	2	3	4	5	6	
干節	丁巳	戊午	己未	庚申	**芒種**	壬戌	癸亥	甲子	乙丑	丙寅	丁卯	戊辰	己巳	庚午	辛未	壬申	癸酉	甲戌	乙亥	**夏至**	丁丑	戊寅	己卯	庚辰	辛巳	壬午	癸未	甲申	乙酉	丙戌	

近世中西史日對照表

丙子

一六九六年

（清聖祖康熙三五年）

陽歷七月份　（陰歷六、七月份）

陽	7	2	3	4	5	6	7	8	9	10	11	12	13	14	15	16	17	18	19	20	21	22	23	24	25	26	27	28	29	30	31
陰	三	四	五	六	七	八	九	十	十一	十二	十三	十四	十五	十六	十七	十八	十九	廿	廿一	廿二	廿三	廿四	廿五	廿六	廿七	廿八	廿九	卅	七	二	三
星	日	1	2	3	4	5	6	日	1	2	3	4	5	6	日	1	2	3	4	5	6	日	1	2	3	4	5	6	日	1	2
干節	丁亥	戊子	己丑	庚寅	辛卯	小暑	癸巳	甲午	乙未	丙申	丁酉	戊戌	己亥	庚子	辛丑	壬寅	癸卯	甲辰	乙巳	丙午	丁未	大暑	己酉	庚戌	辛亥	壬子	癸丑	甲寅	乙卯	丙辰	丁巳

陽歷八月份　（陰歷七、八月份）

陽	8	2	3	4	5	6	7	8	9	10	11	12	13	14	15	16	17	18	19	20	21	22	23	24	25	26	27	28	29	30	31
陰	四	五	六	七	八	九	十	十一	十二	十三	十四	十五	十六	十七	十八	十九	廿	廿一	廿二	廿三	廿四	廿五	廿六	廿七	廿八	廿九	八	二	三	四	五
星	3	4	5	6	日	1	2	3	4	5	6	日	1	2	3	4	5	6	日	1	2	3	4	5	6	日	1	2	3	4	5
干節	戊午	己未	庚申	辛酉	壬戌	癸亥	立秋	乙丑	丙寅	丁卯	戊辰	己巳	庚午	辛未	壬申	癸酉	甲戌	乙亥	丙子	丁丑	戊寅	處暑	庚辰	辛巳	壬午	癸未	甲申	乙酉	丙戌	丁亥	戊子

陽歷九月份　（陰歷八、九月份）

陽	9	2	3	4	5	6	7	8	9	10	11	12	13	14	15	16	17	18	19	20	21	22	23	24	25	26	27	28	29	30
陰	六	七	八	九	十	十一	十二	十三	十四	十五	十六	十七	十八	十九	廿	廿一	廿二	廿三	廿四	廿五	廿六	廿七	廿八	廿九	卅	九	二	三	四	五
星	6	日	1	2	3	4	5	6	日	1	2	3	4	5	6	日	1	2	3	4	5	6	日	1	2	3	4	5	6	日
干節	己丑	庚寅	辛卯	壬辰	癸巳	甲午	白露	丙申	丁酉	戊戌	己亥	庚子	辛丑	壬寅	癸卯	甲辰	乙巳	丙午	丁未	戊申	己酉	秋分	辛亥	壬子	癸丑	甲寅	乙卯	丙辰	丁巳	戊午

陽歷十月份　（陰歷九、十月份）

陽	10	2	3	4	5	6	7	8	9	10	11	12	13	14	15	16	17	18	19	20	21	22	23	24	25	26	27	28	29	30	31
陰	六	七	八	九	十	十一	十二	十三	十四	十五	十六	十七	十八	十九	廿	廿一	廿二	廿三	廿四	廿五	廿六	廿七	廿八	廿九	卅	十	二	三	四	五	六
星	1	2	3	4	5	6	日	1	2	3	4	5	6	日	1	2	3	4	5	6	日	1	2	3	4	5	6	日	1	2	3
干節	己未	庚申	辛酉	壬戌	癸亥	甲子	寒露	丙寅	丁卯	戊辰	己巳	庚午	辛未	壬申	癸酉	甲戌	乙亥	丙子	丁丑	戊寅	己卯	霜降	辛巳	壬午	癸未	甲申	乙酉	丙戌	丁亥	戊子	己丑

陽歷十一月份　（陰歷十、十一月份）

陽	11	2	3	4	5	6	7	8	9	10	11	12	13	14	15	16	17	18	19	20	21	22	23	24	25	26	27	28	29	30
陰	七	八	九	十	十一	十二	十三	十四	十五	十六	十七	十八	十九	廿	廿一	廿二	廿三	廿四	廿五	廿六	廿七	廿八	廿九	卅	十一	二	三	四	五	六
星	4	5	6	日	1	2	3	4	5	6	日	1	2	3	4	5	6	日	1	2	3	4	5	6	日	1	2	3	4	5
干節	庚寅	辛卯	壬辰	癸巳	甲午	立冬	丙申	丁酉	戊戌	己亥	庚子	辛丑	壬寅	癸卯	甲辰	乙巳	丙午	丁未	戊申	己酉	小雪	辛亥	壬子	癸丑	甲寅	乙卯	丙辰	丁巳	戊午	己未

陽歷十二月份　（陰歷十一、十二月份）

陽	12	2	3	4	5	6	7	8	9	10	11	12	13	14	15	16	17	18	19	20	21	22	23	24	25	26	27	28	29	30	31
陰	七	八	九	十	十一	十二	十三	十四	十五	十六	十七	十八	十九	廿	廿一	廿二	廿三	廿四	廿五	廿六	廿七	廿八	廿九	十二	二	三	四	五	六	七	八
星	6	日	1	2	3	4	5	6	日	1	2	3	4	5	6	日	1	2	3	4	5	6	日	1	2	3	4	5	6	日	1
干節	庚申	辛酉	壬戌	癸亥	甲子	大雪	丙寅	丁卯	戊辰	己巳	庚午	辛未	壬申	癸酉	甲戌	乙亥	丙子	丁丑	戊寅	己卯	冬至	辛巳	壬午	癸未	甲申	乙酉	丙戌	丁亥	戊子	己丑	庚寅

近世中西史日對照表

丁丑 一六九七年 （清聖祖康熙三六年）

陽歷 一 月份 （陰歷十二、正月份）

陽	**1**	2	3	4	5	6	7	8	9	10	11	12	13	14	15	16	17	18	19	20	21	22	23	24	25	26	27	28	29	30	31
陰	九	十	十一	十二	十三	十四	十五	十六	十七	十八	十九	廿	廿一	廿二	廿三	廿四	廿五	廿六	廿七	廿八	廿九	卅	**正**	二	三	四	五	六	七	八	九
星	2	3	4	5	6	**日**	1	2	3	4	5	6	**日**	1	2	3	4	5	6	**日**	1	2	3	4	5	6	**日**	1	2	3	4
干節	辛卯	壬辰	癸巳	**小寒**	乙未	丙申	丁酉	戊戌	己亥	庚子	辛丑	壬寅	癸卯	甲辰	乙巳	丙午	丁未	戊申	**大寒**	庚戌	辛亥	壬子	癸丑	甲寅	乙卯	丙辰	丁巳	戊午	己未	庚申	辛酉

陽歷 二 月份 （陰歷正、二月份）

陽	**2**	2	3	4	5	6	7	8	9	10	11	12	13	14	15	16	17	18	19	20	21	22	23	24	25	26	27	28
陰	十	十一	十二	十三	十四	十五	十六	十七	十八	十九	廿	廿一	廿二	廿三	廿四	廿五	廿六	廿七	廿八	廿九	**二**	二	三	四	五	六	七	八
星	5	6	**日**	1	2	3	4	5	6	**日**	1	2	3	4	5	6	**日**	1	2	3	4	5	6	**日**	1	2	3	4
干節	壬戌	癸亥	**立春**	乙丑	丙寅	丁卯	戊辰	己巳	庚午	辛未	壬申	癸酉	甲戌	乙亥	丙子	丁丑	戊寅	**雨水**	庚辰	辛巳	壬午	癸未	甲申	乙酉	丙戌	丁亥	戊子	己丑

陽歷 三 月份 （陰歷二、三月份）

陽	**3**	2	3	4	5	6	7	8	9	10	11	12	13	14	15	16	17	18	19	20	21	22	23	24	25	26	27	28	29	30	31
陰	九	十	十一	十二	十三	十四	十五	十六	十七	十八	十九	廿	廿一	廿二	廿三	廿四	廿五	廿六	廿七	廿八	廿九	卅	**三**	二	三	四	五	六	七	八	九
星	5	6	**日**	1	2	3	4	5	6	**日**	1	2	3	4	5	6	**日**	1	2	3	4	5	6	**日**	1	2	3	4	5	6	**日**
干節	庚寅	辛卯	壬辰	**驚蟄**	甲午	乙未	丙申	丁酉	戊戌	己亥	庚子	辛丑	壬寅	癸卯	甲辰	乙巳	丙午	丁未	戊申	**春分**	庚戌	辛亥	壬子	癸丑	甲寅	乙卯	丙辰	丁巳	戊午	己未	庚申

陽歷 四 月份 （陰歷三、閏三月份）

陽	**4**	2	3	4	5	6	7	8	9	10	11	12	13	14	15	16	17	18	19	20	21	22	23	24	25	26	27	28	29	30
陰	十	十一	十二	十三	十四	十五	十六	十七	十八	十九	廿	廿一	廿二	廿三	廿四	廿五	廿六	廿七	廿八	廿九	**閏**	二	三	四	五	六	七	八	九	十
星	1	2	3	4	5	6	**日**	1	2	3	4	5	6	**日**	1	2	3	4	5	6	**日**	1	2	3	4	5	6	**日**	1	2
干節	辛酉	壬戌	癸亥	**清明**	乙丑	丙寅	丁卯	戊辰	己巳	庚午	辛未	壬申	癸酉	甲戌	乙亥	丙子	丁丑	戊寅	**穀雨**	庚辰	辛巳	壬午	癸未	甲申	乙酉	丙戌	丁亥	戊子	己丑	庚寅

陽歷 五 月份 （陰歷閏三、四月份）

陽	**5**	2	3	4	5	6	7	8	9	10	11	12	13	14	15	16	17	18	19	20	21	22	23	24	25	26	27	28	29	30	31
陰	十一	十二	十三	十四	十五	十六	十七	十八	十九	廿	廿一	廿二	廿三	廿四	廿五	廿六	廿七	廿八	廿九	**四**	二	三	四	五	六	七	八	九	十	十一	十二
星	3	4	5	6	**日**	1	2	3	4	5	6	**日**	1	2	3	4	5	6	**日**	1	2	3	4	5	6	**日**	1	2	3	4	5
干節	辛卯	壬辰	癸巳	甲午	**立夏**	丙申	丁酉	戊戌	己亥	庚子	辛丑	壬寅	癸卯	甲辰	乙巳	丙午	丁未	戊申	己酉	**小滿**	辛亥	壬子	癸丑	甲寅	乙卯	丙辰	丁巳	戊午	己未	庚申	辛酉

陽歷 六 月份 （陰歷四、五月份）

陽	**6**	2	3	4	5	6	7	8	9	10	11	12	13	14	15	16	17	18	19	20	21	22	23	24	25	26	27	28	29	30
陰	十三	十四	十五	十六	十七	十八	十九	廿	廿一	廿二	廿三	廿四	廿五	廿六	廿七	廿八	廿九	卅	**五**	二	三	四	五	六	七	八	九	十	十一	十二
星	6	**日**	1	2	3	4	5	6	**日**	1	2	3	4	5	6	**日**	1	2	3	4	5	6	**日**	1	2	3	4	5	6	**日**
干節	壬戌	癸亥	甲子	乙丑	**芒種**	丁卯	戊辰	己巳	庚午	辛未	壬申	癸酉	甲戌	乙亥	丙子	丁丑	戊寅	己卯	庚辰	辛巳	**夏至**	癸未	甲申	乙酉	丙戌	丁亥	戊子	己丑	庚寅	辛卯

丁丑

一六九七年

（清聖祖康熙三十六年）

陽曆七月份　（陰曆五、六、月份）

陽	7	2	3	4	5	6	7	8	9	10	11	12	13	14	15	16	17	18	19	20	21	22	23	24	25	26	27	28	29	30	31
陰	十三	十四	十五	十六	十七	十八	十九	廿	廿一	廿二	廿三	廿四	廿五	廿六	廿七	廿八	廿九	六	二	三	四	五	六	七	八	九	十	十一	十二	十三	十四
星	1	2	3	4	5	6	日	1	2	3	4	5	6	日	1	2	3	4	5	6	日	1	2	3	4	5	6	日	1	2	3
干節	壬辰	癸巳	甲午	乙未	丙申	小暑	戊戌	己亥	庚子	辛丑	壬寅	癸卯	甲辰	乙巳	丙午	丁未	戊申	己酉	庚戌	辛亥	壬子	大暑	甲寅	乙卯	丙辰	丁巳	戊午	己未	庚申	辛酉	壬戌

陽曆八月份　（陰曆六、七月份）

陽	8	2	3	4	5	6	7	8	9	10	11	12	13	14	15	16	17	18	19	20	21	22	23	24	25	26	27	28	29	30	31
陰	十五	十六	十七	十八	十九	廿	廿一	廿二	廿三	廿四	廿五	廿六	廿七	廿八	廿九	卅	七	二	三	四	五	六	七	八	九	十	十一	十二	十三	十四	十五
星	4	5	6	日	1	2	3	4	5	6	日	1	2	3	4	5	6	日	1	2	3	4	5	6	日	1	2	3	4	5	6
干節	癸亥	甲子	乙丑	丙寅	丁卯	戊辰	立秋	庚午	辛未	壬申	癸酉	甲戌	乙亥	丙子	丁丑	戊寅	己卯	庚辰	辛巳	壬午	癸未	處暑	乙酉	丙戌	丁亥	戊子	己丑	庚寅	辛卯	壬辰	癸巳

陽曆九月份　（陰曆七、八月份）

陽	9	2	3	4	5	6	7	8	9	10	11	12	13	14	15	16	17	18	19	20	21	22	23	24	25	26	27	28	29	30
陰	十六	十七	十八	十九	廿	廿一	廿二	廿三	廿四	廿五	廿六	廿七	廿八	廿九	八	二	三	四	五	六	七	八	九	十	十一	十二	十三	十四	十五	十六
星	日	1	2	3	4	5	6	日	1	2	3	4	5	6	日	1	2	3	4	5	6	日	1	2	3	4	5	6	日	1
干節	甲午	乙未	丙申	丁酉	戊戌	己亥	白露	辛丑	壬寅	癸卯	甲辰	乙巳	丙午	丁未	戊申	己酉	庚戌	辛亥	壬子	癸丑	甲寅	秋分	丙辰	丁巳	戊午	己未	庚申	辛酉	壬戌	癸亥

陽曆十月份　（陰曆八、九月份）

陽	10	2	3	4	5	6	7	8	9	10	11	12	13	14	15	16	17	18	19	20	21	22	23	24	25	26	27	28	29	30	31
陰	十七	十八	十九	廿	廿一	廿二	廿三	廿四	廿五	廿六	廿七	廿八	廿九	卅	九	二	三	四	五	六	七	八	九	十	十一	十二	十三	十四	十五	十六	十七
星	2	3	4	5	6	日	1	2	3	4	5	6	日	1	2	3	4	5	6	日	1	2	3	4	5	6	日	1	2	3	4
干節	甲子	乙丑	丙寅	丁卯	戊辰	己巳	庚午	寒露	壬申	癸酉	甲戌	乙亥	丙子	丁丑	戊寅	己卯	庚辰	辛巳	壬午	癸未	甲申	乙酉	霜降	丁亥	戊子	己丑	庚寅	辛卯	壬辰	癸巳	甲午

陽曆十一月份　（陰曆九、十月份）

陽	11	2	3	4	5	6	7	8	9	10	11	12	13	14	15	16	17	18	19	20	21	22	23	24	25	26	27	28	29	30
陰	十八	十九	廿	廿一	廿二	廿三	廿四	廿五	廿六	廿七	廿八	廿九	卅	十	二	三	四	五	六	七	八	九	十	十一	十二	十三	十四	十五	十六	十七
星	5	6	日	1	2	3	4	5	6	日	1	2	3	4	5	6	日	1	2	3	4	5	6	日	1	2	3	4	5	6
干節	乙未	丙申	丁酉	戊戌	己亥	庚子	立冬	壬寅	癸卯	甲辰	乙巳	丙午	丁未	戊申	己酉	庚戌	辛亥	壬子	癸丑	甲寅	小雪	丙辰	丁巳	戊午	己未	庚申	辛酉	壬戌	癸亥	甲子

陽曆十二月份　（陰曆十、十一月份）

陽	12	2	3	4	5	6	7	8	9	10	11	12	13	14	15	16	17	18	19	20	21	22	23	24	25	26	27	28	29	30	31
陰	十八	十九	廿	廿一	廿二	廿三	廿四	廿五	廿六	廿七	廿八	廿九	十一	二	三	四	五	六	七	八	九	十	十一	十二	十三	十四	十五	十六	十七	十八	十九
星	日	1	2	3	4	5	6	日	1	2	3	4	5	6	日	1	2	3	4	5	6	日	1	2	3	4	5	6	日	1	2
干節	乙丑	丙寅	丁卯	戊辰	己巳	大雪	辛未	壬申	癸酉	甲戌	乙亥	丙子	丁丑	戊寅	己卯	庚辰	辛巳	壬午	癸未	甲申	冬至	丙戌	丁亥	戊子	己丑	庚寅	辛卯	壬辰	癸巳	甲午	乙未

近世中西史日對照表

戊寅　一六九八年　（清聖祖康熙三七年）

陽歷　一　月份　（陰歷十一、十二月份）

陽	**1**	2	3	4	5	6	7	8	9	10	11	12	13	14	15	16	17	18	19	20	21	22	23	24	25	26	27	28	29	30	31
陰	廿	廿一	廿二	廿三	廿四	廿五	廿六	廿七	廿八	廿九	卅	**十二**	二	三	四	五	六	七	八	九	十	十一	十二	十三	十四	十五	十六	十七	十八	十九	廿
星	3	4	5	6	**日**	1	2	3	4	5	6	**日**	1	2	3	4	5	6	**日**	1	2	3	4	5	6	**日**	1	2	3	4	5
干節	丙申	丁酉	戊戌	**小寒**	庚子	辛丑	壬寅	癸卯	甲辰	乙巳	丙午	丁未	戊申	己酉	庚戌	辛亥	壬子	癸丑	**大寒**	乙卯	丙辰	丁巳	戊午	己未	庚申	辛酉	壬戌	癸亥	甲子	乙丑	丙寅

陽歷　二　月份　（陰歷十二、正月份）

陽	**2**	2	3	4	5	6	7	8	9	10	11	12	13	14	15	16	17	18	19	20	21	22	23	24	25	26	27	28			
陰	廿一	廿二	廿三	廿四	廿五	廿六	廿七	廿八	廿九	卅	**正**	二	三	四	五	六	七	八	九	十	十一	十二	十三	十四	十五	十六	十七	十八			
星	6	**日**	1	2	3	4	5	6	**日**	1	2	3	4	5	6	**日**	1	2	3	4	5	6	**日**	1	2	3	4	5			
干節	丁卯	戊辰	**立春**	庚午	辛未	壬申	癸酉	甲戌	乙亥	丙子	丁丑	戊寅	己卯	庚辰	辛巳	壬午	癸未	**雨水**	乙酉	丙戌	丁亥	戊子	己丑	庚寅	辛卯	壬辰	癸巳	甲午			

陽歷　三　月份　（陰歷正、二月份）

陽	**3**	2	3	4	5	6	7	8	9	10	11	12	13	14	15	16	17	18	19	20	21	22	23	24	25	26	27	28	29	30	31
陰	十九	廿	廿一	廿二	廿三	廿四	廿五	廿六	廿七	廿八	廿九	**二**	二	三	四	五	六	七	八	九	十	十一	十二	十三	十四	十五	十六	十七	十八	十九	廿
星	6	**日**	1	2	3	4	5	6	**日**	1	2	3	4	5	6	**日**	1	2	3	4	5	6	**日**	1	2	3	4	5	6	**日**	1
干節	乙未	丙申	丁酉	戊戌	**驚蟄**	庚子	辛丑	壬寅	癸卯	甲辰	乙巳	丙午	丁未	戊申	己酉	庚戌	辛亥	壬子	癸丑	**春分**	乙卯	丙辰	丁巳	戊午	己未	庚申	辛酉	壬戌	癸亥	甲子	乙丑

陽歷　四　月份　（陰歷二、三月份）

陽	**4**	2	3	4	5	6	7	8	9	10	11	12	13	14	15	16	17	18	19	20	21	22	23	24	25	26	27	28	29	30	
陰	廿一	廿二	廿三	廿四	廿五	廿六	廿七	廿八	廿九	卅	**三**	二	三	四	五	六	七	八	九	十	十一	十二	十三	十四	十五	十六	十七	十八	十九	廿	
星	2	3	4	5	6	**日**	1	2	3	4	5	6	**日**	1	2	3	4	5	6	**日**	1	2	3	4	5	6	**日**	1	2	3	
干節	丙寅	丁卯	戊辰	**清明**	庚午	辛未	壬申	癸酉	甲戌	乙亥	丙子	丁丑	戊寅	己卯	庚辰	辛巳	壬午	癸未	**穀雨**	乙酉	丙戌	丁亥	戊子	己丑	庚寅	辛卯	壬辰	癸巳	甲午	乙未	

陽歷　五　月份　（陰歷三、四月份）

陽	**5**	2	3	4	5	6	7	8	9	10	11	12	13	14	15	16	17	18	19	20	21	22	23	24	25	26	27	28	29	30	31
陰	廿一	廿二	廿三	廿四	廿五	廿六	廿七	廿八	廿九	**四**	二	三	四	五	六	七	八	九	十	十一	十二	十三	十四	十五	十六	十七	十八	十九	廿	廿一	廿二
星	4	5	6	**日**	1	2	3	4	5	6	**日**	1	2	3	4	5	6	**日**	1	2	3	4	5	6	**日**	1	2	3	4	5	6
干節	丙申	丁酉	戊戌	己亥	**立夏**	辛丑	壬寅	癸卯	甲辰	乙巳	丙午	丁未	戊申	己酉	庚戌	辛亥	壬子	癸丑	甲寅	**小滿**	丙辰	丁巳	戊午	己未	庚申	辛酉	壬戌	癸亥	甲子	乙丑	丙寅

陽歷　六　月份　（陰歷四、五月份）

陽	**6**	2	3	4	5	6	7	8	9	10	11	12	13	14	15	16	17	18	19	20	21	22	23	24	25	26	27	28	29	30	
陰	廿三	廿四	廿五	廿六	廿七	廿八	廿九	**五**	二	三	四	五	六	七	八	九	十	十一	十二	十三	十四	十五	十六	十七	十八	十九	廿	廿一	廿二	廿三	
星	**日**	1	2	3	4	5	6	**日**	1	2	3	4	5	6	**日**	1	2	3	4	5	6	**日**	1	2	3	4	5	6	**日**	1	
干節	丁卯	戊辰	己巳	庚午	**芒種**	壬申	癸酉	甲戌	乙亥	丙子	丁丑	戊寅	己卯	庚辰	辛巳	壬午	癸未	甲申	乙酉	丙戌	**夏至**	戊子	己丑	庚寅	辛卯	壬辰	癸巳	甲午	乙未	丙申	

戊寅　一六九八年　（清聖祖康熙三十七年）

陽歷七月份　（陰歷五、六月份）

陽	7	2	3	4	5	6	7	8	9	10	11	12	13	14	15	16	17	18	19	20	21	22	23	24	25	26	27	28	29	30	31
陰	廿四	廿五	廿六	廿七	廿八	廿九	卅	六	二	三	四	五	六	七	八	九	十	十一	十二	十三	十四	十五	十六	十七	十八	十九	廿	廿一	廿二	廿三	廿四
星	2	3	4	5	6	日	1	2	3	4	5	6	日	1	2	3	4	5	6	日	1	2	3	4	5	6	日	1	2	3	4
干節	丁酉	戊戌	己亥	庚子	辛丑	壬寅	小暑	甲辰	乙巳	丙午	丁未	戊申	己酉	庚戌	辛亥	壬子	癸丑	甲寅	乙卯	丙辰	丁巳	大暑	己未	庚申	辛酉	壬戌	癸亥	甲子	乙丑	丙寅	丁卯

陽歷八月份　（陰歷六、七月份）

陽	8	2	3	4	5	6	7	8	9	10	11	12	13	14	15	16	17	18	19	20	21	22	23	24	25	26	27	28	29	30	31
陰	廿五	廿六	廿七	廿八	廿九	七	二	三	四	五	六	七	八	九	十	十一	十二	十三	十四	十五	十六	十七	十八	十九	廿	廿一	廿二	廿三	廿四	廿五	廿六
星	5	6	日	1	2	3	4	5	6	日	1	2	3	4	5	6	日	1	2	3	4	5	6	日	1	2	3	4	5	6	日
干節	戊辰	己巳	庚午	辛未	壬申	癸酉	立秋	乙亥	丙子	丁丑	戊寅	己卯	庚辰	辛巳	壬午	癸未	甲申	乙酉	丙戌	丁亥	戊子	己丑	處暑	辛卯	壬辰	癸巳	甲午	乙未	丙申	丁酉	戊戌

陽歷九月份　（陰歷七、八月份）

陽	9	2	3	4	5	6	7	8	9	10	11	12	13	14	15	16	17	18	19	20	21	22	23	24	25	26	27	28	29	30
陰	廿七	廿八	廿九	八	二	三	四	五	六	七	八	九	十	十一	十二	十三	十四	十五	十六	十七	十八	十九	廿	廿一	廿二	廿三	廿四	廿五	廿六	廿七
星	1	2	3	4	5	6	日	1	2	3	4	5	6	日	1	2	3	4	5	6	日	1	2	3	4	5	6	日	1	2
干節	己亥	庚子	辛丑	壬寅	癸卯	甲辰	白露	丙午	丁未	戊申	己酉	庚戌	辛亥	壬子	癸丑	甲寅	乙卯	丙辰	丁巳	戊午	己未	庚申	秋分	壬戌	癸亥	甲子	乙丑	丙寅	丁卯	戊辰

陽歷十月份　（陰歷八、九月份）

陽	10	2	3	4	5	6	7	8	9	10	11	12	13	14	15	16	17	18	19	20	21	22	23	24	25	26	27	28	29	30	31
陰	廿八	廿九	卅	九	二	三	四	五	六	七	八	九	十	十一	十二	十三	十四	十五	十六	十七	十八	十九	廿	廿一	廿二	廿三	廿四	廿五	廿六	廿七	廿八
星	3	4	5	6	日	1	2	3	4	5	6	日	1	2	3	4	5	6	日	1	2	3	4	5	6	日	1	2	3	4	5
干節	己巳	庚午	辛未	壬申	癸酉	甲戌	乙亥	寒露	丁丑	戊寅	己卯	庚辰	辛巳	壬午	癸未	甲申	乙酉	丙戌	丁亥	戊子	己丑	庚寅	霜降	壬辰	癸巳	甲午	乙未	丙申	丁酉	戊戌	己亥

陽歷十一月份　（陰歷九、十月份）

陽	11	2	3	4	5	6	7	8	9	10	11	12	13	14	15	16	17	18	19	20	21	22	23	24	25	26	27	28	29	30
陰	廿九	卅	十	二	三	四	五	六	七	八	九	十	十一	十二	十三	十四	十五	十六	十七	十八	十九	廿	廿一	廿二	廿三	廿四	廿五	廿六	廿七	廿八
星	6	日	1	2	3	4	5	6	日	1	2	3	4	5	6	日	1	2	3	4	5	6	日	1	2	3	4	5	6	日
干節	庚子	辛丑	壬寅	癸卯	甲辰	乙巳	立冬	丁未	戊申	己酉	庚戌	辛亥	壬子	癸丑	甲寅	乙卯	丙辰	丁巳	戊午	己未	庚申	小雪	壬戌	癸亥	甲子	乙丑	丙寅	丁卯	戊辰	己巳

陽歷十二月份　（陰歷十、十一月份）

陽	12	2	3	4	5	6	7	8	9	10	11	12	13	14	15	16	17	18	19	20	21	22	23	24	25	26	27	28	29	30	31
陰	廿九	十一	二	三	四	五	六	七	八	九	十	十一	十二	十三	十四	十五	十六	十七	十八	十九	廿	廿一	廿二	廿三	廿四	廿五	廿六	廿七	廿八	廿九	卅
星	1	2	3	4	5	6	日	1	2	3	4	5	6	日	1	2	3	4	5	6	日	1	2	3	4	5	6	日	1	2	3
干節	庚午	辛未	壬申	癸酉	甲戌	大雪	丙子	丁丑	戊寅	己卯	庚辰	辛巳	壬午	癸未	甲申	乙酉	丙戌	丁亥	戊子	己丑	冬至	辛卯	壬辰	癸巳	甲午	乙未	丙申	丁酉	戊戌	己亥	庚子

近世中西史日對照表

陽歷 一 月份 （陰歷十二、正月份）

陽	**1**	2	3	4	5	6	7	8	9	10	11	12	13	14	15	16	17	18	19	20	21	22	23	24	25	26	27	28	29	30	31
陰	**十二**	二	三	四	五	六	七	八	九	十	十一	十二	十三	十四	十五	十六	十七	十八	十九	廿	廿一	廿二	廿三	廿四	廿五	廿六	廿七	廿八	廿九	卅	**正**
星	4	5	6	**日**	1	2	3	4	5	6	**日**	1	2	3	4	5	6	**日**	1	2	3	4	5	6	**日**	1	2	3	4	5	6
干節	辛丑	壬寅	癸卯	甲辰	**小寒**	丙午	丁未	戊申	己酉	庚戌	辛亥	壬子	癸丑	甲寅	乙卯	丙辰	丁巳	戊午	**大寒**	庚申	辛酉	壬戌	癸亥	甲子	乙丑	丙寅	丁卯	戊辰	己巳	庚午	辛未

陽歷 二 月份 （陰歷正月份）

陽	**2**	2	3	4	5	6	7	8	9	10	11	12	13	14	15	16	17	18	19	20	21	22	23	24	25	26	27	28			
陰	二	三	四	五	六	七	八	九	十	十一	十二	十三	十四	十五	十六	十七	十八	十九	廿	廿一	廿二	廿三	廿四	廿五	廿六	廿七	廿八	廿九	—	—	—
星	**日**	1	2	3	4	5	6	**日**	1	2	3	4	5	6	**日**	1	2	3	4	5	6	**日**	1	2	3	4	5	6			
干節	壬申	癸酉	**立春**	乙亥	丙子	丁丑	戊寅	己卯	庚辰	辛巳	壬午	癸未	甲申	乙酉	丙戌	丁亥	戊子	**雨水**	庚寅	辛卯	壬辰	癸巳	甲午	乙未	丙申	丁酉	戊戌	己亥			

陽歷 三 月份 （陰歷正、二、三月份）

陽	**3**	2	3	4	5	6	7	8	9	10	11	12	13	14	15	16	17	18	19	20	21	22	23	24	25	26	27	28	29	30	31
陰	卅	**二**	二	三	四	五	六	七	八	九	十	十一	十二	十三	十四	十五	十六	十七	十八	十九	廿	廿一	廿二	廿三	廿四	廿五	廿六	廿七	廿八	廿九	**三**
星	**日**	1	2	3	4	5	6	**日**	1	2	3	4	5	6	**日**	1	2	3	4	5	6	**日**	1	2	3	4	5	6	**日**	1	2
干節	庚子	辛丑	壬寅	癸卯	**驚蟄**	乙巳	丙午	丁未	戊申	己酉	庚戌	辛亥	壬子	癸丑	甲寅	乙卯	丙辰	丁巳	戊午	**春分**	庚申	辛酉	壬戌	癸亥	甲子	乙丑	丙寅	丁卯	戊辰	己巳	庚午

陽歷 四 月份 （陰歷三、四月份）

陽	**4**	2	3	4	5	6	7	8	9	10	11	12	13	14	15	16	17	18	19	20	21	22	23	24	25	26	27	28	29	30	
陰	二	三	四	五	六	七	八	九	十	十一	十二	十三	十四	十五	十六	十七	十八	十九	廿	廿一	廿二	廿三	廿四	廿五	廿六	廿七	廿八	廿九	卅	**四**	
星	3	4	5	6	**日**	1	2	3	4	5	6	**日**	1	2	3	4	5	6	**日**	1	2	3	4	5	6	**日**	1	2	3	4	
干節	辛未	壬申	癸酉	**清明**	乙亥	丙子	丁丑	戊寅	己卯	庚辰	辛巳	壬午	癸未	甲申	乙酉	丙戌	丁亥	戊子	己丑	**穀雨**	辛卯	壬辰	癸巳	甲午	乙未	丙申	丁酉	戊戌	己亥	庚子	

陽歷 五 月份 （陰歷四、五月份）

陽	**5**	2	3	4	5	6	7	8	9	10	11	12	13	14	15	16	17	18	19	20	21	22	23	24	25	26	27	28	29	30	31
陰	二	三	四	五	六	七	八	九	十	十一	十二	十三	十四	十五	十六	十七	十八	十九	廿	廿一	廿二	廿三	廿四	廿五	廿六	廿七	廿八	廿九	**五**	二	三
星	5	6	**日**	1	2	3	4	5	6	**日**	1	2	3	4	5	6	**日**	1	2	3	4	5	6	**日**	1	2	3	4	5	6	**日**
干節	辛丑	壬寅	癸卯	甲辰	**立夏**	丙午	丁未	戊申	己酉	庚戌	辛亥	壬子	癸丑	甲寅	乙卯	丙辰	丁巳	戊午	己未	庚申	**小滿**	壬戌	癸亥	甲子	乙丑	丙寅	丁卯	戊辰	己巳	庚午	辛未

陽歷 六 月份 （陰歷五、六月份）

陽	**6**	2	3	4	5	6	7	8	9	10	11	12	13	14	15	16	17	18	19	20	21	22	23	24	25	26	27	28	29	30	
陰	四	五	六	七	八	九	十	十一	十二	十三	十四	十五	十六	十七	十八	十九	廿	廿一	廿二	廿三	廿四	廿五	廿六	廿七	廿八	廿九	**六**	二	三	四	
星	1	2	3	4	5	6	**日**	1	2	3	4	5	6	**日**	1	2	3	4	5	6	**日**	1	2	3	4	5	6	**日**	1	2	
干節	壬申	癸酉	甲戌	乙亥	**芒種**	丁丑	戊寅	己卯	庚辰	辛巳	壬午	癸未	甲申	乙酉	丙戌	丁亥	戊子	己丑	庚寅	辛卯	**夏至**	癸巳	甲午	乙未	丙申	丁酉	戊戌	己亥	庚子	辛丑	

己卯

一六九九年

（清聖祖康熙三八年）

陽歷七月份　（陰歷六、七月份）

陽	7	2	3	4	5	6	7	8	9	10	11	12	13	14	15	16	17	18	19	20	21	22	23	24	25	26	27	28	29	30	31
陰	五	六	七	八	九	十	十一	十二	十三	十四	十五	十六	十七	十八	十九	廿	廿一	廿二	廿三	廿四	廿五	廿六	廿七	廿八	廿九	卅	七	二	三	四	五
星	3	4	5	6	日	1	2	3	4	5	6	日	1	2	3	4	5	6	日	1	2	3	4	5	6	日	1	2	3	4	5
干節	壬寅	癸卯	甲辰	乙巳	丙午	丁未	小暑	己酉	庚戌	辛亥	壬子	癸丑	甲寅	乙卯	丙辰	丁巳	戊午	己未	庚申	辛酉	壬戌	癸亥	大暑	乙丑	丙寅	丁卯	戊辰	己巳	庚午	辛未	壬申

陽歷八月份　（陰歷七、閏七月份）

陽	8	2	3	4	5	6	7	8	9	10	11	12	13	14	15	16	17	18	19	20	21	22	23	24	25	26	27	28	29	30	31
陰	六	七	八	九	十	十一	十二	十三	十四	十五	十六	十七	十八	十九	廿	廿一	廿二	廿三	廿四	廿五	廿六	廿七	廿八	廿九	閏	二	三	四	五	六	七
星	6	日	1	2	3	4	5	6	日	1	2	3	4	5	6	日	1	2	3	4	5	6	日	1	2	3	4	5	6	日	1
干節	癸酉	甲戌	乙亥	丙子	丁丑	戊寅	立秋	庚辰	辛巳	壬午	癸未	甲申	乙酉	丙戌	丁亥	戊子	己丑	庚寅	辛卯	壬辰	癸巳	甲午	處暑	丙申	丁酉	戊戌	己亥	庚子	辛丑	壬寅	癸卯

陽歷九月份　（陰歷閏七、八月份）

陽	9	2	3	4	5	6	7	8	9	10	11	12	13	14	15	16	17	18	19	20	21	22	23	24	25	26	27	28	29	30
陰	八	九	十	十一	十二	十三	十四	十五	十六	十七	十八	十九	廿	廿一	廿二	廿三	廿四	廿五	廿六	廿七	廿八	廿九	八	二	三	四	五	六	七	八
星	2	3	4	5	6	日	1	2	3	4	5	6	日	1	2	3	4	5	6	日	1	2	3	4	5	6	日	1	2	3
干節	甲辰	乙巳	丙午	丁未	戊申	己酉	白露	辛亥	壬子	癸丑	甲寅	乙卯	丙辰	丁巳	戊午	己未	庚申	辛酉	壬戌	癸亥	甲子	乙丑	秋分	丁卯	戊辰	己巳	庚午	辛未	壬申	癸酉

陽歷十月份　（陰歷八、九月份）

陽	10	2	3	4	5	6	7	8	9	10	11	12	13	14	15	16	17	18	19	20	21	22	23	24	25	26	27	28	29	30	31
陰	九	十	十一	十二	十三	十四	十五	十六	十七	十八	十九	廿	廿一	廿二	廿三	廿四	廿五	廿六	廿七	廿八	廿九	卅	九	二	三	四	五	六	七	八	九
星	4	5	6	日	1	2	3	4	5	6	日	1	2	3	4	5	6	日	1	2	3	4	5	6	日	1	2	3	4	5	6
干節	甲戌	乙亥	丙子	丁丑	戊寅	己卯	庚辰	寒露	壬午	癸未	甲申	乙酉	丙戌	丁亥	戊子	己丑	庚寅	辛卯	壬辰	癸巳	甲午	乙未	霜降	丁酉	戊戌	己亥	庚子	辛丑	壬寅	癸卯	甲辰

陽歷十一月份　（陰歷九、十月份）

陽	11	2	3	4	5	6	7	8	9	10	11	12	13	14	15	16	17	18	19	20	21	22	23	24	25	26	27	28	29	30
陰	十	十一	十二	十三	十四	十五	十六	十七	十八	十九	廿	廿一	廿二	廿三	廿四	廿五	廿六	廿七	廿八	廿九	十	二	三	四	五	六	七	八	九	十
星	日	1	2	3	4	5	6	日	1	2	3	4	5	6	日	1	2	3	4	5	6	日	1	2	3	4	5	6	日	1
干節	乙巳	丙午	丁未	戊申	己酉	庚戌	立冬	壬子	癸丑	甲寅	乙卯	丙辰	丁巳	戊午	己未	庚申	辛酉	壬戌	癸亥	甲子	乙丑	小雪	丁卯	戊辰	己巳	庚午	辛未	壬申	癸酉	甲戌

陽歷十二月份　（陰歷十、十一月份）

陽	12	2	3	4	5	6	7	8	9	10	11	12	13	14	15	16	17	18	19	20	21	22	23	24	25	26	27	28	29	30	31
陰	十一	十二	十三	十四	十五	十六	十七	十八	十九	廿	廿一	廿二	廿三	廿四	廿五	廿六	廿七	廿八	廿九	卅	十一	二	三	四	五	六	七	八	九	十	十一
星	2	3	4	5	6	日	1	2	3	4	5	6	日	1	2	3	4	5	6	日	1	2	3	4	5	6	日	1	2	3	4
干節	乙亥	丙子	丁丑	戊寅	己卯	庚辰	大雪	壬午	癸未	甲申	乙酉	丙戌	丁亥	戊子	己丑	庚寅	辛卯	壬辰	癸巳	甲午	冬至	丙申	丁酉	戊戌	己亥	庚子	辛丑	壬寅	癸卯	甲辰	乙巳

近世中西史日對照表

陽歷 一月份 （陰歷十一、十二月份）

陽	**1**	2	3	4	5	6	7	8	9	10	11	12	13	14	15	16	17	18	19	20	21	22	23	24	25	26	27	28	29	30	31
陰	十二	十三	十四	十五	十六	十七	十八	十九	廿	廿一	廿二	廿三	廿四	廿五	廿六	廿七	廿八	廿九	卅	**十二**	二	三	四	五	六	七	八	九	十	十一	十二
星	5	6	**日**	1	2	3	4	5	6	**日**	1	2	3	4	5	6	**日**	1	2	3	4	5	6	**日**	1	2	3	4	5	6	**日**
干節	丙午	丁未	戊申	己酉	**小寒**	辛亥	壬子	癸丑	甲寅	乙卯	丙辰	丁巳	戊午	己未	庚申	辛酉	壬戌	癸亥	甲子	**大寒**	丙寅	丁卯	戊辰	己巳	庚午	辛未	壬申	癸酉	甲戌	乙亥	丙子

陽歷 二月份 （陰歷十二、正月份）

陽	**2**	2	3	4	5	6	7	8	9	10	11	12	13	14	15	16	17	18	19	20	21	22	23	24	25	26	27	28			
陰	十三	十四	十五	十六	十七	十八	十九	廿	廿一	廿二	廿三	廿四	廿五	廿六	廿七	廿八	廿九	卅	**正**	二	三	四	五	六	七	八	九	十			
星	1	2	3	4	5	6	**日**	1	2	3	4	5	6	**日**	1	2	3	4	5	6	**日**	1	2	3	4	5	6	**日**			
干節	丁丑	戊寅	**立春**	庚辰	辛巳	壬午	癸未	甲申	乙酉	丙戌	丁亥	戊子	己丑	庚寅	辛卯	壬辰	癸巳	**雨水**	乙未	丙申	丁酉	戊戌	己亥	庚子	辛丑	壬寅	癸卯	甲辰			

陽歷 三月份 （陰歷正、二月份）

陽	**3**	2	3	4	5	6	7	8	9	10	11	12	13	14	15	16	17	18	19	20	21	22	23	24	25	26	27	28	29	30	31
陰	十一	十二	十三	十四	十五	十六	十七	十八	十九	廿	廿一	廿二	廿三	廿四	廿五	廿六	廿七	廿八	廿九	卅	**二**	二	三	四	五	六	七	八	九	十	十一
星	1	2	3	4	5	6	**日**	1	2	3	4	5	6	**日**	1	2	3	4	5	6	**日**	1	2	3	4	5	6	**日**	1	2	3
干節	乙巳	丙午	丁未	戊申	**驚蟄**	庚戌	辛亥	壬子	癸丑	甲寅	乙卯	丙辰	丁巳	戊午	己未	庚申	辛酉	壬戌	癸亥	**春分**	乙丑	丙寅	丁卯	戊辰	己巳	庚午	辛未	壬申	癸酉	甲戌	乙亥

陽歷 四月份 （陰歷二、三月份）

陽	**4**	2	3	4	5	6	7	8	9	10	11	12	13	14	15	16	17	18	19	20	21	22	23	24	25	26	27	28	29	30	
陰	十二	十三	十四	十五	十六	十七	十八	十九	廿	廿一	廿二	廿三	廿四	廿五	廿六	廿七	廿八	廿九	**三**	二	三	四	五	六	七	八	九	十	十一	十二	
星	4	5	6	**日**	1	2	3	4	5	6	**日**	1	2	3	4	5	6	**日**	1	2	3	4	5	6	**日**	1	2	3	4	5	
干節	丙子	丁丑	戊寅	**清明**	庚辰	辛巳	壬午	癸未	甲申	乙酉	丙戌	丁亥	戊子	己丑	庚寅	辛卯	壬辰	癸巳	甲午	**穀雨**	丙申	丁酉	戊戌	己亥	庚子	辛丑	壬寅	癸卯	甲辰	乙巳	

陽歷 五月份 （陰歷三、四月份）

陽	**5**	2	3	4	5	6	7	8	9	10	11	12	13	14	15	16	17	18	19	20	21	22	23	24	25	26	27	28	29	30	31
陰	十三	十四	十五	十六	十七	十八	十九	廿	廿一	廿二	廿三	廿四	廿五	廿六	廿七	廿八	廿九	卅	**四**	二	三	四	五	六	七	八	九	十	十一	十二	十三
星	6	**日**	1	2	3	4	5	6	**日**	1	2	3	4	5	6	**日**	1	2	3	4	5	6	**日**	1	2	3	4	5	6	**日**	1
干節	丙午	丁未	戊申	己酉	**立夏**	辛亥	壬子	癸丑	甲寅	乙卯	丙辰	丁巳	戊午	己未	庚申	辛酉	壬戌	癸亥	甲子	乙丑	**小滿**	丁卯	戊辰	己巳	庚午	辛未	壬申	癸酉	甲戌	乙亥	丙子

陽歷 六月份 （陰歷四、五月份）

陽	**6**	2	3	4	5	6	7	8	9	10	11	12	13	14	15	16	17	18	19	20	21	22	23	24	25	26	27	28	29	30	
陰	十四	十五	十六	十七	十八	十九	廿	廿一	廿二	廿三	廿四	廿五	廿六	廿七	廿八	廿九	**五**	二	三	四	五	六	七	八	九	十	十一	十二	十三	十四	
星	2	3	4	5	6	**日**	1	2	3	4	5	6	**日**	1	2	3	4	5	6	**日**	1	2	3	4	5	6	**日**	1	2	3	
干節	丁丑	戊寅	己卯	庚辰	辛巳	**芒種**	癸未	甲申	乙酉	丙戌	丁亥	戊子	己丑	庚寅	辛卯	壬辰	癸巳	甲午	乙未	丙申	**夏至**	戊戌	己亥	庚子	辛丑	壬寅	癸卯	甲辰	乙巳	丙午	

（註二一）太陽新曆，本年不閏。

庚辰

一七〇〇年

（清聖祖康熙三九年）

陽歷七月份　（陰歷五、六月份）

陽	**7**	2	3	4	5	6	7	8	9	10	11	12	13	14	15	16	17	18	19	20	21	22	23	24	25	26	27	28	29	30	31
陰	十五	十六	十七	十八	十九	廿	廿一	廿二	廿三	廿四	廿五	廿六	廿七	廿八	廿九	**六**	二	三	四	五	六	七	八	九	十	十一	十二	十三	十四	十五	十六
星	4	5	6	**日**	1	2	3	4	5	6	**日**	1	2	3	4	5	6	**日**	1	2	3	4	5	6	**日**	1	2	3	4	5	6
干節	丁未	戊申	己酉	庚戌	辛亥	壬子	**小暑**	甲寅	乙卯	丙辰	丁巳	戊午	己未	庚申	辛酉	壬戌	癸亥	甲子	乙丑	丙寅	丁卯	戊辰	**大暑**	庚午	辛未	壬申	癸酉	甲戌	乙亥	丙子	丁丑

陽歷八月份　（陰歷六、七月份）

陽	**8**	2	3	4	5	6	7	8	9	10	11	12	13	14	15	16	17	18	19	20	21	22	23	24	25	26	27	28	29	30	31
陰	十七	十八	十九	廿	廿一	廿二	廿三	廿四	廿五	廿六	廿七	廿八	廿九	卅	**七**	二	三	四	五	六	七	八	九	十	十一	十二	十三	十四	十五	十六	十七
星	**日**	1	2	3	4	5	6	**日**	1	2	3	4	5	6	**日**	1	2	3	4	5	6	**日**	1	2	3	4	5	6	**日**	1	2
干節	戊寅	己卯	庚辰	辛巳	壬午	癸未	甲申	**立秋**	丙戌	丁亥	戊子	己丑	庚寅	辛卯	壬辰	癸巳	甲午	乙未	丙申	丁酉	戊戌	己亥	**處暑**	辛丑	壬寅	癸卯	甲辰	乙巳	丙午	丁未	戊申

陽歷九月份　（陰歷七、八月份）

陽	**9**	2	3	4	5	6	7	8	9	10	11	12	13	14	15	16	17	18	19	20	21	22	23	24	25	26	27	28	29	30
陰	十八	十九	廿	廿一	廿二	廿三	廿四	廿五	廿六	廿七	廿八	廿九	**八**	二	三	四	五	六	七	八	九	十	十一	十二	十三	十四	十五	十六	十七	十八
星	3	4	5	6	**日**	1	2	3	4	5	6	**日**	1	2	3	4	5	6	**日**	1	2	3	4	5	6	**日**	1	2	3	4
干節	己酉	庚戌	辛亥	壬子	癸丑	甲寅	乙卯	**白露**	丁巳	戊午	己未	庚申	辛酉	壬戌	癸亥	甲子	乙丑	丙寅	丁卯	戊辰	己巳	庚午	**秋分**	壬申	癸酉	甲戌	乙亥	丙子	丁丑	戊寅

陽歷十月份　（陰歷八、九月份）

陽	**10**	2	3	4	5	6	7	8	9	10	11	12	13	14	15	16	17	18	19	20	21	22	23	24	25	26	27	28	29	30	31
陰	十九	廿	廿一	廿二	廿三	廿四	廿五	廿六	廿七	廿八	廿九	**九**	二	三	四	五	六	七	八	九	十	十一	十二	十三	十四	十五	十六	十七	十八	十九	廿
星	5	6	**日**	1	2	3	4	5	6	**日**	1	2	3	4	5	6	**日**	1	2	3	4	5	6	**日**	1	2	3	4	5	6	**日**
干節	己卯	庚辰	辛巳	壬午	癸未	甲申	乙酉	**寒露**	丁亥	戊子	己丑	庚寅	辛卯	壬辰	癸巳	甲午	乙未	丙申	丁酉	戊戌	己亥	庚子	**霜降**	壬寅	癸卯	甲辰	乙巳	丙午	丁未	戊申	己酉

陽歷十一月份　（陰歷九、十月份）

陽	**11**	2	3	4	5	6	7	8	9	10	11	12	13	14	15	16	17	18	19	20	21	22	23	24	25	26	27	28	29	30
陰	廿一	廿二	廿三	廿四	廿五	廿六	廿七	廿八	廿九	卅	**十**	二	三	四	五	六	七	八	九	十	十一	十二	十三	十四	十五	十六	十七	十八	十九	廿
星	1	2	3	4	5	6	**日**	1	2	3	4	5	6	**日**	1	2	3	4	5	6	**日**	1	2	3	4	5	6	**日**	1	2
干節	庚戌	辛亥	壬子	癸丑	甲寅	乙卯	**立冬**	丁巳	戊午	己未	庚申	辛酉	壬戌	癸亥	甲子	乙丑	丙寅	丁卯	戊辰	己巳	庚午	**小雪**	壬申	癸酉	甲戌	乙亥	丙子	丁丑	戊寅	己卯

陽歷十二月份　（陰歷十、十一月份）

陽	**12**	2	3	4	5	6	7	8	9	10	11	12	13	14	15	16	17	18	19	20	21	22	23	24	25	26	27	28	29	30	31
陰	廿一	廿二	廿三	廿四	廿五	廿六	廿七	廿八	廿九	**十一**	二	三	四	五	六	七	八	九	十	十一	十二	十三	十四	十五	十六	十七	十八	十九	廿	廿一	廿二
星	3	4	5	6	**日**	1	2	3	4	5	6	**日**	1	2	3	4	5	6	**日**	1	2	3	4	5	6	**日**	1	2	3	4	5
干節	庚辰	辛巳	壬午	癸未	甲申	乙酉	**大雪**	丁亥	戊子	己丑	庚寅	辛卯	壬辰	癸巳	甲午	乙未	丙申	丁酉	戊戌	己亥	庚子	**冬至**	壬寅	癸卯	甲辰	乙巳	丙午	丁未	戊申	己酉	庚戌

近世中西史日對照表

辛巳

一七〇一年

（清聖祖康熙四〇年）

陽歷 一 月份　（陰歷十一、十二月份）

陽	**1**	2	3	4	5	6	7	8	9	10	11	12	13	14	15	16	17	18	19	20	21	22	23	24	25	26	27	28	29	30	31
陰	廿三	廿四	廿五	廿六	廿七	廿八	廿九	卅	**十二**	二	三	四	五	六	七	八	九	十	十一	十二	十三	十四	十五	十六	十七	十八	十九	廿	廿一	廿二	廿三
星	6	**日**	1	2	3	4	5	6	**日**	1	2	3	4	5	6	**日**	1	2	3	4	5	6	**日**	1	2	3	4	5	6	**日**	1
干節	辛亥	壬子	癸丑	甲寅	**小寒**	丙辰	丁巳	戊午	己未	庚申	辛酉	壬戌	癸亥	甲子	乙丑	丙寅	丁卯	戊辰	己巳	**大寒**	辛未	壬申	癸酉	甲戌	乙亥	丙子	丁丑	戊寅	己卯	庚辰	辛巳

陽歷 二 月份　（陰歷十二、正月份）

陽	**2**	2	3	4	5	6	7	8	9	10	11	12	13	14	15	16	17	18	19	20	21	22	23	24	25	26	27	28			
陰	廿四	廿五	廿六	廿七	廿八	廿九	卅	**正**	二	三	四	五	六	七	八	九	十	十一	十二	十三	十四	十五	十六	十七	十八	十九	廿	廿一			
星	2	3	4	5	6	**日**	1	2	3	4	5	6	**日**	1	2	3	4	5	6	**日**	1	2	3	4	5	6	**日**	1			
干節	壬午	癸未	甲申	**立春**	丙戌	丁亥	戊子	己丑	庚寅	辛卯	壬辰	癸巳	甲午	乙未	丙申	丁酉	戊戌	己亥	**雨水**	辛丑	壬寅	癸卯	甲辰	乙巳	丙午	丁未	戊申	己酉			

陽歷 三 月份　（陰歷正、二月份）

陽	**3**	2	3	4	5	6	7	8	9	10	11	12	13	14	15	16	17	18	19	20	21	22	23	24	25	26	27	28	29	30	31
陰	廿二	廿三	廿四	廿五	廿六	廿七	廿八	廿九	卅	**二**	二	三	四	五	六	七	八	九	十	十一	十二	十三	十四	十五	十六	十七	十八	十九	廿	廿一	廿二
星	2	3	4	5	6	**日**	1	2	3	4	5	6	**日**	1	2	3	4	5	6	**日**	1	2	3	4	5	6	**日**	1	2	3	4
干節	庚戌	辛亥	壬子	癸丑	**驚蟄**	乙卯	丙辰	丁巳	戊午	己未	庚申	辛酉	壬戌	癸亥	甲子	乙丑	丙寅	丁卯	戊辰	己巳	**春分**	辛未	壬申	癸酉	甲戌	乙亥	丙子	丁丑	戊寅	己卯	庚辰

陽歷 四 月份　（陰歷二、三月份）

陽	**4**	2	3	4	5	6	7	8	9	10	11	12	13	14	15	16	17	18	19	20	21	22	23	24	25	26	27	28	29	30	
陰	廿三	廿四	廿五	廿六	廿七	廿八	廿九	**三**	二	三	四	五	六	七	八	九	十	十一	十二	十三	十四	十五	十六	十七	十八	十九	廿	廿一	廿二	廿三	
星	5	6	**日**	1	2	3	4	5	6	**日**	1	2	3	4	5	6	**日**	1	2	3	4	5	6	**日**	1	2	3	4	5	6	
干節	辛巳	壬午	癸未	甲申	**清明**	丙戌	丁亥	戊子	己丑	庚寅	辛卯	壬辰	癸巳	甲午	乙未	丙申	丁酉	戊戌	己亥	**穀雨**	辛丑	壬寅	癸卯	甲辰	乙巳	丙午	丁未	戊申	己酉	庚戌	

陽歷 五 月份　（陰歷三、四月份）

陽	**5**	2	3	4	5	6	7	8	9	10	11	12	13	14	15	16	17	18	19	20	21	22	23	24	25	26	27	28	29	30	31
陰	廿四	廿五	廿六	廿七	廿八	廿九	卅	**四**	二	三	四	五	六	七	八	九	十	十一	十二	十三	十四	十五	十六	十七	十八	十九	廿	廿一	廿二	廿三	廿四
星	**日**	1	2	3	4	5	6	**日**	1	2	3	4	5	6	**日**	1	2	3	4	5	6	**日**	1	2	3	4	5	6	**日**	1	2
干節	辛亥	壬子	癸丑	甲寅	乙卯	**立夏**	丁巳	戊午	己未	庚申	辛酉	壬戌	癸亥	甲子	乙丑	丙寅	丁卯	戊辰	己巳	庚午	**小滿**	壬申	癸酉	甲戌	乙亥	丙子	丁丑	戊寅	己卯	庚辰	辛巳

陽歷 六 月份　（陰歷四、五月份）

陽	**6**	2	3	4	5	6	7	8	9	10	11	12	13	14	15	16	17	18	19	20	21	22	23	24	25	26	27	28	29	30	
陰	廿五	廿六	廿七	廿八	廿九	**五**	二	三	四	五	六	七	八	九	十	十一	十二	十三	十四	十五	十六	十七	十八	十九	廿	廿一	廿二	廿三	廿四	廿五	
星	3	4	5	6	**日**	1	2	3	4	5	6	**日**	1	2	3	4	5	6	**日**	1	2	3	4	5	6	**日**	1	2	3	4	
干節	壬午	癸未	甲申	乙酉	丙戌	**芒種**	戊子	己丑	庚寅	辛卯	壬辰	癸巳	甲午	乙未	丙申	丁酉	戊戌	己亥	庚子	辛丑	壬寅	**夏至**	甲辰	乙巳	丙午	丁未	戊申	己酉	庚戌	辛亥	

辛巳

一七〇一年

（清聖祖康熙四〇年）

陽歷七月份　（陰歷五、六月份）

陽	7	2	3	4	5	6	7	8	9	10	11	12	13	14	15	16	17	18	19	20	21	22	23	24	25	26	27	28	29	30	31
陰	廿六	廿七	廿八	廿九	卅	六	二	三	四	五	六	七	八	九	十	十一	十二	十三	十四	十五	十六	十七	十八	十九	廿	廿一	廿二	廿三	廿四	廿五	廿六
星	5	6	日	1	2	3	4	5	6	日	1	2	3	4	5	6	日	1	2	3	4	5	6	日	1	2	3	4	5	6	日
干節	壬子	癸丑	甲寅	乙卯	丙辰	丁巳	小暑	己未	庚申	辛酉	壬戌	癸亥	甲子	乙丑	丙寅	丁卯	戊辰	己巳	庚午	辛未	壬申	癸酉	大暑	乙亥	丙子	丁丑	戊寅	己卯	庚辰	辛巳	壬午

陽歷八月份　（陰歷六、七月份）

陽	8	2	3	4	5	6	7	8	9	10	11	12	13	14	15	16	17	18	19	20	21	22	23	24	25	26	27	28	29	30	31
陰	廿七	廿八	廿九	七	二	三	四	五	六	七	八	九	十	十一	十二	十三	十四	十五	十六	十七	十八	十九	廿	廿一	廿二	廿三	廿四	廿五	廿六	廿七	廿八
星	1	2	3	4	5	6	日	1	2	3	4	5	6	日	1	2	3	4	5	6	日	1	2	3	4	5	6	日	1	2	3
干節	癸未	甲申	乙酉	丙戌	丁亥	戊子	己丑	立秋	辛卯	壬辰	癸巳	甲午	乙未	丙申	丁酉	戊戌	己亥	庚子	辛丑	壬寅	癸卯	甲辰	處暑	丙午	丁未	戊申	己酉	庚戌	辛亥	壬子	癸丑

陽歷九月份　（陰歷七、八月份）

陽	9	2	3	4	5	6	7	8	9	10	11	12	13	14	15	16	17	18	19	20	21	22	23	24	25	26	27	28	29	30	
陰	廿九	卅	八	二	三	四	五	六	七	八	九	十	十一	十二	十三	十四	十五	十六	十七	十八	十九	廿	廿一	廿二	廿三	廿四	廿五	廿六	廿七	廿八	
星	4	5	6	日	1	2	3	4	5	6	日	1	2	3	4	5	6	日	1	2	3	4	5	6	日	1	2	3	4	5	
干節	甲寅	乙卯	丙辰	丁巳	戊午	己未	庚申	白露	壬戌	癸亥	甲子	乙丑	丙寅	丁卯	戊辰	己巳	庚午	辛未	壬申	癸酉	甲戌	乙亥	秋分	丁丑	戊寅	己卯	庚辰	辛巳	壬午	癸未	

陽歷十月份　（陰歷八、九、十月份）

陽	10	2	3	4	5	6	7	8	9	10	11	12	13	14	15	16	17	18	19	20	21	22	23	24	25	26	27	28	29	30	31
陰	廿九	九	二	三	四	五	六	七	八	九	十	十一	十二	十三	十四	十五	十六	十七	十八	十九	廿	廿一	廿二	廿三	廿四	廿五	廿六	廿七	廿八	廿九	十
星	6	日	1	2	3	4	5	6	日	1	2	3	4	5	6	日	1	2	3	4	5	6	日	1	2	3	4	5	6	日	1
干節	甲申	乙酉	丙戌	丁亥	戊子	己丑	庚寅	寒露	壬辰	癸巳	甲午	乙未	丙申	丁酉	戊戌	己亥	庚子	辛丑	壬寅	癸卯	甲辰	乙巳	霜降	丁未	戊申	己酉	庚戌	辛亥	壬子	癸丑	甲寅

陽歷十一月份　（陰歷十、十一月份）

陽	11	2	3	4	5	6	7	8	9	10	11	12	13	14	15	16	17	18	19	20	21	22	23	24	25	26	27	28	29	30	
陰	二	三	四	五	六	七	八	九	十	十一	十二	十三	十四	十五	十六	十七	十八	十九	廿	廿一	廿二	廿三	廿四	廿五	廿六	廿七	廿八	廿九	卅	十一	
星	2	3	4	5	6	日	1	2	3	4	5	6	日	1	2	3	4	5	6	日	1	2	3	4	5	6	日	1	2	3	
干節	乙卯	丙辰	丁巳	戊午	己未	庚申	辛酉	立冬	癸亥	甲子	乙丑	丙寅	丁卯	戊辰	己巳	庚午	辛未	壬申	癸酉	甲戌	乙亥	小雪	丁丑	戊寅	己卯	庚辰	辛巳	壬午	癸未	甲申	

陽歷十二月份　（陰歷一十、十二月份）

陽	12	2	3	4	5	6	7	8	9	10	11	12	13	14	15	16	17	18	19	20	21	22	23	24	25	26	27	28	29	30	31
陰	二	三	四	五	六	七	八	九	十	十一	十二	十三	十四	十五	十六	十七	十八	十九	廿	廿一	廿二	廿三	廿四	廿五	廿六	廿七	廿八	廿九	十二	二	三
星	4	5	6	日	1	2	3	4	5	6	日	1	2	3	4	5	6	日	1	2	3	4	5	6	日	1	2	3	4	5	6
干節	乙酉	丙戌	丁亥	戊子	己丑	庚寅	大雪	壬辰	癸巳	甲午	乙未	丙申	丁酉	戊戌	己亥	庚子	辛丑	壬寅	癸卯	甲辰	乙巳	冬至	丁未	戊申	己酉	庚戌	辛亥	壬子	癸丑	甲寅	乙卯

陽歷 一 月份 (陰歷十二、正月份)

陽	1	2	3	4	5	6	7	8	9	10	11	12	13	14	15	16	17	18	19	20	21	22	23	24	25	26	27	28	29	30	31
陰	四	五	六	七	八	九	十	十一	十二	十三	十四	十五	十六	十七	十八	十九	廿	廿一	廿二	廿三	廿四	廿五	廿六	廿七	廿八	廿九	卅	正	二	三	四
星	日	1	2	3	4	5	6	日	1	2	3	4	5	6	日	1	2	3	4	5	6	日	1	2	3	4	5	6	日	1	2
干節	丙辰	丁巳	戊午	己未	小寒	辛酉	壬戌	癸亥	甲子	乙丑	丙寅	丁卯	戊辰	己巳	庚午	辛未	壬申	癸酉	甲戌	大寒	丙子	丁丑	戊寅	己卯	庚辰	辛巳	壬午	癸未	甲申	乙酉	丙戌

陽歷 二 月份 (陰歷正、二月份)

陽	1	2	3	4	5	6	7	8	9	10	11	12	13	14	15	16	17	18	19	20	21	22	23	24	25	26	27	28			
陰	五	六	七	八	九	十	十一	十二	十三	十四	十五	十六	十七	十八	十九	廿	廿一	廿二	廿三	廿四	廿五	廿六	廿七	廿八	廿九	卅	二	二			
星	3	4	5	6	日	1	2	3	4	5	6	日	1	2	3	4	5	6	日	1	2	3	4	5	6	日	1	2			
干節	丁亥	戊子	己丑	立春	辛卯	壬辰	癸巳	甲午	乙未	丙申	丁酉	戊戌	己亥	庚子	辛丑	壬寅	癸卯	甲辰	雨水	丙午	丁未	戊申	己酉	庚戌	辛亥	壬子	癸丑	甲寅			

陽歷 三 月份 (陰歷二、三月份)

陽	1	2	3	4	5	6	7	8	9	10	11	12	13	14	15	16	17	18	19	20	21	22	23	24	25	26	27	28	29	30	31
陰	三	四	五	六	七	八	九	十	十一	十二	十三	十四	十五	十六	十七	十八	十九	廿	廿一	廿二	廿三	廿四	廿五	廿六	廿七	廿八	廿九	三	二	三	四
星	3	4	5	6	日	1	2	3	4	5	6	日	1	2	3	4	5	6	日	1	2	3	4	5	6	日	1	2	3	4	5
干節	乙卯	丙辰	丁巳	戊午	己未	驚蟄	辛酉	壬戌	癸亥	甲子	乙丑	丙寅	丁卯	戊辰	己巳	庚午	辛未	壬申	癸酉	甲戌	春分	丙子	丁丑	戊寅	己卯	庚辰	辛巳	壬午	癸未	甲申	乙酉

陽歷 四 月份 (陰歷三、四月份)

陽	1	2	3	4	5	6	7	8	9	10	11	12	13	14	15	16	17	18	19	20	21	22	23	24	25	26	27	28	29	30	
陰	五	六	七	八	九	十	十一	十二	十三	十四	十五	十六	十七	十八	十九	廿	廿一	廿二	廿三	廿四	廿五	廿六	廿七	廿八	廿九	卅	四	二	三	四	
星	6	日	1	2	3	4	5	6	日	1	2	3	4	5	6	日	1	2	3	4	5	6	日	1	2	3	4	5	6	日	
干節	丙戌	丁亥	戊子	己丑	清明	辛卯	壬辰	癸巳	甲午	乙未	丙申	丁酉	戊戌	己亥	庚子	辛丑	壬寅	癸卯	甲辰	穀雨	丙午	丁未	戊申	己酉	庚戌	辛亥	壬子	癸丑	甲寅	乙卯	

陽歷 五 月份 (陰歷四、五月份)

陽	1	2	3	4	5	6	7	8	9	10	11	12	13	14	15	16	17	18	19	20	21	22	23	24	25	26	27	28	29	30	31
陰	五	六	七	八	九	十	十一	十二	十三	十四	十五	十六	十七	十八	十九	廿	廿一	廿二	廿三	廿四	廿五	廿六	廿七	廿八	廿九	卅	五	二	三	四	五
星	1	2	3	4	5	6	日	1	2	3	4	5	6	日	1	2	3	4	5	6	日	1	2	3	4	5	6	日	1	2	3
干節	丙辰	丁巳	戊午	己未	庚申	立夏	壬戌	癸亥	甲子	乙丑	丙寅	丁卯	戊辰	己巳	庚午	辛未	壬申	癸酉	甲戌	乙亥	小滿	丁丑	戊寅	己卯	庚辰	辛巳	壬午	癸未	甲申	乙酉	丙戌

陽歷 六 月份 (陰歷五、六月份)

陽	1	2	3	4	5	6	7	8	9	10	11	12	13	14	15	16	17	18	19	20	21	22	23	24	25	26	27	28	29	30	
陰	六	七	八	九	十	十一	十二	十三	十四	十五	十六	十七	十八	十九	廿	廿一	廿二	廿三	廿四	廿五	廿六	廿七	廿八	廿九	六	二	三	四	五	六	
星	4	5	6	日	1	2	3	4	5	6	日	1	2	3	4	5	6	日	1	2	3	4	5	6	日	1	2	3	4	5	
干節	丁亥	戊子	己丑	庚寅	辛卯	芒種	癸巳	甲午	乙未	丙申	丁酉	戊戌	己亥	庚子	辛丑	壬寅	癸卯	甲辰	乙巳	丙午	丁未	夏至	己酉	庚戌	辛亥	壬子	癸丑	甲寅	乙卯	丙辰	

壬午 一七〇二年 (清聖祖康熙四一年)

近世中西史日對照表

壬午

一七〇二年

（清聖祖康熙四一年）

陽歷 七 月份 （陰歷六、閏六月份）

陽	7	2	3	4	5	6	7	8	9	10	11	12	13	14	15	16	17	18	19	20	21	22	23	24	25	26	27	28	29	30	31
陰	七	八	九	十	十一	十二	十三	十四	十五	十六	十七	十八	十九	二十	廿一	廿二	廿三	廿四	廿五	廿六	廿七	廿八	廿九	卅	閏	二	三	四	五	六	七
星	6	日	1	2	3	4	5	6	日	1	2	3	4	5	6	日	1	2	3	4	5	6	日	1	2	3	4	5	6	日	1
干節	丁巳	戊午	己未	庚申	辛酉	壬戌	癸亥	小暑	乙丑	丙寅	丁卯	戊辰	己巳	庚午	辛未	壬申	癸酉	甲戌	乙亥	丙子	丁丑	戊寅	大暑	庚辰	辛巳	壬午	癸未	甲申	乙酉	丙戌	丁亥

陽歷 八 月份 （陰歷閏六、七月份）

陽	8	2	3	4	5	6	7	8	9	10	11	12	13	14	15	16	17	18	19	20	21	22	23	24	25	26	27	28	29	30	31
陰	八	九	十	十一	十二	十三	十四	十五	十六	十七	十八	十九	二十	廿一	廿二	廿三	廿四	廿五	廿六	廿七	廿八	廿九	七	二	三	四	五	六	七	八	九
星	2	3	4	5	6	日	1	2	3	4	5	6	日	1	2	3	4	5	6	日	1	2	3	4	5	6	日	1	2	3	4
干節	戊子	己丑	庚寅	辛卯	壬辰	癸巳	甲午	立秋	丙申	丁酉	戊戌	己亥	庚子	辛丑	壬寅	癸卯	甲辰	乙巳	丙午	丁未	戊申	己酉	庚戌	處暑	壬子	癸丑	甲寅	乙卯	丙辰	丁巳	戊午

陽歷 九 月份 （陰歷七、八月份）

陽	9	2	3	4	5	6	7	8	9	10	11	12	13	14	15	16	17	18	19	20	21	22	23	24	25	26	27	28	29	30
陰	十	十一	十二	十三	十四	十五	十六	十七	十八	十九	二十	廿一	廿二	廿三	廿四	廿五	廿六	廿七	廿八	廿九	卅	八	二	三	四	五	六	七	八	九
星	5	6	日	1	2	3	4	5	6	日	1	2	3	4	5	6	日	1	2	3	4	5	6	日	1	2	3	4	5	6
干節	己未	庚申	辛酉	壬戌	辰亥	甲子	乙丑	白露	丁卯	戊辰	己巳	庚午	辛未	壬申	癸酉	甲戌	乙亥	丙子	丁丑	戊寅	己卯	庚辰	辛巳	秋分	癸未	甲申	乙酉	丙戌	丁亥	戊子

陽歷 十 月份 （陰歷八、九月份）

陽	10	2	3	4	5	6	7	8	9	10	11	12	13	14	15	16	17	18	19	20	21	22	23	24	25	26	27	28	29	30	31
陰	十	十一	十二	十三	十四	十五	十六	十七	十八	十九	二十	廿一	廿二	廿三	廿四	廿五	廿六	廿七	廿八	廿九	九	二	三	四	五	六	七	八	九	十	十一
星	日	1	2	3	4	5	6	日	1	2	3	4	5	6	日	1	2	3	4	5	6	日	1	2	3	4	5	6	日	1	2
干節	己丑	庚寅	辛卯	壬辰	癸巳	甲午	乙未	丙申	寒露	戊戌	己亥	庚子	辛丑	壬寅	癸卯	甲辰	乙巳	丙午	丁未	戊申	己酉	庚戌	辛亥	霜降	癸丑	甲寅	乙卯	丙辰	丁巳	戊午	己未

陽歷 十一 月份 （陰歷九、十月份）

陽	11	2	3	4	5	6	7	8	9	10	11	12	13	14	15	16	17	18	19	20	21	22	23	24	25	26	27	28	29	30
陰	十二	十三	十四	十五	十六	十七	十八	十九	二十	廿一	廿二	廿三	廿四	廿五	廿六	廿七	廿八	廿九	十	二	三	四	五	六	七	八	九	十	十一	十二
星	3	4	5	6	日	1	2	3	4	5	6	日	1	2	3	4	5	6	日	1	2	3	4	5	6	日	1	2	3	4
干節	庚申	辛酉	壬戌	癸亥	甲子	乙丑	丙寅	立冬	戊辰	己巳	庚午	辛未	壬申	癸酉	甲戌	乙亥	丙子	丁丑	戊寅	己卯	庚辰	辛巳	小雪	癸未	甲申	乙酉	丙戌	丁亥	戊子	己丑

陽歷 十二 月份 （陰歷十、十一月份）

陽	12	2	3	4	5	6	7	8	9	10	11	12	13	14	15	16	17	18	19	20	21	22	23	24	25	26	27	28	29	30	31
陰	十三	十四	十五	十六	十七	十八	十九	二十	廿一	廿二	廿三	廿四	廿五	廿六	廿七	廿八	廿九	卅	十一	二	三	四	五	六	七	八	九	十	十一	十二	十三
星	5	6	日	1	2	3	4	5	6	日	1	2	3	4	5	6	日	1	2	3	4	5	6	日	1	2	3	4	5	6	日
干節	庚寅	辛卯	壬辰	癸巳	甲午	乙未	大雪	丁酉	戊戌	己亥	庚子	辛丑	壬寅	癸卯	甲辰	乙巳	丙午	丁未	戊申	己酉	庚戌	冬至	壬子	癸丑	甲寅	乙卯	丙辰	丁巳	戊午	己未	庚申

近世中西史日對照表

陽歷 一 月份 (陰歷十一、十二月份)

陽	1	2	3	4	5	6	7	8	9	10	11	12	13	14	15	16	17	18	19	20	21	22	23	24	25	26	27	28	29	30	31
陰	十四	十五	十六	十七	十八	十九	廿	廿一	廿二	廿三	廿四	廿五	廿六	廿七	廿八	廿九	十二	二	三	四	五	六	七	八	九	十	十一	十二	十三	十四	十五
星	1	2	3	4	5	6	日	1	2	3	4	5	6	日	1	2	3	4	5	6	日	1	2	3	4	5	6	日	1	2	3
干節	辛酉	壬戌	癸亥	甲子	乙丑	小寒	丁卯	戊辰	己巳	庚午	辛未	壬申	癸酉	甲戌	乙亥	丙子	丁丑	戊寅	己卯	大寒	辛巳	壬午	癸未	甲申	乙酉	丙戌	丁亥	戊子	己丑	庚寅	辛卯

陽歷 二 月份 (陰歷十二、正月份)

陽	1	2	3	4	5	6	7	8	9	10	11	12	13	14	15	16	17	18	19	20	21	22	23	24	25	26	27	28			
陰	十六	十七	十八	十九	廿	廿一	廿二	廿三	廿四	廿五	廿六	廿七	廿八	廿九	卅	正	二	三	四	五	六	七	八	九	十	十一	十二	十三			
星	4	5	6	日	1	2	3	4	5	6	日	1	2	3	4	5	6	日	1	2	3	4	5	6	日	1	2	3			
干節	壬辰	癸巳	甲午	立春	丙申	丁酉	戊戌	己亥	庚子	辛丑	壬寅	癸卯	甲辰	乙巳	丙午	丁未	戊申	己酉	雨水	辛亥	壬子	癸丑	甲寅	乙卯	丙辰	丁巳	戊午	己未			

陽歷 三 月份 (陰歷正、二月份)

陽	1	2	3	4	5	6	7	8	9	10	11	12	13	14	15	16	17	18	19	20	21	22	23	24	25	26	27	28	29	30	31
陰	十四	十五	十六	十七	十八	十九	廿	廿一	廿二	廿三	廿四	廿五	廿六	廿七	廿八	廿九	二	二	三	四	五	六	七	八	九	十	十一	十二	十三	十四	十五
星	4	5	6	日	1	2	3	4	5	6	日	1	2	3	4	5	6	日	1	2	3	4	5	6	日	1	2	3	4	5	6
干節	庚申	辛酉	壬戌	癸亥	甲子	驚蟄	丙寅	丁卯	戊辰	己巳	庚午	辛未	壬申	癸酉	甲戌	乙亥	丙子	丁丑	戊寅	己卯	春分	辛巳	壬午	癸未	甲申	乙酉	丙戌	丁亥	戊子	己丑	庚寅

陽歷 四 月份 (陰歷二、三月份)

陽	1	2	3	4	5	6	7	8	9	10	11	12	13	14	15	16	17	18	19	20	21	22	23	24	25	26	27	28	29	30	
陰	十六	十七	十八	十九	廿	廿一	廿二	廿三	廿四	廿五	廿六	廿七	廿八	廿九	卅	三	二	三	四	五	六	七	八	九	十	十一	十二	十三	十四	十五	
星	日	1	2	3	4	5	6	日	1	2	3	4	5	6	日	1	2	3	4	5	6	日	1	2	3	4	5	6	日	1	
干節	辛卯	壬辰	癸巳	甲午	清明	丙申	丁酉	戊戌	己亥	庚子	辛丑	壬寅	癸卯	甲辰	乙巳	丙午	丁未	戊申	己酉	庚戌	穀雨	壬子	癸丑	甲寅	乙卯	丙辰	丁巳	戊午	己未	庚申	

陽歷 五 月份 (陰歷三、四月份)

陽	1	2	3	4	5	6	7	8	9	10	11	12	13	14	15	16	17	18	19	20	21	22	23	24	25	26	27	28	29	30	31
陰	十六	十七	十八	十九	廿	廿一	廿二	廿三	廿四	廿五	廿六	廿七	廿八	廿九	卅	四	二	三	四	五	六	七	八	九	十	十一	十二	十三	十四	十五	十六
星	2	3	4	5	6	日	1	2	3	4	5	6	日	1	2	3	4	5	6	日	1	2	3	4	5	6	日	1	2	3	4
干節	辛酉	壬戌	癸亥	甲子	乙丑	立夏	丁卯	戊辰	己巳	庚午	辛未	壬申	癸酉	甲戌	乙亥	丙子	丁丑	戊寅	己卯	庚辰	辛巳	小滿	癸未	甲申	乙酉	丙戌	丁亥	戊子	己丑	庚寅	辛卯

陽歷 六 月份 (陰歷四、五月份)

陽	1	2	3	4	5	6	7	8	9	10	11	12	13	14	15	16	17	18	19	20	21	22	23	24	25	26	27	28	29	30
陰	十七	十八	十九	廿	廿一	廿二	廿三	廿四	廿五	廿六	廿七	廿八	廿九	五	二	三	四	五	六	七	八	九	十	十一	十二	十三	十四	十五	十六	十七
星	5	6	日	1	2	3	4	5	6	日	1	2	3	4	5	6	日	1	2	3	4	5	6	日	1	2	3	4	5	6
干節	壬辰	癸巳	甲午	乙未	丙申	芒種	戊戌	己亥	庚子	辛丑	壬寅	癸卯	甲辰	乙巳	丙午	丁未	戊申	己酉	庚戌	辛亥	壬子	夏至	甲寅	乙卯	丙辰	丁巳	戊午	己未	庚申	辛酉

癸未

一七〇三年

(清聖祖康熙四二年)

癸未

一七〇三年

（清聖祖康熙四二年）

陽歷七月份（陰歷五、六月份）

陽	7	2	3	4	5	6	7	8	9	10	11	12	13	14	15	16	17	18	19	20	21	22	23	24	25	26	27	28	29	30	31
陰	十八	十九	廿	廿一	廿二	廿三	廿四	廿五	廿六	廿七	廿八	廿九	卅	六	二	三	四	五	六	七	八	九	十	十一	十二	十三	十四	十五	十六	十七	十八
星	日	1	2	3	4	5	6	日	1	2	3	4	5	6	日	1	2	3	4	5	6	日	1	2	3	4	5	6	日	1	2
干節	壬戌	癸亥	甲子	乙丑	丙寅	丁卯	戊辰	小暑	庚午	辛未	壬申	癸酉	甲戌	乙亥	丙子	丁丑	戊寅	己卯	庚辰	辛巳	壬午	癸未	甲申	大暑	丙戌	丁亥	戊子	己丑	庚寅	辛卯	壬辰

陽歷八月份（陰歷六、七月份）

陽	8	2	3	4	5	6	7	8	9	10	11	12	13	14	15	16	17	18	19	20	21	22	23	24	25	26	27	28	29	30	31
陰	十九	廿	廿一	廿二	廿三	廿四	廿五	廿六	廿七	廿八	廿九	卅	七	二	三	四	五	六	七	八	九	十	十一	十二	十三	十四	十五	十六	十七	十八	十九
星	3	4	5	6	日	1	2	3	4	5	6	日	1	2	3	4	5	6	日	1	2	3	4	5	6	日	1	2	3	4	5
干節	癸巳	甲午	乙未	丙申	丁酉	戊戌	己亥	立秋	辛丑	壬寅	癸卯	甲辰	乙巳	丙午	丁未	戊申	己酉	庚戌	辛亥	壬子	癸丑	甲寅	乙卯	處暑	丁巳	戊午	己未	庚申	辛酉	壬戌	癸亥

陽歷九月份（陰歷七、八月份）

陽	9	2	3	4	5	6	7	8	9	10	11	12	13	14	15	16	17	18	19	20	21	22	23	24	25	26	27	28	29	30
陰	廿	廿一	廿二	廿三	廿四	廿五	廿六	廿七	廿八	廿九	八	二	三	四	五	六	七	八	九	十	十一	十二	十三	十四	十五	十六	十七	十八	十九	廿
星	6	日	1	2	3	4	5	6	日	1	2	3	4	5	6	日	1	2	3	4	5	6	日	1	2	3	4	5	6	日
干節	甲子	乙丑	丙寅	丁卯	戊辰	己巳	庚午	白露	壬申	癸酉	甲戌	乙亥	丙子	丁丑	戊寅	己卯	庚辰	辛巳	壬午	癸未	甲申	乙酉	丙戌	秋分	戊子	己丑	庚寅	辛卯	壬辰	癸巳

陽歷十月份（陰歷八、九月份）

陽	10	2	3	4	5	6	7	8	9	10	11	12	13	14	15	16	17	18	19	20	21	22	23	24	25	26	27	28	29	30	31
陰	廿一	廿二	廿三	廿四	廿五	廿六	廿七	廿八	廿九	卅	九	二	三	四	五	六	七	八	九	十	十一	十二	十三	十四	十五	十六	十七	十八	十九	廿	廿一
星	1	2	3	4	5	6	日	1	2	3	4	5	6	日	1	2	3	4	5	6	日	1	2	3	4	5	6	日	1	2	3
干節	甲午	乙未	丙申	丁酉	戊戌	己亥	庚子	辛丑	寒露	癸卯	甲辰	乙巳	丙午	丁未	戊申	己酉	庚戌	辛亥	壬子	癸丑	甲寅	乙卯	丙辰	霜降	戊午	己未	庚申	辛酉	壬戌	癸亥	甲子

陽歷十一月份（陰歷九、十月份）

陽	11	2	3	4	5	6	7	8	9	10	11	12	13	14	15	16	17	18	19	20	21	22	23	24	25	26	27	28	29	30
陰	廿二	廿三	廿四	廿五	廿六	廿七	廿八	廿九	十	二	三	四	五	六	七	八	九	十	十一	十二	十三	十四	十五	十六	十七	十八	十九	廿	廿一	廿二
星	4	5	6	日	1	2	3	4	5	6	日	1	2	3	4	5	6	日	1	2	3	4	5	6	日	1	2	3	4	5
干節	乙丑	丙寅	丁卯	戊辰	己巳	庚午	辛未	立冬	癸酉	甲戌	乙亥	丙子	丁丑	戊寅	己卯	庚辰	辛巳	壬午	癸未	甲申	乙酉	丙戌	小雪	戊子	己丑	庚寅	辛卯	壬辰	癸巳	甲午

陽歷十二月份（陰歷十、十一月份）

陽	12	2	3	4	5	6	7	8	9	10	11	12	13	14	15	16	17	18	19	20	21	22	23	24	25	26	27	28	29	30	31
陰	廿三	廿四	廿五	廿六	廿七	廿八	廿九	十一	二	三	四	五	六	七	八	九	十	十一	十二	十三	十四	十五	十六	十七	十八	十九	廿	廿一	廿二	廿三	廿四
星	6	日	1	2	3	4	5	6	日	1	2	3	4	5	6	日	1	2	3	4	5	6	日	1	2	3	4	5	6	日	1
干節	乙未	丙申	丁酉	戊戌	己亥	庚子	辛丑	大雪	癸卯	甲辰	乙巳	丙午	丁未	戊申	己酉	庚戌	辛亥	壬子	癸丑	甲寅	乙卯	冬至	丁巳	戊午	己未	庚申	辛酉	壬戌	癸亥	甲子	乙丑

近世中西史日對照表

陽歷 一 月份　（陰歷十一、十二月份）

陽	**1**	2	3	4	5	6	7	8	9	10	11	12	13	14	15	16	17	18	19	20	21	22	23	24	25	26	27	28	29	30	31
陰	廿五	廿六	廿七	廿八	廿九	卅	**十二**	二	三	四	五	六	七	八	九	十	十一	十二	十三	十四	十五	十六	十七	十八	十九	廿	廿一	廿二	廿三	廿四	廿五
星	2	3	4	5	6	**日**	1	2	3	4	5	6	**日**	1	2	3	4	5	6	**日**	1	2	3	4	5	6	**日**	1	2	3	4
干節	丙寅	丁卯	戊辰	己巳	庚午	**小寒**	壬申	癸酉	甲戌	乙亥	丙子	丁丑	戊寅	己卯	庚辰	辛巳	壬午	癸未	甲申	乙酉	**大寒**	丁亥	戊子	己丑	庚寅	辛卯	壬辰	癸巳	甲午	乙未	丙申

陽歷 二 月份　（陰歷十二、正月份）

陽	**2**	2	3	4	5	6	7	8	9	10	11	12	13	14	15	16	17	18	19	20	21	22	23	24	25	26	27	28	29		
陰	廿六	廿七	廿八	廿九	**正**	二	三	四	五	六	七	八	九	十	十一	十二	十三	十四	十五	十六	十七	十八	十九	廿	廿一	廿二	廿三	廿四	廿五		
星	5	6	**日**	1	2	3	4	5	6	**日**	1	2	3	4	5	6	**日**	1	2	3	4	5	6	**日**	1	2	3	4	5		
干節	丁酉	戊戌	己亥	**立春**	辛丑	壬寅	癸卯	甲辰	乙巳	丙午	丁未	戊申	己酉	庚戌	辛亥	壬子	癸丑	甲寅	**雨水**	丙辰	丁巳	戊午	己未	庚申	辛酉	壬戌	癸亥	甲子	乙丑		

陽歷 三 月份　（陰歷正、二月份）

陽	**3**	2	3	4	5	6	7	8	9	10	11	12	13	14	15	16	17	18	19	20	21	22	23	24	25	26	27	28	29	30	31
陰	廿六	廿七	廿八	廿九	卅	**二**	二	三	四	五	六	七	八	九	十	十一	十二	十三	十四	十五	十六	十七	十八	十九	廿	廿一	廿二	廿三	廿四	廿五	廿六
星	6	**日**	1	2	3	4	5	6	**日**	1	2	3	4	5	6	**日**	1	2	3	4	5	6	**日**	1	2	3	4	5	6	**日**	1
干節	丙寅	丁卯	戊辰	己巳	**驚蟄**	辛未	壬申	癸酉	甲戌	乙亥	丙子	丁丑	戊寅	己卯	庚辰	辛巳	壬午	癸未	甲申	**春分**	丙戌	丁亥	戊子	己丑	庚寅	辛卯	壬辰	癸巳	甲午	乙未	丙申

陽歷 四 月份　（陰歷二、三月份）

陽	**4**	2	3	4	5	6	7	8	9	10	11	12	13	14	15	16	17	18	19	20	21	22	23	24	25	26	27	28	29	30
陰	廿七	廿八	廿九	**三**	二	三	四	五	六	七	八	九	十	十一	十二	十三	十四	十五	十六	十七	十八	十九	廿	廿一	廿二	廿三	廿四	廿五	廿六	廿七
星	2	3	4	5	6	**日**	1	2	3	4	5	6	**日**	1	2	3	4	5	6	**日**	1	2	3	4	5	6	**日**	1	2	3
干節	丁酉	戊戌	己亥	**清明**	辛丑	壬寅	癸卯	甲辰	乙巳	丙午	丁未	戊申	己酉	庚戌	辛亥	壬子	癸丑	甲寅	乙卯	**穀雨**	丁巳	戊午	己未	庚申	辛酉	壬戌	癸亥	甲子	乙丑	丙寅

陽歷 五 月份　（陰歷三、四月份）

陽	**5**	2	3	4	5	6	7	8	9	10	11	12	13	14	15	16	17	18	19	20	21	22	23	24	25	26	27	28	29	30	31
陰	廿八	廿九	卅	**四**	二	三	四	五	六	七	八	九	十	十一	十二	十三	十四	十五	十六	十七	十八	十九	廿	廿一	廿二	廿三	廿四	廿五	廿六	廿七	廿八
星	4	5	6	**日**	1	2	3	4	5	6	**日**	1	2	3	4	5	6	**日**	1	2	3	4	5	6	**日**	1	2	3	4	5	6
干節	丁卯	戊辰	己巳	庚午	**立夏**	壬申	癸酉	甲戌	乙亥	丙子	丁丑	戊寅	己卯	庚辰	辛巳	壬午	癸未	甲申	乙酉	丙戌	**小滿**	戊子	己丑	庚寅	辛卯	壬辰	癸巳	甲午	乙未	丙申	丁酉

陽歷 六 月份　（陰歷四、五月份）

陽	**6**	2	3	4	5	6	7	8	9	10	11	12	13	14	15	16	17	18	19	20	21	22	23	24	25	26	27	28	29	30
陰	廿九	**五**	二	三	四	五	六	七	八	九	十	十一	十二	十三	十四	十五	十六	十七	十八	十九	廿	廿一	廿二	廿三	廿四	廿五	廿六	廿七	廿八	廿九
星	**日**	1	2	3	4	5	6	**日**	1	2	3	4	5	6	**日**	1	2	3	4	5	6	**日**	1	2	3	4	5	6	**日**	1
干節	戊戌	己亥	庚子	辛丑	壬寅	**芒種**	甲辰	乙巳	丙午	丁未	戊申	己酉	庚戌	辛亥	壬子	癸丑	甲寅	乙卯	丙辰	丁巳	**夏至**	己未	庚申	辛酉	壬戌	癸亥	甲子	乙丑	丙寅	丁卯

甲申

一七〇四年

（清聖祖康熙四三年）

陽歷七月份　（陰歷五、六月份）

陽	7	2	3	4	5	6	7	8	9	10	11	12	13	14	15	16	17	18	19	20	21	22	23	24	25	26	27	28	29	30	31
陰	卅	六	二	三	四	五	六	七	八	九	十	十一	十二	十三	十四	十五	十六	十七	十八	十九	廿	廿一	廿二	廿三	廿四	廿五	廿六	廿七	廿八	廿九	卅
星	2	3	4	5	6	日	1	2	3	4	5	6	日	1	2	3	4	5	6	日	1	2	3	4	5	6	日	1	2	3	4
干節	戊辰	己巳	庚午	辛未	壬申	癸酉	小暑	乙亥	丙子	丁丑	戊寅	己卯	庚辰	辛巳	壬午	癸未	甲申	乙酉	丙戌	丁亥	戊子	己丑	大暑	辛卯	壬辰	癸巳	甲午	乙未	丙申	丁酉	戊戌

陽歷八月份　（陰歷七、八月份）

陽	8	2	3	4	5	6	7	8	9	10	11	12	13	14	15	16	17	18	19	20	21	22	23	24	25	26	27	28	29	30	31
陰	七	二	三	四	五	六	七	八	九	十	十一	十二	十三	十四	十五	十六	十七	十八	十九	廿	廿一	廿二	廿三	廿四	廿五	廿六	廿七	廿八	廿九	八	二
星	5	6	日	1	2	3	4	5	6	日	1	2	3	4	5	6	日	1	2	3	4	5	6	日	1	2	3	4	5	6	日
干節	己亥	庚子	辛丑	壬寅	癸卯	甲辰	乙巳	立秋	丁未	戊申	己酉	庚戌	辛亥	壬子	癸丑	甲寅	乙卯	丙辰	丁巳	戊午	己未	庚申	處暑	壬戌	癸亥	甲子	乙丑	丙寅	丁卯	戊辰	己巳

陽歷九月份　（陰歷八、九月份）

陽	9	2	3	4	5	6	7	8	9	10	11	12	13	14	15	16	17	18	19	20	21	22	23	24	25	26	27	28	29	30
陰	三	四	五	六	七	八	九	十	十一	十二	十三	十四	十五	十六	十七	十八	十九	廿	廿一	廿二	廿三	廿四	廿五	廿六	廿七	廿八	廿九	卅	九	二
星	1	2	3	4	5	6	日	1	2	3	4	5	6	日	1	2	3	4	5	6	日	1	2	3	4	5	6	日	1	2
干節	庚午	辛未	壬申	癸酉	甲戌	乙亥	丙子	白露	戊寅	己卯	庚辰	辛巳	壬午	癸未	甲申	乙酉	丙戌	丁亥	戊子	己丑	庚寅	辛卯	秋分	癸巳	甲午	乙未	丙申	丁酉	戊戌	己亥

陽歷十月份　（陰歷九、十月份）

陽	10	2	3	4	5	6	7	8	9	10	11	12	13	14	15	16	17	18	19	20	21	22	23	24	25	26	27	28	29	30	31
陰	三	四	五	六	七	八	九	十	十一	十二	十三	十四	十五	十六	十七	十八	十九	廿	廿一	廿二	廿三	廿四	廿五	廿六	廿七	廿八	廿九	卅	十	二	三
星	3	4	5	6	日	1	2	3	4	5	6	日	1	2	3	4	5	6	日	1	2	3	4	5	6	日	1	2	3	4	5
干節	庚子	辛丑	壬寅	癸卯	甲辰	乙巳	丙午	寒露	戊申	己酉	庚戌	辛亥	壬子	癸丑	甲寅	乙卯	丙辰	丁巳	戊午	己未	庚申	辛酉	霜降	癸亥	甲子	乙丑	丙寅	丁卯	戊辰	己巳	庚午

陽歷十一月份　（陰歷十、十一月份）

陽	11	2	3	4	5	6	7	8	9	10	11	12	13	14	15	16	17	18	19	20	21	22	23	24	25	26	27	28	29	30
陰	四	五	六	七	八	九	十	十一	十二	十三	十四	十五	十六	十七	十八	十九	廿	廿一	廿二	廿三	廿四	廿五	廿六	廿七	廿八	廿九	十一	二	三	四
星	6	日	1	2	3	4	5	6	日	1	2	3	4	5	6	日	1	2	3	4	5	6	日	1	2	3	4	5	6	日
干節	辛未	壬申	癸酉	甲戌	乙亥	丙子	立冬	戊寅	己卯	庚辰	辛巳	壬午	癸未	甲申	乙酉	丙戌	丁亥	戊子	己丑	庚寅	辛卯	小雪	癸巳	甲午	乙未	丙申	丁酉	戊戌	己亥	庚子

陽歷十二月份　（陰歷十一、十二月份）

陽	12	2	3	4	5	6	7	8	9	10	11	12	13	14	15	16	17	18	19	20	21	22	23	24	25	26	27	28	29	30	81
陰	五	六	七	八	九	十	十一	十二	十三	十四	十五	十六	十七	十八	十九	廿	廿一	廿二	廿三	廿四	廿五	廿六	廿七	廿八	廿九	卅	十二	二	三	四	五
星	1	2	3	4	5	6	日	1	2	3	4	5	6	日	1	2	3	4	5	6	日	1	2	3	4	5	6	日	1	2	3
干節	辛丑	壬寅	癸卯	甲辰	乙巳	丙午	大雪	戊申	己酉	庚戌	辛亥	壬子	癸丑	甲寅	乙卯	丙辰	丁巳	戊午	己未	庚申	辛酉	冬至	癸亥	甲子	乙丑	丙寅	丁卯	戊辰	己巳	庚午	辛未

近世中西史日對照表

乙酉　一七〇五年　（清聖祖康熙四四年）

陽歷　一月份　（陰歷十二、正月份）

陽	1	2	3	4	5	6	7	8	9	10	11	12	13	14	15	16	17	18	19	20	21	22	23	24	25	26	27	28	29	30	31
陰	六	七	八	九	十	十一	十二	十三	十四	十五	十六	十七	十八	十九	廿	廿一	廿二	廿三	廿四	廿五	廿六	廿七	廿八	廿九	正	二	三	四	五	六	七
星	4	5	6	日	1	2	3	4	5	6	日	1	2	3	4	5	6	日	1	2	3	4	5	6	日	1	2	3	4	5	6
干節	壬申	癸酉	甲戌	乙亥	小寒	丁丑	戊寅	己卯	庚辰	辛巳	壬午	癸未	甲申	乙酉	丙戌	丁亥	戊子	己丑	庚寅	大寒	壬辰	癸巳	甲午	乙未	丙申	丁酉	戊戌	己亥	庚子	辛丑	壬寅

陽歷　二月份　（陰歷正、二月份）

陽	2	2	3	4	5	6	7	8	9	10	11	12	13	14	15	16	17	18	19	20	21	22	23	24	25	26	27	28			
陰	八	九	十	十一	十二	十三	十四	十五	十六	十七	十八	十九	廿	廿一	廿二	廿三	廿四	廿五	廿六	廿七	廿八	廿九	二	二	三	四	五	六	—	—	—
星	日	1	2	3	4	5	6	日	1	2	3	4	5	6	日	1	2	3	4	5	6	日	1	2	3	4	5	6	—	—	—
干節	癸卯	甲辰	乙巳	立春	丁未	戊申	己酉	庚戌	辛亥	壬子	癸丑	甲寅	乙卯	丙辰	丁巳	戊午	己未	雨水	辛酉	壬戌	癸亥	甲子	乙丑	丙寅	丁卯	戊辰	己巳	庚午	—	—	—

陽歷　三月份　（陰歷二、三月份）

陽	3	2	3	4	5	6	7	8	9	10	11	12	13	14	15	16	17	18	19	20	21	22	23	24	25	26	27	28	29	30	31
陰	七	八	九	十	十一	十二	十三	十四	十五	十六	十七	十八	十九	廿	廿一	廿二	廿三	廿四	廿五	廿六	廿七	廿八	廿九	卅	三	二	三	四	五	六	七
星	日	1	2	3	4	5	6	日	1	2	3	4	5	6	日	1	2	3	4	5	6	日	1	2	3	4	5	6	日	1	2
干節	辛未	壬申	癸酉	甲戌	驚蟄	丙子	丁丑	戊寅	己卯	庚辰	辛巳	壬午	癸未	甲申	乙酉	丙戌	丁亥	戊子	己丑	春分	辛卯	壬辰	癸巳	甲午	乙未	丙申	丁酉	戊戌	己亥	庚子	辛丑

陽歷　四月份　（陰歷三、四月份）

陽	4	2	3	4	5	6	7	8	9	10	11	12	13	14	15	16	17	18	19	20	21	22	23	24	25	26	27	28	29	30	
陰	八	九	十	十一	十二	十三	十四	十五	十六	十七	十八	十九	廿	廿一	廿二	廿三	廿四	廿五	廿六	廿七	廿八	廿九	四	二	三	四	五	六	七	八	
星	3	4	5	6	日	1	2	3	4	5	6	日	1	2	3	4	5	6	日	1	2	3	4	5	6	日	1	2	3	4	
干節	壬寅	癸卯	甲辰	乙巳	清明	丁未	戊申	己酉	庚戌	辛亥	壬子	癸丑	甲寅	乙卯	丙辰	丁巳	戊午	己未	庚申	穀雨	壬戌	癸亥	甲子	乙丑	丙寅	丁卯	戊辰	己巳	庚午	辛未	

陽歷　五月份　（陰歷四、閏四月份）

陽	5	2	3	4	5	6	7	8	9	10	11	12	13	14	15	16	17	18	19	20	21	22	23	24	25	26	27	28	29	30	31
陰	九	十	十一	十二	十三	十四	十五	十六	十七	十八	十九	廿	廿一	廿二	廿三	廿四	廿五	廿六	廿七	廿八	廿九	卅	閏	二	三	四	五	六	七	八	九
星	5	6	日	1	2	3	4	5	6	日	1	2	3	4	5	6	日	1	2	3	4	5	6	日	1	2	3	4	5	6	日
干節	壬申	癸酉	甲戌	乙亥	丙子	立夏	戊寅	己卯	庚辰	辛巳	壬午	癸未	甲申	乙酉	丙戌	丁亥	戊子	己丑	庚寅	辛卯	小滿	癸巳	甲午	乙未	丙申	丁酉	戊戌	己亥	庚子	辛丑	壬寅

陽歷　六月份　（陰歷閏四、五月份）

陽	6	2	3	4	5	6	7	8	9	10	11	12	13	14	15	16	17	18	19	20	21	22	23	24	25	26	27	28	29	30	
陰	十	十一	十二	十三	十四	十五	十六	十七	十八	十九	廿	廿一	廿二	廿三	廿四	廿五	廿六	廿七	廿八	廿九	五	二	三	四	五	六	七	八	九	十	—
星	1	2	3	4	5	6	日	1	2	3	4	5	6	日	1	2	3	4	5	6	日	1	2	3	4	5	6	日	1	2	—
干節	癸卯	甲辰	乙巳	丙午	丁未	芒種	己酉	庚戌	辛亥	壬子	癸丑	甲寅	乙卯	丙辰	丁巳	戊午	己未	庚申	辛酉	壬戌	癸亥	夏至	乙丑	丙寅	丁卯	戊辰	己巳	庚午	辛未	壬申	—

乙酉　一七〇五年　（清聖祖康熙四四年）

陽曆七月份　（陰曆五、六月份）

陽	7	2	3	4	5	6	7	8	9	10	11	12	13	14	15	16	17	18	19	20	21	22	23	24	25	26	27	28	29	30	31
陰	十一	十二	十三	十四	十五	十六	十七	十八	十九	廿	廿一	廿二	廿三	廿四	廿五	廿六	廿七	廿八	廿九	卅	六	二	三	四	五	六	七	八	九	十	十一
星	3	4	5	6	日	1	2	3	4	5	6	日	1	2	3	4	5	6	日	1	2	3	4	5	6	日	1	2	3	4	5
干節	癸酉	甲戌	乙亥	丙子	丁丑	戊寅	小暑	庚辰	辛巳	壬午	癸未	甲申	乙酉	丙戌	丁亥	戊子	己丑	庚寅	辛卯	壬辰	癸巳	甲午	大暑	丙申	丁酉	戊戌	己亥	庚子	辛丑	壬寅	癸卯

陽曆八月份　（陰曆六、七月份）

陽	8	2	3	4	5	6	7	8	9	10	11	12	13	14	15	16	17	18	19	20	21	22	23	24	25	26	27	28	29	30	31
陰	十二	十三	十四	十五	十六	十七	十八	十九	廿	廿一	廿二	廿三	廿四	廿五	廿六	廿七	廿八	廿九	七	二	三	四	五	六	七	八	九	十	十一	十二	十三
星	6	日	1	2	3	4	5	6	日	1	2	3	4	5	6	日	1	2	3	4	5	6	日	1	2	3	4	5	6	日	1
干節	甲辰	乙巳	丙午	丁未	戊申	己酉	庚戌	立秋	壬子	癸丑	甲寅	乙卯	丙辰	丁巳	戊午	己未	庚申	辛酉	壬戌	癸亥	甲子	乙丑	處暑	丁卯	戊辰	己巳	庚午	辛未	壬申	癸酉	甲戌

陽曆九月份　（陰曆七、八月份）

陽	9	2	3	4	5	6	7	8	9	10	11	12	13	14	15	16	17	18	19	20	21	22	23	24	25	26	27	28	29	30	
陰	十四	十五	十六	十七	十八	十九	廿	廿一	廿二	廿三	廿四	廿五	廿六	廿七	廿八	廿九	卅	八	二	三	四	五	六	七	八	九	十	十一	十二	十三	
星	2	3	4	5	6	日	1	2	3	4	5	6	日	1	2	3	4	5	6	日	1	2	3	4	5	6	日	1	2	3	
干節	乙亥	丙子	丁丑	戊寅	己卯	庚辰	辛巳	白露	癸未	甲申	乙酉	丙戌	丁亥	戊子	己丑	庚寅	辛卯	壬辰	癸巳	甲午	乙未	丙申	秋分	戊戌	己亥	庚子	辛丑	壬寅	癸卯	甲辰	

陽曆十月份　（陰曆八、九月份）

陽	10	2	3	4	5	6	7	8	9	10	11	12	13	14	15	16	17	18	19	20	21	22	23	24	25	26	27	28	29	30	31
陰	十四	十五	十六	十七	十八	十九	廿	廿一	廿二	廿三	廿四	廿五	廿六	廿七	廿八	廿九	卅	九	二	三	四	五	六	七	八	九	十	十一	十二	十三	十四
星	4	5	6	日	1	2	3	4	5	6	日	1	2	3	4	5	6	日	1	2	3	4	5	6	日	1	2	3	4	5	6
干節	乙巳	丙午	丁未	戊申	己酉	庚戌	辛亥	寒露	癸丑	甲寅	乙卯	丙辰	丁巳	戊午	己未	庚申	辛酉	壬戌	癸亥	甲子	乙丑	丙寅	丁卯	霜降	己巳	庚午	辛未	壬申	癸酉	甲戌	乙亥

陽曆十一月份　（陰曆九、十月份）

陽	11	2	3	4	5	6	7	8	9	10	11	12	13	14	15	16	17	18	19	20	21	22	23	24	25	26	27	28	29	30	
陰	十五	十六	十七	十八	十九	廿	廿一	廿二	廿三	廿四	廿五	廿六	廿七	廿八	廿九	十	二	三	四	五	六	七	八	九	十	十一	十二	十三	十四	十五	
星	日	1	2	3	4	5	6	日	1	2	3	4	5	6	日	1	2	3	4	5	6	日	1	2	3	4	5	6	日	1	
干節	丙子	丁丑	戊寅	己卯	庚辰	辛巳	立冬	癸未	甲申	乙酉	丙戌	丁亥	戊子	己丑	庚寅	辛卯	壬辰	癸巳	甲午	乙未	丙申	小雪	戊戌	己亥	庚子	辛丑	壬寅	癸卯	甲辰	乙巳	

陽曆十二月份　（陰曆十、十一月份）

陽	12	2	3	4	5	6	7	8	9	10	11	12	13	14	15	16	17	18	19	20	21	22	23	24	25	26	27	28	29	30	31
陰	十六	十七	十八	十九	廿	廿一	廿二	廿三	廿四	廿五	廿六	廿七	廿八	廿九	卅	十一	二	三	四	五	六	七	八	九	十	十一	十二	十三	十四	十五	十六
星	2	3	4	5	6	日	1	2	3	4	5	6	日	1	2	3	4	5	6	日	1	2	3	4	5	6	日	1	2	3	4
干節	丙午	丁未	戊申	己酉	庚戌	辛亥	大雪	癸丑	甲寅	乙卯	丙辰	丁巳	戊午	己未	庚申	辛酉	壬戌	癸亥	甲子	乙丑	丙寅	冬至	戊辰	己巳	庚午	辛未	壬申	癸酉	甲戌	乙亥	丙子

陽歷 一 月份 (陰歷十一、十二月份)

陽	1	2	3	4	5	6	7	8	9	10	11	12	13	14	15	16	17	18	19	20	21	22	23	24	25	26	27	28	29	30	31
陰	十七	十八	十九	廿	廿一	廿二	廿三	廿四	廿五	廿六	廿七	廿八	廿九	卅	十二	二	三	四	五	六	七	八	九	十	十一	十二	十三	十四	十五	十六	十七
星	5	6	日	1	2	3	4	5	6	日	1	2	3	4	5	6	日	1	2	3	4	5	6	日	1	2	3	4	5	6	日
干節	丁丑	戊寅	己卯	庚辰	小寒	壬午	癸未	甲申	乙酉	丙戌	丁亥	戊子	己丑	庚寅	辛卯	壬辰	癸巳	甲午	乙未	大寒	丁酉	戊戌	己亥	庚子	辛丑	壬寅	癸卯	甲辰	乙巳	丙午	丁未

陽歷 二 月份 (陰歷十二、正月份)

陽	2	2	3	4	5	6	7	8	9	10	11	12	13	14	15	16	17	18	19	20	21	22	23	24	25	26	27	28
陰	十八	十九	廿	廿一	廿二	廿三	廿四	廿五	廿六	廿七	廿八	廿九	正	二	三	四	五	六	七	八	九	十	十一	十二	十三	十四	十五	十六
星	1	2	3	4	5	6	日	1	2	3	4	5	6	日	1	2	3	4	5	6	日	1	2	3	4	5	6	日
干節	戊申	己酉	庚戌	立春	壬子	癸丑	甲寅	乙卯	丙辰	丁巳	戊午	己未	庚申	辛酉	壬戌	癸亥	甲子	乙丑	雨水	丁卯	戊辰	己巳	庚午	辛未	壬申	癸酉	甲戌	乙亥

陽歷 三 月份 (陰歷正、二月份)

陽	3	2	3	4	5	6	7	8	9	10	11	12	13	14	15	16	17	18	19	20	21	22	23	24	25	26	27	28	29	30	31
陰	十七	十八	十九	廿	廿一	廿二	廿三	廿四	廿五	廿六	廿七	廿八	廿九	卅	二	二	三	四	五	六	七	八	九	十	十一	十二	十三	十四	十五	十六	十七
星	1	2	3	4	5	6	日	1	2	3	4	5	6	日	1	2	3	4	5	6	日	1	2	3	4	5	6	日	1	2	3
干節	丙子	丁丑	戊寅	己卯	庚辰	驚蟄	壬午	癸未	甲申	乙酉	丙戌	丁亥	戊子	己丑	庚寅	辛卯	壬辰	癸巳	甲午	乙未	春分	丁酉	戊戌	己亥	庚子	辛丑	壬寅	癸卯	甲辰	乙巳	丙午

陽歷 四 月份 (陰歷二、三月份)

陽	4	2	3	4	5	6	7	8	9	10	11	12	13	14	15	16	17	18	19	20	21	22	23	24	25	26	27	28	29	30
陰	十八	十九	廿	廿一	廿二	廿三	廿四	廿五	廿六	廿七	廿八	廿九	三	二	三	四	五	六	七	八	九	十	十一	十二	十三	十四	十五	十六	十七	十八
星	4	5	6	日	1	2	3	4	5	6	日	1	2	3	4	5	6	日	1	2	3	4	5	6	日	1	2	3	4	5
干節	丁未	戊申	己酉	庚戌	清明	壬子	癸丑	甲寅	乙卯	丙辰	丁巳	戊午	己未	庚申	辛酉	壬戌	癸亥	甲子	乙丑	穀雨	丁卯	戊辰	己巳	庚午	辛未	壬申	癸酉	甲戌	乙亥	丙子

陽歷 五 月份 (陰歷三、四月份)

陽	5	2	3	4	5	6	7	8	9	10	11	12	13	14	15	16	17	18	19	20	21	22	23	24	25	26	27	28	29	30	31
陰	十九	廿	廿一	廿二	廿三	廿四	廿五	廿六	廿七	廿八	廿九	四	二	三	四	五	六	七	八	九	十	十一	十二	十三	十四	十五	十六	十七	十八	十九	廿
星	6	日	1	2	3	4	5	6	日	1	2	3	4	5	6	日	1	2	3	4	5	6	日	1	2	3	4	5	6	日	1
干節	丁丑	戊寅	己卯	庚辰	辛巳	立夏	癸未	甲申	乙酉	丙戌	丁亥	戊子	己丑	庚寅	辛卯	壬辰	癸巳	甲午	乙未	丙申	小滿	戊戌	己亥	庚子	辛丑	壬寅	癸卯	甲辰	乙巳	丙午	丁未

陽歷 六 月份 (陰歷四、五月份)

陽	6	2	3	4	5	6	7	8	9	10	11	12	13	14	15	16	17	18	19	20	21	22	23	24	25	26	27	28	29	30
陰	廿一	廿二	廿三	廿四	廿五	廿六	廿七	廿八	廿九	卅	五	二	三	四	五	六	七	八	九	十	十一	十二	十三	十四	十五	十六	十七	十八	十九	廿
星	2	3	4	5	6	日	1	2	3	4	5	6	日	1	2	3	4	5	6	日	1	2	3	4	5	6	日	1	2	3
干節	戊申	己酉	庚戌	辛亥	壬子	芒種	甲寅	乙卯	丙辰	丁巳	戊午	己未	庚申	辛酉	壬戌	癸亥	甲子	乙丑	丙寅	丁卯	戊辰	夏至	庚午	辛未	壬申	癸酉	甲戌	乙亥	丙子	丁丑

丙戌 一七〇六年 （清聖祖康熙四五年）

陽歷七月份　（陰歷五、六月份）

陽	7	2	3	4	5	6	7	8	9	10	11	12	13	14	15	16	17	18	19	20	21	22	23	24	25	26	27	28	29	30	31
陰	廿一	廿二	廿三	廿四	廿五	廿六	廿七	廿八	廿九	六	二	三	四	五	六	七	八	九	十	十一	十二	十三	十四	十五	十六	十七	十八	十九	廿	廿一	廿二
星	4	5	6	日	1	2	3	4	5	6	日	1	2	3	4	5	6	日	1	2	3	4	5	6	日	1	2	3	4	5	6
干節	戊寅	己卯	庚辰	辛巳	壬午	癸未	甲申	小暑	丙戌	丁亥	戊子	己丑	庚寅	辛卯	壬辰	癸巳	甲午	乙未	丙申	丁酉	戊戌	己亥	大暑	辛丑	壬寅	癸卯	甲辰	乙巳	丙午	丁未	戊申

陽歷八月份　（陰歷六、七月份）

陽	8	2	3	4	5	6	7	8	9	10	11	12	13	14	15	16	17	18	19	20	21	22	23	24	25	26	27	28	29	30	31
陰	廿三	廿四	廿五	廿六	廿七	廿八	廿九	七	二	三	四	五	六	七	八	九	十	十一	十二	十三	十四	十五	十六	十七	十八	十九	廿	廿一	廿二	廿三	廿四
星	日	1	2	3	4	5	6	日	1	2	3	4	5	6	日	1	2	3	4	5	6	日	1	2	3	4	5	6	日	1	2
干節	己酉	庚戌	辛亥	壬子	癸丑	甲寅	乙卯	立秋	丁巳	戊午	己未	庚申	辛酉	壬戌	癸亥	甲子	乙丑	丙寅	丁卯	戊辰	己巳	庚午	辛未	處暑	癸酉	甲戌	乙亥	丙子	丁丑	戊寅	己卯

陽歷九月份　（陰歷七、八月份）

陽	9	2	3	4	5	6	7	8	9	10	11	12	13	14	15	16	17	18	19	20	21	22	23	24	25	26	27	28	29	30
陰	廿五	廿六	廿七	廿八	廿九	卅	八	二	三	四	五	六	七	八	九	十	十一	十二	十三	十四	十五	十六	十七	十八	十九	廿	廿一	廿二	廿三	廿四
星	3	4	5	6	日	1	2	3	4	5	6	日	1	2	3	4	5	6	日	1	2	3	4	5	6	日	1	2	3	4
干節	庚辰	辛巳	壬午	癸未	甲申	乙酉	丙戌	白露	戊子	己丑	庚寅	辛卯	壬辰	癸巳	甲午	乙未	丙申	丁酉	戊戌	己亥	庚子	辛丑	秋分	癸卯	甲辰	乙巳	丙午	丁未	戊申	己酉

陽歷十月份　（陰歷八、九月份）

陽	10	2	3	4	5	6	7	8	9	10	11	12	13	14	15	16	17	18	19	20	21	22	23	24	25	26	27	28	29	30	31
陰	廿五	廿六	廿七	廿八	廿九	卅	九	二	三	四	五	六	七	八	九	十	十一	十二	十三	十四	十五	十六	十七	十八	十九	廿	廿一	廿二	廿三	廿四	廿五
星	5	6	日	1	2	3	4	5	6	日	1	2	3	4	5	6	日	1	2	3	4	5	6	日	1	2	3	4	5	6	日
干節	庚戌	辛亥	壬子	癸丑	甲寅	乙卯	丙辰	丁巳	寒露	己未	庚申	辛酉	壬戌	癸亥	甲子	乙丑	丙寅	丁卯	戊辰	己巳	庚午	辛未	壬申	霜降	甲戌	乙亥	丙子	丁丑	戊寅	己卯	庚辰

陽歷十一月份　（陰歷九、十月份）

陽	11	2	3	4	5	6	7	8	9	10	11	12	13	14	15	16	17	18	19	20	21	22	23	24	25	26	27	28	29	30
陰	廿六	廿七	廿八	廿九	十	二	三	四	五	六	七	八	九	十	十一	十二	十三	十四	十五	十六	十七	十八	十九	廿	廿一	廿二	廿三	廿四	廿五	廿六
星	1	2	3	4	5	6	日	1	2	3	4	5	6	日	1	2	3	4	5	6	日	1	2	3	4	5	6	日	1	2
干節	辛巳	壬午	癸未	甲申	乙酉	丙戌	丁亥	立冬	己丑	庚寅	辛卯	壬辰	癸巳	甲午	乙未	丙申	丁酉	戊戌	己亥	庚子	辛丑	壬寅	小雪	甲辰	乙巳	丙午	丁未	戊申	己酉	庚戌

陽歷十二月份　（陰歷十、十一月份）

陽	12	2	3	4	5	6	7	8	9	10	11	12	13	14	15	16	17	18	19	20	21	22	23	24	25	26	27	28	29	30	31
陰	廿七	廿八	廿九	卅	十一	二	三	四	五	六	七	八	九	十	十一	十二	十三	十四	十五	十六	十七	十八	十九	廿	廿一	廿二	廿三	廿四	廿五	廿六	廿七
星	3	4	5	6	日	1	2	3	4	5	6	日	1	2	3	4	5	6	日	1	2	3	4	5	6	日	1	2	3	4	5
干節	辛亥	壬子	癸丑	甲寅	乙卯	丙辰	大雪	戊午	己未	庚申	辛酉	壬戌	癸亥	甲子	乙丑	丙寅	丁卯	戊辰	己巳	庚午	辛未	冬至	癸酉	甲戌	乙亥	丙子	丁丑	戊寅	己卯	庚辰	辛巳

近世中西史日對照表

陽歷　一　月份　　（陰歷十一、十二月份）

陽	**1**	2	3	4	5	6	7	8	9	10	11	12	13	14	15	16	17	18	19	20	21	22	23	24	25	26	27	28	29	30	31
陰	廿八	廿九	卅	**十二**	二	三	四	五	六	七	八	九	十	十一	十二	十三	十四	十五	十六	十七	十八	十九	廿	廿一	廿二	廿三	廿四	廿五	廿六	廿七	廿八
星	6	**日**	1	2	3	4	5	6	**日**	1	2	3	4	5	6	**日**	1	2	3	4	5	6	**日**	1	2	3	4	5	6	**日**	1
干節	壬午	癸未	甲申	乙酉	丙戌	**小寒**	戊子	己丑	庚寅	辛卯	壬辰	癸巳	甲午	乙未	丙申	丁酉	戊戌	己亥	庚子	**大寒**	壬寅	癸卯	甲辰	乙巳	丙午	丁未	戊申	己酉	庚戌	辛亥	壬子

陽歷　二　月份　　（陰歷十二、正月份）

陽	**2**	2	3	4	5	6	7	8	9	10	11	12	13	14	15	16	17	18	19	20	21	22	23	24	25	26	27	28			
陰	廿九	卅	**正**	二	三	四	五	六	七	八	九	十	十一	十二	十三	十四	十五	十六	十七	十八	十九	廿	廿一	廿二	廿三	廿四	廿五	廿六			
星	2	3	4	5	6	**日**	1	2	3	4	5	6	**日**	1	2	3	4	5	6	**日**	1	2	3	4	5	6	**日**	1			
干節	癸丑	甲寅	乙卯	**立春**	丁巳	戊午	己未	庚申	辛酉	壬戌	癸亥	甲子	乙丑	丙寅	丁卯	戊辰	己巳	庚午	**雨水**	壬申	癸酉	甲戌	乙亥	丙子	丁丑	戊寅	己卯	庚辰			

陽歷　三　月份　　（陰歷正、二月份）

陽	**3**	2	3	4	5	6	7	8	9	10	11	12	13	14	15	16	17	18	19	20	21	22	23	24	25	26	27	28	29	30	31
陰	廿七	廿八	廿九	**二**	二	三	四	五	六	七	八	九	十	十一	十二	十三	十四	十五	十六	十七	十八	十九	廿	廿一	廿二	廿三	廿四	廿五	廿六	廿七	廿八
星	2	3	4	5	6	**日**	1	2	3	4	5	6	**日**	1	2	3	4	5	6	**日**	1	2	3	4	5	6	**日**	1	2	3	4
干節	辛巳	壬午	癸未	甲申	乙酉	**驚蟄**	丁亥	戊子	己丑	庚寅	辛卯	壬辰	癸巳	甲午	乙未	丙申	丁酉	戊戌	己亥	庚子	**春分**	壬寅	癸卯	甲辰	乙巳	丙午	丁未	戊申	己酉	庚戌	辛亥

陽歷　四　月份　　（陰歷二、三月份）

陽	**4**	2	3	4	5	6	7	8	9	10	11	12	13	14	15	16	17	18	19	20	21	22	23	24	25	26	27	28	29	30	
陰	廿九	卅	**三**	二	三	四	五	六	七	八	九	十	十一	十二	十三	十四	十五	十六	十七	十八	十九	廿	廿一	廿二	廿三	廿四	廿五	廿六	廿七	廿八	
星	5	6	**日**	1	2	3	4	5	6	**日**	1	2	3	4	5	6	**日**	1	2	3	4	5	6	**日**	1	2	3	4	5	6	
干節	壬子	癸丑	甲寅	乙卯	**清明**	丁巳	戊午	己未	庚申	辛酉	壬戌	癸亥	甲子	乙丑	丙寅	丁卯	戊辰	己巳	庚午	辛未	**穀雨**	癸酉	甲戌	乙亥	丙子	丁丑	戊寅	己卯	庚辰	辛巳	

陽歷　五　月份　　（陰歷三、四、五月份）

陽	**5**	2	3	4	5	6	7	8	9	10	11	12	13	14	15	16	17	18	19	20	21	22	23	24	25	26	27	28	29	30	31
陰	廿九	**四**	二	三	四	五	六	七	八	九	十	十一	十二	十三	十四	十五	十六	十七	十八	十九	廿	廿一	廿二	廿三	廿四	廿五	廿六	廿七	廿八	廿九	**五**
星	**日**	1	2	3	4	5	6	**日**	1	2	3	4	5	6	**日**	1	2	3	4	5	6	**日**	1	2	3	4	5	6	**日**	1	2
干節	壬午	癸未	甲申	乙酉	丙戌	**立夏**	戊子	己丑	庚寅	辛卯	壬辰	癸巳	甲午	乙未	丙申	丁酉	戊戌	己亥	庚子	辛丑	壬寅	**小滿**	甲辰	乙巳	丙午	丁未	戊申	己酉	庚戌	辛亥	壬子

陽歷　六　月份　　（陰歷五、六月份）

陽	**6**	2	3	4	5	6	7	8	9	10	11	12	13	14	15	16	17	18	19	20	21	22	23	24	25	26	27	28	29	30	
陰	二	三	四	五	六	七	八	九	十	十一	十二	十三	十四	十五	十六	十七	十八	十九	廿	廿一	廿二	廿三	廿四	廿五	廿六	廿七	廿八	廿九	卅	**六**	
星	3	4	5	6	**日**	1	2	3	4	5	6	**日**	1	2	3	4	5	6	**日**	1	2	3	4	5	6	**日**	1	2	3	4	
干節	癸丑	甲寅	乙卯	丙辰	丁巳	**芒種**	己未	庚申	辛酉	壬戌	癸亥	甲子	乙丑	丙寅	丁卯	戊辰	己巳	庚午	辛未	壬申	癸酉	**夏至**	乙亥	丙子	丁丑	戊寅	己卯	庚辰	辛巳	壬午	

丁亥

一七〇七年

（清聖祖康熙四六年）

陽曆七月份　（陰曆六、七月份）

陽	7	2	3	4	5	6	7	8	9	10	11	12	13	14	15	16	17	18	19	20	21	22	23	24	25	26	27	28	29	30	31
陰	二	三	四	五	六	七	八	九	十	十一	十二	十三	十四	十五	十六	十七	十八	十九	廿	廿一	廿二	廿三	廿四	廿五	廿六	廿七	廿八	廿九	七	二	三
星	5	6	日	1	2	3	4	5	6	日	1	2	3	4	5	6	日	1	2	3	4	5	6	日	1	2	3	4	5	6	日
干節	癸未	甲申	乙酉	丙戌	丁亥	戊子	己丑	小暑	辛卯	壬辰	癸巳	甲午	乙未	丙申	丁酉	戊戌	己亥	庚子	辛丑	壬寅	癸卯	甲辰	乙巳	大暑	丁未	戊申	己酉	庚戌	辛亥	壬子	癸丑

陽曆八月份　（陰曆七、八月份）

陽	8	2	3	4	5	6	7	8	9	10	11	12	13	14	15	16	17	18	19	20	21	22	23	24	25	26	27	28	29	30	31
陰	四	五	六	七	八	九	十	十一	十二	十三	十四	十五	十六	十七	十八	十九	廿	廿一	廿二	廿三	廿四	廿五	廿六	廿七	廿八	廿九	八	二	三	四	五
星	1	2	3	4	5	6	日	1	2	3	4	5	6	日	1	2	3	4	5	6	日	1	2	3	4	5	6	日	1	2	3
干節	甲寅	乙卯	丙辰	丁巳	戊午	己未	庚申	立秋	壬戌	癸亥	甲子	乙丑	丙寅	丁卯	戊辰	己巳	庚午	辛未	壬申	癸酉	甲戌	乙亥	丙子	處暑	戊寅	己卯	庚辰	辛巳	壬午	癸未	甲申

陽曆九月份　（陰曆八、九月份）

陽	9	2	3	4	5	6	7	8	9	10	11	12	13	14	15	16	17	18	19	20	21	22	23	24	25	26	27	28	29	30
陰	六	七	八	九	十	十一	十二	十三	十四	十五	十六	十七	十八	十九	廿	廿一	廿二	廿三	廿四	廿五	廿六	廿七	廿八	廿九	卅	九	二	三	四	五
星	4	5	6	日	1	2	3	4	5	6	日	1	2	3	4	5	6	日	1	2	3	4	5	6	日	1	2	3	4	5
干節	乙酉	丙戌	丁亥	戊子	己丑	庚寅	辛卯	白露	癸巳	甲午	乙未	丙申	丁酉	戊戌	己亥	庚子	辛丑	壬寅	癸卯	甲辰	乙巳	丙午	丁未	秋分	己酉	庚戌	辛亥	壬子	癸丑	甲寅

陽曆十月份　（陰曆九、十月份）

陽	10	2	3	4	5	6	7	8	9	10	11	12	13	14	15	16	17	18	19	20	21	22	23	24	25	26	27	28	29	30	31
陰	六	七	八	九	十	十一	十二	十三	十四	十五	十六	十七	十八	十九	廿	廿一	廿二	廿三	廿四	廿五	廿六	廿七	廿八	廿九	十	二	三	四	五	六	七
星	6	日	1	2	3	4	5	6	日	1	2	3	4	5	6	日	1	2	3	4	5	6	日	1	2	3	4	5	6	日	1
干節	乙卯	丙辰	丁巳	戊午	己未	庚申	辛酉	壬戌	寒露	甲子	乙丑	丙寅	丁卯	戊辰	己巳	庚午	辛未	壬申	癸酉	甲戌	乙亥	丙子	丁丑	霜降	己卯	庚辰	辛巳	壬午	癸未	甲申	乙酉

陽曆十一月份　（陰曆十、十一月份）

陽	11	2	3	4	5	6	7	8	9	10	11	12	13	14	15	16	17	18	19	20	21	22	23	24	25	26	27	28	29	30
陰	八	九	十	十一	十二	十三	十四	十五	十六	十七	十八	十九	廿	廿一	廿二	廿三	廿四	廿五	廿六	廿七	廿八	廿九	卅	十一	二	三	四	五	六	七
星	2	3	4	5	6	日	1	2	3	4	5	6	日	1	2	3	4	5	6	日	1	2	3	4	5	6	日	1	2	3
干節	丙戌	丁亥	戊子	己丑	庚寅	辛卯	壬辰	立冬	甲午	乙未	丙申	丁酉	戊戌	己亥	庚子	辛丑	壬寅	癸卯	甲辰	乙巳	丙午	丁未	小雪	己酉	庚戌	辛亥	壬子	癸丑	甲寅	乙卯

陽曆十二月份　（陰曆十一、十二月份）

陽	12	2	3	4	5	6	7	8	9	10	11	12	13	14	15	16	17	18	19	20	21	22	23	24	25	26	27	28	29	30	31
陰	八	九	十	十一	十二	十三	十四	十五	十六	十七	十八	十九	廿	廿一	廿二	廿三	廿四	廿五	廿六	廿七	廿八	廿九	卅	十二	二	三	四	五	六	七	八
星	4	5	6	日	1	2	3	4	5	6	日	1	2	3	4	5	6	日	1	2	3	4	5	6	日	1	2	3	4	5	6
干節	丙辰	丁巳	戊午	己未	庚申	辛酉	壬戌	大雪	甲子	乙丑	丙寅	丁卯	戊辰	己巳	庚午	辛未	壬申	癸酉	甲戌	乙亥	丙子	冬至	戊寅	己卯	庚辰	辛巳	壬午	癸未	甲申	乙酉	丙戌

近世中西史日對照表

陽歷　一月份　（陰歷十二、正月份）

陽	1	2	3	4	5	6	7	8	9	10	11	12	13	14	15	16	17	18	19	20	21	22	23	24	25	26	27	28	29	30	31
陰	九	十	十一	十二	十三	十四	十五	十六	十七	十八	十九	廿	廿一	廿二	廿三	廿四	廿五	廿六	廿七	廿八	廿九	卅	正	二	三	四	五	六	七	八	九
星	日	1	2	3	4	5	6	日	1	2	3	4	5	6	日	1	2	3	4	5	6	日	1	2	3	4	5	6	日	1	2
干節	丁亥	戊子	己丑	庚寅	辛卯	小寒	癸巳	甲午	乙未	丙申	丁酉	戊戌	己亥	庚子	辛丑	壬寅	癸卯	甲辰	乙巳	丙午	大寒	戊申	己酉	庚戌	辛亥	壬子	癸丑	甲寅	乙卯	丙辰	丁巳

陽歷　二月份　（陰歷正、二月份）

陽	1	2	3	4	5	6	7	8	9	10	11	12	13	14	15	16	17	18	19	20	21	22	23	24	25	26	27	28	29		
陰	十	十一	十二	十三	十四	十五	十六	十七	十八	十九	廿	廿一	廿二	廿三	廿四	廿五	廿六	廿七	廿八	廿九	二	二	三	四	五	六	七	八	九		
星	3	4	5	6	日	1	2	3	4	5	6	日	1	2	3	4	5	6	日	1	2	3	4	5	6	日	1	2	3		
干節	戊午	己未	庚申	立春	壬戌	癸亥	甲子	乙丑	丙寅	丁卯	戊辰	己巳	庚午	辛未	壬申	癸酉	甲戌	乙亥	雨水	丁丑	戊寅	己卯	庚辰	辛巳	壬午	癸未	甲申	乙酉	丙戌		

陽歷　三月份　（陰歷二、三月份）

陽	1	2	3	4	5	6	7	8	9	10	11	12	13	14	15	16	17	18	19	20	21	22	23	24	25	26	27	28	29	30	31
陰	十	十一	十二	十三	十四	十五	十六	十七	十八	十九	廿	廿一	廿二	廿三	廿四	廿五	廿六	廿七	廿八	廿九	卅	三	二	三	四	五	六	七	八	九	十
星	4	5	6	日	1	2	3	4	5	6	日	1	2	3	4	5	6	日	1	2	3	4	5	6	日	1	2	3	4	5	6
干節	丁亥	戊子	己丑	庚寅	驚蟄	壬辰	癸巳	甲午	乙未	丙申	丁酉	戊戌	己亥	庚子	辛丑	壬寅	癸卯	甲辰	乙巳	春分	丁未	戊申	己酉	庚戌	辛亥	壬子	癸丑	甲寅	乙卯	丙辰	丁巳

陽歷　四月份　（陰歷三、閏三月份）

陽	1	2	3	4	5	6	7	8	9	10	11	12	13	14	15	16	17	18	19	20	21	22	23	24	25	26	27	28	29	30	
陰	十一	十二	十三	十四	十五	十六	十七	十八	十九	廿	廿一	廿二	廿三	廿四	廿五	廿六	廿七	廿八	廿九	卅	閏	二	三	四	五	六	七	八	九	十	
星	日	1	2	3	4	5	6	日	1	2	3	4	5	6	日	1	2	3	4	5	6	日	1	2	3	4	5	6	日	1	
干節	戊午	己未	庚申	辛酉	清明	癸亥	甲子	乙丑	丙寅	丁卯	戊辰	己巳	庚午	辛未	壬申	癸酉	甲戌	乙亥	丙子	穀雨	戊寅	己卯	庚辰	辛巳	壬午	癸未	甲申	乙酉	丙戌	丁亥	

陽歷　五月份　（陰歷閏三、四月份）

陽	1	2	3	4	5	6	7	8	9	10	11	12	13	14	15	16	17	18	19	20	21	22	23	24	25	26	27	28	29	30	31
陰	十一	十二	十三	十四	十五	十六	十七	十八	十九	廿	廿一	廿二	廿三	廿四	廿五	廿六	廿七	廿八	廿九	四	二	三	四	五	六	七	八	九	十	十一	十二
星	2	3	4	5	6	日	1	2	3	4	5	6	日	1	2	3	4	5	6	日	1	2	3	4	5	6	日	1	2	3	4
干節	戊子	己丑	庚寅	辛卯	立夏	癸巳	甲午	乙未	丙申	丁酉	戊戌	己亥	庚子	辛丑	壬寅	癸卯	甲辰	乙巳	丙午	丁未	小滿	己酉	庚戌	辛亥	壬子	癸丑	甲寅	乙卯	丙辰	丁巳	戊午

陽歷　六月份　（陰歷四、五月份）

陽	1	2	3	4	5	6	7	8	9	10	11	12	13	14	15	16	17	18	19	20	21	22	23	24	25	26	27	28	29	30	
陰	十三	十四	十五	十六	十七	十八	十九	廿	廿一	廿二	廿三	廿四	廿五	廿六	廿七	廿八	廿九	五	二	三	四	五	六	七	八	九	十	十一	十二	十三	
星	5	6	日	1	2	3	4	5	6	日	1	2	3	4	5	6	日	1	2	3	4	5	6	日	1	2	3	4	5	6	
干節	己未	庚申	辛酉	壬戌	癸亥	芒種	乙丑	丙寅	丁卯	戊辰	己巳	庚午	辛未	壬申	癸酉	甲戌	乙亥	丙子	丁丑	戊寅	夏至	庚辰	辛巳	壬午	癸未	甲申	乙酉	丙戌	丁亥	戊子	

戊子

一七〇八年

（清聖祖康熙四七年）

陽歷七月份　（陰歷五、六月份）

陽	7	2	3	4	5	6	7	8	9	10	11	12	13	14	15	16	17	18	19	20	21	22	23	24	25	26	27	28	29	30	31
陰	十四	十五	十六	十七	十八	十九	廿	廿一	廿二	廿三	廿四	廿五	廿六	廿七	廿八	廿九	卅	六	二	三	四	五	六	七	八	九	十	十一	十二	十三	十四
星	日	1	2	3	4	5	6	日	1	2	3	4	5	6	日	1	2	3	4	5	6	日	1	2	3	4	5	6	日	1	2
干節	己丑	庚寅	辛卯	壬辰	癸巳	甲午	小暑	丙申	丁酉	戊戌	己亥	庚子	辛丑	壬寅	癸卯	甲辰	乙巳	丙午	丁未	戊申	己酉	庚戌	大暑	壬子	癸丑	甲寅	乙卯	丙辰	丁巳	戊午	己未

陽歷八月份　（陰歷六、七月份）

陽	8	2	3	4	5	6	7	8	9	10	11	12	13	14	15	16	17	18	19	20	21	22	23	24	25	26	27	28	29	30	31
陰	十五	十六	十七	十八	十九	廿	廿一	廿二	廿三	廿四	廿五	廿六	廿七	廿八	廿九	七	二	三	四	五	六	七	八	九	十	十一	十二	十三	十四	十五	十六
星	3	4	5	6	日	1	2	3	4	5	6	日	1	2	3	4	5	6	日	1	2	3	4	5	6	日	1	2	3	4	5
干節	庚申	辛酉	壬戌	癸亥	甲子	乙丑	丙寅	立秋	戊辰	己巳	庚午	辛未	壬申	癸酉	甲戌	乙亥	丙子	丁丑	戊寅	己卯	庚辰	辛巳	處暑	癸未	甲申	乙酉	丙戌	丁亥	戊子	己丑	庚寅

陽歷九月份　（陰歷七、八月份）

陽	9	2	3	4	5	6	7	8	9	10	11	12	13	14	15	16	17	18	19	20	21	22	23	24	25	26	27	28	29	30	
陰	十七	十八	十九	廿	廿一	廿二	廿三	廿四	廿五	廿六	廿七	廿八	廿九	八	二	三	四	五	六	七	八	九	十	十一	十二	十三	十四	十五	十六	十七	
星	6	日	1	2	3	4	5	6	日	1	2	3	4	5	6	日	1	2	3	4	5	6	日	1	2	3	4	5	6	日	
干節	辛卯	壬辰	癸巳	甲午	乙未	丙申	丁酉	白露	己亥	庚子	辛丑	壬寅	癸卯	甲辰	乙巳	丙午	丁未	戊申	己酉	庚戌	辛亥	壬子	秋分	甲寅	乙卯	丙辰	丁巳	戊午	己未	庚申	

陽歷十月份　（陰歷八、九月份）

陽	10	2	3	4	5	6	7	8	9	10	11	12	13	14	15	16	17	18	19	20	21	22	23	24	25	26	27	28	29	30	31
陰	十八	十九	廿	廿一	廿二	廿三	廿四	廿五	廿六	廿七	廿八	廿九	卅	九	二	三	四	五	六	七	八	九	十	十一	十二	十三	十四	十五	十六	十七	十八
星	1	2	3	4	5	6	日	1	2	3	4	5	6	日	1	2	3	4	5	6	日	1	2	3	4	5	6	日	1	2	3
干節	辛酉	壬戌	癸亥	甲子	乙丑	丙寅	丁卯	寒露	己巳	庚午	辛未	壬申	癸酉	甲戌	乙亥	丙子	丁丑	戊寅	己卯	庚辰	辛巳	壬午	霜降	甲申	乙酉	丙戌	丁亥	戊子	己丑	庚寅	辛卯

陽歷十一月份　（陰歷九、十月份）

陽	11	2	3	4	5	6	7	8	9	10	11	12	13	14	15	16	17	18	19	20	21	22	23	24	25	26	27	28	29	30	
陰	十九	廿	廿一	廿二	廿三	廿四	廿五	廿六	廿七	廿八	廿九	十	二	三	四	五	六	七	八	九	十	十一	十二	十三	十四	十五	十六	十七	十八	十九	
星	4	5	6	日	1	2	3	4	5	6	日	1	2	3	4	5	6	日	1	2	3	4	5	6	日	1	2	3	4	5	
干節	壬辰	癸巳	甲午	乙未	丙申	丁酉	立冬	己亥	庚子	辛丑	壬寅	癸卯	甲辰	乙巳	丙午	丁未	戊申	己酉	庚戌	辛亥	壬子	小雪	甲寅	乙卯	丙辰	丁巳	戊午	己未	庚申	辛酉	

陽歷十二月份　（陰歷十、十一月份）

陽	12	2	3	4	5	6	7	8	9	10	11	12	13	14	15	16	17	18	19	20	21	22	23	24	25	26	27	28	29	30	31
陰	廿	廿一	廿二	廿三	廿四	廿五	廿六	廿七	廿八	廿九	卅	十一	二	三	四	五	六	七	八	九	十	十一	十二	十三	十四	十五	十六	十七	十八	十九	廿
星	6	日	1	2	3	4	5	6	日	1	2	3	4	5	6	日	1	2	3	4	5	6	日	1	2	3	4	5	6	日	1
干節	壬戌	癸亥	甲子	乙丑	丙寅	丁卯	大雪	己巳	庚午	辛未	壬申	癸酉	甲戌	乙亥	丙子	丁丑	戊寅	己卯	庚辰	辛巳	冬至	癸未	甲申	乙酉	丙戌	丁亥	戊子	己丑	庚寅	辛卯	壬辰

近世中西史日對照表

陽歷 一 月份 （陰歷十一、十二月份）

陽	**1**	2	3	4	5	6	7	8	9	10	11	12	13	14	15	16	17	18	19	20	21	22	23	24	25	26	27	28	29	30	31
陰	廿一	廿二	廿三	廿四	廿五	廿六	廿七	廿八	廿九	卅	**十二**	二	三	四	五	六	七	八	九	十	十一	十二	十三	十四	十五	十六	十七	十八	十九	廿	廿一
星	2	3	4	5	6	**日**	1	2	3	4	5	6	**日**	1	2	3	4	5	6	**日**	1	2	3	4	5	6	**日**	1	2	3	4
干節	癸巳	甲午	乙未	丙申	**小寒**	戊戌	己亥	庚子	辛丑	壬寅	癸卯	甲辰	乙巳	丙午	丁未	戊申	己酉	庚戌	辛亥	**大寒**	癸丑	甲寅	乙卯	丙辰	丁巳	戊午	己未	庚申	辛酉	壬戌	癸亥

陽歷 二 月份 （陰歷十二、正月份）

陽	**2**	2	3	4	5	6	7	8	9	10	11	12	13	14	15	16	17	18	19	20	21	22	23	24	25	26	27	28
陰	廿二	廿三	廿四	廿五	廿六	廿七	廿八	廿九	卅	**正**	二	三	四	五	六	七	八	九	十	十一	十二	十三	十四	十五	十六	十七	十八	十九
星	5	6	**日**	1	2	3	4	5	6	**日**	1	2	3	4	5	6	**日**	1	2	3	4	5	6	**日**	1	2	3	4
干節	甲子	乙丑	丙寅	**立春**	戊辰	己巳	庚午	辛未	壬申	癸酉	甲戌	乙亥	丙子	丁丑	戊寅	己卯	庚辰	**雨水**	壬午	癸未	甲申	乙酉	丙戌	丁亥	戊子	己丑	庚寅	辛卯

陽歷 三 月份 （陰歷正、二月份）

陽	**3**	2	3	4	5	6	7	8	9	10	11	12	13	14	15	16	17	18	19	20	21	22	23	24	25	26	27	28	29	30	31
陰	廿	廿一	廿二	廿三	廿四	廿五	廿六	廿七	廿八	廿九	**二**	二	三	四	五	六	七	八	九	十	十一	十二	十三	十四	十五	十六	十七	十八	十九	廿	廿一
星	5	6	**日**	1	2	3	4	5	6	**日**	1	2	3	4	5	6	**日**	1	2	3	4	5	6	**日**	1	2	3	4	5	6	**日**
干節	壬辰	癸巳	甲午	乙未	**驚蟄**	丁酉	戊戌	己亥	庚子	辛丑	壬寅	癸卯	甲辰	乙巳	丙午	丁未	戊申	己酉	庚戌	**春分**	壬子	癸丑	甲寅	乙卯	丙辰	丁巳	戊午	己未	庚申	辛酉	壬戌

陽歷 四 月份 （陰歷二、三月份）

陽	**4**	2	3	4	5	6	7	8	9	10	11	12	13	14	15	16	17	18	19	20	21	22	23	24	25	26	27	28	29	30
陰	廿二	廿三	廿四	廿五	廿六	廿七	廿八	廿九	卅	**三**	二	三	四	五	六	七	八	九	十	十一	十二	十三	十四	十五	十六	十七	十八	十九	廿	廿一
星	1	2	3	4	5	6	**日**	1	2	3	4	5	6	**日**	1	2	3	4	5	6	**日**	1	2	3	4	5	6	**日**	1	2
干節	癸亥	甲子	乙丑	丙寅	**清明**	戊辰	己巳	庚午	辛未	壬申	癸酉	甲戌	乙亥	丙子	丁丑	戊寅	己卯	庚辰	辛巳	**穀雨**	癸未	甲申	乙酉	丙戌	丁亥	戊子	己丑	庚寅	辛卯	壬辰

陽歷 五 月份 （陰歷三、四月份）

陽	**5**	2	3	4	5	6	7	8	9	10	11	12	13	14	15	16	17	18	19	20	21	22	23	24	25	26	27	28	29	30	31
陰	廿二	廿三	廿四	廿五	廿六	廿七	廿八	廿九	卅	**四**	二	三	四	五	六	七	八	九	十	十一	十二	十三	十四	十五	十六	十七	十八	十九	廿	廿一	廿二
星	3	4	5	6	**日**	1	2	3	4	5	6	**日**	1	2	3	4	5	6	**日**	1	2	3	4	5	6	**日**	1	2	3	4	5
干節	癸巳	甲午	乙未	丙申	丁酉	**立夏**	己亥	庚子	辛丑	壬寅	癸卯	甲辰	乙巳	丙午	丁未	戊申	己酉	庚戌	辛亥	壬子	**小滿**	甲寅	乙卯	丙辰	丁巳	戊午	己未	庚申	辛酉	壬戌	癸亥

陽歷 六 月份 （陰歷四、五月份）

陽	**6**	2	3	4	5	6	7	8	9	10	11	12	13	14	15	16	17	18	19	20	21	22	23	24	25	26	27	28	29	30
陰	廿三	廿四	廿五	廿六	廿七	廿八	廿九	**五**	二	三	四	五	六	七	八	九	十	十一	十二	十三	十四	十五	十六	十七	十八	十九	廿	廿一	廿二	廿三
星	6	**日**	1	2	3	4	5	6	**日**	1	2	3	4	5	6	**日**	1	2	3	4	5	6	**日**	1	2	3	4	5	6	**日**
干節	甲子	乙丑	丙寅	丁卯	戊辰	**芒種**	庚午	辛未	壬申	癸酉	甲戌	乙亥	丙子	丁丑	戊寅	己卯	庚辰	辛巳	壬午	癸未	甲申	**夏至**	丙戌	丁亥	戊子	己丑	庚寅	辛卯	壬辰	癸巳

陽歷七月份　（陰歷五、六、月份）

陽	7	2	3	4	5	6	7	8	9	10	11	12	13	14	15	16	17	18	19	20	21	22	23	24	25	26	27	28	29	30	31
陰	廿四	廿五	廿六	廿七	廿八	廿九	六	二	三	四	五	六	七	八	九	十	十一	十二	十三	十四	十五	十六	十七	十八	十九	廿	廿一	廿二	廿三	廿四	廿五
星	1	2	3	4	5	6	日	1	2	3	4	5	6	日	1	2	3	4	5	6	日	1	2	3	4	5	6	日	1	2	3
干節	甲午	乙未	丙申	丁酉	戊戌	己亥	小暑	辛丑	壬寅	癸卯	甲辰	乙巳	丙午	丁未	戊申	己酉	庚戌	辛亥	壬子	癸丑	甲寅	乙卯	大暑	丁巳	戊午	己未	庚申	辛酉	壬戌	癸亥	甲子

陽歷八月份　（陰歷六、七月份）

陽	8	2	3	4	5	6	7	8	9	10	11	12	13	14	15	16	17	18	19	20	21	22	23	24	25	26	27	28	29	30	31
陰	廿六	廿七	廿八	廿九	卅	七	二	三	四	五	六	七	八	九	十	十一	十二	十三	十四	十五	十六	十七	十八	十九	廿	廿一	廿二	廿三	廿四	廿五	廿六
星	4	5	6	日	1	2	3	4	5	6	日	1	2	3	4	5	6	日	1	2	3	4	5	6	日	1	2	3	4	5	6
干節	乙丑	丙寅	丁卯	戊辰	己巳	庚午	辛未	立秋	癸酉	甲戌	乙亥	丙子	丁丑	戊寅	己卯	庚辰	辛巳	壬午	癸未	甲申	乙酉	丙戌	處暑	戊子	己丑	庚寅	辛卯	壬辰	癸巳	甲午	乙未

陽歷九月份　（陰歷七、八月份）

陽	9	2	3	4	5	6	7	8	9	10	11	12	13	14	15	16	17	18	19	20	21	22	23	24	25	26	27	28	29	30	
陰	廿七	廿八	廿九	八	二	三	四	五	六	七	八	九	十	十一	十二	十三	十四	十五	十六	十七	十八	十九	廿	廿一	廿二	廿三	廿四	廿五	廿六	廿七	
星	日	1	2	3	4	5	6	日	1	2	3	4	5	6	日	1	2	3	4	5	6	日	1	2	3	4	5	6	日	1	
干節	丙申	丁酉	戊戌	己亥	庚子	辛丑	壬寅	白露	甲辰	乙巳	丙午	丁未	戊申	己酉	庚戌	辛亥	壬子	癸丑	甲寅	乙卯	丙辰	丁巳	秋分	己未	庚申	辛酉	壬戌	癸亥	甲子	乙丑	

陽歷十月份　（陰歷八、九月份）

陽	10	2	3	4	5	6	7	8	9	10	11	12	13	14	15	16	17	18	19	20	21	22	23	24	25	26	27	28	29	30	31
陰	廿八	廿九	九	二	三	四	五	六	七	八	九	十	十一	十二	十三	十四	十五	十六	十七	十八	十九	廿	廿一	廿二	廿三	廿四	廿五	廿六	廿七	廿八	廿九
星	2	3	4	5	6	日	1	2	3	4	5	6	日	1	2	3	4	5	6	日	1	2	3	4	5	6	日	1	2	3	4
干節	丙寅	丁卯	戊辰	己巳	庚午	辛未	壬申	寒露	甲戌	乙亥	丙子	丁丑	戊寅	己卯	庚辰	辛巳	壬午	癸未	甲申	乙酉	丙戌	丁亥	霜降	己丑	庚寅	辛卯	壬辰	癸巳	甲午	乙未	丙申

陽歷十一月份　（陰歷九、十月份）

陽	11	2	3	4	5	6	7	8	9	10	11	12	13	14	15	16	17	18	19	20	21	22	23	24	25	26	27	28	29	30	
陰	卅	十	二	三	四	五	六	七	八	九	十	十一	十二	十三	十四	十五	十六	十七	十八	十九	廿	廿一	廿二	廿三	廿四	廿五	廿六	廿七	廿八	廿九	
星	5	6	日	1	2	3	4	5	6	日	1	2	3	4	5	6	日	1	2	3	4	5	6	日	1	2	3	4	5	6	
干節	丁酉	戊戌	己亥	庚子	辛丑	壬寅	立冬	甲辰	乙巳	丙午	丁未	戊申	己酉	庚戌	辛亥	壬子	癸丑	甲寅	乙卯	丙辰	丁巳	小雪	己未	庚申	辛酉	壬戌	癸亥	甲子	乙丑	丙寅	

陽歷十二月份　（陰歷十一、十二月份）

陽	12	2	3	4	5	6	7	8	9	10	11	12	13	14	15	16	17	18	19	20	21	22	23	24	25	26	27	28	29	30	31
陰	十一	二	三	四	五	六	七	八	九	十	十一	十二	十三	十四	十五	十六	十七	十八	十九	廿	廿一	廿二	廿三	廿四	廿五	廿六	廿七	廿八	廿九	卅	十二
星	日	1	2	3	4	5	6	日	1	2	3	4	5	6	日	1	2	3	4	5	6	日	1	2	3	4	5	6	日	1	2
干節	丁卯	戊辰	己巳	庚午	辛未	壬申	大雪	甲戌	乙亥	丙子	丁丑	戊寅	己卯	庚辰	辛巳	壬午	癸未	甲申	乙酉	丙戌	丁亥	冬至	己丑	庚寅	辛卯	壬辰	癸巳	甲午	乙未	丙申	丁酉

近世中西史日對照表

陽歷 一 月份 （陰歷十二、正月份）

陽	**1**	2	3	4	5	6	7	8	9	10	11	12	13	14	15	16	17	18	19	20	21	22	23	24	25	26	27	28	29	30	31
陰	二	三	四	五	六	七	八	九	十	十一	十二	十三	十四	十五	十六	十七	十八	十九	廿	廿一	廿二	廿三	廿四	廿五	廿六	廿七	廿八	廿九	卅	**正**	二
星	3	4	5	6	**日**	1	2	3	4	5	6	**日**	1	2	3	4	5	6	**日**	1	2	3	4	5	6	**日**	1	2	3	4	5
干節	戊戌	己亥	庚子	辛丑	**小寒**	癸卯	甲辰	乙巳	丙午	丁未	戊申	己酉	庚戌	辛亥	壬子	癸丑	甲寅	乙卯	丙辰	**大寒**	戊午	己未	庚申	辛酉	壬戌	癸亥	甲子	乙丑	丙寅	丁卯	戊辰

陽歷 二 月份 （陰歷正、二月份）

陽	**2**	2	3	4	5	6	7	8	9	10	11	12	13	14	15	16	17	18	19	20	21	22	23	24	25	26	27	28			
陰	三	四	五	六	七	八	九	十	十一	十二	十三	十四	十五	十六	十七	十八	十九	廿	廿一	廿二	廿三	廿四	廿五	廿六	廿七	廿八	廿九	**二**			
星	6	**日**	1	2	3	4	5	6	**日**	1	2	3	4	5	6	**日**	1	2	3	4	5	6	**日**	1	2	3	4	5			
干節	己巳	庚午	辛未	**立春**	癸酉	甲戌	乙亥	丙子	丁丑	戊寅	己卯	庚辰	辛巳	壬午	癸未	甲申	乙酉	丙戌	**雨水**	戊子	己丑	庚寅	辛卯	壬辰	癸巳	甲午	乙未	丙申			

陽歷 三 月份 （陰歷二、三月份）

陽	**3**	2	3	4	5	6	7	8	9	10	11	12	13	14	15	16	17	18	19	20	21	22	23	24	25	26	27	28	29	30	31
陰	二	三	四	五	六	七	八	九	十	十一	十二	十三	十四	十五	十六	十七	十八	十九	廿	廿一	廿二	廿三	廿四	廿五	廿六	廿七	廿八	廿九	卅	**三**	二
星	6	**日**	1	2	3	4	5	6	**日**	1	2	3	4	5	6	**日**	1	2	3	4	5	6	**日**	1	2	3	4	5	6	**日**	1
干節	丁酉	戊戌	己亥	庚子	辛丑	**驚蟄**	癸卯	甲辰	乙巳	丙午	丁未	戊申	己酉	庚戌	辛亥	壬子	癸丑	甲寅	乙卯	丙辰	**春分**	戊午	己未	庚申	辛酉	壬戌	癸亥	甲子	乙丑	丙寅	丁卯

陽歷 四 月份 （陰歷三、四月份）

陽	**4**	2	3	4	5	6	7	8	9	10	11	12	13	14	15	16	17	18	19	20	21	22	23	24	25	26	27	28	29	30	
陰	三	四	五	六	七	八	九	十	十一	十二	十三	十四	十五	十六	十七	十八	十九	廿	廿一	廿二	廿三	廿四	廿五	廿六	廿七	廿八	廿九	卅	**四**	二	
星	2	3	4	5	6	**日**	1	2	3	4	5	6	**日**	1	2	3	4	5	6	**日**	1	2	3	4	5	6	**日**	1	2	3	
干節	戊辰	己巳	庚午	辛未	**清明**	癸酉	甲戌	乙亥	丙子	丁丑	戊寅	己卯	庚辰	辛巳	壬午	癸未	甲申	乙酉	丙戌	**穀雨**	戊子	己丑	庚寅	辛卯	壬辰	癸巳	甲午	乙未	丙申	丁酉	

陽歷 五 月份 （陰歷四、五月份）

陽	**5**	2	3	4	5	6	7	8	9	10	11	12	13	14	15	16	17	18	19	20	21	22	23	24	25	26	27	28	29	30	31
陰	三	四	五	六	七	八	九	十	十一	十二	十三	十四	十五	十六	十七	十八	十九	廿	廿一	廿二	廿三	廿四	廿五	廿六	廿七	廿八	廿九	**五**	二	三	四
星	4	5	6	**日**	1	2	3	4	5	6	**日**	1	2	3	4	5	6	**日**	1	2	3	4	5	6	**日**	1	2	3	4	5	6
干節	戊戌	己亥	庚子	辛丑	壬寅	**立夏**	甲辰	乙巳	丙午	丁未	戊申	己酉	庚戌	辛亥	壬子	癸丑	甲寅	乙卯	丙辰	丁巳	**小滿**	己未	庚申	辛酉	壬戌	癸亥	甲子	乙丑	丙寅	丁卯	戊辰

陽歷 六 月份 （陰歷五、六月份）

陽	**6**	2	3	4	5	6	7	8	9	10	11	12	13	14	15	16	17	18	19	20	21	22	23	24	25	26	27	28	29	30	
陰	五	六	七	八	九	十	十一	十二	十三	十四	十五	十六	十七	十八	十九	廿	廿一	廿二	廿三	廿四	廿五	廿六	廿七	廿八	廿九	卅	**六**	二	三	四	
星	**日**	1	2	3	4	5	6	**日**	1	2	3	4	5	6	**日**	1	2	3	4	5	6	**日**	1	2	3	4	5	6	**日**	1	
干節	己巳	庚午	辛未	壬申	癸酉	**芒種**	乙亥	丙子	丁丑	戊寅	己卯	庚辰	辛巳	壬午	癸未	甲申	乙酉	丙戌	丁亥	戊子	己丑	**夏至**	辛卯	壬辰	癸巳	甲午	乙未	丙申	丁酉	戊戌	

庚寅　一七一〇年　（清聖祖康熙四九年）

陽歷七月份　（陰歷六、七月份）

陽	7	2	3	4	5	6	7	8	9	10	11	12	13	14	15	16	17	18	19	20	21	22	23	24	25	26	27	28	29	30	31
陰	五	六	七	八	九	十	十一	十二	十三	十四	十五	十六	十七	十八	十九	廿	廿一	廿二	廿三	廿四	廿五	廿六	廿七	廿八	廿九	七	二	三	四	五	六
星	2	3	4	5	6	日	1	2	3	4	5	6	日	1	2	3	4	5	6	日	1	2	3	4	5	6	日	1	2	3	4
干節	己亥	庚子	辛丑	壬寅	癸卯	甲辰	乙巳	小暑	丁未	戊申	己酉	庚戌	辛亥	壬子	癸丑	甲寅	乙卯	丙辰	丁巳	戊午	己未	庚申	大暑	壬戌	癸亥	甲子	乙丑	丙寅	丁卯	戊辰	己巳

陽歷八月份　（陰歷七、閏七月份）

陽	8	2	3	4	5	6	7	8	9	10	11	12	13	14	15	16	17	18	19	20	21	22	23	24	25	26	27	28	29	30	31
陰	七	八	九	十	十一	十二	十三	十四	十五	十六	十七	十八	十九	廿	廿一	廿二	廿三	廿四	廿五	廿六	廿七	廿八	廿九	卅	閏	二	三	四	五	六	七
星	5	6	日	1	2	3	4	5	6	日	1	2	3	4	5	6	日	1	2	3	4	5	6	日	1	2	3	4	5	6	日
干節	庚午	辛未	壬申	癸酉	甲戌	乙亥	丙子	立秋	戊寅	己卯	庚辰	辛巳	壬午	癸未	甲申	乙酉	丙戌	丁亥	戊子	己丑	庚寅	辛卯	壬辰	處暑	甲午	乙未	丙申	丁酉	戊戌	己亥	庚子

陽歷九月份　（陰歷閏七、八月份）

陽	9	2	3	4	5	6	7	8	9	10	11	12	13	14	15	16	17	18	19	20	21	22	23	24	25	26	27	28	29	30
陰	八	九	十	十一	十二	十三	十四	十五	十六	十七	十八	十九	廿	廿一	廿二	廿三	廿四	廿五	廿六	廿七	廿八	廿九	八	二	三	四	五	六	七	八
星	1	2	3	4	5	6	日	1	2	3	4	5	6	日	1	2	3	4	5	6	日	1	2	3	4	5	6	日	1	2
干節	辛丑	壬寅	癸卯	甲辰	乙巳	丙午	丁未	白露	己酉	庚戌	辛亥	壬子	癸丑	甲寅	乙卯	丙辰	丁巳	戊午	己未	庚申	辛酉	壬戌	秋分	甲子	乙丑	丙寅	丁卯	戊辰	己巳	庚午

陽歷十月份　（陰歷八、九月份）

陽	10	2	3	4	5	6	7	8	9	10	11	12	13	14	15	16	17	18	19	20	21	22	23	24	25	26	27	28	29	30	31
陰	九	十	十一	十二	十三	十四	十五	十六	十七	十八	十九	廿	廿一	廿二	廿三	廿四	廿五	廿六	廿七	廿八	廿九	九	二	三	四	五	六	七	八	九	十
星	3	4	5	6	日	1	2	3	4	5	6	日	1	2	3	4	5	6	日	1	2	3	4	5	6	日	1	2	3	4	5
干節	辛未	壬申	癸酉	甲戌	乙亥	丙子	丁丑	戊寅	寒露	庚辰	辛巳	壬午	癸未	甲申	乙酉	丙戌	丁亥	戊子	己丑	庚寅	辛卯	壬辰	癸巳	霜降	乙未	丙申	丁酉	戊戌	己亥	庚子	辛丑

陽歷十一月份　（陰歷九、十月份）

陽	11	2	3	4	5	6	7	8	9	10	11	12	13	14	15	16	17	18	19	20	21	22	23	24	25	26	27	28	29	30
陰	十一	十二	十三	十四	十五	十六	十七	十八	十九	廿	廿一	廿二	廿三	廿四	廿五	廿六	廿七	廿八	廿九	卅	十	二	三	四	五	六	七	八	九	十
星	6	日	1	2	3	4	5	6	日	1	2	3	4	5	6	日	1	2	3	4	5	6	日	1	2	3	4	5	6	日
干節	壬寅	癸卯	甲辰	乙巳	丙午	丁未	戊申	立冬	庚戌	辛亥	壬子	癸丑	甲寅	乙卯	丙辰	丁巳	戊午	己未	庚申	辛酉	壬戌	癸亥	小雪	乙丑	丙寅	丁卯	戊辰	己巳	庚午	辛未

陽歷十二月份　（陰歷十、十一月份）

陽	12	2	3	4	5	6	7	8	9	10	11	12	13	14	15	16	17	18	19	20	21	22	23	24	25	26	27	28	29	30	31
陰	十一	十二	十三	十四	十五	十六	十七	十八	十九	廿	廿一	廿二	廿三	廿四	廿五	廿六	廿七	廿八	廿九	十一	二	三	四	五	六	七	八	九	十	十一	十二
星	1	2	3	4	5	6	日	1	2	3	4	5	6	日	1	2	3	4	5	6	日	1	2	3	4	5	6	日	1	2	3
干節	壬申	癸酉	甲戌	乙亥	丙子	丁丑	大雪	己卯	庚辰	辛巳	壬午	癸未	甲申	乙酉	丙戌	丁亥	戊子	己丑	庚寅	辛卯	壬辰	冬至	甲午	乙未	丙申	丁酉	戊戌	己亥	庚子	辛丑	壬寅

近世中西史日對照表

陽歷 一月份 (陰歷十一、十二月份)

陽	1	2	3	4	5	6	7	8	9	10	11	12	13	14	15	16	17	18	19	20	21	22	23	24	25	26	27	28	29	30	31
陰	十三	十四	十五	十六	十七	十八	十九	廿	廿一	廿二	廿三	廿四	廿五	廿六	廿七	廿八	廿九	卅	十二	二	三	四	五	六	七	八	九	十	十一	十二	十三
星	4	5	6	日	1	2	3	4	5	6	日	1	2	3	4	5	6	日	1	2	3	4	5	6	日	1	2	3	4	5	6
干節	癸卯	甲辰	乙巳	丙午	丁未	小寒	己酉	庚戌	辛亥	壬子	癸丑	甲寅	乙卯	丙辰	丁巳	戊午	己未	庚申	辛酉	大寒	癸亥	甲子	乙丑	丙寅	丁卯	戊辰	己巳	庚午	辛未	壬申	癸酉

陽歷 二月份 (陰歷十二、正月份)

陽	1	2	3	4	5	6	7	8	9	10	11	12	13	14	15	16	17	18	19	20	21	22	23	24	25	26	27	28			
陰	十四	十五	十六	十七	十八	十九	廿	廿一	廿二	廿三	廿四	廿五	廿六	廿七	廿八	廿九	正	二	三	四	五	六	七	八	九	十	十一	十二			
星	日	1	2	3	4	5	6	日	1	2	3	4	5	6	日	1	2	3	4	5	6	日	1	2	3	4	5	6			
干節	甲戌	乙亥	丙子	立春	戊寅	己卯	庚辰	辛巳	壬午	癸未	甲申	乙酉	丙戌	丁亥	戊子	己丑	庚寅	辛卯	雨水	癸巳	甲午	乙未	丙申	丁酉	戊戌	己亥	庚子	辛丑			

陽歷 三月份 (陰歷正、二月份)

陽	1	2	3	4	5	6	7	8	9	10	11	12	13	14	15	16	17	18	19	20	21	22	23	24	25	26	27	28	29	30	31
陰	十三	十四	十五	十六	十七	十八	十九	廿	廿一	廿二	廿三	廿四	廿五	廿六	廿七	廿八	廿九	卅	二	二	三	四	五	六	七	八	九	十	十一	十二	十三
星	日	1	2	3	4	5	6	日	1	2	3	4	5	6	日	1	2	3	4	5	6	日	1	2	3	4	5	6	日	1	2
干節	壬寅	癸卯	甲辰	乙巳	丙午	驚蟄	戊申	己酉	庚戌	辛亥	壬子	癸丑	甲寅	乙卯	丙辰	丁巳	戊午	己未	庚申	辛酉	春分	癸亥	甲子	乙丑	丙寅	丁卯	戊辰	己巳	庚午	辛未	壬申

陽歷 四月份 (陰歷二、三月份)

陽	1	2	3	4	5	6	7	8	9	10	11	12	13	14	15	16	17	18	19	20	21	22	23	24	25	26	27	28	29	30	
陰	十四	十五	十六	十七	十八	十九	廿	廿一	廿二	廿三	廿四	廿五	廿六	廿七	廿八	廿九	卅	三	二	三	四	五	六	七	八	九	十	十一	十二	十三	
星	3	4	5	6	日	1	2	3	4	5	6	日	1	2	3	4	5	6	日	1	2	3	4	5	6	日	1	2	3	4	
干節	癸酉	甲戌	乙亥	丙子	清明	戊寅	己卯	庚辰	辛巳	壬午	癸未	甲申	乙酉	丙戌	丁亥	戊子	己丑	庚寅	辛卯	壬辰	穀雨	甲午	乙未	丙申	丁酉	戊戌	己亥	庚子	辛丑	壬寅	

陽歷 五月份 (陰歷三、四月份)

陽	1	2	3	4	5	6	7	8	9	10	11	12	13	14	15	16	17	18	19	20	21	22	23	24	25	26	27	28	29	30	31
陰	十四	十五	十六	十七	十八	十九	廿	廿一	廿二	廿三	廿四	廿五	廿六	廿七	廿八	廿九	四	二	三	四	五	六	七	八	九	十	十一	十二	十三	十四	十五
星	5	6	日	1	2	3	4	5	6	日	1	2	3	4	5	6	日	1	2	3	4	5	6	日	1	2	3	4	5	6	日
干節	癸卯	甲辰	乙巳	丙午	丁未	立夏	己酉	庚戌	辛亥	壬子	癸丑	甲寅	乙卯	丙辰	丁巳	戊午	己未	庚申	辛酉	壬戌	癸亥	小滿	乙丑	丙寅	丁卯	戊辰	己巳	庚午	辛未	壬申	癸酉

陽歷 六月份 (陰歷四、五月份)

陽	1	2	3	4	5	6	7	8	9	10	11	12	13	14	15	16	17	18	19	20	21	22	23	24	25	26	27	28	29	30	
陰	十六	十七	十八	十九	廿	廿一	廿二	廿三	廿四	廿五	廿六	廿七	廿八	廿九	卅	五	二	三	四	五	六	七	八	九	十	十一	十二	十三	十四	十五	
星	1	2	3	4	5	6	日	1	2	3	4	5	6	日	1	2	3	4	5	6	日	1	2	3	4	5	6	日	1	2	
干節	甲戌	乙亥	丙子	丁丑	戊寅	芒種	庚辰	辛巳	壬午	癸未	甲申	乙酉	丙戌	丁亥	戊子	己丑	庚寅	辛卯	壬辰	癸巳	甲午	夏至	丙申	丁酉	戊戌	己亥	庚子	辛丑	壬寅	癸卯	

辛卯

一七一一年

（清聖祖康熙五〇年）

陽歷七月份　（陰歷五、六月份）

陽	**7**	2	3	4	5	6	7	8	9	10	11	12	13	14	15	16	17	18	19	20	21	22	23	24	25	26	27	28	29	30	31
陰	十六	十七	十八	十九	廿	廿一	廿二	廿三	廿四	廿五	廿六	廿七	廿八	廿九	卅	**六**	二	三	四	五	六	七	八	九	十	十一	十二	十三	十四	十五	十六
星	3	4	5	6	日	1	2	3	4	5	6	日	1	2	3	4	5	6	日	1	2	3	4	5	6	日	1	2	3	4	5
干節	甲辰	乙巳	丙午	丁未	戊申	己酉	庚戌	**小暑**	壬子	癸丑	甲寅	乙卯	丙辰	丁巳	戊午	己未	庚申	辛酉	壬戌	癸亥	甲子	乙丑	丙寅	**大暑**	戊辰	己巳	庚午	辛未	壬申	癸酉	甲戌

陽歷八月份　（陰歷六、七月份）

陽	**8**	2	3	4	5	6	7	8	9	10	11	12	13	14	15	16	17	18	19	20	21	22	23	24	25	26	27	28	29	30	31
陰	十七	十八	十九	廿	廿一	廿二	廿三	廿四	廿五	廿六	廿七	廿八	廿九	**七**	二	三	四	五	六	七	八	九	十	十一	十二	十三	十四	十五	十六	十七	十八
星	6	日	1	2	3	4	5	6	日	1	2	3	4	5	6	日	1	2	3	4	5	6	日	1	2	3	4	5	6	日	1
干節	乙亥	丙子	丁丑	戊寅	己卯	庚辰	辛巳	**立秋**	癸未	甲申	乙酉	丙戌	丁亥	戊子	己丑	庚寅	辛卯	壬辰	癸巳	甲午	乙未	丙申	丁酉	**處暑**	己亥	庚子	辛丑	壬寅	癸卯	甲辰	乙巳

陽歷九月份　（陰歷七、八月份）

陽	**9**	2	3	4	5	6	7	8	9	10	11	12	13	14	15	16	17	18	19	20	21	22	23	24	25	26	27	28	29	30
陰	十九	廿	廿一	廿二	廿三	廿四	廿五	廿六	廿七	廿八	廿九	卅	**八**	二	三	四	五	六	七	八	九	十	十一	十二	十三	十四	十五	十六	十七	十八
星	2	3	4	5	6	日	1	2	3	4	5	6	日	1	2	3	4	5	6	日	1	2	3	4	5	6	日	1	2	3
干節	丙午	丁未	戊申	己酉	庚戌	辛亥	壬子	**白露**	甲寅	乙卯	丙辰	丁巳	戊午	己未	庚申	辛酉	壬戌	癸亥	甲子	乙丑	丙寅	丁卯	戊辰	**秋分**	庚午	辛未	壬申	癸酉	甲戌	乙亥

陽歷十月份　（陰歷八、九月份）

陽	**10**	2	3	4	5	6	7	8	9	10	11	12	13	14	15	16	17	18	19	20	21	22	23	24	25	26	27	28	29	30	31
陰	十九	廿	廿一	廿二	廿三	廿四	廿五	廿六	廿七	廿八	廿九	**九**	二	三	四	五	六	七	八	九	十	十一	十二	十三	十四	十五	十六	十七	十八	十九	廿
星	4	5	6	日	1	2	3	4	5	6	日	1	2	3	4	5	6	日	1	2	3	4	5	6	日	1	2	3	4	5	6
干節	丙子	丁丑	戊寅	己卯	庚辰	辛巳	壬午	癸未	**寒露**	乙酉	丙戌	丁亥	戊子	己丑	庚寅	辛卯	壬辰	癸巳	甲午	乙未	丙申	丁酉	戊戌	**霜降**	庚子	辛丑	壬寅	癸卯	甲辰	乙巳	丙午

陽歷十一月份　（陰歷九、十月份）

陽	**11**	2	3	4	5	6	7	8	9	10	11	12	13	14	15	16	17	18	19	20	21	22	23	24	25	26	27	28	29	30
陰	廿一	廿二	廿三	廿四	廿五	廿六	廿七	廿八	廿九	**十**	二	三	四	五	六	七	八	九	十	十一	十二	十三	十四	十五	十六	十七	十八	十九	廿	廿一
星	日	1	2	3	4	5	6	日	1	2	3	4	5	6	日	1	2	3	4	5	6	日	1	2	3	4	5	6	日	1
干節	丁未	戊申	己酉	庚戌	辛亥	壬子	癸丑	**立冬**	乙卯	丙辰	丁巳	戊午	己未	庚申	辛酉	壬戌	癸亥	甲子	乙丑	丙寅	丁卯	戊辰	**小雪**	庚午	辛未	壬申	癸酉	甲戌	乙亥	丙子

陽歷十二月份　（陰歷十、十一月份）

陽	**12**	2	3	4	5	6	7	8	9	10	11	12	13	14	15	16	17	18	19	20	21	22	23	24	25	26	27	28	29	30	31
陰	廿二	廿三	廿四	廿五	廿六	廿七	廿八	廿九	卅	**十一**	二	三	四	五	六	七	八	九	十	十一	十二	十三	十四	十五	十六	十七	十八	十九	廿	廿一	廿二
星	2	3	4	5	6	日	1	2	3	4	5	6	日	1	2	3	4	5	6	日	1	2	3	4	5	6	日	1	2	3	4
干節	丁丑	戊寅	己卯	庚辰	辛巳	壬午	癸未	**大雪**	乙酉	丙戌	丁亥	戊子	己丑	庚寅	辛卯	壬辰	癸巳	甲午	乙未	丙申	丁酉	**冬至**	己亥	庚子	辛丑	壬寅	癸卯	甲辰	乙巳	丙午	丁未

近世中西史日對照表

陽歷 一 月份 （陰歷十一、十二月份）

陽	**1**	2	3	4	5	6	7	8	9	10	11	12	13	14	15	16	17	18	19	20	21	22	23	24	25	26	27	28	29	30	31
陰	廿三	廿四	廿五	廿六	廿七	廿八	廿九	**十二**	二	三	四	五	六	七	八	九	十	十一	十二	十三	十四	十五	十六	十七	十八	十九	廿	廿一	廿二	廿三	廿四
星	5	6	**日**	1	2	3	4	5	6	**日**	1	2	3	4	5	6	**日**	1	2	3	4	5	6	**日**	1	2	3	4	5	6	**日**
干節	戊申	己酉	庚戌	辛亥	壬子	**小寒**	甲寅	乙卯	丙辰	丁巳	戊午	己未	庚申	辛酉	壬戌	癸亥	甲子	乙丑	丙寅	丁卯	**大寒**	己巳	庚午	辛未	壬申	癸酉	甲戌	乙亥	丙子	丁丑	戊寅

陽歷 二 月份 （陰歷十二、正月份）

陽	**2**	2	3	4	5	6	7	8	9	10	11	12	13	14	15	16	17	18	19	20	21	22	23	24	25	26	27	28	29
陰	廿五	廿六	廿七	廿八	廿九	卅	**正**	二	三	四	五	六	七	八	九	十	十一	十二	十三	十四	十五	十六	十七	十八	十九	廿	廿一	廿二	廿三
星	1	2	3	4	5	6	**日**	1	2	3	4	5	6	**日**	1	2	3	4	5	6	**日**	1	2	3	4	5	6	**日**	1
干節	己卯	庚辰	辛巳	**立春**	癸未	甲申	乙酉	丙戌	丁亥	戊子	己丑	庚寅	辛卯	壬辰	癸巳	甲午	乙未	丙申	**雨水**	戊戌	己亥	庚子	辛丑	壬寅	癸卯	甲辰	乙巳	丙午	丁未

陽歷 三 月份 （陰歷正、二月份）

陽	**3**	2	3	4	5	6	7	8	9	10	11	12	13	14	15	16	17	18	19	20	21	22	23	24	25	26	27	28	29	30	31
陰	廿四	廿五	廿六	廿七	廿八	廿九	**二**	二	三	四	五	六	七	八	九	十	十一	十二	十三	十四	十五	十六	十七	十八	十九	廿	廿一	廿二	廿三	廿四	廿五
星	2	3	4	5	6	**日**	1	2	3	4	5	6	**日**	1	2	3	4	5	6	**日**	1	2	3	4	5	6	**日**	1	2	3	4
干節	戊申	己酉	庚戌	辛亥	**驚蟄**	癸丑	甲寅	乙卯	丙辰	丁巳	戊午	己未	庚申	辛酉	壬戌	癸亥	甲子	乙丑	丙寅	**春分**	戊辰	己巳	庚午	辛未	壬申	癸酉	甲戌	乙亥	丙子	丁丑	戊寅

陽歷 四 月份 （陰歷二、三月份）

陽	**4**	2	3	4	5	6	7	8	9	10	11	12	13	14	15	16	17	18	19	20	21	22	23	24	25	26	27	28	29	30
陰	廿六	廿七	廿八	廿九	卅	**三**	二	三	四	五	六	七	八	九	十	十一	十二	十三	十四	十五	十六	十七	十八	十九	廿	廿一	廿二	廿三	廿四	廿五
星	5	6	**日**	1	2	3	4	5	6	**日**	1	2	3	4	5	6	**日**	1	2	3	4	5	6	**日**	1	2	3	4	5	6
干節	己卯	庚辰	辛巳	**清明**	癸未	甲申	乙酉	丙戌	丁亥	戊子	己丑	庚寅	辛卯	壬辰	癸巳	甲午	乙未	丙申	丁酉	**穀雨**	己亥	庚子	辛丑	壬寅	癸卯	甲辰	乙巳	丙午	丁未	戊申

陽歷 五 月份 （陰歷三、四月份）

陽	**5**	2	3	4	5	6	7	8	9	10	11	12	13	14	15	16	17	18	19	20	21	22	23	24	25	26	27	28	29	30	31
陰	廿六	廿七	廿八	廿九	**四**	二	三	四	五	六	七	八	九	十	十一	十二	十三	十四	十五	十六	十七	十八	十九	廿	廿一	廿二	廿三	廿四	廿五	廿六	廿七
星	**日**	1	2	3	4	5	6	**日**	1	2	3	4	5	6	**日**	1	2	3	4	5	6	**日**	1	2	3	4	5	6	**日**	1	2
干節	己酉	庚戌	辛亥	壬子	**立夏**	甲寅	乙卯	丙辰	丁巳	戊午	己未	庚申	辛酉	壬戌	癸亥	甲子	乙丑	丙寅	丁卯	戊辰	**小滿**	庚午	辛未	壬申	癸酉	甲戌	乙亥	丙子	丁丑	戊寅	己卯

陽歷 六 月份 （陰歷四、五月份）

陽	**6**	2	3	4	5	6	7	8	9	10	11	12	13	14	15	16	17	18	19	20	21	22	23	24	25	26	27	28	29	30
陰	廿八	廿九	卅	**五**	二	三	四	五	六	七	八	九	十	十一	十二	十三	十四	十五	十六	十七	十八	十九	廿	廿一	廿二	廿三	廿四	廿五	廿六	廿七
星	3	4	5	6	**日**	1	2	3	4	5	6	**日**	1	2	3	4	5	6	**日**	1	2	3	4	5	6	**日**	1	2	3	4
干節	庚辰	辛巳	壬午	癸未	甲申	**芒種**	丙戌	丁亥	戊子	己丑	庚寅	辛卯	壬辰	癸巳	甲午	乙未	丙申	丁酉	戊戌	己亥	**夏至**	辛丑	壬寅	癸卯	甲辰	乙巳	丙午	丁未	戊申	己酉

壬辰

一七一二年

（清聖祖康熙五一年）

陽歷七月份　（陰歷五、六月份）

陽	**7**	2	3	4	5	6	7	8	9	10	11	12	13	14	15	16	17	18	19	20	21	22	23	24	25	26	27	28	29	30	31
陰	廿八	廿九	卅	**六**	二	三	四	五	六	七	八	九	十	十一	十二	十三	十四	十五	十六	十七	十八	十九	廿	廿一	廿二	廿三	廿四	廿五	廿六	廿七	廿八
星	5	6	**日**	1	2	3	4	5	6	**日**	1	2	3	4	5	6	**日**	1	2	3	4	5	6	**日**	1	2	3	4	5	6	**日**
干節	庚戌	辛亥	壬子	癸丑	甲寅	乙卯	**小暑**	丁巳	戊午	己未	庚申	辛酉	壬戌	癸亥	甲子	乙丑	丙寅	丁卯	戊辰	己巳	庚午	辛未	**大暑**	癸酉	甲戌	乙亥	丙子	丁丑	戊寅	己卯	庚辰

陽歷八月份　（陰歷六、七月份）

陽	**8**	2	3	4	5	6	7	8	9	10	11	12	13	14	15	16	17	18	19	20	21	22	23	24	25	26	27	28	29	30	31
陰	廿九	**七**	二	三	四	五	六	七	八	九	十	十一	十二	十三	十四	十五	十六	十七	十八	十九	廿	廿一	廿二	廿三	廿四	廿五	廿六	廿七	廿八	廿九	卅
星	1	2	3	4	5	6	**日**	1	2	3	4	5	6	**日**	1	2	3	4	5	6	**日**	1	2	3	4	5	6	**日**	1	2	3
干節	辛巳	壬午	癸未	甲申	乙酉	丙戌	**立秋**	戊子	己丑	庚寅	辛卯	壬辰	癸巳	甲午	乙未	丙申	丁酉	戊戌	己亥	庚子	辛丑	壬寅	**處暑**	甲辰	乙巳	丙午	丁未	戊申	己酉	庚戌	辛亥

陽歷九月份　（陰歷八、九月份）

陽	**9**	2	3	4	5	6	7	8	9	10	11	12	13	14	15	16	17	18	19	20	21	22	23	24	25	26	27	28	29	30
陰	**八**	二	三	四	五	六	七	八	九	十	十一	十二	十三	十四	十五	十六	十七	十八	十九	廿	廿一	廿二	廿三	廿四	廿五	廿六	廿七	廿八	廿九	**九**
星	4	5	6	**日**	1	2	3	4	5	6	**日**	1	2	3	4	5	6	**日**	1	2	3	4	5	6	**日**	1	2	3	4	5
干節	壬子	癸丑	甲寅	乙卯	丙辰	丁巳	戊午	**白露**	庚申	辛酉	壬戌	癸亥	甲子	乙丑	丙寅	丁卯	戊辰	己巳	庚午	辛未	壬申	癸酉	**秋分**	乙亥	丙子	丁丑	戊寅	己卯	庚辰	辛巳

陽歷十月份　（陰歷九、十月份）

陽	**10**	2	3	4	5	6	7	8	9	10	11	12	13	14	15	16	17	18	19	20	21	22	23	24	25	26	27	28	29	30	31
陰	二	三	四	五	六	七	八	九	十	十一	十二	十三	十四	十五	十六	十七	十八	十九	廿	廿一	廿二	廿三	廿四	廿五	廿六	廿七	廿八	廿九	卅	**十**	二
星	6	**日**	1	2	3	4	5	6	**日**	1	2	3	4	5	6	**日**	1	2	3	4	5	6	**日**	1	2	3	4	5	6	**日**	1
干節	壬午	癸未	甲申	乙酉	丙戌	丁亥	戊子	**寒露**	庚寅	辛卯	壬辰	癸巳	甲午	乙未	丙申	丁酉	戊戌	己亥	庚子	辛丑	壬寅	癸卯	**霜降**	乙巳	丙午	丁未	戊申	己酉	庚戌	辛亥	壬子

陽歷十一月份　（陰歷十、十一月份）

陽	**11**	2	3	4	5	6	7	8	9	10	11	12	13	14	15	16	17	18	19	20	21	22	23	24	25	26	27	28	29	30
陰	三	四	五	六	七	八	九	十	十一	十二	十三	十四	十五	十六	十七	十八	十九	廿	廿一	廿二	廿三	廿四	廿五	廿六	廿七	廿八	廿九	**十一**	二	三
星	2	3	4	5	6	**日**	1	2	3	4	5	6	**日**	1	2	3	4	5	6	**日**	1	2	3	4	5	6	**日**	1	2	3
干節	癸丑	甲寅	乙卯	丙辰	丁巳	戊午	**立冬**	庚申	辛酉	壬戌	癸亥	甲子	乙丑	丙寅	丁卯	戊辰	己巳	庚午	辛未	壬申	癸酉	**小雪**	乙亥	丙子	丁丑	戊寅	己卯	庚辰	辛巳	壬午

陽歷十二月份　（陰歷十一、十二月份）

陽	**12**	2	3	4	5	6	7	8	9	10	11	12	13	14	15	16	17	18	19	20	21	22	23	24	25	26	27	28	29	30	31
陰	四	五	六	七	八	九	十	十一	十二	十三	十四	十五	十六	十七	十八	十九	廿	廿一	廿二	廿三	廿四	廿五	廿六	廿七	廿八	廿九	卅	**十二**	二	三	四
星	4	5	6	**日**	1	2	3	4	5	6	**日**	1	2	3	4	5	6	**日**	1	2	3	4	5	6	**日**	1	2	3	4	5	6
干節	癸未	甲申	乙酉	丙戌	丁亥	戊子	**大雪**	庚寅	辛卯	壬辰	癸巳	甲午	乙未	丙申	丁酉	戊戌	己亥	庚子	辛丑	壬寅	**冬至**	甲辰	乙巳	丙午	丁未	戊申	己酉	庚戌	辛亥	壬子	癸丑

近世中西史日對照表

癸巳　一七一三年　（清聖祖康熙五二年）

陽歷　一　月份　（陰歷十二、正月份）

陽	**1**	2	3	4	5	6	7	8	9	10	11	12	13	14	15	16	17	18	19	20	21	22	23	24	25	26	27	28	29	30	31
陰	五	六	七	八	九	十	十一	十二	十三	十四	十五	十六	十七	十八	十九	廿	廿一	廿二	廿三	廿四	廿五	廿六	廿七	廿八	廿九	**正**	二	三	四	五	六
星	**日**	1	2	3	4	5	6	**日**	1	2	3	4	5	6	**日**	1	2	3	4	5	6	**日**	1	2	3	4	5	6	**日**	1	2
干節	甲寅	乙卯	丙辰	丁巳	**小寒**	己未	庚申	辛酉	壬戌	癸亥	甲子	乙丑	丙寅	丁卯	戊辰	己巳	庚午	辛未	壬申	**大寒**	甲戌	乙亥	丙子	丁丑	戊寅	己卯	庚辰	辛巳	壬午	癸未	甲申

陽歷　二　月份　（陰歷正、二月份）

陽	**2**	2	3	4	5	6	7	8	9	10	11	12	13	14	15	16	17	18	19	20	21	22	23	24	25	26	27	28			
陰	七	八	九	十	十一	十二	十三	十四	十五	十六	十七	十八	十九	廿	廿一	廿二	廿三	廿四	廿五	廿六	廿七	廿八	廿九	卅	**二**	二	三	四			
星	3	4	5	6	**日**	1	2	3	4	5	6	**日**	1	2	3	4	5	6	**日**	1	2	3	4	5	6	**日**	1	2			
干節	乙酉	丙戌	丁亥	**立春**	己丑	庚寅	辛卯	壬辰	癸巳	甲午	乙未	丙申	丁酉	戊戌	己亥	庚子	辛丑	**雨水**	癸卯	甲辰	乙巳	丙午	丁未	戊申	己酉	庚戌	辛亥	壬子			

陽歷　三　月份　（陰歷二、三月份）

陽	**3**	2	3	4	5	6	7	8	9	10	11	12	13	14	15	16	17	18	19	20	21	22	23	24	25	26	27	28	29	30	31
陰	五	六	七	八	九	十	十一	十二	十三	十四	十五	十六	十七	十八	十九	廿	廿一	廿二	廿三	廿四	廿五	廿六	廿七	廿八	廿九	**三**	二	三	四	五	六
星	3	4	5	6	**日**	1	2	3	4	5	6	**日**	1	2	3	4	5	6	**日**	1	2	3	4	5	6	**日**	1	2	3	4	5
干節	癸丑	甲寅	乙卯	丙辰	**驚蟄**	戊午	己未	庚申	辛酉	壬戌	癸亥	甲子	乙丑	丙寅	丁卯	戊辰	己巳	庚午	辛未	**春分**	癸酉	甲戌	乙亥	丙子	丁丑	戊寅	己卯	庚辰	辛巳	壬午	癸未

陽歷　四　月份　（陰歷三、四月份）

陽	**4**	2	3	4	5	6	7	8	9	10	11	12	13	14	15	16	17	18	19	20	21	22	23	24	25	26	27	28	29	30	
陰	七	八	九	十	十一	十二	十三	十四	十五	十六	十七	十八	十九	廿	廿一	廿二	廿三	廿四	廿五	廿六	廿七	廿八	廿九	卅	**四**	二	三	四	五	六	
星	6	**日**	1	2	3	4	5	6	**日**	1	2	3	4	5	6	**日**	1	2	3	4	5	6	**日**	1	2	3	4	5	6	**日**	
干節	甲申	乙酉	丙戌	丁亥	**清明**	己丑	庚寅	辛卯	壬辰	癸巳	甲午	乙未	丙申	丁酉	戊戌	己亥	庚子	辛丑	壬寅	**穀雨**	甲辰	乙巳	丙午	丁未	戊申	己酉	庚戌	辛亥	壬子	癸丑	

陽歷　五　月份　（陰歷四、五月份）

陽	**5**	2	3	4	5	6	7	8	9	10	11	12	13	14	15	16	17	18	19	20	21	22	23	24	25	26	27	28	29	30	31
陰	七	八	九	十	十一	十二	十三	十四	十五	十六	十七	十八	十九	廿	廿一	廿二	廿三	廿四	廿五	廿六	廿七	廿八	廿九	**五**	二	三	四	五	六	七	八
星	1	2	3	4	5	6	**日**	1	2	3	4	5	6	**日**	1	2	3	4	5	6	**日**	1	2	3	4	5	6	**日**	1	2	3
干節	甲寅	乙卯	丙辰	丁巳	**立夏**	己未	庚申	辛酉	壬戌	癸亥	甲子	乙丑	丙寅	丁卯	戊辰	己巳	庚午	辛未	壬申	癸酉	**小滿**	乙亥	丙子	丁丑	戊寅	己卯	庚辰	辛巳	壬午	癸未	甲申

陽歷　六　月份　（陰歷五、閏五月份）

陽	**6**	2	3	4	5	6	7	8	9	10	11	12	13	14	15	16	17	18	19	20	21	22	23	24	25	26	27	28	29	30	
陰	九	十	十一	十二	十三	十四	十五	十六	十七	十八	十九	廿	廿一	廿二	廿三	廿四	廿五	廿六	廿七	廿八	廿九	卅	**閏**	二	三	四	五	六	七	八	
星	4	5	6	**日**	1	2	3	4	5	6	**日**	1	2	3	4	5	6	**日**	1	2	3	4	5	6	**日**	1	2	3	4	5	
干節	乙酉	丙戌	丁亥	戊子	己丑	**芒種**	辛卯	壬辰	癸巳	甲午	乙未	丙申	丁酉	戊戌	己亥	庚子	辛丑	壬寅	癸卯	甲辰	乙巳	**夏至**	丁未	戊申	己酉	庚戌	辛亥	壬子	癸丑	甲寅	

癸巳

一七一三年

（清聖祖康熙五二年）

陽歷七月份　（陰歷閏五、六月份）

陽	7	2	3	4	5	6	7	8	9	10	11	12	13	14	15	16	17	18	19	20	21	22	23	24	25	26	27	28	29	30	31
陰	九	十	十一	十二	十三	十四	十五	十六	十七	十八	十九	廿	廿一	廿二	廿三	廿四	廿五	廿六	廿七	廿八	廿九	六	二	三	四	五	六	七	八	九	十
星	6	日	1	2	3	4	5	6	日	1	2	3	4	5	6	日	1	2	3	4	5	6	日	1	2	3	4	5	6	日	1
干節	乙卯	丙辰	丁巳	戊午	己未	庚申	小暑	壬戌	癸亥	甲子	乙丑	丙寅	丁卯	戊辰	己巳	庚午	辛未	壬申	癸酉	甲戌	乙亥	丙子	大暑	戊寅	己卯	庚辰	辛巳	壬午	癸未	甲申	乙酉

陽歷八月份　（陰歷六、七月份）

陽	8	2	3	4	5	6	7	8	9	10	11	12	13	14	15	16	17	18	19	20	21	22	23	24	25	26	27	28	29	30	31
陰	十一	十二	十三	十四	十五	十六	十七	十八	十九	廿	廿一	廿二	廿三	廿四	廿五	廿六	廿七	廿八	廿九	卅	七	二	三	四	五	六	七	八	九	十	十一
星	2	3	4	5	6	日	1	2	3	4	5	6	日	1	2	3	4	5	6	日	1	2	3	4	5	6	日	1	2	3	4
干節	丙戌	丁亥	戊子	己丑	庚寅	辛卯	壬辰	立秋	甲午	乙未	丙申	丁酉	戊戌	己亥	庚子	辛丑	壬寅	癸卯	甲辰	乙巳	丙午	丁未	處暑	己酉	庚戌	辛亥	壬子	癸丑	甲寅	乙卯	丙辰

陽歷九月份　（陰歷七、八月份）

陽	9	2	3	4	5	6	7	8	9	10	11	12	13	14	15	16	17	18	19	20	21	22	23	24	25	26	27	28	29	30
陰	十二	十三	十四	十五	十六	十七	十八	十九	廿	廿一	廿二	廿三	廿四	廿五	廿六	廿七	廿八	廿九	卅	八	二	三	四	五	六	七	八	九	十	十一
星	5	6	日	1	2	3	4	5	6	日	1	2	3	4	5	6	日	1	2	3	4	5	6	日	1	2	3	4	5	6
干節	丁巳	戊午	己未	庚申	辛酉	壬戌	癸亥	白露	乙丑	丙寅	丁卯	戊辰	己巳	庚午	辛未	壬申	癸酉	甲戌	乙亥	丙子	丁丑	戊寅	秋分	庚辰	辛巳	壬午	癸未	甲申	乙酉	丙戌

陽歷十月份　（陰歷八、九月份）

陽	10	2	3	4	5	6	7	8	9	10	11	12	13	14	15	16	17	18	19	20	21	22	23	24	25	26	27	28	29	30	31
陰	十二	十三	十四	十五	十六	十七	十八	十九	廿	廿一	廿二	廿三	廿四	廿五	廿六	廿七	廿八	廿九	九	二	三	四	五	六	七	八	九	十	十一	十二	十三
星	日	1	2	3	4	5	6	日	1	2	3	4	5	6	日	1	2	3	4	5	6	日	1	2	3	4	5	6	日	1	2
干節	丁亥	戊子	己丑	庚寅	辛卯	壬辰	癸巳	寒露	乙未	丙申	丁酉	戊戌	己亥	庚子	辛丑	壬寅	癸卯	甲辰	乙巳	丙午	丁未	戊申	霜降	庚戌	辛亥	壬子	癸丑	甲寅	乙卯	丙辰	丁巳

陽歷十一月份　（陰歷九、十月份）

陽	11	2	3	4	5	6	7	8	9	10	11	12	13	14	15	16	17	18	19	20	21	22	23	24	25	26	27	28	29	30
陰	十四	十五	十六	十七	十八	十九	廿	廿一	廿二	廿三	廿四	廿五	廿六	廿七	廿八	廿九	卅	十	二	三	四	五	六	七	八	九	十	十一	十二	十三
星	3	4	5	6	日	1	2	3	4	5	6	日	1	2	3	4	5	6	日	1	2	3	4	5	6	日	1	2	3	4
干節	戊午	己未	庚申	辛酉	壬戌	癸亥	立冬	乙丑	丙寅	丁卯	戊辰	己巳	庚午	辛未	壬申	癸酉	甲戌	乙亥	丙子	丁丑	戊寅	小雪	庚辰	辛巳	壬午	癸未	甲申	乙酉	丙戌	丁亥

陽歷十二月份　（陰歷十、十一月份）

陽	12	2	3	4	5	6	7	8	9	10	11	12	13	14	15	16	17	18	19	20	21	22	23	24	25	26	27	28	29	30	31
陰	十四	十五	十六	十七	十八	十九	廿	廿一	廿二	廿三	廿四	廿五	廿六	廿七	廿八	廿九	卅	十一	二	三	四	五	六	七	八	九	十	十一	十二	十三	十四
星	5	6	日	1	2	3	4	5	6	日	1	2	3	4	5	6	日	1	2	3	4	5	6	日	1	2	3	4	5	6	日
干節	戊子	己丑	庚寅	辛卯	壬辰	癸巳	大雪	乙未	丙申	丁酉	戊戌	己亥	庚子	辛丑	壬寅	癸卯	甲辰	乙巳	丙午	丁未	戊申	冬至	庚戌	辛亥	壬子	癸丑	甲寅	乙卯	丙辰	丁巳	戊午

近世中西史日對照表

甲午　一七一四年　（清聖祖康熙五三年）

陽歷　一　月份　（陰歷十一、十二月份）

陽	**1**	2	3	4	5	6	7	8	9	10	11	12	13	14	15	16	17	18	19	20	21	22	23	24	25	26	27	28	29	30	31
陰	十五	十六	十七	十八	十九	廿	廿一	廿二	廿三	廿四	廿五	廿六	廿七	廿八	廿九	**十二**	二	三	四	五	六	七	八	九	十	十一	十二	十三	十四	十五	十六
星	1	2	3	4	5	6	**日**	1	2	3	4	5	6	**日**	1	2	3	4	5	6	**日**	1	2	3	4	5	6	**日**	1	2	3
干節	己未	庚申	辛酉	壬戌	**小寒**	甲子	乙丑	丙寅	丁卯	戊辰	己巳	庚午	辛未	壬申	癸酉	甲戌	乙亥	丙子	丁丑	**大寒**	己卯	庚辰	辛巳	壬午	癸未	甲申	乙酉	丙戌	丁亥	戊子	己丑

陽歷　二　月份　（陰歷十二、正月份）

陽	**2**	2	3	4	5	6	7	8	9	10	11	12	13	14	15	16	17	18	19	20	21	22	23	24	25	26	27	28			
陰	十七	十八	十九	廿	廿一	廿二	廿三	廿四	廿五	廿六	廿七	廿八	廿九	**正**	二	三	四	五	六	七	八	九	十	十一	十二	十三	十四	十五			
星	4	5	6	**日**	1	2	3	4	5	6	**日**	1	2	3	4	5	6	**日**	1	2	3	4	5	6	**日**	1	2	3			
干節	庚寅	辛卯	壬辰	**立春**	甲午	乙未	丙申	丁酉	戊戌	己亥	庚子	辛丑	壬寅	癸卯	甲辰	乙巳	丙午	丁未	**雨水**	己酉	庚戌	辛亥	壬子	癸丑	甲寅	乙卯	丙辰	丁巳			

陽歷　三　月份　（陰歷正、二月份）

陽	**3**	2	3	4	5	6	7	8	9	10	11	12	13	14	15	16	17	18	19	20	21	22	23	24	25	26	27	28	29	30	31
陰	十六	十七	十八	十九	廿	廿一	廿二	廿三	廿四	廿五	廿六	廿七	廿八	廿九	卅	**二**	二	三	四	五	六	七	八	九	十	十一	十二	十三	十四	十五	十六
星	4	5	6	**日**	1	2	3	4	5	6	**日**	1	2	3	4	5	6	**日**	1	2	3	4	5	6	**日**	1	2	3	4	5	6
干節	戊午	己未	庚申	辛酉	壬戌	**驚蟄**	甲子	乙丑	丙寅	丁卯	戊辰	己巳	庚午	辛未	壬申	癸酉	甲戌	乙亥	丙子	丁丑	**春分**	己卯	庚辰	辛巳	壬午	癸未	甲申	乙酉	丙戌	丁亥	戊子

陽歷　四　月份　（陰歷二、三月份）

陽	**4**	2	3	4	5	6	7	8	9	10	11	12	13	14	15	16	17	18	19	20	21	22	23	24	25	26	27	28	29	30	
陰	十七	十八	十九	廿	廿一	廿二	廿三	廿四	廿五	廿六	廿七	廿八	廿九	**三**	二	三	四	五	六	七	八	九	十	十一	十二	十三	十四	十五	十六	十七	
星	**日**	1	2	3	4	5	6	**日**	1	2	3	4	5	6	**日**	1	2	3	4	5	6	**日**	1	2	3	4	5	6	**日**	1	
干節	己丑	庚寅	辛卯	壬辰	**清明**	甲午	乙未	丙申	丁酉	戊戌	己亥	庚子	辛丑	壬寅	癸卯	甲辰	乙巳	丙午	丁未	**穀雨**	己酉	庚戌	辛亥	壬子	癸丑	甲寅	乙卯	丙辰	丁巳	戊午	

陽歷　五　月份　（陰歷三、四月份）

陽	**5**	2	3	4	5	6	7	8	9	10	11	12	13	14	15	16	17	18	19	20	21	22	23	24	25	26	27	28	29	30	31
陰	十八	十九	廿	廿一	廿二	廿三	廿四	廿五	廿六	廿七	廿八	廿九	卅	**四**	二	三	四	五	六	七	八	九	十	十一	十二	十三	十四	十五	十六	十七	十八
星	2	3	4	5	6	**日**	1	2	3	4	5	6	**日**	1	2	3	4	5	6	**日**	1	2	3	4	5	6	**日**	1	2	3	4
干節	己未	庚申	辛酉	壬戌	癸亥	**立夏**	乙丑	丙寅	丁卯	戊辰	己巳	庚午	辛未	壬申	癸酉	甲戌	乙亥	丙子	丁丑	戊寅	**小滿**	庚辰	辛巳	壬午	癸未	甲申	乙酉	丙戌	丁亥	戊子	己丑

陽歷　六　月份　（陰歷四、五月份）

陽	**6**	2	3	4	5	6	7	8	9	10	11	12	13	14	15	16	17	18	19	20	21	22	23	24	25	26	27	28	29	30	
陰	十九	廿	廿一	廿二	廿三	廿四	廿五	廿六	廿七	廿八	廿九	**五**	二	三	四	五	六	七	八	九	十	十一	十二	十三	十四	十五	十六	十七	十八	十九	
星	5	6	**日**	1	2	3	4	5	6	**日**	1	2	3	4	5	6	**日**	1	2	3	4	5	6	**日**	1	2	3	4	5	6	
干節	庚寅	辛卯	壬辰	癸巳	甲午	**芒種**	丙申	丁酉	戊戌	己亥	庚子	辛丑	壬寅	癸卯	甲辰	乙巳	丙午	丁未	戊申	己酉	庚戌	**夏至**	壬子	癸丑	甲寅	乙卯	丙辰	丁巳	戊午	己未	

甲午 一七一四年 （清聖祖康熙五三年）

陽歷七月份 （陰歷五、六月份）

陽	7	2	3	4	5	6	7	8	9	10	11	12	13	14	15	16	17	18	19	20	21	22	23	24	25	26	27	28	29	30	31
陰	廿	廿一	廿二	廿三	廿四	廿五	廿六	廿七	廿八	廿九	卅	六	二	三	四	五	六	七	八	九	十	十一	十二	十三	十四	十五	十六	十七	十八	十九	廿
星	日	1	2	3	4	5	6	日	1	2	3	4	5	6	日	1	2	3	4	5	6	日	1	2	3	4	5	6	日	1	2
干節	庚申	辛酉	壬戌	癸亥	甲子	乙丑	丙寅	小暑	戊辰	己巳	庚午	辛未	壬申	癸酉	甲戌	乙亥	丙子	丁丑	戊寅	己卯	庚辰	辛巳	大暑	癸未	甲申	乙酉	丙戌	丁亥	戊子	己丑	庚寅

陽歷八月份 （陰歷六、七月份）

陽	8	2	3	4	5	6	7	8	9	10	11	12	13	14	15	16	17	18	19	20	21	22	23	24	25	26	27	28	29	30	31
陰	廿一	廿二	廿三	廿四	廿五	廿六	廿七	廿八	廿九	七	二	三	四	五	六	七	八	九	十	十一	十二	十三	十四	十五	十六	十七	十八	十九	廿	廿一	廿二
星	3	4	5	6	日	1	2	3	4	5	6	日	1	2	3	4	5	6	日	1	2	3	4	5	6	日	1	2	3	4	5
干節	辛卯	壬辰	癸巳	甲午	乙未	丙申	丁酉	立秋	己亥	庚子	辛丑	壬寅	癸卯	甲辰	乙巳	丙午	丁未	戊申	己酉	庚戌	辛亥	壬子	癸丑	處暑	乙卯	丙辰	丁巳	戊午	己未	庚申	辛酉

陽歷九月份 （陰歷七、八月份）

陽	9	2	3	4	5	6	7	8	9	10	11	12	13	14	15	16	17	18	19	20	21	22	23	24	25	26	27	28	29	30
陰	廿三	廿四	廿五	廿六	廿七	廿八	廿九	卅	八	二	三	四	五	六	七	八	九	十	十一	十二	十三	十四	十五	十六	十七	十八	十九	廿	廿一	廿二
星	6	日	1	2	3	4	5	6	日	1	2	3	4	5	6	日	1	2	3	4	5	6	日	1	2	3	4	5	6	日
干節	壬戌	辰亥	甲子	乙丑	丙寅	丁卯	戊辰	白露	庚午	辛未	壬申	癸酉	甲戌	乙亥	丙子	丁丑	戊寅	己卯	庚辰	辛巳	壬午	癸未	秋分	乙酉	丙戌	丁亥	戊子	己丑	庚寅	辛卯

陽歷十月份 （陰歷八、九月份）

陽	10	2	3	4	5	6	7	8	9	10	11	12	13	14	15	16	17	18	19	20	21	22	23	24	25	26	27	28	29	30	31
陰	廿三	廿四	廿五	廿六	廿七	廿八	廿九	九	二	三	四	五	六	七	八	九	十	十一	十二	十三	十四	十五	十六	十七	十八	十九	廿	廿一	廿二	廿三	廿四
星	1	2	3	4	5	6	日	1	2	3	4	5	6	日	1	2	3	4	5	6	日	1	2	3	4	5	6	日	1	2	3
干節	壬辰	癸巳	甲午	乙未	丙申	丁酉	戊戌	己亥	寒露	辛丑	壬寅	癸卯	甲辰	乙巳	丙午	丁未	戊申	己酉	庚戌	辛亥	壬子	癸丑	甲寅	霜降	丙辰	丁巳	戊午	己未	庚申	辛酉	壬戌

陽歷十一月份 （陰歷九、十月份）

陽	11	2	3	4	5	6	7	8	9	10	11	12	13	14	15	16	17	18	19	20	21	22	23	24	25	26	27	28	29	30
陰	廿五	廿六	廿七	廿八	廿九	卅	十	二	三	四	五	六	七	八	九	十	十一	十二	十三	十四	十五	十六	十七	十八	十九	廿	廿一	廿二	廿三	廿四
星	4	5	6	日	1	2	3	4	5	6	日	1	2	3	4	5	6	日	1	2	3	4	5	6	日	1	2	3	4	5
干節	癸亥	甲子	乙丑	丙寅	丁卯	戊辰	己巳	立冬	辛未	壬申	癸酉	甲戌	乙亥	丙子	丁丑	戊寅	己卯	庚辰	辛巳	壬午	癸未	小雪	乙酉	丙戌	丁亥	戊子	己丑	庚寅	辛卯	壬辰

陽歷十二月份 （陰歷十、十一月份）

陽	12	2	3	4	5	6	7	8	9	10	11	12	13	14	15	16	17	18	19	20	21	22	23	24	25	26	27	28	29	30	31
陰	廿五	廿六	廿七	廿八	廿九	卅	十一	二	三	四	五	六	七	八	九	十	十一	十二	十三	十四	十五	十六	十七	十八	十九	廿	廿一	廿二	廿三	廿四	廿五
星	6	日	1	2	3	4	5	6	日	1	2	3	4	5	6	日	1	2	3	4	5	6	日	1	2	3	4	5	6	日	1
干節	癸巳	甲午	乙未	丙申	丁酉	戊戌	大雪	庚子	辛丑	壬寅	癸卯	甲辰	乙巳	丙午	丁未	戊申	己酉	庚戌	辛亥	壬子	癸丑	冬至	乙卯	丙辰	丁巳	戊午	己未	庚申	辛酉	壬戌	癸亥

近世中西史日對照表

乙未　一七一五年　（清聖祖康熙五四年）

陽歷一月份（陰歷十一、十二月份）

陽	1	2	3	4	5	6	7	8	9	10	11	12	13	14	15	16	17	18	19	20	21	22	23	24	25	26	27	28	29	30	31
陰	廿六	廿七	廿八	廿九	卅	十二	二	三	四	五	六	七	八	九	十	十一	十二	十三	十四	十五	十六	十七	十八	十九	廿	廿一	廿二	廿三	廿四	廿五	廿六
星	2	3	4	5	6	日	1	2	3	4	5	6	日	1	2	3	4	5	6	日	1	2	3	4	5	6	日	1	2	3	4
干節	甲子	乙丑	丙寅	丁卯	戊辰	小寒	庚午	辛未	壬申	癸酉	甲戌	乙亥	丙子	丁丑	戊寅	己卯	庚辰	辛巳	壬午	大寒	甲申	乙酉	丙戌	丁亥	戊子	己丑	庚寅	辛卯	壬辰	癸巳	甲午

陽歷二月份（陰歷十二、正月份）

陽	1	2	3	4	5	6	7	8	9	10	11	12	13	14	15	16	17	18	19	20	21	22	23	24	25	26	27	28
陰	廿七	廿八	廿九	正	二	三	四	五	六	七	八	九	十	十一	十二	十三	十四	十五	十六	十七	十八	十九	廿	廿一	廿二	廿三	廿四	廿五
星	5	6	日	1	2	3	4	5	6	日	1	2	3	4	5	6	日	1	2	3	4	5	6	日	1	2	3	4
干節	乙未	丙申	丁酉	立春	己亥	庚子	辛丑	壬寅	癸卯	甲辰	乙巳	丙午	丁未	戊申	己酉	庚戌	辛亥	壬子	雨水	甲寅	乙卯	丙辰	丁巳	戊午	己未	庚申	辛酉	壬戌

陽歷三月份（陰歷正、二月份）

陽	1	2	3	4	5	6	7	8	9	10	11	12	13	14	15	16	17	18	19	20	21	22	23	24	25	26	27	28	29	30	31
陰	廿六	廿七	廿八	廿九	卅	二	二	三	四	五	六	七	八	九	十	十一	十二	十三	十四	十五	十六	十七	十八	十九	廿	廿一	廿二	廿三	廿四	廿五	廿六
星	5	6	日	1	2	3	4	5	6	日	1	2	3	4	5	6	日	1	2	3	4	5	6	日	1	2	3	4	5	6	日
干節	癸亥	甲子	乙丑	丙寅	丁卯	驚蟄	己巳	庚午	辛未	壬申	癸酉	甲戌	乙亥	丙子	丁丑	戊寅	己卯	庚辰	辛巳	壬午	春分	甲申	乙酉	丙戌	丁亥	戊子	己丑	庚寅	辛卯	壬辰	癸巳

陽歷四月份（陰歷二、三月份）

陽	1	2	3	4	5	6	7	8	9	10	11	12	13	14	15	16	17	18	19	20	21	22	23	24	25	26	27	28	29	30
陰	廿七	廿八	廿九	三	二	三	四	五	六	七	八	九	十	十一	十二	十三	十四	十五	十六	十七	十八	十九	廿	廿一	廿二	廿三	廿四	廿五	廿六	廿七
星	1	2	3	4	5	6	日	1	2	3	4	5	6	日	1	2	3	4	5	6	日	1	2	3	4	5	6	日	1	2
干節	甲午	乙未	丙申	丁酉	清明	己亥	庚子	辛丑	壬寅	癸卯	甲辰	乙巳	丙午	丁未	戊申	己酉	庚戌	辛亥	壬子	穀雨	甲寅	乙卯	丙辰	丁巳	戊午	己未	庚申	辛酉	壬戌	癸亥

陽歷五月份（陰歷三、四月份）

陽	1	2	3	4	5	6	7	8	9	10	11	12	13	14	15	16	17	18	19	20	21	22	23	24	25	26	27	28	29	30	31
陰	廿八	廿九	四	二	三	四	五	六	七	八	九	十	十一	十二	十三	十四	十五	十六	十七	十八	十九	廿	廿一	廿二	廿三	廿四	廿五	廿六	廿七	廿八	廿九
星	3	4	5	6	日	1	2	3	4	5	6	日	1	2	3	4	5	6	日	1	2	3	4	5	6	日	1	2	3	4	5
干節	甲子	乙丑	丙寅	丁卯	戊辰	立夏	庚午	辛未	壬申	癸酉	甲戌	乙亥	丙子	丁丑	戊寅	己卯	庚辰	辛巳	壬午	癸未	甲申	小滿	丙戌	丁亥	戊子	己丑	庚寅	辛卯	壬辰	癸巳	甲午

陽歷六月份（陰歷四、五月份）

陽	1	2	3	4	5	6	7	8	9	10	11	12	13	14	15	16	17	18	19	20	21	22	23	24	25	26	27	28	29	30
陰	卅	五	二	三	四	五	六	七	八	九	十	十一	十二	十三	十四	十五	十六	十七	十八	十九	廿	廿一	廿二	廿三	廿四	廿五	廿六	廿七	廿八	廿九
星	6	日	1	2	3	4	5	6	日	1	2	3	4	5	6	日	1	2	3	4	5	6	日	1	2	3	4	5	6	日
干節	乙未	丙申	丁酉	戊戌	己亥	芒種	辛丑	壬寅	癸卯	甲辰	乙巳	丙午	丁未	戊申	己酉	庚戌	辛亥	壬子	癸丑	甲寅	乙卯	夏至	丁巳	戊午	己未	庚申	辛酉	壬戌	癸亥	甲子

乙未

一七一五年

（清聖祖康熙五四年）

陽歷 七 月份　（陰歷六、七月份）

陽	1	2	3	4	5	6	7	8	9	10	11	12	13	14	15	16	17	18	19	20	21	22	23	24	25	26	27	28	29	30	31
陰	六	二	三	四	五	六	七	八	九	十	十一	十二	十三	十四	十五	十六	十七	十八	十九	廿	廿一	廿二	廿三	廿四	廿五	廿六	廿七	廿八	廿九	七	二
星	1	2	3	4	5	6	日	1	2	3	4	5	6	日	1	2	3	4	5	6	日	1	2	3	4	5	6	日	1	2	3
干節	乙丑	丙寅	丁卯	戊辰	己巳	庚午	辛未	小暑	癸酉	甲戌	乙亥	丙子	丁丑	戊寅	己卯	庚辰	辛巳	壬午	癸未	甲申	乙酉	丙戌	丁亥	大暑	己丑	庚寅	辛卯	壬辰	癸巳	甲午	乙未

陽歷 八 月份　（陰歷七、八月份）

陽	1	2	3	4	5	6	7	8	9	10	11	12	13	14	15	16	17	18	19	20	21	22	23	24	25	26	27	28	29	30	31
陰	三	四	五	六	七	八	九	十	十一	十二	十三	十四	十五	十六	十七	十八	十九	廿	廿一	廿二	廿三	廿四	廿五	廿六	廿七	廿八	廿九	卅	八	二	三
星	4	5	6	日	1	2	3	4	5	6	日	1	2	3	4	5	6	日	1	2	3	4	5	6	日	1	2	3	4	5	6
干節	丙申	丁酉	戊戌	己亥	庚子	辛丑	壬寅	立秋	甲辰	乙巳	丙午	丁未	戊申	己酉	庚戌	辛亥	壬子	癸丑	甲寅	乙卯	丙辰	丁巳	戊午	處暑	庚申	辛酉	壬戌	癸亥	甲子	乙丑	丙寅

陽歷 九 月份　（陰歷八、九月份）

陽	1	2	3	4	5	6	7	8	9	10	11	12	13	14	15	16	17	18	19	20	21	22	23	24	25	26	27	28	29	30
陰	四	五	六	七	八	九	十	十一	十二	十三	十四	十五	十六	十七	十八	十九	廿	廿一	廿二	廿三	廿四	廿五	廿六	廿七	廿八	廿九	九	二	三	四
星	日	1	2	3	4	5	6	日	1	2	3	4	5	6	日	1	2	3	4	5	6	日	1	2	3	4	5	6	日	1
干節	丁卯	戊辰	己巳	庚午	辛未	壬申	癸酉	白露	乙亥	丙子	丁丑	戊寅	己卯	庚辰	辛巳	壬午	癸未	甲申	乙酉	丙戌	丁亥	戊子	己丑	秋分	辛卯	壬辰	癸巳	甲午	乙未	丙申

陽歷 十 月份　（陰歷九、十月份）

陽	1	2	3	4	5	6	7	8	9	10	11	12	13	14	15	16	17	18	19	20	21	22	23	24	25	26	27	28	29	30	31
陰	五	六	七	八	九	十	十一	十二	十三	十四	十五	十六	十七	十八	十九	廿	廿一	廿二	廿三	廿四	廿五	廿六	廿七	廿八	廿九	卅	十	二	三	四	五
星	2	3	4	5	6	日	1	2	3	4	5	6	日	1	2	3	4	5	6	日	1	2	3	4	5	6	日	1	2	3	4
干節	丁酉	戊戌	己亥	庚子	辛丑	壬寅	癸卯	甲辰	寒露	丙午	丁未	戊申	己酉	庚戌	辛亥	壬子	癸丑	甲寅	乙卯	丙辰	丁巳	戊午	己未	霜降	辛酉	壬戌	癸亥	甲子	乙丑	丙寅	丁卯

陽歷 十一 月份　（陰歷十、十一月份）

陽	1	2	3	4	5	6	7	8	9	10	11	12	13	14	15	16	17	18	19	20	21	22	23	24	25	26	27	28	29	30
陰	六	七	八	九	十	十一	十二	十三	十四	十五	十六	十七	十八	十九	廿	廿一	廿二	廿三	廿四	廿五	廿六	廿七	廿八	廿九	卅	十一	二	三	四	五
星	5	6	日	1	2	3	4	5	6	日	1	2	3	4	5	6	日	1	2	3	4	5	6	日	1	2	3	4	5	6
干節	戊辰	己巳	庚午	辛未	壬申	癸酉	甲戌	立冬	丙子	丁丑	戊寅	己卯	庚辰	辛巳	壬午	癸未	甲申	乙酉	丙戌	丁亥	戊子	己丑	小雪	辛卯	壬辰	癸巳	甲午	乙未	丙申	丁酉

陽歷 十二 月份　（陰歷十一、十二月份）

陽	1	2	3	4	5	6	7	8	9	10	11	12	13	14	15	16	17	18	19	20	21	22	23	24	25	26	27	28	29	30	31
陰	六	七	八	九	十	十一	十二	十三	十四	十五	十六	十七	十八	十九	廿	廿一	廿二	廿三	廿四	廿五	廿六	廿七	廿八	廿九	卅	十二	二	三	四	五	六
星	日	1	2	3	4	5	6	日	1	2	3	4	5	6	日	1	2	3	4	5	6	日	1	2	3	4	5	6	日	1	2
干節	戊戌	己亥	庚子	辛丑	壬寅	癸卯	大雪	乙巳	丙午	丁未	戊申	己酉	庚戌	辛亥	壬子	癸丑	甲寅	乙卯	丙辰	丁巳	戊午	冬至	庚申	辛酉	壬戌	癸亥	甲子	乙丑	丙寅	丁卯	戊辰

近世中西史日對照表

陽歷 一 月份 (陰歷十二、正月份)

陽	1	2	3	4	5	6	7	8	9	10	11	12	13	14	15	16	17	18	19	20	21	22	23	24	25	26	27	28	29	30	31
陰	七	八	九	十	十一	十二	十三	十四	十五	十六	十七	十八	十九	廿	廿一	廿二	廿三	廿四	廿五	廿六	廿七	廿八	廿九	正	二	三	四	五	六	七	八
星	3	4	5	6	日	1	2	3	4	5	6	日	1	2	3	4	5	6	日	1	2	3	4	5	6	日	1	2	3	4	5
干節	己巳	庚午	辛未	壬申	癸酉	小寒	乙亥	丙子	丁丑	戊寅	己卯	庚辰	辛巳	壬午	癸未	甲申	乙酉	丙戌	丁亥	戊子	大寒	庚寅	辛卯	壬辰	癸巳	甲午	乙未	丙申	丁酉	戊戌	己亥

陽歷 二 月份 (陰歷正、二月份)

陽	1	2	3	4	5	6	7	8	9	10	11	12	13	14	15	16	17	18	19	20	21	22	23	24	25	26	27	28	29
陰	九	十	十一	十二	十三	十四	十五	十六	十七	十八	十九	廿	廿一	廿二	廿三	廿四	廿五	廿六	廿七	廿八	廿九	卅	二	二	三	四	五	六	七
星	6	日	1	2	3	4	5	6	日	1	2	3	4	5	6	日	1	2	3	4	5	6	日	1	2	3	4	5	6
干節	庚子	辛丑	壬寅	立春	甲辰	乙巳	丙午	丁未	戊申	己酉	庚戌	辛亥	壬子	癸丑	甲寅	乙卯	丙辰	丁巳	雨水	己未	庚申	辛酉	壬戌	癸亥	甲子	乙丑	丙寅	丁卯	戊辰

陽歷 三 月份 (陰歷二、三月份)

陽	1	2	3	4	5	6	7	8	9	10	11	12	13	14	15	16	17	18	19	20	21	22	23	24	25	26	27	28	29	30	31
陰	八	九	十	十一	十二	十三	十四	十五	十六	十七	十八	十九	廿	廿一	廿二	廿三	廿四	廿五	廿六	廿七	廿八	廿九	卅	三	二	三	四	五	六	七	八
星	日	1	2	3	4	5	6	日	1	2	3	4	5	6	日	1	2	3	4	5	6	日	1	2	3	4	5	6	日	1	2
干節	己巳	庚午	辛未	壬申	驚蟄	甲戌	乙亥	丙子	丁丑	戊寅	己卯	庚辰	辛巳	壬午	癸未	甲申	乙酉	丙戌	丁亥	春分	己丑	庚寅	辛卯	壬辰	癸巳	甲午	乙未	丙申	丁酉	戊戌	己亥

陽歷 四 月份 (陰歷三、閏三月份)

陽	1	2	3	4	5	6	7	8	9	10	11	12	13	14	15	16	17	18	19	20	21	22	23	24	25	26	27	28	29	30
陰	九	十	十一	十二	十三	十四	十五	十六	十七	十八	十九	廿	廿一	廿二	廿三	廿四	廿五	廿六	廿七	廿八	廿九	閏	二	三	四	五	六	七	八	九
星	3	4	5	6	日	1	2	3	4	5	6	日	1	2	3	4	5	6	日	1	2	3	4	5	6	日	1	2	3	4
干節	庚子	辛丑	壬寅	清明	甲辰	乙巳	丙午	丁未	戊申	己酉	庚戌	辛亥	壬子	癸丑	甲寅	乙卯	丙辰	丁巳	戊午	穀雨	庚申	辛酉	壬戌	癸亥	甲子	乙丑	丙寅	丁卯	戊辰	己巳

陽歷 五 月份 (陰歷閏三、四月份)

陽	1	2	3	4	5	6	7	8	9	10	11	12	13	14	15	16	17	18	19	20	21	22	23	24	25	26	27	28	29	30	31
陰	十	十一	十二	十三	十四	十五	十六	十七	十八	十九	廿	廿一	廿二	廿三	廿四	廿五	廿六	廿七	廿八	廿九	四	二	三	四	五	六	七	八	九	十	十一
星	5	6	日	1	2	3	4	5	6	日	1	2	3	4	5	6	日	1	2	3	4	5	6	日	1	2	3	4	5	6	日
干節	庚午	辛未	壬申	癸酉	立夏	乙亥	丙子	丁丑	戊寅	己卯	庚辰	辛巳	壬午	癸未	甲申	乙酉	丙戌	丁亥	戊子	己丑	小滿	辛卯	壬辰	癸巳	甲午	乙未	丙申	丁酉	戊戌	己亥	庚子

陽歷 六 月份 (陰歷四、五月份)

陽	1	2	3	4	5	6	7	8	9	10	11	12	13	14	15	16	17	18	19	20	21	22	23	24	25	26	27	28	29	30
陰	十二	十三	十四	十五	十六	十七	十八	十九	廿	廿一	廿二	廿三	廿四	廿五	廿六	廿七	廿八	廿九	卅	五	二	三	四	五	六	七	八	九	十	十一
星	1	2	3	4	5	6	日	1	2	3	4	5	6	日	1	2	3	4	5	6	日	1	2	3	4	5	6	日	1	2
干節	辛丑	壬寅	癸卯	甲辰	芒種	丙午	丁未	戊申	己酉	庚戌	辛亥	壬子	癸丑	甲寅	乙卯	丙辰	丁巳	戊午	己未	庚申	辛酉	夏至	癸亥	甲子	乙丑	丙寅	丁卯	戊辰	己巳	庚午

丙申　一七一六年　（清聖祖康熙五五年）

陽歷七月份　（陰歷五、六月份）

陽	7	2	3	4	5	6	7	8	9	10	11	12	13	14	15	16	17	18	19	20	21	22	23	24	25	26	27	28	29	30	31
陰	十二	十三	十四	十五	十六	十七	十八	十九	廿	廿一	廿二	廿三	廿四	廿五	廿六	廿七	廿八	廿九	六	二	三	四	五	六	七	八	九	十	十一	十二	十三
星	3	4	5	6	日	1	2	3	4	5	6	日	1	2	3	4	5	6	日	1	2	3	4	5	6	日	1	2	3	4	5
干節	辛未	壬申	癸酉	甲戌	乙亥	丙子	小暑	戊寅	己卯	庚辰	辛巳	壬午	癸未	甲申	乙酉	丙戌	丁亥	戊子	己丑	庚寅	辛卯	壬辰	大暑	甲午	乙未	丙申	丁酉	戊戌	己亥	庚子	辛丑

陽歷八月份　（陰歷六、七月份）

陽	8	2	3	4	5	6	7	8	9	10	11	12	13	14	15	16	17	18	19	20	21	22	23	24	25	26	27	28	29	30	31
陰	十四	十五	十六	十七	十八	十九	廿	廿一	廿二	廿三	廿四	廿五	廿六	廿七	廿八	廿九	七	二	三	四	五	六	七	八	九	十	十一	十二	十三	十四	十五
星	6	日	1	2	3	4	5	6	日	1	2	3	4	5	6	日	1	2	3	4	5	6	日	1	2	3	4	5	6	日	1
干節	壬寅	癸卯	甲辰	乙巳	丙午	丁未	立秋	己酉	庚戌	辛亥	壬子	癸丑	甲寅	乙卯	丙辰	丁巳	戊午	己未	庚申	辛酉	壬戌	癸亥	處暑	乙丑	丙寅	丁卯	戊辰	己巳	庚午	辛未	壬申

陽歷九月份　（陰歷七、八月份）

陽	9	2	3	4	5	6	7	8	9	10	11	12	13	14	15	16	17	18	19	20	21	22	23	24	25	26	27	28	29	30	
陰	十六	十七	十八	十九	廿	廿一	廿二	廿三	廿四	廿五	廿六	廿七	廿八	廿九	卅	八	二	三	四	五	六	七	八	九	十	十一	十二	十三	十四	十五	
星	2	3	4	5	6	日	1	2	3	4	5	6	日	1	2	3	4	5	6	日	1	2	3	4	5	6	日	1	2	3	
干節	癸酉	甲戌	乙亥	丙子	丁丑	戊寅	己卯	白露	辛巳	壬午	癸未	甲申	乙酉	丙戌	丁亥	戊子	己丑	庚寅	辛卯	壬辰	癸巳	甲午	秋分	丙申	丁酉	戊戌	己亥	庚子	辛丑	壬寅	

陽歷十月份　（陰歷八、九月份）

陽	10	2	3	4	5	6	7	8	9	10	11	12	13	14	15	16	17	18	19	20	21	22	23	24	25	26	27	28	29	30	31
陰	十六	十七	十八	十九	廿	廿一	廿二	廿三	廿四	廿五	廿六	廿七	廿八	廿九	九	二	三	四	五	六	七	八	九	十	十一	十二	十三	十四	十五	十六	十七
星	4	5	6	日	1	2	3	4	5	6	日	1	2	3	4	5	6	日	1	2	3	4	5	6	日	1	2	3	4	5	6
干節	癸卯	甲辰	乙巳	丙午	丁未	戊申	己酉	寒露	辛亥	壬子	癸丑	甲寅	乙卯	丙辰	丁巳	戊午	己未	庚申	辛酉	壬戌	癸亥	甲子	霜降	丙寅	丁卯	戊辰	己巳	庚午	辛未	壬申	癸酉

陽歷十一月份　（陰歷九、十月份）

陽	11	2	3	4	5	6	7	8	9	10	11	12	13	14	15	16	17	18	19	20	21	22	23	24	25	26	27	28	29	30	
陰	十八	十九	廿	廿一	廿二	廿三	廿四	廿五	廿六	廿七	廿八	廿九	卅	十	二	三	四	五	六	七	八	九	十	十一	十二	十三	十四	十五	十六	十七	
星	日	1	2	3	4	5	6	日	1	2	3	4	5	6	日	1	2	3	4	5	6	日	1	2	3	4	5	6	日	1	
干節	甲戌	乙亥	丙子	丁丑	戊寅	己卯	立冬	辛巳	壬午	癸未	甲申	乙酉	丙戌	丁亥	戊子	己丑	庚寅	辛卯	壬辰	癸巳	甲午	小雪	丙申	丁酉	戊戌	己亥	庚子	辛丑	壬寅	癸卯	

陽歷十二月份　（陰歷十、十一月份）

陽	12	2	3	4	5	6	7	8	9	10	11	12	13	14	15	16	17	18	19	20	21	22	23	24	25	26	27	28	29	30	31
陰	十八	十九	廿	廿一	廿二	廿三	廿四	廿五	廿六	廿七	廿八	廿九	卅	十一	二	三	四	五	六	七	八	九	十	十一	十二	十三	十四	十五	十六	十七	十八
星	2	3	4	5	6	日	1	2	3	4	5	6	日	1	2	3	4	5	6	日	1	2	3	4	5	6	日	1	2	3	4
干節	甲辰	乙巳	丙午	丁未	戊申	己酉	大雪	辛亥	壬子	癸丑	甲寅	乙卯	丙辰	丁巳	戊午	己未	庚申	辛酉	壬戌	癸亥	冬至	乙丑	丙寅	丁卯	戊辰	己巳	庚午	辛未	壬申	癸酉	甲戌

近世中西史日對照表

丁酉　一七一七年　（清聖祖康熙五六年）

陽歷 一 月份　（陰歷十一、十二月份）

陽	1	2	3	4	5	6	7	8	9	10	11	12	13	14	15	16	17	18	19	20	21	22	23	24	25	26	27	28	29	30	31
陰	十九	廿	廿一	廿二	廿三	廿四	廿五	廿六	廿七	廿八	廿九	卅	十二	二	三	四	五	六	七	八	九	十	十一	十二	十三	十四	十五	十六	十七	十八	十九
星	5	6	日	1	2	3	4	5	6	日	1	2	3	4	5	6	日	1	2	3	4	5	6	日	1	2	3	4	5	6	日
干節	乙亥	丙子	丁丑	戊寅	小寒	庚辰	辛巳	壬午	癸未	甲申	乙酉	丙戌	丁亥	戊子	己丑	庚寅	辛卯	壬辰	癸巳	大寒	乙未	丙申	丁酉	戊戌	己亥	庚子	辛丑	壬寅	癸卯	甲辰	乙巳

陽歷 二 月份　（陰歷十二、正月份）

陽	2	2	3	4	5	6	7	8	9	10	11	12	13	14	15	16	17	18	19	20	21	22	23	24	25	26	27	28	—	—	—
陰	廿	廿一	廿二	廿三	廿四	廿五	廿六	廿七	廿八	廿九	正	二	三	四	五	六	七	八	九	十	十一	十二	十三	十四	十五	十六	十七	十八	—	—	—
星	1	2	3	4	5	6	日	1	2	3	4	5	6	日	1	2	3	4	5	6	日	1	2	3	4	5	6	日	—	—	—
干節	丙午	丁未	戊申	立春	庚戌	辛亥	壬子	癸丑	甲寅	乙卯	丙辰	丁巳	戊午	己未	庚申	辛酉	壬戌	雨水	甲子	乙丑	丙寅	丁卯	戊辰	己巳	庚午	辛未	壬申	癸酉			

陽歷 三 月份　（陰歷正、二月份）

陽	3	2	3	4	5	6	7	8	9	10	11	12	13	14	15	16	17	18	19	20	21	22	23	24	25	26	27	28	29	30	31
陰	十九	廿	廿一	廿二	廿三	廿四	廿五	廿六	廿七	廿八	廿九	卅	二	二	三	四	五	六	七	八	九	十	十一	十二	十三	十四	十五	十六	十七	十八	十九
星	1	2	3	4	5	6	日	1	2	3	4	5	6	日	1	2	3	4	5	6	日	1	2	3	4	5	6	日	1	2	3
干節	甲戌	乙亥	丙子	丁丑	驚蟄	己卯	庚辰	辛巳	壬午	癸未	甲申	乙酉	丙戌	丁亥	戊子	己丑	庚寅	辛卯	壬辰	春分	甲午	乙未	丙申	丁酉	戊戌	己亥	庚子	辛丑	壬寅	癸卯	甲辰

陽歷 四 月份　（陰歷二、三月份）

陽	4	2	3	4	5	6	7	8	9	10	11	12	13	14	15	16	17	18	19	20	21	22	23	24	25	26	27	28	29	30	—
陰	廿	廿一	廿二	廿三	廿四	廿五	廿六	廿七	廿八	廿九	卅	三	二	三	四	五	六	七	八	九	十	十一	十二	十三	十四	十五	十六	十七	十八	十九	—
星	4	5	6	日	1	2	3	4	5	6	日	1	2	3	4	5	6	日	1	2	3	4	5	6	日	1	2	3	4	5	—
干節	乙巳	丙午	丁未	戊申	清明	庚戌	辛亥	壬子	癸丑	甲寅	乙卯	丙辰	丁巳	戊午	己未	庚申	辛酉	壬戌	癸亥	穀雨	乙丑	丙寅	丁卯	戊辰	己巳	庚午	辛未	壬申	癸酉	甲戌	

陽歷 五 月份　（陰歷三 四月份）

陽	5	2	3	4	5	6	7	8	9	10	11	12	13	14	15	16	17	18	19	20	21	22	23	24	25	26	27	28	29	30	31
陰	廿	廿一	廿二	廿三	廿四	廿五	廿六	廿七	廿八	廿九	四	二	三	四	五	六	七	八	九	十	十一	十二	十三	十四	十五	十六	十七	十八	十九	廿	廿一
星	6	日	1	2	3	4	5	6	日	1	2	3	4	5	6	日	1	2	3	4	5	6	日	1	2	3	4	5	6	日	1
干節	乙亥	丙子	丁丑	戊寅	立夏	庚辰	辛巳	壬午	癸未	甲申	乙酉	丙戌	丁亥	戊子	己丑	庚寅	辛卯	壬辰	癸巳	甲午	小滿	丙申	丁酉	戊戌	己亥	庚子	辛丑	壬寅	癸卯	甲辰	乙巳

陽歷 六 月份　（陰歷四、五月份）

陽	6	2	3	4	5	6	7	8	9	10	11	12	13	14	15	16	17	18	19	20	21	22	23	24	25	26	27	28	29	30	—
陰	廿二	廿三	廿四	廿五	廿六	廿七	廿八	廿九	五	二	三	四	五	六	七	八	九	十	十一	十二	十三	十四	十五	十六	十七	十八	十九	廿	廿一	廿二	—
星	2	3	4	5	6	日	1	2	3	4	5	6	日	1	2	3	4	5	6	日	1	2	3	4	5	6	日	1	2	3	—
干節	丙午	丁未	戊申	己酉	庚戌	芒種	壬子	癸丑	甲寅	乙卯	丙辰	丁巳	戊午	己未	庚申	辛酉	壬戌	癸亥	甲子	乙丑	夏至	丁卯	戊辰	己巳	庚午	辛未	壬申	癸酉	甲戌	乙亥	

丁酉

一七一七年

（清聖祖康熙五六年）

陽歷七月份（陰歷五、六月份）

陽	7	2	3	4	5	6	7	8	9	10	11	12	13	14	15	16	17	18	19	20	21	22	23	24	25	26	27	28	29	30	31
陰	廿三	廿四	廿五	廿六	廿七	廿八	廿九	卅	六	二	三	四	五	六	七	八	九	十	十一	十二	十三	十四	十五	十六	十七	十八	十九	廿	廿一	廿二	廿三
星	4	5	6	日	1	2	3	4	5	6	日	1	2	3	4	5	6	日	1	2	3	4	5	6	日	1	2	3	4	5	6
干節	丙子	丁丑	戊寅	己卯	庚辰	辛巳	小暑	癸未	甲申	乙酉	丙戌	丁亥	戊子	己丑	庚寅	辛卯	壬辰	癸巳	甲午	乙未	丙申	丁酉	大暑	己亥	庚子	辛丑	壬寅	癸卯	甲辰	乙巳	丙午

陽歷八月份（陰歷六、七月份）

陽	8	2	3	4	5	6	7	8	9	10	11	12	13	14	15	16	17	18	19	20	21	22	23	24	25	26	27	28	29	30	31
陰	廿四	廿五	廿六	廿七	廿八	廿九	七	二	三	四	五	六	七	八	九	十	十一	十二	十三	十四	十五	十六	十七	十八	十九	廿	廿一	廿二	廿三	廿四	廿五
星	日	1	2	3	4	5	6	日	1	2	3	4	5	6	日	1	2	3	4	5	6	日	1	2	3	4	5	6	日	1	2
干節	丁未	戊申	己酉	庚戌	辛亥	壬子	癸丑	立秋	乙卯	丙辰	丁巳	戊午	己未	庚申	辛酉	壬戌	癸亥	甲子	乙丑	丙寅	丁卯	戊辰	處暑	庚午	辛未	壬申	癸酉	甲戌	乙亥	丙子	丁丑

陽歷九月份（陰歷七、八月份）

陽	9	2	3	4	5	6	7	8	9	10	11	12	13	14	15	16	17	18	19	20	21	22	23	24	25	26	27	28	29	30	
陰	廿六	廿七	廿八	廿九	八	二	三	四	五	六	七	八	九	十	十一	十二	十三	十四	十五	十六	十七	十八	十九	廿	廿一	廿二	廿三	廿四	廿五	廿六	
星	3	4	5	6	日	1	2	3	4	5	6	日	1	2	3	4	5	6	日	1	2	3	4	5	6	日	1	2	3	4	
干節	戊寅	己卯	庚辰	辛巳	壬午	癸未	甲申	白露	丙戌	丁亥	戊子	己丑	庚寅	辛卯	壬辰	癸巳	甲午	乙未	丙申	丁酉	戊戌	己亥	秋分	辛丑	壬寅	癸卯	甲辰	乙巳	丙午	丁未	

陽歷十月份（陰歷八、九月份）

陽	10	2	3	4	5	6	7	8	9	10	11	12	13	14	15	16	17	18	19	20	21	22	23	24	25	26	27	28	29	30	31
陰	廿七	廿八	廿九	卅	九	二	三	四	五	六	七	八	九	十	十一	十二	十三	十四	十五	十六	十七	十八	十九	廿	廿一	廿二	廿三	廿四	廿五	廿六	廿七
星	5	6	日	1	2	3	4	5	6	日	1	2	3	4	5	6	日	1	2	3	4	5	6	日	1	2	3	4	5	6	日
干節	戊申	己酉	庚戌	辛亥	壬子	癸丑	甲寅	寒露	丙辰	丁巳	戊午	己未	庚申	辛酉	壬戌	癸亥	甲子	乙丑	丙寅	丁卯	戊辰	己巳	霜降	辛未	壬申	癸酉	甲戌	乙亥	丙子	丁丑	戊寅

陽歷十一月份（陰歷九、十月份）

陽	11	2	3	4	5	6	7	8	9	10	11	12	13	14	15	16	17	18	19	20	21	22	23	24	25	26	27	28	29	30	
陰	廿八	廿九	十	二	三	四	五	六	七	八	九	十	十一	十二	十三	十四	十五	十六	十七	十八	十九	廿	廿一	廿二	廿三	廿四	廿五	廿六	廿七	廿八	
星	1	2	3	4	5	6	日	1	2	3	4	5	6	日	1	2	3	4	5	6	日	1	2	3	4	5	6	日	1	2	
干節	己卯	庚辰	辛巳	壬午	癸未	甲申	立冬	丙戌	丁亥	戊子	己丑	庚寅	辛卯	壬辰	癸巳	甲午	乙未	丙申	丁酉	戊戌	己亥	小雪	辛丑	壬寅	癸卯	甲辰	乙巳	丙午	丁未	戊申	

陽歷十二月份（陰歷十、十一月份）

陽	12	2	3	4	5	6	7	8	9	10	11	12	13	14	15	16	17	18	19	20	21	22	23	24	25	26	27	28	29	30	31
陰	廿九	卅	十一	二	三	四	五	六	七	八	九	十	十一	十二	十三	十四	十五	十六	十七	十八	十九	廿	廿一	廿二	廿三	廿四	廿五	廿六	廿七	廿八	廿九
星	3	4	5	6	日	1	2	3	4	5	6	日	1	2	3	4	5	6	日	1	2	3	4	5	6	日	1	2	3	4	5
干節	己酉	庚戌	辛亥	壬子	癸丑	甲寅	大雪	丙辰	丁巳	戊午	己未	庚申	辛酉	壬戌	癸亥	甲子	乙丑	丙寅	丁卯	戊辰	己巳	冬至	辛未	壬申	癸酉	甲戌	乙亥	丙子	丁丑	戊寅	己卯

陽曆　一　月份　　（陰曆十一、十二、正月份）

陽	1	2	3	4	5	6	7	8	9	10	11	12	13	14	15	16	17	18	19	20	21	22	23	24	25	26	27	28	29	30	31
陰	卅	十二	二	三	四	五	六	七	八	九	十	十一	十二	十三	十四	十五	十六	十七	十八	十九	廿	廿一	廿二	廿三	廿四	廿五	廿六	廿七	廿八	廿九	正
星	6	日	1	2	3	4	5	6	日	1	2	3	4	5	6	日	1	2	3	4	5	6	日	1	2	3	4	5	6	日	1
干節	庚辰	辛巳	壬午	癸未	小寒	乙酉	丙戌	丁亥	戊子	己丑	庚寅	辛卯	壬辰	癸巳	甲午	乙未	丙申	丁酉	戊戌	大寒	庚子	辛丑	壬寅	癸卯	甲辰	乙巳	丙午	丁未	戊申	己酉	庚戌

陽曆　二　月份　　（陰曆正月份）

陽	2	2	3	4	5	6	7	8	9	10	11	12	13	14	15	16	17	18	19	20	21	22	23	24	25	26	27	28			
陰	二	三	四	五	六	七	八	九	十	十一	十二	十三	十四	十五	十六	十七	十八	十九	廿	廿一	廿二	廿三	廿四	廿五	廿六	廿七	廿八	廿九			
星	2	3	4	5	6	日	1	2	3	4	5	6	日	1	2	3	4	5	6	日	1	2	3	4	5	6	日	1			
干節	辛亥	壬子	癸丑	立春	乙卯	丙辰	丁巳	戊午	己未	庚申	辛酉	壬戌	癸亥	甲子	乙丑	丙寅	丁卯	戊辰	雨水	庚午	辛未	壬申	癸酉	甲戌	乙亥	丙子	丁丑	戊寅			

陽曆　三　月份　　（陰曆正、二月份）

陽	3	2	3	4	5	6	7	8	9	10	11	12	13	14	15	16	17	18	19	20	21	22	23	24	25	26	27	28	29	30	31
陰	卅	二	二	三	四	五	六	七	八	九	十	十一	十二	十三	十四	十五	十六	十七	十八	十九	廿	廿一	廿二	廿三	廿四	廿五	廿六	廿七	廿八	廿九	卅
星	2	3	4	5	6	日	1	2	3	4	5	6	日	1	2	3	4	5	6	日	1	2	3	4	5	6	日	1	2	3	4
干節	己卯	庚辰	辛巳	壬午	癸未	驚蟄	乙酉	丙戌	丁亥	戊子	己丑	庚寅	辛卯	壬辰	癸巳	甲午	乙未	丙申	丁酉	戊戌	春分	庚子	辛丑	壬寅	癸卯	甲辰	乙巳	丙午	丁未	戊申	己酉

陽曆　四　月份　　（陰曆三、四月份）

陽	4	2	3	4	5	6	7	8	9	10	11	12	13	14	15	16	17	18	19	20	21	22	23	24	25	26	27	28	29	30	
陰	三	二	三	四	五	六	七	八	九	十	十一	十二	十三	十四	十五	十六	十七	十八	十九	廿	廿一	廿二	廿三	廿四	廿五	廿六	廿七	廿八	廿九	四	
星	5	6	日	1	2	3	4	5	6	日	1	2	3	4	5	6	日	1	2	3	4	5	6	日	1	2	3	4	5	6	
干節	庚戌	辛亥	壬子	癸丑	清明	乙卯	丙辰	丁巳	戊午	己未	庚申	辛酉	壬戌	癸亥	甲子	乙丑	丙寅	丁卯	戊辰	穀雨	庚午	辛未	壬申	癸酉	甲戌	乙亥	丙子	丁丑	戊寅	己卯	

陽曆　五　月份　　（陰曆四、五月份）

陽	5	2	3	4	5	6	7	8	9	10	11	12	13	14	15	16	17	18	19	20	21	22	23	24	25	26	27	28	29	30	31
陰	二	三	四	五	六	七	八	九	十	十一	十二	十三	十四	十五	十六	十七	十八	十九	廿	廿一	廿二	廿三	廿四	廿五	廿六	廿七	廿八	廿九	卅	五	二
星	日	1	2	3	4	5	6	日	1	2	3	4	5	6	日	1	2	3	4	5	6	日	1	2	3	4	5	6	日	1	2
干節	庚辰	辛巳	壬午	癸未	甲申	立夏	丙戌	丁亥	戊子	己丑	庚寅	辛卯	壬辰	癸巳	甲午	乙未	丙申	丁酉	戊戌	己亥	小滿	辛丑	壬寅	癸卯	甲辰	乙巳	丙午	丁未	戊申	己酉	庚戌

陽曆　六　月份　　（陰曆五、六月份）

陽	6	2	3	4	5	6	7	8	9	10	11	12	13	14	15	16	17	18	19	20	21	22	23	24	25	26	27	28	29	30	
陰	三	四	五	六	七	八	九	十	十一	十二	十三	十四	十五	十六	十七	十八	十九	廿	廿一	廿二	廿三	廿四	廿五	廿六	廿七	廿八	廿九	六	二	三	
星	3	4	5	6	日	1	2	3	4	5	6	日	1	2	3	4	5	6	日	1	2	3	4	5	6	日	1	2	3	4	
干節	辛亥	壬子	癸丑	甲寅	乙卯	芒種	丁巳	戊午	己未	庚申	辛酉	壬戌	癸亥	甲子	乙丑	丙寅	丁卯	戊辰	己巳	庚午	辛未	夏至	癸酉	甲戌	乙亥	丙子	丁丑	戊寅	己卯	庚辰	

戊戌

一七一八年

（清聖祖康熙五七年）

陽歷七月份　（陰歷六、七月份）

陽	7	2	3	4	5	6	7	8	9	10	11	12	13	14	15	16	17	18	19	20	21	22	23	24	25	26	27	28	29	30	31
陰	四	五	六	七	八	九	十	十一	十二	十三	十四	十五	十六	十七	十八	十九	廿	廿一	廿二	廿三	廿四	廿五	廿六	廿七	廿八	廿九	卅	七	二	三	四
星	5	6	日	1	2	3	4	5	6	日	1	2	3	4	5	6	日	1	2	3	4	5	6	日	1	2	3	4	5	6	日
干節	辛巳	壬午	癸未	甲申	乙酉	丙戌	丁亥	小暑	己丑	庚寅	辛卯	壬辰	癸巳	甲午	乙未	丙申	丁酉	戊戌	己亥	庚子	辛丑	壬寅	大暑	甲辰	乙巳	丙午	丁未	戊申	己酉	庚戌	辛亥

陽歷八月份　（陰歷七、八月份）

陽	8	2	3	4	5	6	7	8	9	10	11	12	13	14	15	16	17	18	19	20	21	22	23	24	25	26	27	28	29	30	31
陰	五	六	七	八	九	十	十一	十二	十三	十四	十五	十六	十七	十八	十九	廿	廿一	廿二	廿三	廿四	廿五	廿六	廿七	廿八	廿九	八	二	三	四	五	六
星	1	2	3	4	5	6	日	1	2	3	4	5	6	日	1	2	3	4	5	6	日	1	2	3	4	5	6	日	1	2	3
干節	壬子	癸丑	甲寅	乙卯	丙辰	丁巳	戊午	立秋	庚申	辛酉	壬戌	癸亥	甲子	乙丑	丙寅	丁卯	戊辰	己巳	庚午	辛未	壬申	癸酉	甲戌	處暑	丙子	丁丑	戊寅	己卯	庚辰	辛巳	壬午

陽歷九月份　（陰歷八、閏八月份）

陽	9	2	3	4	5	6	7	8	9	10	11	12	13	14	15	16	17	18	19	20	21	22	23	24	25	26	27	28	29	30
陰	七	八	九	十	十一	十二	十三	十四	十五	十六	十七	十八	十九	廿	廿一	廿二	廿三	廿四	廿五	廿六	廿七	廿八	廿九	閏	二	三	四	五	六	七
星	4	5	6	日	1	2	3	4	5	6	日	1	2	3	4	5	6	日	1	2	3	4	5	6	日	1	2	3	4	5
干節	癸未	甲申	乙酉	丙戌	丁亥	戊子	己丑	白露	辛卯	壬辰	癸巳	甲午	乙未	丙申	丁酉	戊戌	己亥	庚子	辛丑	壬寅	癸卯	甲辰	秋分	丙午	丁未	戊申	己酉	庚戌	辛亥	壬子

陽歷十月份　（陰歷閏八、九月份）

陽	10	2	3	4	5	6	7	8	6	10	11	12	13	14	15	16	17	18	19	20	21	22	23	24	25	26	27	28	29	30	31
陰	八	九	十	十一	十二	十三	十四	十五	十六	十七	十八	十九	廿	廿一	廿二	廿三	廿四	廿五	廿六	廿七	廿八	廿九	卅	九	二	三	四	五	六	七	八
星	6	日	1	2	3	4	5	6	日	1	2	3	4	5	6	日	1	2	3	4	5	6	日	1	2	3	4	5	6	日	1
干節	癸丑	甲寅	乙卯	丙辰	丁巳	戊午	己未	庚申	寒露	壬戌	癸亥	甲子	乙丑	丙寅	丁卯	戊辰	己巳	庚午	辛未	壬申	癸酉	甲戌	乙亥	霜降	丁丑	戊寅	己卯	庚辰	辛巳	壬午	癸未

陽歷十一月份　（陰歷九、十月份）

陽	11	2	3	4	5	6	7	8	9	10	11	12	13	14	15	16	17	18	19	20	21	22	23	24	25	26	27	28	29	30
陰	九	十	十一	十二	十三	十四	十五	十六	十七	十八	十九	廿	廿一	廿二	廿三	廿四	廿五	廿六	廿七	廿八	廿九	十	二	三	四	五	六	七	八	九
星	2	3	4	5	6	日	1	2	3	4	5	6	日	1	2	3	4	5	6	日	1	2	3	4	5	6	日	1	2	3
干節	甲申	乙酉	丙戌	丁亥	戊子	己丑	庚寅	立冬	壬辰	癸巳	甲午	乙未	丙申	丁酉	戊戌	己亥	庚子	辛丑	壬寅	癸卯	甲辰	小雪	丙午	丁未	戊申	己酉	庚戌	辛亥	壬子	癸丑

陽歷十二月份　（陰歷十、十一月份）

陽	12	2	3	4	5	6	7	8	9	10	11	12	13	14	15	16	17	18	19	20	21	22	23	24	25	26	27	28	29	30	31
陰	十	十一	十二	十三	十四	十五	十六	十七	十八	十九	廿	廿一	廿二	廿三	廿四	廿五	廿六	廿七	廿八	廿九	卅	十一	二	三	四	五	六	七	八	九	十
星	4	5	6	日	1	2	3	4	5	6	日	1	2	3	4	5	6	日	1	2	3	4	5	6	日	1	2	3	4	5	6
干節	甲寅	乙卯	丙辰	丁巳	戊午	己未	大雪	辛酉	壬戌	癸亥	甲子	乙丑	丙寅	丁卯	戊辰	己巳	庚午	辛未	壬申	癸酉	甲戌	冬至	丙子	丁丑	戊寅	己卯	庚辰	辛巳	壬午	癸未	甲申

陽歷 一 月份 (陰歷十一、十二月份)

陽	**1**	2	3	4	5	6	7	8	9	10	11	12	13	14	15	16	17	18	19	20	21	22	23	24	25	26	27	28	29	30	31
陰	十一	十二	十三	十四	十五	十六	十七	十八	十九	廿	廿一	廿二	廿三	廿四	廿五	廿六	廿七	廿八	廿九	**十二**	二	三	四	五	六	七	八	九	十	十一	十二
星	**日**	1	2	3	4	5	6	**日**	1	2	3	4	5	6	**日**	1	2	3	4	5	6	**日**	1	2	3	4	5	6	**日**	1	2
干節	乙酉	丙戌	丁亥	戊子	己丑	**小寒**	辛卯	壬辰	癸巳	甲午	乙未	丙申	丁酉	戊戌	己亥	庚子	辛丑	壬寅	癸卯	**大寒**	乙巳	丙午	丁未	戊申	己酉	庚戌	辛亥	壬子	癸丑	甲寅	乙卯

陽歷 二 月份 (陰歷十二、正月份)

陽	**2**	2	3	4	5	6	7	8	9	10	11	12	13	14	15	16	17	18	19	20	21	22	23	24	25	26	27	28
陰	十三	十四	十五	十六	十七	十八	十九	廿	廿一	廿二	廿三	廿四	廿五	廿六	廿七	廿八	廿九	卅	**正**	二	三	四	五	六	七	八	九	十
星	3	4	5	6	**日**	1	2	3	4	5	6	**日**	1	2	3	4	5	6	**日**	1	2	3	4	5	6	**日**	1	2
干節	丙辰	丁巳	戊午	**立春**	庚申	辛酉	壬戌	癸亥	甲子	乙丑	丙寅	丁卯	戊辰	己巳	庚午	辛未	壬申	癸酉	**雨水**	乙亥	丙子	丁丑	戊寅	己卯	庚辰	辛巳	壬午	癸未

陽歷 三 月份 (陰歷正、二月份)

陽	**3**	2	3	4	5	6	7	8	9	10	11	12	13	14	15	16	17	18	19	20	21	22	23	24	25	26	27	28	29	30	31
陰	十一	十二	十三	十四	十五	十六	十七	十八	十九	廿	廿一	廿二	廿三	廿四	廿五	廿六	廿七	廿八	廿九	卅	**二**	二	三	四	五	六	七	八	九	十	十一
星	3	4	5	6	**日**	1	2	3	4	5	6	**日**	1	2	3	4	5	6	**日**	1	2	3	4	5	6	**日**	1	2	3	4	5
干節	甲申	乙酉	丙戌	丁亥	戊子	**驚蟄**	庚寅	辛卯	壬辰	癸巳	甲午	乙未	丙申	丁酉	戊戌	己亥	庚子	辛丑	壬寅	癸卯	**春分**	乙巳	丙午	丁未	戊申	己酉	庚戌	辛亥	壬子	癸丑	甲寅

陽歷 四 月份 (陰歷二、三月份)

陽	**4**	2	3	4	5	6	7	8	9	10	11	12	13	14	15	16	17	18	19	20	21	22	23	24	25	26	27	28	29	30
陰	十二	十三	十四	十五	十六	十七	十八	十九	廿	廿一	廿二	廿三	廿四	廿五	廿六	廿七	廿八	廿九	卅	**三**	二	三	四	五	六	七	八	九	十	十一
星	6	**日**	1	2	3	4	5	6	**日**	1	2	3	4	5	6	**日**	1	2	3	4	5	6	**日**	1	2	3	4	5	6	**日**
干節	乙卯	丙辰	丁巳	戊午	**清明**	庚申	辛酉	壬戌	癸亥	甲子	乙丑	丙寅	丁卯	戊辰	己巳	庚午	辛未	壬申	癸酉	**穀雨**	乙亥	丙子	丁丑	戊寅	己卯	庚辰	辛巳	壬午	癸未	甲申

陽歷 五 月份 (陰歷三、四月份)

陽	**5**	2	3	4	5	6	7	8	9	10	11	12	13	14	15	16	17	18	19	20	21	22	23	24	25	26	27	28	29	30	31
陰	十二	十三	十四	十五	十六	十七	十八	十九	廿	廿一	廿二	廿三	廿四	廿五	廿六	廿七	廿八	廿九	**四**	二	三	四	五	六	七	八	九	十	十一	十二	十三
星	1	2	3	4	5	6	**日**	1	2	3	4	5	6	**日**	1	2	3	4	5	6	**日**	1	2	3	4	5	6	**日**	1	2	3
干節	乙酉	丙戌	丁亥	戊子	己丑	**立夏**	辛卯	壬辰	癸巳	甲午	乙未	丙申	丁酉	戊戌	己亥	庚子	辛丑	壬寅	癸卯	甲辰	乙巳	**小滿**	丁未	戊申	己酉	庚戌	辛亥	壬子	癸丑	甲寅	乙卯

陽歷 六 月份 (陰歷四、五月份)

陽	**6**	2	3	4	5	6	7	8	9	10	11	12	13	14	15	16	17	18	19	20	21	22	23	24	25	26	27	28	29	30
陰	十四	十五	十六	十七	十八	十九	廿	廿一	廿二	廿三	廿四	廿五	廿六	廿七	廿八	廿九	卅	**五**	二	三	四	五	六	七	八	九	十	十一	十二	十三
星	4	5	6	**日**	1	2	3	4	5	6	**日**	1	2	3	4	5	6	**日**	1	2	3	4	5	6	**日**	1	2	3	4	5
干節	丙辰	丁巳	戊午	己未	庚申	**芒種**	壬戌	癸亥	甲子	乙丑	丙寅	丁卯	戊辰	己巳	庚午	辛未	壬申	癸酉	甲戌	乙亥	丙子	**夏至**	戊寅	己卯	庚辰	辛巳	壬午	癸未	甲申	乙酉

己亥

一七一九年

（清聖祖康熙五八年）

陽歷七月份　（陰歷五、六月份）

陽	7	2	3	4	5	6	7	8	9	10	11	12	13	14	15	16	17	18	19	20	21	22	23	24	25	26	27	28	29	30	31
陰	十四	十五	十六	十七	十八	十九	廿	廿一	廿二	廿三	廿四	廿五	廿六	廿七	廿八	廿九	六	二	三	四	五	六	七	八	九	十	十一	十二	十三	十四	十五
星	6	日	1	2	3	4	5	6	日	1	2	3	4	5	6	日	1	2	3	4	5	6	日	1	2	3	4	5	6	日	1
干節	丙戌	丁亥	戊子	己丑	庚寅	辛卯	壬辰	小暑	甲午	乙未	丙申	丁酉	戊戌	己亥	庚子	辛丑	壬寅	癸卯	甲辰	乙巳	丙午	丁未	大暑	己酉	庚戌	辛亥	壬子	癸丑	甲寅	乙卯	丙辰

陽歷八月份　（陰歷六、七月份）

陽	8	2	3	4	5	6	7	8	9	10	11	12	13	14	15	16	17	18	19	20	21	22	23	24	25	26	27	28	29	30	31
陰	十六	十七	十八	十九	廿	廿一	廿二	廿三	廿四	廿五	廿六	廿七	廿八	廿九	卅	七	二	三	四	五	六	七	八	九	十	十一	十二	十三	十四	十五	十六
星	2	3	4	5	6	日	1	2	3	4	5	6	日	1	2	3	4	5	6	日	1	2	3	4	5	6	日	1	2	3	4
干節	丁巳	戊午	己未	庚申	辛酉	壬戌	癸亥	立秋	乙丑	丙寅	丁卯	戊辰	己巳	庚午	辛未	壬申	癸酉	甲戌	乙亥	丙子	丁丑	戊寅	己卯	處暑	辛巳	壬午	癸未	甲申	乙酉	丙戌	丁亥

陽歷九月份　（陰歷七、八月份）

陽	9	2	3	4	5	6	7	8	9	10	11	12	13	14	15	16	17	18	19	20	21	22	23	24	25	26	27	28	29	30
陰	十七	十八	十九	廿	廿一	廿二	廿三	廿四	廿五	廿六	廿七	廿八	廿九	八	二	三	四	五	六	七	八	九	十	十一	十二	十三	十四	十五	十六	十七
星	5	6	日	1	2	3	4	5	6	日	1	2	3	4	5	6	日	1	2	3	4	5	6	日	1	2	3	4	5	6
干節	戊子	己丑	庚寅	辛卯	壬辰	癸巳	甲午	白露	丙申	丁酉	戊戌	己亥	庚子	辛丑	壬寅	癸卯	甲辰	乙巳	丙午	丁未	戊申	己酉	庚戌	秋分	壬子	癸丑	甲寅	乙卯	丙辰	丁巳

陽歷十月份　（陰歷八、九月份）

陽	10	2	3	4	5	6	7	8	9	10	11	12	13	14	15	16	17	18	19	20	21	22	23	24	25	26	27	28	29	30	31
陰	十八	十九	廿	廿一	廿二	廿三	廿四	廿五	廿六	廿七	廿八	廿九	九	二	三	四	五	六	七	八	九	十	十一	十二	十三	十四	十五	十六	十七	十八	十九
星	日	1	2	3	4	5	6	日	1	2	3	4	5	6	日	1	2	3	4	5	6	日	1	2	3	4	5	6	日	1	2
干節	戊午	己未	庚申	辛酉	壬戌	癸亥	甲子	乙丑	寒露	丁卯	戊辰	己巳	庚午	辛未	壬申	癸酉	甲戌	乙亥	丙子	丁丑	戊寅	己卯	庚辰	霜降	壬午	癸未	甲申	乙酉	丙戌	丁亥	戊子

陽歷十一月份　（陰歷九、十月份）

陽	11	2	3	4	5	6	7	8	9	10	11	12	13	14	15	16	17	18	19	20	21	22	23	24	25	26	27	28	29	30
陰	廿	廿一	廿二	廿三	廿四	廿五	廿六	廿七	廿八	廿九	卅	十	二	三	四	五	六	七	八	九	十	十一	十二	十三	十四	十五	十六	十七	十八	十九
星	3	4	5	6	日	1	2	3	4	5	6	日	1	2	3	4	5	6	日	1	2	3	4	5	6	日	1	2	3	4
干節	己丑	庚寅	辛卯	壬辰	癸巳	甲午	乙未	立冬	丁酉	戊戌	己亥	庚子	辛丑	壬寅	癸卯	甲辰	乙巳	丙午	丁未	戊申	己酉	庚戌	小雪	壬子	癸丑	甲寅	乙卯	丙辰	丁巳	戊午

陽歷十二月份　（陰歷十、十一月份）

陽	12	2	3	4	5	6	7	8	9	10	11	12	13	14	15	16	17	18	19	20	21	22	23	24	25	26	27	28	29	30	31
陰	廿	廿一	廿二	廿三	廿四	廿五	廿六	廿七	廿八	廿九	十一	二	三	四	五	六	七	八	九	十	十一	十二	十三	十四	十五	十六	十八	十七	十九	廿	廿一
星	5	6	日	1	2	3	4	5	6	日	1	2	3	4	5	6	日	1	2	3	4	5	6	日	1	2	3	4	5	6	日
干節	己未	庚申	辛酉	壬戌	癸亥	甲子	大雪	丙寅	丁卯	戊辰	己巳	庚午	辛未	壬申	癸酉	甲戌	乙亥	丙子	丁丑	戊寅	己卯	冬至	辛巳	壬午	癸未	甲申	乙酉	丙戌	丁亥	戊子	己丑

陽曆 一 月份 （陰曆十一、十二月份）

陽	1	2	3	4	5	6	7	8	9	10	11	12	13	14	15	16	17	18	19	20	21	22	23	24	25	26	27	28	29	30	31
陰	廿二	廿三	廿四	廿五	廿六	廿七	廿八	廿九	卅	十二	二	三	四	五	六	七	八	九	十	十一	十二	十三	十四	十五	十六	十七	十八	十九	廿	廿一	廿二
星	1	2	3	4	5	6	日	1	2	3	4	5	6	日	1	2	3	4	5	6	日	1	2	3	4	5	6	日	1	2	3
干節	庚寅	辛卯	壬辰	癸巳	甲午	小寒	丙申	丁酉	戊戌	己亥	庚子	辛丑	壬寅	癸卯	甲辰	乙巳	丙午	丁未	戊申	己酉	大寒	辛亥	壬子	癸丑	甲寅	乙卯	丙辰	丁巳	戊午	己未	庚申

陽曆 二 月份 （陰曆十二、正月份）

陽	2	2	3	4	5	6	7	8	9	10	11	12	13	14	15	16	17	18	19	20	21	22	23	24	25	26	27	28	29
陰	廿三	廿四	廿五	廿六	廿七	廿八	廿九	正	二	三	四	五	六	七	八	九	十	十一	十二	十三	十四	十五	十六	十七	十八	十九	廿	廿一	廿二
星	4	5	6	日	1	2	3	4	5	6	日	1	2	3	4	5	6	日	1	2	3	4	5	6	日	1	2	3	4
干節	辛酉	壬戌	癸亥	立春	乙丑	丙寅	丁卯	戊辰	己巳	庚午	辛未	壬申	癸酉	甲戌	乙亥	丙子	丁丑	戊寅	雨水	庚辰	辛巳	壬午	癸未	甲申	乙酉	丙戌	丁亥	戊子	己丑

陽曆 三 月份 （陰曆正、二月份）

陽	3	2	3	4	5	6	7	8	9	10	11	12	13	14	15	16	17	18	19	20	21	22	23	24	25	26	27	28	29	30	31
陰	廿三	廿四	廿五	廿六	廿七	廿八	廿九	卅	二	二	三	四	五	六	七	八	九	十	十一	十二	十三	十四	十五	十六	十七	十八	十九	廿	廿一	廿二	廿三
星	5	6	日	1	2	3	4	5	6	日	1	2	3	4	5	6	日	1	2	3	4	5	6	日	1	2	3	4	5	6	日
干節	庚寅	辛卯	壬辰	癸巳	驚蟄	乙未	丙申	丁酉	戊戌	己亥	庚子	辛丑	壬寅	癸卯	甲辰	乙巳	丙午	丁未	戊申	春分	庚戌	辛亥	壬子	癸丑	甲寅	乙卯	丙辰	丁巳	戊午	己未	庚申

陽曆 四 月份 （陰曆二、三月份）

陽	4	2	3	4	5	6	7	8	9	10	11	12	13	14	15	16	17	18	19	20	21	22	23	24	25	26	27	28	29	30
陰	廿四	廿五	廿六	廿七	廿八	廿九	卅	三	二	三	四	五	六	七	八	九	十	十一	十二	十三	十四	十五	十六	十七	十八	十九	廿	廿一	廿二	廿三
星	1	2	3	4	5	6	日	1	2	3	4	5	6	日	1	2	3	4	5	6	日	1	2	3	4	5	6	日	1	2
干節	辛酉	壬戌	癸亥	清明	乙丑	丙寅	丁卯	戊辰	己巳	庚午	辛未	壬申	癸酉	甲戌	乙亥	丙子	丁丑	戊寅	己卯	穀雨	辛巳	壬午	癸未	甲申	乙酉	丙戌	丁亥	戊子	己丑	庚寅

陽曆 五 月份 （陰曆三、四月份）

陽	5	2	3	4	5	6	7	8	9	10	11	12	13	14	15	16	17	18	19	20	21	22	23	24	25	26	27	28	29	30	31
陰	廿四	廿五	廿六	廿七	廿八	廿九	四	二	三	四	五	六	七	八	九	十	十一	十二	十三	十四	十五	十六	十七	十八	十九	廿	廿一	廿二	廿三	廿四	廿五
星	3	4	5	6	日	1	2	3	4	5	6	日	1	2	3	4	5	6	日	1	2	3	4	5	6	日	1	2	3	4	5
干節	辛卯	壬辰	癸巳	甲午	立夏	丙申	丁酉	戊戌	己亥	庚子	辛丑	壬寅	癸卯	甲辰	乙巳	丙午	丁未	戊申	己酉	庚戌	小滿	壬子	癸丑	甲寅	乙卯	丙辰	丁巳	戊午	己未	庚申	辛酉

陽曆 六 月份 （陰曆四、五月份）

陽	6	2	3	4	5	6	7	8	9	10	11	12	13	14	15	16	17	18	19	20	21	22	23	24	25	26	27	28	29	30
陰	廿六	廿七	廿八	廿九	卅	五	二	三	四	五	六	七	八	九	十	十一	十二	十三	十四	十五	十六	十七	十八	十九	廿	廿一	廿二	廿三	廿四	廿五
星	6	日	1	2	3	4	5	6	日	1	2	3	4	5	6	日	1	2	3	4	5	6	日	1	2	3	4	5	6	日
干節	壬戌	癸亥	甲子	乙丑	芒種	丁卯	戊辰	己巳	庚午	辛未	壬申	癸酉	甲戌	乙亥	丙子	丁丑	戊寅	己卯	庚辰	辛巳	夏至	癸未	甲申	乙酉	丙戌	丁亥	戊子	己丑	庚寅	辛卯

近世中西史日對照表

庚子

一七二〇年

（清聖祖康熙五九年）

陽歷七月份　（陰歷五、六月份）

陽	**7**	2	3	4	5	6	7	8	9	10	11	12	13	14	15	16	17	18	19	20	21	22	23	24	25	26	27	28	29	30	31
陰	廿六	廿七	廿八	廿九	**六**	二	三	四	五	六	七	八	九	十	十一	十二	十三	十四	十五	十六	十七	十八	十九	廿	廿一	廿二	廿三	廿四	廿五	廿六	廿七
星	1	2	3	4	5	6	**日**	1	2	3	4	5	6	**日**	1	2	3	4	5	6	**日**	1	2	3	4	5	6	**日**	1	2	3
干節	壬辰	癸巳	甲午	乙未	丙申	丁酉	**小暑**	己亥	庚子	辛丑	壬寅	癸卯	甲辰	乙巳	丙午	丁未	戊申	己酉	庚戌	辛亥	壬子	癸丑	**大暑**	乙卯	丙辰	丁巳	戊午	己未	庚申	辛酉	壬戌

陽歷八月份　（陰歷六、七月份）

陽	**8**	2	3	4	5	6	7	8	9	10	11	12	13	14	15	16	17	18	19	20	21	22	23	24	25	26	27	28	29	30	31
陰	廿八	廿九	卅	**七**	二	三	四	五	六	七	八	九	十	十一	十二	十三	十四	十五	十六	十七	十八	十九	廿	廿一	廿二	廿三	廿四	廿五	廿六	廿七	廿八
星	4	5	6	**日**	1	2	3	4	5	6	**日**	1	2	3	4	5	6	**日**	1	2	3	4	5	6	**日**	1	2	3	4	5	6
干節	癸亥	甲子	乙丑	丙寅	丁卯	戊辰	**立秋**	庚午	辛未	壬申	癸酉	甲戌	乙亥	丙子	丁丑	戊寅	己卯	庚辰	辛巳	壬午	癸未	甲申	**處暑**	丙戌	丁亥	戊子	己丑	庚寅	辛卯	壬辰	癸巳

陽歷九月份　（陰歷七、八月份）

陽	**9**	2	3	4	5	6	7	8	9	10	11	12	13	14	15	16	17	18	19	20	21	22	23	24	25	26	27	28	29	30
陰	廿九	**八**	二	三	四	五	六	七	八	九	十	十一	十二	十三	十四	十五	十六	十七	十八	十九	廿	廿一	廿二	廿三	廿四	廿五	廿六	廿七	廿八	廿九
星	**日**	1	2	3	4	5	6	**日**	1	2	3	4	5	6	**日**	1	2	3	4	5	6	**日**	1	2	3	4	5	6	**日**	1
干節	甲午	乙未	丙申	丁酉	戊戌	己亥	庚子	**白露**	壬寅	癸卯	甲辰	乙巳	丙午	丁未	戊申	己酉	庚戌	辛亥	壬子	癸丑	甲寅	乙卯	**秋分**	丁巳	戊午	己未	庚申	辛酉	壬戌	癸亥

陽歷十月份　（陰歷八、九、十月份）

陽	**10**	2	3	4	5	6	7	8	9	10	11	12	13	14	15	16	17	18	19	20	21	22	23	24	25	26	27	28	29	30	31
陰	卅	**九**	二	三	四	五	六	七	八	九	十	十一	十二	十三	十四	十五	十六	十七	十八	十九	廿	廿一	廿二	廿三	廿四	廿五	廿六	廿七	廿八	廿九	**十**
星	2	3	4	5	6	**日**	1	2	3	4	5	6	**日**	1	2	3	4	5	6	**日**	1	2	3	4	5	6	**日**	1	2	3	4
干節	甲子	乙丑	丙寅	丁卯	戊辰	己巳	庚午	**寒露**	壬申	癸酉	甲戌	乙亥	丙子	丁丑	戊寅	己卯	庚辰	辛巳	壬午	癸未	甲申	乙酉	**霜降**	丁亥	戊子	己丑	庚寅	辛卯	壬辰	癸巳	甲午

陽歷十一月份　（陰歷十、十一月份）

陽	**11**	2	3	4	5	6	7	8	9	10	11	12	13	14	15	16	17	18	19	20	21	22	23	24	25	26	27	28	29	30
陰	二	三	四	五	六	七	八	九	十	十一	十二	十三	十四	十五	十六	十七	十八	十九	廿	廿一	廿二	廿三	廿四	廿五	廿六	廿七	廿八	廿九	卅	**十一**
星	5	6	**日**	1	2	3	4	5	6	**日**	1	2	3	4	5	6	**日**	1	2	3	4	5	6	**日**	1	2	3	4	5	6
干節	乙未	丙申	丁酉	戊戌	己亥	庚子	**立冬**	壬寅	癸卯	甲辰	乙巳	丙午	丁未	戊申	己酉	庚戌	辛亥	壬子	癸丑	甲寅	乙卯	**小雪**	丁巳	戊午	己未	庚申	辛酉	壬戌	癸亥	甲子

陽歷十二月份　（陰歷十一、十二月份）

陽	**12**	2	3	4	5	6	7	8	9	10	11	12	13	14	15	16	17	18	19	20	21	22	23	24	25	26	27	28	29	30	31
陰	二	三	四	五	六	七	八	九	十	十一	十二	十三	十四	十五	十六	十七	十八	十九	廿	廿一	廿二	廿三	廿四	廿五	廿六	廿七	廿八	廿九	**十二**	二	三
星	**日**	1	2	3	4	5	6	**日**	1	2	3	4	5	6	**日**	1	2	3	4	5	6	**日**	1	2	3	4	5	6	**日**	1	2
干節	乙丑	丙寅	丁卯	戊辰	己巳	庚午	**大雪**	壬申	癸酉	甲戌	乙亥	丙子	丁丑	戊寅	己卯	庚辰	辛巳	壬午	癸未	甲申	**冬至**	丙戌	丁亥	戊子	己丑	庚寅	辛卯	壬辰	癸巳	甲午	乙未

近世中西史日對照表

陽歷 一 月份 (陰歷十二、正月份)

陽	1	2	3	4	5	6	7	8	9	10	11	12	13	14	15	16	17	18	19	20	21	22	23	24	25	26	27	28	29	30	31
陰	四	五	六	七	八	九	十	十一	十二	十三	十四	十五	十六	十七	十八	十九	廿	廿一	廿二	廿三	廿四	廿五	廿六	廿七	廿八	廿九	卅	正	二	三	四
星	3	4	5	6	日	1	2	3	4	5	6	日	1	2	3	4	5	6	日	1	2	3	4	5	6	日	1	2	3	4	5
干節	丙申	丁酉	戊戌	己亥	小寒	辛丑	壬寅	癸卯	甲辰	乙巳	丙午	丁未	戊申	己酉	庚戌	辛亥	壬子	大寒	甲寅	乙卯	丙辰	丁巳	戊午	己未	庚申	辛酉	壬戌	癸亥	甲子	乙丑	丙寅

陽歷 二 月份 (陰歷正、二月份)

陽	2	2	3	4	5	6	7	8	9	10	11	12	13	14	15	16	17	18	19	20	21	22	23	24	25	26	27	28
陰	五	六	七	八	九	十	十一	十二	十三	十四	十五	十六	十七	十八	十九	廿	廿一	廿二	廿三	廿四	廿五	廿六	廿七	廿八	廿九	二	二	三
星	6	日	1	2	3	4	5	6	日	1	2	3	4	5	6	日	1	2	3	4	5	6	日	1	2	3	4	5
干節	丁卯	戊辰	己巳	立春	辛未	壬申	癸酉	甲戌	乙亥	丙子	丁丑	戊寅	己卯	庚辰	辛巳	壬午	癸未	雨水	乙酉	丙戌	丁亥	戊子	己丑	庚寅	辛卯	壬辰	癸巳	甲午

陽歷 三 月份 (陰歷二、三月份)

陽	3	2	3	4	5	6	7	8	9	10	11	12	13	14	15	16	17	18	19	20	21	22	23	24	25	26	27	28	29	30	31
陰	四	五	六	七	八	九	十	十一	十二	十三	十四	十五	十六	十七	十八	十九	廿	廿一	廿二	廿三	廿四	廿五	廿六	廿七	廿八	廿九	卅	三	二	三	四
星	6	日	1	2	3	4	5	6	日	1	2	3	4	5	6	日	1	2	3	4	5	6	日	1	2	3	4	5	6	日	1
干節	乙未	丙申	丁酉	戊戌	驚蟄	庚子	辛丑	壬寅	癸卯	甲辰	乙巳	丙午	丁未	戊申	己酉	庚戌	辛亥	壬子	癸丑	春分	乙卯	丙辰	丁巳	戊午	己未	庚申	辛酉	壬戌	癸亥	甲子	乙丑

陽歷 四 月份 (陰歷三、四月份)

陽	4	2	3	4	5	6	7	8	9	10	11	12	13	14	15	16	17	18	19	20	21	22	23	24	25	26	27	28	29	30
陰	五	六	七	八	九	十	十一	十二	十三	十四	十五	十六	十七	十八	十九	廿	廿一	廿二	廿三	廿四	廿五	廿六	廿七	廿八	廿九	四	二	三	四	五
星	2	3	4	5	6	日	1	2	3	4	5	6	日	1	2	3	4	5	6	日	1	2	3	4	5	6	日	1	2	3
干節	丙寅	丁卯	戊辰	己巳	清明	辛未	壬申	癸酉	甲戌	乙亥	丙子	丁丑	戊寅	己卯	庚辰	辛巳	壬午	癸未	甲申	穀雨	丙戌	丁亥	戊子	己丑	庚寅	辛卯	壬辰	癸巳	甲午	乙未

陽歷 五 月份 (陰歷四、五月份)

陽	5	2	3	4	5	6	7	8	9	10	11	12	13	14	15	16	17	18	19	20	21	22	23	24	25	26	27	28	29	30	31
陰	六	七	八	九	十	十一	十二	十三	十四	十五	十六	十七	十八	十九	廿	廿一	廿二	廿三	廿四	廿五	廿六	廿七	廿八	廿九	卅	五	二	三	四	五	六
星	4	5	6	日	1	2	3	4	5	6	日	1	2	3	4	5	6	日	1	2	3	4	5	6	日	1	2	3	4	5	6
干節	丙申	丁酉	戊戌	己亥	立夏	辛丑	壬寅	癸卯	甲辰	乙巳	丙午	丁未	戊申	己酉	庚戌	辛亥	壬子	癸丑	甲寅	乙卯	小滿	丁巳	戊午	己未	庚申	辛酉	壬戌	癸亥	甲子	乙丑	丙寅

陽歷 六 月份 (陰歷五、六月份)

陽	6	2	3	4	5	6	7	8	9	10	11	12	13	14	15	16	17	18	19	20	21	22	23	24	25	26	27	28	29	30
陰	七	八	九	十	十一	十二	十三	十四	十五	十六	十七	十八	十九	廿	廿一	廿二	廿三	廿四	廿五	廿六	廿七	廿八	廿九	卅	六	二	三	四	五	六
星	日	1	2	3	4	5	6	日	1	2	3	4	5	6	日	1	2	3	4	5	6	日	1	2	3	4	5	6	日	1
干節	丁卯	戊辰	己巳	庚午	辛未	芒種	癸酉	甲戌	乙亥	丙子	丁丑	戊寅	己卯	庚辰	辛巳	壬午	癸未	甲申	乙酉	丙戌	夏至	戊子	己丑	庚寅	辛卯	壬辰	癸巳	甲午	乙未	丙申

辛丑

一七二一年

（清聖祖康熙六〇年）

陽歷七月份　（陰歷六、閏六月份）

陽	7	2	3	4	5	6	7	8	9	10	11	12	13	14	15	16	17	18	19	20	21	22	23	24	25	26	27	28	29	30	31
陰	七	八	九	十	十一	十二	十三	十四	十五	十六	十七	十八	十九	廿	廿一	廿二	廿三	廿四	廿五	廿六	廿七	廿八	廿九	閏	二	三	四	五	六	七	八
星	2	3	4	5	6	日	1	2	3	4	5	6	日	1	2	3	4	5	6	日	1	2	3	4	5	6	日	1	2	3	4
干節	丁酉	戊戌	己亥	庚子	辛丑	壬寅	小暑	甲辰	乙巳	丙午	丁未	戊申	己酉	庚戌	辛亥	壬子	癸丑	甲寅	乙卯	丙辰	丁巳	戊午	大暑	庚申	辛酉	壬戌	癸亥	甲子	乙丑	丙寅	丁卯

陽歷八月份　（陰歷閏六、七月份）

陽	8	2	3	4	5	6	7	8	9	10	11	12	13	14	15	16	17	18	19	20	21	22	23	24	25	26	27	28	29	30	31
陰	九	十	十一	十二	十三	十四	十五	十六	十七	十八	十九	廿	廿一	廿二	廿三	廿四	廿五	廿六	廿七	廿八	廿九	卅	七	二	三	四	五	六	七	八	九
星	5	6	日	1	2	3	4	5	6	日	1	2	3	4	5	6	日	1	2	3	4	5	6	日	1	2	3	4	5	6	日
干節	戊辰	己巳	庚午	辛未	壬申	癸酉	甲戌	立秋	丙子	丁丑	戊寅	己卯	庚辰	辛巳	壬午	癸未	甲申	乙酉	丙戌	丁亥	戊子	己丑	處暑	辛卯	壬辰	癸巳	甲午	乙未	丙申	丁酉	戊戌

陽歷九月份　（陰歷七、八月份）

陽	9	2	3	4	5	6	7	8	9	10	11	12	13	14	15	16	17	18	19	20	21	22	23	24	25	26	27	28	29	30
陰	十	十一	十二	十三	十四	十五	十六	十七	十八	十九	廿	廿一	廿二	廿三	廿四	廿五	廿六	廿七	廿八	廿九	八	二	三	四	五	六	七	八	九	十
星	1	2	3	4	5	6	日	1	2	3	4	5	6	日	1	2	3	4	5	6	日	1	2	3	4	5	6	日	1	2
干節	己亥	庚子	辛丑	壬寅	癸卯	甲辰	乙巳	白露	丁未	戊申	己酉	庚戌	辛亥	壬子	癸丑	甲寅	乙卯	丙辰	丁巳	戊午	己未	庚申	秋分	壬戌	癸亥	甲子	乙丑	丙寅	丁卯	戊辰

陽歷十月份　（陰歷八、九月份）

陽	10	2	3	4	5	6	7	8	9	10	11	12	13	14	15	16	17	18	19	20	21	22	23	24	25	26	27	28	29	30	31
陰	十一	十二	十三	十四	十五	十六	十七	十八	十九	廿	廿一	廿二	廿三	廿四	廿五	廿六	廿七	廿八	廿九	卅	九	二	三	四	五	六	七	八	九	十	十一
星	3	4	5	6	日	1	2	3	4	5	6	日	1	2	3	4	5	6	日	1	2	3	4	5	6	日	1	2	3	4	5
干節	己巳	庚午	辛未	壬申	癸酉	甲戌	乙亥	寒露	丁丑	戊寅	己卯	庚辰	辛巳	壬午	癸未	甲申	乙酉	丙戌	丁亥	戊子	己丑	庚寅	霜降	壬辰	癸巳	甲午	乙未	丙申	丁酉	戊戌	己亥

陽歷十一月份　（陰歷九、十月份）

陽	11	2	3	4	5	6	7	8	9	10	11	12	13	14	15	16	17	18	19	20	21	22	23	24	25	26	27	28	29	30
陰	十二	十三	十四	十五	十六	十七	十八	十九	廿	廿一	廿二	廿三	廿四	廿五	廿六	廿七	廿八	廿九	十	二	三	四	五	六	七	八	九	十	十一	十二
星	6	日	1	2	3	4	5	6	日	1	2	3	4	5	6	日	1	2	3	4	5	6	日	1	2	3	4	5	6	日
干節	庚子	辛丑	壬寅	癸卯	甲辰	乙巳	立冬	丁未	戊申	己酉	庚戌	辛亥	壬子	癸丑	甲寅	乙卯	丙辰	丁巳	戊午	己未	庚申	小雪	壬戌	癸亥	甲子	乙丑	丙寅	丁卯	戊辰	己巳

陽歷十二月份　（陰歷十、十一月份）

陽	12	2	3	4	5	6	7	8	9	10	11	12	13	14	15	16	17	18	19	20	21	22	23	24	25	26	27	28	29	30	31
陰	十三	十四	十五	十六	十七	十八	十九	廿	廿一	廿二	廿三	廿四	廿五	廿六	廿七	廿八	廿九	卅	十一	二	三	四	五	六	七	八	九	十	十一	十二	十三
星	1	2	3	4	5	6	日	1	2	3	4	5	6	日	1	2	3	4	5	6	日	1	2	3	4	5	6	日	1	2	3
干節	庚午	辛未	壬申	癸酉	甲戌	乙亥	大雪	丁丑	戊寅	己卯	庚辰	辛巳	壬午	癸未	甲申	乙酉	丙戌	丁亥	戊子	己丑	庚寅	冬至	壬辰	癸巳	甲午	乙未	丙申	丁酉	戊戌	己亥	庚子

壬寅　一七二二年　（清聖祖康熙六一年）

陽歷　一　月份　　（陰歷十一、十二月份）

陽	**1**	2	3	4	5	6	7	8	9	10	11	12	13	14	15	16	17	18	19	20	21	22	23	24	25	26	27	28	29	30	31
陰	十四	十五	十六	十七	十八	十九	廿	廿一	廿二	廿三	廿四	廿五	廿六	廿七	廿八	廿九	**十二**	二	三	四	五	六	七	八	九	十	十一	十二	十三	十四	十五
星	4	5	6	**日**	1	2	3	4	5	6	**日**	1	2	3	4	5	6	**日**	1	2	3	4	5	6	**日**	1	2	3	4	5	6
干節	辛丑	壬寅	癸卯	甲辰	**小寒**	丙午	丁未	戊申	己酉	庚戌	辛亥	壬子	癸丑	甲寅	乙卯	丙辰	丁巳	戊午	己未	**大寒**	辛酉	壬戌	癸亥	甲子	乙丑	丙寅	丁卯	戊辰	己巳	庚午	辛未

陽歷　二　月份　　（陰歷十二、正月份）

陽	**2**	2	3	4	5	6	7	8	9	10	11	12	13	14	15	16	17	18	19	20	21	22	23	24	25	26	27	28			
陰	十六	十七	十八	十九	廿	廿一	廿二	廿三	廿四	廿五	廿六	廿七	廿八	廿九	卅	**正**	二	三	四	五	六	七	八	九	十	十一	十二	十三			
星	**日**	1	2	3	4	5	6	**日**	1	2	3	4	5	6	**日**	1	2	3	4	5	6	**日**	1	2	3	4	5	6			
干節	壬申	癸酉	甲戌	**立春**	丙子	丁丑	戊寅	己卯	庚辰	辛巳	壬午	癸未	甲申	乙酉	丙戌	丁亥	戊子	己丑	**雨水**	辛卯	壬辰	癸巳	甲午	乙未	丙申	丁酉	戊戌	己亥			

陽歷　三　月份　　（陰歷正、二月份）

陽	**3**	2	3	4	5	6	7	8	9	10	11	12	13	14	15	16	17	18	19	20	21	22	23	24	25	26	27	28	29	30	31
陰	十四	十五	十六	十七	十八	十九	廿	廿一	廿二	廿三	廿四	廿五	廿六	廿七	廿八	廿九	**二**	二	三	四	五	六	七	八	九	十	十一	十二	十三	十四	十五
星	**日**	1	2	3	4	5	6	**日**	1	2	3	4	5	6	**日**	1	2	3	4	5	6	**日**	1	2	3	4	5	6	**日**	1	2
干節	庚子	辛丑	壬寅	癸卯	甲辰	**驚蟄**	丙午	丁未	戊申	己酉	庚戌	辛亥	壬子	癸丑	甲寅	乙卯	丙辰	丁巳	戊午	己未	**春分**	辛酉	壬戌	癸亥	甲子	乙丑	丙寅	丁卯	戊辰	己巳	庚午

陽歷　四　月份　　（陰歷二、三月份）

陽	**4**	2	3	4	5	6	7	8	9	10	11	12	13	14	15	16	17	18	19	20	21	22	23	24	25	26	27	28	29	30	
陰	十六	十七	十八	十九	廿	廿一	廿二	廿三	廿四	廿五	廿六	廿七	廿八	廿九	卅	**三**	二	三	四	五	六	七	八	九	十	十一	十二	十三	十四	十五	
星	3	4	5	6	**日**	1	2	3	4	5	6	**日**	1	2	3	4	5	6	**日**	1	2	3	4	5	6	**日**	1	2	3	4	
干節	辛未	壬申	癸酉	甲戌	**清明**	丙子	丁丑	戊寅	己卯	庚辰	辛巳	壬午	癸未	甲申	乙酉	丙戌	丁亥	戊子	己丑	**穀雨**	辛卯	壬辰	癸巳	甲午	乙未	丙申	丁酉	戊戌	己亥	庚子	

陽歷　五　月份　　（陰歷三、四月份）

陽	**5**	2	3	4	5	6	7	8	9	10	11	2	13	14	15	16	17	18	19	20	21	22	23	24	25	26	27	28	29	30	31
陰	十六	十七	十八	十九	廿	廿一	廿二	廿三	廿四	廿五	廿六	廿七	廿八	廿九	**四**	二	三	四	五	六	七	八	九	十	十一	十二	十三	十四	十五	十六	十七
星	5	6	**日**	1	2	3	4	5	6	**日**	1	2	3	4	5	6	**日**	1	2	3	4	5	6	**日**	1	2	3	4	5	6	**日**
干節	辛丑	壬寅	癸卯	甲辰	乙巳	**立夏**	丁未	戊申	己酉	庚戌	辛亥	壬子	癸丑	甲寅	乙卯	丙辰	丁巳	戊午	己未	庚申	**小滿**	壬戌	癸亥	甲子	乙丑	丙寅	丁卯	戊辰	己巳	庚午	辛未

陽歷　六　月份　　（陰歷四、五月份）

陽	**6**	2	3	4	5	6	7	8	9	10	11	12	13	14	15	16	17	18	19	20	21	22	23	24	25	26	27	28	29	30	
陰	十八	十九	廿	廿一	廿二	廿三	廿四	廿五	廿六	廿七	廿八	廿九	卅	**五**	二	三	四	五	六	七	八	九	十	十一	十二	十三	十四	十五	十六	十七	
星	1	2	3	4	5	6	**日**	1	2	3	4	5	6	**日**	1	2	3	4	5	6	**日**	1	2	3	4	5	6	**日**	1	2	
干節	壬申	癸酉	甲戌	乙亥	丙子	**芒種**	戊寅	己卯	庚辰	辛巳	壬午	癸未	甲申	乙酉	丙戌	丁亥	戊子	己丑	庚寅	辛卯	壬辰	**夏至**	甲午	乙未	丙申	丁酉	戊戌	己亥	庚子	辛丑	

壬寅

一七二二年

（清聖祖康熙六一年）

陽歷七月份　　（陰歷五、六月份）

陽	**7**	2	3	4	5	6	7	8	9	10	11	12	13	14	15	16	17	18	19	20	21	22	23	24	25	26	27	28	29	30	31
陰	十八	十九	廿	廿一	廿二	廿三	廿四	廿五	廿六	廿七	廿八	廿九	**六**	二	三	四	五	六	七	八	九	十	十一	十二	十三	十四	十五	十六	十七	十八	十九
星	3	4	5	6	**日**	1	2	3	4	5	6	**日**	1	2	3	4	5	6	**日**	1	2	3	4	5	6	**日**	1	2	3	4	5
干節	壬寅	癸卯	甲辰	乙巳	丙午	丁未	**小暑**	己酉	庚戌	辛亥	壬子	癸丑	甲寅	乙卯	丙辰	丁巳	戊午	己未	庚申	辛酉	壬戌	癸亥	**大暑**	乙丑	丙寅	丁卯	戊辰	己巳	庚午	辛未	壬申

陽歷八月份　　（陰歷六、七月份）

陽	**8**	2	3	4	5	6	7	8	9	10	11	12	13	14	15	16	17	18	19	20	21	22	23	24	25	26	27	28	29	30	31
陰	廿	廿一	廿二	廿三	廿四	廿五	廿六	廿七	廿八	廿九	卅	**七**	二	三	四	五	六	七	八	九	十	十一	十二	十三	十四	十五	十六	十七	十八	十九	廿
星	6	**日**	1	2	3	4	5	6	**日**	1	2	3	4	5	6	**日**	1	2	3	4	5	6	**日**	1	2	3	4	5	6	**日**	1
干節	癸酉	甲戌	乙亥	丙子	丁丑	戊寅	己卯	**立秋**	辛巳	壬午	癸未	甲申	乙酉	丙戌	丁亥	戊子	己丑	庚寅	辛卯	壬辰	癸巳	甲午	乙未	**處暑**	丁酉	戊戌	己亥	庚子	辛丑	壬寅	癸卯

陽歷九月份　　（陰歷七、八月份）

陽	**9**	2	3	4	5	6	7	8	9	10	11	12	13	14	15	16	17	18	19	20	21	22	23	24	25	26	27	28	29	30
陰	廿一	廿二	廿三	廿四	廿五	廿六	廿七	廿八	廿九	卅	**八**	二	三	四	五	六	七	八	九	十	十一	十二	十三	十四	十五	十六	十七	十八	十九	廿
星	2	3	4	5	6	**日**	1	2	3	4	5	6	**日**	1	2	3	4	5	6	**日**	1	2	3	4	5	6	**日**	1	2	3
干節	甲辰	乙巳	丙午	丁未	戊申	己酉	庚戌	**白露**	壬子	癸丑	甲寅	乙卯	丙辰	丁巳	戊午	己未	庚申	辛酉	壬戌	癸亥	甲子	乙丑	**秋分**	丁卯	戊辰	己巳	庚午	辛未	壬申	癸酉

陽歷十月份　　（陰歷八、九月份）

陽	**10**	2	3	4	5	6	7	8	9	10	11	12	13	14	15	16	17	18	19	20	21	22	23	24	25	26	27	28	29	30	31
陰	廿一	廿二	廿三	廿四	廿五	廿六	廿七	廿八	廿九	**九**	二	三	四	五	六	七	八	九	十	十一	十二	十三	十四	十五	十六	十七	十八	十九	廿	廿一	廿二
星	4	5	6	**日**	1	2	3	4	5	6	**日**	1	2	3	4	5	6	**日**	1	2	3	4	5	6	**日**	1	2	3	4	5	6
干節	甲戌	乙亥	丙子	丁丑	戊寅	己卯	庚辰	辛巳	**寒露**	癸未	甲申	乙酉	丙戌	丁亥	戊子	己丑	庚寅	辛卯	壬辰	癸巳	甲午	乙未	**霜降**	丁酉	戊戌	己亥	庚子	辛丑	壬寅	癸卯	甲辰

陽歷十一月份　　（陰歷九、十月份）

陽	**11**	2	3	4	5	6	7	8	9	10	11	12	13	14	15	16	17	18	19	20	21	22	23	24	25	26	27	28	29	30
陰	廿三	廿四	廿五	廿六	廿七	廿八	廿九	卅	**十**	二	三	四	五	六	七	八	九	十	十一	十二	十三	十四	十五	十六	十七	十八	十九	廿	廿一	廿二
星	**日**	1	2	3	4	5	6	**日**	1	2	3	4	5	6	**日**	1	2	3	4	5	6	**日**	1	2	3	4	5	6	**日**	1
干節	乙巳	丙午	丁未	戊申	己酉	庚戌	辛亥	**立冬**	癸丑	甲寅	乙卯	丙辰	丁巳	戊午	己未	庚申	辛酉	壬戌	癸亥	甲子	乙丑	**小雪**	丁卯	戊辰	己巳	庚午	辛未	壬申	癸酉	甲戌

陽歷十二月份　　（陰歷十、十一月份）

陽	**12**	2	3	4	5	6	7	8	9	10	11	12	13	14	15	16	17	18	19	20	21	22	23	24	25	26	27	28	29	30	31
陰	廿三	廿四	廿五	廿六	廿七	廿八	廿九	**十一**	二	三	四	五	六	七	八	九	十	十一	十二	十三	十四	十五	十六	十七	十八	十九	廿	廿一	廿二	廿三	廿四
星	2	3	4	5	6	**日**	1	2	3	4	5	6	**日**	1	2	3	4	5	6	**日**	1	2	3	4	5	6	**日**	1	2	3	4
干節	乙亥	丙子	丁丑	戊寅	己卯	庚辰	**大雪**	壬午	癸未	甲申	乙酉	丙戌	丁亥	戊子	己丑	庚寅	辛卯	壬辰	癸巳	甲午	乙未	**冬至**	丁酉	戊戌	己亥	庚子	辛丑	壬寅	癸卯	甲辰	乙巳

近世中西史日對照表

陽歷 一月份 (陰歷十一、十二月份)

陽	1	2	3	4	5	6	7	8	9	10	11	12	13	14	15	16	17	18	19	20	21	22	23	24	25	26	27	28	29	30	31
陰	廿五	廿六	廿七	廿八	廿九	卅	十二	二	三	四	五	六	七	八	九	十	十一	十二	十三	十四	十五	十六	十七	十八	十九	廿	廿一	廿二	廿三	廿四	廿五
星	5	6	日	1	2	3	4	5	6	日	1	2	3	4	5	6	日	1	2	3	4	5	6	日	1	2	3	4	5	6	日
干節	丙午	丁未	戊申	己酉	庚戌	小寒	壬子	癸丑	甲寅	乙卯	丙辰	丁巳	戊午	己未	庚申	辛酉	壬戌	癸亥	甲子	大寒	丙寅	丁卯	戊辰	己巳	庚午	辛未	壬申	癸酉	甲戌	乙亥	丙子

陽歷 二月份 (陰歷十二、正月份)

陽	1	2	3	4	5	6	7	8	9	10	11	12	13	14	15	16	17	18	19	20	21	22	23	24	25	26	27	28			
陰	廿六	廿七	廿八	廿九	正	二	三	四	五	六	七	八	九	十	十一	十二	十三	十四	十五	十六	十七	十八	十九	廿	廿一	廿二	廿三	廿四			
星	1	2	3	4	5	6	日	1	2	3	4	5	6	日	1	2	3	4	5	6	日	1	2	3	4	5	6	日			
干節	丁丑	戊寅	己卯	立春	辛巳	壬午	癸未	甲申	乙酉	丙戌	丁亥	戊子	己丑	庚寅	辛卯	壬辰	癸巳	甲午	雨水	丙申	丁酉	戊戌	己亥	庚子	辛丑	壬寅	癸卯	甲辰			

陽歷 三月份 (陰歷正、二月份)

陽	1	2	3	4	5	6	7	8	9	10	11	12	13	14	15	16	17	18	19	20	21	22	23	24	25	26	27	28	29	30	31
陰	廿五	廿六	廿七	廿八	廿九	卅	二	二	三	四	五	六	七	八	九	十	十一	十二	十三	十四	十五	十六	十七	十八	十九	廿	廿一	廿二	廿三	廿四	廿五
星	1	2	3	4	5	6	日	1	2	3	4	5	6	日	1	2	3	4	5	6	日	1	2	3	4	5	6	日	1	2	3
干節	乙巳	丙午	丁未	戊申	己酉	驚蟄	辛亥	壬子	癸丑	甲寅	乙卯	丙辰	丁巳	戊午	己未	庚申	辛酉	壬戌	癸亥	甲子	春分	丙寅	丁卯	戊辰	己巳	庚午	辛未	壬申	癸酉	甲戌	乙亥

陽歷 四月份 (陰歷二、三月份)

陽	1	2	3	4	5	6	7	8	9	10	11	12	13	14	15	16	17	18	19	20	21	22	23	24	25	26	27	28	29	30	
陰	廿六	廿七	廿八	廿九	三	二	三	四	五	六	七	八	九	十	十一	十二	十三	十四	十五	十六	十七	十八	十九	廿	廿一	廿二	廿三	廿四	廿五	廿六	
星	4	5	6	日	1	2	3	4	5	6	日	1	2	3	4	5	6	日	1	2	3	4	5	6	日	1	2	3	4	5	
干節	丙子	丁丑	戊寅	己卯	清明	辛巳	壬午	癸未	甲申	乙酉	丙戌	丁亥	戊子	己丑	庚寅	辛卯	壬辰	癸巳	甲午	穀雨	丙申	丁酉	戊戌	己亥	庚子	辛丑	壬寅	癸卯	甲辰	乙巳	

陽歷 五月份 (陰歷三、四月份)

陽	1	2	3	4	5	6	7	8	9	10	11	12	13	14	15	16	17	18	19	20	21	22	23	24	25	26	27	28	29	30	31
陰	廿七	廿八	廿九	卅	四	二	三	四	五	六	七	八	九	十	十一	十二	十三	十四	十五	十六	十七	十八	十九	廿	廿一	廿二	廿三	廿四	廿五	廿六	廿七
星	6	日	1	2	3	4	5	6	日	1	2	3	4	5	6	日	1	2	3	4	5	6	日	1	2	3	4	5	6	日	1
干節	丙午	丁未	戊申	己酉	庚戌	立夏	壬子	癸丑	甲寅	乙卯	丙辰	丁巳	戊午	己未	庚申	辛酉	壬戌	癸亥	甲子	乙丑	小滿	丁卯	戊辰	己巳	庚午	辛未	壬申	癸酉	甲戌	乙亥	丙子

陽歷 六月份 (陰歷四、五月份)

陽	1	2	3	4	5	6	7	8	9	10	11	12	13	14	15	16	17	18	19	20	21	22	23	24	25	26	27	28	29	30	
陰	廿八	廿九	五	二	三	四	五	六	七	八	九	十	十一	十二	十三	十四	十五	十六	十七	十八	十九	廿	廿一	廿二	廿三	廿四	廿五	廿六	廿七	廿八	
星	2	3	4	5	6	日	1	2	3	4	5	6	日	1	2	3	4	5	6	日	1	2	3	4	5	6	日	1	2	3	
干節	丁丑	戊寅	己卯	庚辰	辛巳	芒種	癸未	甲申	乙酉	丙戌	丁亥	戊子	己丑	庚寅	辛卯	壬辰	癸巳	甲午	乙未	丙申	丁酉	夏至	己亥	庚子	辛丑	壬寅	癸卯	甲辰	乙巳	丙午	

癸卯

一七二三年

（清世宗雍正元年）

癸卯

一七二三年

（清世宗雍正元年）

陽歷七月份（陰歷五、六月份）

陽	**7**	2	3	4	5	6	7	8	9	10	11	12	13	14	15	16	17	18	19	20	21	22	23	24	25	26	27	28	29	30	31
陰	廿九	**六**	二	三	四	五	六	七	八	九	十	十一	十二	十三	十四	十五	十六	十七	十八	十九	廿	廿一	廿二	廿三	廿四	廿五	廿六	廿七	廿八	廿九	卅
星	4	5	6	**日**	1	2	3	4	5	6	**日**	1	2	3	4	5	6	**日**	1	2	3	4	5	6	**日**	1	2	3	4	5	6
干節	丁未	戊申	己酉	庚戌	辛亥	壬子	癸丑	**小暑**	乙卯	丙辰	丁巳	戊午	己未	庚申	辛酉	壬戌	癸亥	甲子	乙丑	丙寅	丁卯	戊辰	**大暑**	庚午	辛未	壬申	癸酉	甲戌	乙亥	丙子	丁丑

陽歷八月份（陰歷七、八月份）

陽	**8**	2	3	4	5	6	7	8	9	10	11	12	13	14	15	16	17	18	19	20	21	22	23	24	25	26	27	28	29	30	31
陰	**七**	二	三	四	五	六	七	八	九	十	十一	十二	十三	十四	十五	十六	十七	十八	十九	廿	廿一	廿二	廿三	廿四	廿五	廿六	廿七	廿八	廿九	卅	**八**
星	**日**	1	2	3	4	5	6	**日**	1	2	3	4	5	6	**日**	1	2	3	4	5	6	**日**	1	2	3	4	5	6	**日**	1	2
干節	戊寅	己卯	庚辰	辛巳	壬午	癸未	甲申	**立秋**	丙戌	丁亥	戊子	己丑	庚寅	辛卯	壬辰	癸巳	甲午	乙未	丙申	丁酉	戊戌	己亥	庚子	**處暑**	壬寅	癸卯	甲辰	乙巳	丙午	丁未	戊申

陽歷九月份（陰歷八、九月份）

陽	**9**	2	3	4	5	6	7	8	9	10	11	12	13	14	15	16	17	18	19	20	21	22	23	24	25	26	27	28	29	30
陰	二	三	四	五	六	七	八	九	十	十一	十二	十三	十四	十五	十六	十七	十八	十九	廿	廿一	廿二	廿三	廿四	廿五	廿六	廿七	廿八	廿九	**九**	二
星	3	4	5	6	**日**	1	2	3	4	5	6	**日**	1	2	3	4	5	6	**日**	1	2	3	4	5	6	**日**	1	2	3	4
干節	己酉	庚戌	辛亥	壬子	癸丑	甲寅	乙卯	**白露**	丁巳	戊午	己未	庚申	辛酉	壬戌	癸亥	甲子	乙丑	丙寅	丁卯	戊辰	己巳	庚午	辛未	**秋分**	癸酉	甲戌	乙亥	丙子	丁丑	戊寅

陽歷十月份（陰歷九、十月份）

陽	**10**	2	3	4	5	6	7	8	9	10	11	12	13	14	15	16	17	18	19	20	21	22	23	24	25	26	27	28	29	30	31
陰	三	四	五	六	七	八	九	十	十一	十二	十三	十四	十五	十六	十七	十八	十九	廿	廿一	廿二	廿三	廿四	廿五	廿六	廿七	廿八	廿九	卅	**十**	二	三
星	5	6	**日**	1	2	3	4	5	6	**日**	1	2	3	4	5	6	**日**	1	2	3	4	5	6	**日**	1	2	3	4	5	6	**日**
干節	己卯	庚辰	辛巳	壬午	癸未	甲申	乙酉	丙戌	**寒露**	戊子	己丑	庚寅	辛卯	壬辰	癸巳	甲午	乙未	丙申	丁酉	戊戌	己亥	庚子	辛丑	**霜降**	癸卯	甲辰	乙巳	丙午	丁未	戊申	己酉

陽歷十一月份（陰歷十、十一月份）

陽	**11**	2	3	4	5	6	7	8	9	10	11	12	13	14	15	16	17	18	19	20	21	22	23	24	25	26	27	28	29	30
陰	四	五	六	七	八	九	十	十一	十二	十三	十四	十五	十六	十七	十八	十九	廿	廿一	廿二	廿三	廿四	廿五	廿六	廿七	廿八	廿九	卅	**十一**	二	三
星	1	2	3	4	5	6	**日**	1	2	3	4	5	6	**日**	1	2	3	4	5	6	**日**	1	2	3	4	5	6	**日**	1	2
干節	庚戌	辛亥	壬子	癸丑	甲寅	乙卯	丙辰	**立冬**	戊午	己未	庚申	辛酉	壬戌	癸亥	甲子	乙丑	丙寅	丁卯	戊辰	己巳	庚午	辛未	**小雪**	癸酉	甲戌	乙亥	丙子	丁丑	戊寅	己卯

陽歷十二月份（陰歷十一、十二月份）

陽	**12**	2	3	4	5	6	7	8	9	10	11	12	13	14	15	16	17	18	19	20	21	22	23	24	25	26	27	28	29	30	31
陰	四	五	六	七	八	九	十	十一	十二	十三	十四	十五	十六	十七	十八	十九	廿	廿一	廿二	廿三	廿四	廿五	廿六	廿七	廿八	廿九	**十二**	二	三	四	五
星	3	4	5	6	**日**	1	2	3	4	5	6	**日**	1	2	3	4	5	6	**日**	1	2	3	4	5	6	**日**	1	2	3	4	5
干節	庚辰	辛巳	壬午	癸未	甲申	乙酉	**大雪**	丁亥	戊子	己丑	庚寅	辛卯	壬辰	癸巳	甲午	乙未	丙申	丁酉	戊戌	己亥	庚子	**冬至**	壬寅	癸卯	甲辰	乙巳	丙午	丁未	戊申	己酉	庚戌

近世中西史日對照表

陽歷 一 月份 （陰歷十二、正月份）

陽	1	2	3	4	5	6	7	8	9	10	11	12	13	14	15	16	17	18	19	20	21	22	23	24	25	26	27	28	29	30	31
陰	六	七	八	九	十	十一	十二	十三	十四	十五	十六	十七	十八	十九	廿	廿一	廿二	廿三	廿四	廿五	廿六	廿七	廿八	廿九	卅	正	二	三	四	五	六
星	6	日	1	2	3	4	5	6	日	1	2	3	4	5	6	日	1	2	3	4	5	6	日	1	2	3	4	5	6	日	1
干節	辛亥	壬子	癸丑	甲寅	乙卯	小寒	丁巳	戊午	己未	庚申	辛酉	壬戌	癸亥	甲子	乙丑	丙寅	丁卯	戊辰	己巳	庚午	大寒	壬申	癸酉	甲戌	乙亥	丙子	丁丑	戊寅	己卯	庚辰	辛巳

陽歷 二 月份 （陰歷正、二月份）

陽	2	2	3	4	5	6	7	8	9	10	11	12	13	14	15	16	17	18	19	20	21	22	23	24	25	26	27	28	29		
陰	七	八	九	十	十一	十二	十三	十四	十五	十六	十七	十八	十九	廿	廿一	廿二	廿三	廿四	廿五	廿六	廿七	廿八	廿九	二	二	三	四	五	六		
星	2	3	4	5	6	日	1	2	3	4	5	6	日	1	2	3	4	5	6	日	1	2	3	4	5	6	日	1	2		
干節	壬午	癸未	甲申	立春	丙戌	丁亥	戊子	己丑	庚寅	辛卯	壬辰	癸巳	甲午	乙未	丙申	丁酉	戊戌	己亥	雨水	辛丑	壬寅	癸卯	甲辰	乙巳	丙午	丁未	戊申	己酉	庚戌		

陽歷 三 月份 （陰歷二、三月份）

陽	3	2	3	4	5	6	7	8	9	10	11	12	13	14	15	16	17	18	19	20	21	22	23	24	25	26	27	28	29	30	31
陰	七	八	九	十	十一	十二	十三	十四	十五	十六	十七	十八	十九	廿	廿一	廿二	廿三	廿四	廿五	廿六	廿七	廿八	廿九	卅	三	二	三	四	五	六	七
星	3	4	5	6	日	1	2	3	4	5	6	日	1	2	3	4	5	6	日	1	2	3	4	5	6	日	1	2	3	4	5
干節	辛亥	壬子	癸丑	甲寅	驚蟄	丙辰	丁巳	戊午	己未	庚申	辛酉	壬戌	癸亥	甲子	乙丑	丙寅	丁卯	戊辰	己巳	春分	辛未	壬申	癸酉	甲戌	乙亥	丙子	丁丑	戊寅	己卯	庚辰	辛巳

陽歷 四 月份 （陰歷三、四月份）

陽	4	2	3	4	5	6	7	8	9	10	11	12	13	14	15	16	17	18	19	20	21	22	23	24	25	26	27	28	29	30	
陰	八	九	十	十一	十二	十三	十四	十五	十六	十七	十八	十九	廿	廿一	廿二	廿三	廿四	廿五	廿六	廿七	廿八	廿九	四	二	三	四	五	六	七	八	
星	6	日	1	2	3	4	5	6	日	1	2	3	4	5	6	日	1	2	3	4	5	6	日	1	2	3	4	5	6	日	
干節	壬午	癸未	甲申	清明	丙戌	丁亥	戊子	己丑	庚寅	辛卯	壬辰	癸巳	甲午	乙未	丙申	丁酉	戊戌	己亥	庚子	穀雨	壬寅	癸卯	甲辰	乙巳	丙午	丁未	戊申	己酉	庚戌	辛亥	

陽歷 五 月份 （陰歷四、閏四月份）

陽	5	2	3	4	5	6	7	8	9	10	11	12	13	14	15	16	17	18	19	20	21	22	23	24	25	26	27	28	29	30	31
陰	九	十	十一	十二	十三	十四	十五	十六	十七	十八	十九	廿	廿一	廿二	廿三	廿四	廿五	廿六	廿七	廿八	廿九	卅	閏	二	三	四	五	六	七	八	九
星	1	2	3	4	5	6	日	1	2	3	4	5	6	日	1	2	3	4	5	6	日	1	2	3	4	5	6	日	1	2	3
干節	壬子	癸丑	甲寅	乙卯	立夏	丁巳	戊午	己未	庚申	辛酉	壬戌	癸亥	甲子	乙丑	丙寅	丁卯	戊辰	己巳	庚午	辛未	小滿	癸酉	甲戌	乙亥	丙子	丁丑	戊寅	己卯	庚辰	辛巳	壬午

陽歷 六 月份 （陰歷閏四、五月份）

陽	6	2	3	4	5	6	7	8	9	10	11	12	13	14	15	16	17	18	19	20	21	22	23	24	25	26	27	28	29	30	
陰	十	十一	十二	十三	十四	十五	十六	十七	十八	十九	廿	廿一	廿二	廿三	廿四	廿五	廿六	廿七	廿八	廿九	五	二	三	四	五	六	七	八	九	十	
星	4	5	6	日	1	2	3	4	5	6	日	1	2	3	4	5	6	日	1	2	3	4	5	6	日	1	2	3	4	5	
干節	癸未	甲申	乙酉	丙戌	芒種	戊子	己丑	庚寅	辛卯	壬辰	癸巳	甲午	乙未	丙申	丁酉	戊戌	己亥	庚子	辛丑	壬寅	夏至	甲辰	乙巳	丙午	丁未	戊申	己酉	庚戌	辛亥	壬子	

近世中西史日對照表

甲辰

一七二四年

（清世宗雍正二年）

陽歷七月份　（陰歷五、六月份）

陽	7	2	3	4	5	6	7	8	9	10	11	12	13	14	15	16	17	18	19	20	21	22	23	24	25	26	27	28	29	30	31
陰	十一	十二	十三	十四	十五	十六	十七	十八	十九	廿	廿一	廿二	廿三	廿四	廿五	廿六	廿七	廿八	廿九	**六**	二	三	四	五	六	七	八	九	十	十一	十二
星	6	日	1	2	3	4	5	6	日	1	2	3	4	5	6	日	1	2	3	4	5	6	日	1	2	3	4	5	6	日	1
干節	癸丑	甲寅	乙卯	丙辰	丁巳	戊午	小暑	庚申	辛酉	壬戌	癸亥	甲子	乙丑	丙寅	丁卯	戊辰	己巳	庚午	辛未	壬申	癸酉	甲戌	大暑	丙子	丁丑	戊寅	己卯	庚辰	辛巳	壬午	癸未

陽歷八月份　（陰歷六、七月份）

陽	8	2	3	4	5	6	7	8	9	10	11	12	13	14	15	16	17	18	19	20	21	22	23	24	25	26	27	28	29	30	31
陰	十三	十四	十五	十六	十七	十八	十九	廿	廿一	廿二	廿三	廿四	廿五	廿六	廿七	廿八	廿九	卅	**七**	二	三	四	五	六	七	八	九	十	十一	十二	十三
星	2	3	4	5	6	日	1	2	3	4	5	6	日	1	2	3	4	5	6	日	1	2	3	4	5	6	日	1	2	3	4
干節	甲申	乙酉	丙戌	丁亥	戊子	己丑	立秋	辛卯	壬辰	癸巳	甲午	乙未	丙申	丁酉	戊戌	己亥	庚子	辛丑	壬寅	癸卯	甲辰	乙巳	處暑	丁未	戊申	己酉	庚戌	辛亥	壬子	癸丑	甲寅

陽歷九月份　（陰歷七、八月份）

陽	9	2	3	4	5	6	7	8	9	10	11	12	13	14	15	16	17	18	19	20	21	22	23	24	25	26	27	28	29	30
陰	十四	十五	十六	十七	十八	十九	廿	廿一	廿二	廿三	廿四	廿五	廿六	廿七	廿八	廿九	**八**	二	三	四	五	六	七	八	九	十	十一	十二	十三	十四
星	5	6	日	1	2	3	4	5	6	日	1	2	3	4	5	6	日	1	2	3	4	5	6	日	1	2	3	4	5	6
干節	乙卯	丙辰	丁巳	戊午	己未	庚申	白露	壬戌	癸亥	甲子	乙丑	丙寅	丁卯	戊辰	己巳	庚午	辛未	壬申	癸酉	甲戌	乙亥	丙子	秋分	戊寅	己卯	庚辰	辛巳	壬午	癸未	甲申

陽歷十月份　（陰歷八、九月份）

陽	10	2	3	4	5	6	7	8	9	10	11	12	13	14	15	16	17	18	19	20	21	22	23	24	25	26	27	28	29	30	31
陰	十五	十六	十七	十八	十九	廿	廿一	廿二	廿三	廿四	廿五	廿六	廿七	廿八	廿九	卅	**九**	二	三	四	五	六	七	八	九	十	十一	十二	十三	十四	十五
星	日	1	2	3	4	5	6	日	1	2	3	4	5	6	日	1	2	3	4	5	6	日	1	2	3	4	5	6	日	1	2
干節	乙酉	丙戌	丁亥	戊子	己丑	庚寅	辛卯	寒露	癸巳	甲午	乙未	丙申	丁酉	戊戌	己亥	庚子	辛丑	壬寅	癸卯	甲辰	乙巳	丙午	霜降	戊申	己酉	庚戌	辛亥	壬子	癸丑	甲寅	乙卯

陽歷十一月份　（陰歷九、十月份）

陽	11	2	3	4	5	6	7	8	9	10	11	12	13	14	15	16	17	18	19	20	21	22	23	24	25	26	27	28	29	30
陰	十六	十七	十八	十九	廿	廿一	廿二	廿三	廿四	廿五	廿六	廿七	廿八	廿九	卅	**十**	二	三	四	五	六	七	八	九	十	十一	十二	十三	十四	十五
星	3	4	5	6	日	1	2	3	4	5	6	日	1	2	3	4	5	6	日	1	2	3	4	5	6	日	1	2	3	4
干節	丙辰	丁巳	戊午	己未	庚申	辛酉	立冬	癸亥	甲子	乙丑	丙寅	丁卯	戊辰	己巳	庚午	辛未	壬申	癸酉	甲戌	乙亥	丙子	小雪	戊寅	己卯	庚辰	辛巳	壬午	癸未	甲申	乙酉

陽歷十二月份　（陰歷十、十一月份）

陽	12	2	3	4	5	6	7	8	9	10	11	12	13	14	15	16	17	18	19	20	21	22	23	24	25	26	27	28	29	30	31
陰	十六	十七	十八	十九	廿	廿一	廿二	廿三	廿四	廿五	廿六	廿七	廿八	廿九	卅	**十一**	二	三	四	五	六	七	八	九	十	十一	十二	十三	十四	十五	十六
星	5	6	日	1	2	3	4	5	6	日	1	2	3	4	5	6	日	1	2	3	4	5	6	日	1	2	3	4	5	6	日
干節	丙戌	丁亥	戊子	己丑	庚寅	辛卯	大雪	癸巳	甲午	乙未	丙申	丁酉	戊戌	己亥	庚子	辛丑	壬寅	癸卯	甲辰	乙巳	冬至	丁未	戊申	己酉	庚戌	辛亥	壬子	癸丑	甲寅	乙卯	丙辰

近世中西史日對照表

乙巳　一七二五年　（清世宗雍正三年）

陽歷一月份　（陰歷十一、十二月份）

陽	1	2	3	4	5	6	7	8	9	10	11	12	13	14	15	16	17	18	19	20	21	22	23	24	25	26	27	28	29	30	31
陰	十七	十八	十九	廿	廿一	廿二	廿三	廿四	廿五	廿六	廿七	廿八	廿九	十二	二	三	四	五	六	七	八	九	十	十一	十二	十三	十四	十五	十六	十七	十八
星	1	2	3	4	5	6	日	1	2	3	4	5	6	日	1	2	3	4	5	6	日	1	2	3	4	5	6	日	1	2	3
干節	丁巳	戊午	己未	庚申	小寒	壬戌	癸亥	甲子	乙丑	丙寅	丁卯	戊辰	己巳	庚午	辛未	壬申	癸酉	甲戌	乙亥	大寒	丁丑	戊寅	己卯	庚辰	辛巳	壬午	癸未	甲申	乙酉	丙戌	丁亥

陽歷二月份　（陰歷十二、正月份）

陽	1	2	3	4	5	6	7	8	9	10	11	12	13	14	15	16	17	18	19	20	21	22	23	24	25	26	27	28	—	—	—
陰	十九	廿	廿一	廿二	廿三	廿四	廿五	廿六	廿七	廿八	廿九	卅	正	二	三	四	五	六	七	八	九	十	十一	十二	十三	十四	十五	十六			
星	4	5	6	日	1	2	3	4	5	6	日	1	2	3	4	5	6	日	1	2	3	4	5	6	日	1	2	3			
干節	戊子	己丑	立春	辛卯	壬辰	癸巳	甲午	乙未	丙申	丁酉	戊戌	己亥	庚子	辛丑	壬寅	癸卯	甲辰	雨水	丙午	丁未	戊申	己酉	庚戌	辛亥	壬子	癸丑	甲寅	乙卯			

陽歷三月份　（陰歷正、二月份）

陽	1	2	3	4	5	6	7	8	9	10	11	12	13	14	15	16	17	18	19	20	21	22	23	24	25	26	27	28	29	30	31
陰	十七	十八	十九	廿	廿一	廿二	廿三	廿四	廿五	廿六	廿七	廿八	廿九	二	二	三	四	五	六	七	八	九	十	十一	十二	十三	十四	十五	十六	十七	十八
星	4	5	6	日	1	2	3	4	5	6	日	1	2	3	4	5	6	日	1	2	3	4	5	6	日	1	2	3	4	5	6
干節	丙辰	丁巳	戊午	己未	驚蟄	辛酉	壬戌	癸亥	甲子	乙丑	丙寅	丁卯	戊辰	己巳	庚午	辛未	壬申	癸酉	甲戌	春分	丙子	丁丑	戊寅	己卯	庚辰	辛巳	壬午	癸未	甲申	乙酉	丙戌

陽歷四月份　（陰歷二、三月份）

陽	1	2	3	4	5	6	7	8	9	10	11	12	13	14	15	16	17	18	19	20	21	22	23	24	25	26	27	28	29	30
陰	十九	廿	廿一	廿二	廿三	廿四	廿五	廿六	廿七	廿八	廿九	卅	三	二	三	四	五	六	七	八	九	十	十一	十二	十三	十四	十五	十六	十七	十八
星	日	1	2	3	4	5	6	日	1	2	3	4	5	6	日	1	2	3	4	5	6	日	1	2	3	4	5	6	日	1
干節	丁亥	戊子	己丑	庚寅	清明	壬辰	癸巳	甲午	乙未	丙申	丁酉	戊戌	己亥	庚子	辛丑	壬寅	癸卯	甲辰	乙巳	穀雨	丁未	戊申	己酉	庚戌	辛亥	壬子	癸丑	甲寅	乙卯	丙辰

陽歷五月份　（陰歷三、四、月份）

陽	1	2	3	4	5	6	7	8	9	10	11	12	13	14	15	16	17	18	19	20	21	22	23	24	25	26	27	28	29	30	31
陰	十九	廿	廿一	廿二	廿三	廿四	廿五	廿六	廿七	廿八	廿九	四	二	三	四	五	六	七	八	九	十	十一	十二	十三	十四	十五	十六	十七	十八	十九	廿
星	2	3	4	5	6	日	1	2	3	4	5	6	日	1	2	3	4	5	6	日	1	2	3	4	5	6	日	1	2	3	4
干節	丁巳	戊午	己未	庚申	立夏	壬戌	癸亥	甲子	乙丑	丙寅	丁卯	戊辰	己巳	庚午	辛未	壬申	癸酉	甲戌	乙亥	丙子	小滿	戊寅	己卯	庚辰	辛巳	壬午	癸未	甲申	乙酉	丙戌	丁亥

陽歷六月份　（陰歷四、五月份）

陽	1	2	3	4	5	6	7	8	9	10	11	12	13	14	15	16	17	18	19	20	21	22	23	24	25	26	27	28	29	30
陰	廿一	廿二	廿三	廿四	廿五	廿六	廿七	廿八	廿九	卅	五	二	三	四	五	六	七	八	九	十	十一	十二	十三	十四	十五	十六	十七	十八	十九	廿
星	5	6	日	1	2	3	4	5	6	日	1	2	3	4	5	6	日	1	2	3	4	5	6	日	1	2	3	4	5	6
干節	戊子	己丑	庚寅	辛卯	壬辰	芒種	甲午	乙未	丙申	丁酉	戊戌	己亥	庚子	辛丑	壬寅	癸卯	甲辰	乙巳	丙午	丁未	夏至	己酉	庚戌	辛亥	壬子	癸丑	甲寅	乙卯	丙辰	丁巳

乙巳　一七二五年　（清世宗雍正三年）

陽歷七月份　（陰歷五、六月份）

陽	7	2	3	4	5	6	7	8	9	10	11	12	13	14	15	16	17	18	19	20	21	22	23	24	25	26	27	28	29	30	31
陰	廿一	廿二	廿三	廿四	廿五	廿六	廿七	廿八	廿九	六	二	三	四	五	六	七	八	九	十	十一	十二	十三	十四	十五	十六	十七	十八	十九	廿	廿一	廿二
星	日	1	2	3	4	5	6	日	1	2	3	4	5	6	日	1	2	3	4	5	6	日	1	2	3	4	5	6	日	1	2
干節	戊午	己未	庚申	辛酉	壬戌	癸亥	小暑	乙丑	丙寅	丁卯	戊辰	己巳	庚午	辛未	壬申	癸酉	甲戌	乙亥	丙子	丁丑	戊寅	己卯	大暑	辛巳	壬午	癸未	甲申	乙酉	丙戌	丁亥	戊子

陽歷八月份　（陰歷六、七月份）

陽	8	2	3	4	5	6	7	8	9	10	11	12	13	14	15	16	17	18	19	20	21	22	23	24	25	26	27	28	29	30	31
陰	廿三	廿四	廿五	廿六	廿七	廿八	廿九	七	二	三	四	五	六	七	八	九	十	十一	十二	十三	十四	十五	十六	十七	十八	十九	廿	廿一	廿二	廿三	廿四
星	3	4	5	6	日	1	2	3	4	5	6	日	1	2	3	4	5	6	日	1	2	3	4	5	6	日	1	2	3	4	5
干節	己丑	庚寅	辛卯	壬辰	癸巳	甲午	乙未	立秋	丁酉	戊戌	己亥	庚子	辛丑	壬寅	癸卯	甲辰	乙巳	丙午	丁未	戊申	己酉	庚戌	處暑	壬子	癸丑	甲寅	乙卯	丙辰	丁巳	戊午	己未

陽歷九月份　（陰歷七、八月份）

陽	9	2	3	4	5	6	7	8	9	10	11	12	13	14	15	16	17	18	19	20	21	22	23	24	25	26	27	28	29	30
陰	廿五	廿六	廿七	廿八	廿九	卅	八	二	三	四	五	六	七	八	九	十	十一	十二	十三	十四	十五	十六	十七	十八	十九	廿	廿一	廿二	廿三	廿四
星	6	日	1	2	3	4	5	6	日	1	2	3	4	5	6	日	1	2	3	4	5	6	日	1	2	3	4	5	6	日
干節	庚申	辛酉	壬戌	癸亥	甲子	乙丑	丙寅	白露	戊辰	己巳	庚午	辛未	壬申	癸酉	甲戌	乙亥	丙子	丁丑	戊寅	己卯	庚辰	辛巳	秋分	癸未	甲申	乙酉	丙戌	丁亥	戊子	己丑

陽歷十月份　（陰歷八、九月份）

陽	10	2	3	4	5	6	7	8	9	10	11	12	13	14	15	16	17	18	19	20	21	22	23	24	25	26	27	28	29	30	31
陰	廿五	廿六	廿七	廿八	廿九	九	二	三	四	五	六	七	八	九	十	十一	十二	十三	十四	十五	十六	十七	十八	十九	廿	廿一	廿二	廿三	廿四	廿五	廿六
星	1	2	3	4	5	6	日	1	2	3	4	5	6	日	1	2	3	4	5	6	日	1	2	3	4	5	6	日	1	2	3
干節	庚寅	辛卯	壬辰	癸巳	甲午	乙未	丙申	寒露	戊戌	己亥	庚子	辛丑	壬寅	癸卯	甲辰	乙巳	丙午	丁未	戊申	己酉	庚戌	辛亥	霜降	癸丑	甲寅	乙卯	丙辰	丁巳	戊午	己未	庚申

陽歷十一月份　（陰歷九、十月份）

陽	11	2	3	4	5	6	7	8	9	10	11	12	13	14	15	16	17	18	19	20	21	22	23	24	25	26	27	28	29	30
陰	廿七	廿八	廿九	卅	十	二	三	四	五	六	七	八	九	十	十一	十二	十三	十四	十五	十六	十七	十八	十九	廿	廿一	廿二	廿三	廿四	廿五	廿六
星	4	5	6	日	1	2	3	4	5	6	日	1	2	3	4	5	6	日	1	2	3	4	5	6	日	1	2	3	4	5
干節	辛酉	壬戌	癸亥	甲子	乙丑	丙寅	立冬	戊辰	己巳	庚午	辛未	壬申	癸酉	甲戌	乙亥	丙子	丁丑	戊寅	己卯	庚辰	辛巳	小雪	癸未	甲申	乙酉	丙戌	丁亥	戊子	己丑	庚寅

陽歷十二月份　（陰歷十、十一月份）

陽	12	2	3	4	5	6	7	8	9	10	11	12	13	14	15	16	17	18	19	20	21	22	23	24	25	26	27	28	29	30	31
陰	廿七	廿八	廿九	卅	十一	二	三	四	五	六	七	八	九	十	十一	十二	十三	十四	十五	十六	十七	十八	十九	廿	廿一	廿二	廿三	廿四	廿五	廿六	廿七
星	6	日	1	2	3	4	5	6	日	1	2	3	4	5	6	日	1	2	3	4	5	6	日	1	2	3	4	5	6	日	1
干節	辛卯	壬辰	癸巳	甲午	乙未	丙申	大雪	戊戌	己亥	庚子	辛丑	壬寅	癸卯	甲辰	乙巳	丙午	丁未	戊申	己酉	庚戌	辛亥	冬至	癸丑	甲寅	乙卯	丙辰	丁巳	戊午	己未	庚申	辛酉

近世中西史日對照表

丙午　一七二六年　(清世宗雍正四年)

陽歷 一 月份　(陰歷十一、十二月份)

陽	**1**	2	3	4	5	6	7	8	9	10	11	12	13	14	15	16	17	18	19	20	21	22	23	24	25	26	27	28	29	30	31
陰	廿八	廿九	**十二**	二	三	四	五	六	七	八	九	十	十一	十二	十三	十四	十五	十六	十七	十八	十九	廿	廿一	廿二	廿三	廿四	廿五	廿六	廿七	廿八	廿九
星	2	3	4	5	6	**日**	1	2	3	4	5	6	**日**	1	2	3	4	5	6	**日**	1	2	3	4	5	6	**日**	1	2	3	4
干節	壬戌	癸亥	甲子	乙丑	**小寒**	丁卯	戊辰	己巳	庚午	辛未	壬申	癸酉	甲戌	乙亥	丙子	丁丑	戊寅	己卯	庚辰	**大寒**	壬午	癸未	甲申	乙酉	丙戌	丁亥	戊子	己丑	庚寅	辛卯	壬辰

陽歷 二 月份　(陰歷十二、正月份)

陽	**2**	2	3	4	5	6	7	8	9	10	11	12	13	14	15	16	17	18	19	20	21	22	23	24	25	26	27	28			
陰	卅	**正**	二	三	四	五	六	七	八	九	十	十一	十二	十三	十四	十五	十六	十七	十八	十九	廿	廿一	廿二	廿三	廿四	廿五	廿六	廿七			
星	5	6	**日**	1	2	3	4	5	6	**日**	1	2	3	4	5	6	**日**	1	2	3	4	5	6	**日**	1	2	3	4			
干節	癸巳	甲午	乙未	**立春**	丁酉	戊戌	己亥	庚子	辛丑	壬寅	癸卯	甲辰	乙巳	丙午	丁未	戊申	己酉	庚戌	**雨水**	壬子	癸丑	甲寅	乙卯	丙辰	丁巳	戊午	己未	庚申			

陽歷 三 月份　(陰歷正、二月份)

陽	**3**	2	3	4	5	6	7	8	9	10	11	12	13	14	15	16	17	18	19	20	21	22	23	24	25	26	27	28	29	30	31
陰	廿八	廿九	卅	**二**	二	三	四	五	六	七	八	九	十	十一	十二	十三	十四	十五	十六	十七	十八	十九	廿	廿一	廿二	廿三	廿四	廿五	廿六	廿七	廿八
星	5	6	**日**	1	2	3	4	5	6	**日**	1	2	3	4	5	6	**日**	1	2	3	4	5	6	**日**	1	2	3	4	5	6	**日**
干節	辛酉	壬戌	癸亥	甲子	乙丑	**驚蟄**	丁卯	戊辰	己巳	庚午	辛未	壬申	癸酉	甲戌	乙亥	丙子	丁丑	戊寅	己卯	庚辰	**春分**	壬午	癸未	甲申	乙酉	丙戌	丁亥	戊子	己丑	庚寅	辛卯

陽歷 四 月份　(陰歷二、三月份)

陽	**4**	2	3	4	5	6	7	8	9	10	11	12	13	14	15	16	17	18	19	20	21	22	23	24	25	26	27	28	29	30	
陰	廿九	**三**	二	三	四	五	六	七	八	九	十	十一	十二	十三	十四	十五	十六	十七	十八	十九	廿	廿一	廿二	廿三	廿四	廿五	廿六	廿七	廿八	廿九	
星	1	2	3	4	5	6	**日**	1	2	3	4	5	6	**日**	1	2	3	4	5	6	**日**	1	2	3	4	5	6	**日**	1	2	
干節	壬辰	癸巳	甲午	乙未	**清明**	丁酉	戊戌	己亥	庚子	辛丑	壬寅	癸卯	甲辰	乙巳	丙午	丁未	戊申	己酉	庚戌	**穀雨**	壬子	癸丑	甲寅	乙卯	丙辰	丁巳	戊午	己未	庚申	辛酉	

陽歷 五 月份　(陰歷三、四、五月份)

陽	**5**	2	3	4	5	6	7	8	9	10	11	12	13	14	15	16	17	18	19	20	21	22	23	24	25	26	27	28	29	30	31
陰	卅	**四**	二	三	四	五	六	七	八	九	十	十一	十二	十三	十四	十五	十六	十七	十八	十九	廿	廿一	廿二	廿三	廿四	廿五	廿六	廿七	廿八	廿九	**五**
星	3	4	5	6	**日**	1	2	3	4	5	6	**日**	1	2	3	4	5	6	**日**	1	2	3	4	5	6	**日**	1	2	3	4	5
干節	壬戌	癸亥	甲子	乙丑	丙寅	**立夏**	戊辰	己巳	庚午	辛未	壬申	癸酉	甲戌	乙亥	丙子	丁丑	戊寅	己卯	庚辰	辛巳	**小滿**	癸未	甲申	乙酉	丙戌	丁亥	戊子	己丑	庚寅	辛卯	壬辰

陽歷 六 月份　(陰歷五、六月份)

陽	**6**	2	3	4	5	6	7	8	9	10	11	12	13	14	15	16	17	18	19	20	21	22	23	24	25	26	27	28	29	30	
陰	二	三	四	五	六	七	八	九	十	十一	十二	十三	十四	十五	十六	十七	十八	十九	廿	廿一	廿二	廿三	廿四	廿五	廿六	廿七	廿八	廿九	卅	**六**	
星	6	**日**	1	2	3	4	5	6	**日**	1	2	3	4	5	6	**日**	1	2	3	4	5	6	**日**	1	2	3	4	5	6	**日**	
干節	癸巳	甲午	乙未	丙申	丁酉	**芒種**	己亥	庚子	辛丑	壬寅	癸卯	甲辰	乙巳	丙午	丁未	戊申	己酉	庚戌	辛亥	壬子	癸丑	**夏至**	乙卯	丙辰	丁巳	戊午	己未	庚申	辛酉	壬戌	

丙午

一七二六年

（清世宗雍正四年）

陽歷七月份　（陰歷六、七月份）

陽	7	2	3	4	5	6	7	8	9	10	11	12	13	14	15	16	17	18	19	20	21	22	23	24	25	26	27	28	29	30	31
陰	二	三	四	五	六	七	八	九	十	十一	十二	十三	十四	十五	十六	十七	十八	十九	廿	廿一	廿二	廿三	廿四	廿五	廿六	廿七	廿八	廿九	七月	二	三
星	1	2	3	4	5	6	日	1	2	3	4	5	6	日	1	2	3	4	5	6	日	1	2	3	4	5	6	日	1	2	3
干節	癸亥	甲子	乙丑	丙寅	丁卯	戊辰	小暑	庚午	辛未	壬申	癸酉	甲戌	乙亥	丙子	丁丑	戊寅	己卯	庚辰	辛巳	壬午	癸未	甲申	大暑	丙戌	丁亥	戊子	己丑	庚寅	辛卯	壬辰	癸巳

陽歷八月份　（陰歷七、八月份）

陽	8	2	3	4	5	6	7	8	9	10	11	12	13	14	15	16	17	18	19	20	21	22	23	24	25	26	27	28	29	30	31
陰	四	五	六	七	八	九	十	十一	十二	十三	十四	十五	十六	十七	十八	十九	廿	廿一	廿二	廿三	廿四	廿五	廿六	廿七	廿八	廿九	八月	二	三	四	五
星	4	5	6	日	1	2	3	4	5	6	日	1	2	3	4	5	6	日	1	2	3	4	5	6	日	1	2	3	4	5	6
干節	甲午	乙未	丙申	丁酉	戊戌	己亥	庚子	立秋	壬寅	癸卯	甲辰	乙巳	丙午	丁未	戊申	己酉	庚戌	辛亥	壬子	癸丑	甲寅	乙卯	處暑	丁巳	戊午	己未	庚申	辛酉	壬戌	癸亥	甲子

陽歷九月份　（陰歷八、九月份）

陽	9	2	3	4	5	6	7	8	9	10	11	12	13	14	15	16	17	18	19	20	21	22	23	24	25	26	27	28	29	30	
陰	六	七	八	九	十	十一	十二	十三	十四	十五	十六	十七	十八	十九	廿	廿一	廿二	廿三	廿四	廿五	廿六	廿七	廿八	廿九	卅	九月	二	三	四	五	
星	日	1	2	3	4	5	6	日	1	2	3	4	5	6	日	1	2	3	4	5	6	日	1	2	3	4	5	6	日	1	
干節	乙丑	丙寅	丁卯	戊辰	己巳	庚午	辛未	白露	癸酉	甲戌	乙亥	丙子	丁丑	戊寅	己卯	庚辰	辛巳	壬午	癸未	甲申	乙酉	丙戌	秋分	戊子	己丑	庚寅	辛卯	壬辰	癸巳	甲午	

陽歷十月份　（陰歷九、十月份）

陽	10	2	3	4	5	6	7	8	9	10	11	12	13	14	15	16	17	18	19	20	21	22	23	24	25	26	27	28	29	30	31
陰	六	七	八	九	十	十一	十二	十三	十四	十五	十六	十七	十八	十九	廿	廿一	廿二	廿三	廿四	廿五	廿六	廿七	廿八	廿九	十月	二	三	四	五	六	七
星	2	3	4	5	6	日	1	2	3	4	5	6	日	1	2	3	4	5	6	日	1	2	3	4	5	6	日	1	2	3	4
干節	乙未	丙申	丁酉	戊戌	己亥	庚子	辛丑	壬寅	寒露	甲辰	乙巳	丙午	丁未	戊申	己酉	庚戌	辛亥	壬子	癸丑	甲寅	乙卯	丙辰	丁巳	霜降	己未	庚申	辛酉	壬戌	癸亥	甲子	乙丑

陽歷十一月份　（陰歷十、十一月份）

陽	11	2	3	4	5	6	7	8	9	10	11	12	13	14	15	16	17	18	19	20	21	22	23	24	25	26	27	28	29	30	
陰	八	九	十	十一	十二	十三	十四	十五	十六	十七	十八	十九	廿	廿一	廿二	廿三	廿四	廿五	廿六	廿七	廿八	廿九	卅	十一月	二	三	四	五	六	七	
星	5	6	日	1	2	3	4	5	6	日	1	2	3	4	5	6	日	1	2	3	4	5	6	日	1	2	3	4	5	6	
干節	丙寅	丁卯	戊辰	己巳	庚午	辛未	壬申	立冬	甲戌	乙亥	丙子	丁丑	戊寅	己卯	庚辰	辛巳	壬午	癸未	甲申	乙酉	丙戌	小雪	戊子	己丑	庚寅	辛卯	壬辰	癸巳	甲午	乙未	

陽歷十二月份　（陰歷十一、十二月份）

陽	12	2	3	4	5	6	7	8	9	10	11	12	13	14	15	16	17	18	19	20	21	22	23	24	25	26	27	28	29	30	31
陰	八	九	十	十一	十二	十三	十四	十五	十六	十七	十八	十九	廿	廿一	廿二	廿三	廿四	廿五	廿六	廿七	廿八	廿九	十二月	二	三	四	五	六	七	八	九
星	日	1	2	3	4	5	6	日	1	2	3	4	5	6	日	1	2	3	4	5	6	日	1	2	3	4	5	6	日	1	2
干節	丙申	丁酉	戊戌	己亥	庚子	辛丑	大雪	癸卯	甲辰	乙巳	丙午	丁未	戊申	己酉	庚戌	辛亥	壬子	癸丑	甲寅	乙卯	丙辰	冬至	戊午	己未	庚申	辛酉	壬戌	癸亥	甲子	乙丑	丙寅

近世中西史日對照表

陽歷一月份 (陰歷十二、正月份)

陽	1	2	3	4	5	6	7	8	9	10	11	12	13	14	15	16	17	18	19	20	21	22	23	24	25	26	27	28	29	30	31
陰	十	十一	十二	十三	十四	十五	十六	十七	十八	十九	廿	廿一	廿二	廿三	廿四	廿五	廿六	廿七	廿八	廿九	卅	正	二	三	四	五	六	七	八	九	十
星	3	4	5	6	日	1	2	3	4	5	6	日	1	2	3	4	5	6	日	1	2	3	4	5	6	日	1	2	3	4	5
干節	丁卯	戊辰	己巳	庚午	辛未	小寒	癸酉	甲戌	乙亥	丙子	丁丑	戊寅	己卯	庚辰	辛巳	壬午	癸未	甲申	乙酉	大寒	丁亥	戊子	己丑	庚寅	辛卯	壬辰	癸巳	甲午	乙未	丙申	丁酉

陽歷二月份 (陰歷正.二月份)

陽	1	2	3	4	5	6	7	8	9	10	11	12	13	14	15	16	17	18	19	20	21	22	23	24	25	26	27	28
陰	十一	十二	十三	十四	十五	十六	十七	十八	十九	廿	廿一	廿二	廿三	廿四	廿五	廿六	廿七	廿八	廿九	卅	二	二	三	四	五	六	七	八
星	6	日	1	2	3	4	5	6	日	1	2	3	4	5	6	日	1	2	3	4	5	6	日	1	2	3	4	5
干節	戊戌	己亥	庚子	立春	壬寅	癸卯	甲辰	乙巳	丙午	丁未	戊申	己酉	庚戌	辛亥	壬子	癸丑	甲寅	乙卯	雨水	丁巳	戊午	己未	庚申	辛酉	壬戌	癸亥	甲子	乙丑

陽歷三月份 (陰歷正、二月份)

陽	1	2	3	4	5	6	7	8	9	10	11	12	13	14	15	16	17	18	19	20	21	22	23	24	25	26	27	28	29	30	31
陰	九	十	十一	十二	十三	十四	十五	十六	十七	十八	十九	廿	廿一	廿二	廿三	廿四	廿五	廿六	廿七	廿八	廿九	卅	三	二	三	四	五	六	七	八	九
星	6	日	1	2	3	4	5	6	日	1	2	3	4	5	6	日	1	2	3	4	5	6	日	1	2	3	4	5	6	日	1
干節	丙寅	丁卯	戊辰	己巳	庚午	驚蟄	壬申	癸酉	甲戌	乙亥	丙子	丁丑	戊寅	己卯	庚辰	辛巳	壬午	癸未	甲申	乙酉	春分	丁亥	戊子	己丑	庚寅	辛卯	壬辰	癸巳	甲午	乙未	丙申

陽歷四月份 (陰歷三、閏三月份)

陽	1	2	3	4	5	6	7	8	9	10	11	12	13	14	15	16	17	18	19	20	21	22	23	24	25	26	27	28	29	30
陰	十	十一	十二	十三	十四	十五	十六	十七	十八	十九	廿	廿一	廿二	廿三	廿四	廿五	廿六	廿七	廿八	廿九	閏	二	三	四	五	六	七	八	九	十
星	2	3	4	5	6	日	1	2	3	4	5	6	日	1	2	3	4	5	6	日	1	2	3	4	5	6	日	1	2	3
干節	丁酉	戊戌	己亥	庚子	清明	壬寅	癸卯	甲辰	乙巳	丙午	丁未	戊申	己酉	庚戌	辛亥	壬子	癸丑	甲寅	乙卯	穀雨	丁巳	戊午	己未	庚申	辛酉	壬戌	癸亥	甲子	乙丑	丙寅

陽歷五月份 (陰歷閏三、四月份)

陽	1	2	3	4	5	6	7	8	9	10	11	12	13	14	15	16	17	18	19	20	21	22	23	24	25	26	27	28	29	30	31
陰	十一	十二	十三	十四	十五	十六	十七	十八	十九	廿	廿一	廿二	廿三	廿四	廿五	廿六	廿七	廿八	廿九	卅	四	二	三	四	五	六	七	八	九	十	十一
星	4	5	6	日	1	2	3	4	5	6	日	1	2	3	4	5	6	日	1	2	3	4	5	6	日	1	2	3	4	5	6
干節	丁卯	戊辰	己巳	庚午	辛未	立夏	癸酉	甲戌	乙亥	丙子	丁丑	戊寅	己卯	庚辰	辛巳	壬午	癸未	甲申	乙酉	丙戌	小滿	戊子	己丑	庚寅	辛卯	壬辰	癸巳	甲午	乙未	丙申	丁酉

陽歷六月份 (陰歷四、五月份)

陽	1	2	3	4	5	6	7	8	9	10	11	12	13	14	15	16	17	18	19	20	21	22	23	24	25	26	27	28	29	30
陰	十二	十三	十四	十五	十六	十七	十八	十九	廿	廿一	廿二	廿三	廿四	廿五	廿六	廿七	廿八	廿九	五	二	三	四	五	六	七	八	九	十	十一	十二
星	日	1	2	3	4	5	6	日	1	2	3	4	5	6	日	1	2	3	4	5	6	日	1	2	3	4	5	6	日	1
干節	戊戌	己亥	庚子	辛丑	壬寅	芒種	甲辰	乙巳	丙午	丁未	戊申	己酉	庚戌	辛亥	壬子	癸丑	甲寅	乙卯	丙辰	丁巳	戊午	夏至	庚申	辛酉	壬戌	癸亥	甲子	乙丑	丙寅	丁卯

丁未

一七二七年

（清世宗雍正五年）

陽歷七月份　（陰歷五、六月份）

陽	**7**	2	3	4	5	6	7	8	9	10	11	12	13	14	15	16	17	18	19	20	21	22	23	24	25	26	27	28	29	30	31
陰	十三	十四	十五	十六	十七	十八	十九	廿	廿一	廿二	廿三	廿四	廿五	廿六	廿七	廿八	廿九	卅	**六**	二	三	四	五	六	七	八	九	十	十一	十二	十三
星	2	3	4	5	6	**日**	1	2	3	4	5	6	**日**	1	2	3	4	5	6	**日**	1	2	3	4	5	6	**日**	1	2	3	4
干節	戊辰	己巳	庚午	辛未	壬申	癸酉	甲戌	**小暑**	丙子	丁丑	戊寅	己卯	庚辰	辛巳	壬午	癸未	甲申	乙酉	丙戌	丁亥	戊子	己丑	**大暑**	辛卯	壬辰	癸巳	甲午	乙未	丙申	丁酉	戊戌

陽歷八月份　（陰歷六、七月份）

陽	**8**	2	3	4	5	6	7	8	9	10	11	12	13	14	15	16	17	18	19	20	21	22	23	24	25	26	27	28	29	30	31
陰	十四	十五	十六	十七	十八	十九	廿	廿一	廿二	廿三	廿四	廿五	廿六	廿七	廿八	廿九	**七**	二	三	四	五	六	七	八	九	十	十一	十二	十三	十四	十五
星	5	6	**日**	1	2	3	4	5	6	**日**	1	2	3	4	5	6	**日**	1	2	3	4	5	6	**日**	1	2	3	4	5	6	**日**
干節	己亥	庚子	辛丑	壬寅	癸卯	甲辰	乙巳	**立秋**	丁未	戊申	己酉	庚戌	辛亥	壬子	癸丑	甲寅	乙卯	丙辰	丁巳	戊午	己未	庚申	辛酉	**處暑**	癸亥	甲子	乙丑	丙寅	丁卯	戊辰	己巳

陽歷九月份　（陰歷七、八月份）

陽	**9**	2	3	4	5	6	7	8	9	10	11	12	13	14	15	16	17	18	19	20	21	22	23	24	25	26	27	28	29	30
陰	十六	十七	十八	十九	廿	廿一	廿二	廿三	廿四	廿五	廿六	廿七	廿八	廿九	**八**	二	三	四	五	六	七	八	九	十	十一	十二	十三	十四	十五	十六
星	1	2	3	4	5	6	**日**	1	2	3	4	5	6	**日**	1	2	3	4	5	6	**日**	1	2	3	4	5	6	**日**	1	2
干節	庚午	辛未	壬申	癸酉	甲戌	乙亥	丙子	**白露**	戊寅	己卯	庚辰	辛巳	壬午	癸未	甲申	乙酉	丙戌	丁亥	戊子	己丑	庚寅	辛卯	壬辰	**秋分**	甲午	乙未	丙申	丁酉	戊戌	己亥

陽歷十月份　（陰歷八、九月份）

陽	**10**	2	3	4	5	6	7	8	9	10	11	12	13	14	15	16	17	18	19	20	21	22	23	24	25	26	27	28	29	30	31
陰	十七	十八	十九	廿	廿一	廿二	廿三	廿四	廿五	廿六	廿七	廿八	廿九	卅	**九**	二	三	四	五	六	七	八	九	十	十一	十二	十三	十四	十五	十六	十七
星	3	4	5	6	**日**	1	2	3	4	5	6	**日**	1	2	3	4	5	6	**日**	1	2	3	4	5	6	**日**	1	2	3	4	5
干節	庚子	辛丑	壬寅	癸卯	甲辰	乙巳	丙午	丁未	**寒露**	己酉	庚戌	辛亥	壬子	癸丑	甲寅	乙卯	丙辰	丁巳	戊午	己未	庚申	辛酉	壬戌	**霜降**	甲子	乙丑	丙寅	丁卯	戊辰	己巳	庚午

陽歷十一月份　（陰歷九、十月份）

陽	**11**	2	3	4	5	6	7	8	9	10	11	12	13	14	15	16	17	18	19	20	21	22	23	24	25	26	27	28	29	30
陰	十八	十九	廿	廿一	廿二	廿三	廿四	廿五	廿六	廿七	廿八	廿九	**十**	二	三	四	五	六	七	八	九	十	十一	十二	十三	十四	十五	十六	十七	十八
星	6	**日**	1	2	3	4	5	6	**日**	1	2	3	4	5	6	**日**	1	2	3	4	5	6	**日**	1	2	3	4	5	6	**日**
干節	辛未	壬申	癸酉	甲戌	乙亥	丙子	丁丑	**立冬**	己卯	庚辰	辛巳	壬午	癸未	甲申	乙酉	丙戌	丁亥	戊子	己丑	庚寅	辛卯	壬辰	**小雪**	甲午	乙未	丙申	丁酉	戊戌	己亥	庚子

陽歷十二月份　（陰歷十、十一月份）

陽	**12**	2	3	4	5	6	7	8	9	10	11	12	13	14	15	16	17	18	19	20	21	22	23	24	25	26	27	28	29	30	31
陰	十九	廿	廿一	廿二	廿三	廿四	廿五	廿六	廿七	廿八	廿九	卅	**十一**	二	三	四	五	六	七	八	九	十	十一	十二	十三	十四	十五	十六	十七	十八	十九
星	1	2	3	4	5	6	**日**	1	2	3	4	5	6	**日**	1	2	3	4	5	6	**日**	1	2	3	4	5	6	**日**	1	2	3
干節	辛丑	壬寅	癸卯	甲辰	乙巳	丙午	**大雪**	戊申	己酉	庚戌	辛亥	壬子	癸丑	甲寅	乙卯	丙辰	丁巳	戊午	己未	庚申	辛酉	**冬至**	癸亥	甲子	乙丑	丙寅	丁卯	戊辰	己巳	庚午	辛未

陽歷 一月份 （陰歷十一、十二月份）

陽	**1**	2	3	4	5	6	7	8	9	10	11	12	13	14	15	16	17	18	19	20	21	22	23	24	25	26	27	28	29	30	31
陰	廿	廿一	廿二	廿三	廿四	廿五	廿六	廿七	廿八	廿九	**十二**	二	三	四	五	六	七	八	九	十	十一	十二	十三	十四	十五	十六	十七	十八	十九	廿	廿一
星	4	5	6	**日**	1	2	3	4	5	6	**日**	1	2	3	4	5	6	**日**	1	2	3	4	5	6	**日**	1	2	3	4	5	6
干節	壬申	癸酉	甲戌	乙亥	丙子	**小寒**	戊寅	己卯	庚辰	辛巳	壬午	癸未	甲申	乙酉	丙戌	丁亥	戊子	己丑	庚寅	**大寒**	壬辰	癸巳	甲午	乙未	丙申	丁酉	戊戌	己亥	庚子	辛丑	壬寅

陽歷 二月份 （陰歷十二、正月份）

陽	**2**	2	3	4	5	6	7	8	9	10	11	12	13	14	15	16	17	18	19	20	21	22	23	24	25	26	27	28	29
陰	廿二	廿三	廿四	廿五	廿六	廿七	廿八	廿九	卅	**正**	二	三	四	五	六	七	八	九	十	十一	十二	十三	十四	十五	十六	十七	十八	十九	廿
星	**日**	1	2	3	4	5	6	**日**	1	2	3	4	5	6	**日**	1	2	3	4	5	6	**日**	1	2	3	4	5	6	**日**
干節	癸卯	甲辰	乙巳	**立春**	丁未	戊申	己酉	庚戌	辛亥	壬子	癸丑	甲寅	乙卯	丙辰	丁巳	戊午	己未	庚申	**雨水**	壬戌	癸亥	甲子	乙丑	丙寅	丁卯	戊辰	己巳	庚午	辛未

陽歷 三月份 （陰歷正、二月份）

陽	**3**	2	3	4	5	6	7	8	9	10	11	12	13	14	15	16	17	18	19	20	21	22	23	24	25	26	27	28	29	30	31
陰	廿一	廿二	廿三	廿四	廿五	廿六	廿七	廿八	廿九	卅	**二**	二	三	四	五	六	七	八	九	十	十一	十二	十三	十四	十五	十六	十七	十八	十九	廿	廿一
星	1	2	3	4	5	6	**日**	1	2	3	4	5	6	**日**	1	2	3	4	5	6	**日**	1	2	3	4	5	6	**日**	1	2	3
干節	壬申	癸酉	甲戌	乙亥	**驚蟄**	丁丑	戊寅	己卯	庚辰	辛巳	壬午	癸未	甲申	乙酉	丙戌	丁亥	戊子	己丑	庚寅	**春分**	壬辰	癸巳	甲午	乙未	丙申	丁酉	戊戌	己亥	庚子	辛丑	壬寅

陽歷 四月份 （陰歷二、三月份）

陽	**4**	2	3	4	5	6	7	8	9	10	11	12	13	14	15	16	17	18	19	20	21	22	23	24	25	26	27	28	29	30
陰	廿二	廿三	廿四	廿五	廿六	廿七	廿八	廿九	**三**	二	三	四	五	六	七	八	九	十	十一	十二	十三	十四	十五	十六	十七	十八	十九	廿	廿一	廿二
星	4	5	6	**日**	1	2	3	4	5	6	**日**	1	2	3	4	5	6	**日**	1	2	3	4	5	6	**日**	1	2	3	4	5
干節	癸卯	甲辰	乙巳	**清明**	丁未	戊申	己酉	庚戌	辛亥	壬子	癸丑	甲寅	乙卯	丙辰	丁巳	戊午	己未	庚申	辛酉	**穀雨**	癸亥	甲子	乙丑	丙寅	丁卯	戊辰	己巳	庚午	辛未	壬申

陽歷 五月份 （陰歷三、四月份）

陽	**5**	2	3	4	5	6	7	8	9	10	11	12	13	14	15	16	17	18	19	20	21	22	23	24	25	26	27	28	29	30	31
陰	廿三	廿四	廿五	廿六	廿七	廿八	廿九	卅	**四**	二	三	四	五	六	七	八	九	十	十一	十二	十三	十四	十五	十六	十七	十八	十九	廿	廿一	廿二	廿三
星	6	**日**	1	2	3	4	5	6	**日**	1	2	3	4	5	6	**日**	1	2	3	4	5	6	**日**	1	2	3	4	5	6	**日**	1
干節	癸酉	甲戌	乙亥	丙子	**立夏**	戊寅	己卯	庚辰	辛巳	壬午	癸未	甲申	乙酉	丙戌	丁亥	戊子	己丑	庚寅	辛卯	壬辰	**小滿**	甲午	乙未	丙申	丁酉	戊戌	己亥	庚子	辛丑	壬寅	癸卯

陽歷 六月份 （陰歷四、五月份）

陽	**6**	2	3	4	5	6	7	8	9	10	11	12	13	14	15	16	17	18	19	20	21	22	23	24	25	26	27	28	29	30
陰	廿四	廿五	廿六	廿七	廿八	廿九	卅	**五**	二	三	四	五	六	七	八	九	十	十一	十二	十三	十四	十五	十六	十七	十八	十九	廿	廿一	廿二	廿三
星	2	3	4	5	6	**日**	1	2	3	4	5	6	**日**	1	2	3	4	5	6	**日**	1	2	3	4	5	6	**日**	1	2	3
干節	甲辰	乙巳	丙午	丁未	**芒種**	己酉	庚戌	辛亥	壬子	癸丑	甲寅	乙卯	丙辰	丁巳	戊午	己未	庚申	辛酉	壬戌	癸亥	**夏至**	乙丑	丙寅	丁卯	戊辰	己巳	庚午	辛未	壬申	癸酉

戊申

一七二八年

（清世宗雍正六年）

陽歷七月份　（陰歷五、六月份）

陽	7	2	3	4	5	6	7	8	9	10	11	12	13	14	15	16	17	18	19	20	21	22	23	24	25	26	27	28	29	30	31
陰	廿四	廿五	廿六	廿七	廿八	廿九	六	二	三	四	五	六	七	八	九	十	十一	十二	十三	十四	十五	十六	十七	十八	十九	廿	廿一	廿二	廿三	廿四	廿五
星	4	5	6	日	1	2	3	4	5	6	日	1	2	3	4	5	6	日	1	2	3	4	5	6	日	1	2	3	4	5	6
干節	甲戌	乙亥	丙子	丁丑	戊寅	己卯	小暑	辛巳	壬午	癸未	甲申	乙酉	丙戌	丁亥	戊子	己丑	庚寅	辛卯	壬辰	癸巳	甲午	乙未	大暑	丁酉	戊戌	己亥	庚子	辛丑	壬寅	癸卯	甲辰

陽歷八月份　（陰歷六、七月份）

陽	8	2	3	4	5	6	7	8	9	10	11	12	13	14	15	16	17	18	19	20	21	22	23	24	25	26	27	28	29	30	31
陰	廿六	廿七	廿八	廿九	卅	七	二	三	四	五	六	七	八	九	十	十一	十二	十三	十四	十五	十六	十七	十八	十九	廿	廿一	廿二	廿三	廿四	廿五	廿六
星	日	1	2	3	4	5	6	日	1	2	3	4	5	6	日	1	2	3	4	5	6	日	1	2	3	4	5	6	日	1	2
干節	乙巳	丙午	丁未	戊申	己酉	庚戌	立秋	壬子	癸丑	甲寅	乙卯	丙辰	丁巳	戊午	己未	庚申	辛酉	壬戌	癸亥	甲子	乙丑	丙寅	處暑	戊辰	己巳	庚午	辛未	壬申	癸酉	甲戌	乙亥

陽歷九月份　（陰歷七、八月份）

陽	9	2	3	4	5	6	7	8	9	10	11	12	13	14	15	16	17	18	19	20	21	22	23	24	25	26	27	28	29	30
陰	廿七	廿八	廿九	八	二	三	四	五	六	七	八	九	十	十一	十二	十三	十四	十五	十六	十七	十八	十九	廿	廿一	廿二	廿三	廿四	廿五	廿六	廿七
星	3	4	5	6	日	1	2	3	4	5	6	日	1	2	3	4	5	6	日	1	2	3	4	5	6	日	1	2	3	4
干節	丙子	丁丑	戊寅	己卯	庚辰	辛巳	白露	癸未	甲申	乙酉	丙戌	丁亥	戊子	己丑	庚寅	辛卯	壬辰	癸巳	甲午	乙未	丙申	丁酉	秋分	己亥	庚子	辛丑	壬寅	癸卯	甲辰	乙巳

陽歷十月份　（陰歷八、九月份）

陽	10	2	3	4	5	6	7	8	9	10	11	12	13	14	15	16	17	18	19	20	21	22	23	24	25	26	27	28	29	30	31
陰	廿八	廿九	九	二	三	四	五	六	七	八	九	十	十一	十二	十三	十四	十五	十六	十七	十八	十九	廿	廿一	廿二	廿三	廿四	廿五	廿六	廿七	廿八	廿九
星	5	6	日	1	2	3	4	5	6	日	1	2	3	4	5	6	日	1	2	3	4	5	6	日	1	2	3	4	5	6	日
干節	丙午	丁未	戊申	己酉	庚戌	辛亥	壬子	寒露	甲寅	乙卯	丙辰	丁巳	戊午	己未	庚申	辛酉	壬戌	癸亥	甲子	乙丑	丙寅	丁卯	霜降	己巳	庚午	辛未	壬申	癸酉	甲戌	乙亥	丙子

陽歷十一月份　（陰歷九、十月份）

陽	11	2	3	4	5	6	7	8	9	10	11	12	13	14	15	16	17	18	19	20	21	22	23	24	25	26	27	28	29	30
陰	卅	十	二	三	四	五	六	七	八	九	十	十一	十二	十三	十四	十五	十六	十七	十八	十九	廿	廿一	廿二	廿三	廿四	廿五	廿六	廿七	廿八	廿九
星	1	2	3	4	5	6	日	1	2	3	4	5	6	日	1	2	3	4	5	6	日	1	2	3	4	5	6	日	1	2
干節	丁丑	戊寅	己卯	庚辰	辛巳	壬午	立冬	甲申	乙酉	丙戌	丁亥	戊子	己丑	庚寅	辛卯	壬辰	癸巳	甲午	乙未	丙申	丁酉	小雪	己亥	庚子	辛丑	壬寅	癸卯	甲辰	乙巳	丙午

陽歷十二月份　（陰歷十一、十二月份）

陽	12	2	3	4	5	6	7	8	9	10	11	12	13	14	15	16	17	18	19	20	21	22	23	24	25	26	27	28	29	30	31
陰	十一	二	三	四	五	六	七	八	九	十	十一	十二	十三	十四	十五	十六	十七	十八	十九	廿	廿一	廿二	廿三	廿四	廿五	廿六	廿七	廿八	廿九	卅	十二
星	3	4	5	6	日	1	2	3	4	5	6	日	1	2	3	4	5	6	日	1	2	3	4	5	6	日	1	2	3	4	5
干節	丁未	戊申	己酉	庚戌	辛亥	壬子	大雪	甲寅	乙卯	丙辰	丁巳	戊午	己未	庚申	辛酉	壬戌	癸亥	甲子	乙丑	丙寅	冬至	戊辰	己巳	庚午	辛未	壬申	癸酉	甲戌	乙亥	丙子	丁丑

近世中西史日對照表

己酉　一七二九年　（清世宗雍正七年）

陽歷 一 月份　（陰歷十二、正月份）

陽	1	2	3	4	5	6	7	8	9	10	11	12	13	14	15	16	17	18	19	20	21	22	23	24	25	26	27	28	29	30	31
陰	二	三	四	五	六	七	八	九	十	十一	十二	十三	十四	十五	十六	十七	十八	十九	廿	廿一	廿二	廿三	廿四	廿五	廿六	廿七	廿八	廿九	正	二	三
星	6	日	1	2	3	4	5	6	日	1	2	3	4	5	6	日	1	2	3	4	5	6	日	1	2	3	4	5	6	日	1
干節	戊寅	己卯	庚辰	辛巳	小寒	癸未	甲申	乙酉	丙戌	丁亥	戊子	己丑	庚寅	辛卯	壬辰	癸巳	甲午	乙未	丙申	大寒	戊戌	己亥	庚子	辛丑	壬寅	癸卯	甲辰	乙巳	丙午	丁未	戊申

陽歷 二 月份　（陰歷正、二月份）

陽	2	2	3	4	5	6	7	8	9	10	11	12	13	14	15	16	17	18	19	20	21	22	23	24	25	26	27	28			
陰	四	五	六	七	八	九	十	十一	十二	十三	十四	十五	十六	十七	十八	十九	廿	廿一	廿二	廿三	廿四	廿五	廿六	廿七	廿八	廿九	卅	二	—	—	—
星	2	3	4	5	6	日	1	2	3	4	5	6	日	1	2	3	4	5	6	日	1	2	3	4	5	6	日	1	—	—	—
干節	己酉	庚戌	立春	壬子	癸丑	甲寅	乙卯	丙辰	丁巳	戊午	己未	庚申	辛酉	壬戌	癸亥	甲子	乙丑	雨水	丁卯	戊辰	己巳	庚午	辛未	壬申	癸酉	甲戌	乙亥	丙子	—	—	—

陽歷 三 月份　（陰歷二、三月份）

陽	3	2	3	4	5	6	7	8	9	10	11	12	13	14	15	16	17	18	19	20	21	22	23	24	25	26	27	28	29	30	31
陰	二	三	四	五	六	七	八	九	十	十一	十二	十三	十四	十五	十六	十七	十八	十九	廿	廿一	廿二	廿三	廿四	廿五	廿六	廿七	廿八	廿九	三	二	三
星	2	3	4	5	6	日	1	2	3	4	5	6	日	1	2	3	4	5	6	日	1	2	3	4	5	6	日	1	2	3	4
干節	丁丑	戊寅	己卯	庚辰	驚蟄	壬午	癸未	甲申	乙酉	丙戌	丁亥	戊子	己丑	庚寅	辛卯	壬辰	癸巳	甲午	乙未	春分	丁酉	戊戌	己亥	庚子	辛丑	壬寅	癸卯	甲辰	乙巳	丙午	丁未

陽歷 四 月份　（陰歷三、四月份）

陽	4	2	3	4	5	6	7	8	9	10	11	12	13	14	15	16	17	18	19	20	21	22	23	24	25	26	27	28	29	30	
陰	四	五	六	七	八	九	十	十一	十二	十三	十四	十五	十六	十七	十八	十九	廿	廿一	廿二	廿三	廿四	廿五	廿六	廿七	廿八	廿九	卅	四	二	三	—
星	5	6	日	1	2	3	4	5	6	日	1	2	3	4	5	6	日	1	2	3	4	5	6	日	1	2	3	4	5	6	—
干節	戊申	己酉	庚戌	辛亥	清明	癸丑	甲寅	乙卯	丙辰	丁巳	戊午	己未	庚申	辛酉	壬戌	癸亥	甲子	乙丑	丙寅	穀雨	戊辰	己巳	庚午	辛未	壬申	癸酉	甲戌	乙亥	丙子	丁丑	—

陽歷 五 月份　（陰歷四、五月份）

陽	5	2	3	4	5	6	7	8	9	10	11	12	13	14	15	16	17	18	19	20	21	22	23	24	25	26	27	28	29	30	31
陰	四	五	六	七	八	九	十	十一	十二	十三	十四	十五	十六	十七	十八	十九	廿	廿一	廿二	廿三	廿四	廿五	廿六	廿七	廿八	廿九	卅	五	二	三	四
星	日	1	2	3	4	5	6	日	1	2	3	4	5	6	日	1	2	3	4	5	6	日	1	2	3	4	5	6	日	1	2
干節	戊寅	己卯	庚辰	辛巳	立夏	癸未	甲申	乙酉	丙戌	丁亥	戊子	己丑	庚寅	辛卯	壬辰	癸巳	甲午	乙未	丙申	丁酉	小滿	己亥	庚子	辛丑	壬寅	癸卯	甲辰	乙巳	丙午	丁未	戊申

陽歷 六 月份　（陰歷五、六月份）

陽	6	2	3	4	5	6	7	8	9	10	11	12	13	14	15	16	17	18	19	20	21	22	23	24	25	26	27	28	29	30	
陰	五	六	七	八	九	十	十一	十二	十三	十四	十五	十六	十七	十八	十九	廿	廿一	廿二	廿三	廿四	廿五	廿六	廿七	廿八	廿九	六	二	三	四	五	—
星	3	4	5	6	日	1	2	3	4	5	6	日	1	2	3	4	5	6	日	1	2	3	4	5	6	日	1	2	3	4	—
干節	己酉	庚戌	辛亥	壬子	癸丑	芒種	乙卯	丙辰	丁巳	戊午	己未	庚申	辛酉	壬戌	癸亥	甲子	乙丑	丙寅	丁卯	戊辰	夏至	庚午	辛未	壬申	癸酉	甲戌	乙亥	丙子	丁丑	戊寅	—

己酉　一七二九年　（清世宗雍正七年）

陽歷七月份　（陰歷六、七月份）

陽	**7**	2	3	4	5	6	7	8	9	10	11	12	13	14	15	16	17	18	19	20	21	22	23	24	25	26	27	28	29	30	31
陰	六	七	八	九	十	十一	十二	十三	十四	十五	十六	十七	十八	十九	廿	廿一	廿二	廿三	廿四	廿五	廿六	廿七	廿八	廿九	卅	**七**	二	三	四	五	六
星	5	6	**日**	1	2	3	4	5	6	**日**	1	2	3	4	5	6	**日**	1	2	3	4	5	6	**日**	1	2	3	4	5	6	**日**
干節	己卯	庚辰	辛巳	壬午	癸未	甲申	**小暑**	丙戌	丁亥	戊子	己丑	庚寅	辛卯	壬辰	癸巳	甲午	乙未	丙申	丁酉	戊戌	己亥	庚子	**大暑**	壬寅	癸卯	甲辰	乙巳	丙午	丁未	戊申	己酉

陽歷八月份　（陰歷七、閏七月份）

陽	**8**	2	3	4	5	6	7	8	9	10	11	12	13	14	15	16	17	18	19	20	21	22	23	24	25	26	27	28	29	30	31
陰	七	八	九	十	十一	十二	十三	十四	十五	十六	十七	十八	十九	廿	廿一	廿二	廿三	廿四	廿五	廿六	廿七	廿八	廿九	**閏**	二	三	四	五	六	七	八
星	1	2	3	4	5	6	**日**	1	2	3	4	5	6	**日**	1	2	3	4	5	6	**日**	1	2	3	4	5	6	**日**	1	2	3
干節	庚戌	辛亥	壬子	癸丑	甲寅	乙卯	丙辰	**立秋**	戊午	己未	庚申	辛酉	壬戌	癸亥	甲子	乙丑	丙寅	丁卯	戊辰	己巳	庚午	辛未	**處暑**	癸酉	甲戌	乙亥	丙子	丁丑	戊寅	己卯	庚辰

陽歷九月份　（陰歷閏七、八月份）

陽	**9**	2	3	4	5	6	7	8	9	10	11	12	13	14	15	16	17	18	19	20	21	22	23	24	25	26	27	28	29	30
陰	九	十	十一	十二	十三	十四	十五	十六	十七	十八	十九	廿	廿一	廿二	廿三	廿四	廿五	廿六	廿七	廿八	廿九	卅	**八**	二	三	四	五	六	七	八
星	4	5	6	**日**	1	2	3	4	5	6	**日**	1	2	3	4	5	6	**日**	1	2	3	4	5	6	**日**	1	2	3	4	5
干節	辛巳	壬午	癸未	甲申	乙酉	丙戌	丁亥	**白露**	己丑	庚寅	辛卯	壬辰	癸巳	甲午	乙未	丙申	丁酉	戊戌	己亥	庚子	辛丑	壬寅	**秋分**	甲辰	乙巳	丙午	丁未	戊申	己酉	庚戌

陽歷十月份　（陰歷八、九月份）

陽	**10**	2	3	4	5	6	7	8	9	10	11	12	13	14	15	16	17	18	19	20	21	22	23	24	25	26	27	28	29	30	31
陰	九	十	十一	十二	十三	十四	十五	十六	十七	十八	十九	廿	廿一	廿二	廿三	廿四	廿五	廿六	廿七	廿八	廿九	**九**	二	三	四	五	六	七	八	九	十
星	6	**日**	1	2	3	4	5	6	**日**	1	2	3	4	5	6	**日**	1	2	3	4	5	6	**日**	1	2	3	4	5	6	**日**	1
干節	辛亥	壬子	癸丑	甲寅	乙卯	丙辰	丁巳	**寒露**	己未	庚申	辛酉	壬戌	癸亥	甲子	乙丑	丙寅	丁卯	戊辰	己巳	庚午	辛未	壬申	**霜降**	甲戌	乙亥	丙子	丁丑	戊寅	己卯	庚辰	辛巳

陽歷十一月份　（陰歷九、十月份）

陽	**11**	2	3	4	5	6	7	8	9	10	11	12	13	14	15	16	17	18	19	20	21	22	23	24	25	26	27	28	29	30
陰	十一	十二	十三	十四	十五	十六	十七	十八	十九	廿	廿一	廿二	廿三	廿四	廿五	廿六	廿七	廿八	廿九	卅	**十**	二	三	四	五	六	七	八	九	十
星	2	3	4	5	6	**日**	1	2	3	4	5	6	**日**	1	2	3	4	5	6	**日**	1	2	3	4	5	6	**日**	1	2	3
干節	壬午	癸未	甲申	乙酉	丙戌	丁亥	**立冬**	己丑	庚寅	辛卯	壬辰	癸巳	甲午	乙未	丙申	丁酉	戊戌	己亥	庚子	辛丑	壬寅	**小雪**	甲辰	乙巳	丙午	丁未	戊申	己酉	庚戌	辛亥

陽歷十二月份　（陰歷十、十一月份）

陽	**12**	2	3	4	5	6	7	8	9	10	11	12	13	14	15	16	17	18	19	20	21	22	23	24	25	26	27	28	29	30	31
陰	十一	十二	十三	十四	十五	十六	十七	十八	十九	廿	廿一	廿二	廿三	廿四	廿五	廿六	廿七	廿八	廿九	**十一**	二	三	四	五	六	七	八	九	十	十一	十二
星	4	5	6	**日**	1	2	3	4	5	6	**日**	1	2	3	4	5	6	**日**	1	2	3	4	5	6	**日**	1	2	3	4	5	6
干節	壬子	癸丑	甲寅	乙卯	丙辰	丁巳	**大雪**	己未	庚申	辛酉	壬戌	癸亥	甲子	乙丑	丙寅	丁卯	戊辰	己巳	庚午	辛未	壬申	**冬至**	甲戌	乙亥	丙子	丁丑	戊寅	己卯	庚辰	辛巳	壬午

近世中西史日對照表

庚戌　一七三〇年　（清世宗雍正八年）

陽歷 一 月份　（陰歷十一、十二月份）

陽	**1**	2	3	4	5	6	7	8	9	10	11	12	13	14	15	16	17	18	19	20	21	22	23	24	25	26	27	28	29	30	31
陰	十三	十四	十五	十六	十七	十八	十九	廿	廿一	廿二	廿三	廿四	廿五	廿六	廿七	廿八	廿九	卅	**十二**	二	三	四	五	六	七	八	九	十	十一	十二	十三
星	**日**	1	2	3	4	5	6	**日**	1	2	3	4	5	6	**日**	1	2	3	4	5	6	**日**	1	2	3	4	5	6	**日**	1	2
干節	癸未	甲申	乙酉	丙戌	**小寒**	戊子	己丑	庚寅	辛卯	壬辰	癸巳	甲午	乙未	丙申	丁酉	戊戌	己亥	庚子	辛丑	**大寒**	癸卯	甲辰	乙巳	丙午	丁未	戊申	己酉	庚戌	辛亥	壬子	癸丑

陽歷 二 月份　（陰歷十二、正月份）

陽	**2**	2	3	4	5	6	7	8	9	10	11	12	13	14	15	16	17	18	19	20	21	22	23	24	25	26	27	28	—	—	—
陰	十四	十五	十六	十七	十八	十九	廿	廿一	廿二	廿三	廿四	廿五	廿六	廿七	廿八	廿九	**正**	二	三	四	五	六	七	八	九	十	十一	十二	—	—	—
星	3	4	5	6	**日**	1	2	3	4	5	6	**日**	1	2	3	4	5	6	**日**	1	2	3	4	5	6	**日**	1	2	—	—	—
干節	甲寅	乙卯	丙辰	**立春**	戊午	己未	庚申	辛酉	壬戌	癸亥	甲子	乙丑	丙寅	丁卯	戊辰	己巳	庚午	辛未	**雨水**	癸酉	甲戌	乙亥	丙子	丁丑	戊寅	己卯	庚辰	辛巳	—	—	—

陽歷 三 月份　（陰歷正、二月份）

陽	**3**	2	3	4	5	6	7	8	9	10	11	12	13	14	15	16	17	18	19	20	21	22	23	24	25	26	27	28	29	30	31
陰	十三	十四	十五	十六	十七	十八	十九	廿	廿一	廿二	廿三	廿四	廿五	廿六	廿七	廿八	廿九	卅	**二**	二	三	四	五	六	七	八	九	十	十一	十二	十三
星	3	4	5	6	**日**	1	2	3	4	5	6	**日**	1	2	3	4	5	6	**日**	1	2	3	4	5	6	**日**	1	2	3	4	5
干節	壬午	癸未	甲申	乙酉	**驚蟄**	丁亥	戊子	己丑	庚寅	辛卯	壬辰	癸巳	甲午	乙未	丙申	丁酉	戊戌	己亥	庚子	辛丑	**春分**	癸卯	甲辰	乙巳	丙午	丁未	戊申	己酉	庚戌	辛亥	壬子

陽歷 四 月份　（陰歷二、三月份）

陽	**4**	2	3	4	5	6	7	8	9	10	11	12	13	14	15	16	17	18	19	20	21	22	23	24	25	26	27	28	29	30	—
陰	十四	十五	十六	十七	十八	十九	廿	廿一	廿二	廿三	廿四	廿五	廿六	廿七	廿八	廿九	**三**	二	三	四	五	六	七	八	九	十	十一	十二	十三	十四	—
星	6	**日**	1	2	3	4	5	6	**日**	1	2	3	4	5	6	**日**	1	2	3	4	5	6	**日**	1	2	3	4	5	6	**日**	—
干節	癸丑	甲寅	乙卯	丙辰	**清明**	戊午	己未	庚申	辛酉	壬戌	癸亥	甲子	乙丑	丙寅	丁卯	戊辰	己巳	庚午	辛未	**穀雨**	癸酉	甲戌	乙亥	丙子	丁丑	戊寅	己卯	庚辰	辛巳	壬午	—

陽歷 五 月份　（陰歷三、四月份）

陽	**5**	2	3	4	5	6	7	8	9	10	11	12	13	14	15	16	17	18	19	20	21	22	23	24	25	26	27	28	29	30	31
陰	十五	十六	十七	十八	十九	廿	廿一	廿二	廿三	廿四	廿五	廿六	廿七	廿八	廿九	卅	**四**	二	三	四	五	六	七	八	九	十	十一	十二	十三	十四	十五
星	1	2	3	4	5	6	**日**	1	2	3	4	5	6	**日**	1	2	3	4	5	6	**日**	1	2	3	4	5	6	**日**	1	2	3
干節	癸未	甲申	乙酉	丙戌	丁亥	**立夏**	己丑	庚寅	辛卯	壬辰	癸巳	甲午	乙未	丙申	丁酉	戊戌	己亥	庚子	辛丑	壬寅	**小滿**	甲辰	乙巳	丙午	丁未	戊申	己酉	庚戌	辛亥	壬子	癸丑

陽歷 六 月份　（陰歷四、五月份）

陽	**6**	2	3	4	5	6	7	8	9	10	11	12	13	14	15	16	17	18	19	20	21	22	23	24	25	26	27	28	29	30	—
陰	十六	十七	十八	十九	廿	廿一	廿二	廿三	廿四	廿五	廿六	廿七	廿八	廿九	**五**	二	三	四	五	六	七	八	九	十	十一	十二	十三	十四	十五	十六	—
星	4	5	6	**日**	1	2	3	4	5	6	**日**	1	2	3	4	5	6	**日**	1	2	3	4	5	6	**日**	1	2	3	4	5	—
干節	甲寅	乙卯	丙辰	丁巳	戊午	**芒種**	庚申	辛酉	壬戌	癸亥	甲子	乙丑	丙寅	丁卯	戊辰	己巳	庚午	辛未	壬申	癸酉	甲戌	**夏至**	丙子	丁丑	戊寅	己卯	庚辰	辛巳	壬午	癸未	—

庚戌

一七三〇年

（清世宗雍正八年）

陽歷七月份　（陰歷五、六月份）

陽	**7**	2	3	4	5	6	7	8	9	10	11	12	13	14	15	16	17	18	19	20	21	22	23	24	25	26	27	28	29	30	31
陰	十七	十八	十九	廿	廿一	廿二	廿三	廿四	廿五	廿六	廿七	廿八	廿九	卅	**六**	二	三	四	五	六	七	八	九	十	十一	十二	十三	十四	十五	十六	十七
星	6	**日**	1	2	3	4	5	6	**日**	1	2	3	4	5	6	**日**	1	2	3	4	5	6	**日**	1	2	3	4	5	6	**日**	1
干節	甲申	乙酉	丙戌	丁亥	戊子	己丑	**小暑**	辛卯	壬辰	癸巳	甲午	乙未	丙申	丁酉	戊戌	己亥	庚子	辛丑	壬寅	癸卯	甲辰	乙巳	**大暑**	丁未	戊申	己酉	庚戌	辛亥	壬子	癸丑	甲寅

陽歷八月份　（陰歷六、七月份）

陽	**8**	2	3	4	5	6	7	8	9	10	11	12	13	14	15	16	17	18	19	20	21	22	23	24	25	26	27	28	29	30	31
陰	十八	十九	廿	廿一	廿二	廿三	廿四	廿五	廿六	廿七	廿八	廿九	卅	**七**	二	三	四	五	六	七	八	九	十	十一	十二	十三	十四	十五	十六	十七	十八
星	2	3	4	5	6	**日**	1	2	3	4	5	6	**日**	1	2	3	4	5	6	**日**	1	2	3	4	5	6	**日**	1	2	3	4
干節	乙卯	丙辰	丁巳	戊午	己未	庚申	辛酉	**立秋**	癸亥	甲子	乙丑	丙寅	丁卯	戊辰	己巳	庚午	辛未	壬申	癸酉	甲戌	乙亥	丙子	**處暑**	戊寅	己卯	庚辰	辛巳	壬午	癸未	甲申	乙酉

陽歷九月份　（陰歷七、八月份）

陽	**9**	2	3	4	5	6	7	8	9	10	11	12	13	14	15	16	17	18	19	20	21	22	23	24	25	26	27	28	29	30	
陰	十九	廿	廿一	廿二	廿三	廿四	廿五	廿六	廿七	廿八	廿九	**八**	二	三	四	五	六	七	八	九	十	十一	十二	十三	十四	十五	十六	十七	十八	十九	
星	5	6	**日**	1	2	3	4	5	6	**日**	1	2	3	4	5	6	**日**	1	2	3	4	5	6	**日**	1	2	3	4	5	6	
干節	丙戌	丁亥	戊子	己丑	庚寅	辛卯	壬辰	**白露**	甲午	乙未	丙申	丁酉	戊戌	己亥	庚子	辛丑	壬寅	癸卯	甲辰	乙巳	丙午	丁未	**秋分**	己酉	庚戌	辛亥	壬子	癸丑	甲寅	乙卯	

陽歷十月份　（陰歷閏八、九月份）

陽	**10**	2	3	4	5	6	7	8	6	10	11	12	13	14	15	16	17	18	19	20	21	22	23	24	25	26	27	28	29	30	31
陰	廿	廿一	廿二	廿三	廿四	廿五	廿六	廿七	廿八	廿九	卅	**九**	二	三	四	五	六	七	八	九	十	十一	十二	十三	十四	十五	十六	十七	十八	十九	廿
星	**日**	1	2	3	4	5	6	**日**	1	2	3	4	5	6	**日**	1	2	3	4	5	6	**日**	1	2	3	4	5	6	**日**	1	2
干節	丙辰	丁巳	戊午	己未	庚申	辛酉	壬戌	癸亥	**寒露**	乙丑	丙寅	丁卯	戊辰	己巳	庚午	辛未	壬申	癸酉	甲戌	乙亥	丙子	丁丑	戊寅	**霜降**	庚辰	辛巳	壬午	癸未	甲申	乙酉	丙戌

陽歷十一月份　（陰歷九、十月份）

陽	**11**	2	3	4	5	6	7	8	9	10	11	12	13	14	15	16	17	18	19	20	21	22	23	24	25	26	27	28	29	30	
陰	廿一	廿二	廿三	廿四	廿五	廿六	廿七	廿八	廿九	**十**	二	三	四	五	六	七	八	九	十	十一	十二	十三	十四	十五	十六	十七	十八	十九	廿	廿一	
星	3	4	5	6	**日**	1	2	3	4	5	6	**日**	1	2	3	4	5	6	**日**	1	2	3	4	5	6	**日**	1	2	3	4	
干節	丁亥	戊子	己丑	庚寅	辛卯	壬辰	癸巳	**立冬**	乙未	丙申	丁酉	戊戌	己亥	庚子	辛丑	壬寅	癸卯	甲辰	乙巳	丙午	丁未	**小雪**	己酉	庚戌	辛亥	壬子	癸丑	甲寅	乙卯	丙辰	

陽歷十二月份　（陰歷十、十一月份）

陽	**12**	2	3	4	5	6	7	8	9	10	11	12	13	14	15	16	17	18	19	20	21	22	23	24	25	26	27	28	29	30	31
陰	廿二	廿三	廿四	廿五	廿六	廿七	廿八	廿九	卅	**十一**	二	三	四	五	六	七	八	九	十	十一	十二	十三	十四	十五	十六	十七	十八	十九	廿	廿一	廿二
星	5	6	**日**	1	2	3	4	5	6	**日**	1	2	3	4	5	6	**日**	1	2	3	4	5	6	**日**	1	2	3	4	5	6	**日**
干節	丁巳	戊午	己未	庚申	辛酉	壬戌	**大雪**	甲子	乙丑	丙寅	丁卯	戊辰	己巳	庚午	辛未	壬申	癸酉	甲戌	乙亥	丙子	丁丑	**冬至**	己卯	庚辰	辛巳	壬午	癸未	甲申	乙酉	丙戌	丁亥

近世中西史日對照表

辛亥

一七三一年

（清世宗雍正九年）

陽歷　一　月份　　（陰歷十一、十二月份）

陽	**1**	2	3	4	5	6	7	8	9	10	11	12	13	14	15	16	17	18	19	20	21	22	23	24	25	26	27	28	29	30	31
陰	廿三	廿四	廿五	廿六	廿七	廿八	廿九	**十二**	二	三	四	五	六	七	八	九	十	十一	十二	十三	十四	十五	十六	十七	十八	十九	廿	廿一	廿二	廿三	廿四
星	1	2	3	4	5	6	**日**	1	2	3	4	5	6	**日**	1	2	3	4	5	6	**日**	1	2	3	4	5	6	**日**	1	2	3
干節	戊子	己丑	庚寅	辛卯	壬辰	**小寒**	甲午	乙未	丙申	丁酉	戊戌	己亥	庚子	辛丑	壬寅	癸卯	甲辰	乙巳	丙午	**大寒**	戊申	己酉	庚戌	辛亥	壬子	癸丑	甲寅	乙卯	丙辰	丁巳	戊午

陽歷　二　月份　　（陰歷十二、正月份）

陽	**2**	2	3	4	5	6	7	8	9	10	11	12	13	14	15	16	17	18	19	20	21	22	23	24	25	26	27	28			
陰	廿五	廿六	廿七	廿八	廿九	卅	**正**	二	三	四	五	六	七	八	九	十	十一	十二	十三	十四	十五	十六	十七	十八	十九	廿	廿一	廿二			
星	4	5	6	**日**	1	2	3	4	5	6	**日**	1	2	3	4	5	6	**日**	1	2	3	4	5	6	**日**	1	2	3			
干節	己未	庚申	辛酉	**立春**	癸亥	甲子	乙丑	丙寅	丁卯	戊辰	己巳	庚午	辛未	壬申	癸酉	甲戌	乙亥	丙子	**雨水**	戊寅	己卯	庚辰	辛巳	壬午	癸未	甲申	乙酉	丙戌			

陽歷　三　月份　　（陰歷正、二月份）

陽	**3**	2	3	4	5	6	7	8	9	10	11	12	13	14	15	16	17	18	19	20	21	22	23	24	25	26	27	28	29	30	31
陰	廿三	廿四	廿五	廿六	廿七	廿八	廿九	**二**	二	三	四	五	六	七	八	九	十	十一	十二	十三	十四	十五	十六	十七	十八	十九	廿	廿一	廿二	廿三	廿四
星	4	5	6	**日**	1	2	3	4	5	6	**日**	1	2	3	4	5	6	**日**	1	2	3	4	5	6	**日**	1	2	3	4	5	6
干節	丁亥	戊子	己丑	庚寅	辛卯	**驚蟄**	癸巳	甲午	乙未	丙申	丁酉	戊戌	己亥	庚子	辛丑	壬寅	癸卯	甲辰	乙巳	丙午	**春分**	戊申	己酉	庚戌	辛亥	壬子	癸丑	甲寅	乙卯	丙辰	丁巳

陽歷　四　月份　　（陰歷二、三月份）

陽	**4**	2	3	4	5	6	7	8	9	10	11	12	13	14	15	16	17	18	19	20	21	22	23	24	25	26	27	28	29	30	
陰	廿五	廿六	廿七	廿八	廿九	卅	**三**	二	三	四	五	六	七	八	九	十	十一	十二	十三	十四	十五	十六	十七	十八	十九	廿	廿一	廿二	廿三	廿四	
星	**日**	1	2	3	4	5	6	**日**	1	2	3	4	5	6	**日**	1	2	3	4	5	6	**日**	1	2	3	4	5	6	**日**	1	
干節	戊午	己未	庚申	辛酉	**清明**	癸亥	甲子	乙丑	丙寅	丁卯	戊辰	己巳	庚午	辛未	壬申	癸酉	甲戌	乙亥	丙子	**穀雨**	戊寅	己卯	庚辰	辛巳	壬午	癸未	甲申	乙酉	丙戌	丁亥	

陽歷　五　月份　　（陰歷三、四月份）

陽	**5**	2	3	4	5	6	7	8	9	10	11	12	13	14	15	16	17	18	19	20	21	22	23	24	25	26	27	28	29	30	31
陰	廿五	廿六	廿七	廿八	廿九	**四**	二	三	四	五	六	七	八	九	十	十一	十二	十三	十四	十五	十六	十七	十八	十九	廿	廿一	廿二	廿三	廿四	廿五	廿六
星	2	3	4	5	6	**日**	1	2	3	4	5	6	**日**	1	2	3	4	5	6	**日**	1	2	3	4	5	6	**日**	1	2	3	4
干節	戊子	己丑	庚寅	辛卯	壬辰	**立夏**	甲午	乙未	丙申	丁酉	戊戌	己亥	庚子	辛丑	壬寅	癸卯	甲辰	乙巳	丙午	丁未	**小滿**	己酉	庚戌	辛亥	壬子	癸丑	甲寅	乙卯	丙辰	丁巳	戊午

陽歷　六　月份　　（陰歷四、五月份）

陽	**6**	2	3	4	5	6	7	8	9	10	11	12	13	14	15	16	17	18	19	20	21	22	23	24	25	26	27	28	29	30	
陰	廿七	廿八	廿九	卅	**五**	二	三	四	五	六	七	八	九	十	十一	十二	十三	十四	十五	十六	十七	十八	十九	廿	廿一	廿二	廿三	廿四	廿五	廿六	
星	5	6	**日**	1	2	3	4	5	6	**日**	1	2	3	4	5	6	**日**	1	2	3	4	5	6	**日**	1	2	3	4	5	6	
干節	己未	庚申	辛酉	壬戌	癸亥	**芒種**	乙丑	丙寅	丁卯	戊辰	己巳	庚午	辛未	壬申	癸酉	甲戌	乙亥	丙子	丁丑	戊寅	己卯	**夏至**	辛巳	壬午	癸未	甲申	乙酉	丙戌	丁亥	戊子	

辛亥　一七三一年　（清世宗雍正九年）

陽歷七月份　（陰歷五、六月份）

陽	7	2	3	4	5	6	7	8	9	10	11	12	13	14	15	16	17	18	19	20	21	22	23	24	25	26	27	28	29	30	31
陰	廿七	廿八	廿九	六	二	三	四	五	六	七	八	九	十	十一	十二	十三	十四	十五	十六	十七	十八	十九	廿	廿一	廿二	廿三	廿四	廿五	廿六	廿七	廿八
星	日	1	2	3	4	5	6	日	1	2	3	4	5	6	日	1	2	3	4	5	6	日	1	2	3	4	5	6	日	1	2
干節	己丑	庚寅	辛卯	壬辰	癸巳	甲午	乙未	小暑	丁酉	戊戌	己亥	庚子	辛丑	壬寅	癸卯	甲辰	乙巳	丙午	丁未	戊申	己酉	庚戌	大暑	壬子	癸丑	甲寅	乙卯	丙辰	丁巳	戊午	己未

陽歷八月份　（陰歷六、七月份）

陽	8	2	3	4	5	6	7	8	9	10	11	12	13	14	15	16	17	18	19	20	21	22	23	24	25	26	27	28	29	30	31
陰	廿九	卅	七	二	三	四	五	六	七	八	九	十	十一	十二	十三	十四	十五	十六	十七	十八	十九	廿	廿一	廿二	廿三	廿四	廿五	廿六	廿七	廿八	廿九
星	3	4	5	6	日	1	2	3	4	5	6	日	1	2	3	4	5	6	日	1	2	3	4	5	6	日	1	2	3	4	5
干節	庚申	辛酉	壬戌	癸亥	甲子	乙丑	丙寅	立秋	戊辰	己巳	庚午	辛未	壬申	癸酉	甲戌	乙亥	丙子	丁丑	戊寅	己卯	庚辰	辛巳	壬午	處暑	甲申	乙酉	丙戌	丁亥	戊子	己丑	庚寅

陽歷九月份　（陰歷八月份）

陽	9	2	3	4	5	6	7	8	9	10	11	12	13	14	15	16	17	18	19	20	21	22	23	24	25	26	27	28	29	30
陰	八	二	三	四	五	六	七	八	九	十	十一	十二	十三	十四	十五	十六	十七	十八	十九	廿	廿一	廿二	廿三	廿四	廿五	廿六	廿七	廿八	廿九	卅
星	6	日	1	2	3	4	5	6	日	1	2	3	4	5	6	日	1	2	3	4	5	6	日	1	2	3	4	5	6	日
干節	辛卯	壬辰	癸巳	甲午	乙未	丙申	丁酉	白露	己亥	庚子	辛丑	壬寅	癸卯	甲辰	乙巳	丙午	丁未	戊申	己酉	庚戌	辛亥	壬子	癸丑	秋分	乙卯	丙辰	丁巳	戊午	己未	庚申

陽歷十月份　（陰歷九、十月份）

陽	10	2	3	4	5	6	7	8	9	10	11	12	13	14	15	16	17	18	19	20	21	22	23	24	25	26	27	28	29	30	31
陰	九	二	三	四	五	六	七	八	九	十	十一	十二	十三	十四	十五	十六	十七	十八	十九	廿	廿一	廿二	廿三	廿四	廿五	廿六	廿七	廿八	廿九	卅	十
星	1	2	3	4	5	6	日	1	2	3	4	5	6	日	1	2	3	4	5	6	日	1	2	3	4	5	6	日	1	2	3
干節	辛酉	壬戌	癸亥	甲子	乙丑	丙寅	丁卯	戊辰	寒露	庚午	辛未	壬申	癸酉	甲戌	乙亥	丙子	丁丑	戊寅	己卯	庚辰	辛巳	壬午	癸未	霜降	乙酉	丙戌	丁亥	戊子	己丑	庚寅	辛卯

陽歷十一月份　（陰歷十、十一月份）

陽	11	2	3	4	5	6	7	8	9	10	11	12	13	14	15	16	17	18	19	20	21	22	23	24	25	26	27	28	29	30
陰	二	三	四	五	六	七	八	九	十	十一	十二	十三	十四	十五	十六	十七	十八	十九	廿	廿一	廿二	廿三	廿四	廿五	廿六	廿七	廿八	廿九	十一	二
星	4	5	6	日	1	2	3	4	5	6	日	1	2	3	4	5	6	日	1	2	3	4	5	6	日	1	2	3	4	5
干節	壬辰	癸巳	甲午	乙未	丙申	丁酉	戊戌	立冬	庚子	辛丑	壬寅	癸卯	甲辰	乙巳	丙午	丁未	戊申	己酉	庚戌	辛亥	壬子	癸丑	小雪	乙卯	丙辰	丁巳	戊午	己未	庚申	辛酉

陽歷十二月份　（陰歷十一、十二月份）

陽	12	2	3	4	5	6	7	8	9	10	11	12	13	14	15	16	17	18	19	20	21	22	23	24	25	26	27	28	29	30	31
陰	三	四	五	六	七	八	九	十	十一	十二	十三	十四	十五	十六	十七	十八	十九	廿	廿一	廿二	廿三	廿四	廿五	廿六	廿七	廿八	廿九	卅	十二	二	三
星	6	日	1	2	3	4	5	6	日	1	2	3	4	5	6	日	1	2	3	4	5	6	日	1	2	3	4	5	6	日	1
干節	壬戌	癸亥	甲子	乙丑	丙寅	丁卯	大雪	己巳	庚午	辛未	壬申	癸酉	甲戌	乙亥	丙子	丁丑	戊寅	己卯	庚辰	辛巳	壬午	冬至	甲申	乙酉	丙戌	丁亥	戊子	己丑	庚寅	辛卯	壬辰

近世中西史日對照表

壬子

一七三二年

（清世宗雍正一〇年）

陽歷　一　月份　（陰歷十二、正月份）

陽	1	2	3	4	5	6	7	8	9	10	11	12	13	14	15	16	17	18	19	20	21	22	23	24	25	26	27	28	29	30	31
陰	四	五	六	七	八	九	十	十一	十二	十三	十四	十五	十六	十七	十八	十九	廿	廿一	廿二	廿三	廿四	廿五	廿六	廿七	廿八	廿九	正	二	三	四	五
星	2	3	4	5	6	日	1	2	3	4	5	6	日	1	2	3	4	5	6	日	1	2	3	4	5	6	日	1	2	3	4
干節	癸巳	甲午	乙未	丙申	丁酉	小寒	己亥	庚子	辛丑	壬寅	癸卯	甲辰	乙巳	丙午	丁未	戊申	己酉	庚戌	辛亥	大寒	癸丑	甲寅	乙卯	丙辰	丁巳	戊午	己未	庚申	辛酉	壬戌	癸亥

陽歷　二　月份　（陰歷正、二月份）

陽	2	2	3	4	5	6	7	8	9	10	11	12	13	14	15	16	17	18	19	20	21	22	23	24	25	26	27	28	29	—	—
陰	六	七	八	九	十	十一	十二	十三	十四	十五	十六	十七	十八	十九	廿	廿一	廿二	廿三	廿四	廿五	廿六	廿七	廿八	廿九	卅	二	二	三	四	—	—
星	5	6	日	1	2	3	4	5	6	日	1	2	3	4	5	6	日	1	2	3	4	5	6	日	1	2	3	4	5	—	—
干節	甲子	乙丑	丙寅	丁卯	立春	己巳	庚午	辛未	壬申	癸酉	甲戌	乙亥	丙子	丁丑	戊寅	己卯	庚辰	辛巳	雨水	癸未	甲申	乙酉	丙戌	丁亥	戊子	己丑	庚寅	辛卯	壬辰		

陽歷　三　月份　（陰歷二、三月份）

陽	3	2	3	4	5	6	7	8	9	10	11	12	13	14	15	16	17	18	19	20	21	22	23	24	25	26	27	28	29	30	31
陰	五	六	七	八	九	十	十一	十二	十三	十四	十五	十六	十七	十八	十九	廿	廿一	廿二	廿三	廿四	廿五	廿六	廿七	廿八	廿九	三	二	三	四	五	六
星	6	日	1	2	3	4	5	6	日	1	2	3	4	5	6	日	1	2	3	4	5	6	日	1	2	3	4	5	6	日	1
干節	癸巳	甲午	乙未	丙申	驚蟄	戊戌	己亥	庚子	辛丑	壬寅	癸卯	甲辰	乙巳	丙午	丁未	戊申	己酉	庚戌	辛亥	春分	癸丑	甲寅	乙卯	丙辰	丁巳	戊午	己未	庚申	辛酉	壬戌	癸亥

陽歷　四　月份　（陰歷三、四月份）

陽	4	2	3	4	5	6	7	8	9	10	11	12	13	14	15	16	17	18	19	20	21	22	23	24	25	26	27	28	29	30	—
陰	七	八	九	十	十一	十二	十三	十四	十五	十六	十七	十八	十九	廿	廿一	廿二	廿三	廿四	廿五	廿六	廿七	廿八	廿九	卅	四	二	三	四	五	六	—
星	2	3	4	5	6	日	1	2	3	4	5	6	日	1	2	3	4	5	6	日	1	2	3	4	5	6	日	1	2	3	—
干節	甲子	乙丑	丙寅	清明	戊辰	己巳	庚午	辛未	壬申	癸酉	甲戌	乙亥	丙子	丁丑	戊寅	己卯	庚辰	辛巳	壬午	穀雨	甲申	乙酉	丙戌	丁亥	戊子	己丑	庚寅	辛卯	壬辰	癸巳	

陽歷　五　月份　（陰歷四、五月份）

陽	5	2	3	4	5	6	7	8	9	10	11	12	13	14	15	16	17	18	19	20	21	22	23	24	25	26	27	28	29	30	31
陰	七	八	九	十	十一	十二	十三	十四	十五	十六	十七	十八	十九	廿	廿一	廿二	廿三	廿四	廿五	廿六	廿七	廿八	廿九	五	二	三	四	五	六	七	八
星	4	5	6	日	1	2	3	4	5	6	日	1	2	3	4	5	6	日	1	2	3	4	5	6	日	1	2	3	4	5	6
干節	甲午	乙未	丙申	乙酉	立夏	己亥	庚子	辛丑	壬寅	癸卯	甲辰	乙巳	丙午	丁未	戊申	己酉	庚戌	辛亥	壬子	癸丑	小滿	乙卯	丙辰	丁巳	戊午	己未	庚申	辛酉	壬戌	癸亥	甲子

陽歷　六　月份　（陰歷五、閏五月份）

陽	6	2	3	4	5	6	7	8	9	10	11	12	13	14	15	16	17	18	19	20	21	22	23	24	25	26	27	28	29	30
陰	九	十	十一	十二	十三	十四	十五	十六	十七	十八	十九	廿	廿一	廿二	廿三	廿四	廿五	廿六	廿七	廿八	廿九	閏	二	三	四	五	六	七	八	九
星	日	1	2	3	4	5	6	日	1	2	3	4	5	6	日	1	2	3	4	5	6	日	1	2	3	4	5	6	日	1
干節	乙丑	丙寅	丁卯	戊辰	芒種	庚午	辛未	壬申	癸酉	甲戌	乙亥	丙子	丁丑	戊寅	己卯	庚辰	辛巳	壬午	癸未	甲申	夏至	丙戌	丁癸	戊子	己丑	庚寅	辛卯	壬辰	癸巳	甲午

壬子

一七三二年

（清世宗雍正一〇年）

陽歷七月份　（陰歷閏五、六月份）

陽	7	2	3	4	5	6	7	8	9	10	11	12	13	14	15	16	17	18	19	20	21	22	23	24	25	26	27	28	29	30	31
陰	十	十一	十二	十三	十四	十五	十六	十七	十八	十九	廿	廿一	廿二	廿三	廿四	廿五	廿六	廿七	廿八	廿九	卅	六	二	三	四	五	六	七	八	九	十
星	2	3	4	5	6	日	1	2	3	4	5	6	日	1	2	3	4	5	6	日	1	2	3	4	5	6	日	1	2	3	4
干節	乙未	丙申	丁酉	戊戌	己亥	庚子	小暑	壬寅	癸卯	甲辰	乙巳	丙午	丁未	戊申	己酉	庚戌	辛亥	壬子	癸丑	甲寅	乙卯	丙辰	大暑	戊午	己未	庚申	辛酉	壬戌	癸亥	甲子	乙丑

陽歷八月份　（陰歷六、七月份）

陽	8	2	3	4	5	6	7	8	9	10	11	12	13	14	15	16	17	18	19	20	21	22	23	24	25	26	27	28	29	30	31
陰	十一	十二	十三	十四	十五	十六	十七	十八	十九	廿	廿一	廿二	廿三	廿四	廿五	廿六	廿七	廿八	廿九	七	二	三	四	五	六	七	八	九	十	十一	十二
星	5	6	日	1	2	3	4	5	6	日	1	2	3	4	5	6	日	1	2	3	4	5	6	日	1	2	3	4	5	6	日
干節	丙寅	丁卯	戊辰	己巳	庚午	辛未	立秋	癸酉	甲戌	乙亥	丙子	丁丑	戊寅	己卯	庚辰	辛巳	壬午	癸未	甲申	乙酉	丙戌	丁亥	處暑	己丑	庚寅	辛卯	壬辰	癸巳	甲午	乙未	丙申

陽歷九月份　（陰歷七、八月份）

陽	9	2	3	4	5	6	7	8	9	10	11	12	13	14	15	16	17	18	19	20	21	22	23	24	25	26	27	28	29	30
陰	十三	十四	十五	十六	十七	十八	十九	廿	廿一	廿二	廿三	廿四	廿五	廿六	廿七	廿八	廿九	卅	八	二	三	四	五	六	七	八	九	十	十一	十二
星	1	2	3	4	5	6	日	1	2	3	4	5	6	日	1	2	3	4	5	6	日	1	2	3	4	5	6	日	1	2
干節	丁酉	戊戌	己亥	庚子	辛丑	壬寅	白露	甲辰	乙巳	丙午	丁未	戊申	己酉	庚戌	辛亥	壬子	癸丑	甲寅	乙卯	丙辰	丁巳	戊午	秋分	庚申	辛酉	壬戌	癸亥	甲子	乙丑	丙寅

陽歷十月份　（陰歷八、九月份）

陽	10	2	3	4	5	6	7	8	9	10	11	12	13	14	15	16	17	18	19	20	21	22	23	24	25	26	27	28	29	30	31
陰	十三	十四	十五	十六	十七	十八	十九	廿	廿一	廿二	廿三	廿四	廿五	廿六	廿七	廿八	廿九	卅	九	二	三	四	五	六	七	八	九	十	十一	十二	十三
星	3	4	5	6	日	1	2	3	4	5	6	日	1	2	3	4	5	6	日	1	2	3	4	5	6	日	1	2	3	4	5
干節	丁卯	戊辰	己巳	庚午	辛未	壬申	癸酉	寒露	乙亥	丙子	丁丑	戊寅	己卯	庚辰	辛巳	壬午	癸未	甲申	乙酉	丙戌	丁亥	戊子	霜降	庚寅	辛卯	壬辰	癸巳	甲午	乙未	丙申	丁酉

陽歷十一月份　（陰歷九、十月份）

陽	11	2	3	4	5	6	7	8	9	10	11	12	13	14	15	16	17	18	19	20	21	22	23	24	25	26	27	28	29	30
陰	十四	十五	十六	十七	十八	十九	廿	廿一	廿二	廿三	廿四	廿五	廿六	廿七	廿八	廿九	卅	十	二	三	四	五	六	七	八	九	十	十一	十二	十三
星	6	日	1	2	3	4	5	6	日	1	2	3	4	5	6	日	1	2	3	4	5	6	日	1	2	3	4	5	6	日
干節	戊戌	己亥	庚子	辛丑	壬寅	癸卯	立冬	乙巳	丙午	丁未	戊申	己酉	庚戌	辛亥	壬子	癸丑	甲寅	乙卯	丙辰	丁巳	戊午	小雪	庚申	辛酉	壬戌	癸亥	甲子	乙丑	丙寅	丁卯

陽歷十二月份　（陰歷十、十一月份）

陽	12	2	3	4	5	6	7	8	9	10	11	12	13	14	15	16	17	18	19	20	21	22	23	24	25	26	27	28	29	30	31
陰	十四	十五	十六	十七	十八	十九	廿	廿一	廿二	廿三	廿四	廿五	廿六	廿七	廿八	廿九	十一	二	三	四	五	六	七	八	九	十	十一	十二	十三	十四	十五
星	1	2	3	4	5	6	日	1	2	3	4	5	6	日	1	2	3	4	5	6	日	1	2	3	4	5	6	日	1	2	3
干節	戊辰	己巳	庚午	辛未	壬申	癸酉	大雪	乙亥	丙子	丁丑	戊寅	己卯	庚辰	辛巳	壬午	癸未	甲申	乙酉	丙戌	丁亥	冬至	己丑	庚寅	辛卯	壬辰	癸巳	甲午	乙未	丙申	丁酉	戊戌

近世中西史日對照表

癸丑　一七三三年　（清世宗雍正一一年）

陽歷　一　月份　（陰歷十一、十二月份）

陽	1	2	3	4	5	6	7	8	9	10	11	12	13	14	15	16	17	18	19	20	21	22	23	24	25	26	27	28	29	30	31
陰	十六	十七	十八	十九	廿	廿一	廿二	廿三	廿四	廿五	廿六	廿七	廿八	廿九	卅	十二	二	三	四	五	六	七	八	九	十	十一	十二	十三	十四	十五	十六
星	4	5	6	日	1	2	3	4	5	6	日	1	2	3	4	5	6	日	1	2	3	4	5	6	日	1	2	3	4	5	6
干節	己亥	庚子	辛丑	壬寅	小寒	甲辰	乙巳	丙午	丁未	戊申	己酉	庚戌	辛亥	壬子	癸丑	甲寅	乙卯	丙辰	丁巳	大寒	己未	庚申	辛酉	壬戌	癸亥	甲子	乙丑	丙寅	丁卯	戊辰	己巳

陽歷　二　月份　（陰歷十二、正月份）

陽	2	2	3	4	5	6	7	8	9	10	11	12	13	14	15	16	17	18	19	20	21	22	23	24	25	26	27	28			
陰	十七	十八	十九	廿	廿一	廿二	廿三	廿四	廿五	廿六	廿七	廿八	廿九	正	二	三	四	五	六	七	八	九	十	十一	十二	十三	十四	十五			
星	日	1	2	3	4	5	6	日	1	2	3	4	5	6	日	1	2	3	4	5	6	日	1	2	3	4	5	6			
干節	庚午	辛未	立春	癸酉	甲戌	乙亥	丙子	丁丑	戊寅	己卯	庚辰	辛巳	壬午	癸未	甲申	乙酉	丙戌	雨水	戊子	己丑	庚寅	辛卯	壬辰	癸巳	甲午	乙未	丙申	丁酉			

陽歷　三　月份　（陰歷正、二月份）

陽	3	2	3	4	5	6	7	8	9	10	11	12	13	14	15	16	17	18	19	20	21	22	23	24	25	26	27	28	29	30	31
陰	十六	十七	十八	十九	廿	廿一	廿二	廿三	廿四	廿五	廿六	廿七	廿八	廿九	卅	二	二	三	四	五	六	七	八	九	十	十一	十二	十三	十四	十五	十六
星	日	1	2	3	4	5	6	日	1	2	3	4	5	6	日	1	2	3	4	5	6	日	1	2	3	4	5	6	日	1	2
干節	戊戌	己亥	庚子	辛丑	驚蟄	癸卯	甲辰	乙巳	丙午	丁未	戊申	己酉	庚戌	辛亥	壬子	癸丑	甲寅	乙卯	丙辰	春分	戊午	己未	庚申	辛酉	壬戌	癸亥	甲子	乙丑	丙寅	丁卯	戊辰

陽歷　四　月份　（陰歷二、三月份）

陽	4	2	3	4	5	6	7	8	9	10	11	12	13	14	15	16	17	18	19	20	21	22	23	24	25	26	27	28	29	30
陰	十七	十八	十九	廿	廿一	廿二	廿三	廿四	廿五	廿六	廿七	廿八	廿九	三	二	三	四	五	六	七	八	九	十	十一	十二	十三	十四	十五	十六	十七
星	3	4	5	6	日	1	2	3	4	5	6	日	1	2	3	4	5	6	日	1	2	3	4	5	6	日	1	2	3	4
干節	己巳	庚午	辛未	清明	癸酉	甲戌	乙亥	丙子	丁丑	戊寅	己卯	庚辰	辛巳	壬午	癸未	甲申	乙酉	丙戌	丁亥	穀雨	己丑	庚寅	辛卯	壬辰	癸巳	甲午	乙未	丙申	丁酉	戊戌

陽歷　五　月份　（陰歷三、四月份）

陽	5	2	3	4	5	6	7	8	9	10	11	12	13	14	15	16	17	18	19	20	21	22	23	24	25	26	27	28	29	30	31
陰	十八	十九	廿	廿一	廿二	廿三	廿四	廿五	廿六	廿七	廿八	廿九	卅	四	二	三	四	五	六	七	八	九	十	十一	十二	十三	十四	十五	十六	十七	十八
星	5	6	日	1	2	3	4	5	6	日	1	2	3	4	5	6	日	1	2	3	4	5	6	日	1	2	3	4	5	6	日
干節	己亥	庚子	辛丑	壬寅	立夏	甲辰	乙巳	丙午	丁未	戊申	己酉	庚戌	辛亥	壬子	癸丑	甲寅	乙卯	丙辰	丁巳	戊午	小滿	庚申	辛酉	壬戌	癸亥	甲子	乙丑	丙寅	丁卯	戊辰	己巳

陽歷　六　月份　（陰歷四、五月份）

陽	6	2	3	4	5	6	7	8	9	10	11	12	13	14	15	16	17	18	19	20	21	22	23	24	25	26	27	28	29	30
陰	十九	廿	廿一	廿二	廿三	廿四	廿五	廿六	廿七	廿八	廿九	五	二	三	四	五	六	七	八	九	十	十一	十二	十三	十四	十五	十六	十七	十八	十九
星	1	2	3	4	5	6	日	1	2	3	4	5	6	日	1	2	3	4	5	6	日	1	2	3	4	5	6	日	1	2
干節	庚午	辛未	壬申	癸酉	甲戌	芒種	丙子	丁丑	戊寅	己卯	庚辰	辛巳	壬午	癸未	甲申	乙酉	丙戌	丁亥	戊子	己丑	夏至	辛卯	壬辰	癸巳	甲午	乙未	丙申	丁酉	戊戌	己亥

癸丑　一七三三年　（清世宗雍正十一年）

陽歷七月份　（陰歷五、六月份）

陽	7	2	3	4	5	6	7	8	9	10	11	12	13	14	15	16	17	18	19	20	21	22	23	24	25	26	27	28	29	30	31
陰	廿	廿一	廿二	廿三	廿四	廿五	廿六	廿七	廿八	廿九	六	二	三	四	五	六	七	八	九	十	十一	十二	十三	十四	十五	十六	十七	十八	十九	廿	廿一
星	3	4	5	6	日	1	2	3	4	5	6	日	1	2	3	4	5	6	日	1	2	3	4	5	6	日	1	2	3	4	5
干節	庚子	辛丑	壬寅	癸卯	甲辰	乙巳	小暑	丁未	戊申	己酉	庚戌	辛亥	壬子	癸丑	甲寅	乙卯	丙辰	丁巳	戊午	己未	庚申	辛酉	大暑	癸亥	甲子	乙丑	丙寅	丁卯	戊辰	己巳	庚午

陽歷八月份　（陰歷六、七月份）

陽	8	2	3	4	5	6	7	8	9	10	11	12	13	14	15	16	17	18	19	20	21	22	23	24	25	26	27	28	29	30	31
陰	廿二	廿三	廿四	廿五	廿六	廿七	廿八	廿九	卅	七	二	三	四	五	六	七	八	九	十	十一	十二	十三	十四	十五	十六	十七	十八	十九	廿	廿一	廿二
星	6	日	1	2	3	4	5	6	日	1	2	3	4	5	6	日	1	2	3	4	5	6	日	1	2	3	4	5	6	日	1
干節	辛未	壬申	癸酉	甲戌	乙亥	丙子	丁丑	立秋	己卯	庚辰	辛巳	壬午	癸未	甲申	乙酉	丙戌	丁亥	戊子	己丑	庚寅	辛卯	壬辰	處暑	甲午	乙未	丙申	丁酉	戊戌	己亥	庚子	辛丑

陽歷九月份　（陰歷七、八月份）

陽	9	2	3	4	5	6	7	8	9	10	11	12	13	14	15	16	17	18	19	20	21	22	23	24	25	26	27	28	29	30
陰	廿三	廿四	廿五	廿六	廿七	廿八	廿九	八	二	三	四	五	六	七	八	九	十	十一	十二	十三	十四	十五	十六	十七	十八	十九	廿	廿一	廿二	廿三
星	2	3	4	5	6	日	1	2	3	4	5	6	日	1	2	3	4	5	6	日	1	2	3	4	5	6	日	1	2	3
干節	壬寅	癸卯	甲辰	乙巳	丙午	丁未	戊申	白露	庚戌	辛亥	壬子	癸丑	甲寅	乙卯	丙辰	丁巳	戊午	己未	庚申	辛酉	壬戌	癸亥	秋分	乙丑	丙寅	丁卯	戊辰	己巳	庚午	辛未

陽歷十月份　（陰歷八、九月份）

陽	10	2	3	4	5	6	7	8	9	10	11	12	13	14	15	16	17	18	91	20	21	22	23	24	25	26	27	28	29	30	31
陰	廿四	廿五	廿六	廿七	廿八	廿九	卅	九	二	三	四	五	六	七	八	九	十	十一	十二	十三	十四	十五	十六	十七	十八	十九	廿	廿一	廿二	廿三	廿四
星	4	5	6	日	1	2	3	4	5	6	日	1	2	3	4	5	6	日	1	2	3	4	5	6	日	1	2	3	4	5	6
干節	壬申	癸酉	甲戌	乙亥	丙子	丁丑	戊寅	寒露	庚辰	辛巳	壬午	癸未	甲申	乙酉	丙戌	丁亥	戊子	己丑	庚寅	辛卯	壬辰	癸巳	霜降	乙未	丙申	丁酉	戊戌	己亥	庚子	辛丑	壬寅

陽歷十一月份　（陰歷九、十月份）

陽	11	2	3	4	5	6	7	8	9	10	11	12	13	14	15	16	17	18	19	20	21	22	23	24	25	26	27	28	29	30
陰	廿五	廿六	廿七	廿八	廿九	卅	十	二	三	四	五	六	七	八	九	十	十一	十二	十三	十四	十五	十六	十七	十八	十九	廿	廿一	廿二	廿三	廿四
星	日	1	2	3	4	5	6	日	1	2	3	4	5	6	日	1	2	3	4	5	6	日	1	2	3	4	5	6	日	1
干節	癸卯	甲辰	乙巳	丙午	丁未	戊申	立冬	庚辛	辛亥	壬子	癸丑	甲寅	乙卯	丙辰	丁巳	戊午	己未	庚申	辛酉	壬戌	癸亥	小雪	乙丑	丙寅	丁卯	戊辰	己巳	庚午	辛未	壬申

陽歷十二月份　（陰歷十、十一月份）

陽	12	2	3	4	5	6	7	8	9	10	11	12	13	14	15	16	17	18	19	20	21	22	23	24	25	26	27	28	29	30	31
陰	廿五	廿六	廿七	廿八	廿九	十一	二	三	四	五	六	七	八	九	十	十一	十二	十三	十四	十五	十六	十七	十八	十九	廿	廿一	廿二	廿三	廿四	廿五	廿六
星	2	3	4	5	6	日	1	2	3	4	5	6	日	1	2	3	4	5	6	日	1	2	3	4	5	6	日	1	2	3	4
干節	癸酉	甲戌	乙亥	丙子	丁丑	戊寅	大雪	庚辰	辛巳	壬午	癸未	甲申	乙酉	丙戌	丁亥	戊子	己丑	庚寅	辛卯	壬辰	癸巳	冬至	乙未	丙申	丁酉	戊戌	己亥	庚子	辛丑	壬寅	癸卯

陽歷 一 月份 (陰歷十一、十二月份)

陽	1	2	3	4	5	6	7	8	9	10	11	12	13	14	15	16	17	18	19	20	21	22	23	24	25	26	27	28	29	30	31
陰	廿七	廿八	廿九	卅	十二	二	三	四	五	六	七	八	九	十	十一	十二	十三	十四	十五	十六	十七	十八	十九	廿	廿一	廿二	廿三	廿四	廿五	廿六	廿七
星	5	6	日	1	2	3	4	5	6	日	1	2	3	4	5	6	日	1	2	3	4	5	6	日	1	2	3	4	5	6	日
干節	甲辰	乙巳	丙午	丁未	小寒	己酉	庚戌	辛亥	壬子	癸丑	甲寅	乙卯	丙辰	丁巳	戊午	己未	庚申	辛酉	壬戌	大寒	甲子	乙丑	丙寅	丁卯	戊辰	己巳	庚午	辛未	壬申	癸酉	甲戌

陽歷 二 月份 (陰歷十二、正月份)

陽	1	2	3	4	5	6	7	8	9	10	11	12	13	14	15	16	17	18	19	20	21	22	23	24	25	26	27	28			
陰	廿八	廿九	卅	正	二	三	四	五	六	七	八	九	十	十一	十二	十三	十四	十五	十六	十七	十八	十九	廿	廿一	廿二	廿三	廿四	廿五			
星	1	2	3	4	5	6	日	1	2	3	4	5	6	日	1	2	3	4	5	6	日	1	2	3	4	5	6	日			
干節	乙亥	丙子	丁丑	立春	己卯	庚辰	辛巳	壬午	癸未	甲申	乙酉	丙戌	丁亥	戊子	己丑	庚寅	辛卯	壬辰	雨水	甲午	乙未	丙申	丁酉	戊戌	己亥	庚子	辛丑	壬寅			

陽歷 三 月份 (陰歷正、二月份)

陽	1	2	3	4	5	6	7	8	9	10	11	12	13	14	15	16	17	18	19	20	21	22	23	24	25	26	27	28	29	30	31
陰	廿六	廿七	廿八	廿九	二	二	三	四	五	六	七	八	九	十	十一	十二	十三	十四	十五	十六	十七	十八	十九	廿	廿一	廿二	廿三	廿四	廿五	廿六	廿七
星	1	2	3	4	5	6	日	1	2	3	4	5	6	日	1	2	3	4	5	6	日	1	2	3	4	5	6	日	1	2	3
干節	癸卯	甲辰	乙巳	丙午	丁未	驚蟄	己酉	庚戌	辛亥	壬子	癸丑	甲寅	乙卯	丙辰	丁巳	戊午	己未	庚申	辛酉	壬戌	春分	甲子	乙丑	丙寅	丁卯	戊辰	己巳	庚午	辛未	壬申	癸酉

陽歷 四 月份 (陰歷二、三月份)

陽	1	2	3	4	5	6	7	8	9	10	11	12	13	14	15	16	17	18	19	20	21	22	23	24	25	26	27	28	29	30	
陰	廿八	廿九	卅	三	二	三	四	五	六	七	八	九	十	十一	十二	十三	十四	十五	十六	十七	十八	十九	廿	廿一	廿二	廿三	廿四	廿五	廿六	廿七	
星	4	5	6	日	1	2	3	4	5	6	日	1	2	3	4	5	6	日	1	2	3	4	5	6	日	1	2	3	4	5	
干節	甲戌	乙亥	丙子	丁丑	清明	己卯	庚辰	辛巳	壬午	癸未	甲申	乙酉	丙戌	丁亥	戊子	己丑	庚寅	辛卯	壬辰	穀雨	甲午	乙未	丙申	丁酉	戊戌	己亥	庚子	辛丑	壬寅	癸卯	

陽歷 五 月份 (陰歷三、四月份)

陽	1	2	3	4	5	6	7	8	9	10	11	12	13	14	15	16	17	18	19	20	21	22	23	24	25	26	27	28	29	30	31
陰	廿八	廿九	四	二	三	四	五	六	七	八	九	十	十一	十二	十三	十四	十五	十六	十七	十八	十九	廿	廿一	廿二	廿三	廿四	廿五	廿六	廿七	廿八	廿九
星	6	日	1	2	3	4	5	6	日	1	2	3	4	5	6	日	1	2	3	4	5	6	日	1	2	3	4	5	6	日	1
干節	甲辰	乙巳	丙午	丁未	戊申	立夏	庚戌	辛亥	壬子	癸丑	甲寅	乙卯	丙辰	丁巳	戊午	己未	庚申	辛酉	壬戌	癸亥	小滿	乙丑	丙寅	丁卯	戊辰	己巳	庚午	辛未	壬申	癸酉	甲戌

陽歷 六 月份 (陰歷四、五月份)

陽	1	2	3	4	5	6	7	8	9	10	11	12	13	14	15	16	17	18	19	20	21	22	23	24	25	26	27	28	29	30
陰	卅	五	二	三	四	五	六	七	八	九	十	十一	十二	十三	十四	十五	十六	十七	十八	十九	廿	廿一	廿二	廿三	廿四	廿五	廿六	廿七	廿八	廿九
星	2	3	4	5	6	日	1	2	3	4	5	6	日	1	2	3	4	5	6	日	1	2	3	4	5	6	日	1	2	3
干節	乙亥	丙子	丁丑	戊寅	己卯	芒種	辛巳	壬午	癸未	甲申	乙酉	丙戌	丁亥	戊子	己丑	庚寅	辛卯	壬辰	癸巳	甲午	乙未	夏至	丁酉	戊戌	己亥	庚子	辛丑	壬寅	癸卯	甲辰

甲寅

一七三四年

（清世宗雍正一二年）

陽歷七月份 （陰歷六、七月份）

陽	**7**	2	3	4	5	6	7	8	9	10	11	12	13	14	15	16	17	18	19	20	21	22	23	24	25	26	27	28	29	30	31
陰	**六**	二	三	四	五	六	七	八	九	十	十一	十二	十三	十四	十五	十六	十七	十八	十九	廿	廿一	廿二	廿三	廿四	廿五	廿六	廿七	廿八	廿九	**七**	二
星	4	5	6	**日**	1	2	3	4	5	6	**日**	1	2	3	4	5	6	**日**	1	2	3	4	5	6	**日**	1	2	3	4	5	6
干節	乙巳	丙午	丁未	戊申	己酉	庚戌	**小暑**	壬子	癸丑	甲寅	乙卯	丙辰	丁巳	戊午	己未	庚申	辛酉	壬戌	癸亥	甲子	乙丑	丙寅	**大暑**	戊辰	己巳	庚午	辛未	壬申	癸酉	甲戌	乙亥

陽歷八月份 （陰歷七、八月份）

陽	**8**	2	3	4	5	6	7	8	9	10	11	12	13	14	15	16	17	18	19	20	21	22	23	24	25	26	27	28	29	30	31
陰	三	四	五	六	七	八	九	十	十一	十二	十三	十四	十五	十六	十七	十八	十九	廿	廿一	廿二	廿三	廿四	廿五	廿六	廿七	廿八	廿九	卅	**八**	二	三
星	**日**	1	2	3	4	5	6	**日**	1	2	3	4	5	6	**日**	1	2	3	4	5	6	**日**	1	2	3	4	5	6	**日**	1	2
干節	丙子	丁丑	戊寅	己卯	庚辰	辛巳	壬午	**立秋**	甲申	乙酉	丙戌	丁亥	戊子	己丑	庚寅	辛卯	壬辰	癸巳	甲午	乙未	丙申	丁酉	**處暑**	己亥	庚子	辛丑	壬寅	癸卯	甲辰	乙巳	丙午

陽歷九月份 （陰歷八、九月份）

陽	**9**	2	3	4	5	6	7	8	9	10	11	12	13	14	15	16	17	18	19	20	21	22	23	24	25	26	27	28	29	30	—
陰	四	五	六	七	八	九	十	十一	十二	十三	十四	十五	十六	十七	十八	十九	廿	廿一	廿二	廿三	廿四	廿五	廿六	廿七	廿八	廿九	**九**	二	三	四	—
星	3	4	5	6	**日**	1	2	3	4	5	6	**日**	1	2	3	4	5	6	**日**	1	2	3	4	5	6	**日**	1	2	3	4	—
干節	丁未	戊申	己酉	庚戌	辛亥	壬子	癸丑	**白露**	乙卯	丙辰	丁巳	戊午	己未	庚申	辛酉	壬戌	癸亥	甲子	乙丑	丙寅	丁卯	戊辰	**秋分**	庚午	辛未	壬申	癸酉	甲戌	乙亥	丙子	

陽歷十月份 （陰歷九、十月份）

陽	**10**	2	3	4	5	6	7	8	9	10	11	12	13	14	15	16	17	18	19	20	21	22	23	24	25	26	27	28	29	30	31
陰	五	六	七	八	九	十	十一	十二	十三	十四	十五	十六	十七	十八	十九	廿	廿一	廿二	廿三	廿四	廿五	廿六	廿七	廿八	廿九	卅	**十**	二	三	四	五
星	5	6	**日**	1	2	3	4	5	6	**日**	1	2	3	4	5	6	**日**	1	2	3	4	5	6	**日**	1	2	3	4	5	6	**日**
干節	丁丑	戊寅	己卯	庚辰	辛巳	壬午	癸未	**寒露**	乙酉	丙戌	丁亥	戊子	己丑	庚寅	辛卯	壬辰	癸巳	甲午	乙未	丙申	丁酉	戊戌	**霜降**	庚子	辛丑	壬寅	癸卯	甲辰	乙巳	丙午	丁未

陽歷十一月份 （陰歷十、十一月份）

陽	**11**	2	3	4	5	6	7	8	9	10	11	12	13	14	15	16	17	18	19	20	21	22	23	24	25	26	27	28	29	30	—
陰	六	七	八	九	十	十一	十二	十三	十四	十五	十六	十七	十八	十九	廿	廿一	廿二	廿三	廿四	廿五	廿六	廿七	廿八	廿九	**十一**	二	三	四	五	六	—
星	1	2	3	4	5	6	**日**	1	2	3	4	5	6	**日**	1	2	3	4	5	6	**日**	1	2	3	4	5	6	**日**	1	2	—
干節	戊申	己酉	庚戌	辛亥	壬子	癸丑	**立冬**	乙卯	丙辰	丁巳	戊午	己未	庚申	辛酉	壬戌	癸亥	甲子	乙丑	丙寅	丁卯	戊辰	**小雪**	庚午	辛未	壬申	癸酉	甲戌	乙亥	丙子	丁丑	

陽歷十二月份 （陰歷十一、十二月份）

陽	**12**	2	3	4	5	6	7	8	9	10	11	12	13	14	15	16	17	18	19	20	21	22	23	24	25	26	27	28	29	30	31
陰	七	八	九	十	十一	十二	十三	十四	十五	十六	十七	十八	十九	廿	廿一	廿二	廿三	廿四	廿五	廿六	廿七	廿八	廿九	卅	**十二**	二	三	四	五	六	七
星	3	4	5	6	**日**	1	2	3	4	5	6	**日**	1	2	3	4	5	6	**日**	1	2	3	4	5	6	**日**	1	2	3	4	5
干節	戊寅	己卯	庚辰	辛巳	壬午	癸未	**大雪**	乙酉	丙戌	丁亥	戊子	己丑	庚寅	辛卯	壬辰	癸巳	甲午	乙未	丙申	丁酉	戊戌	**冬至**	庚子	辛丑	壬寅	癸卯	甲辰	乙巳	丙午	丁未	戊申

近世中西史日對照表

陽歷 一 月份 （陰歷十二、正月份）

陽	1	2	3	4	5	6	7	8	9	10	11	12	13	14	15	16	17	18	19	20	21	22	23	24	25	26	27	28	29	30	31
陰	八	九	十	十一	十二	十三	十四	十五	十六	十七	十八	十九	廿	廿一	廿二	廿三	廿四	廿五	廿六	廿七	廿八	廿九	卅	正	二	三	四	五	六	七	八
星	6	日	1	2	3	4	5	6	日	1	2	3	4	5	6	日	1	2	3	4	5	6	日	1	2	3	4	5	6	日	1
干節	己酉	庚戌	辛亥	壬子	癸丑	小寒	乙卯	丙辰	丁巳	戊午	己未	庚申	辛酉	壬戌	癸亥	甲子	乙丑	丙寅	丁卯	大寒	己巳	庚午	辛未	壬申	癸酉	甲戌	乙亥	丙子	丁丑	戊寅	己卯

陽歷 二 月份 （陰歷正、二月份）

陽	2	2	3	4	5	6	7	8	9	10	11	12	13	14	15	16	17	18	19	20	21	22	23	24	25	26	27	28
陰	九	十	十一	十二	十三	十四	十五	十六	十七	十八	十九	廿	廿一	廿二	廿三	廿四	廿五	廿六	廿七	廿八	廿九	卅	二	二	三	四	五	六
星	2	3	4	5	6	日	1	2	3	4	5	6	日	1	2	3	4	5	6	日	1	2	3	4	5	6	日	1
干節	庚辰	辛巳	壬午	立春	甲申	乙酉	丙戌	丁亥	戊子	己丑	庚寅	辛卯	壬辰	癸巳	甲午	乙未	丙申	丁酉	雨水	己亥	庚子	辛丑	壬寅	癸卯	甲辰	乙巳	丙午	丁未

陽歷 三 月份 （陰歷二、三月份）

陽	3	2	3	4	5	6	7	8	9	10	11	12	13	14	15	16	17	18	19	20	21	22	23	24	25	26	27	28	29	30	31
陰	七	八	九	十	十一	十二	十三	十四	十五	十六	十七	十八	十九	廿	廿一	廿二	廿三	廿四	廿五	廿六	廿七	廿八	廿九	三	二	三	四	五	六	七	八
星	2	3	4	5	6	日	1	2	3	4	5	6	日	1	2	3	4	5	6	日	1	2	3	4	5	6	日	1	2	3	4
干節	戊申	己酉	庚戌	辛亥	壬子	驚蟄	甲寅	乙卯	丙辰	丁巳	戊午	己未	庚申	辛酉	壬戌	癸亥	甲子	乙丑	丙寅	丁卯	春分	己巳	庚午	辛未	壬申	癸酉	甲戌	乙亥	丙子	丁丑	戊寅

陽歷 四 月份 （陰歷三、四月份）

陽	4	2	3	4	5	6	7	8	9	10	11	12	13	14	15	16	17	18	19	20	21	22	23	24	25	26	27	28	29	30
陰	九	十	十一	十二	十三	十四	十五	十六	十七	十八	十九	廿	廿一	廿二	廿三	廿四	廿五	廿六	廿七	廿八	廿九	卅	四	二	三	四	五	六	七	八
星	5	6	日	1	2	3	4	5	6	日	1	2	3	4	5	6	日	1	2	3	4	5	6	日	1	2	3	4	5	6
干節	己卯	庚辰	辛巳	壬午	清明	甲申	乙酉	丙戌	丁亥	戊子	己丑	庚寅	辛卯	壬辰	癸巳	甲午	乙未	丙申	丁酉	穀雨	己亥	庚子	辛丑	壬寅	癸卯	甲辰	乙巳	丙午	丁申	戊申

陽歷 五 月份 （陰歷四、閏四月份）

陽	5	2	3	4	5	6	7	8	9	10	11	12	13	14	15	16	17	18	19	20	21	22	23	24	25	26	27	28	29	30	31
陰	九	十	十一	十二	十三	十四	十五	十六	十七	十八	十九	廿	廿一	廿二	廿三	廿四	廿五	廿六	廿七	廿八	廿九	閏	二	三	四	五	六	七	八	九	十
星	日	1	2	3	4	5	6	日	1	2	3	4	5	6	日	1	2	3	4	5	6	日	1	2	3	4	5	6	日	1	2
干節	己酉	庚戌	辛亥	壬子	癸丑	立夏	乙卯	丙辰	丁巳	戊午	己未	庚申	辛酉	壬戌	癸亥	甲子	乙丑	丙寅	丁卯	戊辰	小滿	庚午	辛未	壬申	癸酉	甲戌	乙亥	丙子	丁丑	戊寅	己卯

陽歷 六 月份 （陰歷閏四、五月份）

陽	6	2	3	4	5	6	7	8	9	10	11	12	13	14	15	16	17	18	19	20	21	22	23	24	25	26	27	28	29	30
陰	十一	十二	十三	十四	十五	十六	十七	十八	十九	廿	廿一	廿二	廿三	廿四	廿五	廿六	廿七	廿八	廿九	卅	五	二	三	四	五	六	七	八	九	十
星	3	4	5	6	日	1	2	3	4	5	6	日	1	2	3	4	5	6	日	1	2	3	4	5	6	日	1	2	3	4
干節	庚辰	辛巳	壬午	癸未	甲申	芒種	丙戌	丁亥	戊子	己丑	庚寅	辛卯	壬辰	癸巳	甲午	乙未	丙申	丁酉	戊戌	己亥	庚子	夏至	壬寅	癸卯	甲辰	乙巳	丙午	丁未	戊申	己酉

乙卯

一七三五年

（清世宗雍正一三年）

陽歷 七 月份 （陰歷五、六月份）

陽	**7**	2	3	4	5	6	7	8	9	10	11	12	13	14	15	16	17	18	19	20	21	22	23	24	25	26	27	28	29	30	31
陰	十一	十二	十三	十四	十五	十六	十七	十八	十九	廿	廿一	廿二	廿三	廿四	廿五	廿六	廿七	廿八	廿九	**六**	二	三	四	五	六	七	八	九	十	十一	十二
星	5	6	**日**	1	2	3	4	5	6	**日**	1	2	3	4	5	6	**日**	1	2	3	4	5	6	**日**	1	2	3	4	6	5	**日**
干節	庚戌	辛亥	壬子	癸丑	甲寅	乙卯	丙辰	**小暑**	戊午	己未	庚申	辛酉	壬戌	癸亥	甲子	乙丑	丙寅	丁卯	戊辰	己巳	庚午	辛未	**大暑**	癸酉	甲戌	乙亥	丙子	丁丑	戊寅	己卯	庚辰

陽歷 八 月份 （陰歷六、七月份）

陽	**8**	2	3	4	5	6	7	8	9	10	11	12	13	14	15	16	17	18	19	20	21	22	23	24	25	26	27	28	29	30	31
陰	十三	十四	十五	十六	十七	十八	十九	廿	廿一	廿二	廿三	廿四	廿五	廿六	廿七	廿八	廿九	**七**	二	三	四	五	六	七	八	九	十	十一	十二	十三	十四
星	1	2	3	4	5	6	**日**	1	2	3	4	5	6	**日**	1	2	3	4	5	6	**日**	1	2	3	4	5	6	**日**	1	2	3
干節	辛巳	壬午	癸未	甲申	乙酉	丙戌	丁亥	**立秋**	己丑	庚寅	辛卯	壬辰	癸巳	甲午	乙未	丙申	丁酉	戊戌	己亥	庚子	辛丑	壬寅	癸卯	**處暑**	乙巳	丙午	丁未	戊申	己酉	庚戌	辛亥

陽歷 九 月份 （陰歷七、八月份）

陽	**9**	2	3	4	5	6	7	8	9	10	11	12	13	14	15	16	17	18	19	20	21	22	23	24	25	26	27	28	29	30	
陰	十五	十六	十七	十八	十九	廿	廿一	廿二	廿三	廿四	廿五	廿六	廿七	廿八	廿九	**八**	二	三	四	五	六	七	八	九	十	十一	十二	十三	十四	十五	
星	4	5	6	**日**	1	2	3	4	5	6	**日**	1	2	3	4	5	6	**日**	1	2	3	4	5	6	**日**	1	2	3	4	5	
干節	壬子	癸丑	甲寅	乙卯	丙辰	丁巳	戊午	**白露**	庚申	辛酉	壬戌	癸亥	甲子	乙丑	丙寅	丁卯	戊辰	己巳	庚午	辛未	壬申	癸酉	**秋分**	乙亥	丙子	丁丑	戊寅	己卯	庚辰	辛巳	

陽歷 十 月份 （陰歷八、九月份）

陽	**10**	2	3	4	5	6	7	8	9	10	11	12	13	14	15	16	17	18	19	20	21	22	23	24	25	26	27	28	29	30	31
陰	十六	十七	十八	十九	廿	廿一	廿二	廿三	廿四	廿五	廿六	廿七	廿八	廿九	卅	**九**	二	三	四	五	六	七	八	九	十	十一	十二	十三	十四	十五	十六
星	6	**日**	1	2	3	4	5	6	**日**	1	2	3	4	5	6	**日**	1	2	3	4	5	6	**日**	1	2	3	4	5	6	**日**	1
干節	壬午	癸未	甲申	乙酉	丙戌	丁亥	戊子	己丑	**寒露**	辛卯	壬辰	癸巳	甲午	乙未	丙申	丁酉	戊戌	己亥	庚子	辛丑	壬寅	癸卯	甲辰	**霜降**	丙午	丁未	戊申	己酉	庚戌	辛亥	壬子

陽歷十一月份 （陰歷九、十月份）

陽	**11**	2	3	4	5	6	7	8	9	10	11	12	13	14	15	16	17	18	19	20	21	22	23	24	25	26	27	28	29	30	
陰	十七	十八	十九	廿	廿一	廿二	廿三	廿四	廿五	廿六	廿七	廿八	廿九	**十**	二	三	四	五	六	七	八	九	十	十一	十二	十三	十四	十五	十六	十七	
星	2	3	4	5	6	**日**	1	2	3	4	5	6	**日**	1	2	3	4	5	6	**日**	1	2	3	4	5	6	**日**	1	2	3	
干節	癸丑	甲寅	乙卯	丙辰	丁巳	戊午	己未	**立冬**	辛酉	壬戌	癸亥	甲子	乙丑	丙寅	丁卯	戊辰	己巳	庚午	辛未	壬申	癸酉	甲戌	**小雪**	丙子	丁丑	戊寅	己卯	庚辰	辛巳	壬午	

陽歷十二月份 （陰歷十、十一月份）

陽	**12**	2	3	4	5	6	7	8	9	10	11	12	13	14	15	16	17	18	19	20	21	22	23	24	25	26	27	28	29	30	31
陰	十八	十九	廿	廿一	廿二	廿三	廿四	廿五	廿六	廿七	廿八	廿九	卅	**十一**	二	三	四	五	六	七	八	九	十	十一	十二	十三	十四	十五	十六	十七	十八
星	4	5	6	**日**	1	2	3	4	5	6	**日**	1	2	3	4	5	6	**日**	1	2	3	4	5	6	**日**	1	2	3	4	5	6
干節	癸未	甲申	乙酉	丙戌	丁亥	戊子	**大雪**	庚寅	辛卯	壬辰	癸巳	甲午	乙未	丙申	丁酉	戊戌	己亥	庚子	辛丑	壬寅	癸卯	**冬至**	乙巳	丙午	丁未	戊申	己酉	庚戌	辛亥	壬子	癸丑

陽歷 一 月份 （陰歷十一、十二月份）

陽	1	2	3	4	5	6	7	8	9	10	11	12	13	14	15	16	17	18	19	20	21	22	23	24	25	26	27	28	29	30	31
陰	十九	廿	廿一	廿二	廿三	廿四	廿五	廿六	廿七	廿八	廿九	卅	十二	二	三	四	五	六	七	八	九	十	十一	十二	十三	十四	十五	十六	十七	十八	十九
星	日	1	2	3	4	5	6	日	1	2	3	4	5	6	日	1	2	3	4	5	6	日	1	2	3	4	5	6	日	1	2
干節	甲寅	乙卯	丙辰	丁巳	戊午	小寒	庚申	辛酉	壬戌	癸亥	甲子	乙丑	丙寅	丁卯	戊辰	己巳	庚午	辛未	壬申	大寒	甲戌	乙亥	丙子	丁丑	戊寅	己卯	庚辰	辛巳	壬午	癸未	甲申

陽歷 二 月份 （陰歷十二、正月份）

陽	2	2	3	4	5	6	7	8	9	10	11	12	13	14	15	16	17	18	19	20	21	22	23	24	25	26	27	28	29	—	—
陰	廿	廿一	廿二	廿三	廿四	廿五	廿六	廿七	廿八	廿九	卅	正	二	三	四	五	六	七	八	九	十	十一	十二	十三	十四	十五	十六	十七	十八	—	—
星	3	4	5	6	日	1	2	3	4	5	6	日	1	2	3	4	5	6	日	1	2	3	4	5	6	日	1	2	3	—	—
干節	乙酉	丙戌	丁亥	立春	己丑	庚寅	辛卯	壬辰	癸巳	甲午	乙未	丙申	丁酉	戊戌	己亥	庚子	辛丑	壬寅	雨水	甲辰	乙巳	丙午	丁未	戊申	己酉	庚戌	辛亥	壬子	癸丑	—	—

陽歷 三 月份 （陰歷正、二月份）

陽	3	2	3	4	5	6	7	8	9	10	11	12	13	14	15	16	17	18	19	20	21	22	23	24	25	26	27	28	29	30	31
陰	十九	廿	廿一	廿二	廿三	廿四	廿五	廿六	廿七	廿八	廿九	二	二	三	四	五	六	七	八	九	十	十一	十二	十三	十四	十五	十六	十七	十八	十九	廿
星	4	5	6	日	1	2	3	4	5	6	日	1	2	3	4	5	6	日	1	2	3	4	5	6	日	1	2	3	4	5	6
干節	甲寅	乙卯	丙辰	丁巳	驚蟄	己未	庚申	辛酉	壬戌	癸亥	甲子	乙丑	丙寅	丁卯	戊辰	己巳	庚午	辛未	壬申	春分	甲戌	乙亥	丙子	丁丑	戊寅	己卯	庚辰	辛巳	壬午	癸未	甲申

陽歷 四 月份 （陰歷二、三月份）

陽	4	2	3	4	5	6	7	8	9	10	11	12	13	14	15	16	17	18	19	20	21	22	23	24	25	26	27	28	29	30	
陰	廿一	廿二	廿三	廿四	廿五	廿六	廿七	廿八	廿九	卅	三	二	三	四	五	六	七	八	九	十	十一	十二	十三	十四	十五	十六	十七	十八	十九	廿	
星	日	1	2	3	4	5	6	日	1	2	3	4	5	6	日	1	2	3	4	5	6	日	1	2	3	4	5	6	日	1	
干節	乙酉	丙戌	丁亥	清明	己丑	庚寅	辛卯	壬辰	癸巳	甲午	乙未	丙申	丁酉	戊戌	己亥	庚子	辛丑	壬寅	癸卯	穀雨	乙巳	丙午	丁未	戊申	己酉	庚戌	辛亥	壬子	癸丑	甲寅	

陽歷 五 月份 （陰歷三、四月份）

陽	5	2	3	4	5	6	7	8	9	10	11	12	13	14	15	16	17	18	19	20	21	22	23	24	25	26	27	28	29	30	31
陰	廿一	廿二	廿三	廿四	廿五	廿六	廿七	廿八	廿九	卅	四	二	三	四	五	六	七	八	九	十	十一	十二	十三	十四	十五	十六	十七	十八	十九	廿	廿一
星	2	3	4	5	6	日	1	2	3	4	5	6	日	1	2	3	4	5	6	日	1	2	3	4	5	6	日	1	2	3	4
干節	乙卯	丙辰	丁巳	戊午	立夏	庚申	辛酉	壬戌	癸亥	甲子	乙丑	丙寅	丁卯	戊辰	己巳	庚午	辛未	壬申	癸酉	甲戌	小滿	丙子	丁丑	戊寅	己卯	庚辰	辛巳	壬午	癸未	甲申	乙酉

陽歷 六 月份 （陰歷四、五月份）

陽	6	2	3	4	5	6	7	8	9	10	11	12	13	14	15	16	17	18	19	20	21	22	23	24	25	26	27	28	29	30	
陰	廿二	廿三	廿四	廿五	廿六	廿七	廿八	廿九	五	二	三	四	五	六	七	八	九	十	十一	十二	十三	十四	十五	十六	十七	十八	十九	廿	廿一	廿二	
星	5	6	日	1	2	3	4	5	6	日	1	2	3	4	5	6	日	1	2	3	4	5	6	日	1	2	3	4	5	6	
干節	丙戌	丁亥	戊子	己丑	芒種	辛卯	壬辰	癸巳	甲午	乙未	丙申	丁酉	戊戌	己亥	庚子	辛丑	壬寅	癸卯	甲辰	乙巳	夏至	丁未	戊申	己酉	庚戌	辛亥	壬子	癸丑	甲寅	乙卯	

丙辰 一七三六年 （清高宗乾隆元年）

陽歷 七 月份 （陰歷五、六月份）

陽	**7**	2	3	4	5	6	7	8	9	10	11	12	13	14	15	16	17	18	19	20	21	22	23	24	25	26	27	28	29	30	31
陰	廿三	廿四	廿五	廿六	廿七	廿八	廿九	卅	**六**	二	三	四	五	六	七	八	九	十	十一	十二	十三	十四	十五	十六	十七	十八	十九	廿	廿一	廿二	廿三
星	**日**	1	2	3	4	5	6	**日**	1	2	3	4	5	6	**日**	1	2	3	4	5	6	**日**	1	2	3	4	5	6	**日**	1	2
干節	丙辰	丁巳	戊午	己未	庚申	辛酉	**小暑**	癸亥	甲子	乙丑	丙寅	丁卯	戊辰	己巳	庚午	辛未	壬申	癸酉	甲戌	乙亥	丙子	丁丑	**大暑**	己卯	庚辰	辛巳	壬午	癸未	甲申	乙酉	丙戌

陽歷 八 月份 （陰歷六、七月份）

陽	**8**	2	3	4	5	6	7	8	9	10	11	12	13	14	15	16	17	18	19	20	21	22	23	24	25	26	27	28	29	30	31
陰	廿四	廿五	廿六	廿七	廿八	廿九	**七**	二	三	四	五	六	七	八	九	十	十一	十二	十三	十四	十五	十六	十七	十八	十九	廿	廿一	廿二	廿三	廿四	廿五
星	3	4	5	6	**日**	1	2	3	4	5	6	**日**	1	2	3	4	5	6	**日**	1	2	3	4	5	6	**日**	1	2	3	4	5
干節	丁亥	戊子	己丑	庚寅	辛卯	壬辰	**立秋**	甲午	乙未	丙申	丁酉	戊戌	己亥	庚子	辛丑	壬寅	癸卯	甲辰	乙巳	丙午	丁未	戊申	**處暑**	庚戌	辛亥	壬子	癸丑	甲寅	乙卯	丙辰	丁巳

陽歷 九 月份 （陰歷七、八月份）

陽	**9**	2	3	4	5	6	7	8	9	10	11	12	13	14	15	16	17	18	19	20	21	22	23	24	25	26	27	28	29	30	
陰	廿六	廿七	廿八	廿九	**八**	二	三	四	五	六	七	八	九	十	十一	十二	十三	十四	十五	十六	十七	十八	十九	廿	廿一	廿二	廿三	廿四	廿五	廿六	
星	6	**日**	1	2	3	4	5	6	**日**	1	2	3	4	5	6	**日**	1	2	3	4	5	6	**日**	1	2	3	4	5	6	**日**	
干節	戊午	己未	庚申	辛酉	壬戌	癸亥	**白露**	乙丑	丙寅	丁卯	戊辰	己巳	庚午	辛未	壬申	癸酉	甲戌	乙亥	丙子	丁丑	戊寅	己卯	**秋分**	辛巳	壬午	癸未	甲申	乙酉	丙戌	丁亥	

陽歷 十 月份 （陰歷八、九月份）

陽	**10**	2	3	4	5	6	7	8	9	10	11	12	13	14	15	16	17	18	19	20	21	22	23	24	25	26	27	28	29	30	31
陰	廿七	廿八	廿九	卅	**九**	二	三	四	五	六	七	八	九	十	十一	十二	十三	十四	十五	十六	十七	十八	十九	廿	廿一	廿二	廿三	廿四	廿五	廿六	廿七
星	1	2	3	4	5	6	**日**	1	2	3	4	5	6	**日**	1	2	3	4	5	6	**日**	1	2	3	4	5	6	**日**	1	2	3
干節	戊子	己丑	庚寅	辛卯	壬辰	癸巳	甲午	**寒露**	丙申	丁酉	戊戌	己亥	庚子	辛丑	壬寅	癸卯	甲辰	乙巳	丙午	丁未	戊申	己酉	**霜降**	辛亥	壬子	癸丑	甲寅	乙卯	丙辰	丁巳	戊午

陽歷 十一 月份 （陰歷九、十月份）

陽	**11**	2	3	4	5	6	7	8	9	10	11	12	13	14	15	16	17	18	19	20	21	22	23	24	25	26	27	28	29	30	
陰	廿八	廿九	**十**	二	三	四	五	六	七	八	九	十	十一	十二	十三	十四	十五	十六	十七	十八	十九	廿	廿一	廿二	廿三	廿四	廿五	廿六	廿七	廿八	
星	4	5	6	**日**	1	2	3	4	5	6	**日**	1	2	3	4	5	6	**日**	1	2	3	4	5	6	**日**	1	2	3	4	5	
干節	己未	庚申	辛酉	壬戌	癸亥	甲子	**立冬**	丙寅	丁卯	戊辰	己巳	庚午	辛未	壬申	癸酉	甲戌	乙亥	丙子	丁丑	戊寅	己卯	**小雪**	辛巳	壬午	癸未	甲申	乙酉	丙戌	丁亥	戊子	

陽歷 十二 月份 （陰歷十、十一月份）

陽	**12**	2	3	4	5	6	7	8	9	10	11	12	13	14	15	16	17	18	19	20	21	22	23	24	25	26	27	28	29	30	31
陰	廿九	**十一**	二	三	四	五	六	七	八	九	十	十一	十二	十三	十四	十五	十六	十七	十八	十九	廿	廿一	廿二	廿三	廿四	廿五	廿六	廿七	廿八	廿九	卅
星	6	**日**	1	2	3	4	5	6	**日**	1	2	3	4	5	6	**日**	1	2	3	4	5	6	**日**	1	2	3	4	5	6	**日**	1
干節	己丑	庚寅	辛卯	壬辰	癸巳	甲午	**大雪**	丙申	丁酉	戊戌	己亥	庚子	辛丑	壬寅	癸卯	甲辰	乙巳	丙午	丁未	戊申	**冬至**	庚戌	辛亥	壬子	癸丑	甲寅	乙卯	丙辰	丁巳	戊午	己未

近世中西史日對照表

陽歷 一 月份 (陰歷十二、正月份)

陽	**1**	2	3	4	5	6	7	8	9	10	11	12	13	14	15	16	17	18	19	20	21	22	23	24	25	26	27	28	29	30	31
陰	**十二**	二	三	四	五	六	七	八	九	十	十一	十二	十三	十四	十五	十六	十七	十八	十九	廿	廿一	廿二	廿三	廿四	廿五	廿六	廿七	廿八	廿九	卅	**正**
星	2	3	4	5	6	**日**	1	2	3	4	5	6	**日**	1	2	3	4	5	6	**日**	1	2	3	4	5	6	**日**	1	2	3	4
干節	庚申	辛酉	壬戌	癸亥	**小寒**	乙丑	丙寅	丁卯	戊辰	己巳	庚午	辛未	壬申	癸酉	甲戌	乙亥	丙子	丁丑	戊寅	**大寒**	庚辰	辛巳	壬午	癸未	甲申	乙酉	丙戌	丁亥	戊子	己丑	庚寅

陽歷 二 月份 (陰歷正月份)

陽	**2**	2	3	4	5	6	7	8	9	10	11	12	13	14	15	16	17	18	19	20	21	22	23	24	25	26	27	28			
陰	二	三	四	五	六	七	八	九	十	十一	十二	十三	十四	十五	十六	十七	十八	十九	廿	廿一	廿二	廿三	廿四	廿五	廿六	廿七	廿八	廿九			
星	5	6	**日**	1	2	3	4	5	6	**日**	1	2	3	4	5	6	**日**	1	2	3	4	5	6	**日**	1	2	3	4			
干節	辛卯	壬辰	癸巳	**立春**	乙未	丙申	丁酉	戊戌	己亥	庚子	辛丑	壬寅	癸卯	甲辰	乙巳	丙午	丁未	**雨水**	己酉	庚戌	辛亥	壬子	癸丑	甲寅	乙卯	丙辰	丁巳	戊午			

陽歷 三 月份 (陰歷二、三月份)

陽	**3**	2	3	4	5	6	7	8	9	10	11	12	13	14	15	16	17	18	19	20	21	22	23	24	25	26	27	28	29	30	31
陰	**二**	二	三	四	五	六	七	八	九	十	十一	十二	十三	十四	十五	十六	十七	十八	十九	廿	廿一	廿二	廿三	廿四	廿五	廿六	廿七	廿八	廿九	卅	**三**
星	5	6	**日**	1	2	3	4	5	6	**日**	1	2	3	4	5	6	**日**	1	2	3	4	5	6	**日**	1	2	3	4	5	6	**日**
干節	己未	庚申	辛酉	壬戌	**驚蟄**	甲子	乙丑	丙寅	丁卯	戊辰	己巳	庚午	辛未	壬申	癸酉	甲戌	乙亥	丙子	丁丑	**春分**	己卯	庚辰	辛巳	壬午	癸未	甲申	乙酉	丙戌	丁亥	戊子	己丑

陽歷 四 月份 (陰歷三、四月份)

陽	**4**	2	3	4	5	6	7	8	9	10	11	12	13	14	15	16	17	18	19	20	21	22	23	24	25	26	27	28	29	30	
陰	二	三	四	五	六	七	八	九	十	十一	十二	十三	十四	十五	十六	十七	十八	十九	廿	廿一	廿二	廿三	廿四	廿五	廿六	廿七	廿八	廿九	卅	**四**	
星	1	2	3	4	5	6	**日**	1	2	3	4	5	6	**日**	1	2	3	4	5	6	**日**	1	2	3	4	5	6	**日**	1	2	
干節	庚寅	辛卯	壬辰	癸巳	**清明**	乙未	丙申	丁酉	戊戌	己亥	庚子	辛丑	壬寅	癸卯	甲辰	乙巳	丙午	丁未	戊申	**穀雨**	庚戌	辛亥	壬子	癸丑	甲寅	乙卯	丙辰	丁巳	戊午	己未	

陽歷 五 月份 (陰歷四、五月份)

陽	**5**	2	3	4	5	6	7	8	9	10	11	12	13	14	15	16	17	18	19	20	21	22	23	24	25	26	27	28	29	30	31
陰	二	三	四	五	六	七	八	九	十	十一	十二	十三	十四	十五	十六	十七	十八	十九	廿	廿一	廿二	廿三	廿四	廿五	廿六	廿七	廿八	廿九	**五**	二	三
星	3	4	5	6	**日**	1	2	3	4	5	6	**日**	1	2	3	4	5	6	**日**	1	2	3	4	5	6	**日**	1	2	3	4	5
干節	庚申	辛酉	壬戌	癸亥	**立夏**	乙丑	丙寅	丁卯	戊辰	己巳	庚午	辛未	壬申	癸酉	甲戌	乙亥	丙子	丁丑	戊寅	己卯	**小滿**	辛巳	壬午	癸未	甲申	乙酉	丙戌	丁亥	戊子	己丑	庚寅

陽歷 六 月份 (陰歷五、六月份)

陽	**6**	2	3	4	5	6	7	8	9	10	11	12	13	14	15	16	17	18	19	20	21	22	23	24	25	26	27	28	29	30	
陰	四	五	六	七	八	九	十	十一	十二	十三	十四	十五	十六	十七	十八	十九	廿	廿一	廿二	廿三	廿四	廿五	廿六	廿七	廿八	廿九	卅	**六**	二	三	
星	6	**日**	1	2	3	4	5	6	**日**	1	2	3	4	5	6	**日**	1	2	3	4	5	6	**日**	1	2	3	4	5	6	**日**	
干節	辛卯	壬辰	癸巳	甲午	乙未	**芒種**	丁酉	戊戌	己亥	庚子	辛丑	壬寅	癸卯	甲辰	乙巳	丙午	丁未	戊申	己酉	庚戌	**夏至**	壬子	癸丑	甲寅	乙卯	丙辰	丁巳	戊午	己未	庚申	

丁巳

一七三七年

(清高宗乾隆二年)

丁巳

一七三七年

（清高宗乾隆二年）

陽歷七月份　（陰歷六、七月份）

陽	7	2	3	4	5	6	7	8	9	10	11	12	13	14	15	16	17	18	19	20	21	22	23	24	25	26	27	28	29	30	31
陰	四	五	六	七	八	九	十	十一	十二	十三	十四	十五	十六	十七	十八	十九	廿	廿一	廿二	廿三	廿四	廿五	廿六	廿七	廿八	廿九	七	二	三	四	五
星	1	2	3	4	5	6	日	1	2	3	4	5	6	日	1	2	3	4	5	6	日	1	2	3	4	5	6	日	1	2	3
干節	辛酉	壬戌	癸亥	甲子	乙丑	丙寅	小暑	戊辰	己巳	庚午	辛未	壬申	癸酉	甲戌	乙亥	丙子	丁丑	戊寅	己卯	庚辰	辛巳	壬午	大暑	甲申	乙酉	丙戌	丁亥	戊子	己丑	庚寅	辛卯

陽歷八月份　（陰歷七、八月份）

陽	8	2	3	4	5	6	7	8	9	10	11	12	13	14	15	16	17	18	19	20	21	22	23	24	25	26	27	28	29	30	31
陰	六	七	八	九	十	十一	十二	十三	十四	十五	十六	十七	十八	十九	廿	廿一	廿二	廿三	廿四	廿五	廿六	廿七	廿八	廿九	卅	八	二	三	四	五	六
星	4	5	6	日	1	2	3	4	5	6	日	1	2	3	4	5	6	日	1	2	3	4	5	6	日	1	2	3	4	5	6
干節	壬辰	癸巳	甲午	乙未	丙申	丁酉	立秋	己亥	庚子	辛丑	壬寅	癸卯	甲辰	乙巳	丙午	丁未	戊申	己酉	庚戌	辛亥	壬子	癸丑	處暑	乙卯	丙辰	丁巳	戊午	己未	庚申	辛酉	壬戌

陽歷九月份　（陰歷八、九月份）

陽	9	2	3	4	5	6	7	8	9	10	11	12	13	14	15	16	17	18	19	20	21	22	23	24	25	26	27	28	29	30
陰	七	八	九	十	十一	十二	十三	十四	十五	十六	十七	十八	十九	廿	廿一	廿二	廿三	廿四	廿五	廿六	廿七	廿八	廿九	九	二	三	四	五	六	七
星	日	1	2	3	4	5	6	日	1	2	3	4	5	6	日	1	2	3	4	5	6	日	1	2	3	4	5	6	日	1
干節	癸亥	甲子	乙丑	丙寅	丁卯	戊辰	己巳	白露	辛未	壬申	癸酉	甲戌	乙亥	丙子	丁丑	戊寅	己卯	庚辰	辛巳	壬午	癸未	甲申	秋分	丙戌	丁亥	戊子	己丑	庚寅	辛卯	壬辰

陽歷十月份　（陰歷九、閏九月份）

陽	10	2	3	4	5	6	7	8	9	10	11	12	13	14	15	16	17	18	19	20	21	22	23	24	25	26	27	28	29	30	31
陰	八	九	十	十一	十二	十三	十四	十五	十六	十七	十八	十九	廿	廿一	廿二	廿三	廿四	廿五	廿六	廿七	廿八	廿九	卅	閏	二	三	四	五	六	七	八
星	2	3	4	5	6	日	1	2	3	4	5	6	日	1	2	3	4	5	6	日	1	2	3	4	5	6	日	1	2	3	4
干節	癸巳	甲午	乙未	丙申	丁酉	戊戌	己亥	寒露	辛丑	壬寅	癸卯	甲辰	乙巳	丙午	丁未	戊申	己酉	庚戌	辛亥	壬子	癸丑	甲寅	霜降	丙辰	丁巳	戊午	己未	庚申	辛酉	壬戌	癸亥

陽歷十一月份　（陰歷閏九、十月份）

陽	11	2	3	4	5	6	7	8	9	10	11	12	13	14	15	16	17	18	19	20	21	22	23	24	25	26	27	28	29	30
陰	九	十	十一	十二	十三	十四	十五	十六	十七	十八	十九	廿	廿一	廿二	廿三	廿四	廿五	廿六	廿七	廿八	廿九	十	二	三	四	五	六	七	八	九
星	5	6	日	1	2	3	4	5	6	日	1	2	3	4	5	6	日	1	2	3	4	5	6	日	1	2	3	4	5	6
干節	甲子	乙丑	丙寅	丁卯	戊辰	己巳	立冬	辛未	壬申	癸酉	甲戌	乙亥	丙子	丁丑	戊寅	己卯	庚辰	辛巳	壬午	癸未	甲申	小雪	丙戌	丁亥	戊子	己丑	庚寅	辛卯	壬辰	癸巳

陽歷十二月份　（陰歷十、十一月份）

陽	12	2	3	4	5	6	7	8	9	10	11	12	13	14	15	16	17	18	19	20	21	22	23	24	25	26	27	28	29	30	31
陰	十	十一	十二	十三	十四	十五	十六	十七	十八	十九	廿	廿一	廿二	廿三	廿四	廿五	廿六	廿七	廿八	廿九	十一	二	三	四	五	六	七	八	九	十	十一
星	日	1	2	3	4	5	6	日	1	2	3	4	5	6	日	1	2	3	4	5	6	日	1	2	3	4	5	6	日	1	2
干節	甲午	乙未	丙申	丁酉	戊戌	己亥	大雪	辛丑	壬寅	癸卯	甲辰	乙巳	丙午	丁未	戊申	己酉	庚戌	辛亥	壬子	癸丑	甲寅	冬至	丙辰	丁巳	戊午	己未	庚申	辛酉	壬戌	癸亥	甲子

近世中西史日對照表

陽歷 一月份 （陰歷十一、十二月份）

陽	1	2	3	4	5	6	7	8	9	10	11	12	13	14	15	16	17	18	19	20	21	22	23	24	25	26	27	28	29	30	31
陰	十二	十三	十四	十五	十六	十七	十八	十九	廿	廿一	廿二	廿三	廿四	廿五	廿六	廿七	廿八	廿九	卅	十二	二	三	四	五	六	七	八	九	十	十一	十二
星	3	4	5	6	日	1	2	3	4	5	6	日	1	2	3	4	5	6	日	1	2	3	4	5	6	日	1	2	3	4	5
干節	乙丑	丙寅	丁卯	戊辰	小寒	庚午	辛未	壬申	癸酉	甲戌	乙亥	丙子	丁丑	戊寅	己卯	庚辰	辛巳	壬午	癸未	大寒	乙酉	丙戌	丁亥	戊子	己丑	庚寅	辛卯	壬辰	癸巳	甲午	乙未

陽歷 二月份 （陰歷十二、正月份）

陽	2	2	3	4	5	6	7	8	9	10	11	12	13	14	15	16	17	18	19	20	21	22	23	24	25	26	27	28			
陰	十三	十四	十五	十六	十七	十八	十九	廿	廿一	廿二	廿三	廿四	廿五	廿六	廿七	廿八	廿九	卅	正	二	三	四	五	六	七	八	九	十			
星	6	日	1	2	3	4	5	6	日	1	2	3	4	5	6	日	1	2	3	4	5	6	日	1	2	3	4	5			
干節	丙申	丁酉	戊戌	立春	庚子	辛丑	壬寅	癸卯	甲辰	乙巳	丙午	丁未	戊申	己酉	庚戌	辛亥	壬子	癸丑	雨水	乙卯	丙辰	丁巳	戊午	己未	庚申	辛酉	壬戌	癸亥			

陽歷 三月份 （陰歷正、二月份）

陽	3	2	3	4	5	6	7	8	9	10	11	12	13	14	15	16	17	18	19	20	21	22	23	24	25	26	27	28	29	30	31
陰	十一	十二	十三	十四	十五	十六	十七	十八	十九	廿	廿一	廿二	廿三	廿四	廿五	廿六	廿七	廿八	廿九	二	二	三	四	五	六	七	八	九	十	十一	十二
星	6	日	1	2	3	4	5	6	日	1	2	3	4	5	6	日	1	2	3	4	5	6	日	1	2	3	4	5	6	日	1
干節	甲子	乙丑	丙寅	丁卯	戊辰	驚蟄	庚午	辛未	壬申	癸酉	甲戌	乙亥	丙子	丁丑	戊寅	己卯	庚辰	辛巳	壬午	癸未	春分	乙酉	丙戌	丁亥	戊子	己丑	庚寅	辛卯	壬辰	癸巳	甲午

陽歷 四月份 （陰歷二、三月份）

陽	4	2	3	4	5	6	7	8	9	10	11	12	13	14	15	16	17	18	19	20	21	22	23	24	25	26	27	28	29	30	
陰	十三	十四	十五	十六	十七	十八	十九	廿	廿一	廿二	廿三	廿四	廿五	廿六	廿七	廿八	廿九	卅	三	二	三	四	五	六	七	八	九	十	十一	十二	
星	2	3	4	5	6	日	1	2	3	4	5	6	日	1	2	3	4	5	6	日	1	2	3	4	5	6	日	1	2	3	
干節	乙未	丙申	丁酉	戊戌	清明	庚子	辛丑	壬寅	癸卯	甲辰	乙巳	丙午	丁未	戊申	己酉	庚戌	辛亥	壬子	癸丑	穀雨	乙卯	丙辰	丁巳	戊午	己未	庚申	辛酉	壬戌	癸亥	甲子	

陽歷 五月份 （陰歷三、四月份）

陽	5	2	3	4	5	6	7	8	9	10	11	12	13	14	15	16	17	18	19	20	21	22	23	24	25	26	27	28	29	30	31
陰	十三	十四	十五	十六	十七	十八	十九	廿	廿一	廿二	廿三	廿四	廿五	廿六	廿七	廿八	廿九	卅	四	二	三	四	五	六	七	八	九	十	十一	十二	十三
星	4	5	6	日	1	2	3	4	5	6	日	1	2	3	4	5	6	日	1	2	3	4	5	6	日	1	2	3	4	5	6
干節	乙丑	丙寅	丁卯	戊辰	己巳	立夏	辛未	壬申	癸酉	甲戌	乙亥	丙子	丁丑	戊寅	己卯	庚辰	辛巳	壬午	癸未	甲申	小滿	丙戌	丁亥	戊子	己丑	庚寅	辛卯	壬辰	癸巳	甲午	乙未

陽歷 六月份 （陰歷四、五月份）

陽	6	2	3	4	5	6	7	8	9	10	11	12	13	14	15	16	17	18	19	20	21	22	23	24	25	26	27	28	29	30	
陰	十四	十五	十六	十七	十八	十九	廿	廿一	廿二	廿三	廿四	廿五	廿六	廿七	廿八	廿九	五	二	三	四	五	六	七	八	九	十	十一	十二	十三	十四	
星	日	1	2	3	4	5	6	日	1	2	3	4	5	6	日	1	2	3	4	5	6	日	1	2	3	4	5	6	日	1	
干節	丙申	丁酉	戊戌	己亥	庚子	芒種	壬寅	癸卯	甲辰	乙巳	丙午	丁未	戊申	己酉	庚戌	辛亥	壬子	癸丑	甲寅	乙卯	丙辰	夏至	戊午	己未	庚申	辛酉	壬戌	癸亥	甲子	乙丑	

戊午 一七三八年（清高宗乾隆三年）

陽歷七月份　（陰歷五、六月份）

陽	7	2	3	4	5	6	7	8	9	10	11	12	13	14	15	16	17	18	19	20	21	22	23	24	25	26	27	28	29	30	31
陰	十五	十六	十七	十八	十九	廿	廿一	廿二	廿三	廿四	廿五	廿六	廿七	廿八	廿九	卅	六	二	三	四	五	六	七	八	九	十	十一	十二	十三	十四	十五
星	2	3	4	5	6	日	1	2	3	4	5	6	日	1	2	3	4	5	6	日	1	2	3	4	5	6	日	1	2	3	4
干節	丙寅	丁卯	戊辰	己巳	庚午	辛未	小暑	癸酉	甲戌	乙亥	丙子	丁丑	戊寅	己卯	庚辰	辛巳	壬午	癸未	甲申	乙酉	丙戌	丁亥	大暑	己丑	庚寅	辛卯	壬辰	癸巳	甲午	乙未	丙申

陽歷八月份　（陰歷六、七月份）

陽	8	2	3	4	5	6	7	8	9	10	11	12	13	14	15	16	17	18	19	20	21	22	23	24	25	26	27	28	29	30	31
陰	十六	十七	十八	十九	廿	廿一	廿二	廿三	廿四	廿五	廿六	廿七	廿八	廿九	七	二	三	四	五	六	七	八	九	十	十一	十二	十三	十四	十五	十六	十七
星	5	6	日	1	2	3	4	5	6	日	1	2	3	4	5	6	日	1	2	3	4	5	6	日	1	2	3	4	5	6	日
干節	丁酉	戊戌	己亥	庚子	辛丑	壬寅	癸卯	立秋	乙巳	丙午	丁未	戊申	己酉	庚戌	辛亥	壬子	癸丑	甲寅	乙卯	丙辰	丁巳	戊午	處暑	庚申	辛酉	壬戌	癸亥	甲子	乙丑	丙寅	丁卯

陽歷九月份　（陰歷七、八月份）

陽	9	2	3	4	5	6	7	8	9	10	11	12	13	14	15	16	17	18	19	20	21	22	23	24	25	26	27	28	29	30
陰	十八	十九	廿	廿一	廿二	廿三	廿四	廿五	廿六	廿七	廿八	廿九	卅	八	二	三	四	五	六	七	八	九	十	十一	十二	十三	十四	十五	十六	十七
星	1	2	3	4	5	6	日	1	2	3	4	5	6	日	1	2	3	4	5	6	日	1	2	3	4	5	6	日	1	2
干節	戊辰	己巳	庚午	辛未	壬申	癸酉	甲戌	白露	丙子	丁丑	戊寅	己卯	庚辰	辛巳	壬午	癸未	甲申	乙酉	丙戌	丁亥	戊子	己丑	秋分	辛卯	壬辰	癸巳	甲午	乙未	丙申	丁酉

陽歷十月份　（陰歷八、九月份）

陽	10	2	3	4	5	6	7	8	9	10	11	12	13	14	15	16	17	18	19	20	21	22	23	24	25	26	27	28	29	30	31
陰	十八	十九	廿	廿一	廿二	廿三	廿四	廿五	廿六	廿七	廿八	廿九	九	二	三	四	五	六	七	八	九	十	十一	十二	十三	十四	十五	十六	十七	十八	十九
星	3	4	5	6	日	1	2	3	4	5	6	日	1	2	3	4	5	6	日	1	2	3	4	5	6	日	1	2	3	4	5
干節	戊戌	己亥	庚子	辛丑	壬寅	癸卯	甲辰	寒露	丙午	丁未	戊申	己酉	庚戌	辛亥	壬子	癸丑	甲寅	乙卯	丙辰	丁巳	戊午	己未	霜降	辛酉	壬戌	癸亥	甲子	乙丑	丙寅	丁卯	戊辰

陽歷十一月份　（陰歷九、十月份）

陽	11	2	3	4	5	6	7	8	9	10	11	12	13	14	15	16	17	18	19	20	21	22	23	24	25	26	27	28	29	30
陰	廿	廿一	廿二	廿三	廿四	廿五	廿六	廿七	廿八	廿九	卅	十	二	三	四	五	六	七	八	九	十	十一	十二	十三	十四	十五	十六	十七	十八	十九
星	6	日	1	2	3	4	5	6	日	1	2	3	4	5	6	日	1	2	3	4	5	6	日	1	2	3	4	5	6	日
干節	己巳	庚午	辛未	壬申	癸酉	甲戌	立冬	丙子	丁丑	戊寅	己卯	庚辰	辛巳	壬午	癸未	甲申	乙酉	丙戌	丁亥	戊子	己丑	小雪	辛卯	壬辰	癸巳	甲午	乙未	丙申	丁酉	戊戌

陽歷十二月份　（陰歷十、十一月份）

陽	12	2	3	4	5	6	7	8	9	10	11	12	13	14	15	16	17	18	19	20	21	22	23	24	25	26	27	28	29	30	31
陰	廿	廿一	廿二	廿三	廿四	廿五	廿六	廿七	廿八	廿九	十一	二	三	四	五	六	七	八	九	十	十一	十二	十三	十四	十五	十六	十七	十八	十九	廿	廿一
星	1	2	3	4	5	6	日	1	2	3	4	5	6	日	1	2	3	4	5	6	日	1	2	3	4	5	6	日	1	2	3
干節	己亥	庚子	辛丑	壬寅	癸卯	甲辰	大雪	丙午	丁未	戊申	己酉	庚戌	辛亥	壬子	癸丑	甲寅	乙卯	丙辰	丁巳	戊午	己未	冬至	辛酉	壬戌	癸亥	甲子	乙丑	丙寅	丁卯	戊辰	己巳

近世中西史日對照表

陽歷 一月份 （陰歷十一、十二月份）

陽	1	2	3	4	5	6	7	8	9	10	11	12	13	14	15	16	17	18	19	20	21	22	23	24	25	26	27	28	29	30	31
陰	廿二	廿三	廿四	廿五	廿六	廿七	廿八	廿九	卅	十二	二	三	四	五	六	七	八	九	十	十一	十二	十三	十四	十五	十六	十七	十八	十九	廿	廿一	廿二
星	4	5	6	日	1	2	3	4	5	6	日	1	2	3	4	5	6	日	1	2	3	4	5	6	日	1	2	3	4	5	6
干節	庚午	辛未	壬申	癸酉	小寒	乙亥	丙子	丁丑	戊寅	己卯	庚辰	辛巳	壬午	癸未	甲申	乙酉	丙戌	丁亥	戊子	大寒	庚寅	辛卯	壬辰	癸巳	甲午	乙未	丙申	丁酉	戊戌	己亥	庚子

陽歷 二月份 （陰歷十二、正月份）

陽	2	2	3	4	5	6	7	8	9	10	11	12	13	14	15	16	17	18	19	20	21	22	23	24	25	26	27	28			
陰	廿三	廿四	廿五	廿六	廿七	廿八	廿九	正	二	三	四	五	六	七	八	九	十	十一	十二	十三	十四	十五	十六	十七	十八	十九	廿	廿一			
星	日	1	2	3	4	5	6	日	1	2	3	4	5	6	日	1	2	3	4	5	6	日	1	2	3	4	5	6			
干節	辛丑	壬寅	癸卯	立春	乙巳	丙午	丁未	戊申	己酉	庚戌	辛亥	壬子	癸丑	甲寅	乙卯	丙辰	丁巳	戊午	雨水	庚申	辛酉	壬戌	癸亥	甲子	乙丑	丙寅	丁卯	戊辰			

陽歷 三月份 （陰歷正、二月份）

陽	3	2	3	4	5	6	7	8	9	10	11	12	13	14	15	16	17	18	19	20	21	22	23	24	25	26	27	28	29	30	31
陰	廿二	廿三	廿四	廿五	廿六	廿七	廿八	廿九	卅	二	二	三	四	五	六	七	八	九	十	十一	十二	十三	十四	十五	十六	十七	十八	十九	廿	廿一	廿二
星	日	1	2	3	4	5	6	日	1	2	3	4	5	6	日	1	2	3	4	5	6	日	1	2	3	4	5	6	日	1	2
干節	己巳	庚午	辛未	壬申	癸酉	驚蟄	乙亥	丙子	丁丑	戊寅	己卯	庚辰	辛巳	壬午	癸未	甲申	乙酉	丙戌	丁亥	戊子	春分	庚寅	辛卯	壬辰	癸巳	甲午	乙未	丙申	丁酉	戊戌	己亥

陽歷 四月份 （陰歷二、三月份）

陽	4	2	3	4	5	6	7	8	9	10	11	12	13	14	15	16	17	18	19	20	21	22	23	24	25	26	27	28	29	30	
陰	廿三	廿四	廿五	廿六	廿七	廿八	廿九	三	二	三	四	五	六	七	八	九	十	十一	十二	十三	十四	十五	十六	十七	十八	十九	廿	廿一	廿二	廿三	
星	3	4	5	6	日	1	2	3	4	5	6	日	1	2	3	4	5	6	日	1	2	3	4	5	6	日	1	2	3	4	
干節	庚子	辛丑	壬寅	癸卯	清明	乙巳	丙午	丁未	戊申	己酉	庚戌	辛亥	壬子	癸丑	甲寅	乙卯	丙辰	丁巳	戊午	穀雨	庚申	辛酉	壬戌	癸亥	甲子	乙丑	丙寅	丁卯	戊辰	己巳	

陽歷 五月份 （陰歷三、四月份）

陽	5	2	3	4	5	6	7	8	9	10	11	12	13	14	15	16	17	18	19	20	21	22	23	24	25	26	27	28	29	30	31
陰	廿四	廿五	廿六	廿七	廿八	廿九	卅	四	二	三	四	五	六	七	八	九	十	十一	十二	十三	十四	十五	十六	十七	十八	十九	廿	廿一	廿二	廿三	廿四
星	5	6	日	1	2	3	4	5	6	日	1	2	3	4	5	6	日	1	2	3	4	5	6	日	1	2	3	4	5	6	日
干節	庚午	辛未	壬申	癸酉	甲戌	立夏	丙子	丁丑	戊寅	己卯	庚辰	辛巳	壬午	癸未	甲申	乙酉	丙戌	丁亥	戊子	己丑	小滿	辛卯	壬辰	癸巳	甲午	乙未	丙申	丁酉	戊戌	己亥	庚子

陽歷 六月份 （陰歷四、五月份）

陽	6	2	3	4	5	6	7	8	9	10	11	12	13	14	15	16	17	18	19	20	21	22	23	24	25	26	27	28	29	30	
陰	廿五	廿六	廿七	廿八	廿九	五	二	三	四	五	六	七	八	九	十	十一	十二	十三	十四	十五	十六	十七	十八	十九	廿	廿一	廿二	廿三	廿四	廿五	
星	1	2	3	4	5	6	日	1	2	3	4	5	6	日	1	2	3	4	5	6	日	1	2	3	4	5	6	日	1	2	
干節	辛丑	壬寅	癸卯	甲辰	乙巳	芒種	丁未	戊申	己酉	庚戌	辛亥	壬子	癸丑	甲寅	乙卯	丙辰	丁巳	戊午	己未	庚申	辛酉	夏至	癸亥	甲子	乙丑	丙寅	丁卯	戊辰	己巳	庚午	

己未

一七三九年

（清高宗乾隆四年）

陽歷七月份　（陰歷五、六月份）

陽	**7**	2	3	4	5	6	7	8	9	10	11	12	13	14	15	16	17	18	19	20	21	22	23	24	25	26	27	28	29	30	31
陰	廿六	廿七	廿八	廿九	卅	**六**	二	三	四	五	六	七	八	九	十	十一	十二	十三	十四	十五	十六	十七	十八	十九	廿	廿一	廿二	廿三	廿四	廿五	廿六
星	3	4	5	6	**日**	1	2	3	4	5	6	**日**	1	2	3	4	5	6	**日**	1	2	3	4	5	6	**日**	1	2	3	4	5
干節	辛未	壬申	癸酉	甲戌	乙亥	丙子	丁丑	**小暑**	己卯	庚辰	辛巳	壬午	癸未	甲申	乙酉	丙戌	丁亥	戊子	己丑	庚寅	辛卯	壬辰	**大暑**	甲午	乙未	丙申	丁酉	戊戌	己亥	庚子	辛丑

陽歷八月份　（陰歷六、七月份）

陽	**8**	2	3	4	5	6	7	8	9	10	11	12	13	14	15	16	17	18	19	20	21	22	23	24	25	26	27	28	29	30	31
陰	廿七	廿八	廿九	**七**	二	三	四	五	六	七	八	九	十	十一	十二	十三	十四	十五	十六	十七	十八	十九	廿	廿一	廿二	廿三	廿四	廿五	廿六	廿七	廿八
星	6	**日**	1	2	3	4	5	6	**日**	1	2	3	4	5	6	**日**	1	2	3	4	5	6	**日**	1	2	3	4	5	6	**日**	1
干節	壬寅	癸卯	甲辰	乙巳	丙午	丁未	戊申	**立秋**	庚戌	辛亥	壬子	癸丑	甲寅	乙卯	丙辰	丁巳	戊午	己未	庚申	辛酉	壬戌	癸亥	甲子	**處暑**	丙寅	丁卯	戊辰	己巳	庚午	辛未	壬申

陽歷九月份　（陰歷七、八月份）

陽	**9**	2	3	4	5	6	7	8	9	10	11	12	13	14	15	16	17	18	19	20	21	22	23	24	25	26	27	28	29	30
陰	廿九	卅	**八**	二	三	四	五	六	七	八	九	十	十一	十二	十三	十四	十五	十六	十七	十八	十九	廿	廿一	廿二	廿三	廿四	廿五	廿六	廿七	廿八
星	2	3	4	5	6	**日**	1	2	3	4	5	6	**日**	1	2	3	4	5	6	**日**	1	2	3	4	5	6	**日**	1	2	3
干節	癸酉	甲戌	乙亥	丙子	丁丑	戊寅	己卯	**白露**	辛巳	壬午	癸未	甲申	乙酉	丙戌	丁亥	戊子	己丑	庚寅	辛卯	壬辰	癸巳	甲午	**秋分**	丙申	丁酉	戊戌	己亥	庚子	辛丑	壬寅

陽歷十月份　（陰歷八、九月份）

陽	**10**	2	3	4	5	6	7	8	9	10	11	12	13	14	15	16	17	18	19	20	21	22	23	24	25	26	27	28	29	30	31
陰	廿九	卅	**九**	二	三	四	五	六	七	八	九	十	十一	十二	十三	十四	十五	十六	十七	十八	十九	廿	廿一	廿二	廿三	廿四	廿五	廿六	廿七	廿八	廿九
星	4	5	6	**日**	1	2	3	4	5	6	**日**	1	2	3	4	5	6	**日**	1	2	3	4	5	6	**日**	1	2	3	4	5	6
干節	癸卯	甲辰	乙巳	丙午	丁未	戊申	己酉	庚戌	**寒露**	壬子	癸丑	甲寅	乙卯	丙辰	丁巳	戊午	己未	庚申	辛酉	壬戌	癸亥	甲子	乙丑	**霜降**	丁卯	戊辰	己巳	庚午	辛未	壬申	癸酉

陽歷十一月份　（陰歷十月份）

陽	**11**	2	3	4	5	6	7	8	9	10	11	12	13	14	15	16	17	18	19	20	21	22	23	24	25	26	27	28	29	30
陰	**十**	二	三	四	五	六	七	八	九	十	十一	十二	十三	十四	十五	十六	十七	十八	十九	廿	廿一	廿二	廿三	廿四	廿五	廿六	廿七	廿八	廿九	卅
星	**日**	1	2	3	4	5	6	**日**	1	2	3	4	5	6	**日**	1	2	3	4	5	6	**日**	1	2	3	4	5	6	**日**	1
干節	甲戌	乙亥	丙子	丁丑	戊寅	己卯	庚辰	**立冬**	壬午	癸未	甲申	乙酉	丙戌	丁亥	戊子	己丑	庚寅	辛卯	壬辰	癸巳	甲午	乙未	**小雪**	丁酉	戊戌	己亥	庚子	辛丑	壬寅	癸卯

陽歷十二月份　（陰歷十一、十二月份）

陽	**12**	2	3	4	5	6	7	8	9	10	11	12	13	14	15	16	17	18	19	20	21	22	23	24	25	26	27	28	29	30	31
陰	**十一**	二	三	四	五	六	七	八	九	十	十一	十二	十三	十四	十五	十六	十七	十八	十九	廿	廿一	廿二	廿三	廿四	廿五	廿六	廿七	廿八	廿九	**十二**	二
星	2	3	4	5	6	**日**	1	2	3	4	5	6	**日**	1	2	3	4	5	6	**日**	1	2	3	4	5	6	**日**	1	2	3	4
干節	甲辰	乙巳	丙午	丁未	戊申	己酉	**大雪**	辛亥	壬子	癸丑	甲寅	乙卯	丙辰	丁巳	戊午	己未	庚申	辛酉	壬戌	癸亥	甲子	**冬至**	丙寅	丁卯	戊辰	己巳	庚午	辛未	壬申	癸酉	甲戌

庚申 一七四〇年 （清高宗乾隆五年）

陽曆一月份 （陰曆十二、正月份）

陽	1	2	3	4	5	6	7	8	9	10	11	12	13	14	15	16	17	18	19	20	21	22	23	24	25	26	27	28	29	30	31
陰	三	四	五	六	七	八	九	十	十一	十二	十三	十四	十五	十六	十七	十八	十九	廿	廿一	廿二	廿三	廿四	廿五	廿六	廿七	廿八	廿九	卅	正	二	三
星	5	6	日	1	2	3	4	5	6	日	1	2	3	4	5	6	日	1	2	3	4	5	6	日	1	2	3	4	5	6	日
干節	乙亥	丙子	丁丑	戊寅	己卯	小寒	辛巳	壬午	癸未	甲申	乙酉	丙戌	丁亥	戊子	己丑	庚寅	辛卯	壬辰	癸巳	大寒	乙未	丙申	丁酉	戊戌	己亥	庚子	辛丑	壬寅	癸卯	甲辰	乙巳

陽曆二月份 （陰曆正、二月份）

陽	2	2	3	4	5	6	7	8	9	10	11	12	13	14	15	16	17	18	19	20	21	22	23	24	25	26	27	28	29
陰	四	五	六	七	八	九	十	十一	十二	十三	十四	十五	十六	十七	十八	十九	廿	廿一	廿二	廿三	廿四	廿五	廿六	廿七	廿八	廿九	二	二	三
星	1	2	3	4	5	6	日	1	2	3	4	5	6	日	1	2	3	4	5	6	日	1	2	3	4	5	6	日	1
干節	丙午	丁未	戊申	立春	庚戌	辛亥	壬子	癸丑	甲寅	乙卯	丙辰	丁巳	戊午	己未	庚申	辛酉	壬戌	癸亥	雨水	乙丑	丙寅	丁卯	戊辰	己巳	庚午	辛未	壬申	癸酉	甲戌

陽曆三月份 （陰曆二、三月份）

陽	3	2	3	4	5	6	7	8	9	10	11	12	13	14	15	16	17	18	19	20	21	22	23	24	25	26	27	28	29	30	31
陰	四	五	六	七	八	九	十	十一	十二	十三	十四	十五	十六	十七	十八	十九	廿	廿一	廿二	廿三	廿四	廿五	廿六	廿七	廿八	廿九	卅	三	二	三	四
星	2	3	4	5	6	日	1	2	3	4	5	6	日	1	2	3	4	5	6	日	1	2	3	4	5	6	日	1	2	3	4
干節	乙亥	丙子	丁丑	戊寅	驚蟄	庚辰	辛巳	壬午	癸未	甲申	乙酉	丙戌	丁亥	戊子	己丑	庚寅	辛卯	壬辰	癸巳	春分	乙未	丙申	丁酉	戊戌	己亥	庚子	辛丑	壬寅	癸卯	甲辰	乙巳

陽曆四月份 （陰曆三、四月份）

陽	4	2	3	4	5	6	7	8	9	10	11	12	13	14	15	16	17	18	19	20	21	22	23	24	25	26	27	28	29	30
陰	五	六	七	八	九	十	十一	十二	十三	十四	十五	十六	十七	十八	十九	廿	廿一	廿二	廿三	廿四	廿五	廿六	廿七	廿八	廿九	四	二	三	四	五
星	5	6	日	1	2	3	4	5	6	日	1	2	3	4	5	6	日	1	2	3	4	5	6	日	1	2	3	4	5	6
干節	丙午	丁未	戊申	清明	庚戌	辛亥	壬子	癸丑	甲寅	乙卯	丙辰	丁巳	戊午	己未	庚申	辛酉	壬戌	癸亥	甲子	穀雨	丙寅	丁卯	戊辰	己巳	庚午	辛未	壬申	癸酉	甲戌	乙亥

陽曆五月份 （陰曆四、五月份）

陽	5	2	3	4	5	6	7	8	9	10	11	12	13	14	15	16	17	18	19	20	21	22	23	24	25	26	27	28	29	30	31
陰	六	七	八	九	十	十一	十二	十三	十四	十五	十六	十七	十八	十九	廿	廿一	廿二	廿三	廿四	廿五	廿六	廿七	廿八	廿九	五	二	三	四	五	六	七
星	日	1	2	3	4	5	6	日	1	2	3	4	5	6	日	1	2	3	4	5	6	日	1	2	3	4	5	6	日	1	2
干節	丙子	丁丑	戊寅	己卯	立夏	辛巳	壬午	癸未	甲申	乙酉	丙戌	丁亥	戊子	己丑	庚寅	辛卯	壬辰	癸巳	甲午	乙未	小滿	丁酉	戊戌	己亥	庚子	辛丑	壬寅	癸卯	甲辰	乙巳	丙午

陽曆六月份 （陰曆五、六月份）

陽	6	2	3	4	5	6	7	8	9	10	11	12	13	14	15	16	17	18	19	20	21	22	23	24	25	26	27	28	29	30
陰	八	九	十	十一	十二	十三	十四	十五	十六	十七	十八	十九	廿	廿一	廿二	廿三	廿四	廿五	廿六	廿七	廿八	廿九	卅	六	二	三	四	五	六	七
星	3	4	5	6	日	1	2	3	4	5	6	日	1	2	3	4	5	6	日	1	2	3	4	5	6	日	1	2	3	4
干節	丁未	戊申	己酉	庚戌	芒種	壬子	癸丑	甲寅	乙卯	丙辰	丁巳	戊午	己未	庚申	辛酉	壬戌	癸亥	甲子	乙丑	丙寅	夏至	戊辰	己巳	庚午	辛未	壬申	癸酉	甲戌	乙亥	丙子

庚申 一七四〇年 （清高宗乾隆五年）

陽歷七月份　（陰歷六、閏六月份）

陽	7	2	3	4	5	6	7	8	9	10	11	12	13	14	15	16	17	18	19	20	21	22	23	24	25	26	27	28	29	30	31
陰	八	九	十	十一	十二	十三	十四	十五	十六	十七	十八	十九	廿	廿一	廿二	廿三	廿四	廿五	廿六	廿七	廿八	廿九	卅	閏	二	三	四	五	六	七	八
星	5	6	日	1	2	3	4	5	6	日	1	2	3	4	5	6	日	1	2	3	4	5	6	日	1	2	3	4	5	6	日
干節	丁丑	戊寅	己卯	庚辰	辛巳	壬午	小暑	甲申	乙酉	丙戌	丁亥	戊子	己丑	庚寅	辛卯	壬辰	癸巳	甲午	乙未	丙申	丁酉	戊戌	大暑	庚子	辛丑	壬寅	癸卯	甲辰	乙巳	丙午	丁未

陽歷八月份　（陰歷閏六、七月份）

陽	8	2	3	4	5	6	7	8	9	10	11	12	13	14	15	16	17	18	19	20	21	22	23	24	25	26	27	28	29	30	31
陰	九	十	十一	十二	十三	十四	十五	十六	十七	十八	十九	廿	廿一	廿二	廿三	廿四	廿五	廿六	廿七	廿八	廿九	七	二	三	四	五	六	七	八	九	十
星	1	2	3	4	5	6	日	1	2	3	4	5	6	日	1	2	3	4	5	6	日	1	2	3	4	5	6	日	1	2	3
干節	戊申	己酉	庚戌	辛亥	壬子	癸丑	立秋	乙卯	丙辰	丁巳	戊午	己未	庚申	辛酉	壬戌	癸亥	甲子	乙丑	丙寅	丁卯	戊辰	己巳	處暑	辛未	壬申	癸酉	甲戌	乙亥	丙子	丁丑	戊寅

陽歷九月份　（陰歷七、八月份）

陽	9	2	3	4	5	6	7	8	9	10	11	12	13	14	15	16	17	18	19	20	21	22	23	24	25	26	27	28	29	30
陰	十一	十二	十三	十四	十五	十六	十七	十八	十九	廿	廿一	廿二	廿三	廿四	廿五	廿六	廿七	廿八	廿九	卅	八	二	三	四	五	六	七	八	九	十
星	4	5	6	日	1	2	3	4	5	6	日	1	2	3	4	5	6	日	1	2	3	4	5	6	日	1	2	3	4	5
干節	己卯	庚辰	辛巳	壬午	癸未	甲申	白露	丙戌	丁亥	戊子	己丑	庚寅	辛卯	壬辰	癸巳	甲午	乙未	丙申	丁酉	戊戌	己亥	庚子	秋分	壬寅	癸卯	甲辰	乙巳	丙午	丁未	戊申

陽歷十月份　（陰歷八、九月份）

陽	10	2	3	4	5	6	7	8	9	10	11	12	13	14	15	16	17	18	19	20	21	22	23	24	25	26	27	28	29	30	31
陰	十一	十二	十三	十四	十五	十六	十七	十八	十九	廿	廿一	廿二	廿三	廿四	廿五	廿六	廿七	廿八	廿九	卅	九	二	三	四	五	六	七	八	九	十	十一
星	6	日	1	2	3	4	5	6	日	1	2	3	4	5	6	日	1	2	3	4	5	6	日	1	2	3	4	5	6	日	1
干節	己酉	庚戌	辛亥	壬子	癸丑	甲寅	乙卯	寒露	丁巳	戊午	己未	庚申	辛酉	壬戌	癸亥	甲子	乙丑	丙寅	丁卯	戊辰	己巳	庚午	霜降	壬申	癸酉	甲戌	乙亥	丙子	丁丑	戊寅	己卯

陽歷十一月份　（陰歷九、十月份）

陽	11	2	3	4	5	6	7	8	9	10	11	12	13	14	15	16	17	18	19	20	21	22	23	24	25	26	27	28	29	30
陰	十二	十三	十四	十五	十六	十七	十八	十九	廿	廿一	廿二	廿三	廿四	廿五	廿六	廿七	廿八	廿九	十	二	三	四	五	六	七	八	九	十	十一	十二
星	2	3	4	5	6	日	1	2	3	4	5	6	日	1	2	3	4	5	6	日	1	2	3	4	5	6	日	1	2	3
干節	庚辰	辛巳	壬午	癸未	甲申	乙酉	立冬	丁亥	戊子	己丑	庚寅	辛卯	壬辰	癸巳	甲午	乙未	丙申	丁酉	戊戌	己亥	庚子	小雪	壬寅	癸卯	甲辰	乙巳	丙午	丁未	戊申	己酉

陽歷十二月份　（陰歷十、十一月份）

陽	12	2	3	4	5	6	7	8	9	10	11	12	13	14	15	16	17	18	19	20	21	22	23	24	25	26	27	28	29	30	31
陰	十三	十四	十五	十六	十七	十八	十九	廿	廿一	廿二	廿三	廿四	廿五	廿六	廿七	廿八	廿九	卅	十一	二	三	四	五	六	七	八	九	十	十一	十二	十三
星	4	5	6	日	1	2	3	4	5	6	日	1	2	3	4	5	6	日	1	2	3	4	5	6	日	1	2	3	4	5	6
干節	庚戌	辛亥	壬子	癸丑	甲寅	乙卯	大雪	丁巳	戊午	己未	庚申	辛酉	壬戌	癸亥	甲子	乙丑	丙寅	丁卯	戊辰	己巳	冬至	辛未	壬申	癸酉	甲戌	乙亥	丙子	丁丑	戊寅	己卯	庚辰

近世中西史日對照表

陽歷 一月份　(陰歷十一、十二月份)

陽	1	2	3	4	5	6	7	8	9	10	11	12	13	14	15	16	17	18	19	20	21	22	23	24	25	26	27	28	29	30	31
陰	十四	十五	十六	十七	十八	十九	廿	廿一	廿二	廿三	廿四	廿五	廿六	廿七	廿八	廿九	十二	二	三	四	五	六	七	八	九	十	十一	十二	十三	十四	十五
星	日	1	2	3	4	5	6	日	1	2	3	4	5	6	日	1	2	3	4	5	6	日	1	2	3	4	5	6	日	1	2
干節	辛巳	壬午	癸未	甲申	小寒	丙戌	丁亥	戊子	己丑	庚寅	辛卯	壬辰	癸巳	甲午	乙未	丙申	丁酉	戊戌	己亥	大寒	辛丑	壬寅	癸卯	甲辰	乙巳	丙午	丁未	戊申	己酉	庚戌	辛亥

陽歷 二月份　(陰歷十二、正月份)

陽	1	2	3	4	5	6	7	8	9	10	11	12	13	14	15	16	17	18	19	20	21	22	23	24	25	26	27	28
陰	十六	十七	十八	十九	廿	廿一	廿二	廿三	廿四	廿五	廿六	廿七	廿八	廿九	卅	正	二	三	四	五	六	七	八	九	十	十一	十二	十三
星	3	4	5	6	日	1	2	3	4	5	6	日	1	2	3	4	5	6	日	1	2	3	4	5	6	日	1	2
干節	壬子	癸丑	立春	乙卯	丙辰	丁巳	戊午	己未	庚申	辛酉	壬戌	癸亥	甲子	乙丑	丙寅	丁卯	戊辰	雨水	庚午	辛未	壬申	癸酉	甲戌	乙亥	丙子	丁丑	戊寅	己卯

陽歷 三月份　(陰歷正、二月份)

陽	1	2	3	4	5	6	7	8	9	10	11	12	13	14	15	16	17	18	19	20	21	22	23	24	25	26	27	28	29	30	31
陰	十四	十五	十六	十七	十八	十九	廿	廿一	廿二	廿三	廿四	廿五	廿六	廿七	廿八	廿九	二	二	三	四	五	六	七	八	九	十	十一	十二	十三	十四	十五
星	3	4	5	6	日	1	2	3	4	5	6	日	1	2	3	4	5	6	日	1	2	3	4	5	6	日	1	2	3	4	5
干節	庚辰	辛巳	壬午	癸未	驚蟄	乙酉	丙戌	丁亥	戊子	己丑	庚寅	辛卯	壬辰	癸巳	甲午	乙未	丙申	丁酉	戊戌	春分	庚子	辛丑	壬寅	癸卯	甲辰	乙巳	丙午	丁未	戊申	己酉	庚戌

陽歷 四月份　(陰歷二、三月份)

陽	1	2	3	4	5	6	7	8	9	10	11	12	13	14	15	16	17	18	19	20	21	22	23	24	25	26	27	28	29	30
陰	十六	十七	十八	十九	廿	廿一	廿二	廿三	廿四	廿五	廿六	廿七	廿八	廿九	卅	三	二	三	四	五	六	七	八	九	十	十一	十二	十三	十四	十五
星	6	日	1	2	3	4	5	6	日	1	2	3	4	5	6	日	1	2	3	4	5	6	日	1	2	3	4	5	6	日
干節	辛亥	壬子	癸丑	甲寅	清明	丙辰	丁巳	戊午	己未	庚申	辛酉	壬戌	癸亥	甲子	乙丑	丙寅	丁卯	戊辰	己巳	穀雨	辛未	壬申	癸酉	甲戌	乙亥	丙子	丁丑	戊寅	己卯	庚辰

陽歷 五月份　(陰歷三、四月份)

陽	1	2	3	4	5	6	7	8	9	10	11	12	13	14	15	16	17	18	19	20	21	22	23	24	25	26	27	28	29	30	31
陰	十六	十七	十八	十九	廿	廿一	廿二	廿三	廿四	廿五	廿六	廿七	廿八	廿九	四	二	三	四	五	六	七	八	九	十	十一	十二	十三	十四	十五	十六	十七
星	1	2	3	4	5	6	日	1	2	3	4	5	6	日	1	2	3	4	5	6	日	1	2	3	4	5	6	日	1	2	3
干節	辛巳	壬午	癸未	甲申	立夏	丙戌	丁亥	戊子	己丑	庚寅	辛卯	壬辰	癸巳	甲午	乙未	丙申	丁酉	戊戌	己亥	庚子	小滿	壬寅	癸卯	甲辰	乙巳	丙午	丁未	戊申	己酉	庚戌	辛亥

陽歷 六月份　(陰歷四、五月份)

陽	1	2	3	4	5	6	7	8	9	10	11	12	13	14	15	16	17	18	19	20	21	22	23	24	25	26	27	28	29	30
陰	十八	十九	廿	廿一	廿二	廿三	廿四	廿五	廿六	廿七	廿八	廿九	五	二	三	四	五	六	七	八	九	十	十一	十二	十三	十四	十五	十六	十七	十八
星	4	5	6	日	1	2	3	4	5	6	日	1	2	3	4	5	6	日	1	2	3	4	5	6	日	1	2	3	4	5
干節	壬子	癸丑	甲寅	乙卯	丙辰	芒種	戊午	己未	庚申	辛酉	壬戌	癸亥	甲子	乙丑	丙寅	丁卯	戊辰	己巳	庚午	辛未	夏至	癸酉	甲戌	乙亥	丙子	丁丑	戊寅	己卯	庚辰	辛巳

辛酉

一七四一年

（清高宗乾隆六年）

陽歷七月份　（陰歷五、六月份）

陽	7	2	3	4	5	6	7	8	9	10	11	12	13	14	15	16	17	18	19	20	21	22	23	24	25	26	27	28	29	30	31
陰	十九	廿	廿一	廿二	廿三	廿四	廿五	廿六	廿七	廿八	廿九	卅	六	二	三	四	五	六	七	八	九	十	十一	十二	十三	十四	十五	十六	十七	十八	十九
星	6	日	1	2	3	4	5	6	日	1	2	3	4	5	6	日	1	2	3	4	5	6	日	1	2	3	4	5	6	日	1
干節	壬午	癸未	甲申	乙酉	丙戌	丁亥	小暑	己丑	庚寅	辛卯	壬辰	癸巳	甲午	乙未	丙申	丁酉	戊戌	己亥	庚子	辛丑	壬寅	癸卯	大暑	乙巳	丙午	丁未	戊申	己酉	庚戌	辛亥	壬子

陽歷八月份　（陰歷六、七月份）

陽	8	2	3	4	5	6	7	8	9	10	11	12	13	14	15	16	17	18	19	20	21	22	23	24	25	26	27	28	29	30	31
陰	廿	廿一	廿二	廿三	廿四	廿五	廿六	廿七	廿八	廿九	七	二	三	四	五	六	七	八	九	十	十一	十二	十三	十四	十五	十六	十七	十八	十九	廿	廿一
星	2	3	4	5	6	日	1	2	3	4	5	6	日	1	2	3	4	5	6	日	1	2	3	4	5	6	日	1	2	3	4
干節	癸丑	甲寅	乙卯	丙辰	丁巳	戊午	立秋	庚申	辛酉	壬戌	癸亥	甲子	乙丑	丙寅	丁卯	戊辰	己巳	庚午	辛未	壬申	癸酉	甲戌	處暑	丙子	丁丑	戊寅	己卯	庚辰	辛巳	壬午	癸未

陽歷九月份　（陰歷七、八月份）

陽	9	2	3	4	5	6	7	8	9	10	11	12	13	14	15	16	17	18	19	20	21	22	23	24	25	26	27	28	29	30	
陰	廿二	廿三	廿四	廿五	廿六	廿七	廿八	廿九	卅	八	二	三	四	五	六	七	八	九	十	十一	十二	十三	十四	十五	十六	十七	十八	十九	廿	廿一	
星	5	6	日	1	2	3	4	5	6	日	1	2	3	4	5	6	日	1	2	3	4	5	6	日	1	2	3	4	5	6	
干節	甲申	乙酉	丙戌	丁亥	戊子	己丑	庚寅	白露	壬辰	癸巳	甲午	乙未	丙申	丁酉	戊戌	己亥	庚子	辛丑	壬寅	癸卯	甲辰	乙巳	秋分	丁未	戊申	己酉	庚戌	辛亥	壬子	癸丑	

陽歷十月份　（陰歷八、九月份）

陽	10	2	3	4	5	6	7	8	9	10	11	12	13	14	15	16	17	18	19	20	21	22	23	24	25	26	27	28	29	30	31
陰	廿二	廿三	廿四	廿五	廿六	廿七	廿八	廿九	卅	九	二	三	四	五	六	七	八	九	十	十一	十二	十三	十四	十五	十六	十七	十八	十九	廿	廿一	廿二
星	日	1	2	3	4	5	6	日	1	2	3	4	5	6	日	1	2	3	4	5	6	日	1	2	3	4	5	6	日	1	2
干節	甲寅	乙卯	丙辰	丁巳	戊午	己未	庚申	寒露	壬戌	癸亥	甲子	乙丑	丙寅	丁卯	戊辰	己巳	庚午	辛未	壬申	癸酉	甲戌	乙亥	霜降	丁丑	戊寅	己卯	庚辰	辛巳	壬午	癸未	甲申

陽歷十一月份　（陰歷九、十月份）

陽	11	2	3	4	5	6	7	8	9	10	11	12	13	14	15	16	17	18	19	20	21	22	23	24	25	26	27	28	29	30	
陰	廿三	廿四	廿五	廿六	廿七	廿八	廿九	十	二	三	四	五	六	七	八	九	十	十一	十二	十三	十四	十五	十六	十七	十八	十九	廿	廿一	廿二	廿三	
星	3	4	5	6	日	1	2	3	4	5	6	日	1	2	3	4	5	6	日	1	2	3	4	5	6	日	1	2	3	4	
干節	乙酉	丙戌	丁亥	戊子	己丑	庚寅	立冬	壬辰	癸巳	甲午	乙未	丙申	丁酉	戊戌	己亥	庚子	辛丑	壬寅	癸卯	甲辰	乙巳	小雪	丁未	戊申	己酉	庚戌	辛亥	壬子	癸丑	甲寅	

陽歷十二月份　（陰歷十、十一月份）

陽	12	2	3	4	5	6	7	8	9	10	11	12	13	14	15	16	17	18	19	20	21	22	23	24	25	26	27	28	29	30	31
陰	廿四	廿五	廿六	廿七	廿八	廿九	卅	十一	二	三	四	五	六	七	八	九	十	十一	十二	十三	十四	十五	十六	十七	十八	十九	廿	廿一	廿二	廿三	廿四
星	5	6	日	1	2	3	4	5	6	日	1	2	3	4	5	6	日	1	2	3	4	5	6	日	1	2	3	4	5	6	日
干節	乙卯	丙辰	丁巳	戊午	己未	庚申	大雪	壬戌	癸亥	甲子	乙丑	丙寅	丁卯	戊辰	己巳	庚午	辛未	壬申	癸酉	甲戌	乙亥	冬至	丁丑	戊寅	己卯	庚辰	辛巳	壬午	癸未	甲申	乙酉

近世中西史日對照表

陽歷 一月份　(陰歷十一、十二月份)

陽	1	2	3	4	5	6	7	8	9	10	11	12	13	14	15	16	17	18	19	20	21	22	23	24	25	26	27	28	29	30	31
陰	廿五	廿六	廿七	廿八	廿九	卅	十二	二	三	四	五	六	七	八	九	十	十一	十二	十三	十四	十五	十六	十七	十八	十九	廿	廿一	廿二	廿三	廿四	廿五
星	1	2	3	4	5	6	日	1	2	3	4	5	6	日	1	2	3	4	5	6	日	1	2	3	4	5	6	日	1	2	3
干節	丙戌	丁亥	戊子	己丑	小寒	辛卯	壬辰	癸巳	甲午	乙未	丙申	丁酉	戊戌	己亥	庚子	辛丑	壬寅	癸卯	甲辰	大寒	丙午	丁未	戊申	己酉	庚戌	辛亥	壬子	癸丑	甲寅	乙卯	丙辰

陽歷 二月份　(陰歷十二、正月份)

陽	2	2	3	4	5	6	7	8	9	10	11	12	13	14	15	16	17	18	19	20	21	22	23	24	25	26	27	28			
陰	廿六	廿七	廿八	廿九	正	二	三	四	五	六	七	八	九	十	十一	十二	十三	十四	十五	十六	十七	十八	十九	廿	廿一	廿二	廿三	廿四			
星	4	5	6	日	1	2	3	4	5	6	日	1	2	3	4	5	6	日	1	2	3	4	5	6	日	1	2	3			
干節	丁巳	戊午	己未	立春	辛酉	壬戌	癸亥	甲子	乙丑	丙寅	丁卯	戊辰	己巳	庚午	辛未	壬申	癸酉	甲戌	雨水	丙子	丁丑	戊寅	己卯	庚辰	辛巳	壬午	癸未	甲申			

陽歷 三月份　(陰歷正、二月份)

陽	3	2	3	4	5	6	7	8	9	10	11	12	13	14	15	16	17	18	19	20	21	22	23	24	25	26	27	28	29	30	31
陰	廿五	廿六	廿七	廿八	廿九	卅	二	二	三	四	五	六	七	八	九	十	十一	十二	十三	十四	十五	十六	十七	十八	十九	廿	廿一	廿二	廿三	廿四	廿五
星	4	5	6	日	1	2	3	4	5	6	日	1	2	3	4	5	6	日	1	2	3	4	5	6	日	1	2	3	4	5	6
干節	乙酉	丙戌	丁亥	戊子	己丑	驚蟄	辛卯	壬辰	癸巳	甲午	乙未	丙申	丁酉	戊戌	己亥	庚子	辛丑	壬寅	癸卯	甲辰	春分	丙午	丁未	戊申	己酉	庚戌	辛亥	壬子	癸丑	甲寅	乙卯

陽歷 四月份　(陰歷二、三月份)

陽	4	2	3	4	5	6	7	8	9	10	11	12	13	14	15	16	17	18	19	20	21	22	23	24	25	26	27	28	29	30	
陰	廿六	廿七	廿八	廿九	三	二	三	四	五	六	七	八	九	十	十一	十二	十三	十四	十五	十六	十七	十八	十九	廿	廿一	廿二	廿三	廿四	廿五	廿六	
星	日	1	2	3	4	5	6	日	1	2	3	4	5	6	日	1	2	3	4	5	6	日	1	2	3	4	5	6	日	1	
干節	丙辰	丁巳	戊午	己未	清明	辛酉	壬戌	癸亥	甲子	乙丑	丙寅	丁卯	戊辰	己巳	庚午	辛未	壬申	癸酉	甲戌	穀雨	丙子	丁丑	戊寅	己卯	庚辰	辛巳	壬午	癸未	甲申	乙酉	

陽歷 五月份　(陰歷三、四月份)

陽	5	2	3	4	5	6	7	8	9	10	11	12	13	14	15	16	17	18	19	20	21	22	23	24	25	26	27	28	29	30	31
陰	廿七	廿八	廿九	卅	四	二	三	四	五	六	七	八	九	十	十一	十二	十三	十四	十五	十六	十七	十八	十九	廿	廿一	廿二	廿三	廿四	廿五	廿六	廿七
星	2	3	4	5	6	日	1	2	3	4	5	6	日	1	2	3	4	5	6	日	1	2	3	4	5	6	日	1	2	3	4
干節	丙戌	丁亥	戊子	己丑	庚寅	立夏	壬辰	癸巳	甲午	乙未	丙申	丁酉	戊戌	己亥	庚子	辛丑	壬寅	癸卯	甲辰	乙巳	小滿	丁未	戊申	己酉	庚戌	辛亥	壬子	癸丑	甲寅	乙卯	丙辰

陽歷 六月份　(陰歷四、五月份)

陽	6	2	3	4	5	6	7	8	9	10	11	12	13	14	15	16	17	18	19	20	21	22	23	24	25	26	27	28	29	30	
陰	廿八	廿九	五	二	三	四	五	六	七	八	九	十	十一	十二	十三	十四	十五	十六	十七	十八	十九	廿	廿一	廿二	廿三	廿四	廿五	廿六	廿七	廿八	
星	5	6	日	1	2	3	4	5	6	日	1	2	3	4	5	6	日	1	2	3	4	5	6	日	1	2	3	4	5	6	
干節	丁巳	戊午	己未	庚申	辛酉	芒種	癸亥	甲子	乙丑	丙寅	丁卯	戊辰	己巳	庚午	辛未	壬申	癸酉	甲戌	乙亥	丙子	丁丑	夏至	己卯	庚辰	辛巳	壬午	癸未	甲申	乙酉	丙戌	

壬戌

一七四二年

（清高宗乾隆七年）

陽曆七月份　（陰曆五、六月份）

陽	**7**	2	3	4	5	6	7	8	9	10	11	12	13	14	15	16	17	18	19	20	21	22	23	24	25	26	27	28	29	30	31
陰	廿九	**六**	二	三	四	五	六	七	八	九	十	十一	十二	十三	十四	十五	十六	十七	十八	十九	廿	廿一	廿二	廿三	廿四	廿五	廿六	廿七	廿八	廿九	卅
星	日	1	2	3	4	5	6	日	1	2	3	4	5	6	日	1	2	3	4	5	6	日	1	2	3	4	5	6	日	1	2
干節	丁亥	戊子	己丑	庚寅	辛卯	壬辰	小暑	甲午	乙未	丙申	丁酉	戊戌	己亥	庚子	辛丑	壬寅	癸卯	甲辰	乙巳	丙午	丁未	戊申	大暑	庚戌	辛亥	壬子	癸丑	甲寅	乙卯	丙辰	丁巳

陽曆八月份　（陰曆七、八月份）

陽	**8**	2	3	4	5	6	7	8	9	10	11	12	13	14	15	16	17	18	19	20	21	22	23	24	25	26	27	28	29	30	31
陰	**七**	二	三	四	五	六	七	八	九	十	十一	十二	十三	十四	十五	十六	十七	十八	十九	廿	廿一	廿二	廿三	廿四	廿五	廿六	廿七	廿八	廿九	**八**	二
星	3	4	5	6	日	1	2	3	4	5	6	日	1	2	3	4	5	6	日	1	2	3	4	5	6	日	1	2	3	4	5
干節	戊午	己未	庚申	辛酉	壬戌	癸亥	甲子	立秋	丙寅	丁卯	戊辰	己巳	庚午	辛未	壬申	癸酉	甲戌	乙亥	丙子	丁丑	戊寅	己卯	處暑	辛巳	壬午	癸未	甲申	乙酉	丙戌	丁亥	戊子

陽曆九月份　（陰曆八、九月份）

陽	**9**	2	3	4	5	6	7	8	9	10	11	12	13	14	15	16	17	18	19	20	21	22	23	24	25	26	27	28	29	30	
陰	三	四	五	六	七	八	九	十	十一	十二	十三	十四	十五	十六	十七	十八	十九	廿	廿一	廿二	廿三	廿四	廿五	廿六	廿七	廿八	廿九	卅	**九**	二	
星	6	日	1	2	3	4	5	6	日	1	2	3	4	5	6	日	1	2	3	4	5	6	日	1	2	3	4	5	6	日	
干節	己丑	庚寅	辛卯	壬辰	癸巳	甲午	乙未	白露	丁酉	戊戌	己亥	庚子	辛丑	壬寅	癸卯	甲辰	乙巳	丙午	丁未	戊申	己酉	庚戌	秋分	壬子	癸丑	甲寅	乙卯	丙辰	丁巳	戊午	

陽曆十月份　（陰曆九、十月份）

陽	**10**	2	3	4	5	6	7	8	9	10	11	12	13	14	15	16	17	18	19	20	21	22	23	24	25	26	27	28	29	30	31
陰	三	四	五	六	七	八	九	十	十一	十二	十三	十四	十五	十六	十七	十八	十九	廿	廿一	廿二	廿三	廿四	廿五	廿六	廿七	廿八	廿九	**十**	二	三	四
星	1	2	3	4	5	6	日	1	2	3	4	5	6	日	1	2	3	4	5	6	日	1	2	3	4	5	6	日	1	2	3
干節	己未	庚申	辛酉	壬戌	癸亥	甲子	乙丑	寒露	丁卯	戊辰	己巳	庚午	辛未	壬申	癸酉	甲戌	乙亥	丙子	丁丑	戊寅	己卯	庚辰	霜降	壬午	癸未	甲申	乙酉	丙戌	丁亥	戊子	己丑

陽曆十一月份　（陰曆十、十一月份）

陽	**11**	2	3	4	5	6	7	8	9	10	11	12	13	14	15	16	17	18	19	20	21	22	23	24	25	26	27	28	29	30	
陰	五	六	七	八	九	十	十一	十二	十三	十四	十五	十六	十七	十八	十九	廿	廿一	廿二	廿三	廿四	廿五	廿六	廿七	廿八	廿九	卅	**十一**	二	三	四	
星	4	5	6	日	1	2	3	4	5	6	日	1	2	3	4	5	6	日	1	2	3	4	5	6	日	1	2	3	4	5	
干節	庚寅	辛卯	壬辰	癸巳	甲午	乙未	立冬	丁酉	戊戌	己亥	庚子	辛丑	壬寅	癸卯	甲辰	乙巳	丙午	丁未	戊申	己酉	庚戌	小雪	壬子	癸丑	甲寅	乙卯	丙辰	丁巳	戊午	己未	

陽曆十二月份　（陰曆十一、十二月份）

陽	**12**	2	3	4	5	6	7	8	9	10	11	12	13	14	15	16	17	18	19	20	21	22	23	24	25	26	27	28	29	30	31
陰	五	六	七	八	九	十	十一	十二	十三	十四	十五	十六	十七	十八	十九	廿	廿一	廿二	廿三	廿四	廿五	廿六	廿七	廿八	廿九	卅	**十二**	二	三	四	五
星	6	日	1	2	3	4	5	6	日	1	2	3	4	5	6	日	1	2	3	4	5	6	日	1	2	3	4	5	6	日	1
干節	庚申	辛酉	壬戌	癸亥	甲子	乙丑	大雪	丁卯	戊辰	己巳	庚午	辛未	壬申	癸酉	甲戌	乙亥	丙子	丁丑	戊寅	己卯	庚辰	冬至	壬午	癸未	甲申	乙酉	丙戌	丁亥	戊子	己丑	庚寅

癸亥 一七四三年（清高宗乾隆八年）

陽歷一月份（陰歷十二、正月份）

陽	1	2	3	4	5	6	7	8	9	10	11	12	13	14	15	16	17	18	19	20	21	22	23	24	25	26	27	28	29	30	31
陰	六	七	八	九	十	十一	十二	十三	十四	十五	十六	十七	十八	十九	廿	廿一	廿二	廿三	廿四	廿五	廿六	廿七	廿八	廿九	卅	正	二	三	四	五	六
星	2	3	4	5	6	日	1	2	3	4	5	6	日	1	2	3	4	5	6	日	1	2	3	4	5	6	日	1	2	3	4
干節	辛卯	壬辰	癸巳	甲午	小寒	丙申	丁酉	戊戌	己亥	庚子	辛丑	壬寅	癸卯	甲辰	乙巳	丙午	丁未	戊申	己酉	大寒	辛亥	壬子	癸丑	甲寅	乙卯	丙辰	丁巳	戊午	己未	庚申	辛酉

陽歷二月份（陰歷正、二月份）

陽	2	2	3	4	5	6	7	8	9	10	11	12	13	14	15	16	17	18	19	20	21	22	23	24	25	26	27	28
陰	七	八	九	十	十一	十二	十三	十四	十五	十六	十七	十八	十九	廿	廿一	廿二	廿三	廿四	廿五	廿六	廿七	廿八	廿九	二	二	三	四	五
星	5	6	日	1	2	3	4	5	6	日	1	2	3	4	5	6	日	1	2	3	4	5	6	日	1	2	3	4
干節	壬戌	癸亥	甲子	立春	丙寅	丁卯	戊辰	己巳	庚午	辛未	壬申	癸酉	甲戌	乙亥	丙子	丁丑	戊寅	己卯	雨水	辛巳	壬午	癸未	甲申	乙酉	丙戌	丁亥	戊子	己丑

陽歷三月份（陰歷二、三月份）

陽	3	2	3	4	5	6	7	8	9	10	11	12	13	14	15	16	17	18	19	20	21	22	23	24	25	26	27	28	29	30	31
陰	六	七	八	九	十	十一	十二	十三	十四	十五	十六	十七	十八	十九	廿	廿一	廿二	廿三	廿四	廿五	廿六	廿七	廿八	廿九	卅	三	二	三	四	五	六
星	5	6	日	1	2	3	4	5	6	日	1	2	3	4	5	6	日	1	2	3	4	5	6	日	1	2	3	4	5	6	日
干節	庚寅	辛卯	壬辰	癸巳	甲午	驚蟄	丙申	丁酉	戊戌	己亥	庚子	辛丑	壬寅	癸卯	甲辰	乙巳	丙午	丁未	戊申	己酉	春分	辛亥	壬子	癸丑	甲寅	乙卯	丙辰	丁巳	戊午	己未	庚申

陽歷四月份（陰歷三、四月份）

陽	4	2	3	4	5	6	7	8	9	10	11	12	13	14	15	16	17	18	19	20	21	22	23	24	25	26	27	28	29	30
陰	七	八	九	十	十一	十二	十三	十四	十五	十六	十七	十八	十九	廿	廿一	廿二	廿三	廿四	廿五	廿六	廿七	廿八	廿九	四	二	三	四	五	六	七
星	1	2	3	4	5	6	日	1	2	3	4	5	6	日	1	2	3	4	5	6	日	1	2	3	4	5	6	日	1	2
干節	辛酉	壬戌	癸亥	甲子	清明	丙寅	丁卯	戊辰	己巳	庚午	辛未	壬申	癸酉	甲戌	乙亥	丙子	丁丑	戊寅	己卯	穀雨	辛巳	壬午	癸未	甲申	乙酉	丙戌	丁亥	戊子	己丑	庚寅

陽歷五月份（陰歷四、閏四月份）

陽	5	2	3	4	5	6	7	8	9	10	11	12	13	14	15	16	17	18	19	20	21	22	23	24	25	26	27	28	29	30	31
陰	八	九	十	十一	十二	十三	十四	十五	十六	十七	十八	十九	廿	廿一	廿二	廿三	廿四	廿五	廿六	廿七	廿八	廿九	卅	閏	二	三	四	五	六	七	八
星	3	4	5	6	日	1	2	3	4	5	6	日	1	2	3	4	5	6	日	1	2	3	4	5	6	日	1	2	3	4	5
干節	辛卯	壬辰	癸巳	甲午	乙未	立夏	丁酉	戊戌	己亥	庚子	辛丑	壬寅	癸卯	甲辰	乙巳	丙午	丁未	戊申	己酉	庚戌	小滿	壬子	癸丑	甲寅	乙卯	丙辰	丁巳	戊午	己未	庚申	辛酉

陽歷六月份（陰歷閏四、五月份）

陽	6	2	3	4	5	6	7	8	9	10	11	12	13	14	15	16	17	18	19	20	21	22	23	24	25	26	27	28	29	30
陰	九	十	十一	十二	十三	十四	十五	十六	十七	十八	十九	廿	廿一	廿二	廿三	廿四	廿五	廿六	廿七	廿八	廿九	五	二	三	四	五	六	七	八	九
星	6	日	1	2	3	4	5	6	日	1	2	3	4	5	6	日	1	2	3	4	5	6	日	1	2	3	4	5	6	日
干節	壬戌	癸亥	甲子	乙丑	丙寅	芒種	戊辰	己巳	庚午	辛未	壬申	癸酉	甲戌	乙亥	丙子	丁丑	戊寅	己卯	庚辰	辛巳	壬午	夏至	甲申	乙酉	丙戌	丁亥	戊子	己丑	庚寅	辛卯

癸亥　一七四三年　（清高宗乾隆八年）

陽歷七月份　（陰歷五、六月份）

陽	**7**	2	3	4	5	6	7	8	9	10	11	12	13	14	15	16	17	18	19	20	21	22	23	24	25	26	27	28	29	30	31
陰	十	十一	十二	十三	十四	十五	十六	十七	十八	十九	廿	廿一	廿二	廿三	廿四	廿五	廿六	廿七	廿八	廿九	**六**	二	三	四	五	六	七	八	九	十	十一
星	1	2	3	4	5	6	**日**	1	2	3	4	5	6	**日**	1	2	3	4	5	6	**日**	1	2	3	4	5	6	**日**	1	2	3
干節	壬辰	癸巳	甲午	乙未	丙申	丁酉	戊戌	**小暑**	庚子	辛丑	壬寅	癸卯	甲辰	乙巳	丙午	丁未	戊申	己酉	庚戌	辛亥	壬子	癸丑	**大暑**	乙卯	丙辰	丁巳	戊午	己未	庚申	辛酉	壬戌

陽歷八月份　（陰歷六、七月份）

陽	**8**	2	3	4	5	6	7	8	9	10	11	12	13	14	15	16	17	18	19	20	21	22	23	24	25	26	27	28	29	30	31
陰	十二	十三	十四	十五	十六	十七	十八	十九	廿	廿一	廿二	廿三	廿四	廿五	廿六	廿七	廿八	廿九	**七**	二	三	四	五	六	七	八	九	十	十一	十二	十三
星	4	5	6	**日**	1	2	3	4	5	6	**日**	1	2	3	4	5	6	**日**	1	2	3	4	5	6	**日**	1	2	3	4	5	6
干節	癸亥	甲子	乙丑	丙寅	丁卯	戊辰	己巳	**立秋**	辛未	壬申	癸酉	甲戌	乙亥	丙子	丁丑	戊寅	己卯	庚辰	辛巳	壬午	癸未	甲申	乙酉	**處暑**	丁亥	戊子	己丑	庚寅	辛卯	壬辰	癸巳

陽歷九月份　（陰歷七、八月份）

陽	**9**	2	3	4	5	6	7	8	9	10	11	12	13	14	15	16	17	18	19	20	21	22	23	24	25	26	27	28	29	30
陰	十四	十五	十六	十七	十八	十九	廿	廿一	廿二	廿三	廿四	廿五	廿六	廿七	廿八	廿九	卅	**八**	二	三	四	五	六	七	八	九	十	十一	十二	十三
星	**日**	1	2	3	4	5	6	**日**	1	2	3	4	5	6	**日**	1	2	3	4	5	6	**日**	1	2	3	4	5	6	**日**	1
干節	甲午	乙未	丙申	丁酉	戊戌	己亥	庚子	**白露**	壬寅	癸卯	甲辰	乙巳	丙午	丁未	戊申	己酉	庚戌	辛亥	壬子	癸丑	甲寅	乙卯	**秋分**	丁巳	戊午	己未	庚申	辛酉	壬戌	癸亥

陽歷十月份　（陰歷八、九月份）

陽	**10**	2	3	4	5	6	7	8	9	10	11	12	13	14	15	16	17	18	19	20	21	22	23	24	25	26	27	28	29	30	31
陰	十四	十五	十六	十七	十八	十九	廿	廿一	廿二	廿三	廿四	廿五	廿六	廿七	廿八	廿九	**九**	二	三	四	五	六	七	八	九	十	十一	十二	十三	十四	十五
星	2	3	4	5	6	**日**	1	2	3	4	5	6	**日**	1	2	3	4	5	6	**日**	1	2	3	4	5	6	**日**	1	2	3	4
干節	甲子	乙丑	丙寅	丁卯	戊辰	己巳	庚午	辛未	**寒露**	癸酉	甲戌	乙亥	丙子	丁丑	戊寅	己卯	庚辰	辛巳	壬午	癸未	甲申	乙酉	丙戌	**霜降**	戊子	己丑	庚寅	辛卯	壬辰	癸巳	甲午

陽歷十一月份　（陰歷九、十月份）

陽	**11**	2	3	4	5	6	7	8	9	10	11	12	13	14	15	16	17	18	19	20	21	22	23	24	25	26	27	28	29	30
陰	十六	十七	十八	十九	廿	廿一	廿二	廿三	廿四	廿五	廿六	廿七	廿八	廿九	卅	**十**	二	三	四	五	六	七	八	九	十	十一	十二	十三	十四	十五
星	5	6	**日**	1	2	3	4	5	6	**日**	1	2	3	4	5	6	**日**	1	2	3	4	5	6	**日**	1	2	3	4	5	6
干節	乙未	丙申	丁酉	戊戌	己亥	庚子	辛丑	**立冬**	癸卯	甲辰	乙巳	丙午	丁未	戊申	己酉	庚戌	辛亥	壬子	癸丑	甲寅	乙卯	**小雪**	丁巳	戊午	己未	庚申	辛酉	壬戌	癸亥	甲子

陽歷十二月份　（陰歷十、十一月份）

陽	**12**	2	3	4	5	6	7	8	9	10	11	12	13	14	15	16	17	18	19	20	21	22	23	24	25	26	27	28	29	30	31
陰	十六	十七	十八	十九	廿	廿一	廿二	廿三	廿四	廿五	廿六	廿七	廿八	廿九	卅	**十一**	二	三	四	五	六	七	八	九	十	十一	十二	十三	十四	十五	十六
星	**日**	1	2	3	4	5	6	**日**	1	2	3	4	5	6	**日**	1	2	3	4	5	6	**日**	1	2	3	4	5	6	**日**	1	2
干節	乙丑	丙寅	丁卯	戊辰	己巳	庚午	**大雪**	壬申	癸酉	甲戌	乙亥	丙子	丁丑	戊寅	己卯	庚辰	辛巳	壬午	癸未	甲申	乙酉	**冬至**	丁亥	戊子	己丑	庚寅	辛卯	壬辰	癸巳	甲午	乙未

近世中西史日對照表

甲子 一七四四年 （清高宗乾隆九年）

陽歷一月份　（陰歷十一、十二月份）

陽	1	2	3	4	5	6	7	8	9	10	11	12	13	14	15	16	17	18	19	20	21	22	23	24	25	26	27	28	29	30	31
陰	十七	十八	十九	廿	廿一	廿二	廿三	廿四	廿五	廿六	廿七	廿八	廿九	卅	十二	二	三	四	五	六	七	八	九	十	十一	十二	十三	十四	十五	十六	十七
星	3	4	5	6	日	1	2	3	4	5	6	日	1	2	3	4	5	6	日	1	2	3	4	5	6	日	1	2	3	4	5
干節	丙申	丁酉	戊戌	己亥	庚子	小寒	壬寅	癸卯	甲辰	乙巳	丙午	丁未	戊申	己酉	庚戌	辛亥	壬子	癸丑	甲寅	大寒	丙辰	丁巳	戊午	己未	庚申	辛酉	壬戌	癸亥	甲子	乙丑	丙寅

陽歷二月份　（陰歷十二、正月份）

陽	2	2	3	4	5	6	7	8	9	10	11	12	13	14	15	16	17	18	19	20	21	22	23	24	25	26	27	28	29
陰	十八	十九	廿	廿一	廿二	廿三	廿四	廿五	廿六	廿七	廿八	廿九	正	二	三	四	五	六	七	八	九	十	十一	十二	十三	十四	十五	十六	十七
星	6	日	1	2	3	4	5	6	日	1	2	3	4	5	6	日	1	2	3	4	5	6	日	1	2	3	4	5	6
干節	丁卯	戊辰	己巳	立春	辛未	壬申	癸酉	甲戌	乙亥	丙子	丁丑	戊寅	己卯	庚辰	辛巳	壬午	癸未	甲申	雨水	丙戌	丁亥	戊子	己丑	庚寅	辛卯	壬辰	癸巳	甲午	乙未

陽歷三月份　（陰歷正、二月份）

陽	3	2	3	4	5	6	7	8	9	10	11	12	13	14	15	16	17	18	19	20	21	22	23	24	25	26	27	28	29	30	31
陰	十八	十九	廿	廿一	廿二	廿三	廿四	廿五	廿六	廿七	廿八	廿九	卅	二	二	三	四	五	六	七	八	九	十	十一	十二	十三	十四	十五	十六	十七	十八
星	日	1	2	3	4	5	6	日	1	2	3	4	5	6	日	1	2	3	4	5	6	日	1	2	3	4	5	6	日	1	2
干節	丙申	丁酉	戊戌	己亥	驚蟄	辛丑	壬寅	癸卯	甲辰	乙巳	丙午	丁未	戊申	己酉	庚戌	辛亥	壬子	癸丑	甲寅	春分	丙辰	丁巳	戊午	己未	庚申	辛酉	壬戌	癸亥	甲子	乙丑	丙寅

陽歷四月份　（陰歷二、三月份）

陽	4	2	3	4	5	6	7	8	9	10	11	12	13	14	15	16	17	18	19	20	21	22	23	24	25	26	27	28	29	30
陰	十九	廿	廿一	廿二	廿三	廿四	廿五	廿六	廿七	廿八	廿九	卅	三	二	三	四	五	六	七	八	九	十	十一	十二	十三	十四	十五	十六	十七	十八
星	3	4	5	6	日	1	2	3	4	5	6	日	1	2	3	4	5	6	日	1	2	3	4	5	6	日	1	2	3	4
干節	丁卯	戊辰	己巳	清明	辛未	壬申	癸酉	甲戌	乙亥	丙子	丁丑	戊寅	己卯	庚辰	辛巳	壬午	癸未	甲申	乙酉	穀雨	丁亥	戊子	己丑	庚寅	辛卯	壬辰	癸巳	甲午	乙未	丙申

陽歷五月份　（陰歷三、四月份）

陽	5	2	3	4	5	6	7	8	9	10	11	12	13	14	15	16	17	18	19	20	21	22	23	24	25	26	27	28	29	30	31
陰	十九	廿	廿一	廿二	廿三	廿四	廿五	廿六	廿七	廿八	廿九	四	二	三	四	五	六	七	八	九	十	十一	十二	十三	十四	十五	十六	十七	十八	十九	廿
星	5	6	日	1	2	3	4	5	6	日	1	2	3	4	5	6	日	1	2	3	4	5	6	日	1	2	3	4	5	6	日
干節	丁酉	戊戌	己亥	庚子	立夏	壬寅	癸卯	甲辰	乙巳	丙午	丁未	戊申	己酉	庚戌	辛亥	壬子	癸丑	甲寅	乙卯	丙辰	小滿	戊午	己未	庚申	辛酉	壬戌	癸亥	甲子	乙丑	丙寅	丁卯

陽歷六月份　（陰歷四、五月份）

陽	6	2	3	4	5	6	7	8	9	10	11	12	13	14	15	16	17	18	19	20	21	22	23	24	25	26	27	28	29	30
陰	廿一	廿二	廿三	廿四	廿五	廿六	廿七	廿八	廿九	卅	五	二	三	四	五	六	七	八	九	十	十一	十二	十三	十四	十五	十六	十七	十八	十九	廿
星	1	2	3	4	5	6	日	1	2	3	4	5	6	日	1	2	3	4	5	6	日	1	2	3	4	5	6	日	1	2
干節	戊辰	己巳	庚午	辛未	芒種	癸酉	甲戌	乙亥	丙子	丁丑	戊寅	己卯	庚辰	辛巳	壬午	癸未	甲申	乙酉	丙戌	丁亥	夏至	己丑	庚寅	辛卯	壬辰	癸巳	甲午	乙未	丙申	丁酉

甲子

一七四四年

（清高宗乾隆九年）

陽歷七月份　（陰歷五、六月份）

陽	7	2	3	4	5	6	7	8	9	10	11	12	13	14	15	16	17	18	19	20	21	22	23	24	25	26	27	28	29	30	31
陰	廿一	廿二	廿三	廿四	廿五	廿六	廿七	廿八	廿九	六	二	三	四	五	六	七	八	九	十	十一	十二	十三	十四	十五	十六	十七	十八	十九	廿	廿一	廿二
星	3	4	5	6	日	1	2	3	4	5	6	日	1	2	3	4	5	6	日	1	2	3	4	5	6	日	1	2	3	4	5
干節	戊戌	己亥	庚子	辛丑	壬寅	癸卯	小暑	乙巳	丙午	丁未	戊申	己酉	庚戌	辛亥	壬子	癸丑	甲寅	乙卯	丙辰	丁巳	戊午	大暑	庚申	辛酉	壬戌	癸亥	甲子	乙丑	丙寅	丁卯	戊辰

陽歷八月份　（陰歷六、七月份）

陽	8	2	3	4	5	6	7	8	9	10	11	12	13	14	15	16	17	18	19	20	21	22	23	24	25	26	27	28	29	30	31
陰	廿三	廿四	廿五	廿六	廿七	廿八	廿九	七	二	三	四	五	六	七	八	九	十	十一	十二	十三	十四	十五	十六	十七	十八	十九	廿	廿一	廿二	廿三	廿四
星	6	日	1	2	3	4	5	6	日	1	2	3	4	5	6	日	1	2	3	4	5	6	日	1	2	3	4	5	6	日	1
干節	己巳	庚午	辛未	壬申	癸酉	甲戌	立秋	丙子	丁丑	戊寅	己卯	庚辰	辛巳	壬午	癸未	甲申	乙酉	丙戌	丁亥	戊子	己丑	庚寅	處暑	壬辰	癸巳	甲午	乙未	丙申	丁酉	戊戌	己亥

陽歷九月份　（陰歷七、八月份）

陽	9	2	3	4	5	6	7	8	9	10	11	12	13	14	15	16	17	18	19	20	21	22	23	24	25	26	27	28	29	30	
陰	廿五	廿六	廿七	廿八	廿九	八	二	三	四	五	六	七	八	九	十	十一	十二	十三	十四	十五	十六	十七	十八	十九	廿	廿一	廿二	廿三	廿四	廿五	
星	2	3	4	5	6	日	1	2	3	4	5	6	日	1	2	3	4	5	6	日	1	2	3	4	5	6	日	1	2	3	
干節	庚子	辛丑	壬寅	癸卯	甲辰	乙巳	白露	丁未	戊申	己酉	庚戌	辛亥	壬子	癸丑	甲寅	乙卯	丙辰	丁巳	戊午	己未	庚申	辛酉	秋分	癸亥	甲子	乙丑	丙寅	丁卯	戊辰	己巳	

陽歷十月份　（陰歷八、九月份）

陽	10	2	3	4	5	6	7	8	9	10	11	12	13	14	15	16	17	18	19	20	21	22	23	24	25	26	27	28	29	30	31
陰	廿六	廿七	廿八	廿九	卅	九	二	三	四	五	六	七	八	九	十	十一	十二	十三	十四	十五	十六	十七	十八	十九	廿	廿一	廿二	廿三	廿四	廿五	廿六
星	4	5	6	日	1	2	3	4	5	6	日	1	2	3	4	5	6	日	1	2	3	4	5	6	日	1	2	3	4	5	6
干節	庚午	辛未	壬申	癸酉	甲戌	乙亥	丙子	寒露	戊寅	己卯	庚辰	辛巳	壬午	癸未	甲申	乙酉	丙戌	丁亥	戊子	己丑	庚寅	辛卯	霜降	癸巳	甲午	乙未	丙申	丁酉	戊戌	己亥	庚子

陽歷十一月份　（陰歷九、十月份）

陽	11	2	3	4	5	6	7	8	9	10	11	12	13	14	15	16	17	18	19	20	21	22	23	24	25	26	27	28	29	30	
陰	廿七	廿八	廿九	十	二	三	四	五	六	七	八	九	十	十一	十二	十三	十四	十五	十六	十七	十八	十九	廿	廿一	廿二	廿三	廿四	廿五	廿六	廿七	
星	日	1	2	3	4	5	6	日	1	2	3	4	5	6	日	1	2	3	4	5	6	日	1	2	3	4	5	6	日	1	
干節	辛丑	壬寅	癸卯	甲辰	乙巳	丙午	立冬	戊申	己酉	庚戌	辛亥	壬子	癸丑	甲寅	乙卯	丙辰	丁巳	戊午	己未	庚申	辛酉	小雪	癸亥	甲子	乙丑	丙寅	丁卯	戊辰	己巳	庚午	

陽歷十二月份　（陰歷十、十一月份）

陽	12	2	3	4	5	6	7	8	9	10	11	12	13	14	15	16	17	18	19	20	21	22	23	24	25	26	27	28	29	30	31
陰	廿八	廿九	卅	十一	二	三	四	五	六	七	八	九	十	十一	十二	十三	十四	十五	十六	十七	十八	十九	廿	廿一	廿二	廿三	廿四	廿五	廿六	廿七	廿八
星	2	3	4	5	6	日	1	2	3	4	5	6	日	1	2	3	4	5	6	日	1	2	3	4	5	6	日	1	2	3	4
干節	辛未	壬申	癸酉	甲戌	乙亥	丙子	大雪	戊寅	己卯	庚辰	辛巳	壬午	癸未	甲申	乙酉	丙戌	丁亥	戊子	己丑	庚寅	冬至	壬辰	癸巳	甲午	乙未	丙申	丁酉	戊戌	己亥	庚子	辛丑

近世中西史日對照表

乙丑 一七四五年 （清高宗乾隆一〇年）

陽歷一月份 （陰歷十一、十二月份）

陽	**1**	2	3	4	5	6	7	8	9	10	11	12	13	14	15	16	17	18	19	20	21	22	23	24	25	26	27	28	29	30	31
陰	廿九	卅	**十二**	二	三	四	五	六	七	八	九	十	十一	十二	十三	十四	十五	十六	十七	十八	十九	廿	廿一	廿二	廿三	廿四	廿五	廿六	廿七	廿八	廿九
星	5	6	**日**	1	2	3	4	5	6	**日**	1	2	3	4	5	6	**日**	1	2	3	4	5	6	**日**	1	2	3	4	5	6	**日**
干節	壬寅	癸卯	甲辰	乙巳	**小寒**	丁未	戊申	己酉	庚戌	辛亥	壬子	癸丑	甲寅	乙卯	丙辰	丁巳	戊午	己未	庚申	**大寒**	壬戌	癸亥	甲子	乙丑	丙寅	丁卯	戊辰	己巳	庚午	辛未	壬申

陽歷二月份 （陰歷正月份）

陽	**2**	2	3	4	5	6	7	8	9	10	11	12	13	14	15	16	17	18	19	20	21	22	23	24	25	26	27	28
陰	**正**	二	三	四	五	六	七	八	九	十	十一	十二	十三	十四	十五	十六	十七	十八	十九	廿	廿一	廿二	廿三	廿四	廿五	廿六	廿七	廿八
星	1	2	3	4	5	6	**日**	1	2	3	4	5	6	**日**	1	2	3	4	5	6	**日**	1	2	3	4	5	6	**日**
干節	癸酉	甲戌	**立春**	丙子	丁丑	戊寅	己卯	庚辰	辛巳	壬午	癸未	甲申	乙酉	丙戌	丁亥	戊子	己丑	**雨水**	辛卯	壬辰	癸巳	甲午	乙未	丙申	丁酉	戊戌	己亥	庚子

陽歷三月份 （陰歷正、二月份）

陽	**3**	2	3	4	5	6	7	8	9	10	11	12	13	14	15	16	17	18	19	20	21	22	23	24	25	26	27	28	29	30	31
陰	廿九	卅	**二**	二	三	四	五	六	七	八	九	十	十一	十二	十三	十四	十五	十六	十七	十八	十九	廿	廿一	廿二	廿三	廿四	廿五	廿六	廿七	廿八	廿九
星	1	2	3	4	5	6	**日**	1	2	3	4	5	6	**日**	1	2	3	4	5	6	**日**	1	2	3	4	5	6	**日**	1	2	3
干節	辛丑	壬寅	癸卯	甲辰	**驚蟄**	丙午	丁未	戊申	己酉	庚戌	辛亥	壬子	癸丑	甲寅	乙卯	丙辰	丁巳	戊午	己未	**春分**	辛酉	壬戌	癸亥	甲子	乙丑	丙寅	丁卯	戊辰	己巳	庚午	辛未

陽歷四月份 （陰歷二、三月份）

陽	**4**	2	3	4	5	6	7	8	9	10	11	12	13	14	15	16	17	18	19	20	21	22	23	24	25	26	27	28	29	30
陰	卅	**三**	二	三	四	五	六	七	八	九	十	十一	十二	十三	十四	十五	十六	十七	十八	十九	廿	廿一	廿二	廿三	廿四	廿五	廿六	廿七	廿八	廿九
星	4	5	6	**日**	1	2	3	4	5	6	**日**	1	2	3	4	5	6	**日**	1	2	3	4	5	6	**日**	1	2	3	4	5
干節	壬申	癸酉	甲戌	乙亥	**清明**	丁丑	戊寅	己卯	庚辰	辛巳	壬午	癸未	甲申	乙酉	丙戌	丁亥	戊子	己丑	庚寅	**穀雨**	壬辰	癸巳	甲午	乙未	丙申	丁酉	戊戌	己亥	庚子	辛丑

陽歷五月份 （陰歷三、四、五月份）

陽	**5**	2	3	4	5	6	7	8	9	10	11	12	13	14	15	16	17	18	19	20	21	22	23	24	25	26	27	28	29	30	31
陰	卅	**四**	二	三	四	五	六	七	八	九	十	十一	十二	十三	十四	十五	十六	十七	十八	十九	廿	廿一	廿二	廿三	廿四	廿五	廿六	廿七	廿八	廿九	**五**
星	6	**日**	1	2	3	4	5	6	**日**	1	2	3	4	5	6	**日**	1	2	3	4	5	6	**日**	1	2	3	4	5	6	**日**	1
干節	壬寅	癸卯	甲辰	乙巳	**立夏**	丁未	戊申	己酉	庚戌	辛亥	壬子	癸丑	甲寅	乙卯	丙辰	丁巳	戊午	己未	庚申	辛酉	**小滿**	癸亥	甲子	乙丑	丙寅	丁卯	戊辰	己巳	庚午	辛未	壬申

陽歷六月份 （陰歷五、六月份）

陽	**6**	2	3	4	5	6	7	8	9	10	11	12	13	14	15	16	17	18	19	20	21	22	23	24	25	26	27	28	29	30
陰	二	三	四	五	六	七	八	九	十	十一	十二	十三	十四	十五	十六	十七	十八	十九	廿	廿一	廿二	廿三	廿四	廿五	廿六	廿七	廿八	廿九	卅	**六**
星	2	3	4	5	6	**日**	1	2	3	4	5	6	**日**	1	2	3	4	5	6	**日**	1	2	3	4	5	6	**日**	1	2	3
干節	癸酉	甲戌	乙亥	丙子	丁丑	**芒種**	己卯	庚辰	辛巳	壬午	癸未	甲申	乙酉	丙戌	丁亥	戊子	己丑	庚寅	辛卯	壬辰	**夏至**	甲午	乙未	丙申	丁酉	戊戌	己亥	庚子	辛丑	壬寅

乙丑

一七四五年

（清高宗乾隆一〇年）

陽歷七月份　（陰歷六、七月份）

陽	**7**	2	3	4	5	6	7	8	9	10	11	12	13	14	15	16	17	18	19	20	21	22	23	24	25	26	27	28	29	30	31
陰	二	三	四	五	六	七	八	九	十	十一	十二	十三	十四	十五	十六	十七	十八	十九	廿	廿一	廿二	廿三	廿四	廿五	廿六	廿七	廿八	廿九	**七**	二	三
星	4	5	6	**日**	1	2	3	4	5	6	**日**	1	2	3	4	5	6	**日**	1	2	3	4	5	6	**日**	1	2	3	4	5	6
干節	癸卯	甲辰	乙巳	丙午	丁未	戊申	**小暑**	庚戌	辛亥	壬子	癸丑	甲寅	乙卯	丙辰	丁巳	戊午	己未	庚申	辛酉	壬戌	癸亥	甲子	**大暑**	丙寅	丁卯	戊辰	己巳	庚午	辛未	壬申	癸酉

陽歷八月份　（陰歷七、八月份）

陽	**8**	2	3	4	5	6	7	8	9	10	11	12	13	14	15	16	17	18	19	20	21	22	23	24	25	26	27	28	29	30	31
陰	四	五	六	七	八	九	十	十一	十二	十三	十四	十五	十六	十七	十八	十九	廿	廿一	廿二	廿三	廿四	廿五	廿六	廿七	廿八	廿九	**八**	二	三	四	五
星	**日**	1	2	3	4	5	6	**日**	1	2	3	4	5	6	**日**	1	2	3	4	5	6	**日**	1	2	3	4	5	6	**日**	1	2
干節	甲戌	乙亥	丙子	丁丑	戊寅	己卯	**立秋**	辛巳	壬午	癸未	甲申	乙酉	丙戌	丁亥	戊子	己丑	庚寅	辛卯	壬辰	癸巳	甲午	乙未	**處暑**	丁酉	戊戌	己亥	庚子	辛丑	壬寅	癸卯	甲辰

陽歷九月份　（陰歷八、九月份）

陽	**9**	2	3	4	5	6	7	8	9	10	11	12	13	14	15	16	17	18	19	20	21	22	23	24	25	26	27	28	29	30
陰	六	七	八	九	十	十一	十二	十三	十四	十五	十六	十七	十八	十九	廿	廿一	廿二	廿三	廿四	廿五	廿六	廿七	廿八	廿九	卅	**九**	二	三	四	五
星	3	4	5	6	**日**	1	2	3	4	5	6	**日**	1	2	3	4	5	6	**日**	1	2	3	4	5	6	**日**	1	2	3	4
干節	乙巳	丙午	丁未	戊申	己酉	庚戌	**白露**	壬子	癸丑	甲寅	乙卯	丙辰	丁巳	戊午	己未	庚申	辛酉	壬戌	癸亥	甲子	乙丑	丙寅	**秋分**	戊辰	己巳	庚午	辛未	壬申	癸酉	甲戌

陽歷十月份　（陰歷九、十月份）

陽	**10**	2	3	4	5	6	7	8	9	10	11	12	13	14	15	16	17	18	19	20	21	22	23	24	25	26	27	28	29	30	31
陰	六	七	八	九	十	十一	十二	十三	十四	十五	十六	十七	十八	十九	廿	廿一	廿二	廿三	廿四	廿五	廿六	廿七	廿八	廿九	**十**	二	三	四	五	六	七
星	5	6	**日**	1	2	3	4	5	6	**日**	1	2	3	4	5	6	**日**	1	2	3	4	5	6	**日**	1	2	3	4	5	6	**日**
干節	乙亥	丙子	丁丑	戊寅	己卯	庚辰	辛巳	**寒露**	癸未	甲申	乙酉	丙戌	丁亥	戊子	己丑	庚寅	辛卯	壬辰	癸巳	甲午	乙未	丙申	**霜降**	戊戌	己亥	庚子	辛丑	壬寅	癸卯	甲辰	乙巳

陽歷十一月份　（陰歷十、十一月份）

陽	**11**	2	3	4	5	6	7	8	9	10	11	12	13	14	15	16	17	18	19	20	21	22	23	24	25	26	27	28	29	30
陰	八	九	十	十一	十二	十三	十四	十五	十六	十七	十八	十九	廿	廿一	廿二	廿三	廿四	廿五	廿六	廿七	廿八	廿九	**十一**	二	三	四	五	六	七	八
星	1	2	3	4	5	6	**日**	1	2	3	4	5	6	**日**	1	2	3	4	5	6	**日**	1	2	3	4	5	6	**日**	1	2
干節	丙午	丁未	戊申	己酉	庚戌	辛亥	**立冬**	癸丑	甲寅	乙卯	丙辰	丁巳	戊午	己未	庚申	辛酉	壬戌	癸亥	甲子	乙丑	丙寅	**小雪**	戊辰	己巳	庚午	辛未	壬申	癸酉	甲戌	乙亥

陽歷十二月份　（陰歷十一、十二月份）

陽	**12**	2	3	4	5	6	7	8	9	10	11	12	13	14	15	16	17	18	19	20	21	22	23	24	25	26	27	28	29	30	31
陰	九	十	十一	十二	十三	十四	十五	十六	十七	十八	十九	廿	廿一	廿二	廿三	廿四	廿五	廿六	廿七	廿八	廿九	卅	**十二**	二	三	四	五	六	七	八	九
星	3	4	5	6	**日**	1	2	3	4	5	6	**日**	1	2	3	4	5	6	**日**	1	2	3	4	5	6	**日**	1	2	3	4	5
干節	丙子	丁丑	戊寅	己卯	庚辰	辛巳	**大雪**	癸未	甲申	乙酉	丙戌	丁亥	戊子	己丑	庚寅	辛卯	壬辰	癸巳	甲午	乙未	**冬至**	丁酉	戊戌	己亥	庚子	辛丑	壬寅	癸卯	甲辰	乙巳	丙午

近世中西史日對照表

陽歷一月份　（陰歷十二、正月份）

陽	1	2	3	4	5	6	7	8	9	10	11	12	13	14	15	16	17	18	19	20	21	22	23	24	25	26	27	28	29	30	31
陰	十	十一	十二	十三	十四	十五	十六	十七	十八	十九	廿	廿一	廿二	廿三	廿四	廿五	廿六	廿七	廿八	廿九	卅	正	二	三	四	五	六	七	八	九	十
星	6	日	1	2	3	4	5	6	日	1	2	3	4	5	6	日	1	2	3	4	5	6	日	1	2	3	4	5	6	日	1
干節	丁未	戊申	己酉	庚戌	小寒	壬子	癸丑	甲寅	乙卯	丙辰	丁巳	戊午	己未	庚申	辛酉	壬戌	癸亥	甲子	乙丑	大寒	丁卯	戊辰	己巳	庚午	辛未	壬申	癸酉	甲戌	乙亥	丙子	丁丑

陽歷二月份　（陰歷正、二月份）

陽	1	2	3	4	5	6	7	8	9	10	11	12	13	14	15	16	17	18	19	20	21	22	23	24	25	26	27	28	—	—	—
陰	十一	十二	十三	十四	十五	十六	十七	十八	十九	廿	廿一	廿二	廿三	廿四	廿五	廿六	廿七	廿八	廿九	二	二	三	四	五	六	七	八	九	—	—	—
星	2	3	4	5	6	日	1	2	3	4	5	6	日	1	2	3	4	5	6	日	1	2	3	4	5	6	日	1	—	—	—
干節	戊寅	己卯	庚辰	立春	壬午	癸未	甲申	乙酉	丙戌	丁亥	戊子	己丑	庚寅	辛卯	壬辰	癸巳	甲午	乙未	雨水	丁酉	戊戌	己亥	庚子	辛丑	壬寅	癸卯	甲辰	乙巳	—	—	—

陽歷三月份　（陰歷二、三月份）

陽	1	2	3	4	5	6	7	8	9	10	11	12	13	14	15	16	17	18	19	20	21	22	23	24	25	26	27	28	29	30	31
陰	十	十一	十二	十三	十四	十五	十六	十七	十八	十九	廿	廿一	廿二	廿三	廿四	廿五	廿六	廿七	廿八	廿九	卅	三	二	三	四	五	六	七	八	九	十
星	2	3	4	5	6	日	1	2	3	4	5	6	日	1	2	3	4	5	6	日	1	2	3	4	5	6	日	1	2	3	4
干節	丙午	丁未	戊申	己酉	驚蟄	辛亥	壬子	癸丑	甲寅	乙卯	丙辰	丁巳	戊午	己未	庚申	辛酉	壬戌	癸亥	甲子	乙丑	春分	丁卯	戊辰	己巳	庚午	辛未	壬申	癸酉	甲戌	乙亥	丙子

陽歷四月份　（陰歷三、閏三月份）

陽	1	2	3	4	5	6	7	8	9	10	11	12	13	14	15	16	17	18	19	20	21	22	23	24	25	26	27	28	29	30	—
陰	十一	十二	十三	十四	十五	十六	十七	十八	十九	廿	廿一	廿二	廿三	廿四	廿五	廿六	廿七	廿八	廿九	卅	閏	二	三	四	五	六	七	八	九	十	—
星	5	6	日	1	2	3	4	5	6	日	1	2	3	4	5	6	日	1	2	3	4	5	6	日	1	2	3	4	5	6	—
干節	丁丑	戊寅	己卯	庚辰	清明	壬午	癸未	甲申	乙酉	丙戌	丁亥	戊子	己丑	庚寅	辛卯	壬辰	癸巳	甲午	乙未	穀雨	丁酉	戊戌	己亥	庚子	辛丑	壬寅	癸卯	甲辰	乙巳	丙午	—

陽歷五月份　（陰歷閏三、四月份）

陽	1	2	3	4	5	6	7	8	9	10	11	12	13	14	15	16	17	18	19	20	21	22	23	24	25	26	27	28	29	30	31
陰	十一	十二	十三	十四	十五	十六	十七	十八	十九	廿	廿一	廿二	廿三	廿四	廿五	廿六	廿七	廿八	廿九	四	二	三	四	五	六	七	八	九	十	十一	十二
星	日	1	2	3	4	5	6	日	1	2	3	4	5	6	日	1	2	3	4	5	6	日	1	2	3	4	5	6	日	1	2
干節	丁未	戊申	己酉	庚戌	辛亥	立夏	癸丑	甲寅	乙卯	丙辰	丁巳	戊午	己未	庚申	辛酉	壬戌	癸亥	甲子	乙丑	丙寅	小滿	戊辰	己巳	庚午	辛未	壬申	癸酉	甲戌	乙亥	丙子	丁丑

陽歷六月份　（陰歷四、五月份）

陽	1	2	3	4	5	6	7	8	9	10	11	12	13	14	15	16	17	18	19	20	21	22	23	24	25	26	27	28	29	30	—
陰	十三	十四	十五	十六	十七	十八	十九	廿	廿一	廿二	廿三	廿四	廿五	廿六	廿七	廿八	廿九	卅	五	二	三	四	五	六	七	八	九	十	十一	十二	—
星	3	4	5	6	日	1	2	3	4	5	6	日	1	2	3	4	5	6	日	1	2	3	4	5	6	日	1	2	3	4	—
干節	戊寅	己卯	庚辰	辛巳	壬午	芒種	甲申	乙酉	丙戌	丁亥	戊子	己丑	庚寅	辛卯	壬辰	癸巳	甲午	乙未	丙申	丁酉	戊戌	夏至	庚子	辛丑	壬寅	癸卯	甲辰	乙巳	丙午	丁未	—

丙寅

一七四六年

（清高宗乾隆一一年）

丙寅

一七四六年

（清高宗乾隆一一年）

陽歷七月份　（陰歷五、六月份）

陽	7	2	3	4	5	6	7	8	9	10	11	12	13	14	15	16	17	18	19	20	21	22	23	24	25	26	27	28	29	30	31
陰	十三	十四	十五	十六	十七	十八	十九	廿	廿一	廿二	廿三	廿四	廿五	廿六	廿七	廿八	廿九	六	二	三	四	五	六	七	八	九	十	十一	十二	十三	十四
星	5	6	日	1	2	3	4	5	6	日	1	2	3	4	5	6	日	1	2	3	4	5	6	日	1	2	3	4	5	6	日
干節	戊申	己酉	庚戌	辛亥	壬子	癸丑	小暑	乙卯	丙辰	丁巳	戊午	己未	庚申	辛酉	壬戌	癸亥	甲子	乙丑	丙寅	丁卯	戊辰	己巳	大暑	辛未	壬申	癸酉	甲戌	乙亥	丙子	丁丑	戊寅

陽歷八月份　（陰歷六、七月份）

陽	8	2	3	4	5	6	7	8	9	10	11	12	13	14	15	16	17	18	19	20	21	22	23	24	25	26	27	28	29	30	31
陰	十五	十六	十七	十八	十九	廿	廿一	廿二	廿三	廿四	廿五	廿六	廿七	廿八	廿九	卅	七	二	三	四	五	六	七	八	九	十	十一	十二	十三	十四	十五
星	1	2	3	4	5	6	日	1	2	3	4	5	6	日	1	2	3	4	5	6	日	1	2	3	4	5	6	日	1	2	3
干節	己卯	庚辰	辛巳	壬午	癸未	甲申	乙酉	立秋	丁亥	戊子	己丑	庚寅	辛卯	壬辰	癸巳	甲午	乙未	丙申	丁酉	戊戌	己亥	庚子	處暑	壬寅	癸卯	甲辰	乙巳	丙午	丁未	戊申	己酉

陽歷九月份　（陰歷七、八月份）

陽	9	2	3	4	5	6	7	8	9	10	11	12	13	14	15	16	17	18	19	20	21	22	23	24	25	26	27	28	29	30
陰	十六	十七	十八	十九	廿	廿一	廿二	廿三	廿四	廿五	廿六	廿七	廿八	廿九	八	二	三	四	五	六	七	八	九	十	十一	十二	十三	十四	十五	十六
星	4	5	6	日	1	2	3	4	5	6	日	1	2	3	4	5	6	日	1	2	3	4	5	6	日	1	2	3	4	5
干節	庚戌	辛亥	壬子	癸丑	甲寅	乙卯	丙辰	白露	戊午	己未	庚申	辛酉	壬戌	癸亥	甲子	乙丑	丙寅	丁卯	戊辰	己巳	庚午	辛未	秋分	癸酉	甲戌	乙亥	丙子	丁丑	戊寅	己卯

陽歷十月份　（陰歷八、九月份）

陽	10	2	3	4	5	6	7	8	9	10	11	12	13	14	15	16	17	18	19	20	21	22	23	24	25	26	27	28	29	30	31
陰	十七	十八	十九	廿	廿一	廿二	廿三	廿四	廿五	廿六	廿七	廿八	廿九	卅	九	二	三	四	五	六	七	八	九	十	十一	十二	十三	十四	十五	十六	十七
星	6	日	1	2	3	4	5	6	日	1	2	3	4	5	6	日	1	2	3	4	5	6	日	1	2	3	4	5	6	日	1
干節	庚辰	辛巳	壬午	癸未	甲申	乙酉	丙戌	寒露	戊子	己丑	庚寅	辛卯	壬辰	癸巳	甲午	乙未	丙申	丁酉	戊戌	己亥	庚子	辛丑	霜降	癸卯	甲辰	乙巳	丙午	丁未	戊申	己酉	庚戌

陽歷十一月份　（陰歷九、十月份）

陽	11	2	3	4	5	6	7	8	9	10	11	12	13	14	15	16	17	18	19	20	21	22	23	24	25	26	27	28	29	30
陰	十八	十九	廿	廿一	廿二	廿三	廿四	廿五	廿六	廿七	廿八	廿九	十	二	三	四	五	六	七	八	九	十	十一	十二	十三	十四	十五	十六	十七	十八
星	2	3	4	5	6	日	1	2	3	4	5	6	日	1	2	3	4	5	6	日	1	2	3	4	5	6	日	1	2	3
干節	辛亥	壬子	癸丑	甲寅	乙卯	丙辰	立冬	戊午	己未	庚申	辛酉	壬戌	癸亥	甲子	乙丑	丙寅	丁卯	戊辰	己巳	庚午	辛未	小雪	癸酉	甲戌	乙亥	丙子	丁丑	戊寅	己卯	庚辰

陽歷十二月份　（陰歷十、十一月份）

陽	12	2	3	4	5	6	7	8	9	10	11	12	13	14	15	16	17	18	19	20	21	22	23	24	25	26	27	28	29	30	31
陰	十九	廿	廿一	廿二	廿三	廿四	廿五	廿六	廿七	廿八	廿九	十一	二	三	四	五	六	七	八	九	十	十一	十二	十三	十四	十五	十六	十七	十八	十九	廿
星	4	5	6	日	1	2	3	4	5	6	日	1	2	3	4	5	6	日	1	2	3	4	5	6	日	1	2	3	4	5	6
干節	辛巳	壬午	癸未	甲申	乙酉	丙戌	大雪	戊子	己丑	庚寅	辛卯	壬辰	癸巳	甲午	乙未	丙申	丁酉	戊戌	己亥	庚子	辛丑	冬至	癸卯	甲辰	乙巳	丙午	丁未	戊申	己酉	庚戌	辛亥

近世中西史日對照表

陽歷 一 月份　　(陰歷十一、十二月份)

陽	1	2	3	4	5	6	7	8	9	10	11	12	13	14	15	16	17	18	19	20	21	22	23	24	25	26	27	28	29	30	31
陰	廿一	廿二	廿三	廿四	廿五	廿六	廿七	廿八	廿九	卅	臘	二	二	四	五	六	七	八	九	十	十一	十二	十三	十四	十五	十六	十七	十八	十九	廿	廿一
星	日	1	2	3	4	5	6	日	1	2	3	4	5	6	日	1	2	3	4	5	6	日	1	2	3	4	5	6	日	1	2
干節	壬子	癸丑	甲寅	乙卯	小寒	丁巳	戊午	己未	庚申	辛酉	壬戌	癸亥	甲子	乙丑	丙寅	丁卯	戊辰	己巳	庚午	大寒	壬申	癸酉	甲戌	乙亥	丙子	丁丑	戊寅	己卯	庚辰	辛巳	壬午

陽歷 二 月份　　(陰歷十二、正月份)

陽	2	2	3	4	5	6	7	8	9	10	11	12	13	14	15	16	17	18	19	20	21	22	23	24	25	26	27	28			
陰	廿二	廿三	廿四	廿五	廿六	廿七	廿八	廿九	正	二	三	四	五	六	七	八	九	十	十一	十二	十三	十四	十五	十六	十七	十八	十九	廿			
星	3	4	5	6	日	1	2	3	4	5	6	日	1	2	3	4	5	6	日	1	2	3	4	5	6	日	1	2			
干節	癸未	甲申	乙酉	立春	丁亥	戊子	己丑	庚寅	辛卯	壬辰	癸巳	甲午	乙未	丙申	丁酉	戊戌	己亥	庚子	雨水	壬寅	癸卯	甲辰	乙巳	丙午	丁未	戊申	己酉	庚戌			

陽歷 三 月份　　(陰歷正、二月份)

陽	3	2	3	4	5	6	7	8	9	10	11	12	13	14	15	16	17	18	19	20	21	22	23	24	25	26	27	28	29	30	31
陰	廿一	廿二	廿三	廿四	廿五	廿六	廿七	廿八	廿九	卅	二	二	三	四	五	六	七	八	九	十	十一	十二	十三	十四	十五	十六	十七	十八	十九	廿	廿一
星	3	4	5	6	日	1	2	3	4	5	6	日	1	2	3	4	5	6	日	1	2	3	4	5	6	日	1	2	3	4	5
干節	辛亥	壬子	癸丑	甲寅	乙卯	驚蟄	丁巳	戊午	己未	庚申	辛酉	壬戌	癸亥	甲子	乙丑	丙寅	丁卯	戊辰	己巳	庚午	春分	壬申	癸酉	甲戌	乙亥	丙子	丁丑	戊寅	己卯	庚辰	辛巳

陽歷 四 月份　　(陰歷二、三月份)

陽	4	2	3	4	5	6	7	8	9	10	11	12	13	14	15	16	17	18	19	20	21	22	23	24	25	26	27	28	29	30	
陰	廿二	廿三	廿四	廿五	廿六	廿七	廿八	廿九	卅	三	二	三	四	五	六	七	八	九	十	十一	十二	十三	十四	十五	十六	十七	十八	十九	廿	廿一	
星	6	日	1	2	3	4	5	6	日	1	2	3	4	5	6	日	1	2	3	4	5	6	日	1	2	3	4	5	6	日	
干節	壬午	癸未	甲申	乙酉	清明	丁亥	戊子	己丑	庚寅	辛卯	壬辰	癸巳	甲午	乙未	丙申	丁酉	戊戌	己亥	庚子	穀雨	壬寅	癸卯	甲辰	乙巳	丙午	丁未	戊申	己酉	庚戌	辛亥	

陽歷 五 月份　　(陰歷三、四月份)

陽	5	2	3	4	5	6	7	8	9	10	11	12	13	14	15	16	17	18	19	20	21	22	23	24	25	26	27	28	29	30	31
陰	廿二	廿三	廿四	廿五	廿六	廿七	廿八	廿九	四	二	三	四	五	六	七	八	九	十	十一	十二	十三	十四	十五	十六	十七	十八	十九	廿	廿一	廿二	廿三
星	1	2	3	4	5	6	日	1	2	3	4	5	6	日	1	2	3	4	5	6	日	1	2	3	4	5	6	日	1	2	3
干節	壬子	癸丑	甲寅	乙卯	丙辰	立夏	戊午	己未	庚申	辛酉	壬戌	癸亥	甲子	乙丑	丙寅	丁卯	戊辰	己巳	庚午	辛未	小滿	癸酉	甲戌	乙亥	丙子	丁丑	戊寅	己卯	庚辰	辛巳	壬午

陽歷 六 月份　　(陰歷四、五月份)

陽	6	2	3	4	5	6	7	8	9	10	11	12	13	14	15	16	17	18	19	20	21	22	23	24	25	26	27	28	29	30	
陰	廿四	廿五	廿六	廿七	廿八	廿九	卅	五	二	三	四	五	六	七	八	九	十	十一	十二	十三	十四	十五	十六	十七	十八	十九	廿	廿一	廿二	廿三	
星	4	5	6	日	1	2	3	4	5	6	日	1	2	3	4	5	6	日	1	2	3	4	5	6	日	1	2	3	4	5	
干節	癸未	甲申	乙酉	丙戌	丁亥	芒種	己丑	庚寅	辛卯	壬辰	癸巳	甲午	乙未	丙申	丁酉	戊戌	己亥	庚子	辛丑	壬寅	癸卯	夏至	乙巳	丙午	丁未	戊申	己酉	庚戌	辛亥	壬子	

丁卯　一七四七年　(清高宗乾隆一二年)

丁卯

一七四七年

（清高宗乾隆一二年）

陽歷七月份　（陰歷五、六月份）

陽	7	2	3	4	5	6	7	8	9	10	11	12	13	14	15	16	17	18	19	20	21	22	23	24	25	26	27	28	29	30	31
陰	廿四	廿五	廿六	廿七	廿八	廿九	卅	六	二	三	四	五	六	七	八	九	十	十一	十二	十三	十四	十五	十六	十七	十八	十九	廿	廿一	廿二	廿三	廿四
星	6	日	1	2	3	4	5	6	日	1	2	3	4	5	6	日	1	2	3	4	5	6	日	1	2	3	4	5	6	日	1
干節	癸丑	甲寅	乙卯	丙辰	丁巳	戊午	小暑	庚申	辛酉	壬戌	癸亥	甲子	乙丑	丙寅	丁卯	戊辰	己巳	庚午	辛未	壬申	癸酉	甲戌	大暑	丙子	丁丑	戊寅	己卯	庚辰	辛巳	壬午	癸未

陽歷八月份　（陰歷六、七月份）

陽	8	2	3	4	5	6	7	8	9	10	11	12	13	14	15	16	17	18	19	20	21	22	23	24	25	26	27	28	29	30	31
陰	廿五	廿六	廿七	廿八	廿九	七	二	三	四	五	六	七	八	九	十	十一	十二	十三	十四	十五	十六	十七	十八	十九	廿	廿一	廿二	廿三	廿四	廿五	廿六
星	2	3	4	5	6	日	1	2	3	4	5	6	日	1	2	3	4	5	6	日	1	2	3	4	5	6	日	1	2	3	4
干節	甲申	乙酉	丙戌	丁亥	戊子	己丑	庚寅	立秋	壬辰	癸巳	甲午	乙未	丙申	丁酉	戊戌	己亥	庚子	辛丑	壬寅	癸卯	甲辰	乙巳	處暑	丁未	戊申	己酉	庚戌	辛亥	壬子	癸丑	甲寅

陽歷九月份　（陰歷七、八月份）

陽	9	2	3	4	5	6	7	8	9	10	11	12	13	14	15	16	17	18	19	20	21	22	23	24	25	26	27	28	29	30	
陰	廿七	廿八	廿九	卅	八	二	三	四	五	六	七	八	九	十	十一	十二	十三	十四	十五	十六	十七	十八	十九	廿	廿一	廿二	廿三	廿四	廿五	廿六	
星	5	6	日	1	2	3	4	5	6	日	1	2	3	4	5	6	日	1	2	3	4	5	6	日	1	2	3	4	5	6	
干節	乙卯	丙辰	丁巳	戊午	己未	庚申	辛酉	白露	癸亥	甲子	乙丑	丙寅	丁卯	戊辰	己巳	庚午	辛未	壬申	癸酉	甲戌	乙亥	丙子	秋分	戊寅	己卯	庚辰	辛巳	壬午	癸未	甲申	

陽歷十月份　（陰歷八、九月份）

陽	10	2	3	4	5	6	7	8	9	10	11	12	13	14	15	16	17	18	19	20	21	22	23	24	25	26	27	28	29	30	31
陰	廿七	廿八	廿九	九	二	三	四	五	六	七	八	九	十	十一	十二	十三	十四	十五	十六	十七	十八	十九	廿	廿一	廿二	廿三	廿四	廿五	廿六	廿七	廿八
星	日	1	2	3	4	5	6	日	1	2	3	4	5	6	日	1	2	3	4	5	6	日	1	2	3	4	5	6	日	1	2
干節	乙酉	丙戌	丁亥	戊子	己丑	庚寅	辛卯	壬辰	寒露	甲午	乙未	丙申	丁酉	戊戌	己亥	庚子	辛丑	壬寅	癸卯	甲辰	乙巳	丙午	丁未	霜降	己酉	庚戌	辛亥	壬子	癸丑	甲寅	乙卯

陽歷十一月份　（陰歷九、十月份）

陽	11	2	3	4	5	6	7	8	9	10	11	12	13	14	15	16	17	18	19	20	21	22	23	24	25	26	27	28	29	30
陰	廿九	卅	十	二	三	四	五	六	七	八	九	十	十一	十二	十三	十四	十五	十六	十七	十八	十九	廿	廿一	廿二	廿三	廿四	廿五	廿六	廿七	廿八
星	3	4	5	6	日	1	2	3	4	5	6	日	1	2	3	4	5	6	日	1	2	3	4	5	6	日	1	2	3	4
干節	丙辰	丁巳	戊午	己未	庚申	辛酉	壬戌	立冬	甲子	乙丑	丙寅	丁卯	戊辰	己巳	庚午	辛未	壬申	癸酉	甲戌	乙亥	丙子	小雪	戊寅	己卯	庚辰	辛巳	壬午	癸未	甲申	乙酉

陽歷十二月份　（陰歷十、十一月份）

陽	12	2	3	4	5	6	7	8	9	10	11	12	13	14	15	16	17	18	19	20	21	22	23	24	25	26	27	28	29	30	31
陰	廿九	十一	二	三	四	五	六	七	八	九	十	十一	十二	十三	十四	十五	十六	十七	十八	十九	廿	廿一	廿二	廿三	廿四	廿五	廿六	廿七	廿八	廿九	卅
星	5	6	日	1	2	3	4	5	6	日	1	2	3	4	5	6	日	1	2	3	4	5	6	日	1	2	3	4	5	6	日
干節	丙戌	丁亥	戊子	己丑	庚寅	辛卯	大雪	癸巳	甲午	乙未	丙申	丁酉	戊戌	己亥	庚子	辛丑	壬寅	癸卯	甲辰	乙巳	丙午	冬至	戊申	己酉	庚戌	辛亥	壬子	癸丑	甲寅	乙卯	丙辰

近世中西史日對照表

戊辰

一七四八年

（清高宗乾隆一三年）

陽歷一月份　（陰歷十二、正月份）

陽	1	2	3	4	5	6	7	8	9	10	11	12	13	14	15	16	17	18	19	20	21	22	23	24	25	26	27	28	29	30	31
陰	十二	二	三	四	五	六	七	八	九	十	十一	十二	十三	十四	十五	十六	十七	十八	十九	廿	廿一	廿二	廿三	廿四	廿五	廿六	廿七	廿八	廿九	正	二
星	1	2	3	4	5	6	日	1	2	3	4	5	6	日	1	2	3	4	5	6	日	1	2	3	4	5	6	日	1	2	3
干節	丁巳	戊午	己未	庚申	辛酉	小寒	癸亥	甲子	乙丑	丙寅	丁卯	戊辰	己巳	庚午	辛未	壬申	癸酉	甲戌	乙亥	大寒	丁丑	戊寅	己卯	庚辰	辛巳	壬午	癸未	甲申	乙酉	丙戌	丁亥

陽歷二月份　（陰歷正、二月份）

陽	2	2	3	4	5	6	7	8	9	10	11	12	13	14	15	16	17	18	19	20	21	22	23	24	25	26	27	28	29		
陰	三	四	五	六	七	八	九	十	十一	十二	十三	十四	十五	十六	十七	十八	十九	廿	廿一	廿二	廿三	廿四	廿五	廿六	廿七	廿八	廿九	二	二		
星	4	5	6	日	1	2	3	4	5	6	日	1	2	3	4	5	6	日	1	2	3	4	5	6	日	1	2	3	4		
干節	戊子	己丑	庚寅	立春	壬辰	癸巳	甲午	乙未	丙申	丁酉	戊戌	己亥	庚子	辛丑	壬寅	癸卯	甲辰	乙巳	雨水	丁未	戊申	己酉	庚戌	辛亥	壬子	癸丑	甲寅	乙卯	丙辰		

陽歷三月份　（陰歷二、三月份）

陽	3	2	3	4	5	6	7	8	9	10	11	12	13	14	15	16	17	18	19	20	21	22	23	24	25	26	27	28	29	30	31
陰	三	四	五	六	七	八	九	十	十一	十二	十三	十四	十五	十六	十七	十八	十九	廿	廿一	廿二	廿三	廿四	廿五	廿六	廿七	廿八	廿九	卅	三	二	三
星	5	6	日	1	2	3	4	5	6	日	1	2	3	4	5	6	日	1	2	3	4	5	6	日	1	2	3	4	5	6	日
干節	丁巳	戊午	己未	庚申	驚蟄	壬戌	癸亥	甲子	乙丑	丙寅	丁卯	戊辰	己巳	庚午	辛未	壬申	癸酉	甲戌	乙亥	春分	丁丑	戊寅	己卯	庚辰	辛巳	壬午	癸未	甲申	乙酉	丙戌	丁亥

陽歷四月份　（陰歷三、四月份）

陽	4	2	3	4	5	6	7	8	9	10	11	12	13	14	15	16	17	18	19	20	21	22	23	24	25	26	27	28	29	30	
陰	四	五	六	七	八	九	十	十一	十二	十三	十四	十五	十六	十七	十八	十九	廿	廿一	廿二	廿三	廿四	廿五	廿六	廿七	廿八	廿九	四	二	三	四	
星	1	2	3	4	5	6	日	1	2	3	4	5	6	日	1	2	3	4	5	6	日	1	2	3	4	5	6	日	1	2	
干節	戊子	己丑	庚寅	清明	壬辰	癸巳	甲午	乙未	丙申	丁酉	戊戌	己亥	庚子	辛丑	壬寅	癸卯	甲辰	乙巳	丙午	穀雨	戊申	己酉	庚戌	辛亥	壬子	癸丑	甲寅	乙卯	丙辰	丁巳	

陽歷五月份　（陰歷四、五月份）

陽	5	2	3	4	5	6	7	8	9	10	11	12	13	14	15	16	17	18	19	20	21	22	23	24	25	26	27	28	29	30	31
陰	五	六	七	八	九	十	十一	十二	十三	十四	十五	十六	十七	十八	十九	廿	廿一	廿二	廿三	廿四	廿五	廿六	廿七	廿八	廿九	卅	五	二	三	四	五
星	3	4	5	6	日	1	2	3	4	5	6	日	1	2	3	4	5	6	日	1	2	3	4	5	6	日	1	2	3	4	5
干節	戊午	己未	庚申	辛酉	立夏	癸亥	甲子	乙丑	丙寅	丁卯	戊辰	己巳	庚午	辛未	壬申	癸酉	甲戌	乙亥	丙子	丁丑	小滿	己卯	庚辰	辛巳	壬午	癸未	甲申	乙酉	丙戌	丁亥	戊子

陽歷六月份　（陰歷五、六月份）

陽	6	2	3	4	5	6	7	8	9	10	11	12	13	14	15	16	17	18	19	20	21	22	23	24	25	26	27	28	29	30	
陰	六	七	八	九	十	十一	十二	十三	十四	十五	十六	十七	十八	十九	廿	廿一	廿二	廿三	廿四	廿五	廿六	廿七	廿八	廿九	卅	六	二	三	四	五	
星	6	日	1	2	3	4	5	6	日	1	2	3	4	5	6	日	1	2	3	4	5	6	日	1	2	3	4	5	6	日	
干節	己丑	庚寅	辛卯	壬辰	芒種	甲午	乙未	丙申	丁酉	戊戌	己亥	庚子	辛丑	壬寅	癸卯	甲辰	乙巳	丙午	丁未	戊申	夏至	庚戌	辛亥	壬子	癸丑	甲寅	乙卯	丙辰	丁巳	戊午	

戊辰

一七四八年

（清高宗乾隆一三年）

陽歷 七月份 （陰歷六、七月份）

陽	7	2	3	4	5	6	7	8	9	10	11	12	13	14	15	16	17	18	19	20	21	22	23	24	25	26	27	28	29	30	31
陰	六	七	八	九	十	十一	十二	十三	十四	十五	十六	十七	十八	十九	廿	廿一	廿二	廿三	廿四	廿五	廿六	廿七	廿八	廿九	七	二	三	四	五	六	七
星	1	2	3	4	5	6	日	1	2	3	4	5	6	日	1	2	3	4	5	6	日	1	2	3	4	5	6	日	1	2	3
干節	己未	庚申	辛酉	壬戌	癸亥	甲子	小暑	丙寅	丁卯	戊辰	己巳	庚午	辛未	壬申	癸酉	甲戌	乙亥	丙子	丁丑	戊寅	己卯	大暑	辛巳	壬午	癸未	甲申	乙酉	丙戌	丁亥	戊子	己丑

陽歷 八月份 （陰歷七、閏七月份）

陽	8	2	3	4	5	6	7	8	9	10	11	12	13	14	15	16	17	18	19	20	21	22	23	24	25	26	27	28	29	30	31
陰	八	九	十	十一	十二	十三	十四	十五	十六	十七	十八	十九	廿	廿一	廿二	廿三	廿四	廿五	廿六	廿七	廿八	廿九	卅	閏	二	三	四	五	六	七	八
星	4	5	6	日	1	2	3	4	5	6	日	1	2	3	4	5	6	日	1	2	3	4	5	6	日	1	2	3	4	5	6
干節	庚寅	辛卯	壬辰	癸巳	甲午	乙未	立秋	丁酉	戊戌	己亥	庚子	辛丑	壬寅	癸卯	甲辰	乙巳	丙午	丁未	戊申	己酉	庚戌	辛亥	處暑	癸丑	甲寅	乙卯	丙辰	丁巳	戊午	己未	庚申

陽歷 九月份 （陰歷閏七、八月份）

陽	9	2	3	4	5	6	7	8	9	10	11	12	13	14	15	16	17	18	19	20	21	22	23	24	25	26	27	28	29	30
陰	九	十	十一	十二	十三	十四	十五	十六	十七	十八	十九	廿	廿一	廿二	廿三	廿四	廿五	廿六	廿七	廿八	廿九	卅	八	二	三	四	五	六	七	八
星	日	1	2	3	4	5	6	日	1	2	3	4	5	6	日	1	2	3	4	5	6	日	1	2	3	4	5	6	日	1
干節	辛酉	壬戌	癸亥	甲子	乙丑	丙寅	白露	戊辰	己巳	庚午	辛未	壬申	癸酉	甲戌	乙亥	丙子	丁丑	戊寅	己卯	庚辰	辛巳	壬午	秋分	甲申	乙酉	丙戌	丁亥	戊子	己丑	庚寅

陽歷 十月份 （陰歷八、九月份）

陽	10	2	3	4	5	6	7	8	9	10	11	12	13	14	15	16	17	18	19	20	21	22	23	24	25	26	27	28	29	30	31
陰	九	十	十一	十二	十三	十四	十五	十六	十七	十八	十九	廿	廿一	廿二	廿三	廿四	廿五	廿六	廿七	廿八	廿九	九	二	三	四	五	六	七	八	九	十
星	2	3	4	5	6	日	1	2	3	4	5	6	日	1	2	3	4	5	6	日	1	2	3	4	5	6	日	1	2	3	4
干節	辛卯	壬辰	癸巳	甲午	乙未	丙申	丁酉	寒露	己亥	庚子	辛丑	壬寅	癸卯	甲辰	乙巳	丙午	丁未	戊申	己酉	庚戌	辛亥	壬子	霜降	甲寅	乙卯	丙辰	丁巳	戊午	己未	庚申	辛酉

陽歷十一月份 （陰歷九、十月份）

陽	11	2	3	4	5	6	7	8	9	10	11	12	13	14	15	16	17	18	19	20	21	22	23	24	25	26	27	28	29	30
陰	十一	十二	十三	十四	十五	十六	十七	十八	十九	廿	廿一	廿二	廿三	廿四	廿五	廿六	廿七	廿八	廿九	卅	十	二	三	四	五	六	七	八	九	十
星	5	6	日	1	2	3	4	5	6	日	1	2	3	4	5	6	日	1	2	3	4	5	6	日	1	2	3	4	5	6
干節	壬戌	癸亥	甲子	乙丑	丙寅	丁卯	立冬	己巳	庚午	辛未	壬申	癸酉	甲戌	乙亥	丙子	丁丑	戊寅	己卯	庚辰	辛巳	壬午	小雪	甲申	乙酉	丙戌	丁亥	戊子	己丑	庚寅	辛卯

陽歷十二月份 （陰歷十、十一月份）

陽	12	2	3	4	5	6	7	8	9	10	11	12	13	14	15	16	17	18	19	20	21	22	23	24	25	26	27	28	29	30	31
陰	十一	十二	十三	十四	十五	十六	十七	十八	十九	廿	廿一	廿二	廿三	廿四	廿五	廿六	廿七	廿八	廿九	十一	二	三	四	五	六	七	八	九	十	十一	十二
星	日	1	2	3	4	5	6	日	1	2	3	4	5	6	日	1	2	3	4	5	6	日	1	2	3	4	5	6	日	1	2
干節	壬辰	癸巳	甲午	乙未	丙申	大雪	戊戌	己亥	庚子	辛丑	壬寅	癸卯	甲辰	乙巳	丙午	丁未	戊申	己酉	庚戌	辛亥	冬至	癸丑	甲寅	乙卯	丙辰	丁巳	戊午	己未	庚申	辛酉	壬戌

近世中西史日對照表

己巳 一七四九年（清高宗乾隆一四年）

陽曆一月份　（陰曆十一、十二月份）

陽	**1**	2	3	4	5	6	7	8	9	10	11	12	13	14	15	16	17	18	19	20	21	22	23	24	25	26	27	28	29	30	31
陰	十三	十四	十五	十六	十七	十八	十九	廿	廿一	廿二	廿三	廿四	廿五	廿六	廿七	廿八	廿九	卅	**十二**	二	三	四	五	六	七	八	九	十	十一	十二	十三
星	3	4	5	6	**日**	1	2	3	4	5	6	**日**	1	2	3	4	5	6	**日**	1	2	3	4	5	6	**日**	1	2	3	4	5
干節	癸亥	甲子	乙丑	丙寅	**小寒**	戊辰	己巳	庚午	辛未	壬申	癸酉	甲戌	乙亥	丙子	丁丑	戊寅	己卯	庚辰	辛巳	**大寒**	癸未	甲申	乙酉	丙戌	丁亥	戊子	己丑	庚寅	辛卯	壬辰	癸巳

陽曆二月份　（陰曆十二、正月份）

陽	**2**	2	3	4	5	6	7	8	9	10	11	12	13	14	15	16	17	18	19	20	21	22	23	24	25	26	27	28
陰	十四	十五	十六	十七	十八	十九	廿	廿一	廿二	廿三	廿四	廿五	廿六	廿七	廿八	廿九	**正**	二	三	四	五	六	七	八	九	十	十一	十二
星	6	**日**	1	2	3	4	5	6	**日**	1	2	3	4	5	6	**日**	1	2	3	4	5	6	**日**	1	2	3	4	5
干節	甲午	乙未	**立春**	丁酉	戊戌	己亥	庚子	辛丑	壬寅	癸卯	甲辰	乙巳	丙午	丁未	戊申	己酉	庚戌	**雨水**	壬子	癸丑	甲寅	乙卯	丙辰	丁巳	戊午	己未	庚申	辛酉

陽曆三月份　（陰曆正、二月份）

陽	**3**	2	3	4	5	6	7	8	9	10	11	12	13	14	15	16	17	18	19	20	21	22	23	24	25	26	27	28	29	30	31
陰	十三	十四	十五	十六	十七	十八	十九	廿	廿一	廿二	廿三	廿四	廿五	廿六	廿七	廿八	廿九	**二**	二	三	四	五	六	七	八	九	十	十一	十二	十三	十四
星	6	**日**	1	2	3	4	5	6	**日**	1	2	3	4	5	6	**日**	1	2	3	4	5	6	**日**	1	2	3	4	5	6	**日**	1
干節	壬戌	癸亥	甲子	乙丑	**驚蟄**	丁卯	戊辰	己巳	庚午	辛未	壬申	癸酉	甲戌	乙亥	丙子	丁丑	戊寅	己卯	庚辰	**春分**	壬午	癸未	甲申	乙酉	丙戌	丁亥	戊子	己丑	庚寅	辛卯	壬辰

陽曆四月份　（陰曆二、三月份）

陽	**4**	2	3	4	5	6	7	8	9	10	11	12	13	14	15	16	17	18	19	20	21	22	23	24	25	26	27	28	29	30
陰	十五	十六	十七	十八	十九	廿	廿一	廿二	廿三	廿四	廿五	廿六	廿七	廿八	廿九	卅	**三**	二	三	四	五	六	七	八	九	十	十一	十二	十三	十四
星	2	3	4	5	6	**日**	1	2	3	4	5	6	**日**	1	2	3	4	5	6	**日**	1	2	3	4	5	6	**日**	1	2	3
干節	癸巳	甲午	乙未	**清明**	丁酉	戊戌	己亥	庚子	辛丑	壬寅	癸卯	甲辰	乙巳	丙午	丁未	戊申	己酉	庚戌	辛亥	**穀雨**	癸丑	甲寅	乙卯	丙辰	丁巳	戊午	己未	庚申	辛酉	壬戌

陽曆五月份　（陰曆三、四月份）

陽	**5**	2	3	4	5	6	7	8	9	10	11	12	13	14	15	16	17	18	19	20	21	22	23	24	25	26	27	28	29	30	31
陰	十五	十六	十七	十八	十九	廿	廿一	廿二	廿三	廿四	廿五	廿六	廿七	廿八	廿九	**四**	二	三	四	五	六	七	八	九	十	十一	十二	十三	十四	十五	十六
星	4	5	6	**日**	1	2	3	4	5	6	**日**	1	2	3	4	5	6	**日**	1	2	3	4	5	6	**日**	1	2	3	4	5	6
干節	癸亥	甲子	乙丑	丙寅	**立夏**	戊辰	己巳	庚午	辛未	壬申	癸酉	甲戌	乙亥	丙子	丁丑	戊寅	己卯	庚辰	辛巳	壬午	**小滿**	甲申	乙酉	丙戌	丁亥	戊子	己丑	庚寅	辛卯	壬辰	癸巳

陽曆六月份　（陰曆四、五月份）

陽	**6**	2	3	4	5	6	7	8	9	10	11	12	13	14	15	16	17	18	19	20	21	22	23	24	25	26	27	28	29	30
陰	十七	十八	十九	廿	廿一	廿二	廿三	廿四	廿五	廿六	廿七	廿八	廿九	卅	**五**	二	三	四	五	六	七	八	九	十	十一	十二	十三	十四	十五	十六
星	**日**	1	2	3	4	5	6	**日**	1	2	3	4	5	6	**日**	1	2	3	4	5	6	**日**	1	2	3	4	5	6	**日**	1
干節	甲午	乙未	丙申	丁酉	戊戌	**芒種**	庚子	辛丑	壬寅	癸卯	甲辰	乙巳	丙午	丁未	戊申	己酉	庚戌	辛亥	壬子	癸丑	**夏至**	乙卯	丙辰	丁巳	戊午	己未	庚申	辛酉	壬戌	癸亥

己巳

一七四九年

（清高宗乾隆一四年）

陽歷七月份　（陰歷五、六月份）

陽	**7**	2	3	4	5	6	7	8	9	10	11	12	13	14	15	16	17	18	19	20	21	22	23	24	25	26	27	28	29	30	31
陰	十七	十八	十九	廿	廿一	廿二	廿三	廿四	廿五	廿六	廿七	廿八	廿九	**六**	二	三	四	五	六	七	八	九	十	十一	十二	十三	十四	十五	十六	十七	十八
星	2	3	4	5	6	**日**	1	2	3	4	5	6	**日**	1	2	3	4	5	6	**日**	1	2	3	4	5	6	**日**	1	2	3	4
干節	甲子	乙丑	丙寅	丁卯	戊辰	己巳	**小暑**	辛未	壬申	癸酉	甲戌	乙亥	丙子	丁丑	戊寅	己卯	庚辰	辛巳	壬午	癸未	甲申	乙酉	**大暑**	丁亥	戊子	己丑	庚寅	辛卯	壬辰	癸巳	甲午

陽歷八月份　（陰歷六、七月份）

陽	**8**	2	3	4	5	6	7	8	9	10	11	12	13	14	15	16	17	18	19	20	21	22	23	24	25	26	27	28	29	30	31
陰	十九	廿	廿一	廿二	廿三	廿四	廿五	廿六	廿七	廿八	廿九	卅	**七**	二	三	四	五	六	七	八	九	十	十一	十二	十三	十四	十五	十六	十七	十八	十九
星	5	6	**日**	1	2	3	4	5	6	**日**	1	2	3	4	5	6	**日**	1	2	3	4	5	6	**日**	1	2	3	4	5	6	**日**
干節	乙未	丙申	丁酉	戊戌	己亥	庚子	**立秋**	壬寅	癸卯	甲辰	乙巳	丙午	丁未	戊申	己酉	庚戌	辛亥	壬子	癸丑	甲寅	乙卯	丙辰	**處暑**	戊午	己未	庚申	辛酉	壬戌	癸亥	甲子	乙丑

陽歷九月份　（陰歷七、八月份）

陽	**9**	2	3	4	5	6	7	8	9	10	11	12	13	14	15	16	17	18	19	20	21	22	23	24	25	26	27	28	29	30	
陰	廿	廿一	廿二	廿三	廿四	廿五	廿六	廿七	廿八	廿九	卅	**八**	二	三	四	五	六	七	八	九	十	十一	十二	十三	十四	十五	十六	十七	十八	十九	
星	1	2	3	4	5	6	**日**	1	2	3	4	5	6	**日**	1	2	3	4	5	6	**日**	1	2	3	4	5	6	**日**	1	2	
干節	丙寅	丁卯	戊辰	己巳	庚午	辛未	**白露**	癸酉	甲戌	乙亥	丙子	丁丑	戊寅	己卯	庚辰	辛巳	壬午	癸未	甲申	乙酉	丙戌	丁亥	**秋分**	己丑	庚寅	辛卯	壬辰	癸巳	甲午	乙未	

陽歷十月份　（陰歷八、九月份）

陽	**10**	2	3	4	5	6	7	8	9	10	11	12	13	14	15	16	17	18	19	20	21	22	23	24	25	26	27	28	29	30	31
陰	廿	廿一	廿二	廿三	廿四	廿五	廿六	廿七	廿八	廿九	**九**	二	三	四	五	六	七	八	九	十	十一	十二	十三	十四	十五	十六	十七	十八	十九	廿	廿一
星	3	4	5	6	**日**	1	2	3	4	5	6	**日**	1	2	3	4	5	6	**日**	1	2	3	4	5	6	**日**	1	2	3	4	5
干節	丙申	丁酉	戊戌	己亥	庚子	辛丑	壬寅	**寒露**	甲辰	乙巳	丙午	丁未	戊申	己酉	庚戌	辛亥	壬子	癸丑	甲寅	乙卯	丙辰	丁巳	**霜降**	己未	庚申	辛酉	壬戌	癸亥	甲子	乙丑	丙寅

陽歷十一月份　（陰歷九、十月份）

陽	**11**	2	3	4	5	6	7	8	9	10	11	12	13	14	15	16	17	18	19	20	21	22	23	24	25	26	27	28	29	30	
陰	廿二	廿三	廿四	廿五	廿六	廿七	廿八	廿九	卅	**十**	二	三	四	五	六	七	八	九	十	十一	十二	十三	十四	十五	十六	十七	十八	十九	廿	廿一	
星	6	**日**	1	2	3	4	5	6	**日**	1	2	3	4	5	6	**日**	1	2	3	4	5	6	**日**	1	2	3	4	5	6	**日**	
干節	丁卯	戊辰	己巳	庚午	辛未	壬申	**立冬**	甲戌	乙亥	丙子	丁丑	戊寅	己卯	庚辰	辛巳	壬午	癸未	甲申	乙酉	丙戌	丁亥	**小雪**	己丑	庚寅	辛卯	壬辰	癸巳	甲午	乙未	丙申	

陽歷十二月份　（陰歷十、十一月份）

陽	**12**	2	3	4	5	6	7	8	9	10	11	12	13	14	15	16	17	18	19	20	21	22	23	24	25	26	27	28	29	30	31
陰	廿二	廿三	廿四	廿五	廿六	廿七	廿八	廿九	卅	**十一**	二	三	四	五	六	七	八	九	十	十一	十二	十三	十四	十五	十六	十七	十八	十九	廿	廿一	廿二
星	1	2	3	4	5	6	**日**	1	2	3	4	5	6	**日**	1	2	3	4	5	6	**日**	1	2	3	4	5	6	**日**	1	2	3
干節	丁酉	戊戌	己亥	庚子	辛丑	壬寅	**大雪**	甲辰	乙巳	丙午	丁未	戊申	己酉	庚戌	辛亥	壬子	癸丑	甲寅	乙卯	丙辰	**冬至**	戊午	己未	庚申	辛酉	壬戌	癸亥	甲子	乙丑	丙寅	丁卯

近世中西史日對照表

庚午　一七五〇年（清高宗乾隆一五年）

陽歷一月份　（陰歷十一、十二月份）

陽	1	2	3	4	5	6	7	8	9	10	11	12	13	14	15	16	17	18	19	20	21	22	23	24	25	26	27	28	29	30	31
陰	廿三	廿四	廿五	廿六	廿七	廿八	廿九	十二	二	三	四	五	六	七	八	九	十	十一	十二	十三	十四	十五	十六	十七	十八	十九	廿	廿一	廿二	廿三	廿四
星	4	5	6	日	1	2	3	4	5	6	日	1	2	3	4	5	6	日	1	2	3	4	5	6	日	1	2	3	4	5	6
干節	戊辰	己巳	庚午	辛未	小寒	癸酉	甲戌	乙亥	丙子	丁丑	戊寅	己卯	庚辰	辛巳	壬午	癸未	甲申	乙酉	丙戌	大寒	戊子	己丑	庚寅	辛卯	壬辰	癸巳	甲午	乙未	丙申	丁酉	戊戌

陽歷二月份　（陰歷十二、正月份）

陽	1	2	3	4	5	6	7	8	9	10	11	12	13	14	15	16	17	18	19	20	21	22	23	24	25	26	27	28
陰	廿五	廿六	廿七	廿八	廿九	卅	正	二	三	四	五	六	七	八	九	十	十一	十二	十三	十四	十五	十六	十七	十八	十九	廿	廿一	廿二
星	日	1	2	3	4	5	6	日	1	2	3	4	5	6	日	1	2	3	4	5	6	日	1	2	3	4	5	6
干節	己亥	庚子	辛丑	立春	癸卯	甲辰	乙巳	丙午	丁未	戊申	己酉	庚戌	辛亥	壬子	癸丑	甲寅	乙卯	丙辰	雨水	戊午	己未	庚申	辛酉	壬戌	癸亥	甲子	乙丑	丙寅

陽歷三月份　（陰歷正、二月份）

陽	1	2	3	4	5	6	7	8	9	10	11	12	13	14	15	16	17	18	19	20	21	22	23	24	25	26	27	28	29	30	31
陰	廿三	廿四	廿五	廿六	廿七	廿八	廿九	二	二	三	四	五	六	七	八	九	十	十一	十二	十三	十四	十五	十六	十七	十八	十九	廿	廿一	廿二	廿三	廿四
星	日	1	2	3	4	5	6	日	1	2	3	4	5	6	日	1	2	3	4	5	6	日	1	2	3	4	5	6	日	1	2
干節	丁卯	戊辰	己巳	庚午	驚蟄	壬申	癸酉	甲戌	乙亥	丙子	丁丑	戊寅	己卯	庚辰	辛巳	壬午	癸未	甲申	乙酉	丙戌	春分	戊子	己丑	庚寅	辛卯	壬辰	癸巳	甲午	乙未	丙申	丁酉

陽歷四月份　（陰歷二、三月份）

陽	1	2	3	4	5	6	7	8	9	10	11	12	13	14	15	16	17	18	19	20	21	22	23	24	25	26	27	28	29	30
陰	廿五	廿六	廿七	廿八	廿九	卅	三	二	三	四	五	六	七	八	九	十	十一	十二	十三	十四	十五	十六	十七	十八	十九	廿	廿一	廿二	廿三	廿四
星	3	4	5	6	日	1	2	3	4	5	6	日	1	2	3	4	5	6	日	1	2	3	4	5	6	日	1	2	3	4
干節	戊戌	己亥	庚子	辛丑	清明	癸卯	甲辰	乙巳	丙午	丁未	戊申	己酉	庚戌	辛亥	壬子	癸丑	甲寅	乙卯	丙辰	穀雨	戊午	己未	庚申	辛酉	壬戌	癸亥	甲子	乙丑	丙寅	丁卯

陽歷五月份　（陰歷三、四月份）

陽	1	2	3	4	5	6	7	8	9	10	11	12	13	14	15	16	17	18	19	20	21	22	23	24	25	26	27	28	29	30	31
陰	廿五	廿六	廿七	廿八	廿九	四	二	三	四	五	六	七	八	九	十	十一	十二	十三	十四	十五	十六	十七	十八	十九	廿	廿一	廿二	廿三	廿四	廿五	廿六
星	5	6	日	1	2	3	4	5	6	日	1	2	3	4	5	6	日	1	2	3	4	5	6	日	1	2	3	4	5	6	日
干節	戊辰	己巳	庚午	辛未	壬申	立夏	甲戌	乙亥	丙子	丁丑	戊寅	己卯	庚辰	辛巳	壬午	癸未	甲申	乙酉	丙戌	丁亥	小滿	己丑	庚寅	辛卯	壬辰	癸巳	甲午	乙未	丙申	丁酉	戊戌

陽歷六月份　（陰歷四、五月份）

陽	1	2	3	4	5	6	7	8	9	10	11	12	13	14	15	16	17	18	19	20	21	22	23	24	25	26	27	28	29	30
陰	廿七	廿八	廿九	五	二	三	四	五	六	七	八	九	十	十一	十二	十三	十四	十五	十六	十七	十八	十九	廿	廿一	廿二	廿三	廿四	廿五	廿六	廿七
星	1	2	3	4	5	6	日	1	2	3	4	5	6	日	1	2	3	4	5	6	日	1	2	3	4	5	6	日	1	2
干節	己亥	庚子	辛丑	壬寅	癸卯	芒種	乙巳	丙午	丁未	戊申	己酉	庚戌	辛亥	壬子	癸丑	甲寅	乙卯	丙辰	丁巳	戊午	夏至	庚申	辛酉	壬戌	癸亥	甲子	乙丑	丙寅	丁卯	戊辰

庚午

一七五〇年

（清高宗乾隆一五年）

陽歷七月份　（陰歷五、六月份）

陽	7	2	3	4	5	6	7	8	9	10	11	12	13	14	15	16	17	18	19	20	21	22	23	24	25	26	27	28	29	30	31
陰	廿八	廿九	卅	六	二	三	四	五	六	七	八	九	十	十一	十二	十三	十四	十五	十六	十七	十八	十九	廿	廿一	廿二	廿三	廿四	廿五	廿六	廿七	廿八
星	3	4	5	6	日	1	2	3	4	5	6	日	1	2	3	4	5	6	日	1	2	3	4	5	6	日	1	2	3	4	5
干節	己巳	庚午	辛未	壬申	癸酉	甲戌	小暑	丙子	丁丑	戊寅	己卯	庚辰	辛巳	壬午	癸未	甲申	乙酉	丙戌	丁亥	戊子	己丑	庚寅	大暑	壬辰	癸巳	甲午	乙未	丙申	丁酉	戊戌	己亥

陽歷八月份　（陰歷六、七月份）

陽	8	2	3	4	5	6	7	8	9	10	11	12	13	14	15	16	17	18	19	20	21	22	23	24	25	26	27	28	29	30	31
陰	廿九	七	二	三	四	五	六	七	八	九	十	十一	十二	十三	十四	十五	十六	十七	十八	十九	廿	廿一	廿二	廿三	廿四	廿五	廿六	廿七	廿八	廿九	卅
星	6	日	1	2	3	4	5	6	日	1	2	3	4	5	6	日	1	2	3	4	5	6	日	1	2	3	4	5	6	日	1
干節	庚子	辛丑	壬寅	癸卯	甲辰	乙巳	丙午	立秋	戊申	己酉	庚戌	辛亥	壬子	癸丑	甲寅	乙卯	丙辰	丁巳	戊午	己未	庚申	辛酉	處暑	癸亥	甲子	乙丑	丙寅	丁卯	戊辰	己巳	庚午

陽歷九月份　（陰歷八、九月份）

陽	9	2	3	4	5	6	7	8	9	10	11	12	13	14	15	16	17	18	19	20	21	22	23	24	25	26	27	28	29	30
陰	八	二	三	四	五	六	七	八	九	十	十一	十二	十三	十四	十五	十六	十七	十八	十九	廿	廿一	廿二	廿三	廿四	廿五	廿六	廿七	廿八	廿九	九
星	2	3	4	5	6	日	1	2	3	4	5	6	日	1	2	3	4	5	6	日	1	2	3	4	5	6	日	1	2	3
干節	辛未	壬申	癸酉	甲戌	乙亥	丙子	丁丑	白露	己卯	庚辰	辛巳	壬午	癸未	甲申	乙酉	丙戌	丁亥	戊子	己丑	庚寅	辛卯	壬辰	秋分	甲午	乙未	丙申	丁酉	戊戌	己亥	庚子

陽歷十月份　（陰歷九、十月份）

陽	10	2	3	4	5	6	7	8	9	10	11	12	13	14	15	16	17	18	19	20	21	22	23	24	25	26	27	28	29	30	31
陰	二	三	四	五	六	七	八	九	十	十一	十二	十三	十四	十五	十六	十七	十八	十九	廿	廿一	廿二	廿三	廿四	廿五	廿六	廿七	廿八	廿九	卅	十	二
星	4	5	6	日	1	2	3	4	5	6	日	1	2	3	4	5	6	日	1	2	3	4	5	6	日	1	2	3	4	5	6
干節	辛丑	壬寅	癸卯	甲辰	乙巳	丙午	丁未	寒露	己酉	庚戌	辛亥	壬子	癸丑	甲寅	乙卯	丙辰	丁巳	戊午	己未	庚申	辛酉	壬戌	霜降	甲子	乙丑	丙寅	丁卯	戊辰	己巳	庚午	辛未

陽歷十一月份　（陰歷十、十一月份）

陽	11	2	3	4	5	6	7	8	9	10	11	12	13	14	15	16	17	18	19	20	21	22	23	24	25	26	27	28	29	30
陰	三	四	五	六	七	八	九	十	十一	十二	十三	十四	十五	十六	十七	十八	十九	廿	廿一	廿二	廿三	廿四	廿五	廿六	廿七	廿八	廿九	卅	十一	二
星	日	1	2	3	4	5	6	日	1	2	3	4	5	6	日	1	2	3	4	5	6	日	1	2	3	4	5	6	日	1
干節	壬申	癸酉	甲戌	乙亥	丙子	丁丑	立冬	己卯	庚辰	辛巳	壬午	癸未	甲申	乙酉	丙戌	丁亥	戊子	己丑	庚寅	辛卯	壬辰	小雪	甲午	乙未	丙申	丁酉	戊戌	己亥	庚子	辛丑

陽歷十二月份　（陰歷十一、十二月份）

陽	12	2	3	4	5	6	7	8	9	10	11	12	13	14	15	16	17	18	19	20	21	22	23	24	25	26	27	28	29	30	31
陰	三	四	五	六	七	八	九	十	十一	十二	十三	十四	十五	十六	十七	十八	十九	廿	廿一	廿二	廿三	廿四	廿五	廿六	廿七	廿八	廿九	卅	十二	二	三
星	2	3	4	5	6	日	1	2	3	4	5	6	日	1	2	3	4	5	6	日	1	2	3	4	5	6	日	1	2	3	4
干節	壬寅	癸卯	甲辰	乙巳	丙午	丁未	大雪	己酉	庚戌	辛亥	壬子	癸丑	甲寅	乙卯	丙辰	丁巳	戊午	己未	庚申	辛酉	壬戌	冬至	甲子	乙丑	丙寅	丁卯	戊辰	己巳	庚午	辛未	壬申

辛未 一七五一年（清高宗乾隆一六年）

陽歷 一 月份 （陰歷十二、正月份）

陽	1	2	3	4	5	6	7	8	9	10	11	12	13	14	15	16	17	18	19	20	21	22	23	24	25	26	27	28	29	30	31
陰	四	五	六	七	八	九	十	十一	十二	十三	十四	十五	十六	十七	十八	十九	廿	廿一	廿二	廿三	廿四	廿五	廿六	廿七	廿八	廿九	正	二	三	四	五
星	5	6	日	1	2	3	4	5	6	日	1	2	3	4	5	6	日	1	2	3	4	5	6	日	1	2	3	4	5	6	日
干節	癸酉	甲戌	乙亥	丙子	小寒	戊寅	己卯	庚辰	辛巳	壬午	癸未	甲申	乙酉	丙戌	丁亥	戊子	己丑	庚寅	辛卯	大寒	癸巳	甲午	乙未	丙申	丁酉	戊戌	己亥	庚子	辛丑	壬寅	癸卯

陽歷 二 月份 （陰歷正、二月份）

陽	2	2	3	4	5	6	7	8	9	10	11	12	13	14	15	16	17	18	19	20	21	22	23	24	25	26	27	28			
陰	六	七	八	九	十	十一	十二	十三	十四	十五	十六	十七	十八	十九	廿	廿一	廿二	廿三	廿四	廿五	廿六	廿七	廿八	廿九	卅	二	二	三			
星	1	2	3	4	5	6	日	1	2	3	4	5	6	日	1	2	3	4	5	6	日	1	2	3	4	5	6	日			
干節	甲辰	乙巳	丙午	立春	戊申	己酉	庚戌	辛亥	壬子	癸丑	甲寅	乙卯	丙辰	丁巳	戊午	己未	庚申	辛酉	雨水	癸亥	甲子	乙丑	丙寅	丁卯	戊辰	己巳	庚午	辛未			

陽歷 三 月份 （陰歷二、三月份）

陽	3	2	3	4	5	6	7	8	9	10	11	12	13	14	15	16	17	18	19	20	21	22	23	24	25	26	27	28	29	30	31
陰	四	五	六	七	八	九	十	十一	十二	十三	十四	十五	十六	十七	十八	十九	廿	廿一	廿二	廿三	廿四	廿五	廿六	廿七	廿八	廿九	三	二	三	四	五
星	1	2	3	4	5	6	日	1	2	3	4	5	6	日	1	2	3	4	5	6	日	1	2	3	4	5	6	日	1	2	3
干節	壬申	癸酉	甲戌	乙亥	丙子	驚蟄	戊寅	己卯	庚辰	辛巳	壬午	癸未	甲申	乙酉	丙戌	丁亥	戊子	己丑	庚寅	辛卯	春分	癸巳	甲午	乙未	丙申	丁酉	戊戌	己亥	庚子	辛丑	壬寅

陽歷 四 月份 （陰歷三、四月份）

陽	4	2	3	4	5	6	7	8	9	10	11	12	13	14	15	16	17	18	19	20	21	22	23	24	25	26	27	28	29	30	
陰	六	七	八	九	十	十一	十二	十三	十四	十五	十六	十七	十八	十九	廿	廿一	廿二	廿三	廿四	廿五	廿六	廿七	廿八	廿九	卅	四	二	三	四	五	
星	4	5	6	日	1	2	3	4	5	6	日	1	2	3	4	5	6	日	1	2	3	4	5	6	日	1	2	3	4	5	
干節	癸卯	甲辰	乙巳	丙午	清明	戊申	己酉	庚戌	辛亥	壬子	癸丑	甲寅	乙卯	丙辰	丁巳	戊午	己未	庚申	辛酉	穀雨	癸亥	甲子	乙丑	丙寅	丁卯	戊辰	己巳	庚午	辛未	壬申	

陽歷 五 月份 （陰歷四、五月份）

陽	5	2	3	4	5	6	7	8	9	10	11	12	13	14	15	16	17	18	19	20	21	22	23	24	25	26	27	28	29	30	31
陰	六	七	八	九	十	十一	十二	十三	十四	十五	十六	十七	十八	十九	廿	廿一	廿二	廿三	廿四	廿五	廿六	廿七	廿八	廿九	五	二	三	四	五	六	七
星	6	日	1	2	3	4	5	6	日	1	2	3	4	5	6	日	1	2	3	4	5	6	日	1	2	3	4	5	6	日	1
干節	癸酉	甲戌	乙亥	丙子	丁丑	立夏	己卯	庚辰	辛巳	壬午	癸未	甲申	乙酉	丙戌	丁亥	戊子	己丑	庚寅	辛卯	壬辰	小滿	甲午	乙未	丙申	丁酉	戊戌	己亥	庚子	辛丑	壬寅	癸卯

陽歷 六 月份 （陰歷五、閏五月份）

陽	6	2	3	4	5	6	7	8	9	10	11	12	13	14	15	16	17	18	19	20	21	22	23	24	25	26	27	28	29	30	
陰	八	九	十	十一	十二	十三	十四	十五	十六	十七	十八	十九	廿	廿一	廿二	廿三	廿四	廿五	廿六	廿七	廿八	廿九	閏	二	三	四	五	六	七	八	
星	2	3	4	5	6	日	1	2	3	4	5	6	日	1	2	3	4	5	6	日	1	2	3	4	5	6	日	1	2	3	
干節	甲辰	乙巳	丙午	丁未	戊申	芒種	庚戌	辛亥	壬子	癸丑	甲寅	乙卯	丙辰	丁巳	戊午	己未	庚申	辛酉	壬戌	癸亥	甲子	夏至	丙寅	丁卯	戊辰	己巳	庚午	辛未	壬申	癸酉	

辛未

一七五一年

（清高宗乾隆一六年）

陽歷七月份　（陰歷閏五、六月份）

陽	**7**	2	3	4	5	6	7	8	9	10	11	12	13	14	15	16	17	18	19	20	21	22	23	24	25	26	27	28	29	30	31
陰	九	十	十一	十二	十三	十四	十五	十六	十七	十八	十九	廿	廿一	廿二	廿三	廿四	廿五	廿六	廿七	廿八	廿九	卅	**六**	二	三	四	五	六	七	八	九
星	4	5	6	**日**	1	2	3	4	5	6	**日**	1	2	3	4	5	6	**日**	1	2	3	4	5	6	**日**	1	2	3	4	5	6
干節	甲戌	乙亥	丙子	丁丑	戊寅	己卯	**小暑**	辛巳	壬午	癸未	甲申	乙酉	丙戌	丁亥	戊子	己丑	庚寅	辛卯	壬辰	癸巳	甲午	乙未	**大暑**	丁酉	戊戌	己亥	庚子	辛丑	壬寅	癸卯	甲辰

陽歷八月份　（陰歷六、七月份）

陽	**8**	2	3	4	5	6	7	8	9	10	11	12	13	14	15	16	17	18	19	20	21	22	23	24	25	26	27	28	29	30	31
陰	十	十一	十二	十三	十四	十五	十六	十七	十八	十九	廿	廿一	廿二	廿三	廿四	廿五	廿六	廿七	廿八	廿九	**七**	二	三	四	五	六	七	八	九	十	十一
星	**日**	1	2	3	4	5	6	**日**	1	2	3	4	5	6	**日**	1	2	3	4	5	6	**日**	1	2	3	4	5	6	**日**	1	2
干節	乙巳	丙午	丁未	戊申	己酉	庚戌	辛亥	**立秋**	癸丑	甲寅	乙卯	丙辰	丁巳	戊午	己未	庚申	辛酉	壬戌	癸亥	甲子	乙丑	丙寅	**處暑**	戊辰	己巳	庚午	辛未	壬申	癸酉	甲戌	乙亥

陽歷九月份　（陰歷七、八月份）

陽	**9**	2	3	4	5	6	7	8	9	10	11	12	13	14	15	16	17	18	19	20	21	22	23	24	25	26	27	28	29	30	
陰	十二	十三	十四	十五	十六	十七	十八	十九	廿	廿一	廿二	廿三	廿四	廿五	廿六	廿七	廿八	廿九	**八**	二	三	四	五	六	七	八	九	十	十一	十二	
星	3	4	5	6	**日**	1	2	3	4	5	6	**日**	1	2	3	4	5	6	**日**	1	2	3	4	5	6	**日**	1	2	3	4	
干節	丙子	丁丑	戊寅	己卯	庚辰	辛巳	壬午	**白露**	甲申	乙酉	丙戌	丁亥	戊子	己丑	庚寅	辛卯	壬辰	癸巳	甲午	乙未	丙申	丁酉	**秋分**	己亥	庚子	辛丑	壬寅	癸卯	甲辰	乙巳	

陽歷十月份　（陰歷八、九月份）

陽	**10**	2	3	4	5	6	7	8	9	10	11	12	13	14	15	16	17	18	19	20	21	22	23	24	25	26	27	28	29	30	31
陰	十三	十四	十五	十六	十七	十八	十九	廿	廿一	廿二	廿三	廿四	廿五	廿六	廿七	廿八	廿九	卅	**九**	二	三	四	五	六	七	八	九	十	十一	十二	十三
星	5	6	**日**	1	2	3	4	5	6	**日**	1	2	3	4	5	6	**日**	1	2	3	4	5	6	**日**	1	2	3	4	5	6	**日**
干節	丙午	丁未	戊申	己酉	庚戌	辛亥	壬子	癸丑	**寒露**	乙卯	丙辰	丁巳	戊午	己未	庚申	辛酉	壬戌	癸亥	甲子	乙丑	丙寅	丁卯	戊辰	**霜降**	庚午	辛未	壬申	癸酉	甲戌	乙亥	丙子

陽歷十一月份　（陰歷九、十月份）

陽	**11**	2	3	4	5	6	7	8	9	10	11	12	13	14	15	16	17	18	19	20	21	22	23	24	25	26	27	28	29	30	
陰	十四	十五	十六	十七	十八	十九	廿	廿一	廿二	廿三	廿四	廿五	廿六	廿七	廿八	廿九	卅	**十**	二	三	四	五	六	七	八	九	十	十一	十二	十三	
星	1	2	3	4	5	6	**日**	1	2	3	4	5	6	**日**	1	2	3	4	5	6	**日**	1	2	3	4	5	6	**日**	1	2	
干節	丁丑	戊寅	己卯	庚辰	辛巳	壬午	癸未	**立冬**	乙酉	丙戌	丁亥	戊子	己丑	庚寅	辛卯	壬辰	癸巳	甲午	乙未	丙申	丁酉	**小雪**	己亥	庚子	辛丑	壬寅	癸卯	甲辰	乙巳	丙午	

陽歷十二月份　（陰歷十、十一月份）

陽	**12**	2	3	4	5	6	7	8	9	10	11	12	13	14	15	16	17	18	19	20	21	22	23	24	25	26	27	28	29	30	31
陰	十四	十五	十六	十七	十八	十九	廿	廿一	廿二	廿三	廿四	廿五	廿六	廿七	廿八	廿九	卅	**十一**	二	三	四	五	六	七	八	九	十	十一	十二	十三	十四
星	3	4	5	6	**日**	1	2	3	4	5	6	**日**	1	2	3	4	5	6	**日**	1	2	3	4	5	6	**日**	1	2	3	4	5
干節	丁未	戊申	己酉	庚戌	辛亥	壬子	**大雪**	甲寅	乙卯	丙辰	丁巳	戊午	己未	庚申	辛酉	壬戌	癸亥	甲子	乙丑	丙寅	丁卯	**冬至**	己巳	庚午	辛未	壬申	癸酉	甲戌	乙亥	丙子	丁丑

近世中西史日對照表

壬申　一七五二年　（清高宗乾隆一七年）

陽歷一月份　（陰歷十一、十二月份）

陽	1	2	3	4	5	6	7	8	9	10	11	12	13	14	15	16	17	18	19	20	21	22	23	24	25	26	27	28	29	30	31
陰	十五	十六	十七	十八	十九	廿	廿一	廿二	廿三	廿四	廿五	廿六	廿七	廿八	廿九	十二	二	三	四	五	六	七	八	九	十	十一	十二	十三	十四	十五	十六
星	6	日	1	2	3	4	5	6	日	1	2	3	4	5	6	日	1	2	3	4	5	6	日	1	2	3	4	5	6	日	1
干節	戊寅	己卯	庚辰	辛巳	壬午	小寒	甲申	乙酉	丙戌	丁亥	戊子	己丑	庚寅	辛卯	壬辰	癸巳	甲午	乙未	丙申	大寒	戊戌	己亥	庚子	辛丑	壬寅	癸卯	甲辰	乙巳	丙午	丁未	戊申

陽歷二月份　（陰歷十二、正月份）

陽	1	2	3	4	5	6	7	8	9	10	11	12	13	14	15	16	17	18	19	20	21	22	23	24	25	26	27	28	29
陰	十七	十八	十九	廿	廿一	廿二	廿三	廿四	廿五	廿六	廿七	廿八	廿九	卅	正	二	三	四	五	六	七	八	九	十	十一	十二	十三	十四	十五
星	2	3	4	5	6	日	1	2	3	4	5	6	日	1	2	3	4	5	6	日	1	2	3	4	5	6	日	1	2
干節	己酉	庚戌	辛亥	立春	癸丑	甲寅	乙卯	丙辰	丁巳	戊午	己未	庚申	辛酉	壬戌	癸亥	甲子	乙丑	丙寅	雨水	戊辰	己巳	庚午	辛未	壬申	癸酉	甲戌	乙亥	丙子	丁丑

陽歷三月份　（陰歷正、二月份）

陽	1	2	3	4	5	6	7	8	9	10	11	12	13	14	15	16	17	18	19	20	21	22	23	24	25	26	27	28	29	30	31
陰	十六	十七	十八	十九	廿	廿一	廿二	廿三	廿四	廿五	廿六	廿七	廿八	廿九	卅	二	二	三	四	五	六	七	八	九	十	十一	十二	十三	十四	十五	十六
星	3	4	5	6	日	1	2	3	4	5	6	日	1	2	3	4	5	6	日	1	2	3	4	5	6	日	1	2	3	4	5
干節	戊寅	己卯	庚辰	辛巳	驚蟄	癸未	甲申	乙酉	丙戌	丁亥	戊子	己丑	庚寅	辛卯	壬辰	癸巳	甲午	乙未	丙申	春分	戊戌	己亥	庚子	辛丑	壬寅	癸卯	甲辰	乙巳	丙午	丁未	戊申

陽歷四月份　（陰歷二、三月份）

陽	1	2	3	4	5	6	7	8	9	10	11	12	13	14	15	16	17	18	19	20	21	22	23	24	25	26	27	28	29	30
陰	十七	十八	十九	廿	廿一	廿二	廿三	廿四	廿五	廿六	廿七	廿八	廿九	三	二	三	四	五	六	七	八	九	十	十一	十二	十三	十四	十五	十六	十七
星	6	日	1	2	3	4	5	6	日	1	2	3	4	5	6	日	1	2	3	4	5	6	日	1	2	3	4	5	6	日
干節	己酉	庚戌	辛亥	清明	癸丑	甲寅	乙卯	丙辰	丁巳	戊午	己未	庚申	辛酉	壬戌	癸亥	甲子	乙丑	丙寅	丁卯	穀雨	己巳	庚午	辛未	壬申	癸酉	甲戌	乙亥	丙子	丁丑	戊寅

陽歷五月份　（陰歷三、四月份）

陽	1	2	3	4	5	6	7	8	9	10	11	12	13	14	15	16	17	18	19	20	21	22	23	24	25	26	27	28	29	30	31
陰	十八	十九	廿	廿一	廿二	廿三	廿四	廿五	廿六	廿七	廿八	廿九	卅	四	二	三	四	五	六	七	八	九	十	十一	十二	十三	十四	十五	十六	十七	十八
星	1	2	3	4	5	6	日	1	2	3	4	5	6	日	1	2	3	4	5	6	日	1	2	3	4	5	6	日	1	2	3
干節	己卯	庚辰	辛巳	立夏	癸未	甲申	乙酉	丙戌	丁亥	戊子	己丑	庚寅	辛卯	壬辰	癸巳	甲午	乙未	丙申	丁酉	戊戌	小滿	庚子	辛丑	壬寅	癸卯	甲辰	乙巳	丙午	丁未	戊申	己酉

陽歷六月份　（陰歷四、五月份）

陽	1	2	3	4	5	6	7	8	9	10	11	12	13	14	15	16	17	18	19	20	21	22	23	24	25	26	27	28	29	30
陰	十九	廿	廿一	廿二	廿三	廿四	廿五	廿六	廿七	廿八	廿九	五	二	三	四	五	六	七	八	九	十	十一	十二	十三	十四	十五	十六	十七	十八	十九
星	4	5	6	日	1	2	3	4	5	6	日	1	2	3	4	5	6	日	1	2	3	4	5	6	日	1	2	3	4	5
干節	庚戌	辛亥	壬子	癸丑	芒種	乙卯	丙辰	丁巳	戊午	己未	庚申	辛酉	壬戌	癸亥	甲子	乙丑	丙寅	丁卯	戊辰	己巳	夏至	辛未	壬申	癸酉	甲戌	乙亥	丙子	丁丑	戊寅	己卯

壬申

一七五二年

（清高宗乾隆一七年）

陽曆七月份　（陰曆五、六月份）

陽	**7**	2	3	4	5	6	7	8	9	10	11	12	13	14	15	16	17	18	19	20	21	22	23	24	25	26	27	28	29	30	31
陰	廿	廿一	廿二	廿三	廿四	廿五	廿六	廿七	廿八	廿九	**六**	二	三	四	五	六	七	八	九	十	十一	十二	十三	十四	十五	十六	十七	十八	十九	廿	廿一
星	6	**日**	1	2	3	4	5	6	**日**	1	2	3	4	5	6	**日**	1	2	3	4	5	6	**日**	1	2	3	4	5	6	**日**	1
干節	庚辰	辛巳	壬午	癸未	甲申	乙酉	**小暑**	丁亥	戊子	己丑	庚寅	辛卯	壬辰	癸巳	甲午	乙未	丙申	丁酉	戊戌	己亥	庚子	**大暑**	壬寅	癸卯	甲辰	乙巳	丙午	丁未	戊申	己酉	庚戌

陽曆八月份　（陰曆六、七月份）

陽	**8**	2	3	4	5	6	7	8	9	10	11	12	13	14	15	16	17	18	19	20	21	22	23	24	25	26	27	28	29	30	31
陰	廿二	廿三	廿四	廿五	廿六	廿七	廿八	廿九	**七**	二	三	四	五	六	七	八	九	十	十一	十二	十三	十四	十五	十六	十七	十八	十九	廿	廿一	廿二	廿三
星	2	3	4	5	6	**日**	1	2	3	4	5	6	**日**	1	2	3	4	5	6	**日**	1	2	3	4	5	6	**日**	1	2	3	4
干節	辛亥	壬子	癸丑	甲寅	乙卯	丙辰	**立秋**	戊午	己未	庚申	辛酉	壬戌	癸亥	甲子	乙丑	丙寅	丁卯	戊辰	己巳	庚午	辛未	壬申	**處暑**	甲戌	乙亥	丙子	丁丑	戊寅	己卯	庚辰	辛巳

陽曆九月份　（陰曆七、八月份）

陽	**9**	2	3	4	5	6	7	8	9	10	11	12	13	14	15	16	17	18	19	20	21	22	23	24	25	26	27	28	29	30
陰	廿四	廿五	廿六	廿七	廿八	廿九	卅	**八**	二	三	四	五	六	七	八	九	十	十一	十二	十三	十四	十五	十六	十七	十八	十九	廿	廿一	廿二	廿三
星	5	6	**日**	1	2	3	4	5	6	**日**	1	2	3	4	5	6	**日**	1	2	3	4	5	6	**日**	1	2	3	4	5	6
干節	壬午	癸未	甲申	乙酉	丙戌	丁亥	**白露**	己丑	庚寅	辛卯	壬辰	癸巳	甲午	乙未	丙申	丁酉	戊戌	己亥	庚子	辛丑	壬寅	癸卯	**秋分**	乙巳	丙午	丁未	戊申	己酉	庚戌	辛亥

陽曆十月份　（陰曆八、九月份）

陽	**10**	2	3	4	5	6	7	8	9	10	11	12	13	14	15	16	17	18	19	20	21	22	23	24	25	26	27	28	29	30	31
陰	廿四	廿五	廿六	廿七	廿八	廿九	**九**	二	三	四	五	六	七	八	九	十	十一	十二	十三	十四	十五	十六	十七	十八	十九	廿	廿一	廿二	廿三	廿四	廿五
星	**日**	1	2	3	4	5	6	**日**	1	2	3	4	5	6	**日**	1	2	3	4	5	6	**日**	1	2	3	4	5	6	**日**	1	2
干節	壬子	癸丑	甲寅	乙卯	丙辰	丁巳	戊午	**寒露**	庚申	辛酉	壬戌	癸亥	甲子	乙丑	丙寅	丁卯	戊辰	己巳	庚午	辛未	壬申	癸酉	**霜降**	乙亥	丙子	丁丑	戊寅	己卯	庚辰	辛巳	壬午

陽曆十一月份　（陰曆九、十月份）

陽	**11**	2	3	4	5	6	7	8	9	10	11	12	13	14	15	16	17	18	19	20	21	22	23	24	25	26	27	28	29	30
陰	廿六	廿七	廿八	廿九	卅	**十**	二	三	四	五	六	七	八	九	十	十一	十二	十三	十四	十五	十六	十七	十八	十九	廿	廿一	廿二	廿三	廿四	廿五
星	3	4	5	6	**日**	1	2	3	4	5	6	**日**	1	2	3	4	5	6	**日**	1	2	3	4	5	6	**日**	1	2	3	4
干節	癸未	甲申	乙酉	丙戌	丁亥	戊子	**立冬**	庚寅	辛卯	壬辰	癸巳	甲午	乙未	丙申	丁酉	戊戌	己亥	庚子	辛丑	壬寅	癸卯	**小雪**	乙巳	丙午	丁未	戊申	己酉	庚戌	辛亥	壬子

陽曆十二月份　（陰曆十、十一月份）

陽	**12**	2	3	4	5	6	7	8	9	10	11	12	13	14	15	16	17	18	19	20	21	22	23	24	25	26	27	28	29	30	31
陰	廿六	廿七	廿八	廿九	卅	**十一**	二	三	四	五	六	七	八	九	十	十一	十二	十三	十四	十五	十六	十七	十八	十九	廿	廿一	廿二	廿三	廿四	廿五	廿六
星	5	6	**日**	1	2	3	4	5	6	**日**	1	2	3	4	5	6	**日**	1	2	3	4	5	6	**日**	1	2	3	4	5	6	**日**
干節	癸丑	甲寅	乙卯	丙辰	丁巳	**大雪**	己未	庚申	辛酉	壬戌	癸亥	甲子	乙丑	丙寅	丁卯	戊辰	己巳	庚午	辛未	壬申	**冬至**	甲戌	乙亥	丙子	丁丑	戊寅	己卯	庚辰	辛巳	壬午	癸未

近世中西史日對照表

癸酉　七五三年　（清高宗乾隆一八年）

陽歷 一 月份　（陰歷十一、十二月份）

陽	**1**	2	3	4	5	6	7	8	9	10	11	12	13	14	15	16	17	18	19	20	21	22	23	24	25	26	27	28	29	30	31
陰	廿七	廿八	廿九	**十二**	二	三	四	五	六	七	八	九	十	十一	十二	十三	十四	十五	十六	十七	十八	十九	廿	廿一	廿二	廿三	廿四	廿五	廿六	廿七	廿八
星	1	2	3	4	5	6	**日**	1	2	3	4	5	6	**日**	1	2	3	4	5	6	**日**	1	2	3	4	5	6	**日**	1	2	3
干節	甲申	乙酉	丙戌	丁亥	**小寒**	己丑	庚寅	辛卯	壬辰	癸巳	甲午	乙未	丙申	丁酉	戊戌	己亥	庚子	辛丑	壬寅	**大寒**	甲辰	乙巳	丙午	丁未	戊申	己酉	庚戌	辛亥	壬子	癸丑	甲寅

陽歷 二 月份　（陰歷十二、正 月份）

陽	**2**	2	3	4	5	6	7	8	9	10	11	12	13	14	15	16	17	18	19	20	21	22	23	24	25	26	27	28			
陰	廿九	卅	**正**	二	三	四	五	六	七	八	九	十	十一	十二	十三	十四	十五	十六	十七	十八	十九	廿	廿一	廿二	廿三	廿四	廿五	廿六			
星	4	5	6	**日**	1	2	3	4	5	6	**日**	1	2	3	4	5	6	**日**	1	2	3	4	5	6	**日**	1	2	3			
干節	乙卯	丙辰	**立春**	戊午	己未	庚申	辛酉	壬戌	癸亥	甲子	乙丑	丙寅	丁卯	戊辰	己巳	庚午	辛未	**雨水**	癸酉	甲戌	乙亥	丙子	丁丑	戊寅	己卯	庚辰	辛巳	壬午			

陽歷 三 月份　（陰歷正、二 月份）

陽	**3**	2	3	4	5	6	7	8	9	10	11	12	13	14	15	16	17	18	19	20	21	22	23	24	25	26	27	28	29	30	31
陰	廿七	廿八	廿九	卅	**二**	二	三	四	五	六	七	八	九	十	十一	十二	十三	十四	十五	十六	十七	十八	十九	廿	廿一	廿二	廿三	廿四	廿五	廿六	廿七
星	4	5	6	**日**	1	2	3	4	5	6	**日**	1	2	3	4	5	6	**日**	1	2	3	4	5	6	**日**	1	2	3	4	5	6
干節	癸未	甲申	乙酉	丙戌	**驚蟄**	戊子	己丑	庚寅	辛卯	壬辰	癸巳	甲午	乙未	丙申	丁酉	戊戌	己亥	庚子	辛丑	**春分**	癸卯	甲辰	乙巳	丙午	丁未	戊申	己酉	庚戌	辛亥	壬子	癸丑

陽歷 四 月份　（陰歷二、三 月份）

陽	**4**	2	3	4	5	6	7	8	9	10	11	12	13	14	15	16	17	18	19	20	21	22	23	24	25	26	27	28	29	30	
陰	廿八	廿九	卅	**三**	二	三	四	五	六	七	八	九	十	十一	十二	十三	十四	十五	十六	十七	十八	十九	廿	廿一	廿二	廿三	廿四	廿五	廿六	廿七	
星	**日**	1	2	3	4	5	6	**日**	1	2	3	4	5	6	**日**	1	2	3	4	5	6	**日**	1	2	3	4	5	6	**日**	1	
干節	甲寅	乙卯	丙辰	**清明**	戊午	己未	庚申	辛酉	壬戌	癸亥	甲子	乙丑	丙寅	丁卯	戊辰	己巳	庚午	辛未	壬申	**穀雨**	甲戌	乙亥	丙子	丁丑	戊寅	己卯	庚辰	辛巳	壬午	癸未	

陽歷 五 月份　（陰歷三、四 月份）

陽	**5**	2	3	4	5	6	7	8	9	10	11	12	13	14	15	16	17	18	19	20	21	22	23	24	25	26	27	28	29	30	31
陰	廿八	廿九	**四**	二	三	四	五	六	七	八	九	十	十一	十二	十三	十四	十五	十六	十七	十八	十九	廿	廿一	廿二	廿三	廿四	廿五	廿六	廿七	廿八	廿九
星	2	3	4	5	6	**日**	1	2	3	4	5	6	**日**	1	2	3	4	5	6	**日**	1	2	3	4	5	6	**日**	1	2	3	4
干節	甲申	乙酉	丙戌	丁亥	**立夏**	己丑	庚寅	辛卯	壬辰	癸巳	甲午	乙未	丙申	丁酉	戊戌	己亥	庚子	辛丑	壬寅	癸卯	**小滿**	乙巳	丙午	丁未	戊申	己酉	庚戌	辛亥	壬子	癸丑	甲寅

陽歷 六 月份　（陰歷四、五 月份）

陽	**6**	2	3	4	5	6	7	8	9	10	11	12	13	14	15	16	17	18	19	20	21	22	23	24	25	26	27	28	29	30	
陰	卅	**五**	二	三	四	五	六	七	八	九	十	十一	十二	十三	十四	十五	十六	十七	十八	十九	廿	廿一	廿二	廿三	廿四	廿五	廿六	廿七	廿八	廿九	
星	5	6	**日**	1	2	3	4	5	6	**日**	1	2	3	4	5	6	**日**	1	2	3	4	5	6	**日**	1	2	3	4	5	6	
干節	乙卯	丙辰	丁巳	戊午	**芒種**	庚申	辛酉	壬戌	癸亥	甲子	乙丑	丙寅	丁卯	戊辰	己巳	庚午	辛未	壬申	癸酉	甲戌	**夏至**	丙子	丁丑	戊寅	己卯	庚辰	辛巳	壬午	癸未	甲申	

癸酉

一七五三年

（清高宗乾隆一八年）

陽曆七月份　（陰曆六、七月份）

陽	7	2	3	4	5	6	7	8	9	10	11	12	13	14	15	16	17	18	19	20	21	22	23	24	25	26	27	28	29	30	31
陰	六	二	三	四	五	六	七	八	九	十	十一	十二	十三	十四	十五	十六	十七	十八	十九	廿	廿一	廿二	廿三	廿四	廿五	廿六	廿七	廿八	廿九	七	二
星	日	1	2	3	4	5	6	日	1	2	3	4	5	6	日	1	2	3	4	5	6	日	1	2	3	4	5	6	日	1	2
干節	乙酉	丙戌	丁亥	戊子	己丑	庚寅	小暑	壬辰	癸巳	甲午	乙未	丙申	丁酉	戊戌	己亥	庚子	辛丑	壬寅	癸卯	甲辰	乙巳	丙午	大暑	戊申	己酉	庚戌	辛亥	壬子	癸丑	甲寅	乙卯

陽曆八月陽　（陰曆七、八月份）

陽	8	2	3	4	5	6	7	8	9	10	11	12	13	14	15	16	17	18	19	20	21	22	23	24	25	26	27	28	29	30	31
陰	三	四	五	六	七	八	九	十	十一	十二	十三	十四	十五	十六	十七	十八	十九	廿	廿一	廿二	廿三	廿四	廿五	廿六	廿七	廿八	廿九	八	二	三	四
星	3	4	5	6	日	1	2	3	4	5	6	日	1	2	3	4	5	6	日	1	2	3	4	5	6	日	1	2	3	4	5
干節	丙辰	丁巳	戊午	己未	庚申	辛酉	立秋	癸亥	甲子	乙丑	丙寅	丁卯	戊辰	己巳	庚午	辛未	壬申	癸酉	甲戌	乙亥	丙子	丁丑	處暑	己卯	庚辰	辛巳	壬午	癸未	甲申	乙酉	丙戌

陽曆九月份　（陰曆八、九月份）

陽	9	2	3	4	5	6	7	8	9	10	11	12	13	14	15	16	17	18	19	20	21	22	23	24	25	26	27	28	29	30	—
陰	五	六	七	八	九	十	十一	十二	十三	十四	十五	十六	十七	十八	十九	廿	廿一	廿二	廿三	廿四	廿五	廿六	廿七	廿八	廿九	卅	九	二	三	四	—
星	6	日	1	2	3	4	5	6	日	1	2	3	4	5	6	日	1	2	3	4	5	6	日	1	2	3	4	5	6	日	—
干節	丁亥	戊子	己丑	庚寅	辛卯	壬辰	白露	甲午	乙未	丙申	丁酉	戊戌	己亥	庚子	辛丑	壬寅	癸卯	甲辰	乙巳	丙午	丁未	戊申	秋分	庚戌	辛亥	壬子	癸丑	甲寅	乙卯	丙辰	

陽曆十月份　（陰曆九、十月份）

陽	10	2	3	4	5	6	7	8	9	10	11	12	13	14	15	16	17	18	19	20	21	22	23	24	25	26	27	28	29	30	31
陰	五	六	七	八	九	十	十一	十二	十三	十四	十五	十六	十七	十八	十九	廿	廿一	廿二	廿三	廿四	廿五	廿六	廿七	廿八	廿九	十	二	三	四	五	六
星	1	2	3	4	5	6	日	1	2	3	4	5	6	日	1	2	3	4	5	6	日	1	2	3	4	5	6	日	1	2	3
干節	丁巳	戊午	己未	庚申	辛酉	壬戌	癸亥	寒露	乙丑	丙寅	丁卯	戊辰	己巳	庚午	辛未	壬申	癸酉	甲戌	乙亥	丙子	丁丑	戊寅	霜降	庚辰	辛巳	壬午	癸未	甲申	乙酉	丙戌	丁亥

陽曆十一月份　（陰曆十、十一月份）

陽	11	2	3	4	5	6	7	8	9	10	11	12	13	14	15	16	17	18	19	20	21	22	23	24	25	26	27	28	29	30	—
陰	七	八	九	十	十一	十二	十三	十四	十五	十六	十七	十八	十九	廿	廿一	廿二	廿三	廿四	廿五	廿六	廿七	廿八	廿九	卅	十一	二	三	四	五	六	—
星	4	5	6	日	1	2	3	4	5	6	日	1	2	3	4	5	6	日	1	2	3	4	5	6	日	1	2	3	4	5	—
干節	戊子	己丑	庚寅	辛卯	壬辰	癸巳	立冬	乙未	丙申	丁酉	戊戌	己亥	庚子	辛丑	壬寅	癸卯	甲辰	乙巳	丙午	丁未	戊申	小雪	庚戌	辛亥	壬子	癸丑	甲寅	乙卯	丙辰	丁巳	

陽曆十二月份　（陰曆十一、十二月份）

陽	12	2	3	4	5	6	7	8	9	10	11	12	13	14	15	16	17	18	19	20	21	22	23	24	25	26	27	28	29	30	31
陰	七	八	九	十	十一	十二	十三	十四	十五	十六	十七	十八	十九	廿	廿一	廿二	廿三	廿四	廿五	廿六	廿七	廿八	廿九	十二	二	三	四	五	六	七	八
星	6	日	1	2	3	4	5	6	日	1	2	3	4	5	6	日	1	2	3	4	5	6	日	1	2	3	4	5	6	日	1
干節	戊午	己未	庚申	辛酉	壬戌	癸亥	大雪	乙丑	丙寅	丁卯	戊辰	己巳	庚午	辛未	壬申	癸酉	甲戌	乙亥	丙子	丁丑	冬至	己卯	庚辰	辛巳	壬午	癸未	甲申	乙酉	丙戌	丁亥	戊子

近世中西史日對照表

甲戌　一七五四年　（清高宗乾隆一九年）

陽歷一月份　（陰歷十二、正月份）

陽	1	2	3	4	5	6	7	8	9	10	11	12	13	14	15	16	17	18	19	20	21	22	23	24	25	26	27	28	29	30	31
陰	九	十	十一	十二	十三	十四	十五	十六	十七	十八	十九	廿	廿一	廿二	廿三	廿四	廿五	廿六	廿七	廿八	廿九	卅	正	二	三	四	五	六	七	八	九
星	2	3	4	5	6	日	1	2	3	4	5	6	日	1	2	3	4	5	6	日	1	2	3	4	5	6	日	1	2	3	4
干節	己丑	庚寅	辛卯	壬辰	小寒	甲午	乙未	丙申	丁酉	戊戌	己亥	庚子	辛丑	壬寅	癸卯	甲辰	乙巳	丙午	丁未	大寒	己酉	庚戌	辛亥	壬子	癸丑	甲寅	乙卯	丙辰	丁巳	戊午	己未

陽歷二月份　（陰歷正、二月份）

陽	2	2	3	4	5	6	7	8	9	10	11	12	13	14	15	16	17	18	19	20	21	22	23	24	25	26	27	28			
陰	十	十一	十二	十三	十四	十五	十六	十七	十八	十九	廿	廿一	廿二	廿三	廿四	廿五	廿六	廿七	廿八	廿九	卅	二	二	三	四	五	六	七			
星	5	6	日	1	2	3	4	5	6	日	1	2	3	4	5	6	日	1	2	3	4	5	6	日	1	2	3	4			
干節	庚申	辛酉	壬戌	立春	甲子	乙丑	丙寅	丁卯	戊辰	己巳	庚午	辛未	壬申	癸酉	甲戌	乙亥	丙子	雨水	戊寅	己卯	庚辰	辛巳	壬午	癸未	甲申	乙酉	丙戌	丁亥			

陽歷三月份　（陰歷二、三月份）

陽	3	2	3	4	5	6	7	8	9	10	11	12	13	14	15	16	17	18	19	20	21	22	23	24	25	26	27	28	29	30	31
陰	八	九	十	十一	十二	十三	十四	十五	十六	十七	十八	十九	廿	廿一	廿二	廿三	廿四	廿五	廿六	廿七	廿八	廿九	卅	三	二	三	四	五	六	七	八
星	5	6	日	1	2	3	4	5	6	日	1	2	3	4	5	6	日	1	2	3	4	5	6	日	1	2	3	4	5	6	日
干節	戊子	己丑	庚寅	辛卯	驚蟄	癸巳	甲午	乙未	丙申	丁酉	戊戌	己亥	庚子	辛丑	壬寅	癸卯	甲辰	乙巳	丙午	丁未	春分	己酉	庚戌	辛亥	壬子	癸丑	甲寅	乙卯	丙辰	丁巳	戊午

陽歷四月份　（陰歷三、四月份）

陽	4	2	3	4	5	6	7	8	9	10	11	12	13	14	15	16	17	18	19	20	21	22	23	24	25	26	27	28	29	30	
陰	九	十	十一	十二	十三	十四	十五	十六	十七	十八	十九	廿	廿一	廿二	廿三	廿四	廿五	廿六	廿七	廿八	廿九	四	二	三	四	五	六	七	八	九	
星	1	2	3	4	5	6	日	1	2	3	4	5	6	日	1	2	3	4	5	6	日	1	2	3	4	5	6	日	1	2	
干節	己未	庚申	辛酉	壬戌	清明	甲子	乙丑	丙寅	丁卯	戊辰	己巳	庚午	辛未	壬申	癸酉	甲戌	乙亥	丙子	丁丑	穀雨	己卯	庚辰	辛巳	壬午	癸未	甲申	乙酉	丙戌	丁亥	戊子	

陽歷五月份　（陰歷四、閏四月份）

陽	5	2	3	4	5	6	7	8	9	10	11	12	13	14	15	16	17	18	19	20	21	22	23	24	25	26	27	28	29	30	31
陰	十	十一	十二	十三	十四	十五	十六	十七	十八	十九	廿	廿一	廿二	廿三	廿四	廿五	廿六	廿七	廿八	廿九	卅	閏	二	三	四	五	六	七	八	九	十
星	3	4	5	6	日	1	2	3	4	5	6	日	1	2	3	4	5	6	日	1	2	3	4	5	6	日	1	2	3	4	5
干節	己丑	庚寅	辛卯	壬辰	癸巳	立夏	乙未	丙申	丁酉	戊戌	己亥	庚子	辛丑	壬寅	癸卯	甲辰	乙巳	丙午	丁未	戊申	小滿	庚戌	辛亥	壬子	癸丑	甲寅	乙卯	丙辰	丁巳	戊午	己未

陽歷六月份　（陰歷閏四、五月份）

陽	6	2	3	4	5	6	7	8	9	10	11	12	13	14	15	16	17	18	19	20	21	22	23	24	25	26	27	28	29	30	
陰	十一	十二	十三	十四	十五	十六	十七	十八	十九	廿	廿一	廿二	廿三	廿四	廿五	廿六	廿七	廿八	廿九	五	二	三	四	五	六	七	八	九	十	十一	
星	6	日	1	2	3	4	5	6	日	1	2	5	4	5	6	日	1	2	3	4	5	6	日	1	2	3	4	5	6	日	
干節	庚申	辛酉	壬戌	癸亥	甲子	芒種	丙寅	丁卯	戊辰	己巳	庚午	辛未	壬申	癸酉	甲戌	乙亥	丙子	丁丑	戊寅	己卯	夏至	辛巳	壬午	癸未	甲申	乙酉	丙戌	丁亥	戊子	己丑	

甲戌

一七五四年

（清高宗乾隆一九年）

陽歷七月份　（陰歷五、六月份）

陽	**7**	2	3	4	5	6	7	8	9	10	11	12	13	14	15	16	17	18	19	20	21	22	23	24	25	26	27	28	29	30	31
陰	十二	十三	十四	十五	十六	十七	十八	十九	廿	廿一	廿二	廿三	廿四	廿五	廿六	廿七	廿八	廿九	卅	**六**	二	三	四	五	六	七	八	九	十	十一	十二
星	1	2	3	4	5	6	**日**	1	2	3	4	5	6	**日**	1	2	3	4	5	6	**日**	1	2	3	4	5	6	**日**	1	2	3
干節	庚寅	辛卯	壬辰	癸巳	甲午	乙未	**小暑**	丁酉	戊戌	己亥	庚子	辛丑	壬寅	癸卯	甲辰	乙巳	丙午	丁未	戊申	己酉	庚戌	辛亥	**大暑**	癸丑	甲寅	乙卯	丙辰	丁巳	戊午	己未	庚申

陽歷八月份　（陰歷六、七月份）

陽	**8**	2	3	4	5	6	7	8	9	10	11	12	13	14	15	16	17	18	19	20	21	22	23	24	25	26	27	28	29	30	31
陰	十三	十四	十五	十六	十七	十八	十九	廿	廿一	廿二	廿三	廿四	廿五	廿六	廿七	廿八	廿九	**七**	二	三	四	五	六	七	八	九	十	十一	十二	十三	十四
星	4	5	6	**日**	1	2	3	4	5	6	**日**	1	2	3	4	5	6	**日**	1	2	3	4	5	6	**日**	1	2	3	4	5	6
干節	辛酉	壬戌	癸亥	甲子	乙丑	丙寅	丁卯	**立秋**	己巳	庚午	辛未	壬申	癸酉	甲戌	乙亥	丙子	丁丑	戊寅	己卯	庚辰	辛巳	壬午	**處暑**	甲申	乙酉	丙戌	丁亥	戊子	己丑	庚寅	辛卯

陽歷九月份　（陰歷七、八月份）

陽	**9**	2	3	4	5	6	7	8	9	10	11	12	13	14	15	16	17	18	19	20	21	22	23	24	25	26	27	28	29	30	—
陰	十五	十六	十七	十八	十九	廿	廿一	廿二	廿三	廿四	廿五	廿六	廿七	廿八	廿九	卅	**八**	二	三	四	五	六	七	八	九	十	十一	十二	十三	十四	—
星	**日**	1	2	3	4	5	6	**日**	1	2	3	4	5	6	**日**	1	2	3	4	5	6	**日**	1	2	3	4	5	6	**日**	1	—
干節	壬辰	癸巳	甲午	乙未	丙申	丁酉	戊戌	**白露**	庚子	辛丑	壬寅	癸卯	甲辰	乙巳	丙午	丁未	戊申	己酉	庚戌	辛亥	壬子	癸丑	**秋分**	乙卯	丙辰	丁巳	戊午	己未	庚申	辛酉	

陽歷十月份　（陰歷八、九月份）

陽	**10**	2	3	4	5	6	7	8	9	10	11	12	13	14	15	16	17	18	19	20	21	22	23	24	25	26	27	28	29	30	31
陰	十五	十六	十七	十八	十九	廿	廿一	廿二	廿三	廿四	廿五	廿六	廿七	廿八	廿九	**九**	二	三	四	五	六	七	八	九	十	十一	十二	十三	十四	十五	十六
星	2	3	4	5	6	**日**	1	2	3	4	5	6	**日**	1	2	3	4	5	6	**日**	1	2	3	4	5	6	**日**	1	2	3	4
干節	壬戌	癸亥	甲子	乙丑	丙寅	丁卯	戊辰	**寒露**	庚午	辛未	壬申	癸酉	甲戌	乙亥	丙子	丁丑	戊寅	己卯	庚辰	辛巳	壬午	癸未	**霜降**	乙酉	丙戌	丁亥	戊子	己丑	庚寅	辛卯	壬辰

陽歷十一月份　（陰歷九、十月份）

陽	**11**	2	3	4	5	6	7	8	9	10	11	12	13	14	15	16	17	18	19	20	21	22	23	24	25	26	27	28	29	30	
陰	十七	十八	十九	廿	廿一	廿二	廿三	廿四	廿五	廿六	廿七	廿八	廿九	**十**	二	三	四	五	六	七	八	九	十	十一	十二	十三	十四	十五	十六	十七	
星	5	6	**日**	1	2	3	4	5	6	**日**	1	2	3	4	5	6	**日**	1	2	3	4	5	6	**日**	1	2	3	4	5	6	
干節	癸巳	甲午	乙未	丙申	丁酉	戊戌	**立冬**	庚子	辛丑	壬寅	癸卯	甲辰	乙巳	丙午	丁未	戊申	己酉	庚戌	辛亥	壬子	癸丑	**小雪**	乙卯	丙辰	丁巳	戊午	己未	庚申	辛酉	壬戌	

陽歷十二月份　（陰歷十、十一月份）

陽	**12**	2	3	4	5	6	7	8	9	10	11	12	13	14	15	16	17	18	19	20	21	22	23	24	25	26	27	28	29	30	31
陰	十八	十九	廿	廿一	廿二	廿三	廿四	廿五	廿六	廿七	廿八	廿九	卅	**十一**	二	三	四	五	六	七	八	九	十	十一	十二	十三	十四	十五	十六	十七	十八
星	**日**	1	2	3	4	5	6	**日**	1	2	3	4	5	6	**日**	1	2	3	4	5	6	**日**	1	2	3	4	5	6	**日**	1	2
干節	癸亥	甲子	乙丑	丙寅	丁卯	戊辰	**大雪**	庚午	辛未	壬申	癸酉	甲戌	乙亥	丙子	丁丑	戊寅	己卯	庚辰	辛巳	壬午	癸未	**冬至**	乙酉	丙戌	丁亥	戊子	己丑	庚寅	辛卯	壬辰	癸巳

近世中西史日對照表

乙亥

一七五五年

（清高宗乾隆二〇年）

陽歷 一月份 （陰歷十一、十二月份）

陽	1	2	3	4	5	6	7	8	9	10	11	12	13	14	15	16	17	18	19	20	21	22	23	24	25	26	27	28	29	30	31
陰	十九	廿	廿一	廿二	廿三	廿四	廿五	廿六	廿七	廿八	廿九	十二	二	三	四	五	六	七	八	九	十	十一	十二	十三	十四	十五	十六	十七	十八	十九	廿
星	3	4	5	6	日	1	2	3	4	5	6	日	1	2	3	4	5	6	日	1	2	3	4	5	6	日	1	2	3	4	5
干節	甲午	乙未	丙申	丁酉	小寒	己亥	庚子	辛丑	壬寅	癸卯	甲辰	乙巳	丙午	丁未	戊申	己酉	庚戌	辛亥	壬子	大寒	甲寅	乙卯	丙辰	丁巳	戊午	己未	庚申	辛酉	壬戌	癸亥	甲子

陽歷 二月份 （陰歷十二、正月份）

陽	1	2	3	4	5	6	7	8	9	10	11	12	13	14	15	16	17	18	19	20	21	22	23	24	25	26	27	28			
陰	廿一	廿二	廿三	廿四	廿五	廿六	廿七	廿八	廿九	卅	正	二	三	四	五	六	七	八	九	十	十一	十二	十三	十四	十五	十六	十七	十八			
星	6	日	1	2	3	4	5	6	日	1	2	3	4	5	6	日	1	2	3	4	5	6	日	1	2	3	4	5			
干節	乙丑	丙寅	丁卯	立春	己巳	庚午	辛未	壬申	癸酉	甲戌	乙亥	丙子	丁丑	戊寅	己卯	庚辰	辛巳	壬午	雨水	甲申	乙酉	丙戌	丁亥	戊子	己丑	庚寅	辛卯	壬辰			

陽歷 三月份 （陰歷正、二月份）

陽	1	2	3	4	5	6	7	8	9	10	11	12	13	14	15	16	17	18	19	20	21	22	23	24	25	26	27	28	29	30	31
陰	十九	廿	廿一	廿二	廿三	廿四	廿五	廿六	廿七	廿八	廿九	卅	二	二	三	四	五	六	七	八	九	十	十一	十二	十三	十四	十五	十六	十七	十八	十九
星	6	日	1	2	3	4	5	6	日	1	2	3	4	5	6	日	1	2	3	4	5	6	日	1	2	3	4	5	6	日	1
干節	癸巳	甲午	乙未	丙申	丁酉	驚蟄	己亥	庚子	辛丑	壬寅	癸卯	甲辰	乙巳	丙午	丁未	戊申	己酉	庚戌	辛亥	壬子	春分	甲寅	乙卯	丙辰	丁巳	戊午	己未	庚申	辛酉	壬戌	癸亥

陽歷 四月份 （陰歷二、三月份）

陽	1	2	3	4	5	6	7	8	9	10	11	12	13	14	15	16	17	18	19	20	21	22	23	24	25	26	27	28	29	30	
陰	廿	廿一	廿二	廿三	廿四	廿五	廿六	廿七	廿八	廿九	三	二	三	四	五	六	七	八	九	十	十一	十二	十三	十四	十五	十六	十七	十八	十九	廿	
星	2	3	4	5	6	日	1	2	3	4	5	6	日	1	2	3	4	5	6	日	1	2	3	4	5	6	日	1	2	3	
干節	甲子	乙丑	丙寅	丁卯	清明	己巳	庚午	辛未	壬申	癸酉	甲戌	乙亥	丙子	丁丑	戊寅	己卯	庚辰	辛巳	壬午	穀雨	甲申	乙酉	丙戌	丁亥	戊子	己丑	庚寅	辛卯	壬辰	癸巳	

陽歷 五月份 （陰歷三、四月份）

陽	1	2	3	4	5	6	7	8	9	10	11	12	13	14	15	16	17	18	19	20	21	22	23	24	25	26	27	28	29	30	31
陰	廿一	廿二	廿三	廿四	廿五	廿六	廿七	廿八	廿九	卅	四	二	三	四	五	六	七	八	九	十	十一	十二	十三	十四	十五	十六	十七	十八	十九	廿	廿一
星	4	5	6	日	1	2	3	4	5	6	日	1	2	3	4	5	6	日	1	2	3	4	5	6	日	1	2	3	4	5	6
干節	甲午	乙未	丙申	丁酉	戊戌	立夏	庚子	辛丑	壬寅	癸卯	甲辰	乙巳	丙午	丁未	戊申	己酉	庚戌	辛亥	壬子	癸丑	小滿	乙卯	丙辰	丁巳	戊午	己未	庚申	辛酉	壬戌	癸亥	甲子

陽歷 六月份 （陰歷四、五月份）

陽	1	2	3	4	5	6	7	8	9	10	11	12	13	14	15	16	17	18	19	20	21	22	23	24	25	26	27	28	29	30	
陰	廿二	廿三	廿四	廿五	廿六	廿七	廿八	廿九	卅	五	二	三	四	五	六	七	八	九	十	十一	十二	十三	十四	十五	十六	十七	十八	十九	廿	廿一	
星	日	1	2	3	4	5	6	日	1	2	3	4	5	6	日	1	2	3	4	5	6	日	1	2	3	4	5	6	日	1	
干節	乙丑	丙寅	丁卯	戊辰	己巳	芒種	辛未	壬申	癸酉	甲戌	乙亥	丙子	丁丑	戊寅	己卯	庚辰	辛巳	壬午	癸未	甲申	乙酉	夏至	丁亥	戊子	己丑	庚寅	辛卯	壬辰	癸巳	甲午	

乙亥　一七五五年　（清高宗乾隆二〇年）

陽曆七月份　（陰曆五、六月份）

陽	7	2	3	4	5	6	7	8	9	10	11	12	13	14	15	16	17	18	19	20	21	22	23	24	25	26	27	28	29	30	31
陰	廿二	廿三	廿四	廿五	廿六	廿七	廿八	廿九	六	二	三	四	五	六	七	八	九	十	十一	十二	十三	十四	十五	十六	十七	十八	十九	廿	廿一	廿二	廿三
星	2	3	4	5	6	日	1	2	3	4	5	6	日	1	2	3	4	5	6	日	1	2	3	4	5	6	日	1	2	3	4
干節	乙未	丙申	丁酉	戊戌	己亥	庚子	小暑	壬寅	癸卯	甲辰	乙巳	丙午	丁未	戊申	己酉	庚戌	辛亥	壬子	癸丑	甲寅	乙卯	丙辰	大暑	戊午	己未	庚申	辛酉	壬戌	癸亥	甲子	乙丑

陽曆八月份　（陰曆六、七月份）

陽	8	2	3	4	5	6	7	8	9	10	11	12	13	14	15	16	17	18	19	20	21	22	23	24	25	26	27	28	29	30	31
陰	廿四	廿五	廿六	廿七	廿八	廿九	卅	七	二	三	四	五	六	七	八	九	十	十一	十二	十三	十四	十五	十六	十七	十八	十九	廿	廿一	廿二	廿三	廿四
星	5	6	日	1	2	3	4	5	6	日	1	2	3	4	5	6	日	1	2	3	4	5	6	日	1	2	3	4	5	6	日
干節	丙寅	丁卯	戊辰	己巳	庚午	辛未	壬申	立秋	甲戌	乙亥	丙子	丁丑	戊寅	己卯	庚辰	辛巳	壬午	癸未	甲申	乙酉	丙戌	丁亥	處暑	己丑	庚寅	辛卯	壬辰	癸巳	甲午	乙未	丙申

陽曆九月份　（陰曆七、八月份）

陽	9	2	3	4	5	6	7	8	9	10	11	12	13	14	15	16	17	18	19	20	21	22	23	24	25	26	27	28	29	30
陰	廿五	廿六	廿七	廿八	廿九	八	二	三	四	五	六	七	八	九	十	十一	十二	十三	十四	十五	十六	十七	十八	十九	廿	廿一	廿二	廿三	廿四	廿五
星	1	2	3	4	5	6	日	1	2	3	4	5	6	日	1	2	3	4	5	6	日	1	2	3	4	5	6	日	1	2
干節	丁酉	戊戌	己亥	庚子	辛丑	壬寅	癸卯	白露	乙巳	丙午	丁未	戊申	己酉	庚戌	辛亥	壬子	癸丑	甲寅	乙卯	丙辰	丁巳	戊午	秋分	庚申	辛酉	壬戌	癸亥	甲子	乙丑	丙寅

陽曆十月份　（陰曆八、九月月）

陽	10	2	3	4	5	6	7	8	9	10	11	12	13	14	15	16	17	18	19	20	21	22	23	24	25	26	27	28	29	30	31
陰	廿六	廿七	廿八	廿九	卅	九	二	三	四	五	六	七	八	九	十	十一	十二	十三	十四	十五	十六	十七	十八	十九	廿	廿一	廿二	廿三	廿四	廿五	廿六
星	3	4	5	6	日	1	2	3	4	5	6	日	1	2	3	4	5	6	日	1	2	3	4	5	6	日	1	2	3	4	5
干節	丁卯	戊辰	己巳	庚午	辛未	壬申	癸酉	寒露	乙亥	丙子	丁丑	戊寅	己卯	庚辰	辛巳	壬午	癸未	甲申	乙酉	丙戌	丁亥	戊子	己丑	霜降	辛卯	壬辰	癸巳	甲午	乙未	丙申	丁酉

陽曆十一月份　（陰曆九、十月份）

陽	11	2	3	4	5	6	7	8	9	10	11	12	13	14	15	16	17	18	19	20	21	22	23	24	25	26	27	28	29	30
陰	廿七	廿八	廿九	十	二	三	四	五	六	七	八	九	十	十一	十二	十三	十四	十五	十六	十七	十八	十九	廿	廿一	廿二	廿三	廿四	廿五	廿六	廿七
星	6	日	1	2	3	4	5	6	日	1	2	3	4	5	6	日	1	2	3	4	5	6	日	1	2	3	4	5	6	日
干節	戊戌	己亥	庚子	辛丑	壬寅	癸卯	甲辰	立冬	丙午	丁未	戊申	己酉	庚戌	辛亥	壬子	癸丑	甲寅	乙卯	丙辰	丁巳	戊午	小雪	庚申	辛酉	壬戌	癸亥	甲子	乙丑	丙寅	丁卯

陽曆十二月份　（陰曆十、十一月份）

陽	12	2	3	4	5	6	7	8	9	10	11	12	13	14	15	16	17	18	19	20	21	22	23	24	25	26	27	28	29	30	31
陰	廿八	廿九	十一	二	三	四	五	六	七	八	九	十	十一	十二	十三	十四	十五	十六	十七	十八	十九	廿	廿一	廿二	廿三	廿四	廿五	廿六	廿七	廿八	廿九
星	1	2	3	4	5	6	日	1	2	3	4	5	6	日	1	2	3	4	5	6	日	1	2	3	4	5	6	日	1	2	3
干節	戊辰	己巳	庚午	辛未	壬申	癸酉	大雪	乙亥	丙子	丁丑	戊寅	己卯	庚辰	辛巳	壬午	癸未	甲申	乙酉	丙戌	丁亥	戊子	冬至	庚寅	辛卯	壬辰	癸巳	甲午	乙未	丙申	丁酉	戊戌

近世中西史日對照表

丙子　一七五六年　（清高宗乾隆二一年）

陽歷　一　月份　　（陰歷十一、十二、正月份）

陽	1	2	3	4	5	6	7	8	9	10	11	12	13	14	15	16	17	18	19	20	21	22	23	24	25	26	27	28	29	30	31
陰	卅	十二	二	三	四	五	六	七	八	九	十	十一	十二	十三	十四	十五	十六	十七	十八	十九	廿	廿一	廿二	廿三	廿四	廿五	廿六	廿七	廿八	廿九	正
星	4	5	6	日	1	2	3	4	5	6	日	1	2	3	4	5	6	日	1	2	3	4	5	6	日	1	2	3	4	5	6
干節	己亥	庚子	辛丑	壬寅	癸卯	小寒	乙巳	丙午	丁未	戊申	己酉	庚戌	辛亥	壬子	癸丑	甲寅	乙卯	丙辰	丁巳	大寒	己未	庚申	辛酉	壬戌	癸亥	甲子	乙丑	丙寅	丁卯	戊辰	己巳

陽歷　二　月份　　（陰歷正月份）

陽	1	2	3	4	5	6	7	8	9	10	11	12	13	14	15	16	17	18	19	20	21	22	23	24	25	26	27	28	29
陰	二	三	四	五	六	七	八	九	十	十一	十二	十三	十四	十五	十六	十七	十八	十九	廿	廿一	廿二	廿三	廿四	廿五	廿六	廿七	廿八	廿九	卅
星	日	1	2	3	4	5	6	日	1	2	3	4	5	6	日	1	2	3	4	5	6	日	1	2	3	5	5	6	日
干節	庚午	辛未	壬申	立春	甲戌	乙亥	丙子	丁丑	戊寅	己卯	庚辰	辛巳	壬午	癸未	甲申	乙酉	丙戌	丁亥	雨水	己丑	庚寅	辛卯	壬辰	癸巳	甲午	乙未	丙申	丁酉	戊戌

陽歷　三　月份　　（陰歷二、三月份）

陽	1	2	3	4	5	6	7	8	9	10	11	12	13	14	15	16	17	18	19	20	21	22	23	24	25	26	27	28	29	30	31
陰	二	二	三	四	五	六	七	八	九	十	十一	十二	十三	十四	十五	十六	十七	十八	十九	廿	廿一	廿二	廿三	廿四	廿五	廿六	廿七	廿八	廿九	卅	三
星	1	2	3	4	5	6	日	1	2	3	4	5	6	日	1	2	3	4	5	6	日	1	2	3	4	5	6	日	1	2	3
干節	己亥	庚子	辛丑	壬寅	驚蟄	甲辰	乙巳	丙午	丁未	戊申	己酉	庚戌	辛亥	壬子	癸丑	甲寅	乙卯	丙辰	丁巳	春分	己未	庚申	辛酉	壬戌	癸亥	甲子	乙丑	丙寅	丁卯	戊辰	己巳

陽歷　四　月份　　（陰歷三、四月份）

陽	1	2	3	4	5	6	7	8	9	10	11	12	13	14	15	16	17	18	19	20	21	22	23	24	25	26	27	28	29	30
陰	二	三	四	五	六	七	八	九	十	十一	十二	十三	十四	十五	十六	十七	十八	十九	廿	廿一	廿二	廿三	廿四	廿五	廿六	廿七	廿八	廿九	四	二
星	4	5	6	日	1	2	3	4	5	6	日	1	2	3	4	5	6	日	1	2	3	4	5	6	日	1	2	3	4	5
干節	庚午	辛未	壬申	清明	甲戌	乙亥	丙子	丁丑	戊寅	己卯	庚辰	辛巳	壬午	癸未	甲申	乙酉	丙戌	丁亥	戊子	穀雨	庚寅	辛卯	壬辰	癸巳	甲午	乙未	丙申	丁酉	戊戌	己亥

陽歷　五　月份　　（陰歷四、五月份）

陽	1	2	3	4	5	6	7	8	9	10	11	12	13	14	15	16	17	18	19	20	21	22	23	24	25	26	27	28	29	30	31
陰	三	四	五	六	七	八	九	十	十一	十二	十三	十四	十五	十六	十七	十八	十九	廿	廿一	廿二	廿三	廿四	廿五	廿六	廿七	廿八	廿九	卅	五	二	三
星	6	日	1	2	3	4	5	6	日	1	2	3	4	5	6	日	1	2	3	4	5	6	日	1	2	3	4	5	6	日	1
干節	庚子	辛丑	壬寅	癸卯	立夏	乙巳	丙午	丁未	戊申	己酉	庚戌	辛亥	壬子	癸丑	甲寅	乙卯	丙辰	丁巳	戊午	己未	小滿	辛酉	壬戌	癸亥	甲子	乙丑	丙寅	丁卯	戊辰	己巳	庚午

陽歷　六　月份　　（陰歷五、六月份）

陽	1	2	3	4	5	6	7	8	9	10	11	12	13	14	15	16	17	18	19	20	21	22	23	24	25	26	27	28	29	30
陰	四	五	六	七	八	九	十	十一	十二	十三	十四	十五	十六	十七	十八	十九	廿	廿一	廿二	廿三	廿四	廿五	廿六	廿七	廿八	廿九	六	二	三	四
星	2	3	4	5	6	日	1	2	3	4	5	6	日	1	2	3	4	5	6	日	1	2	3	4	5	6	日	1	2	3
干節	辛未	壬申	癸酉	甲戌	芒種	丙子	丁丑	戊寅	己卯	庚辰	辛巳	壬午	癸未	甲申	乙酉	丙戌	丁亥	戊子	己丑	庚寅	夏至	壬辰	癸巳	甲午	乙未	丙申	丁酉	戊戌	己亥	庚子

近世中西史日對照表

丙子　一七五六年　（清高宗乾隆二一年）

陽曆七月份　（陰曆六、七月份）

陽	7	2	3	4	5	6	7	8	9	10	11	12	13	14	15	16	17	18	19	20	21	22	23	24	25	26	27	28	29	30	31
陰	五	六	七	八	九	十	十一	十二	十三	十四	十五	十六	十七	十八	十九	廿	廿一	廿二	廿三	廿四	廿五	廿六	廿七	廿八	廿九	卅	七	二	三	四	五
星	4	5	6	日	1	2	3	4	5	6	日	1	2	3	4	5	6	日	1	2	3	4	5	6	日	1	2	3	4	5	6
干節	辛丑	壬寅	癸卯	甲辰	乙巳	丙午	小暑	戊申	己酉	庚戌	辛亥	壬子	癸丑	甲寅	乙卯	丙辰	丁巳	戊午	己未	庚申	辛酉	大暑	癸亥	甲子	乙丑	丙寅	丁卯	戊辰	己巳	庚午	辛未

陽曆八月份　（陰曆七、八月份）

陽	8	2	3	4	5	6	7	8	9	10	11	12	13	14	15	16	17	18	19	20	21	22	23	24	25	26	27	28	29	30	31
陰	六	七	八	九	十	十一	十二	十三	十四	十五	十六	十七	十八	十九	廿	廿一	廿二	廿三	廿四	廿五	廿六	廿七	廿八	廿九	卅	八	二	三	四	五	六
星	日	1	2	3	4	5	6	日	1	2	3	4	5	6	日	1	2	3	4	5	6	日	1	2	3	4	5	6	日	1	2
干節	壬申	癸酉	甲戌	乙亥	丙子	丁丑	立秋	己卯	庚辰	辛巳	壬午	癸未	甲申	乙酉	丙戌	丁亥	戊子	己丑	庚寅	辛卯	壬辰	癸巳	處暑	乙未	丙申	丁酉	戊戌	己亥	庚子	辛丑	壬寅

陽曆九月份　（陰曆八、九月份）

陽	9	2	3	4	5	6	7	8	9	10	11	12	13	14	15	16	17	18	19	20	21	22	23	24	25	26	27	28	29	30	—
陰	七	八	九	十	十一	十二	十三	十四	十五	十六	十七	十八	十九	廿	廿一	廿二	廿三	廿四	廿五	廿六	廿七	廿八	廿九	九	二	三	四	五	六	七	—
星	3	4	5	6	日	1	2	3	4	5	6	日	1	2	3	4	5	6	日	1	2	3	4	5	6	日	1	2	3	4	—
干節	癸卯	甲辰	乙巳	丙午	丁未	戊申	白露	庚戌	辛亥	壬子	癸丑	甲寅	乙卯	丙辰	丁巳	戊午	己未	庚申	辛酉	壬戌	癸亥	甲子	秋分	丙寅	丁卯	戊辰	己巳	庚午	辛未	壬申	—

陽曆十月份　（陰曆九、閏九月份）

陽	10	2	3	4	5	6	7	8	9	10	11	12	13	14	15	16	17	18	19	20	21	22	23	24	25	26	27	28	29	30	31
陰	八	九	十	十一	十二	十三	十四	十五	十六	十七	十八	十九	廿	廿一	廿二	廿三	廿四	廿五	廿六	廿七	廿八	廿九	卅	閏	二	三	四	五	六	七	八
星	5	6	日	1	2	3	4	5	6	日	1	2	3	4	5	6	日	1	2	3	4	5	6	日	1	2	3	4	5	6	日
干節	癸酉	甲戌	乙亥	丙子	丁丑	戊寅	己卯	寒露	辛巳	壬午	癸未	甲申	乙酉	丙戌	丁亥	戊子	己丑	庚寅	辛卯	壬辰	癸巳	甲午	霜降	丙申	丁酉	戊戌	己亥	庚子	辛丑	壬寅	癸卯

陽曆十一月份　（陰曆閏九、十月份）

陽	11	2	3	4	5	6	7	8	9	10	11	12	13	14	15	16	17	18	19	20	21	22	23	24	25	26	27	28	29	30	—
陰	九	十	十一	十二	十三	十四	十五	十六	十七	十八	十九	廿	廿一	廿二	廿三	廿四	廿五	廿六	廿七	廿八	廿九	十	二	三	四	五	六	七	八	九	—
星	1	2	3	4	5	6	日	1	2	3	4	5	6	日	1	2	3	4	5	6	日	1	2	3	4	5	6	日	1	2	—
干節	甲辰	乙巳	丙午	丁未	戊申	己酉	立冬	辛亥	壬子	癸丑	甲寅	乙卯	丙辰	丁巳	戊午	己未	庚申	辛酉	壬戌	癸亥	甲子	小雪	丙寅	丁卯	戊辰	己巳	庚午	辛未	壬申	癸酉	—

陽曆十二月份　（陰曆十、十一月份）

陽	12	2	3	4	5	6	7	8	9	10	11	12	13	14	15	16	17	18	19	20	21	22	23	24	25	26	27	28	29	30	31
陰	十	十一	十二	十三	十四	十五	十六	十七	十八	十九	廿	廿一	廿二	廿三	廿四	廿五	廿六	廿七	廿八	廿九	十一	二	三	四	五	六	七	八	九	十	十一
星	3	4	5	6	日	1	2	3	4	5	6	日	1	2	3	4	5	6	日	1	2	3	4	5	6	日	1	2	3	4	5
干節	甲戌	乙亥	丙子	丁丑	戊寅	大雪	庚辰	辛巳	壬午	癸未	甲申	乙酉	丙戌	丁亥	戊子	己丑	庚寅	辛卯	壬辰	癸巳	冬至	乙未	丙申	丁酉	戊戌	己亥	庚子	辛丑	壬寅	癸卯	甲辰

丁丑 一七五七年（清高宗乾隆二二年）

陽歷一月份（陰歷十一、十二月份）

陽	**1**	2	3	4	5	6	7	8	9	10	11	12	13	14	15	16	17	18	19	20	21	22	23	24	25	26	27	28	29	30	31
陰	十二	十三	十四	十五	十六	十七	十八	十九	廿	廿一	廿二	廿三	廿四	廿五	廿六	廿七	廿八	廿九	卅	**十二**	二	三	四	五	六	七	八	九	十	十一	十二
星	6	**日**	1	2	3	4	5	6	**日**	1	2	3	4	5	6	**日**	1	2	3	4	5	6	**日**	1	2	3	4	5	6	**日**	1
干節	乙巳	丙午	丁未	戊申	**小寒**	庚戌	辛亥	壬子	癸丑	甲寅	乙卯	丙辰	丁巳	戊午	己未	庚申	辛酉	壬戌	癸亥	**大寒**	乙丑	丙寅	丁卯	戊辰	己巳	庚午	辛未	壬申	癸酉	甲戌	乙亥

陽歷二月份（陰歷十二、正月份）

陽	**2**	2	3	4	5	6	7	8	9	10	11	12	13	14	15	16	17	18	19	20	21	22	23	24	25	26	27	28			
陰	十三	十四	十五	十六	十七	十八	十九	廿	廿一	廿二	廿三	廿四	廿五	廿六	廿七	廿八	廿九	**正**	二	三	四	五	六	七	八	九	十	十一	—	—	—
星	2	3	4	5	6	**日**	1	2	3	4	5	6	**日**	1	2	3	4	5	6	**日**	1	2	3	4	5	6	**日**	1	—	—	—
干節	丙子	丁丑	**立春**	己卯	庚辰	辛巳	壬午	癸未	甲申	乙酉	丙戌	丁亥	戊子	己丑	庚寅	辛卯	壬辰	**雨水**	甲午	乙未	丙申	丁酉	戊戌	己亥	庚子	辛丑	壬寅	癸卯			

陽歷三月份（陰歷正、二月份）

陽	**3**	2	3	4	5	6	7	8	9	10	11	12	13	14	15	16	17	18	19	20	21	22	23	24	25	26	27	28	29	30	31
陰	十二	十三	十四	十五	十六	十七	十八	十九	廿	廿一	廿二	廿三	廿四	廿五	廿六	廿七	廿八	廿九	卅	**二**	二	三	四	五	六	七	八	九	十	十一	十二
星	2	3	4	5	6	**日**	1	2	3	4	5	6	**日**	1	2	3	4	5	6	**日**	1	2	3	4	5	6	**日**	1	2	3	4
干節	甲辰	乙巳	丙午	丁未	**驚蟄**	己酉	庚戌	辛亥	壬子	癸丑	甲寅	乙卯	丙辰	丁巳	戊午	己未	庚申	辛酉	壬戌	**春分**	甲子	乙丑	丙寅	丁卯	戊辰	己巳	庚午	辛未	壬申	癸酉	甲戌

陽歷四月份（陰歷二、三月份）

陽	**4**	2	3	4	5	6	7	8	9	10	11	12	13	14	15	16	17	18	19	20	21	22	23	24	25	26	27	28	29	30	
陰	十三	十四	十五	十六	十七	十八	十九	廿	廿一	廿二	廿三	廿四	廿五	廿六	廿七	廿八	廿九	**三**	二	三	四	五	六	七	八	九	十	十一	十二	十三	—
星	5	6	**日**	1	2	3	4	5	6	**日**	1	2	3	4	5	6	**日**	1	2	3	4	5	6	**日**	1	2	3	4	5	6	—
干節	乙亥	丙子	丁丑	**清明**	己卯	庚辰	辛巳	壬午	癸未	甲申	乙酉	丙戌	丁亥	戊子	己丑	庚寅	辛卯	壬辰	癸巳	**穀雨**	乙未	丙申	丁酉	戊戌	己亥	庚子	辛丑	壬寅	癸卯	甲辰	

陽歷五月份（陰歷三、四月份）

陽	**5**	2	3	4	5	6	7	8	9	10	11	12	13	14	15	16	17	18	19	20	21	22	23	24	25	26	27	28	29	30	31
陰	十四	十五	十六	十七	十八	十九	廿	廿一	廿二	廿三	廿四	廿五	廿六	廿七	廿八	廿九	卅	**四**	二	三	四	五	六	七	八	九	十	十一	十二	十三	十四
星	**日**	1	2	3	4	5	6	**日**	1	2	3	4	5	6	**日**	1	2	3	4	5	6	**日**	1	2	3	4	5	6	**日**	1	2
干節	乙巳	丙午	丁未	戊申	**立夏**	庚戌	辛亥	壬子	癸丑	甲寅	乙卯	丙辰	丁巳	戊午	己未	庚申	辛酉	壬戌	癸亥	甲子	**小滿**	丙寅	丁卯	戊辰	己巳	庚午	辛未	壬申	癸酉	甲戌	乙亥

陽歷六月份（陰歷四、五月份）

陽	**6**	2	3	4	5	6	7	8	9	10	11	12	13	14	15	16	17	18	19	20	21	22	23	24	25	26	27	28	29	30	
陰	十五	十六	十七	十八	十九	廿	廿一	廿二	廿三	廿四	廿五	廿六	廿七	廿八	廿九	**五**	二	三	四	五	六	七	八	九	十	十一	十二	十三	十四	十五	—
星	3	4	5	6	**日**	1	2	3	4	5	6	**日**	1	2	3	4	5	6	**日**	1	2	3	4	5	6	**日**	1	2	3	4	—
干節	丙子	丁丑	戊寅	己卯	**芒種**	辛巳	壬午	癸未	甲申	乙酉	丙戌	丁亥	戊子	己丑	庚寅	辛卯	壬辰	癸巳	甲午	乙未	**夏至**	丁酉	戊戌	己亥	庚子	辛丑	壬寅	癸卯	甲辰	乙巳	

丁丑

一七五七年

（清高宗乾隆二二年）

陽歷七月份　（陰歷五、六月份）

陽	7	2	3	4	5	6	7	8	9	10	11	12	13	14	15	16	17	18	19	20	21	22	23	24	25	26	27	28	29	30	31
陰	十六	十七	十八	十九	廿	廿一	廿二	廿三	廿四	廿五	廿六	廿七	廿八	廿九	卅	六	二	三	四	五	六	七	八	九	十	十一	十二	十三	十四	十五	十六
星	5	6	日	1	2	3	4	5	6	日	1	2	3	4	5	6	日	1	2	3	4	5	6	日	1	2	3	4	5	6	日
干節	丙午	丁未	戊申	己酉	庚戌	辛亥	小暑	癸丑	甲寅	乙卯	丙辰	丁巳	戊午	己未	庚申	辛酉	壬戌	癸亥	甲子	乙丑	丙寅	丁卯	大暑	己巳	庚午	辛未	壬申	癸酉	甲戌	乙亥	丙子

陽歷八月份　（陰歷六、七月份）

陽	8	2	3	4	5	6	7	8	9	10	11	12	13	14	15	16	17	18	19	20	21	22	23	24	25	26	27	28	29	30	31
陰	十七	十八	十九	廿	廿一	廿二	廿三	廿四	廿五	廿六	廿七	廿八	廿九	卅	七	二	三	四	五	六	七	八	九	十	十一	十二	十三	十四	十五	十六	十七
星	1	2	3	4	5	6	日	1	2	3	4	5	6	日	1	2	3	4	5	6	日	1	2	3	4	5	6	日	1	2	3
干節	丁丑	戊寅	己卯	庚辰	辛巳	壬午	立秋	甲申	乙酉	丙戌	丁亥	戊子	己丑	庚寅	辛卯	壬辰	癸巳	甲午	乙未	丙申	丁酉	戊戌	處暑	庚子	辛丑	壬寅	癸卯	甲辰	乙巳	丙午	丁未

陽歷九月份　（陰歷七、八月份）

陽	9	2	3	4	5	6	7	8	9	10	11	12	13	14	15	16	17	18	19	20	21	22	23	24	25	26	27	28	29	30	
陰	十八	十九	廿	廿一	廿二	廿三	廿四	廿五	廿六	廿七	廿八	廿九	八	二	三	四	五	六	七	八	九	十	十一	十二	十三	十四	十五	十六	十七	十八	
星	4	5	6	日	1	2	3	4	5	6	日	1	2	3	4	5	6	日	1	2	3	4	5	6	日	1	2	3	4	5	
干節	戊申	己酉	庚戌	辛亥	壬子	癸丑	白露	乙卯	丙辰	丁巳	戊午	己未	庚申	辛酉	壬戌	癸亥	甲子	乙丑	丙寅	丁卯	戊辰	己巳	秋分	辛未	壬申	癸酉	甲戌	乙亥	丙子	丁丑	

陽歷十月份　（陰歷八、九月份）

陽	10	2	3	4	5	6	7	8	9	10	11	12	13	14	15	16	17	18	19	20	21	22	23	24	25	26	27	28	29	30	31
陰	十九	廿	廿一	廿二	廿三	廿四	廿五	廿六	廿七	廿八	廿九	卅	九	二	三	四	五	六	七	八	九	十	十一	十二	十三	十四	十五	十六	十七	十八	十九
星	6	日	1	2	3	4	5	6	日	1	2	3	4	5	6	日	1	2	3	4	5	6	日	1	2	3	4	5	6	日	1
干節	戊寅	己卯	庚辰	辛巳	壬午	癸未	甲申	寒露	丙戌	丁亥	戊子	己丑	庚寅	辛卯	壬辰	癸巳	甲午	乙未	丙申	丁酉	戊戌	己亥	霜降	辛丑	壬寅	癸卯	甲辰	乙巳	丙午	丁未	戊申

陽歷十一月份　（陰歷九、十月份）

陽	11	2	3	4	5	6	7	8	9	10	11	12	13	14	15	16	17	18	19	20	21	22	23	24	25	26	27	28	29	30	
陰	廿	廿一	廿二	廿三	廿四	廿五	廿六	廿七	廿八	廿九	卅	十	二	三	四	五	六	七	八	九	十	十一	十二	十三	十四	十五	十六	十七	十八	十九	
星	2	3	4	5	6	日	1	2	3	4	5	6	日	1	2	3	4	5	6	日	1	2	3	4	5	6	日	1	2	3	
干節	己酉	庚戌	辛亥	壬子	癸丑	甲寅	立冬	丙辰	丁巳	戊午	己未	庚申	辛酉	壬戌	癸亥	甲子	乙丑	丙寅	丁卯	戊辰	己巳	小雪	辛未	壬申	癸酉	甲戌	乙亥	丙子	丁丑	戊寅	

陽歷十二月份　（陰歷十、十一月份）

陽	12	2	3	4	5	6	7	8	9	10	11	12	13	14	15	16	17	18	19	20	21	22	23	24	25	26	27	28	29	30	31
陰	廿	廿一	廿二	廿三	廿四	廿五	廿六	廿七	廿八	廿九	十一	二	三	四	五	六	七	八	九	十	十一	十二	十三	十四	十五	十六	十七	十八	十九	廿	廿一
星	4	5	6	日	1	2	3	4	5	6	日	1	2	3	4	5	6	日	1	2	3	4	5	6	日	1	2	3	4	5	6
干節	己卯	庚辰	辛巳	壬午	癸未	甲申	大雪	丙戌	丁亥	戊子	己丑	庚寅	辛卯	壬辰	癸巳	甲午	乙未	丙申	丁酉	戊戌	冬至	庚子	辛丑	壬寅	癸卯	甲辰	乙巳	丙午	丁未	戊申	己酉

戊寅　一七五八年　（清高宗乾隆二三年）

陽歷一月份　（陰歷十一、十二月份）

陽	1	2	3	4	5	6	7	8	9	10	11	12	13	14	15	16	17	18	19	20	21	22	23	24	25	26	27	28	29	30	31
陰	廿二	廿三	廿四	廿五	廿六	廿七	廿八	廿九	卅	十二	二	三	四	五	六	七	八	九	十	十一	十二	十三	十四	十五	十六	十七	十八	十九	廿	廿一	廿二
星	日	1	2	3	4	5	6	日	1	2	3	4	5	6	日	1	2	3	4	5	6	日	1	2	3	4	5	6	日	1	2
干節	庚戌	辛亥	壬子	癸丑	小寒	乙卯	丙辰	丁巳	戊午	己未	庚申	辛酉	壬戌	癸亥	甲子	乙丑	丙寅	丁卯	戊辰	大寒	庚午	辛未	壬申	癸酉	甲戌	乙亥	丙子	丁丑	戊寅	己卯	庚辰

陽歷二月份　（陰歷十二、正月份）

陽	2	2	3	4	5	6	7	8	9	10	11	12	13	14	15	16	17	18	19	20	21	22	23	24	25	26	27	28
陰	廿三	廿四	廿五	廿六	廿七	廿八	廿九	正	二	三	四	五	六	七	八	九	十	十一	十二	十三	十四	十五	十六	十七	十八	十九	廿	廿一
星	3	4	5	6	日	1	2	3	4	5	6	日	1	2	3	4	5	6	日	1	2	3	4	5	6	日	1	2
干節	辛巳	壬午	癸未	立春	乙酉	丙戌	丁亥	戊子	己丑	庚寅	辛卯	壬辰	癸巳	甲午	乙未	丙申	丁酉	雨水	己亥	庚子	辛丑	壬寅	癸卯	甲辰	乙巳	丙午	丁未	戊申

陽歷三月份　（陰歷正、二月份）

陽	3	2	3	4	5	6	7	8	9	10	11	12	13	14	15	16	17	18	19	20	21	22	23	24	25	26	27	28	29	30	31
陰	廿二	廿三	廿四	廿五	廿六	廿七	廿八	廿九	二	二	三	四	五	六	七	八	九	十	十一	十二	十三	十四	十五	十六	十七	十八	十九	廿	廿一	廿二	廿三
星	3	4	5	6	日	1	2	3	4	5	6	日	1	2	3	4	5	6	日	1	2	3	4	5	6	日	1	2	3	4	5
干節	己酉	庚戌	辛亥	壬子	驚蟄	甲寅	乙卯	丙辰	丁巳	戊午	己未	庚申	辛酉	壬戌	癸亥	甲子	乙丑	丙寅	丁卯	春分	己巳	庚午	辛未	壬申	癸酉	甲戌	乙亥	丙子	丁丑	戊寅	己卯

陽歷四月份　（陰歷二、三月份）

陽	4	2	3	4	5	6	7	8	9	10	11	12	13	14	15	16	17	18	19	20	21	22	23	24	25	26	27	28	29	30
陰	廿四	廿五	廿六	廿七	廿八	廿九	卅	三	二	三	四	五	六	七	八	九	十	十一	十二	十三	十四	十五	十六	十七	十八	十九	廿	廿一	廿二	廿三
星	6	日	1	2	3	4	5	6	日	1	2	3	4	5	6	日	1	2	3	4	5	6	日	1	2	3	4	5	6	日
干節	庚辰	辛巳	壬午	癸未	清明	乙酉	丙戌	丁亥	戊子	己丑	庚寅	辛卯	壬辰	癸巳	甲午	乙未	丙申	丁酉	戊戌	穀雨	庚子	辛丑	壬寅	癸卯	甲辰	乙巳	丙午	丁未	戊申	己酉

陽歷五月份　（陰歷三、四月份）

陽	5	2	3	4	5	6	7	8	9	10	11	12	13	14	15	16	17	18	19	20	21	22	23	24	25	26	27	28	29	30	31
陰	廿四	廿五	廿六	廿七	廿八	廿九	四	二	三	四	五	六	七	八	九	十	十一	十二	十三	十四	十五	十六	十七	十八	十九	廿	廿一	廿二	廿三	廿四	廿五
星	1	2	3	4	5	6	日	1	2	3	4	5	6	日	1	2	3	4	5	6	日	1	2	3	4	5	6	日	1	2	3
干節	庚戌	辛亥	壬子	癸丑	立夏	乙卯	丙辰	丁巳	戊午	己未	庚申	辛酉	壬戌	癸亥	甲子	乙丑	丙寅	丁卯	戊辰	己巳	小滿	辛未	壬申	癸酉	甲戌	乙亥	丙子	丁丑	戊寅	己卯	庚辰

陽歷六月份　（陰歷四、五月份）

陽	6	2	3	4	5	6	7	8	9	10	11	12	13	14	15	16	17	18	19	20	21	22	23	24	25	26	27	28	29	30
陰	廿六	廿七	廿八	廿九	卅	五	二	三	四	五	六	七	八	九	十	十一	十二	十三	十四	十五	十六	十七	十八	十九	廿	廿一	廿二	廿三	廿四	廿五
星	4	5	6	日	1	2	3	4	5	6	日	1	2	3	4	5	6	日	1	2	3	4	5	6	日	1	2	3	4	5
干節	辛巳	壬午	癸未	甲申	乙酉	芒種	丁亥	戊子	己丑	庚寅	辛卯	壬辰	癸巳	甲午	乙未	丙申	丁酉	戊戌	己亥	庚子	夏至	壬寅	癸卯	甲辰	乙巳	丙午	丁未	戊申	己酉	庚戌

戊寅

一七五八年

（清高宗乾隆二三年）

陽曆七月份　（陰曆五、六月份）

陽	7	2	3	4	5	6	7	8	9	10	11	12	13	14	15	16	17	18	19	20	21	22	23	24	25	26	27	28	29	30	31
陰	廿六	廿七	廿八	廿九	六	二	三	四	五	六	七	八	九	十	十一	十二	十三	十四	十五	十六	十七	十八	十九	廿	廿一	廿二	廿三	廿四	廿五	廿六	廿七
星	6	日	1	2	3	4	5	6	日	1	2	3	4	5	6	日	1	2	3	4	5	6	日	1	2	3	4	5	6	日	1
干節	辛亥	壬子	癸丑	甲寅	乙卯	丙辰	小暑	戊午	己未	庚申	辛酉	壬戌	癸亥	甲子	乙丑	丙寅	丁卯	戊辰	己巳	庚午	辛未	壬申	大暑	甲戌	乙亥	丙子	丁丑	戊寅	己卯	庚辰	辛巳

陽曆八月份　（陰曆六、七月份）

陽	8	2	3	4	5	6	7	8	9	10	11	12	13	14	15	16	17	18	19	20	21	22	23	24	25	26	27	28	29	30	31
陰	廿八	廿九	卅	七	二	三	四	五	六	七	八	九	十	十一	十二	十三	十四	十五	十六	十七	十八	十九	廿	廿一	廿二	廿三	廿四	廿五	廿六	廿七	廿八
星	2	3	4	5	6	日	1	2	3	4	5	6	日	1	2	3	4	5	6	日	1	2	3	4	5	6	日	1	2	3	4
干節	壬午	癸未	甲申	乙酉	丙戌	丁亥	戊子	立秋	庚寅	辛卯	壬辰	癸巳	甲午	乙未	丙申	丁酉	戊戌	己亥	庚子	辛丑	壬寅	癸卯	處暑	乙巳	丙午	丁未	戊申	己酉	庚戌	辛亥	壬子

陽曆九月份　（陰曆七、八月份）

陽	9	2	3	4	5	6	7	8	9	10	11	12	13	14	15	16	17	18	19	20	21	22	23	24	25	26	27	28	29	30
陰	廿九	八	二	三	四	五	六	七	八	九	十	十一	十二	十三	十四	十五	十六	十七	十八	十九	廿	廿一	廿二	廿三	廿四	廿五	廿六	廿七	廿八	廿九
星	5	6	日	1	2	3	4	5	6	日	1	2	3	4	5	6	日	1	2	3	4	5	6	日	1	2	3	4	5	6
干節	癸丑	甲寅	乙卯	丙辰	丁巳	戊午	己未	白露	辛酉	壬戌	癸亥	甲子	乙丑	丙寅	丁卯	戊辰	己巳	庚午	辛未	壬申	癸酉	甲戌	秋分	丙子	丁丑	戊寅	己卯	庚辰	辛巳	壬午

陽曆十月份　（陰曆八、九月份）

陽	10	2	3	4	5	6	7	8	9	10	11	12	13	14	15	16	17	18	19	20	21	22	23	24	25	26	27	28	29	30	31
陰	卅	九	二	三	四	五	六	七	八	九	十	十一	十二	十三	十四	十五	十六	十七	十八	十九	廿	廿一	廿二	廿三	廿四	廿五	廿六	廿七	廿八	廿九	卅
星	日	1	2	3	4	5	6	日	1	2	3	4	5	6	日	1	2	3	4	5	6	日	1	2	3	4	5	6	日	1	2
干節	癸未	甲申	乙酉	丙戌	丁亥	戊子	己丑	寒露	辛卯	壬辰	癸巳	甲午	乙未	丙申	丁酉	戊戌	己亥	庚子	辛丑	壬寅	癸卯	甲辰	霜降	丙午	丁未	戊申	己酉	庚戌	辛亥	壬子	癸丑

陽曆十一月份　（陰曆十月份）

陽	11	2	3	4	5	6	7	8	9	10	11	12	13	14	15	16	17	18	19	20	21	22	23	24	25	26	27	28	29	30
陰	十	二	三	四	五	六	七	八	九	十	十一	十二	十三	十四	十五	十六	十七	十八	十九	廿	廿一	廿二	廿三	廿四	廿五	廿六	廿七	廿八	廿九	卅
星	3	4	5	6	日	1	2	3	4	5	6	日	1	2	3	4	5	6	日	1	2	3	4	5	6	日	1	2	3	4
干節	甲寅	乙卯	丙辰	丁巳	戊午	己未	立冬	辛酉	壬戌	癸亥	甲子	乙丑	丙寅	丁卯	戊辰	己巳	庚午	辛未	壬申	癸酉	甲戌	小雪	丙子	丁丑	戊寅	己卯	庚辰	辛巳	壬午	癸未

陽曆十二月份　（陰曆十一、十二月份）

陽	12	2	3	4	5	6	7	8	9	10	11	12	13	14	15	16	17	18	19	20	21	22	23	24	25	26	27	28	29	30	31
陰	十一	二	三	四	五	六	七	八	九	十	十一	十二	十三	十四	十五	十六	十七	十八	十九	廿	廿一	廿二	廿三	廿四	廿五	廿六	廿七	廿八	廿九	十二	二
星	5	6	日	1	2	3	4	5	6	日	1	2	3	4	5	6	日	1	2	3	4	5	6	日	1	2	3	4	5	6	日
干節	甲申	乙酉	丙戌	丁亥	戊子	己丑	大雪	辛卯	壬辰	癸巳	甲午	乙未	丙申	丁酉	戊戌	己亥	庚子	辛丑	壬寅	癸卯	甲辰	冬至	丙午	丁未	戊申	己酉	庚戌	辛亥	壬子	癸丑	甲寅

近世中西史日對照表

己卯 一七五九年 （清高宗乾隆二四年）

陽曆一月份　（陰曆十二、正月份）

陽	1	2	3	4	5	6	7	8	9	10	11	12	13	14	15	16	17	18	19	20	21	22	23	24	25	26	27	28	29	30	31
陰	三	四	五	六	七	八	九	十	十一	十二	十三	十四	十五	十六	十七	十八	十九	廿	廿一	廿二	廿三	廿四	廿五	廿六	廿七	廿八	廿九	卅	正	二	三
星	1	2	3	4	5	6	日	1	2	3	4	5	6	日	1	2	3	4	5	6	日	1	2	3	4	5	6	日	1	2	3
干節	乙卯	丙辰	丁巳	戊午	小寒	庚申	辛酉	壬戌	癸亥	甲子	乙丑	丙寅	丁卯	戊辰	己巳	庚午	辛未	壬申	癸酉	大寒	乙亥	丙子	丁丑	戊寅	己卯	庚辰	辛巳	壬午	癸未	甲申	乙酉

陽曆二月份　（陰曆正、二月份）

陽	1	2	3	4	5	6	7	8	9	10	11	12	13	14	15	16	17	18	19	20	21	22	23	24	25	26	27	28			
陰	四	五	六	七	八	九	十	十一	十二	十三	十四	十五	十六	十七	十八	十九	廿	廿一	廿二	廿三	廿四	廿五	廿六	廿七	廿八	廿九	二	二			
星	4	5	6	日	1	2	3	4	5	6	日	1	2	3	4	5	6	日	1	2	3	4	5	6	日	1	2	3			
干節	丙戌	丁亥	戊子	立春	庚寅	辛卯	壬辰	癸巳	甲午	乙未	丙申	丁酉	戊戌	己亥	庚子	辛丑	壬寅	癸卯	雨水	乙巳	丙午	丁未	戊申	己酉	庚戌	辛亥	壬子	癸丑			

陽曆三月份　（陰曆二、三月份）

陽	1	2	3	4	5	6	7	8	9	10	11	12	13	14	15	16	17	18	19	20	21	22	23	24	25	26	27	28	29	30	31
陰	三	四	五	六	七	八	九	十	十一	十二	十三	十四	十五	十六	十七	十八	十九	廿	廿一	廿二	廿三	廿四	廿五	廿六	廿七	廿八	廿九	三	二	三	四
星	4	5	6	日	1	2	3	4	5	6	日	1	2	3	4	5	6	日	1	2	3	4	5	6	日	1	2	3	4	5	6
干節	甲寅	乙卯	丙辰	丁巳	戊午	驚蟄	庚申	辛酉	壬戌	癸亥	甲子	乙丑	丙寅	丁卯	戊辰	己巳	庚午	辛未	壬申	癸酉	春分	乙亥	丙子	丁丑	戊寅	己卯	庚辰	辛巳	壬午	癸未	甲申

陽曆四月份　（陰曆三、四月份）

陽	1	2	3	4	5	6	7	8	9	10	11	12	13	14	15	16	17	18	19	20	21	22	23	24	25	26	27	28	29	30	
陰	五	六	七	八	九	十	十一	十二	十三	十四	十五	十六	十七	十八	十九	廿	廿一	廿二	廿三	廿四	廿五	廿六	廿七	廿八	廿九	卅	四	二	三	四	
星	日	1	2	3	4	5	6	日	1	2	3	4	5	6	日	1	2	3	4	5	6	日	1	2	3	4	5	6	日	1	
干節	乙酉	丙戌	丁亥	戊子	清明	庚寅	辛卯	壬辰	癸巳	甲午	乙未	丙申	丁酉	戊戌	己亥	庚子	辛丑	壬寅	癸卯	穀雨	乙巳	丙午	丁未	戊申	己酉	庚戌	辛亥	壬子	癸丑	甲寅	

陽曆五月份　（陰曆四、五月份）

陽	1	2	3	4	5	6	7	8	9	10	11	12	13	14	15	16	17	18	19	20	21	22	23	24	25	26	27	28	29	30	31
陰	五	六	七	八	九	十	十一	十二	十三	十四	十五	十六	十七	十八	十九	廿	廿一	廿二	廿三	廿四	廿五	廿六	廿七	廿八	廿九	五	二	三	四	五	六
星	2	3	4	5	6	日	1	2	3	4	5	6	日	1	2	3	4	5	6	日	1	2	3	4	5	6	日	1	2	3	4
干節	乙卯	丙辰	丁巳	戊午	己未	立夏	辛酉	壬戌	癸亥	甲子	乙丑	丙寅	丁卯	戊辰	己巳	庚午	辛未	壬申	癸酉	甲戌	小滿	丙子	丁丑	戊寅	己卯	庚辰	辛巳	壬午	癸未	甲申	乙酉

陽曆六月份　（陰曆五、六月份）

陽	1	2	3	4	5	6	7	8	9	10	11	12	13	14	15	16	17	18	19	20	21	22	23	24	25	26	27	28	29	30	
陰	七	八	九	十	十一	十二	十三	十四	十五	十六	十七	十八	十九	廿	廿一	廿二	廿三	廿四	廿五	廿六	廿七	廿八	廿九	卅	六	二	三	四	五	六	
星	5	6	日	1	2	3	4	5	6	日	1	2	3	4	5	6	日	1	2	3	4	5	6	日	1	2	3	4	5	6	
干節	丙戌	丁亥	戊子	己丑	庚寅	芒種	壬辰	癸巳	甲午	乙未	丙申	丁酉	戊戌	己亥	庚子	辛丑	壬寅	癸卯	甲辰	乙巳	丙午	夏至	戊申	己酉	庚戌	辛亥	壬子	癸丑	甲寅	乙卯	

己卯

一七五九年

（清高宗乾隆二四年）

陽曆七月份　（陰曆六、閏六月份）

陽	1	2	3	4	5	6	7	8	9	10	11	12	13	14	15	16	17	18	19	20	21	22	23	24	25	26	27	28	29	30	31
陰	七	八	九	十	十一	十二	十三	十四	十五	十六	十七	十八	十九	廿	廿一	廿二	廿三	廿四	廿五	廿六	廿七	廿八	廿九	閏	二	三	四	五	六	七	八
星	日	1	2	3	4	5	6	日	1	2	3	4	5	6	日	1	2	3	4	5	6	日	1	2	3	4	5	6	日	1	2
干節	丙辰	丁巳	戊午	己未	庚申	辛酉	小暑	癸亥	甲子	乙丑	丙寅	丁卯	戊辰	己巳	庚午	辛未	壬申	癸酉	甲戌	乙亥	丙子	丁丑	大暑	己卯	庚辰	辛巳	壬午	癸未	甲申	乙酉	丙戌

陽曆八月份　（陰曆閏六、七月份）

陽	1	2	3	4	5	6	7	8	9	10	11	12	13	14	15	16	17	18	19	20	21	22	23	24	25	26	27	28	29	30	31
陰	九	十	十一	十二	十三	十四	十五	十六	十七	十八	十九	廿	廿一	廿二	廿三	廿四	廿五	廿六	廿七	廿八	廿九	卅	七	二	三	四	五	六	七	八	九
星	3	4	5	6	日	1	2	3	4	5	6	日	1	2	3	4	5	6	日	1	2	3	4	5	6	日	1	2	3	4	5
干節	丁亥	戊子	己丑	庚寅	辛卯	壬辰	癸巳	立秋	乙未	丙申	丁酉	戊戌	己亥	庚子	辛丑	壬寅	癸卯	甲辰	乙巳	丙午	丁未	戊申	處暑	庚戌	辛亥	壬子	癸丑	甲寅	乙卯	丙辰	丁巳

陽曆九月份　（陰曆七、八月份）

陽	1	2	3	4	5	6	7	8	9	10	11	12	13	14	15	16	17	18	19	20	21	22	23	24	25	26	27	28	29	30
陰	十	十一	十二	十三	十四	十五	十六	十七	十八	十九	廿	廿一	廿二	廿三	廿四	廿五	廿六	廿七	廿八	廿九	八	二	三	四	五	六	七	八	九	十
星	6	日	1	2	3	4	5	6	日	1	2	3	4	5	6	日	1	2	3	4	5	6	日	1	2	3	4	5	6	日
干節	戊午	己未	庚申	辛酉	壬戌	癸亥	甲子	白露	丙寅	丁卯	戊辰	己巳	庚午	辛未	壬申	癸酉	甲戌	乙亥	丙子	丁丑	戊寅	己卯	秋分	辛巳	壬午	癸未	甲申	乙酉	丙戌	丁亥

陽曆十月份　（陰曆八、九月份）

陽	1	2	3	4	5	6	7	8	9	10	11	12	13	14	15	16	17	18	19	20	21	22	23	24	25	26	27	28	29	30	31
陰	十一	十二	十三	十四	十五	十六	十七	十八	十九	廿	廿一	廿二	廿三	廿四	廿五	廿六	廿七	廿八	廿九	卅	九	二	三	四	五	六	七	八	九	十	十一
星	1	2	3	4	5	6	日	1	2	3	4	5	6	日	1	2	3	4	5	6	日	1	2	3	4	5	6	日	1	2	3
干節	戊子	己丑	庚寅	辛卯	壬辰	癸巳	甲午	寒露	丙申	丁酉	戊戌	己亥	庚子	辛丑	壬寅	癸卯	甲辰	乙巳	丙午	丁未	戊申	己酉	庚戌	霜降	壬子	癸丑	甲寅	乙卯	丙辰	丁巳	戊午

陽曆十一月份　（陰曆九、十月份）

陽	1	2	3	4	5	6	7	8	9	10	11	12	13	14	15	16	17	18	19	20	21	22	23	24	25	26	27	28	29	30
陰	十二	十三	十四	十五	十六	十七	十八	十九	廿	廿一	廿二	廿三	廿四	廿五	廿六	廿七	廿八	廿九	卅	十	二	三	四	五	六	七	八	九	十	十一
星	4	5	6	日	1	2	3	4	5	6	日	1	2	3	4	5	6	日	1	2	3	4	5	6	日	1	2	3	4	5
干節	己未	庚申	辛酉	壬戌	癸亥	甲子	乙丑	立冬	丁卯	戊辰	己巳	庚午	辛未	壬申	癸酉	甲戌	乙亥	丙子	丁丑	戊寅	己卯	小雪	辛巳	壬午	癸未	甲申	乙酉	丙戌	丁亥	戊子

陽曆十二月份　（陰曆十、十一月份）

陽	1	2	3	4	5	6	7	8	9	10	11	12	13	14	15	16	17	18	19	20	21	22	23	24	25	26	27	28	29	30	31
陰	十二	十三	十四	十五	十六	十七	十八	十九	廿	廿一	廿二	廿三	廿四	廿五	廿六	廿七	廿八	廿九	十一	二	三	四	五	六	七	八	九	十	十一	十二	十三
星	6	日	1	2	3	4	5	6	日	1	2	3	4	5	6	日	1	2	3	4	5	6	日	1	2	3	4	5	6	日	1
干節	己丑	庚寅	辛卯	壬辰	癸巳	甲午	大雪	丙申	丁酉	戊戌	己亥	庚子	辛丑	壬寅	癸卯	甲辰	乙巳	丙午	丁未	戊申	己酉	冬至	辛亥	壬子	癸丑	甲寅	乙卯	丙辰	丁巳	戊午	己未

庚辰

一七六〇年

（清高宗乾隆二五年）

陽歷一月份　（陰歷十一、十二月份）

陽	**1**	2	3	4	5	6	7	8	9	10	11	12	13	14	15	16	17	18	19	20	21	22	23	24	25	26	27	28	29	30	31
陰	十四	十五	十六	十七	十八	十九	廿	廿一	廿二	廿三	廿四	廿五	廿六	廿七	廿八	廿九	卅	**十二**	二	三	四	五	六	七	八	九	十	十一	十二	十三	十四
星	2	3	4	5	6	**日**	1	2	3	4	5	6	**日**	1	2	3	4	5	6	**日**	1	2	3	4	5	6	**日**	1	2	3	4
干節	庚申	辛酉	壬戌	癸亥	甲子	**小寒**	丙寅	丁卯	戊辰	己巳	庚午	辛未	壬申	癸酉	甲戌	乙亥	丙子	丁丑	戊寅	**大寒**	庚辰	辛巳	壬午	癸未	甲申	乙酉	丙戌	丁亥	戊子	己丑	庚寅

陽歷二月份　（陰歷十二、正月份）

陽	**2**	2	3	4	5	6	7	8	9	10	11	12	13	14	15	16	17	18	19	20	21	22	23	24	25	26	27	28	29		
陰	十五	十六	十七	十八	十九	廿	廿一	廿二	廿三	廿四	廿五	廿六	廿七	廿八	廿九	卅	**正**	二	三	四	五	六	七	八	九	十	十一	十二	十三		
星	5	6	**日**	1	2	3	4	5	6	**日**	1	2	3	4	5	6	**日**	1	2	3	4	5	6	**日**	1	2	3	4	5		
干節	辛卯	壬辰	癸巳	**立春**	乙未	丙申	丁酉	戊戌	己亥	庚子	辛丑	壬寅	癸卯	甲辰	乙巳	丙午	丁未	戊申	**雨水**	庚戌	辛亥	壬子	癸丑	甲寅	乙卯	丙辰	丁巳	戊午	己未		

陽歷三月份　（陰歷正、二月份）

陽	**3**	2	3	4	5	6	7	8	9	10	11	12	13	14	15	16	17	18	19	20	21	22	23	24	25	26	27	28	29	30	31
陰	十四	十五	十六	十七	十八	十九	廿	廿一	廿二	廿三	廿四	廿五	廿六	廿七	廿八	廿九	**二**	二	三	四	五	六	七	八	九	十	十一	十二	十二	十三	十四
星	6	**日**	1	2	3	4	5	6	**日**	1	2	3	4	5	6	**日**	1	2	3	4	5	6	**日**	1	2	3	4	5	6	**日**	1
干節	庚申	辛酉	壬戌	癸亥	**驚蟄**	乙丑	丙寅	丁卯	戊辰	己巳	庚午	辛未	壬申	癸酉	甲戌	乙亥	丙子	丁丑	戊寅	**春分**	庚辰	辛巳	壬午	癸未	甲申	乙酉	丙戌	丁亥	戊子	己丑	庚寅

陽歷四月份　（陰歷二、三月份）

陽	**4**	2	3	4	5	6	7	8	9	10	11	12	13	14	15	16	17	18	19	20	21	22	23	24	25	26	27	28	29	30	
陰	十六	十七	十八	十九	廿	廿一	廿二	廿三	廿四	廿五	廿六	廿七	廿八	廿九	卅	**三**	二	三	四	五	六	七	八	九	十	十一	十二	十三	十四	十五	
星	2	3	4	5	6	**日**	1	2	3	4	5	6	**日**	1	2	3	4	5	6	**日**	1	2	3	4	5	6	**日**	1	2	3	
干節	辛卯	壬辰	癸巳	**清明**	乙未	丙申	丁酉	戊戌	己亥	庚子	辛丑	壬寅	癸卯	甲辰	乙巳	丙午	丁未	戊申	**穀雨**	庚戌	辛亥	壬子	癸丑	甲寅	乙卯	丙辰	丁巳	戊午	己未	庚申	

陽歷五月份　（陰歷三、四月份）

陽	**5**	2	3	4	5	6	7	8	9	10	11	12	13	14	15	16	17	18	19	20	21	22	23	24	25	26	27	28	29	30	31
陰	十六	十七	十八	十九	廿	廿一	廿二	廿三	廿四	廿五	廿六	廿七	廿八	廿九	**四**	二	三	四	五	六	七	八	九	十	十一	十二	十三	十四	十五	十六	十七
星	4	5	6	**日**	1	2	3	4	5	6	**日**	1	2	3	4	5	6	**日**	1	2	3	4	5	6	**日**	1	2	3	4	5	6
干節	辛酉	壬戌	癸亥	甲子	**立夏**	丙寅	丁卯	戊辰	己巳	庚午	辛未	壬申	癸酉	甲戌	乙亥	丙子	丁丑	戊寅	己卯	庚辰	**小滿**	壬午	癸未	甲申	乙酉	丙戌	丁亥	戊子	己丑	庚寅	辛卯

陽歷六月份　（陰歷四、五月份）

陽	**6**	2	3	4	5	6	7	8	9	10	11	12	13	14	15	16	17	18	19	20	21	22	23	24	25	26	27	28	29	30	
陰	十八	十九	廿	廿一	廿二	廿三	廿四	廿五	廿六	廿七	廿八	廿九	**五**	二	三	四	五	六	七	八	九	十	十一	十二	十三	十四	十五	十六	十七	十八	
星	**日**	1	2	3	4	5	6	**日**	1	2	3	4	5	6	**日**	1	2	3	4	5	6	**日**	1	2	3	4	5	6	**日**	1	
干節	壬辰	癸巳	甲午	乙未	**芒種**	丁酉	戊戌	己亥	庚子	辛丑	壬寅	癸卯	甲辰	乙巳	丙午	丁未	戊申	己酉	庚戌	辛亥	**夏至**	癸丑	甲寅	乙卯	丙辰	丁巳	戊午	己未	庚申	辛酉	

陽歷七月份　（陰歷五、六月份）

陽	**7**	2	3	4	5	6	7	8	9	10	11	12	13	14	15	16	17	18	19	20	21	22	23	24	25	26	27	28	29	30	31
陰	十九	廿	廿一	廿二	廿三	廿四	廿五	廿六	廿七	廿八	廿九	**六**	二	三	四	五	六	七	八	九	十	十一	十二	十三	十四	十五	十六	十七	十八	十九	廿
星	2	3	4	5	6	**日**	1	2	3	4	5	6	**日**	1	2	3	4	5	6	**日**	1	2	3	4	5	6	**日**	1	2	3	4
干節	壬戌	癸亥	甲子	乙丑	丙寅	丁卯	**小暑**	己巳	庚午	辛未	壬申	癸酉	甲戌	乙亥	丙子	丁丑	戊寅	己卯	庚辰	辛巳	壬午	**大暑**	甲申	乙酉	丙戌	丁亥	戊子	己丑	庚寅	辛卯	壬辰

陽歷八月份　（陰歷六、七月份）

陽	**8**	2	3	4	5	6	7	8	9	10	11	12	13	14	15	16	17	18	19	20	21	22	23	24	25	26	27	28	29	30	31
陰	廿一	廿二	廿三	廿四	廿五	廿六	廿七	廿八	廿九	卅	**七**	二	三	四	五	六	七	八	九	十	十一	十二	十三	十四	十五	十六	十七	十八	十九	廿	廿一
星	5	6	**日**	1	2	3	4	5	6	**日**	1	2	3	4	5	6	**日**	1	2	3	4	5	6	**日**	1	2	3	4	5	6	**日**
干節	癸巳	甲午	乙未	丙申	丁酉	戊戌	**立秋**	庚子	辛丑	壬寅	癸卯	甲辰	乙巳	丙午	丁未	戊申	己酉	庚戌	辛亥	壬子	癸丑	甲寅	**處暑**	丙辰	丁巳	戊午	己未	庚申	辛酉	壬戌	癸亥

陽歷九月份　（陰歷七、八月份）

陽	**9**	2	3	4	5	6	7	8	9	10	11	12	13	14	15	16	17	18	19	20	21	22	23	24	25	26	27	28	29	30
陰	廿二	廿三	廿四	廿五	廿六	廿七	廿八	廿九	**八**	二	三	四	五	六	七	八	九	十	十一	十二	十三	十四	十五	十六	十七	十八	十九	廿	廿一	廿二
星	1	2	3	4	5	6	**日**	1	2	3	4	5	6	**日**	1	2	3	4	5	6	**日**	1	2	3	4	5	6	**日**	1	2
干節	甲子	乙丑	丙寅	丁卯	戊辰	己巳	**白露**	辛未	壬申	癸酉	甲戌	乙亥	丙子	丁丑	戊寅	己卯	庚辰	辛巳	壬午	癸未	甲申	**秋分**	丙戌	丁亥	戊子	己丑	庚寅	辛卯	壬辰	癸巳

陽歷十月份　（陰歷八、九月份）

陽	**10**	2	3	4	5	6	7	8	9	10	11	12	13	14	15	16	17	18	19	20	21	22	23	24	25	26	27	28	29	30	31
陰	廿三	廿四	廿五	廿六	廿七	廿八	廿九	卅	**九**	二	三	四	五	六	七	八	九	十	十一	十二	十三	十四	十五	十六	十七	十八	十九	廿	廿一	廿二	廿三
星	3	4	5	6	**日**	1	2	3	4	5	6	**日**	1	2	3	4	5	6	**日**	1	2	3	4	5	6	**日**	1	2	3	4	5
干節	甲午	乙未	丙申	丁酉	戊戌	己亥	庚子	**寒露**	壬寅	癸卯	甲辰	乙巳	丙午	丁未	戊申	己酉	庚戌	辛亥	壬子	癸丑	甲寅	乙卯	**霜降**	丁巳	戊午	己未	庚申	辛酉	壬戌	癸亥	甲子

陽歷十一月份　（陰歷九、十月份）

陽	**11**	2	3	4	5	6	7	8	9	10	11	12	13	14	15	16	17	18	19	20	21	22	23	24	25	26	27	28	29	30
陰	廿四	廿五	廿六	廿七	廿八	廿九	卅	**十**	二	三	四	五	六	七	八	九	十	十一	十二	十三	十四	十五	十六	十七	十八	十九	廿	廿一	廿二	廿三
星	6	**日**	1	2	3	4	5	6	**日**	1	2	3	4	5	6	**日**	1	2	3	4	5	6	**日**	1	2	3	4	5	6	**日**
干節	乙丑	丙寅	丁卯	戊辰	己巳	庚午	**立冬**	壬申	癸酉	甲戌	乙亥	丙子	丁丑	戊寅	己卯	庚辰	辛巳	壬午	癸未	甲申	乙酉	**小雪**	丁亥	戊子	己丑	庚寅	辛卯	壬辰	癸巳	甲午

陽歷十二月份　（陰歷十、十一月份）

陽	**12**	2	3	4	5	6	7	8	9	10	11	12	13	14	15	16	17	18	19	20	21	22	23	24	25	26	27	28	29	30	31
陰	廿四	廿五	廿六	廿七	廿八	廿九	**十一**	二	三	四	五	六	七	八	九	十	十一	十二	十三	十四	十五	十六	十七	十八	十九	廿	廿一	廿二	廿三	廿四	廿五
星	1	2	3	4	5	6	**日**	1	2	3	4	5	6	**日**	1	2	3	4	5	6	**日**	1	2	3	4	5	6	**日**	1	2	3
干節	乙未	丙申	丁酉	戊戌	己亥	**大雪**	辛丑	壬寅	癸卯	甲辰	乙巳	丙午	丁未	戊申	己酉	庚戌	辛亥	壬子	癸丑	甲寅	**冬至**	丙辰	丁巳	戊午	己未	庚申	辛酉	壬戌	癸亥	甲子	乙丑

近世中西史日對照表

辛巳　一七六一年　（清高宗乾隆二十六年）

陽歷 一 月份　（陰歷十一、十二月份）

陽	1	2	3	4	5	6	7	8	9	10	11	12	13	14	15	16	17	18	19	20	21	22	23	24	25	26	27	28	29	30	31
陰	廿六	廿七	廿八	廿九	卅	十二	二	三	四	五	六	七	八	九	十	十一	十二	十三	十四	十五	十六	十七	十八	十九	廿	廿一	廿二	廿三	廿四	廿五	廿六
星	4	5	6	日	1	2	3	4	5	6	日	1	2	3	4	5	6	日	1	2	3	4	5	6	日	1	2	3	4	5	6
干節	丙寅	丁卯	戊辰	己巳	小寒	辛未	壬申	癸酉	甲戌	乙亥	丙子	丁丑	戊寅	己卯	庚辰	辛巳	壬午	癸未	甲申	大寒	丙戌	丁亥	戊子	己丑	庚寅	辛卯	壬辰	癸巳	甲午	乙未	丙申

陽歷 二 月份　（陰歷十二、正月份）

陽	1	2	3	4	5	6	7	8	9	10	11	12	13	14	15	16	17	18	19	20	21	22	23	24	25	26	27	28
陰	廿七	廿八	廿九	卅	正	二	三	四	五	六	七	八	九	十	十一	十二	十三	十四	十五	十六	十七	十八	十九	廿	廿一	廿二	廿三	廿四
星	日	1	2	3	4	5	6	日	1	2	3	4	5	6	日	1	2	3	4	5	6	日	1	2	3	4	5	6
干節	丁酉	戊戌	立春	庚子	辛丑	壬寅	癸卯	甲辰	乙巳	丙午	丁未	戊申	己酉	庚戌	辛亥	壬子	癸丑	雨水	乙卯	丙辰	丁巳	戊午	己未	庚申	辛酉	壬戌	癸亥	甲子

陽歷 三 月份　（陰歷正、二月份）

陽	1	2	3	4	5	6	7	8	9	10	11	12	13	14	15	16	17	18	19	20	21	22	23	24	25	26	27	28	29	30	31
陰	廿五	廿六	廿七	廿八	廿九	卅	二	二	三	四	五	六	七	八	九	十	十一	十二	十三	十四	十五	十六	十七	十八	十九	廿	廿一	廿二	廿三	廿四	廿五
星	日	1	2	3	4	5	6	日	1	2	3	4	5	6	日	1	2	3	4	5	6	日	1	2	3	4	5	6	日	1	2
干節	乙丑	丙寅	丁卯	戊辰	驚蟄	庚午	辛未	壬申	癸酉	甲戌	乙亥	丙子	丁丑	戊寅	己卯	庚辰	辛巳	壬午	癸未	春分	乙酉	丙戌	丁亥	戊子	己丑	庚寅	辛卯	壬辰	癸巳	甲午	乙未

陽歷 四 月份　（陰歷二、三月份）

陽	1	2	3	4	5	6	7	8	9	10	11	12	13	14	15	16	17	18	19	20	21	22	23	24	25	26	27	28	29	30
陰	廿六	廿七	廿八	廿九	三	二	三	四	五	六	七	八	九	十	十一	十二	十三	十四	十五	十六	十七	十八	十九	廿	廿一	廿二	廿三	廿四	廿五	廿六
星	3	4	5	6	日	1	2	3	4	5	6	日	1	2	3	4	5	6	日	1	2	3	4	5	6	日	1	2	3	4
干節	丙申	丁酉	戊戌	清明	庚子	辛丑	壬寅	癸卯	甲辰	乙巳	丙午	丁未	戊申	己酉	庚戌	辛亥	壬子	癸丑	甲寅	穀雨	丙辰	丁巳	戊午	己未	庚申	辛酉	壬戌	癸亥	甲子	乙丑

陽歷 五 月份　（陰歷三、四月份）

陽	1	2	3	4	5	6	7	8	9	10	11	12	13	14	15	16	17	18	19	20	21	22	23	24	25	26	27	28	29	30	31
陰	廿七	廿八	廿九	卅	四	二	三	四	五	六	七	八	九	十	十一	十二	十三	十四	十五	十六	十七	十八	十九	廿	廿一	廿二	廿三	廿四	廿五	廿六	廿七
星	5	6	日	1	2	3	4	5	6	日	1	2	3	4	5	6	日	1	2	3	4	5	6	日	1	2	3	4	5	6	日
干節	丙寅	丁卯	戊辰	己巳	立夏	辛未	壬申	癸酉	甲戌	乙亥	丙子	丁丑	戊寅	己卯	庚辰	辛巳	壬午	癸未	甲申	乙酉	小滿	丁亥	戊子	己丑	庚寅	辛卯	壬辰	癸巳	甲午	乙未	丙申

陽歷 六 月份　（陰歷四、五月份）

陽	1	2	3	4	5	6	7	8	9	10	11	12	13	14	15	16	17	18	19	20	21	22	23	24	25	26	27	28	29	30
陰	廿八	廿九	五	二	三	四	五	六	七	八	九	十	十一	十二	十三	十四	十五	十六	十七	十八	十九	廿	廿一	廿二	廿三	廿四	廿五	廿六	廿七	廿八
星	1	2	3	4	5	6	日	1	2	3	4	5	6	日	1	2	3	4	5	6	日	1	2	3	4	5	6	日	1	2
干節	丁酉	戊戌	己亥	庚子	芒種	壬寅	癸卯	甲辰	乙巳	丙午	丁未	戊申	己酉	庚戌	辛亥	壬子	癸丑	甲寅	乙卯	丙辰	夏至	戊午	己未	庚申	辛酉	壬戌	癸亥	甲子	乙丑	丙寅

辛巳

一七六一年

（清高宗乾隆二六年）

陽歷七月份　（陰歷五、六、七月份）

陽	7	2	3	4	5	6	7	8	9	10	11	12	13	14	15	16	17	18	19	20	21	22	23	24	25	26	27	28	29	30	31
陰	廿九	六	二	三	四	五	六	七	八	九	十	十一	十二	十三	十四	十五	十六	十七	十八	十九	廿	廿一	廿二	廿三	廿四	廿五	廿六	廿七	廿八	廿九	七
星	3	4	5	6	日	1	2	3	4	5	6	日	1	2	3	4	5	6	日	1	2	3	4	5	6	日	1	2	3	4	5
干節	丁卯	戊辰	己巳	庚午	辛未	壬申	小暑	甲戌	乙亥	丙子	丁丑	戊寅	己卯	庚辰	辛巳	壬午	癸未	甲申	乙酉	丙戌	丁亥	戊子	大暑	庚寅	辛卯	壬辰	癸巳	甲午	乙未	丙申	丁酉

陽歷八月份　（陰歷七、八月份）

陽	8	2	3	4	5	6	7	8	9	10	11	12	13	14	15	16	17	18	19	20	21	22	23	24	25	26	27	28	29	30	31
陰	二	三	四	五	六	七	八	九	十	十一	十二	十三	十四	十五	十六	十七	十八	十九	廿	廿一	廿二	廿三	廿四	廿五	廿六	廿七	廿八	廿九	卅	八	二
星	6	日	1	2	3	4	5	6	日	1	2	3	4	5	6	日	1	2	3	4	5	6	日	1	2	3	4	5	6	日	1
干節	戊戌	己亥	庚子	辛丑	壬寅	癸卯	立秋	乙巳	丙午	丁未	戊申	己酉	庚戌	辛亥	壬子	癸丑	甲寅	乙卯	丙辰	丁巳	戊午	己未	處暑	辛酉	壬戌	癸亥	甲子	乙丑	丙寅	丁卯	戊辰

陽歷九月份　（陰歷八、九月份）

陽	9	2	3	4	5	6	7	8	9	10	11	12	13	14	15	16	17	18	19	20	21	22	23	24	25	26	27	28	29	30
陰	三	四	五	六	七	八	九	十	十一	十二	十三	十四	十五	十六	十七	十八	十九	廿	廿一	廿二	廿三	廿四	廿五	廿六	廿七	廿八	廿九	九	二	三
星	2	3	4	5	6	日	1	2	3	4	5	6	日	1	2	3	4	5	6	日	1	2	3	4	5	6	日	1	2	3
干節	己巳	庚午	辛未	壬申	癸酉	甲戌	白露	丙子	丁丑	戊寅	己卯	庚辰	辛巳	壬午	癸未	甲申	乙酉	丙戌	丁亥	戊子	己丑	庚寅	秋分	壬辰	癸巳	甲午	乙未	丙申	丁酉	戊戌

陽歷十月份　（陰歷九、十月份）

陽	10	2	3	4	5	6	7	8	9	10	11	12	13	14	15	16	17	18	19	20	21	22	23	24	25	26	27	28	29	30	31
陰	四	五	六	七	八	九	十	十一	十二	十三	十四	十五	十六	十七	十八	十九	廿	廿一	廿二	廿三	廿四	廿五	廿六	廿七	廿八	廿九	卅	十	二	三	四
星	4	5	6	日	1	2	3	4	5	6	日	1	2	3	4	5	6	日	1	2	3	4	5	6	日	1	2	3	4	5	6
干節	己亥	庚子	辛丑	壬寅	癸卯	甲辰	乙巳	寒露	丁未	戊申	己酉	庚戌	辛亥	壬子	癸丑	甲寅	乙卯	丙辰	丁巳	戊午	己未	庚申	霜降	壬戌	癸亥	甲子	乙丑	丙寅	丁卯	戊辰	己巳

陽歷十一月份　（陰歷十、十一月份）

陽	11	2	3	4	5	6	7	8	9	10	11	12	13	14	15	16	17	18	19	20	21	22	23	24	25	26	27	28	29	30
陰	五	六	七	八	九	十	十一	十二	十三	十四	十五	十六	十七	十八	十九	廿	廿一	廿二	廿三	廿四	廿五	廿六	廿七	廿八	廿九	十一	二	三	四	五
星	日	1	2	3	4	5	6	日	1	2	3	4	5	6	日	1	2	3	4	5	6	日	1	2	3	4	5	6	日	1
干節	庚午	辛未	壬申	癸酉	甲戌	乙亥	立冬	丁丑	戊寅	己卯	庚辰	辛巳	壬午	癸未	甲申	乙酉	丙戌	丁亥	戊子	己丑	庚寅	小雪	壬辰	癸巳	甲午	乙未	丙申	丁酉	戊戌	己亥

陽歷十二月份　（陰歷十一、十二月份）

陽	12	2	3	4	5	6	7	8	9	10	11	12	13	14	15	16	17	18	19	20	21	22	23	24	25	26	27	28	29	30	31
陰	六	七	八	九	十	十一	十二	十三	十四	十五	十六	十七	十八	十九	廿	廿一	廿二	廿三	廿四	廿五	廿六	廿七	廿八	廿九	卅	十二	二	三	四	五	六
星	2	3	4	5	6	日	1	2	3	4	5	6	日	1	2	3	4	5	6	日	1	2	3	4	5	6	日	1	2	3	4
干節	庚子	辛丑	壬寅	癸卯	甲辰	乙巳	大雪	丁未	戊申	己酉	庚戌	辛亥	壬子	癸丑	甲寅	乙卯	丙辰	丁巳	戊午	己未	冬至	辛酉	壬戌	癸亥	甲子	乙丑	丙寅	丁卯	戊辰	己巳	庚午

近世中西史日對照表

陽歷一月份　(陰歷十二、正月份)

陽	**1**	2	3	4	5	6	7	8	9	10	11	12	13	14	15	16	17	18	19	20	21	22	23	24	25	26	27	28	29	30	31
陰	七	八	九	十	十一	十二	十三	十四	十五	十六	十七	十八	十九	廿	廿一	廿二	廿三	廿四	廿五	廿六	廿七	廿八	廿九	卅	**正**	二	三	四	五	六	七
星	5	6	**日**	1	2	3	4	5	6	**日**	1	2	3	4	5	6	**日**	1	2	3	4	5	6	**日**	1	2	3	4	5	6	**日**
干節	辛未	壬申	癸酉	甲戌	**小寒**	丙子	丁丑	戊寅	己卯	庚辰	辛巳	壬午	癸未	甲申	乙酉	丙戌	丁亥	戊子	己丑	**大寒**	辛卯	壬辰	癸巳	甲午	乙未	丙申	丁酉	戊戌	己亥	庚子	辛丑

陽歷二月份　(陰歷正、二月份)

陽	**2**	2	3	4	5	6	7	8	9	10	11	12	13	14	15	16	17	18	19	20	21	22	23	24	25	26	27	28	—	—	—
陰	八	九	十	十一	十二	十三	十四	十五	十六	十七	十八	十九	廿	廿一	廿二	廿三	廿四	廿五	廿六	廿七	廿八	廿九	卅	**二**	二	三	四	五	—	—	—
星	1	2	3	4	5	6	**日**	1	2	3	4	5	6	**日**	1	2	3	4	5	6	**日**	1	2	3	4	5	6	**日**	—	—	—
干節	壬寅	癸卯	甲辰	**立春**	丙午	丁未	戊申	己酉	庚戌	辛亥	壬子	癸丑	甲寅	乙卯	丙辰	丁巳	戊午	**雨水**	庚申	辛酉	壬戌	癸亥	甲子	乙丑	丙寅	丁卯	戊辰	己巳	—	—	—

陽歷三月份　(陰歷二、三月份)

陽	**3**	2	3	4	5	6	7	8	9	10	11	12	13	14	15	16	17	18	19	20	21	22	23	24	25	26	27	28	29	30	31
陰	六	七	八	九	十	十一	十二	十三	十四	十五	十六	十七	十八	十九	廿	廿一	廿二	廿三	廿四	廿五	廿六	廿七	廿八	廿九	**三**	二	三	四	五	六	七
星	1	2	3	4	5	6	**日**	1	2	3	4	5	6	**日**	1	2	3	4	5	6	**日**	1	2	3	4	5	6	**日**	1	2	3
干節	庚午	辛未	壬申	癸酉	**驚蟄**	乙亥	丙子	丁丑	戊寅	己卯	庚辰	辛巳	壬午	癸未	甲申	乙酉	丙戌	丁亥	戊子	**春分**	庚寅	辛卯	壬辰	癸巳	甲午	乙未	丙申	丁酉	戊戌	己亥	庚子

陽歷四月份　(陰歷三、四月份)

陽	**4**	2	3	4	5	6	7	8	9	10	11	12	13	14	15	16	17	18	19	20	21	22	23	24	25	26	27	28	29	30	
陰	八	九	十	十一	十二	十三	十四	十五	十六	十七	十八	十九	廿	廿一	廿二	廿三	廿四	廿五	廿六	廿七	廿八	廿九	卅	**四**	二	三	四	五	六	七	
星	4	5	6	**日**	1	2	3	4	5	6	**日**	1	2	3	4	5	6	**日**	1	2	3	4	5	6	**日**	1	2	3	4	5	
干節	辛丑	壬寅	癸卯	甲辰	**清明**	丙午	丁未	戊申	己酉	庚戌	辛亥	壬子	癸丑	甲寅	乙卯	丙辰	丁巳	戊午	己未	**穀雨**	辛酉	壬戌	癸亥	甲子	乙丑	丙寅	丁卯	戊辰	己巳	庚午	

陽歷五月份　(陰歷四、五月份)

陽	**5**	2	3	4	5	6	7	8	9	10	11	12	13	14	15	16	17	18	19	20	21	22	23	24	25	26	27	28	29	30	31
陰	八	九	十	十一	十二	十三	十四	十五	十六	十七	十八	十九	廿	廿一	廿二	廿三	廿四	廿五	廿六	廿七	廿八	廿九	卅	**五**	二	三	四	五	六	七	八
星	6	**日**	1	2	3	4	5	6	**日**	1	2	3	4	5	6	**日**	1	2	3	4	5	6	**日**	1	2	3	4	5	6	**日**	1
干節	辛未	壬申	癸酉	甲戌	**立夏**	丙子	丁丑	戊寅	己卯	庚辰	辛巳	壬午	癸未	甲申	乙酉	丙戌	丁亥	戊子	己丑	庚寅	**小滿**	壬辰	癸巳	甲午	乙未	丙申	丁酉	戊戌	己亥	庚子	辛丑

陽歷六月份　(陰歷五、閏五月份)

陽	**6**	2	3	4	5	6	7	8	9	10	11	12	13	14	15	16	17	18	19	20	21	22	23	24	25	26	27	28	29	30	
陰	九	十	十一	十二	十三	十四	十五	十六	十七	十八	十九	廿	廿一	廿二	廿三	廿四	廿五	廿六	廿七	廿八	廿九	**閏**	二	三	四	五	六	七	八	九	
星	2	3	4	5	6	**日**	1	2	3	4	5	6	**日**	1	2	3	4	5	6	**日**	1	2	3	4	5	6	**日**	1	2	3	
干節	壬寅	癸卯	甲辰	乙巳	丙午	**芒種**	戊申	己酉	庚戌	辛亥	壬子	癸丑	甲寅	乙卯	丙辰	丁巳	戊午	己未	庚申	辛酉	**夏至**	癸亥	甲子	乙丑	丙寅	丁卯	戊辰	己巳	庚午	辛未	

壬午　一七六二年　(清高宗乾隆二七年)

壬午

一七六二年

（清高宗乾隆二十七年）

陽歷七月份　（陰歷閏五、六月份）

陽	7	2	3	4	5	6	7	8	9	10	11	12	13	14	15	16	17	18	19	20	21	22	23	24	25	26	27	28	29	30	31
陰	十	十一	十二	十三	十四	十五	十六	十七	十八	十九	廿	廿一	廿二	廿三	廿四	廿五	廿六	廿七	廿八	廿九	六	二	三	四	五	六	七	八	九	十	十一
星	4	5	6	日	1	2	3	4	5	6	日	1	2	3	4	5	6	日	1	2	3	4	5	6	日	1	2	3	4	5	6
干節	壬申	癸酉	甲戌	乙亥	丙子	丁丑	小暑	己卯	庚辰	辛巳	壬午	癸未	甲申	乙酉	丙戌	丁亥	戊子	己丑	庚寅	辛卯	壬辰	癸巳	大暑	乙未	丙申	丁酉	戊戌	己亥	庚子	辛丑	壬寅

陽歷八月份　（陰歷六、七月份）

陽	8	2	3	4	5	6	7	8	9	10	11	12	13	14	15	16	17	18	19	20	21	22	23	24	25	26	27	28	29	30	31
陰	十二	十三	十四	十五	十六	十七	十八	十九	廿	廿一	廿二	廿三	廿四	廿五	廿六	廿七	廿八	廿九	七	二	三	四	五	六	七	八	九	十	十一	十二	十三
星	日	1	2	3	4	5	6	日	1	2	3	4	5	6	日	1	2	3	4	5	6	日	1	2	3	4	5	6	日	1	2
干節	癸卯	甲辰	乙巳	丙午	丁未	戊申	己酉	立秋	辛亥	壬子	癸丑	甲寅	乙卯	丙辰	丁巳	戊午	己未	庚申	辛酉	壬戌	癸亥	甲子	處暑	丙寅	丁卯	戊辰	己巳	庚午	辛未	壬申	癸酉

陽歷九月份　（陰歷七、八月份）

陽	9	2	3	4	5	6	7	8	9	10	11	12	13	14	15	16	17	18	19	20	21	22	23	24	25	26	27	28	29	30
陰	十四	十五	十六	十七	十八	十九	廿	廿一	廿二	廿三	廿四	廿五	廿六	廿七	廿八	廿九	卅	八	二	三	四	五	六	七	八	九	十	十一	十二	十三
星	3	4	5	6	日	1	2	3	4	5	6	日	1	2	3	4	5	6	日	1	2	3	4	5	6	日	1	2	3	4
干節	甲戌	乙亥	丙子	丁丑	戊寅	己卯	庚辰	白露	壬午	癸未	甲申	乙酉	丙戌	丁亥	戊子	己丑	庚寅	辛卯	壬辰	癸巳	甲午	乙未	秋分	丁酉	戊戌	己亥	庚子	辛丑	壬寅	癸卯

陽歷十月份　（陰歷八、九月月）

陽	10	2	3	4	5	6	7	8	9	10	11	12	13	14	15	16	17	18	19	20	21	22	23	24	25	26	27	28	29	30	31
陰	十四	十五	十六	十七	十八	十九	廿	廿一	廿二	廿三	廿四	廿五	廿六	廿七	廿八	廿九	九	二	三	四	五	六	七	八	九	十	十一	十二	十三	十四	十五
星	5	6	日	1	2	3	4	5	6	日	1	2	3	4	5	6	日	1	2	3	4	5	6	日	1	2	3	4	5	6	日
干節	甲辰	乙巳	丙午	丁未	戊申	己酉	庚戌	寒露	壬子	癸丑	甲寅	乙卯	丙辰	丁巳	戊午	己未	庚申	辛酉	壬戌	癸亥	甲子	乙丑	霜降	丁卯	戊辰	己巳	庚午	辛未	壬申	癸酉	甲戌

陽歷十一月份　（陰歷九、十月份）

陽	11	2	3	4	5	6	7	8	9	10	11	12	13	14	15	16	17	18	19	20	21	22	23	24	25	26	27	28	29	30
陰	十六	十七	十八	十九	廿	廿一	廿二	廿三	廿四	廿五	廿六	廿七	廿八	廿九	卅	十	二	三	四	五	六	七	八	九	十	十一	十二	十三	十四	十五
星	1	2	3	4	5	6	日	1	2	3	4	5	6	日	1	2	3	4	5	6	日	1	2	3	4	5	6	日	1	2
干節	乙亥	丙子	丁丑	戊寅	己卯	庚辰	立冬	壬午	癸未	甲申	乙酉	丙戌	丁亥	戊子	己丑	庚寅	辛卯	壬辰	癸巳	甲午	乙未	小雪	丁酉	戊戌	己亥	庚子	辛丑	壬寅	癸卯	甲辰

陽歷十二月份　（陰歷十、十一月份）

陽	12	2	3	4	5	6	7	8	9	10	11	12	13	14	15	16	17	18	19	20	21	22	23	24	25	26	27	28	29	30	31
陰	十六	十七	十八	十九	廿	廿一	廿二	廿三	廿四	廿五	廿六	廿七	廿八	廿九	十一	二	三	四	五	六	七	八	九	十	十一	十二	十三	十四	十五	十六	十七
星	3	4	5	6	日	1	2	3	4	5	6	日	1	2	3	4	5	6	日	1	2	3	4	5	6	日	1	2	3	4	5
干節	乙巳	丙午	丁未	戊申	己酉	庚戌	大雪	壬子	癸丑	甲寅	乙卯	丙辰	丁巳	戊午	己未	庚申	辛酉	壬戌	癸亥	甲子	乙丑	冬至	丁卯	戊辰	己巳	庚午	辛未	壬申	癸酉	甲戌	乙亥

近世中西史日對照表

癸未　一七六三年　（清高宗乾隆二八年）

陽歷 一 月份　（陰歷十一、十二月份）

陽	1	2	3	4	5	6	7	8	9	10	11	12	13	14	15	16	17	18	19	20	21	22	23	24	25	26	27	28	29	30	31
陰	十八	十九	廿	廿一	廿二	廿三	廿四	廿五	廿六	廿七	廿八	廿九	卅	十二	二	三	四	五	六	七	八	九	十	十一	十二	十三	十四	十五	十六	十七	十八
星	6	日	1	2	3	4	5	6	日	1	2	3	4	5	6	日	1	2	3	4	5	6	日	1	2	3	4	5	6	日	1
干節	丙子	丁丑	戊寅	己卯	小寒	辛巳	壬午	癸未	甲申	乙酉	丙戌	丁亥	戊子	己丑	庚寅	辛卯	壬辰	癸巳	甲午	大寒	丙申	丁酉	戊戌	己亥	庚子	辛丑	壬寅	癸卯	甲辰	乙巳	丙午

陽歷 二 月份　（陰歷十二、正月份）

陽	2	2	3	4	5	6	7	8	9	10	11	12	13	14	15	16	17	18	19	20	21	22	23	24	25	26	27	28
陰	十九	廿	廿一	廿二	廿三	廿四	廿五	廿六	廿七	廿八	廿九	卅	正	二	三	四	五	六	七	八	九	十	十一	十二	十三	十四	十五	十六
星	2	3	4	5	6	日	1	2	3	4	5	6	日	1	2	3	4	5	6	日	1	2	3	4	5	6	日	1
干節	丁未	戊申	己酉	立春	辛亥	壬子	癸丑	甲寅	乙卯	丙辰	丁巳	戊午	己未	庚申	辛酉	壬戌	癸亥	甲子	雨水	丙寅	丁卯	戊辰	己巳	庚午	辛未	壬申	癸酉	甲戌

陽歷 三 月份　（陰歷正、二月份）

陽	3	2	3	4	5	6	7	8	9	10	11	12	13	14	15	16	17	18	19	20	21	22	23	24	25	26	27	28	29	30	31
陰	十七	十八	十九	廿	廿一	廿二	廿三	廿四	廿五	廿六	廿七	廿八	廿九	卅	二	二	三	四	五	六	七	八	九	十	十一	十二	十三	十四	十五	十六	十七
星	2	3	4	5	6	日	1	2	3	4	5	6	日	1	2	3	4	5	6	日	1	2	3	4	5	6	日	1	2	3	4
干節	乙亥	丙子	丁丑	戊寅	己卯	驚蟄	辛巳	壬午	癸未	甲申	乙酉	丙戌	丁亥	戊子	己丑	庚寅	辛卯	壬辰	癸巳	甲午	春分	丙申	丁酉	戊戌	己亥	庚子	辛丑	壬寅	癸卯	甲辰	乙巳

陽歷 四 月份　（陰歷二、三月份）

陽	4	2	3	4	5	6	7	8	9	10	11	12	13	14	15	16	17	18	19	20	21	22	23	24	25	26	27	28	29	30
陰	十八	十九	廿	廿一	廿二	廿三	廿四	廿五	廿六	廿七	廿八	廿九	三	二	三	四	五	六	七	八	九	十	十一	十二	十三	十四	十五	十六	十七	十八
星	5	6	日	1	2	3	4	5	6	日	1	2	3	4	5	6	日	1	2	3	4	5	6	日	1	2	3	4	5	6
干節	丙午	丁未	戊申	己酉	清明	辛亥	壬子	癸丑	甲寅	乙卯	丙辰	丁巳	戊午	己未	庚申	辛酉	壬戌	癸亥	甲子	穀雨	丙寅	丁卯	戊辰	己巳	庚午	辛未	壬申	癸酉	甲戌	乙亥

陽歷 五 月份　（陰歷三、四月份）

陽	5	2	3	4	5	6	7	8	9	10	11	12	13	14	15	16	17	18	19	20	21	22	23	24	25	26	27	28	29	30	31
陰	十九	廿	廿一	廿二	廿三	廿四	廿五	廿六	廿七	廿八	廿九	卅	四	二	三	四	五	六	七	八	九	十	十一	十二	十三	十四	十五	十六	十七	十八	十九
星	日	1	2	3	4	5	6	日	1	2	3	4	5	6	日	1	2	3	4	5	6	日	1	2	3	4	5	6	日	1	2
干節	丙子	丁丑	戊寅	己卯	庚辰	立夏	壬午	癸未	甲申	乙酉	丙戌	丁亥	戊子	己丑	庚寅	辛卯	壬辰	癸巳	甲午	乙未	小滿	丁酉	戊戌	己亥	庚子	辛丑	壬寅	癸卯	甲辰	乙巳	丙午

陽歷 六 月份　（陰歷四、五月份）

陽	6	2	3	4	5	6	7	8	9	10	11	12	13	14	15	16	17	18	19	20	21	22	23	24	25	26	27	28	29	30
陰	廿	廿一	廿二	廿三	廿四	廿五	廿六	廿七	廿八	廿九	五	二	三	四	五	六	七	八	九	十	十一	十二	十三	十四	十五	十六	十七	十八	十九	廿
星	3	4	5	6	日	1	2	3	4	5	6	日	1	2	3	4	5	6	日	1	2	3	4	5	6	日	1	2	3	4
干節	丁未	戊申	己酉	庚戌	辛亥	芒種	癸丑	甲寅	乙卯	丙辰	丁巳	戊午	己未	庚申	辛酉	壬戌	癸亥	甲子	乙丑	丙寅	丁卯	夏至	己巳	庚午	辛未	壬申	癸酉	甲戌	乙亥	丙子

癸未

一七六三年

（清高宗乾隆二八年）

陽歷七月份　（陰歷五、六月份）

陽	7	2	3	4	5	6	7	8	9	10	11	12	13	14	15	16	17	18	19	20	21	22	23	24	25	26	27	28	29	30	31
陰	廿一	廿二	廿三	廿四	廿五	廿六	廿七	廿八	廿九	卅	六	二	三	四	五	六	七	八	九	十	十一	十二	十三	十四	十五	十六	十七	十八	十九	廿	廿一
星	5	6	日	1	2	3	4	5	6	日	1	2	3	4	5	6	日	1	2	3	4	5	6	日	1	2	3	4	5	6	日
干節	丁丑	戊寅	己卯	庚辰	辛巳	壬午	小暑	甲申	乙酉	丙戌	丁亥	戊子	己丑	庚寅	辛卯	壬辰	癸巳	甲午	乙未	丙申	丁酉	戊戌	大暑	庚子	辛丑	壬寅	癸卯	甲辰	乙巳	丙午	丁未

陽歷八月份　（陰歷六、七月份）

陽	8	2	3	4	5	6	7	8	9	10	11	12	13	14	15	16	17	18	19	20	21	22	23	24	25	26	27	28	29	30	31
陰	廿二	廿三	廿四	廿五	廿六	廿七	廿八	廿九	七	二	三	四	五	六	七	八	九	十	十一	十二	十三	十四	十五	十六	十七	十八	十九	廿	廿一	廿二	廿三
星	1	2	3	4	5	6	日	1	2	3	4	5	6	日	1	2	3	4	5	6	日	1	2	3	4	5	6	日	1	2	3
干節	戊申	己酉	庚戌	辛亥	壬子	癸丑	甲寅	立秋	丙辰	丁巳	戊午	己未	庚申	辛酉	壬戌	癸亥	甲子	乙丑	丙寅	丁卯	戊辰	己巳	處暑	辛未	壬申	癸酉	甲戌	乙亥	丙子	丁丑	戊寅

陽歷九月份　（陰歷七、八月份）

陽	9	2	3	4	5	6	7	8	9	10	11	12	13	14	15	16	17	18	19	20	21	22	23	24	25	26	27	28	29	30	
陰	廿四	廿五	廿六	廿七	廿八	廿九	八	二	三	四	五	六	七	八	九	十	十一	十二	十三	十四	十五	十六	十七	十八	十九	廿	廿一	廿二	廿三	廿四	
星	4	5	6	日	1	2	3	4	5	6	日	1	2	3	4	5	6	日	1	2	3	4	5	6	日	1	2	3	4	5	
干節	己卯	庚辰	辛巳	壬午	癸未	甲申	乙酉	白露	丁亥	戊子	己丑	庚寅	辛卯	壬辰	癸巳	甲午	乙未	丙申	丁酉	戊戌	己亥	庚子	秋分	壬寅	癸卯	甲辰	乙巳	丙午	丁未	戊申	

陽歷十月份　（陰歷八、九月份）

陽	10	2	3	4	5	6	7	8	9	10	11	12	13	14	15	16	17	18	19	20	21	22	23	24	25	26	27	28	29	30	31
陰	廿五	廿六	廿七	廿八	廿九	卅	九	二	三	四	五	六	七	八	九	十	十一	十二	十三	十四	十五	十六	十七	十八	十九	廿	廿一	廿二	廿三	廿四	廿五
星	6	日	1	2	3	4	5	6	日	1	2	3	4	5	6	日	1	2	3	4	5	6	日	1	2	3	4	5	6	日	1
干節	己酉	庚戌	辛亥	壬子	癸丑	甲寅	乙卯	寒露	丁巳	戊午	己未	庚申	辛酉	壬戌	癸亥	甲子	乙丑	丙寅	丁卯	戊辰	己巳	庚午	辛未	霜降	癸酉	甲戌	乙亥	丙子	丁丑	戊寅	己卯

陽歷十一月份　（陰歷九、十月份）

陽	11	2	3	4	5	6	7	8	9	10	11	12	13	14	15	16	17	18	19	20	21	22	23	24	25	26	27	28	29	30	
陰	廿六	廿七	廿八	廿九	十	二	三	四	五	六	七	八	九	十	十一	十二	十三	十四	十五	十六	十七	十八	十九	廿	廿一	廿二	廿三	廿四	廿五	廿六	
星	2	3	4	5	6	日	1	2	3	4	5	6	日	1	2	3	4	5	6	日	1	2	3	4	5	6	日	1	2	3	
干節	庚辰	辛巳	壬午	癸未	甲申	乙酉	立冬	丁亥	戊子	己丑	庚寅	辛卯	壬辰	癸巳	甲午	乙未	丙申	丁酉	戊戌	己亥	庚子	小雪	壬寅	癸卯	甲辰	乙巳	丙午	丁未	戊申	己酉	

陽歷十二月份　（陰歷十、十一月份）

陽	12	2	3	4	5	6	7	8	9	10	11	12	13	14	15	16	17	18	19	20	21	22	23	24	25	26	27	28	29	30	31
陰	廿七	廿八	廿九	卅	十一	二	三	四	五	六	七	八	九	十	十一	十二	十三	十四	十五	十六	十七	十八	十九	廿	廿一	廿二	廿三	廿四	廿五	廿六	廿七
星	4	5	6	日	1	2	3	4	5	6	日	1	2	3	4	5	6	日	1	2	3	4	5	6	日	1	2	3	4	5	6
干節	庚戌	辛亥	壬子	癸丑	甲寅	乙卯	大雪	丁巳	戊午	己未	庚申	辛酉	壬戌	癸亥	甲子	乙丑	丙寅	丁卯	戊辰	己巳	庚午	冬至	壬申	癸酉	甲戌	乙亥	丙子	丁丑	戊寅	己卯	庚辰

甲申 一七六四年 （清高宗乾隆二九年）

陽歷 一 月份 （陰歷十一、十二月份）

陽	**1**	2	3	4	5	6	7	8	9	10	11	12	13	14	15	16	17	18	19	20	21	22	23	24	25	26	27	28	29	30	31
陰	廿八	廿九	**十二**	二	三	四	五	六	七	八	九	十	十一	十二	十三	十四	十五	十六	十七	十八	十九	廿	廿一	廿二	廿三	廿四	廿五	廿六	廿七	廿八	廿九
星	**日**	1	2	3	4	5	6	**日**	1	2	3	4	5	6	**日**	1	2	3	4	5	6	**日**	1	2	3	4	5	6	**日**	1	2
干節	辛巳	壬午	癸未	甲申	乙酉	**小寒**	丁亥	戊子	己丑	庚寅	辛卯	壬辰	癸巳	甲午	乙未	丙申	丁酉	戊戌	己亥	**大寒**	辛丑	壬寅	癸卯	甲辰	乙巳	丙午	丁未	戊申	己酉	庚戌	辛亥

陽歷 二 月份 （陰歷十二、正月份）

陽	**2**	2	3	4	5	6	7	8	9	10	11	12	13	14	15	16	17	18	19	20	21	22	23	24	25	26	27	28	29
陰	卅	**正**	二	三	四	五	六	七	八	九	十	十一	十二	十三	十四	十五	十六	十七	十八	十九	廿	廿一	廿二	廿三	廿四	廿五	廿六	廿七	廿八
星	3	4	5	6	**日**	1	2	3	4	5	6	**日**	1	2	3	4	5	6	**日**	1	2	3	4	5	6	**日**	1	2	3
干節	壬子	癸丑	甲寅	**立春**	丙辰	丁巳	戊午	己未	庚申	辛酉	壬戌	癸亥	甲子	乙丑	丙寅	丁卯	戊辰	己巳	**雨水**	辛未	壬申	癸酉	甲戌	乙亥	丙子	丁丑	戊寅	己卯	庚辰

陽歷 三 月份 （陰歷正、二月份）

陽	**3**	2	3	4	5	6	7	8	9	10	11	12	13	14	15	16	17	18	19	20	21	22	23	24	25	26	27	28	29	30	31
陰	廿九	卅	**二**	二	三	四	五	六	七	八	九	十	十一	十二	十三	十四	十五	十六	十七	十八	十九	廿	廿一	廿二	廿三	廿四	廿五	廿六	廿七	廿八	廿九
星	4	5	6	**日**	1	2	3	4	5	6	**日**	1	2	3	4	5	6	**日**	1	2	3	4	5	6	**日**	1	2	3	4	5	6
干節	辛巳	壬午	癸未	甲申	**驚蟄**	丙戌	丁亥	戊子	己丑	庚寅	辛卯	壬辰	癸巳	甲午	乙未	丙申	丁酉	戊戌	己亥	**春分**	辛丑	壬寅	癸卯	甲辰	乙巳	丙午	丁未	戊申	己酉	庚戌	辛亥

陽歷 四 月份 （陰歷 三 月份）

陽	**4**	2	3	4	5	6	7	8	9	10	11	12	13	14	15	16	17	18	19	20	21	22	23	24	25	26	27	28	29	30
陰	**三**	二	三	四	五	六	七	八	九	十	十一	十二	十三	十四	十五	十六	十七	十八	十九	廿	廿一	廿二	廿三	廿四	廿五	廿六	廿七	廿八	廿九	卅
星	**日**	1	2	3	4	5	6	**日**	1	2	3	4	5	6	**日**	1	2	3	4	5	6	**日**	1	2	3	4	5	6	**日**	1
干節	壬子	癸丑	甲寅	**清明**	丙辰	丁巳	戊午	己未	庚申	辛酉	壬戌	癸亥	甲子	乙丑	丙寅	丁卯	戊辰	己巳	**穀雨**	辛未	壬申	癸酉	甲戌	乙亥	丙子	丁丑	戊寅	己卯	庚辰	辛巳

陽歷 五 月份 （陰歷四、五月份）

陽	**5**	2	3	4	5	6	7	8	9	10	11	12	13	14	15	16	17	18	19	20	21	22	23	24	25	26	27	28	29	30	31
陰	**四**	二	三	四	五	六	七	八	九	十	十一	十二	十三	十四	十五	十六	十七	十八	十九	廿	廿一	廿二	廿三	廿四	廿五	廿六	廿七	廿八	廿九	卅	**五**
星	2	3	4	5	6	**日**	1	2	3	4	5	6	**日**	1	2	3	4	5	6	**日**	1	2	3	4	5	6	**日**	1	2	3	4
干節	壬午	癸未	甲申	乙酉	**立夏**	丁亥	戊子	己丑	庚寅	辛卯	壬辰	癸巳	甲午	乙未	丙申	丁酉	戊戌	己亥	庚子	辛丑	**小滿**	癸卯	甲辰	乙巳	丙午	丁未	戊申	己酉	庚戌	辛亥	壬子

陽歷 六 月份 （陰歷五、六月份）

陽	**6**	2	3	4	5	6	7	8	9	10	11	12	13	14	15	16	17	18	19	20	21	22	23	24	25	26	27	28	29	30
陰	二	三	四	五	六	七	八	九	十	十一	十二	十三	十四	十五	十六	十七	十八	十九	廿	廿一	廿二	廿三	廿四	廿五	廿六	廿七	廿八	廿九	**六**	二
星	5	6	**日**	1	2	3	4	5	6	**日**	1	2	3	4	5	6	**日**	1	2	3	4	5	6	**日**	1	2	3	4	5	6
干節	癸丑	甲寅	乙卯	丙辰	**芒種**	戊午	己未	庚申	辛酉	壬戌	癸亥	甲子	乙丑	丙寅	丁卯	戊辰	己巳	庚午	辛未	壬申	**夏至**	甲戌	乙亥	丙子	丁丑	戊寅	己卯	庚辰	辛巳	壬午

甲申

一七六四年

（清高宗乾隆二九年）

陽歷七月份　（陰歷六、七月份）

陽	**7**	2	3	4	5	6	7	8	9	10	11	12	13	14	15	16	17	18	19	20	21	22	23	24	25	26	27	28	29	30	31
陰	三	四	五	六	七	八	九	十	十一	十二	十三	十四	十五	十六	十七	十八	十九	廿	廿一	廿二	廿三	廿四	廿五	廿六	廿七	廿八	廿九	卅	**七**	二	三
星	**日**	1	2	3	4	5	6	**日**	1	2	3	4	5	6	**日**	1	2	3	4	5	6	**日**	1	2	3	4	5	6	**日**	1	2
干節	癸未	甲申	乙酉	丙戌	丁亥	戊子	**小暑**	庚寅	辛卯	壬辰	癸巳	甲午	乙未	丙申	丁酉	戊戌	己亥	庚子	辛丑	壬寅	癸卯	**大暑**	乙巳	丙午	丁未	戊申	己酉	庚戌	辛亥	壬子	癸丑

陽歷八月份　（陰歷七、八月份）

陽	**8**	2	3	4	5	6	7	8	9	10	11	12	13	14	15	16	17	18	19	20	21	22	23	24	25	26	27	28	29	30	31
陰	四	五	六	七	八	九	十	十一	十二	十三	十四	十五	十六	十七	十八	十九	廿	廿一	廿二	廿三	廿四	廿五	廿六	廿七	廿八	廿九	**八**	二	三	四	五
星	3	4	5	6	**日**	1	2	3	4	5	6	**日**	1	2	3	4	5	6	**日**	1	2	3	4	5	6	**日**	1	2	3	4	5
干節	甲寅	乙卯	丙辰	丁巳	戊午	己未	**立秋**	辛酉	壬戌	癸亥	甲子	乙丑	丙寅	丁卯	戊辰	己巳	庚午	辛未	壬申	癸酉	甲戌	乙亥	**處暑**	丁丑	戊寅	己卯	庚辰	辛巳	壬午	癸未	甲申

陽歷九月份　（陰歷八、九月份）

陽	**9**	2	3	4	5	6	7	8	9	10	11	12	13	14	15	16	17	18	19	20	21	22	23	24	25	26	27	28	29	30
陰	六	七	八	九	十	十一	十二	十三	十四	十五	十六	十七	十八	十九	廿	廿一	廿二	廿三	廿四	廿五	廿六	廿七	廿八	廿九	卅	**九**	二	三	四	五
星	6	**日**	1	2	3	4	5	6	**日**	1	2	3	4	5	6	**日**	1	2	3	4	5	6	**日**	1	2	3	4	5	6	**日**
干節	乙酉	丙戌	丁亥	戊子	己丑	庚寅	**白露**	壬辰	癸巳	甲午	乙未	丙申	丁酉	戊戌	己亥	庚子	辛丑	壬寅	癸卯	甲辰	乙巳	**秋分**	丁未	戊申	己酉	庚戌	辛亥	壬子	癸丑	甲寅

陽歷十月份　（陰歷九、十月份）

陽	**10**	2	3	4	5	6	7	8	9	10	11	12	13	14	15	16	17	18	19	20	21	22	23	24	25	26	27	28	29	30	31
陰	六	七	八	九	十	十一	十二	十三	十四	十五	十六	十七	十八	十九	廿	廿一	廿二	廿三	廿四	廿五	廿六	廿七	廿八	廿九	**十**	二	三	四	五	六	七
星	1	2	3	4	5	6	**日**	1	2	3	4	5	6	**日**	1	2	3	4	5	6	**日**	1	2	3	4	5	6	**日**	1	2	3
干節	乙卯	丙辰	丁巳	戊午	己未	庚申	辛酉	**寒露**	癸亥	甲子	乙丑	丙寅	丁卯	戊辰	己巳	庚午	辛未	壬申	癸酉	甲戌	乙亥	丙子	**霜降**	戊寅	己卯	庚辰	辛巳	壬午	癸未	甲申	乙酉

陽歷十一月份　（陰歷十、十一月份）

陽	**11**	2	3	4	5	6	7	8	9	10	11	12	13	14	15	16	17	18	19	20	21	22	23	24	25	26	27	28	29	30
陰	八	九	十	十一	十二	十三	十四	十五	十六	十七	十八	十九	廿	廿一	廿二	廿三	廿四	廿五	廿六	廿七	廿八	廿九	**十一**	二	三	四	五	六	七	八
星	4	5	6	**日**	1	2	3	4	5	6	**日**	1	2	3	4	5	6	**日**	1	2	3	4	5	6	**日**	1	2	3	4	5
干節	丙戌	丁亥	戊子	己丑	庚寅	辛卯	**立冬**	癸巳	甲午	乙未	丙申	丁酉	戊戌	己亥	庚子	辛丑	壬寅	癸卯	甲辰	乙巳	丙午	**小雪**	戊申	己酉	庚戌	辛亥	壬子	癸丑	甲寅	乙卯

陽歷十二月份　（陰歷十一、十二月份）

陽	**12**	2	3	4	5	6	7	8	9	10	11	12	13	14	15	16	17	18	19	20	21	22	23	24	25	26	27	28	29	30	31
陰	九	十	十一	十二	十三	十四	十五	十六	十七	十八	十九	廿	廿一	廿二	廿三	廿四	廿五	廿六	廿七	廿八	廿九	卅	**十二**	二	三	四	五	六	七	八	九
星	6	**日**	1	2	3	4	5	6	**日**	1	2	3	4	5	6	**日**	1	2	3	4	5	6	**日**	1	2	3	4	5	6	**日**	1
干節	丙辰	丁巳	戊午	己未	庚申	**大雪**	壬戌	癸亥	甲子	乙丑	丙寅	丁卯	戊辰	己巳	庚午	辛未	壬申	癸酉	甲戌	乙亥	**冬至**	丁丑	戊寅	己卯	庚辰	辛巳	壬午	癸未	甲申	乙酉	丙戌

近世中西史日對照表

乙酉　一七六五年　（清高宗乾隆三〇年）

陽歷一月份　　（陰歷十二、正月份）

陽	1	2	3	4	5	6	7	8	9	10	11	12	13	14	15	16	17	18	19	20	21	22	23	24	25	26	27	28	29	30	31
陰	十	十一	十二	十三	十四	十五	十六	十七	十八	十九	廿	廿一	廿二	廿三	廿四	廿五	廿六	廿七	廿八	廿九	正	二	三	四	五	六	七	八	九	十	十一
星	2	3	4	5	6	日	1	2	3	4	5	6	日	1	2	3	4	5	6	日	1	2	3	4	5	6	日	1	2	3	4
干節	丁亥	戊子	己丑	庚寅	小寒	壬辰	癸巳	甲午	乙未	丙申	丁酉	戊戌	己亥	庚子	辛丑	壬寅	癸卯	甲辰	乙巳	大寒	丁未	戊申	己酉	庚戌	辛亥	壬子	癸丑	甲寅	乙卯	丙辰	丁巳

陽歷二月份　　（陰歷正、二月份）

陽	1	2	3	4	5	6	7	8	9	10	11	12	13	14	15	16	17	18	19	20	21	22	23	24	25	26	27	28			
陰	十二	十三	十四	十五	十六	十七	十八	十九	廿	廿一	廿二	廿三	廿四	廿五	廿六	廿七	廿八	廿九	卅	二	二	三	四	五	六	七	八	九			
星	5	6	日	1	2	3	4	5	6	日	1	2	3	4	5	6	日	1	2	3	4	5	6	日	1	2	3	4			
干節	戊午	己未	立春	辛酉	壬戌	癸亥	甲子	乙丑	丙寅	丁卯	戊辰	己巳	庚午	辛未	壬申	癸酉	甲戌	雨水	丙子	丁丑	戊寅	己卯	庚辰	辛巳	壬午	癸未	甲申	乙酉			

陽歷三月份　　（陰歷二、閏二月份）

陽	1	2	3	4	5	6	7	8	9	10	11	12	13	14	15	16	17	18	19	20	21	22	23	24	25	26	27	28	29	30	31
陰	十	十一	十二	十三	十四	十五	十六	十七	十八	十九	廿	廿一	廿二	廿三	廿四	廿五	廿六	廿七	廿八	廿九	閏	二	三	四	五	六	七	八	九	十	十一
星	5	6	日	1	2	3	4	5	6	日	1	2	3	4	5	6	日	1	2	3	4	5	6	日	1	2	3	4	5	6	日
干節	丙戌	丁亥	戊子	己丑	驚蟄	辛卯	壬辰	癸巳	甲午	乙未	丙申	丁酉	戊戌	己亥	庚子	辛丑	壬寅	癸卯	甲辰	春分	丙午	丁未	戊申	己酉	庚戌	辛亥	壬子	癸丑	甲寅	乙卯	丙辰

陽歷四月份　　（陰歷閏二、三月份）

陽	1	2	3	4	5	6	7	8	9	10	11	12	13	14	15	16	17	18	19	20	21	22	23	24	25	26	27	28	29	30	
陰	十二	十三	十四	十五	十六	十七	十八	十九	廿	廿一	廿二	廿三	廿四	廿五	廿六	廿七	廿八	廿九	卅	三	二	三	四	五	六	七	八	九	十	十一	
星	1	2	3	4	5	6	日	1	2	3	4	5	6	日	1	2	3	4	5	6	日	1	2	3	4	5	6	日	1	2	
干節	丁巳	戊午	己未	清明	辛酉	壬戌	癸亥	甲子	乙丑	丙寅	丁卯	戊辰	己巳	庚午	辛未	壬申	癸酉	甲戌	乙亥	穀雨	丁丑	戊寅	己卯	庚辰	辛巳	壬午	癸未	甲申	乙酉	丙戌	

陽歷五月份　　（陰歷三、四月份）

陽	1	2	3	4	5	6	7	8	9	10	11	12	13	14	15	16	17	18	19	20	21	22	23	24	25	26	27	28	29	30	31
陰	十二	十三	十四	十五	十六	十七	十八	十九	廿	廿一	廿二	廿三	廿四	廿五	廿六	廿七	廿八	廿九	卅	四	二	三	四	五	六	七	八	九	十	十一	十二
星	3	4	5	6	日	1	2	3	4	5	6	日	1	2	3	4	5	6	日	1	2	3	4	5	6	日	1	2	3	4	5
干節	丁亥	戊子	己丑	庚寅	立夏	壬辰	癸巳	甲午	乙未	丙申	丁酉	戊戌	己亥	庚子	辛丑	壬寅	癸卯	甲辰	乙巳	丙午	小滿	戊申	己酉	庚戌	辛亥	壬子	癸丑	甲寅	乙卯	丙辰	丁巳

陽歷六月份　　（陰歷四、五月份）

陽	1	2	3	4	5	6	7	8	9	10	11	12	13	14	15	16	17	18	19	20	21	22	23	24	25	26	27	28	29	30	
陰	十三	十四	十五	十六	十七	十八	十九	廿	廿一	廿二	廿三	廿四	廿五	廿六	廿七	廿八	廿九	五	二	三	四	五	六	七	八	九	十	十一	十二	十三	
星	6	日	1	2	3	4	5	6	日	1	2	3	4	5	6	日	1	2	3	4	5	6	日	1	2	3	4	5	6	日	
干節	戊午	己未	庚申	辛酉	芒種	癸亥	甲子	乙丑	丙寅	丁卯	戊辰	己巳	庚午	辛未	壬申	癸酉	甲戌	乙亥	丙子	丁丑	夏至	己卯	庚辰	辛巳	壬午	癸未	甲申	乙酉	丙戌	丁亥	

乙酉

一七六五年

（清高宗乾隆三〇年）

陽歷七月份　（陰歷五、六月份）

陽	7	2	3	4	5	6	7	8	9	10	11	12	13	14	15	16	17	18	19	20	21	22	23	24	25	26	27	28	29	30	31
陰	十四	十五	十六	十七	十八	十九	廿	廿一	廿二	廿三	廿四	廿五	廿六	廿七	廿八	廿九	卅	六	二	三	四	五	六	七	八	九	十	十一	十二	十三	十四
星	1	2	3	4	5	6	日	1	2	3	4	5	6	日	1	2	3	4	5	6	日	1	2	3	4	5	6	日	1	2	3
干節	戊子	己丑	庚寅	辛卯	壬辰	癸巳	小暑	乙未	丙申	丁酉	戊戌	己亥	庚子	辛丑	壬寅	癸卯	甲辰	乙巳	丙午	丁未	戊申	己酉	大暑	辛亥	壬子	癸丑	甲寅	乙卯	丙辰	丁巳	戊午

陽歷八月份　（陰歷六、七月份）

陽	8	2	3	4	5	6	7	8	9	10	11	12	13	14	15	16	17	18	19	20	21	22	23	24	25	26	27	28	29	30	31
陰	十五	十六	十七	十八	十九	廿	廿一	廿二	廿三	廿四	廿五	廿六	廿七	廿八	廿九	七	二	三	四	五	六	七	八	九	十	十一	十二	十三	十四	十五	十六
星	4	5	6	日	1	2	3	4	5	6	日	1	2	3	4	5	6	日	1	2	3	4	5	6	日	1	2	3	4	5	6
干節	己未	庚申	辛酉	壬戌	癸亥	甲子	立秋	丙寅	丁卯	戊辰	己巳	庚午	辛未	壬申	癸酉	甲戌	乙亥	丙子	丁丑	戊寅	己卯	庚辰	處暑	壬午	癸未	甲申	乙酉	丙戌	丁亥	戊子	己丑

陽歷九月份　（陰歷七、八月份）

陽	9	2	3	4	5	6	7	8	9	10	11	12	13	14	15	16	17	18	19	20	21	22	23	24	25	26	27	28	29	30	
陰	十七	十八	十九	廿	廿一	廿二	廿三	廿四	廿五	廿六	廿七	廿八	廿九	卅	八	二	三	四	五	六	七	八	九	十	十一	十二	十三	十四	十五	十六	
星	日	1	2	3	4	5	6	日	1	2	3	4	5	6	日	1	2	3	4	5	6	日	1	2	3	4	5	6	日	1	
干節	庚寅	辛卯	壬辰	癸巳	甲午	乙未	白露	丁酉	戊戌	己亥	庚子	辛丑	壬寅	癸卯	甲辰	乙巳	丙午	丁未	戊申	己酉	庚戌	辛亥	秋分	癸丑	甲寅	乙卯	丙辰	丁巳	戊午	己未	

陽歷十月份　（陰歷八、九月份）

陽	10	2	3	4	5	6	7	8	9	10	11	12	13	14	15	16	17	18	19	20	21	22	23	24	25	26	27	28	29	30	31
陰	十七	十八	十九	廿	廿一	廿二	廿三	廿四	廿五	廿六	廿七	廿八	廿九	卅	九	二	三	四	五	六	七	八	九	十	十一	十二	十三	十四	十五	十六	十七
星	2	3	4	5	6	日	1	2	3	4	5	6	日	1	2	3	4	5	6	日	1	2	3	4	5	6	日	1	2	3	4
干節	庚申	辛酉	壬戌	癸亥	甲子	乙丑	丙寅	寒露	戊辰	己巳	庚午	辛未	壬申	癸酉	甲戌	乙亥	丙子	丁丑	戊寅	己卯	庚辰	辛巳	霜降	癸未	甲申	乙酉	丙戌	丁亥	戊子	己丑	庚寅

陽歷十一月份　（陰歷九、十月份）

陽	11	2	3	4	5	6	7	8	9	10	11	12	13	14	15	16	17	18	19	20	21	22	23	24	25	26	27	28	29	30	
陰	十八	十九	廿	廿一	廿二	廿三	廿四	廿五	廿六	廿七	廿八	廿九	十	二	三	四	五	六	七	八	九	十	十一	十二	十三	十四	十五	十六	十七	十八	
星	5	6	日	1	2	3	4	5	6	日	1	2	3	4	5	6	日	1	2	3	4	5	6	日	1	2	3	4	5	6	
干節	辛卯	壬辰	癸巳	甲午	乙未	丙申	立冬	戊戌	己亥	庚子	辛丑	壬寅	癸卯	甲辰	乙巳	丙午	丁未	戊申	己酉	庚戌	辛亥	小雪	癸丑	甲寅	乙卯	丙辰	丁巳	戊午	己未	庚申	

陽歷十二月份　（陰歷十、十一月份）

陽	12	2	3	4	5	6	7	8	9	10	11	12	13	14	15	16	17	18	19	20	21	22	23	24	25	26	27	28	29	30	31
陰	十九	廿	廿一	廿二	廿三	廿四	廿五	廿六	廿七	廿八	廿九	十一	二	三	四	五	六	七	八	九	十	十一	十二	十三	十四	十五	十六	十七	十八	十九	廿
星	日	1	2	3	4	5	6	日	1	2	3	4	5	6	日	1	2	3	4	5	6	日	1	2	3	4	5	6	日	1	2
干節	辛酉	壬戌	癸亥	甲子	乙丑	丙寅	大雪	戊辰	己巳	庚午	辛未	壬申	癸酉	甲戌	乙亥	丙子	丁丑	戊寅	己卯	庚辰	冬至	壬午	癸未	甲申	乙酉	丙戌	丁亥	戊子	己丑	庚寅	辛卯

近世中西史日對照表

丙戌 一七六六年 (清高宗乾隆三一年)

陽歷 一月份 (陰歷十一、十二月份)

陽	1	2	3	4	5	6	7	8	9	10	11	12	13	14	15	16	17	18	19	20	21	22	23	24	25	26	27	28	29	30	31
陰	廿一	廿二	廿三	廿四	廿五	廿六	廿七	廿八	廿九	卅	十二	二	三	四	五	六	七	八	九	十	十一	十二	十三	十四	十五	十六	十七	十八	十九	廿	廿一
星	3	4	5	6	日	1	2	3	4	5	6	日	1	2	3	4	5	6	日	1	2	3	4	5	6	日	1	2	3	4	5
干節	壬辰	癸巳	甲午	乙未	小寒	丁酉	戊戌	己亥	庚子	辛丑	壬寅	癸卯	甲辰	乙巳	丙午	丁未	戊申	己酉	庚戌	大寒	壬子	癸丑	甲寅	乙卯	丙辰	丁巳	戊午	己未	庚申	辛酉	壬戌

陽歷 二月份 (陰歷十二、正月份)

陽	1	2	3	4	5	6	7	8	9	10	11	12	13	14	15	16	17	18	19	20	21	22	23	24	25	26	27	28
陰	廿二	廿三	廿四	廿五	廿六	廿七	廿八	廿九	正	二	三	四	五	六	七	八	九	十	十一	十二	十三	十四	十五	十六	十七	十八	十九	廿
星	6	日	1	2	3	4	5	6	日	1	2	3	4	5	6	日	1	2	3	4	5	6	日	1	2	3	4	5
干節	癸亥	甲子	乙丑	立春	丁卯	戊辰	己巳	庚午	辛未	壬申	癸酉	甲戌	乙亥	丙子	丁丑	戊寅	己卯	雨水	辛巳	壬午	癸未	甲申	乙酉	丙戌	丁亥	戊子	己丑	庚寅

陽歷 三月份 (陰歷正、二月份)

陽	1	2	3	4	5	6	7	8	9	10	11	12	13	14	15	16	17	18	19	20	21	22	23	24	25	26	27	28	29	30	31
陰	廿一	廿二	廿三	廿四	廿五	廿六	廿七	廿八	廿九	卅	二	二	三	四	五	六	七	八	九	十	十一	十二	十三	十四	十五	十六	十七	十八	十九	廿	廿一
星	6	日	1	2	3	4	5	6	日	1	2	3	4	5	6	日	1	2	3	4	5	6	日	1	2	3	4	5	6	日	1
干節	辛卯	壬辰	癸巳	甲午	驚蟄	丙申	丁酉	戊戌	己亥	庚子	辛丑	壬寅	癸卯	甲辰	乙巳	丙午	丁未	戊申	己酉	春分	辛亥	壬子	癸丑	甲寅	乙卯	丙辰	丁巳	戊午	己未	庚申	辛酉

陽歷 四月份 (陰歷二、三月份)

陽	1	2	3	4	5	6	7	8	9	10	11	12	13	14	15	16	17	18	19	20	21	22	23	24	25	26	27	28	29	30
陰	廿二	廿三	廿四	廿五	廿六	廿七	廿八	廿九	三	二	三	四	五	六	七	八	九	十	十一	十二	十三	十四	十五	十六	十七	十八	十九	廿	廿一	廿二
星	2	3	4	5	6	日	1	2	3	4	5	6	日	1	2	3	4	5	6	日	1	2	3	4	5	6	日	1	2	3
干節	壬戌	癸亥	甲子	乙丑	清明	丁卯	戊辰	己巳	庚午	辛未	壬申	癸酉	甲戌	乙亥	丙子	丁丑	戊寅	己卯	庚辰	穀雨	壬午	癸未	甲申	乙酉	丙戌	丁亥	戊子	己丑	庚寅	辛卯

陽歷 五月份 (陰歷三、四月份)

陽	1	2	3	4	5	6	7	8	9	10	11	12	13	14	15	16	17	18	19	20	21	22	23	24	25	26	27	28	29	30	31
陰	廿三	廿四	廿五	廿六	廿七	廿八	廿九	卅	四	二	三	四	五	六	七	八	九	十	十一	十二	十三	十四	十五	十六	十七	十八	十九	廿	廿一	廿二	廿三
星	4	5	6	日	1	2	3	4	5	6	日	1	2	3	4	5	6	日	1	2	3	4	5	6	日	1	2	3	4	5	6
干節	壬辰	癸巳	甲午	乙未	立夏	丁酉	戊戌	己亥	庚子	辛丑	壬寅	癸卯	甲辰	乙巳	丙午	丁未	戊申	己酉	庚戌	辛亥	小滿	癸丑	甲寅	乙卯	丙辰	丁巳	戊午	己未	庚申	辛酉	壬戌

陽歷 六月份 (陰歷四、五月份)

陽	1	2	3	4	5	6	7	8	9	10	11	12	13	14	15	16	17	18	19	20	21	22	23	24	25	26	27	28	29	30
陰	廿四	廿五	廿六	廿七	廿八	廿九	五	二	三	四	五	六	七	八	九	十	十一	十二	十三	十四	十五	十六	十七	十八	十九	廿	廿一	廿二	廿三	廿四
星	日	1	2	3	4	5	6	日	1	2	3	4	5	6	日	1	2	3	4	5	6	日	1	2	3	4	5	6	日	1
干節	癸亥	甲子	乙丑	丙寅	丁卯	芒種	己巳	庚午	辛未	壬申	癸酉	甲戌	乙亥	丙子	丁丑	戊寅	己卯	庚辰	辛巳	壬午	夏至	甲申	乙酉	丙戌	丁亥	戊子	己丑	庚寅	辛卯	壬辰

丙戌

一七六六年

（清高宗乾隆三一年）

陽歷七月份　(陰歷五、六月份)

陽	7	2	3	4	5	6	7	8	9	10	11	12	13	14	15	16	17	18	19	20	21	22	23	24	25	26	27	28	29	30	31
陰	廿五	廿六	廿七	廿八	廿九	卅	六	二	三	四	五	六	七	八	九	十	十一	十二	十三	十四	十五	十六	十七	十八	十九	廿	廿一	廿二	廿三	廿四	廿五
星	2	3	4	5	6	日	1	2	3	4	5	6	日	1	2	3	4	5	6	日	1	2	3	4	5	6	日	1	2	3	4
干節	癸巳	甲午	乙未	丙申	丁酉	戊戌	小暑	庚子	辛丑	壬寅	癸卯	甲辰	乙巳	丙午	丁未	戊申	己酉	庚戌	辛亥	壬子	癸丑	甲寅	大暑	丙辰	丁巳	戊午	己未	庚申	辛酉	壬戌	癸亥

陽歷八月份　(陰歷六、七月份)

陽	8	2	3	4	5	6	7	8	9	10	11	12	13	14	15	16	17	18	19	20	21	22	23	24	25	26	27	28	29	30	31
陰	廿六	廿七	廿八	廿九	卅	七	二	三	四	五	六	七	八	九	十	十一	十二	十三	十四	十五	十六	十七	十八	十九	廿	廿一	廿二	廿三	廿四	廿五	廿六
星	5	6	日	1	2	3	4	5	6	日	1	2	3	4	5	6	日	1	2	3	4	5	6	日	1	2	3	4	5	6	日
干節	甲子	乙丑	丙寅	丁卯	戊辰	己巳	立秋	辛未	壬申	癸酉	甲戌	乙亥	丙子	丁丑	戊寅	己卯	庚辰	辛巳	壬午	癸未	甲申	乙酉	處暑	丁亥	戊子	己丑	庚寅	辛卯	壬辰	癸巳	甲午

陽歷九月份　(陰歷七、八月份)

陽	9	2	3	4	5	6	7	8	9	10	11	12	13	14	15	16	17	18	19	20	21	22	23	24	25	26	27	28	29	30	
陰	廿七	廿八	廿九	八	二	三	四	五	六	七	八	九	十	十一	十二	十三	十四	十五	十六	十七	十八	十九	廿	廿一	廿二	廿三	廿四	廿五	廿六	廿七	
星	1	2	3	4	5	6	日	1	2	3	4	5	6	日	1	2	3	4	5	6	日	1	2	3	4	5	6	日	1	2	
干節	乙未	丙申	丁酉	戊戌	己亥	庚子	辛丑	白露	癸卯	甲辰	乙巳	丙午	丁未	戊申	己酉	庚戌	辛亥	壬子	癸丑	甲寅	乙卯	丙辰	秋分	戊午	己未	庚申	辛酉	壬戌	癸亥	甲子	

陽歷十月份　(陰歷八、九月份)

陽	10	2	3	4	5	6	7	8	9	10	11	12	13	14	15	16	17	18	19	20	21	22	23	24	25	26	27	28	29	30	31
陰	廿八	廿九	卅	九	二	三	四	五	六	七	八	九	十	十一	十二	十三	十四	十五	十六	十七	十八	十九	廿	廿一	廿二	廿三	廿四	廿五	廿六	廿七	廿八
星	3	4	5	6	日	1	2	3	4	5	6	日	1	2	3	4	5	6	日	1	2	3	4	5	6	日	1	2	3	4	5
干節	乙丑	丙寅	丁卯	戊辰	己巳	庚午	辛未	寒露	癸酉	甲戌	乙亥	丙子	丁丑	戊寅	己卯	庚辰	辛巳	壬午	癸未	甲申	乙酉	丙戌	霜降	戊子	己丑	庚寅	辛卯	壬辰	癸巳	甲午	乙未

陽歷十一月份　(陰歷九、十月份)

陽	11	2	3	4	5	6	7	8	9	10	11	12	13	14	15	16	17	18	19	20	21	22	23	24	25	26	27	28	29	30	
陰	廿九	十	二	三	四	五	六	七	八	九	十	十一	十二	十三	十四	十五	十六	十七	十八	十九	廿	廿一	廿二	廿三	廿四	廿五	廿六	廿七	廿八	廿九	
星	6	日	1	2	3	4	5	6	日	1	2	3	4	5	6	日	1	2	3	4	5	6	日	1	2	3	4	5	6	日	
干節	丙申	丁酉	戊戌	己亥	庚子	辛丑	立冬	癸卯	甲辰	乙巳	丙午	丁未	戊申	己酉	庚戌	辛亥	壬子	癸丑	甲寅	乙卯	丙辰	小雪	戊午	己未	庚申	辛酉	壬戌	癸亥	甲子	乙丑	

陽歷十二月份　(陰歷十、十一月份)

陽	12	2	3	4	5	6	7	8	9	10	11	12	13	14	15	16	17	18	19	20	21	22	23	24	25	26	27	28	29	30	31
陰	卅	十一	二	三	四	五	六	七	八	九	十	十一	十二	十三	十四	十五	十六	十七	十八	十九	廿	廿一	廿二	廿三	廿四	廿五	廿六	廿七	廿八	廿九	卅
星	1	2	3	4	5	6	日	1	2	3	4	5	6	日	1	2	3	4	5	6	日	1	2	3	4	5	6	日	1	2	3
干節	丙寅	丁卯	戊辰	己巳	庚午	辛未	大雪	癸酉	甲戌	乙亥	丙子	丁丑	戊寅	己卯	庚辰	辛巳	壬午	癸未	甲申	乙酉	丙戌	冬至	戊子	己丑	庚寅	辛卯	壬辰	癸巳	甲午	乙未	丙申

近世中西史日對照表

丁亥　一七六七年　（清高宗乾隆三二年）

陽歷一月份　（陰歷十二、正月份）

陽	1	2	3	4	5	6	7	8	9	10	11	12	13	14	15	16	17	18	19	20	21	22	23	24	25	26	27	28	29	30	31
陰	十二	二	三	四	五	六	七	八	九	十	十一	十二	十三	十四	十五	十六	十七	十八	十九	廿	廿一	廿二	廿三	廿四	廿五	廿六	廿七	廿八	廿九	正	二
星	4	5	6	日	1	2	3	4	5	6	日	1	2	3	4	5	6	日	1	2	3	4	5	6	日	1	2	3	4	5	6
干節	丁酉	戊戌	己亥	庚子	小寒	壬寅	癸卯	甲辰	乙巳	丙午	丁未	戊申	己酉	庚戌	辛亥	壬子	癸丑	甲寅	乙卯	大寒	丁巳	戊午	己未	庚申	辛酉	壬戌	癸亥	甲子	乙丑	丙寅	丁卯

陽歷二月份　（陰歷正、二月份）

陽	1	2	3	4	5	6	7	8	9	10	11	12	13	14	15	16	17	18	19	20	21	22	23	24	25	26	27	28
陰	三	四	五	六	七	八	九	十	十一	十二	十三	十四	十五	十六	十七	十八	十九	廿	廿一	廿二	廿三	廿四	廿五	廿六	廿七	廿八	廿九	二
星	日	1	2	3	4	5	6	日	1	2	3	4	5	6	日	1	2	3	4	5	6	日	1	2	3	4	5	6
干節	戊辰	己巳	庚午	立春	壬申	癸酉	甲戌	乙亥	丙子	丁丑	戊寅	己卯	庚辰	辛巳	壬午	癸未	甲申	乙酉	雨水	丁亥	戊子	己丑	庚寅	辛卯	壬辰	癸巳	甲午	乙未

陽歷三月份　（陰歷二、三月份）

陽	1	2	3	4	5	6	7	8	9	10	11	12	13	14	15	16	17	18	19	20	21	22	23	24	25	26	27	28	29	30	31
陰	二	三	四	五	六	七	八	九	十	十一	十二	十三	十四	十五	十六	十七	十八	十九	廿	廿一	廿二	廿三	廿四	廿五	廿六	廿七	廿八	廿九	卅	三	二
星	日	1	2	3	4	5	6	日	1	2	3	4	5	6	日	1	2	3	4	5	6	日	1	2	3	4	5	6	日	1	2
干節	丙申	丁酉	戊戌	己亥	庚子	驚蟄	壬寅	癸卯	甲辰	乙巳	丙午	丁未	戊申	己酉	庚戌	辛亥	壬子	癸丑	甲寅	乙卯	春分	丁巳	戊午	己未	庚申	辛酉	壬戌	癸亥	甲子	乙丑	丙寅

陽歷四月份　（陰歷三、四月份）

陽	1	2	3	4	5	6	7	8	9	10	11	12	13	14	15	16	17	18	19	20	21	22	23	24	25	26	27	28	29	30
陰	三	四	五	六	七	八	九	十	十一	十二	十三	十四	十五	十六	十七	十八	十九	廿	廿一	廿二	廿三	廿四	廿五	廿六	廿七	廿八	廿九	四	二	三
星	3	4	5	6	日	1	2	3	4	5	6	日	1	2	3	4	5	6	日	1	2	3	4	5	6	日	1	2	3	4
干節	丁卯	戊辰	己巳	庚午	清明	壬申	癸酉	甲戌	乙亥	丙子	丁丑	戊寅	己卯	庚辰	辛巳	壬午	癸未	甲申	乙酉	穀雨	丁亥	戊子	己丑	庚寅	辛卯	壬辰	癸巳	甲午	乙未	丙申

陽歷五月份　（陰歷四、五月份）

陽	1	2	3	4	5	6	7	8	9	10	11	12	13	14	15	16	17	18	19	20	21	22	23	24	25	26	27	28	29	30	31
陰	四	五	六	七	八	九	十	十一	十二	十三	十四	十五	十六	十七	十八	十九	廿	廿一	廿二	廿三	廿四	廿五	廿六	廿七	廿八	廿九	卅	五	二	三	四
星	5	6	日	1	2	3	4	5	6	日	1	2	3	4	5	6	日	1	2	3	4	5	6	日	1	2	3	4	5	6	日
干節	丁酉	戊戌	己亥	庚子	辛丑	立夏	癸卯	甲辰	乙巳	丙午	丁未	戊申	己酉	庚戌	辛亥	壬子	癸丑	甲寅	乙卯	丙辰	小滿	戊午	己未	庚申	辛酉	壬戌	癸亥	甲子	乙丑	丙寅	丁卯

陽歷六月份　（陰歷五、六月份）

陽	1	2	3	4	5	6	7	8	9	10	11	12	13	14	15	16	17	18	19	20	21	22	23	24	25	26	27	28	29	30
陰	五	六	七	八	九	十	十一	十二	十三	十四	十五	十六	十七	十八	十九	廿	廿一	廿二	廿三	廿四	廿五	廿六	廿七	廿八	廿九	六	二	三	四	五
星	1	2	3	4	5	6	日	1	2	3	4	5	6	日	1	2	3	4	5	6	日	1	2	3	4	5	6	日	1	2
干節	戊辰	己巳	庚午	辛未	壬申	芒種	甲戌	乙亥	丙子	丁丑	戊寅	己卯	庚辰	辛巳	壬午	癸未	甲申	乙酉	丙戌	丁亥	戊子	夏至	庚寅	辛卯	壬辰	癸巳	甲午	乙未	丙申	丁酉

丁亥

一七六七年

（清高宗乾隆三二年）

陽歷七月份　（陰歷六、七月份）

陽	7	2	3	4	5	6	7	8	9	10	11	12	13	14	15	16	17	18	19	20	21	22	23	24	25	26	27	28	29	30	31
陰	六	七	八	九	十	十一	十二	十三	十四	十五	十六	十七	十八	十九	廿	廿一	廿二	廿三	廿四	廿五	廿六	廿七	廿八	廿九	卅	七	二	三	四	五	六
星	3	4	5	6	日	1	2	3	4	5	6	日	1	2	3	4	5	6	日	1	2	3	4	5	6	日	1	2	3	4	5
干節	戊戌	己亥	庚子	辛丑	壬寅	癸卯	小暑	乙巳	丙午	丁未	戊申	己酉	庚戌	辛亥	壬子	癸丑	甲寅	乙卯	丙辰	丁巳	戊午	大暑	庚申	辛酉	壬戌	癸亥	甲子	乙丑	丙寅	丁卯	戊辰

陽歷八月份　（陰歷七、閏七月份）

陽	8	2	3	4	5	6	7	8	9	10	11	12	13	14	15	16	17	18	19	20	21	22	23	24	25	26	27	28	29	30	31
陰	七	八	九	十	十一	十二	十三	十四	十五	十六	十七	十八	十九	廿	廿一	廿二	廿三	廿四	廿五	廿六	廿七	廿八	廿九	閏	二	三	四	五	六	七	八
星	6	日	1	2	3	4	5	6	日	1	2	3	4	5	6	日	1	2	3	4	5	6	日	1	2	3	4	5	6	日	1
干節	己巳	庚午	辛未	壬申	癸酉	甲戌	乙亥	立秋	丁丑	戊寅	己卯	庚辰	辛巳	壬午	癸未	甲申	乙酉	丙戌	丁亥	戊子	己丑	庚寅	處暑	壬辰	癸巳	甲午	乙未	丙申	丁酉	戊戌	己亥

陽歷九月份　（陰歷閏七、八月份）

陽	9	2	3	4	5	6	7	8	9	10	11	12	13	14	15	16	17	18	19	20	21	22	23	24	25	26	27	28	29	30	
陰	九	十	十一	十二	十三	十四	十五	十六	十七	十八	十九	廿	廿一	廿二	廿三	廿四	廿五	廿六	廿七	廿八	廿九	卅	八	二	三	四	五	六	七	八	
星	2	3	4	5	6	日	1	2	3	4	5	6	日	1	2	3	4	5	6	日	1	2	3	4	5	6	日	1	2	3	
干節	庚子	辛丑	壬寅	癸卯	甲辰	乙巳	丙午	白露	戊申	己酉	庚戌	辛亥	壬子	癸丑	甲寅	乙卯	丙辰	丁巳	戊午	己未	庚申	辛酉	秋分	癸亥	甲子	乙丑	丙寅	丁卯	戊辰	己巳	

陽歷十月份　（陰歷八、九月月）

陽	10	2	3	4	5	6	7	8	9	10	11	12	13	14	15	16	17	18	19	20	21	22	23	24	25	26	27	28	29	30	31
陰	九	十	十一	十二	十三	十四	十五	十六	十七	十八	十九	廿	廿一	廿二	廿三	廿四	廿五	廿六	廿七	廿八	廿九	卅	九	二	三	四	五	六	七	八	九
星	4	5	6	日	1	2	3	4	5	6	日	1	2	3	4	5	6	日	1	2	3	4	5	6	日	1	2	3	4	5	6
干節	庚午	辛未	壬申	癸酉	甲戌	乙亥	丙子	寒露	戊寅	己卯	庚辰	辛巳	壬午	癸未	甲申	乙酉	丙戌	丁亥	戊子	己丑	庚寅	辛卯	霜降	癸巳	甲午	乙未	丙申	丁酉	戊戌	己亥	庚子

陽歷十一月份　（陰歷九、十月份）

陽	11	2	3	4	5	6	7	8	9	10	11	12	13	14	15	16	17	18	19	20	21	22	23	24	25	26	27	28	29	30	
陰	十	十一	十二	十三	十四	十五	十六	十七	十八	十九	廿	廿一	廿二	廿三	廿四	廿五	廿六	廿七	廿八	廿九	十	二	三	四	五	六	七	八	九	十	
星	日	1	2	3	4	5	6	日	1	2	3	4	5	6	日	1	2	3	4	5	6	日	1	2	3	4	5	6	日	1	
干節	辛丑	壬寅	癸卯	甲辰	乙巳	丙午	立冬	戊申	己酉	庚戌	辛亥	壬子	癸丑	甲寅	乙卯	丙辰	丁巳	戊午	己未	庚申	辛酉	小雪	癸亥	甲子	乙丑	丙寅	丁卯	戊辰	己巳	庚午	

陽歷十二月份　（陰歷十、十一月份）

陽	12	2	3	4	5	6	7	8	9	10	11	12	13	14	15	16	17	18	19	20	21	22	23	24	25	26	27	28	29	30	31
陰	十一	十二	十三	十四	十五	十六	十七	十八	十九	廿	廿一	廿二	廿三	廿四	廿五	廿六	廿七	廿八	廿九	卅	十一	二	三	四	五	六	七	八	九	十	十一
星	2	3	4	5	6	日	1	2	3	4	5	6	日	1	2	3	4	5	6	日	1	2	3	4	5	6	日	1	2	3	4
干節	辛未	壬申	癸酉	甲戌	乙亥	丙子	大雪	戊寅	己卯	庚辰	辛巳	壬午	癸未	甲申	乙酉	丙戌	丁亥	戊子	己丑	庚寅	辛卯	冬至	癸巳	甲午	乙未	丙申	丁酉	戊戌	己亥	庚子	辛丑

近世中西史日對照表

陽歷 一 月份 (陰歷十一、十二月份)

陽	陰	星	干節
1	十二	5	壬寅
2	十三	6	癸卯
3	十四	**日**	甲辰
4	十五	1	乙巳
5	十六	2	丙午
6	十七	3	**小寒**
7	十八	4	戊申
8	十九	5	己酉
9	廿	6	庚戌
10	廿一	**日**	辛亥
11	廿二	1	壬子
12	廿三	2	癸丑
13	廿四	3	甲寅
14	廿五	4	乙卯
15	廿六	5	丙辰
16	廿七	6	丁巳
17	廿八	**日**	戊午
18	廿九	1	己未
19	卅	2	庚申
20	**十二**	3	**大寒**
21	二	4	壬戌
22	三	5	癸亥
23	四	6	甲子
24	五	**日**	乙丑
25	六	1	丙寅
26	七	2	丁卯
27	八	3	戊辰
28	九	4	己巳
29	十	5	庚午
30	十一	6	辛未
31	十二	**日**	壬申

陽歷 二 月份 (陰歷十二、正月份)

陽	陰	星	干節
2	十三	1	癸酉
2	十四	2	甲戌
3	十五	3	乙亥
4	十六	4	**立春**
5	十七	5	丁丑
6	十八	6	戊寅
7	十九	**日**	己卯
8	廿	1	庚辰
9	廿一	2	辛巳
10	廿二	3	壬午
11	廿三	4	癸未
12	廿四	5	甲申
13	廿五	6	乙酉
14	廿六	**日**	丙戌
15	廿七	1	丁亥
16	廿八	2	戊子
17	廿九	3	己丑
18	**正**	4	庚寅
19	二	5	**雨水**
20	三	6	壬辰
21	四	**日**	癸巳
22	五	1	甲午
23	六	2	乙未
24	七	3	丙申
25	八	4	丁酉
26	九	5	戊戌
27	十	6	己亥
28	十一	**日**	庚子
29	十二	1	辛丑

陽歷 三 月份 (陰歷正、二月份)

陽	陰	星	干節
3	十三	2	壬寅
2	十四	3	癸卯
3	十五	4	甲辰
4	十六	5	乙巳
5	十七	6	**驚蟄**
6	十八	**日**	丁未
7	十九	1	戊申
8	廿	2	己酉
9	廿一	3	庚戌
10	廿二	4	辛亥
11	廿三	5	壬子
12	廿四	6	癸丑
13	廿五	**日**	甲寅
14	廿六	1	乙卯
15	廿七	2	丙辰
16	廿八	3	丁巳
17	廿九	4	戊午
18	**二**	5	己未
19	二	6	庚申
20	三	**日**	**春分**
21	四	1	壬戌
22	五	2	癸亥
23	六	3	甲子
24	七	4	乙丑
25	八	5	丙寅
26	九	6	丁卯
27	十	**日**	戊辰
28	十一	1	己巳
29	十二	2	庚午
30	十三	3	辛未
31	十四	4	壬申

陽歷 四 月份 (陰歷二、三月份)

陽	陰	星	干節
4	十五	5	癸酉
2	十六	6	甲戌
3	十七	**日**	乙亥
4	十八	1	**清明**
5	十九	2	丁丑
6	廿	3	戊寅
7	廿一	4	己卯
8	廿二	5	庚辰
9	廿三	6	辛巳
10	廿四	**日**	壬午
11	廿五	1	癸未
12	廿六	2	甲申
13	廿七	3	乙酉
14	廿八	4	丙戌
15	廿九	5	丁亥
16	卅	6	戊子
17	**三**	**日**	己丑
18	二	1	庚寅
19	三	2	**穀雨**
20	四	3	壬辰
21	五	4	癸巳
22	六	5	甲午
23	七	6	乙未
24	八	**日**	丙申
25	九	1	丁酉
26	十	2	戊戌
27	十一	3	己亥
28	十二	4	庚子
29	十三	5	辛丑
30	十四	6	壬寅

陽歷 五 月份 (陰歷三、四月份)

陽	陰	星	干節
5	十五	**日**	癸卯
2	十六	1	甲辰
3	十七	2	乙巳
4	十八	3	丙午
5	十九	4	**立夏**
6	廿	5	戊申
7	廿一	6	己酉
8	廿二	**日**	庚戌
9	廿三	1	辛亥
10	廿四	2	壬子
11	廿五	3	癸丑
12	廿六	4	甲寅
13	廿七	5	乙卯
14	廿八	6	丙辰
15	廿九	**日**	丁巳
16	**四**	1	戊午
17	二	2	己未
18	三	3	庚申
19	四	4	辛酉
20	五	5	**小滿**
21	六	6	癸亥
22	七	**日**	甲子
23	八	1	乙丑
24	九	2	丙寅
25	十	3	丁卯
26	十一	4	戊辰
27	十二	5	己巳
28	十三	6	庚午
29	十四	**日**	辛未
30	十五	1	壬申
31	十六	2	癸酉

陽歷 六 月份 (陰歷四、五月份)

陽	陰	星	干節
6	十七	3	甲戌
2	十八	4	乙亥
3	十九	5	丙子
4	廿	6	丁丑
5	廿一	**日**	**芒種**
6	廿二	1	己卯
7	廿三	2	庚辰
8	廿四	3	辛巳
9	廿五	4	壬午
10	廿六	5	癸未
11	廿七	6	甲申
12	廿八	**日**	乙酉
13	廿九	1	丙戌
14	卅	2	丁亥
15	**五**	3	戊子
16	二	4	己丑
17	三	5	庚寅
18	四	6	辛卯
19	五	**日**	壬辰
20	六	1	癸巳
21	七	2	**夏至**
22	八	3	乙未
23	九	4	丙申
24	十	5	丁酉
25	十一	6	戊戌
26	十二	**日**	己亥
27	十三	1	庚子
28	十四	2	辛丑
29	十五	3	壬寅
30	十六	4	癸卯

戊子　一七六八年　（清高宗乾隆三三年）

陽歷七月份　（陰歷五、六月份）

陽	7	2	3	4	5	6	7	8	9	10	11	12	13	14	15	16	17	18	19	20	21	22	23	24	25	26	27	28	29	30	31
陰	十七	十八	十九	廿	廿一	廿二	廿三	廿四	廿五	廿六	廿七	廿八	廿九	六	二	三	四	五	六	七	八	九	十	十一	十二	十三	十四	十五	十六	十七	十八
星	5	6	日	1	2	3	4	5	6	日	1	2	3	4	5	6	日	1	2	3	4	5	6	日	1	2	3	4	5	6	日
干節	甲辰	乙巳	丙午	丁未	戊申	己酉	小暑	辛亥	壬子	癸丑	甲寅	乙卯	丙辰	丁巳	戊午	己未	庚申	辛酉	壬戌	癸亥	甲子	大暑	丙寅	丁卯	戊辰	己巳	庚午	辛未	壬申	癸酉	甲戌

陽歷八月份　（陰歷六、七月份）

陽	8	2	3	4	5	6	7	8	9	10	11	12	13	14	15	16	17	18	19	20	21	22	23	24	25	26	27	28	29	30	31
陰	十九	廿	廿一	廿二	廿三	廿四	廿五	廿六	廿七	廿八	廿九	七	二	三	四	五	六	七	八	九	十	十一	十二	十三	十四	十五	十六	十七	十八	十九	廿
星	1	2	3	4	5	6	日	1	2	3	4	5	6	日	1	2	3	4	5	6	日	1	2	3	4	5	6	日	1	2	3
干節	乙亥	丙子	丁丑	戊寅	己卯	庚辰	立秋	壬午	癸未	甲申	乙酉	丙戌	丁亥	戊子	己丑	庚寅	辛卯	壬辰	癸巳	甲午	乙未	丙申	處暑	戊戌	己亥	庚子	辛丑	壬寅	癸卯	甲辰	乙巳

陽歷九月份　（陰歷七、八月份）

陽	9	2	3	4	5	6	7	8	9	10	11	12	13	14	15	16	17	18	19	20	21	22	23	24	25	26	27	28	29	30
陰	廿一	廿二	廿三	廿四	廿五	廿六	廿七	廿八	廿九	卅	八	二	三	四	五	六	七	八	九	十	十一	十二	十三	十四	十五	十六	十七	十八	十九	廿
星	4	5	6	日	1	2	3	4	5	6	日	1	2	3	4	5	6	日	1	2	3	4	5	6	日	1	2	3	4	5
干節	丙午	丁未	戊申	己酉	庚戌	辛亥	白露	癸丑	甲寅	乙卯	丙辰	丁巳	戊午	己未	庚申	辛酉	壬戌	癸亥	甲子	乙丑	丙寅	秋分	戊辰	己巳	庚午	辛未	壬申	癸酉	甲戌	乙亥

陽歷十月份　（陰歷八、九月份）

陽	10	2	3	4	5	6	7	8	9	10	11	12	13	14	15	16	17	18	19	20	21	22	23	24	25	26	27	28	29	30	31
陰	廿一	廿二	廿三	廿四	廿五	廿六	廿七	廿八	廿九	卅	九	二	三	四	五	六	七	八	九	十	十一	十二	十三	十四	十五	十六	十七	十八	十九	廿	廿一
星	6	日	1	2	3	4	5	6	日	1	2	3	4	5	6	日	1	2	3	4	5	6	日	1	2	3	4	5	6	日	1
干節	丙子	丁丑	戊寅	己卯	庚辰	辛巳	壬午	寒露	甲申	乙酉	丙戌	丁亥	戊子	己丑	庚寅	辛卯	壬辰	癸巳	甲午	乙未	丙申	丁酉	霜降	己亥	庚子	辛丑	壬寅	癸卯	甲辰	乙巳	丙午

陽歷十一月份　（陰歷九、十月份）

陽	11	2	3	4	5	6	7	8	9	10	11	12	13	14	15	16	17	18	19	20	21	22	23	24	25	26	27	28	29	30
陰	廿二	廿三	廿四	廿五	廿六	廿七	廿八	廿九	十	二	三	四	五	六	七	八	九	十	十一	十二	十三	十四	十五	十六	十七	十八	十九	廿	廿一	廿二
星	2	3	4	5	6	日	1	2	3	4	5	6	日	1	2	3	4	5	6	日	1	2	3	4	5	6	日	1	2	3
干節	丁未	戊申	己酉	庚戌	辛亥	壬子	立冬	甲寅	乙卯	丙辰	丁巳	戊午	己未	庚申	辛酉	壬戌	癸亥	甲子	乙丑	丙寅	丁卯	小雪	己巳	庚午	辛未	壬申	癸酉	甲戌	乙亥	丙子

陽歷十二月份　（陰歷十、十一月份）

陽	12	2	3	4	5	6	7	8	9	10	11	12	13	14	15	16	17	18	19	20	21	22	23	24	25	26	27	28	29	30	31
陰	廿三	廿四	廿五	廿六	廿七	廿八	廿九	卅	十一	二	三	四	五	六	七	八	九	十	十一	十二	十三	十四	十五	十六	十七	十八	十九	廿	廿一	廿二	廿三
星	4	5	6	日	1	2	3	4	5	6	日	1	2	3	4	5	6	日	1	2	3	4	5	6	日	1	2	3	4	5	6
干節	丁丑	戊寅	己卯	庚辰	辛巳	大雪	癸未	甲申	乙酉	丙戌	丁亥	戊子	己丑	庚寅	辛卯	壬辰	癸巳	甲午	乙未	丙申	冬至	戊戌	己亥	庚子	辛丑	壬寅	癸卯	甲辰	乙巳	丙午	丁未

陽歷一月份　(陰歷十一、十二月份)

陽	1	2	3	4	5	6	7	8	9	10	11	12	13	14	15	16	17	18	19	20	21	22	23	24	25	26	27	28	29	30	31
陰	廿四	廿五	廿六	廿七	廿八	廿九	卅	臘	二	三	四	五	六	七	八	九	十	十一	十二	十三	十四	十五	十六	十七	十八	十九	廿	廿一	廿二	廿三	廿四
星	日	1	2	3	4	5	6	日	1	2	3	4	5	6	日	1	2	3	4	5	6	日	1	2	3	4	5	6	日	1	2
干節	戊申	己酉	庚戌	辛亥	小寒	癸丑	甲寅	乙卯	丙辰	丁巳	戊午	己未	庚申	辛酉	壬戌	癸亥	甲子	乙丑	丙寅	大寒	戊辰	己巳	庚午	辛未	壬申	癸酉	甲戌	乙亥	丙子	丁丑	戊寅

陽歷二月份　(陰歷十二、正月份)

陽	1	2	3	4	5	6	7	8	9	10	11	12	13	14	15	16	17	18	19	20	21	22	23	24	25	26	27	28
陰	廿五	廿六	廿七	廿八	廿九	卅	正	二	三	四	五	六	七	八	九	十	十一	十二	十三	十四	十五	十六	十七	十八	十九	廿	廿一	廿二
星	3	4	5	6	日	1	2	3	4	5	6	日	1	2	3	4	5	6	日	1	2	3	4	5	6	日	1	2
干節	己卯	庚辰	立春	壬午	癸未	甲申	乙酉	丙戌	丁亥	戊子	己丑	庚寅	辛卯	壬辰	癸巳	甲午	乙未	雨水	丁酉	戊戌	己亥	庚子	辛丑	壬寅	癸卯	甲辰	乙巳	丙午

陽歷三月份　(陰歷正、二月份)

陽	1	2	3	4	5	6	7	8	9	10	11	12	13	14	15	16	17	18	19	20	21	22	23	24	25	26	27	28	29	30	31
陰	廿三	廿四	廿五	廿六	廿七	廿八	廿九	二	二	三	四	五	六	七	八	九	十	十一	十二	十三	十四	十五	十六	十七	十八	十九	廿	廿一	廿二	廿三	廿四
星	3	4	5	6	日	1	2	3	4	5	6	日	1	2	3	4	5	6	日	1	2	3	4	5	6	日	1	2	3	4	5
干節	丁未	戊申	己酉	庚戌	驚蟄	壬子	癸丑	甲寅	乙卯	丙辰	丁巳	戊午	己未	庚申	辛酉	壬戌	癸亥	甲子	乙丑	春分	丁卯	戊辰	己巳	庚午	辛未	壬申	癸酉	甲戌	乙亥	丙子	丁丑

陽歷四月份　(陰歷二、三月份)

陽	1	2	3	4	5	6	7	8	9	10	11	12	13	14	15	16	17	18	19	20	21	22	23	24	25	26	27	28	29	30
陰	廿五	廿六	廿七	廿八	廿九	卅	三	二	三	四	五	六	七	八	九	十	十一	十二	十三	十四	十五	十六	十七	十八	十九	廿	廿一	廿二	廿三	廿四
星	6	日	1	2	3	4	5	6	日	1	2	3	4	5	6	日	1	2	3	4	5	6	日	1	2	3	4	5	6	日
干節	戊寅	己卯	庚辰	清明	壬午	癸未	甲申	乙酉	丙戌	丁亥	戊子	己丑	庚寅	辛卯	壬辰	癸巳	甲午	乙未	丙申	穀雨	戊戌	己亥	庚子	辛丑	壬寅	癸卯	甲辰	乙巳	丙午	丁未

陽歷五月份　(陰歷三、四月份)

陽	1	2	3	4	5	6	7	8	9	10	11	12	13	14	15	16	17	18	19	20	21	22	23	24	25	26	27	28	29	30	31
陰	廿五	廿六	廿七	廿八	廿九	四	二	三	四	五	六	七	八	九	十	十一	十二	十三	十四	十五	十六	十七	十八	十九	廿	廿一	廿二	廿三	廿四	廿五	廿六
星	1	2	3	4	5	6	日	1	2	3	4	5	6	日	1	2	3	4	5	6	日	1	2	3	4	5	6	日	1	2	3
干節	戊申	己酉	庚戌	辛亥	立夏	癸丑	甲寅	乙卯	丙辰	丁巳	戊午	己未	庚申	辛酉	壬戌	癸亥	甲子	乙丑	丙寅	丁卯	小滿	己巳	庚午	辛未	壬申	癸酉	甲戌	乙亥	丙子	丁丑	戊寅

陽歷六月份　(陰歷四、五月份)

陽	1	2	3	4	5	6	7	8	9	10	11	12	13	14	15	16	17	18	19	20	21	22	23	24	25	26	27	28	29	30
陰	廿七	廿八	廿九	五	二	三	四	五	六	七	八	九	十	十一	十二	十三	十四	十五	十六	十七	十八	十九	廿	廿一	廿二	廿三	廿四	廿五	廿六	廿七
星	4	5	6	日	1	2	3	4	5	6	日	1	2	3	4	5	6	日	1	2	3	4	5	6	日	1	2	3	4	5
干節	己卯	庚辰	辛巳	壬午	芒種	甲申	乙酉	丙戌	丁亥	戊子	己丑	庚寅	辛卯	壬辰	癸巳	甲午	乙未	丙申	丁酉	戊戌	夏至	庚子	辛丑	壬寅	癸卯	甲辰	乙巳	丙午	丁未	戊申

己丑

一七六九年

（清高宗乾隆三十四年）

陽曆七月份　（陰曆五、六月份）

陽	7	2	3	4	5	6	7	8	9	10	11	12	13	14	15	16	17	18	19	20	21	22	23	24	25	26	27	28	29	30	31
陰	廿八	廿九	六	二	三	四	五	六	七	八	九	十	十一	十二	十三	十四	十五	十六	十七	十八	十九	廿	廿一	廿二	廿三	廿四	廿五	廿六	廿七	廿八	廿九
星	6	日	1	2	3	4	5	6	日	1	2	3	4	5	6	日	1	2	3	4	5	6	日	1	2	3	4	5	6	日	1
干節	己酉	庚戌	辛亥	壬子	癸丑	甲寅	小暑	丙辰	丁巳	戊午	己未	庚申	辛酉	壬戌	癸亥	甲子	乙丑	丙寅	丁卯	戊辰	己巳	庚午	大暑	壬申	癸酉	甲戌	乙亥	丙子	丁丑	戊寅	己卯

陽曆八月份　（陰曆六、七、八月份）

陽	8	2	3	4	5	6	7	8	9	10	11	12	13	14	15	16	17	18	19	20	21	22	23	24	25	26	27	28	29	30	31
陰	卅	七	二	三	四	五	六	七	八	九	十	十一	十二	十三	十四	十五	十六	十七	十八	十九	廿	廿一	廿二	廿三	廿四	廿五	廿六	廿七	廿八	廿九	八
星	2	3	4	5	6	日	1	2	3	4	5	6	日	1	2	3	4	5	6	日	1	2	3	4	5	6	日	1	2	3	4
干節	庚辰	辛巳	壬午	癸未	甲申	乙酉	立秋	丁亥	戊子	己丑	庚寅	辛卯	壬辰	癸巳	甲午	乙未	丙申	丁酉	戊戌	己亥	庚子	辛丑	處暑	癸卯	甲辰	乙巳	丙午	丁未	戊申	己酉	庚戌

陽曆九月份　（陰曆八、九月份）

陽	9	2	3	4	5	6	7	8	9	10	11	12	13	14	15	16	17	18	19	20	21	22	23	24	25	26	27	28	29	30
陰	二	三	四	五	六	七	八	九	十	十一	十二	十三	十四	十五	十六	十七	十八	十九	廿	廿一	廿二	廿三	廿四	廿五	廿六	廿七	廿八	廿九	卅	九
星	5	6	日	1	2	3	4	5	6	日	1	2	3	4	5	6	日	1	2	3	4	5	6	日	1	2	3	4	5	6
干節	辛亥	壬子	癸丑	甲寅	乙卯	丙辰	白露	戊午	己未	庚申	辛酉	壬戌	癸亥	甲子	乙丑	丙寅	丁卯	戊辰	己巳	庚午	辛未	壬申	秋分	甲戌	乙亥	丙子	丁丑	戊寅	己卯	庚辰

陽曆十月份　（陰曆九、十月份）

陽	10	2	3	4	5	6	7	8	9	10	11	12	13	14	15	16	17	18	19	20	21	22	23	24	25	26	27	28	29	30	31
陰	二	三	四	五	六	七	八	九	十	十一	十二	十三	十四	十五	十六	十七	十八	十九	廿	廿一	廿二	廿三	廿四	廿五	廿六	廿七	廿八	廿九	十	二	三
星	日	1	2	3	4	5	6	日	1	2	3	4	5	6	日	1	2	3	4	5	6	日	1	2	3	4	5	6	日	1	2
干節	辛巳	壬午	癸未	甲申	乙酉	丙戌	丁亥	寒露	己丑	庚寅	辛卯	壬辰	癸巳	甲午	乙未	丙申	丁酉	戊戌	己亥	庚子	辛丑	壬寅	霜降	甲辰	乙巳	丙午	丁未	戊申	己酉	庚戌	辛亥

陽曆十一月份　（陰曆十、十一月份）

陽	11	2	3	4	5	6	7	8	9	10	11	12	13	14	15	16	17	18	19	20	21	22	23	24	25	26	27	28	29	30
陰	四	五	六	七	八	九	十	十一	十二	十三	十四	十五	十六	十七	十八	十九	廿	廿一	廿二	廿三	廿四	廿五	廿六	廿七	廿八	廿九	卅	十一	二	三
星	3	4	5	6	日	1	2	3	4	5	6	日	1	2	3	4	5	6	日	1	2	3	4	5	6	日	1	2	3	4
干節	壬子	癸丑	甲寅	乙卯	丙辰	丁巳	立冬	己未	庚申	辛酉	壬戌	癸亥	甲子	乙丑	丙寅	丁卯	戊辰	己巳	庚午	辛未	壬申	小雪	甲戌	乙亥	丙子	丁丑	戊寅	己卯	庚辰	辛巳

陽曆十二月份　（陰曆十一、十二月份）

陽	12	2	3	4	5	6	7	8	9	10	11	12	13	14	15	16	17	18	19	20	21	22	23	24	25	26	27	28	29	30	31
陰	四	五	六	七	八	九	十	十一	十二	十三	十四	十五	十六	十七	十八	十九	廿	廿一	廿二	廿三	廿四	廿五	廿六	廿七	廿八	廿九	卅	十二	二	三	四
星	5	6	日	1	2	3	4	5	6	日	1	2	3	4	5	6	日	1	2	3	4	5	6	日	1	2	3	4	5	6	日
干節	壬午	癸未	甲申	乙酉	丙戌	丁亥	大雪	己丑	庚寅	辛卯	壬辰	癸巳	甲午	乙未	丙申	丁酉	戊戌	己亥	庚子	辛丑	冬至	癸卯	甲辰	乙巳	丙午	丁未	戊申	己酉	庚戌	辛亥	壬子

近世中西史日對照表

庚寅 一七七〇年 （清高宗乾隆三五年）

陽歷一月份 （陰歷十二、正月份）

陽	1	2	3	4	5	6	7	8	9	10	11	12	13	14	15	16	17	18	19	20	21	22	23	24	25	26	27	28	29	30	31
陰	五	六	七	八	九	十	十一	十二	十三	十四	十五	十六	十七	十八	十九	廿	廿一	廿二	廿三	廿四	廿五	廿六	廿七	廿八	廿九	卅	正	二	三	四	五
星	1	2	3	4	5	6	日	1	2	3	4	5	6	日	1	2	3	4	5	6	日	1	2	3	4	5	6	日	1	2	3
干節	癸丑	甲寅	乙卯	丙辰	小寒	戊午	己未	庚申	辛酉	壬戌	癸亥	甲子	乙丑	丙寅	丁卯	戊辰	己巳	庚午	辛未	大寒	癸酉	甲戌	乙亥	丙子	丁丑	戊寅	己卯	庚辰	辛巳	壬午	癸未

陽歷二月份 （陰歷正、二月份）

陽	2	2	3	4	5	6	7	8	9	10	11	12	13	14	15	16	17	18	19	20	21	22	23	24	25	26	27	28			
陰	六	七	八	九	十	十一	十二	十三	十四	十五	十六	十七	十八	十九	廿	廿一	廿二	廿三	廿四	廿五	廿六	廿七	廿八	廿九	二	二	三	四			
星	4	5	6	日	1	2	3	4	5	6	日	1	2	3	4	5	6	日	1	2	3	4	5	6	日	1	2	3			
干節	甲申	乙酉	丙戌	立春	戊子	己丑	庚寅	辛卯	壬辰	癸巳	甲午	乙未	丙申	丁酉	戊戌	己亥	庚子	雨水	壬寅	癸卯	甲辰	乙巳	丙午	丁未	戊申	己酉	庚戌	辛亥			

陽歷三月份 （陰歷二、三月份）

陽	3	2	3	4	5	6	7	8	9	10	11	12	13	14	15	16	17	18	19	20	21	22	23	24	25	26	27	28	29	30	31
陰	五	六	七	八	九	十	十一	十二	十三	十四	十五	十六	十七	十八	十九	廿	廿一	廿二	廿三	廿四	廿五	廿六	廿七	廿八	廿九	卅	三	二	三	四	五
星	4	5	6	日	1	2	3	4	5	6	日	1	2	3	4	5	6	日	1	2	3	4	5	6	日	1	2	3	4	5	6
干節	壬子	癸丑	甲寅	乙卯	驚蟄	丁巳	戊午	己未	庚申	辛酉	壬戌	癸亥	甲子	乙丑	丙寅	丁卯	戊辰	己巳	庚午	春分	壬申	癸酉	甲戌	乙亥	丙子	丁丑	戊寅	己卯	庚辰	辛巳	壬午

陽歷四月份 （陰歷三、四月份）

陽	4	2	3	4	5	6	7	8	9	10	11	12	13	14	15	16	17	18	19	20	21	22	23	24	25	26	27	28	29	30
陰	六	七	八	九	十	十一	十二	十三	十四	十五	十六	十七	十八	十九	廿	廿一	廿二	廿三	廿四	廿五	廿六	廿七	廿八	廿九	卅	四	二	三	四	五
星	日	1	2	3	4	5	6	日	1	2	3	4	5	6	日	1	2	3	4	5	6	日	1	2	3	4	5	6	日	1
干節	癸未	甲申	乙酉	丙戌	清明	戊子	己丑	庚寅	辛卯	壬辰	癸巳	甲午	乙未	丙申	丁酉	戊戌	己亥	庚子	辛丑	穀雨	癸卯	甲辰	乙巳	丙午	丁未	戊申	己酉	庚戌	辛亥	壬子

陽歷五月份 （陰歷四、五月份）

陽	5	2	3	4	5	6	7	8	9	10	11	12	13	14	15	16	17	18	19	20	21	22	23	24	25	26	27	28	29	30	31
陰	六	七	八	九	十	十一	十二	十三	十四	十五	十六	十七	十八	十九	廿	廿一	廿二	廿三	廿四	廿五	廿六	廿七	廿八	廿九	五	二	三	四	五	六	七
星	2	3	4	5	6	日	1	2	3	4	5	6	日	1	2	3	4	5	6	日	1	2	3	4	5	6	日	1	2	3	4
干節	癸丑	甲寅	乙卯	丙辰	立夏	戊午	己未	庚申	辛酉	壬戌	癸亥	甲子	乙丑	丙寅	丁卯	戊辰	己巳	庚午	辛未	壬申	小滿	甲戌	乙亥	丙子	丁丑	戊寅	己卯	庚辰	辛巳	壬午	癸未

陽歷六月份 （陰歷五、閏五月份）

陽	6	2	3	4	5	6	7	8	9	10	11	12	13	14	15	16	17	18	19	20	21	22	23	24	25	26	27	28	29	30	—
陰	八	九	十	十一	十二	十三	十四	十五	十六	十七	十八	十九	廿	廿一	廿二	廿三	廿四	廿五	廿六	廿七	廿八	廿九	閏	二	三	四	五	六	七	八	—
星	5	6	日	1	2	3	4	5	6	日	1	2	3	4	5	6	日	1	2	3	4	5	6	日	1	2	3	4	5	6	—
干節	甲申	乙酉	丙戌	丁亥	戊子	芒種	庚寅	辛卯	壬辰	癸巳	甲午	乙未	丙申	丁酉	戊戌	己亥	庚子	辛丑	壬寅	癸卯	夏至	乙巳	丙午	丁未	戊申	己酉	庚戌	辛亥	壬子	癸丑	—

庚寅

一七七〇年

（清高宗乾隆三五年）

陽歷七月份　（陰歷閏五、六月份）

陽	**7**	2	3	4	5	6	7	8	9	10	11	12	13	14	15	16	17	18	19	20	21	22	23	24	25	26	27	28	29	30	31
陰	九	十	十一	十二	十三	十四	十五	十六	十七	十八	十九	廿	廿一	廿二	廿三	廿四	廿五	廿六	廿七	廿八	廿九	**六**	二	三	四	五	六	七	八	九	十
星	**日**	1	2	3	4	5	6	**日**	1	2	3	4	5	6	**日**	1	2	3	4	5	6	**日**	1	2	3	4	5	6	**日**	1	2
干節	甲寅	乙卯	丙辰	丁巳	戊午	己未	**小暑**	辛酉	壬戌	癸亥	甲子	乙丑	丙寅	丁卯	戊辰	己巳	庚午	辛未	壬申	癸酉	甲戌	乙亥	**大暑**	丁丑	戊寅	己卯	庚辰	辛巳	壬午	癸未	甲申

陽歷八月份　（陰歷六、七月份）

陽	**8**	2	3	4	5	6	7	8	9	10	11	12	13	14	15	16	17	18	19	20	21	22	23	24	25	26	27	28	29	30	31
陰	十一	十二	十三	十四	十五	十六	十七	十八	十九	廿	廿一	廿二	廿三	廿四	廿五	廿六	廿七	廿八	廿九	卅	**七**	二	三	四	五	六	七	八	九	十	十一
星	3	4	5	6	**日**	1	2	3	4	5	6	**日**	1	2	3	4	5	6	**日**	1	2	3	4	5	6	**日**	1	2	3	4	5
干節	乙酉	丙戌	丁亥	戊子	己丑	庚寅	**立秋**	壬辰	癸巳	甲午	乙未	丙申	丁酉	戊戌	己亥	庚子	辛丑	壬寅	癸卯	甲辰	乙巳	丙午	**處暑**	戊申	己酉	庚戌	辛亥	壬子	癸丑	甲寅	乙卯

陽歷九月份　陰歷七、八月份）

陽	**9**	2	3	4	5	6	7	8	9	10	11	12	13	14	15	16	17	18	19	20	21	22	23	24	25	26	27	28	29	30	
陰	十二	十三	十四	十五	十六	十七	十八	十九	廿	廿一	廿二	廿三	廿四	廿五	廿六	廿七	廿八	廿九	**八**	二	三	四	五	六	七	八	九	十	十一	十二	
星	6	**日**	1	2	3	4	5	6	**日**	1	2	3	4	5	6	**日**	1	2	3	4	5	6	**日**	1	2	3	4	5	6	**日**	
干節	丙辰	丁巳	戊午	己未	庚申	辛酉	壬戌	**白露**	甲子	乙丑	丙寅	丁卯	戊辰	己巳	庚午	辛未	壬申	癸酉	甲戌	乙亥	丙子	丁丑	**秋分**	己卯	庚辰	辛巳	壬午	癸未	甲申	乙酉	

陽歷十月份　（陰歷八、九月月）

陽	**10**	2	3	4	5	6	7	8	9	10	11	12	13	14	15	16	17	18	19	20	21	22	23	24	25	26	27	28	29	30	31
陰	十三	十四	十五	十六	十七	十八	十九	廿	廿一	廿二	廿三	廿四	廿五	廿六	廿七	廿八	廿九	卅	**九**	二	三	四	五	六	七	八	九	十	十一	十二	十三
星	1	2	3	4	5	6	**日**	1	2	3	4	5	6	**日**	1	2	3	4	5	6	**日**	1	2	3	4	5	6	**日**	1	2	3
干節	丙戌	丁亥	戊子	己丑	庚寅	辛卯	壬辰	**寒露**	甲午	乙未	丙申	丁酉	戊戌	己亥	庚子	辛丑	壬寅	癸卯	甲辰	乙巳	丙午	丁未	**霜降**	己酉	庚戌	辛亥	壬子	癸丑	甲寅	乙卯	丙辰

陽歷十一月份　（陰歷九、十月份）

陽	**11**	2	3	4	5	6	7	8	9	10	11	12	13	14	15	16	17	18	19	20	21	22	23	24	25	26	27	28	29	30	
陰	十四	十五	十六	十七	十八	十九	廿	廿一	廿二	廿三	廿四	廿五	廿六	廿七	廿八	廿九	**十**	二	三	四	五	六	七	八	九	十	十一	十二	十三	十四	
星	4	5	6	**日**	1	2	3	4	5	6	**日**	1	2	3	4	5	6	**日**	1	2	3	4	5	6	**日**	1	2	3	4	5	
干節	丁巳	戊午	己未	庚申	辛酉	壬戌	**立冬**	甲子	乙丑	丙寅	丁卯	戊辰	己巳	庚午	辛未	壬申	癸酉	甲戌	乙亥	丙子	丁丑	**小雪**	己卯	庚辰	辛巳	壬午	癸未	甲申	乙酉	丙戌	

陽歷十二月份　（陰歷十、十一月份）

陽	**12**	2	3	4	5	6	7	8	9	10	11	12	13	14	15	16	17	18	19	20	21	22	23	24	25	26	27	28	29	30	31
陰	十五	十六	十七	十八	十九	廿	廿一	廿二	廿三	廿四	廿五	廿六	廿七	廿八	廿九	卅	**十一**	二	三	四	五	六	七	八	九	十	十一	十二	十三	十四	十五
星	6	**日**	1	2	3	4	5	6	**日**	1	2	3	4	5	6	**日**	1	2	3	4	5	6	**日**	1	2	3	4	5	6	**日**	1
干節	丁亥	戊子	己丑	庚寅	辛卯	壬辰	**大雪**	甲午	乙未	丙申	丁酉	戊戌	己亥	庚子	辛丑	壬寅	癸卯	甲辰	乙巳	丙午	丁未	**冬至**	己酉	庚戌	辛亥	壬子	癸丑	甲寅	乙卯	丙辰	丁巳

辛卯　一七七一年（清高宗乾隆三六年）

陽歷一月份（陰歷十一、十二月份）

陽	1	2	3	4	5	6	7	8	9	10	11	12	13	14	15	16	17	18	19	20	21	22	23	24	25	26	27	28	29	30	31
陰	十六	十七	十八	十九	廿	廿一	廿二	廿三	廿四	廿五	廿六	廿七	廿八	廿九	卅	十二	二	三	四	五	六	七	八	九	十	十一	十二	十三	十四	十五	十六
星	2	3	4	5	6	日	1	2	3	4	5	6	日	1	2	3	4	5	6	日	1	2	3	4	5	6	日	1	2	3	4
干節	戊午	己未	庚申	辛酉	小寒	癸亥	甲子	乙丑	丙寅	丁卯	戊辰	己巳	庚午	辛未	壬申	癸酉	甲戌	乙亥	丙子	大寒	戊寅	己卯	庚辰	辛巳	壬午	癸未	甲申	乙酉	丙戌	丁亥	戊子

陽歷二月份（陰歷十二、正月份）

陽	2	2	3	4	5	6	7	8	9	10	11	12	13	14	15	16	17	18	19	20	21	22	23	24	25	26	27	28
陰	十七	十八	十九	廿	廿一	廿二	廿三	廿四	廿五	廿六	廿七	廿八	廿九	卅	正	二	三	四	五	六	七	八	九	十	十一	十二	十三	十四
星	5	6	日	1	2	3	4	5	6	日	1	2	3	4	5	6	日	1	2	3	4	5	6	日	1	2	3	4
干節	己丑	庚寅	辛卯	立春	癸巳	甲午	乙未	丙申	丁酉	戊戌	己亥	庚子	辛丑	壬寅	癸卯	甲辰	乙巳	丙午	雨水	戊申	己酉	庚戌	辛亥	壬子	癸丑	甲寅	乙卯	丙辰

陽歷三月份（陰歷正、二月份）

陽	3	2	3	4	5	6	7	8	9	10	11	12	13	14	15	16	17	18	19	20	21	22	23	24	25	26	27	28	29	30	31
陰	十五	十六	十七	十八	十九	廿	廿一	廿二	廿三	廿四	廿五	廿六	廿七	廿八	廿九	二	二	三	四	五	六	七	八	九	十	十一	十二	十三	十四	十五	十六
星	5	6	日	1	2	3	4	5	6	日	1	2	3	4	5	6	日	1	2	3	4	5	6	日	1	2	3	4	5	6	日
干節	丁巳	戊午	己未	庚申	辛酉	驚蟄	癸亥	甲子	乙丑	丙寅	丁卯	戊辰	己巳	庚午	辛未	壬申	癸酉	甲戌	乙亥	丙子	春分	戊寅	己卯	庚辰	辛巳	壬午	癸未	甲申	乙酉	丙戌	丁亥

陽歷四月份（陰歷二、三月份）

陽	4	2	3	4	5	6	7	8	9	10	11	12	13	14	15	16	17	18	19	20	21	22	23	24	25	26	27	28	29	30
陰	十七	十八	十九	廿	廿一	廿二	廿三	廿四	廿五	廿六	廿七	廿八	廿九	卅	三	二	三	四	五	六	七	八	九	十	十一	十二	十三	十四	十五	十六
星	1	2	3	4	5	6	日	1	2	3	4	5	6	日	1	2	3	4	5	6	日	1	2	3	4	5	6	日	1	2
干節	戊子	己丑	庚寅	辛卯	清明	癸巳	甲午	乙未	丙申	丁酉	戊戌	己亥	庚子	辛丑	壬寅	癸卯	甲辰	乙巳	丙午	穀雨	戊申	己酉	庚戌	辛亥	壬子	癸丑	甲寅	乙卯	丙辰	丁巳

陽歷五月份（陰歷三、四月份）

陽	5	2	3	4	5	6	7	8	9	10	11	12	13	14	15	16	17	18	19	20	21	22	23	24	25	26	27	28	29	30	31
陰	十七	十八	十九	廿	廿一	廿二	廿三	廿四	廿五	廿六	廿七	廿八	廿九	四	二	三	四	五	六	七	八	九	十	十一	十二	十三	十四	十五	十六	十七	十八
星	3	4	5	6	日	1	2	3	4	5	6	日	1	2	3	4	5	6	日	1	2	3	4	5	6	日	1	2	3	4	5
干節	戊午	己未	庚申	辛酉	壬戌	立夏	甲子	乙丑	丙寅	丁卯	戊辰	己巳	庚午	辛未	壬申	癸酉	甲戌	乙亥	丙子	丁丑	小滿	己卯	庚辰	辛巳	壬午	癸未	甲申	乙酉	丙戌	丁亥	戊子

陽歷六月份（陰歷四、五月份）

陽	6	2	3	4	5	6	7	8	9	10	11	12	13	14	15	16	17	18	19	20	21	22	23	24	25	26	27	28	29	30
陰	十九	廿	廿一	廿二	廿三	廿四	廿五	廿六	廿七	廿八	廿九	卅	五	二	三	四	五	六	七	八	九	十	十一	十二	十三	十四	十五	十六	十七	十八
星	6	日	1	2	3	4	5	6	日	1	2	3	4	5	6	日	1	2	3	4	5	6	日	1	2	3	4	5	6	日
干節	己丑	庚寅	辛卯	壬辰	癸巳	甲午	芒種	丙申	丁酉	戊戌	己亥	庚子	辛丑	壬寅	癸卯	甲辰	乙巳	丙午	丁未	戊申	己酉	夏至	辛亥	壬子	癸丑	甲寅	乙卯	丙辰	丁巳	戊午

辛卯

一七七一年

（清高宗乾隆三六年）

陽歷七月份　（陰歷五、六月份）

陽	7	2	3	4	5	6	7	8	9	10	11	12	13	14	15	16	17	18	19	20	21	22	23	24	25	26	27	28	29	30	31
陰	十九	廿	廿一	廿二	廿三	廿四	廿五	廿六	廿七	廿八	廿九	六	二	三	四	五	六	七	八	九	十	十一	十二	十三	十四	十五	十六	十七	十八	十九	廿
星	1	2	3	4	5	6	日	1	2	3	4	5	6	日	1	2	3	4	5	6	日	1	2	3	4	5	6	日	1	2	3
干節	己未	庚申	辛酉	壬戌	癸亥	甲子	小暑	丙寅	丁卯	戊辰	己巳	庚午	辛未	壬申	癸酉	甲戌	乙亥	丙子	丁丑	戊寅	己卯	庚辰	大暑	壬午	癸未	甲申	乙酉	丙戌	丁亥	戊子	己丑

陽歷八月份　（陰歷六、七月份）

陽	8	2	3	4	5	6	7	8	9	10	11	12	13	14	15	16	17	18	19	20	21	22	23	24	25	26	27	28	29	30	31
陰	廿一	廿二	廿三	廿四	廿五	廿六	廿七	廿八	廿九	七	二	三	四	五	六	七	八	九	十	十一	十二	十三	十四	十五	十六	十七	十八	十九	廿	廿一	廿二
星	4	5	6	日	1	2	3	4	5	6	日	1	2	3	4	5	6	日	1	2	3	4	5	6	日	1	2	3	4	5	6
干節	庚寅	辛卯	壬辰	癸巳	甲午	乙未	丙申	立秋	戊戌	己亥	庚子	辛丑	壬寅	癸卯	甲辰	乙巳	丙午	丁未	戊申	己酉	庚戌	辛亥	處暑	癸丑	甲寅	乙卯	丙辰	丁巳	戊午	己未	庚申

陽歷九月份　（陰歷七、八月份）

陽	9	2	3	4	5	6	7	8	9	10	11	12	13	14	15	16	17	18	19	20	21	22	23	24	25	26	27	28	29	30	—
陰	廿三	廿四	廿五	廿六	廿七	廿八	廿九	卅	八	二	三	四	五	六	七	八	九	十	十一	十二	十三	十四	十五	十六	十七	十八	十九	廿	廿一	廿二	—
星	日	1	2	3	4	5	6	日	1	2	3	4	5	6	日	1	2	3	4	5	6	日	1	2	3	4	5	6	日	1	—
干節	辛酉	壬戌	癸亥	甲子	乙丑	丙寅	丁卯	白露	己巳	庚午	辛未	壬申	癸酉	甲戌	乙亥	丙子	丁丑	戊寅	己卯	庚辰	辛巳	壬午	秋分	甲申	乙酉	丙戌	丁亥	戊子	己丑	庚寅	

陽歷十月份　（陰歷八、九月份）

陽	10	2	3	4	5	6	7	8	9	10	11	12	13	14	15	16	17	18	19	20	21	22	23	24	25	26	27	28	29	30	31
陰	廿三	廿四	廿五	廿六	廿七	廿八	廿九	九	二	三	四	五	六	七	八	九	十	十一	十二	十三	十四	十五	十六	十七	十八	十九	廿	廿一	廿二	廿三	廿四
星	2	3	4	5	6	日	1	2	3	4	5	6	日	1	2	3	4	5	6	日	1	2	3	4	5	6	日	1	2	3	4
干節	辛卯	壬辰	癸巳	甲午	乙未	丙申	丁酉	寒露	己亥	庚子	辛丑	壬寅	癸卯	甲辰	乙巳	丙午	丁未	戊申	己酉	庚戌	辛亥	壬子	霜降	甲寅	乙卯	丙辰	丁巳	戊午	己未	庚申	辛酉

陽歷十一月份　（陰歷九、十月份）

陽	11	2	3	4	5	6	7	8	9	10	11	12	13	14	15	16	17	18	19	20	21	22	23	24	25	26	27	28	29	30	—
陰	廿五	廿六	廿七	廿八	廿九	卅	十	二	三	四	五	六	七	八	九	十	十一	十二	十三	十四	十五	十六	十七	十八	十九	廿	廿一	廿二	廿三	廿四	—
星	5	6	日	1	2	3	4	5	6	日	1	2	3	4	5	6	日	1	2	3	4	5	6	日	1	2	3	4	5	6	—
干節	壬戌	癸亥	甲子	乙丑	丙寅	丁卯	立冬	己巳	庚午	辛未	壬申	癸酉	甲戌	乙亥	丙子	丁丑	戊寅	己卯	庚辰	辛巳	壬午	小雪	甲申	乙酉	丙戌	丁亥	戊子	己丑	庚寅	辛卯	

陽歷十二月份　（陰歷十、十一月份）

陽	12	2	3	4	5	6	7	8	9	10	11	12	13	14	15	16	17	18	19	20	21	22	23	24	25	26	27	28	29	30	31
陰	廿五	廿六	廿七	廿八	廿九	十一	二	三	四	五	六	七	八	九	十	十一	十二	十三	十四	十五	十六	十七	十八	十九	廿	廿一	廿二	廿三	廿四	廿五	廿六
星	日	1	2	3	4	5	6	日	1	2	3	4	5	6	日	1	2	3	4	5	6	日	1	2	3	4	5	6	日	1	2
干節	壬辰	癸巳	甲午	乙未	丙申	丁酉	大雪	己亥	庚子	辛丑	壬寅	癸卯	甲辰	乙巳	丙午	丁未	戊申	己酉	庚戌	辛亥	壬子	冬至	甲寅	乙卯	丙辰	丁巳	戊午	己未	庚申	辛酉	壬戌

近世中西史日對照表

壬辰　一七七二年　（清高宗乾隆三十七年）

陽歷一月份　（陰歷十一、十二月份）

陽	1	2	3	4	5	6	7	8	9	10	11	12	13	14	15	16	17	18	19	20	21	22	23	24	25	26	27	28	29	30	31
陰	廿七	廿八	廿九	卅	十二	二	三	四	五	六	七	八	九	十	十一	十二	十三	十四	十五	十六	十七	十八	十九	廿	廿一	廿二	廿三	廿四	廿五	廿六	廿七
星	3	4	5	6	日	1	2	3	4	5	6	日	1	2	3	4	5	6	日	1	2	3	4	5	6	日	1	2	3	4	5
干節	癸亥	甲子	乙丑	丙寅	丁卯	小寒	己巳	庚午	辛未	壬申	癸酉	甲戌	乙亥	丙子	丁丑	戊寅	己卯	庚辰	辛巳	大寒	癸未	甲申	乙酉	丙戌	丁亥	戊子	己丑	庚寅	辛卯	壬辰	癸巳

陽歷二月份　（陰歷十二、正月份）

陽	1	2	3	4	5	6	7	8	9	10	11	12	13	14	15	16	17	18	19	20	21	22	23	24	25	26	27	28	29
陰	廿八	廿九	卅	正	二	三	四	五	六	七	八	九	十	十一	十二	十三	十四	十五	十六	十七	十八	十九	廿	廿一	廿二	廿三	廿四	廿五	廿六
星	6	日	1	2	3	4	5	6	日	1	2	3	4	5	6	日	1	2	3	4	5	6	日	1	2	3	4	5	6
干節	甲午	乙未	丙申	立春	戊戌	己亥	庚子	辛丑	壬寅	癸卯	甲辰	乙巳	丙午	丁未	戊申	己酉	庚戌	辛亥	雨水	癸丑	甲寅	乙卯	丙辰	丁巳	戊午	己未	庚申	辛酉	壬戌

陽歷三月份　（陰歷正、二月份）

陽	1	2	3	4	5	6	7	8	9	10	11	12	13	14	15	16	17	18	19	20	21	22	23	24	25	26	27	28	29	30	31
陰	廿七	廿八	廿九	二	二	三	四	五	六	七	八	九	十	十一	十二	十三	十四	十五	十六	十七	十八	十九	廿	廿一	廿二	廿三	廿四	廿五	廿六	廿七	廿八
星	日	1	2	3	4	5	6	日	1	2	3	4	5	6	日	1	2	3	4	5	6	日	1	2	3	4	5	6	日	1	2
干節	癸亥	甲子	乙丑	丙寅	驚蟄	戊辰	己巳	庚午	辛未	壬申	癸酉	甲戌	乙亥	丙子	丁丑	戊寅	己卯	庚辰	辛巳	春分	癸未	甲申	乙酉	丙戌	丁亥	戊子	己丑	庚寅	辛卯	壬辰	癸巳

陽歷四月份　（陰歷二、三月份）

陽	1	2	3	4	5	6	7	8	9	10	11	12	13	14	15	16	17	18	19	20	21	22	23	24	25	26	27	28	29	30
陰	廿九	卅	三	二	三	四	五	六	七	八	九	十	十一	十二	十三	十四	十五	十六	十七	十八	十九	廿	廿一	廿二	廿三	廿四	廿五	廿六	廿七	廿八
星	3	4	5	6	日	1	2	3	4	5	6	日	1	2	3	4	5	6	日	1	2	3	4	5	6	日	1	2	3	4
干節	甲午	乙未	丙申	清明	戊戌	己亥	庚子	辛丑	壬寅	癸卯	甲辰	乙巳	丙午	丁未	戊申	己酉	庚戌	辛亥	穀雨	癸丑	甲寅	乙卯	丙辰	丁巳	戊午	己未	庚申	辛酉	壬戌	癸亥

陽歷五月份　（陰歷三、四月份）

陽	1	2	3	4	5	6	7	8	9	10	11	12	13	14	15	16	17	18	19	20	21	22	23	24	25	26	27	28	29	30	31
陰	廿九	卅	四	二	三	四	五	六	七	八	九	十	十一	十二	十三	十四	十五	十六	十七	十八	十九	廿	廿一	廿二	廿三	廿四	廿五	廿六	廿七	廿八	廿九
星	5	6	日	1	2	3	4	5	6	日	1	2	3	4	5	6	日	1	2	3	4	5	6	日	1	2	3	4	5	6	日
干節	甲子	乙丑	丙寅	丁卯	立夏	己巳	庚午	辛未	壬申	癸酉	甲戌	乙亥	丙子	丁丑	戊寅	己卯	庚辰	辛巳	壬午	小滿	甲申	乙酉	丙戌	丁亥	戊子	己丑	庚寅	辛卯	壬辰	癸巳	甲午

陽歷六月份　（陰歷五月份）

陽	1	2	3	4	5	6	7	8	9	10	11	12	13	14	15	16	17	18	19	20	21	22	23	24	25	26	27	28	29	30
陰	五	二	三	四	五	六	七	八	九	十	十一	十二	十三	十四	十五	十六	十七	十八	十九	廿	廿一	廿二	廿三	廿四	廿五	廿六	廿七	廿八	廿九	卅
星	1	2	3	4	5	6	日	1	2	3	4	5	6	日	1	2	3	4	5	6	日	1	2	3	4	5	6	日	1	2
干節	乙未	丙申	丁酉	戊戌	芒種	庚子	辛丑	壬寅	癸卯	甲辰	乙巳	丙午	丁未	戊申	己酉	庚戌	辛亥	壬子	癸丑	甲寅	夏至	丙辰	丁巳	戊午	己未	庚申	辛酉	壬戌	癸亥	甲子

壬辰

一七七二年

（清高宗乾隆三十七年）

陽歷七月份　（陰歷六、七月份）

陽	**7**	2	3	4	5	6	7	8	9	10	11	12	13	14	15	16	17	18	19	20	21	22	23	24	25	26	27	28	29	30	31
陰	**六**	二	三	四	五	六	七	八	九	十	十一	十二	十三	十四	十五	十六	十七	十八	十九	廿	廿一	廿二	廿三	廿四	廿五	廿六	廿七	廿八	廿九	**七**	二
星	3	4	5	6	**日**	1	2	3	4	5	6	**日**	1	2	3	4	5	6	**日**	1	2	3	4	5	6	**日**	1	2	3	4	5
干節	乙丑	丙寅	丁卯	戊辰	己巳	庚午	**小暑**	壬申	癸酉	甲戌	乙亥	丙子	丁丑	戊寅	己卯	庚辰	辛巳	壬午	癸未	甲申	乙酉	**大暑**	丁亥	戊子	己丑	庚寅	辛卯	壬辰	癸巳	甲午	乙未

陽歷八月份　（陰歷七、八月份）

陽	**8**	2	3	4	5	6	7	8	9	10	11	12	13	14	15	16	17	18	19	20	21	22	23	24	25	26	27	28	29	30	31
陰	三	四	五	六	七	八	九	十	十一	十二	十三	十四	十五	十六	十七	十八	十九	廿	廿一	廿二	廿三	廿四	廿五	廿六	廿七	廿八	廿九	**八**	二	三	四
星	6	**日**	1	2	3	4	5	6	**日**	1	2	3	4	5	6	**日**	1	2	3	4	5	6	**日**	1	2	3	4	5	6	**日**	1
干節	丙申	丁酉	戊戌	己亥	庚子	辛丑	**立秋**	癸卯	甲辰	乙巳	丙午	丁未	戊申	己酉	庚戌	辛亥	壬子	癸丑	甲寅	乙卯	丙辰	丁巳	**處暑**	己未	庚申	辛酉	壬戌	癸亥	甲子	乙丑	丙寅

陽歷九月份　（陰歷八、九月份）

陽	**9**	2	3	4	5	6	7	8	9	10	11	12	13	14	15	16	17	18	19	20	21	22	23	24	25	26	27	28	29	30	
陰	五	六	七	八	九	十	十一	十二	十三	十四	十五	十六	十七	十八	十九	廿	廿一	廿二	廿三	廿四	廿五	廿六	廿七	廿八	廿九	卅	**九**	二	三	四	
星	2	3	4	5	6	**日**	1	2	3	4	5	6	**日**	1	2	3	4	5	6	**日**	1	2	3	4	5	6	**日**	1	2	3	
干節	丁卯	戊辰	己巳	庚午	辛未	壬申	**白露**	甲戌	乙亥	丙子	丁丑	戊寅	己卯	庚辰	辛巳	壬午	癸未	甲申	乙酉	丙戌	丁亥	**秋分**	己丑	庚寅	辛卯	壬辰	癸巳	甲午	乙未	丙申	

陽歷十月份　（陰歷九、十月份）

陽	**10**	2	3	4	5	6	7	8	9	10	11	12	13	14	15	16	17	18	19	20	21	22	23	24	25	26	27	28	29	30	31
陰	五	六	七	八	九	十	十一	十二	十三	十四	十五	十六	十七	十八	十九	廿	廿一	廿二	廿三	廿四	廿五	廿六	廿七	廿八	廿九	**十**	二	三	四	五	六
星	4	5	6	**日**	1	2	3	4	5	6	**日**	1	2	3	4	5	6	**日**	1	2	3	4	5	6	**日**	1	2	3	4	5	6
干節	丁酉	戊戌	己亥	庚子	辛丑	壬寅	癸卯	**寒露**	乙巳	丙午	丁未	戊申	己酉	庚戌	辛亥	壬子	癸丑	甲寅	乙卯	丙辰	丁巳	戊午	**霜降**	庚申	辛酉	壬戌	癸亥	甲子	乙丑	丙寅	丁卯

陽歷十一月份　（陰歷十、十一月份）

陽	**11**	2	3	4	5	6	7	8	9	10	11	12	13	14	15	16	17	18	19	20	21	22	23	24	25	26	27	28	29	30	
陰	七	八	九	十	十一	十二	十三	十四	十五	十六	十七	十八	十九	廿	廿一	廿二	廿三	廿四	廿五	廿六	廿七	廿八	廿九	卅	**十一**	二	三	四	五	六	
星	**日**	1	2	3	4	5	6	**日**	1	2	3	4	5	6	**日**	1	2	3	4	5	6	**日**	1	2	3	4	5	6	**日**	1	
干節	戊辰	己巳	庚午	辛未	壬申	癸酉	**立冬**	乙亥	丙子	丁丑	戊寅	己卯	庚辰	辛巳	壬午	癸未	甲申	乙酉	丙戌	丁亥	戊子	**小雪**	庚寅	辛卯	壬辰	癸巳	甲午	乙未	丙申	丁酉	

陽歷十二月份　（陰歷十一、十二月份）

陽	**12**	2	3	4	5	6	7	8	9	10	11	12	13	14	15	16	17	18	19	20	21	22	23	24	25	26	27	28	29	30	31
陰	七	八	九	十	十一	十二	十三	十四	十五	十六	十七	十八	十九	廿	廿一	廿二	廿三	廿四	廿五	廿六	廿七	廿八	廿九	**十二**	二	三	四	五	六	七	八
星	2	3	4	5	6	**日**	1	2	3	4	5	6	**日**	1	2	3	4	5	6	**日**	1	2	3	4	5	6	**日**	1	2	3	4
干節	戊戌	己亥	庚子	辛丑	壬寅	**大雪**	甲辰	乙巳	丙午	丁未	戊申	己酉	庚戌	辛亥	壬子	癸丑	甲寅	乙卯	丙辰	丁巳	**冬至**	己未	庚申	辛酉	壬戌	癸亥	甲子	乙丑	丙寅	丁卯	戊辰

近世中西史日對照表

癸巳 一七七三年（清高宗乾隆三八年）

陽歷 一 月份 （陰歷十二、正月份）

陽	1	2	3	4	5	6	7	8	9	10	11	12	13	14	15	16	17	18	19	20	21	22	23	24	25	26	27	28	29	30	31
陰	九	十	十一	十二	十三	十四	十五	十六	十七	十八	十九	廿	廿一	廿二	廿三	廿四	廿五	廿六	廿七	廿八	廿九	卅	正	二	三	四	五	六	七	八	九
星	5	6	日	1	2	3	4	5	6	日	1	2	3	4	5	6	日	1	2	3	4	5	6	日	1	2	3	4	5	6	日
干節	己巳	庚午	辛未	壬申	小寒	甲戌	乙亥	丙子	丁丑	戊寅	己卯	庚辰	辛巳	壬午	癸未	甲申	乙酉	丙戌	大寒	戊子	己丑	庚寅	辛卯	壬辰	癸巳	甲午	乙未	丙申	丁酉	戊戌	己亥

陽歷 二 月份 （陰歷正、二月份）

陽	2	2	3	4	5	6	7	8	9	10	11	12	13	14	15	16	17	18	19	20	21	22	23	24	25	26	27	28			
陰	十	十一	十二	十三	十四	十五	十六	十七	十八	十九	廿	廿一	廿二	廿三	廿四	廿五	廿六	廿七	廿八	廿九	二	二	三	四	五	六	七	八			
星	1	2	3	4	5	6	日	1	2	3	4	5	6	日	1	2	3	4	5	6	日	1	2	3	4	5	6	日			
干節	庚子	辛丑	立春	癸卯	甲辰	乙巳	丙午	丁未	戊申	己酉	庚戌	辛亥	壬子	癸丑	甲寅	乙卯	丙辰	雨水	戊午	己未	庚申	辛酉	壬戌	癸亥	甲子	乙丑	丙寅	丁卯			

陽歷 三 月份 （陰歷二、三月份）

陽	3	2	3	4	5	6	7	8	9	10	11	12	13	14	15	16	17	18	19	20	21	22	23	24	25	26	27	28	29	30	31
陰	九	十	十一	十二	十三	十四	十五	十六	十七	十八	十九	廿	廿一	廿二	廿三	廿四	廿五	廿六	廿七	廿八	廿九	卅	三	二	三	四	五	六	七	八	九
星	1	2	3	4	5	6	日	1	2	3	4	5	6	日	1	2	3	4	5	6	日	1	2	3	4	5	6	日	1	2	3
干節	戊辰	己巳	庚午	辛未	驚蟄	癸酉	甲戌	乙癸	丙子	丁丑	戊寅	己卯	庚辰	辛巳	壬午	癸未	甲申	乙酉	丙戌	春分	戊子	己丑	庚寅	辛卯	壬辰	癸巳	甲午	乙未	丙申	丁酉	戊戌

陽歷 四 月份 （陰歷三、閏三月份）

陽	4	2	3	4	5	6	7	8	9	10	11	12	13	14	15	16	17	18	19	20	21	22	23	24	25	26	27	28	29	30	
陰	十	十一	十二	十三	十四	十五	十六	十七	十八	十九	廿	廿一	廿二	廿三	廿四	廿五	廿六	廿七	廿八	廿九	卅	閏	二	三	四	五	六	七	八	九	
星	4	5	6	日	1	2	3	4	5	6	日	1	2	3	4	5	6	日	1	2	3	4	5	6	日	1	2	3	4	5	
干節	己亥	庚子	辛丑	清明	癸卯	甲辰	乙巳	丙午	丁未	戊申	己酉	庚戌	辛亥	壬子	癸丑	甲寅	乙卯	丙辰	丁巳	穀雨	己未	庚申	辛酉	壬戌	癸亥	甲子	乙丑	丙寅	丁卯	戊辰	

陽歷 五 月份 （陰歷閏三、四月份）

陽	5	2	3	4	5	6	7	8	9	10	11	12	13	14	15	16	17	18	19	20	21	22	23	24	25	26	27	28	29	30	31
陰	十	十一	十二	十三	十四	十五	十六	十七	十八	十九	廿	廿一	廿二	廿三	廿四	廿五	廿六	廿七	廿八	廿九	四	二	三	四	五	六	七	八	九	十	十一
星	6	日	1	2	3	4	5	6	日	1	2	3	4	5	6	日	1	2	3	4	5	6	日	1	2	3	4	5	6	日	1
干節	己巳	庚午	辛未	壬申	立夏	甲戌	乙亥	丙子	丁丑	戊寅	己卯	庚辰	辛巳	壬午	癸未	甲申	乙酉	丙戌	丁亥	戊子	小滿	庚寅	辛卯	壬辰	癸巳	甲午	乙未	丙申	丁酉	戊戌	己亥

陽歷 六 月份 （陰歷四、五月份）

陽	6	2	3	4	5	6	7	8	9	10	11	12	13	14	15	16	17	18	19	20	21	22	23	24	25	26	27	28	29	30	
陰	十二	十三	十四	十五	十六	十七	十八	十九	廿	廿一	廿二	廿三	廿四	廿五	廿六	廿七	廿八	廿九	卅	五	二	三	四	五	六	七	八	九	十	十一	
星	2	3	4	5	6	日	1	2	3	4	5	6	日	1	2	3	4	5	6	日	1	2	3	4	5	6	日	1	2	3	
干節	庚子	辛丑	壬寅	癸卯	芒種	乙巳	丙午	丁未	戊申	己酉	庚戌	辛亥	壬子	癸丑	甲寅	乙卯	丙辰	丁巳	戊午	己未	夏至	辛酉	壬戌	癸亥	甲子	乙丑	丙寅	丁卯	戊辰	己巳	

癸巳 一七七三年 （清高宗乾隆三八年）

陽歷七月份　（陰歷五、六月份）

陽	7	2	3	4	5	6	7	8	9	10	11	12	13	14	15	16	17	18	19	20	21	22	23	24	25	26	27	28	29	30	31
陰	十二	十三	十四	十五	十六	十七	十八	十九	廿	廿一	廿二	廿三	廿四	廿五	廿六	廿七	廿八	廿九	卅	六	二	三	四	五	六	七	八	九	十	十一	十二
星	4	5	6	日	1	2	3	4	5	6	日	1	2	3	4	5	6	日	1	2	3	4	5	6	日	1	2	3	4	5	6
干節	庚午	辛未	壬申	癸酉	甲戌	乙亥	小暑	丁丑	戊寅	己卯	庚辰	辛巳	壬午	癸未	甲申	乙酉	丙戌	丁亥	戊子	己丑	庚寅	辛卯	大暑	癸巳	甲午	乙未	丙申	丁酉	戊戌	己亥	庚子

陽歷八月份　（陰歷六、七月份）

陽	8	2	3	4	5	6	7	8	9	10	11	12	13	14	15	16	17	18	19	20	21	22	23	24	25	26	27	28	29	30	31
陰	十三	十四	十五	十六	十七	十八	十九	廿	廿一	廿二	廿三	廿四	廿五	廿六	廿七	廿八	廿九	七	二	三	四	五	六	七	八	九	十	十一	十二	十三	十四
星	日	1	2	3	4	5	6	日	1	2	3	4	5	6	日	1	2	3	4	5	6	日	1	2	3	4	5	6	日	1	2
干節	辛丑	壬寅	癸卯	甲辰	乙巳	丙午	立秋	戊申	己酉	庚戌	辛亥	壬子	癸丑	甲寅	乙卯	丙辰	丁巳	戊午	己未	庚申	辛酉	壬戌	處暑	甲子	乙丑	丙寅	丁卯	戊辰	己巳	庚午	辛未

陽歷九月份　（陰歷七、八月份）

陽	9	2	3	4	5	6	7	8	9	10	11	12	13	14	15	16	17	18	19	20	21	22	23	24	25	26	27	28	29	30
陰	十五	十六	十七	十八	十九	廿	廿一	廿二	廿三	廿四	廿五	廿六	廿七	廿八	廿九	八	二	三	四	五	六	七	八	九	十	十一	十二	十三	十四	十五
星	3	4	5	6	日	1	2	3	4	5	6	日	1	2	3	4	5	6	日	1	2	3	4	5	6	日	1	2	3	4
干節	壬申	癸酉	甲戌	乙亥	丙子	丁丑	白露	己卯	庚辰	辛巳	壬午	癸未	甲申	乙酉	丙戌	丁亥	戊子	己丑	庚寅	辛卯	壬辰	癸巳	秋分	乙未	丙申	丁酉	戊戌	己亥	庚子	辛丑

陽歷十月份　（陰歷八、九月份）

陽	10	2	3	4	5	6	7	8	9	10	11	12	13	14	15	16	17	18	19	20	21	22	23	24	25	26	27	28	29	30	31
陰	十六	十七	十八	十九	廿	廿一	廿二	廿三	廿四	廿五	廿六	廿七	廿八	廿九	卅	九	二	三	四	五	六	七	八	九	十	十一	十二	十三	十四	十五	十六
星	5	6	日	1	2	3	4	5	6	日	1	2	3	4	5	6	日	1	2	3	4	5	6	日	1	2	3	4	5	6	日
干節	壬寅	癸卯	甲辰	乙巳	丙午	丁未	戊申	寒露	庚戌	辛亥	壬子	癸丑	甲寅	乙卯	丙辰	丁巳	戊午	己未	庚申	辛酉	壬戌	癸亥	霜降	乙丑	丙寅	丁卯	戊辰	己巳	庚午	辛未	壬申

陽歷十一月份　（陰歷九、十月份）

陽	11	2	3	4	5	6	7	8	9	10	11	12	13	14	15	16	17	18	19	20	21	22	23	24	25	26	27	28	29	30
陰	十七	十八	十九	廿	廿一	廿二	廿三	廿四	廿五	廿六	廿七	廿八	廿九	十	二	三	四	五	六	七	八	九	十	十一	十二	十三	十四	十五	十六	十七
星	1	2	3	4	5	6	日	1	2	3	4	5	6	日	1	2	3	4	5	6	日	1	2	3	4	5	6	日	1	2
干節	癸酉	甲戌	乙亥	丙子	丁丑	戊寅	立冬	庚辰	辛巳	壬午	癸未	甲申	乙酉	丙戌	丁亥	戊子	己丑	庚寅	辛卯	壬辰	癸巳	小雪	乙未	丙申	丁酉	戊戌	己亥	庚子	辛丑	壬寅

陽歷十二月份　（陰歷十、十一月份）

陽	12	2	3	4	5	6	7	8	9	10	11	12	13	14	15	16	17	18	19	20	21	22	23	24	25	26	27	28	29	30	31
陰	十八	十九	廿	廿一	廿二	廿三	廿四	廿五	廿六	廿七	廿八	廿九	卅	十一	二	三	四	五	六	七	八	九	十	十一	十二	十三	十四	十五	十六	十七	十八
星	3	4	5	6	日	1	2	3	4	5	6	日	1	2	3	4	5	6	日	1	2	3	4	5	6	日	1	2	3	4	5
干節	癸卯	甲辰	乙巳	丙午	丁未	戊申	大雪	庚戌	辛亥	壬子	癸丑	甲寅	乙卯	丙辰	丁巳	戊午	己未	庚申	辛酉	壬戌	冬至	甲子	乙丑	丙寅	丁卯	戊辰	己巳	庚午	辛未	壬申	癸酉

近世中西史日對照表

甲午　一七七四年　（清高宗乾隆三九年）

陽歷 一 月份　（陰歷十一、十二月份）

陽	1	2	3	4	5	6	7	8	9	10	11	12	13	14	15	16	17	18	19	20	21	22	23	24	25	26	27	28	29	30	31
陰	十九	廿	廿一	廿二	廿三	廿四	廿五	廿六	廿七	廿八	廿九	十二	二	三	四	五	六	七	八	九	十	十一	十二	十三	十四	十五	十六	十七	十八	十九	廿
星	6	日	1	2	3	4	5	6	日	1	2	3	4	5	6	日	1	2	3	4	5	6	日	1	2	3	4	5	6	日	1
干節	甲戌	乙亥	丙子	丁丑	小寒	己卯	庚辰	辛巳	壬午	癸未	甲申	乙酉	丙戌	丁亥	戊子	己丑	庚寅	辛卯	壬辰	大寒	甲午	乙未	丙申	丁酉	戊戌	己亥	庚子	辛丑	壬寅	癸卯	甲辰

陽歷 二 月份　（陰歷十二、正月份）

陽	2	2	3	4	5	6	7	8	9	10	11	12	13	14	15	16	17	18	19	20	21	22	23	24	25	26	27	28			
陰	廿一	廿二	廿三	廿四	廿五	廿六	廿七	廿八	廿九	卅	正	二	三	四	五	六	七	八	九	十	十一	十二	十三	十四	十五	十六	十七	十八			
星	2	3	4	5	6	日	1	2	3	4	5	6	日	1	2	3	4	5	6	日	1	2	3	4	5	6	日	1			
干節	乙巳	丙午	立春	戊申	己酉	庚戌	辛亥	壬子	癸丑	甲寅	乙卯	丙辰	丁巳	戊午	己未	庚申	辛酉	雨水	癸亥	甲子	乙丑	丙寅	丁卯	戊辰	己巳	庚午	辛未	壬申			

陽歷 三 月份　（陰歷正、二月份）

陽	3	2	3	4	5	6	7	8	9	10	11	12	13	14	15	16	17	18	19	20	21	22	23	24	25	26	27	28	29	30	31
陰	十九	廿	廿一	廿二	廿三	廿四	廿五	廿六	廿七	廿八	廿九	二	二	三	四	五	六	七	八	九	十	十一	十二	十三	十四	十五	十六	十七	十八	十九	廿
星	2	3	4	5	6	日	1	2	3	4	5	6	日	1	2	3	4	5	6	日	1	2	3	4	5	6	日	1	2	3	4
干節	癸酉	甲戌	乙亥	丙子	驚蟄	戊寅	己卯	庚辰	辛巳	壬午	癸未	甲申	乙酉	丙戌	丁亥	戊子	己丑	庚寅	辛卯	春分	癸巳	甲午	乙未	丙申	丁酉	戊戌	己亥	庚子	辛丑	壬寅	癸卯

陽歷 四 月份　（陰歷二、三月份）

陽	4	2	3	4	5	6	7	8	9	10	11	12	13	14	15	16	17	18	19	20	21	22	23	24	25	26	27	28	29	30	
陰	廿一	廿二	廿三	廿四	廿五	廿六	廿七	廿八	廿九	卅	三	二	三	四	五	六	七	八	九	十	十一	十二	十三	十四	十五	十六	十七	十八	十九	廿	
星	5	6	日	1	2	3	4	5	6	日	1	2	3	4	5	6	日	1	2	3	4	5	6	日	1	2	3	4	5	6	
干節	甲辰	乙巳	丙午	丁未	清明	己酉	庚戌	辛亥	壬子	癸丑	甲寅	乙卯	丙辰	丁巳	戊午	己未	庚申	辛酉	壬戌	穀雨	甲子	乙丑	丙寅	丁卯	戊辰	己巳	庚午	辛未	壬申	癸酉	

陽歷 五 月份　（陰歷三、四月份）

陽	5	2	3	4	5	6	7	8	9	10	11	12	13	14	15	16	17	18	19	20	21	22	23	24	25	26	27	28	29	30	31
陰	廿一	廿二	廿三	廿四	廿五	廿六	廿七	廿八	廿九	四	二	三	四	五	六	七	八	九	十	十一	十二	十三	十四	十五	十六	十七	十八	十九	廿	廿一	廿二
星	日	1	2	3	4	5	6	日	1	2	3	4	5	6	日	1	2	3	4	5	6	日	1	2	3	4	5	6	日	1	2
干節	甲戌	乙亥	丙子	丁丑	立夏	己卯	庚辰	辛巳	壬午	癸未	甲申	乙酉	丙戌	丁亥	戊子	己丑	庚寅	辛卯	壬辰	癸巳	小滿	乙未	丙申	丁酉	戊戌	己亥	庚子	辛丑	壬寅	癸卯	甲辰

陽歷 六 月份　（陰歷四、五月份）

陽	6	2	3	4	5	6	7	8	9	10	11	12	13	14	15	16	17	18	19	20	21	22	23	24	25	26	27	28	29	30	
陰	廿三	廿四	廿五	廿六	廿七	廿八	廿九	卅	五	二	三	四	五	六	七	八	九	十	十一	十二	十三	十四	十五	十六	十七	十八	十九	廿	廿一	廿二	
星	3	4	5	6	日	1	2	3	4	5	6	日	1	2	3	4	5	6	日	1	2	3	4	5	6	日	1	2	3	4	
干節	乙巳	丙午	丁未	戊申	己酉	芒種	辛亥	壬子	癸丑	甲寅	乙卯	丙辰	丁巳	戊午	己未	庚申	辛酉	壬戌	癸亥	甲子	夏至	丙寅	丁卯	戊辰	己巳	庚午	辛未	壬申	癸酉	甲戌	

甲午

一七七四年

（清高宗乾隆三九年）

陽歷七月份　（陰歷五、六月份）

陽	**7**	2	3	4	5	6	7	8	9	10	11	12	13	14	15	16	17	18	19	20	21	22	23	24	25	26	27	28	29	30	31
陰	廿三	廿四	廿五	廿六	廿七	廿八	廿九	卅	**六**	二	三	四	五	六	七	八	九	十	十一	十二	十三	十四	十五	十六	十七	十八	十九	廿	廿一	廿二	廿三
星	5	6	**日**	1	2	3	4	5	6	**日**	1	2	3	4	5	6	**日**	1	2	3	4	5	6	**日**	1	2	3	4	5	6	**日**
干節	乙亥	丙子	丁丑	戊寅	己卯	庚辰	**小暑**	壬午	癸未	甲申	乙酉	丙戌	丁亥	戊子	己丑	庚寅	辛卯	壬辰	癸巳	甲午	乙未	丙申	**大暑**	戊戌	己亥	庚子	辛丑	壬寅	癸卯	甲辰	乙巳

陽歷八月份　（陰歷六、七月份）

陽	**8**	2	3	4	5	6	7	8	9	10	11	12	13	14	15	16	17	18	19	20	21	22	23	24	25	26	27	28	29	30	31
陰	廿四	廿五	廿六	廿七	廿八	廿九	**七**	二	三	四	五	六	七	八	九	十	十一	十二	十三	十四	十五	十六	十七	十八	十九	廿	廿一	廿二	廿三	廿四	廿五
星	1	2	3	4	5	6	**日**	1	2	3	4	5	6	**日**	1	2	3	4	5	6	**日**	1	2	3	4	5	6	**日**	1	2	3
干節	丙午	丁未	戊申	己酉	庚戌	辛亥	**立秋**	癸丑	甲寅	乙卯	丙辰	丁巳	戊午	己未	庚申	辛酉	壬戌	癸亥	甲子	乙丑	丙寅	丁卯	**處暑**	己巳	庚午	辛未	壬申	癸酉	甲戌	乙亥	丙子

陽歷九月份　（陰歷七、八月份）

陽	**9**	2	3	4	5	6	7	8	9	10	11	12	13	14	15	16	17	18	19	20	21	22	23	24	25	26	27	28	29	30
陰	廿六	廿七	廿八	廿九	卅	**八**	二	三	四	五	六	七	八	九	十	十一	十二	十三	十四	十五	十六	十七	十八	十九	廿	廿一	廿二	廿三	廿四	廿五
星	4	5	6	**日**	1	2	3	4	5	6	**日**	1	2	3	4	5	6	**日**	1	2	3	4	5	6	**日**	1	2	3	4	5
干節	丁丑	戊寅	己卯	庚辰	辛巳	壬午	癸未	**白露**	乙酉	丙戌	丁亥	戊子	己丑	庚寅	辛卯	壬辰	癸巳	甲午	乙未	丙申	丁酉	戊戌	**秋分**	庚子	辛丑	壬寅	癸卯	甲辰	乙巳	丙午

陽歷十月份　（陰歷八、九月份）

陽	**10**	2	3	4	5	6	7	8	9	10	11	12	13	14	15	16	17	18	19	20	21	22	23	24	25	26	27	28	29	30	31
陰	廿六	廿七	廿八	廿九	**九**	二	三	四	五	六	七	八	九	十	十一	十二	十三	十四	十五	十六	十七	十八	十九	廿	廿一	廿二	廿三	廿四	廿五	廿六	廿七
星	6	**日**	1	2	3	4	5	6	**日**	1	2	3	4	5	6	**日**	1	2	3	4	5	6	**日**	1	2	3	4	5	6	**日**	1
干節	丁未	戊申	己酉	庚戌	辛亥	壬子	癸丑	**寒露**	乙卯	丙辰	丁巳	戊午	己未	庚申	辛酉	壬戌	癸亥	甲子	乙丑	丙寅	丁卯	戊辰	**霜降**	庚午	辛未	壬申	癸酉	甲戌	乙亥	丙子	丁丑

陽歷十一月份　（陰歷九、十月份）

陽	**11**	2	3	4	5	6	7	8	9	10	11	12	13	14	15	16	17	18	19	20	21	22	23	24	25	26	27	28	29	30
陰	廿八	廿九	卅	**十**	二	三	四	五	六	七	八	九	十	十一	十二	十三	十四	十五	十六	十七	十八	十九	廿	廿一	廿二	廿三	廿四	廿五	廿六	廿七
星	2	3	4	5	6	**日**	1	2	3	4	5	6	**日**	1	2	3	4	5	6	**日**	1	2	3	4	5	6	**日**	1	2	3
干節	戊寅	己卯	庚辰	辛巳	壬午	癸未	**立冬**	乙酉	丙戌	丁亥	戊子	己丑	庚寅	辛卯	壬辰	癸巳	甲午	乙未	丙申	丁酉	戊戌	**小雪**	庚子	辛丑	壬寅	癸卯	甲辰	乙巳	丙午	丁未

陽歷十二月份　（陰歷十、十一月份）

陽	**12**	2	3	4	5	6	7	8	9	10	11	12	13	14	15	16	17	18	19	20	21	22	23	24	25	26	27	28	29	30	31
陰	廿八	廿九	**十一**	二	三	四	五	六	七	八	九	十	十一	十二	十三	十四	十五	十六	十七	十八	十九	廿	廿一	廿二	廿三	廿四	廿五	廿六	廿七	廿八	廿九
星	4	5	6	**日**	1	2	3	4	5	6	**日**	1	2	3	4	5	6	**日**	1	2	3	4	5	6	**日**	1	2	3	4	5	6
干節	戊申	己酉	庚戌	辛亥	壬子	癸丑	**大雪**	乙卯	丙辰	丁巳	戊午	己未	庚申	辛酉	壬戌	癸亥	甲子	乙丑	丙寅	丁卯	戊辰	**冬至**	庚午	辛未	壬申	癸酉	甲戌	乙亥	丙子	丁丑	戊寅

近世中西史日對照表

乙未　一七七五年　（清高宗乾隆四〇年）

陽歷 一 月份　（陰歷十一、十二、正月份）

陽	1	2	3	4	5	6	7	8	9	10	11	12	13	14	15	16	17	18	19	20	21	22	23	24	25	26	27	28	29	30	31
陰	卅	十二	二	三	四	五	六	七	八	九	十	十一	十二	十三	十四	十五	十六	十七	十八	十九	廿	廿一	廿二	廿三	廿四	廿五	廿六	廿七	廿八	廿九	正
星	日	1	2	3	4	5	6	日	1	2	3	4	5	6	日	1	2	3	4	5	6	日	1	2	3	4	5	6	日	1	2
干節	己卯	庚辰	辛巳	壬午	小寒	甲申	乙酉	丙戌	丁亥	戊子	己丑	庚寅	辛卯	壬辰	癸巳	甲午	乙未	丙申	丁酉	大寒	己亥	庚子	辛丑	壬寅	癸卯	甲辰	乙巳	丙午	丁未	戊申	己酉

陽歷 二 月份　（陰歷 正 月份）

陽	2	2	3	4	5	6	7	8	9	10	11	12	13	14	15	16	17	18	19	20	21	22	23	24	25	26	27	28			
陰	二	三	四	五	六	七	八	九	十	十一	十二	十三	十四	十五	十六	十七	十八	十九	廿	廿一	廿二	廿三	廿四	廿五	廿六	廿七	廿八	廿九	—	—	—
星	3	4	5	6	日	1	2	3	4	5	6	日	1	2	3	4	5	6	日	1	2	3	4	5	6	日	1	2	—	—	—
干節	庚戌	辛亥	壬子	立春	甲寅	乙卯	丙辰	丁巳	戊午	己未	庚申	辛酉	壬戌	癸亥	甲子	乙丑	丙寅	丁卯	雨水	己巳	庚午	辛未	壬申	癸酉	甲戌	乙亥	丙子	丁丑	—	—	—

陽歷 三 月份　（陰歷正、二、三月份）

陽	3	2	3	4	5	6	7	8	9	10	11	12	13	14	15	16	17	18	19	20	21	22	23	24	25	26	27	28	29	30	31
陰	卅	二	二	三	四	五	六	七	八	九	十	十一	十二	十三	十四	十五	十六	十七	十八	十九	廿	廿一	廿二	廿三	廿四	廿五	廿六	廿七	廿八	廿九	三
星	3	4	5	6	日	1	2	3	4	5	6	日	1	2	3	4	5	6	日	1	2	3	4	5	6	日	1	2	3	4	5
干節	戊寅	己卯	庚辰	辛巳	壬午	驚蟄	甲申	乙酉	丙戌	丁亥	戊子	己丑	庚寅	辛卯	壬辰	癸巳	甲午	乙未	丙申	丁酉	春分	己亥	庚子	辛丑	壬寅	癸卯	甲辰	乙巳	丙午	丁未	戊申

陽歷 四 月份　（陰歷三、四月份）

陽	4	2	3	4	5	6	7	8	9	10	11	12	13	14	15	16	17	18	19	20	21	22	23	24	25	26	27	28	29	30	
陰	二	三	四	五	六	七	八	九	十	十一	十二	十三	十四	十五	十六	十七	十八	十九	廿	廿一	廿二	廿三	廿四	廿五	廿六	廿七	廿八	廿九	卅	四	—
星	6	日	1	2	3	4	5	6	日	1	2	3	4	5	6	日	1	2	3	4	5	6	日	1	2	3	4	5	6	日	—
干節	己酉	庚戌	辛亥	壬子	清明	甲寅	乙卯	丙辰	丁巳	戊午	己未	庚申	辛酉	壬戌	癸亥	甲子	乙丑	丙寅	丁卯	穀雨	己巳	庚午	辛未	壬申	癸酉	甲戌	乙亥	丙子	丁丑	戊寅	—

陽歷 五 月份　（陰歷四、五月份）

陽	5	2	3	4	5	6	7	8	9	10	11	12	13	14	15	16	17	18	19	20	21	22	23	24	25	26	27	28	29	30	31
陰	二	三	四	五	六	七	八	九	十	十一	十二	十三	十四	十五	十六	十七	十八	十九	廿	廿一	廿二	廿三	廿四	廿五	廿六	廿七	廿八	廿九	五	二	三
星	1	2	3	4	5	6	日	1	2	3	4	5	6	日	1	2	3	4	5	6	日	1	2	3	4	5	6	日	1	2	3
干節	己卯	庚辰	辛巳	壬午	癸未	立夏	乙酉	丙戌	丁亥	戊子	己丑	庚寅	辛卯	壬辰	癸巳	甲午	乙未	丙申	丁酉	戊戌	小滿	庚子	辛丑	壬寅	癸卯	甲辰	乙巳	丙午	丁未	戊申	己酉

陽歷 六 月份　（陰歷五、六月份）

陽	6	2	3	4	5	6	7	8	9	10	11	12	13	14	15	16	17	18	19	20	21	22	23	24	25	26	27	28	29	30	
陰	四	五	六	七	八	九	十	十一	十二	十三	十四	十五	十六	十七	十八	十九	廿	廿一	廿二	廿三	廿四	廿五	廿六	廿七	廿八	廿九	卅	六	二	三	—
星	4	5	6	日	1	2	3	4	5	6	日	1	2	3	4	5	6	日	1	2	3	4	5	6	日	1	2	3	4	5	—
干節	庚戌	辛亥	壬子	癸丑	甲寅	芒種	丙辰	丁巳	戊午	己未	庚申	辛酉	壬戌	癸亥	甲子	乙丑	丙寅	丁卯	戊辰	己巳	庚午	夏至	壬申	癸酉	甲戌	乙亥	丙子	丁丑	戊寅	己卯	—

乙未

一七七五年

（清高宗乾隆四〇年）

陽歷七月份　（陰歷六、七月份）

陽	7	2	3	4	5	6	7	8	9	10	11	12	13	14	15	16	17	18	19	20	21	22	23	24	25	26	27	28	29	30	31
陰	四	五	六	七	八	九	十	十一	十二	十三	十四	十五	十六	十七	十八	十九	廿	廿一	廿二	廿三	廿四	廿五	廿六	廿七	廿八	廿九	七	二	三	四	五
星	6	日	1	2	3	4	5	6	日	1	2	3	4	5	6	日	1	2	3	4	5	6	日	1	2	3	4	5	6	日	1
干節	庚辰	辛巳	壬午	癸未	甲申	乙酉	小暑	丁亥	戊子	己丑	庚寅	辛卯	壬辰	癸巳	甲午	乙未	丙申	丁酉	戊戌	己亥	庚子	辛丑	大暑	癸卯	甲辰	乙巳	丙午	丁未	戊申	己酉	庚戌

陽歷八月份　（陰歷七、八月份）

陽	8	2	3	4	5	6	7	8	9	10	11	12	13	14	15	16	17	18	19	20	21	22	23	24	25	26	27	28	29	30	31
陰	六	七	八	九	十	十一	十二	十三	十四	十五	十六	十七	十八	十九	廿	廿一	廿二	廿三	廿四	廿五	廿六	廿七	廿八	廿九	卅	八	二	三	四	五	六
星	2	3	4	5	6	日	1	2	3	4	5	6	日	1	2	3	4	5	6	日	1	2	3	4	5	6	日	1	2	3	4
干節	辛亥	壬子	癸丑	甲寅	乙卯	丙辰	丁巳	立秋	己未	庚申	辛酉	壬戌	癸亥	甲子	乙丑	丙寅	丁卯	戊辰	己巳	庚午	辛未	壬申	處暑	甲戌	乙亥	丙子	丁丑	戊寅	己卯	庚辰	辛巳

陽歷九月份　（陰歷八、九月份）

陽	9	2	3	4	5	6	7	8	9	10	11	12	13	14	15	16	17	18	19	20	21	22	23	24	25	26	27	28	29	30
陰	七	八	九	十	十一	十二	十三	十四	十五	十六	十七	十八	十九	廿	廿一	廿二	廿三	廿四	廿五	廿六	廿七	廿八	廿九	卅	九	二	三	四	五	六
星	5	6	日	1	2	3	4	5	6	日	1	2	3	4	5	6	日	1	2	3	4	5	6	日	1	2	3	4	5	6
干節	壬午	癸未	甲申	乙酉	丙戌	丁亥	戊子	白露	庚寅	辛卯	壬辰	癸巳	甲午	乙未	丙申	丁酉	戊戌	己亥	庚子	辛丑	壬寅	癸卯	秋分	乙巳	丙午	丁未	戊申	己酉	庚戌	辛亥

陽歷十月份　（陰歷九、十月份）

陽	10	2	3	4	5	6	7	8	9	10	11	12	13	14	15	16	17	18	19	20	21	22	23	24	25	26	27	28	29	30	31
陰	七	八	九	十	十一	十二	十三	十四	十五	十六	十七	十八	十九	廿	廿一	廿二	廿三	廿四	廿五	廿六	廿七	廿八	廿九	十	二	三	四	五	六	七	八
星	日	1	2	3	4	5	6	日	1	2	3	4	5	6	日	1	2	3	4	5	6	日	1	2	3	4	5	6	日	1	2
干節	壬子	癸丑	甲寅	乙卯	丙辰	丁巳	戊午	寒露	庚申	辛酉	壬戌	癸亥	甲子	乙丑	丙寅	丁卯	戊辰	己巳	庚午	辛未	壬申	癸酉	霜降	乙亥	丙子	丁丑	戊寅	己卯	庚辰	辛巳	壬午

陽歷十一月份　（陰歷十、閏十月份）

陽	11	2	3	4	5	6	7	8	9	10	11	12	13	14	15	16	17	18	19	20	21	22	23	24	25	26	27	28	29	30
陰	九	十	十一	十二	十三	十四	十五	十六	十七	十八	十九	廿	廿一	廿二	廿三	廿四	廿五	廿六	廿七	廿八	廿九	卅	閏	二	三	四	五	六	七	八
星	3	4	5	6	日	1	2	3	4	5	6	日	1	2	3	4	5	6	日	1	2	3	4	5	6	日	1	2	3	4
干節	癸未	甲申	乙酉	丙戌	丁亥	戊子	立冬	庚寅	辛卯	壬辰	癸巳	甲午	乙未	丙申	丁酉	戊戌	己亥	庚子	辛丑	壬寅	癸卯	小雪	乙巳	丙午	丁未	戊申	己酉	庚戌	辛亥	壬子

陽歷十二月份　（陰歷閏十、十一月份）

陽	12	2	3	4	5	6	7	8	9	10	11	12	13	14	15	16	17	18	19	20	21	22	23	24	25	26	27	28	29	30	31
陰	九	十	十一	十二	十三	十四	十五	十六	十七	十八	十九	廿	廿一	廿二	廿三	廿四	廿五	廿六	廿七	廿八	廿九	十一	二	三	四	五	六	七	八	九	十
星	5	6	日	1	2	3	4	5	6	日	1	2	3	4	5	6	日	1	2	3	4	5	6	日	1	2	3	4	5	6	日
干節	癸丑	甲寅	乙卯	丙辰	丁巳	戊午	大雪	庚申	辛酉	壬戌	癸亥	甲子	乙丑	丙寅	丁卯	戊辰	己巳	庚午	辛未	壬申	癸酉	冬至	乙亥	丙子	丁丑	戊寅	己卯	庚辰	辛巳	壬午	癸未

近世中西史日對照表

丙申

一七七六年

(清高宗乾隆四一年)

陽歷一月份 (陰歷十一、十二月份)

陽	**1**	2	3	4	5	6	7	8	9	10	11	12	13	14	15	16	17	18	19	20	21	22	23	24	25	26	27	28	29	30	31
陰	十一	十二	十三	十四	十五	十六	十七	十八	十九	廿	廿一	廿二	廿三	廿四	廿五	廿六	廿七	廿八	廿九	卅	**十二**	二	三	四	五	六	七	八	九	十	十一
星	1	2	3	4	5	6	**日**	1	2	3	4	5	6	**日**	1	2	3	4	5	6	**日**	1	2	3	4	5	6	**日**	1	2	3
干節	甲申	乙酉	丙戌	丁亥	**小寒**	己丑	庚寅	辛卯	壬辰	癸巳	甲午	乙未	丙申	丁酉	戊戌	己亥	庚子	辛丑	壬寅	**大寒**	甲辰	乙巳	丙午	丁未	戊申	己酉	庚戌	辛亥	壬子	癸丑	甲寅

陽歷二月份 (陰歷十二、正月份)

陽	**2**	2	3	4	5	6	7	8	9	10	11	12	13	14	15	16	17	18	19	20	21	22	23	24	25	26	27	28	29		
陰	十二	十三	十四	十五	十六	十七	十八	十九	廿	廿一	廿二	廿三	廿四	廿五	廿六	廿七	廿八	廿九	**正**	二	三	四	五	六	七	八	九	十	十一		
星	4	5	6	**日**	1	2	3	4	5	6	**日**	1	2	3	4	5	6	**日**	1	2	3	4	5	6	**日**	1	2	3	4		
干節	乙卯	丙辰	丁巳	**立春**	己未	庚申	辛酉	壬戌	癸亥	甲子	乙丑	丙寅	丁卯	戊辰	己巳	庚午	辛未	壬申	**雨水**	甲戌	乙亥	丙子	丁丑	戊寅	己卯	庚辰	辛巳	壬午	癸未		

陽歷三月份 (陰歷正、二月份)

陽	**3**	2	3	4	5	6	7	8	9	10	11	12	13	14	15	16	17	18	19	20	21	22	23	24	25	26	27	28	29	30	31
陰	十二	十三	十四	十五	十六	十七	十八	十九	廿	廿一	廿二	廿三	廿四	廿五	廿六	廿七	廿八	廿九	卅	**二**	二	三	四	五	六	七	八	九	十	十一	十二
星	5	6	**日**	1	2	3	4	5	6	**日**	1	2	3	4	5	6	**日**	1	2	3	4	5	6	**日**	1	2	3	4	5	6	**日**
干節	甲申	乙酉	丙戌	丁亥	**驚蟄**	己丑	庚寅	辛卯	壬辰	癸巳	甲午	乙未	丙申	丁酉	戊戌	己亥	庚子	辛丑	壬寅	**春分**	甲辰	乙巳	丙午	丁未	戊申	己酉	庚戌	辛亥	壬子	癸丑	甲寅

陽歷四月份 (陰歷二、三月份)

陽	**4**	2	3	4	5	6	7	8	9	10	11	12	13	14	15	16	17	18	19	20	21	22	23	24	25	26	27	28	29	30	
陰	十三	十四	十五	十六	十七	十八	十九	廿	廿一	廿二	廿三	廿四	廿五	廿六	廿七	廿八	廿九	**三**	二	三	四	五	六	七	八	九	十	十一	十二	十三	
星	1	2	3	4	5	6	**日**	1	2	3	4	5	6	**日**	1	2	3	4	5	6	**日**	1	2	3	4	5	6	**日**	1	2	
干節	乙卯	丙辰	丁巳	**清明**	己未	庚申	辛酉	壬戌	癸亥	甲子	乙丑	丙寅	丁卯	戊辰	己巳	庚午	辛未	壬申	**穀雨**	甲戌	乙亥	丙子	丁丑	戊寅	己卯	庚辰	辛巳	壬午	癸未	甲申	

陽歷五月份 (陰歷三、四月份)

陽	**5**	2	3	4	5	6	7	8	9	10	11	12	13	14	15	16	17	18	19	20	21	22	23	24	25	26	27	28	29	30	31
陰	十四	十五	十六	十七	十八	十九	廿	廿一	廿二	廿三	廿四	廿五	廿六	廿七	廿八	廿九	卅	**四**	二	三	四	五	六	七	八	九	十	十一	十二	十三	十四
星	3	4	5	6	**日**	1	2	3	4	5	6	**日**	1	2	3	4	5	6	**日**	1	2	3	4	5	6	**日**	1	2	3	4	5
干節	乙酉	丙戌	丁亥	戊子	**立夏**	庚寅	辛卯	壬辰	癸巳	甲午	乙未	丙申	丁酉	戊戌	己亥	庚子	辛丑	壬寅	癸卯	**小滿**	乙巳	丙午	丁未	戊申	己酉	庚戌	辛亥	壬子	癸丑	甲寅	乙卯

陽歷六月份 (陰歷四、五月份)

陽	**6**	2	3	4	5	6	7	8	9	10	11	12	13	14	15	16	17	18	19	20	21	22	23	24	25	26	27	28	29	30	
陰	十五	十六	十七	十八	十九	廿	廿一	廿二	廿三	廿四	廿五	廿六	廿七	廿八	廿九	**五**	二	三	四	五	六	七	八	九	十	十一	十二	十三	十四	十五	
星	6	**日**	1	2	3	4	5	6	**日**	1	2	3	4	5	6	**日**	1	2	3	4	5	6	**日**	1	2	3	4	5	6	**日**	
干節	丙辰	丁巳	戊午	己未	**芒種**	辛酉	壬戌	癸亥	甲子	乙丑	丙寅	丁卯	戊辰	己巳	庚午	辛未	壬申	癸酉	甲戌	乙亥	**夏至**	丁丑	戊寅	己卯	庚辰	辛巳	壬午	癸未	甲申	乙酉	

丙申

一七七六年

（清高宗乾隆四一年）

陽歷七月份　（陰歷五、六月份）

陽	**7**	2	3	4	5	6	7	8	9	10	11	12	13	14	15	16	17	18	19	20	21	22	23	24	25	26	27	28	29	30	31
陰	十六	十七	十八	十九	廿	廿一	廿二	廿三	廿四	廿五	廿六	廿七	廿八	廿九	**六**	二	三	四	五	六	七	八	九	十	十一	十二	十三	十四	十五	十六	十七
星	1	2	3	4	5	6	**日**	1	2	3	4	5	6	**日**	1	2	3	4	5	6	**日**	1	2	3	4	5	6	**日**	1	2	3
干節	丙戌	丁亥	戊子	己丑	庚寅	辛卯	**小暑**	癸巳	甲午	乙未	丙申	丁酉	戊戌	己亥	庚子	辛丑	壬寅	癸卯	甲辰	乙巳	丙午	**大暑**	戊申	己酉	庚戌	辛亥	壬子	癸丑	甲寅	乙卯	丙辰

陽歷八月份　（陰歷六、七月份）

陽	**8**	2	3	4	5	6	7	8	9	10	11	12	13	14	15	16	17	18	19	20	21	22	23	24	25	26	27	28	29	30	31
陰	十八	十九	廿	廿一	廿二	廿三	廿四	廿五	廿六	廿七	廿八	廿九	卅	**七**	二	三	四	五	六	七	八	九	十	十一	十二	十三	十四	十五	十六	十七	十八
星	4	5	6	**日**	1	2	3	4	5	6	**日**	1	2	3	4	5	6	**日**	1	2	3	4	5	6	**日**	1	2	3	4	5	6
干節	丁巳	戊午	己未	庚申	辛酉	壬戌	**立秋**	甲子	乙丑	丙寅	丁卯	戊辰	己巳	庚午	辛未	壬申	癸酉	甲戌	乙亥	丙子	丁丑	**處暑**	己卯	庚辰	辛巳	壬午	癸未	甲申	乙酉	丙戌	丁亥

陽歷九月份　（陰歷七、八月份）

陽	**9**	2	3	4	5	6	7	8	9	10	11	12	13	14	15	16	17	18	19	20	21	22	23	24	25	26	27	28	29	30	
陰	十九	廿	廿一	廿二	廿三	廿四	廿五	廿六	廿七	廿八	廿九	卅	**八**	二	三	四	五	六	七	八	九	十	十一	十二	十三	十四	十五	十六	十七	十八	
星	**日**	1	2	3	4	5	6	**日**	1	2	3	4	5	6	**日**	1	2	3	4	5	6	**日**	1	2	3	4	5	6	**日**	1	
干節	戊子	己丑	庚寅	辛卯	壬辰	癸巳	**白露**	乙未	丙申	丁酉	戊戌	己亥	庚子	辛丑	壬寅	癸卯	甲辰	乙巳	丙午	丁未	戊申	**秋分**	庚戌	辛亥	壬子	癸丑	甲寅	乙卯	丙辰	丁巳	

陽歷十月份　（陰歷八、九月份）

陽	**10**	2	3	4	5	6	7	8	9	10	11	12	13	14	15	16	17	18	19	20	21	22	23	24	25	26	27	28	29	30	31
陰	十九	廿	廿一	廿二	廿三	廿四	廿五	廿六	廿七	廿八	廿九	**九**	二	三	四	五	六	七	八	九	十	十一	十二	十三	十四	十五	十六	十七	十八	十九	廿
星	2	3	4	5	6	**日**	1	2	3	4	5	6	**日**	1	2	3	4	5	6	**日**	1	2	3	4	5	6	**日**	1	2	3	4
干節	戊午	己未	庚申	辛酉	壬戌	癸亥	甲子	**寒露**	丙寅	丁卯	戊辰	己巳	庚午	辛未	壬申	癸酉	甲戌	乙亥	丙子	丁丑	戊寅	己卯	**霜降**	辛巳	壬午	癸未	甲申	乙酉	丙戌	丁亥	戊子

陽歷十一月份　（陰歷九、十月份）

陽	**11**	2	3	4	5	6	7	8	9	10	11	12	13	14	15	16	17	18	19	20	21	22	23	24	25	26	27	28	29	30	
陰	廿一	廿二	廿三	廿四	廿五	廿六	廿七	廿八	廿九	卅	**十**	二	三	四	五	六	七	八	九	十	十一	十二	十三	十四	十五	十六	十七	十八	十九	廿	
星	5	6	**日**	1	2	3	4	5	6	**日**	1	2	3	4	5	6	**日**	1	2	3	4	5	6	**日**	1	2	3	4	5	6	
干節	己丑	庚寅	辛卯	壬辰	癸巳	甲午	**立冬**	丙申	丁酉	戊戌	己亥	庚子	辛丑	壬寅	癸卯	甲辰	乙巳	丙午	丁未	戊申	己酉	**小雪**	辛亥	壬子	癸丑	甲寅	乙卯	丙辰	丁巳	戊午	

陽歷十二月份　（陰歷十、十一月份）

陽	**12**	2	3	4	5	6	7	8	9	10	11	12	13	14	15	16	17	18	19	20	21	22	23	24	25	26	27	28	29	30	31
陰	廿一	廿二	廿三	廿四	廿五	廿六	廿七	廿八	廿九	卅	**十一**	二	三	四	五	六	七	八	九	十	十一	十二	十三	十四	十五	十六	十七	十八	十九	廿	廿一
星	**日**	1	2	3	4	5	6	**日**	1	2	3	4	5	6	**日**	1	2	3	4	5	6	**日**	1	2	3	4	5	6	**日**	1	2
干節	己未	庚申	辛酉	壬戌	癸亥	**大雪**	乙丑	丙寅	丁卯	戊辰	己巳	庚午	辛未	壬申	癸酉	甲戌	乙亥	丙子	丁丑	戊寅	**冬至**	庚辰	辛巳	壬午	癸未	甲申	乙酉	丙戌	丁亥	戊子	己丑

近世中西史日對照表

陽歷一月份　（陰歷十一、十二月份）

陽	1	2	3	4	5	6	7	8	9	10	11	12	13	14	15	16	17	18	19	20	21	22	23	24	25	26	27	28	29	30	31
陰	廿二	廿三	廿四	廿五	廿六	廿七	廿八	廿九	十二	二	三	四	五	六	七	八	九	十	十一	十二	十三	十四	十五	十六	十七	十八	十九	廿	廿一	廿二	廿三
星	3	4	5	6	日	1	2	3	4	5	6	日	1	2	3	4	5	6	日	1	2	3	4	5	6	日	1	2	3	4	5
干節	庚寅	辛卯	壬辰	癸巳	小寒	乙未	丙申	丁酉	戊戌	己亥	庚子	辛丑	壬寅	癸卯	甲辰	乙巳	丙午	丁未	大寒	己酉	庚戌	辛亥	壬子	癸丑	甲寅	乙卯	丙辰	丁巳	戊午	己未	庚申

陽歷二月份　（陰歷十二、正月份）

陽	2	2	3	4	5	6	7	8	9	10	11	12	13	14	15	16	17	18	19	20	21	22	23	24	25	26	27	28			
陰	廿四	廿五	廿六	廿七	廿八	廿九	卅	正	二	三	四	五	六	七	八	九	十	十一	十二	十三	十四	十五	十六	十七	十八	十九	廿	廿一	—	—	—
星	6	日	1	2	3	4	5	6	日	1	2	3	4	5	6	日	1	2	3	4	5	6	日	1	2	3	4	5	—	—	—
干節	辛酉	壬戌	立春	甲子	乙丑	丙寅	丁卯	戊辰	己巳	庚午	辛未	壬申	癸酉	甲戌	乙亥	丙子	丁丑	雨水	己卯	庚辰	辛巳	壬午	癸未	甲申	乙酉	丙戌	丁亥	戊子			

陽歷三月份　（陰歷正、二月份）

陽	3	2	3	4	5	6	7	8	9	10	11	12	13	14	15	16	17	18	19	20	21	22	23	24	25	26	27	28	29	30	31
陰	廿二	廿三	廿四	廿五	廿六	廿七	廿八	廿九	二	二	三	四	五	六	七	八	九	十	十一	十二	十三	十四	十五	十六	十七	十八	十九	廿	廿一	廿二	廿三
星	6	日	1	2	3	4	5	6	日	1	2	3	4	5	6	日	1	2	3	4	5	6	日	1	2	3	4	5	6	日	1
干節	己丑	庚寅	辛卯	壬辰	驚蟄	甲午	乙未	丙申	丁酉	戊戌	己亥	庚子	辛丑	壬寅	癸卯	甲辰	乙巳	丙午	丁未	春分	己酉	庚戌	辛亥	壬子	癸丑	甲寅	乙卯	丙辰	丁巳	戊午	己未

陽歷四月份　（陰歷二、三月份）

陽	4	2	3	4	5	6	7	8	9	10	11	12	13	14	15	16	17	18	19	20	21	22	23	24	25	26	27	28	29	30	
陰	廿四	廿五	廿六	廿七	廿八	廿九	卅	三	二	三	四	五	六	七	八	九	十	十一	十二	十三	十四	十五	十六	十七	十八	十九	廿	廿一	廿二	廿三	—
星	2	3	4	5	6	日	1	2	3	4	5	6	日	1	2	3	4	5	6	日	1	2	3	4	5	6	日	1	2	3	—
干節	庚申	辛酉	壬戌	清明	甲子	乙丑	丙寅	丁卯	戊辰	己巳	庚午	辛未	壬申	癸酉	甲戌	乙亥	丙子	丁丑	戊寅	穀雨	庚辰	辛巳	壬午	癸未	甲申	乙酉	丙戌	丁亥	戊子	己丑	—

陽歷五月份　（陰歷三、四月份）

陽	5	2	3	4	5	6	7	8	9	10	11	12	13	14	15	16	17	18	19	20	21	22	23	24	25	26	27	28	29	30	31
陰	廿四	廿五	廿六	廿七	廿八	廿九	四	二	三	四	五	六	七	八	九	十	十一	十二	十三	十四	十五	十六	十七	十八	十九	廿	廿一	廿二	廿三	廿四	廿五
星	4	5	6	日	1	2	3	4	5	6	日	1	2	3	4	5	6	日	1	2	3	4	5	6	日	1	2	3	4	5	6
干節	庚寅	辛卯	壬辰	癸巳	立夏	乙未	丙申	丁酉	戊戌	己亥	庚子	辛丑	壬寅	癸卯	甲辰	乙巳	丙午	丁未	戊申	己酉	小滿	辛亥	壬子	癸丑	甲寅	乙卯	丙辰	丁巳	戊午	己未	庚申

陽歷六月份　（陰歷四、五月份）

陽	6	2	3	4	5	6	7	8	9	10	11	12	13	14	15	16	17	18	19	20	21	22	23	24	25	26	27	28	29	30	
陰	廿六	廿七	廿八	廿九	五	二	三	四	五	六	七	八	九	十	十一	十二	十三	十四	十五	十六	十七	十八	十九	廿	廿一	廿二	廿三	廿四	廿五	廿六	—
星	日	1	2	3	4	5	6	日	1	2	3	4	5	6	日	1	2	3	4	5	6	日	1	2	3	4	5	6	日	1	—
干節	辛酉	壬戌	癸亥	甲子	芒種	丙寅	丁卯	戊辰	己巳	庚午	辛未	壬申	癸酉	甲戌	乙亥	丙子	丁丑	戊寅	己卯	庚辰	夏至	壬午	癸未	甲申	乙酉	丙戌	丁亥	戊子	己丑	庚寅	—

丁酉　一七七七年　（清高宗乾隆四二年）

丁酉

一七七七年

（清高宗乾隆四二年）

陽歷七月份　（陰歷五、六月份）

陽	7	2	3	4	5	6	7	8	9	10	11	12	13	14	15	16	17	18	19	20	21	22	23	24	25	26	27	28	29	30	31
陰	廿七	廿八	廿九	卅	六	二	三	四	五	六	七	八	九	十	十一	十二	十三	十四	十五	十六	十七	十八	十九	廿	廿一	廿二	廿三	廿四	廿五	廿六	廿七
星	2	3	4	5	6	日	1	2	3	4	5	6	日	1	2	3	4	5	6	日	1	2	3	4	5	6	日	1	2	3	4
干節	辛卯	壬辰	癸巳	甲午	乙未	丙申	小暑	戊戌	己亥	庚子	辛丑	壬寅	癸卯	甲辰	乙巳	丙午	丁未	戊申	己酉	庚戌	辛亥	大暑	癸丑	甲寅	乙卯	丙辰	丁巳	戊午	己未	庚申	辛酉

陽歷八月份　（陰歷六、七月份）

陽	8	2	3	4	5	6	7	8	9	10	11	12	13	14	15	16	17	18	19	20	21	22	23	24	25	26	27	28	29	30	31
陰	廿八	廿九	七	二	三	四	五	六	七	八	九	十	十一	十二	十三	十四	十五	十六	十七	十八	十九	廿	廿一	廿二	廿三	廿四	廿五	廿六	廿七	廿八	廿九
星	5	6	日	1	2	3	4	5	6	日	1	2	3	4	5	6	日	1	2	3	4	5	6	日	1	2	3	4	5	6	日
干節	壬戌	癸亥	甲子	乙丑	丙寅	丁卯	立秋	己巳	庚午	辛未	壬申	癸酉	甲戌	乙亥	丙子	丁丑	戊寅	己卯	庚辰	辛巳	壬午	癸未	處暑	乙酉	丙戌	丁亥	戊子	己丑	庚寅	辛卯	壬辰

陽歷九月份　（陰歷七、八月份）

陽	9	2	3	4	5	6	7	8	9	10	11	12	13	14	15	16	17	18	19	20	21	22	23	24	25	26	27	28	29	30	—
陰	卅	八	二	三	四	五	六	七	八	九	十	十一	十二	十三	十四	十五	十六	十七	十八	十九	廿	廿一	廿二	廿三	廿四	廿五	廿六	廿七	廿八	廿九	—
星	1	2	3	4	5	6	日	1	2	3	4	5	6	日	1	2	3	4	5	6	日	1	2	3	4	5	6	日	1	2	—
干節	癸巳	甲午	乙未	丙申	丁酉	戊戌	白露	庚子	辛丑	壬寅	癸卯	甲辰	乙巳	丙午	丁未	戊申	己酉	庚戌	辛亥	壬子	癸丑	甲寅	秋分	丙辰	丁巳	戊午	己未	庚申	辛酉	壬戌	—

陽歷十月份　（陰歷九、十月份）

陽	10	2	3	4	5	6	7	8	9	10	11	12	13	14	15	16	17	18	19	20	21	22	23	24	25	26	27	28	29	30	31
陰	九	二	三	四	五	六	七	八	九	十	十一	十二	十三	十四	十五	十六	十七	十八	十九	廿	廿一	廿二	廿三	廿四	廿五	廿六	廿七	廿八	廿九	卅	十
星	3	4	5	6	日	1	2	3	4	5	6	日	1	2	3	4	5	6	日	1	2	3	4	5	6	日	1	2	3	4	5
干節	癸亥	甲子	乙丑	丙寅	丁卯	戊辰	己巳	寒露	辛未	壬申	癸酉	甲戌	乙亥	丙子	丁丑	戊寅	己卯	庚辰	辛巳	壬午	癸未	甲申	霜降	丙戌	丁亥	戊子	己丑	庚寅	辛卯	壬辰	癸巳

陽歷十一月份　（陰歷十、十一月份）

陽	11	2	3	4	5	6	7	8	9	10	11	12	13	14	15	16	17	18	19	20	21	22	23	24	25	26	27	28	29	30	—
陰	二	三	四	五	六	七	八	九	十	十一	十二	十三	十四	十五	十六	十七	十八	十九	廿	廿一	廿二	廿三	廿四	廿五	廿六	廿七	廿八	廿九	卅	十一	—
星	6	日	1	2	3	4	5	6	日	1	2	3	4	5	6	日	1	2	3	4	5	6	日	1	2	3	4	5	6	日	—
干節	甲午	乙未	丙申	丁酉	戊戌	己亥	立冬	辛丑	壬寅	癸卯	甲辰	乙巳	丙午	丁未	戊申	己酉	庚戌	辛亥	壬子	癸丑	甲寅	小雪	丙辰	丁巳	戊午	己未	庚申	辛酉	壬戌	癸亥	—

陽歷十二月份　（陰歷十一、十二月份）

陽	12	2	3	4	5	6	7	8	9	10	11	12	13	14	15	16	17	18	19	20	21	22	23	24	25	26	27	28	29	30	31
陰	二	三	四	五	六	七	八	九	十	十一	十二	十三	十四	十五	十六	十七	十八	十九	廿	廿一	廿二	廿三	廿四	廿五	廿六	廿七	廿八	廿九	卅	十二	二
星	1	2	3	4	5	6	日	1	2	3	4	5	6	日	1	2	3	4	5	6	日	1	2	3	4	5	6	日	1	2	3
干節	甲子	乙丑	丙寅	丁卯	戊辰	己巳	大雪	辛未	壬申	癸酉	甲戌	乙亥	丙子	丁丑	戊寅	己卯	庚辰	辛巳	壬午	癸未	冬至	乙酉	丙戌	丁亥	戊子	己丑	庚寅	辛卯	壬辰	癸巳	甲午

近世中西史日對照表

戊戌　一七七八年（清高宗乾隆四三年）

陽歷 一 月份　（陰歷十二、正月份）

陽	1	2	3	4	5	6	7	8	9	10	11	12	13	14	15	16	17	18	19	20	21	22	23	24	25	26	27	28	29	30	31
陰	三	四	五	六	七	八	九	十	十一	十二	十三	十四	十五	十六	十七	十八	十九	廿	廿一	廿二	廿三	廿四	廿五	廿六	廿七	廿八	廿九	正	二	三	四
星	4	5	6	日	1	2	3	4	5	6	日	1	2	3	4	5	6	日	1	2	3	4	5	6	日	1	2	3	4	5	6
干節	乙未	丙申	丁酉	戊戌	小寒	庚子	辛丑	壬寅	癸卯	甲辰	乙巳	丙午	丁未	戊申	己酉	庚戌	辛亥	壬子	癸丑	大寒	乙卯	丙辰	丁巳	戊午	己未	庚申	辛酉	壬戌	癸亥	甲子	乙丑

陽歷 二 月份　（陰歷正、二月份）

陽	1	2	3	4	5	6	7	8	9	10	11	12	13	14	15	16	17	18	19	20	21	22	23	24	25	26	27	28	—	—	—
陰	五	六	七	八	九	十	十一	十二	十三	十四	十五	十六	十七	十八	十九	廿	廿一	廿二	廿三	廿四	廿五	廿六	廿七	廿八	廿九	卅	二	二	—	—	—
星	日	1	2	3	4	5	6	日	1	2	3	4	5	6	日	1	2	3	4	5	6	日	1	2	3	4	5	6	—	—	—
干節	丙寅	丁卯	立春	己巳	庚午	辛未	壬申	癸酉	甲戌	乙亥	丙子	丁丑	戊寅	己卯	庚辰	辛巳	壬午	雨水	甲申	乙酉	丙戌	丁亥	戊子	己丑	庚寅	辛卯	壬辰	癸巳			

陽歷 三 月份　（陰歷二、三月份）

陽	1	2	3	4	5	6	7	8	9	10	11	12	13	14	15	16	17	18	19	20	21	22	23	24	25	26	27	28	29	30	31
陰	三	四	五	六	七	八	九	十	十一	十二	十三	十四	十五	十六	十七	十八	十九	廿	廿一	廿二	廿三	廿四	廿五	廿六	廿七	廿八	廿九	三	二	三	四
星	日	1	2	3	4	5	6	日	1	2	3	4	5	6	日	1	2	3	4	5	6	日	1	2	3	4	5	6	日	1	2
干節	甲午	乙未	丙申	丁酉	驚蟄	己亥	庚子	辛丑	壬寅	癸卯	甲辰	乙巳	丙午	丁未	戊申	己酉	庚戌	辛亥	壬子	春分	甲寅	乙卯	丙辰	丁巳	戊午	己未	庚申	辛酉	壬戌	癸亥	甲子

陽歷 四 月份　（陰歷三、四月份）

陽	1	2	3	4	5	6	7	8	9	10	11	12	13	14	15	16	17	18	19	20	21	22	23	24	25	26	27	28	29	30	—
陰	五	六	七	八	九	十	十一	十二	十三	十四	十五	十六	十七	十八	十九	廿	廿一	廿二	廿三	廿四	廿五	廿六	廿七	廿八	廿九	卅	四	二	三	四	—
星	3	4	5	6	日	1	2	3	4	5	6	日	1	2	3	4	5	6	日	1	2	3	4	5	6	日	1	2	3	4	—
干節	乙丑	丙寅	丁卯	戊辰	清明	庚午	辛未	壬申	癸酉	甲戌	乙亥	丙子	丁丑	戊寅	己卯	庚辰	辛巳	壬午	癸未	穀雨	乙酉	丙戌	丁亥	戊子	己丑	庚寅	辛卯	壬辰	癸巳	甲午	

陽歷 五 月份　（陰歷四、五月份）

陽	1	2	3	4	5	6	7	8	9	10	11	12	13	14	15	16	17	18	19	20	21	22	23	24	25	26	27	28	29	30	31
陰	五	六	七	八	九	十	十一	十二	十三	十四	十五	十六	十七	十八	十九	廿	廿一	廿二	廿三	廿四	廿五	廿六	廿七	廿八	廿九	五	二	三	四	五	六
星	5	6	日	1	2	3	4	5	6	日	1	2	3	4	5	6	日	1	2	3	4	5	6	日	1	2	3	4	5	6	日
干節	乙未	丙申	丁酉	戊戌	立夏	庚子	辛丑	壬寅	癸卯	甲辰	乙巳	丙午	丁未	戊申	己酉	庚戌	辛亥	壬子	癸丑	甲寅	小滿	丙辰	丁巳	戊午	己未	庚申	辛酉	壬戌	癸亥	甲子	乙丑

陽歷 六 月份　（陰歷五、六月份）

陽	1	2	3	4	5	6	7	8	9	10	11	12	13	14	15	16	17	18	19	20	21	22	23	24	25	26	27	28	29	30	—
陰	七	八	九	十	十一	十二	十三	十四	十五	十六	十七	十八	十九	廿	廿一	廿二	廿三	廿四	廿五	廿六	廿七	廿八	廿九	六	二	三	四	五	六	七	—
星	1	2	3	4	5	6	日	1	2	3	4	5	6	日	1	2	3	4	5	6	日	1	2	3	4	5	6	日	1	2	—
干節	丙寅	丁卯	戊辰	己巳	庚午	芒種	壬申	癸酉	甲戌	乙亥	丙子	丁丑	戊寅	己卯	庚辰	辛巳	壬午	癸未	甲申	乙酉	夏至	丁亥	戊子	己丑	庚寅	辛卯	壬辰	癸巳	甲午	乙未	

戊戌

一七七八年

（清高宗乾隆四三年）

陽歷七月份 (陰歷六、閏六月份)																															
陽	**7**	2	3	4	5	6	7	8	9	10	11	12	13	14	15	16	17	18	19	20	21	22	23	24	25	26	27	28	29	30	31
陰	八	九	十	十一	十二	十三	十四	十五	十六	十七	十八	十九	廿	廿一	廿二	廿三	廿四	廿五	廿六	廿七	廿八	廿九	卅	**閏**	二	三	四	五	六	七	八
星	3	4	5	6	**日**	1	2	3	4	5	6	**日**	1	2	3	4	5	6	**日**	1	2	3	4	5	6	**日**	1	2	3	4	5
干節	丙申	丁酉	戊戌	己亥	庚子	辛丑	**小暑**	癸卯	甲辰	乙巳	丙午	丁未	戊申	己酉	庚戌	辛亥	壬子	癸丑	甲寅	乙卯	丙辰	丁巳	**大暑**	己未	庚申	辛酉	壬戌	癸亥	甲子	乙丑	丙寅

陽歷八月份 (陰歷閏六、七月份)																															
陽	**8**	2	3	4	5	6	7	8	9	10	11	12	13	14	15	16	17	18	19	20	21	22	23	24	25	26	27	28	29	30	31
陰	九	十	十一	十二	十三	十四	十五	十六	十七	十八	十九	廿	廿一	廿二	廿三	廿四	廿五	廿六	廿七	廿八	廿九	**七**	二	三	四	五	六	七	八	九	十
星	6	**日**	1	2	3	4	5	6	**日**	1	2	3	4	5	6	**日**	1	2	3	4	5	6	**日**	1	2	3	4	5	6	**日**	1
干節	丁卯	戊辰	己巳	庚午	辛未	壬申	**立秋**	甲戌	乙亥	丙子	丁丑	戊寅	己卯	庚辰	辛巳	壬午	癸未	甲申	乙酉	丙戌	丁亥	戊子	**處暑**	庚寅	辛卯	壬辰	癸巳	甲午	乙未	丙申	丁酉

陽歷九月份 陰歷七、八月份)																															
陽	**9**	2	3	4	5	6	7	8	9	10	11	12	13	14	15	16	17	18	19	20	21	22	23	24	25	26	27	28	29	30	
陰	十一	十二	十三	十四	十五	十六	十七	十八	十九	廿	廿一	廿二	廿三	廿四	廿五	廿六	廿七	廿八	廿九	卅	**八**	二	三	四	五	六	七	八	九	十	
星	2	3	4	5	6	**日**	1	2	3	4	5	6	**日**	1	2	3	4	5	6	**日**	1	2	3	4	5	6	**日**	1	2	3	
干節	戊戌	己亥	庚子	辛丑	壬寅	癸卯	**白露**	乙巳	丙午	丁未	戊申	己酉	庚戌	辛亥	壬子	癸丑	甲寅	乙卯	丙辰	丁巳	戊午	己未	**秋分**	辛酉	壬戌	癸亥	甲子	乙丑	丙寅	丁卯	

陽歷十月份 (陰歷八、九月月)																															
陽	**10**	2	3	4	5	6	7	8	9	10	11	12	13	14	15	16	17	18	19	20	21	22	23	24	25	26	27	28	29	30	31
陰	十一	十二	十三	十四	十五	十六	十七	十八	十九	廿	廿一	廿二	廿三	廿四	廿五	廿六	廿七	廿八	廿九	**九**	二	三	四	五	六	七	八	九	十	十一	十二
星	4	5	6	**日**	1	2	3	4	5	6	**日**	1	2	3	4	5	6	**日**	1	2	3	4	5	6	**日**	1	2	3	4	5	6
干節	戊辰	己巳	庚午	辛未	壬申	癸酉	甲戌	**寒露**	丙子	丁丑	戊寅	己卯	庚辰	辛巳	壬午	癸未	甲申	乙酉	丙戌	丁亥	戊子	己丑	**霜降**	辛卯	壬辰	癸巳	甲午	乙未	丙申	丁酉	戊戌

陽歷十一月份 (陰歷九、十月份)																															
陽	**11**	2	3	4	5	6	7	8	9	10	11	12	13	14	15	16	17	18	19	20	21	22	23	24	25	26	27	28	29	30	
陰	十三	十四	十五	十六	十七	十八	十九	廿	廿一	廿二	廿三	廿四	廿五	廿六	廿七	廿八	廿九	卅	**十**	二	三	四	五	六	七	八	九	十	十一	十二	
星	**日**	1	2	3	4	5	6	**日**	1	2	3	4	5	6	**日**	1	2	3	4	5	6	**日**	1	2	3	4	5	6	**日**	1	
干節	己亥	庚子	辛丑	壬寅	癸卯	甲辰	**立冬**	丙午	丁未	戊申	己酉	庚戌	辛亥	壬子	癸丑	甲寅	乙卯	丙辰	丁巳	戊午	己未	**小雪**	辛酉	壬戌	癸亥	甲子	乙丑	丙寅	丁卯	戊辰	

陽歷十二月份 (陰歷十、十一月份)																															
陽	**12**	2	3	4	5	6	7	8	9	10	11	12	13	14	15	16	17	18	19	20	21	22	23	24	25	26	27	28	29	30	31
陰	十三	十四	十五	十六	十七	十八	十九	廿	廿一	廿二	廿三	廿四	廿五	廿六	廿七	廿八	廿九	卅	**十一**	二	三	四	五	六	七	八	九	十	十一	十二	十三
星	2	3	4	5	6	**日**	1	2	3	4	5	6	**日**	1	2	3	4	5	6	**日**	1	2	3	4	5	6	**日**	1	2	3	4
干節	己巳	庚午	辛未	壬申	癸酉	甲戌	**大雪**	丙子	丁丑	戊寅	己卯	庚辰	辛巳	壬午	癸未	甲申	乙酉	丙戌	丁亥	戊子	己丑	**冬至**	辛卯	壬辰	癸巳	甲午	乙未	丙申	丁酉	戊戌	己亥

己亥　一七七九年（清高宗乾隆四四年）

陽歷 一月份　(陰歷十一、十二月份)

陽	1	2	3	4	5	6	7	8	9	10	11	12	13	14	15	16	17	18	19	20	21	22	23	24	25	26	27	28	29	30	31
陰	十四	十五	十六	十七	十八	十九	廿	廿一	廿二	廿三	廿四	廿五	廿六	廿七	廿八	廿九	卅	十二	二	三	四	五	六	七	八	九	十	十一	十二	十三	十四
星	5	6	日	1	2	3	4	5	6	日	1	2	3	4	5	6	日	1	2	3	4	5	6	日	1	2	3	4	5	6	日
干節	庚子	辛丑	壬寅	癸卯	小寒	乙巳	丙午	丁未	戊申	己酉	庚戌	辛亥	壬子	癸丑	甲寅	乙卯	丙辰	丁巳	戊午	大寒	庚申	辛酉	壬戌	癸亥	甲子	乙丑	丙寅	丁卯	戊辰	己巳	庚午

陽歷 二月份　(陰歷十二、正月份)

陽	2	2	3	4	5	6	7	8	9	10	11	12	13	14	15	16	17	18	19	20	21	22	23	24	25	26	27	28
陰	十五	十六	十七	十八	十九	廿	廿一	廿二	廿三	廿四	廿五	廿六	廿七	廿八	廿九	正	二	三	四	五	六	七	八	九	十	十一	十二	十三
星	1	2	3	4	5	6	日	1	2	3	4	5	6	日	1	2	3	4	5	6	日	1	2	3	4	5	6	日
干節	辛未	壬申	癸酉	立春	乙亥	丙子	丁丑	戊寅	己卯	庚辰	辛巳	壬午	癸未	甲申	乙酉	丙戌	丁亥	戊子	雨水	庚寅	辛卯	壬辰	癸巳	甲午	乙未	丙申	丁酉	戊戌

陽歷 三月份　(陰歷正、二月份)

陽	3	2	3	4	5	6	7	8	9	10	11	12	13	14	15	16	17	18	19	20	21	22	23	24	25	26	27	28	29	30	31
陰	十四	十五	十六	十七	十八	十九	廿	廿一	廿二	廿三	廿四	廿五	廿六	廿七	廿八	廿九	卅	二	二	三	四	五	六	七	八	九	十	十一	十二	十三	十四
星	1	2	3	4	5	6	日	1	2	3	4	5	6	日	1	2	3	4	5	6	日	1	2	3	4	5	6	日	1	2	3
干節	己亥	庚子	辛丑	壬寅	驚蟄	甲辰	乙巳	丙午	丁未	戊申	己酉	庚戌	辛亥	壬子	癸丑	甲寅	乙卯	丙辰	丁巳	戊午	春分	庚申	辛酉	壬戌	癸亥	甲子	乙丑	丙寅	丁卯	戊辰	己巳

陽歷 四月份　(陰歷二、三月份)

陽	4	2	3	4	5	6	7	8	9	10	11	12	13	14	15	16	17	18	19	20	21	22	23	24	25	26	27	28	29	30
陰	十五	十六	十七	十八	十九	廿	廿一	廿二	廿三	廿四	廿五	廿六	廿七	廿八	廿九	三	二	三	四	五	六	七	八	九	十	十一	十二	十三	十四	十五
星	4	5	6	日	1	2	3	4	5	6	日	1	2	3	4	5	6	日	1	2	3	4	5	6	日	1	2	3	4	5
干節	庚午	辛未	壬申	癸酉	清明	乙亥	丙子	丁丑	戊寅	己卯	庚辰	辛巳	壬午	癸未	甲申	乙酉	丙戌	丁亥	戊子	穀雨	庚寅	辛卯	壬辰	癸巳	甲午	乙未	丙申	丁酉	戊戌	己亥

陽歷 五月份　(陰歷三、四月份)

陽	5	2	3	4	5	6	7	8	9	10	11	12	13	14	15	16	17	18	19	20	21	22	23	24	25	26	27	28	29	30	31
陰	十六	十七	十八	十九	廿	廿一	廿二	廿三	廿四	廿五	廿六	廿七	廿八	廿九	卅	四	二	三	四	五	六	七	八	九	十	十一	十二	十三	十四	十五	十六
星	6	日	1	2	3	4	5	6	日	1	2	3	4	5	6	日	1	2	3	4	5	6	日	1	2	3	4	5	6	日	1
干節	庚子	辛丑	壬寅	癸卯	甲辰	立夏	丙午	丁未	戊申	己酉	庚戌	辛亥	壬子	癸丑	甲寅	乙卯	丙辰	丁巳	戊午	己未	小滿	辛酉	壬戌	癸亥	甲子	乙丑	丙寅	丁卯	戊辰	己巳	庚午

陽歷 六月份　(陰歷四、五月份)

陽	6	2	3	4	5	6	7	8	9	10	11	12	13	14	15	16	17	18	19	20	21	22	23	24	25	26	27	28	29	30
陰	十七	十八	十九	廿	廿一	廿二	廿三	廿四	廿五	廿六	廿七	廿八	廿九	五	二	三	四	五	六	七	八	九	十	十一	十二	十三	十四	十五	十六	十七
星	2	3	4	5	6	日	1	2	3	4	5	6	日	1	2	3	4	5	6	日	1	2	3	4	5	6	日	1	2	3
干節	辛未	壬申	癸酉	甲戌	乙亥	芒種	丁丑	戊寅	己卯	庚辰	辛巳	壬午	癸未	甲申	乙酉	丙戌	丁亥	戊子	己丑	庚寅	夏至	壬辰	癸巳	甲午	乙未	丙申	丁酉	戊戌	己亥	庚子

己亥

一七七九年

（清高宗乾隆四四年）

陽曆七月份　（陰曆五、六月份）

陽	7	2	3	4	5	6	7	8	9	10	11	12	13	14	15	16	17	18	19	20	21	22	23	24	25	26	27	28	29	30	31
陰	十八	十九	廿	廿一	廿二	廿三	廿四	廿五	廿六	廿七	廿八	廿九	六	二	三	四	五	六	七	八	九	十	十一	十二	十三	十四	十五	十六	十七	十八	十九
星	4	5	6	日	1	2	3	4	5	6	日	1	2	3	4	5	6	日	1	2	3	4	5	6	日	1	2	3	4	5	6
干節	辛丑	壬寅	癸卯	甲辰	乙巳	丙午	小暑	戊申	己酉	庚戌	辛亥	壬子	癸丑	甲寅	乙卯	丙辰	丁巳	戊午	己未	庚申	辛酉	壬戌	大暑	甲子	乙丑	丙寅	丁卯	戊辰	己巳	庚午	辛未

陽曆八月份　（陰曆六、七月份）

陽	8	2	3	4	5	6	7	8	9	10	11	12	13	14	15	16	17	18	19	20	21	22	23	24	25	26	27	28	29	30	31
陰	廿	廿一	廿二	廿三	廿四	廿五	廿六	廿七	廿八	廿九	卅	七	二	三	四	五	六	七	八	九	十	十一	十二	十三	十四	十五	十六	十七	十八	十九	廿
星	日	1	2	3	4	5	6	日	1	2	3	4	5	6	日	1	2	3	4	5	6	日	1	2	3	4	5	6	日	1	2
干節	壬申	癸酉	甲戌	乙亥	丙子	丁丑	戊寅	立秋	庚辰	辛巳	壬午	癸未	甲申	乙酉	丙戌	丁亥	戊子	己丑	庚寅	辛卯	壬辰	癸巳	處暑	乙未	丙申	丁酉	戊戌	己亥	庚子	辛丑	壬寅

陽曆九月份　（陰曆七、八月份）

陽	9	2	3	4	5	6	7	8	9	10	11	12	13	14	15	16	17	18	19	20	21	22	23	24	25	26	27	28	29	30
陰	廿一	廿二	廿三	廿四	廿五	廿六	廿七	廿八	廿九	八	二	三	四	五	六	七	八	九	十	十一	十二	十三	十四	十五	十六	十七	十八	十九	廿	廿一
星	3	4	5	6	日	1	2	3	4	5	6	日	1	2	3	4	5	6	日	1	2	3	4	5	6	日	1	2	3	4
干節	癸卯	甲辰	乙巳	丙午	丁未	戊申	己酉	白露	辛亥	壬子	癸丑	甲寅	乙卯	丙辰	丁巳	戊午	己未	庚申	辛酉	壬戌	癸亥	甲子	秋分	丙寅	丁卯	戊辰	己巳	庚午	辛未	壬申

陽曆十月份　（陰曆八、九月份）

陽	10	2	3	4	5	6	7	8	9	10	11	12	13	14	15	16	17	18	19	20	21	22	23	24	25	26	27	28	29	30	31
陰	廿二	廿三	廿四	廿五	廿六	廿七	廿八	廿九	卅	九	二	三	四	五	六	七	八	九	十	十一	十二	十三	十四	十五	十六	十七	十八	十九	廿	廿一	廿二
星	5	6	日	1	2	3	4	5	6	日	1	2	3	4	5	6	日	1	2	3	4	5	6	日	1	2	3	4	5	6	日
干節	癸酉	甲戌	乙亥	丙子	丁丑	戊寅	己卯	寒露	辛巳	壬午	癸未	甲申	乙酉	丙戌	丁亥	戊子	己丑	庚寅	辛卯	壬辰	癸巳	甲午	霜降	丙申	丁酉	戊戌	己亥	庚子	辛丑	壬寅	癸卯

陽曆十一月份　（陰曆九、十月份）

陽	11	2	3	4	5	6	7	8	9	10	11	12	13	14	15	16	17	18	19	20	21	22	23	24	25	26	27	28	29	30
陰	廿三	廿四	廿五	廿六	廿七	廿八	廿九	十	二	三	四	五	六	七	八	九	十	十一	十二	十三	十四	十五	十六	十七	十八	十九	廿	廿一	廿二	廿三
星	1	2	3	4	5	6	日	1	2	3	4	5	6	日	1	2	3	4	5	6	日	1	2	3	4	5	6	日	1	2
干節	甲辰	乙巳	丙午	丁未	戊申	己酉	立冬	辛亥	壬子	癸丑	甲寅	乙卯	丙辰	丁巳	戊午	己未	庚申	辛酉	壬戌	癸亥	甲子	小雪	丙寅	丁卯	戊辰	己巳	庚午	辛未	壬申	癸酉

陽曆十二月份　（陰曆十、十一月份）

陽	12	2	3	4	5	6	7	8	9	10	11	12	13	14	15	16	17	18	19	20	21	22	23	24	25	26	27	28	29	30	31
陰	廿四	廿五	廿六	廿七	廿八	廿九	卅	十一	二	三	四	五	六	七	八	九	十	十一	十二	十三	十四	十五	十六	十七	十八	十九	廿	廿一	廿二	廿三	廿四
星	3	4	5	6	日	1	2	3	4	5	6	日	1	2	3	4	5	6	日	1	2	3	4	5	6	日	1	2	3	4	5
干節	甲戌	乙亥	丙子	丁丑	戊寅	己卯	大雪	辛巳	壬午	癸未	甲申	乙酉	丙戌	丁亥	戊子	己丑	庚寅	辛卯	壬辰	癸巳	甲午	冬至	丙申	丁酉	戊戌	己亥	庚子	辛丑	壬寅	癸卯	甲辰

近世中西史日對照表

庚子　一七八〇年　（清高宗乾隆四五年）

陽歷一月份　（陰歷十一、十二月份）

陽	1	2	3	4	5	6	7	8	9	10	11	12	13	14	15	16	17	18	19	20	21	22	23	24	25	26	27	28	29	30	31
陰	廿五	廿六	廿七	廿八	廿九	卅	十二	二	三	四	五	六	七	八	九	十	十一	十二	十三	十四	十五	十六	十七	十八	十九	廿	廿一	廿二	廿三	廿四	廿五
星	6	日	1	2	3	4	5	6	日	1	2	3	4	5	6	日	1	2	3	4	5	6	日	1	2	3	4	5	6	日	1
干節	乙巳	丙午	丁未	戊申	小寒	庚戌	辛亥	壬子	癸丑	甲寅	乙卯	丙辰	丁巳	戊午	己未	庚申	辛酉	壬戌	癸亥	大寒	乙丑	丙寅	丁卯	戊辰	己巳	庚午	辛未	壬申	癸酉	甲戌	乙亥

陽歷二月份　（陰歷十二、正月份）

陽	1	2	3	4	5	6	7	8	9	10	11	12	13	14	15	16	17	18	19	20	21	22	23	24	25	26	27	28	29		
陰	廿六	廿七	廿八	廿九	正	二	三	四	五	六	七	八	九	十	十一	十二	十三	十四	十五	十六	十七	十八	十九	廿	廿一	廿二	廿三	廿四	廿五		
星	2	3	4	5	6	日	1	2	3	4	5	6	日	1	2	3	4	5	6	日	1	2	3	4	5	6	日	1	2		
干節	丙子	丁丑	戊寅	立春	庚辰	辛巳	壬午	癸未	甲申	乙酉	丙戌	丁亥	戊子	己丑	庚寅	辛卯	壬辰	癸巳	雨水	乙未	丙申	丁酉	戊戌	己亥	庚子	辛丑	壬寅	癸卯	甲辰		

陽歷三月份　（陰歷正、二月份）

陽	1	2	3	4	5	6	7	8	9	10	11	12	13	14	15	16	17	18	19	20	21	22	23	24	25	26	27	28	29	30	31
陰	廿六	廿七	廿八	廿九	卅	二	二	三	四	五	六	七	八	九	十	十一	十二	十三	十四	十五	十六	十七	十八	十九	廿	廿一	廿二	廿三	廿四	廿五	廿六
星	3	4	5	6	日	1	2	3	4	5	6	日	1	2	3	4	5	6	日	1	2	3	4	5	6	日	1	2	3	4	5
干節	乙巳	丙午	丁未	戊申	驚蟄	庚戌	辛亥	壬子	癸丑	甲寅	乙卯	丙辰	丁巳	戊午	己未	庚申	辛酉	壬戌	癸亥	春分	乙丑	丙寅	丁卯	戊辰	己巳	庚午	辛未	壬申	癸酉	甲戌	乙亥

陽歷四月份　（陰歷二、三月份）

陽	1	2	3	4	5	6	7	8	9	10	11	12	13	14	15	16	17	18	19	20	21	22	23	24	25	26	27	28	29	30	
陰	廿七	廿八	廿九	卅	三	二	三	四	五	六	七	八	九	十	十一	十二	十三	十四	十五	十六	十七	十八	十九	廿	廿一	廿二	廿三	廿四	廿五	廿六	
星	6	日	1	2	3	4	5	6	日	1	2	3	4	5	6	日	1	2	3	4	5	6	日	1	2	3	4	5	6	日	
干節	丙子	丁丑	戊寅	清明	庚辰	辛巳	壬午	癸未	甲申	乙酉	丙戌	丁亥	戊子	己丑	庚寅	辛卯	壬辰	癸巳	穀雨	乙未	丙申	丁酉	戊戌	己亥	庚子	辛丑	壬寅	癸卯	甲辰	乙巳	

陽歷五月份　（陰歷三、四月份）

陽	1	2	3	4	5	6	7	8	9	10	11	12	13	14	15	16	17	18	19	20	21	22	23	24	25	26	27	28	29	30	31
陰	廿七	廿八	廿九	四	二	三	四	五	六	七	八	九	十	十一	十二	十三	十四	十五	十六	十七	十八	十九	廿	廿一	廿二	廿三	廿四	廿五	廿六	廿七	廿八
星	1	2	3	4	5	6	日	1	2	3	4	5	6	日	1	2	3	4	5	6	日	1	2	3	4	5	6	日	1	2	3
干節	丙午	丁未	戊申	己酉	立夏	辛亥	壬子	癸丑	甲寅	乙卯	丙辰	丁巳	戊午	己未	庚申	辛酉	壬戌	癸亥	甲子	小滿	丙寅	丁卯	戊辰	己巳	庚午	辛未	壬申	癸酉	甲戌	乙亥	丙子

陽歷六月份　（陰歷四、五月份）

陽	1	2	3	4	5	6	7	8	9	10	11	12	13	14	15	16	17	18	19	20	21	22	23	24	25	26	27	28	29	30	
陰	廿九	卅	五	二	三	四	五	六	七	八	九	十	十一	十二	十三	十四	十五	十六	十七	十八	十九	廿	廿一	廿二	廿三	廿四	廿五	廿六	廿七	廿八	
星	4	5	6	日	1	2	3	4	5	6	日	1	2	3	4	5	6	日	1	2	3	4	5	6	日	1	2	3	4	5	
干節	丁丑	戊寅	己卯	庚辰	芒種	壬午	癸未	甲申	乙酉	丙戌	丁亥	戊子	己丑	庚寅	辛卯	壬辰	癸巳	甲午	乙未	丙申	夏至	戊戌	己亥	庚子	辛丑	壬寅	癸卯	甲辰	乙巳	丙午	

近世中西史日對照表

庚子

一七八〇年

（清高宗乾隆四五年）

陽曆七月份　　（陰曆五、六、七月份）

陽	7	2	3	4	5	6	7	8	9	10	11	12	13	14	15	16	17	18	19	20	21	22	23	24	25	26	27	28	29	30	31
陰	廿九	六	二	三	四	五	六	七	八	九	十	十一	十二	十三	十四	十五	十六	十七	十八	十九	廿	廿一	廿二	廿三	廿四	廿五	廿六	廿七	廿八	廿九	七
星	6	日	1	2	3	4	5	6	日	1	2	3	4	5	6	日	1	2	3	4	5	6	日	1	2	3	4	5	6	日	1
干節	丁未	戊申	己酉	庚戌	辛亥	小暑	癸丑	甲寅	乙卯	丙辰	丁巳	戊午	己未	庚申	辛酉	壬戌	癸亥	甲子	乙丑	丙寅	丁卯	大暑	己巳	庚午	辛未	壬申	癸酉	甲戌	乙亥	丙子	丁丑

陽曆八月份　　（陰曆七、八月份）

陽	8	2	3	4	5	6	7	8	9	10	11	12	13	14	15	16	17	18	19	20	21	22	23	24	25	26	27	28	29	30	31
陰	二	三	四	五	六	七	八	九	十	十一	十二	十三	十四	十五	十六	十七	十八	十九	廿	廿一	廿二	廿三	廿四	廿五	廿六	廿七	廿八	廿九	卅	八	二
星	2	3	4	5	6	日	1	2	3	4	5	6	日	1	2	3	4	5	6	日	1	2	3	4	5	6	日	1	2	3	4
干節	戊寅	己卯	庚辰	辛巳	壬午	癸未	立秋	乙酉	丙戌	丁亥	戊子	己丑	庚寅	辛卯	壬辰	癸巳	甲午	乙未	丙申	丁酉	戊戌	處暑	庚子	辛丑	壬寅	癸卯	甲辰	乙巳	丙午	丁未	戊申

陽曆九月份　　（陰曆八、九月份）

陽	9	2	3	4	5	6	7	8	9	10	11	12	13	14	15	16	17	18	19	20	21	22	23	24	25	26	27	28	29	30	
陰	三	四	五	六	七	八	九	十	十一	十二	十三	十四	十五	十六	十七	十八	十九	廿	廿一	廿二	廿三	廿四	廿五	廿六	廿七	廿八	廿九	九	二	三	
星	5	6	日	1	2	3	4	5	6	日	1	2	3	4	5	6	日	1	2	3	4	5	6	日	1	2	3	4	5	6	
干節	己酉	庚戌	辛亥	壬子	癸丑	甲寅	白露	丙辰	丁巳	戊午	己未	庚申	辛酉	壬戌	癸亥	甲子	乙丑	丙寅	丁卯	戊辰	己巳	秋分	辛未	壬申	癸酉	甲戌	乙亥	丙子	丁丑	戊寅	

陽曆十月份　　（陰曆九、十月份）

陽	10	2	3	4	5	6	7	8	9	10	11	12	13	14	15	16	17	18	19	20	21	22	23	24	25	26	27	28	29	30	31
陰	四	五	六	七	八	九	十	十一	十二	十三	十四	十五	十六	十七	十八	十九	廿	廿一	廿二	廿三	廿四	廿五	廿六	廿七	廿八	廿九	卅	十	二	三	四
星	日	1	2	3	4	5	6	日	1	2	3	4	5	6	日	1	2	3	4	5	6	日	1	2	3	4	5	6	日	1	2
干節	己卯	庚辰	辛巳	壬午	癸未	甲申	乙酉	寒露	丁亥	戊子	己丑	庚寅	辛卯	壬辰	癸巳	甲午	乙未	丙申	丁酉	戊戌	己亥	庚子	霜降	壬寅	癸卯	甲辰	乙巳	丙午	丁未	戊申	己酉

陽曆十一月份　　（陰曆十、十一月份）

陽	11	2	3	4	5	6	7	8	9	10	11	12	13	14	15	16	17	18	19	20	21	22	23	24	25	26	27	28	29	30	
陰	五	六	七	八	九	十	十一	十二	十三	十四	十五	十六	十七	十八	十九	廿	廿一	廿二	廿三	廿四	廿五	廿六	廿七	廿八	廿九	十一	二	三	四	五	
星	3	4	5	6	日	1	2	3	4	5	6	日	1	2	3	4	5	6	日	1	2	3	4	5	6	日	1	2	3	4	
干節	庚戌	辛亥	壬子	癸丑	甲寅	乙卯	立冬	丁巳	戊午	己未	庚申	辛酉	壬戌	癸亥	甲子	乙丑	丙寅	丁卯	戊辰	己巳	小雪	辛未	壬申	癸酉	甲戌	乙亥	丙子	丁丑	戊寅	己卯	

陽曆十二月份　　（陰曆十一、十月二份）

陽	12	2	3	4	5	6	7	8	9	10	11	12	13	14	15	16	17	18	19	20	21	22	23	24	25	26	27	28	29	30	31
陰	六	七	八	九	十	十一	十二	十三	十四	十五	十六	十七	十八	十九	廿	廿一	廿二	廿三	廿四	廿五	廿六	廿七	廿八	廿九	卅	十二	二	三	四	五	六
星	5	6	日	1	2	3	4	5	6	日	1	2	3	4	5	6	日	1	2	3	4	5	6	日	1	2	3	4	5	6	日
干節	庚辰	辛巳	壬午	癸未	甲申	大雪	丙戌	丁亥	戊子	己丑	庚寅	辛卯	壬辰	癸巳	甲午	乙未	丙申	丁酉	戊戌	己亥	冬至	辛丑	壬寅	癸卯	甲辰	乙巳	丙午	丁未	戊申	己酉	庚戌

近世中西史日對照表

陽歷一月份　（陰歷十二、正月份）

陽	1	2	3	4	5	6	7	8	9	10	11	12	13	14	15	16	17	18	19	20	21	22	23	24	25	26	27	28	29	30	31
陰	七	八	九	十	十一	十二	十三	十四	十五	十六	十七	十八	十九	廿	廿一	廿二	廿三	廿四	廿五	廿六	廿七	廿八	廿九	正	二	三	四	五	六	七	八
星	1	2	3	4	5	6	日	1	2	3	4	5	6	日	1	2	3	4	5	6	日	1	2	3	4	5	6	日	1	2	3
干節	辛亥	壬子	癸丑	甲寅	小寒	丙辰	丁巳	戊午	己未	庚申	辛酉	壬戌	癸亥	甲子	乙丑	丙寅	丁卯	戊辰	大寒	庚午	辛未	壬申	癸酉	甲戌	乙亥	丙子	丁丑	戊寅	己卯	庚辰	辛巳

陽歷二月份　（陰歷正、二月份）

陽	2	2	3	4	5	6	7	8	9	10	11	12	13	14	15	16	17	18	19	20	21	22	23	24	25	26	27	28			
陰	九	十	十一	十二	十三	十四	十五	十六	十七	十八	十九	廿	廿一	廿二	廿三	廿四	廿五	廿六	廿七	廿八	廿九	卅	二	二	三	四	五	六			
星	4	5	6	日	1	2	3	4	5	6	日	1	2	3	4	5	6	日	1	2	3	4	5	6	日	1	2	3			
干節	壬午	癸未	立春	乙酉	丙戌	丁亥	戊子	己丑	庚寅	辛卯	壬辰	癸巳	甲午	乙未	丙申	丁酉	戊戌	雨水	庚子	辛丑	壬寅	癸卯	甲辰	乙巳	丙午	丁未	戊申	己酉			

陽歷三月份　（陰歷二、三月份）

陽	3	2	3	4	5	6	7	8	9	10	11	12	13	14	15	16	17	18	19	20	21	22	23	24	25	26	27	28	29	30	31
陰	七	八	九	十	十一	十二	十三	十四	十五	十六	十七	十八	十九	廿	廿一	廿二	廿三	廿四	廿五	廿六	廿七	廿八	廿九	卅	三	二	三	四	五	六	七
星	4	5	6	日	1	2	3	4	5	6	日	1	2	3	4	5	6	日	1	2	3	4	5	6	日	1	2	3	4	5	6
干節	庚戌	辛亥	壬子	癸丑	驚蟄	乙卯	丙辰	丁巳	戊午	己未	庚申	辛酉	壬戌	癸亥	甲子	乙丑	丙寅	丁卯	戊辰	春分	庚午	辛未	壬申	癸酉	甲戌	乙亥	丙子	丁丑	戊寅	己卯	庚辰

陽歷四月份　（陰歷三、四月份）

陽	4	2	3	4	5	6	7	8	9	10	11	12	13	14	15	16	17	18	19	20	21	22	23	24	25	26	27	28	29	30	
陰	八	九	十	十一	十二	十三	十四	十五	十六	十七	十八	十九	廿	廿一	廿二	廿三	廿四	廿五	廿六	廿七	廿八	廿九	卅	四	二	三	四	五	六	七	
星	日	1	2	3	4	5	6	日	1	2	3	4	5	6	日	1	2	3	4	5	6	日	1	2	3	4	5	6	日	1	
干節	辛巳	壬午	癸未	清明	乙酉	丙戌	丁亥	戊子	己丑	庚寅	辛卯	壬辰	癸巳	甲午	乙未	丙申	丁酉	戊戌	己亥	穀雨	辛丑	壬寅	癸卯	甲辰	乙巳	丙午	丁未	戊申	己酉	庚戌	

陽歷五月份　（陰歷四、五月份）

陽	5	2	3	4	5	6	7	8	9	10	11	12	13	14	15	16	17	18	19	20	21	22	23	24	25	26	27	28	29	30	31
陰	八	九	十	十一	十二	十三	十四	十五	十六	十七	十八	十九	廿	廿一	廿二	廿三	廿四	廿五	廿六	廿七	廿八	廿九	五	二	三	四	五	六	七	八	九
星	2	3	4	5	6	日	1	2	3	4	5	6	日	1	2	3	4	5	6	日	1	2	3	4	5	6	日	1	2	3	4
干節	辛亥	壬子	癸丑	甲寅	立夏	丙辰	丁巳	戊午	己未	庚申	辛酉	壬戌	癸亥	甲子	乙丑	丙寅	丁卯	戊辰	己巳	庚午	小滿	壬申	癸酉	甲戌	乙亥	丙子	丁丑	戊寅	己卯	庚辰	辛巳

陽歷六月份　（陰歷五、閏五月份）

陽	6	2	3	4	5	6	7	8	9	10	11	12	13	14	15	16	17	18	19	20	21	22	23	24	25	26	27	28	29	30	
陰	十	十一	十二	十三	十四	十五	十六	十七	十八	十九	廿	廿一	廿二	廿三	廿四	廿五	廿六	廿七	廿八	廿九	卅	閏	二	三	四	五	六	七	八	九	
星	5	6	日	1	2	3	4	5	6	日	1	2	3	4	5	6	日	1	2	3	4	5	6	日	1	2	3	4	5	6	
干節	壬午	癸未	甲申	乙酉	芒種	丁亥	戊子	己丑	庚寅	辛卯	壬辰	癸巳	甲午	乙未	丙申	丁酉	戊戌	己亥	庚子	辛丑	夏至	癸卯	甲辰	乙巳	丙午	丁未	戊申	己酉	庚戌	辛亥	

辛丑

一七八一年

（清高宗乾隆四六年）

陽歷七月份　（陰歷閏五、六月份）

陽	**7**	2	3	4	5	6	7	8	9	10	11	12	13	14	15	16	17	18	19	20	21	22	23	24	25	26	27	28	29	30	31
陰	十	十一	十二	十三	十四	十五	十六	十七	十八	十九	廿	廿一	廿二	廿三	廿四	廿五	廿六	廿七	廿八	廿九	**六**	二	三	四	五	六	七	八	九	十	十一
星	**日**	1	2	3	4	5	6	**日**	1	2	3	4	5	6	**日**	1	2	3	4	5	6	**日**	1	2	3	4	5	6	**日**	1	2
干節	壬子	癸丑	甲寅	乙卯	丙辰	丁巳	**小暑**	己未	庚申	辛酉	壬戌	癸亥	甲子	乙丑	丙寅	丁卯	戊辰	己巳	庚午	辛未	壬申	**大暑**	甲戌	乙亥	丙子	丁丑	戊寅	己卯	庚辰	辛巳	壬午

陽歷八月份　（陰歷六、七月份）

陽	**8**	2	3	4	5	6	7	8	9	10	11	12	13	14	15	16	17	18	19	20	21	22	23	24	25	26	27	28	29	30	31
陰	十二	十三	十四	十五	十六	十七	十八	十九	廿	廿一	廿二	廿三	廿四	廿五	廿六	廿七	廿八	廿九	**七**	二	三	四	五	六	七	八	九	十	十一	十二	十三
星	3	4	5	6	**日**	1	2	3	4	5	6	**日**	1	2	3	4	5	6	**日**	1	2	3	4	5	6	**日**	1	2	3	4	5
干節	癸未	甲申	乙酉	丙戌	丁亥	戊子	**立秋**	庚寅	辛卯	壬辰	癸巳	甲午	乙未	丙申	丁酉	戊戌	己亥	庚子	辛丑	壬寅	癸卯	甲辰	**處暑**	丙午	丁未	戊申	己酉	庚戌	辛亥	壬子	癸丑

陽歷九月份　（陰歷七、八月份）

陽	**9**	2	3	4	5	6	7	8	9	10	11	12	13	14	15	16	17	18	19	20	21	22	23	24	25	26	27	28	29	30	—
陰	十四	十五	十六	十七	十八	十九	廿	廿一	廿二	廿三	廿四	廿五	廿六	廿七	廿八	廿九	卅	**八**	二	三	四	五	六	七	八	九	十	十一	十二	十三	—
星	6	**日**	1	2	3	4	5	6	**日**	1	2	3	4	5	6	**日**	1	2	3	4	5	6	**日**	1	2	3	4	5	6	**日**	—
干節	甲寅	乙卯	丙辰	丁巳	戊午	己未	**白露**	辛酉	壬戌	癸亥	甲子	乙丑	丙寅	丁卯	戊辰	己巳	庚午	辛未	壬申	癸酉	甲戌	乙亥	**秋分**	丁丑	戊寅	己卯	庚辰	辛巳	壬午	癸未	—

陽歷十月份　（陰歷八、九月份）

陽	**10**	2	3	4	5	6	7	8	9	10	11	12	13	14	15	16	17	18	19	20	21	22	23	24	25	26	27	28	29	30	31
陰	十四	十五	十六	十七	十八	十九	廿	廿一	廿二	廿三	廿四	廿五	廿六	廿七	廿八	廿九	**九**	二	三	四	五	六	七	八	九	十	十一	十二	十三	十四	十五
星	1	2	3	4	5	6	**日**	1	2	3	4	5	6	**日**	1	2	3	4	5	6	**日**	1	2	3	4	5	6	**日**	1	2	3
干節	甲申	乙酉	丙戌	丁亥	戊子	己丑	庚寅	**寒露**	壬辰	癸巳	甲午	乙未	丙申	丁酉	戊戌	己亥	庚子	辛丑	壬寅	癸卯	甲辰	乙巳	**霜降**	丁未	戊申	己酉	庚戌	辛亥	壬子	癸丑	甲寅

陽歷十一月份　（陰歷九、十月份）

陽	**11**	2	3	4	5	6	7	8	9	10	11	12	13	14	15	16	17	18	19	20	21	22	23	24	25	26	27	28	29	30	—
陰	十六	十七	十八	十九	廿	廿一	廿二	廿三	廿四	廿五	廿六	廿七	廿八	廿九	卅	**十**	二	三	四	五	六	七	八	九	十	十一	十二	十三	十四	十五	—
星	4	5	6	**日**	1	2	3	4	5	6	**日**	1	2	3	4	5	6	**日**	1	2	3	4	5	6	**日**	1	2	3	4	5	—
干節	乙卯	丙辰	丁巳	戊午	己未	庚申	**立冬**	壬戌	癸亥	甲子	乙丑	丙寅	丁卯	戊辰	己巳	庚午	辛未	壬申	癸酉	甲戌	乙亥	**小雪**	丁丑	戊寅	己卯	庚辰	辛巳	壬午	癸未	甲申	—

陽歷十二月份　（陰歷十、十一月份）

陽	**12**	2	3	4	5	6	7	8	9	10	11	12	13	14	15	16	17	18	19	20	21	22	23	24	25	26	27	28	29	30	31
陰	十六	十七	十八	十九	廿	廿一	廿二	廿三	廿四	廿五	廿六	廿七	廿八	廿九	**十一**	二	三	四	五	六	七	八	九	十	十一	十二	十三	十四	十五	十六	十七
星	6	**日**	1	2	3	4	5	6	**日**	1	2	3	4	5	6	**日**	1	2	3	4	5	6	**日**	1	2	3	4	5	6	**日**	1
干節	乙酉	丙戌	丁亥	戊子	己丑	庚寅	**大雪**	壬辰	癸巳	甲午	乙未	丙申	丁酉	戊戌	己亥	庚子	辛丑	壬寅	癸卯	甲辰	**冬至**	丙午	丁未	戊申	己酉	庚戌	辛亥	壬子	癸丑	甲寅	乙卯

近世中西史日對照表

壬寅 一七八二年 (清高宗乾隆四七年)

陽歷 一月份 (陰歷十一、十二月份)

陽	1	2	3	4	5	6	7	8	9	10	11	12	13	14	15	16	17	18	19	20	21	22	23	24	25	26	27	28	29	30	31
陰	十八	十九	廿	廿一	廿二	廿三	廿四	廿五	廿六	廿七	廿八	廿九	卅	**十二**	二	三	四	五	六	七	八	九	十	十一	十二	十三	十四	十五	十六	十七	十八
星	2	3	4	5	6	日	1	2	3	4	5	6	日	1	2	3	4	5	6	日	1	2	3	4	5	6	日	1	2	3	4
干節	丙辰	丁巳	戊午	己未	小寒	辛酉	壬戌	癸亥	甲子	乙丑	丙寅	丁卯	戊辰	己巳	庚午	辛未	壬申	癸酉	甲戌	大寒	丙子	丁丑	戊寅	己卯	庚辰	辛巳	壬午	癸未	甲申	乙酉	丙戌

陽歷 二月份 (陰歷十二、正月份)

陽	1	2	3	4	5	6	7	8	9	10	11	12	13	14	15	16	17	18	19	20	21	22	23	24	25	26	27	28			
陰	十九	廿	廿一	廿二	廿三	廿四	廿五	廿六	廿七	廿八	廿九	**正**	二	三	四	五	六	七	八	九	十	十一	十二	十三	十四	十五	十六	十七			
星	5	6	日	1	2	3	4	5	6	日	1	2	3	4	5	6	日	1	2	3	4	5	6	日	1	2	3	4			
干節	丁亥	戊子	立春	庚寅	辛卯	壬辰	癸巳	甲午	乙未	丙申	丁酉	戊戌	己亥	庚子	辛丑	壬寅	癸卯	雨水	乙巳	丙午	丁未	戊申	己酉	庚戌	辛亥	壬子	癸丑	甲寅			

陽歷 三月份 (陰歷正、二月份)

陽	1	2	3	4	5	6	7	8	9	10	11	12	13	14	15	16	17	18	19	20	21	22	23	24	25	26	27	28	29	30	31
陰	十八	十九	廿	廿一	廿二	廿三	廿四	廿五	廿六	廿七	廿八	廿九	卅	**二**	二	三	四	五	六	七	八	九	十	十一	十二	十三	十四	十五	十六	十七	十八
星	5	6	日	1	2	3	4	5	6	日	1	2	3	4	5	6	日	1	2	3	4	5	6	日	1	2	3	4	5	6	日
干節	乙卯	丙辰	丁巳	戊午	驚蟄	庚申	辛酉	壬戌	癸亥	甲子	乙丑	丙寅	丁卯	戊辰	己巳	庚午	辛未	壬申	癸酉	春分	乙亥	丙子	丁丑	戊寅	己卯	庚辰	辛巳	壬午	癸未	甲申	乙酉

陽歷 四月份 (陰歷二、三月份)

陽	1	2	3	4	5	6	7	8	9	10	11	12	13	14	15	16	17	18	19	20	21	22	23	24	25	26	27	28	29	30	
陰	十九	廿	廿一	廿二	廿三	廿四	廿五	廿六	廿七	廿八	廿九	卅	**三**	二	三	四	五	六	七	八	九	十	十一	十二	十三	十四	十五	十六	十七	十八	
星	1	2	3	4	5	6	日	1	2	3	4	5	6	日	1	2	3	4	5	6	日	1	2	3	4	5	6	日	1	2	—
干節	丙戌	丁亥	戊子	清明	庚寅	辛卯	壬辰	癸巳	甲午	乙未	丙申	丁酉	戊戌	己亥	庚子	辛丑	壬寅	癸卯	甲辰	穀雨	丙午	丁未	戊申	己酉	庚戌	辛亥	壬子	癸丑	甲寅	乙卯	

陽歷 五月份 (陰歷三、四月份)

陽	1	2	3	4	5	6	7	8	9	10	11	12	13	14	15	16	17	18	19	20	21	22	23	24	25	26	27	28	29	30	31
陰	十九	廿	廿一	廿二	廿三	廿四	廿五	廿六	廿七	廿八	廿九	**四**	二	三	四	五	六	七	八	九	十	十一	十二	十三	十四	十五	十六	十七	十八	十九	廿
星	3	4	5	6	日	1	2	3	4	5	6	日	1	2	3	4	5	6	日	1	2	3	4	5	6	日	1	2	3	4	5
干節	丙辰	丁巳	戊午	己未	立夏	辛酉	壬戌	癸亥	甲子	乙丑	丙寅	丁卯	戊辰	己巳	庚午	辛未	壬申	癸酉	甲戌	乙亥	小滿	丁丑	戊寅	己卯	庚辰	辛巳	壬午	癸未	甲申	乙酉	丙戌

陽歷 六月份 (陰歷四、五月份)

陽	1	2	3	4	5	6	7	8	9	10	11	12	13	14	15	16	17	18	19	20	21	22	23	24	25	26	27	28	29	30
陰	廿一	廿二	廿三	廿四	廿五	廿六	廿七	廿八	廿九	卅	**五**	二	三	四	五	六	七	八	九	十	十一	十二	十三	十四	十五	十六	十七	十八	十九	廿
星	6	日	1	2	3	4	5	6	日	1	2	3	4	5	6	日	1	2	3	4	5	6	日	1	2	3	4	5	6	日
干節	丁亥	戊子	己丑	庚寅	辛卯	芒種	癸巳	甲午	乙未	丙申	丁酉	戊戌	己亥	庚子	辛丑	壬寅	癸卯	甲辰	乙巳	丙午	夏至	戊申	己酉	庚戌	辛亥	壬子	癸丑	甲寅	乙卯	丙辰

壬寅　一七八二年　（清高宗乾隆四七年）

陽曆七月份　（陰曆五、六月份）

陽	7	2	3	4	5	6	7	8	9	10	11	12	13	14	15	16	17	18	19	20	21	22	23	24	25	26	27	28	29	30	31
陰	廿一	廿二	廿三	廿四	廿五	廿六	廿七	廿八	廿九	六	二	三	四	五	六	七	八	九	十	十一	十二	十三	十四	十五	十六	十七	十八	十九	廿	廿一	廿二
星	1	2	3	4	5	6	日	1	2	3	4	5	6	日	1	2	3	4	5	6	日	1	2	3	4	5	6	日	1	2	3
干節	丁巳	戊午	己未	庚申	辛酉	壬戌	小暑	甲子	乙丑	丙寅	丁卯	戊辰	己巳	庚午	辛未	壬申	癸酉	甲戌	乙亥	丙子	丁丑	戊寅	大暑	庚辰	辛巳	壬午	癸未	甲申	乙酉	丙戌	丁亥

陽曆八月份　（陰曆六、七月份）

陽	8	2	3	4	5	6	7	8	9	10	11	12	13	14	15	16	17	18	19	20	21	22	23	24	25	26	27	28	29	30	31
陰	廿三	廿四	廿五	廿六	廿七	廿八	廿九	卅	七	二	三	四	五	六	七	八	九	十	十一	十二	十三	十四	十五	十六	十七	十八	十九	廿	廿一	廿二	廿三
星	4	5	6	日	1	2	3	4	5	6	日	1	2	3	4	5	6	日	1	2	3	4	5	6	日	1	2	3	4	5	6
干節	戊子	己丑	庚寅	辛卯	壬辰	癸巳	立秋	乙未	丙申	丁酉	戊戌	己亥	庚子	辛丑	壬寅	癸卯	甲辰	乙巳	丙午	丁未	戊申	己酉	處暑	辛亥	壬子	癸丑	甲寅	乙卯	丙辰	丁巳	戊午

陽曆九月份　（陰曆七、八月份）

陽	9	2	3	4	5	6	7	8	9	10	11	12	13	14	15	16	17	18	19	20	21	22	23	24	25	26	27	28	29	30	—
陰	廿四	廿五	廿六	廿七	廿八	廿九	八	二	三	四	五	六	七	八	九	十	十一	十二	十三	十四	十五	十六	十七	十八	十九	廿	廿一	廿二	廿三	廿四	—
星	日	1	2	3	4	5	6	日	1	2	3	4	5	6	日	1	2	3	4	5	6	日	1	2	3	4	5	6	日	1	—
干節	己未	庚申	辛酉	壬戌	癸亥	甲子	白露	丙寅	丁卯	戊辰	己巳	庚午	辛未	壬申	癸酉	甲戌	乙亥	丙子	丁丑	戊寅	己卯	庚辰	秋分	壬午	癸未	甲申	乙酉	丙戌	丁亥	戊子	—

陽曆十月份　（陰曆八、九月份）

陽	10	2	3	4	5	6	7	8	9	10	11	12	13	14	15	16	17	18	19	20	21	22	23	24	25	26	27	28	29	30	31
陰	廿五	廿六	廿七	廿八	廿九	卅	九	二	三	四	五	六	七	八	九	十	十一	十二	十三	十四	十五	十六	十七	十八	十九	廿	廿一	廿二	廿三	廿四	廿五
星	2	3	4	5	6	日	1	2	3	4	5	6	日	1	2	3	4	5	6	日	1	2	3	4	5	6	日	1	2	3	4
干節	己丑	庚寅	辛卯	壬辰	癸巳	甲午	乙未	寒露	丁酉	戊戌	己亥	庚子	辛丑	壬寅	癸卯	甲辰	乙巳	丙午	丁未	戊申	己酉	庚戌	霜降	壬子	癸丑	甲寅	乙卯	丙辰	丁巳	戊午	己未

陽曆十一月份　（陰曆九、十月份）

陽	11	2	3	4	5	6	7	8	9	10	11	12	13	14	15	16	17	18	19	20	21	22	23	24	25	26	27	28	29	30	—
陰	廿六	廿七	廿八	廿九	十	二	三	四	五	六	七	八	九	十	十一	十二	十三	十四	十五	十六	十七	十八	十九	廿	廿一	廿二	廿三	廿四	廿五	廿六	—
星	5	6	日	1	2	3	4	5	6	日	1	2	3	4	5	6	日	1	2	3	4	5	6	日	1	2	3	4	5	6	—
干節	庚申	辛酉	壬戌	癸亥	甲子	乙丑	立冬	丁卯	戊辰	己巳	庚午	辛未	壬申	癸酉	甲戌	乙亥	丙子	丁丑	戊寅	己卯	庚辰	小雪	壬午	癸未	甲申	乙酉	丙戌	丁亥	戊子	己丑	—

陽曆十二月份　（陰曆十、十一月份）

陽	12	2	3	4	5	6	7	8	9	10	11	12	13	14	15	16	17	18	19	20	21	22	23	24	25	26	27	28	29	30	31
陰	廿七	廿八	廿九	卅	十一	二	三	四	五	六	七	八	九	十	十一	十二	十三	十四	十五	十六	十七	十八	十九	廿	廿一	廿二	廿三	廿四	廿五	廿六	廿七
星	日	1	2	3	4	5	6	日	1	2	3	4	5	6	日	1	2	3	4	5	6	日	1	2	3	4	5	6	日	1	2
干節	庚寅	辛卯	壬辰	癸巳	甲午	乙未	大雪	丁酉	戊戌	己亥	庚子	辛丑	壬寅	癸卯	甲辰	乙巳	丙午	丁未	戊申	己酉	冬至	辛亥	壬子	癸丑	甲寅	乙卯	丙辰	丁巳	戊午	己未	庚申

近世中西史日對照表

陽歷一月份（陰歷十一、十二月份）

陽	**1**	2	3	4	5	6	7	8	9	10	11	12	13	14	15	16	17	18	19	20	21	22	23	24	25	26	27	28	29	30	31
陰	廿八	廿九	**十二**	二	三	四	五	六	七	八	九	十	十一	十二	十三	十四	十五	十六	十七	十八	十九	廿	廿一	廿二	廿三	廿四	廿五	廿六	廿七	廿八	廿九
星	3	4	5	6	**日**	1	2	3	4	5	6	**日**	1	2	3	4	5	6	**日**	1	2	3	4	5	6	**日**	1	2	3	4	5
干節	辛酉	壬戌	癸亥	甲子	**小寒**	丙寅	丁卯	戊辰	己巳	庚午	辛未	壬申	癸酉	甲戌	乙亥	丙子	丁丑	戊寅	己卯	**大寒**	辛巳	壬午	癸未	甲申	乙酉	丙戌	丁亥	戊子	己丑	庚寅	辛卯

陽歷二月份（陰歷十二、正月份）

陽	**2**	2	3	4	5	6	7	8	9	10	11	12	13	14	15	16	17	18	19	20	21	22	23	24	25	26	27	28			
陰	卅	**正**	二	三	四	五	六	七	八	九	十	十一	十二	十三	十四	十五	十六	十七	十八	十九	廿	廿一	廿二	廿三	廿四	廿五	廿六	廿七			
星	6	**日**	1	2	3	4	5	6	**日**	1	2	3	4	5	6	**日**	1	2	3	4	5	6	**日**	1	2	3	4	5			
干節	壬辰	癸巳	甲午	**立春**	丙申	丁酉	戊戌	己亥	庚子	辛丑	壬寅	癸卯	甲辰	乙巳	丙午	丁未	戊申	己酉	**雨水**	辛亥	壬子	癸丑	甲寅	乙卯	丙辰	丁巳	戊午	己未			

陽歷三月份（陰歷正、二月份）

陽	**3**	2	3	4	5	6	7	8	9	10	11	12	13	14	15	16	17	18	19	20	21	22	23	24	25	26	27	28	29	30	31
陰	廿八	廿九	**二**	二	三	四	五	六	七	八	九	十	十一	十二	十三	十四	十五	十六	十七	十八	十九	廿	廿一	廿二	廿三	廿四	廿五	廿六	廿七	廿八	廿九
星	6	**日**	1	2	3	4	5	6	**日**	1	2	3	4	5	6	**日**	1	2	3	4	5	6	**日**	1	2	3	4	5	6	**日**	1
干節	庚申	辛酉	壬戌	癸亥	**驚蟄**	乙丑	丙寅	丁卯	戊辰	己巳	庚午	辛未	壬申	癸酉	甲戌	乙亥	丙子	丁丑	戊寅	己卯	**春分**	辛巳	壬午	癸未	甲申	乙酉	丙戌	丁亥	戊子	己丑	庚寅

陽歷四月份（陰歷二、三月份）

陽	**4**	2	3	4	5	6	7	8	9	10	11	12	13	14	15	16	17	18	19	20	21	22	23	24	25	26	27	28	29	30	
陰	卅	**三**	二	三	四	五	六	七	八	九	十	十一	十二	十三	十四	十五	十六	十七	十八	十九	廿	廿一	廿二	廿三	廿四	廿五	廿六	廿七	廿八	廿九	
星	2	3	4	5	6	**日**	1	2	3	4	5	6	**日**	1	2	3	4	5	6	**日**	1	2	3	4	5	6	**日**	1	2	3	
干節	辛卯	壬辰	癸巳	甲午	**清明**	丙申	丁酉	戊戌	己亥	庚子	辛丑	壬寅	癸卯	甲辰	乙巳	丙午	丁未	戊申	己酉	**穀雨**	辛亥	壬子	癸丑	甲寅	乙卯	丙辰	丁巳	戊午	己未	庚申	

陽歷五月份（陰歷四、五月份）

陽	**5**	2	3	4	5	6	7	8	9	10	11	12	13	14	15	16	17	18	19	20	21	22	23	24	25	26	27	28	29	30	31
陰	**四**	二	三	四	五	六	七	八	九	十	十一	十二	十三	十四	十五	十六	十七	十八	十九	廿	廿一	廿二	廿三	廿四	廿五	廿六	廿七	廿八	廿九	卅	**五**
星	4	5	6	**日**	1	2	3	4	5	6	**日**	1	2	3	4	5	6	**日**	1	2	3	4	5	6	**日**	1	2	3	4	5	6
干節	辛酉	壬戌	癸亥	甲子	乙丑	**立夏**	丁卯	戊辰	己巳	庚午	辛未	壬申	癸酉	甲戌	乙亥	丙子	丁丑	戊寅	己卯	庚辰	**小滿**	壬午	癸未	甲申	乙酉	丙戌	丁亥	戊子	己丑	庚寅	辛卯

陽歷六月份（陰歷五、六月份）

陽	**6**	2	3	4	5	6	7	8	9	10	11	12	13	14	15	16	17	18	19	20	21	22	23	24	25	26	27	28	29	30	
陰	二	三	四	五	六	七	八	九	十	十一	十二	十三	十四	十五	十六	十七	十八	十九	廿	廿一	廿二	廿三	廿四	廿五	廿六	廿七	廿八	廿九	卅	**六**	
星	**日**	1	2	3	4	5	6	**日**	1	2	3	4	5	6	**日**	1	2	3	4	5	6	**日**	1	2	3	4	5	6	**日**	1	
干節	壬辰	癸巳	甲午	乙未	丙申	**芒種**	戊戌	己亥	庚子	辛丑	壬寅	癸卯	甲辰	乙巳	丙午	丁未	戊申	己酉	庚戌	辛亥	**夏至**	癸丑	甲寅	乙卯	丙辰	丁巳	戊午	己未	庚申	辛酉	

癸卯

一七八三年

（清高宗乾隆四八年）

陽歷七月份　（陰歷六、七月份）

陽	7	2	3	4	5	6	7	8	9	10	11	12	13	14	15	16	17	18	19	20	21	22	23	24	25	26	27	28	29	30	31
陰	二	三	四	五	六	七	八	九	十	十一	十二	十三	十四	十五	十六	十七	十八	十九	廿	廿一	廿二	廿三	廿四	廿五	廿六	廿七	廿八	廿九	七	二	三
星	2	3	4	5	6	日	1	2	3	4	5	6	日	1	2	3	4	5	6	日	1	2	3	4	5	6	日	1	2	3	4
干節	壬戌	癸亥	甲子	乙丑	丙寅	丁卯	小暑	己巳	庚午	辛未	壬申	癸酉	甲戌	乙亥	丙子	丁丑	戊寅	己卯	庚辰	辛巳	壬午	癸未	大暑	乙酉	丙戌	丁亥	戊子	己丑	庚寅	辛卯	壬辰

陽歷八月份　（陰歷七、八月份）

陽	8	2	3	4	5	6	7	8	9	10	11	12	13	14	15	16	17	18	19	20	21	22	23	24	25	26	27	28	29	30	31
陰	四	五	六	七	八	九	十	十一	十二	十三	十四	十五	十六	十七	十八	十九	廿	廿一	廿二	廿三	廿四	廿五	廿六	廿七	廿八	廿九	卅	八	二	三	四
星	5	6	日	1	2	3	4	5	6	日	1	2	3	4	5	6	日	1	2	3	4	5	6	日	1	2	3	4	5	6	日
干節	癸巳	甲午	乙未	丙申	丁酉	戊戌	己亥	立秋	辛丑	壬寅	癸卯	甲辰	乙巳	丙午	丁未	戊申	己酉	庚戌	辛亥	壬子	癸丑	甲寅	處暑	丙辰	丁巳	戊午	己未	庚申	辛酉	壬戌	癸亥

陽歷九月份　（陰歷八、九月份）

陽	9	2	3	4	5	6	7	8	9	10	11	12	13	14	15	16	17	18	19	20	21	22	23	24	25	26	27	28	29	30
陰	五	六	七	八	九	十	十一	十二	十三	十四	十五	十六	十七	十八	十九	廿	廿一	廿二	廿三	廿四	廿五	廿六	廿七	廿八	廿九	九	二	三	四	五
星	1	2	3	4	5	6	日	1	2	3	4	5	6	日	1	2	3	4	5	6	日	1	2	3	4	5	6	日	1	2
干節	甲子	乙丑	丙寅	丁卯	戊辰	己巳	庚午	白露	壬申	癸酉	甲戌	乙亥	丙子	丁丑	戊寅	己卯	庚辰	辛巳	壬午	癸未	甲申	乙酉	秋分	丁亥	戊子	己丑	庚寅	辛卯	壬辰	癸巳

陽歷十月份　（陰歷九、十月份）

陽	10	2	3	4	5	6	7	8	9	10	11	12	13	14	15	16	17	18	19	20	21	22	23	24	25	26	27	28	29	30	31
陰	六	七	八	九	十	十一	十二	十三	十四	十五	十六	十七	十八	十九	廿	廿一	廿二	廿三	廿四	廿五	廿六	廿七	廿八	廿九	卅	十	二	三	四	五	六
星	3	4	5	6	日	1	2	3	4	5	6	日	1	2	3	4	5	6	日	1	2	3	4	5	6	日	1	2	3	4	5
干節	甲午	乙未	丙申	丁酉	戊戌	己亥	庚子	寒露	壬寅	癸卯	甲辰	乙巳	丙午	丁未	戊申	己酉	庚戌	辛亥	壬子	癸丑	甲寅	乙卯	霜降	丁巳	戊午	己未	庚申	辛酉	壬戌	癸亥	甲子

陽歷十一月份　（陰歷十、十一月份）

陽	11	2	3	4	5	6	7	8	9	10	11	12	13	14	15	16	17	18	19	20	21	22	23	24	25	26	27	28	29	30
陰	七	八	九	十	十一	十二	十三	十四	十五	十六	十七	十八	十九	廿	廿一	廿二	廿三	廿四	廿五	廿六	廿七	廿八	廿九	十一	二	三	四	五	六	七
星	6	日	1	2	3	4	5	6	日	1	2	3	4	5	6	日	1	2	3	4	5	6	日	1	2	3	4	5	6	日
干節	乙丑	丙寅	丁卯	戊辰	己巳	庚午	立冬	壬申	癸酉	甲戌	乙亥	丙子	丁丑	戊寅	己卯	庚辰	辛巳	壬午	癸未	甲申	乙酉	小雪	丁亥	戊子	己丑	庚寅	辛卯	壬辰	癸巳	甲午

陽歷十二月份　（陰歷十一、十二月份）

陽	12	2	3	4	5	6	7	8	9	10	11	12	13	14	15	16	17	18	19	20	21	22	23	24	25	26	27	28	29	30	31
陰	八	九	十	十一	十二	十三	十四	十五	十六	十七	十八	十九	廿	廿一	廿二	廿三	廿四	廿五	廿六	廿七	廿八	廿九	卅	十二	二	三	四	五	六	七	八
星	1	2	3	4	5	6	日	1	2	3	4	5	6	日	1	2	3	4	5	6	日	1	2	3	4	5	6	日	1	2	3
干節	乙未	丙申	丁酉	戊戌	己亥	庚子	大雪	壬寅	癸卯	甲辰	乙巳	丙午	丁未	戊申	己酉	庚戌	辛亥	壬子	癸丑	甲寅	乙卯	冬至	丁巳	戊午	己未	庚申	辛酉	壬戌	癸亥	甲子	乙丑

近世中西史日對照表

甲辰

一七八四年

（清高宗乾隆四九年）

陽歷一月份　　（陰歷十二、正月份）

陽	1	2	3	4	5	6	7	8	9	10	11	12	13	14	15	16	17	18	19	20	21	22	23	24	25	26	27	28	29	30	31
陰	九	十	十一	十二	十三	十四	十五	十六	十七	十八	十九	廿	廿一	廿二	廿三	廿四	廿五	廿六	廿七	廿八	廿九	正	二	三	四	五	六	七	八	九	十
星	4	5	6	日	1	2	3	4	5	6	日	1	2	3	4	5	6	日	1	2	3	4	5	6	日	1	2	3	4	5	6
干節	丙寅	丁卯	戊辰	己巳	小寒	辛未	壬申	癸酉	甲戌	乙亥	丙子	丁丑	戊寅	己卯	庚辰	辛巳	壬午	癸未	甲申	大寒	丙戌	丁亥	戊子	己丑	庚寅	辛卯	壬辰	癸巳	甲午	乙未	丙申

陽歷二月份　　（陰歷正、二月份）

陽	2	2	3	4	5	6	7	8	9	10	11	12	13	14	15	16	17	18	19	20	21	22	23	24	25	26	27	28	29
陰	十一	十二	十三	十四	十五	十六	十七	十八	十九	廿	廿一	廿二	廿三	廿四	廿五	廿六	廿七	廿八	廿九	卅	二	二	三	四	五	六	七	八	九
星	日	1	2	3	4	5	6	日	1	2	3	4	5	6	日	1	2	3	4	5	6	日	1	2	3	4	5	6	日
干節	丁酉	戊戌	己亥	立春	辛丑	壬寅	癸卯	甲辰	乙巳	丙午	丁未	戊申	己酉	庚戌	辛亥	壬子	癸丑	甲寅	雨水	丙辰	丁巳	戊午	己未	庚申	辛酉	壬戌	癸亥	甲子	乙丑

陽歷三月份　　（陰歷二、三月份）

陽	3	2	3	4	5	6	7	8	9	10	11	12	13	14	15	16	17	18	19	20	21	22	23	24	25	26	27	28	29	30	31
陰	十	十一	十二	十三	十四	十五	十六	十七	十八	十九	廿	廿一	廿二	廿三	廿四	廿五	廿六	廿七	廿八	廿九	三	二	三	四	五	六	七	八	九	十	十一
星	1	2	3	4	5	6	日	1	2	3	4	5	6	日	1	2	3	4	5	6	日	1	2	3	4	5	6	日	1	2	3
干節	丙寅	丁卯	戊辰	己巳	驚蟄	辛未	壬申	癸酉	甲戌	乙亥	丙子	丁丑	戊寅	己卯	庚辰	辛巳	壬午	癸未	甲申	春分	丙戌	丁亥	戊子	己丑	庚寅	辛卯	壬辰	癸巳	甲午	乙未	丙申

陽歷四月份　　（陰歷三、閏三月份）

陽	4	2	3	4	5	6	7	8	9	10	11	12	13	14	15	16	17	18	19	20	21	22	23	24	25	26	27	28	29	30
陰	十二	十三	十四	十五	十六	十七	十八	十九	廿	廿一	廿二	廿三	廿四	廿五	廿六	廿七	廿八	廿九	卅	閏	二	三	四	五	六	七	八	九	十	十一
星	4	5	6	日	1	2	3	4	5	6	日	1	2	3	4	5	6	日	1	2	3	4	5	6	日	1	2	3	4	5
干節	丁酉	戊戌	己亥	清明	辛丑	壬寅	癸卯	甲辰	乙巳	丙午	丁未	戊申	己酉	庚戌	辛亥	壬子	癸丑	甲寅	穀雨	丙辰	丁巳	戊午	己未	庚申	辛酉	壬戌	癸亥	甲子	乙丑	丙寅

陽歷五月份　　（陰歷閏三、四月份）

陽	5	2	3	4	5	6	7	8	9	10	11	12	13	14	15	16	17	18	19	20	21	22	23	24	25	26	27	28	29	30	31
陰	十二	十三	十四	十五	十六	十七	十八	十九	廿	廿一	廿二	廿三	廿四	廿五	廿六	廿七	廿八	廿九	四	二	三	四	五	六	七	八	九	十	十一	十二	十三
星	6	日	1	2	3	4	5	6	日	1	2	3	4	5	6	日	1	2	3	4	5	6	日	1	2	3	4	5	6	日	1
干節	丁卯	戊辰	己巳	庚午	立夏	壬申	癸酉	甲戌	乙亥	丙子	丁丑	戊寅	己卯	庚辰	辛巳	壬午	癸未	甲申	乙酉	小滿	丁亥	戊子	己丑	庚寅	辛卯	壬辰	癸巳	甲午	乙未	丙申	丁酉

陽歷六月份　　（陰歷四、五月份）

陽	6	2	3	4	5	6	7	8	9	10	11	12	13	14	15	13	17	18	19	20	21	22	23	24	25	26	27	28	29	30
陰	十四	十五	十六	十七	十八	十九	廿	廿一	廿二	廿三	廿四	廿五	廿六	廿七	廿八	廿九	卅	五	二	三	四	五	六	七	八	九	十	十一	十二	十三
星	2	3	4	5	6	日	1	2	3	4	5	6	日	1	2	3	4	5	6	日	1	2	3	4	5	6	日	1	2	3
干節	戊戌	己亥	庚子	辛丑	芒種	癸卯	甲辰	乙巳	丙午	丁未	戊申	己酉	庚戌	辛亥	壬子	癸丑	甲寅	夏至	丙辰	丁巳	戊午	己未	庚申	辛酉	壬戌	癸亥	甲子	乙丑	丙寅	丁卯

甲辰

一七八四年

（清高宗乾隆四九年）

陽歷七月份　（陰歷五、六月份）

陽	7	2	3	4	5	6	7	8	9	10	11	12	13	14	15	16	17	18	19	20	21	22	23	24	25	26	27	28	29	30	31
陰	十四	十五	十六	十七	十八	十九	廿	廿一	廿二	廿三	廿四	廿五	廿六	廿七	廿八	廿九	六	二	三	四	五	六	七	八	九	十	十一	十二	十三	十四	十五
星	4	5	6	日	1	2	3	4	5	6	日	1	2	3	4	5	6	日	1	2	3	4	5	6	日	1	2	3	4	5	6
干節	戊辰	己巳	庚午	辛未	壬申	小暑	甲戌	乙亥	丙子	丁丑	戊寅	己卯	庚辰	辛巳	壬午	癸未	甲申	乙酉	丙戌	丁亥	戊子	大暑	庚寅	辛卯	壬辰	癸巳	甲午	乙未	丙申	丁酉	戊戌

陽歷八月份　（陰歷六、七月份）

陽	8	2	3	4	5	6	7	8	9	10	11	12	13	14	15	16	17	18	19	20	21	22	23	24	25	26	27	28	29	30	31
陰	十六	十七	十八	十九	廿	廿一	廿二	廿三	廿四	廿五	廿六	廿七	廿八	廿九	卅	七	二	三	四	五	六	七	八	九	十	十一	十二	十三	十四	十五	十六
星	日	1	2	3	4	5	6	日	1	2	3	4	5	6	日	1	2	3	4	5	6	日	1	2	3	4	5	6	日	1	2
干節	己亥	庚子	辛丑	壬寅	癸卯	甲辰	立秋	丙午	丁未	戊申	己酉	庚戌	辛亥	壬子	癸丑	甲寅	乙卯	丙辰	丁巳	戊午	己未	處暑	辛酉	壬戌	癸亥	甲子	乙丑	丙寅	丁卯	戊辰	己巳

陽歷九月份　陰歷七、八月份）

陽	9	2	3	4	5	6	7	8	9	10	11	12	13	14	15	16	17	18	19	20	21	22	23	24	25	26	27	28	29	30
陰	十七	十八	十九	廿	廿一	廿二	廿三	廿四	廿五	廿六	廿七	廿八	廿九	卅	八	二	三	四	五	六	七	八	九	十	十一	十二	十三	十四	十五	十六
星	3	4	5	6	日	1	2	3	4	5	6	日	1	2	3	4	5	6	日	1	2	3	4	5	6	日	1	2	3	4
干節	庚午	辛未	壬申	癸酉	甲戌	乙亥	白露	丁丑	戊寅	己卯	庚辰	辛巳	壬午	癸未	甲申	乙酉	丙戌	丁亥	戊子	己丑	庚寅	秋分	壬辰	癸巳	甲午	乙未	丙申	丁酉	戊戌	己亥

陽歷十月份　（陰歷八、九月月）

陽	10	2	3	4	5	6	7	8	9	10	11	12	13	14	15	16	17	18	19	20	21	22	23	24	25	26	27	28	29	30	31
陰	十七	十八	十九	廿	廿一	廿二	廿三	廿四	廿五	廿六	廿七	廿八	廿九	九	二	三	四	五	六	七	八	九	十	十一	十二	十三	十四	十五	十六	十七	十八
星	5	6	日	1	2	3	4	5	6	日	1	2	3	4	5	6	日	1	2	3	4	5	6	日	1	2	3	4	5	6	日
干節	庚子	辛丑	壬寅	癸卯	甲辰	乙巳	丙午	寒露	戊申	己酉	庚戌	辛亥	壬子	癸丑	甲寅	乙卯	丙辰	丁巳	戊午	己未	庚申	辛酉	霜降	癸亥	甲子	乙丑	丙寅	丁卯	戊辰	己巳	庚午

陽歷十一月份　（陰歷九、十月份）

陽	11	2	3	4	5	6	7	8	9	10	11	12	13	14	15	16	17	18	19	20	21	22	23	24	25	26	27	28	29	30
陰	十九	廿	廿一	廿二	廿三	廿四	廿五	廿六	廿七	廿八	廿九	卅	十	二	三	四	五	六	七	八	九	十	十一	十二	十三	十四	十五	十六	十七	十八
星	1	2	3	4	5	6	日	1	2	3	4	5	6	日	1	2	3	4	5	6	日	1	2	3	4	5	6	日	1	2
干節	辛未	壬申	癸酉	甲戌	乙亥	丙子	立冬	戊寅	己卯	庚辰	辛巳	壬午	癸未	甲申	乙酉	丙戌	丁亥	戊子	己丑	庚寅	小雪	壬辰	癸巳	甲午	乙未	丙申	丁酉	戊戌	己亥	庚子

陽歷十二月份　（陰歷十、十一月份）

陽	12	2	3	4	5	6	7	8	9	10	11	12	13	14	15	16	17	18	19	20	21	22	23	24	25	26	27	28	29	30	31
陰	十九	廿	廿一	廿二	廿三	廿四	廿五	廿六	廿七	廿八	廿九	十一	二	三	四	五	六	七	八	九	十	十一	十二	十三	十四	十五	十六	十七	十八	十九	廿
星	3	4	5	6	日	1	2	3	4	5	6	日	1	2	3	4	5	6	日	1	2	3	4	5	6	日	1	2	3	4	5
干節	辛丑	壬寅	癸卯	甲辰	乙巳	大雪	丁未	戊申	己酉	庚戌	辛亥	壬子	癸丑	甲寅	乙卯	丙辰	丁巳	戊午	己未	庚申	冬至	壬戌	癸亥	甲子	乙丑	丙寅	丁卯	戊辰	己巳	庚午	辛未

乙巳 一七八五年 （清高宗乾隆五〇年）

陽歷 一 月份 （陰歷十一、十二月份）

陽	1	2	3	4	5	6	7	8	9	10	11	12	13	14	15	16	17	18	19	20	21	22	23	24	25	26	27	28	29	30	31
陰	廿一	廿二	廿三	廿四	廿五	廿六	廿七	廿八	廿九	卅	十二	二	三	四	五	六	七	八	九	十	十一	十二	十三	十四	十五	十六	十七	十八	十九	廿	廿一
星	6	日	1	2	3	4	5	6	日	1	2	3	4	5	6	日	1	2	3	4	5	6	日	1	2	3	4	5	6	日	1
干節	壬申	癸酉	甲戌	乙亥	小寒	丁丑	戊寅	己卯	庚辰	辛巳	壬午	癸未	甲申	乙酉	丙戌	丁亥	戊子	己丑	大寒	辛卯	壬辰	癸巳	甲午	乙未	丙申	丁酉	戊戌	己亥	庚子	辛丑	壬寅

陽歷 二 月份 （陰歷十二、正月份）

陽	1	2	3	4	5	6	7	8	9	10	11	12	13	14	15	16	17	18	19	20	21	22	23	24	25	26	27	28
陰	廿二	廿三	廿四	廿五	廿六	廿七	廿八	廿九	正	二	三	四	五	六	七	八	九	十	十一	十二	十三	十四	十五	十六	十七	十八	十九	廿
星	2	3	4	5	6	日	1	2	3	4	5	6	日	1	2	3	4	5	6	日	1	2	3	4	5	6	日	1
干節	癸卯	甲辰	立春	丙午	丁未	戊申	己酉	庚戌	辛亥	壬子	癸丑	甲寅	乙卯	丙辰	丁巳	戊午	己未	雨水	辛酉	壬戌	癸亥	甲子	乙丑	丙寅	丁卯	戊辰	己巳	庚午

陽歷 三 月份 （陰歷正、二月份）

陽	1	2	3	4	5	6	7	8	9	10	11	12	13	14	15	16	17	18	19	20	21	22	23	24	25	26	27	28	29	30	31
陰	廿一	廿二	廿三	廿四	廿五	廿六	廿七	廿八	廿九	卅	二	二	三	四	五	六	七	八	九	十	十一	十二	十三	十四	十五	十六	十七	十八	十九	廿	廿一
星	2	3	4	5	6	日	1	2	3	4	5	6	日	1	2	3	4	5	6	日	1	2	3	4	5	6	日	1	2	3	4
干節	辛未	壬申	癸酉	甲戌	驚蟄	丙子	丁丑	戊寅	己卯	庚辰	辛巳	壬午	癸未	甲申	乙酉	丙戌	丁亥	戊子	己丑	春分	辛卯	壬辰	癸巳	甲午	乙未	丙申	丁酉	戊戌	己亥	庚子	辛丑

陽歷 四 月份 （陰歷二、三月份）

陽	1	2	3	4	5	6	7	8	9	10	11	12	13	14	15	16	17	18	19	20	21	22	23	24	25	26	27	28	29	30
陰	廿二	廿三	廿四	廿五	廿六	廿七	廿八	廿九	三	二	三	四	五	六	七	八	九	十	十一	十二	十三	十四	十五	十六	十七	十八	十九	廿	廿一	廿二
星	5	6	日	1	2	3	4	5	6	日	1	2	3	4	5	6	日	1	2	3	4	5	6	日	1	2	3	4	5	6
干節	壬寅	癸卯	甲辰	清明	丙午	丁未	戊申	己酉	庚戌	辛亥	壬子	癸丑	甲寅	乙卯	丙辰	丁巳	戊午	己未	庚申	穀雨	壬戌	癸亥	甲子	乙丑	丙寅	丁卯	戊辰	己巳	庚午	辛未

陽歷 五 月份 （陰歷三、四月份）

陽	1	2	3	4	5	6	7	8	9	10	11	12	13	14	15	16	17	18	19	20	21	22	23	24	25	26	27	28	29	30	31
陰	廿三	廿四	廿五	廿六	廿七	廿八	廿九	卅	四	二	三	四	五	六	七	八	九	十	十一	十二	十三	十四	十五	十六	十七	十八	十九	廿	廿一	廿二	廿三
星	日	1	2	3	4	5	6	日	1	2	3	4	5	6	日	1	2	3	4	5	6	日	1	2	3	4	5	6	日	1	2
干節	壬申	癸酉	甲戌	乙亥	立夏	丁丑	戊寅	己卯	庚辰	辛巳	壬午	癸未	甲申	乙酉	丙戌	丁亥	戊子	己丑	庚寅	辛卯	小滿	癸巳	甲午	乙未	丙申	丁酉	戊戌	己亥	庚子	辛丑	壬寅

陽歷 六 月份 （陰歷四、五月份）

陽	1	2	3	4	5	6	7	8	9	10	11	12	13	14	15	16	17	18	19	20	21	22	23	24	25	26	27	28	29	30
陰	廿四	廿五	廿六	廿七	廿八	廿九	五	二	三	四	五	六	七	八	九	十	十一	十二	十三	十四	十五	十六	十七	十八	十九	廿	廿一	廿二	廿三	廿四
星	3	4	5	6	日	1	2	3	4	5	6	日	1	2	3	4	5	6	日	1	2	3	4	5	6	日	1	2	3	4
干節	癸卯	甲辰	乙巳	丙午	芒種	戊申	己酉	庚戌	辛亥	壬子	癸丑	甲寅	乙卯	丙辰	丁巳	戊午	己未	庚申	辛酉	壬戌	夏至	甲子	乙丑	丙寅	丁卯	戊辰	己巳	庚午	辛未	壬申

乙巳

一七八五年

（清高宗乾隆五〇年）

陽歷七月份　（陰歷五、六月份）

陽	7	2	3	4	5	6	7	8	9	10	11	12	13	14	15	16	17	18	19	20	21	22	23	24	25	26	27	28	29	30	31
陰	廿五	廿六	廿七	廿八	廿九	六	二	三	四	五	六	七	八	九	十	十一	十二	十三	十四	十五	十六	十七	十八	十九	廿	廿一	廿二	廿三	廿四	廿五	廿六
星	5	6	日	1	2	3	4	5	6	日	1	2	3	4	5	6	日	1	2	3	4	5	6	日	1	2	3	4	5	6	日
干節	癸酉	甲戌	乙亥	丙子	丁丑	戊寅	小暑	庚辰	辛巳	壬午	癸未	甲申	乙酉	丙戌	丁亥	戊子	己丑	庚寅	辛卯	壬辰	癸巳	大暑	乙未	丙申	丁酉	戊戌	己亥	庚子	辛丑	壬寅	癸卯

陽歷八月份　（陰歷六、七月份）

陽	8	2	3	4	5	6	7	8	9	10	11	12	13	14	15	16	17	18	19	20	21	22	23	24	25	26	27	28	29	30	31
陰	廿七	廿八	廿九	卅	七	二	三	四	五	六	七	八	九	十	十一	十二	十三	十四	十五	十六	十七	十八	十九	廿	廿一	廿二	廿三	廿四	廿五	廿六	廿七
星	1	2	3	4	5	6	日	1	2	3	4	5	6	日	1	2	3	4	5	6	日	1	2	3	4	5	6	日	1	2	3
干節	甲辰	乙巳	丙午	丁未	戊申	己酉	立秋	辛亥	壬子	癸丑	甲寅	乙卯	丙辰	丁巳	戊午	己未	庚申	辛酉	壬戌	癸亥	甲子	乙丑	處暑	丁卯	戊辰	己巳	庚午	辛未	壬申	癸酉	甲戌

陽歷九月份　（陰歷七、八月份）

陽	9	2	3	4	5	6	7	8	9	10	11	12	13	14	15	16	17	18	19	20	21	22	23	24	25	26	27	28	29	30	
陰	廿八	廿九	卅	八	二	三	四	五	六	七	八	九	十	十一	十二	十三	十四	十五	十六	十七	十八	十九	廿	廿一	廿二	廿三	廿四	廿五	廿六	廿七	
星	4	5	6	日	1	2	3	4	5	6	日	1	2	3	4	5	6	日	1	2	3	4	5	6	日	1	2	3	4	5	
干節	乙亥	丙子	丁丑	戊寅	己卯	庚辰	白露	壬午	癸未	甲申	乙酉	丙戌	丁亥	戊子	己丑	庚寅	辛卯	壬辰	癸巳	甲午	乙未	丙申	秋分	戊戌	己亥	庚子	辛丑	壬寅	癸卯	甲辰	

陽歷十月份　（陰歷八、九月份）

陽	10	2	3	4	5	6	7	8	9	10	11	12	13	14	15	16	17	18	19	20	21	22	23	24	25	26	27	28	29	30	31
陰	廿八	廿九	九	二	三	四	五	六	七	八	九	十	十一	十二	十三	十四	十五	十六	十七	十八	十九	廿	廿一	廿二	廿三	廿四	廿五	廿六	廿七	廿八	廿九
星	6	日	1	2	3	4	5	6	日	1	2	3	4	5	6	日	1	2	3	4	5	6	日	1	2	3	4	5	6	日	1
干節	乙巳	丙午	丁未	戊申	己酉	庚戌	辛亥	寒露	癸丑	甲寅	乙卯	丙辰	丁巳	戊午	己未	庚申	辛酉	壬戌	癸亥	甲子	乙丑	丙寅	霜降	戊辰	己巳	庚午	辛未	壬申	癸酉	甲戌	乙亥

陽歷十一月份　（陰歷九、十月份）

陽	11	2	3	4	5	6	7	8	9	10	11	12	13	14	15	16	17	18	19	20	21	22	23	24	25	26	27	28	29	30	
陰	卅	十	二	三	四	五	六	七	八	九	十	十一	十二	十三	十四	十五	十六	十七	十八	十九	廿	廿一	廿二	廿三	廿四	廿五	廿六	廿七	廿八	廿九	
星	2	3	4	5	6	日	1	2	3	4	5	6	日	1	2	3	4	5	6	日	1	2	3	4	5	6	日	1	2	3	
干節	丙子	丁丑	戊寅	己卯	庚辰	辛巳	立冬	癸未	甲申	乙酉	丙戌	丁亥	戊子	己丑	庚寅	辛卯	壬辰	癸巳	甲午	乙未	丙申	小雪	戊戌	己亥	庚子	辛丑	壬寅	癸卯	甲辰	乙巳	

陽歷十二月份　（陰歷十、十一、十二月份）

陽	12	2	3	4	5	6	7	8	9	10	11	12	13	14	15	16	17	18	19	20	21	22	23	24	25	26	27	28	29	30	31
陰	卅	十一	二	三	四	五	六	七	八	九	十	十一	十二	十三	十四	十五	十六	十七	十八	十九	廿	廿一	廿二	廿三	廿四	廿五	廿六	廿七	廿八	廿九	十二
星	4	5	6	日	1	2	3	4	5	6	日	1	2	3	4	5	6	日	1	2	3	4	5	6	日	1	2	3	4	5	6
干節	丙午	丁未	戊申	己酉	庚戌	大雪	壬子	癸丑	甲寅	乙卯	丙辰	丁巳	戊午	己未	庚申	辛酉	壬戌	癸亥	甲子	乙丑	冬至	丁卯	戊辰	己巳	庚午	辛未	壬申	癸酉	甲戌	乙亥	丙子

丙午

一七八六年

（清高宗乾隆五一年）

陽歷 一 月份　（陰歷十二、正月份）

陽	1	2	3	4	5	6	7	8	9	10	11	12	13	14	15	16	17	18	19	20	21	22	23	24	25	26	27	28	29	30	31
陰	二	三	四	五	六	七	八	九	十	十一	十二	十三	十四	十五	十六	十七	十八	十九	廿	廿一	廿二	廿三	廿四	廿五	廿六	廿七	廿八	廿九	卅	正	二
星	日	1	2	3	4	5	6	日	1	2	3	4	5	6	日	1	2	3	4	5	6	日	1	2	3	4	5	6	日	1	2
干節	丁丑	戊寅	己卯	庚辰	小寒	壬午	癸未	甲申	乙酉	丙戌	丁亥	戊子	己丑	庚寅	辛卯	壬辰	癸巳	甲午	乙未	大寒	丁酉	戊戌	己亥	庚子	辛丑	壬寅	癸卯	甲辰	乙巳	丙午	丁未

陽歷 二 月份　（陰歷正、二月份）

陽	1	2	3	4	5	6	7	8	9	10	11	12	13	14	15	16	17	18	19	20	21	22	23	24	25	26	27	28
陰	三	四	五	六	七	八	九	十	十一	十二	十三	十四	十五	十六	十七	十八	十九	廿	廿一	廿二	廿三	廿四	廿五	廿六	廿七	廿八	廿九	二
星	3	4	5	6	日	1	2	3	4	5	6	日	1	2	3	4	5	6	日	1	2	3	4	5	6	日	1	2
干節	戊申	己酉	立春	辛亥	壬子	癸丑	甲寅	乙卯	丙辰	丁巳	戊午	己未	庚申	辛酉	壬戌	癸亥	甲子	雨水	丙寅	丁卯	戊辰	己巳	庚午	辛未	壬申	癸酉	甲戌	乙亥

陽歷 三 月份　（陰歷二、三月份）

陽	1	2	3	4	5	6	7	8	9	10	11	12	13	14	15	16	17	18	19	20	21	22	23	24	25	26	27	28	29	30	31
陰	二	三	四	五	六	七	八	九	十	十一	十二	十三	十四	十五	十六	十七	十八	十九	廿	廿一	廿二	廿三	廿四	廿五	廿六	廿七	廿八	廿九	卅	三	二
星	3	4	5	6	日	1	2	3	4	5	6	日	1	2	3	4	5	6	日	1	2	3	4	5	6	日	1	2	3	4	5
干節	丙子	丁丑	戊寅	己卯	驚蟄	辛巳	壬午	癸未	甲申	乙酉	丙戌	丁亥	戊子	己丑	庚寅	辛卯	壬辰	癸巳	甲午	春分	丙申	丁酉	戊戌	己亥	庚子	辛丑	壬寅	癸卯	甲辰	乙巳	丙午

陽歷 四 月份　（陰歷三、四月份）

陽	1	2	3	4	5	6	7	8	9	10	11	12	13	14	15	16	17	18	19	20	21	22	23	24	25	26	27	28	29	30
陰	三	四	五	六	七	八	九	十	十一	十二	十三	十四	十五	十六	十七	十八	十九	廿	廿一	廿二	廿三	廿四	廿五	廿六	廿七	廿八	廿九	四	二	三
星	6	日	1	2	3	4	5	6	日	1	2	3	4	5	6	日	1	2	3	4	5	6	日	1	2	3	4	5	6	日
干節	丁未	戊申	己酉	清明	辛亥	壬子	癸丑	甲寅	乙卯	丙辰	丁巳	戊午	己未	庚申	辛酉	壬戌	癸亥	甲子	乙丑	穀雨	丁卯	戊辰	己巳	庚午	辛未	壬申	癸酉	甲戌	乙亥	丙子

陽歷 五 月份　（陰歷四、五月份）

陽	1	2	3	4	5	6	7	8	9	10	11	12	13	14	15	16	17	18	19	20	21	22	23	24	25	26	27	28	29	30	31
陰	四	五	六	七	八	九	十	十一	十二	十三	十四	十五	十六	十七	十八	十九	廿	廿一	廿二	廿三	廿四	廿五	廿六	廿七	廿八	廿九	五	二	三	四	五
星	1	2	3	4	5	6	日	1	2	3	4	5	6	日	1	2	3	4	5	6	日	1	2	3	4	5	6	日	1	2	3
干節	丁丑	戊寅	己卯	庚辰	立夏	壬午	癸未	甲申	乙酉	丙戌	丁亥	戊子	己丑	庚寅	辛卯	壬辰	癸巳	甲午	乙未	丙申	小滿	戊戌	己亥	庚子	辛丑	壬寅	癸卯	甲辰	乙巳	丙午	丁未

陽歷 六 月份　（陰歷五、六月份）

陽	1	2	3	4	5	6	7	8	9	10	11	12	13	14	15	16	17	18	19	20	21	22	23	24	25	26	27	28	29	30
陰	六	七	八	九	十	十一	十二	十三	十四	十五	十六	十七	十八	十九	廿	廿一	廿二	廿三	廿四	廿五	廿六	廿七	廿八	廿九	卅	六	二	三	四	五
星	4	5	6	日	1	2	3	4	5	6	日	1	2	3	4	5	6	日	1	2	3	4	5	6	日	1	2	3	4	5
干節	戊申	己酉	庚戌	辛亥	芒種	癸丑	甲寅	乙卯	丙辰	丁巳	戊午	己未	庚申	辛酉	壬戌	癸亥	甲子	乙丑	丙寅	丁卯	夏至	己巳	庚午	辛未	壬申	癸酉	甲戌	乙亥	丙子	丁丑

近世中西史日對照表

丙午

一七八六年

（清高宗乾隆五一年）

陽歷七月份　（陰歷六、七月份）

陽	**7**	2	3	4	5	6	7	8	9	10	11	12	13	14	15	16	17	18	19	20	21	22	23	24	25	26	27	28	29	30	31
陰	六	七	八	九	十	十一	十二	十三	十四	十五	十六	十七	十八	十九	廿	廿一	廿二	廿三	廿四	廿五	廿六	廿七	廿八	廿九	**七**	二	三	四	五	六	七
星	6	**日**	1	2	3	4	5	6	**日**	1	2	3	4	5	6	**日**	1	2	3	4	5	6	**日**	1	2	3	4	5	6	**日**	1
干節	戊寅	己卯	庚辰	辛巳	壬午	癸未	**小暑**	乙酉	丙戌	丁亥	戊子	己丑	庚寅	辛卯	壬辰	癸巳	甲午	乙未	丙申	丁酉	戊戌	己亥	**大暑**	辛丑	壬寅	癸卯	甲辰	乙巳	丙午	丁未	戊申

陽歷八月份　（陰歷七、閏七月份）

陽	**8**	2	3	4	5	6	7	8	9	10	11	12	13	14	15	16	17	18	19	20	21	22	23	24	25	26	27	28	29	30	31
陰	八	九	十	十一	十二	十三	十四	十五	十六	十七	十八	十九	廿	廿一	廿二	廿三	廿四	廿五	廿六	廿七	廿八	廿九	卅	**閏**	二	三	四	五	六	七	八
星	2	3	4	5	6	**日**	1	2	3	4	5	6	**日**	1	2	3	4	5	6	**日**	1	2	3	4	5	6	**日**	1	2	3	4
干節	己酉	庚戌	辛亥	壬子	癸丑	甲寅	**立秋**	丙辰	丁巳	戊午	己未	庚申	辛酉	壬戌	癸亥	甲子	乙丑	丙寅	丁卯	戊辰	己巳	庚午	**處暑**	壬申	癸酉	甲戌	乙亥	丙子	丁丑	戊寅	己卯

陽歷九月份　（陰歷閏七、八月份）

陽	**9**	2	3	4	5	6	7	8	9	10	11	12	13	14	15	16	17	18	19	20	21	22	23	24	25	26	27	28	29	30
陰	九	十	十一	十二	十三	十四	十五	十六	十七	十八	十九	廿	廿一	廿二	廿三	廿四	廿五	廿六	廿七	廿八	廿九	**八**	二	三	四	五	六	七	八	九
星	5	6	**日**	1	2	3	4	5	6	**日**	1	2	3	4	5	6	**日**	1	2	3	4	5	6	**日**	1	2	3	4	5	6
干節	庚辰	辛巳	壬午	癸未	甲申	乙酉	**白露**	丁亥	戊子	己丑	庚寅	辛卯	壬辰	癸巳	甲午	乙未	丙申	丁酉	戊戌	己亥	庚子	辛丑	**秋分**	癸卯	甲辰	乙巳	丙午	丁未	戊申	己酉

陽歷十月份　（陰歷八、九月份）

陽	**10**	2	3	4	5	6	7	8	9	10	11	12	13	14	15	16	17	18	19	20	21	22	23	24	25	26	27	28	29	30	31
陰	十	十一	十二	十三	十四	十五	十六	十七	十八	十九	廿	廿一	廿二	廿三	廿四	廿五	廿六	廿七	廿八	廿九	卅	**九**	二	三	四	五	六	七	八	九	十
星	**日**	1	2	3	4	5	6	**日**	1	2	3	4	5	6	**日**	1	2	3	4	5	6	**日**	1	2	3	4	5	6	**日**	1	2
干節	庚戌	辛亥	壬子	癸丑	甲寅	乙卯	丙辰	**寒露**	戊午	己未	庚申	辛酉	壬戌	癸亥	甲子	乙丑	丙寅	丁卯	戊辰	己巳	庚午	辛未	**霜降**	癸酉	甲戌	乙亥	丙子	丁丑	戊寅	己卯	庚辰

陽歷十一月份　（陰歷九、十月份）

陽	**11**	2	3	4	5	6	7	8	9	10	11	12	13	14	15	16	17	18	19	20	21	22	23	24	25	26	27	28	29	30
陰	十一	十二	十三	十四	十五	十六	十七	十八	十九	廿	廿一	廿二	廿三	廿四	廿五	廿六	廿七	廿八	廿九	卅	**十**	二	三	四	五	六	七	八	九	十
星	3	4	5	6	**日**	1	2	3	4	5	6	**日**	1	2	3	4	5	6	**日**	1	2	3	4	5	6	**日**	1	2	3	4
干節	辛巳	壬午	癸未	甲申	乙酉	丙戌	**立冬**	戊子	己丑	庚寅	辛卯	壬辰	癸巳	甲午	乙未	丙申	丁酉	戊戌	己亥	庚子	辛丑	**小雪**	癸卯	甲辰	乙巳	丙午	丁未	戊申	己酉	庚戌

陽歷十二月份　（陰歷十、十一月份）

陽	**12**	2	3	4	5	6	7	8	9	10	11	12	13	14	15	16	17	18	19	20	21	22	23	24	25	26	27	28	29	30	31
陰	十一	十二	十三	十四	十五	十六	十七	十八	十九	廿	廿一	廿二	廿三	廿四	廿五	廿六	廿七	廿八	廿九	卅	**十一**	二	三	四	五	六	七	八	九	十	十一
星	5	6	**日**	1	2	3	4	5	6	**日**	1	2	3	4	5	6	**日**	1	2	3	4	5	6	**日**	1	2	3	4	5	6	**日**
干節	辛亥	壬子	癸丑	甲寅	乙卯	丙辰	**大雪**	戊午	己未	庚申	辛酉	壬戌	癸亥	甲子	乙丑	丙寅	丁卯	戊辰	己巳	庚午	**冬至**	壬申	癸酉	甲戌	乙亥	丙子	丁丑	戊寅	己卯	庚辰	辛巳

丁未　一七八七年　（清高宗乾隆五二年）

陽歷一月份　（陰歷十一、十二月份）

陽	1	2	3	4	5	6	7	8	9	10	11	12	13	14	15	16	17	18	19	20	21	22	23	24	25	26	27	28	29	30	31
陰	十二	十三	十四	十五	十六	十七	十八	十九	廿	廿一	廿二	廿三	廿四	廿五	廿六	廿七	廿八	廿九	十二	二	三	四	五	六	七	八	九	十	十一	十二	十三
星	1	2	3	4	5	6	日	1	2	3	4	5	6	日	1	2	3	4	5	6	日	1	2	3	4	5	6	日	1	2	3
干節	壬午	癸未	甲申	乙酉	小寒	丁亥	戊子	己丑	庚寅	辛卯	壬辰	癸巳	甲午	乙未	丙申	丁酉	戊戌	己亥	庚子	大寒	壬寅	癸卯	甲辰	乙巳	丙午	丁未	戊申	己酉	庚戌	辛亥	壬子

陽歷二月份　（陰歷十二、正月份）

陽	2	2	3	4	5	6	7	8	9	10	11	12	13	14	15	16	17	18	19	20	21	22	23	24	25	26	27	28			
陰	十四	十五	十六	十七	十八	十九	廿	廿一	廿二	廿三	廿四	廿五	廿六	廿七	廿八	廿九	卅	正	二	三	四	五	六	七	八	九	十	十一			
星	4	5	6	日	1	2	3	4	5	6	日	1	2	3	4	5	6	日	1	2	3	4	5	6	日	1	2	3			
干節	癸丑	甲寅	乙卯	立春	丁巳	戊午	己未	庚申	辛酉	壬戌	癸亥	甲子	乙丑	丙寅	丁卯	戊辰	己巳	雨水	辛未	壬申	癸酉	甲戌	乙亥	丙子	丁丑	戊寅	己卯	庚辰			

陽歷三月份　（陰歷正、二月份）

陽	3	2	3	4	5	6	7	8	9	10	11	12	13	14	15	16	17	18	19	20	21	22	23	24	25	26	27	28	29	30	31
陰	十二	十三	十四	十五	十六	十七	十八	十九	廿	廿一	廿二	廿三	廿四	廿五	廿六	廿七	廿八	廿九	二	二	三	四	五	六	七	八	九	十	十一	十二	十三
星	4	5	6	日	1	2	3	4	5	6	日	1	2	3	4	5	6	日	1	2	3	4	5	6	日	1	2	3	4	5	6
干節	辛巳	壬午	癸未	甲申	驚蟄	丙戌	丁亥	戊子	己丑	庚寅	辛卯	壬辰	癸巳	甲午	乙未	丙申	丁酉	戊戌	己亥	庚子	春分	壬寅	癸卯	甲辰	乙巳	丙午	丁未	戊申	己酉	庚戌	辛亥

陽歷四月份　（陰歷二、三月份）

陽	4	2	3	4	5	6	7	8	9	10	11	12	13	14	15	16	17	18	19	20	21	22	23	24	25	26	27	28	29	30	
陰	十四	十五	十六	十七	十八	十九	廿	廿一	廿二	廿三	廿四	廿五	廿六	廿七	廿八	廿九	卅	三	二	三	四	五	六	七	八	九	十	十一	十二	十三	
星	日	1	2	3	4	5	6	日	1	2	3	4	5	6	日	1	2	3	4	5	6	日	1	2	3	4	5	6	日	1	
干節	壬子	癸丑	甲寅	乙卯	清明	丁巳	戊午	己未	庚申	辛酉	壬戌	癸亥	甲子	乙丑	丙寅	丁卯	戊辰	己巳	庚午	穀雨	壬申	癸酉	甲戌	乙亥	丙子	丁丑	戊寅	己卯	庚辰	辛巳	

陽歷五月份　（陰歷三、四月份）

陽	5	2	3	4	5	6	7	8	9	10	11	12	13	14	15	16	17	18	19	20	21	22	23	24	25	26	27	28	29	30	31
陰	十四	十五	十六	十七	十八	十九	廿	廿一	廿二	廿三	廿四	廿五	廿六	廿七	廿八	廿九	四	二	三	四	五	六	七	八	九	十	十一	十二	十三	十四	十五
星	2	3	4	5	6	日	1	2	3	4	5	6	日	1	2	3	4	5	6	日	1	2	3	4	5	6	日	1	2	3	4
干節	壬午	癸未	甲申	乙酉	立夏	丁亥	戊子	己丑	庚寅	辛卯	壬辰	癸巳	甲午	乙未	丙申	丁酉	戊戌	己亥	庚子	辛丑	小滿	癸卯	甲辰	乙巳	丙午	丁未	戊申	己酉	庚戌	辛亥	壬子

陽歷六月份　（陰歷四、五月份）

陽	6	2	3	4	5	6	7	8	9	10	11	12	13	14	15	16	17	18	19	20	21	22	23	24	25	26	27	28	29	30	
陰	十六	十七	十八	十九	廿	廿一	廿二	廿三	廿四	廿五	廿六	廿七	廿八	廿九	五	二	三	四	五	六	七	八	九	十	十一	十二	十三	十四	十五	十六	
星	5	6	日	1	2	3	4	5	6	日	1	2	3	4	5	6	日	1	2	3	4	5	6	日	1	2	3	4	5	6	
干節	癸丑	甲寅	乙卯	丙辰	丁巳	芒種	己未	庚申	辛酉	壬戌	癸亥	甲子	乙丑	丙寅	丁卯	戊辰	己巳	庚午	辛未	壬申	夏至	甲戌	乙亥	丙子	丁丑	戊寅	己卯	庚辰	辛巳	壬午	

丁未

一七八七年

（清高宗乾隆五二年）

陽曆七月份　（陰曆五、六月份）

陽	7	2	3	4	5	6	7	8	9	10	11	12	13	14	15	16	17	18	19	20	21	22	23	24	25	26	27	28	29	30	31
陰	十七	十八	十九	廿	廿一	廿二	廿三	廿四	廿五	廿六	廿七	廿八	廿九	卅	六	二	三	四	五	六	七	八	九	十	十一	十二	十三	十四	十五	十六	十七
星	日	1	2	3	4	5	6	日	1	2	3	4	5	6	日	1	2	3	4	5	6	日	1	2	3	4	5	6	日	1	2
干節	癸未	甲申	乙酉	丙戌	丁亥	戊子	小暑	庚寅	辛卯	壬辰	癸巳	甲午	乙未	丙申	丁酉	戊戌	己亥	庚子	辛丑	壬寅	癸卯	甲辰	大暑	丙午	丁未	戊申	己酉	庚戌	辛亥	壬子	癸丑

陽曆八月份　（陰曆六、七月份）

陽	8	2	3	4	5	6	7	8	9	10	11	12	13	14	15	16	17	18	19	20	21	22	23	24	25	26	27	28	29	30	31
陰	十八	十九	廿	廿一	廿二	廿三	廿四	廿五	廿六	廿七	廿八	廿九	七	二	三	四	五	六	七	八	九	十	十一	十二	十三	十四	十五	十六	十七	十八	十九
星	3	4	5	6	日	1	2	3	4	5	6	日	1	2	3	4	5	6	日	1	2	3	4	5	6	日	1	2	3	4	5
干節	甲寅	乙卯	丙辰	丁巳	戊午	己未	庚申	立秋	壬戌	癸亥	甲子	乙丑	丙寅	丁卯	戊辰	己巳	庚午	辛未	壬申	癸酉	甲戌	乙亥	處暑	丁丑	戊寅	己卯	庚辰	辛巳	壬午	癸未	甲申

陽曆九月份　（陰曆七、八月份）

陽	9	2	3	4	5	6	7	8	9	10	11	12	13	14	15	16	17	18	19	20	21	22	23	24	25	26	27	28	29	30
陰	廿	廿一	廿二	廿三	廿四	廿五	廿六	廿七	廿八	廿九	卅	八	二	三	四	五	六	七	八	九	十	十一	十二	十三	十四	十五	十六	十七	十八	十九
星	6	日	1	2	3	4	5	6	日	1	2	3	4	5	6	日	1	2	3	4	5	6	日	1	2	3	4	5	6	日
干節	乙酉	丙戌	丁亥	戊子	己丑	庚寅	辛卯	白露	癸巳	甲午	乙未	丙申	丁酉	戊戌	己亥	庚子	辛丑	壬寅	癸卯	甲辰	乙巳	丙午	秋分	戊申	己酉	庚戌	辛亥	壬子	癸丑	甲寅

陽曆十月份　（陰曆八、九月份）

陽	10	2	3	4	5	6	7	8	9	10	11	12	13	14	15	16	17	18	19	20	21	22	23	24	25	26	27	28	29	30	31
陰	廿	廿一	廿二	廿三	廿四	廿五	廿六	廿七	廿八	廿九	九	二	三	四	五	六	七	八	九	十	十一	十二	十三	十四	十五	十六	十七	十八	十九	廿	廿一
星	1	2	3	4	5	6	日	1	2	3	4	5	6	日	1	2	3	4	5	6	日	1	2	3	4	5	6	日	1	2	3
干節	乙卯	丙辰	丁巳	戊午	己未	庚申	辛酉	寒露	癸亥	甲子	乙丑	丙寅	丁卯	戊辰	己巳	庚午	辛未	壬申	癸酉	甲戌	乙亥	丙子	霜降	戊寅	己卯	庚辰	辛巳	壬午	癸未	甲申	乙酉

陽曆十一月份　（陰曆九、十月份）

陽	11	2	3	4	5	6	7	8	9	10	11	12	13	14	15	16	17	18	19	20	21	22	23	24	25	26	27	28	29	30
陰	廿二	廿三	廿四	廿五	廿六	廿七	廿八	廿九	卅	十	二	三	四	五	六	七	八	九	十	十一	十二	十三	十四	十五	十六	十七	十八	十九	廿	廿一
星	4	5	6	日	1	2	3	4	5	6	日	1	2	3	4	5	6	日	1	2	3	4	5	6	日	1	2	3	4	5
干節	丙戌	丁亥	戊子	己丑	庚寅	辛卯	立冬	癸巳	甲午	乙未	丙申	丁酉	戊戌	己亥	庚子	辛丑	壬寅	癸卯	甲辰	乙巳	丙午	小雪	戊申	己酉	庚戌	辛亥	壬子	癸丑	甲寅	乙卯

陽曆十二月份　（陰曆十、十一月份）

陽	12	2	3	4	5	6	7	8	9	10	11	12	13	14	15	16	17	18	19	20	21	22	23	24	25	26	27	28	29	30	31
陰	廿二	廿三	廿四	廿五	廿六	廿七	廿八	廿九	十一	二	三	四	五	六	七	八	九	十	十一	十二	十三	十四	十五	十六	十七	十八	十九	廿	廿一	廿二	廿三
星	6	日	1	2	3	4	5	6	日	1	2	3	4	5	6	日	1	2	3	4	5	6	日	1	2	3	4	5	6	日	1
干節	丙辰	丁巳	戊午	己未	庚申	辛酉	大雪	癸亥	甲子	乙丑	丙寅	丁卯	戊辰	己巳	庚午	辛未	壬申	癸酉	甲戌	乙亥	丙子	冬至	戊寅	己卯	庚辰	辛巳	壬午	癸未	甲申	乙酉	丙戌

近世中西史日對照表

戊申 一七八八年 （清高宗乾隆五三年）

陽歷 一 月份 （陰歷十一、十二月份）

陽	1	2	3	4	5	6	7	8	9	10	11	12	13	14	15	16	17	18	19	20	21	22	23	24	25	26	27	28	29	30	31
陰	廿四	廿五	廿六	廿七	廿八	廿九	卅	十二	二	三	四	五	六	七	八	九	十	十一	十二	十三	十四	十五	十六	十七	十八	十九	廿	廿一	廿二	廿三	廿四
星	2	3	4	5	6	日	1	2	3	4	5	6	日	1	2	3	4	5	6	日	1	2	3	4	5	6	日	1	2	3	4
干節	丁亥	戊子	己丑	庚寅	小寒	壬辰	癸巳	甲午	乙未	丙申	丁酉	戊戌	己亥	庚子	辛丑	壬寅	癸卯	甲辰	乙巳	大寒	丁未	戊申	己酉	庚戌	辛亥	壬子	癸丑	甲寅	乙卯	丙辰	丁巳

陽歷 二 月份 （陰歷十二、正月份）

陽	1	2	3	4	5	6	7	8	9	10	11	12	13	14	15	16	17	18	19	20	21	22	23	24	25	26	27	28	29		
陰	廿五	廿六	廿七	廿八	廿九	卅	正	二	三	四	五	六	七	八	九	十	十一	十二	十三	十四	十五	十六	十七	十八	十九	廿	廿一	廿二	廿三		
星	5	6	日	1	2	3	4	5	6	日	1	2	3	4	5	6	日	1	2	3	4	5	6	日	1	2	3	4	5		
干節	戊午	己未	庚申	立春	壬戌	癸亥	甲子	乙丑	丙寅	丁卯	戊辰	己巳	庚午	辛未	壬申	癸酉	甲戌	乙亥	雨水	丁丑	戊寅	己卯	庚辰	辛巳	壬午	癸未	甲申	乙酉	丙戌		

陽歷 三 月份 （陰歷正、二月份）

陽	1	2	3	4	5	6	7	8	9	10	11	12	13	14	15	16	17	18	19	20	21	22	23	24	25	26	27	28	29	30	31
陰	廿四	廿五	廿六	廿七	廿八	廿九	卅	二	二	三	四	五	六	七	八	九	十	十一	十二	十三	十四	十五	十六	十七	十八	十九	廿	廿一	廿二	廿三	廿四
星	6	日	1	2	3	4	5	6	日	1	2	3	4	5	6	日	1	2	3	4	5	6	日	1	2	3	4	5	6	日	1
干節	丁亥	戊子	己丑	庚寅	驚蟄	壬辰	癸巳	甲午	乙未	丙申	丁酉	戊戌	己亥	庚子	辛丑	壬寅	癸卯	甲辰	乙巳	春分	丁未	戊申	己酉	庚戌	辛亥	壬子	癸丑	甲寅	乙卯	丙辰	丁巳

陽歷 四 月份 （陰歷二、三月份）

陽	1	2	3	4	5	6	7	8	9	10	11	12	13	14	15	16	17	18	19	20	21	22	23	24	25	26	27	28	29	30	
陰	廿五	廿六	廿七	廿八	廿九	三	二	三	四	五	六	七	八	九	十	十一	十二	十三	十四	十五	十六	十七	十八	十九	廿	廿一	廿二	廿三	廿四	廿五	
星	2	3	4	5	6	日	1	2	3	4	5	6	日	1	2	3	4	5	6	日	1	2	3	4	5	6	日	1	2	3	
干節	戊午	己未	庚申	清明	壬戌	癸亥	甲子	乙丑	丙寅	丁卯	戊辰	己巳	庚午	辛未	壬申	癸酉	甲戌	乙亥	穀雨	丁丑	戊寅	己卯	庚辰	辛巳	壬午	癸未	甲申	乙酉	丙戌	丁亥	

陽歷 五 月份 （陰歷三、四月份）

陽	1	2	3	4	5	6	7	8	9	10	11	12	13	14	15	16	17	18	19	20	21	22	23	24	25	26	27	28	29	30	31
陰	廿六	廿七	廿八	廿九	卅	四	二	三	四	五	六	七	八	九	十	十一	十二	十三	十四	十五	十六	十七	十八	十九	廿	廿一	廿二	廿三	廿四	廿五	廿六
星	4	5	6	日	1	2	3	4	5	6	日	1	2	3	4	5	6	日	1	2	3	4	5	6	日	1	2	3	4	5	6
干節	戊子	己丑	庚寅	辛卯	立夏	癸巳	甲午	乙未	丙申	丁酉	戊戌	己亥	庚子	辛丑	壬寅	癸卯	甲辰	乙巳	丙午	小滿	戊申	己酉	庚戌	辛亥	壬子	癸丑	甲寅	乙卯	丙辰	丁巳	戊午

陽歷 六 月份 （陰歷四、五月份）

陽	1	2	3	4	5	6	7	8	9	10	11	12	13	14	15	16	17	18	19	20	21	22	23	24	25	26	27	28	29	30	
陰	廿七	廿八	廿九	五	二	三	四	五	六	七	八	九	十	十一	十二	十三	十四	十五	十六	十七	十八	十九	廿	廿一	廿二	廿三	廿四	廿五	廿六	廿七	
星	日	1	2	3	4	5	6	日	1	2	3	4	5	6	日	1	2	3	4	5	6	日	1	2	3	4	5	6	日	1	
干節	己未	庚申	辛酉	壬戌	芒種	甲子	乙丑	丙寅	丁卯	戊辰	己巳	庚午	辛未	壬申	癸酉	甲戌	乙亥	丙子	丁丑	戊寅	夏至	庚辰	辛巳	壬午	癸未	甲申	乙酉	丙戌	丁亥	戊子	

戊申

一七八八年

（清高宗乾隆五三年）

陽歷七月份　　（陰歷五、六月份）

陽	**7**	2	3	4	5	6	7	8	9	10	11	12	13	14	15	16	17	18	19	20	21	22	23	24	25	26	27	28	29	30	31
陰	廿八	廿九	卅	**六**	二	三	四	五	六	七	八	九	十	十一	十二	十三	十四	十五	十六	十七	十八	十九	廿	廿一	廿二	廿三	廿四	廿五	廿六	廿七	廿八
星	2	3	4	5	6	**日**	1	2	3	4	5	6	**日**	1	2	3	4	5	6	**日**	1	2	3	4	5	6	**日**	1	2	3	4
干節	己丑	庚寅	辛卯	壬辰	癸巳	**小暑**	乙未	丙申	丁酉	戊戌	己亥	庚子	辛丑	壬寅	癸卯	甲辰	乙巳	丙午	丁未	戊申	己酉	**大暑**	辛亥	壬子	癸丑	甲寅	乙卯	丙辰	丁巳	戊午	己未

陽歷八月份　　（陰歷六、七、八月份）

陽	**8**	2	3	4	5	6	7	8	9	10	11	12	13	14	15	16	17	18	19	20	21	22	23	24	25	26	27	28	29	30	31
陰	廿九	**七**	二	三	四	五	六	七	八	九	十	十一	十二	十三	十四	十五	十六	十七	十八	十九	廿	廿一	廿二	廿三	廿四	廿五	廿六	廿七	廿八	廿九	**八**
星	5	6	**日**	1	2	3	4	5	6	**日**	1	2	3	4	5	6	**日**	1	2	3	4	5	6	**日**	1	2	3	4	5	6	**日**
干節	庚申	辛酉	壬戌	癸亥	甲子	乙丑	**立秋**	丁卯	戊辰	己巳	庚午	辛未	壬申	癸酉	甲戌	乙亥	丙子	丁丑	戊寅	己卯	庚辰	**處暑**	壬午	癸未	甲申	乙酉	丙戌	丁亥	戊子	己丑	庚寅

陽歷九月份　　（陰歷八、九月份）

陽	**9**	2	3	4	5	6	7	8	9	10	11	12	13	14	15	16	17	18	19	20	21	22	23	24	25	26	27	28	29	30
陰	二	三	四	五	六	七	八	九	十	十一	十二	十三	十四	十五	十六	十七	十八	十九	廿	廿一	廿二	廿三	廿四	廿五	廿六	廿七	廿八	廿九	**九**	二
星	1	2	3	4	5	6	**日**	1	2	3	4	5	6	**日**	1	2	3	4	5	6	**日**	1	2	3	4	5	6	**日**	1	2
干節	辛卯	壬辰	癸巳	甲午	乙未	丙申	**白露**	戊戌	己亥	庚子	辛丑	壬寅	癸卯	甲辰	乙巳	丙午	丁未	戊申	己酉	庚戌	辛亥	**秋分**	癸丑	甲寅	乙卯	丙辰	丁巳	戊午	己未	庚申

陽歷十月份　　（陰歷九、十月份）

陽	**10**	2	3	4	5	6	7	8	9	10	11	12	13	14	15	16	17	18	19	20	21	22	23	24	25	26	27	28	29	30	31
陰	三	四	五	六	七	八	九	十	十一	十二	十三	十四	十五	十六	十七	十八	十九	廿	廿一	廿二	廿三	廿四	廿五	廿六	廿七	廿八	廿九	卅	**十**	二	三
星	3	4	5	6	**日**	1	2	3	4	5	6	**日**	1	2	3	4	5	6	**日**	1	2	3	4	5	6	**日**	1	2	3	4	5
干節	辛酉	壬戌	癸亥	甲子	乙丑	丙寅	**寒露**	戊辰	己巳	庚午	辛未	壬申	癸酉	甲戌	乙亥	丙子	丁丑	戊寅	己卯	庚辰	辛巳	壬午	**霜降**	甲申	乙酉	丙戌	丁亥	戊子	己丑	庚寅	辛卯

陽歷十一月份　　（陰歷十、十一月份）

陽	**11**	2	3	4	5	6	7	8	9	10	11	12	13	14	15	16	17	18	19	20	21	22	23	24	25	26	27	28	29	30
陰	四	五	六	七	八	九	十	十一	十二	十三	十四	十五	十六	十七	十八	十九	廿	廿一	廿二	廿三	廿四	廿五	廿六	廿七	廿八	廿九	卅	**十一**	二	三
星	6	**日**	1	2	3	4	5	6	**日**	1	2	3	4	5	6	**日**	1	2	3	4	5	6	**日**	1	2	3	4	5	6	**日**
干節	壬辰	癸巳	甲午	乙未	丙申	丁酉	**立冬**	己亥	庚子	辛丑	壬寅	癸卯	甲辰	乙巳	丙午	丁未	戊申	己酉	庚戌	辛亥	**小雪**	癸丑	甲寅	乙卯	丙辰	丁巳	戊午	己未	庚申	辛酉

陽歷十二月份　　（陰歷十一、十二月份）

陽	**12**	2	3	4	5	6	7	8	9	10	11	12	13	14	15	16	17	18	19	20	21	22	23	24	25	26	27	28	29	30	31
陰	四	五	六	七	八	九	十	十一	十二	十三	十四	十五	十六	十七	十八	十九	廿	廿一	廿二	廿三	廿四	廿五	廿六	廿七	廿八	廿九	**十二**	二	三	四	五
星	1	2	3	4	5	6	**日**	1	2	3	4	5	6	**日**	1	2	3	4	5	6	**日**	1	2	3	4	5	6	**日**	1	2	3
干節	壬戌	癸亥	甲子	乙丑	丙寅	**大雪**	戊辰	己巳	庚午	辛未	壬申	癸酉	甲戌	乙亥	丙子	丁丑	戊寅	己卯	庚辰	辛巳	**冬至**	癸未	甲申	乙酉	丙戌	丁亥	戊子	己丑	庚寅	辛卯	壬辰

近世中西史日對照表

陽歷一月份（陰歷十二、正月份）

陽	1	2	3	4	5	6	7	8	9	10	11	12	13	14	15	16	17	18	19	20	21	22	23	24	35	26	27	28	29	30	31
陰	六	七	八	九	十	十一	十二	十三	十四	十五	十六	十七	十八	十九	廿	廿一	廿二	廿三	廿四	廿五	廿六	廿七	廿八	廿九	卅	正	二	三	四	五	六
星	4	5	6	日	1	2	3	4	5	6	日	1	2	3	4	5	6	日	1	2	3	4	5	6	日	1	2	3	4	5	6
干節	癸巳	甲午	乙未	丙申	小寒	戊戌	己亥	庚子	辛丑	壬寅	癸卯	甲辰	乙巳	丙午	丁未	戊申	己酉	庚戌	大寒	壬子	癸丑	甲寅	乙卯	丙辰	丁巳	戊午	己未	庚申	辛酉	壬戌	癸亥

陽歷二月份（陰歷正、二月份）

陽	2	2	3	4	5	6	7	8	9	10	11	12	13	14	15	16	17	18	19	20	21	22	23	24	25	26	27	28			
陰	七	八	九	十	十一	十二	十三	十四	十五	十六	十七	十八	十九	廿	廿一	廿二	廿三	廿四	廿五	廿六	廿七	廿八	廿九	卅	二	二	三	四			
星	日	1	2	3	4	5	6	日	1	2	3	4	5	6	日	1	2	3	4	5	6	日	1	2	3	4	5	6			
干節	甲子	乙丑	立春	丁卯	戊辰	己巳	庚午	辛未	壬申	癸酉	甲戌	乙亥	丙子	丁丑	戊寅	己卯	庚辰	雨水	壬午	癸未	甲申	乙酉	丙戌	丁亥	戊子	己丑	庚寅	辛卯			

陽歷三月份（陰歷二、三月份）

陽	3	2	3	4	5	6	7	8	9	10	11	12	13	14	15	16	17	18	19	20	21	22	23	24	25	26	27	28	29	30	31
陰	五	六	七	八	九	十	十一	十二	十三	十四	十五	十六	十七	十八	十九	廿	廿一	廿二	廿三	廿四	廿五	廿六	廿七	廿八	廿九	卅	三	二	三	四	五
星	日	1	2	3	4	5	6	日	1	2	3	4	5	6	日	1	2	3	4	5	6	日	1	2	3	4	5	6	日	1	2
干節	壬辰	癸巳	甲午	乙未	驚蟄	丁酉	戊戌	己亥	庚子	辛丑	壬寅	癸卯	甲辰	乙巳	丙午	丁未	戊申	己酉	庚戌	春分	壬子	癸丑	甲寅	乙卯	丙辰	丁巳	戊午	己未	庚申	辛酉	壬戌

陽歷四月份（陰歷三、四月份）

陽	4	2	3	4	5	6	7	8	9	10	11	12	13	14	15	16	17	18	19	20	21	22	23	24	25	26	27	28	29	30	
陰	六	七	八	九	十	十一	十二	十三	十四	十五	十六	十七	十八	十九	廿	廿一	廿二	廿三	廿四	廿五	廿六	廿七	廿八	廿九	四	二	三	四	五	六	
星	3	4	5	6	日	1	2	3	4	5	6	日	1	2	3	4	5	6	日	1	2	3	4	5	6	日	1	2	3	4	
干節	癸亥	甲子	乙丑	清明	丁卯	戊辰	己巳	庚午	辛未	壬申	癸酉	甲戌	乙亥	丙子	丁丑	戊寅	己卯	庚辰	辛巳	穀雨	癸未	甲申	乙酉	丙戌	丁亥	戊子	己丑	庚寅	辛卯	壬辰	

陽歷五月份（陰歷四、五月份）

陽	5	2	3	4	5	6	7	8	9	10	11	12	13	14	15	16	17	18	19	20	21	22	23	24	25	26	27	28	29	30	31
陰	七	八	九	十	十一	十二	十三	十四	十五	十六	十七	十八	十九	廿	廿一	廿二	廿三	廿四	廿五	廿六	廿七	廿八	廿九	卅	五	二	三	四	五	六	七
星	5	6	日	1	2	3	4	5	6	日	1	2	3	4	5	6	日	1	2	3	4	5	6	日	1	2	3	4	5	6	日
干節	癸巳	甲午	乙未	丙申	立夏	戊戌	己亥	庚子	辛丑	壬寅	癸卯	甲辰	乙巳	丙午	丁未	戊申	己酉	庚戌	辛亥	壬子	小滿	甲寅	乙卯	丙辰	丁巳	戊午	己未	庚申	辛酉	壬戌	癸亥

陽歷六月份（陰歷五、閏五月份）

陽	6	2	3	4	5	6	7	8	9	10	11	12	13	14	15	16	17	18	19	20	21	22	23	24	25	26	27	28	29	30	
陰	八	九	十	十一	十二	十三	十四	十五	十六	十七	十八	十九	廿	廿一	廿二	廿三	廿四	廿五	廿六	廿七	廿八	廿九	閏	二	三	四	五	六	七	八	
星	1	2	3	4	5	6	日	1	2	3	4	5	6	日	1	2	3	4	5	6	日	1	2	3	4	5	6	日	1	2	
干節	甲子	乙丑	丙寅	丁卯	芒種	己巳	庚午	辛未	壬申	癸酉	甲戌	乙亥	丙子	丁丑	戊寅	己卯	庚辰	辛巳	壬午	癸未	夏至	乙酉	丙戌	丁亥	戊子	己丑	庚寅	辛卯	壬辰	癸巳	

己酉　一七八九年（清高宗乾隆五四年）

陽歷七月份　（陰歷閏五、六月份）

陽	**7**	2	3	4	5	6	7	8	9	10	11	12	13	14	15	16	17	18	19	20	21	22	23	24	25	26	27	28	29	30	31
陰	九	十	十一	十二	十三	十四	十五	十六	十七	十八	十九	廿	廿一	廿二	廿三	廿四	廿五	廿六	廿七	廿八	廿九	**六**	二	三	四	五	六	七	八	九	十
星	3	4	5	6	日	1	2	3	4	5	6	日	1	2	3	4	5	6	日	1	2	3	4	5	6	日	1	2	3	4	5
干節	甲午	乙未	丙申	丁酉	戊戌	己亥	**小暑**	辛丑	壬寅	癸卯	甲辰	乙巳	丙午	丁未	戊申	己酉	庚戌	辛亥	壬子	癸丑	甲寅	**大暑**	丙辰	丁巳	戊午	己未	庚申	辛酉	壬戌	癸亥	甲子

陽歷八月份　（陰歷六、七(乙卯)月份）

陽	**8**	2	3	4	5	6	7	8	9	10	11	12	13	14	15	16	17	18	19	20	21	22	23	24	25	26	27	28	29	30	31
陰	十一	十二	十三	十四	十五	十六	十七	十八	十九	廿	廿一	廿二	廿三	廿四	廿五	廿六	廿七	廿八	廿九	卅	**七**	二	三	四	五	六	七	八	九	十	十一
星	6	日	1	2	3	4	5	6	日	1	2	3	4	5	6	日	1	2	3	4	5	6	日	1	2	3	4	5	6	日	1
干節	乙丑	丙寅	丁卯	戊辰	己巳	庚午	**立秋**	壬申	癸酉	甲戌	乙亥	丙子	丁丑	戊寅	己卯	庚辰	辛巳	壬午	癸未	甲申	乙酉	丙戌	**處暑**	戊子	己丑	庚寅	辛卯	壬辰	癸巳	甲午	乙未

陽歷九月份　（陰歷七、八月份）

陽	**9**	2	3	4	5	6	7	8	9	10	11	12	13	14	15	16	17	18	19	20	21	22	23	24	25	26	27	28	29	30
陰	十二	十三	十四	十五	十六	十七	十八	十九	廿	廿一	廿二	廿三	廿四	廿五	廿六	廿七	廿八	廿九	**八**	二	三	四	五	六	七	八	九	十	十一	十二
星	2	3	4	5	6	日	1	2	3	4	5	6	日	1	2	3	4	5	6	日	1	2	3	4	5	6	日	1	2	3
干節	丙申	丁酉	戊戌	己亥	庚子	辛丑	**白露**	癸卯	甲辰	乙巳	丙午	丁未	戊申	己酉	庚戌	辛亥	壬子	癸丑	甲寅	乙卯	丙辰	**秋分**	戊午	己未	庚申	辛酉	壬戌	癸亥	甲子	乙丑

陽歷十月份　（陰歷八、九月份）

陽	**10**	2	3	4	5	6	7	8	9	10	11	12	13	14	15	16	17	18	19	20	21	22	23	24	25	26	27	28	29	30	31
陰	十三	十四	十五	十六	十七	十八	十九	廿	廿一	廿二	廿三	廿四	廿五	廿六	廿七	廿八	廿九	卅	**九**	二	三	四	五	六	七	八	九	十	十一	十二	十三
星	4	5	6	日	1	2	3	4	5	6	日	1	2	3	4	5	6	日	1	2	3	4	5	6	日	1	2	3	4	5	6
干節	丙寅	丁卯	戊辰	己巳	庚午	辛未	壬申	**寒露**	甲戌	乙亥	丙子	丁丑	戊寅	己卯	庚辰	辛巳	壬午	癸未	甲申	乙酉	丙戌	丁亥	**霜降**	己丑	庚寅	辛卯	壬辰	癸巳	甲午	乙未	丙申

陽歷十一月份　（陰歷九、十月份）

陽	**11**	2	3	4	5	6	7	8	9	10	11	12	13	14	15	16	17	18	19	20	21	22	23	24	25	26	27	28	29	30
陰	十四	十五	十六	十七	十八	十九	廿	廿一	廿二	廿三	廿四	廿五	廿六	廿七	廿八	廿九	**十**	二	三	四	五	六	七	八	九	十	十一	十二	十三	十四
星	日	1	2	3	4	5	6	日	1	2	3	4	5	6	日	1	2	3	4	5	6	日	1	2	3	4	5	6	日	1
干節	丁酉	戊戌	己亥	庚子	辛丑	壬寅	**立冬**	甲辰	乙巳	丙午	丁未	戊申	己酉	庚戌	辛亥	壬子	癸丑	甲寅	乙卯	丙辰	丁巳	**小雪**	己未	庚申	辛酉	壬戌	癸亥	甲子	乙丑	丙寅

陽歷十二月份　（陰歷十、十一月份）

陽	**12**	2	3	4	5	6	7	8	9	10	11	12	13	14	15	16	17	18	19	20	21	22	23	24	25	26	27	28	29	30	31
陰	十五	十六	十七	十八	十九	廿	廿一	廿二	廿三	廿四	廿五	廿六	廿七	廿八	廿九	卅	**十一**	二	三	四	五	六	七	八	九	十	十一	十二	十三	十四	十五
星	2	3	4	5	6	日	1	2	3	4	5	6	日	1	2	3	4	5	6	日	1	2	3	4	5	6	日	1	2	3	4
干節	丁卯	戊辰	己巳	庚午	辛未	**大雪**	癸酉	甲戌	乙亥	丙子	丁丑	戊寅	己卯	庚辰	辛巳	壬午	癸未	甲申	乙酉	丙戌	**冬至**	戊子	己丑	庚寅	辛卯	壬辰	癸巳	甲午	乙未	丙申	丁酉

庚戌　一七九〇年（清高宗乾隆五五年）

陽歷一月份　（陰歷十一、十二月份）

陽	1	2	3	4	5	6	7	8	9	10	11	12	13	14	15	16	17	18	19	20	21	22	23	24	25	26	27	28	29	30	31
陰	十六	十七	十八	十九	廿	廿一	廿二	廿三	廿四	廿五	廿六	廿七	廿八	廿九	十二	二	三	四	五	六	七	八	九	十	十一	十二	十三	十四	十五	十六	十七
星	5	6	日	1	2	3	4	5	6	日	1	2	3	4	5	6	日	1	2	3	4	5	6	日	1	2	3	4	5	6	日
干節	戊戌	己亥	庚子	辛丑	小寒	癸卯	甲辰	乙巳	丙午	丁未	戊申	己酉	庚戌	辛亥	壬子	癸丑	甲寅	乙卯	丙辰	大寒	戊午	己未	庚申	辛酉	壬戌	癸亥	甲子	乙丑	丙寅	丁卯	戊辰

陽歷二月份　（陰歷十二、正月份）

陽	1	2	3	4	5	6	7	8	9	10	11	12	13	14	15	16	17	18	19	20	21	22	23	24	25	26	27	28
陰	十八	十九	廿	廿一	廿二	廿三	廿四	廿五	廿六	廿七	廿八	廿九	卅	正	二	三	四	五	六	七	八	九	十	十一	十二	十三	十四	十五
星	1	2	3	4	5	6	日	1	2	3	4	5	6	日	1	2	3	4	5	6	日	1	2	3	4	5	6	日
干節	己巳	庚午	立春	壬申	癸酉	甲戌	乙亥	丙子	丁丑	戊寅	己卯	庚辰	辛巳	壬午	癸未	甲申	乙酉	雨水	丁亥	戊子	己丑	庚寅	辛卯	壬辰	癸巳	甲午	乙未	丙申

陽歷三月份　（陰歷正、二月份）

陽	1	2	3	4	5	6	7	8	9	10	11	12	13	14	15	16	17	18	19	20	21	22	23	24	25	26	27	28	29	30	31
陰	十六	十七	十八	十九	廿	廿一	廿二	廿三	廿四	廿五	廿六	廿七	廿八	廿九	卅	二	二	三	四	五	六	七	八	九	十	十一	十二	十三	十四	十五	十六
星	1	2	3	4	5	6	日	1	2	3	4	5	6	日	1	2	3	4	5	6	日	1	2	3	4	5	6	日	1	2	3
干節	丁酉	戊戌	己亥	庚子	驚蟄	壬寅	癸卯	甲辰	乙巳	丙午	丁未	戊申	己酉	庚戌	辛亥	壬子	癸丑	甲寅	乙卯	春分	丁巳	戊午	己未	庚申	辛酉	壬戌	癸亥	甲子	乙丑	丙寅	丁卯

陽歷四月份　（陰歷二、三月份）

陽	1	2	3	4	5	6	7	8	9	10	11	12	13	14	15	16	17	18	19	20	21	22	23	24	25	26	27	28	29	30
陰	十七	十八	十九	廿	廿一	廿二	廿三	廿四	廿五	廿六	廿七	廿八	廿九	三	二	三	四	五	六	七	八	九	十	十一	十二	十三	十四	十五	十六	十七
星	4	5	6	日	1	2	3	4	5	6	日	1	2	3	4	5	6	日	1	2	3	4	5	6	日	1	2	3	4	5
干節	戊辰	己巳	庚午	清明	壬申	癸酉	甲戌	乙亥	丙子	丁丑	戊寅	己卯	庚辰	辛巳	壬午	癸未	甲申	乙酉	丙戌	穀雨	戊子	己丑	庚寅	辛卯	壬辰	癸巳	甲午	乙未	丙申	丁酉

陽歷五月份　（陰歷三、四月份）

陽	1	2	3	4	5	6	7	8	9	10	11	12	13	14	15	16	17	18	19	20	21	22	23	24	25	26	27	28	29	30	31
陰	十八	十九	廿	廿一	廿二	廿三	廿四	廿五	廿六	廿七	廿八	廿九	卅	四	二	三	四	五	六	七	八	九	十	十一	十二	十三	十四	十五	十六	十七	十八
星	6	日	1	2	3	4	5	6	日	1	2	3	4	5	6	日	1	2	3	4	5	6	日	1	2	3	4	5	6	日	1
干節	戊戌	己亥	庚子	辛丑	立夏	癸卯	甲辰	乙巳	丙午	丁未	戊申	己酉	庚戌	辛亥	壬子	癸丑	甲寅	乙卯	丙辰	丁巳	小滿	己未	庚申	辛酉	壬戌	癸亥	甲子	乙丑	丙寅	丁卯	戊辰

陽歷六月份　（陰歷四、五月份）

陽	1	2	3	4	5	6	7	8	9	10	11	12	13	14	15	16	17	18	19	20	21	22	23	24	25	26	27	28	29	30
陰	十九	廿	廿一	廿二	廿三	廿四	廿五	廿六	廿七	廿八	廿九	卅	五	二	三	四	五	六	七	八	九	十	十一	十二	十三	十四	十五	十六	十七	十八
星	2	3	4	5	6	日	1	2	3	4	5	6	日	1	2	3	4	5	6	日	1	2	3	4	5	6	日	1	2	3
干節	己巳	庚午	辛未	壬申	芒種	甲戌	乙亥	丙子	丁丑	戊寅	己卯	庚辰	辛巳	壬午	癸未	甲申	乙酉	丙戌	丁亥	戊子	夏至	庚寅	辛卯	壬辰	癸巳	甲午	乙未	丙申	丁酉	戊戌

近世中西史日對照表

庚戌

一七九〇年

（清高宗乾隆五五年）

陽歷七月份　（陰歷五、六月份）

陽	7	2	3	4	5	6	7	8	9	10	11	12	13	14	15	16	17	18	19	20	21	22	23	24	25	26	27	28	29	30	31
陰	十九	廿	廿一	廿二	廿三	廿四	廿五	廿六	廿七	廿八	廿九	六	二	三	四	五	六	七	八	九	十	十一	十二	十三	十四	十五	十六	十七	十八	十九	廿
星	4	5	6	日	1	2	3	4	5	6	日	1	2	3	4	5	6	日	1	2	3	4	5	6	日	1	2	3	4	5	6
干節	己亥	庚子	辛丑	壬寅	癸卯	甲辰	小暑	丙午	丁未	戊申	己酉	庚戌	辛亥	壬子	癸丑	甲寅	乙卯	丙辰	丁巳	戊午	己未	庚申	大暑	壬戌	癸亥	甲子	乙丑	丙寅	丁卯	戊辰	己巳

陽歷八月份　（陰歷六、七月份）

陽	8	2	3	4	5	6	7	8	9	10	11	12	13	14	15	16	17	18	19	20	21	22	23	24	25	26	27	28	29	30	31
陰	廿一	廿二	廿三	廿四	廿五	廿六	廿七	廿八	廿九	七	二	三	四	五	六	七	八	九	十	十一	十二	十三	十四	十五	十六	十七	十八	十九	廿	廿一	廿二
星	日	1	2	3	4	5	6	日	1	2	3	4	5	6	日	1	2	3	4	5	6	日	1	2	3	4	5	6	日	1	3
干節	庚午	辛未	壬申	癸酉	甲戌	乙亥	立秋	丁丑	戊寅	己卯	庚辰	辛巳	壬午	癸未	甲申	乙酉	丙戌	丁亥	戊子	己丑	庚寅	辛卯	處暑	癸巳	甲午	乙未	丙申	丁酉	戊戌	己亥	庚子

陽歷九月份　（陰歷七、八月份）

陽	9	2	3	4	5	6	7	8	9	10	11	12	13	14	15	16	17	18	19	20	21	22	23	24	25	26	27	28	29	30
陰	廿三	廿四	廿五	廿六	廿七	廿八	廿九	卅	八	二	三	四	五	六	七	八	九	十	十一	十二	十三	十四	十五	十六	十七	十八	十九	廿	廿一	廿二
星	3	4	5	6	日	1	2	3	4	5	6	日	1	2	3	4	5	6	日	1	2	3	4	5	6	日	1	2	3	4
干節	辛丑	壬寅	癸卯	甲辰	乙巳	丙午	白露	戊申	己酉	庚戌	辛亥	壬子	癸丑	甲寅	乙卯	丙辰	丁巳	戊午	己未	庚申	辛酉	壬戌	秋分	甲子	乙丑	丙寅	丁卯	戊辰	己巳	庚午

陽歷十月份　（陰歷八、九月份）

陽	10	2	3	4	5	6	7	8	9	10	11	12	13	14	15	16	17	18	19	20	21	22	23	24	25	26	27	28	29	30	31
陰	廿三	廿四	廿五	廿六	廿七	廿八	廿九	九	二	三	四	五	六	七	八	九	十	十一	十二	十三	十四	十五	十六	十七	十八	十九	廿	廿一	廿二	廿三	廿四
星	5	6	日	1	2	3	4	5	6	日	1	2	3	4	5	6	日	1	2	3	4	5	6	日	1	2	3	4	5	6	日
干節	辛未	壬申	癸酉	甲戌	乙亥	丙子	丁丑	寒露	己卯	庚辰	辛巳	壬午	癸未	甲申	乙酉	丙戌	丁亥	戊子	己丑	庚寅	辛卯	壬辰	霜降	甲午	乙未	丙申	丁酉	戊戌	己亥	庚子	辛丑

陽歷十一月份　（陰歷九、十月份）

陽	11	2	3	4	5	6	7	8	9	10	11	12	13	14	15	16	17	18	19	20	21	22	23	24	25	26	27	28	29	30
陰	廿五	廿六	廿七	廿八	廿九	卅	十	二	三	四	五	六	七	八	九	十	十一	十二	十三	十四	十五	十六	十七	十八	十九	廿	廿一	廿二	廿三	廿四
星	1	2	3	4	5	6	日	1	2	3	4	5	6	日	1	2	3	4	5	6	日	1	2	3	4	5	6	日	1	2
干節	壬寅	癸卯	甲辰	乙巳	丙午	丁未	立冬	己酉	庚戌	辛亥	壬子	癸丑	甲寅	乙卯	丙辰	丁巳	戊午	己未	庚申	辛酉	壬戌	小雪	甲子	乙丑	丙寅	丁卯	戊辰	己巳	庚午	辛未

陽歷十二月份　（陰歷十、十一月份）

陽	12	2	3	4	5	6	7	8	9	10	11	12	13	14	15	16	17	18	19	20	21	22	23	24	25	26	27	28	29	30	31
陰	廿五	廿六	廿七	廿八	廿九	十一	二	三	四	五	六	七	八	九	十	十一	十二	十三	十四	十五	十六	十七	十八	十九	廿	廿一	廿二	廿三	廿四	廿五	廿六
星	3	4	5	6	日	1	2	3	4	5	6	日	1	2	3	4	5	6	日	1	2	3	4	5	6	日	1	2	3	4	5
干節	壬申	癸酉	甲戌	乙亥	丙子	丁丑	大雪	己卯	庚辰	辛巳	壬午	癸未	甲申	乙酉	丙戌	丁亥	戊子	己丑	庚寅	辛卯	冬至	癸巳	甲午	乙未	丙申	丁酉	戊戌	己亥	庚子	辛丑	壬寅

辛亥 一七九一年 （清高宗乾隆五六年）

陽歷一月份（陰歷十一、十二月份）

陽	**1**	2	3	4	5	6	7	8	9	10	11	12	13	14	15	16	17	18	19	20	21	22	23	24	25	26	27	28	29	30	31
陰	廿七	廿八	廿九	卅	**十二**	二	三	四	五	六	七	八	九	十	十一	十二	十三	十四	十五	十六	十七	十八	十九	廿	廿一	廿二	廿三	廿四	廿五	廿六	廿七
星	6	**日**	1	2	3	4	5	6	**日**	1	2	3	4	5	6	**日**	1	2	3	4	5	6	**日**	1	2	3	4	5	6	**日**	1
干節	癸卯	甲辰	乙巳	丙午	**小寒**	戊申	己酉	庚戌	辛亥	壬子	癸丑	甲寅	乙卯	丙辰	丁巳	戊午	己未	庚申	辛酉	**大寒**	癸亥	甲子	乙丑	丙寅	丁卯	戊辰	己巳	庚午	辛未	壬申	癸酉

陽歷二月份（陰歷十二、正月份）

陽	**2**	2	3	4	5	6	7	8	9	10	11	12	13	14	15	16	17	18	19	20	21	22	23	24	25	26	27	28			
陰	廿八	廿九	**正**	二	三	四	五	六	七	八	九	十	十一	十二	十三	十四	十五	十六	十七	十八	十九	廿	廿一	廿二	廿三	廿四	廿五	廿六			
星	2	3	4	5	6	**日**	1	2	3	4	5	6	**日**	1	2	3	4	5	6	**日**	1	2	3	4	5	6	**日**	1			
干節	甲戌	乙亥	丙子	**立春**	戊寅	己卯	庚辰	辛巳	壬午	癸未	甲申	乙酉	丙戌	丁亥	戊子	己丑	庚寅	**雨水**	壬辰	癸巳	甲午	乙未	丙申	丁酉	戊戌	己亥	庚子	辛丑			

陽歷三月份（陰歷正、二月份）

陽	**3**	2	3	4	5	6	7	8	9	10	11	12	13	14	15	16	17	18	19	20	21	22	23	24	25	26	27	28	29	30	31
陰	廿七	廿八	廿九	卅	**二**	二	三	四	五	六	七	八	九	十	十一	十二	十三	十四	十五	十六	十七	十八	十九	廿	廿一	廿二	廿三	廿四	廿五	廿六	廿七
星	2	3	4	5	6	**日**	1	2	3	4	5	6	**日**	1	2	3	4	5	6	**日**	1	2	3	4	5	6	**日**	1	2	3	4
干節	壬寅	癸卯	甲辰	乙巳	**驚蟄**	丁未	戊申	己酉	庚戌	辛亥	壬子	癸丑	甲寅	乙卯	丙辰	丁巳	戊午	己未	庚申	**春分**	壬戌	癸亥	甲子	乙丑	丙寅	丁卯	戊辰	己巳	庚午	辛未	壬申

陽歷四月份（陰歷二、三月份）

陽	**4**	2	3	4	5	6	7	8	9	10	11	12	13	14	15	16	17	18	19	20	21	22	23	24	25	26	27	28	29	30	
陰	廿八	廿九	**三**	二	三	四	五	六	七	八	九	十	十一	十二	十三	十四	十五	十六	十七	十八	十九	廿	廿一	廿二	廿三	廿四	廿五	廿六	廿七	廿八	
星	5	6	**日**	1	2	3	4	5	6	**日**	1	2	3	4	5	6	**日**	1	2	3	4	5	6	**日**	1	2	3	4	5	6	
干節	癸酉	甲戌	乙亥	丙子	**清明**	戊寅	己卯	庚辰	辛巳	壬午	癸未	甲申	乙酉	丙戌	丁亥	戊子	己丑	庚寅	辛卯	**穀雨**	癸巳	甲午	乙未	丙申	丁酉	戊戌	己亥	庚子	辛丑	壬寅	

陽歷五月份（陰歷三、四月份）

陽	**5**	2	3	4	5	6	7	8	9	10	11	12	13	14	15	16	17	18	19	20	21	22	23	24	25	26	27	28	29	30	31
陰	廿九	卅	**四**	二	三	四	五	六	七	八	九	十	十一	十二	十三	十四	十五	十六	十七	十八	十九	廿	廿一	廿二	廿三	廿四	廿五	廿六	廿七	廿八	廿九
星	**日**	1	2	3	4	5	6	**日**	1	2	3	4	5	6	**日**	1	2	3	4	5	6	**日**	1	2	3	4	5	6	**日**	1	2
干節	癸卯	甲辰	乙巳	丙午	**立夏**	戊申	己酉	庚戌	辛亥	壬子	癸丑	甲寅	乙卯	丙辰	丁巳	戊午	己未	庚申	辛酉	壬戌	**小滿**	甲子	乙丑	丙寅	丁卯	戊辰	己巳	庚午	辛未	壬申	癸酉

陽歷六月份（陰歷四、五月份）

陽	**6**	2	3	4	5	6	7	8	9	10	11	12	13	14	15	16	17	18	19	20	21	22	23	24	25	26	27	28	29	30	
陰	卅	**五**	二	三	四	五	六	七	八	九	十	十一	十二	十三	十四	十五	十六	十七	十八	十九	廿	廿一	廿二	廿三	廿四	廿五	廿六	廿七	廿八	廿九	
星	3	4	5	6	**日**	1	2	3	4	5	6	**日**	1	2	3	4	5	6	**日**	1	2	3	4	5	6	**日**	1	2	3	4	
干節	甲戌	乙亥	丙子	丁丑	戊寅	**芒種**	庚辰	辛巳	壬午	癸未	甲申	乙酉	丙戌	丁亥	戊子	己丑	庚寅	辛卯	壬辰	癸巳	**夏至**	乙未	丙申	丁酉	戊戌	己亥	庚子	辛丑	壬寅	癸卯	

辛亥　一七九一年（清高宗乾隆五六年）

陽歷七月份　（陰歷六、七月份）

陽	7	2	3	4	5	6	7	8	9	10	11	12	13	14	15	16	17	18	19	20	21	22	23	24	25	26	27	28	29	30	31
陰	六	二	三	四	五	六	七	八	九	十	十一	十二	十三	十四	十五	十六	十七	十八	十九	廿	廿一	廿二	廿三	廿四	廿五	廿六	廿七	廿八	廿九	卅	七
星	5	6	日	1	2	3	4	5	6	日	1	2	3	4	5	6	日	1	2	3	4	5	6	日	1	2	3	4	5	6	日
干節	甲辰	乙巳	丙午	丁未	戊申	己酉	小暑	辛亥	壬子	癸丑	甲寅	乙卯	丙辰	丁巳	戊午	己未	庚申	辛酉	壬戌	癸亥	甲子	乙丑	大暑	丁卯	戊辰	己巳	庚午	辛未	壬申	癸酉	甲戌

陽歷八月份　（陰歷七、八月份）

陽	8	2	3	4	5	6	7	8	9	10	11	12	13	14	15	16	17	18	19	20	21	22	23	24	25	26	27	28	29	30	31
陰	二	三	四	五	六	七	八	九	十	十一	十二	十三	十四	十五	十六	十七	十八	十九	廿	廿一	廿二	廿三	廿四	廿五	廿六	廿七	廿八	廿九	八	二	三
星	1	2	3	4	5	6	日	1	2	3	4	5	6	日	1	2	3	4	5	6	日	1	2	3	4	5	6	日	1	2	3
干節	乙亥	丙子	丁丑	戊寅	己卯	庚辰	辛巳	立秋	癸未	甲申	乙酉	丙戌	丁亥	戊子	己丑	庚寅	辛卯	壬辰	癸巳	甲午	乙未	丙申	處暑	戊戌	己亥	庚子	辛丑	壬寅	癸卯	甲辰	乙巳

陽歷九月份　（陰歷八、九月份）

陽	9	2	3	4	5	6	7	8	9	10	11	12	13	14	15	16	17	18	19	20	21	22	23	24	25	26	27	28	29	30	
陰	四	五	六	七	八	九	十	十一	十二	十三	十四	十五	十六	十七	十八	十九	廿	廿一	廿二	廿三	廿四	廿五	廿六	廿七	廿八	廿九	卅	九	二	三	
星	4	5	6	日	1	2	3	4	5	6	日	1	2	3	4	5	6	日	1	2	3	4	5	6	日	1	2	3	4	5	
干節	丙午	丁未	戊申	己酉	庚戌	辛亥	壬子	白露	甲寅	乙卯	丙辰	丁巳	戊午	己未	庚申	辛酉	壬戌	癸亥	甲子	乙丑	丙寅	丁卯	秋分	己巳	庚午	辛未	壬申	癸酉	甲戌	乙亥	

陽歷十月份　（陰歷九、十月份）

陽	10	2	3	4	5	6	7	8	9	10	11	12	13	14	15	16	17	18	19	20	21	22	23	24	25	26	27	28	29	30	31
陰	四	五	六	七	八	九	十	十一	十二	十三	十四	十五	十六	十七	十八	十九	廿	廿一	廿二	廿三	廿四	廿五	廿六	廿七	廿八	廿九	十	二	三	四	五
星	6	日	1	2	3	4	5	6	日	1	2	3	4	5	6	日	1	2	3	4	5	6	日	1	2	3	4	5	6	日	1
干節	丙子	丁丑	戊寅	己卯	庚辰	辛巳	壬午	寒露	甲申	乙酉	丙戌	丁亥	戊子	己丑	庚寅	辛卯	壬辰	癸巳	甲午	乙未	丙申	丁酉	霜降	己亥	庚子	辛丑	壬寅	癸卯	甲辰	乙巳	丙午

陽歷十一月份　（陰歷十、十一月份）

陽	11	2	3	4	5	6	7	8	9	10	11	12	13	14	15	16	17	18	19	20	21	22	23	24	25	26	27	28	29	30	
陰	六	七	八	九	十	十一	十二	十三	十四	十五	十六	十七	十八	十九	廿	廿一	廿二	廿三	廿四	廿五	廿六	廿七	廿八	廿九	卅	十一	二	三	四	五	
星	2	3	4	5	6	日	1	2	3	4	5	6	日	1	2	3	4	5	6	日	1	2	3	4	5	6	日	1	2	3	
干節	丁未	戊申	己酉	庚戌	辛亥	壬子	立冬	甲寅	乙卯	丙辰	丁巳	戊午	己未	庚申	辛酉	壬戌	癸亥	甲子	乙丑	丙寅	丁卯	小雪	己巳	庚午	辛未	壬申	癸酉	甲戌	乙亥	丙子	

陽歷十二月份　（陰歷十一、十二月份）

陽	12	2	3	4	5	6	7	8	9	10	11	12	13	14	15	16	17	18	19	20	21	22	23	24	25	26	27	28	29	30	31
陰	六	七	八	九	十	十一	十二	十三	十四	十五	十六	十七	十八	十九	廿	廿一	廿二	廿三	廿四	廿五	廿六	廿七	廿八	廿九	十二	二	三	四	五	六	七
星	4	5	6	日	1	2	3	4	5	6	日	1	2	3	4	5	6	日	1	2	3	4	5	6	日	1	2	3	4	5	6
干節	丁丑	戊寅	己卯	庚辰	辛巳	壬午	大雪	甲申	乙酉	丙戌	丁亥	戊子	己丑	庚寅	辛卯	壬辰	癸巳	甲午	乙未	丙申	丁酉	冬至	己亥	庚子	辛丑	壬寅	癸卯	甲辰	乙巳	丙午	丁未

近世中西史日對照表

陽歷 一月份 (陰歷十二、正月份)

陽	**1**	2	3	4	5	6	7	8	9	10	11	12	13	14	15	16	17	18	19	20	21	22	23	24	25	26	27	28	29	30	31
陰	八	九	十	十一	十二	十三	十四	十五	十六	十七	十八	十九	廿	廿一	廿二	廿三	廿四	廿五	廿六	廿七	廿八	廿九	卅	**正**	二	三	四	五	六	七	八
星	**日**	1	2	3	4	5	6	**日**	1	2	3	4	5	6	**日**	1	2	3	4	5	6	**日**	1	2	3	4	5	6	**日**	1	2
干節	戊申	己酉	庚戌	辛亥	**小寒**	癸丑	甲寅	乙卯	丙辰	丁巳	戊午	己未	庚申	辛酉	壬戌	癸亥	甲子	乙丑	丙寅	**大寒**	戊辰	己巳	庚午	辛未	壬申	癸酉	甲戌	乙亥	丙子	丁丑	戊寅

陽歷 二月份 (陰歷正、二月份)

陽	**2**	2	3	4	5	6	7	8	9	10	11	12	13	14	15	16	17	18	19	20	21	22	23	24	25	26	27	28	29
陰	九	十	十一	十二	十三	十四	十五	十六	十七	十八	十九	廿	廿一	廿二	廿三	廿四	廿五	廿六	廿七	廿八	廿九	**二**	二	三	四	五	六	七	八
星	3	4	5	6	**日**	1	2	3	4	5	6	**日**	1	2	3	4	5	6	**日**	1	2	3	4	5	6	**日**	1	2	3
干節	己卯	庚辰	辛巳	**立春**	癸未	甲申	乙酉	丙戌	丁亥	戊子	己丑	庚寅	辛卯	壬辰	癸巳	甲午	乙未	丙申	**雨水**	戊戌	己亥	庚子	辛丑	壬寅	癸卯	甲辰	乙巳	丙午	丁未

陽歷 三月份 (陰歷二、三月份)

陽	**3**	2	3	4	5	6	7	8	9	10	11	12	13	14	15	16	17	18	19	20	21	22	23	24	25	26	27	28	29	30	31
陰	九	十	十一	十二	十三	十四	十五	十六	十七	十八	十九	廿	廿一	廿二	廿三	廿四	廿五	廿六	廿七	廿八	廿九	卅	**三**	二	三	四	五	六	七	八	九
星	4	5	6	**日**	1	2	3	4	5	6	**日**	1	2	3	4	5	6	**日**	1	2	3	4	5	6	**日**	1	2	3	4	5	6
干節	戊申	己酉	庚戌	辛亥	**驚蟄**	癸丑	甲寅	乙卯	丙辰	丁巳	戊午	己未	庚申	辛酉	壬戌	癸亥	甲子	乙丑	丙寅	**春分**	戊辰	己巳	庚午	辛未	壬申	癸酉	甲戌	乙亥	丙子	丁丑	戊寅

陽歷 四月份 (陰歷三、四月份)

陽	**4**	2	3	4	5	6	7	8	9	10	11	12	13	14	15	16	17	18	19	20	21	22	23	24	25	26	27	28	29	30
陰	十	十一	十二	十三	十四	十五	十六	十七	十八	十九	廿	廿一	廿二	廿三	廿四	廿五	廿六	廿七	廿八	廿九	**四**	二	三	四	五	六	七	八	九	十
星	**日**	1	2	3	4	5	6	**日**	1	2	3	4	5	6	**日**	1	2	3	4	5	6	**日**	1	2	3	4	5	6	**日**	1
干節	己卯	庚辰	辛巳	**清明**	癸未	甲申	乙酉	丙戌	丁亥	戊子	己丑	庚寅	辛卯	壬辰	癸巳	甲午	乙未	丙申	**穀雨**	戊戌	己亥	庚子	辛丑	壬寅	癸卯	甲辰	乙巳	丙午	丁未	戊申

陽歷 五月份 (陰歷四、閏四月份)

陽	**5**	2	3	4	5	6	7	8	9	10	11	12	13	14	15	16	17	18	19	20	21	22	23	24	25	26	27	28	29	30	31
陰	十一	十二	十三	十四	十五	十六	十七	十八	十九	廿	廿一	廿二	廿三	廿四	廿五	廿六	廿七	廿八	廿九	卅	**閏**	二	三	四	五	六	七	八	九	十	十一
星	2	3	4	5	6	**日**	1	2	3	4	5	6	**日**	1	2	3	4	5	6	**日**	1	2	3	4	5	6	**日**	1	2	3	4
干節	己酉	庚戌	辛亥	壬子	**立夏**	甲寅	乙卯	丙辰	丁巳	戊午	己未	庚申	辛酉	壬戌	癸亥	甲子	乙丑	丙寅	丁卯	**小滿**	己巳	庚午	辛未	壬申	癸酉	甲戌	乙亥	丙子	丁丑	戊寅	己卯

陽歷 六月份 (陰歷閏四、五月份)

陽	**6**	2	3	4	5	6	7	8	9	10	11	12	13	14	15	16	17	18	19	20	21	22	23	24	25	26	27	28	29	30
陰	十二	十三	十四	十五	十六	十七	十八	十九	廿	廿一	廿二	廿三	廿四	廿五	廿六	廿七	廿八	廿九	**五**	二	三	四	五	六	七	八	九	十	十一	十二
星	5	6	**日**	1	2	3	4	5	6	**日**	1	2	3	4	5	6	**日**	1	2	3	4	5	6	**日**	1	2	3	4	5	6
干節	庚辰	辛巳	壬午	癸未	**芒種**	乙酉	丙戌	丁亥	戊子	己丑	庚寅	辛卯	壬辰	癸巳	甲午	乙未	丙申	丁酉	戊戌	己亥	**夏至**	辛丑	壬寅	癸卯	甲辰	乙巳	丙午	丁未	戊申	己酉

近世中西史日對照表

壬子

一七九二年

（清高宗乾隆五十七年）

陽歷七月份　（陰歷五、六月份）

陽	7	2	3	4	5	6	7	8	9	10	11	12	13	14	15	16	17	18	19	20	21	22	23	24	25	26	27	28	29	30	31
陰	十三	十四	十五	十六	十七	十八	十九	廿	廿一	廿二	廿三	廿四	廿五	廿六	廿七	廿八	廿九	卅	六	二	三	四	五	六	七	八	九	十	十一	十二	十三
星	日	1	2	3	4	5	6	日	1	2	3	4	5	6	日	1	2	3	4	5	6	日	1	2	3	4	5	6	日	1	2
干節	庚戌	辛亥	壬子	癸丑	甲寅	小暑	丙辰	丁巳	戊午	己未	庚申	辛酉	壬戌	癸亥	甲子	乙丑	丙寅	丁卯	戊辰	己巳	庚午	大暑	壬申	癸酉	甲戌	乙亥	丙子	丁丑	戊寅	己卯	庚辰

陽歷八月份　（陰歷六、七月份）

陽	8	2	3	4	5	6	7	8	9	10	11	12	13	14	15	16	17	18	19	20	21	22	23	24	25	26	27	28	29	30	31
陰	十四	十五	十六	十七	十八	十九	廿	廿一	廿二	廿三	廿四	廿五	廿六	廿七	廿八	廿九	卅	七	二	三	四	五	六	七	八	九	十	十一	十二	十三	十四
星	3	4	5	6	日	1	2	3	4	5	6	日	1	2	3	4	5	6	日	1	2	3	4	5	6	日	1	2	3	4	5
干節	辛巳	壬午	癸未	甲申	乙酉	丙戌	立秋	戊子	己丑	庚寅	辛卯	壬辰	癸巳	甲午	乙未	丙申	丁酉	戊戌	己亥	庚子	辛丑	處暑	癸卯	甲辰	乙巳	丙午	丁未	戊申	己酉	庚戌	辛亥

陽歷九月份　（陰歷七、八月份）

陽	9	2	3	4	5	6	7	8	9	10	11	12	13	14	15	16	17	18	19	20	21	22	23	24	25	26	27	28	29	30
陰	十五	十六	十七	十八	十九	廿	廿一	廿二	廿三	廿四	廿五	廿六	廿七	廿八	廿九	八	二	三	四	五	六	七	八	九	十	十一	十二	十三	十四	十五
星	6	日	1	2	3	4	5	6	日	1	2	3	4	5	6	日	1	2	3	4	5	6	日	1	2	3	4	5	6	日
干節	壬子	癸丑	甲寅	乙卯	丙辰	丁巳	白露	己未	庚申	辛酉	壬戌	癸亥	甲子	乙丑	丙寅	丁卯	戊辰	己巳	庚午	辛未	壬申	秋分	甲戌	乙亥	丙子	丁丑	戊寅	己卯	庚辰	辛巳

陽歷十月份　（陰歷八、九月份）

陽	10	2	3	4	5	6	7	8	9	10	11	12	13	14	15	16	17	18	19	20	21	22	23	24	25	26	27	28	29	30	31
陰	十六	十七	十八	十九	廿	廿一	廿二	廿三	廿四	廿五	廿六	廿七	廿八	廿九	卅	九	二	三	四	五	六	七	八	九	十	十一	十二	十三	十四	十五	十六
星	1	2	3	4	5	6	日	1	2	3	4	5	6	日	1	2	3	4	5	6	日	1	2	3	4	5	6	日	1	2	3
干節	壬午	癸未	甲申	乙酉	丙戌	丁亥	寒露	己丑	庚寅	辛卯	壬辰	癸巳	甲午	乙未	丙申	丁酉	戊戌	己亥	庚子	辛丑	壬寅	癸卯	霜降	乙巳	丙午	丁未	戊申	己酉	庚戌	辛亥	壬子

陽歷十一月份　（陰歷九、十月份）

陽	11	2	3	4	5	6	7	8	9	10	11	12	13	14	15	16	17	18	19	20	21	22	23	24	25	26	27	28	29	30
陰	十七	十八	十九	廿	廿一	廿二	廿三	廿四	廿五	廿六	廿七	廿八	廿九	十	二	三	四	五	六	七	八	九	十	十一	十二	十三	十四	十五	十六	十七
星	4	5	6	日	1	2	3	4	5	6	日	1	2	3	4	5	6	日	1	2	3	4	5	6	日	1	2	3	4	5
干節	癸丑	甲寅	乙卯	丙辰	丁巳	戊午	立冬	庚申	辛酉	壬戌	癸亥	甲子	乙丑	丙寅	丁卯	戊辰	己巳	庚午	辛未	壬申	小雪	甲戌	乙亥	丙子	丁丑	戊寅	己卯	庚辰	辛巳	壬午

陽歷十二月份　（陰歷十、十一份）

陽	12	2	3	4	5	6	7	8	9	10	11	12	13	14	15	16	17	18	19	20	21	22	23	24	25	26	27	28	29	30	31
陰	十八	十九	廿	廿一	廿二	廿三	廿四	廿五	廿六	廿七	廿八	廿九	卅	十一	二	三	四	五	六	七	八	九	十	十一	十二	十三	十四	十五	十六	十七	十八
星	6	日	1	2	3	4	5	6	日	1	2	3	4	5	6	日	1	2	3	4	5	6	日	1	2	3	4	5	6	日	1
干節	癸未	甲申	乙酉	丙戌	丁亥	大雪	己丑	庚寅	辛卯	壬辰	癸巳	甲午	乙未	丙申	丁酉	戊戌	己亥	庚子	辛丑	壬寅	冬至	甲辰	乙巳	丙午	丁未	戊申	己酉	庚戌	辛亥	壬子	癸丑

近世中西史日對照表

癸丑　一七九三年　(清高宗乾隆五八年)

陽歷 一月份　(陰歷十一、十二月份)

陽	1	2	3	4	5	6	7	8	9	10	11	12	13	14	15	16	17	18	19	20	21	22	23	24	25	26	27	28	29	30	31
陰	十九	廿	廿一	廿二	廿三	廿四	廿五	廿六	廿七	廿八	廿九	十二	二	三	四	五	六	七	八	九	十	十一	十二	十三	十四	十五	十六	十七	十八	十九	廿
星	2	3	4	5	6	日	1	2	3	4	5	6	日	1	2	3	4	5	6	日	1	2	3	4	5	6	日	1	2	3	4
干節	甲寅	乙卯	丙辰	丁巳	小寒	己未	庚申	辛酉	壬戌	癸亥	甲子	乙丑	丙寅	丁卯	戊辰	己巳	庚午	辛未	大寒	癸酉	甲戌	乙亥	丙子	丁丑	戊寅	己卯	庚辰	辛巳	壬午	癸未	甲申

陽歷 二月份　(陰歷十二、正月份)

陽	2	2	3	4	5	6	7	8	9	10	11	12	13	14	15	16	17	18	19	20	21	22	23	24	25	26	27	28			
陰	廿一	廿二	廿三	廿四	廿五	廿六	廿七	廿八	廿九	卅	正	二	三	四	五	六	七	八	九	十	十一	十二	十三	十四	十五	十六	十七	十八			
星	5	6	日	1	2	3	4	5	6	日	1	2	3	4	5	6	日	1	2	3	4	5	6	日	1	2	3	4			
干節	乙酉	丙戌	立春	戊子	己丑	庚寅	辛卯	壬辰	癸巳	甲午	乙未	丙申	丁酉	戊戌	己亥	庚子	辛丑	雨水	癸卯	甲辰	乙巳	丙午	丁未	戊申	己酉	庚戌	辛亥	壬子			

陽歷 三月份　(陰歷正、二月份)

陽	3	2	3	4	5	6	7	8	9	10	11	12	13	14	15	16	17	18	19	20	21	22	23	24	25	26	27	28	29	30	31
陰	十九	廿	廿一	廿二	廿三	廿四	廿五	廿六	廿七	廿八	廿九	二	二	三	四	五	六	七	八	九	十	十一	十二	十三	十四	十五	十六	十七	十八	十九	廿
星	5	6	日	1	2	3	4	5	6	日	1	2	3	4	5	6	日	1	2	3	4	5	6	日	1	2	3	4	5	6	日
干節	癸丑	甲寅	乙卯	丙辰	驚蟄	戊午	己未	庚申	辛酉	壬戌	癸亥	甲子	乙丑	丙寅	丁卯	戊辰	己巳	庚午	辛未	春分	癸酉	甲戌	乙亥	丙子	丁丑	戊寅	己卯	庚辰	辛巳	壬午	癸未

陽歷 四月份　(陰歷二、三月份)

陽	4	2	3	4	5	6	7	8	9	10	11	12	13	14	15	16	17	18	19	20	21	22	23	24	25	26	27	28	29	30	
陰	廿一	廿二	廿三	廿四	廿五	廿六	廿七	廿八	廿九	卅	三	二	三	四	五	六	七	八	九	十	十一	十二	十三	十四	十五	十六	十七	十八	十九	廿	
星	1	2	3	4	5	6	日	1	2	3	4	5	6	日	1	2	3	4	5	6	日	1	2	3	4	5	6	日	1	2	
干節	甲申	乙酉	丙戌	清明	戊子	己丑	庚寅	辛卯	壬辰	癸巳	甲午	乙未	丙申	丁酉	戊戌	己亥	庚子	辛丑	穀雨	癸卯	甲辰	乙巳	丙午	丁未	戊申	己酉	庚戌	辛亥	壬子	癸丑	

陽歷 五月份　(陰歷三、四月份)

陽	5	2	3	4	5	6	7	8	9	10	11	12	13	14	15	16	17	18	19	20	21	22	23	24	25	26	27	28	29	30	31
陰	廿一	廿二	廿三	廿四	廿五	廿六	廿七	廿八	廿九	四	二	三	四	五	六	七	八	九	十	十一	十二	十三	十四	十五	十六	十七	十八	十九	廿	廿一	廿二
星	3	4	5	6	日	1	2	3	4	5	6	日	1	2	3	4	5	6	日	1	2	3	4	5	6	日	1	2	3	4	5
干節	甲寅	乙卯	丙辰	丁巳	立夏	己未	庚申	辛酉	壬戌	癸亥	甲子	乙丑	丙寅	丁卯	戊辰	己巳	庚午	辛未	壬申	癸酉	小滿	乙亥	丙子	丁丑	戊寅	己卯	庚辰	辛巳	壬午	癸未	甲申

陽歷 六月份　(陰歷四、五月份)

陽	6	2	3	4	5	6	7	8	9	10	11	12	13	14	15	16	17	18	19	20	21	22	23	24	25	26	27	28	29	30	
陰	廿三	廿四	廿五	廿六	廿七	廿八	廿九	五	二	三	四	五	六	七	八	九	十	十一	十二	十三	十四	十五	十六	十七	十八	十九	廿	廿一	廿二	廿三	
星	6	日	1	2	3	4	5	6	日	1	2	3	4	5	6	日	1	2	3	4	5	6	日	1	2	3	4	5	6	日	
干節	乙酉	丙戌	丁亥	戊子	芒種	庚寅	辛卯	壬辰	癸巳	甲午	乙未	丙申	丁酉	戊戌	己亥	庚子	辛丑	壬寅	癸卯	甲辰	夏至	丙午	丁未	戊申	己酉	庚戌	辛亥	壬子	癸丑	甲寅	

癸丑

一七九三年

（清高宗乾隆五八年）

陽歷七月份　　（陰歷五、六月份）

陽	7	2	3	4	5	6	7	8	9	10	11	12	13	14	15	16	17	18	19	20	21	22	23	24	25	26	27	28	29	30	31
陰	廿四	廿五	廿六	廿七	廿八	廿九	卅	六	二	三	四	五	六	七	八	九	十	十一	十二	十三	十四	十五	十六	十七	十八	十九	廿	廿一	廿二	廿三	廿四
星	1	2	3	4	5	6	日	1	2	3	4	5	6	日	1	2	3	4	5	6	日	1	2	3	4	5	6	日	1	2	3
干節	乙卯	丙辰	丁巳	戊午	己未	庚申	小暑	壬戌	癸亥	甲子	乙丑	丙寅	丁卯	戊辰	己巳	庚午	辛未	壬申	癸酉	甲戌	乙亥	大暑	丁丑	戊寅	己卯	庚辰	辛巳	壬午	癸未	甲申	乙酉

陽歷八月份　　（陰歷六、七月份）

陽	8	2	3	4	5	6	7	8	9	10	11	12	13	14	15	16	17	18	19	20	21	22	23	24	25	26	27	28	29	30	31
陰	廿五	廿六	廿七	廿八	廿九	卅	七	二	三	四	五	六	七	八	九	十	十一	十二	十三	十四	十五	十六	十七	十八	十九	廿	廿一	廿二	廿三	廿四	廿五
星	4	5	6	日	1	2	3	4	5	6	日	1	2	3	4	5	6	日	1	2	3	4	5	6	日	1	2	3	4	5	6
干節	丙戌	丁亥	戊子	己丑	庚寅	辛卯	立秋	癸巳	甲午	乙未	丙申	丁酉	戊戌	己亥	庚子	辛丑	壬寅	癸卯	甲辰	乙巳	丙午	丁未	處暑	己酉	庚戌	辛亥	壬子	癸丑	甲寅	乙卯	丙辰

陽歷九月份　　（陰歷七、八月份）

陽	9	2	3	4	5	6	7	8	9	10	11	12	13	14	15	16	17	18	19	20	21	22	23	24	25	26	27	28	29	30
陰	廿六	廿七	廿八	廿九	八	二	三	四	五	六	七	八	九	十	十一	十二	十三	十四	十五	十六	十七	十八	十九	廿	廿一	廿二	廿三	廿四	廿五	廿六
星	日	1	2	3	4	5	6	日	1	2	3	4	5	6	日	1	2	3	4	5	6	日	1	2	3	4	5	6	日	1
干節	丁巳	戊午	己未	庚申	辛酉	壬戌	白露	甲子	乙丑	丙寅	丁卯	戊辰	己巳	庚午	辛未	壬申	癸酉	甲戌	乙亥	丙子	丁丑	秋分	己卯	庚辰	辛巳	壬午	癸未	甲申	乙酉	丙戌

陽歷十月份　　（陰歷八、九月份）

陽	10	2	3	4	5	6	7	8	9	10	11	12	13	14	15	16	17	18	19	20	21	22	23	24	25	26	27	28	29	30	31
陰	廿七	廿八	廿九	卅	九	二	三	四	五	六	七	八	九	十	十一	十二	十三	十四	十五	十六	十七	十八	十九	廿	廿一	廿二	廿三	廿四	廿五	廿六	廿七
星	2	3	4	5	6	日	1	2	3	4	5	6	日	1	2	3	4	5	6	日	1	2	3	4	5	6	日	1	2	3	4
干節	丁亥	戊子	己丑	庚寅	辛卯	壬辰	癸巳	寒露	乙未	丙申	丁酉	戊戌	己亥	庚子	辛丑	壬寅	癸卯	甲辰	乙巳	丙午	丁未	戊申	霜降	庚戌	辛亥	壬子	癸丑	甲寅	乙卯	丙辰	丁巳

陽歷十一月份　　（陰歷九、十月份）

陽	11	2	3	4	5	6	7	8	9	10	11	12	13	14	15	16	17	18	19	20	21	22	23	24	25	26	27	28	29	30
陰	廿八	廿九	卅	十	二	三	四	五	六	七	八	九	十	十一	十二	十三	十四	十五	十六	十七	十八	十九	廿	廿一	廿二	廿三	廿四	廿五	廿六	廿七
星	5	6	日	1	2	3	4	5	6	日	1	2	3	4	5	6	日	1	2	3	4	5	6	日	1	2	3	4	5	6
干節	戊午	己未	庚申	辛酉	壬戌	癸亥	立冬	乙丑	丙寅	丁卯	戊辰	己巳	庚午	辛未	壬申	癸酉	甲戌	乙亥	丙子	丁丑	戊寅	小雪	庚辰	辛巳	壬午	癸未	甲申	乙酉	丙戌	丁亥

陽歷十二月份　　（陰歷十、十一月份）

陽	12	2	3	4	5	6	7	8	9	10	11	12	13	14	15	16	17	18	19	20	21	22	23	24	25	26	27	28	29	30	31
陰	廿八	廿九	十一	二	三	四	五	六	七	八	九	十	十一	十二	十三	十四	十五	十六	十七	十八	十九	廿	廿一	廿二	廿三	廿四	廿五	廿六	廿七	廿八	廿九
星	日	1	2	3	4	5	6	日	1	2	3	4	5	6	日	1	2	3	4	5	6	日	1	2	3	4	5	6	日	1	2
干節	戊子	己丑	庚寅	辛卯	壬辰	大雪	甲午	乙未	丙申	丁酉	戊戌	己亥	庚子	辛丑	壬寅	癸卯	甲辰	乙巳	丙午	丁未	冬至	己酉	庚戌	辛亥	壬子	癸丑	甲寅	乙卯	丙辰	丁巳	戊午

近世中西史日對照表

陽歷 一 月份　（陰歷十一、十二、正月份）

陽	**1**	2	3	4	5	6	7	8	9	10	11	12	13	14	15	16	17	18	19	20	21	22	23	24	25	26	27	28	29	30	31
陰	卅	**十二**	二	三	四	五	六	七	八	九	十	十一	十二	十三	十四	十五	十六	十七	十八	十九	廿	廿一	廿二	廿三	廿四	廿五	廿六	廿七	廿八	廿九	**正**
星	3	4	5	6	**日**	1	2	3	4	5	6	**日**	1	2	3	4	5	6	**日**	1	2	3	4	5	6	**日**	1	2	3	4	5
干節	己未	庚申	辛酉	壬戌	**小寒**	甲子	乙丑	丙寅	丁卯	戊辰	己巳	庚午	辛未	壬申	癸酉	甲戌	乙亥	丙子	丁丑	**大寒**	己卯	庚辰	辛巳	壬午	癸未	甲申	乙酉	丙戌	丁亥	戊子	己丑

陽歷 二 月份　（陰歷正月份）

陽	**2**	2	3	4	5	6	7	8	9	10	11	12	13	14	15	16	17	18	19	20	21	22	23	24	25	26	27	28			
陰	二	三	四	五	六	七	八	九	十	十一	十二	十三	十四	十五	十六	十七	十八	十九	廿	廿一	廿二	廿三	廿四	廿五	廿六	廿七	廿八	廿九			
星	6	**日**	1	2	3	4	5	6	**日**	1	2	3	4	5	6	**日**	1	2	3	4	5	6	**日**	1	2	3	4	5			
干節	庚寅	辛卯	**立春**	癸巳	甲午	乙未	丙申	丁酉	戊戌	己亥	庚子	辛丑	壬寅	癸卯	甲辰	乙巳	丙午	**雨水**	戊申	己酉	庚戌	辛亥	壬子	癸丑	甲寅	乙卯	丙辰	丁巳			

陽歷 三 月份　（陰歷正、二、三月份）

陽	**3**	2	3	4	5	6	7	8	9	10	11	12	13	14	15	16	17	18	19	20	21	22	23	24	25	26	27	28	29	30	31
陰	卅	**二**	二	三	四	五	六	七	八	九	十	十一	十二	十三	十四	十五	十六	十七	十八	十九	廿	廿一	廿二	廿三	廿四	廿五	廿六	廿七	廿八	廿九	**三**
星	6	**日**	1	2	3	4	5	6	**日**	1	2	3	4	5	6	**日**	1	2	3	4	5	6	**日**	1	2	3	4	5	6	**日**	1
干節	戊午	己未	庚申	辛酉	**驚蟄**	癸亥	甲子	乙丑	丙寅	丁卯	戊辰	己巳	庚午	辛未	壬申	癸酉	甲戌	乙亥	丙子	**春分**	戊寅	己卯	庚辰	辛巳	壬午	癸未	甲申	乙酉	丙戌	丁亥	戊子

陽歷 四 月份　（陰歷三、四月份）

陽	**4**	2	3	4	5	6	7	8	9	10	11	12	13	14	15	16	17	18	19	20	21	22	23	24	25	26	27	28	29	30	
陰	二	三	四	五	六	七	八	九	十	十一	十二	十三	十四	十五	十六	十七	十八	十九	廿	廿一	廿二	廿三	廿四	廿五	廿六	廿七	廿八	廿九	**四**	二	
星	2	3	4	5	6	**日**	1	2	3	4	5	6	**日**	1	2	3	4	5	6	**日**	1	2	3	4	5	6	**日**	1	2	3	
干節	己丑	庚寅	辛卯	**清明**	癸巳	甲午	乙未	丙申	丁酉	戊戌	己亥	庚子	辛丑	壬寅	癸卯	甲辰	乙巳	丙午	丁未	**穀雨**	己酉	庚戌	辛亥	壬子	癸丑	甲寅	乙卯	丙辰	丁巳	戊午	

陽歷 五 月份　（陰歷四、五月份）

陽	**5**	2	3	4	5	6	7	8	9	10	11	12	13	14	15	16	17	18	19	20	21	22	23	24	25	26	27	28	29	30	
陰	三	四	五	六	七	八	九	十	十一	十二	十三	十四	十五	十六	十七	十八	十九	廿	廿一	廿二	廿三	廿四	廿五	廿六	廿七	廿八	廿九	卅	**五**	二	
星	4	5	6	**日**	1	2	3	4	5	6	**日**	1	2	3	4	5	6	**日**	1	2	3	4	5	6	**日**	1	2	3	4	5	
干節	己未	庚申	辛酉	壬戌	**立夏**	甲子	乙丑	丙寅	丁卯	戊辰	己巳	庚午	辛未	壬申	癸酉	甲戌	乙亥	丙子	丁丑	戊寅	**小滿**	庚辰	辛巳	壬午	癸未	甲申	乙酉	丙戌	丁亥	戊子	

陽歷 六 月份　（陰歷五、六月份）

陽	**6**	2	3	4	5	6	7	8	9	10	11	12	13	14	15	16	17	18	19	20	21	22	23	24	25	26	27	28	29	30	31
陰	三	四	五	六	七	八	九	十	十一	十二	十三	十四	十五	十六	十七	十八	十九	廿	廿一	廿二	廿三	廿四	廿五	廿六	廿七	廿八	廿九	**六**	二	三	四
星	6	**日**	1	2	3	4	5	6	**日**	1	2	3	4	5	6	**日**	1	2	3	4	5	6	**日**	1	2	3	4	5	6	**日**	1
干節	己丑	庚寅	辛卯	壬辰	癸巳	**芒種**	乙未	丙申	丁酉	戊戌	己亥	庚子	辛丑	壬寅	癸卯	甲辰	乙巳	丙午	丁未	戊申	己酉	**夏至**	辛亥	壬子	癸丑	甲寅	乙卯	丙辰	丁巳	戊午	己未

甲寅

一七九四年

（清高宗乾隆五九年）

甲寅

一七九四年

（清高宗乾隆五十九年）

陽曆七月份　（陰曆六、七月份）

陽	7	2	3	4	5	6	7	8	9	10	11	12	13	14	15	16	17	18	19	20	21	22	23	24	25	26	27	28	29	30	31
陰	五	六	七	八	九	十	十一	十二	十三	十四	十五	十六	十七	十八	十九	廿	廿一	廿二	廿三	廿四	廿五	廿六	廿七	廿八	廿九	卅	七	二	三	四	五
星	2	3	4	5	6	日	1	2	3	4	5	6	日	1	2	3	4	5	6	日	1	2	3	4	5	6	日	1	2	3	4
干節	庚申	辛酉	壬戌	癸亥	甲子	乙丑	小暑	丁卯	戊辰	己巳	庚午	辛未	壬申	癸酉	甲戌	乙亥	丙子	丁丑	戊寅	己卯	庚辰	辛巳	大暑	癸未	甲申	乙酉	丙戌	丁亥	戊子	己丑	庚寅

陽曆八月份　（陰曆七、八月份）

陽	8	2	3	4	5	6	7	8	9	10	11	12	13	14	15	16	17	18	19	20	21	22	23	24	25	26	27	28	29	30	31
陰	六	七	八	九	十	十一	十二	十三	十四	十五	十六	十七	十八	十九	廿	廿一	廿二	廿三	廿四	廿五	廿六	廿七	廿八	廿九	八	二	三	四	五	六	七
星	5	6	日	1	2	3	4	5	6	日	1	2	3	4	5	6	日	1	2	3	4	5	6	日	1	2	3	4	5	6	日
干節	辛卯	壬辰	癸巳	甲午	乙未	丙申	立秋	戊戌	己亥	庚子	辛丑	壬寅	癸卯	甲辰	乙巳	丙午	丁未	戊申	己酉	庚戌	辛亥	壬子	處暑	甲寅	乙卯	丙辰	丁巳	戊午	己未	庚申	辛酉

陽曆九月份　（陰曆八、九月份）

陽	9	2	3	4	5	6	7	8	9	10	11	12	13	14	15	16	17	18	19	20	21	22	23	24	25	26	27	28	29	30
陰	八	九	十	十一	十二	十三	十四	十五	十六	十七	十八	十九	廿	廿一	廿二	廿三	廿四	廿五	廿六	廿七	廿八	廿九	卅	九	二	三	四	五	六	七
星	1	2	3	4	5	6	日	1	2	3	4	5	6	日	1	2	3	4	5	6	日	1	2	3	4	5	6	日	1	2
干節	壬戌	癸亥	甲子	乙丑	丙寅	丁卯	白露	己巳	庚午	辛未	壬申	癸酉	甲戌	乙亥	丙子	丁丑	戊寅	己卯	庚辰	辛巳	壬午	癸未	秋分	乙酉	丙戌	丁亥	戊子	己丑	庚寅	辛卯

陽曆十月份　（陰曆九、十月份）

陽	10	2	3	4	5	6	7	8	9	10	11	12	13	14	15	16	17	18	19	20	21	22	23	24	25	26	27	28	29	30	31
陰	八	九	十	十一	十二	十三	十四	十五	十六	十七	十八	十九	廿	廿一	廿二	廿三	廿四	廿五	廿六	廿七	廿八	廿九	卅	十	二	三	四	五	六	七	八
星	3	4	5	6	日	1	2	3	4	5	6	日	1	2	3	4	5	6	日	1	2	3	4	5	6	日	1	2	3	4	5
干節	壬辰	癸巳	甲午	乙未	丙申	丁酉	戊戌	寒露	庚子	辛丑	壬寅	癸卯	甲辰	乙巳	丙午	丁未	戊申	己酉	庚戌	辛亥	壬子	癸丑	霜降	乙卯	丙辰	丁巳	戊午	己未	庚申	辛酉	壬戌

陽曆十一月份　（陰曆十、十一月份）

陽	11	2	3	4	5	6	7	8	9	10	11	12	13	14	15	16	17	18	19	20	21	22	23	24	25	26	27	28	29	30
陰	九	十	十一	十二	十三	十四	十五	十六	十七	十八	十九	廿	廿一	廿二	廿三	廿四	廿五	廿六	廿七	廿八	廿九	卅	十一	二	三	四	五	六	七	八
星	6	日	1	2	3	4	5	6	日	1	2	3	4	5	6	日	1	2	3	4	5	6	日	1	2	3	4	5	6	日
干節	癸亥	甲子	乙丑	丙寅	丁卯	戊辰	立冬	庚午	辛未	壬申	癸酉	甲戌	乙亥	丙子	丁丑	戊寅	己卯	庚辰	辛巳	壬午	癸未	小雪	乙酉	丙戌	丁亥	戊子	己丑	庚寅	辛卯	壬辰

陽曆十二月份　（陰曆十一、十二月份）

陽	12	2	3	4	5	6	7	8	9	10	11	12	13	14	15	16	17	18	19	20	21	22	23	24	25	26	27	28	29	30	31
陰	九	十	十一	十二	十三	十四	十五	十六	十七	十八	十九	廿	廿一	廿二	廿三	廿四	廿五	廿六	廿七	廿八	廿九	十二	二	三	四	五	六	七	八	九	十
星	1	2	3	4	5	6	日	1	2	3	4	5	6	日	1	2	3	4	5	6	日	1	2	3	4	5	6	日	1	2	3
干節	癸巳	甲午	乙未	丙申	丁酉	戊戌	大雪	庚子	辛丑	壬寅	癸卯	甲辰	乙巳	丙午	丁未	戊申	己酉	庚戌	辛亥	壬子	冬至	甲寅	乙卯	丙辰	丁巳	戊午	己未	庚申	辛酉	壬戌	癸亥

近世中西史日對照表

乙卯　一七九五年　（清高宗乾隆六〇年）

陽歷 一 月份　（陰歷十二、正月份）

陽	1	2	3	4	5	6	7	8	9	10	11	12	13	14	15	16	17	18	19	20	21	22	23	24	25	26	27	28	29	30	31
陰	十一	十二	十三	十四	十五	十六	十七	十八	十九	廿	廿一	廿二	廿三	廿四	廿五	廿六	廿七	廿八	廿九	卅	正	二	三	四	五	六	七	八	九	十	十一
星	4	5	6	日	1	2	3	4	5	6	日	1	2	3	4	5	6	日	1	2	3	4	5	6	日	1	2	3	4	5	6
干節	甲子	乙丑	丙寅	丁卯	小寒	己巳	庚午	辛未	壬申	癸酉	甲戌	乙亥	丙子	丁丑	戊寅	己卯	庚辰	辛巳	壬午	大寒	甲申	乙酉	丙戌	丁亥	戊子	己丑	庚寅	辛卯	壬辰	癸巳	甲午

陽歷 二 月份　（陰歷正、二月份）

陽	1	2	3	4	5	6	7	8	9	10	11	12	13	14	15	16	17	18	19	20	21	22	23	24	25	26	27	28
陰	十二	十三	十四	十五	十六	十七	十八	十九	廿	廿一	廿二	廿三	廿四	廿五	廿六	廿七	廿八	廿九	二	二	三	四	五	六	七	八	九	十
星	日	1	2	3	4	5	6	日	1	2	3	4	5	6	日	1	2	3	4	5	6	日	1	2	3	4	5	6
干節	乙未	丙申	丁酉	立春	己亥	庚子	辛丑	壬寅	癸卯	甲辰	乙巳	丙午	丁未	戊申	己酉	庚戌	辛亥	雨水	癸丑	甲寅	乙卯	丙辰	丁巳	戊午	己未	庚申	辛酉	壬戌

陽歷 三 月份　（陰歷二、閏二月份）

陽	1	2	3	4	5	6	7	8	9	10	11	12	13	14	15	16	17	18	19	20	21	22	23	24	25	26	27	28	29	30	31
陰	十一	十二	十三	十四	十五	十六	十七	十八	十九	廿	廿一	廿二	廿三	廿四	廿五	廿六	廿七	廿八	廿九	卅	閏	二	三	四	五	六	七	八	九	十	十一
星	日	1	2	3	4	5	6	日	1	2	3	4	5	6	日	1	2	3	4	5	6	日	1	2	3	4	5	6	日	1	2
干節	癸亥	甲子	乙丑	丙寅	驚蟄	戊辰	己巳	庚午	辛未	壬申	癸酉	甲戌	乙亥	丙子	丁丑	戊寅	己卯	庚辰	辛巳	春分	癸未	甲申	乙酉	丙戌	丁亥	戊子	己丑	庚寅	辛卯	壬辰	癸巳

陽歷 四 月份　（陰歷閏二、三月份）

陽	1	2	3	4	5	6	7	8	9	10	11	12	13	14	15	16	17	18	19	20	21	22	23	24	25	26	27	28	29	30
陰	十二	十三	十四	十五	十六	十七	十八	十九	廿	廿一	廿二	廿三	廿四	廿五	廿六	廿七	廿八	廿九	三	二	三	四	五	六	七	八	九	十	十一	十二
星	3	4	5	6	日	1	2	3	4	5	6	日	1	2	3	4	5	6	日	1	2	3	4	5	6	日	1	2	3	4
干節	甲午	乙未	丙申	丁酉	清明	己亥	庚子	辛丑	壬寅	癸卯	甲辰	乙巳	丙午	丁未	戊申	己酉	庚戌	辛亥	壬子	穀雨	甲寅	乙卯	丙辰	丁巳	戊午	己未	庚申	辛酉	壬戌	癸亥

陽歷 五 月份　（陰歷三、四月份）

陽	1	2	3	4	5	6	7	8	9	10	11	12	13	14	15	16	17	18	19	20	21	22	23	24	25	26	27	28	29	30	31
陰	十三	十四	十五	十六	十七	十八	十九	廿	廿一	廿二	廿三	廿四	廿五	廿六	廿七	廿八	廿九	四	二	三	四	五	六	七	八	九	十	十一	十二	十三	十四
星	5	6	日	1	2	3	4	5	6	日	1	2	3	4	5	6	日	1	2	3	4	5	6	日	1	2	3	4	5	6	日
干節	甲子	乙丑	丙寅	丁卯	立夏	己巳	庚午	辛未	壬申	癸酉	甲戌	乙亥	丙子	丁丑	戊寅	己卯	庚辰	辛巳	壬午	癸未	小滿	乙酉	丙戌	丁亥	戊子	己丑	庚寅	辛卯	壬辰	癸巳	甲午

陽歷 六 月份　（陰歷四、五月份）

陽	1	2	3	4	5	6	7	8	9	10	11	12	13	14	15	16	17	18	19	20	21	22	23	24	25	26	27	28	29	30
陰	十五	十六	十七	十八	十九	廿	廿一	廿二	廿三	廿四	廿五	廿六	廿七	廿八	廿九	卅	五	二	三	四	五	六	七	八	九	十	十一	十二	十三	十四
星	1	2	3	4	5	6	日	1	2	3	4	5	6	日	1	2	3	4	5	6	日	1	2	3	4	5	6	日	1	2
干節	乙未	丙申	丁酉	戊戌	己亥	芒種	辛丑	壬寅	癸卯	甲辰	乙巳	丙午	丁未	戊申	己酉	庚戌	辛亥	壬子	癸丑	甲寅	夏至	丙辰	丁巳	戊午	己未	庚申	辛酉	壬戌	癸亥	甲子

近世中西史日對照表

乙卯

一七九五年

（清高宗乾隆六〇年）

陽歷七月份　（陰歷五、六月份）

陽	7	2	3	4	5	6	7	8	9	10	11	12	13	14	15	16	17	18	19	20	21	22	23	24	25	26	27	28	29	30	31
陰	十五	十六	十七	十八	十九	廿	廿一	廿二	廿三	廿四	廿五	廿六	廿七	廿八	廿九	六	二	三	四	五	六	七	八	九	十	十一	十二	十三	十四	十五	十六
星	3	4	5	6	日	1	2	3	4	5	6	日	1	2	3	4	5	6	日	1	2	3	4	5	6	日	1	2	3	4	5
干節	乙丑	丙寅	丁卯	戊辰	己巳	庚午	小暑	壬申	癸酉	甲戌	乙亥	丙子	丁丑	戊寅	己卯	庚辰	辛巳	壬午	癸未	甲申	乙酉	丙戌	大暑	戊子	己丑	庚寅	辛卯	壬辰	癸巳	甲午	乙未

陽歷八月份　（陰歷六、七月份）

陽	8	2	3	4	5	6	7	8	9	10	11	12	13	14	15	16	17	18	19	20	21	22	23	24	25	26	27	28	29	30	31
陰	十七	十八	十九	廿	廿一	廿二	廿三	廿四	廿五	廿六	廿七	廿八	廿九	卅	七	二	三	四	五	六	七	八	九	十	十一	十二	十三	十四	十五	十六	十七
星	6	日	1	2	3	4	5	6	日	1	2	3	4	5	6	日	1	2	3	4	5	6	日	1	2	3	4	5	6	日	1
干節	丙申	丁酉	戊戌	己亥	庚子	辛丑	立秋	癸卯	甲辰	乙巳	丙午	丁未	戊申	己酉	庚戌	辛亥	壬子	癸丑	甲寅	乙卯	丙辰	丁巳	處暑	己未	庚申	辛酉	壬戌	癸亥	甲子	乙丑	丙寅

陽歷九月份　（陰歷七、八月份）

陽	9	2	3	4	5	6	7	8	9	10	11	12	13	14	15	16	17	18	19	20	21	22	23	24	25	26	27	28	29	30
陰	十八	十九	廿	廿一	廿二	廿三	廿四	廿五	廿六	廿七	廿八	廿九	八	二	三	四	五	六	七	八	九	十	十一	十二	十三	十四	十五	十六	十七	十八
星	2	3	4	5	6	日	1	2	3	4	5	6	日	1	2	3	4	5	6	日	1	2	3	4	5	6	日	1	2	3
干節	丁卯	戊辰	己巳	庚午	辛未	壬申	癸酉	白露	乙亥	丙子	丁丑	戊寅	己卯	庚辰	辛巳	壬午	癸未	甲申	乙酉	丙戌	丁亥	戊子	秋分	庚寅	辛卯	壬辰	癸巳	甲午	乙未	丙申

陽歷十月份　（陰歷八、九月份）

陽	10	2	3	4	5	6	7	8	9	10	11	12	13	14	15	16	17	18	19	20	21	22	23	24	25	26	27	28	29	30	31
陰	十九	廿	廿一	廿二	廿三	廿四	廿五	廿六	廿七	廿八	廿九	卅	九	二	三	四	五	六	七	八	九	十	十一	十二	十三	十四	十五	十六	十七	十八	十九
星	4	5	6	日	1	2	3	4	5	6	日	1	2	3	4	5	6	日	1	2	3	4	5	6	日	1	2	3	4	5	6
干節	丁酉	戊戌	己亥	庚子	辛丑	壬寅	癸卯	寒露	乙巳	丙午	丁未	戊申	己酉	庚戌	辛亥	壬子	癸丑	甲寅	乙卯	丙辰	丁巳	戊午	霜降	庚申	辛酉	壬戌	癸亥	甲子	乙丑	丙寅	丁卯

陽歷十一月份　（陰歷九、十月份）

陽	11	2	3	4	5	6	7	8	9	10	11	12	13	14	15	16	17	18	19	20	21	22	23	24	25	26	27	28	29	30
陰	廿	廿一	廿二	廿三	廿四	廿五	廿六	廿七	廿八	廿九	十	二	三	四	五	六	七	八	九	十	十一	十二	十三	十四	十五	十六	十七	十八	十九	廿
星	日	1	2	3	4	5	6	日	1	2	3	4	5	6	日	1	2	3	4	5	6	日	1	2	3	4	5	6	日	1
干節	戊辰	己巳	庚午	辛未	壬申	癸酉	立冬	乙亥	丙子	丁丑	戊寅	己卯	庚辰	辛巳	壬午	癸未	甲申	乙酉	丙戌	丁亥	戊子	小雪	庚寅	辛卯	壬辰	癸巳	甲午	乙未	丙申	丁酉

陽歷十二月份　（陰歷十、十一份）

陽	12	2	3	4	5	6	7	8	9	10	11	12	13	14	15	16	17	18	19	20	21	22	23	24	25	26	27	28	29	30	31
陰	廿一	廿二	廿三	廿四	廿五	廿六	廿七	廿八	廿九	卅	十一	二	三	四	五	六	七	八	九	十	十一	十二	十三	十四	十五	十六	十七	十八	十九	廿	廿一
星	2	3	4	5	6	日	1	2	3	4	5	6	日	1	2	3	4	5	6	日	1	2	3	4	5	6	日	1	2	3	4
干節	戊戌	己亥	庚子	辛丑	壬寅	癸卯	大雪	乙巳	丙午	丁未	戊申	己酉	庚戌	辛亥	壬子	癸丑	甲寅	乙卯	丙辰	丁巳	戊午	冬至	庚申	辛酉	壬戌	癸亥	甲子	乙丑	丙寅	丁卯	戊辰

近世中西史日對照表

陽歷 一 月份　(陰歷十一、十二月份)

陽	1	2	3	4	5	6	7	8	9	10	11	12	13	14	15	16	17	18	19	20	21	22	23	24	25	26	27	28	29	30	31
陰	廿二	廿三	廿四	廿五	廿六	廿七	廿八	廿九	卅	十二	二	三	四	五	六	七	八	九	十	十一	十二	十三	十四	十五	十六	十七	十八	十九	廿	廿一	廿二
星	5	6	日	1	2	3	4	5	6	日	1	2	3	4	5	6	日	1	2	3	4	5	6	日	1	2	3	4	5	6	日
干節	己巳	庚午	辛未	壬申	小寒	甲戌	乙亥	丙子	丁丑	戊寅	己卯	庚辰	辛巳	壬午	癸未	甲申	乙酉	丙戌	丁亥	大寒	己丑	庚寅	辛卯	壬辰	癸巳	甲午	乙未	丙申	丁酉	戊戌	己亥

陽歷 二 月份　(陰歷十二、正月份)

陽	2	2	3	4	5	6	7	8	9	10	11	12	13	14	15	16	17	18	19	20	21	22	23	24	25	26	27	28	29		
陰	廿三	廿四	廿五	廿六	廿七	廿八	廿九	卅	正	二	三	四	五	六	七	八	九	十	十一	十二	十三	十四	十五	十六	十七	十八	十九	廿	廿一		
星	1	2	3	4	5	6	日	1	2	3	4	5	6	日	1	2	3	4	5	6	日	1	2	3	4	5	6	日	1		
干節	庚子	辛丑	壬寅	立春	甲辰	乙巳	丙午	丁未	戊申	己酉	庚戌	辛亥	壬子	癸丑	甲寅	乙卯	丙辰	丁巳	雨水	己未	庚申	辛酉	壬戌	癸亥	甲子	乙丑	丙寅	丁卯	戊辰		

陽歷 三 月份　(陰歷正、二月份)

陽	3	2	3	4	5	6	7	8	9	10	11	12	13	14	15	16	17	18	19	20	21	22	23	24	25	26	27	28	29	30	31
陰	廿二	廿三	廿四	廿五	廿六	廿七	廿八	廿九	二	二	三	四	五	六	七	八	九	十	十一	十二	十三	十四	十五	十六	十七	十八	十九	廿	廿一	廿二	廿三
星	2	3	4	5	6	日	1	2	3	4	5	6	日	1	2	3	4	5	6	日	1	2	3	4	5	6	日	1	2	3	4
干節	己巳	庚午	辛未	壬申	驚蟄	甲戌	乙亥	丙子	丁丑	戊寅	己卯	庚辰	辛巳	壬午	癸未	甲申	乙酉	丙戌	丁亥	春分	己丑	庚寅	辛卯	壬辰	癸巳	甲午	乙未	丙申	丁酉	戊戌	己亥

陽歷 四 月份　(陰歷二、三月份)

陽	4	2	3	4	5	6	7	8	9	10	11	12	13	14	15	16	17	18	19	20	21	22	23	24	25	26	27	28	29	30	
陰	廿四	廿五	廿六	廿七	廿八	廿九	卅	三	二	三	四	五	六	七	八	九	十	十一	十二	十三	十四	十五	十六	十七	十八	十九	廿	廿一	廿二	廿三	
星	5	6	日	1	2	3	4	5	6	日	1	2	3	4	5	6	日	1	2	3	4	5	6	日	1	2	3	4	5	6	
干節	庚子	辛丑	壬寅	清明	甲辰	乙巳	丙午	丁未	戊申	己酉	庚戌	辛亥	壬子	癸丑	甲寅	乙卯	丙辰	丁巳	穀雨	己未	庚申	辛酉	壬戌	癸亥	甲子	乙丑	丙寅	丁卯	戊辰	己巳	

陽歷 五 月份　(陰歷三、四月份)

陽	5	2	3	4	5	6	7	8	9	10	11	12	13	14	15	16	17	18	19	20	21	22	23	24	25	26	27	28	29	30	31
陰	廿四	廿五	廿六	廿七	廿八	廿九	四	二	三	四	五	六	七	八	九	十	十一	十二	十三	十四	十五	十六	十七	十八	十九	廿	廿一	廿二	廿三	廿四	廿五
星	日	1	2	3	4	5	6	日	1	2	3	4	5	6	日	1	2	3	4	5	6	日	1	2	3	4	5	6	日	1	2
干節	庚午	辛未	壬申	癸酉	立夏	乙亥	丙子	丁丑	戊寅	己卯	庚辰	辛巳	壬午	癸未	甲申	乙酉	丙戌	丁亥	戊子	小滿	庚寅	辛卯	壬辰	癸巳	甲午	乙未	丙申	丁酉	戊戌	己亥	庚子

陽歷 六 月份　(陰歷四、五月份)

陽	6	2	3	4	5	6	7	8	9	10	11	12	13	14	15	16	17	18	19	20	21	22	23	24	25	26	27	28	29	30	
陰	廿六	廿七	廿八	廿九	五	二	三	四	五	六	七	八	九	十	十一	十二	十三	十四	十五	十六	十七	十八	十九	廿	廿一	廿二	廿三	廿四	廿五	廿六	
星	3	4	5	6	日	1	2	3	4	5	6	日	1	2	3	4	5	6	日	1	2	3	4	5	6	日	1	2	3	4	
干節	辛丑	壬寅	癸卯	甲辰	芒種	丙午	丁未	戊申	己酉	庚戌	辛亥	壬子	癸丑	甲寅	乙卯	丙辰	丁巳	戊午	己未	庚申	夏至	壬戌	癸亥	甲子	乙丑	丙寅	丁卯	戊辰	己巳	庚午	

丙辰

一七九六年

（清仁宗嘉慶元年）

陽歷七月份　（陰歷五、六月份）

陽	**7**	2	3	4	5	6	7	8	9	10	11	12	13	14	15	16	17	18	19	20	21	22	23	24	25	26	27	28	29	30	31
陰	廿七	廿八	廿九	卅	**六**	二	三	四	五	六	七	八	九	十	十一	十二	十三	十四	十五	十六	十七	十八	十九	廿	廿一	廿二	廿三	廿四	廿五	廿六	廿七
星	5	6	**日**	1	2	3	4	5	6	**日**	1	2	3	4	5	6	**日**	1	2	3	4	5	6	**日**	1	2	3	4	5	6	**日**
干節	辛未	壬申	癸酉	甲戌	乙亥	**小暑**	丁丑	戊寅	己卯	庚辰	辛巳	壬午	癸未	甲申	乙酉	丙戌	丁亥	戊子	己丑	庚寅	辛卯	**大暑**	癸巳	甲午	乙未	丙申	丁酉	戊戌	己亥	庚子	辛丑

陽歷八月份　（陰歷六、七月份）

陽	**8**	2	3	4	5	6	7	8	9	10	11	12	13	14	15	16	17	18	19	20	21	22	23	24	25	26	27	28	29	30	31
陰	廿八	廿九	**七**	二	三	四	五	六	七	八	九	十	十一	十二	十三	十四	十五	十六	十七	十八	十九	廿	廿一	廿二	廿三	廿四	廿五	廿六	廿七	廿八	廿九
星	1	2	3	4	5	6	**日**	1	2	3	4	5	6	**日**	1	2	3	4	5	6	**日**	1	2	3	4	5	6	**日**	1	2	3
干節	壬寅	癸卯	甲辰	乙巳	丙午	丁未	**立秋**	己酉	庚戌	辛亥	壬子	癸丑	甲寅	乙卯	丙辰	丁巳	戊午	己未	庚申	辛酉	壬戌	**處暑**	甲子	乙丑	丙寅	丁卯	戊辰	己巳	庚午	辛未	壬申

陽歷九月份　（陰歷八月份）

陽	**9**	2	3	4	5	6	7	8	9	10	11	12	13	14	15	16	17	18	19	20	21	22	23	24	25	26	27	28	29	30	
陰	**八**	二	三	四	五	六	七	八	九	十	十一	十二	十三	十四	十五	十六	十七	十八	十九	廿	廿一	廿二	廿三	廿四	廿五	廿六	廿七	廿八	廿九	卅	
星	4	5	6	**日**	1	2	3	4	5	6	**日**	1	2	3	4	5	6	**日**	1	2	3	4	5	6	**日**	1	2	3	4	5	
干節	癸酉	甲戌	乙亥	丙子	丁丑	戊寅	**白露**	庚辰	辛巳	壬午	癸未	甲申	乙酉	丙戌	丁亥	戊子	己丑	庚寅	辛卯	壬辰	癸巳	**秋分**	乙未	丙申	丁酉	戊戌	己亥	庚子	辛丑	壬寅	

陽歷十月份　（陰歷九、十月份）

陽	**10**	2	3	4	5	6	7	8	9	10	11	12	13	14	15	16	17	18	19	20	21	22	23	24	25	26	27	28	29	30	31
陰	**九**	二	三	四	五	六	七	八	九	十	十一	十二	十三	十四	十五	十六	十七	十八	十九	廿	廿一	廿二	廿三	廿四	廿五	廿六	廿七	廿八	廿九	卅	**十**
星	6	**日**	1	2	3	4	5	6	**日**	1	2	3	4	5	6	**日**	1	2	3	4	5	6	**日**	1	2	3	4	5	6	**日**	1
干節	癸卯	甲辰	乙巳	丙午	丁未	戊申	**寒露**	庚戌	辛亥	壬子	癸丑	甲寅	乙卯	丙辰	丁巳	戊午	己未	庚申	辛酉	壬戌	癸亥	甲子	**霜降**	丙寅	丁卯	戊辰	己巳	庚午	辛未	壬申	癸酉

陽歷十一月份　（陰歷十、十一月份）

陽	**11**	2	3	4	5	6	7	8	9	10	11	12	13	14	15	16	17	18	19	20	21	22	23	24	25	26	27	28	29	30	
陰	二	三	四	五	六	七	八	九	十	十一	十二	十三	十四	十五	十六	十七	十八	十九	廿	廿一	廿二	廿三	廿四	廿五	廿六	廿七	廿八	廿九	**十一**	二	
星	2	3	4	5	6	**日**	1	2	3	4	5	6	**日**	1	2	3	4	5	6	**日**	1	2	3	4	5	6	**日**	1	2	3	
干節	甲戌	乙亥	丙子	丁丑	戊寅	**立冬**	庚辰	辛巳	壬午	癸未	甲申	乙酉	丙戌	丁亥	戊子	己丑	庚寅	辛卯	壬辰	癸巳	**小雪**	乙未	丙申	丁酉	戊戌	己亥	庚子	辛丑	壬寅	癸卯	

陽歷十二月份　（陰歷十一、十二月份）

陽	**12**	2	3	4	5	6	7	8	9	10	11	12	13	14	15	16	17	18	19	20	21	22	23	24	25	26	27	28	29	30	31
陰	三	四	五	六	七	八	九	十	十一	十二	十三	十四	十五	十六	十七	十八	十九	廿	廿一	廿二	廿三	廿四	廿五	廿六	廿七	廿八	廿九	卅	**十二**	二	三
星	4	5	6	**日**	1	2	3	4	5	6	**日**	1	2	3	4	5	6	**日**	1	2	3	4	5	6	**日**	1	2	3	4	5	6
干節	甲辰	乙巳	丙午	丁未	戊申	**大雪**	庚戌	辛亥	壬子	癸丑	甲寅	乙卯	丙辰	丁巳	戊午	己未	庚申	辛酉	壬戌	癸亥	**冬至**	乙丑	丙寅	丁卯	戊辰	己巳	庚午	辛未	壬申	癸酉	甲戌

丁巳 一七九七年 （清仁宗嘉慶二年）

陽歷 一 月份 （陰歷十二、正月份）

陽	1	2	3	4	5	6	7	8	9	10	11	12	13	14	15	16	17	18	19	20	21	22	23	24	25	26	27	28	29	30	31
陰	四	五	六	七	八	九	十	十一	十二	十三	十四	十五	十六	十七	十八	十九	廿	廿一	廿二	廿三	廿四	廿五	廿六	廿七	廿八	廿九	卅	正	二	三	四
星	日	1	2	3	4	5	6	日	1	2	3	4	5	6	日	1	2	3	4	5	6	日	1	2	3	4	5	6	日	1	2
干節	乙亥	丙子	丁丑	戊寅	小寒	庚辰	辛巳	壬午	癸未	甲申	乙酉	丙戌	丁亥	戊子	己丑	庚寅	辛卯	壬辰	大寒	甲午	乙未	丙申	丁酉	戊戌	己亥	庚子	辛丑	壬寅	癸卯	甲辰	乙巳

陽歷 二 月份 （陰歷正、二月份）

陽	2	2	3	4	5	6	7	8	9	10	11	12	13	14	15	16	17	18	19	20	21	22	23	24	25	26	27	28			
陰	五	六	七	八	九	十	十一	十二	十三	十四	十五	十六	十七	十八	十九	廿	廿一	廿二	廿三	廿四	廿五	廿六	廿七	廿八	廿九	卅	二	二			
星	3	4	5	6	日	1	2	3	4	5	6	日	1	2	3	4	5	6	日	1	2	3	4	5	6	日	1	2			
干節	丙午	丁未	戊申	立春	庚戌	辛亥	壬子	癸丑	甲寅	乙卯	丙辰	丁巳	戊午	己未	庚申	辛酉	壬戌	雨水	甲子	乙丑	丙寅	丁卯	戊辰	己巳	庚午	辛未	壬申	癸酉			

陽歷 三. 月份 （陰歷二、三月份）

陽	3	2	3	4	5	6	7	8	9	10	11	12	13	14	15	16	17	18	19	20	21	22	23	24	25	26	27	28	29	30	31
陰	三	四	五	六	七	八	九	十	十一	十二	十三	十四	十五	十六	十七	十八	十九	廿	廿一	廿二	廿三	廿四	廿五	廿六	廿七	廿八	廿九	三	二	三	四
星	3	4	5	6	日	1	2	3	4	5	6	日	1	2	3	4	5	6	日	1	2	3	4	5	6	日	1	2	3	4	5
干節	甲戌	乙亥	丙子	丁丑	驚蟄	己卯	庚辰	辛巳	壬午	癸未	甲申	乙酉	丙戌	丁亥	戊子	己丑	庚寅	辛卯	壬辰	春分	甲午	乙未	丙申	丁酉	戊戌	己亥	庚子	辛丑	壬寅	癸卯	甲辰

陽歷 四 月份 （陰歷三、四月份）

陽	4	2	3	4	5	6	7	8	9	10	11	12	13	14	15	16	17	18	19	20	21	22	23	24	25	26	27	28	29	30	
陰	五	六	七	八	九	十	十一	十二	十三	十四	十五	十六	十七	十八	十九	廿	廿一	廿二	廿三	廿四	廿五	廿六	廿七	廿八	廿九	卅	四	二	三	四	
星	6	日	1	2	3	4	5	6	日	1	2	3	4	5	6	日	1	2	3	4	5	6	日	1	2	3	4	5	6	日	
干節	乙巳	丙午	丁未	清明	己酉	庚戌	辛亥	壬子	癸丑	甲寅	乙卯	丙辰	丁巳	戊午	己未	庚申	辛酉	壬戌	穀雨	甲子	乙丑	丙寅	丁卯	戊辰	己巳	庚午	辛未	壬申	癸酉	甲戌	

陽歷 五 月份 （陰歷四、五月份）

陽	5	2	3	4	5	6	7	8	9	10	11	12	13	14	15	16	17	18	19	20	21	22	23	24	25	26	27	28	29	30	31
陰	五	六	七	八	九	十	十一	十二	十三	十四	十五	十六	十七	十八	十九	廿	廿一	廿二	廿三	廿四	廿五	廿六	廿七	廿八	廿九	五	二	三	四	五	六
星	1	2	3	4	5	6	日	1	2	3	4	5	6	日	1	2	3	4	5	6	日	1	2	3	4	5	6	日	1	2	3
干節	乙亥	丙子	丁丑	戊寅	立夏	庚辰	辛巳	壬午	癸未	甲申	乙酉	丙戌	丁亥	戊子	己丑	庚寅	辛卯	壬辰	癸巳	小滿	乙未	丙申	丁酉	戊戌	己亥	庚子	辛丑	壬寅	癸卯	甲辰	乙巳

陽歷 六 月份 （陰歷五、六月份）

陽	6	2	3	4	5	6	7	8	9	10	11	12	13	14	15	16	17	18	19	20	21	22	23	24	25	26	27	28	29	30	
陰	七	八	九	十	十一	十二	十三	十四	十五	十六	十七	十八	十九	廿	廿一	廿二	廿三	廿四	廿五	廿六	廿七	廿八	廿九	卅	六	二	三	四	五	六	
星	4	5	6	日	1	2	3	4	5	6	日	1	2	3	4	5	6	日	1	2	3	4	5	6	日	1	2	3	4	5	
干節	丙午	丁未	戊申	己酉	芒種	辛亥	壬子	癸丑	甲寅	乙卯	丙辰	丁巳	戊午	己未	庚申	辛酉	壬戌	癸亥	甲子	乙丑	夏至	丁卯	戊辰	己巳	庚午	辛未	壬申	癸酉	甲戌	乙亥	

丁巳 一七九七年 （清仁宗嘉慶二年）

陽曆七月份 （陰曆六、閏六月份）

陽	7	2	3	4	5	6	7	8	9	10	11	12	13	14	15	16	17	18	19	20	21	22	23	24	25	26	27	28	29	30	31
陰	七	八	九	十	十一	十二	十三	十四	十五	十六	十七	十八	十九	廿	廿一	廿二	廿三	廿四	廿五	廿六	廿七	廿八	廿九	閏	二	三	四	五	六	七	八
星	6	日	1	2	3	4	5	6	日	1	2	3	4	5	6	日	1	2	3	4	5	6	日	1	2	3	4	5	6	日	1
干節	丙子	丁丑	戊寅	己卯	庚辰	辛巳	小暑	癸未	甲申	乙酉	丙戌	丁亥	戊子	己丑	庚寅	辛卯	壬辰	癸巳	甲午	乙未	丙申	大暑	戊戌	己亥	庚子	辛丑	壬寅	癸卯	甲辰	乙巳	丙午

陽曆八月份 （陰曆閏六、七月份）

陽	8	2	3	4	5	6	7	8	9	10	11	12	13	14	15	16	17	18	19	20	21	22	23	24	25	26	27	28	29	30	31
陰	九	十	十一	十二	十三	十四	十五	十六	十七	十八	十九	廿	廿一	廿二	廿三	廿四	廿五	廿六	廿七	廿八	廿九	七	二	三	四	五	六	七	八	九	十
星	2	3	4	5	6	日	1	2	3	4	5	6	日	1	2	3	4	5	6	日	1	2	3	4	5	6	日	1	2	3	4
干節	丁未	戊申	己酉	庚戌	辛亥	壬子	立秋	甲寅	乙卯	丙辰	丁巳	戊午	己未	庚申	辛酉	壬戌	癸亥	甲子	乙丑	丙寅	丁卯	戊辰	處暑	庚午	辛未	壬申	癸酉	甲戌	乙亥	丙子	丁丑

陽曆九月份 （陰曆七、八月份）

陽	9	2	3	4	5	6	7	8	9	10	11	12	13	14	15	16	17	18	19	20	21	22	23	24	25	26	27	28	29	30
陰	十一	十二	十三	十四	十五	十六	十七	十八	十九	廿	廿一	廿二	廿三	廿四	廿五	廿六	廿七	廿八	廿九	八	二	三	四	五	六	七	八	九	十	十一
星	5	6	日	1	2	3	4	5	6	日	1	2	3	4	5	6	日	1	2	3	4	5	6	日	1	2	3	4	5	6
干節	戊寅	己卯	庚辰	辛巳	壬午	癸未	白露	乙酉	丙戌	丁亥	戊子	己丑	庚寅	辛卯	壬辰	癸巳	甲午	乙未	丙申	丁酉	戊戌	秋分	庚子	辛丑	壬寅	癸卯	甲辰	乙巳	丙午	丁未

陽曆十月份 （陰曆八、九月份）

陽	10	2	3	4	5	6	7	8	9	10	11	12	13	14	15	16	17	18	19	20	21	22	23	24	25	26	27	28	29	30	31
陰	十二	十三	十四	十五	十六	十七	十八	十九	廿	廿一	廿二	廿三	廿四	廿五	廿六	廿七	廿八	廿九	卅	九	二	三	四	五	六	七	八	九	十	十一	十二
星	日	1	2	3	4	5	6	日	1	2	3	4	5	6	日	1	2	3	4	5	6	日	1	2	3	4	5	6	日	1	2
干節	戊申	己酉	庚戌	辛亥	壬子	癸丑	甲寅	寒露	丙辰	丁巳	戊午	己未	庚申	辛酉	壬戌	癸亥	甲子	乙丑	丙寅	丁卯	戊辰	己巳	霜降	辛未	壬申	癸酉	甲戌	乙亥	丙子	丁丑	戊寅

陽曆十一月份 （陰曆九、十月份）

陽	11	2	3	4	5	6	7	8	9	10	11	12	13	14	15	16	17	18	19	20	21	22	23	24	25	26	27	28	29	30
陰	十三	十四	十五	十六	十七	十八	十九	廿	廿一	廿二	廿三	廿四	廿五	廿六	廿七	廿八	廿九	十	二	三	四	五	六	七	八	九	十	十一	十二	十三
星	3	4	5	6	日	1	2	3	4	5	6	日	1	2	3	4	5	6	日	1	2	3	4	5	6	日	1	2	3	4
干節	己卯	庚辰	辛巳	壬午	癸未	甲申	立冬	丙戌	丁亥	戊子	己丑	庚寅	辛卯	壬辰	癸巳	甲午	乙未	丙申	丁酉	戊戌	己亥	小雪	辛丑	壬寅	癸卯	甲辰	乙巳	丙午	丁未	戊申

陽曆十二月份 （陰曆十、十一月份）

陽	12	2	3	4	5	6	7	8	9	10	11	12	13	14	15	16	17	18	19	20	21	22	23	24	25	26	27	28	29	30	31
陰	十四	十五	十六	十七	十八	十九	廿	廿一	廿二	廿三	廿四	廿五	廿六	廿七	廿八	廿九	卅	十一	二	三	四	五	六	七	八	九	十	十一	十二	十三	十四
星	5	6	日	1	2	3	4	5	6	日	1	2	3	4	5	6	日	1	2	3	4	5	6	日	1	2	3	4	5	6	日
干節	己酉	庚戌	辛亥	壬子	癸丑	大雪	乙卯	丙辰	丁巳	戊午	己未	庚申	辛酉	壬戌	癸亥	甲子	乙丑	丙寅	丁卯	戊辰	冬至	庚午	辛未	壬申	癸酉	甲戌	乙亥	丙子	丁丑	戊寅	己卯

近世中西史日對照表

戊午　一七九八年　（清仁宗嘉慶三年）

陽歷 一 月份　　（陰歷十一、十二月份）

陽	1	2	3	4	5	6	7	8	9	10	11	12	13	14	15	16	17	18	19	20	21	22	23	24	25	26	27	28	29	30	31
陰	十五	十六	十七	十八	十九	廿	廿一	廿二	廿三	廿四	廿五	廿六	廿七	廿八	廿九	卅	十二	二	三	四	五	六	七	八	九	十	十一	十二	十三	十四	十五
星	1	2	3	4	5	6	日	1	2	3	4	5	6	日	1	2	3	4	5	6	日	1	2	3	4	5	6	日	1	2	3
干節	庚辰	辛巳	壬午	癸未	小寒	乙酉	丙戌	丁亥	戊子	己丑	庚寅	辛卯	壬辰	癸巳	甲午	乙未	丙申	丁酉	戊戌	大寒	庚子	辛丑	壬寅	癸卯	甲辰	乙巳	丙午	丁未	戊申	己酉	庚戌

陽歷 二 月份　　（陰歷十二、正月份）

陽	1	2	3	4	5	6	7	8	9	10	11	12	13	14	15	16	17	18	19	20	21	22	23	24	25	26	27	28
陰	十六	十七	十八	十九	廿	廿一	廿二	廿三	廿四	廿五	廿六	廿七	廿八	廿九	卅	正	二	三	四	五	六	七	八	九	十	十一	十二	十三
星	4	5	6	日	1	2	3	4	5	6	日	1	2	3	4	5	6	日	1	2	3	4	5	6	日	1	2	3
干節	辛亥	壬子	立春	甲寅	乙卯	丙辰	丁巳	戊午	己未	庚申	辛酉	壬戌	癸亥	甲子	乙丑	丙寅	丁卯	雨水	己巳	庚午	辛未	壬申	癸酉	甲戌	乙亥	丙子	丁丑	戊寅

陽歷 三 月份　　（陰歷正、二月份）

陽	1	2	3	4	5	6	7	8	9	10	11	12	13	14	15	16	17	18	19	20	21	22	23	24	25	26	27	28	29	30	31
陰	十四	十五	十六	十七	十八	十九	廿	廿一	廿二	廿三	廿四	廿五	廿六	廿七	廿八	廿九	二	二	三	四	五	六	七	八	九	十	十一	十二	十三	十四	十五
星	4	5	6	日	1	2	3	4	5	6	日	1	2	3	4	5	6	日	1	2	3	4	5	6	日	1	2	3	4	5	6
干節	己卯	庚辰	辛巳	壬午	驚蟄	甲申	乙酉	丙戌	丁亥	戊子	己丑	庚寅	辛卯	壬辰	癸巳	甲午	乙未	丙申	丁酉	春分	己亥	庚子	辛丑	壬寅	癸卯	甲辰	乙巳	丙午	丁未	戊申	己酉

陽歷 四 月份　　（陰歷二、三月份）

陽	1	2	3	4	5	6	7	8	9	10	11	12	13	14	15	16	17	18	19	20	21	22	23	24	25	26	27	28	29	30
陰	十六	十七	十八	十九	廿	廿一	廿二	廿三	廿四	廿五	廿六	廿七	廿八	廿九	卅	三	二	三	四	五	六	七	八	九	十	十一	十二	十三	十四	十五
星	日	1	2	3	4	5	6	日	1	2	3	4	5	6	日	1	2	3	4	5	6	日	1	2	3	4	5	6	日	1
干節	庚戌	辛亥	壬子	清明	甲寅	乙卯	丙辰	丁巳	戊午	己未	庚申	辛酉	壬戌	癸亥	甲子	乙丑	丙寅	丁卯	戊辰	穀雨	庚午	辛未	壬申	癸酉	甲戌	乙亥	丙子	丁丑	戊寅	己卯

陽歷 五 月份　　（陰歷三、四月份）

陽	1	2	3	4	5	6	7	8	9	10	11	12	13	14	15	16	17	18	19	20	21	22	23	24	25	26	27	28	29	30	31
陰	十六	十七	十八	十九	廿	廿一	廿二	廿三	廿四	廿五	廿六	廿七	廿八	廿九	卅	四	二	三	四	五	六	七	八	九	十	十一	十二	十三	十四	十五	十六
星	2	3	4	5	6	日	1	2	3	4	5	6	日	1	2	3	4	5	6	日	1	2	3	4	5	6	日	1	2	3	4
干節	庚辰	辛巳	壬午	癸未	立夏	乙酉	丙戌	丁亥	戊子	己丑	庚寅	辛卯	壬辰	癸巳	甲午	乙未	丙申	丁酉	戊戌	己亥	小滿	辛丑	壬寅	癸卯	甲辰	乙巳	丙午	丁未	戊申	己酉	庚戌

陽歷 六 月份　　（陰歷四、五月份）

陽	1	2	3	4	5	6	7	8	9	10	11	12	13	14	15	16	17	18	19	20	21	22	23	24	25	26	27	28	29	30
陰	十七	十八	十九	廿	廿一	廿二	廿三	廿四	廿五	廿六	廿七	廿八	廿九	五	二	三	四	五	六	七	八	九	十	十一	十二	十三	十四	十五	十六	十七
星	5	6	日	1	2	3	4	5	6	日	1	2	3	4	5	6	日	1	2	3	4	5	6	日	1	2	3	4	5	6
干節	辛亥	壬子	癸丑	甲寅	芒種	丙辰	丁巳	戊午	己未	庚申	辛酉	壬戌	癸亥	甲子	乙丑	丙寅	丁卯	戊辰	己巳	庚午	夏至	壬申	癸酉	甲戌	乙亥	丙子	丁丑	戊寅	己卯	庚辰

戊午

一七九八年

（清仁宗嘉慶三年）

陽歷七月份　（陰歷五、六月份）

陽	7	2	3	4	5	6	7	8	9	10	11	12	13	14	15	16	17	18	19	20	21	22	23	24	25	26	27	28	29	30	31
陰	十八	十九	廿	廿一	廿二	廿三	廿四	廿五	廿六	廿七	廿八	廿九	六	二	三	四	五	六	七	八	九	十	十一	十二	十三	十四	十五	十六	十七	十八	十九
星	日	1	2	3	4	5	6	日	1	2	3	4	5	6	日	1	2	3	4	5	6	日	1	2	3	4	5	6	日	1	2
干節	辛巳	壬午	癸未	甲申	乙酉	丙戌	小暑	戊子	己丑	庚寅	辛卯	壬辰	癸巳	甲午	乙未	丙申	丁酉	戊戌	己亥	庚子	辛丑	壬寅	大暑	甲辰	乙巳	丙午	丁未	戊申	己酉	庚戌	辛亥

陽歷八月份　（陰歷六、七月份）

陽	8	2	3	4	5	6	7	8	9	10	11	12	13	14	15	16	17	18	19	20	21	22	23	24	25	26	27	28	29	30	31
陰	廿	廿一	廿二	廿三	廿四	廿五	廿六	廿七	廿八	廿九	卅	七	二	三	四	五	六	七	八	九	十	十一	十二	十三	十四	十五	十六	十七	十八	十九	廿
星	3	4	5	6	日	1	2	3	4	5	6	日	1	2	3	4	5	6	日	1	2	3	4	5	6	日	1	2	3	4	5
干節	壬子	癸丑	甲寅	乙卯	丙辰	丁巳	立秋	己未	庚申	辛酉	壬戌	癸亥	甲子	乙丑	丙寅	丁卯	戊辰	己巳	庚午	辛未	壬申	癸酉	處暑	乙亥	丙子	丁丑	戊寅	己卯	庚辰	辛巳	壬午

陽歷九月份　（陰歷七、八月份）

陽	9	2	3	4	5	6	7	8	9	10	11	12	13	14	15	16	17	18	19	20	21	22	23	24	25	26	27	28	29	30
陰	廿一	廿二	廿三	廿四	廿五	廿六	廿七	廿八	廿九	八	二	三	四	五	六	七	八	九	十	十一	十二	十三	十四	十五	十六	十七	十八	十九	廿	廿一
星	6	日	1	2	3	4	5	6	日	1	2	3	4	5	6	日	1	2	3	4	5	6	日	1	2	3	4	5	6	日
干節	癸未	甲申	乙酉	丙戌	丁亥	戊子	白露	庚寅	辛卯	壬辰	癸巳	甲午	乙未	丙申	丁酉	戊戌	己亥	庚子	辛丑	壬寅	癸卯	甲辰	秋分	丙午	丁未	戊申	己酉	庚戌	辛亥	壬子

陽歷十月份　（陰歷八、九月份）

陽	10	2	3	4	5	6	7	8	9	10	11	12	13	14	15	16	17	18	19	20	21	22	23	24	25	26	27	28	29	30	31
陰	廿二	廿三	廿四	廿五	廿六	廿七	廿八	廿九	九	二	三	四	五	六	七	八	九	十	十一	十二	十三	十四	十五	十六	十七	十八	十九	廿	廿一	廿二	廿三
星	1	2	3	4	5	6	日	1	2	3	4	5	6	日	1	2	3	4	5	6	日	1	2	3	4	5	6	日	1	2	3
干節	癸丑	甲寅	乙卯	丙辰	丁巳	戊午	己未	寒露	辛酉	壬戌	癸亥	甲子	乙丑	丙寅	丁卯	戊辰	己巳	庚午	辛未	壬申	癸酉	甲戌	霜降	丙子	丁丑	戊寅	己卯	庚辰	辛巳	壬午	癸未

陽歷十一月份　（陰歷九、十月份）

陽	11	2	3	4	5	6	7	8	9	10	11	12	13	14	15	16	17	18	19	20	21	22	23	24	25	26	27	28	29	30
陰	廿四	廿五	廿六	廿七	廿八	廿九	卅	十	二	三	四	五	六	七	八	九	十	十一	十二	十三	十四	十五	十六	十七	十八	十九	廿	廿一	廿二	廿三
星	4	5	6	日	1	2	3	4	5	6	日	1	2	3	4	5	6	日	1	2	3	4	5	6	日	1	2	3	4	5
干節	甲申	乙酉	丙戌	丁亥	戊子	己丑	立冬	辛卯	壬辰	癸巳	甲午	乙未	丙申	丁酉	戊戌	己亥	庚子	辛丑	壬寅	癸卯	甲辰	小雪	丙午	丁未	戊申	己酉	庚戌	辛亥	壬子	癸丑

陽歷十二月份　（陰歷十、十一月份）

陽	12	2	3	4	5	6	7	8	9	10	11	12	13	14	15	16	17	18	19	20	21	22	23	24	25	26	27	28	29	30	31
陰	廿四	廿五	廿六	廿七	廿八	廿九	十一	二	三	四	五	六	七	八	九	十	十一	十二	十三	十四	十五	十六	十七	十八	十九	廿	廿一	廿二	廿三	廿四	廿五
星	6	日	1	2	3	4	5	6	日	1	2	3	4	5	6	日	1	2	3	4	5	6	日	1	2	3	4	5	6	日	1
干節	甲寅	乙卯	丙辰	丁巳	戊午	己未	大雪	辛酉	壬戌	癸亥	甲子	乙丑	丙寅	丁卯	戊辰	己巳	庚午	辛未	壬申	癸酉	冬至	乙亥	丙子	丁丑	戊寅	己卯	庚辰	辛巳	壬午	癸未	甲申

近世中西史日對照表

己未 一七九九年 (清仁宗嘉慶四年)

陽歷 一月份 (陰歷十一、十二月份)

陽	1	2	3	4	5	6	7	8	9	10	11	12	13	14	15	16	17	18	19	20	21	22	23	24	25	26	27	28	29	30	31
陰	廿六	廿七	廿八	廿九	卅	十二	二	三	四	五	六	七	八	九	十	十一	十二	十三	十四	十五	十六	十七	十八	十九	廿	廿一	廿二	廿三	廿四	廿五	廿六
星	2	3	4	5	6	日	1	2	3	4	5	6	日	1	2	3	4	5	6	日	1	2	3	4	5	6	日	1	2	3	4
干節	乙酉	丙戌	丁亥	戊子	小寒	庚寅	辛卯	壬辰	癸巳	甲午	乙未	丙申	丁酉	戊戌	己亥	庚子	辛丑	壬寅	癸卯	大寒	乙巳	丙午	丁未	戊申	己酉	庚戌	辛亥	壬子	癸丑	甲寅	乙卯

陽歷 二月份 (陰歷十二、正月份)

陽	2	2	3	4	5	6	7	8	9	10	11	12	13	14	15	16	17	18	19	20	21	22	23	24	25	26	27	28			
陰	廿七	廿八	廿九	卅	正	二	三	四	五	六	七	八	九	十	十一	十二	十三	十四	十五	十六	十七	十八	十九	廿	廿一	廿二	廿三	廿四			
星	5	6	日	1	2	3	4	5	6	日	1	2	3	4	5	6	日	1	2	3	4	5	6	日	1	2	3	4			
干節	丙辰	丁巳	戊午	立春	庚申	辛酉	壬戌	癸亥	甲子	乙丑	丙寅	丁卯	戊辰	己巳	庚午	辛未	壬申	雨水	甲戌	乙亥	丙子	丁丑	戊寅	己卯	庚辰	辛巳	壬午	癸未			

陽歷 三月份 (陰歷正、二月份)

陽	3	2	3	4	5	6	7	8	9	10	11	12	13	14	15	16	17	18	19	20	21	22	23	24	25	26	27	28	29	30	31
陰	廿五	廿六	廿七	廿八	廿九	二	二	三	四	五	六	七	八	九	十	十一	十二	十三	十四	十五	十六	十七	十八	十九	廿	廿一	廿二	廿三	廿四	廿五	廿六
星	5	6	日	1	2	3	4	5	6	日	1	2	3	4	5	6	日	1	2	3	4	5	6	日	1	2	3	4	5	6	日
干節	甲申	乙酉	丙戌	丁亥	驚蟄	己丑	庚寅	辛卯	壬辰	癸巳	甲午	乙未	丙申	丁酉	戊戌	己亥	庚子	辛丑	壬寅	春分	甲辰	乙巳	丙午	丁未	戊申	己酉	庚戌	辛亥	壬子	癸丑	甲寅

陽歷 四月份 (陰歷二、三月份)

陽	4	2	3	4	5	6	7	8	9	10	11	12	13	14	15	16	17	18	19	20	21	22	23	24	25	26	27	28	29	30	
陰	廿七	廿八	廿九	卅	三	二	三	四	五	六	七	八	九	十	十一	十二	十三	十四	十五	十六	十七	十八	十九	廿	廿一	廿二	廿三	廿四	廿五	廿六	
星	1	2	3	4	5	6	日	1	2	3	4	5	6	日	1	2	3	4	5	6	日	1	2	3	4	5	6	日	1	2	
干節	乙卯	丙辰	丁巳	戊午	清明	庚申	辛酉	壬戌	癸亥	甲子	乙丑	丙寅	丁卯	戊辰	己巳	庚午	辛未	壬申	癸酉	穀雨	乙亥	丙子	丁丑	戊寅	己卯	庚辰	辛巳	壬午	癸未	甲申	

陽歷 五月份 (陰歷三、四月份)

陽	5	2	3	4	5	6	7	8	9	10	11	12	13	14	15	16	17	18	19	20	21	22	23	24	25	26	27	28	29	30	31
陰	廿七	廿八	廿九	卅	四	二	三	四	五	六	七	八	九	十	十一	十二	十三	十四	十五	十六	十七	十八	十九	廿	廿一	廿二	廿三	廿四	廿五	廿六	廿七
星	3	4	5	6	日	1	2	3	4	5	6	日	1	2	3	4	5	6	日	1	2	3	4	5	6	日	1	2	3	4	5
干節	乙酉	丙戌	丁亥	戊子	立夏	庚寅	辛卯	壬辰	癸巳	甲午	乙未	丙申	丁酉	戊戌	己亥	庚子	辛丑	壬寅	癸卯	甲辰	小滿	丙午	丁未	戊申	己酉	庚戌	辛亥	壬子	癸丑	甲寅	乙卯

陽歷 六月份 (陰歷四、五月份)

陽	6	2	3	4	5	6	7	8	9	10	11	12	13	14	15	16	17	18	19	20	21	22	23	24	25	26	27	28	29	30
陰	廿八	廿九	五	二	三	四	五	六	七	八	九	十	十一	十二	十三	十四	十五	十六	十七	十八	十九	廿	廿一	廿二	廿三	廿四	廿五	廿六	廿七	廿八
星	6	日	1	2	3	4	5	6	日	1	2	3	4	5	6	日	1	2	3	4	5	6	日	1	2	3	4	5	6	日
干節	丙辰	丁巳	戊午	己未	庚申	芒種	壬戌	癸亥	甲子	乙丑	丙寅	丁卯	戊辰	己巳	庚午	辛未	壬申	癸酉	甲戌	乙亥	夏至	丁丑	戊寅	己卯	庚辰	辛巳	壬午	癸未	甲申	乙酉

己未　一七九九年（清仁宗嘉慶四年）

陽曆七月份　（陰曆五、六月份）

陽	7	2	3	4	5	6	7	8	9	10	11	12	13	14	15	16	17	18	19	20	21	22	23	24	25	26	27	28	29	30	31
陰	廿九	卅	六	二	三	四	五	六	七	八	九	十	十一	十二	十三	十四	十五	十六	十七	十八	十九	廿	廿一	廿二	廿三	廿四	廿五	廿六	廿七	廿八	廿九
星	1	2	3	4	5	6	日	1	2	3	4	5	6	日	1	2	3	4	5	6	日	1	2	3	4	5	6	日	1	2	3
干節	丙戌	丁亥	戊子	己丑	庚寅	辛卯	小暑	癸巳	甲午	乙未	丙申	丁酉	戊戌	己亥	庚子	辛丑	壬寅	癸卯	甲辰	乙巳	丙午	丁未	大暑	己酉	庚戌	辛亥	壬子	癸丑	甲寅	乙卯	丙辰

陽曆八月份　（陰曆七、八月份）

陽	8	2	3	4	5	6	7	8	9	10	11	12	13	14	15	16	17	18	19	20	21	22	23	24	25	26	27	28	29	30	31
陰	七	二	三	四	五	六	七	八	九	十	十一	十二	十三	十四	十五	十六	十七	十八	十九	廿	廿一	廿二	廿三	廿四	廿五	廿六	廿七	廿八	廿九	卅	八
星	4	5	6	日	1	2	3	4	5	6	日	1	2	3	4	5	6	日	1	2	3	4	5	6	日	1	2	3	4	5	6
干節	丁巳	戊午	己未	庚申	辛酉	壬戌	立秋	甲子	乙丑	丙寅	丁卯	戊辰	己巳	庚午	辛未	壬申	癸酉	甲戌	乙亥	丙子	丁丑	戊寅	處暑	庚辰	辛巳	壬午	癸未	甲申	乙酉	丙戌	丁亥

陽曆九月份　（陰曆八、九月份）

陽	9	2	3	4	5	6	7	8	9	10	11	12	13	14	15	16	17	18	19	20	21	22	23	24	25	26	27	28	29	30	
陰	二	三	四	五	六	七	八	九	十	十一	十二	十三	十四	十五	十六	十七	十八	十九	廿	廿一	廿二	廿三	廿四	廿五	廿六	廿七	廿八	廿九	九	二	
星	日	1	2	3	4	5	6	日	1	2	3	4	5	6	日	1	2	3	4	5	6	日	1	2	3	4	5	6	日	1	
干節	戊子	己丑	庚寅	辛卯	壬辰	癸巳	甲午	白露	丙申	丁酉	戊戌	己亥	庚子	辛丑	壬寅	癸卯	甲辰	乙巳	丙午	丁未	戊申	己酉	秋分	辛亥	壬子	癸丑	甲寅	乙卯	丙辰	丁巳	

陽曆十月份　（陰曆九、十月份）

陽	10	2	3	4	5	6	7	8	9	10	11	12	13	14	15	16	17	18	19	20	21	22	23	24	25	26	27	28	29	30	31
陰	三	四	五	六	七	八	九	十	十一	十二	十三	十四	十五	十六	十七	十八	十九	廿	廿一	廿二	廿三	廿四	廿五	廿六	廿七	廿八	廿九	卅	十	二	三
星	2	3	4	5	6	日	1	2	3	4	5	6	日	1	2	3	4	5	6	日	1	2	3	4	5	6	日	1	2	3	4
干節	戊午	己未	庚申	辛酉	壬戌	癸亥	甲子	寒露	丙寅	丁卯	戊辰	己巳	庚午	辛未	壬申	癸酉	甲戌	乙亥	丙子	丁丑	戊寅	己卯	霜降	辛巳	壬午	癸未	甲申	乙酉	丙戌	丁亥	戊子

陽曆十一月份　（陰曆十、十一月份）

陽	11	2	3	4	5	6	7	8	9	10	11	12	13	14	15	16	17	18	19	20	21	22	23	24	25	26	27	28	29	30	
陰	四	五	六	七	八	九	十	十一	十二	十三	十四	十五	十六	十七	十八	十九	廿	廿一	廿二	廿三	廿四	廿五	廿六	廿七	廿八	廿九	十一	二	三	四	
星	5	6	日	1	2	3	4	5	6	日	1	2	3	4	5	6	日	1	2	3	4	5	6	日	1	2	3	4	5	6	
干節	己丑	庚寅	辛卯	壬辰	癸巳	甲午	立冬	丙申	丁酉	己戌	戊亥	庚子	辛丑	壬寅	癸卯	甲辰	乙巳	丙午	丁未	戊申	己酉	小雪	辛亥	壬子	癸丑	甲寅	乙卯	丙辰	丁巳	戊午	

陽曆十二月份　（陰曆十一、十二月份）

陽	12	2	3	4	5	6	7	8	9	10	11	12	13	14	15	16	17	18	19	20	21	22	23	24	25	26	27	28	29	30	31
陰	五	六	七	八	九	十	十一	十二	十三	十四	十五	十六	十七	十八	十九	廿	廿一	廿二	廿三	廿四	廿五	廿六	廿七	廿八	廿九	十二	二	三	四	五	六
星	日	1	2	3	4	5	6	日	1	2	3	4	5	6	日	1	2	3	4	5	6	日	1	2	3	4	5	6	日	1	2
干節	己未	庚申	辛酉	壬戌	癸亥	甲子	大雪	丙寅	丁卯	戊辰	己巳	庚午	辛未	壬申	癸酉	甲戌	乙亥	丙子	丁丑	戊寅	己卯	冬至	辛巳	壬午	癸未	甲申	乙酉	丙戌	丁亥	戊子	己丑

近世中西史日對照表

陽歷一月份　(陰歷十二、正月份)

陽	1	2	3	4	5	6	7	8	9	10	11	12	13	14	15	16	17	18	19	20	21	22	23	24	25	26	27	28	29	30	31
陰	七	八	九	十	十一	十二	十三	十四	十五	十六	十七	十八	十九	廿	廿一	廿二	廿三	廿四	廿五	廿六	廿七	廿八	廿九	卅	正	二	三	四	五	六	七
星	3	4	5	6	日	1	2	3	4	5	6	日	1	2	3	4	5	6	日	1	2	3	4	5	6	日	1	2	3	4	5
干節	庚寅	辛卯	壬辰	癸巳	小寒	乙未	丙申	丁酉	戊戌	己亥	庚子	辛丑	壬寅	癸卯	甲辰	乙巳	丙午	丁未	戊申	大寒	庚戌	辛亥	壬子	癸丑	甲寅	乙卯	丙辰	丁巳	戊午	己未	庚申

陽歷二月份　(陰歷正、二月份)

陽	2	2	3	4	5	6	7	8	9	10	11	12	13	14	15	16	17	18	19	20	21	22	23	24	25	26	27	28			
陰	八	九	十	十一	十二	十三	十四	十五	十六	十七	十八	十九	廿	廿一	廿二	廿三	廿四	廿五	廿六	廿七	廿八	廿九	卅	二	二	三	四	五			
星	6	日	1	2	3	4	5	6	日	1	2	3	4	5	6	日	1	2	3	4	5	6	日	1	2	3	4	5			
干節	辛酉	壬戌	癸亥	立春	乙丑	丙寅	丁卯	戊辰	己巳	庚午	辛未	壬申	癸酉	甲戌	乙亥	丙子	丁丑	戊寅	雨水	庚辰	辛巳	壬午	癸未	甲申	乙酉	丙戌	丁亥	戊子			

陽歷三月份　(陰歷二、三月份)

陽	3	2	3	4	5	6	7	8	9	10	11	12	13	14	15	16	17	18	19	20	21	22	23	24	25	26	27	28	29	30	31
陰	六	七	八	九	十	十一	十二	十三	十四	十五	十六	十七	十八	十九	廿	廿一	廿二	廿三	廿四	廿五	廿六	廿七	廿八	廿九	三	二	三	四	五	六	七
星	6	日	1	2	3	4	5	6	日	1	2	3	4	5	6	日	1	2	3	4	5	6	日	1	2	3	4	5	6	日	1
干節	己丑	庚寅	辛卯	壬辰	癸巳	驚蟄	乙未	丙申	丁酉	戊戌	己亥	庚子	辛丑	壬寅	癸卯	甲辰	乙巳	丙午	丁未	戊申	春分	庚戌	辛亥	壬子	癸丑	甲寅	乙卯	丙辰	丁巳	戊午	己未

陽歷四月份　(陰歷三、四月份)

陽	4	2	3	4	5	6	7	8	9	10	11	12	13	14	15	16	17	18	19	20	21	22	23	24	25	26	27	28	29	30	
陰	八	九	十	十一	十二	十三	十四	十五	十六	十七	十八	十九	廿	廿一	廿二	廿三	廿四	廿五	廿六	廿七	廿八	廿九	卅	四	二	三	四	五	六	七	
星	2	3	4	5	6	日	1	2	3	4	5	6	日	1	2	3	4	5	6	日	1	2	3	4	5	6	日	1	2	3	
干節	庚申	辛酉	壬戌	癸亥	清明	乙丑	丙寅	丁卯	戊辰	己巳	庚午	辛未	壬申	癸酉	甲戌	乙亥	丙子	丁丑	戊寅	穀雨	庚辰	辛巳	壬午	癸未	甲申	乙酉	丙戌	丁亥	戊子	己丑	

陽歷五月份　(陰歷四、閏四月份)

陽	5	2	3	4	5	6	7	8	9	10	11	12	13	14	15	16	17	18	19	20	21	22	23	24	25	26	27	28	29	30	31
陰	八	九	十	十一	十二	十三	十四	十五	十六	十七	十八	十九	廿	廿一	廿二	廿三	廿四	廿五	廿六	廿七	廿八	廿九	卅	閏	二	三	四	五	六	七	八
星	4	5	6	日	1	2	3	4	5	6	日	1	2	3	4	5	6	日	1	2	3	4	5	6	日	1	2	3	4	5	6
干節	庚寅	辛卯	壬辰	癸巳	甲午	立夏	丙申	丁酉	戊戌	己亥	庚子	辛丑	壬寅	癸卯	甲辰	乙巳	丙午	丁未	戊申	己酉	小滿	辛亥	壬子	癸丑	甲寅	乙卯	丙辰	丁巳	戊午	己未	庚申

陽歷六月份　(陰歷閏四、五月份)

陽	6	2	3	4	5	6	7	8	9	10	11	12	13	14	15	16	17	18	19	20	21	22	23	24	25	26	27	28	29	30
陰	九	十	十一	十二	十三	十四	十五	十六	十七	十八	十九	廿	廿一	廿二	廿三	廿四	廿五	廿六	廿七	廿八	廿九	五	二	三	四	五	六	七	八	九
星	日	1	2	3	4	5	6	日	1	2	3	4	5	6	日	1	2	3	4	5	6	日	1	2	3	4	5	6	日	1
干節	辛酉	壬戌	癸亥	甲子	乙丑	芒種	丁卯	戊辰	己巳	庚午	辛未	壬申	癸酉	甲戌	乙亥	丙子	丁丑	戊寅	己卯	庚辰	辛巳	夏至	癸未	甲申	乙酉	丙戌	丁亥	戊子	己丑	庚寅

庚申

一八〇〇年

（清仁宗嘉慶五年）

陽歷七月份　（陰歷五、六月份）

陽	7	2	3	4	5	6	7	8	9	10	11	12	13	14	15	16	17	18	19	20	21	22	23	24	25	26	27	28	29	30	31
陰	十	十一	十二	十三	十四	十五	十六	十七	十八	十九	廿	廿一	廿二	廿三	廿四	廿五	廿六	廿七	廿八	廿九	卅	六	二	三	四	五	六	七	八	九	十
星	2	3	4	5	6	日	1	2	3	4	5	6	日	1	2	3	4	5	6	日	1	2	3	4	5	6	日	1	2	3	4
干節	辛卯	壬辰	癸巳	甲午	乙未	丙申	小暑	戊戌	己亥	庚子	辛丑	壬寅	癸卯	甲辰	乙巳	丙午	丁未	戊申	己酉	庚戌	辛亥	壬子	大暑	甲寅	乙卯	丙辰	丁巳	戊午	己未	庚申	辛酉

陽歷八月份　（陰歷六、七月份）

陽	8	2	3	4	5	6	7	8	9	10	11	12	13	14	15	16	17	18	19	20	21	22	23	24	25	26	27	28	29	30	31
陰	十一	十二	十三	十四	十五	十六	十七	十八	十九	廿	廿一	廿二	廿三	廿四	廿五	廿六	廿七	廿八	廿九	七	二	三	四	五	六	七	八	九	十	十一	十二
星	5	6	日	1	2	3	4	5	6	日	1	2	3	4	5	6	日	1	2	3	4	5	6	日	1	2	3	4	5	6	日
干節	壬戌	癸亥	甲子	乙丑	丙寅	丁卯	戊辰	立秋	庚午	辛未	壬申	癸酉	甲戌	乙亥	丙子	丁丑	戊寅	己卯	庚辰	辛巳	壬午	癸未	處暑	乙酉	丙戌	丁亥	戊子	己丑	庚寅	辛卯	壬辰

陽歷九月份　（陰歷七、八月份）

陽	9	2	3	4	5	6	7	8	9	10	11	12	13	14	15	16	17	18	19	20	21	22	23	24	25	26	27	28	29	30
陰	十三	十四	十五	十六	十七	十八	十九	廿	廿一	廿二	廿三	廿四	廿五	廿六	廿七	廿八	廿九	卅	八	二	三	四	五	六	七	八	九	十	十一	十二
星	1	2	3	4	5	6	日	1	2	3	4	5	6	日	1	2	3	4	5	6	日	1	2	3	4	5	6	日	1	2
干節	癸巳	甲午	乙未	丙申	丁酉	戊戌	己亥	白露	辛丑	壬寅	癸卯	甲辰	乙巳	丙午	丁未	戊申	己酉	庚戌	辛亥	壬子	癸丑	甲寅	秋分	丙辰	丁巳	戊午	己未	庚申	辛酉	壬戌

陽歷十月份　（陰歷八、九月份）

陽	10	2	3	4	5	6	7	8	9	10	11	12	13	14	15	16	17	18	19	20	21	22	23	24	25	26	27	28	29	30	31
陰	十三	十四	十五	十六	十七	十八	十九	廿	廿一	廿二	廿三	廿四	廿五	廿六	廿七	廿八	廿九	九	二	三	四	五	六	七	八	九	十	十一	十二	十三	十四
星	3	4	5	6	日	1	2	3	4	5	6	日	1	2	3	4	5	6	日	1	2	3	4	5	6	日	1	2	3	4	5
干節	癸亥	甲子	乙丑	丙寅	丁卯	戊辰	己巳	寒露	辛未	壬申	癸酉	甲戌	乙亥	丙子	丁丑	戊寅	己卯	庚辰	辛巳	壬午	癸未	甲申	霜降	丙戌	丁亥	戊子	己丑	庚寅	辛卯	壬辰	癸巳

陽歷十一月份　（陰歷九、十月份）

陽	11	2	3	4	5	6	7	8	9	10	11	12	13	14	15	16	17	18	19	20	21	22	23	24	25	26	27	28	29	30
陰	十五	十六	十七	十八	十九	廿	廿一	廿二	廿三	廿四	廿五	廿六	廿七	廿八	廿九	卅	十	二	三	四	五	六	七	八	九	十	十一	十二	十三	十四
星	6	日	1	2	3	4	5	6	日	1	2	3	4	5	6	日	1	2	3	4	5	6	日	1	2	3	4	5	6	日
干節	甲午	乙未	丙申	丁酉	戊戌	己亥	立冬	辛丑	壬寅	癸卯	甲辰	乙巳	丙午	丁未	戊申	己酉	庚戌	辛亥	壬子	癸丑	甲寅	小雪	丙辰	丁巳	戊午	己未	庚申	辛酉	壬戌	癸亥

陽歷十二月份　（陰歷十、十一月份）

陽	12	2	3	4	5	6	7	8	9	10	11	12	13	14	15	16	17	18	19	20	21	22	23	24	25	26	27	28	29	30	31
陰	十五	十六	十七	十八	十九	廿	廿一	廿二	廿三	廿四	廿五	廿六	廿七	廿八	廿九	十一	二	三	四	五	六	七	八	九	十	十一	十二	十三	十四	十五	十六
星	1	2	3	4	5	6	日	1	2	3	4	5	6	日	1	2	3	4	5	6	日	1	2	3	4	5	6	日	1	2	3
干節	甲子	乙丑	丙寅	丁卯	戊辰	己巳	大雪	辛未	壬申	癸酉	甲戌	乙亥	丙子	丁丑	戊寅	己卯	庚辰	辛巳	壬午	癸未	甲申	冬至	丙戌	丁亥	戊子	己丑	庚寅	辛卯	壬辰	癸巳	甲午

近世中西史日對照表

陽歷 一 月份 （陰歷十一、十二月份）

陽	**1**	2	3	4	5	6	7	8	9	10	11	12	13	14	15	16	17	18	19	20	21	22	23	24	25	26	27	28	29	30	31
陰	十七	十八	十九	廿	廿一	廿二	廿三	廿四	廿五	廿六	廿七	廿八	廿九	卅	**十二**	二	三	四	五	六	七	八	九	十	十一	十二	十三	十四	十五	十六	十七
星	4	5	6	**日**	1	2	3	4	5	6	**日**	1	2	3	4	5	6	**日**	1	2	3	4	5	6	**日**	1	2	3	4	5	6
干節	乙未	丙申	丁酉	戊戌	己亥	**小寒**	辛丑	壬寅	癸卯	甲辰	乙巳	丙午	丁未	戊申	己酉	庚戌	辛亥	壬子	癸丑	**大寒**	乙卯	丙辰	丁巳	戊午	己未	庚申	辛酉	壬戌	癸亥	甲子	乙丑

陽歷 二 月份 （陰歷十二、正月份）

陽	**2**	2	3	4	5	6	7	8	9	10	11	12	13	14	15	16	17	18	19	20	21	22	23	24	25	26	27	28
陰	十八	十九	廿	廿一	廿二	廿三	廿四	廿五	廿六	廿七	廿八	廿九	**正**	二	三	四	五	六	七	八	九	十	十一	十二	十三	十四	十五	十六
星	**日**	1	2	3	4	5	6	**日**	1	2	3	4	5	6	**日**	1	2	3	4	5	6	**日**	1	2	3	4	5	6
干節	丙寅	丁卯	戊辰	**立春**	庚午	辛未	壬申	癸酉	甲戌	乙亥	丙子	丁丑	戊寅	己卯	庚辰	辛巳	壬午	癸未	**雨水**	乙酉	丙戌	丁亥	戊子	己丑	庚寅	辛卯	壬辰	癸巳

陽歷 三 月份 （陰歷正、二月份）

陽	**3**	2	3	4	5	6	7	8	9	10	11	12	13	14	15	16	17	18	19	20	21	22	23	24	25	26	27	28	29	30	31
陰	十七	十八	十九	廿	廿一	廿二	廿三	廿四	廿五	廿六	廿七	廿八	廿九	**二**	二	三	四	五	六	七	八	九	十	十一	十二	十三	十四	十五	十六	十七	十八
星	**日**	1	2	3	4	5	6	**日**	1	2	3	4	5	6	**日**	1	2	3	4	5	6	**日**	1	2	3	4	5	6	**日**	1	2
干節	甲午	乙未	丙申	丁酉	戊戌	**驚蟄**	庚子	辛丑	壬寅	癸卯	甲辰	乙巳	丙午	丁未	戊申	己酉	庚戌	辛亥	壬子	癸丑	**春分**	乙卯	丙辰	丁巳	戊午	己未	庚申	辛酉	壬戌	癸亥	甲子

陽歷 四 月份 （陰歷二、三月份）

陽	**4**	2	3	4	5	6	7	8	9	10	11	12	13	14	15	16	17	18	19	20	21	22	23	24	25	26	27	28	29	30
陰	十九	廿	廿一	廿二	廿三	廿四	廿五	廿六	廿七	廿八	廿九	卅	**三**	二	三	四	五	六	七	八	九	十	十一	十二	十三	十四	十五	十六	十七	十八
星	3	4	5	6	**日**	1	2	3	4	5	6	**日**	1	2	3	4	5	6	**日**	1	2	3	4	5	6	**日**	1	2	3	4
干節	乙丑	丙寅	丁卯	戊辰	**清明**	庚午	辛未	壬申	癸酉	甲戌	乙亥	丙子	丁丑	戊寅	己卯	庚辰	辛巳	壬午	癸未	**穀雨**	乙酉	丙戌	丁亥	戊子	己丑	庚寅	辛卯	壬辰	癸巳	甲午

陽歷 五 月份 （陰歷三、四月份）

陽	**5**	2	3	4	5	6	7	8	9	10	11	12	13	14	15	16	17	18	19	20	21	22	23	24	25	26	27	28	29	30	31
陰	十九	廿	廿一	廿二	廿三	廿四	廿五	廿六	廿七	廿八	廿九	卅	**四**	二	三	四	五	六	七	八	九	十	十一	十二	十三	十四	十五	十六	十七	十八	十九
星	5	6	**日**	1	2	3	4	5	6	**日**	1	2	3	4	5	6	**日**	1	2	3	4	5	6	**日**	1	2	3	4	5	6	**日**
干節	乙未	丙申	丁酉	戊戌	己亥	**立夏**	辛丑	壬寅	癸卯	甲辰	乙巳	丙午	丁未	戊申	己酉	庚戌	辛亥	壬子	癸丑	甲寅	**小滿**	丙辰	丁巳	戊午	己未	庚申	辛酉	壬戌	癸亥	甲子	乙丑

陽歷 六 月份 （陰歷四、五月份）

陽	**6**	2	3	4	5	6	7	8	9	10	11	12	13	14	15	16	17	18	19	20	21	22	23	24	25	26	27	28	29	30
陰	廿	廿一	廿二	廿三	廿四	廿五	廿六	廿七	廿八	廿九	**五**	二	三	四	五	六	七	八	九	十	十一	十二	十三	十四	十五	十六	十七	十八	十九	廿
星	1	2	3	4	5	6	**日**	1	2	3	4	5	6	**日**	1	2	3	4	5	6	**日**	1	2	3	4	5	6	**日**	1	2
干節	丙寅	丁卯	戊辰	己巳	庚午	**芒種**	壬申	癸酉	甲戌	乙亥	丙子	丁丑	戊寅	己卯	庚辰	辛巳	壬午	癸未	甲申	乙酉	丙戌	**夏至**	戊子	己丑	庚寅	辛卯	壬辰	癸巳	甲午	乙未

辛酉

一八〇一年

（清仁宗嘉慶六年）

陽歷七月份　（陰歷五、六月份）

陽	7	2	3	4	5	6	7	8	9	10	11	12	13	14	15	16	17	18	19	20	21	22	23	24	25	26	27	28	29	30	31
陰	廿一	廿二	廿三	廿四	廿五	廿六	廿七	廿八	廿九	卅	六	二	三	四	五	六	七	八	九	十	十一	十二	十三	十四	十五	十六	十七	十八	十九	廿	廿一
星	3	4	5	6	日	1	2	3	4	5	6	日	1	2	3	4	5	6	日	1	2	3	4	5	6	日	1	2	3	4	5
干節	丙申	丁酉	戊戌	己亥	庚子	辛丑	壬寅	小暑	甲辰	乙巳	丙午	丁未	戊申	己酉	庚戌	辛亥	壬子	癸丑	甲寅	乙卯	丙辰	丁巳	大暑	己未	庚申	辛酉	壬戌	癸亥	甲子	乙丑	丙寅

陽歷八月份　（陰歷六、七月份）

陽	8	2	3	4	5	6	7	8	9	10	11	12	13	14	15	16	17	18	19	20	21	22	23	24	25	26	27	28	29	30	31
陰	廿二	廿三	廿四	廿五	廿六	廿七	廿八	廿九	七	二	三	四	五	六	七	八	九	十	十一	十二	十三	十四	十五	十六	十七	十八	十九	廿	廿一	廿二	廿三
星	6	日	1	2	3	4	5	6	日	1	2	3	4	5	6	日	1	2	3	4	5	6	日	1	2	3	4	5	6	日	1
干節	丁卯	戊辰	己巳	庚午	辛未	壬申	癸酉	立秋	乙亥	丙子	丁丑	戊寅	己卯	庚辰	辛巳	壬午	癸未	甲申	乙酉	丙戌	丁亥	戊子	己丑	處暑	辛卯	壬辰	癸巳	甲午	乙未	丙申	丁酉

陽歷九月份　（陰歷七、八月份）

陽	9	2	3	4	5	6	7	8	9	10	11	12	13	14	15	16	17	18	19	20	21	22	23	24	25	26	27	28	29	30
陰	廿四	廿五	廿六	廿七	廿八	廿九	卅	八	二	三	四	五	六	七	八	九	十	十一	十二	十三	十四	十五	十六	十七	十八	十九	廿	廿一	廿二	廿三
星	2	3	4	5	6	日	1	2	3	4	5	6	日	1	2	3	4	5	6	日	1	2	3	4	5	6	日	1	2	3
干節	戊戌	己亥	庚子	辛丑	壬寅	癸卯	甲辰	白露	丙午	丁未	戊申	己酉	庚戌	辛亥	壬子	癸丑	甲寅	乙卯	丙辰	丁巳	戊午	己未	秋分	辛酉	壬戌	癸亥	甲子	乙丑	丙寅	丁卯

陽歷十月份　（陰歷八、九月份）

陽	10	2	3	4	5	6	7	8	9	10	11	12	13	14	15	16	17	18	19	20	21	22	23	24	25	26	27	28	29	30	31
陰	廿四	廿五	廿六	廿七	廿八	廿九	卅	九	二	三	四	五	六	七	八	九	十	十一	十二	十三	十四	十五	十六	十七	十八	十九	廿	廿一	廿二	廿三	廿四
星	4	5	6	日	1	2	3	4	5	6	日	1	2	3	4	5	6	日	1	2	3	4	5	6	日	1	2	3	4	5	6
干節	戊辰	己巳	庚午	辛未	壬申	癸酉	甲戌	乙亥	寒露	丁丑	戊寅	己卯	庚辰	辛巳	壬午	癸未	甲申	乙酉	丙戌	丁亥	戊子	己丑	庚寅	霜降	壬辰	癸巳	甲午	乙未	丙申	丁酉	戊戌

陽歷十一月份　（陰歷九、十月份）

陽	11	2	3	4	5	6	7	8	9	10	11	12	13	14	15	16	17	18	19	20	21	22	23	24	25	26	27	28	29	30
陰	廿五	廿六	廿七	廿八	廿九	十	二	三	四	五	六	七	八	九	十	十一	十二	十三	十四	十五	十六	十七	十八	十九	廿	廿一	廿二	廿三	廿四	廿五
星	日	1	2	3	4	5	6	日	1	2	3	4	5	6	日	1	2	3	4	5	6	日	1	2	3	4	5	6	日	1
干節	己亥	庚子	辛丑	壬寅	癸卯	甲辰	乙巳	立冬	丁未	戊申	己酉	庚戌	辛亥	壬子	癸丑	甲寅	乙卯	丙辰	丁巳	戊午	己未	庚申	小雪	壬戌	癸亥	甲子	乙丑	丙寅	丁卯	戊辰

陽歷十二月份　（陰歷十、十一月份）

陽	12	2	3	4	5	6	7	8	9	10	11	12	13	14	15	16	17	18	19	20	21	22	23	24	25	26	27	28	29	30	31
陰	廿六	廿七	廿八	廿九	卅	十一	二	三	四	五	六	七	八	九	十	十一	十二	十三	十四	十五	十六	十七	十八	十九	廿	廿一	廿二	廿三	廿四	廿五	廿六
星	2	3	4	5	6	日	1	2	3	4	5	6	日	1	2	3	4	5	6	日	1	2	3	4	5	6	日	1	2	3	4
干節	己巳	庚午	辛未	壬申	癸酉	甲戌	大雪	丙子	丁丑	戊寅	己卯	庚辰	辛巳	壬午	癸未	甲申	乙酉	丙戌	丁亥	戊子	己丑	冬至	辛卯	壬辰	癸巳	甲午	乙未	丙申	丁酉	戊戌	己亥

壬戌 一八〇二年 (清仁宗嘉慶七年)

陽歷 一 月份 (陰歷十一、十二月份)

陽	1	2	3	4	5	6	7	8	9	10	11	12	13	14	15	16	17	18	19	20	21	22	23	24	25	26	27	28	29	30	31
陰	廿七	廿八	廿九	十二	二	三	四	五	六	七	八	九	十	十一	十二	十三	十四	十五	十六	十七	十八	十九	廿	廿一	廿二	廿三	廿四	廿五	廿六	廿七	廿八
星	5	6	日	1	2	3	4	5	6	日	1	2	3	4	5	6	日	1	2	3	4	5	6	日	1	2	3	4	5	6	日
干節	庚子	辛丑	壬寅	癸卯	甲辰	小寒	丙午	丁未	戊申	己酉	庚戌	辛亥	壬子	癸丑	甲寅	乙卯	丙辰	丁巳	戊午	己未	大寒	辛酉	壬戌	癸亥	甲子	乙丑	丙寅	丁卯	戊辰	己巳	庚午

陽歷 二 月份 (陰歷十二、正月份)

陽	1	2	3	4	5	6	7	8	9	10	11	12	13	14	15	16	17	18	19	20	21	22	23	24	25	26	27	28
陰	廿九	卅	正	二	三	四	五	六	七	八	九	十	十一	十二	十三	十四	十五	十六	十七	十八	十九	廿	廿一	廿二	廿三	廿四	廿五	廿六
星	1	2	3	4	5	6	日	1	2	3	4	5	6	日	1	2	3	4	5	6	日	1	2	3	4	5	6	日
干節	辛未	壬申	癸酉	立春	乙亥	丙子	丁丑	戊寅	己卯	庚辰	辛巳	壬午	癸未	甲申	乙酉	丙戌	丁亥	戊子	雨水	庚寅	辛卯	壬辰	癸巳	甲午	乙未	丙申	丁酉	戊戌

陽歷 三 月份 (陰歷正、二月份)

陽	1	2	3	4	5	6	7	8	9	10	11	12	13	14	15	16	17	18	19	20	21	22	23	24	25	26	27	28	29	30	31
陰	廿七	廿八	廿九	二	二	三	四	五	六	七	八	九	十	十一	十二	十三	十四	十五	十六	十七	十八	十九	廿	廿一	廿二	廿三	廿四	廿五	廿六	廿七	廿八
星	1	2	3	4	5	6	日	1	2	3	4	5	6	日	1	2	3	4	5	6	日	1	2	3	4	5	6	日	1	2	3
干節	己亥	庚子	辛丑	壬寅	癸卯	驚蟄	乙巳	丙午	丁未	戊申	己酉	庚戌	辛亥	壬子	癸丑	甲寅	乙卯	丙辰	丁巳	戊午	春分	庚申	辛酉	壬戌	癸亥	甲子	乙丑	丙寅	丁卯	戊辰	己巳

陽歷 四 月份 (陰歷二、三月份)

陽	1	2	3	4	5	6	7	8	9	10	11	12	13	14	15	16	17	18	19	20	21	22	23	24	25	26	27	28	29	30
陰	廿九	三	二	三	四	五	六	七	八	九	十	十一	十二	十三	十四	十五	十六	十七	十八	十九	廿	廿一	廿二	廿三	廿四	廿五	廿六	廿七	廿八	廿九
星	4	5	6	日	1	2	3	4	5	6	日	1	2	3	4	5	6	日	1	2	3	4	5	6	日	1	2	3	4	5
干節	庚午	辛未	壬申	癸酉	清明	乙亥	丙子	丁丑	戊寅	己卯	庚辰	辛巳	壬午	癸未	甲申	乙酉	丙戌	丁亥	戊子	己丑	穀雨	辛卯	壬辰	癸巳	甲午	乙未	丙申	丁酉	戊戌	己亥

陽歷 五 月份 (陰歷三、四、五月份)

陽	1	2	3	4	5	6	7	8	9	10	11	12	13	14	15	16	17	18	19	20	21	22	23	24	25	26	27	28	29	30	31
陰	卅	四	二	三	四	五	六	七	八	九	十	十一	十二	十三	十四	十五	十六	十七	十八	十九	廿	廿一	廿二	廿三	廿四	廿五	廿六	廿七	廿八	廿九	五
星	6	日	1	2	3	4	5	6	日	1	2	3	4	5	6	日	1	2	3	4	5	6	日	1	2	3	4	5	6	日	1
干節	庚子	辛丑	壬寅	癸卯	甲辰	立夏	丙午	丁未	戊申	己酉	庚戌	辛亥	壬子	癸丑	甲寅	乙卯	丙辰	丁巳	戊午	己未	庚申	小滿	壬戌	癸亥	甲子	乙丑	丙寅	丁卯	戊辰	己巳	庚午

陽歷 六 月份 (陰歷五、六月份)

陽	1	2	3	4	5	6	7	8	9	10	11	12	13	14	15	16	17	18	19	20	21	22	23	24	25	26	27	28	29	30
陰	二	三	四	五	六	七	八	九	十	十一	十二	十三	十四	十五	十六	十七	十八	十九	廿	廿一	廿二	廿三	廿四	廿五	廿六	廿七	廿八	廿九	卅	六
星	2	3	4	5	6	日	1	2	3	4	5	6	日	1	2	3	4	5	6	日	1	2	3	4	5	6	日	1	2	3
干節	辛未	壬申	癸酉	甲戌	乙亥	芒種	丁丑	戊寅	己卯	庚辰	辛巳	壬午	癸未	甲申	乙酉	丙戌	丁亥	戊子	己丑	庚寅	辛卯	夏至	癸巳	甲午	乙未	丙申	丁酉	戊戌	己亥	庚子

壬戌

一八〇二年

（清仁宗嘉慶七年）

陽曆七月份　　（陰曆六、七月份）

陽	**7**	2	3	4	5	6	7	8	9	10	11	12	13	14	15	16	17	18	19	20	21	22	23	24	25	26	27	28	29	30	31
陰	二	三	四	五	六	七	八	九	十	十一	十二	十三	十四	十五	十六	十七	十八	十九	廿	廿一	廿二	廿三	廿四	廿五	廿六	廿七	廿八	廿九	**七**	二	三
星	4	5	6	**日**	1	2	3	4	5	6	**日**	1	2	3	4	5	6	**日**	1	2	3	4	5	6	**日**	1	2	3	4	5	6
干節	辛丑	壬寅	癸卯	甲辰	乙巳	丙午	丁未	**小暑**	己酉	庚戌	辛亥	壬子	癸丑	甲寅	乙卯	丙辰	丁巳	戊午	己未	庚申	辛酉	壬戌	癸亥	**大暑**	乙丑	丙寅	丁卯	戊辰	己巳	庚午	辛未

陽曆八月份　　（陰曆七、八月份）

陽	**8**	2	3	4	5	6	7	8	9	10	11	12	13	14	15	16	17	18	19	20	21	22	23	24	25	26	27	28	29	30	31
陰	四	五	六	七	八	九	十	十一	十二	十三	十四	十五	十六	十七	十八	十九	廿	廿一	廿二	廿三	廿四	廿五	廿六	廿七	廿八	廿九	卅	**八**	二	三	四
星	**日**	1	2	3	4	5	6	**日**	1	2	3	4	5	6	**日**	1	2	3	4	5	6	**日**	1	2	3	4	5	6	**日**	1	2
干節	壬申	癸酉	甲戌	乙亥	丙子	丁丑	戊寅	**立秋**	庚辰	辛巳	壬午	癸未	甲申	乙酉	丙戌	丁亥	戊子	己丑	庚寅	辛卯	壬辰	癸巳	甲午	**處暑**	丙申	丁酉	戊戌	己亥	庚子	辛丑	壬寅

陽曆九月份　　（陰曆八、九月份）

陽	**9**	2	3	4	5	6	7	8	9	10	11	12	13	14	15	16	17	18	19	20	21	22	23	24	25	26	27	28	29	30
陰	五	六	七	八	九	十	十一	十二	十三	十四	十五	十六	十七	十八	十九	廿	廿一	廿二	廿三	廿四	廿五	廿六	廿七	廿八	廿九	卅	**九**	二	三	四
星	3	4	5	6	**日**	1	2	3	4	5	6	**日**	1	2	3	4	5	6	**日**	1	2	3	4	5	6	**日**	1	2	3	4
干節	癸卯	甲辰	乙巳	丙午	丁未	戊申	己酉	**白露**	辛亥	壬子	癸丑	甲寅	乙卯	丙辰	丁巳	戊午	己未	庚申	辛酉	壬戌	癸亥	甲子	乙丑	**秋分**	丁卯	戊辰	己巳	庚午	辛未	壬申

陽曆十月份　　（陰曆九、十月份）

陽	**10**	2	3	4	5	6	7	8	9	10	11	12	13	14	15	16	17	18	19	20	21	22	23	24	25	26	27	28	29	30	31
陰	五	六	七	八	九	十	十一	十二	十三	十四	十五	十六	十七	十八	十九	廿	廿一	廿二	廿三	廿四	廿五	廿六	廿七	廿八	廿九	卅	**十**	二	三	四	五
星	5	6	**日**	1	2	3	4	5	6	**日**	1	2	3	4	5	6	**日**	1	2	3	4	5	6	**日**	1	2	3	4	5	6	**日**
干節	癸酉	甲戌	乙亥	丙子	丁丑	戊寅	己卯	庚辰	**寒露**	壬午	癸未	甲申	乙酉	丙戌	丁亥	戊子	己丑	庚寅	辛卯	壬辰	癸巳	甲午	乙未	**霜降**	丁酉	戊戌	己亥	庚子	辛丑	壬寅	癸卯

陽曆十一月份　　（陰曆十、十一月份）

陽	**11**	2	3	4	5	6	7	8	9	10	11	12	13	14	15	16	17	18	19	20	21	22	23	24	25	26	27	28	29	30
陰	六	七	八	九	十	十一	十二	十三	十四	十五	十六	十七	十八	十九	廿	廿一	廿二	廿三	廿四	廿五	廿六	廿七	廿八	廿九	**十一**	二	三	四	五	六
星	1	2	3	4	5	6	**日**	1	2	3	4	5	6	**日**	1	2	3	4	5	6	**日**	1	2	3	4	5	6	**日**	1	2
干節	甲辰	乙巳	丙午	丁未	戊申	己酉	庚戌	**立冬**	壬子	癸丑	甲寅	乙卯	丙辰	丁巳	戊午	己未	庚申	辛酉	壬戌	癸亥	甲子	乙丑	**小雪**	丁卯	戊辰	己巳	庚午	辛未	壬申	癸酉

陽曆十二月份　　（陰曆十一、十二月份）

陽	**12**	2	3	4	5	6	7	8	9	10	11	12	13	14	15	16	17	18	19	20	21	22	23	24	25	26	27	28	29	30	31
陰	七	八	九	十	十一	十二	十三	十四	十五	十六	十七	十八	十九	廿	廿一	廿二	廿三	廿四	廿五	廿六	廿七	廿八	廿九	卅	**十二**	二	三	四	五	六	七
星	3	4	5	6	**日**	1	2	3	4	5	6	**日**	1	2	3	4	5	6	**日**	1	2	3	4	5	6	**日**	1	2	3	4	5
干節	甲戌	乙亥	丙子	丁丑	戊寅	己卯	庚辰	**大雪**	壬午	癸未	甲申	乙酉	丙戌	丁亥	戊子	己丑	庚寅	辛卯	壬辰	癸巳	甲午	**冬至**	丙申	丁酉	戊戌	己亥	庚子	辛丑	壬寅	癸卯	甲辰

近世中西史日對照表

陽歷 一 月份　（陰歷十二、正月份）

陽	1	2	3	4	5	6	7	8	9	10	11	12	13	14	15	16	17	18	19	20	21	22	23	24	25	26	27	28	29	30	31
陰	八	九	十	十一	十二	十三	十四	十五	十六	十七	十八	十九	廿	廿一	廿二	廿三	廿四	廿五	廿六	廿七	廿八	廿九	正	二	三	四	五	六	七	八	九
星	6	日	1	2	3	4	5	6	日	1	2	3	4	5	6	日	1	2	3	4	5	6	日	1	2	3	4	5	6	日	1
干節	乙巳	丙午	丁未	戊申	己酉	小寒	辛亥	壬子	癸丑	甲寅	乙卯	丙辰	丁巳	戊午	己未	庚申	辛酉	壬戌	癸亥	甲子	大寒	丙寅	丁卯	戊辰	己巳	庚午	辛未	壬申	癸酉	甲戌	乙亥

陽歷 二 月份　（陰歷正、二月份）

陽	1	2	3	4	5	6	7	8	9	10	11	12	13	14	15	16	17	18	19	20	21	22	23	24	25	26	27	28			
陰	十	十一	十二	十三	十四	十五	十六	十七	十八	十九	廿	廿一	廿二	廿三	廿四	廿五	廿六	廿七	廿八	廿九	卅	二	二	三	四	五	六	七			
星	2	3	4	5	6	日	1	2	3	4	5	6	日	1	2	3	4	5	6	日	1	2	3	4	5	6	日	1			
干節	丙子	丁丑	戊寅	己卯	立春	辛巳	壬午	癸未	甲申	乙酉	丙戌	丁亥	戊子	己丑	庚寅	辛卯	壬辰	癸巳	雨水	乙未	丙申	丁酉	戊戌	己亥	庚子	辛丑	壬寅	癸卯			

陽歷 三 月份　（陰歷二、閏二月份）

陽	1	2	3	4	5	6	7	8	9	10	11	12	13	14	15	16	17	18	19	20	21	22	23	24	25	26	27	28	29	30	31
陰	八	九	十	十一	十二	十三	十四	十五	十六	十七	十八	十九	廿	廿一	廿二	廿三	廿四	廿五	廿六	廿七	廿八	廿九	閏	二	三	四	五	六	七	八	九
星	2	3	4	5	6	日	1	2	3	4	5	6	日	1	2	3	4	5	6	日	1	2	3	4	5	6	日	1	2	3	4
干節	甲辰	乙巳	丙午	丁未	戊申	驚蟄	庚戌	辛亥	壬子	癸丑	甲寅	乙卯	丙辰	丁巳	戊午	己未	庚申	辛酉	壬戌	癸亥	春分	乙丑	丙寅	丁卯	戊辰	己巳	庚午	辛未	壬申	癸酉	甲戌

陽歷 四 月份　（陰歷閏二、三月份）

陽	1	2	3	4	5	6	7	8	9	10	11	12	13	14	15	16	17	18	19	20	21	22	23	24	25	26	27	28	29	30	
陰	十	十一	十二	十三	十四	十五	十六	十七	十八	十九	廿	廿一	廿二	廿三	廿四	廿五	廿六	廿七	廿八	廿九	三	二	三	四	五	六	七	八	九	十	
星	5	6	日	1	2	3	4	5	6	日	1	2	3	4	5	6	日	1	2	3	4	5	6	日	1	2	3	4	5	6	
干節	乙亥	丙子	丁丑	戊寅	己卯	清明	辛巳	壬午	癸未	甲申	乙酉	丙戌	丁亥	戊子	己丑	庚寅	辛卯	壬辰	癸巳	甲午	穀雨	丙申	丁酉	戊戌	己亥	庚子	辛丑	壬寅	癸卯	甲辰	

陽歷 五 月份　（陰歷三、四月份）

陽	1	2	3	4	5	6	7	8	9	10	11	12	13	14	15	16	17	18	19	20	21	22	23	24	25	26	27	28	29	30	31
陰	十一	十二	十三	十四	十五	十六	十七	十八	十九	廿	廿一	廿二	廿三	廿四	廿五	廿六	廿七	廿八	廿九	卅	四	二	三	四	五	六	七	八	九	十	十一
星	日	1	2	3	4	5	6	日	1	2	3	4	5	6	日	1	2	3	4	5	6	日	1	2	3	4	5	6	日	1	2
干節	乙巳	丙午	丁未	戊申	己酉	立夏	辛亥	壬子	癸丑	甲寅	乙卯	丙辰	丁巳	戊午	己未	庚申	辛酉	壬戌	癸亥	甲子	乙丑	小滿	丁卯	戊辰	己巳	庚午	辛未	壬申	癸酉	甲戌	乙亥

陽歷 六 月份　（陰歷四、五月份）

陽	1	2	3	4	5	6	7	8	9	10	11	12	13	14	15	16	17	18	19	20	21	22	23	24	25	26	27	28	29	30	
陰	十二	十三	十四	十五	十六	十七	十八	十九	廿	廿一	廿二	廿三	廿四	廿五	廿六	廿七	廿八	廿九	五	二	三	四	五	六	七	八	九	十	十一	十二	
星	3	4	5	6	日	1	2	3	4	5	6	日	1	2	3	4	5	6	日	1	2	3	4	5	6	日	1	2	3	4	
干節	丙子	丁丑	戊寅	己卯	庚辰	辛巳	芒種	癸未	甲申	乙酉	丙戌	丁亥	戊子	己丑	庚寅	辛卯	壬辰	癸巳	甲午	乙未	丙申	夏至	戊戌	己亥	庚子	辛丑	壬寅	癸卯	甲辰	乙巳	

癸亥　一八〇三年　（清仁宗嘉慶八年）

陽歷七月份　（陰歷五、六月份）

陽	7	2	3	4	5	6	7	8	9	10	11	12	13	14	15	16	17	18	19	20	21	22	23	24	25	26	27	28	29	30	31
陰	十三	十四	十五	十六	十七	十八	十九	廿	廿一	廿二	廿三	廿四	廿五	廿六	廿七	廿八	廿九	卅	六	二	三	四	五	六	七	八	九	十	十一	十二	十三
星	5	6	日	1	2	3	4	5	6	日	1	2	3	4	5	6	日	1	2	3	4	5	6	日	1	2	3	4	5	6	日
干節	丙午	丁未	戊申	己酉	庚戌	辛亥	壬子	小暑	甲寅	乙卯	丙辰	丁巳	戊午	己未	庚申	辛酉	壬戌	癸亥	甲子	乙丑	丙寅	丁卯	戊辰	大暑	庚午	辛未	壬申	癸酉	甲戌	乙亥	丙子

陽歷八月份　（陰歷六、七月份）

陽	8	2	3	4	5	6	7	8	9	10	11	12	13	14	15	16	17	18	19	20	21	22	23	24	25	26	27	28	29	30	31
陰	十四	十五	十六	十七	十八	十九	廿	廿一	廿二	廿三	廿四	廿五	廿六	廿七	廿八	廿九	七	二	三	四	五	六	七	八	九	十	十一	十二	十三	十四	十五
星	1	2	3	4	5	6	日	1	2	3	4	5	6	日	1	2	3	4	5	6	日	1	2	3	4	5	6	日	1	2	3
干節	丁丑	戊寅	己卯	庚辰	辛巳	壬午	癸未	立秋	乙酉	丙戌	丁亥	戊子	己丑	庚寅	辛卯	壬辰	癸巳	甲午	乙未	丙申	丁酉	戊戌	己亥	處暑	辛丑	壬寅	癸卯	甲辰	乙巳	丙午	丁未

陽歷九月份　（陰歷七、八月份）

陽	9	2	3	4	5	6	7	8	9	10	11	12	13	14	15	16	17	18	19	20	21	22	23	24	25	26	27	28	29	30
陰	十六	十七	十八	十九	廿	廿一	廿二	廿三	廿四	廿五	廿六	廿七	廿八	廿九	卅	八	二	三	四	五	六	七	八	九	十	十一	十二	十三	十四	十五
星	4	5	6	日	1	2	3	4	5	6	日	1	2	3	4	5	6	日	1	2	3	4	5	6	日	1	2	3	4	5
干節	戊申	己酉	庚戌	辛亥	壬子	癸丑	甲寅	乙卯	白露	丁巳	戊午	己未	庚申	辛酉	壬戌	癸亥	甲子	乙丑	丙寅	丁卯	戊辰	己巳	庚午	秋分	壬申	癸酉	甲戌	乙亥	丙子	丁丑

陽歷十月份　（陰歷八、九月份）

陽	10	2	3	4	5	6	7	8	9	10	11	12	13	14	15	16	17	18	19	20	21	22	23	24	25	26	27	28	29	30	31
陰	十六	十七	十八	十九	廿	廿一	廿二	廿三	廿四	廿五	廿六	廿七	廿八	廿九	卅	九	二	三	四	五	六	七	八	九	十	十一	十二	十三	十四	十五	十六
星	6	日	1	2	3	4	5	6	日	1	2	3	4	5	6	日	1	2	3	4	5	6	日	1	2	3	4	5	6	日	1
干節	戊寅	己卯	庚辰	辛巳	壬午	癸未	甲申	乙酉	寒露	丁亥	戊子	己丑	庚寅	辛卯	壬辰	癸巳	甲午	乙未	丙申	丁酉	戊戌	己亥	庚子	霜降	壬寅	癸卯	甲辰	乙巳	丙午	丁未	戊申

陽歷十一月份　（陰歷九、十月份）

陽	11	2	3	4	5	6	7	8	9	10	11	12	13	14	15	16	17	18	19	20	21	22	23	24	25	26	27	28	29	30
陰	十七	十八	十九	廿	廿一	廿二	廿三	廿四	廿五	廿六	廿七	廿八	廿九	十	二	三	四	五	六	七	八	九	十	十一	十二	十三	十四	十五	十六	十七
星	2	3	4	5	6	日	1	2	3	4	5	6	日	1	2	3	4	5	6	日	1	2	3	4	5	6	日	1	2	3
干節	己酉	庚戌	辛亥	壬子	癸丑	甲寅	乙卯	立冬	丁巳	戊午	己未	庚申	辛酉	壬戌	癸亥	甲子	乙丑	丙寅	丁卯	戊辰	己巳	庚午	小雪	壬申	癸酉	甲戌	乙亥	丙子	丁丑	戊寅

陽歷十二月份　（陰歷十、十一月份）

陽	12	2	3	4	5	6	7	8	9	10	11	12	13	14	15	16	17	18	19	20	21	22	23	24	25	26	27	28	29	30	31
陰	十八	十九	廿	廿一	廿二	廿三	廿四	廿五	廿六	廿七	廿八	廿九	卅	十一	二	三	四	五	六	七	八	九	十	十一	十二	十三	十四	十五	十六	十七	十八
星	4	5	6	日	1	2	3	4	5	6	日	1	2	3	4	5	6	日	1	2	3	4	5	6	日	1	2	3	4	5	6
干節	己卯	庚辰	辛巳	壬午	癸未	甲申	乙酉	大雪	丁亥	戊子	己丑	庚寅	辛卯	壬辰	癸巳	甲午	乙未	丙申	丁酉	戊戌	己亥	庚子	冬至	壬寅	癸卯	甲辰	乙巳	丙午	丁未	戊申	己酉

近世中西史日對照表

甲子 一八〇四年 （清仁宗嘉慶九年）

陽歷 一 月份 （陰歷十一、十二月份）

陽	1	2	3	4	5	6	7	8	9	10	11	12	13	14	15	16	17	18	19	20	21	22	23	24	25	26	27	28	29	30	31
陰	十九	廿	廿一	廿二	廿三	廿四	廿五	廿六	廿七	廿八	廿九	卅	十二	二	三	四	五	六	七	八	九	十	十一	十二	十三	十四	十五	十六	十七	十八	十九
星	日	1	2	3	4	5	6	日	1	2	3	4	5	6	日	1	2	3	4	5	6	日	1	2	3	4	5	6	日	1	2
干節	庚戌	辛亥	壬子	癸丑	甲寅	小寒	丙辰	丁巳	戊午	己未	庚申	辛酉	壬戌	癸亥	甲子	乙丑	丙寅	丁卯	戊辰	己巳	大寒	辛未	壬申	癸酉	甲戌	乙亥	丙子	丁丑	戊寅	己卯	庚辰

陽歷 二 月份 （陰歷十二、正月份）

陽	1	2	3	4	5	6	7	8	9	10	11	12	13	14	15	16	17	18	19	20	21	22	23	24	25	26	27	28	29
陰	廿	廿一	廿二	廿三	廿四	廿五	廿六	廿七	廿八	廿九	正	二	三	四	五	六	七	八	九	十	十一	十二	十三	十四	十五	十六	十七	十八	十九
星	3	4	5	6	日	1	2	3	4	5	6	日	1	2	3	4	5	6	日	1	2	3	4	5	6	日	1	2	3
干節	辛巳	壬午	癸未	甲申	立春	丙戌	丁亥	戊子	己丑	庚寅	辛卯	壬辰	癸巳	甲午	乙未	丙申	丁酉	戊戌	己亥	雨水	辛丑	壬寅	癸卯	甲辰	乙巳	丙午	丁未	戊申	己酉

陽歷 三 月份 （陰歷正、二月份）

陽	1	2	3	4	5	6	7	8	9	10	11	12	13	14	15	16	17	18	19	20	21	22	23	24	25	26	27	28	29	30	31
陰	廿	廿一	廿二	廿三	廿四	廿五	廿六	廿七	廿八	廿九	卅	二	二	三	四	五	六	七	八	九	十	十一	十二	十三	十四	十五	十六	十七	十八	十九	廿
星	4	5	6	日	1	2	3	4	5	6	日	1	2	3	4	5	6	日	1	2	3	4	5	6	日	1	2	3	4	5	6
干節	庚戌	辛亥	壬子	癸丑	甲寅	驚蟄	丙辰	丁巳	戊午	己未	庚申	辛酉	壬戌	癸亥	甲子	乙丑	丙寅	丁卯	戊辰	己巳	春分	辛未	壬申	癸酉	甲戌	乙亥	丙子	丁丑	戊寅	己卯	庚辰

陽歷 四 月份 （陰歷二、三月份）

陽	1	2	3	4	5	6	7	8	9	10	11	12	13	14	15	16	17	18	19	20	21	22	23	24	25	26	27	28	29	30
陰	廿一	廿二	廿三	廿四	廿五	廿六	廿七	廿八	廿九	三	二	三	四	五	六	七	八	九	十	十一	十二	十三	十四	十五	十六	十七	十八	十九	廿	廿一
星	日	1	2	3	4	5	6	日	1	2	3	4	5	6	日	1	2	3	4	5	6	日	1	2	3	4	5	6	日	1
干節	辛巳	壬午	癸未	甲申	清明	丙戌	丁亥	戊子	己丑	庚寅	辛卯	壬辰	癸巳	甲午	乙未	丙申	丁酉	戊戌	己亥	穀雨	辛丑	壬寅	癸卯	甲辰	乙巳	丙午	丁未	戊申	己酉	庚戌

陽歷 五 月份 （陰歷三、四月份）

陽	1	2	3	4	5	6	7	8	9	10	11	12	13	14	15	16	17	18	19	20	21	22	23	24	25	26	27	28	29	30	31
陰	廿二	廿三	廿四	廿五	廿六	廿七	廿八	廿九	四	二	三	四	五	六	七	八	九	十	十一	十二	十三	十四	十五	十六	十七	十八	十九	廿	廿一	廿二	廿三
星	2	3	4	5	6	日	1	2	3	4	5	6	日	1	2	3	4	5	6	日	1	2	3	4	5	6	日	1	2	3	4
干節	辛亥	壬子	癸丑	甲寅	乙卯	立夏	丁巳	戊午	己未	庚申	辛酉	壬戌	癸亥	甲子	乙丑	丙寅	丁卯	戊辰	己巳	庚午	小滿	壬申	癸酉	甲戌	乙亥	丙子	丁丑	戊寅	己卯	庚辰	辛巳

陽歷 六 月份 （陰歷四、五月份）

陽	1	2	3	4	5	6	7	8	9	10	11	12	13	14	15	16	17	18	19	20	21	22	23	24	25	26	27	28	29	30
陰	廿四	廿五	廿六	廿七	廿八	廿九	卅	五	二	三	四	五	六	七	八	九	十	十一	十二	十三	十四	十五	十六	十七	十八	十九	廿	廿一	廿二	廿三
星	5	6	日	1	2	3	4	5	6	日	1	2	3	4	5	6	日	1	2	3	4	5	6	日	1	2	3	4	5	6
干節	壬午	癸未	甲申	乙酉	丙戌	芒種	戊子	己丑	庚寅	辛卯	壬辰	癸巳	甲午	乙未	丙申	丁酉	戊戌	己亥	庚子	辛丑	壬寅	夏至	甲辰	乙巳	丙午	丁未	戊申	己酉	庚戌	辛亥

甲子

一八〇四年

（清仁宗嘉慶九年）

陽歷七月份　（陰歷五、六月份）

陽	7	2	3	4	5	6	7	8	9	10	11	12	13	14	15	16	17	18	19	20	21	22	23	24	25	26	27	28	29	30	31
陰	廿四	廿五	廿六	廿七	廿八	廿九	六	二	三	四	五	六	七	八	九	十	十一	十二	十三	十四	十五	十六	十七	十八	十九	廿	廿一	廿二	廿三	廿四	廿五
星	日	1	2	3	4	5	6	日	1	2	3	4	5	6	日	1	2	3	4	5	6	日	1	2	3	4	5	6	日	1	2
干節	壬子	癸丑	甲寅	乙卯	丙辰	丁巳	小暑	己未	庚申	辛酉	壬戌	癸亥	甲子	乙丑	丙寅	丁卯	戊辰	己巳	庚午	辛未	壬申	癸酉	大暑	乙亥	丙子	丁丑	戊寅	己卯	庚辰	辛巳	壬午

陽歷八月份　（陰歷六、七月份）

陽	8	2	3	4	5	6	7	8	9	10	11	12	13	14	15	16	17	18	19	20	21	22	23	24	25	26	27	28	29	30	31
陰	廿六	廿七	廿八	廿九	七	二	三	四	五	六	七	八	九	十	十一	十二	十三	十四	十五	十六	十七	十八	十九	廿	廿一	廿二	廿三	廿四	廿五	廿六	廿七
星	3	4	5	6	日	1	2	3	4	5	6	日	1	2	3	4	5	6	日	1	2	3	4	5	6	日	1	2	3	4	5
干節	癸未	甲申	乙酉	丙戌	丁亥	戊子	己丑	立秋	辛卯	壬辰	癸巳	甲午	乙未	丙申	丁酉	戊戌	己亥	庚子	辛丑	壬寅	癸卯	甲辰	處暑	丙午	丁未	戊申	己酉	庚戌	辛亥	壬子	癸丑

陽歷九月份　（陰歷七、八月份）

陽	9	2	3	4	5	6	7	8	9	10	11	12	13	14	15	16	17	18	19	20	21	22	23	24	25	26	27	28	29	30	
陰	廿八	廿九	卅	八	二	三	四	五	六	七	八	九	十	十一	十二	十三	十四	十五	十六	十七	十八	十九	廿	廿一	廿二	廿三	廿四	廿五	廿六	廿七	
星	6	日	1	2	3	4	5	6	日	1	2	3	4	5	6	日	1	2	3	4	5	6	日	1	2	3	4	5	6	日	
干節	甲寅	乙卯	丙辰	丁巳	戊午	己未	庚申	白露	壬戌	癸亥	甲子	乙丑	丙寅	丁卯	戊辰	己巳	庚午	辛未	壬申	癸酉	甲戌	乙亥	秋分	丁丑	戊寅	己卯	庚辰	辛巳	壬午	癸未	

陽歷十月份　（陰歷八、九月份）

陽	10	2	3	4	5	6	7	8	9	10	11	12	13	14	15	16	17	18	19	20	21	22	23	24	25	26	27	28	29	30	31
陰	廿八	廿九	卅	九	二	三	四	五	六	七	八	九	十	十一	十二	十三	十四	十五	十六	十七	十八	十九	廿	廿一	廿二	廿三	廿四	廿五	廿六	廿七	廿八
星	1	2	3	4	5	6	日	1	2	3	4	5	6	日	1	2	3	4	5	6	日	1	2	3	4	5	6	日	1	2	3
干節	甲申	乙酉	丙戌	丁亥	戊子	己丑	庚寅	寒露	壬辰	癸巳	甲午	乙未	丙申	丁酉	戊戌	己亥	庚子	辛丑	壬寅	癸卯	甲辰	乙巳	霜降	丁未	戊申	己酉	庚戌	辛亥	壬子	癸丑	甲寅

陽歷十一月份　（陰歷九、十月份）

陽	11	2	3	4	5	6	7	8	9	10	11	12	13	14	15	16	17	18	19	20	21	22	23	24	25	26	27	28	29	30	
陰	廿九	十	二	三	四	五	六	七	八	九	十	十一	十二	十三	十四	十五	十六	十七	十八	十九	廿	廿一	廿二	廿三	廿四	廿五	廿六	廿七	廿八	廿九	
星	4	5	6	日	1	2	3	4	5	6	日	1	2	3	4	5	6	日	1	2	3	4	5	6	日	1	2	3	4	5	
干節	乙卯	丙辰	丁巳	戊午	己未	庚申	立冬	壬戌	癸亥	甲子	乙丑	丙寅	丁卯	戊辰	己巳	庚午	辛未	壬申	癸酉	甲戌	乙亥	小雪	丁丑	戊寅	己卯	庚辰	辛巳	壬午	癸未	甲申	

陽歷十二月份　（陰歷十、十一月份）

陽	12	2	3	4	5	6	7	8	9	10	11	12	13	14	15	16	17	18	19	20	21	22	23	24	25	26	27	28	29	30	31
陰	卅	十一	二	三	四	五	六	七	八	九	十	十一	十二	十三	十四	十五	十六	十七	十八	十九	廿	廿一	廿二	廿三	廿四	廿五	廿六	廿七	廿八	廿九	卅
星	6	日	1	2	3	4	5	6	日	1	2	3	4	5	6	日	1	2	3	4	5	6	日	1	2	3	4	5	6	日	1
干節	乙酉	丙戌	丁亥	戊子	己丑	庚寅	大雪	壬辰	癸巳	甲午	乙未	丙申	丁酉	戊戌	己亥	庚子	辛丑	壬寅	癸卯	甲辰	乙巳	冬至	丁未	戊申	己酉	庚戌	辛亥	壬子	癸丑	甲寅	乙卯

陽歷一月份　(陰歷十二、正月份)

陽	1	2	3	4	5	6	7	8	9	10	11	12	13	14	15	16	17	18	19	20	21	22	23	24	25	26	27	28	29	30	31
陰	十二	二	三	四	五	六	七	八	九	十	十一	十二	十三	十四	十五	十六	十七	十八	十九	廿	廿一	廿二	廿三	廿四	廿五	廿六	廿七	廿八	廿九	卅	正
星	2	3	4	5	6	日	1	2	3	4	5	6	日	1	2	3	4	5	6	日	1	2	3	4	5	6	日	1	2	3	4
干節	丙辰	丁巳	戊午	己未	庚申	小寒	壬戌	癸亥	甲子	乙丑	丙寅	丁卯	戊辰	己巳	庚午	辛未	壬申	癸酉	甲戌	大寒	丙子	丁丑	戊寅	己卯	庚辰	辛巳	壬午	癸未	甲申	乙酉	丙戌

陽歷二月份　(陰歷正月份)

陽	2	2	3	4	5	6	7	8	9	10	11	12	13	14	15	16	17	18	19	20	21	22	23	24	25	26	27	28			
陰	二	三	四	五	六	七	八	九	十	十一	十二	十三	十四	十五	十六	十七	十八	十九	廿	廿一	廿二	廿三	廿四	廿五	廿六	廿七	廿八	廿九			
星	5	6	日	1	2	3	4	5	6	日	1	2	3	4	5	6	日	1	2	3	4	5	6	日	1	2	3	4			
干節	丁亥	戊子	己丑	立春	辛卯	壬辰	癸巳	甲午	乙未	丙申	丁酉	戊戌	己亥	庚子	辛丑	壬寅	癸卯	甲辰	雨水	丙午	丁未	戊申	己酉	庚戌	辛亥	壬子	癸丑	甲寅			

陽歷三月份　(陰歷二、三月份)

陽	3	2	3	4	5	6	7	8	9	10	11	12	13	14	15	16	17	18	19	20	21	22	23	24	25	26	27	28	29	30	31
陰	二	二	三	四	五	六	七	八	九	十	十一	十二	十三	十四	十五	十六	十七	十八	十九	廿	廿一	廿二	廿三	廿四	廿五	廿六	廿七	廿八	廿九	卅	三
星	5	6	日	1	2	3	4	5	6	日	1	2	3	4	5	6	日	1	2	3	4	5	6	日	1	2	3	4	5	6	日
干節	乙卯	丙辰	丁巳	戊午	己未	驚蟄	辛酉	壬戌	癸亥	甲子	乙丑	丙寅	丁卯	戊辰	己巳	庚午	辛未	壬申	癸酉	甲戌	春分	丙子	丁丑	戊寅	己卯	庚辰	辛巳	壬午	癸未	甲申	乙酉

陽歷四月份　(陰歷三、四月份)

陽	4	2	3	4	5	6	7	8	9	10	11	12	13	14	15	16	17	18	19	20	21	22	23	24	25	26	27	28	29	30	
陰	二	三	四	五	六	七	八	九	十	十一	十二	十三	十四	十五	十六	十七	十八	十九	廿	廿一	廿二	廿三	廿四	廿五	廿六	廿七	廿八	廿九	四	二	
星	1	2	3	4	5	6	日	1	2	3	4	5	6	日	1	2	3	4	5	6	日	1	2	3	4	5	6	日	1	2	
干節	丙戌	丁亥	戊子	己丑	清明	辛卯	壬辰	癸巳	甲午	乙未	丙申	丁酉	戊戌	己亥	庚子	辛丑	壬寅	癸卯	甲辰	穀雨	丙午	丁未	戊申	己酉	庚戌	辛亥	壬子	癸丑	甲寅	乙卯	

陽歷五月份　(陰歷四、五月份)

陽	5	2	3	4	5	6	7	8	9	10	11	12	13	14	15	16	17	18	19	20	21	22	23	24	25	26	27	28	29	30	31
陰	三	四	五	六	七	八	九	十	十一	十二	十三	十四	十五	十六	十七	十八	十九	廿	廿一	廿二	廿三	廿四	廿五	廿六	廿七	廿八	廿九	卅	五	二	三
星	3	4	5	6	日	1	2	3	4	5	6	日	1	2	3	4	5	6	日	1	2	3	4	5	6	日	1	2	3	4	5
干節	丙辰	丁巳	戊午	己未	庚申	立夏	壬戌	癸亥	甲子	乙丑	丙寅	丁卯	戊辰	己巳	庚午	辛未	壬申	癸酉	甲戌	乙亥	小滿	丁丑	戊寅	己卯	庚辰	辛巳	壬午	癸未	甲申	乙酉	丙戌

陽歷六月份　(陰歷五、六月份)

陽	6	2	3	4	5	6	7	8	9	10	11	12	13	14	15	16	17	18	19	20	21	22	23	24	25	26	27	28	29	30	
陰	四	五	六	七	八	九	十	十一	十二	十三	十四	十五	十六	十七	十八	十九	廿	廿一	廿二	廿三	廿四	廿五	廿六	廿七	廿八	廿九	六	二	三	四	
星	6	日	1	2	3	4	5	6	日	1	2	3	4	5	6	日	1	2	3	4	5	6	日	1	2	3	4	5	6	日	
干節	丁亥	戊子	己丑	庚寅	辛卯	芒種	癸巳	甲午	乙未	丙申	丁酉	戊戌	己亥	庚子	辛丑	壬寅	癸卯	甲辰	乙巳	丙午	丁未	夏至	己酉	庚戌	辛亥	壬子	癸丑	甲寅	乙卯	丙辰	

一八〇五年

(清仁宗嘉慶一〇年)

乙丑

一八〇五年

（清仁宗嘉慶一〇年）

陽歷七月份　（陰歷六、閏六月份）

陽	7	2	3	4	5	6	7	8	9	10	11	12	13	14	15	16	17	18	19	20	21	22	23	24	25	26	27	28	29	30	31
陰	五	六	七	八	九	十	十一	十二	十三	十四	十五	十六	十七	十八	十九	廿	廿一	廿二	廿三	廿四	廿五	廿六	廿七	廿八	廿九	閏	二	三	四	五	六
星	1	2	3	4	5	6	日	1	2	3	4	5	6	日	1	2	3	4	5	6	日	1	2	3	4	5	6	日	1	2	3
干節	丁巳	戊午	己未	庚申	辛酉	壬戌	癸亥	小暑	乙丑	丙寅	丁卯	戊辰	己巳	庚午	辛未	壬申	癸酉	甲戌	乙亥	丙子	丁丑	戊寅	大暑	庚辰	辛巳	壬午	癸未	甲申	乙酉	丙戌	丁亥

陽歷八月份　（陰歷閏六、七月份）

陽	8	2	3	4	5	6	7	8	9	10	11	12	13	14	15	16	17	18	19	20	21	22	23	24	25	26	27	28	29	30	31
陰	七	八	九	十	十一	十二	十三	十四	十五	十六	十七	十八	十九	廿	廿一	廿二	廿三	廿四	廿五	廿六	廿七	廿八	廿九	七	二	三	四	五	六	七	八
星	4	5	6	日	1	2	3	4	5	6	日	1	2	3	4	5	6	日	1	2	3	4	5	6	日	1	2	3	4	5	6
干節	戊子	己丑	庚寅	辛卯	壬辰	癸巳	甲午	立秋	丙申	丁酉	戊戌	己亥	庚子	辛丑	壬寅	癸卯	甲辰	乙巳	丙午	丁未	戊申	己酉	庚戌	處暑	壬子	癸丑	甲寅	乙卯	丙辰	丁巳	戊午

陽歷九月份　（陰歷七、八月份）

陽	9	2	3	4	5	6	7	8	9	10	11	12	13	14	15	16	17	18	19	20	21	22	23	24	25	26	27	28	29	30
陰	九	十	十一	十二	十三	十四	十五	十六	十七	十八	十九	廿	廿一	廿二	廿三	廿四	廿五	廿六	廿七	廿八	廿九	卅	八	二	三	四	五	六	七	八
星	日	1	2	3	4	5	6	日	1	2	3	4	5	6	日	1	2	3	4	5	6	日	1	2	3	4	5	6	日	1
干節	己未	庚申	辛酉	壬戌	癸亥	甲子	乙丑	白露	丁卯	戊辰	己巳	庚午	辛未	壬申	癸酉	甲戌	乙亥	丙子	丁丑	戊寅	己卯	庚辰	秋分	壬午	癸未	甲申	乙酉	丙戌	丁亥	戊子

陽歷十月份　（陰歷八、九月份）

陽	10	2	3	4	5	6	7	8	9	10	11	12	13	14	15	16	17	18	19	20	21	22	23	24	25	26	27	28	29	30	31
陰	九	十	十一	十二	十三	十四	十五	十六	十七	十八	十九	廿	廿一	廿二	廿三	廿四	廿五	廿六	廿七	廿八	廿九	九	二	三	四	五	六	七	八	九	十
星	2	3	4	5	6	日	1	2	3	4	5	6	日	1	2	3	4	5	6	日	1	2	3	4	5	6	日	1	2	3	4
干節	己丑	庚寅	辛卯	壬辰	癸巳	甲午	乙未	丙申	寒露	戊戌	己亥	庚子	辛丑	壬寅	癸卯	甲辰	乙巳	丙午	丁未	戊申	己酉	庚戌	辛亥	霜降	癸丑	甲寅	乙卯	丙辰	丁巳	戊午	己未

陽歷十一月份　（陰歷九、十月份）

陽	11	2	3	4	5	6	7	8	9	10	11	12	13	14	15	16	17	18	19	20	21	22	23	24	25	26	27	28	29	30
陰	十一	十二	十三	十四	十五	十六	十七	十八	十九	廿	廿一	廿二	廿三	廿四	廿五	廿六	廿七	廿八	廿九	卅	十	二	三	四	五	六	七	八	九	十
星	5	6	日	1	2	3	4	5	6	日	1	2	3	4	5	6	日	1	2	3	4	5	6	日	1	2	3	4	5	6
干節	庚申	辛酉	壬戌	癸亥	甲子	乙丑	丙寅	立冬	戊辰	己巳	庚午	辛未	壬申	癸酉	甲戌	乙亥	丙子	丁丑	戊寅	己卯	庚辰	辛巳	小雪	癸未	甲申	乙酉	丙戌	丁亥	戊子	己丑

陽歷十二月份　（陰歷十、十一月份）

陽	12	2	3	4	5	6	7	8	9	10	11	12	13	14	15	16	17	18	19	20	21	22	23	24	25	26	27	28	29	30	31
陰	十一	十二	十三	十四	十五	十六	十七	十八	十九	廿	廿一	廿二	廿三	廿四	廿五	廿六	廿七	廿八	廿九	卅	十一	二	三	四	五	六	七	八	九	十	十一
星	日	1	2	3	4	5	6	日	1	2	3	4	5	6	日	1	2	3	4	5	6	日	1	2	3	4	5	6	日	1	2
干節	庚寅	辛卯	壬辰	癸巳	甲午	乙未	大雪	丁酉	戊戌	己亥	庚子	辛丑	壬寅	癸卯	甲辰	乙巳	丙午	丁未	戊申	己酉	庚戌	冬至	壬子	癸丑	甲寅	乙卯	丙辰	丁巳	戊午	己未	庚申

近世中西史日對照表

丙寅

一八〇六年

（清仁宗嘉慶一一年）

陽歷 一 月份 （陰歷十一、十二月份）

陽	1	2	3	4	5	6	7	8	9	10	11	12	13	14	15	16	17	18	19	20	21	22	23	24	25	26	27	28	29	30	31
陰	十二	十三	十四	十五	十六	十七	十八	十九	廿	廿一	廿二	廿三	廿四	廿五	廿六	廿七	廿八	廿九	卅	十二	二	三	四	五	六	七	八	九	十	十一	十二
星	3	4	5	6	日	1	2	3	4	5	6	日	1	2	3	4	5	6	日	1	2	3	4	5	6	日	1	2	3	4	5
干節	辛酉	壬戌	癸亥	甲子	乙丑	小寒	丁卯	戊辰	己巳	庚午	辛未	壬申	癸酉	甲戌	乙亥	丙子	丁丑	戊寅	己卯	大寒	辛巳	壬午	癸未	甲申	乙酉	丙戌	丁亥	戊子	己丑	庚寅	辛卯

陽歷 二 月份 （陰歷十二、正月份）

陽	2	2	3	4	5	6	7	8	9	10	11	12	13	14	15	16	17	18	19	20	21	22	23	24	25	26	27	28			
陰	十三	十四	十五	十六	十七	十八	十九	廿	廿一	廿二	廿三	廿四	廿五	廿六	廿七	廿八	廿九	正	二	三	四	五	六	七	八	九	十	十一			
星	6	日	1	2	3	4	5	6	日	1	2	3	4	5	6	日	1	2	3	4	5	6	日	1	2	3	4	5			
干節	壬辰	癸巳	甲午	立春	丙申	丁酉	戊戌	己亥	庚子	辛丑	壬寅	癸卯	甲辰	乙巳	丙午	丁未	戊申	己酉	雨水	辛亥	壬子	癸丑	甲寅	乙卯	丙辰	丁巳	戊午	己未			

陽歷 三 月份 （陰歷正、二月份）

陽	3	2	3	4	5	6	7	8	9	10	11	12	13	14	15	16	17	18	19	20	21	22	23	24	25	26	27	28	29	30	31
陰	十二	十三	十四	十五	十六	十七	十八	十九	廿	廿一	廿二	廿三	廿四	廿五	廿六	廿七	廿八	廿九	卅	二	二	三	四	五	六	七	八	九	十	十一	十二
星	6	日	1	2	3	4	5	6	日	1	2	3	4	5	6	日	1	2	3	4	5	6	日	1	2	3	4	5	6	日	1
干節	庚申	辛酉	壬戌	癸亥	甲子	驚蟄	丙寅	丁卯	戊辰	己巳	庚午	辛未	壬申	癸酉	甲戌	乙亥	丙子	丁丑	戊寅	己卯	春分	辛巳	壬午	癸未	甲申	乙酉	丙戌	丁亥	戊子	己丑	庚寅

陽歷 四 月份 （陰歷二、三月份）

陽	4	2	3	4	5	6	7	8	9	10	11	12	13	14	15	16	17	18	19	20	21	22	23	24	25	26	27	28	29	30	
陰	十三	十四	十五	十六	十七	十八	十九	廿	廿一	廿二	廿三	廿四	廿五	廿六	廿七	廿八	廿九	卅	三	二	三	四	五	六	七	八	九	十	十一	十二	
星	2	3	4	5	6	日	1	2	3	4	5	6	日	1	2	3	4	5	6	日	1	2	3	4	5	6	日	1	2	3	
干節	辛卯	壬辰	癸巳	甲午	清明	丙申	丁酉	戊戌	己亥	庚子	辛丑	壬寅	癸卯	甲辰	乙巳	丙午	丁未	戊申	己酉	庚戌	穀雨	壬子	癸丑	甲寅	乙卯	丙辰	丁巳	戊午	己未	庚申	

陽歷 五 月份 （陰歷三、四月份）

陽	5	2	3	4	5	6	7	8	9	10	11	12	13	14	15	16	17	18	19	20	21	22	23	24	25	26	27	28	29	30	31
陰	十三	十四	十五	十六	十七	十八	十九	廿	廿一	廿二	廿三	廿四	廿五	廿六	廿七	廿八	廿九	四	二	三	四	五	六	七	八	九	十	十一	十二	十三	十四
星	4	5	6	日	1	2	3	4	5	6	日	1	2	3	4	5	6	日	1	2	3	4	5	6	日	1	2	3	4	5	6
干節	辛酉	壬戌	癸亥	甲子	乙丑	立夏	丁卯	戊辰	己巳	庚午	辛未	壬申	癸酉	甲戌	乙亥	丙子	丁丑	戊寅	己卯	庚辰	辛巳	小滿	癸未	甲申	乙酉	丙戌	丁亥	戊子	己丑	庚寅	辛卯

陽歷 六 月份 （陰歷四、五月份）

陽	6	2	3	4	5	6	7	8	9	10	11	12	13	14	15	16	17	18	19	20	21	22	23	24	25	26	27	28	29	30	
陰	十五	十六	十七	十八	十九	廿	廿一	廿二	廿三	廿四	廿五	廿六	廿七	廿八	廿九	卅	五	二	三	四	五	六	七	八	九	十	十一	十二	十三	十四	
星	日	1	2	3	4	5	6	日	1	2	3	4	5	6	日	1	2	3	4	5	6	日	1	2	3	4	5	6	日	1	
干節	壬辰	癸巳	甲午	乙未	丙申	芒種	戊戌	己亥	庚子	辛丑	壬寅	癸卯	甲辰	乙巳	丙午	丁未	戊申	己酉	庚戌	辛亥	壬子	夏至	甲寅	乙卯	丙辰	丁巳	戊午	己未	庚申	辛酉	

丙寅

一八〇六年

（清仁宗嘉慶一一年）

陽歷七月份　（陰歷五、六月份）

陽	7	2	3	4	5	6	7	8	9	10	11	12	13	14	15	16	17	18	19	20	21	22	23	24	25	26	27	28	29	30	31
陰	十五	十六	十七	十八	十九	廿	廿一	廿二	廿三	廿四	廿五	廿六	廿七	廿八	廿九	**六**	二	三	四	五	六	七	八	九	十	十一	十二	十三	十四	十五	十六
星	2	3	4	5	6	日	1	2	3	4	5	6	日	1	2	3	4	5	4	日	1	2	3	4	5	6	日	1	2	3	4
干節	壬戌	癸亥	甲子	乙丑	丙寅	丁卯	戊辰	小暑	庚午	辛未	壬申	癸酉	甲戌	乙亥	丙子	丁丑	戊寅	己卯	庚辰	辛巳	壬午	癸未	大暑	乙酉	丙戌	丁亥	戊子	己丑	庚寅	辛卯	壬辰

陽歷八月份　（陰歷六、七月份）

陽	8	2	3	4	5	6	7	8	9	10	11	12	13	14	15	16	17	18	19	20	21	22	23	24	25	26	27	28	29	30	31
陰	十七	十八	十九	廿	廿一	廿二	廿三	廿四	廿五	廿六	廿七	廿八	廿九	**七**	二	三	四	五	六	七	八	九	十	十一	十二	十三	十四	十五	十六	十七	十八
星	5	6	日	1	2	3	4	5	6	日	1	2	3	4	5	6	日	1	2	3	4	5	6	日	1	2	3	4	5	6	日
干節	癸巳	甲午	乙未	丙申	丁酉	戊戌	己亥	立秋	辛丑	壬寅	癸卯	甲辰	乙巳	丙午	丁未	戊申	己酉	庚戌	辛亥	壬子	癸丑	甲寅	乙卯	處暑	丁巳	戊午	己未	庚申	辛酉	壬戌	癸亥

陽歷九月份　（陰歷七、八月份）

陽	9	2	3	4	5	6	7	8	9	10	11	12	13	14	15	16	17	18	19	20	21	22	23	24	25	26	27	28	29	30	
陰	十九	廿	廿一	廿二	廿三	廿四	廿五	廿六	廿七	廿八	廿九	**八**	二	三	四	五	六	七	八	九	十	十一	十二	十三	十四	十五	十六	十七	十八	十九	
星	1	2	3	4	5	6	日	1	2	3	4	5	6	日	1	2	3	4	5	6	日	1	2	3	4	5	6	日	1	2	
干節	甲子	乙丑	丙寅	丁卯	戊辰	己巳	庚午	白露	壬申	癸酉	甲戌	乙亥	丙子	丁丑	戊寅	己卯	庚辰	辛巳	壬午	癸未	甲申	乙酉	丙戌	秋分	戊子	己丑	庚寅	辛卯	壬辰	癸巳	

陽歷十月份　（陰歷八、九月份）

陽	10	2	3	4	5	6	7	8	9	10	11	12	13	14	15	16	17	18	19	20	21	22	23	24	25	26	27	28	29	30	31
陰	廿	廿一	廿二	廿三	廿四	廿五	廿六	廿七	廿八	廿九	卅	**九**	二	三	四	五	六	七	八	九	十	十一	十二	十三	十四	十五	十六	十七	十八	十九	廿
星	3	4	5	6	日	1	2	3	4	5	6	日	1	2	3	4	5	6	日	1	2	3	4	5	6	日	1	2	3	4	5
干節	甲午	乙未	丙申	丁酉	戊戌	己亥	庚子	辛丑	寒露	癸卯	甲辰	乙巳	丙午	丁未	戊申	己酉	庚戌	辛亥	壬子	癸丑	甲寅	乙卯	丙辰	霜降	戊午	己未	庚申	辛酉	壬戌	癸亥	甲子

陽歷十一月份　（陰歷九、十月份）

陽	11	2	3	4	5	6	7	8	9	10	11	12	13	14	15	16	17	18	19	20	21	22	23	24	25	26	27	28	29	30	
陰	廿一	廿二	廿三	廿四	廿五	廿六	廿七	廿八	廿九	**十**	二	三	四	五	六	七	八	九	十	十一	十二	十三	十四	十五	十六	十七	十八	十九	廿	廿一	
星	6	日	1	2	3	4	5	6	日	1	2	3	4	5	6	日	1	2	3	4	5	6	日	1	2	3	4	5	6	日	
干節	乙丑	丙寅	丁卯	戊辰	己巳	庚午	辛未	立冬	癸酉	甲戌	乙亥	丙子	丁丑	戊寅	己卯	庚辰	辛巳	壬午	癸未	甲申	乙酉	丙戌	小雪	戊子	己丑	庚寅	辛卯	壬辰	癸巳	甲午	

陽歷十二月份　（陰歷十、十一月份）

陽	12	2	3	4	5	6	7	8	9	10	11	12	13	14	15	16	17	18	19	20	21	22	23	24	25	26	27	28	29	30	31
陰	廿二	廿三	廿四	廿五	廿六	廿七	廿八	廿九	卅	**十一**	二	三	四	五	六	七	八	九	十	十一	十二	十三	十四	十五	十六	十七	十八	十九	廿	廿一	廿二
星	1	2	3	4	5	6	日	1	2	3	4	5	6	日	1	2	3	4	5	6	日	1	2	3	4	5	6	日	1	2	3
干節	乙未	丙申	丁酉	戊戌	己亥	庚子	辛丑	大雪	癸卯	甲辰	乙巳	丙午	丁未	戊申	己酉	庚戌	辛亥	壬子	癸丑	甲寅	乙卯	冬至	丁巳	戊午	己未	庚申	辛酉	壬戌	癸亥	甲子	乙丑

陽歷一月份　（陰歷十一、十二月份）

陽	1	2	3	4	5	6	7	8	9	10	11	12	13	14	15	16	17	18	19	20	21	22	23	24	25	26	27	28	29	30	31
陰	廿三	廿四	廿五	廿六	廿七	廿八	廿九	卅	十二	二	三	四	五	六	七	八	九	十	十一	十二	十三	十四	十五	十六	十七	十八	十九	廿	廿一	廿二	廿三
星	4	5	6	日	1	2	3	4	5	6	日	1	2	3	4	5	6	日	1	2	3	4	5	6	日	1	2	3	4	5	6
干節	丙寅	丁卯	戊辰	己巳	庚午	小寒	壬申	癸酉	甲戌	乙亥	丙子	丁丑	戊寅	己卯	庚辰	辛巳	壬午	癸未	甲申	乙酉	大寒	丁亥	戊子	己丑	庚寅	辛卯	壬辰	癸巳	甲午	乙未	丙申

陽歷二月份　（陰歷十二、正月份）

陽	2	2	3	4	5	6	7	8	9	10	11	12	13	14	15	16	17	18	19	20	21	22	23	24	25	26	27	28
陰	廿四	廿五	廿六	廿七	廿八	廿九	正	二	三	四	五	六	七	八	九	十	十一	十二	十三	十四	十五	十六	十七	十八	十九	廿	廿一	廿二
星	日	1	2	3	4	5	6	日	1	2	3	4	5	6	日	1	2	3	4	5	6	日	1	2	3	4	5	6
干節	丁酉	戊戌	己亥	立春	辛丑	壬寅	癸卯	甲辰	乙巳	丙午	丁未	戊申	己酉	庚戌	辛亥	壬子	癸丑	甲寅	雨水	丙辰	丁巳	戊午	己未	庚申	辛酉	壬戌	癸亥	甲子

陽歷三月份　（陰歷正、二月份）

陽	3	2	3	4	5	6	7	8	9	10	11	12	13	14	15	16	17	18	19	20	21	22	23	24	25	26	27	28	29	30	31
陰	廿三	廿四	廿五	廿六	廿七	廿八	廿九	卅	二	二	三	四	五	六	七	八	九	十	十一	十二	十三	十四	十五	十六	十七	十八	十九	廿	廿一	廿二	廿三
星	日	1	2	3	4	5	6	日	1	2	3	4	5	6	日	1	2	3	4	5	6	日	1	2	3	4	5	6	日	1	2
干節	乙丑	丙寅	丁卯	戊辰	己巳	驚蟄	辛未	壬申	癸酉	甲戌	乙亥	丙子	丁丑	戊寅	己卯	庚辰	辛巳	壬午	癸未	甲申	春分	丙戌	丁亥	戊子	己丑	庚寅	辛卯	壬辰	癸巳	甲午	乙未

陽歷四月份　（陰歷二、三月份）

陽	4	2	3	4	5	6	7	8	9	10	11	12	13	14	15	16	17	18	19	20	21	22	23	24	25	26	27	28	29	30
陰	廿四	廿五	廿六	廿七	廿八	廿九	卅	三	二	三	四	五	六	七	八	九	十	十一	十二	十三	十四	十五	十六	十七	十八	十九	廿	廿一	廿二	廿三
星	3	4	5	6	日	1	2	3	4	5	6	日	1	2	3	4	5	6	日	1	2	3	4	5	6	日	1	2	3	4
干節	丙申	丁酉	戊戌	己亥	庚子	清明	壬寅	癸卯	甲辰	乙巳	丙午	丁未	戊申	己酉	庚戌	辛亥	壬子	癸丑	甲寅	乙卯	穀雨	丁巳	戊午	己未	庚申	辛酉	壬戌	癸亥	甲子	乙丑

陽歷五月份　（陰歷三、四月份）

陽	5	2	3	4	5	6	7	8	9	10	11	12	13	14	15	16	17	18	19	20	21	22	23	24	25	26	27	28	29	30	31
陰	廿四	廿五	廿六	廿七	廿八	廿九	卅	四	二	三	四	五	六	七	八	九	十	十一	十二	十三	十四	十五	十六	十七	十八	十九	廿	廿一	廿二	廿三	廿四
星	5	6	日	1	2	3	4	5	6	日	1	2	3	4	5	6	日	1	2	3	4	5	6	日	1	2	3	4	5	6	日
干節	丙寅	丁卯	戊辰	己巳	庚午	立夏	壬申	癸酉	甲戌	乙亥	丙子	丁丑	戊寅	己卯	庚辰	辛巳	壬午	癸未	甲申	乙酉	丙戌	小滿	戊子	己丑	庚寅	辛卯	壬辰	癸巳	甲午	乙未	丙申

陽歷六月份　（陰歷四、五月份）

陽	6	2	3	4	5	6	7	8	9	10	11	12	13	14	15	16	17	18	19	20	21	22	23	24	25	26	27	28	29	30
陰	廿五	廿六	廿七	廿八	廿九	五	二	三	四	五	六	七	八	九	十	十一	十二	十三	十四	十五	十六	十七	十八	十九	廿	廿一	廿二	廿三	廿四	廿五
星	1	2	3	4	5	6	日	1	2	3	4	5	6	日	1	2	3	4	5	6	日	1	2	3	4	5	6	日	1	2
干節	丁酉	戊戌	己亥	庚子	辛丑	壬寅	芒種	甲辰	乙巳	丙午	丁未	戊申	己酉	庚戌	辛亥	壬子	癸丑	甲寅	乙卯	丙辰	丁巳	夏至	己未	庚申	辛酉	壬戌	癸亥	甲子	乙丑	丙寅

丁卯

一八〇七年

（清仁宗嘉慶一二年）

丁卯

一八〇七年

（清仁宗嘉慶一二年）

陽歷七月份　（陰歷五、六月份）

陽	7	2	3	4	5	6	7	8	9	10	11	12	13	14	15	16	17	18	19	20	21	22	23	24	25	26	27	28	29	30	31
陰	廿六	廿七	廿八	廿九	六	二	三	四	五	六	七	八	九	十	十一	十二	十三	十四	十五	十六	十七	十八	十九	廿	廿一	廿二	廿三	廿四	廿五	廿六	廿七
星	3	4	5	6	日	1	2	3	4	5	6	日	1	2	3	4	5	6	日	1	2	3	4	5	6	日	1	2	3	4	5
干節	丁卯	戊辰	己巳	庚午	辛未	壬申	癸酉	小暑	乙亥	丙子	丁丑	戊寅	己卯	庚辰	辛巳	壬午	癸未	甲申	乙酉	丙戌	丁亥	戊子	己丑	大暑	辛卯	壬辰	癸巳	甲午	乙未	丙申	丁酉

陽歷八月份　（陰歷六、七月份）

陽	8	2	3	4	5	6	7	8	9	10	11	12	13	14	15	16	17	18	19	20	21	22	23	24	25	26	27	28	29	30	31
陰	廿八	廿九	卅	七	二	三	四	五	六	七	八	九	十	十一	十二	十三	十四	十五	十六	十七	十八	十九	廿	廿一	廿二	廿三	廿四	廿五	廿六	廿七	廿八
星	6	日	1	2	3	4	5	6	日	1	2	3	4	5	6	日	1	2	3	4	5	6	日	1	2	3	4	5	6	日	1
干節	戊戌	己亥	庚子	辛丑	壬寅	癸卯	甲辰	立秋	丙午	丁未	戊申	己酉	庚戌	辛亥	壬子	癸丑	甲寅	乙卯	丙辰	丁巳	戊午	己未	庚申	處暑	壬戌	癸亥	甲子	乙丑	丙寅	丁卯	戊辰

陽歷九月份　（陰歷七、八月份）

陽	9	2	3	4	5	6	7	8	9	10	11	12	13	14	15	16	17	18	19	20	21	22	23	24	25	26	27	28	29	30
陰	廿九	八	二	三	四	五	六	七	八	九	十	十一	十二	十三	十四	十五	十六	十七	十八	十九	廿	廿一	廿二	廿三	廿四	廿五	廿六	廿七	廿八	廿九
星	2	3	4	5	6	日	1	2	3	4	5	6	日	1	2	3	4	5	6	日	1	2	3	4	5	6	日	1	2	3
干節	己巳	庚午	辛未	壬申	癸酉	甲戌	乙亥	白露	丁丑	戊寅	己卯	庚辰	辛巳	壬午	癸未	甲申	乙酉	丙戌	丁亥	戊子	己丑	庚寅	辛卯	秋分	癸巳	甲午	乙未	丙申	丁酉	戊戌

陽歷十月份　（陰歷九、十月份）

陽	10	2	3	4	5	6	7	8	9	10	11	12	13	14	15	16	17	18	19	20	21	22	23	24	25	26	27	28	29	30	31
陰	九	二	三	四	五	六	七	八	九	十	十一	十二	十三	十四	十五	十六	十七	十八	十九	廿	廿一	廿二	廿三	廿四	廿五	廿六	廿七	廿八	廿九	卅	十
星	4	5	6	日	1	2	3	4	5	6	日	1	2	3	4	5	6	日	1	2	3	4	5	6	日	1	2	3	4	5	6
干節	己亥	庚子	辛丑	壬寅	癸卯	甲辰	乙巳	丙午	寒露	戊申	己酉	庚戌	辛亥	壬子	癸丑	甲寅	乙卯	丙辰	丁巳	戊午	己未	庚申	辛酉	霜降	癸亥	甲子	乙丑	丙寅	丁卯	戊辰	己巳

陽歷十一月份　（陰歷十、十一月份）

陽	11	2	3	4	5	6	7	8	9	10	11	12	13	14	15	16	17	18	19	20	21	22	23	24	25	26	27	28	29	30
陰	二	三	四	五	六	七	八	九	十	十一	十二	十三	十四	十五	十六	十七	十八	十九	廿	廿一	廿二	廿三	廿四	廿五	廿六	廿七	廿八	廿九	十一	二
星	日	1	2	3	4	5	6	日	1	2	3	4	5	6	日	1	2	3	4	5	6	日	1	2	3	4	5	6	日	1
干節	庚午	辛未	壬申	癸酉	甲戌	乙亥	丙子	立冬	戊寅	己卯	庚辰	辛巳	壬午	癸未	甲申	乙酉	丙戌	丁亥	戊子	己丑	庚寅	辛卯	小雪	癸巳	甲午	乙未	丙申	丁酉	戊戌	己亥

陽歷十二月份　（陰歷十一、十二月份）

陽	12	2	3	4	5	6	7	8	9	10	11	12	13	14	15	16	17	18	19	20	21	22	23	24	25	26	27	28	29	30	31
陰	三	四	五	六	七	八	九	十	十一	十二	十三	十四	十五	十六	十七	十八	十九	廿	廿一	廿二	廿三	廿四	廿五	廿六	廿七	廿八	廿九	卅	十二	二	三
星	2	3	4	5	6	日	1	2	3	4	5	6	日	1	2	3	4	5	6	日	1	2	3	4	5	6	日	1	2	3	4
干節	庚子	辛丑	壬寅	癸卯	甲辰	乙巳	丙午	大雪	戊申	己酉	庚戌	辛亥	壬子	癸丑	甲寅	乙卯	丙辰	丁巳	戊午	己未	庚申	辛酉	冬至	癸亥	甲子	乙丑	丙寅	丁卯	戊辰	己巳	庚午

陽歷一月份 (陰歷十二、正月份)

陽	1	2	3	4	5	6	7	8	9	10	11	12	13	14	15	16	17	18	19	20	21	22	23	24	25	26	27	28	29	30	31
陰	四	五	六	七	八	九	十	十一	十二	十三	十四	十五	十六	十七	十八	十九	廿	廿一	廿二	廿三	廿四	廿五	廿六	廿七	廿八	廿九	卅	正	二	三	四
星	5	6	日	1	2	3	4	5	6	日	1	2	3	4	5	6	日	1	2	3	4	5	6	日	1	2	3	4	5	6	日
干節	辛未	壬申	癸酉	甲戌	乙亥	小寒	丁丑	戊寅	己卯	庚辰	辛巳	壬午	癸未	甲申	乙酉	丙戌	丁亥	戊子	己丑	庚寅	大寒	壬辰	癸巳	甲午	乙未	丙申	丁酉	戊戌	己亥	庚子	辛丑

陽歷二月份 (陰歷正、二月份)

陽	2	2	3	4	5	6	7	8	9	10	11	12	13	14	15	16	17	18	19	20	21	22	23	24	25	26	27	28	29
陰	五	六	七	八	九	十	十一	十二	十三	十四	十五	十六	十七	十八	十九	廿	廿一	廿二	廿三	廿四	廿五	廿六	廿七	廿八	廿九	二	二	三	四
星	1	2	3	4	5	6	日	1	2	3	4	5	6	日	1	2	3	4	5	6	日	1	2	3	4	5	6	日	1
干節	壬寅	癸卯	甲辰	乙巳	立春	丁未	戊申	己酉	庚戌	辛亥	壬子	癸丑	甲寅	乙卯	丙辰	丁巳	戊午	己未	庚申	雨水	壬戌	癸亥	甲子	乙丑	丙寅	丁卯	戊辰	己巳	庚午

陽歷三月份 (陰歷二、三月份)

陽	3	2	3	4	5	6	7	8	9	10	11	12	13	14	15	16	17	18	19	20	21	22	23	24	25	26	27	28	29	30	31
陰	五	六	七	八	九	十	十一	十二	十三	十四	十五	十六	十七	十八	十九	廿	廿一	廿二	廿三	廿四	廿五	廿六	廿七	廿八	廿九	卅	三	二	三	四	五
星	2	3	4	5	6	日	1	2	3	4	5	6	日	1	2	3	4	5	6	日	1	2	3	4	5	6	日	1	2	3	4
干節	辛未	壬申	癸酉	甲戌	乙亥	驚蟄	丁丑	戊寅	己卯	庚辰	辛巳	壬午	癸未	甲申	乙酉	丙戌	丁亥	戊子	己丑	庚寅	春分	壬辰	癸巳	甲午	乙未	丙申	丁酉	戊戌	己亥	庚子	辛丑

陽歷四月份 (陰歷三、四月份)

陽	4	2	3	4	5	6	7	8	9	10	11	12	13	14	15	16	17	18	19	20	21	22	23	24	25	26	27	28	29	30
陰	六	七	八	九	十	十一	十二	十三	十四	十五	十六	十七	十八	十九	廿	廿一	廿二	廿三	廿四	廿五	廿六	廿七	廿八	廿九	卅	四	二	三	四	五
星	5	6	日	1	2	3	4	5	6	日	1	2	3	4	5	6	日	1	2	3	4	5	6	日	1	2	3	4	5	6
干節	壬寅	癸卯	甲辰	乙巳	清明	丁未	戊申	己酉	庚戌	辛亥	壬子	癸丑	甲寅	乙卯	丙辰	丁巳	戊午	己未	庚申	穀雨	壬戌	癸亥	甲子	乙丑	丙寅	丁卯	戊辰	己巳	庚午	辛未

陽歷五月份 (陰歷四、五月份)

陽	5	2	3	4	5	6	7	8	9	10	11	12	13	14	15	16	17	18	19	20	21	22	23	24	25	26	27	28	29	30	31
陰	六	七	八	九	十	十一	十二	十三	十四	十五	十六	十七	十八	十九	廿	廿一	廿二	廿三	廿四	廿五	廿六	廿七	廿八	廿九	五	二	三	四	五	六	七
星	日	1	2	3	4	5	6	日	1	2	3	4	5	6	日	1	2	3	4	5	6	日	1	2	3	4	5	6	日	1	2
干節	壬申	癸酉	甲戌	乙亥	丙子	立夏	戊寅	己卯	庚辰	辛巳	壬午	癸未	甲申	乙酉	丙戌	丁亥	戊子	己丑	庚寅	辛卯	小滿	癸巳	甲午	乙未	丙申	丁酉	戊戌	己亥	庚子	辛丑	壬寅

陽歷六月份 (陰歷五、閏五月份)

陽	6	2	3	4	5	6	7	8	9	10	11	12	13	14	15	16	17	18	19	20	21	22	23	24	25	26	27	28	29	30
陰	八	九	十	十一	十二	十三	十四	十五	十六	十七	十八	十九	廿	廿一	廿二	廿三	廿四	廿五	廿六	廿七	廿八	廿九	卅	閏	二	三	四	五	六	七
星	3	4	5	6	日	1	2	3	4	5	6	日	1	2	3	4	5	6	日	1	2	3	4	5	6	日	1	2	3	4
干節	癸卯	甲辰	乙巳	丙午	丁未	芒種	己酉	庚戌	辛亥	壬子	癸丑	甲寅	乙卯	丙辰	丁巳	戊午	己未	庚申	辛酉	壬戌	癸亥	夏至	乙丑	丙寅	丁卯	戊辰	己巳	庚午	辛未	壬申

戊辰

一八〇八年

(清仁宗嘉慶一三年)

戊辰

一八〇八年

（清仁宗嘉慶一三年）

陽歷七月份　（陰歷閏五、六月份）

陽	7	2	3	4	5	6	7	8	9	10	11	12	13	14	15	16	17	18	19	20	21	22	23	24	25	26	27	28	29	30	31
陰	八	九	十	十一	十二	十三	十四	十五	十六	十七	十八	十九	廿	廿一	廿二	廿三	廿四	廿五	廿六	廿七	廿八	廿九	六	二	三	四	五	六	七	八	九
星	5	6	日	1	2	3	4	5	6	日	1	2	3	4	5	6	日	1	2	3	4	5	6	日	1	2	3	4	5	6	日
干節	癸酉	甲戌	乙亥	丙子	丁丑	戊寅	小暑	庚辰	辛巳	壬午	癸未	甲申	乙酉	丙戌	丁亥	戊子	己丑	庚寅	辛卯	壬辰	癸巳	甲午	大暑	丙申	丁酉	戊戌	己亥	庚子	辛丑	壬寅	癸卯

陽歷八月份　（陰歷六、七月份）

陽	8	2	3	4	5	6	7	8	9	10	11	12	13	14	15	16	17	18	19	20	21	22	23	24	25	26	27	28	29	30	31
陰	十	十一	十二	十三	十四	十五	十六	十七	十八	十九	廿	廿一	廿二	廿三	廿四	廿五	廿六	廿七	廿八	廿九	卅	七	二	三	四	五	六	七	八	九	十
星	1	2	3	4	5	6	日	1	2	3	4	5	6	日	1	2	3	4	5	6	日	1	2	3	4	5	6	日	1	2	3
干節	甲辰	乙巳	丙午	丁未	戊申	己酉	庚戌	立秋	壬子	癸丑	甲寅	乙卯	丙辰	丁巳	戊午	己未	庚申	辛酉	壬戌	癸亥	甲子	乙丑	處暑	丁卯	戊辰	己巳	庚午	辛未	壬申	癸酉	甲戌

陽歷九月份　（陰歷七、八月份）

陽	9	2	3	4	5	6	7	8	9	10	11	12	13	14	15	16	17	18	19	20	21	22	23	24	25	26	27	28	29	30	
陰	十一	十二	十三	十四	十五	十六	十七	十八	十九	廿	廿一	廿二	廿三	廿四	廿五	廿六	廿七	廿八	廿九	八	二	三	四	五	六	七	八	九	十	十一	
星	4	5	6	日	1	2	3	4	5	6	日	1	2	3	4	5	6	日	1	2	3	4	5	6	日	1	2	3	4	5	
干節	乙亥	丙子	丁丑	戊寅	己卯	庚辰	辛巳	白露	癸未	甲申	乙酉	丙戌	丁亥	戊子	己丑	庚寅	辛卯	壬辰	癸巳	甲午	乙未	丙申	秋分	戊戌	己亥	庚子	辛丑	壬寅	癸卯	甲辰	

陽歷十月份　（陰歷八、九月份）

陽	10	2	3	4	5	6	7	8	9	10	11	12	13	14	15	16	17	18	19	20	21	22	23	24	25	26	27	28	29	30	31
陰	十二	十三	十四	十五	十六	十七	十八	十九	廿	廿一	廿二	廿三	廿四	廿五	廿六	廿七	廿八	廿九	卅	九	二	三	四	五	六	七	八	九	十	十一	十二
星	6	日	1	2	3	4	5	6	日	1	2	3	4	5	6	日	1	2	3	4	5	6	日	1	2	3	4	5	6	日	1
干節	乙巳	丙午	丁未	戊申	己酉	庚戌	辛亥	寒露	癸丑	甲寅	乙卯	丙辰	丁巳	戊午	己未	庚申	辛酉	壬戌	癸亥	甲子	乙丑	丙寅	霜降	戊辰	己巳	庚午	辛未	壬申	癸酉	甲戌	乙亥

陽歷十一月份　（陰歷九、十月份）

陽	11	2	3	4	5	6	7	8	9	10	11	12	13	14	15	16	17	18	19	20	21	22	23	24	25	26	27	28	29	30	
陰	十三	十四	十五	十六	十七	十八	十九	廿	廿一	廿二	廿三	廿四	廿五	廿六	廿七	廿八	廿九	十	二	三	四	五	六	七	八	九	十	十一	十二	十三	
星	2	3	4	5	6	日	1	2	3	4	5	6	日	1	2	3	4	5	6	日	1	2	3	4	5	6	日	1	2	3	
干節	丙子	丁丑	戊寅	己卯	庚辰	辛巳	立冬	癸未	甲申	乙酉	丙戌	丁亥	戊子	己丑	庚寅	辛卯	壬辰	癸巳	甲午	乙未	丙申	小雪	戊戌	己亥	庚子	辛丑	壬寅	癸卯	甲辰	乙巳	

陽歷十二月份　（陰歷十、十一月份）

陽	12	2	3	4	5	6	7	8	9	10	11	12	13	14	15	16	17	18	19	20	21	22	23	24	25	26	27	28	29	30	31
陰	十四	十五	十六	十七	十八	十九	廿	廿一	廿二	廿三	廿四	廿五	廿六	廿七	廿八	廿九	十一	二	三	四	五	六	七	八	九	十	十一	十二	十三	十四	十五
星	4	5	6	日	1	2	3	4	5	6	日	1	2	3	4	5	6	日	1	2	3	4	5	6	日	1	2	3	4	5	6
干節	丙午	丁未	戊申	己酉	庚戌	辛亥	大雪	癸丑	甲寅	乙卯	丙辰	丁巳	戊午	己未	庚申	辛酉	壬戌	癸亥	甲子	乙丑	丙寅	冬至	戊辰	己巳	庚午	辛未	壬申	癸酉	甲戌	乙亥	丙子

己巳　一八〇九年　（清仁宗嘉慶一四年）

陽歷 一月份　（陰歷十一、十二月份）

陽	1	2	3	4	5	6	7	8	9	10	11	12	13	14	15	16	17	18	19	20	21	22	23	24	25	26	27	28	29	30	31
陰	十六	十七	十八	十九	廿	廿一	廿二	廿三	廿四	廿五	廿六	廿七	廿八	廿九	卅	十二	二	三	四	五	六	七	八	九	十	十一	十二	十三	十四	十五	十六
星	日	1	2	3	4	5	6	日	1	2	3	4	5	6	日	1	2	3	4	5	6	日	1	2	3	4	5	6	日	1	2
干節	丁丑	戊寅	己卯	庚辰	小寒	壬午	癸未	甲申	乙酉	丙戌	丁亥	戊子	己丑	庚寅	辛卯	壬辰	癸巳	甲午	乙未	大寒	丁酉	戊戌	己亥	庚子	辛丑	壬寅	癸卯	甲辰	乙巳	丙午	丁未

陽歷 二月份　（陰歷十二、正月份）

陽	2	2	3	4	5	6	7	8	9	10	11	12	13	14	15	16	17	18	19	20	21	22	23	24	25	26	27	28
陰	十七	十八	十九	廿	廿一	廿二	廿三	廿四	廿五	廿六	廿七	廿八	廿九	正	二	三	四	五	六	七	八	九	十	十一	十二	十三	十四	十五
星	3	4	5	6	日	1	2	3	4	5	6	日	1	2	3	4	5	6	日	1	2	3	4	5	6	日	1	2
干節	戊申	己酉	庚戌	立春	壬子	癸丑	甲寅	乙卯	丙辰	丁巳	戊午	己未	庚申	辛酉	壬戌	癸亥	甲子	乙丑	雨水	丁卯	戊辰	己巳	庚午	辛未	壬申	癸酉	甲戌	乙亥

陽歷 三月份　（陰歷正、二月份）

陽	3	2	3	4	5	6	7	8	9	10	11	12	13	14	15	16	17	18	19	20	21	22	23	24	25	26	27	28	29	30	31
陰	十六	十七	十八	十九	廿	廿一	廿二	廿三	廿四	廿五	廿六	廿七	廿八	廿九	卅	二	二	三	四	五	六	七	八	九	十	十一	十二	十三	十四	十五	十六
星	3	4	5	6	日	1	2	3	4	5	6	日	1	2	3	4	5	6	日	1	2	3	4	5	6	日	1	2	3	4	5
干節	丙子	丁丑	戊寅	己卯	庚辰	驚蟄	壬午	癸未	甲申	乙酉	丙戌	丁亥	戊子	己丑	庚寅	辛卯	壬辰	癸巳	甲午	乙未	春分	丁酉	戊戌	己亥	庚子	辛丑	壬寅	癸卯	甲辰	乙巳	丙午

陽歷 四月份　（陰歷二、三月份）

陽	4	2	3	4	5	6	7	8	9	10	11	12	13	14	15	16	17	18	19	20	21	22	23	24	25	26	27	28	29	30
陰	十七	十八	十九	廿	廿一	廿二	廿三	廿四	廿五	廿六	廿七	廿八	廿九	卅	三	二	三	四	五	六	七	八	九	十	十一	十二	十三	十四	十五	十六
星	6	日	1	2	3	4	5	6	日	1	2	3	4	5	6	日	1	2	3	4	5	6	日	1	2	3	4	5	6	日
干節	丁未	戊申	己酉	庚戌	清明	壬子	癸丑	甲寅	乙卯	丙辰	丁巳	戊午	己未	庚申	辛酉	壬戌	癸亥	甲子	乙丑	穀雨	丁卯	戊辰	己巳	庚午	辛未	壬申	癸酉	甲戌	乙亥	丙子

陽歷 五月份　（陰歷三、四月份）

陽	5	2	3	4	5	6	7	8	9	10	11	12	13	14	15	16	17	18	19	20	21	22	23	24	25	26	27	28	29	30	31
陰	十七	十八	十九	廿	廿一	廿二	廿三	廿四	廿五	廿六	廿七	廿八	廿九	四	二	三	四	五	六	七	八	九	十	十一	十二	十三	十四	十五	十六	十七	十八
星	1	2	3	4	5	6	日	1	2	3	4	5	6	日	1	2	3	4	5	6	日	1	2	3	4	5	6	日	1	2	3
干節	丁丑	戊寅	己卯	庚辰	辛巳	立夏	癸未	甲申	乙酉	丙戌	丁亥	戊子	己丑	庚寅	辛卯	壬辰	癸巳	甲午	乙未	丙申	小滿	戊戌	己亥	庚子	辛丑	壬寅	癸卯	甲辰	乙巳	丙午	丁未

陽歷 六月份　（陰歷四、五月份）

陽	6	2	3	4	5	6	7	8	9	10	11	12	13	14	15	16	17	18	19	20	21	22	23	24	25	26	27	28	29	30
陰	十九	廿	廿一	廿二	廿三	廿四	廿五	廿六	廿七	廿八	廿九	卅	五	二	三	四	五	六	七	八	九	十	十一	十二	十三	十四	十五	十六	十七	十八
星	4	5	6	日	1	2	3	4	5	6	日	1	2	3	4	5	6	日	1	2	3	4	5	6	日	1	2	3	4	5
干節	戊申	己酉	庚戌	辛亥	壬子	芒種	甲寅	乙卯	丙辰	丁巳	戊午	己未	庚申	辛酉	壬戌	癸亥	甲子	乙丑	丙寅	丁卯	戊辰	夏至	庚午	辛未	壬申	癸酉	甲戌	乙亥	丙子	丁丑

己巳

一八〇九年

（清仁宗嘉慶一四年）

陽歷七月份　（陰歷五、六月份）

陽	7	2	3	4	5	6	7	8	9	10	11	12	13	14	15	16	17	18	19	20	21	22	23	24	25	26	27	28	29	30	31
陰	十九	廿	廿一	廿二	廿三	廿四	廿五	廿六	廿七	廿八	廿九	卅	六	二	三	四	五	六	七	八	九	十	十一	十二	十三	十四	十五	十六	十七	十八	十九
星	6	日	1	2	3	4	5	6	日	1	2	3	4	5	6	日	1	2	3	4	5	6	日	1	2	3	4	5	6	日	1
干節	戊寅	己卯	庚辰	辛巳	壬午	癸未	小暑	乙酉	丙戌	丁亥	戊子	己丑	庚寅	辛卯	壬辰	癸巳	甲午	乙未	丙申	丁酉	戊戌	己亥	大暑	辛丑	壬寅	癸卯	甲辰	乙巳	丙午	丁未	戊申

陽歷八月份　（陰歷六、七月份）

陽	8	2	3	4	5	6	7	8	9	10	11	12	13	14	15	16	17	18	19	20	21	22	23	24	25	26	27	28	29	30	31
陰	廿	廿一	廿二	廿三	廿四	廿五	廿六	廿七	廿八	廿九	七	二	三	四	五	六	七	八	九	十	十一	十二	十三	十四	十五	十六	十七	十八	十九	廿	廿一
星	2	3	4	5	6	日	1	2	3	4	5	6	日	1	2	3	4	5	6	日	1	2	3	4	5	6	日	1	2	3	4
干節	己酉	庚戌	辛亥	壬子	癸丑	甲寅	乙卯	立秋	丁巳	戊午	己未	庚申	辛酉	壬戌	癸亥	甲子	乙丑	丙寅	丁卯	戊辰	己巳	庚午	處暑	壬申	癸酉	甲戌	乙亥	丙子	丁丑	戊寅	己卯

陽歷九月份　（陰歷七、八月份）

陽	9	2	3	4	5	6	7	8	9	10	11	12	13	14	15	16	17	18	19	20	21	22	23	24	25	26	27	28	29	30
陰	廿二	廿三	廿四	廿五	廿六	廿七	廿八	廿九	卅	八	二	三	四	五	六	七	八	九	十	十一	十二	十三	十四	十五	十六	十七	十八	十九	廿	廿一
星	5	6	日	1	2	3	4	5	6	日	1	2	3	4	5	6	日	1	2	3	4	5	6	日	1	2	3	4	5	6
干節	庚辰	辛巳	壬午	癸未	甲申	乙酉	丙戌	白露	戊子	己丑	庚寅	辛卯	壬辰	癸巳	甲午	乙未	丙申	丁酉	戊戌	己亥	庚子	辛丑	秋分	癸卯	甲辰	乙巳	丙午	丁未	戊申	己酉

陽歷十月份　（陰歷八、九月份）

陽	10	2	3	4	5	6	7	8	9	10	11	12	13	14	15	16	17	18	19	20	21	22	23	24	25	26	27	28	29	30	31
陰	廿二	廿三	廿四	廿五	廿六	廿七	廿八	廿九	九	二	三	四	五	六	七	八	九	十	十一	十二	十三	十四	十五	十六	十七	十八	十九	廿	廿一	廿二	廿三
星	日	1	2	3	4	5	6	日	1	2	3	4	5	6	日	1	2	3	4	5	6	日	1	2	3	4	5	6	日	1	2
干節	庚戌	辛亥	壬子	癸丑	甲寅	乙卯	丙辰	丁巳	寒露	己未	庚申	辛酉	壬戌	癸亥	甲子	乙丑	丙寅	丁卯	戊辰	己巳	庚午	辛未	壬申	霜降	甲戌	乙亥	丙子	丁丑	戊寅	己卯	庚辰

陽歷十一月份　（陰歷九、十月份）

陽	11	2	3	4	5	6	7	8	9	10	11	12	13	14	15	16	17	18	19	20	21	22	23	24	25	26	27	28	29	30
陰	廿四	廿五	廿六	廿七	廿八	廿九	卅	十	二	三	四	五	六	七	八	九	十	十一	十二	十三	十四	十五	十六	十七	十八	十九	廿	廿一	廿二	廿三
星	3	4	5	6	日	1	2	3	4	5	6	日	1	2	3	4	5	6	日	1	2	3	4	5	6	日	1	2	3	4
干節	辛巳	壬午	癸未	甲申	乙酉	丙戌	丁亥	立冬	己丑	庚寅	辛卯	壬辰	癸巳	甲午	乙未	丙申	丁酉	戊戌	己亥	庚子	辛丑	壬寅	小雪	甲辰	乙巳	丙午	丁未	戊申	己酉	庚戌

陽歷十二月份　（陰歷十、十一月份）

陽	12	2	3	4	5	6	7	8	9	10	11	12	13	14	15	16	17	18	19	20	21	22	23	24	25	26	27	28	29	30	31
陰	廿四	廿五	廿六	廿七	廿八	廿九	十一	二	三	四	五	六	七	八	九	十	十一	十二	十三	十四	十五	十六	十七	十八	十九	廿	廿一	廿二	廿三	廿四	廿五
星	5	6	日	1	2	3	4	5	6	日	1	2	3	4	5	6	日	1	2	3	4	5	6	日	1	2	3	4	5	6	日
干節	辛亥	壬子	癸丑	甲寅	乙卯	丙辰	大雪	戊午	己未	庚申	辛酉	壬戌	癸亥	甲子	乙丑	丙寅	丁卯	戊辰	己巳	庚午	辛未	冬至	癸酉	甲戌	乙亥	丙子	丁丑	戊寅	己卯	庚辰	辛巳

庚午 一八一〇年 (清仁宗嘉慶一五年)

陽歷一月份 (陰歷十一、十二月份)

陽	**1**	2	3	4	5	6	7	8	9	10	11	12	13	14	15	16	17	18	19	20	21	22	23	24	25	26	27	28	29	30	31
陰	廿六	廿七	廿八	廿九	**十二**	二	三	四	五	六	七	八	九	十	十一	十二	十三	十四	十五	十六	十七	十八	十九	廿	廿一	廿二	廿三	廿四	廿五	廿六	廿七
星	1	2	3	4	5	6	日	1	2	3	4	5	6	日	1	2	3	4	5	6	日	1	2	3	4	5	6	日	1	2	3
干節	壬午	癸未	甲申	乙酉	丙戌	**小寒**	戊子	己丑	庚寅	辛卯	壬辰	癸巳	甲午	乙未	丙申	丁酉	戊戌	己亥	庚子	**大寒**	壬寅	癸卯	甲辰	乙巳	丙午	丁未	戊申	己酉	庚戌	辛亥	壬子

陽歷二月份 (陰歷十二、正月份)

陽	**2**	2	3	4	5	6	7	8	9	10	11	12	13	14	15	16	17	18	19	20	21	22	23	24	25	26	27	28
陰	廿八	廿九	卅	**正**	二	三	四	五	六	七	八	九	十	十一	十二	十三	十四	十五	十六	十七	十八	十九	廿	廿一	廿二	廿三	廿四	廿五
星	4	5	6	日	1	2	3	4	5	6	日	1	2	3	4	5	6	日	1	2	3	4	5	6	日	1	2	3
干節	癸丑	甲寅	乙卯	**立春**	丁巳	戊午	己未	庚申	辛酉	壬戌	癸亥	甲子	乙丑	丙寅	丁卯	戊辰	己巳	庚午	**雨水**	壬申	癸酉	甲戌	乙亥	丙子	丁丑	戊寅	己卯	庚辰

陽歷三月份 (陰歷正、二月份)

陽	**3**	2	3	4	5	6	7	8	9	10	11	12	13	14	15	16	17	18	19	20	21	22	23	24	25	26	27	28	29	30	31
陰	廿六	廿七	廿八	廿九	**二**	二	三	四	五	六	七	八	九	十	十一	十二	十三	十四	十五	十六	十七	十八	十九	廿	廿一	廿二	廿三	廿四	廿五	廿六	廿七
星	4	5	6	日	1	2	3	4	5	6	日	1	2	3	4	5	6	日	1	2	3	4	5	6	日	1	2	3	4	5	6
干節	辛巳	壬午	癸未	甲申	乙酉	**驚蟄**	丁亥	戊子	己丑	庚寅	辛卯	壬辰	癸巳	甲午	乙未	丙申	丁酉	戊戌	己亥	庚子	**春分**	壬寅	癸卯	甲辰	乙巳	丙午	丁未	戊申	己酉	庚戌	辛亥

陽歷四月份 (陰歷二、三月份)

陽	**4**	2	3	4	5	6	7	8	9	10	11	12	13	14	15	16	17	18	19	20	21	22	23	24	25	26	27	28	29	30
陰	廿八	廿九	卅	**三**	二	三	四	五	六	七	八	九	十	十一	十二	十三	十四	十五	十六	十七	十八	十九	廿	廿一	廿二	廿三	廿四	廿五	廿六	廿七
星	日	1	2	3	4	5	6	日	1	2	3	4	5	6	日	1	2	3	4	5	6	日	1	2	3	4	5	6	日	1
干節	壬子	癸丑	甲寅	乙卯	**清明**	丁巳	戊午	己未	庚申	辛酉	壬戌	癸亥	甲子	乙丑	丙寅	丁卯	戊辰	己巳	庚午	辛未	**穀雨**	癸酉	甲戌	乙亥	丙子	丁丑	戊寅	己卯	庚辰	辛巳

陽歷五月份 (陰歷三、四月份)

陽	**5**	2	3	4	5	6	7	8	9	10	11	12	13	14	15	16	17	18	19	20	21	22	23	24	25	26	27	28	29	30	31
陰	廿八	廿九	**四**	二	三	四	五	六	七	八	九	十	十一	十二	十三	十四	十五	十六	十七	十八	十九	廿	廿一	廿二	廿三	廿四	廿五	廿六	廿七	廿八	廿九
星	2	3	4	5	6	日	1	2	3	4	5	6	日	1	2	3	4	5	6	日	1	2	3	4	5	6	日	1	2	3	4
干節	壬午	癸未	甲申	乙酉	丙戌	**立夏**	戊子	己丑	庚寅	辛卯	壬辰	癸巳	甲午	乙未	丙申	丁酉	戊戌	己亥	庚子	辛丑	壬寅	**小滿**	甲辰	乙巳	丙午	丁未	戊申	己酉	庚戌	辛亥	壬子

陽歷六月份 (陰歷四、五月份)

陽	**6**	2	3	4	5	6	7	8	9	10	11	12	13	14	15	16	17	18	19	20	21	22	23	24	25	26	27	28	29	30
陰	卅	**五**	二	三	四	五	六	七	八	九	十	十一	十二	十三	十四	十五	十六	十七	十八	十九	廿	廿一	廿二	廿三	廿四	廿五	廿六	廿七	廿八	廿九
星	5	6	日	1	2	3	4	5	6	日	1	2	3	4	5	6	日	1	2	3	4	5	6	日	1	2	3	4	5	6
干節	癸丑	甲寅	乙卯	丙辰	丁巳	**芒種**	己未	庚申	辛酉	壬戌	癸亥	甲子	乙丑	丙寅	丁卯	戊辰	己巳	庚午	辛未	壬申	癸酉	**夏至**	乙亥	丙子	丁丑	戊寅	己卯	庚辰	辛巳	壬午

庚午

一八一〇年

（清仁宗嘉慶一五年）

陽歷七月份　（陰歷五、六、七月份）

陽	7	2	3	4	5	6	7	8	9	10	11	12	13	14	15	16	17	18	19	20	21	22	23	24	25	26	27	28	29	30	31
陰	卅	六	二	三	四	五	六	七	八	九	十	十一	十二	十三	十四	十五	十六	十七	十八	十九	廿	廿一	廿二	廿三	廿四	廿五	廿六	廿七	廿八	廿九	七
星	日	1	2	3	4	5	6	日	1	2	3	4	5	6	日	1	2	3	4	5	6	日	1	2	3	4	5	6	日	1	2
干節	癸未	甲申	乙酉	丙戌	丁亥	戊子	己丑	小暑	辛卯	壬辰	癸巳	甲午	乙未	丙申	丁酉	戊戌	己亥	庚子	辛丑	壬寅	癸卯	甲辰	大暑	丙午	丁未	戊申	己酉	庚戌	辛亥	壬子	癸丑

陽歷八月份　（陰歷七、八月份）

陽	8	2	3	4	5	6	7	8	9	10	11	12	13	14	15	16	17	18	19	20	21	22	23	24	25	26	27	28	29	30	31
陰	二	三	四	五	六	七	八	九	十	十一	十二	十三	十四	十五	十六	十七	十八	十九	廿	廿一	廿二	廿三	廿四	廿五	廿六	廿七	廿八	廿九	卅	八	二
星	3	4	5	6	日	1	2	3	4	5	6	日	1	2	3	4	5	6	日	1	2	3	4	5	6	日	1	2	3	4	5
干節	甲寅	乙卯	丙辰	丁巳	戊午	己未	庚申	立秋	壬戌	癸亥	甲子	乙丑	丙寅	丁卯	戊辰	己巳	庚午	辛未	壬申	癸酉	甲戌	乙亥	丙子	處暑	戊寅	己卯	庚辰	辛巳	壬午	癸未	甲申

陽歷九月份　（陰歷八、九月份）

陽	9	2	3	4	5	6	7	8	9	10	11	12	13	14	15	16	17	18	19	20	21	22	23	24	25	26	27	28	29	30
陰	三	四	五	六	七	八	九	十	十一	十二	十三	十四	十五	十六	十七	十八	十九	廿	廿一	廿二	廿三	廿四	廿五	廿六	廿七	廿八	廿九	卅	九	二
星	6	日	1	2	3	4	5	6	日	1	2	3	4	5	6	日	1	2	3	4	5	6	日	1	2	3	4	5	6	日
干節	乙酉	丙戌	丁亥	戊子	己丑	庚寅	辛卯	白露	癸巳	甲午	乙未	丙申	丁酉	戊戌	己亥	庚子	辛丑	壬寅	癸卯	甲辰	乙巳	丙午	丁未	秋分	己酉	庚戌	辛亥	壬子	癸丑	甲寅

陽歷十月份　（陰歷九、十月份）

陽	10	2	3	4	5	6	7	8	9	10	11	12	13	14	15	16	17	18	19	20	21	22	23	24	25	26	27	28	29	30	31
陰	三	四	五	六	七	八	九	十	十一	十二	十三	十四	十五	十六	十七	十八	十九	廿	廿一	廿二	廿三	廿四	廿五	廿六	廿七	廿八	廿九	十	二	三	四
星	1	2	3	4	5	6	日	1	2	3	4	5	6	日	1	2	3	4	5	6	日	1	2	3	4	5	6	日	1	2	3
干節	乙卯	丙辰	丁巳	戊午	己未	庚申	辛酉	壬戌	寒露	甲子	乙丑	丙寅	丁卯	戊辰	己巳	庚午	辛未	壬申	癸酉	甲戌	乙亥	丙子	丁丑	霜降	己卯	庚辰	辛巳	壬午	癸未	甲申	乙酉

陽歷十一月份　（陰歷十、十一月份）

陽	11	2	3	4	5	6	7	8	9	10	11	12	13	14	15	16	17	18	19	20	21	22	23	24	25	26	27	28	29	30
陰	五	六	七	八	九	十	十一	十二	十三	十四	十五	十六	十七	十八	十九	廿	廿一	廿二	廿三	廿四	廿五	廿六	廿七	廿八	廿九	卅	十一	二	三	四
星	4	5	6	日	1	2	3	4	5	6	日	1	2	3	4	5	6	日	1	2	3	4	5	6	日	1	2	3	4	5
干節	丙戌	丁亥	戊子	己丑	庚寅	辛卯	壬辰	立冬	甲午	乙未	丙申	丁酉	戊戌	己亥	庚子	辛丑	壬寅	癸卯	甲辰	乙巳	丙午	丁未	小雪	己酉	庚戌	辛亥	壬子	癸丑	甲寅	乙卯

陽歷十二月份　（陰歷十一、十二月份）

陽	12	2	3	4	5	6	7	8	9	10	11	12	13	14	15	16	17	18	19	20	21	22	23	24	25	26	27	28	29	30	31
陰	五	六	七	八	九	十	十一	十二	十三	十四	十五	十六	十七	十八	十九	廿	廿一	廿二	廿三	廿四	廿五	廿六	廿七	廿八	廿九	十二	二	三	四	五	六
星	6	日	1	2	3	4	5	6	日	1	2	3	4	5	6	日	1	2	3	4	5	6	日	1	2	3	4	5	6	日	1
干節	丙辰	丁巳	戊午	己未	庚申	辛酉	壬戌	大雪	甲子	乙丑	丙寅	丁卯	戊辰	己巳	庚午	辛未	壬申	癸酉	甲戌	乙亥	丙子	冬至	戊寅	己卯	庚辰	辛巳	壬午	癸未	甲申	乙酉	丙戌

近世中西史日對照表

陽歷一月份　（陰歷十二、正月份）

陽	1	2	3	4	5	6	7	8	9	10	11	12	13	14	15	16	17	18	19	20	21	22	23	24	25	26	27	28	29	30	31
陰	七	八	九	十	十一	十二	十三	十四	十五	十六	十七	十八	十九	廿	廿一	廿二	廿三	廿四	廿五	廿六	廿七	廿八	廿九	卅	正	二	三	四	五	六	七
星	2	3	4	5	6	日	1	2	3	4	5	6	日	1	2	3	4	5	6	日	1	2	3	4	5	6	日	1	2	3	4
干節	丁亥	戊子	己丑	庚寅	辛卯	小寒	癸巳	甲午	乙未	丙申	丁酉	戊戌	己亥	庚子	辛丑	壬寅	癸卯	甲辰	乙巳	丙午	大寒	戊申	己酉	庚戌	辛亥	壬子	癸丑	甲寅	乙卯	丙辰	丁巳

陽歷二月份　（陰歷正、二月份）

陽	2	2	3	4	5	6	7	8	9	10	11	12	13	14	15	16	17	18	19	20	21	22	23	24	25	26	27	28
陰	八	九	十	十一	十二	十三	十四	十五	十六	十七	十八	十九	廿	廿一	廿二	廿三	廿四	廿五	廿六	廿七	廿八	廿九	二	二	三	四	五	六
星	5	6	日	1	2	3	4	5	6	日	1	2	3	4	5	6	日	1	2	3	4	5	6	日	1	2	3	4
干節	戊午	己未	庚申	立春	壬戌	癸亥	甲子	乙丑	丙寅	丁卯	戊辰	己巳	庚午	辛未	壬申	癸酉	甲戌	乙亥	雨水	丁丑	戊寅	己卯	庚辰	辛巳	壬午	癸未	甲申	乙酉

陽歷三月份　（陰歷二、三月份）

陽	3	2	3	4	5	6	7	8	9	10	11	12	13	14	15	16	17	18	19	20	21	22	23	24	25	26	27	28	29	30	31
陰	七	八	九	十	十一	十二	十三	十四	十五	十六	十七	十八	十九	廿	廿一	廿二	廿三	廿四	廿五	廿六	廿七	廿八	廿九	三	二	三	四	五	六	七	八
星	5	6	日	1	2	3	4	5	6	日	1	2	3	4	5	6	日	1	2	3	4	5	6	日	1	2	3	4	5	6	日
干節	丙戌	丁亥	戊子	己丑	庚寅	驚蟄	壬辰	癸巳	甲午	乙未	丙申	丁酉	戊戌	己亥	庚子	辛丑	壬寅	癸卯	甲辰	乙巳	春分	丁未	戊申	己酉	庚戌	辛亥	壬子	癸丑	甲寅	乙卯	丙辰

陽歷四月份　（陰歷三、閏三月份）

陽	4	2	3	4	5	6	7	8	9	10	11	12	13	14	15	16	17	18	19	20	21	22	23	24	25	26	27	28	29	30
陰	九	十	十一	十二	十三	十四	十五	十六	十七	十八	十九	廿	廿一	廿二	廿三	廿四	廿五	廿六	廿七	廿八	廿九	卅	閏	二	三	四	五	六	七	八
星	1	2	3	4	5	6	日	1	2	3	4	5	6	日	1	2	3	4	5	6	日	1	2	3	4	5	6	日	1	2
干節	丁巳	戊午	己未	庚申	辛酉	清明	癸亥	甲子	乙丑	丙寅	丁卯	戊辰	己巳	庚午	辛未	壬申	癸酉	甲戌	乙亥	丙子	穀雨	戊寅	己卯	庚辰	辛巳	壬午	癸未	甲申	乙酉	丙戌

陽歷五月份　（陰歷閏三、四月份）

陽	5	2	3	4	5	6	7	8	9	10	11	12	13	14	15	16	17	18	19	20	21	22	23	24	25	26	27	28	29	30	31
陰	九	十	十一	十二	十三	十四	十五	十六	十七	十八	十九	廿	廿一	廿二	廿三	廿四	廿五	廿六	廿七	廿八	廿九	四	二	三	四	五	六	七	八	九	十
星	3	4	5	6	日	1	2	3	4	5	6	日	1	2	3	4	5	6	日	1	2	3	4	5	6	日	1	2	3	4	5
干節	丁亥	戊子	己丑	庚寅	辛卯	立夏	癸巳	甲午	乙未	丙申	丁酉	戊戌	己亥	庚子	辛丑	壬寅	癸卯	甲辰	乙巳	丙午	丁未	小滿	己酉	庚戌	辛亥	壬子	癸丑	甲寅	乙卯	丙辰	丁巳

陽歷六月份　（陰歷四、五月份）

陽	6	2	3	4	5	6	7	8	9	10	11	12	13	14	15	16	17	18	19	20	21	22	23	24	25	26	27	28	29	30
陰	十一	十二	十三	十四	十五	十六	十七	十八	十九	廿	廿一	廿二	廿三	廿四	廿五	廿六	廿七	廿八	廿九	卅	五	二	三	四	五	六	七	八	九	十
星	6	日	1	2	3	4	5	6	日	1	2	3	4	5	6	日	1	2	3	4	5	6	日	1	2	3	4	5	6	日
干節	戊午	己未	庚申	辛酉	壬戌	癸亥	芒種	乙丑	丙寅	丁卯	戊辰	己巳	庚午	辛未	壬申	癸酉	甲戌	乙亥	丙子	丁丑	戊寅	夏至	庚辰	辛巳	壬午	癸未	甲申	乙酉	丙戌	丁亥

辛未

一八一一年

（清仁宗嘉慶一六年）

陽歷七月份　（陰歷五、六月份）

陽	**7**	2	3	4	5	6	7	8	9	10	11	12	13	14	15	16	17	18	19	20	21	22	23	24	25	26	27	28	29	30	31
陰	十一	十二	十三	十四	十五	十六	十七	十八	十九	廿	廿一	廿二	廿三	廿四	廿五	廿六	廿七	廿八	廿九	**六**	二	三	四	五	六	七	八	九	十	十一	十二
星	1	2	3	4	5	6	日	1	2	3	4	5	6	日	1	2	3	4	5	6	日	1	2	3	4	5	6	日	1	2	3
干節	戊子	己丑	庚寅	辛卯	壬辰	癸巳	甲午	**小暑**	丙申	丁酉	戊戌	己亥	庚子	辛丑	壬寅	癸卯	甲辰	乙巳	丙午	丁未	戊申	己酉	庚戌	**大暑**	壬子	癸丑	甲寅	乙卯	丙辰	丁巳	戊午

陽歷八月份　（陰歷六、七月份）

陽	**8**	2	3	4	5	6	7	8	9	10	11	12	13	14	15	16	17	18	19	20	21	22	23	24	25	26	27	28	29	30	31
陰	十三	十四	十五	十六	十七	十八	十九	廿	廿一	廿二	廿三	廿四	廿五	廿六	廿七	廿八	廿九	卅	**七**	二	三	四	五	六	七	八	九	十	十一	十二	十三
星	4	5	6	日	1	2	3	4	5	6	日	1	2	3	4	5	6	日	1	2	3	4	5	6	日	1	2	3	4	5	6
干節	己未	庚申	辛酉	壬戌	癸亥	甲子	乙丑	**立秋**	丁卯	戊辰	己巳	庚午	辛未	壬申	癸酉	甲戌	乙亥	丙子	丁丑	戊寅	己卯	庚辰	辛巳	**處暑**	癸未	甲申	乙酉	丙戌	丁亥	戊子	己丑

陽歷九月份　（陰歷七、八月份）

陽	**9**	2	3	4	5	6	7	8	9	10	11	12	13	14	15	16	17	18	19	20	21	22	23	24	25	26	27	28	29	30
陰	十四	十五	十六	十七	十八	十九	廿	廿一	廿二	廿三	廿四	廿五	廿六	廿七	廿八	廿九	卅	**八**	二	三	四	五	六	七	八	九	十	十一	十二	十三
星	日	1	2	3	4	5	6	日	1	2	3	4	5	6	日	1	2	3	4	5	6	日	1	2	3	4	5	6	日	1
干節	庚寅	辛卯	壬辰	癸巳	甲午	乙未	丙申	**白露**	戊戌	己亥	庚子	辛丑	壬寅	癸卯	甲辰	乙巳	丙午	丁未	戊申	己酉	庚戌	辛亥	壬子	**秋分**	甲寅	乙卯	丙辰	丁巳	戊午	己未

陽歷十月份　（陰歷八、九月份）

陽	**10**	2	3	4	5	6	7	8	9	10	11	12	13	14	15	16	17	18	19	20	21	22	23	24	25	26	27	28	29	30	31
陰	十四	十五	十六	十七	十八	十九	廿	廿一	廿二	廿三	廿四	廿五	廿六	廿七	廿八	廿九	**九**	二	三	四	五	六	七	八	九	十	十一	十二	十三	十四	十五
星	2	3	4	5	6	日	1	2	3	4	5	6	日	1	2	3	4	5	6	日	1	2	3	4	5	6	日	1	2	3	4
干節	庚申	辛酉	壬戌	癸亥	甲子	乙丑	丙寅	丁卯	**寒露**	己巳	庚午	辛未	壬申	癸酉	甲戌	乙亥	丙子	丁丑	戊寅	己卯	庚辰	辛巳	壬午	**霜降**	甲申	乙酉	丙戌	丁亥	戊子	己丑	庚寅

陽歷十一月份　（陰歷九、十月份）

陽	**11**	2	3	4	5	6	7	8	9	10	11	12	13	14	15	16	17	18	19	20	21	22	23	24	25	26	27	28	29	30
陰	十六	十七	十八	十九	廿	廿一	廿二	廿三	廿四	廿五	廿六	廿七	廿八	廿九	卅	**十**	二	三	四	五	六	七	八	九	十	十一	十二	十三	十四	十五
星	5	6	日	1	2	3	4	5	6	日	1	2	3	4	5	6	日	1	2	3	4	5	6	日	1	2	3	4	5	6
干節	辛卯	壬辰	癸巳	甲午	乙未	丙申	丁酉	**立冬**	己亥	庚子	辛丑	壬寅	癸卯	甲辰	乙巳	丙午	丁未	戊申	己酉	庚戌	辛亥	壬子	**小雪**	甲寅	乙卯	丙辰	丁巳	戊午	己未	庚申

陽歷十二月份　（陰歷十、十一月份）

陽	**12**	2	3	4	5	6	7	8	9	10	11	12	13	14	15	16	17	18	19	20	21	22	23	24	25	26	27	28	29	30	31
陰	十六	十七	十八	十九	廿	廿一	廿二	廿三	廿四	廿五	廿六	廿七	廿八	廿九	卅	**十一**	二	三	四	五	六	七	八	九	十	十一	十二	十三	十四	十五	十六
星	日	1	2	3	4	5	6	日	1	2	3	4	5	6	日	1	2	3	4	5	6	日	1	2	3	4	5	6	日	1	2
干節	辛酉	壬戌	癸亥	甲子	乙丑	丙寅	丁卯	**大雪**	己巳	庚午	辛未	壬申	癸酉	甲戌	乙亥	丙子	丁丑	戊寅	己卯	庚辰	辛巳	壬午	**冬至**	甲申	乙酉	丙戌	丁亥	戊子	己丑	庚寅	辛卯

陽歷一月份 (陰歷十一、十二月份)

陽	1	2	3	4	5	6	7	8	9	10	11	12	13	14	15	16	17	18	19	20	21	22	23	24	25	26	27	28	29	30	31
陰	十七	十八	十九	廿	廿一	廿二	廿三	廿四	廿五	廿六	廿七	廿八	廿九	**十二**	二	三	四	五	六	七	八	九	十	十一	十二	十三	十四	十五	十六	十七	十八
星	3	4	5	6	日	1	2	3	4	5	6	日	1	2	3	4	5	6	日	1	2	3	4	5	6	日	1	2	3	4	5
干節	壬辰	癸巳	甲午	乙未	丙申	**小寒**	戊戌	己亥	庚子	辛丑	壬寅	癸卯	甲辰	乙巳	丙午	丁未	戊申	己酉	庚戌	辛亥	**大寒**	癸丑	甲寅	乙卯	丙辰	丁巳	戊午	己未	庚申	辛酉	壬戌

陽歷二月份 (陰歷十二、正月份)

陽	2	2	3	4	5	6	7	8	9	10	11	12	13	14	15	16	17	18	19	20	21	22	23	24	25	26	27	28	29		
陰	十九	廿	廿一	廿二	廿三	廿四	廿五	廿六	廿七	廿八	廿九	卅	**正**	二	三	四	五	六	七	八	九	十	十一	十二	十三	十四	十五	十六	十七		
星	6	日	1	2	3	4	5	6	日	1	2	3	4	5	6	日	1	2	3	4	5	6	日	1	2	3	4	5	6		
干節	癸亥	甲子	乙丑	丙寅	**立春**	戊辰	己巳	庚午	辛未	壬申	癸酉	甲戌	乙亥	丙子	丁丑	戊寅	己卯	庚辰	辛巳	**雨水**	癸未	甲申	乙酉	丙戌	丁亥	戊子	己丑	庚寅	辛卯		

陽歷三月份 (陰歷正、二月份)

陽	3	2	3	4	5	6	7	8	9	10	11	12	13	14	15	16	17	18	19	20	21	22	23	24	25	26	27	28	29	30	31
陰	十八	十九	廿	廿一	廿二	廿三	廿四	廿五	廿六	廿七	廿八	廿九	**二**	二	三	四	五	六	七	八	九	十	十一	十二	十三	十四	十五	十六	十七	十八	十九
星	日	1	2	3	4	5	6	日	1	2	3	4	5	6	日	1	2	3	4	5	6	日	1	2	3	4	5	6	日	1	2
干節	壬辰	癸巳	甲午	乙未	**驚蟄**	丁酉	戊戌	己亥	庚子	辛丑	壬寅	癸卯	甲辰	乙巳	丙午	丁未	戊申	己酉	庚戌	辛亥	**春分**	癸丑	甲寅	乙卯	丙辰	丁巳	戊午	己未	庚申	辛酉	壬戌

陽歷四月份 (陰歷二、三月份)

陽	4	2	3	4	5	6	7	8	9	10	11	12	13	14	15	16	17	18	19	20	21	22	23	24	25	26	27	28	29	30	
陰	廿	廿一	廿二	廿三	廿四	廿五	廿六	廿七	廿八	廿九	**三**	二	三	四	五	六	七	八	九	十	十一	十二	十三	十四	十五	十六	十七	十八	十九	廿	
星	3	4	5	6	日	1	2	3	4	5	6	日	1	2	3	4	5	6	日	1	2	3	4	5	6	日	1	2	3	4	
干節	癸亥	甲子	乙丑	丙寅	**清明**	戊辰	己巳	庚午	辛未	壬申	癸酉	甲戌	乙亥	丙子	丁丑	戊寅	己卯	庚辰	辛巳	**穀雨**	癸未	甲申	乙酉	丙戌	丁亥	戊子	己丑	庚寅	辛卯	壬辰	

陽歷五月份 (陰歷三、四月份)

陽	5	2	3	4	5	6	7	8	9	10	11	12	13	14	15	16	17	18	19	20	21	22	23	24	25	26	27	28	29	30	31
陰	廿一	廿二	廿三	廿四	廿五	廿六	廿七	廿八	廿九	卅	**四**	二	三	四	五	六	七	八	九	十	十一	十二	十三	十四	十五	十六	十七	十八	十九	廿	廿一
星	5	6	日	1	2	3	4	5	6	日	1	2	3	4	5	6	月	1	2	3	4	5	6	日	1	2	3	4	5	6	日
干節	癸巳	甲午	乙未	丙申	丁酉	**立夏**	己亥	庚子	辛丑	壬寅	癸卯	甲辰	乙巳	丙午	丁未	戊申	己酉	庚戌	辛亥	壬子	**小滿**	甲寅	乙卯	丙辰	丁巳	戊午	己未	庚申	辛酉	壬戌	癸亥

陽歷六月份 (陰歷四、五月份)

陽	6	2	3	4	5	6	7	8	9	10	11	12	13	14	15	16	17	18	19	20	21	22	23	24	25	26	27	28	29	30	
陰	廿二	廿三	廿四	廿五	廿六	廿七	廿八	廿九	**五**	二	三	四	五	六	七	八	九	十	十一	十二	十三	十四	十五	十六	十七	十八	十九	廿	廿一	廿二	
星	1	2	3	4	5	6	日	1	2	3	4	5	6	日	1	2	3	4	5	6	日	1	2	3	4	5	6	日	1	2	
干節	甲子	乙丑	丙寅	丁卯	戊辰	**芒種**	庚午	辛未	壬申	癸酉	甲戌	乙亥	丙子	丁丑	戊寅	己卯	庚辰	辛巳	壬午	癸未	**夏至**	乙酉	丙戌	丁亥	戊子	己丑	庚寅	辛卯	壬辰	癸巳	

壬申

一八一二年

（清仁宗嘉慶一七年）

陽歷七月份　（陰歷五、六月份）

陽	7	2	3	4	5	6	7	8	9	10	11	12	13	14	15	16	17	18	19	20	21	22	23	24	25	26	27	28	29	30	31
陰	廿三	廿四	廿五	廿六	廿七	廿八	廿九	卅	六	二	三	四	五	六	七	八	九	十	十一	十二	十三	十四	十五	十六	十七	十八	十九	廿	廿一	廿二	廿三
星	3	4	5	6	日	1	2	3	4	5	6	日	1	2	3	4	5	6	日	1	2	3	4	5	6	日	1	2	3	4	5
干節	甲午	乙未	丙申	丁酉	戊戌	己亥	小暑	辛丑	壬寅	癸卯	甲辰	乙巳	丙午	丁未	戊申	己酉	庚戌	辛亥	壬子	癸丑	甲寅	乙卯	大暑	丁巳	戊午	己未	庚申	辛酉	壬戌	癸亥	甲子

陽歷八月份　（陰歷六、七月份）

陽	8	2	3	4	5	6	7	8	9	10	11	12	13	14	15	16	17	18	19	20	21	22	23	24	25	26	27	28	29	30	31
陰	廿四	廿五	廿六	廿七	廿八	廿九	七	二	三	四	五	六	七	八	九	十	十一	十二	十三	十四	十五	十六	十七	十八	十九	廿	廿一	廿二	廿三	廿四	廿五
星	6	日	1	2	3	4	5	6	日	1	2	3	4	5	6	日	1	2	3	4	5	6	日	1	2	3	4	5	6	日	1
干節	乙丑	丙寅	丁卯	戊辰	己巳	庚午	辛未	立秋	癸酉	甲戌	乙亥	丙子	丁丑	戊寅	己卯	庚辰	辛巳	壬午	癸未	甲申	乙酉	丙戌	處暑	戊子	己丑	庚寅	辛卯	壬辰	癸巳	甲午	乙未

陽歷九月份　（陰歷七、八月份）

陽	9	2	3	4	5	6	7	8	9	10	11	12	13	14	15	16	17	18	19	20	21	22	23	24	25	26	27	28	29	30
陰	廿六	廿七	廿八	廿九	卅	八	二	三	四	五	六	七	八	九	十	十一	十二	十三	十四	十五	十六	十七	十八	十九	廿	廿一	廿二	廿三	廿四	廿五
星	2	3	4	5	6	日	1	2	3	4	5	6	日	1	2	3	4	5	6	日	1	2	3	4	5	6	日	1	2	3
干節	丙申	丁酉	戊戌	己亥	庚子	辛丑	壬寅	白露	甲辰	乙巳	丙午	丁未	戊申	己酉	庚戌	辛亥	壬子	癸丑	甲寅	乙卯	丙辰	丁巳	秋分	己未	庚申	辛酉	壬戌	癸亥	甲子	乙丑

陽歷十月份　（陰歷八、九月份）

陽	10	2	3	4	5	6	7	8	9	10	11	12	13	14	15	16	17	18	19	20	21	22	23	24	25	26	27	28	29	30	31
陰	廿六	廿七	廿八	廿九	九	二	三	四	五	六	七	八	九	十	十一	十二	十三	十四	十五	十六	十七	十八	十九	廿	廿一	廿二	廿三	廿四	廿五	廿六	廿七
星	4	5	6	日	1	2	3	4	5	6	日	1	2	3	4	5	6	日	1	2	3	4	5	6	日	1	2	3	4	5	6
干節	丙寅	丁卯	戊辰	己巳	庚午	辛未	壬申	寒露	甲戌	乙亥	丙子	丁丑	戊寅	己卯	庚辰	辛巳	壬午	癸未	甲申	乙酉	丙戌	丁亥	霜降	己丑	庚寅	辛卯	壬辰	癸巳	甲午	乙未	丙申

陽歷十一月份　（陰歷九、十月份）

陽	11	2	3	4	5	6	7	8	9	10	11	12	13	14	15	16	17	18	19	20	21	22	23	24	25	26	27	28	29	30
陰	廿八	廿九	卅	十	二	三	四	五	六	七	八	九	十	十一	十二	十三	十四	十五	十六	十七	十八	十九	廿	廿一	廿二	廿三	廿四	廿五	廿六	廿七
星	日	1	2	3	4	5	6	日	1	2	3	4	5	6	日	1	2	3	4	5	6	日	1	2	3	4	5	6	日	1
干節	丁酉	戊戌	己亥	庚子	辛丑	壬寅	立冬	甲辰	乙巳	丙午	丁未	戊申	己酉	庚戌	辛亥	壬子	癸丑	甲寅	乙卯	丙辰	丁巳	小雪	己未	庚申	辛酉	壬戌	癸亥	甲子	乙丑	丙寅

陽歷十二月份　（陰歷十、十一月份）

陽	12	2	3	4	5	6	7	8	9	10	11	12	13	14	15	16	17	18	19	20	21	22	23	24	25	26	27	28	29	30	31
陰	廿八	廿九	卅	十一	二	三	四	五	六	七	八	九	十	十一	十二	十三	十四	十五	十六	十七	十八	十九	廿	廿一	廿二	廿三	廿四	廿五	廿六	廿七	廿八
星	2	3	4	5	6	日	1	2	3	4	5	6	日	1	2	3	4	5	6	日	1	2	3	4	5	6	日	1	2	3	4
干節	丁卯	戊辰	己巳	庚午	辛未	壬申	大雪	甲戌	乙亥	丙子	丁丑	戊寅	己卯	庚辰	辛巳	壬午	癸未	甲申	乙酉	丙戌	丁亥	冬至	己丑	庚寅	辛卯	壬辰	癸巳	甲午	乙未	丙申	丁酉

癸酉　一八一三年　（清仁宗嘉慶一八年）

陽歷一月份　（陰歷十一、十二月份）

陽	1	2	3	4	5	6	7	8	9	10	11	12	13	14	15	16	17	18	19	20	21	22	23	24	25	26	27	28	29	30	31
陰	廿九	卅	臘	二	三	四	五	六	七	八	九	十	十一	十二	十三	十四	十五	十六	十七	十八	十九	廿	廿一	廿二	廿三	廿四	廿五	廿六	廿七	廿八	廿九
星	5	6	日	1	2	3	4	5	6	日	1	2	3	4	5	6	日	1	2	3	4	5	6	日	1	2	3	4	5	6	日
干節	戊戌	己亥	庚子	辛丑	小寒	癸卯	甲辰	乙巳	丙午	丁未	戊申	己酉	庚戌	辛亥	壬子	癸丑	甲寅	乙卯	丙辰	大寒	戊午	己未	庚申	辛酉	壬戌	癸亥	甲子	乙丑	丙寅	丁卯	戊辰

陽歷二月份　（陰歷正月份）

陽	2	2	3	4	5	6	7	8	9	10	11	12	13	14	15	16	17	18	19	20	21	22	23	24	25	26	27	28
陰	正	二	三	四	五	六	七	八	九	十	十一	十二	十三	十四	十五	十六	十七	十八	十九	廿	廿一	廿二	廿三	廿四	廿五	廿六	廿七	廿八
星	1	2	3	4	5	6	日	1	2	3	4	5	6	日	1	2	3	4	5	6	日	1	2	3	4	5	6	日
干節	己巳	庚午	辛未	立春	癸酉	甲戌	乙亥	丙子	丁丑	戊寅	己卯	庚辰	辛巳	壬午	癸未	甲申	乙酉	丙戌	雨水	戊子	己丑	庚寅	辛卯	壬辰	癸巳	甲午	乙未	丙申

陽歷三月份　（陰歷正、二月份）

陽	3	2	3	4	5	6	7	8	9	10	11	12	13	14	15	16	17	18	19	20	21	22	23	24	25	26	27	28	29	30	31
陰	廿九	卅	二	二	三	四	五	六	七	八	九	十	十一	十二	十三	十四	十五	十六	十七	十八	十九	廿	廿一	廿二	廿三	廿四	廿五	廿六	廿七	廿八	廿九
星	1	2	3	4	5	6	日	1	2	3	4	5	6	日	1	2	3	4	5	6	日	1	2	3	4	5	6	日	1	2	3
干節	丁酉	戊戌	己亥	庚子	辛丑	驚蟄	癸卯	甲辰	乙巳	丙午	丁未	戊申	己酉	庚戌	辛亥	壬子	癸丑	甲寅	乙卯	丙辰	春分	戊午	己未	庚申	辛酉	壬戌	癸亥	甲子	乙丑	丙寅	丁卯

陽歷四月份　（陰歷三月份）

陽	4	2	3	4	5	6	7	8	9	10	11	12	13	14	15	16	17	18	19	20	21	22	23	24	25	26	27	28	29	30
陰	三	二	三	四	五	六	七	八	九	十	十一	十二	十三	十四	十五	十六	十七	十八	十九	廿	廿一	廿二	廿三	廿四	廿五	廿六	廿七	廿八	廿九	卅
星	4	5	6	日	1	2	3	4	5	6	日	1	2	3	4	5	6	日	1	2	3	4	5	6	日	1	2	3	4	5
干節	戊辰	己巳	庚午	辛未	清明	癸酉	甲戌	乙亥	丙子	丁丑	戊寅	己卯	庚辰	辛巳	壬午	癸未	甲申	乙酉	丙戌	穀雨	戊子	己丑	庚寅	辛卯	壬辰	癸巳	甲午	乙未	丙申	丁酉

陽歷五月份　（陰歷四、五月份）

陽	5	2	3	4	5	6	7	8	9	10	11	12	13	14	15	16	17	18	19	20	21	22	23	24	25	26	27	28	29	30	31
陰	四	二	三	四	五	六	七	八	九	十	十一	十二	十三	十四	十五	十六	十七	十八	十九	廿	廿一	廿二	廿三	廿四	廿五	廿六	廿七	廿八	廿九	五	二
星	6	日	1	2	3	4	5	6	日	1	2	3	4	5	6	日	1	2	3	4	5	6	日	1	2	3	4	5	6	日	1
干節	戊戌	己亥	庚子	辛丑	壬寅	立夏	甲辰	乙巳	丙午	丁未	戊申	己酉	庚戌	辛亥	壬子	癸丑	甲寅	乙卯	丙辰	丁巳	小滿	己未	庚申	辛酉	壬戌	癸亥	甲子	乙丑	丙寅	丁卯	戊辰

陽歷六月份　（陰歷五、六月份）

陽	6	2	3	4	5	6	7	8	9	10	11	12	13	14	15	16	17	18	19	20	21	22	23	24	25	26	27	28	29	30
陰	三	四	五	六	七	八	九	十	十一	十二	十三	十四	十五	十六	十七	十八	十九	廿	廿一	廿二	廿三	廿四	廿五	廿六	廿七	廿八	廿九	六	二	三
星	2	3	4	5	6	日	1	2	3	4	5	6	日	1	2	3	4	5	6	日	1	2	3	4	5	6	日	1	2	3
干節	己巳	庚午	辛未	壬申	癸酉	芒種	乙亥	丙子	丁丑	戊寅	己卯	庚辰	辛巳	壬午	癸未	甲申	乙酉	丙戌	丁亥	戊子	己丑	夏至	辛卯	壬辰	癸巳	甲午	乙未	丙申	丁酉	戊戌

癸酉　一八一三年　（清仁宗嘉慶一八年）

陽歷七月份　（陰歷六、七月份）

陽	**7**	2	3	4	5	6	7	8	9	10	11	12	13	14	15	16	17	18	19	20	21	22	23	24	25	26	27	28	29	30	31
陰	四	五	六	七	八	九	十	十一	十二	十三	十四	十五	十六	十七	十八	十九	廿	廿一	廿二	廿三	廿四	廿五	廿六	廿七	廿八	廿九	**七**	二	三	四	五
星	4	5	6	日	1	2	3	4	5	6	日	1	2	3	4	5	6	日	1	2	3	4	5	6	日	1	2	3	4	5	6
干節	己亥	庚子	辛丑	壬寅	癸卯	甲辰	**小暑**	丙午	丁未	戊申	己酉	庚戌	辛亥	壬子	癸丑	甲寅	乙卯	丙辰	丁巳	戊午	己未	庚申	**大暑**	壬戌	癸亥	甲子	乙丑	丙寅	丁卯	戊辰	己巳

陽歷八月份　（陰歷七、八月份）

陽	**8**	2	3	4	5	6	7	8	9	10	11	12	13	14	15	16	17	18	19	20	21	22	23	24	25	26	27	28	29	30	31
陰	六	七	八	九	十	十一	十二	十三	十四	十五	十六	十七	十八	十九	廿	廿一	廿二	廿三	廿四	廿五	廿六	廿七	廿八	廿九	卅	**八**	二	三	四	五	六
星	日	1	2	3	4	5	6	日	1	2	3	4	5	6	日	1	2	3	4	5	6	日	1	2	3	4	5	6	日	1	2
干節	庚午	辛未	壬申	癸酉	甲戌	乙亥	丙子	**立秋**	戊寅	己卯	庚辰	辛巳	壬午	癸未	甲申	乙酉	丙戌	丁亥	戊子	己丑	庚寅	辛卯	**處暑**	癸巳	甲午	乙未	丙申	丁酉	戊戌	己亥	庚子

陽歷九月份　（陰歷八、九月份）

陽	**9**	2	3	4	5	6	7	8	9	10	11	12	13	14	15	16	17	18	19	20	21	22	23	24	25	26	27	28	29	30
陰	七	八	九	十	十一	十二	十三	十四	十五	十六	十七	十八	十九	廿	廿一	廿二	廿三	廿四	廿五	廿六	廿七	廿八	廿九	**九**	二	三	四	五	六	七
星	3	4	5	6	日	1	2	3	4	5	6	日	1	2	3	4	5	6	日	1	2	3	4	5	6	日	1	2	3	4
干節	辛丑	壬寅	癸卯	甲辰	乙巳	丙午	丁未	**白露**	己酉	庚戌	辛亥	壬子	癸丑	甲寅	乙卯	丙辰	丁巳	戊午	己未	庚申	辛酉	壬戌	**秋分**	甲子	乙丑	丙寅	丁卯	戊辰	己巳	庚午

陽歷十月份　（陰歷九、十月份）

陽	**10**	2	3	4	5	6	7	8	9	10	11	12	13	14	15	16	17	18	19	20	21	22	23	24	25	26	27	28	29	30	31
陰	八	九	十	十一	十二	十三	十四	十五	十六	十七	十八	十九	廿	廿一	廿二	廿三	廿四	廿五	廿六	廿七	廿八	廿九	卅	**十**	二	三	四	五	六	七	八
星	5	6	日	1	2	3	4	5	6	日	1	2	3	4	5	6	日	1	2	3	4	5	6	日	1	2	3	4	5	6	日
干節	辛未	壬申	癸酉	甲戌	乙亥	丙子	丁丑	戊寅	**寒露**	庚辰	辛巳	壬午	癸未	甲申	乙酉	丙戌	丁亥	戊子	己丑	庚寅	辛卯	壬辰	癸巳	**霜降**	乙未	丙申	丁酉	戊戌	己亥	庚子	辛丑

陽歷十一月份　（陰歷十、十一月份）

陽	**11**	2	3	4	5	6	7	8	9	10	11	12	13	14	15	16	17	18	19	20	21	22	23	24	25	26	27	28	29	30
陰	九	十	十一	十二	十三	十四	十五	十六	十七	十八	十九	廿	廿一	廿二	廿三	廿四	廿五	廿六	廿七	廿八	廿九	卅	**十一**	二	三	四	五	六	七	八
星	1	2	3	4	5	6	日	1	2	3	4	5	6	日	1	2	3	4	5	6	日	1	2	3	4	5	6	日	1	2
干節	壬寅	癸卯	甲辰	乙巳	丙午	丁未	戊申	**立冬**	庚戌	辛亥	壬子	癸丑	甲寅	乙卯	丙辰	丁巳	戊午	己未	庚申	辛酉	壬戌	**小雪**	甲子	乙丑	丙寅	丁卯	戊辰	己巳	庚午	辛未

陽歷十二月份　（陰歷十一、十二月份）

陽	**12**	2	3	4	5	6	7	8	9	10	11	12	13	14	15	16	17	18	19	20	21	22	23	24	25	26	27	28	29	30	31
陰	九	十	十一	十二	十三	十四	十五	十六	十七	十八	十九	廿	廿一	廿二	廿三	廿四	廿五	廿六	廿七	廿八	廿九	卅	**十二**	二	三	四	五	六	七	八	九
星	3	4	5	6	日	1	2	3	4	5	6	日	1	2	3	4	5	6	日	1	2	3	4	5	6	日	1	2	3	4	5
干節	壬申	癸酉	甲戌	乙亥	丙子	丁丑	**大雪**	己卯	庚辰	辛巳	壬午	癸未	甲申	乙酉	丙戌	丁亥	戊子	己丑	庚寅	辛卯	壬辰	**冬至**	甲午	乙未	丙申	丁酉	戊戌	己亥	庚子	辛丑	壬寅

近世中西史日對照表

甲戌　一八一四年　（清仁宗嘉慶一九年）

陽歷 一月份　（陰歷十二、正月份）

陽	1	2	3	4	5	6	7	8	9	10	11	12	13	14	15	16	17	18	19	20	21	22	23	24	25	26	27	28	29	30	31
陰	十	十一	十二	十三	十四	十五	十六	十七	十八	十九	廿	廿一	廿二	廿三	廿四	廿五	廿六	廿七	廿八	廿九	正	二	三	四	五	六	七	八	九	十	十一
星	6	日	1	2	3	4	5	6	日	1	2	3	4	5	6	日	1	2	3	4	5	6	日	1	2	3	4	5	6	日	1
干節	癸卯	甲辰	乙巳	丙午	丁未	小寒	己酉	庚戌	辛亥	壬子	癸丑	甲寅	乙卯	丙辰	丁巳	戊午	己未	庚申	辛酉	大寒	癸亥	甲子	乙丑	丙寅	丁卯	戊辰	己巳	庚午	辛未	壬申	癸酉

陽歷 二月份　（陰歷正、二月份）

陽	1	2	3	4	5	6	7	8	9	10	11	12	13	14	15	16	17	18	19	20	21	22	23	24	25	26	27	28			
陰	十二	十三	十四	十五	十六	十七	十八	十九	廿	廿一	廿二	廿三	廿四	廿五	廿六	廿七	廿八	廿九	卅	二	二	三	四	五	六	七	八	九			
星	2	3	4	5	6	日	1	2	3	4	5	6	日	1	2	3	4	5	6	日	1	2	3	4	5	6	日	1			
干節	甲戌	乙亥	丙子	立春	戊寅	己卯	庚辰	辛巳	壬午	癸未	甲申	乙酉	丙戌	丁亥	戊子	己丑	庚寅	辛卯	雨水	癸巳	甲午	乙未	丙申	丁酉	戊戌	己亥	庚子	辛丑			

陽歷 三月份　（陰歷二、閏二月份）

陽	1	2	3	4	5	6	7	8	9	10	11	12	13	14	15	16	17	18	19	20	21	22	23	24	25	26	27	28	29	30	31
陰	十	十一	十二	十三	十四	十五	十六	十七	十八	十九	廿	廿一	廿二	廿三	廿四	廿五	廿六	廿七	廿八	廿九	卅	閏	二	三	四	五	六	七	八	九	十
星	2	3	4	5	6	日	1	2	3	4	5	6	日	1	2	3	4	5	6	日	1	2	3	4	5	6	日	1	2	3	4
干節	壬寅	癸卯	甲辰	乙巳	丙午	驚蟄	戊申	己酉	庚戌	辛亥	壬子	癸丑	甲寅	乙卯	丙辰	丁巳	戊午	己未	庚申	辛酉	春分	癸亥	甲子	乙丑	丙寅	丁卯	戊辰	己巳	庚午	辛未	壬申

陽歷 四月份　（陰歷閏二、三月份）

陽	1	2	3	4	5	6	7	8	9	10	11	12	13	14	15	16	17	18	19	20	21	22	23	24	25	26	27	28	29	30	
陰	十一	十二	十三	十四	十五	十六	十七	十八	十九	廿	廿一	廿二	廿三	廿四	廿五	廿六	廿七	廿八	廿九	三	二	三	四	五	六	七	八	九	十	十一	
星	5	6	日	1	2	3	4	5	6	日	1	2	3	4	5	6	日	1	2	3	4	5	6	日	1	2	3	4	5	6	
干節	癸酉	甲戌	乙亥	丙子	清明	戊寅	己卯	庚辰	辛巳	壬午	癸未	甲申	乙酉	丙戌	丁亥	戊子	己丑	庚寅	辛卯	壬辰	穀雨	甲午	乙未	丙申	丁酉	戊戌	己亥	庚子	辛丑	壬寅	

陽歷 五月份　（陰歷三、四月份）

陽	1	2	3	4	5	6	7	8	9	10	11	12	13	14	15	16	17	18	19	20	21	22	23	24	25	26	27	28	29	30	31
陰	十二	十三	十四	十五	十六	十七	十八	十九	廿	廿一	廿二	廿三	廿四	廿五	廿六	廿七	廿八	廿九	卅	四	二	三	四	五	六	七	八	九	十	十一	十二
星	日	1	2	3	4	5	6	日	1	2	3	4	5	6	日	1	2	3	4	5	6	日	1	2	3	4	5	6	日	1	2
干節	癸卯	甲辰	乙巳	丙午	丁未	立夏	己酉	庚戌	辛亥	壬子	癸丑	甲寅	乙卯	丙辰	丁巳	戊午	己未	庚申	辛酉	壬戌	癸亥	小滿	乙丑	丙寅	丁卯	戊辰	己巳	庚午	辛未	壬申	癸酉

陽歷 六月份　（陰歷四、五月份）

陽	1	2	3	4	5	6	7	8	9	10	11	12	13	14	15	16	17	18	19	20	21	22	23	24	25	26	27	28	29	30	
陰	十三	十四	十五	十六	十七	十八	十九	廿	廿一	廿二	廿三	廿四	廿五	廿六	廿七	廿八	廿九	五	二	三	四	五	六	七	八	九	十	十一	十二	十三	
星	3	4	5	6	日	1	2	3	4	5	6	日	1	2	3	4	5	6	日	1	2	3	4	5	6	日	1	2	3	4	
干節	甲戌	乙亥	丙子	丁丑	戊寅	芒種	庚辰	辛巳	壬午	癸未	甲申	乙酉	丙戌	丁亥	戊子	己丑	庚寅	辛卯	壬辰	癸巳	甲午	夏至	丙申	丁酉	戊戌	己亥	庚子	辛丑	壬寅	癸卯	

甲戌

一八一四年

（清仁宗嘉慶一九年）

陽歷七月份　（陰歷五、六月份）

陽	7	2	3	4	5	6	7	8	9	10	11	12	13	14	15	16	17	18	19	20	21	22	23	24	25	26	27	28	29	30	31
陰	十四	十五	十六	十七	十八	十九	廿	廿一	廿二	廿三	廿四	廿五	廿六	廿七	廿八	廿九	六	二	三	四	五	六	七	八	九	十	十一	十二	十三	十四	十五
星	5	6	日	1	2	3	4	5	6	日	1	2	3	4	5	6	日	1	2	3	4	5	6	日	1	2	3	4	5	6	日
干節	甲辰	乙巳	丙午	丁未	戊申	己酉	庚戌	小暑	壬子	癸丑	甲寅	乙卯	丙辰	丁巳	戊午	己未	庚申	辛酉	壬戌	癸亥	甲子	乙丑	大暑	丁卯	戊辰	己巳	庚午	辛未	壬申	癸酉	甲戌

陽歷八月份　（陰歷六、七月份）

陽	8	2	3	4	5	6	7	8	9	10	11	12	13	14	15	16	17	18	19	20	21	22	23	24	25	26	27	28	29	30	31
陰	十六	十七	十八	十九	廿	廿一	廿二	廿三	廿四	廿五	廿六	廿七	廿八	廿九	七	二	三	四	五	六	七	八	九	十	十一	十二	十三	十四	十五	十六	十七
星	1	2	3	4	5	6	日	1	2	3	4	5	6	日	1	2	3	4	5	6	日	1	2	3	4	5	6	日	1	2	3
干節	乙亥	丙子	丁丑	戊寅	己卯	庚辰	辛巳	立秋	癸未	甲申	乙酉	丙戌	丁亥	戊子	己丑	庚寅	辛卯	壬辰	癸巳	甲午	乙未	丙申	丁酉	處暑	己亥	庚子	辛丑	壬寅	癸卯	甲辰	乙巳

陽歷九月份　（陰歷七、八月份）

陽	9	2	3	4	5	6	7	8	9	10	11	12	13	14	15	16	17	18	19	20	21	22	23	24	25	26	27	28	29	30
陰	十八	十九	廿	廿一	廿二	廿三	廿四	廿五	廿六	廿七	廿八	廿九	卅	八	二	三	四	五	六	七	八	九	十	十一	十二	十三	十四	十五	十六	十七
星	4	5	6	日	1	2	3	4	5	6	日	1	2	3	4	5	6	日	1	2	3	4	5	6	日	1	2	3	4	5
干節	丙午	丁未	戊申	己酉	庚戌	辛亥	壬子	白露	甲寅	乙卯	丙辰	丁巳	戊午	己未	庚申	辛酉	壬戌	癸亥	甲子	乙丑	丙寅	丁卯	戊辰	秋分	庚午	辛未	壬申	癸酉	甲戌	乙亥

陽歷十月份　（陰歷八、九月份）

陽	10	2	3	4	5	6	7	8	9	10	11	12	13	14	15	16	17	18	19	20	21	22	23	24	25	26	27	28	29	30	31
陰	十八	十九	廿	廿一	廿二	廿三	廿四	廿五	廿六	廿七	廿八	廿九	九	二	三	四	五	六	七	八	九	十	十一	十二	十三	十四	十五	十六	十七	十八	十九
星	6	日	1	2	3	4	5	6	日	1	2	3	4	5	6	日	1	2	3	4	5	6	日	1	2	3	4	5	6	日	1
干節	丙子	丁丑	戊寅	己卯	庚辰	辛巳	壬午	癸未	寒露	乙酉	丙戌	丁亥	戊子	己丑	庚寅	辛卯	壬辰	癸巳	甲午	乙未	丙申	丁酉	戊戌	霜降	庚子	辛丑	壬寅	癸卯	甲辰	乙巳	丙午

陽歷十一月份　（陰歷九、十月份）

陽	11	2	3	4	5	6	7	8	9	10	11	12	13	14	15	16	17	18	19	20	21	22	23	24	25	26	27	28	29	30
陰	廿	廿一	廿二	廿三	廿四	廿五	廿六	廿七	廿八	廿九	卅	十	二	三	四	五	六	七	八	九	十	十一	十二	十三	十四	十五	十六	十七	十八	十九
星	2	3	4	5	6	日	1	2	3	4	5	6	日	1	2	3	4	5	6	日	1	2	3	4	5	6	日	1	2	3
干節	丁未	戊申	己酉	庚戌	辛亥	壬子	癸丑	立冬	乙卯	丙辰	丁巳	戊午	己未	庚申	辛酉	壬戌	癸亥	甲子	乙丑	丙寅	丁卯	戊辰	小雪	庚午	辛未	壬申	癸酉	甲戌	乙亥	丙子

陽歷十二月份　（陰歷十、十一月份）

陽	12	2	3	4	5	6	7	8	9	10	11	12	13	14	15	16	17	18	19	20	21	22	23	24	25	26	27	28	29	30	31
陰	廿	廿一	廿二	廿三	廿四	廿五	廿六	廿七	廿八	廿九	卅	十一	二	三	四	五	六	七	八	九	十	十一	十二	十三	十四	十五	十六	十七	十八	十九	廿
星	4	5	6	日	1	2	3	4	5	6	日	1	2	3	4	5	6	日	1	2	3	4	5	6	日	1	2	3	4	5	6
干節	丁丑	戊寅	己卯	庚辰	辛巳	壬午	癸未	大雪	乙酉	丙戌	丁亥	戊子	己丑	庚寅	辛卯	壬辰	癸巳	甲午	乙未	丙申	丁酉	冬至	己亥	庚子	辛丑	壬寅	癸卯	甲辰	乙巳	丙午	丁未

近世中西史日對照表

陽歷 一 月份　　(陰歷十一、十二月份)

陽	1	2	3	4	5	6	7	8	9	10	11	12	13	14	15	16	17	18	19	20	21	22	23	24	25	26	27	28	29	30	31
陰	廿一	廿二	廿三	廿四	廿五	廿六	廿七	廿八	廿九	十二	二	三	四	五	六	七	八	九	十	十一	十二	十三	十四	十五	十六	十七	十八	十九	廿	廿一	廿二
星	日	1	2	3	4	5	6	日	1	2	3	4	5	6	日	1	2	3	4	5	6	日	1	2	3	4	5	6	日	1	2
干節	戊申	己酉	庚戌	辛亥	壬子	小寒	甲寅	乙卯	丙辰	丁巳	戊午	己未	庚申	辛酉	壬戌	癸亥	甲子	乙丑	丙寅	丁卯	大寒	己巳	庚午	辛未	壬申	癸酉	甲戌	乙亥	丙子	丁丑	戊寅

陽歷 二 月份　　(陰歷十二、正月份)

陽	2	2	3	4	5	6	7	8	9	10	11	12	13	14	15	16	17	18	19	20	21	22	23	24	25	26	27	28
陰	廿三	廿四	廿五	廿六	廿七	廿八	廿九	卅	正	二	三	四	五	六	七	八	九	十	十一	十二	十三	十四	十五	十六	十七	十八	十九	廿
星	3	4	5	6	日	1	2	3	4	5	6	日	1	2	3	4	5	6	日	1	2	3	4	5	6	日	1	2
干節	己卯	庚辰	辛巳	立春	癸未	甲申	乙酉	丙戌	丁亥	戊子	己丑	庚寅	辛卯	壬辰	癸巳	甲午	乙未	丙申	雨水	戊戌	己亥	庚子	辛丑	壬寅	癸卯	甲辰	乙巳	丙午

陽歷 三 月份　　(陰歷正、二月份)

陽	3	2	3	4	5	6	7	8	9	10	11	12	13	14	15	16	17	18	19	20	21	22	23	24	25	26	27	28	29	30	31
陰	廿一	廿二	廿三	廿四	廿五	廿六	廿七	廿八	廿九	卅	二	二	三	四	五	六	七	八	九	十	十一	十二	十三	十四	十五	十六	十七	十八	十九	廿	廿一
星	3	4	5	6	日	1	2	3	4	5	6	日	1	2	3	4	5	6	日	1	2	3	4	5	6	日	1	2	3	4	5
干節	丁未	戊申	己酉	庚戌	辛亥	驚蟄	癸丑	甲寅	乙卯	丙辰	丁巳	戊午	己未	庚申	辛酉	壬戌	癸亥	甲子	乙丑	丙寅	春分	戊辰	己巳	庚午	辛未	壬申	癸酉	甲戌	乙亥	丙子	丁丑

陽歷 四 月份　　(陰歷二、三月份)

陽	4	2	3	4	5	6	7	8	9	10	11	12	13	14	15	16	17	18	19	20	21	22	23	24	25	26	27	28	29	30
陰	廿二	廿三	廿四	廿五	廿六	廿七	廿八	廿九	卅	三	二	三	四	五	六	七	八	九	十	十一	十二	十三	十四	十五	十六	十七	十八	十九	廿	廿一
星	6	日	1	2	3	4	5	6	日	1	2	3	4	5	6	日	1	2	3	4	5	6	日	1	2	3	4	5	6	日
干節	戊寅	己卯	庚辰	辛巳	清明	癸未	甲申	乙酉	丙戌	丁亥	戊子	己丑	庚寅	辛卯	壬辰	癸巳	甲午	乙未	丙申	丁酉	穀雨	己亥	庚子	辛丑	壬寅	癸卯	甲辰	乙巳	丙午	丁未

陽歷 五 月份　　(陰歷三、四月份)

陽	5	2	3	4	5	6	7	8	9	10	11	12	13	14	15	16	17	18	19	20	21	22	23	24	25	26	27	28	29	30	31
陰	廿二	廿三	廿四	廿五	廿六	廿七	廿八	廿九	四	二	三	四	五	六	七	八	九	十	十一	十二	十三	十四	十五	十六	十七	十八	十九	廿	廿一	廿二	廿三
星	1	2	3	4	5	6	日	1	2	3	4	5	6	日	1	2	3	4	5	6	日	1	2	3	4	5	6	日	1	2	3
干節	戊申	己酉	庚戌	辛亥	壬子	立夏	甲寅	乙卯	丙辰	丁巳	戊午	己未	庚申	辛酉	壬戌	癸亥	甲子	乙丑	丙寅	丁卯	戊辰	小滿	庚午	辛未	壬申	癸酉	甲戌	乙亥	丙子	丁丑	戊寅

陽歷 六 月份　　(陰歷四、五月份)

陽	6	2	3	4	5	6	7	8	9	10	11	12	13	14	15	16	17	18	19	20	21	22	23	24	25	26	27	28	29	30
陰	廿四	廿五	廿六	廿七	廿八	廿九	五	二	三	四	五	六	七	八	九	十	十一	十二	十三	十四	十五	十六	十七	十八	十九	廿	廿一	廿二	廿三	廿四
星	4	5	6	日	1	2	3	4	5	6	日	1	2	3	4	5	6	日	1	2	3	4	5	6	日	1	2	3	4	5
干節	己卯	庚辰	辛巳	壬午	癸未	芒種	乙酉	丙戌	丁亥	戊子	己丑	庚寅	辛卯	壬辰	癸巳	甲午	乙未	丙申	丁酉	戊戌	己亥	夏至	辛丑	壬寅	癸卯	甲辰	乙巳	丙午	丁未	戊申

乙亥　一八一五年　(清仁宗嘉慶二〇年)

乙亥　一八一五年　（清仁宗嘉慶二〇年）

陽曆七月份　（陰曆五、六月份）

陽	7	2	3	4	5	6	7	8	9	10	11	12	13	14	15	16	17	18	19	20	21	22	23	24	25	26	27	28	29	30	31
陰	廿五	廿六	廿七	廿八	廿九	卅	六	二	三	四	五	六	七	八	九	十	十一	十二	十三	十四	十五	十六	十七	十八	十九	廿	廿一	廿二	廿三	廿四	廿五
星	6	日	1	2	3	4	5	6	日	1	2	3	4	5	6	日	1	2	3	4	5	6	日	1	2	3	4	5	6	日	1
干節	己酉	庚戌	辛亥	壬子	癸丑	甲寅	乙卯	小暑	丁巳	戊午	己未	庚申	辛酉	壬戌	癸亥	甲子	乙丑	丙寅	丁卯	戊辰	己巳	庚午	辛未	大暑	癸酉	甲戌	乙亥	丙子	丁丑	戊寅	己卯

陽曆八月份　（陰曆六、七月份）

陽	8	2	3	4	5	6	7	8	9	10	11	12	13	14	15	16	17	18	19	20	21	22	23	24	25	26	27	28	29	30	31
陰	廿六	廿七	廿八	廿九	七	二	三	四	五	六	七	八	九	十	十一	十二	十三	十四	十五	十六	十七	十八	十九	廿	廿一	廿二	廿三	廿四	廿五	廿六	廿七
星	2	3	4	5	6	日	1	2	3	4	5	6	日	1	2	3	4	5	6	日	1	2	3	4	5	6	日	1	2	3	4
干節	庚辰	辛巳	壬午	癸未	甲申	乙酉	丙戌	立秋	戊子	己丑	庚寅	辛卯	壬辰	癸巳	甲午	乙未	丙申	丁酉	戊戌	己亥	庚子	辛丑	壬寅	處暑	甲辰	乙巳	丙午	丁未	戊申	己酉	庚戌

陽曆九月份　（陰曆七、八月份）

陽	9	2	3	4	5	6	7	8	9	10	11	12	13	14	15	16	17	18	19	20	21	22	23	24	25	26	27	28	29	30	
陰	廿八	廿九	八	二	三	四	五	六	七	八	九	十	十一	十二	十三	十四	十五	十六	十七	十八	十九	廿	廿一	廿二	廿三	廿四	廿五	廿六	廿七	廿八	
星	5	6	日	1	2	3	4	5	6	日	1	2	3	4	5	6	日	1	2	3	4	5	6	日	1	2	3	4	5	6	
干節	辛亥	壬子	癸丑	甲寅	乙卯	丙辰	丁巳	白露	己未	庚申	辛酉	壬戌	癸亥	甲子	乙丑	丙寅	丁卯	戊辰	己巳	庚午	辛未	壬申	癸酉	秋分	乙亥	丙子	丁丑	戊寅	己卯	庚辰	

陽曆十月份　（陰曆八、九月份）

陽	10	2	3	4	5	6	7	8	9	10	11	12	13	14	15	16	17	18	19	20	21	22	23	24	25	26	27	28	29	30	31
陰	廿九	卅	九	二	三	四	五	六	七	八	九	十	十一	十二	十三	十四	十五	十六	十七	十八	十九	廿	廿一	廿二	廿三	廿四	廿五	廿六	廿七	廿八	廿九
星	日	1	2	3	4	5	6	日	1	2	3	4	5	6	日	1	2	3	4	5	6	日	1	2	3	4	5	6	日	1	2
干節	辛巳	壬午	癸未	甲申	乙酉	丙戌	丁亥	戊子	寒露	庚寅	辛卯	壬辰	癸巳	甲午	乙未	丙申	丁酉	戊戌	己亥	庚子	辛丑	壬寅	癸卯	霜降	乙巳	丙午	丁未	戊申	己酉	庚戌	辛亥

陽曆十一月份　（陰曆十月份）

陽	11	2	3	4	5	6	7	8	9	10	11	12	13	14	15	16	17	18	19	20	21	22	23	24	25	26	27	28	29	30	
陰	十	二	三	四	五	六	七	八	九	十	十一	十二	十三	十四	十五	十六	十七	十八	十九	廿	廿一	廿二	廿三	廿四	廿五	廿六	廿七	廿八	廿九	卅	
星	3	4	5	6	日	1	2	3	4	5	6	日	1	2	3	4	5	6	日	1	2	3	4	5	6	日	1	2	3	4	
干節	壬子	癸丑	甲寅	乙卯	丙辰	丁巳	戊午	立冬	庚申	辛酉	壬戌	癸亥	甲子	乙丑	丙寅	丁卯	戊辰	己巳	庚午	辛未	壬申	癸酉	小雪	乙亥	丙子	丁丑	戊寅	己卯	庚辰	辛巳	

陽曆十二月份　（陰曆十一、十二月份）

陽	12	2	3	4	5	6	7	8	9	10	11	12	13	14	15	16	17	18	19	20	21	22	23	24	25	26	27	28	29	30	31
陰	十一	二	三	四	五	六	七	八	九	十	十一	十二	十三	十四	十五	十六	十七	十八	十九	廿	廿一	廿二	廿三	廿四	廿五	廿六	廿七	廿八	廿九	十二	二
星	5	6	日	1	2	3	4	5	6	日	1	2	3	4	5	6	日	1	2	3	4	5	6	日	1	2	3	4	5	6	日
干節	壬午	癸未	甲申	乙酉	丙戌	丁亥	戊子	大雪	庚寅	辛卯	壬辰	癸巳	甲午	乙未	丙申	丁酉	戊戌	己亥	庚子	辛丑	壬寅	冬至	甲辰	乙巳	丙午	丁未	戊申	己酉	庚戌	辛亥	壬子

近世中西史日對照表

陽歷 一 月份　　(陰歷十二、正月份)

陽	**1**	2	3	4	5	6	7	8	9	10	11	12	13	14	15	16	17	18	19	20	21	22	23	24	25	26	27	28	29	30	31
陰	三	四	五	六	七	八	九	十	十一	十二	十三	十四	十五	十六	十七	十八	十九	廿	廿一	廿二	廿三	廿四	廿五	廿六	廿七	廿八	廿九	卅	**正**	二	三
星	1	2	3	4	5	6	**日**	1	2	3	4	5	6	**日**	1	2	3	4	5	6	**日**	1	2	3	4	5	6	**日**	1	2	3
干節	癸丑	甲寅	乙卯	丙辰	丁巳	**小寒**	己未	庚申	辛酉	壬戌	癸亥	甲子	乙丑	丙寅	丁卯	戊辰	己巳	庚午	辛未	壬申	**大寒**	甲戌	乙亥	丙子	丁丑	戊寅	己卯	庚辰	辛巳	壬午	癸未

陽歷 二 月份　　(陰歷正、二月份)

陽	**2**	2	3	4	5	6	7	8	9	10	11	12	13	14	15	16	17	18	19	20	21	22	23	24	25	26	27	28	29		
陰	四	五	六	七	八	九	十	十一	十二	十三	十四	十五	十六	十七	十八	十九	廿	廿一	廿二	廿三	廿四	廿五	廿六	廿七	廿八	廿九	卅	**二**	二		
星	4	5	6	**日**	1	2	3	4	5	6	**日**	1	2	3	4	5	6	**日**	1	2	3	4	5	6	**日**	1	2	3	4		
干節	甲申	乙酉	丙戌	丁亥	**立春**	己丑	庚寅	辛卯	壬辰	癸巳	甲午	乙未	丙申	丁酉	戊戌	己亥	庚子	辛丑	壬寅	**雨水**	甲辰	乙巳	丙午	丁未	戊申	己酉	庚戌	辛亥	壬子		

陽歷 三 月份　　(陰歷二、三月份)

陽	**3**	2	3	4	5	6	7	8	9	10	11	12	13	14	15	16	17	18	19	20	21	22	23	24	25	26	27	28	29	30	31
陰	三	四	五	六	七	八	九	十	十一	十二	十三	十四	十五	十六	十七	十八	十九	廿	廿一	廿二	廿三	廿四	廿五	廿六	廿七	廿八	廿九	卅	**三**	二	三
星	5	6	**日**	1	2	3	4	5	6	**日**	1	2	3	4	5	6	**日**	1	2	3	4	5	6	**日**	1	2	3	4	5	6	**日**
干節	癸丑	甲寅	乙卯	丙辰	**驚蟄**	戊午	己未	庚申	辛酉	壬戌	癸亥	甲子	乙丑	丙寅	丁卯	戊辰	己巳	庚午	辛未	壬申	**春分**	甲戌	乙亥	丙子	丁丑	戊寅	己卯	庚辰	辛巳	壬午	癸未

陽歷 四 月份　　(陰歷三、四月份)

陽	**4**	2	3	4	5	6	7	8	9	10	11	12	13	14	15	16	17	18	19	20	21	22	23	24	25	26	27	28	29	30	
陰	四	五	六	七	八	九	十	十一	十二	十三	十四	十五	十六	十七	十八	十九	廿	廿一	廿二	廿三	廿四	廿五	廿六	廿七	廿八	廿九	**四**	二	三	四	
星	1	2	3	4	5	6	**日**	1	2	3	4	5	6	**日**	1	2	3	4	5	6	**日**	1	2	3	4	5	6	**日**	1	2	
干節	甲申	乙酉	丙戌	丁亥	**清明**	己丑	庚寅	辛卯	壬辰	癸巳	甲午	乙未	丙申	丁酉	戊戌	己亥	庚子	辛丑	壬寅	**穀雨**	甲辰	乙巳	丙午	丁未	戊申	己酉	庚戌	辛亥	壬子	癸丑	

陽歷 五 月份　　(陰歷四、五月份)

陽	**5**	2	3	4	5	6	7	8	9	10	11	12	13	14	15	16	17	18	19	20	21	22	23	24	25	26	27	28	29	30	31
陰	五	六	七	八	九	十	十一	十二	十三	十四	十五	十六	十七	十八	十九	廿	廿一	廿二	廿三	廿四	廿五	廿六	廿七	廿八	廿九	卅	**五**	二	三	四	五
星	3	4	5	6	**日**	1	2	3	4	5	6	**日**	1	2	3	4	5	6	**日**	1	2	3	4	5	6	**日**	1	2	3	4	5
干節	甲寅	乙卯	丙辰	丁巳	戊午	**立夏**	庚申	辛酉	壬戌	癸亥	甲子	乙丑	丙寅	丁卯	戊辰	己巳	庚午	辛未	壬申	癸酉	**小滿**	乙亥	丙子	丁丑	戊寅	己卯	庚辰	辛巳	壬午	癸未	甲申

陽歷 六 月份　　(陰歷五、六月份)

陽	**6**	2	3	4	5	6	7	8	9	10	11	12	13	14	15	16	17	18	19	20	21	22	23	24	25	26	27	28	29	30	
陰	六	七	八	九	十	十一	十二	十三	十四	十五	十六	十七	十八	十九	廿	廿一	廿二	廿三	廿四	廿五	廿六	廿七	廿八	廿九	**六**	二	三	四	五	六	
星	6	**日**	1	2	3	4	5	6	**日**	1	2	3	4	5	6	**日**	1	2	3	4	5	6	**日**	1	2	3	4	5	6	**日**	
干節	乙酉	丙戌	丁亥	戊子	己丑	**芒種**	辛卯	壬辰	癸巳	甲午	乙未	丙申	丁酉	戊戌	己亥	庚子	辛丑	壬寅	癸卯	甲辰	**夏至**	丙午	丁未	戊申	己酉	庚戌	辛亥	壬子	癸丑	甲寅	

丙子

一八一六年

（清仁宗嘉慶二十一年）

陽歷七月份　（陰歷六、閏六月份）

陽	7	2	3	4	5	6	7	8	9	10	11	12	13	14	15	16	17	18	19	20	21	22	23	24	25	26	27	28	29	30	31
陰	七	八	九	十	十一	十二	十三	十四	十五	十六	十七	十八	十九	廿	廿一	廿二	廿三	廿四	廿五	廿六	廿七	廿八	廿九	卅	閏	二	三	四	五	六	七
星	1	2	3	4	5	6	日	1	2	3	4	5	6	日	1	2	3	4	5	6	日	1	2	3	4	5	6	日	1	2	3
干節	乙卯	丙辰	丁巳	戊午	己未	庚申	小暑	壬戌	癸亥	甲子	乙丑	丙寅	丁卯	戊辰	己巳	庚午	辛未	壬申	癸酉	甲戌	乙亥	丙子	大暑	戊寅	己卯	庚辰	辛巳	壬午	癸未	甲申	乙酉

陽歷八月份　（陰歷閏六、七月份）

陽	8	2	3	4	5	6	7	8	9	10	11	12	13	14	15	16	17	18	19	20	21	22	23	24	25	26	27	28	29	30	31
陰	八	九	十	十一	十二	十三	十四	十五	十六	十七	十八	十九	廿	廿一	廿二	廿三	廿四	廿五	廿六	廿七	廿八	廿九	七	二	三	四	五	六	七	八	九
星	4	5	6	日	1	2	3	4	5	6	日	1	2	3	4	5	6	日	1	2	3	4	5	6	日	1	2	3	4	5	6
干節	丙戌	丁亥	戊子	己丑	庚寅	辛卯	壬辰	立秋	甲午	乙未	丙申	丁酉	戊戌	己亥	庚子	辛丑	壬寅	癸卯	甲辰	乙巳	丙午	丁未	處暑	己酉	庚戌	辛亥	壬子	癸丑	甲寅	乙卯	丙辰

陽歷九月份　（陰歷七、八月份）

陽	9	2	3	4	5	6	7	8	9	10	11	12	13	14	15	16	17	18	19	20	21	22	23	24	25	26	27	28	29	30
陰	十	十一	十二	十三	十四	十五	十六	十七	十八	十九	廿	廿一	廿二	廿三	廿四	廿五	廿六	廿七	廿八	廿九	八	二	三	四	五	六	七	八	九	十
星	日	1	2	3	4	5	6	日	1	2	3	4	5	6	日	1	2	3	4	5	6	日	1	2	3	4	5	6	日	1
干節	丁巳	戊午	己未	庚申	辛酉	壬戌	癸亥	白露	乙丑	丙寅	丁卯	戊辰	己巳	庚午	辛未	壬申	癸酉	甲戌	乙亥	丙子	丁丑	戊寅	秋分	庚辰	辛巳	壬午	癸未	甲申	乙酉	丙戌

陽歷十月份　（陰歷八、九月份）

陽	10	2	3	4	5	6	7	8	9	10	11	12	13	14	15	16	17	18	19	20	21	22	23	24	25	26	27	28	29	30	31
陰	十一	十二	十三	十四	十五	十六	十七	十八	十九	廿	廿一	廿二	廿三	廿四	廿五	廿六	廿七	廿八	廿九	卅	九	二	三	四	五	六	七	八	九	十	十一
星	2	3	4	5	6	日	1	2	3	4	5	6	日	1	2	3	4	5	6	日	1	2	3	4	5	6	日	1	2	3	4
干節	丁亥	戊子	己丑	庚寅	辛卯	壬辰	癸巳	寒露	乙未	丙申	丁酉	戊戌	己亥	庚子	辛丑	壬寅	癸卯	甲辰	乙巳	丙午	丁未	戊申	霜降	庚戌	辛亥	壬子	癸丑	甲寅	乙卯	丙辰	丁巳

陽歷十一月份　（陰歷九、十月份）

陽	11	2	3	4	5	6	7	8	9	10	11	12	13	14	15	16	17	18	19	20	21	22	23	24	25	26	27	28	29	30
陰	十二	十三	十四	十五	十六	十七	十八	十九	廿	廿一	廿二	廿三	廿四	廿五	廿六	廿七	廿八	廿九	十	二	三	四	五	六	七	八	九	十	十一	十二
星	5	6	日	1	2	3	4	5	6	日	1	2	3	4	5	6	日	1	2	3	4	5	6	日	1	2	3	4	5	6
干節	戊午	己未	庚申	辛酉	壬戌	癸亥	立冬	乙丑	丙寅	丁卯	戊辰	己巳	庚午	辛未	壬申	癸酉	甲戌	乙亥	丙子	丁丑	戊寅	小雪	庚辰	辛巳	壬午	癸未	甲申	乙酉	丙戌	丁亥

陽歷十二月份　（陰歷十、十一月份）

陽	12	2	3	4	5	6	7	8	9	10	11	12	13	14	15	16	17	18	19	20	21	22	23	24	25	26	27	28	29	30	31
陰	十三	十四	十五	十六	十七	十八	十九	廿	廿一	廿二	廿三	廿四	廿五	廿六	廿七	廿八	廿九	卅	十一	二	三	四	五	六	七	八	九	十	十一	十二	十三
星	日	1	2	3	4	5	6	日	1	2	3	4	5	6	日	1	2	3	4	5	6	日	1	2	3	4	5	6	日	1	2
干節	戊子	己丑	庚寅	辛卯	壬辰	癸巳	大雪	乙未	丙申	丁酉	戊戌	己亥	庚子	辛丑	壬寅	癸卯	甲辰	乙巳	丙午	丁未	戊申	冬至	庚戌	辛亥	壬子	癸丑	甲寅	乙卯	丙辰	丁巳	戊午

近世中西史日對照表

丁丑　一八一七年　（清仁宗嘉慶二二年）

陽歷一月份　（陰歷十一、十二月份）

陽	1	2	3	4	5	6	7	8	9	10	11	12	13	14	15	16	17	18	19	20	21	22	23	24	25	26	27	28	29	30	31
陰	十四	十五	十六	十七	十八	十九	廿	廿一	廿二	廿三	廿四	廿五	廿六	廿七	廿八	廿九	十二	二	三	四	五	六	七	八	九	十	十一	十二	十三	十四	十五
星	3	4	5	6	日	1	2	3	4	5	6	日	1	2	3	4	5	6	日	1	2	3	4	5	6	日	1	2	3	4	5
干節	己未	庚申	辛酉	壬戌	小寒	甲子	乙丑	丙寅	丁卯	戊辰	己巳	庚午	辛未	壬申	癸酉	甲戌	乙亥	丙子	丁丑	大寒	己卯	庚辰	辛巳	壬午	癸未	甲申	乙酉	丙戌	丁亥	戊子	己丑

陽歷二月份　（陰歷十二、正月份）

陽	2	2	3	4	5	6	7	8	9	10	11	12	13	14	15	16	17	18	19	20	21	22	23	24	25	26	27	28
陰	十六	十七	十八	十九	廿	廿一	廿二	廿三	廿四	廿五	廿六	廿七	廿八	廿九	卅	正	二	三	四	五	六	七	八	九	十	十一	十二	十三
星	6	日	1	2	3	4	5	6	日	1	2	3	4	5	6	日	1	2	3	4	5	6	日	1	2	3	4	5
干節	庚寅	辛卯	壬辰	立春	甲午	乙未	丙申	丁酉	戊戌	己亥	庚子	辛丑	壬寅	癸卯	甲辰	乙巳	丙午	丁未	雨水	己酉	庚戌	辛亥	壬子	癸丑	甲寅	乙卯	丙辰	丁巳

陽歷三月份　（陰歷正、二月份）

陽	3	2	3	4	5	6	7	8	9	10	11	12	13	14	15	16	17	18	19	20	21	22	23	24	25	26	27	28	29	30	31
陰	十四	十五	十六	十七	十八	十九	廿	廿一	廿二	廿三	廿四	廿五	廿六	廿七	廿八	廿九	卅	二	二	三	四	五	六	七	八	九	十	十一	十二	十三	十四
星	6	日	1	2	3	4	5	6	日	1	2	3	4	5	6	日	1	2	3	4	5	6	日	1	2	3	4	5	6	日	1
干節	戊午	己未	庚申	辛酉	壬戌	驚蟄	甲子	乙丑	丙寅	丁卯	戊辰	己巳	庚午	辛未	壬申	癸酉	甲戌	乙亥	丙子	丁丑	春分	己卯	庚辰	辛巳	壬午	癸未	甲申	乙酉	丙戌	丁亥	戊子

陽歷四月份　（陰歷二、三月份）

陽	4	2	3	4	5	6	7	8	9	10	11	12	13	14	15	16	17	18	19	20	21	22	23	24	25	26	27	28	29	30
陰	十五	十六	十七	十八	十九	廿	廿一	廿二	廿三	廿四	廿五	廿六	廿七	廿八	廿九	三	二	三	四	五	六	七	八	九	十	十一	十二	十三	十四	十五
星	2	3	4	5	6	日	1	2	3	4	5	6	日	1	2	3	4	5	6	日	1	2	3	4	5	6	日	1	2	3
干節	己丑	庚寅	辛卯	壬辰	清明	甲午	乙未	丙申	丁酉	戊戌	己亥	庚子	辛丑	壬寅	癸卯	甲辰	乙巳	丙午	丁未	穀雨	己酉	庚戌	辛亥	壬子	癸丑	甲寅	乙卯	丙辰	丁巳	戊午

陽歷五月份　（陰歷三、四月份）

陽	5	2	3	4	5	6	7	8	9	10	11	12	13	14	15	16	17	18	19	20	21	22	23	24	25	26	27	28	29	30	31
陰	十六	十七	十八	十九	廿	廿一	廿二	廿三	廿四	廿五	廿六	廿七	廿八	廿九	卅	四	二	三	四	五	六	七	八	九	十	十一	十二	十三	十四	十五	十六
星	4	5	6	日	1	2	3	4	5	6	日	1	2	3	4	5	6	日	1	2	3	4	5	6	日	1	2	3	4	5	6
干節	己未	庚申	辛酉	壬戌	癸亥	立夏	乙丑	丙寅	丁卯	戊辰	己巳	庚午	辛未	壬申	癸酉	甲戌	乙亥	丙子	丁丑	戊寅	小滿	庚辰	辛巳	壬午	癸未	甲申	乙酉	丙戌	丁亥	戊子	己丑

陽歷六月份　（陰歷四、五月份）

陽	6	2	3	4	5	6	7	8	9	10	11	12	13	14	15	16	17	18	19	20	21	22	23	24	25	26	27	28	29	30
陰	十七	十八	十九	廿	廿一	廿二	廿三	廿四	廿五	廿六	廿七	廿八	廿九	卅	五	二	三	四	五	六	七	八	九	十	十一	十二	十三	十四	十五	十六
星	日	1	2	3	4	5	6	日	1	2	3	4	5	6	日	1	2	3	4	5	6	日	1	2	3	4	5	6	日	1
干節	庚寅	辛卯	壬辰	癸巳	甲午	芒種	丙申	丁酉	戊戌	己亥	庚子	辛丑	壬寅	癸卯	甲辰	乙巳	丙午	丁未	戊申	己酉	庚戌	夏至	壬子	癸丑	甲寅	乙卯	丙辰	丁巳	戊午	己未

丁丑

一八一七年

（清仁宗嘉慶二二年）

陽曆七月份　（陰曆五、六月份）

陽	7	2	3	4	5	6	7	8	9	10	11	12	13	14	15	16	17	18	19	20	21	22	23	24	25	26	27	28	29	30	31
陰	十七	十八	十九	廿	廿一	廿二	廿三	廿四	廿五	廿六	廿七	廿八	廿九	六	二	三	四	五	六	七	八	九	十	十一	十二	十三	十四	十五	十六	十七	十八
星	2	3	4	5	6	日	1	2	3	4	5	6	日	1	2	3	4	5	6	日	1	2	3	4	5	6	日	1	2	3	4
干節	庚申	辛酉	壬戌	癸亥	甲子	乙丑	小暑	丁卯	戊辰	己巳	庚午	辛未	壬申	癸酉	甲戌	乙亥	丙子	丁丑	戊寅	己卯	庚辰	辛巳	大暑	癸未	甲申	乙酉	丙戌	丁亥	戊子	己丑	庚寅

陽曆八月份　（陰曆六、七月份）

陽	8	2	3	4	5	6	7	8	9	10	11	12	13	14	15	16	17	18	19	20	21	22	23	24	25	26	27	28	29	30	31
陰	十九	廿	廿一	廿二	廿三	廿四	廿五	廿六	廿七	廿八	廿九	卅	七	二	三	四	五	六	七	八	九	十	十一	十二	十三	十四	十五	十六	十七	十八	十九
星	5	6	日	1	2	3	4	5	6	日	1	2	3	4	5	6	日	1	2	3	4	5	6	日	1	2	3	4	5	6	日
干節	辛卯	壬辰	癸巳	甲午	乙未	丙申	丁酉	立秋	己亥	庚子	辛丑	壬寅	癸卯	甲辰	乙巳	丙午	丁未	戊申	己酉	庚戌	辛亥	壬子	處暑	甲寅	乙卯	丙辰	丁巳	戊午	己未	庚申	辛酉

陽曆九月份　（陰曆七、八月份）

陽	9	2	3	4	5	6	7	8	9	10	11	12	13	14	15	16	17	18	19	20	21	22	23	24	25	26	27	28	29	30	
陰	廿	廿一	廿二	廿三	廿四	廿五	廿六	廿七	廿八	廿九	八	二	三	四	五	六	七	八	九	十	十一	十二	十三	十四	十五	十六	十七	十八	十九	廿	
星	1	2	3	4	5	6	日	1	2	3	4	5	6	日	1	2	3	4	5	6	日	1	2	3	4	5	6	日	1	2	
干節	壬戌	癸亥	甲子	乙丑	丙寅	丁卯	戊辰	白露	庚午	辛未	壬申	癸酉	甲戌	乙亥	丙子	丁丑	戊寅	己卯	庚辰	辛巳	壬午	癸未	秋分	乙酉	丙戌	丁亥	戊子	己丑	庚寅	辛卯	

陽曆十月份　（陰曆八、九月份）

陽	10	2	3	4	5	6	7	8	9	10	11	12	13	14	15	16	17	18	19	20	21	22	23	24	25	26	27	28	29	30	31
陰	廿一	廿二	廿三	廿四	廿五	廿六	廿七	廿八	廿九	卅	九	二	三	四	五	六	七	八	九	十	十一	十二	十三	十四	十五	十六	十七	十八	十九	廿	廿一
星	3	4	5	6	日	1	2	3	4	5	6	日	1	2	3	4	5	6	日	1	2	3	4	5	6	日	1	2	3	4	5
干節	壬辰	癸巳	甲午	乙未	丙申	丁酉	戊戌	己亥	寒露	辛丑	壬寅	癸卯	甲辰	乙巳	丙午	丁未	戊申	己酉	庚戌	辛亥	壬子	癸丑	甲寅	霜降	丙辰	丁巳	戊午	己未	庚申	辛酉	壬戌

陽曆十一月份　（陰曆九、十月份）

陽	11	2	3	4	5	6	7	8	9	10	11	12	13	14	15	16	17	18	19	20	21	22	23	24	25	26	27	28	29	30	
陰	廿二	廿三	廿四	廿五	廿六	廿七	廿八	廿九	十	二	三	四	五	六	七	八	九	十	十一	十二	十三	十四	十五	十六	十七	十八	十九	廿	廿一	廿二	
星	6	日	1	2	3	4	5	6	日	1	2	3	4	5	6	日	1	2	3	4	5	6	日	1	2	3	4	5	6	日	
干節	癸亥	甲子	乙丑	丙寅	丁卯	戊辰	己巳	立冬	辛未	壬申	癸酉	甲戌	乙亥	丙子	丁丑	戊寅	己卯	庚辰	辛巳	壬午	癸未	小雪	乙酉	丙戌	丁亥	戊子	己丑	庚寅	辛卯	壬辰	

陽曆十二月份　（陰曆十、十一月份）

陽	12	2	3	4	5	6	7	8	9	10	11	12	13	14	15	16	17	18	19	20	21	22	23	24	25	26	27	28	29	30	31
陰	廿三	廿四	廿五	廿六	廿七	廿八	廿九	十一	二	三	四	五	六	七	八	九	十	十一	十二	十三	十四	十五	十六	十七	十八	十九	廿	廿一	廿二	廿三	廿四
星	1	2	3	4	5	6	日	1	2	3	4	5	6	日	1	2	3	4	5	6	日	1	2	3	4	5	6	日	1	2	3
干節	癸巳	甲午	乙未	丙申	丁酉	戊戌	大雪	庚子	辛丑	壬寅	癸卯	甲辰	乙巳	丙午	丁未	戊申	己酉	庚戌	辛亥	壬子	癸丑	冬至	乙卯	丙辰	丁巳	戊午	己未	庚申	辛酉	壬戌	癸亥

近世中西史日對照表

戊寅　一八一八年　（清仁宗嘉慶二十三年）

陽曆 一 月份　（陰曆十一、十二月份）

陽	1	2	3	4	5	6	7	8	9	10	11	12	13	14	15	16	17	18	19	20	21	22	23	24	25	26	27	28	29	30	31
陰	廿五	廿六	廿七	廿八	廿九	卅	十二	二	三	四	五	六	七	八	九	十	十一	十二	十三	十四	十五	十六	十七	十八	十九	廿	廿一	廿二	廿三	廿四	廿五
星	4	5	6	日	1	2	3	4	5	6	日	1	2	3	4	5	6	日	1	2	3	4	5	6	日	1	2	3	4	5	6
干節	甲子	乙丑	丙寅	丁卯	戊辰	小寒	庚午	辛未	壬申	癸酉	甲戌	乙亥	丙子	丁丑	戊寅	己卯	庚辰	辛巳	壬午	大寒	甲申	乙酉	丙戌	丁亥	戊子	己丑	庚寅	辛卯	壬辰	癸巳	甲午

陽曆 二 月份　（陰曆十二、正月份）

陽	2	2	3	4	5	6	7	8	9	10	11	12	13	14	15	16	17	18	19	20	21	22	23	24	25	26	27	28			
陰	廿六	廿七	廿八	廿九	正	二	三	四	五	六	七	八	九	十	十一	十二	十三	十四	十五	十六	十七	十八	十九	廿	廿一	廿二	廿三	廿四			
星	日	1	2	3	4	5	6	日	1	2	3	4	5	6	日	1	2	3	4	5	6	日	1	2	3	4	5	6			
干節	乙未	丙申	丁酉	立春	己亥	庚子	辛丑	壬寅	癸卯	甲辰	乙巳	丙午	丁未	戊申	己酉	庚戌	辛亥	壬子	雨水	甲寅	乙卯	丙辰	丁巳	戊午	己未	庚申	辛酉	壬戌			

陽曆 三 月份　（陰曆正、二月份）

陽	3	2	3	4	5	6	7	8	9	10	11	12	13	14	15	16	17	18	19	20	21	22	23	24	25	26	27	28	29	30	31
陰	廿五	廿六	廿七	廿八	廿九	卅	二	二	三	四	五	六	七	八	九	十	十一	十二	十三	十四	十五	十六	十七	十八	十九	廿	廿一	廿二	廿三	廿四	廿五
星	日	1	2	3	4	5	6	日	1	2	3	4	5	6	日	1	2	3	4	5	6	日	1	2	3	4	5	6	日	1	2
干節	癸亥	甲子	乙丑	丙寅	丁卯	驚蟄	己巳	庚午	辛未	壬申	癸酉	甲戌	乙亥	丙子	丁丑	戊寅	己卯	庚辰	辛巳	壬午	春分	甲申	乙酉	丙戌	丁亥	戊子	己丑	庚寅	辛卯	壬辰	癸巳

陽曆 四 月份　（陰曆二、三月份）

陽	4	2	3	4	5	6	7	8	9	10	11	12	13	14	15	16	17	18	19	20	21	22	23	24	25	26	27	28	29	30	
陰	廿六	廿七	廿八	廿九	三	二	三	四	五	六	七	八	九	十	十一	十二	十三	十四	十五	十六	十七	十八	十九	廿	廿一	廿二	廿三	廿四	廿五	廿六	
星	3	4	5	6	日	1	2	3	4	5	6	日	1	2	3	4	5	6	日	1	2	3	4	5	6	日	1	2	3	4	
干節	甲午	乙未	丙申	丁酉	清明	己亥	庚子	辛丑	壬寅	癸卯	甲辰	乙巳	丙午	丁未	戊申	己酉	庚戌	辛亥	壬子	癸丑	穀雨	乙卯	丙辰	丁巳	戊午	己未	庚申	辛酉	壬戌	癸亥	

陽曆 五 月份　（陰曆三、四月份）

陽	5	2	3	4	5	6	7	8	9	10	11	12	13	14	15	16	17	18	19	20	21	22	23	24	25	26	27	28	29	30	31
陰	廿七	廿八	廿九	卅	四	二	三	四	五	六	七	八	九	十	十一	十二	十三	十四	十五	十六	十七	十八	十九	廿	廿一	廿二	廿三	廿四	廿五	廿六	廿七
星	5	6	日	1	2	3	4	5	6	日	1	2	3	4	5	6	日	1	2	3	4	5	6	日	1	2	3	4	5	6	日
干節	甲子	乙丑	丙寅	丁卯	戊辰	立夏	庚午	辛未	壬申	癸酉	甲戌	乙亥	丙子	丁丑	戊寅	己卯	庚辰	辛巳	壬午	癸未	甲申	小滿	丙戌	丁亥	戊子	己丑	庚寅	辛卯	壬辰	癸巳	甲午

陽曆 六 月份　（陰曆四、五月份）

陽	6	2	3	4	5	6	7	8	9	10	11	12	13	14	15	16	17	18	19	20	21	22	23	24	25	26	27	28	29	30	
陰	廿八	廿九	卅	五	二	三	四	五	六	七	八	九	十	十一	十二	十三	十四	十五	十六	十七	十八	十九	廿	廿一	廿二	廿三	廿四	廿五	廿六	廿七	
星	1	2	3	4	5	6	日	1	2	3	4	5	6	日	1	2	3	4	5	6	日	1	2	3	4	5	6	日	1	2	
干節	乙未	丙申	丁酉	戊戌	己亥	芒種	辛丑	壬寅	癸卯	甲辰	乙巳	丙午	丁未	戊申	己酉	庚戌	辛亥	壬子	癸丑	甲寅	乙卯	夏至	丁巳	戊午	己未	庚申	辛酉	壬戌	癸亥	甲子	

戊寅　一八一八年　（清仁宗嘉慶二三年）

陽歷七月份　（陰歷五、六月份）

陽	7	2	3	4	5	6	7	8	9	10	11	12	13	14	15	16	17	18	19	20	21	22	23	24	25	26	27	28	29	30	31
陰	廿八	廿九	六	二	三	四	五	六	七	八	九	十	十一	十二	十三	十四	十五	十六	十七	十八	十九	廿	廿一	廿二	廿三	廿四	廿五	廿六	廿七	廿八	廿九
星	3	4	5	6	日	1	2	3	4	5	6	日	1	2	3	4	5	6	日	1	2	3	4	5	6	日	1	2	3	4	5
干節	乙丑	丙寅	丁卯	戊辰	己巳	庚午	辛未	小暑	癸酉	甲戌	乙亥	丙子	丁丑	戊寅	己卯	庚辰	辛巳	壬午	癸未	甲申	乙酉	丙戌	大暑	戊子	己丑	庚寅	辛卯	壬辰	癸巳	甲午	乙未

陽歷八月份　（陰歷六、七月份）

陽	8	2	3	4	5	6	7	8	9	10	11	12	13	14	15	16	17	18	19	20	21	22	23	24	25	26	27	28	29	30	31
陰	卅	七	二	三	四	五	六	七	八	九	十	十一	十二	十三	十四	十五	十六	十七	十八	十九	廿	廿一	廿二	廿三	廿四	廿五	廿六	廿七	廿八	廿九	卅
星	6	日	1	2	3	4	5	6	日	1	2	3	4	5	6	日	1	2	3	4	5	6	日	1	2	3	4	5	6	日	1
干節	丙申	丁酉	戊戌	己亥	庚子	辛丑	壬寅	立秋	甲辰	乙巳	丙午	丁未	戊申	己酉	庚戌	辛亥	壬子	癸丑	甲寅	乙卯	丙辰	丁巳	戊午	處暑	庚申	辛酉	壬戌	癸亥	甲子	乙丑	丙寅

陽歷九月份　（陰歷八、九月份）

陽	9	2	3	4	5	6	7	8	9	10	11	12	13	14	15	16	17	18	19	20	21	22	23	24	25	26	27	28	29	30	
陰	八	二	三	四	五	六	七	八	九	十	十一	十二	十三	十四	十五	十六	十七	十八	十九	廿	廿一	廿二	廿三	廿四	廿五	廿六	廿七	廿八	廿九	九	
星	2	3	4	5	6	日	1	2	3	4	5	6	日	1	2	3	4	5	6	日	1	2	3	4	5	6	日	1	2	3	
干節	丁卯	戊辰	己巳	庚午	辛未	壬申	癸酉	白露	乙亥	丙子	丁丑	戊寅	己卯	庚辰	辛巳	壬午	癸未	甲申	乙酉	丙戌	丁亥	戊子	己丑	秋分	辛卯	壬辰	癸巳	甲午	乙未	丙申	

陽歷十月份　（陰歷九、十月份）

陽	10	2	3	4	5	6	7	8	9	10	11	12	13	14	15	16	17	18	19	20	21	22	23	24	25	26	27	28	29	30	31
陰	二	三	四	五	六	七	八	九	十	十一	十二	十三	十四	十五	十六	十七	十八	十九	廿	廿一	廿二	廿三	廿四	廿五	廿六	廿七	廿八	廿九	卅	十	二
星	4	5	6	日	1	2	3	4	5	6	日	1	2	3	4	5	6	日	1	2	3	4	5	6	日	1	2	3	4	5	6
干節	丁酉	戊戌	己亥	庚子	辛丑	壬寅	癸卯	甲辰	寒露	丙午	丁未	戊申	己酉	庚戌	辛亥	壬子	癸丑	甲寅	乙卯	丙辰	丁巳	戊午	己未	霜降	辛酉	壬戌	癸亥	甲子	乙丑	丙寅	丁卯

陽歷十一月份　（陰歷十、十一月份）

陽	11	2	3	4	5	6	7	8	9	10	11	12	13	14	15	16	17	18	19	20	21	22	23	24	25	26	27	28	29	30	
陰	三	四	五	六	七	八	九	十	十一	十二	十三	十四	十五	十六	十七	十八	十九	廿	廿一	廿二	廿三	廿四	廿五	廿六	廿七	廿八	廿九	十一	二	三	
星	日	1	2	3	4	5	6	日	1	2	3	4	5	6	日	1	2	3	4	5	6	日	1	2	3	4	5	6	日	1	
干節	戊辰	己巳	庚午	辛未	壬申	癸酉	甲戌	立冬	丙子	丁丑	戊寅	己卯	庚辰	辛巳	壬午	癸未	甲申	乙酉	丙戌	丁亥	戊子	己丑	小雪	辛卯	壬辰	癸巳	甲午	乙未	丙申	丁酉	

陽歷十二月份　（陰歷十一、十二月份）

陽	12	2	3	4	5	6	7	8	9	10	11	12	13	14	15	16	17	18	19	20	21	22	23	24	25	26	27	28	29	30	31
陰	四	五	六	七	八	九	十	十一	十二	十三	十四	十五	十六	十七	十八	十九	廿	廿一	廿二	廿三	廿四	廿五	廿六	廿七	廿八	廿九	十二	二	三	四	五
星	2	3	4	5	6	日	1	2	3	4	5	6	日	1	2	3	4	5	6	日	1	2	3	4	5	6	日	1	2	3	4
干節	戊戌	己亥	庚子	辛丑	壬寅	癸卯	大雪	乙巳	丙午	丁未	戊申	己酉	庚戌	辛亥	壬子	癸丑	甲寅	乙卯	丙辰	丁巳	戊午	冬至	庚申	辛酉	壬戌	癸亥	甲子	乙丑	丙寅	丁卯	戊辰

近世中西史日對照表

陽歷一月份　（陰歷十二、正月份）

陽	**1**	2	3	4	5	6	7	8	9	10	11	12	13	14	15	16	17	18	19	20	21	22	23	24	25	26	27	28	29	30	31
陰	六	七	八	九	十	十一	十二	十三	十四	十五	十六	十七	十八	十九	廿	廿一	廿二	廿三	廿四	廿五	廿六	廿七	廿八	廿九	卅	**正**	二	三	四	五	六
星	5	6	**日**	1	2	3	4	5	6	**日**	1	2	3	4	5	6	**日**	1	2	3	4	5	6	**日**	1	2	3	4	5	6	**日**
干節	己巳	庚午	辛未	壬申	癸酉	**小寒**	乙亥	丙子	丁丑	戊寅	己卯	庚辰	辛巳	壬午	癸未	甲申	乙酉	丙戌	丁亥	戊子	**大寒**	庚寅	辛卯	壬辰	癸巳	甲午	乙未	丙申	丁酉	戊戌	己亥

陽歷二月份　（陰歷正、二月份）

陽	**2**	2	3	4	5	6	7	8	9	10	11	12	13	14	15	16	17	18	19	20	21	22	23	24	25	26	27	28			
陰	七	八	九	十	十一	十二	十三	十四	十五	十六	十七	十八	十九	廿	廿一	廿二	廿三	廿四	廿五	廿六	廿七	廿八	廿九	**二**	二	三	四	五			
星	1	2	3	4	5	6	**日**	1	2	3	4	5	6	**日**	1	2	3	4	5	6	**日**	1	2	3	4	5	6	**日**			
干節	庚子	辛丑	壬寅	**立春**	甲辰	乙巳	丙午	丁未	戊申	己酉	庚戌	辛亥	壬子	癸丑	甲寅	乙卯	丙辰	丁巳	**雨水**	己未	庚申	辛酉	壬戌	癸亥	甲子	乙丑	丙寅	丁卯			

陽歷三月份　（陰歷二、三月份）

陽	**3**	2	3	4	5	6	7	8	9	10	11	12	13	14	15	16	17	18	19	20	21	22	23	24	25	26	27	28	29	30	31
陰	六	七	八	九	十	十一	十二	十三	十四	十五	十六	十七	十八	十九	廿	廿一	廿二	廿三	廿四	廿五	廿六	廿七	廿八	廿九	卅	**三**	二	三	四	五	六
星	1	2	3	4	5	6	**日**	1	2	3	4	5	6	**日**	1	2	3	4	5	6	**日**	1	2	3	4	5	6	**日**	1	2	3
干節	戊辰	己巳	庚午	辛未	壬申	**驚蟄**	甲戌	乙亥	丙子	丁丑	戊寅	己卯	庚辰	辛巳	壬午	癸未	甲申	乙酉	丙戌	丁亥	**春分**	己丑	庚寅	辛卯	壬辰	癸巳	甲午	乙未	丙申	丁酉	戊戌

陽歷四月份　（陰歷三、四月份）

陽	**4**	2	3	4	5	6	7	8	9	10	11	12	13	14	15	16	17	18	19	20	21	22	23	24	25	26	27	28	29	30	
陰	七	八	九	十	十一	十二	十三	十四	十五	十六	十七	十八	十九	廿	廿一	廿二	廿三	廿四	廿五	廿六	廿七	廿八	廿九	**四**	二	三	四	五	六	七	
星	4	5	6	**日**	1	2	3	4	5	6	**日**	1	2	3	4	5	6	**日**	1	2	3	4	5	6	**日**	1	2	3	4	5	
干節	己亥	庚子	辛丑	壬寅	**清明**	甲辰	乙巳	丙午	丁未	戊申	己酉	庚戌	辛亥	壬子	癸丑	甲寅	乙卯	丙辰	丁巳	戊午	**穀雨**	庚申	辛酉	壬戌	癸亥	甲子	乙丑	丙寅	丁卯	戊辰	

陽歷五月份　（陰歷四、閏四月份）

陽	**5**	2	3	4	5	6	7	8	9	10	11	12	13	14	15	16	17	18	19	20	21	22	23	24	25	26	27	28	29	30	31
陰	八	九	十	十一	十二	十三	十四	十五	十六	十七	十八	十九	廿	廿一	廿二	廿三	廿四	廿五	廿六	廿七	廿八	廿九	卅	**閏**	二	三	四	五	六	七	八
星	6	**日**	1	2	3	4	5	6	**日**	1	2	3	4	5	6	**日**	1	2	3	4	5	6	**日**	1	2	3	4	5	6	**日**	1
干節	己巳	庚午	辛未	壬申	癸酉	**立夏**	乙亥	丙子	丁丑	戊寅	己卯	庚辰	辛巳	壬午	癸未	甲申	乙酉	丙戌	丁亥	戊子	己丑	**小滿**	辛卯	壬辰	癸巳	甲午	乙未	丙申	丁酉	戊戌	己亥

陽歷六月份　（陰歷閏四、五月份）

陽	**6**	2	3	4	5	6	7	8	9	10	11	12	13	14	15	16	17	18	19	20	21	22	23	24	25	26	27	28	29	30	
陰	九	十	十一	十二	十三	十四	十五	十六	十七	十八	十九	廿	廿一	廿二	廿三	廿四	廿五	廿六	廿七	廿八	廿九	**五**	二	三	四	五	六	七	八	九	
星	2	3	4	5	6	**日**	1	2	3	4	5	6	**日**	1	2	3	4	5	6	**日**	1	2	3	4	5	6	**日**	1	2	3	
干節	庚子	辛丑	壬寅	癸卯	甲辰	**芒種**	丙午	丁未	戊申	己酉	庚戌	辛亥	壬子	癸丑	甲寅	乙卯	丙辰	丁巳	戊午	己未	庚申	**夏至**	壬戌	癸亥	甲子	乙丑	丙寅	丁卯	戊辰	己巳	

己卯

一八一九年

（清仁宗嘉慶二四年）

陽歷七月份　（陰歷五、六月份）

陽	7	2	3	4	5	6	7	8	9	10	11	12	13	14	15	16	17	18	19	20	21	22	23	24	25	26	27	28	29	30	31
陰	十	十一	十二	十三	十四	十五	十六	十七	十八	十九	廿	廿一	廿二	廿三	廿四	廿五	廿六	廿七	廿八	廿九	卅	六	二	三	四	五	六	七	八	九	十
星	4	5	6	日	1	2	3	4	5	6	日	1	2	3	4	5	6	日	1	2	3	4	5	6	日	1	2	3	4	5	6
干節	庚午	辛未	壬申	癸酉	甲戌	乙亥	丙子	小暑	戊寅	己卯	庚辰	辛巳	壬午	癸未	甲申	乙酉	丙戌	丁亥	戊子	己丑	庚寅	辛卯	壬辰	大暑	甲午	乙未	丙申	丁酉	戊戌	己亥	庚子

陽歷八月份　（陰歷六、七月份）

陽	8	2	3	4	5	6	7	8	9	10	11	12	13	14	15	16	17	18	19	20	21	22	23	24	25	26	27	28	29	30	31
陰	十一	十二	十三	十四	十五	十六	十七	十八	十九	廿	廿一	廿二	廿三	廿四	廿五	廿六	廿七	廿八	廿九	卅	七	二	三	四	五	六	七	八	九	十	十一
星	日	1	2	3	4	5	6	日	1	2	3	4	5	6	日	1	2	3	4	5	6	日	1	2	3	4	5	6	日	1	2
干節	辛丑	壬寅	癸卯	甲辰	乙巳	丙午	丁未	立秋	己酉	庚戌	辛亥	壬子	癸丑	甲寅	乙卯	丙辰	丁巳	戊午	己未	庚申	辛酉	壬戌	癸亥	處暑	乙丑	丙寅	丁卯	戊辰	己巳	庚午	辛未

陽歷九月份　（陰歷七、八月份）

陽	9	2	3	4	5	6	7	8	9	10	11	12	13	14	15	16	17	18	19	20	21	22	23	24	25	26	27	28	29	30	
陰	十二	十三	十四	十五	十六	十七	十八	十九	廿	廿一	廿二	廿三	廿四	廿五	廿六	廿七	廿八	廿九	八	二	三	四	五	六	七	八	九	十	十一	十二	
星	3	4	5	6	日	1	2	3	4	5	6	日	1	2	3	4	5	6	日	1	2	3	4	5	6	日	1	2	3	4	
干節	壬申	癸酉	甲戌	乙亥	丙子	丁丑	戊寅	白露	庚辰	辛巳	壬午	癸未	甲申	乙酉	丙戌	丁亥	戊子	己丑	庚寅	辛卯	壬辰	癸巳	甲午	秋分	丙申	丁酉	戊戌	己亥	庚子	辛丑	

陽歷十月份　（陰歷八、九月份）

陽	10	2	3	4	5	6	7	8	9	10	11	12	13	14	15	16	17	18	19	20	21	22	23	24	25	26	27	28	29	30	31
陰	十三	十四	十五	十六	十七	十八	十九	廿	廿一	廿二	廿三	廿四	廿五	廿六	廿七	廿八	廿九	卅	九	二	三	四	五	六	七	八	九	十	十一	十二	十三
星	5	6	日	1	2	3	4	5	6	日	1	2	3	4	5	6	日	1	2	3	4	5	6	日	1	2	3	4	5	6	日
干節	壬寅	癸卯	甲辰	乙巳	丙午	丁未	戊申	己酉	寒露	辛亥	壬子	癸丑	甲寅	乙卯	丙辰	丁巳	戊午	己未	庚申	辛酉	壬戌	癸亥	甲子	霜降	丙寅	丁卯	戊辰	己巳	庚午	辛未	壬申

陽歷十一月份　（陰歷九、十月份）

陽	11	2	3	4	5	6	7	8	9	10	11	12	13	14	15	16	17	18	19	20	21	22	23	24	25	26	27	28	29	30	
陰	十四	十五	十六	十七	十八	十九	廿	廿一	廿二	廿三	廿四	廿五	廿六	廿七	廿八	廿九	卅	十	二	三	四	五	六	七	八	九	十	十一	十二	十三	
星	1	2	3	4	5	6	日	1	2	3	4	5	6	日	1	2	3	4	5	6	日	1	2	3	4	5	6	日	1	2	
干節	癸酉	甲戌	乙亥	丙子	丁丑	戊寅	己卯	立冬	辛巳	壬午	癸未	甲申	乙酉	丙戌	丁亥	戊子	己丑	庚寅	辛卯	壬辰	癸巳	甲午	小雪	丙申	丁酉	戊戌	己亥	庚子	辛丑	壬寅	

陽歷十二月份　（陰歷十、十一月份）

陽	12	2	3	4	5	6	7	8	9	10	11	12	13	14	15	16	17	18	19	20	21	22	23	24	25	26	27	28	29	30	31
陰	十四	十五	十六	十七	十八	十九	廿	廿一	廿二	廿三	廿四	廿五	廿六	廿七	廿八	廿九	十一	二	三	四	五	六	七	八	九	十	十一	十二	十三	十四	十五
星	3	4	5	6	日	1	2	3	4	5	6	日	1	2	3	4	5	6	日	1	2	3	4	5	6	日	1	2	3	4	5
干節	癸卯	甲辰	乙巳	丙午	丁未	戊申	己酉	大雪	辛亥	壬子	癸丑	甲寅	乙卯	丙辰	丁巳	戊午	己未	庚申	辛酉	壬戌	癸亥	冬至	乙丑	丙寅	丁卯	戊辰	己巳	庚午	辛未	壬申	癸酉

陽歷一月份　（陰歷十一、十二月份）

陽	1	2	3	4	5	6	7	8	9	10	11	12	13	14	15	16	17	18	19	20	21	22	23	24	25	26	27	28	29	30	31
陰	十六	十七	十八	十九	廿	廿一	廿二	廿三	廿四	廿五	廿六	廿七	廿八	廿九	卅	十二	二	三	四	五	六	七	八	九	十	十一	十二	十三	十四	十五	十六
星	6	日	1	2	3	4	5	6	日	1	2	3	4	5	6	日	1	2	3	4	5	6	日	1	2	3	4	5	6	日	1
干節	甲戌	乙亥	丙子	丁丑	戊寅	小寒	庚辰	辛巳	壬午	癸未	甲申	乙酉	丙戌	丁亥	戊子	己丑	庚寅	辛卯	壬辰	癸巳	大寒	乙未	丙申	丁酉	戊戌	己亥	庚子	辛丑	壬寅	癸卯	甲辰

陽歷二月份　（陰歷十二、正月份）

陽	1	2	3	4	5	6	7	8	9	10	11	12	13	14	15	16	17	18	19	20	21	22	23	24	25	26	27	28	29
陰	十七	十八	十九	廿	廿一	廿二	廿三	廿四	廿五	廿六	廿七	廿八	廿九	正	二	三	四	五	六	七	八	九	十	十一	十二	十三	十四	十五	十六
星	2	3	4	5	6	日	1	2	3	4	5	6	日	1	2	3	4	5	6	日	1	2	3	4	5	6	日	1	2
干節	乙巳	丙午	丁未	戊申	立春	庚戌	辛亥	壬子	癸丑	甲寅	乙卯	丙辰	丁巳	戊午	己未	庚申	辛酉	壬戌	雨水	甲子	乙丑	丙寅	丁卯	戊辰	己巳	庚午	辛未	壬申	癸酉

陽歷三月份　（陰歷正、二月份）

陽	1	2	3	4	5	6	7	8	9	10	11	12	13	14	15	16	17	18	19	20	21	22	23	24	25	26	27	28	29	30	31
陰	十七	十八	十九	廿	廿一	廿二	廿三	廿四	廿五	廿六	廿七	廿八	廿九	二	二	三	四	五	六	七	八	九	十	十一	十二	十三	十四	十五	十六	十七	十八
星	3	4	5	6	日	1	2	3	4	5	6	日	1	2	3	4	5	6	日	1	2	3	4	5	6	日	1	2	3	4	5
干節	甲戌	乙亥	丙子	丁丑	驚蟄	己卯	庚辰	辛巳	壬午	癸未	甲申	乙酉	丙戌	丁亥	戊子	己丑	庚寅	辛卯	壬辰	癸巳	春分	乙未	丙申	丁酉	戊戌	己亥	庚子	辛丑	壬寅	癸卯	甲辰

陽歷四月份　（陰歷二、三月份）

陽	1	2	3	4	5	6	7	8	9	10	11	12	13	14	15	16	17	18	19	20	21	22	23	24	25	26	27	28	29	30
陰	十九	廿	廿一	廿二	廿三	廿四	廿五	廿六	廿七	廿八	廿九	卅	三	二	三	四	五	六	七	八	九	十	十一	十二	十三	十四	十五	十六	十七	十八
星	6	日	1	2	3	4	5	6	日	1	2	3	4	5	6	日	1	2	3	4	5	6	日	1	2	3	4	5	6	日
干節	乙巳	丙午	丁未	戊申	清明	庚戌	辛亥	壬子	癸丑	甲寅	乙卯	丙辰	丁巳	戊午	己未	庚申	辛酉	壬戌	癸亥	穀雨	乙丑	丙寅	丁卯	戊辰	己巳	庚午	辛未	壬申	癸酉	甲戌

陽歷五月份　（陰歷三、四月份）

陽	1	2	3	4	5	6	7	8	9	10	11	12	13	14	15	16	17	18	19	20	21	22	23	24	25	26	27	28	29	30	31
陰	十九	廿	廿一	廿二	廿三	廿四	廿五	廿六	廿七	廿八	廿九	四	二	三	四	五	六	七	八	九	十	十一	十二	十三	十四	十五	十六	十七	十八	十九	廿
星	1	2	3	4	5	6	日	1	2	3	4	5	6	日	1	2	3	4	5	6	日	1	2	3	4	5	6	日	1	2	3
干節	乙亥	丙子	丁丑	戊寅	立夏	庚辰	辛巳	壬午	癸未	甲申	乙酉	丙戌	丁亥	戊子	己丑	庚寅	辛卯	壬辰	癸巳	甲午	小滿	丙申	丁酉	戊戌	己亥	庚子	辛丑	壬寅	癸卯	甲辰	乙巳

陽歷六月份　（陰歷四、五月份）

陽	1	2	3	4	5	6	7	8	9	10	11	12	13	14	15	16	17	18	19	20	21	22	23	24	25	26	27	28	29	30
陰	廿一	廿二	廿三	廿四	廿五	廿六	廿七	廿八	廿九	卅	五	二	三	四	五	六	七	八	九	十	十一	十二	十三	十四	十五	十六	十七	十八	十九	廿
星	4	5	6	日	1	2	3	4	5	6	日	1	2	3	4	5	6	日	1	2	3	4	5	6	日	1	2	3	4	5
干節	丙午	丁未	戊申	己酉	庚戌	芒種	壬子	癸丑	甲寅	乙卯	丙辰	丁巳	戊午	己未	庚申	辛酉	壬戌	癸亥	甲子	乙丑	夏至	丁卯	戊辰	己巳	庚午	辛未	壬申	癸酉	甲戌	乙亥

庚辰

一八二〇年

（清仁宗嘉慶二五年）

陽歷七月份　（陰歷五、六月份）

陽	**7**	2	3	4	5	6	7	8	9	10	11	12	13	14	15	16	17	18	19	20	21	22	23	24	25	26	27	28	29	30	31
陰	廿一	廿二	廿三	廿四	廿五	廿六	廿七	廿八	廿九	**六**	二	三	四	五	六	七	八	九	十	十一	十二	十三	十四	十五	十六	十七	十八	十九	廿	廿一	廿二
星	6	**日**	1	2	3	4	5	6	**日**	1	2	3	4	5	6	**日**	1	2	3	4	5	6	**日**	1	2	3	4	5	6	**日**	1
干節	丙子	丁丑	戊寅	己卯	庚辰	辛巳	**小暑**	癸未	甲申	乙酉	丙戌	丁亥	戊子	己丑	庚寅	辛卯	壬辰	癸巳	甲午	乙未	丙申	丁酉	**大暑**	己亥	庚子	辛丑	壬寅	癸卯	甲辰	乙巳	丙午

陽歷八月份　（陰歷六、七月份）

陽	**8**	2	3	4	5	6	7	8	9	10	11	12	13	14	15	16	17	18	19	20	21	22	23	24	25	26	27	28	29	30	31
陰	廿三	廿四	廿五	廿六	廿七	廿八	廿九	卅	**七**	二	三	四	五	六	七	八	九	十	十一	十二	十三	十四	十五	十六	十七	十八	十九	廿	廿一	廿二	廿三
星	2	3	4	5	6	**日**	1	2	3	4	5	6	**日**	1	2	3	4	5	6	**日**	1	2	3	4	5	6	**日**	1	2	3	4
干節	丁未	戊申	己酉	庚戌	辛亥	壬子	癸丑	**立秋**	乙卯	丙辰	丁巳	戊午	己未	庚申	辛酉	壬戌	癸亥	甲子	乙丑	丙寅	丁卯	戊辰	**處暑**	庚午	辛未	壬申	癸酉	甲戌	乙亥	丙子	丁丑

陽歷九月份　（陰歷七、八月份）

陽	**9**	2	3	4	5	6	7	8	9	10	11	12	13	14	15	16	17	18	19	20	21	22	23	24	25	26	27	28	29	30	
陰	廿四	廿五	廿六	廿七	廿八	廿九	**八**	二	三	四	五	六	七	八	九	十	十一	十二	十三	十四	十五	十六	十七	十八	十九	廿	廿一	廿二	廿三	廿四	
星	5	6	**日**	1	2	3	4	5	6	**日**	1	2	3	4	5	6	**日**	1	2	3	4	5	6	**日**	1	2	3	4	5	6	
干節	戊寅	己卯	庚辰	辛巳	壬未	癸午	甲申	**白露**	丙戌	丁亥	戊子	己丑	庚寅	辛卯	壬辰	癸巳	甲午	乙未	丙申	丁酉	戊戌	己亥	**秋分**	辛丑	壬寅	癸卯	甲辰	乙巳	丙午	丁未	

陽歷十月份　（陰歷八、九月份）

陽	**10**	2	3	4	5	6	7	8	9	10	11	12	13	14	15	16	17	18	19	20	21	22	23	24	25	26	27	28	29	30	31
陰	廿五	廿六	廿七	廿八	廿九	卅	**九**	二	三	四	五	六	七	八	九	十	十一	十二	十三	十四	十五	十六	十七	十八	十九	廿	廿一	廿二	廿三	廿四	廿五
星	**日**	1	2	3	4	5	6	**日**	1	2	3	4	5	6	**日**	1	2	3	4	5	6	**日**	1	2	3	4	5	6	**日**	1	2
干節	戊申	己酉	庚戌	辛亥	壬子	癸丑	甲寅	**寒露**	丙辰	丁巳	戊午	己未	庚申	辛酉	壬戌	癸亥	甲子	乙丑	丙寅	丁卯	戊辰	己巳	**霜降**	辛未	壬申	癸酉	甲戌	乙亥	丙子	丁丑	戊寅

陽歷十一月份　（陰歷九、十月份）

陽	**11**	2	3	4	5	6	7	8	9	10	11	12	13	14	15	16	17	18	19	20	21	22	23	24	25	26	27	28	29	30	
陰	廿六	廿七	廿八	廿九	卅	**十**	二	三	四	五	六	七	八	九	十	十一	十二	十三	十四	十五	十六	十七	十八	十九	廿	廿一	廿二	廿三	廿四	廿五	
星	3	4	5	6	**日**	1	2	3	4	5	6	**日**	1	2	3	4	5	6	**日**	1	2	3	4	5	6	**日**	1	2	3	4	
干節	己卯	庚辰	辛巳	壬午	癸未	甲申	**立冬**	丙戌	丁亥	戊子	己丑	庚寅	辛卯	壬辰	癸巳	甲午	乙未	丙申	丁酉	戊戌	己亥	**小雪**	辛丑	壬寅	癸卯	甲辰	乙巳	丙午	丁未	戊申	

陽歷十二月份　（陰歷十、十一月份）

陽	**12**	2	3	4	5	6	7	8	9	10	11	12	13	14	15	16	17	18	19	20	21	22	23	24	25	26	27	28	29	30	31
陰	廿六	廿七	廿八	廿九	卅	**十一**	二	三	四	五	六	七	八	九	十	十一	十二	十三	十四	十五	十六	十七	十八	十九	廿	廿一	廿二	廿三	廿四	廿五	廿六
星	5	6	**日**	1	2	3	4	5	6	**日**	1	2	3	4	5	6	**日**	1	2	3	4	5	6	**日**	1	2	3	4	5	6	**日**
干節	己酉	庚戌	辛亥	壬子	癸丑	甲寅	**大雪**	丙辰	丁巳	戊午	己未	庚申	辛酉	壬戌	癸亥	甲子	乙丑	丙寅	丁卯	戊辰	己巳	**冬至**	辛未	壬申	癸酉	甲戌	乙亥	丙子	丁丑	戊寅	己卯

近世中西史日對照表

辛巳 一八二一年 （清宣宗道光元年）

陽歷一月份　（陰歷十一、十二月份）

陽	1	2	3	4	5	6	7	8	9	10	11	12	13	14	15	16	17	18	19	20	21	22	23	24	25	26	27	28	29	30	31
陰	廿七	廿八	廿九	十二	二	三	四	五	六	七	八	九	十	十一	十二	十三	十四	十五	十六	十七	十八	十九	廿	廿一	廿二	廿三	廿四	廿五	廿六	廿七	廿八
星	1	2	3	4	5	6	日	1	2	3	4	5	6	日	1	2	3	4	5	6	日	1	2	3	4	5	6	日	1	2	3
干節	庚辰	辛巳	壬午	癸未	小寒	乙酉	丙戌	丁亥	戊子	己丑	庚寅	辛卯	壬辰	癸巳	甲午	乙未	丙申	丁酉	戊戌	大寒	庚子	辛丑	壬寅	癸卯	甲辰	乙巳	丙午	丁未	戊申	己酉	庚戌

陽歷二月份　（陰歷十二、正月份）

陽	1	2	3	4	5	6	7	8	9	10	11	12	13	14	15	16	17	18	19	20	21	22	23	24	25	26	27	28			
陰	廿九	卅	正	二	三	四	五	六	七	八	九	十	十一	十二	十三	十四	十五	十六	十七	十八	十九	廿	廿一	廿二	廿三	廿四	廿五	廿六			
星	4	5	6	日	1	2	3	4	5	6	日	1	2	3	4	5	6	日	1	2	3	4	5	6	日	1	2	3			
干節	辛亥	壬子	癸丑	立春	乙卯	丙辰	丁巳	戊午	己未	庚申	辛酉	壬戌	癸亥	甲子	乙丑	丙寅	丁卯	戊辰	雨水	庚午	辛未	壬申	癸酉	甲戌	乙亥	丙子	丁丑	戊寅			

陽歷三月份　（陰歷正、二月份）

陽	1	2	3	4	5	6	7	8	9	10	11	12	13	14	15	16	17	18	19	20	21	22	23	24	25	26	27	28	29	30	31
陰	廿七	廿八	廿九	二	二	三	四	五	六	七	八	九	十	十一	十二	十三	十四	十五	十六	十七	十八	十九	廿	廿一	廿二	廿三	廿四	廿五	廿六	廿七	廿八
星	4	5	6	日	1	2	3	4	5	6	日	1	2	3	4	5	6	日	1	2	3	4	5	6	日	1	2	3	4	5	6
干節	己卯	庚辰	辛巳	壬午	癸未	驚蟄	乙酉	丙戌	丁亥	戊子	己丑	庚寅	辛卯	壬辰	癸巳	甲午	乙未	丙申	丁酉	戊戌	春分	庚子	辛丑	壬寅	癸卯	甲辰	乙巳	丙午	丁未	戊申	己酉

陽歷四月份　（陰歷二、三月份）

陽	1	2	3	4	5	6	7	8	9	10	11	12	13	14	15	16	17	18	19	20	21	22	23	24	25	26	27	28	29	30	
陰	廿九	三	二	三	四	五	六	七	八	九	十	十一	十二	十三	十四	十五	十六	十七	十八	十九	廿	廿一	廿二	廿三	廿四	廿五	廿六	廿七	廿八	廿九	
星	日	1	2	3	4	5	6	日	1	2	3	4	5	6	日	1	2	3	4	5	6	日	1	2	3	4	5	6	日	1	
干節	庚戌	辛亥	壬子	癸丑	清明	乙卯	丙辰	丁巳	戊午	己未	庚申	辛酉	壬戌	癸亥	甲子	乙丑	丙寅	丁卯	戊辰	穀雨	庚午	辛未	壬申	癸酉	甲戌	乙亥	丙子	丁丑	戊寅	己卯	

陽歷五月份　（陰歷三、四、五月份）

陽	1	2	3	4	5	6	7	8	9	10	11	12	13	14	15	16	17	18	19	20	21	22	23	24	25	26	27	28	29	30	31
陰	卅	四	二	三	四	五	六	七	八	九	十	十一	十二	十三	十四	十五	十六	十七	十八	十九	廿	廿一	廿二	廿三	廿四	廿五	廿六	廿七	廿八	廿九	五
星	2	3	4	5	6	日	1	2	3	4	5	6	日	1	2	3	4	5	6	日	1	2	3	4	5	6	日	1	2	3	4
干節	庚辰	辛巳	壬午	癸未	甲申	立夏	丙戌	丁亥	戊子	己丑	庚寅	辛卯	壬辰	癸巳	甲午	乙未	丙申	丁酉	戊戌	己亥	小滿	辛丑	壬寅	癸卯	甲辰	乙巳	丙午	丁未	戊申	己酉	庚戌

陽歷六月份　（陰歷五、六月份）

陽	1	2	3	4	5	6	7	8	9	10	11	12	13	14	15	16	17	18	19	20	21	22	23	24	25	26	27	28	29	30	
陰	二	三	四	五	六	七	八	九	十	十一	十二	十三	十四	十五	十六	十七	十八	十九	廿	廿一	廿二	廿三	廿四	廿五	廿六	廿七	廿八	廿九	六	二	
星	5	6	日	1	2	3	4	5	6	日	1	2	3	4	5	6	日	1	2	3	4	5	6	日	1	2	3	4	5	6	
干節	辛亥	壬子	癸丑	甲寅	乙卯	芒種	丁巳	戊午	己未	庚申	辛酉	壬戌	癸亥	甲子	乙丑	丙寅	丁卯	戊辰	己巳	庚午	辛未	夏至	癸酉	甲戌	乙亥	丙子	丁丑	戊寅	己卯	庚辰	

辛巳　一八二一年　（清宣宗道光元年）

陽歷七月份　（陰歷六、七月份）

陽	7	2	3	4	5	6	7	8	9	10	11	12	13	14	15	16	17	18	19	20	21	22	23	24	25	26	27	28	29	30	31
陰	三	四	五	六	七	八	九	十	十一	十二	十三	十四	十五	十六	十七	十八	十九	廿	廿一	廿二	廿三	廿四	廿五	廿六	廿七	廿八	廿九	卅	七	二	三
星	日	1	2	3	4	5	6	日	1	2	3	4	5	6	日	1	2	3	4	5	6	日	1	2	3	4	5	6	日	1	2
干節	辛巳	壬午	癸未	甲申	乙酉	丙戌	小暑	戊子	己丑	庚寅	辛卯	壬辰	癸巳	甲午	乙未	丙申	丁酉	戊戌	己亥	庚子	辛丑	壬寅	大暑	甲辰	乙巳	丙午	丁未	戊申	己酉	庚戌	辛亥

陽歷八月份　（陰歷七、八月份）

陽	8	2	3	4	5	6	7	8	9	10	11	12	13	14	15	16	17	18	19	20	21	22	23	24	25	26	27	28	29	30	31
陰	四	五	六	七	八	九	十	十一	十二	十三	十四	十五	十六	十七	十八	十九	廿	廿一	廿二	廿三	廿四	廿五	廿六	廿七	廿八	廿九	八	二	三	四	五
星	3	4	5	6	日	1	2	3	4	5	6	日	1	2	3	4	5	6	日	1	2	3	4	5	6	日	1	2	3	4	5
干節	壬子	癸丑	甲寅	乙卯	丙辰	丁巳	戊午	立秋	庚申	辛酉	壬戌	癸亥	甲子	乙丑	丙寅	丁卯	戊辰	己巳	庚午	辛未	壬申	癸酉	處暑	乙亥	丙子	丁丑	戊寅	己卯	庚辰	辛巳	壬午

陽歷九月份　（陰歷八、九月份）

陽	9	2	3	4	5	6	7	8	9	10	11	12	13	14	15	16	17	18	19	20	21	22	23	24	25	26	27	28	29	30	
陰	六	七	八	九	十	十一	十二	十三	十四	十五	十六	十七	十八	十九	廿	廿一	廿二	廿三	廿四	廿五	廿六	廿七	廿八	廿九	卅	九	二	三	四	五	
星	6	日	1	2	3	4	5	6	日	1	2	3	4	5	6	日	1	2	3	4	5	6	日	1	2	3	4	5	6	日	
干節	癸未	甲申	乙酉	丙戌	丁亥	戊子	己丑	白露	辛卯	壬辰	癸巳	甲午	乙未	丙申	丁酉	戊戌	己亥	庚子	辛丑	壬寅	癸卯	甲辰	秋分	丙午	丁未	戊申	己酉	庚戌	辛亥	壬子	

陽歷十月份　（陰歷九、十月份）

陽	10	2	3	4	5	6	7	8	9	10	11	12	13	14	15	16	17	18	19	20	21	22	23	24	25	26	27	28	29	30	31
陰	六	七	八	九	十	十一	十二	十三	十四	十五	十六	十七	十八	十九	廿	廿一	廿二	廿三	廿四	廿五	廿六	廿七	廿八	廿九	卅	十	二	三	四	五	六
星	1	2	3	4	5	6	日	1	2	3	4	5	6	日	1	2	3	4	5	6	日	1	2	3	4	5	6	日	1	2	3
干節	癸丑	甲寅	乙卯	丙辰	丁巳	戊午	己未	寒露	辛酉	壬戌	癸亥	甲子	乙丑	丙寅	丁卯	戊辰	己巳	庚午	辛未	壬申	癸酉	甲戌	乙亥	霜降	丁丑	戊寅	己卯	庚辰	辛巳	壬午	癸未

陽歷十一月份　（陰歷十、十一月份）

陽	11	2	3	4	5	6	7	8	9	10	11	12	13	14	15	16	17	18	19	20	21	22	23	24	25	26	27	28	29	30	
陰	七	八	九	十	十一	十二	十三	十四	十五	十六	十七	十八	十九	廿	廿一	廿二	廿三	廿四	廿五	廿六	廿七	廿八	廿九	卅	十一	二	三	四	五	六	
星	4	5	6	日	1	2	3	4	5	6	日	1	2	3	4	5	6	日	1	2	3	4	5	6	日	1	2	3	4	5	
干節	甲申	乙酉	丙戌	丁亥	戊子	己丑	庚寅	立冬	壬辰	癸巳	甲午	乙未	丙申	丁酉	戊戌	己亥	庚子	辛丑	壬寅	癸卯	甲辰	小雪	丙午	丁未	戊申	己酉	庚戌	辛亥	壬子	癸丑	

陽歷十二月份　（陰歷十一、十二月份）

陽	12	2	3	4	5	6	7	8	9	10	11	12	13	14	15	16	17	18	19	20	21	22	23	24	25	26	27	28	29	30	31
陰	七	八	九	十	十一	十二	十三	十四	十五	十六	十七	十八	十九	廿	廿一	廿二	廿三	廿四	廿五	廿六	廿七	廿八	廿九	十二	二	三	四	五	六	七	八
星	6	日	1	2	3	4	5	6	日	1	2	3	4	5	6	日	1	2	3	4	5	6	日	1	2	3	4	5	6	日	1
干節	甲寅	乙卯	丙辰	丁巳	戊午	己未	大雪	辛酉	壬戌	癸亥	甲子	乙丑	丙寅	丁卯	戊辰	己巳	庚午	辛未	壬申	癸酉	甲戌	冬至	丙子	丁丑	戊寅	己卯	庚辰	辛巳	壬午	癸未	甲申

近世中西史日對照表

壬午 一八二二年 （清宣宗道光二年）

陽歷一月份 （陰歷十二、正月份）

陽	1	2	3	4	5	6	7	8	9	10	11	12	13	14	15	16	17	18	19	20	21	22	23	24	25	26	27	28	29	30	31
陰	九	十	十一	十二	十三	十四	十五	十六	十七	十八	十九	廿	廿一	廿二	廿三	廿四	廿五	廿六	廿七	廿八	廿九	卅	正	二	三	四	五	六	七	八	九
星	2	3	4	5	6	日	1	2	3	4	5	6	日	1	2	3	4	5	6	日	1	2	3	4	5	6	日	1	2	3	4
干節	乙酉	丙戌	丁亥	戊子	己丑	小寒	辛卯	壬辰	癸巳	甲午	乙未	丙申	丁酉	戊戌	己亥	庚子	辛丑	壬寅	癸卯	大寒	乙巳	丙午	丁未	戊申	己酉	庚戌	辛亥	壬子	癸丑	甲寅	乙卯

陽歷二月份 （陰歷正、二月份）

陽	2	2	3	4	5	6	7	8	9	10	11	12	13	14	15	16	17	18	19	20	21	22	23	24	25	26	27	28
陰	十	十一	十二	十三	十四	十五	十六	十七	十八	十九	廿	廿一	廿二	廿三	廿四	廿五	廿六	廿七	廿八	廿九	卅	二	二	三	四	五	六	七
星	5	6	日	1	2	3	4	5	6	日	1	2	3	4	5	6	日	1	2	3	4	5	6	日	1	2	3	4
干節	丙辰	丁巳	戊午	立春	庚申	辛酉	壬戌	癸亥	甲子	乙丑	丙寅	丁卯	戊辰	己巳	庚午	辛未	壬申	癸酉	雨水	乙亥	丙子	丁丑	戊寅	己卯	庚辰	辛巳	壬午	癸未

陽歷三月份 （陰歷二、三月份）

陽	3	2	3	4	5	6	7	8	9	10	11	12	13	14	15	16	17	18	19	20	21	22	23	24	25	26	27	28	29	30	31
陰	八	九	十	十一	十二	十三	十四	十五	十六	十七	十八	十九	廿	廿一	廿二	廿三	廿四	廿五	廿六	廿七	廿八	廿九	三	二	三	四	五	六	七	八	九
星	5	6	日	1	2	3	4	5	6	日	1	2	3	4	5	6	日	1	2	3	4	5	6	日	1	2	3	4	5	6	日
干節	甲申	乙酉	丙戌	丁亥	戊子	驚蟄	庚寅	辛卯	壬辰	癸巳	甲午	乙未	丙申	丁酉	戊戌	己亥	庚子	辛丑	壬寅	癸卯	春分	乙巳	丙午	丁未	戊申	己酉	庚戌	辛亥	壬子	癸丑	甲寅

陽歷四月份 （陰歷三、閏三月份）

陽	4	2	3	4	5	6	7	8	9	10	11	12	13	14	15	16	17	18	19	20	21	22	23	24	25	26	27	28	29	30
陰	十	十一	十二	十三	十四	十五	十六	十七	十八	十九	廿	廿一	廿二	廿三	廿四	廿五	廿六	廿七	廿八	廿九	卅	閏	二	三	四	五	六	七	八	九
星	1	2	3	4	5	6	日	1	2	3	4	5	6	日	1	2	3	4	5	6	日	1	2	3	4	5	6	日	1	2
干節	乙卯	丙辰	丁巳	戊午	清明	庚申	辛酉	壬戌	癸亥	甲子	乙丑	丙寅	丁卯	戊辰	己巳	庚午	辛未	壬申	癸酉	甲戌	穀雨	丙子	丁丑	戊寅	己卯	庚辰	辛巳	壬午	癸未	甲申

陽歷五月份 （陰歷閏三、四月份）

陽	5	2	3	4	5	6	7	8	9	10	11	12	13	14	15	16	17	18	19	20	21	22	23	24	25	26	27	28	29	30	31
陰	十	十一	十二	十三	十四	十五	十六	十七	十八	十九	廿	廿一	廿二	廿三	廿四	廿五	廿六	廿七	廿八	廿九	四	二	三	四	五	六	七	八	九	十	十一
星	3	4	5	6	日	1	2	3	4	5	6	日	1	2	3	4	5	6	日	1	2	3	4	5	6	日	1	2	3	4	5
干節	乙酉	丙戌	丁亥	戊子	己丑	立夏	辛卯	壬辰	癸巳	甲午	乙未	丙申	丁酉	戊戌	己亥	庚子	辛丑	壬寅	癸卯	甲辰	乙巳	小滿	丁未	戊申	己酉	庚戌	辛亥	壬子	癸丑	甲寅	乙卯

陽歷六月份 （陰歷四、五月份）

陽	6	2	3	4	5	6	7	8	9	10	11	12	13	14	15	16	17	18	19	20	21	22	23	24	25	26	27	28	29	30
陰	十二	十三	十四	十五	十六	十七	十八	十九	廿	廿一	廿二	廿三	廿四	廿五	廿六	廿七	廿八	廿九	五	二	三	四	五	六	七	八	九	十	十一	十二
星	6	日	1	2	3	4	5	6	日	1	2	3	4	5	6	日	1	2	3	4	5	6	日	1	2	3	4	5	6	日
干節	丙辰	丁巳	戊午	己未	庚申	芒種	壬戌	癸亥	甲子	乙丑	丙寅	丁卯	戊辰	己巳	庚午	辛未	壬申	癸酉	甲戌	乙亥	丙子	夏至	戊寅	己卯	庚辰	辛巳	壬午	癸未	甲申	乙酉

壬午

一八二二年

（清宣宗道光二年）

陽歷七月份　（陰歷五、六月份）

陽	7	2	3	4	5	6	7	8	9	10	11	12	13	14	15	16	17	18	19	20	21	22	23	24	25	26	27	28	29	30	31
陰	十三	十四	十五	十六	十七	十八	十九	廿	廿一	廿二	廿三	廿四	廿五	廿六	廿七	廿八	廿九	六	二	三	四	五	六	七	八	九	十	十一	十二	十三	十四
星	1	2	3	4	5	6	日	1	2	3	4	5	6	日	1	2	3	4	5	6	日	1	2	3	4	5	6	日	1	2	3
干節	丙戌	丁亥	戊子	己丑	庚寅	辛卯	壬辰	小暑	甲午	乙未	丙申	丁酉	戊戌	己亥	庚子	辛丑	壬寅	癸卯	甲辰	乙巳	丙午	丁未	大暑	己酉	庚戌	辛亥	壬子	癸丑	甲寅	乙卯	丙辰

陽歷八月份　（陰歷六、七月份）

陽	8	2	3	4	5	6	7	8	9	10	11	12	13	14	15	16	17	18	19	20	21	22	23	34	25	26	27	28	29	30	31
陰	十五	十六	十七	十八	十九	廿	廿一	廿二	廿三	廿四	廿五	廿六	廿七	廿八	廿九	卅	七	二	三	四	五	六	七	八	九	十	十一	十二	十三	十四	十五
星	4	5	6	日	1	2	3	4	5	6	日	1	2	3	4	5	6	日	1	2	3	4	5	6	日	1	2	3	4	5	6
干節	丁巳	戊午	己未	庚申	辛酉	壬戌	癸亥	立秋	乙丑	丙寅	丁卯	戊辰	己巳	庚午	辛未	壬申	癸酉	甲戌	乙亥	丙子	丁丑	戊寅	己卯	處暑	辛巳	壬午	癸未	甲申	乙酉	丙戌	丁亥

陽歷九月份　（陰歷七、八月份）

陽	9	2	3	4	5	6	7	8	9	10	11	12	13	14	15	16	17	18	19	20	21	22	23	24	25	26	27	28	29	30
陰	十六	十七	十八	十九	廿	廿一	廿二	廿三	廿四	廿五	廿六	廿七	廿八	廿九	八	二	三	四	五	六	七	八	九	十	十一	十二	十三	十四	十五	十六
星	日	1	2	3	4	5	6	日	1	2	3	4	5	6	日	1	2	3	4	5	6	日	1	2	3	4	5	6	日	1
干節	戊子	己丑	庚寅	辛卯	壬辰	癸巳	甲午	白露	丙申	丁酉	戊戌	己亥	庚子	辛丑	壬寅	癸卯	甲辰	乙巳	丙午	丁未	戊申	己酉	秋分	辛亥	壬子	癸丑	甲寅	乙卯	丙辰	丁巳

陽歷十月份　（陰歷八、九月份）

陽	10	2	3	4	5	6	7	8	9	10	11	12	13	14	15	16	17	18	19	20	21	22	23	24	25	26	27	28	29	30	31
陰	十七	十八	十九	廿	廿一	廿二	廿三	廿四	廿五	廿六	廿七	廿八	廿九	卅	九	二	三	四	五	六	七	八	九	十	十一	十二	十三	十四	十五	十六	十七
星	2	3	4	5	6	日	1	2	3	4	5	6	日	1	2	3	4	5	6	日	1	2	3	4	5	6	日	1	2	3	4
干節	戊午	己未	庚申	辛酉	壬戌	癸亥	甲子	乙丑	寒露	丁卯	戊辰	己巳	庚午	辛未	壬申	癸酉	甲戌	乙亥	丙子	丁丑	戊寅	己卯	庚辰	霜降	壬午	癸未	甲申	乙酉	丙戌	丁亥	戊子

陽歷十一月份　（陰歷九、十月份）

陽	11	2	3	4	5	6	7	8	9	10	11	12	13	14	15	16	17	18	19	20	21	22	23	24	25	26	27	28	29	30
陰	十八	十九	廿	廿一	廿二	廿三	廿四	廿五	廿六	廿七	廿八	廿九	卅	十	二	三	四	五	六	七	八	九	十	十一	十二	十三	十四	十五	十六	十七
星	5	6	日	1	2	3	4	5	6	日	1	2	3	4	5	6	日	1	2	3	4	5	6	日	1	2	3	4	5	6
干節	己丑	庚寅	辛卯	壬辰	癸巳	甲午	乙未	立冬	丁酉	戊戌	己亥	庚子	辛丑	壬寅	癸卯	甲辰	乙巳	丙午	丁未	戊申	己酉	庚戌	小雪	壬子	癸丑	甲寅	乙卯	丙辰	丁巳	戊午

陽歷十二月份　（陰歷十、十一月份）

陽	12	2	3	4	5	6	7	8	9	10	11	12	13	14	15	16	17	18	19	20	21	22	23	24	25	26	27	28	29	30	31
陰	十八	十九	廿	廿一	廿二	廿三	廿四	廿五	廿六	廿七	廿八	廿九	十一	二	三	四	五	六	七	八	九	十	十一	十二	十三	十四	十五	十六	十七	十八	十九
星	日	1	2	3	4	5	6	日	1	2	3	4	5	6	日	1	2	3	4	5	6	日	1	2	3	4	5	6	日	1	2
干節	己未	庚申	辛酉	壬戌	癸亥	甲子	大雪	丙寅	丁卯	戊辰	己巳	庚午	辛未	壬申	癸酉	甲戌	乙亥	丙子	丁丑	戊寅	己卯	冬至	辛巳	壬午	癸未	甲申	乙酉	丙戌	丁亥	戊子	己丑

癸未　一八二三年　（清宣宗道光三年）

陽歷一月份（陰歷十一、十二月份）

陽	**1**	2	3	4	5	6	7	8	9	10	11	12	13	14	15	16	17	18	19	20	21	22	23	24	25	26	27	28	29	30	31
陰	廿	廿一	廿二	廿三	廿四	廿五	廿六	廿七	廿八	廿九	卅	**十二**	二	三	四	五	六	七	八	九	十	十一	十二	十三	十四	十五	十六	十七	十八	十九	廿
星	3	4	5	6	**日**	1	2	3	4	5	6	**日**	1	2	3	4	5	6	**日**	1	2	3	4	5	6	**日**	1	2	3	4	5
干節	庚寅	辛卯	壬辰	癸巳	甲午	**小寒**	丙申	丁酉	戊戌	己亥	庚子	辛丑	壬寅	癸卯	甲辰	乙巳	丙午	丁未	戊申	己酉	**大寒**	辛亥	壬子	癸丑	甲寅	乙卯	丙辰	丁巳	戊午	己未	庚申

陽歷二月份（陰歷十二、正月份）

陽	**2**	2	3	4	5	6	7	8	9	10	11	12	13	14	15	16	17	18	19	20	21	22	23	24	25	26	27	28			
陰	廿一	廿二	廿三	廿四	廿五	廿六	廿七	廿八	廿九	卅	**正**	二	三	四	五	六	七	八	九	十	十一	十二	十三	十四	十五	十六	十七	十八			
星	6	**日**	1	2	3	4	5	6	**日**	1	2	3	4	5	6	**日**	1	2	3	4	5	6	**日**	1	2	3	4	5			
干節	辛酉	壬戌	癸亥	**立春**	乙丑	丙寅	丁卯	戊辰	己巳	庚午	辛未	壬申	癸酉	甲戌	乙亥	丙子	丁丑	戊寅	**雨水**	庚辰	辛巳	壬午	癸未	甲申	乙酉	丙戌	丁亥	戊子			

陽歷三月份（陰歷正、二月份）

陽	**3**	2	3	4	5	6	7	8	9	10	11	12	13	14	15	16	17	18	19	20	21	22	23	24	25	26	27	28	29	30	31
陰	十九	廿	廿一	廿二	廿三	廿四	廿五	廿六	廿七	廿八	廿九	卅	**二**	二	三	四	五	六	七	八	九	十	十一	十二	十三	十四	十五	十六	十七	十八	十九
星	6	**日**	1	2	3	4	5	6	**日**	1	2	3	4	5	6	**日**	1	2	3	4	5	6	**日**	1	2	3	4	5	6	**日**	1
干節	己丑	庚寅	辛卯	壬辰	癸巳	**驚蟄**	乙未	丙申	丁酉	戊戌	己亥	庚子	辛丑	壬寅	癸卯	甲辰	乙巳	丙午	丁未	戊申	**春分**	庚戌	辛亥	壬子	癸丑	甲寅	乙卯	丙辰	丁巳	戊午	己未

陽歷四月份（陰歷二、三月份）

陽	**4**	2	3	4	5	6	7	8	9	10	11	12	13	14	15	16	17	18	19	20	21	22	23	24	25	26	27	28	29	30	
陰	廿	廿一	廿二	廿三	廿四	廿五	廿六	廿七	廿八	廿九	**三**	二	三	四	五	六	七	八	九	十	十一	十二	十三	十四	十五	十六	十七	十八	十九	廿	
星	2	3	4	5	6	**日**	1	2	3	4	5	6	**日**	1	2	3	4	5	6	**日**	1	2	3	4	5	6	**日**	1	2	3	
干節	庚申	辛酉	壬戌	癸亥	**清明**	乙丑	丙寅	丁卯	戊辰	己巳	庚午	辛未	壬申	癸酉	甲戌	乙亥	丙子	丁丑	戊寅	己卯	**穀雨**	辛巳	壬午	癸未	甲申	乙酉	丙戌	丁亥	戊子	己丑	

陽歷五月份（陰歷三、四月份）

陽	**5**	2	3	4	5	6	7	8	9	10	11	12	13	14	15	16	17	18	19	20	21	22	23	24	25	26	27	28	29	30	31
陰	廿一	廿二	廿三	廿四	廿五	廿六	廿七	廿八	廿九	卅	**四**	二	三	四	五	六	七	八	九	十	十一	十二	十三	十四	十五	十六	十七	十八	十九	廿	廿一
星	4	5	6	**日**	1	2	3	4	5	6	**日**	1	2	3	4	5	6	**日**	1	2	3	4	5	6	**日**	1	2	3	4	5	6
干節	庚寅	辛卯	壬辰	癸巳	甲午	**立夏**	丙申	丁酉	戊戌	己亥	庚子	辛丑	壬寅	癸卯	甲辰	乙巳	丙午	丁未	戊申	己酉	庚戌	**小滿**	壬子	癸丑	甲寅	乙卯	丙辰	丁巳	戊午	己未	庚申

陽歷六月份（陰歷四、五月份）

陽	**6**	2	3	4	5	6	7	8	9	10	11	12	13	14	15	16	17	18	19	20	21	22	23	24	25	26	27	28	29	30	
陰	廿二	廿三	廿四	廿五	廿六	廿七	廿八	廿九	**五**	二	三	四	五	六	七	八	九	十	十一	十二	十三	十四	十五	十六	十七	十八	十九	廿	廿一	廿二	
星	**日**	1	2	3	4	5	6	**日**	1	2	3	4	5	6	**日**	1	2	3	4	5	6	**日**	1	2	3	4	5	6	**日**	1	
干節	辛酉	壬戌	癸亥	甲子	乙丑	**芒種**	丁卯	戊辰	己巳	庚午	辛未	壬申	癸酉	甲戌	乙亥	丙子	丁丑	戊寅	己卯	庚辰	辛巳	**夏至**	癸未	甲申	乙酉	丙戌	丁亥	戊子	己丑	庚寅	

癸未 一八二三年 （清宣宗道光三年）

陽歷七月份 （陰歷五、六月份）

陽	7	2	3	4	5	6	7	8	9	10	11	12	13	14	15	16	17	18	19	20	21	22	23	24	25	26	27	28	29	30	31
陰	廿三	廿四	廿五	廿六	廿七	廿八	廿九	六	二	三	四	五	六	七	八	九	十	十一	十二	十三	十四	十五	十六	十七	十八	十九	廿	廿一	廿二	廿三	廿四
星	2	3	4	5	6	日	1	2	3	4	5	6	日	1	2	3	4	5	6	日	1	2	3	4	5	6	日	1	2	3	4
干節	辛卯	壬辰	癸巳	甲午	乙未	丙申	丁酉	小暑	己亥	庚子	辛丑	壬寅	癸卯	甲辰	乙巳	丙午	丁未	戊申	己酉	庚戌	辛亥	壬子	癸丑	大暑	乙卯	丙辰	丁巳	戊午	己未	庚申	辛酉

陽歷八月份 （陰歷六、七月份）

陽	8	2	3	4	5	6	7	8	9	10	11	12	13	14	15	16	17	18	19	20	21	22	23	24	25	26	27	28	29	30	31
陰	廿五	廿六	廿七	廿八	廿九	七	二	三	四	五	六	七	八	九	十	十一	十二	十三	十四	十五	十六	十七	十八	十九	廿	廿一	廿二	廿三	廿四	廿五	廿六
星	5	6	日	1	2	3	4	5	6	日	1	2	3	4	5	6	日	1	2	3	4	5	6	日	1	2	3	4	5	6	日
干節	壬戌	癸亥	甲子	乙丑	丙寅	丁卯	戊辰	立秋	庚午	辛未	壬申	癸酉	甲戌	乙亥	丙子	丁丑	戊寅	己卯	庚辰	辛巳	壬午	癸未	甲申	處暑	丙戌	丁亥	戊子	己丑	庚寅	辛卯	壬辰

陽歷九月份 （陰歷七、八月份）

陽	9	2	3	4	5	6	7	8	9	10	11	12	13	14	15	16	17	18	19	20	21	22	23	24	25	26	27	28	29	30
陰	廿七	廿八	廿九	卅	八	二	三	四	五	六	七	八	九	十	十一	十二	十三	十四	十五	十六	十七	十八	十九	廿	廿一	廿二	廿三	廿四	廿五	廿六
星	1	2	3	4	5	6	日	1	2	3	4	5	6	日	1	2	3	4	5	6	日	1	2	3	4	5	6	日	1	2
干節	癸巳	甲午	乙未	丙申	丁酉	戊戌	己亥	白露	辛丑	壬寅	癸卯	甲辰	乙巳	丙午	丁未	戊申	己酉	庚戌	辛亥	壬子	癸丑	甲寅	乙卯	秋分	丁巳	戊午	己未	庚申	辛酉	壬戌

陽歷十月份 （陰歷八、九月份）

陽	10	2	3	4	5	6	7	8	9	10	11	12	13	14	15	16	17	18	19	20	21	22	23	24	25	26	27	28	29	30	31
陰	廿七	廿八	廿九	九	二	三	四	五	六	七	八	九	十	十一	十二	十三	十四	十五	十六	十七	十八	十九	廿	廿一	廿二	廿三	廿四	廿五	廿六	廿七	廿八
星	3	4	5	6	日	1	2	3	4	5	6	日	1	2	3	4	5	6	日	1	2	3	4	5	6	日	1	2	3	4	5
干節	癸亥	甲子	乙丑	丙寅	丁卯	戊辰	己巳	庚午	寒露	壬申	癸酉	甲戌	乙亥	丙子	丁丑	戊寅	己卯	庚辰	辛巳	壬午	癸未	甲申	乙酉	霜降	丁亥	戊子	己丑	庚寅	辛卯	壬辰	癸巳

陽歷十一月份 （陰歷九、十月份）

陽	11	2	3	4	5	6	7	8	9	10	11	12	13	14	15	16	17	18	19	20	21	22	23	24	25	26	27	28	29	30
陰	廿九	卅	十	二	三	四	五	六	七	八	九	十	十一	十二	十三	十四	十五	十六	十七	十八	十九	廿	廿一	廿二	廿三	廿四	廿五	廿六	廿七	廿八
星	6	日	1	2	3	4	5	6	日	1	2	3	4	5	6	日	1	2	3	4	5	6	日	1	2	3	4	5	6	日
干節	甲午	乙未	丙申	丁酉	戊戌	己亥	庚子	立冬	壬寅	癸卯	甲辰	乙巳	丙午	丁未	戊申	己酉	庚戌	辛亥	壬子	癸丑	甲寅	乙卯	小雪	丁巳	戊午	己未	庚申	辛酉	壬戌	癸亥

陽歷十二月份 （陰歷十、十一月份）

陽	12	2	3	4	5	6	7	8	9	10	11	12	13	14	15	16	17	18	19	20	21	22	23	24	25	26	27	28	29	30	31
陰	廿九	十一	二	三	四	五	六	七	八	九	十	十一	十二	十三	十四	十五	十六	十七	十八	十九	廿	廿一	廿二	廿三	廿四	廿五	廿六	廿七	廿八	廿九	卅
星	1	2	3	4	5	6	日	1	2	3	4	5	6	日	1	2	3	4	5	6	日	1	2	3	4	5	6	日	1	2	3
干節	甲子	乙丑	丙寅	丁卯	戊辰	己巳	庚午	大雪	壬申	癸酉	甲戌	乙亥	丙子	丁丑	戊寅	己卯	庚辰	辛巳	壬午	癸未	甲申	冬至	丙戌	丁亥	戊子	己丑	庚寅	辛卯	壬辰	癸巳	甲午

近世中西史日對照表

甲申　一八二四年　（清宣宗道光四年）

陽歷一月份　（陰歷十二、正月份）

陽	**1**	2	3	4	5	6	7	8	9	10	11	12	13	14	15	16	17	18	19	20	21	22	23	24	25	26	27	28	29	30	31
陰	**十二**	二	三	四	五	六	七	八	九	十	十一	十二	十三	十四	十五	十六	十七	十八	十九	廿	廿一	廿二	廿三	廿四	廿五	廿六	廿七	廿八	廿九	卅	**正**
星	4	5	6	**日**	1	2	3	4	5	6	**日**	1	2	3	4	5	6	**日**	1	2	3	4	5	6	**日**	1	2	3	4	5	6
干節	乙未	丙申	丁酉	戊戌	己亥	**小寒**	辛丑	壬寅	癸卯	甲辰	乙巳	丙午	丁未	戊申	己酉	庚戌	辛亥	壬子	癸丑	甲寅	**大寒**	丙辰	丁巳	戊午	己未	庚申	辛酉	壬戌	癸亥	甲子	乙丑

陽歷二月份　（陰歷正月份）

陽	**2**	2	3	4	5	6	7	8	9	10	11	12	13	14	15	16	17	18	19	20	21	22	23	24	25	26	27	28	29		
陰	二	三	四	五	六	七	八	九	十	十一	十二	十三	十四	十五	十六	十七	十八	十九	廿	廿一	廿二	廿三	廿四	廿五	廿六	廿七	廿八	廿九	卅		
星	**日**	1	2	3	4	5	6	**日**	1	2	3	4	5	6	**日**	1	2	3	4	5	6	**日**	1	2	3	4	5	6	**日**		
干節	丙寅	丁卯	戊辰	己巳	**立春**	辛未	壬申	癸酉	甲戌	乙亥	丙子	丁丑	戊寅	己卯	庚辰	辛巳	壬午	癸未	**雨水**	乙酉	丙戌	丁亥	戊子	己丑	庚寅	辛卯	壬辰	癸巳	甲午		

陽歷三月份　（陰歷二、三月份）

陽	**3**	2	3	4	5	6	7	8	9	10	11	12	13	14	15	16	17	18	19	20	21	22	23	24	25	26	27	28	29	30	31
陰	**二**	二	三	四	五	六	七	八	九	十	十一	十二	十三	十四	十五	十六	十七	十八	十九	廿	廿一	廿二	廿三	廿四	廿五	廿六	廿七	廿八	廿九	**三**	二
星	1	2	3	4	5	6	**日**	1	2	3	4	5	6	**日**	1	2	3	4	5	6	**日**	1	2	3	4	5	6	**日**	1	2	3
干節	乙未	丙申	丁酉	戊戌	**驚蟄**	庚子	辛丑	壬寅	癸卯	甲辰	乙巳	丙午	丁未	戊申	己酉	庚戌	辛亥	壬子	癸丑	**春分**	乙卯	丙辰	丁巳	戊午	己未	庚申	辛酉	壬戌	癸亥	甲子	乙丑

陽歷四月份　（陰歷三、四月份）

陽	**4**	2	3	4	5	6	7	8	9	10	11	12	13	14	15	16	17	18	19	20	21	22	23	24	25	26	27	28	29	30	
陰	三	四	五	六	七	八	九	十	十一	十二	十三	十四	十五	十六	十七	十八	十九	廿	廿一	廿二	廿三	廿四	廿五	廿六	廿七	廿八	廿九	卅	**四**	二	
星	4	5	6	**日**	1	2	3	4	5	6	**日**	1	2	3	4	5	6	**日**	1	2	3	4	5	6	**日**	1	2	3	4	5	
干節	丙寅	丁卯	戊辰	己巳	**清明**	辛未	壬申	癸酉	甲戌	乙亥	丙子	丁丑	戊寅	己卯	庚辰	辛巳	壬午	癸未	甲申	**穀雨**	丙戌	丁亥	戊子	己丑	庚寅	辛卯	壬辰	癸巳	甲午	乙未	

陽歷五月份　（陰歷四、五月份）

陽	**5**	2	3	4	5	6	7	8	9	10	11	12	13	14	15	16	17	18	19	20	21	22	23	24	25	26	27	28	29	30	31
陰	三	四	五	六	七	八	九	十	十一	十二	十三	十四	十五	十六	十七	十八	十九	廿	廿一	廿二	廿三	廿四	廿五	廿六	廿七	廿八	廿九	**五**	二	三	四
星	6	**日**	1	2	3	4	5	6	**日**	1	2	3	4	5	6	**日**	1	2	3	4	5	6	**日**	1	2	3	4	5	6	**日**	1
干節	丙申	丁酉	戊戌	己亥	**立夏**	辛丑	壬寅	癸卯	甲辰	乙巳	丙午	丁未	戊申	己酉	庚戌	辛亥	壬子	癸丑	甲寅	乙卯	**小滿**	丁巳	戊午	己未	庚申	辛酉	壬戌	癸亥	甲子	乙丑	丙寅

陽歷六月份　（陰歷五、六月份）

陽	**6**	2	3	4	5	6	7	8	9	10	11	12	13	14	15	16	17	18	19	20	21	22	23	24	25	26	27	28	29	30	
陰	五	六	七	八	九	十	十一	十二	十三	十四	十五	十六	十七	十八	十九	廿	廿一	廿二	廿三	廿四	廿五	廿六	廿七	廿八	廿九	卅	**六**	二	三	四	
星	2	3	4	5	6	**日**	1	2	3	4	5	6	**日**	1	2	3	4	5	6	**日**	1	2	3	4	5	6	**日**	1	2	3	
干節	丁卯	戊辰	己巳	庚午	辛未	**芒種**	癸酉	甲戌	乙亥	丙子	丁丑	戊寅	己卯	庚辰	辛巳	壬午	癸未	甲申	乙酉	丙戌	**夏至**	戊子	己丑	庚寅	辛卯	壬辰	癸巳	甲午	乙未	丙申	

甲申

一八二四年

（清宣宗道光四年）

陽曆七月份　（陰曆六、七月份）

陽	7	2	3	4	5	6	7	8	9	10	11	12	13	14	15	16	17	18	19	20	21	22	23	24	25	26	27	28	29	30	31
陰	五	六	七	八	九	十	十一	十二	十三	十四	十五	十六	十七	十八	十九	廿	廿一	廿二	廿三	廿四	廿五	廿六	廿七	廿八	廿九	七	二	三	四	五	六
星	4	5	6	日	1	2	3	4	5	6	日	1	2	3	4	5	6	日	1	2	3	4	5	6	日	1	2	3	4	5	6
干節	丁酉	戊戌	己亥	庚子	辛丑	壬寅	小暑	甲辰	乙巳	丙午	丁未	戊申	己酉	庚戌	辛亥	壬子	癸丑	甲寅	乙卯	丙辰	丁巳	戊午	大暑	庚申	辛酉	壬戌	癸亥	甲子	乙丑	丙寅	丁卯

陽曆八月份　（陰曆七、閏七月份）

陽	8	2	3	4	5	6	7	8	9	10	11	12	13	14	15	16	17	18	19	20	21	22	23	24	25	26	27	28	29	30	31
陰	七	八	九	十	十一	十二	十三	十四	十五	十六	十七	十八	十九	廿	廿一	廿二	廿三	廿四	廿五	廿六	廿七	廿八	廿九	閏	二	三	四	五	六	七	八
星	日	1	2	3	4	5	6	日	1	2	3	4	5	6	日	1	2	3	4	5	6	日	1	2	3	4	5	6	日	1	2
干節	戊辰	己巳	庚午	辛未	壬申	癸酉	甲戌	立秋	丙子	丁丑	戊寅	己卯	庚辰	辛巳	壬午	癸未	甲申	乙酉	丙戌	丁亥	戊子	己丑	處暑	辛卯	壬辰	癸巳	甲午	乙未	丙申	丁酉	戊戌

陽曆九月份　（陰曆閏七、八月份）

陽	9	2	3	4	5	6	7	8	9	10	11	12	13	14	15	16	17	18	19	20	21	22	23	24	25	26	27	28	29	30	
陰	九	十	十一	十二	十三	十四	十五	十六	十七	十八	十九	廿	廿一	廿二	廿三	廿四	廿五	廿六	廿七	廿八	廿九	卅	八	二	三	四	五	六	七	八	
星	3	4	5	6	日	1	2	3	4	5	6	日	1	2	3	4	5	6	日	1	2	3	4	5	6	日	1	2	3	4	
干節	己亥	庚子	辛丑	壬寅	癸卯	甲辰	乙巳	白露	丁未	戊申	己酉	庚戌	辛亥	壬子	癸丑	甲寅	乙卯	丙辰	丁巳	戊午	己未	庚申	秋分	壬戌	癸亥	甲子	乙丑	丙寅	丁卯	戊辰	

陽曆十月份　（陰曆八、九月份）

陽	10	2	3	4	5	6	7	8	9	10	11	12	13	14	15	16	17	18	19	20	21	22	23	24	25	26	27	28	29	30	31
陰	九	十	十一	十二	十三	十四	十五	十六	十七	十八	十九	廿	廿一	廿二	廿三	廿四	廿五	廿六	廿七	廿八	廿九	九	二	三	四	五	六	七	八	九	十
星	5	6	日	1	2	3	4	5	6	日	1	2	3	4	5	6	日	1	2	3	4	5	6	日	1	2	3	4	5	6	日
干節	己巳	庚午	辛未	壬申	癸酉	甲戌	乙亥	寒露	丁丑	戊寅	己卯	庚辰	辛巳	壬午	癸未	甲申	乙酉	丙戌	丁亥	戊子	己丑	庚寅	霜降	壬辰	癸巳	甲午	乙未	丙申	丁酉	戊戌	己亥

陽曆十一月份　（陰曆九、十月份）

陽	11	2	3	4	5	6	7	8	9	10	11	12	13	14	15	16	17	18	19	20	21	22	23	24	25	26	27	28	29	30	
陰	十一	十二	十三	十四	十五	十六	十七	十八	十九	廿	廿一	廿二	廿三	廿四	廿五	廿六	廿七	廿八	廿九	卅	十	二	三	四	五	六	七	八	九	十	
星	1	2	3	4	5	6	日	1	2	3	4	5	6	日	1	2	3	4	5	6	日	1	2	3	4	5	6	日	1	2	
干節	庚子	辛丑	壬寅	癸卯	甲辰	乙巳	立冬	丁未	戊申	己酉	庚戌	辛亥	壬子	癸丑	甲寅	乙卯	丙辰	丁巳	戊午	己未	庚申	小雪	壬戌	癸亥	甲子	乙丑	丙寅	丁卯	戊辰	己巳	

陽曆十二月份　（陰曆十、十一月份）

陽	12	2	3	4	5	6	7	8	9	10	11	12	13	14	15	16	17	18	19	20	21	22	23	24	25	26	27	28	29	30	31
陰	十一	十二	十三	十四	十五	十六	十七	十八	十九	廿	廿一	廿二	廿三	廿四	廿五	廿六	廿七	廿八	廿九	十一	二	三	四	五	六	七	八	九	十	十一	十二
星	3	4	5	6	日	1	2	3	4	5	6	日	1	2	3	4	5	6	日	1	2	3	4	5	6	日	1	2	3	4	5
干節	庚午	辛未	壬申	癸酉	甲戌	乙亥	大雪	丁丑	戊寅	己卯	庚辰	辛巳	壬午	癸未	甲申	乙酉	丙戌	丁亥	戊子	己丑	庚寅	冬至	壬辰	癸巳	甲午	乙未	丙申	丁酉	戊戌	己亥	庚子

乙酉　一八二五年　（清宣宗道光五年）

陽歷一月份　（陰歷十一、十二月份）

陽	1	2	3	4	5	6	7	8	9	10	11	12	13	14	15	16	17	18	19	20	21	22	23	24	25	26	27	28	29	30	31
陰	十三	十四	十五	十六	十七	十八	十九	廿	廿一	廿二	廿三	廿四	廿五	廿六	廿七	廿八	廿九	卅	十二	二	三	四	五	六	七	八	九	十	十一	十二	十三
星	6	日	1	2	3	4	5	6	日	1	2	3	4	5	6	日	1	2	3	4	5	6	日	1	2	3	4	5	6	日	1
干節	辛丑	壬寅	癸卯	甲辰	小寒	丙午	丁未	戊申	己酉	庚戌	辛亥	壬子	癸丑	甲寅	乙卯	丙辰	丁巳	戊午	己未	大寒	辛酉	壬戌	癸亥	甲子	乙丑	丙寅	丁卯	戊辰	己巳	庚午	辛未

陽歷二月份　（陰歷十二、正月份）

陽	1	2	3	4	5	6	7	8	9	10	11	12	13	14	15	16	17	18	19	20	21	22	23	24	25	26	27	28
陰	十四	十五	十六	十七	十八	十九	廿	廿一	廿二	廿三	廿四	廿五	廿六	廿七	廿八	廿九	卅	正	二	三	四	五	六	七	八	九	十	十一
星	2	3	4	5	6	日	1	2	3	4	5	6	日	1	2	3	4	5	6	日	1	2	3	4	5	6	日	1
干節	壬申	癸酉	甲戌	立春	丙子	丁丑	戊寅	己卯	庚辰	辛巳	壬午	癸未	甲申	乙酉	丙戌	丁亥	戊子	己丑	雨水	辛卯	壬辰	癸巳	甲午	乙未	丙申	丁酉	戊戌	己亥

陽歷三月份　（陰歷正、二月份）

陽	1	2	3	4	5	6	7	8	9	10	11	12	13	14	15	16	17	18	19	20	21	22	23	24	25	26	27	28	29	30	31
陰	十二	十三	十四	十五	十六	十七	十八	十九	廿	廿一	廿二	廿三	廿四	廿五	廿六	廿七	廿八	廿九	卅	二	二	三	四	五	六	七	八	九	十	十一	十二
星	2	3	4	5	6	日	1	2	3	4	5	6	日	1	2	3	4	5	6	日	1	2	3	4	5	6	日	1	2	3	4
干節	庚子	辛丑	壬寅	癸卯	甲辰	驚蟄	丙午	丁未	戊申	己酉	庚戌	辛亥	壬子	癸丑	甲寅	乙卯	丙辰	丁巳	戊午	己未	春分	辛酉	壬戌	癸亥	甲子	乙丑	丙寅	丁卯	戊辰	己巳	庚午

陽歷四月份　（陰歷二、三月份）

陽	1	2	3	4	5	6	7	8	9	10	11	12	13	14	15	16	17	18	19	20	21	22	23	24	25	26	27	28	29	30
陰	十三	十四	十五	十六	十七	十八	十九	廿	廿一	廿二	廿三	廿四	廿五	廿六	廿七	廿八	廿九	三	二	三	四	五	六	七	八	九	十	十一	十二	十三
星	5	6	日	1	2	3	4	5	6	日	1	2	3	4	5	6	日	1	2	3	4	5	6	日	1	2	3	4	5	6
干節	辛未	壬申	癸酉	甲戌	清明	丙子	丁丑	戊寅	己卯	庚辰	辛巳	壬午	癸未	甲申	乙酉	丙戌	丁亥	戊子	己丑	穀雨	辛卯	壬辰	癸巳	甲午	乙未	丙申	丁酉	戊戌	己亥	庚子

陽歷五月份　（陰歷三、四月份）

陽	1	2	3	4	5	6	7	8	9	10	11	12	13	14	15	16	17	18	19	20	21	22	23	24	25	26	27	28	29	30	31
陰	十四	十五	十六	十七	十八	十九	廿	廿一	廿二	廿三	廿四	廿五	廿六	廿七	廿八	廿九	卅	四	二	三	四	五	六	七	八	九	十	十一	十二	十三	十四
星	日	1	2	3	4	5	6	日	1	2	3	4	5	6	日	1	2	3	4	5	6	日	1	2	3	4	5	6	日	1	2
干節	辛丑	壬寅	癸卯	甲辰	乙巳	立夏	丁未	戊申	己酉	庚戌	辛亥	壬子	癸丑	甲寅	乙卯	丙辰	丁巳	戊午	己未	庚申	小滿	壬戌	癸亥	甲子	乙丑	丙寅	丁卯	戊辰	己巳	庚午	辛未

陽歷六月份　（陰歷四、五月份）

陽	1	2	3	4	5	6	7	8	9	10	11	12	13	14	15	16	17	18	19	20	21	22	23	24	25	26	27	28	29	30
陰	十五	十六	十七	十八	十九	廿	廿一	廿二	廿三	廿四	廿五	廿六	廿七	廿八	廿九	五	二	三	四	五	六	七	八	九	十	十一	十二	十三	十四	十五
星	3	4	5	6	日	1	2	3	4	5	6	日	1	2	3	4	5	6	日	1	2	3	4	5	6	日	1	2	3	4
干節	壬申	癸酉	甲戌	乙亥	丙子	芒種	戊寅	己卯	庚辰	辛巳	壬午	癸未	甲申	乙酉	丙戌	丁亥	戊子	己丑	庚寅	辛卯	壬辰	夏至	甲午	乙未	丙申	丁酉	戊戌	己亥	庚子	辛丑

乙酉　一八二五年　（清宣宗道光五年）

陽歷七月份　（陰歷五、六月份）

陽	7	2	3	4	5	6	7	8	9	10	11	12	13	14	15	16	17	18	19	20	21	22	23	24	25	26	27	28	29	30	31
陰	十六	十七	十八	十九	廿	廿一	廿二	廿三	廿四	廿五	廿六	廿七	廿八	廿九	卅	六	二	三	四	五	六	七	八	九	十	十一	十二	十三	十四	十五	十六
星	5	6	日	1	2	3	4	5	6	日	1	2	3	4	5	6	日	1	2	3	4	5	6	日	1	2	3	4	5	6	日
干節	壬寅	癸卯	甲辰	乙巳	丙午	丁未	小暑	己酉	庚戌	辛亥	壬子	癸丑	甲寅	乙卯	丙辰	丁巳	戊午	己未	庚申	辛酉	壬戌	癸亥	大暑	乙丑	丙寅	丁卯	戊辰	己巳	庚午	辛未	壬申

陽歷八月份　（陰歷六、七月份）

陽	8	2	3	4	5	6	7	8	9	10	11	12	13	14	15	16	17	18	19	20	21	22	23	24	25	26	27	28	29	30	31
陰	十七	十八	十九	廿	廿一	廿二	廿三	廿四	廿五	廿六	廿七	廿八	廿九	七	二	三	四	五	六	七	八	九	十	十一	十二	十三	十四	十五	十六	十七	十八
星	1	2	3	4	5	6	日	1	2	3	4	5	6	日	1	2	3	4	5	6	日	1	2	3	4	5	6	日	1	2	3
干節	癸酉	甲戌	乙亥	丙子	丁丑	戊寅	己卯	立秋	辛巳	壬午	癸未	甲申	乙酉	丙戌	丁亥	戊子	己丑	庚寅	辛卯	壬辰	癸巳	甲午	處暑	丙申	丁酉	戊戌	己亥	庚子	辛丑	壬寅	癸卯

陽歷九月份　（陰歷七、八月份）

陽	9	2	3	4	5	6	7	8	9	10	11	12	13	14	15	16	17	18	19	20	21	22	23	24	25	26	27	28	29	30
陰	十九	廿	廿一	廿二	廿三	廿四	廿五	廿六	廿七	廿八	廿九	八	二	三	四	五	六	七	八	九	十	十一	十二	十三	十四	十五	十六	十七	十八	十九
星	4	5	6	日	1	2	3	4	5	6	日	1	2	3	4	5	6	日	1	2	3	4	5	6	日	1	2	3	4	5
干節	甲辰	乙巳	丙午	丁未	戊申	己酉	庚戌	白露	壬子	癸丑	甲寅	乙卯	丙辰	丁巳	戊午	己未	庚申	辛酉	壬戌	癸亥	甲子	乙丑	秋分	丁卯	戊辰	己巳	庚午	辛未	壬申	癸酉

陽歷十月份　（陰歷八、九月份）

陽	10	2	3	4	5	6	7	8	9	10	11	12	13	14	15	16	17	18	19	20	21	22	23	24	25	26	27	28	29	30	31
陰	廿	廿一	廿二	廿三	廿四	廿五	廿六	廿七	廿八	廿九	卅	九	二	三	四	五	六	七	八	九	十	十一	十二	十三	十四	十五	十六	十七	十八	十九	廿
星	6	日	1	2	3	4	5	6	日	1	2	3	4	5	6	日	1	2	3	4	5	6	日	1	2	3	4	5	6	日	1
干節	甲戌	乙亥	丙子	丁丑	戊寅	己卯	庚辰	寒露	壬午	癸未	甲申	乙酉	丙戌	丁亥	戊子	己丑	庚寅	辛卯	壬辰	癸巳	甲午	乙未	丙申	霜降	戊戌	己亥	庚子	辛丑	壬寅	癸卯	甲辰

陽歷十一月份　（陰歷九、十月份）

陽	11	2	3	4	5	6	7	8	9	10	11	12	13	14	15	16	17	18	19	20	21	22	23	24	25	26	27	28	29	30
陰	廿一	廿二	廿三	廿四	廿五	廿六	廿七	廿八	廿九	十	二	三	四	五	六	七	八	九	十	十一	十二	十三	十四	十五	十六	十七	十八	十九	廿	廿一
星	2	3	4	5	6	日	1	2	3	4	5	6	日	1	2	3	4	5	6	日	1	2	3	4	5	6	日	1	2	3
干節	乙巳	丙午	丁未	戊申	己酉	庚戌	辛亥	立冬	癸丑	甲寅	乙卯	丙辰	丁巳	戊午	己未	庚申	辛酉	壬戌	癸亥	甲子	乙丑	小雪	丁卯	戊辰	己巳	庚午	辛未	壬申	癸酉	甲戌

陽歷十二月份　（陰歷十、十一月份）

陽	12	2	3	4	5	6	7	8	9	10	11	12	13	14	15	16	17	18	19	20	21	22	23	24	25	26	27	28	29	30	31
陰	廿二	廿三	廿四	廿五	廿六	廿七	廿八	廿九	卅	十一	二	三	四	五	六	七	八	九	十	十一	十二	十三	十四	十五	十六	十七	十八	十九	廿	廿一	廿二
星	4	5	6	日	1	2	3	4	5	6	日	1	2	3	4	5	6	日	1	2	3	4	5	6	日	1	2	3	4	5	6
干節	乙亥	丙子	丁丑	戊寅	己卯	庚辰	大雪	壬午	癸未	甲申	乙酉	丙戌	丁亥	戊子	己丑	庚寅	辛卯	壬辰	癸巳	甲午	乙未	冬至	丁酉	戊戌	己亥	庚子	辛丑	壬寅	癸卯	甲辰	乙巳

陽曆一月份　(陰曆十一、十二月份)

陽	**1**	2	3	4	5	6	7	8	9	10	11	12	13	14	15	16	17	18	19	20	21	22	23	24	25	26	27	28	29	30	31
陰	廿三	廿四	廿五	廿六	廿七	廿八	廿九	**十二**	二	三	四	五	六	七	八	九	十	十一	十二	十三	十四	十五	十六	十七	十八	十九	廿	廿一	廿二	廿三	廿四
星	**日**	1	2	3	4	5	6	**日**	1	2	3	4	5	6	**日**	1	2	3	4	5	6	**日**	1	2	3	4	5	6	**日**	1	2
干節	丙午	丁未	戊申	己酉	庚戌	**小寒**	壬子	癸丑	甲寅	乙卯	丙辰	丁巳	戊午	己未	庚申	辛酉	壬戌	癸亥	甲子	**大寒**	丙寅	丁卯	戊辰	己巳	庚午	辛未	壬申	癸酉	甲戌	乙亥	丙子

陽曆二月份　(陰曆十二、正月份)

陽	**2**	2	3	4	5	6	7	8	9	10	11	12	13	14	15	16	17	18	19	20	21	22	23	24	25	26	27	28
陰	廿五	廿六	廿七	廿八	廿九	卅	**正**	二	三	四	五	六	七	八	九	十	十一	十二	十三	十四	十五	十六	十七	十八	十九	廿	廿一	廿二
星	3	4	5	6	**日**	1	2	3	4	5	6	**日**	1	2	3	4	5	6	**日**	1	2	3	4	5	6	**日**	1	2
干節	丁丑	戊寅	己卯	**立春**	辛巳	壬午	癸未	甲申	乙酉	丙戌	丁亥	戊子	己丑	庚寅	辛卯	壬辰	癸巳	甲午	**雨水**	丙申	丁酉	戊戌	己亥	庚子	辛丑	壬寅	癸卯	甲辰

陽曆三月份　(陰曆正、二月份)

陽	**3**	2	3	4	5	6	7	8	9	10	11	12	13	14	15	16	17	18	19	20	21	22	23	24	25	26	27	28	29	30	31
陰	廿三	廿四	廿五	廿六	廿七	廿八	廿九	卅	**二**	二	三	四	五	六	七	八	九	十	十一	十二	十三	十四	十五	十六	十七	十八	十九	廿	廿一	廿二	廿三
星	3	4	5	6	**日**	1	2	3	4	5	6	**日**	1	2	3	4	5	6	**日**	1	2	3	4	5	6	**日**	1	2	3	4	5
干節	乙巳	丙午	丁未	戊申	己酉	**驚蟄**	辛亥	壬子	癸丑	甲寅	乙卯	丙辰	丁巳	戊午	己未	庚申	辛酉	壬戌	癸亥	甲子	**春分**	丙寅	丁卯	戊辰	己巳	庚午	辛未	壬申	癸酉	甲戌	乙亥

陽曆四月份　(陰曆二、三月份)

陽	**4**	2	3	4	5	6	7	8	9	10	11	12	13	14	15	16	17	18	19	20	21	22	23	24	25	26	27	28	29	30
陰	廿四	廿五	廿六	廿七	廿八	廿九	**三**	二	三	四	五	六	七	八	九	十	十一	十二	十三	十四	十五	十六	十七	十八	十九	廿	廿一	廿二	廿三	廿四
星	6	**日**	1	2	3	4	5	6	**日**	1	2	3	4	5	6	**日**	1	2	3	4	5	6	**日**	1	2	3	4	5	6	**日**
干節	丙子	丁丑	戊寅	己卯	**清明**	辛巳	壬午	癸未	甲申	乙酉	丙戌	丁亥	戊子	己丑	庚寅	辛卯	壬辰	癸巳	甲午	**穀雨**	丙申	丁酉	戊戌	己亥	庚子	辛丑	壬寅	癸卯	甲辰	乙巳

陽曆五月份　(陰曆三、四月份)

陽	**5**	2	3	4	5	6	7	8	9	10	11	12	13	14	15	16	17	18	19	20	21	22	23	24	25	26	27	28	29	30	31
陰	廿五	廿六	廿七	廿八	廿九	卅	**四**	二	三	四	五	六	七	八	九	十	十一	十二	十三	十四	十五	十六	十七	十八	十九	廿	廿一	廿二	廿三	廿四	廿五
星	1	2	3	4	5	6	**日**	1	2	3	4	5	6	**日**	1	2	3	4	5	6	**日**	1	2	3	4	5	6	**日**	1	2	3
干節	丙午	丁未	戊申	己酉	庚戌	**立夏**	壬子	癸丑	甲寅	乙卯	丙辰	丁巳	戊午	己未	庚申	辛酉	壬戌	癸亥	甲子	乙丑	**小滿**	丁卯	戊辰	己巳	庚午	辛未	壬申	癸酉	甲戌	乙亥	丙子

陽曆六月份　(陰曆四、五月份)

陽	**6**	2	3	4	5	6	7	8	9	10	11	12	13	14	15	16	17	18	19	20	21	22	23	24	25	26	27	28	29	30
陰	廿六	廿七	廿八	廿九	卅	**五**	二	三	四	五	六	七	八	九	十	十一	十二	十三	十四	十五	十六	十七	十八	十九	廿	廿一	廿二	廿三	廿四	廿五
星	4	5	6	**日**	1	2	3	4	5	6	**日**	1	2	3	4	5	6	**日**	1	2	3	4	5	6	**日**	1	2	3	4	5
干節	丁丑	戊寅	己卯	庚辰	辛巳	**芒種**	癸未	甲申	乙酉	丙戌	丁亥	戊子	己丑	庚寅	辛卯	壬辰	癸巳	甲午	乙未	丙申	丁酉	**夏至**	己亥	庚子	辛丑	壬寅	癸卯	甲辰	乙巳	丙午

丙戌

一八二六年

(清宣宗道光六年)

丙戌

一八二六年

（清宣宗道光六年）

陽歷七月份　（陰歷五、六月份）

陽	7	2	3	4	5	6	7	8	9	10	11	12	13	14	15	16	17	18	19	20	21	22	23	24	25	26	27	28	29	30	31
陰	廿六	廿七	廿八	廿九	六	二	三	四	五	六	七	八	九	十	十一	十二	十三	十四	十五	十六	十七	十八	十九	廿	廿一	廿二	廿三	廿四	廿五	廿六	廿七
星	6	日	1	2	3	4	5	6	日	1	2	3	4	5	6	日	1	2	3	4	5	6	日	1	2	3	4	5	6	日	1
干節	丁未	戊申	己酉	庚戌	辛亥	壬子	癸丑	小暑	乙卯	丙辰	丁巳	戊午	己未	庚申	辛酉	壬戌	癸亥	甲子	乙丑	丙寅	丁卯	戊辰	大暑	庚午	辛未	壬申	癸酉	甲戌	乙亥	丙子	丁丑

陽歷八月份　（陰歷六、七月份）

陽	8	2	3	4	5	6	7	8	9	10	11	12	13	14	15	16	17	18	19	20	21	22	23	24	25	26	27	28	29	30	31
陰	廿八	廿九	卅	七	二	三	四	五	六	七	八	九	十	十一	十二	十三	十四	十五	十六	十七	十八	十九	廿	廿一	廿二	廿三	廿四	廿五	廿六	廿七	廿八
星	2	3	4	5	6	日	1	2	3	4	5	6	日	1	2	3	4	5	6	日	1	2	3	4	5	6	日	1	2	3	4
干節	戊寅	己卯	庚辰	辛巳	壬午	癸未	甲申	立秋	丙戌	丁亥	戊子	己丑	庚寅	辛卯	壬辰	癸巳	甲午	乙未	丙申	丁酉	戊戌	己亥	庚子	處暑	壬寅	癸卯	甲辰	乙巳	丙午	丁未	戊申

陽歷九月份　（陰歷七、八月份）

陽	9	2	3	4	5	6	7	8	9	10	11	12	13	14	15	16	17	18	19	20	21	22	23	24	25	26	27	28	29	30
陰	廿九	八	二	三	四	五	六	七	八	九	十	十一	十二	十三	十四	十五	十六	十七	十八	十九	廿	廿一	廿二	廿三	廿四	廿五	廿六	廿七	廿八	廿九
星	5	6	日	1	2	3	4	5	6	日	1	2	3	4	5	6	日	1	2	3	4	5	6	日	1	2	3	4	5	6
干節	己酉	庚戌	辛亥	壬子	癸丑	甲寅	乙卯	白露	丁巳	戊午	己未	庚申	辛酉	壬戌	癸亥	甲子	乙丑	丙寅	丁卯	戊辰	己巳	庚午	秋分	壬申	癸酉	甲戌	乙亥	丙子	丁丑	戊寅

陽歷十月份　（陰歷九、十月份）

陽	10	2	3	4	5	6	7	8	9	10	11	12	13	14	15	16	17	18	19	20	21	22	23	24	25	26	27	28	29	30	31
陰	九	二	三	四	五	六	七	八	九	十	十一	十二	十三	十四	十五	十六	十七	十八	十九	廿	廿一	廿二	廿三	廿四	廿五	廿六	廿七	廿八	廿九	卅	十
星	日	1	2	3	4	5	6	日	1	2	3	4	5	6	日	1	2	3	4	5	6	日	1	2	3	4	5	6	日	1	2
干節	己卯	庚辰	辛巳	壬午	癸未	甲申	乙酉	丙戌	寒露	戊子	己丑	庚寅	辛卯	壬辰	癸巳	甲午	乙未	丙申	丁酉	戊戌	己亥	庚子	辛丑	霜降	癸卯	甲辰	乙巳	丙午	丁未	戊申	己酉

陽歷十一月份　（陰歷十、十一月份）

陽	11	2	3	4	5	6	7	8	9	10	11	12	13	14	15	16	17	18	19	20	21	22	23	24	25	26	27	28	29	30
陰	二	三	四	五	六	七	八	九	十	十一	十二	十三	十四	十五	十六	十七	十八	十九	廿	廿一	廿二	廿三	廿四	廿五	廿六	廿七	廿八	廿九	十一	二
星	3	4	5	6	日	1	2	3	4	5	6	日	1	2	3	4	5	6	日	1	2	3	4	5	6	日	1	2	3	4
干節	庚戌	辛亥	壬子	癸丑	甲寅	乙卯	丙辰	立冬	戊午	己未	庚申	辛酉	壬戌	癸亥	甲子	乙丑	丙寅	丁卯	戊辰	己巳	庚午	辛未	小雪	癸酉	甲戌	乙亥	丙子	丁丑	戊寅	己卯

陽歷十二月份　（陰歷十一、十二月份）

陽	12	2	3	4	5	6	7	8	9	10	11	12	13	14	15	16	17	18	19	20	21	22	23	24	25	26	27	28	29	30	31
陰	三	四	五	六	七	八	九	十	十一	十二	十三	十四	十五	十六	十七	十八	十九	廿	廿一	廿二	廿三	廿四	廿五	廿六	廿七	廿八	廿九	卅	十二	二	三
星	5	6	日	1	2	3	4	5	6	日	1	2	3	4	5	6	日	1	2	3	4	5	6	日	1	2	3	4	5	6	日
干節	庚辰	辛巳	壬午	癸未	甲申	乙酉	大雪	丁亥	戊子	己丑	庚寅	辛卯	壬辰	癸巳	甲午	乙未	丙申	丁酉	戊戌	己亥	庚子	冬至	壬寅	癸卯	甲辰	乙巳	丙午	丁未	戊申	己酉	庚戌

近世中西史日對照表

丁亥　一八二七年　（清宣宗道光七年）

陽歷一月份　（陰歷十二、正月份）

陽	1	2	3	4	5	6	7	8	9	10	11	12	13	14	15	16	17	18	19	20	21	22	23	24	25	26	27	28	29	30	31
陰	四	五	六	七	八	九	十	十一	十二	十三	十四	十五	十六	十七	十八	十九	廿	廿一	廿二	廿三	廿四	廿五	廿六	廿七	廿八	廿九	正	二	三	四	五
星	1	2	3	4	5	6	日	1	2	3	4	5	6	日	1	2	3	4	5	6	日	1	2	3	4	5	6	日	1	2	3
干節	辛亥	壬子	癸丑	甲寅	乙卯	小寒	丁巳	戊午	己未	庚申	辛酉	壬戌	癸亥	甲子	乙丑	丙寅	丁卯	戊辰	己巳	庚午	大寒	壬申	癸酉	甲戌	乙亥	丙子	丁丑	戊寅	己卯	庚辰	辛巳

陽歷二月份　（陰歷正、二月份）

陽	2	2	3	4	5	6	7	8	9	10	11	12	13	14	15	16	17	18	19	20	21	22	23	24	25	26	27	28			
陰	六	七	八	九	十	十一	十二	十三	十四	十五	十六	十七	十八	十九	廿	廿一	廿二	廿三	廿四	廿五	廿六	廿七	廿八	廿九	卅	二	二	三	—	—	—
星	4	5	6	日	1	2	3	4	5	6	日	1	2	3	4	5	6	日	1	2	3	4	5	6	日	1	2	3	—	—	—
干節	壬午	癸未	甲申	立春	丙戌	丁亥	戊子	己丑	庚寅	辛卯	壬辰	癸巳	甲午	乙未	丙申	丁酉	戊戌	己亥	雨水	辛丑	壬寅	癸卯	甲辰	乙巳	丙午	丁未	戊申	己酉			

陽歷三月份　（陰歷二、三月份）

陽	3	2	3	4	5	6	7	8	9	10	11	12	13	14	15	16	17	18	19	20	21	22	23	24	25	26	27	28	29	30	31
陰	四	五	六	七	八	九	十	十一	十二	十三	十四	十五	十六	十七	十八	十九	廿	廿一	廿二	廿三	廿四	廿五	廿六	廿七	廿八	廿九	三	二	三	四	五
星	4	5	6	日	1	2	3	4	5	6	日	1	2	3	4	5	6	日	1	2	3	4	5	6	日	1	2	3	4	5	6
干節	庚戌	辛亥	壬子	癸丑	甲寅	驚蟄	丙辰	丁巳	戊午	己未	庚申	辛酉	壬戌	癸亥	甲子	乙丑	丙寅	丁卯	戊辰	己巳	春分	辛未	壬申	癸酉	甲戌	乙亥	丙子	丁丑	戊寅	己卯	庚辰

陽歷四月份　（陰歷三、四月份）

陽	4	2	3	4	5	6	7	8	9	10	11	12	13	14	15	16	17	18	19	20	21	22	23	24	25	26	27	28	29	30
陰	六	七	八	九	十	十一	十二	十三	十四	十五	十六	十七	十八	十九	廿	廿一	廿二	廿三	廿四	廿五	廿六	廿七	廿八	廿九	卅	四	二	三	四	五
星	日	1	2	3	4	5	6	日	1	2	3	4	5	6	日	1	2	3	4	5	6	日	1	2	3	4	5	6	日	1
干節	辛巳	壬午	癸未	甲申	清明	丙戌	丁亥	戊子	己丑	庚寅	辛卯	壬辰	癸巳	甲午	乙未	丙申	丁酉	戊戌	己亥	庚子	穀雨	壬寅	癸卯	甲辰	乙巳	丙午	丁未	戊申	己酉	庚戌

陽歷五月份　（陰歷四、五月份）

陽	5	2		4	5	6	7	8	9	10	11	12	13	14	15	16	17	18	19	20	21	22	23	24	25	26	27	28	29	30	31
陰	六	七	八	九	十	十一	十二	十三	十四	十五	十六	十七	十八	十九	廿	廿一	廿二	廿三	廿四	廿五	廿六	廿七	廿八	廿九	卅	五	二	三	四	五	六
星	2	3	4	5	6	日	1	2	3	4	5	6	日	1	2	3	4	5	6	日	1	2	3	4	5	6	日	1	2	3	4
干節	辛亥	壬子	癸丑	甲寅	乙卯	立夏	丁巳	戊午	己未	庚申	辛酉	壬戌	癸亥	甲子	乙丑	丙寅	丁卯	戊辰	己巳	庚午	辛未	小滿	癸酉	甲戌	乙亥	丙子	丁丑	戊寅	己卯	庚辰	辛巳

陽歷六月份　（陰歷五、閏五月份）

陽	6	2	3	4	5	6	7	8	9	10	11	12	13	14	15	16	17	18	19	20	21	22	23	24	25	26	27	28	29	30
陰	七	八	九	十	十一	十二	十三	十四	十五	十六	十七	十八	十九	廿	廿一	廿二	廿三	廿四	廿五	廿六	廿七	廿八	廿九	閏	二	三	四	五	六	七
星	5	6	日	1	2	3	4	5	6	日	1	2	3	4	5	6	日	1	2	3	4	5	6	日	1	2	3	4	5	6
干節	壬午	癸未	甲申	乙酉	丙戌	芒種	戊子	己丑	庚寅	辛卯	壬辰	癸巳	甲午	乙未	丙申	丁酉	戊戌	己亥	庚子	辛丑	壬寅	夏至	甲辰	乙巳	丙午	丁未	戊申	己酉	庚戌	辛亥

丁亥

一八二七年

（清宣宗道光七年）

陽歷七月份 （陰歷閏五、六月份）

陽	**7**	2	3	4	5	6	7	8	9	10	11	12	13	14	15	16	17	18	19	20	21	22	23	24	25	26	27	28	29	30	31
陰	八	九	十	十一	十二	十三	十四	十五	十六	十七	十八	十九	廿	廿一	廿二	廿三	廿四	廿五	廿六	廿七	廿八	廿九	卅	**六**	二	三	四	五	六	七	八
星	**日**	1	2	3	4	5	6	**日**	1	2	3	4	5	6	**日**	1	2	3	4	5	6	**日**	1	2	3	4	5	6	**日**	1	2
干節	壬子	癸丑	甲寅	乙卯	丙辰	丁巳	戊午	**小暑**	庚申	辛酉	壬戌	癸亥	甲子	乙丑	丙寅	丁卯	戊辰	己巳	庚午	辛未	壬申	癸酉	甲戌	**大暑**	丙子	丁丑	戊寅	己卯	庚辰	辛巳	壬午

陽歷八月份 （陰歷六、七月份）

陽	**8**	2	3	4	5	6	7	8	9	10	11	12	13	14	15	16	17	18	19	20	21	22	23	24	25	26	27	28	29	30	31
陰	九	十	十一	十二	十三	十四	十五	十六	十七	十八	十九	廿	廿一	廿二	廿三	廿四	廿五	廿六	廿七	廿八	廿九	**七**	二	三	四	五	六	七	八	九	十
星	3	4	5	6	**日**	1	2	3	4	5	6	**日**	1	2	3	4	5	6	**日**	1	2	3	4	5	6	**日**	1	2	3	4	5
干節	癸未	甲申	乙酉	丙戌	丁亥	戊子	己丑	**立秋**	辛卯	壬辰	癸巳	甲午	乙未	丙申	丁酉	戊戌	己亥	庚子	辛丑	壬寅	癸卯	甲辰	乙巳	**處暑**	丁未	戊申	己酉	庚戌	辛亥	壬子	癸丑

陽歷九月份 （陰歷七、八月份）

陽	**9**	2	3	4	5	6	7	8	9	10	11	12	13	14	15	16	17	18	19	20	21	22	23	24	25	26	27	28	29	30
陰	十一	十二	十三	十四	十五	十六	十七	十八	十九	廿	廿一	廿二	廿三	廿四	廿五	廿六	廿七	廿八	廿九	卅	**八**	二	三	四	五	六	七	八	九	十
星	6	**日**	1	2	3	4	5	6	**日**	1	2	3	4	5	6	**日**	1	2	3	4	5	6	**日**	1	2	3	4	5	6	**日**
干節	甲寅	乙卯	丙辰	丁巳	戊午	己未	庚申	**白露**	壬戌	癸亥	甲子	乙丑	丙寅	丁卯	戊辰	己巳	庚午	辛未	壬申	癸酉	甲戌	乙亥	丙子	**秋分**	戊寅	己卯	庚辰	辛巳	壬午	癸未

陽歷十月份 （陰歷八、九月份）

陽	**10**	2	3	4	5	6	7	8	9	10	11	12	13	14	15	16	17	18	19	20	21	22	23	24	25	26	27	28	29	30	31
陰	十一	十二	十三	十四	十五	十六	十七	十八	十九	廿	廿一	廿二	廿三	廿四	廿五	廿六	廿七	廿八	廿九	**九**	二	三	四	五	六	七	八	九	十	十一	十二
星	1	2	3	4	5	6	**日**	1	2	3	4	5	6	**日**	1	2	3	4	5	6	**日**	1	2	3	4	5	6	**日**	1	2	3
干節	甲申	乙酉	丙戌	丁亥	戊子	己丑	庚寅	辛卯	**寒露**	癸巳	甲午	乙未	丙申	丁酉	戊戌	己亥	庚子	辛丑	壬寅	癸卯	甲辰	乙巳	丙午	**霜降**	戊申	己酉	庚戌	辛亥	壬子	癸丑	甲寅

陽歷十一月份 （陰歷九、十月份）

陽	**11**	2	3	4	5	6	7	8	9	10	11	12	13	14	15	16	17	18	19	20	21	22	23	24	25	26	27	28	29	30
陰	十三	十四	十五	十六	十七	十八	十九	廿	廿一	廿二	廿三	廿四	廿五	廿六	廿七	廿八	廿九	卅	**十**	二	三	四	五	六	七	八	九	十	十一	十二
星	4	5	6	**日**	1	2	3	4	5	6	**日**	1	2	3	4	5	6	**日**	1	2	3	4	5	6	**日**	1	2	3	4	5
干節	乙卯	丙辰	丁巳	戊午	己未	庚申	辛酉	**立冬**	癸亥	甲子	乙丑	丙寅	丁卯	戊辰	己巳	庚午	辛未	壬申	癸酉	甲戌	乙亥	丙子	**小雪**	戊寅	己卯	庚辰	辛巳	壬午	癸未	甲申

陽歷十二月份 （陰歷十、十一月份）

陽	**12**	2	3	4	5	6	7	8	9	10	11	12	13	14	15	16	17	18	19	20	21	22	23	24	25	26	27	28	29	30	31
陰	十三	十四	十五	十六	十七	十八	十九	廿	廿一	廿二	廿三	廿四	廿五	廿六	廿七	廿八	廿九	**十一**	二	三	四	五	六	七	八	九	十	十一	十二	十三	十四
星	6	**日**	1	2	3	4	5	6	**日**	1	2	3	4	5	6	**日**	1	2	3	4	5	6	**日**	1	2	3	4	5	6	**日**	1
干節	乙酉	丙戌	丁亥	戊子	己丑	庚寅	辛卯	**大雪**	癸巳	甲午	乙未	丙申	丁酉	戊戌	己亥	庚子	辛丑	壬寅	癸卯	甲辰	乙巳	**冬至**	丁未	戊申	己酉	庚戌	辛亥	壬子	癸丑	甲寅	乙卯

近世中西史日對照表

戊子　一八二八年　（清宣宗道光八年）

陽歷一月份　（陰歷十一、十二月份）

陽	1	2	3	4	5	6	7	8	9	10	11	12	13	14	15	16	17	18	19	20	21	22	23	24	25	26	27	28	29	30	31
陰	十五	十六	十七	十八	十九	廿	廿一	廿二	廿三	廿四	廿五	廿六	廿七	廿八	廿九	卅	十二	二	三	四	五	六	七	八	九	十	十一	十二	十三	十四	十五
星	2	3	4	5	6	日	1	2	3	4	5	6	日	1	2	3	4	5	6	日	1	2	3	4	5	6	日	1	2	3	4
干節	丙辰	丁巳	戊午	己未	庚申	小寒	壬戌	癸亥	甲子	乙丑	丙寅	丁卯	戊辰	己巳	庚午	辛未	壬申	癸酉	甲戌	乙亥	大寒	丁丑	戊寅	己卯	庚辰	辛巳	壬午	癸未	甲申	乙酉	丙戌

陽歷二月份　（陰歷十二、正月份）

陽	1	2	3	4	5	6	7	8	9	10	11	12	13	14	15	16	17	18	19	20	21	22	23	24	25	26	27	28	29		
陰	十六	十七	十八	十九	廿	廿一	廿二	廿三	廿四	廿五	廿六	廿七	廿八	廿九	正	二	三	四	五	六	七	八	九	十	十一	十二	十三	十四	十五		
星	5	6	日	1	2	3	4	5	6	日	1	2	3	4	5	6	日	1	2	3	4	5	6	日	1	2	3	4	5		
干節	丁亥	戊子	己丑	庚寅	立春	壬辰	癸巳	甲午	乙未	丙申	丁酉	戊戌	己亥	庚子	辛丑	壬寅	癸卯	甲辰	雨水	丙午	丁未	戊申	己酉	庚戌	辛亥	壬子	癸丑	甲寅	乙卯		

陽歷三月份　（陰歷正、二月份）

陽	1	2	3	4	5	6	7	8	9	10	11	12	13	14	15	16	17	18	19	20	21	22	23	24	25	26	27	28	29	30	31
陰	十六	十七	十八	十九	廿	廿一	廿二	廿三	廿四	廿五	廿六	廿七	廿八	廿九	卅	二	二	三	四	五	六	七	八	九	十	十一	十二	十三	十四	十五	十六
星	6	日	1	2	3	4	5	6	日	1	2	3	4	5	6	日	1	2	3	4	5	6	日	1	2	3	4	5	6	日	1
干節	丙辰	丁巳	戊午	己未	驚蟄	辛酉	壬戌	癸亥	甲子	乙丑	丙寅	丁卯	戊辰	己巳	庚午	辛未	壬申	癸酉	甲戌	春分	丙子	丁丑	戊寅	己卯	庚辰	辛巳	壬午	癸未	甲申	乙酉	丙戌

陽歷四月份　（陰歷二、三月份）

陽	1	2	3	4	5	6	7	8	9	10	11	12	13	14	15	16	17	18	19	20	21	22	23	24	25	26	27	28	29	30	
陰	十七	十八	十九	廿	廿一	廿二	廿三	廿四	廿五	廿六	廿七	廿八	廿九	三	二	三	四	五	六	七	八	九	十	十一	十二	十三	十四	十五	十六	十七	
星	2	3	4	5	6	日	1	2	3	4	5	6	日	1	2	3	4	5	6	日	1	2	3	4	5	6	日	1	2	3	
干節	丁亥	戊子	己丑	庚寅	清明	壬辰	癸巳	甲午	乙未	丙申	丁酉	戊戌	己亥	庚子	辛丑	壬寅	癸卯	甲辰	乙巳	穀雨	丁未	戊申	己酉	庚戌	辛亥	壬子	癸丑	甲寅	乙卯	丙辰	

陽歷五月份　（陰歷三、四月份）

陽	1	2	3	4	5	6	7	8	9	10	11	12	13	14	15	16	17	18	19	20	21	22	23	24	25	26	27	28	29	30	31
陰	十八	十九	廿	廿一	廿二	廿三	廿四	廿五	廿六	廿七	廿八	廿九	卅	四	二	三	四	五	六	七	八	九	十	十一	十二	十三	十四	十五	十六	十七	十八
星	4	5	6	日	1	2	3	4	5	6	日	1	2	3	4	5	6	日	1	2	3	4	5	6	日	1	2	3	4	5	6
干節	丁巳	戊午	己未	庚申	立夏	壬戌	癸亥	甲子	乙丑	丙寅	丁卯	戊辰	己巳	庚午	辛未	壬申	癸酉	甲戌	乙亥	丙子	小滿	戊寅	己卯	庚辰	辛巳	壬午	癸未	甲申	乙酉	丙戌	丁亥

陽歷六月份　（陰歷四、五月份）

陽	1	2	3	4	5	6	7	8	9	10	11	12	13	14	15	16	17	18	19	20	21	22	23	24	25	26	27	28	29	30	
陰	十九	廿	廿一	廿二	廿三	廿四	廿五	廿六	廿七	廿八	廿九	五	二	三	四	五	六	七	八	九	十	十一	十二	十三	十四	十五	十六	十七	十八	十九	
星	日	1	2	3	4	5	6	日	1	2	3	4	5	6	日	1	2	3	4	5	6	日	1	2	3	4	5	6	日	1	
干節	戊子	己丑	庚寅	辛卯	壬辰	芒種	甲午	乙未	丙申	丁酉	戊戌	己亥	庚子	辛丑	壬寅	癸卯	甲辰	乙巳	丙午	丁未	夏至	己酉	庚戌	辛亥	壬子	癸丑	甲寅	乙卯	丙辰	丁巳	

戊子　一八二八年　（清宣宗道光八年）

陽歷七月份　（陰歷五、六月份）

陽	7	2	3	4	5	6	7	8	9	10	11	12	13	14	15	16	17	18	19	20	21	22	23	24	25	26	27	28	29	30	31
陰	廿	廿一	廿二	廿三	廿四	廿五	廿六	廿七	廿八	廿九	卅	六	二	三	四	五	六	七	八	九	十	十一	十二	十三	十四	十五	十六	十七	十八	十九	廿
星	2	3	4	5	6	日	1	2	3	4	5	6	日	1	2	3	4	5	6	日	1	2	3	4	5	6	日	1	2	3	4
干節	戊午	己未	庚申	辛酉	壬戌	癸亥	小暑	乙丑	丙寅	丁卯	戊辰	己巳	庚午	辛未	壬申	癸酉	甲戌	乙亥	丙子	丁丑	戊寅	己卯	大暑	辛巳	壬午	癸未	甲申	乙酉	丙戌	丁亥	戊子

陽歷八月份　（陰歷六、七月份）

陽	8	2	3	4	5	6	7	8	9	10	11	12	13	14	15	16	17	18	19	20	21	22	23	24	25	26	27	28	29	30	31
陰	廿一	廿二	廿三	廿四	廿五	廿六	廿七	廿八	廿九	卅	七	二	三	四	五	六	七	八	九	十	十一	十二	十三	十四	十五	十六	十七	十八	十九	廿	廿一
星	5	6	日	1	2	3	4	5	6	日	1	2	3	4	5	6	日	1	2	3	4	5	6	日	1	2	3	4	5	6	日
干節	己丑	庚寅	辛卯	壬辰	癸巳	甲午	立秋	丙申	丁酉	戊戌	己亥	庚子	辛丑	壬寅	癸卯	甲辰	乙巳	丙午	丁未	戊申	己酉	庚戌	處暑	壬子	癸丑	甲寅	乙卯	丙辰	丁巳	戊午	己未

陽歷九月份　（陰歷七、八月份）

陽	9	2	3	4	5	6	7	8	9	10	11	12	13	14	15	16	17	18	19	20	21	22	23	24	25	26	27	28	29	30
陰	廿二	廿三	廿四	廿五	廿六	廿七	廿八	廿九	八	二	三	四	五	六	七	八	九	十	十一	十二	十三	十四	十五	十六	十七	十八	十九	廿	廿一	廿二
星	1	2	3	4	5	6	日	1	2	3	4	5	6	日	1	2	3	4	5	6	日	1	2	3	4	5	6	日	1	2
干節	庚申	辛酉	壬戌	癸亥	甲子	乙丑	丙寅	白露	戊辰	己巳	庚午	辛未	壬申	癸酉	甲戌	乙亥	丙子	丁丑	戊寅	己卯	庚辰	辛巳	秋分	癸未	甲申	乙酉	丙戌	丁亥	戊子	己丑

陽歷十月份　（陰歷八、九月份）

陽	10	2	3	4	5	6	7	8	9	10	11	12	13	14	15	16	17	18	19	20	21	22	23	24	25	26	27	28	29	30	31
陰	廿三	廿四	廿五	廿六	廿七	廿八	廿九	卅	九	二	三	四	五	六	七	八	九	十	十一	十二	十三	十四	十五	十六	十七	十八	十九	廿	廿一	廿二	廿三
星	3	4	5	6	日	1	2	3	4	5	6	日	1	2	3	4	5	6	日	1	2	3	4	5	6	日	1	2	3	4	5
干節	庚寅	辛卯	壬辰	癸巳	甲午	乙未	丙申	寒露	戊戌	己亥	庚子	辛丑	壬寅	癸卯	甲辰	乙巳	丙午	丁未	戊申	己酉	庚戌	辛亥	霜降	癸丑	甲寅	乙卯	丙辰	丁巳	戊午	己未	庚申

陽歷十一月份　（陰歷九、十月份）

陽	11	2	3	4	5	6	7	8	9	10	11	12	13	14	15	16	17	18	19	20	21	22	23	24	25	26	27	28	29	30
陰	廿四	廿五	廿六	廿七	廿八	廿九	十	二	三	四	五	六	七	八	九	十	十一	十二	十三	十四	十五	十六	十七	十八	十九	廿	廿一	廿二	廿三	廿四
星	6	日	1	2	3	4	5	6	日	1	2	3	4	5	6	日	1	2	3	4	5	6	日	1	2	3	4	5	6	日
干節	辛酉	壬戌	癸亥	甲子	乙丑	丙寅	立冬	戊辰	己巳	庚午	辛未	壬申	癸酉	甲戌	乙亥	丙子	丁丑	戊寅	己卯	庚辰	辛巳	小雪	癸未	甲申	乙酉	丙戌	丁亥	戊子	己丑	庚寅

陽歷十二月份　（陰歷十、十一月份）

陽	12	2	3	4	5	6	7	8	9	10	11	12	13	14	15	16	17	18	19	20	21	22	23	24	25	26	27	28	29	30	31
陰	廿五	廿六	廿七	廿八	廿九	卅	十一	二	三	四	五	六	七	八	九	十	十一	十二	十三	十四	十五	十六	十七	十八	十九	廿	廿一	廿二	廿三	廿四	廿五
星	1	2	3	4	5	6	日	1	2	3	4	5	6	日	1	2	3	4	5	6	日	1	2	3	4	5	6	日	1	2	3
干節	辛卯	壬辰	癸巳	甲午	乙未	丙申	大雪	戊戌	己亥	庚子	辛丑	壬寅	癸卯	甲辰	乙巳	丙午	丁未	戊申	己酉	庚戌	辛亥	冬至	癸丑	甲寅	乙卯	丙辰	丁巳	戊午	己未	庚申	辛酉

近世中西史日對照表

己丑　一八二九年（清宣宗道光九年）

陽歷一月份　（陰歷十一、十二月份）

陽	1	2	3	4	5	6	7	8	9	10	11	12	13	14	15	16	17	18	19	20	21	22	23	24	25	26	27	28	29	30	31
陰	廿六	廿七	廿八	廿九	十二	二	三	四	五	六	七	八	九	十	十一	十二	十三	十四	十五	十六	十七	十八	十九	廿	廿一	廿二	廿三	廿四	廿五	廿六	廿七
星	4	5	6	日	1	2	3	4	5	6	日	1	2	3	4	5	6	日	1	2	3	4	5	6	日	1	2	3	4	5	6
干節	壬戌	癸亥	甲子	乙丑	小寒	丁卯	戊辰	己巳	庚午	辛未	壬申	癸酉	甲戌	乙亥	丙子	丁丑	戊寅	己卯	庚辰	大寒	壬午	癸未	甲申	乙酉	丙戌	丁亥	戊子	己丑	庚寅	辛卯	壬辰

陽歷二月份　（陰歷十二、正月份）

陽	2	2	3	4	5	6	7	8	9	10	11	12	13	14	15	16	17	18	19	20	21	22	23	24	25	26	27	28
陰	廿八	廿九	卅	正	二	三	四	五	六	七	八	九	十	十一	十二	十三	十四	十五	十六	十七	十八	十九	廿	廿一	廿二	廿三	廿四	廿五
星	日	1	2	3	4	5	6	日	1	2	3	4	5	6	日	1	2	3	4	5	6	日	1	2	3	4	5	6
干節	癸巳	甲午	乙未	立春	丁酉	戊戌	己亥	庚子	辛丑	壬寅	癸卯	甲辰	乙巳	丙午	丁未	戊申	己酉	庚戌	雨水	壬子	癸丑	甲寅	乙卯	丙辰	丁巳	戊午	己未	庚申

陽歷三月份　（陰歷正、二月份）

陽	3	2	3	4	5	6	7	8	9	10	11	12	13	14	15	16	17	18	19	20	21	22	23	24	25	26	27	28	29	30	31
陰	廿六	廿七	廿八	廿九	二	二	三	四	五	六	七	八	九	十	十一	十二	十三	十四	十五	十六	十七	十八	十九	廿	廿一	廿二	廿三	廿四	廿五	廿六	廿七
星	日	1	2	3	4	5	6	日	1	2	3	4	5	6	日	1	2	3	4	5	6	日	1	2	3	4	5	6	日	1	2
干節	辛酉	壬戌	癸亥	甲子	乙丑	驚蟄	丁卯	戊辰	己巳	庚午	辛未	壬申	癸酉	甲戌	乙亥	丙子	丁丑	戊寅	己卯	庚辰	春分	壬午	癸未	甲申	乙酉	丙戌	丁亥	戊子	己丑	庚寅	辛卯

陽歷四月份　（陰歷二、三月份）

陽	4	2	3	4	5	6	7	8	9	10	11	12	13	14	15	16	17	18	19	20	21	22	23	24	25	26	27	28	29	30
陰	廿八	廿九	卅	三	二	三	四	五	六	七	八	九	十	十一	十二	十三	十四	十五	十六	十七	十八	十九	廿	廿一	廿二	廿三	廿四	廿五	廿六	廿七
星	3	4	5	6	日	1	2	3	4	5	6	日	1	2	3	4	5	6	日	1	2	3	4	5	6	日	1	2	3	4
干節	壬辰	癸巳	甲午	乙未	清明	丁酉	戊戌	己亥	庚子	辛丑	壬寅	癸卯	甲辰	乙巳	丙午	丁未	戊申	己酉	庚戌	穀雨	壬子	癸丑	甲寅	乙卯	丙辰	丁巳	戊午	己未	庚申	辛酉

陽歷五月份　（陰歷三、四月份）

陽	5	2	3	4	5	6	7	8	9	10	11	12	13	14	15	16	17	18	19	20	21	22	23	24	25	26	27	28	29	30	31
陰	廿八	廿九	四	二	三	四	五	六	七	八	九	十	十一	十二	十三	十四	十五	十六	十七	十八	十九	廿	廿一	廿二	廿三	廿四	廿五	廿六	廿七	廿八	廿九
星	5	6	日	1	2	3	4	5	6	日	1	2	3	4	5	6	日	1	2	3	4	5	6	日	1	2	3	4	5	6	日
干節	壬戌	癸亥	甲子	乙丑	丙寅	立夏	戊辰	己巳	庚午	辛未	壬申	癸酉	甲戌	乙亥	丙子	丁丑	戊寅	己卯	庚辰	辛巳	小滿	癸未	甲申	乙酉	丙戌	丁亥	戊子	己丑	庚寅	辛卯	壬辰

陽歷六月份　（陰歷四、五月份）

陽	6	2	3	4	5	6	7	8	9	10	11	12	13	14	15	16	17	18	19	20	21	22	23	24	25	26	27	28	29	30
陰	卅	五	二	三	四	五	六	七	八	九	十	十一	十二	十三	十四	十五	十六	十七	十八	十九	廿	廿一	廿二	廿三	廿四	廿五	廿六	廿七	廿八	廿九
星	1	2	3	4	5	6	日	1	2	3	4	5	6	日	1	2	3	4	5	6	日	1	2	3	4	5	6	日	1	2
干節	癸巳	甲午	乙未	丙申	丁酉	芒種	己亥	庚子	辛丑	壬寅	癸卯	甲辰	乙巳	丙午	丁未	戊申	己酉	庚戌	辛亥	壬子	癸丑	夏至	乙卯	丙辰	丁巳	戊午	己未	庚申	辛酉	壬戌

己丑

一八二九年

（清宣宗道光九年）

陽歷七月份　（陰歷六、七月份）

陽	**7**	2	3	4	5	6	7	8	9	10	11	12	13	14	15	16	17	18	19	20	21	22	23	24	25	26	27	28	29	30	31
陰	**六**	二	三	四	五	六	七	八	九	十	十一	十二	十三	十四	十五	十六	十七	十八	十九	廿	廿一	廿二	廿三	廿四	廿五	廿六	廿七	廿八	廿九	卅	**七**
星	3	4	5	6	日	1	2	3	4	5	6	日	1	2	3	4	5	6	日	1	2	3	4	5	6	日	1	2	3	4	5
干節	癸亥	甲子	乙丑	丙寅	丁卯	戊辰	**小暑**	庚午	辛未	壬申	癸酉	甲戌	乙亥	丙子	丁丑	戊寅	己卯	庚辰	辛巳	壬午	癸未	甲申	**大暑**	丙戌	丁亥	戊子	己丑	庚寅	辛卯	壬辰	癸巳

陽歷八月份　（陰歷七、八月份）

陽	**8**	2	3	4	5	6	7	8	9	10	11	12	13	14	15	16	17	18	19	20	21	22	23	24	25	26	27	28	29	30	31
陰	二	三	四	五	六	七	八	九	十	十一	十二	十三	十四	十五	十六	十七	十八	十九	廿	廿一	廿二	廿三	廿四	廿五	廿六	廿七	廿八	廿九	**八**	二	三
星	6	日	1	2	3	4	5	6	日	1	2	3	4	5	6	日	1	2	3	4	5	6	日	1	2	3	4	5	6	日	1
干節	甲午	乙未	丙申	丁酉	戊戌	己亥	庚子	**立秋**	壬寅	癸卯	甲辰	乙巳	丙午	丁未	戊申	己酉	庚戌	辛亥	壬子	癸丑	甲寅	乙卯	**處暑**	丁巳	戊午	己未	庚申	辛酉	壬戌	癸亥	甲子

陽歷九月份　（陰歷八、九月份）

陽	**9**	2	3	4	5	6	7	8	9	10	11	12	13	14	15	16	17	18	19	20	21	22	23	24	25	26	27	28	29	30	
陰	四	五	六	七	八	九	十	十一	十二	十三	十四	十五	十六	十七	十八	十九	廿	廿一	廿二	廿三	廿四	廿五	廿六	廿七	廿八	廿九	卅	**九**	二	三	
星	2	3	4	5	6	日	1	2	3	4	5	6	日	1	2	3	4	5	6	日	1	2	3	4	5	6	日	1	2	3	
干節	乙丑	丙寅	丁卯	戊辰	己巳	庚午	辛未	**白露**	癸酉	甲戌	乙亥	丙子	丁丑	戊寅	己卯	庚辰	辛巳	壬午	癸未	甲申	乙酉	丙戌	**秋分**	戊子	己丑	庚寅	辛卯	壬辰	癸巳	甲午	

陽歷十月份　（陰歷九、十月份）

陽	**10**	2	3	4	5	6	7	8	9	10	11	12	13	14	15	16	17	18	19	20	21	22	23	24	25	26	27	28	29	30	31
陰	四	五	六	七	八	九	十	十一	十二	十三	十四	十五	十六	十七	十八	十九	廿	廿一	廿二	廿三	廿四	廿五	廿六	廿七	廿八	廿九	卅	**十**	二	三	四
星	4	5	6	日	1	2	3	4	5	6	日	1	2	3	4	5	6	日	1	2	3	4	5	6	日	1	2	3	4	5	6
干節	乙未	丙申	丁酉	戊戌	己亥	庚子	辛丑	**寒露**	癸卯	甲辰	乙巳	丙午	丁未	戊申	己酉	庚戌	辛亥	壬子	癸丑	甲寅	乙卯	丙辰	丁巳	**霜降**	己未	庚申	辛酉	壬戌	癸亥	甲子	乙丑

陽歷十一月份　（陰歷十、十一月份）

陽	**11**	2	3	4	5	6	7	8	9	10	11	12	13	14	15	16	17	18	19	20	21	22	23	24	25	26	27	28	29	30	
陰	五	六	七	八	九	十	十一	十二	十三	十四	十五	十六	十七	十八	十九	廿	廿一	廿二	廿三	廿四	廿五	廿六	廿七	廿八	廿九	**十一**	二	三	四	五	
星	日	1	2	3	4	5	6	日	1	2	3	4	5	6	日	1	2	3	4	5	6	日	1	2	3	4	5	6	日	1	
干節	丙寅	丁卯	戊辰	己巳	庚午	辛未	壬申	**立冬**	甲戌	乙亥	丙子	丁丑	戊寅	己卯	庚辰	辛巳	壬午	癸未	甲申	乙酉	丙戌	**小雪**	戊子	己丑	庚寅	辛卯	壬辰	癸巳	甲午	乙未	

陽歷十二月份　（陰歷十一、十二月份）

陽	**12**	2	3	4	5	6	7	8	9	10	11	12	13	14	15	16	17	18	19	20	21	22	23	24	25	26	27	28	29	30	31
陰	六	七	八	九	十	十一	十二	十三	十四	十五	十六	十七	十八	十九	廿	廿一	廿二	廿三	廿四	廿五	廿六	廿七	廿八	廿九	卅	**十二**	二	三	四	五	六
星	2	3	4	5	6	日	1	2	3	4	5	6	日	1	2	3	4	5	6	日	1	2	3	4	5	6	日	1	2	3	4
干節	丙申	丁酉	戊戌	己亥	庚子	辛丑	**大雪**	癸卯	甲辰	乙巳	丙午	丁未	戊申	己酉	庚戌	辛亥	壬子	癸丑	甲寅	乙卯	丙辰	**冬至**	戊午	己未	庚申	辛酉	壬戌	癸亥	甲子	乙丑	丙寅

陽歷一月份　(陰歷十二、正月份)

陽	1	2	3	4	5	6	7	8	9	10	11	12	13	14	15	16	17	18	19	20	21	22	23	24	25	26	27	28	29	30	31
陰	七	八	九	十	十一	十二	十三	十四	十五	十六	十七	十八	十九	廿	廿一	廿二	廿三	廿四	廿五	廿六	廿七	廿八	廿九	卅	正	二	三	四	五	六	七
星	5	6	日	1	2	3	4	5	6	日	1	2	3	4	5	6	日	1	2	3	4	5	6	日	1	2	3	4	5	6	日
干節	丁卯	戊辰	己巳	庚午	辛未	小寒	癸酉	甲戌	乙亥	丙子	丁丑	戊寅	己卯	庚辰	辛巳	壬午	癸未	甲申	乙酉	大寒	丁亥	戊子	己丑	庚寅	辛卯	壬辰	癸巳	甲午	乙未	丙申	丁酉

陽歷二月份　(陰歷正、二月份)

陽	1	2	3	4	5	6	7	8	9	10	11	12	13	14	15	16	17	18	19	20	21	22	23	24	25	26	27	28
陰	八	九	十	十一	十二	十三	十四	十五	十六	十七	十八	十九	廿	廿一	廿二	廿三	廿四	廿五	廿六	廿七	廿八	廿九	二	二	三	四	五	六
星	1	2	3	4	5	6	日	1	2	3	4	5	6	日	1	2	3	4	5	6	日	1	2	3	4	5	6	日
干節	戊戌	己亥	庚子	立春	壬寅	癸卯	甲辰	乙巳	丙午	丁未	戊申	己酉	庚戌	辛亥	壬子	癸丑	甲寅	乙卯	雨水	丁巳	戊午	己未	庚申	辛酉	壬戌	癸亥	甲子	乙丑

陽歷三月份　(陰歷二、三月份)

陽	1	2	3	4	5	6	7	8	9	10	11	12	13	14	15	16	17	18	19	20	21	22	23	24	25	26	27	28	29	30	31
陰	七	八	九	十	十一	十二	十三	十四	十五	十六	十七	十八	十九	廿	廿一	廿二	廿三	廿四	廿五	廿六	廿七	廿八	廿九	三	二	三	四	五	六	七	八
星	1	2	3	4	5	6	日	1	2	3	4	5	6	日	1	2	3	4	5	6	日	1	2	3	4	5	6	日	1	2	3
干節	丙寅	丁卯	戊辰	己巳	庚午	驚蟄	壬申	癸酉	甲戌	乙亥	丙子	丁丑	戊寅	己卯	庚辰	辛巳	壬午	癸未	甲申	乙酉	春分	丁亥	戊子	己丑	庚寅	辛卯	壬辰	癸巳	甲午	乙未	丙申

陽歷四月份　(陰歷三、四月份)

陽	1	2	3	4	5	6	7	8	9	10	11	12	13	14	15	16	17	18	19	20	21	22	23	24	25	26	27	28	29	30
陰	九	十	十一	十二	十三	十四	十五	十六	十七	十八	十九	廿	廿一	廿二	廿三	廿四	廿五	廿六	廿七	廿八	廿九	卅	四	二	三	四	五	六	七	八
星	4	5	6	日	1	2	3	4	5	6	日	1	2	3	4	5	6	日	1	2	3	4	5	6	日	1	2	3	4	5
干節	丁酉	戊戌	己亥	庚子	清明	壬寅	癸卯	甲辰	乙巳	丙午	丁未	戊申	己酉	庚戌	辛亥	壬子	癸丑	甲寅	乙卯	穀雨	丁巳	戊午	己未	庚申	辛酉	壬戌	癸亥	甲子	乙丑	丙寅

陽歷五月份　(陰歷四、閏四月份)

陽	1	2	3	4	5	6	7	8	9	10	11	12	13	14	15	16	17	18	19	20	21	22	23	24	25	26	27	28	29	30	31
陰	九	十	十一	十二	十三	十四	十五	十六	十七	十八	十九	廿	廿一	廿二	廿三	廿四	廿五	廿六	廿七	廿八	廿九	閏	二	三	四	五	六	七	八	九	十
星	6	日	1	2	3	4	5	6	日	1	2	3	4	5	6	日	1	2	3	4	5	6	日	1	2	3	4	5	6	日	1
干節	丁卯	戊辰	己巳	庚午	辛未	立夏	癸酉	甲戌	乙亥	丙子	丁丑	戊寅	己卯	庚辰	辛巳	壬午	癸未	甲申	乙酉	丙戌	小滿	戊子	己丑	庚寅	辛卯	壬辰	癸巳	甲午	乙未	丙申	丁酉

陽歷六月份　(陰歷閏四、五月份)

陽	1	2	3	4	5	6	7	8	9	10	11	12	13	14	15	16	17	18	19	20	21	22	23	24	25	26	27	28	29	30
陰	十一	十二	十三	十四	十五	十六	十七	十八	十九	廿	廿一	廿二	廿三	廿四	廿五	廿六	廿七	廿八	廿九	五	二	三	四	五	六	七	八	九	十	十一
星	2	3	4	5	6	日	1	2	3	4	5	6	日	1	2	3	4	5	6	日	1	2	3	4	5	6	日	1	2	3
干節	戊戌	己亥	庚子	辛丑	壬寅	芒種	甲辰	乙巳	丙午	丁未	戊申	己酉	庚戌	辛亥	壬子	癸丑	甲寅	乙卯	丙辰	丁巳	戊午	夏至	庚申	辛酉	壬戌	癸亥	甲子	乙丑	丙寅	丁卯

庚寅

一八三〇年

（清宣宗道光一〇年）

庚寅

一八三〇年

（清宣宗道光一〇年）

陽歷七月份　（陰歷五、六月份）

陽	**7**	2	3	4	5	6	7	8	9	10	11	12	13	14	15	16	17	18	19	20	21	22	23	24	25	26	27	28	29	30	31
陰	十二	十三	十四	十五	十六	十七	十八	十九	廿	廿一	廿二	廿三	廿四	廿五	廿六	廿七	廿八	廿九	卅	**六**	二	三	四	五	六	七	八	九	十	十一	十二
星	4	5	6	**日**	1	2	3	4	5	6	**日**	1	2	3	4	5	6	**日**	1	2	3	4	5	6	**日**	1	2	3	4	5	6
干節	戊辰	己巳	庚午	辛未	壬申	癸酉	甲戌	**小暑**	丙子	丁丑	戊寅	己卯	庚辰	辛巳	壬午	癸未	甲申	乙酉	丙戌	丁亥	戊子	己丑	**大暑**	辛卯	壬辰	癸巳	甲午	乙未	丙申	丁酉	戊戌

陽歷八月份　（陰歷六、七月份）

陽	**8**	2	3	4	5	6	7	8	9	10	11	12	13	14	15	16	17	18	19	20	21	22	23	24	25	26	27	28	29	30	31
陰	十三	十四	十五	十六	十七	十八	十九	廿	廿一	廿二	廿三	廿四	廿五	廿六	廿七	廿八	廿九	**七**	二	三	四	五	六	七	八	九	十	十一	十二	十三	十四
星	**日**	1	2	3	4	5	6	**日**	1	2	3	4	5	6	**日**	1	2	3	4	5	6	**日**	1	2	3	4	5	6	**日**	1	2
干節	己亥	庚子	辛丑	壬寅	癸卯	甲辰	乙巳	**立秋**	丁未	戊申	己酉	庚戌	辛亥	壬子	癸丑	甲寅	乙卯	丙辰	丁巳	戊午	己未	庚申	辛酉	**處暑**	癸亥	甲子	乙丑	丙寅	丁卯	戊辰	己巳

陽歷九月份　（陰歷七、八月份）

陽	**9**	2	3	4	5	6	7	8	9	10	11	12	13	14	15	16	17	18	19	20	21	22	23	24	25	26	27	28	29	30
陰	十五	十六	十七	十八	十九	廿	廿一	廿二	廿三	廿四	廿五	廿六	廿七	廿八	廿九	卅	**八**	二	三	四	五	六	七	八	九	十	十一	十二	十三	十四
星	3	4	5	6	**日**	1	2	3	4	5	6	**日**	1	2	3	4	5	6	**日**	1	2	3	4	5	6	**日**	1	2	3	4
干節	庚午	辛未	壬申	癸酉	甲戌	乙亥	丙子	**白露**	戊寅	己卯	庚辰	辛巳	壬午	癸未	甲申	乙酉	丙戌	丁亥	戊子	己丑	庚寅	辛卯	**秋分**	癸巳	甲午	乙未	丙申	丁酉	戊戌	己亥

陽歷十月份　（陰歷八、九月份）

陽	**10**	2	3	4	5	6	7	8	9	10	11	12	13	14	15	16	17	18	19	20	21	22	23	24	25	26	27	28	29	30	31
陰	十五	十六	十七	十八	十九	廿	廿一	廿二	廿三	廿四	廿五	廿六	廿七	廿八	廿九	卅	**九**	二	三	四	五	六	七	八	九	十	十一	十二	十三	十四	十五
星	5	6	**日**	1	2	3	4	5	6	**日**	1	2	3	4	5	6	**日**	1	2	3	4	5	6	**日**	1	2	3	4	5	6	**日**
干節	庚子	辛丑	壬寅	癸卯	甲辰	乙巳	丙午	丁未	**寒露**	己酉	庚戌	辛亥	壬子	癸丑	甲寅	乙卯	丙辰	丁巳	戊午	己未	庚申	辛酉	壬戌	**霜降**	甲子	乙丑	丙寅	丁卯	戊辰	己巳	庚午

陽歷十一月份　（陰歷九、十月份）

陽	**11**	2	3	4	5	6	7	8	9	10	11	12	13	14	15	16	17	18	19	20	21	22	23	24	25	26	27	28	29	30
陰	十六	十七	十八	十九	廿	廿一	廿二	廿三	廿四	廿五	廿六	廿七	廿八	廿九	**十**	二	三	四	五	六	七	八	九	十	十一	十二	十三	十四	十五	十六
星	1	2	3	4	5	6	**日**	1	2	3	4	5	6	**日**	1	2	3	4	5	6	**日**	1	2	3	4	5	6	**日**	1	2
干節	辛未	壬申	癸酉	甲戌	乙亥	丙子	丁丑	**立冬**	己卯	庚辰	辛巳	壬午	癸未	甲申	乙酉	丙戌	丁亥	戊子	己丑	庚寅	辛卯	壬辰	**小雪**	甲午	乙未	丙申	丁酉	戊戌	己亥	庚子

陽歷十二月份　（陰歷十、十一月份）

陽	**12**	2	3	4	5	6	7	8	9	10	11	12	13	14	15	16	17	18	19	20	21	22	23	24	25	26	27	28	29	30	31
陰	十七	十八	十九	廿	廿一	廿二	廿三	廿四	廿五	廿六	廿七	廿八	廿九	卅	**十一**	二	三	四	五	六	七	八	九	十	十一	十二	十三	十四	十五	十六	十七
星	3	4	5	6	**日**	1	2	3	4	5	6	**日**	1	2	3	4	5	6	**日**	1	2	3	4	5	6	**日**	1	2	3	4	5
干節	辛丑	壬寅	癸卯	甲辰	乙巳	丙午	**大雪**	戊申	己酉	庚戌	辛亥	壬子	癸丑	甲寅	乙卯	丙辰	丁巳	戊午	己未	庚申	辛酉	**冬至**	癸亥	甲子	乙丑	丙寅	丁卯	戊辰	己巳	庚午	辛未

陽歷一月份　(陰歷十一、十二月份)

陽	**1**	2	3	4	5	6	7	8	9	10	11	12	13	14	15	16	17	18	19	20	21	22	23	24	25	26	27	28	29	30	31
陰	十八	十九	廿	廿一	廿二	廿三	廿四	廿五	廿六	廿七	廿八	廿九	卅	**十二**	二	三	四	五	六	七	八	九	十	十一	十二	十三	十四	十五	十六	十七	十八
星	6	**日**	1	2	3	4	5	6	**日**	1	2	3	4	5	6	**日**	1	2	3	4	5	6	**日**	1	2	3	4	5	6	**日**	1
干節	壬申	癸酉	甲戌	乙亥	丙子	**小寒**	戊寅	己卯	庚辰	辛巳	壬午	癸未	甲申	乙酉	丙戌	丁亥	戊子	己丑	庚寅	辛卯	**大寒**	癸巳	甲午	乙未	丙申	丁酉	戊戌	己亥	庚子	辛丑	壬寅

陽歷二月份　(陰歷十二、正月份)

陽	**2**	2	3	4	5	6	7	8	9	10	11	12	13	14	15	16	17	18	19	20	21	22	23	24	25	26	27	28			
陰	十九	廿	廿一	廿二	廿三	廿四	廿五	廿六	廿七	廿八	廿九	卅	**正**	二	三	四	五	六	七	八	九	十	十一	十二	十三	十四	十五	十六			
星	2	3	4	5	6	**日**	1	2	3	4	5	6	**日**	1	2	3	4	5	6	**日**	1	2	3	4	5	6	**日**	1			
干節	癸卯	甲辰	乙巳	**立春**	丁未	戊申	己酉	庚戌	辛亥	壬子	癸丑	甲寅	乙卯	丙辰	丁巳	戊午	己未	庚申	**雨水**	壬戌	癸亥	甲子	乙丑	丙寅	丁卯	戊辰	己巳	庚午			

陽歷三月份　(陰歷正、二月份)

陽	**3**	2	3	4	5	6	7	8	9	10	11	12	13	14	15	16	17	18	19	20	21	22	23	24	25	26	27	28	29	30	31
陰	十七	十八	十九	廿	廿一	廿二	廿三	廿四	廿五	廿六	廿七	廿八	廿九	**二**	二	三	四	五	六	七	八	九	十	十一	十二	十三	十四	十五	十六	十七	十八
星	2	3	4	5	6	**日**	1	2	3	4	5	6	**日**	1	2	3	4	5	6	**日**	1	2	3	4	5	6	**日**	1	2	3	4
干節	辛未	壬申	癸酉	甲戌	乙亥	**驚蟄**	丁丑	戊寅	己卯	庚辰	辛巳	壬午	癸未	甲申	乙酉	丙戌	丁亥	戊子	己丑	庚寅	**春分**	壬辰	癸巳	甲午	乙未	丙申	丁酉	戊戌	己亥	庚子	辛丑

陽歷四月份　(陰歷二、三月份)

陽	**4**	2	3	4	5	6	7	8	9	10	11	12	13	14	15	16	17	18	19	20	21	22	23	24	25	26	27	28	29	30	
陰	十九	廿	廿一	廿二	廿三	廿四	廿五	廿六	廿七	廿八	廿九	**三**	二	三	四	五	六	七	八	九	十	十一	十二	十三	十四	十五	十六	十七	十八	十九	
星	5	6	**日**	1	2	3	4	5	6	**日**	1	2	3	4	5	6	**日**	1	2	3	4	5	6	**日**	1	2	3	4	5	6	
干節	壬寅	癸卯	甲辰	乙巳	**清明**	丁未	戊申	己酉	庚戌	辛亥	壬子	癸丑	甲寅	乙卯	丙辰	丁巳	戊午	己未	庚申	辛酉	**穀雨**	癸亥	甲子	乙丑	丙寅	丁卯	戊辰	己巳	庚午	辛未	

陽歷五月份　(陰歷三、四月份)

陽	**5**	2	3	4	5	6	7	8	9	10	11	12	13	14	15	16	17	18	19	20	21	22	23	24	25	26	27	28	29	30	31
陰	廿	廿一	廿二	廿三	廿四	廿五	廿六	廿七	廿八	廿九	卅	**四**	二	三	四	五	六	七	八	九	十	十一	十二	十三	十四	十五	十六	十七	十八	十九	廿
星	**日**	1	2	3	4	5	6	**日**	1	2	3	4	5	6	**日**	1	2	3	4	5	6	**日**	1	2	3	4	5	6	**日**	1	2
干節	壬申	癸酉	甲戌	乙亥	丙子	**立夏**	戊寅	己卯	庚辰	辛巳	壬午	癸未	甲申	乙酉	丙戌	丁亥	戊子	己丑	庚寅	辛卯	壬辰	**小滿**	甲午	乙未	丙申	丁酉	戊戌	己亥	庚子	辛丑	壬寅

陽歷六月份　(陰歷四、五月份)

陽	**6**	2	3	4	5	6	7	8	9	10	11	12	13	14	15	16	17	18	19	20	21	22	23	24	25	26	27	28	29	30	
陰	廿一	廿二	廿三	廿四	廿五	廿六	廿七	廿八	廿九	**五**	二	三	四	五	六	七	八	九	十	十一	十二	十三	十四	十五	十六	十七	十八	十九	廿	廿一	
星	3	4	5	6	**日**	1	2	3	4	5	6	**日**	1	2	3	4	5	6	**日**	1	2	3	4	5	6	**日**	1	2	3	4	
干節	癸卯	甲辰	乙巳	丙午	丁未	**芒種**	己酉	庚戌	辛亥	壬子	癸丑	甲寅	乙卯	丙辰	丁巳	戊午	己未	庚申	辛酉	壬戌	癸亥	**夏至**	乙丑	丙寅	丁卯	戊辰	己巳	庚午	辛未	壬申	

辛卯　一八三一年　(清宣宗道光一一年)

近世中西史日對照表

辛卯

一八三一年

（清宣宗道光一一年）

陽曆七月份　（陰曆五、六月份）

陽	**7**	2	3	4	5	6	7	8	9	10	11	12	13	14	15	16	17	18	19	20	21	22	23	24	25	26	27	28	29	30	31
陰	廿二	廿三	廿四	廿五	廿六	廿七	廿八	廿九	**六**	二	三	四	五	六	七	八	九	十	十一	十二	十三	十四	十五	十六	十七	十八	十九	廿	廿一	廿二	廿三
星	5	6	日	1	2	3	4	5	6	日	1	2	3	4	5	6	日	1	2	3	4	5	6	日	1	2	3	4	5	6	日
干節	癸酉	甲戌	乙亥	丙子	丁丑	戊寅	己卯	**小暑**	辛巳	壬午	癸未	甲申	乙酉	丙戌	丁亥	戊子	己丑	庚寅	辛卯	壬辰	癸巳	甲午	乙未	**大暑**	丁酉	戊戌	己亥	庚子	辛丑	壬寅	癸卯

陽曆八月份　（陰曆六、七月份）

陽	**8**	2	3	4	5	6	7	8	9	10	11	12	13	14	15	16	17	18	19	20	21	22	23	24	25	26	27	28	29	30	31
陰	廿四	廿五	廿六	廿七	廿八	廿九	卅	**七**	二	三	四	五	六	七	八	九	十	十一	十二	十三	十四	十五	十六	十七	十八	十九	廿	廿一	廿二	廿三	廿四
星	1	2	3	4	5	6	日	1	2	3	4	5	6	日	1	2	3	4	5	6	日	1	2	3	4	5	6	日	1	2	3
干節	甲辰	乙巳	丙午	丁未	戊申	己酉	庚戌	**立秋**	壬子	癸丑	甲寅	乙卯	丙辰	丁巳	戊午	己未	庚申	辛酉	壬戌	癸亥	甲子	乙丑	丙寅	**處暑**	戊辰	己巳	庚午	辛未	壬申	癸酉	甲戌

陽曆九月份　（陰曆七、八月份）

陽	**9**	2	3	4	5	6	7	8	9	10	11	12	13	14	15	16	17	18	19	20	21	22	23	24	25	26	27	28	29	30	
陰	廿五	廿六	廿七	廿八	廿九	**八**	二	三	四	五	六	七	八	九	十	十一	十二	十三	十四	十五	十六	十七	十八	十九	廿	廿一	廿二	廿三	廿四	廿五	
星	4	5	6	日	1	2	3	4	5	6	日	1	2	3	4	5	6	日	1	2	3	4	5	6	日	1	2	3	4	5	
干節	乙亥	丙子	丁丑	戊寅	己卯	庚辰	辛巳	**白露**	癸未	甲申	乙酉	丙戌	丁亥	戊子	己丑	庚寅	辛卯	壬辰	癸巳	甲午	乙未	丙申	丁酉	**秋分**	己亥	庚子	辛丑	壬寅	癸卯	甲辰	

陽曆十月份　（陰曆八、九月份）

陽	**10**	2	3	4	5	6	7	8	9	10	11	12	13	14	15	16	17	18	19	20	21	22	23	24	25	26	27	28	29	30	31
陰	廿六	廿七	廿八	廿九	卅	**九**	二	三	四	五	六	七	八	九	十	十一	十二	十三	十四	十五	十六	十七	十八	十九	廿	廿一	廿二	廿三	廿四	廿五	廿六
星	6	日	1	2	3	4	5	6	日	1	2	3	4	5	6	日	1	2	3	4	5	6	日	1	2	3	4	5	6	日	1
干節	乙巳	丙午	丁未	戊申	己酉	庚戌	辛亥	壬子	**寒露**	甲寅	乙卯	丙辰	丁巳	戊午	己未	庚申	辛酉	壬戌	癸亥	甲子	乙丑	丙寅	丁卯	**霜降**	己巳	庚午	辛未	壬申	癸酉	甲戌	乙亥

陽曆十一月份　（陰曆九、十月份）

陽	**11**	2	3	4	5	6	7	8	9	10	11	12	13	14	15	16	17	18	19	20	21	22	23	24	25	26	27	28	29	30	
陰	廿七	廿八	廿九	**十**	二	三	四	五	六	七	八	九	十	十一	十二	十三	十四	十五	十六	十七	十八	十九	廿	廿一	廿二	廿三	廿四	廿五	廿六	廿七	
星	2	3	4	5	6	日	1	2	3	4	5	6	日	1	2	3	4	5	6	日	1	2	3	4	5	6	日	1	2	3	
干節	丙子	丁丑	戊寅	己卯	庚辰	辛巳	壬午	**立冬**	甲申	乙酉	丙戌	丁亥	戊子	己丑	庚寅	辛卯	壬辰	癸巳	甲午	乙未	丙申	丁酉	**小雪**	己亥	庚子	辛丑	壬寅	癸卯	甲辰	乙巳	

陽曆十二月份　（陰曆十、十一月份）

陽	**12**	2	3	4	5	6	7	8	9	10	11	12	13	14	15	16	17	18	19	20	21	22	23	24	25	26	27	28	29	30	31
陰	廿八	廿九	卅	**十一**	二	三	四	五	六	七	八	九	十	十一	十二	十三	十四	十五	十六	十七	十八	十九	廿	廿一	廿二	廿三	廿四	廿五	廿六	廿七	廿八
星	4	5	6	日	1	2	3	4	5	6	日	1	2	3	4	5	6	日	1	2	3	4	5	6	日	1	2	3	4	5	6
干節	丙午	丁未	戊申	己酉	庚戌	辛亥	壬子	**大雪**	甲寅	乙卯	丙辰	丁巳	戊午	己未	庚申	辛酉	壬戌	癸亥	甲子	乙丑	丙寅	**冬至**	戊辰	己巳	庚午	辛未	壬申	癸酉	甲戌	乙亥	丙子

近世中西史日對照表

陽歷一月份　(陰歷十一、十二月份)

陽	1	2	3	4	5	6	7	8	9	10	11	12	13	14	15	16	17	18	19	20	21	22	23	24	25	26	27	28	29	30	31
陰	廿九	卅	十二	二	三	四	五	六	七	八	九	十	十一	十二	十三	十四	十五	十六	十七	十八	十九	廿	廿一	廿二	廿三	廿四	廿五	廿六	廿七	廿八	廿九
星	日	1	2	3	4	5	6	日	1	2	3	4	5	6	日	1	2	3	4	5	6	日	1	2	3	4	5	6	日	1	2
干節	丁丑	戊寅	己卯	庚辰	辛巳	小寒	癸未	甲申	乙酉	丙戌	丁亥	戊子	己丑	庚寅	辛卯	壬辰	癸巳	甲午	乙未	丙申	大寒	戊戌	己亥	庚子	辛丑	壬寅	癸卯	甲辰	乙巳	丙午	丁未

陽歷二月份　(陰歷十二、正月份)

陽	2	2	3	4	5	6	7	8	9	10	11	12	13	14	15	16	17	18	19	20	21	22	23	24	25	26	27	28	29		
陰	卅	正	二	三	四	五	六	七	八	九	十	十一	十二	十三	十四	十五	十六	十七	十八	十九	廿	廿一	廿二	廿三	廿四	廿五	廿六	廿七	廿八		
星	3	4	5	6	日	1	2	3	4	5	6	日	1	2	3	4	5	6	日	1	2	3	4	5	6	日	1	2	3		
干節	戊申	己酉	庚戌	辛亥	立春	癸丑	甲寅	乙卯	丙辰	丁巳	戊午	己未	庚申	辛酉	壬戌	癸亥	甲子	乙丑	雨水	丁卯	戊辰	己巳	庚午	辛未	壬申	癸酉	甲戌	乙亥	丙子		

陽歷三月份　(陰歷正、二月份)

陽	3	2	3	4	5	6	7	8	9	10	11	12	13	14	15	16	17	18	19	20	21	22	23	24	25	26	27	28	29	30	31
陰	廿九	二	二	三	四	五	六	七	八	九	十	十一	十二	十三	十四	十五	十六	十七	十八	十九	廿	廿一	廿二	廿三	廿四	廿五	廿六	廿七	廿八	廿九	卅
星	4	5	6	日	1	2	3	4	5	6	日	1	2	3	4	5	6	日	1	2	3	4	5	6	日	1	2	3	4	5	6
干節	丁丑	戊寅	己卯	庚辰	驚蟄	壬午	癸未	甲申	乙酉	丙戌	丁亥	戊子	己丑	庚寅	辛卯	壬辰	癸巳	甲午	乙未	春分	丁酉	戊戌	己亥	庚子	辛丑	壬寅	癸卯	甲辰	乙巳	丙午	丁未

陽歷四月份　(陰歷三、四月份)

陽	4	2	3	4	5	6	7	8	9	10	11	12	13	14	15	16	17	18	19	20	21	22	23	24	25	26	27	28	29	30	
陰	三	二	三	四	五	六	七	八	九	十	十一	十二	十三	十四	十五	十六	十七	十八	十九	廿	廿一	廿二	廿三	廿四	廿五	廿六	廿七	廿八	廿九	四	
星	日	1	2	3	4	5	6	日	1	2	3	4	5	6	日	1	2	3	4	5	6	日	1	2	3	4	5	6	日	1	
干節	戊申	己酉	庚戌	辛亥	清明	癸丑	甲寅	乙卯	丙辰	丁巳	戊午	己未	庚申	辛酉	壬戌	癸亥	甲子	乙丑	丙寅	穀雨	戊辰	己巳	庚午	辛未	壬申	癸酉	甲戌	乙亥	丙子	丁丑	

陽歷五月份　(陰歷四、五月份)

陽	5	2	3	4	5	6	7	8	9	10	11	12	13	14	15	16	17	18	19	20	21	22	23	24	25	26	27	28	29	30	31
陰	二	三	四	五	六	七	八	九	十	十一	十二	十三	十四	十五	十六	十七	十八	十九	廿	廿一	廿二	廿三	廿四	廿五	廿六	廿七	廿八	廿九	卅	五	二
星	2	3	4	5	6	日	1	2	3	4	5	6	日	1	2	3	4	5	6	日	1	2	3	4	5	6	日	1	2	3	4
干節	戊寅	己卯	庚辰	辛巳	立夏	癸未	甲申	乙酉	丙戌	丁亥	戊子	己丑	庚寅	辛卯	壬辰	癸巳	甲午	乙未	丙申	丁酉	小滿	己亥	庚子	辛丑	壬寅	癸卯	甲辰	乙巳	丙午	丁未	戊申

陽歷六月份　(陰歷五、六月份)

陽	6	2	3	4	5	6	7	8	9	10	11	12	13	14	15	16	17	18	19	20	21	22	23	24	25	26	27	28	29	30	
陰	三	四	五	六	七	八	九	十	十一	十二	十三	十四	十五	十六	十七	十八	十九	廿	廿一	廿二	廿三	廿四	廿五	廿六	廿七	廿八	廿九	六	二	三	
星	5	6	日	1	2	3	4	5	6	日	1	2	3	4	5	6	日	1	2	3	4	5	6	日	1	2	3	4	5	6	
干節	己酉	庚戌	辛亥	壬子	癸丑	芒種	乙卯	丙辰	丁巳	戊午	己未	庚申	辛酉	壬戌	癸亥	甲子	乙丑	丙寅	丁卯	戊辰	夏至	庚午	辛未	壬申	癸酉	甲戌	乙亥	丙子	丁丑	戊寅	

壬辰

一八三二年

(清宣宗道光一二年)

近世中西史日對照表

壬辰　一八三二年（清宣宗道光一二年）

陽歷七月份　（陰歷六、七月份）

陽	**7**	2	3	4	5	6	7	8	9	10	11	12	13	14	15	16	17	18	19	20	21	22	23	24	25	26	27	28	29	30	31
陰	四	五	六	七	八	九	十	十一	十二	十三	十四	十五	十六	十七	十八	十九	廿	廿一	廿二	廿三	廿四	廿五	廿六	廿七	廿八	廿九	**七**	二	三	四	五
星	**日**	1	2	3	4	5	6	**日**	1	2	3	4	5	6	**日**	1	2	3	4	5	6	**日**	1	2	3	4	5	6	**日**	1	2
干節	己卯	庚辰	辛巳	壬午	癸未	甲申	**小暑**	丙戌	丁亥	戊子	己丑	庚寅	辛卯	壬辰	癸巳	甲午	乙未	丙申	丁酉	戊戌	己亥	庚子	**大暑**	壬寅	癸卯	甲辰	乙巳	丙午	丁未	戊申	己酉

陽歷八月份　（陰歷七、八月份）

陽	**8**	2	3	4	5	6	7	8	9	10	11	12	13	14	15	16	17	18	19	20	21	22	23	24	25	26	27	28	29	30	31
陰	六	七	八	九	十	十一	十二	十三	十四	十五	十六	十七	十八	十九	廿	廿一	廿二	廿三	廿四	廿五	廿六	廿七	廿八	廿九	卅	**八**	二	三	四	五	六
星	3	4	5	6	**日**	1	2	3	4	5	6	**日**	1	2	3	4	5	6	**日**	1	2	3	4	5	6	**日**	1	2	3	4	5
干節	庚戌	辛亥	壬子	癸丑	甲寅	乙卯	**立秋**	丁巳	戊午	己未	庚申	辛酉	壬戌	癸亥	甲子	乙丑	丙寅	丁卯	戊辰	己巳	庚午	辛未	**處暑**	癸酉	甲戌	乙亥	丙子	丁丑	戊寅	己卯	庚辰

陽歷九月份　（陰歷八、九月份）

陽	**9**	2	3	4	5	6	7	8	9	10	11	12	13	14	15	16	17	18	19	20	21	22	23	24	25	26	27	28	29	30
陰	七	八	九	十	十一	十二	十三	十四	十五	十六	十七	十八	十九	廿	廿一	廿二	廿三	廿四	廿五	廿六	廿七	廿八	廿九	**九**	二	三	四	五	六	七
星	6	**日**	1	2	3	4	5	6	**日**	1	2	3	4	5	6	**日**	1	2	3	4	5	6	**日**	1	2	3	4	5	6	**日**
干節	辛巳	壬午	癸未	甲申	乙酉	丙戌	丁亥	**白露**	己丑	庚寅	辛卯	壬辰	癸巳	甲午	乙未	丙申	丁酉	戊戌	己亥	庚子	辛丑	壬寅	**秋分**	甲辰	乙巳	丙午	丁未	戊申	己酉	庚戌

陽歷十月份　（陰歷九、閏九月份）

陽	**10**	2	3	4	5	6	7	8	9	10	11	12	13	14	15	16	17	18	19	20	21	22	23	24	25	26	27	28	29	30	31
陰	八	九	十	十一	十二	十三	十四	十五	十六	十七	十八	十九	廿	廿一	廿二	廿三	廿四	廿五	廿六	廿七	廿八	廿九	卅	**閏**	二	三	四	五	六	七	八
星	1	2	3	4	5	6	**日**	1	2	3	4	5	6	**日**	1	2	3	4	5	6	**日**	1	2	3	4	5	6	**日**	1	2	3
干節	辛亥	壬子	癸丑	甲寅	乙卯	丙辰	丁巳	**寒露**	己未	庚申	辛酉	壬戌	癸亥	甲子	乙丑	丙寅	丁卯	戊辰	己巳	庚午	辛未	壬申	**霜降**	甲戌	乙亥	丙子	丁丑	戊寅	己卯	庚辰	辛巳

陽歷十一月份　（陰歷閏九、十月份）

陽	**11**	2	3	4	5	6	7	8	9	10	11	12	13	14	15	16	17	18	19	20	21	22	23	24	25	26	27	28	29	30
陰	九	十	十一	十二	十三	十四	十五	十六	十七	十八	十九	廿	廿一	廿二	廿三	廿四	廿五	廿六	廿七	廿八	廿九	**十**	二	三	四	五	六	七	八	九
星	4	5	6	**日**	1	2	3	4	5	6	**日**	1	2	3	4	5	6	**日**	1	2	3	4	5	6	**日**	1	2	3	4	5
干節	壬午	癸未	甲申	乙酉	丙戌	丁亥	**立冬**	己丑	庚寅	辛卯	壬辰	癸巳	甲午	乙未	丙申	丁酉	戊戌	己亥	庚子	辛丑	壬寅	**小雪**	甲辰	乙巳	丙午	丁未	戊申	己酉	庚戌	辛亥

陽歷十二月份　（陰歷十、十一　份）

陽	**12**	2	3	4	5	6	7	8	9	10	11	12	13	14	15	16	17	18	19	20	21	22	23	24	25	26	27	28	29	30	31
陰	十	十一	十二	十三	十四	十五	十六	十七	十八	十九	廿	廿一	廿二	廿三	廿四	廿五	廿六	廿七	廿八	廿九	卅	**十一**	二	三	四	五	六	七	八	九	十
星	6	**日**	1	2	3	4	5	6	**日**	1	2	3	4	5	6	**日**	1	2	3	4	5	6	**日**	1	2	3	4	5	6	**日**	1
干節	壬子	癸丑	甲寅	乙卯	丙辰	丁巳	**大雪**	己未	庚申	辛酉	壬戌	癸亥	甲子	乙丑	丙寅	丁卯	戊辰	己巳	庚午	辛未	壬申	**冬至**	甲戌	乙亥	丙子	丁丑	戊寅	己卯	庚辰	辛巳	壬午

近世中西史日對照表

陽曆 一 月份　　(陰曆十一、十二月份)

陽	1	2	3	4	5	6	7	8	9	10	11	12	13	14	15	16	17	18	19	20	21	22	23	24	25	26	27	28	29	30	31
陰	十一	十二	十三	十四	十五	十六	十七	十八	十九	廿	廿一	廿二	廿三	廿四	廿五	廿六	廿七	廿八	廿九	卅	十二	二	三	四	五	六	七	八	九	十	十一
星	2	3	4	5	6	日	1	2	3	4	5	6	日	1	2	3	4	5	6	日	1	2	3	4	5	6	日	1	2	3	4
干節	癸未	甲申	乙酉	丙戌	小寒	戊子	己丑	庚寅	辛卯	壬辰	癸巳	甲午	乙未	丙申	丁酉	戊戌	己亥	庚子	辛丑	大寒	癸卯	甲辰	乙巳	丙午	丁未	戊申	己酉	庚戌	辛亥	壬子	癸丑

陽曆 二 月份　　(陰曆十二、正月份)

陽	1	2	3	4	5	6	7	8	9	10	11	12	13	14	15	16	17	18	19	20	21	22	23	24	25	26	27	28			
陰	十二	十三	十四	十五	十六	十七	十八	十九	廿	廿一	廿二	廿三	廿四	廿五	廿六	廿七	廿八	廿九	卅	正	二	三	四	五	六	七	八	九			
星	5	6	日	1	2	3	4	5	6	日	1	2	3	4	5	6	日	1	2	3	4	5	6	日	1	2	3	4			
干節	甲寅	乙卯	丙辰	立春	戊午	己未	庚申	辛酉	壬戌	癸亥	甲子	乙丑	丙寅	丁卯	戊辰	己巳	庚午	辛未	雨水	癸酉	甲戌	乙亥	丙子	丁丑	戊寅	己卯	庚辰	辛巳			

陽曆 三 月份　　(陰曆正、二月份)

陽	1	2	3	4	5	6	7	8	9	10	11	12	13	14	15	16	17	18	19	20	21	22	23	24	25	26	27	28	29	30	31
陰	十	十一	十二	十三	十四	十五	十六	十七	十八	十九	廿	廿一	廿二	廿三	廿四	廿五	廿六	廿七	廿八	廿九	二	二	三	四	五	六	七	八	九	十	十一
星	5	6	日	1	2	3	4	5	6	日	1	2	3	4	5	6	日	1	2	3	4	5	6	日	1	2	3	4	5	6	日
干節	壬午	癸未	甲申	乙酉	丙戌	驚蟄	戊子	己丑	庚寅	辛卯	壬辰	癸巳	甲午	乙未	丙申	丁酉	戊戌	己亥	庚子	辛丑	春分	癸卯	甲辰	乙巳	丙午	丁未	戊申	己酉	庚戌	辛亥	壬子

陽曆 四 月份　　(陰曆二、三月份)

陽	1	2	3	4	5	6	7	8	9	10	11	12	13	14	15	16	17	18	19	20	21	22	23	24	25	26	27	28	29	30	
陰	十二	十三	十四	十五	十六	十七	十八	十九	廿	廿一	廿二	廿三	廿四	廿五	廿六	廿七	廿八	廿九	卅	三	二	三	四	五	六	七	八	九	十	十一	
星	1	2	3	4	5	6	日	1	2	3	4	5	6	日	1	2	3	4	5	6	日	1	2	3	4	5	6	日	1	2	
干節	癸丑	甲寅	乙卯	丙辰	清明	戊午	己未	庚申	辛酉	壬戌	癸亥	甲子	乙丑	丙寅	丁卯	戊辰	己巳	庚午	辛未	穀雨	癸酉	甲戌	乙亥	丙子	丁丑	戊寅	己卯	庚辰	辛巳	壬午	

陽曆 五 月份　　(陰曆三、四月份)

陽	1	2	3	4	5	6	7	8	9	10	11	12	13	14	15	16	17	18	19	20	21	22	23	24	25	26	27	28	29	30	31
陰	十二	十三	十四	十五	十六	十七	十八	十九	廿	廿一	廿二	廿三	廿四	廿五	廿六	廿七	廿八	廿九	四	二	三	四	五	六	七	八	九	十	十一	十二	十三
星	3	4	5	6	日	1	2	3	4	5	6	日	1	2	3	4	5	6	日	1	2	3	4	5	6	日	1	2	3	4	5
干節	癸未	甲申	乙酉	丙戌	丁亥	立夏	己丑	庚寅	辛卯	壬辰	癸巳	甲午	乙未	丙申	丁酉	戊戌	己亥	庚子	辛丑	壬寅	小滿	甲辰	乙巳	丙午	丁未	戊申	己酉	庚戌	辛亥	壬子	癸丑

陽曆 六 月份　　(陰曆四、五月份)

陽	1	2	3	4	5	6	7	8	9	10	11	12	13	14	15	16	17	18	19	20	21	22	23	24	25	26	27	28	29	30	
陰	十四	十五	十六	十七	十八	十九	廿	廿一	廿二	廿三	廿四	廿五	廿六	廿七	廿八	廿九	卅	五	二	三	四	五	六	七	八	九	十	十一	十二	十三	
星	6	日	1	2	3	4	5	6	日	1	2	3	4	5	6	日	1	2	3	4	5	6	日	1	2	3	4	5	6	日	
干節	甲寅	乙卯	丙辰	丁巳	戊午	芒種	庚申	辛酉	壬戌	癸亥	甲子	乙丑	丙寅	丁卯	戊辰	己巳	庚午	辛未	壬申	癸酉	甲戌	夏至	丙子	丁丑	戊寅	己卯	庚辰	辛巳	壬午	癸未	

癸巳

一八三三年

(清宣宗道光一三年)

癸巳

一八三三年

（清宣宗道光一三年）

陽曆七月份　（陰曆五、六月份）

陽	7	2	3	4	5	6	7	8	9	10	11	12	13	14	15	16	17	18	19	20	21	22	23	24	25	26	27	28	29	30	31
陰	十四	十五	十六	十七	十八	十九	廿	廿一	廿二	廿三	廿四	廿五	廿六	廿七	廿八	廿九	六	二	三	四	五	六	七	八	九	十	十一	十二	十三	十四	十五
星	1	2	3	4	5	6	日	1	2	3	4	5	6	日	1	2	3	4	5	6	日	1	2	3	4	5	6	日	1	2	3
干節	甲申	乙酉	丙戌	丁亥	戊子	己丑	小暑	辛卯	壬辰	癸巳	甲午	乙未	丙申	丁酉	戊戌	己亥	庚子	辛丑	壬寅	癸卯	甲辰	乙巳	大暑	丁未	戊申	己酉	庚戌	辛亥	壬子	癸丑	甲寅

陽曆八月份　（陰曆六、七月份）

陽	8	2	3	4	5	6	7	8	9	10	11	12	13	14	15	16	17	18	19	20	21	22	23	24	25	26	27	28	29	30	31
陰	十六	十七	十八	十九	廿	廿一	廿二	廿三	廿四	廿五	廿六	廿七	廿八	廿九	七	二	三	四	五	六	七	八	九	十	十一	十二	十三	十四	十五	十六	十七
星	4	5	6	日	1	2	3	4	5	6	日	1	2	3	4	5	6	日	1	2	3	4	5	6	日	1	2	3	4	5	6
干節	乙卯	丙辰	丁巳	戊午	己未	庚申	辛酉	立秋	癸亥	甲子	乙丑	丙寅	丁卯	戊辰	己巳	庚午	辛未	壬申	癸酉	甲戌	乙亥	丙子	處暑	戊寅	己卯	庚辰	辛巳	壬午	癸未	甲申	乙酉

陽曆九月份　（陰曆七、八月份）

陽	9	2	3	4	5	6	7	8	9	10	11	12	13	14	15	16	17	18	19	20	21	22	23	24	25	26	27	28	29	30	
陰	十八	十九	廿	廿一	廿二	廿三	廿四	廿五	廿六	廿七	廿八	廿九	卅	八	二	三	四	五	六	七	八	九	十	十一	十二	十三	十四	十五	十六	十七	
星	日	1	2	3	4	5	6	日	1	2	3	4	5	6	日	1	2	3	4	5	6	日	1	2	3	4	5	6	日	1	
干節	丙戌	丁亥	戊子	己丑	庚寅	辛卯	壬辰	白露	甲午	乙未	丙申	丁酉	戊戌	己亥	庚子	辛丑	壬寅	癸卯	甲辰	乙巳	丙午	丁未	秋分	己酉	庚戌	辛亥	壬子	癸丑	甲寅	乙卯	

陽曆十月份　（陰曆八、九月份）

陽	10	2	3	4	5	6	7	8	9	10	11	12	13	14	15	16	17	18	19	20	21	22	23	24	25	26	27	28	29	30	31
陰	十八	十九	廿	廿一	廿二	廿三	廿四	廿五	廿六	廿七	廿八	廿九	九	二	三	四	五	六	七	八	九	十	十一	十二	十三	十四	十五	十六	十七	十八	十九
星	2	3	4	5	6	日	1	2	3	4	5	6	日	1	2	3	4	5	6	日	1	2	3	4	5	6	日	1	2	3	4
干節	丙辰	丁巳	戊午	己未	庚申	辛酉	壬戌	寒露	甲子	乙丑	丙寅	丁卯	戊辰	己巳	庚午	辛未	壬申	癸酉	甲戌	乙亥	丙子	丁丑	霜降	己卯	庚辰	辛巳	壬午	癸未	甲申	乙酉	丙戌

陽曆十一月份　（陰曆九、十月份）

陽	11	2	3	4	5	6	7	8	9	10	11	12	13	14	15	16	17	18	19	20	21	22	23	24	25	26	27	28	29	30	
陰	廿	廿一	廿二	廿三	廿四	廿五	廿六	廿七	廿八	廿九	卅	十	二	三	四	五	六	七	八	九	十	十一	十二	十三	十四	十五	十六	十七	十八	十九	
星	5	6	日	1	2	3	4	5	6	日	1	2	3	4	5	6	日	1	2	3	4	5	6	日	1	2	3	4	5	6	
干節	丁亥	戊子	己丑	庚寅	辛卯	壬辰	立冬	甲午	乙未	丙申	丁酉	戊戌	己亥	庚子	辛丑	壬寅	癸卯	甲辰	乙巳	丙午	丁未	小雪	己酉	庚戌	辛亥	壬子	癸丑	甲寅	乙卯	丙辰	

陽曆十二月份　（陰曆十、十一月份）

陽	12	2	3	4	5	6	7	8	9	10	11	12	13	14	15	16	17	18	19	20	21	22	23	24	25	26	27	28	29	30	31
陰	廿	廿一	廿二	廿三	廿四	廿五	廿六	廿七	廿八	廿九	十一	二	三	四	五	六	七	八	九	十	十一	十二	十三	十四	十五	十六	十七	十八	十九	廿	廿一
星	日	1	2	3	4	5	6	日	1	2	3	4	5	6	日	1	2	3	4	5	6	日	1	2	3	4	5	6	日	1	2
干節	丁巳	戊午	己未	庚申	辛酉	壬戌	大雪	甲子	乙丑	丙寅	丁卯	戊辰	己巳	庚午	辛未	壬申	癸酉	甲戌	乙亥	丙子	丁丑	冬至	己卯	庚辰	辛巳	壬午	癸未	甲申	乙酉	丙戌	丁亥

近世中西史日對照表

甲午　一八三四年　（清宣宗道光一四年）

陽歷一月份　（陰歷十一、十二月份）

陽	1	2	3	4	5	6	7	8	9	10	11	12	13	14	15	16	17	18	19	20	21	22	23	24	25	26	27	28	29	30	31
陰	廿二	廿三	廿四	廿五	廿六	廿七	廿八	廿九	卅	十二	二	三	四	五	六	七	八	九	十	十一	十二	十三	十四	十五	十六	十七	十八	十九	廿	廿一	廿二
星	3	4	5	6	日	1	2	3	4	5	6	日	1	2	3	4	5	6	日	1	2	3	4	5	6	日	1	2	3	4	5
干節	戊子	己丑	庚寅	辛卯	壬辰	小寒	甲午	乙未	丙申	丁酉	戊戌	己亥	庚子	辛丑	壬寅	癸卯	甲辰	乙巳	丙午	大寒	戊申	己酉	庚戌	辛亥	壬子	癸丑	甲寅	乙卯	丙辰	丁巳	戊午

陽歷二月份　（陰歷十二、正月份）

陽	2	2	3	4	5	6	7	8	9	10	11	12	13	14	15	16	17	18	19	20	21	22	23	24	25	26	27	28
陰	廿三	廿四	廿五	廿六	廿七	廿八	廿九	卅	正	二	三	四	五	六	七	八	九	十	十一	十二	十三	十四	十五	十六	十七	十八	十九	廿
星	6	日	1	2	3	4	5	6	日	1	2	3	4	5	6	日	1	2	3	4	5	6	日	1	2	3	4	5
干節	己未	庚申	辛酉	立春	癸亥	甲子	乙丑	丙寅	丁卯	戊辰	己巳	庚午	辛未	壬申	癸酉	甲戌	乙亥	丙子	雨水	戊寅	己卯	庚辰	辛巳	壬午	癸未	甲申	乙酉	丙戌

陽歷三月份　（陰歷正、二月份）

陽	3	2	3	4	5	6	7	8	9	10	11	12	13	14	15	16	17	18	19	20	21	22	23	24	25	26	27	28	29	30	31
陰	廿一	廿二	廿三	廿四	廿五	廿六	廿七	廿八	廿九	二	二	三	四	五	六	七	八	九	十	十一	十二	十三	十四	十五	十六	十七	十八	十九	廿	廿一	廿二
星	6	日	1	2	3	4	5	6	日	1	2	3	4	5	6	日	1	2	3	4	5	6	日	1	2	3	4	5	6	日	1
干節	丁亥	戊子	己丑	庚寅	辛卯	驚蟄	癸巳	甲午	乙未	丙申	丁酉	戊戌	己亥	庚子	辛丑	壬寅	癸卯	甲辰	乙巳	丙午	春分	戊申	己酉	庚戌	辛亥	壬子	癸丑	甲寅	乙卯	丙辰	丁巳

陽歷四月份　（陰歷二、三月份）

陽	4	2	3	4	5	6	7	8	9	10	11	12	13	14	15	16	17	18	19	20	21	22	23	24	25	26	27	28	29	30
陰	廿三	廿四	廿五	廿六	廿七	廿八	廿九	卅	三	二	三	四	五	六	七	八	九	十	十一	十二	十三	十四	十五	十六	十七	十八	十九	廿	廿一	廿二
星	2	3	4	5	6	日	1	2	3	4	5	6	日	1	2	3	4	5	6	日	1	2	3	4	5	6	日	1	2	3
干節	戊午	己未	庚申	辛酉	清明	癸亥	甲子	乙丑	丙寅	丁卯	戊辰	己巳	庚午	辛未	壬申	癸酉	甲戌	乙亥	丙子	穀雨	戊寅	己卯	庚辰	辛巳	壬午	癸未	甲申	乙酉	丙戌	丁亥

陽歷五月份　（陰歷三、四月份）

陽	5	2	3	4	5	6	7	8	9	10	11	12	13	14	15	16	17	18	19	20	21	22	23	24	25	26	27	28	29	30	31
陰	廿三	廿四	廿五	廿六	廿七	廿八	廿九	卅	四	二	三	四	五	六	七	八	九	十	十一	十二	十三	十四	十五	十六	十七	十八	十九	廿	廿一	廿二	廿三
星	4	5	6	日	1	2	3	4	5	6	日	1	2	3	4	5	6	日	1	2	3	4	5	6	日	1	2	3	4	5	6
干節	戊子	己丑	庚寅	辛卯	壬辰	立夏	甲午	乙未	丙申	丁酉	戊戌	己亥	庚子	辛丑	壬寅	癸卯	甲辰	乙巳	丙午	丁未	小滿	己酉	庚戌	辛亥	壬子	癸丑	甲寅	乙卯	丙辰	丁巳	戊午

陽歷六月份　（陰歷四、五月份）

陽	6	2	3	4	5	6	7	8	9	10	11	12	13	14	15	16	17	18	19	20	21	22	23	24	25	26	27	28	29	30
陰	廿四	廿五	廿六	廿七	廿八	廿九	五	二	三	四	五	六	七	八	九	十	十一	十二	十三	十四	十五	十六	十七	十八	十九	廿	廿一	廿二	廿三	廿四
星	日	1	2	3	4	5	6	日	1	2	3	4	5	6	日	1	2	3	4	5	6	日	1	2	3	4	5	6	日	1
干節	己未	庚申	辛酉	壬戌	癸亥	芒種	乙丑	丙寅	丁卯	戊辰	己巳	庚午	辛未	壬申	癸酉	甲戌	乙亥	丙子	丁丑	戊寅	己卯	夏至	辛巳	壬午	癸未	甲申	乙酉	丙戌	丁亥	戊子

甲午

一八三四年

（清宣宗道光一四年）

陽歷七月份　（陰歷五、六月份）

陽	7	2	3	4	5	6	7	8	9	10	11	12	13	14	15	16	17	18	19	20	21	22	23	24	25	26	27	28	29	30	31
陰	廿五	廿六	廿七	廿八	廿九	卅	六	二	三	四	五	六	七	八	九	十	十一	十二	十三	十四	十五	十六	十七	十八	十九	廿	廿一	廿二	廿三	廿四	廿五
星	2	3	4	5	6	日	1	2	3	4	5	6	日	1	2	3	4	5	6	日	1	2	3	4	5	6	日	1	2	3	4
干節	己丑	庚寅	辛卯	壬辰	癸巳	甲午	乙未	小暑	丁酉	戊戌	己亥	庚子	辛丑	壬寅	癸卯	甲辰	乙巳	丙午	丁未	戊申	己酉	庚戌	大暑	壬子	癸丑	甲寅	乙卯	丙辰	丁巳	戊午	己未

陽歷八月份　（陰歷六、七月份）

陽	8	2	3	4	5	6	7	8	9	10	11	12	13	14	15	16	17	18	19	20	21	22	23	24	25	26	27	28	29	30	31
陰	廿六	廿七	廿八	廿九	七	二	三	四	五	六	七	八	九	十	十一	十二	十三	十四	十五	十六	十七	十八	十九	廿	廿一	廿二	廿三	廿四	廿五	廿六	廿七
星	5	6	日	1	2	3	4	5	6	日	1	2	3	4	5	6	日	1	2	3	4	5	6	日	1	2	3	4	5	6	日
干節	庚申	辛酉	壬戌	癸亥	甲子	乙丑	丙寅	立秋	戊辰	己巳	庚午	辛未	壬申	癸酉	甲戌	乙亥	丙子	丁丑	戊寅	己卯	庚辰	辛巳	壬午	處暑	甲申	乙酉	丙戌	丁亥	戊子	己丑	庚寅

陽歷九月份　（陰歷七、八月份）

陽	9	2	3	4	5	6	7	8	9	10	11	12	13	14	15	16	17	18	19	20	21	22	23	24	25	26	27	28	29	30	
陰	廿八	廿九	八	二	三	四	五	六	七	八	九	十	十一	十二	十三	十四	十五	十六	十七	十八	十九	廿	廿一	廿二	廿三	廿四	廿五	廿六	廿七	廿八	
星	1	2	3	4	5	6	日	1	2	3	4	5	6	日	1	2	3	4	5	6	日	1	2	3	4	5	6	日	1	2	
干節	辛卯	壬辰	癸巳	甲午	乙未	丙申	丁酉	白露	己亥	庚子	辛丑	壬寅	癸卯	甲辰	乙巳	丙午	丁未	戊申	己酉	庚戌	辛亥	壬子	秋分	甲寅	乙卯	丙辰	丁巳	戊午	己未	庚申	

陽歷十月份　（陰歷八、九月份）

陽	10	2	3	4	5	6	7	8	9	10	11	12	13	14	15	16	17	18	19	20	21	22	23	24	25	26	27	28	29	30	31
陰	廿九	卅	九	二	三	四	五	六	七	八	九	十	十一	十二	十三	十四	十五	十六	十七	十八	十九	廿	廿一	廿二	廿三	廿四	廿五	廿六	廿七	廿八	廿九
星	3	4	5	6	日	1	2	3	4	5	6	日	1	2	3	4	5	6	日	1	2	3	4	5	6	日	1	2	3	4	5
干節	辛酉	壬戌	癸亥	甲子	乙丑	丙寅	丁卯	戊辰	寒露	庚午	辛未	壬申	癸酉	甲戌	乙亥	丙子	丁丑	戊寅	己卯	庚辰	辛巳	壬午	癸未	霜降	乙酉	丙戌	丁亥	戊子	己丑	庚寅	辛卯

陽歷十一月份　（陰歷十月份）

陽	11	2	3	4	5	6	7	8	9	10	11	12	13	14	15	16	17	18	19	20	21	22	23	24	25	26	27	28	29	30	
陰	十	二	三	四	五	六	七	八	九	十	十一	十二	十三	十四	十五	十六	十七	十八	十九	廿	廿一	廿二	廿三	廿四	廿五	廿六	廿七	廿八	廿九	卅	
星	6	日	1	2	3	4	5	6	日	1	2	3	4	5	6	日	1	2	3	4	5	6	日	1	2	3	4	5	6	日	
干節	壬辰	癸巳	甲午	乙未	丙申	丁酉	戊戌	立冬	庚子	辛丑	壬寅	癸卯	甲辰	乙巳	丙午	丁未	戊申	己酉	庚戌	辛亥	壬子	癸丑	小雪	乙卯	丙辰	丁巳	戊午	己未	庚申	辛酉	

陽歷十二月份　（陰歷十一、十二月份）

陽	12	2	3	4	5	6	7	8	9	10	11	12	13	14	15	16	17	18	19	20	21	22	23	24	25	26	27	28	29	30	31
陰	十一	二	三	四	五	六	七	八	九	十	十一	十二	十三	十四	十五	十六	十七	十八	十九	廿	廿一	廿二	廿三	廿四	廿五	廿六	廿七	廿八	廿九	十二	二
星	1	2	3	4	5	6	日	1	2	3	4	5	6	日	1	2	3	4	5	6	日	1	2	3	4	5	6	日	1	2	3
干節	壬戌	癸亥	甲子	乙丑	丙寅	丁卯	大雪	己巳	庚午	辛未	壬申	癸酉	甲戌	乙亥	丙子	丁丑	戊寅	己卯	庚辰	辛巳	壬午	冬至	甲申	乙酉	丙戌	丁亥	戊子	己丑	庚寅	辛卯	壬辰

乙未

一八三五年

（清宣宗道光一五年）

陽歷 一 月份 （陰歷十二、正月份）

陽	1	2	3	4	5	6	7	8	9	10	11	12	13	14	15	16	17	18	19	20	21	22	23	24	25	26	27	28	29	30	31
陰	三	四	五	六	七	八	九	十	十一	十二	十三	十四	十五	十六	十七	十八	十九	廿	廿一	廿二	廿三	廿四	廿五	廿六	廿七	廿八	廿九	卅	正	二	三
星	4	5	6	日	1	2	3	4	5	6	日	1	2	3	4	5	6	日	1	2	3	4	5	6	日	1	2	3	4	5	6
干節	癸巳	甲午	乙未	丙申	丁酉	小寒	己亥	庚子	辛丑	壬寅	癸卯	甲辰	乙巳	丙午	丁未	戊申	己酉	庚戌	辛亥	壬子	大寒	甲寅	乙卯	丙辰	丁巳	戊午	己未	庚申	辛酉	壬戌	癸亥

陽歷 二 月份 （陰歷正、二月份）

陽	2	2	3	4	5	6	7	8	9	10	11	12	13	14	15	16	17	18	19	20	21	22	23	24	25	26	27	28
陰	四	五	六	七	八	九	十	十一	十二	十三	十四	十五	十六	十七	十八	十九	廿	廿一	廿二	廿三	廿四	廿五	廿六	廿七	廿八	廿九	二	二
星	日	1	2	3	4	5	6	日	1	2	3	4	5	6	日	1	2	3	4	5	6	日	1	2	3	4	5	6
干節	甲子	乙丑	丙寅	立春	戊辰	己巳	庚午	辛未	壬申	癸酉	甲戌	乙亥	丙子	丁丑	戊寅	己卯	庚辰	辛巳	雨水	癸未	甲申	乙酉	丙戌	丁亥	戊子	己丑	庚寅	辛卯

陽歷 三 月份 （陰歷二、三月份）

陽	3	2	3	4	5	6	7	8	9	10	11	12	13	14	15	16	17	18	19	20	21	22	23	24	25	26	27	28	29	30	31
陰	三	四	五	六	七	八	九	十	十一	十二	十三	十四	十五	十六	十七	十八	十九	廿	廿一	廿二	廿三	廿四	廿五	廿六	廿七	廿八	廿九	卅	三	二	三
星	日	1	2	3	4	5	6	日	1	2	3	4	5	6	日	1	2	3	4	5	6	日	1	2	3	4	5	6	日	1	2
干節	壬辰	癸巳	甲午	乙未	丙申	驚蟄	戊戌	己亥	庚子	辛丑	壬寅	癸卯	甲辰	乙巳	丙午	丁未	戊申	己酉	庚戌	辛亥	春分	癸丑	甲寅	乙卯	丙辰	丁巳	戊午	己未	庚申	辛酉	壬戌

陽歷 四 月份 （陰歷三、四月份）

陽	4	2	3	4	5	6	7	8	9	10	11	12	13	14	15	16	17	18	19	20	21	22	23	24	25	26	27	28	29	30
陰	四	五	六	七	八	九	十	十一	十二	十三	十四	十五	十六	十七	十八	十九	廿	廿一	廿二	廿三	廿四	廿五	廿六	廿七	廿八	廿九	卅	四	二	三
星	3	4	5	6	日	1	2	3	4	5	6	日	1	2	3	4	5	6	日	1	2	3	4	5	6	日	1	2	3	4
干節	癸亥	甲子	乙丑	丙寅	清明	戊辰	己巳	庚午	辛未	壬申	癸酉	甲戌	乙亥	丙子	丁丑	戊寅	己卯	庚辰	辛巳	壬午	穀雨	甲申	乙酉	丙戌	丁亥	戊子	己丑	庚寅	辛卯	壬辰

陽歷 五 月份 （陰歷四、五月份）

陽	5	2	3	4	5	6	7	8	9	10	11	12	13	14	15	16	17	18	19	20	21	22	23	24	25	26	27	28	29	30	31
陰	四	五	六	七	八	九	十	十一	十二	十三	十四	十五	十六	十七	十八	十九	廿	廿一	廿二	廿三	廿四	廿五	廿六	廿七	廿八	廿九	五	二	三	四	五
星	5	6	日	1	2	3	4	5	6	日	1	2	3	4	5	6	日	1	2	3	4	5	6	日	1	2	3	4	5	6	日
干節	癸巳	甲午	乙未	丙申	丁酉	立夏	己亥	庚子	辛丑	壬寅	癸卯	甲辰	乙巳	丙午	丁未	戊申	己酉	庚戌	辛亥	壬子	癸丑	小滿	乙卯	丙辰	丁巳	戊午	己未	庚申	辛酉	壬戌	癸亥

陽歷 六 月份 （陰歷五、六月份）

陽	6	2	3	4	5	6	7	8	9	10	11	12	13	14	15	16	17	18	19	20	21	22	23	24	25	26	27	28	29	30
陰	六	七	八	九	十	十一	十二	十三	十四	十五	十六	十七	十八	十九	廿	廿一	廿二	廿三	廿四	廿五	廿六	廿七	廿八	廿九	卅	六	二	三	四	五
星	1	2	3	4	5	6	日	1	2	3	4	5	6	日	1	2	3	4	5	6	日	1	2	3	4	5	6	日	1	2
干節	甲子	乙丑	丙寅	丁卯	戊辰	芒種	庚午	辛未	壬申	癸酉	甲戌	乙亥	丙子	丁丑	戊寅	己卯	庚辰	辛巳	壬午	癸未	甲申	夏至	丙戌	丁亥	戊子	己丑	庚寅	辛卯	壬辰	癸巳

乙未

一八三五年

（清宣宗道光一五年）

陽歷七月份 （陰歷六、閏六月份）

陽	7	2	3	4	5	6	7	8	9	10	11	12	13	14	15	16	17	18	19	20	21	22	23	24	25	26	27	28	29	30	31
陰	六	七	八	九	十	十一	十二	十三	十四	十五	十六	十七	十八	十九	廿	廿一	廿二	廿三	廿四	廿五	廿六	廿七	廿八	廿九	卅	閏	二	三	四	五	六
星	3	4	5	6	日	1	2	3	4	5	6	日	1	2	3	4	5	6	日	1	2	3	4	5	6	日	1	2	3	4	5
干節	甲午	乙未	丙申	丁酉	戊戌	己亥	庚子	小暑	壬寅	癸卯	甲辰	乙巳	丙午	丁未	戊申	己酉	庚戌	辛亥	壬子	癸丑	甲寅	乙卯	大暑	丁巳	戊午	己未	庚申	辛酉	壬戌	癸亥	甲子

陽歷八月份 （陰歷閏六、七月份）

陽	8	2	3	4	5	6	7	8	9	10	11	12	13	14	15	16	17	18	19	20	21	22	23	24	25	26	27	28	29	30	31
陰	七	八	九	十	十一	十二	十三	十四	十五	十六	十七	十八	十九	廿	廿一	廿二	廿三	廿四	廿五	廿六	廿七	廿八	廿九	七	二	三	四	五	六	七	八
星	6	日	1	2	3	4	5	6	日	1	2	3	4	5	6	日	1	2	3	4	5	6	日	1	2	3	4	5	6	日	1
干節	乙丑	丙寅	丁卯	戊辰	己巳	庚午	辛未	立秋	癸酉	甲戌	乙亥	丙子	丁丑	戊寅	己卯	庚辰	辛巳	壬午	癸未	甲申	乙酉	丙戌	丁亥	處暑	己丑	庚寅	辛卯	壬辰	癸巳	甲午	乙未

陽歷九月份 （陰歷七、八月份）

陽	9	2	3	4	5	6	7	8	9	10	11	12	13	14	15	16	17	18	19	20	21	22	23	24	25	26	27	28	29	30	
陰	九	十	十一	十二	十三	十四	十五	十六	十七	十八	十九	廿	廿一	廿二	廿三	廿四	廿五	廿六	廿七	廿八	廿九	八	二	三	四	五	六	七	八	九	
星	2	3	4	5	6	日	1	2	3	4	5	6	日	1	2	3	4	5	6	日	1	2	3	4	5	6	日	1	2	3	
干節	丙申	丁酉	戊戌	己亥	庚子	辛丑	壬寅	白露	甲辰	乙巳	丙午	丁未	戊申	己酉	庚戌	辛亥	壬子	癸丑	甲寅	乙卯	丙辰	丁巳	戊午	秋分	庚申	辛酉	壬戌	癸亥	甲子	乙丑	

陽歷十月份 （陰歷八、九月份）

陽	10	2	3	4	5	6	7	8	9	10	11	12	13	14	15	16	17	18	19	20	21	22	23	24	25	26	27	28	29	30	31
陰	十	十一	十二	十三	十四	十五	十六	十七	十八	十九	廿	廿一	廿二	廿三	廿四	廿五	廿六	廿七	廿八	廿九	卅	九	二	三	四	五	六	七	八	九	十
星	4	5	6	日	1	2	3	4	5	6	日	1	2	3	4	5	6	日	1	2	3	4	5	6	日	1	2	3	4	5	6
干節	丙寅	丁卯	戊辰	己巳	庚午	辛未	壬申	癸酉	寒露	乙亥	丙子	丁丑	戊寅	己卯	庚辰	辛巳	壬午	癸未	甲申	乙酉	丙戌	丁亥	戊子	霜降	庚寅	辛卯	壬辰	癸巳	甲午	乙未	丙申

陽歷十一月份 （陰歷九、十月份）

陽	11	2	3	4	5	6	7	8	9	10	11	12	13	14	15	16	17	18	19	20	21	22	23	24	25	26	27	28	29	30	
陰	十一	十二	十三	十四	十五	十六	十七	十八	十九	廿	廿一	廿二	廿三	廿四	廿五	廿六	廿七	廿八	廿九	十	二	三	四	五	六	七	八	九	十	十一	
星	日	1	2	3	4	5	6	日	1	2	3	4	5	6	日	1	2	3	4	5	6	日	1	2	3	4	5	6	日	1	
干節	丁酉	戊戌	己亥	庚子	辛丑	壬寅	癸卯	立冬	乙巳	丙午	丁未	戊申	己酉	庚戌	辛亥	壬子	癸丑	甲寅	乙卯	丙辰	丁巳	戊午	小雪	庚申	辛酉	壬戌	癸亥	甲子	乙丑	丙寅	

陽歷十二月份 （陰歷十、十一月份）

陽	12	2	3	4	5	6	7	8	9	10	11	12	13	14	15	16	17	18	19	20	21	22	23	24	25	26	27	28	29	30	31
陰	十二	十三	十四	十五	十六	十七	十八	十九	廿	廿一	廿二	廿三	廿四	廿五	廿六	廿七	廿八	廿九	卅	十一	二	三	四	五	六	七	八	九	十	十一	十二
星	2	3	4	5	6	日	1	2	3	4	5	6	日	1	2	3	4	5	6	日	1	2	3	4	5	6	日	1	2	3	4
干節	丁卯	戊辰	己巳	庚午	辛未	壬申	癸酉	大雪	乙亥	丙子	丁丑	戊寅	己卯	庚辰	辛巳	壬午	癸未	甲申	乙酉	丙戌	丁亥	冬至	己丑	庚寅	辛卯	壬辰	癸巳	甲午	乙未	丙申	丁酉

近世中西史日對照表

陽歷一月份　(陰歷十一、十二月份)

陽	1	2	3	4	5	6	7	8	9	10	11	12	13	14	15	16	17	18	19	20	21	22	23	24	25	26	27	28	29	30	31
陰	十三	十四	十五	十六	十七	十八	十九	廿	廿一	廿二	廿三	廿四	廿五	廿六	廿七	廿八	廿九	十二	二	三	四	五	六	七	八	九	十	十一	十二	十三	十四
星	5	6	日	1	2	3	4	5	6	日	1	2	3	4	5	6	日	1	2	3	4	5	6	日	1	2	3	4	5	6	日
干節	戊戌	己亥	庚子	辛丑	壬寅	小寒	甲辰	乙巳	丙午	丁未	戊申	己酉	庚戌	辛亥	壬子	癸丑	甲寅	乙卯	丙辰	丁巳	大寒	己未	庚申	辛酉	壬戌	癸亥	甲子	乙丑	丙寅	丁卯	戊辰

陽歷二月份　(陰歷十二、正月份)

陽	2	2	3	4	5	6	7	8	9	10	11	12	13	14	15	16	17	18	19	20	21	22	23	24	25	26	27	28	29
陰	十五	十六	十七	十八	十九	廿	廿一	廿二	廿三	廿四	廿五	廿六	廿七	廿八	廿九	卅	正	二	三	四	五	六	七	八	九	十	十一	十二	十三
星	1	2	3	4	5	6	日	1	2	3	4	5	6	日	1	2	3	4	5	6	日	1	2	3	4	5	6	日	1
干節	己巳	庚午	辛未	壬申	立春	甲戌	乙亥	丙子	丁丑	戊寅	己卯	庚辰	辛巳	壬午	癸未	甲申	乙酉	丙戌	雨水	戊子	己丑	庚寅	辛卯	壬辰	癸巳	甲午	乙未	丙申	丁酉

陽歷三月份　(陰歷正、二月份)

陽	3	2	3	4	5	6	7	8	9	10	11	12	13	14	15	16	17	18	19	20	21	22	23	24	25	26	27	28	29	30	31
陰	十四	十五	十六	十七	十八	十九	廿	廿一	廿二	廿三	廿四	廿五	廿六	廿七	廿八	廿九	二	二	三	四	五	六	七	八	九	十	十一	十二	十三	十四	十五
星	2	3	4	5	6	日	1	2	3	4	5	6	日	1	2	3	4	5	6	日	1	2	3	4	5	6	日	1	2	3	4
干節	戊戌	己亥	庚子	辛丑	驚蟄	癸卯	甲辰	乙巳	丙午	丁未	戊申	己酉	庚戌	辛亥	壬子	癸丑	甲寅	乙卯	丙辰	春分	戊午	己未	庚申	辛酉	壬戌	癸亥	甲子	乙丑	丙寅	丁卯	戊辰

陽歷四月份　(陰歷二、三月份)

陽	4	2	3	4	5	6	7	8	9	10	11	12	13	14	15	16	17	18	19	20	21	22	23	24	25	26	27	28	29	30
陰	十六	十七	十八	十九	廿	廿一	廿二	廿三	廿四	廿五	廿六	廿七	廿八	廿九	卅	三	二	三	四	五	六	七	八	九	十	十一	十二	十三	十四	十五
星	5	6	日	1	2	3	4	5	6	日	1	2	3	4	5	6	日	1	2	3	4	5	6	日	1	2	3	4	5	6
干節	己巳	庚午	辛未	壬申	清明	甲戌	乙亥	丙子	丁丑	戊寅	己卯	庚辰	辛巳	壬午	癸未	甲申	乙酉	丙戌	丁亥	穀雨	己丑	庚寅	辛卯	壬辰	癸巳	甲午	乙未	丙申	丁酉	戊戌

陽歷五月份　(陰歷三、四月份)

陽	5	2	3	4	5	6	7	8	9	10	11	12	13	14	15	16	17	18	19	20	21	22	23	24	25	26	27	28	29	30	31
陰	十六	十七	十八	十九	廿	廿一	廿二	廿三	廿四	廿五	廿六	廿七	廿八	廿九	四	二	三	四	五	六	七	八	九	十	十一	十二	十三	十四	十五	十六	十七
星	日	1	2	3	4	5	6	日	1	2	3	4	5	6	日	1	2	3	4	5	6	日	1	2	3	4	5	6	日	1	2
干節	己亥	庚子	辛丑	壬寅	立夏	甲辰	乙巳	丙午	丁未	戊申	己酉	庚戌	辛亥	壬子	癸丑	甲寅	乙卯	丙辰	丁巳	戊午	小滿	庚申	辛酉	壬戌	癸亥	甲子	乙丑	丙寅	丁卯	戊辰	己巳

陽歷六月份　(陰歷四、五月份)

陽	6	2	3	4	5	6	7	8	9	10	11	12	13	14	15	16	17	18	19	20	21	22	23	24	25	26	27	28	29	30
陰	十八	十九	廿	廿一	廿二	廿三	廿四	廿五	廿六	廿七	廿八	廿九	卅	五	二	三	四	五	六	七	八	九	十	十一	十二	十三	十四	十五	十六	十七
星	3	4	5	6	日	1	2	3	4	5	6	日	1	2	3	4	5	6	日	1	2	3	4	5	6	日	1	2	3	4
干節	庚午	辛未	壬申	癸酉	芒種	乙亥	丙子	丁丑	戊寅	己卯	庚辰	辛巳	壬午	癸未	甲申	乙酉	丙戌	丁亥	戊子	己丑	夏至	辛卯	壬辰	癸巳	甲午	乙未	丙申	丁酉	戊戌	己亥

丙申

一八三六年

（清宣宗道光一六年）

陽曆七月份（陰曆五、六月份）

陽	1	2	3	4	5	6	7	8	9	10	11	12	13	14	15	16	17	18	19	20	21	22	23	24	25	26	27	28	29	30	31
陰	十八	十九	廿	廿一	廿二	廿三	廿四	廿五	廿六	廿七	廿八	廿九	卅	六	二	三	四	五	六	七	八	九	十	十一	十二	十三	十四	十五	十六	十七	十八
星	5	6	日	1	2	3	4	5	6	日	1	2	3	4	5	6	日	1	2	3	4	5	6	日	1	2	3	4	5	6	日
干節	庚子	辛丑	壬寅	癸卯	甲辰	乙巳	小暑	丁未	戊申	己酉	庚戌	辛亥	壬子	癸丑	甲寅	乙卯	丙辰	丁巳	戊午	己未	庚申	辛酉	大暑	癸亥	甲子	乙丑	丙寅	丁卯	戊辰	己巳	庚午

陽曆八月份（陰曆六、七月份）

陽	1	2	3	4	5	6	7	8	9	10	11	12	13	14	15	16	17	18	19	20	21	22	23	24	25	26	27	28	29	30	31
陰	十九	廿	廿一	廿二	廿三	廿四	廿五	廿六	廿七	廿八	廿九	七	二	三	四	五	六	七	八	九	十	十一	十二	十三	十四	十五	十六	十七	十八	十九	廿
星	1	2	3	4	5	6	日	1	2	3	4	5	6	日	1	2	3	4	5	6	日	1	2	3	4	5	6	日	1	2	3
干節	辛未	壬申	癸酉	甲戌	乙亥	丙子	立秋	戊寅	己卯	庚辰	辛巳	壬午	癸未	甲申	乙酉	丙戌	丁亥	戊子	己丑	庚寅	辛卯	壬辰	處暑	甲午	乙未	丙申	丁酉	戊戌	己亥	庚子	辛丑

陽曆九月份（陰曆七、八月份）

陽	1	2	3	4	5	6	7	8	9	10	11	12	13	14	15	16	17	18	19	20	21	22	23	24	25	26	27	28	29	30	
陰	廿一	廿二	廿三	廿四	廿五	廿六	廿七	廿八	廿九	卅	八	二	三	四	五	六	七	八	九	十	十一	十二	十三	十四	十五	十六	十七	十八	十九	廿	
星	4	5	6	日	1	2	3	4	5	6	日	1	2	3	4	5	6	日	1	2	3	4	5	6	日	1	2	3	4	5	
干節	壬寅	癸卯	甲辰	乙巳	丙午	丁未	戊申	白露	庚戌	辛亥	壬子	癸丑	甲寅	乙卯	丙辰	丁巳	戊午	己未	庚申	辛酉	壬戌	癸亥	秋分	乙丑	丙寅	丁卯	戊辰	己巳	庚午	辛未	

陽曆十月份（陰曆八、九月份）

陽	1	2	3	4	5	6	7	8	9	10	11	12	13	14	15	16	17	18	19	20	21	22	23	24	25	26	27	28	29	30	31
陰	廿一	廿二	廿三	廿四	廿五	廿六	廿七	廿八	廿九	九	二	三	四	五	六	七	八	九	十	十一	十二	十三	十四	十五	十六	十七	十八	十九	廿	廿一	廿二
星	6	日	1	2	3	4	5	6	日	1	2	3	4	5	6	日	1	2	3	4	5	6	日	1	2	3	4	5	6	日	1
干節	壬申	癸酉	甲戌	乙亥	丙子	丁丑	戊寅	寒露	庚辰	辛巳	壬午	癸未	甲申	乙酉	丙戌	丁亥	戊子	己丑	庚寅	辛卯	壬辰	癸巳	霜降	乙未	丙申	丁酉	戊戌	己亥	庚子	辛丑	壬寅

陽曆十一月份（陰曆九、十月份）

陽	1	2	3	4	5	6	7	8	9	10	11	12	13	14	15	16	17	18	19	20	21	22	23	24	25	26	27	28	29	30	
陰	廿三	廿四	廿五	廿六	廿七	廿八	廿九	卅	十	二	三	四	五	六	七	八	九	十	十一	十二	十三	十四	十五	十六	十七	十八	十九	廿	廿一	廿二	
星	2	3	4	5	6	日	1	2	3	4	5	6	日	1	2	3	4	5	6	日	1	2	3	4	5	6	日	1	2	3	
干節	癸卯	甲辰	乙巳	丙午	丁未	戊申	立冬	庚戌	辛亥	壬子	癸丑	甲寅	乙卯	丙辰	丁巳	戊午	己未	庚申	辛酉	壬戌	癸亥	小雪	乙丑	丙寅	丁卯	戊辰	己巳	庚午	辛未	壬申	

陽曆十二月份（陰曆十、十一月份）

陽	1	2	3	4	5	6	7	8	9	10	11	12	13	14	15	16	17	18	19	20	21	22	23	24	25	26	27	28	29	30	31
陰	廿三	廿四	廿五	廿六	廿七	廿八	廿九	十一	二	三	四	五	六	七	八	九	十	十一	十二	十三	十四	十五	十六	十七	十八	十九	廿	廿一	廿二	廿三	廿四
星	4	5	6	日	1	2	3	4	5	6	日	1	2	3	4	5	6	日	1	2	3	4	5	6	日	1	2	3	4	5	6
干節	癸酉	甲戌	乙亥	丙子	丁丑	戊寅	大雪	庚辰	辛巳	壬午	癸未	甲申	乙酉	丙戌	丁亥	戊子	己丑	庚寅	辛卯	壬辰	癸巳	冬至	乙未	丙申	丁酉	戊戌	己亥	庚子	辛丑	壬寅	癸卯

近世中西史日對照表

丁酉

一八三七年

（清宣宗道光一七年）

陽歷一月份　（陰歷十一、十二月份）

陽	1	2	3	4	5	6	7	8	9	10	11	12	13	14	15	16	17	18	19	20	21	22	23	24	25	26	27	28	29	30	31
陰	廿五	廿六	廿七	廿八	廿九	卅	十二月	二	三	四	五	六	七	八	九	十	十一	十二	十三	十四	十五	十六	十七	十八	十九	廿	廿一	廿二	廿三	廿四	廿五
星	日	1	2	3	4	5	6	日	1	2	3	4	5	6	日	1	2	3	4	5	6	日	1	2	3	4	5	6	日	1	2
干節	甲辰	乙巳	丙午	丁未	小寒	己酉	庚戌	辛亥	壬子	癸丑	甲寅	乙卯	丙辰	丁巳	戊午	己未	庚申	辛酉	壬戌	大寒	甲子	乙丑	丙寅	丁卯	戊辰	己巳	庚午	辛未	壬申	癸酉	甲戌

陽歷二月份　（陰歷十二、正月份）

陽	1	2	3	4	5	6	7	8	9	10	11	12	13	14	15	16	17	18	19	20	21	22	23	24	25	26	27	28			
陰	廿六	廿七	廿八	廿九	正月	二	三	四	五	六	七	八	九	十	十一	十二	十三	十四	十五	十六	十七	十八	十九	廿	廿一	廿二	廿三	廿四			
星	3	4	5	6	日	1	2	3	4	5	6	日	1	2	3	4	5	6	日	1	2	3	4	5	6	日	1	2			
干節	乙亥	丙子	丁丑	立春	己卯	庚辰	辛巳	壬午	癸未	甲申	乙酉	丙戌	丁亥	戊子	己丑	庚寅	辛卯	壬辰	雨水	甲午	乙未	丙申	丁酉	戊戌	己亥	庚子	辛丑	壬寅			

陽歷三月份　（陰歷正、二月份）

陽	1	2	3	4	5	6	7	8	9	10	11	12	13	14	15	16	17	18	19	20	21	22	23	24	25	26	27	28	29	30	31
陰	廿五	廿六	廿七	廿八	廿九	卅	二月	二	三	四	五	六	七	八	九	十	十一	十二	十三	十四	十五	十六	十七	十八	十九	廿	廿一	廿二	廿三	廿四	廿五
星	3	4	5	6	日	1	2	3	4	5	6	日	1	2	3	4	5	6	日	1	2	3	4	5	6	日	1	2	3	4	5
干節	癸卯	甲辰	乙巳	丙午	丁未	驚蟄	己酉	庚戌	辛亥	壬子	癸丑	甲寅	乙卯	丙辰	丁巳	戊午	己未	庚申	辛酉	壬戌	春分	甲子	乙丑	丙寅	丁卯	戊辰	己巳	庚午	辛未	壬申	癸酉

陽歷四月份　（陰歷二、三月份）

陽	1	2	3	4	5	6	7	8	9	10	11	12	13	14	15	16	17	18	19	20	21	22	23	24	25	26	27	28	29	30	
陰	廿六	廿七	廿八	廿九	三月	二	三	四	五	六	七	八	九	十	十一	十二	十三	十四	十五	十六	十七	十八	十九	廿	廿一	廿二	廿三	廿四	廿五	廿六	
星	6	日	1	2	3	4	5	6	日	1	2	3	4	5	6	日	1	2	3	4	5	6	日	1	2	3	4	5	6	日	
干節	甲戌	乙亥	丙子	丁丑	清明	己卯	庚辰	辛巳	壬午	癸未	甲申	乙酉	丙戌	丁亥	戊子	己丑	庚寅	辛卯	壬辰	穀雨	甲午	乙未	丙申	丁酉	戊戌	己亥	庚子	辛丑	壬寅	癸卯	

陽歷五月份　（陰歷三、四月份）

陽	1	2	3	4	5	6	7	8	9	10	11	12	13	14	15	16	17	18	19	20	21	22	23	24	25	26	27	28	29	30	31
陰	廿七	廿八	廿九	卅	四月	二	三	四	五	六	七	八	九	十	十一	十二	十三	十四	十五	十六	十七	十八	十九	廿	廿一	廿二	廿三	廿四	廿五	廿六	廿七
星	1	2	3	4	5	6	日	1	2	3	4	5	6	日	1	2	3	4	5	6	日	1	2	3	4	5	6	日	1	2	3
干節	甲辰	乙巳	丙午	丁未	戊申	立夏	庚戌	辛亥	壬子	癸丑	甲寅	乙卯	丙辰	丁巳	戊午	己未	庚申	辛酉	壬戌	癸亥	小滿	乙丑	丙寅	丁卯	戊辰	己巳	庚午	辛未	壬申	癸酉	甲戌

陽歷六月份　（陰歷四、五月份）

陽	1	2	3	4	5	6	7	8	9	10	11	12	13	14	15	16	17	18	19	20	21	22	23	24	25	26	27	28	29	30	
陰	廿八	廿九	五月	二	三	四	五	六	七	八	九	十	十一	十二	十三	十四	十五	十六	十七	十八	十九	廿	廿一	廿二	廿三	廿四	廿五	廿六	廿七	廿八	
星	4	5	6	日	1	2	3	4	5	6	日	1	2	3	4	5	6	日	1	2	3	4	5	6	日	1	2	3	4	5	
干節	乙亥	丙子	丁丑	戊寅	己卯	芒種	辛巳	壬午	癸未	甲申	乙酉	丙戌	丁亥	戊子	己丑	庚寅	辛卯	壬辰	癸巳	甲午	乙未	夏至	丁酉	戊戌	己亥	庚子	辛丑	壬寅	癸卯	甲辰	

近世中西史日對照表

丁酉

一八三七年

（清宣宗道光一七年）

陽歷七月份　（陰歷五、六月份）

陽	7	2	3	4	5	6	7	8	9	10	11	12	13	14	15	16	17	18	19	20	21	22	23	24	25	26	27	28	29	30	31
陰	廿九	卅	六	二	三	四	五	六	七	八	九	十	十一	十二	十三	十四	十五	十六	十七	十八	十九	廿	廿一	廿二	廿三	廿四	廿五	廿六	廿七	廿八	廿九
星	6	日	1	2	3	4	5	6	日	1	2	3	4	5	6	日	1	2	3	4	5	6	日	1	2	3	4	5	6	日	1
干節	乙巳	丙午	丁未	戊申	己酉	庚戌	小暑	壬子	癸丑	甲寅	乙卯	丙辰	丁巳	戊午	己未	庚申	辛酉	壬戌	癸亥	甲子	乙丑	丙寅	大暑	戊辰	己巳	庚午	辛未	壬申	癸酉	甲戌	乙亥

陽歷八月份　（陰歷七、八月份）

陽	8	2	3	4	5	6	7	8	9	10	11	12	13	14	15	16	17	18	19	20	21	22	23	24	25	26	27	28	29	30	31
陰	七	二	三	四	五	六	七	八	九	十	十一	十二	十三	十四	十五	十六	十七	十八	十九	廿	廿一	廿二	廿三	廿四	廿五	廿六	廿七	廿八	廿九	卅	八
星	2	3	4	5	6	日	1	2	3	4	5	6	日	1	2	3	4	5	6	日	1	2	3	4	5	6	日	1	2	3	4
干節	丙子	丁丑	戊寅	己卯	庚辰	辛巳	壬午	立秋	甲申	乙酉	丙戌	丁亥	戊子	己丑	庚寅	辛卯	壬辰	癸巳	甲午	乙未	丙申	丁酉	處暑	己亥	庚子	辛丑	壬寅	癸卯	甲辰	乙巳	丙午

陽歷九月份　（陰歷八、九月份）

陽	9	2	3	4	5	6	7	8	9	10	11	12	13	14	15	16	17	18	19	20	21	22	23	24	25	26	27	28	29	30
陰	二	三	四	五	六	七	八	九	十	十一	十二	十三	十四	十五	十六	十七	十八	十九	廿	廿一	廿二	廿三	廿四	廿五	廿六	廿七	廿八	廿九	卅	九
星	5	6	日	1	2	3	4	5	6	日	1	2	3	4	5	6	日	1	2	3	4	5	6	日	1	2	3	4	5	6
干節	丁未	戊申	己酉	庚戌	辛亥	壬子	癸丑	白露	乙卯	丙辰	丁巳	戊午	己未	庚申	辛酉	壬戌	癸亥	甲子	乙丑	丙寅	丁卯	戊辰	秋分	庚午	辛未	壬申	癸酉	甲戌	乙亥	丙子

陽歷十月份　（陰歷九、十月份）

陽	10	2	3	4	5	6	7	8	9	10	11	12	13	14	15	16	17	18	19	20	21	22	23	24	25	26	27	28	29	30	31
陰	二	三	四	五	六	七	八	九	十	十一	十二	十三	十四	十五	十六	十七	十八	十九	廿	廿一	廿二	廿三	廿四	廿五	廿六	廿七	廿八	廿九	十	二	三
星	日	1	2	3	4	5	6	日	1	2	3	4	5	6	日	1	2	3	4	5	6	日	1	2	3	4	5	6	日	1	2
干節	丁丑	戊寅	己卯	庚辰	辛巳	壬午	癸未	寒露	乙酉	丙戌	丁亥	戊子	己丑	庚寅	辛卯	壬辰	癸巳	甲午	乙未	丙申	丁酉	戊戌	霜降	庚子	辛丑	壬寅	癸卯	甲辰	乙巳	丙午	丁未

陽歷十一月份　（陰歷十、十一月份）

陽	11	2	3	4	5	6	7	8	9	10	11	12	13	14	15	16	17	18	19	20	21	22	23	24	25	26	27	28	29	30
陰	四	五	六	七	八	九	十	十一	十二	十三	十四	十五	十六	十七	十八	十九	廿	廿一	廿二	廿三	廿四	廿五	廿六	廿七	廿八	廿九	卅	十一	二	三
星	3	4	5	6	日	1	2	3	4	5	6	日	1	2	3	4	5	6	日	1	2	3	4	5	6	日	1	2	3	4
干節	戊申	己酉	庚戌	辛亥	壬子	癸丑	立冬	乙卯	丙辰	丁巳	戊午	己未	庚申	辛酉	壬戌	癸亥	甲子	乙丑	丙寅	丁卯	戊辰	小雪	庚午	辛未	壬申	癸酉	甲戌	乙亥	丙子	丁丑

陽歷十二月份　（陰歷十一、十二月份）

陽	12	2	3	4	5	6	7	8	9	10	11	12	13	14	15	16	17	18	19	20	21	22	23	24	25	26	27	28	29	30	31
陰	四	五	六	七	八	九	十	十一	十二	十三	十四	十五	十六	十七	十八	十九	廿	廿一	廿二	廿三	廿四	廿五	廿六	廿七	廿八	廿九	十二	二	三	四	五
星	5	6	日	1	2	3	4	5	6	日	1	2	3	4	5	6	日	1	2	3	4	5	6	日	1	2	3	4	5	6	日
干節	戊寅	己卯	庚辰	辛巳	壬午	癸未	大雪	乙酉	丙戌	丁亥	戊子	己丑	庚寅	辛卯	壬辰	癸巳	甲午	乙未	丙申	丁酉	戊戌	冬至	庚子	辛丑	壬寅	癸卯	甲辰	乙巳	丙午	丁未	戊申

近世中西史日對照表

戊戌　一八三八年　（清宣宗道光一八年）

陽歷 一月份　（陰歷十二、正月份）

陽	1	2	3	4	5	6	7	8	9	10	11	12	13	14	15	16	17	18	19	20	21	22	23	24	25	26	27	28	29	30	31
陰	六	七	八	九	十	十一	十二	十三	十四	十五	十六	十七	十八	十九	廿	廿一	廿二	廿三	廿四	廿五	廿六	廿七	廿八	廿九	卅	正	二	三	四	五	六
星	1	2	3	4	5	6	日	1	2	3	4	5	6	日	1	2	3	4	5	6	日	1	2	3	4	5	6	日	1	2	3
干節	己酉	庚戌	辛亥	壬子	癸丑	小寒	乙卯	丙辰	丁巳	戊午	己未	庚申	辛酉	壬戌	癸亥	甲子	乙丑	丙寅	丁卯	大寒	己巳	庚午	辛未	壬申	癸酉	甲戌	乙亥	丙子	丁丑	戊寅	己卯

陽歷 二月份　（陰歷正、二月份）

陽	1	2	3	4	5	6	7	8	9	10	11	12	13	14	15	16	17	18	19	20	21	22	23	24	25	26	27	28
陰	七	八	九	十	十一	十二	十三	十四	十五	十六	十七	十八	十九	廿	廿一	廿二	廿三	廿四	廿五	廿六	廿七	廿八	廿九	二	二	三	四	五
星	4	5	6	日	1	2	3	4	5	6	日	1	2	3	4	5	6	日	1	2	3	4	5	6	日	1	2	3
干節	庚辰	辛巳	壬午	立春	甲申	乙酉	丙戌	丁亥	戊子	己丑	庚寅	辛卯	壬辰	癸巳	甲午	乙未	丙申	丁酉	雨水	己亥	庚子	辛丑	壬寅	癸卯	甲辰	乙巳	丙午	丁未

陽歷 三月份　（陰歷二、三月份）

陽	1	2	3	4	5	6	7	8	9	10	11	12	13	14	15	16	17	18	19	20	21	22	23	24	25	26	27	28	29	30	31
陰	六	七	八	九	十	十一	十二	十三	十四	十五	十六	十七	十八	十九	廿	廿一	廿二	廿三	廿四	廿五	廿六	廿七	廿八	廿九	卅	三	二	三	四	五	六
星	4	5	6	日	1	2	3	4	5	6	日	1	2	3	4	5	6	日	1	2	3	4	5	6	日	1	2	3	4	5	6
干節	戊申	己酉	庚戌	辛亥	壬子	驚蟄	甲寅	乙卯	丙辰	丁巳	戊午	己未	庚申	辛酉	壬戌	癸亥	甲子	乙丑	丙寅	丁卯	春分	己巳	庚午	辛未	壬申	癸酉	甲戌	乙亥	丙子	丁丑	戊寅

陽歷 四月份　（陰歷三、四月份）

陽	1	2	3	4	5	6	7	8	9	10	11	12	13	14	15	16	17	18	19	20	21	22	23	24	25	26	27	28	29	30
陰	七	八	九	十	十一	十二	十三	十四	十五	十六	十七	十八	十九	廿	廿一	廿二	廿三	廿四	廿五	廿六	廿七	廿八	廿九	四	二	三	四	五	六	七
星	日	1	2	3	4	5	6	日	1	2	3	4	5	6	日	1	2	3	4	5	6	日	1	2	3	4	5	6	日	1
干節	己卯	庚辰	辛巳	壬午	清明	甲申	乙酉	丙戌	丁亥	戊子	己丑	庚寅	辛卯	壬辰	癸巳	甲午	乙未	丙申	丁酉	穀雨	己亥	庚子	辛丑	壬寅	癸卯	甲辰	乙巳	丙午	丁未	戊申

陽歷 五月份　（陰歷四、閏四月份）

陽	1	2	3	4	5	6	7	8	9	10	11	12	13	14	15	16	17	18	19	20	21	22	23	24	25	26	27	28	29	30	31
陰	八	九	十	十一	十二	十三	十四	十五	十六	十七	十八	十九	廿	廿一	廿二	廿三	廿四	廿五	廿六	廿七	廿八	廿九	卅	閏	二	三	四	五	六	七	八
星	2	3	4	5	6	日	1	2	3	4	5	6	日	1	2	3	4	5	6	日	1	2	3	4	5	6	日	1	2	3	4
干節	己酉	庚戌	辛亥	壬子	癸丑	立夏	乙卯	丙辰	丁巳	戊午	己未	庚申	辛酉	壬戌	癸亥	甲子	乙丑	丙寅	丁卯	戊辰	小滿	庚午	辛未	壬申	癸酉	甲戌	乙亥	丙子	丁丑	戊寅	己卯

陽歷 六月份　（陰歷閏四、五月份）

陽	1	2	3	4	5	6	7	8	9	10	11	12	13	14	15	16	17	18	19	20	21	22	23	24	25	26	27	28	29	30
陰	九	十	十一	十二	十三	十四	十五	十六	十七	十八	十九	廿	廿一	廿二	廿三	廿四	廿五	廿六	廿七	廿八	廿九	五	二	三	四	五	六	七	八	九
星	5	6	日	1	2	3	4	5	6	日	1	2	3	4	5	6	日	1	2	3	4	5	6	日	1	2	3	4	5	6
干節	庚辰	辛巳	壬午	癸未	甲申	芒種	丙戌	丁亥	戊子	己丑	庚寅	辛卯	壬辰	癸巳	甲午	乙未	丙申	丁酉	戊戌	己亥	庚子	夏至	壬寅	癸卯	甲辰	乙巳	丙午	丁未	戊申	己酉

近世中西史日對照表

戊戌

一八三八年

（清宣宗道光一八年）

陽歷七月份　（陰歷五、六月份）

陽	7	2	3	4	5	6	7	8	9	10	11	12	13	14	15	16	17	18	19	20	21	22	23	24	25	26	27	28	29	30	31
陰	十	十一	十二	十三	十四	十五	十六	十七	十八	十九	廿	廿一	廿二	廿三	廿四	廿五	廿六	廿七	廿八	廿九	六	二	三	四	五	六	七	八	九	十	十一
星	日	1	2	3	4	5	6	日	1	2	3	4	5	6	日	1	2	3	4	5	6	日	1	2	3	4	5	6	日	1	2
干節	庚戌	辛亥	壬子	癸丑	甲寅	乙卯	小暑	丁巳	戊午	己未	庚申	辛酉	壬戌	癸亥	甲子	乙丑	丙寅	丁卯	戊辰	己巳	庚午	辛未	大暑	癸酉	甲戌	乙亥	丙子	丁丑	戊寅	己卯	庚辰

陽歷八月份　（陰歷六、七月份）

陽	8	2	3	4	5	6	7	8	9	10	11	12	13	14	15	16	17	18	19	20	21	22	23	24	25	26	27	28	29	30	31
陰	十二	十三	十四	十五	十六	十七	十八	十九	廿	廿一	廿二	廿三	廿四	廿五	廿六	廿七	廿八	廿九	卅	七	二	三	四	五	六	七	八	九	十	十一	十二
星	3	4	5	6	日	1	2	3	4	5	6	日	1	2	3	4	5	6	日	1	2	3	4	5	6	日	1	2	3	4	5
干節	辛巳	壬午	癸未	甲申	乙酉	丙戌	丁亥	立秋	己丑	庚寅	辛卯	壬辰	癸巳	甲午	乙未	丙申	丁酉	戊戌	己亥	庚子	辛丑	壬寅	處暑	甲辰	乙巳	丙午	丁未	戊申	己酉	庚戌	辛亥

陽歷九月份　（陰歷七、八月份）

陽	9	2	3	4	5	6	7	8	9	10	11	12	13	14	15	16	17	18	19	20	21	22	23	24	25	26	27	28	29	30
陰	十三	十四	十五	十六	十七	十八	十九	廿	廿一	廿二	廿三	廿四	廿五	廿六	廿七	廿八	廿九	卅	八	二	三	四	五	六	七	八	九	十	十一	十二
星	6	日	1	2	3	4	5	6	日	1	2	3	4	5	6	日	1	2	3	4	5	6	日	1	2	3	4	5	6	日
干節	壬子	癸丑	甲寅	乙卯	丙辰	丁巳	戊午	白露	庚申	辛酉	壬戌	癸亥	甲子	乙丑	丙寅	丁卯	戊辰	己巳	庚午	辛未	壬申	癸酉	秋分	乙亥	丙子	丁丑	戊寅	己卯	庚辰	辛巳

陽歷十月份　（陰歷八、九月份）

陽	10	2	3	4	5	6	7	8	9	10	11	12	13	14	15	16	17	18	19	20	21	22	23	24	25	26	27	28	29	30	31
陰	十三	十四	十五	十六	十七	十八	十九	廿	廿一	廿二	廿三	廿四	廿五	廿六	廿七	廿八	廿九	九	二	三	四	五	六	七	八	九	十	十一	十二	十三	十四
星	1	2	3	4	5	6	日	1	2	3	4	5	6	日	1	2	3	4	5	6	日	1	2	3	4	5	6	日	1	2	3
干節	壬午	癸未	甲申	乙酉	丙戌	丁亥	戊子	己丑	寒露	辛卯	壬辰	癸巳	甲午	乙未	丙申	丁酉	戊戌	己亥	庚子	辛丑	壬寅	癸卯	甲辰	霜降	丙午	丁未	戊申	己酉	庚戌	辛亥	壬子

陽歷十一月份　（陰歷九、十月份）

陽	11	2	3	4	5	6	7	8	9	10	11	12	13	14	15	16	17	18	19	20	21	22	23	24	25	26	27	28	29	30
陰	十五	十六	十七	十八	十九	廿	廿一	廿二	廿三	廿四	廿五	廿六	廿七	廿八	廿九	卅	十	二	三	四	五	六	七	八	九	十	十一	十二	十三	十四
星	4	5	6	日	1	2	3	4	5	6	日	1	2	3	4	5	6	日	1	2	3	4	5	6	日	1	2	3	4	5
干節	癸丑	甲寅	乙卯	丙辰	丁巳	戊午	己未	立冬	辛酉	壬戌	癸亥	甲子	乙丑	丙寅	丁卯	戊辰	己巳	庚午	辛未	壬申	癸酉	甲戌	小雪	丙子	丁丑	戊寅	己卯	庚辰	辛巳	壬午

陽歷十二月份　（陰歷十、十一月份）

陽	12	2	3	4	5	6	7	8	9	10	11	12	13	14	15	16	17	18	19	20	21	22	23	24	25	26	27	28	29	30	31
陰	十五	十六	十七	十八	十九	廿	廿一	廿二	廿三	廿四	廿五	廿六	廿七	廿八	廿九	卅	十一	二	三	四	五	六	七	八	九	十	十一	十二	十三	十四	十五
星	6	日	1	2	3	4	5	6	日	1	2	3	4	5	6	日	1	2	3	4	5	6	日	1	2	3	4	5	6	日	1
干節	癸未	甲申	乙酉	丙戌	丁亥	戊子	大雪	庚寅	辛卯	壬辰	癸巳	甲午	乙未	丙申	丁酉	戊戌	己亥	庚子	辛丑	壬寅	癸卯	冬至	乙巳	丙午	丁未	戊申	己酉	庚戌	辛亥	壬子	癸丑

己亥 一八三九年 （清宣宗道光一九年）

陽歷 一 月份 （陰歷十一、十二月份）

陽	1	2	3	4	5	6	7	8	9	10	11	12	13	14	15	16	17	18	19	20	21	22	23	24	25	26	27	28	29	30	31
陰	十六	十七	十八	十九	廿	廿一	廿二	廿三	廿四	廿五	廿六	廿七	廿八	廿九	十二	二	三	四	五	六	七	八	九	十	十一	十二	十三	十四	十五	十六	十七
星	2	3	4	5	6	日	1	2	3	4	5	6	日	1	2	3	4	5	6	日	1	2	3	4	5	6	日	1	2	3	4
干節	甲寅	乙卯	丙辰	丁巳	戊午	小寒	庚申	辛酉	壬戌	癸亥	甲子	乙丑	丙寅	丁卯	戊辰	己巳	庚午	辛未	壬申	癸酉	大寒	乙亥	丙子	丁丑	戊寅	己卯	庚辰	辛巳	壬午	癸未	甲申

陽歷 二 月份 （陰歷十二、正月份）

陽	1	2	3	4	5	6	7	8	9	10	11	12	13	14	15	16	17	18	19	20	21	22	23	24	25	26	27	28			
陰	十八	十九	廿	廿一	廿二	廿三	廿四	廿五	廿六	廿七	廿八	廿九	卅	正	二	三	四	五	六	七	八	九	十	十一	十二	十三	十四	十五			
星	5	6	日	1	2	3	4	5	6	日	1	2	3	4	5	6	日	1	2	3	4	5	6	日	1	2	3	4			
干節	乙酉	丙戌	丁亥	立春	己丑	庚寅	辛卯	壬辰	癸巳	甲午	乙未	丙申	丁酉	戊戌	己亥	庚子	辛丑	壬寅	雨水	甲辰	乙巳	丙午	丁未	戊申	己酉	庚戌	辛亥	壬子			

陽歷 三 月份 （陰歷正、二月份）

陽	1	2	3	4	5	6	7	8	9	10	11	12	13	14	15	16	17	18	19	20	21	22	23	24	25	26	27	28	29	30	31
陰	十六	十七	十八	十九	廿	廿一	廿二	廿三	廿四	廿五	廿六	廿七	廿八	廿九	二	二	三	四	五	六	七	八	九	十	十一	十二	十三	十四	十五	十六	十七
星	5	6	日	1	2	3	4	5	6	日	1	2	3	4	5	6	日	1	2	3	4	5	6	日	1	2	3	4	5	6	日
干節	癸丑	甲寅	乙卯	丙辰	丁巳	驚蟄	己未	庚申	辛酉	壬戌	癸亥	甲子	乙丑	丙寅	丁卯	戊辰	己巳	庚午	辛未	壬申	春分	甲戌	乙亥	丙子	丁丑	戊寅	己卯	庚辰	辛巳	壬午	癸未

陽歷 四 月份 （陰歷二、三月份）

陽	1	2	3	4	5	6	7	8	9	10	11	12	13	14	15	16	17	18	19	20	21	22	23	24	25	26	27	28	29	30	
陰	十八	十九	廿	廿一	廿二	廿三	廿四	廿五	廿六	廿七	廿八	廿九	卅	三	二	三	四	五	六	七	八	九	十	十一	十二	十三	十四	十五	十六	十七	
星	1	2	3	4	5	6	日	1	2	3	4	5	6	日	1	2	3	4	5	6	日	1	2	3	4	5	6	日	1	2	
干節	甲申	乙酉	丙戌	丁亥	清明	己丑	庚寅	辛卯	壬辰	癸巳	甲午	乙未	丙申	丁酉	戊戌	己亥	庚子	辛丑	壬寅	癸卯	穀雨	乙巳	丙午	丁未	戊申	己酉	庚戌	辛亥	壬子	癸丑	

陽歷 五 月份 （陰歷三、四月份）

陽	1	2	3	4	5	6	7	8	9	10	11	12	13	14	15	16	17	18	19	20	21	22	23	24	25	26	27	28	29	30	31
陰	十八	十九	廿	廿一	廿二	廿三	廿四	廿五	廿六	廿七	廿八	廿九	四	二	三	四	五	六	七	八	九	十	十一	十二	十三	十四	十五	十六	十七	十八	十九
星	3	4	5	6	日	1	2	3	4	5	6	日	1	2	3	4	5	6	日	1	2	3	4	5	6	日	1	2	3	4	5
干節	甲寅	乙卯	丙辰	丁巳	戊午	立夏	庚申	辛酉	壬戌	癸亥	甲子	乙丑	丙寅	丁卯	戊辰	己巳	庚午	辛未	壬申	癸酉	甲戌	小滿	丙子	丁丑	戊寅	己卯	庚辰	辛巳	壬午	癸未	甲申

陽歷 六 月份 （陰歷四、五月份）

陽	1	2	3	4	5	6	7	8	9	10	11	12	13	14	15	16	17	18	19	20	21	22	23	24	25	26	27	28	29	30
陰	廿	廿一	廿二	廿三	廿四	廿五	廿六	廿七	廿八	廿九	五	二	三	四	五	六	七	八	九	十	十一	十二	十三	十四	十五	十六	十七	十八	十九	廿
星	6	日	1	2	3	4	5	6	日	1	2	3	4	5	6	日	1	2	3	4	5	6	日	1	2	3	4	5	6	日
干節	乙酉	丙戌	丁亥	戊子	己丑	芒種	辛卯	壬辰	癸巳	甲午	乙未	丙申	丁酉	戊戌	己亥	庚子	辛丑	壬寅	癸卯	甲辰	乙巳	夏至	丁未	戊申	己酉	庚戌	辛亥	壬子	癸丑	甲寅

己亥

一八三九年

（清宣宗道光一九年）

陽曆七月份　（陰曆五、六月份）

陽	7	2	3	4	5	6	7	8	9	10	11	12	13	14	15	16	17	18	19	20	21	22	23	24	25	26	27	28	29	30	31
陰	廿一	廿二	廿三	廿四	廿五	廿六	廿七	廿八	廿九	卅	六	二	三	四	五	六	七	八	九	十	十一	十二	十三	十四	十五	十六	十七	十八	十九	廿	廿一
星	1	2	3	4	5	6	日	1	2	3	4	5	6	日	1	2	3	4	5	6	日	1	2	3	4	5	6	日	1	2	3
干節	乙卯	丙辰	丁巳	戊午	己未	庚申	辛酉	小暑	癸亥	甲子	乙丑	丙寅	丁卯	戊辰	己巳	庚午	辛未	壬申	癸酉	甲戌	乙亥	丙子	大暑	戊寅	己卯	庚辰	辛巳	壬午	癸未	甲申	乙酉

陽曆八月份　（陰曆六、七月份）

陽	8	2	3	4	5	6	7	8	9	10	11	12	13	14	15	16	17	18	19	20	21	22	23	24	25	26	27	28	29	30	31
陰	廿二	廿三	廿四	廿五	廿六	廿七	廿八	廿九	七	二	三	四	五	六	七	八	九	十	十一	十二	十三	十四	十五	十六	十七	十八	十九	廿	廿一	廿二	廿三
星	4	5	6	日	1	2	3	4	5	6	日	1	2	3	4	5	6	日	1	2	3	4	5	6	日	1	2	3	4	5	6
干節	丙戌	丁亥	戊子	己丑	庚寅	辛卯	壬辰	立秋	甲午	乙未	丙申	丁酉	戊戌	己亥	庚子	辛丑	壬寅	癸卯	甲辰	乙巳	丙午	丁未	戊申	處暑	庚戌	辛亥	壬子	癸丑	甲寅	乙卯	丙辰

陽曆九月份　（陰曆七、八月份）

陽	9	2	3	4	5	6	7	8	9	10	11	12	13	14	15	16	17	18	19	20	21	22	23	24	25	26	27	28	29	30
陰	廿四	廿五	廿六	廿七	廿八	廿九	卅	八	二	三	四	五	六	七	八	九	十	十一	十二	十三	十四	十五	十六	十七	十八	十九	廿	廿一	廿二	廿三
星	日	1	2	3	4	5	6	日	1	2	3	4	5	6	日	1	2	3	4	5	6	日	1	2	3	4	5	6	日	1
干節	丁巳	戊午	己未	庚申	辛酉	壬戌	癸亥	白露	乙丑	丙寅	丁卯	戊辰	己巳	庚午	辛未	壬申	癸酉	甲戌	乙亥	丙子	丁丑	戊寅	己卯	秋分	辛巳	壬午	癸未	甲申	乙酉	丙戌

陽曆十月份　（陰曆八、九月份）

陽	10	2	3	4	5	6	7	8	9	10	11	12	13	14	15	16	17	18	19	20	21	22	23	24	25	26	27	28	29	30	31
陰	廿四	廿五	廿六	廿七	廿八	廿九	九	二	三	四	五	六	七	八	九	十	十一	十二	十三	十四	十五	十六	十七	十八	十九	廿	廿一	廿二	廿三	廿四	廿五
星	2	3	4	5	6	日	1	2	3	4	5	6	日	1	2	3	4	5	6	日	1	2	3	4	5	6	日	1	2	3	4
干節	丁亥	戊子	己丑	庚寅	辛卯	壬辰	癸巳	甲午	寒露	丙申	丁酉	戊戌	己亥	庚子	辛丑	壬寅	癸卯	甲辰	乙巳	丙午	丁未	戊申	己酉	霜降	辛亥	壬子	癸丑	甲寅	乙卯	丙辰	丁巳

陽曆十一月份　（陰曆九、十月份）

陽	11	2	3	4	5	6	7	8	9	10	11	12	13	14	15	16	17	18	19	20	21	22	23	24	25	26	27	28	29	30
陰	廿六	廿七	廿八	廿九	卅	十	二	三	四	五	六	七	八	九	十	十一	十二	十三	十四	十五	十六	十七	十八	十九	廿	廿一	廿二	廿三	廿四	廿五
星	5	6	日	1	2	3	4	5	6	日	1	2	3	4	5	6	日	1	2	3	4	5	6	日	1	2	3	4	5	6
干節	戊午	己未	庚申	辛酉	壬戌	癸亥	甲子	立冬	丙寅	丁卯	戊辰	己巳	庚午	辛未	壬申	癸酉	甲戌	乙亥	丙子	丁丑	戊寅	己卯	小雪	辛巳	壬午	癸未	甲申	乙酉	丙戌	丁亥

陽曆十二月份　（陰曆十、十一月份）

陽	12	2	3	4	5	6	7	8	9	10	11	12	13	14	15	16	17	18	19	20	21	22	23	24	25	26	27	28	29	30	31
陰	廿六	廿七	廿八	廿九	卅	十一	二	三	四	五	六	七	八	九	十	十一	十二	十三	十四	十五	十六	十七	十八	十九	廿	廿一	廿二	廿三	廿四	廿五	廿六
星	日	1	2	3	4	5	6	日	1	2	3	4	5	6	日	1	2	3	4	5	6	日	1	2	3	4	5	6	日	1	2
干節	戊子	己丑	庚寅	辛卯	壬辰	癸巳	甲午	大雪	丙申	丁酉	戊戌	己亥	庚子	辛丑	壬寅	癸卯	甲辰	乙巳	丙午	丁未	戊申	冬至	庚戌	辛亥	壬子	癸丑	甲寅	乙卯	丙辰	丁巳	戊午

庚子　一八四〇年　（清宣宗道光二〇年）

陽歷 一 月份　（陰歷十一、十二月份）

陽	1	2	3	4	5	6	7	8	9	10	11	12	13	14	15	16	17	18	19	20	21	22	23	24	25	26	27	28	29	30	31
陰	廿七	廿八	廿九	卅	十二	二	三	四	五	六	七	八	九	十	十一	十二	十三	十四	十五	十六	十七	十八	十九	廿	廿一	廿二	廿三	廿四	廿五	廿六	廿七
星	3	4	5	6	日	1	2	3	4	5	6	日	1	2	3	4	5	6	日	1	2	3	4	5	6	日	1	2	3	4	5
干節	己未	庚申	辛酉	壬戌	癸亥	小寒	乙丑	丙寅	丁卯	戊辰	己巳	庚午	辛未	壬申	癸酉	甲戌	乙亥	丙子	丁丑	戊寅	大寒	庚辰	辛巳	壬午	癸未	甲申	乙酉	丙戌	丁亥	戊子	己丑

陽歷 二 月份　（陰歷十二、正月份）

陽	1	2	3	4	5	6	7	8	9	10	11	12	13	14	15	16	17	18	19	20	21	22	23	24	25	26	27	28	29
陰	廿八	廿九	正	二	三	四	五	六	七	八	九	十	十一	十二	十三	十四	十五	十六	十七	十八	十九	廿	廿一	廿二	廿三	廿四	廿五	廿六	廿七
星	6	日	1	2	3	4	5	6	日	1	2	3	4	5	6	日	1	2	3	4	5	6	日	1	2	3	4	5	6
干節	庚寅	辛卯	壬辰	癸巳	立春	乙未	丙申	丁酉	戊戌	己亥	庚子	辛丑	壬寅	癸卯	甲辰	乙巳	丙午	丁未	雨水	己酉	庚戌	辛亥	壬子	癸丑	甲寅	乙卯	丙辰	丁巳	戊午

陽歷 三 月份　（陰歷正、二月份）

陽	1	2	3	4	5	6	7	8	9	10	11	12	13	14	15	16	17	18	19	20	21	22	23	24	25	26	27	28	29	30	31
陰	廿八	廿九	卅	二	二	三	四	五	六	七	八	九	十	十一	十二	十三	十四	十五	十六	十七	十八	十九	廿	廿一	廿二	廿三	廿四	廿五	廿六	廿七	廿八
星	日	1	2	3	4	5	6	日	1	2	3	4	5	6	日	1	2	3	4	5	6	日	1	2	3	4	5	6	日	1	2
干節	己未	庚申	辛酉	壬戌	驚蟄	甲子	乙丑	丙寅	丁卯	戊辰	己巳	庚午	辛未	壬申	癸酉	甲戌	乙亥	丙子	丁丑	春分	己卯	庚辰	辛巳	壬午	癸未	甲申	乙酉	丙戌	丁亥	戊子	己丑

陽歷 四 月份　（陰歷二、三月份）

陽	1	2	3	4	5	6	7	8	9	10	11	12	13	14	15	16	17	18	19	20	21	22	23	24	25	26	27	28	29	30
陰	廿九	三	二	三	四	五	六	七	八	九	十	十一	十二	十三	十四	十五	十六	十七	十八	十九	廿	廿一	廿二	廿三	廿四	廿五	廿六	廿七	廿八	廿九
星	3	4	5	6	日	1	2	3	4	5	6	日	1	2	3	4	5	6	日	1	2	3	4	5	6	日	1	2	3	4
節干	庚寅	辛卯	壬辰	癸巳	清明	乙未	丙申	丁酉	戊戌	己亥	庚子	辛丑	壬寅	癸卯	甲辰	乙巳	丙午	丁未	戊申	穀雨	庚戌	辛亥	壬子	癸丑	甲寅	乙卯	丙辰	丁巳	戊午	己未

陽歷 五 月份　（陰歷三、四、五月份）

陽	1	2	3	4	5	6	7	8	9	10	11	12	13	14	15	16	17	18	19	20	21	22	23	24	25	26	27	28	29	30	31
陰	卅	四	二	三	四	五	六	七	八	九	十	十一	十二	十三	十四	十五	十六	十七	十八	十九	廿	廿一	廿二	廿三	廿四	廿五	廿六	廿七	廿八	廿九	五
星	5	6	日	1	2	3	4	5	6	日	1	2	3	4	5	6	日	1	2	3	4	5	6	日	1	2	3	4	5	6	日
干節	庚申	辛酉	壬戌	癸亥	立夏	乙丑	丙寅	丁卯	戊辰	己巳	庚午	辛未	壬申	癸酉	甲戌	乙亥	丙子	丁丑	戊寅	己卯	小滿	辛巳	壬午	癸未	甲申	乙酉	丙戌	丁亥	戊子	己丑	庚寅

陽歷 六 月份　（陰歷五、六月份）

陽	1	2	3	4	5	6	7	8	9	10	11	12	13	14	15	16	17	18	19	20	21	22	23	24	25	26	27	28	29	30
陰	二	三	四	五	六	七	八	九	十	十一	十二	十三	十四	十五	十六	十七	十八	十九	廿	廿一	廿二	廿三	廿四	廿五	廿六	廿七	廿八	廿九	六	二
星	1	2	3	4	5	6	日	1	2	3	4	5	6	日	1	2	3	4	5	6	日	1	2	3	4	5	6	日	1	2
干節	辛卯	壬辰	癸巳	甲午	乙未	芒種	丁酉	戊戌	己亥	庚子	辛丑	壬寅	癸卯	甲辰	乙巳	丙午	丁未	戊申	己酉	庚戌	辛亥	夏至	癸丑	甲寅	乙卯	丙辰	丁巳	戊午	己未	庚申

庚子

一八四〇年

（清宣宗道光二〇年）

陽歷七月份　（陰歷六、七月份）

陽	7	2	3	4	5	6	7	8	9	10	11	12	13	14	15	16	17	18	19	20	21	22	23	24	25	26	27	28	29	30	31
陰	三	四	五	六	七	八	九	十	十一	十二	十三	十四	十五	十六	十七	十八	十九	廿	廿一	廿二	廿三	廿四	廿五	廿六	廿七	廿八	廿九	卅	七	二	三
星	3	4	5	6	日	1	2	3	4	5	6	日	1	2	3	4	5	6	日	1	2	3	4	5	6	日	1	2	3	4	5
干節	辛酉	壬戌	癸亥	甲子	乙丑	丙寅	小暑	戊辰	己巳	庚午	辛未	壬申	癸酉	甲戌	乙亥	丙子	丁丑	戊寅	己卯	庚辰	辛巳	壬午	大暑	甲申	乙酉	丙戌	丁亥	戊子	己丑	庚寅	辛卯

陽歷八月份　（陰歷七、八月份）

陽	8	2	3	4	5	6	7	8	9	10	11	12	13	14	15	16	17	18	19	20	21	22	23	24	25	26	27	28	29	30	31
陰	四	五	六	七	八	九	十	十一	十二	十三	十四	十五	十六	十七	十八	十九	廿	廿一	廿二	廿三	廿四	廿五	廿六	廿七	廿八	廿九	八	二	三	四	五
星	6	日	1	2	3	4	5	6	日	1	2	3	4	5	6	日	1	2	3	4	5	6	日	1	2	3	4	5	6	日	1
干節	壬辰	癸巳	甲午	乙未	丙申	丁酉	立秋	己亥	庚子	辛丑	壬寅	癸卯	甲辰	乙巳	丙午	丁未	戊申	己酉	庚戌	辛亥	壬子	癸丑	處暑	乙卯	丙辰	丁巳	戊午	己未	庚申	辛酉	壬戌

陽歷九月份　（陰歷八、九月份）

陽	9	2	3	4	5	6	7	8	9	10	11	12	13	14	15	16	17	18	19	20	21	22	23	24	25	26	27	28	29	30
陰	六	七	八	九	十	十一	十二	十三	十四	十五	十六	十七	十八	十九	廿	廿一	廿二	廿三	廿四	廿五	廿六	廿七	廿八	廿九	卅	九	二	三	四	五
星	2	3	4	5	6	日	1	2	3	4	5	6	日	1	2	3	4	5	6	日	1	2	3	4	5	6	日	1	2	3
干節	癸亥	甲子	乙丑	丙寅	丁卯	戊辰	白露	庚午	辛未	壬申	癸酉	甲戌	乙亥	丙子	丁丑	戊寅	己卯	庚辰	辛巳	壬午	癸未	甲申	秋分	丙戌	丁亥	戊子	己丑	庚寅	辛卯	壬辰

陽歷十月份　（陰歷九、十月份）

陽	10	2	3	4	5	6	7	8	9	10	11	12	13	14	15	16	17	18	19	20	21	22	23	24	25	26	27	28	29	30	31
陰	六	七	八	九	十	十一	十二	十三	十四	十五	十六	十七	十八	十九	廿	廿一	廿二	廿三	廿四	廿五	廿六	廿七	廿八	廿九	十	二	三	四	五	六	七
星	4	5	6	日	1	2	3	4	5	6	日	1	2	3	4	5	6	日	1	2	3	4	5	6	日	1	2	3	4	5	6
干節	癸巳	甲午	乙未	丙申	丁酉	戊戌	己亥	寒露	辛丑	壬寅	癸卯	甲辰	乙巳	丙午	丁未	戊申	己酉	庚戌	辛亥	壬子	癸丑	甲寅	霜降	丙辰	丁巳	戊午	己未	庚申	辛酉	壬戌	癸亥

陽歷十一月份　（陰歷十、十一月份）

陽	11	2	3	4	5	6	7	8	9	10	11	12	13	14	15	16	17	18	19	20	21	22	23	24	25	26	27	28	29	30
陰	八	九	十	十一	十二	十三	十四	十五	十六	十七	十八	十九	廿	廿一	廿二	廿三	廿四	廿五	廿六	廿七	廿八	廿九	卅	十一	二	三	四	五	六	七
星	日	1	2	3	4	5	6	日	1	2	3	4	5	6	日	1	2	3	4	5	6	日	1	2	3	4	5	6	日	1
干節	甲子	乙丑	丙寅	丁卯	戊辰	己巳	立冬	辛未	壬申	癸酉	甲戌	乙亥	丙子	丁丑	戊寅	己卯	庚辰	辛巳	壬午	癸未	甲申	小雪	丙戌	丁亥	戊子	己丑	庚寅	辛卯	壬辰	癸巳

陽歷十二月份　（陰歷十一、十二月份）

陽	12	2	3	4	5	6	7	8	9	10	11	12	13	14	15	16	17	18	19	20	21	22	23	24	25	26	27	28	29	30	31
陰	八	九	十	十一	十二	十三	十四	十五	十六	十七	十八	十九	廿	廿一	廿二	廿三	廿四	廿五	廿六	廿七	廿八	廿九	卅	十二	二	三	四	五	六	七	八
星	2	3	4	5	6	日	1	2	3	4	5	6	日	1	2	3	4	5	6	日	1	2	3	4	5	6	日	1	2	3	4
干節	甲午	乙未	丙申	丁酉	戊戌	己亥	大雪	辛丑	壬寅	癸卯	甲辰	乙巳	丙午	丁未	戊申	己酉	庚戌	辛亥	壬子	癸丑	甲寅	冬至	丙辰	丁巳	戊午	己未	庚申	辛酉	壬戌	癸亥	甲子

近世中西史日對照表

辛丑　一八四一年　（清宣宗道光二一年）

陽歷 一月份　（陰歷十二、正月份）

陽	1	2	3	4	5	6	7	8	9	10	11	12	13	14	15	16	17	18	19	20	21	22	23	24	25	26	27	28	29	30	31
陰	九	十	十一	十二	十三	十四	十五	十六	十七	十八	十九	廿	廿一	廿二	廿三	廿四	廿五	廿六	廿七	廿八	廿九	卅	正	二	三	四	五	六	七	八	九
星	5	6	日	1	2	3	4	5	6	日	1	2	3	4	5	6	日	1	2	3	4	5	6	日	1	2	3	4	5	6	日
干節	乙丑	丙寅	丁卯	戊辰	小寒	庚午	辛未	壬申	癸酉	甲戌	乙亥	丙子	丁丑	戊寅	己卯	庚辰	辛巳	壬午	癸未	大寒	乙酉	丙戌	丁亥	戊子	己丑	庚寅	辛卯	壬辰	癸巳	甲午	乙未

陽歷 二月份　（陰歷正、二月份）

陽	1	2	3	4	5	6	7	8	9	10	11	12	13	14	15	16	17	18	19	20	21	22	23	24	25	26	27	28			
陰	十	十一	十二	十三	十四	十五	十六	十七	十八	十九	廿	廿一	廿二	廿三	廿四	廿五	廿六	廿七	廿八	廿九	二	二	三	四	五	六	七	八			
星	1	2	3	4	5	6	日	1	2	3	4	5	6	日	1	2	3	4	5	6	日	1	2	3	4	5	6	日			
干節	丙申	丁酉	戊戌	立春	庚子	辛丑	壬寅	癸卯	甲辰	乙巳	丙午	丁未	戊申	己酉	庚戌	辛亥	壬子	癸丑	雨水	乙卯	丙辰	丁巳	戊午	己未	庚申	辛酉	壬戌	癸亥			

陽歷 三月份　（陰歷二、三月份）

陽	1	2	3	4	5	6	7	8	9	10	11	12	13	14	15	16	17	18	19	20	21	22	23	24	25	26	27	28	29	30	31
陰	九	十	十一	十二	十三	十四	十五	十六	十七	十八	十九	廿	廿一	廿二	廿三	廿四	廿五	廿六	廿七	廿八	廿九	卅	三	二	三	四	五	六	七	八	九
星	1	2	3	4	5	6	日	1	2	3	4	5	6	日	1	2	3	4	5	6	日	1	2	3	4	5	6	日	1	2	3
干節	甲子	乙丑	丙寅	丁卯	戊辰	驚蟄	庚午	辛未	壬申	癸酉	甲戌	乙亥	丙子	丁丑	戊寅	己卯	庚辰	辛巳	壬午	癸未	春分	乙酉	丙戌	丁亥	戊子	己丑	庚寅	辛卯	壬辰	癸巳	甲午

陽歷 四月份　（陰歷三、閏三月份）

陽	1	2	3	4	5	6	7	8	9	10	11	12	13	14	15	16	17	18	19	20	21	22	23	24	25	26	27	28	29	30	
陰	十	十一	十二	十三	十四	十五	十六	十七	十八	十九	廿	廿一	廿二	廿三	廿四	廿五	廿六	廿七	廿八	廿九	閏	二	三	四	五	六	七	八	九	十	
星	4	5	6	日	1	2	3	4	5	6	日	1	2	3	4	5	6	日	1	2	3	4	5	6	日	1	2	3	4	5	
干節	乙未	丙申	丁酉	戊戌	清明	庚子	辛丑	壬寅	癸卯	甲辰	乙巳	丙午	丁未	戊申	己酉	庚戌	辛亥	壬子	癸丑	穀雨	乙卯	丙辰	丁巳	戊午	己未	庚申	辛酉	壬戌	癸亥	甲子	

陽歷 五月份　（陰歷閏三、四月份）

陽	1	2	3	4	5	6	7	8	9	10	11	12	13	14	15	16	17	18	19	20	21	22	23	24	25	26	27	28	29	30	31
陰	十一	十二	十三	十四	十五	十六	十七	十八	十九	廿	廿一	廿二	廿三	廿四	廿五	廿六	廿七	廿八	廿九	卅	四	二	三	四	五	六	七	八	九	十	十一
星	6	日	1	2	3	4	5	6	日	1	2	3	4	5	6	日	1	2	3	4	5	6	日	1	2	3	4	5	6	日	1
干節	乙丑	丙寅	丁卯	戊辰	己巳	立夏	辛未	壬申	癸酉	甲戌	乙亥	丙子	丁丑	戊寅	己卯	庚辰	辛巳	壬午	癸未	甲申	小滿	丙戌	丁亥	戊子	己丑	庚寅	辛卯	壬辰	癸巳	甲午	乙未

陽歷 六月份　（陰歷四、五月份）

陽	1	2	3	4	5	6	7	8	9	10	11	12	13	14	15	16	17	18	19	20	21	22	23	24	25	26	27	28	29	30
陰	十二	十三	十四	十五	十六	十七	十八	十九	廿	廿一	廿二	廿三	廿四	廿五	廿六	廿七	廿八	廿九	五	二	三	四	五	六	七	八	九	十	十一	十二
星	2	3	4	5	6	日	1	2	3	4	5	6	日	1	2	3	4	5	6	日	1	2	3	4	5	6	日	1	2	3
干節	丙申	丁酉	戊戌	己亥	庚子	芒種	壬寅	癸卯	甲辰	乙巳	丙午	丁未	戊申	己酉	庚戌	辛亥	壬子	癸丑	甲寅	乙卯	夏至	丁巳	戊午	己未	庚申	辛酉	壬戌	癸亥	甲子	乙丑

辛丑

一八四一年

（清宣宗道光二十一年）

陽歷七月份　（陰歷五、六月份）

陽	7	2	3	4	5	6	7	8	9	10	11	12	13	14	15	16	17	18	19	20	21	22	23	24	25	26	27	28	29	30	31
陰	十三	十四	十五	十六	十七	十八	十九	廿	廿一	廿二	廿三	廿四	廿五	廿六	廿七	廿八	廿九	六	二	三	四	五	六	七	八	九	十	十一	十二	十三	十四
星	4	5	6	日	1	2	3	4	5	6	日	1	2	3	4	5	6	日	1	2	3	4	5	6	日	1	2	3	4	5	6
干節	丙寅	丁卯	戊辰	己巳	庚午	辛未	小暑	癸酉	甲戌	乙亥	丙子	丁丑	戊寅	己卯	庚辰	辛巳	壬午	癸未	甲申	乙酉	丙戌	丁亥	大暑	己丑	庚寅	辛卯	壬辰	癸巳	甲午	乙未	丙申

陽歷八月份　（陰歷六、七月份）

陽	8	2	3	4	5	6	7	8	9	10	11	12	13	14	15	16	17	18	19	20	21	22	23	24	25	26	27	28	29	30	31
陰	十五	十六	十七	十八	十九	廿	廿一	廿二	廿三	廿四	廿五	廿六	廿七	廿八	廿九	卅	七	二	三	四	五	六	七	八	九	十	十一	十二	十三	十四	十五
星	日	1	2	3	4	5	6	日	1	2	3	4	5	6	日	1	2	3	4	5	6	日	1	2	3	4	5	6	日	1	2
干節	丁酉	戊戌	己亥	庚子	辛丑	壬寅	癸卯	立秋	乙巳	丙午	丁未	戊申	己酉	庚戌	辛亥	壬子	癸丑	甲寅	乙卯	丙辰	丁巳	戊午	處暑	庚申	辛酉	壬戌	癸亥	甲子	乙丑	丙寅	丁卯

陽歷九月份　（陰歷七、八月份）

陽	9	2	3	4	5	6	7	8	9	10	11	12	13	14	15	16	17	8	19	20	21	22	23	24	25	26	27	28	29	30
陰	十六	十七	十八	十九	廿	廿一	廿二	廿三	廿四	廿五	廿六	廿七	廿八	廿九	八	二	三	四	五	六	七	八	九	十	十一	十二	十三	十四	十五	十六
星	3	4	5	6	日	1	2	3	4	5	6	日	1	2	3	4	5	6	日	1	2	3	4	5	6	日	1	2	3	4
干節	戊辰	己巳	庚午	辛未	壬申	癸酉	甲戌	白露	丙子	丁丑	戊寅	己卯	庚辰	辛巳	壬午	癸未	甲申	乙酉	丙戌	丁亥	戊子	己丑	秋分	辛卯	壬辰	癸巳	甲午	乙未	丙申	丁酉

陽歷十月份　（陰歷八、九月份）

陽	10	2	3	4	5	6	7	8	9	10	11	12	13	14	15	16	17	18	19	20	21	22	23	24	25	26	27	28	29	30	31
陰	十七	十八	十九	廿	廿一	廿二	廿三	廿四	廿五	廿六	廿七	廿八	廿九	卅	九	二	三	四	五	六	七	八	九	十	十一	十二	十三	十四	十五	十六	十七
星	5	6	日	1	2	3	4	5	6	日	1	2	3	4	5	6	日	1	2	3	4	5	6	日	1	2	3	4	5	6	日
干節	戊戌	己亥	庚子	辛丑	壬寅	癸卯	甲辰	寒露	丙午	丁未	戊申	己酉	庚戌	辛亥	壬子	癸丑	甲寅	乙卯	丙辰	丁巳	戊午	己未	霜降	辛酉	壬戌	癸亥	甲子	乙丑	丙寅	丁卯	戊辰

陽歷十一月份　（陰歷九、十月份）

陽	11	2	3	4	5	6	7	8	9	10	11	12	13	14	15	16	17	18	19	20	21	22	23	24	25	26	27	28	29	30
陰	十八	十九	廿	廿一	廿二	廿三	廿四	廿五	廿六	廿七	廿八	廿九	十	二	三	四	五	六	七	八	九	十	十一	十二	十三	十四	十五	十六	十七	十八
星	1	2	3	4	5	6	日	1	2	3	4	5	6	日	1	2	3	4	5	6	日	1	2	3	4	5	6	日	1	2
干節	己巳	庚午	辛未	壬申	癸酉	甲戌	立冬	丙子	丁丑	戊寅	己卯	庚辰	辛巳	壬午	癸未	甲申	乙酉	丙戌	丁亥	戊子	己丑	小雪	辛卯	壬辰	癸巳	甲午	乙未	丙申	丁酉	戊戌

陽歷十二月份　（陰歷十、十一月份）

陽	12	2	3	4	5	6	7	8	9	10	11	12	13	14	15	16	17	18	19	20	21	22	23	24	25	26	27	28	29	30	31
陰	十九	廿	廿一	廿二	廿三	廿四	廿五	廿六	廿七	廿八	廿九	卅	十一	二	三	四	五	六	七	八	九	十	十一	十二	十三	十四	十五	十六	十七	十八	十九
星	3	4	5	6	日	1	2	3	4	5	6	日	1	2	3	4	5	6	日	1	2	3	4	5	6	日	1	2	3	4	5
干節	己亥	庚子	辛丑	壬寅	癸卯	甲辰	大雪	丙午	丁未	戊申	己酉	庚戌	辛亥	壬子	癸丑	甲寅	乙卯	丙辰	丁巳	戊午	己未	冬至	辛酉	壬戌	癸亥	甲子	乙丑	丙寅	丁卯	戊辰	己巳

近世中西史日對照表

壬寅　一八四二年　（清宣宗道光二二年）

陽歷一月份　（陰歷十一、十二月份）

陽	1	2	3	4	5	6	7	8	9	10	11	12	13	14	15	16	17	18	19	20	21	22	23	24	25	26	27	28	29	30	31
陰	廿	廿一	廿二	廿三	廿四	廿五	廿六	廿七	廿八	廿九	十二	二	三	四	五	六	七	八	九	十	十一	十二	十三	十四	十五	十六	十七	十八	十九	廿	廿一
星	6	日	1	2	3	4	5	6	日	1	2	3	4	5	6	日	1	2	3	4	5	6	日	1	2	3	4	5	6	日	1
干節	庚午	辛未	壬申	癸酉	甲戌	小寒	丙子	丁丑	戊寅	己卯	庚辰	辛巳	壬午	癸未	甲申	乙酉	丙戌	丁亥	戊子	大寒	庚寅	辛卯	壬辰	癸巳	甲午	乙未	丙申	丁酉	戊戌	己亥	庚子

陽歷二月份　（陰歷十二、正月份）

陽	2	2	3	4	5	6	7	8	9	10	11	12	13	14	15	16	17	18	19	20	21	22	23	24	25	26	27	28			
陰	廿二	廿三	廿四	廿五	廿六	廿七	廿八	廿九	卅	正	二	三	四	五	六	七	八	九	十	十一	十二	十三	十四	十五	十六	十七	十八	十九			
星	2	3	4	5	6	日	1	2	3	4	5	6	日	1	2	3	4	5	6	日	1	2	3	4	5	6	日	1			
干節	辛丑	壬寅	癸卯	立春	乙巳	丙午	丁未	戊申	己酉	庚戌	辛亥	壬子	癸丑	甲寅	乙卯	丙辰	丁巳	戊午	雨水	庚申	辛酉	壬戌	癸亥	甲子	乙丑	丙寅	丁卯	戊辰			

陽歷三月份　（陰歷正、二月份）

陽	3	2	3	4	5	6	7	8	9	10	11	12	13	14	15	16	17	18	19	20	21	22	23	24	25	26	27	28	29	30	31
陰	廿	廿一	廿二	廿三	廿四	廿五	廿六	廿七	廿八	廿九	卅	二	二	三	四	五	六	七	八	九	十	十一	十二	十三	十四	十五	十六	十七	十八	十九	廿
星	2	3	4	5	6	日	1	2	3	4	5	6	日	1	2	3	4	5	6	日	1	2	3	4	5	6	日	1	2	3	4
干節	己巳	庚午	辛未	壬申	癸酉	驚蟄	乙亥	丙子	丁丑	戊寅	己卯	庚辰	辛巳	壬午	癸未	甲申	乙酉	丙戌	丁亥	戊子	春分	庚寅	辛卯	壬辰	癸巳	甲午	乙未	丙申	丁酉	戊戌	己亥

陽歷四月份　（陰歷二、三月份）

陽	4	2	3	4	5	6	7	8	9	10	11	12	13	14	15	16	17	18	19	20	21	22	23	24	25	26	27	28	29	30	
陰	廿一	廿二	廿三	廿四	廿五	廿六	廿七	廿八	廿九	卅	三	二	三	四	五	六	七	八	九	十	十一	十二	十三	十四	十五	十六	十七	十八	十九	廿	
星	5	6	日	1	2	3	4	5	6	日	1	2	3	4	5	6	日	1	2	3	4	5	6	日	1	2	3	4	5	6	
干節	庚子	辛丑	壬寅	癸卯	清明	乙巳	丙午	丁未	戊申	己酉	庚戌	辛亥	壬子	癸丑	甲寅	乙卯	丙辰	丁巳	戊午	穀雨	庚申	辛酉	壬戌	癸亥	甲子	乙丑	丙寅	丁卯	戊辰	己巳	

陽歷五月份　（陰歷三、四月份）

陽	5	2	3	4	5	6	7	8	9	10	11	12	13	14	15	16	17	18	19	20	21	22	23	24	25	26	27	28	29	30	31
陰	廿一	廿二	廿三	廿四	廿五	廿六	廿七	廿八	廿九	四	二	三	四	五	六	七	八	九	十	十一	十二	十三	十四	十五	十六	十七	十八	十九	廿	廿一	廿二
星	日	1	2	3	4	5	6	日	1	2	3	4	5	6	日	1	2	3	4	5	6	日	1	2	3	4	5	6	日	1	2
干節	庚午	辛未	壬申	癸酉	甲戌	立夏	丙子	丁丑	戊寅	己卯	庚辰	辛巳	壬午	癸未	甲申	乙酉	丙戌	丁亥	戊子	己丑	小滿	辛卯	壬辰	癸巳	甲午	乙未	丙申	丁酉	戊戌	己亥	庚子

陽歷六月份　（陰歷四、五月份）

陽	6	2	3	4	5	6	7	8	9	10	11	12	13	14	15	16	17	18	19	20	21	22	23	24	25	26	27	28	29	30	
陰	廿三	廿四	廿五	廿六	廿七	廿八	廿九	卅	五	二	三	四	五	六	七	八	九	十	十一	十二	十三	十四	十五	十六	十七	十八	十九	廿	廿一	廿二	
星	3	4	5	6	日	1	2	3	4	5	6	日	1	2	3	4	5	6	日	1	2	3	4	5	6	日	1	2	3	4	
干節	辛丑	壬寅	癸卯	甲辰	乙巳	芒種	丁未	戊申	己酉	庚戌	辛亥	壬子	癸丑	甲寅	乙卯	丙辰	丁巳	戊午	己未	庚申	辛酉	夏至	癸亥	甲子	乙丑	丙寅	丁卯	戊辰	己巳	庚午	

近世中西史日對照表

壬寅

一八四二年

（清宣宗道光二二年）

陽歷七月份　（陰歷五、六月份）

陽	7	2	3	4	5	6	7	8	9	10	11	12	13	14	15	16	17	18	19	20	21	22	23	24	25	26	27	28	29	30	31
陰	廿三	廿四	廿五	廿六	廿七	廿八	廿九	六	二	三	四	五	六	七	八	九	十	十一	十二	十三	十四	十五	十六	十七	十八	十九	廿	廿一	廿二	廿三	廿四
星	5	6	日	1	2	3	4	5	6	日	1	2	3	4	5	6	日	1	2	3	4	5	6	日	1	2	3	4	5	6	日
干節	辛未	壬申	癸酉	甲戌	乙亥	丙子	小暑	戊寅	己卯	庚辰	辛巳	壬午	癸未	甲申	乙酉	丙戌	丁亥	戊子	己丑	庚寅	辛卯	壬辰	大暑	甲午	乙未	丙申	丁酉	戊戌	己亥	庚子	辛丑

陽歷八月份　（陰歷六、七月份）

陽	8	2	3	4	5	6	7	8	9	10	11	12	13	14	15	16	17	18	19	20	21	22	23	24	25	26	27	28	29	30	31
陰	廿五	廿六	廿七	廿八	廿九	七	二	三	四	五	六	七	八	九	十	十一	十二	十三	十四	十五	十六	十七	十八	十九	廿	廿一	廿二	廿三	廿四	廿五	廿六
星	1	2	3	4	5	6	日	1	2	3	4	5	6	日	1	2	3	4	5	6	日	1	2	3	4	5	6	日	1	2	3
干節	壬寅	癸卯	甲辰	乙巳	丙午	丁未	戊申	立秋	庚戌	辛亥	壬子	癸丑	甲寅	乙卯	丙辰	丁巳	戊午	己未	庚申	辛酉	壬戌	癸亥	處暑	乙丑	丙寅	丁卯	戊辰	己巳	庚午	辛未	壬申

陽歷九月份　（陰歷七、八月份）

陽	9	2	3	4	5	6	7	8	9	10	11	12	13	14	15	16	17	18	19	20	21	22	23	24	25	26	27	28	29	30	
陰	廿七	廿八	廿九	卅	八	二	三	四	五	六	七	八	九	十	十一	十二	十三	十四	十五	十六	十七	十八	十九	廿	廿一	廿二	廿三	廿四	廿五	廿六	
星	4	5	6	日	1	2	3	4	5	6	日	1	2	3	4	5	6	日	1	2	3	4	5	6	日	1	2	3	4	5	
干節	癸酉	甲戌	乙亥	丙子	丁丑	戊寅	己卯	白露	辛巳	壬午	癸未	甲申	乙酉	丙戌	丁亥	戊子	己丑	庚寅	辛卯	壬辰	癸巳	甲午	秋分	丙申	丁酉	戊戌	己亥	庚子	辛丑	壬寅	

陽歷十月份　（陰歷八、九月份）

陽	10	2	3	4	5	6	7	8	9	10	11	12	13	14	15	16	17	18	19	20	21	22	23	24	25	26	27	28	29	30	31
陰	廿七	廿八	廿九	九	二	三	四	五	六	七	八	九	十	十一	十二	十三	十四	十五	十六	十七	十八	十九	廿	廿一	廿二	廿三	廿四	廿五	廿六	廿七	廿八
星	6	日	1	2	3	4	5	6	日	1	2	3	4	5	6	日	1	2	3	4	5	6	日	1	2	3	4	5	6	日	1
干節	癸卯	甲辰	乙巳	丙午	丁未	戊申	己酉	庚戌	寒露	壬子	癸丑	甲寅	乙卯	丙辰	丁巳	戊午	己未	庚申	辛酉	壬戌	癸亥	甲子	乙丑	霜降	丁卯	戊辰	己巳	庚午	辛未	壬申	癸酉

陽歷十一月份　（陰歷九、十月份）

陽	11	2	3	4	5	6	7	8	9	10	11	12	13	14	15	16	17	18	19	20	21	22	23	24	25	26	27	28	29	30	
陰	廿九	卅	十	二	三	四	五	六	七	八	九	十	十一	十二	十三	十四	十五	十六	十七	十八	十九	廿	廿一	廿二	廿三	廿四	廿五	廿六	廿七	廿八	
星	2	3	4	5	6	日	1	2	3	4	5	6	日	1	2	3	4	5	6	日	1	2	3	4	5	6	日	1	2	3	
干節	甲戌	乙亥	丙子	丁丑	戊寅	己卯	庚辰	立冬	壬午	癸未	甲申	乙酉	丙戌	丁亥	戊子	己丑	庚寅	辛卯	壬辰	癸巳	甲午	乙未	小雪	丁酉	戊戌	己亥	庚子	辛丑	壬寅	癸卯	

陽歷十二月份　（陰歷十、十一月份）

陽	12	2	3	4	5	6	7	8	9	10	11	12	13	14	15	16	17	18	19	20	21	22	23	24	25	26	27	28	29	30	31
陰	廿九	十一	二	三	四	五	六	七	八	九	十	十一	十二	十三	十四	十五	十六	十七	十八	十九	廿	廿一	廿二	廿三	廿四	廿五	廿六	廿七	廿八	廿九	卅
星	4	5	6	日	1	2	3	4	5	6	日	1	2	3	4	5	6	日	1	2	3	4	5	6	日	1	2	3	4	5	6
干節	甲辰	乙巳	丙午	丁未	戊申	己酉	大雪	辛亥	壬子	癸丑	甲寅	乙卯	丙辰	丁巳	戊午	己未	庚申	辛酉	壬戌	癸亥	甲子	冬至	丙寅	丁卯	戊辰	己巳	庚午	辛未	壬申	癸酉	甲戌

近世中西史日對照表

陽歷一月份　(陰歷十二、正月份)

陽	1	2	3	4	5	6	7	8	9	10	11	12	13	14	15	16	17	18	19	20	21	22	23	24	25	26	27	28	29	30	31
陰	十二	二	三	四	五	六	七	八	九	十	十一	十二	十三	十四	十五	十六	十七	十八	十九	廿	廿一	廿二	廿三	廿四	廿五	廿六	廿七	廿八	廿九	正	二
星	日	1	2	3	4	5	6	日	1	2	3	4	5	6	日	1	2	3	4	5	6	日	1	2	3	4	5	6	日	1	2
干節	乙亥	丙子	丁丑	戊寅	己卯	小寒	辛巳	壬午	癸未	甲申	乙酉	丙戌	丁亥	戊子	己丑	庚寅	辛卯	壬辰	癸巳	大寒	乙未	丙申	丁酉	戊戌	己亥	庚子	辛丑	壬寅	癸卯	甲辰	乙巳

陽歷二月份　(陰歷正月份)

陽	2	2	3	4	5	6	7	8	9	10	11	12	13	14	15	16	17	18	19	20	21	22	23	24	25	26	27	28			
陰	三	四	五	六	七	八	九	十	十一	十二	十三	十四	十五	十六	十七	十八	十九	廿	廿一	廿二	廿三	廿四	廿五	廿六	廿七	廿八	廿九	卅			
星	3	4	5	6	日	1	2	3	4	5	6	日	1	2	3	4	5	6	日	1	2	3	4	5	6	日	1	2			
干節	丙午	丁未	戊申	立春	庚戌	辛亥	壬子	癸丑	甲寅	乙卯	丙辰	丁巳	戊午	己未	庚申	辛酉	壬戌	癸亥	雨水	乙丑	丙寅	丁卯	戊辰	己巳	庚午	辛未	壬申	癸酉			

陽歷三月份　(陰歷二、三月份)

陽	3	2	3	4	5	6	7	8	9	10	11	12	13	14	15	16	17	18	19	20	21	22	23	24	25	26	27	28	29	30	31
陰	二	二	三	四	五	六	七	八	九	十	十一	十二	十三	十四	十五	十六	十七	十八	十九	廿	廿一	廿二	廿三	廿四	廿五	廿六	廿七	廿八	廿九	卅	三
星	3	4	5	6	日	1	2	3	4	5	6	日	1	2	3	4	5	6	日	1	2	3	4	5	6	日	1	2	3	4	5
干節	甲戌	乙亥	丙子	丁丑	戊寅	驚蟄	庚辰	辛巳	壬午	癸未	甲申	乙酉	丙戌	丁亥	戊子	己丑	庚寅	辛卯	壬辰	癸巳	春分	乙未	丙申	丁酉	戊戌	己亥	庚子	辛丑	壬寅	癸卯	甲辰

陽歷四月份　(陰歷三、四月份)

陽	4	2	3	4	5	6	7	8	9	10	11	12	13	14	15	16	17	18	19	20	21	22	23	24	25	26	27	28	29	30	
陰	二	三	四	五	六	七	八	九	十	十一	十二	十三	十四	十五	十六	十七	十八	十九	廿	廿一	廿二	廿三	廿四	廿五	廿六	廿七	廿八	廿九	卅	四	
星	6	日	1	2	3	4	5	6	日	1	2	3	4	5	6	日	1	2	3	4	5	6	日	1	2	3	4	5	6	日	
干節	乙巳	丙午	丁未	戊申	清明	庚戌	辛亥	壬子	癸丑	甲寅	乙卯	丙辰	丁巳	戊午	己未	庚申	辛酉	壬戌	癸亥	甲子	穀雨	丙寅	丁卯	戊辰	己巳	庚午	辛未	壬申	癸酉	甲戌	

陽歷五月份　(陰歷四、五月份)

陽	5	2	3	4	5	6	7	8	9	10	11	12	13	14	15	16	17	18	19	20	21	22	23	24	25	26	27	28	29	30	31
陰	二	三	四	五	六	七	八	九	十	十一	十二	十三	十四	十五	十六	十七	十八	十九	廿	廿一	廿二	廿三	廿四	廿五	廿六	廿七	廿八	廿九	五	二	三
星	1	2	3	4	5	6	日	1	2	3	4	5	6	日	1	2	3	4	5	6	日	1	2	3	4	5	6	日	1	2	3
干節	乙亥	丙子	丁丑	戊寅	己卯	立夏	辛巳	壬午	癸未	甲申	乙酉	丙戌	丁亥	戊子	己丑	庚寅	辛卯	壬辰	癸巳	甲午	乙未	小滿	丁酉	戊戌	己亥	庚子	辛丑	壬寅	癸卯	甲辰	乙巳

陽歷六月份　(陰歷五、六月份)

陽	6	2	3	4	5	6	7	8	9	10	11	12	13	14	15	16	17	18	19	20	21	22	23	24	25	26	27	28	29	30	
陰	四	五	六	七	八	九	十	十一	十二	十三	十四	十五	十六	十七	十八	十九	廿	廿一	廿二	廿三	廿四	廿五	廿六	廿七	廿八	廿九	卅	六	二	三	
星	4	5	6	日	1	2	3	4	5	6	日	1	2	3	4	5	6	日	1	2	3	4	5	6	日	1	2	3	4	5	
干節	丙午	丁未	戊申	己酉	庚戌	芒種	壬子	癸丑	甲寅	乙卯	丙辰	丁巳	戊午	己未	庚申	辛酉	壬戌	癸亥	甲子	乙丑	丙寅	夏至	戊辰	己巳	庚午	辛未	壬申	癸酉	甲戌	乙亥	

癸卯　一八四三年　（清宣宗道光二三年）

陽曆七月份　（陰曆六、七月份）

陽	7	2	3	4	5	6	7	8	9	10	11	12	13	14	15	16	17	18	19	20	21	22	23	24	25	26	27	28	29	30	31
陰	四	五	六	七	八	九	十	十一	十二	十三	十四	十五	十六	十七	十八	十九	廿	廿一	廿二	廿三	廿四	廿五	廿六	廿七	廿八	廿九	七	二	三	四	五
星	6	日	1	2	3	4	5	6	日	1	2	3	4	5	6	日	1	2	3	4	5	6	日	1	2	3	4	5	6	日	1
干節	丙子	丁丑	戊寅	己卯	庚辰	辛巳	壬午	小暑	甲申	乙酉	丙戌	丁亥	戊子	己丑	庚寅	辛卯	壬辰	癸巳	甲午	乙未	丙申	丁酉	大暑	己亥	庚子	辛丑	壬寅	癸卯	甲辰	乙巳	丙午

陽曆八月份　（陰曆七、閏七月份）

陽	8	2	3	4	5	6	7	8	9	10	11	12	13	14	15	16	17	18	19	20	21	22	23	24	25	26	27	28	29	30	31
陰	六	七	八	九	十	十一	十二	十三	十四	十五	十六	十七	十八	十九	廿	廿一	廿二	廿三	廿四	廿五	廿六	廿七	廿八	廿九	閏	二	三	四	五	六	七
星	2	3	4	5	6	日	1	2	3	4	5	6	日	1	2	3	4	5	6	日	1	2	3	4	5	6	日	1	2	3	4
干節	丁未	戊申	己酉	庚戌	辛亥	壬子	癸丑	立秋	乙卯	丙辰	丁巳	戊午	己未	庚申	辛酉	壬戌	癸亥	甲子	乙丑	丙寅	丁卯	戊辰	己巳	處暑	辛未	壬申	癸酉	甲戌	乙亥	丙子	丁丑

陽曆九月份　（陰曆閏七、八月份）

陽	9	2	3	4	5	6	7	8	9	10	11	12	13	14	15	16	17	18	19	20	21	22	23	24	25	26	27	28	29	30	
陰	八	九	十	十一	十二	十三	十四	十五	十六	十七	十八	十九	廿	廿一	廿二	廿三	廿四	廿五	廿六	廿七	廿八	廿九	卅	八	二	三	四	五	六	七	
星	5	6	日	1	2	3	4	5	6	日	1	2	3	4	5	6	日	1	2	3	4	5	6	日	1	2	3	4	5	6	
干節	戊寅	己卯	庚辰	辛巳	壬午	癸未	甲申	白露	丙戌	丁亥	戊子	己丑	庚寅	辛卯	壬辰	癸巳	甲午	乙未	丙申	丁酉	戊戌	己亥	庚子	秋分	壬寅	癸卯	甲辰	乙巳	丙午	丁未	

陽曆十月份　（陰曆八、九月份）

陽	10	2	3	4	5	6	7	8	9	10	11	12	13	14	15	16	17	18	19	20	21	22	23	24	25	26	27	28	29	30	31
陰	八	九	十	十一	十二	十三	十四	十五	十六	十七	十八	十九	廿	廿一	廿二	廿三	廿四	廿五	廿六	廿七	廿八	廿九	九	二	三	四	五	六	七	八	九
星	日	1	2	3	4	5	6	日	1	2	3	4	5	6	日	1	2	3	4	5	6	日	1	2	3	4	5	6	日	1	2
干節	戊申	己酉	庚戌	辛亥	壬子	癸丑	甲寅	乙卯	寒露	丁巳	戊午	己未	庚申	辛酉	壬戌	癸亥	甲子	乙丑	丙寅	丁卯	戊辰	己巳	庚午	霜降	壬申	癸酉	甲戌	乙亥	丙子	丁丑	戊寅

陽曆十一月份　（陰曆九、十月份）

陽	11	2	3	4	5	6	7	8	9	10	11	12	13	14	15	16	17	18	19	20	21	22	23	24	25	26	27	28	29	30	
陰	十	十一	十二	十三	十四	十五	十六	十七	十八	十九	廿	廿一	廿二	廿三	廿四	廿五	廿六	廿七	廿八	廿九	卅	十	二	三	四	五	六	七	八	九	
星	3	4	5	6	日	1	2	3	4	5	6	日	1	2	3	4	5	6	日	1	2	3	4	5	6	日	1	2	3	4	
干節	己卯	庚辰	辛巳	壬午	癸未	甲申	乙酉	立冬	丁亥	戊子	己丑	庚寅	辛卯	壬辰	癸巳	甲午	乙未	丙申	丁酉	戊戌	己亥	庚子	小雪	壬寅	癸卯	甲辰	乙巳	丙午	丁未	戊申	

陽曆十二月份　（陰曆十、十一月份）

陽	12	2	3	4	5	6	7	8	9	10	11	12	13	14	15	16	17	18	19	20	21	22	23	24	25	26	27	28	29	30	31
陰	十	十一	十二	十三	十四	十五	十六	十七	十八	十九	廿	廿一	廿二	廿三	廿四	廿五	廿六	廿七	廿八	廿九	十一	二	三	四	五	六	七	八	九	十	十一
星	5	6	日	1	2	3	4	5	6	日	1	2	3	4	5	6	日	1	2	3	4	5	6	日	1	2	3	4	5	6	日
干節	己酉	庚戌	辛亥	壬子	癸丑	甲寅	乙卯	大雪	丁巳	戊午	己未	庚申	辛酉	壬戌	癸亥	甲子	乙丑	丙寅	丁卯	戊辰	己巳	冬至	辛未	壬申	癸酉	甲戌	乙亥	丙子	丁丑	戊寅	己卯

近世中西史日對照表

陽歷一月份　（陰歷十一、十二月份）

陽	**1**	2	3	4	5	6	7	8	9	10	11	12	13	14	15	16	17	18	19	20	21	22	23	24	25	26	27	28	29	30	31
陰	十二	十三	十四	十五	十六	十七	十八	十九	廿	廿一	廿二	廿三	廿四	廿五	廿六	廿七	廿八	廿九	卅	**十二**	二	三	四	五	六	七	八	九	十	十一	十二
星	1	2	3	4	5	6	日	1	2	3	4	5	6	日	1	2	3	4	5	6	日	1	2	3	4	5	6	日	1	2	3
干節	庚辰	辛巳	壬午	癸未	甲申	小寒	丙戌	丁亥	戊子	己丑	庚寅	辛卯	壬辰	癸巳	甲午	乙未	丙申	丁酉	戊戌	己亥	大寒	辛丑	壬寅	癸卯	甲辰	乙巳	丙午	丁未	戊申	己酉	庚戌

陽歷二月份　（陰歷十二、正月份）

陽	**2**	2	3	4	5	6	7	8	9	10	11	12	13	14	15	16	17	18	19	20	21	22	23	24	25	26	27	28	29		
陰	十三	十四	十五	十六	十七	十八	十九	廿	廿一	廿二	廿三	廿四	廿五	廿六	廿七	廿八	廿九	**正**	二	三	四	五	六	七	八	九	十	十一	十二		
星	4	5	6	日	1	2	3	4	5	6	日	1	2	3	4	5	6	日	1	2	3	4	5	6	日	1	2	3	4		
干節	辛亥	壬子	癸丑	立春	乙卯	丙辰	丁巳	戊午	己未	庚申	辛酉	壬戌	癸亥	甲子	乙丑	丙寅	丁卯	戊辰	雨水	庚午	辛未	壬申	癸酉	甲戌	乙亥	丙子	丁丑	戊寅	己卯		

陽歷三月份　（陰歷正、二月份）

陽	**3**	2	3	4	5	6	7	8	9	10	11	12	13	14	15	16	17	18	19	20	21	22	23	24	25	26	27	28	29	30	31
陰	十三	十四	十五	十六	十七	十八	十九	廿	廿一	廿二	廿三	廿四	廿五	廿六	廿七	廿八	廿九	卅	**二**	二	三	四	五	六	七	八	九	十	十一	十二	十三
星	5	6	日	1	2	3	4	5	6	日	1	2	3	4	5	6	日	1	2	3	4	5	6	日	1	2	3	4	5	6	日
干節	庚辰	辛巳	壬午	癸未	驚蟄	乙酉	丙戌	丁亥	戊子	己丑	庚寅	辛卯	壬辰	癸巳	甲午	乙未	丙申	丁酉	戊戌	春分	庚子	辛丑	壬寅	癸卯	甲辰	乙巳	丙午	丁未	戊申	己酉	庚戌

陽歷四月份　（陰歷二、三月份）

陽	**4**	2	3	4	5	6	7	8	9	10	11	12	13	14	15	16	17	18	19	20	21	22	23	24	25	26	27	28	29	30	
陰	十四	十五	十六	十七	十八	十九	廿	廿一	廿二	廿三	廿四	廿五	廿六	廿七	廿八	廿九	卅	**三**	二	三	四	五	六	七	八	九	十	十一	十二	十三	
星	1	2	3	4	5	6	日	1	2	3	4	5	6	日	1	2	3	4	5	6	日	1	2	3	4	5	6	日	1	2	
干節	辛亥	壬子	癸丑	甲寅	清明	丙辰	丁巳	戊午	己未	庚申	辛酉	壬戌	癸亥	甲子	乙丑	丙寅	丁卯	戊辰	己巳	穀雨	辛未	壬申	癸酉	甲戌	乙亥	丙子	丁丑	戊寅	己卯	庚辰	

陽歷五月份　（陰歷三、四月份）

陽	**5**	2	3	4	5	6	7	8	9	10	11	12	13	14	15	16	17	18	19	20	21	22	23	24	25	26	27	28	29	30	31
陰	十四	十五	十六	十七	十八	十九	廿	廿一	廿二	廿三	廿四	廿五	廿六	廿七	廿八	廿九	**四**	二	三	四	五	六	七	八	九	十	十一	十二	十三	十四	十五
星	3	4	5	6	日	1	2	3	4	5	6	日	1	2	3	4	5	6	日	1	2	3	4	5	6	日	1	2	3	4	5
干節	辛巳	壬午	癸未	甲申	立夏	丙戌	丁亥	戊子	己丑	庚寅	辛卯	壬辰	癸巳	甲午	乙未	丙申	丁酉	戊戌	己亥	庚子	小滿	壬寅	癸卯	甲辰	乙巳	丙午	丁未	戊申	己酉	庚戌	辛亥

陽歷六月份　（陰歷四、五月份）

陽	**6**	2	3	4	5	6	7	8	9	10	11	12	13	14	15	16	17	18	19	20	21	22	23	24	25	26	27	28	29	30	
陰	十六	十七	十八	十九	廿	廿一	廿二	廿三	廿四	廿五	廿六	廿七	廿八	廿九	卅	**五**	二	三	四	五	六	七	八	九	十	十一	十二	十三	十四	十五	
星	6	日	1	2	3	4	5	6	日	1	2	3	4	5	6	日	1	2	3	4	5	6	日	1	2	3	4	5	6	日	
干節	壬子	癸丑	甲寅	乙卯	丙辰	芒種	戊午	己未	庚申	辛酉	壬戌	癸亥	甲子	乙丑	丙寅	丁卯	戊辰	己巳	庚午	辛未	夏至	癸酉	甲戌	乙亥	丙子	丁丑	戊寅	己卯	庚辰	辛巳	

甲辰

一八四四年

（清宣宗道光二四年）

陽曆七月份　（陰曆五、六月份）

陽	7	2	3	4	5	6	7	8	9	10	11	12	13	14	15	16	17	18	19	20	21	22	23	24	25	26	27	28	29	30	31
陰	十六	十七	十八	十九	廿	廿一	廿二	廿三	廿四	廿五	廿六	廿七	廿八	廿九	六	二	三	四	五	六	七	八	九	十	十一	十二	十三	十四	十五	十六	十七
星	1	2	3	4	5	6	日	1	2	3	4	5	6	日	1	2	3	4	5	6	日	1	2	3	4	5	6	日	1	2	3
干節	壬午	癸未	甲申	乙酉	丙戌	丁亥	小暑	己丑	庚寅	辛卯	壬辰	癸巳	甲午	乙未	丙申	丁酉	戊戌	己亥	庚子	辛丑	壬寅	癸卯	大暑	乙巳	丙午	丁未	戊申	己酉	庚戌	辛亥	壬子

陽曆八月份　（陰曆六、七月份）

陽	8	2	3	4	5	6	7	8	9	10	11	12	13	14	15	16	17	18	19	20	21	22	23	24	25	26	27	28	29	30	31
陰	十八	十九	廿	廿一	廿二	廿三	廿四	廿五	廿六	廿七	廿八	廿九	卅	七	二	三	四	五	六	七	八	九	十	十一	十二	十三	十四	十五	十六	十七	十八
星	4	5	6	日	1	2	3	4	5	6	日	1	2	3	4	5	6	日	1	2	3	4	5	6	日	1	2	3	4	5	6
干節	癸丑	甲寅	乙卯	丙辰	丁巳	戊午	立秋	庚申	辛酉	壬戌	癸亥	甲子	乙丑	丙寅	丁卯	戊辰	己巳	庚午	辛未	壬申	癸酉	甲戌	處暑	丙子	丁丑	戊寅	己卯	庚辰	辛巳	壬午	癸未

陽曆九月份　（陰曆七、八月份）

陽	9	2	3	4	5	6	7	8	9	10	11	12	13	14	15	16	17	18	19	20	21	22	23	24	25	26	27	28	29	30
陰	十九	廿	廿一	廿二	廿三	廿四	廿五	廿六	廿七	廿八	廿九	八	二	三	四	五	六	七	八	九	十	十一	十二	十三	十四	十五	十六	十七	十八	十九
星	日	1	2	3	4	5	6	日	1	2	3	4	5	6	日	1	2	3	4	5	6	日	1	2	3	4	5	6	日	1
干節	甲申	乙酉	丙戌	丁亥	戊子	己丑	白露	辛卯	壬辰	癸巳	甲午	乙未	丙申	丁酉	戊戌	己亥	庚子	辛丑	壬寅	癸卯	甲辰	乙巳	秋分	丁未	戊申	己酉	庚戌	辛亥	壬子	癸丑

陽曆十月份　（陰曆八、九月份）

陽	10	2	3	4	5	6	7	8	9	10	11	12	13	14	15	16	17	18	19	20	21	22	23	24	25	26	27	28	29	30	31
陰	廿	廿一	廿二	廿三	廿四	廿五	廿六	廿七	廿八	廿九	卅	九	二	三	四	五	六	七	八	九	十	十一	十二	十三	十四	十五	十六	十七	十八	十九	廿
星	2	3	4	5	6	日	1	2	3	4	5	6	日	1	2	3	4	5	6	日	1	2	3	4	5	6	日	1	2	3	4
干節	甲寅	乙卯	丙辰	丁巳	戊午	己未	庚申	寒露	壬戌	癸亥	甲子	乙丑	丙寅	丁卯	戊辰	己巳	庚午	辛未	壬申	癸酉	甲戌	乙亥	霜降	丁丑	戊寅	己卯	庚辰	辛巳	壬午	癸未	甲申

陽曆十一月份　（陰曆九、十月份）

陽	11	2	3	4	5	6	7	8	9	10	11	12	13	14	15	16	17	18	19	20	21	22	23	24	25	26	27	28	29	30
陰	廿一	廿二	廿三	廿四	廿五	廿六	廿七	廿八	廿九	十	二	三	四	五	六	七	八	九	十	十一	十二	十三	十四	十五	十六	十七	十八	十九	廿	廿一
星	5	6	日	1	2	3	4	5	6	日	1	2	3	4	5	6	日	1	2	3	4	5	6	日	1	2	3	4	5	6
干節	乙酉	丙戌	丁亥	戊子	己丑	庚寅	立冬	壬辰	癸巳	甲午	乙未	丙申	丁酉	戊戌	己亥	庚子	辛丑	壬寅	癸卯	甲辰	乙巳	小雪	丁未	戊申	己酉	庚戌	辛亥	壬子	癸丑	甲寅

陽曆十二月份　（陰曆十、十一月份）

陽	12	2	3	4	5	6	7	8	9	10	11	12	13	14	15	16	17	18	19	20	21	22	23	24	25	26	27	28	29	30	31
陰	廿二	廿三	廿四	廿五	廿六	廿七	廿八	廿九	卅	十一	二	三	四	五	六	七	八	九	十	十一	十二	十三	十四	十五	十六	十七	十八	十九	廿	廿一	廿二
星	日	1	2	3	4	5	6	日	1	2	3	4	5	6	日	1	2	3	4	5	6	日	1	2	3	4	5	6	日	1	2
干節	乙卯	丙辰	丁巳	戊午	己未	庚申	大雪	壬戌	癸亥	甲子	乙丑	丙寅	丁卯	戊辰	己巳	庚午	辛未	壬申	癸酉	甲戌	乙亥	冬至	丁丑	戊寅	己卯	庚辰	辛巳	壬午	癸未	甲申	乙酉

乙巳　一八四五年　（清宣宗道光二五年）

陽歷一月份　（陰歷十一、十二月份）

陽	**1**	2	3	4	5	6	7	8	9	10	11	12	13	14	15	16	17	18	19	20	21	22	23	24	25	26	27	28	29	30	31
陰	廿三	廿四	廿五	廿六	廿七	廿八	廿九	**十二**	二	三	四	五	六	七	八	九	十	十一	十二	十三	十四	十五	十六	十七	十八	十九	廿	廿一	廿二	廿三	廿四
星	3	4	5	6	**日**	1	2	3	4	5	6	**日**	1	2	3	4	5	6	**日**	1	2	3	4	5	6	**日**	1	2	3	4	5
干節	丙戌	丁亥	戊子	己丑	**小寒**	辛卯	壬辰	癸巳	甲午	乙未	丙申	丁酉	戊戌	己亥	庚子	辛丑	壬寅	癸卯	甲辰	**大寒**	丙午	丁未	戊申	己酉	庚戌	辛亥	壬子	癸丑	甲寅	乙卯	丙辰

陽歷二月份　（陰歷十二、正月份）

陽	**2**	2	3	4	5	6	7	8	9	10	11	12	13	14	15	16	17	18	19	20	21	22	23	24	25	26	27	28			
陰	廿五	廿六	廿七	廿八	廿九	卅	**正**	二	三	四	五	六	七	八	九	十	十一	十二	十三	十四	十五	十六	十七	十八	十九	廿	廿一	廿二			
星	6	**日**	1	2	3	4	5	6	**日**	1	2	3	4	5	6	**日**	1	2	3	4	5	6	**日**	1	2	3	4	5			
干節	丁巳	戊午	己未	**立春**	辛酉	壬戌	癸亥	甲子	乙丑	丙寅	丁卯	戊辰	己巳	庚午	辛未	壬申	癸酉	甲戌	**雨水**	丙子	丁丑	戊寅	己卯	庚辰	辛巳	壬午	癸未	甲申			

陽歷三月份　（陰歷正、二月份）

陽	**3**	2	3	4	5	6	7	8	9	10	11	12	13	14	15	16	17	18	19	20	21	22	23	24	25	26	27	28	29	30	31
陰	廿三	廿四	廿五	廿六	廿七	廿八	廿九	**二**	二	三	四	五	六	七	八	九	十	十一	十二	十三	十四	十五	十六	十七	十八	十九	廿	廿一	廿二	廿三	廿四
星	6	**日**	1	2	3	4	5	6	**日**	1	2	3	4	5	6	**日**	1	2	3	4	5	6	**日**	1	2	3	4	5	6	**日**	1
干節	乙酉	丙戌	丁亥	戊子	己丑	**驚蟄**	辛卯	壬辰	癸巳	甲午	乙未	丙申	丁酉	戊戌	己亥	庚子	辛丑	壬寅	癸卯	甲辰	**春分**	丙午	丁未	戊申	己酉	庚戌	辛亥	壬子	癸丑	甲寅	乙卯

陽歷四月份　（陰歷二、三月份）

陽	**4**	2	3	4	5	6	7	8	9	10	11	12	13	14	15	16	17	18	19	20	21	22	23	24	25	26	27	28	29	30	
陰	廿五	廿六	廿七	廿八	廿九	卅	**三**	二	三	四	五	六	七	八	九	十	十一	十二	十三	十四	十五	十六	十七	十八	十九	廿	廿一	廿二	廿三	廿四	
星	2	3	4	5	6	**日**	1	2	3	4	5	6	**日**	1	2	3	4	5	6	**日**	1	2	3	4	5	6	**日**	1	2	3	
干節	丙辰	丁巳	戊午	己未	**清明**	辛酉	壬戌	癸亥	甲子	乙丑	丙寅	丁卯	戊辰	己巳	庚午	辛未	壬申	癸酉	甲戌	**穀雨**	丙子	丁丑	戊寅	己卯	庚辰	辛巳	壬午	癸未	甲申	乙酉	

陽歷五月份　（陰歷三、四月份）

陽	**5**	2	3	4	5	6	7	8	9	10	11	12	13	14	15	16	17	18	19	20	21	22	23	24	25	26	27	28	29	30	31
陰	廿五	廿六	廿七	廿八	廿九	**四**	二	三	四	五	六	七	八	九	十	十一	十二	十三	十四	十五	十六	十七	十八	十九	廿	廿一	廿二	廿三	廿四	廿五	廿六
星	4	5	6	**日**	1	2	3	4	5	6	**日**	1	2	3	4	5	6	**日**	1	2	3	4	5	6	**日**	1	2	3	4	5	6
干節	丙戌	丁亥	戊子	己丑	庚寅	**立夏**	壬辰	癸巳	甲午	乙未	丙申	丁酉	戊戌	己亥	庚子	辛丑	壬寅	癸卯	甲辰	乙巳	**小滿**	丁未	戊申	己酉	庚戌	辛亥	壬子	癸丑	甲寅	乙卯	丙辰

陽歷六月份　（陰歷四、五月份）

陽	**6**	2	3	4	5	6	7	8	9	10	11	12	13	14	15	16	17	18	19	20	21	22	23	24	25	26	27	28	29	30	
陰	廿七	廿八	廿九	卅	**五**	二	三	四	五	六	七	八	九	十	十一	十二	十三	十四	十五	十六	十七	十八	十九	廿	廿一	廿二	廿三	廿四	廿五	廿六	
星	**日**	1	2	3	4	5	6	**日**	1	2	3	4	5	6	**日**	1	2	3	4	5	6	**日**	1	2	3	4	5	6	**日**	1	
干節	丁巳	戊午	己未	庚申	辛酉	**芒種**	癸亥	甲子	乙丑	丙寅	丁卯	戊辰	己巳	庚午	辛未	壬申	癸酉	甲戌	乙亥	丙子	**夏至**	戊寅	己卯	庚辰	辛巳	壬午	癸未	甲申	乙酉	丙戌	

乙巳 一八四五年（清宣宗道光二五年）

陽歷七月份　（陰歷五、六月份）

陽	7	2	3	4	5	6	7	8	9	10	11	12	13	14	15	16	17	18	19	20	21	22	23	24	25	26	27	28	29	30	31
陰	廿七	廿八	廿九	卅	六	二	三	四	五	六	七	八	九	十	十一	十二	十三	十四	十五	十六	十七	十八	十九	廿	廿一	廿二	廿三	廿四	廿五	廿六	廿七
星	2	3	4	5	6	日	1	2	3	4	5	6	日	1	2	3	4	5	6	日	1	2	3	4	5	6	日	1	2	3	4
干節	丁亥	戊子	己丑	庚寅	辛卯	壬辰	小暑	甲午	乙未	丙申	丁酉	戊戌	己亥	庚子	辛丑	壬寅	癸卯	甲辰	乙巳	丙午	丁未	戊申	大暑	庚戌	辛亥	壬子	癸丑	甲寅	乙卯	丙辰	丁巳

陽歷八月份　（陰歷六、七月份）

陽	8	2	3	4	5	6	7	8	9	10	11	12	13	14	15	16	17	18	19	20	21	22	23	24	25	26	27	28	29	30	31
陰	廿八	廿九	七	二	三	四	五	六	七	八	九	十	十一	十二	十三	十四	十五	十六	十七	十八	十九	廿	廿一	廿二	廿三	廿四	廿五	廿六	廿七	廿八	廿九
星	5	6	日	1	2	3	4	5	6	日	1	2	3	4	5	6	日	1	2	3	4	5	6	日	1	2	3	4	5	6	日
干節	戊午	己未	庚申	辛酉	壬戌	癸亥	甲子	立秋	丙寅	丁卯	戊辰	己巳	庚午	辛未	壬申	癸酉	甲戌	乙亥	丙子	丁丑	戊寅	己卯	處暑	辛巳	壬午	癸未	甲申	乙酉	丙戌	丁亥	戊子

陽歷九月份　（陰歷七、八月份）

陽	9	2	3	4	5	6	7	8	9	10	11	12	13	14	15	16	17	18	19	20	21	22	23	24	25	26	27	28	29	30
陰	卅	八	二	三	四	五	六	七	八	九	十	十一	十二	十三	十四	十五	十六	十七	十八	十九	廿	廿一	廿二	廿三	廿四	廿五	廿六	廿七	廿八	廿九
星	1	2	3	4	5	6	日	1	2	3	4	5	6	日	1	2	3	4	5	6	日	1	2	3	4	5	6	日	1	2
干節	己丑	庚寅	辛卯	壬辰	癸巳	甲午	乙未	白露	丁酉	戊戌	己亥	庚子	辛丑	壬寅	癸卯	甲辰	乙巳	丙午	丁未	戊申	己酉	庚戌	秋分	壬子	癸丑	甲寅	乙卯	丙辰	丁巳	戊午

陽歷十月份　（陰歷九、十月份）

陽	10	2	3	4	5	6	7	8	9	10	11	12	13	14	15	16	17	18	19	20	21	22	23	24	25	26	27	28	29	30	31
陰	九	二	三	四	五	六	七	八	九	十	十一	十二	十三	十四	十五	十六	十七	十八	十九	廿	廿一	廿二	廿三	廿四	廿五	廿六	廿七	廿八	廿九	卅	十
星	3	4	5	6	日	1	2	3	4	5	6	日	1	2	3	4	5	6	日	1	2	3	4	5	6	日	1	2	3	4	5
干節	己未	庚申	辛酉	壬戌	癸亥	甲子	乙丑	寒露	丁卯	戊辰	己巳	庚午	辛未	壬申	癸酉	甲戌	乙亥	丙子	丁丑	戊寅	己卯	庚辰	霜降	壬午	癸未	甲申	乙酉	丙戌	丁亥	戊子	己丑

陽歷十一月份　（陰歷十、十一月份）

陽	11	2	3	4	5	6	7	8	9	10	11	12	13	14	15	16	17	18	19	20	21	22	23	24	25	26	27	28	29	30
陰	二	三	四	五	六	七	八	九	十	十一	十二	十三	十四	十五	十六	十七	十八	十九	廿	廿一	廿二	廿三	廿四	廿五	廿六	廿七	廿八	廿九	十一	二
星	6	日	1	2	3	4	5	6	日	1	2	3	4	5	6	日	1	2	3	4	5	6	日	1	2	3	4	5	6	日
干節	庚寅	辛卯	壬辰	癸巳	甲午	乙未	立冬	丁酉	戊戌	己亥	庚子	辛丑	壬寅	癸卯	甲辰	乙巳	丙午	丁未	戊申	己酉	庚戌	小雪	壬子	癸丑	甲寅	乙卯	丙辰	丁巳	戊午	己未

陽歷十二月份　（陰歷十一、十二月份）

陽	12	2	3	4	5	6	7	8	9	10	11	12	13	14	15	16	17	18	19	20	21	22	23	24	25	26	27	28	29	30	31
陰	三	四	五	六	七	八	九	十	十一	十二	十三	十四	十五	十六	十七	十八	十九	廿	廿一	廿二	廿三	廿四	廿五	廿六	廿七	廿八	廿九	卅	十二	二	三
星	1	2	3	4	5	6	日	1	2	3	4	5	6	日	1	2	3	4	5	6	日	1	2	3	4	5	6	日	1	2	3
干節	庚申	辛酉	壬戌	癸亥	甲子	乙丑	大雪	丁卯	戊辰	己巳	庚午	辛未	壬申	癸酉	甲戌	乙亥	丙子	丁丑	戊寅	己卯	庚辰	冬至	壬午	癸未	甲申	乙酉	丙戌	丁亥	戊子	己丑	庚寅

近世中西史日對照表

丙午　一八四六年　（清宣宗道光二六年）

陽歷一月份　（陰歷十二、正月份）

陽	1	2	3	4	5	6	7	8	9	10	11	12	13	14	15	16	17	18	19	20	21	22	23	24	25	26	27	28	29	30	31
陰	四	五	六	七	八	九	十	十一	十二	十三	十四	十五	十六	十七	十八	十九	廿	廿一	廿二	廿三	廿四	廿五	廿六	廿七	廿八	廿九	正	二	三	四	五
星	4	5	6	日	1	2	3	4	5	6	日	1	2	3	4	5	6	日	1	2	3	4	5	6	日	1	2	3	4	5	6
干節	辛卯	壬辰	癸巳	甲午	小寒	丙申	丁酉	戊戌	己亥	庚子	辛丑	壬寅	癸卯	甲辰	乙巳	丙午	丁未	戊申	己酉	大寒	辛亥	壬子	癸丑	甲寅	乙卯	丙辰	丁巳	戊午	己未	庚申	辛酉

陽歷二月份　（陰歷正、二月份）

陽	2	2	3	4	5	6	7	8	9	10	11	12	13	14	15	16	17	18	19	20	21	22	23	24	25	26	27	28			
陰	六	七	八	九	十	十一	十二	十三	十四	十五	十六	十七	十八	十九	廿	廿一	廿二	廿三	廿四	廿五	廿六	廿七	廿八	廿九	卅	二	二	三			
星	日	1	2	3	4	5	6	日	1	2	3	4	5	6	日	1	2	3	4	5	6	日	1	2	3	4	5	6			
干節	壬戌	癸亥	甲子	立春	丙寅	丁卯	戊辰	己巳	庚午	辛未	壬申	癸酉	甲戌	乙亥	丙子	丁丑	戊寅	己卯	雨水	辛巳	壬午	癸未	甲申	乙酉	丙戌	丁亥	戊子	己丑			

陽歷三月份　（陰歷二、三月份）

陽	3	2	3	4	5	6	7	8	9	10	11	12	13	14	15	16	17	18	19	20	21	22	23	24	25	26	27	28	29	30	31
陰	四	五	六	七	八	九	十	十一	十二	十三	十四	十五	十六	十七	十八	十九	廿	廿一	廿二	廿三	廿四	廿五	廿六	廿七	廿八	廿九	三	二	三	四	五
星	日	1	2	3	4	5	6	日	1	2	3	4	5	6	日	1	2	3	4	5	6	日	1	2	3	4	5	6	日	1	2
干節	庚寅	辛卯	壬辰	癸巳	甲午	驚蟄	丙申	丁酉	戊戌	己亥	庚子	辛丑	壬寅	癸卯	甲辰	乙巳	丙午	丁未	戊申	己酉	春分	辛亥	壬子	癸丑	甲寅	乙卯	丙辰	丁巳	戊午	己未	庚申

陽歷四月份　（陰歷三、四月份）

陽	4	2	3	4	5	6	7	8	9	10	11	12	13	14	15	16	17	18	19	20	21	22	23	24	25	26	27	28	29	30	
陰	六	七	八	九	十	十一	十二	十三	十四	十五	十六	十七	十八	十九	廿	廿一	廿二	廿三	廿四	廿五	廿六	廿七	廿八	廿九	卅	四	二	三	四	五	
星	3	4	5	6	日	1	2	3	4	5	6	日	1	2	3	4	5	6	日	1	2	3	4	5	6	日	1	2	3	4	
干節	辛酉	壬戌	癸亥	甲子	清明	丙寅	丁卯	戊辰	己巳	庚午	辛未	壬申	癸酉	甲戌	乙亥	丙子	丁丑	戊寅	己卯	穀雨	辛巳	壬午	癸未	甲申	乙酉	丙戌	丁亥	戊子	己丑	庚寅	

陽歷五月份　（陰歷四、五月份）

陽	5	2	3	4	5	6	7	8	9	10	11	12	13	14	15	16	17	18	19	20	21	22	23	24	25	26	27	28	29	30	31
陰	六	七	八	九	十	十一	十二	十三	十四	十五	十六	十七	十八	十九	廿	廿一	廿二	廿三	廿四	廿五	廿六	廿七	廿八	廿九	五	二	三	四	五	六	七
星	5	6	日	1	2	3	4	5	6	日	1	2	3	4	5	6	日	1	2	3	4	5	6	日	1	2	3	4	5	6	日
干節	辛卯	壬辰	癸巳	甲午	乙未	立夏	丁酉	戊戌	己亥	庚子	辛丑	壬寅	癸卯	甲辰	乙巳	丙午	丁未	戊申	己酉	庚戌	小滿	壬子	癸丑	甲寅	乙卯	丙辰	丁巳	戊午	己未	庚申	辛酉

陽歷六月份　（陰歷五、閏五月份）

陽	6	2	3	4	5	6	7	8	9	10	11	12	13	14	15	16	17	18	19	20	21	22	23	24	25	26	27	28	29	30	
陰	八	九	十	十一	十二	十三	十四	十五	十六	十七	十八	十九	廿	廿一	廿二	廿三	廿四	廿五	廿六	廿七	廿八	廿九	卅	閏	二	三	四	五	六	七	
星	1	2	3	4	5	6	日	1	2	3	4	5	6	日	1	2	3	4	5	6	日	1	2	3	4	5	6	日	1	2	
干節	壬戌	癸亥	甲子	乙丑	丙寅	芒種	戊辰	己巳	庚午	辛未	壬申	癸酉	甲戌	乙亥	丙子	丁丑	戊寅	己卯	庚辰	辛巳	壬午	夏至	甲申	乙酉	丙戌	丁亥	戊子	己丑	庚寅	辛卯	

丙午

一八四六年

（清宣宗道光二六年）

陽曆七月份　（陰曆閏五、六月份）

陽	7	2	3	4	5	6	7	8	9	10	11	12	13	14	15	16	17	18	19	20	21	22	23	24	25	26	27	28	29	30	31
陰	八	九	十	十一	十二	十三	十四	十五	十六	十七	十八	十九	廿	廿一	廿二	廿三	廿四	廿五	廿六	廿七	廿八	廿九	六	二	三	四	五	六	七	八	九
星	3	4	5	6	日	1	2	3	4	5	6	日	1	2	3	4	5	6	日	1	2	3	4	5	6	日	1	2	3	4	5
干節	壬辰	癸巳	甲午	乙未	丙申	丁酉	小暑	己亥	庚子	辛丑	壬寅	癸卯	甲辰	乙巳	丙午	丁未	戊申	己酉	庚戌	辛亥	壬子	癸丑	大暑	乙卯	丙辰	丁巳	戊午	己未	庚申	辛酉	壬戌

陽曆八月份　（陰曆六、七月份）

陽	8	2	3	4	5	6	7	8	9	10	11	12	13	14	15	16	17	18	19	20	21	22	23	24	25	26	27	28	29	30	31
陰	十	十一	十二	十三	十四	十五	十六	十七	十八	十九	廿	廿一	廿二	廿三	廿四	廿五	廿六	廿七	廿八	廿九	卅	七	二	三	四	五	六	七	八	九	十
星	6	日	1	2	3	4	5	6	日	1	2	3	4	5	6	日	1	2	3	4	5	6	日	1	2	3	4	5	6	日	1
干節	癸亥	甲子	乙丑	丙寅	丁卯	戊辰	己巳	立秋	辛未	壬申	癸酉	甲戌	乙亥	丙子	丁丑	戊寅	己卯	庚辰	辛巳	壬午	癸未	甲申	處暑	丙戌	丁亥	戊子	己丑	庚寅	辛卯	壬辰	癸巳

陽曆九月份　（陰曆七、八月份）

陽	9	2	3	4	5	6	7	8	9	10	11	12	13	14	15	16	17	18	19	20	21	22	23	24	25	26	27	28	29	30
陰	十一	十二	十三	十四	十五	十六	十七	十八	十九	廿	廿一	廿二	廿三	廿四	廿五	廿六	廿七	廿八	廿九	八	二	三	四	五	六	七	八	九	十	十一
星	2	3	4	5	6	日	1	2	3	4	5	6	日	1	2	3	4	5	6	日	1	2	3	4	5	6	日	1	2	3
干節	甲午	乙未	丙申	丁酉	戊戌	己亥	庚子	白露	壬寅	癸卯	甲辰	乙巳	丙午	丁未	戊申	己酉	庚戌	辛亥	壬子	癸丑	甲寅	乙卯	秋分	丁巳	戊午	己未	庚申	辛酉	壬戌	癸亥

陽曆十月份　（陰曆八、九月份）

陽	10	2	3	4	5	6	7	8	9	10	11	12	13	14	15	16	17	18	19	20	21	22	23	24	25	26	27	28	29	30	31
陰	十二	十三	十四	十五	十六	十七	十八	十九	廿	廿一	廿二	廿三	廿四	廿五	廿六	廿七	廿八	廿九	卅	九	二	三	四	五	六	七	八	九	十	十一	十二
星	4	5	6	日	1	2	3	4	5	6	日	1	2	3	4	5	6	日	1	2	3	4	5	6	日	1	2	3	4	5	6
干節	甲子	乙丑	丙寅	丁卯	戊辰	己巳	庚午	辛未	寒露	癸酉	甲戌	乙亥	丙子	丁丑	戊寅	己卯	庚辰	辛巳	壬午	癸未	甲申	乙酉	丙戌	霜降	戊子	己丑	庚寅	辛卯	壬辰	癸巳	甲午

陽曆十一月份　（陰曆九、十月份）

陽	11	2	3	4	5	6	7	8	9	10	11	12	13	14	15	16	17	18	19	20	21	22	23	24	25	26	27	28	29	30
陰	十三	十四	十五	十六	十七	十八	十九	廿	廿一	廿二	廿三	廿四	廿五	廿六	廿七	廿八	廿九	卅	十	二	三	四	五	六	七	八	九	十	十一	十二
星	日	1	2	3	4	5	6	日	1	2	3	4	5	6	日	1	2	3	4	5	6	日	1	2	3	4	5	6	日	1
干節	乙未	丙申	丁酉	戊戌	己亥	庚子	辛丑	立冬	癸卯	甲辰	乙巳	丙午	丁未	戊申	己酉	庚戌	辛亥	壬子	癸丑	甲寅	乙卯	丙辰	小雪	戊午	己未	庚申	辛酉	壬戌	癸亥	甲子

陽曆十二月份　（陰曆十、十一月份）

陽	12	2	3	4	5	6	7	8	9	10	11	12	13	14	15	16	17	18	19	20	21	22	23	24	25	26	27	28	29	30	31
陰	十三	十四	十五	十六	十七	十八	十九	廿	廿一	廿二	廿三	廿四	廿五	廿六	廿七	廿八	廿九	十一	二	三	四	五	六	七	八	九	十	十一	十二	十三	十四
星	2	3	4	5	6	日	1	2	3	4	5	6	日	1	2	3	4	5	6	日	1	2	3	4	5	6	日	1	2	3	4
干節	乙丑	丙寅	丁卯	戊辰	己巳	庚午	大雪	壬申	癸酉	甲戌	乙亥	丙子	丁丑	戊寅	己卯	庚辰	辛巳	壬午	癸未	甲申	乙酉	冬至	丁亥	戊子	己丑	庚寅	辛卯	壬辰	癸巳	甲午	乙未

近世中西史日對照表

陽歷 一 月份　　(陰歷十一、十二月份)

陽	1	2	3	4	5	6	7	8	9	10	11	12	13	14	15	16	17	18	19	20	21	22	23	24	25	26	27	28	29	30	31
陰	十五	十六	十七	十八	十九	廿	廿一	廿二	廿三	廿四	廿五	廿六	廿七	廿八	廿九	卅	十二	二	三	四	五	六	七	八	九	十	十一	十二	十三	十四	十五
星	5	6	日	1	2	3	4	5	6	日	1	2	3	4	5	6	日	1	2	3	4	5	6	日	1	2	3	4	5	6	日
干節	丙申	丁酉	戊戌	己亥	庚子	小寒	壬寅	癸卯	甲辰	乙巳	丙午	丁未	戊申	己酉	庚戌	辛亥	壬子	癸丑	甲寅	大寒	丙辰	丁巳	戊午	己未	庚申	辛酉	壬戌	癸亥	甲子	乙丑	丙寅

陽歷 二 月份　　(陰歷十二、正月份)

陽	2	2	3	4	5	6	7	8	9	10	11	12	13	14	15	16	17	18	19	20	21	22	23	24	25	26	27	28			
陰	十六	十七	十八	十九	廿	廿一	廿二	廿三	廿四	廿五	廿六	廿七	廿八	廿九	正	二	三	四	五	六	七	八	九	十	十一	十二	十三	十四			
星	1	2	3	4	5	6	日	1	2	3	4	5	6	日	1	2	3	4	5	6	日	1	2	3	4	5	6	日			
干節	丁卯	戊辰	己巳	立春	辛未	壬申	癸酉	甲戌	乙亥	丙子	丁丑	戊寅	己卯	庚辰	辛巳	壬午	癸未	甲申	雨水	丙戌	丁亥	戊子	己丑	庚寅	辛卯	壬辰	癸巳	甲午			

陽歷 三 月份　　(陰歷正、二月份)

陽	3	2	3	4	5	6	7	8	9	10	11	12	13	14	15	16	17	18	19	20	21	22	23	24	25	26	27	28	29	30	31
陰	十五	十六	十七	十八	十九	廿	廿一	廿二	廿三	廿四	廿五	廿六	廿七	廿八	廿九	卅	二	二	三	四	五	六	七	八	九	十	十一	十二	十三	十四	十五
星	1	2	3	4	5	6	日	1	2	3	4	5	6	日	1	2	3	4	5	6	日	1	2	3	4	5	6	日	1	2	3
干節	乙未	丙申	丁酉	戊戌	己亥	驚蟄	辛丑	壬寅	癸卯	甲辰	乙巳	丙午	丁未	戊申	己酉	庚戌	辛亥	壬子	癸丑	甲寅	春分	丙辰	丁巳	戊午	己未	庚申	辛酉	壬戌	癸亥	甲子	乙丑

陽歷 四 月份　　(陰歷二、三月份)

陽	4	2	3	4	5	6	7	8	9	10	11	12	13	14	15	16	17	18	19	20	21	22	23	24	25	26	27	28	29	30	
陰	十六	十七	十八	十九	廿	廿一	廿二	廿三	廿四	廿五	廿六	廿七	廿八	廿九	三	二	三	四	五	六	七	八	九	十	十一	十二	十三	十四	十五	十六	
星	4	5	6	日	1	2	3	4	5	6	日	1	2	3	4	5	6	日	1	2	3	4	5	6	日	1	2	3	4	5	
干節	丙寅	丁卯	戊辰	己巳	清明	辛未	壬申	癸酉	甲戌	乙亥	丙子	丁丑	戊寅	己卯	庚辰	辛巳	壬午	癸未	甲申	乙酉	穀雨	丁亥	戊子	己丑	庚寅	辛卯	壬辰	癸巳	甲午	乙未	

陽歷 五 月份　　(陰歷三、四月份)

陽	5	2	3	4	5	6	7	8	9	10	11	12	13	14	15	16	17	18	19	20	21	22	23	24	25	26	27	28	29	30	31
陰	十七	十八	十九	廿	廿一	廿二	廿三	廿四	廿五	廿六	廿七	廿八	廿九	四	二	三	四	五	六	七	八	九	十	十一	十二	十三	十四	十五	十六	十七	十八
星	6	日	1	2	3	4	5	6	日	1	2	3	4	5	6	日	1	2	3	4	5	6	日	1	2	3	4	5	6	日	1
干節	丙申	丁酉	戊戌	己亥	庚子	立夏	壬寅	癸卯	甲辰	乙巳	丙午	丁未	戊申	己酉	庚戌	辛亥	壬子	癸丑	甲寅	乙卯	丙辰	小滿	戊午	己未	庚申	辛酉	壬戌	癸亥	甲子	乙丑	丙寅

陽歷 六 月份　　(陰歷四、五月份)

陽	6	2	3	4	5	6	7	8	9	10	11	12	13	14	15	16	17	18	19	20	21	22	23	24	25	26	27	28	29	30	
陰	十九	廿	廿一	廿二	廿三	廿四	廿五	廿六	廿七	廿八	廿九	卅	五	二	三	四	五	六	七	八	九	十	十一	十二	十三	十四	十五	十六	十七	十八	
星	2	3	4	5	6	日	1	2	3	4	5	6	日	1	2	3	4	5	6	日	1	2	3	4	5	6	日	1	2	3	
干節	丁卯	戊辰	己巳	庚午	辛未	芒種	癸酉	甲戌	乙亥	丙子	丁丑	戊寅	己卯	庚辰	辛巳	壬午	癸未	甲申	乙酉	丙戌	丁亥	夏至	己丑	庚寅	辛卯	壬辰	癸巳	甲午	乙未	丙申	

丁未

一八四七年

(清宣宗道光二七年)

丁未

一八四七年

（清宣宗道光二七年）

陽曆七月份　（陰曆五、六月份）

陽	7	2	3	4	5	6	7	8	9	10	11	12	13	14	15	16	17	18	19	20	21	22	23	24	25	26	27	28	29	30	31
陰	十九	廿	廿一	廿二	廿三	廿四	廿五	廿六	廿七	廿八	廿九	六	二	三	四	五	六	七	八	九	十	十一	十二	十三	十四	十五	十六	十七	十八	十九	廿
星	4	5	6	日	1	2	3	4	5	6	日	1	2	3	4	5	6	日	1	2	3	4	5	6	日	1	2	3	4	5	6
干節	丁酉	戊戌	己亥	庚子	辛丑	壬寅	癸卯	小暑	乙巳	丙午	丁未	戊申	己酉	庚戌	辛亥	壬子	癸丑	甲寅	乙卯	丙辰	丁巳	戊午	大暑	庚申	辛酉	壬戌	癸亥	甲子	乙丑	丙寅	丁卯

陽曆八月份　（陰曆六、七月份）

陽	8	2	3	4	5	6	7	8	9	10	11	12	13	14	15	16	17	18	19	20	21	22	23	24	25	26	27	28	29	30	31
陰	廿一	廿二	廿三	廿四	廿五	廿六	廿七	廿八	廿九	卅	七	二	三	四	五	六	七	八	九	十	十一	十二	十三	十四	十五	十六	十七	十八	十九	廿	廿一
星	日	1	2	3	4	5	6	日	1	2	3	4	5	6	日	1	2	3	4	5	6	日	1	2	3	4	5	6	日	1	2
干節	戊辰	己巳	庚午	辛未	壬申	癸酉	甲戌	立秋	丙子	丁丑	戊寅	己卯	庚辰	辛巳	壬午	癸未	甲申	乙酉	丙戌	丁亥	戊子	己丑	庚寅	處暑	壬辰	癸巳	甲午	乙未	丙申	丁酉	戊戌

陽曆九月份　（陰曆七、八月份）

陽	9	2	3	4	5	6	7	8	9	10	11	12	13	14	15	16	17	18	19	20	21	22	23	24	25	26	27	28	29	30
陰	廿二	廿三	廿四	廿五	廿六	廿七	廿八	廿九	八	二	三	四	五	六	七	八	九	十	十一	十二	十三	十四	十五	十六	十七	十八	十九	廿	廿一	廿二
星	3	4	5	6	日	1	2	3	4	5	6	日	1	2	3	4	5	6	日	1	2	3	4	5	6	日	1	2	3	4
干節	己亥	庚子	辛丑	壬寅	癸卯	甲辰	乙巳	白露	丁未	戊申	己酉	庚戌	辛亥	壬子	癸丑	甲寅	乙卯	丙辰	丁巳	戊午	己未	庚申	辛酉	秋分	癸亥	甲子	乙丑	丙寅	丁卯	戊辰

陽曆十月份　（陰曆八、九月份）

陽	10	2	3	4	5	6	7	8	9	10	11	12	13	14	15	16	17	18	19	20	21	22	23	24	25	26	27	28	29	30	31
陰	廿三	廿四	廿五	廿六	廿七	廿八	廿九	卅	九	二	三	四	五	六	七	八	九	十	十一	十二	十三	十四	十五	十六	十七	十八	十九	廿	廿一	廿二	廿三
星	5	6	日	1	2	3	4	5	6	日	1	2	3	4	5	6	日	1	2	3	4	5	6	日	1	2	3	4	5	6	日
干節	己巳	庚午	辛未	壬申	癸酉	甲戌	乙亥	丙子	寒露	戊寅	己卯	庚辰	辛巳	壬午	癸未	甲申	乙酉	丙戌	丁亥	戊子	己丑	庚寅	辛卯	霜降	癸巳	甲午	乙未	丙申	丁酉	戊戌	己亥

陽曆十一月份　（陰曆九、十月份）

陽	11	2	3	4	5	6	7	8	9	10	11	12	13	14	15	16	17	18	19	20	21	22	23	24	25	26	27	28	29	30
陰	廿四	廿五	廿六	廿七	廿八	廿九	卅	十	二	三	四	五	六	七	八	九	十	十一	十二	十三	十四	十五	十六	十七	十八	十九	廿	廿一	廿二	廿三
星	1	2	3	4	5	6	日	1	2	3	4	5	6	日	1	2	3	4	5	6	日	1	2	3	4	5	6	日	1	2
干節	庚子	辛丑	壬寅	癸卯	甲辰	乙巳	丙午	立冬	戊申	己酉	庚戌	辛亥	壬子	癸丑	甲寅	乙卯	丙辰	丁巳	戊午	己未	庚申	辛酉	小雪	癸亥	甲子	乙丑	丙寅	丁卯	戊辰	己巳

陽曆十二月份　（陰曆十、十一月份）

陽	12	2	3	4	5	6	7	8	9	10	11	12	13	14	15	16	17	18	19	20	21	22	23	24	25	26	27	28	29	30	31
陰	廿四	廿五	廿六	廿七	廿八	廿九	卅	十一	二	三	四	五	六	七	八	九	十	十一	十二	十三	十四	十五	十六	十七	十八	十九	廿	廿一	廿二	廿三	廿四
星	3	4	5	6	日	1	2	3	4	5	6	日	1	2	3	4	5	6	日	1	2	3	4	5	6	日	1	2	3	4	5
干節	庚午	辛未	壬申	癸酉	甲戌	乙亥	丙子	大雪	戊寅	己卯	庚辰	辛巳	壬午	癸未	甲申	乙酉	丙戌	丁亥	戊子	己丑	庚寅	冬至	壬辰	癸巳	甲午	乙未	丙申	丁酉	戊戌	己亥	庚子

近世中西史日對照表

戊申　一八四八年　（清宣宗道光二八年）

陽歷一月份　（陰歷十一、十二月份）

陽	**1**	2	3	4	5	6	7	8	9	10	11	12	13	14	15	16	17	18	19	20	21	22	23	24	25	26	27	28	29	30	31
陰	廿五	廿六	廿七	廿八	廿九	**十二**	二	三	四	五	六	七	八	九	十	十一	十二	十三	十四	十五	十六	十七	十八	十九	廿	廿一	廿二	廿三	廿四	廿五	廿六
星	6	**日**	1	2	3	4	5	6	**日**	1	2	3	4	5	6	**日**	1	2	3	4	5	6	**日**	1	2	3	4	5	6	**日**	1
干節	辛丑	壬寅	癸卯	甲辰	乙巳	**小寒**	丁未	戊申	己酉	庚戌	辛亥	壬子	癸丑	甲寅	乙卯	丙辰	丁巳	戊午	己未	庚申	**大寒**	壬戌	癸亥	甲子	乙丑	丙寅	丁卯	戊辰	己巳	庚午	辛未

陽歷二月份　（陰歷十二、正月份）

陽	**2**	2	3	4	5	6	7	8	9	10	11	12	13	14	15	16	17	18	19	20	21	22	23	24	25	26	27	28	29		
陰	廿七	廿八	廿九	卅	**正**	二	三	四	五	六	七	八	九	十	十一	十二	十三	十四	十五	十六	十七	十八	十九	廿	廿一	廿二	廿三	廿四	廿五		
星	2	3	4	5	6	**日**	1	2	3	4	5	6	**日**	1	2	3	4	5	6	**日**	1	2	3	4	5	6	**日**	1	2		
干節	壬申	癸酉	甲戌	**立春**	丙子	丁丑	戊寅	己卯	庚辰	辛巳	壬午	癸未	甲申	乙酉	丙戌	丁亥	戊子	己丑	**雨水**	辛卯	壬辰	癸巳	甲午	乙未	丙申	丁酉	戊戌	己亥	庚子		

陽歷三月份　（陰歷正、二月份）

陽	**3**	2	3	4	5	6	7	8	9	10	11	12	13	14	15	16	17	18	19	20	21	22	23	24	25	26	27	28	29	30	31
陰	廿六	廿七	廿八	廿九	**二**	二	三	四	五	六	七	八	九	十	十一	十二	十三	十四	十五	十六	十七	十八	十九	廿	廿一	廿二	廿三	廿四	廿五	廿六	廿七
星	3	4	5	6	**日**	1	2	3	4	5	6	**日**	1	2	3	4	5	6	**日**	1	2	3	4	5	6	**日**	1	2	3	4	5
干節	辛丑	壬寅	癸卯	甲辰	**驚蟄**	丙午	丁未	戊申	己酉	庚戌	辛亥	壬子	癸丑	甲寅	乙卯	丙辰	丁巳	戊午	己未	**春分**	辛酉	壬戌	癸亥	甲子	乙丑	丙寅	丁卯	戊辰	己巳	庚午	辛未

陽歷四月份　（陰歷二、三月份）

陽	**4**	2	3	4	5	6	7	8	9	10	11	12	13	14	15	16	17	18	19	20	21	22	23	24	25	26	27	28	29	30	
陰	廿八	廿九	卅	**三**	二	三	四	五	六	七	八	九	十	十一	十二	十三	十四	十五	十六	十七	十八	十九	廿	廿一	廿二	廿三	廿四	廿五	廿六	廿七	
星	6	**日**	1	2	3	4	5	6	**日**	1	2	3	4	5	6	**日**	1	2	3	4	5	6	**日**	1	2	3	4	5	6	**日**	
干節	壬申	癸酉	甲戌	**清明**	丙子	丁丑	戊寅	己卯	庚辰	辛巳	壬午	癸未	甲申	乙酉	丙戌	丁亥	戊子	己丑	庚寅	**穀雨**	壬辰	癸巳	甲午	乙未	丙申	丁酉	戊戌	己亥	庚子	辛丑	

陽歷五月份　（陰歷三、四月份）

陽	**5**	2	3	4	5	6	7	8	9	10	11	12	13	14	15	16	17	18	19	20	21	22	23	24	25	26	27	28	29	30	31
陰	廿八	廿九	**四**	二	三	四	五	六	七	八	九	十	十一	十二	十三	十四	十五	十六	十七	十八	十九	廿	廿一	廿二	廿三	廿四	廿五	廿六	廿七	廿八	廿九
星	1	2	3	4	5	6	**日**	1	2	3	4	5	6	**日**	1	2	3	4	5	6	**日**	1	2	3	4	5	6	**日**	1	2	3
干節	壬寅	癸卯	甲辰	乙巳	**立夏**	丁未	戊申	己酉	庚戌	辛亥	壬子	癸丑	甲寅	乙卯	丙辰	丁巳	戊午	己未	庚申	辛酉	**小滿**	癸亥	甲子	乙丑	丙寅	丁卯	戊辰	己巳	庚午	辛未	壬申

陽歷六月份　（陰歷五月份）

陽	**6**	2	3	4	5	6	7	8	9	10	11	12	13	14	15	16	17	18	19	20	21	22	23	24	25	26	27	28	29	30	
陰	**五**	二	三	四	五	六	七	八	九	十	十一	十二	十三	十四	十五	十六	十七	十八	十九	廿	廿一	廿二	廿三	廿四	廿五	廿六	廿七	廿八	廿九	卅	
星	4	5	6	**日**	1	2	3	4	5	6	**日**	1	2	3	4	5	6	**日**	1	2	3	4	5	6	**日**	1	2	3	4	5	
干節	癸酉	甲戌	乙亥	丙子	**芒種**	戊寅	己卯	庚辰	辛巳	壬午	癸未	甲申	乙酉	丙戌	丁亥	戊子	己丑	庚寅	辛卯	壬辰	**夏至**	甲午	乙未	丙申	丁酉	戊戌	己亥	庚子	辛丑	壬寅	

戊申

一八四八年

（清宣宗道光二八年）

陽歷七月份　（陰歷六、七月份）

陽	**7**	2	3	4	5	6	7	8	9	10	11	12	13	14	15	16	17	18	19	20	21	22	23	24	25	26	27	28	29	30	31
陰	**六**	二	三	四	五	六	七	八	九	十	十一	十二	十三	十四	十五	十六	十七	十八	十九	廿	廿一	廿二	廿三	廿四	廿五	廿六	廿七	廿八	廿九	**七**	二
星	6	**日**	1	2	3	4	5	6	**日**	1	2	3	4	5	6	**日**	1	2	3	4	5	6	**日**	1	2	3	4	5	6	**日**	1
干節	癸卯	甲辰	乙巳	丙午	丁未	戊申	**小暑**	庚戌	辛亥	壬子	癸丑	甲寅	乙卯	丙辰	丁巳	戊午	己未	庚申	辛酉	壬戌	癸亥	甲子	**大暑**	丙寅	丁卯	戊辰	己巳	庚午	辛未	壬申	癸酉

陽歷八月份　（陰歷七、八月份）

陽	**8**	2	3	4	5	6	7	8	9	10	11	12	13	14	15	16	17	18	19	20	21	22	23	24	25	26	27	28	29	30	31
陰	三	四	五	六	七	八	九	十	十一	十二	十三	十四	十五	十六	十七	十八	十九	廿	廿一	廿二	廿三	廿四	廿五	廿六	廿七	廿八	廿九	卅	**八**	二	三
星	2	3	4	5	6	**日**	1	2	3	4	5	6	**日**	1	2	3	4	5	6	**日**	1	2	3	4	5	6	**日**	1	2	3	4
干節	甲戌	乙亥	丙子	丁丑	戊寅	己卯	**立秋**	辛巳	壬午	癸未	甲申	乙酉	丙戌	丁亥	戊子	己丑	庚寅	辛卯	壬辰	癸巳	甲午	乙未	**處暑**	丁酉	戊戌	己亥	庚子	辛丑	壬寅	癸卯	甲辰

陽歷九月份　（陰歷八、九月份）

陽	**9**	2	3	4	5	6	7	8	9	10	11	12	13	14	15	16	17	18	19	20	21	22	23	24	25	26	27	28	29	30	
陰	四	五	六	七	八	九	十	十一	十二	十三	十四	十五	十六	十七	十八	十九	廿	廿一	廿二	廿三	廿四	廿五	廿六	廿七	廿八	廿九	**九**	二	三	四	
星	5	6	**日**	1	2	3	4	5	6	**日**	1	2	3	4	5	6	**日**	1	2	3	4	5	6	**日**	1	2	3	4	5	6	
干節	乙巳	丙午	丁未	戊申	己酉	庚戌	**白露**	壬子	癸丑	甲寅	乙卯	丙辰	丁巳	戊午	己未	庚申	辛酉	壬戌	癸亥	甲子	乙丑	丙寅	**秋分**	戊辰	己巳	庚午	辛未	壬申	癸酉	甲戌	

陽歷十月份　（陰歷九、十月份）

陽	**10**	2	3	4	5	6	7	8	9	10	11	12	13	14	15	16	17	18	19	20	21	22	23	24	25	26	27	28	29	30	31
陰	五	六	七	八	九	十	十一	十二	十三	十四	十五	十六	十七	十八	十九	廿	廿一	廿二	廿三	廿四	廿五	廿六	廿七	廿八	廿九	卅	**十**	二	三	四	五
星	**日**	1	2	3	4	5	6	**日**	1	2	3	4	5	6	**日**	1	2	3	4	5	6	**日**	1	2	3	4	5	6	**日**	1	2
干節	乙亥	丙子	丁丑	戊寅	己卯	庚辰	辛巳	**寒露**	癸未	甲申	乙酉	丙戌	丁亥	戊子	己丑	庚寅	辛卯	壬辰	癸巳	甲午	乙未	丙申	**霜降**	戊戌	己亥	庚子	辛丑	壬寅	癸卯	甲辰	乙巳

陽歷十一月份　（陰歷十、十一月份）

陽	**11**	2	3	4	5	6	7	8	9	10	11	12	13	14	15	16	17	18	19	20	21	22	23	24	25	26	27	28	29	30	
陰	六	七	八	九	十	十一	十二	十三	十四	十五	十六	十七	十八	十九	廿	廿一	廿二	廿三	廿四	廿五	廿六	廿七	廿八	廿九	卅	**十一**	二	三	四	五	
星	3	4	5	6	**日**	1	2	3	4	5	6	**日**	1	2	3	4	5	6	**日**	1	2	3	4	5	6	**日**	1	2	3	4	
干節	丙午	丁未	戊申	己酉	庚戌	辛亥	**立冬**	癸丑	甲寅	乙卯	丙辰	丁巳	戊午	己未	庚申	辛酉	壬戌	癸亥	甲子	乙丑	丙寅	**小雪**	戊辰	己巳	庚午	辛未	壬申	癸酉	甲戌	乙亥	

陽歷十二月份　（陰歷十一、十二月份）

陽	**12**	2	3	4	5	6	7	8	9	10	11	12	13	14	15	16	17	18	19	20	21	22	23	24	25	26	27	28	29	30	31
陰	六	七	八	九	十	十一	十二	十三	十四	十五	十六	十七	十八	十九	廿	廿一	廿二	廿三	廿四	廿五	廿六	廿七	廿八	廿九	卅	**十二**	二	三	四	五	六
星	5	6	**日**	1	2	3	4	5	6	**日**	1	2	3	4	5	6	**日**	1	2	3	4	5	6	**日**	1	2	3	4	5	6	**日**
干節	丙子	丁丑	戊寅	己卯	庚辰	辛巳	**大雪**	癸未	甲申	乙酉	丙戌	丁亥	戊子	己丑	庚寅	辛卯	壬辰	癸巳	甲午	乙未	丙申	**冬至**	戊戌	己亥	庚子	辛丑	壬寅	癸卯	甲辰	乙巳	丙午

近世中西史日對照表

陽歷 一月份 （陰歷十二、正月份）

陽	1	2	3	4	5	6	7	8	9	10	11	12	13	14	15	16	17	18	19	20	21	22	23	24	25	26	27	28	29	30	31
陰	七	八	九	十	十一	十二	十三	十四	十五	十六	十七	十八	十九	廿	廿一	廿二	廿三	廿四	廿五	廿六	廿七	廿八	廿九	正	二	三	四	五	六	七	八
星	1	2	3	4	5	6	日	1	2	3	4	5	6	日	1	2	3	4	5	6	日	1	2	3	4	5	6	日	1	2	3
干節	丁未	戊申	己酉	庚戌	小寒	壬子	癸丑	甲寅	乙卯	丙辰	丁巳	戊午	己未	庚申	辛酉	壬戌	癸亥	甲子	乙丑	大寒	丁卯	戊辰	己巳	庚午	辛未	壬申	癸酉	甲戌	乙亥	丙子	丁丑

陽歷 二月份 （陰歷正、二月份）

陽	2	2	3	4	5	6	7	8	9	10	11	12	13	14	15	16	17	18	19	20	21	22	23	24	25	26	27	28			
陰	九	十	十一	十二	十三	十四	十五	十六	十七	十八	十九	廿	廿一	廿二	廿三	廿四	廿五	廿六	廿七	廿八	廿九	卅	二	二	三	四	五	六			
星	4	5	6	日	1	2	3	4	5	6	日	1	2	3	4	5	6	日	1	2	3	4	5	6	日	1	2	3			
干節	戊寅	己卯	庚辰	立春	壬午	癸未	甲申	乙酉	丙戌	丁亥	戊子	己丑	庚寅	辛卯	壬辰	癸巳	甲午	乙未	雨水	丁酉	戊戌	己亥	庚子	辛丑	壬寅	癸卯	甲辰	乙巳			

陽歷 三月份 （陰歷二、三月份）

陽	3	2	3	4	5	6	7	8	9	10	11	12	13	14	15	16	17	18	19	20	21	22	23	24	25	26	27	28	29	30	31
陰	七	八	九	十	十一	十二	十三	十四	十五	十六	十七	十八	十九	廿	廿一	廿二	廿三	廿四	廿五	廿六	廿七	廿八	廿九	三	二	三	四	五	六	七	八
星	4	5	6	日	1	2	3	4	5	6	日	1	2	3	4	5	6	日	1	2	3	4	5	6	日	1	2	3	4	5	6
干節	丙午	丁未	戊申	己酉	驚蟄	辛亥	壬子	癸丑	甲寅	乙卯	丙辰	丁巳	戊午	己未	庚申	辛酉	壬戌	癸亥	甲子	乙丑	春分	丁卯	戊辰	己巳	庚午	辛未	壬申	癸酉	甲戌	乙亥	丙子

陽歷 四月份 （陰歷三、四月份）

陽	4	2	3	4	5	6	7	8	9	10	11	12	13	14	15	16	17	18	19	20	21	22	23	24	25	26	27	28	29	30	
陰	九	十	十一	十二	十三	十四	十五	十六	十七	十八	十九	廿	廿一	廿二	廿三	廿四	廿五	廿六	廿七	廿八	廿九	卅	四	二	三	四	五	六	七	八	
星	日	1	2	3	4	5	6	日	1	2	3	4	5	6	日	1	2	3	4	5	6	日	1	2	3	4	5	6	日	1	
干節	丁丑	戊寅	己卯	庚辰	清明	壬午	癸未	甲申	乙酉	丙戌	丁亥	戊子	己丑	庚寅	辛卯	壬辰	癸巳	甲午	乙未	穀雨	丁酉	戊戌	己亥	庚子	辛丑	壬寅	癸卯	甲辰	乙巳	丙午	

陽歷 五月份 （陰歷四、閏四月份）

陽	5	2	3	4	5	6	7	8	9	10	11	12	13	14	15	16	17	18	19	20	21	22	23	24	25	26	27	28	29	30	31
陰	九	十	十一	十二	十三	十四	十五	十六	十七	十八	十九	廿	廿一	廿二	廿三	廿四	廿五	廿六	廿七	廿八	廿九	閏	二	三	四	五	六	七	八	九	十
星	2	3	4	5	6	日	1	2	3	4	5	6	日	1	2	3	4	5	6	日	1	2	3	4	5	6	日	1	2	3	4
干節	丁未	戊申	己酉	庚戌	立夏	壬子	癸丑	甲寅	乙卯	丙辰	丁巳	戊午	己未	庚申	辛酉	壬戌	癸亥	甲子	乙丑	丙寅	小滿	戊辰	己巳	庚午	辛未	壬申	癸酉	甲戌	乙亥	丙子	丁丑

陽歷 六月份 （陰歷閏四、五月份）

陽	6	2	3	4	5	6	7	8	9	10	11	12	13	14	15	16	17	18	19	20	21	22	23	24	25	26	27	28	29	30	
陰	十一	十二	十三	十四	十五	十六	十七	十八	十九	廿	廿一	廿二	廿三	廿四	廿五	廿六	廿七	廿八	廿九	五	二	三	四	五	六	七	八	九	十	十一	
星	5	6	日	1	2	3	4	5	6	日	1	2	3	4	5	6	日	1	2	3	4	5	6	日	1	2	3	4	5	6	
干節	戊寅	己卯	庚辰	辛巳	壬午	芒種	甲申	乙酉	丙戌	丁亥	戊子	己丑	庚寅	辛卯	壬辰	癸巳	甲午	乙未	丙申	丁酉	戊戌	夏至	庚子	辛丑	壬寅	癸卯	甲辰	乙巳	丙午	丁未	

己酉

一八四九年

（清宣宗道光二九年）

陽歷七月份　（陰歷五、六月份）

陽	7	2	3	4	5	6	7	8	9	10	11	12	13	14	15	16	17	18	19	20	21	22	23	24	25	26	27	28	29	30	31
陰	十二	十三	十四	十五	十六	十七	十八	十九	廿	廿一	廿二	廿三	廿四	廿五	廿六	廿七	廿八	廿九	卅	六	二	三	四	五	六	七	八	九	十	十一	十二
星	日	1	2	3	4	5	6	日	1	2	3	4	5	6	日	1	2	3	4	5	6	日	1	2	3	4	5	6	日	1	2
干節	戊申	己酉	庚戌	辛亥	壬子	癸丑	小暑	乙卯	丙辰	丁巳	戊午	己未	庚申	辛酉	壬戌	癸亥	甲子	乙丑	丙寅	丁卯	戊辰	己巳	大暑	辛未	壬申	癸酉	甲戌	乙亥	丙子	丁丑	戊寅

陽歷八月份　（陰歷六、七月份）

陽	8	2	3	4	5	6	7	8	9	10	11	12	13	14	15	16	17	18	19	20	21	22	23	24	25	26	27	28	29	30	31
陰	十三	十四	十五	十六	十七	十八	十九	廿	廿一	廿二	廿三	廿四	廿五	廿六	廿七	廿八	廿九	七	二	三	四	五	六	七	八	九	十	十一	十二	十三	十四
星	3	4	5	6	日	1	2	3	4	5	6	日	1	2	3	4	5	6	日	1	2	3	4	5	6	日	1	2	3	4	5
干節	己卯	庚辰	辛巳	壬午	癸未	甲申	乙酉	立秋	丁亥	戊子	己丑	庚寅	辛卯	壬辰	癸巳	甲午	乙未	丙申	丁酉	戊戌	己亥	庚子	處暑	壬寅	癸卯	甲辰	乙巳	丙午	丁未	戊申	己酉

陽歷九月份　（陰歷七、八月份）

陽	9	2	3	4	5	6	7	8	9	10	11	12	13	14	15	16	17	18	19	20	21	22	23	24	25	26	27	28	29	30
陰	十五	十六	十七	十八	十九	廿	廿一	廿二	廿三	廿四	廿五	廿六	廿七	廿八	廿九	卅	八	二	三	四	五	六	七	八	九	十	十一	十二	十三	十四
星	6	日	1	2	3	4	5	6	日	1	2	3	4	5	6	日	1	2	3	4	5	6	日	1	2	3	4	5	6	日
干節	庚戌	辛亥	壬子	癸丑	甲寅	乙卯	丙辰	白露	戊午	己未	庚申	辛酉	壬戌	癸亥	甲子	乙丑	丙寅	丁卯	戊辰	己巳	庚午	辛未	秋分	癸酉	甲戌	乙亥	丙子	丁丑	戊寅	己卯

陽歷十月份　（陰歷八、九月份）

陽	10	2	3	4	5	6	7	8	9	10	11	12	13	14	15	16	17	18	19	20	21	22	23	24	25	26	27	28	29	30	31
陰	十五	十六	十七	十八	十九	廿	廿一	廿二	廿三	廿四	廿五	廿六	廿七	廿八	廿九	九	二	三	四	五	六	七	八	九	十	十一	十二	十三	十四	十五	十六
星	1	2	3	4	5	6	日	1	2	3	4	5	6	日	1	2	3	4	5	6	日	1	2	3	4	5	6	日	1	2	3
干節	庚辰	辛巳	壬午	癸未	甲申	乙酉	丙戌	寒露	戊子	己丑	庚寅	辛卯	壬辰	癸巳	甲午	乙未	丙申	丁酉	戊戌	己亥	庚子	辛丑	霜降	癸卯	甲辰	乙巳	丙午	丁未	戊申	己酉	庚戌

陽歷十一月份　（陰歷九、十月份）

陽	11	2	3	4	5	6	7	8	9	10	11	12	13	14	15	16	17	18	19	20	21	22	23	24	25	26	27	28	29	30
陰	十七	十八	十九	廿	廿一	廿二	廿三	廿四	廿五	廿六	廿七	廿八	廿九	卅	十	二	三	四	五	六	七	八	九	十	十一	十二	十三	十四	十五	十六
星	4	5	6	日	1	2	3	4	5	6	日	1	2	3	4	5	6	日	1	2	3	4	5	6	日	1	2	3	4	5
干節	辛亥	壬子	癸丑	甲寅	乙卯	丙辰	立冬	戊午	己未	庚申	辛酉	壬戌	癸亥	甲子	乙丑	丙寅	丁卯	戊辰	己巳	庚午	辛未	小雪	癸酉	甲戌	乙亥	丙子	丁丑	戊寅	己卯	庚辰

陽歷十二月份　（陰歷十、十一月份）

陽	12	2	3	4	5	6	7	8	9	10	11	12	13	14	15	16	17	18	19	20	21	22	23	24	25	26	27	28	29	30	31
陰	十七	十八	十九	廿	廿一	廿二	廿三	廿四	廿五	廿六	廿七	廿八	廿九	十一	二	三	四	五	六	七	八	九	十	十一	十二	十三	十四	十五	十六	十七	十八
星	6	日	1	2	3	4	5	6	日	1	2	3	4	5	6	日	1	2	3	4	5	6	日	1	2	3	4	5	6	日	1
干節	辛巳	壬午	癸未	甲申	乙酉	丙戌	大雪	戊子	己丑	庚寅	辛卯	壬辰	癸巳	甲午	乙未	丙申	丁酉	戊戌	己亥	庚子	辛丑	冬至	癸卯	甲辰	乙巳	丙午	丁未	戊申	己酉	庚戌	辛亥

近世中西史日對照表

陽歷一月份　　(陰歷十一、十二月份)

陽	1	2	3	4	5	6	7	8	9	10	11	12	13	14	15	16	17	18	19	20	21	22	23	24	25	26	27	28	29	30	31
陰	十九	廿	廿一	廿二	廿三	廿四	廿五	廿六	廿七	廿八	廿九	卅	十二	二	三	四	五	六	七	八	九	十	十一	十二	十三	十四	十五	十六	十七	十八	十九
星	2	3	4	5	6	日	1	2	3	4	5	6	日	1	2	3	4	5	6	日	1	2	3	4	5	6	日	1	2	3	4
干節	壬子	癸丑	甲寅	乙卯	小寒	丁巳	戊午	己未	庚申	辛酉	壬戌	癸亥	甲子	乙丑	丙寅	丁卯	戊辰	己巳	庚午	大寒	壬申	癸酉	甲戌	乙亥	丙子	丁丑	戊寅	己卯	庚辰	辛巳	壬午

陽歷二月份　　(陰歷十二、正月份)

陽	2	2	3	4	5	6	7	8	9	10	11	12	13	14	15	16	17	18	19	20	21	22	23	24	25	26	27	28			
陰	廿	廿一	廿二	廿三	廿四	廿五	廿六	廿七	廿八	廿九	卅	正	二	三	四	五	六	七	八	九	十	十一	十二	十三	十四	十五	十六	十七			
星	5	6	日	1	2	3	4	5	6	日	1	2	3	4	5	6	日	1	2	3	4	5	6	日	1	2	3	4			
干節	癸未	甲申	乙酉	立春	丁亥	戊子	己丑	庚寅	辛卯	壬辰	癸巳	甲午	乙未	丙申	丁酉	戊戌	己亥	庚子	雨水	壬寅	癸卯	甲辰	乙巳	丙午	丁未	戊申	己酉	庚戌			

陽歷三月份　　(陰歷正、二月份)

陽	3	2	3	4	5	6	7	8	9	10	11	12	13	14	15	16	17	18	19	20	21	22	23	24	25	26	27	28	29	30	31
陰	十八	十九	廿	廿一	廿二	廿三	廿四	廿五	廿六	廿七	廿八	廿九	卅	二	二	三	四	五	六	七	八	九	十	十一	十二	十三	十四	十五	十六	十七	十八
星	5	6	日	1	2	3	4	5	6	日	1	2	3	4	5	6	日	1	2	3	4	5	6	日	1	2	3	4	5	6	日
干節	辛亥	壬子	癸丑	甲寅	乙卯	驚蟄	丁巳	戊午	己未	庚申	辛酉	壬戌	癸亥	甲子	乙丑	丙寅	丁卯	戊辰	己巳	庚午	春分	壬申	癸酉	甲戌	乙亥	丙子	丁丑	戊寅	己卯	庚辰	辛巳

陽歷四月份　　(陰歷二、三月份)

陽	4	2	3	4	5	6	7	8	9	10	11	12	13	14	15	16	17	18	19	20	21	22	23	24	25	26	27	28	29	30	
陰	十九	廿	廿一	廿二	廿三	廿四	廿五	廿六	廿七	廿八	廿九	三	二	三	四	五	六	七	八	九	十	十一	十二	十三	十四	十五	十六	十七	十八	十九	
星	1	2	3	4	5	6	日	1	2	3	4	5	6	日	1	2	3	4	5	6	日	1	2	3	4	5	6	日	1	2	
干節	壬午	癸未	甲申	乙酉	清明	丁亥	戊子	己丑	庚寅	辛卯	壬辰	癸巳	甲午	乙未	丙申	丁酉	戊戌	己亥	庚子	穀雨	壬寅	癸卯	甲辰	乙巳	丙午	丁未	戊申	己酉	庚戌	辛亥	

陽歷五月份　　(陰歷三、四月份)

陽	5	2	3	4	5	6	7	8	9	10	11	12	13	14	15	16	17	18	19	20	21	22	23	24	25	26	27	28	29	30	31
陰	廿	廿一	廿二	廿三	廿四	廿五	廿六	廿七	廿八	廿九	卅	四	二	三	四	五	六	七	八	九	十	十一	十二	十三	十四	十五	十六	十七	十八	十九	廿
星	3	4	5	6	日	1	2	3	4	5	6	日	1	2	3	4	5	6	日	1	2	3	4	5	6	日	1	2	3	4	5
干節	壬子	癸丑	甲寅	乙卯	丙辰	立夏	戊午	己未	庚申	辛酉	壬戌	癸亥	甲子	乙丑	丙寅	丁卯	戊辰	己巳	庚午	辛未	小滿	癸酉	甲戌	乙亥	丙子	丁丑	戊寅	己卯	庚辰	辛巳	壬午

陽歷六月份　　(陰歷四、五月份)

陽	6	2	3	4	5	6	7	8	9	10	11	12	13	14	15	16	17	18	19	20	21	22	23	24	25	26	27	28	29	30	
陰	廿一	廿二	廿三	廿四	廿五	廿六	廿七	廿八	廿九	五	二	三	四	五	六	七	八	九	十	十一	十二	十三	十四	十五	十六	十七	十八	十九	廿	廿一	
星	6	日	1	2	3	4	5	6	日	1	2	3	4	5	6	日	1	2	3	4	5	6	日	1	2	3	4	5	6	日	
干節	癸未	甲申	乙酉	丙戌	丁亥	芒種	己丑	庚寅	辛卯	壬辰	癸巳	甲午	乙未	丙申	丁酉	戊戌	己亥	庚子	辛丑	壬寅	癸卯	夏至	乙巳	丙午	丁未	戊申	己酉	庚戌	辛亥	壬子	

庚戌　一八五〇年　(清宣宗道光三〇年)

近世中西史日對照表

庚戌 一八五〇年 （清宣宗道光三〇年）

陽歷七月份　（陰歷五、六月份）

陽	**7**	2	3	4	5	6	7	8	9	10	11	12	13	14	15	16	17	18	19	20	21	22	23	24	25	26	27	28	29	30	31
陰	廿二	廿三	廿四	廿五	廿六	廿七	廿八	廿九	**六**	二	三	四	五	六	七	八	九	十	十一	十二	十三	十四	十五	十六	十七	十八	十九	廿	廿一	廿二	廿三
星	1	2	3	4	5	6	**日**	1	2	3	4	5	6	**日**	1	2	3	4	5	6	**日**	1	2	3	4	5	6	**日**	1	2	3
干節	癸丑	甲寅	乙卯	丙辰	丁巳	戊午	**小暑**	庚申	辛酉	壬戌	癸亥	甲子	乙丑	丙寅	丁卯	戊辰	己巳	庚午	辛未	壬申	癸酉	甲戌	**大暑**	丙子	丁丑	戊寅	己卯	庚辰	辛巳	壬午	癸未

陽歷八月份　（陰歷六、七月份）

陽	**8**	2	3	4	5	6	7	8	9	10	11	12	13	14	15	16	17	18	19	20	21	22	23	24	25	26	27	28	29	30	31
陰	廿四	廿五	廿六	廿七	廿八	廿九	卅	**七**	二	三	四	五	六	七	八	九	十	十一	十二	十三	十四	十五	十六	十七	十八	十九	廿	廿一	廿二	廿三	廿四
星	4	5	6	**日**	1	2	3	4	5	6	**日**	1	2	3	4	5	6	**日**	1	2	3	4	5	6	**日**	1	2	3	4	5	6
干節	甲申	乙酉	丙戌	丁亥	戊子	己丑	庚寅	**立秋**	壬辰	癸巳	甲午	乙未	丙申	丁酉	戊戌	己亥	庚子	辛丑	壬寅	癸卯	甲辰	乙巳	**處暑**	丁未	戊申	己酉	庚戌	辛亥	壬子	癸丑	甲寅

陽歷九月份　（陰歷七、八月份）

陽	**9**	2	3	4	5	6	7	8	9	10	11	12	13	14	15	16	17	18	19	20	21	22	23	24	25	26	27	28	29	30	
陰	廿五	廿六	廿七	廿八	廿九	**八**	二	三	四	五	六	七	八	九	十	十一	十二	十三	十四	十五	十六	十七	十八	十九	廿	廿一	廿二	廿三	廿四	廿五	
星	**日**	1	2	3	4	5	6	**日**	1	2	3	4	5	6	**日**	1	2	3	4	5	6	**日**	1	2	3	4	5	6	**日**	1	
干節	乙卯	丙辰	丁巳	戊午	己未	庚申	辛酉	**白露**	癸亥	甲子	乙丑	丙寅	丁卯	戊辰	己巳	庚午	辛未	壬申	癸酉	甲戌	乙亥	丙子	**秋分**	戊寅	己卯	庚辰	辛巳	壬午	癸未	甲申	

陽歷十月份　（陰歷八、九月份）

陽	**10**	2	3	4	5	6	7	8	9	10	11	12	13	14	15	16	17	18	19	20	21	22	23	24	25	26	27	28	29	30	31
陰	廿六	廿七	廿八	廿九	**九**	二	三	四	五	六	七	八	九	十	十一	十二	十三	十四	十五	十六	十七	十八	十九	廿	廿一	廿二	廿三	廿四	廿五	廿六	廿七
星	2	3	4	5	6	**日**	1	2	3	4	5	6	**日**	1	2	3	4	5	6	**日**	1	2	3	4	5	6	**日**	1	2	3	4
干節	乙酉	丙戌	丁亥	戊子	己丑	庚寅	辛卯	壬辰	**寒露**	甲午	乙未	丙申	丁酉	戊戌	己亥	庚子	辛丑	壬寅	癸卯	甲辰	乙巳	丙午	丁未	**霜降**	己酉	庚戌	辛亥	壬子	癸丑	甲寅	乙卯

陽歷十一月份　（陰歷九、十月份）

陽	**11**	2	3	4	5	6	7	8	9	10	11	12	13	14	15	16	17	18	19	20	21	22	23	24	25	26	27	28	29	30	
陰	廿八	廿九	卅	**十**	二	三	四	五	六	七	八	九	十	十一	十二	十三	十四	十五	十六	十七	十八	十九	廿	廿一	廿二	廿三	廿四	廿五	廿六	廿七	
星	5	6	**日**	1	2	3	4	5	6	**日**	1	2	3	4	5	6	**日**	1	2	3	4	5	6	**日**	1	2	3	4	5	6	
干節	丙辰	丁巳	戊午	己未	庚申	辛酉	壬戌	**立冬**	甲子	乙丑	丙寅	丁卯	戊辰	己巳	庚午	辛未	壬申	癸酉	甲戌	乙亥	丙子	**小雪**	戊寅	己卯	庚辰	辛巳	壬午	癸未	甲申	乙酉	

陽歷十二月份　（陰歷十、十一月份）

陽	**12**	2	3	4	5	6	7	8	9	10	11	12	13	14	15	16	17	18	19	20	21	22	23	24	25	26	27	28	29	30	31
陰	廿八	廿九	卅	**十一**	二	三	四	五	六	七	八	九	十	十一	十二	十三	十四	十五	十六	十七	十八	十九	廿	廿一	廿二	廿三	廿四	廿五	廿六	廿七	廿八
星	**日**	1	2	3	4	5	6	**日**	1	2	3	4	5	6	**日**	1	2	3	4	5	6	**日**	1	2	3	4	5	6	**日**	1	2
干節	丙戌	丁亥	戊子	己丑	庚寅	辛卯	**大雪**	癸巳	甲午	乙未	丙申	丁酉	戊戌	己亥	庚子	辛丑	壬寅	癸卯	甲辰	乙巳	丙午	**冬至**	戊申	己酉	庚戌	辛亥	壬子	癸丑	甲寅	乙卯	丙辰

近世中西史日對照表

辛亥

一八五一年

（太平天國辛開元年清文宗咸豐元年）

（註二二）天曆太平天國辛開元年正月元日庚寅，當清曆咸豐元年正月三日，西曆一八五一年二月三日。

陽歷 一月份 （陰歷十一、十二月份）

陽	1	2	3	4	5	6	7	8	9	10	11	12	13	14	15	16	17	18	19	20	21	22	23	24	25	26	27	28	29	30	31
陰	廿九	十二	二	三	四	五	六	七	八	九	十	十一	十二	十三	十四	十五	十六	十七	十八	十九	廿	廿一	廿二	廿三	廿四	廿五	廿六	廿七	廿八	廿九	卅
星	3	4	5	6	日	1	2	3	4	5	6	日	1	2	3	4	5	6	日	1	2	3	4	5	6	日	1	2	3	4	5
干節	丁巳	戊午	己未	庚申	辛酉	小寒	癸亥	甲子	乙丑	丙寅	丁卯	戊辰	己巳	庚午	辛未	壬申	癸酉	甲戌	乙亥	大寒	丁丑	戊寅	己卯	庚辰	辛巳	壬午	癸未	甲申	乙酉	丙戌	丁亥

陽歷 二月份 （陰歷正月份）

陽	2	2	3	4	5	6	7	8	9	10	11	12	13	14	15	16	17	18	19	20	21	22	23	24	25	26	27	28			
陰	正	二	三	四	五	六	七	八	九	十	十一	十二	十三	十四	十五	十六	十七	十八	十九	廿	廿一	廿二	廿三	廿四	廿五	廿六	廿七	廿八			
星	6	日	1	2	3	4	5	6	日	1	2	3	4	5	6	日	1	2	3	4	5	6	日	1	2	3	4	5			
干節	戊子	己丑	庚寅	立春	壬辰	癸巳	甲午	乙未	丙申	丁酉	戊戌	己亥	庚子	辛丑	壬寅	癸卯	甲辰	乙巳	雨水	丁未	戊申	己酉	庚戌	辛亥	壬子	癸丑	甲寅	乙卯			

陽歷 三月份 （陰歷正、二月份）

陽	3	2	3	4	5	6	7	8	9	10	11	12	13	14	15	16	17	18	19	20	21	22	23	24	25	26	27	28	29	30	31
陰	廿九	卅	二	二	三	四	五	六	七	八	九	十	十一	十二	十三	十四	十五	十六	十七	十八	十九	廿	廿一	廿二	廿三	廿四	廿五	廿六	廿七	廿八	廿九
星	6	日	1	2	3	4	5	6	日	1	2	3	4	5	6	日	1	2	3	4	5	6	日	1	2	3	4	5	6	日	1
干節	丙辰	丁巳	戊午	己未	庚申	驚蟄	壬戌	癸亥	甲子	乙丑	丙寅	丁卯	戊辰	己巳	庚午	辛未	壬申	癸酉	甲戌	乙亥	春分	丁丑	戊寅	己卯	庚辰	辛巳	壬午	癸未	甲申	乙酉	丙戌

陽歷 四月份 （陰歷二、三月份）

陽	4	2	3	4	5	6	7	8	9	10	11	12	13	14	15	16	17	18	19	20	21	22	23	24	25	26	27	28	29	30	
陰	卅	三	二	三	四	五	六	七	八	九	十	十一	十二	十三	十四	十五	十六	十七	十八	十九	廿	廿一	廿二	廿三	廿四	廿五	廿六	廿七	廿八	廿九	
星	2	3	4	5	6	日	1	2	3	4	5	6	日	1	2	3	4	5	6	日	1	2	3	4	5	6	日	1	2	3	
干節	丁亥	戊子	己丑	庚寅	清明	壬辰	癸巳	甲午	乙未	丙申	丁酉	戊戌	己亥	庚子	辛丑	壬寅	癸卯	甲辰	乙巳	丙午	穀雨	戊申	己酉	庚戌	辛亥	壬子	癸丑	甲寅	乙卯	丙辰	

陽歷 五月份 （陰歷四、五月份）

陽	5	2	3	4	5	6	7	8	9	10	11	12	13	14	15	16	17	18	19	20	21	22	23	24	25	26	27	28	29	30	31
陰	四	二	三	四	五	六	七	八	九	十	十一	十二	十三	十四	十五	十六	十七	十八	十九	廿	廿一	廿二	廿三	廿四	廿五	廿六	廿七	廿八	廿九	卅	五
星	4	5	6	日	1	2	3	4	5	6	日	1	2	3	4	5	6	日	1	2	3	4	5	6	日	1	2	3	4	5	6
干節	丁巳	戊午	己未	庚申	辛酉	立夏	癸亥	甲子	乙丑	丙寅	丁卯	戊辰	己巳	庚午	辛未	壬申	癸酉	甲戌	乙亥	丙子	丁丑	小滿	己卯	庚辰	辛巳	壬午	癸未	甲申	乙酉	丙戌	丁亥

陽歷 六月份 （陰歷五、六月份）

陽	6	2	3	4	5	6	7	8	9	10	11	12	13	14	15	16	17	18	19	20	21	22	23	24	25	26	27	28	29	30	
陰	二	三	四	五	六	七	八	九	十	十一	十二	十三	十四	十五	十六	十七	十八	十九	廿	廿一	廿二	廿三	廿四	廿五	廿六	廿七	廿八	廿九	六	二	
星	日	1	2	3	4	5	6	日	1	2	3	4	5	6	日	1	2	3	4	5	6	日	1	2	3	4	5	6	日	1	
干節	戊子	己丑	庚寅	辛卯	壬辰	芒種	甲午	乙未	丙申	丁酉	戊戌	己亥	庚子	辛丑	壬寅	癸卯	甲辰	乙巳	丙午	丁未	戊申	夏至	庚戌	辛亥	壬子	癸丑	甲寅	乙卯	丙辰	丁巳	

近世中西史日對照表

辛亥

一八五一年

（太平天國辛開元年清文宗咸豐元年）

陽歷七月份　（陰歷六、七月份）

陽	7	2	3	4	5	6	7	8	9	10	11	12	13	14	15	16	17	18	19	20	21	22	23	24	25	26	27	28	29	30	31
陰	三	四	五	六	七	八	九	十	十一	十二	十三	十四	十五	十六	十七	十八	十九	廿	廿一	廿二	廿三	廿四	廿五	廿六	廿七	廿八	廿九	七月	二	三	四
星	2	3	4	5	6	日	1	2	3	4	5	6	日	1	2	3	4	5	6	日	1	2	3	4	5	6	日	1	2	3	4
干節	戊午	己未	庚申	辛酉	壬戌	癸亥	甲子	小暑	丙寅	丁卯	戊辰	己巳	庚午	辛未	壬申	癸酉	甲戌	乙亥	丙子	丁丑	戊寅	己卯	大暑	辛巳	壬午	癸未	甲申	乙酉	丙戌	丁亥	戊子

陽歷八月份　（陰歷七、八月份）

陽	8	2	3	4	5	6	7	8	9	10	11	12	13	14	15	16	17	18	19	20	21	22	23	24	25	26	27	28	29	30	31
陰	五	六	七	八	九	十	十一	十二	十三	十四	十五	十六	十七	十八	十九	廿	廿一	廿二	廿三	廿四	廿五	廿六	廿七	廿八	廿九	卅	八	二	三	四	五
星	5	6	日	1	2	3	4	5	6	日	1	2	3	4	5	6	日	1	2	3	4	5	6	日	1	2	3	4	5	6	日
干節	己丑	庚寅	辛卯	壬辰	癸巳	甲午	乙未	立秋	丁酉	戊戌	己亥	庚子	辛丑	壬寅	癸卯	甲辰	乙巳	丙午	丁未	戊申	己酉	庚戌	辛亥	處暑	癸丑	甲寅	乙卯	丙辰	丁巳	戊午	己未

陽歷九月份　（陰歷八、閏八月份）

陽	9	2	3	4	5	6	7	8	9	10	11	12	13	14	15	16	17	18	19	20	21	22	23	24	25	26	27	28	29	30	
陰	六	七	八	九	十	十一	十二	十三	十四	十五	十六	十七	十八	十九	廿	廿一	廿二	廿三	廿四	廿五	廿六	廿七	廿八	廿九	閏	二	三	四	五	六	
星	1	2	3	4	5	6	日	1	2	3	4	5	6	日	1	2	3	4	5	6	日	1	2	3	4	5	6	日	1	2	
干節	庚申	辛酉	壬戌	癸亥	甲子	乙丑	丙寅	白露	戊辰	己巳	庚午	辛未	壬申	癸酉	甲戌	乙亥	丙子	丁丑	戊寅	己卯	庚辰	辛巳	壬午	秋分	甲申	乙酉	丙戌	丁亥	戊子	己丑	

陽歷十月份　（陰歷閏八、九月份）

陽	10	2	3	4	5	6	7	8	9	10	11	12	13	14	15	16	17	18	19	20	21	22	23	24	25	26	27	28	29	30	31
陰	七	八	九	十	十一	十二	十三	十四	十五	十六	十七	十八	十九	廿	廿一	廿二	廿三	廿四	廿五	廿六	廿七	廿八	廿九	九	二	三	四	五	六	七	八
星	3	4	5	6	日	1	2	3	4	5	6	日	1	2	3	4	5	6	日	1	2	3	4	5	6	日	1	2	3	4	5
干節	庚寅	辛卯	壬辰	癸巳	甲午	乙未	丙申	丁酉	寒露	己亥	庚子	辛丑	壬寅	癸卯	甲辰	乙巳	丙午	丁未	戊申	己酉	庚戌	辛亥	壬子	霜降	甲寅	乙卯	丙辰	丁巳	戊午	己未	庚申

陽歷十一月份　（陰歷九、十月份）

陽	11	2	3	4	5	6	7	8	9	10	11	12	13	14	15	16	17	18	19	20	21	22	23	24	25	26	27	28	29	30	
陰	九	十	十一	十二	十三	十四	十五	十六	十七	十八	十九	廿	廿一	廿二	廿三	廿四	廿五	廿六	廿七	廿八	廿九	卅	十	二	三	四	五	六	七	八	
星	6	日	1	2	3	4	5	6	日	1	2	3	4	5	6	日	1	2	3	4	5	6	日	1	2	3	4	5	6	日	
干節	辛酉	壬戌	癸亥	甲子	乙丑	丙寅	丁卯	立冬	己巳	庚午	辛未	壬申	癸酉	甲戌	乙亥	丙子	丁丑	戊寅	己卯	庚辰	辛巳	壬午	小雪	甲申	乙酉	丙戌	丁亥	戊子	己丑	庚寅	

陽歷十二月份　（陰歷十、十一月份）

陽	12	2	3	4	5	6	7	8	9	10	11	12	13	14	15	16	17	18	19	20	21	22	23	24	25	26	27	28	29	30	31
陰	九	十	十一	十二	十三	十四	十五	十六	十七	十八	十九	廿	廿一	廿二	廿三	廿四	廿五	廿六	廿七	廿八	廿九	十一	二	三	四	五	六	七	八	九	十
星	1	2	3	4	5	6	日	1	2	3	4	5	6	日	1	2	3	4	5	6	日	1	2	3	4	5	6	日	1	2	3
干節	辛卯	壬辰	癸巳	甲午	乙未	丙申	丁酉	大雪	己亥	庚子	辛丑	壬寅	癸卯	甲辰	乙巳	丙午	丁未	戊申	己酉	庚戌	辛亥	冬至	癸丑	甲寅	乙卯	丙辰	丁巳	戊午	己未	庚申	辛酉

近世中西史日對照表

（註二三）天曆太平天國壬子二年正月元日丙申，當清曆咸豐元年十二月十五日，西曆一八五二年二月四日。

一八五二年

（太平天國壬子二年清文宗咸豐二年）

陽歷一月份　（陰歷十一、十二月份）

陽	1	2	3	4	5	6	7	8	9	10	11	12	13	14	15	16	17	18	19	20	21	22	23	24	25	26	27	28	29	30	31
陰	十一	十二	十三	十四	十五	十六	十七	十八	十九	廿	廿一	廿二	廿三	廿四	廿五	廿六	廿七	廿八	廿九	卅	十二	二	三	四	五	六	七	八	九	十	十一
星	4	5	6	日	1	2	3	4	5	6	日	1	2	3	4	5	6	日	1	2	3	4	5	6	日	1	2	3	4	5	6
干節	壬戌	癸亥	甲子	乙丑	丙寅	小寒	戊辰	己巳	庚午	辛未	壬申	癸酉	甲戌	乙亥	丙子	丁丑	戊寅	己卯	庚辰	辛巳	大寒	癸未	甲申	乙酉	丙戌	丁亥	戊子	己丑	庚寅	辛卯	壬辰

陽歷二月份　（陰歷十二、正月份）

陽	1	2	3	4	5	6	7	8	9	10	11	12	13	14	15	16	17	18	19	20	21	22	23	24	25	26	27	28	29		
陰	十二	十三	十四	十五	十六	十七	十八	十九	廿	廿一	廿二	廿三	廿四	廿五	廿六	廿七	廿八	廿九	卅	正	二	三	四	五	六	七	八	九	十		
星	日	1	2	3	4	5	6	日	1	2	3	4	5	6	日	1	2	3	4	5	6	日	1	2	3	4	5	6	日		
干節	癸巳	甲午	乙未	立春	丁酉	戊戌	己亥	庚子	辛丑	壬寅	癸卯	甲辰	乙巳	丙午	丁未	戊申	己酉	庚戌	雨水	壬子	癸丑	甲寅	乙卯	丙辰	丁巳	戊午	己未	庚申	辛酉		

陽歷三月份　（陰歷正、二月份）

陽	1	2	3	4	5	6	7	8	9	10	11	12	13	14	15	16	17	18	19	20	21	22	23	24	25	26	27	28	29	30	31
陰	十一	十二	十三	十四	十五	十六	十七	十八	十九	廿	廿一	廿二	廿三	廿四	廿五	廿六	廿七	廿八	廿九	卅	二	二	三	四	五	六	七	八	九	十	十一
星	1	2	3	4	5	6	日	1	2	3	4	5	6	日	1	2	3	4	5	6	日	1	2	3	4	5	6	日	1	2	3
干節	壬戌	癸亥	甲子	乙丑	驚蟄	丁卯	戊辰	己巳	庚午	辛未	壬申	癸酉	甲戌	乙亥	丙子	丁丑	戊寅	己卯	庚辰	春分	壬午	癸未	甲申	乙酉	丙戌	丁亥	戊子	己丑	庚寅	辛卯	壬辰

陽歷四月份　（陰歷二、三月份）

陽	1	2	3	4	5	6	7	8	9	10	11	12	13	14	15	16	17	18	19	20	21	22	23	24	25	26	27	28	29	30	
陰	十二	十三	十四	十五	十六	十七	十八	十九	廿	廿一	廿二	廿三	廿四	廿五	廿六	廿七	廿八	廿九	三	二	三	四	五	六	七	八	九	十	十一	十二	
星	4	5	6	日	1	2	3	4	5	6	日	1	2	3	4	5	6	日	1	2	3	4	5	6	日	1	2	3	4	5	
干節	癸巳	甲午	乙未	清明	丁酉	戊戌	己亥	庚子	辛丑	壬寅	癸卯	甲辰	乙巳	丙午	丁未	戊申	己酉	庚戌	辛亥	穀雨	癸丑	甲寅	乙卯	丙辰	丁巳	戊午	己未	庚申	辛酉	壬戌	

陽歷五月份　（陰歷三、四月份）

陽	1	2	3	4	5	6	7	8	9	10	11	12	13	14	15	16	17	18	19	20	21	22	23	24	25	26	27	28	29	30	31
陰	十三	十四	十五	十六	十七	十八	十九	廿	廿一	廿二	廿三	廿四	廿五	廿六	廿七	廿八	廿九	卅	四	二	三	四	五	六	七	八	九	十	十一	十二	十三
星	6	日	1	2	3	4	5	6	日	1	2	3	4	5	6	日	1	2	3	4	5	6	日	1	2	3	4	5	6	日	1
干節	癸亥	甲子	乙丑	丙寅	立夏	戊辰	己巳	庚午	辛未	壬申	癸酉	甲戌	乙亥	丙子	丁丑	戊寅	己卯	庚辰	辛巳	壬午	小滿	甲申	乙酉	丙戌	丁亥	戊子	己丑	庚寅	辛卯	壬辰	癸巳

陽歷六月份　（陰歷四、五月份）

陽	1	2	3	4	5	6	7	8	9	10	11	12	13	14	15	16	17	18	19	20	21	22	23	24	25	26	27	28	29	30	
陰	十四	十五	十六	十七	十八	十九	廿	廿一	廿二	廿三	廿四	廿五	廿六	廿七	廿八	廿九	卅	五	二	三	四	五	六	七	八	九	十	十一	十二	十三	
星	2	3	4	5	6	日	1	2	3	4	5	6	日	1	2	3	4	5	6	日	1	2	3	4	5	6	日	1	2	3	
干節	甲午	乙未	丙申	丁酉	芒種	己亥	庚子	辛丑	壬寅	癸卯	甲辰	乙巳	丙午	丁未	戊申	己酉	庚戌	辛亥	壬子	癸丑	夏至	乙卯	丙辰	丁巳	戊午	己未	庚申	辛酉	壬戌	癸亥	

壬子

一八五二年

（太平天國壬子二年清文宗咸豐二年）

陽歷七月份　（陰歷五、六月份）

陽	7	2	3	4	5	6	7	8	9	10	11	12	13	14	15	16	17	18	19	20	21	22	23	24	25	26	27	28	29	30	31
陰	十四	十五	十六	十七	十八	十九	廿	廿一	廿二	廿三	廿四	廿五	廿六	廿七	廿八	廿九	六	二	三	四	五	六	七	八	九	十	十一	十二	十三	十四	十五
星	4	5	6	日	1	2	3	4	5	6	日	1	2	3	4	5	6	日	1	2	3	4	5	6	日	1	2	3	4	5	6
干節	甲子	乙丑	丙寅	丁卯	戊辰	己巳	小暑	辛未	壬申	癸酉	甲戌	乙亥	丙子	丁丑	戊寅	己卯	庚辰	辛巳	壬午	癸未	甲申	乙酉	大暑	丁亥	戊子	己丑	庚寅	辛卯	壬辰	癸巳	甲午

陽歷八月份　（陰歷六、七月份）

陽	8	2	3	4	5	6	7	8	9	10	11	12	13	14	15	16	17	18	19	20	21	22	23	24	25	26	27	28	29	30	31
陰	十六	十七	十八	十九	廿	廿一	廿二	廿三	廿四	廿五	廿六	廿七	廿八	廿九	七	二	三	四	五	六	七	八	九	十	十一	十二	十三	十四	十五	十六	十七
星	日	1	2	3	4	5	6	日	1	2	3	4	5	6	日	1	2	3	4	5	6	日	1	2	3	4	5	6	日	1	2
干節	乙未	丙申	丁酉	戊戌	己亥	庚子	立秋	壬寅	癸卯	甲辰	乙巳	丙午	丁未	戊申	己酉	庚戌	辛亥	壬子	癸丑	甲寅	乙卯	丙辰	處暑	戊午	己未	庚申	辛酉	壬戌	癸亥	甲子	乙丑

陽歷九月份　（陰歷七、八月份）

陽	9	2	3	4	5	6	7	8	9	10	11	12	13	14	15	16	17	18	19	20	21	22	23	24	25	26	27	28	29	30	
陰	十八	十九	廿	廿一	廿二	廿三	廿四	廿五	廿六	廿七	廿八	廿九	卅	八	二	三	四	五	六	七	八	九	十	十一	十二	十三	十四	十五	十六	十七	
星	3	4	5	6	日	1	2	3	4	5	6	日	1	2	3	4	5	6	日	1	2	3	4	5	6	日	1	2	3	4	
干節	丙寅	丁卯	戊辰	己巳	庚午	辛未	白露	癸酉	甲戌	乙亥	丙子	丁丑	戊寅	己卯	庚辰	辛巳	壬午	癸未	甲申	乙酉	丙戌	丁亥	秋分	己丑	庚寅	辛卯	壬辰	癸巳	甲午	乙未	

陽歷十月份　（陰歷八、九月份）

陽	10	2	3	4	5	6	7	8	9	10	11	12	13	14	15	16	17	18	19	20	21	22	23	24	25	26	27	28	29	30	31
陰	十八	十九	廿	廿一	廿二	廿三	廿四	廿五	廿六	廿七	廿八	廿九	九	二	三	四	五	六	七	八	九	十	十一	十二	十三	十四	十五	十六	十七	十八	十九
星	5	6	日	1	2	3	4	5	6	日	1	2	3	4	5	6	日	1	2	3	4	5	6	日	1	2	3	4	5	6	日
干節	丙申	丁酉	戊戌	己亥	庚子	辛丑	壬寅	寒露	甲辰	乙巳	丙午	丁未	戊申	己酉	庚戌	辛亥	壬子	癸丑	甲寅	乙卯	丙辰	丁巳	霜降	己未	庚申	辛酉	壬戌	癸亥	甲子	乙丑	丙寅

陽歷十一月份　（陰歷九、十月份）

陽	11	2	3	4	5	6	7	8	9	10	11	12	13	14	15	16	17	18	19	20	21	22	23	24	25	26	27	28	29	30	
陰	廿	廿一	廿二	廿三	廿四	廿五	廿六	廿七	廿八	廿九	卅	十	二	三	四	五	六	七	八	九	十	十一	十二	十三	十四	十五	十六	十七	十八	十九	
星	1	2	3	4	5	6	日	1	2	3	4	5	6	日	1	2	3	4	5	6	日	1	2	3	4	5	6	日	1	2	
干節	丁卯	戊辰	己巳	庚午	辛未	壬申	立冬	甲戌	乙亥	丙子	丁丑	戊寅	己卯	庚辰	辛巳	壬午	癸未	甲申	乙酉	丙戌	丁亥	小雪	己丑	庚寅	辛卯	壬辰	癸巳	甲午	乙未	丙申	

陽歷十二月份　（陰歷十、十一月份）

陽	12	2	3	4	5	6	7	8	9	10	11	12	13	14	15	16	17	18	19	20	21	22	23	24	25	26	27	28	29	30	31
陰	廿	廿一	廿二	廿三	廿四	廿五	廿六	廿七	廿八	廿九	十一	二	三	四	五	六	七	八	九	十	十一	十二	十三	十四	十五	十六	十七	十八	十九	廿	廿一
星	3	4	5	6	日	1	2	3	4	5	6	日	1	2	3	4	5	6	日	1	2	3	4	5	6	日	1	2	3	4	5
干節	丁酉	戊戌	己亥	庚子	辛丑	壬寅	大雪	甲辰	乙巳	丙午	丁未	戊申	己酉	庚戌	辛亥	壬子	癸丑	甲寅	乙卯	丙辰	冬至	戊午	己未	庚申	辛酉	壬戌	癸亥	甲子	乙丑	丙寅	丁卯

癸丑 一八五三年 （太平天國癸好三年漢文宗咸豐三年）

陽歷 一 月份 （陰歷十一、十二月份）

陽	1	2	3	4	5	6	7	8	9	10	11	12	13	14	15	16	17	18	19	20	21	22	23	24	25	26	27	28	29	30	31
陰	廿二	廿三	廿四	廿五	廿六	廿七	廿八	廿九	十二	二	三	四	五	六	七	八	九	十	十一	十二	十三	十四	十五	十六	十七	十八	十九	廿	廿一	廿二	廿三
星	6	日	1	2	3	4	5	6	日	1	2	3	4	5	6	日	1	2	3	4	5	6	日	1	2	3	4	5	6	日	1
干節	戊辰	己巳	庚午	辛未	小寒	癸酉	甲戌	乙亥	丙子	丁丑	戊寅	己卯	庚辰	辛巳	壬午	癸未	甲申	乙酉	丙戌	大寒	戊子	己丑	庚寅	辛卯	壬辰	癸巳	甲午	乙未	丙申	丁酉	戊戌

陽歷 二 月份 （陰歷十二、正月份）

陽	2	2	3	4	5	6	7	8	9	10	11	12	13	14	15	16	17	18	19	20	21	22	23	24	25	26	27	28
陰	廿四	廿五	廿六	廿七	廿八	廿九	卅	正	二	三	四	五	六	七	八	九	十	十一	十二	十三	十四	十五	十六	十七	十八	十九	廿	廿一
星	2	3	4	5	6	日	1	2	3	4	5	6	日	1	2	3	4	5	6	日	1	2	3	4	5	6	日	1
干節	己亥	庚子	辛丑	立春	癸卯	甲辰	乙巳	丙午	丁未	戊申	己酉	庚戌	辛亥	壬子	癸丑	甲寅	乙卯	丙辰	雨水	戊午	己未	庚申	辛酉	壬戌	癸亥	甲子	乙丑	丙寅

陽歷 三 月份 （陰歷正、二月份）

陽	3	2	3	4	5	6	7	8	9	10	11	12	13	14	15	16	17	18	19	20	21	22	23	24	25	26	27	28	29	30	31
陰	廿二	廿三	廿四	廿五	廿六	廿七	廿八	廿九	卅	二	二	三	四	五	六	七	八	九	十	十一	十二	十三	十四	十五	十六	十七	十八	十九	廿	廿一	廿二
星	2	3	4	5	6	日	1	2	3	4	5	6	日	1	2	3	4	5	6	日	1	2	3	4	5	6	日	1	2	3	4
干節	丁卯	戊辰	己巳	庚午	驚蟄	壬申	癸酉	甲戌	乙亥	丙子	丁丑	戊寅	己卯	庚辰	辛巳	壬午	癸未	甲申	乙酉	丙戌	春分	戊子	己丑	庚寅	辛卯	壬辰	癸巳	甲午	乙未	丙申	丁酉

陽歷 四 月份 （陰歷二、三月份）

陽	4	2	3	4	5	6	7	8	9	10	11	12	13	14	15	16	17	18	19	20	21	22	23	24	25	26	27	28	29	30
陰	廿三	廿四	廿五	廿六	廿七	廿八	廿九	三	二	三	四	五	六	七	八	九	十	十一	十二	十三	十四	十五	十六	十七	十八	十九	廿	廿一	廿二	廿三
星	5	6	日	1	2	3	4	5	6	日	1	2	3	4	5	6	日	1	2	3	4	5	6	日	1	2	3	4	5	6
干節	戊戌	己亥	庚子	辛丑	清明	癸卯	甲辰	乙巳	丙午	丁未	戊申	己酉	庚戌	辛亥	壬子	癸丑	甲寅	乙卯	丙辰	穀雨	戊午	己未	庚申	辛酉	壬戌	癸亥	甲子	乙丑	丙寅	丁卯

陽歷 五 月份 （陰歷三、四月份）

陽	5	2	3	4	5	6	7	8	9	10	11	12	13	14	15	16	17	18	19	20	21	22	23	24	25	26	27	28	29	30	31
陰	廿四	廿五	廿六	廿七	廿八	廿九	卅	四	二	三	四	五	六	七	八	九	十	十一	十二	十三	十四	十五	十六	十七	十八	十九	廿	廿一	廿二	廿三	廿四
星	日	1	2	3	4	5	6	日	1	2	3	4	5	6	日	1	2	3	4	5	6	日	1	2	3	4	5	6	日	1	2
干節	戊辰	己巳	庚午	辛未	立夏	癸酉	甲戌	乙亥	丙子	丁丑	戊寅	己卯	庚辰	辛巳	壬午	癸未	甲申	乙酉	丙戌	丁亥	小滿	己丑	庚寅	辛卯	壬辰	癸巳	甲午	乙未	丙申	丁酉	戊戌

陽歷 六 月份 （陰歷四、五月份）

陽	6	2	3	4	5	6	7	8	9	10	11	12	13	14	15	16	17	18	19	20	21	22	23	24	25	26	27	28	29	30
陰	廿五	廿六	廿七	廿八	廿九	卅	五	二	三	四	五	六	七	八	九	十	十一	十二	十三	十四	十五	十六	十七	十八	十九	廿	廿一	廿二	廿三	廿四
星	3	4	5	6	日	1	2	3	4	5	6	日	1	2	3	4	5	6	日	1	2	3	4	5	6	日	1	2	3	4
干節	己亥	庚子	辛丑	壬寅	癸卯	芒種	乙巳	丙午	丁未	戊申	己酉	庚戌	辛亥	壬子	癸丑	甲寅	乙卯	丙辰	丁巳	戊午	夏至	庚申	辛酉	壬戌	癸亥	甲子	乙丑	丙寅	丁卯	戊辰

（註二四） 天曆太平天國癸好三年正月元日壬寅，當清曆咸豐二年十二月二十七日，西曆一八五三年二月四日。

癸丑 一八五三年（太平天國癸好三年清文宗咸豐三年）

陽歷七月份　（陰歷五、六月份）

陽	7	2	3	4	5	6	7	8	9	10	11	12	13	14	15	16	17	18	19	20	21	22	23	24	25	26	27	28	29	30	31
陰	廿五	廿六	廿七	廿八	廿九	六	二	三	四	五	六	七	八	九	十	十一	十二	十三	十四	十五	十六	十七	十八	十九	廿	廿一	廿二	廿三	廿四	廿五	廿六
星	5	6	日	1	2	3	4	5	6	日	1	2	3	4	5	6	日	1	2	3	4	5	6	日	1	2	3	4	5	6	日
干節	己巳	庚午	辛未	壬申	癸酉	甲戌	小暑	丙子	丁丑	戊寅	己卯	庚辰	辛巳	壬午	癸未	甲申	乙酉	丙戌	丁亥	戊子	己丑	庚寅	大暑	壬辰	癸巳	甲午	乙未	丙申	丁酉	戊戌	己亥

陽歷八月份　（陰歷六、七月份）

陽	8	2	3	4	5	6	7	8	9	10	11	12	13	14	15	16	17	18	19	20	21	22	23	24	25	26	27	28	29	30	31
陰	廿七	廿八	廿九	卅	七	二	三	四	五	六	七	八	九	十	十一	十二	十三	十四	十五	十六	十七	十八	十九	廿	廿一	廿二	廿三	廿四	廿五	廿六	廿七
星	1	2	3	4	5	6	日	1	2	3	4	5	6	日	1	2	3	4	5	6	日	1	2	3	4	5	6	日	1	2	3
干節	庚子	辛丑	壬寅	癸卯	甲辰	乙巳	丙午	立秋	戊申	己酉	庚戌	辛亥	壬子	癸丑	甲寅	乙卯	丙辰	丁巳	戊午	己未	庚申	辛酉	處暑	癸亥	甲子	乙丑	丙寅	丁卯	戊辰	己巳	庚午

陽歷九月份　（陰歷七、八月份）

陽	9	2	3	4	5	6	7	8	9	10	11	12	13	14	15	16	17	18	19	20	21	22	23	24	25	26	27	28	29	30	
陰	廿八	廿九	八	二	三	四	五	六	七	八	九	十	十一	十二	十三	十四	十五	十六	十七	十八	十九	廿	廿一	廿二	廿三	廿四	廿五	廿六	廿七	廿八	
星	4	5	6	日	1	2	3	4	5	6	日	1	2	3	4	5	6	日	1	2	3	4	5	6	日	1	2	3	4	5	
干節	辛未	壬申	癸酉	甲戌	乙亥	丙子	丁丑	白露	己卯	庚辰	辛巳	壬午	癸未	甲申	乙酉	丙戌	丁亥	戊子	己丑	庚寅	辛卯	壬辰	秋分	甲午	乙未	丙申	丁酉	戊戌	己亥	庚子	

陽歷十月份　（陰歷八、九月份）

陽	10	2	3	4	5	6	7	8	9	10	11	12	13	14	15	16	17	18	19	20	21	22	23	24	25	26	27	28	29	30	31
陰	廿九	卅	九	二	三	四	五	六	七	八	九	十	十一	十二	十三	十四	十五	十六	十七	十八	十九	廿	廿一	廿二	廿三	廿四	廿五	廿六	廿七	廿八	廿九
星	6	日	1	2	3	4	5	6	日	1	2	3	4	5	6	日	1	2	3	4	5	6	日	1	2	3	4	5	6	日	1
干節	辛丑	壬寅	癸卯	甲辰	乙巳	丙午	丁未	寒露	己酉	庚戌	辛亥	壬子	癸丑	甲寅	乙卯	丙辰	丁巳	戊午	己未	庚申	辛酉	壬戌	霜降	甲子	乙丑	丙寅	丁卯	戊辰	己巳	庚午	辛未

陽歷十一月份　（陰歷十月份）

陽	11	2	3	4	5	6	7	8	9	10	11	12	13	14	15	16	17	18	19	20	21	22	23	24	25	26	27	28	29	30	
陰	十	二	三	四	五	六	七	八	九	十	十一	十二	十三	十四	十五	十六	十七	十八	十九	廿	廿一	廿二	廿三	廿四	廿五	廿六	廿七	廿八	廿九	卅	
星	2	3	4	5	6	日	1	2	3	4	5	6	日	1	2	3	4	5	6	日	1	2	3	4	5	6	日	1	2	3	
干節	壬申	癸酉	甲戌	乙亥	丙子	丁丑	立冬	己卯	庚辰	辛巳	壬午	癸未	甲申	乙酉	丙戌	丁亥	戊子	己丑	庚寅	辛卯	壬辰	小雪	甲午	乙未	丙申	丁酉	戊戌	己亥	庚子	辛丑	

陽歷十二月份　（陰歷十一、十二月份）

陽	12	2	3	4	5	6	7	8	9	10	11	12	13	14	15	16	17	18	19	20	21	22	23	24	25	26	27	28	29	30	31
陰	十一	二	三	四	五	六	七	八	九	十	十一	十二	十三	十四	十五	十六	十七	十八	十九	廿	廿一	廿二	廿三	廿四	廿五	廿六	廿七	廿八	廿九	十二	二
星	4	5	6	日	1	2	3	4	5	6	日	1	2	3	4	5	6	日	1	2	3	4	5	6	日	1	2	3	4	5	6
干節	壬寅	癸卯	甲辰	乙巳	丙午	丁未	大雪	己酉	庚戌	辛亥	壬子	癸丑	甲寅	乙卯	丙辰	丁巳	戊午	己未	庚申	辛酉	壬戌	冬至	甲子	乙丑	丙寅	丁卯	戊辰	己巳	庚午	辛未	壬申

近世中西史日對照表

甲寅

一八五四年

（太平天國甲寅四年清文宗咸豐四年）

（註二五）天曆太平天國甲寅四年正月元日戊申，當清曆咸豐四年正月八日．西曆一八五四年二月五日。

陽歷 一 月份 （陰歷十二、正月份）

陽	**1**	2	3	4	5	6	7	8	9	10	11	12	13	14	15	16	17	18	19	20	21	22	23	24	25	26	27	28	29	30	31
陰	三	四	五	六	七	八	九	十	十一	十二	十三	十四	十五	十六	十七	十八	十九	廿	廿一	廿二	廿三	廿四	廿五	廿六	廿七	廿八	廿九	卅	**正**	二	三
星	**日**	1	2	3	4	5	6	**日**	1	2	3	4	5	6	**日**	1	2	3	4	5	6	**日**	1	2	3	4	5	6	**日**	1	2
干節	癸酉	甲戌	乙亥	丙子	**小寒**	戊寅	己卯	庚辰	辛巳	壬午	癸未	甲申	乙酉	丙戌	丁亥	戊子	己丑	庚寅	辛卯	**大寒**	癸巳	甲午	乙未	丙申	丁酉	戊戌	己亥	庚子	辛丑	壬寅	癸卯

陽歷 二 月份 （陰歷正、二月份）

陽	**2**	2	3	4	5	6	7	8	9	10	11	12	13	14	15	16	17	18	19	20	21	22	23	24	25	26	27	28
陰	四	五	六	七	八	九	十	十一	十二	十三	十四	十五	十六	十七	十八	十九	廿	廿一	廿二	廿三	廿四	廿五	廿六	廿七	廿八	廿九	**二**	二
星	3	4	5	6	**日**	1	2	3	4	5	6	**日**	1	2	3	4	5	6	**日**	1	2	3	4	5	6	**日**	1	2
干節	甲辰	乙巳	丙午	**立春**	戊申	己酉	庚戌	辛亥	壬子	癸丑	甲寅	乙卯	丙辰	丁巳	戊午	己未	庚申	辛酉	**雨水**	癸亥	甲子	乙丑	丙寅	丁卯	戊辰	己巳	庚午	辛未

陽歷 三 月份 （陰歷二、三月份）

陽	**3**	2	3	4	5	6	7	8	9	10	11	12	13	14	15	16	17	18	19	20	21	22	23	24	25	26	27	28	29	30	31
陰	三	四	五	六	七	八	九	十	十一	十二	十三	十四	十五	十六	十七	十八	十九	廿	廿一	廿二	廿三	廿四	廿五	廿六	廿七	廿八	廿九	卅	**三**	二	三
星	3	4	5	6	**日**	1	2	3	4	5	6	**日**	1	2	3	4	5	6	**日**	1	2	3	4	5	6	**日**	1	2	3	4	5
干節	壬申	癸酉	甲戌	乙亥	丙子	**驚蟄**	戊寅	己卯	庚辰	辛巳	壬午	癸未	甲申	乙酉	丙戌	丁亥	戊子	己丑	庚寅	辛卯	**春分**	癸巳	甲午	乙未	丙申	丁酉	戊戌	己亥	庚子	辛丑	壬寅

陽歷 四 月份 （陰歷三、四月份）

陽	**4**	2	3	4	5	6	7	8	9	10	11	12	13	14	15	16	17	18	19	20	21	22	23	24	25	26	27	28	29	30
陰	四	五	六	七	八	九	十	十一	十二	十三	十四	十五	十六	十七	十八	十九	廿	廿一	廿二	廿三	廿四	廿五	廿六	廿七	廿八	廿九	**四**	二	三	四
星	6	**日**	1	2	3	4	5	6	**日**	1	2	3	4	5	6	**日**	1	2	3	4	5	6	**日**	1	2	3	4	5	6	**日**
干節	癸卯	甲辰	乙巳	丙午	**清明**	戊申	己酉	庚戌	辛亥	壬子	癸丑	甲寅	乙卯	丙辰	丁巳	戊午	己未	庚申	辛酉	**穀雨**	癸亥	甲子	乙丑	丙寅	丁卯	戊辰	己巳	庚午	辛未	壬申

陽歷 五 月份 （陰歷四、五月份）

陽	**5**	2	3	4	5	6	7	8	9	10	11	12	13	14	15	16	17	18	19	20	21	22	23	24	25	26	27	28	29	30	31
陰	五	六	七	八	九	十	十一	十二	十三	十四	十五	十六	十七	十八	十九	廿	廿一	廿二	廿三	廿四	廿五	廿六	廿七	廿八	廿九	卅	**五**	二	三	四	五
星	1	2	3	4	5	6	**日**	1	2	3	4	5	6	**日**	1	2	3	4	5	6	**日**	1	2	3	4	5	6	**日**	1	2	3
干節	癸酉	甲戌	乙亥	丙子	丁丑	**立夏**	己卯	庚辰	辛巳	壬午	癸未	甲申	乙酉	丙戌	丁亥	戊子	己丑	庚寅	辛卯	壬辰	**小滿**	甲午	乙未	丙申	丁酉	戊戌	己亥	庚子	辛丑	壬寅	癸卯

陽歷 六 月份 （陰歷五、六月份）

陽	**6**	2	3	4	5	6	7	8	9	10	11	12	13	14	15	16	17	18	19	20	21	22	23	24	25	26	27	28	29	30
陰	六	七	八	九	十	十一	十二	十三	十四	十五	十六	十七	十八	十九	廿	廿一	廿二	廿三	廿四	廿五	廿六	廿七	廿八	廿九	**六**	二	三	四	五	六
星	4	5	6	**日**	1	2	3	4	5	6	**日**	1	2	3	4	5	6	**日**	1	2	3	4	5	6	**日**	1	2	3	4	5
干節	甲辰	乙巳	丙午	丁未	戊申	**芒種**	庚戌	辛亥	壬子	癸丑	甲寅	乙卯	丙辰	丁巳	戊午	己未	庚申	辛酉	壬戌	癸亥	甲子	**夏至**	丙寅	丁卯	戊辰	己巳	庚午	辛未	壬申	癸酉

甲寅

一八五四年

（太平天國甲寅四年清文宗咸豐四年）

陽曆七月份　（陰曆六、七月份）

陽	7	2	3	4	5	6	7	8	9	10	11	12	13	14	15	16	17	18	19	20	21	22	23	24	25	26	27	28	29	30	31
陰	七	八	九	十	十一	十二	十三	十四	十五	十六	十七	十八	十九	廿	廿一	廿二	廿三	廿四	廿五	廿六	廿七	廿八	廿九	卅	七	二	三	四	五	六	七
星	6	日	1	2	3	4	5	6	日	1	2	3	4	5	6	日	1	2	3	4	5	6	日	1	2	3	4	5	6	日	1
干節	甲戌	乙亥	丙子	丁丑	戊寅	己卯	小暑	辛巳	壬午	癸未	甲申	乙酉	丙戌	丁亥	戊子	己丑	庚寅	辛卯	壬辰	癸巳	甲午	乙未	大暑	丁酉	戊戌	己亥	庚子	辛丑	壬寅	癸卯	甲辰

陽曆八月份　（陰曆七、閏七月份）

陽	8	2	3	4	5	6	7	8	9	10	11	12	13	14	15	16	17	18	19	20	21	22	23	24	25	26	27	28	29	30	31
陰	八	九	十	十一	十二	十三	十四	十五	十六	十七	十八	十九	廿	廿一	廿二	廿三	廿四	廿五	廿六	廿七	廿八	廿九	卅	閏	二	三	四	五	六	七	八
星	2	3	4	5	6	日	1	2	3	4	5	6	日	1	2	3	4	5	6	日	1	2	3	4	5	6	日	1	2	3	4
干節	乙巳	丙午	丁未	戊申	己酉	庚戌	辛亥	立秋	癸丑	甲寅	乙卯	丙辰	丁巳	戊午	己未	庚申	辛酉	壬戌	癸亥	甲子	乙丑	丙寅	處暑	戊辰	己巳	庚午	辛未	壬申	癸酉	甲戌	乙亥

陽曆九月份　（陰曆閏七、八月份）

陽	9	2	3	4	5	6	7	8	9	10	11	12	13	14	15	16	17	18	19	20	21	22	23	24	25	26	27	28	29	30	
陰	九	十	十一	十二	十三	十四	十五	十六	十七	十八	十九	廿	廿一	廿二	廿三	廿四	廿五	廿六	廿七	廿八	廿九	八	二	三	四	五	六	七	八	九	
星	5	6	日	1	2	3	4	5	6	日	1	2	3	4	5	6	日	1	2	3	4	5	6	日	1	2	3	4	5	6	
干節	丙子	丁丑	戊寅	己卯	庚辰	辛巳	壬午	白露	甲申	乙酉	丙戌	丁亥	戊子	己丑	庚寅	辛卯	壬辰	癸巳	甲午	乙未	丙申	丁酉	秋分	己亥	庚子	辛丑	壬寅	癸卯	甲辰	乙巳	

陽曆十月份　（陰曆八、九月份）

陽	10	2	3	4	5	6	7	8	9	10	11	12	13	14	15	16	17	18	19	20	21	22	23	24	25	26	27	28	29	30	31
陰	十	十一	十二	十三	十四	十五	十六	十七	十八	十九	廿	廿一	廿二	廿三	廿四	廿五	廿六	廿七	廿八	廿九	卅	九	二	三	四	五	六	七	八	九	十
星	日	1	2	3	4	5	6	日	1	2	3	4	5	6	日	1	2	3	4	5	6	日	1	2	3	4	5	6	日	1	2
干節	丙午	丁未	戊申	己酉	庚戌	辛亥	壬子	寒露	甲寅	乙卯	丙辰	丁巳	戊午	己未	庚申	辛酉	壬戌	癸亥	甲子	乙丑	丙寅	丁卯	戊辰	霜降	庚午	辛未	壬申	癸酉	甲戌	乙亥	丙子

陽曆十一月份　（陰曆九、十月份）

陽	11	2	3	4	5	6	7	8	9	10	11	12	13	14	15	16	17	18	19	20	21	22	23	24	25	26	27	28	29	30	
陰	十一	十二	十三	十四	十五	十六	十七	十八	十九	廿	廿一	廿二	廿三	廿四	廿五	廿六	廿七	廿八	廿九	十	二	三	四	五	六	七	八	九	十	十一	
星	3	4	5	6	日	1	2	3	4	5	6	日	1	2	3	4	5	6	日	1	2	3	4	5	6	日	1	2	3	4	
干節	丁丑	戊寅	己卯	庚辰	辛巳	壬午	癸未	立冬	乙酉	丙戌	丁亥	戊子	己丑	庚寅	辛卯	壬辰	癸巳	甲午	乙未	丙申	丁酉	小雪	己亥	庚子	辛丑	壬寅	癸卯	甲辰	乙巳	丙午	

陽曆十二月份　（陰曆十、十一月份）

陽	12	2	3	4	5	6	7	8	9	10	11	12	13	14	15	16	17	18	19	20	21	22	23	24	25	26	27	28	29	30	31
陰	十二	十三	十四	十五	十六	十七	十八	十九	廿	廿一	廿二	廿三	廿四	廿五	廿六	廿七	廿八	廿九	卅	十一	二	三	四	五	六	七	八	九	十	十一	十二
星	5	6	日	1	2	3	4	5	6	日	1	2	3	4	5	6	日	1	2	3	4	5	6	日	1	2	3	4	5	6	日
干節	丁未	戊申	己酉	庚戌	辛亥	壬子	大雪	甲寅	乙卯	丙辰	丁巳	戊午	己未	庚申	辛酉	壬戌	癸亥	甲子	乙丑	丙寅	丁卯	冬至	己巳	庚午	辛未	壬申	癸酉	甲戌	乙亥	丙子	丁丑

近世中西史日對照表

（註二六）天曆太平天國乙榮五年正月元日甲寅，當清曆咸豐四年十二月二十日，西曆一八五五年二月六日。

陽歷一月份　（陰歷十一、十二月份）

陽	1	2	3	4	5	6	7	8	9	10	11	12	13	14	15	16	17	18	19	20	21	22	23	24	25	26	27	28	29	30	31
陰	十三	十四	十五	十六	十七	十八	十九	廿	廿一	廿二	廿三	廿四	廿五	廿六	廿七	廿八	廿九	十二	二	三	四	五	六	七	八	九	十	十一	十二	十三	十四
星	1	2	3	4	5	6	日	1	2	3	4	5	6	日	1	2	3	4	5	6	日	1	2	3	4	5	6	日	1	2	3
干節	戊寅	己卯	庚辰	辛巳	壬午	小寒	甲申	乙酉	丙戌	丁亥	戊子	己丑	庚寅	辛卯	壬辰	癸巳	甲午	乙未	丙申	大寒	戊戌	己亥	庚子	辛丑	壬寅	癸卯	甲辰	乙巳	丙午	丁未	戊申

陽歷二月份　（陰歷十二、正月份）

陽	2	2	3	4	5	6	7	8	9	10	11	12	13	14	15	16	17	18	19	20	21	22	23	24	25	26	27	28
陰	十五	十六	十七	十八	十九	廿	廿一	廿二	廿三	廿四	廿五	廿六	廿七	廿八	廿九	卅	正	二	三	四	五	六	七	八	九	十	十一	十二
星	4	5	6	日	1	2	3	4	5	6	日	1	2	3	4	5	6	日	1	2	3	4	5	6	日	1	2	3
干節	己酉	庚戌	辛亥	立春	癸丑	甲寅	乙卯	丙辰	丁巳	戊午	己未	庚申	辛酉	壬戌	癸亥	甲子	乙丑	丙寅	雨水	戊辰	己巳	庚午	辛未	壬申	癸酉	甲戌	乙亥	丙子

陽歷三月份　（陰歷正、二月份）

陽	3	2	3	4	5	6	7	8	9	10	11	12	13	14	15	16	17	18	19	20	21	22	23	24	25	26	27	28	29	30	31
陰	十三	十四	十五	十六	十七	十八	十九	廿	廿一	廿二	廿三	廿四	廿五	廿六	廿七	廿八	廿九	二	二	三	四	五	六	七	八	九	十	十一	十二	十三	十四
星	4	5	6	日	1	2	3	4	5	6	日	1	2	3	4	5	6	日	1	2	3	4	5	6	日	1	2	3	4	5	6
干節	丁丑	戊寅	己卯	庚辰	辛巳	驚蟄	癸未	甲申	乙酉	丙戌	丁亥	戊子	己丑	庚寅	辛卯	壬辰	癸巳	甲午	乙未	丙申	春分	戊戌	己亥	庚子	辛丑	壬寅	癸卯	甲辰	乙巳	丙午	丁未

陽歷四月份　（陰歷二、三月份）

陽	4	2	3	4	5	6	7	8	9	10	11	12	13	14	15	16	17	18	19	20	21	22	23	24	25	26	27	28	29	30
陰	十五	十六	十七	十八	十九	廿	廿一	廿二	廿三	廿四	廿五	廿六	廿七	廿八	廿九	三	二	三	四	五	六	七	八	九	十	十一	十二	十三	十四	十五
星	日	1	2	3	4	5	6	日	1	2	3	4	5	6	日	1	2	3	4	5	6	日	1	2	3	4	5	6	日	1
干節	戊申	己酉	庚戌	辛亥	清明	癸丑	甲寅	乙卯	丙辰	丁巳	戊午	己未	庚申	辛酉	壬戌	癸亥	甲子	乙丑	丙寅	穀雨	戊辰	己巳	庚午	辛未	壬申	癸酉	甲戌	乙亥	丙子	丁丑

陽歷五月份　（陰歷三、四月份）

陽	5	2	3	4	5	6	7	8	9	10	11	12	13	14	15	16	17	18	19	20	21	22	23	24	25	26	27	28	29	30	31
陰	十六	十七	十八	十九	廿	廿一	廿二	廿三	廿四	廿五	廿六	廿七	廿八	廿九	卅	四	二	三	四	五	六	七	八	九	十	十一	十二	十三	十四	十五	十六
星	2	3	4	5	6	日	1	2	3	4	5	6	日	1	2	3	4	5	6	日	1	2	3	4	5	6	日	1	2	3	4
干節	戊寅	己卯	庚辰	辛巳	壬午	立夏	甲申	乙酉	丙戌	丁亥	戊子	己丑	庚寅	辛卯	壬辰	癸巳	甲午	乙未	丙申	丁酉	戊戌	小滿	庚子	辛丑	壬寅	癸卯	甲辰	乙巳	丙午	丁未	戊申

陽歷六月份　（陰歷四、五月份）

陽	6	2	3	4	5	6	7	8	9	10	11	12	13	14	15	16	17	18	19	20	21	22	23	24	25	26	27	28	29	30
陰	十七	十八	十九	廿	廿一	廿二	廿三	廿四	廿五	廿六	廿七	廿八	廿九	五	二	三	四	五	六	七	八	九	十	十一	十二	十三	十四	十五	十六	十七
星	5	6	日	1	2	3	4	5	6	日	1	2	3	4	5	6	日	1	2	3	4	5	6	日	1	2	3	4	5	6
干節	己酉	庚戌	辛亥	壬子	癸丑	芒種	乙卯	丙辰	丁巳	戊午	己未	庚申	辛酉	壬戌	癸亥	甲子	乙丑	丙寅	丁卯	戊辰	己巳	夏至	辛未	壬申	癸酉	甲戌	乙亥	丙子	丁丑	戊寅

乙卯

一八五五年

（太平天國乙榮五年清文宗咸豐五年）

陽曆七月份　（陰曆五、六月份）

陽	7	2	3	4	5	6	7	8	9	10	11	12	13	14	15	16	17	18	19	20	21	22	23	24	25	26	27	28	29	30	31
陰	十八	十九	廿	廿一	廿二	廿三	廿四	廿五	廿六	廿七	廿八	廿九	卅	六	二	三	四	五	六	七	八	九	十	十一	十二	十三	十四	十五	十六	十七	十八
星	日	1	2	3	4	5	6	日	1	2	3	4	5	6	日	1	2	3	4	5	6	日	1	2	3	4	5	6	日	1	2
干節	己卯	庚辰	辛巳	壬午	癸未	甲申	乙酉	小暑	丁亥	戊子	己丑	庚寅	辛卯	壬辰	癸巳	甲午	乙未	丙申	丁酉	戊戌	己亥	庚子	大暑	壬寅	癸卯	甲辰	乙巳	丙午	丁未	戊申	己酉

陽曆八月份　（陰曆六、七月份）

陽	8	2	3	4	5	6	7	8	9	10	11	12	13	14	15	16	17	18	19	20	21	22	23	24	25	26	27	28	29	30	31
陰	十九	廿	廿一	廿二	廿三	廿四	廿五	廿六	廿七	廿八	廿九	卅	七	二	三	四	五	六	七	八	九	十	十一	十二	十三	十四	十五	十六	十七	十八	十九
星	3	4	5	6	日	1	2	3	4	5	6	日	1	2	3	4	5	6	日	1	2	3	4	5	6	日	1	2	3	4	5
干節	庚戌	辛亥	壬子	癸丑	甲寅	乙卯	丙辰	立秋	戊午	己未	庚申	辛酉	壬戌	癸亥	甲子	乙丑	丙寅	丁卯	戊辰	己巳	庚午	辛未	壬申	處暑	甲戌	乙亥	丙子	丁丑	戊寅	己卯	庚辰

陽曆九月份　（陰曆七、八月份）

陽	9	2	3	4	5	6	7	8	9	10	11	12	13	14	15	16	17	18	19	20	21	22	23	24	25	26	27	28	29	30
陰	廿	廿一	廿二	廿三	廿四	廿五	廿六	廿七	廿八	廿九	八	二	三	四	五	六	七	八	九	十	十一	十二	十三	十四	十五	十六	十七	十八	十九	廿
星	6	日	1	2	3	4	5	6	日	1	2	3	4	5	6	日	1	2	3	4	5	6	日	1	2	3	4	5	6	日
干節	辛巳	壬午	癸未	甲申	乙酉	丙戌	丁亥	白露	己丑	庚寅	辛卯	壬辰	癸巳	甲午	乙未	丙申	丁酉	戊戌	己亥	庚子	辛丑	壬寅	秋分	甲辰	乙巳	丙午	丁未	戊申	己酉	庚戌

陽曆十月份　（陰曆八、九月份）

陽	10	2	3	4	5	6	7	8	9	10	11	12	13	14	15	16	17	18	19	20	21	22	23	24	25	26	27	28	29	30	31
陰	廿一	廿二	廿三	廿四	廿五	廿六	廿七	廿八	廿九	卅	九	二	三	四	五	六	七	八	九	十	十一	十二	十三	十四	十五	十六	十七	十八	十九	廿	廿一
星	1	2	3	4	5	6	日	1	2	3	4	5	6	日	1	2	3	4	5	6	日	1	2	3	4	5	6	日	1	2	3
干節	辛亥	壬子	癸丑	甲寅	乙卯	丙辰	丁巳	戊午	寒露	庚申	辛酉	壬戌	癸亥	甲子	乙丑	丙寅	丁卯	戊辰	己巳	庚午	辛未	壬申	癸酉	霜降	乙亥	丙子	丁丑	戊寅	己卯	庚辰	辛巳

陽曆十一月份　（陰曆九、十月份）

陽	11	2	3	4	5	6	7	8	9	10	11	12	13	14	15	16	17	18	19	20	21	22	23	24	25	26	27	28	29	30
陰	廿二	廿三	廿四	廿五	廿六	廿七	廿八	廿九	卅	十	二	三	四	五	六	七	八	九	十	十一	十二	十三	十四	十五	十六	十七	十八	十九	廿	廿一
星	4	5	6	日	1	2	3	4	5	6	日	1	2	3	4	5	6	日	1	2	3	4	5	6	日	1	2	3	4	5
干節	壬午	癸未	甲申	乙酉	丙戌	丁亥	戊子	立冬	庚寅	辛卯	壬辰	癸巳	甲午	乙未	丙申	丁酉	戊戌	己亥	庚子	辛丑	壬寅	癸卯	小雪	乙巳	丙午	丁未	戊申	己酉	庚戌	辛亥

陽曆十二月份　（陰曆十、十一月份）

陽	12	2	3	4	5	6	7	8	9	10	11	12	13	14	15	16	17	18	19	20	21	22	23	24	25	26	27	28	29	30	31
陰	廿二	廿三	廿四	廿五	廿六	廿七	廿八	廿九	十一	二	三	四	五	六	七	八	九	十	十一	十二	十三	十四	十五	十六	十七	十八	十九	廿	廿一	廿二	廿三
星	6	日	1	2	3	4	5	6	日	1	2	3	4	5	6	日	1	2	3	4	5	6	日	1	2	3	4	5	6	日	1
干節	壬子	癸丑	甲寅	乙卯	丙辰	丁巳	大雪	己未	庚申	辛酉	壬戌	癸亥	甲子	乙丑	丙寅	丁卯	戊辰	己巳	庚午	辛未	壬申	冬至	甲戌	乙亥	丙子	丁丑	戊寅	己卯	庚辰	辛巳	壬午

丙辰 一八五六年 （太平天國丙辰六年清文宗咸豐六年）

（註二七）天曆太平天國丙辰六年正月元日庚申，當清曆咸豐六年正月二日，西曆一八五六年二月七日。

陽歷一月份 （陰歷十一、十二月份）

陽	**1**	2	3	4	5	6	7	8	9	10	11	12	13	14	15	16	17	18	19	20	21	22	23	24	25	26	27	28	29	30	31
陰	廿四	廿五	廿六	廿七	廿八	廿九	卅	**十二**	二	三	四	五	六	七	八	九	十	十一	十二	十三	十四	十五	十六	十七	十八	十九	廿	廿一	廿二	廿三	廿四
星	2	3	4	5	6	**日**	1	2	3	4	5	6	**日**	1	2	3	4	5	6	**日**	1	2	3	4	5	6	**日**	1	2	3	4
干節	癸未	甲申	乙酉	丙戌	丁亥	**小寒**	己丑	庚寅	辛卯	壬辰	癸巳	甲午	乙未	丙申	丁酉	戊戌	己亥	庚子	辛丑	壬寅	**大寒**	甲辰	乙巳	丙午	丁未	戊申	己酉	庚戌	辛亥	壬子	癸丑

陽歷二月份 （陰歷十二、正月份）

陽	**2**	2	3	4	5	6	7	8	9	10	11	12	13	14	15	16	17	18	19	20	21	22	23	24	25	26	27	28	29
陰	廿五	廿六	廿七	廿八	廿九	**正**	二	三	四	五	六	七	八	九	十	十一	十二	十三	十四	十五	十六	十七	十八	十九	廿	廿一	廿二	廿三	廿四
星	5	6	**日**	1	2	3	4	5	6	**日**	1	2	3	4	5	6	**日**	1	2	3	4	5	6	**日**	1	2	3	4	5
干節	甲寅	乙卯	丙辰	**立春**	戊午	己未	庚申	辛酉	壬戌	癸亥	甲子	乙丑	丙寅	丁卯	戊辰	己巳	庚午	辛未	**雨水**	癸酉	甲戌	乙亥	丙子	丁丑	戊寅	己卯	庚辰	辛巳	壬午

陽歷三月份 （陰歷正、二月份）

陽	**3**	2	3	4	5	6	7	8	9	10	11	12	13	14	15	16	17	18	19	20	21	22	23	24	25	26	27	28	29	30	31
陰	廿五	廿六	廿七	廿八	廿九	卅	**二**	二	三	四	五	六	七	八	九	十	十一	十二	十三	十四	十五	十六	十七	十八	十九	廿	廿一	廿二	廿三	廿四	廿五
星	6	**日**	1	2	3	4	5	6	**日**	1	2	3	4	5	6	**日**	1	2	3	4	5	6	**日**	1	2	3	4	5	6	**日**	1
干節	癸未	甲申	乙酉	丙戌	**驚蟄**	戊子	己丑	庚寅	辛卯	壬辰	癸巳	甲午	乙未	丙申	丁酉	戊戌	己亥	庚子	辛丑	**春分**	癸卯	甲辰	乙巳	丙午	丁未	戊申	己酉	庚戌	辛亥	壬子	癸丑

陽歷四月份 （陰歷二、三月份）

陽	**4**	2	3	4	5	6	7	8	9	10	11	12	13	14	15	16	17	18	19	20	21	22	23	24	25	26	27	28	29	30
陰	廿六	廿七	廿八	廿九	**三**	二	三	四	五	六	七	八	九	十	十一	十二	十三	十四	十五	十六	十七	十八	十九	廿	廿一	廿二	廿三	廿四	廿五	廿六
星	2	3	4	5	6	**日**	1	2	3	4	5	6	**日**	1	2	3	4	5	6	**日**	1	2	3	4	5	6	**日**	1	2	3
節干	甲寅	乙卯	丙辰	**清明**	戊午	己未	庚申	辛酉	壬戌	癸亥	甲子	乙丑	丙寅	丁卯	戊辰	己巳	庚午	辛未	壬申	**穀雨**	甲戌	乙亥	丙子	丁丑	戊寅	己卯	庚辰	辛巳	壬午	癸未

陽歷五月份 （陰歷三、四月份）

陽	**5**	2	3	4	5	6	7	8	9	10	11	12	13	14	15	16	17	18	19	20	21	22	23	24	25	26	27	28	29	30	31
陰	廿七	廿八	廿九	**四**	二	三	四	五	六	七	八	九	十	十一	十二	十三	十四	十五	十六	十七	十八	十九	廿	廿一	廿二	廿三	廿四	廿五	廿六	廿七	廿八
星	4	5	6	**日**	1	2	3	4	5	6	**日**	1	2	3	4	5	6	**日**	1	2	3	4	5	6	**日**	1	2	3	4	5	6
干節	甲申	乙酉	丙戌	丁亥	**立夏**	己丑	庚寅	辛卯	壬辰	癸巳	甲午	乙未	丙申	丁酉	戊戌	己亥	庚子	辛丑	壬寅	癸卯	**小滿**	乙巳	丙午	丁未	戊申	己酉	庚戌	辛亥	壬子	癸丑	甲寅

陽歷六月份 （陰歷四、五月份）

陽	**6**	2	3	4	5	6	7	8	9	10	11	12	13	14	15	16	17	18	19	20	21	22	23	24	25	26	27	28	29	30
陰	廿九	卅	**五**	二	三	四	五	六	七	八	九	十	十一	十二	十三	十四	十五	十六	十七	十八	十九	廿	廿一	廿二	廿三	廿四	廿五	廿六	廿七	廿八
星	**日**	1	2	3	4	5	6	**日**	1	2	3	4	5	6	**日**	1	2	3	4	5	6	**日**	1	2	3	4	5	6	**日**	1
干節	乙卯	丙辰	丁巳	戊午	**芒種**	庚申	辛酉	壬戌	癸亥	甲子	乙丑	丙寅	丁卯	戊辰	己巳	庚午	辛未	壬申	癸酉	甲戌	**夏至**	丙子	丁丑	戊寅	己卯	庚辰	辛巳	壬午	癸未	甲申

丙辰

一八五六年

（太平天國丙辰六年清文宗咸豐六年）

陽歷七月份　（陰歷五、六月份）

陽	7	2	3	4	5	6	7	8	9	10	11	12	13	14	15	16	17	18	19	20	21	22	23	24	25	26	27	28	29	30	31
陰	廿九	六	二	三	四	五	六	七	八	九	十	十一	十二	十三	十四	十五	十六	十七	十八	十九	廿	廿一	廿二	廿三	廿四	廿五	廿六	廿七	廿八	廿九	卅
星	2	3	4	5	6	日	1	2	3	4	5	6	日	1	2	3	4	5	6	日	1	2	3	4	5	6	日	1	2	3	4
干節	乙酉	丙戌	丁亥	戊子	己丑	庚寅	小暑	壬辰	癸巳	甲午	乙未	丙申	丁酉	戊戌	己亥	庚子	辛丑	壬寅	癸卯	甲辰	乙巳	丙午	大暑	戊申	己酉	庚戌	辛亥	壬子	癸丑	甲寅	乙卯

陽歷八月份　（陰歷七、八月份）

陽	8	2	3	4	5	6	7	8	9	10	11	12	13	14	15	16	17	18	19	20	21	22	23	24	25	26	27	28	29	30	31
陰	七	二	三	四	五	六	七	八	九	十	十一	十二	十三	十四	十五	十六	十七	十八	十九	廿	廿一	廿二	廿三	廿四	廿五	廿六	廿七	廿八	廿九	八	二
星	5	6	日	1	2	3	4	5	6	日	1	2	3	4	5	6	日	1	2	3	4	5	6	日	1	2	3	4	5	6	日
干節	丙辰	丁巳	戊午	己未	庚申	辛酉	立秋	癸亥	甲子	乙丑	丙寅	丁卯	戊辰	己巳	庚午	辛未	壬申	癸酉	甲戌	乙亥	丙子	丁丑	處暑	己卯	庚辰	辛巳	壬午	癸未	甲申	乙酉	丙戌

陽歷九月份　（陰歷八、九月份）

陽	9	2	3	4	5	6	7	8	9	10	11	12	13	14	15	16	17	18	19	20	21	22	23	24	25	26	27	28	29	30
陰	三	四	五	六	七	八	九	十	十一	十二	十三	十四	十五	十六	十七	十八	十九	廿	廿一	廿二	廿三	廿四	廿五	廿六	廿七	廿八	廿九	卅	九	二
星	1	2	3	4	5	6	日	1	2	3	4	5	6	日	1	2	3	4	5	6	日	1	2	3	4	5	6	日	1	2
干節	丁亥	戊子	己丑	庚寅	辛卯	壬辰	白露	甲午	乙未	丙申	丁酉	戊戌	己亥	庚子	辛丑	壬寅	癸卯	甲辰	乙巳	丙午	丁未	戊申	秋分	庚戌	辛亥	壬子	癸丑	甲寅	乙卯	丙辰

陽歷十月份　（陰歷九、十月份）

陽	10	2	3	4	5	6	7	8	9	10	11	12	13	14	15	16	17	18	19	20	21	22	23	24	25	26	27	28	29	30	31
陰	三	四	五	六	七	八	九	十	十一	十二	十三	十四	十五	十六	十七	十八	十九	廿	廿一	廿二	廿三	廿四	廿五	廿六	廿七	廿八	廿九	卅	十	二	三
星	3	4	5	6	日	1	2	3	4	5	6	日	1	2	3	4	5	6	日	1	2	3	4	5	6	日	1	2	3	4	5
干節	丁巳	戊午	己未	庚申	辛酉	壬戌	癸亥	寒露	乙丑	丙寅	丁卯	戊辰	己巳	庚午	辛未	壬申	癸酉	甲戌	乙亥	丙子	丁丑	戊寅	霜降	庚辰	辛巳	壬午	癸未	甲申	乙酉	丙戌	丁亥

陽歷十一月份　（陰歷十、十一月份）

陽	11	2	3	4	5	6	7	8	9	10	11	12	13	14	15	16	17	18	19	20	21	22	23	24	25	26	27	28	29	30
陰	四	五	六	七	八	九	十	十一	十二	十三	十四	十五	十六	十七	十八	十九	廿	廿一	廿二	廿三	廿四	廿五	廿六	廿七	廿八	廿九	卅	十一	二	三
星	6	日	1	2	3	4	5	6	日	1	2	3	4	5	6	日	1	2	3	4	5	6	日	1	2	3	4	5	6	日
干節	戊子	己丑	庚寅	辛卯	壬辰	癸巳	立冬	乙未	丙申	丁酉	戊戌	己亥	庚子	辛丑	壬寅	癸卯	甲辰	乙巳	丙午	丁未	戊申	小雪	庚戌	辛亥	壬子	癸丑	甲寅	乙卯	丙辰	丁巳

陽歷十二月份　（陰歷十一、十二月份）

陽	12	2	3	4	5	6	7	8	9	10	11	12	13	14	15	16	17	18	19	20	21	22	23	24	25	26	27	28	29	30	31
陰	四	五	六	七	八	九	十	十一	十二	十三	十四	十五	十六	十七	十八	十九	廿	廿一	廿二	廿三	廿四	廿五	廿六	廿七	廿八	廿九	十二	二	三	四	五
星	1	2	3	4	5	6	日	1	2	3	4	5	6	日	1	2	3	4	5	6	日	1	2	3	4	5	6	日	1	2	3
干節	戊午	己未	庚申	辛酉	壬戌	癸亥	大雪	乙丑	丙寅	丁卯	戊辰	己巳	庚午	辛未	壬申	癸酉	甲戌	乙亥	丙子	丁丑	冬至	己卯	庚辰	辛巳	壬午	癸未	甲申	乙酉	丙戌	丁亥	戊子

近世中西史日對照表

陽歷一月份 (陰歷十二、正月份)																															
陽	**1**	2	3	4	5	6	7	8	9	10	11	12	13	14	15	16	17	18	19	20	21	22	23	24	25	26	27	28	29	30	31
陰	六	七	八	九	十	十一	十二	十三	十四	十五	十六	十七	十八	十九	廿	廿一	廿二	廿三	廿四	廿五	廿六	廿七	廿八	廿九	卅	**正**	二	三	四	五	六
星	4	5	6	**日**	1	2	3	4	5	6	**日**	1	2	3	4	5	6	**日**	1	2	3	4	5	6	**日**	1	2	3	4	5	6
干節	己丑	庚寅	辛卯	壬辰	**小寒**	甲午	乙未	丙申	丁酉	戊戌	己亥	庚子	辛丑	壬寅	癸卯	甲辰	乙巳	丙午	丁未	**大寒**	己酉	庚戌	辛亥	壬子	癸丑	甲寅	乙卯	丙辰	丁巳	戊午	己未

陽歷二月份 (陰歷正、二月份)																												
陽	**2**	2	3	4	5	6	7	8	9	10	11	12	13	14	15	16	17	18	19	20	21	22	23	24	25	26	27	28
陰	七	八	九	十	十一	十二	十三	十四	十五	十六	十七	十八	十九	廿	廿一	廿二	廿三	廿四	廿五	廿六	廿七	廿八	廿九	**二**	二	三	四	五
星	**日**	1	2	3	4	5	6	**日**	1	2	3	4	5	6	**日**	1	2	3	4	5	6	**日**	1	2	3	4	5	6
干節	庚申	辛酉	壬戌	**立春**	甲子	乙丑	丙寅	丁卯	戊辰	己巳	庚午	辛未	壬申	癸酉	甲戌	乙亥	丙子	**雨水**	戊寅	己卯	庚辰	辛巳	壬午	癸未	甲申	乙酉	丙戌	丁亥

陽歷三月份 (陰歷二、三月份)																															
陽	**3**	2	3	4	5	6	7	8	9	10	11	12	13	14	15	16	17	18	19	20	21	22	23	24	25	26	27	28	29	30	31
陰	六	七	八	九	十	十一	十二	十三	十四	十五	十六	十七	十八	十九	廿	廿一	廿二	廿三	廿四	廿五	廿六	廿七	廿八	廿九	卅	**三**	二	三	四	五	六
星	**日**	1	2	3	4	5	6	**日**	1	2	3	4	5	6	**日**	1	2	3	4	5	6	**日**	1	2	3	4	5	6	**日**	1	2
干節	戊子	己丑	庚寅	辛卯	**驚蟄**	癸巳	甲午	乙未	丙申	丁酉	戊戌	己亥	庚子	辛丑	壬寅	癸卯	甲辰	乙巳	丙午	**春分**	戊申	己酉	庚戌	辛亥	壬子	癸丑	甲寅	乙卯	丙辰	丁巳	戊午

陽歷四月份 (陰歷三、四月份)																														
陽	**4**	2	3	4	5	6	7	8	9	10	11	12	13	14	15	16	17	18	19	20	21	22	23	24	25	26	27	28	29	30
陰	七	八	九	十	十一	十二	十三	十四	十五	十六	十七	十八	十九	廿	廿一	廿二	廿三	廿四	廿五	廿六	廿七	廿八	廿九	**四**	二	三	四	五	六	七
星	3	4	5	6	**日**	1	2	3	4	5	6	**日**	1	2	3	4	5	6	**日**	1	2	3	4	5	6	**日**	1	2	3	4
干節	己未	庚申	辛酉	壬戌	**清明**	甲子	乙丑	丙寅	丁卯	戊辰	己巳	庚午	辛未	壬申	癸酉	甲戌	乙亥	丙子	丁丑	**穀雨**	己卯	庚辰	辛巳	壬午	癸未	甲申	乙酉	丙戌	丁亥	戊子

陽歷五月份 (陰歷四、五月份)																															
陽	**5**	2	3	4	5	6	7	8	9	10	11	12	13	14	15	16	17	18	19	20	21	22	23	24	25	26	27	28	29	30	31
陰	八	九	十	十一	十二	十三	十四	十五	十六	十七	十八	十九	廿	廿一	廿二	廿三	廿四	廿五	廿六	廿七	廿八	廿九	**五**	二	三	四	五	六	七	八	九
星	5	6	**日**	1	2	3	4	5	6	**日**	1	2	3	4	5	6	**日**	1	2	3	4	5	6	**日**	1	2	3	4	5	6	**日**
干節	己丑	庚寅	辛卯	壬辰	**立夏**	甲午	乙未	丙申	丁酉	戊戌	己亥	庚子	辛丑	壬寅	癸卯	甲辰	乙巳	丙午	丁未	戊申	**小滿**	庚戌	辛亥	壬子	癸丑	甲寅	乙卯	丙辰	丁巳	戊午	己未

陽歷六月份 (陰歷五、閏五月份)																														
陽	**6**	2	3	4	5	6	7	8	9	10	11	12	13	14	15	16	17	18	19	20	21	22	23	24	25	26	27	28	29	30
陰	十	十一	十二	十三	十四	十五	十六	十七	十八	十九	廿	廿一	廿二	廿三	廿四	廿五	廿六	廿七	廿八	廿九	卅	**閏**	二	三	四	五	六	七	八	九
星	1	2	3	4	5	6	**日**	1	2	3	4	5	6	**日**	1	2	3	4	5	6	**日**	1	2	3	4	5	6	**日**	1	2
干節	庚申	辛酉	壬戌	癸亥	甲子	**芒種**	丙寅	丁卯	戊辰	己巳	庚午	辛未	壬申	癸酉	甲戌	乙亥	丙子	丁丑	戊寅	己卯	**夏至**	辛巳	壬午	癸未	甲申	乙酉	丙戌	丁亥	戊子	己丑

丁巳

一八五七年

（太平天國丁巳七年清文宗咸豐七年）

（註二八）天曆太平天國丁巳七年正月元日丙寅，當清曆咸豐七年正月十三日，西曆一八五七年二月七日。

丁巳

一八五七年

（太平天國丁巳七年清文宗咸豐七年）

陽歷七月份　（陰歷閏五、六月份）

陽	7	2	3	4	5	6	7	8	9	10	11	12	13	14	15	16	17	18	19	20	21	22	23	24	25	26	27	28	29	30	31
陰	十	十一	十二	十三	十四	十五	十六	十七	十八	十九	廿	廿一	廿二	廿三	廿四	廿五	廿六	廿七	廿八	廿九	六	二	三	四	五	六	七	八	九	十	十一
星	3	4	5	6	日	1	2	3	4	5	6	日	1	2	3	4	5	6	日	1	2	3	4	5	6	日	1	2	3	4	5
干節	庚寅	辛卯	壬辰	癸巳	甲午	乙未	小暑	丁酉	戊戌	己亥	庚子	辛丑	壬寅	癸卯	甲辰	乙巳	丙午	丁未	戊申	己酉	庚戌	辛亥	大暑	癸丑	甲寅	乙卯	丙辰	丁巳	戊午	己未	庚申

陽歷八月份　（陰歷六、七月份）

陽	8	2	3	4	5	6	7	8	9	10	11	12	13	14	15	16	17	18	19	20	21	22	23	24	25	26	27	28	29	30	31
陰	十二	十三	十四	十五	十六	十七	十八	十九	廿	廿一	廿二	廿三	廿四	廿五	廿六	廿七	廿八	廿九	卅	七	二	三	四	五	六	七	八	九	十	十一	十二
星	6	日	1	2	3	4	5	6	日	1	2	3	4	5	6	日	1	2	3	4	5	6	日	1	2	3	4	5	6	日	1
干節	辛酉	壬戌	癸亥	甲子	乙丑	丙寅	立秋	戊辰	己巳	庚午	辛未	壬申	癸酉	甲戌	乙亥	丙子	丁丑	戊寅	己卯	庚辰	辛巳	壬午	處暑	甲申	乙酉	丙戌	丁亥	戊子	己丑	庚寅	辛卯

陽歷九月份　（陰歷七、八月份）

陽	9	2	3	4	5	6	7	8	9	10	11	12	13	14	15	16	17	18	19	20	21	22	23	24	25	26	27	28	29	30	
陰	十三	十四	十五	十六	十七	十八	十九	廿	廿一	廿二	廿三	廿四	廿五	廿六	廿七	廿八	廿九	八	二	三	四	五	六	七	八	九	十	十一	十二	十三	
星	2	3	4	5	6	日	1	2	3	4	5	6	日	1	2	3	4	5	6	日	1	2	3	4	5	6	日	1	2	3	
干節	壬辰	癸巳	甲午	乙未	丙申	丁酉	戊戌	白露	庚子	辛丑	壬寅	癸卯	甲辰	乙巳	丙午	丁未	戊申	己酉	庚戌	辛亥	壬子	癸丑	秋分	乙卯	丙辰	丁巳	戊午	己未	庚申	辛酉	

陽歷十月份　（陰歷八、九月份）

陽	10	2	3	4	5	6	7	8	9	10	11	12	13	14	15	16	17	18	19	20	21	22	23	24	25	26	27	28	29	30	31
陰	十四	十五	十六	十七	十八	十九	廿	廿一	廿二	廿三	廿四	廿五	廿六	廿七	廿八	廿九	卅	九	二	三	四	五	六	七	八	九	十	十一	十二	十三	十四
星	4	5	6	日	1	2	3	4	5	6	日	1	2	3	4	5	6	日	1	2	3	4	5	6	日	1	2	3	4	5	6
干節	壬戌	癸亥	甲子	乙丑	丙寅	丁卯	戊辰	寒露	庚午	辛未	壬申	癸酉	甲戌	乙亥	丙子	丁丑	戊寅	己卯	庚辰	辛巳	壬午	癸未	霜降	乙酉	丙戌	丁亥	戊子	己丑	庚寅	辛卯	壬辰

陽歷十一月份　（陰歷九、十月份）

陽	11	2	3	4	5	6	7	8	9	10	11	12	13	14	15	16	17	18	19	20	21	22	23	24	25	26	27	28	29	30	
陰	十五	十六	十七	十八	十九	廿	廿一	廿二	廿三	廿四	廿五	廿六	廿七	廿八	廿九	十	二	三	四	五	六	七	八	九	十	十一	十二	十三	十四	十五	
星	日	1	2	3	4	5	6	日	1	2	3	4	5	6	日	1	2	3	4	5	6	日	1	2	3	4	5	6	日	1	
干節	癸巳	甲午	乙未	丙申	丁酉	戊戌	立冬	庚子	辛丑	壬寅	癸卯	甲辰	乙巳	丙午	丁未	戊申	己酉	庚戌	辛亥	壬子	癸丑	小雪	乙卯	丙辰	丁巳	戊午	己未	庚申	辛酉	壬戌	

陽歷十二月份　（陰歷十、十一月份）

陽	12	2	3	4	5	6	7	8	9	10	11	12	13	14	15	16	17	18	19	20	21	22	23	24	25	26	27	28	29	30	31
陰	十六	十七	十八	十九	廿	廿一	廿二	廿三	廿四	廿五	廿六	廿七	廿八	廿九	卅	十一	二	三	四	五	六	七	八	九	十	十一	十二	十三	十四	十五	十六
星	2	3	4	5	6	日	1	2	3	4	5	6	日	1	2	3	4	5	6	日	1	2	3	4	5	6	日	1	2	3	4
干節	癸亥	甲子	乙丑	丙寅	丁卯	戊辰	大雪	庚午	辛未	壬申	癸酉	甲戌	乙亥	丙子	丁丑	戊寅	己卯	庚辰	辛巳	壬午	癸未	冬至	乙酉	丙戌	丁亥	戊子	己丑	庚寅	辛卯	壬辰	癸巳

戊午 一八五八年 （太平天國戊午八年清文宗咸豐八年）

（註二九）天曆太平天國戊午八年正月元日壬申，當清曆咸豐七年十二月二十五日，西曆一八五八年二月八日。

陽歷一月份 （陰歷十一、十二月份）

陽	1	2	3	4	5	6	7	8	9	10	11	12	13	14	15	16	17	18	19	20	21	22	23	24	25	26	27	28	29	30	31
陰	十七	十八	十九	廿	廿一	廿二	廿三	廿四	廿五	廿六	廿七	廿八	廿九	卅	十二	二	三	四	五	六	七	八	九	十	十一	十二	十三	十四	十五	十六	十七
星	5	6	日	1	2	3	4	5	6	日	1	2	3	4	5	6	日	1	2	3	4	5	6	日	1	2	3	4	5	6	日
干節	甲午	乙未	丙申	丁酉	小寒	己亥	庚子	辛丑	壬寅	癸卯	甲辰	乙巳	丙午	丁未	戊申	己酉	庚戌	辛亥	壬子	大寒	甲寅	乙卯	丙辰	丁巳	戊午	己未	庚申	辛酉	壬戌	癸亥	甲子

陽歷二月份 （陰歷十二、正月份）

陽	1	2	3	4	5	6	7	8	9	10	11	12	13	14	15	16	17	18	19	20	21	22	23	24	25	26	27	28			
陰	十八	十九	廿	廿一	廿二	廿三	廿四	廿五	廿六	廿七	廿八	廿九	卅	正	二	三	四	五	六	七	八	九	十	十一	十二	十三	十四	十五			
星	1	2	3	4	5	6	日	1	2	3	4	5	6	日	1	2	3	4	5	6	日	1	2	3	4	5	6	日			
干節	乙丑	丙寅	丁卯	立春	己巳	庚午	辛未	壬申	癸酉	甲戌	乙亥	丙子	丁丑	戊寅	己卯	庚辰	辛巳	壬午	雨水	甲申	乙酉	丙戌	丁亥	戊子	己丑	庚寅	辛卯	壬辰			

陽歷三月份 （陰歷正、二月份）

陽	1	2	3	4	5	6	7	8	9	10	11	12	13	14	15	16	17	18	19	20	21	22	23	24	25	26	27	28	29	30	31
陰	十六	十七	十八	十九	廿	廿一	廿二	廿三	廿四	廿五	廿六	廿七	廿八	廿九	二	二	三	四	五	六	七	八	九	十	十一	十二	十三	十四	十五	十六	十七
星	1	2	3	4	5	6	日	1	2	3	4	5	6	日	1	2	3	4	5	6	日	1	2	3	4	5	6	日	1	2	3
干節	癸巳	甲午	乙未	丙申	丁酉	驚蟄	己亥	庚子	辛丑	壬寅	癸卯	甲辰	乙巳	丙午	丁未	戊申	己酉	庚戌	辛亥	壬子	春分	甲寅	乙卯	丙辰	丁巳	戊午	己未	庚申	辛酉	壬戌	癸亥

陽歷四月份 （陰歷二、三月份）

陽	1	2	3	4	5	6	7	8	9	10	11	12	13	14	15	16	17	18	19	20	21	22	23	24	25	26	27	28	29	30	
陰	十八	十九	廿	廿一	廿二	廿三	廿四	廿五	廿六	廿七	廿八	廿九	卅	三	二	三	四	五	六	七	八	九	十	十一	十二	十三	十四	十五	十六	十七	
星	4	5	6	日	1	2	3	4	5	6	日	1	2	3	4	5	6	日	1	2	3	4	5	6	日	1	2	3	4	5	
干節	甲子	乙丑	丙寅	丁卯	清明	己巳	庚午	辛未	壬申	癸酉	甲戌	乙亥	丙子	丁丑	戊寅	己卯	庚辰	辛巳	壬午	穀雨	甲申	乙酉	丙戌	丁亥	戊子	己丑	庚寅	辛卯	壬辰	癸巳	

陽歷五月份 （陰歷三、四月份）

陽	1	2	3	4	5	6	7	8	9	10	11	12	13	14	15	16	17	18	19	20	21	22	23	24	25	26	27	28	29	30	31
陰	十八	十九	廿	廿一	廿二	廿三	廿四	廿五	廿六	廿七	廿八	廿九	四	二	三	四	五	六	七	八	九	十	十一	十二	十三	十四	十五	十六	十七	十八	十九
星	6	日	1	2	3	4	5	6	日	1	2	3	4	5	6	日	1	2	3	4	5	6	日	1	2	3	4	5	6	日	1
干節	甲午	乙未	丙申	丁酉	戊戌	立夏	庚子	辛丑	壬寅	癸卯	甲辰	乙巳	丙午	丁未	戊申	己酉	庚戌	辛亥	壬子	癸丑	小滿	乙卯	丙辰	丁巳	戊午	己未	庚申	辛酉	壬戌	癸亥	甲子

陽歷六月份 （陰歷四、五月份）

陽	1	2	3	4	5	6	7	8	9	10	11	12	13	14	15	16	17	18	19	20	21	22	23	24	25	26	27	28	29	30	
陰	廿	廿一	廿二	廿三	廿四	廿五	廿六	廿七	廿八	廿九	五	二	三	四	五	六	七	八	九	十	十一	十二	十三	十四	十五	十六	十七	十八	十九	廿	
星	2	3	4	5	6	日	1	2	3	4	5	6	日	1	2	3	4	5	6	日	1	2	3	4	5	6	日	1	2	3	
干節	乙丑	丙寅	丁卯	戊辰	己巳	芒種	辛未	壬申	癸酉	甲戌	乙亥	丙子	丁丑	戊寅	己卯	庚辰	辛巳	壬午	癸未	甲申	乙酉	夏至	丁亥	戊子	己丑	庚寅	辛卯	壬辰	癸巳	甲午	

戊午

一八五八年

（太平天國戊午八年清文宗咸豐八年）

陽歷七月份　（陰歷五、六月份）

陽	7	2	3	4	5	6	7	8	9	10	11	12	13	14	15	16	17	18	19	20	21	22	23	24	25	26	27	28	29	30	31
陰	廿一	廿二	廿三	廿四	廿五	廿六	廿七	廿八	廿九	卅	六	二	三	四	五	六	七	八	九	十	十一	十二	十三	十四	十五	十六	十七	十八	十九	廿	廿一
星	4	5	6	日	1	2	3	4	5	6	日	1	2	3	4	5	6	日	1	2	3	4	5	6	日	1	2	3	4	5	6
干節	乙未	丙申	丁酉	戊戌	己亥	庚子	小暑	壬寅	癸卯	甲辰	乙巳	丙午	丁未	戊申	己酉	庚戌	辛亥	壬子	癸丑	甲寅	乙卯	丙辰	大暑	戊午	己未	庚申	辛酉	壬戌	癸亥	甲子	乙丑

陽歷八月份　（陰歷六、七月份）

陽	8	2	3	4	5	6	7	8	9	10	11	12	13	14	15	16	17	18	19	20	21	22	23	24	25	26	27	28	29	30	31
陰	廿二	廿三	廿四	廿五	廿六	廿七	廿八	廿九	七	二	三	四	五	六	七	八	九	十	十一	十二	十三	十四	十五	十六	十七	十八	十九	廿	廿一	廿二	廿三
星	日	1	2	3	4	5	6	日	1	2	3	4	5	6	日	1	2	3	4	5	6	日	1	2	3	4	5	6	日	1	2
干節	丙寅	丁卯	戊辰	己巳	庚午	辛未	壬申	立秋	甲戌	乙亥	丙子	丁丑	戊寅	己卯	庚辰	辛巳	壬午	癸未	甲申	乙酉	丙戌	丁亥	處暑	己丑	庚寅	辛卯	壬辰	癸巳	甲午	乙未	丙申

陽歷九月份　（陰歷七、八月份）

陽	9	2	3	4	5	6	7	8	9	10	11	12	13	14	15	16	17	18	19	20	21	22	23	24	25	26	27	28	29	30
陰	廿四	廿五	廿六	廿七	廿八	廿九	八	二	三	四	五	六	七	八	九	十	十一	十二	十三	十四	十五	十六	十七	十八	十九	廿	廿一	廿二	廿三	廿四
星	3	4	5	6	日	1	2	3	4	5	6	日	1	2	3	4	5	6	日	1	2	3	4	5	6	日	1	2	3	4
干節	丁酉	戊戌	己亥	庚子	辛丑	壬寅	癸卯	白露	乙巳	丙午	丁未	戊申	己酉	庚戌	辛亥	壬子	癸丑	甲寅	乙卯	丙辰	丁巳	戊午	秋分	庚申	辛酉	壬戌	癸亥	甲子	乙丑	丙寅

陽歷十月份　（陰歷八、九月份）

陽	10	2	3	4	5	6	7	8	9	10	11	12	13	14	15	16	17	18	19	20	21	22	23	24	25	26	27	28	29	30	31
陰	廿五	廿六	廿七	廿八	廿九	卅	九	二	三	四	五	六	七	八	九	十	十一	十二	十三	十四	十五	十六	十七	十八	十九	廿	廿一	廿二	廿三	廿四	廿五
星	5	6	日	1	2	3	4	5	6	日	1	2	3	4	5	6	日	1	2	3	4	5	6	日	1	2	3	4	5	6	日
干節	丁卯	戊辰	己巳	庚午	辛未	壬申	癸酉	寒露	乙亥	丙子	丁丑	戊寅	己卯	庚辰	辛巳	壬午	癸未	甲申	乙酉	丙戌	丁亥	戊子	己丑	霜降	辛卯	壬辰	癸巳	甲午	乙未	丙申	丁酉

陽歷十一月份　（陰歷九、十月份）

陽	11	2	3	4	5	6	7	8	9	10	11	12	13	14	15	16	17	18	19	20	21	22	23	24	25	26	27	28	29	30
陰	廿六	廿七	廿八	廿九	卅	十	二	三	四	五	六	七	八	九	十	十一	十二	十三	十四	十五	十六	十七	十八	十九	廿	廿一	廿二	廿三	廿四	廿五
星	1	2	3	4	5	6	日	1	2	3	4	5	6	日	1	2	3	4	5	6	日	1	2	3	4	5	6	日	1	2
干節	戊戌	己亥	庚子	辛丑	壬寅	癸卯	甲辰	立冬	丙午	丁未	戊申	己酉	庚戌	辛亥	壬子	癸丑	甲寅	乙卯	丙辰	丁巳	戊午	小雪	庚申	辛酉	壬戌	癸亥	甲子	乙丑	丙寅	丁卯

陽歷十二月份　（陰歷十、十一月份）

陽	12	2	3	4	5	6	7	8	9	10	11	12	13	14	15	16	17	18	19	20	21	22	23	24	25	26	27	28	29	30	31
陰	廿六	廿七	廿八	廿九	十一	二	三	四	五	六	七	八	九	十	十一	十二	十三	十四	十五	十六	十七	十八	十九	廿	廿一	廿二	廿三	廿四	廿五	廿六	廿七
星	3	4	5	6	日	1	2	3	4	5	6	日	1	2	3	4	5	6	日	1	2	3	4	5	6	日	1	2	3	4	5
干節	戊辰	己巳	庚午	辛未	壬申	癸酉	大雪	乙亥	丙子	丁丑	戊寅	己卯	庚辰	辛巳	壬午	癸未	甲申	乙酉	丙戌	丁亥	戊子	冬至	庚寅	辛卯	壬辰	癸巳	甲午	乙未	丙申	丁酉	戊戌

近世中西史日對照表

（註三〇）天曆太平天國己未九年正月元日戊寅，當清曆咸豐九年正月七日，西曆一八五九年二月九日。

陽歷一月份　（陰歷十一、十二月份）

陽	**1**	2	3	4	5	6	7	8	9	10	11	12	13	14	15	16	17	18	19	20	21	22	23	24	25	26	27	28	29	30	31
陰	廿八	廿九	卅	**十二**	二	三	四	五	六	七	八	九	十	十一	十二	十三	十四	十五	十六	十七	十八	十九	廿	廿一	廿二	廿三	廿四	廿五	廿六	廿七	廿八
星	6	日	1	2	3	4	5	6	日	1	2	3	4	5	6	日	1	2	3	4	5	6	日	1	2	3	4	5	6	日	1
干節	己亥	庚子	辛丑	壬寅	癸卯	**小寒**	乙巳	丙午	丁未	戊申	己酉	庚戌	辛亥	壬子	癸丑	甲寅	乙卯	丙辰	丁巳	**大寒**	己未	庚申	辛酉	壬戌	癸亥	甲子	乙丑	丙寅	丁卯	戊辰	己巳

陽歷二月份　（陰歷十二、正月份）

陽	**2**	2	3	4	5	6	7	8	9	10	11	12	13	14	15	16	17	18	19	20	21	22	23	24	25	26	27	28
陰	廿九	卅	**正**	二	三	四	五	六	七	八	九	十	十一	十二	十三	十四	十五	十六	十七	十八	十九	廿	廿一	廿二	廿三	廿四	廿五	廿六
星	2	3	4	5	6	日	1	2	3	4	5	6	日	1	2	3	4	5	6	日	1	2	3	4	5	6	日	1
干節	庚午	辛未	壬申	**立春**	甲戌	乙亥	丙子	丁丑	戊寅	己卯	庚辰	辛巳	壬午	癸未	甲申	乙酉	丙戌	丁亥	**雨水**	己丑	庚寅	辛卯	壬辰	癸巳	甲午	乙未	丙申	丁酉

陽歷三月份　（陰歷正、二月份）

陽	**3**	2	3	4	5	6	7	8	9	10	11	12	13	14	15	16	17	18	19	20	21	22	23	24	25	26	27	28	29	30	31
陰	廿七	廿八	廿九	卅	**二**	二	三	四	五	六	七	八	九	十	十一	十二	十三	十四	十五	十六	十七	十八	十九	廿	廿一	廿二	廿三	廿四	廿五	廿六	廿七
星	2	3	4	5	6	日	1	2	3	4	5	6	日	1	2	3	4	5	6	日	1	2	3	4	5	6	日	1	2	3	4
干節	戊戌	己亥	庚子	辛丑	壬寅	**驚蟄**	甲辰	乙巳	丙午	丁未	戊申	己酉	庚戌	辛亥	壬子	癸丑	甲寅	乙卯	丙辰	丁巳	**春分**	己未	庚申	辛酉	壬戌	癸亥	甲子	乙丑	丙寅	丁卯	戊辰

陽歷四月份　（陰歷二、三月份）

陽	**4**	2	3	4	5	6	7	8	9	10	11	12	13	14	15	16	17	18	19	20	21	22	23	24	25	26	27	28	29	30
陰	廿八	廿九	**三**	二	三	四	五	六	七	八	九	十	十一	十二	十三	十四	十五	十六	十七	十八	十九	廿	廿一	廿二	廿三	廿四	廿五	廿六	廿七	廿八
星	5	6	日	1	2	3	4	5	6	日	1	2	3	4	5	6	日	1	2	3	4	5	6	日	1	2	3	4	5	6
干節	己巳	庚午	辛未	壬申	**清明**	甲戌	乙亥	丙子	丁丑	戊寅	己卯	庚辰	辛巳	壬午	癸未	甲申	乙酉	丙戌	丁亥	**穀雨**	己丑	庚寅	辛卯	壬辰	癸巳	甲午	乙未	丙申	丁酉	戊戌

陽歷五月份　（陰歷三、四月份）

陽	**5**	2	3	4	5	6	7	8	9	10	11	12	13	14	15	16	17	18	19	20	21	22	23	24	25	26	27	28	29	30	31
陰	廿九	卅	**四**	二	三	四	五	六	七	八	九	十	十一	十二	十三	十四	十五	十六	十七	十八	十九	廿	廿一	廿二	廿三	廿四	廿五	廿六	廿七	廿八	廿九
星	日	1	2	3	4	5	6	日	1	2	3	4	5	6	日	1	2	3	4	5	6	日	1	2	3	4	5	6	日	1	2
干節	己亥	庚子	辛丑	壬寅	癸卯	**立夏**	乙巳	丙午	丁未	戊申	己酉	庚戌	辛亥	壬子	癸丑	甲寅	乙卯	丙辰	丁巳	戊午	**小滿**	庚申	辛酉	壬戌	癸亥	甲子	乙丑	丙寅	丁卯	戊辰	己巳

陽歷六月份　（陰歷五、六月份）

陽	**6**	2	3	4	5	6	7	8	9	10	11	12	13	14	15	16	17	18	19	20	21	22	23	24	25	26	27	28	29	30
陰	**五**	二	三	四	五	六	七	八	九	十	十一	十二	十三	十四	十五	十六	十七	十八	十九	廿	廿一	廿二	廿三	廿四	廿五	廿六	廿七	廿八	廿九	**六**
星	3	4	5	6	日	1	2	3	4	5	6	日	1	2	3	4	5	6	日	1	2	3	4	5	6	日	1	2	3	4
干節	庚午	辛未	壬申	癸酉	甲戌	**芒種**	丙子	丁丑	戊寅	己卯	庚辰	辛巳	壬午	癸未	甲申	乙酉	丙戌	丁亥	戊子	己丑	庚寅	**夏至**	壬辰	癸巳	甲午	乙未	丙申	丁酉	戊戌	己亥

近世中西史日對照表

己未

一八五九年

（太平天國己未九年清文宗咸豐九年）

陽歷七月份　　（陰歷六、七月份）

陽	7	2	3	4	5	6	7	8	9	10	11	12	13	14	15	16	17	18	19	20	21	22	23	24	25	26	27	28	29	30	31
陰	二	三	四	五	六	七	八	九	十	十一	十二	十三	十四	十五	十六	十七	十八	十九	廿	廿一	廿二	廿三	廿四	廿五	廿六	廿七	廿八	廿九	卅	七	二
星	5	6	日	1	2	3	4	5	6	日	1	2	3	4	5	6	日	1	2	3	4	5	6	日	1	2	3	4	5	6	日
干節	庚子	辛丑	壬寅	癸卯	甲辰	乙巳	丙午	小暑	戊申	己酉	庚戌	辛亥	壬子	癸丑	甲寅	乙卯	丙辰	丁巳	戊午	己未	庚申	辛酉	大暑	癸亥	甲子	乙丑	丙寅	丁卯	戊辰	己巳	庚午

陽歷八月份　　（陰歷七、八月份）

陽	8	2	3	4	5	6	7	8	9	10	11	12	13	14	15	16	17	18	19	20	21	22	23	24	25	26	27	28	29	30	31
陰	三	四	五	六	七	八	九	十	十一	十二	十三	十四	十五	十六	十七	十八	十九	廿	廿一	廿二	廿三	廿四	廿五	廿六	廿七	廿八	廿九	八	二	三	四
星	1	2	3	4	5	6	日	1	2	3	4	5	6	日	1	2	3	4	5	6	日	1	2	3	4	5	6	日	1	2	3
干節	辛未	壬申	癸酉	甲戌	乙亥	丙子	丁丑	立秋	己卯	庚辰	辛巳	壬午	癸未	甲申	乙酉	丙戌	丁亥	戊子	己丑	庚寅	辛卯	壬辰	癸巳	處暑	乙未	丙申	丁酉	戊戌	己亥	庚子	辛丑

陽歷九月份　　（陰歷八、九月份）

陽	9	2	3	4	5	6	7	8	9	10	11	12	13	14	15	16	17	18	19	20	21	22	23	24	25	26	27	28	29	30	
陰	五	六	七	八	九	十	十一	十二	十三	十四	十五	十六	十七	十八	十九	廿	廿一	廿二	廿三	廿四	廿五	廿六	廿七	廿八	廿九	九	二	三	四	五	
星	4	5	6	日	1	2	3	4	5	6	日	1	2	3	4	5	6	日	1	2	3	4	5	6	日	1	2	3	4	5	
干節	壬寅	癸卯	甲辰	乙巳	丙午	丁未	戊申	白露	庚戌	辛亥	壬子	癸丑	甲寅	乙卯	丙辰	丁巳	戊午	己未	庚申	辛酉	壬戌	癸亥	秋分	乙丑	丙寅	丁卯	戊辰	己巳	庚午	辛未	

陽歷十月份　　（陰歷九、十月份）

陽	10	2	3	4	5	6	7	8	9	10	11	12	13	14	15	16	17	18	19	20	21	22	23	24	25	26	27	28	29	30	31
陰	六	七	八	九	十	十一	十二	十三	十四	十五	十六	十七	十八	十九	廿	廿一	廿二	廿三	廿四	廿五	廿六	廿七	廿八	廿九	卅	十	二	三	四	五	六
星	6	日	1	2	3	4	5	6	日	1	2	3	4	5	6	日	1	2	3	4	5	6	日	1	2	3	4	5	6	日	1
干節	壬申	癸酉	甲戌	乙亥	丙子	丁丑	戊寅	己卯	寒露	辛巳	壬午	癸未	甲申	乙酉	丙戌	丁亥	戊子	己丑	庚寅	辛卯	壬辰	癸巳	甲午	霜降	丙申	丁酉	戊戌	己亥	庚子	辛丑	壬寅

陽歷十一月份　　（陰歷十、十一月份）

陽	11	2	3	4	5	6	7	8	9	10	11	12	13	14	15	16	17	18	19	20	21	22	23	24	25	26	27	28	29	30	
陰	七	八	九	十	十一	十二	十三	十四	十五	十六	十七	十八	十九	廿	廿一	廿二	廿三	廿四	廿五	廿六	廿七	廿八	廿九	十一	二	三	四	五	六	七	
星	2	3	4	5	6	日	1	2	3	4	5	6	日	1	2	3	4	5	6	日	1	2	3	4	5	6	日	1	2	3	
干節	癸卯	甲辰	乙巳	丙午	丁未	戊申	己酉	立冬	辛亥	壬子	癸丑	甲寅	乙卯	丙辰	丁巳	戊午	己未	庚申	辛酉	壬戌	癸亥	甲子	小雪	丙寅	丁卯	戊辰	己巳	庚午	辛未	壬申	

陽歷十二月份　　（陰歷十一、十二月份）

陽	12	2	3	4	5	6	7	8	9	10	11	12	13	14	15	16	17	18	19	20	21	22	23	24	25	26	27	28	29	30	31
陰	八	九	十	十一	十二	十三	十四	十五	十六	十七	十八	十九	廿	廿一	廿二	廿三	廿四	廿五	廿六	廿七	廿八	廿九	卅	十二	二	三	四	五	六	七	八
星	4	5	6	日	1	2	3	4	5	6	日	1	2	3	4	5	6	日	1	2	3	4	5	6	日	1	2	3	4	5	6
干節	癸酉	甲戌	乙亥	丙子	丁丑	戊寅	大雪	庚辰	辛巳	壬午	癸未	甲申	乙酉	丙戌	丁亥	戊子	己丑	庚寅	辛卯	壬辰	癸巳	冬至	乙未	丙申	丁酉	戊戌	己亥	庚子	辛丑	壬寅	癸卯

近世中西史日對照表

庚申 一八六〇年（太平天國庚申一〇年清文宗咸豐一〇年）

（註三一）天曆太平天國庚申一〇年正月元日甲申，當清曆咸豐一〇年正月十九日，西曆一八六〇年二月十日。

陽歷一月份（陰歷十二、正月份）

陽	1	2	3	4	5	6	7	8	9	10	11	12	13	14	15	16	17	18	19	20	21	22	23	24	25	26	27	28	29	30	31
陰	九	十	十一	十二	十三	十四	十五	十六	十七	十八	十九	廿	廿一	廿二	廿三	廿四	廿五	廿六	廿七	廿八	廿九	卅	正	二	三	四	五	六	七	八	九
星	日	1	2	3	4	5	6	日	1	2	3	4	5	6	日	1	2	3	4	5	6	日	1	2	3	4	5	6	日	1	2
干節	甲辰	乙巳	丙午	丁未	戊申	小寒	庚戌	辛亥	壬子	癸丑	甲寅	乙卯	丙辰	丁巳	戊午	己未	庚申	辛酉	壬戌	癸亥	大寒	乙丑	丙寅	丁卯	戊辰	己巳	庚午	辛未	壬申	癸酉	甲戌

陽歷二月份（陰歷正、二月份）

陽	1	2	3	4	5	6	7	8	9	10	11	12	13	14	15	16	17	18	19	20	21	22	23	24	25	26	27	28	29
陰	十	十一	十二	十三	十四	十五	十六	十七	十八	十九	廿	廿一	廿二	廿三	廿四	廿五	廿六	廿七	廿八	廿九	卅	二	二	三	四	五	六	七	八
星	3	4	5	6	日	1	2	3	4	5	6	日	1	2	3	4	5	6	日	1	2	3	4	5	6	日	1	2	3
干節	乙亥	丙子	丁丑	立春	己卯	庚辰	辛巳	壬午	癸未	甲申	乙酉	丙戌	丁亥	戊子	己丑	庚寅	辛卯	壬辰	雨水	甲午	乙未	丙申	丁酉	戊戌	己亥	庚子	辛丑	壬寅	癸卯

陽歷三月份（陰歷二、三月份）

陽	1	2	3	4	5	6	7	8	9	10	11	12	13	14	15	16	17	18	19	20	21	22	23	24	25	26	27	28	29	30	31
陰	九	十	十一	十二	十三	十四	十五	十六	十七	十八	十九	廿	廿一	廿二	廿三	廿四	廿五	廿六	廿七	廿八	廿九	三	二	三	四	五	六	七	八	九	十
星	4	5	6	日	1	2	3	4	5	6	日	1	2	3	4	5	6	日	1	2	3	4	5	6	日	1	2	3	4	5	6
干節	甲辰	乙巳	丙午	丁未	驚蟄	己酉	庚戌	辛亥	壬子	癸丑	甲寅	乙卯	丙辰	丁巳	戊午	己未	庚申	辛酉	壬戌	春分	甲子	乙丑	丙寅	丁卯	戊辰	己巳	庚午	辛未	壬申	癸酉	甲戌

陽歷四月份（陰歷三、閏三月份）

陽	1	2	3	4	5	6	7	8	9	10	11	12	13	14	15	16	17	18	19	20	21	22	23	24	25	26	27	28	29	30
陰	十一	十二	十三	十四	十五	十六	十七	十八	十九	廿	廿一	廿二	廿三	廿四	廿五	廿六	廿七	廿八	廿九	卅	閏	二	三	四	五	六	七	八	九	十
星	日	1	2	3	4	5	6	日	1	2	3	4	5	6	日	1	2	3	4	5	6	日	1	2	3	4	5	6	日	1
干節	乙亥	丙子	丁丑	清明	己卯	庚辰	辛巳	壬午	癸未	甲申	乙酉	丙戌	丁亥	戊子	己丑	庚寅	辛卯	壬辰	癸巳	穀雨	乙未	丙申	丁酉	戊戌	己亥	庚子	辛丑	壬寅	癸卯	甲辰

陽歷五月份（陰歷閏三、四月份）

陽	1	2	3	4	5	6	7	8	9	10	11	12	13	14	15	16	17	18	19	20	21	22	23	24	25	26	27	28	29	30	31
陰	十一	十二	十三	十四	十五	十六	十七	十八	十九	廿	廿一	廿二	廿三	廿四	廿五	廿六	廿七	廿八	廿九	卅	四	二	三	四	五	六	七	八	九	十	十一
星	2	3	4	5	6	日	1	2	3	4	5	6	日	1	2	3	4	5	6	日	1	2	3	4	5	6	日	1	2	3	4
干節	乙巳	丙午	丁未	戊申	立夏	庚戌	辛亥	壬子	癸丑	甲寅	乙卯	丙辰	丁巳	戊午	己未	庚申	辛酉	壬戌	癸亥	甲子	小滿	丙寅	丁卯	戊辰	己巳	庚午	辛未	壬申	癸酉	甲戌	乙亥

陽歷六月份（陰歷四、五月份）

陽	1	2	3	4	5	6	7	8	9	10	11	12	13	14	15	16	17	18	19	20	21	22	23	24	25	26	27	28	29	30
陰	十二	十三	十四	十五	十六	十七	十八	十九	廿	廿一	廿二	廿三	廿四	廿五	廿六	廿七	廿八	廿九	五	二	三	四	五	六	七	八	九	十	十一	十二
星	5	6	日	1	2	3	4	5	6	日	1	2	3	4	5	6	日	1	2	3	4	5	6	日	1	2	3	4	5	6
干節	丙子	丁丑	戊寅	己卯	芒種	辛巳	壬午	癸未	甲申	乙酉	丙戌	丁亥	戊子	己丑	庚寅	辛卯	壬辰	癸巳	甲午	乙未	夏至	丁酉	戊戌	己亥	庚子	辛丑	壬寅	癸卯	甲辰	乙巳

庚申

一八六〇年

（太平天國庚申一〇年清文宗咸豐一〇年）

陽曆七月份　（陰曆五、六月份）

陽	7	2	3	4	5	6	7	8	9	10	11	12	13	14	15	16	17	18	19	20	21	22	23	24	25	26	27	28	29	30	31
陰	十三	十四	十五	十六	十七	十八	十九	廿	廿一	廿二	廿三	廿四	廿五	廿六	廿七	廿八	廿九	六	二	三	四	五	六	七	八	九	十	十一	十二	十三	十四
星	日	1	2	3	4	5	6	日	1	2	3	4	5	6	日	1	2	3	4	5	6	日	1	2	3	4	5	6	日	1	2
干節	丙午	丁未	戊申	己酉	庚戌	辛亥	小暑	癸丑	甲寅	乙卯	丙辰	丁巳	戊午	己未	庚申	辛酉	壬戌	癸亥	甲子	乙丑	丙寅	丁卯	大暑	己巳	庚午	辛未	壬申	癸酉	甲戌	乙亥	丙子

陽曆八月份　（陰曆六、七月份）

陽	8	2	3	4	5	6	7	8	9	10	11	12	13	14	15	16	17	18	19	20	21	22	23	24	25	26	27	28	29	30	31
陰	十五	十六	十七	十八	十九	廿	廿一	廿二	廿三	廿四	廿五	廿六	廿七	廿八	廿九	卅	七	二	三	四	五	六	七	八	九	十	十一	十二	十三	十四	十五
星	3	4	5	6	日	1	2	3	4	5	6	日	1	2	3	4	5	6	日	1	2	3	4	5	6	日	1	2	3	4	5
干節	丁丑	戊寅	己卯	庚辰	辛巳	壬午	立秋	甲申	乙酉	丙戌	丁亥	戊子	己丑	庚寅	辛卯	壬辰	癸巳	甲午	乙未	丙申	丁酉	戊戌	處暑	庚子	辛丑	壬寅	癸卯	甲辰	乙巳	丙午	丁未

陽曆九月份　（陰曆七、八月份）

陽	9	2	3	4	5	6	7	8	9	10	11	12	13	14	15	16	17	18	19	20	21	22	23	24	25	26	27	28	29	30	
陰	十六	十七	十八	十九	廿	廿一	廿二	廿三	廿四	廿五	廿六	廿七	廿八	廿九	八	二	三	四	五	六	七	八	九	十	十一	十二	十三	十四	十五	十六	
星	6	日	1	2	3	4	5	6	日	1	2	3	4	5	6	日	1	2	3	4	5	6	日	1	2	3	4	5	6	日	
干節	戊申	己酉	庚戌	辛亥	壬子	癸丑	白露	乙卯	丙辰	丁巳	戊午	己未	庚申	辛酉	壬戌	癸亥	甲子	乙丑	丙寅	丁卯	戊辰	己巳	秋分	辛未	壬申	癸酉	甲戌	乙亥	丙子	丁丑	

陽曆十月份　（陰曆八、九月份）

陽	10	2	3	4	5	6	7	8	9	10	11	12	13	14	15	16	17	18	19	20	21	22	23	24	25	26	27	28	29	30	31
陰	十七	十八	十九	廿	廿一	廿二	廿三	廿四	廿五	廿六	廿七	廿八	廿九	九	二	三	四	五	六	七	八	九	十	十一	十二	十三	十四	十五	十六	十七	十八
星	1	2	3	4	5	6	日	1	2	3	4	5	6	日	1	2	3	4	5	6	日	1	2	3	4	5	6	日	1	2	3
干節	戊寅	己卯	庚辰	辛巳	壬午	癸未	甲申	寒露	丙戌	丁亥	戊子	己丑	庚寅	辛卯	壬辰	癸巳	甲午	乙未	丙申	丁酉	戊戌	己亥	霜降	辛丑	壬寅	癸卯	甲辰	乙巳	丙午	丁未	戊申

陽曆十一月份　（陰曆九、十月份）

陽	11	2	3	4	5	6	7	8	9	10	11	12	13	14	15	16	17	18	19	20	21	22	23	24	25	26	27	28	29	30	
陰	十九	廿	廿一	廿二	廿三	廿四	廿五	廿六	廿七	廿八	廿九	卅	十	二	三	四	五	六	七	八	九	十	十一	十二	十三	十四	十五	十六	十七	十八	
星	4	5	6	日	1	2	3	4	5	6	日	1	2	3	4	5	6	日	1	2	3	4	5	6	日	1	2	3	4	5	
干節	己酉	庚戌	辛亥	壬子	癸丑	甲寅	立冬	丙辰	丁巳	戊午	己未	庚申	辛酉	壬戌	癸亥	甲子	乙丑	丙寅	丁卯	戊辰	己巳	小雪	辛未	壬申	癸酉	甲戌	乙亥	丙子	丁丑	戊寅	

陽曆十二月份　（陰曆十、十一月份）

陽	12	2	3	4	5	6	7	8	9	10	11	12	13	14	15	16	17	18	19	20	21	22	23	24	25	26	27	28	29	30	31
陰	十九	廿	廿一	廿二	廿三	廿四	廿五	廿六	廿七	廿八	廿九	十一	二	三	四	五	六	七	八	九	十	十一	十二	十三	十四	十五	十六	十七	十八	十九	廿
星	6	日	1	2	3	4	5	6	日	1	2	3	4	5	6	日	1	2	3	4	5	6	日	1	2	3	4	5	6	日	1
干節	己卯	庚辰	辛巳	壬午	癸未	甲申	大雪	丙戌	丁亥	戊子	己丑	庚寅	辛卯	壬辰	癸巳	甲午	乙未	丙申	丁酉	戊戌	冬至	庚子	辛丑	壬寅	癸卯	甲辰	乙巳	丙午	丁未	戊申	己酉

近世中西史日對照表

辛酉　一八六一年　(太平天國辛酉一一年清文宗咸豐一一年)

陽歷一月份　(陰歷十一、十二月份)

陽	1	2	3	4	5	6	7	8	9	10	11	12	13	14	15	16	17	18	19	20	21	22	23	24	25	26	27	28	29	30	31
陰	廿一	廿二	廿三	廿四	廿五	廿六	廿七	廿八	廿九	卅	十二	二	三	四	五	六	七	八	九	十	十一	十二	十三	十四	十五	十六	十七	十八	十九	廿	廿一
星	2	3	4	5	6	日	1	2	3	4	5	6	日	1	2	3	4	5	6	日	1	2	3	4	5	6	日	1	2	3	4
干節	庚戌	辛亥	壬子	癸丑	小寒	乙卯	丙辰	丁巳	戊午	己未	庚申	辛酉	壬戌	癸亥	甲子	乙丑	丙寅	丁卯	戊辰	大寒	庚午	辛未	壬申	癸酉	甲戌	乙亥	丙子	丁丑	戊寅	己卯	庚辰

陽歷二月份　(陰歷十二、正月份)

陽	2	2	3	4	5	6	7	8	9	10	11	12	13	14	15	16	17	18	19	20	21	22	23	24	25	26	27	28			
陰	廿二	廿三	廿四	廿五	廿六	廿七	廿八	廿九	卅	正	二	三	四	五	六	七	八	九	十	十一	十二	十三	十四	十五	十六	十七	十八	十九			
星	5	6	日	1	2	3	4	5	6	日	1	2	3	4	5	6	日	1	2	3	4	5	6	日	1	2	3	4			
干節	辛巳	壬午	癸未	立春	乙酉	丙戌	丁亥	戊子	己丑	庚寅	辛卯	壬辰	癸巳	甲午	乙未	丙申	丁酉	雨水	己亥	庚子	辛丑	壬寅	癸卯	甲辰	乙巳	丙午	丁未	戊申			

陽歷三月份　(陰歷正、二月份)

陽	3	2	3	4	5	6	7	8	9	10	11	12	13	14	15	16	17	18	19	20	21	22	23	24	25	26	27	28	29	30	31
陰	廿	廿一	廿二	廿三	廿四	廿五	廿六	廿七	廿八	廿九	二	二	三	四	五	六	七	八	九	十	十一	十二	十三	十四	十五	十六	十七	十八	十九	廿	廿一
星	5	6	日	1	2	3	4	5	6	日	1	2	3	4	5	6	日	1	2	3	4	5	6	日	1	2	3	4	5	6	日
干節	己酉	庚戌	辛亥	壬子	驚蟄	甲寅	乙卯	丙辰	丁巳	戊午	己未	庚申	辛酉	壬戌	癸亥	甲子	乙丑	丙寅	丁卯	春分	己巳	庚午	辛未	壬申	癸酉	甲戌	乙亥	丙子	丁丑	戊寅	己卯

陽歷四月份　(陰歷二、三月份)

陽	4	2	3	4	5	6	7	8	9	10	11	12	13	14	15	16	17	18	19	20	21	22	23	24	25	26	27	28	29	30	
陰	廿二	廿三	廿四	廿五	廿六	廿七	廿八	廿九	卅	三	二	三	四	五	六	七	八	九	十	十一	十二	十三	十四	十五	十六	十七	十八	十九	廿	廿一	
星	1	2	3	4	5	6	日	1	2	3	4	5	6	日	1	2	3	4	5	6	日	1	2	3	4	5	6	日	1	2	
干節	庚辰	辛巳	壬午	癸未	清明	乙酉	丙戌	丁亥	戊子	己丑	庚寅	辛卯	壬辰	癸巳	甲午	乙未	丙申	丁酉	戊戌	穀雨	庚子	辛丑	壬寅	癸卯	甲辰	乙巳	丙午	丁未	戊申	己酉	

陽歷五月份　(陰歷三、四月份)

陽	5	2	3	4	5	6	7	8	9	10	11	12	13	14	15	16	17	18	19	20	21	22	23	24	25	26	27	28	29	30	31
陰	廿二	廿三	廿四	廿五	廿六	廿七	廿八	廿九	卅	四	二	三	四	五	六	七	八	九	十	十一	十二	十三	十四	十五	十六	十七	十八	十九	廿	廿一	廿二
星	3	4	5	6	日	1	2	3	4	5	6	日	1	2	3	4	5	6	日	1	2	3	4	5	6	日	1	2	3	4	5
干節	庚戌	辛亥	壬子	癸丑	立夏	乙卯	丙辰	丁巳	戊午	己未	庚申	辛酉	壬戌	癸亥	甲子	乙丑	丙寅	丁卯	戊辰	己巳	小滿	辛未	壬申	癸酉	甲戌	乙亥	丙子	丁丑	戊寅	己卯	庚辰

陽歷六月份　(陰歷四、五月份)

陽	6	2	3	4	5	6	7	8	9	10	11	12	13	14	15	16	17	18	19	20	21	22	23	24	25	26	27	28	29	30	
陰	廿三	廿四	廿五	廿六	廿七	廿八	廿九	五	二	三	四	五	六	七	八	九	十	十一	十二	十三	十四	十五	十六	十七	十八	十九	廿	廿一	廿二	廿三	
星	6	日	1	2	3	4	5	6	日	1	2	3	4	5	6	日	1	2	3	4	5	6	日	1	2	3	4	5	6	日	
干節	辛巳	壬午	癸未	甲申	乙酉	芒種	丁亥	戊子	己丑	庚寅	辛卯	壬辰	癸巳	甲午	乙未	丙申	丁酉	戊戌	己亥	庚子	夏至	壬寅	癸卯	甲辰	乙巳	丙午	丁未	戊申	己酉	庚戌	

(註三二)　天曆太平天國辛酉一一年正月元日庚寅，當清曆咸豐一一年正月元日，西曆一八六一年二月十日。

近世中西史日對照表

辛酉

一八六一年

（太平天國辛酉十一年清文宗咸豐十一年）

陽歷七月份　（陰歷五、六月份）

陽	7	2	3	4	5	6	7	8	9	10	11	12	13	14	15	16	17	18	19	20	21	22	23	24	25	26	27	28	29	30	31
陰	廿四	廿五	廿六	廿七	廿八	廿九	卅	六	二	三	四	五	六	七	八	九	十	十一	十二	十三	十四	十五	十六	十七	十八	十九	廿	廿一	廿二	廿三	廿四
星	1	2	3	4	5	6	日	1	2	3	4	5	6	日	1	2	3	4	5	6	日	1	2	3	4	5	6	日	1	2	3
干節	辛亥	壬子	癸丑	甲寅	乙卯	丙辰	小暑	戊午	己未	庚申	辛酉	壬戌	癸亥	甲子	乙丑	丙寅	丁卯	戊辰	己巳	庚午	辛未	壬申	大暑	甲戌	乙亥	丙子	丁丑	戊寅	己卯	庚辰	辛巳

陽歷八月份　（陰歷六、七月份）

陽	8	2	3	4	5	6	7	8	9	10	11	12	13	14	15	16	17	18	19	20	21	22	23	24	25	26	27	28	29	30	31
陰	廿五	廿六	廿七	廿八	廿九	七	二	三	四	五	六	七	八	九	十	十一	十二	十三	十四	十五	十六	十七	十八	十九	廿	廿一	廿二	廿三	廿四	廿五	廿六
星	4	5	6	日	1	2	3	4	5	6	日	1	2	3	4	5	6	日	1	2	3	4	5	6	日	1	2	3	4	5	6
干節	壬午	癸未	甲申	乙酉	丙戌	丁亥	立秋	己丑	庚寅	辛卯	壬辰	癸巳	甲午	乙未	丙申	丁酉	戊戌	己亥	庚子	辛丑	壬寅	癸卯	處暑	乙巳	丙午	丁未	戊申	己酉	庚戌	辛亥	壬子

陽歷九月份　（陰歷七、八月份）

陽	9	2	3	4	5	6	7	8	9	10	11	12	13	14	15	16	17	18	19	20	21	22	23	24	25	26	27	28	29	30	
陰	廿七	廿八	廿九	卅	八	二	三	四	五	六	七	八	九	十	十一	十二	十三	十四	十五	十六	十七	十八	十九	廿	廿一	廿二	廿三	廿四	廿五	廿六	
星	日	1	2	3	4	5	6	日	1	2	3	4	5	6	日	1	2	3	4	5	6	日	1	2	3	4	5	6	日	1	
干節	癸丑	甲寅	乙卯	丙辰	丁巳	戊午	己未	白露	辛酉	壬戌	癸亥	甲子	乙丑	丙寅	丁卯	戊辰	己巳	庚午	辛未	壬申	癸酉	甲戌	秋分	丙子	丁丑	戊寅	己卯	庚辰	辛巳	壬午	

陽歷十月份　（陰歷八、九月份）

陽	10	2	3	4	5	6	7	8	9	10	11	12	13	14	15	16	17	18	19	20	21	22	23	24	25	26	27	28	29	30	31
陰	廿七	廿八	廿九	九	二	三	四	五	六	七	八	九	十	十一	十二	十三	十四	十五	十六	十七	十八	十九	廿	廿一	廿二	廿三	廿四	廿五	廿六	廿七	廿八
星	2	3	4	5	6	日	1	2	3	4	5	6	日	1	2	3	4	5	6	日	1	2	3	4	5	6	日	1	2	3	4
干節	癸未	甲申	乙酉	丙戌	丁亥	戊子	己丑	寒露	辛卯	壬辰	癸巳	甲午	乙未	丙申	丁酉	戊戌	己亥	庚子	辛丑	壬寅	癸卯	甲辰	霜降	丙午	丁未	戊申	己酉	庚戌	辛亥	壬子	癸丑

陽歷十一月份　（陰歷九、十月份）

陽	11	2	3	4	5	6	7	8	9	10	11	12	13	14	15	16	17	18	19	20	21	22	23	24	25	26	27	28	29	30	
陰	廿九	卅	十	二	三	四	五	六	七	八	九	十	十一	十二	十三	十四	十五	十六	十七	十八	十九	廿	廿一	廿二	廿三	廿四	廿五	廿六	廿七	廿八	
星	5	6	日	1	2	3	4	5	6	日	1	2	3	4	5	6	日	1	2	3	4	5	6	日	1	2	3	4	5	6	
干節	甲寅	乙卯	丙辰	丁巳	戊午	己未	立冬	辛酉	壬戌	癸亥	甲子	乙丑	丙寅	丁卯	戊辰	己巳	庚午	辛未	壬申	癸酉	甲戌	小雪	丙子	丁丑	戊寅	己卯	庚辰	辛巳	壬午	癸未	

陽歷十二月份　（陰歷十、十一、十二月份）

陽	12	2	3	4	5	6	7	8	9	10	11	12	13	14	15	16	17	18	19	20	21	22	23	24	25	26	27	28	29	30	31
陰	廿九	十一	二	三	四	五	六	七	八	九	十	十一	十二	十三	十四	十五	十六	十七	十八	十九	廿	廿一	廿二	廿三	廿四	廿五	廿六	廿七	廿八	廿九	十二
星	日	1	2	3	4	5	6	日	1	2	3	4	5	6	日	1	2	3	4	5	6	日	1	2	3	4	5	6	日	1	2
干節	甲申	乙酉	丙戌	丁亥	戊子	己丑	大雪	辛卯	壬辰	癸巳	甲午	乙未	丙申	丁酉	戊戌	己亥	庚子	辛丑	壬寅	癸卯	甲辰	冬至	丙午	丁未	戊申	己酉	庚戌	辛亥	壬子	癸丑	甲寅

壬戌

一八六二年

（太平天國壬戌一二年清穆宗同治元年）

（註三三）天曆太平天國壬戌一二年正月元日丙申，當清曆同治元年正月十三日，西曆一八六二年二月十一日。

陽歷一月份　（陰歷十二、正月份）

陽	1	2	3	4	5	6	7	8	9	10	11	12	13	14	15	16	17	18	19	20	21	22	23	24	25	26	27	28	29	30	31
陰	二	三	四	五	六	七	八	九	十	十一	十二	十三	十四	十五	十六	十七	十八	十九	廿	廿一	廿二	廿三	廿四	廿五	廿六	廿七	廿八	廿九	卅	正	二
星	3	4	5	6	日	1	2	3	4	5	6	日	1	2	3	4	5	6	日	1	2	3	4	5	6	日	1	2	3	4	5
干節	乙卯	丙辰	丁巳	戊午	小寒	庚申	辛酉	壬戌	癸亥	甲子	乙丑	丙寅	丁卯	戊辰	己巳	庚午	辛未	壬申	癸酉	大寒	乙亥	丙子	丁丑	戊寅	己卯	庚辰	辛巳	壬午	癸未	甲申	乙酉

陽歷二月份　（陰歷正月份）

陽	2	2	3	4	5	6	7	8	9	10	11	12	13	14	15	16	17	18	19	20	21	22	23	24	25	26	27	28			
陰	三	四	五	六	七	八	九	十	十一	十二	十三	十四	十五	十六	十七	十八	十九	廿	廿一	廿二	廿三	廿四	廿五	廿六	廿七	廿八	廿九	卅			
星	6	日	1	2	3	4	5	6	日	1	2	3	4	5	6	日	1	2	3	4	5	6	日	1	2	3	4	5			
干節	丙戌	丁亥	戊子	立春	庚寅	辛卯	壬辰	癸巳	甲午	乙未	丙申	丁酉	戊戌	己亥	庚子	辛丑	壬寅	癸卯	雨水	乙巳	丙午	丁未	戊申	己酉	庚戌	辛亥	壬子	癸丑			

陽歷三月份　（陰歷二、三月份）

陽	3	2	3	4	5	6	7	8	9	10	11	12	13	14	15	16	17	18	19	20	21	22	23	24	25	26	27	28	29	30	31
陰	二	二	三	四	五	六	七	八	九	十	十一	十二	十三	十四	十五	十六	十七	十八	十九	廿	廿一	廿二	廿三	廿四	廿五	廿六	廿七	廿八	廿九	三	二
星	6	日	1	2	3	4	5	6	日	1	2	3	4	5	6	日	1	2	3	4	5	6	日	1	2	3	4	5	6	日	1
干節	甲寅	乙卯	丙辰	丁巳	戊午	驚蟄	庚申	辛酉	壬戌	癸亥	甲子	乙丑	丙寅	丁卯	戊辰	己巳	庚午	辛未	壬申	癸酉	春分	乙亥	丙子	丁丑	戊寅	己卯	庚辰	辛巳	壬午	癸未	甲申

陽歷四月份　（陰歷三、四月份）

陽	4	2	3	4	5	6	7	8	9	10	11	12	13	14	15	16	17	18	19	20	21	22	23	24	25	26	27	28	29	30	
陰	三	四	五	六	七	八	九	十	十一	十二	十三	十四	十五	十六	十七	十八	十九	廿	廿一	廿二	廿三	廿四	廿五	廿六	廿七	廿八	廿九	卅	四	二	
星	2	3	4	5	6	日	1	2	3	4	5	6	日	1	2	3	4	5	6	日	1	2	3	4	5	6	日	1	2	3	
干節	乙酉	丙戌	丁亥	戊子	清明	庚寅	辛卯	壬辰	癸巳	甲午	乙未	丙申	丁酉	戊戌	己亥	庚子	辛丑	壬寅	癸卯	穀雨	乙巳	丙午	丁未	戊申	己酉	庚戌	辛亥	壬子	癸丑	甲寅	

陽歷五月份　（陰歷四、五月份）

陽	5	2	3	4	5	6	7	8	9	10	11	12	13	14	15	16	17	18	19	20	21	22	23	24	25	26	27	28	29	30	31
陰	三	四	五	六	七	八	九	十	十一	十二	十三	十四	十五	十六	十七	十八	十九	廿	廿一	廿二	廿三	廿四	廿五	廿六	廿七	廿八	廿九	五	二	三	四
星	4	5	6	日	1	2	3	4	5	6	日	1	2	3	4	5	6	日	1	2	3	4	5	6	日	1	2	3	4	5	6
干節	乙卯	丙辰	丁巳	戊午	己未	立夏	辛酉	壬戌	癸亥	甲子	乙丑	丙寅	丁卯	戊辰	己巳	庚午	辛未	壬申	癸酉	甲戌	小滿	丙子	丁丑	戊寅	己卯	庚辰	辛巳	壬午	癸未	甲申	乙酉

陽歷六月份　（陰歷五、六月份）

陽	6	2	3	4	5	6	7	8	9	10	11	12	13	14	15	16	17	18	19	20	21	22	23	24	25	26	27	28	29	30
陰	五	六	七	八	九	十	十一	十二	十三	十四	十五	十六	十七	十八	十九	廿	廿一	廿二	廿三	廿四	廿五	廿六	廿七	廿八	廿九	卅	六	二	三	四
星	日	1	2	3	4	5	6	日	1	2	3	4	5	6	日	1	2	3	4	5	6	日	1	2	3	4	5	6	日	1
干節	丙戌	丁亥	戊子	己丑	庚寅	芒種	壬辰	癸巳	甲午	乙未	丙申	丁酉	戊戌	己亥	庚子	辛丑	壬寅	癸卯	甲辰	乙巳	丙午	夏至	戊申	己酉	庚戌	辛亥	壬子	癸丑	甲寅	乙卯

壬戌

一八六二年

（太平天國壬戌一二年清穆宗同治元年）

陽曆七月份　（陰曆六、七月份）

陽	7	2	3	4	5	6	7	8	9	10	11	12	13	14	15	16	17	18	19	20	21	22	23	24	25	26	27	28	29	30	31
陰	五	六	七	八	九	十	十一	十二	十三	十四	十五	十六	十七	十八	十九	廿	廿一	廿二	廿三	廿四	廿五	廿六	廿七	廿八	廿九	卅	七	二	三	四	五
星	2	3	4	5	6	日	1	2	3	4	5	6	日	1	2	3	4	5	6	日	1	2	3	4	5	6	日	1	2	3	4
干節	丙辰	丁巳	戊午	己未	庚申	辛酉	小暑	癸亥	甲子	乙丑	丙寅	丁卯	戊辰	己巳	庚午	辛未	壬申	癸酉	甲戌	乙亥	丙子	丁丑	大暑	己卯	庚辰	辛巳	壬午	癸未	甲申	乙酉	丙戌

陽曆八月份　（陰曆七、八月份）

陽	8	2	3	4	5	6	7	8	9	10	11	12	13	14	15	16	17	18	19	20	21	22	23	24	25	26	27	28	29	30	31
陰	六	七	八	九	十	十一	十二	十三	十四	十五	十六	十七	十八	十九	廿	廿一	廿二	廿三	廿四	廿五	廿六	廿七	廿八	廿九	八	二	三	四	五	六	七
星	5	6	日	1	2	3	4	5	6	日	1	2	3	4	5	6	日	1	2	3	4	5	6	日	1	2	3	4	5	6	日
干節	丁亥	戊子	己丑	庚寅	辛卯	壬辰	癸巳	立秋	乙未	丙申	丁酉	戊戌	己亥	庚子	辛丑	壬寅	癸卯	甲辰	乙巳	丙午	丁未	戊申	處暑	庚戌	辛亥	壬子	癸丑	甲寅	乙卯	丙辰	丁巳

陽曆九月份　（陰曆八、閏八月份）

陽	9	2	3	4	5	6	7	8	9	10	11	12	13	14	15	16	17	18	19	20	21	22	23	24	25	26	27	28	29	30
陰	八	九	十	十一	十二	十三	十四	十五	十六	十七	十八	十九	廿	廿一	廿二	廿三	廿四	廿五	廿六	廿七	廿八	廿九	卅	閏	二	三	四	五	六	七
星	1	2	3	4	5	6	日	1	2	3	4	5	6	日	1	2	3	4	5	6	日	1	2	3	4	5	6	日	1	2
干節	戊午	己未	庚申	辛酉	壬戌	癸亥	甲子	白露	丙寅	丁卯	戊辰	己巳	庚午	辛未	壬申	癸酉	甲戌	乙亥	丙子	丁丑	戊寅	己卯	秋分	辛巳	壬午	癸未	甲申	乙酉	丙戌	丁亥

陽曆十月份　（陰曆閏八、九月份）

陽	10	2	3	4	5	6	7	8	9	10	11	12	13	14	15	16	17	18	19	20	21	22	23	24	25	26	27	28	29	30	31
陰	八	九	十	十一	十二	十三	十四	十五	十六	十七	十八	十九	廿	廿一	廿二	廿三	廿四	廿五	廿六	廿七	廿八	廿九	九	二	三	四	五	六	七	八	九
星	3	4	5	6	日	1	2	3	4	5	6	日	1	2	3	4	5	6	日	1	2	3	4	5	6	日	1	2	3	4	5
干節	戊子	己丑	庚寅	辛卯	壬辰	癸巳	甲午	寒露	丙申	丁酉	戊戌	己亥	庚子	辛丑	壬寅	癸卯	甲辰	乙巳	丙午	丁未	戊申	己酉	庚戌	霜降	壬子	癸丑	甲寅	乙卯	丙辰	丁巳	戊午

陽曆十一月份　（陰曆九、十月份）

陽	11	2	3	4	5	6	7	8	9	10	11	12	13	14	15	16	17	18	19	20	21	22	23	24	25	26	27	28	29	30
陰	十	十一	十二	十三	十四	十五	十六	十七	十八	十九	廿	廿一	廿二	廿三	廿四	廿五	廿六	廿七	廿八	廿九	卅	十	二	三	四	五	六	七	八	九
星	6	日	1	2	3	4	5	6	日	1	2	3	4	5	6	日	1	2	3	4	5	6	日	1	2	3	4	5	6	日
干節	己未	庚申	辛酉	壬戌	癸亥	甲子	乙丑	立冬	丁卯	戊辰	己巳	庚午	辛未	壬申	癸酉	甲戌	乙亥	丙子	丁丑	戊寅	己卯	小雪	辛巳	壬午	癸未	甲申	乙酉	丙戌	丁亥	戊子

陽曆十二月份　（陰曆十、十　月份）

陽	12	2	3	4	5	6	7	8	9	10	11	12	13	14	15	16	17	18	19	20	21	22	23	24	25	26	27	28	29	30	31
陰	十	十一	十二	十三	十四	十五	十六	十七	十八	十九	廿	廿一	廿二	廿三	廿四	廿五	廿六	廿七	廿八	廿九	十一	二	三	四	五	六	七	八	九	十	十一
星	1	2	3	4	5	6	日	1	2	3	4	5	6	日	1	2	3	4	5	6	日	1	2	3	4	5	6	日	1	2	3
干節	己丑	庚寅	辛卯	壬辰	癸巳	甲午	大雪	丙申	丁酉	戊戌	己亥	庚子	辛丑	壬寅	癸卯	甲辰	乙巳	丙午	丁未	戊申	己酉	冬至	辛亥	壬子	癸丑	甲寅	乙卯	丙辰	丁巳	戊午	己未

近世中西史日對照表

（註三四）天曆太平天國癸開一三年正月元日壬寅，當清曆同治元年十二月二十五日，西曆一八六三年二月十二日。

癸亥

一八六三年

（太平天國癸開一三年清穆宗同治二年）

陽歷 一 月份 （陰歷十一、十二月份）

陽	**1**	2	3	4	5	6	7	8	9	10	11	12	13	14	15	16	17	18	19	20	21	22	23	24	25	26	27	28	29	30	31
陰	十二	十三	十四	十五	十六	十七	十八	十九	廿	廿一	廿二	廿三	廿四	廿五	廿六	廿七	廿八	廿九	**十二**	二	三	四	五	六	七	八	九	十	十一	十二	十三
星	4	5	6	**日**	1	2	3	4	5	6	**日**	1	2	3	4	5	6	**日**	1	2	3	4	5	6	**日**	1	2	3	4	5	6
干節	庚申	辛酉	壬戌	癸亥	甲子	**小寒**	丙寅	丁卯	戊辰	己巳	庚午	辛未	壬申	癸酉	甲戌	乙亥	丙子	丁丑	戊寅	**大寒**	庚辰	辛巳	壬午	癸未	甲申	乙酉	丙戌	丁亥	戊子	己丑	庚寅

陽歷 二 月份 （陰歷十二正月份）

陽	**2**	2	3	4	5	6	7	8	9	10	11	12	13	14	15	16	17	18	19	20	21	22	23	24	25	26	27	28			
陰	十四	十五	十六	十七	十八	十九	廿	廿一	廿二	廿三	廿四	廿五	廿六	廿七	廿八	廿九	卅	**正**	二	三	四	五	六	七	八	九	十	十一			
星	**日**	1	2	3	4	5	6	**日**	1	2	3	4	5	6	**日**	1	2	3	4	5	6	**日**	1	2	3	4	5	6			
干節	辛卯	壬辰	癸巳	**立春**	乙未	丙申	丁酉	戊戌	己亥	庚子	辛丑	壬寅	癸卯	甲辰	乙巳	丙午	丁未	戊申	**雨水**	庚戌	辛亥	壬子	癸丑	甲寅	乙卯	丙辰	丁巳	戊午			

陽歷 三 月份 （陰歷正、二月份）

陽	**3**	2	3	4	5	6	7	8	9	10	11	12	13	14	15	16	17	18	19	20	21	22	23	24	25	26	27	28	29	30	31
陰	十二	十三	十四	十五	十六	十七	十八	十九	廿	廿一	廿二	廿三	廿四	廿五	廿六	廿七	廿八	廿九	**二**	二	三	四	五	六	七	八	九	十	十一	十二	十三
星	**日**	1	2	3	4	5	6	**日**	1	2	3	4	5	6	**日**	1	2	3	4	5	6	**日**	1	2	3	4	5	6	**日**	1	2
干節	己未	庚申	辛酉	壬戌	癸亥	**驚蟄**	乙丑	丙寅	丁卯	戊辰	己巳	庚午	辛未	壬申	癸酉	甲戌	乙亥	丙子	丁丑	戊寅	**春分**	庚辰	辛巳	壬午	癸未	甲申	乙酉	丙戌	丁亥	戊子	己丑

陽歷 四 月份 （陰歷二、三月份）

陽	**4**	2	3	4	5	6	7	8	9	10	11	12	13	14	15	16	17	18	19	20	21	22	23	24	25	26	27	28	29	30	
陰	十四	十五	十六	十七	十八	十九	廿	廿一	廿二	廿三	廿四	廿五	廿六	廿七	廿八	廿九	卅	**三**	二	三	四	五	六	七	八	九	十	十一	十二	十三	
星	3	4	5	6	**日**	1	2	3	4	5	6	**日**	1	2	3	4	5	6	**日**	1	2	3	4	5	6	**日**	1	2	3	4	
干節	庚寅	辛卯	壬辰	癸巳	**清明**	乙未	丙申	丁酉	戊戌	己亥	庚子	辛丑	壬寅	癸卯	甲辰	乙巳	丙午	丁未	戊申	**穀雨**	庚戌	辛亥	壬子	癸丑	甲寅	乙卯	丙辰	丁巳	戊午	己未	

陽歷 五 月份 （陰歷三、四月份）

陽	**5**	2	3	4	5	6	7	8	9	10	11	12	13	14	15	16	17	18	19	20	21	22	23	24	25	26	27	28	29	30	31
陰	十四	十五	十六	十七	十八	十九	廿	廿一	廿二	廿三	廿四	廿五	廿六	廿七	廿八	廿九	卅	**四**	二	三	四	五	六	七	八	九	十	十一	十二	十三	十四
星	5	6	**日**	1	2	3	4	5	6	**日**	1	2	3	4	5	6	**日**	1	2	3	4	5	6	**日**	1	2	3	4	5	6	**日**
干節	庚申	辛酉	壬戌	癸亥	甲子	**立夏**	丙寅	丁卯	戊辰	己巳	庚午	辛未	壬申	癸酉	甲戌	乙亥	丙子	丁丑	戊寅	己卯	**小滿**	辛巳	壬午	癸未	甲申	乙酉	丙戌	丁亥	戊子	己丑	庚寅

陽歷 六 月份 （陰歷四、五月份）

陽	**6**	2	3	4	5	6	7	8	9	10	11	12	13	14	15	16	17	18	19	20	21	22	23	24	25	26	27	28	29	30	
陰	十五	十六	十七	十八	十九	廿	廿一	廿二	廿三	廿四	廿五	廿六	廿七	廿八	廿九	**五**	二	三	四	五	六	七	八	九	十	十一	十二	十三	十四	十五	
星	1	2	3	4	5	6	**日**	1	2	3	4	5	6	**日**	1	2	3	4	5	6	**日**	1	2	3	4	5	6	**日**	1	2	
干節	辛卯	壬辰	癸巳	甲午	乙未	**芒種**	丁酉	戊戌	己亥	庚子	辛丑	壬寅	癸卯	甲辰	乙巳	丙午	丁未	戊申	己酉	庚戌	辛亥	**夏至**	癸丑	甲寅	乙卯	丙辰	丁巳	戊午	己未	庚申	

癸亥

一八六三年

（太平天國癸開一三年清穆宗同治二年）

陽歷七月份（陰歷五、六月份）

陽	7	2	3	4	5	6	7	8	9	10	11	12	13	14	15	16
陰	十六	十七	十八	十九	廿	廿一	廿二	廿三	廿四	廿五	廿六	廿七	廿八	廿九	卅	**六**
星	3	4	5	6	日	1	2	3	4	5	6	日	1	2	3	4
干節	辛酉	壬戌	癸亥	甲子	乙丑	丙寅	丁卯	**小暑**	己巳	庚午	辛未	壬申	癸酉	甲戌	乙亥	丙子

陽	17	18	19	20	21	22	23	24	25	26	27	28	29	30	31
陰	二	三	四	五	六	七	八	九	十	十一	十二	十三	十四	十五	十六
星	5	6	日	1	2	3	4	5	6	日	1	2	3	4	5
干節	丁丑	戊寅	己卯	庚辰	辛巳	壬午	**大暑**	甲申	乙酉	丙戌	丁亥	戊子	己丑	庚寅	辛卯

陽歷八月份（陰歷六、七月份）

陽	8	2	3	4	5	6	7	8	9	10	11	12	13	14	15	16
陰	十七	十八	十九	廿	廿一	廿二	廿三	廿四	廿五	廿六	廿七	廿八	廿九	**七**	二	三
星	6	日	1	2	3	4	5	6	日	1	2	3	4	5	6	日
干節	壬辰	癸巳	甲午	乙未	丙申	丁酉	戊戌	**立秋**	庚子	辛丑	壬寅	癸卯	甲辰	乙巳	丙午	丁未

陽	17	18	19	20	21	22	23	24	25	26	27	28	29	30	31
陰	四	五	六	七	八	九	十	十一	十二	十三	十四	十五	十六	十七	十八
星	1	2	3	4	5	6	日	1	2	3	4	5	6	日	1
干節	戊申	己酉	庚戌	辛亥	壬子	癸丑	甲寅	**處暑**	丙辰	丁巳	戊午	己未	庚申	辛酉	壬戌

陽歷九月份（陰歷七、八月份）

陽	9	2	3	4	5	6	7	8	9	10	11	12	13	14	15
陰	十九	廿	廿一	廿二	廿三	廿四	廿五	廿六	廿七	廿八	廿九	卅	**八**	二	三
星	2	3	4	5	6	日	1	2	3	4	5	6	日	1	2
干節	癸亥	甲子	乙丑	丙寅	丁卯	戊辰	己巳	**白露**	辛未	壬申	癸酉	甲戌	乙亥	丙子	丁丑

陽	16	17	18	19	20	21	22	23	24	25	26	27	28	29	30
陰	四	五	六	七	八	九	十	十一	十二	十三	十四	十五	十六	十七	十八
星	3	4	5	6	日	1	2	3	4	5	6	日	1	2	3
干節	戊寅	己卯	庚辰	辛巳	壬午	癸未	甲申	**秋分**	丙戌	丁亥	戊子	己丑	庚寅	辛卯	壬辰

陽歷十月份（陰歷八、九月份）

陽	10	2	3	4	5	6	7	8	9	10	11	12	13	14	15	16
陰	十九	廿	廿一	廿二	廿三	廿四	廿五	廿六	廿七	廿八	廿九	卅	**九**	二	三	四
星	4	5	6	日	1	2	3	4	5	6	日	1	2	3	4	5
干節	癸巳	甲午	乙未	丙申	丁酉	戊戌	己亥	庚子	**寒露**	壬寅	癸卯	甲辰	乙巳	丙午	丁未	戊申

陽	17	18	19	20	21	22	23	24	25	26	27	28	29	30	31
陰	五	六	七	八	九	十	十一	十二	十三	十四	十五	十六	十七	十八	十九
星	6	日	1	2	3	4	5	6	日	1	2	3	4	5	6
干節	己酉	庚戌	辛亥	壬子	癸丑	甲寅	乙卯	**霜降**	丁巳	戊午	己未	庚申	辛酉	壬戌	癸亥

陽歷十一月份（陰歷九、十月份）

陽	11	2	3	4	5	6	7	8	9	10	11	12	13	14	15
陰	廿	廿一	廿二	廿三	廿四	廿五	廿六	廿七	廿八	廿九	**十**	二	三	四	五
星	日	1	2	3	4	5	6	日	1	2	3	4	5	6	日
干節	甲子	乙丑	丙寅	丁卯	戊辰	己巳	庚午	**立冬**	壬申	癸酉	甲戌	乙亥	丙子	丁丑	戊寅

陽	16	17	18	19	20	21	22	23	24	25	26	27	28	29	30
陰	六	七	八	九	十	十一	十二	十三	十四	十五	十六	十七	十八	十九	廿
星	1	2	3	4	5	6	日	1	2	3	4	5	6	日	1
干節	己卯	庚辰	辛巳	壬午	癸未	甲申	乙酉	**小雪**	丁亥	戊子	己丑	庚寅	辛卯	壬辰	癸巳

陽歷十二月份（陰歷十、十一月份）

陽	12	2	3	4	5	6	7	8	9	10	11	12	13	14	15	16
陰	廿一	廿二	廿三	廿四	廿五	廿六	廿七	廿八	廿九	卅	**十一**	二	三	四	五	六
星	2	3	4	5	6	日	1	2	3	4	5	6	日	1	2	3
干節	甲午	乙未	丙申	丁酉	戊戌	己亥	**大雪**	辛丑	壬寅	癸卯	甲辰	乙巳	丙午	丁未	戊申	己酉

陽	17	18	19	20	21	22	23	24	25	26	27	28	29	30	31
陰	七	八	九	十	十一	十二	十三	十四	十五	十六	十七	十八	十九	廿	廿一
星	4	5	6	日	1	2	3	4	5	6	日	1	2	3	4
干節	庚戌	辛亥	壬子	癸丑	甲寅	**冬至**	丙辰	丁巳	戊午	己未	庚申	辛酉	壬戌	癸亥	甲子

近世中西史日對照表

（註三五）天曆太平天國甲子一四年正月元日戊申，當清曆同治三年正月六日，西曆一八六四年二月十三日。

陽歷 一 月 份 （陰歷十一、十二月份）

陽	1	2	3	4	5	6	7	8	9	10	11	12	13	14	15	16	17	18	19	20	21	22	23	24	25	26	27	28	29	30	31
陰	廿二	廿三	廿四	廿五	廿六	廿七	廿八	廿九	十二	二	三	四	五	六	七	八	九	十	十一	十二	十三	十四	十五	十六	十七	十八	十九	廿	廿一	廿二	廿三
星	5	6	日	1	2	3	4	5	6	日	1	2	3	4	5	6	日	1	2	3	4	5	6	日	1	2	3	4	5	6	日
干節	乙丑	丙寅	丁卯	戊辰	己巳	小寒	辛未	壬申	癸酉	甲戌	乙亥	丙子	丁丑	戊寅	己卯	庚辰	辛巳	壬午	癸未	甲申	大寒	丙戌	丁亥	戊子	己丑	庚寅	辛卯	壬辰	癸巳	甲午	乙未

陽歷 二 月 份 （陰歷十二、正月份）

陽	1	2	3	4	5	6	7	8	9	10	11	12	13	14	15	16	17	18	19	20	21	22	23	24	25	26	27	28	29
陰	廿四	廿五	廿六	廿七	廿八	廿九	卅	正	二	三	四	五	六	七	八	九	十	十一	十二	十三	十四	十五	十六	十七	十八	十九	廿	廿一	廿二
星	1	2	3	4	5	6	日	1	2	3	4	5	6	日	1	2	3	4	5	6	日	1	2	3	4	5	6	日	1
干節	丙申	丁酉	戊戌	立春	庚子	辛丑	壬寅	癸卯	甲辰	乙巳	丙午	丁未	戊申	己酉	庚戌	辛亥	壬子	癸丑	雨水	乙卯	丙辰	丁巳	戊午	己未	庚申	辛酉	壬戌	癸亥	甲子

陽歷 三 月 份 （陰歷正、二月份）

陽	1	2	3	4	5	6	7	8	9	10	11	12	13	14	15	16	17	18	19	20	21	22	23	24	25	26	27	28	29	30	31
陰	廿三	廿四	廿五	廿六	廿七	廿八	廿九	二	二	三	四	五	六	七	八	九	十	十一	十二	十三	十四	十五	十六	十七	十八	十九	廿	廿一	廿二	廿三	廿四
星	2	3	4	5	6	日	1	2	3	4	5	6	日	1	2	3	4	5	6	日	1	2	3	4	5	6	日	1	2	3	4
干節	乙丑	丙寅	丁卯	戊辰	驚蟄	庚午	辛未	壬申	癸酉	甲戌	乙亥	丙子	丁丑	戊寅	己卯	庚辰	辛巳	壬午	癸未	春分	乙酉	丙戌	丁亥	戊子	己丑	庚寅	辛卯	壬辰	癸巳	甲午	乙未

陽歷 四 月 份 （陰歷二、三月份）

陽	1	2	3	4	5	6	7	8	9	10	11	12	13	14	15	16	17	18	19	20	21	22	23	24	25	26	27	28	29	30
陰	廿五	廿六	廿七	廿八	廿九	三	二	三	四	五	六	七	八	九	十	十一	十二	十三	十四	十五	十六	十七	十八	十九	廿	廿一	廿二	廿三	廿四	廿五
星	5	6	日	1	2	3	4	5	6	日	1	2	3	4	5	6	日	1	2	3	4	5	6	日	1	2	3	4	5	6
干節	丙申	丁酉	戊戌	清明	庚子	辛丑	壬寅	癸卯	甲辰	乙巳	丙午	丁未	戊申	己酉	庚戌	辛亥	壬子	癸丑	甲寅	穀雨	丙辰	丁巳	戊午	己未	庚申	辛酉	壬戌	癸亥	甲子	乙丑

陽歷 五 月 份 （陰歷三、四月份）

陽	1	2	3	4	5	6	7	8	9	10	11	12	13	14	15	16	17	18	19	20	21	22	23	24	25	26	27	28	29	30	31
陰	廿六	廿七	廿八	廿九	卅	四	二	三	四	五	六	七	八	九	十	十一	十二	十三	十四	十五	十六	十七	十八	十九	廿	廿一	廿二	廿三	廿四	廿五	廿六
星	日	1	2	3	4	5	6	日	1	2	3	4	5	6	日	1	2	3	4	5	6	日	1	2	3	4	5	6	日	1	2
干節	丙寅	丁卯	戊辰	己巳	立夏	辛未	壬申	癸酉	甲戌	乙亥	丙子	丁丑	戊寅	己卯	庚辰	辛巳	壬午	癸未	甲申	乙酉	小滿	丁亥	戊子	己丑	庚寅	辛卯	壬辰	癸巳	甲午	乙未	丙申

陽歷 六 月 份 （陰歷四、五月份）

陽	1	2	3	4	5	6	7	8	9	10	11	12	13	14	15	16	17	18	19	20	21	22	23	24	25	26	27	28	29	30
陰	廿七	廿八	廿九	五	二	三	四	五	六	七	八	九	十	十一	十二	十三	十四	十五	十六	十七	十八	十九	廿	廿一	廿二	廿三	廿四	廿五	廿六	廿七
星	3	4	5	6	日	1	2	3	4	5	6	日	1	2	3	4	5	6	日	1	2	3	4	5	6	日	1	2	3	4
干節	丁酉	戊戌	己亥	庚子	芒種	壬寅	癸卯	甲辰	乙巳	丙午	丁未	戊申	己酉	庚戌	辛亥	壬子	癸丑	甲寅	乙卯	丙辰	夏至	戊午	己未	庚申	辛酉	壬戌	癸亥	甲子	乙丑	丙寅

甲子

一八六四年

（太平天國甲子一四年清穆宗同治三年）

陽歷七月份　（陰歷五、六月份）

陽	**7**	2	3	4	5	6	7	8	9	10	11	12	13	14	15	16	17	18	19	20	21	22	23	24	25	26	27	28	29	30	31
陰	廿八	廿九	卅	**六**	二	三	四	五	六	七	八	九	十	十一	十二	十三	十四	十五	十六	十七	十八	十九	廿	廿一	廿二	廿三	廿四	廿五	廿六	廿七	廿八
星	5	6	**日**	1	2	3	4	5	6	**日**	1	2	3	4	5	6	**日**	1	2	3	4	5	6	**日**	1	2	3	4	5	6	**日**
干節	丁卯	戊辰	己巳	庚午	辛未	壬申	**小暑**	甲戌	乙亥	丙子	丁丑	戊寅	己卯	庚辰	辛巳	壬午	癸未	甲申	乙酉	丙戌	丁亥	戊子	**大暑**	庚寅	辛卯	壬辰	癸巳	甲午	乙未	丙申	丁酉

陽歷八月份　（陰歷六、七月份）

陽	**8**	2	3	4	5	6	7	8	9	10	11	12	13	14	15	16	17	18	19	20	21	22	23	24	25	26	27	28	29	30	31
陰	廿九	**七**	二	三	四	五	六	七	八	九	十	十一	十二	十三	十四	十五	十六	十七	十八	十九	廿	廿一	廿二	廿三	廿四	廿五	廿六	廿七	廿八	廿九	卅
星	1	2	3	4	5	6	**日**	1	2	3	4	5	6	**日**	1	2	3	4	5	6	**日**	1	2	3	4	5	6	**日**	1	2	3
干節	戊戌	己亥	庚子	辛丑	壬寅	癸卯	**立秋**	乙巳	丙午	丁未	戊申	己酉	庚戌	辛亥	壬子	癸丑	甲寅	乙卯	丙辰	丁巳	戊午	己未	**處暑**	辛酉	壬戌	癸亥	甲子	乙丑	丙寅	丁卯	戊辰

陽歷九月份　（陰歷八月份）

陽	**9**	2	3	4	5	6	7	8	9	10	11	12	13	14	15	16	17	18	19	20	21	22	23	24	25	26	27	28	29	30	
陰	**八**	二	三	四	五	六	七	八	九	十	十一	十二	十三	十四	十五	十六	十七	十八	十九	廿	廿一	廿二	廿三	廿四	廿五	廿六	廿七	廿八	廿九	卅	
星	4	5	6	**日**	1	2	3	4	5	6	**日**	1	2	3	4	5	6	**日**	1	2	3	4	5	6	**日**	1	2	3	4	5	
干節	己巳	庚午	辛未	壬申	癸酉	甲戌	**白露**	丙子	丁丑	戊寅	己卯	庚辰	辛巳	壬午	癸未	甲申	乙酉	丙戌	丁亥	戊子	己丑	庚寅	**秋分**	壬辰	癸巳	甲午	乙未	丙申	丁酉	戊戌	

陽歷十月份　（陰歷九、十月份）

陽	**10**	2	3	4	5	6	7	8	9	10	11	12	13	14	15	16	17	18	19	20	21	22	23	24	25	26	27	28	29	30	31
陰	**九**	二	三	四	五	六	七	八	九	十	十一	十二	十三	十四	十五	十六	十七	十八	十九	廿	廿一	廿二	廿三	廿四	廿五	廿六	廿七	廿八	廿九	**十**	二
星	6	**日**	1	2	3	4	5	6	**日**	1	2	3	4	5	6	**日**	1	2	3	4	5	6	**日**	1	2	3	4	5	6	**日**	1
干節	己亥	庚子	辛丑	壬寅	癸卯	甲辰	乙巳	**寒露**	丁未	戊申	己酉	庚戌	辛亥	壬子	癸丑	甲寅	乙卯	丙辰	丁巳	戊午	己未	庚申	**霜降**	壬戌	癸亥	甲子	乙丑	丙寅	丁卯	戊辰	己巳

陽歷十一月份　（陰歷十、十一月份）

陽	**11**	2	3	4	5	6	7	8	9	10	11	12	13	14	15	16	17	18	19	20	21	22	23	24	25	26	27	28	29	30	
陰	三	四	五	六	七	八	九	十	十一	十二	十三	十四	十五	十六	十七	十八	十九	廿	廿一	廿二	廿三	廿四	廿五	廿六	廿七	廿八	廿九	卅	**十一**	二	
星	2	3	4	5	6	**日**	1	2	3	4	5	6	**日**	1	2	3	4	5	6	**日**	1	2	3	4	5	6	**日**	1	2	3	
干節	庚午	辛未	壬申	癸酉	甲戌	乙亥	**立冬**	丁丑	戊寅	己卯	庚辰	辛巳	壬午	癸未	甲申	乙酉	丙戌	丁亥	戊子	己丑	庚寅	**小雪**	壬辰	癸巳	甲午	乙未	丙申	丁酉	戊戌	己亥	

陽歷十二月份　（陰歷十一、十二月份）

陽	**12**	2	3	4	5	6	7	8	9	10	11	12	13	14	15	16	17	18	19	20	21	22	23	24	25	26	27	28	29	30	31
陰	三	四	五	六	七	八	九	十	十一	十二	十三	十四	十五	十六	十七	十八	十九	廿	廿一	廿二	廿三	廿四	廿五	廿六	廿七	廿八	廿九	卅	**十二**	二	三
星	4	5	6	**日**	1	2	3	4	5	6	**日**	1	2	3	4	5	6	**日**	1	2	3	4	5	6	**日**	1	2	3	4	5	6
干節	庚子	辛丑	壬寅	癸卯	甲辰	乙巳	**大雪**	丁未	戊申	己酉	庚戌	辛亥	壬子	癸丑	甲寅	乙卯	丙辰	丁巳	戊午	己未	**冬至**	辛酉	壬戌	癸亥	甲子	乙丑	丙寅	丁卯	戊辰	己巳	庚午

近世中西史日對照表

乙丑 一八六五年（清穆宗同治四年）

陽歷一月份（陰歷十二、正月份）

陽	1	2	3	4	5	6	7	8	9	10	11	12	13	14	15	16	17	18	19	20	21	22	23	24	25	26	27	28	29	30	31
陰	四	五	六	七	八	九	十	十一	十二	十三	十四	十五	十六	十七	十八	十九	廿	廿一	廿二	廿三	廿四	廿五	廿六	廿七	廿八	廿九	正	二	三	四	五
星	日	1	2	3	4	5	6	日	1	2	3	4	5	6	日	1	2	3	4	5	6	日	1	2	3	4	5	6	日	1	2
干節	辛未	壬申	癸酉	甲戌	小寒	丙子	丁丑	戊寅	己卯	庚辰	辛巳	壬午	癸未	甲申	乙酉	丙戌	丁亥	戊子	己丑	大寒	辛卯	壬辰	癸巳	甲午	乙未	丙申	丁酉	戊戌	己亥	庚子	辛丑

陽歷二月份（陰歷正、二月份）

陽	2	2	3	4	5	6	7	8	9	10	11	12	13	14	15	16	17	18	19	20	21	22	23	24	25	26	27	28
陰	六	七	八	九	十	十一	十二	十三	十四	十五	十六	十七	十八	十九	廿	廿一	廿二	廿三	廿四	廿五	廿六	廿七	廿八	廿九	卅	二	二	三
星	3	4	5	6	日	1	2	3	4	5	6	日	1	2	3	4	5	6	日	1	2	3	4	5	6	日	1	2
干節	壬寅	癸卯	甲辰	立春	丙午	丁未	戊申	己酉	庚戌	辛亥	壬子	癸丑	甲寅	乙卯	丙辰	丁巳	戊午	雨水	庚申	辛酉	壬戌	癸亥	甲子	乙丑	丙寅	丁卯	戊辰	己巳

陽歷三月份（陰歷二、三月份）

陽	3	2	3	4	5	6	7	8	9	10	11	12	13	14	15	16	17	18	19	20	21	22	23	24	25	26	27	28	29	30	31
陰	四	五	六	七	八	九	十	十一	十二	十三	十四	十五	十六	十七	十八	十九	廿	廿一	廿二	廿三	廿四	廿五	廿六	廿七	廿八	廿九	三	二	三	四	五
星	3	4	5	6	日	1	2	3	4	5	6	日	1	2	3	4	5	6	日	1	2	3	4	5	6	日	1	2	3	4	5
干節	庚午	辛未	壬申	癸酉	驚蟄	乙亥	丙子	丁丑	戊寅	己卯	庚辰	辛巳	壬午	癸未	甲申	乙酉	丙戌	丁亥	戊子	春分	庚寅	辛卯	壬辰	癸巳	甲午	乙未	丙申	丁酉	戊戌	己亥	庚子

陽歷四月份（陰歷三、四月份）

陽	4	2	3	4	5	6	7	8	9	10	11	12	13	14	15	16	17	18	19	20	21	22	23	24	25	26	27	28	29	30
陰	六	七	八	九	十	十一	十二	十三	十四	十五	十六	十七	十八	十九	廿	廿一	廿二	廿三	廿四	廿五	廿六	廿七	廿八	廿九	四	二	三	四	五	六
星	6	日	1	2	3	4	5	6	日	1	2	3	4	5	6	日	1	2	3	4	5	6	日	1	2	3	4	5	6	日
干節	辛丑	壬寅	癸卯	甲辰	清明	丙午	丁未	戊申	己酉	庚戌	辛亥	壬子	癸丑	甲寅	乙卯	丙辰	丁巳	戊午	己未	穀雨	辛酉	壬戌	癸亥	甲子	乙丑	丙寅	丁卯	戊辰	己巳	庚午

陽歷五月份（陰歷四、五月份）

陽	5	2	3	4	5	6	7	8	9	10	11	12	13	14	15	16	17	18	19	20	21	22	23	24	25	26	27	28	29	30	31
陰	七	八	九	十	十一	十二	十三	十四	十五	十六	十七	十八	十九	廿	廿一	廿二	廿三	廿四	廿五	廿六	廿七	廿八	廿九	卅	五	二	三	四	五	六	七
星	1	2	3	4	5	6	日	1	2	3	4	5	6	日	1	2	3	4	5	6	日	1	2	3	4	5	6	日	1	2	3
干節	辛未	壬申	癸酉	甲戌	立夏	丙子	丁丑	戊寅	己卯	庚辰	辛巳	壬午	癸未	甲申	乙酉	丙戌	丁亥	戊子	己丑	庚寅	小滿	壬辰	癸巳	甲午	乙未	丙申	丁酉	戊戌	己亥	庚子	辛丑

陽歷六月份（陰歷五、閏五月份）

陽	6	2	3	4	5	6	7	8	9	10	11	12	13	14	15	16	17	18	19	20	21	22	23	24	25	26	27	28	29	30
陰	八	九	十	十一	十二	十三	十四	十五	十六	十七	十八	十九	廿	廿一	廿二	廿三	廿四	廿五	廿六	廿七	廿八	廿九	閏	二	三	四	五	六	七	八
星	4	5	6	日	1	2	3	4	5	6	日	1	2	3	4	5	6	日	1	2	3	4	5	6	日	1	2	3	4	5
干節	壬寅	癸卯	甲辰	乙巳	丙午	芒種	戊申	己酉	庚戌	辛亥	壬子	癸丑	甲寅	乙卯	丙辰	丁巳	戊午	己未	庚申	辛酉	夏至	癸亥	甲子	乙丑	丙寅	丁卯	戊辰	己巳	庚午	辛未

乙丑

一八六五年

（清穆宗同治四年）

陽歷七月份　（陰歷閏五、六月份）

陽	7	2	3	4	5	6	7	8	9	10	11	12	13	14	15	16	17	18	19	20	21	22	23	24	25	26	27	28	29	30	31
陰	九	十	十一	十二	十三	十四	十五	十六	十七	十八	十九	廿	廿一	廿二	廿三	廿四	廿五	廿六	廿七	廿八	廿九	卅	六	二	三	四	五	六	七	八	九
星	6	日	1	2	3	4	5	6	日	1	2	3	4	5	6	日	1	2	3	4	5	6	日	1	2	3	4	5	6	日	1
干節	壬申	癸酉	甲戌	乙亥	丙子	丁丑	小暑	己卯	庚辰	辛巳	壬午	癸未	甲申	乙酉	丙戌	丁亥	戊子	己丑	庚寅	辛卯	壬辰	癸巳	大暑	乙未	丙申	丁酉	戊戌	己亥	庚子	辛丑	壬寅

陽歷八月份　（陰歷六、七月份）

陽	8	2	3	4	5	6	7	8	9	10	11	12	13	14	15	16	17	18	19	20	21	22	23	24	25	26	27	28	29	30	31
陰	十	十一	十二	十三	十四	十五	十六	十七	十八	十九	廿	廿一	廿二	廿三	廿四	廿五	廿六	廿七	廿八	廿九	七	二	三	四	五	六	七	八	九	十	十一
星	2	3	4	5	6	日	1	2	3	4	5	6	日	1	2	3	4	5	6	日	1	2	3	4	5	6	日	1	2	3	4
干節	癸卯	甲辰	乙巳	丙午	丁未	戊申	立秋	庚戌	辛亥	壬子	癸丑	甲寅	乙卯	丙辰	丁巳	戊午	己未	庚申	辛酉	壬戌	癸亥	甲子	處暑	丙寅	丁卯	戊辰	己巳	庚午	辛未	壬申	癸酉

陽歷九月份　（陰歷七、八月份）

陽	9	2	3	4	5	6	7	8	9	10	11	12	13	14	15	16	17	18	19	20	21	22	23	24	25	26	27	28	29	30	
陰	十二	十三	十四	十五	十六	十七	十八	十九	廿	廿一	廿二	廿三	廿四	廿五	廿六	廿七	廿八	廿九	卅	八	二	三	四	五	六	七	八	九	十	十一	
星	5	6	日	1	2	3	4	5	6	日	1	2	3	4	5	6	日	1	2	3	4	5	6	日	1	2	3	4	5	6	
干節	甲戌	乙亥	丙子	丁丑	戊寅	己卯	庚辰	白露	壬午	癸未	甲申	乙酉	丙戌	丁亥	戊子	己丑	庚寅	辛卯	壬辰	癸巳	甲午	乙未	秋分	丁酉	戊戌	己亥	庚子	辛丑	壬寅	癸卯	

陽歷十月份　（陰歷八、九月份）

陽	10	2	3	4	5	6	7	8	9	10	11	12	13	14	15	16	17	18	19	20	21	22	23	24	25	26	27	28	29	30	31
陰	十二	十三	十四	十五	十六	十七	十八	十九	廿	廿一	廿二	廿三	廿四	廿五	廿六	廿七	廿八	廿九	卅	九	二	三	四	五	六	七	八	九	十	十一	十二
星	日	1	2	3	4	5	6	日	1	2	3	4	5	6	日	1	2	3	4	5	6	日	1	2	3	4	5	6	日	1	2
干節	甲辰	乙巳	丙午	丁未	戊申	己酉	庚戌	寒露	壬子	癸丑	甲寅	乙卯	丙辰	丁巳	戊午	己未	庚申	辛酉	壬戌	癸亥	甲子	乙丑	霜降	丁卯	戊辰	己巳	庚午	辛未	壬申	癸酉	甲戌

陽歷十一月份　（陰歷九、十月份）

陽	11	2	3	4	5	6	7	8	9	10	11	12	13	14	15	16	17	18	19	20	21	22	23	24	25	26	27	28	29	30	
陰	十三	十四	十五	十六	十七	十八	十九	廿	廿一	廿二	廿三	廿四	廿五	廿六	廿七	廿八	廿九	十	二	三	四	五	六	七	八	九	十	十一	十二	十三	
星	3	4	5	6	日	1	2	3	4	5	6	日	1	2	3	4	5	6	日	1	2	3	4	5	6	日	1	2	3	4	
干節	乙亥	丙子	丁丑	戊寅	己卯	庚辰	立冬	壬午	癸未	甲申	乙酉	丙戌	丁亥	戊子	己丑	庚寅	辛卯	壬辰	癸巳	甲午	乙未	小雪	丁酉	戊戌	己亥	庚子	辛丑	壬寅	癸卯	甲辰	

陽歷十二月份　（陰歷十、十一月份）

陽	12	2	3	4	5	6	7	8	9	10	11	12	13	14	15	16	17	18	19	20	21	22	23	24	25	26	27	28	29	30	31
陰	十四	十五	十六	十七	十八	十九	廿	廿一	廿二	廿三	廿四	廿五	廿六	廿七	廿八	廿九	卅	十一	二	三	四	五	六	七	八	九	十	十一	十二	十三	十四
星	5	6	日	1	2	3	4	5	6	日	1	2	3	4	5	6	日	1	2	3	4	5	6	日	1	2	3	4	5	6	日
干節	乙巳	丙午	丁未	戊申	己酉	庚戌	大雪	壬子	癸丑	甲寅	乙卯	丙辰	丁巳	戊午	己未	庚申	辛酉	壬戌	癸亥	甲子	乙丑	冬至	丁卯	戊辰	己巳	庚午	辛未	壬申	癸酉	甲戌	乙亥

丙寅　一八六六年　（清穆宗同治五年）

陽歷 一 月份　（陰歷十一、十二月份）

陽	1	2	3	4	5	6	7	8	9	10	11	12	13	14	15	16	17	18	19	20	21	22	23	24	25	26	27	28	29	30	31
陰	十五	十六	十七	十八	十九	廿	廿一	廿二	廿三	廿四	廿五	廿六	廿七	廿八	廿九	卅	十二	二	三	四	五	六	七	八	九	十	十一	十二	十三	十四	十五
星	1	2	3	4	5	6	日	1	2	3	4	5	6	日	1	2	3	4	5	6	日	1	2	3	4	5	6	日	1	2	3
干節	丙子	丁丑	戊寅	己卯	小寒	辛巳	壬午	癸未	甲申	乙酉	丙戌	丁亥	戊子	己丑	庚寅	辛卯	壬辰	癸巳	甲午	大寒	丙申	丁酉	戊戌	己亥	庚子	辛丑	壬寅	癸卯	甲辰	乙巳	丙午

陽歷 二 月份　（陰歷十二、正月份）

陽	1	2	3	4	5	6	7	8	9	10	11	12	13	14	15	16	17	18	19	20	21	22	23	24	25	26	27	28
陰	十六	十七	十八	十九	廿	廿一	廿二	廿三	廿四	廿五	廿六	廿七	廿八	廿九	正	二	三	四	五	六	七	八	九	十	十一	十二	十三	十四
星	4	5	6	日	1	2	3	4	5	6	日	1	2	3	4	5	6	日	1	2	3	4	5	6	日	1	2	3
干節	丁未	戊申	己酉	立春	辛亥	壬子	癸丑	甲寅	乙卯	丙辰	丁巳	戊午	己未	庚申	辛酉	壬戌	癸亥	甲子	雨水	丙寅	丁卯	戊辰	己巳	庚午	辛未	壬申	癸酉	甲戌

陽歷 三 月份　（陰歷正、二月份）

陽	1	2	3	4	5	6	7	8	9	10	11	12	13	14	15	16	17	18	19	20	21	22	23	24	25	26	27	28	29	30	31
陰	十五	十六	十七	十八	十九	廿	廿一	廿二	廿三	廿四	廿五	廿六	廿七	廿八	廿九	卅	二	二	三	四	五	六	七	八	九	十	十一	十二	十三	十四	十五
星	4	5	6	日	1	2	3	4	5	6	日	1	2	3	4	5	6	日	1	2	3	4	5	6	日	1	2	3	4	5	6
干節	乙亥	丙子	丁丑	戊寅	己卯	驚蟄	辛巳	壬午	癸未	甲申	乙酉	丙戌	丁亥	戊子	己丑	庚寅	辛卯	壬辰	癸巳	甲午	春分	丙申	丁酉	戊戌	己亥	庚子	辛丑	壬寅	癸卯	甲辰	乙巳

陽歷 四 月份　（陰歷二、三月份）

陽	1	2	3	4	5	6	7	8	9	10	11	12	13	14	15	16	17	18	19	20	21	22	23	24	25	26	27	28	29	30
陰	十六	十七	十八	十九	廿	廿一	廿二	廿三	廿四	廿五	廿六	廿七	廿八	廿九	三	二	三	四	五	六	七	八	九	十	十一	十二	十三	十四	十五	十六
星	日	1	2	3	4	5	6	日	1	2	3	4	5	6	日	1	2	3	4	5	6	日	1	2	3	4	5	6	日	1
干節	丙午	丁未	戊申	己酉	清明	辛亥	壬子	癸丑	甲寅	乙卯	丙辰	丁巳	戊午	己未	庚申	辛酉	壬戌	癸亥	甲子	穀雨	丙寅	丁卯	戊辰	己巳	庚午	辛未	壬申	癸酉	甲戌	乙亥

陽歷 五 月份　（陰歷三、四月份）

陽	1	2	3	4	5	6	7	8	9	10	11	12	13	14	15	16	17	18	19	20	21	22	23	24	25	26	27	28	29	30	31
陰	十七	十八	十九	廿	廿一	廿二	廿三	廿四	廿五	廿六	廿七	廿八	廿九	四	二	三	四	五	六	七	八	九	十	十一	十二	十三	十四	十五	十六	十七	十八
星	2	3	4	5	6	日	1	2	3	4	5	6	日	1	2	3	4	5	6	日	1	2	3	4	5	6	日	1	2	3	4
干節	丙子	丁丑	戊寅	己卯	庚辰	立夏	壬午	癸未	甲申	乙酉	丙戌	丁亥	戊子	己丑	庚寅	辛卯	壬辰	癸巳	甲午	乙未	小滿	丁酉	戊戌	己亥	庚子	辛丑	壬寅	癸卯	甲辰	乙巳	丙午

陽歷 六 月份　（陰歷四、五月份）

陽	1	2	3	4	5	6	7	8	9	10	11	12	13	14	15	16	17	18	19	20	21	22	23	24	25	26	27	28	29	30
陰	十九	廿	廿一	廿二	廿三	廿四	廿五	廿六	廿七	廿八	廿九	卅	五	二	三	四	五	六	七	八	九	十	十一	十二	十三	十四	十五	十六	十七	十八
星	5	6	日	1	2	3	4	5	6	日	1	2	3	4	5	6	日	1	2	3	4	5	6	日	1	2	3	4	5	6
干節	丁未	戊申	己酉	庚戌	辛亥	芒種	癸丑	甲寅	乙卯	丙辰	丁巳	戊午	己未	庚申	辛酉	壬戌	癸亥	甲子	乙丑	丙寅	丁卯	夏至	己巳	庚午	辛未	壬申	癸酉	甲戌	乙亥	丙子

丙寅　一八六六年　（清穆宗同治五年）

陽歷七月份　（陰歷五、六月份）

陽	7	2	3	4	5	6	7	8	9	10	11	12	13	14	15	16	17	18	19	20	21	22	23	24	25	26	27	28	29	30	31
陰	十九	廿	廿一	廿二	廿三	廿四	廿五	廿六	廿七	廿八	廿九	六	二	三	四	五	六	七	八	九	十	十一	十二	十三	十四	十五	十六	十七	十八	十九	廿
星	日	1	2	3	4	5	6	日	1	2	3	4	5	6	日	1	2	3	4	5	6	日	1	2	3	4	5	6	日	1	2
干節	丁丑	戊寅	己卯	庚辰	辛巳	壬午	小暑	甲申	乙酉	丙戌	丁亥	戊子	己丑	庚寅	辛卯	壬辰	癸巳	甲午	乙未	丙申	丁酉	戊戌	大暑	庚子	辛丑	壬寅	癸卯	甲辰	乙巳	丙午	丁未

陽歷八月份　（陰歷六、七月份）

陽	8	2	3	4	5	6	7	8	9	10	11	12	13	14	15	16	17	18	19	20	21	22	23	24	25	26	27	28	29	30	31
陰	廿一	廿二	廿三	廿四	廿五	廿六	廿七	廿八	廿九	七	二	三	四	五	六	七	八	九	十	十一	十二	十三	十四	十五	十六	十七	十八	十九	廿	廿一	廿二
星	3	4	5	6	日	1	2	3	4	5	6	日	1	2	3	4	5	6	日	1	2	3	4	5	6	日	1	2	3	4	5
干節	戊申	己酉	庚戌	辛亥	壬子	癸丑	甲寅	立秋	丙辰	丁巳	戊午	己未	庚申	辛酉	壬戌	癸亥	甲子	乙丑	丙寅	丁卯	戊辰	己巳	處暑	辛未	壬申	癸酉	甲戌	乙亥	丙子	丁丑	戊寅

陽歷九月份　（陰歷七、八月份）

陽	9	2	3	4	5	6	7	8	9	10	11	12	13	14	15	16	17	18	19	20	21	22	23	24	25	26	27	28	29	30	
陰	廿三	廿四	廿五	廿六	廿七	廿八	廿九	卅	八	二	三	四	五	六	七	八	九	十	十一	十二	十三	十四	十五	十六	十七	十八	十九	廿	廿一	廿二	
星	6	日	1	2	3	4	5	6	日	1	2	3	4	5	6	日	1	2	3	4	5	6	日	1	2	3	4	5	6	日	
干節	己卯	庚辰	辛巳	壬午	癸未	甲申	乙酉	白露	丁亥	戊子	己丑	庚寅	辛卯	壬辰	癸巳	甲午	乙未	丙申	丁酉	戊戌	己亥	庚子	秋分	壬寅	癸卯	甲辰	乙巳	丙午	丁未	戊申	

陽歷十月份　（陰歷八、九月份）

陽	10	2	3	4	5	6	7	8	9	10	11	12	13	14	15	16	17	18	19	20	21	22	23	24	25	26	27	28	29	30	31
陰	廿三	廿四	廿五	廿六	廿七	廿八	廿九	卅	九	二	三	四	五	六	七	八	九	十	十一	十二	十三	十四	十五	十六	十七	十八	十九	廿	廿一	廿二	廿三
星	1	2	3	4	5	6	日	1	2	3	4	5	6	日	1	2	3	4	5	6	日	1	2	3	4	5	6	日	1	2	3
干節	己酉	庚戌	辛亥	壬子	癸丑	甲寅	乙卯	寒露	丁巳	戊午	己未	庚申	辛酉	壬戌	癸亥	甲子	乙丑	丙寅	丁卯	戊辰	己巳	庚午	辛未	霜降	癸酉	甲戌	乙亥	丙子	丁丑	戊寅	己卯

陽歷十一月份　（陰歷九、十月份）

陽	11	2	3	4	5	6	7	8	9	10	11	12	13	14	15	16	17	18	19	20	21	22	23	24	25	26	27	28	29	30	
陰	廿四	廿五	廿六	廿七	廿八	廿九	十	二	三	四	五	六	七	八	九	十	十一	十二	十三	十四	十五	十六	十七	十八	十九	廿	廿一	廿二	廿三	廿四	
星	4	5	6	日	1	2	3	4	5	6	日	1	2	3	4	5	6	日	1	2	3	4	5	6	日	1	2	3	4	5	
干節	庚辰	辛巳	壬午	癸未	甲申	乙酉	立冬	丁亥	戊子	己丑	庚寅	辛卯	壬辰	癸巳	甲午	乙未	丙申	丁酉	戊戌	己亥	庚子	小雪	壬寅	癸卯	甲辰	乙巳	丙午	丁未	戊申	己酉	

陽歷十二月份　（陰歷十、十一月份）

陽	12	2	3	4	5	6	7	8	9	10	11	12	13	14	15	16	17	18	19	20	21	22	23	24	25	26	27	28	29	30	31
陰	廿五	廿六	廿七	廿八	廿九	卅	十一	二	三	四	五	六	七	八	九	十	十一	十二	十三	十四	十五	十六	十七	十八	十九	廿	廿一	廿二	廿三	廿四	廿五
星	6	日	1	2	3	4	5	6	日	1	2	3	4	5	6	日	1	2	3	4	5	6	日	1	2	3	4	5	6	日	1
干節	庚戌	辛亥	壬子	癸丑	甲寅	乙卯	大雪	丁巳	戊午	己未	庚申	辛酉	壬戌	癸亥	甲子	乙丑	丙寅	丁卯	戊辰	己巳	庚午	冬至	壬申	癸酉	甲戌	乙亥	丙子	丁丑	戊寅	己卯	庚辰

丁卯 一八六七年 (清穆宗同治六年)

陽歷一月份 (陰歷十一、十二月份)

陽	**1**	2	3	4	5	6	7	8	9	10	11	12	13	14	15	16	17	18	19	20	21	22	23	24	25	26	27	28	29	30	31
陰	廿六	廿七	廿八	廿九	卅	**十二**	二	三	四	五	六	七	八	九	十	十一	十二	十三	十四	十五	十六	十七	十八	十九	廿	廿一	廿二	廿三	廿四	廿五	廿六
星	2	3	4	5	6	**日**	1	2	3	4	5	6	**日**	1	2	3	4	5	6	**日**	1	2	3	4	5	6	**日**	1	2	3	4
干節	辛巳	壬午	癸未	甲申	乙酉	**小寒**	丁亥	戊子	己丑	庚寅	辛卯	壬辰	癸巳	甲午	乙未	丙申	丁酉	戊戌	己亥	**大寒**	辛丑	壬寅	癸卯	甲辰	乙巳	丙午	丁未	戊申	己酉	庚戌	辛亥

陽歷二月份 (陰歷十二、正月份)

陽	**2**	2	3	4	5	6	7	8	9	10	11	12	13	14	15	16	17	18	19	20	21	22	23	24	25	26	27	28			
陰	廿七	廿八	廿九	卅	**正**	二	三	四	五	六	七	八	九	十	十一	十二	十三	十四	十五	十六	十七	十八	十九	廿	廿一	廿二	廿三	廿四			
星	5	6	**日**	1	2	3	4	5	6	**日**	1	2	3	4	5	6	**日**	1	2	3	4	5	6	**日**	1	2	3	4			
干節	壬子	癸丑	甲寅	**立春**	丙辰	丁巳	戊午	己未	庚申	辛酉	壬戌	癸亥	甲子	乙丑	丙寅	丁卯	戊辰	己巳	**雨水**	辛未	壬申	癸酉	甲戌	乙亥	丙子	丁丑	戊寅	己卯			

陽歷三月份 (陰歷正、二月份)

陽	**3**	2	3	4	5	6	7	8	9	10	11	12	13	14	15	16	17	18	19	20	21	22	23	24	25	26	27	28	29	30	31
陰	廿五	廿六	廿七	廿八	廿九	**二**	二	三	四	五	六	七	八	九	十	十一	十二	十三	十四	十五	十六	十七	十八	十九	廿	廿一	廿二	廿三	廿四	廿五	廿六
星	5	6	**日**	1	2	3	4	5	6	**日**	1	2	3	4	5	6	**日**	1	2	3	4	5	6	**日**	1	2	3	4	5	6	**日**
干節	庚辰	辛巳	壬午	癸未	甲申	**驚蟄**	丙戌	丁亥	戊子	己丑	庚寅	辛卯	壬辰	癸巳	甲午	乙未	丙申	丁酉	戊戌	己亥	**春分**	辛丑	壬寅	癸卯	甲辰	乙巳	丙午	丁未	戊申	己酉	庚戌

陽歷四月份 (陰歷二、三月份)

陽	**4**	2	3	4	5	6	7	8	9	10	11	12	13	14	15	16	17	18	19	20	21	22	23	24	25	26	27	28	29	30	
陰	廿七	廿八	廿九	卅	**三**	二	三	四	五	六	七	八	九	十	十一	十二	十三	十四	十五	十六	十七	十八	十九	廿	廿一	廿二	廿三	廿四	廿五	廿六	
星	1	2	3	4	5	6	**日**	1	2	3	4	5	6	**日**	1	2	3	4	5	6	**日**	1	2	3	4	5	6	**日**	1	2	
干節	辛亥	壬子	癸丑	甲寅	**清明**	丙辰	丁巳	戊午	己未	庚申	辛酉	壬戌	癸亥	甲子	乙丑	丙寅	丁卯	戊辰	己巳	**穀雨**	辛未	壬申	癸酉	甲戌	乙亥	丙子	丁丑	戊寅	己卯	庚辰	

陽歷五月份 (陰歷三、四月份)

陽	**5**	2	3	4	5	6	7	8	9	10	11	12	13	14	15	16	17	18	19	20	21	22	23	24	25	26	27	28	29	30	31
陰	廿七	廿八	廿九	**四**	二	三	四	五	六	七	八	九	十	十一	十二	十三	十四	十五	十六	十七	十八	十九	廿	廿一	廿二	廿三	廿四	廿五	廿六	廿七	廿八
星	3	4	5	6	**日**	1	2	3	4	5	6	**日**	1	2	3	4	5	6	**日**	1	2	3	4	5	6	**日**	1	2	3	4	5
干節	辛巳	壬午	癸未	甲申	乙酉	**立夏**	丁亥	戊子	己丑	庚寅	辛卯	壬辰	癸巳	甲午	乙未	丙申	丁酉	戊戌	己亥	庚子	**小滿**	壬寅	癸卯	甲辰	乙巳	丙午	丁未	戊申	己酉	庚戌	辛亥

陽歷六月份 (陰歷四、五月份)

陽	**6**	2	3	4	5	6	7	8	9	10	11	12	13	14	15	16	17	18	19	20	21	22	23	24	25	26	27	28	29	30	
陰	廿九	**五**	二	三	四	五	六	七	八	九	十	十一	十二	十三	十四	十五	十六	十七	十八	十九	廿	廿一	廿二	廿三	廿四	廿五	廿六	廿七	廿八	廿九	
星	6	**日**	1	2	3	4	5	6	**日**	1	2	3	4	5	6	**日**	1	2	3	4	5	6	**日**	1	2	3	4	5	6	**日**	
干節	壬子	癸丑	甲寅	乙卯	丙辰	**芒種**	戊午	己未	庚申	辛酉	壬戌	癸亥	甲子	乙丑	丙寅	丁卯	戊辰	己巳	庚午	辛未	壬申	**夏至**	甲戌	乙亥	丙子	丁丑	戊寅	己卯	庚辰	辛巳	

丁卯

一八六七年

（清穆宗同治六年）

陽歷七月份　（陰歷五、六、七月份）

陽	7	2	3	4	5	6	7	8	9	10	11	12	13	14	15	16	17	18	19	20	21	22	23	24	25	26	27	28	29	30	31
陰	卅	六	二	三	四	五	六	七	八	九	十	十一	十二	十三	十四	十五	十六	十七	十八	十九	廿	廿一	廿二	廿三	廿四	廿五	廿六	廿七	廿八	廿九	七
星	1	2	3	4	5	6	日	1	2	3	4	5	6	日	1	2	3	4	5	6	日	1	2	3	4	5	6	日	1	2	3
干節	壬午	癸未	甲申	乙酉	丙戌	丁亥	戊子	小暑	庚寅	辛卯	壬辰	癸巳	甲午	乙未	丙申	丁酉	戊戌	己亥	庚子	辛丑	壬寅	癸卯	大暑	乙巳	丙午	丁未	戊申	己酉	庚戌	辛亥	壬子

陽歷八月份　（陰歷七、八月份）

陽	8	2	3	4	5	6	7	8	9	10	11	12	13	14	15	16	17	18	19	20	21	22	23	24	25	26	27	28	29	30	31
陰	二	三	四	五	六	七	八	九	十	十一	十二	十三	十四	十五	十六	十七	十八	十九	廿	廿一	廿二	廿三	廿四	廿五	廿六	廿七	廿八	廿九	八	二	三
星	4	5	6	日	1	2	3	4	5	6	日	1	2	3	4	5	6	日	1	2	3	4	5	6	日	1	2	3	4	5	6
干節	癸丑	甲寅	乙卯	丙辰	丁巳	戊午	己未	立秋	辛酉	壬戌	癸亥	甲子	乙丑	丙寅	丁卯	戊辰	己巳	庚午	辛未	壬申	癸酉	甲戌	乙亥	處暑	丁丑	戊寅	己卯	庚辰	辛巳	壬午	癸未

陽歷九月份　（陰歷八、九月份）

陽	9	2	3	4	5	6	7	8	9	10	11	12	13	14	15	16	17	18	19	20	21	22	23	24	25	26	27	28	29	30	
陰	四	五	六	七	八	九	十	十一	十二	十三	十四	十五	十六	十七	十八	十九	廿	廿一	廿二	廿三	廿四	廿五	廿六	廿七	廿八	廿九	卅	九	二	三	
星	日	1	2	3	4	5	6	日	1	2	3	4	5	6	日	1	2	3	4	5	6	日	1	2	3	4	5	6	日	1	
干節	甲申	乙酉	丙戌	丁亥	戊子	己丑	庚寅	白露	壬辰	癸巳	甲午	乙未	丙申	丁酉	戊戌	己亥	庚子	辛丑	壬寅	癸卯	甲辰	乙巳	秋分	丁未	戊申	己酉	庚戌	辛亥	壬子	癸丑	

陽歷十月份　（陰歷九、十月份）

陽	10	2	3	4	5	6	7	8	9	10	11	12	13	14	15	16	17	18	19	20	21	22	23	24	25	26	27	28	29	30	31
陰	四	五	六	七	八	九	十	十一	十二	十三	十四	十五	十六	十七	十八	十九	廿	廿一	廿二	廿三	廿四	廿五	廿六	廿七	廿八	廿九	十	二	三	四	五
星	2	3	4	5	6	日	1	2	3	4	5	6	日	1	2	3	4	5	6	日	1	2	3	4	5	6	日	1	2	3	4
干節	甲寅	乙卯	丙辰	丁巳	戊午	己未	庚申	辛酉	寒露	癸亥	甲子	乙丑	丙寅	丁卯	戊辰	己巳	庚午	辛未	壬申	癸酉	甲戌	乙亥	丙子	霜降	戊寅	己卯	庚辰	辛巳	壬午	癸未	甲申

陽歷十一月份　（陰歷十、十一月份）

陽	11	2	3	4	5	6	7	8	9	10	11	12	13	14	15	16	17	18	19	20	21	22	23	24	25	26	27	28	29	30	
陰	六	七	八	九	十	十一	十二	十三	十四	十五	十六	十七	十八	十九	廿	廿一	廿二	廿三	廿四	廿五	廿六	廿七	廿八	廿九	卅	十一	二	三	四	五	
星	5	6	日	1	2	3	4	5	6	日	1	2	3	4	5	6	日	1	2	3	4	5	6	日	1	2	3	4	5	6	
干節	乙酉	丙戌	丁亥	戊子	己丑	庚寅	辛卯	立冬	癸巳	甲午	乙未	丙申	丁酉	戊戌	己亥	庚子	辛丑	壬寅	癸卯	甲辰	乙巳	丙午	小雪	戊申	己酉	庚戌	辛亥	壬子	癸丑	甲寅	

陽歷十二月份　（陰歷十一、十二月份）

陽	12	2	3	4	5	6	7	8	9	10	11	12	13	14	15	16	17	18	19	20	21	22	23	24	25	26	27	28	29	30	31
陰	六	七	八	九	十	十一	十二	十三	十四	十五	十六	十七	十八	十九	廿	廿一	廿二	廿三	廿四	廿五	廿六	廿七	廿八	廿九	卅	十二	二	三	四	五	六
星	日	1	2	3	4	5	6	日	1	2	3	4	5	6	日	1	2	3	4	5	6	日	1	2	3	4	5	6	日	1	2
干節	乙卯	丙辰	丁巳	戊午	己未	庚申	大雪	壬戌	癸亥	甲子	乙丑	丙寅	丁卯	戊辰	己巳	庚午	辛未	壬申	癸酉	甲戌	乙亥	冬至	丁丑	戊寅	己卯	庚辰	辛巳	壬午	癸未	甲申	乙酉

近世中西史日對照表

戊辰　一八六八年（清穆宗同治七年）

陽歷一月份　（陰歷十二、正月份）

陽	1	2	3	4	5	6	7	8	9	10	11	12	13	14	15	16	17	18	19	20	21	22	23	24	25	26	27	28	29	30	31
陰	七	八	九	十	十一	十二	十三	十四	十五	十六	十七	十八	十九	廿	廿一	廿二	廿三	廿四	廿五	廿六	廿七	廿八	廿九	卅	正	二	三	四	五	六	七
星	3	4	5	6	日	1	2	3	4	5	6	日	1	2	3	4	5	6	日	1	2	3	4	5	6	日	1	2	3	4	5
干節	丙戌	丁亥	戊子	己丑	庚寅	小寒	壬辰	癸巳	甲午	乙未	丙申	丁酉	戊戌	己亥	庚子	辛丑	壬寅	癸卯	甲辰	乙巳	大寒	丁未	戊申	己酉	庚戌	辛亥	壬子	癸丑	甲寅	乙卯	丙辰

陽歷二月份　（陰歷正、二月份）

陽	2	2	3	4	5	6	7	8	9	10	11	12	13	14	15	16	17	18	19	20	21	22	23	24	25	26	27	28	29		
陰	八	九	十	十一	十二	十三	十四	十五	十六	十七	十八	十九	廿	廿一	廿二	廿三	廿四	廿五	廿六	廿七	廿八	廿九	二	二	三	四	五	六	七		
星	6	日	1	2	3	4	5	6	日	1	2	3	4	5	6	日	1	2	3	4	5	6	日	1	2	3	4	5	6		
干節	丁巳	戊午	己未	立春	辛酉	壬戌	癸亥	甲子	乙丑	丙寅	丁卯	戊辰	己巳	庚午	辛未	壬申	癸酉	甲戌	雨水	丙子	丁丑	戊寅	己卯	庚辰	辛巳	壬午	癸未	甲申	乙酉		

陽歷三月份　（陰歷二、三月份）

陽	3	2	3	4	5	6	7	8	9	10	11	12	13	14	15	16	17	18	19	20	21	22	23	24	25	26	27	28	29	30	31
陰	八	九	十	十一	十二	十三	十四	十五	十六	十七	十八	十九	廿	廿一	廿二	廿三	廿四	廿五	廿六	廿七	廿八	廿九	卅	三	二	三	四	五	六	七	八
星	日	1	2	3	4	5	6	日	1	2	3	4	5	6	日	1	2	3	4	5	6	日	1	2	3	4	5	6	日	1	2
干節	丙戌	丁亥	戊子	己丑	驚蟄	辛卯	壬辰	癸巳	甲午	乙未	丙申	丁酉	戊戌	己亥	庚子	辛丑	壬寅	癸卯	甲辰	春分	丙午	丁未	戊申	己酉	庚戌	辛亥	壬子	癸丑	甲寅	乙卯	丙辰

陽歷四月份　（陰歷三、四月份）

陽	4	2	3	4	5	6	7	8	9	10	11	12	13	14	15	16	17	18	19	20	21	22	23	24	25	26	27	28	29	30	
陰	九	十	十一	十二	十三	十四	十五	十六	十七	十八	十九	廿	廿一	廿二	廿三	廿四	廿五	廿六	廿七	廿八	廿九	卅	四	二	三	四	五	六	七	八	
星	3	4	5	6	日	1	2	3	4	5	6	日	1	2	3	4	5	6	日	1	2	3	4	5	6	日	1	2	3	4	
干節	丁巳	戊午	己未	清明	辛酉	壬戌	癸亥	甲子	乙丑	丙寅	丁卯	戊辰	己巳	庚午	辛未	壬申	癸酉	甲戌	乙亥	穀雨	丁丑	戊寅	己卯	庚辰	辛巳	壬午	癸未	甲申	乙酉	丙戌	

陽歷五月份　（陰歷四、閏四月份）

陽	5	2	3	4	5	6	7	8	9	10	11	12	13	14	15	16	17	18	19	20	21	22	23	24	25	26	27	28	29	30	31
陰	九	十	十一	十二	十三	十四	十五	十六	十七	十八	十九	廿	廿一	廿二	廿三	廿四	廿五	廿六	廿七	廿八	廿九	閏	二	三	四	五	六	七	八	九	十
星	5	6	日	1	2	3	4	5	6	日	1	2	3	4	5	6	日	1	2	3	4	5	6	日	1	2	3	4	5	6	日
干節	丁亥	戊子	己丑	庚寅	立夏	壬辰	癸巳	甲午	乙未	丙申	丁酉	戊戌	己亥	庚子	辛丑	壬寅	癸卯	甲辰	乙巳	丙午	小滿	戊申	己酉	庚戌	辛亥	壬子	癸丑	甲寅	乙卯	丙辰	丁巳

陽歷六月份　（陰歷閏四、五月份）

陽	6	2	3	4	5	6	7	8	9	10	11	12	13	14	15	16	17	18	19	20	21	22	23	24	25	26	27	28	29	30	
陰	十一	十二	十三	十四	十五	十六	十七	十八	十九	廿	廿一	廿二	廿三	廿四	廿五	廿六	廿七	廿八	廿九	五	二	三	四	五	六	七	八	九	十	十一	
星	1	2	3	4	5	6	日	1	2	3	4	5	6	日	1	2	3	4	5	6	日	1	2	3	4	5	6	日	1	2	
干節	戊午	己未	庚申	辛酉	芒種	癸亥	甲子	乙丑	丙寅	丁卯	戊辰	己巳	庚午	辛未	壬申	癸酉	甲戌	乙亥	丙子	丁丑	夏至	己卯	庚辰	辛巳	壬午	癸未	甲申	乙酉	丙戌	丁亥	

戊辰 一八六八年（清穆宗同治七年）

陽曆七月份　（陰曆五、六月份）

陽	7	2	3	4	5	6	7	8	9	10	11	12	13	14	15	16	17	18	19	20	21	22	23	24	25	26	27	28	29	30	31
陰	十二	十三	十四	十五	十六	十七	十八	十九	廿	廿一	廿二	廿三	廿四	廿五	廿六	廿七	廿八	廿九	卅	六	二	三	四	五	六	七	八	九	十	十一	十二
星	3	4	5	6	日	1	2	3	4	5	6	日	1	2	3	4	5	6	日	1	2	3	4	5	6	日	1	2	3	4	5
干節	戊子	己丑	庚寅	辛卯	壬辰	癸巳	小暑	乙未	丙申	丁酉	戊戌	己亥	庚子	辛丑	壬寅	癸卯	甲辰	乙巳	丙午	丁未	戊申	大暑	庚戌	辛亥	壬子	癸丑	甲寅	乙卯	丙辰	丁巳	戊午

陽曆八月份　（陰曆六、七月份）

陽	8	2	3	4	5	6	7	8	9	10	11	12	13	14	15	16	17	18	19	20	21	22	23	24	25	26	27	28	29	30	31
陰	十三	十四	十五	十六	十七	十八	十九	廿	廿一	廿二	廿三	廿四	廿五	廿六	廿七	廿八	廿九	七	二	三	四	五	六	七	八	九	十	十一	十二	十三	十四
星	6	日	1	2	3	4	5	6	日	1	2	3	4	5	6	日	1	2	3	4	5	6	日	1	2	3	4	5	6	日	1
干節	己未	庚申	辛酉	壬戌	癸亥	甲子	立秋	丙寅	丁卯	戊辰	己巳	庚午	辛未	壬申	癸酉	甲戌	乙亥	丙子	丁丑	戊寅	己卯	庚辰	處暑	壬午	癸未	甲申	乙酉	丙戌	丁亥	戊子	己丑

陽曆九月份　（陰曆七、八月份）

陽	9	2	3	4	5	6	7	8	9	10	11	12	13	14	15	16	17	18	19	20	21	22	23	24	25	26	27	28	29	30
陰	十五	十六	十七	十八	十九	廿	廿一	廿二	廿三	廿四	廿五	廿六	廿七	廿八	廿九	八	二	三	四	五	六	七	八	九	十	十一	十二	十三	十四	十五
星	2	3	4	5	6	日	1	2	3	4	5	6	日	1	2	3	4	5	6	日	1	2	3	4	5	6	日	1	2	3
干節	庚寅	辛卯	壬辰	癸巳	甲午	乙未	白露	丁酉	戊戌	己亥	庚子	辛丑	壬寅	癸卯	甲辰	乙巳	丙午	丁未	戊申	己酉	庚戌	辛亥	秋分	癸丑	甲寅	乙卯	丙辰	丁巳	戊午	己未

陽曆十月份　（陰曆八、九月份）

陽	10	2	3	4	5	6	7	8	9	10	11	12	13	14	15	16	17	18	19	20	21	22	23	24	25	26	27	28	29	30	31
陰	十六	十七	十八	十九	廿	廿一	廿二	廿三	廿四	廿五	廿六	廿七	廿八	廿九	卅	九	二	三	四	五	六	七	八	九	十	十一	十二	十三	十四	十五	十六
星	4	5	6	日	1	2	3	4	5	6	日	1	2	3	4	5	6	日	1	2	3	4	5	6	日	1	2	3	4	5	6
干節	庚申	辛酉	壬戌	癸亥	甲子	乙丑	丙寅	寒露	戊辰	己巳	庚午	辛未	壬申	癸酉	甲戌	乙亥	丙子	丁丑	戊寅	己卯	庚辰	辛巳	霜降	癸未	甲申	乙酉	丙戌	丁亥	戊子	己丑	庚寅

陽曆十一月份　（陰曆九、十月份）

陽	11	2	3	4	5	6	7	8	9	10	11	12	13	14	15	16	17	18	19	20	21	22	23	24	25	26	27	28	29	30
陰	十七	十八	十九	廿	廿一	廿二	廿三	廿四	廿五	廿六	廿七	廿八	廿九	十	二	三	四	五	六	七	八	九	十	十一	十二	十三	十四	十五	十六	十七
星	日	1	2	3	4	5	6	日	1	2	3	4	5	6	日	1	2	3	4	5	6	日	1	2	3	4	5	6	日	1
干節	辛卯	壬辰	癸巳	甲午	乙未	丙申	立冬	戊戌	己亥	庚子	辛丑	壬寅	癸卯	甲辰	乙巳	丙午	丁未	戊申	己酉	庚戌	辛亥	小雪	癸丑	甲寅	乙卯	丙辰	丁巳	戊午	己未	庚申

陽曆十二月份　（陰曆十、十一月份）

陽	12	2	3	4	5	6	7	8	9	10	11	12	13	14	15	16	17	18	19	20	21	22	23	24	25	26	27	28	29	30	31
陰	十八	十九	廿	廿一	廿二	廿三	廿四	廿五	廿六	廿七	廿八	廿九	卅	十一	二	三	四	五	六	七	八	九	十	十一	十二	十三	十四	十五	十六	十七	十八
星	2	3	4	5	6	日	1	2	3	4	5	6	日	1	2	3	4	5	6	日	1	2	3	4	5	6	日	1	2	3	4
干節	辛酉	壬戌	癸亥	甲子	乙丑	丙寅	大雪	戊辰	己巳	庚午	辛未	壬申	癸酉	甲戌	乙亥	丙子	丁丑	戊寅	己卯	庚辰	冬至	壬午	癸未	甲申	乙酉	丙戌	丁亥	戊子	己丑	庚寅	辛卯

己巳　一八六九年　（清穆宗同治八年）

陽歷一月份　（陰歷十一、十二月份）

陽	1	2	3	4	5	6	7	8	9	10	11	12	13	14	15	16	17	18	19	20	21	22	23	24	25	26	27	28	29	30	31
陰	十九	廿	廿一	廿二	廿三	廿四	廿五	廿六	廿七	廿八	廿九	卅	十二	二	三	四	五	六	七	八	九	十	十一	十二	十三	十四	十五	十六	十七	十八	十九
星	5	6	日	1	2	3	4	5	6	日	1	2	3	4	5	6	日	1	2	3	4	5	6	日	1	2	3	4	5	6	日
干節	壬辰	癸巳	甲午	乙未	小寒	丁酉	戊戌	己亥	庚子	辛丑	壬寅	癸卯	甲辰	乙巳	丙午	丁未	戊申	己酉	庚戌	大寒	壬子	癸丑	甲寅	乙卯	丙辰	丁巳	戊午	己未	庚申	辛酉	壬戌

陽歷二月份　（陰歷十二、正月份）

陽	2	2	3	4	5	6	7	8	9	10	11	12	13	14	15	16	17	18	19	20	21	22	23	24	25	26	27	28
陰	廿	廿一	廿二	廿三	廿四	廿五	廿六	廿七	廿八	廿九	正	二	三	四	五	六	七	八	九	十	十一	十二	十三	十四	十五	十六	十七	十八
星	1	2	3	4	5	6	日	1	2	3	4	5	6	日	1	2	3	4	5	6	日	1	2	3	4	5	6	日
干節	癸亥	甲子	乙丑	立春	丁卯	戊辰	己巳	庚午	辛未	壬申	癸酉	甲戌	乙亥	丙子	丁丑	戊寅	己卯	雨水	辛巳	壬午	癸未	甲申	乙酉	丙戌	丁亥	戊子	己丑	庚寅

陽歷三月份　（陰歷正、二月份）

陽	3	2	3	4	5	6	7	8	9	10	11	12	13	14	15	16	17	18	19	20	21	22	23	24	25	26	27	28	29	30	31
陰	十九	廿	廿一	廿二	廿三	廿四	廿五	廿六	廿七	廿八	廿九	卅	二	二	三	四	五	六	七	八	九	十	十一	十二	十三	十四	十五	十六	十七	十八	十九
星	1	2	3	4	5	6	日	1	2	3	4	5	6	日	1	2	3	4	5	6	日	1	2	3	4	5	6	日	1	2	3
干節	辛卯	壬辰	癸巳	甲午	驚蟄	丙申	丁酉	戊戌	己亥	庚子	辛丑	壬寅	癸卯	甲辰	乙巳	丙午	丁未	戊申	己酉	春分	辛亥	壬子	癸丑	甲寅	乙卯	丙辰	丁巳	戊午	己未	庚申	辛酉

陽歷四月份　（陰歷二、三月份）

陽	4	2	3	4	5	6	7	8	9	10	11	12	13	14	15	16	17	18	19	20	21	22	23	24	25	26	27	28	29	30
陰	廿	廿一	廿二	廿三	廿四	廿五	廿六	廿七	廿八	廿九	卅	三	二	三	四	五	六	七	八	九	十	十一	十二	十三	十四	十五	十六	十七	十八	十九
星	4	5	6	日	1	2	3	4	5	6	日	1	2	3	4	5	6	日	1	2	3	4	5	6	日	1	2	3	4	5
干節	壬戌	癸亥	甲子	乙丑	清明	丁卯	戊辰	己巳	庚午	辛未	壬申	癸酉	甲戌	乙亥	丙子	丁丑	戊寅	己卯	庚辰	穀雨	壬午	癸未	甲申	乙酉	丙戌	丁亥	戊子	己丑	庚寅	辛卯

陽歷五月份　（陰歷三、四月份）

陽	5	2	3	4	5	6	7	8	9	10	11	12	13	14	15	16	17	18	19	20	21	22	23	24	25	26	27	28	29	30	31
陰	廿	廿一	廿二	廿三	廿四	廿五	廿六	廿七	廿八	廿九	卅	四	二	三	四	五	六	七	八	九	十	十一	十二	十三	十四	十五	十六	十七	十八	十九	廿
星	6	日	1	2	3	4	5	6	日	1	2	3	4	5	6	日	1	2	3	4	5	6	日	1	2	3	4	5	6	日	1
干節	壬辰	癸巳	甲午	乙未	丙申	立夏	戊戌	己亥	庚子	辛丑	壬寅	癸卯	甲辰	乙巳	丙午	丁未	戊申	己酉	庚戌	辛亥	小滿	癸丑	甲寅	乙卯	丙辰	丁巳	戊午	己未	庚申	辛酉	壬戌

陽歷六月份　（陰歷四、五月份）

陽	6	2	3	4	5	6	7	8	9	10	11	12	13	14	15	16	17	18	19	20	21	22	23	24	25	26	27	28	29	30
陰	廿一	廿二	廿三	廿四	廿五	廿六	廿七	廿八	廿九	五	二	三	四	五	六	七	八	九	十	十一	十二	十三	十四	十五	十六	十七	十八	十九	廿	廿一
星	2	3	4	5	6	日	1	2	3	4	5	6	日	1	2	3	4	5	6	日	1	2	3	4	5	6	日	1	2	3
干節	癸亥	甲子	乙丑	丙寅	丁卯	芒種	己巳	庚午	辛未	壬申	癸酉	甲戌	乙亥	丙子	丁丑	戊寅	己卯	庚辰	辛巳	壬午	夏至	甲申	乙酉	丙戌	丁亥	戊子	己丑	庚寅	辛卯	壬辰

己巳　一八六九年（清穆宗同治八年）

陽歷七月份　（陰歷五、六月份）

陽	7	2	3	4	5	6	7	8	9	10	11	12	13	14	15	16	17	18	19	20	21	22	23	24	25	26	27	28	29	30	31
陰	廿二	廿三	廿四	廿五	廿六	廿七	廿八	廿九	六	二	三	四	五	六	七	八	九	十	十一	十二	十三	十四	十五	十六	十七	十八	十九	廿	廿一	廿二	廿三
星	4	5	6	日	1	2	3	4	5	6	日	1	2	3	4	5	6	日	1	2	3	4	5	6	日	1	2	3	4	5	6
干節	癸巳	甲午	乙未	丙申	丁酉	戊戌	小暑	庚子	辛丑	壬寅	癸卯	甲辰	乙巳	丙午	丁未	戊申	己酉	庚戌	辛亥	壬子	癸丑	甲寅	大暑	丙辰	丁巳	戊午	己未	庚申	辛酉	壬戌	癸亥

陽歷八月份　（陰歷六、七月份）

陽	8	2	3	4	5	6	7	8	9	10	11	12	13	14	15	16	17	18	19	20	21	22	23	24	25	26	27	28	29	30	31
陰	廿四	廿五	廿六	廿七	廿八	廿九	卅	七	二	三	四	五	六	七	八	九	十	十一	十二	十三	十四	十五	十六	十七	十八	十九	廿	廿一	廿二	廿三	廿四
星	日	1	2	3	4	5	6	日	1	2	3	4	5	6	日	1	2	3	4	5	6	日	1	2	3	4	5	6	日	1	2
干節	甲子	乙丑	丙寅	丁卯	戊辰	己巳	立秋	辛未	壬申	癸酉	甲戌	乙亥	丙子	丁丑	戊寅	己卯	庚辰	辛巳	壬午	癸未	甲申	乙酉	處暑	丁亥	戊子	己丑	庚寅	辛卯	壬辰	癸巳	甲午

陽歷九月份　（陰歷七、八月份）

陽	9	2	3	4	5	6	7	8	9	10	11	12	13	14	15	16	17	18	19	20	21	22	23	24	25	26	27	28	29	30	
陰	廿五	廿六	廿七	廿八	廿九	八	二	三	四	五	六	七	八	九	十	十一	十二	十三	十四	十五	十六	十七	十八	十九	廿	廿一	廿二	廿三	廿四	廿五	
星	3	4	5	6	日	1	2	3	4	5	6	日	1	2	3	4	5	6	日	1	2	3	4	5	6	日	1	2	3	4	
干節	乙未	丙申	丁酉	戊戌	己亥	庚子	白露	壬寅	癸卯	甲辰	乙巳	丙午	丁未	戊申	己酉	庚戌	辛亥	壬子	癸丑	甲寅	乙卯	丙辰	秋分	戊午	己未	庚申	辛酉	壬戌	癸亥	甲子	

陽歷十月份　（陰歷八、九月份）

陽	10	2	3	4	5	6	7	8	9	10	11	12	13	14	15	16	17	18	19	20	21	22	23	24	25	26	27	28	29	30	31
陰	廿六	廿七	廿八	廿九	九	二	三	四	五	六	七	八	九	十	十一	十二	十三	十四	十五	十六	十七	十八	十九	廿	廿一	廿二	廿三	廿四	廿五	廿六	廿七
星	5	6	日	1	2	3	4	5	6	日	1	2	3	4	5	6	日	1	2	3	4	5	6	日	1	2	3	4	5	6	日
干節	乙丑	丙寅	丁卯	戊辰	己巳	庚午	辛未	寒露	癸酉	甲戌	乙亥	丙子	丁丑	戊寅	己卯	庚辰	辛巳	壬午	癸未	甲申	乙酉	丙戌	霜降	戊子	己丑	庚寅	辛卯	壬辰	癸巳	甲午	乙未

陽歷十一月份　（陰歷九、十月份）

陽	11	2	3	4	5	6	7	8	9	10	11	12	13	14	15	16	17	18	19	20	21	22	23	24	25	26	27	28	29	30	
陰	廿八	廿九	卅	十	二	三	四	五	六	七	八	九	十	十一	十二	十三	十四	十五	十六	十七	十八	十九	廿	廿一	廿二	廿三	廿四	廿五	廿六	廿七	
星	1	2	3	4	5	6	日	1	2	3	4	5	6	日	1	2	3	4	5	6	日	1	2	3	4	5	6	日	1	2	
干節	丙申	丁酉	戊戌	己亥	庚子	辛丑	立冬	癸卯	甲辰	乙巳	丙午	丁未	戊申	己酉	庚戌	辛亥	壬子	癸丑	甲寅	乙卯	丙辰	小雪	戊午	己未	庚申	辛酉	壬戌	癸亥	甲子	乙丑	

陽歷十二月份　（陰歷十、十一月份）

陽	12	2	3	4	5	6	7	8	9	10	11	12	13	14	15	16	17	18	19	20	21	22	23	24	25	26	27	28	29	30	31
陰	廿八	廿九	十一	二	三	四	五	六	七	八	九	十	十一	十二	十三	十四	十五	十六	十七	十八	十九	廿	廿一	廿二	廿三	廿四	廿五	廿六	廿七	廿八	廿九
星	3	4	5	6	日	1	2	3	4	5	6	日	1	2	3	4	5	6	日	1	2	3	4	5	6	日	1	2	3	4	5
干節	丙寅	丁卯	戊辰	己巳	庚午	辛未	大雪	癸酉	甲戌	乙亥	丙子	丁丑	戊寅	己卯	庚辰	辛巳	壬午	癸未	甲申	乙酉	丙戌	冬至	戊子	己丑	庚寅	辛卯	壬辰	癸巳	甲午	乙未	丙申

近世中西史日對照表

庚午　一八七〇年（清穆宗同治九年）

陽歷 一 月份　（陰歷十一、十二、正月份）

陽	1	2	3	4	5	6	7	8	9	10	11	12	13	14	15	16	17	18	19	20	21	22	23	24	25	26	27	28	29	30	31
陰	卅	**十二**	二	三	四	五	六	七	八	九	十	十一	十二	十三	十四	十五	十六	十七	十八	十九	廿	廿一	廿二	廿三	廿四	廿五	廿六	廿七	廿八	廿九	**正**
星	6	日	1	2	3	4	5	6	日	1	2	3	4	5	6	日	1	2	3	4	5	6	日	1	2	3	4	5	6	日	1
干節	丁酉	戊戌	己亥	庚子	**小寒**	壬寅	癸卯	甲辰	乙巳	丙午	丁未	戊申	己酉	庚戌	辛亥	壬子	癸丑	甲寅	乙卯	**大寒**	丁巳	戊午	己未	庚申	辛酉	壬戌	癸亥	甲子	乙丑	丙寅	丁卯

陽歷 二 月份　（陰歷正月份）

陽	2	2	3	4	5	6	7	8	9	10	11	12	13	14	15	16	17	18	19	20	21	22	23	24	25	26	27	28
陰	二	三	四	五	六	七	八	九	十	十一	十二	十三	十四	十五	十六	十七	十八	十九	廿	廿一	廿二	廿三	廿四	廿五	廿六	廿七	廿八	廿九
星	2	3	4	5	6	日	1	2	3	4	5	6	日	1	2	3	4	5	6	日	1	2	3	4	5	6	日	1
干節	戊辰	己巳	庚午	**立春**	壬申	癸酉	甲戌	乙亥	丙子	丁丑	戊寅	己卯	庚辰	辛巳	壬午	癸未	甲申	乙酉	**雨水**	丁亥	戊子	己丑	庚寅	辛卯	壬辰	癸巳	甲午	乙未

陽歷 三 月份　（陰歷正、二月份）

陽	3	2	3	4	5	6	7	8	9	10	11	12	13	14	15	16	17	18	19	20	21	22	23	24	25	26	27	28	29	30	31
陰	卅	**二**	二	三	四	五	六	七	八	九	十	十一	十二	十三	十四	十五	十六	十七	十八	十九	廿	廿一	廿二	廿三	廿四	廿五	廿六	廿七	廿八	廿九	卅
星	2	3	4	5	6	日	1	2	3	4	5	6	日	1	2	3	4	5	6	日	1	2	3	4	5	6	日	1	2	3	4
干節	丙申	丁酉	戊戌	己亥	庚子	**驚蟄**	壬寅	癸卯	甲辰	乙巳	丙午	丁未	戊申	己酉	庚戌	辛亥	壬子	癸丑	甲寅	乙卯	**春分**	丁巳	戊午	己未	庚申	辛酉	壬戌	癸亥	甲子	乙丑	丙寅

陽歷 四 月份　（陰歷三月份）

陽	4	2	3	4	5	6	7	8	9	10	11	12	13	14	15	16	17	18	19	20	21	22	23	24	25	26	27	28	29	30
陰	**三**	二	三	四	五	六	七	八	九	十	十一	十二	十三	十四	十五	十六	十七	十八	十九	廿	廿一	廿二	廿三	廿四	廿五	廿六	廿七	廿八	廿九	卅
星	5	6	日	1	2	3	4	5	6	日	1	2	3	4	5	6	日	1	2	3	4	5	6	日	1	2	3	4	5	6
干節	丁卯	戊辰	己巳	庚午	**清明**	壬申	癸酉	甲戌	乙亥	丙子	丁丑	戊寅	己卯	庚辰	辛巳	壬午	癸未	甲申	乙酉	**穀雨**	丁亥	戊子	己丑	庚寅	辛卯	壬辰	癸巳	甲午	乙未	丙申

陽歷 五 月份　（陰歷四、五月份）

陽	5	2	3	4	5	6	7	8	9	10	11	12	13	14	15	16	17	18	19	20	21	22	23	24	25	26	27	28	29	30	31
陰	**四**	二	三	四	五	六	七	八	九	十	十一	十二	十三	十四	十五	十六	十七	十八	十九	廿	廿一	廿二	廿三	廿四	廿五	廿六	廿七	廿八	廿九	**五**	二
星	日	1	2	3	4	5	6	日	1	2	3	4	5	6	日	1	2	3	4	5	6	日	1	2	3	4	5	6	日	1	2
干節	丁酉	戊戌	己亥	庚子	辛丑	**立夏**	癸卯	甲辰	乙巳	丙午	丁未	戊申	己酉	庚戌	辛亥	壬子	癸丑	甲寅	乙卯	丙辰	**小滿**	戊午	己未	庚申	辛酉	壬戌	癸亥	甲子	乙丑	丙寅	丁卯

陽歷 六 月份　（陰歷五、六月份）

陽	6	2	3	4	5	6	7	8	9	10	11	12	13	14	15	16	17	18	19	20	21	22	23	24	25	26	27	28	29	30
陰	三	四	五	六	七	八	九	十	十一	十二	十三	十四	十五	十六	十七	十八	十九	廿	廿一	廿二	廿三	廿四	廿五	廿六	廿七	廿八	廿九	卅	**六**	二
星	3	4	5	6	日	1	2	3	4	5	6	日	1	2	3	4	5	6	日	1	2	3	4	5	6	日	1	2	3	4
干節	戊辰	己巳	庚午	辛未	壬申	**芒種**	甲戌	乙亥	丙子	丁丑	戊寅	己卯	庚辰	辛巳	壬午	癸未	甲申	乙酉	丙戌	丁亥	**夏至**	己丑	庚寅	辛卯	壬辰	癸巳	甲午	乙未	丙申	丁酉

庚午　一八七〇年　（清穆宗同治九年）

陽歷七月份　（陰歷六、七月份）

陽	**7**	2	3	4	5	6	7	8	9	10	11	12	13	14	15	16	17	18	19	20	21	22	23	24	25	26	27	28	29	30	31
陰	三	四	五	六	七	八	九	十	十一	十二	十三	十四	十五	十六	十七	十八	十九	廿	廿一	廿二	廿三	廿四	廿五	廿六	廿七	廿八	廿九	**七**	二	三	四
星	5	6	**日**	1	2	3	4	5	6	**日**	1	2	3	4	5	6	**日**	1	2	3	4	5	6	**日**	1	2	3	4	5	6	**日**
干節	戊戌	己亥	庚子	辛丑	壬寅	癸卯	**小暑**	乙巳	丙午	丁未	戊申	己酉	庚戌	辛亥	壬子	癸丑	甲寅	乙卯	丙辰	丁巳	戊午	**大暑**	庚申	辛酉	壬戌	癸亥	甲子	乙丑	丙寅	丁卯	戊辰

陽歷八月份　（陰歷七、八月份）

陽	**8**	2	3	4	5	6	7	8	9	10	11	12	13	14	15	16	17	18	19	20	21	22	23	24	25	26	27	28	29	30	31
陰	五	六	七	八	九	十	十一	十二	十三	十四	十五	十六	十七	十八	十九	廿	廿一	廿二	廿三	廿四	廿五	廿六	廿七	廿八	廿九	卅	**八**	二	三	四	五
星	1	2	3	4	5	6	**日**	1	2	3	4	5	6	**日**	1	2	3	4	5	6	**日**	1	2	3	4	5	6	**日**	1	2	3
干節	己巳	庚午	辛未	壬申	癸酉	甲戌	乙亥	**立秋**	丁丑	戊寅	己卯	庚辰	辛巳	壬午	癸未	甲申	乙酉	丙戌	丁亥	戊子	己丑	庚寅	**處暑**	壬辰	癸巳	甲午	乙未	丙申	丁酉	戊戌	己亥

陽歷九月份　（陰歷八、九月份）

陽	**9**	2	3	4	5	6	7	8	9	10	11	12	13	14	15	16	17	18	19	20	21	22	23	24	25	26	27	28	29	30
陰	六	七	八	九	十	十一	十二	十三	十四	十五	十六	十七	十八	十九	廿	廿一	廿二	廿三	廿四	廿五	廿六	廿七	廿八	廿九	**九**	二	三	四	五	六
星	4	5	6	**日**	1	2	3	4	5	6	**日**	1	2	3	4	5	6	**日**	1	2	3	4	5	6	**日**	1	2	3	4	5
干節	庚子	辛丑	壬寅	癸卯	甲辰	乙巳	丙午	**白露**	戊申	己酉	庚戌	辛亥	壬子	癸丑	甲寅	乙卯	丙辰	丁巳	戊午	己未	庚申	辛酉	**秋分**	癸亥	甲子	乙丑	丙寅	丁卯	戊辰	己巳

陽歷十月份　（陰歷九、十月份）

陽	**10**	2	3	4	5	6	7	8	9	10	11	12	13	14	15	16	17	18	19	20	21	22	23	24	25	26	27	28	29	30	31
陰	七	八	九	十	十一	十二	十三	十四	十五	十六	十七	十八	十九	廿	廿一	廿二	廿三	廿四	廿五	廿六	廿七	廿八	廿九	**十**	二	三	四	五	六	七	八
星	6	**日**	1	2	3	4	5	6	**日**	1	2	3	4	5	6	**日**	1	2	3	4	5	6	**日**	1	2	3	4	5	6	**日**	1
干節	庚午	辛未	壬申	癸酉	甲戌	乙亥	丙子	**寒露**	戊寅	己卯	庚辰	辛巳	壬午	癸未	甲申	乙酉	丙戌	丁亥	戊子	己丑	庚寅	辛卯	**霜降**	癸巳	甲午	乙未	丙申	丁酉	戊戌	己亥	庚子

陽歷十一月份　（陰歷十、閏十月份）

陽	**11**	2	3	4	5	6	7	8	9	10	11	12	13	14	15	16	17	18	19	20	21	22	23	24	25	26	27	28	29	30
陰	九	十	十一	十二	十三	十四	十五	十六	十七	十八	十九	廿	廿一	廿二	廿三	廿四	廿五	廿六	廿七	廿八	廿九	卅	**閏**	二	三	四	五	六	七	八
星	2	3	4	5	6	**日**	1	2	3	4	5	6	**日**	1	2	3	4	5	6	**日**	1	2	3	4	5	6	**日**	1	2	3
干節	辛丑	壬寅	癸卯	甲辰	乙巳	丙午	**立冬**	戊申	己酉	庚戌	辛亥	壬子	癸丑	甲寅	乙卯	丙辰	丁巳	戊午	己未	庚申	辛酉	**小雪**	癸亥	甲子	乙丑	丙寅	丁卯	戊辰	己巳	庚午

陽歷十二月份　陰歷閏十、十一月份）

陽	**12**	2	3	4	5	6	7	8	9	10	11	12	13	14	15	16	17	18	19	20	21	22	23	24	25	26	27	28	29	30	31
陰	九	十	十一	十二	十三	十四	十五	十六	十七	十八	十九	廿	廿一	廿二	廿三	廿四	廿五	廿六	廿七	廿八	廿九	**十一**	二	三	四	五	六	七	八	九	十
星	4	5	6	**日**	1	2	3	4	5	6	**日**	1	2	3	4	5	6	**日**	1	2	3	4	5	6	**日**	1	2	3	4	5	6
干節	辛未	壬申	癸酉	甲戌	乙亥	丙子	**大雪**	戊寅	己卯	庚辰	辛巳	壬午	癸未	甲申	乙酉	丙戌	丁亥	戊子	己丑	庚寅	辛卯	**冬至**	癸巳	甲午	乙未	丙申	丁酉	戊戌	己亥	庚子	辛丑

近世中西史日對照表

辛未　一八七一年（清穆宗同治一〇年）

陽歷 一月份 （陰歷十一、十二月份）

陽	1	2	3	4	5	6	7	8	9	10	11	12	13	14	15	16	17	18	19	20	21	22	23	24	25	26	27	28	29	30	31
陰	十一	十二	十三	十四	十五	十六	十七	十八	十九	廿	廿一	廿二	廿三	廿四	廿五	廿六	廿七	廿八	廿九	卅	臘	二	三	四	五	六	七	八	九	十	十一
星	日	1	2	3	4	5	6	日	1	2	3	4	5	6	日	1	2	3	4	5	6	日	1	2	3	4	5	6	日	1	2
干節	壬寅	癸卯	甲辰	乙巳	丙午	小寒	戊申	己酉	庚戌	辛亥	壬子	癸丑	甲寅	乙卯	丙辰	丁巳	戊午	己未	庚申	大寒	壬戌	癸亥	甲子	乙丑	丙寅	丁卯	戊辰	己巳	庚午	辛未	壬申

陽歷 二月份 （陰歷十二、正月份）

陽	2	2	3	4	5	6	7	8	9	10	11	12	13	14	15	16	17	18	19	20	21	22	23	24	25	26	27	28			
陰	十二	十三	十四	十五	十六	十七	十八	十九	廿	廿一	廿二	廿三	廿四	廿五	廿六	廿七	廿八	廿九	正	二	三	四	五	六	七	八	九	十			
星	3	4	5	6	日	1	2	3	4	5	6	日	1	2	3	4	5	6	日	1	2	3	4	5	6	日	1	2			
干節	癸酉	甲戌	乙亥	立春	丁丑	戊寅	己卯	庚辰	辛巳	壬午	癸未	甲申	乙酉	丙戌	丁亥	戊子	己丑	庚寅	雨水	壬辰	癸巳	甲午	乙未	丙申	丁酉	戊戌	己亥	庚子			

陽歷 三月份 （陰歷正、二月份）

陽	3	2	3	4	5	6	7	8	9	10	11	12	13	14	15	16	17	18	19	20	21	22	23	24	25	26	27	28	29	30	31
陰	十一	十二	十三	十四	十五	十六	十七	十八	十九	廿	廿一	廿二	廿三	廿四	廿五	廿六	廿七	廿八	廿九	卅	二	二	三	四	五	六	七	八	九	十	十一
星	3	4	5	6	日	1	2	3	4	5	6	日	1	2	3	4	5	6	日	1	2	3	4	5	6	日	1	2	3	4	5
干節	辛丑	壬寅	癸卯	甲辰	乙巳	驚蟄	丁未	戊申	己酉	庚戌	辛亥	壬子	癸丑	甲寅	乙卯	丙辰	丁巳	戊午	己未	庚申	春分	壬戌	癸亥	甲子	乙丑	丙寅	丁卯	戊辰	己巳	庚午	辛未

陽歷 四月份 （陰歷二、三月份）

陽	4	2	3	4	5	6	7	8	9	10	11	12	13	14	15	16	17	18	19	20	21	22	23	24	25	26	27	28	29	30
陰	十二	十三	十四	十五	十六	十七	十八	十九	廿	廿一	廿二	廿三	廿四	廿五	廿六	廿七	廿八	廿九	卅	三	二	三	四	五	六	七	八	九	十	十一
星	6	日	1	2	3	4	5	6	日	1	2	3	4	5	6	日	1	2	3	4	5	6	日	1	2	3	4	5	6	日
干節	壬申	癸酉	甲戌	乙亥	清明	丁丑	戊寅	己卯	庚辰	辛巳	壬午	癸未	甲申	乙酉	丙戌	丁亥	戊子	己丑	庚寅	穀雨	壬辰	癸巳	甲午	乙未	丙申	丁酉	戊戌	己亥	庚子	辛丑

陽歷 五月份 （陰歷三、四月份）

陽	5	2	3	4	5	6	7	8	9	10	11	12	13	14	15	16	17	18	19	20	21	22	23	24	25	26	27	28	29	30	31
陰	十二	十三	十四	十五	十六	十七	十八	十九	廿	廿一	廿二	廿三	廿四	廿五	廿六	廿七	廿八	廿九	四	二	三	四	五	六	七	八	九	十	十一	十二	十三
星	1	2	3	4	5	6	日	1	2	3	4	5	6	日	1	2	3	4	5	6	日	1	2	3	4	5	6	日	1	2	3
干節	壬寅	癸卯	甲辰	乙巳	丙午	立夏	戊申	己酉	庚戌	辛亥	壬子	癸丑	甲寅	乙卯	丙辰	丁巳	戊午	己未	庚申	辛酉	小滿	癸亥	甲子	乙丑	丙寅	丁卯	戊辰	己巳	庚午	辛未	壬申

陽歷 六月份 （陰歷四、五月份）

陽	6	2	3	4	5	6	7	8	9	10	11	12	13	14	15	16	17	18	19	20	21	22	23	24	25	26	27	28	29	30
陰	十四	十五	十六	十七	十八	十九	廿	廿一	廿二	廿三	廿四	廿五	廿六	廿七	廿八	廿九	卅	五	二	三	四	五	六	七	八	九	十	十一	十二	十三
星	4	5	6	日	1	2	3	4	5	6	日	1	2	3	4	5	6	日	1	2	3	4	5	6	日	1	2	3	4	5
干節	癸酉	甲戌	乙亥	丙子	丁丑	芒種	己卯	庚辰	辛巳	壬午	癸未	甲申	乙酉	丙戌	丁亥	戊子	己丑	庚寅	辛卯	壬辰	癸巳	夏至	乙未	丙申	丁酉	戊戌	己亥	庚子	辛丑	壬寅

辛未

一八七一年

（清穆宗同治一〇年）

陽歷七月份　（陰歷五、六月份）

陽	7	2	3	4	5	6	7	8	9	10	11	12	13	14	15	16	17	18	19	20	21	22	23	24	25	26	27	28	29	30	31
陰	十四	十五	十六	十七	十八	十九	廿	廿一	廿二	廿三	廿四	廿五	廿六	廿七	廿八	廿九	卅	六	二	三	四	五	六	七	八	九	十	十一	十二	十三	十四
星	6	日	1	2	3	4	5	6	日	1	2	3	4	5	6	日	1	2	3	4	5	6	日	1	2	3	4	5	6	日	1
干節	癸卯	甲辰	乙巳	丙午	丁未	戊申	小暑	庚戌	辛亥	壬子	癸丑	甲寅	乙卯	丙辰	丁巳	戊午	己未	庚申	辛酉	壬戌	癸亥	甲子	大暑	丙寅	丁卯	戊辰	己巳	庚午	辛未	壬申	癸酉

陽歷八月份　（陰歷六、七月份）

陽	8	2	3	4	5	6	7	8	9	10	11	12	13	14	15	16	17	18	19	20	21	22	23	24	25	26	27	28	29	30	31
陰	十五	十六	十七	十八	十九	廿	廿一	廿二	廿三	廿四	廿五	廿六	廿七	廿八	廿九	七	二	三	四	五	六	七	八	九	十	十一	十二	十三	十四	十五	十六
星	2	3	4	5	6	日	1	2	3	4	5	6	日	1	2	3	4	5	6	日	1	2	3	4	5	6	日	1	2	3	4
干節	甲戌	乙亥	丙子	丁丑	戊寅	己卯	庚辰	立秋	壬午	癸未	甲申	乙酉	丙戌	丁亥	戊子	己丑	庚寅	辛卯	壬辰	癸巳	甲午	乙未	處暑	丁酉	戊戌	己亥	庚子	辛丑	壬寅	癸卯	甲辰

陽歷九月份　（陰歷七、八月份）

陽	9	2	3	4	5	6	7	8	9	10	11	12	13	14	15	16	17	18	19	20	21	22	23	24	25	26	27	28	29	30
陰	十七	十八	十九	廿	廿一	廿二	廿三	廿四	廿五	廿六	廿七	廿八	廿九	卅	八	二	三	四	五	六	七	八	九	十	十一	十二	十三	十四	十五	十六
星	5	6	日	1	2	3	4	5	6	日	1	2	3	4	5	6	日	1	2	3	4	5	6	日	1	2	3	4	5	6
干節	乙巳	丙午	丁未	戊申	己酉	庚戌	辛亥	白露	癸丑	甲寅	乙卯	丙辰	丁巳	戊午	己未	庚申	辛酉	壬戌	癸亥	甲子	乙丑	丙寅	秋分	戊辰	己巳	庚午	辛未	壬申	癸酉	甲戌

陽歷十月份　（陰歷八、九月份）

陽	10	2	3	4	5	6	7	8	9	10	11	12	13	14	15	16	17	18	19	20	21	22	23	24	25	26	27	28	29	30	31
陰	十七	十八	十九	廿	廿一	廿二	廿三	廿四	廿五	廿六	廿七	廿八	廿九	九	二	三	四	五	六	七	八	九	十	十一	十二	十三	十四	十五	十六	十七	十八
星	日	1	2	3	4	5	6	日	1	2	3	4	5	6	日	1	2	3	4	5	6	日	1	2	3	4	5	6	日	1	2
干節	乙亥	丙子	丁丑	戊寅	己卯	庚辰	辛巳	壬午	寒露	甲申	乙酉	丙戌	丁亥	戊子	己丑	庚寅	辛卯	壬辰	癸巳	甲午	乙未	丙申	丁酉	霜降	己亥	庚子	辛丑	壬寅	癸卯	甲辰	乙巳

陽歷十一月份　（陰歷九、十月份）

陽	11	2	3	4	5	6	7	8	9	10	11	12	13	14	15	16	17	18	19	20	21	22	23	24	25	26	27	28	29	30
陰	十九	廿	廿一	廿二	廿三	廿四	廿五	廿六	廿七	廿八	廿九	卅	十	二	三	四	五	六	七	八	九	十	十一	十二	十三	十四	十五	十六	十七	十八
星	3	4	5	6	日	1	2	3	4	5	6	日	1	2	3	4	5	6	日	1	2	3	4	5	6	日	1	2	3	4
干節	丙午	丁未	戊申	己酉	庚戌	辛亥	壬子	立冬	甲寅	乙卯	丙辰	丁巳	戊午	己未	庚申	辛酉	壬戌	癸亥	甲子	乙丑	丙寅	丁卯	小雪	己巳	庚午	辛未	壬申	癸酉	甲戌	乙亥

陽歷十二月份　（陰歷十、十一月份）

陽	12	2	3	4	5	6	7	8	9	10	11	12	13	14	15	16	17	18	19	20	21	22	23	24	25	26	27	28	29	30	31
陰	十九	廿	廿一	廿二	廿三	廿四	廿五	廿六	廿七	廿八	廿九	十一	二	三	四	五	六	七	八	九	十	十一	十二	十三	十四	十五	十六	十七	十八	十九	廿
星	5	6	日	1	2	3	4	5	6	日	1	2	3	4	5	6	日	1	2	3	4	5	6	日	1	2	3	4	5	6	日
干節	丙子	丁丑	戊寅	己卯	庚辰	辛巳	大雪	癸未	甲申	乙酉	丙戌	丁亥	戊子	己丑	庚寅	辛卯	壬辰	癸巳	甲午	乙未	丙申	冬至	戊戌	己亥	庚子	辛丑	壬寅	癸卯	甲辰	乙巳	丙午

壬申　一八七二年　（清穆宗同治一一年）

陽歷一月份　（陰歷十一、十二月份）

陽	**1**	2	3	4	5	6	7	8	9	10	11	12	13	14	15	16	17	18	19	20	21	22	23	24	25	26	27	28	29	30	31
陰	廿一	廿二	廿三	廿四	廿五	廿六	廿七	廿八	廿九	**十二**	二	三	四	五	六	七	八	九	十	十一	十二	十三	十四	十五	十六	十七	十八	十九	廿	廿一	廿二
星	1	2	3	4	5	6	**日**	1	2	3	4	5	6	**日**	1	2	3	4	5	6	**日**	1	2	3	4	5	6	**日**	1	2	3
干節	丁未	戊申	己酉	庚戌	辛亥	**小寒**	癸丑	甲寅	乙卯	丙辰	丁巳	戊午	己未	庚申	辛酉	壬戌	癸亥	甲子	乙丑	丙寅	**大寒**	戊辰	己巳	庚午	辛未	壬申	癸酉	甲戌	乙亥	丙子	丁丑

陽歷二月份　（陰歷十二、正月份）

陽	**2**	2	3	4	5	6	7	8	9	10	11	12	13	14	15	16	17	18	19	20	21	22	23	24	25	26	27	28	29	—	—
陰	廿三	廿四	廿五	廿六	廿七	廿八	廿九	卅	**正**	二	三	四	五	六	七	八	九	十	十一	十二	十三	十四	十五	十六	十七	十八	十九	廿	廿一	—	—
星	4	5	6	**日**	1	2	3	4	5	6	**日**	1	2	3	4	5	6	**日**	1	2	3	4	5	6	**日**	1	2	3	4	—	—
干節	戊寅	己卯	庚辰	**立春**	壬午	癸未	甲申	乙酉	丙戌	丁亥	戊子	己丑	庚寅	辛卯	壬辰	癸巳	甲午	乙未	**雨水**	丁酉	戊戌	己亥	庚子	辛丑	壬寅	癸卯	甲辰	乙巳	丙午		

陽歷三月份　（陰歷正、二月份）

陽	**3**	2	3	4	5	6	7	8	9	10	11	12	13	14	15	16	17	18	19	20	21	22	23	24	25	26	27	28	29	30	31
陰	廿二	廿三	廿四	廿五	廿六	廿七	廿八	廿九	**二**	二	三	四	五	六	七	八	九	十	十一	十二	十三	十四	十五	十六	十七	十八	十九	廿	廿一	廿二	廿三
星	5	6	**日**	1	2	3	4	5	6	**日**	1	2	3	4	5	6	**日**	1	2	3	4	5	6	**日**	1	2	3	4	5	6	**日**
干節	丁未	戊申	己酉	庚戌	**驚蟄**	壬子	癸丑	甲寅	乙卯	丙辰	丁巳	戊午	己未	庚申	辛酉	壬戌	癸亥	甲子	乙丑	**春分**	丁卯	戊辰	己巳	庚午	辛未	壬申	癸酉	甲戌	乙亥	丙子	丁丑

陽歷四月份　（陰歷二、三月份）

陽	**4**	2	3	4	5	6	7	8	9	10	11	12	13	14	15	16	17	18	19	20	21	22	23	24	25	26	27	28	29	30	—
陰	廿四	廿五	廿六	廿七	廿八	廿九	卅	**三**	二	三	四	五	六	七	八	九	十	十一	十二	十三	十四	十五	十六	十七	十八	十九	廿	廿一	廿二	廿三	—
星	1	2	3	4	5	6	**日**	1	2	3	4	5	6	**日**	1	2	3	4	5	6	**日**	1	2	3	4	5	6	**日**	1	2	—
干節	戊寅	己卯	庚辰	**清明**	壬午	癸未	甲申	乙酉	丙戌	丁亥	戊子	己丑	庚寅	辛卯	壬辰	癸巳	甲午	乙未	丙申	**穀雨**	戊戌	己亥	庚子	辛丑	壬寅	癸卯	甲辰	乙巳	丙午	丁未	

陽歷五月份　（陰歷三、四月份）

陽	**5**	2	3	4	5	6	7	8	9	10	11	12	13	14	15	16	17	18	19	20	21	22	23	24	25	26	27	28	29	30	31
陰	廿四	廿五	廿六	廿七	廿八	廿九	**四**	二	三	四	五	六	七	八	九	十	十一	十二	十三	十四	十五	十六	十七	十八	十九	廿	廿一	廿二	廿三	廿四	廿五
星	3	4	5	6	**日**	1	2	3	4	5	6	**日**	1	2	3	4	5	6	**日**	1	2	3	4	5	6	**日**	1	2	3	4	5
干節	戊申	己酉	庚戌	辛亥	**立夏**	癸丑	甲寅	乙卯	丙辰	丁巳	戊午	己未	庚申	辛酉	壬戌	癸亥	甲子	乙丑	丙寅	丁卯	**小滿**	己巳	庚午	辛未	壬申	癸酉	甲戌	乙亥	丙子	丁丑	戊寅

陽歷六月份　（陰歷四、五月份）

陽	**6**	2	3	4	5	6	7	8	9	10	11	12	13	14	15	16	17	18	19	20	21	22	23	24	25	26	27	28	29	30	—
陰	廿六	廿七	廿八	廿九	卅	**五**	二	三	四	五	六	七	八	九	十	十一	十二	十三	十四	十五	十六	十七	十八	十九	廿	廿一	廿二	廿三	廿四	廿五	—
星	6	**日**	1	2	3	4	5	6	**日**	1	2	3	4	5	6	**日**	1	2	3	4	5	6	**日**	1	2	3	4	5	6	**日**	—
干節	己卯	庚辰	辛巳	壬午	**芒種**	甲申	乙酉	丙戌	丁亥	戊子	己丑	庚寅	辛卯	壬辰	癸巳	甲午	乙未	丙申	丁酉	戊戌	**夏至**	庚子	辛丑	壬寅	癸卯	甲辰	乙巳	丙午	丁未	戊申	

壬申

一八七二年

（清穆宗同治一一年）

陽歷七月份　（陰歷五、六月份）

陽	7	2	3	4	5	6	7	8	9	10	11	12	13	14	15	16	17	18	19	20	21	22	23	24	25	26	27	28	29	30	31
陰	廿六	廿七	廿八	廿九	卅	六	二	三	四	五	六	七	八	九	十	十一	十二	十三	十四	十五	十六	十七	十八	十九	廿	廿一	廿二	廿三	廿四	廿五	廿六
星	1	2	3	4	5	6	日	1	2	3	4	5	6	日	1	2	3	4	5	6	日	1	2	3	4	5	6	日	1	2	3
干節	己酉	庚戌	辛亥	壬子	癸丑	甲寅	小暑	丙辰	丁巳	戊午	己未	庚申	辛酉	壬戌	癸亥	甲子	乙丑	丙寅	丁卯	戊辰	己巳	大暑	辛未	壬申	癸酉	甲戌	乙亥	丙子	丁丑	戊寅	己卯

陽歷八月份　（陰歷六、七月份）

陽	8	2	3	4	5	6	7	8	9	10	11	12	13	14	15	16	17	18	19	20	21	22	23	24	25	26	27	28	29	30	31
陰	廿七	廿八	廿九	七	二	三	四	五	六	七	八	九	十	十一	十二	十三	十四	十五	十六	十七	十八	十九	廿	廿一	廿二	廿三	廿四	廿五	廿六	廿七	廿八
星	4	5	6	日	1	2	3	4	5	6	日	1	2	3	4	5	6	日	1	2	3	4	5	6	日	1	2	3	4	5	6
干節	庚辰	辛巳	壬午	癸未	甲申	乙酉	立秋	丁亥	戊子	己丑	庚寅	辛卯	壬辰	癸巳	甲午	乙未	丙申	丁酉	戊戌	己亥	庚子	辛丑	處暑	癸卯	甲辰	乙巳	丙午	丁未	戊申	己酉	庚戌

陽歷九月份　（陰歷七、八月份）

陽	9	2	3	4	5	6	7	8	9	10	11	12	13	14	15	16	17	18	19	20	21	22	23	24	25	26	27	28	29	30
陰	廿九	卅	八	二	三	四	五	六	七	八	九	十	十一	十二	十三	十四	十五	十六	十七	十八	十九	廿	廿一	廿二	廿三	廿四	廿五	廿六	廿七	廿八
星	日	1	2	3	4	5	6	日	1	2	3	4	5	6	日	1	2	3	4	5	6	日	1	2	3	4	5	6	日	1
干節	辛亥	壬子	癸丑	甲寅	乙卯	丙辰	白露	戊午	己未	庚申	辛酉	壬戌	癸亥	甲子	乙丑	丙寅	丁卯	戊辰	己巳	庚午	辛未	壬申	秋分	甲戌	乙亥	丙子	丁丑	戊寅	己卯	庚辰

陽歷十月份　（陰歷八、九月份）

陽	10	2	3	4	5	6	7	8	9	10	11	12	13	14	15	16	17	18	19	20	21	22	23	24	25	26	27	28	29	30	31
陰	廿九	九	二	三	四	五	六	七	八	九	十	十一	十二	十三	十四	十五	十六	十七	十八	十九	廿	廿一	廿二	廿三	廿四	廿五	廿六	廿七	廿八	廿九	卅
星	2	3	4	5	6	日	1	2	3	4	5	6	日	1	2	3	4	5	6	日	1	2	3	4	5	6	日	1	2	3	4
干節	辛巳	壬午	癸未	甲申	乙酉	丙戌	丁亥	寒露	己丑	庚寅	辛卯	壬辰	癸巳	甲午	乙未	丙申	丁酉	戊戌	己亥	庚子	辛丑	壬寅	霜降	甲辰	乙巳	丙午	丁未	戊申	己酉	庚戌	辛亥

陽歷十一月份　（陰歷十月份）

陽	11	2	3	4	5	6	7	8	9	10	11	12	13	14	15	16	17	18	19	20	21	22	23	24	25	26	27	28	29	30
陰	十	二	三	四	五	六	七	八	九	十	十一	十二	十三	十四	十五	十六	十七	十八	十九	廿	廿一	廿二	廿三	廿四	廿五	廿六	廿七	廿八	廿九	卅
星	5	6	日	1	2	3	4	5	6	日	1	2	3	4	5	6	日	1	2	3	4	5	6	日	1	2	3	4	5	6
干節	壬子	癸丑	甲寅	乙卯	丙辰	丁巳	立冬	己未	庚申	辛酉	壬戌	癸亥	甲子	乙丑	丙寅	丁卯	戊辰	己巳	庚午	辛未	壬申	小雪	甲戌	乙亥	丙子	丁丑	戊寅	己卯	庚辰	辛巳

陽歷十二月份　（陰歷十一、十二月份）

陽	12	2	3	4	5	6	7	8	9	10	11	12	13	14	15	16	17	18	19	20	21	22	23	24	25	26	27	28	29	30	31
陰	十一	二	三	四	五	六	七	八	九	十	十一	十二	十三	十四	十五	十六	十七	十八	十九	廿	廿一	廿二	廿三	廿四	廿五	廿六	廿七	廿八	廿九	十二	二
星	日	1	2	3	4	5	6	日	1	2	3	4	5	6	日	1	2	3	4	5	6	日	1	2	3	4	5	6	日	1	2
干節	壬午	癸未	甲申	乙酉	丙戌	丁亥	大雪	己丑	庚寅	辛卯	壬辰	癸巳	甲午	乙未	丙申	丁酉	戊戌	己亥	庚子	辛丑	冬至	癸卯	甲辰	乙巳	丙午	丁未	戊申	己酉	庚戌	辛亥	壬子

近世中西史日對照表

陽歷一月份　(陰歷十二、正月份)

陽	1	2	3	4	5	6	7	8	9	10	11	12	13	14	15	16	17	18	19	20	21	22	23	24	25	26	27	28	29	30	31
陰	三	四	五	六	七	八	九	十	十一	十二	十三	十四	十五	十六	十七	十八	十九	廿	廿一	廿二	廿三	廿四	廿五	廿六	廿七	廿八	廿九	卅	正	二	三
星	3	4	5	6	日	1	2	3	4	5	6	日	1	2	3	4	5	6	日	1	2	3	4	5	6	日	1	2	3	4	5
干節	癸丑	甲寅	乙卯	丙辰	小寒	戊午	己未	庚申	辛酉	壬戌	癸亥	甲子	乙丑	丙寅	丁卯	戊辰	己巳	庚午	辛未	大寒	癸酉	甲戌	乙亥	丙子	丁丑	戊寅	己卯	庚辰	辛巳	壬午	癸未

陽歷二月份　(陰歷正、二月份)

陽	1	2	3	4	5	6	7	8	9	10	11	12	13	14	15	16	17	18	19	20	21	22	23	24	25	26	27	28			
陰	四	五	六	七	八	九	十	十一	十二	十三	十四	十五	十六	十七	十八	十九	廿	廿一	廿二	廿三	廿四	廿五	廿六	廿七	廿八	廿九	二月	二			
星	6	日	1	2	3	4	5	6	日	1	2	3	4	5	6	日	1	2	3	4	5	6	日	1	2	3	4	5			
干節	甲申	乙酉	丙戌	立春	戊子	己丑	庚寅	辛卯	壬辰	癸巳	甲午	乙未	丙申	丁酉	戊戌	己亥	庚子	雨水	壬寅	癸卯	甲辰	乙巳	丙午	丁未	戊申	己酉	庚戌	辛亥			

陽歷三月份　(陰歷二、三月份)

陽	1	2	3	4	5	6	7	8	9	10	11	12	13	14	15	16	17	18	19	20	21	22	23	24	25	26	27	28	29	30	31
陰	三	四	五	六	七	八	九	十	十一	十二	十三	十四	十五	十六	十七	十八	十九	廿	廿一	廿二	廿三	廿四	廿五	廿六	廿七	廿八	廿九	三月	二	三	四
星	6	日	1	2	3	4	5	6	日	1	2	3	4	5	6	日	1	2	3	4	5	6	日	1	2	3	4	5	6	日	1
干節	壬子	癸丑	甲寅	乙卯	驚蟄	丁巳	戊午	己未	庚申	辛酉	壬戌	癸亥	甲子	乙丑	丙寅	丁卯	戊辰	己巳	庚午	春分	壬申	癸酉	甲戌	乙亥	丙子	丁丑	戊寅	己卯	庚辰	辛巳	壬午

陽歷四月份　(陰歷三、四月份)

陽	1	2	3	4	5	6	7	8	9	10	11	12	13	14	15	16	17	18	19	20	21	22	23	24	25	26	27	28	29	30	
陰	五	六	七	八	九	十	十一	十二	十三	十四	十五	十六	十七	十八	十九	廿	廿一	廿二	廿三	廿四	廿五	廿六	廿七	廿八	廿九	卅	四月	二	三	四	
星	2	3	4	5	6	日	1	2	3	4	5	6	日	1	2	3	4	5	6	日	1	2	3	4	5	6	日	1	2	3	
干節	癸未	甲申	乙酉	丙戌	清明	戊子	己丑	庚寅	辛卯	壬辰	癸巳	甲午	乙未	丙申	丁酉	戊戌	己亥	庚子	辛丑	穀雨	癸卯	甲辰	乙巳	丙午	丁未	戊申	己酉	庚戌	辛亥	壬子	

陽歷五月份　(陰歷四、五月份)

陽	1	2	3	4	5	6	7	8	9	10	11	12	13	14	15	16	17	18	19	20	21	22	23	24	25	26	27	28	29	30	31
陰	五	六	七	八	九	十	十一	十二	十三	十四	十五	十六	十七	十八	十九	廿	廿一	廿二	廿三	廿四	廿五	廿六	廿七	廿八	廿九	五月	二	三	四	五	六
星	4	5	6	日	1	2	3	4	5	6	日	1	2	3	4	5	6	日	1	2	3	4	5	6	日	1	2	3	4	5	6
干節	癸丑	甲寅	乙卯	丙辰	立夏	戊午	己未	庚申	辛酉	壬戌	癸亥	甲子	乙丑	丙寅	丁卯	戊辰	己巳	庚午	辛未	壬申	小滿	甲戌	乙亥	丙子	丁丑	戊寅	己卯	庚辰	辛巳	壬午	癸未

陽歷六月份　(陰歷五、六月份)

陽	1	2	3	4	5	6	7	8	9	10	11	12	13	14	15	16	17	18	19	20	21	22	23	24	25	26	27	28	29	30	
陰	七	八	九	十	十一	十二	十三	十四	十五	十六	十七	十八	十九	廿	廿一	廿二	廿三	廿四	廿五	廿六	廿七	廿八	廿九	卅	六月	二	三	四	五	六	
星	日	1	2	3	4	5	6	日	1	2	3	4	5	6	日	1	2	3	4	5	6	日	1	2	3	4	5	6	日	1	
干節	甲申	乙酉	丙戌	丁亥	戊子	芒種	庚寅	辛卯	壬辰	癸巳	甲午	乙未	丙申	丁酉	戊戌	己亥	庚子	辛丑	壬寅	癸卯	夏至	乙巳	丙午	丁未	戊申	己酉	庚戌	辛亥	壬子	癸丑	

癸酉

一八七三年

（清穆宗同治一二年）

陽歷七月份　（陰歷六、閏六月份）

陽	7	2	3	4	5	6	7	8	9	10	11	12	13	14	15	16	17	18	19	20	21	22	23	24	25	26	27	28	29	30	31
陰	七	八	九	十	十一	十二	十三	十四	十五	十六	十七	十八	十九	廿	廿一	廿二	廿三	廿四	廿五	廿六	廿七	廿八	廿九	閏	二	三	四	五	六	七	八
星	2	3	4	5	6	日	1	2	3	4	5	6	日	1	2	3	4	5	6	日	1	2	3	4	5	6	日	1	2	3	4
干節	甲寅	乙卯	丙辰	丁巳	戊午	己未	小暑	辛酉	壬戌	癸亥	甲子	乙丑	丙寅	丁卯	戊辰	己巳	庚午	辛未	壬申	癸酉	甲戌	乙亥	大暑	丁丑	戊寅	己卯	庚辰	辛巳	壬午	癸未	甲申

陽歷八月份　（陰歷閏六、七月份）

陽	8	2	3	4	5	6	7	8	9	10	11	12	13	14	15	16	17	18	19	20	21	22	23	24	25	26	27	28	29	30	31
陰	九	十	十一	十二	十三	十四	十五	十六	十七	十八	十九	廿	廿一	廿二	廿三	廿四	廿五	廿六	廿七	廿八	廿九	卅	七	二	三	四	五	六	七	八	九
星	5	6	日	1	2	3	4	5	6	日	1	2	3	4	5	6	日	1	2	3	4	5	6	日	1	2	3	4	5	6	日
干節	乙酉	丙戌	丁亥	戊子	己丑	庚寅	立秋	壬辰	癸巳	甲午	乙未	丙申	丁酉	戊戌	己亥	庚子	辛丑	壬寅	癸卯	甲辰	乙巳	丙午	處暑	戊申	己酉	庚戌	辛亥	壬子	癸丑	甲寅	乙卯

陽歷九月份　（陰歷七、八月份）

陽	9	2	3	4	5	6	7	8	9	10	11	12	13	14	15	16	17	18	19	20	21	22	23	24	25	26	27	28	29	30
陰	十	十一	十二	十三	十四	十五	十六	十七	十八	十九	廿	廿一	廿二	廿三	廿四	廿五	廿六	廿七	廿八	廿九	卅	八	二	三	四	五	六	七	八	九
星	1	2	3	4	5	6	日	1	2	3	4	5	6	日	1	2	3	4	5	6	日	1	2	3	4	5	6	日	1	2
干節	丙辰	丁巳	戊午	己未	庚申	辛酉	白露	癸亥	甲子	乙丑	丙寅	丁卯	戊辰	己巳	庚午	辛未	壬申	癸酉	甲戌	乙亥	丙子	丁丑	秋分	己卯	庚辰	辛巳	壬午	癸未	甲申	乙酉

陽歷十月份　（陰歷八、九月份）

陽	10	2	3	4	5	6	7	8	9	10	11	12	13	14	15	16	17	18	19	20	21	22	23	24	25	26	27	28	29	30	31
陰	十	十一	十二	十三	十四	十五	十六	十七	十八	十九	廿	廿一	廿二	廿三	廿四	廿五	廿六	廿七	廿八	廿九	九	二	三	四	五	六	七	八	九	十	十一
星	3	4	5	6	日	1	2	3	4	5	6	日	1	2	3	4	5	6	日	1	2	3	4	5	6	日	1	2	3	4	5
干節	丙戌	丁亥	戊子	己丑	庚寅	辛卯	壬辰	寒露	甲午	乙未	丙申	丁酉	戊戌	己亥	庚子	辛丑	壬寅	癸卯	甲辰	乙巳	丙午	丁未	霜降	己酉	庚戌	辛亥	壬子	癸丑	甲寅	乙卯	丙辰

陽歷十一月份　（陰歷九、十月份）

陽	11	2	3	4	5	6	7	8	9	10	11	12	13	14	15	16	17	18	19	20	21	22	23	24	25	26	27	28	29	30
陰	十二	十三	十四	十五	十六	十七	十八	十九	廿	廿一	廿二	廿三	廿四	廿五	廿六	廿七	廿八	廿九	卅	十	二	三	四	五	六	七	八	九	十	十一
星	6	日	1	2	3	4	5	6	日	1	2	3	4	5	6	日	1	2	3	4	5	6	日	1	2	3	4	5	6	日
干節	丁巳	戊午	己未	庚申	辛酉	壬戌	立冬	甲子	乙丑	丙寅	丁卯	戊辰	己巳	庚午	辛未	壬申	癸酉	甲戌	乙亥	丙子	丁丑	小雪	己卯	庚辰	辛巳	壬午	癸未	甲申	乙酉	丙戌

陽歷十二月份　（陰歷十、十一月份）

陽	12	2	3	4	5	6	7	8	9	10	11	12	13	14	15	16	17	18	19	20	21	22	23	24	25	26	27	28	29	30	31
陰	十二	十三	十四	十五	十六	十七	十八	十九	廿	廿一	廿二	廿三	廿四	廿五	廿六	廿七	廿八	廿九	卅	十一	二	三	四	五	六	七	八	九	十	十一	十二
星	1	2	3	4	5	6	日	1	2	3	4	5	6	日	1	2	3	4	5	6	日	1	2	3	4	5	6	日	1	2	3
干節	丁亥	戊子	己丑	庚寅	辛卯	壬辰	大雪	甲午	乙未	丙申	丁酉	戊戌	己亥	庚子	辛丑	壬寅	癸卯	甲辰	乙巳	丙午	丁未	冬至	己酉	庚戌	辛亥	壬子	癸丑	甲寅	乙卯	丙辰	丁巳

近世中西史日對照表

甲戌　一八七四年（清穆宗同治一三年）

陽歷一月份　（陰歷十一、十二月份）

陽	1	2	3	4	5	6	7	8	9	10	11	12	13	14	15	16	17	18	19	20	21	22	23	24	25	26	27	28	29	30	31
陰	十三	十四	十五	十六	十七	十八	十九	廿	廿一	廿二	廿三	廿四	廿五	廿六	廿七	廿八	廿九	十二	二	三	四	五	六	七	八	九	十	十一	十二	十三	十四
星	4	5	6	日	1	2	3	4	5	6	日	1	2	3	4	5	6	日	1	2	3	4	5	6	日	1	2	3	4	5	6
干節	戊午	己未	庚申	辛酉	小寒	癸亥	甲子	乙丑	丙寅	丁卯	戊辰	己巳	庚午	辛未	壬申	癸酉	甲戌	乙亥	丙子	大寒	戊寅	己卯	庚辰	辛巳	壬午	癸未	甲申	乙酉	丙戌	丁亥	戊子

陽歷二月份　（陰歷十二、正月份）

陽	2	2	3	4	5	6	7	8	9	10	11	12	13	14	15	16	17	18	19	20	21	22	23	24	25	26	27	28			
陰	十五	十六	十七	十八	十九	廿	廿一	廿二	廿三	廿四	廿五	廿六	廿七	廿八	廿九	卅	正	二	三	四	五	六	七	八	九	十	十一	十二			
星	日	1	2	3	4	5	6	日	1	2	3	4	5	6	日	1	2	3	4	5	6	日	1	2	3	4	5	6			
干節	己丑	庚寅	辛卯	立春	癸巳	甲午	乙未	丙申	丁酉	戊戌	己亥	庚子	辛丑	壬寅	癸卯	甲辰	乙巳	丙午	雨水	戊申	己酉	庚戌	辛亥	壬子	癸丑	甲寅	乙卯	丙辰			

陽歷三月份　（陰歷正、二月份）

陽	3	2	3	4	5	6	7	8	9	10	11	12	13	14	15	16	17	18	19	20	21	22	23	24	25	26	27	28	29	30	31
陰	十三	十四	十五	十六	十七	十八	十九	廿	廿一	廿二	廿三	廿四	廿五	廿六	廿七	廿八	廿九	二	二	三	四	五	六	七	八	九	十	十一	十二	十三	十四
星	日	1	2	3	4	5	6	日	1	2	3	4	5	6	日	1	2	3	4	5	6	日	1	2	3	4	5	6	日	1	2
干節	丁巳	戊午	己未	庚申	辛酉	驚蟄	癸亥	甲子	乙丑	丙寅	丁卯	戊辰	己巳	庚午	辛未	壬申	癸酉	甲戌	乙亥	丙子	春分	戊寅	己卯	庚辰	辛巳	壬午	癸未	甲申	乙酉	丙戌	丁亥

陽歷四月份　（陰歷二、三月份）

陽	4	2	3	4	5	6	7	8	9	10	11	12	13	14	15	16	17	18	19	20	21	22	23	24	25	26	27	28	29	30	
陰	十五	十六	十七	十八	十九	廿	廿一	廿二	廿三	廿四	廿五	廿六	廿七	廿八	廿九	三	二	三	四	五	六	七	八	九	十	十一	十二	十三	十四	十五	
星	3	4	5	6	日	1	2	3	4	5	6	日	1	2	3	4	5	6	日	1	2	3	4	5	6	日	1	2	3	4	
干節	戊子	己丑	庚寅	辛卯	清明	癸巳	甲午	乙未	丙申	丁酉	戊戌	己亥	庚子	辛丑	壬寅	癸卯	甲辰	乙巳	丙午	穀雨	戊申	己酉	庚戌	辛亥	壬子	癸丑	甲寅	乙卯	丙辰	丁巳	

陽歷五月份　（陰歷三、四月份）

陽	5	2	3	4	5	6	7	8	9	10	11	12	13	14	15	16	17	18	19	20	21	22	23	24	25	26	27	28	29	30	31
陰	十六	十七	十八	十九	廿	廿一	廿二	廿三	廿四	廿五	廿六	廿七	廿八	廿九	卅	四	二	三	四	五	六	七	八	九	十	十一	十二	十三	十四	十五	十六
星	5	6	日	1	2	3	4	5	6	日	1	2	3	4	5	6	日	1	2	3	4	5	6	日	1	2	3	4	5	6	日
干節	戊午	己未	庚申	辛酉	壬戌	立夏	甲子	乙丑	丙寅	丁卯	戊辰	己巳	庚午	辛未	壬申	癸酉	甲戌	乙亥	丙子	丁丑	小滿	己卯	庚辰	辛巳	壬午	癸未	甲申	乙酉	丙戌	丁亥	戊子

陽歷六月份　（陰歷四、五月份）

陽	6	2	3	4	5	6	7	8	9	10	11	12	13	14	15	16	17	18	19	20	21	22	23	24	25	26	27	28	29	30	
陰	十七	十八	十九	廿	廿一	廿二	廿三	廿四	廿五	廿六	廿七	廿八	廿九	五	二	三	四	五	六	七	八	九	十	十一	十二	十三	十四	十五	十六	十七	
星	1	2	3	4	5	6	日	1	2	3	4	5	6	日	1	2	3	4	5	6	日	1	2	3	4	5	6	日	1	2	
干節	己丑	庚寅	辛卯	壬辰	癸巳	芒種	乙未	丙申	丁酉	戊戌	己亥	庚子	辛丑	壬寅	癸卯	甲辰	乙巳	丙午	丁未	戊申	夏至	庚戌	辛亥	壬子	癸丑	甲寅	乙卯	丙辰	丁巳	戊午	

甲戌

一八七四年

（清穆宗同治一三年）

陽歷七月份　（陰歷五、六月份）

陽	7	2	3	4	5	6	7	8	9	10	11	12	13	14	15	16	17	18	19	20	21	22	23	24	25	26	27	28	29	30	31
陰	十八	十九	廿	廿一	廿二	廿三	廿四	廿五	廿六	廿七	廿八	廿九	卅	六	二	三	四	五	六	七	八	九	十	十一	十二	十三	十四	十五	十六	十七	十八
星	3	4	5	6	日	1	2	3	4	5	6	日	1	2	3	4	5	6	日	1	2	3	4	5	6	日	1	2	3	4	5
干節	己未	庚申	辛酉	壬戌	癸亥	甲子	小暑	丙寅	丁卯	戊辰	己巳	庚午	辛未	壬申	癸酉	甲戌	乙亥	丙子	丁丑	戊寅	己卯	庚辰	大暑	壬午	癸未	甲申	乙酉	丙戌	丁亥	戊子	己丑

陽歷八月份　（陰歷六、七月份）

陽	8	2	3	4	5	6	7	8	9	10	11	12	13	14	15	16	17	18	19	20	21	22	23	24	25	26	27	28	29	30	31
陰	十九	廿	廿一	廿二	廿三	廿四	廿五	廿六	廿七	廿八	廿九	七	二	三	四	五	六	七	八	九	十	十一	十二	十三	十四	十五	十六	十七	十八	十九	廿
星	6	日	1	2	3	4	5	6	日	1	2	3	4	5	6	日	1	2	3	4	5	6	日	1	2	3	4	5	6	日	1
干節	庚寅	辛卯	壬辰	癸巳	甲午	乙未	丙申	立秋	戊戌	己亥	庚子	辛丑	壬寅	癸卯	甲辰	乙巳	丙午	丁未	戊申	己酉	庚戌	辛亥	處暑	癸丑	甲寅	乙卯	丙辰	丁巳	戊午	己未	庚申

陽歷九月份　（陰歷七、八月份）

陽	9	2	3	4	5	6	7	8	9	10	11	12	13	14	15	16	17	18	19	20	21	22	23	24	25	26	27	28	29	30
陰	廿一	廿二	廿三	廿四	廿五	廿六	廿七	廿八	廿九	卅	八	二	三	四	五	六	七	八	九	十	十一	十二	十三	十四	十五	十六	十七	十八	十九	廿
星	2	3	4	5	6	日	1	2	3	4	5	6	日	1	2	3	4	5	6	日	1	2	3	4	5	6	日	1	2	3
干節	辛酉	壬戌	癸亥	甲子	乙丑	丙寅	丁卯	白露	己巳	庚午	辛未	壬申	癸酉	甲戌	乙亥	丙子	丁丑	戊寅	己卯	庚辰	辛巳	壬午	秋分	甲申	乙酉	丙戌	丁亥	戊子	己丑	庚寅

陽歷十月份　（陰歷八、九月份）

陽	10	2	3	4	5	6	7	8	9	10	11	12	13	14	15	16	17	18	19	20	21	22	23	24	25	26	27	28	29	30	31
陰	廿一	廿二	廿三	廿四	廿五	廿六	廿七	廿八	廿九	九	二	三	四	五	六	七	八	九	十	十一	十二	十三	十四	十五	十六	十七	十八	十九	廿	廿一	廿二
星	4	5	6	日	1	2	3	4	5	6	日	1	2	3	4	5	6	日	1	2	3	4	5	6	日	1	2	3	4	5	6
干節	辛卯	壬辰	癸巳	甲午	乙未	丙申	丁酉	戊戌	寒露	庚子	辛丑	壬寅	癸卯	甲辰	乙巳	丙午	丁未	戊申	己酉	庚戌	辛亥	壬子	霜降	甲寅	乙卯	丙辰	丁巳	戊午	己未	庚申	辛酉

陽歷十一月份　（陰歷九、十月份）

陽	11	2	3	4	5	6	7	8	9	10	11	12	13	14	15	16	17	18	19	20	21	22	23	24	25	26	27	28	29	30
陰	廿三	廿四	廿五	廿六	廿七	廿八	廿九	卅	十	二	三	四	五	六	七	八	九	十	十一	十二	十三	十四	十五	十六	十七	十八	十九	廿	廿一	廿二
星	日	1	2	3	4	5	6	日	1	2	3	4	5	6	日	1	2	3	4	5	6	日	1	2	3	4	5	6	日	1
干節	壬戌	癸亥	甲子	乙丑	丙寅	丁卯	立冬	己巳	庚午	辛未	壬申	癸酉	甲戌	乙亥	丙子	丁丑	戊寅	己卯	庚辰	辛巳	壬午	小雪	甲申	乙酉	丙戌	丁亥	戊子	己丑	庚寅	辛卯

陽歷十二月份　（陰歷十、十一月份）

陽	12	2	3	4	5	6	7	8	9	10	11	12	13	14	15	16	17	18	19	20	21	22	23	24	25	26	27	28	29	30	31
陰	廿三	廿四	廿五	廿六	廿七	廿八	廿九	卅	十一	二	三	四	五	六	七	八	九	十	十一	十二	十三	十四	十五	十六	十七	十八	十九	廿	廿一	廿二	廿三
星	2	3	4	5	6	日	1	2	3	4	5	6	日	1	2	3	4	5	6	日	1	2	3	4	5	6	日	1	2	3	4
干節	壬辰	癸巳	甲午	乙未	丙申	丁酉	大雪	己亥	庚子	辛丑	壬寅	癸卯	甲辰	乙巳	丙午	丁未	戊申	己酉	庚戌	辛亥	壬子	冬至	甲寅	乙卯	丙辰	丁巳	戊午	己未	庚申	辛酉	壬戌

近世中西史日對照表

乙亥　一八七五年　（清德宗光緒元年）

陽歷一月份　（陰歷十一、十二月份）

陽	1	2	3	4	5	6	7	8	9	10	11	12	13	14	15	16	17	18	19	20	21	22	23	24	25	26	27	28	29	30	31
陰	廿四	廿五	廿六	廿七	廿八	廿九	卅	十二	二	三	四	五	六	七	八	九	十	十一	十二	十三	十四	十五	十六	十七	十八	十九	廿	廿一	廿二	廿三	廿四
星	5	6	日	1	2	3	4	5	6	日	1	2	3	4	5	6	日	1	2	3	4	5	6	日	1	2	3	4	5	6	日
干節	癸亥	甲子	乙丑	丙寅	丁卯	小寒	己巳	庚午	辛未	壬申	癸酉	甲戌	乙亥	丙子	丁丑	戊寅	己卯	庚辰	辛巳	大寒	癸未	甲申	乙酉	丙戌	丁亥	戊子	己丑	庚寅	辛卯	壬辰	癸巳

陽歷二月份　（陰歷十二、正月份）

陽	2	2	3	4	5	6	7	8	9	10	11	12	13	14	15	16	17	18	19	20	21	22	23	24	25	26	27	28			
陰	廿五	廿六	廿七	廿八	廿九	正	二	三	四	五	六	七	八	九	十	十一	十二	十三	十四	十五	十六	十七	十八	十九	廿	廿一	廿二	廿三			
星	1	2	3	4	5	6	日	1	2	3	4	5	6	日	1	2	3	4	5	6	日	1	2	3	4	5	6	日			
干節	甲午	乙未	丙申	立春	戊戌	己亥	庚子	辛丑	壬寅	癸卯	甲辰	乙巳	丙午	丁未	戊申	己酉	庚戌	辛亥	雨水	癸丑	甲寅	乙卯	丙辰	丁巳	戊午	己未	庚申	辛酉			

陽歷三月份　（陰歷正二月份）

陽	3	2	3	4	5	6	7	8	9	10	11	12	13	14	15	16	17	18	19	20	21	22	23	24	25	26	27	28	29	30	31
陰	廿四	廿五	廿六	廿七	廿八	廿九	卅	二	二	三	四	五	六	七	八	九	十	十一	十二	十三	十四	十五	十六	十七	十八	十九	廿	廿一	廿二	廿三	廿四
星	1	2	3	4	5	6	日	1	2	3	4	5	6	日	1	2	3	4	5	6	日	1	2	3	4	5	6	日	1	2	3
干節	壬戌	癸亥	甲子	乙丑	丙寅	驚蟄	戊辰	己巳	庚午	辛未	壬申	癸酉	甲戌	乙亥	丙子	丁丑	戊寅	己卯	庚辰	辛巳	春分	癸未	甲申	乙酉	丙戌	丁亥	戊子	己丑	庚寅	辛卯	壬辰

陽歷四月份　（陰歷二、三月份）

陽	4	2	3	4	5	6	7	8	9	10	11	12	13	14	15	16	17	18	19	20	21	22	23	24	25	26	27	28	29	30	
陰	廿五	廿六	廿七	廿八	廿九	三	二	三	四	五	六	七	八	九	十	十一	十二	十三	十四	十五	十六	十七	十八	十九	廿	廿一	廿二	廿三	廿四	廿五	
星	4	5	6	日	1	2	3	4	5	6	日	1	2	3	4	5	6	日	1	2	3	4	5	6	日	1	2	3	4	5	
干節	癸巳	甲午	乙未	丙申	清明	戊戌	己亥	庚子	辛丑	壬寅	癸卯	甲辰	乙巳	丙午	丁未	戊申	己酉	庚戌	辛亥	穀雨	癸丑	甲寅	乙卯	丙辰	丁巳	戊午	己未	庚申	辛酉	壬戌	

陽歷五月份　（陰歷三、四月份）

陽	5	2	3	4	5	6	7	8	9	10	11	12	13	14	15	16	17	18	19	20	21	22	23	24	25	26	27	28	29	30	31
陰	廿六	廿七	廿八	廿九	四	二	三	四	五	六	七	八	九	十	十一	十二	十三	十四	十五	十六	十七	十八	十九	廿	廿一	廿二	廿三	廿四	廿五	廿六	廿七
星	6	日	1	2	3	4	5	6	日	1	2	3	4	5	6	日	1	2	3	4	5	6	日	1	2	3	4	5	6	日	1
干節	癸亥	甲子	乙丑	丙寅	丁卯	立夏	己巳	庚午	辛未	壬申	癸酉	甲戌	乙亥	丙子	丁丑	戊寅	己卯	庚辰	辛巳	壬午	小滿	甲申	乙酉	丙戌	丁亥	戊子	己丑	庚寅	辛卯	壬辰	癸巳

陽歷六月份　（陰歷四、五月份）

陽	6	2	3	4	5	6	7	8	9	10	11	12	13	14	15	16	17	18	19	20	21	22	23	24	25	26	27	28	29	30	
陰	廿八	廿九	卅	五	二	三	四	五	六	七	八	九	十	十一	十二	十三	十四	十五	十六	十七	十八	十九	廿	廿一	廿二	廿三	廿四	廿五	廿六	廿七	
星	2	3	4	5	6	日	1	2	3	4	5	6	日	1	2	3	4	5	6	日	1	2	3	4	5	6	日	1	2	3	
干節	甲午	乙未	丙申	丁酉	戊戌	芒種	庚子	辛丑	壬寅	癸卯	甲辰	乙巳	丙午	丁未	戊申	己酉	庚戌	辛亥	壬子	癸丑	甲寅	夏至	丙辰	丁巳	戊午	己未	庚申	辛酉	壬戌	癸亥	

乙亥

一八七五年

（清德宗光緒元年）

陽歷七月份	（陰歷五、六月份）																													
陽	7	2	3	4	5	6	7	8	9	10	11	12	13	14	15	16	17	18	19	20	21	22	23	24	25	26	27	28	29	30	31
陰	廿八	廿九	六	二	三	四	五	六	七	八	九	十	十一	十二	十三	十四	十五	十六	十七	十八	十九	廿	廿一	廿二	廿三	廿四	廿五	廿六	廿七	廿八	廿九
星	4	5	6	日	1	2	3	4	5	6	日	1	2	3	4	5	6	日	1	2	3	4	5	6	日	1	2	3	4	5	6
干節	甲子	乙丑	丙寅	丁卯	戊辰	己巳	小暑	辛未	壬申	癸酉	甲戌	乙亥	丙子	丁丑	戊寅	己卯	庚辰	辛巳	壬午	癸未	甲申	乙酉	大暑	丁亥	戊子	己丑	庚寅	辛卯	壬辰	癸巳	甲午

陽歷八月份	（陰歷七、八月份）																													
陽	8	2	3	4	5	6	7	8	9	10	11	12	13	14	15	16	17	18	19	20	21	22	23	24	25	26	27	28	29	30	31
陰	七	二	三	四	五	六	七	八	九	十	十一	十二	十三	十四	十五	十六	十七	十八	十九	廿	廿一	廿二	廿三	廿四	廿五	廿六	廿七	廿八	廿九	卅	八
星	日	1	2	3	4	5	6	日	1	2	3	4	5	6	日	1	2	3	4	5	6	日	1	2	3	4	5	6	日	1	2
干節	乙未	丙申	丁酉	戊戌	己亥	庚子	辛丑	立秋	癸卯	甲辰	乙巳	丙午	丁未	戊申	己酉	庚戌	辛亥	壬子	癸丑	甲寅	乙卯	丙辰	處暑	戊午	己未	庚申	辛酉	壬戌	癸亥	甲子	乙丑

陽歷九月份	（陰歷八、九月份）																													
陽	9	2	3	4	5	6	7	8	9	10	11	12	13	14	15	16	17	18	19	20	21	22	23	24	25	26	27	28	29	30	
陰	二	三	四	五	六	七	八	九	十	十一	十二	十三	十四	十五	十六	十七	十八	十九	廿	廿一	廿二	廿三	廿四	廿五	廿六	廿七	廿八	廿九	九	二	
星	3	4	5	6	日	1	2	3	4	5	6	日	1	2	3	4	5	6	日	1	2	3	4	5	6	日	1	2	3	4	
干節	丙寅	丁卯	戊辰	己巳	庚午	辛未	壬申	白露	甲戌	乙亥	丙子	丁丑	戊寅	己卯	庚辰	辛巳	壬午	癸未	甲申	乙酉	丙戌	丁亥	秋分	己丑	庚寅	辛卯	壬辰	癸巳	甲午	乙未	

陽歷十月份	（陰歷九、十月份）																													
陽	10	2	3	4	5	6	7	8	9	10	11	12	13	14	15	16	17	18	19	20	21	22	23	24	25	26	27	28	29	30	31
陰	三	四	五	六	七	八	九	十	十一	十二	十三	十四	十五	十六	十七	十八	十九	廿	廿一	廿二	廿三	廿四	廿五	廿六	廿七	廿八	廿九	卅	十	二	三
星	5	6	日	1	2	3	4	5	6	日	1	2	3	4	5	6	日	1	2	3	4	5	6	日	1	2	3	4	5	6	日
干節	丙申	丁酉	戊戌	己亥	庚子	辛丑	壬寅	癸卯	寒露	乙巳	丙午	丁未	戊申	己酉	庚戌	辛亥	壬子	癸丑	甲寅	乙卯	丙辰	丁巳	戊午	霜降	庚申	辛酉	壬戌	癸亥	甲子	乙丑	丙寅

陽歷十一月份	（陰歷十、十一月份）																													
陽	11	2	3	4	5	6	7	8	9	10	11	12	13	14	15	16	17	18	19	20	21	22	23	24	25	26	27	28	29	30	
陰	四	五	六	七	八	九	十	十一	十二	十三	十四	十五	十六	十七	十八	十九	廿	廿一	廿二	廿三	廿四	廿五	廿六	廿七	廿八	廿九	卅	十一	二	三	
星	1	2	3	4	5	6	日	1	2	3	4	5	6	日	1	2	3	4	5	6	日	1	2	3	4	5	6	日	1	2	
干節	丁卯	戊辰	己巳	庚午	辛未	壬申	癸酉	立冬	乙亥	丙子	丁丑	戊寅	己卯	庚辰	辛巳	壬午	癸未	甲申	乙酉	丙戌	丁亥	戊子	小雪	庚寅	辛卯	壬辰	癸巳	甲午	乙未	丙申	

陽歷十二月份	（陰歷十一、十二月份）																													
陽	12	2	3	4	5	6	7	8	9	10	11	12	13	14	15	16	17	18	19	20	21	22	23	24	25	26	27	28	29	30	31
陰	四	五	六	七	八	九	十	十一	十二	十三	十四	十五	十六	十七	十八	十九	廿	廿一	廿二	廿三	廿四	廿五	廿六	廿七	廿八	廿九	卅	十二	二	三	四
星	3	4	5	6	日	1	2	3	4	5	6	日	1	2	3	4	5	6	日	1	2	3	4	5	6	日	1	2	3	4	5
干節	丁酉	戊戌	己亥	庚子	辛丑	壬寅	大雪	甲辰	乙巳	丙午	丁未	戊申	己酉	庚戌	辛亥	壬子	癸丑	甲寅	乙卯	丙辰	丁巳	冬至	己未	庚申	辛酉	壬戌	癸亥	甲子	乙丑	丙寅	丁卯

近世中西史日對照表

丙子　一八七六年　（清德宗光緒二年）

陽歷一月份　（陰歷十二、正月份）

陽	1	2	3	4	5	6	7	8	9	10	11	12	13	14	15	16	17	18	19	20	21	22	23	24	25	26	27	28	29	30	31
陰	五	六	七	八	九	十	十一	十二	十三	十四	十五	十六	十七	十八	十九	廿	廿一	廿二	廿三	廿四	廿五	廿六	廿七	廿八	廿九	正	二	三	四	五	六
星	6	日	1	2	3	4	5	6	日	1	2	3	4	5	6	日	1	2	3	4	5	6	日	1	2	3	4	5	6	日	1
干節	戊辰	己巳	庚午	辛未	壬申	小寒	甲戌	乙亥	丙子	丁丑	戊寅	己卯	庚辰	辛巳	壬午	癸未	甲申	乙酉	丙戌	大寒	戊子	己丑	庚寅	辛卯	壬辰	癸巳	甲午	乙未	丙申	丁酉	戊戌

陽歷二月份　（陰歷正、二月份）

陽	2	2	3	4	5	6	7	8	9	10	11	12	13	14	15	16	17	18	19	20	21	22	23	24	25	26	27	28	29		
陰	七	八	九	十	十一	十二	十三	十四	十五	十六	十七	十八	十九	廿	廿一	廿二	廿三	廿四	廿五	廿六	廿七	廿八	廿九	卅	二	二	三	四	五		
星	2	3	4	5	6	日	1	2	3	4	5	6	日	1	2	3	4	5	6	日	1	2	3	4	5	6	日	1	2		
干節	己亥	庚子	辛丑	立春	癸卯	甲辰	乙巳	丙午	丁未	戊申	己酉	庚戌	辛亥	壬子	癸丑	甲寅	乙卯	丙辰	雨水	戊午	己未	庚申	辛酉	壬戌	癸亥	甲子	乙丑	丙寅	丁卯		

陽歷三月份　（陰歷二、三月份）

陽	3	2	3	4	5	6	7	8	9	10	11	12	13	14	15	16	17	18	19	20	21	22	23	24	25	26	27	28	29	30	31
陰	六	七	八	九	十	十一	十二	十三	十四	十五	十六	十七	十八	十九	廿	廿一	廿二	廿三	廿四	廿五	廿六	廿七	廿八	廿九	卅	三	二	三	四	五	六
星	3	4	5	6	日	1	2	3	4	5	6	日	1	2	3	4	5	6	日	1	2	3	4	5	6	日	1	2	3	4	5
干節	戊辰	己巳	庚午	辛未	驚蟄	癸酉	甲戌	乙亥	丙子	丁丑	戊寅	己卯	庚辰	辛巳	壬午	癸未	甲申	乙酉	丙戌	春分	戊子	己丑	庚寅	辛卯	壬辰	癸巳	甲午	乙未	丙申	丁酉	戊戌

陽歷四月份　（陰歷三、四月份）

陽	4	2	3	4	5	6	7	8	9	10	11	12	13	14	15	16	17	18	19	20	21	22	23	24	25	26	27	28	29	30	
陰	七	八	九	十	十一	十二	十三	十四	十五	十六	十七	十八	十九	廿	廿一	廿二	廿三	廿四	廿五	廿六	廿七	廿八	廿九	四	二	三	四	五	六	七	
星	6	日	1	2	3	4	5	6	日	1	2	3	4	5	6	日	1	2	3	4	5	6	日	1	2	3	4	5	6	日	
干節	己亥	庚子	辛丑	清明	癸卯	甲辰	乙巳	丙午	丁未	戊申	己酉	庚戌	辛亥	壬子	癸丑	甲寅	乙卯	丙辰	丁巳	穀雨	己未	庚申	辛酉	壬戌	癸亥	甲子	乙丑	丙寅	丁卯	戊辰	

陽歷五月份　（陰歷四、五月份）

陽	5	2	3	4	5	6	7	8	9	10	11	12	13	14	15	16	17	18	19	20	21	22	23	24	25	26	27	28	29	30	31
陰	八	九	十	十一	十二	十三	十四	十五	十六	十七	十八	十九	廿	廿一	廿二	廿三	廿四	廿五	廿六	廿七	廿八	廿九	五	二	三	四	五	六	七	八	九
星	1	2	3	4	5	6	日	1	2	3	4	5	6	日	1	2	3	4	5	6	日	1	2	3	4	5	6	日	1	2	3
干節	己巳	庚午	辛未	壬申	立夏	甲戌	乙亥	丙子	丁丑	戊寅	己卯	庚辰	辛巳	壬午	癸未	甲申	乙酉	丙戌	丁亥	戊子	小滿	庚寅	辛卯	壬辰	癸巳	甲午	乙未	丙申	丁酉	戊戌	己亥

陽歷六月份　（陰歷五、閏五月份）

陽	6	2	3	4	5	6	7	8	9	10	11	12	13	14	15	16	17	18	19	20	21	22	23	24	25	26	27	28	29	30	
陰	十	十一	十二	十三	十四	十五	十六	十七	十八	十九	廿	廿一	廿二	廿三	廿四	廿五	廿六	廿七	廿八	廿九	卅	閏	二	三	四	五	六	七	八	九	
星	4	5	6	日	1	2	3	4	5	6	日	1	2	3	4	5	6	日	1	2	3	4	5	6	日	1	2	3	4	5	
干節	庚子	辛丑	壬寅	癸卯	芒種	乙巳	丙午	丁未	戊申	己酉	庚戌	辛亥	壬子	癸丑	甲寅	乙卯	丙辰	丁巳	戊午	己未	夏至	辛酉	壬戌	癸亥	甲子	乙丑	丙寅	丁卯	戊辰	己巳	

丙子

一八七六年

（清德宗光緒二年）

陽歷七月份　（陰歷閏五、六月份）

陽	7	2	3	4	5	6	7	8	9	10	11	12	13	14	15	16	17	18	19	20	21	22	23	24	25	26	27	28	29	30	31
陰	十	十一	十二	十三	十四	十五	十六	十七	十八	十九	廿	廿一	廿二	廿三	廿四	廿五	廿六	廿七	廿八	廿九	六	二	三	四	五	六	七	八	九	十	十一
星	6	日	1	2	3	4	5	6	日	1	2	3	4	5	6	日	1	2	3	4	5	6	日	1	2	3	4	5	6	日	1
干節	庚午	辛未	壬申	癸酉	甲戌	乙亥	小暑	丁丑	戊寅	己卯	庚辰	辛巳	壬午	癸未	甲申	乙酉	丙戌	丁亥	戊子	己丑	庚寅	大暑	壬辰	癸巳	甲午	乙未	丙申	丁酉	戊戌	己亥	庚子

陽歷八月份　（陰歷六、七月份）

陽	8	2	3	4	5	6	7	8	9	10	11	12	13	14	15	16	17	18	19	20	21	22	23	24	25	26	27	28	29	30	31
陰	十二	十三	十四	十五	十六	十七	十八	十九	廿	廿一	廿二	廿三	廿四	廿五	廿六	廿七	廿八	廿九	七	二	三	四	五	六	七	八	九	十	十一	十二	十三
星	2	3	4	5	6	日	1	2	3	4	5	6	日	1	2	3	4	5	6	日	1	2	3	4	5	6	日	1	2	3	4
干節	辛丑	壬寅	癸卯	甲辰	乙巳	丙午	立秋	戊申	己酉	庚戌	辛亥	壬子	癸丑	甲寅	乙卯	丙辰	丁巳	戊午	己未	庚申	辛酉	壬戌	處暑	甲子	乙丑	丙寅	丁卯	戊辰	己巳	庚午	辛未

陽歷九月份　（陰歷七、八月份）

陽	9	2	3	4	5	6	7	8	9	10	11	12	13	14	15	16	17	18	19	20	21	22	23	24	25	26	27	28	29	30
陰	十四	十五	十六	十七	十八	十九	廿	廿一	廿二	廿三	廿四	廿五	廿六	廿七	廿八	廿九	卅	八	二	三	四	五	六	七	八	九	十	十一	十二	十三
星	5	6	日	1	2	3	4	5	6	日	1	2	3	4	5	6	日	1	2	3	4	5	6	日	1	2	3	4	5	6
干節	壬申	癸酉	甲戌	乙亥	丙子	丁丑	白露	己卯	庚辰	辛巳	壬午	癸未	甲申	乙酉	丙戌	丁亥	戊子	己丑	庚寅	辛卯	壬辰	癸巳	秋分	乙未	丙申	丁酉	戊戌	己亥	庚子	辛丑

陽歷十月份　（陰歷八、九月份）

陽	10	2	3	4	5	6	7	8	9	10	11	12	13	14	15	16	17	18	19	20	21	22	23	24	25	26	27	28	29	30	31
陰	十四	十五	十六	十七	十八	十九	廿	廿一	廿二	廿三	廿四	廿五	廿六	廿七	廿八	廿九	九	二	三	四	五	六	七	八	九	十	十一	十二	十三	十四	十五
星	日	1	2	3	4	5	6	日	1	2	3	4	5	6	日	1	2	3	4	5	6	日	1	2	3	4	5	6	日	1	2
干節	壬寅	癸卯	甲辰	乙巳	丙午	丁未	戊申	寒露	庚戌	辛亥	壬子	癸丑	甲寅	乙卯	丙辰	丁巳	戊午	己未	庚申	辛酉	壬戌	癸亥	霜降	乙丑	丙寅	丁卯	戊辰	己巳	庚午	辛未	壬申

陽歷十一月份　（陰歷九、十月份）

陽	11	2	3	4	5	6	7	8	9	10	11	12	13	14	15	16	17	18	19	20	21	22	23	24	25	26	27	28	29	30
陰	十六	十七	十八	十九	廿	廿一	廿二	廿三	廿四	廿五	廿六	廿七	廿八	廿九	卅	十	二	三	四	五	六	七	八	九	十	十一	十二	十三	十四	十五
星	3	4	5	6	日	1	2	3	4	5	6	日	1	2	3	4	5	6	日	1	2	3	4	5	6	日	1	2	3	4
干節	癸酉	甲戌	乙亥	丙子	丁丑	戊寅	立冬	庚辰	辛巳	壬午	癸未	甲申	乙酉	丙戌	丁亥	戊子	己丑	庚寅	辛卯	壬辰	癸巳	小雪	乙未	丙申	丁酉	戊戌	己亥	庚子	辛丑	壬寅

陽歷十二月份　（陰歷十、十一月份）

陽	12	2	3	4	5	6	7	8	9	10	11	12	13	14	15	16	17	18	19	20	21	22	23	24	25	26	27	28	29	30	31
陰	十六	十七	十八	十九	廿	廿一	廿二	廿三	廿四	廿五	廿六	廿七	廿八	廿九	卅	十一	二	三	四	五	六	七	八	九	十	十一	十二	十三	十四	十五	十六
星	5	6	日	1	2	3	4	5	6	日	1	2	3	4	5	6	日	1	2	3	4	5	6	日	1	2	3	4	5	6	日
干節	癸卯	甲辰	乙巳	丙午	丁未	戊申	大雪	庚戌	辛亥	壬子	癸丑	甲寅	乙卯	丙辰	丁巳	戊午	己未	庚申	辛酉	壬戌	冬至	甲子	乙丑	丙寅	丁卯	戊辰	己巳	庚午	辛未	壬申	癸酉

陽歷一月份　(陰歷十一、十二月份)

陽	1	2	3	4	5	6	7	8	9	10	11	12	13	14	15	16	17	18	19	20	21	22	23	24	25	26	27	28	29	30	31
陰	十七	十八	十九	廿	廿一	廿二	廿三	廿四	廿五	廿六	廿七	廿八	廿九	十二	二	三	四	五	六	七	八	九	十	十一	十二	十三	十四	十五	十六	十七	十八
星	1	2	3	4	5	6	日	1	2	3	4	5	6	日	1	2	3	4	5	6	日	1	2	3	4	5	6	日	1	2	3
干節	甲戌	乙亥	丙子	丁丑	小寒	己卯	庚辰	辛巳	壬午	癸未	甲申	乙酉	丙戌	丁亥	戊子	己丑	庚寅	辛卯	壬辰	大寒	甲午	乙未	丙申	丁酉	戊戌	己亥	庚子	辛丑	壬寅	癸卯	甲辰

陽歷二月份　(陰歷十二、正月份)

陽	2	2	3	4	5	6	7	8	9	10	11	12	13	14	15	16	17	18	19	20	21	22	23	24	25	26	27	28			
陰	十九	廿	廿一	廿二	廿三	廿四	廿五	廿六	廿七	廿八	廿九	卅	正	二	三	四	五	六	七	八	九	十	十一	十二	十三	十四	十五	十六			
星	4	5	6	日	1	2	3	4	5	6	日	1	2	3	4	5	6	日	1	2	3	4	5	6	日	1	2	3			
干節	乙巳	丙午	立春	戊申	己酉	庚戌	辛亥	壬子	癸丑	甲寅	乙卯	丙辰	丁巳	戊午	己未	庚申	辛酉	雨水	癸亥	甲子	乙丑	丙寅	丁卯	戊辰	己巳	庚午	辛未	壬申			

陽歷三月份　(陰歷正、二月份)

陽	3	2	3	4	5	6	7	8	9	10	11	12	13	14	15	16	17	18	19	20	21	22	23	24	25	26	27	28	29	30	31
陰	十七	十八	十九	廿	廿一	廿二	廿三	廿四	廿五	廿六	廿七	廿八	廿九	卅	二	二	三	四	五	六	七	八	九	十	十一	十二	十三	十四	十五	十六	十七
星	4	5	6	日	1	2	3	4	5	6	日	1	2	3	4	5	6	日	1	2	3	4	5	6	日	1	2	3	4	5	6
干節	癸酉	甲戌	乙亥	丙子	驚蟄	戊寅	己卯	庚辰	辛巳	壬午	癸未	甲申	乙酉	丙戌	丁亥	戊子	己丑	庚寅	辛卯	春分	癸巳	甲午	乙未	丙申	丁酉	戊戌	己亥	庚子	辛丑	壬寅	癸卯

陽歷四月份　(陰歷二、三月份)

陽	4	2	3	4	5	6	7	8	9	10	11	12	13	14	15	16	17	18	19	20	21	22	23	24	25	26	27	28	29	30	
陰	十八	十九	廿	廿一	廿二	廿三	廿四	廿五	廿六	廿七	廿八	廿九	卅	三	二	三	四	五	六	七	八	九	十	十一	十二	十三	十四	十五	十六	十七	
星	日	1	2	3	4	5	6	日	1	2	3	4	5	6	日	1	2	3	4	5	6	日	1	2	3	4	5	6	日	1	
干節	甲辰	乙巳	丙午	丁未	清明	己酉	庚戌	辛亥	壬子	癸丑	甲寅	乙卯	丙辰	丁巳	戊午	己未	庚申	辛酉	壬戌	穀雨	甲子	乙丑	丙寅	丁卯	戊辰	己巳	庚午	辛未	壬申	癸酉	

陽歷五月份　(陰歷三、四月份)

陽	5	2	3	4	5	6	7	8	9	10	11	12	13	14	15	16	17	18	19	20	21	22	23	24	25	26	27	28	29	30	31
陰	十八	十九	廿	廿一	廿二	廿三	廿四	廿五	廿六	廿七	廿八	廿九	四	二	三	四	五	六	七	八	九	十	十一	十二	十三	十四	十五	十六	十七	十八	十九
星	2	3	4	5	6	日	1	2	3	4	5	6	日	1	2	3	4	5	6	日	1	2	3	4	5	6	日	1	2	3	4
干節	甲戌	乙亥	丙子	丁丑	立夏	己卯	庚辰	辛巳	壬午	癸未	甲申	乙酉	丙戌	丁亥	戊子	己丑	庚寅	辛卯	壬辰	癸巳	小滿	乙未	丙申	丁酉	戊戌	己亥	庚子	辛丑	壬寅	癸卯	甲辰

陽歷六月份　(陰歷四、五月份)

陽	6	2	3	4	5	6	7	8	9	10	11	12	13	14	15	16	17	18	19	20	21	22	23	24	25	26	27	28	29	30	
陰	廿	廿一	廿二	廿三	廿四	廿五	廿六	廿七	廿八	廿九	五	二	三	四	五	六	七	八	九	十	十一	十二	十三	十四	十五	十六	十七	十八	十九	廿	
星	5	6	日	1	2	3	4	5	6	日	1	2	3	4	5	6	日	1	2	3	4	5	6	日	1	2	3	4	5	6	
干節	乙巳	丙午	丁未	戊申	芒種	庚戌	辛亥	壬子	癸丑	甲寅	乙卯	丙辰	丁巳	戊午	己未	庚申	辛酉	壬戌	癸亥	甲子	夏至	丙寅	丁卯	戊辰	己巳	庚午	辛未	壬申	癸酉	甲戌	

丁丑　一八七七年　(清德宗光緒三年)

丁丑

一八七七年

（清德宗光緒三年）

陽歷七月份　（陰歷五、六月份）

陽	7	2	3	4	5	6	7	8	9	10	11	12	13	14	15	16	17	18	19	20	21	22	23	24	25	26	27	28	29	30	31
陰	廿一	廿二	廿三	廿四	廿五	廿六	廿七	廿八	廿九	卅	六	二	三	四	五	六	七	八	九	十	十一	十二	十三	十四	十五	十六	十七	十八	十九	廿	廿一
星	日	1	2	3	4	5	6	日	1	2	3	4	5	6	日	1	2	3	4	5	6	日	1	2	3	4	5	6	日	1	2
干節	乙亥	丙子	丁丑	戊寅	己卯	庚辰	小暑	壬午	癸未	甲申	乙酉	丙戌	丁亥	戊子	己丑	庚寅	辛卯	壬辰	癸巳	甲午	乙未	大暑	丁酉	戊戌	己亥	庚子	辛丑	壬寅	癸卯	甲辰	乙巳

陽歷八月份　（陰歷六、七月份）

陽	8	2	3	4	5	6	7	8	9	10	11	12	13	14	15	16	17	18	19	20	21	22	23	24	25	26	27	28	29	30	31
陰	廿二	廿三	廿四	廿五	廿六	廿七	廿八	廿九	七	二	三	四	五	六	七	八	九	十	十一	十二	十三	十四	十五	十六	十七	十八	十九	廿	廿一	廿二	廿三
星	3	4	5	6	日	1	2	3	4	5	6	日	1	2	3	4	5	6	日	1	2	3	4	5	6	日	1	2	3	4	5
干節	丙午	丁未	戊申	己酉	庚戌	辛亥	立秋	癸丑	甲寅	乙卯	丙辰	丁巳	戊午	己未	庚申	辛酉	壬戌	癸亥	甲子	乙丑	丙寅	丁卯	處暑	己巳	庚午	辛未	壬申	癸酉	甲戌	乙亥	丙子

陽歷九月份　（陰歷七、八月份）

陽	9	2	3	4	5	6	7	8	9	10	11	12	13	14	15	16	17	18	19	20	21	22	23	24	25	26	27	28	29	30	
陰	廿四	廿五	廿六	廿七	廿八	廿九	八	二	三	四	五	六	七	八	九	十	十一	十二	十三	十四	十五	十六	十七	十八	十九	廿	廿一	廿二	廿三	廿四	
星	6	日	1	2	3	4	5	6	日	1	2	3	4	5	6	日	1	2	3	4	5	6	日	1	2	3	4	5	6	日	
干節	丁丑	戊寅	己卯	庚辰	辛巳	壬午	白露	甲申	乙酉	丙戌	丁亥	戊子	己丑	庚寅	辛卯	壬辰	癸巳	甲午	乙未	丙申	丁酉	戊戌	秋分	庚子	辛丑	壬寅	癸卯	甲辰	乙巳	丙午	

陽歷十月份　（陰歷八、九月份）

陽	10	2	3	4	5	6	7	8	9	10	11	12	13	14	15	16	17	18	19	20	21	22	23	24	25	26	27	28	29	30	31
陰	廿五	廿六	廿七	廿八	廿九	卅	九	二	三	四	五	六	七	八	九	十	十一	十二	十三	十四	十五	十六	十七	十八	十九	廿	廿一	廿二	廿三	廿四	廿五
星	1	2	3	4	5	6	日	1	2	3	4	5	6	日	1	2	3	4	5	6	日	1	2	3	4	5	6	日	1	2	3
干節	丁未	戊申	己酉	庚戌	辛亥	壬子	癸丑	寒露	乙卯	丙辰	丁巳	戊午	己未	庚申	辛酉	壬戌	癸亥	甲子	乙丑	丙寅	丁卯	戊辰	霜降	庚午	辛未	壬申	癸酉	甲戌	乙亥	丙子	丁丑

陽歷十一月份　（陰歷九、十月份）

陽	11	2	3	4	5	6	7	8	9	10	11	12	13	14	15	16	17	18	19	20	21	22	23	24	25	26	27	28	29	30	
陰	廿六	廿七	廿八	廿九	十	二	三	四	五	六	七	八	九	十	十一	十二	十三	十四	十五	十六	十七	十八	十九	廿	廿一	廿二	廿三	廿四	廿五	廿六	
星	4	5	6	日	1	2	3	4	5	6	日	1	2	3	4	5	6	日	1	2	3	4	5	6	日	1	2	3	4	5	
干節	戊寅	己卯	庚辰	辛巳	壬午	癸未	立冬	乙酉	丙戌	丁亥	戊子	己丑	庚寅	辛卯	壬辰	癸巳	甲午	乙未	丙申	丁酉	戊戌	小雪	庚子	辛丑	壬寅	癸卯	甲辰	乙巳	丙午	丁未	

陽歷十二月份　（陰歷十、十一月份）

陽	12	2	3	4	5	6	7	8	9	10	11	12	13	14	15	16	17	18	19	20	21	22	23	24	25	26	27	28	29	30	31
陰	廿七	廿八	廿九	卅	十一	二	三	四	五	六	七	八	九	十	十一	十二	十三	十四	十五	十六	十七	十八	十九	廿	廿一	廿二	廿三	廿四	廿五	廿六	廿七
星	6	日	1	2	3	4	5	6	日	1	2	3	4	5	6	日	1	2	3	4	5	6	日	1	2	3	4	5	6	日	1
干節	戊申	己酉	庚戌	辛亥	壬子	癸丑	大雪	乙卯	丙辰	丁巳	戊午	己未	庚申	辛酉	壬戌	癸亥	甲子	乙丑	丙寅	丁卯	戊辰	冬至	庚午	辛未	壬申	癸酉	甲戌	乙亥	丙子	丁丑	戊寅

近世中西史日對照表

陽曆 一 月份 (陰曆十一、十二月份)

陽	1	2	3	4	5	6	7	8	9	10	11	12	13	14	15	16	17	18	19	20	21	22	23	24	25	26	27	28	29	30	31
陰	廿八	廿九	十二	二	三	四	五	六	七	八	九	十	十一	十二	十三	十四	十五	十六	十七	十八	十九	廿	廿一	廿二	廿三	廿四	廿五	廿六	廿七	廿八	廿九
星	2	3	4	5	6	日	1	2	3	4	5	6	日	1	2	3	4	5	6	日	1	2	3	4	5	6	日	1	2	3	4
干節	己卯	庚辰	辛巳	壬午	小寒	甲申	乙酉	丙戌	丁亥	戊子	己丑	庚寅	辛卯	壬辰	癸巳	甲午	乙未	丙申	丁酉	大寒	己亥	庚子	辛丑	壬寅	癸卯	甲辰	乙巳	丙午	丁未	戊申	己酉

陽曆 二 月份 (陰曆十二、正月份)

陽	1	2	3	4	5	6	7	8	9	10	11	12	13	14	15	16	17	18	19	20	21	22	23	24	25	26	27	28
陰	卅	正	二	三	四	五	六	七	八	九	十	十一	十二	十三	十四	十五	十六	十七	十八	十九	廿	廿一	廿二	廿三	廿四	廿五	廿六	廿七
星	5	6	日	1	2	3	4	5	6	日	1	2	3	4	5	6	日	1	2	3	4	5	6	日	1	2	3	4
干節	庚戌	辛亥	壬子	立春	甲寅	乙卯	丙辰	丁巳	戊午	己未	庚申	辛酉	壬戌	癸亥	甲子	乙丑	丙寅	丁卯	雨水	己巳	庚午	辛未	壬申	癸酉	甲戌	乙亥	丙子	丁丑

陽曆 三 月份 (陰曆正、二月份)

陽	1	2	3	4	5	6	7	8	9	10	11	12	13	14	15	16	17	18	19	20	21	22	23	24	25	26	27	28	29	30	31
陰	廿八	廿九	卅	二	二	三	四	五	六	七	八	九	十	十一	十二	十三	十四	十五	十六	十七	十八	十九	廿	廿一	廿二	廿三	廿四	廿五	廿六	廿七	廿八
星	5	6	日	1	2	3	4	5	6	日	1	2	3	4	5	6	日	1	2	3	4	5	6	日	1	2	3	4	5	6	日
干節	戊寅	己卯	庚辰	辛巳	壬午	驚蟄	甲申	乙酉	丙戌	丁亥	戊子	己丑	庚寅	辛卯	壬辰	癸巳	甲午	乙未	丙申	丁酉	春分	己亥	庚子	辛丑	壬寅	癸卯	甲辰	乙巳	丙午	丁未	戊申

陽曆 四 月份 (陰曆二、三月份)

陽	1	2	3	4	5	6	7	8	9	10	11	12	13	14	15	16	17	18	19	20	21	22	23	24	25	26	27	28	29	30
陰	廿九	卅	三	二	三	四	五	六	七	八	九	十	十一	十二	十三	十四	十五	十六	十七	十八	十九	廿	廿一	廿二	廿三	廿四	廿五	廿六	廿七	廿八
星	1	2	3	4	5	6	日	1	2	3	4	5	6	日	1	2	3	4	5	6	日	1	2	3	4	5	6	日	1	2
干節	己酉	庚戌	辛亥	壬子	清明	甲寅	乙卯	丙辰	丁巳	戊午	己未	庚申	辛酉	壬戌	癸亥	甲子	乙丑	丙寅	丁卯	穀雨	己巳	庚午	辛未	壬申	癸酉	甲戌	乙亥	丙子	丁丑	戊寅

陽曆 五 月份 (陰曆三、四月份)

陽	1	2	3	4	5	6	7	8	9	10	11	12	13	14	15	16	17	18	19	20	21	22	23	24	25	26	27	28	29	30	31
陰	廿九	四	二	三	四	五	六	七	八	九	十	十一	十二	十三	十四	十五	十六	十七	十八	十九	廿	廿一	廿二	廿三	廿四	廿五	廿六	廿七	廿八	廿九	卅
星	3	4	5	6	日	1	2	3	4	5	6	日	1	2	3	4	5	6	日	1	2	3	4	5	6	日	1	2	3	4	5
干節	己卯	庚辰	辛巳	壬午	癸未	立夏	乙酉	丙戌	丁亥	戊子	己丑	庚寅	辛卯	壬辰	癸巳	甲午	乙未	丙申	丁酉	戊戌	小滿	庚子	辛丑	壬寅	癸卯	甲辰	乙巳	丙午	丁未	戊申	己酉

陽曆 六 月份 (陰曆五、六月份)

陽	1	2	3	4	5	6	7	8	9	10	11	12	13	14	15	16	17	18	19	20	21	22	23	24	25	26	27	28	29	30
陰	五	二	三	四	五	六	七	八	九	十	十一	十二	十三	十四	十五	十六	十七	十八	十九	廿	廿一	廿二	廿三	廿四	廿五	廿六	廿七	廿八	廿九	六
星	6	日	1	2	3	4	5	6	日	1	2	3	4	5	6	日	1	2	3	4	5	6	日	1	2	3	4	5	6	日
干節	庚戌	辛亥	壬子	癸丑	甲寅	芒種	丙辰	丁巳	戊午	己未	庚申	辛酉	壬戌	癸亥	甲子	乙丑	丙寅	丁卯	戊辰	己巳	夏至	辛未	壬申	癸酉	甲戌	乙亥	丙子	丁丑	戊寅	己卯

戊寅

一八七八年

（清德宗光緒四年）

陽歷七月份　（陰歷六、七月份）

陽	7	2	3	4	5	6	7	8	9	10	11	12	13	14	15	16	17	18	19	20	21	22	23	24	25	26	27	28	29	30	31
陰	二	三	四	五	六	七	八	九	十	十一	十二	十三	十四	十五	十六	十七	十八	十九	廿	廿一	廿二	廿三	廿四	廿五	廿六	廿七	廿八	廿九	卅	七	二
星	1	2	3	4	5	6	日	1	2	3	4	5	6	日	1	2	3	4	5	6	日	1	2	3	4	5	6	日	1	2	3
干節	庚辰	辛巳	壬午	癸未	甲申	乙酉	小暑	丁亥	戊子	己丑	庚寅	辛卯	壬辰	癸巳	甲午	乙未	丙申	丁酉	戊戌	己亥	庚子	辛丑	大暑	癸卯	甲辰	乙巳	丙午	丁未	戊申	己酉	庚戌

陽歷八月份　（陰歷七、八月份）

陽	8	2	3	4	5	6	7	8	9	10	11	12	13	14	15	16	17	18	19	20	21	22	23	24	25	26	27	28	29	30	31
陰	三	四	五	六	七	八	九	十	十一	十二	十三	十四	十五	十六	十七	十八	十九	廿	廿一	廿二	廿三	廿四	廿五	廿六	廿七	廿八	廿九	八	二	三	四
星	4	5	6	日	1	2	3	4	5	6	日	1	2	3	4	5	6	日	1	2	3	4	5	6	日	1	2	3	4	5	6
干節	辛亥	壬子	癸丑	甲寅	乙卯	丙辰	丁巳	立秋	己未	庚申	辛酉	壬戌	癸亥	甲子	乙丑	丙寅	丁卯	戊辰	己巳	庚午	辛未	壬申	處暑	甲戌	乙亥	丙子	丁丑	戊寅	己卯	庚辰	辛巳

陽歷九月份　（陰歷八、九月份）

陽	9	2	3	4	5	6	7	8	9	10	11	12	13	14	15	16	17	18	19	20	21	22	23	24	25	26	27	28	29	30
陰	五	六	七	八	九	十	十一	十二	十三	十四	十五	十六	十七	十八	十九	廿	廿一	廿二	廿三	廿四	廿五	廿六	廿七	廿八	廿九	九	二	三	四	五
星	日	1	2	3	4	5	6	日	1	2	3	4	5	6	日	1	2	3	4	5	6	日	1	2	3	4	5	6	日	1
干節	壬午	癸未	甲申	乙酉	丙戌	丁亥	戊子	白露	庚寅	辛卯	壬辰	癸巳	甲午	乙未	丙申	丁酉	戊戌	己亥	庚子	辛丑	壬寅	癸卯	秋分	乙巳	丙午	丁未	戊申	己酉	庚戌	辛亥

陽歷十月份　（陰歷九、十月份）

陽	10	2	3	4	5	6	7	8	9	10	11	12	13	14	15	16	17	18	19	20	21	22	23	24	25	26	27	28	29	30	31
陰	六	七	八	九	十	十一	十二	十三	十四	十五	十六	十七	十八	十九	廿	廿一	廿二	廿三	廿四	廿五	廿六	廿七	廿八	廿九	卅	十	二	三	四	五	六
星	2	3	4	5	6	日	1	2	3	4	5	6	日	1	2	3	4	5	6	日	1	2	3	4	5	6	日	1	2	3	4
干節	壬子	癸丑	甲寅	乙卯	丙辰	丁巳	戊午	寒露	庚申	辛酉	壬戌	癸亥	甲子	乙丑	丙寅	丁卯	戊辰	己巳	庚午	辛未	壬申	癸酉	霜降	乙亥	丙子	丁丑	戊寅	己卯	庚辰	辛巳	壬午

陽歷十一月份　（陰歷十、十一月份）

陽	11	2	3	4	5	6	7	8	9	10	11	12	13	14	15	16	17	18	19	20	21	22	23	24	25	26	27	28	29	30
陰	七	八	九	十	十一	十二	十三	十四	十五	十六	十七	十八	十九	廿	廿一	廿二	廿三	廿四	廿五	廿六	廿七	廿八	廿九	十一	二	三	四	五	六	七
星	5	6	日	1	2	3	4	5	6	日	1	2	3	4	5	6	日	1	2	3	4	5	6	日	1	2	3	4	5	6
干節	癸未	甲申	乙酉	丙戌	丁亥	戊子	立冬	庚寅	辛卯	壬辰	癸巳	甲午	乙未	丙申	丁酉	戊戌	己亥	庚子	辛丑	壬寅	癸卯	小雪	乙巳	丙午	丁未	戊申	己酉	庚戌	辛亥	壬子

陽歷十二月份　（陰歷十一、十二月份）

陽	12	2	3	4	5	6	7	8	9	10	11	12	13	14	15	16	17	18	19	20	21	22	23	24	25	26	27	28	29	30	31
陰	八	九	十	十一	十二	十三	十四	十五	十六	十七	十八	十九	廿	廿一	廿二	廿三	廿四	廿五	廿六	廿七	廿八	廿九	卅	十二	二	三	四	五	六	七	八
星	日	1	2	3	4	5	6	日	1	2	3	4	5	6	日	1	2	3	4	5	6	日	1	2	3	4	5	6	日	1	2
干節	癸丑	甲寅	乙卯	丙辰	丁巳	戊午	大雪	庚申	辛酉	壬戌	癸亥	甲子	乙丑	丙寅	丁卯	戊辰	己巳	庚午	辛未	壬申	癸酉	冬至	乙亥	丙子	丁丑	戊寅	己卯	庚辰	辛巳	壬午	癸未

近世中西史日對照表

己卯

一八七九年

（清德宗光緒五年）

陽歷 一 月份 （陰歷十二、正月份）

陽	1	2	3	4	5	6	7	8	9	10	11	12	13	14	15	16	17	18	19	20	21	22	23	24	25	26	27	28	29	30	31
陰	九	十	十一	十二	十三	十四	十五	十六	十七	十八	十九	廿	廿一	廿二	廿三	廿四	廿五	廿六	廿七	廿八	廿九	正	二	三	四	五	六	七	八	九	十
星	3	4	5	6	日	1	2	3	4	5	6	日	1	2	3	4	5	6	日	1	2	3	4	5	6	日	1	2	3	4	5
干節	甲申	乙酉	丙戌	丁亥	戊子	小寒	庚寅	辛卯	壬辰	癸巳	甲午	乙未	丙申	丁酉	戊戌	己亥	庚子	辛丑	壬寅	大寒	甲辰	乙巳	丙午	丁未	戊申	己酉	庚戌	辛亥	壬子	癸丑	甲寅

陽歷 二 月份 （陰歷正、二月份）

陽	2	2	3	4	5	6	7	8	9	10	11	12	13	14	15	16	17	18	19	20	21	22	23	24	25	26	27	28
陰	十一	十二	十三	十四	十五	十六	十七	十八	十九	廿	廿一	廿二	廿三	廿四	廿五	廿六	廿七	廿八	廿九	卅	二	二	三	四	五	六	七	八
星	6	日	1	2	3	4	5	6	日	1	2	3	4	5	6	日	1	2	3	4	5	6	日	1	2	3	4	5
干節	乙卯	丙辰	丁巳	立春	己未	庚申	辛酉	壬戌	癸亥	甲子	乙丑	丙寅	丁卯	戊辰	己巳	庚午	辛未	壬申	雨水	甲戌	乙亥	丙子	丁丑	戊寅	己卯	庚辰	辛巳	壬午

陽歷 三 月份 （陰歷二、三月份）

陽	3	2	3	4	5	6	7	8	9	10	11	12	13	14	15	16	17	18	19	20	21	22	23	24	25	26	27	28	29	30	31
陰	九	十	十一	十二	十三	十四	十五	十六	十七	十八	十九	廿	廿一	廿二	廿三	廿四	廿五	廿六	廿七	廿八	廿九	卅	三	二	三	四	五	六	七	八	九
星	6	日	1	2	3	4	5	6	日	1	2	3	4	5	6	日	1	2	3	4	5	6	日	1	2	3	4	5	6	日	1
干節	癸未	甲申	乙酉	丙戌	丁亥	驚蟄	己丑	庚寅	辛卯	壬辰	癸巳	甲午	乙未	丙申	丁酉	戊戌	己亥	庚子	辛丑	壬寅	春分	甲辰	乙巳	丙午	丁未	戊申	己酉	庚戌	辛亥	壬子	癸丑

陽歷 四 月份 （陰歷三、閏三月份）

陽	4	2	3	4	5	6	7	8	9	10	11	12	13	14	15	16	17	18	19	20	21	22	23	24	25	26	27	28	29	30
陰	十	十一	十二	十三	十四	十五	十六	十七	十八	十九	廿	廿一	廿二	廿三	廿四	廿五	廿六	廿七	廿八	廿九	閏	二	三	四	五	六	七	八	九	十
星	2	3	4	5	6	日	1	2	3	4	5	6	日	1	2	3	4	5	6	日	1	2	3	4	5	6	日	1	2	3
干節	甲寅	乙卯	丙辰	丁巳	清明	己未	庚申	辛酉	壬戌	癸亥	甲子	乙丑	丙寅	丁卯	戊辰	己巳	庚午	辛未	壬申	穀雨	甲戌	乙亥	丙子	丁丑	戊寅	己卯	庚辰	辛巳	壬午	癸未

陽歷 五 月份 （陰歷閏三、四月份）

陽	5	2	3	4	5	6	7	8	9	10	11	12	13	14	15	16	17	18	19	20	21	22	23	24	25	26	27	28	29	30	31
陰	十一	十二	十三	十四	十五	十六	十七	十八	十九	廿	廿一	廿二	廿三	廿四	廿五	廿六	廿七	廿八	廿九	卅	四	二	三	四	五	六	七	八	九	十	十一
星	4	5	6	日	1	2	3	4	5	6	日	1	2	3	4	6	日	1	2	3	4	5	6	日	1	2	3	4	5	6
干節	甲申	乙酉	丙戌	丁亥	戊子	立夏	庚寅	辛卯	壬辰	癸巳	甲午	乙未	丙申	丁酉	戊戌	己亥	庚子	辛丑	壬寅	癸卯	小滿	乙巳	丙午	丁未	戊申	己酉	庚戌	辛亥	壬子	癸丑	甲寅

陽歷 六 月份 （陰歷四、五月份）

陽	6	2	3	4	5	6	7	8	9	10	11	12	13	14	15	16	17	18	19	20	21	22	23	24	25	26	27	28	29	30
陰	十二	十三	十四	十五	十六	十七	十八	十九	廿	廿一	廿二	廿三	廿四	廿五	廿六	廿七	廿八	廿九	卅	五	二	三	四	五	六	七	八	九	十	十一
星	日	1	2	3	4	5	6	日	1	2	3	4	5	6	日	1	2	3	4	5	6	日	1	2	3	4	5	6	日	1
干節	乙卯	丙辰	丁巳	戊午	己未	芒種	辛酉	壬戌	癸亥	甲子	乙丑	丙寅	丁卯	戊辰	己巳	庚午	辛未	壬申	癸酉	甲戌	乙亥	夏至	丁丑	戊寅	己卯	庚辰	辛巳	壬午	癸未	甲申

己卯

一八七九年

（清德宗光緒五年）

陽歷七月份　（陰歷五、六月份）

陽	7	2	3	4	5	6	7	8	9	10	11	12	13	14	15	16	17	18	19	20	21	22	23	24	25	26	27	28	29	30	31
陰	十二	十三	十四	十五	十六	十七	十八	十九	廿	廿一	廿二	廿三	廿四	廿五	廿六	廿七	廿八	廿九	六	二	三	四	五	六	七	八	九	十	十一	十二	十三
星	2	3	4	5	6	日	1	2	3	4	5	6	日	1	2	3	4	5	6	日	1	2	3	4	5	6	日	1	2	3	4
干節	乙酉	丙戌	丁亥	戊子	己丑	庚寅	小暑	壬辰	癸巳	甲午	乙未	丙申	丁酉	戊戌	己亥	庚子	辛丑	壬寅	癸卯	甲辰	乙巳	丙午	大暑	戊申	己酉	庚戌	辛亥	壬子	癸丑	甲寅	乙卯

陽歷八月份　（陰歷六、七月份）

陽	8	2	3	4	5	6	7	8	9	10	11	12	13	14	15	16	17	18	19	20	21	22	23	24	25	26	27	28	29	30	31
陰	十四	十五	十六	十七	十八	十九	廿	廿一	廿二	廿三	廿四	廿五	廿六	廿七	廿八	廿九	卅	七	二	三	四	五	六	七	八	九	十	十一	十二	十三	十四
星	5	6	日	1	2	3	4	5	6	日	1	2	3	4	5	6	日	1	2	3	4	5	6	日	1	2	3	4	5	6	日
干節	丙辰	丁巳	戊午	己未	庚申	辛酉	壬戌	立秋	甲子	乙丑	丙寅	丁卯	戊辰	己巳	庚午	辛未	壬申	癸酉	甲戌	乙亥	丙子	丁丑	處暑	己卯	庚辰	辛巳	壬午	癸未	甲申	乙酉	丙戌

陽歷九月份　（陰歷七、八月份）

陽	9	2	3	4	5	6	7	8	9	10	11	12	13	14	15	16	17	18	19	20	21	22	23	24	25	26	27	28	29	30
陰	十五	十六	十七	十八	十九	廿	廿一	廿二	廿三	廿四	廿五	廿六	廿七	廿八	廿九	八	二	三	四	五	六	七	八	九	十	十一	十二	十三	十四	十五
星	1	2	3	4	5	6	日	1	2	3	4	5	6	日	1	2	3	4	5	6	日	1	2	3	4	5	6	日	1	2
干節	丁亥	戊子	己丑	庚寅	辛卯	壬辰	癸巳	白露	乙未	丙申	丁酉	戊戌	己亥	庚子	辛丑	壬寅	癸卯	甲辰	乙巳	丙午	丁未	戊申	秋分	庚戌	辛亥	壬子	癸丑	甲寅	乙卯	丙辰

陽歷十月份　（陰歷八、九月份）

陽	10	2	3	4	5	6	7	8	9	10	11	12	13	14	15	16	17	18	19	20	21	22	23	24	25	26	27	28	29	30	31
陰	十六	十七	十八	十九	廿	廿一	廿二	廿三	廿四	廿五	廿六	廿七	廿八	廿九	九	二	三	四	五	六	七	八	九	十	十一	十二	十三	十四	十五	十六	十七
星	3	4	5	6	日	1	2	3	4	5	6	日	1	2	3	4	5	6	日	1	2	3	4	5	6	日	1	2	3	4	5
干節	丁巳	戊午	己未	庚申	辛酉	壬戌	癸亥	甲子	寒露	丙寅	丁卯	戊辰	己巳	庚午	辛未	壬申	癸酉	甲戌	乙亥	丙子	丁丑	戊寅	己卯	霜降	辛巳	壬午	癸未	甲申	乙酉	丙戌	丁亥

陽歷十一月份　（陰歷九、十月份）

陽	11	2	3	4	5	6	7	8	9	10	11	12	13	14	15	16	17	18	19	20	21	22	23	24	25	26	27	28	29	30
陰	十八	十九	廿	廿一	廿二	廿三	廿四	廿五	廿六	廿七	廿八	廿九	卅	十	二	三	四	五	六	七	八	九	十	十一	十二	十三	十四	十五	十六	十七
星	1	日	1	2	3	4	5	6	日	1	2	3	4	5	6	日	1	2	3	4	5	6	日	1	2	3	4	5	6	日
干節	戊子	己丑	庚寅	辛卯	壬辰	癸巳	甲午	立冬	丙申	丁酉	戊戌	己亥	庚子	辛丑	壬寅	癸卯	甲辰	乙巳	丙午	丁未	戊申	己酉	小雪	辛亥	壬子	癸丑	甲寅	乙卯	丙辰	丁巳

陽歷十二月份　（陰歷十、十一月份）

陽	12	2	3	4	5	6	7	8	9	10	11	12	13	14	15	16	17	18	19	20	21	22	23	24	25	26	27	28	29	30	31
陰	十八	十九	廿	廿一	廿二	廿三	廿四	廿五	廿六	廿七	廿八	廿九	十一	二	三	四	五	六	七	八	九	十	十一	十二	十三	十四	十五	十六	十七	十八	十九
星	1	2	3	4	5	6	日	1	2	3	4	5	6	日	1	2	3	4	5	6	日	1	2	3	4	5	6	日	1	2	3
干節	戊午	己未	庚申	辛酉	壬戌	癸亥	大雪	乙丑	丙寅	丁卯	戊辰	己巳	庚午	辛未	壬申	癸酉	甲戌	乙亥	丙子	丁丑	戊寅	冬至	庚辰	辛巳	壬午	癸未	甲申	乙酉	丙戌	丁亥	戊子

近世中西史日對照表

陽歷 一 月份　(陰歷十一、十二月份)

陽	1	2	3	4	5	6	7	8	9	10	11	12	13	14	15	16	17	18	19	20	21	22	23	24	25	26	27	28	29	30	31
陰	廿	廿一	廿二	廿三	廿四	廿五	廿六	廿七	廿八	廿九	卅	十二	二	三	四	五	六	七	八	九	十	十一	十二	十三	十四	十五	十六	十七	十八	十九	廿
星	4	5	6	日	1	2	3	4	5	6	日	1	2	3	4	5	6	日	1	2	3	4	5	6	日	1	2	3	4	5	6
干節	己丑	庚寅	辛卯	壬辰	癸巳	小寒	乙未	丙申	丁酉	戊戌	己亥	庚子	辛丑	壬寅	癸卯	甲辰	乙巳	丙午	丁未	大寒	己酉	庚戌	辛亥	壬子	癸丑	甲寅	乙卯	丙辰	丁巳	戊午	己未

陽歷 二 月份　(陰歷十二、正月份)

陽	1	2	3	4	5	6	7	8	9	10	11	12	13	14	15	16	17	18	19	20	21	22	23	24	25	26	27	28	29		
陰	廿一	廿二	廿三	廿四	廿五	廿六	廿七	廿八	廿九	正	二	三	四	五	六	七	八	九	十	十一	十二	十三	十四	十五	十六	十七	十八	十九	廿		
星	日	1	2	3	4	5	6	日	1	2	3	4	5	6	日	1	2	3	4	5	6	日	1	2	3	4	5	6	日		
干節	庚申	辛酉	壬戌	立春	甲子	乙丑	丙寅	丁卯	戊辰	己巳	庚午	辛未	壬申	癸酉	甲戌	乙亥	丙子	丁丑	雨水	己卯	庚辰	辛巳	壬午	癸未	甲申	乙酉	丙戌	丁亥	戊子		

陽歷 三 月份　(陰歷正、二月份)

陽	1	2	3	4	5	6	7	8	9	10	11	12	13	14	15	16	17	18	19	20	21	22	23	24	25	26	27	28	29	30	31
陰	廿一	廿二	廿三	廿四	廿五	廿六	廿七	廿八	廿九	卅	二	二	三	四	五	六	七	八	九	十	十一	十二	十三	十四	十五	十六	十七	十八	十九	廿	廿一
星	1	2	3	4	5	6	日	1	2	3	4	5	6	日	1	2	3	4	5	6	日	1	2	3	4	5	6	日	1	2	3
干節	己丑	庚寅	辛卯	壬辰	驚蟄	甲午	乙未	丙申	丁酉	戊戌	己亥	庚子	辛丑	壬寅	癸卯	甲辰	乙巳	丙午	丁未	春分	己酉	庚戌	辛亥	壬子	癸丑	甲寅	乙卯	丙辰	丁巳	戊午	己未

陽歷 四 月份　(陰歷二、三月份)

陽	1	2	3	4	5	6	7	8	9	10	11	12	13	14	15	16	17	18	19	20	21	22	23	24	25	26	27	28	29	30	
陰	廿二	廿三	廿四	廿五	廿六	廿七	廿八	廿九	三	二	三	四	五	六	七	八	九	十	十一	十二	十三	十四	十五	十六	十七	十八	十九	廿	廿一	廿二	
星	4	5	6	日	1	2	3	4	5	6	日	1	2	3	4	5	6	日	1	2	3	4	5	6	日	1	2	3	4	5	
干節	庚申	辛酉	壬戌	清明	甲子	乙丑	丙寅	丁卯	戊辰	己巳	庚午	辛未	壬申	癸酉	甲戌	乙亥	丙子	丁丑	戊寅	穀雨	庚辰	辛巳	壬午	癸未	甲申	乙酉	丙戌	丁亥	戊子	己丑	

陽歷 五 月份　(陰歷三、四月份)

陽	1	2	3	4	5	6	7	8	9	10	11	12	13	14	15	16	17	18	19	20	21	22	23	24	25	26	27	28	29	30	31
陰	廿三	廿四	廿五	廿六	廿七	廿八	廿九	卅	四	二	三	四	五	六	七	八	九	十	十一	十二	十三	十四	十五	十六	十七	十八	十九	廿	廿一	廿二	廿三
星	6	日	1	2	3	4	5	6	日	1	2	3	4	5	6	日	1	2	3	4	5	6	日	1	2	3	4	5	6	日	1
干節	庚寅	辛卯	壬辰	癸巳	立夏	乙未	丙申	丁酉	戊戌	己亥	庚子	辛丑	壬寅	癸卯	甲辰	乙巳	丙午	丁未	戊申	己酉	小滿	辛亥	壬子	癸丑	甲寅	乙卯	丙辰	丁巳	戊午	己未	庚申

陽歷 六 月份　(陰歷四、五月份)

陽	1	2	3	4	5	6	7	8	9	10	11	12	13	14	15	16	17	18	19	20	21	22	23	24	25	26	27	28	29	30	
陰	廿四	廿五	廿六	廿七	廿八	廿九	卅	五	二	三	四	五	六	七	八	九	十	十一	十二	十三	十四	十五	十六	十七	十八	十九	廿	廿一	廿二	廿三	
星	2	3	4	5	6	日	1	2	3	4	5	6	日	1	2	3	4	5	6	日	1	2	3	4	5	6	日	1	2	3	
干節	辛酉	壬戌	癸亥	甲子	芒種	丙寅	丁卯	戊辰	己巳	庚午	辛未	壬申	癸酉	甲戌	乙亥	丙子	丁丑	戊寅	己卯	庚辰	夏至	壬午	癸未	甲申	乙酉	丙戌	丁亥	戊子	己丑	庚寅	

庚辰

一八八〇年

（清德宗光緒六年）

陽歷七月份　（陰歷五、六月份）

陽	7	2	3	4	5	6	7	8	9	10	11	12	13	14	15	16	17	18	19	20	21	22	23	24	25	26	27	28	29	30	31
陰	廿四	廿五	廿六	廿七	廿八	廿九	六	二	三	四	五	六	七	八	九	十	十一	十二	十三	十四	十五	十六	十七	十八	十九	廿	廿一	廿二	廿三	廿四	廿五
星	4	5	6	日	1	2	3	4	5	6	日	1	2	3	4	5	6	日	1	2	3	4	5	6	日	1	2	3	5	5	6
干節	辛卯	壬辰	癸巳	甲午	乙未	丙申	小暑	戊戌	己亥	庚子	辛丑	壬寅	癸卯	甲辰	乙巳	丙午	丁未	戊申	己酉	庚戌	辛亥	大暑	癸丑	甲寅	乙卯	丙辰	丁巳	戊午	己未	庚申	辛酉

陽歷八月份　（陰歷六、七月份）

陽	8	2	3	4	5	6	7	8	9	10	11	12	13	14	15	16	17	18	19	20	21	22	23	24	25	26	27	28	29	30	31
陰	廿六	廿七	廿八	廿九	卅	七	二	三	四	五	六	七	八	九	十	十一	十二	十三	十四	十五	十六	十七	十八	十九	廿	廿一	廿二	廿三	廿四	廿五	廿六
星	日	1	2	3	4	5	6	日	1	2	3	4	5	6	日	1	2	3	4	5	6	日	1	2	3	4	5	6	日	1	2
干節	壬戌	癸亥	甲子	乙丑	丙寅	丁卯	立秋	己巳	庚午	辛未	壬申	癸酉	甲戌	乙亥	丙子	丁丑	戊寅	己卯	庚辰	辛巳	壬午	癸未	處暑	乙酉	丙戌	丁亥	戊子	己丑	庚寅	辛卯	壬辰

陽歷九月份　（陰歷七、八月份）

陽	9	2	3	4	5	6	7	8	9	10	11	12	13	14	15	16	17	18	19	20	21	22	23	24	25	26	27	28	29	30
陰	廿七	廿八	廿九	卅	八	二	三	四	五	六	七	八	九	十	十一	十二	十三	十四	十五	十六	十七	十八	十九	廿	廿一	廿二	廿三	廿四	廿五	廿六
星	3	4	5	6	日	1	2	3	4	5	6	日	1	2	3	4	5	6	日	1	2	3	4	5	6	日	1	2	2	4
干節	癸巳	甲午	乙未	丙申	丁酉	戊戌	白露	庚子	辛丑	壬寅	癸卯	甲辰	乙巳	丙午	丁未	戊申	己酉	庚戌	辛亥	壬子	癸丑	甲寅	秋分	丙辰	丁巳	戊午	己未	庚申	辛酉	壬戌

陽歷十月份　（陰歷八、九月份）

陽	10	2	3	4	5	6	7	8	9	10	11	12	13	14	15	16	17	18	19	20	21	22	23	24	25	26	27	28	29	30	31
陰	廿七	廿八	廿九	九	二	三	四	五	六	七	八	九	十	十一	十二	十三	十四	十五	十六	十七	十八	十九	廿	廿一	廿二	廿三	廿四	廿五	廿六	廿七	廿八
星	5	6	日	1	2	3	4	5	6	日	1	2	3	4	5	6	日	1	2	3	4	5	6	日	1	2	3	4	5	6	日
干節	癸亥	甲子	乙丑	丙寅	丁卯	戊辰	己巳	寒露	辛未	壬申	癸酉	甲戌	乙亥	丙子	丁丑	戊寅	己卯	庚辰	辛巳	壬午	癸未	甲申	霜降	丙戌	丁亥	戊子	己丑	庚寅	辛卯	壬辰	癸巳

陽歷十一月份　（陰歷九、十月份）

陽	11	2	3	4	5	6	7	8	9	10	11	12	13	14	15	16	17	18	19	20	21	22	23	24	25	26	27	28	29	30
陰	廿九	卅	十	二	三	四	五	六	七	八	九	十	十一	十二	十三	十四	十五	十六	十七	十八	十九	廿	廿一	廿二	廿三	廿四	廿五	廿六	廿七	廿八
星	1	2	3	4	5	6	日	1	2	3	4	5	6	日	1	2	3	4	5	6	日	1	2	3	4	5	6	日	1	2
干節	甲午	乙未	丙申	丁酉	戊戌	己亥	立冬	辛丑	壬寅	癸卯	甲辰	乙巳	丙午	丁未	戊申	己酉	庚戌	辛亥	壬子	癸丑	甲寅	小雪	丙辰	丁巳	戊午	己未	庚申	辛酉	壬戌	癸亥

陽歷十二月份　（陰歷十、十一、十二月份）

陽	12	2	3	4	5	6	7	8	9	10	11	12	13	14	15	16	17	18	19	20	21	22	23	24	25	26	27	28	29	30	31
陰	廿九	十一	二	三	四	五	六	七	八	九	十	十一	十二	十三	十四	十五	十六	十七	十八	十九	廿	廿一	廿二	廿三	廿四	廿五	廿六	廿七	廿八	廿九	十二
星	3	4	5	6	日	1	2	3	4	5	6	日	1	2	3	4	5	6	日	1	2	3	4	5	6	日	1	2	3	4	5
干節	甲子	乙丑	丙寅	丁卯	戊辰	己巳	大雪	辛未	壬申	癸酉	甲戌	乙亥	丙子	丁丑	戊寅	己卯	庚辰	辛巳	壬午	癸未	冬至	乙酉	丙戌	丁亥	戊子	己丑	庚寅	辛卯	壬辰	癸巳	甲午

近世中西史日對照表

辛巳

一八八一年

（清德宗光緒七年）

陽歷一月份　　（陰歷十二、正月份）

陽	1	2	3	4	5	6	7	8	9	10	11	12	13	14	15	16	17	18	19	20	21	22	23	24	25	26	27	28	29	30	31
陰	二	三	四	五	六	七	八	九	十	十一	十二	十三	十四	十五	十六	十七	十八	十九	廿	廿一	廿二	廿三	廿四	廿五	廿六	廿七	廿八	廿九	卅	正	二
星	6	日	1	2	3	4	5	6	日	1	2	3	4	5	6	日	1	2	3	4	5	6	日	1	2	3	4	5	6	日	1
干節	乙未	丙申	丁酉	戊戌	小寒	庚子	辛丑	壬寅	癸卯	甲辰	乙巳	丙午	丁未	戊申	己酉	庚戌	辛亥	壬子	癸丑	大寒	乙卯	丙辰	丁巳	戊午	己未	庚申	辛酉	壬戌	癸亥	甲子	乙丑

陽歷二月份　　（陰歷正、二月份）

陽	1	2	3	4	5	6	7	8	9	10	11	12	13	14	15	16	17	18	19	20	21	22	23	24	25	26	27	28			
陰	三	四	五	六	七	八	九	十	十一	十二	十三	十四	十五	十六	十七	十八	十九	廿	廿一	廿二	廿三	廿四	廿五	廿六	廿七	廿八	廿九	二			
星	2	3	4	5	6	日	1	2	3	4	5	6	日	1	2	3	4	5	6	日	1	2	3	4	5	6	日	1			
干節	丙寅	丁卯	立春	己巳	庚午	辛未	壬申	癸酉	甲戌	乙亥	丙子	丁丑	戊寅	己卯	庚辰	辛巳	壬午	雨水	甲申	乙酉	丙戌	丁亥	戊子	己丑	庚寅	辛卯	壬辰	癸巳			

陽歷三月份　　（陰歷二、三月份）

陽	1	2	3	4	5	6	7	8	9	10	11	12	13	14	15	16	17	18	19	20	21	22	23	24	25	26	27	28	29	30	31
陰	二	三	四	五	六	七	八	九	十	十一	十二	十三	十四	十五	十六	十七	十八	十九	廿	廿一	廿二	廿三	廿四	廿五	廿六	廿七	廿八	廿九	卅	三	二
星	2	3	4	5	6	日	1	2	3	4	5	6	日	1	2	3	4	5	6	日	1	2	3	4	5	6	日	1	2	3	4
干節	甲午	乙未	丙申	丁酉	驚蟄	己亥	庚子	辛丑	壬寅	癸卯	甲辰	乙巳	丙午	丁未	戊申	己酉	庚戌	辛亥	壬子	春分	甲寅	乙卯	丙辰	丁巳	戊午	己未	庚申	辛酉	壬戌	癸亥	甲子

陽歷四月份　　（陰歷三、四月份）

陽	1	2	3	4	5	6	7	8	9	10	11	12	13	14	15	16	17	18	19	20	21	22	23	24	25	26	27	28	29	30	
陰	三	四	五	六	七	八	九	十	十一	十二	十三	十四	十五	十六	十七	十八	十九	廿	廿一	廿二	廿三	廿四	廿五	廿六	廿七	廿八	廿九	四	二	三	
星	5	6	日	1	2	3	4	5	6	日	1	2	3	4	5	6	日	1	2	3	4	5	6	日	1	2	3	4	5	6	
干節	乙丑	丙寅	丁卯	清明	己巳	庚午	辛未	壬申	癸酉	甲戌	乙亥	丙子	丁丑	戊寅	己卯	庚辰	辛巳	壬午	癸未	穀雨	乙酉	丙戌	丁亥	戊子	己丑	庚寅	辛卯	壬辰	癸巳	甲午	

陽歷五月份　　（陰歷四、五月份）

陽	1	2	3	4	5	6	7	8	9	10	11	12	13	14	15	16	17	18	19	20	21	22	23	24	25	26	27	28	29	30	31
陰	四	五	六	七	八	九	十	十一	十二	十三	十四	十五	十六	十七	十八	十九	廿	廿一	廿二	廿三	廿四	廿五	廿六	廿七	廿八	廿九	卅	五	二	三	四
星	日	1	2	3	4	5	6	日	1	2	3	4	5	6	日	1	2	3	4	5	6	日	1	2	3	4	5	6	日	1	2
干節	乙未	丙申	丁酉	戊戌	立夏	庚子	辛丑	壬寅	癸卯	甲辰	乙巳	丙午	丁未	戊申	己酉	庚戌	辛亥	壬子	癸丑	甲寅	小滿	丙辰	丁巳	戊午	己未	庚申	辛酉	壬戌	癸亥	甲子	乙丑

陽歷六月份　　（陰歷五、六月份）

陽	1	2	3	4	5	6	7	8	9	10	11	12	13	14	15	16	17	18	19	20	21	22	23	24	25	26	27	28	29	30	
陰	五	六	七	八	九	十	十一	十二	十三	十四	十五	十六	十七	十八	十九	廿	廿一	廿二	廿三	廿四	廿五	廿六	廿七	廿八	廿九	六	二	三	四	五	
星	3	4	5	6	日	1	2	3	4	5	6	日	1	2	3	4	5	6	日	1	2	3	4	5	6	日	1	2	3	4	
干節	丙寅	丁卯	戊辰	己巳	芒種	辛未	壬申	癸酉	甲戌	乙亥	丙子	丁丑	戊寅	己卯	庚辰	辛巳	壬午	癸未	甲申	乙酉	夏至	丁亥	戊子	己丑	庚寅	辛卯	壬辰	癸巳	甲午	乙未	

辛巳

一八八一年

（清德宗光緒七年）

陽歷七月份　（陰歷六、七月份）

陽	7	2	3	4	5	6	7	8	9	10	11	12	13	14	15	16	17	18	19	20	21	22	23	24	25	26	27	28	29	30	31
陰	六	七	八	九	十	十一	十二	十三	十四	十五	十六	十七	十八	十九	廿	廿一	廿二	廿三	廿四	廿五	廿六	廿七	廿八	廿九	卅	七	二	三	四	五	六
星	5	6	日	1	2	3	4	5	6	日	1	2	3	4	5	6	日	1	2	3	4	5	6	日	1	2	3	4	5	6	日
干節	丙申	丁酉	戊戌	己亥	庚子	辛丑	小暑	癸卯	甲辰	乙巳	丙午	丁未	戊申	己酉	庚戌	辛亥	壬子	癸丑	甲寅	乙卯	丙辰	丁巳	大暑	己未	庚申	辛酉	壬戌	癸亥	甲子	乙丑	丙寅

陽歷八月份　（陰歷七、閏七月份）

陽	8	2	3	4	5	6	7	8	9	10	11	12	13	14	15	16	17	18	19	20	21	22	23	24	25	26	27	28	29	30	31
陰	七	八	九	十	十一	十二	十三	十四	十五	十六	十七	十八	十九	廿	廿一	廿二	廿三	廿四	廿五	廿六	廿七	廿八	廿九	卅	閏	二	三	四	五	六	七
星	1	2	3	4	5	6	日	1	2	3	4	5	6	日	1	2	3	4	5	6	日	1	2	3	4	5	6	日	1	2	3
干節	丁卯	戊辰	己巳	庚午	辛未	壬申	立秋	甲戌	乙亥	丙子	丁丑	戊寅	己卯	庚辰	辛巳	壬午	癸未	甲申	乙酉	丙戌	丁亥	戊子	處暑	庚寅	辛卯	壬辰	癸巳	甲午	乙未	丙申	丁酉

陽歷九月份　（陰歷閏七、八月份）

陽	9	2	3	4	5	6	7	8	9	10	11	12	13	14	15	16	17	18	19	20	21	22	23	24	25	26	27	28	29	30
陰	八	九	十	十一	十二	十三	十四	十五	十六	十七	十八	十九	廿	廿一	廿二	廿三	廿四	廿五	廿六	廿七	廿八	廿九	八	二	三	四	五	六	七	八
星	4	5	6	日	1	2	3	4	5	6	日	1	2	3	4	5	6	日	1	2	3	4	5	6	日	1	2	3	4	5
干節	戊戌	己亥	庚子	辛丑	壬寅	癸卯	白露	乙巳	丙午	丁未	戊申	己酉	庚戌	辛亥	壬子	癸丑	甲寅	乙卯	丙辰	丁巳	戊午	己未	秋分	辛酉	壬戌	癸亥	甲子	乙丑	丙寅	丁卯

陽歷十月份　（陰歷八、九月份）

陽	10	2	3	4	5	6	7	8	9	10	11	12	13	14	15	16	17	18	19	20	21	22	23	24	25	26	27	28	29	30	31
陰	九	十	十一	十二	十三	十四	十五	十六	十七	十八	十九	廿	廿一	廿二	廿三	廿四	廿五	廿六	廿七	廿八	廿九	卅	九	二	三	四	五	六	七	八	九
星	6	日	1	2	3	4	5	6	日	1	2	3	4	5	6	日	1	2	3	4	5	6	日	1	2	3	4	5	6	日	1
干節	戊辰	己巳	庚午	辛未	壬申	癸酉	甲戌	寒露	丙子	丁丑	戊寅	己卯	庚辰	辛巳	壬午	癸未	甲申	乙酉	丙戌	丁亥	戊子	己丑	霜降	辛卯	壬辰	癸巳	甲午	乙未	丙申	丁酉	戊戌

陽歷十一月份　（陰歷九、十月份）

陽	11	2	3	4	5	6	7	8	9	10	11	12	13	14	15	16	17	18	19	20	21	22	23	24	25	26	27	28	29	30
陰	十	十一	十二	十三	十四	十五	十六	十七	十八	十九	廿	廿一	廿二	廿三	廿四	廿五	廿六	廿七	廿八	廿九	卅	十	二	三	四	五	六	七	八	九
星	2	3	4	5	6	日	1	2	3	4	5	6	日	1	2	3	4	5	6	日	1	2	3	4	5	6	日	1	2	3
干節	己亥	庚子	辛丑	壬寅	癸卯	甲辰	立冬	丙午	丁未	戊申	己酉	庚戌	辛亥	壬子	癸丑	甲寅	乙卯	丙辰	丁巳	戊午	己未	小雪	辛酉	壬戌	癸亥	甲子	乙丑	丙寅	丁卯	戊辰

陽歷十二月份　（陰歷十、十一月份）

陽	12	2	3	4	5	6	7	8	9	10	11	12	13	14	15	16	17	18	19	20	21	22	23	24	25	26	27	28	29	30	31
陰	十	十一	十二	十三	十四	十五	十六	十七	十八	十九	廿	廿一	廿二	廿三	廿四	廿五	廿六	廿七	廿八	廿九	十一	二	三	四	五	六	七	八	九	十	十一
星	4	5	6	日	1	2	3	4	5	6	日	1	2	3	4	5	6	日	1	2	3	4	5	6	日	1	2	3	4	5	6
干節	己巳	庚午	辛未	壬申	癸酉	甲戌	大雪	丙子	丁丑	戊寅	己卯	庚辰	辛巳	壬午	癸未	甲申	乙酉	丙戌	丁亥	戊子	己丑	冬至	辛卯	壬辰	癸巳	甲午	乙未	丙申	丁酉	戊戌	己亥

陽歷一月份　（陰歷十一、十二月份）

陽	**1**	2	3	4	5	6	7	8	9	10	11	12	13	14	15	16	17	18	19	20	21	22	23	24	25	26	27	28	29	30	31
陰	十二	十三	十四	十五	十六	十七	十八	十九	廿	廿一	廿二	廿三	廿四	廿五	廿六	廿七	廿八	廿九	卅	**十二**	二	三	四	五	六	七	八	九	十	十一	十二
星	**日**	1	2	3	4	5	6	**日**	1	2	3	4	5	6	**日**	1	2	3	4	5	6	**日**	1	2	3	4	5	6	**日**	1	2
干節	庚子	辛丑	壬寅	癸卯	**小寒**	乙巳	丙午	丁未	戊申	己酉	庚戌	辛亥	壬子	癸丑	甲寅	乙卯	丙辰	丁巳	戊午	**大寒**	庚申	辛酉	壬戌	癸亥	甲子	乙丑	丙寅	丁卯	戊辰	己巳	庚午

陽歷二月份　（陰歷十二、正月份）

陽	**2**	2	3	4	5	6	7	8	9	10	11	12	13	14	15	16	17	18	19	20	21	22	23	24	25	26	27	28			
陰	十三	十四	十五	十六	十七	十八	十九	廿	廿一	廿二	廿三	廿四	廿五	廿六	廿七	廿八	廿九	**正**	二	三	四	五	六	七	八	九	十	十一			
星	3	4	5	6	**日**	1	2	3	4	5	6	**日**	1	2	3	4	5	6	**日**	1	2	3	4	5	6	**日**	1	2			
干節	辛未	壬申	癸酉	**立春**	乙亥	丙子	丁丑	戊寅	己卯	庚辰	辛巳	壬午	癸未	甲申	乙酉	丙戌	丁亥	戊子	**雨水**	庚寅	辛卯	壬辰	癸巳	甲午	乙未	丙申	丁酉	戊戌			

陽歷三月份　（陰歷正、二月份）

陽	**3**	2	3	4	5	6	7	8	9	10	11	12	13	14	15	16	17	18	19	20	21	22	23	24	25	26	27	28	29	30	31
陰	十二	十三	十四	十五	十六	十七	十八	十九	廿	廿一	廿二	廿三	廿四	廿五	廿六	廿七	廿八	廿九	**二**	二	三	四	五	六	七	八	九	十	十一	十二	十三
星	3	4	5	6	**日**	1	2	3	4	5	6	**日**	1	2	3	4	5	6	**日**	1	2	3	4	5	6	**日**	1	2	3	4	5
干節	己亥	庚子	辛丑	壬寅	**驚蟄**	甲辰	乙巳	丙午	丁未	戊申	己酉	庚戌	辛亥	壬子	癸丑	甲寅	乙卯	丙辰	丁巳	戊午	**春分**	庚申	辛酉	壬戌	癸亥	甲子	乙丑	丙寅	丁卯	戊辰	己巳

陽歷四月份　（陰歷二、三月份）

陽	**4**	2	3	4	5	6	7	8	9	10	11	12	13	14	15	16	17	18	19	20	21	22	23	24	25	26	27	28	29	30	
陰	十四	十五	十六	十七	十八	十九	廿	廿一	廿二	廿三	廿四	廿五	廿六	廿七	廿八	廿九	卅	**三**	二	三	四	五	六	七	八	九	十	十一	十二	十三	
星	6	**日**	1	2	3	4	5	6	**日**	1	2	3	4	5	6	**日**	1	2	3	4	5	6	**日**	1	2	3	4	5	6	**日**	
干節	庚午	辛未	壬申	癸酉	**清明**	乙亥	丙子	丁丑	戊寅	己卯	庚辰	辛巳	壬午	癸未	甲申	乙酉	丙戌	丁亥	戊子	**穀雨**	庚寅	辛卯	壬辰	癸巳	甲午	乙未	丙申	丁酉	戊戌	己亥	

陽歷五月份　（陰歷三、四月份）

陽	**5**	2	3	4	5	6	7	8	9	10	11	12	13	14	15	16	17	18	19	20	21	22	23	24	25	26	27	28	29	30	31
陰	十四	十五	十六	十七	十八	十九	廿	廿一	廿二	廿三	廿四	廿五	廿六	廿七	廿八	廿九	**四**	二	三	四	五	六	七	八	九	十	十一	十二	十三	十四	十五
星	1	2	3	4	5	6	**日**	1	2	3	4	5	6	**日**	1	2	3	4	5	6	**日**	1	2	3	4	5	6	**日**	1	2	3
干節	庚子	辛丑	壬寅	癸卯	**立夏**	乙巳	丙午	丁未	戊申	己酉	庚戌	辛亥	壬子	癸丑	甲寅	乙卯	丙辰	丁巳	戊午	己未	**小滿**	辛酉	壬戌	癸亥	甲子	乙丑	丙寅	丁卯	戊辰	己巳	庚午

陽歷六月份　（陰歷四、五月份）

陽	**6**	2	3	4	5	6	7	8	9	10	11	12	13	14	15	16	17	18	19	20	21	22	23	24	25	26	27	28	29	30	
陰	十六	十七	十八	十九	廿	廿一	廿二	廿三	廿四	廿五	廿六	廿七	廿八	廿九	卅	**五**	二	三	四	五	六	七	八	九	十	十一	十二	十三	十四	十五	
星	4	5	6	**日**	1	2	3	4	5	6	**日**	1	2	3	4	5	6	**日**	1	2	3	4	5	6	**日**	1	2	3	4	5	
干節	辛未	壬申	癸酉	甲戌	乙亥	**芒種**	丁丑	戊寅	己卯	庚辰	辛巳	壬午	癸未	甲申	乙酉	丙戌	丁亥	戊子	己丑	庚寅	**夏至**	壬辰	癸巳	甲午	乙未	丙申	丁酉	戊戌	己亥	庚子	

壬午　一八八二年　（清德宗光緒八年）

陽歷七月份　（陰歷五、六月份）

陽	7	2	3	4	5	6	7	8	9	10	11	12	13	14	15	16	17	18	19	20	21	22	23	24	25	26	27	28	29	30	31
陰	十六	十七	十八	十九	廿	廿一	廿二	廿三	廿四	廿五	廿六	廿七	廿八	廿九	六	二	三	四	五	六	七	八	九	十	十一	十二	十三	十四	十五	十六	十七
星	6	日	1	2	3	4	5	6	日	1	2	3	4	5	6	日	1	2	3	4	5	6	日	1	2	3	4	5	6	日	1
干節	辛丑	壬寅	癸卯	甲辰	乙巳	丙午	小暑	戊申	己酉	庚戌	辛亥	壬子	癸丑	甲寅	乙卯	丙辰	丁巳	戊午	己未	庚申	辛酉	壬戌	大暑	甲子	乙丑	丙寅	丁卯	戊辰	己巳	庚午	辛未

陽歷八月份　（陰歷六、七月份）

陽	8	2	3	4	5	6	7	8	9	10	11	12	13	14	15	16	17	18	19	20	21	22	23	24	25	26	27	28	29	30	31
陰	十八	十九	廿	廿一	廿二	廿三	廿四	廿五	廿六	廿七	廿八	廿九	卅	七	二	三	四	五	六	七	八	九	十	十一	十二	十三	十四	十五	十六	十七	十八
星	2	3	4	5	6	日	1	2	3	4	5	6	日	1	2	3	4	5	6	日	1	2	3	4	5	6	日	1	2	3	4
干節	壬申	癸酉	甲戌	乙亥	丙子	丁丑	戊寅	立秋	庚辰	辛巳	壬午	癸未	甲申	乙酉	丙戌	丁亥	戊子	己丑	庚寅	辛卯	壬辰	癸巳	處暑	乙未	丙申	丁酉	戊戌	己亥	庚子	辛丑	壬寅

陽歷九月份　（陰歷七、八月份）

陽	9	2	3	4	5	6	7	8	9	10	11	12	13	14	15	16	17	18	19	20	21	22	23	24	25	26	27	28	29	30	
陰	十九	廿	廿一	廿二	廿三	廿四	廿五	廿六	廿七	廿八	廿九	八	二	三	四	五	六	七	八	九	十	十一	十二	十三	十四	十五	十六	十七	十八	十九	
星	5	6	日	1	2	3	4	5	6	日	1	2	3	4	5	6	日	1	2	3	4	5	6	日	1	2	3	4	5	6	
干節	癸卯	甲辰	乙巳	丙午	丁未	戊申	己酉	白露	辛亥	壬子	癸丑	甲寅	乙卯	丙辰	丁巳	戊午	己未	庚申	辛酉	壬戌	癸亥	甲子	秋分	丙寅	丁卯	戊辰	己巳	庚午	辛未	壬申	

陽歷十月份　（陰歷八、九月份）

陽	10	2	3	4	5	6	7	8	9	10	11	12	13	14	15	16	17	18	19	20	21	22	23	24	25	26	27	28	29	30	31
陰	廿	廿一	廿二	廿三	廿四	廿五	廿六	廿七	廿八	廿九	卅	九	二	三	四	五	六	七	八	九	十	十一	十二	十三	十四	十五	十六	十七	十八	十九	廿
星	日	1	2	3	4	5	6	日	1	2	3	4	5	6	日	1	2	3	4	5	6	日	1	2	3	4	5	6	日	1	2
干節	癸酉	甲戌	乙亥	丙子	丁丑	戊寅	己卯	寒露	辛巳	壬午	癸未	甲申	乙酉	丙戌	丁亥	戊子	己丑	庚寅	辛卯	壬辰	癸巳	甲午	霜降	丙申	丁酉	戊戌	己亥	庚子	辛丑	壬寅	癸卯

陽歷十一月份　（陰歷九、十月份）

陽	11	2	3	4	5	6	7	8	9	10	11	12	13	14	15	16	17	18	19	20	21	22	23	24	25	26	27	28	29	30	
陰	廿一	廿二	廿三	廿四	廿五	廿六	廿七	廿八	廿九	卅	十	二	三	四	五	六	七	八	九	十	十一	十二	十三	十四	十五	十六	十七	十八	十九	廿	
星	3	4	5	6	日	1	2	3	4	5	6	日	1	2	3	4	5	6	日	1	2	3	4	5	6	日	1	2	3	4	
干節	甲辰	乙巳	丙午	丁未	戊申	己酉	立冬	辛亥	壬子	癸丑	甲寅	乙卯	丙辰	丁巳	戊午	己未	庚申	辛酉	壬戌	癸亥	甲子	小雪	丙寅	丁卯	戊辰	己巳	庚午	辛未	壬申	癸酉	

陽歷十二月份　（陰歷十、十一月份）

陽	12	2	3	4	5	6	7	8	9	10	11	12	13	14	15	16	17	18	19	20	21	22	23	24	25	26	27	28	29	30	31
陰	廿一	廿二	廿三	廿四	廿五	廿六	廿七	廿八	廿九	十一	二	三	四	五	六	七	八	九	十	十一	十二	十三	十四	十五	十六	十七	十八	十九	廿	廿一	廿二
星	5	6	日	1	2	3	4	5	6	日	1	2	3	4	5	6	日	1	2	3	4	5	6	日	1	2	3	4	5	6	日
干節	甲戌	乙亥	丙子	丁丑	戊寅	己卯	大雪	辛巳	壬午	癸未	甲申	乙酉	丙戌	丁亥	戊子	己丑	庚寅	辛卯	壬辰	癸巳	甲午	冬至	丙申	丁酉	戊戌	己亥	庚子	辛丑	壬寅	癸卯	甲辰

近世中西史日對照表

陽歷一月份　（陰歷十一、十二月份）

陽	1	2	3	4	5	6	7	8	9	10	11	12	13	14	15	16	17	18	19	20	21	22	23	24	25	26	27	28	29	30	31
陰	廿三	廿四	廿五	廿六	廿七	廿八	廿九	卅	十二	二	三	四	五	六	七	八	九	十	十一	十二	十三	十四	十五	十六	十七	十八	十九	廿	廿一	廿二	廿三
星	1	2	3	4	5	6	日	1	2	3	4	5	6	日	1	2	3	4	5	6	日	1	2	3	4	5	6	日	1	2	3
干節	乙巳	丙午	丁未	戊申	小寒	庚戌	辛亥	壬子	癸丑	甲寅	乙卯	丙辰	丁巳	戊午	己未	庚申	辛酉	壬戌	癸亥	大寒	乙丑	丙寅	丁卯	戊辰	己巳	庚午	辛未	壬申	癸酉	甲戌	乙亥

陽歷二月份　（陰歷十二、正月份）

陽	1	2	3	4	5	6	7	8	9	10	11	12	13	14	15	16	17	18	19	20	21	22	23	24	25	26	27	28			
陰	廿四	廿五	廿六	廿七	廿八	廿九	卅	正	二	三	四	五	六	七	八	九	十	十一	十二	十三	十四	十五	十六	十七	十八	十九	廿	廿一			
星	4	5	6	日	1	2	3	4	5	6	日	1	2	3	4	5	6	日	1	2	3	4	5	6	日	1	2	3			
干節	丙子	丁丑	戊寅	立春	庚辰	辛巳	壬午	癸未	甲申	乙酉	丙戌	丁亥	戊子	己丑	庚寅	辛卯	壬辰	癸巳	雨水	乙未	丙申	丁酉	戊戌	己亥	庚子	辛丑	壬寅	癸卯			

陽歷三月份　（陰歷正、二月份）

陽	1	2	3	4	5	6	7	8	9	10	11	12	13	14	15	16	17	18	19	20	21	22	23	24	25	26	27	28	29	30	31
陰	廿二	廿三	廿四	廿五	廿六	廿七	廿八	廿九	二	二	三	四	五	六	七	八	九	十	十一	十二	十三	十四	十五	十六	十七	十八	十九	廿	廿一	廿二	廿三
星	4	5	6	日	1	2	3	4	5	6	日	1	2	3	4	5	6	日	1	2	3	4	5	6	日	1	2	3	4	5	6
干節	甲辰	乙巳	丙午	丁未	戊申	驚蟄	庚戌	辛亥	壬子	癸丑	甲寅	乙卯	丙辰	丁巳	戊午	己未	庚申	辛酉	壬戌	癸亥	春分	乙丑	丙寅	丁卯	戊辰	己巳	庚午	辛未	壬申	癸酉	甲戌

陽歷四月份　（陰歷二、三月份）

陽	1	2	3	4	5	6	7	8	9	10	11	12	13	14	15	16	17	18	19	20	21	22	23	24	25	26	27	28	29	30	
陰	廿四	廿五	廿六	廿七	廿八	廿九	三	二	三	四	五	六	七	八	九	十	十一	十二	十三	十四	十五	十六	十七	十八	十九	廿	廿一	廿二	廿三	廿四	
星	日	1	2	3	4	5	6	日	1	2	3	4	5	6	日	1	2	3	4	5	6	日	1	2	3	4	5	6	日	1	
干節	乙亥	丙子	丁丑	戊寅	清明	庚辰	辛巳	壬午	癸未	甲申	乙酉	丙戌	丁亥	戊子	己丑	庚寅	辛卯	壬辰	癸巳	穀雨	乙未	丙申	丁酉	戊戌	己亥	庚子	辛丑	壬寅	癸卯	甲辰	

陽歷五月份　（陰歷三、四月份）

陽	1	2	3	4	5	6	7	8	9	10	11	12	13	14	15	16	17	18	19	20	21	22	23	24	25	26	27	28	29	30	31
陰	廿五	廿六	廿七	廿八	廿九	卅	四	二	三	四	五	六	七	八	九	十	十一	十二	十三	十四	十五	十六	十七	十八	十九	廿	廿一	廿二	廿三	廿四	廿五
星	2	3	4	5	6	日	1	2	3	4	5	6	日	1	2	3	4	5	6	日	1	2	3	4	5	6	日	1	2	3	4
干節	乙巳	丙午	丁未	戊申	己酉	立夏	辛亥	壬子	癸丑	甲寅	乙卯	丙辰	丁巳	戊午	己未	庚申	辛酉	壬戌	癸亥	甲子	小滿	丙寅	丁卯	戊辰	己巳	庚午	辛未	壬申	癸酉	甲戌	乙亥

陽歷六月份　（陰歷四、五月份）

陽	1	2	3	4	5	6	7	8	9	10	11	12	13	14	15	16	17	18	19	20	21	22	23	24	25	26	27	28	29	30	
陰	廿六	廿七	廿八	廿九	五	二	三	四	五	六	七	八	九	十	十一	十二	十三	十四	十五	十六	十七	十八	十九	廿	廿一	廿二	廿三	廿四	廿五	廿六	
星	5	6	日	1	2	3	4	5	6	日	1	2	3	4	5	6	日	1	2	3	4	5	6	日	1	2	3	4	5	6	
干節	丙子	丁丑	戊寅	己卯	庚辰	芒種	壬午	癸未	甲申	乙酉	丙戌	丁亥	戊子	己丑	庚寅	辛卯	壬辰	癸巳	甲午	乙未	丙申	夏至	戊戌	己亥	庚子	辛丑	壬寅	癸卯	甲辰	乙巳	

癸未　一八八三年　（清德宗光緒九年）

癸未 一八八三年（清德宗光緒九年）

近世中西史日對照表

陽歷七月份　（陰歷五、六月份）

陽	7	2	3	4	5	6	7	8	9	10	11	12	13	14	15	16	17	18	19	20	21	22	23	24	25	26	27	28	29	30	31
陰	廿七	廿八	廿九	六	二	三	四	五	六	七	八	九	十	十一	十二	十三	十四	十五	十六	十七	十八	十九	廿	廿一	廿二	廿三	廿四	廿五	廿六	廿七	廿八
星	日	1	2	3	4	5	6	日	1	2	3	4	5	6	日	1	2	3	4	5	6	日	1	2	3	4	5	6	日	1	2
干節	丙午	丁未	戊申	己酉	庚戌	辛亥	小暑	癸丑	甲寅	乙卯	丙辰	丁巳	戊午	己未	庚申	辛酉	壬戌	癸亥	甲子	乙丑	丙寅	丁卯	大暑	己巳	庚午	辛未	壬申	癸酉	甲戌	乙亥	丙子

陽歷八月份　（陰歷六、七月份）

陽	8	2	3	4	5	6	7	8	9	10	11	12	13	14	15	16	17	18	19	20	21	22	23	24	25	26	27	28	29	30	31
陰	廿九	卅	七	二	三	四	五	六	七	八	九	十	十一	十二	十三	十四	十五	十六	十七	十八	十九	廿	廿一	廿二	廿三	廿四	廿五	廿六	廿七	廿八	廿九
星	3	4	5	6	日	1	2	3	4	5	6	日	1	2	3	4	5	6	日	1	2	3	4	5	6	日	1	2	3	4	5
干節	丁丑	戊寅	己卯	庚辰	辛巳	壬午	癸未	立秋	乙酉	丙戌	丁亥	戊子	己丑	庚寅	辛卯	壬辰	癸巳	甲午	乙未	丙申	丁酉	戊戌	處暑	庚子	辛丑	壬寅	癸卯	甲辰	乙巳	丙午	丁未

陽歷九月份　（陰歷八月份）

陽	9	2	3	4	5	6	7	8	9	10	11	12	13	14	15	16	17	18	19	20	21	22	23	24	25	26	27	28	29	30
陰	八	二	三	四	五	六	七	八	九	十	十一	十二	十三	十四	十五	十六	十七	十八	十九	廿	廿一	廿二	廿三	廿四	廿五	廿六	廿七	廿八	廿九	卅
星	6	日	1	2	3	4	5	6	日	1	2	3	4	5	6	日	1	2	3	4	5	6	日	1	2	3	4	5	6	日
干節	戊申	己酉	庚戌	辛亥	壬子	癸丑	甲寅	白露	丙辰	丁巳	戊午	己未	庚申	辛酉	壬戌	癸亥	甲子	乙丑	丙寅	丁卯	戊辰	己巳	秋分	辛未	壬申	癸酉	甲戌	乙亥	丙子	丁丑

陽歷十月份　（陰歷九、十月份）

陽	10	2	3	4	5	6	7	8	9	10	11	12	13	14	15	16	17	18	19	20	21	22	23	24	25	26	27	28	29	30	31
陰	九	二	三	四	五	六	七	八	九	十	十一	十二	十三	十四	十五	十六	十七	十八	十九	廿	廿一	廿二	廿三	廿四	廿五	廿六	廿七	廿八	廿九	卅	十
星	1	2	3	4	5	6	日	1	2	3	4	5	6	日	1	2	3	4	5	6	日	1	2	3	4	5	6	日	1	2	3
干節	戊寅	己卯	庚辰	辛巳	壬午	癸未	甲申	乙酉	寒露	丁亥	戊子	己丑	庚寅	辛卯	壬辰	癸巳	甲午	乙未	丙申	丁酉	戊戌	己亥	庚子	霜降	壬寅	癸卯	甲辰	乙巳	丙午	丁未	戊申

陽歷十一月份　（陰歷十、十一月份）

陽	11	2	3	4	5	6	7	8	9	10	11	12	13	14	15	16	17	18	19	20	21	22	23	24	25	26	27	28	29	30
陰	二	三	四	五	六	七	八	九	十	十一	十二	十三	十四	十五	十六	十七	十八	十九	廿	廿一	廿二	廿三	廿四	廿五	廿六	廿七	廿八	廿九	卅	十一
星	4	5	6	日	1	2	3	4	5	6	日	1	2	3	4	5	6	日	1	2	3	4	5	6	日	1	2	3	4	5
干節	己酉	庚戌	辛亥	壬子	癸丑	甲寅	乙卯	立冬	丁巳	戊午	己未	庚申	辛酉	壬戌	癸亥	甲子	乙丑	丙寅	丁卯	戊辰	己巳	小雪	辛未	壬申	癸酉	甲戌	乙亥	丙子	丁丑	戊寅

陽歷十二月份　（陰歷十一、十二月份）

陽	12	2	3	4	5	6	7	8	9	10	11	12	13	14	15	16	17	18	19	20	21	22	23	24	25	26	27	28	29	30	31
陰	二	三	四	五	六	七	八	九	十	十一	十二	十三	十四	十五	十六	十七	十八	十九	廿	廿一	廿二	廿三	廿四	廿五	廿六	廿七	廿八	廿九	十二	二	三
星	6	日	1	2	3	4	5	6	日	1	2	3	4	5	6	日	1	2	3	4	5	6	日	1	2	3	4	5	6	日	1
干節	己卯	庚辰	辛巳	壬午	癸未	甲申	大雪	丙戌	丁亥	戊子	己丑	庚寅	辛卯	壬辰	癸巳	甲午	乙未	丙申	丁酉	戊戌	己亥	冬至	辛丑	壬寅	癸卯	甲辰	乙巳	丙午	丁未	戊申	己酉

甲申　一八八四年　（清德宗光緒一〇年）

陽歷一月份　（陰歷十二、正月份）

陽	1	2	3	4	5	6	7	8	9	10	11	12	13	14	15	16	17	18	19	20	21	22	23	24	25	26	27	28	29	30	31
陰	四	五	六	七	八	九	十	十一	十二	十三	十四	十五	十六	十七	十八	十九	廿	廿一	廿二	廿三	廿四	廿五	廿六	廿七	廿八	廿九	卅	正	二	三	四
星	2	3	4	5	6	日	1	2	3	4	5	6	日	1	2	3	4	5	6	日	1	2	3	4	5	6	日	1	2	3	4
干節	庚戌	辛亥	壬子	癸丑	甲寅	小寒	丙辰	丁巳	戊午	己未	庚申	辛酉	壬戌	癸亥	甲子	乙丑	丙寅	丁卯	戊辰	大寒	庚午	辛未	壬申	癸酉	甲戌	乙亥	丙子	丁丑	戊寅	己卯	庚辰

陽歷二月份　（陰歷正、二月份）

陽	1	2	3	4	5	6	7	8	9	10	11	12	13	14	15	16	17	18	19	20	21	22	23	24	25	26	27	28	29	—	—
陰	五	六	七	八	九	十	十一	十二	十三	十四	十五	十六	十七	十八	十九	廿	廿一	廿二	廿三	廿四	廿五	廿六	廿七	廿八	廿九	卅	二	二	三	—	—
星	5	6	日	1	2	3	4	5	6	日	1	2	3	4	5	6	日	1	2	3	4	5	6	日	1	2	3	4	5	—	—
干節	辛巳	壬午	癸未	立春	乙酉	丙戌	丁亥	戊子	己丑	庚寅	辛卯	壬辰	癸巳	甲午	乙未	丙申	丁酉	戊戌	雨水	庚子	辛丑	壬寅	癸卯	甲辰	乙巳	丙午	丁未	戊申	己酉		

陽歷三月份　（陰歷二、三月份）

陽	1	2	3	4	5	6	7	8	9	10	11	12	13	14	15	16	17	18	19	20	21	22	23	24	25	26	27	28	29	30	31
陰	四	五	六	七	八	九	十	十一	十二	十三	十四	十五	十六	十七	十八	十九	廿	廿一	廿二	廿三	廿四	廿五	廿六	廿七	廿八	廿九	三	二	三	四	五
星	6	日	1	2	3	4	5	6	日	1	2	3	4	5	6	日	1	2	3	4	5	6	日	1	2	3	4	5	6	日	1
干節	庚戌	辛亥	壬子	癸丑	驚蟄	乙卯	丙辰	丁巳	戊午	己未	庚申	辛酉	壬戌	癸亥	甲子	乙丑	丙寅	丁卯	戊辰	春分	庚午	辛未	壬申	癸酉	甲戌	乙亥	丙子	丁丑	戊寅	己卯	庚辰

陽歷四月份　（陰歷三、四月份）

陽	1	2	3	4	5	6	7	8	9	10	11	12	13	14	15	16	17	18	19	20	21	22	23	24	25	26	27	28	29	30	—
陰	六	七	八	九	十	十一	十二	十三	十四	十五	十六	十七	十八	十九	廿	廿一	廿二	廿三	廿四	廿五	廿六	廿七	廿八	廿九	四	二	三	四	五	六	—
星	2	3	4	5	6	日	1	2	3	4	5	6	日	1	2	3	4	5	6	日	1	2	3	4	5	6	日	1	2	3	—
干節	辛巳	壬午	癸未	清明	乙酉	丙戌	丁亥	戊子	己丑	庚寅	辛卯	壬辰	癸巳	甲午	乙未	丙申	丁酉	戊戌	己亥	穀雨	辛丑	壬寅	癸卯	甲辰	乙巳	丙午	丁未	戊申	己酉	庚戌	

陽歷五月份　（陰歷四、五月份）

陽	1	2	3	4	5	6	7	8	9	10	11	12	13	14	15	16	17	18	19	20	21	22	23	24	25	26	27	28	29	30	31
陰	七	八	九	十	十一	十二	十三	十四	十五	十六	十七	十八	十九	廿	廿一	廿二	廿三	廿四	廿五	廿六	廿七	廿八	廿九	卅	五	二	三	四	五	六	七
星	4	5	6	日	1	2	3	4	5	6	日	1	2	3	4	5	6	日	1	2	3	4	5	6	日	1	2	3	4	5	6
干節	辛亥	壬子	癸丑	甲寅	立夏	丙辰	丁巳	戊午	己未	庚申	辛酉	壬戌	癸亥	甲子	乙丑	丙寅	丁卯	戊辰	己巳	庚午	小滿	壬申	癸酉	甲戌	乙亥	丙子	丁丑	戊寅	己卯	庚辰	辛巳

陽歷六月份　（陰歷五　閏五月份）

陽	1	2	3	4	5	6	7	8	9	10	11	12	13	14	15	16	17	18	19	20	21	22	23	24	25	26	27	28	29	30	—
陰	八	九	十	十一	十二	十三	十四	十五	十六	十七	十八	十九	廿	廿一	廿二	廿三	廿四	廿五	廿六	廿七	廿八	廿九	閏	二	三	四	五	六	七	八	—
星	日	1	2	3	4	5	6	日	1	2	3	4	5	6	日	1	2	3	4	5	6	日	1	2	3	4	5	6	日	1	—
干節	壬午	癸未	甲申	乙酉	芒種	丁亥	戊子	己丑	庚寅	辛卯	壬辰	癸巳	甲午	乙未	丙申	丁酉	戊戌	己亥	庚子	辛丑	夏至	癸卯	甲辰	乙巳	丙午	丁未	戊申	己酉	庚戌	辛亥	

甲申

一八八四年

（清德宗光緒一〇年）

陽歷七月份　（陰歷閏五、六月份）

陽	7	2	3	4	5	6	7	8	9	10	11	12	13	14	15	16	17	18	19	20	21	22	23	24	25	26	27	28	29	30	31
陰	九	十	十一	十二	十三	十四	十五	十六	十七	十八	十九	廿	廿一	廿二	廿三	廿四	廿五	廿六	廿七	廿八	廿九	六	二	三	四	五	六	七	八	九	十
星	2	3	4	5	6	日	1	2	3	4	5	6	日	1	2	3	4	5	6	日	1	2	3	4	5	6	日	1	2	3	4
干節	壬子	癸丑	甲寅	乙卯	丙辰	丁巳	小暑	己未	庚申	辛酉	壬戌	癸亥	甲子	乙丑	丙寅	丁卯	戊辰	己巳	庚午	辛未	壬申	大暑	甲戌	乙亥	丙子	丁丑	戊寅	己卯	庚辰	辛巳	壬午

陽歷八月份　（陰歷六、七月份）

陽	8	2	3	4	5	6	7	8	9	10	11	12	13	14	15	16	17	18	19	20	21	22	23	24	25	26	27	28	29	30	31
陰	十一	十二	十三	十四	十五	十六	十七	十八	十九	廿	廿一	廿二	廿三	廿四	廿五	廿六	廿七	廿八	廿九	卅	七	二	三	四	五	六	七	八	九	十	十一
星	5	6	日	1	2	3	4	5	6	日	1	2	3	4	5	6	日	1	2	3	4	5	6	日	1	2	3	4	5	6	日
干節	癸未	甲申	乙酉	丙戌	丁亥	戊子	立秋	庚寅	辛卯	壬辰	癸巳	甲午	乙未	丙申	丁酉	戊戌	己亥	庚子	辛丑	壬寅	癸卯	甲辰	處暑	丙午	丁未	戊申	己酉	庚戌	辛亥	壬子	癸丑

陽歷九月份　（陰歷七、八月份）

陽	9	2	3	4	5	6	7	8	9	10	11	12	13	14	15	16	17	18	19	20	21	22	23	24	25	26	27	28	29	30
陰	十二	十三	十四	十五	十六	十七	十八	十九	廿	廿一	廿二	廿三	廿四	廿五	廿六	廿七	廿八	廿九	八	二	三	四	五	六	七	八	九	十	十一	十二
星	1	2	3	4	5	6	日	1	2	3	4	5	6	日	1	2	3	4	5	6	日	1	2	3	4	5	6	日	1	2
干節	甲寅	乙卯	丙辰	丁巳	戊午	己未	白露	辛酉	壬戌	癸亥	甲子	乙丑	丙寅	丁卯	戊辰	己巳	庚午	辛未	壬申	癸酉	甲戌	乙亥	秋分	丁丑	戊寅	己卯	庚辰	辛巳	壬午	癸未

陽歷十月份　（陰歷八、九月份）

陽	10	2	3	4	5	6	7	8	9	10	11	12	13	14	15	16	17	18	19	20	21	22	23	24	25	26	27	28	29	30	31
陰	十三	十四	十五	十六	十七	十八	十九	廿	廿一	廿二	廿三	廿四	廿五	廿六	廿七	廿八	廿九	卅	九	二	三	四	五	六	七	八	九	十	十一	十二	十三
星	3	4	5	6	日	1	2	3	4	5	6	日	1	2	3	4	5	6	日	1	2	3	4	5	6	日	1	2	3	4	5
干節	甲申	乙酉	丙戌	丁亥	戊子	己丑	庚寅	寒露	壬辰	癸巳	甲午	乙未	丙申	丁酉	戊戌	己亥	庚子	辛丑	壬寅	癸卯	甲辰	乙巳	霜降	丁未	戊申	己酉	庚戌	辛亥	壬子	癸丑	甲寅

陽歷十一月份　（陰歷九、十月份）

陽	11	2	3	4	5	6	7	8	9	10	11	12	13	14	15	16	17	18	19	20	21	22	23	24	25	26	27	28	29	30
陰	十四	十五	十六	十七	十八	十九	廿	廿一	廿二	廿三	廿四	廿五	廿六	廿七	廿八	廿九	卅	十	二	三	四	五	六	七	八	九	十	十一	十二	十三
星	6	日	1	2	3	4	5	6	日	1	2	3	4	5	6	日	1	2	3	4	5	6	日	1	2	3	4	5	6	日
干節	乙卯	丙辰	丁巳	戊午	己未	庚申	立冬	壬戌	癸亥	甲子	乙丑	丙寅	丁卯	戊辰	己巳	庚午	辛未	壬申	癸酉	甲戌	乙亥	小雪	丁丑	戊寅	己卯	庚辰	辛巳	壬午	癸未	甲申

陽歷十二月份　（陰歷十、十一月份）

陽	12	2	3	4	5	6	7	8	9	10	11	12	13	14	15	16	17	18	19	20	21	22	23	24	25	26	27	28	29	30	31
陰	十四	十五	十六	十七	十八	十九	廿	廿一	廿二	廿三	廿四	廿五	廿六	廿七	廿八	廿九	十一	二	三	四	五	六	七	八	九	十	十一	十二	十三	十四	十五
星	1	2	3	4	5	6	日	1	2	3	4	5	6	日	1	2	3	4	5	6	日	1	2	3	4	5	6	日	1	2	3
干節	乙酉	丙戌	丁亥	戊子	己丑	庚寅	大雪	壬辰	癸巳	甲午	乙未	丙申	丁酉	戊戌	己亥	庚子	辛丑	壬寅	癸卯	甲辰	冬至	丙午	丁未	戊申	己酉	庚戌	辛亥	壬子	癸丑	甲寅	乙卯

近世中西史日對照表

陽歷 一月份 (陰歷十一、十二月份)

陽	1	2	3	4	5	6	7	8	9	10	11	12	13	14	15	16	17	18	19	20	21	22	23	24	25	26	27	28	29	30	31
陰	十六	十七	十八	十九	廿	廿一	廿二	廿三	廿四	廿五	廿六	廿七	廿八	廿九	卅	十二	二	三	四	五	六	七	八	九	十	十一	十二	十三	十四	十五	十六
星	4	5	6	日	1	2	3	4	5	6	日	1	2	3	4	5	6	日	1	2	3	4	5	6	日	1	2	3	4	5	6
干節	丙辰	丁巳	戊午	己未	小寒	辛酉	壬戌	癸亥	甲子	乙丑	丙寅	丁卯	戊辰	己巳	庚午	辛未	壬申	癸酉	甲戌	大寒	丙子	丁丑	戊寅	己卯	庚辰	辛巳	壬午	癸未	甲申	乙酉	丙戌

陽歷 二月份 (陰歷十二、正月份)

陽	1	2	3	4	5	6	7	8	9	10	11	12	13	14	15	16	17	18	19	20	21	22	23	24	25	26	27	28			
陰	十七	十八	十九	廿	廿一	廿二	廿三	廿四	廿五	廿六	廿七	廿八	廿九	卅	正	二	三	四	五	六	七	八	九	十	十一	十二	十三	十四			
星	日	1	2	3	4	5	6	日	1	2	3	4	5	6	日	1	2	3	4	5	6	日	1	2	3	4	5	6			
干節	丁亥	戊子	立春	庚寅	辛卯	壬辰	癸巳	甲午	乙未	丙申	丁酉	戊戌	己亥	庚子	辛丑	壬寅	癸卯	雨水	乙巳	丙午	丁未	戊申	己酉	庚戌	辛亥	壬子	癸丑	甲寅			

陽歷 三月份 (陰歷正、二月份)

陽	1	2	3	4	5	6	7	8	9	10	11	12	13	14	15	16	17	18	19	20	21	22	23	24	25	26	27	28	29	30	31
陰	十五	十六	十七	十八	十九	廿	廿一	廿二	廿三	廿四	廿五	廿六	廿七	廿八	廿九	卅	二	二	三	四	五	六	七	八	九	十	十一	十二	十三	十四	十五
星	日	1	2	3	4	5	6	日	1	2	3	4	5	6	日	1	2	3	4	5	6	日	1	2	3	4	5	6	日	1	2
干節	乙卯	丙辰	丁巳	戊午	驚蟄	庚申	辛酉	壬戌	癸亥	甲子	乙丑	丙寅	丁卯	戊辰	己巳	庚午	辛未	壬申	癸酉	春分	乙亥	丙子	丁丑	戊寅	己卯	庚辰	辛巳	壬午	癸未	甲申	乙酉

陽歷 四月份 (陰歷二、三月份)

陽	1	2	3	4	5	6	7	8	9	10	11	12	13	14	15	16	17	18	19	20	21	22	23	24	25	26	27	28	29	30	
陰	十六	十七	十八	十九	廿	廿一	廿二	廿三	廿四	廿五	廿六	廿七	廿八	廿九	三	二	三	四	五	六	七	八	九	十	十一	十二	十三	十四	十五	十六	
星	3	4	5	6	日	1	2	3	4	5	6	日	1	2	3	4	5	6	日	1	2	3	4	5	6	日	1	2	3	4	
干節	丙戌	丁亥	戊子	清明	庚寅	辛卯	壬辰	癸巳	甲午	乙未	丙申	丁酉	戊戌	己亥	庚子	辛丑	壬寅	癸卯	甲辰	穀雨	丙午	丁未	戊申	己酉	庚戌	辛亥	壬子	癸丑	甲寅	乙卯	

陽歷 五月份 (陰歷三、四月份)

陽	1	2	3	4	5	6	7	8	9	10	11	12	13	14	15	16	17	18	19	20	21	22	23	24	25	26	27	28	29	30	31
陰	十七	十八	十九	廿	廿一	廿二	廿三	廿四	廿五	廿六	廿七	廿八	廿九	四	二	三	四	五	六	七	八	九	十	十一	十二	十三	十四	十五	十六	十七	十八
星	5	6	日	1	2	3	4	5	6	日	1	2	3	4	5	6	日	1	2	3	4	5	6	日	1	2	3	4	5	6	日
干節	丙辰	丁巳	戊午	己未	立夏	辛酉	壬戌	癸亥	甲子	乙丑	丙寅	丁卯	戊辰	己巳	庚午	辛未	壬申	癸酉	甲戌	乙亥	小滿	丁丑	戊寅	己卯	庚辰	辛巳	壬午	癸未	甲申	乙酉	丙戌

陽歷 六月份 (陰歷四、五月份)

陽	1	2	3	4	5	6	7	8	9	10	11	12	13	14	15	16	17	18	19	20	21	22	23	24	25	26	27	28	29	30	
陰	十九	廿	廿一	廿二	廿三	廿四	廿五	廿六	廿七	廿八	廿九	卅	五	二	三	四	五	六	七	八	九	十	十一	十二	十三	十四	十五	十六	十七	十八	
星	1	2	3	4	5	6	日	1	2	3	4	5	6	日	1	2	3	4	5	6	日	1	2	3	4	5	6	日	1	2	
干節	丁亥	戊子	己丑	庚寅	芒種	壬辰	癸巳	甲午	乙未	丙申	丁酉	戊戌	己亥	庚子	辛丑	壬寅	癸卯	甲辰	乙巳	丙午	夏至	戊申	己酉	庚戌	辛亥	壬子	癸丑	甲寅	乙卯	丙辰	

乙酉

一八八五年

(清德宗光緒一一年)

乙酉　一八八五年　（清德宗光緒一一年）

陽歷七月份　（陰歷五、六月份）

陽	7	2	3	4	5	6	7	8	9	10	11	12	13	14	15	16	17	18	19	20	21	22	23	24	25	26	27	28	29	30	31
陰	十九	廿	廿一	廿二	廿三	廿四	廿五	廿六	廿七	廿八	廿九	六	二	三	四	五	六	七	八	九	十	十一	十二	十三	十四	十五	十六	十七	十八	十九	廿
星	3	4	5	6	日	1	2	3	4	5	6	日	1	2	3	4	5	6	日	1	2	3	4	5	6	日	1	2	3	4	5
干節	丁巳	戊午	己未	庚申	辛酉	壬戌	小暑	甲子	乙丑	丙寅	丁卯	戊辰	己巳	庚午	辛未	壬申	癸酉	甲戌	乙亥	丙子	丁丑	戊寅	大暑	庚辰	辛巳	壬午	癸未	甲申	乙酉	丙戌	丁亥

陽歷八月份　（陰歷六、七月份）

陽	8	2	3	4	5	6	7	8	9	10	11	12	13	14	15	16	17	18	19	20	21	22	23	24	25	26	27	28	29	30	31
陰	廿一	廿二	廿三	廿四	廿五	廿六	廿七	廿八	廿九	七	二	三	四	五	六	七	八	九	十	十一	十二	十三	十四	十五	十六	十七	十八	十九	廿	廿一	廿二
星	6	日	1	2	3	4	5	6	日	1	2	3	4	5	6	日	1	2	3	4	5	6	日	1	2	3	4	5	6	日	1
干節	戊子	己丑	庚寅	辛卯	壬辰	癸巳	立秋	乙未	丙申	丁酉	戊戌	己亥	庚子	辛丑	壬寅	癸卯	甲辰	乙巳	丙午	丁未	戊申	己酉	處暑	辛亥	壬子	癸丑	甲寅	乙卯	丙辰	丁巳	戊午

陽歷九月份　（陰歷七、八月份）

陽	9	2	3	4	5	6	7	8	9	10	11	12	13	14	15	16	17	18	19	20	21	22	23	24	25	26	27	28	29	30
陰	廿三	廿四	廿五	廿六	廿七	廿八	廿九	卅	八	二	三	四	五	六	七	八	九	十	十一	十二	十三	十四	十五	十六	十七	十八	十九	廿	廿一	廿二
星	2	3	4	5	6	日	1	2	3	4	5	6	日	1	2	3	4	5	6	日	1	2	3	4	5	6	日	1	2	3
干節	己未	庚申	辛酉	壬戌	癸亥	甲子	白露	丙寅	丁卯	戊辰	己巳	庚午	辛未	壬申	癸酉	甲戌	乙亥	丙子	丁丑	戊寅	己卯	庚辰	秋分	壬午	癸未	甲申	乙酉	丙戌	丁亥	戊子

陽歷十月份　（陰歷八、九月份）

陽	10	2	3	4	5	6	7	8	9	10	11	12	13	14	15	16	17	18	19	20	21	22	23	24	25	26	27	28	29	30	31
陰	廿三	廿四	廿五	廿六	廿七	廿八	廿九	九	二	三	四	五	六	七	八	九	十	十一	十二	十三	十四	十五	十六	十七	十八	十九	廿	廿一	廿二	廿三	廿四
星	4	5	6	日	1	2	3	4	5	6	日	1	2	3	4	5	6	日	1	2	3	4	5	6	日	1	2	3	4	5	6
干節	己丑	庚寅	辛卯	壬辰	癸巳	甲午	乙未	寒露	丁酉	戊戌	己亥	庚子	辛丑	壬寅	癸卯	甲辰	乙巳	丙午	丁未	戊申	己酉	庚戌	霜降	壬子	癸丑	甲寅	乙卯	丙辰	丁巳	戊午	己未

陽歷十一月份　（陰歷九、十月份）

陽	11	2	3	4	5	6	7	8	9	10	11	12	13	14	15	16	17	18	19	20	21	22	23	24	25	26	27	28	29	30
陰	廿五	廿六	廿七	廿八	廿九	卅	十	二	三	四	五	六	七	八	九	十	十一	十二	十三	十四	十五	十六	十七	十八	十九	廿	廿一	廿二	廿三	廿四
星	日	1	2	3	4	5	6	日	1	2	3	4	5	6	日	1	2	3	4	5	6	日	1	2	3	4	5	6	日	1
干節	庚申	辛酉	壬戌	癸亥	甲子	乙丑	立冬	丁卯	戊辰	己巳	庚午	辛未	壬申	癸酉	甲戌	乙亥	丙子	丁丑	戊寅	己卯	庚辰	小雪	壬午	癸未	甲申	乙酉	丙戌	丁亥	戊子	己丑

陽歷十二月份　（陰歷十、十一月份）

陽	12	2	3	4	5	6	7	8	9	10	11	12	13	14	15	16	17	18	19	20	21	22	23	24	25	26	27	28	29	30	31
陰	廿五	廿六	廿七	廿八	廿九	十一	二	三	四	五	六	七	八	九	十	十一	十二	十三	十四	十五	十六	十七	十八	十九	廿	廿一	廿二	廿三	廿四	廿五	廿六
星	2	3	4	5	6	日	1	2	3	4	5	6	日	1	2	3	4	5	6	日	1	2	3	4	5	6	日	1	2	3	4
干節	庚寅	辛卯	壬辰	癸巳	甲午	乙未	大雪	丁酉	戊戌	己亥	庚子	辛丑	壬寅	癸卯	甲辰	乙巳	丙午	丁未	戊申	己酉	冬至	辛亥	壬子	癸丑	甲寅	乙卯	丙辰	丁巳	戊午	己未	庚申

丙戌 一八八六年（清德宗光緒一二年）

陽歷一月份　（陰歷十一、十二月份）

陽	1	2	3	4	5	6	7	8	9	10	11	12	13	14	15	16	17	18	19	20	21	22	23	24	25	26	27	28	29	30	31
陰	廿七	廿八	廿九	卅	十二	二	三	四	五	六	七	八	九	十	十一	十二	十三	十四	十五	十六	十七	十八	十九	廿	廿一	廿二	廿三	廿四	廿五	廿六	廿七
星	5	6	日	1	2	3	4	5	6	日	1	2	3	4	5	6	日	1	2	3	4	5	6	日	1	2	3	4	5	6	日
干節	辛酉	壬戌	癸亥	甲子	小寒	丙寅	丁卯	戊辰	己巳	庚午	辛未	壬申	癸酉	甲戌	乙亥	丙子	丁丑	戊寅	己卯	大寒	辛巳	壬午	癸未	甲申	乙酉	丙戌	丁亥	戊子	己丑	庚寅	辛卯

陽歷二月份　（陰歷十二、正月份）

陽	1	2	3	4	5	6	7	8	9	10	11	12	13	14	15	16	17	18	19	20	21	22	23	24	25	26	27	28
陰	廿八	廿九	卅	正	二	三	四	五	六	七	八	九	十	十一	十二	十三	十四	十五	十六	十七	十八	十九	廿	廿一	廿二	廿三	廿四	廿五
星	1	2	3	4	5	6	日	1	2	3	4	5	6	日	1	2	3	4	5	6	日	1	2	3	4	5	6	日
干節	壬辰	癸巳	甲午	立春	丙申	丁酉	戊戌	己亥	庚子	辛丑	壬寅	癸卯	甲辰	乙巳	丙午	丁未	戊申	己酉	雨水	辛亥	壬子	癸丑	甲寅	乙卯	丙辰	丁巳	戊午	己未

陽歷三月份　（陰歷正、二月份）

陽	1	2	3	4	5	6	7	8	9	10	11	12	13	14	15	16	17	18	19	20	21	22	23	24	25	26	27	28	29	30	31
陰	廿六	廿七	廿八	廿九	卅	二	二	三	四	五	六	七	八	九	十	十一	十二	十三	十四	十五	十六	十七	十八	十九	廿	廿一	廿二	廿三	廿四	廿五	廿六
星	1	2	3	4	5	6	日	1	2	3	4	5	6	日	1	2	3	4	5	6	日	1	2	3	4	5	6	日	1	2	3
干節	庚申	辛酉	壬戌	癸亥	驚蟄	乙丑	丙寅	丁卯	戊辰	己巳	庚午	辛未	壬申	癸酉	甲戌	乙亥	丙子	丁丑	戊寅	己卯	春分	辛巳	壬午	癸未	甲申	乙酉	丙戌	丁亥	戊子	己丑	庚寅

陽歷四月份　（陰歷二、三月份）

陽	1	2	3	4	5	6	7	8	9	10	11	12	13	14	15	16	17	18	19	20	21	22	23	24	25	26	27	28	29	30
陰	廿七	廿八	廿九	三	二	三	四	五	六	七	八	九	十	十一	十二	十三	十四	十五	十六	十七	十八	十九	廿	廿一	廿二	廿三	廿四	廿五	廿六	廿七
星	4	5	6	日	1	2	3	4	5	6	日	1	2	3	4	5	6	日	1	2	3	4	5	6	日	1	2	3	4	5
干節	辛卯	壬辰	癸巳	甲午	清明	丙申	丁酉	戊戌	己亥	庚子	辛丑	壬寅	癸卯	甲辰	乙巳	丙午	丁未	戊申	己酉	穀雨	辛亥	壬子	癸丑	甲寅	乙卯	丙辰	丁巳	戊午	己未	庚申

陽歷五月份　（陰歷三、四月份）

陽	1	2	3	4	5	6	7	8	9	10	11	12	13	14	15	16	17	18	19	20	21	22	23	24	25	26	27	28	29	30	31
陰	廿八	廿九	卅	四	二	三	四	五	六	七	八	九	十	十一	十二	十三	十四	十五	十六	十七	十八	十九	廿	廿一	廿二	廿三	廿四	廿五	廿六	廿七	廿八
星	6	日	1	2	3	4	5	6	日	1	2	3	4	5	6	日	1	2	3	4	5	6	日	1	2	3	4	5	6	日	1
干節	辛酉	壬戌	癸亥	甲子	立夏	丙寅	丁卯	戊辰	己巳	庚午	辛未	壬申	癸酉	甲戌	乙亥	丙子	丁丑	戊寅	己卯	庚辰	小滿	壬午	癸未	甲申	乙酉	丙戌	丁亥	戊子	己丑	庚寅	辛卯

陽歷六月份　（陰歷四、五月份）

陽	1	2	3	4	5	6	7	8	9	10	11	12	13	14	15	16	17	18	19	20	21	22	23	24	25	26	27	28	29	30
陰	廿九	五	二	三	四	五	六	七	八	九	十	十一	十二	十三	十四	十五	十六	十七	十八	十九	廿	廿一	廿二	廿三	廿四	廿五	廿六	廿七	廿八	廿九
星	2	3	4	5	6	日	1	2	3	4	5	6	日	1	2	3	4	5	6	日	1	2	3	4	5	6	日	1	2	3
干節	壬辰	癸巳	甲午	乙未	丙申	芒種	戊戌	己亥	庚子	辛丑	壬寅	癸卯	甲辰	乙巳	丙午	丁未	戊申	己酉	庚戌	辛亥	夏至	癸丑	甲寅	乙卯	丙辰	丁巳	戊午	己未	庚申	辛酉

丙戌

一八八六年

（清德宗光緒一二年）

陽歷七月份　（陰歷五、六、七月份）

陽	7	2	3	4	5	6	7	8	9	10	11	12	13	14	15	16	17	18	19	20	21	22	23	24	25	26	27	28	29	30	31
陰	卅	六	二	三	四	五	六	七	八	九	十	十一	十二	十三	十四	十五	十六	十七	十八	十九	廿	廿一	廿二	廿三	廿四	廿五	廿六	廿七	廿八	廿九	七
星	4	5	6	日	1	2	3	4	5	6	日	1	2	3	4	5	6	日	1	2	3	4	5	6	日	1	2	3	4	5	6
干節	壬戌	癸亥	甲子	乙丑	丙寅	丁卯	小暑	己巳	庚午	辛未	壬申	癸酉	甲戌	乙亥	丙子	丁丑	戊寅	己卯	庚辰	辛巳	壬午	癸未	大暑	乙酉	丙戌	丁亥	戊子	己丑	庚寅	辛卯	壬辰

陽歷八月份　（陰歷七、八月份）

陽	8	2	3	4	5	6	7	8	9	10	11	12	13	14	15	16	17	18	19	20	21	22	23	24	25	26	27	28	29	30	31
陰	二	三	四	五	六	七	八	九	十	十一	十二	十三	十四	十五	十六	十七	十八	十九	廿	廿一	廿二	廿三	廿四	廿五	廿六	廿七	廿八	廿九	八	二	三
星	日	1	2	3	4	5	6	日	1	2	3	4	5	6	日	1	2	3	4	5	6	日	1	2	3	4	5	6	日	1	2
干節	癸巳	甲午	乙未	丙申	丁酉	戊戌	己亥	立秋	辛丑	壬寅	癸卯	甲辰	乙巳	丙午	丁未	戊申	己酉	庚戌	辛亥	壬子	癸丑	甲寅	處暑	丙辰	丁巳	戊午	己未	庚申	辛酉	壬戌	癸亥

陽歷九月份　（陰歷八、九月份）

陽	9	2	3	4	5	6	7	8	9	10	11	12	13	14	15	16	17	18	19	20	21	22	23	24	25	26	27	28	29	30	
陰	四	五	六	七	八	九	十	十一	十二	十三	十四	十五	十六	十七	十八	十九	廿	廿一	廿二	廿三	廿四	廿五	廿六	廿七	廿八	廿九	卅	九	二	三	
星	3	4	5	6	日	1	2	3	4	5	6	日	1	2	3	4	5	6	日	1	2	3	4	5	6	日	1	2	3	4	
干節	甲子	乙丑	丙寅	丁卯	戊辰	己巳	庚午	白露	壬申	癸酉	甲戌	乙亥	丙子	丁丑	戊寅	己卯	庚辰	辛巳	壬午	癸未	甲申	乙酉	秋分	丁亥	戊子	己丑	庚寅	辛卯	壬辰	癸巳	

陽歷十月份　（陰歷九、十月份）

陽	10	2	3	4	5	6	7	8	9	10	11	12	13	14	15	16	17	18	19	20	21	22	23	24	25	26	27	28	29	30	31
陰	四	五	六	七	八	九	十	十一	十二	十三	十四	十五	十六	十七	十八	十九	廿	廿一	廿二	廿三	廿四	廿五	廿六	廿七	廿八	廿九	十	二	三	四	五
星	5	6	日	1	2	3	4	5	6	日	1	2	3	4	5	6	日	1	2	3	4	5	6	日	1	2	3	4	5	6	日
干節	甲午	乙未	丙申	丁酉	戊戌	己亥	庚子	寒露	壬寅	癸卯	甲辰	乙巳	丙午	丁未	戊申	己酉	庚戌	辛亥	壬子	癸丑	甲寅	乙卯	霜降	丁巳	戊午	己未	庚申	辛酉	壬戌	癸亥	甲子

陽歷十一月份　（陰歷十、十一月份）

陽	11	2	3	4	5	6	7	8	9	10	11	12	13	14	15	16	17	18	19	20	21	22	23	24	25	26	27	28	29	30	
陰	六	七	八	九	十	十一	十二	十三	十四	十五	十六	十七	十八	十九	廿	廿一	廿二	廿三	廿四	廿五	廿六	廿七	廿八	廿九	卅	十一	二	三	四	五	
星	1	2	3	4	5	6	日	1	2	3	4	5	6	日	1	2	3	4	5	6	日	1	2	3	4	5	6	日	1	2	
干節	乙丑	丙寅	丁卯	戊辰	己巳	庚午	立冬	壬申	癸酉	甲戌	乙亥	丙子	丁丑	戊寅	己卯	庚辰	辛巳	壬午	癸未	甲申	乙酉	小雪	丁亥	戊子	己丑	庚寅	辛卯	壬辰	癸巳	甲午	

陽歷十二月份　（陰歷十一、十二月份）

陽	12	2	3	4	5	6	7	8	9	10	11	12	13	14	15	16	17	18	19	20	21	22	23	24	25	26	27	28	29	30	31
陰	六	七	八	九	十	十一	十二	十三	十四	十五	十六	十七	十八	十九	廿	廿一	廿二	廿三	廿四	廿五	廿六	廿七	廿八	廿九	十二	二	三	四	五	六	七
星	3	4	5	6	日	1	2	3	4	5	6	日	1	2	3	4	5	6	日	1	2	3	4	5	6	日	1	2	3	4	5
干節	乙未	丙申	丁酉	戊戌	己亥	庚子	大雪	壬寅	癸卯	甲辰	乙巳	丙午	丁未	戊申	己酉	庚戌	辛亥	壬子	癸丑	甲寅	乙卯	冬至	丁巳	戊午	己未	庚申	辛酉	壬戌	癸亥	甲子	乙丑

丁亥 一八八七年 (清德宗光緒一三年)

陽歷一月份 (陰歷十二、正月份)

陽	1	2	3	4	5	6	7	8	9	10	11	12	13	14	15	16	17	18	19	20	21	22	23	24	25	26	27	28	29	30	31
陰	八	九	十	十一	十二	十三	十四	十五	十六	十七	十八	十九	廿	廿一	廿二	廿三	廿四	廿五	廿六	廿七	廿八	廿九	卅	正	二	三	四	五	六	七	八
星	6	日	1	2	3	4	5	6	日	1	2	3	4	5	6	日	1	2	3	4	5	6	日	1	2	3	4	5	6	日	1
干節	丙寅	丁卯	戊辰	己巳	小寒	辛未	壬申	癸酉	甲戌	乙亥	丙子	丁丑	戊寅	己卯	庚辰	辛巳	壬午	癸未	甲申	大寒	丙戌	丁亥	戊子	己丑	庚寅	辛卯	壬辰	癸巳	甲午	乙未	丙申

陽歷二月份 (陰歷正、二月份)

陽	2	2	3	4	5	6	7	8	9	10	11	12	13	14	15	16	17	18	19	20	21	22	23	24	25	26	27	28
陰	九	十	十一	十二	十三	十四	十五	十六	十七	十八	十九	廿	廿一	廿二	廿三	廿四	廿五	廿六	廿七	廿八	廿九	卅	二	二	三	四	五	六
星	2	3	4	5	6	日	1	2	3	4	5	6	日	1	2	3	4	5	6	日	1	2	3	4	5	6	日	1
干節	丁酉	戊戌	己亥	立春	辛丑	壬寅	癸卯	甲辰	乙巳	丙午	丁未	戊申	己酉	庚戌	辛亥	壬子	癸丑	甲寅	雨水	丙辰	丁巳	戊午	己未	庚申	辛酉	壬戌	癸亥	甲子

陽歷三月份 (陰歷二、三月份)

陽	3	2	3	4	5	6	7	8	9	10	11	12	13	14	15	16	17	18	19	20	21	22	23	24	25	26	27	28	29	30	31
陰	七	八	九	十	十一	十二	十三	十四	十五	十六	十七	十八	十九	廿	廿一	廿二	廿三	廿四	廿五	廿六	廿七	廿八	廿九	卅	三	二	三	四	五	六	七
星	2	3	4	5	6	日	1	2	3	4	5	6	日	1	2	3	4	5	6	日	1	2	3	4	5	6	日	1	2	3	4
干節	乙丑	丙寅	丁卯	戊辰	己巳	驚蟄	辛未	壬申	癸酉	甲戌	乙亥	丙子	丁丑	戊寅	己卯	庚辰	辛巳	壬午	癸未	甲申	春分	丙戌	丁亥	戊子	己丑	庚寅	辛卯	壬辰	癸巳	甲午	乙未

陽歷四月份 (陰歷三、四月份)

陽	4	2	3	4	5	6	7	8	9	10	11	12	13	14	15	16	17	18	19	20	21	22	23	24	25	26	27	28	29	30
陰	八	九	十	十一	十二	十三	十四	十五	十六	十七	十八	十九	廿	廿一	廿二	廿三	廿四	廿五	廿六	廿七	廿八	廿九	四	二	三	四	五	六	七	八
星	5	6	日	1	2	3	4	5	6	日	1	2	3	4	5	6	日	1	2	3	4	5	6	日	1	2	3	4	5	6
干節	丙申	丁酉	戊戌	己亥	清明	辛丑	壬寅	癸卯	甲辰	乙巳	丙午	丁未	戊申	己酉	庚戌	辛亥	壬子	癸丑	甲寅	穀雨	丙辰	丁巳	戊午	己未	庚申	辛酉	壬戌	癸亥	甲子	乙丑

陽歷五月份 (陰歷四、閏四月份)

陽	5	2	3	4	5	6	7	8	9	10	11	12	13	14	15	16	17	18	19	20	21	22	23	24	25	26	27	28	29	30	31
陰	九	十	十一	十二	十三	十四	十五	十六	十七	十八	十九	廿	廿一	廿二	廿三	廿四	廿五	廿六	廿七	廿八	廿九	卅	閏	二	三	四	五	六	七	八	九
星	日	1	2	3	4	5	6	日	1	2	3	4	5	6	日	1	2	3	4	5	6	日	1	2	3	4	5	6	日	1	2
干節	丙寅	丁卯	戊辰	己巳	庚午	立夏	壬申	癸酉	甲戌	乙亥	丙子	丁丑	戊寅	己卯	庚辰	辛巳	壬午	癸未	甲申	乙酉	小滿	丁亥	戊子	己丑	庚寅	辛卯	壬辰	癸巳	甲午	乙未	丙申

陽歷六月份 (陰歷閏四、五月份)

陽	6	2	3	4	5	6	7	8	9	10	11	12	13	14	15	16	17	18	19	20	21	22	23	24	25	26	27	28	29	30
陰	十	十一	十二	十三	十四	十五	十六	十七	十八	十九	廿	廿一	廿二	廿三	廿四	廿五	廿六	廿七	廿八	廿九	五	二	三	四	五	六	七	八	九	十
星	3	4	5	6	日	1	2	3	4	5	6	日	1	2	3	4	5	6	日	1	2	3	4	5	6	日	1	2	3	4
干節	丁酉	戊戌	己亥	庚子	辛丑	芒種	癸卯	甲辰	乙巳	丙午	丁未	戊申	己酉	庚戌	辛亥	壬子	癸丑	甲寅	乙卯	丙辰	丁巳	夏至	己未	庚申	辛酉	壬戌	癸亥	甲子	乙丑	丙寅

丁亥

一八八七年

（清德宗光緒一三年）

陽歷七月份　（陰歷五、六月份）

陽	7	2	3	4	5	6	7	8	9	10	11	12	13	14	15	16	17	18	19	20	21	22	23	24	25	26	27	28	29	30	31
陰	十一	十二	十三	十四	十五	十六	十七	十八	十九	廿	廿一	廿二	廿三	廿四	廿五	廿六	廿七	廿八	廿九	卅	**六**	二	三	四	五	六	七	八	九	十	十一
星	5	6	日	1	2	3	4	5	6	日	1	2	3	4	5	6	日	1	2	3	4	5	6	日	1	2	3	4	5	6	日
干節	丁卯	戊辰	己巳	庚午	辛未	壬申	**小暑**	甲戌	乙亥	丙子	丁丑	戊寅	己卯	庚辰	辛巳	壬午	癸未	甲申	乙酉	丙戌	丁亥	戊子	**大暑**	庚寅	辛卯	壬辰	癸巳	甲午	乙未	丙申	丁酉

陽歷八月份　（陰歷六、七月份）

陽	8	2	3	4	5	6	7	8	9	10	11	12	13	14	15	16	17	18	19	20	21	22	23	24	25	26	27	28	29	30	31
陰	十二	十三	十四	十五	十六	十七	十八	十九	廿	廿一	廿二	廿三	廿四	廿五	廿六	廿七	廿八	廿九	**七**	二	三	四	五	六	七	八	九	十	十一	十二	十三
星	1	2	3	4	5	6	日	1	2	3	4	5	6	日	1	2	3	4	5	6	日	1	2	3	4	5	6	日	1	2	3
干節	戊戌	己亥	庚子	辛丑	壬寅	癸卯	甲辰	**立秋**	丙午	丁未	戊申	己酉	庚戌	辛亥	壬子	癸丑	甲寅	乙卯	丙辰	丁巳	戊午	己未	**處暑**	辛酉	壬戌	癸亥	甲子	乙丑	丙寅	丁卯	戊辰

陽歷九月份　（陰歷七、八月份）

陽	9	2	3	4	5	6	7	8	9	10	11	12	13	14	15	16	17	18	19	20	21	22	23	24	25	26	27	28	29	30
陰	十四	十五	十六	十七	十八	十九	廿	廿一	廿二	廿三	廿四	廿五	廿六	廿七	廿八	廿九	**八**	二	三	四	五	六	七	八	九	十	十一	十二	十三	十四
星	4	5	6	日	1	2	3	4	5	6	日	1	2	3	4	5	6	日	1	2	3	4	5	6	日	1	2	3	4	5
干節	己巳	庚午	辛未	壬申	癸酉	甲戌	乙亥	**白露**	丁丑	戊寅	己卯	庚辰	辛巳	壬午	癸未	甲申	乙酉	丙戌	丁亥	戊子	己丑	庚寅	**秋分**	壬辰	癸巳	甲午	乙未	丙申	丁酉	戊戌

陽歷十月份　（陰歷八、九月份）

陽	10	2	3	4	5	6	7	8	9	10	11	12	13	14	15	16	17	18	19	20	21	22	23	24	25	26	27	28	29	30	31
陰	十五	十六	十七	十八	十九	廿	廿一	廿二	廿三	廿四	廿五	廿六	廿七	廿八	廿九	卅	**九**	二	三	四	五	六	七	八	九	十	十一	十二	十三	十四	十五
星	6	日	1	2	3	4	5	6	日	1	2	3	4	5	6	日	1	2	3	4	5	6	日	1	2	3	4	5	6	日	1
干節	己亥	庚子	辛丑	壬寅	癸卯	甲辰	乙巳	**寒露**	丁未	戊申	己酉	庚戌	辛亥	壬子	癸丑	甲寅	乙卯	丙辰	丁巳	戊午	己未	庚申	辛酉	**霜降**	癸亥	甲子	乙丑	丙寅	丁卯	戊辰	己巳

陽歷十一月份　（陰歷九、十月份）

陽	11	2	3	4	5	6	7	8	9	10	11	12	13	14	15	16	17	18	19	20	21	22	23	24	25	26	27	28	29	30
陰	十六	十七	十八	十九	廿	廿一	廿二	廿三	廿四	廿五	廿六	廿七	廿八	廿九	**十**	二	三	四	五	六	七	八	九	十	十一	十二	十三	十四	十五	十六
星	2	3	4	5	6	日	1	2	3	4	5	6	日	1	2	3	4	5	6	日	1	2	3	4	5	6	日	1	2	3
干節	庚午	辛未	壬申	癸酉	甲戌	乙亥	丙子	**立冬**	戊寅	己卯	庚辰	辛巳	壬午	癸未	甲申	乙酉	丙戌	丁亥	戊子	己丑	庚寅	**小雪**	壬辰	癸巳	甲午	乙未	丙申	丁酉	戊戌	己亥

陽歷十二月份　（陰歷十、十一月份）

陽	12	2	3	4	5	6	7	8	9	10	11	12	13	14	15	16	17	18	19	20	21	22	23	24	25	26	27	28	29	30	31
陰	十七	十八	十九	廿	廿一	廿二	廿三	廿四	廿五	廿六	廿七	廿八	廿九	卅	**十一**	二	三	四	五	六	七	八	九	十	十一	十二	十三	十四	十五	十六	十七
星	4	5	6	日	1	2	3	4	5	6	日	1	2	3	4	5	6	日	1	2	3	4	5	6	日	1	2	3	4	5	6
干節	庚子	辛丑	壬寅	癸卯	甲辰	乙巳	**大雪**	丁未	戊申	己酉	庚戌	辛亥	壬子	癸丑	甲寅	乙卯	丙辰	丁巳	戊午	己未	庚申	**冬至**	壬戌	癸亥	甲子	乙丑	丙寅	丁卯	戊辰	己巳	庚午

近世中西史日對照表

戊子　一八八八年　（清德宗光緒一四年）

陽歷一月份　（陰歷十一、十二月份）

陽	1	2	3	4	5	6	7	8	9	10	11	12	13	14	15	16	17	18	19	20	21	22	23	24	25	26	27	28	29	30	31
陰	十八	十九	廿	廿一	廿二	廿三	廿四	廿五	廿六	廿七	廿八	廿九	十二	二	三	四	五	六	七	八	九	十	十一	十二	十三	十四	十五	十六	十七	十八	十九
星	日	1	2	3	4	5	6	日	1	2	3	4	5	6	日	1	2	3	4	5	6	日	1	2	3	4	5	6	日	1	2
干節	辛未	壬申	癸酉	甲戌	乙亥	小寒	丁丑	戊寅	己卯	庚辰	辛巳	壬午	癸未	甲申	乙酉	丙戌	丁亥	戊子	己丑	大寒	辛卯	壬辰	癸巳	甲午	乙未	丙申	丁酉	戊戌	己亥	庚子	辛丑

陽歷二月份　（陰歷十二、正月份）

陽	2	2	3	4	5	6	7	8	9	10	11	12	13	14	15	16	17	18	19	20	21	22	23	24	25	26	27	28	29
陰	廿	廿一	廿二	廿三	廿四	廿五	廿六	廿七	廿八	廿九	卅	正	二	三	四	五	六	七	八	九	十	十一	十二	十三	十四	十五	十六	十七	十八
星	3	4	5	6	日	1	2	3	4	5	6	日	1	2	3	4	5	6	日	1	2	3	4	5	6	日	1	2	3
干節	壬寅	癸卯	甲辰	立春	丙午	丁未	戊申	己酉	庚戌	辛亥	壬子	癸丑	甲寅	乙卯	丙辰	丁巳	戊午	己未	雨水	辛酉	壬戌	癸亥	甲子	乙丑	丙寅	丁卯	戊辰	己巳	庚午

陽歷三月份　（陰歷正、二月份）

陽	3	2	3	4	5	6	7	8	9	10	11	12	13	14	15	16	17	18	19	20	21	22	23	24	25	26	27	28	29	30	31
陰	十九	廿	廿一	廿二	廿三	廿四	廿五	廿六	廿七	廿八	廿九	卅	二	二	三	四	五	六	七	八	九	十	十一	十二	十三	十四	十五	十六	十七	十八	十九
星	4	5	6	日	1	2	3	4	5	6	日	1	2	3	4	5	6	日	1	2	3	4	5	6	日	1	2	3	4	5	6
干節	辛未	壬申	癸酉	甲戌	驚蟄	丙子	丁丑	戊寅	己卯	庚辰	辛巳	壬午	癸未	甲申	乙酉	丙戌	丁亥	戊子	己丑	春分	辛卯	壬辰	癸巳	甲午	乙未	丙申	丁酉	戊戌	己亥	庚子	辛丑

陽歷四月份　（陰歷二、三月份）

陽	4	2	3	4	5	6	7	8	9	10	11	12	13	14	15	16	17	18	19	20	21	22	23	24	25	26	27	28	29	30
陰	廿	廿一	廿二	廿三	廿四	廿五	廿六	廿七	廿八	廿九	三	二	三	四	五	六	七	八	九	十	十一	十二	十三	十四	十五	十六	十七	十八	十九	廿
星	日	1	2	3	4	5	6	日	1	2	3	4	5	6	日	1	2	3	4	5	6	日	1	2	3	4	5	6	日	1
干節	壬寅	癸卯	甲辰	清明	丙午	丁未	戊申	己酉	庚戌	辛亥	壬子	癸丑	甲寅	乙卯	丙辰	丁巳	戊午	己未	穀雨	辛酉	壬戌	癸亥	甲子	乙丑	丙寅	丁卯	戊辰	己巳	庚午	辛未

陽歷五月份　（陰歷三、四月份）

陽	5	2	3	4	5	6	7	8	9	10	11	12	13	14	15	16	17	18	19	20	21	22	23	24	25	26	27	28	29	30	31
陰	廿一	廿二	廿三	廿四	廿五	廿六	廿七	廿八	廿九	卅	四	二	三	四	五	六	七	八	九	十	十一	十二	十三	十四	十五	十六	十七	十八	十九	廿	廿一
星	2	3	4	5	6	日	1	2	3	4	5	6	日	1	2	3	4	5	6	日	1	2	3	4	5	6	日	1	2	3	4
干節	壬申	癸酉	甲戌	乙亥	立夏	丁丑	戊寅	己卯	庚辰	辛巳	壬午	癸未	甲申	乙酉	丙戌	丁亥	戊子	己丑	庚寅	小滿	壬辰	癸巳	甲午	乙未	丙申	丁酉	戊戌	己亥	庚子	辛丑	壬寅

陽歷六月份　（陰歷四、五月份）

陽	6	2	3	4	5	6	7	8	9	10	11	12	13	14	15	16	17	18	19	20	21	22	23	24	25	26	27	28	29	30
陰	廿二	廿三	廿四	廿五	廿六	廿七	廿八	廿九	卅	五	二	三	四	五	六	七	八	九	十	十一	十二	十三	十四	十五	十六	十七	十八	十九	廿	廿一
星	5	6	日	1	2	3	4	5	6	日	1	2	3	4	5	6	日	1	2	3	4	5	6	日	1	2	3	4	5	6
干節	癸卯	甲辰	乙巳	丙午	芒種	戊申	己酉	庚戌	辛亥	壬子	癸丑	甲寅	乙卯	丙辰	丁巳	戊午	己未	庚申	辛酉	壬戌	夏至	甲子	乙丑	丙寅	丁卯	戊辰	己巳	庚午	辛未	壬申

戊子　一八八八年　（清德宗光緒一四年）

陽歷七月份　（陰歷五、六月份）

陽	7	2	3	4	5	6	7	8	9	10	11	12	13	14	15	16	17	18	19	20	21	22	23	24	25	26	27	28	29	30	31
陰	廿二	廿三	廿四	廿五	廿六	廿七	廿八	廿九	六	二	三	四	五	六	七	八	九	十	十一	十二	十三	十四	十五	十六	十七	十八	十九	廿	廿一	廿二	廿三
星	日	1	2	3	4	5	6	日	1	2	3	4	5	6	日	1	2	3	4	5	6	日	1	2	3	4	5	6	日	1	2
干節	癸酉	甲戌	乙亥	丙子	丁丑	戊寅	小暑	庚辰	辛巳	壬午	癸未	甲申	乙酉	丙戌	丁亥	戊子	己丑	庚寅	辛卯	壬辰	癸巳	大暑	乙未	丙申	丁酉	戊戌	己亥	庚子	辛丑	壬寅	癸卯

陽歷八月份　（陰歷六、七月份）

陽	8	2	3	4	5	6	7	8	9	10	11	12	13	14	15	16	17	18	19	20	21	22	23	24	25	26	27	28	29	30	31
陰	廿四	廿五	廿六	廿七	廿八	廿九	卅	七	二	三	四	五	六	七	八	九	十	十一	十二	十三	十四	十五	十六	十七	十八	十九	廿	廿一	廿二	廿三	廿四
星	3	4	5	6	日	1	2	3	4	5	6	日	1	2	3	4	5	6	日	1	2	3	4	5	6	日	1	2	3	4	5
干節	甲辰	乙巳	丙午	丁未	戊申	己酉	立秋	辛亥	壬子	癸丑	甲寅	乙卯	丙辰	丁巳	戊午	己未	庚申	辛酉	壬戌	癸亥	甲子	乙丑	處暑	丁卯	戊辰	己巳	庚午	辛未	壬申	癸酉	甲戌

陽歷九月份　（陰歷七、八月份）

陽	9	2	3	4	5	6	7	8	9	10	11	12	13	14	15	16	17	18	19	20	21	22	23	24	25	26	27	28	29	30	
陰	廿五	廿六	廿七	廿八	廿九	八	二	三	四	五	六	七	八	九	十	十一	十二	十三	十四	十五	十六	十七	十八	十九	廿	廿一	廿二	廿三	廿四	廿五	
星	6	日	1	2	3	4	5	6	日	1	2	3	4	5	6	日	1	2	3	4	5	6	日	1	2	3	4	5	6	日	
干節	乙亥	丙子	丁丑	戊寅	己卯	庚辰	白露	壬午	癸未	甲申	乙酉	丙戌	丁亥	戊子	己丑	庚寅	辛卯	壬辰	癸巳	甲午	乙未	秋分	丁酉	戊戌	己亥	庚子	辛丑	壬寅	癸卯	甲辰	

陽歷十月份　（陰歷八、九月份）

陽	10	2	3	4	5	6	7	8	9	10	11	12	13	14	15	16	17	18	19	20	21	22	23	24	25	26	27	28	29	30	31
陰	廿六	廿七	廿八	廿九	九	二	三	四	五	六	七	八	九	十	十一	十二	十三	十四	十五	十六	十七	十八	十九	廿	廿一	廿二	廿三	廿四	廿五	廿六	廿七
星	1	2	3	4	5	6	日	1	2	3	4	5	6	日	1	2	3	4	5	6	日	1	2	3	4	5	6	日	1	2	3
干節	乙巳	丙午	丁未	戊申	己酉	庚戌	辛亥	寒露	癸丑	甲寅	乙卯	丙辰	丁巳	戊午	己未	庚申	辛酉	壬戌	癸亥	甲子	乙丑	丙寅	霜降	戊辰	己巳	庚午	辛未	壬申	癸酉	甲戌	乙亥

陽歷十一月份　（陰歷九、十月份）

陽	11	2	3	4	5	6	7	8	9	10	11	12	13	14	15	16	17	18	19	20	21	22	23	24	25	26	27	28	29	30
陰	廿八	廿九	卅	十	二	三	四	五	六	七	八	九	十	十一	十二	十三	十四	十五	十六	十七	十八	十九	廿	廿一	廿二	廿三	廿四	廿五	廿六	廿七
星	4	5	6	日	1	2	3	4	5	6	日	1	2	3	4	5	6	日	1	2	3	4	5	6	日	1	2	3	4	5
干節	丙子	丁丑	戊寅	己卯	庚辰	辛巳	立冬	癸未	甲申	乙酉	丙戌	丁亥	戊子	己丑	庚寅	辛卯	壬辰	癸巳	甲午	乙未	丙申	小雪	戊戌	己亥	庚子	辛丑	壬寅	癸卯	甲辰	乙巳

陽歷十二月份　（陰歷十、十一月份）

陽	12	2	3	4	5	6	7	8	9	10	11	12	13	14	15	16	17	18	19	20	21	22	23	24	25	26	27	28	29	30	31
陰	廿八	廿九	十一	二	三	四	五	六	七	八	九	十	十一	十二	十三	十四	十五	十六	十七	十八	十九	廿	廿一	廿二	廿三	廿四	廿五	廿六	廿七	廿八	廿九
星	6	日	1	2	3	4	5	6	日	1	2	3	4	5	6	日	1	2	3	4	5	6	日	1	2	3	4	5	6	日	1
干節	丙午	丁未	戊申	己酉	庚戌	大雪	壬子	癸丑	甲寅	乙卯	丙辰	丁巳	戊午	己未	庚申	辛酉	壬戌	癸亥	甲子	乙丑	冬至	丁卯	戊辰	己巳	庚午	辛未	壬申	癸酉	甲戌	乙亥	丙子

近世中西史日對照表

己丑　一八八九年　（清德宗光緒一五年）

陽歷一月份　（陰歷十一、十二、正月份）

陽	1	2	3	4	5	6	7	8	9	10	11	12	13	14	15	16	17	18	19	20	21	22	23	24	25	26	27	28	29	30	31
陰	卅	十二	二	三	四	五	六	七	八	九	十	十一	十二	十三	十四	十五	十六	十七	十八	十九	廿	廿一	廿二	廿三	廿四	廿五	廿六	廿七	廿八	廿九	正
星	2	3	4	5	6	日	1	2	3	4	5	6	日	1	2	3	4	5	6	日	1	2	3	4	5	6	日	1	2	3	4
干節	丁丑	戊寅	己卯	庚辰	小寒	壬午	癸未	甲申	乙酉	丙戌	丁亥	戊子	己丑	庚寅	辛卯	壬辰	癸巳	甲午	乙未	大寒	丁酉	戊戌	己亥	庚子	辛丑	壬寅	癸卯	甲辰	乙巳	丙午	丁未

陽歷二月份　（陰歷正月份）

陽	2	2	3	4	5	6	7	8	9	10	11	12	13	14	15	16	17	18	19	20	21	22	23	24	25	26	27	28			
陰	二	三	四	五	六	七	八	九	十	十一	十二	十三	十四	十五	十六	十七	十八	十九	廿	廿一	廿二	廿三	廿四	廿五	廿六	廿七	廿八	廿九			
星	5	6	日	1	2	3	4	5	6	日	1	2	3	4	5	6	日	1	2	3	4	5	6	日	1	2	3	4			
干節	戊申	己酉	立春	辛亥	壬子	癸丑	甲寅	乙卯	丙辰	丁巳	戊午	己未	庚申	辛酉	壬戌	癸亥	甲子	雨水	丙寅	丁卯	戊辰	己巳	庚午	辛未	壬申	癸酉	甲戌	乙亥			

陽歷三月份　（陰歷正、二、三月份）

陽	3	2	3	4	5	6	7	8	9	10	11	12	13	14	15	16	17	18	19	20	21	22	23	24	25	26	27	28	29	30	31
陰	卅	二	二	三	四	五	六	七	八	九	十	十一	十二	十三	十四	十五	十六	十七	十八	十九	廿	廿一	廿二	廿三	廿四	廿五	廿六	廿七	廿八	廿九	三
星	5	6	日	1	2	3	4	5	6	日	1	2	3	4	5	6	日	1	2	3	4	5	6	日	1	2	3	4	5	6	日
干節	丙子	丁丑	戊寅	己卯	驚蟄	辛巳	壬午	癸未	甲申	乙酉	丙戌	丁亥	戊子	己丑	庚寅	辛卯	壬辰	癸巳	甲午	春分	丙申	丁酉	戊戌	己亥	庚子	辛丑	壬寅	癸卯	甲辰	乙巳	丙午

陽歷四月份　（陰歷三、四月份）

陽	4	2	3	4	5	6	7	8	9	10	11	12	13	14	15	16	17	18	19	20	21	22	23	24	25	26	27	28	29	30	
陰	二	三	四	五	六	七	八	九	十	十一	十二	十三	十四	十五	十六	十七	十八	十九	廿	廿一	廿二	廿三	廿四	廿五	廿六	廿七	廿八	廿九	卅	四	
星	1	2	3	4	5	6	日	1	2	3	4	5	6	日	1	2	3	4	5	6	日	1	2	3	4	5	6	日	1	2	
干節	丁未	戊申	己酉	清明	辛亥	壬子	癸丑	甲寅	乙卯	丙辰	丁巳	戊午	己未	庚申	辛酉	壬戌	癸亥	甲子	乙丑	穀雨	丁卯	戊辰	己巳	庚午	辛未	壬申	癸酉	甲戌	乙亥	丙子	

陽歷五月份　（陰歷四、五月份）

陽	5	2	3	4	5	6	7	8	9	10	11	12	13	14	15	16	17	18	19	20	21	22	23	24	25	26	27	28	29	30	31
陰	二	三	四	五	六	七	八	九	十	十一	十二	十三	十四	十五	十六	十七	十八	十九	廿	廿一	廿二	廿三	廿四	廿五	廿六	廿七	廿八	廿九	卅	五	二
星	3	4	5	6	日	1	2	3	4	5	6	日	1	2	3	4	5	6	日	1	2	3	4	5	6	日	1	2	3	4	5
干節	丁丑	戊寅	己卯	庚辰	立夏	壬午	癸未	甲申	乙酉	丙戌	丁亥	戊子	己丑	庚寅	辛卯	壬辰	癸巳	甲午	乙未	丙申	小滿	戊戌	己亥	庚子	辛丑	壬寅	癸卯	甲辰	乙巳	丙午	丁未

陽歷六月份　（陰歷五、六月份）

陽	6	2	3	4	5	6	7	8	9	10	11	12	13	14	15	16	17	18	19	20	21	22	23	24	25	26	27	28	29	30	
陰	三	四	五	六	七	八	九	十	十一	十二	十三	十四	十五	十六	十七	十八	十九	廿	廿一	廿二	廿三	廿四	廿五	廿六	廿七	廿八	廿九	六	二	三	
星	6	日	1	2	3	4	5	6	日	1	2	3	4	5	6	日	1	2	3	4	5	6	日	1	2	3	4	5	6	日	
干節	戊申	己酉	庚戌	辛亥	芒種	癸丑	甲寅	乙卯	丙辰	丁巳	戊午	己未	庚申	辛酉	壬戌	癸亥	甲子	乙丑	丙寅	丁卯	夏至	己巳	庚午	辛未	壬申	癸酉	甲戌	乙亥	丙子	丁丑	

己丑

一八八九年

(清德宗光緒一五年)

陽歷七月份　(陰歷六、七月份)

陽	**7**	2	3	4	5	6	7	8	9	10	11	12	13	14	15	16	17	18	19	20	21	22	23	24	25	26	27	28	29	30	31
陰	四	五	六	七	八	九	十	十一	十二	十三	十四	十五	十六	十七	十八	十九	廿	廿一	廿二	廿三	廿四	廿五	廿六	廿七	廿八	廿九	卅	**七**	二	三	四
星	1	2	3	4	5	6	**日**	1	2	3	4	5	6	**日**	1	2	3	4	5	6	**日**	1	2	3	4	5	6	**日**	1	2	3
干節	戊寅	己卯	庚辰	辛巳	壬午	癸未	**小暑**	乙酉	丙戌	丁亥	戊子	己丑	庚寅	辛卯	壬辰	癸巳	甲午	乙未	丙申	丁酉	戊戌	己亥	**大暑**	辛丑	壬寅	癸卯	甲辰	乙巳	丙午	丁未	戊申

陽歷八月份　(陰歷七、八月份)

陽	**8**	2	3	4	5	6	7	8	9	10	11	12	13	14	15	16	17	18	19	20	21	22	23	24	25	26	27	28	29	30	31
陰	五	六	七	八	九	十	十一	十二	十三	十四	十五	十六	十七	十八	十九	廿	廿一	廿二	廿三	廿四	廿五	廿六	廿七	廿八	廿九	**八**	二	三	四	五	六
星	4	5	6	**日**	1	2	3	4	5	6	**日**	1	2	3	4	5	6	**日**	1	2	3	4	5	6	**日**	1	2	3	4	5	6
干節	己酉	庚戌	辛亥	壬子	癸丑	甲寅	**立秋**	丙辰	丁巳	戊午	己未	庚申	辛酉	壬戌	癸亥	甲子	乙丑	丙寅	丁卯	戊辰	己巳	庚午	**處暑**	壬申	癸酉	甲戌	乙亥	丙子	丁丑	戊寅	己卯

陽歷九月份　(陰歷八、九月份)

陽	**9**	2	3	4	5	6	7	8	9	10	11	12	13	14	15	16	17	18	19	20	21	22	23	24	25	26	27	28	29	30
陰	七	八	九	十	十一	十二	十三	十四	十五	十六	十七	十八	十九	廿	廿一	廿二	廿三	廿四	廿五	廿六	廿七	廿八	廿九	卅	**九**	二	三	四	五	六
星	**日**	1	2	3	4	5	6	**日**	1	2	3	4	5	6	**日**	1	2	3	4	5	6	**日**	1	2	3	4	5	6	**日**	1
干節	庚辰	辛巳	壬午	癸未	甲申	乙酉	**白露**	丁亥	戊子	己丑	庚寅	辛卯	壬辰	癸巳	甲午	乙未	丙申	丁酉	戊戌	己亥	庚子	辛丑	**秋分**	癸卯	甲辰	乙巳	丙午	丁未	戊申	己酉

陽歷十月份　(陰歷九、十月份)

陽	**10**	2	3	4	5	6	7	8	9	10	11	12	13	14	15	16	17	18	19	20	21	22	23	24	25	26	27	28	29	30	31
陰	七	八	九	十	十一	十二	十三	十四	十五	十六	十七	十八	十九	廿	廿一	廿二	廿三	廿四	廿五	廿六	廿七	廿八	廿九	**十**	二	三	四	五	六	七	八
星	2	3	4	5	6	**日**	1	2	3	4	5	6	**日**	1	2	3	4	5	6	**日**	1	2	3	4	5	6	**日**	1	2	3	4
干節	庚戌	辛亥	壬子	癸丑	甲寅	乙卯	丙辰	**寒露**	戊午	己未	庚申	辛酉	壬戌	癸亥	甲子	乙丑	丙寅	丁卯	戊辰	己巳	庚午	辛未	**霜降**	癸酉	甲戌	乙亥	丙子	丁丑	戊寅	己卯	庚辰

陽歷十一月份　(陰歷十、十一月份)

陽	**11**	2	3	4	5	6	7	8	9	10	11	12	13	14	15	16	17	18	19	20	21	22	23	24	25	26	27	28	29	30
陰	九	十	十一	十二	十三	十四	十五	十六	十七	十八	十九	廿	廿一	廿二	廿三	廿四	廿五	廿六	廿七	廿八	廿九	卅	**十一**	二	三	四	五	六	七	八
星	5	6	**日**	1	2	3	4	5	6	**日**	1	2	3	4	5	6	**日**	1	2	3	4	5	6	**日**	1	2	3	4	5	6
干節	辛巳	壬午	癸未	甲申	乙酉	丙戌	**立冬**	戊子	己丑	庚寅	辛卯	壬辰	癸巳	甲午	乙未	丙申	丁酉	戊戌	己亥	庚子	辛丑	**小雪**	癸卯	甲辰	乙巳	丙午	丁未	戊申	己酉	庚戌

陽歷十二月份　(陰歷十一、十二月份)

陽	**12**	2	3	4	5	6	7	8	9	10	11	12	13	14	15	16	17	18	19	20	21	22	23	24	25	26	27	28	29	30	31
陰	九	十	十一	十二	十三	十四	十五	十六	十七	十八	十九	廿	廿一	廿二	廿三	廿四	廿五	廿六	廿七	廿八	廿九	**十二**	二	三	四	五	六	七	八	九	十
星	**日**	1	2	3	4	5	6	**日**	1	2	3	4	5	6	**日**	1	2	3	4	5	6	**日**	1	2	3	4	5	6	**日**	1	2
干節	辛亥	壬子	癸丑	甲寅	乙卯	丙辰	**大雪**	戊午	己未	庚申	辛酉	壬戌	癸亥	甲子	乙丑	丙寅	丁卯	戊辰	己巳	庚午	**冬至**	壬申	癸酉	甲戌	乙亥	丙子	丁丑	戊寅	己卯	庚辰	辛巳

近世中西史日對照表

陽歷一月份　(陰歷十二、正月份)

陽	1	2	3	4	5	6	7	8	9	10	11	12	13	14	15	16	17	18	19	20	21	22	23	24	25	26	27	28	29	30	31
陰	十一	十二	十三	十四	十五	十六	十七	十八	十九	廿	廿一	廿二	廿三	廿四	廿五	廿六	廿七	廿八	廿九	卅	正	二	三	四	五	六	七	八	九	十	十一
星	3	4	5	6	日	1	2	3	4	5	6	日	1	2	3	4	5	6	日	1	2	3	4	5	6	日	1	2	3	4	5
干節	壬午	癸未	甲申	乙酉	小寒	丁亥	戊子	己丑	庚寅	辛卯	壬辰	癸巳	甲午	乙未	丙申	丁酉	戊戌	己亥	庚子	大寒	壬寅	癸卯	甲辰	乙巳	丙午	丁未	戊申	己酉	庚戌	辛亥	壬子

陽歷二月份　(陰歷正、二月份)

陽	1	2	3	4	5	6	7	8	9	10	11	12	13	14	15	16	17	18	19	20	21	22	23	24	25	26	27	28
陰	十二	十三	十四	十五	十六	十七	十八	十九	廿	廿一	廿二	廿三	廿四	廿五	廿六	廿七	廿八	廿九	二	二	三	四	五	六	七	八	九	十
星	6	日	1	2	3	4	5	6	日	1	2	3	4	5	6	日	1	2	3	4	5	6	日	1	2	3	4	5
干節	癸丑	甲寅	乙卯	立春	丁巳	戊午	己未	庚申	辛酉	壬戌	癸亥	甲子	乙丑	丙寅	丁卯	戊辰	己巳	雨水	辛未	壬申	癸酉	甲戌	乙亥	丙子	丁丑	戊寅	己卯	庚辰

陽歷三月份　(陰歷二、閏二月份)

陽	1	2	3	4	5	6	7	8	9	10	11	12	13	14	15	16	17	18	19	20	21	22	23	24	25	26	27	28	29	30	31
陰	十一	十二	十三	十四	十五	十六	十七	十八	十九	廿	廿一	廿二	廿三	廿四	廿五	廿六	廿七	廿八	廿九	卅	閏	二	三	四	五	六	七	八	九	十	十一
星	6	日	1	2	3	4	5	6	日	1	2	3	4	5	6	日	1	2	3	4	5	6	日	1	2	3	4	5	6	日	1
干節	辛巳	壬午	癸未	甲申	驚蟄	丙戌	丁亥	戊子	己丑	庚寅	辛卯	壬辰	癸巳	甲午	乙未	丙申	丁酉	戊戌	己亥	春分	辛丑	壬寅	癸卯	甲辰	乙巳	丙午	丁未	戊申	己酉	庚戌	辛亥

陽歷四月份　(陰歷閏二、三月份)

陽	1	2	3	4	5	6	7	8	9	10	11	12	13	14	15	16	17	18	19	20	21	22	23	24	25	26	27	28	29	30
陰	十二	十三	十四	十五	十六	十七	十八	十九	廿	廿一	廿二	廿三	廿四	廿五	廿六	廿七	廿八	廿九	三	二	三	四	五	六	七	八	九	十	十一	十二
星	2	3	4	5	6	日	1	2	3	4	5	6	日	1	2	3	4	5	6	日	1	2	3	4	5	6	日	1	2	3
干節	壬子	癸丑	甲寅	乙卯	清明	丁巳	戊午	己未	庚申	辛酉	壬戌	癸亥	甲子	乙丑	丙寅	丁卯	戊辰	己巳	庚午	穀雨	壬申	癸酉	甲戌	乙亥	丙子	丁丑	戊寅	己卯	庚辰	辛巳

陽歷五月份　(陰歷三、四月份)

陽	1	2	3	4	5	6	7	8	9	10	11	12	13	14	15	16	17	18	19	20	21	22	23	24	25	26	27	28	29	30	31
陰	十三	十四	十五	十六	十七	十八	十九	廿	廿一	廿二	廿三	廿四	廿五	廿六	廿七	廿八	廿九	卅	四	二	三	四	五	六	七	八	九	十	十一	十二	十三
星	4	5	6	日	1	2	3	4	5	6	日	1	2	3	4	5	6	日	1	2	3	4	5	6	日	1	2	3	4	5	6
干節	壬午	癸未	甲申	乙酉	立夏	丁亥	戊子	己丑	庚寅	辛卯	壬辰	癸巳	甲午	乙未	丙申	丁酉	戊戌	己亥	庚子	辛丑	小滿	癸卯	甲辰	乙巳	丙午	丁未	戊申	己酉	庚戌	辛亥	壬子

陽歷六月份　(陰歷四、五月份)

陽	1	2	3	4	5	6	7	8	9	10	11	12	13	14	15	16	17	18	19	20	21	22	23	24	25	26	27	28	29	30
陰	十四	十五	十六	十七	十八	十九	廿	廿一	廿二	廿三	廿四	廿五	廿六	廿七	廿八	廿九	五	二	三	四	五	六	七	八	九	十	十一	十二	十三	十四
星	日	1	2	3	4	5	6	日	1	2	3	4	5	6	日	1	2	3	4	5	6	日	1	2	3	4	5	6	日	1
干節	癸丑	甲寅	乙卯	丙辰	丁巳	芒種	己未	庚申	辛酉	壬戌	癸亥	甲子	乙丑	丙寅	丁卯	戊辰	己巳	庚午	辛未	壬申	夏至	甲戌	乙亥	丙子	丁丑	戊寅	己卯	庚辰	辛巳	壬午

庚寅

一八九〇年

(清德宗光緒一六年)

庚寅

一八九〇年

（清德宗光緒一六年）

陽歷七月份　（陰歷五、六月份）

陽	**7**	2	3	4	5	6	7	8	9	10	11	12	13	14	15	16	17	18	19	20	21	22	23	24	25	26	27	28	29	30	31
陰	十五	十六	十七	十八	十九	廿	廿一	廿二	廿三	廿四	廿五	廿六	廿七	廿八	廿九	卅	**六**	二	三	四	五	六	七	八	九	十	十一	十二	十三	十四	十五
星	2	3	4	5	6	日	1	2	3	4	5	6	日	1	2	3	4	5	6	日	1	2	3	4	5	6	日	1	2	3	4
干節	癸未	甲申	乙酉	丙戌	丁亥	戊子	**小暑**	庚寅	辛卯	壬辰	癸巳	甲午	乙未	丙申	丁酉	戊戌	己亥	庚子	辛丑	壬寅	癸卯	甲辰	**大暑**	丙午	丁未	戊申	己酉	庚戌	辛亥	壬子	癸丑

陽歷八月份　（陰歷六、七月份）

陽	**8**	2	3	4	5	6	7	8	9	10	11	12	13	14	15	16	17	18	19	20	21	22	23	24	25	26	27	28	29	30	31
陰	十六	十七	十八	十九	廿	廿一	廿二	廿三	廿四	廿五	廿六	廿七	廿八	廿九	**七**	二	三	四	五	六	七	八	九	十	十一	十二	十三	十四	十五	十六	十七
星	5	6	日	1	2	3	4	5	6	日	1	2	3	4	5	6	日	1	2	3	4	5	6	日	1	2	3	4	5	6	日
干節	甲寅	乙卯	丙辰	丁巳	戊午	己未	**立秋**	辛酉	壬戌	癸亥	甲子	乙丑	丙寅	丁卯	戊辰	己巳	庚午	辛未	壬申	癸酉	甲戌	乙亥	**處暑**	丁丑	戊寅	己卯	庚辰	辛巳	壬午	癸未	甲申

陽歷九月份　（陰歷七、八月份）

陽	**9**	2	3	4	5	6	7	8	9	10	11	12	13	14	15	16	17	18	19	20	21	22	23	24	25	26	27	28	29	30
陰	十八	十九	廿	廿一	廿二	廿三	廿四	廿五	廿六	廿七	廿八	廿九	卅	**八**	二	三	四	五	六	七	八	九	十	十一	十二	十三	十四	十五	十六	十七
星	1	2	3	4	5	6	日	1	2	3	4	5	6	日	1	2	3	4	5	6	日	1	2	3	4	5	6	日	1	2
干節	乙酉	丙戌	丁亥	戊子	己丑	庚寅	辛卯	**白露**	癸巳	甲午	乙未	丙申	丁酉	戊戌	己亥	庚子	辛丑	壬寅	癸卯	甲辰	乙巳	丙午	**秋分**	戊申	己酉	庚戌	辛亥	壬子	癸丑	甲寅

陽歷十月份　（陰歷八、九月份）

陽	**10**	2	3	4	5	6	7	8	9	10	11	12	13	14	15	16	17	18	19	20	21	22	23	24	25	26	27	28	29	30	31
陰	十八	十九	廿	廿一	廿二	廿三	廿四	廿五	廿六	廿七	廿八	廿九	卅	**九**	二	三	四	五	六	七	八	九	十	十一	十二	十三	十四	十五	十六	十七	十八
星	3	4	5	6	日	1	2	3	4	5	6	日	1	2	3	4	5	6	日	1	2	3	4	5	6	日	1	2	3	4	5
干節	乙卯	丙辰	丁巳	戊午	己未	庚申	辛酉	**寒露**	癸亥	甲子	乙丑	丙寅	丁卯	戊辰	己巳	庚午	辛未	壬申	癸酉	甲戌	乙亥	丙子	**霜降**	戊寅	己卯	庚辰	辛巳	壬午	癸未	甲申	乙酉

陽歷十一月份　（陰歷九、十月份）

陽	**11**	2	3	4	5	6	7	8	9	10	11	12	13	14	15	16	17	18	19	20	21	22	23	24	25	26	27	28	29	30
陰	十九	廿	廿一	廿二	廿三	廿四	廿五	廿六	廿七	廿八	廿九	**十**	二	三	四	五	六	七	八	九	十	十一	十二	十三	十四	十五	十六	十七	十八	十九
星	6	日	1	2	3	4	5	6	日	1	2	3	4	5	6	日	1	2	3	4	5	6	日	1	2	3	4	5	6	日
干節	丙戌	丁亥	戊子	己丑	庚寅	辛卯	**立冬**	癸巳	甲午	乙未	丙申	丁酉	戊戌	己亥	庚子	辛丑	壬寅	癸卯	甲辰	乙巳	丙午	**小雪**	戊申	己酉	庚戌	辛亥	壬子	癸丑	甲寅	乙卯

陽歷十二月份　（陰歷十、十一月份）

陽	**12**	2	3	4	5	6	7	8	9	10	11	12	13	14	15	16	17	18	19	20	21	22	23	24	25	26	27	28	29	30	31
陰	廿	廿一	廿二	廿三	廿四	廿五	廿六	廿七	廿八	廿九	卅	**十一**	二	三	四	五	六	七	八	九	十	十一	十二	十三	十四	十五	十六	十七	十八	十九	廿
星	1	2	3	4	5	6	日	1	2	3	4	5	6	日	1	2	3	4	5	6	日	1	2	3	4	5	6	日	1	2	3
干節	丙辰	丁巳	戊午	己未	庚申	辛酉	**大雪**	癸亥	甲子	乙丑	丙寅	丁卯	戊辰	己巳	庚午	辛未	壬申	癸酉	甲戌	乙亥	丙子	**冬至**	戊寅	己卯	庚辰	辛巳	壬午	癸未	甲申	乙酉	丙戌

辛卯　一八九一年　（清德宗光緒一七年）

陽歷一月份　（陰歷十一、十二月份）

陽	1	2	3	4	5	6	7	8	9	10	11	12	13	14	15	16	17	18	19	20	21	22	23	24	25	26	27	28	29	30	31
陰	廿一	廿二	廿三	廿四	廿五	廿六	廿七	廿八	廿九	十二	二	三	四	五	六	七	八	九	十	十一	十二	十三	十四	十五	十六	十七	十八	十九	廿	廿一	廿二
星	4	5	6	日	1	2	3	4	5	6	日	1	2	3	4	5	6	日	1	2	3	4	5	6	日	1	2	3	4	5	6
干節	丁亥	戊子	己丑	庚寅	小寒	壬辰	癸巳	甲午	乙未	丙申	丁酉	戊戌	己亥	庚子	辛丑	壬寅	癸卯	甲辰	乙巳	大寒	丁未	戊申	己酉	庚戌	辛亥	壬子	癸丑	甲寅	乙卯	丙辰	丁巳

陽歷二月份　（陰歷十二、正月份）

陽	2	2	3	4	5	6	7	8	9	10	11	12	13	14	15	16	17	18	19	20	21	22	23	24	25	26	27	28			
陰	廿三	廿四	廿五	廿六	廿七	廿八	廿九	卅	正	二	三	四	五	六	七	八	九	十	十一	十二	十三	十四	十五	十六	十七	十八	十九	廿			
星	日	1	2	3	4	5	6	日	1	2	3	4	5	6	日	1	2	3	4	5	6	日	1	2	3	4	5	6			
干節	戊午	己未	庚申	立春	壬戌	癸亥	甲子	乙丑	丙寅	丁卯	戊辰	己巳	庚午	辛未	壬申	癸酉	甲戌	乙亥	雨水	丁丑	戊寅	己卯	庚辰	辛巳	壬午	癸未	甲申	乙酉			

陽歷三月份　（陰歷正、二月份）

陽	3	2	3	4	5	6	7	8	9	10	11	12	13	14	15	16	17	18	19	20	21	22	23	24	25	26	27	28	29	30	31
陰	廿一	廿二	廿三	廿四	廿五	廿六	廿七	廿八	廿九	二	二	三	四	五	六	七	八	九	十	十一	十二	十三	十四	十五	十六	十七	十八	十九	廿	廿一	廿二
星	日	1	2	3	4	5	6	日	1	2	3	4	5	6	日	1	2	3	4	5	6	日	1	2	3	4	5	6	日	1	2
干節	丙戌	丁亥	戊子	己丑	庚寅	驚蟄	壬辰	癸巳	甲午	乙未	丙申	丁酉	戊戌	己亥	庚子	辛丑	壬寅	癸卯	甲辰	乙巳	春分	丁未	戊申	己酉	庚戌	辛亥	壬子	癸丑	甲寅	乙卯	丙辰

陽歷四月份　（陰歷二、三月份）

陽	4	2	3	4	5	6	7	8	9	10	11	12	13	14	15	16	17	18	19	20	21	22	23	24	25	26	27	28	29	30	
陰	廿三	廿四	廿五	廿六	廿七	廿八	廿九	卅	三	二	三	四	五	六	七	八	九	十	十一	十二	十三	十四	十五	十六	十七	十八	十九	廿	廿一	廿二	
星	3	4	5	6	日	1	2	3	4	5	6	日	1	2	3	4	5	6	日	1	2	3	4	5	6	日	1	2	3	4	
干節	丁巳	戊午	己未	庚申	清明	壬戌	癸亥	甲子	乙丑	丙寅	丁卯	戊辰	己巳	庚午	辛未	壬申	癸酉	甲戌	乙亥	穀雨	丁丑	戊寅	己卯	庚辰	辛巳	壬午	癸未	甲申	乙酉	丙戌	

陽歷五月份　（陰歷三、四月份）

陽	5	2	3	4	5	6	7	8	9	10	11	12	13	14	15	16	17	18	19	20	21	22	23	24	25	26	27	28	29	30	31
陰	廿三	廿四	廿五	廿六	廿七	廿八	廿九	四	二	三	四	五	六	七	八	九	十	十一	十二	十三	十四	十五	十六	十七	十八	十九	廿	廿一	廿二	廿三	廿四
星	5	6	日	1	2	3	4	5	6	日	1	2	3	4	5	6	日	1	2	3	4	5	6	日	1	2	3	4	5	6	日
干節	丁亥	戊子	己丑	庚寅	辛卯	立夏	癸巳	甲午	乙未	丙申	丁酉	戊戌	己亥	庚子	辛丑	壬寅	癸卯	甲辰	乙巳	丙午	小滿	戊申	己酉	庚戌	辛亥	壬子	癸丑	甲寅	乙卯	丙辰	丁巳

陽歷六月份　（陰歷四、五月份）

陽	6	2	3	4	5	6	7	8	9	10	11	12	13	14	15	16	17	18	19	20	21	22	23	24	25	26	27	28	29	30	
陰	廿五	廿六	廿七	廿八	廿九	卅	五	二	三	四	五	六	七	八	九	十	十一	十二	十三	十四	十五	十六	十七	十八	十九	廿	廿一	廿二	廿三	廿四	
星	1	2	3	4	5	6	日	1	2	3	4	5	6	日	1	2	3	4	5	6	日	1	2	3	4	5	6	日	1	2	
干節	戊午	己未	庚申	辛酉	壬戌	芒種	甲子	乙丑	丙寅	丁卯	戊辰	己巳	庚午	辛未	壬申	癸酉	甲戌	乙亥	丙子	丁丑	戊寅	夏至	庚辰	辛巳	壬午	癸未	甲申	乙酉	丙戌	丁亥	

辛卯 一八九一年 (清德宗光緒一七年)

陽曆七月份　(陰曆五、六月份)

陽	7	2	3	4	5	6	7	8	9	10	11	12	13	14	15	16	17	18	19	20	21	22	23	24	25	26	27	28	29	30	31
陰	廿五	廿六	廿七	廿八	廿九	六	二	三	四	五	六	七	八	九	十	十一	十二	十三	十四	十五	十六	十七	十八	十九	廿	廿一	廿二	廿三	廿四	廿五	廿六
星	3	4	5	6	日	1	2	3	4	5	6	日	1	2	3	4	5	6	日	1	2	3	4	5	6	日	1	2	3	4	5
干節	戊子	己丑	庚寅	辛卯	壬辰	癸巳	小暑	乙未	丙申	丁酉	戊戌	己亥	庚子	辛丑	壬寅	癸卯	甲辰	乙巳	丙午	丁未	戊申	己酉	大暑	辛亥	壬子	癸丑	甲寅	乙卯	丙辰	丁巳	戊午

陽曆八月份　(陰曆六、七月份)

陽	8	2	3	4	5	6	7	8	9	10	11	12	13	14	15	16	17	18	19	20	21	22	23	24	25	26	27	28	29	30	31
陰	廿七	廿八	廿九	卅	七	二	三	四	五	六	七	八	九	十	十一	十二	十三	十四	十五	十六	十七	十八	十九	廿	廿一	廿二	廿三	廿四	廿五	廿六	廿七
星	6	日	1	2	3	4	5	6	日	1	2	3	4	5	6	日	1	2	3	4	5	6	日	1	2	3	4	5	6	日	1
干節	己未	庚申	辛酉	壬戌	癸亥	甲子	乙丑	立秋	丁卯	戊辰	己巳	庚午	辛未	壬申	癸酉	甲戌	乙亥	丙子	丁丑	戊寅	己卯	庚辰	處暑	壬午	癸未	甲申	乙酉	丙戌	丁亥	戊子	己丑

陽曆九月份　(陰曆七、八月份)

陽	9	2	3	4	5	6	7	8	9	10	11	12	13	14	15	16	17	18	19	20	21	22	23	24	25	26	27	28	29	30
陰	廿八	廿九	八	二	三	四	五	六	七	八	九	十	十一	十二	十三	十四	十五	十六	十七	十八	十九	廿	廿一	廿二	廿三	廿四	廿五	廿六	廿七	廿八
星	2	3	4	5	6	日	1	2	3	4	5	6	日	1	2	3	4	5	6	日	1	2	3	4	5	6	日	1	2	3
干節	庚寅	辛卯	壬辰	癸巳	甲午	乙未	丙申	白露	戊戌	己亥	庚子	辛丑	壬寅	癸卯	甲辰	乙巳	丙午	丁未	戊申	己酉	庚戌	辛亥	秋分	癸丑	甲寅	乙卯	丙辰	丁巳	戊午	己未

陽曆十月份　(陰曆八、九月份)

陽	10	2	3	4	5	6	7	8	9	10	11	12	13	14	15	16	17	18	19	20	21	22	23	24	25	26	27	28	29	30	31
陰	廿九	卅	九	二	三	四	五	六	七	八	九	十	十一	十二	十三	十四	十五	十六	十七	十八	十九	廿	廿一	廿二	廿三	廿四	廿五	廿六	廿七	廿八	廿九
星	4	5	6	日	1	2	3	4	5	6	日	1	2	3	4	5	6	日	1	2	3	4	5	6	日	1	2	3	4	5	6
干節	庚申	辛酉	壬戌	癸亥	甲子	乙丑	丙寅	寒露	戊辰	己巳	庚午	辛未	壬申	癸酉	甲戌	乙亥	丙子	丁丑	戊寅	己卯	庚辰	辛巳	壬午	霜降	甲申	乙酉	丙戌	丁亥	戊子	己丑	庚寅

陽曆十一月份　(陰曆九、十月份)

陽	11	2	3	4	5	6	7	8	9	10	11	12	13	14	15	16	17	18	19	20	21	22	23	24	25	26	27	28	29	30
陰	卅	十	二	三	四	五	六	七	八	九	十	十一	十二	十三	十四	十五	十六	十七	十八	十九	廿	廿一	廿二	廿三	廿四	廿五	廿六	廿七	廿八	廿九
星	日	1	2	3	4	5	6	日	1	2	3	4	5	6	日	1	2	3	4	5	6	日	1	2	3	4	5	6	日	1
干節	辛卯	壬辰	癸巳	甲午	乙未	丙申	丁酉	立冬	己亥	庚子	辛丑	壬寅	癸卯	甲辰	乙巳	丙午	丁未	戊申	己酉	庚戌	辛亥	小雪	癸丑	甲寅	乙卯	丙辰	丁巳	戊午	己未	庚申

陽曆十二月份　(陰曆十一、十二月份)

陽	12	2	3	4	5	6	7	8	9	10	11	12	13	14	15	16	17	18	19	20	21	22	23	24	25	26	27	28	29	30	31
陰	十一	二	三	四	五	六	七	八	九	十	十一	十二	十三	十四	十五	十六	十七	十八	十九	廿	廿一	廿二	廿三	廿四	廿五	廿六	廿七	廿八	廿九	卅	十二
星	2	3	4	5	6	日	1	2	3	4	5	6	日	1	2	3	4	5	6	日	1	2	3	4	5	6	日	1	2	3	4
干節	辛酉	壬戌	癸亥	甲子	乙丑	丙寅	大雪	戊辰	己巳	庚午	辛未	壬申	癸酉	甲戌	乙亥	丙子	丁丑	戊寅	己卯	庚辰	辛巳	冬至	癸未	甲申	乙酉	丙戌	丁亥	戊子	己丑	庚寅	辛卯

近世中西史日對照表

陽歷一月份 (陰歷十二、正月份)

陽	1	2	3	4	5	6	7	8	9	10	11	12	13	14	15	16	17	18	19	20	21	22	23	24	25	26	27	28	29	30	31
陰	二	三	四	五	六	七	八	九	十	十一	十二	十三	十四	十五	十六	十七	十八	十九	廿	廿一	廿二	廿三	廿四	廿五	廿六	廿七	廿八	廿九	卅	正	二
星	5	6	日	1	2	3	4	5	6	日	1	2	3	4	5	6	日	1	2	3	4	5	6	日	1	2	3	4	5	6	日
干節	壬辰	癸巳	甲午	乙未	丙申	小寒	戊戌	己亥	庚子	辛丑	壬寅	癸卯	甲辰	乙巳	丙午	丁未	戊申	己酉	庚戌	大寒	壬子	癸丑	甲寅	乙卯	丙辰	丁巳	戊午	己未	庚申	辛酉	壬戌

陽歷二月份 (陰歷正、二月份)

陽	1	2	3	4	5	6	7	8	9	10	11	12	13	14	15	16	17	18	19	20	21	22	23	24	25	26	27	28	29		
陰	三	四	五	六	七	八	九	十	十一	十二	十三	十四	十五	十六	十七	十八	十九	廿	廿一	廿二	廿三	廿四	廿五	廿六	廿七	廿八	廿九	二	二		
星	1	2	3	4	5	6	日	1	2	3	4	5	6	日	1	2	3	4	5	6	日	1	2	3	4	5	6	日	1		
干節	癸亥	甲子	乙丑	立春	丁卯	戊辰	己巳	庚午	辛未	壬申	癸酉	甲戌	乙亥	丙子	丁丑	戊寅	己卯	庚辰	雨水	壬午	癸未	甲申	乙酉	丙戌	丁亥	戊子	己丑	庚寅	辛卯		

陽歷三月份 (陰歷二、三月份)

陽	1	2	3	4	5	6	7	8	9	10	11	12	13	14	15	16	17	18	19	20	21	22	23	24	25	26	27	28	29	30	31
陰	三	四	五	六	七	八	九	十	十一	十二	十三	十四	十五	十六	十七	十八	十九	廿	廿一	廿二	廿三	廿四	廿五	廿六	廿七	廿八	廿九	三	二	三	四
星	2	3	4	5	6	日	1	2	3	4	5	6	日	1	2	3	4	5	6	日	1	2	3	4	5	6	日	1	2	3	4
干節	壬辰	癸巳	甲午	乙未	驚蟄	丁酉	戊戌	己亥	庚子	辛丑	壬寅	癸卯	甲辰	乙巳	丙午	丁未	戊申	己酉	庚戌	春分	壬子	癸丑	甲寅	乙卯	丙辰	丁巳	戊午	己未	庚申	辛酉	壬戌

陽歷四月份 (陰歷三、四月份)

陽	1	2	3	4	5	6	7	8	9	10	11	12	13	14	15	16	17	18	19	20	21	22	23	24	25	26	27	28	29	30	
陰	五	六	七	八	九	十	十一	十二	十三	十四	十五	十六	十七	十八	十九	廿	廿一	廿二	廿三	廿四	廿五	廿六	廿七	廿八	廿九	卅	四	二	三	四	
星	5	6	日	1	2	3	4	5	6	日	1	2	3	4	5	6	日	1	2	3	4	5	6	日	1	2	3	4	5	6	
干節	癸亥	甲子	乙丑	清明	丁卯	戊辰	己巳	庚午	辛未	壬申	癸酉	甲戌	乙亥	丙子	丁丑	戊寅	己卯	庚辰	穀雨	壬午	癸未	甲申	乙酉	丙戌	丁亥	戊子	己丑	庚寅	辛卯	壬辰	

陽歷五月份 (陰歷四、五月份)

陽	1	2	3	4	5	6	7	8	9	10	11	12	13	14	15	16	17	18	19	20	21	22	23	24	25	26	27	28	29	30	31
陰	五	六	七	八	九	十	十一	十二	十三	十四	十五	十六	十七	十八	十九	廿	廿一	廿二	廿三	廿四	廿五	廿六	廿七	廿八	廿九	五	二	三	四	五	六
星	日	1	2	3	4	5	6	日	1	2	3	4	5	6	日	1	2	3	4	5	6	日	1	2	3	4	5	6	日	1	2
干節	癸巳	甲午	乙未	丙申	立夏	戊戌	己亥	庚子	辛丑	壬寅	癸卯	甲辰	乙巳	丙午	丁未	戊申	己酉	庚戌	辛亥	小滿	癸丑	甲寅	乙卯	丙辰	丁巳	戊午	己未	庚申	辛酉	壬戌	癸亥

陽歷六月份 (陰歷五、六月份)

陽	1	2	3	4	5	6	7	8	9	10	11	12	13	14	15	16	17	18	19	20	21	22	23	24	25	26	27	28	29	30	
陰	七	八	九	十	十一	十二	十三	十四	十五	十六	十七	十八	十九	廿	廿一	廿二	廿三	廿四	廿五	廿六	廿七	廿八	廿九	六	二	三	四	五	六	七	
星	3	4	5	6	日	1	2	3	4	5	6	日	1	2	3	4	5	6	日	1	2	3	4	5	6	日	1	2	3	4	
干節	甲子	乙丑	丙寅	丁卯	芒種	己巳	庚午	辛未	壬申	癸酉	甲戌	乙亥	丙子	丁丑	戊寅	己卯	庚辰	辛巳	壬午	癸未	夏至	乙酉	丙戌	丁亥	戊子	己丑	庚寅	辛卯	壬辰	癸巳	

近世中西史日對照表

陽曆七月份　（陰曆六、閏六月份）

陽	7	2	3	4	5	6	7	8	9	10	11	12	13	14	15	16	17	18	19	20	21	22	23	24	25	26	27	28	29	30	31
陰	八	九	十	十一	十二	十三	十四	十五	十六	十七	十八	十九	廿	廿一	廿二	廿三	廿四	廿五	廿六	廿七	廿八	廿九	卅	閏	二	三	四	五	六	七	八
星	5	6	日	1	2	3	4	5	6	日	1	2	3	4	5	6	日	1	2	3	4	5	6	日	1	2	3	4	5	6	日
干節	甲午	乙未	丙申	丁酉	戊戌	己亥	小暑	辛丑	壬寅	癸卯	甲辰	乙巳	丙午	丁未	戊申	己酉	庚戌	辛亥	壬子	癸丑	甲寅	大暑	丙辰	丁巳	戊午	己未	庚申	辛酉	壬戌	癸亥	甲子

陽曆八月份　（陰曆閏六、七月份）

陽	8	2	3	4	5	6	7	8	9	10	11	12	13	14	15	16	17	18	19	20	21	22	23	24	25	26	27	28	29	30	31
陰	九	十	十一	十二	十三	十四	十五	十六	十七	十八	十九	廿	廿一	廿二	廿三	廿四	廿五	廿六	廿七	廿八	廿九	七	二	三	四	五	六	七	八	九	十
星	1	2	3	4	5	6	日	1	2	3	4	5	6	日	1	2	3	4	5	6	日	1	2	3	4	5	6	日	1	2	3
干節	乙丑	丙寅	丁卯	戊辰	己巳	庚午	立秋	壬申	癸酉	甲戌	乙亥	丙子	丁丑	戊寅	己卯	庚辰	辛巳	壬午	癸未	甲申	乙酉	丙戌	處暑	戊子	己丑	庚寅	辛卯	壬辰	癸巳	甲午	乙未

陽曆九月份　（陰曆七、八月份）

陽	9	2	3	4	5	6	7	8	9	10	11	12	13	14	15	16	17	18	19	20	21	22	23	24	25	26	27	28	29	30
陰	十一	十二	十三	十四	十五	十六	十七	十八	十九	廿	廿一	廿二	廿三	廿四	廿五	廿六	廿七	廿八	廿九	卅	八	二	三	四	五	六	七	八	九	十
星	4	5	6	日	1	2	3	4	5	6	日	1	2	3	4	5	6	日	1	2	3	4	5	6	日	1	2	3	4	5
干節	丙申	丁酉	戊戌	己亥	庚子	辛丑	白露	癸卯	甲辰	乙巳	丙午	丁未	戊申	己酉	庚戌	辛亥	壬子	癸丑	甲寅	乙卯	丙辰	秋分	戊午	己未	庚申	辛酉	壬戌	癸亥	甲子	乙丑

陽曆十月份　（陰曆八、九月份）

陽	10	2	3	4	5	6	7	8	9	10	11	12	13	14	15	16	17	18	19	20	21	22	23	24	25	26	27	28	29	30	31
陰	十一	十二	十三	十四	十五	十六	十七	十八	十九	廿	廿一	廿二	廿三	廿四	廿五	廿六	廿七	廿八	廿九	卅	九	二	三	四	五	六	七	八	九	十	十一
星	6	日	1	2	3	4	5	6	日	1	2	3	4	5	6	日	1	2	3	4	5	6	日	1	2	3	4	5	6	日	1
干節	丙寅	丁卯	戊辰	己巳	庚午	辛未	壬申	寒露	甲戌	乙亥	丙子	丁丑	戊寅	己卯	庚辰	辛巳	壬午	癸未	甲申	乙酉	丙戌	丁亥	霜降	己丑	庚寅	辛卯	壬辰	癸巳	甲午	乙未	丙申

陽曆十一月份　（陰曆九、十月份）

陽	11	2	3	4	5	6	7	8	9	10	11	12	13	14	15	16	17	18	19	20	21	22	23	24	25	26	27	28	29	30
陰	十二	十三	十四	十五	十六	十七	十八	十九	廿	廿一	廿二	廿三	廿四	廿五	廿六	廿七	廿八	廿九	十	二	三	四	五	六	七	八	九	十	十一	十二
星	2	3	4	5	6	日	1	2	3	4	5	6	日	1	2	3	4	5	6	日	1	2	3	4	5	6	日	1	2	3
干節	丁酉	戊戌	己亥	庚子	辛丑	壬寅	立冬	甲辰	乙巳	丙午	丁未	戊申	己酉	庚戌	辛亥	壬子	癸丑	甲寅	乙卯	丙辰	丁巳	小雪	己辛	庚申	辛酉	壬戌	癸亥	甲子	乙丑	丙寅

陽曆十二月份　（陰曆十、十一月份）

陽	12	2	3	4	5	6	7	8	9	10	11	12	13	14	15	16	17	18	19	20	21	22	23	24	25	26	27	28	29	30	31
陰	十三	十四	十五	十六	十七	十八	十九	廿	廿一	廿二	廿三	廿四	廿五	廿六	廿七	廿八	廿九	卅	十一	二	三	四	五	六	七	八	九	十	十一	十二	十三
星	4	5	6	日	1	2	3	4	5	6	日	1	2	3	4	5	6	日	1	2	3	4	5	6	日	1	2	3	4	5	6
干節	丁卯	戊辰	己巳	庚午	辛未	大雪	癸酉	甲戌	乙亥	丙子	丁丑	戊寅	己卯	庚辰	辛巳	壬午	癸未	甲申	乙酉	丙戌	冬至	戊子	己丑	庚寅	辛卯	壬辰	癸巳	甲午	乙未	丙申	丁酉

近世中西史日對照表

癸巳 一八九三年 （清德宗光緒一九年）

陽歷 一月份 （陰歷十一、十二月份）

陽	1	2	3	4	5	6	7	8	9	10	11	12	13	14	15	16	17	18	19	20	21	22	23	24	25	26	27	28	29	30	31
陰	十四	十五	十六	十七	十八	十九	廿	廿一	廿二	廿三	廿四	廿五	廿六	廿七	廿八	廿九	卅	十二	二	三	四	五	六	七	八	九	十	十一	十二	十三	十四
星	日	1	2	3	4	5	6	日	1	2	3	4	5	6	日	1	2	3	4	5	6	日	1	2	3	4	5	6	日	1	2
干節	戊戌	己亥	庚子	辛丑	小寒	癸卯	甲辰	乙巳	丙午	丁未	戊申	己酉	庚戌	辛亥	壬子	癸丑	甲寅	乙卯	丙辰	大寒	戊午	己未	庚申	辛酉	壬戌	癸亥	甲子	乙丑	丙寅	丁卯	戊辰

陽歷 二月份 （陰歷十二、正月份）

陽	2	2	3	4	5	6	7	8	9	10	11	12	13	14	15	16	17	18	19	20	21	22	23	24	25	26	27	28			
陰	十五	十六	十七	十八	十九	廿	廿一	廿二	廿三	廿四	廿五	廿六	廿七	廿八	廿九	卅	正	二	三	四	五	六	七	八	九	十	十一	十二			
星	3	4	5	6	日	1	2	3	4	5	6	日	1	2	3	4	5	6	日	1	2	3	4	5	6	日	1	2			
干節	己巳	庚午	立春	壬申	癸酉	甲戌	乙亥	丙子	丁丑	戊寅	己卯	庚辰	辛巳	壬午	癸未	甲申	乙酉	雨水	丁亥	戊子	己丑	庚寅	辛卯	壬辰	癸巳	甲午	乙未	丙申			

陽歷 三月份 （陰歷正、二月份）

陽	3	2	3	4	5	6	7	8	9	10	11	12	13	14	15	16	17	18	19	20	21	22	23	24	25	26	27	28	29	30	31
陰	十三	十四	十五	十六	十七	十八	十九	廿	廿一	廿二	廿三	廿四	廿五	廿六	廿七	廿八	廿九	二	二	三	四	五	六	七	八	九	十	十一	十二	十三	十四
星	3	4	5	6	日	1	2	3	4	5	6	日	1	2	3	4	5	6	日	1	2	3	4	5	6	日	1	2	3	4	5
干節	丁酉	戊戌	己亥	庚子	驚蟄	壬寅	癸卯	甲辰	乙巳	丙午	丁未	戊申	己酉	庚戌	辛亥	壬子	癸丑	甲寅	乙卯	春分	丁巳	戊午	己未	庚申	辛酉	壬戌	癸亥	甲子	乙丑	丙寅	丁卯

陽歷 四月份 （陰歷二、三月份）

陽	4	2	3	4	5	6	7	8	9	10	11	12	13	14	15	16	17	18	19	20	21	22	23	24	25	26	27	28	29	30	
陰	十五	十六	十七	十八	十九	廿	廿一	廿二	廿三	廿四	廿五	廿六	廿七	廿八	廿九	三	二	三	四	五	六	七	八	九	十	十一	十二	十三	十四	十五	
星	6	日	1	2	3	4	5	6	日	1	2	3	4	5	6	日	1	2	3	4	5	6	日	1	2	3	4	5	6	日	
干節	戊辰	己巳	庚午	清明	壬申	癸酉	甲戌	乙亥	丙子	丁丑	戊寅	己卯	庚辰	辛巳	壬午	癸未	甲申	乙酉	丙戌	穀雨	戊子	己丑	庚寅	辛卯	壬辰	癸巳	甲午	乙未	丙申	丁酉	

陽歷 五月份 （陰歷三、四月份）

陽	5	2	3	4	5	6	7	8	9	10	11	12	13	14	15	16	17	18	19	20	21	22	23	24	25	26	27	28	29	30	31
陰	十六	十七	十八	十九	廿	廿一	廿二	廿三	廿四	廿五	廿六	廿七	廿八	廿九	卅	四	二	三	四	五	六	七	八	九	十	十一	十二	十三	十四	十五	十六
星	1	2	3	4	5	6	日	1	2	3	4	5	6	日	1	2	3	4	5	6	日	1	2	3	4	5	6	日	1	2	3
干節	戊戌	己亥	庚子	辛丑	立夏	癸卯	甲辰	乙巳	丙午	丁未	戊申	己酉	庚戌	辛亥	壬子	癸丑	甲寅	乙卯	丙辰	丁巳	小滿	己未	庚申	辛酉	壬戌	癸亥	甲子	乙丑	丙寅	丁卯	戊辰

陽歷 六月份 （陰歷四、五月份）

陽	6	2	3	4	5	6	7	8	9	10	11	12	13	14	15	16	17	18	19	20	21	22	23	24	25	26	27	28	29	30	
陰	十七	十八	十九	廿	廿一	廿二	廿三	廿四	廿五	廿六	廿七	廿八	廿九	五	二	三	四	五	六	七	八	九	十	十一	十二	十三	十四	十五	十六	十七	
星	4	5	6	日	1	2	3	4	5	6	日	1	2	3	4	5	6	日	1	2	3	4	5	6	日	1	2	3	4	5	
干節	己巳	庚午	辛未	壬申	芒種	甲戌	乙亥	丙子	丁丑	戊寅	己卯	庚辰	辛巳	壬午	癸未	甲申	乙酉	丙戌	丁亥	戊子	夏至	庚寅	辛卯	壬辰	癸巳	甲午	乙未	丙申	丁酉	戊戌	

癸巳　一八九三年　（清德宗光緒一九年）

陽歷七月份　（陰歷五、六月份）

陽	**7**	2	3	4	5	6	7	8	9	10	11	12	13	14	15	16	17	18	19	20	21	22	23	24	25	26	27	28	29	30	31
陰	十八	十九	廿	廿一	廿二	廿三	廿四	廿五	廿六	廿七	廿八	廿九	**六**	二	三	四	五	六	七	八	九	十	十一	十二	十三	十四	十五	十六	十七	十八	十九
星	6	**日**	1	2	3	4	5	6	**日**	1	2	3	4	5	6	**日**	1	2	3	4	5	6	**日**	1	2	3	4	5	6	**日**	1
干節	己亥	庚子	辛丑	壬寅	癸卯	甲辰	**小暑**	丙午	丁未	戊申	己酉	庚戌	辛亥	壬子	癸丑	甲寅	乙卯	丙辰	丁巳	戊午	己未	庚申	**大暑**	壬戌	癸亥	甲子	乙丑	丙寅	丁卯	戊辰	己巳

陽歷八月份　（陰歷六、七月份）

陽	**8**	2	3	4	5	6	7	8	9	10	11	12	13	14	15	16	17	18	19	20	21	22	23	24	25	26	27	28	29	30	31
陰	廿	廿一	廿二	廿三	廿四	廿五	廿六	廿七	廿八	廿九	卅	**七**	二	三	四	五	六	七	八	九	十	十一	十二	十三	十四	十五	十六	十七	十八	十九	廿
星	2	3	4	5	6	**日**	1	2	3	4	5	6	**日**	1	2	3	4	5	6	**日**	1	2	3	4	5	6	**日**	1	2	3	4
干節	庚午	辛未	壬申	癸酉	甲戌	乙亥	**立秋**	丁丑	戊寅	己卯	庚辰	辛巳	壬午	癸未	甲申	乙酉	丙戌	丁亥	戊子	己丑	庚寅	辛卯	**處暑**	癸巳	甲午	乙未	丙申	丁酉	戊戌	己亥	庚子

陽歷九月份　（陰歷七、八月份）

陽	**9**	2	3	4	5	6	7	8	9	10	11	12	13	14	15	16	17	18	19	20	21	22	23	24	25	26	27	28	29	30
陰	廿一	廿二	廿三	廿四	廿五	廿六	廿七	廿八	廿九	**八**	二	三	四	五	六	七	八	九	十	十一	十二	十三	十四	十五	十六	十七	十八	十九	廿	廿一
星	5	6	**日**	1	2	3	4	5	6	**日**	1	2	3	4	5	6	**日**	1	2	3	4	5	6	**日**	1	2	3	4	5	6
干節	辛丑	壬寅	癸卯	甲辰	乙巳	丙午	**白露**	戊申	己酉	庚戌	辛亥	壬子	癸丑	甲寅	乙卯	丙辰	丁巳	戊午	己未	庚申	辛酉	壬戌	**秋分**	甲子	乙丑	丙寅	丁卯	戊辰	己巳	庚午

陽歷十月份　（陰歷八、九月份）

陽	**10**	2	3	4	5	6	7	8	9	10	11	12	13	14	15	16	17	18	19	20	21	22	23	24	25	26	27	28	29	30	31
陰	廿二	廿三	廿四	廿五	廿六	廿七	廿八	廿九	卅	**九**	二	三	四	五	六	七	八	九	十	十一	十二	十三	十四	十五	十六	十七	十八	十九	廿	廿一	廿二
星	**日**	1	2	3	4	5	6	**日**	1	2	3	4	5	6	**日**	1	2	3	4	5	6	**日**	1	2	3	4	5	6	**日**	1	2
干節	辛未	壬申	癸酉	甲戌	乙亥	丙子	丁丑	**寒露**	己卯	庚辰	辛巳	壬午	癸未	甲申	乙酉	丙戌	丁亥	戊子	己丑	庚寅	辛卯	壬辰	**霜降**	甲午	乙未	丙申	丁酉	戊戌	己亥	庚子	辛丑

陽歷十一月份　（陰歷九、十月份）

陽	**11**	2	3	4	5	6	7	8	9	10	11	12	13	14	15	16	17	18	19	20	21	22	23	24	25	26	27	28	29	30
陰	廿三	廿四	廿五	廿六	廿七	廿八	廿九	**十**	二	三	四	五	六	七	八	九	十	十一	十二	十三	十四	十五	十六	十七	十八	十九	廿	廿一	廿二	廿三
星	3	4	5	6	**日**	1	2	3	4	5	6	**日**	1	2	3	4	5	6	**日**	1	2	3	4	5	6	**日**	1	2	3	4
干節	壬寅	癸卯	甲辰	乙巳	丙午	丁未	**立冬**	己酉	庚戌	辛亥	壬子	癸丑	甲寅	乙卯	丙辰	丁巳	戊午	己未	庚申	辛酉	壬戌	**小雪**	甲子	乙丑	丙寅	丁卯	戊辰	己巳	庚午	辛未

陽歷十二月份　（陰歷十、十一月份）

陽	**12**	2	3	4	5	6	7	8	9	10	11	12	13	14	15	16	17	18	19	20	21	22	23	24	25	26	27	28	29	30	31
陰	廿四	廿五	廿六	廿七	廿八	廿九	卅	**十一**	二	三	四	五	六	七	八	九	十	十一	十二	十三	十四	十五	十六	十七	十八	十九	廿	廿一	廿二	廿三	廿四
星	5	6	**日**	1	2	3	4	5	6	**日**	1	2	3	4	5	6	**日**	1	2	3	4	5	6	**日**	1	2	3	4	5	6	**日**
干節	壬申	癸酉	甲戌	乙亥	丙子	丁丑	**大雪**	己卯	庚辰	辛巳	壬午	癸未	甲申	乙酉	丙戌	丁亥	戊子	己丑	庚寅	辛卯	**冬至**	癸巳	甲午	乙未	丙申	丁酉	戊戌	己亥	庚子	辛丑	壬寅

近世中西史日對照表

陽歷一月份　（陰歷十一、十二月份）

陽	1	2	3	4	5	6	7	8	9	10	11	12	13	14	15	16	17	18	19	20	21	22	23	24	25	26	27	28	29	30	31
陰	廿五	廿六	廿七	廿八	廿九	卅	十二	二	三	四	五	六	七	八	九	十	十一	十二	十三	十四	十五	十六	十七	十八	十九	廿	廿一	廿二	廿三	廿四	廿五
星	1	2	3	4	5	6	日	1	2	3	4	5	6	日	1	2	3	4	5	6	日	1	2	3	4	5	6	日	1	2	3
干節	癸卯	甲辰	乙巳	丙午	小寒	戊申	己酉	庚戌	辛亥	壬子	癸丑	甲寅	乙卯	丙辰	丁巳	戊午	己未	庚申	辛酉	大寒	癸亥	甲子	乙丑	丙寅	丁卯	戊辰	己巳	庚午	辛未	壬申	癸酉

陽歷二月份　（陰歷十二、正月份）

陽	1	2	3	4	5	6	7	8	9	10	11	12	13	14	15	16	17	18	19	20	21	22	23	24	25	26	27	28			
陰	廿六	廿七	廿八	廿九	卅	正	二	三	四	五	六	七	八	九	十	十一	十二	十三	十四	十五	十六	十七	十八	十九	廿	廿一	廿二	廿三			
星	4	5	6	日	1	2	3	4	5	6	日	1	2	3	4	5	6	日	1	2	3	4	5	6	日	1	2	3			
干節	甲戌	乙亥	丙子	立春	戊寅	己卯	庚辰	辛巳	壬午	癸未	甲申	乙酉	丙戌	丁亥	戊子	己丑	庚寅	雨水	壬辰	癸巳	甲午	乙未	丙申	丁酉	戊戌	己亥	庚子	辛丑			

陽歷三月份　（陰歷正、二月份）

陽	1	2	3	4	5	6	7	8	9	10	11	12	13	14	15	16	17	18	19	20	21	22	23	24	25	26	27	28	29	30	31
陰	廿四	廿五	廿六	廿七	廿八	廿九	二	二	三	四	五	六	七	八	九	十	十一	十二	十三	十四	十五	十六	十七	十八	十九	廿	廿一	廿二	廿三	廿四	廿五
星	4	5	6	日	1	2	3	4	5	6	日	1	2	3	4	5	6	日	1	2	3	4	5	6	日	1	2	3	4	5	6
干節	壬寅	癸卯	甲辰	乙巳	驚蟄	丁未	戊申	己酉	庚戌	辛亥	壬子	癸丑	甲寅	乙卯	丙辰	丁巳	戊午	己未	庚申	春分	壬戌	癸亥	甲子	乙丑	丙寅	丁卯	戊辰	己巳	庚午	辛未	壬申

陽歷四月份　（陰歷二、三月份）

陽	1	2	3	4	5	6	7	8	9	10	11	12	13	14	15	16	17	18	19	20	21	22	23	24	25	26	27	28	29	30	
陰	廿六	廿七	廿八	廿九	卅	三	二	三	四	五	六	七	八	九	十	十一	十二	十三	十四	十五	十六	十七	十八	十九	廿	廿一	廿二	廿三	廿四	廿五	
星	日	1	2	3	4	5	6	日	1	2	3	4	5	6	日	1	2	3	4	5	6	日	1	2	3	4	5	6	日	1	
干節	癸酉	甲戌	乙亥	丙子	清明	戊寅	己卯	庚辰	辛巳	壬午	癸未	甲申	乙酉	丙戌	丁亥	戊子	己丑	庚寅	辛卯	穀雨	癸巳	甲午	乙未	丙申	丁酉	戊戌	己亥	庚子	辛丑	壬寅	

陽歷五月份　（陰歷三、四月份）

陽	1	2	3	4	5	6	7	8	9	10	11	12	13	14	15	16	17	18	19	20	21	22	23	24	25	26	27	28	29	30	31
陰	廿六	廿七	廿八	廿九	四	二	三	四	五	六	七	八	九	十	十一	十二	十三	十四	十五	十六	十七	十八	十九	廿	廿一	廿二	廿三	廿四	廿五	廿六	廿七
星	2	3	4	5	6	日	1	2	3	4	5	6	日	1	2	3	4	5	6	日	1	2	3	4	5	6	日	1	2	3	4
干節	癸卯	甲辰	乙巳	丙午	立夏	戊申	己酉	庚戌	辛亥	壬子	癸丑	甲寅	乙卯	丙辰	丁巳	戊午	己未	庚申	辛酉	壬戌	小滿	甲子	乙丑	丙寅	丁卯	戊辰	己巳	庚午	辛未	壬申	癸酉

陽歷六月份　（陰歷四、五月份）

陽	1	2	3	4	5	6	7	8	9	10	11	12	13	14	15	16	17	18	19	20	21	22	23	24	25	26	27	28	29	30	
陰	廿八	廿九	卅	五	二	三	四	五	六	七	八	九	十	十一	十二	十三	十四	十五	十六	十七	十八	十九	廿	廿一	廿二	廿三	廿四	廿五	廿六	廿七	
星	5	6	日	1	2	3	4	5	6	日	1	2	3	4	5	6	日	1	2	3	4	5	6	日	1	2	3	4	5	6	
干節	甲戌	乙亥	丙子	丁丑	戊寅	芒種	庚辰	辛巳	壬午	癸未	甲申	乙酉	丙戌	丁亥	戊子	己丑	庚寅	辛卯	壬辰	癸巳	夏至	乙未	丙申	丁酉	戊戌	己亥	庚子	辛丑	壬寅	癸卯	

甲午

一八九四年

（清德宗光緒二〇年）

陽歷七月份　（陰歷五、六月份）

陽	7	2	3	4	5	6	7	8	9	10	11	12	13	14	15	16	17	18	19	20	21	22	23	24	25	26	27	28	29	30	31
陰	廿八	廿九	六	二	三	四	五	六	七	八	九	十	十一	十二	十三	十四	十五	十六	十七	十八	十九	廿	廿一	廿二	廿三	廿四	廿五	廿六	廿七	廿八	廿九
星	日	1	2	3	4	5	6	日	1	2	3	4	5	6	日	1	2	3	4	5	6	日	1	2	3	4	5	6	日	1	2
干節	甲辰	乙巳	丙午	丁未	戊申	己酉	小暑	辛亥	壬子	癸丑	甲寅	乙卯	丙辰	丁巳	戊午	己未	庚申	辛酉	壬戌	癸亥	甲子	乙丑	大暑	丁卯	戊辰	己巳	庚午	辛未	壬申	癸酉	甲戌

陽歷八月份　（陰歷七、八月份）

陽	8	2	3	4	5	6	7	8	9	10	11	12	13	14	15	16	17	18	19	20	21	22	23	24	25	26	27	28	29	30	31
陰	七	二	三	四	五	六	七	八	九	十	十一	十二	十三	十四	十五	十六	十七	十八	十九	廿	廿一	廿二	廿三	廿四	廿五	廿六	廿七	廿八	廿九	卅	八
星	3	4	5	6	日	1	2	3	4	5	6	日	1	2	3	4	5	6	日	1	2	3	4	5	6	日	1	2	3	4	5
干節	乙亥	丙子	丁丑	戊寅	己卯	庚辰	立秋	壬午	癸未	甲申	乙酉	丙戌	丁亥	戊子	己丑	庚寅	辛卯	壬辰	癸巳	甲午	乙未	丙申	處暑	戊戌	己亥	庚子	辛丑	壬寅	癸卯	甲辰	乙巳

陽歷九月份　（陰歷八、九月份）

陽	9	2	3	4	5	6	7	8	9	10	11	12	13	14	15	16	17	18	19	20	21	22	23	24	25	26	27	28	29	30
陰	二	三	四	五	六	七	八	九	十	十一	十二	十三	十四	十五	十六	十七	十八	十九	廿	廿一	廿二	廿三	廿四	廿五	廿六	廿七	廿八	廿九	九	二
星	6	日	1	2	3	4	5	6	日	1	2	3	4	5	6	日	1	2	3	4	5	6	日	1	2	3	4	5	6	日
干節	丙午	丁未	戊申	己酉	庚戌	辛亥	壬子	白露	甲寅	乙卯	丙辰	丁巳	戊午	己未	庚申	辛酉	壬戌	癸亥	甲子	乙丑	丙寅	丁卯	秋分	己巳	庚午	辛未	壬申	癸酉	甲戌	乙亥

陽歷十月份　（陰歷九、十月份）

陽	10	2	3	4	5	6	7	8	9	10	11	12	13	14	15	16	17	18	19	20	21	22	23	24	25	26	27	28	29	30	31
陰	三	四	五	六	七	八	九	十	十一	十二	十三	十四	十五	十六	十七	十八	十九	廿	廿一	廿二	廿三	廿四	廿五	廿六	廿七	廿八	廿九	卅	十	二	三
星	1	2	3	4	5	6	日	1	2	3	4	5	6	日	1	2	3	4	5	6	日	1	2	3	4	5	6	日	1	2	3
干節	丙子	丁丑	戊寅	己卯	庚辰	辛巳	壬午	寒露	甲申	乙酉	丙戌	丁亥	戊子	己丑	庚寅	辛卯	壬辰	癸巳	甲午	乙未	丙申	丁酉	霜降	己亥	庚子	辛丑	壬寅	癸卯	甲辰	乙巳	丙午

陽歷十一月份　（陰歷十、十一月份）

陽	11	2	3	4	5	6	7	8	9	10	11	12	13	14	15	16	17	18	19	20	21	22	23	24	25	26	27	28	29	30
陰	四	五	六	七	八	九	十	十一	十二	十三	十四	十五	十六	十七	十八	十九	廿	廿一	廿二	廿三	廿四	廿五	廿六	廿七	廿八	廿九	十一	二	三	四
星	4	5	6	日	1	2	3	4	5	6	日	1	2	3	4	5	6	日	1	2	3	4	5	6	日	1	2	3	4	5
干節	丁未	戊申	己酉	庚戌	辛亥	壬子	立冬	甲寅	乙卯	丙辰	丁巳	戊午	己未	庚申	辛酉	壬戌	癸亥	甲子	乙丑	丙寅	丁卯	小雪	己巳	庚午	辛未	壬申	癸酉	甲戌	乙亥	丙子

陽歷十二月份　（陰歷十一、十二月份）

陽	12	2	3	4	5	6	7	8	9	10	11	12	13	14	15	16	17	18	19	20	21	22	23	24	25	26	27	28	29	30	31
陰	五	六	七	八	九	十	十一	十二	十三	十四	十五	十六	十七	十八	十九	廿	廿一	廿二	廿三	廿四	廿五	廿六	廿七	廿八	廿九	卅	十二	二	三	四	五
星	6	日	1	2	3	4	5	6	日	1	2	3	4	5	6	日	1	2	3	4	5	6	日	1	2	3	4	5	6	日	1
干節	丁丑	戊寅	己卯	庚辰	辛巳	壬午	大雪	甲申	乙酉	丙戌	丁亥	戊子	己丑	庚寅	辛卯	壬辰	癸巳	甲午	乙未	丙申	丁酉	冬至	己亥	庚子	辛丑	壬寅	癸卯	甲辰	乙巳	丙午	丁未

陽歷一月份　(陰歷十二、正月份)

陽	1	2	3	4	5	6	7	8	9	10	11	12	13	14	15	16	17	18	19	20	21	22	23	24	25	26	27	28	29	30	31
陰	六	七	八	九	十	十一	十二	十三	十四	十五	十六	十七	十八	十九	廿	廿一	廿二	廿三	廿四	廿五	廿六	廿七	廿八	廿九	卅	正	二	三	四	五	六
星	2	3	4	5	6	日	1	2	3	4	5	6	日	1	2	3	4	5	6	日	1	2	3	4	5	6	日	1	2	3	4
干節	戊申	己酉	庚戌	辛亥	小寒	癸丑	甲寅	乙卯	丙辰	丁巳	戊午	己未	庚申	辛酉	壬戌	癸亥	甲子	乙丑	丙寅	大寒	戊辰	己巳	庚午	辛未	壬申	癸酉	甲戌	乙亥	丙子	丁丑	戊寅

陽歷二月份　(陰歷正、二月份)

陽	1	2	3	4	5	6	7	8	9	10	11	12	13	14	15	16	17	18	19	20	21	22	23	24	25	26	27	28			
陰	七	八	九	十	十一	十二	十三	十四	十五	十六	十七	十八	十九	廿	廿一	廿二	廿三	廿四	廿五	廿六	廿七	廿八	廿九	卅	二	二	三	四			
星	5	6	日	1	2	3	4	5	6	日	1	2	3	4	5	6	日	1	2	3	4	5	6	日	1	2	3	4			
干節	己卯	庚辰	辛巳	立春	癸未	甲申	乙酉	丙戌	丁亥	戊子	己丑	庚寅	辛卯	壬辰	癸巳	甲午	乙未	丙申	雨水	戊戌	己亥	庚子	辛丑	壬寅	癸卯	甲辰	乙巳	丙午			

陽歷三月份　(陰歷二、三月份)

陽	1	2	3	4	5	6	7	8	9	10	11	12	13	14	15	16	17	18	19	20	21	22	23	24	25	26	27	28	29	30	31
陰	五	六	七	八	九	十	十一	十二	十三	十四	十五	十六	十七	十八	十九	廿	廿一	廿二	廿三	廿四	廿五	廿六	廿七	廿八	廿九	三	二	三	四	五	六
星	5	6	日	1	2	3	4	5	6	日	1	2	3	4	5	6	日	1	2	3	4	5	6	日	1	2	3	4	5	6	日
干節	丁未	戊申	己酉	庚戌	辛亥	驚蟄	癸丑	甲寅	乙卯	丙辰	丁巳	戊午	己未	庚申	辛酉	壬戌	癸亥	甲子	乙丑	丙寅	春分	戊辰	己巳	庚午	辛未	壬申	癸酉	甲戌	乙亥	丙子	丁丑

陽歷四月份　(陰歷三、四月份)

陽	1	2	3	4	5	6	7	8	9	10	11	12	13	14	15	16	17	18	19	20	21	22	23	24	25	26	27	28	29	30	
陰	七	八	九	十	十一	十二	十三	十四	十五	十六	十七	十八	十九	廿	廿一	廿二	廿三	廿四	廿五	廿六	廿七	廿八	廿九	卅	四	二	三	四	五	六	
星	1	2	3	4	5	6	日	1	2	3	4	5	6	日	1	2	3	4	5	6	日	1	2	3	4	5	6	日	1	2	
干節	戊寅	己卯	庚辰	辛巳	清明	癸未	甲申	乙酉	丙戌	丁亥	戊子	己丑	庚寅	辛卯	壬辰	癸巳	甲午	乙未	丙申	穀雨	戊戌	己亥	庚子	辛丑	壬寅	癸卯	甲辰	乙巳	丙午	丁未	

陽歷五月份　(陰歷四、五月份)

陽	1	2	3	4	5	6	7	8	9	10	11	12	13	14	15	16	17	18	19	20	21	22	23	24	25	26	27	28	29	30	31
陰	七	八	九	十	十一	十二	十三	十四	十五	十六	十七	十八	十九	廿	廿一	廿二	廿三	廿四	廿五	廿六	廿七	廿八	廿九	五	二	三	四	五	六	七	八
星	3	4	5	6	日	1	2	3	4	5	6	日	1	2	3	4	5	6	日	1	2	3	4	5	6	日	1	2	3	4	5
干節	戊申	己酉	庚戌	辛亥	壬子	立夏	甲寅	乙卯	丙辰	丁巳	戊午	己未	庚申	辛酉	壬戌	癸亥	甲子	乙丑	丙寅	丁卯	小滿	己巳	庚午	辛未	壬申	癸酉	甲戌	乙亥	丙子	丁丑	戊寅

陽歷六月份　(陰歷五、閏五月份)

陽	1	2	3	4	5	6	7	8	9	10	11	12	13	14	15	16	17	18	19	20	21	22	23	24	25	26	27	28	29	30	
陰	九	十	十一	十二	十三	十四	十五	十六	十七	十八	十九	廿	廿一	廿二	廿三	廿四	廿五	廿六	廿七	廿八	廿九	卅	閏	二	三	四	五	六	七	八	
星	6	日	1	2	3	4	5	6	日	1	2	3	4	5	6	日	1	2	3	4	5	6	日	1	2	3	4	5	6	日	
干節	己卯	庚辰	辛巳	壬午	癸未	芒種	乙酉	丙戌	丁亥	戊子	己丑	庚寅	辛卯	壬辰	癸巳	甲午	乙未	丙申	丁酉	戊戌	己亥	夏至	辛丑	壬寅	癸卯	甲辰	乙巳	丙午	丁未	戊申	

乙未　一八九五年　（清德宗光緒二十一年）

陽歷七月份　（陰歷閏五、六月份）

陽	7	2	3	4	5	6	7	8	9	10	11	12	13	14	15	16	17	18	19	20	21	22	23	24	25	26	27	28	29	30	31
陰	九	十	十一	十二	十三	十四	十五	十六	十七	十八	十九	廿	廿一	廿二	廿三	廿四	廿五	廿六	廿七	廿八	廿九	六	二	三	四	五	六	七	八	九	十
星	1	2	3	4	5	6	日	1	2	3	4	5	6	日	1	2	3	4	5	6	日	1	2	3	4	5	6	日	1	2	3
干節	己酉	庚戌	辛亥	壬子	癸丑	甲寅	小暑	丙辰	丁巳	戊午	己未	庚申	辛酉	壬戌	癸亥	甲子	乙丑	丙寅	丁卯	戊辰	己巳	庚午	大暑	壬申	癸酉	甲戌	乙亥	丙子	丁丑	戊寅	己卯

陽歷八月份　（陰歷六、七月份）

陽	8	2	3	4	5	6	7	8	9	10	11	12	13	14	15	16	17	18	19	20	21	22	23	24	25	26	27	28	29	30	31
陰	十一	十二	十三	十四	十五	十六	十七	十八	十九	廿	廿一	廿二	廿三	廿四	廿五	廿六	廿七	廿八	廿九	七	二	三	四	五	六	七	八	九	十	十一	十二
星	4	5	6	日	1	2	3	4	5	6	日	1	2	3	4	5	6	日	1	2	3	4	5	6	日	1	2	3	4	5	6
干節	庚辰	辛巳	壬午	癸未	甲申	乙酉	丙戌	立秋	戊子	己丑	庚寅	辛卯	壬辰	癸巳	甲午	乙未	丙申	丁酉	戊戌	己亥	庚子	辛丑	處暑	癸卯	甲辰	乙巳	丙午	丁未	戊申	己酉	庚戌

陽歷九月份　（陰歷七、八月份）

陽	9	2	3	4	5	6	7	8	9	10	11	12	13	14	15	16	17	18	19	20	21	22	23	24	25	26	27	28	29	30
陰	十三	十四	十五	十六	十七	十八	十九	廿	廿一	廿二	廿三	廿四	廿五	廿六	廿七	廿八	廿九	卅	八	二	三	四	五	六	七	八	九	十	十一	十二
星	日	1	2	3	4	5	6	日	1	2	3	4	5	6	日	1	2	3	4	5	6	日	1	2	3	4	5	6	日	1
干節	辛亥	壬子	癸丑	甲寅	乙卯	丙辰	丁巳	白露	己未	庚申	辛酉	壬戌	癸亥	甲子	乙丑	丙寅	丁卯	戊辰	己巳	庚午	辛未	壬申	秋分	甲戌	乙亥	丙子	丁丑	戊寅	己卯	庚辰

陽歷十月份　（陰歷八、九月份）

陽	10	2	3	4	5	6	7	8	9	10	11	12	13	14	15	16	17	18	19	20	21	22	23	24	25	26	27	28	29	30	31
陰	十三	十四	十五	十六	十七	十八	十九	廿	廿一	廿二	廿三	廿四	廿五	廿六	廿七	廿八	廿九	九	二	三	四	五	六	七	八	九	十	十一	十二	十三	十四
星	2	3	4	5	6	日	1	2	3	4	5	6	日	1	2	3	4	5	6	日	1	2	3	4	5	6	日	1	2	3	4
干節	辛巳	壬午	癸未	甲申	乙酉	丙戌	丁亥	寒露	己丑	庚寅	辛卯	壬辰	癸巳	甲午	乙未	丙申	丁酉	戊戌	己亥	庚子	辛丑	壬寅	癸卯	霜降	乙巳	丙午	丁未	戊申	己酉	庚戌	辛亥

陽歷十一月份　（陰歷九、十月份）

陽	11	2	3	4	5	6	7	8	9	10	11	12	13	14	15	16	17	18	19	20	21	22	23	24	25	26	27	28	29	30
陰	十五	十六	十七	十八	十九	廿	廿一	廿二	廿三	廿四	廿五	廿六	廿七	廿八	廿九	卅	十	二	三	四	五	六	七	八	九	十	十一	十二	十三	十四
星	5	6	日	1	2	3	4	5	6	日	1	2	3	4	5	6	日	1	2	3	4	5	6	日	1	2	3	4	5	6
干節	壬子	癸丑	甲寅	乙卯	丙辰	丁巳	戊午	立冬	庚申	辛酉	壬戌	癸亥	甲子	乙丑	丙寅	丁卯	戊辰	己巳	庚午	辛未	壬申	小雪	甲戌	乙亥	丙子	丁丑	戊寅	己卯	庚辰	辛巳

陽歷十二月份　（陰歷十、十一月份）

陽	12	2	3	4	5	6	7	8	9	10	11	12	13	14	15	16	17	18	19	20	21	22	23	24	25	26	27	28	29	30	31
陰	十五	十六	十七	十八	十九	廿	廿一	廿二	廿三	廿四	廿五	廿六	廿七	廿八	廿九	十一	二	三	四	五	六	七	八	九	十	十一	十二	十三	十四	十五	十六
星	日	1	2	3	4	5	6	日	1	2	3	4	5	6	日	1	2	3	4	5	6	日	1	2	3	4	5	6	日	1	2
干節	壬午	癸未	甲申	乙酉	丙戌	丁亥	大雪	己丑	庚寅	辛卯	壬辰	癸巳	甲午	乙未	丙申	丁酉	戊戌	己亥	庚子	辛丑	壬寅	冬至	甲辰	乙巳	丙午	丁未	戊申	己酉	庚戌	辛亥	壬子

近世中西史日對照表

陽歷一月份　(陰歷十一、十二月份)

陽	1	2	3	4	5	6	7	8	9	10	11	12	13	14	15	16	17	18	19	20	21	22	23	24	25	26	27	28	29	30	31
陰	十七	十八	十九	廿	廿一	廿二	廿三	廿四	廿五	廿六	廿七	廿八	廿九	卅	十二	二	三	四	五	六	七	八	九	十	十一	十二	十三	十四	十五	十六	十七
星	3	4	5	6	日	1	2	3	4	5	6	日	1	2	3	4	5	6	日	1	2	3	4	5	6	日	1	2	3	4	5
干節	癸丑	甲寅	乙卯	丙辰	丁巳	小寒	己未	庚申	辛酉	壬戌	癸亥	甲子	乙丑	丙寅	丁卯	戊辰	己巳	庚午	辛未	大寒	癸酉	甲戌	乙亥	丙子	丁丑	戊寅	己卯	庚辰	辛巳	壬午	癸未

陽歷二月份　(陰歷十二、正月份)

陽	2	2	3	4	5	6	7	8	9	10	11	12	13	14	15	16	17	18	19	20	21	22	23	24	25	26	27	28	29		
陰	十八	十九	廿	廿一	廿二	廿三	廿四	廿五	廿六	廿七	廿八	廿九	正	二	三	四	五	六	七	八	九	十	十一	十二	十三	十四	十五	十六	十七		
星	6	日	1	2	3	4	5	6	日	1	2	3	4	5	6	日	1	2	3	4	5	6	日	1	2	3	4	5	6		
干節	甲申	乙酉	丙戌	立春	戊子	己丑	庚寅	辛卯	壬辰	癸巳	甲午	乙未	丙申	丁酉	戊戌	己亥	庚子	辛丑	雨水	癸卯	甲辰	乙巳	丙午	丁未	戊申	己酉	庚戌	辛亥	壬子		

陽歷三月份　(陰歷正、二月份)

陽	3	2	3	4	5	6	7	8	9	10	11	12	13	14	15	16	17	18	19	20	21	22	23	24	25	26	27	28	29	30	31
陰	十八	十九	廿	廿一	廿二	廿三	廿四	廿五	廿六	廿七	廿八	廿九	卅	二	二	三	四	五	六	七	八	九	十	十一	十二	十三	十四	十五	十六	十七	十八
星	日	1	2	3	4	5	6	日	1	2	3	4	5	6	日	1	2	3	4	5	6	日	1	2	3	4	5	6	日	1	2
干節	癸丑	甲寅	乙卯	丙辰	驚蟄	戊午	己未	庚申	辛酉	壬戌	癸亥	甲子	乙丑	丙寅	丁卯	戊辰	己巳	庚午	辛未	春分	癸酉	甲戌	乙亥	丙子	丁丑	戊寅	己卯	庚辰	辛巳	壬午	癸未

陽歷四月份　(陰歷二、三月份)

陽	4	2	3	4	5	6	7	8	9	10	11	12	13	14	15	16	17	18	19	20	21	22	23	24	25	26	27	28	29	30	
陰	十九	廿	廿一	廿二	廿三	廿四	廿五	廿六	廿七	廿八	廿九	卅	三	二	三	四	五	六	七	八	九	十	十一	十二	十三	十四	十五	十六	十七	十八	
星	3	4	5	6	日	1	2	3	4	5	6	日	1	2	3	4	5	6	日	1	2	3	4	5	6	日	1	2	3	4	
干節	甲申	乙酉	丙戌	清明	戊子	己丑	庚寅	辛卯	壬辰	癸巳	甲午	乙未	丙申	丁酉	戊戌	己亥	庚子	辛丑	穀雨	癸卯	甲辰	乙巳	丙午	丁未	戊申	己酉	庚戌	辛亥	壬子	癸丑	

陽歷五月份　(陰歷三、四月份)

陽	5	2	3	4	5	6	7	8	9	10	11	12	13	14	15	16	17	18	19	20	21	22	23	24	25	26	27	28	29	30	31
陰	十九	廿	廿一	廿二	廿三	廿四	廿五	廿六	廿七	廿八	廿九	卅	四	二	三	四	五	六	七	八	九	十	十一	十二	十三	十四	十五	十六	十七	十八	十九
星	5	6	日	1	2	3	4	5	6	日	1	2	3	4	5	6	日	1	2	3	4	5	6	日	1	2	3	4	5	6	日
干節	甲寅	乙卯	丙辰	丁巳	立夏	己未	庚申	辛酉	壬戌	癸亥	甲子	乙丑	丙寅	丁卯	戊辰	己巳	庚午	辛未	壬申	小滿	甲戌	乙亥	丙子	丁丑	戊寅	己卯	庚辰	辛巳	壬午	癸未	甲申

陽歷六月份　(陰歷四、五月份)

陽	6	2	3	4	5	6	7	8	9	10	11	12	13	14	15	16	17	18	19	20	21	22	23	24	25	26	27	28	29	30	
陰	廿	廿一	廿二	廿三	廿四	廿五	廿六	廿七	廿八	廿九	五	二	三	四	五	六	七	八	九	十	十一	十二	十三	十四	十五	十六	十七	十八	十九	廿	
星	1	2	3	4	5	6	日	1	2	3	4	5	6	日	1	2	3	4	5	6	日	1	2	3	4	5	6	日	1	2	
干節	乙酉	丙戌	丁亥	戊子	芒種	庚寅	辛卯	壬辰	癸巳	甲午	乙未	丙申	丁酉	戊戌	己亥	庚子	辛丑	壬寅	癸卯	甲辰	夏至	丙午	丁未	戊申	己酉	庚戌	辛亥	壬子	癸丑	甲寅	

丙申

一八九六年

(清德宗光緒二二年)

丙申 一八九六年 (清德宗光緒二二年)

陽歷七月份 (陰歷五、六月份)

陽	**7**	2	3	4	5	6	7	8	9	10	11	12	13	14	15	16	17	18	19	20	21	22	23	24	25	26	27	28	29	30	31
陰	廿一	廿二	廿三	廿四	廿五	廿六	廿七	廿八	廿九	卅	**六**	二	三	四	五	六	七	八	九	十	十一	十二	十三	十四	十五	十六	十七	十八	十九	廿	廿一
星	3	4	5	6	**日**	1	2	3	4	5	6	**日**	1	2	3	4	5	6	**日**	1	2	3	4	5	6	**日**	1	2	3	4	5
干節	乙卯	丙辰	丁巳	戊午	己未	庚申	**小暑**	壬戌	癸亥	甲子	乙丑	丙寅	丁卯	戊辰	己巳	庚午	辛未	壬申	癸酉	甲戌	乙亥	**大暑**	丁丑	戊寅	己卯	庚辰	辛巳	壬午	癸未	甲申	乙酉

陽歷八月份 (陰歷六、七月份)

陽	**8**	2	3	4	5	6	7	8	9	10	11	12	13	14	15	16	17	18	19	20	21	22	23	24	25	26	27	28	29	30	31
陰	廿二	廿三	廿四	廿五	廿六	廿七	廿八	廿九	**七**	二	三	四	五	六	七	八	九	十	十一	十二	十三	十四	十五	十六	十七	十八	十九	廿	廿一	廿二	廿三
星	6	**日**	1	2	3	4	5	6	**日**	1	2	3	4	5	6	**日**	1	2	3	4	5	6	**日**	1	2	3	4	5	6	**日**	1
干節	丙戌	丁亥	戊子	己丑	庚寅	辛卯	**立秋**	癸巳	甲午	乙未	丙申	丁酉	戊戌	己亥	庚子	辛丑	壬寅	癸卯	甲辰	乙巳	丙午	丁未	**處暑**	己酉	庚戌	辛亥	壬子	癸丑	甲寅	乙卯	丙辰

陽歷九月份 (陰歷七、八月份)

陽	**9**	2	3	4	5	6	7	8	9	10	11	12	13	14	15	16	17	18	19	20	21	22	23	24	25	26	27	28	29	30
陰	廿四	廿五	廿六	廿七	廿八	廿九	**八**	二	三	四	五	六	七	八	九	十	十一	十二	十三	十四	十五	十六	十七	十八	十九	廿	廿一	廿二	廿三	廿四
星	2	3	4	5	6	**日**	1	2	3	4	5	6	**日**	1	2	3	4	5	6	**日**	1	2	3	4	5	6	**日**	1	2	3
干節	丁巳	戊午	己未	庚申	辛酉	壬戌	**白露**	甲子	乙丑	丙寅	丁卯	戊辰	己巳	庚午	辛未	壬申	癸酉	甲戌	乙亥	丙子	丁丑	**秋分**	己卯	庚辰	辛巳	壬午	癸未	甲申	乙酉	丙戌

陽歷十月份 (陰歷八、九月份)

陽	**10**	2	3	4	5	6	7	8	9	10	11	12	13	14	15	16	17	18	19	20	21	22	23	24	25	26	27	28	29	30	31
陰	廿五	廿六	廿七	廿八	廿九	卅	**九**	二	三	四	五	六	七	八	九	十	十一	十二	十三	十四	十五	十六	十七	十八	十九	廿	廿一	廿二	廿三	廿四	廿五
星	4	5	6	**日**	1	2	3	4	5	6	**日**	1	2	3	4	5	6	**日**	1	2	3	4	5	6	**日**	1	2	3	4	5	6
干節	丁亥	戊子	己丑	庚寅	辛卯	壬辰	癸巳	**寒露**	乙未	丙申	丁酉	戊戌	己亥	庚子	辛丑	壬寅	癸卯	甲辰	乙巳	丙午	丁未	戊申	**霜降**	庚戌	辛亥	壬子	癸丑	甲寅	乙卯	丙辰	丁巳

陽歷十一月份 (陰歷九、十月份)

陽	**11**	2	3	4	5	6	7	8	9	10	11	12	13	14	15	16	17	18	19	20	21	22	23	24	25	26	27	28	29	30
陰	廿六	廿七	廿八	廿九	**十**	二	三	四	五	六	七	八	九	十	十一	十二	十三	十四	十五	十六	十七	十八	十九	廿	廿一	廿二	廿三	廿四	廿五	廿六
星	**日**	1	2	3	4	5	6	**日**	1	2	3	4	5	6	**日**	1	2	3	4	5	6	**日**	1	2	3	4	5	6	**日**	1
干節	戊午	己未	庚申	辛酉	壬戌	癸亥	**立冬**	乙丑	丙寅	丁卯	戊辰	己巳	庚午	辛未	壬申	癸酉	甲戌	乙亥	丙子	丁丑	戊寅	**小雪**	庚辰	辛巳	壬午	癸未	甲申	乙酉	丙戌	丁亥

陽歷十二月份 (陰歷十、十一月份)

陽	**12**	2	3	4	5	6	7	8	9	10	11	12	13	14	15	16	17	18	19	20	21	22	23	24	25	26	27	28	29	30	31
陰	廿七	廿八	廿九	卅	**十一**	二	三	四	五	六	七	八	九	十	十一	十二	十三	十四	十五	十六	十七	十八	十九	廿	廿一	廿二	廿三	廿四	廿五	廿六	廿七
星	2	3	4	5	6	**日**	1	2	3	4	5	6	**日**	1	2	3	4	5	6	**日**	1	2	3	4	5	6	**日**	1	2	3	4
干節	戊子	己丑	庚寅	辛卯	壬辰	**大雪**	甲午	乙未	丙申	丁酉	戊戌	己亥	庚子	辛丑	壬寅	癸卯	甲辰	乙巳	丙午	丁未	**冬至**	己酉	庚戌	辛亥	壬子	癸丑	甲寅	乙卯	丙辰	丁巳	戊午

近世中西史日對照表

陽歷 一月份　(陰歷十一、十二月份)

陽	1	2	3	4	5	6	7	8	9	10	11	12	13	14	15	16	17	18	19	20	21	22	23	24	25	26	27	28	29	30	31
陰	廿八	廿九	十二	二	三	四	五	六	七	八	九	十	十一	十二	十三	十四	十五	十六	十七	十八	十九	廿	廿一	廿二	廿三	廿四	廿五	廿六	廿七	廿八	廿九
星	5	6	日	1	2	3	4	5	6	日	1	2	3	4	5	6	日	1	2	3	4	5	6	日	1	2	3	4	5	6	日
干節	己未	庚申	辛酉	壬戌	小寒	甲子	乙丑	丙寅	丁卯	戊辰	己巳	庚午	辛未	壬申	癸酉	甲戌	乙亥	丙子	丁丑	大寒	己卯	庚辰	辛巳	壬午	癸未	甲申	乙酉	丙戌	丁亥	戊子	己丑

陽歷 二月份　(陰歷十二、正月份)

陽	1	2	3	4	5	6	7	8	9	10	11	12	13	14	15	16	17	18	19	20	21	22	23	24	25	26	27	28			
陰	卅	正	二	三	四	五	六	七	八	九	十	十一	十二	十三	十四	十五	十六	十七	十八	十九	廿	廿一	廿二	廿三	廿四	廿五	廿六	廿七			
星	1	2	3	4	5	6	日	1	2	3	4	5	6	日	1	2	3	4	5	6	日	1	2	3	4	5	6	日			
干節	庚寅	辛卯	立春	癸巳	甲午	乙未	丙申	丁酉	戊戌	己亥	庚子	辛丑	壬寅	癸卯	甲辰	乙巳	丙午	雨水	戊申	己酉	庚戌	辛亥	壬子	癸丑	甲寅	乙卯	丙辰	丁巳			

陽歷 三月份　(陰歷正、二月份)

陽	1	2	3	4	5	6	7	8	9	10	11	12	13	14	15	16	17	18	19	20	21	22	23	24	25	26	27	28	29	30	31
陰	廿八	廿九	二	二	三	四	五	六	七	八	九	十	十一	十二	十三	十四	十五	十六	十七	十八	十九	廿	廿一	廿二	廿三	廿四	廿五	廿六	廿七	廿八	廿九
星	1	2	3	4	5	6	日	1	2	3	4	5	6	日	1	2	3	4	5	6	日	1	2	3	4	5	6	日	1	2	3
干節	戊午	己未	庚申	辛酉	驚蟄	癸亥	甲子	乙丑	丙寅	丁卯	戊辰	己巳	庚午	辛未	壬申	癸酉	甲戌	乙亥	丙子	春分	戊寅	己卯	庚辰	辛巳	壬午	癸未	甲申	乙酉	丙戌	丁亥	戊子

陽歷 四月份　(陰歷二、三月份)

陽	1	2	3	4	5	6	7	8	9	10	11	12	13	14	15	16	17	18	19	20	21	22	23	24	25	26	27	28	29	30	
陰	卅	三	二	三	四	五	六	七	八	九	十	十一	十二	十三	十四	十五	十六	十七	十八	十九	廿	廿一	廿二	廿三	廿四	廿五	廿六	廿七	廿八	廿九	
星	4	5	6	日	1	2	3	4	5	6	日	1	2	3	4	5	6	日	1	2	3	4	5	6	日	1	2	3	4	5	
干節	己丑	庚寅	辛卯	清明	癸巳	甲午	乙未	丙申	丁酉	戊戌	己亥	庚子	辛丑	壬寅	癸卯	甲辰	乙巳	丙午	丁未	穀雨	己酉	庚戌	辛亥	壬子	癸丑	甲寅	乙卯	丙辰	丁巳	戊午	

陽歷 五月份　(陰歷三、四、五月份)

陽	1	2	3	4	5	6	7	8	9	10	11	12	13	14	15	16	17	18	19	20	21	22	23	24	25	26	27	28	29	30	31
陰	卅	四	二	三	四	五	六	七	八	九	十	十一	十二	十三	十四	十五	十六	十七	十八	十九	廿	廿一	廿二	廿三	廿四	廿五	廿六	廿七	廿八	廿九	五
星	6	日	1	2	3	4	5	6	日	1	2	3	4	5	6	日	1	2	3	4	5	6	日	1	2	3	4	5	6	日	1
干節	己未	庚申	辛酉	壬戌	立夏	甲子	乙丑	丙寅	丁卯	戊辰	己巳	庚午	辛未	壬申	癸酉	甲戌	乙亥	丙子	丁丑	戊寅	小滿	庚辰	辛巳	壬午	癸未	甲申	乙酉	丙戌	丁亥	戊子	己丑

陽歷 六月份　(陰歷五、六月份)

陽	1	2	3	4	5	6	7	8	9	10	11	12	13	14	15	16	17	18	19	20	21	22	23	24	25	26	27	28	29	30	
陰	二	三	四	五	六	七	八	九	十	十一	十二	十三	十四	十五	十六	十七	十八	十九	廿	廿一	廿二	廿三	廿四	廿五	廿六	廿七	廿八	廿九	卅	六	
星	2	3	4	5	6	日	1	2	3	4	5	6	日	1	2	3	4	5	6	日	1	2	3	4	5	6	日	1	2	3	
干節	庚寅	辛卯	壬辰	癸巳	芒種	乙未	丙申	丁酉	戊戌	己亥	庚子	辛丑	壬寅	癸卯	甲辰	乙巳	丙午	丁未	戊申	己酉	夏至	辛亥	壬子	癸丑	甲寅	乙卯	丙辰	丁巳	戊午	己未	

丁酉

一八九七年

（清德宗光緒二三年）

陽歷七月份　（陰歷六、七月份）

陽	7	2	3	4	5	6	7	8	9	10	11	12	13	14	15	16	17	18	19	20	21	22	23	24	25	26	27	28	29	30	31
陰	二	三	四	五	六	七	八	九	十	十一	十二	十三	十四	十五	十六	十七	十八	十九	廿	廿一	廿二	廿三	廿四	廿五	廿六	廿七	廿八	廿九	七	二	三
星	4	5	6	日	1	2	3	4	5	6	日	1	2	3	4	5	6	日	1	2	3	4	5	6	日	1	2	3	4	5	6
干節	庚申	辛酉	壬戌	癸亥	甲子	乙丑	小暑	丁卯	戊辰	己巳	庚午	辛未	壬申	癸酉	甲戌	乙亥	丙子	丁丑	戊寅	己卯	庚辰	大暑	壬午	癸未	甲申	乙酉	丙戌	丁亥	戊子	己丑	庚寅

陽歷八月份　（陰歷七、八月份）

陽	8	2	3	4	5	6	7	8	9	10	11	12	13	14	15	16	17	18	19	20	21	22	23	24	25	26	27	28	29	30	31
陰	四	五	六	七	八	九	十	十一	十二	十三	十四	十五	十六	十七	十八	十九	廿	廿一	廿二	廿三	廿四	廿五	廿六	廿七	廿八	廿九	卅	八	二	三	四
星	日	1	2	3	4	5	6	日	1	2	3	4	5	6	日	1	2	3	4	5	6	日	1	2	3	4	5	6	日	1	2
干節	辛卯	壬辰	癸巳	甲午	乙未	丙申	立秋	戊戌	己亥	庚子	辛丑	壬寅	癸卯	甲辰	乙巳	丙午	丁未	戊申	己酉	庚戌	辛亥	壬子	處暑	甲寅	乙卯	丙辰	丁巳	戊午	己未	庚申	辛酉

陽歷九月份　（陰歷八、九月份）

陽	9	2	3	4	5	6	7	8	9	10	11	12	13	14	15	16	17	18	19	20	21	22	23	24	25	26	27	28	29	30
陰	五	六	七	八	九	十	十一	十二	十三	十四	十五	十六	十七	十八	十九	廿	廿一	廿二	廿三	廿四	廿五	廿六	廿七	廿八	廿九	九	二	三	四	五
星	3	4	5	6	日	1	2	3	4	5	6	日	1	2	3	4	5	6	日	1	2	3	4	5	6	日	1	2	3	4
干節	壬戌	癸亥	甲子	乙丑	丙寅	丁卯	白露	己巳	庚午	辛未	壬申	癸酉	甲戌	乙亥	丙子	丁丑	戊寅	己卯	庚辰	辛巳	壬午	癸未	秋分	乙酉	丙戌	丁亥	戊子	己丑	庚寅	辛卯

陽歷十月份　（陰歷九、十月份）

陽	10	2	3	4	5	6	7	8	9	10	11	12	13	14	15	16	17	18	19	20	21	22	23	24	25	26	27	28	29	30	31
陰	六	七	八	九	十	十一	十二	十三	十四	十五	十六	十七	十八	十九	廿	廿一	廿二	廿三	廿四	廿五	廿六	廿七	廿八	廿九	卅	十	二	三	四	五	六
星	5	6	日	1	2	3	4	5	6	日	1	2	3	4	5	6	日	1	2	3	4	5	6	日	1	2	3	4	5	6	日
干節	壬辰	癸巳	甲午	乙未	丙申	丁酉	戊戌	寒露	庚子	辛丑	壬寅	癸卯	甲辰	乙巳	丙午	丁未	戊申	己酉	庚戌	辛亥	壬子	癸丑	霜降	乙卯	丙辰	丁巳	戊午	己未	庚申	辛酉	壬戌

陽歷十一月份　（陰歷十、十一月份）

陽	11	2	3	4	5	6	7	8	9	10	11	12	13	14	15	16	17	18	19	20	21	22	23	24	25	26	27	28	29	30
陰	七	八	九	十	十一	十二	十三	十四	十五	十六	十七	十八	十九	廿	廿一	廿二	廿三	廿四	廿五	廿六	廿七	廿八	廿九	十一	二	三	四	五	六	七
星	1	2	3	4	5	6	日	1	2	3	4	5	6	日	1	2	3	4	5	6	日	1	2	3	4	5	6	日	1	2
干節	癸亥	甲子	乙丑	丙寅	丁卯	戊辰	立冬	庚午	辛未	壬申	癸酉	甲戌	乙亥	丙子	丁丑	戊寅	己卯	庚辰	辛巳	壬午	癸未	小雪	乙酉	丙戌	丁亥	戊子	己丑	庚寅	辛卯	壬辰

陽歷十二月份　（陰歷十一、十二月份）

陽	12	2	3	4	5	6	7	8	9	10	11	12	13	14	15	16	17	18	19	20	21	22	23	24	25	26	27	28	29	30	31
陰	八	九	十	十一	十二	十三	十四	十五	十六	十七	十八	十九	廿	廿一	廿二	廿三	廿四	廿五	廿六	廿七	廿八	廿九	卅	十二	二	三	四	五	六	七	八
星	3	4	5	6	日	1	2	3	4	5	6	日	1	2	3	4	5	6	日	1	2	3	4	5	6	日	1	2	3	4	5
干節	癸巳	甲午	乙未	丙申	丁酉	戊戌	大雪	庚子	辛丑	壬寅	癸卯	甲辰	乙巳	丙午	丁未	戊申	己酉	庚戌	辛亥	壬子	冬至	甲寅	乙卯	丙辰	丁巳	戊午	己未	庚申	辛酉	壬戌	癸亥

近世中西史日對照表

戊戌　一八九八年（清德宗光緒二四年）

陽歷　一月份　（陰歷十二、正月份）

陽	1	2	3	4	5	6	7	8	9	10	11	12	13	14	15	16	17	18	19	20	21	22	23	24	25	26	27	28	29	30	31
陰	九	十	十一	十二	十三	十四	十五	十六	十七	十八	十九	廿	廿一	廿二	廿三	廿四	廿五	廿六	廿七	廿八	廿九	正	二	三	四	五	六	七	八	九	十
星	6	日	1	2	3	4	5	6	日	1	2	3	4	5	6	日	1	2	3	4	5	6	日	1	2	3	4	5	6	日	1
干節	甲子	乙丑	丙寅	丁卯	小寒	己巳	庚午	辛未	壬申	癸酉	甲戌	乙亥	丙子	丁丑	戊寅	己卯	庚辰	辛巳	壬午	大寒	甲申	乙酉	丙戌	丁亥	戊子	己丑	庚寅	辛卯	壬辰	癸巳	甲午

陽歷　二月份　（陰歷正、二月份）

陽	1	2	3	4	5	6	7	8	9	10	11	12	13	14	15	16	17	18	19	20	21	22	23	24	25	26	27	28	—	—	—
陰	十一	十二	十三	十四	十五	十六	十七	十八	十九	廿	廿一	廿二	廿三	廿四	廿五	廿六	廿七	廿八	廿九	卅	二	二	三	四	五	六	七	八	—	—	—
星	2	3	4	5	6	日	1	2	3	4	5	6	日	1	2	3	4	5	6	日	1	2	3	4	5	6	日	1	—	—	—
干節	乙未	丙申	丁酉	立春	己亥	庚子	辛丑	壬寅	癸卯	甲辰	乙巳	丙午	丁未	戊申	己酉	庚戌	辛亥	雨水	癸丑	甲寅	乙卯	丙辰	丁巳	戊午	己未	庚申	辛酉	壬戌			

陽歷　三月份　（陰歷二、三月份）

陽	1	2	3	4	5	6	7	8	9	10	11	12	13	14	15	16	17	18	19	20	21	22	23	24	25	26	27	28	29	30	31
陰	九	十	十一	十二	十三	十四	十五	十六	十七	十八	十九	廿	廿一	廿二	廿三	廿四	廿五	廿六	廿七	廿八	廿九	三	二	三	四	五	六	七	八	九	十
星	2	3	4	5	6	日	1	2	3	4	5	6	日	1	2	3	4	5	6	日	1	2	3	4	5	6	日	1	2	3	4
干節	癸亥	甲子	乙丑	丙寅	驚蟄	戊辰	己巳	庚午	辛未	壬申	癸酉	甲戌	乙亥	丙子	丁丑	戊寅	己卯	庚辰	辛巳	春分	癸未	甲申	乙酉	丙戌	丁亥	戊子	己丑	庚寅	辛卯	壬辰	癸巳

陽歷　四月份　（陰歷三、閏三月份）

陽	1	2	3	4	5	6	7	8	9	10	11	12	13	14	15	16	17	18	19	20	21	22	23	24	25	26	27	28	29	30	
陰	十一	十二	十三	十四	十五	十六	十七	十八	十九	廿	廿一	廿二	廿三	廿四	廿五	廿六	廿七	廿八	廿九	卅	閏	二	三	四	五	六	七	八	九	十	
星	5	6	日	1	2	3	4	5	6	日	1	2	3	4	5	6	日	1	2	3	4	5	6	日	1	2	3	4	5	6	
干節	甲午	乙未	丙申	丁酉	清明	己亥	庚子	辛丑	壬寅	癸卯	甲辰	乙巳	丙午	丁未	戊申	己酉	庚戌	辛亥	壬子	穀雨	甲寅	乙卯	丙辰	丁巳	戊午	己未	庚申	辛酉	壬戌	癸亥	

陽歷　五月份　（陰歷閏三、四月份）

陽	1	2	3	4	5	6	7	8	9	10	11	12	13	14	15	16	17	18	19	20	21	22	23	24	25	26	27	28	29	30	31
陰	十一	十二	十三	十四	十五	十六	十七	十八	十九	廿	廿一	廿二	廿三	廿四	廿五	廿六	廿七	廿八	廿九	四	二	三	四	五	六	七	八	九	十	十一	十二
星	日	1	2	3	4	5	6	日	1	2	3	4	5	6	日	1	2	3	4	5	6	日	1	2	3	4	5	6	日	1	2
干節	甲子	乙丑	丙寅	丁卯	立夏	己巳	庚午	辛未	壬申	癸酉	甲戌	乙亥	丙子	丁丑	戊寅	己卯	庚辰	辛巳	壬午	癸未	小滿	乙酉	丙戌	丁亥	戊子	己丑	庚寅	辛卯	壬辰	癸巳	甲午

陽歷　六月份　（陰歷四、五月份）

陽	1	2	3	4	5	6	7	8	9	10	11	12	13	14	15	16	17	18	19	20	21	22	23	24	25	26	27	28	29	30	
陰	十三	十四	十五	十六	十七	十八	十九	廿	廿一	廿二	廿三	廿四	廿五	廿六	廿七	廿八	廿九	卅	五	二	三	四	五	六	七	八	九	十	十一	十二	
星	3	4	5	6	日	1	2	3	4	5	6	日	1	2	3	4	5	6	日	1	2	3	4	5	6	日	1	2	3	4	
干節	乙未	丙申	丁酉	戊戌	己亥	芒種	辛丑	壬寅	癸卯	甲辰	乙巳	丙午	丁未	戊申	己酉	庚戌	辛亥	壬子	癸丑	甲寅	夏至	丙辰	丁巳	戊午	己未	庚申	辛酉	壬戌	癸亥	甲子	

戊戌

一八九八年

（清德宗光緒二四年）

陽歷七月份 （陰歷五、六月份）

陽	7	2	3	4	5	6	7	8	9	10	11	12	13	14	15	16	17	18	19	20	21	22	23	24	25	26	27	28	29	30	31
陰	十三	十四	十五	十六	十七	十八	十九	廿	廿一	廿二	廿三	廿四	廿五	廿六	廿七	廿八	廿九	卅	六	二	三	四	五	六	七	八	九	十	十一	十二	十三
星	5	6	日	1	2	3	4	5	6	日	1	2	3	4	5	6	日	1	2	3	4	5	6	日	1	2	3	4	5	6	日
干節	乙丑	丙寅	丁卯	戊辰	己巳	庚午	小暑	壬申	癸酉	甲戌	乙亥	丙子	丁丑	戊寅	己卯	庚辰	辛巳	壬午	癸未	甲申	乙酉	丙戌	大暑	戊子	己丑	庚寅	辛卯	壬辰	癸巳	甲午	乙未

陽歷八月份 （陰歷六、七月份）

陽	8	2	3	4	5	6	7	8	9	10	11	12	13	14	15	16	17	18	19	20	21	22	23	24	25	26	27	28	29	30	31
陰	十四	十五	十六	十七	十八	十九	廿	廿一	廿二	廿三	廿四	廿五	廿六	廿七	廿八	廿九	七	二	三	四	五	六	七	八	九	十	十一	十二	十三	十四	十五
星	1	2	3	4	5	6	日	1	2	3	4	5	6	日	1	2	3	4	5	6	日	1	2	3	4	5	6	日	1	2	3
干節	丙申	丁酉	戊戌	己亥	庚子	辛丑	立秋	癸卯	甲辰	乙巳	丙午	丁未	戊申	己酉	庚戌	辛亥	壬子	癸丑	甲寅	乙卯	丙辰	丁巳	處暑	己未	庚申	辛酉	壬戌	癸亥	甲子	乙丑	丙寅

陽歷九月份 （陰歷七、八月份）

陽	9	2	3	4	5	6	7	8	9	10	11	12	13	14	15	16	17	18	19	20	21	22	23	24	25	26	27	28	29	30
陰	十六	十七	十八	十九	廿	廿一	廿二	廿三	廿四	廿五	廿六	廿七	廿八	廿九	卅	八	二	三	四	五	六	七	八	九	十	十一	十二	十三	十四	十五
星	4	5	6	日	1	2	3	4	5	6	日	1	2	3	4	5	6	日	1	2	3	4	5	6	日	1	2	3	4	5
干節	丁卯	戊辰	己巳	庚午	辛未	壬申	癸酉	白露	乙亥	丙子	丁丑	戊寅	己卯	庚辰	辛巳	壬午	癸未	甲申	乙酉	丙戌	丁亥	戊子	秋分	庚寅	辛卯	壬辰	癸巳	甲午	乙未	丙申

陽歷十月份 （陰歷八、九月份）

陽	10	2	3	4	5	6	7	8	9	10	11	12	13	14	15	16	17	18	19	20	21	22	23	24	25	26	27	28	29	30	31
陰	十六	十七	十八	十九	廿	廿一	廿二	廿三	廿四	廿五	廿六	廿七	廿八	廿九	九	二	三	四	五	六	七	八	九	十	十一	十二	十三	十四	十五	十六	十七
星	6	日	1	2	3	4	5	6	日	1	2	3	4	5	6	日	1	2	3	4	5	6	日	1	2	3	4	5	6	日	1
干節	丁酉	戊戌	己亥	庚子	辛丑	壬寅	癸卯	寒露	乙巳	丙午	丁未	戊申	己酉	庚戌	辛亥	壬子	癸丑	甲寅	乙卯	丙辰	丁巳	戊午	霜降	庚申	辛酉	壬戌	癸亥	甲子	乙丑	丙寅	丁卯

陽歷十一月份 （陰歷九、十月份）

陽	11	2	3	4	5	6	7	8	9	10	11	12	13	14	15	16	17	18	19	20	21	22	23	24	25	26	27	28	29	30
陰	十八	十九	廿	廿一	廿二	廿三	廿四	廿五	廿六	廿七	廿八	廿九	卅	十	二	三	四	五	六	七	八	九	十	十一	十二	十三	十四	十五	十六	十七
星	2	3	4	5	6	日	1	2	3	4	5	6	日	1	2	3	4	5	6	日	1	2	3	4	5	6	日	1	2	3
干節	戊辰	己巳	庚午	辛未	壬申	癸酉	立冬	乙亥	丙子	丁丑	戊寅	己卯	庚辰	辛巳	壬午	癸未	甲申	乙酉	丙戌	丁亥	戊子	小雪	庚寅	辛卯	壬辰	癸巳	甲午	乙未	丙申	丁酉

陽歷十二月份 （陰歷十、十一月份）

陽	12	2	3	4	5	6	7	8	9	10	11	12	13	14	15	16	17	18	19	20	21	22	23	24	25	26	27	28	29	30	31
陰	十八	十九	廿	廿一	廿二	廿三	廿四	廿五	廿六	廿七	廿八	廿九	十一	二	三	四	五	六	七	八	九	十	十一	十二	十三	十四	十五	十六	十七	十八	十九
星	4	5	6	日	1	2	3	4	5	6	日	1	2	3	4	5	6	日	1	2	3	4	5	6	日	1	2	3	4	5	6
干節	戊戌	己亥	庚子	辛丑	壬寅	癸卯	大雪	乙巳	丙午	丁未	戊申	己酉	庚戌	辛亥	壬子	癸丑	甲寅	乙卯	丙辰	丁巳	戊午	冬至	庚申	辛酉	壬戌	癸亥	甲子	乙丑	丙寅	丁卯	戊辰

己亥　一八九九年　（清德宗光緒二五年）

陽曆一月份　（陰曆十一、十二月份）

陽	1	2	3	4	5	6	7	8	9	10	11	12	13	14	15	16	17	18	19	20	21	22	23	24	25	26	27	28	29	30	31
陰	廿	廿一	廿二	廿三	廿四	廿五	廿六	廿七	廿八	廿九	卅	十二	二	三	四	五	六	七	八	九	十	十一	十二	十三	十四	十五	十六	十七	十八	十九	廿
星	日	1	2	3	4	5	6	日	1	2	3	4	5	6	日	1	2	3	4	5	6	日	1	2	3	4	5	6	日	1	2
干節	己巳	庚午	辛未	壬申	小寒	甲戌	乙亥	丙子	丁丑	戊寅	己卯	庚辰	辛巳	壬午	癸未	甲申	乙酉	丙戌	丁亥	大寒	己丑	庚寅	辛卯	壬辰	癸巳	甲午	乙未	丙申	丁酉	戊戌	己亥

陽曆二月份　（陰曆十二、正月份）

陽	2	2	3	4	5	6	7	8	9	10	11	12	13	14	15	16	17	18	19	20	21	22	23	24	25	26	27	28			
陰	廿一	廿二	廿三	廿四	廿五	廿六	廿七	廿八	廿九	正	二	三	四	五	六	七	八	九	十	十一	十二	十三	十四	十五	十六	十七	十八	十九	—	—	—
星	3	4	5	6	日	1	2	3	4	5	6	日	1	2	3	4	5	6	日	1	2	3	4	5	6	日	1	2	—	—	—
干節	庚子	辛丑	壬寅	立春	甲辰	乙巳	丙午	丁未	戊申	己酉	庚戌	辛亥	壬子	癸丑	甲寅	乙卯	丙辰	丁巳	雨水	己未	庚申	辛酉	壬戌	癸亥	甲子	乙丑	丙寅	丁卯			

陽曆三月份　（陰曆正、二月份）

陽	3	2	3	4	5	6	7	8	9	10	11	12	13	14	15	16	17	18	19	20	21	22	23	24	25	26	27	28	29	30	31
陰	廿	廿一	廿二	廿三	廿四	廿五	廿六	廿七	廿八	廿九	卅	二	二	三	四	五	六	七	八	九	十	十一	十二	十三	十四	十五	十六	十七	十八	十九	廿
星	3	4	5	6	日	1	2	3	4	5	6	日	1	2	3	4	5	6	日	1	2	3	4	5	6	日	1	2	3	4	5
干節	戊辰	己巳	庚午	辛未	壬申	驚蟄	甲戌	乙亥	丙子	丁丑	戊寅	己卯	庚辰	辛巳	壬午	癸未	甲申	乙酉	丙戌	丁亥	春分	己丑	庚寅	辛卯	壬辰	癸巳	甲午	乙未	丙申	丁酉	戊戌

陽曆四月份　（陰曆二、三月份）

陽	4	2	3	4	5	6	7	8	9	10	11	12	13	14	15	16	17	18	19	20	21	22	23	24	25	26	27	28	29	30	
陰	廿一	廿二	廿三	廿四	廿五	廿六	廿七	廿八	廿九	三	二	三	四	五	六	七	八	九	十	十一	十二	十三	十四	十五	十六	十七	十八	十九	廿	廿一	
星	6	日	1	2	3	4	5	6	日	1	2	3	4	5	6	日	1	2	3	4	5	6	日	1	2	3	4	5	6	日	
干節	己亥	庚子	辛丑	壬寅	清明	甲辰	乙巳	丙午	丁未	戊申	己酉	庚戌	辛亥	壬子	癸丑	甲寅	乙卯	丙辰	丁巳	穀雨	己未	庚申	辛酉	壬戌	癸亥	甲子	乙丑	丙寅	丁卯	戊辰	

陽曆五月份　（陰曆三、四月份）

陽	5	2	3	4	5	6	7	8	9	10	11	12	13	14	15	16	17	18	19	20	21	22	23	24	25	26	27	28	29	30	31
陰	廿二	廿三	廿四	廿五	廿六	廿七	廿八	廿九	卅	四	二	三	四	五	六	七	八	九	十	十一	十二	十三	十四	十五	十六	十七	十八	十九	廿	廿一	廿二
星	1	2	3	4	5	6	日	1	2	3	4	5	6	日	1	2	3	4	5	6	日	1	2	3	4	5	6	日	1	2	3
干節	己巳	庚午	辛未	壬申	癸酉	立夏	乙亥	丙子	丁丑	戊寅	己卯	庚辰	辛巳	壬午	癸未	甲申	乙酉	丙戌	丁亥	戊子	小滿	庚寅	辛卯	壬辰	癸巳	甲午	乙未	丙申	丁酉	戊戌	己亥

陽曆六月份　（陰曆四、五月份）

陽	6	2	3	4	5	6	7	8	9	10	11	12	13	14	15	16	17	18	19	20	21	22	23	24	25	26	27	28	29	30	
陰	廿三	廿四	廿五	廿六	廿七	廿八	廿九	五	二	三	四	五	六	七	八	九	十	十一	十二	十三	十四	十五	十六	十七	十八	十九	廿	廿一	廿二	廿三	—
星	4	5	6	日	1	2	3	4	5	6	日	1	2	3	4	5	6	日	1	2	3	4	5	6	日	1	2	3	4	5	—
干節	庚子	辛丑	壬寅	癸卯	甲辰	芒種	丙午	丁未	戊申	己酉	庚戌	辛亥	壬子	癸丑	甲寅	乙卯	丙辰	丁巳	戊午	己未	庚申	夏至	壬戌	癸亥	甲子	乙丑	丙寅	丁卯	戊辰	己巳	

己亥 一八九九年（清德宗光緒二五年）

陽歷七月份 （陰歷五、六月份）

陽	**7**	2	3	4	5	6	7	8	9	10	11	12	13	14	15	16	17	18	19	20	21	22	23	24	25	26	27	28	29	30	31
陰	廿四	廿五	廿六	廿七	廿八	廿九	卅	**六**	二	三	四	五	六	七	八	九	十	十一	十二	十三	十四	十五	十六	十七	十八	十九	廿	廿一	廿二	廿三	廿四
星	6	**日**	1	2	3	4	5	6	**日**	1	2	3	4	5	6	**日**	1	2	3	4	5	6	**日**	1	2	3	4	5	6	**日**	1
干節	庚午	辛未	壬申	癸酉	甲戌	乙亥	**小暑**	丁丑	戊寅	己卯	庚辰	辛巳	壬午	癸未	甲申	乙酉	丙戌	丁亥	戊子	己丑	庚寅	辛卯	**大暑**	癸巳	甲午	乙未	丙申	丁酉	戊戌	己亥	庚子

陽歷八月份 （陰歷六、七月份）

陽	**8**	2	3	4	5	6	7	8	9	10	11	12	13	14	15	16	17	18	19	20	21	22	23	24	25	26	27	28	29	30	31
陰	廿五	廿六	廿七	廿八	廿九	**七**	二	三	四	五	六	七	八	九	十	十一	十二	十三	十四	十五	十六	十七	十八	十九	廿	廿一	廿二	廿三	廿四	廿五	廿六
星	2	3	4	5	6	**日**	1	2	3	4	5	6	**日**	1	2	3	4	5	6	**日**	1	2	3	4	5	6	**日**	1	2	3	4
干節	辛丑	壬寅	癸卯	甲辰	乙巳	丙午	丁未	**立秋**	己酉	庚戌	辛亥	壬子	癸丑	甲寅	乙卯	丙辰	丁巳	戊午	己未	庚申	辛酉	壬戌	**處暑**	甲子	乙丑	丙寅	丁卯	戊辰	己巳	庚午	辛未

陽歷九月份 （陰歷七、八月份）

陽	**9**	2	3	4	5	6	7	8	9	10	11	12	13	14	15	16	17	18	19	20	21	22	23	24	25	26	27	28	29	30	—
陰	廿七	廿八	廿九	卅	**八**	二	三	四	五	六	七	八	九	十	十一	十二	十三	十四	十五	十六	十七	十八	十九	廿	廿一	廿二	廿三	廿四	廿五	廿六	—
星	5	6	**日**	1	2	3	4	5	6	**日**	1	2	3	4	5	6	**日**	1	2	3	4	5	6	**日**	1	2	3	4	5	6	—
干節	壬申	癸酉	甲戌	乙亥	丙子	丁丑	戊寅	**白露**	庚辰	辛巳	壬午	癸未	甲申	乙酉	丙戌	丁亥	戊子	己丑	庚寅	辛卯	壬辰	癸巳	**秋分**	乙未	丙申	丁酉	戊戌	己亥	庚子	辛丑	—

陽歷十月份 （陰歷八、九月份）

陽	**10**	2	3	4	5	6	7	8	9	10	11	12	13	14	15	16	17	18	19	20	21	22	23	24	25	26	27	28	29	30	31
陰	廿七	廿八	廿九	卅	**九**	二	三	四	五	六	七	八	九	十	十一	十二	十三	十四	十五	十六	十七	十八	十九	廿	廿一	廿二	廿三	廿四	廿五	廿六	廿七
星	**日**	1	2	3	4	5	6	**日**	1	2	3	4	5	6	**日**	1	2	3	4	5	6	**日**	1	2	3	4	5	6	**日**	1	2
干節	壬寅	癸卯	甲辰	乙巳	丙午	丁未	戊申	**寒露**	庚戌	辛亥	壬子	癸丑	甲寅	乙卯	丙辰	丁巳	戊午	己未	庚申	辛酉	壬戌	癸亥	甲子	**霜降**	丙寅	丁卯	戊辰	己巳	庚午	辛未	壬申

陽歷十一月份 （陰歷九、十月份）

陽	**11**	2	3	4	5	6	7	8	9	10	11	12	13	14	15	16	17	18	19	20	21	22	23	24	25	26	27	28	29	30	—
陰	廿八	廿九	**十**	二	三	四	五	六	七	八	九	十	十一	十二	十三	十四	十五	十六	十七	十八	十九	廿	廿一	廿二	廿三	廿四	廿五	廿六	廿七	廿八	—
星	3	4	5	6	**日**	1	2	3	4	5	6	**日**	1	2	3	4	5	6	**日**	1	2	3	4	5	6	**日**	1	2	3	4	—
干節	癸酉	甲戌	乙亥	丙子	丁丑	戊寅	**立冬**	庚辰	辛巳	壬午	癸未	甲申	乙酉	丙戌	丁亥	戊子	己丑	庚寅	辛卯	壬辰	癸巳	**小雪**	乙未	丙申	丁酉	戊戌	己亥	庚子	辛丑	壬寅	—

陽歷十二月份 （陰歷十、十一月份）

陽	**12**	2	3	4	5	6	7	8	9	10	11	12	13	14	15	16	17	18	19	20	21	22	23	24	25	26	27	28	29	30	31
陰	廿九	卅	**十一**	二	三	四	五	六	七	八	九	十	十一	十二	十三	十四	十五	十六	十七	十八	十九	廿	廿一	廿二	廿三	廿四	廿五	廿六	廿七	廿八	廿九
星	5	6	**日**	1	2	3	4	5	6	**日**	1	2	3	4	5	6	**日**	1	2	3	4	5	6	**日**	1	2	3	4	5	6	**日**
干節	癸卯	甲辰	乙巳	丙午	丁未	戊申	**大雪**	庚戌	辛亥	壬子	癸丑	甲寅	乙卯	丙辰	丁巳	戊午	己未	庚申	辛酉	壬戌	癸亥	**冬至**	乙丑	丙寅	丁卯	戊辰	己巳	庚午	辛未	壬申	癸酉

近世中西史日對照表

庚子　一九〇〇年　（清德宗光緒二六年）

（註三六）太陽新曆，本年不閏。

陽歷 一月份　（陰歷十二、正月份）

陽	1	2	3	4	5	6	7	8	9	10	11	12	13	14	15	16	17	18	19	20	21	22	23	24	25	26	27	28	29	30	31
陰	十二	二	三	四	五	六	七	八	九	十	十一	十二	十三	十四	十五	十六	十七	十八	十九	廿	廿一	廿二	廿三	廿四	廿五	廿六	廿七	廿八	廿九	卅	正
星	1	2	3	4	5	6	日	1	2	3	4	5	6	日	1	2	3	4	5	6	日	1	2	3	4	5	6	日	1	2	3
干節	甲戌	乙亥	丙子	丁丑	戊寅	小寒	庚辰	辛巳	壬午	癸未	甲申	乙酉	丙戌	丁亥	戊子	己丑	庚寅	辛卯	壬辰	大寒	甲午	乙未	丙申	丁酉	戊戌	己亥	庚子	辛丑	壬寅	癸卯	甲辰

陽歷 二月份　（陰歷正月份）

陽	2	2	3	4	5	6	7	8	9	10	11	12	13	14	15	16	17	18	19	20	21	22	23	24	25	26	27	28	—	—	—
陰	二	三	四	五	六	七	八	九	十	十一	十二	十三	十四	十五	十六	十七	十八	十九	廿	廿一	廿二	廿三	廿四	廿五	廿六	廿七	廿八	廿九	—	—	—
星	4	5	6	日	1	2	3	4	5	6	日	1	2	3	4	5	6	日	1	2	3	4	5	6	日	1	2	3	—	—	—
干節	乙巳	丙午	丁未	立春	己酉	庚戌	辛亥	壬子	癸丑	甲寅	乙卯	丙辰	丁巳	戊午	己未	庚申	辛酉	壬戌	雨水	甲子	乙丑	丙寅	丁卯	戊辰	己巳	庚午	辛未	壬申			

陽歷 三月份　（陰歷二、三月份）

陽	3	2	3	4	5	6	7	8	9	10	11	12	13	14	15	16	17	18	19	20	21	22	23	24	25	26	27	28	29	30	31
陰	二	二	三	四	五	六	七	八	九	十	十一	十二	十三	十四	十五	十六	十七	十八	十九	廿	廿一	廿二	廿三	廿四	廿五	廿六	廿七	廿八	廿九	卅	三
星	4	5	6	日	1	2	3	4	5	6	日	1	2	3	4	5	6	日	1	2	3	4	5	6	日	1	2	3	4	5	6
干節	癸酉	甲戌	乙亥	丙子	丁丑	驚蟄	己卯	庚辰	辛巳	壬午	癸未	甲申	乙酉	丙戌	丁亥	戊子	己丑	庚寅	辛卯	壬辰	春分	甲午	乙未	丙申	丁酉	戊戌	己亥	庚子	辛丑	壬寅	癸卯

陽歷 四月份　（陰歷三、四月份）

陽	4	2	3	4	5	6	7	8	9	10	11	12	13	14	15	16	17	18	19	20	21	22	23	24	25	26	27	28	29	30	—
陰	二	三	四	五	六	七	八	九	十	十一	十二	十三	十四	十五	十六	十七	十八	十九	廿	廿一	廿二	廿三	廿四	廿五	廿六	廿七	廿八	廿九	四	二	—
星	日	1	2	3	4	5	6	日	1	2	3	4	5	6	日	1	2	3	4	5	6	日	1	2	3	4	5	6	日	1	—
干節	甲辰	乙巳	丙午	丁未	清明	己酉	庚戌	辛亥	壬子	癸丑	甲寅	乙卯	丙辰	丁巳	戊午	己未	庚申	辛酉	壬戌	穀雨	甲子	乙丑	丙寅	丁卯	戊辰	己巳	庚午	辛未	壬申	癸酉	

陽歷 五月份　（陰歷四、五月份）

陽	5	2	3	4	5	6	7	8	9	10	11	12	13	14	15	16	17	18	19	20	21	22	23	24	25	26	27	28	29	30	31
陰	三	四	五	六	七	八	九	十	十一	十二	十三	十四	十五	十六	十七	十八	十九	廿	廿一	廿二	廿三	廿四	廿五	廿六	廿七	廿八	廿九	五	二	三	四
星	2	3	4	5	6	日	1	2	3	4	5	6	日	1	2	3	4	5	6	日	1	2	3	4	5	6	日	1	2	3	4
干節	甲戌	乙亥	丙子	丁丑	戊寅	立夏	庚辰	辛巳	壬午	癸未	甲申	乙酉	丙戌	丁亥	戊子	己丑	庚寅	辛卯	壬辰	癸巳	小滿	乙未	丙申	丁酉	戊戌	己亥	庚子	辛丑	壬寅	癸卯	甲辰

陽歷 六月份　（陰歷五、六月份）

陽	6	2	3	4	5	6	7	8	9	10	11	12	13	14	15	16	17	18	19	20	21	22	23	24	25	26	27	28	29	30	—
陰	五	六	七	八	九	十	十一	十二	十三	十四	十五	十六	十七	十八	十九	廿	廿一	廿二	廿三	廿四	廿五	廿六	廿七	廿八	廿九	卅	六	二	三	四	—
星	5	6	日	1	2	3	4	5	6	日	1	2	3	4	5	6	日	1	2	3	4	5	6	日	1	2	3	4	5	6	—
干節	乙巳	丙午	丁未	戊申	己酉	芒種	辛亥	壬子	癸丑	甲寅	乙卯	丙辰	丁巳	戊午	己未	庚申	辛酉	壬戌	癸亥	甲子	乙丑	夏至	丁卯	戊辰	己巳	庚午	辛未	壬申	癸酉	甲戌	

陽歷七月份　（陰歷六、七月份）

陽	7	2	3	4	5	6	7	8	9	10	11	12	13	14	15	16	17	18	19	20	21	22	23	24	25	26	27	28	29	30	31
陰	五	六	七	八	九	十	十一	十二	十三	十四	十五	十六	十七	十八	十九	廿	廿一	廿二	廿三	廿四	廿五	廿六	廿七	廿八	廿九	七	二	三	四	五	六
星	日	1	2	3	4	5	6	日	1	2	3	4	5	6	日	1	2	3	4	5	6	日	1	2	3	4	5	6	日	1	2
干節	乙亥	丙子	丁丑	戊寅	己卯	庚辰	小暑	壬午	癸未	甲申	乙酉	丙戌	丁亥	戊子	己丑	庚寅	辛卯	壬辰	癸巳	甲午	乙未	丙申	大暑	戊戌	己亥	庚子	辛丑	壬寅	癸卯	甲辰	乙巳

陽歷八月份　（陰歷七、八月份）

陽	8	2	3	4	5	6	7	8	9	10	11	12	13	14	15	16	17	18	19	20	21	22	23	24	25	26	27	28	29	30	31
陰	七	八	九	十	十一	十二	十三	十四	十五	十六	十七	十八	十九	廿	廿一	廿二	廿三	廿四	廿五	廿六	廿七	廿八	廿九	卅	八	二	三	四	五	六	七
星	3	4	5	6	日	1	2	3	4	5	6	日	1	2	3	4	5	6	日	1	2	3	4	5	6	日	1	2	3	4	5
干節	丙午	丁未	戊申	己酉	庚戌	辛亥	壬子	立秋	甲寅	乙卯	丙辰	丁巳	戊午	己未	庚申	辛酉	壬戌	癸亥	甲子	乙丑	丙寅	丁卯	處暑	己巳	庚午	辛未	壬申	癸酉	甲戌	乙亥	丙子

陽歷九月份　（陰歷八、閏八月份）

陽	9	2	3	4	5	6	7	8	9	10	11	12	13	14	15	16	17	18	19	20	21	22	23	24	25	26	27	28	29	30	
陰	八	九	十	十一	十二	十三	十四	十五	十六	十七	十八	十九	廿	廿一	廿二	廿三	廿四	廿五	廿六	廿七	廿八	廿九	卅	閏	二	三	四	五	六	七	
星	6	日	1	2	3	4	5	6	日	1	2	3	4	5	6	日	1	2	3	4	5	6	日	1	2	3	4	5	6	日	
干節	丁丑	戊寅	己卯	庚辰	辛巳	壬午	癸未	白露	乙酉	丙戌	丁亥	戊子	己丑	庚寅	辛卯	壬辰	癸巳	甲午	乙未	丙申	丁酉	戊戌	秋分	庚子	辛丑	壬寅	癸卯	甲辰	乙巳	丙午	

陽歷十月份　（陰歷閏八、九月份）

陽	10	2	3	4	5	6	7	8	9	10	11	12	13	14	15	16	17	18	19	20	21	22	23	24	25	26	27	28	29	30	31
陰	八	九	十	十一	十二	十三	十四	十五	十六	十七	十八	十九	廿	廿一	廿二	廿三	廿四	廿五	廿六	廿七	廿八	廿九	九	二	三	四	五	六	七	八	九
星	1	2	3	4	5	6	日	1	2	3	4	5	6	日	1	2	3	4	5	6	日	1	2	3	4	5	6	日	1	2	3
干節	丁未	戊申	己酉	庚戌	辛亥	壬子	癸丑	甲寅	寒露	丙辰	丁巳	戊午	己未	庚申	辛酉	壬戌	癸亥	甲子	乙丑	丙寅	丁卯	戊辰	己巳	霜降	辛未	壬申	癸酉	甲戌	乙亥	丙子	丁丑

陽歷十一月份　（陰歷九、十月份）

陽	11	2	3	4	5	6	7	8	9	10	11	12	13	14	15	16	17	18	19	20	21	22	23	24	25	26	27	28	29	30	
陰	十	十一	十二	十三	十四	十五	十六	十七	十八	十九	廿	廿一	廿二	廿三	廿四	廿五	廿六	廿七	廿八	廿九	卅	十	二	三	四	五	六	七	八	九	
星	4	5	6	日	1	2	3	4	5	6	日	1	2	3	4	5	6	日	1	2	3	4	5	6	日	1	2	3	4	5	
干節	戊寅	己卯	庚辰	辛巳	壬午	癸未	甲申	立冬	丙戌	丁亥	戊子	己丑	庚寅	辛卯	壬辰	癸巳	甲午	乙未	丙申	丁酉	戊戌	己亥	小雪	辛丑	壬寅	癸卯	甲辰	乙巳	丙午	丁未	

陽歷十二月份　（陰歷十、十一月份）

陽	12	2	3	4	5	6	7	8	9	10	11	12	13	14	15	16	17	18	19	20	21	22	23	24	25	26	27	28	29	30	31
陰	十	十一	十二	十三	十四	十五	十六	十七	十八	十九	廿	廿一	廿二	廿三	廿四	廿五	廿六	廿七	廿八	廿九	卅	十一	二	三	四	五	六	七	八	九	十
星	6	日	1	2	3	4	5	6	日	1	2	3	4	5	6	日	1	2	3	4	5	6	日	1	2	3	4	5	6	日	1
干節	戊申	己酉	庚戌	辛亥	壬子	癸丑	大雪	乙卯	丙辰	丁巳	戊午	己未	庚申	辛酉	壬戌	癸亥	甲子	乙丑	丙寅	丁卯	戊辰	冬至	庚午	辛未	壬申	癸酉	甲戌	乙亥	丙子	丁丑	戊寅

近世中西史日對照表

辛丑 一九〇一年（清德宗光緒二十七年）

陽歷一月份　(陰歷十一、十二月份)

陽	1	2	3	4	5	6	7	8	9	10	11	12	13	14	15	16	17	18	19	20	21	22	23	24	25	26	27	28	29	30	31
陰	十一	十二	十三	十四	十五	十六	十七	十八	十九	廿	廿一	廿二	廿三	廿四	廿五	廿六	廿七	廿八	廿九	十二	二	三	四	五	六	七	八	九	十	十一	十二
星	2	3	4	5	6	日	1	2	3	4	5	6	日	1	2	3	4	5	6	日	1	2	3	4	5	6	日	1	2	3	4
干節	己卯	庚辰	辛巳	壬午	癸未	小寒	乙酉	丙戌	丁亥	戊子	己丑	庚寅	辛卯	壬辰	癸巳	甲午	乙未	丙申	丁酉	戊戌	大寒	庚子	辛丑	壬寅	癸卯	甲辰	乙巳	丙午	丁未	戊申	己酉

陽歷二月份　(陰歷十二、正月份)

陽	1	2	3	4	5	6	7	8	9	10	11	12	13	14	15	16	17	18	19	20	21	22	23	24	25	26	27	28			
陰	十三	十四	十五	十六	十七	十八	十九	廿	廿一	廿二	廿三	廿四	廿五	廿六	廿七	廿八	廿九	卅	正	二	三	四	五	六	七	八	九	十			
星	5	6	日	1	2	3	4	5	6	日	1	2	3	4	5	6	日	1	2	3	4	5	6	日	1	2	3	4			
干節	庚戌	辛亥	壬子	立春	甲寅	乙卯	丙辰	丁巳	戊午	己未	庚申	辛酉	壬戌	癸亥	甲子	乙丑	丙寅	丁卯	雨水	己巳	庚午	辛未	壬申	癸酉	甲戌	乙亥	丙子	丁丑			

陽歷三月份　(陰歷正、二月份)

陽	1	2	3	4	5	6	7	8	9	10	11	12	13	14	15	16	17	18	19	20	21	22	23	24	25	26	27	28	29	30	31
陰	十一	十二	十三	十四	十五	十六	十七	十八	十九	廿	廿一	廿二	廿三	廿四	廿五	廿六	廿七	廿八	廿九	二	二	三	四	五	六	七	八	九	十	十一	十二
星	5	6	日	1	2	3	4	5	6	日	1	2	3	4	5	6	日	1	2	3	4	5	6	日	1	2	3	4	5	6	日
干節	戊寅	己卯	庚辰	辛巳	壬午	驚蟄	甲申	乙酉	丙戌	丁亥	戊子	己丑	庚寅	辛卯	壬辰	癸巳	甲午	乙未	丙申	丁酉	春分	己亥	庚子	辛丑	壬寅	癸卯	甲辰	乙巳	丙午	丁未	戊申

陽歷四月份　(陰歷二、三月份)

陽	1	2	3	4	5	6	7	8	9	10	11	12	13	14	15	16	17	18	19	20	21	22	23	24	25	26	27	28	29	30
陰	十三	十四	十五	十六	十七	十八	十九	廿	廿一	廿二	廿三	廿四	廿五	廿六	廿七	廿八	廿九	卅	三	二	三	四	五	六	七	八	九	十	十一	十二
星	1	2	3	4	5	6	日	1	2	3	4	5	6	日	1	2	3	4	5	6	日	1	2	3	4	5	6	日	1	2
干節	己酉	庚戌	辛亥	壬子	清明	甲寅	乙卯	丙辰	丁巳	戊午	己未	庚申	辛酉	壬戌	癸亥	甲子	乙丑	丙寅	丁卯	戊辰	穀雨	庚午	辛未	壬申	癸酉	甲戌	乙亥	丙子	丁丑	戊寅

陽歷五月份　(陰歷三、四月份)

陽	1	2	3	4	5	6	7	8	9	10	11	12	13	14	15	16	17	18	19	20	21	22	23	24	25	26	27	28	29	30	31
陰	十三	十四	十五	十六	十七	十八	十九	廿	廿一	廿二	廿三	廿四	廿五	廿六	廿七	廿八	廿九	四	二	三	四	五	六	七	八	九	十	十一	十二	十三	十四
星	3	4	5	6	日	1	2	3	4	5	6	日	1	2	3	4	5	6	日	1	2	3	4	5	6	日	1	2	3	4	5
干節	己卯	庚辰	辛巳	壬午	癸未	立夏	乙酉	丙戌	丁亥	戊子	己丑	庚寅	辛卯	壬辰	癸巳	甲午	乙未	丙申	丁酉	戊戌	己亥	小滿	辛丑	壬寅	癸卯	甲辰	乙巳	丙午	丁未	戊申	己酉

陽歷六月份　(陰歷四、五月份)

陽	1	2	3	4	5	6	7	8	9	10	11	12	13	14	15	16	17	18	19	20	21	22	23	24	25	26	27	28	29	30
陰	十五	十六	十七	十八	十九	廿	廿一	廿二	廿三	廿四	廿五	廿六	廿七	廿八	廿九	五	二	三	四	五	六	七	八	九	十	十一	十二	十三	十四	十五
星	6	日	1	2	3	4	5	6	日	1	2	3	4	5	6	日	1	2	3	4	5	6	日	1	2	3	4	5	6	日
干節	庚戌	辛亥	壬子	癸丑	甲寅	芒種	丙辰	丁巳	戊午	己未	庚申	辛酉	壬戌	癸亥	甲子	乙丑	丙寅	丁卯	戊辰	己巳	庚午	夏至	壬申	癸酉	甲戌	乙亥	丙子	丁丑	戊寅	己卯

近世中西史日對照表

辛丑　一九〇一年（清德宗光緒二十七年）

陽曆七月份　（陰曆五、六月份）

陽	**7**	2	3	4	5	6	7	8	9	10	11	12	13	14	15	16	17	18	19	20	21	22	23	24	25	26	27	28	29	30	31
陰	十六	十七	十八	十九	廿	廿一	廿二	廿三	廿四	廿五	廿六	廿七	廿八	廿九	卅	**六**	二	三	四	五	六	七	八	九	十	十一	十二	十三	十四	十五	十六
星	1	2	3	4	5	6	日	1	2	3	4	5	6	日	1	2	3	4	5	6	日	1	2	3	4	5	6	日	1	2	3
干節	庚辰	辛巳	壬午	癸未	甲申	乙酉	丙戌	**小暑**	戊子	己丑	庚寅	辛卯	壬辰	癸巳	甲午	乙未	丙申	丁酉	戊戌	己亥	庚子	辛丑	**大暑**	癸卯	甲辰	乙巳	丙午	丁未	戊申	己酉	庚戌

陽曆八月份　（陰曆六、七月份）

陽	**8**	2	3	4	5	6	7	8	9	10	11	12	13	14	15	16	17	18	19	20	21	22	23	24	25	26	27	28	29	30	31
陰	十七	十八	十九	廿	廿一	廿二	廿三	廿四	廿五	廿六	廿七	廿八	廿九	**七**	二	三	四	五	六	七	八	九	十	十一	十二	十三	十四	十五	十六	十七	十八
星	4	5	6	日	1	2	3	4	5	6	日	1	2	3	4	5	6	日	1	2	3	4	5	6	日	1	2	3	4	5	6
干節	辛亥	壬子	癸丑	甲寅	乙卯	丙辰	丁巳	**立秋**	己未	庚申	辛酉	壬戌	癸亥	甲子	乙丑	丙寅	丁卯	戊辰	己巳	庚午	辛未	壬申	癸酉	**處暑**	乙亥	丙子	丁丑	戊寅	己卯	庚辰	辛巳

陽曆九月份　（陰曆七、八月份）

陽	**9**	2	3	4	5	6	7	8	9	10	11	12	13	14	15	16	17	18	19	20	21	22	23	24	25	26	27	28	29	30	
陰	十九	廿	廿一	廿二	廿三	廿四	廿五	廿六	廿七	廿八	廿九	卅	**八**	二	三	四	五	六	七	八	九	十	十一	十二	十三	十四	十五	十六	十七	十八	
星	日	1	2	3	4	5	6	日	1	2	3	4	5	6	日	1	2	3	4	5	6	日	1	2	3	4	5	6	日	1	
干節	壬午	癸未	甲申	乙酉	丙戌	丁亥	戊子	**白露**	庚寅	辛卯	壬辰	癸巳	甲午	乙未	丙申	丁酉	戊戌	己亥	庚子	辛丑	壬寅	癸卯	甲辰	**秋分**	丙午	丁未	戊申	己酉	庚戌	辛亥	

陽曆十月份　（陰曆八、九月份）

陽	**10**	2	3	4	5	6	7	8	9	10	11	12	13	14	15	16	17	18	19	20	21	22	23	24	25	26	27	28	29	30	31
陰	十九	廿	廿一	廿二	廿三	廿四	廿五	廿六	廿七	廿八	廿九	**九**	二	三	四	五	六	七	八	九	十	十一	十二	十三	十四	十五	十六	十七	十八	十九	廿
星	2	3	4	5	6	日	1	2	3	4	5	6	日	1	2	3	4	5	6	日	1	2	3	4	5	6	日	1	2	3	4
干節	壬子	癸丑	甲寅	乙卯	丙辰	丁巳	戊午	己未	**寒露**	辛酉	壬戌	癸亥	甲子	乙丑	丙寅	丁卯	戊辰	己巳	庚午	辛未	壬申	癸酉	甲戌	**霜降**	丙子	丁丑	戊寅	己卯	庚辰	辛巳	壬午

陽曆十一月份　（陰曆九、十月份）

陽	**11**	2	3	4	5	6	7	8	9	10	11	12	13	14	15	16	17	18	19	20	21	22	23	24	25	26	27	28	29	30	
陰	廿一	廿二	廿三	廿四	廿五	廿六	廿七	廿八	廿九	卅	**十**	二	三	四	五	六	七	八	九	十	十一	十二	十三	十四	十五	十六	十七	十八	十九	廿	
星	5	6	日	1	2	3	4	5	6	日	1	2	3	4	5	6	日	1	2	3	4	5	6	日	1	2	3	4	5	6	
干節	癸未	甲申	乙酉	丙戌	丁亥	戊子	己丑	**立冬**	辛卯	壬辰	癸巳	甲午	乙未	丙申	丁酉	戊戌	己亥	庚子	辛丑	壬寅	癸卯	甲辰	**小雪**	丙午	丁未	戊申	己酉	庚戌	辛亥	壬子	

陽曆十二月份　（陰曆十、十一月份）

陽	**12**	2	3	4	5	6	7	8	9	10	11	12	13	14	15	16	17	18	19	20	21	22	23	24	25	26	27	28	29	30	31
陰	廿一	廿二	廿三	廿四	廿五	廿六	廿七	廿八	廿九	卅	**十一**	二	三	四	五	六	七	八	九	十	十一	十二	十三	十四	十五	十六	十七	十八	十九	廿	廿一
星	日	1	2	3	4	5	6	日	1	2	3	4	5	6	日	1	2	3	4	5	6	日	1	2	3	4	5	6	日	1	2
干節	癸丑	甲寅	乙卯	丙辰	丁巳	戊午	己未	**大雪**	辛酉	壬戌	癸亥	甲子	乙丑	丙寅	丁卯	戊辰	己巳	庚午	辛未	壬申	癸酉	**冬至**	乙亥	丙子	丁丑	戊寅	己卯	庚辰	辛巳	壬午	癸未

壬寅 一九〇二年（清德宗光緒二八年）

陽歷一月份（陰歷十一、十二月份）

陽	1	2	3	4	5	6	7	8	9	10	11	12	13	14	15	16	17	18	19	20	21	22	23	24	25	26	27	28	29	30	31
陰	廿二	廿三	廿四	廿五	廿六	廿七	廿八	廿九	卅	十二	二	三	四	五	六	七	八	九	十	十一	十二	十三	十四	十五	十六	十七	十八	十九	廿	廿一	廿二
星	3	4	5	6	日	1	2	3	4	5	6	日	1	2	3	4	5	6	日	1	2	3	4	5	6	日	1	2	3	4	5
干節	甲申	乙酉	丙戌	丁亥	戊子	小寒	庚寅	辛卯	壬辰	癸巳	甲午	乙未	丙申	丁酉	戊戌	己亥	庚子	辛丑	壬寅	癸卯	大寒	乙巳	丙午	丁未	戊申	己酉	庚戌	辛亥	壬子	癸丑	甲寅

陽歷二月份（陰歷十二、正月份）

陽	2	2	3	4	5	6	7	8	9	10	11	12	13	14	15	16	17	18	19	20	21	22	23	24	25	26	27	28
陰	廿三	廿四	廿五	廿六	廿七	廿八	廿九	正	二	三	四	五	六	七	八	九	十	十一	十二	十三	十四	十五	十六	十七	十八	十九	廿	廿一
星	6	日	1	2	3	4	5	6	日	1	2	3	4	5	6	日	1	2	3	4	5	6	日	1	2	3	4	5
干節	乙卯	丙辰	丁巳	戊午	立春	庚申	辛酉	壬戌	癸亥	甲子	乙丑	丙寅	丁卯	戊辰	己巳	庚午	辛未	壬申	雨水	甲戌	乙亥	丙子	丁丑	戊寅	己卯	庚辰	辛巳	壬午

陽歷三月份（陰歷正、二月份）

陽	3	2	3	4	5	6	7	8	9	10	11	12	13	14	15	16	17	18	19	20	21	22	23	24	25	26	27	28	29	30	31
陰	廿二	廿三	廿四	廿五	廿六	廿七	廿八	廿九	卅	二	二	三	四	五	六	七	八	九	十	十一	十二	十三	十四	十五	十六	十七	十八	十九	廿	廿一	廿二
星	6	日	1	2	3	4	5	6	日	1	2	3	4	5	6	日	1	2	3	4	5	6	日	1	2	3	4	5	6	日	1
干節	癸未	甲申	乙酉	丙戌	丁亥	驚蟄	己丑	庚寅	辛卯	壬辰	癸巳	甲午	乙未	丙申	丁酉	戊戌	己亥	庚子	辛丑	壬寅	春分	甲辰	乙巳	丙午	丁未	戊申	己酉	庚戌	辛亥	壬子	癸丑

陽歷四月份（陰歷二、三月份）

陽	4	2	3	4	5	6	7	8	9	10	11	12	13	14	15	16	17	18	19	20	21	22	23	24	25	26	27	28	29	30
陰	廿三	廿四	廿五	廿六	廿七	廿八	廿九	三	二	三	四	五	六	七	八	九	十	十一	十二	十三	十四	十五	十六	十七	十八	十九	廿	廿一	廿二	廿三
星	2	3	4	5	6	日	1	2	3	4	5	6	日	1	2	3	4	5	6	日	1	2	3	4	5	6	日	1	2	3
干節	甲寅	乙卯	丙辰	丁巳	戊午	清明	庚申	辛酉	壬戌	癸亥	甲子	乙丑	丙寅	丁卯	戊辰	己巳	庚午	辛未	壬申	癸酉	穀雨	乙亥	丙子	丁丑	戊寅	己卯	庚辰	辛巳	壬午	癸未

陽歷五月份（陰歷三、四月份）

陽	5	2	3	4	5	6	7	8	9	10	11	12	13	14	15	16	17	18	19	20	21	22	23	24	25	26	27	28	29	30	31
陰	廿四	廿五	廿六	廿七	廿八	廿九	卅	四	二	三	四	五	六	七	八	九	十	十一	十二	十三	十四	十五	十六	十七	十八	十九	廿	廿一	廿二	廿三	廿四
星	4	5	6	日	1	2	3	4	5	6	日	1	2	3	4	5	6	日	1	2	3	4	5	6	日	1	2	3	4	5	6
干節	甲申	乙酉	丙戌	丁亥	戊子	立夏	庚寅	辛卯	壬辰	癸巳	甲午	乙未	丙申	丁酉	戊戌	己亥	庚子	辛丑	壬寅	癸卯	甲辰	小滿	丙午	丁未	戊申	己酉	庚戌	辛亥	壬子	癸丑	甲寅

陽歷六月份（陰歷四、五月份）

陽	6	2	3	4	5	6	7	8	9	10	11	12	13	14	15	16	17	18	19	20	21	22	23	24	25	26	27	28	29	30
陰	廿五	廿六	廿七	廿八	廿九	五	二	三	四	五	六	七	八	九	十	十一	十二	十三	十四	十五	十六	十七	十八	十九	廿	廿一	廿二	廿三	廿四	廿五
星	日	1	2	3	4	5	6	日	1	2	3	4	5	6	日	1	2	3	4	5	6	日	1	2	3	4	5	6	日	1
干節	乙卯	丙辰	丁巳	戊午	己未	庚申	芒種	壬戌	癸亥	甲子	乙丑	丙寅	丁卯	戊辰	己巳	庚午	辛未	壬申	癸酉	甲戌	乙亥	夏至	丁丑	戊寅	己卯	庚辰	辛巳	壬午	癸未	甲申

壬寅

一九〇二年

（清德宗光緒二八年）

陽歷七月份　（陰歷五、六月份）

陽	7	2	3	4	5	6	7	8	9	10	11	12	13	14	15	16	17	18	19	20	21	22	23	24	25	26	27	28	29	30	31
陰	廿六	廿七	廿八	廿九	六	二	三	四	五	六	七	八	九	十	十一	十二	十三	十四	十五	十六	十七	十八	十九	廿	廿一	廿二	廿三	廿四	廿五	廿六	廿七
星	2	3	4	5	6	日	1	2	3	4	5	6	日	1	2	3	4	5	6	日	1	2	3	4	5	6	日	1	2	3	4
干節	乙酉	丙戌	丁亥	戊子	己丑	庚寅	辛卯	小暑	癸巳	甲午	乙未	丙申	丁酉	戊戌	己亥	庚子	辛丑	壬寅	癸卯	甲辰	乙巳	丙午	丁未	大暑	己酉	庚戌	辛亥	壬子	癸丑	甲寅	乙卯

陽歷八月份　（陰歷六、七月份）

陽	8	2	3	4	5	6	7	8	9	10	11	12	13	14	15	16	17	18	19	20	21	22	23	24	25	26	27	28	29	30	31
陰	廿八	廿九	卅	七	二	三	四	五	六	七	八	九	十	十一	十二	十三	十四	十五	十六	十七	十八	十九	廿	廿一	廿二	廿三	廿四	廿五	廿六	廿七	廿八
星	5	6	日	1	2	3	4	5	6	日	1	2	3	4	5	6	日	1	2	3	4	5	6	日	1	2	3	4	5	6	日
干節	丙辰	丁巳	戊午	己未	庚申	辛酉	壬戌	立秋	甲子	乙丑	丙寅	丁卯	戊辰	己巳	庚午	辛未	壬申	癸酉	甲戌	乙亥	丙子	丁丑	戊寅	處暑	庚辰	辛巳	壬午	癸未	甲申	乙酉	丙戌

陽歷九月份　（陰歷七、八月份）

陽	9	2	3	4	5	6	7	8	9	10	11	12	13	14	15	16	17	18	19	20	21	22	23	24	25	26	27	28	29	30
陰	廿九	八	二	三	四	五	六	七	八	九	十	十一	十二	十三	十四	十五	十六	十七	十八	十九	廿	廿一	廿二	廿三	廿四	廿五	廿六	廿七	廿八	廿九
星	1	2	3	4	5	6	日	1	2	3	4	5	6	日	1	2	3	4	5	6	日	1	2	3	4	5	6	日	1	2
干節	丁亥	戊子	己丑	庚寅	辛卯	壬辰	癸巳	白露	乙未	丙申	丁酉	戊戌	己亥	庚子	辛丑	壬寅	癸卯	甲辰	乙巳	丙午	丁未	戊申	己酉	秋分	辛亥	壬子	癸丑	甲寅	乙卯	丙辰

陽歷十月份　（陰歷八、九、十月份）

陽	10	2	3	4	5	6	7	8	9	10	11	12	13	14	15	16	17	18	19	20	21	22	23	24	25	26	27	28	29	30	31
陰	卅	九	二	三	四	五	六	七	八	九	十	十一	十二	十三	十四	十五	十六	十七	十八	十九	廿	廿一	廿二	廿三	廿四	廿五	廿六	廿七	廿八	廿九	十
星	3	4	5	6	日	1	2	3	4	5	6	日	1	2	3	4	5	6	日	1	2	3	4	5	6	日	1	2	3	4	5
干節	丁巳	戊午	己未	庚申	辛酉	壬戌	癸亥	甲子	寒露	丙寅	丁卯	戊辰	己巳	庚午	辛未	壬申	癸酉	甲戌	乙亥	丙子	丁丑	戊寅	己卯	霜降	辛巳	壬午	癸未	甲申	乙酉	丙戌	丁亥

陽歷十一月份　（陰歷十、十一月份）

陽	11	2	3	4	5	6	7	8	9	10	11	12	13	14	15	16	17	18	19	20	21	22	23	24	25	26	27	28	29	30
陰	二	三	四	五	六	七	八	九	十	十一	十二	十三	十四	十五	十六	十七	十八	十九	廿	廿一	廿二	廿三	廿四	廿五	廿六	廿七	廿八	廿九	卅	十一
星	6	日	1	2	3	4	5	6	日	1	2	3	4	5	6	日	1	2	3	4	5	6	日	1	2	3	4	5	6	日
干節	戊子	己丑	庚寅	辛卯	壬辰	癸巳	甲午	立冬	丙申	丁酉	戊戌	己亥	庚子	辛丑	壬寅	癸卯	甲辰	乙巳	丙午	丁未	戊申	己酉	小雪	辛亥	壬子	癸丑	甲寅	乙卯	丙辰	丁巳

陽歷十二月份　（陰歷十一、十二月份）

陽	12	2	3	4	5	6	7	8	9	10	11	12	13	14	15	16	17	18	19	20	21	22	23	24	25	26	27	28	29	30	31
陰	二	三	四	五	六	七	八	九	十	十一	十二	十三	十四	十五	十六	十七	十八	十九	廿	廿一	廿二	廿三	廿四	廿五	廿六	廿七	廿八	廿九	卅	十二	二
星	1	2	3	4	5	6	日	1	2	3	4	5	6	日	1	2	3	4	5	6	日	1	2	3	4	5	6	日	1	2	3
干節	戊午	己未	庚申	辛酉	壬戌	癸亥	甲子	大雪	丙寅	丁卯	戊辰	己巳	庚午	辛未	壬申	癸酉	甲戌	乙亥	丙子	丁丑	戊寅	己卯	冬至	辛巳	壬午	癸未	甲申	乙酉	丙戌	丁亥	戊子

陽歷一月份　（陰歷十二、正月份）

陽	1	2	3	4	5	6	7	8	9	10	11	12	13	14	15	16	17	18	19	20	21	22	23	24	25	26	27	28	29	30	31
陰	三	四	五	六	七	八	九	十	十一	十二	十三	十四	十五	十六	十七	十八	十九	廿	廿一	廿二	廿三	廿四	廿五	廿六	廿七	廿八	廿九	卅	正	二	三
星	4	5	6	日	1	2	3	4	5	6	日	1	2	3	4	5	6	日	1	2	3	4	5	6	日	1	2	3	4	5	6
干節	己丑	庚寅	辛卯	壬辰	癸巳	小寒	乙未	丙申	丁酉	戊戌	己亥	庚子	辛丑	壬寅	癸卯	甲辰	乙巳	丙午	丁未	戊申	大寒	庚戌	辛亥	壬子	癸丑	甲寅	乙卯	丙辰	丁巳	戊午	己未

陽歷二月份　（陰歷正、二月份）

陽	2	2	3	4	5	6	7	8	9	10	11	12	13	14	15	16	17	18	19	20	21	22	23	24	25	26	27	28			
陰	四	五	六	七	八	九	十	十一	十二	十三	十四	十五	十六	十七	十八	十九	廿	廿一	廿二	廿三	廿四	廿五	廿六	廿七	廿八	廿九	二	二			
星	日	1	2	3	4	5	6	日	1	2	3	4	5	6	日	1	2	3	4	5	6	日	1	2	3	4	5	6			
干節	庚申	辛酉	壬戌	癸亥	立春	乙丑	丙寅	丁卯	戊辰	己巳	庚午	辛未	壬申	癸酉	甲戌	乙亥	丙子	丁丑	戊寅	雨水	庚辰	辛巳	壬午	癸未	甲申	乙酉	丙戌	丁亥			

陽歷三月份　（陰歷二、三月份）

陽	3	2	3	4	5	6	7	8	9	10	11	12	13	14	15	16	17	18	19	20	21	22	23	24	25	26	27	28	29	30	31
陰	三	四	五	六	七	八	九	十	十一	十二	十三	十四	十五	十六	十七	十八	十九	廿	廿一	廿二	廿三	廿四	廿五	廿六	廿七	廿八	廿九	卅	三	二	三
星	日	1	2	3	4	5	6	日	1	2	3	4	5	6	日	1	2	3	4	5	6	日	1	2	3	4	5	6	日	1	2
干節	戊子	己丑	庚寅	辛卯	壬辰	癸巳	驚蟄	乙未	丙申	丁酉	戊戌	己亥	庚子	辛丑	壬寅	癸卯	甲辰	乙巳	丙午	丁未	戊申	春分	庚戌	辛亥	壬子	癸丑	甲寅	乙卯	丙辰	丁巳	戊午

陽歷四月份　（陰歷三、四月份）

陽	4	2	3	4	5	6	7	8	9	10	11	12	13	14	15	16	17	18	19	20	21	22	23	24	25	26	27	28	29	30	
陰	四	五	六	七	八	九	十	十一	十二	十三	十四	十五	十六	十七	十八	十九	廿	廿一	廿二	廿三	廿四	廿五	廿六	廿七	廿八	廿九	四	二	三	四	
星	3	4	5	6	日	1	2	3	4	5	6	日	1	2	3	4	5	6	日	1	2	3	4	5	6	日	1	2	3	4	
干節	己未	庚申	辛酉	壬戌	癸亥	清明	乙丑	丙寅	丁卯	戊辰	己巳	庚午	辛未	壬申	癸酉	甲戌	乙亥	丙子	丁丑	戊寅	穀雨	庚辰	辛巳	壬午	癸未	甲申	乙酉	丙戌	丁亥	戊子	

陽歷五月份　（陰歷四、五月份）

陽	5	2	3	4	5	6	7	8	9	10	11	12	13	14	15	16	17	18	19	20	21	22	23	24	25	26	27	28	29	30	31
陰	五	六	七	八	九	十	十一	十二	十三	十四	十五	十六	十七	十八	十九	廿	廿一	廿二	廿三	廿四	廿五	廿六	廿七	廿八	廿九	卅	五	二	三	四	五
星	5	6	日	1	2	3	4	5	6	日	1	2	3	4	5	6	日	1	2	3	4	5	6	日	1	2	3	4	5	6	日
干節	己丑	庚寅	辛卯	壬辰	癸巳	甲午	立夏	丙申	丁酉	戊戌	己亥	庚子	辛丑	壬寅	癸卯	甲辰	乙巳	丙午	丁未	戊申	己酉	小滿	辛亥	壬子	癸丑	甲寅	乙卯	丙辰	丁巳	戊午	己未

陽歷六月份　（陰歷五、閏五月份）

陽	6	2	3	4	5	6	7	8	9	10	11	12	13	14	15	16	17	18	19	20	21	22	23	24	25	26	27	28	29	30	
陰	六	七	八	九	十	十一	十二	十三	十四	十五	十六	十七	十八	十九	廿	廿一	廿二	廿三	廿四	廿五	廿六	廿七	廿八	廿九	閏	二	三	四	五	六	
星	1	2	3	4	5	6	日	1	2	3	4	5	6	日	1	2	3	4	5	6	日	1	2	3	4	5	6	日	1	2	
干節	庚申	辛酉	壬戌	癸亥	甲子	乙丑	芒種	丁卯	戊辰	己巳	庚午	辛未	壬申	癸酉	甲戌	乙亥	丙子	丁丑	戊寅	己卯	庚辰	夏至	壬午	癸未	甲申	乙酉	丙戌	丁亥	戊子	己丑	

陽歷七月份　（陰歷閏五、六月份）

陽	**7**	2	3	4	5	6	7	8	9	10	11	12	13	14	15	16	17	18	19	20	21	22	23	24	25	26	27	28	29	30	31
陰	七	八	九	十	十一	十二	十三	十四	十五	十六	十七	十八	十九	廿	廿一	廿二	廿三	廿四	廿五	廿六	廿七	廿八	廿九	**六**	二	三	四	五	六	七	八
星	3	4	5	6	**日**	1	2	3	4	5	6	**日**	1	2	3	4	5	6	**日**	1	2	3	4	5	6	**日**	1	2	3	4	5
干節	庚寅	辛卯	壬辰	癸巳	甲午	乙未	丙申	**小暑**	戊戌	己亥	庚子	辛丑	壬寅	癸卯	甲辰	乙巳	丙午	丁未	戊申	己酉	庚戌	辛亥	壬子	**大暑**	甲寅	乙卯	丙辰	丁巳	戊午	己未	庚申

陽歷八月份　（陰歷六、七月份）

陽	**8**	2	3	4	5	6	7	8	9	10	11	12	13	14	15	16	17	18	19	20	21	22	23	24	25	26	27	28	29	30	31
陰	九	十	十一	十二	十三	十四	十五	十六	十七	十八	十九	廿	廿一	廿二	廿三	廿四	廿五	廿六	廿七	廿八	廿九	卅	**七**	二	三	四	五	六	七	八	九
星	6	**日**	1	2	3	4	5	6	**日**	1	2	3	4	5	6	**日**	1	2	3	4	5	6	**日**	1	2	3	4	5	6	**日**	1
干節	辛酉	壬戌	癸亥	甲子	乙丑	丙寅	丁卯	戊辰	**立秋**	庚午	辛未	壬申	癸酉	甲戌	乙亥	丙子	丁丑	戊寅	己卯	庚辰	辛巳	壬午	癸未	**處暑**	乙酉	丙戌	丁亥	戊子	己丑	庚寅	辛卯

陽歷九月份　（陰歷七、八月份）

陽	**9**	2	3	4	5	6	7	8	9	10	11	12	13	14	15	16	17	18	19	20	21	22	23	24	25	26	27	28	29	30
陰	十	十一	十二	十三	十四	十五	十六	十七	十八	十九	廿	廿一	廿二	廿三	廿四	廿五	廿六	廿七	廿八	廿九	**八**	二	三	四	五	六	七	八	九	十
星	2	3	4	5	6	**日**	1	2	3	4	5	6	**日**	1	2	3	4	5	6	**日**	1	2	3	4	5	6	**日**	1	2	3
干節	壬辰	癸巳	甲午	乙未	丙申	丁酉	戊戌	己亥	**白露**	辛丑	壬寅	癸卯	甲辰	乙巳	丙午	丁未	戊申	己酉	庚戌	辛亥	壬子	癸丑	甲寅	**秋分**	丙辰	丁巳	戊午	己未	庚申	辛酉

陽歷十月份　（陰歷八、九月份）

陽	**10**	2	3	4	5	6	7	8	9	10	11	12	13	14	15	16	17	18	19	20	21	22	23	24	25	26	27	28	29	30	31
陰	十一	十二	十三	十四	十五	十六	十七	十八	十九	廿	廿一	廿二	廿三	廿四	廿五	廿六	廿七	廿八	廿九	**九**	二	三	四	五	六	七	八	九	十	十一	十二
星	4	5	6	**日**	1	2	3	4	5	6	**日**	1	2	3	4	5	6	**日**	1	2	3	4	5	6	**日**	1	2	3	4	5	6
干節	壬戌	癸亥	甲子	乙丑	丙寅	丁卯	戊辰	己巳	**寒露**	辛未	壬申	癸酉	甲戌	乙亥	丙子	丁丑	戊寅	己卯	庚辰	辛巳	壬午	癸未	甲申	**霜降**	丙戌	丁亥	戊子	己丑	庚寅	辛卯	壬辰

陽歷十一月份　（陰歷九、十月份）

陽	**11**	2	3	4	5	6	7	8	9	10	11	12	13	14	15	16	17	18	19	20	21	22	23	24	25	26	27	28	29	30
陰	十三	十四	十五	十六	十七	十八	十九	廿	廿一	廿二	廿三	廿四	廿五	廿六	廿七	廿八	廿九	卅	**十**	二	三	四	五	六	七	八	九	十	十一	十二
星	**日**	1	2	3	4	5	6	**日**	1	2	3	4	5	6	**日**	1	2	3	4	5	6	**日**	1	2	3	4	5	6	**日**	1
干節	癸巳	甲午	乙未	丙申	丁酉	戊戌	己亥	**立冬**	辛丑	壬寅	癸卯	甲辰	乙巳	丙午	丁未	戊申	己酉	庚戌	辛亥	壬子	癸丑	甲寅	**小雪**	丙辰	丁巳	戊午	己未	庚申	辛酉	壬戌

陽歷十二月份　（陰歷十、十一月份）

陽	**12**	2	3	4	5	6	7	8	9	10	11	12	13	14	15	16	17	18	19	20	21	22	23	24	25	26	27	28	29	30	31
陰	十三	十四	十五	十六	十七	十八	十九	廿	廿一	廿二	廿三	廿四	廿五	廿六	廿七	廿八	廿九	卅	**十一**	二	三	四	五	六	七	八	九	十	十一	十二	十三
星	2	3	4	5	6	**日**	1	2	3	4	5	6	**日**	1	2	3	4	5	6	**日**	1	2	3	4	5	6	**日**	1	2	3	4
干節	癸亥	甲子	乙丑	丙寅	丁卯	戊辰	己巳	**大雪**	辛未	壬申	癸酉	甲戌	乙亥	丙子	丁丑	戊寅	己卯	庚辰	辛巳	壬午	癸未	甲申	**冬至**	丙戌	丁亥	戊子	己丑	庚寅	辛卯	壬辰	癸巳

近世中西史日對照表

陽歷一月份　（陰歷十一、十二月份）

陽	1	2	3	4	5	6	7	8	9	10	11	12	13	14	15	16	17	18	19	20	21	22	23	24	25	26	27	28	29	30	31
陰	十四	十五	十六	十七	十八	十九	廿	廿一	廿二	廿三	廿四	廿五	廿六	廿七	廿八	廿九	十二	二	三	四	五	六	七	八	九	十	十一	十二	十三	十四	十五
星	5	6	日	1	2	3	4	5	6	日	1	2	3	4	5	6	日	1	2	3	4	5	6	日	1	2	3	4	5	6	日
干節	甲午	乙未	丙申	丁酉	戊戌	己亥	小寒	辛丑	壬寅	癸卯	甲辰	乙巳	丙午	丁未	戊申	己酉	庚戌	辛亥	壬子	癸丑	大寒	乙卯	丙辰	丁巳	戊午	己未	庚申	辛酉	壬戌	癸亥	甲子

陽歷二月份　（陰歷十二、正月份）

陽	1	2	3	4	5	6	7	8	9	10	11	12	13	14	15	16	17	18	19	20	21	22	23	24	25	26	27	28	29		
陰	十六	十七	十八	十九	廿	廿一	廿二	廿三	廿四	廿五	廿六	廿七	廿八	廿九	卅	正	二	三	四	五	六	七	八	九	十	十一	十二	十三	十四		
星	1	2	3	4	5	6	日	1	2	3	4	5	6	日	1	2	3	4	5	6	日	1	2	3	4	5	6	日	1		
干節	乙丑	丙寅	丁卯	戊辰	立春	庚午	辛未	壬申	癸酉	甲戌	乙亥	丙子	丁丑	戊寅	己卯	庚辰	辛巳	壬午	癸未	雨水	乙酉	丙戌	丁亥	戊子	己丑	庚寅	辛卯	壬辰	癸巳		

陽歷三月份　（陰歷正、二月份）

陽	1	2	3	4	5	6	7	8	9	10	11	12	13	14	15	16	17	18	19	20	21	22	23	24	25	26	27	28	29	30	31
陰	十五	十六	十七	十八	十九	廿	廿一	廿二	廿三	廿四	廿五	廿六	廿七	廿八	廿九	卅	二	二	三	四	五	六	七	八	九	十	十一	十二	十三	十四	十五
星	2	3	4	5	6	日	1	2	3	4	5	6	日	1	2	3	4	5	6	日	1	2	3	4	5	6	日	1	2	3	4
干節	甲午	乙未	丙申	丁酉	戊戌	驚蟄	庚子	辛丑	壬寅	癸卯	甲辰	乙巳	丙午	丁未	戊申	己酉	庚戌	辛亥	壬子	癸丑	春分	乙卯	丙辰	丁巳	戊午	己未	庚申	辛酉	壬戌	癸亥	甲子

陽歷四月份　（陰歷二、三月份）

陽	1	2	3	4	5	6	7	8	9	10	11	12	13	14	15	16	17	18	19	20	21	22	23	24	25	26	27	28	29	30	
陰	十六	十七	十八	十九	廿	廿一	廿二	廿三	廿四	廿五	廿六	廿七	廿八	廿九	卅	三	二	三	四	五	六	七	八	九	十	十一	十二	十三	十四	十五	
星	5	6	日	1	2	3	4	5	6	日	1	2	3	4	5	6	日	1	2	3	4	5	6	日	1	2	3	4	5	6	
干節	乙丑	丙寅	丁卯	戊辰	清明	庚午	辛未	壬申	癸酉	甲戌	乙亥	丙子	丁丑	戊寅	己卯	庚辰	辛巳	壬午	癸未	穀雨	乙酉	丙戌	丁亥	戊子	己丑	庚寅	辛卯	壬辰	癸巳	甲午	

陽歷五月份　（陰歷三、四月份）

陽	1	2	3	4	5	6	7	8	9	10	11	12	13	14	15	16	17	18	19	20	21	22	23	24	25	26	27	28	29	30	31
陰	十六	十七	十八	十九	廿	廿一	廿二	廿三	廿四	廿五	廿六	廿七	廿八	廿九	四	二	三	四	五	六	七	八	九	十	十一	十二	十三	十四	十五	十六	十七
星	日	1	2	3	4	5	6	日	1	2	3	4	5	6	日	1	2	3	4	5	6	日	1	2	3	4	5	6	日	1	2
干節	乙未	丙申	丁酉	戊戌	己亥	立夏	辛丑	壬寅	癸卯	甲辰	乙巳	丙午	丁未	戊申	己酉	庚戌	辛亥	壬子	癸丑	甲寅	小滿	丙辰	丁巳	戊午	己未	庚申	辛酉	壬戌	癸亥	甲子	乙丑

陽歷六月份　（陰歷四、五月份）

陽	1	2	3	4	5	6	7	8	9	10	11	12	13	14	15	16	17	18	19	20	21	22	23	24	25	26	27	28	29	30	
陰	十八	十九	廿	廿一	廿二	廿三	廿四	廿五	廿六	廿七	廿八	廿九	卅	五	二	三	四	五	六	七	八	九	十	十一	十二	十三	十四	十五	十六	十七	
星	3	4	5	6	日	1	2	3	4	5	6	日	1	2	3	4	5	6	日	1	2	3	4	5	6	日	1	2	3	4	
干節	丙寅	丁卯	戊辰	己巳	庚午	芒種	壬申	癸酉	甲戌	乙亥	丙子	丁丑	戊寅	己卯	庚辰	辛巳	壬午	癸未	甲申	乙酉	丙戌	夏至	戊子	己丑	庚寅	辛卯	壬辰	癸巳	甲午	乙未	

甲辰

一九〇四年

（清德宗光緒三〇年）

陽曆七月份　（陰曆五、六月份）

陽	7	2	3	4	5	6	7	8	9	10	11	12	13	14	15	16	17	18	19	20	21	22	23	24	25	26	27	28	29	30	31
陰	十八	十九	廿	廿一	廿二	廿三	廿四	廿五	廿六	廿七	廿八	廿九	六	二	三	四	五	六	七	八	九	十	十一	十二	十三	十四	十五	十六	十七	十八	十九
星	5	6	日	1	2	3	4	5	6	日	1	2	3	4	5	6	日	1	2	3	4	5	6	日	1	2	3	4	5	6	日
干節	丙申	丁酉	戊戌	己亥	庚子	辛丑	小暑	癸卯	甲辰	乙巳	丙午	丁未	戊申	己酉	庚戌	辛亥	壬子	癸丑	甲寅	乙卯	丙辰	丁巳	大暑	己未	庚申	辛酉	壬戌	癸亥	甲子	乙丑	丙寅

陽曆八月份　（陰曆六、七月份）

陽	8	2	3	4	5	6	7	8	9	10	11	12	13	14	15	16	17	18	19	20	21	22	23	24	25	26	27	28	29	30	31
陰	廿	廿一	廿二	廿三	廿四	廿五	廿六	廿七	廿八	廿九	七	二	三	四	五	六	七	八	九	十	十一	十二	十三	十四	十五	十六	十七	十八	十九	廿	廿一
星	1	2	3	4	5	6	日	1	2	3	4	5	6	日	1	2	3	4	5	6	日	1	2	3	4	5	6	日	1	2	3
干節	丁卯	戊辰	己巳	庚午	辛未	壬申	癸酉	立秋	乙亥	丙子	丁丑	戊寅	己卯	庚辰	辛巳	壬午	癸未	甲申	乙酉	丙戌	丁亥	戊子	處暑	庚寅	辛卯	壬辰	癸巳	甲午	乙未	丙申	丁酉

陽曆九月份　（陰曆七、八月份）

陽	9	2	3	4	5	6	7	8	9	10	11	12	13	14	15	16	17	18	19	20	21	22	23	24	25	26	27	28	29	30	
陰	廿二	廿三	廿四	廿五	廿六	廿七	廿八	廿九	卅	八	二	三	四	五	六	七	八	九	十	十一	十二	十三	十四	十五	十六	十七	十八	十九	廿	廿一	
星	4	5	6	日	1	2	3	4	5	6	日	1	2	3	4	5	6	日	1	2	3	4	5	6	日	1	2	3	4	5	
干節	戊戌	己亥	庚子	辛丑	壬寅	癸卯	甲辰	白露	丙午	丁未	戊申	己酉	庚戌	辛亥	壬子	癸丑	甲寅	乙卯	丙辰	丁巳	戊午	己未	秋分	辛酉	壬戌	癸亥	甲子	乙丑	丙寅	丁卯	

陽曆十月份　（陰曆八、九月份）

陽	10	2	3	4	5	6	7	8	9	10	11	12	13	14	15	16	17	18	19	20	21	22	23	24	25	26	27	28	29	30	31
陰	廿二	廿三	廿四	廿五	廿六	廿七	廿八	廿九	九	二	三	四	五	六	七	八	九	十	十一	十二	十三	十四	十五	十六	十七	十八	十九	廿	廿一	廿二	廿三
星	6	日	1	2	3	4	5	6	日	1	2	3	4	5	6	日	1	2	3	4	5	6	日	1	2	3	4	5	6	日	1
干節	戊辰	己巳	庚午	辛未	壬申	癸酉	甲戌	乙亥	寒露	丁丑	戊寅	己卯	庚辰	辛巳	壬午	癸未	甲申	乙酉	丙戌	丁亥	戊子	己丑	庚寅	霜降	壬辰	癸巳	甲午	乙未	丙申	丁酉	戊戌

陽曆十一月份　（陰曆九、十月份）

陽	11	2	3	4	5	6	7	8	9	10	11	12	13	14	15	16	17	18	19	20	21	22	23	24	25	26	27	28	29	30	
陰	廿四	廿五	廿六	廿七	廿八	廿九	十	二	三	四	五	六	七	八	九	十	十一	十二	十三	十四	十五	十六	十七	十八	十九	廿	廿一	廿二	廿三	廿四	
星	2	3	4	5	6	日	1	2	3	4	5	6	日	1	2	3	4	5	6	日	1	2	3	4	5	6	日	1	2	3	
干節	己亥	庚子	辛丑	壬寅	癸卯	甲辰	乙巳	立冬	丁未	戊申	己酉	庚戌	辛亥	壬子	癸丑	甲寅	乙卯	丙辰	丁巳	戊午	己未	庚申	小雪	壬戌	癸亥	甲子	乙丑	丙寅	丁卯	戊辰	

陽曆十二月份　（陰曆十、十一月份）

陽	12	2	3	4	5	6	7	8	9	10	11	12	13	14	15	16	17	18	19	20	21	22	23	24	25	26	27	28	29	30	31
陰	廿五	廿六	廿七	廿八	廿九	卅	十一	二	三	四	五	六	七	八	九	十	十一	十二	十三	十四	十五	十六	十七	十八	十九	廿	廿一	廿二	廿三	廿四	廿五
星	4	5	6	日	1	2	3	4	5	6	日	1	2	3	4	5	6	日	1	2	3	4	5	6	日	1	2	3	4	5	6
干節	己巳	庚午	辛未	壬申	癸酉	甲戌	大雪	丙子	丁丑	戊寅	己卯	庚辰	辛巳	壬午	癸未	甲申	乙酉	丙戌	丁亥	戊子	己丑	冬至	辛卯	壬辰	癸巳	甲午	乙未	丙申	丁酉	戊戌	己亥

近世中西史日對照表

陽歷一月份　（陰歷十一、十二月份）

陽	1	2	3	4	5	6	7	8	9	10	11	12	13	14	15	16	17	18	19	20	21	22	23	24	25	26	27	28	29	30	31
陰	廿六	廿七	廿八	廿九	卅	十二	二	三	四	五	六	七	八	九	十	十一	十二	十三	十四	十五	十六	十七	十八	十九	廿	廿一	廿二	廿三	廿四	廿五	廿六
星	日	1	2	3	4	5	6	日	1	2	3	4	5	6	日	1	2	3	4	5	6	日	1	2	3	4	5	6	日	1	2
干節	庚子	辛丑	壬寅	癸卯	甲辰	小寒	丙午	丁未	戊申	己酉	庚戌	辛亥	壬子	癸丑	甲寅	乙卯	丙辰	丁巳	戊午	己未	大寒	辛酉	壬戌	癸亥	甲子	乙丑	丙寅	丁卯	戊辰	己巳	庚午

陽歷二月份　（陰歷十二、正月份）

陽	2	2	3	4	5	6	7	8	9	10	11	12	13	14	15	16	17	18	19	20	21	22	23	24	25	26	27	28
陰	廿七	廿八	廿九	正	二	三	四	五	六	七	八	九	十	十一	十二	十三	十四	十五	十六	十七	十八	十九	廿	廿一	廿二	廿三	廿四	廿五
星	3	4	5	6	日	1	2	3	4	5	6	日	1	2	3	4	5	6	日	1	2	3	4	5	6	日	1	2
干節	辛未	壬申	癸酉	立春	乙亥	丙子	丁丑	戊寅	己卯	庚辰	辛巳	壬午	癸未	甲申	乙酉	丙戌	丁亥	戊子	雨水	庚寅	辛卯	壬辰	癸巳	甲午	乙未	丙申	丁酉	戊戌

陽歷三月份　（陰歷正、二月份）

陽	3	2	3	4	5	6	7	8	9	10	11	12	13	14	15	16	17	18	19	20	21	22	23	24	25	26	27	28	29	30	31
陰	廿六	廿七	廿八	廿九	卅	二	二	三	四	五	六	七	八	九	十	十一	十二	十三	十四	十五	十六	十七	十八	十九	廿	廿一	廿二	廿三	廿四	廿五	廿六
星	3	4	5	6	日	1	2	3	4	5	6	日	1	2	3	4	5	6	日	1	2	3	4	5	6	日	1	2	3	4	5
干節	己亥	庚子	辛丑	壬寅	癸卯	驚蟄	乙巳	丙午	丁未	戊申	己酉	庚戌	辛亥	壬子	癸丑	甲寅	乙卯	丙辰	丁巳	戊午	春分	庚申	辛酉	壬戌	癸亥	甲子	乙丑	丙寅	丁卯	戊辰	己巳

陽歷四月份　（陰歷二、三月份）

陽	4	2	3	4	5	6	7	8	9	10	11	12	13	14	15	16	17	18	19	20	21	22	23	24	25	26	27	28	29	30
陰	廿七	廿八	廿九	卅	三	二	三	四	五	六	七	八	九	十	十一	十二	十三	十四	十五	十六	十七	十八	十九	廿	廿一	廿二	廿三	廿四	廿五	廿六
星	6	日	1	2	3	4	5	6	日	1	2	3	4	5	6	日	1	2	3	4	5	6	日	1	2	3	4	5	6	日
干節	庚午	辛未	壬申	癸酉	清明	乙亥	丙子	丁丑	戊寅	己卯	庚辰	辛巳	壬午	癸未	甲申	乙酉	丙戌	丁亥	戊子	己丑	穀雨	辛卯	壬辰	癸巳	甲午	乙未	丙申	丁酉	戊戌	己亥

陽歷五月份　（陰歷三、四月份）

陽	5	2	3	4	5	6	7	8	9	10	11	12	13	14	15	16	17	18	19	20	21	22	23	24	25	26	27	28	29	30	31
陰	廿七	廿八	廿九	四	二	三	四	五	六	七	八	九	十	十一	十二	十三	十四	十五	十六	十七	十八	十九	廿	廿一	廿二	廿三	廿四	廿五	廿六	廿七	廿八
星	1	2	3	4	5	6	日	1	2	3	4	5	6	日	1	2	3	4	5	6	日	1	2	3	4	5	6	日	1	2	3
干節	庚子	辛丑	壬寅	癸卯	甲辰	立夏	丙午	丁未	戊申	己酉	庚戌	辛亥	壬子	癸丑	甲寅	乙卯	丙辰	丁巳	戊午	己未	庚申	小滿	壬戌	癸亥	甲子	乙丑	丙寅	丁卯	戊辰	己巳	庚午

陽歷六月份　（陰歷四、五月份）

陽	6	2	3	4	5	6	7	8	9	10	11	12	13	14	15	16	17	18	19	20	21	22	23	24	25	26	27	28	29	30
陰	廿九	卅	五	二	三	四	五	六	七	八	九	十	十一	十二	十三	十四	十五	十六	十七	十八	十九	廿	廿一	廿二	廿三	廿四	廿五	廿六	廿七	廿八
星	4	5	6	日	1	2	3	4	5	6	日	1	2	3	4	5	6	日	1	2	3	4	5	6	日	1	2	3	4	5
干節	辛未	壬申	癸酉	甲戌	乙亥	芒種	丁丑	戊寅	己卯	庚辰	辛巳	壬午	癸未	甲申	乙酉	丙戌	丁亥	戊子	己丑	庚寅	辛卯	夏至	癸巳	甲午	乙未	丙申	丁酉	戊戌	己亥	庚子

乙巳

一九〇五年

（清德宗光緒三一年）

乙巳　一九〇五年（清德宗光緒三十一年）

陽歷七月份　（陰歷五、六月份）

陽	7	2	3	4	5	6	7	8	9	10	11	12	13	14	15	16	17	18	19	20	21	22	23	24	25	26	27	28	29	30	31
陰	廿九	卅	六	二	三	四	五	六	七	八	九	十	十一	十二	十三	十四	十五	十六	十七	十八	十九	廿	廿一	廿二	廿三	廿四	廿五	廿六	廿七	廿八	廿九
星	6	日	1	2	3	4	5	6	日	1	2	3	4	5	6	日	1	2	3	4	5	6	日	1	2	3	4	5	6	日	1
干節	辛丑	壬寅	癸卯	甲辰	乙巳	丙午	丁未	小暑	己酉	庚戌	辛亥	壬子	癸丑	甲寅	乙卯	丙辰	丁巳	戊午	己未	庚申	辛酉	壬戌	大暑	甲子	乙丑	丙寅	丁卯	戊辰	己巳	庚午	辛未

陽歷八月份　（陰歷七、八月份）

陽	8	2	3	4	5	6	7	8	9	10	11	12	13	14	15	16	17	18	19	20	21	22	23	24	25	26	27	28	29	30	31
陰	七	二	三	四	五	六	七	八	九	十	十一	十二	十三	十四	十五	十六	十七	十八	十九	廿	廿一	廿二	廿三	廿四	廿五	廿六	廿七	廿八	廿九	八	二
星	2	3	4	5	6	日	1	2	3	4	5	6	日	1	2	3	4	5	6	日	1	2	3	4	5	6	日	1	2	3	4
干節	壬申	癸酉	甲戌	乙亥	丙子	丁丑	戊寅	立秋	庚辰	辛巳	壬午	癸未	甲申	乙酉	丙戌	丁亥	戊子	己丑	庚寅	辛卯	壬辰	癸巳	甲午	處暑	丙申	丁酉	戊戌	己亥	庚子	辛丑	壬寅

陽歷九月份　（陰歷八、九月份）

陽	9	2	3	4	5	6	7	8	9	10	11	12	13	14	15	16	17	18	19	20	21	22	23	24	25	26	27	28	29	30
陰	三	四	五	六	七	八	九	十	十一	十二	十三	十四	十五	十六	十七	十八	十九	廿	廿一	廿二	廿三	廿四	廿五	廿六	廿七	廿八	廿九	卅	九	二
星	5	6	日	1	2	3	4	5	6	日	1	2	3	4	5	6	日	1	2	3	4	5	6	日	1	2	3	4	5	6
干節	癸卯	甲辰	乙巳	丙午	丁未	戊申	己酉	白露	辛亥	壬子	癸丑	甲寅	乙卯	丙辰	丁巳	戊午	己未	庚申	辛酉	壬戌	癸亥	甲子	乙丑	秋分	丁卯	戊辰	己巳	庚午	辛未	壬申

陽歷十月份　（陰歷九、十月份）

陽	10	2	3	4	5	6	7	8	9	10	11	12	13	14	15	16	17	18	19	20	21	22	23	24	25	26	27	28	29	30	31
陰	三	四	五	六	七	八	九	十	十一	十二	十三	十四	十五	十六	十七	十八	十九	廿	廿一	廿二	廿三	廿四	廿五	廿六	廿七	廿八	廿九	十	二	三	四
星	日	1	2	3	4	5	6	日	1	2	3	4	5	6	日	1	2	3	4	5	6	日	1	2	3	4	5	6	日	1	2
干節	癸酉	甲戌	乙亥	丙子	丁丑	戊寅	己卯	庚辰	寒露	壬午	癸未	甲申	乙酉	丙戌	丁亥	戊子	己丑	庚寅	辛卯	壬辰	癸巳	甲午	乙未	霜降	丁酉	戊戌	己亥	庚子	辛丑	壬寅	癸卯

陽歷十一月份　（陰歷十、十一月份）

陽	11	2	3	4	5	6	7	8	9	10	11	12	13	14	15	16	17	18	19	20	21	22	23	24	25	26	27	28	29	30
陰	五	六	七	八	九	十	十一	十二	十三	十四	十五	十六	十七	十八	十九	廿	廿一	廿二	廿三	廿四	廿五	廿六	廿七	廿八	廿九	卅	十一	二	三	四
星	3	4	5	6	日	1	2	3	4	5	6	日	1	2	3	4	5	6	日	1	2	3	4	5	6	日	1	2	3	4
干節	甲辰	乙巳	丙午	丁未	戊申	己酉	庚戌	立冬	壬子	癸丑	甲寅	乙卯	丙辰	丁巳	戊午	己未	庚申	辛酉	壬戌	癸亥	甲子	乙丑	小雪	丁卯	戊辰	己巳	庚午	辛未	壬申	癸酉

陽歷十二月份　（陰歷十一、十二月份）

陽	12	2	3	4	5	6	7	8	9	10	11	12	13	14	15	16	17	18	19	20	21	22	23	24	25	26	27	28	29	30	31
陰	五	六	七	八	九	十	十一	十二	十三	十四	十五	十六	十七	十八	十九	廿	廿一	廿二	廿三	廿四	廿五	廿六	廿七	廿八	廿九	十二	二	三	四	五	六
星	5	6	日	1	2	3	4	5	6	日	1	2	3	4	5	6	日	1	2	3	4	5	6	日	1	2	3	4	5	6	日
干節	甲戌	乙亥	丙子	丁丑	戊寅	己卯	庚辰	大雪	壬午	癸未	甲申	乙酉	丙戌	丁亥	戊子	己丑	庚寅	辛卯	壬辰	癸巳	甲午	冬至	丙申	丁酉	戊戌	己亥	庚子	辛丑	壬寅	癸卯	甲辰

近世中西史日對照表

丙午 一九〇六年 （清德宗光緒三二年）

陽歷一月份　（陰歷十二、正月份）

陽	1	2	3	4	5	6	7	8	9	10	11	12	13	14	15	16	17	18	19	20	21	22	23	24	25	26	27	28	29	30	31
陰	七	八	九	十	十一	十二	十三	十四	十五	十六	十七	十八	十九	廿	廿一	廿二	廿三	廿四	廿五	廿六	廿七	廿八	廿九	卅	正	二	三	四	五	六	七
星	1	2	3	4	5	6	日	1	2	3	4	5	6	日	1	2	3	4	5	6	日	1	2	3	4	5	6	日	1	2	3
干節	乙巳	丙午	丁未	戊申	己酉	小寒	辛亥	壬子	癸丑	甲寅	乙卯	丙辰	丁巳	戊午	己未	庚申	辛酉	壬戌	癸亥	甲子	大寒	丙寅	丁卯	戊辰	己巳	庚午	辛未	壬申	癸酉	甲戌	乙亥

陽歷二月份　（陰歷正、二月份）

陽	2	2	3	4	5	6	7	8	9	10	11	12	13	14	15	16	17	18	19	20	21	22	23	24	25	26	27	28	—	—	—
陰	八	九	十	十一	十二	十三	十四	十五	十六	十七	十八	十九	廿	廿一	廿二	廿三	廿四	廿五	廿六	廿七	廿八	廿九	二	二	三	四	五	六	—	—	—
星	4	5	6	日	1	2	3	4	5	6	日	1	2	3	4	5	6	日	1	2	3	4	5	6	日	1	2	3	—	—	—
干節	丙子	丁丑	戊寅	己卯	立春	辛巳	壬午	癸未	甲申	乙酉	丙戌	丁亥	戊子	己丑	庚寅	辛卯	壬辰	癸巳	雨水	乙未	丙申	丁酉	戊戌	己亥	庚子	辛丑	壬寅	癸卯	—	—	—

陽歷三月份　（陰歷二、三月份）

陽	3	2	3	4	5	6	7	8	9	10	11	12	13	14	15	16	17	18	19	20	21	22	23	24	25	26	27	28	29	30	31
陰	七	八	九	十	十一	十二	十三	十四	十五	十六	十七	十八	十九	廿	廿一	廿二	廿三	廿四	廿五	廿六	廿七	廿八	廿九	卅	三	二	三	四	五	六	七
星	4	5	6	日	1	2	3	4	5	6	日	1	2	3	4	5	6	日	1	2	3	4	5	6	日	1	2	3	4	5	6
干節	甲辰	乙巳	丙午	丁未	戊申	驚蟄	庚戌	辛亥	壬子	癸丑	甲寅	乙卯	丙辰	丁巳	戊午	己未	庚申	辛酉	壬戌	癸亥	春分	乙丑	丙寅	丁卯	戊辰	己巳	庚午	辛未	壬申	癸酉	甲戌

陽歷四月份　（陰歷三、四月份）

陽	4	2	3	4	5	6	7	8	9	10	11	12	13	14	15	16	17	18	19	20	21	22	23	24	25	26	27	28	29	30	
陰	八	九	十	十一	十二	十三	十四	十五	十六	十七	十八	十九	廿	廿一	廿二	廿三	廿四	廿五	廿六	廿七	廿八	廿九	卅	四	二	三	四	五	六	七	
星	日	1	2	3	4	5	6	日	1	2	3	4	5	6	日	1	2	3	4	5	6	日	1	2	3	4	5	6	日	1	
干節	乙亥	丙子	丁丑	戊寅	己卯	清明	辛巳	壬午	癸未	甲申	乙酉	丙戌	丁亥	戊子	己丑	庚寅	辛卯	壬辰	癸巳	甲午	穀雨	丙申	丁酉	戊戌	己亥	庚子	辛丑	壬寅	癸卯	甲辰	

陽歷五月份　（陰歷四、閏四月份）

陽	5	2	3	4	5	6	7	8	9	10	11	12	13	14	15	16	17	18	19	20	21	22	23	24	25	26	27	28	29	30	31
陰	八	九	十	十一	十二	十三	十四	十五	十六	十七	十八	十九	廿	廿一	廿二	廿三	廿四	廿五	廿六	廿七	廿八	廿九	閏	二	三	四	五	六	七	八	九
星	2	3	4	5	6	日	1	2	3	4	5	6	日	1	2	3	4	5	6	日	1	2	3	4	5	6	日	1	2	3	4
干節	乙巳	丙午	丁未	戊申	己酉	立夏	辛亥	壬子	癸丑	甲寅	乙卯	丙辰	丁巳	戊午	己未	庚申	辛酉	壬戌	癸亥	甲子	乙丑	小滿	丁卯	戊辰	己巳	庚午	辛未	壬申	癸酉	甲戌	乙亥

陽歷六月份　（陰歷閏四、五月份）

陽	6	2	3	4	5	6	7	8	9	10	11	12	13	14	15	16	17	18	19	20	21	22	23	24	25	26	27	28	29	30	
陰	十	十一	十二	十三	十四	十五	十六	十七	十八	十九	廿	廿一	廿二	廿三	廿四	廿五	廿六	廿七	廿八	廿九	卅	五	二	三	四	五	六	七	八	九	
星	5	6	日	1	2	3	4	5	6	日	1	2	3	4	5	6	日	1	2	3	4	5	6	日	1	2	3	4	5	6	
干節	丙子	丁丑	戊寅	己卯	庚辰	芒種	壬午	癸未	甲申	乙酉	丙戌	丁亥	戊子	己丑	庚寅	辛卯	壬辰	癸巳	甲午	乙未	丙申	夏至	戊戌	己亥	庚子	辛丑	壬寅	癸卯	甲辰	乙巳	

近世中西史日對照表

丙午 一九〇六年 (清德宗光緒三二年)

陽歷七月份 (陰歷五、六月份)

陽	7	2	3	4	5	6	7	8	9	10	11	12	13	14	15	16	17	18	19	20	21	22	23	24	25	26	27	28	29	30	31
陰	十	十一	十二	十三	十四	十五	十六	十七	十八	十九	廿	廿一	廿二	廿三	廿四	廿五	廿六	廿七	廿八	廿九	六	二	三	四	五	六	七	八	九	十	十一
星	日	1	2	3	4	5	6	日	1	2	3	4	5	6	日	1	2	3	4	5	6	日	1	2	3	4	5	6	日	1	2
干節	丙午	丁未	戊申	己酉	庚戌	辛亥	壬子	小暑	甲寅	乙卯	丙辰	丁巳	戊午	己未	庚申	辛酉	壬戌	癸亥	甲子	乙丑	丙寅	丁卯	戊辰	大暑	庚午	辛未	壬申	癸酉	甲戌	乙亥	丙子

陽歷八月份 (陰歷六、七月份)

陽	8	2	3	4	5	6	7	8	9	10	11	12	13	14	15	16	17	18	19	20	21	22	28	24	25	26	27	28	29	30	31
陰	十二	十三	十四	十五	十六	十七	十八	十九	廿	廿一	廿二	廿三	廿四	廿五	廿六	廿七	廿八	廿九	卅	七	二	三	四	五	六	七	八	九	十	十一	十二
星	3	4	5	6	日	1	2	3	4	5	6	日	1	2	3	4	5	6	日	1	2	3	4	5	6	日	1	2	3	4	5
干節	丁丑	戊寅	己卯	庚辰	辛巳	壬午	癸未	立秋	乙酉	丙戌	丁亥	戊子	己丑	庚寅	辛卯	壬辰	癸巳	甲午	乙未	丙申	丁酉	戊戌	己亥	處暑	辛丑	壬寅	癸卯	甲辰	乙巳	丙午	丁未

陽歷九月份 (陰歷七、八月份)

陽	9	2	3	4	5	6	7	8	9	10	11	12	13	14	15	16	17	18	19	20	21	22	23	24	25	26	27	28	29	30
陰	十三	十四	十五	十六	十七	十八	十九	廿	廿一	廿二	廿三	廿四	廿五	廿六	廿七	廿八	廿九	八	二	三	四	五	六	七	八	九	十	十一	十二	十三
星	6	日	1	2	3	4	5	6	日	1	2	3	4	5	6	日	1	2	3	4	5	6	日	1	2	3	4	5	6	日
干節	戊申	己酉	庚戌	辛亥	壬子	癸丑	甲寅	白露	丙辰	丁巳	戊午	己未	庚申	辛酉	壬戌	癸亥	甲子	乙丑	丙寅	丁卯	戊辰	己巳	庚午	秋分	壬申	癸酉	甲戌	乙亥	丙子	丁丑

陽歷十月份 (陰歷八、九月份)

陽	10	2	3	4	5	6	7	8	9	10	11	12	13	14	15	16	17	18	19	20	21	22	23	24	25	26	27	28	29	30	31
陰	十四	十五	十六	十七	十八	十九	廿	廿一	廿二	廿三	廿四	廿五	廿六	廿七	廿八	廿九	卅	九	二	三	四	五	六	七	八	九	十	十一	十二	十三	十四
星	1	2	3	4	5	6	日	1	2	3	4	5	6	日	1	2	3	4	5	6	日	1	2	3	4	5	6	日	1	2	3
干節	戊寅	己卯	庚辰	辛巳	壬午	癸未	甲申	乙酉	寒露	丁亥	戊子	己丑	庚寅	辛卯	壬辰	癸巳	甲午	乙未	丙申	丁酉	戊戌	己亥	庚子	霜降	壬寅	癸卯	甲辰	乙巳	丙午	丁未	戊申

陽歷十一月份 (陰歷九、十月份)

陽	11	2	3	4	5	6	7	8	9	10	11	12	13	14	15	16	17	18	19	20	21	22	23	24	25	26	27	28	29	30
陰	十五	十六	十七	十八	十九	廿	廿一	廿二	廿三	廿四	廿五	廿六	廿七	廿八	廿九	十	二	三	四	五	六	七	八	九	十	十一	十二	十三	十四	十五
星	4	5	6	日	1	2	3	4	5	6	日	1	2	3	4	5	6	日	1	2	3	4	5	6	日	1	2	3	4	5
干節	己酉	庚戌	辛亥	壬子	癸丑	甲寅	乙卯	立冬	丁巳	戊午	己未	庚申	辛酉	壬戌	癸亥	甲子	乙丑	丙寅	丁卯	戊辰	己巳	庚午	小雪	壬申	癸酉	甲戌	乙亥	丙子	丁丑	戊寅

陽歷十二月份 (陰歷十、十一月份)

陽	12	2	3	4	5	6	7	8	9	10	11	12	13	14	15	16	17	18	19	20	21	22	23	24	25	26	27	28	29	30	31
陰	十六	十七	十八	十九	廿	廿一	廿二	廿三	廿四	廿五	廿六	廿七	廿八	廿九	卅	十一	二	三	四	五	六	七	八	九	十	十一	十二	十三	十四	十五	十六
星	6	日	1	2	3	4	5	6	日	1	2	3	4	5	6	日	1	2	3	4	5	6	日	1	2	3	4	5	6	日	1
干節	己卯	庚辰	辛巳	壬午	癸未	甲申	乙酉	大雪	丁亥	戊子	己丑	庚寅	辛卯	壬辰	癸巳	甲午	乙未	丙申	丁酉	戊戌	己亥	庚子	冬至	壬寅	癸卯	甲辰	乙巳	丙午	丁未	戊申	己酉

丁未　一九〇七年（清德宗光緒三三年）

陽歷一月份　（陰歷十一、十二月份）

陽	**1**	2	3	4	5	6	7	8	9	10	11	12	13	14	15	16	17	18	19	20	21	22	23	24	25	26	27	28	29	30	31
陰	十七	十八	十九	廿	廿一	廿二	廿三	廿四	廿五	廿六	廿七	廿八	廿九	**十二**	二	三	四	五	六	七	八	九	十	十一	十二	十三	十四	十五	十六	十七	十八
星	2	3	4	5	6	**日**	1	2	3	4	5	6	**日**	1	2	3	4	5	6	**日**	1	2	3	4	5	6	**日**	1	2	3	4
干節	庚戌	辛亥	壬子	癸丑	甲寅	**小寒**	丙辰	丁巳	戊午	己未	庚申	辛酉	壬戌	癸亥	甲子	乙丑	丙寅	丁卯	戊辰	己巳	**大寒**	辛未	壬申	癸酉	甲戌	乙亥	丙子	丁丑	戊寅	己卯	庚辰

陽歷二月份　（陰歷十二、正月份）

陽	**2**	2	3	4	5	6	7	8	9	10	11	12	13	14	15	16	17	18	19	20	21	22	23	24	25	26	27	28	—	—	—
陰	十九	廿	廿一	廿二	廿三	廿四	廿五	廿六	廿七	廿八	廿九	卅	**正**	二	三	四	五	六	七	八	九	十	十一	十二	十三	十四	十五	十六	—	—	—
星	5	6	**日**	1	2	3	4	5	6	**日**	1	2	3	4	5	6	**日**	1	2	3	4	5	6	**日**	1	2	3	4	—	—	—
干節	辛巳	壬午	癸未	甲申	**立春**	丙戌	丁亥	戊子	己丑	庚寅	辛卯	壬辰	癸巳	甲午	乙未	丙申	丁酉	戊戌	己亥	**雨水**	辛丑	壬寅	癸卯	甲辰	乙巳	丙午	丁未	戊申	—	—	—

陽歷三月份　（陰歷正、二月份）

陽	**3**	2	3	4	5	6	7	8	9	10	11	12	13	14	15	16	17	18	19	20	21	22	23	24	25	26	27	28	29	30	31
陰	十七	十八	十九	廿	廿一	廿二	廿三	廿四	廿五	廿六	廿七	廿八	廿九	**二**	二	三	四	五	六	七	八	九	十	十一	十二	十三	十四	十五	十六	十七	十八
星	5	6	**日**	1	2	3	4	5	6	**日**	1	2	3	4	5	6	**日**	1	2	3	4	5	6	**日**	1	2	3	4	5	6	**日**
干節	己酉	庚戌	辛亥	壬子	癸丑	甲寅	**驚蟄**	丙辰	丁巳	戊午	己未	庚申	辛酉	壬戌	癸亥	甲子	乙丑	丙寅	丁卯	戊辰	己巳	**春分**	辛未	壬申	癸酉	甲戌	乙亥	丙子	丁丑	戊寅	己卯

陽歷四月份　（陰歷二、三月份）

陽	**4**	2	3	4	5	6	7	8	9	10	11	12	13	14	15	16	17	18	19	20	21	22	23	24	25	26	27	28	29	30	—
陰	十九	廿	廿一	廿二	廿三	廿四	廿五	廿六	廿七	廿八	廿九	卅	**三**	二	三	四	五	六	七	八	九	十	十一	十二	十三	十四	十五	十六	十七	十八	—
星	1	2	3	4	5	6	**日**	1	2	3	4	5	6	**日**	1	2	3	4	5	6	**日**	1	2	3	4	5	6	**日**	1	2	—
干節	庚辰	辛巳	壬午	癸未	甲申	**清明**	丙戌	丁亥	戊子	己丑	庚寅	辛卯	壬辰	癸巳	甲午	乙未	丙申	丁酉	戊戌	己亥	**穀雨**	辛丑	壬寅	癸卯	甲辰	乙巳	丙午	丁未	戊申	己酉	—

陽歷五月份　（陰歷三、四月份）

陽	**5**	2	3	4	5	6	7	8	9	10	11	12	13	14	15	16	17	18	19	20	21	22	23	24	25	26	27	28	29	30	31
陰	十九	廿	廿一	廿二	廿三	廿四	廿五	廿六	廿七	廿八	廿九	**四**	二	三	四	五	六	七	八	九	十	十一	十二	十三	十四	十五	十六	十七	十八	十九	廿
星	3	4	5	6	**日**	1	2	3	4	5	6	**日**	1	2	3	4	5	6	**日**	1	2	3	4	5	6	**日**	1	2	3	4	5
干節	庚戌	辛亥	壬子	癸丑	甲寅	乙卯	**立夏**	丁巳	戊午	己未	庚申	辛酉	壬戌	癸亥	甲子	乙丑	丙寅	丁卯	戊辰	己巳	庚午	**小滿**	壬申	癸酉	甲戌	乙亥	丙子	丁丑	戊寅	己卯	庚辰

陽歷六月份　（陰歷四、五月份）

陽	**6**	2	3	4	5	6	7	8	9	10	11	12	13	14	15	16	17	18	19	20	21	22	23	24	25	26	27	28	29	30	—
陰	廿一	廿二	廿三	廿四	廿五	廿六	廿七	廿八	廿九	卅	**五**	二	三	四	五	六	七	八	九	十	十一	十二	十三	十四	十五	十六	十七	十八	十九	廿	—
星	6	**日**	1	2	3	4	5	6	**日**	1	2	3	4	5	6	**日**	1	2	3	4	5	6	**日**	1	2	3	4	5	6	**日**	—
干節	辛巳	壬午	癸未	甲申	乙酉	丙戌	**芒種**	戊子	己丑	庚寅	辛卯	壬辰	癸巳	甲午	乙未	丙申	丁酉	戊戌	己亥	庚子	辛丑	**夏至**	癸卯	甲辰	乙巳	丙午	丁未	戊申	己酉	庚戌	—

丁未

一九〇七年

（清德宗光緒三三年）

陽曆七月份　（陰曆五、六月份）

陽	7	2	3	4	5	6	7	8	9	10	11	12	13	14	15	16	17	18	19	20	21	22	23	24	25	26	27	28	29	30	31
陰	廿一	廿二	廿三	廿四	廿五	廿六	廿七	廿八	廿九	六	二	三	四	五	六	七	八	九	十	十一	十二	十三	十四	十五	十六	十七	十八	十九	廿	廿一	廿二
星	1	2	3	4	5	6	日	1	2	3	4	5	6	日	1	2	3	4	5	6	日	1	2	3	4	5	6	日	1	2	3
干節	辛亥	壬子	癸丑	甲寅	乙卯	丙辰	丁巳	小暑	己未	庚申	辛酉	壬戌	癸亥	甲子	乙丑	丙寅	丁卯	戊辰	己巳	庚午	辛未	壬申	癸酉	大暑	乙亥	丙子	丁丑	戊寅	己卯	庚辰	辛巳

陽曆八月份　（陰曆六、七月份）

陽	8	2	3	4	5	6	7	8	9	10	11	12	13	14	15	16	17	18	19	20	21	22	23	24	25	26	27	28	29	30	31
陰	廿三	廿四	廿五	廿六	廿七	廿八	廿九	卅	七	二	三	四	五	六	七	八	九	十	十一	十二	十三	十四	十五	十六	十七	十八	十九	廿	廿一	廿二	廿三
星	4	5	6	日	1	2	3	4	5	6	日	1	2	3	4	5	6	日	1	2	3	4	5	6	日	1	2	3	4	5	6
干節	壬午	癸未	甲申	乙酉	丙戌	丁亥	戊子	己丑	立秋	辛卯	壬辰	癸巳	甲午	乙未	丙申	丁酉	戊戌	己亥	庚子	辛丑	壬寅	癸卯	甲辰	處暑	丙午	丁未	戊申	己酉	庚戌	辛亥	壬子

陽曆九月份　（陰曆七、八月份）

陽	9	2	3	4	5	6	7	8	9	10	11	12	13	14	15	16	17	18	19	20	21	22	23	24	25	26	27	28	29	30	
陰	廿四	廿五	廿六	廿七	廿八	廿九	卅	八	二	三	四	五	六	七	八	九	十	十一	十二	十三	十四	十五	十六	十七	十八	十九	廿	廿一	廿二	廿三	
星	日	1	2	3	4	5	6	日	1	2	3	4	5	6	日	1	2	3	4	5	6	日	1	2	3	4	5	6	日	1	
干節	癸丑	甲寅	乙卯	丙辰	丁巳	戊午	己未	庚申	白露	壬戌	癸亥	甲子	乙丑	丙寅	丁卯	戊辰	己巳	庚午	辛未	壬申	癸酉	甲戌	乙亥	秋分	丁丑	戊寅	己卯	庚辰	辛巳	壬午	

陽曆十月份　（陰曆八、九月份）

陽	10	2	3	4	5	6	7	8	9	10	11	12	13	14	15	16	17	18	19	20	21	22	23	24	25	26	27	28	29	30	31
陰	廿四	廿五	廿六	廿七	廿八	廿九	九	二	三	四	五	六	七	八	九	十	十一	十二	十三	十四	十五	十六	十七	十八	十九	廿	廿一	廿二	廿三	廿四	廿五
星	2	3	4	5	6	日	1	2	3	4	5	6	日	1	2	3	4	5	6	日	1	2	3	4	5	6	日	1	2	3	4
干節	癸未	甲申	乙酉	丙戌	丁亥	戊子	己丑	庚寅	寒露	壬辰	癸巳	甲午	乙未	丙申	丁酉	戊戌	己亥	庚子	辛丑	壬寅	癸卯	甲辰	乙巳	霜降	丁未	戊申	己酉	庚戌	辛亥	壬子	癸丑

陽曆十一月份　（陰曆九、十月份）

陽	11	2	3	4	5	6	7	8	9	10	11	12	13	14	15	16	17	18	19	20	21	22	23	24	25	26	27	28	29	30	
陰	廿六	廿七	廿八	廿九	卅	十	二	三	四	五	六	七	八	九	十	十一	十二	十三	十四	十五	十六	十七	十八	十九	廿	廿一	廿二	廿三	廿四	廿五	
星	5	6	日	1	2	3	4	5	6	日	1	2	3	4	5	6	日	1	2	3	4	5	6	日	1	2	3	4	5	6	
干節	甲寅	乙卯	丙辰	丁巳	戊午	己未	庚申	立冬	壬戌	癸亥	甲子	乙丑	丙寅	丁卯	戊辰	己巳	庚午	辛未	壬申	癸酉	甲戌	乙亥	小雪	丁丑	戊寅	己卯	庚辰	辛巳	壬午	癸未	

陽曆十二月份　（陰曆十、十一月份）

陽	12	2	3	4	5	6	7	8	9	10	11	12	13	14	15	16	17	18	19	20	21	22	23	24	25	26	27	28	29	30	31
陰	廿六	廿七	廿八	廿九	十一	二	三	四	五	六	七	八	九	十	十一	十二	十三	十四	十五	十六	十七	十八	十九	廿	廿一	廿二	廿三	廿四	廿五	廿六	廿七
星	日	1	2	3	4	5	6	日	1	2	3	4	5	6	日	1	2	3	4	5	6	日	1	2	3	4	5	6	日	1	2
干節	甲申	乙酉	丙戌	丁亥	戊子	己丑	庚寅	大雪	壬辰	癸巳	甲午	乙未	丙申	丁酉	戊戌	己亥	庚子	辛丑	壬寅	癸卯	甲辰	乙巳	冬至	丁未	戊申	己酉	庚戌	辛亥	壬子	癸丑	甲寅

近世中西史日對照表

陽歷　一月份　(陰歷十一、十二月份)

陽	1	2	3	4	5	6	7	8	9	10	11	12	13	14	15	16	17	18	19	20	21	22	23	24	25	26	27	28	29	30	31
陰	廿八	廿九	卅	十二	二	三	四	五	六	七	八	九	十	十一	十二	十三	十四	十五	十六	十七	十八	十九	廿	廿一	廿二	廿三	廿四	廿五	廿六	廿七	廿八
星	3	4	5	6	日	1	2	3	4	5	6	日	1	2	3	4	5	6	日	1	2	3	4	5	6	日	1	2	3	4	5
干節	乙卯	丙辰	丁巳	戊午	己未	庚申	小寒	壬戌	癸亥	甲子	乙丑	丙寅	丁卯	戊辰	己巳	庚午	辛未	壬申	癸酉	甲戌	大寒	丙子	丁丑	戊寅	己卯	庚辰	辛巳	壬午	癸未	甲申	乙酉

陽歷　二月份　(陰歷十二、正月份)

陽	2	2	3	4	5	6	7	8	9	10	11	12	13	14	15	16	17	18	19	20	21	22	23	24	25	26	27	28	29		
陰	廿九	正	二	三	四	五	六	七	八	九	十	十一	十二	十三	十四	十五	十六	十七	十八	十九	廿	廿一	廿二	廿三	廿四	廿五	廿六	廿七	廿八		
星	6	日	1	2	3	4	5	6	日	1	2	3	4	5	6	日	1	2	3	4	5	6	日	1	2	3	4	5	6		
干節	丙戌	丁亥	戊子	己丑	立春	辛卯	壬辰	癸巳	甲午	乙未	丙申	丁酉	戊戌	己亥	庚子	辛丑	壬寅	癸卯	甲辰	雨水	丙午	丁未	戊申	己酉	庚戌	辛亥	壬子	癸丑	甲寅		

陽歷　三月份　(陰歷正、二月份)

陽	3	2	3	4	5	6	7	8	9	10	11	12	13	14	15	16	17	18	19	20	21	22	23	24	25	26	27	28	29	30	31
陰	廿九	卅	二	二	三	四	五	六	七	八	九	十	十一	十二	十三	十四	十五	十六	十七	十八	十九	廿	廿一	廿二	廿三	廿四	廿五	廿六	廿七	廿八	廿九
星	日	1	2	3	4	5	6	日	1	2	3	4	5	6	日	1	2	3	4	5	6	日	1	2	3	4	5	6	日	1	2
干節	乙卯	丙辰	丁巳	戊午	己未	驚蟄	辛酉	壬戌	癸亥	甲子	乙丑	丙寅	丁卯	戊辰	己巳	庚午	辛未	壬申	癸酉	甲戌	春分	丙子	丁丑	戊寅	己卯	庚辰	辛巳	壬午	癸未	甲申	乙酉

陽歷　四月份　(陰歷三、四月份)

陽	4	2	3	4	5	6	7	8	9	10	11	12	13	14	15	16	17	18	19	20	21	22	23	24	25	26	27	28	29	30	
陰	三	二	三	四	五	六	七	八	九	十	十一	十二	十三	十四	十五	十六	十七	十八	十九	廿	廿一	廿二	廿三	廿四	廿五	廿六	廿七	廿八	廿九	四	
星	3	4	5	6	日	1	2	3	4	5	6	日	1	2	3	4	5	6	日	1	2	3	4	5	6	日	1	2	3	4	
干節	丙戌	丁亥	戊子	己丑	清明	辛卯	壬辰	癸巳	甲午	乙未	丙申	丁酉	戊戌	己亥	庚子	辛丑	壬寅	癸卯	甲辰	穀雨	丙午	丁未	戊申	己酉	庚戌	辛亥	壬子	癸丑	甲寅	乙卯	

陽歷　五月份　(陰歷四、五月份)

陽	5	2	3	4	5	6	7	8	9	10	11	12	13	14	15	16	17	18	19	20	21	22	23	24	25	26	27	28	29	30	31
陰	二	三	四	五	六	七	八	九	十	十一	十二	十三	十四	十五	十六	十七	十八	十九	廿	廿一	廿二	廿三	廿四	廿五	廿六	廿七	廿八	廿九	卅	五	二
星	5	6	日	1	2	3	4	5	6	日	1	2	3	4	5	6	日	1	2	3	4	5	6	日	1	2	3	4	5	6	日
干節	丙辰	丁巳	戊午	己未	庚申	立夏	壬戌	癸亥	甲子	乙丑	丙寅	丁卯	戊辰	己巳	庚午	辛未	壬申	癸酉	甲戌	乙亥	小滿	丁丑	戊寅	己卯	庚辰	辛巳	壬午	癸未	甲申	乙酉	丙戌

陽歷　六月份　(陰歷五、六月份)

陽	6	2	3	4	5	6	7	8	9	10	11	12	13	14	15	16	17	18	19	20	21	22	23	24	25	26	27	28	29	30	
陰	三	四	五	六	七	八	九	十	十一	十二	十三	十四	十五	十六	十七	十八	十九	廿	廿一	廿二	廿三	廿四	廿五	廿六	廿七	廿八	廿九	卅	六	二	
星	1	2	3	4	5	6	日	1	2	3	4	5	6	日	1	2	3	4	5	6	日	1	2	3	4	5	6	日	1	2	
干節	丁亥	戊子	己丑	庚寅	辛卯	芒種	癸巳	甲午	乙未	丙申	丁酉	戊戌	己亥	庚子	辛丑	壬寅	癸卯	甲辰	乙巳	丙午	丁未	夏至	己酉	庚戌	辛亥	壬子	癸丑	甲寅	乙卯	丙辰	

戊申 一九〇八年（清德宗光緒三十四年）

陽曆七月份　（陰曆五、六月份）

陽	7	2	3	4	5	6	7	8	9	10	11	12	13	14	15	16	17	18	19	20	21	22	23	24	25	26	27	28	29	30	31
陰	三	四	五	六	七	八	九	十	十一	十二	十三	十四	十五	十六	十七	十八	十九	廿	廿一	廿二	廿三	廿四	廿五	廿六	廿七	廿八	廿九	七	二	三	四
星	3	4	5	6	日	1	2	3	4	5	6	日	1	2	3	4	5	6	日	1	2	3	4	5	6	日	1	2	3	4	5
干節	丁巳	戊午	己未	庚申	辛酉	壬戌	小暑	甲子	乙丑	丙寅	丁卯	戊辰	己巳	庚午	辛未	壬申	癸酉	甲戌	乙亥	丙子	丁丑	戊寅	大暑	庚辰	辛巳	壬午	癸未	甲申	乙酉	丙戌	丁亥

陽曆八月份　（陰曆七、八月份）

陽	8	2	3	4	5	6	7	8	9	10	11	12	13	14	15	16	17	18	19	20	21	22	23	24	25	26	27	28	29	30	31
陰	五	六	七	八	九	十	十一	十二	十三	十四	十五	十六	十七	十八	十九	廿	廿一	廿二	廿三	廿四	廿五	廿六	廿七	廿八	廿九	卅	八	二	三	四	五
星	6	日	1	2	3	4	5	6	日	1	2	3	4	5	6	日	1	2	3	4	5	6	日	1	2	3	4	5	6	日	1
干節	戊子	己丑	庚寅	辛卯	壬辰	癸巳	甲午	立秋	丙申	丁酉	戊戌	己亥	庚子	辛丑	壬寅	癸卯	甲辰	乙巳	丙午	丁未	戊申	己酉	處暑	辛亥	壬子	癸丑	甲寅	乙卯	丙辰	丁巳	戊午

陽曆九月份　（陰曆八、九月份）

陽	9	2	3	4	5	6	7	8	9	10	11	12	13	14	15	16	17	18	19	20	21	22	23	24	25	26	27	28	29	30
陰	六	七	八	九	十	十一	十二	十三	十四	十五	十六	十七	十八	十九	廿	廿一	廿二	廿三	廿四	廿五	廿六	廿七	廿八	廿九	九	二	三	四	五	六
星	2	3	4	5	6	日	1	2	3	4	5	6	日	1	2	3	4	5	6	日	1	2	3	4	5	6	日	1	2	3
干節	己未	庚申	辛酉	壬戌	癸亥	甲子	乙丑	白露	丁卯	戊辰	己巳	庚午	辛未	壬申	癸酉	甲戌	乙亥	丙子	丁丑	戊寅	己卯	庚辰	秋分	壬午	癸未	甲申	乙酉	丙戌	丁亥	戊子

陽曆十月份　（陰曆九、十月份）

陽	10	2	3	4	5	6	7	8	9	10	11	12	13	14	15	16	17	18	19	20	21	22	23	24	25	26	27	28	29	30	31
陰	七	八	九	十	十一	十二	十三	十四	十五	十六	十七	十八	十九	廿	廿一	廿二	廿三	廿四	廿五	廿六	廿七	廿八	廿九	卅	十	二	三	四	五	六	七
星	4	5	6	日	1	2	3	4	5	6	日	1	2	3	4	5	6	日	1	2	3	4	5	6	日	1	2	3	4	5	6
干節	己丑	庚寅	辛卯	壬辰	癸巳	甲午	乙未	丙申	寒露	戊戌	己亥	庚子	辛丑	壬寅	癸卯	甲辰	乙巳	丙午	丁未	戊申	己酉	庚戌	辛亥	霜降	癸丑	甲寅	乙卯	丙辰	丁巳	戊午	己未

陽曆十一月份　（陰曆十、十一月份）

陽	11	2	3	4	5	6	7	8	9	10	11	12	13	14	15	16	17	18	19	20	21	22	23	24	25	26	27	28	29	30
陰	八	九	十	十一	十二	十三	十四	十五	十六	十七	十八	十九	廿	廿一	廿二	廿三	廿四	廿五	廿六	廿七	廿八	廿九	卅	十一	二	三	四	五	六	七
星	日	1	2	3	4	5	6	日	1	2	3	4	5	6	日	1	2	3	4	5	9	日	1	2	3	4	5	6	日	1
干節	庚申	辛酉	壬戌	癸亥	甲子	乙丑	丙寅	立冬	戊辰	己巳	庚午	辛未	壬申	癸酉	甲戌	乙亥	丙子	丁丑	戊寅	己卯	庚辰	辛巳	小雪	癸未	甲申	乙酉	丙戌	丁亥	戊子	己丑

陽曆十二月份　（陰曆十一、十二月份）

陽	12	2	3	4	5	6	7	8	9	10	11	12	13	14	15	16	17	18	19	20	21	22	23	24	25	26	27	28	29	30	31
陰	八	九	十	十一	十二	十三	十四	十五	十六	十七	十八	十九	廿	廿一	廿二	廿三	廿四	廿五	廿六	廿七	廿八	廿九	十二	二	三	四	五	六	七	八	九
星	2	3	4	5	6	日	1	2	3	4	5	6	日	1	2	3	4	5	6	日	1	2	3	4	5	6	日	1	2	3	4
干節	庚寅	辛卯	壬辰	癸巳	甲午	乙未	大雪	丁酉	戊戌	己亥	庚子	辛丑	壬寅	癸卯	甲辰	乙巳	丙午	丁未	戊申	己酉	庚戌	冬至	壬子	癸丑	甲寅	乙卯	丙辰	丁巳	戊午	己未	庚申

近世中西史日對照表

己酉　一九〇九年　（清廢帝宣統元年）

陽歷 一月份　（陰歷十二、正月份）

陽	1	2	3	4	5	6	7	8	9	10	11	12	13	14	15	16	17	18	19	20	21	22	23	24	25	26	27	28	29	30	31
陰	十	十一	十二	十三	十四	十五	十六	十七	十八	十九	廿	廿一	廿二	廿三	廿四	廿五	廿六	廿七	廿八	廿九	卅	正	二	三	四	五	六	七	八	九	十
星	5	6	日	1	2	3	4	5	6	日	1	2	3	4	5	6	日	1	2	3	4	5	6	日	1	2	3	4	5	6	日
干節	辛酉	壬戌	癸亥	甲子	乙丑	小寒	丁卯	戊辰	己巳	庚午	辛未	壬申	癸酉	甲戌	乙亥	丙子	丁丑	戊寅	己卯	庚辰	大寒	壬午	癸未	甲申	乙酉	丙戌	丁亥	戊子	己丑	庚寅	辛卯

陽歷 二月份　（陰歷正、二月份）

陽	2	2	3	4	5	6	7	8	9	10	11	12	13	14	15	16	17	18	19	20	21	22	23	24	25	26	27	28			
陰	十一	十二	十三	十四	十五	十六	十七	十八	十九	廿	廿一	廿二	廿三	廿四	廿五	廿六	廿七	廿八	廿九	二	二	三	四	五	六	七	八	九			
星	1	2	3	4	5	6	日	1	2	3	4	5	6	日	1	2	3	4	5	6	日	1	2	3	4	5	6	日			
干節	壬辰	癸巳	甲午	立春	丙申	丁酉	戊戌	己亥	庚子	辛丑	壬寅	癸卯	甲辰	乙巳	丙午	丁未	戊申	己酉	雨水	辛亥	壬子	癸丑	甲寅	乙卯	丙辰	丁巳	戊午	己未			

陽歷 三月份　（陰歷二、閏二月份）

陽	3	2	3	4	5	6	7	8	9	10	11	12	13	14	15	16	17	18	19	20	21	22	23	24	25	26	27	28	29	30	31
陰	十	十一	十二	十三	十四	十五	十六	十七	十八	十九	廿	廿一	廿二	廿三	廿四	廿五	廿六	廿七	廿八	廿九	卅	閏	二	三	四	五	六	七	八	九	十
星	1	2	3	4	5	6	日	1	2	3	4	5	6	日	1	2	3	4	5	6	日	1	2	3	4	5	6	日	1	2	3
干節	庚申	辛酉	壬戌	癸亥	甲子	驚蟄	丙寅	丁卯	戊辰	己巳	庚午	辛未	壬申	癸酉	甲戌	乙亥	丙子	丁丑	戊寅	己卯	春分	辛巳	壬午	癸未	甲申	乙酉	丙戌	丁亥	戊子	己丑	庚寅

陽歷 四月份　（陰歷閏二、三月份）

陽	4	2	3	4	5	6	7	8	9	10	11	12	13	14	15	16	17	18	19	20	21	22	23	24	25	26	27	28	29	30	
陰	十一	十二	十三	十四	十五	十六	十七	十八	十九	廿	廿一	廿二	廿三	廿四	廿五	廿六	廿七	廿八	廿九	三	二	三	四	五	六	七	八	九	十	十一	
星	4	5	6	日	1	2	3	4	5	6	日	1	2	3	4	5	6	日	1	2	3	4	5	6	日	1	2	3	4	5	
干節	辛卯	壬辰	癸巳	甲午	清明	丙申	丁酉	戊戌	己亥	庚子	辛丑	壬寅	癸卯	甲辰	乙巳	丙午	丁未	戊申	己酉	庚戌	穀雨	壬子	癸丑	甲寅	乙卯	丙辰	丁巳	戊午	己未	庚申	

陽歷 五月份　（陰歷三、四月份）

陽	5	2	3	4	5	6	7	8	9	10	11	12	13	14	15	16	17	18	19	20	21	22	23	24	25	26	27	28	29	30	31
陰	十二	十三	十四	十五	十六	十七	十八	十九	廿	廿一	廿二	廿三	廿四	廿五	廿六	廿七	廿八	廿九	四	二	三	四	五	六	七	八	九	十	十一	十二	十三
星	6	日	1	2	3	4	5	6	日	1	2	3	4	5	6	日	1	2	3	4	5	6	日	1	2	3	4	5	6	日	1
干節	辛酉	壬戌	癸亥	甲子	乙丑	立夏	丁卯	戊辰	己巳	庚午	辛未	壬申	癸酉	甲戌	乙亥	丙子	丁丑	戊寅	己卯	庚辰	辛巳	小滿	癸未	甲申	乙酉	丙戌	丁亥	戊子	己丑	庚寅	辛卯

陽歷 六月份　（陰歷四、五月份）

陽	6	2	3	4	5	6	7	8	9	10	11	12	13	14	15	16	17	18	19	20	21	22	23	24	25	26	27	28	29	30	
陰	十四	十五	十六	十七	十八	十九	廿	廿一	廿二	廿三	廿四	廿五	廿六	廿七	廿八	廿九	卅	五	二	三	四	五	六	七	八	九	十	十一	十二	十三	
星	2	3	4	5	6	日	1	2	3	4	5	6	日	1	2	3	4	5	6	日	1	2	3	4	5	6	日	1	2	3	
干節	壬辰	癸巳	甲午	乙未	丙申	芒種	戊戌	己亥	庚子	辛丑	壬寅	癸卯	甲辰	乙巳	丙午	丁未	戊申	己酉	庚戌	辛亥	壬子	夏至	甲寅	乙卯	丙辰	丁巳	戊午	己未	庚申	辛酉	

己酉

一九〇九年

（清廢帝宣統元年）

陽歷七月份　（陰歷五、六月份）

陽	7	2	3	4	5	6	7	8	9	10	11	12	13	14	15	16	17	18	19	20	21	22	23	24	25	26	27	28	29	30	31
陰	十四	十五	十六	十七	十八	十九	廿	廿一	廿二	廿三	廿四	廿五	廿六	廿七	廿八	廿九	六	二	三	四	五	六	七	八	九	十	十一	十二	十三	十四	十五
星	4	5	6	日	1	2	3	4	5	6	日	1	2	3	4	5	6	日	1	2	3	4	5	6	日	1	2	3	4	5	6
干節	壬戌	癸亥	甲子	乙丑	丙寅	丁卯	戊辰	小暑	庚午	辛未	壬申	癸酉	甲戌	乙亥	丙子	丁丑	戊寅	己卯	庚辰	辛巳	壬午	癸未	大暑	乙酉	丙戌	丁亥	戊子	己丑	庚寅	辛卯	壬辰

陽歷八月份　（陰歷六、七月份）

陽	8	2	3	4	5	6	7	8	9	10	11	12	13	14	15	16	17	18	19	20	21	22	23	24	25	26	27	28	29	30	31
陰	十六	十七	十八	十九	廿	廿一	廿二	廿三	廿四	廿五	廿六	廿七	廿八	廿九	卅	七	二	三	四	五	六	七	八	九	十	十一	十二	十三	十四	十五	十六
星	日	1	2	3	4	5	6	日	1	2	3	4	5	6	日	1	2	3	4	5	6	日	1	2	3	4	5	6	日	1	2
干節	癸巳	甲午	乙未	丙申	丁酉	戊戌	己亥	立秋	辛丑	壬寅	癸卯	甲辰	乙巳	丙午	丁未	戊申	己酉	庚戌	辛亥	壬子	癸丑	甲寅	乙卯	處暑	丁巳	戊午	己未	庚申	辛酉	壬戌	癸亥

陽歷九月份　（陰歷七、八月份）

陽	9	2	3	4	5	6	7	8	9	10	11	12	13	14	15	16	17	18	19	20	21	22	23	24	25	26	27	28	29	30	
陰	十七	十八	十九	廿	廿一	廿二	廿三	廿四	廿五	廿六	廿七	廿八	廿九	八	二	三	四	五	六	七	八	九	十	十一	十二	十三	十四	十五	十六	十七	
星	3	4	5	6	日	1	2	3	4	5	6	日	1	2	3	4	5	6	日	1	2	3	4	5	6	日	1	2	3	4	
干節	甲子	乙丑	丙寅	丁卯	戊辰	己巳	庚午	白露	壬申	癸酉	甲戌	乙亥	丙子	丁丑	戊寅	己卯	庚辰	辛巳	壬午	癸未	甲申	乙酉	丙戌	秋分	戊子	己丑	庚寅	辛卯	壬辰	癸巳	

陽歷十月份　（陰歷八 九月份）

陽	10	2	3	4	5	6	7	8	9	10	11	12	13	14	15	16	17	18	19	20	21	22	23	24	25	26	27	28	29	30	31
陰	十八	十九	廿	廿一	廿二	廿三	廿四	廿五	廿六	廿七	廿八	廿九	卅	九	二	三	四	五	六	七	八	九	十	十一	十二	十三	十四	十五	十六	十七	十八
星	5	6	日	1	2	3	4	5	6	日	1	2	3	4	5	6	日	1	2	3	4	5	6	日	1	2	3	4	5	6	日
干節	甲午	乙未	丙申	丁酉	戊戌	己亥	庚子	辛丑	寒露	癸卯	甲辰	乙巳	丙午	丁未	戊申	己酉	庚戌	辛亥	壬子	癸丑	甲寅	乙卯	丙辰	霜降	戊午	己未	庚申	辛酉	壬戌	癸亥	甲子

陽歷十一月份　（陰歷九、十月份）

陽	11	2	3	4	5	6	7	8	9	10	11	12	13	14	15	16	17	18	19	20	21	22	23	24	25	26	27	28	29	30	
陰	十九	廿	廿一	廿二	廿三	廿四	廿五	廿六	廿七	廿八	廿九	卅	十	二	三	四	五	六	七	八	九	十	十一	十二	十三	十四	十五	十六	十七	十八	
星	1	2	3	4	5	6	日	1	2	3	4	5	6	日	1	2	3	4	5	6	日	1	2	3	4	5	6	日	1	2	
干節	乙丑	丙寅	丁卯	戊辰	己巳	庚午	辛未	立冬	癸酉	甲戌	乙亥	丙子	丁丑	戊寅	己卯	庚辰	辛巳	壬午	癸未	甲申	乙酉	丙戌	小雪	戊子	己丑	庚寅	辛卯	壬辰	癸巳	甲午	

陽歷十二月份　（陰歷十、十一月份）

陽	12	2	3	4	5	6	7	8	9	10	11	12	13	14	15	16	17	18	19	20	21	22	23	24	25	26	27	28	29	30	31
陰	十九	廿	廿一	廿二	廿三	廿四	廿五	廿六	廿七	廿八	廿九	卅	十一	二	三	四	五	六	七	八	九	十	十一	十二	十三	十四	十五	十六	十七	十八	十九
星	3	4	5	6	日	1	2	3	4	5	6	日	1	2	3	4	5	6	日	1	2	3	4	5	6	日	1	2	3	4	5
干節	乙未	丙申	丁酉	戊戌	己亥	庚子	辛丑	大雪	癸卯	甲辰	乙巳	丙午	丁未	戊申	己酉	庚戌	辛亥	壬子	癸丑	甲寅	乙卯	冬至	丁巳	戊午	己未	庚申	辛酉	壬戌	癸亥	甲子	乙丑

近世中西史日對照表

陽歷 一 月份 (陰歷十一、十二月份)

陽	1	2	3	4	5	6	7	8	9	10	11	12	13	14	15	16	17	18	19	20	21	22	23	24	25	26	27	28	29	30	31
陰	廿	廿一	廿二	廿三	廿四	廿五	廿六	廿七	廿八	廿九	十二	二	三	四	五	六	七	八	九	十	十一	十二	十三	十四	十五	十六	十七	十八	十九	廿	廿一
星	6	日	1	2	3	4	5	6	日	1	2	3	4	5	6	日	1	2	3	4	5	6	日	1	2	3	4	5	6	日	1
干節	丙寅	丁卯	戊辰	己巳	庚午	小寒	壬申	癸酉	甲戌	乙亥	丙子	丁丑	戊寅	己卯	庚辰	辛巳	壬午	癸未	甲申	乙酉	大寒	丁亥	戊子	己丑	庚寅	辛卯	壬辰	癸巳	甲午	乙未	丙申

陽歷 二 月份 (陰歷十二、正月份)

陽	1	2	3	4	5	6	7	8	9	10	11	12	13	14	15	16	17	18	19	20	21	22	23	24	25	26	27	28			
陰	廿二	廿三	廿四	廿五	廿六	廿七	廿八	廿九	卅	正	二	三	四	五	六	七	八	九	十	十一	十二	十三	十四	十五	十六	十七	十八	十九	—	—	—
星	2	3	4	5	6	日	1	2	3	4	5	6	日	1	2	3	4	5	6	日	1	2	3	4	5	6	日	1	—	—	—
干節	丁酉	戊戌	己亥	庚子	立春	壬寅	癸卯	甲辰	乙巳	丙午	丁未	戊申	己酉	庚戌	辛亥	壬子	癸丑	甲寅	雨水	丙辰	丁巳	戊午	己未	庚申	辛酉	壬戌	癸亥	甲子			

陽歷 三 月份 (陰歷正、二月份)

陽	1	2	3	4	5	6	7	8	9	10	11	12	13	14	15	16	17	18	19	20	21	22	23	24	25	26	27	28	29	30	31
陰	廿	廿一	廿二	廿三	廿四	廿五	廿六	廿七	廿八	廿九	二	二	三	四	五	六	七	八	九	十	十一	十二	十三	十四	十五	十六	十七	十八	十九	廿	廿一
星	2	3	4	5	6	日	1	2	3	4	5	6	日	1	2	3	4	5	6	日	1	2	3	4	5	6	日	1	2	3	4
干節	乙丑	丙寅	丁卯	戊辰	己巳	驚蟄	辛未	壬申	癸酉	甲戌	乙亥	丙子	丁丑	戊寅	己卯	庚辰	辛巳	壬午	癸未	甲申	春分	丙戌	丁亥	戊子	己丑	庚寅	辛卯	壬辰	癸巳	甲午	乙未

陽歷 四 月份 (陰歷二、三月份)

陽	1	2	3	4	5	6	7	8	9	10	11	12	13	14	15	16	17	18	19	20	21	22	23	24	25	26	27	28	29	30	
陰	廿二	廿三	廿四	廿五	廿六	廿七	廿八	廿九	卅	三	二	三	四	五	六	七	八	九	十	十一	十二	十三	十四	十五	十六	十七	十八	十九	廿	廿一	—
星	5	6	日	1	2	3	4	5	6	日	1	2	3	4	5	6	日	1	2	3	4	5	6	日	1	2	3	4	5	6	—
干節	丙申	丁酉	戊戌	己亥	庚子	清明	壬寅	癸卯	甲辰	乙巳	丙午	丁未	戊申	己酉	庚戌	辛亥	壬子	癸丑	甲寅	乙卯	穀雨	丁巳	戊午	己未	庚申	辛酉	壬戌	癸亥	甲子	乙丑	

陽歷 五 月份 (陰歷三、四月份)

陽	1	2	3	4	5	6	7	8	9	10	11	12	13	14	15	16	17	18	19	20	21	22	23	24	25	26	27	28	29	30	31
陰	廿二	廿三	廿四	廿五	廿六	廿七	廿八	廿九	四	二	三	四	五	六	七	八	九	十	十一	十二	十三	十四	十五	十六	十七	十八	十九	廿	廿一	廿二	廿三
星	日	1	2	3	4	5	6	日	1	2	3	4	5	6	日	1	2	3	4	5	6	日	1	2	3	4	5	6	日	1	2
干節	丙寅	丁卯	戊辰	己巳	庚午	立夏	壬申	癸酉	甲戌	乙亥	丙子	丁丑	戊寅	己卯	庚辰	辛巳	壬午	癸未	甲申	乙酉	丙戌	小滿	戊子	己丑	庚寅	辛卯	壬辰	癸巳	甲午	乙未	丙申

陽歷 六 月份 (陰歷四、五月份)

陽	1	2	3	4	5	6	7	8	9	10	11	12	13	14	15	16	17	18	19	20	21	22	23	24	25	26	27	28	29	30	
陰	廿四	廿五	廿六	廿七	廿八	廿九	五	二	三	四	五	六	七	八	九	十	十一	十二	十三	十四	十五	十六	十七	十八	十九	廿	廿一	廿二	廿三	廿四	—
星	3	4	5	6	日	1	2	3	4	5	6	日	1	2	3	4	5	6	日	1	2	3	4	5	6	日	1	2	3	4	—
干節	丁酉	戊戌	己亥	庚子	辛丑	芒種	癸卯	甲辰	乙巳	丙午	丁未	戊申	己酉	庚戌	辛亥	壬子	癸丑	甲寅	乙卯	丙辰	丁巳	夏至	己未	庚申	辛酉	壬戌	癸亥	甲子	乙丑	丙寅	

庚戌 一九一〇年 (清廢帝宣統二年)

庚戌 一九一〇年 （清廢帝宣統二年）

陽歷七月份 （陰歷五、六月份）

陽	7	2	3	4	5	6	7	8	9	10	11	12	13	14	15	16	17	18	19	20	21	22	23	24	25	26	27	28	29	30	31
陰	廿五	廿六	廿七	廿八	廿九	卅	六	二	三	四	五	六	七	八	九	十	十一	十二	十三	十四	十五	十六	十七	十八	十九	廿	廿一	廿二	廿三	廿四	廿五
星	5	6	日	1	2	3	4	5	6	日	1	2	3	4	5	6	日	1	2	3	4	5	6	日	1	2	3	4	5	6	日
干節	丁卯	戊辰	己巳	庚午	辛未	壬申	癸酉	小暑	乙亥	丙子	丁丑	戊寅	己卯	庚辰	辛巳	壬午	癸未	甲申	乙酉	丙戌	丁亥	戊子	己丑	大暑	辛卯	壬辰	癸巳	甲午	乙未	丙申	丁酉

陽歷八月份 （陰歷六、七月份）

陽	8	2	3	4	5	6	7	8	9	10	11	12	13	14	15	16	17	18	19	20	21	22	23	24	25	26	27	28	29	30	31
陰	廿六	廿七	廿八	廿九	七	二	三	四	五	六	七	八	九	十	十一	十二	十三	十四	十五	十六	十七	十八	十九	廿	廿一	廿二	廿三	廿四	廿五	廿六	廿七
星	1	2	3	4	5	6	日	1	2	3	4	5	6	日	1	2	3	4	5	6	日	1	2	3	4	5	6	日	1	2	3
干節	戊戌	己亥	庚子	辛丑	壬寅	癸卯	甲辰	立秋	丙午	丁未	戊申	己酉	庚戌	辛亥	壬子	癸丑	甲寅	乙卯	丙辰	丁巳	戊午	己未	庚申	處暑	壬戌	癸亥	甲子	乙丑	丙寅	丁卯	戊辰

陽歷九月份 （陰歷七、八月份）

陽	9	2	3	4	5	6	7	8	9	10	11	12	13	14	15	16	17	18	19	20	21	22	23	24	25	26	27	28	29	30	
陰	廿八	廿九	卅	八	二	三	四	五	六	七	八	九	十	十一	十二	十三	十四	十五	十六	十七	十八	十九	廿	廿一	廿二	廿三	廿四	廿五	廿六	廿七	
星	4	5	6	日	1	2	3	4	5	6	日	1	2	3	4	5	6	日	1	2	3	4	5	6	日	1	2	3	4	5	
干節	己巳	庚午	辛未	壬申	癸酉	甲戌	乙亥	白露	丁丑	戊寅	己卯	庚辰	辛巳	壬午	癸未	甲申	乙酉	丙戌	丁亥	戊子	己丑	庚寅	辛卯	秋分	癸巳	甲午	乙未	丙申	丁酉	戊戌	

陽歷十月份 （陰歷八、九月份）

陽	10	2	3	4	5	6	7	8	9	10	11	12	13	14	15	16	17	18	19	20	21	22	23	24	25	26	27	28	29	30	31
陰	廿八	廿九	九	二	三	四	五	六	七	八	九	十	十一	十二	十三	十四	十五	十六	十七	十八	十九	廿	廿一	廿二	廿三	廿四	廿五	廿六	廿七	廿八	廿九
星	6	日	1	2	3	4	5	6	日	1	2	3	4	5	6	日	1	2	3	4	5	6	日	1	2	3	4	5	6	日	1
干節	己亥	庚子	辛丑	壬寅	癸卯	甲辰	乙巳	丙午	寒露	戊申	己酉	庚戌	辛亥	壬子	癸丑	甲寅	乙卯	丙辰	丁巳	戊午	己未	庚申	辛酉	霜降	癸亥	甲子	乙丑	丙寅	丁卯	戊辰	己巳

陽歷十一月份 （陰歷九、十月份）

陽	11	2	3	4	5	6	7	8	9	10	11	12	13	14	15	16	17	18	19	20	21	22	23	24	25	26	27	28	29	30	
陰	卅	十	二	三	四	五	六	七	八	九	十	十一	十二	十三	十四	十五	十六	十七	十八	十九	廿	廿一	廿二	廿三	廿四	廿五	廿六	廿七	廿八	廿九	
星	2	3	4	5	6	日	1	2	3	4	5	6	日	1	2	3	4	5	6	日	1	2	3	4	5	6	日	1	2	3	
干節	庚午	辛未	壬申	癸酉	甲戌	乙亥	丙子	立冬	戊寅	己卯	庚辰	辛巳	壬午	癸未	甲申	乙酉	丙戌	丁亥	戊子	己丑	庚寅	辛卯	小雪	癸巳	甲午	乙未	丙申	丁酉	戊戌	己亥	

陽歷十二月份 （陰歷十、十一月份）

陽	12	2	3	4	5	6	7	8	9	10	11	12	13	14	15	16	17	18	19	20	21	22	23	24	25	26	27	28	29	30	31
陰	卅	十一	二	三	四	五	六	七	八	九	十	十一	十二	十三	十四	十五	十六	十七	十八	十九	廿	廿一	廿二	廿三	廿四	廿五	廿六	廿七	廿八	廿九	卅
星	4	5	6	日	1	2	3	4	5	6	日	1	2	3	4	5	6	日	1	2	3	4	5	6	日	1	2	3	4	5	6
干節	庚子	辛丑	壬寅	癸卯	甲辰	乙巳	丙午	大雪	戊申	己酉	庚戌	辛亥	壬子	癸丑	甲寅	乙卯	丙辰	丁巳	戊午	己未	庚申	辛酉	冬至	癸亥	甲子	乙丑	丙寅	丁卯	戊辰	己巳	庚午

近世中西史日對照表

辛亥　一九一一年　（清廢帝宣統三年）

陽歷一月份　（陰歷十二、正月份）

陽	1	2	3	4	5	6	7	8	9	10	11	12	13	14	15	16	17	18	19	20	21	22	23	24	25	26	27	28	29	30	31
陰	十二	二	三	四	五	六	七	八	九	十	十一	十二	十三	十四	十五	十六	十七	十八	十九	廿	廿一	廿二	廿三	廿四	廿五	廿六	廿七	廿八	廿九	正	二
星	日	1	2	3	4	5	6	日	1	2	3	4	5	6	日	1	2	3	4	5	6	日	1	2	3	4	5	6	日	1	2
干節	辛未	壬申	癸酉	甲戌	乙亥	小寒	丁丑	戊寅	己卯	庚辰	辛巳	壬午	癸未	甲申	乙酉	丙戌	丁亥	戊子	己丑	庚寅	大寒	壬辰	癸巳	甲午	乙未	丙申	丁酉	戊戌	己亥	庚子	辛丑

陽歷二月份　（陰歷正月份）

陽	2	2	3	4	5	6	7	8	9	10	11	12	13	14	15	16	17	18	19	20	21	22	23	24	25	26	27	28			
陰	三	四	五	六	七	八	九	十	十一	十二	十三	十四	十五	十六	十七	十八	十九	廿	廿一	廿二	廿三	廿四	廿五	廿六	廿七	廿八	廿九	卅			
星	3	4	5	6	日	1	2	3	4	5	6	日	1	2	3	4	5	6	日	1	2	3	4	5	6	日	1	2			
干節	壬寅	癸卯	甲辰	乙巳	立春	丁未	戊申	己酉	庚戌	辛亥	壬子	癸丑	甲寅	乙卯	丙辰	丁巳	戊午	己未	庚申	雨水	壬戌	癸亥	甲子	乙丑	丙寅	丁卯	戊辰	己巳			

陽歷三月份　（陰歷二、三月份）

陽	3	2	3	4	5	6	7	8	9	10	11	12	13	14	15	16	17	18	19	20	21	22	23	24	25	26	27	28	29	30	31
陰	二	二	三	四	五	六	七	八	九	十	十一	十二	十三	十四	十五	十六	十七	十八	十九	廿	廿一	廿二	廿三	廿四	廿五	廿六	廿七	廿八	廿九	三	二
星	3	4	5	6	日	1	2	3	4	5	6	日	1	2	3	4	5	6	日	1	2	3	4	5	6	日	1	2	3	4	5
干節	庚午	辛未	壬申	癸酉	甲戌	乙亥	驚蟄	丁丑	戊寅	己卯	庚辰	辛巳	壬午	癸未	甲申	乙酉	丙戌	丁亥	戊子	己丑	庚寅	春分	壬辰	癸巳	甲午	乙未	丙申	丁酉	戊戌	己亥	庚子

陽歷四月份　（陰歷三、四月份）

陽	4	2	3	4	5	6	7	8	9	10	11	12	13	14	15	16	17	18	19	20	21	22	23	24	25	26	27	28	29	30
陰	三	四	五	六	七	八	九	十	十一	十二	十三	十四	十五	十六	十七	十八	十九	廿	廿一	廿二	廿三	廿四	廿五	廿六	廿七	廿八	廿九	卅	四	二
星	6	日	1	2	3	4	5	6	日	1	2	3	4	5	6	日	1	2	3	4	5	6	日	1	2	3	4	5	6	日
干節	辛丑	壬寅	癸卯	甲辰	乙巳	清明	丁未	戊申	己酉	庚戌	辛亥	壬子	癸丑	甲寅	乙卯	丙辰	丁巳	戊午	己未	庚申	穀雨	壬戌	癸亥	甲子	乙丑	丙寅	丁卯	戊辰	己巳	庚午

陽歷五月份　（陰歷四、五月份）

陽	5	2	3	4	5	6	7	8	9	10	11	12	13	14	15	16	17	18	19	20	21	22	23	24	25	26	27	28	29	30	31
陰	三	四	五	六	七	八	九	十	十一	十二	十三	十四	十五	十六	十七	十八	十九	廿	廿一	廿二	廿三	廿四	廿五	廿六	廿七	廿八	廿九	五	二	三	四
星	1	2	3	4	5	6	日	1	2	3	4	5	6	日	1	2	3	4	5	6	日	1	2	3	4	5	6	日	1	2	3
干節	辛未	壬申	癸酉	甲戌	乙亥	丙子	立夏	戊寅	己卯	庚辰	辛巳	壬午	癸未	甲申	乙酉	丙戌	丁亥	戊子	己丑	庚寅	辛卯	小滿	癸巳	甲午	乙未	丙申	丁酉	戊戌	己亥	庚子	辛丑

陽歷六月份　（陰歷五、六月份）

陽	6	2	3	4	5	6	7	8	9	10	11	12	13	14	15	16	17	18	19	20	21	22	23	24	25	26	27	28	29	30
陰	五	六	七	八	九	十	十一	十二	十三	十四	十五	十六	十七	十八	十九	廿	廿一	廿二	廿三	廿四	廿五	廿六	廿七	廿八	廿九	六	二	三	四	五
星	4	5	6	日	1	2	3	4	5	6	日	1	2	3	4	5	6	日	1	2	3	4	5	6	日	1	2	3	4	5
干節	壬寅	癸卯	甲辰	乙巳	丙午	丁未	芒種	己酉	庚戌	辛亥	壬子	癸丑	甲寅	乙卯	丙辰	丁巳	戊午	己未	庚申	辛酉	壬戌	夏至	甲子	乙丑	丙寅	丁卯	戊辰	己巳	庚午	辛未

辛亥

一九一一年

（清廢帝宣統三年）

陽歷七月份　　（陰歷六、閏六月份）

陽	7	2	3	4	5	6	7	8	9	10	11	12	13	14	15	16	17	18	19	20	21	22	23	24	25	26	27	28	29	30	31
陰	六	七	八	九	十	十一	十二	十三	十四	十五	十六	十七	十八	十九	廿	廿一	廿二	廿三	廿四	廿五	廿六	廿七	廿八	廿九	卅	閏	二	三	四	五	六
星	6	日	1	2	3	4	5	6	日	1	2	3	4	5	6	日	1	2	3	4	5	6	日	1	2	3	4	5	6	日	1
干節	壬申	癸酉	甲戌	乙亥	丙子	丁丑	戊寅	小暑	庚辰	辛巳	壬午	癸未	甲申	乙酉	丙戌	丁亥	戊子	己丑	庚寅	辛卯	壬辰	癸巳	甲午	大暑	丙申	丁酉	戊戌	己亥	庚子	辛丑	壬寅

陽歷八月份　　（陰歷閏六、七月份）

陽	8	2	3	4	5	6	7	8	9	10	11	12	13	14	15	16	17	18	19	20	21	22	23	24	25	26	27	28	29	30	31
陰	七	八	九	十	十一	十二	十三	十四	十五	十六	十七	十八	十九	廿	廿一	廿二	廿三	廿四	廿五	廿六	廿七	廿八	廿九	七	二	三	四	五	六	七	八
星	2	3	4	5	6	日	1	2	3	4	5	6	日	1	2	3	4	5	6	日	1	2	3	4	5	6	日	1	2	3	4
干節	癸卯	甲辰	乙巳	丙午	丁未	戊申	己酉	庚戌	立秋	壬子	癸丑	甲寅	乙卯	丙辰	丁巳	戊午	己未	庚申	辛酉	壬戌	癸亥	甲子	乙丑	處暑	丁卯	戊辰	己巳	庚午	辛未	壬申	癸酉

陽歷九月份　　（陰歷七、八月份）

陽	9	2	3	4	5	6	7	8	9	10	11	12	13	14	15	16	17	18	19	20	21	22	23	24	25	26	27	28	29	30	
陰	九	十	十一	十二	十三	十四	十五	十六	十七	十八	十九	廿	廿一	廿二	廿三	廿四	廿五	廿六	廿七	廿八	廿九	八	二	三	四	五	六	七	八	九	
星	5	6	日	1	2	3	4	5	6	日	1	2	3	4	5	6	日	1	2	3	4	5	6	日	1	2	3	4	5	6	
干節	甲戌	乙亥	丙子	丁丑	戊寅	己卯	庚辰	辛巳	白露	癸未	甲申	乙酉	丙戌	丁亥	戊子	己丑	庚寅	辛卯	壬辰	癸巳	甲午	乙未	丙申	秋分	戊戌	己亥	庚子	辛丑	壬寅	癸卯	

陽歷十月份　　（陰歷八、九月份）

陽	10	2	3	4	5	6	7	8	9	10	11	12	13	14	15	16	17	18	19	20	21	22	23	24	25	26	27	28	29	30	31
陰	十	十一	十二	十三	十四	十五	十六	十七	十八	十九	廿	廿一	廿二	廿三	廿四	廿五	廿六	廿七	廿八	廿九	卅	九	二	三	四	五	六	七	八	九	十
星	日	1	2	3	4	5	6	日	1	2	3	4	5	6	日	1	2	3	4	5	6	日	1	2	3	4	5	6	日	1	2
干節	甲辰	乙巳	丙午	丁未	戊申	己酉	庚戌	辛亥	寒露	癸丑	甲寅	乙卯	丙辰	丁巳	戊午	己未	庚申	辛酉	壬戌	癸亥	甲子	乙丑	丙寅	霜降	戊辰	己巳	庚午	辛未	壬申	癸酉	甲戌

陽歷十一月份　　（陰歷九、十月份）

陽	11	2	3	4	5	6	7	8	9	10	11	12	13	14	15	16	17	18	19	20	21	22	23	24	25	26	27	28	29	30	
陰	十一	十二	十三	十四	十五	十六	十七	十八	十九	廿	廿一	廿二	廿三	廿四	廿五	廿六	廿七	廿八	廿九	卅	十	二	三	四	五	六	七	八	九	十	
星	3	4	5	6	日	1	2	3	4	5	6	日	1	2	3	4	5	6	日	1	2	3	4	5	6	日	1	2	3	4	
干節	乙亥	丙子	丁丑	戊寅	己卯	庚辰	辛巳	立冬	癸未	甲申	乙酉	丙戌	丁亥	戊子	己丑	庚寅	辛卯	壬辰	癸巳	甲午	乙未	丙申	小雪	戊戌	己亥	庚子	辛丑	壬寅	癸卯	甲辰	

陽歷十二月份　　（陰歷十、十一月份）

陽	12	2	3	4	5	6	7	8	9	10	11	12	13	14	15	16	17	18	19	20	21	22	23	24	25	26	27	28	29	30	31
陰	十一	十二	十三	十四	十五	十六	十七	十八	十九	廿	廿一	廿二	廿三	廿四	廿五	廿六	廿七	廿八	廿九	十一	二	三	四	五	六	七	八	九	十	十一	十二
星	5	6	日	1	2	3	4	5	6	日	1	2	3	4	5	6	日	1	2	3	4	5	6	日	1	2	3	4	5	6	日
干節	乙巳	丙午	丁未	戊申	己酉	庚戌	辛亥	大雪	癸丑	甲寅	乙卯	丙辰	丁巳	戊午	己未	庚申	辛酉	壬戌	癸亥	甲子	乙丑	丙寅	冬至	戊辰	己巳	庚午	辛未	壬申	癸酉	甲戌	乙亥

壬子 一九一二年 （中華民國元年）

（註三七）中華民國成立後改用陽曆，以辛亥十一月十三日爲中華民國元年一月一日。

陽歷 一 月份 (陰歷十一、十二月份)

陽	1	2	3	4	5	6	7	8	9	10	11	12	13	14	15	16	17	18	19	20	21	22	23	24	25	26	27	28	29	30	31
陰	十三	十四	十五	十六	十七	十八	十九	廿	廿一	廿二	廿三	廿四	廿五	廿六	廿七	廿八	廿九	卅	十二	二	三	四	五	六	七	八	九	十	十一	十二	十三
星	1	2	3	4	5	6	日	1	2	3	4	5	6	日	1	2	3	4	5	6	日	1	2	3	4	5	6	日	1	2	3
干節	丙子	丁丑	戊寅	己卯	庚辰	辛巳	小寒	癸未	甲申	乙酉	丙戌	丁亥	戊子	己丑	庚寅	辛卯	壬辰	癸巳	甲午	乙未	大寒	丁酉	戊戌	己亥	庚子	辛丑	壬寅	癸卯	甲辰	乙巳	丙午

陽歷 二 月份 (陰歷十二、正月份)

陽	2	2	3	4	5	6	7	8	9	10	11	12	13	14	15	16	17	18	19	20	21	22	23	24	25	26	27	28	29		
陰	十四	十五	十六	十七	十八	十九	廿	廿一	廿二	廿三	廿四	廿五	廿六	廿七	廿八	廿九	卅	正	二	三	四	五	六	七	八	九	十	十一	十二		
星	4	5	6	日	1	2	3	4	5	6	日	1	2	3	4	5	6	日	1	2	3	4	5	6	日	1	2	3	4		
干節	丁未	戊申	己酉	庚戌	立春	壬子	癸丑	甲寅	乙卯	丙辰	丁巳	戊午	己未	庚申	辛酉	壬戌	癸亥	甲子	乙丑	雨水	丁卯	戊辰	己巳	庚午	辛未	壬申	癸酉	甲戌	乙亥		

陽歷 三 月份 (陰歷正、二月份)

陽	3	2	3	4	5	6	7	8	9	10	11	12	13	14	15	16	17	18	19	20	21	22	23	24	25	26	27	28	29	30	31
陰	十三	十四	十五	十六	十七	十八	十九	廿	廿一	廿二	廿三	廿四	廿五	廿六	廿七	廿八	廿九	卅	二	二	三	四	五	六	七	八	九	十	十一	十二	十三
星	5	6	日	1	2	3	4	5	6	日	1	2	3	4	5	6	日	1	2	3	4	5	6	日	1	2	3	4	5	6	日
干節	丙子	丁丑	戊寅	己卯	庚辰	辛巳	驚蟄	癸未	甲申	乙酉	丙戌	丁亥	戊子	己丑	庚寅	辛卯	壬辰	癸巳	甲午	乙未	春分	丁酉	戊戌	己亥	庚子	辛丑	壬寅	癸卯	甲辰	乙巳	丙午

陽歷 四 月份 (陰歷二、三月份)

陽	4	2	3	4	5	6	7	8	9	10	11	12	13	14	15	16	17	18	19	20	21	22	23	24	25	26	27	28	29	30	
陰	十四	十五	十六	十七	十八	十九	廿	廿一	廿二	廿三	廿四	廿五	廿六	廿七	廿八	廿九	三	二	三	四	五	六	七	八	九	十	十一	十二	十三	十四	
星	1	2	3	4	5	6	日	1	2	3	4	5	6	日	1	2	3	4	5	6	日	1	2	3	4	5	6	日	1	2	
干節	丁未	戊申	己酉	庚戌	清明	壬子	癸丑	甲寅	乙卯	丙辰	丁巳	戊午	己未	庚申	辛酉	壬戌	癸亥	甲子	乙丑	穀雨	丁卯	戊辰	己巳	庚午	辛未	壬申	癸酉	甲戌	乙亥	丙子	

陽歷 五 月份 (陰歷三、四月份)

陽	5	2	3	4	5	6	7	8	9	10	11	12	13	14	15	16	17	18	19	20	21	22	23	24	25	26	27	28	29	30	31
陰	十五	十六	十七	十八	十九	廿	廿一	廿二	廿三	廿四	廿五	廿六	廿七	廿八	廿九	卅	四	二	三	四	五	六	七	八	九	十	十一	十二	十三	十四	十五
星	3	4	5	6	日	1	2	3	4	5	6	日	1	2	3	4	5	6	日	1	2	3	4	5	6	日	1	2	3	4	5
干節	丁丑	戊寅	己卯	庚辰	辛巳	立夏	癸未	甲申	乙酉	丙戌	丁亥	戊子	己丑	庚寅	辛卯	壬辰	癸巳	甲午	乙未	丙申	小滿	戊戌	己亥	庚子	辛丑	壬寅	癸卯	甲辰	乙巳	丙午	丁未

陽歷 六 月份 (陰歷四、五月份)

陽	6	2	3	4	5	6	7	8	9	10	11	12	13	14	15	16	17	18	19	20	21	22	23	24	25	26	27	28	29	30	
陰	十六	十七	十八	十九	廿	廿一	廿二	廿三	廿四	廿五	廿六	廿七	廿八	廿九	五	二	三	四	五	六	七	八	九	十	十一	十二	十三	十四	十五	十六	
星	6	日	1	2	3	4	5	6	日	1	2	3	4	5	6	日	1	2	3	4	5	6	日	1	2	3	4	5	6	日	
干節	戊申	己酉	庚戌	辛亥	壬子	芒種	甲寅	乙卯	丙辰	丁巳	戊午	己未	庚申	辛酉	壬戌	癸亥	甲子	乙丑	丙寅	丁卯	戊辰	夏至	庚午	辛未	壬申	癸酉	甲戌	乙亥	丙子	丁丑	

壬子

一九一二年

（中華民國元年）

陽歷七月份　（陰歷五、六月份）

陽	**7**	2	3	4	5	6	7	8	9	10	11	12	13	14	15	16	17	18	19	20	21	22	23	24	25	26	27	28	29	30	31
陰	十七	十八	十九	廿	廿一	廿二	廿三	廿四	廿五	廿六	廿七	廿八	廿九	**六**	二	三	四	五	六	七	八	九	十	十一	十二	十三	十四	十五	十六	十七	十八
星	1	2	3	4	5	6	**日**	1	2	3	4	5	6	**日**	1	2	3	4	5	6	**日**	1	2	3	4	5	6	**日**	1	2	3
干節	戊寅	己卯	庚辰	辛巳	壬午	癸未	**小暑**	乙酉	丙戌	丁亥	戊子	己丑	庚寅	辛卯	壬辰	癸巳	甲午	乙未	丙申	丁酉	戊戌	己亥	**大暑**	辛丑	壬寅	癸卯	甲辰	乙巳	丙午	丁未	戊申

陽歷八月份　（陰歷六、七月份）

陽	**8**	2	3	4	5	6	7	8	9	10	11	12	13	14	15	16	17	18	19	20	21	22	23	24	25	26	27	28	29	30	31
陰	十九	廿	廿一	廿二	廿三	廿四	廿五	廿六	廿七	廿八	廿九	卅	**七**	二	三	四	五	六	七	八	九	十	十一	十二	十三	十四	十五	十六	十七	十八	十九
星	4	5	6	**日**	1	2	3	4	5	6	**日**	1	2	3	4	5	6	**日**	1	2	3	4	5	6	**日**	1	2	3	4	5	6
干節	己酉	庚戌	辛亥	壬子	癸丑	甲寅	乙卯	**立秋**	丁巳	戊午	己未	庚申	辛酉	壬戌	癸亥	甲子	乙丑	丙寅	丁卯	戊辰	己巳	庚午	**處暑**	壬申	癸酉	甲戌	乙亥	丙子	丁丑	戊寅	己卯

陽歷九月份　（陰歷七、八月份）

陽	**9**	2	3	4	5	6	7	8	9	10	11	12	13	14	15	16	17	18	19	20	21	22	23	24	25	26	27	28	29	30
陰	廿	廿一	廿二	廿三	廿四	廿五	廿六	廿七	廿八	廿九	**八**	二	三	四	五	六	七	八	九	十	十一	十二	十三	十四	十五	十六	十七	十八	十九	廿
星	**日**	1	2	3	4	5	6	**日**	1	2	3	4	5	6	**日**	1	2	3	4	5	6	**日**	1	2	3	4	5	6	**日**	1
干節	庚辰	辛巳	壬午	癸未	甲申	乙酉	丙戌	**白露**	戊子	己丑	庚寅	辛卯	壬辰	癸巳	甲午	乙未	丙申	丁酉	戊戌	己亥	庚子	辛丑	**秋分**	癸卯	甲辰	乙巳	丙午	丁未	戊申	己酉

陽歷十月份　（陰歷八、九月份）

陽	**10**	2	3	4	5	6	7	8	9	10	11	12	13	14	15	16	17	18	19	20	21	22	23	24	25	26	27	28	29	30	31
陰	廿一	廿二	廿三	廿四	廿五	廿六	廿七	廿八	廿九	**九**	二	三	四	五	六	七	八	九	十	十一	十二	十三	十四	十五	十六	十七	十八	十九	廿	廿一	廿二
星	2	3	4	5	6	**日**	1	2	3	4	5	6	**日**	1	2	3	4	5	6	**日**	1	2	3	4	5	6	**日**	1	2	3	4
干節	庚戌	辛亥	壬子	癸丑	甲寅	乙卯	丙辰	丁巳	**寒露**	己未	庚申	辛酉	壬戌	癸亥	甲子	乙丑	丙寅	丁卯	戊辰	己巳	庚午	辛未	壬申	**霜降**	甲戌	乙亥	丙子	丁丑	戊寅	己卯	庚辰

陽歷十一月份　（陰歷九、十月份）

陽	**11**	2	3	4	5	6	7	8	9	10	11	12	13	14	15	16	17	18	19	20	21	22	23	24	25	26	27	28	29	30
陰	廿三	廿四	廿五	廿六	廿七	廿八	廿九	卅	**十**	二	三	四	五	六	七	八	九	十	十一	十二	十三	十四	十五	十六	十七	十八	十九	廿	廿一	廿二
星	5	6	**日**	1	2	3	4	5	6	**日**	1	2	3	4	5	6	**日**	1	2	3	4	5	6	**日**	1	2	3	4	5	6
干節	辛巳	壬午	癸未	甲申	乙酉	丙戌	丁亥	**立冬**	己丑	庚寅	辛卯	壬辰	癸巳	甲午	乙未	丙申	丁酉	戊戌	己亥	庚子	辛丑	壬寅	**小雪**	甲辰	乙巳	丙午	丁未	戊申	己酉	庚戌

陽歷十二月份　（陰歷十、十一月份）

陽	**12**	2	3	4	5	6	7	8	9	10	11	12	13	14	15	16	17	18	19	20	21	22	23	24	25	26	27	28	29	30	31
陰	廿三	廿四	廿五	廿六	廿七	廿八	廿九	卅	**十一**	二	三	四	五	六	七	八	九	十	十一	十二	十三	十四	十五	十六	十七	十八	十九	廿	廿一	廿二	廿三
星	**日**	1	2	3	4	5	6	**日**	1	2	3	4	5	6	**日**	1	2	3	4	5	6	**日**	1	2	3	4	5	6	**日**	1	2
干節	辛亥	壬子	癸丑	甲寅	乙卯	丙辰	**大雪**	戊午	己未	庚申	辛酉	壬戌	癸亥	甲子	乙丑	丙寅	丁卯	戊辰	己巳	庚午	辛未	**冬至**	癸酉	甲戌	乙亥	丙子	丁丑	戊寅	己卯	庚辰	辛巳

近世中西史日對照表

癸丑　一九一三年（中華民國二年）

陽歷 一月份　（陰歷十一、十二月份）

陽	1	2	3	4	5	6	7	8	9	10	11	12	13	14	15	16	17	18	19	20	21	22	23	24	25	26	27	28	29	30	31
陰	廿四	廿五	廿六	廿七	廿八	廿九	十二	二	三	四	五	六	七	八	九	十	十一	十二	十三	十四	十五	十六	十七	十八	十九	廿	廿一	廿二	廿三	廿四	廿五
星	3	4	5	6	日	1	2	3	4	5	6	日	1	2	3	4	5	6	日	1	2	3	4	5	6	日	1	2	3	4	5
干節	壬午	癸未	甲申	乙酉	丙戌	小寒	戊子	己丑	庚寅	辛卯	壬辰	癸巳	甲午	乙未	丙申	丁酉	戊戌	己亥	庚子	大寒	壬寅	癸卯	甲辰	乙巳	丙午	丁未	戊申	己酉	庚戌	辛亥	壬子

陽歷 二月份　（陰歷十二、正月份）

陽	2	2	3	4	5	6	7	8	9	10	11	12	13	14	15	16	17	18	19	20	21	22	23	24	25	26	27	28			
陰	廿六	廿七	廿八	廿九	卅	正	二	三	四	五	六	七	八	九	十	十一	十二	十三	十四	十五	十六	十七	十八	十九	廿	廿一	廿二	廿三			
星	6	日	1	2	3	4	5	6	日	1	2	3	4	5	6	日	1	2	3	4	5	6	日	1	2	3	4	5			
干節	癸丑	甲寅	乙卯	立春	丁巳	戊午	己未	庚申	辛酉	壬戌	癸亥	甲子	乙丑	丙寅	丁卯	戊辰	己巳	庚午	雨水	壬申	癸酉	甲戌	乙亥	丙子	丁丑	戊寅	己卯	庚辰			

陽歷 三月份　（陰歷正、二月份）

陽	3	2	3	4	5	6	7	8	9	10	11	12	13	14	15	16	17	18	19	20	21	22	23	24	25	26	27	28	29	30	31
陰	廿四	廿五	廿六	廿七	廿八	廿九	卅	二	二	三	四	五	六	七	八	九	十	十一	十二	十三	十四	十五	十六	十七	十八	十九	廿	廿一	廿二	廿三	廿四
星	6	日	1	2	3	4	5	6	日	1	2	3	4	5	6	日	1	2	3	4	5	6	日	1	2	3	4	5	6	日	1
干節	辛巳	壬午	癸未	甲申	乙酉	驚蟄	丁亥	戊子	己丑	庚寅	辛卯	壬辰	癸巳	甲午	乙未	丙申	丁酉	戊戌	己亥	庚子	春分	壬寅	癸卯	甲辰	乙巳	丙午	丁未	戊申	己酉	庚戌	辛亥

陽歷 四月份　（陰歷二、三月份）

陽	4	2	3	4	5	6	7	8	9	10	11	12	13	14	15	16	17	18	19	20	21	22	23	24	25	26	27	28	29	30	
陰	廿五	廿六	廿七	廿八	廿九	卅	三	二	三	四	五	六	七	八	九	十	十一	十二	十三	十四	十五	十六	十七	十八	十九	廿	廿一	廿二	廿三	廿四	
星	2	3	4	5	6	日	1	2	3	4	5	6	日	1	2	3	4	5	6	日	1	2	3	4	5	6	日	1	2	3	
干節	壬子	癸丑	甲寅	乙卯	清明	丁巳	戊午	己未	庚申	辛酉	壬戌	癸亥	甲子	乙丑	丙寅	丁卯	戊辰	己巳	庚午	辛未	穀雨	癸酉	甲戌	乙亥	丙子	丁丑	戊寅	己卯	庚辰	辛巳	

陽歷 五月份　（陰歷三、四月份）

陽	5	2	3	4	5	6	7	8	9	10	11	12	13	14	15	16	17	18	19	20	21	22	23	24	25	26	27	28	29	30	31
陰	廿五	廿六	廿七	廿八	廿九	四	二	三	四	五	六	七	八	九	十	十一	十二	十三	十四	十五	十六	十七	十八	十九	廿	廿一	廿二	廿三	廿四	廿五	廿六
星	4	5	6	日	1	2	3	4	5	6	日	1	2	3	4	5	6	日	1	2	3	4	5	6	日	1	2	3	4	5	6
干節	壬午	癸未	甲申	乙酉	丙戌	立夏	戊子	己丑	庚寅	辛卯	壬辰	癸巳	甲午	乙未	丙申	丁酉	戊戌	己亥	庚子	辛丑	壬寅	小滿	甲辰	乙巳	丙午	丁未	戊申	己酉	庚戌	辛亥	壬子

陽歷 六月份　（陰歷四、五月份）

陽	6	2	3	4	5	6	7	8	9	10	11	12	13	14	15	16	17	18	19	20	21	22	23	24	25	26	27	28	29	30	
陰	廿七	廿八	廿九	卅	五	二	三	四	五	六	七	八	九	十	十一	十二	十三	十四	十五	十六	十七	十八	十九	廿	廿一	廿二	廿三	廿四	廿五	廿六	
星	日	1	2	3	4	5	6	日	1	2	3	4	5	6	日	1	2	3	4	5	6	日	1	2	3	4	5	6	日	1	
干節	癸丑	甲寅	乙卯	丙辰	丁巳	芒種	己未	庚申	辛酉	壬戌	癸亥	甲子	乙丑	丙寅	丁卯	戊辰	己巳	庚午	辛未	壬申	癸酉	夏至	乙亥	丙子	丁丑	戊寅	己卯	庚辰	辛巳	壬午	

癸丑　一九一三年　（中華民國二年）

陽曆七月份　（陰曆五、六月份）

陽	7	2	3	4	5	6	7	8	9	10	11	12	13	14	15	16	17	18	19	20	21	22	23	24	25	26	27	28	29	30	31
陰	廿七	廿八	廿九	六	二	三	四	五	六	七	八	九	十	十一	十二	十三	十四	十五	十六	十七	十八	十九	廿	廿一	廿二	廿三	廿四	廿五	廿六	廿七	廿八
星	2	3	4	5	6	日	1	2	3	4	5	6	日	1	2	3	4	5	6	日	1	2	3	4	5	6	日	1	2	3	4
干節	癸未	甲申	乙酉	丙戌	丁亥	戊子	己丑	小暑	辛卯	壬辰	癸巳	甲午	乙未	丙申	丁酉	戊戌	己亥	庚子	辛丑	壬寅	癸卯	甲辰	大暑	丙午	丁未	戊申	己酉	庚戌	辛亥	壬子	癸丑

陽曆八月份　（陰曆六、七月份）

陽	8	2	3	4	5	6	7	8	9	10	11	12	13	14	15	16	17	18	19	20	21	22	23	24	25	26	27	28	29	30	31
陰	廿九	七	二	三	四	五	六	七	八	九	十	十一	十二	十三	十四	十五	十六	十七	十八	十九	廿	廿一	廿二	廿三	廿四	廿五	廿六	廿七	廿八	廿九	卅
星	5	6	日	1	2	3	4	5	6	日	1	2	3	4	5	6	日	1	2	3	4	5	6	日	1	2	3	4	5	6	日
干節	甲寅	乙卯	丙辰	丁巳	戊午	己未	庚申	立秋	壬戌	癸亥	甲子	乙丑	丙寅	丁卯	戊辰	己巳	庚午	辛未	壬申	癸酉	甲戌	乙亥	丙子	處暑	戊寅	己卯	庚辰	辛巳	壬午	癸未	甲申

陽曆九月份　（陰曆八、九月份）

陽	9	2	3	4	5	6	7	8	9	10	11	12	13	14	15	16	17	18	19	20	21	22	23	24	25	26	27	28	29	30	
陰	八	二	三	四	五	六	七	八	九	十	十一	十二	十三	十四	十五	十六	十七	十八	十九	廿	廿一	廿二	廿三	廿四	廿五	廿六	廿七	廿八	廿九	九	
星	1	2	3	4	5	6	日	1	2	3	4	5	6	日	1	2	3	4	5	6	日	1	2	3	4	5	6	日	1	2	
干節	乙酉	丙戌	丁亥	戊子	己丑	庚寅	辛卯	白露	癸巳	甲午	乙未	丙申	丁酉	戊戌	己亥	庚子	辛丑	壬寅	癸卯	甲辰	乙巳	丙午	丁未	秋分	己酉	庚戌	辛亥	壬子	癸丑	甲寅	

陽曆十月份　（陰曆九、十月份）

陽	10	2	3	4	5	6	7	8	9	10	11	12	13	14	15	16	17	18	19	20	21	22	23	24	25	26	27	28	29	30	31
陰	二	三	四	五	六	七	八	九	十	十一	十二	十三	十四	十五	十六	十七	十八	十九	廿	廿一	廿二	廿三	廿四	廿五	廿六	廿七	廿八	廿九	十	二	三
星	3	4	5	6	日	1	2	3	4	5	6	日	1	2	3	4	5	6	日	1	2	3	4	5	6	日	1	2	3	4	5
干節	乙卯	丙辰	丁巳	戊午	己未	庚申	辛酉	壬戌	寒露	甲子	乙丑	丙寅	丁卯	戊辰	己巳	庚午	辛未	壬申	癸酉	甲戌	乙亥	丙子	丁丑	霜降	己卯	庚辰	辛巳	壬午	癸未	甲申	乙酉

陽曆十一月份　（陰曆十、十一月份）

陽	11	2	3	4	5	6	7	8	9	10	11	12	13	14	15	16	17	18	19	20	21	22	23	24	25	26	27	28	29	30	
陰	四	五	六	七	八	九	十	十一	十二	十三	十四	十五	十六	十七	十八	十九	廿	廿一	廿二	廿三	廿四	廿五	廿六	廿七	廿八	廿九	卅	十一	二	三	
星	6	日	1	2	3	4	5	6	日	1	2	3	4	5	6	日	1	2	3	4	5	6	日	1	2	3	4	5	6	日	
干節	丙戌	丁亥	戊子	己丑	庚寅	辛卯	壬辰	立冬	甲午	乙未	丙申	丁酉	戊戌	己亥	庚子	辛丑	壬寅	癸卯	甲辰	乙巳	丙午	丁未	小雪	己酉	庚戌	辛亥	壬子	癸丑	甲寅	乙卯	

陽曆十二月份　（陰曆十一、十二月份）

陽	12	2	3	4	5	6	7	8	9	10	11	12	13	14	15	16	17	18	19	20	21	22	23	24	25	26	27	28	29	30	31
陰	四	五	六	七	八	九	十	十一	十二	十三	十四	十五	十六	十七	十八	十九	廿	廿一	廿二	廿三	廿四	廿五	廿六	廿七	廿八	廿九	十二	二	三	四	五
星	1	2	3	4	5	6	日	1	2	3	4	5	6	日	1	2	3	4	5	6	日	1	2	3	4	5	6	日	1	2	3
干節	丙辰	丁巳	戊午	己未	庚申	辛酉	壬戌	大雪	甲子	乙丑	丙寅	丁卯	戊辰	己巳	庚午	辛未	壬申	癸酉	甲戌	乙亥	丙子	冬至	戊寅	己卯	庚辰	辛巳	壬午	癸未	甲申	乙酉	丙戌

陽歷一月份 （陰歷十二、正月份）

陽	1	2	3	4	5	6	7	8	9	10	11	12	13	14	15	16	17	18	19	20	21	22	23	24	25	26	27	28	29	30	31
陰	六	七	八	九	十	十一	十二	十三	十四	十五	十六	十七	十八	十九	廿	廿一	廿二	廿三	廿四	廿五	廿六	廿七	廿八	廿九	卅	正	二	三	四	五	六
星	4	5	6	日	1	2	3	4	5	6	日	1	2	3	4	5	6	日	1	2	3	4	5	6	日	1	2	3	4	5	6
干節	丁亥	戊子	己丑	庚寅	辛卯	小寒	癸巳	甲午	乙未	丙申	丁酉	戊戌	己亥	庚子	辛丑	壬寅	癸卯	甲辰	乙巳	丙午	大寒	戊申	己酉	庚戌	辛亥	壬子	癸丑	甲寅	乙卯	丙辰	丁巳

陽歷二月份 （陰歷正、二月份）

陽	1	2	3	4	5	6	7	8	9	10	11	12	13	14	15	16	17	18	19	20	21	22	23	24	25	26	27	28
陰	七	八	九	十	十一	十二	十三	十四	十五	十六	十七	十八	十九	廿	廿一	廿二	廿三	廿四	廿五	廿六	廿七	廿八	廿九	卅	二	二	三	四
星	日	1	2	3	4	5	6	日	1	2	3	4	5	6	日	1	2	3	4	5	6	日	1	2	3	4	5	6
干節	戊午	己未	庚申	立春	壬戌	癸亥	甲子	乙丑	丙寅	丁卯	戊辰	己巳	庚午	辛未	壬申	癸酉	甲戌	乙亥	雨水	丁丑	戊寅	己卯	庚辰	辛巳	壬午	癸未	甲申	乙酉

陽歷三月份 （陰歷二、三月份）

陽	1	2	3	4	5	6	7	8	9	10	11	12	13	14	15	16	17	18	19	20	21	22	23	24	25	26	27	28	29	30	31
陰	五	六	七	八	九	十	十一	十二	十三	十四	十五	十六	十七	十八	十九	廿	廿一	廿二	廿三	廿四	廿五	廿六	廿七	廿八	廿九	卅	三	二	三	四	五
星	日	1	2	3	4	5	6	日	1	2	3	4	5	6	日	1	2	3	4	5	6	日	1	2	3	4	5	6	日	1	2
干節	丙戌	丁亥	戊子	己丑	庚寅	驚蟄	壬辰	癸巳	甲午	乙未	丙申	丁酉	戊戌	己亥	庚子	辛丑	壬寅	癸卯	甲辰	乙巳	春分	丁未	戊申	己酉	庚戌	辛亥	壬子	癸丑	甲寅	乙卯	丙辰

陽歷四月份 （陰歷三、四月份）

陽	1	2	3	4	5	6	7	8	9	10	11	12	13	14	15	16	17	18	19	20	21	22	23	24	25	26	27	28	29	30
陰	六	七	八	九	十	十一	十二	十三	十四	十五	十六	十七	十八	十九	廿	廿一	廿二	廿三	廿四	廿五	廿六	廿七	廿八	廿九	四	二	三	四	五	六
星	3	4	5	6	日	1	2	3	4	5	6	日	1	2	3	4	5	6	日	1	2	3	4	5	6	日	1	2	3	4
干節	丁巳	戊午	己未	庚申	清明	壬戌	癸亥	甲子	乙丑	丙寅	丁卯	戊辰	己巳	庚午	辛未	壬申	癸酉	甲戌	乙亥	丙子	穀雨	戊寅	己卯	庚辰	辛巳	壬午	癸未	甲申	乙酉	丙戌

陽歷五月份 （陰歷四、五月份）

陽	1	2	3	4	5	6	7	8	9	10	11	12	13	14	15	16	17	18	19	20	21	22	23	24	25	26	27	28	29	30	31
陰	七	八	九	十	十一	十二	十三	十四	十五	十六	十七	十八	十九	廿	廿一	廿二	廿三	廿四	廿五	廿六	廿七	廿八	廿九	卅	五	二	三	四	五	六	七
星	5	6	日	1	2	3	4	5	6	日	1	2	3	4	5	6	日	1	2	3	4	5	6	日	1	2	3	4	5	6	日
干節	丁亥	戊子	己丑	庚寅	辛卯	立夏	癸巳	甲午	乙未	丙申	丁酉	戊戌	己亥	庚子	辛丑	壬寅	癸卯	甲辰	乙巳	丙午	丁未	小滿	己酉	庚戌	辛亥	壬子	癸丑	甲寅	乙卯	丙辰	丁巳

陽歷六月份 （陰歷五、閏五月份）

陽	1	2	3	4	5	6	7	8	9	10	11	12	13	14	15	16	17	18	19	20	21	22	23	24	25	26	27	28	29	30
陰	八	九	十	十一	十二	十三	十四	十五	十六	十七	十八	十九	廿	廿一	廿二	廿三	廿四	廿五	廿六	廿七	廿八	廿九	閏	二	三	四	五	六	七	八
星	1	2	3	4	5	6	日	1	2	3	4	5	6	日	1	2	3	4	5	6	日	1	2	3	4	5	6	日	1	2
干節	戊午	己未	庚申	辛酉	壬戌	芒種	甲子	乙丑	丙寅	丁卯	戊辰	己巳	庚午	辛未	壬申	癸酉	甲戌	乙亥	丙子	丁丑	戊寅	夏至	庚辰	辛巳	壬午	癸未	甲申	乙酉	丙戌	丁亥

甲寅

一九一四年

（中華民國三年）

陽歷七月份　　（陰歷閏五、六月份）

陽	7	2	3	4	5	6	7	8	9	10	11	12	13	14	15	16	17	18	19	20	21	22	23	24	25	26	27	28	29	30	31
陰	九	十	十一	十二	十三	十四	十五	十六	十七	十八	十九	廿	廿一	廿二	廿三	廿四	廿五	廿六	廿七	廿八	廿九	卅	六	二	三	四	五	六	七	八	九
星	3	4	5	6	日	1	2	3	4	5	6	日	1	2	3	4	5	6	日	1	2	3	4	5	6	日	1	2	3	4	5
干節	戊子	己丑	庚寅	辛卯	壬辰	癸巳	甲午	小暑	丙申	丁酉	戊戌	己亥	庚子	辛丑	壬寅	癸卯	甲辰	乙巳	丙午	丁未	戊申	己酉	庚戌	大暑	壬子	癸丑	甲寅	乙卯	丙辰	丁巳	戊午

陽歷八月份　　（陰歷六、七月份）

陽	8	2	3	4	5	6	7	8	9	10	11	12	13	14	15	16	17	18	19	20	21	22	23	24	25	26	27	28	29	30	31
陰	十	十一	十二	十三	十四	十五	十六	十七	十八	十九	廿	廿一	廿二	廿三	廿四	廿五	廿六	廿七	廿八	廿九	七	二	三	四	五	六	七	八	九	十	十一
星	6	日	1	2	3	4	5	6	日	1	2	3	4	5	6	日	1	2	3	4	5	6	日	1	2	3	4	5	6	日	1
干節	己未	庚申	辛酉	壬戌	癸亥	甲子	乙丑	立秋	丁卯	戊辰	己巳	庚午	辛未	壬申	癸酉	甲戌	乙亥	丙子	丁丑	戊寅	己卯	庚辰	辛巳	處暑	癸未	甲申	乙酉	丙戌	丁亥	戊子	己丑

陽歷九月份　　（陰歷七、八月份）

陽	9	2	3	4	5	6	7	8	9	10	11	12	13	14	15	16	17	18	19	20	21	22	23	24	25	26	27	28	29	30	—
陰	十二	十三	十四	十五	十六	十七	十八	十九	廿	廿一	廿二	廿三	廿四	廿五	廿六	廿七	廿八	廿九	卅	八	二	三	四	五	六	七	八	九	十	十一	—
星	2	3	4	5	6	日	1	2	3	4	5	6	日	1	2	3	4	5	6	日	1	2	3	4	5	6	日	1	2	3	—
干節	庚寅	辛卯	壬辰	癸巳	甲午	乙未	丙申	白露	戊戌	己亥	庚子	辛丑	壬寅	癸卯	甲辰	乙巳	丙午	丁未	戊申	己酉	庚戌	辛亥	壬子	秋分	甲寅	乙卯	丙辰	丁巳	戊午	己未	—

陽歷十月份　　（陰歷八、九月份）

陽	10	2	3	4	5	6	7	8	9	10	11	12	13	14	15	16	17	18	19	20	21	22	23	24	25	26	27	28	29	30	31
陰	十二	十三	十四	十五	十六	十七	十八	十九	廿	廿一	廿二	廿三	廿四	廿五	廿六	廿七	廿八	廿九	九	二	三	四	五	六	七	八	九	十	十一	十二	十三
星	4	5	6	日	1	2	3	4	5	6	日	1	2	3	4	5	6	日	1	2	3	4	5	6	日	1	2	3	4	5	6
干節	庚申	辛酉	壬戌	癸亥	甲子	乙丑	丙寅	丁卯	寒露	己巳	庚午	辛未	壬申	癸酉	甲戌	乙亥	丙子	丁丑	戊寅	己卯	庚辰	辛巳	壬午	霜降	甲申	乙酉	丙戌	丁亥	戊子	己丑	庚寅

陽歷十一月份　　（陰歷九、十月份）

陽	11	2	3	4	5	6	7	8	9	10	11	12	13	14	15	16	17	18	19	20	21	22	23	24	25	26	27	28	29	30	—
陰	十四	十五	十六	十七	十八	十九	廿	廿一	廿二	廿三	廿四	廿五	廿六	廿七	廿八	廿九	十	二	三	四	五	六	七	八	九	十	十一	十二	十三	十四	—
星	日	1	2	3	4	5	6	日	1	2	3	4	5	6	日	1	2	3	4	5	6	日	1	2	3	4	5	6	日	1	—
干節	辛卯	壬辰	癸巳	甲午	乙未	丙申	丁酉	立冬	己亥	庚子	辛丑	壬寅	癸卯	甲辰	乙巳	丙午	丁未	戊申	己酉	庚戌	辛亥	小雪	癸丑	甲寅	乙卯	丙辰	丁巳	戊午	己未	庚申	—

陽歷十二月份　　（陰歷十、十一月份）

陽	12	2	3	4	5	6	7	8	9	10	11	12	13	14	15	16	17	18	19	20	21	22	23	24	25	26	27	28	29	30	31
陰	十五	十六	十七	十八	十九	廿	廿一	廿二	廿三	廿四	廿五	廿六	廿七	廿八	廿九	卅	十一	二	三	四	五	六	七	八	九	十	十一	十二	十三	十四	十五
星	2	3	4	5	6	日	1	2	3	4	5	6	日	1	2	3	4	5	6	日	1	2	3	4	5	6	日	1	2	3	4
干節	辛酉	壬戌	癸亥	甲子	乙丑	丙寅	大雪	戊辰	己巳	庚午	辛未	壬申	癸酉	甲戌	乙亥	丙子	丁丑	戊寅	己卯	庚辰	辛巳	壬午	冬至	甲申	乙酉	丙戌	丁亥	戊子	己丑	庚寅	辛卯

近世中西史日對照表

陽歷 一月份 (陰歷十一、十二月份)

陽	1	2	3	4	5	6	7	8	9	10	11	12	13	14	15	16	17	18	19	20	21	22	23	24	25	26	27	28	29	30	31
陰	十六	十七	十八	十九	廿	廿一	廿二	廿三	廿四	廿五	廿六	廿七	廿八	廿九	十二	二	三	四	五	六	七	八	九	十	十一	十二	十三	十四	十五	十六	十七
星	5	6	日	1	2	3	4	5	6	日	1	2	3	4	5	6	日	1	2	3	4	5	6	日	1	2	3	4	5	6	日
干節	壬辰	癸巳	甲午	乙未	丙申	小寒	戊戌	己亥	庚子	辛丑	壬寅	癸卯	甲辰	乙巳	丙午	丁未	戊申	己酉	庚戌	辛亥	大寒	癸丑	甲寅	乙卯	丙辰	丁巳	戊午	己未	庚申	辛酉	壬戌

陽歷 二月份 (陰歷十二、正月份)

陽	2	2	3	4	5	6	7	8	9	10	11	12	13	14	15	16	17	18	19	20	21	22	23	24	25	26	27	28			
陰	十八	十九	廿	廿一	廿二	廿三	廿四	廿五	廿六	廿七	廿八	廿九	卅	正	二	三	四	五	六	七	八	九	十	十一	十二	十三	十四	十五			
星	1	2	3	4	5	6	日	1	2	3	4	5	6	日	1	2	3	4	5	6	日	1	2	3	4	5	6	日			
干節	癸亥	甲子	乙丑	丙寅	立春	戊辰	己巳	庚午	辛未	壬申	癸酉	甲戌	乙亥	丙子	丁丑	戊寅	己卯	庚辰	辛巳	雨水	癸未	甲申	乙酉	丙戌	丁亥	戊子	己丑	庚寅			

陽歷 三月份 (陰歷正、二月份)

陽	3	2	3	4	5	6	7	8	9	10	11	12	13	14	15	16	17	18	19	20	21	22	23	24	25	26	27	28	29	30	31
陰	十六	十七	十八	十九	廿	廿一	廿二	廿三	廿四	廿五	廿六	廿七	廿八	廿九	卅	二	二	三	四	五	六	七	八	九	十	十一	十二	十三	十四	十五	十六
星	1	2	3	4	5	6	日	1	2	3	4	5	6	日	1	2	3	4	5	6	日	1	2	3	4	5	6	日	1	2	3
干節	辛卯	壬辰	癸巳	甲午	乙未	驚蟄	丁酉	戊戌	己亥	庚子	辛丑	壬寅	癸卯	甲辰	乙巳	丙午	丁未	戊申	己酉	庚戌	辛亥	春分	癸丑	甲寅	乙卯	丙辰	丁巳	戊午	己未	庚申	辛酉

陽歷 四月份 (陰歷二、三月份)

陽	4	2	3	4	5	6	7	8	9	10	11	12	13	14	15	16	17	18	19	20	21	22	23	24	25	26	27	28	29	30	
陰	十七	十八	十九	廿	廿一	廿二	廿三	廿四	廿五	廿六	廿七	廿八	廿九	三	二	三	四	五	六	七	八	九	十	十一	十二	十三	十四	十五	十六	十七	
星	4	5	6	日	1	2	3	4	5	6	日	1	2	3	4	5	6	日	1	2	3	4	5	6	日	1	2	3	4	5	
干節	壬戌	癸亥	甲子	乙丑	丙寅	清明	戊辰	己巳	庚午	辛未	壬申	癸酉	甲戌	乙亥	丙子	丁丑	戊寅	己卯	庚辰	辛巳	穀雨	癸未	甲申	乙酉	丙戌	丁亥	戊子	己丑	庚寅	辛卯	

陽歷 五月份 (陰歷三、四月份)

陽	5	2	3	4	5	6	7	8	9	10	11	12	13	14	15	16	17	18	19	20	21	22	23	24	25	26	27	28	29	30	31
陰	十八	十九	廿	廿一	廿二	廿三	廿四	廿五	廿六	廿七	廿八	廿九	卅	四	二	三	四	五	六	七	八	九	十	十一	十二	十三	十四	十五	十六	十七	十八
星	6	日	1	2	3	4	5	6	日	1	2	3	4	5	6	日	1	2	3	4	5	6	日	1	2	3	4	5	6	日	1
干節	壬辰	癸巳	甲午	乙未	丙申	立夏	戊戌	己亥	庚子	辛丑	壬寅	癸卯	甲辰	乙巳	丙午	丁未	戊申	己酉	庚戌	辛亥	壬子	小滿	甲寅	乙卯	丙辰	丁巳	戊午	己未	庚申	辛酉	壬戌

陽歷 六月份 (陰歷四、五月份)

陽	6	2	3	4	5	6	7	8	9	10	11	12	13	14	15	16	17	18	19	20	21	22	23	24	25	26	27	28	29	30	
陰	十九	廿	廿一	廿二	廿三	廿四	廿五	廿六	廿七	廿八	廿九	卅	五	二	三	四	五	六	七	八	九	十	十一	十二	十三	十四	十五	十六	十七	十八	
星	2	3	4	5	6	日	1	2	3	4	5	6	日	1	2	3	4	5	6	日	1	2	3	4	5	6	日	1	2	3	
干節	癸亥	甲子	乙丑	丙寅	丁卯	戊辰	芒種	庚午	辛未	壬申	癸酉	甲戌	乙亥	丙子	丁丑	戊寅	己卯	庚辰	辛巳	壬午	癸未	夏至	乙酉	丙戌	丁亥	戊子	己丑	庚寅	辛卯	壬辰	

乙卯 一九一五年 (中華民國四年)

乙卯　一九一五年　（中華民國四年）

陽歷七月份　（陰歷五、六月份）

陽	**7**	2	3	4	5	6	7	8	9	10	11	12	13	14	15	16	17	18	19	20	21	22	23	24	25	26	27	28	29	30	31
陰	十九	廿	廿一	廿二	廿三	廿四	廿五	廿六	廿七	廿八	廿九	**六**	二	三	四	五	六	七	八	九	十	十一	十二	十三	十四	十五	十六	十七	十八	十九	廿
星	4	5	6	日	1	2	3	4	5	6	日	1	2	3	4	5	6	日	1	2	3	4	5	6	日	1	2	3	4	5	6
干節	癸巳	甲午	乙未	丙申	丁酉	戊戌	己亥	**小暑**	辛丑	壬寅	癸卯	甲辰	乙巳	丙午	丁未	戊申	己酉	庚戌	辛亥	壬子	癸丑	甲寅	乙卯	**大暑**	丁巳	戊午	己未	庚申	辛酉	壬戌	癸亥

陽歷八月份　（陰歷六、七月份）

陽	**8**	2	3	4	5	6	7	8	9	10	11	12	13	14	15	16	17	18	19	20	21	22	23	24	25	26	27	28	29	30	31
陰	廿一	廿二	廿三	廿四	廿五	廿六	廿七	廿八	廿九	卅	**七**	二	三	四	五	六	七	八	九	十	十一	十二	十三	十四	十五	十六	十七	十八	十九	廿	廿一
星	日	1	2	3	4	5	6	日	1	2	3	4	5	6	日	1	2	3	4	5	6	日	1	2	3	4	5	6	日	1	2
干節	甲子	乙丑	丙寅	丁卯	戊辰	己巳	庚午	辛未	**立秋**	癸酉	甲戌	乙亥	丙子	丁丑	戊寅	己卯	庚辰	辛巳	壬午	癸未	甲申	乙酉	丙戌	**處暑**	戊子	己丑	庚寅	辛卯	壬辰	癸巳	甲午

陽歷九月份　（陰歷七、八月份）

陽	**9**	2	3	4	5	6	7	8	9	10	11	12	13	14	15	16	17	18	19	20	21	22	23	24	25	26	27	28	29	30
陰	廿二	廿三	廿四	廿五	廿六	廿七	廿八	廿九	**八**	二	三	四	五	六	七	八	九	十	十一	十二	十三	十四	十五	十六	十七	十八	十九	廿	廿一	廿二
星	3	4	5	6	日	1	2	3	4	5	6	日	1	2	3	4	5	6	日	1	2	3	4	5	6	日	1	2	3	4
干節	乙未	丙申	丁酉	戊戌	己亥	庚子	辛丑	壬寅	**白露**	甲辰	乙巳	丙午	丁未	戊申	己酉	庚戌	辛亥	壬子	癸丑	甲寅	乙卯	丙辰	丁巳	**秋分**	己未	庚申	辛酉	壬戌	癸亥	甲子

陽歷十月份　（陰歷八、九月份）

陽	**10**	2	3	4	5	6	7	8	9	10	11	12	13	14	15	16	17	18	19	20	21	22	23	24	25	26	27	28	29	30	31
陰	廿三	廿四	廿五	廿六	廿七	廿八	廿九	卅	**九**	二	三	四	五	六	七	八	九	十	十一	十二	十三	十四	十五	十六	十七	十八	十九	廿	廿一	廿二	廿三
星	5	6	日	1	2	3	4	5	6	日	1	2	3	4	5	6	日	1	2	3	4	5	6	日	1	2	3	4	5	6	日
干節	乙丑	丙寅	丁卯	戊辰	己巳	庚午	辛未	壬申	**寒露**	甲戌	乙亥	丙子	丁丑	戊寅	己卯	庚辰	辛巳	壬午	癸未	甲申	乙酉	丙戌	丁亥	**霜降**	己丑	庚寅	辛卯	壬辰	癸巳	甲午	乙未

陽歷十一月份　（陰歷九、十月份）

陽	**11**	2	3	4	5	6	7	8	9	10	11	12	13	14	15	16	17	18	19	20	21	22	23	24	25	26	27	28	29	30
陰	廿四	廿五	廿六	廿七	廿八	廿九	**十**	二	三	四	五	六	七	八	九	十	十一	十二	十三	十四	十五	十六	十七	十八	十九	廿	廿一	廿二	廿三	廿四
星	1	2	3	4	5	6	日	1	2	3	4	5	6	日	1	2	3	4	5	6	日	1	2	3	4	5	6	日	1	2
干節	丙申	丁酉	戊戌	己亥	庚子	辛丑	壬寅	**立冬**	甲辰	乙巳	丙午	丁未	戊申	己酉	庚戌	辛亥	壬子	癸丑	甲寅	乙卯	丙辰	丁巳	**小雪**	己未	庚申	辛酉	壬戌	癸亥	甲子	乙丑

陽歷十二月份　（陰歷十、十一月份）

陽	**12**	2	3	4	5	6	7	8	9	10	11	12	13	14	15	16	17	18	19	20	21	22	23	24	25	26	27	28	29	30	31
陰	廿五	廿六	廿七	廿八	廿九	卅	**十一**	二	三	四	五	六	七	八	九	十	十一	十二	十三	十四	十五	十六	十七	十八	十九	廿	廿一	廿二	廿三	廿四	廿五
星	3	4	5	6	日	1	2	3	4	5	6	日	1	2	3	4	5	6	日	1	2	3	4	5	6	日	1	2	3	4	5
干節	丙寅	丁卯	戊辰	己巳	庚午	辛未	壬申	**大雪**	甲戌	乙亥	丙子	丁丑	戊寅	己卯	庚辰	辛巳	壬午	癸未	甲申	乙酉	丙戌	丁亥	**冬至**	己丑	庚寅	辛卯	壬辰	癸巳	甲午	乙未	丙申

陽歷一月份　（陰歷十一、十二月份）

陽	1	2	3	4	5	6	7	8	9	10	11	12	13	14	15	16	17	18	19	20	21	22	23	24	25	26	27	28	29	30	31
陰	廿六	廿七	廿八	廿九	十二	二	三	四	五	六	七	八	九	十	十一	十二	十三	十四	十五	十六	十七	十八	十九	廿	廿一	廿二	廿三	廿四	廿五	廿六	廿七
星	6	日	1	2	3	4	5	6	日	1	2	3	4	5	6	日	1	2	3	4	5	6	日	1	2	3	4	5	6	日	1
干節	丁酉	戊戌	己亥	庚子	辛丑	小寒	癸卯	甲辰	乙巳	丙午	丁未	戊申	己酉	庚戌	辛亥	壬子	癸丑	甲寅	乙卯	丙辰	大寒	戊午	己未	庚申	辛酉	壬戌	癸亥	甲子	乙丑	丙寅	丁卯

陽歷二月份　（陰歷十二、正月份）

陽	2	2	3	4	5	6	7	8	9	10	11	12	13	14	15	16	17	18	19	20	21	22	23	24	25	26	27	28	29	—	—
陰	廿八	廿九	正	二	三	四	五	六	七	八	九	十	十一	十二	十三	十四	十五	十六	十七	十八	十九	廿	廿一	廿二	廿三	廿四	廿五	廿六	廿七	—	—
星	2	3	4	5	6	日	1	2	3	4	5	6	日	1	2	3	4	5	6	日	1	2	3	4	5	6	日	1	2	—	—
干節	戊辰	己巳	庚午	辛未	立春	癸酉	甲戌	乙亥	丙子	丁丑	戊寅	己卯	庚辰	辛巳	壬午	癸未	甲申	乙酉	丙戌	雨水	戊子	己丑	庚寅	辛卯	壬辰	癸巳	甲午	乙未	丙申	—	—

陽歷三月份　（陰歷正、二月份）

陽	3	2	3	4	5	6	7	8	9	10	11	12	13	14	15	16	17	18	19	20	21	22	23	24	25	26	27	28	29	30	31
陰	廿八	廿九	卅	二	二	三	四	五	六	七	八	九	十	十一	十二	十三	十四	十五	十六	十七	十八	十九	廿	廿一	廿二	廿三	廿四	廿五	廿六	廿七	廿八
星	3	4	5	6	日	1	2	3	4	5	6	日	1	2	3	4	5	6	日	1	2	3	4	5	6	日	1	2	3	4	5
干節	丁酉	戊戌	己亥	庚子	辛丑	驚蟄	癸卯	甲辰	乙巳	丙午	丁未	戊申	己酉	庚戌	辛亥	壬子	癸丑	甲寅	乙卯	丙辰	春分	戊午	己未	庚申	辛酉	壬戌	癸亥	甲子	乙丑	丙寅	丁卯

陽歷四月份　（陰歷二、三月份）

陽	4	2	3	4	5	6	7	8	9	10	11	12	13	14	15	16	17	18	19	20	21	22	23	24	25	26	27	28	29	30	—
陰	廿九	卅	三	二	三	四	五	六	七	八	九	十	十一	十二	十三	十四	十五	十六	十七	十八	十九	廿	廿一	廿二	廿三	廿四	廿五	廿六	廿七	廿八	—
星	6	日	1	2	3	4	5	6	日	1	2	3	4	5	6	日	1	2	3	4	5	6	日	1	2	3	4	5	6	日	—
干節	戊辰	己巳	庚午	辛未	清明	癸酉	甲戌	乙亥	丙子	丁丑	戊寅	己卯	庚辰	辛巳	壬午	癸未	甲申	乙酉	丙戌	穀雨	戊子	己丑	庚寅	辛卯	壬辰	癸巳	甲午	乙未	丙申	丁酉	—

陽歷五月份　（陰歷三、四月份）

陽	5	2	3	4	5	6	7	8	9	10	11	12	13	14	15	16	17	18	19	20	21	22	23	24	25	26	27	28	29	30	31
陰	廿九	四	二	三	四	五	六	七	八	九	十	十一	十二	十三	十四	十五	十六	十七	十八	十九	廿	廿一	廿二	廿三	廿四	廿五	廿六	廿七	廿八	廿九	卅
星	1	2	3	4	5	6	日	1	2	3	4	5	6	日	1	2	3	4	5	6	日	1	2	3	4	5	6	日	1	2	3
干節	戊戌	己亥	庚子	辛丑	壬寅	立夏	甲辰	乙巳	丙午	丁未	戊申	己酉	庚戌	辛亥	壬子	癸丑	甲寅	乙卯	丙辰	丁巳	小滿	己未	庚申	辛酉	壬戌	癸亥	甲子	乙丑	丙寅	丁卯	戊辰

陽歷六月份　（陰歷五、六月份）

陽	6	2	3	4	5	6	7	8	9	10	11	12	13	14	15	16	17	18	19	20	21	22	23	24	25	26	27	28	29	30	—
陰	五	二	三	四	五	六	七	八	九	十	十一	十二	十三	十四	十五	十六	十七	十八	十九	廿	廿一	廿二	廿三	廿四	廿五	廿六	廿七	廿八	廿九	六	—
星	4	5	6	日	1	2	3	4	5	6	日	1	2	3	4	5	6	日	1	2	3	4	5	6	日	1	2	3	4	5	—
干節	己巳	庚午	辛未	壬申	癸酉	芒種	乙亥	丙子	丁丑	戊寅	己卯	庚辰	辛巳	壬午	癸未	甲申	乙酉	丙戌	丁亥	戊子	己丑	夏至	辛卯	壬辰	癸巳	甲午	乙未	丙申	丁酉	戊戌	—

丙辰

一九一六年

（中華民國五年）

陽曆七月份　（陰曆六、七月份）

陽	**7**	2	3	4	5	6	7	8	9	10	11	12	13	14	15	16	17	18	19	20	21	22	23	24	25	26	27	28	29	30	31
陰	二	三	四	五	六	七	八	九	十	十一	十二	十三	十四	十五	十六	十七	十八	十九	廿	廿一	廿二	廿三	廿四	廿五	廿六	廿七	廿八	廿九	卅	**七**	二
星	6	**日**	1	2	3	4	5	6	**日**	1	2	3	4	5	6	**日**	1	2	3	4	5	6	**日**	1	2	3	4	5	6	**日**	1
干節	己亥	庚子	辛丑	壬寅	癸卯	甲辰	**小暑**	丙午	丁未	戊申	己酉	庚戌	辛亥	壬子	癸丑	甲寅	乙卯	丙辰	丁巳	戊午	己未	庚申	**大暑**	壬戌	癸亥	甲子	乙丑	丙寅	丁卯	戊辰	己巳

陽曆八月份　（陰曆七、八月份）

陽	**8**	2	3	4	5	6	7	8	9	10	11	12	13	14	15	16	17	18	19	20	21	22	23	24	25	26	27	28	29	30	31
陰	三	四	五	六	七	八	九	十	十一	十二	十三	十四	十五	十六	十七	十八	十九	廿	廿一	廿二	廿三	廿四	廿五	廿六	廿七	廿八	廿九	卅	**八**	二	三
星	2	3	4	5	6	**日**	1	2	3	4	5	6	**日**	1	2	3	4	5	6	**日**	1	2	3	4	5	6	**日**	1	2	3	4
干節	庚午	辛未	壬申	癸酉	甲戌	乙亥	丙子	**立秋**	戊寅	己卯	庚辰	辛巳	壬午	癸未	甲申	乙酉	丙戌	丁亥	戊子	己丑	庚寅	辛卯	**處暑**	癸巳	甲午	乙未	丙申	丁酉	戊戌	己亥	庚子

陽曆九月份　（陰曆八、九月份）

陽	**9**	2	3	4	5	6	7	8	9	10	11	12	13	14	15	16	17	18	19	20	21	22	23	24	25	26	27	28	29	30	
陰	四	五	六	七	八	九	十	十一	十二	十三	十四	十五	十六	十七	十八	十九	廿	廿一	廿二	廿三	廿四	廿五	廿六	廿七	廿八	廿九	**九**	二	三	四	
星	5	6	**日**	1	2	3	4	5	6	**日**	1	2	3	4	5	6	**日**	1	2	3	4	5	6	**日**	1	2	3	4	5	6	
干節	辛丑	壬寅	癸卯	甲辰	乙巳	丙午	丁未	**白露**	己酉	庚戌	辛亥	壬子	癸丑	甲寅	乙卯	丙辰	丁巳	戊午	己未	庚申	辛酉	壬戌	**秋分**	甲子	乙丑	丙寅	丁卯	戊辰	己巳	庚午	

陽曆十月份　（陰曆九、十月份）

陽	**10**	2	3	4	5	6	7	8	9	10	11	12	13	14	15	16	17	18	19	20	21	22	23	24	25	26	27	28	29	30	31
陰	五	六	七	八	九	十	十一	十二	十三	十四	十五	十六	十七	十八	十九	廿	廿一	廿二	廿三	廿四	廿五	廿六	廿七	廿八	廿九	卅	**十**	二	三	四	五
星	**日**	1	2	3	4	5	6	**日**	1	2	3	4	5	6	**日**	1	2	3	4	5	6	**日**	1	2	3	4	5	6	**日**	1	2
干節	辛未	壬申	癸酉	甲戌	乙亥	丙子	丁丑	戊寅	**寒露**	庚辰	辛巳	壬午	癸未	甲申	乙酉	丙戌	丁亥	戊子	己丑	庚寅	辛卯	壬辰	癸巳	**霜降**	乙未	丙申	丁酉	戊戌	己亥	庚子	辛丑

陽曆十一月份　（陰曆十、十一月份）

陽	**11**	2	3	4	5	6	7	8	9	10	11	12	13	14	15	16	17	18	19	20	21	22	23	24	25	26	27	28	29	30	
陰	六	七	八	九	十	十一	十二	十三	十四	十五	十六	十七	十八	十九	廿	廿一	廿二	廿三	廿四	廿五	廿六	廿七	廿八	廿九	**十一**	二	三	四	五	六	
星	3	4	5	6	**日**	1	2	3	4	5	6	**日**	1	2	3	4	5	6	**日**	1	2	3	4	5	6	**日**	1	2	3	4	
干節	壬寅	癸卯	甲辰	乙巳	丙午	丁未	戊申	**立冬**	庚戌	辛亥	壬子	癸丑	甲寅	乙卯	丙辰	丁巳	戊午	己未	庚申	辛酉	壬戌	**小雪**	甲子	乙丑	丙寅	丁卯	戊辰	己巳	庚午	辛未	

陽曆十二月份　（陰曆十一、十二月份）

陽	**12**	2	3	4	5	6	7	8	9	10	11	12	13	14	15	16	17	18	19	20	21	22	23	24	25	26	27	28	29	30	31
陰	七	八	九	十	十一	十二	十三	十四	十五	十六	十七	十八	十九	廿	廿一	廿二	廿三	廿四	廿五	廿六	廿七	廿八	廿九	卅	**十二**	二	三	四	五	六	七
星	5	6	**日**	1	2	3	4	5	6	**日**	1	2	3	4	5	6	**日**	1	2	3	4	5	6	**日**	1	2	3	4	5	6	**日**
干節	壬申	癸酉	甲戌	乙亥	丙子	丁丑	**大雪**	己卯	庚辰	辛巳	壬午	癸未	甲申	乙酉	丙戌	丁亥	戊子	己丑	庚寅	辛卯	壬辰	**冬至**	甲午	乙未	丙申	丁酉	戊戌	己亥	庚子	辛丑	壬寅

丁巳　一九一七年（中華民國六年）

陽曆一月份　（陰曆十二、正月份）

陽	1	2	3	4	5	6	7	8	9	10	11	12	13	14	15	16	17	18	19	20	21	22	23	24	25	26	27	28	29	30	31
陰	八	九	十	十一	十二	十三	十四	十五	十六	十七	十八	十九	廿	廿一	廿二	廿三	廿四	廿五	廿六	廿七	廿八	廿九	正	二	三	四	五	六	七	八	九
星	1	2	3	4	5	6	日	1	2	3	4	5	6	日	1	2	3	4	5	6	日	1	2	3	4	5	6	日	1	2	3
干節	癸卯	甲辰	乙巳	丙午	丁未	小寒	己酉	庚戌	辛亥	壬子	癸丑	甲寅	乙卯	丙辰	丁巳	戊午	己未	庚申	辛酉	大寒	癸亥	甲子	乙丑	丙寅	丁卯	戊辰	己巳	庚午	辛未	壬申	癸酉

陽曆二月份　（陰曆正、二月份）

陽	1	2	3	4	5	6	7	8	9	10	11	12	13	14	15	16	17	18	19	20	21	22	23	24	25	26	27	28			
陰	十	十一	十二	十三	十四	十五	十六	十七	十八	十九	廿	廿一	廿二	廿三	廿四	廿五	廿六	廿七	廿八	廿九	卅	二	二	三	四	五	六	七			
星	4	5	6	日	1	2	3	4	5	6	日	1	2	3	4	5	6	日	1	2	3	4	5	6	日	1	2	3			
干節	甲戌	乙亥	丙子	立春	戊寅	己卯	庚辰	辛巳	壬午	癸未	甲申	乙酉	丙戌	丁亥	戊子	己丑	庚寅	辛卯	雨水	癸巳	甲午	乙未	丙申	丁酉	戊戌	己亥	庚子	辛丑			

陽曆三月份　（陰曆二、閏二月份）

陽	1	2	3	4	5	6	7	8	9	10	11	12	13	14	15	16	17	18	19	20	21	22	23	24	25	26	27	28	29	30	31
陰	八	九	十	十一	十二	十三	十四	十五	十六	十七	十八	十九	廿	廿一	廿二	廿三	廿四	廿五	廿六	廿七	廿八	廿九	閏	二	三	四	五	六	七	八	九
星	4	5	6	日	1	2	3	4	5	6	日	1	2	3	4	5	6	日	1	2	3	4	5	6	日	1	2	3	4	5	6
干節	壬寅	癸卯	甲辰	乙巳	丙午	驚蟄	戊申	己酉	庚戌	辛亥	壬子	癸丑	甲寅	乙卯	丙辰	丁巳	戊午	己未	庚申	辛酉	春分	癸亥	甲子	乙丑	丙寅	丁卯	戊辰	己巳	庚午	辛未	壬申

陽曆四月份　（陰曆閏二、三月份）

陽	1	2	3	4	5	6	7	8	9	10	11	12	13	14	15	16	17	18	19	20	21	22	23	24	25	26	27	28	29	30	
陰	十	十一	十二	十三	十四	十五	十六	十七	十八	十九	廿	廿一	廿二	廿三	廿四	廿五	廿六	廿七	廿八	廿九	三	二	三	四	五	六	七	八	九	十	
星	日	1	2	3	4	5	6	日	1	2	3	4	5	6	日	1	2	3	4	5	6	日	1	2	3	4	5	6	日	1	
干節	癸酉	甲戌	乙亥	丙子	清明	戊寅	己卯	庚辰	辛巳	壬午	癸未	甲申	乙酉	丙戌	丁亥	戊子	己丑	庚寅	辛卯	壬辰	穀雨	甲午	乙未	丙申	丁酉	戊戌	己亥	庚子	辛丑	壬寅	

陽曆五月份　（陰曆三、四月份）

陽	1	2	3	4	5	6	7	8	9	10	11	12	13	14	15	16	17	18	19	20	21	22	23	24	25	26	27	28	29	30	31
陰	十一	十二	十三	十四	十五	十六	十七	十八	十九	廿	廿一	廿二	廿三	廿四	廿五	廿六	廿七	廿八	廿九	卅	四	二	三	四	五	六	七	八	九	十	十一
星	2	3	4	5	6	日	1	2	3	4	5	6	日	1	2	3	4	5	6	日	1	2	3	4	5	6	日	1	2	3	4
干節	癸卯	甲辰	乙巳	丙午	丁未	立夏	己酉	庚戌	辛亥	壬子	癸丑	甲寅	乙卯	丙辰	丁巳	戊午	己未	庚申	辛酉	壬戌	癸亥	小滿	乙丑	丙寅	丁卯	戊辰	己巳	庚午	辛未	壬申	癸酉

陽曆六月份　（陰曆四、五月份）

陽	1	2	3	4	5	6	7	8	9	10	11	12	13	14	15	16	17	18	19	20	21	22	23	24	25	26	27	28	29	30	
陰	十二	十三	十四	十五	十六	十七	十八	十九	廿	廿一	廿二	廿三	廿四	廿五	廿六	廿七	廿八	廿九	五	二	三	四	五	六	七	八	九	十	十一	十二	
星	5	6	日	1	2	3	4	5	6	日	1	2	3	4	5	6	日	1	2	3	4	5	6	日	1	2	3	4	5	6	
干節	甲戌	乙亥	丙子	丁丑	戊寅	芒種	庚辰	辛巳	壬午	癸未	甲申	乙酉	丙戌	丁亥	戊子	己丑	庚寅	辛卯	壬辰	癸巳	甲午	夏至	丙申	丁酉	戊戌	己亥	庚子	辛丑	壬寅	癸卯	

丁巳

一九一七年

（中華民國六年）

陽曆七月份　（陰曆五、六月份）

陽	7	2	3	4	5	6	7	8	9	10	11	12	13	14	15	16	17	18	19	20	21	22	23	24	25	26	27	28	29	30	31
陰	十三	十四	十五	十六	十七	十八	十九	廿	廿一	廿二	廿三	廿四	廿五	廿六	廿七	廿八	廿九	卅	六	二	三	四	五	六	七	八	九	十	十一	十二	十三
星	日	1	2	3	4	5	6	日	1	2	3	4	5	6	日	1	2	3	4	5	6	日	1	2	3	4	5	6	日	1	2
干節	甲辰	乙巳	丙午	丁未	戊申	己酉	庚戌	小暑	壬子	癸丑	甲寅	乙卯	丙辰	丁巳	戊午	己未	庚申	辛酉	壬戌	癸亥	甲子	乙丑	大暑	丁卯	戊辰	己巳	庚午	辛未	壬申	癸酉	甲戌

陽曆八月份　（陰曆六、七月份）

陽	8	2	3	4	5	6	7	8	9	10	11	12	13	14	15	16	17	18	19	20	21	22	23	24	25	26	27	28	29	30	31
陰	十四	十五	十六	十七	十八	十九	廿	廿一	廿二	廿三	廿四	廿五	廿六	廿七	廿八	廿九	卅	七	二	三	四	五	六	七	八	九	十	十一	十二	十三	十四
星	3	4	5	6	日	1	2	3	4	5	6	日	1	2	3	4	5	6	日	1	2	3	4	5	6	日	1	2	3	4	5
干節	乙亥	丙子	丁丑	戊寅	己卯	庚辰	辛巳	立秋	癸未	甲申	乙酉	丙戌	丁亥	戊子	己丑	庚寅	辛卯	壬辰	癸巳	甲午	乙未	丙申	丁酉	處暑	己亥	庚子	辛丑	壬寅	癸卯	甲辰	乙巳

陽曆九月份　（陰曆七、八月份）

陽	9	2	3	4	5	6	7	8	9	10	11	12	13	14	15	16	17	18	19	20	21	22	23	24	25	26	27	28	29	30
陰	十五	十六	十七	十八	十九	廿	廿一	廿二	廿三	廿四	廿五	廿六	廿七	廿八	廿九	八	二	三	四	五	六	七	八	九	十	十一	十二	十三	十四	十五
星	6	日	1	2	3	4	5	6	日	1	2	3	4	5	6	日	1	2	3	4	5	6	日	1	2	3	4	5	6	日
干節	丙午	丁未	戊申	己酉	庚戌	辛亥	壬子	白露	甲寅	乙卯	丙辰	丁巳	戊午	己未	庚申	辛酉	壬戌	癸亥	甲子	乙丑	丙寅	丁卯	戊辰	秋分	庚午	辛未	壬申	癸酉	甲戌	乙亥

陽曆十月份　（陰曆八、九月份）

陽	10	2	3	4	5	6	7	8	9	10	11	12	13	14	15	16	17	18	19	20	21	22	23	24	25	26	27	28	29	30	31
陰	十六	十七	十八	十九	廿	廿一	廿二	廿三	廿四	廿五	廿六	廿七	廿八	廿九	卅	九	二	三	四	五	六	七	八	九	十	十一	十二	十三	十四	十五	十六
星	1	2	3	4	5	6	日	1	2	3	4	5	6	日	1	2	3	4	5	6	日	1	2	3	4	5	6	日	1	2	3
干節	丙子	丁丑	戊寅	己卯	庚辰	辛巳	壬午	癸未	寒露	乙酉	丙戌	丁亥	戊子	己丑	庚寅	辛卯	壬辰	癸巳	甲午	乙未	丙申	丁酉	戊戌	霜降	庚子	辛丑	壬寅	癸卯	甲辰	乙巳	丙午

陽曆十一月份　（陰曆九、十月份）

陽	11	2	3	4	5	6	7	8	9	10	11	12	13	14	15	16	17	18	19	20	21	22	23	24	25	26	27	28	29	30
陰	十七	十八	十九	廿	廿一	廿二	廿三	廿四	廿五	廿六	廿七	廿八	廿九	卅	十	二	三	四	五	六	七	八	九	十	十一	十二	十三	十四	十五	十六
星	4	5	6	日	1	2	3	4	5	6	日	1	2	3	4	5	6	日	1	2	3	4	5	6	日	1	2	3	4	5
干節	丁未	戊申	己酉	庚戌	辛亥	壬子	癸丑	立冬	乙卯	丙辰	丁巳	戊午	己未	庚申	辛酉	壬戌	癸亥	甲子	乙丑	丙寅	丁卯	戊辰	小雪	庚午	辛未	壬申	癸酉	甲戌	乙亥	丙子

陽曆十二月份　（陰曆十、十一月份）

陽	12	2	3	4	5	6	7	8	9	10	11	12	13	14	15	16	17	18	19	20	21	22	23	24	25	26	27	28	29	30	31
陰	十七	十八	十九	廿	廿一	廿二	廿三	廿四	廿五	廿六	廿七	廿八	廿九	十一	二	三	四	五	六	七	八	九	十	十一	十二	十三	十四	十五	十六	十七	十八
星	6	日	1	2	3	4	5	6	日	1	2	3	4	5	6	日	1	2	3	4	5	6	日	1	2	3	4	5	6	日	1
干節	丁丑	戊寅	己卯	庚辰	辛巳	壬午	癸未	大雪	乙酉	丙戌	丁亥	戊子	己丑	庚寅	辛卯	壬辰	癸巳	甲午	乙未	丙申	丁酉	冬至	己亥	庚子	辛丑	壬寅	癸卯	甲辰	乙巳	丙午	丁未

戊午　一九一八年　（中華民國七年）

陽歷一月份　（陰歷十一、十二月份）

陽	1	2	3	4	5	6	7	8	9	10	11	12	13	14	15	16	17	18	19	20	21	22	23	24	25	26	27	28	29	30	31
陰	十九	廿	廿一	廿二	廿三	廿四	廿五	廿六	廿七	廿八	廿九	卅	十二	二	三	四	五	六	七	八	九	十	十一	十二	十三	十四	十五	十六	十七	十八	十九
星	2	3	4	5	6	日	1	2	3	4	5	6	日	1	2	3	4	5	6	日	1	2	3	4	5	6	日	1	2	3	4
干節	戊申	己酉	庚戌	辛亥	壬子	小寒	甲寅	乙卯	丙辰	丁巳	戊午	己未	庚申	辛酉	壬戌	癸亥	甲子	乙丑	丙寅	丁卯	大寒	己巳	庚午	辛未	壬申	癸酉	甲戌	乙亥	丙子	丁丑	戊寅

陽歷二月份　（陰歷十二、正月份）

陽	2	2	3	4	5	6	7	8	9	10	11	12	13	14	15	16	17	18	19	20	21	22	23	24	25	26	27	28			
陰	廿	廿一	廿二	廿三	廿四	廿五	廿六	廿七	廿八	廿九	正	二	三	四	五	六	七	八	九	十	十一	十二	十三	十四	十五	十六	十七	十八			
星	5	6	日	1	2	3	4	5	6	日	1	2	3	4	5	6	日	1	2	3	4	5	6	日	1	2	3	4			
干節	己卯	庚辰	辛巳	立春	癸未	甲申	乙酉	丙戌	丁亥	戊子	己丑	庚寅	辛卯	壬辰	癸巳	甲午	乙未	丙申	雨水	戊戌	己亥	庚子	辛丑	壬寅	癸卯	甲辰	乙巳	丙午			

陽歷三月份　（陰歷正、二月份）

陽	3	2	3	4	5	6	7	8	9	10	11	12	13	14	15	16	17	18	19	20	21	22	23	24	25	26	27	28	29	30	31
陰	十九	廿	廿一	廿二	廿三	廿四	廿五	廿六	廿七	廿八	廿九	卅	二	二	三	四	五	六	七	八	九	十	十一	十二	十三	十四	十五	十六	十七	十八	十九
星	5	6	日	1	2	3	4	5	6	日	1	2	3	4	5	6	日	1	2	3	4	5	6	日	1	2	3	4	5	6	日
干節	丁未	戊申	己酉	庚戌	辛亥	驚蟄	癸丑	甲寅	乙卯	丙辰	丁巳	戊午	己未	庚申	辛酉	壬戌	癸亥	甲子	乙丑	丙寅	春分	戊辰	己巳	庚午	辛未	壬申	癸酉	甲戌	乙亥	丙子	丁丑

陽歷四月份　（陰歷二、三月份）

陽	4	2	3	4	5	6	7	8	9	10	11	12	13	14	15	16	17	18	19	20	21	22	23	24	25	26	27	28	29	30	
陰	廿	廿一	廿二	廿三	廿四	廿五	廿六	廿七	廿八	廿九	三	二	三	四	五	六	七	八	九	十	十一	十二	十三	十四	十五	十六	十七	十八	十九	廿	
星	1	2	3	4	5	6	日	1	2	3	4	5	6	日	1	2	3	4	5	6	日	1	2	3	4	5	6	日	1	2	
干節	戊寅	己卯	庚辰	辛巳	清明	癸未	甲申	乙酉	丙戌	丁亥	戊子	己丑	庚寅	辛卯	壬辰	癸巳	甲午	乙未	丙申	丁酉	穀雨	己亥	庚子	辛丑	壬寅	癸卯	甲辰	乙巳	丙午	丁未	

陽歷五月份　（陰歷三、四月份）

陽	5	2	3	4	5	6	7	8	9	10	11	12	13	14	15	16	17	18	19	20	21	22	23	24	25	26	27	28	29	30	31
陰	廿一	廿二	廿三	廿四	廿五	廿六	廿七	廿八	廿九	四	二	三	四	五	六	七	八	九	十	十一	十二	十三	十四	十五	十六	十七	十八	十九	廿	廿一	廿二
星	3	4	5	6	日	1	2	3	4	5	6	日	1	2	3	4	5	6	日	1	2	3	4	5	6	日	1	2	3	4	5
干節	戊申	己酉	庚戌	辛亥	壬子	立夏	甲寅	乙卯	丙辰	丁巳	戊午	己未	庚申	辛酉	壬戌	癸亥	甲子	乙丑	丙寅	丁卯	戊辰	小滿	庚午	辛未	壬申	癸酉	甲戌	乙亥	丙子	丁丑	戊寅

陽歷六月份　（陰歷四、五月份）

陽	6	2	3	4	5	6	7	8	9	10	11	12	13	14	15	16	17	18	19	20	21	22	23	24	25	26	27	28	29	30	
陰	廿三	廿四	廿五	廿六	廿七	廿八	廿九	卅	五	二	三	四	五	六	七	八	九	十	十一	十二	十三	十四	十五	十六	十七	十八	十九	廿	廿一	廿二	
星	6	日	1	2	3	4	5	6	日	1	2	3	4	5	6	日	1	2	3	4	5	6	日	1	2	3	4	5	6	日	
干節	己卯	庚辰	辛巳	壬午	癸未	芒種	乙酉	丙戌	丁亥	戊子	己丑	庚寅	辛卯	壬辰	癸巳	甲午	乙未	丙申	丁酉	戊戌	己亥	夏至	辛丑	壬寅	癸卯	甲辰	乙巳	丙午	丁未	戊申	

戊午　一九一八年　（中華民國七年）

陽歷七月份　（陰歷五、六月份）

陽	7	2	3	4	5	6	7	8	9	10	11	12	13	14	15	16	17	18	19	20	21	22	23	24	25	26	27	28	29	30	31
陰	廿三	廿四	廿五	廿六	廿七	廿八	廿九	六	二	三	四	五	六	七	八	九	十	十一	十二	十三	十四	十五	十六	十七	十八	十九	廿	廿一	廿二	廿三	廿四
星	1	2	3	4	5	6	日	1	2	3	4	5	6	日	1	2	3	4	5	6	日	1	2	3	4	5	6	日	1	2	3
干節	己酉	庚戌	辛亥	壬子	癸丑	甲寅	乙卯	小暑	丁巳	戊午	己未	庚申	辛酉	壬戌	癸亥	甲子	乙丑	丙寅	丁卯	戊辰	己巳	庚午	辛未	大暑	癸酉	甲戌	乙亥	丙子	丁丑	戊寅	己卯

陽歷八月份　（陰歷六、七月份）

陽	8	2	3	4	5	6	7	8	9	10	11	12	13	14	15	16	17	18	19	20	21	22	23	24	25	26	27	28	29	30	31
陰	廿五	廿六	廿七	廿八	廿九	卅	七	二	三	四	五	六	七	八	九	十	十一	十二	十三	十四	十五	十六	十七	十八	十九	廿	廿一	廿二	廿三	廿四	廿五
星	4	5	6	日	1	2	3	4	5	6	日	1	2	3	4	5	6	日	1	2	3	4	5	6	日	1	2	3	4	5	6
干節	庚辰	辛巳	壬午	癸未	甲申	乙酉	丙戌	立秋	戊子	己丑	庚寅	辛卯	壬辰	癸巳	甲午	乙未	丙申	丁酉	戊戌	己亥	庚子	辛丑	壬寅	處暑	甲辰	乙巳	丙午	丁未	戊申	己酉	庚戌

陽歷九月份　（陰歷七、八月份）

陽	9	2	3	4	5	6	7	8	9	10	11	12	13	14	15	16	17	18	19	20	21	22	23	24	25	26	27	28	29	30	
陰	廿六	廿七	廿八	廿九	八	二	三	四	五	六	七	八	九	十	十一	十二	十三	十四	十五	十六	十七	十八	十九	廿	廿一	廿二	廿三	廿四	廿五	廿六	
星	日	1	2	3	4	5	6	日	1	2	3	4	5	6	日	1	2	3	4	5	6	日	1	2	3	4	5	6	日	1	
干節	辛亥	壬子	癸丑	甲寅	乙卯	丙辰	丁巳	白露	己未	庚申	辛酉	壬戌	癸亥	甲子	乙丑	丙寅	丁卯	戊辰	己巳	庚午	辛未	壬申	癸酉	秋分	乙亥	丙子	丁丑	戊寅	己卯	庚辰	

陽歷十月份　（陰歷八、九月份）

陽	10	2	3	4	5	6	7	8	9	10	11	12	13	14	15	16	17	18	19	20	21	22	23	24	25	26	27	28	29	30	31
陰	廿七	廿八	廿九	卅	九	二	三	四	五	六	七	八	九	十	十一	十二	十三	十四	十五	十六	十七	十八	十九	廿	廿一	廿二	廿三	廿四	廿五	廿六	廿七
星	2	3	4	5	6	日	1	2	3	4	5	6	日	1	2	3	4	5	6	日	1	2	3	4	5	6	日	1	2	3	4
干節	辛巳	壬午	癸未	甲申	乙酉	丙戌	丁亥	戊子	寒露	庚寅	辛卯	壬辰	癸巳	甲午	乙未	丙申	丁酉	戊戌	己亥	庚子	辛丑	壬寅	癸卯	霜降	乙巳	丙午	丁未	戊申	己酉	庚戌	辛亥

陽歷十一月份　（陰歷九、十月份）

陽	11	2	3	4	5	6	7	8	9	10	11	12	13	14	15	16	17	18	19	20	21	22	23	24	25	26	27	28	29	30
陰	廿八	廿九	卅	十	二	三	四	五	六	七	八	九	十	十一	十二	十三	十四	十五	十六	十七	十八	十九	廿	廿一	廿二	廿三	廿四	廿五	廿六	廿七
星	5	6	日	1	2	3	4	5	6	日	1	2	3	4	5	6	日	1	2	3	4	5	6	日	1	2	3	4	5	6
干節	壬子	癸丑	甲寅	乙卯	丙辰	丁巳	戊午	立冬	庚申	辛酉	壬戌	癸亥	甲子	乙丑	丙寅	丁卯	戊辰	己巳	庚午	辛未	壬申	癸酉	小雪	乙亥	丙子	丁丑	戊寅	己卯	庚辰	辛巳

陽歷十二月份　（陰歷十、十一月份）

陽	12	2	3	4	5	6	7	8	9	10	11	12	13	14	15	16	17	18	19	20	21	22	23	24	25	26	27	28	29	30	31
陰	廿八	廿九	十一	二	三	四	五	六	七	八	九	十	十一	十二	十三	十四	十五	十六	十七	十八	十九	廿	廿一	廿二	廿三	廿四	廿五	廿六	廿七	廿八	廿九
星	日	1	2	3	4	5	6	日	1	2	3	4	5	6	日	1	2	3	4	5	6	日	1	2	3	4	5	6	日	1	2
干節	壬午	癸未	甲申	乙酉	丙戌	丁亥	戊子	大雪	庚寅	辛卯	壬辰	癸巳	甲午	乙未	丙申	丁酉	戊戌	己亥	庚子	辛丑	壬寅	癸卯	冬至	乙巳	丙午	丁未	戊申	己酉	庚戌	辛亥	壬子

陽歷一月份（陰歷十一、十二月份）

陽	1	2	3	4	5	6	7	8	9	10	11	12	13	14	15	16	17	18	19	20	21	22	23	24	25	26	27	28	29	30	31
陰	卅	十二	二	三	四	五	六	七	八	九	十	十一	十二	十三	十四	十五	十六	十七	十八	十九	廿	廿一	廿二	廿三	廿四	廿五	廿六	廿七	廿八	廿九	卅
星	3	4	5	6	日	1	2	3	4	5	6	日	1	2	3	4	5	6	日	1	2	3	4	5	6	日	1	2	3	4	5
干節	癸丑	甲寅	乙卯	丙辰	丁巳	小寒	己未	庚申	辛酉	壬戌	癸亥	甲子	乙丑	丙寅	丁卯	戊辰	己巳	庚午	辛未	壬申	大寒	甲戌	乙亥	丙子	丁丑	戊寅	己卯	庚辰	辛巳	壬午	癸未

陽歷二月份（陰歷正月份）

陽	2	2	3	4	5	6	7	8	9	10	11	12	13	14	15	16	17	18	19	20	21	22	23	24	25	26	27	28			
陰	正	二	三	四	五	六	七	八	九	十	十一	十二	十三	十四	十五	十六	十七	十八	十九	廿	廿一	廿二	廿三	廿四	廿五	廿六	廿七	廿八			
星	6	日	1	2	3	4	5	6	日	1	2	3	4	5	6	日	1	2	3	4	5	6	日	1	2	3	4	5			
干節	甲申	乙酉	丙戌	丁亥	立春	己丑	庚寅	辛卯	壬辰	癸巳	甲午	乙未	丙申	丁酉	戊戌	己亥	庚子	辛丑	壬寅	雨水	甲辰	乙巳	丙午	丁未	戊申	己酉	庚戌	辛亥			

陽歷三月份（陰歷正、二月份）

陽	3	2	3	4	5	6	7	8	9	10	11	12	13	14	15	16	17	18	19	20	21	22	23	24	25	26	27	28	29	30	31
陰	廿九	二	二	三	四	五	六	七	八	九	十	十一	十二	十三	十四	十五	十六	十七	十八	十九	廿	廿一	廿二	廿三	廿四	廿五	廿六	廿七	廿八	廿九	卅
星	6	日	1	2	3	4	5	6	日	1	2	3	4	5	6	日	1	2	3	4	5	6	日	1	2	3	4	5	6	日	1
干節	壬子	癸丑	甲寅	乙卯	丙辰	驚蟄	戊午	己未	庚申	辛酉	壬戌	癸亥	甲子	乙丑	丙寅	丁卯	戊辰	己巳	庚午	辛未	壬申	春分	甲戌	乙亥	丙子	丁丑	戊寅	己卯	庚辰	辛巳	壬午

陽歷四月份（陰歷三、四月份）

陽	4	2	3	4	5	6	7	8	9	10	11	12	13	14	15	16	17	18	19	20	21	22	23	24	25	26	27	28	29	30
陰	三	二	三	四	五	六	七	八	九	十	十一	十二	十三	十四	十五	十六	十七	十八	十九	廿	廿一	廿二	廿三	廿四	廿五	廿六	廿七	廿八	廿九	四
星	2	3	4	5	6	日	1	2	3	4	5	6	日	1	2	3	4	5	6	日	1	2	3	4	5	6	日	1	2	3
干節	癸未	甲申	乙酉	丙戌	丁亥	清明	己丑	庚寅	辛卯	壬辰	癸巳	甲午	乙未	丙申	丁酉	戊戌	己亥	庚子	辛丑	壬寅	穀雨	甲辰	乙巳	丙午	丁未	戊申	己酉	庚戌	辛亥	壬子

陽歷五月份（陰歷四、五月份）

陽	5	2	3	4	5	6	7	8	9	10	11	12	13	14	15	16	17	18	19	20	21	22	23	24	25	26	27	28	29	30	31
陰	二	三	四	五	六	七	八	九	十	十一	十二	十三	十四	十五	十六	十七	十八	十九	廿	廿一	廿二	廿三	廿四	廿五	廿六	廿七	廿八	廿九	五	二	三
星	4	5	6	日	1	2	3	4	5	6	日	1	2	3	4	5	6	日	1	2	3	4	5	6	日	1	2	3	4	5	6
干節	癸丑	甲寅	乙卯	丙辰	丁巳	立夏	己未	庚申	辛酉	壬戌	癸亥	甲子	乙丑	丙寅	丁卯	戊辰	己巳	庚午	辛未	壬申	癸酉	小滿	乙亥	丙子	丁丑	戊寅	己卯	庚辰	辛巳	壬午	癸未

陽歷六月份（陰歷五、六月份）

陽	6	2	3	4	5	6	7	8	9	10	11	12	13	14	15	16	17	18	19	20	21	22	23	24	25	26	27	28	29	30
陰	四	五	六	七	八	九	十	十一	十二	十三	十四	十五	十六	十七	十八	十九	廿	廿一	廿二	廿三	廿四	廿五	廿六	廿七	廿八	廿九	卅	六	二	三
星	日	1	2	3	4	5	6	日	1	2	3	4	5	6	日	1	2	3	4	5	6	日	1	2	3	4	5	6	日	1
干節	甲申	乙酉	丙戌	丁亥	戊子	己丑	芒種	辛卯	壬辰	癸巳	甲午	乙未	丙申	丁酉	戊戌	己亥	庚子	辛丑	壬寅	癸卯	甲辰	夏至	丙午	丁未	戊申	己酉	庚戌	辛亥	壬子	癸丑

己未 一九一九年（中華民國八年）

陽歷七月份　（陰歷六、七月份）

陽	7	2	3	4	5	6	7	8	9	10	11	12	13	14	15	16	17	18	19	20	21	22	23	24	25	26	27	28	29	30	31
陰	四	五	六	七	八	九	十	十一	十二	十三	十四	十五	十六	十七	十八	十九	廿	廿一	廿二	廿三	廿四	廿五	廿六	廿七	廿八	廿九	七	二	三	四	五
星	2	3	4	5	6	日	1	2	3	4	5	6	日	1	2	3	4	5	6	日	1	2	3	4	5	6	日	1	2	3	4
干節	甲寅	乙卯	丙辰	丁巳	戊午	己未	庚申	小暑	壬戌	癸亥	甲子	乙丑	丙寅	丁卯	戊辰	己巳	庚午	辛未	壬申	癸酉	甲戌	乙亥	丙子	大暑	戊寅	己卯	庚辰	辛巳	壬午	癸未	甲申

陽歷八月份　（陰歷七、閏七月份）

陽	8	2	3	4	5	6	7	8	9	10	11	12	13	14	15	16	17	18	19	20	21	22	23	24	25	26	27	28	29	30	31
陰	六	七	八	九	十	十一	十二	十三	十四	十五	十六	十七	十八	十九	廿	廿一	廿二	廿三	廿四	廿五	廿六	廿七	廿八	廿九	閏	二	三	四	五	六	七
星	5	6	日	1	2	3	4	5	6	日	1	2	3	4	5	6	日	1	2	3	4	5	6	日	1	2	3	4	5	6	日
干節	乙酉	丙戌	丁亥	戊子	己丑	庚寅	辛卯	立秋	癸巳	甲午	乙未	丙申	丁酉	戊戌	己亥	庚子	辛丑	壬寅	癸卯	甲辰	乙巳	丙午	丁未	處暑	己酉	庚戌	辛亥	壬子	癸丑	甲寅	乙卯

陽歷九月份　（陰歷閏七、八月份）

陽	9	2	3	4	5	6	7	8	9	10	11	12	13	14	15	16	17	18	19	20	21	22	23	24	25	26	27	28	29	30
陰	八	九	十	十一	十二	十三	十四	十五	十六	十七	十八	十九	廿	廿一	廿二	廿三	廿四	廿五	廿六	廿七	廿八	廿九	卅	八	二	三	四	五	六	七
星	1	2	3	4	5	6	日	1	2	3	4	5	6	日	1	2	3	4	5	6	日	1	2	3	4	5	6	日	1	2
干節	丙辰	丁巳	戊午	己未	庚申	辛酉	壬戌	癸亥	白露	乙丑	丙寅	丁卯	戊辰	己巳	庚午	辛未	壬申	癸酉	甲戌	乙亥	丙子	丁丑	戊寅	秋分	庚辰	辛巳	壬午	癸未	甲申	乙酉

陽歷十月份　（陰歷八、九月份）

陽	10	2	3	4	5	6	7	8	9	10	11	12	13	14	15	16	17	18	19	20	21	22	23	24	25	26	27	28	29	30	31
陰	八	九	十	十一	十二	十三	十四	十五	十六	十七	十八	十九	廿	廿一	廿二	廿三	廿四	廿五	廿六	廿七	廿八	廿九	卅	九	二	三	四	五	六	七	八
星	3	4	5	6	日	1	2	3	4	5	6	日	1	2	3	4	5	6	日	1	2	3	4	5	6	日	1	2	3	4	5
干節	丙戌	丁亥	戊子	己丑	庚寅	辛卯	壬辰	癸巳	寒露	乙未	丙申	丁酉	戊戌	己亥	庚子	辛丑	壬寅	癸卯	甲辰	乙巳	丙午	丁未	戊申	霜降	庚戌	辛亥	壬子	癸丑	甲寅	乙卯	丙辰

陽歷十一月份　（陰歷九、十月份）

陽	11	2	3	4	5	6	7	8	9	10	11	12	13	14	15	16	17	18	19	20	21	22	23	24	25	26	27	28	29	30
陰	九	十	十一	十二	十三	十四	十五	十六	十七	十八	十九	廿	廿一	廿二	廿三	廿四	廿五	廿六	廿七	廿八	廿九	十	二	三	四	五	六	七	八	九
星	6	日	1	2	3	4	5	6	日	1	2	3	4	5	6	日	1	2	3	4	5	6	日	1	2	3	4	5	6	日
干節	丁巳	戊午	己未	庚申	辛酉	壬戌	癸亥	立冬	乙丑	丙寅	丁卯	戊辰	己巳	庚午	辛未	壬申	癸酉	甲戌	乙亥	丙子	丁丑	戊寅	小雪	庚辰	辛巳	壬午	癸未	甲申	乙酉	丙戌

陽歷十二月份　（陰歷十、十一月份）

陽	12	2	3	4	5	6	7	8	9	10	11	12	13	14	15	16	17	18	19	20	21	22	23	24	25	26	27	28	29	30	31
陰	十	十一	十二	十三	十四	十五	十六	十七	十八	十九	廿	廿一	廿二	廿三	廿四	廿五	廿六	廿七	廿八	廿九	卅	十一	二	三	四	五	六	七	八	九	十
星	1	2	3	4	5	6	日	1	2	3	4	5	6	日	1	2	3	4	5	6	日	1	2	3	4	5	6	日	1	2	3
干節	丁亥	戊子	己丑	庚寅	辛卯	壬辰	癸巳	大雪	乙未	丙申	丁酉	戊戌	己亥	庚子	辛丑	壬寅	癸卯	甲辰	乙巳	丙午	丁未	戊申	冬至	庚戌	辛亥	壬子	癸丑	甲寅	乙卯	丙辰	丁巳

陽歷一月份　（陰歷十一、十二月份）

陽	1	2	3	4	5	6	7	8	9	10	11	12	13	14	15	16	17	18	19	20	21	22	23	24	25	26	27	28	29	30	31
陰	十一	十二	十三	十四	十五	十六	十七	十八	十九	廿	廿一	廿二	廿三	廿四	廿五	廿六	廿七	廿八	廿九	卅	十二	二	三	四	五	六	七	八	九	十	十一
星	4	5	6	日	1	2	3	4	5	6	日	1	2	3	4	5	6	日	1	2	3	4	5	6	日	1	2	3	4	5	6
干節	戊午	己未	庚申	辛酉	壬戌	小寒	甲子	乙丑	丙寅	丁卯	戊辰	己巳	庚午	辛未	壬申	癸酉	甲戌	乙亥	丙子	丁丑	大寒	己卯	庚辰	辛巳	壬午	癸未	甲申	乙酉	丙戌	丁亥	戊子

陽歷二月份　（陰歷十二正月份）

陽	1	2	3	4	5	6	7	8	9	10	11	12	13	14	15	16	17	18	19	20	21	22	23	24	25	26	27	28	29		
陰	十二	十三	十四	十五	十六	十七	十八	十九	廿	廿一	廿二	廿三	廿四	廿五	廿六	廿七	廿八	廿九	卅	正	二	三	四	五	六	七	八	九	十		
星	日	1	2	3	4	5	6	日	1	2	3	4	5	6	日	1	2	3	4	5	6	日	1	2	3	4	5	6	日		
干節	己丑	庚寅	辛卯	壬辰	立春	甲午	乙未	丙申	丁酉	戊戌	己亥	庚子	辛丑	壬寅	癸卯	甲辰	乙巳	丙午	丁未	雨水	己酉	庚戌	辛亥	壬子	癸丑	甲寅	乙卯	丙辰	丁巳		

陽歷三月份　（陰歷正、二月份）

陽	1	2	3	4	5	6	7	8	9	10	11	12	13	14	15	16	17	18	19	20	21	22	23	24	25	26	27	28	29	30	31
陰	十一	十二	十三	十四	十五	十六	十七	十八	十九	廿	廿一	廿二	廿三	廿四	廿五	廿六	廿七	廿八	廿九	二	二	三	四	五	六	七	八	九	十	十一	十二
星	1	2	3	4	5	6	日	1	2	3	4	5	6	日	1	2	3	4	5	6	日	1	2	3	4	5	6	日	1	2	3
干節	戊午	己未	庚申	辛酉	壬戌	驚蟄	甲子	乙丑	丙寅	丁卯	戊辰	己巳	庚午	辛未	壬申	癸酉	甲戌	乙亥	丙子	丁丑	春分	己卯	庚辰	辛巳	壬午	癸未	甲申	乙酉	丙戌	丁亥	戊子

陽歷四月份　（陰歷二、三月份）

陽	1	2	3	4	5	6	7	8	9	10	11	12	13	14	15	16	17	18	19	20	21	22	23	24	25	26	27	28	29	30	
陰	十三	十四	十五	十六	十七	十八	十九	廿	廿一	廿二	廿三	廿四	廿五	廿六	廿七	廿八	廿九	卅	三	二	三	四	五	六	七	八	九	十	十一	十二	
星	4	5	6	日	1	2	3	4	5	6	日	1	2	3	4	5	6	日	1	2	3	4	5	6	日	1	2	3	4	5	
干節	己丑	庚寅	辛卯	壬辰	清明	甲午	乙未	丙申	丁酉	戊戌	己亥	庚子	辛丑	壬寅	癸卯	甲辰	乙巳	丙午	丁未	穀雨	己酉	庚戌	辛亥	壬子	癸丑	甲寅	乙卯	丙辰	丁巳	戊午	

陽歷五月份　（陰歷三、四月份）

陽	1	2	3	4	5	6	7	8	9	10	11	12	13	14	15	16	17	18	19	20	21	22	23	24	25	26	27	28	29	30	31
陰	十三	十四	十五	十六	十七	十八	十九	廿	廿一	廿二	廿三	廿四	廿五	廿六	廿七	廿八	廿九	四	二	三	四	五	六	七	八	九	十	十一	十二	十三	十四
星	6	日	1	2	3	4	5	6	日	1	2	3	4	5	6	日	1	2	3	4	5	6	日	1	2	3	4	5	6	日	1
干節	己未	庚申	辛酉	壬戌	癸亥	立夏	乙丑	丙寅	丁卯	戊辰	己巳	庚午	辛未	壬申	癸酉	甲戌	乙亥	丙子	丁丑	戊寅	小滿	庚辰	辛巳	壬午	癸未	甲申	乙酉	丙戌	丁亥	戊子	己丑

陽歷六月份　（陰歷四、五月份）

陽	1	2	3	4	5	6	7	8	9	10	11	12	13	14	15	16	17	18	19	20	21	22	23	24	25	26	27	28	29	30	
陰	十五	十六	十七	十八	十九	廿	廿一	廿二	廿三	廿四	廿五	廿六	廿七	廿八	廿九	五	二	三	四	五	六	七	八	九	十	十一	十二	十三	十四	十五	
星	2	3	4	5	6	日	1	2	3	4	5	6	日	1	2	3	4	5	6	日	1	2	3	4	5	6	日	1	2	3	
干節	庚寅	辛卯	壬辰	癸巳	甲午	芒種	丙申	丁酉	戊戌	己亥	庚子	辛丑	壬寅	癸卯	甲辰	乙巳	丙午	丁未	戊申	己酉	庚戌	夏至	壬子	癸丑	甲寅	乙卯	丙辰	丁巳	戊午	己未	

庚申

一九二〇年

（中華民國九年）

陽歷七月份　（陰歷五、六月份）

陽	**7**	2	3	4	5	6	7	8	9	10	11	12	13	14	15	16	17	18	19	20	21	22	23	24	25	26	27	28	29	30	31
陰	十六	十七	十八	十九	廿	廿一	廿二	廿三	廿四	廿五	廿六	廿七	廿八	廿九	卅	**六**	二	三	四	五	六	七	八	九	十	十一	十二	十三	十四	十五	十六
星	4	5	6	**日**	1	2	3	4	5	6	**日**	1	2	3	4	5	6	**日**	1	2	3	4	5	6	**日**	1	2	3	4	5	6
干節	庚申	辛酉	壬戌	癸亥	甲子	乙丑	**小暑**	丁卯	戊辰	己巳	庚午	辛未	壬申	癸酉	甲戌	乙亥	丙子	丁丑	戊寅	己卯	庚辰	辛巳	**大暑**	癸未	甲申	乙酉	丙戌	丁亥	戊子	己丑	庚寅

陽歷八月份　（陰歷六、七月份）

陽	**8**	2	3	4	5	6	7	8	9	10	11	12	13	14	15	16	17	18	19	20	21	22	23	24	25	26	27	28	29	30	31
陰	十七	十八	十九	廿	廿一	廿二	廿三	廿四	廿五	廿六	廿七	廿八	廿九	**七**	二	三	四	五	六	七	八	九	十	十一	十二	十三	十四	十五	十六	十七	十八
星	**日**	1	2	3	4	5	6	**日**	1	2	3	4	5	6	**日**	1	2	3	4	5	6	**日**	1	2	3	4	5	6	**日**	1	2
干節	辛卯	壬辰	癸巳	甲午	乙未	丙申	丁酉	**立秋**	己亥	庚子	辛丑	壬寅	癸卯	甲辰	乙巳	丙午	丁未	戊申	己酉	庚戌	辛亥	壬子	**處暑**	甲寅	乙卯	丙辰	丁巳	戊午	己未	庚申	辛酉

陽歷九月份　（陰歷七、八月份）

陽	**9**	2	3	4	5	6	7	8	9	10	11	12	13	14	15	16	17	18	19	20	21	22	23	24	25	26	27	28	29	30
陰	十九	廿	廿一	廿二	廿三	廿四	廿五	廿六	廿七	廿八	廿九	**八**	二	三	四	五	六	七	八	九	十	十一	十二	十三	十四	十五	十六	十七	十八	十九
星	3	4	5	6	**日**	1	2	3	4	5	6	**日**	1	2	3	4	5	6	**日**	1	2	3	4	5	6	**日**	1	2	3	4
干節	壬戌	癸亥	甲子	乙丑	丙寅	丁卯	戊辰	**白露**	庚午	辛未	壬申	癸酉	甲戌	乙亥	丙子	丁丑	戊寅	己卯	庚辰	辛巳	壬午	癸未	**秋分**	乙酉	丙戌	丁亥	戊子	己丑	庚寅	辛卯

陽歷十月份　（陰歷八、九月份）

陽	**10**	2	3	4	5	6	7	8	9	10	11	12	13	14	15	16	17	18	19	20	21	22	23	24	25	26	27	28	29	30	31
陰	廿	廿一	廿二	廿三	廿四	廿五	廿六	廿七	廿八	廿九	卅	**九**	二	三	四	五	六	七	八	九	十	十一	十二	十三	十四	十五	十六	十七	十八	十九	廿
星	5	6	**日**	1	2	3	4	5	6	**日**	1	2	3	4	5	6	**日**	1	2	3	4	5	6	**日**	1	2	3	4	5	6	**日**
干節	壬辰	癸巳	甲午	乙未	丙申	丁酉	戊戌	**寒露**	庚子	辛丑	壬寅	癸卯	甲辰	乙巳	丙午	丁未	戊申	己酉	庚戌	辛亥	壬子	癸丑	甲寅	**霜降**	丙辰	丁巳	戊午	己未	庚申	辛酉	壬戌

陽歷十一月份　（陰歷九、十月份）

陽	**11**	2	3	4	5	6	7	8	9	10	11	12	13	14	15	16	17	18	19	20	21	22	23	24	25	26	27	28	29	30
陰	廿一	廿二	廿三	廿四	廿五	廿六	廿七	廿八	廿九	**十**	二	三	四	五	六	七	八	九	十	十一	十二	十三	十四	十五	十六	十七	十八	十九	廿	廿一
星	1	2	3	4	5	6	**日**	1	2	3	4	5	6	**日**	1	2	3	4	5	6	**日**	1	2	3	4	5	6	**日**	1	2
干節	癸亥	甲子	乙丑	丙寅	丁卯	戊辰	己巳	**立冬**	辛未	壬申	癸酉	甲戌	乙亥	丙子	丁丑	戊寅	己卯	庚辰	辛巳	壬午	**小雪**	甲申	乙酉	丙戌	丁亥	戊子	己丑	庚寅	辛卯	壬辰

陽歷十二月份　（陰歷十、十一月份）

陽	**12**	2	3	4	5	6	7	8	9	10	11	12	13	14	15	16	17	18	19	20	21	22	23	24	25	26	27	28	29	30	31
陰	廿二	廿三	廿四	廿五	廿六	廿七	廿八	廿九	卅	**十一**	二	三	四	五	六	七	八	九	十	十一	十二	十三	十四	十五	十六	十七	十八	十九	廿	廿一	廿二
星	3	4	5	6	**日**	1	2	3	4	5	6	**日**	1	2	3	4	5	6	**日**	1	2	3	4	5	6	**日**	1	2	3	4	5
干節	癸巳	甲午	乙未	丙申	丁酉	**大雪**	己亥	庚子	辛丑	壬寅	癸卯	甲辰	乙巳	丙午	丁未	戊申	己酉	庚戌	辛亥	壬子	癸丑	**冬至**	乙卯	丙辰	丁巳	戊午	己未	庚申	辛酉	壬戌	癸亥

近世中西史日對照表

辛酉　一九二一年　(中華民國一〇年)

陽歷一月份　(陰歷十一、十二月份)

陽	**1**	2	3	4	5	6	7	8	9	10	11	12	13	14	15	16	17	18	19	20	21	22	23	24	25	26	27	28	29	30	31
陰	廿三	廿四	廿五	廿六	廿七	廿八	廿九	卅	**十二**	二	三	四	五	六	七	八	九	十	十一	十二	十三	十四	十五	十六	十七	十八	十九	廿	廿一	廿二	廿三
星	6	**日**	1	2	3	4	5	6	**日**	1	2	3	4	5	6	**日**	1	2	3	4	5	6	**日**	1	2	3	4	5	6	**日**	1
干節	甲子	乙丑	丙寅	丁卯	戊辰	**小寒**	庚午	辛未	壬申	癸酉	甲戌	乙亥	丙子	丁丑	戊寅	己卯	庚辰	辛巳	壬午	**大寒**	甲申	乙酉	丙戌	丁亥	戊子	己丑	庚寅	辛卯	壬辰	癸巳	甲午

陽歷二月份　(陰歷十二、正月份)

陽	**2**	2	3	4	5	6	7	8	9	10	11	12	13	14	15	16	17	18	19	20	21	22	23	24	25	26	27	28			
陰	廿四	廿五	廿六	廿七	廿八	廿九	卅	**正**	二	三	四	五	六	七	八	九	十	十一	十二	十三	十四	十五	十六	十七	十八	十九	廿	廿一			
星	2	3	4	5	6	**日**	1	2	3	4	5	6	**日**	1	2	3	4	5	6	**日**	1	2	3	4	5	6	**日**	1			
干節	乙未	丙申	丁酉	**立春**	己亥	庚子	辛丑	壬寅	癸卯	甲辰	乙巳	丙午	丁未	戊申	己酉	庚戌	辛亥	壬子	**雨水**	甲寅	乙卯	丙辰	丁巳	戊午	己未	庚申	辛酉	壬戌			

陽歷三月份　(陰歷正、二月份)

陽	**3**	2	3	4	5	6	7	8	9	10	11	12	13	14	15	16	17	18	19	20	21	22	23	24	25	26	27	28	29	30	31
陰	廿二	廿三	廿四	廿五	廿六	廿七	廿八	廿九	卅	**二**	二	三	四	五	六	七	八	九	十	十一	十二	十三	十四	十五	十六	十七	十八	十九	廿	廿一	廿二
星	2	3	4	5	6	**日**	1	2	3	4	5	6	**日**	1	2	3	4	5	6	**日**	1	2	3	4	5	6	**日**	1	2	3	4
干節	癸亥	甲子	乙丑	丙寅	丁卯	**驚蟄**	己巳	庚午	辛未	壬申	癸酉	甲戌	乙亥	丙子	丁丑	戊寅	己卯	庚辰	辛巳	壬午	**春分**	甲申	乙酉	丙戌	丁亥	戊子	己丑	庚寅	辛卯	壬辰	癸巳

陽歷四月份　(陰歷二、三月份)

陽	**4**	2	3	4	5	6	7	8	9	10	11	12	13	14	15	16	17	18	19	20	21	22	23	24	25	26	27	28	29	30	
陰	廿三	廿四	廿五	廿六	廿七	廿八	廿九	**三**	二	三	四	五	六	七	八	九	十	十一	十二	十三	十四	十五	十六	十七	十八	十九	廿	廿一	廿二	廿三	
星	5	6	**日**	1	2	3	4	5	6	**日**	1	2	3	4	5	6	**日**	1	2	3	4	5	6	**日**	1	2	3	4	5	6	
干節	甲午	乙未	丙申	丁酉	**清明**	己亥	庚子	辛丑	壬寅	癸卯	甲辰	乙巳	丙午	丁未	戊申	己酉	庚戌	辛亥	壬子	**穀雨**	甲寅	乙卯	丙辰	丁巳	戊午	己未	庚申	辛酉	壬戌	癸亥	

陽歷五月份　(陰歷三、四月份)

陽	**5**	2	3	4	5	6	7	8	9	10	11	12	13	14	15	16	17	18	19	20	21	22	23	24	25	26	27	28	29	30	31
陰	廿四	廿五	廿六	廿七	廿八	廿九	卅	**四**	二	三	四	五	六	七	八	九	十	十一	十二	十三	十四	十五	十六	十七	十八	十九	廿	廿一	廿二	廿三	廿四
星	**日**	1	2	3	4	5	6	**日**	1	2	3	4	5	6	**日**	1	2	3	4	5	6	**日**	1	2	3	4	5	6	**日**	1	2
干節	甲子	乙丑	丙寅	丁卯	戊辰	**立夏**	庚午	辛未	壬申	癸酉	甲戌	乙亥	丙子	丁丑	戊寅	己卯	庚辰	辛巳	壬午	癸未	**小滿**	乙酉	丙戌	丁亥	戊子	己丑	庚寅	辛卯	壬辰	癸巳	甲午

陽歷六月份　(陰歷四、五月份)

陽	**6**	2	3	4	5	6	7	8	9	10	11	12	13	14	15	16	17	18	19	20	21	22	23	24	25	26	27	28	29	30	
陰	廿五	廿六	廿七	廿八	廿九	**五**	二	三	四	五	六	七	八	九	十	十一	十二	十三	十四	十五	十六	十七	十八	十九	廿	廿一	廿二	廿三	廿四	廿五	
星	3	4	5	6	**日**	1	2	3	4	5	6	**日**	1	2	3	4	5	6	**日**	1	2	3	4	5	6	**日**	1	2	3	4	
干節	乙未	丙申	丁酉	戊戌	己亥	**芒種**	辛丑	壬寅	癸卯	甲辰	乙巳	丙午	丁未	戊申	己酉	庚戌	辛亥	壬子	癸丑	甲寅	乙卯	**夏至**	丁巳	戊午	己未	庚申	辛酉	壬戌	癸亥	甲子	

辛酉　一九二一年（中華民國一〇年）

陽歷七月份　（陰歷五、六月份）

陽	**7**	2	3	4	5	6	7	8	9	10	11	12	13	14	15	16	17	18	19	20	21	22	23	24	25	26	27	28	29	30	31
陰	廿六	廿七	廿八	廿九	**六**	二	三	四	五	六	七	八	九	十	十一	十二	十三	十四	十五	十六	十七	十八	十九	廿	廿一	廿二	廿三	廿四	廿五	廿六	廿七
星	5	6	**日**	1	2	3	4	5	6	**日**	1	2	3	4	5	6	**日**	1	2	3	4	5	6	**日**	1	2	3	4	5	6	**日**
干節	乙丑	丙寅	丁卯	戊辰	己巳	庚午	辛未	**小暑**	癸酉	甲戌	乙亥	丙子	丁丑	戊寅	己卯	庚辰	辛巳	壬午	癸未	甲申	乙酉	丙戌	**大暑**	戊子	己丑	庚寅	辛卯	壬辰	癸巳	甲午	乙未

陽歷八月份　（陰歷六、七月份）

陽	**8**	2	3	4	5	6	7	8	9	10	11	12	13	14	15	16	17	18	19	20	21	22	23	24	25	26	27	28	29	30	31
陰	廿八	廿九	卅	**七**	二	三	四	五	六	七	八	九	十	十一	十二	十三	十四	十五	十六	十七	十八	十九	廿	廿一	廿二	廿三	廿四	廿五	廿六	廿七	廿八
星	1	2	3	4	5	6	**日**	1	2	3	4	5	6	**日**	1	2	3	4	5	6	**日**	1	2	3	4	5	6	**日**	1	2	3
干節	丙申	丁酉	戊戌	己亥	庚子	辛丑	壬寅	**立秋**	甲辰	乙巳	丙午	丁未	戊申	己酉	庚戌	辛亥	壬子	癸丑	甲寅	乙卯	丙辰	丁巳	戊午	**處暑**	庚申	辛酉	壬戌	癸亥	甲子	乙丑	丙寅

陽歷九月份　（陰歷七、八月份）

陽	**9**	2	3	4	5	6	7	8	9	10	11	12	13	14	15	16	17	18	19	20	21	22	23	24	25	26	27	28	29	30	
陰	廿九	**八**	二	三	四	五	六	七	八	九	十	十一	十二	十三	十四	十五	十六	十七	十八	十九	廿	廿一	廿二	廿三	廿四	廿五	廿六	廿七	廿八	廿九	
星	4	5	6	**日**	1	2	3	4	5	6	**日**	1	2	3	4	5	6	**日**	1	2	3	4	5	6	**日**	1	2	3	4	5	
干節	丁卯	戊辰	己巳	庚午	辛未	壬申	癸酉	**白露**	乙亥	丙子	丁丑	戊寅	己卯	庚辰	辛巳	壬午	癸未	甲申	乙酉	丙戌	丁亥	戊子	**秋分**	庚寅	辛卯	壬辰	癸巳	甲午	乙未	丙申	

陽歷十月份　（陰歷九、十月份）

陽	**10**	2	3	4	5	6	7	8	9	10	11	12	13	14	15	16	17	18	19	20	21	22	23	24	25	26	27	28	29	30	31
陰	**九**	二	三	四	五	六	七	八	九	十	十一	十二	十三	十四	十五	十六	十七	十八	十九	廿	廿一	廿二	廿三	廿四	廿五	廿六	廿七	廿八	廿九	卅	**十**
星	6	**日**	1	2	3	4	5	6	**日**	1	2	3	4	5	6	**日**	1	2	3	4	5	6	**日**	1	2	3	4	5	6	**日**	1
干節	丁酉	戊戌	己亥	庚子	辛丑	壬寅	癸卯	甲辰	**寒露**	丙午	丁未	戊申	己酉	庚戌	辛亥	壬子	癸丑	甲寅	乙卯	丙辰	丁巳	戊午	己未	**霜降**	辛酉	壬戌	癸亥	甲子	乙丑	丙寅	丁卯

陽歷十一月份　（陰歷十、十一月份）

陽	**11**	2	3	4	5	6	7	8	9	10	11	12	13	14	15	16	17	18	19	20	21	22	23	24	25	26	27	28	29	30
陰	二	三	四	五	六	七	八	九	十	十一	十二	十三	十四	十五	十六	十七	十八	十九	廿	廿一	廿二	廿三	廿四	廿五	廿六	廿七	廿八	廿九	**十一**	二
星	2	3	4	5	6	**日**	1	2	3	4	5	6	**日**	1	2	3	4	5	6	**日**	1	2	3	4	5	6	**日**	1	2	3
干節	戊辰	己巳	庚午	辛未	壬申	癸酉	甲戌	**立冬**	丙子	丁丑	戊寅	己卯	庚辰	辛巳	壬午	癸未	甲申	乙酉	丙戌	丁亥	戊子	己丑	**小雪**	辛卯	壬辰	癸巳	甲午	乙未	丙申	丁酉

陽歷十二月份　（陰歷十一、十二月份）

陽	**12**	2	3	4	5	6	7	8	9	10	11	12	13	14	15	16	17	18	19	20	21	22	23	24	25	26	27	28	29	30	31
陰	三	四	五	六	七	八	九	十	十一	十二	十三	十四	十五	十六	十七	十八	十九	廿	廿一	廿二	廿三	廿四	廿五	廿六	廿七	廿八	廿九	卅	**十二**	二	三
星	4	5	6	**日**	1	2	3	4	5	6	**日**	1	2	3	4	5	6	**日**	1	2	3	4	5	6	**日**	1	2	3	4	5	6
干節	戊戌	己亥	庚子	辛丑	壬寅	癸卯	甲辰	**大雪**	丙午	丁未	戊申	己酉	庚戌	辛亥	壬子	癸丑	甲寅	乙卯	丙辰	丁巳	戊午	**冬至**	庚申	辛酉	壬戌	癸亥	甲子	乙丑	丙寅	丁卯	戊辰

近世中西史日對照表

陽歷一月份 （陰歷十二、正月份）

陽	1	2	3	4	5	6	7	8	9	10	11	12	13	14	15	16	17	18	19	20	21	22	23	24	25	26	27	28	29	30	31
陰	四	五	六	七	八	九	十	十一	十二	十三	十四	十五	十六	十七	十八	十九	廿	廿一	廿二	廿三	廿四	廿五	廿六	廿七	廿八	廿九	卅	正	二	三	四
星	日	1	2	3	4	5	6	日	1	2	3	4	5	6	日	1	2	3	4	5	6	日	1	2	3	4	5	6	日	1	2
干節	己巳	庚午	辛未	壬申	癸酉	小寒	乙亥	丙子	丁丑	戊寅	己卯	庚辰	辛巳	壬午	癸未	甲申	乙酉	丙戌	丁亥	戊子	大寒	庚寅	辛卯	壬辰	癸巳	甲午	乙未	丙申	丁酉	戊戌	己亥

陽歷二月份 （陰歷正、二月份）

陽	1	2	3	4	5	6	7	8	9	10	11	12	13	14	15	16	17	18	19	20	21	22	23	24	25	26	27	28			
陰	五	六	七	八	九	十	十一	十二	十三	十四	十五	十六	十七	十八	十九	廿	廿一	廿二	廿三	廿四	廿五	廿六	廿七	廿八	廿九	卅	二	二			
星	3	4	5	6	日	1	2	3	4	5	6	日	1	2	3	4	5	6	日	1	2	3	4	5	6	日	1	2			
干節	庚子	辛丑	壬寅	立春	甲辰	乙巳	丙午	丁未	戊申	己酉	庚戌	辛亥	壬子	癸丑	甲寅	乙卯	丙辰	丁巳	雨水	己未	庚申	辛酉	壬戌	癸亥	甲子	乙丑	丙寅	丁卯			

陽歷三月份 （陰歷二、三月份）

陽	1	2	3	4	5	6	7	8	9	10	11	12	13	14	15	16	17	18	19	20	21	22	23	24	25	26	27	28	29	30	31
陰	三	四	五	六	七	八	九	十	十一	十二	十三	十四	十五	十六	十七	十八	十九	廿	廿一	廿二	廿三	廿四	廿五	廿六	廿七	廿八	廿九	三	二	三	四
星	3	4	5	6	日	1	2	3	4	5	6	日	1	2	3	4	5	6	日	1	2	3	4	5	6	日	1	2	3	4	5
干節	戊辰	己巳	庚午	辛未	壬申	驚蟄	甲戌	乙亥	丙子	丁丑	戊寅	己卯	庚辰	辛巳	壬午	癸未	甲申	乙酉	丙戌	丁亥	春分	己丑	庚寅	辛卯	壬辰	癸巳	甲午	乙未	丙申	丁酉	戊戌

陽歷四月份 （陰歷三、四月份）

陽	1	2	3	4	5	6	7	8	9	10	11	12	13	14	15	16	17	18	19	20	21	22	23	24	25	26	27	28	29	30	
陰	五	六	七	八	九	十	十一	十二	十三	十四	十五	十六	十七	十八	十九	廿	廿一	廿二	廿三	廿四	廿五	廿六	廿七	廿八	廿九	卅	四	二	三	四	
星	6	日	1	2	3	4	5	6	日	1	2	3	4	5	6	日	1	2	3	4	5	6	日	1	2	3	4	5	6	日	
干節	己亥	庚子	辛丑	壬寅	清明	甲辰	乙巳	丙午	丁未	戊申	己酉	庚戌	辛亥	壬子	癸丑	甲寅	乙卯	丙辰	丁巳	戊午	穀雨	庚申	辛酉	壬戌	癸亥	甲子	乙丑	丙寅	丁卯	戊辰	

陽歷五月份 （陰歷四、五月份）

陽	1	2	3	4	5	6	7	8	9	10	11	12	13	14	15	16	17	18	19	20	21	22	23	24	25	26	27	28	29	30	31
陰	五	六	七	八	九	十	十一	十二	十三	十四	十五	十六	十七	十八	十九	廿	廿一	廿二	廿三	廿四	廿五	廿六	廿七	廿八	廿九	卅	五	二	三	四	五
星	1	2	3	4	5	6	日	1	2	3	4	5	6	日	1	2	3	4	5	6	日	1	2	3	4	5	6	日	1	2	3
干節	己巳	庚午	辛未	壬申	癸酉	立夏	乙亥	丙子	丁丑	戊寅	己卯	庚辰	辛巳	壬午	癸未	甲申	乙酉	丙戌	丁亥	戊子	己丑	小滿	辛卯	壬辰	癸巳	甲午	乙未	丙申	丁酉	戊戌	己亥

陽歷六月份 （陰歷五、閏五月份）

陽	1	2	3	4	5	6	7	8	9	10	11	12	13	14	15	16	17	18	19	20	21	22	23	24	25	26	27	28	29	30	
陰	六	七	八	九	十	十一	十二	十三	十四	十五	十六	十七	十八	十九	廿	廿一	廿二	廿三	廿四	廿五	廿六	廿七	廿八	廿九	閏	二	三	四	五	六	
星	4	5	6	日	1	2	3	4	5	6	日	1	2	3	4	5	6	日	1	2	3	4	5	6	日	1	2	3	4	5	
干節	庚子	辛丑	壬寅	癸卯	甲辰	芒種	丙午	丁未	戊申	己酉	庚戌	辛亥	壬子	癸丑	甲寅	乙卯	丙辰	丁巳	戊午	己未	庚申	夏至	壬戌	癸亥	甲子	乙丑	丙寅	丁卯	戊辰	己巳	

壬戌

一九二二年

（中華民國一一年）

陽歷七月份　（陰歷閏五、六月份）

陽	7	2	3	4	5	6	7	8	9	10	11	12	13	14	15	16	17	18	19	20	21	22	23	24	25	26	27	28	29	30	31
陰	七	八	九	十	十一	十二	十三	十四	十五	十六	十七	十八	十九	廿	廿一	廿二	廿三	廿四	廿五	廿六	廿七	廿八	廿九	六	二	三	四	五	六	七	八
星	6	日	1	2	3	4	5	6	日	1	2	3	4	5	6	日	1	2	3	4	5	6	日	1	2	3	4	5	6	日	1
干節	庚午	辛未	壬申	癸酉	甲戌	乙亥	丙子	小暑	戊寅	己卯	庚辰	辛巳	壬午	癸未	甲申	乙酉	丙戌	丁亥	戊子	己丑	庚寅	辛卯	壬辰	大暑	甲午	乙未	丙申	丁酉	戊戌	己亥	庚子

陽歷八月份　（陰歷六、七月份）

陽	8	2	3	4	5	6	7	8	9	10	11	12	13	14	15	16	17	18	19	20	21	22	23	24	25	26	27	28	29	30	31
陰	九	十	十一	十二	十三	十四	十五	十六	十七	十八	十九	廿	廿一	廿二	廿三	廿四	廿五	廿六	廿七	廿八	廿九	卅	七	二	三	四	五	六	七	八	九
星	2	3	4	5	6	日	1	2	3	4	5	6	日	1	2	3	4	5	6	日	1	2	3	4	5	6	日	1	2	3	4
干節	辛丑	壬寅	癸卯	甲辰	乙巳	丙午	丁未	立秋	己酉	庚戌	辛亥	壬子	癸丑	甲寅	乙卯	丙辰	丁巳	戊午	己未	庚申	辛酉	壬戌	癸亥	處暑	乙丑	丙寅	丁卯	戊辰	己巳	庚午	辛未

陽歷九月份　（陰歷七、八月份）

陽	9	2	3	4	5	6	7	8	9	10	11	12	13	14	15	16	17	18	19	20	21	22	23	24	25	26	27	28	29	30
陰	十	十一	十二	十三	十四	十五	十六	十七	十八	十九	廿	廿一	廿二	廿三	廿四	廿五	廿六	廿七	廿八	廿九	八	二	三	四	五	六	七	八	九	十
星	5	6	日	1	2	3	4	5	6	日	1	2	3	4	5	6	日	1	2	3	4	5	6	日	1	2	3	4	5	6
干節	壬申	癸酉	甲戌	乙亥	丙子	丁丑	戊寅	白露	庚辰	辛巳	壬午	癸未	甲申	乙酉	丙戌	丁亥	戊子	己丑	庚寅	辛卯	壬辰	癸巳	甲午	秋分	丙申	丁酉	戊戌	己亥	庚子	辛丑

陽歷十月份　（陰歷八、九月份）

陽	10	2	3	4	5	6	7	8	9	10	11	12	13	14	15	16	17	18	19	20	21	22	23	24	25	26	27	28	29	30	31
陰	十一	十二	十三	十四	十五	十六	十七	十八	十九	廿	廿一	廿二	廿三	廿四	廿五	廿六	廿七	廿八	廿九	九	二	三	四	五	六	七	八	九	十	十一	十二
星	日	1	2	3	4	5	6	日	1	2	3	4	5	6	日	1	2	3	4	5	6	日	1	2	3	4	5	6	日	1	2
干節	壬寅	癸卯	甲辰	乙巳	丙午	丁未	戊申	己酉	寒露	辛亥	壬子	癸丑	甲寅	乙卯	丙辰	丁巳	戊午	己未	庚申	辛酉	壬戌	癸亥	甲子	霜降	丙寅	丁卯	戊辰	己巳	庚午	辛未	壬申

陽歷十一月份　（陰歷九、十月份）

陽	11	2	3	4	5	6	7	8	9	10	11	12	13	14	15	16	17	18	19	20	21	22	23	24	25	26	27	28	29	30
陰	十三	十四	十五	十六	十七	十八	十九	廿	廿一	廿二	廿三	廿四	廿五	廿六	廿七	廿八	廿九	卅	十	二	三	四	五	六	七	八	九	十	十一	十二
星	3	4	5	6	日	1	2	3	4	5	6	日	1	2	3	4	5	6	日	1	2	3	4	5	6	日	1	2	3	4
干節	癸酉	甲戌	乙亥	丙子	丁丑	戊寅	己卯	立冬	辛巳	壬午	癸未	甲申	乙酉	丙戌	丁亥	戊子	己丑	庚寅	辛卯	壬辰	癸巳	甲午	小雪	丙申	丁酉	戊戌	己亥	庚子	辛丑	壬寅

陽歷十二月份　（陰歷十、十一月份）

陽	12	2	3	4	5	6	7	8	9	10	11	12	13	14	15	16	17	18	19	20	21	22	23	24	25	26	27	28	29	30	31
陰	十三	十四	十五	十六	十七	十八	十九	廿	廿一	廿二	廿三	廿四	廿五	廿六	廿七	廿八	廿九	十一	二	三	四	五	六	七	八	九	十	十一	十二	十三	十四
星	5	6	日	1	2	3	4	5	6	日	1	2	3	4	5	6	日	1	2	3	4	5	6	日	1	2	3	4	5	6	日
干節	癸卯	甲辰	乙巳	丙午	丁未	戊申	己酉	大雪	辛亥	壬子	癸丑	甲寅	乙卯	丙辰	丁巳	戊午	己未	庚申	辛酉	壬戌	癸亥	冬至	乙丑	丙寅	丁卯	戊辰	己巳	庚午	辛未	壬申	癸酉

近世中西史日對照表

陽歷一月份　（陰歷十一、十二月份）

陽	1	2	3	4	5	6	7	8	9	10	11	12	13	14	15	16	17	18	19	20	21	22	23	24	25	26	27	28	29	30	31
陰	十五	十六	十七	十八	十九	廿	廿一	廿二	廿三	廿四	廿五	廿六	廿七	廿八	廿九	卅	十二	二	三	四	五	六	七	八	九	十	十一	十二	十三	十四	十五
星	1	2	3	4	5	6	日	1	2	3	4	5	6	日	1	2	3	4	5	6	日	1	2	3	4	5	6	日	1	2	3
干節	甲戌	乙亥	丙子	丁丑	戊寅	小寒	庚辰	辛巳	壬午	癸未	甲申	乙酉	丙戌	丁亥	戊子	己丑	庚寅	辛卯	壬辰	癸巳	大寒	乙未	丙申	丁酉	戊戌	己亥	庚子	辛丑	壬寅	癸卯	甲辰

陽歷二月份　（陰歷十二、正月份）

陽	2	2	3	4	5	6	7	8	9	10	11	12	13	14	15	16	17	18	19	20	21	22	23	24	25	26	27	28	—	—	—
陰	十六	十七	十八	十九	廿	廿一	廿二	廿三	廿四	廿五	廿六	廿七	廿八	廿九	卅	正	二	三	四	五	六	七	八	九	十	十一	十二	十三	—	—	—
星	4	5	6	日	1	2	3	4	5	6	日	1	2	3	4	5	6	日	1	2	3	4	5	6	日	1	2	3	—	—	—
干節	乙巳	丙午	丁未	戊申	立春	庚戌	辛亥	壬子	癸丑	甲寅	乙卯	丙辰	丁巳	戊午	己未	庚申	辛酉	壬戌	癸亥	雨水	乙丑	丙寅	丁卯	戊辰	己巳	庚午	辛未	壬申	—	—	—

陽歷三月份　（陰歷正、二月份）

陽	3	2	3	4	5	6	7	8	9	10	11	12	13	14	15	16	17	18	19	20	21	22	23	24	25	26	27	28	29	30	31
陰	十四	十五	十六	十七	十八	十九	廿	廿一	廿二	廿三	廿四	廿五	廿六	廿七	廿八	廿九	二	二	三	四	五	六	七	八	九	十	十一	十二	十三	十四	十五
星	4	5	6	日	1	2	3	4	5	6	日	1	2	3	4	5	6	日	1	2	3	4	5	6	日	1	2	3	4	5	6
干節	癸酉	甲戌	乙亥	丙子	丁丑	驚蟄	己卯	庚辰	辛巳	壬午	癸未	甲申	乙酉	丙戌	丁亥	戊子	己丑	庚寅	辛卯	壬辰	春分	甲午	乙未	丙申	丁酉	戊戌	己亥	庚子	辛丑	壬寅	癸卯

陽歷四月份　（陰歷二、三月份）

陽	4	2	3	4	5	6	7	8	9	10	11	12	13	14	15	16	17	18	19	20	21	22	23	24	25	26	27	28	29	30	—
陰	十六	十七	十八	十九	廿	廿一	廿二	廿三	廿四	廿五	廿六	廿七	廿八	廿九	卅	三	二	三	四	五	六	七	八	九	十	十一	十二	十三	十四	十五	—
星	日	1	2	3	4	5	6	日	1	2	3	4	5	6	日	1	2	3	4	5	6	日	1	2	3	4	5	6	日	1	—
干節	甲辰	乙巳	丙午	丁未	戊申	清明	庚戌	辛亥	壬子	癸丑	甲寅	乙卯	丙辰	丁巳	戊午	己未	庚申	辛酉	壬戌	癸亥	穀雨	乙丑	丙寅	丁卯	戊辰	己巳	庚午	辛未	壬申	癸酉	—

陽歷五月份　（陰歷三、四月份）

陽	5	2	3	4	5	6	7	8	9	10	11	12	13	14	15	16	17	18	19	20	21	22	23	24	25	26	27	28	29	30	31
陰	十六	十七	十八	十九	廿	廿一	廿二	廿三	廿四	廿五	廿六	廿七	廿八	廿九	卅	四	二	三	四	五	六	七	八	九	十	十一	十二	十三	十四	十五	十六
星	2	3	4	5	6	日	1	2	3	4	5	6	日	1	2	3	4	5	6	日	1	2	3	4	5	6	日	1	2	3	4
干節	甲戌	乙亥	丙子	丁丑	戊寅	立夏	庚辰	辛巳	壬午	癸未	甲申	乙酉	丙戌	丁亥	戊子	己丑	庚寅	辛卯	壬辰	癸巳	甲午	小滿	丙申	丁酉	戊戌	己亥	庚子	辛丑	壬寅	癸卯	甲辰

陽歷六月份　（陰歷四、五月份）

陽	6	2	3	4	5	6	7	8	9	10	11	12	13	14	15	16	17	18	19	20	21	22	23	24	25	26	27	28	29	30	—
陰	十七	十八	十九	廿	廿一	廿二	廿三	廿四	廿五	廿六	廿七	廿八	廿九	五	二	三	四	五	六	七	八	九	十	十一	十二	十三	十四	十五	十六	十七	—
星	5	6	日	1	2	3	4	5	6	日	1	2	3	4	5	6	日	1	2	3	4	5	6	日	1	2	3	4	5	6	—
干節	乙巳	丙午	丁未	戊申	己酉	庚戌	芒種	壬子	癸丑	甲寅	乙卯	丙辰	丁巳	戊午	己未	庚申	辛酉	壬戌	癸亥	甲子	乙丑	夏至	丁卯	戊辰	己巳	庚午	辛未	壬申	癸酉	甲戌	—

癸亥

一九二三年

（中華民國一二年）

陽歷七月份　（陰歷五、六月份）

陽	7	2	3	4	5	6	7	8	9	10	11	12	13	14	15	16	17	18	19	20	21	22	23	24	25	26	27	28	29	30	31
陰	十八	十九	廿	廿一	廿二	廿三	廿四	廿五	廿六	廿七	廿八	廿九	卅	六	二	三	四	五	六	七	八	九	十	十一	十二	十三	十四	十五	十六	十七	十八
星	日	1	2	3	4	5	6	日	1	2	3	4	5	6	日	1	2	3	4	5	6	日	1	2	3	4	5	6	日	1	2
干節	乙亥	丙子	丁丑	戊寅	己卯	庚辰	辛巳	小暑	癸未	甲申	乙酉	丙戌	丁亥	戊子	己丑	庚寅	辛卯	壬辰	癸巳	甲午	乙未	丙申	丁酉	大暑	己亥	庚子	辛丑	壬寅	癸卯	甲辰	乙巳

陽歷八月份　（陰歷六、七月份）

陽	8	2	3	4	5	6	7	8	9	10	11	12	13	14	15	16	17	18	19	20	21	22	23	24	25	26	27	28	29	30	31
陰	十九	廿	廿一	廿二	廿三	廿四	廿五	廿六	廿七	廿八	廿九	七	二	三	四	五	六	七	八	九	十	十一	十二	十三	十四	十五	十六	十七	十八	十九	廿
星	3	4	5	6	日	1	2	3	4	5	6	日	1	2	3	4	5	6	日	1	2	3	4	5	6	日	1	2	3	4	5
干節	丙午	丁未	戊申	己酉	庚戌	辛亥	壬子	立秋	甲寅	乙卯	丙辰	丁巳	戊午	己未	庚申	辛酉	壬戌	癸亥	甲子	乙丑	丙寅	丁卯	戊辰	處暑	庚午	辛未	壬申	癸酉	甲戌	乙亥	丙子

陽歷九月份　（陰歷七、八月份）

陽	9	2	3	4	5	6	7	8	9	10	11	12	13	14	15	16	17	18	19	20	21	22	23	24	25	26	27	28	29	30
陰	廿一	廿二	廿三	廿四	廿五	廿六	廿七	廿八	廿九	卅	八	二	三	四	五	六	七	八	九	十	十一	十二	十三	十四	十五	十六	十七	十八	十九	廿
星	6	日	1	2	3	4	5	6	日	1	2	3	4	5	6	日	1	2	3	4	5	6	日	1	2	3	4	5	6	日
干節	丁丑	戊寅	己卯	庚辰	辛巳	壬午	癸未	甲申	白露	丙戌	丁亥	戊子	己丑	庚寅	辛卯	壬辰	癸巳	甲午	乙未	丙申	丁酉	戊戌	己亥	秋分	辛丑	壬寅	癸卯	甲辰	乙巳	丙午

陽歷十月份　（陰歷八、九月份）

陽	10	2	3	4	5	6	7	8	9	10	11	12	13	14	15	16	17	18	19	20	21	22	23	24	25	26	27	28	29	30	31
陰	廿一	廿二	廿三	廿四	廿五	廿六	廿七	廿八	廿九	九	二	三	四	五	六	七	八	九	十	十一	十二	十三	十四	十五	十六	十七	十八	十九	廿	廿一	廿二
星	1	2	3	4	5	6	日	1	2	3	4	5	6	日	1	2	3	4	5	6	日	1	2	3	4	5	6	日	1	2	3
干節	丁未	戊申	己酉	庚戌	辛亥	壬子	癸丑	甲寅	寒露	丙辰	丁巳	戊午	己未	庚申	辛酉	壬戌	癸亥	甲子	乙丑	丙寅	丁卯	戊辰	己巳	霜降	辛未	壬申	癸酉	甲戌	乙亥	丙子	丁丑

陽歷十一月份　（陰歷九、十月份）

陽	11	2	3	4	5	6	7	8	9	10	11	12	13	14	15	16	17	18	19	20	21	22	23	24	25	26	27	28	29	30
陰	廿三	廿四	廿五	廿六	廿七	廿八	廿九	十	二	三	四	五	六	七	八	九	十	十一	十二	十三	十四	十五	十六	十七	十八	十九	廿	廿一	廿二	廿三
星	4	5	6	日	1	2	3	4	5	6	日	1	2	3	4	5	6	日	1	2	3	4	5	6	日	1	2	3	4	5
干節	戊寅	己卯	庚辰	辛巳	壬午	癸未	甲申	立冬	丙戌	丁亥	戊子	己丑	庚寅	辛卯	壬辰	癸巳	甲午	乙未	丙申	丁酉	戊戌	己亥	小雪	辛丑	壬寅	癸卯	甲辰	乙巳	丙午	丁未

陽歷十二月份　（陰歷十、十一月份）

陽	12	2	3	4	5	6	7	8	9	10	11	12	13	14	15	16	17	18	19	20	21	22	23	24	25	26	27	28	29	30	31
陰	廿四	廿五	廿六	廿七	廿八	廿九	卅	十一	二	三	四	五	六	七	八	九	十	十一	十二	十三	十四	十五	十六	十七	十八	十九	廿	廿一	廿二	廿三	廿四
星	6	日	1	2	3	4	5	6	日	1	2	3	4	5	6	日	1	2	3	4	5	6	日	1	2	3	4	5	6	日	1
干節	戊申	己酉	庚戌	辛亥	壬子	癸丑	甲寅	大雪	丙辰	丁巳	戊午	己未	庚申	辛酉	壬戌	癸亥	甲子	乙丑	丙寅	丁卯	戊辰	己巳	冬至	辛未	壬申	癸酉	甲戌	乙亥	丙子	丁丑	戊寅

近世中西史日對照表

陽歷 一月份 （陰歷十一、十二月份）

陽	**1**	2	3	4	5	6	7	8	9	10	11	12	13	14	15	16	17	18	19	20	21	22	23	24	25	26	27	28	29	30	31
陰	廿五	廿六	廿七	廿八	廿九	**十二**	二	三	四	五	六	七	八	九	十	十一	十二	十三	十四	十五	十六	十七	十八	十九	廿	廿一	廿二	廿三	廿四	廿五	廿六
星	2	3	4	5	6	**日**	1	2	3	4	5	6	**日**	1	2	3	4	5	6	**日**	1	2	3	4	5	6	**日**	1	2	3	4
干節	己卯	庚辰	辛巳	壬午	癸未	**小寒**	乙酉	丙戌	丁亥	戊子	己丑	庚寅	辛卯	壬辰	癸巳	甲午	乙未	丙申	丁酉	戊戌	**大寒**	庚子	辛丑	壬寅	癸卯	甲辰	乙巳	丙午	丁未	戊申	己酉

陽歷 二月份 （陰歷十二、正月份）

陽	**2**	2	3	4	5	6	7	8	9	10	11	12	13	14	15	16	17	18	19	20	21	22	23	24	25	26	27	28	29	—	—
陰	廿七	廿八	廿九	卅	**正**	二	三	四	五	六	七	八	九	十	十一	十二	十三	十四	十五	十六	十七	十八	十九	廿	廿一	廿二	廿三	廿四	廿五	—	—
星	5	6	**日**	1	2	3	4	5	6	**日**	1	2	3	4	5	6	**日**	1	2	3	4	5	6	**日**	1	2	3	4	5	—	—
干節	庚戌	辛亥	壬子	癸丑	**立春**	乙卯	丙辰	丁巳	戊午	己未	庚申	辛酉	壬戌	癸亥	甲子	乙丑	丙寅	丁卯	戊辰	**雨水**	庚午	辛未	壬申	癸酉	甲戌	乙亥	丙子	丁丑	戊寅		

陽歷 三月份 （陰歷正、二月份）

陽	**3**	2	3	4	5	6	7	8	9	10	11	12	13	14	15	16	17	18	19	20	21	22	23	24	25	26	27	28	29	30	31
陰	廿六	廿七	廿八	廿九	**二**	二	三	四	五	六	七	八	九	十	十一	十二	十三	十四	十五	十六	十七	十八	十九	廿	廿一	廿二	廿三	廿四	廿五	廿六	廿七
星	6	**日**	1	2	3	4	5	6	**日**	1	2	3	4	5	6	**日**	1	2	3	4	5	6	**日**	1	2	3	4	5	6	**日**	1
干節	己卯	庚辰	辛巳	壬午	癸未	**驚蟄**	乙酉	丙戌	丁亥	戊子	己丑	庚寅	辛卯	壬辰	癸巳	甲午	乙未	丙申	丁酉	戊戌	**春分**	庚子	辛丑	壬寅	癸卯	甲辰	乙巳	丙午	丁未	戊申	己酉

陽歷 四月份 （陰歷二、三月份）

陽	**4**	2	3	4	5	6	7	8	9	10	11	12	13	14	15	16	17	18	19	20	21	22	23	24	25	26	27	28	29	30	
陰	廿八	廿九	卅	**三**	二	三	四	五	六	七	八	九	十	十一	十二	十三	十四	十五	十六	十七	十八	十九	廿	廿一	廿二	廿三	廿四	廿五	廿六	廿七	
星	2	3	4	5	6	**日**	1	2	3	4	5	6	**日**	1	2	3	4	5	6	**日**	1	2	3	4	5	6	**日**	1	2	3	
干節	庚戌	辛亥	壬子	癸丑	**清明**	乙卯	丙辰	丁巳	戊午	己未	庚申	辛酉	壬戌	癸亥	甲子	乙丑	丙寅	丁卯	戊辰	**穀雨**	庚午	辛未	壬申	癸酉	甲戌	乙亥	丙子	丁丑	戊寅	己卯	

陽歷 五月份 （陰歷三、四月份）

陽	**5**	2	3	4	5	6	7	8	9	10	11	12	13	14	15	16	17	18	19	20	21	22	23	24	25	26	27	28	29	30	31
陰	廿八	廿九	卅	**四**	二	三	四	五	六	七	八	九	十	十一	十二	十三	十四	十五	十六	十七	十八	十九	廿	廿一	廿二	廿三	廿四	廿五	廿六	廿七	廿八
星	4	5	6	**日**	1	2	3	4	5	6	**日**	1	2	3	4	5	6	**日**	1	2	3	4	5	6	**日**	1	2	3	4	5	6
干節	庚辰	辛巳	壬午	癸未	甲申	**立夏**	丙戌	丁亥	戊子	己丑	庚寅	辛卯	壬辰	癸巳	甲午	乙未	丙申	丁酉	戊戌	己亥	**小滿**	辛丑	壬寅	癸卯	甲辰	乙巳	丙午	丁未	戊申	己酉	庚戌

陽歷 六月份 （陰歷四、五月份）

陽	**6**	2	3	4	5	6	7	8	9	10	11	12	13	14	15	16	17	18	19	20	21	22	23	24	25	26	27	28	29	30	
陰	廿九	**五**	二	三	四	五	六	七	八	九	十	十一	十二	十三	十四	十五	十六	十七	十八	十九	廿	廿一	廿二	廿三	廿四	廿五	廿六	廿七	廿八	廿九	
星	**日**	1	2	3	4	5	6	**日**	1	2	3	4	5	6	**日**	1	2	3	4	5	6	**日**	1	2	3	4	5	6	**日**	1	
干節	辛亥	壬子	癸丑	甲寅	乙卯	**芒種**	丁巳	戊午	己未	庚申	辛酉	壬戌	癸亥	甲子	乙丑	丙寅	丁卯	戊辰	己巳	庚午	辛未	**夏至**	癸酉	甲戌	乙亥	丙子	丁丑	戊寅	己卯	庚辰	

甲子

一九二四年

（中華民國一三年）

陽歷七月份　（陰歷五、六月份）

陽	7	2	3	4	5	6	7	8	9	10	11	12	13	14	15	16	17	18	19	20	21	22	23	24	25	26	27	28	29	30	31
陰	卅	六	二	三	四	五	六	七	八	九	十	十一	十二	十三	十四	十五	十六	十七	十八	十九	廿	廿一	廿二	廿三	廿四	廿五	廿六	廿七	廿八	廿九	卅
星	2	3	4	5	6	日	1	2	3	4	5	6	日	1	2	3	4	5	6	日	1	2	3	4	5	6	日	1	2	3	4
干節	辛巳	壬午	癸未	甲申	乙酉	丙戌	小暑	戊子	己丑	庚寅	辛卯	壬辰	癸巳	甲午	乙未	丙申	丁酉	戊戌	己亥	庚子	辛丑	壬寅	大暑	甲辰	乙巳	丙午	丁未	戊申	己酉	庚戌	辛亥

陽歷八月份　（陰歷七、八月份）

陽	8	2	3	4	5	6	7	8	9	10	11	12	13	14	15	16	17	18	19	20	21	22	23	24	25	26	27	28	29	30	31
陰	七	二	三	四	五	六	七	八	九	十	十一	十二	十三	十四	十五	十六	十七	十八	十九	廿	廿一	廿二	廿三	廿四	廿五	廿六	廿七	廿八	廿九	八	二
星	5	6	日	1	2	3	4	5	6	日	1	2	3	4	5	6	日	1	2	3	4	5	6	日	1	2	3	4	5	6	日
干節	壬子	癸丑	甲寅	乙卯	丙辰	丁巳	戊午	立秋	庚申	辛酉	壬戌	癸亥	甲子	乙丑	丙寅	丁卯	戊辰	己巳	庚午	辛未	壬申	癸酉	處暑	乙亥	丙子	丁丑	戊寅	己卯	庚辰	辛巳	壬午

陽歷九月份　（陰歷八、九月份）

陽	9	2	3	4	5	6	7	8	9	10	11	12	13	14	15	16	17	18	19	20	21	22	23	24	25	26	27	28	29	30	
陰	三	四	五	六	七	八	九	十	十一	十二	十三	十四	十五	十六	十七	十八	十九	廿	廿一	廿二	廿三	廿四	廿五	廿六	廿七	廿八	廿九	卅	九	二	
星	1	2	3	4	5	6	日	1	2	3	4	5	6	日	1	2	3	4	5	6	日	1	2	3	4	5	6	日	1	2	
干節	癸未	甲申	乙酉	丙戌	丁亥	戊子	己丑	白露	辛卯	壬辰	癸巳	甲午	乙未	丙申	丁酉	戊戌	己亥	庚子	辛丑	壬寅	癸卯	甲辰	秋分	丙午	丁未	戊申	己酉	庚戌	辛亥	壬子	

陽歷十月份　（陰歷九、十月份）

陽	10	2	3	4	5	6	7	8	9	10	11	12	13	14	15	16	17	18	19	20	21	22	23	24	25	26	27	28	29	30	31
陰	三	四	五	六	七	八	九	十	十一	十二	十三	十四	十五	十六	十七	十八	十九	廿	廿一	廿二	廿三	廿四	廿五	廿六	廿七	廿八	廿九	十	二	三	四
星	3	4	5	6	日	1	2	3	4	5	6	日	1	2	3	4	5	6	日	1	2	3	4	5	6	日	1	2	3	4	5
干節	癸丑	甲寅	乙卯	丙辰	丁巳	戊午	己未	寒露	辛酉	壬戌	癸亥	甲子	乙丑	丙寅	丁卯	戊辰	己巳	庚午	辛未	壬申	癸酉	甲戌	乙亥	霜降	丁丑	戊寅	己卯	庚辰	辛巳	壬午	癸未

陽歷十一月份　（陰歷十、十一月份）

陽	11	2	3	4	5	6	7	8	9	10	11	12	13	14	15	16	17	18	19	20	21	22	23	24	25	26	27	28	29	30	
陰	五	六	七	八	九	十	十一	十二	十三	十四	十五	十六	十七	十八	十九	廿	廿一	廿二	廿三	廿四	廿五	廿六	廿七	廿八	廿九	卅	十一	二	三	四	
星	6	日	1	2	3	4	5	6	日	1	2	3	4	5	6	日	1	2	3	4	5	6	日	1	2	3	4	5	6	日	
干節	甲申	乙酉	丙戌	丁亥	戊子	己丑	庚寅	立冬	壬辰	癸巳	甲午	乙未	丙申	丁酉	戊戌	己亥	庚子	辛丑	壬寅	癸卯	甲辰	小雪	丙午	丁未	戊申	己酉	庚戌	辛亥	壬子	癸丑	

陽歷十二月份　（陰歷十一、十二月份）

陽	12	2	3	4	5	6	7	8	9	10	11	12	13	14	15	16	17	18	19	20	21	22	23	24	25	26	27	28	29	30	31
陰	五	六	七	八	九	十	十一	十二	十三	十四	十五	十六	十七	十八	十九	廿	廿一	廿二	廿三	廿四	廿五	廿六	廿七	廿八	廿九	十二	二	三	四	五	六
星	1	2	3	4	5	6	日	1	2	3	4	5	6	日	1	2	3	4	5	6	日	1	2	3	4	5	6	日	1	2	3
干節	甲寅	乙卯	丙辰	丁巳	戊午	己未	大雪	辛酉	壬戌	癸亥	甲子	乙丑	丙寅	丁卯	戊辰	己巳	庚午	辛未	壬申	癸酉	甲戌	冬至	丙子	丁丑	戊寅	己卯	庚辰	辛巳	壬午	癸未	甲申

陽歷一月份（陰歷十二、正月份）

陽	1	2	3	4	5	6	7	8	9	10	11	12	13	14	15	16	17	18	19	20	21	22	23	24	25	26	27	28	29	30	31
陰	七	八	九	十	十一	十二	十三	十四	十五	十六	十七	十八	十九	廿	廿一	廿二	廿三	廿四	廿五	廿六	廿七	廿八	廿九	正	二	三	四	五	六	七	八
星	4	5	6	日	1	2	3	4	5	6	日	1	2	3	4	5	6	日	1	2	3	4	5	6	日	1	2	3	4	5	6
干節	乙酉	丙戌	丁亥	戊子	小寒	庚寅	辛卯	壬辰	癸巳	甲午	乙未	丙申	丁酉	戊戌	己亥	庚子	辛丑	壬寅	大寒	甲辰	乙巳	丙午	丁未	戊申	己酉	庚戌	辛亥	壬子	癸丑	甲寅	乙卯

陽歷二月份（陰歷正、二月份）

陽	1	2	3	4	5	6	7	8	9	10	11	12	13	14	15	16	17	18	19	20	21	22	23	24	25	26	27	28	—	—	—
陰	九	十	十一	十二	十三	十四	十五	十六	十七	十八	十九	廿	廿一	廿二	廿三	廿四	廿五	廿六	廿七	廿八	廿九	卅	二	二	三	四	五	六	—	—	—
星	日	1	2	3	4	5	6	日	1	2	3	4	5	6	日	1	2	3	4	5	6	日	1	2	3	4	5	6	—	—	—
干節	丙辰	丁巳	立春	己未	庚申	辛酉	壬戌	癸亥	甲子	乙丑	丙寅	丁卯	戊辰	己巳	庚午	辛未	壬申	雨水	甲戌	乙亥	丙子	丁丑	戊寅	己卯	庚辰	辛巳	壬午	癸未	—	—	—

陽歷三月份（陰歷二、三月份）

陽	1	2	3	4	5	6	7	8	9	10	11	12	13	14	15	16	17	18	19	20	21	22	23	24	25	26	27	28	29	30	31
陰	七	八	九	十	十一	十二	十三	十四	十五	十六	十七	十八	十九	廿	廿一	廿二	廿三	廿四	廿五	廿六	廿七	廿八	廿九	三	二	三	四	五	六	七	八
星	日	1	2	3	4	5	6	日	1	2	3	4	5	6	日	1	2	3	4	5	6	日	1	2	3	4	5	6	日	1	2
干節	甲申	乙酉	丙戌	丁亥	驚蟄	己丑	庚寅	辛卯	壬辰	癸巳	甲午	乙未	丙申	丁酉	戊戌	己亥	庚子	辛丑	壬寅	春分	甲辰	乙巳	丙午	丁未	戊申	己酉	庚戌	辛亥	壬子	癸丑	甲寅

陽歷四月份（陰歷三、四月份）

陽	1	2	3	4	5	6	7	8	9	10	11	12	13	14	15	16	17	18	19	20	21	22	23	24	25	26	27	28	29	30	—
陰	九	十	十一	十二	十三	十四	十五	十六	十七	十八	十九	廿	廿一	廿二	廿三	廿四	廿五	廿六	廿七	廿八	廿九	卅	四	二	三	四	五	六	七	八	—
星	3	4	5	6	日	1	2	3	4	5	6	日	1	2	3	4	5	6	日	1	2	3	4	5	6	日	1	2	3	4	—
干節	乙卯	丙辰	丁巳	清明	己未	庚申	辛酉	壬戌	癸亥	甲子	乙丑	丙寅	丁卯	戊辰	己巳	庚午	辛未	壬申	穀雨	甲戌	乙亥	丙子	丁丑	戊寅	己卯	庚辰	辛巳	壬午	癸未	甲申	—

陽歷五月份（陰歷四、閏四月份）

陽	1	2	3	4	5	6	7	8	9	10	11	12	13	14	15	16	17	18	19	20	21	22	23	24	25	26	27	28	29	30	31
陰	九	十	十一	十二	十三	十四	十五	十六	十七	十八	十九	廿	廿一	廿二	廿三	廿四	廿五	廿六	廿七	廿八	廿九	閏	二	三	四	五	六	七	八	九	十
星	5	6	日	1	2	3	4	5	6	日	1	2	3	4	5	6	日	1	2	3	4	5	6	日	1	2	3	4	5	6	日
干節	乙酉	丙戌	丁亥	戊子	立夏	庚寅	辛卯	壬辰	癸巳	甲午	乙未	丙申	丁酉	戊戌	己亥	庚子	辛丑	壬寅	癸卯	小滿	乙巳	丙午	丁未	戊申	己酉	庚戌	辛亥	壬子	癸丑	甲寅	乙卯

陽歷六月份（陰歷閏四、五月份）

陽	1	2	3	4	5	6	7	8	9	10	11	12	13	14	15	16	17	18	19	20	21	22	23	24	25	26	27	28	29	30	—
陰	十一	十二	十三	十四	十五	十六	十七	十八	十九	廿	廿一	廿二	廿三	廿四	廿五	廿六	廿七	廿八	廿九	卅	五	二	三	四	五	六	七	八	九	十	—
星	1	2	3	4	5	6	日	1	2	3	4	5	6	日	1	2	3	4	5	6	日	1	2	3	4	5	6	日	1	2	—
干節	丙辰	丁巳	戊午	己未	芒種	辛酉	壬戌	癸亥	甲子	乙丑	丙寅	丁卯	戊辰	己巳	庚午	辛未	壬申	癸酉	甲戌	乙亥	夏至	丁丑	戊寅	己卯	庚辰	辛巳	壬午	癸未	甲申	乙酉	—

乙丑

一九二五年

（中華民國一四年）

陽歷七月份 （陰歷五.六月份）

陽	7	2	3	4	5	6	7	8	9	10	11	12	13	14	15	16	17	18	19	20	21	22	23	24	25	26	27	28	29	30	31
陰	十一	十二	十三	十四	十五	十六	十七	十八	十九	廿	廿一	廿二	廿三	廿四	廿五	廿六	廿七	廿八	廿九	卅	六	二	三	四	五	六	七	八	九	十	十一
星	3	4	5	6	日	1	2	3	4	5	6	日	1	2	3	4	5	6	日	1	2	3	4	5	6	日	1	2	3	4	5
干節	丙戌	丁亥	戊子	己丑	庚寅	辛卯	小暑	癸巳	甲午	乙未	丙申	丁酉	戊戌	己亥	庚子	辛丑	壬寅	癸卯	甲辰	乙巳	丙午	大暑	戊申	己酉	庚戌	辛亥	壬子	癸丑	甲寅	乙卯	丙辰

陽歷八月份 （陰歷六、七月份）

陽	8	2	3	4	5	6	7	8	9	10	11	12	13	14	15	16	17	18	19	20	21	22	23	24	25	26	27	28	29	30	31
陰	十二	十三	十四	十五	十六	十七	十八	十九	廿	廿一	廿二	廿三	廿四	廿五	廿六	廿七	廿八	廿九	七	二	三	四	五	六	七	八	九	十	十一	十二	十三
星	6	日	1	2	3	4	5	6	日	1	2	3	4	5	6	日	1	2	3	4	5	6	日	1	2	3	4	5	6	日	1
干節	丁巳	戊午	己未	庚申	辛酉	壬戌	立秋	甲子	乙丑	丙寅	丁卯	戊辰	己巳	庚午	辛未	壬申	癸酉	甲戌	乙亥	丙子	丁丑	戊寅	處暑	庚辰	辛巳	壬午	癸未	甲申	乙酉	丙戌	丁亥

陽歷九月份 （陰歷七、八月份）

陽	9	2	3	4	5	6	7	8	9	10	11	12	13	14	15	16	17	18	19	20	21	22	23	24	25	26	27	28	29	30	
陰	十四	十五	十六	十七	十八	十九	廿	廿一	廿二	廿三	廿四	廿五	廿六	廿七	廿八	廿九	卅	八	二	三	四	五	六	七	八	九	十	十一	十二	十三	
星	2	3	4	5	6	日	1	2	3	4	5	6	日	1	2	3	4	5	6	日	1	2	3	4	5	6	日	1	2	3	
干節	戊子	己丑	庚寅	辛卯	壬辰	癸巳	白露	乙未	丙申	丁酉	戊戌	己亥	庚子	辛丑	壬寅	癸卯	甲辰	乙巳	丙午	丁未	戊申	秋分	庚戌	辛亥	壬子	癸丑	甲寅	乙卯	丙辰	丁巳	

陽歷十月份 （陰歷八、九月份）

陽	10	2	3	4	5	6	7	8	9	10	11	12	13	14	15	16	17	18	19	20	21	22	23	24	25	26	27	28	29	30	31
陰	十四	十五	十六	十七	十八	十九	廿	廿一	廿二	廿三	廿四	廿五	廿六	廿七	廿八	廿九	卅	九	二	三	四	五	六	七	八	九	十	十一	十二	十三	十四
星	4	5	6	日	1	2	3	4	5	6	日	1	2	3	4	5	6	日	1	2	3	4	5	6	日	1	2	3	4	5	6
干節	戊午	己未	庚申	辛酉	壬戌	癸亥	甲子	寒露	丙寅	丁卯	戊辰	己巳	庚午	辛未	壬申	癸酉	甲戌	乙亥	丙子	丁丑	戊寅	己卯	庚辰	霜降	壬午	癸未	甲申	乙酉	丙戌	丁亥	戊子

陽歷十一月份 （陰歷九、十月份）

陽	11	2	3	4	5	6	7	8	9	10	11	12	13	14	15	16	17	18	19	20	21	22	23	24	25	26	27	28	29	30	
陰	十五	十六	十七	十八	十九	廿	廿一	廿二	廿三	廿四	廿五	廿六	廿七	廿八	廿九	十	二	三	四	五	六	七	八	九	十	十一	十二	十三	十四	十五	
星	日	1	2	3	4	5	6	日	1	2	3	4	5	6	日	1	2	3	4	5	6	日	1	2	3	4	5	6	日	1	
干節	己丑	庚寅	辛卯	壬辰	癸巳	甲午	乙未	立冬	丁酉	戊戌	己亥	庚子	辛丑	壬寅	癸卯	甲辰	乙巳	丙午	丁未	戊申	己酉	小雪	辛亥	壬子	癸丑	甲寅	乙卯	丙辰	丁巳	戊午	

陽歷十二月份 （陰歷十、十一月份）

陽	12	2	3	4	5	6	7	8	9	10	11	12	13	14	15	16	17	18	19	20	21	22	23	24	25	26	27	28	29	30	31
陰	十六	十七	十八	十九	廿	廿一	廿二	廿三	廿四	廿五	廿六	廿七	廿八	廿九	卅	十一	二	三	四	五	六	七	八	九	十	十一	十二	十三	十四	十五	十六
星	2	3	4	5	6	日	1	2	3	4	5	6	日	1	2	3	4	5	6	日	1	2	3	4	5	6	日	1	2	3	4
干節	己未	庚申	辛酉	壬戌	癸亥	大雪	乙丑	丙寅	丁卯	戊辰	己巳	庚午	辛未	壬申	癸酉	甲戌	乙亥	丙子	丁丑	戊寅	己卯	冬至	辛巳	壬午	癸未	甲申	乙酉	丙戌	丁亥	戊子	己丑

近世中西史日對照表

丙寅　一九二六年（中華民國一五年）

陽歷 一月份　（陰歷十一、十二月份）

陽	1	2	3	4	5	6	7	8	9	10	11	12	13	14	15	16	17	18	19	20	21	22	23	24	25	26	27	28	29	30	31
陰	十七	十八	十九	廿	廿一	廿二	廿三	廿四	廿五	廿六	廿七	廿八	廿九	十二	二	三	四	五	六	七	八	九	十	十一	十二	十三	十四	十五	十六	十七	十八
星	5	6	日	1	2	3	4	5	6	日	1	2	3	4	5	6	日	1	2	3	4	5	6	日	1	2	3	4	5	6	日
干節	庚寅	辛卯	壬辰	癸巳	甲午	小寒	丙申	丁酉	戊戌	己亥	庚子	辛丑	壬寅	癸卯	甲辰	乙巳	丙午	丁未	戊申	己酉	大寒	辛亥	壬子	癸丑	甲寅	乙卯	丙辰	丁巳	戊午	己未	庚申

陽歷 二月份　（陰歷十二、正月份）

陽	2	2	3	4	5	6	7	8	9	10	11	12	13	14	15	16	17	18	19	20	21	22	23	24	25	26	27	28			
陰	十九	廿	廿一	廿二	廿三	廿四	廿五	廿六	廿七	廿八	廿九	卅	正	二	三	四	五	六	七	八	九	十	十一	十二	十三	十四	十五	十六			
星	1	2	3	4	5	6	日	1	2	3	4	5	6	日	1	2	3	4	5	6	日	1	2	3	4	5	6	日			
干節	辛酉	壬戌	癸亥	立春	乙丑	丙寅	丁卯	戊辰	己巳	庚午	辛未	壬申	癸酉	甲戌	乙亥	丙子	丁丑	戊寅	雨水	庚辰	辛巳	壬午	癸未	甲申	乙酉	丙戌	丁亥	戊子			

陽歷 三月份　（陰歷正、二月份）

陽	3	2	3	4	5	6	7	8	9	10	11	12	13	14	15	16	17	18	19	20	21	22	23	24	25	26	27	28	29	30	31
陰	十七	十八	十九	廿	廿一	廿二	廿三	廿四	廿五	廿六	廿七	廿八	廿九	二	二	三	四	五	六	七	八	九	十	十一	十二	十三	十四	十五	十六	十七	十八
星	1	2	3	4	5	6	日	1	2	3	4	5	6	日	1	2	3	4	5	6	日	1	2	3	4	5	6	日	1	2	3
干節	己丑	庚寅	辛卯	壬辰	癸巳	驚蟄	乙未	丙申	丁酉	戊戌	己亥	庚子	辛丑	壬寅	癸卯	甲辰	乙巳	丙午	丁未	戊申	春分	庚戌	辛亥	壬子	癸丑	甲寅	乙卯	丙辰	丁巳	戊午	己未

陽歷 四月份　（陰歷二、三月份）

陽	4	2	3	4	5	6	7	8	9	10	11	12	13	14	15	16	17	18	19	20	21	22	23	24	25	26	27	28	29	30
陰	十九	廿	廿一	廿二	廿三	廿四	廿五	廿六	廿七	廿八	廿九	三	二	三	四	五	六	七	八	九	十	十一	十二	十三	十四	十五	十六	十七	十八	十九
星	4	5	6	日	1	2	3	4	5	6	日	1	2	3	4	5	6	日	1	2	3	4	5	6	日	1	2	3	4	5
干節	庚申	辛酉	壬戌	癸亥	清明	乙丑	丙寅	丁卯	戊辰	己巳	庚午	辛未	壬申	癸酉	甲戌	乙亥	丙子	丁丑	戊寅	己卯	穀雨	辛巳	壬午	癸未	甲申	乙酉	丙戌	丁亥	戊子	己丑

陽歷 五月份　（陰歷三、四月份）

陽	5	2	3	4	5	6	7	8	9	10	11	12	13	14	15	16	17	18	19	20	21	22	23	24	25	26	27	28	29	30	31
陰	廿	廿一	廿二	廿三	廿四	廿五	廿六	廿七	廿八	廿九	卅	四	二	三	四	五	六	七	八	九	十	十一	十二	十三	十四	十五	十六	十七	十八	十九	廿
星	6	日	1	2	3	4	5	6	日	1	2	3	4	5	6	日	1	2	3	4	5	6	日	1	2	3	4	5	6	日	1
干節	庚寅	辛卯	壬辰	癸巳	甲午	立夏	丙申	丁酉	戊戌	己亥	庚子	辛丑	壬寅	癸卯	甲辰	乙巳	丙午	丁未	戊申	己酉	庚戌	小滿	壬子	癸丑	甲寅	乙卯	丙辰	丁巳	戊午	己未	庚申

陽歷 六月份　（陰歷四、五月份）

陽	6	2	3	4	5	6	7	8	9	10	11	12	13	14	15	16	17	18	19	20	21	22	23	24	25	26	27	28	29	30
陰	廿一	廿二	廿三	廿四	廿五	廿六	廿七	廿八	廿九	五	二	三	四	五	六	七	八	九	十	十一	十二	十三	十四	十五	十六	十七	十八	十九	廿	廿一
星	2	3	4	5	6	日	1	2	3	4	5	6	日	1	2	3	4	5	6	日	1	2	3	4	5	6	日	1	2	3
干節	辛酉	壬戌	癸亥	甲子	乙丑	芒種	丁卯	戊辰	己巳	庚午	辛未	壬申	癸酉	甲戌	乙亥	丙子	丁丑	戊寅	己卯	庚辰	辛巳	夏至	癸未	甲申	乙酉	丙戌	丁亥	戊子	己丑	庚寅

丙寅

一九二六年

（中華民國一五年）

陽歷 七 月份　（陰歷五、六月份）

陽	**7**	2	3	4	5	6	7	8	9	10	11	12	13	14	15	16	17	18	19	20	21	22	23	24	25	26	27	28	29	30	31
陰	廿二	廿三	廿四	廿五	廿六	廿七	廿八	廿九	卅	**六**	二	三	四	五	六	七	八	九	十	十一	十二	十三	十四	十五	十六	十七	十八	十九	廿	廿一	廿二
星	4	5	6	**日**	1	2	3	4	5	6	**日**	1	2	3	4	5	6	**日**	1	2	3	4	5	6	**日**	1	2	3	4	5	6
干節	辛卯	壬辰	癸巳	甲午	乙未	丙申	丁酉	**小暑**	己亥	庚子	辛丑	壬寅	癸卯	甲辰	乙巳	丙午	丁未	戊申	己酉	庚戌	辛亥	壬子	**大暑**	甲寅	乙卯	丙辰	丁巳	戊午	己未	庚申	辛酉

陽歷 八 月份　（陰歷六、七月份）

陽	**8**	2	3	4	5	6	7	8	9	10	11	12	13	14	15	16	17	18	19	20	21	22	23	24	25	26	27	28	29	30	31
陰	廿三	廿四	廿五	廿六	廿七	廿八	廿九	**七**	二	三	四	五	六	七	八	九	十	十一	十二	十三	十四	十五	十六	十七	十八	十九	廿	廿一	廿二	廿三	廿四
星	**日**	1	2	3	4	5	6	**日**	1	2	3	4	5	6	**日**	1	2	3	4	5	6	**日**	1	2	3	4	5	6	**日**	1	2
干節	壬戌	癸亥	甲子	乙丑	丙寅	丁卯	戊辰	**立秋**	庚午	辛未	壬申	癸酉	甲戌	乙亥	丙子	丁丑	戊寅	己卯	庚辰	辛巳	壬午	癸未	甲申	**處暑**	丙戌	丁亥	戊子	己丑	庚寅	辛卯	壬辰

陽歷 九 月份　（陰歷七、八月份）

陽	**9**	2	3	4	5	6	7	8	9	10	11	12	13	14	15	16	17	18	19	20	21	22	23	24	25	26	27	28	29	30
陰	廿五	廿六	廿七	廿八	廿九	卅	**八**	二	三	四	五	六	七	八	九	十	十一	十二	十三	十四	十五	十六	十七	十八	十九	廿	廿一	廿二	廿三	廿四
星	3	4	5	6	**日**	1	2	3	4	5	6	**日**	1	2	3	4	5	6	**日**	1	2	3	4	5	6	**日**	1	2	3	4
干節	癸巳	甲午	乙未	丙申	丁酉	戊戌	己亥	**白露**	辛丑	壬寅	癸卯	甲辰	乙巳	丙午	丁未	戊申	己酉	庚戌	辛亥	壬子	癸丑	甲寅	乙卯	**秋分**	丁巳	戊午	己未	庚申	辛酉	壬戌

陽歷 十 月份　（陰歷八、九月份）

陽	**10**	2	3	4	5	6	7	8	9	10	11	12	13	14	15	16	17	18	19	20	21	22	23	24	25	26	27	28	29	30	31
陰	廿五	廿六	廿七	廿八	廿九	卅	**九**	二	三	四	五	六	七	八	九	十	十一	十二	十三	十四	十五	十六	十七	十八	十九	廿	廿一	廿二	廿三	廿四	廿五
星	5	6	**日**	1	2	3	4	5	6	**日**	1	2	3	4	5	6	**日**	1	2	3	4	5	6	**日**	1	2	3	4	5	6	**日**
干節	癸亥	甲子	乙丑	丙寅	丁卯	戊辰	己巳	庚午	**寒露**	壬申	癸酉	甲戌	乙亥	丙子	丁丑	戊寅	己卯	庚辰	辛巳	壬午	癸未	甲申	乙酉	**霜降**	丁亥	戊子	己丑	庚寅	辛卯	壬辰	癸巳

陽歷十一月份　（陰歷九、十月份）

陽	**11**	2	3	4	5	6	7	8	9	10	11	12	13	14	15	16	17	18	19	20	21	22	23	24	25	26	27	28	29	30
陰	廿六	廿七	廿八	廿九	**十**	二	三	四	五	六	七	八	九	十	十一	十二	十三	十四	十五	十六	十七	十八	十九	廿	廿一	廿二	廿三	廿四	廿五	廿六
星	1	2	3	4	5	6	**日**	1	2	3	4	5	6	**日**	1	2	3	4	5	6	**日**	1	2	3	4	5	6	**日**	1	2
干節	甲午	乙未	丙申	丁酉	戊戌	己亥	庚子	**立冬**	壬寅	癸卯	甲辰	乙巳	丙午	丁未	戊申	己酉	庚戌	辛亥	壬子	癸丑	甲寅	乙卯	**小雪**	丁巳	戊午	己未	庚申	辛酉	壬戌	癸亥

陽歷十二月份　（陰歷十、十一月份）

陽	**12**	2	3	4	5	6	7	8	9	10	11	12	13	14	15	16	17	18	19	20	21	22	23	24	25	26	27	28	29	30	31
陰	廿七	廿八	廿九	卅	**十一**	二	三	四	五	六	七	八	九	十	十一	十二	十三	十四	十五	十六	十七	十八	十九	廿	廿一	廿二	廿三	廿四	廿五	廿六	廿七
星	3	4	5	6	**日**	1	2	3	4	5	6	**日**	1	2	3	4	5	6	**日**	1	2	3	4	5	6	**日**	1	2	3	4	5
干節	甲子	乙丑	丙寅	丁卯	戊辰	己巳	庚午	**大雪**	壬申	癸酉	甲戌	乙亥	丙子	丁丑	戊寅	己卯	庚辰	辛巳	壬午	癸未	甲申	**冬至**	丙戌	丁亥	戊子	己丑	庚寅	辛卯	壬辰	癸巳	甲午

丁卯 一九二七年（中華民國一六年）

陽歷一月份　（陰歷十一、十二月份）

陽	1	2	3	4	5	6	7	8	9	10	11	12	13	14	15	16	17	18	19	20	21	22	23	24	25	26	27	28	29	30	31
陰	廿八	廿九	卅	十二	二	三	四	五	六	七	八	九	十	十一	十二	十三	十四	十五	十六	十七	十八	十九	廿	廿一	廿二	廿三	廿四	廿五	廿六	廿七	廿八
星	6	日	1	2	3	4	5	6	日	1	2	3	4	5	6	日	1	2	3	4	5	6	日	1	2	3	4	5	6	日	1
干節	乙未	丙申	丁酉	戊戌	己亥	小寒	辛丑	壬寅	癸卯	甲辰	乙巳	丙午	丁未	戊申	己酉	庚戌	辛亥	壬子	癸丑	甲寅	大寒	丙辰	丁巳	戊午	己未	庚申	辛酉	壬戌	癸亥	甲子	乙丑

陽歷二月　（陰歷十二、正月份）

陽	1	2	3	4	5	6	7	8	9	10	11	12	13	14	15	16	17	18	19	20	21	22	23	24	25	26	27	28			
陰	廿九	正	二	三	四	五	六	七	八	九	十	十一	十二	十三	十四	十五	十六	十七	十八	十九	廿	廿一	廿二	廿三	廿四	廿五	廿六	廿七			
星	2	3	4	5	6	日	1	2	3	4	5	6	日	1	2	3	4	5	6	日	1	2	3	4	5	6	日	1			
干節	丙寅	丁卯	戊辰	己巳	立春	辛未	壬申	癸酉	甲戌	乙亥	丙子	丁丑	戊寅	己卯	庚辰	辛巳	壬午	癸未	雨水	乙酉	丙戌	丁亥	戊子	己丑	庚寅	辛卯	壬辰	癸巳			

陽歷三月份　（陰歷正、二月份）

陽	1	2	3	4	5	6	7	8	9	10	11	12	13	14	15	16	17	18	19	20	21	22	23	24	25	26	27	28	29	30	31
陰	廿八	廿九	卅	二	二	三	四	五	六	七	八	九	十	十一	十二	十三	十四	十五	十六	十七	十八	十九	廿	廿一	廿二	廿三	廿四	廿五	廿六	廿七	廿八
星	2	3	4	5	6	日	1	2	3	4	5	6	日	1	2	3	4	5	6	日	1	2	3	4	5	6	日	1	2	3	4
干節	甲午	乙未	丙申	丁酉	戊戌	驚蟄	庚子	辛丑	壬寅	癸卯	甲辰	乙巳	丙午	丁未	戊申	己酉	庚戌	辛亥	壬子	癸丑	春分	乙卯	丙辰	丁巳	戊午	己未	庚申	辛酉	壬戌	癸亥	甲子

陽歷四月份　（陰歷二、三月份）

陽	1	2	3	4	5	6	7	8	9	10	11	12	13	14	15	16	17	18	19	20	21	22	23	24	25	26	27	28	29	30	
陰	廿九	三	二	三	四	五	六	七	八	九	十	十一	十二	十三	十四	十五	十六	十七	十八	十九	廿	廿一	廿二	廿三	廿四	廿五	廿六	廿七	廿八	廿九	
星	5	6	日	1	2	3	4	5	6	日	1	2	3	4	5	6	日	1	2	3	4	5	6	日	1	2	3	4	5	6	
干節	乙丑	丙寅	丁卯	戊辰	己巳	清明	辛未	壬申	癸酉	甲戌	乙亥	丙子	丁丑	戊寅	己卯	庚辰	辛巳	壬午	癸未	甲申	穀雨	丙戌	丁亥	戊子	己丑	庚寅	辛卯	壬辰	癸巳	甲午	

陽歷五月份　（陰歷四、五月份）

陽	1	2	3	4	5	6	7	8	9	10	11	12	13	14	15	16	17	18	19	20	21	22	23	24	25	26	27	28	29	30	31
陰	四	二	三	四	五	六	七	八	九	十	十一	十二	十三	十四	十五	十六	十七	十八	十九	廿	廿一	廿二	廿三	廿四	廿五	廿六	廿七	廿八	廿九	卅	五
星	日	1	2	3	4	5	6	日	1	2	3	4	5	6	日	1	2	3	4	5	6	日	1	2	3	4	5	6	日	1	2
干節	乙未	丙申	丁酉	戊戌	己亥	立夏	辛丑	壬寅	癸卯	甲辰	乙巳	丙午	丁未	戊申	己酉	庚戌	辛亥	壬子	癸丑	甲寅	乙卯	小滿	丁巳	戊午	己未	庚申	辛酉	壬戌	癸亥	甲子	乙丑

陽歷六月份　（陰歷五、六月份）

陽	1	2	3	4	5	6	7	8	9	10	11	12	13	14	15	16	17	18	19	20	21	22	23	24	25	26	27	28	29	30	
陰	二	三	四	五	六	七	八	九	十	十一	十二	十三	十四	十五	十六	十七	十八	十九	廿	廿一	廿二	廿三	廿四	廿五	廿六	廿七	廿八	廿九	六	二	
星	3	4	5	6	日	1	2	3	4	5	6	日	1	2	3	4	5	6	日	1	2	3	4	5	6	日	1	2	3	4	
干節	丙寅	丁卯	戊辰	己巳	庚午	辛未	芒種	癸酉	甲戌	乙亥	丙子	丁丑	戊寅	己卯	庚辰	辛巳	壬午	癸未	甲申	乙酉	丙戌	夏至	戊子	己丑	庚寅	辛卯	壬辰	癸巳	甲午	乙未	

丁卯

一九二七年

（中華民國一六年）

陽歷七月份　（陰歷六、七月份）

陽	7	2	3	4	5	6	7	8	9	10	11	12	13	14	15	16	17	18	19	20	21	22	23	24	25	26	27	28	29	30	31
陰	三	四	五	六	七	八	九	十	十一	十二	十三	十四	十五	十六	十七	十八	十九	廿	廿一	廿二	廿三	廿四	廿五	廿六	廿七	廿八	廿九	卅	七	二	三
星	5	6	日	1	2	3	4	5	6	日	1	2	3	4	5	6	日	1	2	3	4	5	6	日	1	2	3	4	5	6	日
干節	丙申	丁酉	戊戌	己亥	庚子	辛丑	壬寅	小暑	甲辰	乙巳	丙午	丁未	戊申	己酉	庚戌	辛亥	壬子	癸丑	甲寅	乙卯	丙辰	丁巳	戊午	大暑	庚申	辛酉	壬戌	癸亥	甲子	乙丑	丙寅

陽歷八月份　（陰歷七、八月份）

陽	8	2	3	4	5	6	7	8	9	10	11	12	13	14	15	16	17	18	19	20	21	22	23	24	25	26	27	28	29	30	31
陰	四	五	六	七	八	九	十	十一	十二	十三	十四	十五	十六	十七	十八	十九	廿	廿一	廿二	廿三	廿四	廿五	廿六	廿七	廿八	廿九	八	二	三	四	五
星	1	2	3	4	5	6	日	1	2	3	4	5	6	日	1	2	3	4	5	6	日	1	2	3	4	5	6	日	1	2	3
干節	丁卯	戊辰	己巳	庚午	辛未	壬申	癸酉	立秋	乙亥	丙子	丁丑	戊寅	己卯	庚辰	辛巳	壬午	癸未	甲申	乙酉	丙戌	丁亥	戊子	己丑	處暑	辛卯	壬辰	癸巳	甲午	乙未	丙申	丁酉

陽歷九月份　（陰歷八、九月份）

陽	9	2	3	4	5	6	7	8	9	10	11	12	13	14	15	16	17	18	19	20	21	22	23	24	25	26	27	28	29	30	
陰	六	七	八	九	十	十一	十二	十三	十四	十五	十六	十七	十八	十九	廿	廿一	廿二	廿三	廿四	廿五	廿六	廿七	廿八	廿九	卅	九	二	三	四	五	
星	4	5	6	日	1	2	3	4	5	6	日	1	2	3	4	5	6	日	1	2	3	4	5	6	日	1	2	3	4	5	
干節	戊戌	己亥	庚子	辛丑	壬寅	癸卯	甲辰	乙巳	白露	丁未	戊申	己酉	庚戌	辛亥	壬子	癸丑	甲寅	乙卯	丙辰	丁巳	戊午	己未	庚申	秋分	壬戌	癸亥	甲子	乙丑	丙寅	丁卯	

陽歷十月份　（陰歷九、十月份）

陽	10	2	3	4	5	6	7	8	9	10	11	12	13	14	15	16	17	18	19	20	21	22	23	24	25	26	27	28	29	30	31
陰	六	七	八	九	十	十一	十二	十三	十四	十五	十六	十七	十八	十九	廿	廿一	廿二	廿三	廿四	廿五	廿六	廿七	廿八	廿九	十	二	三	四	五	六	七
星	6	日	1	2	3	4	5	6	日	1	2	3	4	5	6	日	1	2	3	4	5	6	日	1	2	3	4	5	6	日	1
干節	戊辰	己巳	庚午	辛未	壬申	癸酉	甲戌	乙亥	寒露	丁丑	戊寅	己卯	庚辰	辛巳	壬午	癸未	甲申	乙酉	丙戌	丁亥	戊子	己丑	庚寅	霜降	壬辰	癸巳	甲午	乙未	丙申	丁酉	戊戌

陽歷十一月份　（陰歷十、十一月份）

陽	11	2	3	4	5	6	7	8	9	10	11	12	13	14	15	16	17	18	19	20	21	22	23	24	25	26	27	28	29	30	
陰	八	九	十	十一	十二	十三	十四	十五	十六	十七	十八	十九	廿	廿一	廿二	廿三	廿四	廿五	廿六	廿七	廿八	廿九	卅	十一	二	三	四	五	六	七	
星	2	3	4	5	6	日	1	2	3	4	5	6	日	1	2	3	4	5	6	日	1	2	3	4	5	6	日	1	2	3	
干節	己亥	庚子	辛丑	壬寅	癸卯	甲辰	乙巳	立冬	丁未	戊申	己酉	庚戌	辛亥	壬子	癸丑	甲寅	乙卯	丙辰	丁巳	戊午	己未	庚申	小雪	壬戌	癸亥	甲子	乙丑	丙寅	丁卯	戊辰	

陽歷十二月份　（陰歷十一、十二月份）

陽	12	2	3	4	5	6	7	8	9	10	11	12	13	14	15	16	17	18	19	20	21	22	23	24	25	26	27	28	29	30	31
陰	八	九	十	十一	十二	十三	十四	十五	十六	十七	十八	十九	廿	廿一	廿二	廿三	廿四	廿五	廿六	廿七	廿八	廿九	卅	十二	二	三	四	五	六	七	八
星	4	5	6	日	1	2	3	4	5	6	日	1	2	3	4	5	6	日	1	2	3	4	5	6	日	1	2	3	4	5	6
干節	己巳	庚午	辛未	壬申	癸酉	甲戌	乙亥	大雪	丁丑	戊寅	己卯	庚辰	辛巳	壬午	癸未	甲申	乙酉	丙戌	丁亥	戊子	己丑	庚寅	冬至	壬辰	癸巳	甲午	乙未	丙申	丁酉	戊戌	己亥

近世中西史日對照表

戊辰　一九二八年　（中華民國一七年）

陽歷一月份　（陰歷十二、正月份）

陽	1	2	3	4	5	6	7	8	9	10	11	12	13	14	15	16	17	18	19	20	21	22	23	24	25	26	27	28	29	30	31
陰	九	十	十一	十二	十三	十四	十五	十六	十七	十八	十九	廿	廿一	廿二	廿三	廿四	廿五	廿六	廿七	廿八	廿九	卅	正	二	三	四	五	六	七	八	九
星	日	1	2	3	4	5	6	日	1	2	3	4	5	6	日	1	2	3	4	5	6	日	1	2	3	4	5	6	日	1	2
干節	庚子	辛丑	壬寅	癸卯	甲辰	小寒	丙午	丁未	戊申	己酉	庚戌	辛亥	壬子	癸丑	甲寅	乙卯	丙辰	丁巳	戊午	己未	大寒	辛酉	壬戌	癸亥	甲子	乙丑	丙寅	丁卯	戊辰	己巳	庚午

陽歷二月份　（陰歷正、二月份）

陽	2	2	3	4	5	6	7	8	9	10	11	12	13	14	15	16	17	18	19	20	21	22	23	24	25	26	27	28	29
陰	十	十一	十二	十三	十四	十五	十六	十七	十八	十九	廿	廿一	廿二	廿三	廿四	廿五	廿六	廿七	廿八	廿九	二	二	三	四	五	六	七	八	九
星	3	4	5	6	日	1	2	3	4	5	6	日	1	2	3	4	5	6	日	1	2	3	4	5	6	日	1	2	3
干節	辛未	壬申	癸酉	甲戌	立春	丙子	丁丑	戊寅	己卯	庚辰	辛巳	壬午	癸未	甲申	乙酉	丙戌	丁亥	戊子	己丑	雨水	辛卯	壬辰	癸巳	甲午	乙未	丙申	丁酉	戊戌	己亥

陽歷三月份　（陰歷二、閏二月份）

陽	3	2	3	4	5	6	7	8	9	10	11	12	13	14	15	16	17	18	19	20	21	22	23	24	25	26	27	28	29	30	31
陰	十	十一	十二	十三	十四	十五	十六	十七	十八	十九	廿	廿一	廿二	廿三	廿四	廿五	廿六	廿七	廿八	廿九	卅	閏	二	三	四	五	六	七	八	九	十
星	4	5	6	日	1	2	3	4	5	6	日	1	2	3	4	5	6	日	1	2	3	4	5	6	日	1	2	3	4	5	6
干節	庚子	辛丑	壬寅	癸卯	甲辰	驚蟄	丙午	丁未	戊申	己酉	庚戌	辛亥	壬子	癸丑	甲寅	乙卯	丙辰	丁巳	戊午	己未	春分	辛酉	壬戌	癸亥	甲子	乙丑	丙寅	丁卯	戊辰	己巳	庚午

陽歷四月份　（陰歷閏二、三月份）

陽	4	2	3	4	5	6	7	8	9	10	11	12	13	14	15	16	17	18	19	20	21	22	23	24	25	26	27	28	29	30
陰	十一	十二	十三	十四	十五	十六	十七	十八	十九	廿	廿一	廿二	廿三	廿四	廿五	廿六	廿七	廿八	廿九	三	二	三	四	五	六	七	八	九	十	十一
星	日	1	2	3	4	5	6	日	1	2	3	4	5	6	日	1	2	3	4	5	6	日	1	2	3	4	5	6	日	1
干節	辛未	壬申	癸酉	甲戌	清明	丙子	丁丑	戊寅	己卯	庚辰	辛巳	壬午	癸未	甲申	乙酉	丙戌	丁亥	戊子	己丑	穀雨	辛卯	壬辰	癸巳	甲午	乙未	丙申	丁酉	戊戌	己亥	庚子

陽歷五月份　（陰歷三、四月份）

陽	5	2	3	4	5	6	7	8	9	10	11	12	13	14	15	16	17	18	19	20	21	22	23	24	25	26	27	28	29	30	31
陰	十二	十三	十四	十五	十六	十七	十八	十九	廿	廿一	廿二	廿三	廿四	廿五	廿六	廿七	廿八	廿九	四	二	三	四	五	六	七	八	九	十	十一	十二	十三
星	2	3	4	5	6	日	1	2	3	4	5	6	日	1	2	3	4	5	6	日	1	2	3	4	5	6	日	1	2	3	4
干節	辛丑	壬寅	癸卯	甲辰	乙巳	立夏	丁未	戊申	己酉	庚戌	辛亥	壬子	癸丑	甲寅	乙卯	丙辰	丁巳	戊午	己未	庚申	小滿	壬戌	癸亥	甲子	乙丑	丙寅	丁卯	戊辰	己巳	庚午	辛未

陽歷六月份　（陰歷四、五月份）

陽	6	2	3	4	5	6	7	8	9	10	11	12	13	14	15	16	17	18	19	20	21	22	23	24	25	26	27	28	29	30
陰	十四	十五	十六	十七	十八	十九	廿	廿一	廿二	廿三	廿四	廿五	廿六	廿七	廿八	廿九	卅	五	二	三	四	五	六	七	八	九	十	十一	十二	十三
星	5	6	日	1	2	3	4	5	6	日	1	2	3	4	5	6	日	1	2	3	4	5	6	日	1	2	3	4	5	6
干節	壬申	癸酉	甲戌	乙亥	丙子	芒種	戊寅	己卯	庚辰	辛巳	壬午	癸未	甲申	乙酉	丙戌	丁亥	戊子	己丑	庚寅	辛卯	壬辰	夏至	甲午	乙未	丙申	丁酉	戊戌	己亥	庚子	辛丑

近世中西史日對照表

戊辰　一九二八年　（中華民國一七年）

陽歷七月份　（陰歷五、六月份）

陽	**7**	2	3	4	5	6	7	8	9	10	11	12	13	14	15	16	17	18	19	20	21	22	23	24	25	26	27	28	29	30	31
陰	十四	十五	十六	十七	十八	十九	廿	廿一	廿二	廿三	廿四	廿五	廿六	廿七	廿八	廿九	**六**	二	三	四	五	六	七	八	九	十	十一	十二	十三	十四	十五
星	**日**	1	2	3	4	5	6	**日**	1	2	3	4	5	6	**日**	1	2	3	4	5	6	**日**	1	2	3	4	5	6	**日**	1	2
干節	壬寅	癸卯	甲辰	乙巳	丙午	丁未	**小暑**	己酉	庚戌	辛亥	壬子	癸丑	甲寅	乙卯	丙辰	丁巳	戊午	己未	庚申	辛酉	壬戌	癸亥	**大暑**	乙丑	丙寅	丁卯	戊辰	己巳	庚午	辛未	壬申

陽歷八月份　（陰歷六、七月份）

陽	**8**	2	3	4	5	6	7	8	9	10	11	12	13	14	15	16	17	18	19	20	21	22	23	24	25	26	27	28	29	30	31
陰	十六	十七	十八	十九	廿	廿一	廿二	廿三	廿四	廿五	廿六	廿七	廿八	廿九	**七**	二	三	四	五	六	七	八	九	十	十一	十二	十三	十四	十五	十六	十七
星	3	4	5	6	**日**	1	2	3	4	5	6	**日**	1	2	3	4	5	6	**日**	1	2	3	4	5	6	**日**	1	2	3	4	5
干節	癸酉	甲戌	乙亥	丙子	丁丑	戊寅	己卯	**立秋**	辛巳	壬午	癸未	甲申	乙酉	丙戌	丁亥	戊子	己丑	庚寅	辛卯	壬辰	癸巳	甲午	**處暑**	丙申	丁酉	戊戌	己亥	庚子	辛丑	壬寅	癸卯

陽歷九月份　（陰歷七、八月份）

陽	**9**	2	3	4	5	6	7	8	9	10	11	12	13	14	15	16	17	18	19	20	21	22	23	24	25	26	27	28	29	30	
陰	十八	十九	廿	廿一	廿二	廿三	廿四	廿五	廿六	廿七	廿八	廿九	卅	**八**	二	三	四	五	六	七	八	九	十	十一	十二	十三	十四	十五	十六	十七	
星	6	**日**	1	2	3	4	5	6	**日**	1	2	3	4	5	6	**日**	1	2	3	4	5	6	**日**	1	2	3	4	5	6	**日**	
干節	甲辰	乙巳	丙午	丁未	戊申	己酉	庚戌	**白露**	壬子	癸丑	甲寅	乙卯	丙辰	丁巳	戊午	己未	庚申	辛酉	壬戌	癸亥	甲子	乙丑	**秋分**	丁卯	戊辰	己巳	庚午	辛未	壬申	癸酉	

陽歷十月份　（陰歷八、九月份）

陽	**10**	2	3	4	5	6	7	8	9	10	11	12	13	14	15	16	17	18	19	20	21	22	23	24	25	26	27	28	29	30	31
陰	十八	十九	廿	廿一	廿二	廿三	廿四	廿五	廿六	廿七	廿八	廿九	**九**	二	三	四	五	六	七	八	九	十	十一	十二	十三	十四	十五	十六	十七	十八	十九
星	1	2	3	4	5	6	**日**	1	2	3	4	5	6	**日**	1	2	3	4	5	6	**日**	1	2	3	4	5	6	**日**	1	2	3
干節	甲戌	乙亥	丙子	丁丑	戊寅	己卯	庚辰	**寒露**	壬午	癸未	甲申	乙酉	丙戌	丁亥	戊子	己丑	庚寅	辛卯	壬辰	癸巳	甲午	乙未	丙申	**霜降**	戊戌	己亥	庚子	辛丑	壬寅	癸卯	甲辰

陽歷十一月份　（陰歷九、十月份）

陽	**11**	2	3	4	5	6	7	8	9	10	11	12	13	14	15	16	17	18	19	20	21	22	23	24	25	26	27	28	29	30	
陰	廿	廿一	廿二	廿三	廿四	廿五	廿六	廿七	廿八	廿九	卅	**十**	二	三	四	五	六	七	八	九	十	十一	十二	十三	十四	十五	十六	十七	十八	十九	
星	4	5	6	**日**	1	2	3	4	5	6	**日**	1	2	3	4	5	6	**日**	1	2	3	4	5	6	**日**	1	2	3	4	5	
干節	乙巳	丙午	丁未	戊申	己酉	庚戌	辛亥	**立冬**	癸丑	甲寅	乙卯	丙辰	丁巳	戊午	己未	庚申	辛酉	壬戌	癸亥	甲子	乙丑	**小雪**	丁卯	戊辰	己巳	庚午	辛未	壬申	癸酉	甲戌	

陽歷十二月份　（陰歷十、十一月份）

陽	**12**	2	3	4	5	6	7	8	9	10	11	12	13	14	15	16	17	18	19	20	21	22	23	24	25	26	27	28	29	30	31
陰	廿	廿一	廿二	廿三	廿四	廿五	廿六	廿七	廿八	廿九	卅	**十一**	二	三	四	五	六	七	八	九	十	十一	十二	十三	十四	十五	十六	十七	十八	十九	廿
星	6	**日**	1	2	3	4	5	6	**日**	1	2	3	4	5	6	**日**	1	2	3	4	5	6	**日**	1	2	3	4	5	6	**日**	1
干節	乙亥	丙子	丁丑	戊寅	己卯	庚辰	**大雪**	壬午	癸未	甲申	乙酉	丙戌	丁亥	戊子	己丑	庚寅	辛卯	壬辰	癸巳	甲午	乙未	**冬至**	丁酉	戊戌	己亥	庚子	辛丑	壬寅	癸卯	甲辰	乙巳

近世中西史日對照表

己巳　一九二九年（中華民國一八年）

陽歷一月份　（陰歷十一、十二月份）

陽	1	2	3	4	5	6	7	8	9	10	11	12	13	14	15	16	17	18	19	20	21	22	23	24	25	26	27	28	29	30	31
陰	廿一	廿二	廿三	廿四	廿五	廿六	廿七	廿八	廿九	卅	十二	二	三	四	五	六	七	八	九	十	十一	十二	十三	十四	十五	十六	十七	十八	十九	廿	廿一
星	2	3	4	5	6	日	1	2	3	4	5	6	日	1	2	3	4	5	6	日	1	2	3	4	5	6	日	1	2	3	4
干節	丙午	丁未	戊申	己酉	庚戌	小寒	壬子	癸丑	甲寅	乙卯	丙辰	丁巳	戊午	己未	庚申	辛酉	壬戌	癸亥	甲子	大寒	丙寅	丁卯	戊辰	己巳	庚午	辛未	壬申	癸酉	甲戌	乙亥	丙子

陽歷二月份　（陰歷十二、正月份）

陽	2	2	3	4	5	6	7	8	9	10	11	12	13	14	15	16	17	18	19	20	21	22	23	24	25	26	27	28			
陰	廿二	廿三	廿四	廿五	廿六	廿七	廿八	廿九	卅	正	二	三	四	五	六	七	八	九	十	十一	十二	十三	十四	十五	十六	十七	十八	十九			
星	5	6	日	1	2	3	4	5	6	日	1	2	3	4	5	6	日	1	2	3	4	5	6	日	1	2	3	4			
干節	丁丑	戊寅	己卯	立春	辛巳	壬午	癸未	甲申	乙酉	丙戌	丁亥	戊子	己丑	庚寅	辛卯	壬辰	癸巳	甲午	雨水	丙申	丁酉	戊戌	己亥	庚子	辛丑	壬寅	癸卯	甲辰			

陽歷三月份　（陰歷正、二月份）

陽	3	2	3	4	5	6	7	8	9	10	11	12	13	14	15	16	17	18	19	20	21	22	23	24	25	26	27	28	29	30	31
陰	廿	廿一	廿二	廿三	廿四	廿五	廿六	廿七	廿八	廿九	二	二	三	四	五	六	七	八	九	十	十一	十二	十三	十四	十五	十六	十七	十八	十九	廿	廿一
星	5	6	日	1	2	3	4	5	6	日	1	2	3	4	5	6	日	1	2	3	4	5	6	日	1	2	3	4	5	6	日
干節	乙巳	丙午	丁未	戊申	己酉	驚蟄	辛亥	壬子	癸丑	甲寅	乙卯	丙辰	丁巳	戊午	己未	庚申	辛酉	壬戌	癸亥	甲子	春分	丙寅	丁卯	戊辰	己巳	庚午	辛未	壬申	癸酉	甲戌	乙亥

陽歷四月份　（陰歷二、三月份）

陽	4	2	3	4	5	6	7	8	9	10	11	12	13	14	15	16	17	18	19	20	21	22	23	24	25	26	27	28	29	30	
陰	廿二	廿三	廿四	廿五	廿六	廿七	廿八	廿九	卅	三	二	三	四	五	六	七	八	九	十	十一	十二	十三	十四	十五	十六	十七	十八	十九	廿	廿一	
星	1	2	3	4	5	6	日	1	2	3	4	5	6	日	1	2	3	4	5	6	日	1	2	3	4	5	6	日	1	2	
干節	丙子	丁丑	戊寅	己卯	清明	辛巳	壬午	癸未	甲申	乙酉	丙戌	丁亥	戊子	己丑	庚寅	辛卯	壬辰	癸巳	甲午	穀雨	丙申	丁酉	戊戌	己亥	庚子	辛丑	壬寅	癸卯	甲辰	乙巳	

陽歷五月份　（陰歷三、四月份）

陽	5	2	3	4	5	6	7	8	9	10	11	12	13	14	15	16	17	18	19	20	21	22	23	24	25	26	27	28	29	30	31
陰	廿二	廿三	廿四	廿五	廿六	廿七	廿八	廿九	四	二	三	四	五	六	七	八	九	十	十一	十二	十三	十四	十五	十六	十七	十八	十九	廿	廿一	廿二	廿三
星	3	4	5	6	日	1	2	3	4	5	6	日	1	2	3	4	5	6	日	1	2	3	4	5	6	日	1	2	3	4	5
干節	丙午	丁未	戊申	己酉	庚戌	立夏	壬子	癸丑	甲寅	乙卯	丙辰	丁巳	戊午	己未	庚申	辛酉	壬戌	癸亥	甲子	乙丑	小滿	丁卯	戊辰	己巳	庚午	辛未	壬申	癸酉	甲戌	乙亥	丙子

陽歷六月份　（陰歷四、五月份）

陽	6	2	3	4	5	6	7	8	9	10	11	12	13	14	15	16	17	18	19	20	21	22	23	24	25	26	27	28	29	30	
陰	廿四	廿五	廿六	廿七	廿八	廿九	五	二	三	四	五	六	七	八	九	十	十一	十二	十三	十四	十五	十六	十七	十八	十九	廿	廿一	廿二	廿三	廿四	
星	6	日	1	2	3	4	5	6	日	1	2	3	4	5	6	日	1	2	3	4	5	6	日	1	2	3	4	5	6	日	
干節	丁丑	戊寅	己卯	庚辰	辛巳	芒種	癸未	甲申	乙酉	丙戌	丁亥	戊子	己丑	庚寅	辛卯	壬辰	癸巳	甲午	乙未	丙申	丁酉	夏至	己亥	庚子	辛丑	壬寅	癸卯	甲辰	乙巳	丙午	

己巳　一九二九年（中華民國一八年）

陽歷七月份　（陰歷五、六月份）

陽	**7**	2	3	4	5	6	7	8	9	10	11	12	13	14	15	16	17	18	19	20	21	22	23	24	25	26	27	28	29	30	31
陰	廿五	廿六	廿七	廿八	廿九	卅	**六**	二	三	四	五	六	七	八	九	十	十一	十二	十三	十四	十五	十六	十七	十八	十九	廿	廿一	廿二	廿三	廿四	廿五
星	1	2	3	4	5	6	**日**	1	2	3	4	5	6	**日**	1	2	3	4	5	6	**日**	1	2	3	4	5	6	**日**	1	2	3
干節	丁未	戊申	己酉	庚戌	辛亥	壬子	**小暑**	甲寅	乙卯	丙辰	丁巳	戊午	己未	庚申	辛酉	壬戌	癸亥	甲子	乙丑	丙寅	丁卯	戊辰	**大暑**	庚午	辛未	壬申	癸酉	甲戌	乙亥	丙子	丁丑

陽歷八月份　（陰歷六、七月份）

陽	**8**	2	3	4	5	6	7	8	9	10	11	12	13	14	15	16	17	18	19	20	21	22	23	24	25	26	27	28	29	30	31
陰	廿六	廿七	廿八	廿九	**七**	二	三	四	五	六	七	八	九	十	十一	十二	十三	十四	十五	十六	十七	十八	十九	廿	廿一	廿二	廿三	廿四	廿五	廿六	廿七
星	4	5	6	**日**	1	2	3	4	5	6	**日**	1	2	3	4	5	6	**日**	1	2	3	4	5	6	**日**	1	2	3	4	5	6
干節	戊寅	己卯	庚辰	辛巳	壬午	癸未	甲申	**立秋**	丙戌	丁亥	戊子	己丑	庚寅	辛卯	壬辰	癸巳	甲午	乙未	丙申	丁酉	戊戌	己亥	庚子	**處暑**	壬寅	癸卯	甲辰	乙巳	丙午	丁未	戊申

陽歷九月份　（陰歷七、八月份）

陽	**9**	2	3	4	5	6	7	8	9	10	11	12	13	14	15	16	17	18	19	20	21	22	23	24	25	26	27	28	29	30
陰	廿八	廿九	**八**	二	三	四	五	六	七	八	九	十	十一	十二	十三	十四	十五	十六	十七	十八	十九	廿	廿一	廿二	廿三	廿四	廿五	廿六	廿七	廿八
星	**日**	1	2	3	4	5	6	**日**	1	2	3	4	5	6	**日**	1	2	3	4	5	6	**日**	1	2	3	4	5	6	**日**	1
干節	己酉	庚戌	辛亥	壬子	癸丑	甲寅	乙卯	**白露**	丁巳	戊午	己未	庚申	辛酉	壬戌	癸亥	甲子	乙丑	丙寅	丁卯	戊辰	己巳	庚午	**秋分**	壬申	癸酉	甲戌	乙亥	丙子	丁丑	戊寅

陽歷十月份　（陰歷八、九月份）

陽	**10**	2	3	4	5	6	7	8	9	10	11	12	13	14	15	16	17	18	19	20	21	22	23	24	25	26	27	28	29	30	31
陰	廿九	卅	**九**	二	三	四	五	六	七	八	九	十	十一	十二	十三	十四	十五	十六	十七	十八	十九	廿	廿一	廿二	廿三	廿四	廿五	廿六	廿七	廿八	廿九
星	2	3	4	5	6	**日**	1	2	3	4	5	6	**日**	1	2	3	4	5	6	**日**	1	2	3	4	5	6	**日**	1	2	3	4
干節	己卯	庚辰	辛巳	壬午	癸未	甲申	乙酉	丙戌	**寒露**	戊子	己丑	庚寅	辛卯	壬辰	癸巳	甲午	乙未	丙申	丁酉	戊戌	己亥	庚子	辛丑	**霜降**	癸卯	甲辰	乙巳	丙午	丁未	戊申	己酉

陽歷十一月份　（陰歷十月份）

陽	**11**	2	3	4	5	6	7	8	9	10	11	12	13	14	15	16	17	18	19	20	21	22	23	24	25	26	27	28	29	30
陰	**十**	二	三	四	五	六	七	八	九	十	十一	十二	十三	十四	十五	十六	十七	十八	十九	廿	廿一	廿二	廿三	廿四	廿五	廿六	廿七	廿八	廿九	卅
星	5	6	**日**	1	2	3	4	5	6	**日**	1	2	3	4	5	6	**日**	1	2	3	4	5	6	**日**	1	2	3	4	5	6
干節	庚戌	辛亥	壬子	癸丑	甲寅	乙卯	丙辰	**立冬**	戊午	己未	庚申	辛酉	壬戌	癸亥	甲子	乙丑	丙寅	丁卯	戊辰	己巳	庚午	辛未	**小雪**	癸酉	甲戌	乙亥	丙子	丁丑	戊寅	己卯

陽歷十二月份　（陰歷十一、十二月份）

陽	**12**	2	3	4	5	6	7	8	9	10	11	12	13	14	15	16	17	18	19	20	21	22	23	24	25	26	27	28	29	30	31
陰	**十一**	二	三	四	五	六	七	八	九	十	十一	十二	十三	十四	十五	十六	十七	十八	十九	廿	廿一	廿二	廿三	廿四	廿五	廿六	廿七	廿八	廿九	卅	**十二**
星	**日**	1	2	3	4	5	6	**日**	1	2	3	4	5	6	**日**	1	2	3	4	5	6	**日**	1	2	3	4	5	6	**日**	1	2
干節	庚辰	辛巳	壬午	癸未	甲申	乙酉	**大雪**	丁亥	戊子	己丑	庚寅	辛卯	壬辰	癸巳	甲午	乙未	丙申	丁酉	戊戌	己亥	庚子	**冬至**	壬寅	癸卯	甲辰	乙巳	丙午	丁未	戊申	己酉	庚戌

近世中西史日對照表

庚午　一九三〇年　（中華民國一九年）

陽歷一月份　（陰歷十二、正月份）

陽	1	2	3	4	5	6	7	8	9	10	11	12	13	14	15	16	17	18	19	20	21	22	23	24	25	26	27	28	29	30	31
陰	二	三	四	五	六	七	八	九	十	十一	十二	十三	十四	十五	十六	十七	十八	十九	廿	廿一	廿二	廿三	廿四	廿五	廿六	廿七	廿八	廿九	卅	正	二
星	3	4	5	6	日	1	2	3	4	5	6	日	1	2	3	4	5	6	日	1	2	3	4	5	6	日	1	2	3	4	5
干節	辛亥	壬子	癸丑	甲寅	乙卯	小寒	丁巳	戊午	己未	庚申	辛酉	壬戌	癸亥	甲子	乙丑	丙寅	丁卯	戊辰	己巳	庚午	大寒	壬申	癸酉	甲戌	乙亥	丙子	丁丑	戊寅	己卯	庚辰	辛巳

陽歷二月份　（陰歷正、二月份）

陽	1	2	3	4	5	6	7	8	9	10	11	12	13	14	15	16	17	18	19	20	21	22	23	24	25	26	27	28			
陰	三	四	五	六	七	八	九	十	十一	十二	十三	十四	十五	十六	十七	十八	十九	廿	廿一	廿二	廿三	廿四	廿五	廿六	廿七	廿八	廿九	二			
星	6	日	1	2	3	4	5	6	日	1	2	3	4	5	6	日	1	2	3	4	5	6	日	1	2	3	4	5			
干節	壬午	癸未	甲申	立春	丙戌	丁亥	戊子	己丑	庚寅	辛卯	壬辰	癸巳	甲午	乙未	丙申	丁酉	戊戌	己亥	雨水	辛丑	壬寅	癸卯	甲辰	乙巳	丙午	丁未	戊申	己酉			

陽歷三月份　（陰歷二、三月份）

陽	1	2	3	4	5	6	7	8	9	10	11	12	13	14	15	16	17	18	19	20	21	22	23	24	25	26	27	28	29	30	31
陰	二	三	四	五	六	七	八	九	十	十一	十二	十三	十四	十五	十六	十七	十八	十九	廿	廿一	廿二	廿三	廿四	廿五	廿六	廿七	廿八	廿九	卅	三	二
星	6	日	1	2	3	4	5	6	日	1	2	3	4	5	6	日	1	2	3	4	5	6	日	1	2	3	4	5	6	日	1
干節	庚戌	辛亥	壬子	癸丑	甲寅	驚蟄	丙辰	丁巳	戊午	己未	庚申	辛酉	壬戌	癸亥	甲子	乙丑	丙寅	丁卯	戊辰	己巳	春分	辛未	壬申	癸酉	甲戌	乙亥	丙子	丁丑	戊寅	己卯	庚辰

陽歷四月份　（陰歷三、四月份）

陽	1	2	3	4	5	6	7	8	9	10	11	12	13	14	15	16	17	18	19	20	21	22	23	24	25	26	27	28	29	30	
陰	三	四	五	六	七	八	九	十	十一	十二	十三	十四	十五	十六	十七	十八	十九	廿	廿一	廿二	廿三	廿四	廿五	廿六	廿七	廿八	廿九	卅	四	二	
星	2	3	4	5	6	日	1	2	3	4	5	6	日	1	2	3	4	5	6	日	1	2	3	4	5	6	日	1	2	3	
干節	辛巳	壬午	癸未	甲申	清明	丙戌	丁亥	戊子	己丑	庚寅	辛卯	壬辰	癸巳	甲午	乙未	丙申	丁酉	戊戌	己亥	庚子	穀雨	壬寅	癸卯	甲辰	乙巳	丙午	丁未	戊申	己酉	庚戌	

陽歷五月份　（陰歷四、五月份）

陽	1	2	3	4	5	6	7	8	9	10	11	12	13	14	15	16	17	18	19	20	21	22	23	24	25	26	27	28	29	30	31
陰	三	四	五	六	七	八	九	十	十一	十二	十三	十四	十五	十六	十七	十八	十九	廿	廿一	廿二	廿三	廿四	廿五	廿六	廿七	廿八	廿九	五	二	三	四
星	4	5	6	日	1	2	3	4	5	6	日	1	2	3	4	5	6	日	1	2	3	4	5	6	日	1	2	3	4	5	6
干節	辛亥	壬子	癸丑	甲寅	乙卯	立夏	丁巳	戊午	己未	庚申	辛酉	壬戌	癸亥	甲子	乙丑	丙寅	丁卯	戊辰	己巳	庚午	辛未	小滿	癸酉	甲戌	乙亥	丙子	丁丑	戊寅	己卯	庚辰	辛巳

陽歷六月份　（陰歷五、六月份）

陽	1	2	3	4	5	6	7	8	9	10	11	12	13	14	15	16	17	18	19	20	21	22	23	24	25	26	27	28	29	30	
陰	五	六	七	八	九	十	十一	十二	十三	十四	十五	十六	十七	十八	十九	廿	廿一	廿二	廿三	廿四	廿五	廿六	廿七	廿八	廿九	六	二	三	四	五	
星	日	1	2	3	4	5	6	日	1	2	3	4	5	6	日	1	2	3	4	5	6	日	1	2	3	4	5	6	日	1	
干節	壬午	癸未	甲申	乙酉	丙戌	芒種	戊子	己丑	庚寅	辛卯	壬辰	癸巳	甲午	乙未	丙申	丁酉	戊戌	己亥	庚子	辛丑	壬寅	夏至	甲辰	乙巳	丙午	丁未	戊申	己酉	庚戌	辛亥	

庚午

一九三〇年

（中華民國一九年）

陽歷七月份　（陰歷六、閏六月份）

陽	7	2	3	4	5	6	7	8	9	10	11	12	13	14	15	16	17	18	19	20	21	22	23	24	25	26	27	28	29	30	31
陰	六	七	八	九	十	十一	十二	十三	十四	十五	十六	十七	十八	十九	廿	廿一	廿二	廿三	廿四	廿五	廿六	廿七	廿八	廿九	卅	閏	二	三	四	五	六
星	2	3	4	5	6	日	1	2	3	4	5	6	日	1	2	3	4	5	6	日	1	2	3	4	5	6	日	1	2	3	4
干節	壬子	癸丑	甲寅	乙卯	丙辰	丁巳	戊午	小暑	庚申	辛酉	壬戌	癸亥	甲子	乙丑	丙寅	丁卯	戊辰	己巳	庚午	辛未	壬申	癸酉	大暑	乙亥	丙子	丁丑	戊寅	己卯	庚辰	辛巳	壬午

陽歷八月份　（陰歷閏六、七月份）

陽	8	2	3	4	5	6	7	8	9	10	11	12	13	14	15	16	17	18	19	20	21	22	23	24	25	26	27	28	29	30	31
陰	七	八	九	十	十一	十二	十三	十四	十五	十六	十七	十八	十九	廿	廿一	廿二	廿三	廿四	廿五	廿六	廿七	廿八	廿九	七	二	三	四	五	六	七	八
星	5	6	日	1	2	3	4	5	6	日	1	2	3	4	5	6	日	1	2	3	4	5	6	日	1	2	3	4	5	6	日
干節	癸未	甲申	乙酉	丙戌	丁亥	戊子	己丑	立秋	辛卯	壬辰	癸巳	甲午	乙未	丙申	丁酉	戊戌	己亥	庚子	辛丑	壬寅	癸卯	甲辰	乙巳	處暑	丁未	戊申	己酉	庚戌	辛亥	壬子	癸丑

陽歷九月份　（陰歷七、八月份）

陽	9	2	3	4	5	6	7	8	9	10	11	12	13	14	15	16	17	18	19	20	21	22	23	24	25	26	27	28	29	30
陰	九	十	十一	十二	十三	十四	十五	十六	十七	十八	十九	廿	廿一	廿二	廿三	廿四	廿五	廿六	廿七	廿八	廿九	八	二	三	四	五	六	七	八	九
星	1	2	3	4	5	6	日	1	2	3	4	5	6	日	1	2	3	4	5	6	日	1	2	3	4	5	6	日	1	2
干節	甲寅	乙卯	丙辰	丁巳	戊午	己未	庚申	白露	壬戌	癸亥	甲子	乙丑	丙寅	丁卯	戊辰	己巳	庚午	辛未	壬申	癸酉	甲戌	乙亥	丙子	秋分	戊寅	己卯	庚辰	辛巳	壬午	癸未

陽歷十月份　（陰歷八、九月份）

陽	10	2	3	4	5	6	7	8	9	10	11	12	13	14	15	16	17	18	19	20	21	22	23	24	25	26	27	28	29	30	31
陰	十	十一	十二	十三	十四	十五	十六	十七	十八	十九	廿	廿一	廿二	廿三	廿四	廿五	廿六	廿七	廿八	廿九	卅	九	二	三	四	五	六	七	八	九	十
星	3	4	5	6	日	1	2	3	4	5	6	日	1	2	3	4	5	6	日	1	2	3	4	5	6	日	1	2	3	4	5
干節	甲申	乙酉	丙戌	丁亥	戊子	己丑	庚寅	辛卯	寒露	癸巳	甲午	乙未	丙申	丁酉	戊戌	己亥	庚子	辛丑	壬寅	癸卯	甲辰	乙巳	丙午	霜降	戊申	己酉	庚戌	辛亥	壬子	癸丑	甲寅

陽歷十一月份　（陰歷九、十月份）

陽	11	2	3	4	5	6	7	8	9	10	11	12	13	14	15	16	17	18	19	20	21	22	23	24	25	26	27	28	29	30
陰	十一	十二	十三	十四	十五	十六	十七	十八	十九	廿	廿一	廿二	廿三	廿四	廿五	廿六	廿七	廿八	廿九	十	二	三	四	五	六	七	八	九	十	十一
星	6	日	1	2	3	4	5	6	日	1	2	3	4	5	6	日	1	2	3	4	5	6	日	1	2	3	4	5	6	日
干節	乙卯	丙辰	丁巳	戊午	己未	庚申	辛酉	立冬	癸亥	甲子	乙丑	丙寅	丁卯	戊辰	己巳	庚午	辛未	壬申	癸酉	甲戌	乙亥	丙子	小雪	戊寅	己卯	庚辰	辛巳	壬午	癸未	甲申

陽歷十二月份　（陰歷十、十一月份）

陽	12	2	3	4	5	6	7	8	9	10	11	12	13	14	15	16	17	18	19	20	21	22	23	24	25	26	27	28	29	30	31
陰	十二	十三	十四	十五	十六	十七	十八	十九	廿	廿一	廿二	廿三	廿四	廿五	廿六	廿七	廿八	廿九	卅	十一	二	三	四	五	六	七	八	九	十	十一	十二
星	1	2	3	4	5	6	日	1	2	3	4	5	6	日	1	2	3	4	5	6	日	1	2	3	4	5	6	日	1	2	3
干節	乙酉	丙戌	丁亥	戊子	己丑	庚寅	辛卯	大雪	癸巳	甲午	乙未	丙申	丁酉	戊戌	己亥	庚子	辛丑	壬寅	癸卯	甲辰	乙巳	冬至	丁未	戊申	己酉	庚戌	辛亥	壬子	癸丑	甲寅	乙卯

辛未

一九三一年

（中華民國二〇年）

陽歷一月份　（陰歷十一、十二月份）

陽	1	2	3	4	5	6	7	8	9	10	11	12	13	14	15	16	17	18	19	20	21	22	23	24	25	26	27	28	29	30	31
陰	十三	十四	十五	十六	十七	十八	十九	廿	廿一	廿二	廿三	廿四	廿五	廿六	廿七	廿八	廿九	卅	十二	二	三	四	五	六	七	八	九	十	十一	十二	十三
星	4	5	6	日	1	2	3	4	5	6	日	1	2	3	4	5	6	日	1	2	3	4	5	6	日	1	2	3	4	5	6
干節	丙辰	丁巳	戊午	己未	庚申	小寒	壬戌	癸亥	甲子	乙丑	丙寅	丁卯	戊辰	己巳	庚午	辛未	壬申	癸酉	甲戌	乙亥	大寒	丁丑	戊寅	己卯	庚辰	辛巳	壬午	癸未	甲申	乙酉	丙戌

陽歷二月份　（陰歷十二、正月份）

陽	1	2	3	4	5	6	7	8	9	10	11	12	13	14	15	16	17	18	19	20	21	22	23	24	25	26	27	28			
陰	十四	十五	十六	十七	十八	十九	廿	廿一	廿二	廿三	廿四	廿五	廿六	廿七	廿八	廿九	正	二	三	四	五	六	七	八	九	十	十一	十二			
星	日	1	2	3	4	5	6	日	1	2	3	4	5	6	日	1	2	3	4	5	6	日	1	2	3	4	5	6			
干節	丁亥	戊子	己丑	庚寅	立春	壬辰	癸巳	甲午	乙未	丙申	丁酉	戊戌	己亥	庚子	辛丑	壬寅	癸卯	甲辰	雨水	丙午	丁未	戊申	己酉	庚戌	辛亥	壬子	癸丑	甲寅			

陽歷三月份　（陰歷正、二月份）

陽	1	2	3	4	5	6	7	8	9	10	11	12	13	14	15	16	17	18	19	20	21	22	23	24	25	26	27	28	29	30	31
陰	十三	十四	十五	十六	十七	十八	十九	廿	廿一	廿二	廿三	廿四	廿五	廿六	廿七	廿八	廿九	卅	二	二	三	四	五	六	七	八	九	十	十一	十二	十三
星	日	1	2	3	4	5	6	日	1	2	3	4	5	6	日	1	2	3	4	5	6	日	1	2	3	4	5	6	日	1	2
干節	乙卯	丙辰	丁巳	戊午	己未	驚蟄	辛酉	壬戌	癸亥	甲子	乙丑	丙寅	丁卯	戊辰	己巳	庚午	辛未	壬申	癸酉	甲戌	春分	丙子	丁丑	戊寅	己卯	庚辰	辛巳	壬午	癸未	甲申	乙酉

陽歷四月份　（陰歷二、三月份）

陽	1	2	3	4	5	6	7	8	9	10	11	12	13	14	15	16	17	18	19	20	21	22	23	24	25	26	27	28	29	30	
陰	十四	十五	十六	十七	十八	十九	廿	廿一	廿二	廿三	廿四	廿五	廿六	廿七	廿八	廿九	卅	三	二	三	四	五	六	七	八	九	十	十一	十二	十三	
星	3	4	5	6	日	1	2	3	4	5	6	日	1	2	3	4	5	6	日	1	2	3	4	5	6	日	1	2	3	4	
干節	丙戌	丁亥	戊子	己丑	庚寅	清明	壬辰	癸巳	甲午	乙未	丙申	丁酉	戊戌	己亥	庚子	辛丑	壬寅	癸卯	甲辰	乙巳	穀雨	丁未	戊申	己酉	庚戌	辛亥	壬子	癸丑	甲寅	乙卯	

陽歷五月份　（陰歷三、四月份）

陽	1	2	3	4	5	6	7	8	9	10	11	12	13	14	15	16	17	18	19	20	21	22	23	24	25	26	27	28	29	30	31
陰	十四	十五	十六	十七	十八	十九	廿	廿一	廿二	廿三	廿四	廿五	廿六	廿七	廿八	廿九	四	二	三	四	五	六	七	八	九	十	十一	十二	十三	十四	十五
星	5	6	日	1	2	3	4	5	6	日	1	2	3	4	5	6	日	1	2	3	4	5	6	日	1	2	3	4	5	6	日
干節	丙辰	丁巳	戊午	己未	庚申	立夏	壬戌	癸亥	甲子	乙丑	丙寅	丁卯	戊辰	己巳	庚午	辛未	壬申	癸酉	甲戌	乙亥	丙子	小滿	戊寅	己卯	庚辰	辛巳	壬午	癸未	甲申	乙酉	丙戌

陽歷六月份　（陰歷四、五月份）

陽	1	2	3	4	5	6	7	8	9	10	11	12	13	14	15	16	17	18	19	20	21	22	23	24	25	26	27	28	29	30	
陰	十六	十七	十八	十九	廿	廿一	廿二	廿三	廿四	廿五	廿六	廿七	廿八	廿九	卅	五	二	三	四	五	六	七	八	九	十	十一	十二	十三	十四	十五	
星	1	2	3	4	5	6	日	1	2	3	4	5	6	日	1	2	3	4	5	6	日	1	2	3	4	5	6	日	1	2	
干節	丁亥	戊子	己丑	庚寅	辛卯	壬辰	芒種	甲午	乙未	丙申	丁酉	戊戌	己亥	庚子	辛丑	壬寅	癸卯	甲辰	乙巳	丙午	丁未	夏至	己酉	庚戌	辛亥	壬子	癸丑	甲寅	乙卯	丙辰	

辛未

一九三一年

（中華民國二〇年）

陽曆七月份　（陰曆五、六月份）

陽	7	2	3	4	5	6	7	8	9	10	11	12	13	14	15	16	17	18	19	20	21	22	23	24	25	26	27	28	29	30	31
陰	十六	十七	十八	十九	廿	廿一	廿二	廿三	廿四	廿五	廿六	廿七	廿八	廿九	六	二	三	四	五	六	七	八	九	十	十一	十二	十三	十四	十五	十六	十七
星	3	4	5	6	日	1	2	3	4	5	6	日	1	2	3	4	5	6	日	1	2	3	4	5	6	日	1	2	3	4	5
干節	丁巳	戊午	己未	庚申	辛酉	壬戌	癸亥	小暑	乙丑	丙寅	丁卯	戊辰	己巳	庚午	辛未	壬申	癸酉	甲戌	乙亥	丙子	丁丑	戊寅	己卯	大暑	辛巳	壬午	癸未	甲申	乙酉	丙戌	丁亥

陽曆八月份　（陰曆六、七月份）

陽	8	2	3	4	5	6	7	8	9	10	11	12	13	14	15	16	17	18	19	20	21	22	23	24	25	26	27	28	29	30	31
陰	十八	十九	廿	廿一	廿二	廿三	廿四	廿五	廿六	廿七	廿八	廿九	卅	七	二	三	四	五	六	七	八	九	十	十一	十二	十三	十四	十五	十六	十七	十八
星	6	日	1	2	3	4	5	6	日	1	2	3	4	5	6	日	1	2	3	4	5	6	日	1	2	3	4	5	6	日	1
干節	戊子	己丑	庚寅	辛卯	壬辰	癸巳	甲午	立秋	丙申	丁酉	戊戌	己亥	庚子	辛丑	壬寅	癸卯	甲辰	乙巳	丙午	丁未	戊申	己酉	庚戌	處暑	壬子	癸丑	甲寅	乙卯	丙辰	丁巳	戊午

陽曆九月份　（陰曆七、八月份）

陽	9	2	3	4	5	6	7	8	9	10	11	12	13	14	15	16	17	18	19	20	21	22	23	24	25	26	27	28	29	30
陰	十九	廿	廿一	廿二	廿三	廿四	廿五	廿六	廿七	廿八	廿九	八	二	三	四	五	六	七	八	九	十	十一	十二	十三	十四	十五	十六	十七	十八	十九
星	2	3	4	5	6	日	1	2	3	4	5	6	日	1	2	3	4	5	6	日	1	2	3	4	5	6	日	1	2	3
干節	己未	庚申	辛酉	壬戌	癸亥	甲子	乙丑	丙寅	白露	戊辰	己巳	庚午	辛未	壬申	癸酉	甲戌	乙亥	丙子	丁丑	戊寅	己卯	庚辰	辛巳	秋分	癸未	甲申	乙酉	丙戌	丁亥	戊子

陽曆十月份　（陰曆八、九月份）

陽	10	2	3	4	5	6	7	8	9	10	11	12	13	14	15	16	17	18	19	20	21	22	23	24	25	26	27	28	29	30	31
陰	廿	廿一	廿二	廿三	廿四	廿五	廿六	廿七	廿八	廿九	九	二	三	四	五	六	七	八	九	十	十一	十二	十三	十四	十五	十六	十七	十八	十九	廿	廿一
星	4	5	6	日	1	2	3	4	5	6	日	1	2	3	4	5	6	日	1	2	3	4	5	6	日	1	2	3	4	5	6
干節	己丑	庚寅	辛卯	壬辰	癸巳	甲午	乙未	丙申	寒露	戊戌	己亥	庚子	辛丑	壬寅	癸卯	甲辰	乙巳	丙午	丁未	戊申	己酉	庚戌	辛亥	霜降	癸丑	甲寅	乙卯	丙辰	丁巳	戊午	己未

陽曆十一月份　（陰曆九、十月份）

陽	11	2	3	4	5	6	7	8	9	10	11	12	13	14	15	16	17	18	19	20	21	22	23	24	25	26	27	28	29	30
陰	廿二	廿三	廿四	廿五	廿六	廿七	廿八	廿九	卅	十	二	三	四	五	六	七	八	九	十	十一	十二	十三	十四	十五	十六	十七	十八	十九	廿	廿一
星	日	1	2	3	4	5	6	日	1	2	3	4	5	6	日	1	2	3	4	5	6	日	1	2	3	4	5	6	日	1
干節	庚申	辛酉	壬戌	癸亥	甲子	乙丑	丙寅	立冬	戊辰	己巳	庚午	辛未	壬申	癸酉	甲戌	乙亥	丙子	丁丑	戊寅	己卯	庚辰	辛巳	小雪	癸未	甲申	乙酉	丙戌	丁亥	戊子	己丑

陽曆十二月份　（陰曆十、十一月份）

陽	12	2	3	4	5	6	7	8	9	10	11	12	13	14	15	16	17	18	19	20	21	22	23	24	25	26	27	28	29	30	31
陰	廿二	廿三	廿四	廿五	廿六	廿七	廿八	廿九	十一	二	三	四	五	六	七	八	九	十	十一	十二	十三	十四	十五	十六	十七	十八	十九	廿	廿一	廿二	廿三
星	2	3	4	5	6	日	1	2	3	4	5	6	日	1	2	3	4	5	6	日	1	2	3	4	5	6	日	1	2	3	4
干節	庚寅	辛卯	壬辰	癸巳	甲午	乙未	丙申	大雪	戊戌	己亥	庚子	辛丑	壬寅	癸卯	甲辰	乙巳	丙午	丁未	戊申	己酉	庚戌	辛亥	冬至	癸丑	甲寅	乙卯	丙辰	丁巳	戊午	己未	庚申

近世中西史日對照表

壬申　一九三二年　(中華民國二十一年)

陽歷 一 月份　(陰歷十一、十二月份)

陽	1	2	3	4	5	6	7	8	9	10	11	12	13	14	15	16	17	18	19	20	21	22	23	24	25	26	27	28	29	30	31
陰	廿四	廿五	廿六	廿七	廿八	廿九	卅	十二	二	三	四	五	六	七	八	九	十	十一	十二	十三	十四	十五	十六	十七	十八	十九	廿	廿一	廿二	廿三	廿四
星	5	6	日	1	2	3	4	5	6	日	1	2	3	4	5	6	日	1	2	3	4	5	6	日	1	2	3	4	5	6	日
干節	辛酉	壬戌	癸亥	甲子	乙丑	小寒	丁卯	戊辰	己巳	庚午	辛未	壬申	癸酉	甲戌	乙亥	丙子	丁丑	戊寅	己卯	庚辰	大寒	壬午	癸未	甲申	乙酉	丙戌	丁亥	戊子	己丑	庚寅	辛卯

陽歷 二 月份　(陰歷十二、正月份)

陽	2	2	3	4	5	6	7	8	9	10	11	12	13	14	15	16	17	18	19	20	21	22	23	24	25	26	27	28	29	—	—
陰	廿五	廿六	廿七	廿八	廿九	正	二	三	四	五	六	七	八	九	十	十一	十二	十三	十四	十五	十六	十七	十八	十九	廿	廿一	廿二	廿三	廿四	—	—
星	1	2	3	4	5	6	日	1	2	3	4	5	6	日	1	2	3	4	5	6	日	1	2	3	4	5	6	日	1	—	—
干節	壬辰	癸巳	甲午	乙未	立春	丁酉	戊戌	己亥	庚子	辛丑	壬寅	癸卯	甲辰	乙巳	丙午	丁未	戊申	己酉	庚戌	雨水	壬子	癸丑	甲寅	乙卯	丙辰	丁巳	戊午	己未	庚申		

陽歷 三 月份　(陰歷正、二月份)

陽	3	2	3	4	5	6	7	8	9	10	11	12	13	14	15	16	17	18	19	20	21	22	23	24	25	26	27	28	29	30	31
陰	廿五	廿六	廿七	廿八	廿九	卅	二	二	三	四	五	六	七	八	九	十	十一	十二	十三	十四	十五	十六	十七	十八	十九	廿	廿一	廿二	廿三	廿四	廿五
星	2	3	4	5	6	日	1	2	3	4	5	6	日	1	2	3	4	5	6	日	1	2	3	4	5	6	日	1	2	3	4
干節	辛酉	壬戌	癸亥	甲子	乙丑	驚蟄	丁卯	戊辰	己巳	庚午	辛未	壬申	癸酉	甲戌	乙亥	丙子	丁丑	戊寅	己卯	庚辰	春分	壬午	癸未	甲申	乙酉	丙戌	丁亥	戊子	己丑	庚寅	辛卯

陽歷 四 月份　(陰歷二、三月份)

陽	4	2	3	4	5	6	7	8	9	10	11	12	13	14	15	16	17	18	19	20	21	22	23	24	25	26	27	28	29	30	—
陰	廿六	廿七	廿八	廿九	卅	三	二	三	四	五	六	七	八	九	十	十一	十二	十三	十四	十五	十六	十七	十八	十九	廿	廿一	廿二	廿三	廿四	廿五	—
星	5	6	日	1	2	3	4	5	6	日	1	2	3	4	5	6	日	1	2	3	4	5	6	日	1	2	3	4	5	6	—
干節	壬辰	癸巳	甲午	乙未	清明	丁酉	戊戌	己亥	庚子	辛丑	壬寅	癸卯	甲辰	乙巳	丙午	丁未	戊申	己酉	庚戌	穀雨	壬子	癸丑	甲寅	乙卯	丙辰	丁巳	戊午	己未	庚申	辛酉	

陽歷 五 月份　(陰歷三、四月份)

陽	5	2	3	4	5	6	7	8	9	10	11	12	13	14	15	16	17	18	19	20	21	22	23	24	25	26	27	28	29	30	31
陰	廿六	廿七	廿八	廿九	卅	四	二	三	四	五	六	七	八	九	十	十一	十二	十三	十四	十五	十六	十七	十八	十九	廿	廿一	廿二	廿三	廿四	廿五	廿六
星	日	1	2	3	4	5	6	日	1	2	3	4	5	6	日	1	2	3	4	5	6	日	1	2	3	4	5	6	日	1	2
干節	壬戌	癸亥	甲子	乙丑	丙寅	立夏	戊辰	己巳	庚午	辛未	壬申	癸酉	甲戌	乙亥	丙子	丁丑	戊寅	己卯	庚辰	辛巳	小滿	癸未	甲申	乙酉	丙戌	丁亥	戊子	己丑	庚寅	辛卯	壬辰

陽歷 六 月份　(陰歷四、五月份)

陽	6	2	3	4	5	6	7	8	9	10	11	12	13	14	15	16	17	18	19	20	21	22	23	24	25	26	27	28	29	30	—
陰	廿七	廿八	廿九	五	二	三	四	五	六	七	八	九	十	十一	十二	十三	十四	十五	十六	十七	十八	十九	廿	廿一	廿二	廿三	廿四	廿五	廿六	廿七	—
星	3	4	5	6	日	1	2	3	4	5	6	日	1	2	3	4	5	6	日	1	2	3	4	5	6	日	1	2	3	4	—
干節	癸巳	甲午	乙未	丙申	丁酉	芒種	己亥	庚子	辛丑	壬寅	癸卯	甲辰	乙巳	丙午	丁未	戊申	己酉	庚戌	辛亥	壬子	夏至	甲寅	乙卯	丙辰	丁巳	戊午	己未	庚申	辛酉	壬戌	—

壬申　一九三二年　（中華民國二十一年）

陽歷七月份　　（陰歷五、六月份）

陽	7	2	3	4	5	6	7	8	9	10	11	12	13	14	15	16	17	18	19	20	21	22	23	24	25	26	27	28	29	30	31
陰	廿六	廿七	卅	六	二	三	四	五	六	七	八	九	十	十一	十二	十三	十四	十五	十六	十七	十八	十九	廿	廿一	廿二	廿三	廿四	廿五	廿六	廿七	廿八
星	5	6	日	1	2	3	4	5	6	日	1	2	3	4	5	6	日	1	2	3	4	5	6	日	1	2	3	4	5	6	日
干節	癸亥	甲子	乙丑	丙寅	丁卯	戊辰	小暑	庚午	辛未	壬申	癸酉	甲戌	乙亥	丙子	丁丑	戊寅	己卯	庚辰	辛巳	壬午	癸未	甲申	大暑	丙戌	丁亥	戊子	己丑	庚寅	辛卯	壬辰	癸巳

陽歷八月份　　（陰歷六、七月份）

陽	8	2	3	4	5	6	7	8	9	10	11	12	13	14	15	16	17	18	19	20	21	22	23	24	25	26	27	28	29	30	31
陰	廿九	七	二	三	四	五	六	七	八	九	十	十一	十二	十三	十四	十五	十六	十七	十八	十九	廿	廿一	廿二	廿三	廿四	廿五	廿六	廿七	廿八	廿九	卅
星	1	2	3	4	5	6	日	1	2	3	4	5	6	日	1	2	3	4	5	6	日	1	2	3	4	5	6	日	1	2	3
干節	甲午	乙未	丙申	丁酉	戊戌	己亥	庚子	立秋	壬寅	癸卯	甲辰	乙巳	丙午	丁未	戊申	己酉	庚戌	辛亥	壬子	癸丑	甲寅	乙卯	處暑	丁巳	戊午	己未	庚申	辛酉	壬戌	癸亥	甲子

陽歷九月份　　（陰歷八、九月份）

陽	9	2	3	4	5	6	7	8	9	10	11	12	13	14	15	16	17	18	19	20	21	22	23	24	25	26	27	28	29	30	
陰	八	二	三	四	五	六	七	八	九	十	十一	十二	十三	十四	十五	十六	十七	十八	十九	廿	廿一	廿二	廿三	廿四	廿五	廿六	廿七	廿八	廿九	九	
星	4	5	6	日	1	2	3	4	5	6	日	1	2	3	4	5	6	日	1	2	3	4	5	6	日	1	2	3	4	5	
干節	乙丑	丙寅	丁卯	戊辰	己巳	庚午	辛未	白露	癸酉	甲戌	乙亥	丙子	丁丑	戊寅	己卯	庚辰	辛巳	壬午	癸未	甲申	乙酉	丙戌	秋分	戊子	己丑	庚寅	辛卯	壬辰	癸巳	甲午	

陽歷十月份　　（陰歷九、十月份）

陽	10	2	3	4	5	6	7	8	9	10	11	12	13	14	15	16	17	18	19	20	21	22	23	24	25	26	27	28	29	30	31
陰	二	三	四	五	六	七	八	九	十	十一	十二	十三	十四	十五	十六	十七	十八	十九	廿	廿一	廿二	廿三	廿四	廿五	廿六	廿七	廿八	廿九	十	二	三
星	6	日	1	2	3	4	5	6	日	1	2	3	4	5	6	日	1	2	3	4	5	6	日	1	2	3	4	5	6	日	1
干節	乙未	丙申	丁酉	戊戌	己亥	庚子	辛丑	寒露	癸卯	甲辰	乙巳	丙午	丁未	戊申	己酉	庚戌	辛亥	壬子	癸丑	甲寅	乙卯	丙辰	丁巳	霜降	己未	庚申	辛酉	壬戌	癸亥	甲子	乙丑

陽歷十一月份　　（陰歷十、十一月份）

陽	11	2	3	4	5	6	7	8	9	10	11	12	13	14	15	16	17	18	19	20	21	22	23	24	25	26	27	28	29	30	
陰	四	五	六	七	八	九	十	十一	十二	十三	十四	十五	十六	十七	十八	十九	廿	廿一	廿二	廿三	廿四	廿五	廿六	廿七	廿八	廿九	卅	十一	二	三	
星	2	3	4	5	6	日	1	2	3	4	5	6	日	1	2	3	4	5	6	日	1	2	3	4	5	6	日	1	2	3	
干節	丙寅	丁卯	戊辰	己巳	庚午	辛未	壬申	立冬	甲戌	乙亥	丙子	丁丑	戊寅	己卯	庚辰	辛巳	壬午	癸未	甲申	乙酉	丙戌	小雪	戊子	己丑	庚寅	辛卯	壬辰	癸巳	甲午	乙未	

陽歷十二月份　　（陰歷十一、十二月份）

陽	12	2	3	4	5	6	7	8	9	10	11	12	13	14	15	16	17	18	19	20	21	22	23	24	25	26	27	28	29	30	31
陰	四	五	六	七	八	九	十	十一	十二	十三	十四	十五	十六	十七	十八	十九	廿	廿一	廿二	廿三	廿四	廿五	廿六	廿七	廿八	廿九	十二	二	三	四	五
星	4	5	6	日	1	2	3	4	5	6	日	1	2	3	4	5	6	日	1	2	3	4	5	6	日	1	2	3	4	5	6
干節	丙申	丁酉	戊戌	己亥	庚子	辛丑	大雪	癸卯	甲辰	乙巳	丙午	丁未	戊申	己酉	庚戌	辛亥	壬子	癸丑	甲寅	乙卯	丙辰	冬至	戊午	己未	庚申	辛酉	壬戌	癸亥	甲子	乙丑	丙寅

癸酉　一九三三年　（中華民國二二年）

陽歷一月份　（陰歷十二、正月份）

陽	**1**	2	3	4	5	6	7	8	9	10	11	12	13	14	15	16	17	18	19	20	21	22	23	24	25	26	27	28	29	30	31
陰	六	七	八	九	十	十一	十二	十三	十四	十五	十六	十七	十八	十九	廿	廿一	廿二	廿三	廿四	廿五	廿六	廿七	廿八	廿九	卅	**正**	二	三	四	五	六
星	**日**	1	2	3	4	5	6	**日**	1	2	3	4	5	6	**日**	1	2	3	4	5	6	**日**	1	2	3	4	5	6	**日**	1	2
干節	丁卯	戊辰	己巳	庚午	辛未	**小寒**	癸酉	甲戌	乙亥	丙子	丁丑	戊寅	己卯	庚辰	辛巳	壬午	癸未	甲申	乙酉	**大寒**	丁亥	戊子	己丑	庚寅	辛卯	壬辰	癸巳	甲午	乙未	丙申	丁酉

陽歷二月份　（陰歷正、二月份）

陽	**2**	2	3	4	5	6	7	8	9	10	11	12	13	14	15	16	17	18	19	20	21	22	23	24	25	26	27	28	—	—	—
陰	七	八	九	十	十一	十二	十三	十四	十五	十六	十七	十八	十九	廿	廿一	廿二	廿三	廿四	廿五	廿六	廿七	廿八	廿九	**二**	二	三	四	五	—	—	—
星	3	4	5	6	**日**	1	2	3	4	5	6	**日**	1	2	3	4	5	6	**日**	1	2	3	4	5	6	**日**	1	2	—	—	—
干節	戊戌	己亥	庚子	**立春**	壬寅	癸卯	甲辰	乙巳	丙午	丁未	戊申	己酉	庚戌	辛亥	壬子	癸丑	甲寅	乙卯	**雨水**	丁巳	戊午	己未	庚申	辛酉	壬戌	癸亥	甲子	乙丑	—	—	—

陽歷三月份　（陰歷二、三月份）

陽	**3**	2	3	4	5	6	7	8	9	10	11	12	13	14	15	16	17	18	19	20	21	22	23	24	25	26	27	28	29	30	31
陰	六	七	八	九	十	十一	十二	十三	十四	十五	十六	十七	十八	十九	廿	廿一	廿二	廿三	廿四	廿五	廿六	廿七	廿八	廿九	卅	**三**	二	三	四	五	六
星	3	4	5	6	**日**	1	2	3	4	5	6	**日**	1	2	3	4	5	6	**日**	1	2	3	4	5	6	**日**	1	2	3	4	5
干節	丙寅	丁卯	戊辰	己巳	庚午	**驚蟄**	壬申	癸酉	甲戌	乙亥	丙子	丁丑	戊寅	己卯	庚辰	辛巳	壬午	癸未	甲申	乙酉	**春分**	丁亥	戊子	己丑	庚寅	辛卯	壬辰	癸巳	甲午	乙未	丙申

陽歷四月份　（陰歷三、四月份）

陽	**4**	2	3	4	5	6	7	8	9	10	11	12	13	14	15	16	17	18	19	20	21	22	23	24	25	26	27	28	29	30	—
陰	七	八	九	十	十一	十二	十三	十四	十五	十六	十七	十八	十九	廿	廿一	廿二	廿三	廿四	廿五	廿六	廿七	廿八	廿九	卅	**四**	二	三	四	五	六	—
星	6	**日**	1	2	3	4	5	6	**日**	1	2	3	4	5	6	**日**	1	2	3	4	5	6	**日**	1	2	3	4	5	6	**日**	—
干節	丁酉	戊戌	己亥	庚子	**清明**	壬寅	癸卯	甲辰	乙巳	丙午	丁未	戊申	己酉	庚戌	辛亥	壬子	癸丑	甲寅	乙卯	**穀雨**	丁巳	戊午	己未	庚申	辛酉	壬戌	癸亥	甲子	乙丑	丙寅	—

陽歷五月份　（陰歷四、五月份）

陽	**5**	2	3	4	5	6	7	8	9	10	11	12	13	14	15	16	17	18	19	20	21	22	23	24	25	26	27	28	29	30	31
陰	七	八	九	十	十一	十二	十三	十四	十五	十六	十七	十八	十九	廿	廿一	廿二	廿三	廿四	廿五	廿六	廿七	廿八	廿九	**五**	二	三	四	五	六	七	八
星	1	2	3	4	5	6	**日**	1	2	3	4	5	6	**日**	1	2	3	4	5	6	**日**	1	2	3	4	5	6	**日**	1	2	3
干節	丁卯	戊辰	己巳	庚午	辛未	**立夏**	癸酉	甲戌	乙亥	丙子	丁丑	戊寅	己卯	庚辰	辛巳	壬午	癸未	甲申	乙酉	丙戌	**小滿**	戊子	己丑	庚寅	辛卯	壬辰	癸巳	甲午	乙未	丙申	丁酉

陽歷六月份　（陰歷五、閏五月份）

陽	**6**	2	3	4	5	6	7	8	9	10	11	12	13	14	15	16	17	18	19	20	21	22	23	24	25	26	27	28	29	30	—
陰	九	十	十一	十二	十三	十四	十五	十六	十七	十八	十九	廿	廿一	廿二	廿三	廿四	廿五	廿六	廿七	廿八	廿九	卅	**閏**	二	三	四	五	六	七	八	—
星	4	5	6	**日**	1	2	3	4	5	6	**日**	1	2	3	4	5	6	**日**	1	2	3	4	5	6	**日**	1	2	3	4	5	—
干節	戊戌	己亥	庚子	辛丑	壬寅	**芒種**	甲辰	乙巳	丙午	丁未	戊申	己酉	庚戌	辛亥	壬子	癸丑	甲寅	乙卯	丙辰	丁巳	戊午	**夏至**	庚申	辛酉	壬戌	癸亥	甲子	乙丑	丙寅	丁卯	—

癸酉

一九三三年

（中華民國二二年）

陽歷七月份（陰歷閏五、六月份）

陽	7	2	3	4	5	6	7	8	9	10	11	12	13	14	15	16	17	18	19	20	21	22	23	24	25	26	27	28	29	30	31
陰	九	十	十一	十二	十三	十四	十五	十六	十七	十八	十九	廿	廿一	廿二	廿三	廿四	廿五	廿六	廿七	廿八	廿九	六	二	三	四	五	六	七	八	九	十
星	6	日	1	2	3	4	5	6	日	1	2	3	4	5	6	日	1	2	3	4	5	6	日	1	2	3	4	5	6	日	1
干節	戊辰	己巳	庚午	辛未	壬申	癸酉	小暑	乙亥	丙子	丁丑	戊寅	己卯	庚辰	辛巳	壬午	癸未	甲申	乙酉	丙戌	丁亥	戊子	己丑	大暑	辛卯	壬辰	癸巳	甲午	乙未	丙申	丁酉	戊戌

陽歷八月份（陰歷六、七月份）

陽	8	2	3	4	5	6	7	8	9	10	11	12	13	14	15	16	17	18	19	20	21	22	23	24	25	26	27	28	29	30	31
陰	十一	十二	十三	十四	十五	十六	十七	十八	十九	廿	廿一	廿二	廿三	廿四	廿五	廿六	廿七	廿八	廿九	卅	七	二	三	四	五	六	七	八	九	十	十一
星	2	3	4	5	6	日	1	2	3	4	5	6	日	1	2	3	4	5	6	日	1	2	3	4	5	6	日	1	2	3	4
干節	己亥	庚子	辛丑	壬寅	癸卯	甲辰	乙巳	立秋	丁未	戊申	己酉	庚戌	辛亥	壬子	癸丑	甲寅	乙卯	丙辰	丁巳	戊午	己未	庚申	處暑	壬戌	癸亥	甲子	乙丑	丙寅	丁卯	戊辰	己巳

陽歷九月份（陰歷七、八月份）

陽	9	2	3	4	5	6	7	8	9	10	11	12	13	14	15	16	17	18	19	20	21	22	23	24	25	26	27	28	29	30	
陰	十二	十三	十四	十五	十六	十七	十八	十九	廿	廿一	廿二	廿三	廿四	廿五	廿六	廿七	廿八	廿九	卅	八	二	三	四	五	六	七	八	九	十	十一	—
星	5	6	日	1	2	3	4	5	6	日	1	2	3	4	5	6	日	1	2	3	4	5	6	日	1	2	3	4	5	6	—
干節	庚午	辛未	壬申	癸酉	甲戌	乙亥	丙子	白露	戊寅	己卯	庚辰	辛巳	壬午	癸未	甲申	乙酉	丙戌	丁亥	戊子	己丑	庚寅	辛卯	秋分	癸巳	甲午	乙未	丙申	丁酉	戊戌	己亥	

陽歷十月份（陰歷八、九月份）

陽	10	2	3	4	5	6	7	8	9	10	11	12	13	14	15	16	17	18	19	20	21	22	23	24	25	26	27	28	29	30	31
陰	十二	十三	十四	十五	十六	十七	十八	十九	廿	廿一	廿二	廿三	廿四	廿五	廿六	廿七	廿八	廿九	九	二	三	四	五	六	七	八	九	十	十一	十二	十三
星	日	1	2	3	4	5	6	日	1	2	3	4	5	6	日	1	2	3	4	5	6	日	1	2	3	4	5	6	日	1	2
干節	庚子	辛丑	壬寅	癸卯	甲辰	乙巳	丙午	丁未	寒露	己酉	庚戌	辛亥	壬子	癸丑	甲寅	乙卯	丙辰	丁巳	戊午	己未	庚申	辛酉	壬戌	霜降	甲子	乙丑	丙寅	丁卯	戊辰	己巳	庚午

陽歷十一月份（陰歷九、十月份）

陽	11	2	3	4	5	6	7	8	9	10	11	12	13	14	15	16	17	18	19	20	21	22	23	24	25	26	27	28	29	30	
陰	十四	十五	十六	十七	十八	十九	廿	廿一	廿二	廿三	廿四	廿五	廿六	廿七	廿八	廿九	卅	十	二	三	四	五	六	七	八	九	十	十一	十二	十三	—
星	3	4	5	6	日	1	2	3	4	5	6	日	1	2	3	4	5	6	日	1	2	3	4	5	6	日	1	2	3	4	—
干節	辛未	壬申	癸酉	甲戌	乙亥	丙子	丁丑	立冬	己卯	庚辰	辛巳	壬午	癸未	甲申	乙酉	丙戌	丁亥	戊子	己丑	庚寅	辛卯	壬辰	小雪	甲午	乙未	丙申	丁酉	戊戌	己亥	庚子	

陽歷十二月份（陰歷十、十一月份）

陽	12	2	3	4	5	6	7	8	9	10	11	12	13	14	15	16	17	18	19	20	21	22	23	24	25	26	27	28	29	30	31
陰	十四	十五	十六	十七	十八	十九	廿	廿一	廿二	廿三	廿四	廿五	廿六	廿七	廿八	廿九	十一	二	三	四	五	六	七	八	九	十	十一	十二	十三	十四	十五
星	5	6	日	1	2	3	4	5	6	日	1	2	3	4	5	6	日	1	2	3	4	5	6	日	1	2	3	4	5	6	日
干節	辛丑	壬寅	癸卯	甲辰	乙巳	丙午	大雪	戊申	己酉	庚戌	辛亥	壬子	癸丑	甲寅	乙卯	丙辰	丁巳	戊午	己未	庚申	辛酉	冬至	癸亥	甲子	乙丑	丙寅	丁卯	戊辰	己巳	庚午	辛未

近世中西史日對照表

甲戌

一九三四年

（中華民國二三年）

陽曆 一 月份 （陰曆十一、十二月份）

陽	1	2	3	4	5	6	7	8	9	10	11	12	13	14	15	16	17	18	19	20	21	22	23	24	25	26	27	28	29	30	31
陰	十六	十七	十八	十九	廿	廿一	廿二	廿三	廿四	廿五	廿六	廿七	廿八	廿九	十二	二	三	四	五	六	七	八	九	十	十一	十二	十三	十四	十五	十六	十七
星	1	2	3	4	5	6	日	1	2	3	4	5	6	日	1	2	3	4	5	6	日	1	2	3	4	5	6	日	1	2	3
干節	壬申	癸酉	甲戌	乙亥	丙子	小寒	戊寅	己卯	庚辰	辛巳	壬午	癸未	甲申	乙酉	丙戌	丁亥	戊子	己丑	庚寅	辛卯	大寒	癸巳	甲午	乙未	丙申	丁酉	戊戌	己亥	庚子	辛丑	壬寅

陽曆 二 月份 （陰曆十二、正月份）

陽	2	2	3	4	5	6	7	8	9	10	11	12	13	14	15	16	17	18	19	20	21	22	23	24	25	26	27	28			
陰	十八	十九	廿	廿一	廿二	廿三	廿四	廿五	廿六	廿七	廿八	廿九	卅	正	二	三	四	五	六	七	八	九	十	十一	十二	十三	十四	十五	—	—	—
星	4	5	6	日	1	2	3	4	5	6	日	1	2	3	4	5	6	日	1	2	3	4	5	6	日	1	2	3	—	—	—
干節	癸卯	甲辰	乙巳	立春	丁未	戊申	己酉	庚戌	辛亥	壬子	癸丑	甲寅	乙卯	丙辰	丁巳	戊午	己未	庚申	雨水	壬戌	癸亥	甲子	乙丑	丙寅	丁卯	戊辰	己巳	庚午			

陽曆 三 月份 （陰曆正、二月份）

陽	3	2	3	4	5	6	7	8	9	10	11	12	13	14	15	16	17	18	19	20	21	22	23	24	25	26	27	28	29	30	31
陰	十六	十七	十八	十九	廿	廿一	廿二	廿三	廿四	廿五	廿六	廿七	廿八	廿九	二	二	三	四	五	六	七	八	九	十	十一	十二	十三	十四	十五	十六	十七
星	4	5	6	日	1	2	3	4	5	6	日	1	2	3	4	5	6	日	1	2	3	4	5	6	日	1	2	3	4	5	6
干節	辛未	壬申	癸酉	甲戌	乙亥	驚蟄	丁丑	戊寅	己卯	庚辰	辛巳	壬午	癸未	甲申	乙酉	丙戌	丁亥	戊子	己丑	庚寅	春分	壬辰	癸巳	甲午	乙未	丙申	丁酉	戊戌	己亥	庚子	辛丑

陽曆 四 月份 （陰曆二、三月份）

陽	4	2	3	4	5	6	7	8	9	10	11	12	13	14	15	16	17	18	19	20	21	22	23	24	25	26	27	28	29	30	
陰	十八	十九	廿	廿一	廿二	廿三	廿四	廿五	廿六	廿七	廿八	廿九	卅	三	二	三	四	五	六	七	八	九	十	十一	十二	十三	十四	十五	十六	十七	—
星	日	1	2	3	4	5	6	日	1	2	3	4	5	6	日	1	2	3	4	5	6	日	1	2	3	4	5	6	日	1	—
干節	壬寅	癸卯	甲辰	乙巳	清明	丁未	戊申	己酉	庚戌	辛亥	壬子	癸丑	甲寅	乙卯	丙辰	丁巳	戊午	己未	庚申	辛酉	穀雨	癸亥	甲子	乙丑	丙寅	丁卯	戊辰	己巳	庚午	辛未	

陽曆 五 月份 （陰曆三、四月份）

陽	5	2	3	4	5	6	7	8	9	10	11	12	13	14	15	16	17	18	19	20	21	22	23	24	25	26	27	28	29	30	31
陰	十八	十九	廿	廿一	廿二	廿三	廿四	廿五	廿六	廿七	廿八	廿九	四	二	三	四	五	六	七	八	九	十	十一	十二	十三	十四	十五	十六	十七	十八	十九
星	2	3	4	5	6	日	1	2	3	4	5	6	日	1	2	3	4	5	6	日	1	2	3	4	5	6	日	1	2	3	4
干節	壬申	癸酉	甲戌	乙亥	丙子	立夏	戊寅	己卯	庚辰	辛巳	壬午	癸未	甲申	乙酉	丙戌	丁亥	戊子	己丑	庚寅	辛卯	壬辰	小滿	甲午	乙未	丙申	丁酉	戊戌	己亥	庚子	辛丑	壬寅

陽曆 六 月份 （陰曆四、五月份）

陽	6	2	3	4	5	6	7	8	9	10	11	12	13	14	15	16	17	18	19	20	21	22	23	24	25	26	27	28	29	30	
陰	廿	廿一	廿二	廿三	廿四	廿五	廿六	廿七	廿八	廿九	卅	五	二	三	四	五	六	七	八	九	十	十一	十二	十三	十四	十五	十六	十七	十八	十九	—
星	5	6	日	1	2	3	4	5	6	日	1	2	3	4	5	6	日	1	2	3	4	5	6	日	1	2	3	4	5	6	—
干節	癸卯	甲辰	乙巳	丙午	丁未	芒種	己酉	庚戌	辛亥	壬子	癸丑	甲寅	乙卯	丙辰	丁巳	戊午	己未	庚申	辛酉	壬戌	癸亥	夏至	乙丑	丙寅	丁卯	戊辰	己巳	庚午	辛未	壬申	—

近世中西史日對照表

甲戌

一九三四年

（中華民國二三年）

陽歷七月份　（陰歷五、六月份）

陽	7	2	3	4	5	6	7	8	9	10	11	12	13	14	15	16	17	18	19	20	21	22	23	24	25	26	27	28	29	30	31
陰	廿	廿一	廿二	廿三	廿四	廿五	廿六	廿七	廿八	廿九	卅	六	二	三	四	五	六	七	八	九	十	十一	十二	十三	十四	十五	十六	十七	十八	十九	廿
星	日	1	2	3	4	5	6	日	1	2	3	4	5	6	日	1	2	3	4	5	6	日	1	2	3	4	5	6	日	1	2
干節	癸酉	甲戌	乙亥	丙子	丁丑	戊寅	己卯	小暑	辛巳	壬午	癸未	甲申	乙酉	丙戌	丁亥	戊子	己丑	庚寅	辛卯	壬辰	癸巳	甲午	大暑	丙申	丁酉	戊戌	己亥	庚子	辛丑	壬寅	癸卯

陽歷八月份　（陰歷六、七月份）

陽	8	2	3	4	5	6	7	8	9	10	11	12	13	14	15	16	17	18	19	20	21	22	23	24	25	26	27	28	29	30	31
陰	廿一	廿二	廿三	廿四	廿五	廿六	廿七	廿八	廿九	七	二	三	四	五	六	七	八	九	十	十一	十二	十三	十四	十五	十六	十七	十八	十九	廿	廿一	廿二
星	3	4	5	6	日	1	2	3	4	5	6	日	1	2	3	4	5	6	日	1	2	3	4	5	6	日	1	2	3	4	5
干節	甲辰	乙巳	丙午	丁未	戊申	己酉	庚戌	立秋	壬子	癸丑	甲寅	乙卯	丙辰	丁巳	戊午	己未	庚申	辛酉	壬戌	癸亥	甲子	乙丑	丙寅	處暑	戊辰	己巳	庚午	辛未	壬申	癸酉	甲戌

陽歷九月份　（陰歷七、八月份）

陽	9	2	3	4	5	6	7	8	9	10	11	12	13	14	15	16	17	18	19	20	21	22	23	24	25	26	27	28	29	30
陰	廿三	廿四	廿五	廿六	廿七	廿八	廿九	卅	八	二	三	四	五	六	七	八	九	十	十一	十二	十三	十四	十五	十六	十七	十八	十九	廿	廿一	廿二
星	6	日	1	2	3	4	5	6	日	1	2	3	4	5	6	日	1	2	3	4	5	6	日	1	2	3	4	5	6	日
干節	乙亥	丙子	丁丑	戊寅	己卯	庚辰	辛巳	白露	癸未	甲申	乙酉	丙戌	丁亥	戊子	己丑	庚寅	辛卯	壬辰	癸巳	甲午	乙未	丙申	丁酉	秋分	己亥	庚子	辛丑	壬寅	癸卯	甲辰

陽歷十月份　（陰歷八、九月份）

陽	10	2	3	4	5	6	7	8	9	10	11	12	13	14	15	16	17	18	19	20	21	22	23	24	25	26	27	28	29	30	31
陰	廿三	廿四	廿五	廿六	廿七	廿八	廿九	九	二	三	四	五	六	七	八	九	十	十一	十二	十三	十四	十五	十六	十七	十八	十九	廿	廿一	廿二	廿三	廿四
星	1	2	3	4	5	6	日	1	2	3	4	5	6	日	1	2	3	4	5	6	日	1	2	3	4	5	6	日	1	2	3
干節	乙巳	丙午	丁未	戊申	己酉	庚戌	辛亥	壬子	寒露	甲寅	乙卯	丙辰	丁巳	戊午	己未	庚申	辛酉	壬戌	癸亥	甲子	乙丑	丙寅	丁卯	霜降	己巳	庚午	辛未	壬申	癸酉	甲戌	乙亥

陽歷十一月份　（陰歷九、十月份）

陽	11	2	3	4	5	6	7	8	9	10	11	12	13	14	15	16	17	18	19	20	21	22	23	24	25	26	27	28	29	30
陰	廿五	廿六	廿七	廿八	廿九	卅	十	二	三	四	五	六	七	八	九	十	十一	十二	十三	十四	十五	十六	十七	十八	十九	廿	廿一	廿二	廿三	廿四
星	4	5	6	日	1	2	3	4	5	6	日	1	2	3	4	5	6	日	1	2	3	4	5	6	日	1	2	4	5	6
干節	丙子	丁丑	戊寅	己卯	庚辰	辛巳	壬午	立冬	甲申	乙酉	丙戌	丁亥	戊子	己丑	庚寅	辛卯	壬辰	癸巳	甲午	乙未	丙申	丁酉	小雪	己亥	庚子	辛丑	壬寅	癸卯	甲辰	乙巳

陽歷十二月份　（陰歷十、十一月份）

陽	12	2	3	4	5	6	7	8	9	10	11	12	13	14	15	16	17	18	19	20	21	22	23	24	25	26	27	28	29	30	31
陰	廿五	廿六	廿七	廿八	廿九	卅	十一	二	三	四	五	六	七	八	九	十	十一	十二	十三	十四	十五	十六	十七	十八	十九	廿	廿一	廿二	廿三	廿四	廿五
星	6	日	1	2	3	4	5	6	日	1	2	3	4	5	6	日	1	2	3	4	5	6	日	1	2	3	4	5	6	日	1
干節	丙午	丁未	戊申	己酉	庚戌	辛亥	壬子	大雪	甲寅	乙卯	丙辰	丁巳	戊午	己未	庚申	辛酉	壬戌	癸亥	甲子	乙丑	丙寅	冬至	戊辰	己巳	庚午	辛未	壬申	癸酉	甲戌	乙亥	丙子

近世中西史日對照表

乙亥　一九三五年（中華民國二四年）

陽歷一月份　（陰歷十一、十二月份）

陽	1	2	3	4	5	6	7	8	9	10	11	12	13	14	15	16	17	18	19	20	21	22	23	24	25	26	27	28	29	30	31
陰	廿六	廿七	廿八	廿九	十二	二	三	四	五	六	七	八	九	十	十一	十二	十三	十四	十五	十六	十七	十八	十九	廿	廿一	廿二	廿三	廿四	廿五	廿六	廿七
星	2	3	4	5	6	日	1	2	3	4	5	6	日	1	2	3	4	5	6	日	1	2	3	4	5	6	日	1	2	3	4
干節	丁丑	戊寅	己卯	庚辰	辛巳	小寒	癸未	甲申	乙酉	丙戌	丁亥	戊子	己丑	庚寅	辛卯	壬辰	癸巳	甲午	乙未	丙申	大寒	戊戌	己亥	庚子	辛丑	壬寅	癸卯	甲辰	乙巳	丙午	丁未

陽歷二月份　（陰歷十二、正月份）

陽	2	2	3	4	5	6	7	8	9	10	11	12	13	14	15	16	17	18	19	20	21	22	23	24	25	26	27	28	—	—	—
陰	廿八	廿九	卅	正	二	三	四	五	六	七	八	九	十	十一	十二	十三	十四	十五	十六	十七	十八	十九	廿	廿一	廿二	廿三	廿四	廿五	—	—	—
星	5	6	日	1	2	3	4	5	6	日	1	2	3	4	5	6	日	1	2	3	4	5	6	日	1	2	3	4	—	—	—
干節	戊申	己酉	庚戌	辛亥	立春	癸丑	甲寅	乙卯	丙辰	丁巳	戊午	己未	庚申	辛酉	壬戌	癸亥	甲子	乙丑	雨水	丁卯	戊辰	己巳	庚午	辛未	壬申	癸酉	甲戌	乙亥	—	—	—

陽歷三月份　（陰歷正、二月份）

陽	3	2	3	4	5	6	7	8	9	10	11	12	13	14	15	16	17	18	19	20	21	22	23	24	25	26	27	28	29	30	31
陰	廿六	廿七	廿八	廿九	二	二	三	四	五	六	七	八	九	十	十一	十二	十三	十四	十五	十六	十七	十八	十九	廿	廿一	廿二	廿三	廿四	廿五	廿六	廿七
星	5	6	日	1	2	3	4	5	6	日	1	2	3	4	5	6	日	1	2	3	4	5	6	日	1	2	3	4	5	6	日
干節	丙子	丁丑	戊寅	己卯	庚辰	驚蟄	壬午	癸未	甲申	乙酉	丙戌	丁亥	戊子	己丑	庚寅	辛卯	壬辰	癸巳	甲午	乙未	春分	丁酉	戊戌	己亥	庚子	辛丑	壬寅	癸卯	甲辰	乙巳	丙午

陽歷四月份　（陰歷二、三月份）

陽	4	2	3	4	5	6	7	8	9	10	11	12	13	14	15	16	17	18	19	20	21	22	23	24	25	26	27	28	29	30	
陰	廿八	廿九	三	二	三	四	五	六	七	八	九	十	十一	十二	十三	十四	十五	十六	十七	十八	十九	廿	廿一	廿二	廿三	廿四	廿五	廿六	廿七	廿八	—
星	1	2	3	4	5	6	日	1	2	3	4	5	6	日	1	2	3	4	5	6	日	1	2	3	4	5	6	日	1	2	
干節	丁未	戊申	己酉	庚戌	辛亥	清明	癸丑	甲寅	乙卯	丙辰	丁巳	戊午	己未	庚申	辛酉	壬戌	癸亥	甲子	乙丑	丙寅	穀雨	戊辰	己巳	庚午	辛未	壬申	癸酉	甲戌	乙亥	丙子	

陽歷五月份　（陰歷三、四月份）

陽	5	2	3	4	5	6	7	8	9	10	11	12	13	14	15	16	17	18	19	20	21	22	23	24	25	26	27	28	29	30	31
陰	廿九	卅	四	二	三	四	五	六	七	八	九	十	十一	十二	十三	十四	十五	十六	十七	十八	十九	廿	廿一	廿二	廿三	廿四	廿五	廿六	廿七	廿八	廿九
星	3	4	5	6	日	1	2	3	4	5	6	日	1	2	3	4	5	6	日	1	2	3	4	5	6	日	1	2	3	4	5
干節	丁丑	戊寅	己卯	庚辰	辛巳	立夏	癸未	甲申	乙酉	丙戌	丁亥	戊子	己丑	庚寅	辛卯	壬辰	癸巳	甲午	乙未	丙申	丁酉	小滿	己亥	庚子	辛丑	壬寅	癸卯	甲辰	乙巳	丙午	丁未

陽歷六月份　（陰歷五月份）

陽	6	2	3	4	5	6	7	8	9	10	11	12	13	14	15	16	17	18	19	20	21	22	23	24	25	26	27	28	29	30	—
陰	五	二	三	四	五	六	七	八	九	十	十一	十二	十三	十四	十五	十六	十七	十八	十九	廿	廿一	廿二	廿三	廿四	廿五	廿六	廿七	廿八	廿九	卅	—
星	6	日	1	2	3	4	5	6	日	1	2	3	4	5	6	日	1	2	3	4	5	6	日	1	2	3	4	5	6	日	—
干節	戊申	己酉	庚戌	辛亥	壬子	癸丑	芒種	乙卯	丙辰	丁巳	戊午	己未	庚申	辛酉	壬戌	癸亥	甲子	乙丑	丙寅	丁卯	戊辰	夏至	庚午	辛未	壬申	癸酉	甲戌	乙亥	丙子	丁丑	—

乙亥

一九三五年

(中華民國二四年)

陽歷七月份　(陰歷六、七月份)

陽	7	2	3	4	5	6	7	8	9	10	11	12	13	14	15	16	17	18	19	20	21	22	23	24	25	26	27	28	29	30	31
陰	六	二	三	四	五	六	七	八	九	十	十一	十二	十三	十四	十五	十六	十七	十八	十九	廿	廿一	廿二	廿三	廿四	廿五	廿六	廿七	廿八	廿九	七	二
星	1	2	3	4	5	6	日	1	2	3	4	5	6	日	1	2	3	4	5	6	日	1	2	3	4	5	6	日	1	2	3
干節	戊寅	己卯	庚辰	辛巳	壬午	癸未	甲申	小暑	丙戌	丁亥	戊子	己丑	庚寅	辛卯	壬辰	癸巳	甲午	乙未	丙申	丁酉	戊戌	己亥	庚子	大暑	壬寅	癸卯	甲辰	乙巳	丙午	丁未	戊申

陽歷八月份　(陰歷七、八月份)

陽	8	2	3	4	5	6	7	8	9	10	11	12	13	14	15	16	17	18	19	20	21	22	23	24	25	26	27	28	29	30	31
陰	三	四	五	六	七	八	九	十	十一	十二	十三	十四	十五	十六	十七	十八	十九	廿	廿一	廿二	廿三	廿四	廿五	廿六	廿七	廿八	廿九	卅	八	二	三
星	4	5	6	日	1	2	3	4	5	6	日	1	2	3	4	5	6	日	1	2	3	4	5	6	日	1	2	3	4	5	6
干節	己酉	庚戌	辛亥	壬子	癸丑	甲寅	乙卯	立秋	丁巳	戊午	己未	庚申	辛酉	壬戌	癸亥	甲子	乙丑	丙寅	丁卯	戊辰	己巳	庚午	辛未	處暑	癸酉	甲戌	乙亥	丙子	丁丑	戊寅	己卯

陽歷九月份　(陰歷八、九月份)

陽	9	2	3	4	5	6	7	8	9	10	11	12	13	14	15	16	17	18	19	20	21	22	23	24	25	26	27	28	29	30	
陰	四	五	六	七	八	九	十	十一	十二	十三	十四	十五	十六	十七	十八	十九	廿	廿一	廿二	廿三	廿四	廿五	廿六	廿七	廿八	廿九	卅	九	二	三	
星	日	1	2	3	4	5	6	日	1	2	3	4	5	6	日	1	2	3	4	5	6	日	1	2	3	4	5	6	日	1	
干節	庚辰	辛巳	壬午	癸未	甲申	乙酉	丙戌	白露	戊子	己丑	庚寅	辛卯	壬辰	癸巳	甲午	乙未	丙申	丁酉	戊戌	己亥	庚子	辛丑	壬寅	秋分	甲辰	乙巳	丙午	丁未	戊申	己酉	

陽歷十月份　(陰歷九、十月份)

陽	10	2	3	4	5	6	7	8	9	10	11	12	13	14	15	16	17	18	19	20	21	22	23	24	25	26	27	28	29	30	31
陰	四	五	六	七	八	九	十	十一	十二	十三	十四	十五	十六	十七	十八	十九	廿	廿一	廿二	廿三	廿四	廿五	廿六	廿七	廿八	廿九	十	二	三	四	五
星	2	3	4	5	6	日	1	2	3	4	5	6	日	1	2	3	4	5	6	日	1	2	3	4	5	6	日	1	2	3	4
干節	庚戌	辛亥	壬子	癸丑	甲寅	乙卯	丙辰	丁巳	寒露	己未	庚申	辛酉	壬戌	癸亥	甲子	乙丑	丙寅	丁卯	戊辰	己巳	庚午	辛未	壬申	霜降	甲戌	乙亥	丙子	丁丑	戊寅	己卯	庚辰

陽歷十一月份　(陰歷十、十一月份)

陽	11	2	3	4	5	6	7	8	9	10	11	12	13	14	15	16	17	18	19	20	21	22	23	24	25	26	27	28	29	30	
陰	六	七	八	九	十	十一	十二	十三	十四	十五	十六	十七	十八	十九	廿	廿一	廿二	廿三	廿四	廿五	廿六	廿七	廿八	廿九	卅	十一	二	三	四	五	
星	5	6	日	1	2	3	4	5	6	日	1	2	3	4	5	6	日	1	2	3	4	5	6	日	1	2	3	4	5	6	
干節	辛巳	壬午	癸未	甲申	乙酉	丙戌	丁亥	立冬	己丑	庚寅	辛卯	壬辰	癸巳	甲午	乙未	丙申	丁酉	戊戌	己亥	庚子	辛丑	壬寅	小雪	甲辰	乙巳	丙午	丁未	戊申	己酉	庚戌	

陽歷十二月份　(陰歷十一、十二月份)

陽	12	2	3	4	5	6	7	8	9	10	11	12	13	14	15	16	17	18	19	20	21	22	23	24	25	26	27	28	29	30	31
陰	六	七	八	九	十	十一	十二	十三	十四	十五	十六	十七	十八	十九	廿	廿一	廿二	廿三	廿四	廿五	廿六	廿七	廿八	廿九	卅	十二	二	三	四	五	六
星	日	1	2	3	4	5	6	日	1	2	3	4	5	6	日	1	2	3	4	5	6	日	1	2	3	4	5	6	日	1	2
干節	辛亥	壬子	癸丑	甲寅	乙卯	丙辰	大雪	戊午	己未	庚申	辛酉	壬戌	癸亥	甲子	乙丑	丙寅	丁卯	戊辰	己巳	庚午	辛未	壬申	冬至	甲戌	乙亥	丙子	丁丑	戊寅	己卯	庚辰	辛巳

陽歷 一月份　　(陰歷十二、正月份)

陽	1	2	3	4	5	6	7	8	9	10	11	12	13	14	15	16	17	18	19	20	21	22	23	24	25	26	27	28	29	30	31
陰	七	八	九	十	十一	十二	十三	十四	十五	十六	十七	十八	十九	廿	廿一	廿二	廿三	廿四	廿五	廿六	廿七	廿八	廿九	正	二	三	四	五	六	七	八
星	3	4	5	6	日	1	2	3	4	5	6	日	1	2	3	4	5	6	日	1	2	3	4	5	6	日	1	2	3	4	5
干節	壬午	癸未	甲申	乙酉	丙戌	小寒	戊子	己丑	庚寅	辛卯	壬辰	癸巳	甲午	乙未	丙申	丁酉	戊戌	己亥	庚子	辛丑	大寒	癸卯	甲辰	乙巳	丙午	丁未	戊申	己酉	庚戌	辛亥	壬子

陽歷 二月份　　(陰歷正、二月份)

陽	2	2	3	4	5	6	7	8	9	10	11	12	13	14	15	16	17	18	19	20	21	22	23	24	25	26	27	28	29		
陰	九	十	十一	十二	十三	十四	十五	十六	十七	十八	十九	廿	廿一	廿二	廿三	廿四	廿五	廿六	廿七	廿八	廿九	卅	二	二	三	四	五	六	七		
星	6	日	1	2	3	4	5	6	日	1	2	3	4	5	6	日	1	2	3	4	5	6	日	1	2	3	4	5	6		
干節	癸丑	甲寅	乙卯	丙辰	立春	戊午	己未	庚申	辛酉	壬戌	癸亥	甲子	乙丑	丙寅	丁卯	戊辰	己巳	庚午	辛未	雨水	癸酉	甲戌	乙亥	丙子	丁丑	戊寅	己卯	庚辰	辛巳		

陽歷 三月份　　(陰歷二、三月份)

陽	3	2	3	4	5	6	7	8	9	10	11	12	13	14	15	16	17	18	19	20	21	22	23	24	25	26	27	28	29	30	31
陰	八	九	十	十一	十二	十三	十四	十五	十六	十七	十八	十九	廿	廿一	廿二	廿三	廿四	廿五	廿六	廿七	廿八	廿九	三	二	三	四	五	六	七	八	九
星	日	1	2	3	4	5	6	日	1	2	3	4	5	6	日	1	2	3	4	5	6	日	1	2	3	4	5	6	日	1	2
干節	壬午	癸未	甲申	乙酉	丙戌	驚蟄	戊子	己丑	庚寅	辛卯	壬辰	癸巳	甲午	乙未	丙申	丁酉	戊戌	己亥	庚子	辛丑	春分	癸卯	甲辰	乙巳	丙午	丁未	戊申	己酉	庚戌	辛亥	壬子

陽歷 四月份　　(陰歷三、閏三月份)

陽	4	2	3	4	5	6	7	8	9	10	11	12	13	14	15	16	17	18	19	20	21	22	23	24	25	26	27	28	29	30	
陰	十	十一	十二	十三	十四	十五	十六	十七	十八	十九	廿	廿一	廿二	廿三	廿四	廿五	廿六	廿七	廿八	廿九	閏	二	三	四	五	六	七	八	九	十	
星	3	4	5	6	日	1	2	3	4	5	6	日	1	2	3	4	5	6	日	1	2	3	4	5	6	日	1	2	3	4	
干節	癸丑	甲寅	乙卯	丙辰	清明	戊午	己未	庚申	辛酉	壬戌	癸亥	甲子	乙丑	丙寅	丁卯	戊辰	己巳	庚午	辛未	穀雨	癸酉	甲戌	乙亥	丙子	丁丑	戊寅	己卯	庚辰	辛巳	壬午	

陽歷 五月份　　(陰歷閏三、四月份)

陽	5	2	3	4	5	6	7	8	9	10	11	12	13	14	15	16	17	18	19	20	21	22	23	24	25	26	27	28	29	30	31
陰	十一	十二	十三	十四	十五	十六	十七	十八	十九	廿	廿一	廿二	廿三	廿四	廿五	廿六	廿七	廿八	廿九	卅	四	二	三	四	五	六	七	八	九	十	十一
星	5	6	日	1	2	3	4	5	6	日	1	2	3	4	5	6	日	1	2	3	4	5	6	日	1	2	3	4	5	6	日
干節	癸未	甲申	乙酉	丙戌	丁亥	立夏	己丑	庚寅	辛卯	壬辰	癸巳	甲午	乙未	丙申	丁酉	戊戌	己亥	庚子	辛丑	壬寅	小滿	甲辰	乙巳	丙午	丁未	戊申	己酉	庚戌	辛亥	壬子	癸丑

陽歷 六月份　　(陰歷四、五月份)

陽	6	2	3	4	5	6	7	8	9	10	11	12	13	14	15	19	17	18	19	20	21	22	23	24	25	26	27	28	29	30	
陰	十二	十三	十四	十五	十六	十七	十八	十九	廿	廿一	廿二	廿三	廿四	廿五	廿六	廿七	廿八	廿九	五	二	三	四	五	六	七	八	九	十	十一	十二	
星	1	2	3	4	5	6	日	1	2	3	4	5	6	日	1	2	3	4	5	6	日	1	2	3	4	5	6	日	1	2	
干節	甲寅	乙卯	丙辰	丁巳	戊午	芒種	庚申	辛酉	壬戌	癸亥	甲子	乙丑	丙寅	丁卯	戊辰	己巳	庚午	辛未	壬申	癸酉	夏至	乙亥	丙子	丁丑	戊寅	己卯	庚辰	辛巳	壬午	癸未	

丙子

一九三六年

(中華民國二五年)

丙子

一九三六年

（中華民國二五年）

陽歷七月份　（陰歷五、六月份）

陽	7	2	3	4	5	6	7	8	9	10	11	12	13	14	15	16	17	18	19	20	21	22	23	24	25	26	27	28	29	30	31
陰	十三	十四	十五	十六	十七	十八	十九	廿	廿一	廿二	廿三	廿四	廿五	廿六	廿七	廿八	廿九	六	二	三	四	五	六	七	八	九	十	十一	十二	十三	十四
星	3	4	5	6	日	1	2	3	4	5	6	日	1	2	3	4	5	6	日	1	2	3	4	5	6	日	1	2	3	4	5
干節	甲申	乙酉	丙戌	丁亥	戊子	己丑	小暑	辛卯	壬辰	癸巳	甲午	乙未	丙申	丁酉	戊戌	己亥	庚子	辛丑	壬寅	癸卯	甲辰	乙巳	大暑	丁未	戊申	己酉	庚戌	辛亥	壬子	癸丑	甲寅

陽歷八月份　（陰歷六、七月份）

陽	8	2	3	4	5	6	7	8	9	10	11	12	13	14	15	16	17	18	19	20	21	22	23	24	25	26	27	28	29	30	31
陰	十五	十六	十七	十八	十九	廿	廿一	廿二	廿三	廿四	廿五	廿六	廿七	廿八	廿九	卅	七	二	三	四	五	六	七	八	九	十	十一	十二	十三	十四	十五
星	6	日	1	2	3	4	5	6	日	1	2	3	4	5	6	日	1	2	3	4	5	6	日	1	2	3	4	5	6	日	1
干節	乙卯	丙辰	丁巳	戊午	己未	庚申	辛酉	立秋	癸亥	甲子	乙丑	丙寅	丁卯	戊辰	己巳	庚午	辛未	壬申	癸酉	甲戌	乙亥	丙子	處暑	戊寅	己卯	庚辰	辛巳	壬午	癸未	甲申	乙酉

陽歷九月份　（陰歷七、八月份）

陽	9	2	3	4	5	6	7	8	9	10	11	12	13	14	15	16	17	18	19	20	21	22	23	24	25	26	27	28	29	30
陰	十六	十七	十八	十九	廿	廿一	廿二	廿三	廿四	廿五	廿六	廿七	廿八	廿九	卅	八	二	三	四	五	六	七	八	九	十	十一	十二	十三	十四	十五
星	2	3	4	5	6	日	1	2	3	4	5	6	日	1	2	3	4	5	6	日	1	2	3	4	5	6	日	1	2	3
干節	丙戌	丁亥	戊子	己丑	庚寅	辛卯	壬辰	白露	甲午	乙未	丙申	丁酉	戊戌	己亥	庚子	辛丑	壬寅	癸卯	甲辰	乙巳	丙午	丁未	秋分	己酉	庚戌	辛亥	壬子	癸丑	甲寅	乙卯

陽歷十月份　（陰歷八、九月份）

陽	10	2	3	4	5	6	7	8	9	10	11	12	13	14	15	16	17	18	19	20	21	22	23	24	25	26	27	28	29	30	31
陰	十六	十七	十八	十九	廿	廿一	廿二	廿三	廿四	廿五	廿六	廿七	廿八	廿九	九	二	三	四	五	六	七	八	九	十	十一	十二	十三	十四	十五	十六	十七
星	4	5	6	日	1	2	3	4	5	6	日	1	2	3	4	5	6	日	1	2	3	4	5	6	日	1	2	3	4	5	6
干節	丙辰	丁巳	戊午	己未	庚申	辛酉	壬戌	寒露	甲子	乙丑	丙寅	丁卯	戊辰	己巳	庚午	辛未	壬申	癸酉	甲戌	乙亥	丙子	丁丑	霜降	己卯	庚辰	辛巳	壬午	癸未	甲申	乙酉	丙戌

陽歷十一月份　（陰歷九、十月份）

陽	11	2	3	4	5	6	7	8	9	10	11	12	13	14	15	16	17	18	19	20	21	22	23	24	25	26	27	28	29	30
陰	十八	十九	廿	廿一	廿二	廿三	廿四	廿五	廿六	廿七	廿八	廿九	卅	十	二	三	四	五	六	七	八	九	十	十一	十二	十三	十四	十五	十六	十七
星	日	1	2	3	4	5	6	日	1	2	3	4	5	6	日	1	2	3	4	5	6	日	1	2	3	4	5	6	日	1
干節	丁亥	戊子	己丑	庚寅	辛卯	壬辰	立冬	甲午	乙未	丙申	丁酉	戊戌	己亥	庚子	辛丑	壬寅	癸卯	甲辰	乙巳	丙午	丁未	小雪	己酉	庚戌	辛亥	壬子	癸丑	甲寅	乙卯	丙辰

陽歷十二月份　（陰歷十、十一月份）

陽	12	2	3	4	5	6	7	8	9	10	11	12	13	14	15	16	17	18	19	20	21	22	23	24	25	26	27	28	29	30	31
陰	十八	十九	廿	廿一	廿二	廿三	廿四	廿五	廿六	廿七	廿八	廿九	卅	十一	二	三	四	五	六	七	八	九	十	十一	十二	十三	十四	十五	十六	十七	十八
星	2	3	4	5	6	日	1	2	3	4	5	6	日	1	2	3	4	5	6	日	1	2	3	4	5	6	日	1	2	3	4
干節	丁巳	戊午	己未	庚申	辛酉	壬戌	大雪	甲子	乙丑	丙寅	丁卯	戊辰	己巳	庚午	辛未	壬申	癸酉	甲戌	乙亥	丙子	丁丑	冬至	己卯	庚辰	辛巳	壬午	癸未	甲申	乙酉	丙戌	丁亥

近世中西史日對照表

陽歷 一月份 （陰歷十一、十二月份）

陽	1	2	3	4	5	6	7	8	9	10	11	12	13	14	15	16	17	18	19	20	21	22	23	24	25	26	27	28	29	30	31
陰	十九	廿	廿一	廿二	廿三	廿四	廿五	廿六	廿七	廿八	廿九	卅	十二	二	三	四	五	六	七	八	九	十	十一	十二	十三	十四	十五	十六	十七	十八	十九
星	5	6	日	1	2	3	4	5	6	日	1	2	3	4	5	6	日	1	2	3	4	5	6	日	1	2	3	4	5	6	日
干節	戊子	己丑	庚寅	辛卯	壬辰	小寒	甲午	乙未	丙申	丁酉	戊戌	己亥	庚子	辛丑	壬寅	癸卯	甲辰	乙巳	丙午	大寒	戊申	己酉	庚戌	辛亥	壬子	癸丑	甲寅	乙卯	丙辰	丁巳	戊午

陽歷 二月份 （陰歷十二、正月份）

陽	2	2	3	4	5	6	7	8	9	10	11	12	13	14	15	16	17	18	19	20	21	22	23	24	25	26	27	28			
陰	廿	廿一	廿二	廿三	廿四	廿五	廿六	廿七	廿八	廿九	正	二	三	四	五	六	七	八	九	十	十一	十二	十三	十四	十五	十六	十七	十八			
星	1	2	3	4	5	6	日	1	2	3	4	5	6	日	1	2	3	4	5	6	日	1	2	3	4	5	6	日			
干節	己未	庚申	辛酉	立春	癸亥	甲子	乙丑	丙寅	丁卯	戊辰	己巳	庚午	辛未	壬申	癸酉	甲戌	乙亥	丙子	雨水	戊寅	己卯	庚辰	辛巳	壬午	癸未	甲申	乙酉	丙戌			

陽歷 三月份 （陰歷正、二月份）

陽	3	2	3	4	5	6	7	8	9	10	11	12	13	14	15	16	17	18	19	20	21	22	23	24	25	26	27	28	29	30	31
陰	十九	廿	廿一	廿二	廿三	廿四	廿五	廿六	廿七	廿八	廿九	卅	二	二	三	四	五	六	七	八	九	十	十一	十二	十三	十四	十五	十六	十七	十八	十九
星	1	2	3	4	5	6	日	1	2	3	4	5	6	日	1	2	3	4	5	6	日	1	2	3	4	5	6	日	1	2	3
干節	丁亥	戊子	己丑	庚寅	辛卯	驚蟄	癸巳	甲午	乙未	丙申	丁酉	戊戌	己亥	庚子	辛丑	壬寅	癸卯	甲辰	乙巳	丙午	春分	戊申	己酉	庚戌	辛亥	壬子	癸丑	甲寅	乙卯	丙辰	丁巳

陽歷 四月份 （陰歷二、三月份）

陽	4	2	3	4	5	6	7	8	9	10	11	12	13	14	15	16	17	18	19	20	21	22	23	24	25	26	27	28	29	30
陰	廿	廿一	廿二	廿三	廿四	廿五	廿六	廿七	廿八	廿九	三	二	三	四	五	六	七	八	九	十	十一	十二	十三	十四	十五	十六	十七	十八	十九	廿
星	4	5	6	日	1	2	3	4	5	6	日	1	2	3	4	5	6	日	1	2	3	4	5	6	日	1	2	3	4	5
干節	戊午	己未	庚申	辛酉	清明	癸亥	甲子	乙丑	丙寅	丁卯	戊辰	己巳	庚午	辛未	壬申	癸酉	甲戌	乙亥	丙子	穀雨	戊寅	己卯	庚辰	辛巳	壬午	癸未	甲申	乙酉	丙戌	丁亥

陽歷 五月份 （陰歷三、四月份）

陽	5	2	3	4	5	6	7	8	9	10	11	12	13	14	15	16	17	18	19	20	21	22	23	24	25	26	27	28	29	30	31
陰	廿一	廿二	廿三	廿四	廿五	廿六	廿七	廿八	廿九	四	二	三	四	五	六	七	八	九	十	十一	十二	十三	十四	十五	十六	十七	十八	十九	廿	廿一	廿二
星	6	日	1	2	3	4	5	6	日	1	2	3	4	5	6	日	1	2	3	4	5	6	日	1	2	3	4	5	6	日	1
干節	戊子	己丑	庚寅	辛卯	壬辰	立夏	甲午	乙未	丙申	丁酉	戊戌	己亥	庚子	辛丑	壬寅	癸卯	甲辰	乙巳	丙午	丁未	小滿	己酉	庚戌	辛亥	壬子	癸丑	甲寅	乙卯	丙辰	丁巳	戊午

陽歷 六月份 （陰歷四、五月份）

陽	6	2	3	4	5	6	7	8	9	10	11	12	13	14	15	16	17	18	19	20	21	22	23	24	25	26	27	28	29	30
陰	廿三	廿四	廿五	廿六	廿七	廿八	廿九	卅	五	二	三	四	五	六	七	八	九	十	十一	十二	十三	十四	十五	十六	十七	十八	十九	廿	廿一	廿二
星	2	3	4	5	6	日	1	2	3	4	5	6	日	1	2	3	4	5	6	日	1	2	3	4	5	6	日	1	2	3
干節	己未	庚申	辛酉	壬戌	癸亥	芒種	乙丑	丙寅	丁卯	戊辰	己巳	庚午	辛未	壬申	癸酉	甲戌	乙亥	丙子	丁丑	戊寅	己卯	夏至	辛巳	壬午	癸未	甲申	乙酉	丙戌	丁亥	戊子

丁丑 一九三七年（中華民國二六年）

陽歷七月份　（陰歷五、六月份）

陽	**7**	2	3	4	5	6	7	8	9	10	11	12	13	14	15	16	17	18	19	20	21	22	23	24	25	26	27	28	29	30	31
陰	廿三	廿四	廿五	廿六	廿七	廿八	廿九	**六**	二	三	四	五	六	七	八	九	十	十一	十二	十三	十四	十五	十六	十七	十八	十九	廿	廿一	廿二	廿三	廿四
星	4	5	6	**日**	1	2	3	4	5	6	**日**	1	2	3	4	5	6	**日**	1	2	3	4	5	6	**日**	1	2	3	4	5	6
干節	己丑	庚寅	辛卯	壬辰	癸巳	甲午	**小暑**	丙申	丁酉	戊戌	己亥	庚子	辛丑	壬寅	癸卯	甲辰	乙巳	丙午	丁未	戊申	己酉	庚戌	**大暑**	壬子	癸丑	甲寅	乙卯	丙辰	丁巳	戊午	己未

陽歷八月份　（陰歷六、七月份）

陽	**8**	2	3	4	5	6	7	8	9	10	11	12	13	14	15	16	17	18	19	20	21	22	23	24	25	26	27	28	29	30	31
陰	廿五	廿六	廿七	廿八	廿九	**七**	二	三	四	五	六	七	八	九	十	十一	十二	十三	十四	十五	十六	十七	十八	十九	廿	廿一	廿二	廿三	廿四	廿五	廿六
星	**日**	1	2	3	4	5	6	**日**	1	2	3	4	5	6	**日**	1	2	3	4	5	6	**日**	1	2	3	4	5	6	**日**	1	2
干節	庚申	辛酉	壬戌	癸亥	甲子	乙丑	丙寅	**立秋**	戊辰	己巳	庚午	辛未	壬申	癸酉	甲戌	乙亥	丙子	丁丑	戊寅	己卯	庚辰	辛巳	**處暑**	癸未	甲申	乙酉	丙戌	丁亥	戊子	己丑	庚寅

陽歷九月份　（陰歷七、八月份）

陽	**9**	2	3	4	5	6	7	8	9	10	11	12	13	14	15	16	17	18	19	20	21	22	23	24	25	26	27	28	29	30
陰	廿七	廿八	廿九	卅	**八**	二	三	四	五	六	七	八	九	十	十一	十二	十三	十四	十五	十六	十七	十八	十九	廿	廿一	廿二	廿三	廿四	廿五	廿六
星	3	4	5	6	**日**	1	2	3	4	5	6	**日**	1	2	3	4	5	6	**日**	1	2	3	4	5	6	**日**	1	2	3	4
干節	辛卯	壬辰	癸巳	甲午	乙未	丙申	丁酉	**白露**	己亥	庚子	辛丑	壬寅	癸卯	甲辰	乙巳	丙午	丁未	戊申	己酉	庚戌	辛亥	壬子	**秋分**	甲寅	乙卯	丙辰	丁巳	戊午	己未	庚申

陽歷十月份　（陰歷八、九月份）

陽	**10**	2	3	4	5	6	7	8	9	10	11	12	13	14	15	16	17	18	19	20	21	22	23	24	25	26	27	28	29	30	31
陰	廿七	廿八	廿九	**九**	二	三	四	五	六	七	八	九	十	十一	十二	十三	十四	十五	十六	十七	十八	十九	廿	廿一	廿二	廿三	廿四	廿五	廿六	廿七	廿八
星	5	6	**日**	1	2	3	4	5	6	**日**	1	2	3	4	5	6	**日**	1	2	3	4	5	6	**日**	1	2	3	4	5	6	**日**
干節	辛酉	壬戌	癸亥	甲子	乙丑	丙寅	丁卯	戊辰	**寒露**	庚午	辛未	壬申	癸酉	甲戌	乙亥	丙子	丁丑	戊寅	己卯	庚辰	辛巳	壬午	癸未	**霜降**	乙酉	丙戌	丁亥	戊子	己丑	庚寅	辛卯

陽歷十一月份　（陰歷九、十月份）

陽	**11**	2	3	4	5	6	7	8	9	10	11	12	13	14	15	16	17	18	19	20	21	22	23	24	25	26	27	28	29	30
陰	廿九	卅	**十**	二	三	四	五	六	七	八	九	十	十一	十二	十三	十四	十五	十六	十七	十八	十九	廿	廿一	廿二	廿三	廿四	廿五	廿六	廿七	廿八
星	1	2	3	4	5	6	**日**	1	2	3	4	5	6	**日**	1	2	3	4	5	6	**日**	1	2	3	4	5	6	**日**	1	2
干節	壬辰	癸巳	甲午	乙未	丙申	丁酉	戊戌	**立冬**	庚子	辛丑	壬寅	癸卯	甲辰	乙巳	丙午	丁未	戊申	己酉	庚戌	辛亥	壬子	癸丑	**小雪**	乙卯	丙辰	丁巳	戊午	己未	庚申	辛酉

陽歷十二月份　（陰歷十、十一月份）

陽	**12**	2	3	4	5	6	7	8	9	10	11	12	13	41	15	16	17	18	19	20	21	22	23	24	25	26	27	28	29	30	31
陰	廿九	**十一**	卅	二	三	四	五	六	七	八	九	十	十一	十二	十三	十四	十五	十六	十七	十八	十九	廿	廿一	廿二	廿三	廿四	廿五	廿六	廿七	廿八	廿九
星	3	4	5	6	**日**	1	2	3	4	5	6	**日**	1	2	3	4	5	6	**日**	1	2	3	4	5	6	**日**	1	2	3	4	5
干節	壬戌	癸亥	甲子	乙丑	丙寅	丁卯	**大雪**	己巳	庚午	辛未	壬申	癸酉	甲戌	乙亥	丙子	丁丑	戊寅	己卯	庚辰	辛巳	壬午	**冬至**	甲申	乙酉	丙戌	丁亥	戊子	己丑	庚寅	辛卯	壬辰

近世中西史日對照表

戊寅　一九三八年（中華民國二十七年）

陽歷一月份　（陰歷十一、十二、正月份）

陽	1	2	3	4	5	6	7	8	9	10	11	12	13	14	15	16	17	18	19	20	21	22	23	24	25	26	27	28	29	30	31
陰	卅	十二	二	三	四	五	六	七	八	九	十	十一	十二	十三	十四	十五	十六	十七	十八	十九	廿	廿一	廿二	廿三	廿四	廿五	廿六	廿七	廿八	廿九	正
星	6	日	1	2	3	4	5	6	日	1	2	3	4	5	6	日	1	2	3	4	5	6	日	1	2	3	4	5	6	日	1
干節	癸巳	甲午	乙未	丙申	丁酉	小寒	己亥	庚子	辛丑	壬寅	癸卯	甲辰	乙巳	丙午	丁未	戊申	己酉	庚戌	辛亥	壬子	大寒	甲寅	乙卯	丙辰	丁巳	戊午	己未	庚申	辛酉	壬戌	癸亥

陽歷二月份　（陰歷正月份）

陽	2	2	3	4	5	6	7	8	9	10	11	12	13	14	15	16	17	18	19	20	21	22	23	24	25	26	27	28			
陰	二	三	四	五	六	七	八	九	十	十一	十二	十三	十四	十五	十六	十七	十八	十九	廿	廿一	廿二	廿三	廿四	廿五	廿六	廿七	廿八	廿九	—	—	—
星	2	3	4	5	6	日	1	2	3	4	5	6	日	1	2	3	4	5	6	日	1	2	3	4	5	6	日	1	—	—	—
干節	甲子	乙丑	丙寅	立春	戊辰	己巳	庚午	辛未	壬申	癸酉	甲戌	乙亥	丙子	丁丑	戊寅	己卯	庚辰	辛巳	雨水	癸未	甲申	乙酉	丙戌	丁亥	戊子	己丑	庚寅	辛卯	—	—	—

陽歷三月份　（陰歷正、二月份）

陽	3	2	3	4	5	6	7	8	9	10	11	12	13	14	15	16	17	18	19	20	21	22	23	24	25	26	27	28	29	30	31
陰	卅	二	二	三	四	五	六	七	八	九	十	十一	十二	十三	十四	十五	十六	十七	十八	十九	廿	廿一	廿二	廿三	廿四	廿五	廿六	廿七	廿八	廿九	卅
星	2	3	4	5	6	日	1	2	3	4	5	6	日	1	2	3	4	5	6	日	1	2	3	4	5	6	日	1	2	3	4
干節	壬辰	癸巳	甲午	乙未	丙申	驚蟄	戊戌	己亥	庚子	辛丑	壬寅	癸卯	甲辰	乙巳	丙午	丁未	戊申	己酉	庚戌	辛亥	春分	癸丑	甲寅	乙卯	丙辰	丁巳	戊午	己未	庚申	辛酉	壬戌

陽歷四月份　（陰歷三、四月份）

陽	4	2	3	4	5	6	7	8	9	10	11	12	13	14	15	16	17	18	19	20	21	22	23	24	25	26	27	28	29	30	
陰	三	二	三	四	五	六	七	八	九	十	十一	十二	十三	十四	十五	十六	十七	十八	十九	廿	廿一	廿二	廿三	廿四	廿五	廿六	廿七	廿八	廿九	四	
星	5	6	日	1	2	3	4	5	6	日	1	2	3	4	5	6	日	1	2	3	4	5	6	日	1	2	3	4	5	6	
干節	癸亥	甲子	乙丑	丙寅	清明	戊辰	己巳	庚午	辛未	壬申	癸酉	甲戌	乙亥	丙子	丁丑	戊寅	己卯	庚辰	辛巳	壬午	穀雨	甲申	乙酉	丙戌	丁亥	戊子	己丑	庚寅	辛卯	壬辰	

陽歷五月份　（陰歷四、五月份）

陽	5	2	3	4	5	6	7	8	9	10	11	12	13	14	15	16	17	18	19	20	21	22	23	24	25	26	27	28	29	30	31
陰	二	三	四	五	六	七	八	九	十	十一	十二	十三	十四	十五	十六	十七	十八	十九	廿	廿一	廿二	廿三	廿四	廿五	廿六	廿七	廿八	廿九	五	二	三
星	日	1	2	3	4	5	6	日	1	2	3	4	5	6	日	1	2	3	4	5	6	日	1	2	3	4	5	6	日	1	2
干節	癸巳	甲午	乙未	丙申	丁酉	立夏	己亥	庚子	辛丑	壬寅	癸卯	甲辰	乙巳	丙午	丁未	戊申	己酉	庚戌	辛亥	壬子	癸丑	小滿	乙卯	丙辰	丁巳	戊午	己未	庚申	辛酉	壬戌	癸亥

陽歷六月份　（陰歷五、六月份）

陽	6	2	3	4	5	6	7	8	9	10	11	12	13	14	15	16	17	18	19	20	21	22	23	24	25	26	27	28	29	30	
陰	四	五	六	七	八	九	十	十一	十二	十三	十四	十五	十六	十七	十八	十九	廿	廿一	廿二	廿三	廿四	廿五	廿六	廿七	廿八	廿九	卅	六	二	三	—
星	3	4	5	6	日	1	2	3	4	5	6	日	1	2	3	4	5	6	日	1	2	3	4	5	6	日	1	2	3	4	—
干節	甲子	乙丑	丙寅	丁卯	戊辰	芒種	庚午	辛未	壬申	癸酉	甲戌	乙亥	丙子	丁丑	戊寅	己卯	庚辰	辛巳	壬午	癸未	甲申	夏至	丙戌	丁亥	戊子	己丑	庚寅	辛卯	壬辰	癸巳	—

戊寅 一九三八年 （中華民國二十七年）

近世中西史日對照表

陽歷七月份　（陰歷六、七月份）

陽	7	2	3	4	5	6	7	8	9	10	11	12	13	14	15	16	17	18	19	20	21	22	23	24	25	26	27	28	29	30	31
陰	四	五	六	七	八	九	十	十一	十二	十三	十四	十五	十六	十七	十八	十九	廿	廿一	廿二	廿三	廿四	廿五	廿六	廿七	廿八	廿九	七	二	三	四	五
星	5	6	日	1	2	3	4	5	6	日	1	2	3	4	5	6	日	1	2	3	4	5	6	日	1	2	3	4	5	6	日
干節	甲午	乙未	丙申	丁酉	戊戌	己亥	庚子	小暑	壬寅	癸卯	甲辰	乙巳	丙午	丁未	戊申	己酉	庚戌	辛亥	壬子	癸丑	甲寅	乙卯	大暑	丁巳	戊午	己未	庚申	辛酉	壬戌	癸亥	甲子

陽歷八月份　（陰歷七、閏七月份）

陽	8	2	3	4	5	6	7	8	9	10	11	12	13	14	15	16	17	18	19	20	21	22	23	24	25	26	27	28	29	30	31
陰	六	七	八	九	十	十一	十二	十三	十四	十五	十六	十七	十八	十九	廿	廿一	廿二	廿三	廿四	廿五	廿六	廿七	廿八	廿九	閏	二	三	四	五	六	七
星	1	2	3	4	5	6	日	1	2	3	4	5	6	日	1	2	3	4	5	6	日	1	2	3	4	5	6	日	1	2	3
干節	乙丑	丙寅	丁卯	戊辰	己巳	庚午	辛未	立秋	癸酉	甲戌	乙亥	丙子	丁丑	戊寅	己卯	庚辰	辛巳	壬午	癸未	甲申	乙酉	丙戌	丁亥	處暑	己丑	庚寅	辛卯	壬辰	癸巳	甲午	乙未

陽歷九月份　（陰歷閏七、八月份）

陽	9	2	3	4	5	6	7	8	9	10	11	12	13	14	15	16	17	18	19	20	21	22	23	24	25	26	27	28	29	30
陰	八	九	十	十一	十二	十三	十四	十五	十六	十七	十八	十九	廿	廿一	廿二	廿三	廿四	廿五	廿六	廿七	廿八	廿九	卅	八	二	三	四	五	六	七
星	4	5	6	日	1	2	3	4	5	6	日	1	2	3	4	5	6	日	1	2	3	4	5	6	日	1	2	3	4	5
干節	丙申	丁酉	戊戌	己亥	庚子	辛丑	壬寅	白露	甲辰	乙巳	丙午	丁未	戊申	己酉	庚戌	辛亥	壬子	癸丑	甲寅	乙卯	丙辰	丁巳	戊午	秋分	庚申	辛酉	壬戌	癸亥	甲子	乙丑

陽歷十月份　（陰歷八、九月份）

陽	10	2	3	4	5	6	7	8	9	10	11	12	13	14	15	16	17	18	19	20	21	22	23	24	25	26	27	28	29	30	31
陰	八	九	十	十一	十二	十三	十四	十五	十六	十七	十八	十九	廿	廿一	廿二	廿三	廿四	廿五	廿六	廿七	廿八	廿九	九	二	三	四	五	六	七	八	九
星	6	日	1	2	3	4	5	6	日	1	2	3	4	5	6	日	1	2	3	4	5	6	日	1	2	3	4	5	6	日	1
干節	丙寅	丁卯	戊辰	己巳	庚午	辛未	壬申	癸酉	寒露	乙亥	丙子	丁丑	戊寅	己卯	庚辰	辛巳	壬午	癸未	甲申	乙酉	丙戌	丁亥	戊子	霜降	庚寅	辛卯	壬辰	癸巳	甲午	乙未	丙申

陽歷十一月份　（陰歷九、十月份）

陽	11	2	3	4	5	6	7	8	9	10	11	12	13	14	15	16	17	18	19	20	21	22	23	24	25	26	27	28	29	30
陰	十	十一	十二	十三	十四	十五	十六	十七	十八	十九	廿	廿一	廿二	廿三	廿四	廿五	廿六	廿七	廿八	廿九	卅	十	二	三	四	五	六	七	八	九
星	2	3	4	5	6	日	1	2	3	4	5	6	日	1	2	3	4	5	6	日	1	2	3	4	5	6	日	1	2	3
干節	丁酉	戊戌	己亥	庚子	辛丑	壬寅	癸卯	立冬	乙巳	丙午	丁未	戊申	己酉	庚戌	辛亥	壬子	癸丑	甲寅	乙卯	丙辰	丁巳	戊午	小雪	庚申	辛酉	壬戌	癸亥	甲子	乙丑	丙寅

陽歷十二月份　（陰歷十、十一月份）

陽	12	2	3	4	5	6	7	8	9	10	11	12	13	14	15	16	17	18	19	20	21	22	23	24	25	26	27	28	29	30	31
陰	十	十一	十二	十三	十四	十五	十六	十七	十八	十九	廿	廿一	廿二	廿三	廿四	廿五	廿六	廿七	廿八	廿九	卅	十一	二	三	四	五	六	七	八	九	十
星	4	5	6	日	1	2	3	4	5	6	日	1	2	3	4	5	6	日	1	2	3	4	5	6	日	1	2	3	4	5	6
干節	丁卯	戊辰	己巳	庚午	辛未	壬申	癸酉	大雪	乙亥	丙子	丁丑	戊寅	己卯	庚辰	辛巳	壬午	癸未	甲申	乙酉	丙戌	丁亥	冬至	己丑	庚寅	辛卯	壬辰	癸巳	甲午	乙未	丙申	丁酉

己卯 一九三九年 (中華民國二八年)

陽歷 一月份 (陰歷十一、十二月份)

陽	1	2	3	4	5	6	7	8	9	10	11	12	13	14	15	16	17	18	19	20	21	22	23	24	25	26	27	28	29	30	31
陰	十一	十二	十三	十四	十五	十六	十七	十八	十九	廿	廿一	廿二	廿三	廿四	廿五	廿六	廿七	廿八	廿九	十二	二	三	四	五	六	七	八	九	十	十一	十二
星	日	1	2	3	4	5	6	日	1	2	3	4	5	6	日	1	2	3	4	5	6	日	1	2	3	4	5	6	日	1	2
干節	戊戌	己亥	庚子	辛丑	壬寅	小寒	甲辰	乙巳	丙午	丁未	戊申	己酉	庚戌	辛亥	壬子	癸丑	甲寅	乙卯	丙辰	丁巳	大寒	己未	庚申	辛酉	壬戌	癸亥	甲子	乙丑	丙寅	丁卯	戊辰

陽歷 二月份 (陰歷十二月、正月份)

陽	1	2	3	4	5	6	7	8	9	10	11	12	13	14	15	16	17	18	19	20	21	22	23	24	25	26	27	28			
陰	十三	十四	十五	十六	十七	十八	十九	廿	廿一	廿二	廿三	廿四	廿五	廿六	廿七	廿八	廿九	卅	正	二	三	四	五	六	七	八	九	十			
星	3	4	5	6	日	1	2	3	4	5	6	日	1	2	3	4	5	6	日	1	2	3	4	5	6	日	1	2			
干節	己巳	庚午	辛未	壬申	立春	甲戌	乙亥	丙子	丁丑	戊寅	己卯	庚辰	辛巳	壬午	癸未	甲申	乙酉	丙戌	雨水	戊子	己丑	庚寅	辛卯	壬辰	癸巳	甲午	乙未	丙申			

陽歷 三月份 (陰歷正、二月份)

陽	1	2	3	4	5	6	7	8	9	10	11	12	13	14	15	16	17	18	19	20	21	22	23	24	25	26	27	28	29	30	31
陰	十一	十二	十三	十四	十五	十六	十七	十八	十九	廿	廿一	廿二	廿三	廿四	廿五	廿六	廿七	廿八	廿九	卅	二	二	三	四	五	六	七	八	九	十	十一
星	3	4	5	6	日	1	2	3	4	5	6	日	1	2	3	4	5	6	日	1	2	3	4	5	6	日	1	2	3	4	5
干節	丁酉	戊戌	己亥	庚子	辛丑	驚蟄	癸卯	甲辰	乙巳	丙午	丁未	戊申	己酉	庚戌	辛亥	壬子	癸丑	甲寅	乙卯	丙辰	春分	戊午	己未	庚申	辛酉	壬戌	癸亥	甲子	乙丑	丙寅	丁卯

陽歷 四月份 (陰歷二、三月份)

陽	1	2	3	4	5	6	7	8	9	10	11	12	13	14	15	16	17	18	19	20	21	22	23	24	25	26	27	28	29	30	
陰	十二	十三	十四	十五	十六	十七	十八	十九	廿	廿一	廿二	廿三	廿四	廿五	廿六	廿七	廿八	廿九	卅	三	二	三	四	五	六	七	八	九	十	十一	
星	6	日	1	2	3	4	5	6	日	1	2	3	4	5	6	日	1	2	3	4	5	6	日	1	2	3	4	5	6	日	
干節	戊辰	己巳	庚午	辛未	壬申	清明	甲戌	乙亥	丙子	丁丑	戊寅	己卯	庚辰	辛巳	壬午	癸未	甲申	乙酉	丙戌	丁亥	穀雨	己丑	庚寅	辛卯	壬辰	癸巳	甲午	乙未	丙申	丁酉	

陽歷 五月份 (陰歷三、四月份)

陽	1	2	3	4	5	6	7	8	9	10	11	12	13	14	15	16	17	18	19	20	21	22	23	24	25	26	27	28	29	30	31
陰	十二	十三	十四	十五	十六	十七	十八	十九	廿	廿一	廿二	廿三	廿四	廿五	廿六	廿七	廿八	廿九	四	二	三	四	五	六	七	八	九	十	十一	十二	十三
星	1	2	3	4	5	6	日	1	2	3	4	5	6	日	1	2	3	4	5	6	日	1	2	3	4	5	6	日	1	2	3
干節	戊戌	己亥	庚子	辛丑	壬寅	立夏	甲辰	乙巳	丙午	丁未	戊申	己酉	庚戌	辛亥	壬子	癸丑	甲寅	乙卯	丙辰	丁巳	戊午	小滿	庚申	辛酉	壬戌	癸亥	甲子	乙丑	丙寅	丁卯	戊辰

陽歷 六月份 (陰歷四、五月份)

陽	1	2	3	4	5	6	7	8	9	10	11	12	13	14	15	16	17	18	19	20	21	22	23	24	25	26	27	28	29	30	
陰	十四	十五	十六	十七	十八	十九	廿	廿一	廿二	廿三	廿四	廿五	廿六	廿七	廿八	廿九	五	二	三	四	五	六	七	八	九	十	十一	十二	十三	十四	
星	4	5	6	日	1	2	3	4	5	6	日	1	2	3	4	5	6	日	1	2	3	4	5	6	日	1	2	3	4	5	
干節	己巳	庚午	辛未	壬申	癸酉	芒種	乙亥	丙子	丁丑	戊寅	己卯	庚辰	辛巳	壬午	癸未	甲申	乙酉	丙戌	丁亥	戊子	己丑	夏至	辛卯	壬辰	癸巳	甲午	乙未	丙申	丁酉	戊戌	

己卯　一九三九年（中華民國二八年）

陽歷七月份　（陰歷五、六月份）

陽	**7**	2	3	4	5	6	7	8	9	10	11	12	13	14	15	16	17	18	19	20	21	22	23	24	25	26	27	28	29	30	31
陰	十五	十六	十七	十八	十九	廿	廿一	廿二	廿三	廿四	廿五	廿六	廿七	廿八	廿九	卅	**六**	二	三	四	五	六	七	八	九	十	十一	十二	十三	十四	十五
星	6	**日**	1	2	3	4	5	6	**日**	1	2	3	4	5	6	**日**	1	2	3	4	5	6	**日**	1	2	3	4	5	6	**日**	1
干節	己亥	庚子	辛丑	壬寅	癸卯	甲辰	乙巳	**小暑**	丁未	戊申	己酉	庚戌	辛亥	壬子	癸丑	甲寅	乙卯	丙辰	丁巳	戊午	己未	庚申	辛酉	**大暑**	癸亥	甲子	乙丑	丙寅	丁卯	戊辰	己巳

陽歷八月份　（陰歷六、七月份）

陽	**8**	2	3	4	5	6	7	8	9	10	11	12	13	14	15	16	17	18	19	20	21	22	23	24	25	26	27	28	29	30	31
陰	十六	十七	十八	十九	廿	廿一	廿二	廿三	廿四	廿五	廿六	廿七	廿八	廿九	**七**	二	三	四	五	六	七	八	九	十	十一	十二	十三	十四	十五	十六	十七
星	2	3	4	5	6	**日**	1	2	3	4	5	6	**日**	1	2	3	4	5	6	**日**	1	2	3	4	5	6	**日**	1	2	3	4
干節	庚午	辛未	壬申	癸酉	甲戌	乙亥	丙子	**立秋**	戊寅	己卯	庚辰	辛巳	壬午	癸未	甲申	乙酉	丙戌	丁亥	戊子	己丑	庚寅	辛卯	壬辰	**處暑**	甲午	乙未	丙申	丁酉	戊戌	己亥	庚子

陽歷九月份　（陰歷七、八月份）

陽	**9**	2	3	4	5	6	7	8	9	10	11	12	13	14	15	16	17	18	19	20	21	22	23	24	25	26	27	28	29	30	
陰	十八	十九	廿	廿一	廿二	廿三	廿四	廿五	廿六	廿七	廿八	廿九	**八**	二	三	四	五	六	七	八	九	十	十一	十二	十三	十四	十五	十六	十七	十八	
星	5	6	**日**	1	2	3	4	5	6	**日**	1	2	3	4	5	6	**日**	1	2	3	4	5	6	**日**	1	2	3	4	5	6	
干節	辛丑	壬寅	癸卯	甲辰	乙巳	丙午	丁未	**白露**	己酉	庚戌	辛亥	壬子	癸丑	甲寅	乙卯	丙辰	丁巳	戊午	己未	庚申	辛酉	壬戌	癸亥	**秋分**	乙丑	丙寅	丁卯	戊辰	己巳	庚午	

陽歷十月份　（陰歷八、九月份）

陽	**10**	2	3	4	5	6	7	8	9	10	11	12	13	14	15	16	17	18	19	20	21	22	23	24	25	26	27	28	29	30	31
陰	十九	廿	廿一	廿二	廿三	廿四	廿五	廿六	廿七	廿八	廿九	卅	**九**	二	三	四	五	六	七	八	九	十	十一	十二	十三	十四	十五	十六	十七	十八	十九
星	**日**	1	2	3	4	5	6	**日**	1	2	3	4	5	6	**日**	1	2	3	4	5	6	**日**	1	2	3	4	5	6	**日**	1	2
干節	辛未	壬申	癸酉	甲戌	乙亥	丙子	丁丑	戊寅	**寒露**	庚辰	辛巳	壬午	癸未	甲申	乙酉	丙戌	丁亥	戊子	己丑	庚寅	辛卯	壬辰	癸巳	**霜降**	乙未	丙申	丁酉	戊戌	己亥	庚子	辛丑

陽歷十一月份　（陰歷九、十月份）

陽	**11**	2	3	4	5	6	7	8	9	10	11	12	13	14	15	16	17	18	19	20	21	22	23	24	25	26	27	28	29	30	
陰	廿	廿一	廿二	廿三	廿四	廿五	廿六	廿七	廿八	廿九	**十**	二	三	四	五	六	七	八	九	十	十一	十二	十三	十四	十五	十六	十七	十八	十九	廿	
星	3	4	5	6	**日**	1	2	3	4	5	6	**日**	1	2	3	4	5	6	**日**	1	2	3	4	5	6	**日**	1	2	3	4	
干節	壬寅	癸卯	甲辰	乙巳	丙午	丁未	戊申	**立冬**	庚戌	辛亥	壬子	癸丑	甲寅	乙卯	丙辰	丁巳	戊午	己未	庚申	辛酉	壬戌	癸亥	**小雪**	乙丑	丙寅	丁卯	戊辰	己巳	庚午	辛未	

陽歷十二月份　（陰歷十、十一月份）

陽	**12**	2	3	4	5	6	7	8	9	10	11	12	13	14	15	16	17	18	19	20	21	22	23	24	25	26	27	28	29	30	31
陰	廿一	廿二	廿三	廿四	廿五	廿六	廿七	廿八	廿九	卅	**十一**	二	三	四	五	六	七	八	九	十	十一	十二	十三	十四	十五	十六	十七	十八	十九	廿	廿一
星	5	6	**日**	1	2	3	4	5	6	**日**	1	2	3	4	5	6	**日**	1	2	3	4	5	6	**日**	1	2	3	4	5	6	**日**
干節	壬申	癸酉	甲戌	乙亥	丙子	丁丑	戊寅	**大雪**	庚辰	辛巳	壬午	癸未	甲申	乙酉	丙戌	丁亥	戊子	己丑	庚寅	辛卯	壬辰	癸巳	**冬至**	乙未	丙申	丁酉	戊戌	己亥	庚子	辛丑	壬寅

近世中西史日對照表

陽歷一月份　　（陰歷十一、十二月份）

陽	1	2	3	4	5	6	7	8	9	10	11	12	13	14	15	16	17	18	19	20	21	22	23	24	25	26	27	28	29	30	31
陰	廿二	廿三	廿四	廿五	廿六	廿七	廿八	廿九	十二	二	三	四	五	六	七	八	九	十	十一	十二	十三	十四	十五	十六	十七	十八	十九	廿	廿一	廿二	廿三
星	1	2	3	4	5	6	日	1	2	3	4	5	6	日	1	2	3	4	5	6	日	1	2	3	4	5	6	日	1	2	3
干節	癸卯	甲辰	乙巳	丙午	丁未	小寒	己酉	庚戌	辛亥	壬子	癸丑	甲寅	乙卯	丙辰	丁巳	戊午	己未	庚申	辛酉	壬戌	大寒	甲子	乙丑	丙寅	丁卯	戊辰	己巳	庚午	辛未	壬申	癸酉

陽歷二月份　　（陰歷十二、正月份）

陽	2	2	3	4	5	6	7	8	9	10	11	12	13	14	15	16	17	18	19	20	21	22	23	24	25	26	27	28	29		
陰	廿四	廿五	廿六	廿七	廿八	廿九	卅	正	二	三	四	五	六	七	八	九	十	十一	十二	十三	十四	十五	十六	十七	十八	十九	廿	廿一	廿二		
星	4	5	6	日	1	2	3	4	5	6	日	1	2	3	4	5	6	日	1	2	3	4	5	6	日	1	2	3	4		
干節	甲戌	乙亥	丙子	丁丑	立春	己卯	庚辰	辛巳	壬午	癸未	甲申	乙酉	丙戌	丁亥	戊子	己丑	庚寅	辛卯	壬辰	雨水	甲午	乙未	丙申	丁酉	戊戌	己亥	庚子	辛丑	壬寅		

陽歷三月份　　（陰歷正、二月份）

陽	3	2	3	4	5	6	7	8	9	10	11	12	13	14	15	16	17	18	19	20	21	22	23	24	25	26	27	28	29	30	31
陰	廿三	廿四	廿五	廿六	廿七	廿八	廿九	卅	二	二	三	四	五	六	七	八	九	十	十一	十二	十三	十四	十五	十六	十七	十八	十九	廿	廿一	廿二	廿三
星	5	6	日	1	2	3	4	5	6	日	1	2	3	4	5	6	日	1	2	3	4	5	6	日	1	2	3	4	5	6	日
干節	癸卯	甲辰	乙巳	丙午	丁未	驚蟄	己酉	庚戌	辛亥	壬子	癸丑	甲寅	乙卯	丙辰	丁巳	戊午	己未	庚申	辛酉	壬戌	春分	甲子	乙丑	丙寅	丁卯	戊辰	己巳	庚午	辛未	壬申	癸酉

陽歷四月份　　（陰歷二、三月份）

陽	4	2	3	4	5	6	7	8	9	10	11	12	13	14	15	16	17	18	19	20	21	22	23	24	25	26	27	28	29	30	
陰	廿四	廿五	廿六	廿七	廿八	廿九	卅	三	二	三	四	五	六	七	八	九	十	十一	十二	十三	十四	十五	十六	十七	十八	十九	廿	廿一	廿二	廿三	
星	1	2	3	4	5	6	日	1	2	3	4	5	6	日	1	2	3	4	5	6	日	1	2	3	4	5	6	日	1	2	
干節	甲戌	乙亥	丙子	丁丑	清明	己卯	庚辰	辛巳	壬午	癸未	甲申	乙酉	丙戌	丁亥	戊子	己丑	庚寅	辛卯	壬辰	穀雨	甲午	乙未	丙申	丁酉	戊戌	己亥	庚子	辛丑	壬寅	癸卯	

陽歷五月份　　（陰歷三、四月份）

陽	5	2	3	4	5	6	7	8	9	10	11	12	13	14	15	16	17	18	19	20	21	22	23	24	25	26	27	28	29	30	31
陰	廿四	廿五	廿六	廿七	廿八	廿九	四	二	三	四	五	六	七	八	九	十	十一	十二	十三	十四	十五	十六	十七	十八	十九	廿	廿一	廿二	廿三	廿四	廿五
星	3	4	5	6	日	1	2	3	4	5	6	日	1	2	3	4	5	6	日	1	2	3	4	5	6	日	1	2	3	4	5
干節	甲辰	乙巳	丙午	丁未	戊申	立夏	庚戌	辛亥	壬子	癸丑	甲寅	乙卯	丙辰	丁巳	戊午	己未	庚申	辛酉	壬戌	癸亥	小滿	乙丑	丙寅	丁卯	戊辰	己巳	庚午	辛未	壬申	癸酉	甲戌

陽歷六月份　　（陰歷四、五月份）

陽	6	2	3	4	5	6	7	8	9	10	11	12	13	14	15	16	17	18	19	20	21	22	23	24	25	26	27	28	29	30	
陰	廿六	廿七	廿八	廿九	卅	五	二	三	四	五	六	七	八	九	十	十一	十二	十三	十四	十五	十六	十七	十八	十九	廿	廿一	廿二	廿三	廿四	廿五	
星	6	日	1	2	3	4	5	6	日	1	2	3	4	5	6	日	1	2	3	4	5	6	日	1	2	3	4	5	6	日	
干節	乙亥	丙子	丁丑	戊寅	己卯	芒種	辛巳	壬午	癸未	甲申	乙酉	丙戌	丁亥	戊子	己丑	庚寅	辛卯	壬辰	癸巳	甲午	夏至	丙申	丁酉	戊戌	己亥	庚子	辛丑	壬寅	癸卯	甲辰	

庚辰 一九四〇年（中華民國二九年）

陽歷七月份 （陰歷五、六月份）

陽	7	2	3	4	5	6	7	8	9	10	11	12	13	14	15	16	17	18	19	20	21	22	23	24	25	26	27	28	29	30	31
陰	廿六	廿七	廿八	廿九	六	二	三	四	五	六	七	八	九	十	十一	十二	十三	十四	十五	十六	十七	十八	十九	廿	廿一	廿二	廿三	廿四	廿五	廿六	廿七
星	1	2	3	4	5	6	日	1	2	3	4	5	6	日	1	2	3	4	5	6	日	1	2	3	4	5	6	日	1	2	3
干節	乙巳	丙午	丁未	戊申	己酉	庚戌	小暑	壬子	癸丑	甲寅	乙卯	丙辰	丁巳	戊午	己未	庚申	辛酉	壬戌	癸亥	甲子	乙丑	丙寅	大暑	戊辰	己巳	庚午	辛未	壬申	癸酉	甲戌	乙亥

陽歷八月份 （陰歷六、七月份）

陽	8	2	3	4	5	6	7	8	9	10	11	12	13	14	15	16	17	18	19	20	21	22	23	24	25	26	27	28	29	30	31
陰	廿八	廿九	卅	七	二	三	四	五	六	七	八	九	十	十一	十二	十三	十四	十五	十六	十七	十八	十九	廿	廿一	廿二	廿三	廿四	廿五	廿六	廿七	廿八
星	4	5	6	日	1	2	3	4	5	6	日	1	2	3	4	5	6	日	1	2	3	4	5	6	日	1	2	3	4	5	6
干節	丙子	丁丑	戊寅	己卯	庚辰	辛巳	壬午	立秋	甲申	乙酉	丙戌	丁亥	戊子	己丑	庚寅	辛卯	壬辰	癸巳	甲午	乙未	丙申	丁酉	處暑	己亥	庚子	辛丑	壬寅	癸卯	甲辰	乙巳	丙午

陽歷九月份 （陰歷七、八月份）

陽	9	2	3	4	5	6	7	8	9	10	11	12	13	14	15	16	17	18	19	20	21	22	23	24	25	26	27	28	29	30
陰	廿九	八	二	三	四	五	六	七	八	九	十	十一	十二	十三	十四	十五	十六	十七	十八	十九	廿	廿一	廿二	廿三	廿四	廿五	廿六	廿七	廿八	廿九
星	日	1	2	3	4	5	6	日	1	2	3	4	5	6	日	1	2	3	4	5	6	日	1	2	3	4	5	6	日	1
干節	丁未	戊申	己酉	庚戌	辛亥	壬子	癸丑	白露	乙卯	丙辰	丁巳	戊午	己未	庚申	辛酉	壬戌	癸亥	甲子	乙丑	丙寅	丁卯	戊辰	秋分	庚午	辛未	壬申	癸酉	甲戌	乙亥	丙子

陽歷十月份 （陰歷九、十月份）

陽	10	2	3	4	5	6	7	8	9	10	11	12	13	14	15	16	17	18	19	20	21	22	23	24	25	26	27	28	29	30	31
陰	九	二	三	四	五	六	七	八	九	十	十一	十二	十三	十四	十五	十六	十七	十八	十九	廿	廿一	廿二	廿三	廿四	廿五	廿六	廿七	廿八	廿九	卅	十
星	2	3	4	5	6	日	1	2	3	4	5	6	日	1	2	3	4	5	6	日	1	2	3	4	5	6	日	1	2	3	4
干節	丁丑	戊寅	己卯	庚辰	辛巳	壬午	癸未	寒露	乙酉	丙戌	丁亥	戊子	己丑	庚寅	辛卯	壬辰	癸巳	甲午	乙未	丙申	丁酉	戊戌	霜降	庚子	辛丑	壬寅	癸卯	甲辰	乙巳	丙午	丁未

陽歷十一月份 （陰歷十、十一月份）

陽	11	2	3	4	5	6	7	8	9	10	11	12	13	14	15	16	17	18	19	20	21	22	23	24	25	26	27	28	29	30
陰	二	三	四	五	六	七	八	九	十	十一	十二	十三	十四	十五	十六	十七	十八	十九	廿	廿一	廿二	廿三	廿四	廿五	廿六	廿七	廿八	廿九	十一	二
星	5	6	日	1	2	3	4	5	6	日	1	2	3	4	5	6	日	1	2	3	4	5	6	日	1	2	3	4	5	6
干節	戊申	己酉	庚戌	辛亥	壬子	癸丑	立冬	乙卯	丙辰	丁巳	戊午	己未	庚申	辛酉	壬戌	癸亥	甲子	乙丑	丙寅	丁卯	戊辰	小雪	庚午	辛未	壬申	癸酉	甲戌	乙亥	丙子	丁丑

陽歷十二月份 （陰歷十一、十二月份）

陽	12	2	3	4	5	6	7	8	9	10	11	12	13	14	15	16	17	18	19	20	21	22	23	24	25	26	27	28	29	30	31
陰	三	四	五	六	七	八	九	十	十一	十二	十三	十四	十五	十六	十七	十八	十九	廿	廿一	廿二	廿三	廿四	廿五	廿六	廿七	廿八	廿九	卅	十二	二	三
星	日	1	2	3	4	5	6	日	1	2	3	4	5	6	日	1	2	3	4	5	6	日	1	2	3	4	5	6	日	1	2
干節	戊寅	己卯	庚辰	辛巳	壬午	癸未	大雪	乙酉	丙戌	丁亥	戊子	己丑	庚寅	辛卯	壬辰	癸巳	甲午	乙未	丙申	丁酉	戊戌	冬至	庚子	辛丑	壬寅	癸卯	甲辰	乙巳	丙午	丁未	戊申

近世中西史日對照表

陽歷一月份 (陰歷十二、正月份)

陽	1	2	3	4	5	6	7	8	9	10	11	12	13	14	15	16	17	18	19	20	21	22	23	24	25	26	27	28	29	30	31
陰	四	五	六	七	八	九	十	十一	十二	十三	十四	十五	十六	十七	十八	十九	廿	廿一	廿二	廿三	廿四	廿五	廿六	廿七	廿八	廿九	正	二	三	四	五
星	3	4	5	6	日	1	2	3	4	5	6	日	1	2	3	4	5	6	日	1	2	3	4	5	6	日	1	2	3	4	5
干節	己酉	庚戌	辛亥	壬子	癸丑	小寒	乙卯	丙辰	丁巳	戊午	己未	庚申	辛酉	壬戌	癸亥	甲子	乙丑	丙寅	丁卯	大寒	己巳	庚午	辛未	壬申	癸酉	甲戌	乙亥	丙子	丁丑	戊寅	己卯

陽歷二月份 (陰歷正、二月份)

陽	2	2	3	4	5	6	7	8	9	10	11	12	13	14	15	16	17	18	19	20	21	22	23	24	25	26	27	28			
陰	六	七	八	九	十	十一	十二	十三	十四	十五	十六	十七	十八	十九	廿	廿一	廿二	廿三	廿四	廿五	廿六	廿七	廿八	廿九	卅	二	二	三			
星	6	日	1	2	3	4	5	6	日	1	2	3	4	5	6	日	1	2	3	4	5	6	日	1	2	3	4	5			
干節	庚辰	辛巳	壬午	立春	甲申	乙酉	丙戌	丁亥	戊子	己丑	庚寅	辛卯	壬辰	癸巳	甲午	乙未	丙申	丁酉	雨水	己亥	庚子	辛丑	壬寅	癸卯	甲辰	乙巳	丙午	丁未			

陽歷三月份 (陰歷二、三月份)

陽	3	2	3	4	5	6	7	8	9	10	11	12	13	14	15	16	17	18	19	20	21	22	23	24	25	26	27	28	29	30	31
陰	四	五	六	七	八	九	十	十一	十二	十三	十四	十五	十六	十七	十八	十九	廿	廿一	廿二	廿三	廿四	廿五	廿六	廿七	廿八	廿九	卅	三	二	三	四
星	6	日	1	2	3	4	5	6	日	1	2	3	4	5	6	日	1	2	3	4	5	6	日	1	2	3	4	5	6	日	1
干節	戊申	己酉	庚戌	辛亥	壬子	驚蟄	甲寅	乙卯	丙辰	丁巳	戊午	己未	庚申	辛酉	壬戌	癸亥	甲子	乙丑	丙寅	丁卯	春分	己巳	庚午	辛未	壬申	癸酉	甲戌	乙亥	丙子	丁丑	戊寅

陽歷四月份 (陰歷三、四月份)

陽	4	2	3	4	5	6	7	8	9	10	11	12	13	14	15	16	17	18	19	20	21	22	23	24	25	26	27	28	29	30	
陰	五	六	七	八	九	十	十一	十二	十三	十四	十五	十六	十七	十八	十九	廿	廿一	廿二	廿三	廿四	廿五	廿六	廿七	廿八	廿九	四	二	三	四	五	
星	2	3	4	5	6	日	1	2	3	4	5	6	日	1	2	3	4	5	6	日	1	2	3	4	5	6	日	1	2	3	
干節	己卯	庚辰	辛巳	壬午	清明	甲申	乙酉	丙戌	丁亥	戊子	己丑	庚寅	辛卯	壬辰	癸巳	甲午	乙未	丙申	丁酉	穀雨	己亥	庚子	辛丑	壬寅	癸卯	甲辰	乙巳	丙午	丁未	戊申	

陽歷五月份 (陰歷四、五月份)

陽	5	2	3	4	5	6	7	8	9	10	11	12	13	14	15	16	17	18	19	20	21	22	23	24	25	26	27	28	29	30	31
陰	六	七	八	九	十	十一	十二	十三	十四	十五	十六	十七	十八	十九	廿	廿一	廿二	廿三	廿四	廿五	廿六	廿七	廿八	廿九	卅	五	二	三	四	五	六
星	4	5	6	日	1	2	3	4	5	6	日	1	2	3	4	5	6	日	1	2	3	4	5	6	日	1	2	3	4	5	6
干節	己酉	庚戌	辛亥	壬子	癸丑	立夏	乙卯	丙辰	丁巳	戊午	己未	庚申	辛酉	壬戌	癸亥	甲子	乙丑	丙寅	丁卯	戊辰	小滿	庚午	辛未	壬申	癸酉	甲戌	乙亥	丙子	丁丑	戊寅	己卯

陽歷六月份 (陰歷五、六月份)

陽	6	2	3	4	5	6	7	8	9	10	11	12	13	14	15	16	17	18	19	20	21	22	23	24	25	26	27	28	29	30	
陰	七	八	九	十	十一	十二	十三	十四	十五	十六	十七	十八	十九	廿	廿一	廿二	廿三	廿四	廿五	廿六	廿七	廿八	廿九	卅	六	二	三	四	五	六	
星	日	1	2	3	4	5	6	日	1	2	3	4	5	6	日	1	2	3	4	5	6	日	1	2	3	4	5	6	日	1	
干節	庚辰	辛巳	壬午	癸未	甲申	芒種	丙戌	丁亥	戊子	己丑	庚寅	辛卯	壬辰	癸巳	甲午	乙未	丙申	丁酉	戊戌	己亥	庚子	夏至	壬寅	癸卯	甲辰	乙巳	丙午	丁未	戊申	己酉	

辛巳　一九四一年　（中華民國三〇年）

陽歷七月份　（陰歷六、閏六月份）

陽	7	2	3	4	5	6	7	8	9	10	11	12	13	14	15	16	17	18	19	20	21	22	23	24	25	26	27	28	29	30	31
陰	七	八	九	十	十一	十二	十三	十四	十五	十六	十七	十八	十九	廿	廿一	廿二	廿三	廿四	廿五	廿六	廿七	廿八	廿九	閏	二	三	四	五	六	七	八
星	2	3	4	5	6	日	1	2	3	4	5	6	日	1	2	3	4	5	6	日	1	2	3	4	5	6	日	1	2	3	4
干節	庚戌	辛亥	壬子	癸丑	甲寅	乙卯	小暑	丁巳	戊午	己未	庚申	辛酉	壬戌	癸亥	甲子	乙丑	丙寅	丁卯	戊辰	己巳	庚午	辛未	大暑	癸酉	甲戌	乙亥	丙子	丁丑	戊寅	己卯	庚辰

陽歷八月份　（陰歷閏六、七月份）

陽	8	2	3	4	5	6	7	8	9	10	11	12	13	14	15	16	17	18	19	20	21	22	23	24	25	26	27	28	29	30	31
陰	九	十	十一	十二	十三	十四	十五	十六	十七	十八	十九	廿	廿一	廿二	廿三	廿四	廿五	廿六	廿七	廿八	廿九	卅	七	二	三	四	五	六	七	八	九
星	5	6	日	1	2	3	4	5	6	日	1	2	3	4	5	6	日	1	2	3	4	5	6	日	1	2	3	4	5	6	日
干節	辛巳	壬午	癸未	甲申	乙酉	丙戌	丁亥	立秋	己丑	庚寅	辛卯	壬辰	癸巳	甲午	乙未	丙申	丁酉	戊戌	己亥	庚子	辛丑	壬寅	處暑	甲辰	乙巳	丙午	丁未	戊申	己酉	庚戌	辛亥

陽歷九月份　（陰歷七、八月份）

陽	9	2	3	4	5	6	7	8	9	10	11	12	13	14	15	16	17	18	19	20	21	22	23	24	25	26	27	28	29	30
陰	十	十一	十二	十三	十四	十五	十六	十七	十八	十九	廿	廿一	廿二	廿三	廿四	廿五	廿六	廿七	廿八	廿九	八	二	三	四	五	六	七	八	九	十
星	1	2	3	4	5	6	日	1	2	3	4	5	6	日	1	2	3	4	5	6	日	1	2	3	4	5	6	日	1	2
干節	壬子	癸丑	甲寅	乙卯	丙辰	丁巳	戊午	白露	庚申	辛酉	壬戌	癸亥	甲子	乙丑	丙寅	丁卯	戊辰	己巳	庚午	辛未	壬申	癸酉	秋分	乙亥	丙子	丁丑	戊寅	己卯	庚辰	辛巳

陽歷十月份　（陰歷八、九月份）

陽	10	2	3	4	5	6	7	8	9	10	11	12	13	14	15	16	17	18	19	20	21	22	23	24	25	26	27	28	29	30	31
陰	十一	十二	十三	十四	十五	十六	十七	十八	十九	廿	廿一	廿二	廿三	廿四	廿五	廿六	廿七	廿八	廿九	九	二	三	四	五	六	七	八	九	十	十一	十二
星	3	4	5	6	日	1	2	3	4	5	6	日	1	2	3	4	5	6	日	1	2	3	4	5	6	日	1	2	3	4	5
干節	壬午	癸未	甲申	乙酉	丙戌	丁亥	戊子	己丑	寒露	辛卯	壬辰	癸巳	甲午	乙未	丙申	丁酉	戊戌	己亥	庚子	辛丑	壬寅	癸卯	甲辰	霜降	丙午	丁未	戊申	己酉	庚戌	辛亥	壬子

陽歷十一月份　（陰歷九、十月份）

陽	11	2	3	4	5	6	7	8	9	10	11	12	13	14	15	16	17	18	19	20	21	22	23	24	25	26	27	28	29	30
陰	十三	十四	十五	十六	十七	十八	十九	廿	廿一	廿二	廿三	廿四	廿五	廿六	廿七	廿八	廿九	卅	十	二	三	四	五	六	七	八	九	十	十一	十二
星	6	日	1	2	3	4	5	6	日	1	2	3	4	5	6	日	1	2	3	4	5	6	日	1	2	3	4	5	6	日
干節	癸丑	甲寅	乙卯	丙辰	丁巳	戊午	己未	立冬	辛酉	壬戌	癸亥	甲子	乙丑	丙寅	丁卯	戊辰	己巳	庚午	辛未	壬申	癸酉	甲戌	小雪	丙子	丁丑	戊寅	己卯	庚辰	辛巳	壬午

陽歷十二月份　（陰歷十、十一月份）

陽	12	2	3	4	5	6	7	8	9	10	11	12	13	14	15	16	17	18	19	20	21	22	23	24	25	26	27	28	29	30	31
陰	十三	十四	十五	十六	十七	十八	十九	廿	廿一	廿二	廿三	廿四	廿五	廿六	廿七	廿八	廿九	十一	二	三	四	五	六	七	八	九	十	十一	十二	十三	十四
星	1	2	3	4	5	6	日	1	2	3	4	5	6	日	1	2	3	4	5	6	日	1	2	3	4	5	6	日	1	2	3
干節	癸未	甲申	乙酉	丙戌	丁亥	戊子	大雪	庚寅	辛卯	壬辰	癸巳	甲午	乙未	丙申	丁酉	戊戌	己亥	庚子	辛丑	壬寅	癸卯	冬至	乙巳	丙午	丁未	戊申	己酉	庚戌	辛亥	壬子	癸丑

太平新歷與陰陽歷史日對照表

太平新歷一月份　（陰歷正、二月份　陽歷二、三月份）

太平歷	**1**	2	3	4	5	6	7	8	9	10	11	12	13	14	15	16	17	18	19	20	21	22	23	24	25	26	27	28	29	30	31
	立春	辛榮	壬辰	癸巳	甲午	乙未	丙申	丁酉	戊戌	己開	庚子	辛好	壬寅	癸榮	甲辰	乙巳	**雨水**	丁未	戊申	己酉	庚戌	辛開	壬子	癸好	甲寅	乙榮	丙辰	丁巳	戊午	己未	庚申
陰	三	四	五	六	七	八	九	十	十一	十二	十三	十四	十五	十六	十七	十八	十九	廿	廿一	廿二	廿三	廿四	廿五	廿六	廿七	廿八	廿九	卅	**二**	二	三
陽	3	4	5	6	7	8	9	10	11	12	13	14	15	16	17	18	19	20	21	22	23	24	25	26	27	28	**3**	2	3	4	5

太平新歷二月份　（陰歷二、三月份　陽歷三、四月份）

太平歷	**2**	2	3	4	5	6	7	8	9	10	11	12	13	14	15	16	17	18	19	20	21	22	23	24	25	26	27	28	29	30	—
	驚蟄	壬戌	癸開	甲子	乙好	丙寅	丁榮	戊辰	己巳	庚午	辛未	壬申	癸酉	甲戌	乙開	**春分**	丁好	戊寅	己榮	庚辰	辛巳	壬午	癸未	甲申	乙酉	丙戌	丁開	戊子	己好	庚寅	—
陰	四	五	六	七	八	九	十	十一	十二	十三	十四	十五	十六	十七	十八	十九	廿	廿一	廿二	廿三	廿四	廿五	廿六	廿七	廿八	廿九	卅	**三**	二	三	—
陽	6	7	8	9	10	11	12	13	14	15	16	17	18	19	20	21	22	23	24	25	26	27	28	29	30	31	**4**	2	3	4	—

太平新歷三月份　（陰歷三、四月份　陽歷四、五月份）

太平歷	**3**	2	3	4	5	6	7	8	9	10	11	12	13	14	15	16	17	18	19	20	21	22	23	24	25	26	27	28	29	30	31
	清明	壬辰	癸巳	甲午	乙未	丙申	丁酉	戊戌	己開	庚子	辛好	壬寅	癸榮	甲辰	乙巳	丙午	**穀雨**	戊申	己酉	庚戌	辛開	壬子	癸好	甲寅	乙榮	丙辰	丁巳	戊午	己未	庚申	辛酉
陰	四	五	六	七	八	九	十	十一	十二	十三	十四	十五	十六	十七	十八	十九	廿	廿一	廿二	廿三	廿四	廿五	廿六	廿七	廿八	廿九	**四**	二	三	四	五
陽	5	6	7	8	9	10	11	12	13	14	15	16	17	18	19	20	21	22	23	24	25	26	27	28	29	30	**5**	2	3	4	5

太平新歷四月份　（陰歷四、五月份　陽歷五、六月份）

太平歷	**4**	2	3	4	5	6	7	8	9	10	11	12	13	14	15	16	17	18	19	20	21	22	23	24	25	26	27	28	29	30	—
	立夏	癸開	甲子	乙好	丙寅	丁榮	戊辰	己巳	庚午	辛未	壬申	癸酉	甲戌	乙開	丙子	**小滿**	戊寅	己榮	庚辰	辛巳	壬午	癸未	甲申	乙酉	丙戌	丁開	戊子	己好	庚寅	辛榮	—
陰	六	七	八	九	十	十一	十二	十三	十四	十五	十六	十七	十八	十九	廿	廿一	廿二	廿三	廿四	廿五	廿六	廿七	廿八	廿九	卅	**五**	二	三	四	五	—
陽	6	7	8	9	10	11	12	13	14	15	16	17	18	19	20	21	22	23	24	25	26	27	28	29	30	31	**6**	2	3	4	—

太平新歷五月份　（陰歷五、六月份　陽歷六、七月份）

太平歷	**5**	2	3	4	5	6	7	8	9	10	11	12	13	14	15	16	17	18	19	20	21	22	23	24	25	26	27	28	29	30	31
	芒種	癸巳	甲午	乙未	丙申	丁酉	戊戌	己開	庚子	辛好	壬寅	癸榮	甲辰	乙巳	丙午	丁未	**夏至**	己酉	庚戌	辛開	壬子	癸好	甲寅	乙榮	丙辰	丁巳	戊午	己未	庚申	辛酉	壬戌
陰	六	七	八	九	十	十一	十二	十三	十四	十五	十六	十七	十八	十九	廿	廿一	廿二	廿三	廿四	廿五	廿六	廿七	廿八	廿九	**六**	二	三	四	五	六	七
陽	5	6	7	8	9	10	11	12	13	14	15	16	17	18	19	20	21	22	23	24	25	26	27	28	29	30	**7**	2	3	4	5

太平新歷六月份　（陰歷六、七月份　陽歷七、八月份）

太平歷	**6**	2	3	4	5	6	7	8	9	10	11	12	13	14	15	16	17	18	19	20	21	22	23	24	25	26	27	28	29	30	—
	小暑	甲子	乙好	丙寅	丁榮	戊辰	己巳	庚午	辛未	壬申	癸酉	甲戌	乙開	丙子	丁好	**大暑**	己榮	庚辰	辛巳	壬午	癸未	甲申	乙酉	丙戌	丁開	戊子	己好	庚寅	辛榮	壬辰	—
陰	八	九	十	十一	十二	十三	十四	十五	十六	十七	十八	十九	廿	廿一	廿二	廿三	廿四	廿五	廿六	廿七	廿八	廿九	**七**	二	三	四	五	六	七	八	—
陽	6	7	8	9	10	11	12	13	14	15	16	17	18	19	20	21	22	23	24	25	26	27	28	29	30	31	**8**	2	3	4	—

太平新歷與陰陽歷史日對照表

太平新歷七月份　（陰歷七、八月份　陽歷八、九月份）

太平歷	7	2	3	4	5	6	7	8	9	10	11	12	13	14	15	16	17	18	19	20	21	22	23	24	25	26	27	28	29	30	31
	立秋	甲午	乙未	丙申	丁酉	戊戌	己開	庚子	辛好	壬寅	癸榮	甲辰	乙巳	丙午	丁未	戊申	處暑	庚戌	辛開	壬子	癸好	甲寅	乙榮	丙辰	丁巳	戊午	己未	庚申	辛酉	壬戌	癸開
陰	九	十	十一	十二	十三	十四	十五	十六	十七	十八	十九	廿	廿一	廿二	廿三	廿四	廿五	廿六	廿七	廿八	廿九	卅	八	二	三	四	五	六	七	八	九
陽	5	6	7	8	9	10	11	12	13	14	15	16	17	18	19	20	21	22	23	24	25	26	27	28	29	30	31	9	2	3	4

太平新歷八月份　（陰歷八、閏八月份　陽歷九、十月份）

太平歷	8	2	3	4	5	6	7	8	9	10	11	12	13	14	15	16	17	18	19	20	21	22	23	24	25	26	27	28	29	30
	白露	乙好	丙寅	丁榮	戊辰	己巳	庚午	辛未	壬申	癸酉	甲戌	乙開	丙子	丁好	戊寅	秋分	庚辰	辛巳	壬午	癸未	甲申	乙酉	丙戌	丁開	戊子	己好	庚寅	辛榮	壬辰	癸巳
陰	十	十一	十二	十三	十四	十五	十六	十七	十八	十九	廿	廿一	廿二	廿三	廿四	廿五	廿六	廿七	廿八	廿九	閏	二	三	四	五	六	七	八	九	十
陽	5	6	7	8	9	10	11	12	13	14	15	16	17	18	19	20	21	22	23	24	25	26	27	28	29	30	10	2	3	4

太平新歷九月份　（陰歷閏八、九月份　陽歷十、十一月份）

太平歷	9	2	3	4	5	6	7	8	9	10	11	12	13	14	15	16	17	18	19	20	21	22	23	24	25	26	27	28	29	30	31
	寒露	乙未	丙申	丁酉	戊戌	己開	庚子	辛好	壬寅	癸榮	甲辰	乙巳	丙午	丁未	戊申	己酉	霜降	辛開	壬子	癸好	甲寅	乙榮	丙辰	丁巳	戊午	己未	庚申	辛酉	壬戌	癸開	甲子
陰	十一	十二	十三	十四	十五	十六	十七	十八	十九	廿	廿一	廿二	廿三	廿四	廿五	廿六	廿七	廿八	廿九	九	二	三	四	五	六	七	八	九	十	十一	十二
陽	5	6	7	8	9	10	11	12	13	14	15	16	17	18	19	20	21	22	23	24	25	26	27	28	29	30	31	11	2	3	4

太平新歷十月份　（陰歷九、十月份　陽歷十一、十二月份）

太平歷	10	2	3	4	5	6	7	8	9	10	11	12	13	14	15	16	17	18	19	20	21	22	23	24	25	26	27	28	29	30
	立冬	丙寅	丁榮	戊辰	己巳	庚午	辛未	壬申	癸酉	甲戌	乙開	丙子	丁好	戊寅	己榮	小雪	辛巳	壬午	癸未	甲申	乙酉	丙戌	丁開	戊子	己好	庚寅	辛榮	壬辰	癸巳	甲午
陰	十三	十四	十五	十六	十七	十八	十九	廿	廿一	廿二	廿三	廿四	廿五	廿六	廿七	廿八	廿九	卅	十	二	三	四	五	六	七	八	九	十	十一	十二
陽	5	6	7	8	9	10	11	12	13	14	15	16	17	18	19	20	21	22	23	24	25	26	27	28	29	30	12	2	3	4

太平新歷十一月份　（陰歷十、十一月份　陽歷十二、一月份）

太平歷	11	2	3	4	5	6	7	8	9	10	11	12	13	14	15	16	17	18	19	20	21	22	23	24	25	26	27	28	29	30	31
	大雪	丙申	丁酉	戊戌	己開	庚子	辛好	壬寅	癸榮	甲辰	乙巳	丙午	丁未	戊申	己酉	庚戌	冬至	壬子	癸好	甲寅	乙榮	丙辰	丁巳	戊午	己未	庚申	辛酉	壬戌	癸開	甲子	乙好
陰	十三	十四	十五	十六	十七	十八	十九	廿	廿一	廿二	廿三	廿四	廿五	廿六	廿七	廿八	廿九	十一	二	三	四	五	六	七	八	九	十	十一	十二	十三	十四
陽	5	6	7	8	9	10	11	12	13	14	15	16	17	18	19	20	21	22	23	24	25	26	27	28	29	30	31	1	2	3	4

太平新歷十二月份　（陰歷十一、十二月份　陽歷一、二月份）

太平歷	12	2	3	4	5	6	7	8	9	10	11	12	13	14	15	16	17	18	19	20	21	22	23	24	25	26	27	28	29	30
	小寒	丁榮	戊辰	己巳	庚午	辛未	壬申	癸酉	甲戌	乙開	丙子	丁好	戊寅	己榮	庚辰	大寒	壬午	癸未	甲申	乙酉	丙戌	丁開	戊子	己好	庚寅	辛榮	壬辰	癸巳	甲午	乙未
陰	十五	十六	十七	十八	十九	廿	廿一	廿二	廿三	廿四	廿五	廿六	廿七	廿八	廿九	卅	十二	二	三	四	五	六	七	八	九	十	十一	十二	十三	十四
陽	5	6	7	8	9	10	11	12	13	14	15	16	17	18	19	20	21	22	23	24	25	26	27	28	29	30	31	2	2	3

太平新歷與陰陽歷史日對照表

太平新歷正月份　（陰歷十二、正月份　陽歷二、三月份）

太平歷	1	2	3	4	5	6	7	8	9	10	11	12	13	14	15	16	17	18	19	20	21	22	23	24	25	26	27	28	29	30	31
	立春	丁酉	戊戌	己開	庚子	辛好	壬寅	癸榮	甲辰	乙巳	丙午	丁未	戊申	己酉	庚戌	辛開	雨水	癸好	甲寅	乙榮	丙辰	丁巳	戊午	己未	庚申	辛酉	壬戌	癸開	甲子	乙好	丙寅
陰	十五	十六	十七	十八	十九	廿	廿一	廿二	廿三	廿四	廿五	廿六	廿七	廿八	廿九	卅	正	二	三	四	五	六	七	八	九	十	十一	十二	十三	十四	十五
陽	4	5	6	7	8	9	10	11	12	13	14	15	16	17	18	19	20	21	22	23	24	25	26	27	28	29	3	2	3	4	5

太平新歷二月份　（陰歷正、二月份　陽歷三、四月份）

太平歷	2	2	3	4	5	6	7	8	9	10	11	12	13	14	15	16	17	18	19	20	21	22	23	24	25	26	27	28	29	30	
	驚蟄	戊辰	己巳	庚午	辛未	壬申	癸酉	甲戌	乙開	丙子	丁好	戊寅	己榮	庚辰	辛巳	春分	癸未	甲申	乙酉	丙戌	丁開	戊子	己好	庚寅	辛榮	壬辰	癸巳	甲午	乙未	丙申	
陰	十六	十七	十八	十九	廿	廿一	廿二	廿三	廿四	廿五	廿六	廿七	廿八	廿九	卅	二	二	三	四	五	六	七	八	九	十	十一	十二	十三	十四	十五	
陽	6	7	8	9	10	11	12	13	14	15	16	17	18	19	20	21	22	23	24	25	26	27	28	29	30	31	4	2	3	4	

太平新歷三月份　（陰歷二、三月份　陽歷四、五月份）

太平歷	3	2	3	4	5	6	7	8	9	10	11	12	13	14	15	16	17	18	19	20	21	22	23	24	25	26	27	28	29	30	31
	清明	戊戌	己開	庚子	辛好	壬寅	癸榮	甲辰	乙巳	丙午	丁未	戊申	己酉	庚戌	辛開	壬子	穀雨	甲寅	乙榮	丙辰	丁巳	戊午	己未	庚申	辛酉	壬戌	癸開	甲子	乙好	丙寅	丁榮
陰	十六	十七	十八	十九	廿	廿一	廿二	廿三	廿四	廿五	廿六	廿七	廿八	廿九	三	二	三	四	五	六	七	八	九	十	十一	十二	十三	十四	十五	十六	十七
陽	5	6	7	8	9	10	11	12	13	14	15	16	17	18	19	20	21	22	23	24	25	26	27	28	29	30	5	2	3	4	5

太平新歷四月份　（陰歷三、四月份　陽歷五、六月份）

太平歷	4	2	3	4	5	6	7	8	9	10	11	12	13	14	15	16	17	18	19	20	21	22	23	24	25	26	27	28	29	30	
	立夏	己巳	庚午	辛未	壬申	癸酉	甲戌	乙開	丙子	丁好	戊寅	己榮	庚辰	辛巳	壬午	小滿	甲申	乙酉	丙戌	丁開	戊子	己好	庚寅	辛榮	壬辰	癸巳	甲午	乙未	丙申	丁酉	
陰	十八	十九	廿	廿一	廿二	廿三	廿四	廿五	廿六	廿七	廿八	廿九	卅	四	二	三	四	五	六	七	八	九	十	十一	十二	十三	十四	十五	十六	十七	
陽	6	7	8	9	10	11	12	13	14	15	16	17	18	19	20	21	22	23	24	25	26	27	28	29	30	31	6	2	3	4	

太平新歷五月份　（陰歷四、五月份　陽歷六、七月份）

太平歷	5	2	3	4	5	6	7	8	9	10	11	12	13	14	15	16	17	18	19	20	21	22	23	24	25	26	27	28	29	30	31
	芒種	己開	庚子	辛好	壬寅	癸榮	甲辰	乙巳	丙午	丁未	戊申	己酉	庚戌	辛開	壬子	癸好	夏至	乙榮	丙辰	丁巳	戊午	己未	庚申	辛酉	壬戌	癸開	甲子	乙好	丙寅	丁榮	戊辰
陰	十八	十九	廿	廿一	廿二	廿三	廿四	廿五	廿六	廿七	廿八	廿九	卅	五	二	三	四	五	六	七	八	九	十	十一	十二	十三	十四	十五	十六	十七	十八
陽	5	6	7	8	9	10	11	12	13	14	15	16	17	18	19	20	21	22	23	24	25	26	27	28	29	30	7	2	3	4	5

太平新歷六月份　（陰歷五、六月份　陽歷七、八月份）

太平歷	6	2	3	4	5	6	7	8	9	10	11	12	13	14	15	16	17	18	19	20	21	22	23	24	25	26	27	28	29	30	
	小暑	庚午	辛未	壬申	癸酉	甲戌	乙開	丙子	丁好	戊寅	己榮	庚辰	辛巳	壬午	癸未	大暑	乙酉	丙戌	丁開	戊子	己好	庚寅	辛榮	壬辰	癸巳	甲午	乙未	丙申	丁酉	戊戌	
陰	十九	廿	廿一	廿二	廿三	廿四	廿五	廿六	廿七	廿八	廿九	六	二	三	四	五	六	七	八	九	十	十一	十二	十三	十四	十五	十六	十七	十八	十九	
陽	6	7	8	9	10	11	12	13	14	15	16	17	18	19	20	21	22	23	24	25	26	27	28	29	30	31	8	2	3	4	

太平新歷與陰陽歷史日對照表

太平新歷七月份（陰歷六、七月份　陽歷八、九月份）

太平歷	**7**	2	3	4	5	6	7	8	9	10	11	12	13	14	15	16	17	18	19	20	21	22	23	24	25	26	27	28	29	30	31
	立秋	庚子	辛好	壬寅	癸榮	甲辰	乙巳	丙午	丁未	戊申	己酉	庚戌	辛開	壬子	癸好	甲寅	**處暑**	丙辰	丁巳	戊午	己未	庚申	辛酉	壬戌	癸開	甲子	乙好	丙寅	丁榮	戊辰	己巳
陰	廿	廿一	廿二	廿三	廿四	廿五	廿六	廿七	廿八	廿九	**七**	二	三	四	五	六	七	八	九	十	十一	十二	十三	十四	十五	十六	十七	十八	十九	廿	廿一
陽	5	6	7	8	9	10	11	12	13	14	15	16	17	18	19	20	21	22	23	24	25	26	27	28	29	30	31	**9**	2	3	4

太平新歷八月份（陰歷七、八月份　陽歷九、十月份）

太平歷	**8**	2	3	4	5	6	7	8	9	10	11	12	13	14	15	16	17	18	19	20	21	22	23	24	25	26	27	28	29	30	—
	白露	辛未	壬申	癸酉	甲戌	乙開	丙子	丁好	戊寅	己榮	庚辰	辛巳	壬午	癸未	甲申	**秋分**	丙戌	丁開	戊子	己好	庚寅	辛榮	壬辰	癸巳	甲午	乙未	丙申	丁酉	戊戌	己開	—
陰	廿二	廿三	廿四	廿五	廿六	廿七	廿八	廿九	卅	**八**	二	三	四	五	六	七	八	九	十	十一	十二	十三	十四	十五	十六	十七	十八	十九	廿	廿一	—
陽	5	6	7	8	9	10	11	12	13	14	15	16	17	18	19	20	21	22	23	24	25	26	27	28	29	30	**10**	2	3	4	

太平新歷九月份（陰歷八、九月份　陽歷十、十一月份）

太平歷	**9**	2	3	4	5	6	7	8	9	10	11	12	13	14	15	16	17	18	19	20	21	22	23	24	25	26	27	28	29	30	31
	寒露	辛好	壬寅	癸榮	甲辰	乙巳	丙午	丁未	戊申	己酉	庚戌	辛開	壬子	癸好	甲寅	乙榮	**霜降**	丁巳	戊午	己未	庚申	辛酉	壬戌	癸開	甲子	乙好	丙寅	丁榮	戊辰	己巳	庚午
陰	廿二	廿三	廿四	廿五	廿六	廿七	廿八	廿九	**九**	二	三	四	五	六	七	八	九	十	十一	十二	十三	十四	十五	十六	十七	十八	十九	廿	廿一	廿二	廿三
陽	5	6	7	8	9	10	11	12	13	14	15	16	17	18	19	20	21	22	23	24	25	26	27	28	29	30	31	**11**	2	3	4

太平新歷十月份（陰歷九、十月份　陽歷十一、十二月份）

太平歷	**10**	2	3	4	5	6	7	8	9	10	11	12	13	14	15	16	17	18	19	20	21	22	23	24	25	26	27	28	29	30	—
	立冬	壬申	癸酉	甲戌	乙開	丙子	丁好	戊寅	己榮	庚辰	辛巳	壬午	癸未	甲申	乙酉	**小雪**	丁開	戊子	己好	庚寅	辛榮	壬辰	癸巳	甲午	乙未	丙申	丁酉	戊戌	己開	庚子	—
陰	廿四	廿五	廿六	廿七	廿八	廿九	卅	**十**	二	三	四	五	六	七	八	九	十	十一	十二	十三	十四	十五	十六	十七	十八	十九	廿	廿一	廿二	廿三	—
陽	5	6	7	8	9	10	11	12	13	14	15	16	17	18	19	20	21	22	23	24	25	26	27	28	29	30	**12**	2	3	4	

太平新歷十一月份（陰歷十、十一月份　陽歷十二、一月份）

太平歷	**11**	2	3	4	5	6	7	8	9	10	11	12	13	14	15	16	17	18	19	20	21	22	23	24	25	26	27	28	29	30	31
	大雪	壬寅	癸榮	甲辰	乙巳	丙午	丁未	戊申	己酉	庚戌	辛開	壬子	癸好	甲寅	乙榮	丙辰	**冬至**	戊午	己未	庚申	辛酉	壬戌	癸開	甲子	乙好	丙寅	丁榮	戊辰	己巳	庚午	辛未
陰	廿四	廿五	廿六	廿七	廿八	廿九	**十一**	二	三	四	五	六	七	八	九	十	十一	十二	十三	十四	十五	十六	十七	十八	十九	廿	廿一	廿二	廿三	廿四	廿五
陽	5	6	7	8	9	10	11	12	13	14	15	16	17	18	19	20	21	22	23	24	25	26	27	28	29	30	31	**1**	2	3	4

太平新歷十二月份（陰歷十一、十二月份　陽歷一、二月份）

太平歷	**12**	2	3	4	5	6	7	8	9	10	11	12	13	14	15	16	17	18	19	20	21	22	23	24	25	26	27	28	29	30	—
	小寒	癸酉	甲戌	乙開	丙子	丁好	戊寅	己榮	庚辰	辛巳	壬午	癸未	甲申	乙酉	丙戌	**大寒**	戊子	己好	庚寅	辛榮	壬辰	癸巳	甲午	乙未	丙申	丁酉	戊戌	己開	庚子	辛好	—
陰	廿六	廿七	廿八	廿九	**十二**	二	三	四	五	六	七	八	九	十	十一	十二	十三	十四	十五	十六	十七	十八	十九	廿	廿一	廿二	廿三	廿四	廿五	廿六	—
陽	5	6	7	8	9	10	11	12	13	14	15	16	17	18	19	20	21	22	23	24	25	26	27	28	29	30	31	**2**	2	3	

太平新歷與陰陽歷史日對照表

太平新歷正月份　（陰歷十二、正月份　陽歷二、三月份）

太平	**1**	2	3	4	5	6	7	8	9	10	11	12	13	14	15	16	17	18	19	20	21	22	23	24	25	26	27	28	29	30	31
歷	**立春**	癸榮	甲辰	乙巳	丙午	丁未	戊申	己酉	庚戌	辛開	壬子	癸好	甲寅	乙榮	丙辰	丁巳	**雨水**	己未	庚申	辛酉	壬戌	癸開	甲子	乙好	丙寅	丁榮	戊辰	己巳	庚午	辛未	壬申
陰	廿七	廿八	廿九	卅	**正**	二	三	四	五	六	七	八	九	十	十一	十二	十三	十四	十五	十六	十七	十八	十九	廿	廿一	廿二	廿三	廿四	廿五	廿六	廿七
陽	4	5	6	7	8	9	10	11	12	13	14	15	16	17	18	19	20	21	22	23	24	25	26	27	28	**3**	2	3	4	5	6

太平新歷二月份　（陰歷正、二月份　陽歷三、四月份）

太平	**2**	2	3	4	5	6	7	8	9	10	11	12	13	14	15	16	17	18	19	20	21	22	23	24	25	26	27	28	29	30
歷	**驚蟄**	甲戌	乙開	丙子	丁好	戊寅	己榮	庚辰	辛巳	壬午	癸未	甲申	乙酉	丙戌	丁開	**春分**	己好	庚寅	辛榮	壬辰	癸巳	甲午	乙未	丙申	丁酉	戊戌	己開	庚子	辛好	壬寅
陰	廿八	廿九	卅	**二**	二	三	四	五	六	七	八	九	十	十一	十二	十三	十四	十五	十六	十七	十八	十九	廿	廿一	廿二	廿三	廿四	廿五	廿六	廿七
陽	7	8	9	10	11	12	13	14	15	16	17	18	19	20	21	22	23	24	25	26	27	28	29	30	31	**4**	2	3	4	5

太平新歷三月份　（陰歷二、三月份　陽歷四、五月份）

太平	**3**	2	3	4	5	6	7	8	9	10	11	12	13	14	15	16	17	18	19	20	21	22	23	24	25	26	27	28	29	30	31
歷	**清明**	甲辰	乙巳	丙午	丁未	戊申	己酉	庚戌	辛開	壬子	癸好	甲寅	乙榮	丙辰	丁巳	戊午	**穀雨**	庚申	辛酉	壬戌	癸開	甲子	乙好	丙寅	丁榮	戊辰	己巳	庚午	辛未	壬申	癸酉
陰	廿八	廿九	**三**	二	三	四	五	六	七	八	九	十	十一	十二	十三	十四	十五	十六	十七	十八	十九	廿	廿一	廿二	廿三	廿四	廿五	廿六	廿七	廿八	廿九
陽	6	7	8	9	10	11	12	13	14	15	16	17	18	19	20	21	22	23	24	25	26	27	28	29	30	**5**	2	3	4	5	6

太平新歷四月份　（陰歷三、四月份　陽歷五、六月份）

太平	**4**	2	3	4	5	6	7	8	9	10	11	12	13	14	15	16	17	18	19	20	21	22	23	24	25	26	27	28	29	30
歷	**立夏**	乙開	丙子	丁好	戊寅	己榮	庚辰	辛巳	壬午	癸未	甲申	乙酉	丙戌	丁開	戊子	**小滿**	庚寅	辛榮	壬辰	癸巳	甲午	乙未	丙申	丁酉	戊戌	己開	庚子	辛好	壬寅	癸榮
陰	卅	**四**	二	三	四	五	六	七	八	九	十	十一	十二	十三	十四	十五	十六	十七	十八	十九	廿	廿一	廿二	廿三	廿四	廿五	廿六	廿七	廿八	廿九
陽	7	8	9	10	11	12	13	14	15	16	17	18	19	20	21	22	23	24	25	26	27	28	29	30	31	**6**	2	3	4	5

太平新歷五月份　（陰歷四、五、六月份　陽歷六、七月份）

太平	**5**	2	3	4	5	6	7	8	9	10	11	12	13	14	15	16	17	18	19	20	21	22	23	24	25	26	27	28	29	30	31
歷	**芒種**	乙巳	丙午	丁未	戊申	己酉	庚戌	辛開	壬子	癸好	甲寅	乙榮	丙辰	丁巳	戊午	己未	**夏至**	辛酉	壬戌	癸開	甲子	乙好	丙寅	丁榮	戊辰	己巳	庚午	辛未	壬申	癸酉	甲戌
陰	卅	**五**	二	三	四	五	六	七	八	九	十	十一	十二	十三	十四	十五	十六	十七	十八	十九	廿	廿一	廿二	廿三	廿四	廿五	廿六	廿七	廿八	廿九	**六**
陽	6	7	8	9	10	11	12	13	14	15	16	17	18	19	20	21	22	23	24	25	26	27	28	29	30	**7**	2	3	4	5	6

太平新歷六月份　（陰歷六、七月份　陽歷七、八月份）

太平	**6**	2	3	4	5	6	7	8	9	10	11	12	13	14	15	16	17	18	19	20	21	22	23	24	25	26	27	28	29	30
歷	**小暑**	丙子	丁好	戊寅	己榮	庚辰	辛巳	壬午	癸未	甲申	乙酉	丙戌	丁開	戊子	己好	**大暑**	辛榮	壬辰	癸巳	甲午	乙未	丙申	丁酉	戊戌	己開	庚子	辛好	壬寅	癸榮	甲辰
陰	二	三	四	五	六	七	八	九	十	十一	十二	十三	十四	十五	十六	十七	十八	十九	廿	廿一	廿二	廿三	廿四	廿五	廿六	廿七	廿八	廿九	卅	**七**
陽	7	8	9	10	11	12	13	14	15	16	17	18	19	20	21	22	23	24	25	26	27	28	29	30	31	**8**	2	3	4	5

太平新歷與陰陽歷史日對照表

太平新歷七月份　（陰歷七、八月份　陽歷八、九月份）

太平歷	7	2	3	4	5	6	7	8	9	10	11	12	13	14	15	16	17	18	19	20	21	22	23	24	25	26	27	28	29	30	31
	立秋	丙午	丁未	戊申	己酉	庚戌	辛開	壬子	癸好	甲寅	乙榮	丙辰	丁巳	戊午	己未	庚申	處暑	壬戌	癸開	甲子	乙好	丙寅	丁榮	戊辰	己巳	庚午	辛未	壬申	癸酉	甲戌	乙開
陰	二	三	四	五	六	七	八	九	十	十一	十二	十三	十四	十五	十六	十七	十八	十九	廿	廿一	廿二	廿三	廿四	廿五	廿六	廿七	廿八	廿九	八	二	三
陽	6	7	8	9	10	11	12	13	14	15	16	17	18	19	20	21	22	23	24	25	26	27	28	29	30	31	9	2	3	4	5

太平新歷八月份　（陰歷八、九月份　陽歷九、十月份）

太平歷	8	2	3	4	5	6	7	8	9	10	11	12	13	14	15	16	17	18	19	20	21	22	23	24	25	26	27	28	29	30	
	白露	丁好	戊寅	己榮	庚辰	辛巳	壬午	癸未	甲申	乙酉	丙戌	丁開	戊子	己好	庚寅	秋分	壬辰	癸巳	甲午	乙未	丙申	丁酉	戊戌	己開	庚子	辛好	壬寅	癸榮	甲辰	乙巳	
陰	四	五	六	七	八	九	十	十一	十二	十三	十四	十五	十六	十七	十八	十九	廿	廿一	廿二	廿三	廿四	廿五	廿六	廿七	廿八	廿九	卅	九	二	三	
陽	6	7	8	9	10	11	12	13	14	15	16	17	18	19	20	21	22	23	24	25	26	27	28	29	30	10	2	3	4	5	

太平新歷九月份　（陰歷九、十月份　陽歷十、十一月份）

太平歷	9	2	3	4	5	6	7	8	9	10	11	12	13	14	15	16	17	18	19	20	21	22	23	24	25	26	27	28	29	30	31
	寒露	丁未	戊申	己酉	庚戌	辛開	壬子	癸好	甲寅	乙榮	丙辰	丁巳	戊午	己未	庚申	辛酉	霜降	癸開	甲子	乙好	丙寅	丁榮	戊辰	己巳	庚午	辛未	壬申	癸酉	甲戌	乙開	丙子
陰	四	五	六	七	八	九	十	十一	十二	十三	十四	十五	十六	十七	十八	十九	廿	廿一	廿二	廿三	廿四	廿五	廿六	廿七	廿八	廿九	十	二	三	四	五
陽	6	7	8	9	10	11	12	13	14	15	16	17	18	19	20	21	22	23	24	25	26	27	28	29	30	31	11	2	3	4	5

太平新歷十月份　（陰歷十、十一月份　陽歷十一、十二月份）

太平歷	10	2	3	4	5	6	7	8	9	10	11	12	13	14	15	16	17	18	19	20	21	22	23	24	25	26	27	28	29	30
	立冬	戊寅	己榮	庚辰	辛巳	壬午	癸未	甲申	乙酉	丙戌	丁開	戊子	己好	庚寅	辛榮	小雪	癸巳	甲午	乙未	丙申	丁酉	戊戌	己開	庚子	辛好	壬寅	癸榮	甲辰	乙巳	丙午
陰	六	七	八	九	十	十一	十二	十三	十四	十五	十六	十七	十八	十九	廿	廿一	廿二	廿三	廿四	廿五	廿六	廿七	廿八	廿九	卅	十一	二	三	四	五
陽	6	7	8	9	10	11	12	13	14	15	16	17	18	19	20	21	22	23	24	25	26	27	28	29	30	12	2	3	4	5

太平新歷十一月份　（陰歷十一、十二月份　陽歷十二、一月份）

太平歷	11	2	3	4	5	6	7	8	9	10	11	12	13	14	15	16	17	18	19	20	21	22	23	24	25	26	27	28	29	30	31
	大雪	戊申	己酉	庚戌	辛開	壬子	癸好	甲寅	乙榮	丙辰	丁巳	戊午	己未	庚申	辛酉	壬戌	冬至	甲子	乙好	丙寅	丁榮	戊辰	己巳	庚午	辛未	壬申	癸酉	甲戌	乙開	丙子	丁好
陰	六	七	八	九	十	十一	十二	十三	十四	十五	十六	十七	十八	十九	廿	廿一	廿二	廿三	廿四	廿五	廿六	廿七	廿八	廿九	十二	二	三	四	五	六	七
陽	6	7	8	9	10	11	12	13	14	15	16	17	18	19	20	21	22	23	24	25	26	27	28	29	30	31	1	2	3	4	5

太平新歷十二月份　（陰歷十二、正月份　陽歷一、二月份）

太平歷	12	2	3	4	5	6	7	8	9	10	11	12	13	14	15	16	17	18	19	20	21	22	23	24	25	26	27	28	29	30
	小寒	己榮	庚辰	辛巳	壬午	癸未	甲申	乙酉	丙戌	丁開	戊子	己好	庚寅	辛榮	壬辰	大寒	甲午	乙未	丙申	丁酉	戊戌	己開	庚子	辛好	壬寅	癸榮	甲辰	乙巳	丙午	丁未
陰	八	九	十	十一	十二	十三	十四	十五	十六	十七	十八	十九	廿	廿一	廿二	廿三	廿四	廿五	廿六	廿七	廿八	廿九	卅	正	二	三	四	五	六	七
陽	6	7	8	9	10	11	12	13	14	15	16	17	18	19	20	21	22	23	24	25	26	27	28	29	30	31	2	2	3	4

太平新歷與陰陽歷史日對照表

太平新歷正月份　（陰歷正、二月份　陽歷二、三月份）

太平歷	1	2	3	4	5	6	7	8	9	10	11	12	13	14	15	16	17	18	19	20	21	22	23	24	25	26	27	28	29	30	31
	立春	己酉	庚戌	辛開	壬子	癸好	甲寅	乙榮	丙辰	丁巳	戊午	己未	庚申	辛酉	壬戌	癸開	雨水	乙好	丙寅	丁榮	戊辰	己巳	庚午	辛未	壬申	癸酉	甲戌	乙開	丙子	丁好	戊寅
陰	八	九	十	十一	十二	十三	十四	十五	十六	十七	十八	十九	廿	廿一	廿二	廿三	廿四	廿五	廿六	廿七	廿八	廿九	二	二	三	四	五	六	七	八	九
陽	5	6	7	8	9	10	11	12	13	14	15	16	17	18	19	20	21	22	23	24	25	26	27	28	3	2	3	4	5	6	7

太平新歷二月份　（陰歷二、三月份　陽歷三、四月份）

太平歷	2	2	3	4	5	6	7	8	9	10	11	12	13	14	15	16	17	18	19	20	21	22	23	24	25	26	27	28	29	30
	驚蟄	庚辰	辛巳	壬午	癸未	甲申	乙酉	丙戌	丁開	戊子	己好	庚寅	辛榮	壬辰	癸巳	春分	乙未	丙申	丁酉	戊戌	己開	庚子	辛好	壬寅	癸榮	甲辰	乙巳	丙午	丁未	戊申
陰	十	十一	十二	十三	十四	十五	十六	十七	十八	十九	廿	廿一	廿二	廿三	廿四	廿五	廿六	廿七	廿八	廿九	卅	三	二	三	四	五	六	七	八	九
陽	8	9	10	11	12	13	14	15	16	17	18	19	20	21	22	23	24	25	26	27	28	29	30	31	4	2	3	4	5	6

太平新歷三月份　（陰歷三、四月份　陽歷四、五月份）

太平歷	3	2	3	4	5	6	7	8	9	10	11	12	13	14	15	16	17	18	19	20	21	22	23	24	25	26	27	28	29	30	31
	清明	庚戌	辛開	壬子	癸好	甲寅	乙榮	丙辰	丁巳	戊午	己未	庚申	辛酉	壬戌	癸開	甲子	穀雨	丙寅	丁榮	戊辰	己巳	庚午	辛未	壬申	癸酉	甲戌	乙開	丙子	丁好	戊寅	己榮
陰	十	十一	十二	十三	十四	十五	十六	十七	十八	十九	廿	廿一	廿二	廿三	廿四	廿五	廿六	廿七	廿八	廿九	四	二	三	四	五	六	七	八	九	十	十一
陽	7	8	9	10	11	12	13	14	15	16	17	18	19	20	21	22	23	24	25	26	27	28	29	30	5	2	3	4	5	6	7

太平新歷四月份　（陰歷四、五月份　陽歷五、六月份）

太平歷	4	2	3	4	5	6	7	8	9	10	11	12	13	14	15	16	17	18	19	20	21	22	23	24	25	26	27	28	29	30
	立夏	辛巳	壬午	癸未	甲申	乙酉	丙戌	丁開	戊子	己好	庚寅	辛榮	壬辰	癸巳	甲午	小滿	丙申	丁酉	戊戌	己開	庚子	辛好	壬寅	癸榮	甲辰	乙巳	丙午	丁未	戊申	己酉
陰	十二	十三	十四	十五	十六	十七	十八	十九	廿	廿一	廿二	廿三	廿四	廿五	廿六	廿七	廿八	廿九	卅	五	二	三	四	五	六	七	八	九	十	十一
陽	8	9	10	11	12	13	14	15	16	17	18	19	20	21	22	23	24	25	26	27	28	29	30	31	6	2	3	4	5	6

太平新歷五月份　（陰歷五、六月份　陽歷六、七月份）

太平歷	5	2	3	4	5	6	7	8	9	10	11	12	13	14	15	16	17	18	19	20	21	22	23	24	25	26	27	28	29	30	31
	芒種	辛開	壬子	癸好	甲寅	乙榮	丙辰	丁巳	戊午	己未	庚申	辛酉	壬戌	癸開	甲子	乙好	夏至	丁榮	戊辰	己巳	庚午	辛未	壬申	癸酉	甲戌	乙開	丙子	丁好	戊寅	己榮	庚辰
陰	十二	十三	十四	十五	十六	十七	十八	十九	廿	廿一	廿二	廿三	廿四	廿五	廿六	廿七	廿八	廿九	六	二	三	四	五	六	七	八	九	十	十一	十二	十三
陽	7	8	9	10	11	12	13	14	15	16	17	18	19	20	21	22	23	24	25	26	27	28	29	30	7	2	3	4	5	6	7

太平新歷六月份　（陰歷六、七月份　陽歷七、八月份）

太平歷	6	2	3	4	5	6	7	8	9	10	11	12	13	14	15	16	17	18	19	20	21	22	23	24	25	26	27	28	29	30
	小暑	壬午	癸未	甲申	乙酉	丙戌	丁開	戊子	己好	庚寅	辛榮	壬辰	癸巳	甲午	乙未	大暑	丁酉	戊戌	己開	庚子	辛好	壬寅	癸榮	甲辰	乙巳	丙午	丁未	戊申	己酉	庚戌
陰	十四	十五	十六	十七	十八	十九	廿	廿一	廿二	廿三	廿四	廿五	廿六	廿七	廿八	廿九	卅	七	二	三	四	五	六	七	八	九	十	十一	十二	十三
陽	8	9	10	11	12	13	14	15	16	17	18	19	20	21	22	23	24	25	26	27	28	29	30	31	8	2	3	4	5	6

太平新歷與陰陽歷史日對照表

太平新歷七月份　（陰歷七、閏七月份　陽歷八、九月份）

太平歷	7	2	3	4	5	6	7	8	9	10	11	12	13	14	15	16	17	18	19	20	21	22	23	24	25	26	27	28	29	30	31
太平歷	立秋	壬子	癸好	甲寅	乙榮	丙辰	丁巳	戊午	己未	庚申	辛酉	壬戌	癸開	甲子	乙好	丙寅	處暑	戊辰	己巳	庚午	辛未	壬申	癸酉	甲戌	乙開	丙子	丁好	戊寅	己榮	庚辰	辛巳
陰	十四	十五	十六	十七	十八	十九	廿	廿一	廿二	廿三	廿四	廿五	廿六	廿七	廿八	廿九	卅	閏	二	三	四	五	六	七	八	九	十	十一	十二	十三	十四
陽	7	8	9	10	11	12	13	14	15	16	17	18	19	20	21	22	23	24	25	26	27	28	29	30	31	9	2	3	4	5	6

太平新歷八月份　（陰歷閏七、八月份　陽歷九、十月份）

太平歷	8	2	3	4	5	6	7	8	9	10	11	12	13	14	15	16	17	18	19	20	21	22	23	24	25	26	27	28	29	30
太平歷	白露	癸未	甲申	乙酉	丙戌	丁開	戊子	己好	庚寅	辛榮	壬辰	癸巳	甲午	乙未	丙申	秋分	戊戌	己開	庚子	辛好	壬寅	癸榮	甲辰	乙巳	丙午	丁未	戊申	己酉	庚戌	辛開
陰	十五	十六	十七	十八	十九	廿	廿一	廿二	廿三	廿四	廿五	廿六	廿七	廿八	廿九	八	二	三	四	五	六	七	八	九	十	十一	十二	十三	十四	十五
陽	7	8	9	10	11	12	13	14	15	16	17	18	19	20	21	22	23	24	25	26	27	28	29	30	10	2	3	4	5	6

太平新歷九月份　（陰歷八、九月份　陽歷十、十一月份）

太平歷	9	2	3	4	5	6	7	8	9	10	11	12	13	14	15	16	17	18	19	20	21	22	23	24	25	26	27	28	29	30	31
太平歷	寒露	癸好	甲寅	乙榮	丙辰	丁巳	戊午	己未	庚申	辛酉	壬戌	癸開	甲子	乙好	丙寅	丁榮	霜降	己巳	庚午	辛未	壬申	癸酉	甲戌	乙開	丙子	丁好	戊寅	己榮	庚辰	辛巳	壬午
陰	十六	十七	十八	十九	廿	廿一	廿二	廿三	廿四	廿五	廿六	廿七	廿八	廿九	卅	九	二	三	四	五	六	七	八	九	十	十一	十二	十三	十四	十五	十六
陽	7	8	9	10	11	12	13	14	15	16	17	18	19	20	21	22	23	24	25	26	27	28	29	30	31	11	2	3	4	5	6

太平新歷十月份　（陰歷九、十月份　陽歷十一、十二月份）

太平歷	10	2	3	4	5	6	7	8	9	10	11	12	13	14	15	16	17	18	19	20	21	22	23	24	25	26	27	28	29	30
太平歷	立冬	甲申	乙酉	丙戌	丁開	戊子	己好	庚寅	辛榮	壬辰	癸巳	甲午	乙未	丙申	丁酉	小雪	己開	庚子	辛好	壬寅	癸榮	甲辰	乙巳	丙午	丁未	戊申	己酉	庚戌	辛開	壬子
陰	十七	十八	十九	廿	廿一	廿二	廿三	廿四	廿五	廿六	廿七	廿八	廿九	十	二	三	四	五	六	七	八	九	十	十一	十二	十三	十四	十五	十六	十七
陽	7	8	9	10	11	12	13	14	15	16	17	18	19	20	21	22	23	24	25	26	27	28	29	30	12	2	3	4	5	6

太平新歷十一月份　（陰歷十、十一月份　陽歷十二、一月份）

太平歷	11	2	3	4	5	6	7	8	9	10	11	12	13	14	15	16	17	18	19	20	21	22	23	24	25	26	27	28	29	30	31
太平歷	大雪	甲寅	乙榮	丙辰	丁巳	戊午	己未	庚申	辛酉	壬戌	癸開	甲子	乙好	丙寅	丁榮	戊辰	冬至	庚午	辛未	壬申	癸酉	甲戌	乙開	丙子	丁好	戊寅	己榮	庚辰	辛巳	壬午	癸未
陰	十八	十九	廿	廿一	廿二	廿三	廿四	廿五	廿六	廿七	廿八	廿九	卅	十一	二	三	四	五	六	七	八	九	十	十一	十二	十三	十四	十五	十六	十七	十八
陽	7	8	9	10	11	12	13	14	15	16	17	18	19	20	21	22	23	24	25	26	27	28	29	30	31	1	2	3	4	5	6

太平新歷十二月份　（陰歷十一、十二月份　陽歷一、二月份）

太平歷	12	2	3	4	5	6	7	8	9	10	11	12	13	14	15	16	17	18	19	20	21	22	23	24	25	26	27	28	29	30
太平歷	小寒	乙酉	丙戌	丁開	戊子	己好	庚寅	辛榮	壬辰	癸巳	甲午	乙未	丙申	丁酉	戊戌	大寒	庚子	辛好	壬寅	癸榮	甲辰	乙巳	丙午	丁未	戊申	己酉	庚戌	辛開	壬子	癸好
陰	十九	廿	廿一	廿二	廿三	廿四	廿五	廿六	廿七	廿八	廿九	十二	二	三	四	五	六	七	八	九	十	十一	十二	十三	十四	十五	十六	十七	十八	十九
陽	7	8	9	10	11	12	13	14	15	16	17	18	19	20	21	22	23	24	25	26	27	28	29	30	31	2	2	3	4	5

太平新歷與陰陽歷史日對照表

太平新歷一月份 （陰歷十二、正月份 陽歷二、三月份）

太平	**1**	2	3	4	5	6	7	8	9	10	11	12	13	14	15	16	17	18	19	20	21	22	23	24	25	26	27	28	29	30	31
歷	**立春**	乙榮	丙辰	丁巳	戊午	己未	庚申	辛酉	壬戌	癸開	甲子	乙好	丙寅	丁榮	戊辰	己巳	**雨水**	辛未	壬申	癸酉	甲戌	乙開	丙子	丁好	戊寅	己榮	庚辰	辛巳	壬午	癸未	甲申
陰	廿	廿一	廿二	廿三	廿四	廿五	廿六	廿七	廿八	廿九	卅	**正**	二	三	四	五	六	七	八	九	十	十一	十二	十三	十四	十五	十六	十七	十八	十九	廿
陽	6	7	8	9	10	11	12	13	14	15	16	17	18	19	20	21	22	23	24	25	26	27	28	**3**	2	3	4	5	6	7	8

太平新歷二月份 （陰歷正、二月份 陽歷三、四月份）

太平	**2**	2	3	4	5	6	7	8	9	10	11	12	13	14	15	16	17	18	19	20	21	22	23	24	25	26	27	28	29	30
歷	**驚蟄**	丙戌	丁開	戊子	己好	庚寅	辛榮	壬辰	癸巳	甲午	乙未	丙申	丁酉	戊戌	己開	**春分**	辛好	壬寅	癸榮	甲辰	乙巳	丙午	丁未	戊申	己酉	庚戌	辛開	壬子	癸好	甲寅
陰	廿一	廿二	廿三	廿四	廿五	廿六	廿七	廿八	廿九	**二**	二	三	四	五	六	七	八	九	十	十一	十二	十三	十四	十五	十六	十七	十八	十九	廿	廿一
陽	9	10	11	12	13	14	15	16	17	18	19	20	21	22	23	24	25	26	27	28	29	30	31	**4**	2	3	4	5	6	7

太平新歷三月份 （陰歷二、三月份 陽歷四、五月份）

太平	**3**	2	3	4	5	6	7	8	9	10	11	12	13	14	15	16	17	18	19	20	21	22	23	24	25	26	27	28	29	30	31
歷	**清明**	丙辰	丁巳	戊午	己未	庚申	辛酉	壬戌	癸開	甲子	乙好	丙寅	丁榮	戊辰	己巳	庚午	**穀雨**	壬申	癸酉	甲戌	乙開	丙子	丁好	戊寅	己榮	庚辰	辛巳	壬午	癸未	甲申	乙酉
陰	廿二	廿三	廿四	廿五	廿六	廿七	廿八	廿九	**三**	二	三	四	五	六	七	八	九	十	十一	十二	十三	十四	十五	十六	十七	十八	十九	廿	廿一	廿二	廿三
陽	8	9	10	11	12	13	14	15	16	17	18	19	20	21	22	23	24	25	26	27	28	29	30	**5**	2	3	4	5	6	7	8

太平新歷四月份 （陰歷三、四月份 陽歷五、六月份）

太平	**4**	2	3	4	5	6	7	8	9	10	11	12	13	14	15	16	17	18	19	20	21	22	23	24	25	26	27	28	29	30
歷	**立夏**	丁開	戊子	己好	庚寅	辛榮	壬辰	癸巳	甲午	乙未	丙申	丁酉	戊戌	己開	庚子	**小滿**	壬寅	癸榮	甲辰	乙巳	丙午	丁未	戊申	己酉	庚戌	辛開	壬子	癸好	甲寅	乙榮
陰	廿四	廿五	廿六	廿七	廿八	廿九	卅	**四**	二	三	四	五	六	七	八	九	十	十一	十二	十三	十四	十五	十六	十七	十八	十九	廿	廿一	廿二	廿三
陽	9	10	11	12	13	14	15	16	17	18	19	20	21	22	23	24	25	26	27	28	29	30	31	**6**	2	3	4	5	6	7

太平新歷五月份 （陰歷四、五月份 陽歷六、七月份）

太平	**5**	2	3	4	5	6	7	8	9	10	11	12	13	14	15	16	17	18	19	20	21	22	23	24	25	26	27	28	29	30	31
歷	**芒種**	丁巳	戊午	己未	庚申	辛酉	壬戌	癸開	甲子	乙好	丙寅	丁榮	戊辰	己巳	庚午	辛未	**夏至**	癸酉	甲戌	乙開	丙子	丁好	戊寅	己榮	庚辰	辛巳	壬午	癸未	甲申	乙酉	丙戌
陰	廿四	廿五	廿六	廿七	廿八	廿九	**五**	二	三	四	五	六	七	八	九	十	十一	十二	十三	十四	十五	十六	十七	十八	十九	廿	廿一	廿二	廿三	廿四	廿五
陽	8	9	10	11	12	13	14	15	16	17	18	19	20	21	22	23	24	25	26	27	28	29	30	**7**	2	3	4	5	6	7	8

太平新歷六月份 （陰歷五、六月份 陽歷七、八月份）

太平	**6**	2	3	4	5	6	7	8	9	10	11	12	13	14	15	16	17	18	19	20	21	22	23	24	25	26	27	28	29	30
歷	**小暑**	戊子	己好	庚寅	辛榮	壬辰	癸巳	甲午	乙未	丙申	丁酉	戊戌	己開	庚子	辛好	**大暑**	癸榮	甲辰	乙巳	丙午	丁未	戊申	己酉	庚戌	辛開	壬子	癸好	甲寅	乙榮	丙辰
陰	廿六	廿七	廿八	廿九	卅	**六**	二	三	四	五	六	七	八	九	十	十一	十二	十三	十四	十五	十六	十七	十八	十九	廿	廿一	廿二	廿三	廿四	廿五
陽	9	10	11	12	13	14	15	16	17	18	19	20	21	22	23	24	25	26	27	28	29	30	31	**8**	2	3	4	5	6	7

太平新歷與陰陽歷史日對照表

太平新歷七月份 （陰歷六、七月份 陽歷八、九月份）

太平歷	7	2	3	4	5	6	7	8	9	10	11	12	13	14	15	16	17	18	19	20	21	22	23	24	25	26	27	28	29	30	31
	立秋	戊午	己未	庚申	辛酉	壬戌	癸開	甲子	乙好	丙寅	丁榮	戊辰	己巳	庚午	辛未	壬申	處暑	甲戌	乙開	丙子	丁好	戊寅	己榮	庚辰	辛巳	壬午	癸未	甲申	乙酉	丙戌	丁開
陰	廿六	廿七	廿八	廿九	卅	七	二	三	四	五	六	七	八	九	十	十一	十二	十三	十四	十五	十六	十七	十八	十九	廿	廿一	廿二	廿三	廿四	廿五	廿六
陽	8	9	10	11	12	13	14	15	16	17	18	19	20	21	22	23	24	25	26	27	28	29	30	31	9	2	3	4	5	6	7

太平新歷八月份 （陰歷七、八月份 陽歷九、十月份）

太平歷	8	2	3	4	5	6	7	8	9	10	11	12	13	14	15	16	17	18	19	20	21	22	23	24	25	26	27	28	29	30
	白露	己好	庚寅	辛榮	壬辰	癸巳	甲午	乙未	丙申	丁酉	戊戌	己開	庚子	辛好	壬寅	秋分	甲辰	乙巳	丙午	丁未	戊申	己酉	庚戌	辛開	壬子	癸好	甲寅	乙榮	丙辰	丁巳
陰	廿七	廿八	廿九	八	二	三	四	五	六	七	八	九	十	十一	十二	十三	十四	十五	十六	十七	十八	十九	廿	廿一	廿二	廿三	廿四	廿五	廿六	廿七
陽	8	9	10	11	12	13	14	15	16	17	18	19	20	21	22	23	24	23	26	27	28	29	30	10	2	3	4	5	6	7

太平新歷九月份 （陰歷八、九月份 陽歷十、十一月份）

太平歷	9	2	3	4	5	6	7	8	9	10	11	12	13	14	15	16	17	18	19	20	21	22	23	24	25	26	27	28	29	30	31
	寒露	己未	庚申	辛酉	壬戌	癸開	甲子	乙好	丙寅	丁榮	戊辰	己巳	庚午	辛未	壬申	癸酉	霜降	乙開	丙子	丁好	戊寅	己榮	庚辰	辛巳	壬午	癸未	甲申	乙酉	丙戌	丁開	戊子
陰	廿八	廿九	卅	九	二	三	四	五	六	七	八	九	十	十一	十二	十三	十四	十五	十六	十七	十八	十九	廿	廿一	廿二	廿三	廿四	廿五	廿六	廿七	廿八
陽	8	9	10	11	12	13	14	15	16	17	18	19	20	21	22	23	24	25	26	27	28	29	30	31	11	2	3	4	5	6	7

太平新歷十月份 （陰歷九、十月份 陽歷十一、十二月份）

太平歷	10	2	3	4	5	6	7	8	9	10	11	12	13	14	15	16	17	18	19	20	21	22	23	24	25	26	27	28	29	30
	立冬	庚寅	辛榮	壬辰	癸巳	甲午	乙未	丙申	丁酉	戊戌	己開	庚子	辛好	壬辰	癸榮	小雪	乙巳	丙午	丁未	戊申	己酉	庚戌	辛開	壬子	癸好	甲寅	乙榮	丙辰	丁巳	戊午
陰	廿九	卅	十	二	三	四	五	六	七	八	九	十	十一	十二	十三	十四	十五	十六	十七	十八	十九	廿	廿一	廿二	廿三	廿四	廿五	廿六	廿七	廿八
陽	8	9	10	11	12	13	14	15	16	17	18	19	20	21	22	23	24	25	26	27	28	29	30	12	2	3	4	5	6	7

太平新歷十一月份 （陰歷十、十一月份 陽歷十二、一月份）

太平歷	11	2	3	4	5	6	7	8	9	10	11	12	13	14	15	16	17	18	19	20	21	22	23	24	25	26	27	28	29	30	31
	大雪	庚申	辛酉	壬戌	癸開	甲子	乙好	丙寅	丁榮	戊辰	己巳	庚午	辛未	壬申	癸酉	甲戌	冬至	丙子	丁好	戊寅	己榮	庚辰	辛巳	壬午	癸未	甲申	乙酉	丙戌	丁開	戊子	己好
陰	廿九	十一	二	三	四	五	六	七	八	九	十	十一	十二	十三	十四	十五	十六	十七	十八	十九	廿	廿一	廿二	廿三	廿四	廿五	廿六	廿七	廿八	廿九	卅
陽	8	9	10	11	12	13	14	15	16	17	18	19	20	21	22	23	24	25	26	27	28	29	30	31	1	2	3	4	5	6	7

太平新歷十二月份 （陰十二、正月份 陽歷一、二月份）

太平歷	12	2	3	4	5	6	7	8	9	10	11	12	13	14	15	16	17	18	19	20	21	22	23	24	25	26	27	28	29	30
	小寒	辛榮	壬辰	癸巳	甲午	乙未	丙申	丁酉	戊戌	己開	庚子	辛好	壬寅	癸榮	甲辰	大寒	丙午	丁未	戊申	己酉	庚戌	辛開	壬子	癸好	甲寅	乙榮	丙辰	丁巳	戊午	己未
陰	十二	二	三	四	五	六	七	八	九	十	十一	十二	十三	十四	十五	十六	十七	十八	十九	廿	廿一	廿二	廿三	廿四	廿五	廿六	廿七	廿八	廿九	正
陽	8	9	10	11	12	13	14	15	16	17	18	19	20	21	22	23	24	25	26	27	28	29	30	31	2	2	3	4	5	6

（清文宗咸豐五年西曆一八五五年）

太平新歷與陰陽歷史日對照表

太平天國丙辰六年

（清文宗咸豐六年西曆一八五六年）

太平新歷一月份　（陰歷正、二月份　陽歷二、三月份）

太	**1**	2	3	4	5	6	7	8	9	10	11	12	13	14	15	16	17	18	19	20	21	22	23	24	25	26	27	28	29	30	31
平歷	**立春**	辛酉	壬戌	癸開	甲子	乙好	丙寅	丁榮	戊辰	己巳	庚午	辛未	壬申	癸酉	甲戌	乙開	**雨水**	丁好	戊寅	己榮	庚辰	辛巳	壬午	癸未	甲申	乙酉	丙戌	丁開	戊子	己好	庚寅
陰	二	三	四	五	六	七	八	九	十	十一	十二	十三	十四	十五	十六	十七	十八	十九	廿	廿一	廿二	廿三	廿四	廿五	廿六	廿七	廿八	廿九	卅	**二**	二
陽	7	8	9	10	11	12	13	14	15	16	17	18	19	20	21	22	23	24	25	26	27	28	29	**3**	2	3	4	5	6	7	8

太平新歷二月份　（陰歷二、三月份、　陽歷三、四月份）

太	**2**	2	3	4	5	6	7	8	9	10	11	12	13	14	15	16	17	18	19	20	21	22	23	24	25	26	27	28	29	30	
平歷	**驚蟄**	壬辰	癸巳	甲午	乙未	丙申	丁酉	戊戌	己開	庚子	辛好	壬寅	癸榮	甲辰	乙巳	**春分**	丁未	戊申	己酉	庚戌	辛開	壬子	癸好	甲寅	乙榮	丙辰	丁巳	戊午	己未	庚申	
陰	三	四	五	六	七	八	九	十	十一	十二	十三	十四	十五	十六	十七	十八	十九	廿	廿一	廿二	廿三	廿四	廿五	廿六	廿七	廿八	廿九	**三**	二	三	
陽	9	10	11	12	13	14	15	16	17	18	19	20	21	22	23	24	25	26	27	28	29	30	31	**4**	2	3	4	5	6	7	

太平新歷三月份　（陰歷三、四月份　陽歷四、五月份）

太	**3**	2	3	4	5	6	7	8	9	10	11	12	13	14	15	16	17	18	19	20	21	22	23	24	25	26	27	28	29	30	31
平歷	**清明**	壬戌	癸開	甲子	乙好	丙寅	丁榮	戊辰	己巳	庚午	辛未	壬申	癸酉	甲戌	乙開	丙子	**穀雨**	戊寅	己榮	庚辰	辛巳	壬午	癸未	甲申	乙酉	丙戌	丁開	戊子	己好	庚寅	辛榮
陰	四	五	六	七	八	九	十	十一	十二	十三	十四	十五	十六	十七	十八	十九	廿	廿一	廿二	廿三	廿四	廿五	廿六	廿七	廿八	廿九	**四**	二	三	四	五
陽	8	9	10	11	12	13	14	15	16	17	18	19	20	21	22	23	24	25	26	27	28	29	30	**5**	2	3	4	5	6	7	8

太平新歷四月份　（陰歷四、五月份　陽歷五、六月份）

太	**4**	2	3	4	5	6	7	8	9	10	11	12	13	14	15	16	17	18	19	20	21	22	23	24	25	26	27	28	29	30	
平歷	**立夏**	癸巳	甲午	乙未	丙申	丁酉	戊戌	己開	庚子	辛好	壬寅	癸榮	甲辰	乙巳	丙午	**小滿**	戊申	己酉	庚戌	辛開	壬子	癸好	甲寅	乙榮	丙辰	丁巳	戊午	己未	庚申	辛酉	
陰	六	七	八	九	十	十一	十二	十三	十四	十五	十六	十七	十八	十九	廿	廿一	廿二	廿三	廿四	廿五	廿六	廿七	廿八	廿九	卅	**五**	二	三	四	五	
陽	9	10	11	12	13	14	15	16	17	18	19	20	21	22	23	24	25	26	27	28	29	30	31	**6**	2	3	4	5	6	7	

太平新歷五月份　（陰歷五、六月份　陽歷六、七月份）

太	**5**	2	3	4	5	6	7	8	9	10	11	12	13	14	15	16	17	18	19	20	21	22	23	24	25	26	27	28	29	30	31
平歷	**芒種**	癸開	甲子	乙好	丙寅	丁榮	戊辰	己巳	庚午	辛未	壬申	癸酉	甲戌	乙開	丙子	丁好	**夏至**	己榮	庚辰	辛巳	壬午	癸未	甲申	乙酉	丙戌	丁開	戊子	己好	庚寅	辛榮	壬辰
陰	六	七	八	九	十	十一	十二	十三	十四	十五	十六	十七	十八	十九	廿	廿一	廿二	廿三	廿四	廿五	廿六	廿七	廿八	廿九	**六**	二	三	四	五	六	七
陽	8	9	10	11	12	13	14	15	16	17	18	19	20	21	22	23	24	25	26	27	28	29	30	**7**	2	3	4	5	6	7	8

太平新歷六月份　（陰歷六、七月份　陽歷七、八月份）

太	**6**	2	3	4	5	6	7	8	9	10	11	12	13	14	15	16	17	18	19	20	21	22	23	24	25	26	27	28	29	30	
平歷	**小暑**	甲午	乙未	丙申	丁酉	戊戌	己開	庚子	辛好	壬寅	癸榮	甲辰	乙巳	丙午	丁未	**大暑**	己酉	庚戌	辛開	壬子	癸好	甲寅	乙榮	丙辰	丁巳	戊午	己未	庚申	辛酉	壬戌	
陰	八	九	十	十一	十二	十三	十四	十五	十六	十七	十八	十九	廿	廿一	廿二	廿三	廿四	廿五	廿六	廿七	廿八	廿九	卅	**七**	二	三	四	五	六	七	
陽	9	10	11	12	13	14	15	16	17	18	19	20	21	22	23	24	25	26	27	28	29	30	31	**8**	2	3	4	5	6	7	

太平新歷與陰陽歷史日對照表

太平新歷七月份　（陰歷七、八月份　陽歷八、九月份）

太平歷	**7**	2	3	4	5	6	7	8	9	10	11	12	13	14	15	16	17	18	19	20	21	22	23	24	25	26	27	28	29	30	31
	立秋	甲子	乙好	丙寅	丁榮	戊辰	己巳	庚午	辛未	壬申	癸酉	甲戌	乙開	丙子	丁好	戊寅	**處暑**	庚辰	辛巳	壬午	癸未	甲申	乙酉	丙戌	丁開	戊子	己好	庚寅	辛榮	壬辰	癸巳
陰	八	九	十	十一	十二	十三	十四	十五	十六	十七	十八	十九	廿	廿一	廿二	廿三	廿四	廿五	廿六	廿七	廿八	廿九	**八**	二	三	四	五	六	七	八	九
陽	8	9	10	11	12	13	14	15	16	17	18	19	20	21	22	23	24	25	26	27	28	29	30	31	**9**	2	3	4	5	6	7

太平新歷八月份　（陰歷八、九月份　陽歷九、十月份）

太平歷	**8**	2	3	4	5	6	7	8	9	10	11	12	13	14	15	16	17	18	19	20	21	22	23	24	25	26	27	28	29	30	
	白露	乙未	丙申	丁酉	戊戌	己開	庚子	辛好	壬寅	癸榮	甲辰	乙巳	丙午	丁未	戊申	**秋分**	庚戌	辛開	壬子	癸好	甲寅	乙榮	丙辰	丁巳	戊午	己未	庚申	辛酉	壬戌	癸開	
陰	十	十一	十二	十三	十四	十五	十六	十七	十八	十九	廿	廿一	廿二	廿三	廿四	廿五	廿六	廿七	廿八	廿九	卅	**九**	二	三	四	五	六	七	八	九	
陽	8	9	10	11	12	13	14	15	16	17	18	19	20	21	22	23	24	25	26	27	28	29	30	**10**	2	3	4	5	6	7	

太平新歷九月份　（陰歷九、十月份　陽歷十、十一月份）

太平歷	**9**	2	3	4	5	6	7	8	9	10	11	12	13	14	15	16	17	18	19	20	21	22	23	24	25	26	27	28	29	30	31
	寒露	乙好	丙寅	丁榮	戊辰	己巳	庚午	辛未	壬申	癸酉	甲戌	乙開	丙子	丁好	戊寅	己榮	**霜降**	辛巳	壬午	癸未	甲申	乙酉	丙戌	丁開	戊子	己好	庚寅	辛榮	壬辰	癸巳	甲午
陰	十	十一	十二	十三	十四	十五	十六	十七	十八	十九	廿	廿一	廿二	廿三	廿四	廿五	廿六	廿七	廿八	廿九	卅	**十**	二	三	四	五	六	七	八	九	十
陽	8	9	10	11	12	13	14	15	16	17	18	19	20	21	22	23	24	25	26	27	28	29	30	31	**11**	2	3	4	5	6	7

太平新歷十月份　（陰歷十、十一月份　陽歷十一、十二月份）

太平歷	**10**	2	3	4	5	6	7	8	9	10	11	12	13	14	15	16	17	18	19	20	21	22	23	24	25	26	27	28	29	30	
	立冬	丙申	丁酉	戊戌	己開	庚子	辛好	壬寅	癸榮	甲辰	乙巳	丙午	丁未	戊申	己酉	**小雪**	辛開	壬子	癸好	甲寅	乙榮	丙辰	丁巳	戊午	己未	庚申	辛酉	壬戌	癸開	甲子	
陰	十一	十二	十三	十四	十五	十六	十七	十八	十九	廿	廿一	廿二	廿三	廿四	廿五	廿六	廿七	廿八	廿九	卅	**十一**	二	三	四	五	六	七	八	九	十	
陽	8	9	10	11	12	13	14	15	16	17	18	19	20	21	22	23	24	25	26	27	28	29	30	**12**	2	3	4	5	6	7	

太平新歷十一月份　（陰歷十一、十二月份　陽歷十二、一月份）

太平歷	**11**	2	3	4	5	6	7	8	9	10	11	12	13	14	15	16	17	18	19	20	21	22	23	24	25	26	27	28	29	30	31
	大雪	丙寅	丁榮	戊辰	己巳	庚午	辛未	壬申	癸酉	甲戌	乙開	丙子	丁好	戊寅	己榮	庚辰	**冬至**	壬午	癸未	甲申	乙酉	丙戌	丁開	戊子	己好	庚寅	辛榮	壬辰	癸巳	甲午	乙未
陰	十一	十二	十三	十四	十五	十六	十七	十八	十九	廿	廿一	廿二	廿三	廿四	廿五	廿六	廿七	廿八	廿九	**十二**	二	三	四	五	六	七	八	九	十	十一	十二
陽	8	9	10	11	12	13	14	15	16	17	18	19	20	21	22	23	24	25	26	27	28	29	30	31	**1**	2	3	4	5	6	7

太平新歷十二月份　（陰歷十二、正月份　陽歷一、二月份）

太平歷	**12**	2	3	4	5	6	7	8	9	10	11	12	13	14	15	16	17	18	19	20	21	22	23	24	25	26	27	28	29	30	
	小寒	丁酉	戊戌	己開	庚子	辛好	壬寅	癸榮	甲辰	乙巳	丙午	丁未	戊申	己酉	庚戌	**大寒**	壬子	癸好	甲寅	乙榮	丙辰	丁巳	戊午	己未	庚申	辛酉	壬戌	癸開	甲子	乙好	
陰	十三	十四	十五	十六	十七	十八	十九	廿	廿一	廿二	廿三	廿四	廿五	廿六	廿七	廿八	廿九	卅	**正**	二	三	四	五	六	七	八	九	十	十一	十二	
陽	8	9	10	11	12	13	14	15	16	17	18	19	20	21	22	23	24	25	26	27	28	29	30	31	**2**	2	3	4	5	6	

太平新歷與陰陽歷史日對照表

太平新歷一月份　（陰歷正、二月份　陽歷二、三月份）

太平歷	**1**	2	3	4	5	6	7	8	9	10	11	12	13	14	15	16	17	18	19	20	21	22	23	24	25	26	27	28	29	30	31
	立春	丁榮	戊辰	己巳	庚午	辛未	壬申	癸酉	甲戌	乙開	丙子	丁好	戊寅	己榮	庚辰	辛巳	**雨水**	癸未	甲申	乙酉	丙戌	丁開	戊子	己好	庚寅	辛榮	壬辰	癸巳	甲午	乙未	丙申
陰	十三	十四	十五	十六	十七	十八	十九	廿	廿一	廿二	廿三	廿四	廿五	廿六	廿七	廿八	廿九	**二**	二	三	四	五	六	七	八	九	十	十一	十二	十三	十四
陽	7	8	9	10	11	12	13	14	15	16	17	18	19	20	21	22	23	24	25	26	27	28	**3**	2	3	4	5	6	7	8	9

太平新歷二月份　（陰歷二、三月份　陽歷三、四月份）

太平歷	**2**	2	3	4	5	6	7	8	9	10	11	12	13	14	15	16	17	18	19	20	21	22	23	24	25	26	27	28	29	30
	驚蟄	戊戌	己開	庚子	辛好	壬寅	癸榮	甲辰	乙巳	丙午	丁未	戊申	己酉	庚戌	辛開	**春分**	癸好	甲寅	乙榮	丙辰	丁巳	戊午	己未	庚申	辛酉	壬戌	癸開	甲子	乙好	丙寅
陰	十五	十六	十七	十八	十九	廿	廿一	廿二	廿三	廿四	廿五	廿六	廿七	廿八	廿九	卅	**三**	二	三	四	五	六	七	八	九	十	十一	十二	十三	十四
陽	10	11	12	13	14	15	16	17	18	19	20	21	22	23	24	25	26	27	28	29	30	31	**4**	2	3	4	5	6	7	8

太平新歷三月份　（陰歷三、四月份　陽歷四、五月份）

太平歷	**3**	2	3	4	5	6	7	8	9	10	11	12	13	14	15	16	17	18	19	20	21	22	23	24	25	26	27	28	29	30	31
	清明	戊辰	己巳	庚午	辛未	壬申	癸酉	甲戌	乙開	丙子	丁好	戊寅	己榮	庚辰	辛巳	壬午	**穀雨**	甲申	乙酉	丙戌	丁開	戊子	己好	庚寅	辛榮	壬辰	癸巳	甲午	乙未	丙申	丁酉
陰	十五	十六	十七	十八	十九	廿	廿一	廿二	廿三	廿四	廿五	廿六	廿七	廿八	廿九	**四**	二	三	四	五	六	七	八	九	十	十一	十二	十三	十四	十五	十六
陽	9	10	11	12	13	14	15	16	17	18	19	20	21	22	23	24	25	26	27	28	29	30	**5**	2	3	4	5	6	7	8	9

太平新歷四月份　（陰歷四、五月份　陽歷五、六月份）

太平歷	**4**	2	3	4	5	6	7	8	9	10	11	12	13	14	15	16	17	18	19	20	21	22	23	24	25	26	27	28	29	30
	立夏	己開	庚子	辛好	壬寅	癸榮	甲辰	乙巳	丙午	丁未	戊申	己酉	庚戌	辛開	壬子	**小滿**	甲寅	乙榮	丙辰	丁巳	戊午	己未	庚申	辛酉	壬戌	癸開	甲子	乙好	丙寅	丁榮
陰	十七	十八	十九	廿	廿一	廿二	廿三	廿四	廿五	廿六	廿七	廿八	廿九	**五**	二	三	四	五	六	七	八	九	十	十一	十二	十三	十四	十五	十六	十七
陽	10	11	12	13	14	15	16	17	18	19	20	21	22	23	24	25	26	27	28	29	30	31	**6**	2	3	4	5	6	7	8

太平新歷五月份　（陰歷五、閏五月份　陽歷六、七月份）

太平歷	**5**	2	3	4	5	6	7	8	9	10	11	12	13	14	15	16	17	18	19	20	21	22	23	24	25	26	27	28	29	30	31
	芒種	己巳	庚午	辛未	壬申	癸酉	甲戌	乙開	丙子	丁好	戊寅	己榮	庚辰	辛巳	壬午	癸未	**夏至**	乙酉	丙戌	丁開	戊子	己好	庚寅	辛榮	壬辰	癸巳	甲午	乙未	丙申	丁酉	戊戌
陰	十八	十九	廿	廿一	廿二	廿三	廿四	廿五	廿六	廿七	廿八	廿九	卅	**閏**	二	三	四	五	六	七	八	九	十	十一	十二	十三	十四	十五	十六	十七	十八
陽	9	10	11	12	13	14	15	16	17	18	19	20	21	22	23	24	25	26	27	28	29	30	**7**	2	3	4	5	6	7	8	9

太平新歷六月份　（陰歷閏五、六月份　陽歷七、八月份）

太平歷	**6**	2	3	4	5	6	7	8	9	10	11	12	13	14	15	16	17	18	19	20	21	22	23	24	25	26	27	28	29	30
	小暑	庚子	辛好	壬寅	癸榮	甲辰	乙巳	丙午	丁未	戊申	己酉	庚戌	辛開	壬子	癸好	**大暑**	乙榮	丙辰	丁巳	戊午	己未	庚申	辛酉	壬戌	癸開	甲子	乙好	丙寅	丁榮	戊辰
陰	十九	廿	廿一	廿二	廿三	廿四	廿五	廿六	廿七	廿八	廿九	**六**	二	三	四	五	六	七	八	九	十	十一	十二	十三	十四	十五	十六	十七	十八	十九
陽	10	11	12	13	14	15	16	17	18	19	20	21	22	23	24	25	26	27	28	29	30	31	**8**	2	3	4	5	6	7	8

太平新歷與陰陽歷史日對照表

太平天國丁巳七年

（清文宗咸豐七年西歷一八五七年）

太平新歷七月份　（陰歷六、七月份　陽歷八、九月份）

太平歷	7	2	3	4	5	6	7	8	9	10	11	12	13	14	15	16	17	18	19	20	21	22	23	24	25	26	27	28	29	30	31
	立秋	庚午	辛未	壬申	癸酉	甲戌	乙開	丙子	丁好	戊寅	己榮	庚辰	辛巳	壬午	癸未	甲申	處暑	丙戌	丁開	戊子	己好	庚寅	辛榮	壬辰	癸巳	甲午	乙未	丙申	丁酉	戊戌	己開
陰	廿	廿一	廿二	廿三	廿四	廿五	廿六	廿七	廿八	廿九	卅	七	二	三	四	五	六	七	八	九	十	十一	十二	十三	十四	十五	十六	十七	十八	十九	廿
陽	9	10	11	12	13	14	15	16	17	18	19	20	21	22	23	24	25	26	27	28	29	30	31	9	2	3	4	5	6	7	8

太平新歷八月份　（陰歷七、八月份　陽歷九、十月份）

太平歷	8	2	3	4	5	6	7	8	9	10	11	12	13	14	15	16	17	18	19	20	21	22	23	24	25	26	27	28	29	30	
	白露	辛好	壬寅	癸榮	甲辰	乙巳	丙午	丁未	戊申	己酉	庚戌	辛開	壬子	癸好	甲寅	秋分	丙辰	丁巳	戊午	己未	庚申	辛酉	壬戌	癸開	甲子	乙好	丙寅	丁榮	戊辰	己巳	
陰	廿一	廿二	廿三	廿四	廿五	廿六	廿七	廿八	廿九	八	二	三	四	五	六	七	八	九	十	十一	十二	十三	十四	十五	十六	十七	十八	十九	廿	廿一	
陽	9	10	11	12	13	14	15	16	17	18	19	20	21	22	23	24	23	26	27	28	29	30	10	2	3	4	5	6	7	8	

太平新歷九月份　（陰歷八、九月份　陽歷十、十一月份）

太平歷	9	2	3	4	5	6	7	8	9	10	11	12	13	14	15	16	17	18	19	20	21	22	23	24	25	26	27	28	29	30	31
	寒露	辛未	壬申	癸酉	甲戌	乙開	丙子	丁好	戊寅	己榮	庚辰	辛巳	壬午	癸未	甲申	乙酉	霜降	丁開	戊子	己好	庚寅	辛榮	壬辰	癸巳	甲午	乙未	丙申	丁酉	戊戌	己開	庚子
陰	廿二	廿三	廿四	廿五	廿六	廿七	廿八	廿九	卅	九	二	三	四	五	六	七	八	九	十	十一	十二	十三	十四	十五	十六	十七	十八	十九	廿	廿一	廿二
陽	9	10	11	12	13	14	15	16	17	18	19	20	21	22	23	24	25	26	27	28	29	30	31	11	2	3	4	5	6	7	8

太平新歷十月份　（陰歷九、十月份　陽歷十一、十二月份）

太平歷	10	2	3	4	5	6	7	8	9	10	11	12	13	14	15	16	17	18	19	20	21	22	23	24	25	26	27	28	29	30	
	立冬	壬寅	癸榮	甲辰	乙巳	丙午	丁未	戊申	己酉	庚戌	辛開	壬子	癸好	甲寅	乙榮	小雪	丁巳	戊午	己未	庚申	辛酉	壬戌	癸開	甲子	乙好	丙寅	丁榮	戊辰	己巳	庚午	
陰	廿三	廿四	廿五	廿六	廿七	廿八	廿九	十	二	三	四	五	六	七	八	九	十	十一	十二	十三	十四	十五	十六	十七	十八	十九	廿	廿一	廿二	廿三	
陽	9	10	11	12	13	14	15	16	17	18	19	20	21	22	23	24	25	26	27	28	29	30	12	2	3	4	5	6	7	8	

太平新歷十一月份　（陰歷十、十一月份　陽歷十二、一月份）

太平歷	11	2	3	4	5	6	7	8	9	10	11	12	13	14	15	16	17	18	19	20	21	22	23	24	25	26	27	28	29	30	31
	大雪	壬申	癸酉	甲戌	乙開	丙子	丁好	戊寅	己榮	庚辰	辛巳	壬午	癸未	甲申	乙酉	丙戌	冬至	戊子	己好	庚寅	辛榮	壬辰	癸巳	甲午	乙未	丙申	丁酉	戊戌	己開	庚子	辛好
陰	廿四	廿五	廿六	廿七	廿八	廿九	卅	十一	二	三	四	五	六	七	八	九	十	十一	十二	十三	十四	十五	十六	十七	十八	十九	廿	廿一	廿二	廿三	廿四
陽	9	10	11	12	13	14	15	16	17	18	19	20	21	22	23	24	25	26	27	28	29	30	31	1	2	3	4	5	6	7	8

太平新歷十二月份　（陰十一、十二月份　陽歷一、二月份）

太平歷	12	2	3	4	5	6	7	8	9	10	11	12	13	14	15	16	17	18	19	20	21	22	23	24	25	26	27	28	29	30	
	小寒	癸榮	甲辰	乙巳	丙午	丁未	戊申	己酉	庚戌	辛開	壬子	癸好	甲寅	乙榮	丙辰	大寒	戊午	己未	庚申	辛酉	壬戌	癸開	甲子	乙好	丙寅	丁榮	戊辰	己巳	庚午	辛未	
陰	廿五	廿六	廿七	廿八	廿九	卅	十二	二	三	四	五	六	七	八	九	十	十一	十二	十三	十四	十五	十六	十七	十八	十九	廿	廿一	廿二	廿三	廿四	
陽	9	10	11	12	13	14	15	16	17	18	19	20	21	22	23	24	25	26	27	28	29	30	31	2	2	3	4	5	6	7	

太平新歷與陰陽歷史日對照表

太平新歷一月份　（陰歷十二、正月份　陽歷二、三月份）

太平歷	1	2	3	4	5	6	7	8	9	10	11	12	13	14	15	16	17	18	19	20	21	22	23	24	25	26	27	28	29	30	31
	立春	癸酉	甲戌	乙開	丙子	丁好	戊寅	己榮	庚辰	辛巳	壬午	癸未	甲申	乙酉	丙戌	丁開	雨水	己好	庚寅	辛榮	壬辰	癸巳	甲午	乙未	丙申	丁酉	戊戌	己開	庚子	辛好	壬寅
陰	廿五	廿六	廿七	廿八	廿九	卅	正	二	三	四	五	六	七	八	九	十	十一	十二	十三	十四	十五	十六	十七	十八	十九	廿	廿一	廿二	廿三	廿四	廿五
陽	8	9	10	11	12	13	14	15	16	17	18	19	20	21	22	23	24	25	26	27	28	3	2	3	4	5	6	7	8	9	10

太平新歷二月份　（陰歷正、二月份　陽歷三、四月份）

太平歷	2	2	3	4	5	6	7	8	9	10	11	12	13	14	15	16	17	18	19	20	21	22	23	24	25	26	27	28	29	30	
	驚蟄	甲辰	乙巳	丙午	丁未	戊申	己酉	庚戌	辛開	壬子	癸好	甲寅	乙榮	丙辰	丁巳	春分	己未	庚申	辛酉	壬戌	癸開	甲子	乙好	丙寅	丁榮	戊辰	己巳	庚午	辛未	壬申	
陰	廿六	廿七	廿八	廿九	二	二	三	四	五	六	七	八	九	十	十一	十二	十三	十四	十五	十六	十七	十八	十九	廿	廿一	廿二	廿三	廿四	廿五	廿六	
陽	11	12	13	14	15	16	17	18	19	20	21	22	23	24	25	26	27	28	29	30	31	4	2	3	4	5	6	7	8	9	

太平新歷三月份　（陰歷二、三月份　陽歷四、五月份）

太平歷	3	2	3	4	5	6	7	8	9	10	11	12	13	14	15	16	17	18	19	20	21	22	23	24	25	26	27	28	29	30	31
	清明	甲戌	乙開	丙子	丁好	戊寅	己榮	庚辰	辛巳	壬午	癸未	甲申	乙酉	丙戌	丁開	戊子	穀雨	庚寅	辛榮	壬辰	癸巳	甲午	乙未	丙申	丁酉	戊戌	己開	庚子	辛好	壬寅	癸榮
陰	廿七	廿八	廿九	卅	三	二	三	四	五	六	七	八	九	十	十一	十二	十三	十四	十五	十六	十七	十八	十九	廿	廿一	廿二	廿三	廿四	廿五	廿六	廿七
陽	10	11	12	13	14	15	16	17	18	19	20	21	22	23	24	25	26	27	28	29	30	5	2	3	4	5	6	7	8	9	10

太平新歷四月份　（陰歷三、四月份　陽歷五、六月份）

太平歷	4	2	3	4	5	6	7	8	9	10	11	12	13	14	15	16	17	18	19	20	21	22	23	24	25	26	27	28	29	30	
	立夏	乙巳	丙午	丁未	戊申	己酉	庚戌	辛開	壬子	癸好	甲寅	乙榮	丙辰	丁巳	戊午	小滿	庚申	辛酉	壬戌	癸開	甲子	乙好	丙寅	丁榮	戊辰	己巳	庚午	辛未	壬申	癸酉	
陰	廿八	廿九	四	二	三	四	五	六	七	八	九	十	十一	十二	十三	十四	十五	十六	十七	十八	十九	廿	廿一	廿二	廿三	廿四	廿五	廿六	廿七	廿八	
陽	11	12	13	14	15	16	17	18	19	20	21	22	23	24	25	26	27	28	29	30	31	6	2	3	4	5	6	7	8	9	

太平新歷五月份　（陰歷四、五月份　陽歷六、七月份）

太平歷	5	2	3	4	5	6	7	8	9	10	11	12	13	14	15	16	17	18	19	20	21	22	23	24	25	26	27	28	29	30	31
	芒種	乙開	丙子	丁好	戊寅	己榮	庚辰	辛巳	壬午	癸未	甲申	乙酉	丙戌	丁開	戊子	己好	夏至	辛榮	壬辰	癸巳	甲午	乙未	丙申	丁酉	戊戌	己開	庚子	辛好	壬寅	癸榮	甲辰
陰	廿九	五	二	三	四	五	六	七	八	九	十	十一	十二	十三	十四	十五	十六	十七	十八	十九	廿	廿一	廿二	廿三	廿四	廿五	廿六	廿七	廿八	廿九	卅
陽	10	11	12	13	14	15	16	17	18	19	20	21	22	23	24	25	26	27	28	29	30	7	2	3	4	5	6	7	8	9	10

太平新歷六月份　（陰歷六、七月份　陽歷七、八月份）

太平歷	6	2	3	4	5	6	7	8	9	10	11	12	13	14	15	16	17	18	19	20	21	22	23	24	25	26	27	28	29	30	
	小暑	丙午	丁未	戊申	己酉	庚戌	辛開	壬子	癸好	甲寅	乙榮	丙辰	丁巳	戊午	己未	大暑	辛酉	壬戌	癸開	甲子	乙好	丙寅	丁榮	戊辰	己巳	庚午	辛未	壬申	癸酉	甲戌	
陰	六	二	三	四	五	六	七	八	九	十	十一	十二	十三	十四	十五	十六	十七	十八	十九	廿	廿一	廿二	廿三	廿四	廿五	廿六	廿七	廿八	廿九	七	
陽	11	12	13	14	15	16	17	18	19	20	21	22	23	24	25	26	27	28	29	30	31	8	2	3	4	5	6	7	8	9	

太平天國戊午八年

（清文宗咸豐八年西歷一八五八年）

太平新歷與陰陽歷史日對照表

太平天國戊午八年（清文宗咸豐八年西歷一八五八年）

太平新歷七月份　（陰歷七、八月份　陽歷八、九月份）

太平歷	**7**	2	3	4	5	6	7	8	9	10	11	12	13	14	15	16	17	18	19	20	21	22	23	24	25	26	27	28	29	30	31
	立秋	丙子	丁好	戊寅	己榮	庚辰	辛巳	壬午	癸未	甲申	乙酉	丙戌	丁開	戊子	己好	庚寅	**處暑**	壬辰	癸巳	甲午	乙未	丙申	丁酉	戊戌	己開	庚子	辛好	壬寅	癸榮	甲辰	乙巳
陰	二	三	四	五	六	七	八	九	十	十一	十二	十三	十四	十五	十六	十七	十八	十九	廿	廿一	廿二	廿三	廿四	廿五	廿六	廿七	廿八	廿九	**八**	二	三
陽	10	11	12	13	14	15	16	17	18	19	20	21	22	23	24	25	26	27	28	29	30	31	**9**	2	3	4	5	6	7	8	9

太平新歷八月份　（陰歷八、九月份　陽歷九、十月份）

太平歷	**8**	2	3	4	5	6	7	8	9	10	11	12	13	14	15	16	17	18	19	20	21	22	23	24	25	26	27	28	29	30
	白露	丁未	戊申	己酉	庚戌	辛開	壬子	癸好	甲寅	乙榮	丙辰	丁巳	戊午	己未	庚申	**秋分**	壬戌	癸開	甲子	乙好	丙寅	丁榮	戊辰	己巳	庚午	辛未	壬申	癸酉	甲戌	乙開
陰	四	五	六	七	八	九	十	十一	十二	十三	十四	十五	十六	十七	十八	十九	廿	廿一	廿二	廿三	廿四	廿五	廿六	廿七	廿八	廿九	卅	**九**	二	三
陽	10	11	12	13	14	15	16	17	18	19	20	21	22	23	24	25	26	27	28	29	30	**10**	2	3	4	5	6	7	8	9

太平新歷九月份　（陰歷九、十月份　陽歷十、十一月份）

太平歷	**9**	2	3	4	5	6	7	8	9	10	11	12	13	14	15	16	17	18	19	20	21	22	23	24	25	26	27	28	29	30	31
	寒露	丁好	戊寅	己榮	庚辰	辛巳	壬午	癸未	甲申	乙酉	丙戌	丁開	戊子	己好	庚寅	辛榮	**霜降**	癸巳	甲午	乙未	丙申	丁酉	戊戌	己開	庚子	辛好	壬寅	癸榮	甲辰	乙巳	丙午
陰	四	五	六	七	八	九	十	十一	十二	十三	十四	十五	十六	十七	十八	十九	廿	廿一	廿二	廿三	廿四	廿五	廿六	廿七	廿八	廿九	卅	**十**	二	三	四
陽	10	11	12	13	14	15	16	17	18	19	20	21	22	23	24	25	26	27	28	29	30	31	**11**	2	3	4	5	6	7	8	9

太平新歷十月份　（陰歷十、十一月份　陽歷十一、十二月份）

太平歷	**10**	2	3	4	5	6	7	8	9	10	11	12	13	14	15	16	17	18	19	20	21	22	23	24	25	26	27	28	29	30
	立冬	戊申	己酉	庚戌	辛開	壬子	癸好	甲寅	乙榮	丙辰	丁巳	戊午	己未	庚申	辛酉	**小雪**	癸開	甲子	乙好	丙寅	丁榮	戊辰	己巳	庚午	辛未	壬申	癸酉	甲戌	乙開	丙子
陰	五	六	七	八	九	十	十一	十二	十三	十四	十五	十六	十七	十八	十九	廿	廿一	廿二	廿三	廿四	廿五	廿六	廿七	廿八	廿九	**十一**	二	三	四	五
陽	10	11	12	13	14	15	16	17	18	19	20	21	22	23	24	25	26	27	28	29	30	**12**	2	3	4	5	6	7	8	9

太平新歷十一月份　（陰歷十一、十二月份　陽歷十二、一月份）

太平歷	**11**	2	3	4	5	6	7	8	9	10	11	12	13	14	15	16	17	18	19	20	21	22	23	24	25	26	27	28	29	30	31
	大雪	戊寅	己榮	庚辰	辛巳	壬午	癸未	甲申	乙酉	丙戌	丁開	戊子	己好	庚寅	辛榮	壬辰	**冬至**	甲午	乙未	丙申	丁酉	戊戌	己開	庚子	辛好	壬寅	癸榮	甲辰	乙巳	丙午	丁未
陰	六	七	八	九	十	十一	十二	十三	十四	十五	十六	十七	十八	十九	廿	廿一	廿二	廿三	廿四	廿五	廿六	廿七	廿八	廿九	卅	**十二**	二	三	四	五	六
陽	10	11	12	13	14	15	16	17	18	19	20	21	22	23	24	25	26	27	28	29	30	31	**1**	2	3	4	5	6	7	8	9

太平新歷十二月份　（陰歷十二、正月份　陽歷一、二月份）

太平歷	**12**	2	3	4	5	6	7	8	9	10	11	12	13	14	15	16	17	18	19	20	21	22	23	24	25	26	27	28	29	30
	小寒	己酉	庚戌	辛開	壬子	癸好	甲寅	乙榮	丙辰	丁巳	戊午	己未	庚申	辛酉	壬戌	**大寒**	甲子	乙好	丙寅	丁榮	戊辰	己巳	庚午	辛未	壬申	癸酉	甲戌	乙開	丙子	丁好
陰	七	八	九	十	十一	十二	十三	十四	十五	十六	十七	十八	十九	廿	廿一	廿二	廿三	廿四	廿五	廿六	廿七	廿八	廿九	卅	**正**	二	三	四	五	六
陽	10	11	12	13	14	15	16	17	18	19	20	21	22	23	24	25	26	27	28	29	30	31	**2**	2	3	4	5	6	7	8

太平新歷與陰陽歷史日對照表

太平新歷一月份　（陰歷正、二月份　陽歷二、三月份）

太平	**1**	2	3	4	5	6	7	8	9	10	11	12	13	14	15	16	17	18	19	20	21	22	23	24	25	26	27	28	29	30	31
歷	**立春**	己榮	庚辰	辛巳	壬午	癸未	甲申	乙酉	丙戌	丁開	戊子	己好	庚寅	辛榮	壬辰	癸巳	**雨水**	乙未	丙申	丁酉	戊戌	己開	庚子	辛好	壬寅	癸榮	甲辰	乙巳	丙午	丁未	戊申
陰	七	八	九	十	[illegible]	十二	十三	十四	十五	十六	十七	十八	十九	廿	廿一	廿二	廿三	廿四	廿五	廿六	廿七	廿八	廿九	卅	**二**	二	三	四	五	六	七
陽	9	10	11	12	13	14	15	16	17	18	19	20	21	22	23	24	25	26	27	28	**3**	2	3	4	5	6	7	8	9	10	11

太平新歷二月份　（陰歷二、三月份　陽歷三、四月份）

太平	**2**	2	3	4	5	6	7	8	9	10	11	12	13	14	15	16	17	18	19	20	21	22	23	24	25	26	27	28	29	30	—
歷	**驚蟄**	庚戌	辛開	壬子	癸好	甲寅	乙榮	丙辰	丁巳	戊午	己未	庚申	辛酉	壬戌	癸開	**春分**	乙好	丙寅	丁榮	戊辰	己巳	庚午	辛未	壬申	癸酉	甲戌	乙開	丙子	丁好	戊寅	—
陰	八	九	十	十一	十二	十三	十四	十五	十六	十七	十八	十九	廿	廿一	廿二	廿三	廿四	廿五	廿六	廿七	廿八	廿九	**三**	二	三	四	五	六	七	八	—
陽	12	13	14	15	16	17	18	19	20	21	22	23	24	25	26	27	28	29	30	31	**4**	2	3	4	5	6	7	8	9	10	

太平新歷三月份　（陰歷三、四月份　陽歷四、五月份）

太平	**3**	2	3	4	5	6	7	8	9	10	11	12	13	14	15	16	17	18	19	20	21	22	23	24	25	26	27	28	29	30	31
歷	**清明**	庚辰	辛巳	壬午	癸未	甲申	乙酉	丙戌	丁開	戊子	己好	庚寅	辛榮	壬辰	癸巳	甲午	**穀雨**	丙申	丁酉	戊戌	己開	庚子	辛好	壬寅	癸榮	甲辰	乙巳	丙午	丁未	戊申	己酉
陰	九	十	十一	十二	十三	十四	十五	十六	十七	十八	十九	廿	廿一	廿二	廿三	廿四	廿五	廿六	廿七	廿八	廿九	卅	**四**	二	三	四	五	六	七	八	九
陽	11	12	13	14	15	16	17	18	19	20	21	22	23	24	25	26	27	28	29	30	**5**	2	3	4	5	6	7	8	9	10	11

太平新歷四月份　（陰歷四、五月份　陽歷五、六月份）

太平	**4**	2	3	4	5	6	7	8	9	10	11	12	13	14	15	16	17	18	19	20	21	22	23	24	25	26	27	28	29	30	—
歷	**立夏**	辛開	壬子	癸好	甲寅	乙榮	丙辰	丁巳	戊午	己未	庚申	辛酉	壬戌	癸開	甲子	**小滿**	丙寅	丁榮	戊辰	己巳	庚午	辛未	壬申	癸酉	甲戌	乙開	丙子	丁好	戊寅	己榮	—
陰	十	十一	十二	十三	十四	十五	十六	十七	十八	十九	廿	廿一	廿二	廿三	廿四	廿五	廿六	廿七	廿八	廿九	**五**	二	三	四	五	六	七	八	九	十	—
陽	12	13	14	15	16	17	18	19	20	21	22	23	24	25	26	27	28	29	30	31	**6**	2	3	4	5	6	7	8	9	10	

太平新歷五月份　（陰歷五、六月份　陽歷六、七月份）

太平	**5**	2	3	4	5	6	7	8	9	10	11	12	13	14	15	16	17	18	19	20	21	22	23	24	25	26	27	28	29	30	31
歷	**芒種**	辛巳	壬午	癸未	甲申	乙酉	丙戌	丁開	戊子	己好	庚寅	辛榮	壬辰	癸巳	甲午	乙未	**夏至**	丁酉	戊戌	己開	庚子	辛好	壬寅	癸榮	甲辰	乙巳	丙午	丁未	戊申	己酉	庚戌
陰	十一	十二	十三	十四	十五	十六	十七	十八	十九	廿	廿一	廿二	廿三	廿四	廿五	廿六	廿七	廿八	廿九	**六**	二	三	四	五	六	七	八	九	十	十一	十二
陽	11	12	13	14	15	16	17	18	19	20	21	22	23	24	25	26	27	28	29	30	**7**	2	3	4	5	6	7	8	9	10	11

太平新歷六月份　（陰歷六、七月份　陽歷七、八月份）

太平	**6**	2	3	4	5	6	7	8	9	10	11	12	13	14	15	16	17	18	19	20	21	22	23	24	25	26	27	28	29	30	—
歷	**小暑**	壬子	癸好	甲寅	乙榮	丙辰	丁巳	戊午	己未	庚申	辛酉	壬戌	癸開	甲子	乙好	**大暑**	丁榮	戊辰	己巳	庚午	辛未	壬申	癸酉	甲戌	乙開	丙子	丁好	戊寅	己榮	庚辰	—
陰	十二	十三	十四	十五	十六	十七	十八	十九	廿	廿一	廿二	廿三	廿四	廿五	廿六	廿七	廿八	廿九	**七**	二	三	四	五	六	七	八	九	十	十一	十二	—
陽	12	13	14	15	16	17	18	19	20	21	22	23	24	25	26	27	28	29	30	31	**8**	2	3	4	5	6	7	8	9	10	

太平新歷與陰陽歷史日對照表

太平新歷七月份　（陰歷七、八月份　陽歷八、九月份）

太平	**7**	2	3	4	5	6	7	8	9	10	11	12	13	14	15	16	17	18	19	20	21	22	23	24	25	26	27	28	29	30	31
太平歷	**立秋**	壬午	癸未	甲申	乙酉	丙戌	丁開	戊子	己好	庚寅	辛榮	壬辰	癸巳	甲午	乙未	丙申	**處暑**	戊戌	己開	庚子	辛好	壬寅	癸榮	甲辰	乙巳	丙午	丁未	戊申	己酉	庚戌	辛開
陰	十三	十四	十五	十六	十七	十八	十九	廿	廿一	廿二	廿三	廿四	廿五	廿六	廿七	廿八	廿九	**八**	二	三	四	五	六	七	八	九	十	十一	十二	十三	十四
陽	11	12	13	14	15	16	17	18	19	20	21	22	23	24	25	26	27	28	29	30	31	**9**	2	3	4	5	6	7	8	9	10

太平新歷八月份　（陰歷八、九月份　陽歷九、十月份）

太平	**8**	2	3	4	5	6	7	8	9	10	11	12	13	14	15	16	17	18	19	20	21	22	23	24	25	26	27	28	29	30	—
太平歷	**白露**	癸好	甲寅	乙榮	丙辰	丁巳	戊午	己未	庚申	辛酉	壬戌	癸開	甲子	乙好	丙寅	**秋分**	戊辰	己巳	庚午	辛未	壬申	癸酉	甲戌	乙開	丙子	丁好	戊寅	己榮	庚辰	辛巳	—
陰	十五	十六	十七	十八	十九	廿	廿一	廿二	廿三	廿四	廿五	廿六	廿七	廿八	廿九	**九**	二	三	四	五	六	七	八	九	十	十一	十二	十三	十四	十五	—
陽	11	12	13	14	15	16	17	18	19	20	21	22	23	24	25	26	27	28	29	30	**10**	2	3	4	5	6	7	8	9	10	

太平新歷九月份　（陰歷九、十月份　陽歷十、十一月份）

太平	**9**	2	3	4	5	6	7	8	9	10	11	12	13	14	15	16	17	18	19	20	21	22	23	24	25	26	27	28	29	30	31
太平歷	**寒露**	癸未	甲申	乙酉	丙戌	丁開	戊子	己好	庚寅	辛榮	壬辰	癸巳	甲午	乙未	丙申	丁酉	**霜降**	己開	庚子	辛好	壬寅	癸榮	甲辰	乙巳	丙午	丁未	戊申	己酉	庚戌	辛開	壬子
陰	十六	十七	十八	十九	廿	廿一	廿二	廿三	廿四	廿五	廿六	廿七	廿八	廿九	卅	**十**	二	三	四	五	六	七	八	九	十	十一	十二	十三	十四	十五	十六
陽	11	12	13	14	15	16	17	18	19	20	21	22	23	24	25	26	27	28	29	30	31	**11**	2	3	4	5	6	7	8	9	10

太平新歷十月份　（陰歷十、十一月份　陽歷十一、十二月份）

太平	**10**	2	3	4	5	6	7	8	9	10	11	12	13	14	15	16	17	18	19	20	21	22	23	24	25	26	27	28	29	30	—
太平歷	**立冬**	甲寅	乙榮	丙辰	丁巳	戊午	己未	庚申	辛酉	壬戌	癸開	甲子	乙好	丙寅	丁榮	**小雪**	己巳	庚午	辛未	壬申	癸酉	甲戌	乙開	丙子	丁好	戊寅	己榮	庚辰	辛巳	壬午	—
陰	十七	十八	十九	廿	廿一	廿二	廿三	廿四	廿五	廿六	廿七	廿八	廿九	**十一**	二	三	四	五	六	七	八	九	十	十一	十二	十三	十四	十五	十六	十七	—
陽	11	12	13	14	15	16	17	18	19	20	21	22	23	24	25	26	27	28	29	30	**12**	2	3	4	5	6	7	8	9	10	

太平新歷十一月份　（陰歷十一、十二月份　陽歷十二、一月份）

太平	**11**	2	3	4	5	6	7	8	9	10	11	12	13	14	15	16	17	18	19	20	21	22	23	24	25	26	27	28	29	30	31
太平歷	**大雪**	甲申	乙酉	丙戌	丁開	戊子	己好	庚寅	辛榮	壬辰	癸巳	甲午	乙未	丙申	丁酉	戊戌	**冬至**	庚子	辛好	壬寅	癸榮	甲辰	乙巳	丙午	丁未	戊申	己酉	庚戌	辛開	壬子	癸好
陰	十八	十九	廿	廿一	廿二	廿三	廿四	廿五	廿六	廿七	廿八	廿九	卅	**十二**	二	三	四	五	六	七	八	九	十	十一	十二	十三	十四	十五	十六	十七	十八
陽	11	12	13	14	15	16	17	18	19	20	21	22	23	24	25	26	27	28	29	30	31	**1**	2	3	4	5	6	7	8	9	10

太平新歷十二月份　（陰歷十二、正月份　陽歷一、二月份）

太平	**12**	2	3	4	5	6	7	8	9	10	11	12	13	14	15	16	17	18	19	20	21	22	23	24	25	26	27	28	29	30	—
太平歷	**小寒**	乙榮	丙辰	丁巳	戊午	己未	庚申	辛酉	壬戌	癸開	甲子	乙好	丙寅	丁榮	戊辰	**大寒**	庚午	辛未	壬申	癸酉	甲戌	乙開	丙子	丁好	戊寅	己榮	庚辰	辛巳	壬午	癸未	—
陰	十九	廿	廿一	廿二	廿三	廿四	廿五	廿六	廿七	廿八	廿九	卅	**正**	二	三	四	五	六	七	八	九	十	十一	十二	十三	十四	十五	十六	十七	十八	—
陽	11	12	13	14	15	16	17	18	19	20	21	22	23	24	25	26	27	28	29	30	31	**2**	2	3	4	5	6	7	8	9	

太平新歷與陰陽歷史日對照表

太平新歷一月份　（陰歷正、二月份　陽歷二、三月份）

太平歷	1	2	3	4	5	6	7	8	9	10	11	12	13	14	15	16	17	18	19	20	21	22	23	24	25	26	27	28	29	30	31
	立春	乙酉	丙戌	丁開	戊子	己好	庚寅	辛榮	壬辰	癸巳	甲午	乙未	丙申	丁酉	戊戌	己開	雨水	辛好	壬寅	癸榮	甲辰	乙巳	丙午	丁未	戊申	己酉	庚戌	辛開	壬子	癸好	甲寅
陰	十九	廿	廿一	廿二	廿三	廿四	廿五	廿六	廿七	廿八	廿九	卅	二	二	三	四	五	六	七	八	九	十	十一	十二	十三	十四	十五	十六	十七	十八	十九
陽	10	11	12	13	14	15	16	17	18	19	20	21	22	23	24	25	26	27	28	29	3	2	3	4	5	6	7	8	9	10	11

太平新歷二月份　（陰歷二、三月份　陽歷三、四月份）

太平歷	2	2	3	4	5	6	7	8	9	10	11	12	13	14	15	16	17	18	19	20	21	22	23	24	25	26	27	28	29	30	—
	驚蟄	丙辰	丁巳	戊午	己未	庚申	辛酉	壬戌	癸開	甲子	乙好	丙寅	丁榮	戊辰	己巳	春分	辛未	壬申	癸酉	甲戌	乙開	丙子	丁好	戊寅	己榮	庚辰	辛巳	壬午	癸未	甲申	—
陰	廿	廿一	廿二	廿三	廿四	廿五	廿六	廿七	廿八	廿九	三	二	三	四	五	六	七	八	九	十	十一	十二	十三	十四	十五	十六	十七	十八	十九	廿	—
陽	12	13	14	15	16	17	18	19	20	21	22	23	24	25	26	27	28	29	30	31	4	2	3	4	5	6	7	8	9	10	—

太平新歷三月份　（陰歷三、閏三月份　陽歷四、五月份）

太平歷	3	2	3	4	5	6	7	8	9	10	11	12	13	14	15	16	17	18	19	20	21	22	23	24	25	26	27	28	29	30	31
	清明	丙戌	丁開	戊子	己好	庚寅	辛榮	壬辰	癸巳	甲午	乙未	丙申	丁酉	戊戌	己開	庚子	穀雨	壬寅	癸榮	甲辰	乙巳	丙午	丁未	戊申	己酉	庚戌	辛開	壬子	癸好	甲寅	乙榮
陰	廿一	廿二	廿三	廿四	廿五	廿六	廿七	廿八	廿九	卅	閏	二	三	四	五	六	七	八	九	十	十一	十二	十三	十四	十五	十六	十七	十八	十九	廿	廿一
陽	11	12	13	14	15	16	17	18	19	20	21	22	23	24	25	26	27	28	29	30	5	2	3	4	5	6	7	8	9	10	11

太平新歷四月份　（陰歷閏三、四月份　陽歷五、六月份）

太平歷	4	2	3	4	5	6	7	8	9	10	11	12	13	14	15	16	17	18	19	20	21	22	23	24	25	26	27	28	29	30	—
	立夏	丁巳	戊午	己未	庚申	辛酉	壬戌	癸開	甲子	乙好	丙寅	丁榮	戊辰	己巳	庚午	小滿	壬申	癸酉	甲戌	乙開	丙子	丁好	戊寅	己榮	庚辰	辛巳	壬午	癸未	甲申	乙酉	—
陰	廿二	廿三	廿四	廿五	廿六	廿七	廿八	廿九	卅	四	二	三	四	五	六	七	八	九	十	十一	十二	十三	十四	十五	十六	十七	十八	十九	廿	廿一	—
陽	12	13	14	15	16	17	18	19	20	21	22	23	24	25	26	27	28	29	30	31	6	2	3	4	5	6	7	8	9	10	—

太平新歷五月份　（陰歷四、五月份　陽歷六、七月份）

太平歷	5	2	3	4	5	6	7	8	9	10	11	12	13	14	15	16	17	18	19	20	21	22	23	24	25	26	27	28	29	30	31
	芒種	丁開	戊子	己好	庚寅	辛榮	壬辰	癸巳	甲午	乙未	丙申	丁酉	戊戌	己開	庚子	辛好	夏至	癸榮	甲辰	乙巳	丙午	丁未	戊申	己酉	庚戌	辛開	壬子	癸好	甲寅	乙榮	丙辰
陰	廿二	廿三	廿四	廿五	廿六	廿七	廿八	廿九	五	二	三	四	五	六	七	八	九	十	十一	十二	十三	十四	十五	十六	十七	十八	十九	廿	廿一	廿二	廿三
陽	11	12	13	14	15	16	17	18	19	20	21	22	23	24	25	26	27	28	29	30	7	2	3	4	5	6	7	8	9	10	11

太平新歷六月份　（陰歷五、六月份　陽歷七、八月份）

太平歷	6	2	3	4	5	6	7	8	9	10	11	12	13	14	15	16	17	18	19	20	21	22	23	24	25	26	27	28	29	30	—
	小暑	戊午	己未	庚申	辛酉	壬戌	癸開	甲子	乙好	丙寅	丁榮	戊辰	己巳	庚午	辛未	大暑	癸酉	甲戌	乙開	丙子	丁好	戊寅	己榮	庚辰	辛巳	壬午	癸未	甲申	乙酉	丙戌	—
陰	廿四	廿五	廿六	廿七	廿八	廿九	六	二	三	四	五	六	七	八	九	十	十一	十二	十三	十四	十五	十六	十七	十八	十九	廿	廿一	廿二	廿三	廿四	—
陽	12	13	14	15	16	17	18	19	20	21	22	23	24	25	26	27	28	29	30	31	8	2	3	4	5	6	7	8	9	10	—

太平新歷與陰陽歷史日對照表

太平新歷七月份　（陰歷六、七月份　陽歷八、九月份）

太平歷	**7**	2	3	4	5	6	7	8	9	10	11	12	13	14	15	16	17	18	19	20	21	22	23	24	25	26	27	28	29	30	31
	立秋	戊子	己好	庚寅	辛榮	壬辰	癸巳	甲午	乙未	丙申	丁酉	戊戌	己開	庚子	辛好	壬寅	**處暑**	甲辰	乙巳	丙午	丁未	戊申	己酉	庚戌	辛開	壬子	癸好	甲寅	乙榮	丙辰	丁巳
陰	廿五	廿六	廿七	廿八	廿九	卅	**七**	二	三	四	五	六	七	八	九	十	十一	十二	十三	十四	十五	十六	十七	十八	十九	廿	廿一	廿二	廿三	廿四	廿五
陽	11	12	13	14	15	16	17	18	19	20	21	22	23	24	25	26	27	28	29	30	31	**9**	2	3	4	5	6	7	8	9	10

太平新歷八月份　（陰歷七、八月份　陽歷九、十月份）

太平歷	**8**	2	3	4	5	6	7	8	9	10	11	12	13	14	15	16	17	18	19	20	21	22	23	24	25	26	27	28	29	30
	白露	己未	庚申	辛酉	壬戌	癸開	甲子	乙好	丙寅	丁榮	戊辰	己巳	庚午	辛未	壬申	**秋分**	甲戌	乙開	丙子	丁好	戊寅	己榮	庚辰	辛巳	壬午	癸未	甲申	乙酉	丙戌	丁開
陰	廿六	廿七	廿八	廿九	**八**	二	三	四	五	六	七	八	九	十	十一	十二	十三	十四	十五	十六	十七	十八	十九	廿	廿一	廿二	廿三	廿四	廿五	廿六
陽	11	12	13	14	15	16	17	18	19	20	21	22	23	24	25	26	27	28	29	30	**10**	2	3	4	5	6	7	8	9	10

太平新歷九月份　（陰歷八、九月份　陽歷十、十一月份）

太平歷	**9**	2	3	4	5	6	7	8	9	10	11	12	13	14	15	16	17	18	19	20	21	22	23	24	25	26	27	28	29	30	31
	寒露	己好	庚寅	辛榮	壬辰	癸巳	甲午	乙未	丙申	丁酉	戊戌	己開	庚子	辛好	壬寅	癸榮	**霜降**	乙巳	丙午	丁未	戊申	己酉	庚戌	辛開	壬子	癸好	甲寅	乙榮	丙辰	丁巳	戊午
陰	廿七	廿八	廿九	**九**	二	三	四	五	六	七	八	九	十	十一	十二	十三	十四	十五	十六	十七	十八	十九	廿	廿一	廿二	廿三	廿四	廿五	廿六	廿七	廿八
陽	11	12	13	14	15	16	17	18	19	20	21	22	23	24	25	26	27	28	29	30	31	**11**	2	3	4	5	6	7	8	9	10

太平新歷十月份　（陰歷九、十月份　陽歷十一、十二月份）

太平歷	**10**	2	3	4	5	6	7	8	9	10	11	12	13	14	15	16	17	18	19	20	21	22	23	24	25	26	27	28	29	30
	立冬	庚申	辛酉	壬戌	癸開	甲子	乙好	丙寅	丁榮	戊辰	己巳	庚午	辛未	壬申	癸酉	**小雪**	乙開	丙子	丁好	戊寅	己榮	庚辰	辛巳	壬午	癸未	甲申	乙酉	丙戌	丁開	戊子
陰	廿九	卅	**十**	二	三	四	五	六	七	八	九	十	十一	十二	十三	十四	十五	十六	十七	十八	十九	廿	廿一	廿二	廿三	廿四	廿五	廿六	廿七	廿八
陽	11	12	13	14	15	16	17	18	19	20	21	22	23	24	25	26	27	28	29	30	**12**	2	3	4	5	6	7	8	9	10

太平新歷十一月份　（陰歷十、十一月份　陽歷十二、一月份）

太平歷	**11**	2	3	4	5	6	7	8	9	10	11	12	13	14	15	16	17	18	19	20	21	22	23	24	25	26	27	28	29	30	31
	大雪	庚寅	辛榮	壬辰	癸巳	甲午	乙未	丙申	丁酉	戊戌	己開	庚子	辛好	壬寅	癸榮	甲辰	**冬至**	丙午	丁未	戊申	己酉	庚戌	辛開	壬子	癸好	甲寅	乙榮	丙辰	丁巳	戊午	己未
陰	廿九	**十一**	二	三	四	五	六	七	八	九	十	十一	十二	十三	十四	十五	十六	十七	十八	十九	廿	廿一	廿二	廿三	廿四	廿五	廿六	廿七	廿八	廿九	卅
陽	11	12	13	14	15	16	17	18	19	20	21	22	23	24	25	26	27	28	29	30	31	**1**	2	3	4	5	6	7	8	9	10

太平新歷十二月份　（陰歷十二月份　陽歷一、二月份）

太平歷	**12**	2	3	4	5	6	7	8	9	10	11	12	13	14	15	16	17	18	19	20	21	22	23	24	25	26	27	28	29	30
	小寒	辛酉	壬戌	癸開	甲子	乙好	丙寅	丁榮	戊辰	己巳	庚午	辛未	壬申	癸酉	甲戌	**大寒**	丙子	丁好	戊寅	己榮	庚辰	辛巳	壬午	癸未	甲申	乙酉	丙戌	丁開	戊子	己好
陰	**十二**	二	三	四	五	六	七	八	九	十	十一	十二	十三	十四	十五	十六	十七	十八	十九	廿	廿一	廿二	廿三	廿四	廿五	廿六	廿七	廿八	廿九	卅
陽	11	12	13	14	15	16	17	18	19	20	21	22	23	24	25	26	27	28	29	30	31	**2**	2	3	4	5	6	7	8	9

太平新歷與陰陽歷史日對照表

太平新歷一月份　（陰歷正、二月份　陽歷二、三月份）

太平歷	**1**	2	3	4	5	6	7	8	9	10	11	12	13	14	15	16	17	18	19	20	21	22	23	24	25	26	27	28	29	30	31
	立春	辛榮	壬辰	癸巳	甲午	乙未	丙申	丁酉	戊戌	己開	庚子	辛好	壬寅	癸榮	甲辰	乙巳	**雨水**	丁未	戊申	己酉	庚戌	辛開	壬子	癸好	甲寅	乙榮	丙辰	丁巳	戊午	己未	庚申
陰	**正**	二	三	四	五	六	七	八	九	十	十一	十二	十三	十四	十五	十六	十七	十八	十九	廿	廿一	廿二	廿三	廿四	廿五	廿六	廿七	廿八	廿九	**二**	二
陽	10	11	12	13	14	15	16	17	18	19	20	21	22	23	24	25	26	27	28	**3**	2	3	4	5	6	7	8	9	10	11	12

太平新歷二月份　（陰歷二、三月份　陽歷三、四月份）

太平歷	**2**	2	3	4	5	6	7	8	9	10	11	12	13	14	15	16	17	18	19	20	21	22	23	24	25	26	27	28	29	30	
	驚蟄	壬戌	癸開	甲子	乙好	丙寅	丁榮	戊辰	己巳	庚午	辛未	壬申	癸酉	甲戌	乙開	**春分**	丁好	戊寅	己榮	庚辰	辛巳	壬午	癸未	甲申	乙酉	丙戌	丁開	戊子	己好	庚寅	
陰	三	四	五	六	七	八	九	十	十一	十二	十三	十四	十五	十六	十七	十八	十九	廿	廿一	廿二	廿三	廿四	廿五	廿六	廿七	廿八	廿九	卅	**三**	二	
陽	13	14	15	16	17	18	19	20	21	22	23	24	25	26	27	28	29	30	31	**4**	2	3	4	5	6	7	8	9	10	11	

太平新歷三月份　（陰歷三、四月份　陽歷四、五月份）

太平歷	**3**	2	3	4	5	6	7	8	9	10	11	12	13	14	15	16	17	18	19	20	21	22	23	24	25	26	27	28	29	30	31
	清明	壬辰	癸巳	甲午	乙未	丙申	丁酉	戊戌	己開	庚子	辛好	壬寅	癸榮	甲辰	乙巳	丙午	**穀雨**	戊申	己酉	庚戌	辛開	壬子	癸好	甲寅	乙榮	丙辰	丁巳	戊午	己未	庚申	辛酉
陰	三	四	五	六	七	八	九	十	十一	十二	十三	十四	十五	十六	十七	十八	十九	廿	廿一	廿二	廿三	廿四	廿五	廿六	廿七	廿八	廿九	卅	**四**	二	三
陽	12	13	14	15	16	17	18	19	20	21	22	23	24	25	26	27	28	29	30	**5**	2	3	4	5	6	7	8	9	10	11	12

太平新歷四月份　（陰歷四、五月份　陽歷五、六月份）

太平歷	**4**	2	3	4	5	6	7	8	9	10	11	12	13	14	15	16	17	18	19	20	21	22	23	24	25	26	27	28	29	30	
	立夏	癸開	甲子	乙好	丙寅	丁榮	戊辰	己巳	庚午	辛未	壬申	癸酉	甲戌	乙開	丙子	**小滿**	戊寅	己榮	庚辰	辛巳	壬午	癸未	甲申	乙酉	丙戌	丁開	戊子	己好	庚寅	辛榮	
陰	四	五	六	七	八	九	十	十一	十二	十三	十四	十五	十六	十七	十八	十九	廿	廿一	廿二	廿三	廿四	廿五	廿六	廿七	廿八	廿九	**五**	二	三	四	
陽	13	14	15	16	17	18	19	20	21	22	23	24	25	26	27	28	29	30	31	**6**	2	3	4	5	6	7	8	9	10	11	

太平新歷五月份　（陰歷五、六月份　陽歷六、七月份）

太平歷	**5**	2	3	4	5	6	7	8	9	10	11	12	13	14	15	16	17	18	19	20	21	22	23	24	25	26	27	28	29	30	31
	芒種	癸巳	甲午	乙未	丙申	丁酉	戊戌	己開	庚子	辛好	壬寅	癸榮	甲辰	乙巳	丙午	丁未	**夏至**	己酉	庚戌	辛開	壬子	癸好	甲寅	乙榮	丙辰	丁巳	戊午	己未	庚申	辛酉	壬戌
陰	五	六	七	八	九	十	十一	十二	十三	十四	十五	十六	十七	十八	十九	廿	廿一	廿二	廿三	廿四	廿五	廿六	廿七	廿八	廿九	卅	**六**	二	三	四	五
陽	12	13	14	15	16	17	18	19	20	21	22	23	24	25	26	27	28	29	30	**7**	2	3	4	5	6	7	8	9	10	11	12

太平新歷六月份　（陰歷六、七月份　陽歷七、八月份）

太平歷	**6**	2	3	4	5	6	7	8	9	10	11	12	13	14	15	16	17	18	19	20	21	22	23	24	25	26	27	28	29	30	
	小暑	甲子	乙好	丙寅	丁榮	戊辰	己巳	庚午	辛未	壬申	癸酉	甲戌	乙開	丙子	丁好	**大暑**	己榮	庚辰	辛巳	壬午	癸未	甲申	乙酉	丙戌	丁開	戊子	己好	庚寅	辛榮	壬辰	
陰	六	七	八	九	十	十一	十二	十三	十四	十五	十六	十七	十八	十九	廿	廿一	廿二	廿三	廿四	廿五	廿六	廿七	廿八	廿九	**七**	二	三	四	五	六	
陽	13	14	15	16	17	18	19	20	21	22	23	24	25	26	27	28	29	30	31	**8**	2	3	4	5	6	7	8	9	10	11	

太平新歷與陰陽歷史日對照表

太平天國辛酉十一年

（清文宗咸豐十一年西歷一八六一年）

太平新歷七月份　（陰歷七、八月份　陽歷八、九月份）

太平歷	7	2	3	4	5	6	7	8	9	10	11	12	13	14	15	16	17	18	19	20	21	22	23	24	25	26	27	28	29	30	31
	立秋	甲午	乙未	丙申	丁酉	戊戌	己開	庚子	辛好	壬寅	癸榮	甲辰	乙巳	丙午	丁未	戊申	處暑	庚戌	辛開	壬子	癸好	甲寅	乙榮	丙辰	丁巳	戊午	己未	庚申	辛酉	壬戌	癸開
陰	七	八	九	十	十一	十二	十三	十四	十五	十六	十七	十八	十九	廿	廿一	廿二	廿三	廿四	廿五	廿六	廿七	廿八	廿九	卅	八	二	三	四	五	六	七
陽	12	13	14	15	16	17	18	19	20	21	22	23	24	25	26	27	28	29	30	31	9	2	3	4	5	6	7	8	9	10	11

太平新歷八月份　（陰歷八、九月份　陽歷九、十月份）

太平歷	8	2	3	4	5	6	7	8	9	10	11	12	13	14	15	16	17	18	19	20	21	22	23	24	25	26	27	28	29	30
	白露	乙好	丙寅	丁榮	戊辰	己巳	庚午	辛未	壬申	癸酉	甲戌	乙開	丙子	丁好	戊寅	秋分	庚辰	辛巳	壬午	癸未	甲申	乙酉	丙戌	丁開	戊子	己好	庚寅	辛榮	壬辰	癸巳
陰	八	九	十	十一	十二	十三	十四	十五	十六	十七	十八	十九	廿	廿一	廿二	廿三	廿四	廿五	廿六	廿七	廿八	廿九	九	二	三	四	五	六	七	八
陽	12	13	14	15	16	17	18	19	20	21	22	23	24	25	26	27	28	29	30	10	2	3	4	5	6	7	8	9	10	11

太平新歷九月份　（陰歷九、十月份　陽歷十、十一月份）

太平歷	9	2	3	4	5	6	7	8	9	10	11	12	13	14	15	16	17	18	19	20	21	22	23	24	25	26	27	28	29	30	31
	寒露	乙未	丙申	丁酉	戊戌	己開	庚子	辛好	壬寅	癸榮	甲辰	乙巳	丙午	丁未	戊申	己酉	霜降	辛開	壬子	癸好	甲寅	乙榮	丙辰	丁巳	戊午	己未	庚申	辛酉	壬戌	癸開	甲子
陰	九	十	十一	十二	十三	十四	十五	十六	十七	十八	十九	廿	廿一	廿二	廿三	廿四	廿五	廿六	廿七	廿八	廿九	卅	十	二	三	四	五	六	七	八	九
陽	12	13	14	15	16	17	18	19	20	21	22	23	24	25	26	27	28	29	30	31	11	2	3	4	5	6	7	8	9	10	11

太平新歷十月份　（陰歷十、十一月份　陽歷十一、十二月份）

大平歷	10	2	3	4	5	6	7	8	9	10	11	12	13	14	15	16	17	18	19	20	21	22	23	24	25	26	27	28	29	30
	立冬	丙寅	丁榮	戊辰	己巳	庚午	辛未	壬申	癸酉	甲戌	乙開	丙子	丁好	戊寅	己榮	小雪	辛巳	壬午	癸未	甲申	乙酉	丙戌	丁開	戊子	己好	庚寅	辛榮	壬辰	癸巳	甲午
陰	十	十一	十二	十三	十四	十五	十六	十七	十八	十九	廿	廿一	廿二	廿三	廿四	廿五	廿六	廿七	廿八	廿九	十一	二	三	四	五	六	七	八	九	十
陽	12	13	14	15	16	17	18	19	20	21	22	23	24	25	26	27	28	29	30	12	2	3	4	5	6	7	8	9	10	11

太平新歷十一月份　（陰歷十一、十二月份　陽歷十二、一月份）

太平歷	11	2	3	4	5	6	7	8	9	10	11	12	13	14	15	16	17	18	19	20	21	22	23	24	25	26	27	28	29	30	31
	大雪	丙申	丁酉	戊戌	己開	庚子	辛好	壬寅	癸榮	甲辰	乙巳	丙午	丁未	戊申	己酉	庚戌	冬至	壬子	癸好	甲寅	乙榮	丙辰	丁巳	戊午	己未	庚申	辛酉	壬戌	癸開	甲子	乙好
陰	十一	十二	十三	十四	十五	十六	十七	十八	十九	廿	廿一	廿二	廿三	廿四	廿五	廿六	廿七	廿八	廿九	十二	二	三	四	五	六	七	八	九	十	十一	十二
陽	12	13	14	15	16	17	18	19	20	21	22	23	24	25	26	27	28	29	30	31	1	2	3	4	5	6	7	8	9	10	11

太平新歷十二月份　（陰歷十二、正月份　陽歷一、二月份）

太平歷	12	2	3	4	5	6	7	8	9	10	11	12	13	14	15	16	17	18	19	20	21	22	23	24	25	26	27	28	29	30
	小寒	丁榮	戊辰	己巳	庚午	辛未	壬申	癸酉	甲戌	乙開	丙子	丁好	戊寅	己榮	庚辰	大寒	壬午	癸未	甲申	乙酉	丙戌	丁開	戊子	己好	庚寅	辛榮	壬辰	癸巳	甲午	乙未
陰	十三	十四	十五	十六	十七	十八	十九	廿	廿一	廿二	廿三	廿四	廿五	廿六	廿七	廿八	廿九	卅	正	二	三	四	五	六	七	八	九	十	十一	十二
陽	12	13	14	15	16	17	18	19	20	21	22	23	24	25	26	27	28	29	30	31	2	2	3	4	5	6	7	8	9	10

太平新歷與陰陽歷史日對照表

太平新歷一月份　（陰歷正、二月份　陽歷二、三月份）

太平歷	**1**	2	3	4	5	6	7	8	9	10	11	12	13	14	15	16	17	18	19	20	21	22	23	24	25	26	27	28	29	30	31
	立春	丁酉	戊戌	己開	庚子	辛好	壬寅	癸榮	甲辰	乙巳	丙午	丁未	戊申	己酉	庚戌	辛開	**雨水**	癸好	甲寅	乙榮	丙辰	丁巳	戊午	己未	庚申	辛酉	壬戌	癸開	甲子	乙好	丙寅
陰	十三	十四	十五	十六	十七	十八	十九	廿	廿一	廿二	廿三	廿四	廿五	廿六	廿七	廿八	廿九	卅	**二**	二	三	四	五	六	七	八	九	十	十一	十二	十三
陽	11	12	13	14	15	16	17	18	19	20	21	22	23	24	25	26	27	28	**3**	2	3	4	5	6	7	8	9	10	11	12	13

太平新歷二月份　（陰歷二、三月份　陽歷三、四月份）

太平歷	**2**	2	3	4	5	6	7	8	9	10	11	12	13	14	15	16	17	18	19	20	21	22	23	24	25	26	27	28	29	30	
	驚蟄	戊辰	己巳	庚午	辛未	壬申	癸酉	甲戌	乙開	丙子	丁好	戊寅	己榮	庚辰	辛巳	**春分**	癸未	甲申	乙酉	丙戌	丁開	戊子	己好	庚寅	辛榮	壬辰	癸巳	甲午	乙未	丙申	
陰	十四	十五	十六	十七	十八	十九	廿	廿一	廿二	廿三	廿四	廿五	廿六	廿七	廿八	廿九	**三**	二	三	四	五	六	七	八	九	十	十一	十二	十三	十四	
陽	14	15	16	17	18	19	20	21	22	23	24	25	26	27	28	29	30	31	**4**	2	3	4	5	6	7	8	9	10	11	12	

太平新歷三月份　（陰歷三、四月份　陽歷四、五月份）

太平歷	**3**	2	3	4	5	6	7	8	9	10	11	12	13	14	15	16	17	18	19	20	21	22	23	24	25	26	27	28	29	30	31
	清明	戊戌	己開	庚子	辛好	壬寅	癸榮	甲辰	乙巳	丙午	丁未	戊申	己酉	庚戌	辛開	壬子	**穀雨**	甲寅	乙榮	丙辰	丁巳	戊午	己未	庚申	辛酉	壬戌	癸開	甲子	乙好	丙寅	丁榮
陰	十五	十六	十七	十八	十九	廿	廿一	廿二	廿三	廿四	廿五	廿六	廿七	廿八	廿九	卅	**四**	二	三	四	五	六	七	八	九	十	十一	十二	十三	十四	十五
陽	13	14	15	16	17	18	19	20	21	22	23	24	25	26	27	28	29	30	**5**	2	3	4	5	6	7	8	9	10	11	12	13

太平新歷四月份　（陰歷四、五月份　陽歷五、六月份）

太平歷	**4**	2	3	4	5	6	7	8	9	10	11	12	13	14	15	16	17	18	19	20	21	22	23	24	25	26	27	28	29	30	
	立夏	己巳	庚午	辛未	壬申	癸酉	甲戌	乙開	丙子	丁好	戊寅	己榮	庚辰	辛巳	壬午	**小滿**	甲申	乙酉	丙戌	丁開	戊子	己好	庚寅	辛榮	壬辰	癸巳	甲午	乙未	丙申	丁酉	
陰	十六	十七	十八	十九	廿	廿一	廿二	廿三	廿四	廿五	廿六	廿七	廿八	廿九	**五**	二	三	四	五	六	七	八	九	十	十一	十二	十三	十四	十五	十六	
陽	14	15	16	17	18	19	20	21	22	23	24	25	26	27	28	29	30	31	**6**	2	3	4	5	6	7	8	9	10	11	12	

太平新歷五月份　（陰歷五、六月份　陽歷六、七月份）

太平歷	**5**	2	3	4	5	6	7	8	9	10	11	12	13	14	15	16	17	18	19	20	21	22	23	24	25	26	27	28	29	30	31
	芒種	己開	庚子	辛好	壬寅	癸榮	甲辰	乙巳	丙午	丁未	戊申	己酉	庚戌	辛開	壬子	癸好	**夏至**	乙榮	丙辰	丁巳	戊午	己未	庚申	辛酉	壬戌	癸開	甲子	乙好	丙寅	丁榮	戊辰
陰	十七	十八	十九	廿	廿一	廿二	廿三	廿四	廿五	廿六	廿七	廿八	廿九	卅	**六**	二	三	四	五	六	七	八	九	十	十一	十二	十三	十四	十五	十六	十七
陽	13	14	15	16	17	18	19	20	21	22	23	24	25	26	27	28	29	30	**7**	2	3	4	5	6	7	8	9	10	11	12	13

太平新歷六月份　（陰歷六、七月份　陽歷七、八月份）

太平歷	**6**	2	3	4	5	6	7	8	9	10	11	12	13	14	15	16	17	18	19	20	21	22	23	24	25	26	27	28	29	30	
	小暑	庚午	辛未	壬申	癸酉	甲戌	乙開	丙子	丁好	戊寅	己榮	庚辰	辛巳	壬午	癸未	**大暑**	乙酉	丙戌	丁開	戊子	己好	庚寅	辛榮	壬辰	癸巳	甲午	乙未	丙申	丁酉	戊戌	
陰	十八	十九	廿	廿一	廿二	廿三	廿四	廿五	廿六	廿七	廿八	廿九	卅	**七**	二	三	四	五	六	七	八	九	十	十一	十二	十三	十四	十五	十六	十七	
陽	14	15	16	17	18	19	20	21	22	23	24	25	26	27	28	29	30	31	**8**	2	3	4	5	6	7	8	9	10	11	12	

太平新歷與陰陽歷史日對照表

太平新歷七月份 （陰歷七、八月份　陽歷八、九月份）

太平歷	**7**	2	3	4	5	6	7	8	9	10	11	12	13	14	15	16	17	18	19	20	21	22	23	24	25	26	27	28	29	30	31
	立秋	庚子	辛好	壬寅	癸榮	甲辰	乙巳	丙午	丁未	戊申	己酉	庚戌	辛開	壬子	癸好	甲寅	**處暑**	丙辰	丁巳	戊午	己未	庚申	辛酉	壬戌	癸開	甲子	乙好	丙寅	丁榮	戊辰	己巳
陰	十八	十九	廿	廿一	廿二	廿三	廿四	廿五	廿六	廿七	廿八	廿九	**八**	二	三	四	五	六	七	八	九	十	十一	十二	十三	十四	十五	十六	十七	十八	十九
陽	13	14	15	16	17	18	19	20	21	22	23	24	25	26	27	28	29	30	31	**9**	2	3	4	5	6	7	8	9	10	11	12

太平新歷八月份 （陰歷八、閏八月份　陽歷九、十月份）

太平歷	**8**	2	3	4	5	6	7	8	9	10	11	12	13	14	15	16	17	18	19	20	21	22	23	24	25	26	27	28	29	30
	白露	辛未	壬申	癸酉	甲戌	乙開	丙子	丁好	戊寅	己榮	庚辰	辛巳	壬午	癸未	甲申	**秋分**	丙戌	丁開	戊子	己好	庚寅	辛榮	壬辰	癸巳	甲午	乙未	丙申	丁酉	戊戌	己開
陰	廿	廿一	廿二	廿三	廿四	廿五	廿六	廿七	廿八	廿九	卅	**閏**	二	三	四	五	六	七	八	九	十	十一	十二	十三	十四	十五	十六	十七	十八	十九
陽	13	14	15	16	17	18	19	20	21	22	23	24	23	26	27	28	29	30	**10**	2	3	4	5	6	7	8	9	10	11	12

太平新歷九月份 （陰歷閏八、九月份　陽歷十、十一月份）

太平歷	**9**	2	3	4	5	6	7	8	9	10	11	12	13	14	15	16	17	18	19	20	21	22	23	24	25	26	27	28	29	30	31
	寒露	辛好	壬寅	癸榮	甲辰	乙巳	丙午	丁未	戊申	己酉	庚戌	辛開	壬子	癸好	甲寅	乙榮	**霜降**	丁巳	戊午	己未	庚申	辛酉	壬戌	癸開	甲子	乙好	丙寅	丁榮	戊辰	己巳	庚午
陰	廿	廿一	廿二	廿三	廿四	廿五	廿六	廿七	廿八	廿九	**九**	二	三	四	五	六	七	八	九	十	十一	十二	十三	十四	十五	十六	十七	十八	十九	廿	廿一
陽	13	14	15	16	17	18	19	20	21	22	23	24	25	26	27	28	29	30	31	**11**	2	3	4	5	6	7	8	9	10	11	12

太平新歷十月份 （陰歷九、十月份　陽歷十一、十二月份）

太平歷	**10**	2	3	4	5	6	7	8	9	10	11	12	13	14	15	16	17	18	19	20	21	22	23	24	25	26	27	28	29	30
	立冬	壬申	癸酉	甲戌	乙開	丙子	丁好	戊寅	己榮	庚辰	辛巳	壬午	癸未	甲申	乙酉	**小雪**	丁開	戊子	己好	庚寅	辛榮	壬辰	癸巳	甲午	乙未	丙申	丁酉	戊戌	己開	庚子
陰	廿二	廿三	廿四	廿五	廿六	廿七	廿八	廿九	卅	**十**	二	三	四	五	六	七	八	九	十	十一	十二	十三	十四	十五	十六	十七	十八	十九	廿	廿一
陽	13	14	15	16	17	18	19	20	21	22	23	24	25	26	27	28	29	30	**12**	2	3	4	5	6	7	8	9	10	11	12

太平新歷十一月份 （陰歷十、十一月份　陽歷十二、一月份）

太平歷	**11**	2	3	4	5	6	7	8	9	10	11	12	13	14	15	16	17	18	19	20	21	22	23	24	25	26	27	28	29	30	31
	大雪	壬寅	癸榮	甲辰	乙巳	丙午	丁未	戊申	己酉	庚戌	辛開	壬子	癸好	甲寅	乙榮	丙辰	**冬至**	戊午	己未	庚申	辛酉	壬戌	癸開	甲子	乙好	丙寅	丁榮	戊辰	己巳	庚午	辛未
陰	廿二	廿三	廿四	廿五	廿六	廿七	廿八	廿九	**十一**	二	三	四	五	六	七	八	九	十	十一	十二	十三	十四	十五	十六	十七	十八	十九	廿	廿一	廿二	廿三
陽	13	14	15	16	17	18	19	20	21	22	23	24	25	26	27	28	29	30	31	**1**	2	3	4	5	6	7	8	9	10	11	12

太平新歷十二月份 （陰十一、十二月份　陽歷一、二月份）

太平歷	**12**	2	3	4	5	6	7	8	9	10	11	12	13	14	15	16	17	18	19	20	21	22	23	24	25	26	27	28	29	30
	小寒	癸酉	甲戌	乙開	丙子	丁好	戊寅	己榮	庚辰	辛巳	壬午	癸未	甲申	乙酉	丙戌	**大寒**	戊子	己好	庚寅	辛榮	壬辰	癸巳	甲午	乙未	丙申	丁酉	戊戌	己開	庚子	辛好
陰	廿四	廿五	廿六	廿七	廿八	廿九	**十二**	二	三	四	五	六	七	八	九	十	十一	十二	十三	十四	十五	十六	十七	十八	十九	廿	廿一	廿二	廿三	廿四
陽	13	14	15	16	17	18	19	20	21	22	23	24	25	26	27	28	29	30	31	**2**	2	3	4	5	6	7	8	9	10	11

太平新歷與陰陽歷史日對照表

太平新歷一月份 （陰歷十二、正月份 陽歷二、三月份）

太平歷	**1**	2	3	4	5	6	7	8	9	10	11	12	13	14	15	16	17	18	19	20	21	22	23	24	25	26	27	28	29	30	31
	立春	癸榮	甲辰	乙巳	丙午	丁未	戊申	己酉	庚戌	辛開	壬子	癸好	甲寅	乙榮	丙辰	丁巳	**雨水**	己未	庚申	辛酉	壬戌	癸開	甲子	乙好	丙寅	丁榮	戊辰	己巳	庚午	辛未	壬申
陰	廿五	廿六	廿七	廿八	廿九	卅	**正**	二	三	四	五	六	七	八	九	十	十一	十二	十三	十四	十五	十六	十七	十八	十九	廿	廿一	廿二	廿三	廿四	廿五
陽	12	13	14	15	16	17	18	19	20	21	22	23	24	25	26	27	28	**3**	2	3	4	5	6	7	8	9	10	11	12	13	14

太平新歷二月份 （陰歷正、二月份 陽歷三、四月份）

太平歷	**2**	2	3	4	5	6	7	8	9	10	11	12	13	14	15	16	17	18	19	20	21	22	23	24	25	26	27	28	29	30
	驚蟄	甲戌	乙開	丙子	丁好	戊寅	己榮	庚辰	辛巳	壬午	癸未	甲申	乙酉	丙戌	丁開	**春分**	己好	庚寅	辛榮	壬辰	癸巳	甲午	乙未	丙申	丁酉	戊戌	己開	庚子	辛好	壬寅
陰	廿六	廿七	廿八	廿九	**二**	二	三	四	五	六	七	八	九	十	十一	十二	十三	十四	十五	十六	十七	十八	十九	廿	廿一	廿二	廿三	廿四	廿五	廿六
陽	15	16	17	18	19	20	21	22	23	24	25	26	27	28	29	30	31	**4**	2	3	4	5	6	7	8	9	10	11	12	13

太平新歷三月份 （陰歷二、三月份 陽歷四、五月份）

太平歷	**3**	2	3	4	5	6	7	8	9	10	11	12	13	14	15	16	17	18	19	20	21	22	23	24	25	26	27	28	29	30	31
	清明	甲辰	乙巳	丙午	丁未	戊申	己酉	庚戌	辛開	壬子	癸好	甲寅	乙榮	丙辰	丁巳	戊午	**穀雨**	庚申	辛酉	壬戌	癸開	甲子	乙好	丙寅	丁榮	戊辰	己巳	庚午	辛未	壬申	癸酉
陰	廿七	廿八	廿九	卅	**三**	二	三	四	五	六	七	八	九	十	十一	十二	十三	十四	十五	十六	十七	十八	十九	廿	廿一	廿二	廿三	廿四	廿五	廿六	廿七
陽	14	15	16	17	18	19	20	21	22	23	24	25	26	27	28	29	30	**5**	2	3	4	5	6	7	8	9	10	11	12	13	14

太平新歷四月份 （陰歷三、四月份 陽歷五、六月份）

太平歷	**4**	2	3	4	5	6	7	8	9	10	11	12	13	14	15	16	17	18	19	20	21	22	23	24	25	26	27	28	29	30
	立夏	乙開	丙子	丁好	戊寅	己榮	庚辰	辛巳	壬午	癸未	甲申	乙酉	丙戌	丁開	戊子	**小滿**	庚寅	辛榮	壬辰	癸巳	甲午	乙未	丙申	丁酉	戊戌	己開	庚子	辛好	壬寅	癸榮
陰	廿八	廿九	卅	**四**	二	三	四	五	六	七	八	九	十	十一	十二	十三	十四	十五	十六	十七	十八	十九	廿	廿一	廿二	廿三	廿四	廿五	廿六	廿七
陽	15	16	17	18	19	20	21	22	23	24	25	26	27	28	29	30	31	**6**	2	3	4	5	6	7	8	9	10	11	12	13

太平新歷五月份 （陰歷四、五月份 陽歷六、七月份）

太平歷	**5**	2	3	4	5	6	7	8	9	10	11	12	13	14	15	16	17	18	19	20	21	22	23	24	25	26	27	28	29	30	31
	芒種	乙巳	丙午	丁未	戊申	己酉	庚戌	辛開	壬子	癸好	甲寅	乙榮	丙辰	丁巳	戊午	己未	**夏至**	辛酉	壬戌	癸開	甲子	乙好	丙寅	丁榮	戊辰	己巳	庚午	辛未	壬申	癸酉	甲戌
陰	廿八	廿九	**五**	二	三	四	五	六	七	八	九	十	十一	十二	十三	十四	十五	十六	十七	十八	十九	廿	廿一	廿二	廿三	廿四	廿五	廿六	廿七	廿八	廿九
陽	14	15	16	17	18	19	20	21	22	23	24	25	26	27	28	29	30	**7**	2	3	4	5	6	7	8	9	10	11	12	13	14

太平新歷六月份 （陰歷五、六月份 陽歷七、八月份）

太平歷	**6**	2	3	4	5	6	7	8	9	10	11	12	13	14	15	16	17	18	19	20	21	22	23	24	25	26	27	28	29	30
	小暑	丙子	丁好	戊寅	己榮	庚辰	辛巳	壬午	癸未	甲申	乙酉	丙戌	丁開	戊子	己好	**大暑**	辛榮	壬辰	癸巳	甲午	乙未	丙申	丁酉	戊戌	己開	庚子	辛好	壬寅	癸榮	甲辰
陰	卅	**六**	二	三	四	五	六	七	八	九	十	十一	十二	十三	十四	十五	十六	十七	十八	十九	廿	廿一	廿二	廿三	廿四	廿五	廿六	廿七	廿八	廿九
陽	15	16	17	18	19	20	21	22	23	24	25	26	27	28	29	30	31	**8**	2	3	4	5	6	7	8	9	10	11	12	13

太平新歷與陰陽歷史日對照表

太平天國癸開一三年

（清穆宗同治二年西曆一八六三年）

太平新歷七月份　(陰歷七、八月份　陽歷八、九月份)

太平	**7**	2	3	4	5	6	7	8	9	10	11	12	13	14	15	16	17	18	19	20	21	22	23	24	25	26	27	28	29	30	31
歷	**立秋**	丙午	丁未	戊申	己酉	庚戌	辛開	壬子	癸好	甲寅	乙榮	丙辰	丁巳	戊午	己未	庚申	**處暑**	壬戌	癸開	甲子	乙好	丙寅	丁榮	戊辰	己巳	庚午	辛未	壬申	癸酉	甲戌	乙開
陰	**七**	二	三	四	五	六	七	八	九	十	十一	十二	十三	十四	十五	十六	十七	十八	十九	廿	廿一	廿二	廿三	廿四	廿五	廿六	廿七	廿八	廿九	卅	**八**
陽	14	15	16	17	18	19	20	21	22	23	24	25	26	27	28	29	30	31	**9**	2	3	4	5	6	7	8	9	10	11	12	13

太平新歷八月份　(陰歷八、九月份　陽歷九、十月份)

太平	**8**	2	3	4	5	6	7	8	9	10	11	12	13	14	15	16	17	18	19	20	21	22	23	24	25	26	27	28	29	30
歷	**白露**	丁好	戊寅	己榮	庚辰	辛巳	壬午	癸未	甲申	乙酉	丙戌	丁開	戊子	己好	庚寅	**秋分**	壬辰	癸巳	甲午	乙未	丙申	丁酉	戊戌	己開	庚子	辛好	壬寅	癸榮	甲辰	乙巳
陰	二	三	四	五	六	七	八	九	十	十一	十二	十三	十四	十五	十六	十七	十八	十九	廿	廿一	廿二	廿三	廿四	廿五	廿六	廿七	廿八	廿九	卅	**九**
陽	14	15	16	17	18	19	20	21	22	23	24	25	26	27	28	29	30	**10**	2	3	4	5	6	7	8	9	10	11	12	13

太平新歷九月份　(陰歷九、十月份　陽歷十、十一月份)

太平	**9**	2	3	4	5	6	7	8	9	10	11	12	13	14	15	16	17	18	19	20	21	22	23	24	25	26	27	28	29	30	31
歷	**寒露**	丁未	戊申	己酉	庚戌	辛開	壬子	癸好	甲寅	乙榮	丙辰	丁巳	戊午	己未	庚申	辛酉	**霜降**	癸開	甲子	乙好	丙寅	丁榮	戊辰	己巳	庚午	辛未	壬申	癸酉	甲戌	乙開	丙子
陰	二	三	四	五	六	七	八	九	十	十一	十二	十三	十四	十五	十六	十七	十八	十九	廿	廿一	廿二	廿三	廿四	廿五	廿六	廿七	廿八	廿九	**十**	二	三
陽	14	15	16	17	18	19	20	21	22	23	24	25	26	27	28	29	30	31	**11**	2	3	4	5	6	7	8	9	10	11	12	13

太平新歷十月份　(陰歷十、十一月份　陽歷十一、十二月份)

太平	**10**	2	3	4	5	6	7	8	9	10	11	12	13	14	15	16	17	18	19	20	21	22	23	24	25	26	27	28	29	30
歷	**立冬**	戊寅	己榮	庚辰	辛巳	壬午	癸未	甲申	乙酉	丙戌	丁開	戊子	己好	庚寅	辛榮	**小雪**	癸巳	甲午	乙未	丙申	丁酉	戊戌	己開	庚子	辛好	壬寅	癸榮	甲辰	乙巳	丙午
陰	四	五	六	七	八	九	十	十一	十二	十三	十四	十五	十六	十七	十八	十九	廿	廿一	廿二	廿三	廿四	廿五	廿六	廿七	廿八	廿九	卅	**十一**	二	三
陽	14	15	16	17	18	19	20	21	22	23	24	25	26	27	28	29	30	**12**	2	3	4	5	6	7	8	9	10	11	12	13

太平新歷十一月份　(陰歷十一、十二月份　陽歷十二、一月份)

太平	**11**	2	3	4	5	6	7	8	9	10	11	12	13	14	15	16	17	18	19	20	21	22	23	24	25	26	27	28	29	30	31
歷	**大雪**	戊申	己酉	庚戌	辛開	壬子	癸好	甲寅	乙榮	丙辰	丁巳	戊午	己未	庚申	辛酉	壬戌	**冬至**	甲子	乙好	丙寅	丁榮	戊辰	己巳	庚午	辛未	壬申	癸酉	甲戌	乙開	丙子	丁好
陰	四	五	六	七	八	九	十	十一	十二	十三	十四	十五	十六	十七	十八	十九	廿	廿一	廿二	廿三	廿四	廿五	廿六	廿七	廿八	廿九	**十二**	二	三	四	五
陽	14	15	16	17	18	19	20	21	22	23	24	25	26	27	28	29	30	31	**1**	2	3	4	5	6	7	8	9	10	11	12	13

太平新歷十二月份　(陰歷十二、正月份　陽歷一、二月份)

太平	**12**	2	3	4	5	6	7	8	9	10	11	12	13	14	15	16	17	18	19	20	21	22	23	24	25	26	27	28	29	30
歷	**小寒**	己榮	庚辰	辛巳	壬午	癸未	甲申	乙酉	丙戌	丁開	戊子	己好	庚寅	辛榮	壬辰	**大寒**	甲午	乙未	丙申	丁酉	戊戌	己開	庚子	辛好	壬寅	癸榮	甲辰	乙巳	丙午	丁未
陰	六	七	八	九	十	十一	十二	十三	十四	十五	十六	十七	十八	十九	廿	廿一	廿二	廿三	廿四	廿五	廿六	廿七	廿八	廿九	卅	**正**	二	三	四	五
陽	14	15	16	17	18	19	20	21	22	23	24	25	26	27	28	29	30	31	**2**	2	3	4	5	6	7	8	9	10	11	12

太平新歷與陰陽歷史日對照表

太平天國甲子十四年（清穆宗同治三年西歷一八六四年）

太平新歷一月份　（陰歷正、二月份　陽歷二、三月份）

太	1	2	3	4	5	6	7	8	9	10	11	12	13	14	15	16	17	18	19	20	21	22	23	24	25	26	27	28	29	30	31
平歷	立春	己酉	庚戌	辛開	壬子	癸好	甲寅	乙榮	丙辰	丁巳	戊午	己未	庚申	辛酉	壬戌	癸開	雨水	乙好	丙寅	丁榮	戊辰	己巳	庚午	辛未	壬申	癸酉	甲戌	乙開	丙子	丁好	戊寅
陰	六	七	八	九	十	十一	十二	十三	十四	十五	十六	十七	十八	十九	廿	廿一	廿二	廿三	廿四	廿五	廿六	廿七	廿八	廿九	一	二	三	四	五	六	七
陽	13	14	15	16	17	18	19	20	21	22	23	24	25	26	27	28	29	3	2	3	4	5	6	7	8	9	10	11	12	13	14

太平新歷二月份　（陰歷二、三月份　陽歷三、四月份）

太	2	2	3	4	5	6	7	8	9	10	11	12	13	14	15	16	17	18	19	20	21	22	23	24	25	26	27	28	29	30	
平歷	驚蟄	庚辰	辛巳	壬午	癸未	甲申	乙酉	丙戌	丁開	戊子	己好	庚寅	辛榮	壬辰	癸巳	春分	乙未	丙申	丁酉	戊戌	己開	庚子	辛好	壬寅	癸榮	甲辰	乙巳	丙午	丁未	戊申	—
陰	八	九	十	十一	十二	十三	十四	十五	十六	十七	十八	十九	廿	廿一	廿二	廿三	廿四	廿五	廿六	廿七	廿八	廿九	三	二	三	四	五	六	七	八	—
陽	15	16	17	18	19	20	21	22	23	24	25	26	27	28	29	30	31	4	2	3	4	5	6	7	8	9	10	11	12	13	

太平新歷三月份　（陰歷三、四月份　陽歷四、五月份）

太	3	2	3	4	5	6	7	8	9	10	11	12	13	14	15	16	17	18	19	20	21	22	23	24	25	26	27	28	29	30	31
平歷	清明	庚戌	辛開	壬子	癸好	甲寅	乙榮	丙辰	丁巳	戊午	己未	庚申	辛酉	壬戌	癸開	甲子	穀雨	丙寅	丁榮	戊辰	己巳	庚午	辛未	壬申	癸酉	甲戌	乙開	丙子	丁好	戊寅	己榮
陰	九	十	十一	十二	十三	十四	十五	十六	十七	十八	十九	廿	廿一	廿二	廿三	廿四	廿五	廿六	廿七	廿八	廿九	卅	四	二	三	四	五	六	七	八	九
陽	14	15	16	17	18	19	20	21	22	23	24	25	26	27	28	29	30	5	2	3	4	5	6	7	8	9	10	11	12	13	14

太平新歷四月份　（陰歷四、五月份　陽歷五、六月份）

太	4	2	3	4	5	6	7	8	9	10	11	12	13	14	15	16	17	18	19	20	21	22	23	24	25	26	27	28	29	30	
平歷	立夏	辛巳	壬午	癸未	甲申	乙酉	丙戌	丁開	戊子	己好	庚寅	辛榮	壬辰	癸巳	甲午	小滿	丙申	丁酉	戊戌	己開	庚子	辛好	壬寅	癸榮	甲辰	乙巳	丙午	丁未	戊申	己酉	—
陰	十	十一	十二	十三	十四	十五	十六	十七	十八	十九	廿	廿一	廿二	廿三	廿四	廿五	廿六	廿七	廿八	廿九	五	二	三	四	五	六	七	八	九	十	—
陽	15	16	17	18	19	20	21	22	23	24	25	26	27	28	29	30	31	6	2	3	4	5	6	7	8	9	10	11	12	13	

太平新歷五月份　（陰歷五、六月份　陽歷六、七月份）

太	5	2	3	4	5	6	7	8	9	10	11	12	13	14	15	16	17	18	19	20	21	22	23	24	25	26	27	28	29	30	31
平歷	芒種	辛開	壬子	癸好	甲寅	乙榮	丙辰	丁巳	戊午	己未	庚申	辛酉	壬戌	癸開	甲子	乙好	夏至	丁榮	戊辰	己巳	庚午	辛未	壬申	癸酉	甲戌	乙開	丙子	丁好	戊寅	己榮	庚辰
陰	十一	十二	十三	十四	十五	十六	十七	十八	十九	廿	廿一	廿二	廿三	廿四	廿五	廿六	廿七	廿八	廿九	卅	六	二	三	四	五	六	七	八	九	十	十一
陽	14	15	16	17	18	19	20	21	22	23	24	25	26	27	28	29	30	7	2	3	4	5	6	7	8	9	10	11	12	13	14

太平新歷六月份　（陰歷六、七月份　陽歷七、八月份）

太	6	2	3	4	5	6	7	8	9	10	11	12	13	14	15	16	17	18	19	20	21	22	23	24	25	26	27	28	29	30	
平歷	小暑	壬午	癸未	甲申	乙酉	丙戌	丁開	戊子	己好	庚寅	辛榮	壬辰	癸巳	甲午	乙未	大暑	丁酉	戊戌	己開	庚子	辛好	壬寅	癸榮	甲辰	乙巳	丙午	丁未	戊申	己酉	庚戌	—
陰	十二	十三	十四	十五	十六	十七	十八	十九	廿	廿一	廿二	廿三	廿四	廿五	廿六	廿七	廿八	廿九	七	二	三	四	五	六	七	八	九	十	十一	十二	—
陽	15	16	17	18	19	20	21	22	23	24	25	26	27	28	29	30	31	8	2	3	4	5	6	7	8	9	10	11	12	13	

太平新歷與陰陽歷史日對照表

太平新歷七月份 (陰歷七、八月份 陽歷八、九月份)

太平歷	7	2	3	4	5	6	7	8	9	10	11	12	13	14	15	16	17	18	19	20	21	22	23	24	25	26	27	28	29	30	31
	立秋	壬子	癸好	甲寅	乙榮	丙辰	丁巳	戊午	己未	庚申	辛酉	壬戌	癸開	甲子	乙好	丙寅	處暑	戊辰	己巳	庚午	辛未	壬申	癸酉	甲戌	乙開	丙子	丁好	戊寅	己榮	庚辰	辛巳
陰	十三	十四	十五	十六	十七	十八	十九	廿	廿一	廿二	廿三	廿四	廿五	廿六	廿七	廿八	廿九	卅	八	二	三	四	五	六	七	八	九	十	十一	十二	十三
陽	14	15	16	17	18	19	20	21	22	23	24	25	26	27	28	29	30	31	9	2	3	4	5	6	7	8	9	10	11	12	13

太平新歷八月份 (陰歷八、九月份 陽歷九、十月份)

太平歷	8	2	3	4	5	6	7	8	9	10	11	12	13	14	15	16	17	18	19	20	21	22	23	24	25	26	27	28	29	30	—
	白露	癸未	甲申	乙酉	丙戌	丁開	戊子	己好	庚寅	辛榮	壬辰	癸巳	甲午	乙未	丙申	秋分	戊戌	己開	庚子	辛好	壬寅	癸榮	甲辰	乙巳	丙午	丁未	戊申	己酉	庚戌	辛開	—
陰	十四	十五	十六	十七	十八	十九	廿	廿一	廿二	廿三	廿四	廿五	廿六	廿七	廿八	廿九	卅	九	二	三	四	五	六	七	八	九	十	十一	十二	十三	—
陽	14	15	16	17	18	19	20	21	22	23	24	25	26	27	28	29	30	10	2	3	4	5	6	7	8	9	10	11	12	13	

太平新歷九月份 (陰歷九、十月份 陽歷十、十一月份)

太平歷	9	2	3	4	5	6	7	8	9	10	11	12	13	14	15	16	17	18	19	20	21	22	23	24	25	26	27	28	29	30	31
	寒露	癸好	甲寅	乙榮	丙辰	丁巳	戊午	己未	庚申	辛酉	壬戌	癸開	甲子	乙好	丙寅	丁榮	霜降	己巳	庚午	辛未	壬申	癸酉	甲戌	乙開	丙子	丁好	戊寅	己榮	庚辰	辛巳	壬午
陰	十四	十五	十六	十七	十八	十九	廿	廿一	廿二	廿三	廿四	廿五	廿六	廿七	廿八	廿九	十	二	三	四	五	六	七	八	九	十	十一	十二	十三	十四	十五
陽	14	15	16	17	18	19	20	21	22	23	24	25	26	27	28	29	30	31	11	2	3	4	5	6	7	8	9	10	11	12	13

太平新歷十月份 (陰歷十、十一月份 陽歷十一、十二月份)

太平歷	10	2	3	4	5	6	7	8	9	10	11	12	13	14	15	16	17	18	19	20	21	22	23	24	25	26	27	28	29	30	—
	立冬	甲申	乙酉	丙戌	丁開	戊子	己好	庚寅	辛榮	壬辰	癸巳	甲午	乙未	丙申	丁酉	小雪	己開	庚子	辛好	壬寅	癸榮	甲辰	乙巳	丙午	丁未	戊申	己酉	庚戌	辛開	壬子	—
陰	十六	十七	十八	十九	廿	廿一	廿二	廿三	廿四	廿五	廿六	廿七	廿八	廿九	卅	十一	二	三	四	五	六	七	八	九	十	十一	十二	十三	十四	十五	—
陽	14	15	16	17	18	19	20	21	22	23	24	25	26	27	28	29	30	12	2	3	4	5	6	7	8	9	10	11	12	13	

太平新歷十一月份 (陰歷十一、十二月份 陽歷十二、一月份)

太平歷	11	2	3	4	5	6	7	8	9	10	11	12	13	14	15	16	17	18	19	20	21	22	23	24	25	26	27	28	29	30	31
	大雪	甲寅	乙榮	丙辰	丁巳	戊午	己未	庚申	辛酉	壬戌	癸開	甲子	乙好	丙寅	丁榮	戊辰	冬至	庚午	辛未	壬申	癸酉	甲戌	乙開	丙子	丁好	戊寅	己榮	庚辰	辛巳	壬午	癸未
陰	十六	十七	十八	十九	廿	廿一	廿二	廿三	廿四	廿五	廿六	廿七	廿八	廿九	卅	十二	二	三	四	五	六	七	八	九	十	十一	十二	十三	十四	十五	十六
陽	14	15	16	17	18	19	20	21	22	23	24	25	26	27	28	29	30	31	1	2	3	4	5	6	7	8	9	10	11	12	13

太平新歷十二月份 (陰歷十二、正月份 陽歷一、二月份)

太平歷	12	2	3	4	5	6	7	8	9	10	11	12	13	14	15	16	17	18	19	20	21	22	23	24	25	26	27	28	29	30	—
	小寒	乙酉	丙戌	丁開	戊子	己好	庚寅	辛榮	壬辰	癸巳	甲午	乙未	丙申	丁酉	戊戌	大寒	庚子	辛好	壬寅	癸榮	甲辰	乙巳	丙午	丁未	戊申	己酉	庚戌	辛開	壬子	癸好	—
陰	十七	十八	十九	廿	廿一	廿二	廿三	廿四	廿五	廿六	廿七	廿八	廿九	正	二	三	四	五	六	七	八	九	十	十一	十二	十三	十四	十五	十六	十七	—
陽	14	15	16	17	18	19	20	21	22	23	24	25	26	27	28	29	30	31	2	2	3	4	5	6	7	8	9	10	11	12	

近世中西史日對照表／鄭鶴聲編輯. -- 臺一版
-- 臺北市：臺灣商務，1962［民51］
面； 公分
ISBN 957-05-1012-9（平裝）

1. 曆書

327.48 83007959

近世中西史日對照表

定價新臺幣 700 元

編 輯 者 鄭 鶴 聲
封面設計 吳 郁 婷
發 行 人 張 連 生
出 版 者
印 刷 所 臺灣商務印書館股份有限公司
臺北市 10036 重慶南路 1 段 37 號
電話：(02)3116118・3115538
傳眞：(02)3710274
郵政劃撥：0000165-1 號
出版事業登記證：局版臺業字第 0836 號

• 1936 年 2 月初版第一次印刷
• 1962 年 1 月臺一版第一次印刷
• 1994 年 10 月臺一版第五次印刷

ISBN 957-05-1012-9（精裝） 34515001